"十三五"国家重点图书出版规划项目

中　国　生　物　物　种　名　录

第二卷　动物

无脊椎动物（I）

蛛形纲 Arachnida

蜘蛛目 Araneae

李枢强　林玉成　编著

科学出版社
北　京

内 容 简 介

据 2014 年 12 月统计，世界已知蛛形纲蜘蛛目 114 科 3933 属 45 138 种，中国已知 69 科 735 属 4282 种。本名录提供了中国 4282 种蜘蛛的中文名、拉丁学名、异名、国内分布和国外分布等主要信息。所有属均列出了模式种信息及异名。

本书可作为动物分类学、动物地理学和生物多样性研究的基础资料，也可作为植物保护、生物防治及相关专业高等院校师生的参考书。

图书在版编目（CIP）数据

中国生物物种名录. 第二卷. 动物. 无脊椎动物. 1. 蛛形纲. 蜘蛛目/李枢强，林玉成编著. —北京：科学出版社，2016

“十三五”国家重点图书出版规划项目　国家出版基金项目

ISBN 978-7-03-049141-1

Ⅰ. ①中…　Ⅱ. ①李…　②林…　Ⅲ. ①生物–物种–中国–名录 ②蜘蛛目–物种–中国–名录　Ⅳ. ①Q152-62 ②Q959.226-62

中国版本图书馆 CIP 数据核字（2016）第 143683 号

责任编辑：马　俊　王　静 / 责任校对：李　影　赵桂芬

责任印制：赵　博 / 封面设计：北京铭轩堂广告设计有限公司

科学出版社出版

北京东黄城根北街 16 号

邮政编码：100717

http://www.sciencep.com

北京厚诚则铭印刷科技有限公司印刷

科学出版社发行　　各地新华书店经销

*

2016 年 6 月第　一　版　　开本：889 × 1194 1/16

2020 年 5 月第三次印刷　　印张：35 1/4

字数：1 160 000

定价：210.00 元

（如有印装质量问题，我社负责调换）

Species Catalogue of China

Volume 2 Animals

INVERTEBRATES（Ⅰ）

Arachnida: Araneae

Authors: Shuqiang Li Yucheng Lin

Science Press

Beijing

《中国生物物种名录》编委会

主　任（主　编）　陈宜瑜

副主任（副主编）　洪德元　刘瑞玉　马克平　魏江春　郑光美

委　员（编　委）

卜文俊　南开大学
洪德元　中国科学院植物研究所
李　玉　吉林农业大学
李振宇　中国科学院植物研究所
马克平　中国科学院植物研究所
覃海宁　中国科学院植物研究所
王跃招　中国科学院成都生物研究所
夏念和　中国科学院华南植物园
杨奇森　中国科学院动物研究所
张宪春　中国科学院植物研究所
郑光美　北京师范大学
周红章　中国科学院动物研究所
庄文颖　中国科学院微生物研究所
陈宜瑜　国家自然科学基金委员会
纪力强　中国科学院动物研究所
李枢强　中国科学院动物研究所
刘瑞玉　中国科学院海洋研究所
彭　华　中国科学院昆明植物研究所
邵广昭　“中研院”生物多样性研究中心
魏江春　中国科学院微生物研究所
杨　定　中国农业大学
姚一建　中国科学院微生物研究所
张志翔　北京林业大学
郑儒永　中国科学院微生物研究所
朱相云　中国科学院植物研究所

工　作　组

组　长　马克平

副组长　纪力强　覃海宁　姚一建

成　员　韩　艳　纪力强　林聪田　刘忆南　马克平　覃海宁　王利松　魏铁铮　薛纳新　杨　柳　姚一建

总　序

生物多样性保护研究、管理和监测等许多工作都需要翔实的物种名录作为基础。建立可靠的生物物种名录也是生物多样性信息学建设的首要工作。通过物种唯一的有效学名可查询关联到国内外相关数据库中该物种的所有资料，这一点在网络时代尤为重要，也是整合生物多样性信息最容易实现的一种方式。此外，“物种数目”也是一个国家生物多样性丰富程度的重要统计指标。然而，像中国这样生物种类非常丰富的国家，各生物类群研究基础不同，物种信息散见于不同的志书或不同时期的刊物中，加之分类系统及物种学名也在不断被修订。因此建立实时更新、资料翔实，且经过专家审订的全国性生物物种名录对我国生物多样性保护具有重要的意义。

生物多样性信息学的发展推动了生物物种名录编研工作。比较有代表性的项目，如全球鱼类数据库（FishBase）、国际豆科数据库（ILDIS）、全球生物物种名录（CoL）、全球植物名录（TPL）和全球生物名称（GNA）等项目；最有影响的全球生物多样性信息网络（GBIF）也专门设立子项目处理生物物种名称（ECAT）。生物物种名录的核心是明确某个区域或某个类群的物种数量，处理分类学名称，理清生物分类学上有效发表的拉丁学名的性质，即接受名还是异名及其演变过程；好的生物物种名录是生物分类学研究进展的重要标志，是各种志书编研必需的基础性工作。

自 2007 年以来，中国科学院生物多样性委员会组织国内外 100 多位分类学专家编辑中国生物物种名录；并于 2008 年 4 月正式发布《中国生物物种名录》光盘版和网络版（http: //www.sp2000.cn/joaen），此后，每年更新一次；2012 年版名录已于同年 9 月面世，包括 70 596 个物种（含种下等级）。该名录的发布受到广泛使用和好评，成为环境保护部物种普查和农业部作物野生近缘种普查的核心名录库，并为环境保护部中国年度环境公报物种数量的数据源，我国还是全球首个按年度连续发布全国生物物种名录的国家。

电子版名录发布以后，有大量的读者来信索取光盘或从网站上下载名录数据，获得了良好的社会效果。有很多读者和编者建议出版《中国生物物种名录》印刷版，以方便读者、扩大名录的影响。为此，在 2011 年 3 月 31 日中国科学院生物多样性委员会换届大会上正式征求委员的意见，与会者建议尽快编辑出版《中国生物物种名录》印刷版。该项工作得到原中国科学院生命科学与生物技术局的大力支持，设立专门项目，支持《中国生物物种名录》的编研，项目于 2013 年正式启动。

组织编研出版《中国生物物种名录》（印刷版）主要基于以下几点考虑：①及时反映和推动中国生物分类学工作。“三志”是本项工作的重要基础。从目前情况看，植物方面的基础相对较好，2004 年 10 月《中国植物志》80 卷 126 册全部正式出版，*Flora of China* 的编研也已完成；动物方面的基础相对薄弱，《中国动物志》虽已出版 130 余卷，但仍有很多类群没有出版；《中国孢子植物志》已出版 80 余卷，很多类群仍有待编研，且微生物名录数字化基础比较薄弱，在 2012 年版中国生物物种名录光盘版中仅收录 900 多种，而植物有 35 000 多种，动物 24 000 多种。需要及时总结分类学研究成果，把新种和新的修订，包括分类系统修订的信息及时整合到生物物种名录中，以克服志书编写出版周期长的不足，让各个方面的读者和用户及时了解和使用新的分类学成果。②生物物种名称的审订和处理是志书编写的基础性工作，名录的编研出版可以推动生物志书的编研；相关学科如生物地理学、保护生物学、生态学等的研究工作需要及时更新的生物物种名录。③政府部门和社会团体等在生物多样性保护和可持续利用的实践中，希望及时得到中国物种多样性的统计信息。④全球生物物种名录等国际项目需要中国生物物种名录等区域性名录信息不断更新完善，因此，我们的工作也可以在一定程度上推动全球生物多样性编目与保护工作的进展。

编研出版《中国生物物种名录》（印刷版）是一项艰巨的任务，尽管不追求短期内涉及所有类群，也是难度很大的。衷心感谢各位参编人员的严谨奉献精神，感谢几位副主编和工作组的把关和协调，特别感谢不幸过世的副主编刘瑞玉院士的积极支持。科学出版社慷慨资助出版经费，保证了本系列丛书的顺利出版。在此，对所有为《中国生物物种名录》编研出版付出艰辛努力的同仁表示诚挚的谢意。

虽然我们在《中国生物物种名录》网络版和光盘版的基础上，组织有关专家重新审订和编写名录的印刷版。但限于资料和编研队伍等多方面因素，肯定会有诸多不尽如人意之处，恳请各位同行和专家提出批评指正，以便不断更新完善。

陈宜瑜

2013 年 1 月 30 日于北京

动物卷前言

《中国生物物种名录》（印刷版）动物卷是在该名录电子版的基础上，经编委会讨论协商，选择出部分关注度高、分类数据较完整、近年名录内容更新较多的动物类群，组织分类学专家再次进行审核修订，形成的中国动物名录的系列专著。它涵盖了在中国分布的脊椎动物全部类群、无脊椎动物的部分类群。目前计划出版 14 册，包括兽类（1 册）、鸟类（1 册）、爬行类（1 册）、两栖类（1 册）、鱼类（1 册）、无脊椎动物（1 册）和昆虫（7 册）名录，以及脊椎动物总名录（1 册）。

动物卷各类群均列出了中文名、学名、异名、原始文献和国内分布，部分类群列出了国外分布和模式信息，还有部分类群将重要参考文献以其他文献的方式列出。在国内分布中，省级行政区按以下顺序排序：黑龙江、吉林、辽宁、内蒙古、河北、天津、北京、山西、山东、河南、陕西、宁夏、甘肃、青海、新疆、安徽、江苏、上海、浙江、江西、湖南、湖北、四川、重庆、贵州、云南、西藏、福建、台湾、广东、广西、海南、香港、澳门。为了便于国外读者阅读，将省级行政区英文缩写括注在中文名之后，缩写说明见前言后附表格。为规范和统一出版物中对系列书各分册的引用，我们还给出了引用方式的建议，见缩写词表格后的图书引用建议。

为了帮助各分册作者编辑名录内容，动物卷工作组建立了一个网络化的物种信息采集系统，先期将电子版的各分册内容导入，并为各作者开设了工作账号和工作空间。作者可以随时在网络平台上补充、修改和审定名录数据。在完成一个分册的名录内容后，按照名录印刷版的格式要求导出名录，形成完整规范的书稿。此平台极大地方便了作者的编撰工作，提高了印刷版名录的编辑效率。

据初步统计，共有 62 名动物分类学家参与了动物卷各分册的编写工作。编写分类学名录是一项繁琐、细致的工作，需要对研究的类群有充分了解，掌握本学科国内外的研究历史和最新动态。核对一个名称，查找一篇文献，都可能花费很多的时间精力。正是他们一丝不苟、精益求精的工作态度，不求名利的奉献精神，才使这套基础性、公益性的高质量成果得以面世。我们借此机会感谢各位专家学者默默无闻的贡献，向他们表示诚挚的敬意。

我们还要感谢丛书主编陈宜瑜，副主编洪德元、刘瑞玉、马克平、魏江春、郑光美给予动物卷编写工作的指导和支持，特别感谢马克平副主编大量具体细致的指导和帮助；感谢科学出版社编辑认真细致的编辑和联络工作。

随着分类学研究的进展，物种名录的内容也在不断更新。电子版名录在每年更新，印刷版名录也将在未来适当的时候再版。最新版的名录内容可以从物种 2000 中国节点的网站（http://www.sp2000.org.cn/）上获得。

《中国生物物种名录》动物卷工作组

2016 年 6 月

中国各省（自治区、直辖市和特区）名称和英文缩写

Abbreviations of provinces, autonomous regions and special administrative regions in China

Abb.	Regions	Abb.	Regions	Abb.	Regions	Abb.	Regions	Abb.	Regions	Abb.	Regions
AH	Anhui	GX	Guangxi	HK	Hong Kong	LN	Liaoning	SD	Shandong	XJ	Xinjiang
BJ	Beijing	GZ	Guizhou	HL	Heilongjiang	MC	Macau	SH	Shanghai	XZ	Xizang
CQ	Chongqing	HB	Hubei	HN	Hunan	NM	Inner Mongolia	SN	Shaanxi	YN	Yunnan
FJ	Fujian	HEB	Hebei	JL	Jilin	NX	Ningxia	SX	Shanxi	ZJ	Zhejiang
GD	Guangdong	HEN	Henan	JS	Jiangsu	QH	Qinghai	TJ	Tianjin		
GS	Gansu	HI	Hainan	JX	Jiangxi	SC	Sichuan	TW	Taiwan		

图书引用建议（以本书为例）

中文出版物引用：李枢强，林玉成. 2016. 中国生物物种名录·第二卷动物·无脊椎动物（I）/蜘蛛纲/蜘蛛目. 北京：科学出版社：引用内容所在页码

Suggested Citation: Li S Q, Lin Y C. 2016. Species Catalogue of China. Vol. 2. Animals, Invertebrates (I), Arachnida: Araneae. Beijing: Science Press: Page number for cited contents

前　言

蜘蛛是常见的中小型或极小型动物，隶属于节肢动物门（Arthropoda）蛛形纲（Arachnida）蜘蛛目（Araneae）。1935 年，王凤振曾根据各种文献，统计中国蜘蛛名录初稿，计前人发表的中国蜘蛛共 566 种。1936－1946 年，他又到柏林、慕尼黑、维也纳、巴塞尔及巴黎等地的自然历史博物馆查阅中国蜘蛛标本及有关文献，删去可疑种类，合并同种异名，尚余 30 科 130 属 438 种。1963 年，王凤振、朱传典补入 1946－1963 年新发现的中国物种，共得 34 科 149 属 521 种 15 亚种。1983 年，朱传典发表新修订的中国蜘蛛名录，共记载了中国蜘蛛 46 科 1050 种 23 亚种。1999 年，宋大祥等发表英文版的《中国蜘蛛》，记述中国蜘蛛目 56 科 450 属 2361 种。本书进一步汇总了国内近年的研究成果，包括蜘蛛目 69 科 735 属 4282 种。

需要说明的是，国外有些学者在没有核实中国物种标本的前提下，合并了一些中国学者发表的物种。与欧洲不同，中国地质历史更为复杂，环境更为多样，物种的隔离更为显著。中国的种类常与欧洲种类相似，但如比较细微结构，常有不同。举例来说，唐立仁和宋大祥（1988a）发表了在西藏左贡瓦龙梅里雪山海拔 4200m 处采集的白缘花蟹蛛（*Xysticus albomarginatus* Tang & Song, 1988）；俄罗斯学者 Marusik & Logunov（1990）在没有核实标本的情况下，提出白缘花蟹蛛是分布在俄罗斯、中亚和蒙古的 *X. baltistanus*（Caporiacco）同物异名，结论应该是错误的。但由于国内学者并没有进一步说明这些问题，以致白缘花蟹蛛至今仍作为无效名称。相信如有机会进一步研究这些被合并的物种，很多被国外学者合并的物种都可能是有效的。

本书编写过程中，主要参照了本书作者之一创建和维护的中国特有物种网（Li & Wang, 2014, Endemic Spiders in China. Online at http://www.chinesespecies.com）。同时还参考了由瑞士巴塞尔博物馆主持编纂的《世界蜘蛛名录》（*World Spider Catalog*, Version 15.5），包括上述有效名称被作为同物异名，也暂时参照后一名录的结论。本书第一作者，作为世界蜘蛛名录专家编委（Expert board），日常负责该名录中国物种的提供、确认等工作。国内分布主要是通过查阅与中国区系相关的国内外文献资料，但某些区域性的物种名录由于鉴定结果可信度较低，本书未采用。

本书使用了部分英文缩写，包括 Contra.（Contrast, 对照）、ICZN（International Code of Zoological Nomenclature, 国际动物命名法规）、Syn.（Synonym, 异名）、Trans.（Transfer, 转移）等。异名部分采用少量英文，如 misidentified（错误鉴定），以便于国外读者理解。

中国是世界上物种最丰富的地区之一。我国目前记录的蜘蛛种类数还远远不能反映实际种类数，进一步发掘未知种类，丰富我国的物种多样性，依旧是今后相当长时期的工作重点。

本名录的整理得到了中国科学院植物研究所马克平研究员、中国科学院动物研究所纪力强研究员的大力支持和帮助。湖北大学陈建教授、湖南师范大学彭贤锦教授、河北大学张锋教授、西南大学张志升研究员、沈阳师范大学佟艳丰副教授、铜仁学院米小其副教授等对本书初稿提出了重要的修改意见。中国科学院重点部署项目（特支项目 KSZD-EW-TZ-007-2-7）资助，在此表示衷心感谢！

本名录涉及面广，因作者知识有限，不足之处敬请读者批评指正。

李枢强　林玉成

2014 年 12 月 31 日

目　录

绪　论

蜘蛛是常见的中小型或极小型无脊椎动物，隶属于节肢动物门（Arthropoda）蛛形纲（Arachnida）蜘蛛目（Araneae）。1935 年，王凤振根据文献，统计中国蜘蛛共 566 种。1936－1946 年，他又到柏林、慕尼黑、维也纳、巴塞尔及巴黎等地的自然历史博物馆中查阅中国蜘蛛标本及有关文献，删去可疑种类，合并同种异名，尚余 30 科 130 属 438 种（李枢强, 2004）。1963 年，王凤振和朱传典补入 1946－1963 年在中国发现的蜘蛛新种，共得 34 科 149 属 521 种 15 亚种（王凤振和朱传典, 1963）。1983 年，朱传典发表新修订的中国蜘蛛名录，共记载中国蜘蛛 46 科 1050 种 23 亚种（朱传典, 1983）。1996 年，陈建等建立中国蜘蛛目数据库及其服务系统，记载中国蜘蛛 56 科 413 属 2159 种（陈建等, 1996）。1999 年，宋大祥等发表 *The Spider of China*，记述中国蜘蛛目 56 科 450 属 2361 种（Song *et al.*, 1999）。2008 年，李枢强和王新平建立英文网络版的《中国蜘蛛特有种网》（Endemic Spiders in China），提供模式标本照片和物种特征图献等数字化资料，使尘封在标本馆里的模式标本成为可检索的数字化资源。该网站同时不定期更新中国蜘蛛的物种名录。截止到 2014 年年底，中国蜘蛛目已知 69 科 735 属 4282 种，详见表 1。

根据美国自然历史博物馆统计，2001 年全世界有蜘蛛 108 科 3449 属 37 296 种，2014 年增至 114 科 3933 属 45 138 种（Platnick, 2014），平均每年增加 543 种。中国蜘蛛目编目工作近年取得快速发展，1999 年中国记录有蜘蛛 56 科 450 属 2361 种（Song *et al.*, 1999），到 2014 年已达 69 科 735 属 4282 种，实际增加 13 科 285 属 1921 种，平均每年增加 128 种（包括新种和新记录种，同时去除异名、误订种等）。中国蜘蛛种数的快速增加，得益于对物种多样性热点地区的持续研究。如 Li 等（2008）对中国科学院西双版纳热带植物园蜘蛛持续 10 年的研究表明，仅在植物园内的葫芦岛等核心区域，就生活着近 700 种蜘蛛，其中约 400 种为新种。相比较而言，英国蜘蛛的物种总数仅为 645 种（Anonymity, 2014）。

欧洲与中国都位于欧亚大陆，蜘蛛区系十分近似，共有科有 57 个，共有科占欧洲蜘蛛科总数的 95%。欧洲与中国的面积也大体相当，蜘蛛物种数也有可比性，但近年中国蜘蛛分类研究发展加速，蜘蛛的物种数以较高的速度增加。

Meng 等（2008）运用特有性简约分析方法研究了中国蜘蛛的分布，结果表明中国蜘蛛的分布格局包括青藏高原、西北、东北、华中和华南共 5 个区域。这一格局与根据造山带多岛模型划分的地理省有很大的相似之处，但蜘蛛分布边界相对于地理省的边界南移。研究表明，分布格局在造山期后发生了变化。在这个变化过程中，扩散、灭绝、入侵和物种形成都是重要的影响因素。如果以行政区划来划分，我国蜘蛛的分布以浙江、台湾、云南、湖南、西藏、四川、安徽等地种类较多。但由于我国专门研究蜘蛛方面的专家有限，目前还很难把所有地区的蜘蛛分布搞清楚。

表 1　蜘蛛目各科种属数目（欧洲和中国缺少分布的科未列入，统计截至日期: 2014 年 12 月 31 日）

Table 1　Currently valid spider genera and species in China and Europe（Updated date: December 31, 2014）

科名 Family	世界有效种属* Valid genera and species of the world	欧洲有效种属** Valid genera and species in Europe	中国有效种属*** Valid genera and species in China
漏斗蛛科 Agelenidae	70 属 1165 种	17 属 181 种	26 属 322 种
暗蛛科 Amaurobidae	51 属 285 种	4 属 39 种	1 属 10 种
安蛛科 Anapidae	38 属 154 种	3 属 5 种	7 属 11 种
近管蛛科 Anyphaenidae	56 属 523 种	1 属 7 种	1 属 6 种
园蛛科 Araneidae	169 属 3047 种	26 属 127 种	46 属 374 种
地蛛科 Atypidae	3 属 50 种	1 属 3 种	2 属 15 种

续表

科名 Family	世界有效种属* Valid genera and species of the world	欧洲有效种属** Valid genera and species in Europe	中国有效种属*** Valid genera and species in China
琴蛛科 Cithaeronidae	2 属 7 种	1 属 1 种	—
管巢蛛科 Clubionidae	15 属 581 种	1 属 48 种	4 属 109 种
圆颚蛛科 Corinnidae	58 属 658 种	2 属 2 种	3 属 13 种
栉足蛛科 Ctenidae	39 属 490 种	—	4 属 10 种
螲蟷蛛科 Ctenizidae	9 属 128 种	3 属 8 种	4 属 15 种
并齿蛛科 Cybaeidae	10 属 178 种	3 属 12 种	2 属 7 种
弓蛛科 Cyrtaucheniidae	11 属 107 种	1 属 3 种	—
妖面蛛科 Deinopidae	2 属 61 种	—	1 属 1 种
潮蛛科 Desidae	38 属 185 种	1 属 1 种	1 属 1 种
卷叶蛛科 Dictynidae	51 属 578 种	18 属 65 种	13 属 48 种
长尾蛛科 Dipluridae	24 属 182 种	—	1 属 1 种
石蛛科 Dysderidae	24 属 529 种	21 属 287 种	1 属 1 种
隆头蛛科 Eresidae	9 属 96 种	3 属 15 种	2 属 3 种
优列蛛科 Eutichuridae	12 属 307 种	1 属 28 种	1 属 38 种
管网蛛科 Filistatidae	18 属 117 种	2 属 4 种	4 属 20 种
平腹蛛科 Gnaphosidae	123 属 2167 种	39 属 410 种	32 属 204 种
栅蛛科 Hahniidae	27 属 248 种	8 属 34 种	3 属 22 种
长纺蛛科 Hersiliidae	15 属 179 种	2 属 3 种	2 属 10 种
异纺蛛科 Hexathelidae	12 属 113 种	1 属 2 种	1 属 13 种
古筛蛛科 Hypochilidae	2 属 12 种	—	1 属 2 种
弱蛛科 Leptonetidae	22 属 272 种	8 属 64 种	5 属 69 种
皿蛛科 Linyphiidae	590 属 4496 种	215 属 1202 种	154 属 371 种
光盔蛛科 Liocranidae	32 属 271 种	11 属 50 种	7 属 16 种
节板蛛科 Liphistiidae	3 属 87 种	—	1 属 17 种
狼蛛科 Lycosidae	120 属 2395 种	26 属 260 种	26 属 310 种
拟态蛛科 Mimetidae	13 属 158 种	3 属 9 种	2 属 15 种
米图蛛科 Miturgidae	33 属 158 种	2 属 12 种	5 属 9 种
密蛛科 Mysmenidae	23 属 134 种	3 属 4 种	9 属 38 种
线蛛科 Nemesiidae	44 属 374 种	5 属 62 种	3 属 12 种
络新妇科 Nephilidae	5 属 61 种	—	3 属 6 种
类球蛛科 Nesticidae	10 属 224 种	6 属 49 种	3 属 18 种
花洞蛛科 Ochyroceratidae	15 属 175 种	—	6 属 13 种
拟壁钱科 Oecobiidae	6 属 110 种	2 属 8 种	2 属 7 种
卵形蛛科 Oonopidae	102 属 1545 种	11 属 30 种	12 属 56 种
猫蛛科 Oxyopidae	9 属 451 种	2 属 9 种	4 属 54 种
二纺蛛科 Palpimanidae	16 属 134 种	1 属 4 种	1 属 1 种
逍遥蛛科 Philodromidae	29 属 542 种	5 属 75 种	3 属 57 种
幽灵蛛科 Pholcidae	78 属 1406 种	11 属 37 种	13 属 182 种
刺足蛛科 Phrurolithidae	14 属 185 种	3 属 11 种	4 属 42 种
派模蛛科 Pimoidae	4 属 38 种	1 属 2 种	3 属 13 种
盗蛛科 Pisauridae	48 属 336 种	2 属 6 种	11 属 41 种
粗螯蛛科 Prodidomidae	31 属 309 种	2 属 3 种	1 属 1 种

续表

科名 Family	世界有效种属* Valid genera and species of the world	欧洲有效种属** Valid genera and species in Europe	中国有效种属*** Valid genera and species in China
楼网蛛科 Psechridae	2 属 57 种	—	2 属 14 种
跳蛛科 Salticidae	602 属 5771 种	45 属 314 种	95 属 473 种
花皮蛛科 Scytodidae	5 属 229 种	1 属 7 种	3 属 14 种
类石蛛科 Segestriidae	3 属 120 种	2 属 18 种	2 属 6 种
拟扁蛛科 Selenopidae	10 属 256 种	1 属 1 种	2 属 4 种
刺客蛛科 Sicariidae	2 属 132 种	1 属 2 种	1 属 3 种
华模蛛科 Sinopimoidae	1 属 1 种	—	1 属 1 种
巨蟹蛛科 Sparassidae	84 属 1142 种	5 属 14 种	11 属 114 种
斯坦蛛科 Stenochilidae	2 属 13 种	—	1 属 1 种
合螯蛛科 Symphytognathidae	7 属 69 种	1 属 1 种	3 属 18 种
特园蛛科 Synaphridae	3 属 13 种	2 属 4 种	—
泰莱蛛科 Telemidae	8 属 61 种	1 属 1 种	3 属 33 种
四盾蛛科 Tetrablemmidae	31 属 158 种	—	8 属 16 种
肖蛸科 Tetragnathidae	47 属 971 种	4 属 31 种	19 属 137 种
捕鸟蛛科 Theraphosidae	126 属 956 种	1 属 1 种	6 属 12 种
球蛛科 Theridiidae	121 属 2421 种	44 属 218 种	54 属 389 种
球体蛛科 Theridiosomatidae	18 属 106 种	1 属 1 种	10 属 26 种
蟹蛛科 Thomisidae	172 属 2157 种	16 属 171 种	47 属 288 种
隐石蛛科 Titanoecidae	5 属 53 种	3 属 17 种	4 属 13 种
管蛛科 Trachelidae	16 属 202 种	4 属 8 种	4 属 13 种
转蛛科 Trochanteriidae	19 属 152 种	—	1 属 7 种
妩蛛科 Uloboridae	18 属 270 种	3 属 8 种	6 属 48 种
拟平腹蛛科 Zodariidae	78 属 1078 种	5 属 105 种	9 属 44 种
逸蛛科 Zoropsidae	15 属 87 种	1 属 5 种	2 属 4 种
小计 Total	114 科 3933 属 45 138 种	60 科 619 属 4109 种	69 科 735 属 4282 种

*参见 *World Spider Catalog*（2014）。**欧洲的界定是按照地理划分的，即不包括加那利群岛、高加索和土耳其的亚洲部分，数据来源同上。***参照李枢强和王新平（2014）。

* See *World Spider Catalog*（2014）. ** Boundary of Europe is after geographical features, excluding Canary Islands, Caucasus and Asia part of Turkey. *** See Li & Wang（2014）.

尽管中国蜘蛛分类和蜘蛛物种编目研究近年取得一定进展，但中国蜘蛛分类研究的一些痼疾仍未得到完全解决，主要包括以下两个方面：①中国疑难已知物种的厘定。早期中国蜘蛛的研究主要以欧美等国外学者的工作为主，包括 Cambridge（1885）、Pocock（1901a）、Schenkel（1936, 1953, 1963）、Saitō（1936b）等。他们发表的很多物种，只有文字描述，缺少图示。虽然近期国内学者依据模式标本解决了部分疑难物种，但还有一些物种需要进一步的厘定。在借阅仍然困难的情况下，建议增派国内学者到收藏有这些标本的机构查阅。②周边国家疑难已知物种的厘定。早期学者对周边国家蜘蛛区系的研究，如缅甸（Thorell, 1895）、巴基斯坦（Dyal, 1935）、印度（Tikader, 1971）等，也记载了一些疑难物种。由于我国与这些国家相邻，不少物种是一致的。只有加强对周边国家蜘蛛的研究，才有可能真正搞清中国蜘蛛的物种分类和编目。

鉴于中国蜘蛛极其丰富的物种多样性，中国蜘蛛目编目的任务还十分繁重。迫切希望相关部门加大投入，使中国蜘蛛的编目工作早日完成。

Araneae 蜘蛛目

1. 漏斗蛛科 Agelenidae C. L. Koch, 1837

说明：Miller 等（2010）对筛器类蜘蛛进行了系统发育研究，重新界定了漏斗蛛科的范围，我国原属暗蛛科的塔姆蛛属 *Tamgrinia* 和隙蛛亚科 18 属均被转至此。分别是：满蛛属 *Alloclubionoides*、叉隙蛛属 *Bifidocoelotes*、隙蛛属 *Coelotes*、龙隙蛛属 *Draconarius*、股隙蛛属 *Femoracoelotes*、喜隙蛛属 *Himalcoelotes*、亚隙蛛属 *Iwogumoa*、弱隙蛛属 *Leptocoelotes*、线隙蛛属 *Lineacoelotes*、长隙蛛属 *Longicoelotes*、南隙蛛属 *Notiocoelotes*、花冠蛛属 *Orumcekia*、拟隙蛛属 *Pireneitega*、宽隙蛛属 *Platocoelotes*、壮隙蛛属 *Robusticoelotes*、旋隙蛛属 *Spiricoelotes*、隅隙蛛属 *Tegecoelotes* 和扁桃蛛属 *Tonsilla*。

本科全世界现有 70 属 1165 种；中国记录 26 属 322 种。

漏斗蛛属 *Agelena* Walckenaer, 1805

Walckenaer, 1805: 51. Type species: *Agelena labyrinthica* (Clerck, 1757)

双裂漏斗蛛 *Agelena bifida* Wang, 1997

Wang & Wang, 1991: 41 (*A. aglaosa*, misidentified); Wang, 1997: 253; Song, Zhu & Chen, 1999: 353; Hu, 2001: 130 (*A. agraulosa*, misidentified).

分布：陕西（SN）、四川（SC）

察隅漏斗蛛 *Agelena chayu* Zhang, Zhu & Song, 2005

Zhang, Zhu & Song, 2005: 50.

分布：西藏（XZ）

尖漏斗蛛 *Agelena cuspidata* Zhang, Zhu & Song, 2005

Zhang, Zhu & Song, 2005: 52.

分布：云南（YN）

残漏斗蛛 *Agelena injuria* Fox, 1936

Fox, 1936: 122; Zhang, Zhu & Song, 2005: 54.

分布：四川（SC）

迷宫漏斗蛛 *Agelena labyrinthica* (Clerck, 1757)

Clerck, 1757: 79 (*Araneus labyrinthicus*); Bösenberg & Strand, 1906: 297 (*Agelena tubicola*); Lehtinen, 1967: 209 (*Agelena labyrinthica*, Syn.); Song, 1980: 159; Song, Yu & Shang, 1981: 85; Wang, 1981: 116; Zhu et al., 1985: 121; Song, 1987: 190; Zhang, 1987: 135; Hu & Wu, 1989: 179; Chen & Gao, 1990: 114; Chen & Zhang, 1991: 185; Song, Zhu & Chen, 1999: 354; Hu, 2001: 129; Zhang, Zhu & Song, 2005: 48; Zhu & Zhang, 2011: 300; Yin et al., 2012: 943.

异名：

Agelena tubicola Bösenberg & Strand, 1906; Lehtinen, 1967: 209 (Syn.).

分布：吉林（JL）、辽宁（LN）、内蒙古（NM）、河北（HEB）、北京（BJ）、山西（SX）、山东（SD）、河南（HEN）、陕西（SN）、宁夏（NX）、甘肃（GS）、青海（QH）、新疆（XJ）、四川（SC）；古北界

缘漏斗蛛 *Agelena limbata* Thorell, 1897

Thorell, 1897: 255; Wang, 1991: 410 (*A. sublimbata*); Song, Zhu & Chen, 1999: 355 (*A. sublimbata*); Zhang, Zhu & Song, 2005: 56 (Syn.).

异名：

Agelena sublimbata Wang, 1991; Song, Zhu & Chen, 1999: 355; Zhang, Zhu & Song, 2005: 56 (Syn.).

分布：云南（YN）；缅甸

灰色漏斗蛛 *Agelena poliosata* Wang, 1991

Wang, 1991: 411; Wang, 1992: 288 (*A. micropunctulata*); Chen & Zhao, 1998: 3; Song, Zhu & Chen, 1999: 354 (*A. micropunctulata*); Song, Zhu & Chen, 1999: 354; Zhang, Li & Xu, 2008: 96 (Syn.).

异名：

Agelena micropunctulata Wang, 1992; Song, Zhu & Chen, 1999: 354; Zhang, Li & Xu, 2008: 96 (Syn.).

分布：安徽（AH）、浙江（ZJ）、湖北（HB）、四川（SC）

帚状漏斗蛛 *Agelena scopulata* Wang, 1991

Wang, 1991: 407; Song, Zhu & Chen, 1999: 354; Zhang, Li & Gao, 2007: 12.

分布：云南（YN）

四川漏斗蛛 *Agelena secsuensis* Lendl, 1898

Lendl, 1898: 562 (*Agelena*).

分布：四川（SC）

森林漏斗蛛 *Agelena silvatica* Oliger, 1983

Oliger, 1983: 628 (*A. silvatica*); Hu, 1984: 205 (*A. limbata*, misidentified); Feng, 1990: 140 (*A. limbata*, misidentified); Chen & Gao, 1990: 115 (*A. limbata*, misidentified); Chen & Zhang, 1991: 186 (*A. limbata*, misidentified); Wang & Wang, 1991: 41 (*A. aglaosa*); Peng, Gong & Kim, 1996: 17 (*A. daoxianensis*); Wang, 1997: 253 (Syn.); Song, Zhu & Chen, 1999: 354 (*A. limbata*, misidentified); Song, Zhu & Chen, 1999: 354 (*A. daoxianensis*); Hu, 2001: 130 (*A. agraulosa*); Zhang, Zhu & Song, 2005: 58 (Syn.); Ono, 2009: 209; Zhu &

Zhang, 2011: 302; Yin et al., 2012: 946.

异名：

Agelena aglaosa Wang & Wang, 1991; Wang, 1997: 253 (Syn.); *Agelena daoxianensis* Peng, Gong & Kim, 1996: 17; Song, Zhu & Chen, 1999: 354; Zhang, Zhu & Song, 2005: 58 (Syn.).

分布：山东（SD）、河南（HEN）、陕西（SN）、安徽（AH）、上海（SH）、浙江（ZJ）、江西（JX）、湖南（HN）、湖北（HB）、四川（SC）、贵州（GZ）、云南（YN）、广东（GD）、广西（GX）；俄罗斯、日本

黑背漏斗蛛 *Agelena tungchis* Lee, 1998

Lee, 1998: 67.

分布：台湾（TW）

盾漏蛛属 *Ageleradix* Xu & Li, 2007

Xu & Li, 2007: 60. Type species: *Ageleradix sichuanensis* Xu & Li, 2007

船形盾漏蛛 *Ageleradix cymbiforma* (Wang, 1991)

Wang, 1991: 408 (*Agelena c.*); Song, Zhu & Chen, 1999: 353; Xu & Li, 2007: 60 (*Ageleradix c.*).

分布：云南（YN）

耳形盾漏蛛 *Ageleradix otiforma* (Wang, 1991)

Wang, 1991: 409 (*Agelena*); Song, Zhu & Chen, 1999: 354; Zhang, Li & Xu, 2008: 97 (*Ageleradix*).

分布：四川（SC）

史氏盾漏蛛 *Ageleradix schwendingeri* Zhang, Li & Xu, 2008

Zhang, Li & Xu, 2008: 99.

分布：四川（SC）、西藏（XZ）

四川盾漏蛛 *Ageleradix sichuanensis* Xu & Li, 2007

Xu & Li, 2007: 61.

分布：四川（SC）

胸隔盾漏蛛 *Ageleradix sternseptum* Zhang, Li & Xu, 2008

Zhang, Li & Xu, 2008: 101.

分布：云南（YN）

志升盾漏蛛 *Ageleradix zhishengi* Zhang, Li & Xu, 2008

Wang, 1991: 408 (*Agelena cymbiforma*, misidentified); Song, Zhu & Chen, 1999: 353 (*Agelena cymbiforma*, misidentified); Zhang, Li & Xu, 2008: 103.

分布：云南（YN）

异漏蛛属 *Allagelena* Zhang, Zhu & Song, 2006

Zhang, Zhu & Song, 2006: 78. Type species: *Allagelena bistriata* (Grube, 1861)

双纹异漏蛛 *Allagelena bistriata* (Grube, 1861)

Grube, 1861: 169 (*Agelena b.*); Zhang, Zhu & Song, 2006: 79 (*Allagelena bistriata*, Trans. from *Agelena*).

分布：黑龙江（HL）、吉林（JL）、辽宁（LN）、内蒙古（NM）、四川（SC）

机敏异漏蛛 *Allagelena difficilis* (Fox, 1936)

Fox, 1936: 121 (*Agelena*); Lehtinen, 1967: 209 (*Agelena opulenta*, not accepted by subsequent workers); Song, 1980: 160; Qiu, 1983: 91; Hu, 1984: 202; Guo, 1985: 108; Zhu et al., 1985: 120; Song, 1987: 189; Zhang, 1987: 134; Feng, 1990: 138; Chen & Gao, 1990: 113; Chen & Zhang, 1991: 184; Zhao, 1993: 296; Song, Zhu & Chen, 1999: 354; Hu, 2001: 128; Song, Zhu & Chen, 2001: 272; Namkung, 2003: 361; Zhang, Zhu & Song, 2006: 80 (*Allagelena*, Trans. from *Agelena*); Zhu & Zhang, 2011: 304; Yin et al., 2012: 948.

分布：吉林（JL）、辽宁（LN）、河北（HEB）、北京（BJ）、山东（SD）、河南（HEN）、陕西（SN）、甘肃（GS）、青海（QH）、安徽（AH）、江苏（JS）、浙江（ZJ）、湖南（HN）、湖北（HB）、四川（SC）、广东（GD）；韩国

细弱异漏蛛 *Allagelena gracilens* (C. L. Koch, 1841)

C. L. Koch, 1841: 59 (*Agelena*); Keyserling, 1863: 374 (*Agelena similis*); Simon, 1864: 212 (*Agelena gracilis*); Menge, 1871: 282 (*A. s.*); Simon, 1875: 113 (*A. s.*); Becker, 1896: 207 (*A. s.*); Chyzer & Kulczyński, 1897: 174 (*A. s.*); Bösenberg, 1902: 226 (*A. s.*); Osterloh, 1922: 344 (*A. s.*); Spassky, 1925: 29 (*A. s.*); Dahl, 1931: 15 (*A. s.*); Simon, 1937: 1012, 1042 (*A. g.*); Drensky, 1942: 53 (*A. s.*); Lehtinen, 1967: 209 (*A. g.*); Roberts, 1998: 259 (*A. g.*); Zhang, Zhu & Song, 2006: 81 (*Allagelena*, Trans. from *Agelena*).

分布：甘肃（GS）、四川（SC）；中欧、地中海到中亚

韩国异漏蛛 *Allagelena koreana* (Paik, 1965)

Paik, 1965: 59 (*Agelena koreane*); Lehtinen, 1967: 211 (*Agelena opulenta*, Syn., rejected by Brignoli, 1983: 469); Paik, 1978: 319 (*Agelena koreane*); Wang, 1991: 412 (*Agelena sangzhiensis*); Song, Zhu & Chen, 1999: 354 (*Agelena sangzhiensis*); Zhu & Zhang, 2011: 305 (*Allagelena koreana*, Trans. from *Agelena*, Syn.); Yin et al., 2012: 942 (*Agelena koreana*).

异名：

A. sangzhiensis (Wang, 1991, Trans. from *Agelena*); Zhu & Zhang, 2011: 305 (Syn.).

分布：湖南（HN）；韩国

华丽异漏蛛 *Allagelena opulenta* (L. Koch, 1878)

L. Koch, 1878: 757 (*Agalena*); Karsch, 1879: 98 (*Agalena japonica*); Bösenberg & Strand, 1906: 297 (*A. j.*); Bösenberg & Strand, 1906: 298 (*A. o.*); Dönitz & Strand, in Bösenberg & Strand, 1906: 388 (*Tegenaria dia*); Saitō, 1934: 343 (*A. j.*); Saitō, 1934: 344 (*A. o.*); Saitō, 1936: 51, 80 (*A. o.*); Uyemura, 1937: 58 (*A. o.*); Nakatsudi, 1942: 311 (*A. o.*); Ishinoda, 1957: 12 (*A. o.*); Ishinoda, 1957: 12 (*A. j.*); Saitō, 1959: 37 (*A. j.*); Saitō, 1959: 38 (*A. o.*); Yaginuma, 1960: 91 (*A. o.*); Lee, 1966: 65 (*A. o.*); Lehtinen, 1967: 209 (*A. o.*); Yaginuma, 1971: 91 (*A.*

o.); Shimojana, 1977: 112 (*A. o.*); Paik, 1978: 325 (*A. o.*); Song, Yu & Shang, 1981: 85 (*A. o.*); Hu, 1984: 205 (*A. o.*); Yaginuma, 1986: 138 (*A. o.*); Chikuni, 1989: 98 (*A. o.*); Chen & Gao, 1990: 116 (*A. o.*); Song, Zhu & Chen, 1999: 354 (*A. o.*); Kim & Tak, 2001: 123 (*A. o.*); Namkung, 2002: 362 (*A. o.*); Namkung, 2003: 364 (*A. o.*); Tanikawa, 2005: 28 (*A. o.*); Zhang, Zhu & Song, 2006: 81 (*Allagelena o.*); Ono, 2009: 210 (*Allagelena o.*).

异名：

Agelena japonica Karsch, 1879; Lehtinen, 1967: 209 (Syn.);
A. dia (Dönitz & Strand, in Bösenberg & Strand, 1906, Trans. from *Tegenaria*); Ono, 2009: 210 (Syn.).

分布：吉林（JL）、辽宁（LN）、内蒙古（NM）、安徽（AH）、浙江（ZJ）、四川（SC）、台湾（TW）；韩国、日本

满蛛属 *Alloclubionoides* Paik, 1992

Paik, 1992: 8. Type species: *Alloclubionoides coreanus* Paik, 1992

异名：

Ambanus Ovtchinnikov, 1999: 63; Kim & Lee, 2006: 1433 (Syn.).

旋卷满蛛 *Alloclubionoides circinalis* (Gao et al., 1993)

Gao et al., in Song et al., 1993: 95 (*Coelotes*); Song, Zhu & Chen, 1999: 374 (*C.*); Wang, 2002: 27 (*Ambanus*, Trans. from *Coelotes*).

分布：辽宁（LN）

新月满蛛 *Alloclubionoides meniscatus* (Zhu & Wang, 1991)

Zhu & Wang, 1991: 3 (*Coelotes*); Song, Zhu & Chen, 1999: 376 (*C.*); Wang, 2002: 28 (*Ambanus*, Trans. from *C.*).

分布：吉林（JL）

长鼻满蛛 *Alloclubionoides nariceus* (Zhu & Wang, 1994)

Zhu & Wang, 1994: 41 (*Coelotes*); Song, Zhu & Chen, 1999: 377 (*C.*); Zhang, Zhu & Song, 2007: 27 (*Ambanus*, Trans. from *Coelotes*); Zhang & Zhu, 2007: 23 (*Ambanus*).

分布：吉林（JL）

伪长鼻满蛛 *Alloclubionoides pseudonariceus* (Zhang, Zhu & Song, 2007)

Zhang, Zhu & Song, 2007: 22 (*Ambanus*).

分布：吉林（JL）

钩突满蛛 *Alloclubionoides rostratus* (Song et al., 1993)

Song et al., 1993: 93 (*Coelotes*); Song, Zhu & Chen, 1999: 377 (*C.*); Wang, 2002: 28 (*Ambanus*, Trans. from *Coelotes*).

分布：辽宁（LN）

三角满蛛 *Alloclubionoides triangulatus* (Zhang, Zhu & Song, 2007)

Zhang, Zhu & Song, 2007: 24 (*Ambanus*).

分布：吉林（JL）

三囊满蛛 *Alloclubionoides trisaccatus* (Zhang, Zhu & Song, 2007)

Zhang, Zhu & Song, 2007: 26 (*Ambanus*).

分布：吉林（JL）

近隅蛛属 *Aterigena* Bolzern, Hänggi & Burckhardt, 2010

Bolzern, Hänggi & Burckhardt, 2010: 164. Type species: *Tegenaria ligurica* (Simon, 1916)

刺近隅蛛 *Aterigena aculeata* (Wang, 1992)

Wang, 1992: 286 (*Tegenaria*); Song, Zhu & Chen, 1999: 360 (*T.*); Bolzern, Hänggi & Burckhardt, 2010: 171 (*Aterigena*, Trans. from *T.*); Zhu & Zhang, 2011: 307 (*T.*); Yin et al., 2012: 950 (*T.*).

分布：河南（HEN）、湖南（HN）、湖北（HB）、四川（SC）、贵州（GZ）、广西（GX）

旋蛛属 *Benoitia* Lehtinen, 1967

Lehtinen, 1967: 218. Type species: *Agelena bornemiszai* (Caporiacco, 1947)

田间旋蛛 *Benoitia agraulosa* (Wang & Wang, 1991)

Wang & Wang, 1991: 40 (*Agelena*); Wang, 1997: 254 (*A.*); *B. a.* Song, Zhu & Chen, 1999: 355 (*Benoitia*, Trans. from *Agelena*, after comments by Wang, 1997); Zhang, Li & Xu, 2008: 103 (*B. a.*).

分布：甘肃（GS）、青海（QH）

叉隙蛛属 *Bifidocoelotes* Wang, 2002

Wang, 2002: 37. Type species: *Coelotes bifida* Wang, Tso & Wu, 2001

双叉隙蛛 *Bifidocoelotes bifidus* (Wang, Tso & Wu, 2001)

Wang, Tso & Wu, 2001: 128 (*Coelotes bifida*); *B. bifida* Wang, 2002: 38 (*Bifidocoelotes*, Trans. from *C.*); Wang, 2003: 502 (*B. b.*).

分布：台湾（TW）

原叉隙蛛 *Bifidocoelotes primus* (Fox, 1937)

Fox, 1937: 1 (*Wadotes*); Bennett, 1987: 126 (*W.*); Wang, Tso & Wu, 2001: 129 (*Coelotes*, Trans. from *W.*); Wang, 2002: 37 (*B. p.*, Trans. from *C.*); Wang, 2003: 503 (*B. p.*); Wang & Jäger, 2010: 1170 (*B. p.*).

分布：香港（HK）

隙蛛属 *Coelotes* Blackwall, 1841

Blackwall, 1841: 618. Type species: *Coelotes atropos* (Walckenaer, 1830)

异名：

Urobia Komatsu, 1957; Lehtinen, 1967: 273 (Syn.).

针隙蛛 *Coelotes acicularis* Wang, Griswold & Ubick, 2009

Wang, Griswold & Ubick, 2009: 4.

分布：云南（YN）

阔隙蛛 *Coelotes amplilamnis* Saitō, 1936

Saitō, 1936: 80.

分布：辽宁（LN）

具臂隙蛛 *Coelotes brachiatus* Wang et al., 1990

Wang et al., 1990: 220; Song, Zhu & Chen, 1999: 374; Wang & Jäger, 2007: 26; Wang & Jäger, 2010: 1170.

分布：安徽（AH）

短蛛 *Coelotes brevis* Xu & Li, 2007

Xu & Li, 2007: 41.

分布：四川（SC）

宽边隙蛛 *Coelotes capacilimbus* Xu & Li, 2006

Xu & Li, 2006: 50.

分布：广西（GX）

洞穴隙蛛 *Coelotes cavernalis* Huang, Peng & Li, 2002

Huang, Peng & Li, in Huang et al., 2002: 78.

分布：贵州（GZ）

郴州隙蛛 *Coelotes chenzhou* Zhang & Yin, 2001

Zhang & Yin, 2001: 11; Yin et al., 2012: 985.

分布：湖南（HN）

巨隙蛛 *Coelotes colosseus* Xu & Li, 2007

Xu & Li, 2007: 41.

分布：浙江（ZJ）

反转隙蛛 *Coelotes conversus* Xu & Li, 2006

Xu & Li, 2006: 54.

分布：湖南（HN）

转突隙蛛 *Coelotes cylistus* Peng & Wang, 1997

Peng & Wang, 1997: 327; Song, Zhu & Chen, 1999: 374; Wang & Jäger, 2007: 26; Yin et al., 2012: 986.

分布：湖南（HN）

丝隙蛛 *Coelotes filamentaceus* Tang, Yin & Zhang, 2002

Tang, Yin & Zhang, 2002: 79; Yin et al., 2012: 987.

分布：浙江（ZJ）、湖南（HN）

剪隙蛛 *Coelotes forficatus* Liu & Li, 2010

Liu & Li, 2010: 2.

分布：海南（HI）

帽状隙蛛 *Coelotes galeiformis* Wang et al., 1990

Wang et al., 1990: 204; Song, Zhu & Chen, 1999: 375; Wang & Jäger, 2007: 26; Yin et al., 2012: 989.

分布：湖南（HN）

球隙蛛 *Coelotes globasus* (Wang, Peng & Kim, 1996)

Wang, Peng & Kim, 1996: 77 (*Coras*); Song, Zhu & Chen, 1999: 388 (*C.*); Wang & Jäger, 2007: 28 (*Coelotes*, Trans. from *Coras*) ; Yin et al., 2012: 998.

分布：湖南（HN）

光先隙蛛 *Coelotes guangxian* Zhang et al., 2003

Zhang et al., 2003: 79; Wang, Griswold & Ubick, 2009: 10.

分布：云南（YN）

瓶形隙蛛 *Coelotes guttatus* Wang et al., 1990

Wang et al., 1990: 203; Song, Zhu & Chen, 1999: 375; Wang & Jäger, 2007: 29; Wang & Jäger, 2010: 1176; Yin et al., 2012: 989.

分布：湖南（HN）

衡山隙蛛 *Coelotes hengshanensis* Tang & Yin, 2003

Tang & Yin, 2002: 14 (*C. nanyuensis*, preoccupied by Peng & Yin, 1998); Tang & Yin, 2003: 94 (replacement name).

分布：湖南（HN）

钩隙蛛 *Coelotes icohamatus* Zhu & Wang, 1991

Zhu & Wang, 1991: 2; Song, Zhu & Chen, 1999: 375; Wang, 2002: 122 (*Platocoelotes*, Trans. from *Coelotes*); Xu, Li & Wang, 2006: 799 (*C. i.*, Trans. from *Platocoelotes*).

分布：湖北（HB）、四川（SC）

朦胧隙蛛 *Coelotes indistinctus* Xu & Li, 2006

Xu & Li, 2006: 55.

分布：湖南（HN）

喜悦隙蛛 *Coelotes jucundus* Chen & Zhao, 1997

Chen & Zhao, 1997: 89; Song, Zhu & Chen, 1999: 376.

分布：湖北（HB）

斑点隙蛛 *Coelotes maculatus* Zhang, Peng & Kim, 1997

Zhang, Peng & Kim, 1997: 293; Wang & Jäger, 2007: 29.

分布：浙江（ZJ）

被毛隙蛛 *Coelotes mastrucatus* Wang et al., 1990

Wang et al., 1990: 232; Song, Zhu & Chen, 1999: 376; Yin et al., 2012: 990.

分布：湖南（HN）

小隙蛛 *Coelotes microps* Schenkel, 1963

Schenkel, 1963: 290; Schenkel, 1963: 292 (*C. magnidentatus*); Xu & Li, 2006: 335; Wang & Jäger, 2007: 30 (Syn.).

异名：

Coelotes magnidentatus Schenkel, 1963; Wang & Jäger, 2007: 30 (Syn.).

分布：甘肃（GS）、青海（QH）

平静隙蛛 *Coelotes modestus* Simon, 1880

Simon, 1880: 116; Chikuni, 1977: 56 (probably misidentified); Song & Hubert, 1983: 6; Song, 1987: 192; Zhu & Wang, 1991: 3 (*C. gypsarpageus*); Song, Zhu & Chen, 1999: 375 (*C. gypsarpageus*); Song, Zhu & Chen, 1999: 376 (*C. m.*); Song, Zhu & Chen, 2001: 291 (*C. gypsarpageus*); Song, Zhu & Chen,

2001: 292 (*C. m.*); Zhang et al., 2003: 81 (*C. m.*, Syn.).
异名：
Coelotes gypsarpageus Zhu & Wang, 1991; Zhang et al., 2003: 81 (Syn.).
分布：河北（HEB）、北京（BJ）

多环隙蛛 *Coelotes multannulatus* Zhang et al., 2006
Zhang et al., 2006: 2.
分布：湖北（HB）

宁明隙蛛 *Coelotes ningmingensis* Peng et al., 1998
Peng et al., 1998: 78; Wang & Jäger, 2007: 31.
分布：广西（GX）

足齿隙蛛 *Coelotes pedodentalis* Zhang et al., 2006
Zhang et al., 2006: 3.
分布：湖北（HB）

普氏隙蛛 *Coelotes plancyi* Simon, 1880
Simon, 1880: 115; Simon, 1898: 258 (*Coras p.*); Lehtinen, 1967: 224 (*C. insidiosus*, Trans. from *Coras*, subsequence rejected S); Song & Hubert, 1983: 4 (*C. p.*, Trans. from *Coras*); Song, 1987: 194 (*C. p.*); Song, Zhu & Chen, 1999: 377; Hu, 2001: 143; Song, Zhu & Chen, 2001: 293; Zhu & Zhang, 2011: 318.
分布：河北（HEB）、北京（BJ）、河南（HEN）、陕西（SN）、青海（QH）、湖南（HN）、湖北（HB）、四川（SC）；日本

突隙蛛 *Coelotes processus* Xu & Li, 2007
Xu & Li, 2007: 42.
分布：广西（GX）

长隙蛛 *Coelotes prolixus* Wang et al., 1990
Wang et al., 1990: 230; Song, Zhu & Chen, 1999: 377; Yin et al., 2012: 992.
分布：湖南（HN）

伪光先隙蛛 *Coelotes pseudoguangxian* Wang, Griswold & Ubick, 2009
Wang, Griswold & Ubick, 2009: 11.
分布：云南（YN）

伪地隙蛛 *Coelotes pseudoterrestris* Schenkel, 1963
Schenkel, 1963: 286; Wang et al., 1990: 222 (*C. sacratus*); Song, Zhu & Chen, 1999: 378 (*C. saccatus*); Wang, 2002: 50 (*C. p.*); Wang & Jäger, 2008: 2279; Wang, Griswold & Ubick, 2009: 13; Wang & Jäger, 2010: 1176.
分布：云南（YN）

伪云南隙蛛 *Coelotes pseudoyunnanensis* Wang, Griswold & Ubick, 2009
Wang, Griswold & Ubick, 2009: 19.
分布：云南（YN）

强壮隙蛛 *Coelotes robustus* Wang et al., 1990
Wang et al., 1990: 225; Song, Zhu & Chen, 1999: 377; Wang & Jäger, 2007: 32.
分布：浙江（ZJ）

皱隙蛛 *Coelotes rugosus* (Wang, Peng & Kim, 1996)
Wang, Peng & Kim, 1996: 78 (*Coras*); Song, Zhu & Chen, 1999: 388 (*Coras*); Wang & Jäger, 2007: 33 (*Coelotes*, Trans. from *Coras*); Wang & Jäger, 2010: 1176; Yin et al., 2012: 999
分布：湖南（HN）

囊状隙蛛 *Coelotes saccatus* Peng & Yin, 1998
Peng & Yin, 1998: 27; Song, Zhu & Chen, 1999: 378; Yin et al., 2012: 995.
分布：湖南（HN）

篱笆隙蛛 *Coelotes septus* Wang et al., 1990
Wang et al., 1990: 224; Song, Zhu & Chen, 1999: 224; Wang & Jäger, 2007: 34; Yin et al., 2012: 996.
分布：湖南（HN）

地隙蛛 *Coelotes terrestris* (Wider, 1834)
Wider, 1834: 210 (*Aranea*); C. L. Koch, 1837: 15 (*Amaurobius subterraneus*); C. L. Koch, 1837: 16 (*Amaurobius tigrinus*); C. L. Koch, 1839: 45 (*Amaurobius*); L. Koch, 1855: 163 (*A.*); L. Koch, 1868: 42 (*A.*); O. P.-Cambridge, 1889: 113 (*C. pabulator*, misidentified); Chyzer & Kulczyński, 1897: 161 (*C. t.*); Kulczyński, 1906: 443 (*A.*); Locket & Millidge, 1953: 20 (*A.*); Hull, 1955: 51 (*C. t.*); Miller, 1971: 175 (*A.*); de Blauwe, 1973: 105 (*C. t.*); Hu & Wu, 1989: 181; Song, Zhu & Chen, 1999: 378.
分布：新疆（XJ）；古北界

天童隙蛛 *Coelotes tiantongensis* Zhang, Peng & Kim, 1997
Zhang, Peng & Kim, 1997: 295; Wang & Jäger, 2007: 34.
分布：浙江（ZJ）

波纹隙蛛 *Coelotes undulatus* Hu & Wang, 1990
Hu & Wang, 1990: 1; Song, Zhu & Chen, 1999: 388.
分布：福建（FJ）

痕迹隙蛛 *Coelotes vestigialis* Xu & Li, 2007
Xu & Li, 2007: 756.
分布：湖北（HB）

王氏隙蛛 *Coelotes wangi* Chen & Zhao, 1997
Chen & Zhao, 1997: 90; Song, Zhu & Chen, 1999: 388; Wang & Jäger, 2007: 35; Wang & Jäger, 2010: 1170.
分布：湖北（HB）

五盖山隙蛛 *Coelotes wugeshanensis* Zhang, Yin & Kim, 2000
Zhang, Yin & Kim, 2000: 80; Yin et al., 2012: 997.
分布：湖南（HN）

新疆隙蛛 *Coelotes xinjiangensis* Hu, 1992
Hu, 1992: 39.

分布：新疆（XJ）

颜亨梅隙蛛 *Coelotes yanhengmei* Wang, Griswold & Ubick, 2009

Wang, Griswold & Ubick, 2009: 32.
分布：云南（YN）

云南隙蛛 *Coelotes yunnanensis* Schenkel, 1963

Schenkel, 1963: 289; Lehtinen, 1967: 224 (*C. spinivulva*); Wang, 2002: 50 (*C. y.*); Wang, Griswold & Ubick, 2009: 29.
分布：云南（YN）

龙隙蛛属 *Draconarius* Ovtchinnikov, 1999

Ovtchinnikov, 1999: 70. Type species: *Draconarius venustus* Ovtchinnikov, 1999

缺龙隙蛛 *Draconarius absentis* Wang, 2003

Wang, 2003: 517; Wang, Griswold & Miller, 2010: 17.
分布：云南（YN）

尖齿龙隙蛛 *Draconarius acidentatus* (Peng & Yin, 1998)

Peng & Yin, 1998: 26 (*Coelotes*); Wang, 2003: 518 (*Draconarius*, Trans. from *Coelotes*); Yin et al., 2012: 1005.
分布：湖南（HN）

尖龙隙蛛 *Draconarius acutus* Xu & Li, 2008

Xu & Li, 2008: 20.
分布：云南（YN）

盘曲龙隙蛛 *Draconarius adligansus* (Peng & Yin, 1998)

Peng & Yin, 1998: 26 (*Coelotes*); Wang, 2003: 518 (*Draconarius*, Trans. from *Coelotes*); Wang & Jäger, 2010: 1176; Yin et al., 2012: 1006.
分布：湖南（HN）

连龙隙蛛 *Draconarius adnatus* Wang, Griswold & Miller, 2010

Wang, Griswold & Miller, 2010: 19.
分布：云南（YN）

宽龙隙蛛 *Draconarius agrestis* Wang, 2003

Wang, 2003: 519; Wang & Jäger, 2008: 2280; Wang, Griswold & Miller, 2010: 21.
分布：云南（YN）

高原龙隙蛛 *Draconarius altissimus* (Hu, 2001)

Hu, 2001: 131 (*Coelotes*); Wang, 2003: 519 (*Draconarius*, Trans. from *Coelotes*).
分布：西藏（XZ）

双头龙隙蛛 *Draconarius anceps* Wang, Griswold & Miller, 2010

Wang, Griswold & Miller, 2010: 23.
分布：云南（YN）

弓形龙隙蛛 *Draconarius arcuatus* (Chen, 1984)

Chen, 1984: 2 (*Coelotes*); Chen & Zhang, 1991: 189; Song, Zhu & Chen, 1999: 374; Wang, 2002: 66 (*Draconarius*, Trans. from *Coelotes*); Wang, 2003: 520.
分布：浙江（ZJ）

银色龙隙蛛 *Draconarius argenteus* (Wang et al., 1990)

Wang et al., 1990: 229 (*Coelotes*); Song, Zhu & Chen, 1999: 374; Wang, 2003: 521 (*Draconarius*, Trans. from *Coelotes*).
分布：云南（YN）

无刺龙隙蛛 *Draconarius aspinatus* (Wang et al., 1990)

Wang et al., 1990: 207 (*Coelotes*); Song, Zhu & Chen, 1999: 374; Wang, 2002: 66 (*Draconarius*, Trans. from *Coelotes*); Wang, 2003: 521; Ubick, 2005: 315.
分布：安徽（AH）

耳叶龙隙蛛 *Draconarius auriculatus* Xu & Li, 2006

Xu & Li, 2006: 779.
分布：四川（SC）

耳形龙隙蛛 *Draconarius auriformis* Xu & Li, 2007

Xu & Li, 2007: 343.
分布：贵州（GZ）

版纳龙隙蛛 *Draconarius bannaensis* Liu & Li, 2010

Liu & Li, 2010: 8.
分布：云南（YN）

拔仙台龙隙蛛 *Draconarius baxiantaiensis* Wang, 2003

Wang, 2003: 522.
分布：陕西（SN）

双瘤龙隙蛛 *Draconarius bituberculatus* (Wang et al., 1990)

Wang et al., 1990: 209 (*Coelotes*); Song, Zhu & Chen, 1999: 374; Wang, 2003: 522 (*Draconarius*, Trans. from *Coelotes*); Wang & Jäger, 2008: 2284.
分布：安徽（AH）

臂状龙隙蛛 *Draconarius brachialis* Xu & Li, 2007

Xu & Li, 2007: 343.
分布：贵州（GZ）

褐色龙隙蛛 *Draconarius brunneus* (Hu & Li, 1987)

Hu & Li, 1987: 277 (*Coelotes*); Song, Zhu & Chen, 1999: 374; Hu, 2001: 136; Wang, 2003: 523 (*Draconarius*, Trans. from *Coelotes*).
分布：西藏（XZ）

矩形龙隙蛛 *Draconarius calcariformis* (Wang, 1994)

Wang, 1994: 287 (*Coelotes*); Song, Zhu & Chen, 1999: 374;

Wang, 2002: 67 (*Draconarius*, Trans. from *Coelotes*); Wang, 2003: 523.

分布：湖北（HB）

头龙隙蛛 *Draconarius capitulatus* Wang, 2003

Wang, 2003: 524; Wang, Griswold & Miller, 2010: 24.

分布：云南（YN）

龙首龙隙蛛 *Draconarius carinatus* (Wang et al., 1990)

Wang et al., 1990: 211 (*Coelotes*); Song, Zhu & Chen, 1999: 217; Wang, 2003: 524 (*Draconarius*, Trans. from *Coelotes*); Wang & Jäger, 2008: 2285.

分布：安徽（AH）

碟形龙隙蛛 *Draconarius catillus* Wang, Griswold & Miller, 2010

Wang, Griswold & Miller, 2010: 28.

分布：云南（YN）

柴桥龙隙蛛 *Draconarius chaiqiaoensis* (Zhang, Peng & Kim, 1997)

Zhang, Peng & Kim, 1997: 291 (*Coelotes*); Wang, 2003: 525 (*Draconarius*, Trans. from *Coelotes*); Wang & Jäger, 2008: 2279.

分布：浙江（ZJ）

陈氏龙隙蛛 *Draconarius cheni* (Platnick, 1989)

Chen, 1984: 2 (*Coelotes saxatilis*; specific name preoccupied by Blackwall, 1833); Chen & Zhang, 1991: 189 (*C. s.*); Platnick, 1989: 422 (*C. c.*, replacement name); Song, Zhu & Chen, 1999: 374; Wang, 2002: 67 (*Draconarius*, Trans. from *Coelotes*); Wang, 2003: 525.

分布：浙江（ZJ）

匙状龙隙蛛 *Draconarius cochleariformis* Liu & Li, 2009

Liu & Li, 2009: 670.

分布：贵州（GZ）

舌突龙隙蛛 *Draconarius colubrinus* Zhang, Zhu & Song, 2002

Zhang, Zhu & Song, 2002: 52; Wang, 2003: 525 (*Draconarius*, Trans. from *Coelotes*).

分布：湖北（HB）

扁平龙隙蛛 *Draconarius complanatus* Xu & Li, 2008

Xu & Li, 2008: 20.

分布：湖南（HN）

奇龙隙蛛 *Draconarius curiosus* Wang, 2003

Wang, 2003: 526; Wang & Jäger, 2008: 2285; Wang, Griswold & Miller, 2010: 30.

分布：云南（YN）

弯卷龙隙蛛 *Draconarius curvabilis* Wang & Jäger, 2007

Hu, 1992: 41 (*Coelotes xizangensis*, misidentified); Hu, 2001: 148 (*C. x.*, misidentified); Wang & Jäger, 2007: 36 (*Draconarius*, Trans. from *Coelotes*).

分布：西藏（XZ）

弯管龙隙蛛 *Draconarius curvus* Wang, Griswold & Miller, 2010

Wang, Griswold & Miller, 2010: 31.

分布：云南（YN）

大卫龙隙蛛 *Draconarius davidi* (Schenkel, 1963)

Schenkel, 1963: 283 (*Coelotes*); Wang, 2002: 67 (*Draconarius*, Trans. from *Coelotes*); Wang, 2003: 527.

分布：陕西（SN）

退化龙隙蛛 *Draconarius degeneratus* (Liu & Li, 2009)

Liu & Li, 2009: 666 (*Coelotes*); Wang, Griswold & Miller, 2010: 33 (*Draconarius*, Trans. from *Coelotes*).

分布：云南（YN）

丹氏龙隙蛛 *Draconarius denisi* (Schenkel, 1963)

Schenkel, 1963: 285 (*Coelotes*); Wang, 2003: 528 (*Draconarius*, Trans. from *Coelotes*).

分布：云南（YN）

指头龙隙蛛 *Draconarius digituliscaputus* Chen, Zhu & Kim, 2008

Chen, Zhu & Kim, 2008: 89.

分布：贵州（GZ）

指形龙隙蛛 *Draconarius digitusiformis* (Wang et al., 1990)

Wang et al., 1990: 205 (*Coelotes*); Peng, Gong & Kim, 1996: 20 (*C. shuangpaiensis*); Song, Zhu & Chen, 1999: 374 (*C. d.*); Song, Zhu & Chen, 1999: 378 (*C. s.*); Wang, 2003: 528 (*Draconarius*, Trans. from *Coelotes*); Wang & Jäger, 2008: 2280; Yin et al., 2012: 1008.

分布：湖南（HN）

异龙隙蛛 *Draconarius disgregus* Wang, 2003

Wang, 2003: 528; Wang & Jäger, 2008: 2279; Wang, Griswold & Miller, 2010: 34.

分布：云南（YN）

阔龙隙蛛 *Draconarius dissitus* Wang, 2003

Wang, 2003: 529.

分布：西藏（XZ）

特龙隙蛛 *Draconarius dubius* Wang, 2003

Wang, 2003: 530; Wang & Jäger, 2008: 2279; Wang, Griswold & Miller, 2010: 35.

分布：云南（YN）

双倍龙隙蛛 *Draconarius duplus* Wang, Griswold & Miller, 2010

Wang, Griswold & Miller, 2010: 39.

分布：云南（YN）

大囊龙隙蛛 *Draconarius episomos* Wang, 2003

Wang, 2003: 530; Wang & Jäger, 2010: 1176; Wang, Griswold & Miller, 2010: 40.

分布：云南（YN）

宽基龙隙蛛 *Draconarius euryembolus* Wang, Griswold & Miller, 2010

Wang, Griswold & Miller, 2010: 42.

分布：云南（YN）

珠峰龙隙蛛 *Draconarius everesti* (Hu, 2001)

Hu, 2001: 145 (*Coelotes*); Wang, 2003: 531 (*Draconarius*, Trans. from *Coelotes*).

分布：西藏（XZ）

小腔龙隙蛛 *Draconarius exiguus* Liu & Li, 2010

Liu & Li, 2010: 12.

分布：云南（YN）

细长龙隙蛛 *Draconarius exilis* Zhang, Zhu & Wang, 2005

Zhang, Zhu & Wang, 2005: 46; Wang, Griswold & Miller, 2010: 45.

分布：四川（SC）

扩展龙隙蛛 *Draconarius expansus* Xu & Li, 2008

Xu & Li, 2008: 22.

分布：湖南（HN）

镰刀龙隙蛛 *Draconarius falcatus* Xu & Li, 2006

Xu & Li, 2006: 779.

分布：四川（SC）

花龙隙蛛 *Draconarius flos* Wang & Jäger, 2007

Wang & Jäger, 2007: 37; Wang, Griswold & Miller, 2010: 47.

分布：云南（YN）

巨龙隙蛛 *Draconarius gigas* Wang, Griswold & Miller, 2010

Wang, Griswold & Miller, 2010: 49.

分布：云南（YN）

格氏龙隙蛛 *Draconarius griswoldi* Wang, 2003

Wang, 2003: 531; Wang & Jäger, 2008: 2280; Wang, Griswold & Miller, 2010: 50.

分布：云南（YN）

贵州龙隙蛛 *Draconarius guizhouensis* (Peng, Li & Huang, 2002)

Peng, Li & Huang, in Huang et al., 2002: 79 (*Coelotes*); Zhu & Chen, 2009: 184 (*D. semilunatus*); Wang, Wu & Li, 2012: 61 (*Draconarius*, Trans. from *Coelotes*, syn.).

异名：

Draconarius semilunatus Zhu & Chen, 2009; Wang, Wu & Li, 2012: 61 (Syn.).

分布：贵州（GZ）

郭氏龙隙蛛 *Draconarius guoi* Wang, Griswold & Miller, 2010

Wang, Griswold & Miller, 2010: 53.

分布：云南（YN）

螺形龙隙蛛 *Draconarius gyriniformis* (Wang & Zhu, 1991)

Wang & Zhu, 1991: 4 (*Coelotes*); Song, Zhu & Chen, 1999: 375 (*C.*); Wang, 2003: 533 (*Draconarius*, Trans. from *Coelotes*); Xu & Li, 2006: 337; Wang & Jäger, 2007: 37.

分布：四川（SC）

杭州龙隙蛛 *Draconarius hangzhouensis* (Chen, 1984)

Chen, 1984: 1 (*Coelotes*); Chen & Zhang, 1991: 188; Song, Zhu & Chen, 1999: 375; Wang, 2003: 534 (*Draconarius*, Trans. from *Coelotes*).

分布：浙江（ZJ）

蒿坪龙隙蛛 *Draconarius haopingensis* Wang, 2003

Wang, 2003: 533.

分布：陕西（SN）

喜龙隙蛛 *Draconarius himalayaensis* (Hu, 2001)

Hu, 2001: 134 (*Coelotes*); Wang, 2003: 534 (*Draconarius*, Trans. from *Coelotes*).

分布：西藏（XZ）

胡氏龙隙蛛 *Draconarius hui* (Dankittipakul & Wang, 2003)

Hu, 2001: 133 (*Coelotes wangi*, preoccupied by Chen & Zhao, 1997); Dankittipakul & Wang, 2003: 735 (*C. hui*, replacement name); Wang, 2003: 534 (*Draconarius*, Trans. from *Coelotes*).

分布：西藏（XZ）

徽州龙隙蛛 *Draconarius huizhunesis* (Wang & Xu, 1988)

Wang & Xu, 1988: 4 (*Coelotes h.*, spelled *Coelotes huizhuneesis* in species heading, as above in legend, table, and abstract); Song, Zhu & Chen, 1999: 375 (*C. h.*, invalid emendation); Wang, 2003: 535 (*Draconarius*, Trans. from *Coelotes*).

分布：安徽（AH）

广龙隙蛛 *Draconarius immensus* Xu & Li, 2006

Xu & Li, 2006: 782; Wang & Jäger, 2010: 1182.

分布：四川（SC）

不当龙隙蛛 *Draconarius improprius* Wang, Griswold & Miller, 2010

Wang, Griswold & Miller, 2010: 55.

分布：云南（YN）

不定龙隙蛛 *Draconarius incertus* Wang, 2003

Wang, 2003: 535; Wang, 2003: 541 (*D. parabrunneus*); Zhang,

Zhu & Wang, 2005: 48 (*D. i.*); Wang, Griswold & Miller, 2010: 56.
分布：云南（YN）

带纹龙隙蛛 *Draconarius infulatus* (Wang et al., 1990)
Wang et al., 1990: 202 (*Coelotes*); Song, Zhu & Chen, 1999: 375; Wang, 2002: 67 (*Draconarius*, Trans. from *Coelotes*); Yin et al., 2012: 1009.
分布：浙江（ZJ）、湖南（HN）

内钩龙隙蛛 *Draconarius introhamatus* (Xu & Li, 2006)
Xu & Li, 2006: 57 (*Coelotes*); Wang, Griswold & Miller, 2010: 59 (*Draconarius*, Trans. from *Coelotes*).
分布：云南（YN）

尖峰岭龙隙蛛 *Draconarius jianfenglingensis* Liu & Li, 2009
Liu & Li, 2009: 731.
分布：海南（HI）

江永龙隙蛛 *Draconarius jiangyongensis* (Peng, Gong & Kim, 1996)
Peng, Gong & Kim, 1996: 19 (*Coelotes*); Song, Zhu & Chen, 1999: 376; Wang, 2003: 536 (*Draconarius*, Trans. from *Coelotes*) ; Yin et al., 2012: 1010.
分布：湖南（HN）

卡氏龙隙蛛 *Draconarius kavanaughi* Wang, Griswold & Miller, 2010
Wang, Griswold & Miller, 2010: 58.
分布：云南（YN）

唇形龙隙蛛 *Draconarius labiatus* (Wang & Ono, 1998)
Wang & Ono, 1998: 145 (*Coelotes labiatus*); Wang, 2002: 67 (*Draconarius l.*, Trans. from *Coelotes*); Wang, 2003: 536.
分布：台湾（TW）

老黄龙龙隙蛛 *Draconarius laohuanglongensis* (Liu & Li, 2009)
Liu & Li, 2009: 667 (*Coelotes*); Wang, Griswold & Miller, 2010: 61 (*Draconarius*, Trans. from *Coelotes*).
分布：云南（YN）

侧孔龙隙蛛 *Draconarius laticavus* Wang, Griswold & Miller, 2010
Wang, Griswold & Miller, 2010: 61.
分布：云南（YN）

阔不定龙隙蛛 *Draconarius latusincertus* Wang, Griswold & Miller, 2010
Wang, Griswold & Miller, 2010: 63.
分布：云南（YN）

莱维龙隙蛛 *Draconarius levyi* Wang, Griswold & Miller, 2010
Wang, Griswold & Miller, 2010: 68.
分布：云南（YN）

林氏龙隙蛛 *Draconarius lini* Liu & Li, 2009
Liu & Li, 2009: 674.
分布：贵州（GZ）、云南（YN）

临夏龙隙蛛 *Draconarius linxiaensis* Wang, 2003
Wang, 2003: 537; Wang & Jäger, 2008: 2285.
分布：甘肃（GS）

林芝龙隙蛛 *Draconarius linzhiensis* (Hu, 2001)
Hu, 2001: 138 (*Coelotes*); Wang, 2003: 537 (*Draconarius*, Trans. from *Coelotes*).
分布：西藏（XZ）

龙陵龙隙蛛 *Draconarius longlingensis* Wang, Griswold & Miller, 2010
Wang, Griswold & Miller, 2010: 73.
分布：云南（YN）

污浊龙隙蛛 *Draconarius lutulentus* (Wang et al., 1990)
Wang et al., 1990: 216 (*Coelotes*); Chen & Zhang, 1991: 192 (*Tegenaria muscus*, specific name attributed to Chen, 1990, unpublished); Chen, Zhao & Wang, 1991: 10 (*C. sinualis*); *Tegenaria muscus* Song, Zhu & Chen, 1999: 360 (*T. m.*); Song, Zhu & Chen, 1999: 378 (*C. s.*); Song, Zhu & Chen, 1999: 376 (*C. l.*); Hu, 2001: 139; Wang, 2002: 67 (*Draconarius l.*, Trans. from *Coelotes*); Wang, 2002: 69 (*Draconarius sinualis*, Trans. from *Coelotes*); Wang, 2003: 538 (*D. l.*); Zhu & Zhang, 2011: 320; Yin et al., 2012: 1011.
分布：河南（HEN）、陕西（SN）、安徽（AH）、浙江（ZJ）、湖南（HN）、湖北（HB）、西藏（XZ）

大弓龙隙蛛 *Draconarius magnarcuatus* Xu & Li, 2008
Xu & Li, 2008: 23.
分布：江苏（JS）

大头龙隙蛛 *Draconarius magniceps* (Schenkel, 1936)
Schenkel, 1936: 186 (*Coelotes m.*); Wang, 2003: 538 (*Draconarius m.*, Trans. from *Coelotes*).
分布：甘肃（GS）

小眼龙隙蛛 *Draconarius mikrommatos* Wang, Griswold & Miller, 2010
Wang, Griswold & Miller, 2010: 73.
分布：云南（YN）

柔软龙隙蛛 *Draconarius molluscus* (Wang et al., 1990)
Wang et al., 1990: 214 (*Coelotes m.*); Song, Zhu & Chen, 1999:

376 (*Coelotes m.*); Wang, 2002: 67 (*D. m.*, Trans. from *Coelotes*); Wang, 2003: 539; Xie & Chen, 2011: 30.
分布：江西（JX）

穆坪龙隙蛛 *Draconarius mupingensis* Xu & Li, 2006
Xu & Li, 2006: 784.
分布：四川（SC）、云南（YN）

南岳龙隙蛛 *Draconarius nanyuensis* (Peng & Yin, 1998)
Peng & Yin, 1998: 27 (*Coelotes n.*); Wang, 2003: 539 (*D. m.*, Trans. from *Coelotes*) ; Yin et al., 2012: 1013.
分布：湖南（HN）

内乡龙隙蛛 *Draconarius neixiangensis* (Hu, Wang & Wang, 1991)
Hu, Wang & Wang, 1991: 43 (*Coelotes n.*); Wang, 1994: 286 (*Coelotes baccatus*); Song, Zhu & Chen, 1999: 374 (*C. b.*); Song, Zhu & Chen, 1999: 377 (*Coelotes n.*); Wang, 2002: 66 (*D. baccatus*, Trans. from *Coelotes*); Wang, 2002: 68 (*D. m.*, Trans. from *Coelotes*); Wang, 2003: 540 (Syn.); Wang & Jäger, 2008: 2280; Zhu & Zhang, 2011: 321.
异名：
Draconarius baccatus (Wang, 2002); Wang, 2003: 540 (Syn.).
分布：河南（HEN）、湖北（HB）

夜出龙隙蛛 *Draconarius noctulus* (Wang et al., 1990)
Wang et al., 1990: 226 (*Coelotes n.*); Song, Zhu & Chen, 1999: 377 (*Coelotes n.*); Wang & Jäger, 2007: 31 (*Coelotes n.*); Wang, Griswold & Miller, 2010: 75 (*D. m.*, Trans. from *Coelotes*).
分布：云南（YN）

裸龙隙蛛 *Draconarius nudulus* Wang, 2003
Wang, 2003: 540; Wang, Griswold & Miller, 2010: 75.
分布：云南（YN）

鹅龙隙蛛 *Draconarius olorinus* Wang, Griswold & Miller, 2010
Wang, Griswold & Miller, 2010: 76.
分布：云南（YN）

装饰龙隙蛛 *Draconarius ornatus* (Wang et al., 1990)
Wang et al., 1990: 199 (*Coelotes o.*); Song, Zhu & Chen, 1999: 377 (*Coelotes o.*); Wang, 2003: 541 (*D. o.*, Trans. from *Coelotes*); Wang & Jäger, 2008: 2285; Wang, Griswold & Miller, 2010: 77.
分布：云南（YN）

绵羊龙隙蛛 *Draconarius ovillus* Xu & Li, 2007
Xu & Li, 2007: 345.
分布：贵州（GZ）

乳突龙隙蛛 *Draconarius papillatus* Xu & Li, 2006
Xu & Li, 2006: 786.
分布：四川（SC）、云南（YN）、西藏（XZ）

平行龙隙蛛 *Draconarius parallelus* Liu & Li, 2009
Liu & Li, 2009: 676.
分布：贵州（GZ）

副旋龙隙蛛 *Draconarius paraspiralis* Wang, Griswold & Miller, 2010
Wang, Griswold & Miller, 2010: 79.
分布：云南（YN）

副孔龙隙蛛 *Draconarius paraterebratus* Wang, 2003
Wang, 2003: 542; Wang, Griswold & Miller, 2010: 80.
分布：云南（YN）

副三龙隙蛛 *Draconarius paratrifasciatus* Wang & Jäger, 2007
Wang & Jäger, 2007: 39.
分布：四川（SC）

膝叉龙隙蛛 *Draconarius patellabifidus* Wang, 2003
Wang, 2003: 542; Wang, Griswold & Miller, 2010: 81.
分布：云南（YN）

笔形龙隙蛛 *Draconarius penicillatus* (Wang et al., 1990)
Wang et al., 1990: 197 (*Coelotes p.*); Song, Zhu & Chen, 1999: 377 (*Coelotes penicilatus*); Wang, 2003: 543 (*D. p.*, Trans. from *Coelotes*); Wang & Jäger, 2008: 2280.
分布：云南（YN）

奇异龙隙蛛 *Draconarius peregrinus* Xie & Chen, 2011
Xie & Chen, 2011: 31.
分布：安徽（AH）、湖北（HB）

虎纹龙隙蛛 *Draconarius pervicax* (Hu & Li, 1987)
Hu & Li, 1987: 279 (*Coelotes p.*); Song, Zhu & Chen, 1999: 377 (*Coelotes p.*); Hu, 2001: 141 (*Coelotes p.*); Wang, 2003: 543 (*D. p.*, Trans. from *Coelotes*).
分布：西藏（XZ）

豹纹龙隙蛛 *Draconarius picta* (Hu, 2001)
Hu, 2001: 142 (*Coelotes p.*); Wang, 2003: 544 (*D. p.*, Trans. from *Coelotes*).
分布：西藏（XZ）

波氏龙隙蛛 *Draconarius potanini* (Schenkel, 1963)
Schenkel, 1963: 275 (*Cybaeus p.*); Song, Zhu & Chen, 1999: 355 (*Cybaeus p.*); Wang, 2002: 68 (*D. p.*, Trans. from *Coelotes*); Wang, 2003: 544.
分布：甘肃（GS）

近龙隙蛛 *Draconarius proximus* Chen, Zhu & Kim, 2008
Chen, Zhu & Kim, 2008: 87.

分布：贵州（GZ）

伪阔龙隙蛛 *Draconarius pseudoagrestis* Wang, Griswold & Miller, 2010

Wang, Griswold & Miller, 2010: 84.

分布：云南（YN）

伪褐龙隙蛛 *Draconarius pseudobrunneus* Wang, 2003

Wang, 2003: 544; Wang, Griswold & Miller, 2010: 85.

分布：云南（YN）

伪头龙隙蛛 *Draconarius pseudocapitulatus* Wang, 2003

Wang, 2003: 545; Wang, Griswold & Miller, 2010: 89.

分布：云南（YN）

伪韩龙隙蛛 *Draconarius pseudocoreanus* Xu & Li, 2008

Xu & Li, 2008: 25.

分布：四川（SC）

伪旋龙隙蛛 *Draconarius pseudospiralis* Wang, Griswold & Miller, 2010

Wang, Griswold & Miller, 2010: 94.

分布：云南（YN）

伪威龙隙蛛 *Draconarius pseudowuermlii* Wang, 2003

Wang, 2003: 546; Wang, Griswold & Miller, 2010: 100.

分布：云南（YN）

青藏龙隙蛛 *Draconarius qingzangensis* (Hu, 2001)

Hu, 2001: 143 (*Coelotes q.*); Wang, 2003: 546 (*D. q.*, Trans. from *Coelotes*).

分布：青海（QH）

方形龙隙蛛 *Draconarius quadratus* (Wang et al., 1990)

Wang et al., 1990: 197 (*Coelotes q.*); Song, Zhu & Chen, 1999: 377 (*Coelotes q.*); Wang, 2003: 546 (*D. q.*, Trans. from *Coelotes*).

分布：广西（GX）

四龙隙蛛 *Draconarius quattour* Wang, Griswold & Miller, 2010

Wang, Griswold & Miller, 2010: 101.

分布：云南（YN）

肾形龙隙蛛 *Draconarius renalis* Wang, Griswold & Miller, 2010

Wang, Griswold & Miller, 2010: 102.

分布：云南（YN）

圆龙隙蛛 *Draconarius rotundus* Wang, 2003

Wang, 2003: 547; Wang, Griswold & Miller, 2010: 104.

分布：云南（YN）

淡红龙隙蛛 *Draconarius rufulus* (Wang et al., 1990)

Wang et al., 1990: 194 (*Coelotes r.*); Zhang, Peng & Kim, 1997: 295 (*Coelotes rufuloides*); Song, Zhu & Chen, 1999: 377 (*Coelotes r.*); Wang, 2003: 547 (*D. r.*, Trans. from *Coelotes*).

分布：安徽（AH）、浙江（ZJ）

半圆龙隙蛛 *Draconarius semicircularis* Liu & Li, 2009

Liu & Li, 2009: 677.

分布：贵州（GZ）

四川龙隙蛛 *Draconarius sichuanensis* Wang & Jäger, 2007

Wang & Jäger, 2007: 40.

分布：四川（SC）

简龙隙蛛 *Draconarius simplicidens* Wang, 2003

Wang, 2003: 548; Wang, Griswold & Miller, 2010: 105.

分布：云南（YN）

单龙隙蛛 *Draconarius singulatus* (Wang et al., 1990)

Wang et al., 1990: 192 (*Coelotes s.*); Song, Zhu & Chen, 1999: 378 (*Coelotes s.*); Wang, 2002: 69 (*D. s.*, Trans. from *Coelotes*); Wang, 2003: 549; Yin et al., 2012: 1014.

分布：湖南（HN）

异龙隙蛛 *Draconarius specialis* Xu & Li, 2007

Xu & Li, 2007: 346.

分布：河南（HEN）

旋龙隙蛛 *Draconarius spiralis* Wang, Griswold & Miller, 2010

Wang, Griswold & Miller, 2010: 106.

分布：云南（YN）

螺旋龙隙蛛 *Draconarius spirallus* Xu & Li, 2007

Xu & Li, 2007: 347; Zhu & Chen, 2009: 185 (*D. grossus*); Wang, Wu & Li, 2012: 64 (Syn.).

异名：

Draconarius grossus Zhu & Chen, 2009; Wang, Wu & Li, 2012: 64 (Syn.).

分布：贵州（GZ）

弯曲龙隙蛛 *Draconarius streptus* (Zhu & Wang, 1994)

Zhu & Wang, 1994: 40 (*Coelotes s.*); Song, Zhu & Chen, 1999: 378 (*Coelotes s.*); Wang, 2003: 550 (*D. s.*, Trans. from *Coelotes*).

分布：四川（SC）

条纹龙隙蛛 *Draconarius striolatus* (Wang et al., 1990)

Wang et al., 1990: 190 (*Coelotes s.*); Song, Zhu & Chen, 1999: 378 (*Coelotes s.*); Wang, 2002: 69 (*D. s.*, Trans. from *Coelotes*); Wang, 2003: 550.

分布：甘肃（GS）

缠绕龙隙蛛 *Draconarius strophadatus* (Zhu & Wang, 1991)

Zhu & Wang, 1991: 3 (*Coelotes s.*); Song, Zhu & Chen, 1999: 378 (*Coelotes s.*); Wang, 2003: 550 (*D. s.*, Trans. from *Coelotes*).

分布：安徽（AH）

亚缺龙隙蛛 *Draconarius subabsentis* Xu & Li, 2008

Xu & Li, 2008: 25.

分布：湖北（HB）

亚污龙隙蛛 *Draconarius sublutulentus* Xu & Li, 2008

Xu & Li, 2008: 27.

分布：四川（SC）

亚藏龙隙蛛 *Draconarius subtitanus* (Hu, 1992)

Hu & Li, 1987: 283 (*Tegenaria pagana*, misidentified); Hu, 1992: 42 (*Coelotes s.*); Hu, 2001: 147 (*Coelotes s.*); Wang, 2003: 551 (*D. s.*, Trans. from *Coelotes*).

分布：西藏（XZ）

双轮龙隙蛛 *Draconarius syzygiatus* (Zhu & Wang, 1994)

Zhu & Wang, 1994: 37 (*Coelotes s.*); Song, Zhu & Chen, 1999: 378 (*Coelotes s.*); Wang, 2003: 551 (*D. s.*, Trans. from *Coelotes*).

分布：四川（SC）

唐氏龙隙蛛 *Draconarius tangi* Wang, Griswold & Miller, 2010

Wang, Griswold & Miller, 2010: 108.

分布：云南（YN）

拉伸龙隙蛛 *Draconarius tensus* Xu & Li, 2008

Xu & Li, 2008: 29.

分布：安徽（AH）

孔龙隙蛛 *Draconarius terebratus* (Peng & Wang, 1997)

Peng & Wang, 1997: 330 (*Coelotes t.*); Song, Zhu & Chen, 1999: 378 (*Coelotes t.*); Wang, 2003: 551 (*D. t.*, Trans. from *Coelotes*); Yin et al., 2012: 1015.

分布：湖南（HN）

天堂龙隙蛛 *Draconarius tiantangensis* Xie & Chen, 2011

Xie & Chen, 2011: 32.

分布：湖北（HB）

西藏龙隙蛛 *Draconarius tibetensis* Wang, 2003

Wang, 2003: 552; Xu & Li, 2006: 342.

分布：四川（SC）、西藏（XZ）

佟氏龙隙蛛 *Draconarius tongi* Xu & Li, 2007

Xu & Li, 2007: 344.

分布：贵州（GZ）

盘旋龙隙蛛 *Draconarius tortus* Chen, Zhu & Kim, 2008

Chen, Zhu & Kim, 2008: 86.

分布：贵州（GZ）

三分龙隙蛛 *Draconarius triatus* (Zhu & Wang, 1994)

Zhu & Wang, 1994: 42 (*Coelotes t.*); Song, Zhu & Chen, 1999: 378 (*Coelotes t.*); Song, Zhu & Chen, 2001: 294 (*Coelotes t.*); Xu & Li, 2006: 340 (*D. t.*, Trans. from *Coelotes*).

分布：河北（HEB）、北京（BJ）

三齿龙隙蛛 *Draconarius tridens* Wang, Griswold & Miller, 2010

Wang, Griswold & Miller, 2010: 108.

分布：云南（YN）

三重龙隙蛛 *Draconarius trifasciatus* (Wang & Zhu, 1991)

Wang & Zhu, 1991: 3 (*Coelotes t.*); Song, Zhu & Chen, 1999: 388 (*Coelotes t.*); Wang, 2002: 69 (*D. t.*, Trans. from *Coelotes*).

分布：四川（SC）

三角龙隙蛛 *Draconarius trinus* Wang & Jäger, 2007

Wang & Jäger, 2007: 41; Wang, Griswold & Miller, 2010: 112.

分布：云南（YN）

杯状龙隙蛛 *Draconarius tryblionatus* (Wang & Zhu, 1991)

Wang & Zhu, 1991: 3 (*Coelotes t.*); Song, Zhu & Chen, 1999: 388 (*Coelotes t.*); Wang, 2003: 553 (*D. t.*, Trans. from *Coelotes*).

分布：四川（SC）

瘤龙隙蛛 *Draconarius tubercularis* Xu & Li, 2007

Xu & Li, 2007: 348.

分布：海南（HI）

塔状龙隙蛛 *Draconarius turriformis* Liu & Li, 2010

Liu & Li, 2010: 17.

分布：云南（YN）

钩状龙隙蛛 *Draconarius uncatus* (Liu & Li, 2009)

Liu & Li, 2009: 669 (*Coelotes u.*); Wang, Griswold & Miller, 2010: 112 (*D. u.*, Trans. from *Coelotes*).

分布：重庆（CQ）

钩刺龙隙蛛 *Draconarius uncinatus* (Wang et al., 1990)

Wang et al., 1990: 188 (*Coelotes u.*); Song, Zhu & Chen, 1999: 388 (*Coelotes u.*); Wang, 2003: 553 (*D. u.*, Trans. from *Coelotes*).

分布：浙江（ZJ）

腹叉龙隙蛛 *Draconarius ventrifurcatus* Xu & Li, 2008

Xu & Li, 2008: 30.
分布：四川（SC）

温州龙隙蛛 *Draconarius wenzhouensis* (Chen, 1984)

Chen, 1984: 3 (*Coelotes w.*); Chen & Zhang, 1991: 190 (*Coelotes w.*); Song, Zhu & Chen, 1999: 388 (*Coelotes w.*); Wang, 2002: 69 (*D. w.*, Trans. from *Coelotes*); Wang, 2003: 554.
分布：浙江（ZJ）

维氏龙隙蛛 *Draconarius wrasei* Wang & Jäger, 2010

Wang & Jäger, 2010: 1180.
分布：云南（YN）

武当龙隙蛛 *Draconarius wudangensis* (Chen & Zhao, 1997)

Chen & Zhao, 1997: 87 (*Coelotes w.*); Song, Zhu & Chen, 1999: 388 (*Coelotes w.*); Zhang, Zhu & Song, 2002: 53 (*D. parawudangensis*); Wang, 2002: 69 (*D. w.*, Trans. from *Coelotes*); Wang, 2003: 554 (Syn.); Zhu & Zhang, 2011: 322; Yin et al., 2012: 1017.
异名：
Draconarius parawudangensis Zhang, Zhu & Song, 2002; Wang, 2003: 554 (Syn.).
分布：山西（SX）、河南（HEN）、陕西（SN）、湖南（HN）、湖北（HB）

徐氏龙隙蛛 *Draconarius xuae* Wang, Griswold & Miller, 2010

Wang, Griswold & Miller, 2010: 114.
分布：云南（YN）

亚东龙隙蛛 *Draconarius yadongensis* (Hu & Li, 1987)

Hu & Li, 1987: 280 (*Wadotes y.*); Song, Zhu & Chen, 1999: 395 (*Wadotes y.*); Hu, 2001: 153 (*Wadotes y.*); Wang, 2003: 556 (*D. y.*, Trans. from *Coelotes*); Wang & Martens, 2009: 497.
分布：西藏（XZ）；尼泊尔

颜氏龙隙蛛 *Draconarius yani* Wang, Griswold & Miller, 2010

Wang, Griswold & Miller, 2010: 114.
分布：云南（YN）

翼城龙隙蛛 *Draconarius yichengensis* Wang, 2003

Wang, 2003: 556.
分布：山西（SX）

吉井龙隙蛛 *Draconarius yosiianus* (Nishikawa, 1999)

Nishikawa, 1999: 23 (*Coelotes y.*); Wang, 2002: 69 (*D. y.*, Trans. from *Coelotes*).
分布：广西（GX）

带龙隙蛛 *Draconarius zonalis* Xu & Li, 2008

Xu & Li, 2008: 33.
分布：湖南（HN）

股隙蛛属 *Femoracoelotes* Wang, 2002

Wang, 2002: 81. Type species: *Coelotes platnicki* Wang & Ono, 1998

宽股隙蛛 *Femoracoelotes latus* (Wang, Tso & Wu, 2001)

Wang, Tso & Wu, 2001: 130 (*Coelotes l.*); Wang, 2002: 81 (*F. l.*, Trans. from *Coelotes*); Wang, 2003: 557.
分布：台湾（TW）

普氏股隙蛛 *Femoracoelotes platnicki* (Wang & Ono, 1998)

Wang & Ono, 1998: 148 (*Coelotes p.*); Wang, 2002: 82 (*F. p.*, Trans. from *Coelotes*); Wang, 2003: 557.
分布：台湾（TW）

喜隙蛛属 *Himalcoelotes* Wang, 2002

Wang, 2002: 84. Type species: *Himalcoelotes martensi* Wang, 2002

吉隆喜隙蛛 *Himalcoelotes gyirongensis* (Hu & Li, 1987)

Hu & Li, 1987: 279 (*Coelotes g.*); Song, Zhu & Chen, 1999: 375 (*Coelotes g.*); Hu, 2001: 137 (*Coelotes g.*); Wang, 2002: 92 (*H. g.*, Trans. from *Coelotes*); Zhang & Zhu, 2010: 57.
分布：西藏（XZ）；尼泊尔

曲喜隙蛛 *Himalcoelotes tortuous* Zhang & Zhu, 2010

Zhang & Zhu, 2010: 57.
分布：西藏（XZ）

西藏喜隙蛛 *Himalcoelotes xizangensis* (Hu, 1992)

Hu & Li, 1987: 277 (*Coelotes laticeps*, misidentified); Hu, 1992: 41 (*Coelotes x.*, spelled *xijangensis* in heading, correct elsewhere); Hu, 2001: 148 (*Coelotes x.*); Wang & Jäger, 2007: 42 (*H. x.*, Trans. from *Coelotes*); Zhang & Zhu, 2010: 58.
分布：西藏（XZ）

樟木喜隙蛛 *Himalcoelotes zhamensis* Zhang & Zhu, 2010

Zhang & Zhu, 2010: 58.
分布：西藏（XZ）

湟源蛛属 *Huangyuania* Song & Li, 1990

Song & Li, 1990: 83. Type species: *Huangyuania levii* Song & Li, 1990

西藏湟源蛛 *Huangyuania tibetana* (Hu & Li, 1987)

Hu & Li, 1987: 282 (*Cryphoeca t.*); Song & Li, 1990: 83 (*H. levii*); Wang, 1992: 287 (*Agelena triangulata*); Song, Zhu & Chen, 1999: 355 (*Agelena triangulata*); Song, Zhu & Chen, 1999: 355 (*H. levii*); Hu, 2001: 150 (*H. t.*, Trans. from *Coelotes*, syn.).

异名：
Huangyuania levii Song & Li, 1990; Hu, 2001: 150 (Syn.);
H. triangulata (Wang, 1992, Trans. from *Agelena*); Hu, 2001: 150 (Syn.).
分布：青海（QH）

亚隙蛛属 *Iwogumoa* Kishida, 1955

Kishida, 1955: 11. Type species: *Coelotes insidiosus* L. Koch, 1878
异名：
Asiacoelotes Wang, 2000; Nishikawa & Ono, 2004: 4 (Syn., contra. Yaginuma, in Brignoli, 1983: 468).

波纹亚隙蛛 *Iwogumoa dicranata* (Wang et al., 1990)

Wang et al., 1990: 186 (*Coelotes dicranatus*); Zhu et al., in Song et al., 1993: 94 (*C. cinctus*); Guan et al., in Song et al., 1993: 96 (*C. paradicranatus*); Song, Zhu & Chen, 1999: 374 (*C. cinctus*); Song, Zhu & Chen, 1999: 374 (*C. dicranatus*); Song, Zhu & Chen, 1999: 377 (*C. p.*); Song, Zhu & Chen, 2001: 290 (*C. dicranatus*); Wang, 2002: 31 (*Asiacoelotes dicranatus*, Trans. from *Coelotes*, Syn.).
异名：
Iwogumoa cincta (Zhu et al., in Song et al., 1993, Trans. from *Coelotes*); Wang, 2002: 31, sub *Asiacoelotes* (Syn.);
I. paradicranata (Guan et al., in Song et al., 1993, Trans. from *Coelotes*); Wang, 2002: 32, sub *Asiacoelotes* (Syn.).
分布：河北（HEB）、北京（BJ）、江苏（JS）

剑亚隙蛛 *Iwogumoa ensifer* (Wang & Ono, 1998)

Wang & Ono, 1998: 143 (*Coelotes e.*); Wang, 2002: 32 (*Asiacoelotes e.*, Trans. from *Coelotes*); Wang & Jäger, 2010: 1176 (*I. e.*, Trans. from *Coelotes*).
分布：台湾（TW）

发光亚隙蛛 *Iwogumoa illustrata* (Wang et al., 1990)

Wang et al., 1990: 218 (*Coelotes illustratus*); Song, Zhu & Chen, 1999: 375 (*Coelotes illustratus*); Wang, 2002: 32 (*Asiacoelotes illustratus*, Trans. from *Coelotes*); Zhu & Zhang, 2011: 323; Yin et al., 2012: 979.
分布：河南（HEN）、湖南（HN）、湖北（HB）、四川（SC）

长亚隙蛛 *Iwogumoa longa* (Wang, Tso & Wu, 2001)

Wang, Tso & Wu, 2001: 132 (*Coelotes longus*); Wang, 2002: 32 (*Asiacoelotes longus*, Trans. from *Coelotes*).
分布：台湾（TW）

游荡亚隙蛛 *Iwogumoa montivaga* (Wang & Ono, 1998)

Wang & Ono, 1998: 146 (*Coelotes montivagus*); Wang, 2002: 32 (*Asiacoelotes montivagus*, Trans. from *Coelotes*).
分布：台湾（TW）

彭氏亚隙蛛 *Iwogumoa pengi* (Ovtchinnikov, 1999)

Peng & Wang, 1997: 330 (*Coelotes ovatus*, primary junior homonym of *C. o.* Paik, 1976); Song, Zhu & Chen, 1999: 377 (*C. o.*); Ovtchinnikov, 1999: 79 (*C. p.*, replacement name); Peng, 1999: 285 (*C. yueluensis*, superfluous replacement name); Wang, 2002: 32 (*Asiacoelotes p.*, Trans. from *Coelotes*); Yin et al., 2012: 981 (*A. p.*).
分布：湖南（HN）

宋氏亚隙蛛 *Iwogumoa songminjae* (Paik & Yaginuma, 1969)

Paik & Yaginuma, in Paik, Yaginuma & Namkung, 1969: 839 (*Coelotes s.*); Wang & Zhu, 1991: 4 (*C. tropidosatus*); Song, Zhu & Chen, 1999: 388 (*C. t.*); Wang, 2002: 32 (*Asiacoelotes s.*, Trans. from *Coelotes*); Wang, 2002: 33 (*A. t.*, Trans. from *Coelotes*); Namkung, 2002: 388 (*C. s.*); Namkung, 2003: 390 (*C. s.*); Kim & Lee, 2006: 50 (*Asiacoelotes s.*, Syn.).
异名：
Iwogumoa tropidosata (Wang & Zhu, 1991, Trans. from *Coelotes*); Kim & Lee, 2006: 50, sub *Asiacoelotes* (Syn.).
分布：吉林（JL）；韩国、俄罗斯

桃源洞亚隙蛛 *Iwogumoa taoyuandong* (Bao & Yin, 2004)

Bao & Yin, 2004: 456 (*Coelotes t.*); Wang & Jäger, 2007: 46 (*I. t.*, Trans. from *Coelotes*); Yin et al., 2012: 982.
分布：湖南（HN）

屯山亚隙蛛 *Iwogumoa tengchihensis* (Wang & Ono, 1998)

Wang & Ono, 1998: 150 (*Coelotes t.*); Wang, 2002: 32 (*Asiacoelotes t.*, Trans. from *Coelotes*).
分布：台湾（TW）

谢氏亚隙蛛 *Iwogumoa xieae* Liu & Li, 2008

Liu & Li, 2008: 458.
分布：湖南（HN）

新会亚隙蛛 *Iwogumoa xinhuiensis* (Chen, 1984)

Chen, 1984: 3 (*Coelotes x.*); Wang et al., 1990: 227 (*Coelotes atratus*); Wang & Ono, 1998: 151 (*C. x.*, Syn.); Song, Zhu & Chen, 1999: 388 (*C. x.*); Wang, 2002: 33 (*Asiacoelotes x.*, Trans. from *Coelotes*); Yin et al., 2012: 983.
异名：
Iwogumoa atrata (Wang et al., 1990, Trans. from *Coelotes*); Wang & Ono, 1998: 151 (Syn., sub *Coelotes*).
分布：湖南（HN）、台湾（TW）、广东（GD）、广西（GX）、香港（HK）

玉山亚隙蛛 *Iwogumoa yushanensis* (Wang & Ono, 1998)

Wang & Ono, 1998: 154 (*Coelotes y.*); Wang, 2002: 33 (*Asiacoelotes y.*, Trans. from *Coelotes*).
分布：台湾（TW）

弱隙蛛属 *Leptocoelotes* Wang, 2002

Wang, 2002: 105. Type species: *Coelotes pseudoluniformis*

Zhang, Peng & Kim, 1997

无齿弱隙蛛 *Leptocoelotes edentulus* (Wang & Ono, 1998)

Wang & Ono, 1998: 142 (*Coelotes e.*); Wang, 2002: 105 (*L. e.*, Trans. from *Coelotes*); Wang, 2003: 558.

分布：台湾（TW）

伪月弱隙蛛 *Leptocoelotes pseudoluniformis* (Zhang, Peng & Kim, 1997)

Zhang, Peng & Kim, 1997: 293 (*Coelotes p.*); Wang, 2002: 105 (*L. p.*, Trans. from *Coelotes*); Wang, 2003: 559; Yin et al., 2012: 1018.

分布：浙江（ZJ）、湖南（HN）

线隙蛛属 *Lineacoelotes* Xu, Li & Wang, 2008

Xu, Li & Wang, 2008: 4. Type species: *Lineacoelotes longicephalus* Xu, Li & Wang, 2008

双刃线隙蛛 *Lineacoelotes bicultratus* (Chen, Zhao & Wang, 1991)

Chen, Zhao & Wang, 1991: 9 (*Coelotes b.*); Song, Zhu & Chen, 1999: 374 (*C. b.*); Xu, Li & Wang, 2008: 6 (*L. b.*, Trans. from *Coelotes*).

分布：湖北（HB）

伏牛山线隙蛛 *Lineacoelotes funiushanensis* (Hu, Wang & Wang, 1991)

Hu, Wang & Wang, 1991: 41 (*Coelotes f.*); Song, Zhu & Chen, 1999: 375 (*C. f.*); Wang, 2003: 532 (*Draconarius f.*, Trans. from *Coelotes*); Xu, Li & Wang, 2008: 7 (*L. f.*, Trans. from *Draconarius*); Zhu & Zhang, 2011: 325.

分布：河南（HEN）、湖北（HB）

长头线隙蛛 *Lineacoelotes longicephalus* Xu, Li & Wang, 2008

Xu, Li & Wang, 2008: 9; Wang & Jäger, 2010: 1170.

分布：四川（SC）

昏暗线隙蛛 *Lineacoelotes nitidus* (Li & Zhang, 2002)

Li & Zhang, 2002: 466 (*Coelotes n.*); Xu, Li & Wang, 2008: 12 (*L. n.*, Trans. from *Coelotes*).

分布：湖北（HB）

强壮线隙蛛 *Lineacoelotes strenuus* Xu, Li & Wang, 2008

Xu, Li & Wang, 2008: 17.

分布：湖北（HB）

长隙蛛属 *Longicoelotes* Wang, 2002

Wang, 2002: 109. Type species: *Longicoelotes karschi* Wang, 2002

卡氏长隙蛛 *Longicoelotes karschi* Wang, 2002

Schenkel, 1963: 280 (*Coelotes möllendorffi*, misidentified); Chen & Zhang, 1991: 187 (*C. m.*, misidentified); Song, Zhu & Chen, 1999: 376 (*C. moellendorfi*, misidentified); Wang, 2002: 109 (*L. k.*); Wang, 2003: 560.

分布：安徽（AH）、江苏（JS）、浙江（ZJ）

鼓岭长隙蛛 *Longicoelotes kulianganus* (Chamberlin, 1924)

Chamberlin, 1924: 24 (*Coelotes k.*); Wang, 2003: 560 (*L. k.*, Trans. from *Coelotes*).

分布：福建（FJ）

南隙蛛属 *Notiocoelotes* Wang, Xu & Li, 2008

Wang, Xu & Li, 2008: 3. Type species: *Coelotes palinitropus* Zhu & Wang, 1994

舌南隙蛛 *Notiocoelotes lingulatus* Wang, Xu & Li, 2008

Wang, Xu & Li, 2008: 7; Liu & Li, 2010: 33.

分布：海南（HI）

膜南隙蛛 *Notiocoelotes membranaceus* Liu & Li, 2010

Liu & Li, 2010: 33.

分布：海南（HI）

球南隙蛛 *Notiocoelotes orbiculatus* Liu & Li, 2010

Liu & Li, 2010: 36.

分布：海南（HI）

迴弯南隙蛛 *Notiocoelotes palinitropus* (Zhu & Wang, 1994)

Zhu & Wang, 1994: 42 (*Coelotes p.*); Song, Zhu & Chen, 1999: 377 (*C. p.*); Xu & Li, 2006: 337 (*C. p.*); Wang, Xu & Li, 2008: 9 (*N. p.*, Trans. from *Coelotes*); Liu & Li, 2010: 39.

分布：海南（HI）

伪舌南隙蛛 *Notiocoelotes pseudolingulatus* Liu & Li, 2010

Liu & Li, 2010: 40; Han, Zhang & Zhang, 2011: 65.

分布：海南（HI）

旋南隙蛛 *Notiocoelotes spirellus* Liu & Li, 2010

Liu & Li, 2010: 42.

分布：海南（HI）

花冠蛛属 *Orumcekia* Koçak & Kemal, 2008

Koçak & Kemal, 2008: 2. Type species: *Coronilla gemata* Wang, 1994

Homonym replaced: *Coronilla* Wang, 1994 = *Orumcekia* Koçak & Kemal, 2008

蕾形花冠蛛 *Orumcekia gemata* (Wang, 1994)

Wang, 1994: 281 (*Coronilla g.*); Nishikawa, 1995: 140 (*Coelotes yoshikoae*); Peng et al., 1998: 77 (*Coelotes huangsangensis*); Song, Zhu & Chen, 1999: 389 (*Coronilla g.*); Zhang & Yin, 2001: 488 (*Coronilla yanling*); Yin, 2001: 2 (*Coronilla yanlingensis*, lapsus); Wang, 2002: 61 (*Coronilla g.*, Syn.); Wang, 2003: 504 (*Coronilla g.*, Syn.); Yin et al., 2012: 1000.

异名：

Orumcekia yoshikoae (Nishikawa, 1995, Trans. from *Coelotes*); Wang, 2002: 61 (Syn., sub *Coronilla*);

O. huangsangensis (Peng et al., 1998, Trans. from *Coelotes*); Wang, 2002: 61 (Syn., sub *Coronilla*);

O. yanling (Zhang & Yin, 2001, Trans. from *Coronilla*); Wang, 2003: 504 (Syn., sub *Coronilla*).

分布：湖南（HN）、四川（SC）；越南

建辉花冠蛛 *Orumcekia jianhuii* (Tang & Yin, 2002)

Tang & Yin, 2002: 15 (*Cornilla j.*, lapsus in generic name); Yin et al., 2012: 1002.

分布：湖南（HN）

荔波花冠蛛 *Orumcekia libo* (Wang, 2003)

Wang, 2003: 505 (*Coronilla l.*); Liu, Li & Jäger, 2010: 89 (*O. l.*, Trans. from *Coronilla*).

分布：贵州（GZ）；越南

莽山花冠蛛 *Orumcekia mangshan* (Zhang & Yin, 2001)

Zhang & Yin, 2001: 487 (*Coronilla m.*); Yin et al., 2012: 1003.

分布：湖南（HN）

伪蕾花冠蛛 *Orumcekia pseudogemata* (Xu & Li, 2007)

Xu & Li, 2007: 43 (*Coronilla p.*).

分布：四川（SC）

装饰花冠蛛 *Orumcekia sigillata* (Wang, 1994)

Wang, 1994: 282 (*Coronilla s.*); Song, Zhu & Chen, 1999: 229 (*C. s.*); Wang, 2003: 506 (*C. s.*).

分布：浙江（ZJ）

近装饰花冠蛛 *Orumcekia subsigillata* (Wang, 2003)

Wang, 2003: 506 (*Coronilla s.*).

分布：浙江（ZJ）

拟隙蛛属 *Pireneitega* Kishida, 1955

Kishida, 1955: 11. Type species: *Coelotes roscidus* L. Koch, 1868 = *C. segestriformis* (Dufour, 1820)

异名：

Paracoelotes Brignoli, 1982; Wang & Jäger, 2007: 46 (Syn.).

暗拟隙蛛 *Pireneitega involuta* (Wang et al., 1990)

Wang et al., 1990: 182 (*Coelotes involutus*); Song, Zhu & Chen, 1999: 376 (*C. i.*); Wang, 2002: 114 (*P. involutus*, Trans. from *Coelotes*).

分布：云南（YN）

联溯拟隙蛛 *Pireneitega liansui* (Bao & Yin, 2004)

Bao & Yin, 2004: 455 (*Coelotes l.*); Wang & Jäger, 2007: 46 (*P. i.*, Trans. from *Coelotes*); Yin et al., 2012: 1020.

分布：湖南（HN）

阴暗拟隙蛛 *Pireneitega luctuosa* (L. Koch, 1878)

L. Koch, 1878: 752 (*Coelotes luctuosus*); Karsch, 1879: 97 (*C. japonicus*); Bösenberg & Strand, 1906: 300 (*Coras l.*); Strand, 1918: 84 (*C. l.*); Ermolajev, 1927: 347 (*Coelotes birulai*); Brignoli, 1982: 350 (*Paracoelotes luctuosus*, Trans. from *Coras*, Syn.); Yin, Wang & Hu, 1983: 34 (*Coelotes l.*); Hu, 1984: 206 (*Coras l.*); Guo, 1985: 111 (*C. l.*); Zhu et al., 1985: 123 (*Coelotes l.*); Song, 1987: 191 (*C. l.*); Zhang, 1987: 136 (*C. l.*); Feng, 1990: 141 (*C. l.*); Chen & Gao, 1990: 116 (*C. l.*); Chen & Zhang, 1991: 187; Marusik & Logunov, 1991: 87 (*C. sakhalinensis*); Zhao, 1993: 303 (*C. l.*); Ovtchinnikov, 1999: 79 (*Paracoelotes birulai*, Syn.); Song, Zhu & Chen, 1999: 389 (*Paracoelotes l.*); Song, Zhu & Chen, 2001: 295 (*P. l.*); Namkung, 2003: 404 (*P. l.*); Zhu & Zhang, 2011: 326; Yin et al., 2012: 1021.

异名：

Pireneitega japonica (Karsch, 1879, removed from Sub. of *Coelotes insidiosus*); Lehtinen, 1967: 224 (Syn., sub. of *Coelotes*);

P. birulai (Ermolajev, 1927, Trans. from *Coelotes*); Brignoli, 1982: 350 (Syn., sub. of *Paracoelotes*);

P. sakhalinensis (Marusik & Logunov, 1991, Trans. from *Coelotes*); Ovtchinnikov, 1999: 79 (Syn., sub. of *Paracoelotes birulai*).

分布：河北（HEB）、山西（SX）、河南（HEN）、陕西（SN）、安徽（AH）、江苏（JS）、浙江（ZJ）、湖南（HN）、四川（SC）；韩国、日本、俄罗斯、中亚

月形拟隙蛛 *Pireneitega luniformis* (Zhu & Wang, 1994)

Zhu & Wang, 1994: 38 (*C. l.*); Song, Zhu & Chen, 1999: 376 (*C. l.*); Wang, 2002: 114 (*Paracoelotes l.*, Trans. from *Coelotes*).

分布：云南（YN）

大拟隙蛛 *Pireneitega major* (Kroneberg, 1875)

Kroneberg, 1875: 15 (*Coelotes m.*); Schenkel, 1936: 284 (*C. m.*); Hu & Wu, 1989: 180 (*C. m.*); Song, Zhu & Chen, 1999: 389 (*Paracoelotes m.*).

分布：甘肃（GS）、新疆（XJ）；乌孜别克斯坦、塔吉克斯坦

赤褐拟隙蛛 *Pireneitega neglecta* (Hu, 2001)

Hu, 2001: 139 (*Coelotes neglectum*); Wang & Jäger, 2007: 46 (*P. n.*, Trans. from *Coelotes*).

分布：西藏（XZ）

刺瓣拟隙蛛 *Pireneitega spinivulva* (Simon, 1880)

Simon, 1880: 116 (*Coelotes s.*); Karsch, 1881: 220 (*Cedicus möllendorffi*); Kulczyński, 1901: 341 (*Coelotes csikii*); Ermolajev, 1927: 347 (*C. csikii*); Schenkel, 1963: 293 (*C. luctuosus schensiensis*); Schenkel, 1963: 293, footnote (*C.*

csikii, Syn.); Lehtinen, 1967: 224 (*C. s.*, Syn., rejected). Lehtinen, 1967: 448 (*C. möllendorffi*); Paik, 1971: 8 (*Coras vulgaris*); Brignoli, 1982: 349 (*Paracoelotes csikii*, Trans. from *Coelotes*, Syn.); Song & Hubert, 1983: 5 (*Coelotes s.*, Syn.); Zhu et al., 1985: 123 (*C. s.*); Song, 1987: 194 (*C. s.*); Zhang, 1987: 137 (*C. s.*); Hu & Wu, 1989: 179 (*C. s.*); Feng, 1990: 142 (*C. s.*); Wang et al., 1990: 180 (*C. fasciatus*); Peng, Gong & Kim, 1996: 19 (*C. qinlingensis*); Song, Zhu & Chen, 1999: 375 (*C. fasciatus*); Song, Zhu & Chen, 1999: 377 (*C. qinlingensis*); Song, Zhu & Chen, 1999: 389 (*Paracoelotes s.*); Marusik & Koponen, 2000: 56 (*Paracoelotes s.*, Syn., rejected); Hu, 2001: 147 (*Coelotes s.*); Song, Zhu & Chen, 2001: 296 (*Paracoelotes s.*); Wang, 2002: 116 (*Paracoelotes spinivulvus*, Syn.); Namkung, 2002: 401 (*Paracoelotes s.*); Namkung, 2003: 403 (*P. s.*); Wang & Jäger, 2010: 1170; Zhu & Zhang, 2011: 327; Yin et al., 2012: 1023.

异名：

Pireneitega möllendorffi (Karsch, 1881, Trans. from *Cedicus*); Wang, 2002: 116 (Syn., sub. of *Paracoelotes*);

P. csikii (Kulczyński, 1901, Trans. from *Coelotes*); Song & Hubert, 1983: 5 (Syn., contra. Lehtinen, 1967: 224, sub. of *Paracoelotes*);

P. luctuosa schensiensis (Schenkel, 1963, Trans. from *Coelotes*); Schenkel, 1963: 293 (Syn., footnote, sub. of *Coelotes csikii*);

P. vulgaris (Paik, 1971, Trans. from *Coras*); Brignoli, 1982: 349 (Syn., sub. of *Paracoelotes csikii*);

P. fasciata (Wang et al., 1990, Trans. from *Coelotes*); Wang, 2002: 116 (Syn., sub *Paracoelotes*);

P. qinlingensis (Peng, Gong & Kim, 1996, Trans. from *Coelotes*); Wang, 2002: 116 (Syn., sub. of *Paracoelotes*).

分布：吉林（JL）、河北（HEB）、北京（BJ）、山西（SX）、河南（HEN）、陕西（SN）、新疆（XJ）、湖南（HN）、云南（YN）；韩国、日本、俄罗斯

泰山拟隙蛛 *Pireneitega taishanensis* (Wang et al., 1990)

Wang et al., 1990: 178 (*Coelotes t.*); Zhu & Wang, 1994: 39 (*C. subluctuosus*); Song, Zhu & Chen, 1999: 378 (*C. s.*); Song, Zhu & Chen, 1999: 378 (*Coelotes t.*); Wang, 2002: 117 (*P. t.*, Trans. from *Coelotes*, Syn.).

分布：山东（SD）

台湾拟隙蛛 *Pireneitega taiwanensis* Wang & Ono, 1998

Wang & Ono, 1998: 155.

分布：台湾（TW）

天池拟隙蛛 *Pireneitega tianchiensis* (Wang et al., 1990)

Wang et al., 1990: 212 (*Coelotes t.*); Song, Zhu & Chen, 1999: 378 (*C. t.*); Wang, 2002: 118 (*P. t.*, Trans. from *Coelotes*).

分布：新疆（XJ）

三刺拟隙蛛 *Pireneitega triglochinata* (Zhu & Wang, 1991)

Zhu & Wang, 1991: 1 (*Coelotes triglochinatus*); Song, Zhu & Chen, 1999: 388 (*C. t.*); Wang & Jäger, 2007: 48 (*P. t.*, Trans. from *Coelotes*, male probably mismatched, possibly a *Draconarius* species).

分布：四川（SC）

新平拟隙蛛 *Pireneitega xinping* Zhang, Zhu & Song, 2002

Zhang, Zhu & Song, 2002: 54; Zhu & Zhang, 2011: 329.

分布：河南（HEN）、湖北（HB）、四川（SC）、重庆（CQ）、贵州（GZ）、云南（YN）

宽隙蛛属 *Platocoelotes* Wang, 2002

Wang, 2002: 119. Type species: *Coelotes impletus* Peng & Wang, 1997

瓶状宽隙蛛 *Platocoelotes ampulliformis* Liu & Li, 2008

Liu & Li, 2008: 49.

分布：贵州（GZ）

双叉宽隙蛛 *Platocoelotes bifidus* Yin, Xu & Yan, 2010

Yin, Xu & Yan, 2010: 43.

分布：湖南（HN）

短宽隙蛛 *Platocoelotes brevis* Liu & Li, 2008

Liu & Li, 2008: 51.

分布：贵州（GZ）

大围山宽隙蛛 *Platocoelotes daweishanensis* Xu & Li, 2008

Xu & Li, 2008: 87.

分布：湖南（HN）

叉宽隙蛛 *Platocoelotes furcatus* Liu & Li, 2008

Liu & Li, 2008: 53.

分布：广西（GX）

球宽隙蛛 *Platocoelotes globosus* Xu & Li, 2008

Xu & Li, 2008: 89.

分布：贵州（GZ）

类钩宽隙蛛 *Platocoelotes icohamatoides* (Peng & Wang, 1997)

Peng & Wang, 1997: 328 (*Coelotes i.*); Song, Zhu & Chen, 1999: 375 (*C. i.*); Wang, 2002: 122 (*P. i.*, Trans. from *Coelotes*); Wang, 2003: 562; Yin, Xu & Yan, 2010: 45; Yin et al., 2012: 1024.

分布：湖南（HN）、贵州（GZ）

未完宽隙蛛 *Platocoelotes imperfectus* Wang & Jäger, 2007

Wang & Jäger, 2007: 48.

分布：四川（SC）

多宽隙蛛 *Platocoelotes impletus* (Peng & Wang, 1997)

Peng & Wang, 1997: 328 (*Coelotes i.*); Song, Zhu & Chen, 1999: 375 (*C. i.*); Yin, 2001: 2 (*C. i.*); Wang, 2002: 122 (*P. i.*, Trans. from *Coelotes*); Wang, 2003: 561; Yin et al., 2012: 1026.
分布：湖南（HN）、四川（SC）

凯里宽隙蛛 *Platocoelotes kailiensis* Wang, 2003

Wang, 2003: 563.
分布：贵州（GZ）

广宽隙蛛 *Platocoelotes latus* Xu & Li, 2008

Xu & Li, 2008: 90.
分布：贵州（GZ）

利川宽隙蛛 *Platocoelotes lichuanensis* (Chen & Zhao, 1998)

Chen & Zhao, 1998: 3 (*Coelotes l.*); Wang, 2002: 122 (*P. l.*, Trans. from *Coelotes*); Wang, 2003: 563.
分布：湖北（HB）

副广宽隙蛛 *Platocoelotes paralatus* Xu & Li, 2008

Xu & Li, 2008: 92.
分布：贵州（GZ）

多褶宽隙蛛 *Platocoelotes polyptychus* Xu & Li, 2007

Xu & Li, 2007: 489.
分布：湖南（HN）

螺状宽隙蛛 *Platocoelotes strombuliformis* Liu & Li, 2008

Liu & Li, 2008: 55.
分布：广西（GX）

朱传典宽隙蛛 *Platocoelotes zhuchuandiani* Liu & Li, 2012

Liu & Li, 2012: 88.
分布：重庆（CQ）

壮隙蛛属 *Robusticoelotes* Wang, 2002

Wang, 2002: 126. Type species: *Tegenaria pichoni* Schenkel, 1963

皮氏壮隙蛛 *Robusticoelotes pichoni* (Schenkel, 1963)

Schenkel, 1963: 277 (*Tegenaria p.*); Chen & Zhang, 1991: 191 (*T. p.*); Song, Zhu & Chen, 1999: 360 (*T. p.*); Wang, 2002: 128 (*R. p.*, Trans. from *Tegenaria*); Xu, Li & Wang, 2005: 729; Wang & Jäger, 2008: 2285.
分布：安徽（AH）、江苏（JS）、浙江（ZJ）

三门壮隙蛛 *Robusticoelotes sanmenensis* (Tang, Yin & Zhang, 2002)

Tang, Yin & Zhang, 2002: 80 (*Coelotes s.*); Xu, Li & Wang, 2005: 729 (*R. s.*, Trans. from *Coelotes*).
分布：浙江（ZJ）

旋隙蛛属 *Spiricoelotes* Wang, 2002

Wang, 2002: 129. Type species: *Coelotes zonatus* Peng & Wang, 1997

伪带旋隙蛛 *Spiricoelotes pseudozonatus* Wang, 2003

Wang, 2003: 565.
分布：四川（SC）

带旋隙蛛 *Spiricoelotes zonatus* (Peng & Wang, 1997)

Peng & Wang, 1997: 331 (*Coelotes z.*); Chen & Zhao, 1997: 89 (*C. laoyingensis*); Song, Zhu & Chen, 1999: 376 (*C. l.*); Song, Zhu & Chen, 1999: 388 (*C. z.*); Wang, 2002: 131 (*S. z.*, Trans. from *Coelotes*, Syn.); Wang, 2003: 565; Okumura, 2008: 1; Okumura et al., 2009: 200; Zhu & Zhang, 2011: 330; Yin et al., 2012: 1028.
异名：
Spiricoelotes laoyingensis (Chen & Zhao, 1997, Trans. from *Coelotes*); Wang, 2002: 131 (Syn.).
分布：山西（SX）、河南（HEN）、江苏（JS）、湖南（HN）、湖北（HB）、四川（SC）；日本

塔姆蛛属 *Tamgrinia* Lehtinen, 1967

Lehtinen, 1967: 266. Type species: *Coelotes alveolifer* Schenkel, 1936

穴塔姆蛛 *Tamgrinia alveolifera* (Schenkel, 1936)

Schenkel, 1936: 177 (*Coelotes alveolifer*); Lehtinen, 1967: 266 (*T. a.*, Trans. from *Coelotes*); Tikader, 1970: 56 (*Tegenaria chhanguensis*); Brignoli, 1982: 350 (*T. c.*, Trans. from *Tegenaria*); Song, 1987: 65 (*T. c.*); Hu & Li, 1987: 253 (*Titanoeca yadongensis*); Song, Zhu & Chen, 1999: 389 (*T. c.*); Wang, 2000: 458 (*T. alveolifer*); Wang, 2000: 458 (*T. chhanguensis*); Hu, 2001: 115 (*T. alveolifer*, Syn.).
异名：
Tamgrinia chhanguensis (Tikader, 1970, Trans. from *Tegenaria*); Hu, 2001: 115 (Syn.);
T. yadongensis (Hu & Li, 1987, Trans. from *Titanoeca*); Hu, 2001: 116 (Syn.).
分布：内蒙古（NM）、甘肃（GS）、青海（QH）、西藏（XZ）；印度

隙形塔姆蛛 *Tamgrinia coelotiformis* (Schenkel, 1963)

Schenkel, 1963: 22 (*Amaurobius c.*); Lehtinen, 1967: 266 (*Coelotes laticeps*, Syn., rejected by Brignoli, 1983: 524); Brignoli, 1983: 524 (*T. c.*, Trans. from *Amaurobius*); Wang, 2000: 459.
分布：甘肃（GS）

侧带塔姆蛛 *Tamgrinia laticeps* (Schenkel, 1936)

Schenkel, 1936: 181, f. 60 (*Coelotes l.=Pireneitega spinivulva*); Schenkel, 1963: 21 (*Amaurobius potanini*); Lehtinen, 1967:

266 (*T. l.*, Trans. from *Coelotes*); Lehtinen, 1967: 266, f. 197 (*T. alveolifer*, Trans. from *Amaurobius*, Syn., rejected by Brignoli, 1983: 524); Song, Zhu & Chen, 1999: 395 (*T. l.*, Syn.); Wang, 2000: 460.

异名：

Tamgrinia potanini (Schenkel, 1963, Trans. from *Amaurobius*); Wang, in Song, Zhu & Chen, 1999: 395 (Syn., placed instead as a junior Sub. of *T. alveolifera* by Hu, 2001: 115).

分布：内蒙古（NM）、陕西（SN）、甘肃（GS）、青海（QH）、西藏（XZ）

方形塔姆蛛 *Tamgrinia rectangularis* Xu & Li, 2006

Xu & Li, 2006: 66.

分布：甘肃（GS）、四川（SC）

半齿塔姆蛛 *Tamgrinia semiserrata* Xu & Li, 2006

Xu & Li, 2006: 62.

分布：四川（SC）

西藏塔姆蛛 *Tamgrinia tibetana* (Hu & Li, 1987)

Hu & Li, 1987: 250 (*Titanoeca t.*); Hu, 2001: 117 (*T. t.*, Trans. from *Titanoeca*).

分布：西藏（XZ）

吐鲁沟塔姆蛛 *Tamgrinia tulugouensis* Wang, 2000

Wang, 2000: 462.

分布：甘肃（GS）

隅隙蛛属 *Tegecoelotes* Ovtchinnikov, 1999

Ovtchinnikov, 1999: 68. Type species: *Coelotes bicaudatus* Paik, 1976

弱齿隅隙蛛 *Tegecoelotes dysodentatus* Zhang & Zhu, 2005

Zhang & Zhu, 2005: 10.

分布：吉林（JL）

亚隅隙蛛 *Tegecoelotes secundus* (Paik, 1971)

Paik, 1971: 22 (*Tegenaria secunda*); Paik, 1976: 81 (*Coelotes bicaudatus*); Nishikawa, 1983: 125 (*C. erraticus*); Wang & Zhu, 1991: 5 (*C. e.*); Song, Zhu & Chen, 1999: 375 (*C. e.*); Ovtchinnikov, 1999: 68 (*T. bicaudatus*, Trans. from *Coelotes*, Syn.); Marusik & Koponen, 2000: 56 (*T. secunda*, Trans. from *Tegenaria*, Syn.); Wang, 2002: 134 (*T. bicaudatus*); Namkung, 2002: 400 (*T. secunda*); Wang, 2003: 567; Namkung, 2003: 402.

异名：

Tegecoelotes bicaudatus (Paik, 1976, Trans. from *Coelotes*); Marusik & Koponen, 2000: 56 (Syn.);

T. erraticus (Nishikawa, 1983, Trans. from *Coelotes*); Ovtchinnikov, 1999: 68 (Syn., sub. of *T. bicaudatus*, but see Ono, 2008: 168).

分布：吉林（JL）；韩国、日本、俄罗斯

隅蛛属 *Tegenaria* Latreille, 1804

Latreille, 1804: 49. Type species: *Araneus domesticus* Clerck, 1757

异名：

Trichopus C. M., 1834; Murphy & Merrett, 2000: 7 (Syn.);

Mevianops Mello-Leitão, 1941; Ramírez, Grismado & Blick, 2004: 180 (Syn.);

Philoicides Mello-Leitão, 1944; Ramírez, Grismado & Blick, 2004: 180 (Syn.).

家隅蛛 *Tegenaria domestica* (Clerck, 1757)

Clerck, 1757: 76 (*Araneus domesticus*); Grube, 1861: 171 (*Drassina ochracea*); Blackwall, 1864: 177 (*T. dubia*); Mello-Leitão, 1941: 119 (*Mevianops fragilis*); Song, Yu & Shang, 1981: 85; Qiu, 1983: 92; Hu, 1984: 207; Guo, 1985: 112; Zhu et al., 1985: 124; Song, 1987: 195; Zhang, 1987: 138; Wesolowska, 1988: 405 (*T. d.*, Syn.); Hu & Wu, 1989: 182; Feng, 1990: 143; Chen & Gao, 1990: 117; Chen & Zhang, 1991: 190; Zhu & Wang, 1991: 2 (*Coelotes amygdaliformis*); Song, Zhu & Chen, 1999: 360; Song, Zhu & Chen, 1999: 365 (*Coelotes amygdaliformis*); Hu, 2001: 152; Song, Zhu & Chen, 2001: 275; Namkung, 2003: 365; Wang, 2003: 520 (*Draconarius amygdaliformis*, Trans. from *Coelotes*); Ramírez, Grismado & Blick, 2004: 180 (*T. d.*, Syn.); Wang & Jäger, 2007: 23 (*T. d.*, Syn.); Zhu & Zhang, 2011: 308; Yin et al., 2012: 951; Bolzern, Burckhardt & Hänggi, 2013: 795 (Syn.).

异名：

Tegenaria ochracea (Grube, 1861, Trans. from *Drassina*); Wesolowska, 1988: 405 (Syn.);

T. dubia Blackwall, 1864; Simon, 1912: 61 (Syn., but omitted by Roewer);

T. fragilis (Mello-Leitão, 1941, Trans. from *Mevianops*); Ramírez, Grismado & Blick, 2004: 180 (Syn.);

T. amygdaliformis (Zhu & Wang, 1991, Trans. from *Coelotes*); Wang & Jäger, 2007: 23 (Syn.);

T. domesticoides Schmidt & Piepho, in Schmidt, Geisthardt & Piepho, 1994; Bolzern, Burckhardt & Hänggi, 2013: 796 (Syn.).

分布：辽宁（LN）、内蒙古（NM）、河北（HEB）、北京（BJ）、山西（SX）、山东（SD）、河南（HEN）、陕西（SN）、甘肃（GS）、青海（QH）、新疆（XJ）、安徽（AH）、浙江（ZJ）、湖南（HN）、四川（SC）、西藏（XZ）、台湾（TW）；世界广布种

扁桃蛛属 *Tonsilla* Wang & Yin, 1992

Wang & Yin, 1992: 263. Type species: *Tonsilla truculenta* Wang & Yin, 1992

隐扁桃蛛 *Tonsilla defossa* Xu & Li, 2006

Xu & Li, 2006: 64.

分布：四川（SC）

象牙扁桃蛛 *Tonsilla eburniformis* Wang & Yin, 1992

Wang & Yin, 1992: 265; Song, Zhu & Chen, 1999: 395; Wang,

2003: 571.
分布：湖北（HB）

模仿扁桃蛛 *Tonsilla imitata* Wang & Yin, 1992

Wang & Yin, 1992: 264; Song, Zhu & Chen, 1999: 395; Yin et al., 2012: 1030.
分布：湖南（HN）

琴形扁桃蛛 *Tonsilla lyrata* (Wang et al., 1990)

Wang et al., 1990: 200 (*Coelotes lyratus*); Song, Zhu & Chen, 1999: 376 (*C. lyratus*); Wang, 2003: 572 (*T. lyratus*, Trans. from *Coelotes*) ; Yin et al., 2012: 1030.
分布：湖南（HN）、贵州（GZ）

长扁桃蛛 *Tonsilla makros* Wang, 2003

Wang, 2003: 574.
分布：贵州（GZ）

远刺扁桃蛛 *Tonsilla tautispina* (Wang et al., 1990)

Wang et al., 1990: 190 (*Coelotes tautispinus*); Song, Zhu & Chen, 1999: 378 (*C. t.*); Wang, 2003: 573 (*T. tautispinus*, Trans. from *Coelotes*); Wang & Jäger, 2010: 1176.
分布：江西（JX）

猛扁桃蛛 *Tonsilla truculenta* Wang & Yin, 1992

Wang & Yin, 1992: 263; Song, Zhu & Chen, 1999: 395; Wang, 2002: 137; Wang, 2003: 571; Wang & Jäger, 2010: 1170; Yin et al., 2012: 1031.
分布：湖南（HN）、贵州（GZ）

杂色扁桃蛛 *Tonsilla variegata* (Wang et al., 1990)

Wang et al., 1990: 184 (*Coelotes variegatus*); Song, Zhu & Chen, 1999: 388 (*C. v.*); Wang, 2002: 136 (*T. variegatus*, Trans. from *Coelotes*); Wang, 2003: 573 (*T. variegatus*).
分布：安徽（AH）

炎陵扁桃蛛 *Tonsilla yanlingensis* (Zhang, Yin & Kim, 2000)

Zhang, Yin & Kim, 2000: 81 (*Coelotes yanlingensis*); Yin et al., 2012: 1033 (*T. Yanlingensis*, Trans. from *C.*).
分布：湖南（HN）

2. 暗蛛科 Amaurobidae Thorell, 1870

说明：Miller 等(2010)对筛器类蜘蛛进行了系统发育研究，重新界定了暗蛛科的范围，我国原属暗蛛科的塔姆蛛属 *Tamgrinia* 和隙蛛亚科 18 属均被转至漏斗蛛科。分别是：满蛛属 *Alloclubionoides*、叉隙蛛属 *Bifidocoelotes*、隙蛛属 *Coelotes*、龙隙蛛属 *Draconarius*、股隙蛛属 *Femoracoelotes*、喜隙蛛属 *Himalcoelotes*、亚隙蛛属 *Iwogumoa*、弱隙蛛属 *Leptocoelotes*、线隙蛛属 *Lineacoelotes*、长隙蛛属 *Longicoelotes*、南隙蛛属 *Notiocoelotes*、花冠蛛属 *Orumcekia*、拟隙蛛属 *Pireneitega*、宽隙蛛属 *Platocoelotes*、壮隙蛛属 *Robusticoelotes*、旋隙蛛属 *Spiricoelotes*、隅隙蛛属 *Tegecoelotes* 和扁桃蛛属 *Tonsilla*。

本科世界 51 属 285 种；中国 1 属 10 种。

胎拉蛛属 *Taira* Lehtinen, 1967

Lehtinen, 1967: 266. Type species: *Amaurobius flavidorsalis* Yaginuma, 1964

苍山胎拉蛛 *Taira cangshan* Zhang, Zhu & Song, 2008

Zhang, Zhu & Song, 2008: 505; Wang, Jäger & Zhang, 2010: 64.
分布：云南（YN）

凹胎拉蛛 *Taira concava* Zhang, Zhu & Song, 2008

Zhang, Zhu & Song, 2008: 506.
分布：四川（SC）

丽胎拉蛛 *Taira decorata* (Yin & Bao, 2001)

Yin & Bao, 2001: 60 (*Titanoeca*); Zhang, Zhu & Song, 2008: 507 (*Taira*); Yin et al., 2012: 1039.
分布：浙江（ZJ）、湖南（HN）、福建（FJ）

宽唇胎拉蛛 *Taira latilabiata* Zhang, Zhu & Song, 2008

Zhang, Zhu & Song, 2008: 508.
分布：贵州（GZ）

荔波胎拉蛛 *Taira liboensis* Zhu, Chen & Zhang, 2004

Zhu, Chen & Zhang, 2004: 61; Wang & Ran, 2004: 31 (*Taira lunaris*); Zhang, Zhu & Song, 2008: 509.
异名：
Taira lunaris Wang & Ran, 2004; Zhang, Zhu & Song, 2008: 509 (Syn.).
分布：四川（SC）、贵州（GZ）

钝胎拉蛛 *Taira obtusa* Zhang, Zhu & Song, 2008

Zhang, Zhu & Song, 2008: 509.
分布：湖北（HB）、贵州（GZ）

邱氏胎拉蛛 *Taira qiuae* Wang, Jäger & Zhang, 2010

Wang, Jäger & Zhang, 2010: 66.
分布：陕西（SN）

四川胎拉蛛 *Taira sichuanensis* Wang, Jäger & Zhang, 2010

Wang, Jäger & Zhang, 2010: 67.
分布：四川（SC）

槽胎拉蛛 *Taira sulciformis* Zhang, Zhu & Song, 2008

Zhang, Zhu & Song, 2008: 510.
分布：福建（FJ）

朱氏胎拉蛛 *Taira zhui* Wang, Jäger & Zhang, 2010

Wang, Jäger & Zhang, 2010: 69.
分布：重庆（CQ）

3. 安蛛科 Anapidae Simon, 1895

本科世界 38 属 154 种；中国 7 属 11 种。

科马蛛属 *Comaroma* Bertkau, 1889

Bertkau, 1889: 74. Type species: *Comaroma simoni* Bertkau, 1889

斑科马蛛 *Comaroma maculosa* Oi, 1960

Oi, 1960: 184; Chen & Zhang, 1991: 150; Namkung, 2002: 144; Namkung, 2003: 146; Wunderlich, 2004: 1035 (*Balticoroma m.*); Ono, 2009: 399.

分布：浙江（ZJ）；韩国、日本

桐君科马蛛 *Comaroma tongjunca* Zhang & Chen, 1994

Zhang & Chen, 1994: 118; Song, Zhu & Chen, 1999: 155.

分布：浙江（ZJ）

科卢蛛属 *Conculus* Komatsu, 1940

Komatsu, 1940: 190. Type species: *Conculus lyugadinus* Komatsu, 1940

叶斑科卢蛛 *Conculus lyugadinus* Komatsu, 1940

Komatsu, 1940: 190; Namkung, 2002: 143; Namkung, 2003: 145; Ono, 2009: 402; Lin, 2012: 818.

分布：重庆（CQ）；韩国、日本

恩肯蛛属 *Enielkenie* Ono, 2007

Ono, in Ono, Chang & Tso, 2007: 78. Type species: *Enielkenie acaroides* Ono, 2007

类螨恩肯蛛 *Enielkenie acaroides* Ono, 2007

Ono, in Ono, Chang & Tso, 2007: 78.

分布：台湾（TW）

盖子蛛属 *Gaiziapis* Miller, Griswold & Yin, 2009

Miller, Griswold & Yin, 2009: 60. Type species: *Gaiziapis zhizhuba* Miller, Griswold & Yin, 2009

恩村盖子蛛 *Gaiziapis encunensis* Lin & Li, 2012

Lin & Li, 2012: 159.

分布：广西（GX）

蜘蛛八盖子蛛 *Gaiziapis zhizhuba* Miller, Griswold & Yin, 2009

Miller, Griswold & Yin, 2009: 60.

分布：云南（YN）

敏安蛛属 *Minanapis* Platnick & Forster, 1989

Platnick & Forster, 1989: 31. Type species: *Minanapis talinay* Platnick & Forster, 1989

勐仑敏安蛛 *Minanapis menglunensis* Lin & Li, 2012

Lin & Li, 2012: 161.

分布：云南（YN）

伪安蛛属 *Pseudanapis* Simon, 1905

Simon, 1905: 64. Type species: *Pseudanapis parocula* (Simon, 1899)

异名：

Gossiblemma Roewer, 1963; Shear, 1978: 8 (Syn.);

Amrishoonops Makhan & Ezzatpanah, 2011; Jiménez, Platnick & Dupérré, 2011: 18 (Syn.).

丝伪安蛛 *Pseudanapis serica* Brignoli, 1981

Brignoli, 1981: 125.

分布：香港（HK）

华安蛛属 *Sinanapis* Wunderlich & Song, 1995

Wunderlich & Song, 1995: 344. Type species: *Sinanapis crassitarsa* Wunderlich & Song, 1995

刺跗华安蛛 *Sinanapis crassitarsa* Wunderlich & Song, 1995

Wunderlich & Song, 1995: 344; Song, Zhu & Chen, 1999: 155; Lin, Li & Peter, 2013: 516.

Sysnonym: *Sinanapis thaleri* Ono, 2009: 1022; Lin, Li & Peter, 2013: 516 (syn.).

分布：云南（YN）；越南

长突华安蛛 *Sinanapis lingituba* Lin & Li, 2012

Lin & Li, 2012: 165.

分布：海南（HI）

武夷华安蛛 *Sinanapis wuyi* Jin & Zhang, 2013

Jin & Zhang, 2013: 289.

分布：福建（FJ）

4. 近管蛛科 Anyphaenidae Bertkau, 1878

本科世界 56 属 523 种；中国 1 属 6 种。

近管蛛属 *Anyphaena* Sundevall, 1833

Sundevall, 1833: 20. Type species: *Aranea accentuata* Walckenaer, 1802

双瓣近管蛛 *Anyphaena bivalva* Zhang & Song, 2004

Zhang & Song, 2004: 11.

分布：广西（GX）

莫干近管蛛 *Anyphaena mogan* Song & Chen, 1987

Song & Chen, 1987: 13; Chen & Zhang, 1991: 260; Song, Zhu & Chen, 1999: 402; Yin et al., 2012: 1064.

分布：浙江（ZJ）、湖南（HN）

喙突近管蛛 *Anyphaena rhynchophysa* Feng, Ma & Yang, 2012

Feng, Ma & Yang, 2012: 74.

分布：云南（YN）

台湾近管蛛 *Anyphaena taiwanensis* Chen & Huang, 2011

Chen & Huang, 2011: 80; Chen, 2012: 33.

分布：台湾（TW）

武夷近管蛛 *Anyphaena wuyi* Zhang, Zhu & Song, 2005

Zhang, Zhu & Song, 2005: 2; Chen, 2010: 70; Chen, 2012: 36.

分布：福建（FJ）、台湾（TW）

秀山近管蛛 *Anyphaena xiushanensis* Song & Zhu, 1991

Song & Zhu, 1991: 1; Song & Li, 1997: 417; Song, Zhu & Chen, 1999: 402.

分布：湖北（HB）、重庆（CQ）

5. 园蛛科 Araneidae Clerck, 1757

本科世界 169 属 3047 种；中国 46 属 374 种。

尖蛛属 *Aculepeira* Chamberlin & Ivie, 1942

Chamberlin & Ivie, 1942: 75. Type species: *Araneus aculeatus* (Emerton, 1877)

阿米达尖蛛 *Aculepeira armida* (Audouin, 1826)

Audouin, 1826: 337 (*Epeira a.*); Thorell, 1870: 25 (*Epeira victoria*); Simon, 1908: 432 (*Araneus a. canescens*); Drensky, 1943: 244 (*Aranea a.*, Syn.); Zhang, 1987: 73 (*Araneus victoria*); Levy, 1998: 329 (*A. a.*, Syn.); Song, Zhu & Chen, 1999: 230.

异名：

Aculepeira victoria (Thorell, 1870, Trans. from *Araneus*); Drensky, 1943: 244 (Syn., sub *Araneus*);

A. armida canescens (Simon, 1908, Trans. from *Araneus*); Levy, 1998: 329 (Syn.).

分布：甘肃（GS）、青海（QH）、新疆（XJ）、西藏（XZ）；世界性分布

东方阿米尖蛛 *Aculepeira armida orientalis* (Kulczyński, 1901)

Kulczyński, 1901: 330 (*Epeira victoria o.*); Zhang, 1987: 74 (*Araneus victoria o.*); Song, Zhu & Chen, 1999: 230.

分布：吉林（JL）、北京（BJ）、山西（SX）；俄罗斯

黑尖蛛 *Aculepeira carbonaria* (L. Koch, 1869)

L. Koch, 1869: 158 (*Epeira c.*); Kulczyński, 1901: 332 (*Epeira c.*); Drensky, 1943: 244 (*Aranea c.*); Hu & Li, 1987: 327 (*Araneus victoria*, misidentified); Hu, 2001: 435; Kunt, Yağmur & Tezcan, 2008: 57.

分布：北京（BJ）、新疆（XJ）；古北界

中华黑尖蛛 *Aculepeira carbonaria sinensis* (Schenkel, 1953)

Schenkel, 1953: 49 (*Araneus carbonarius s.*); Brignoli, 1983: 255; Hu & Wu, 1989: 81; Yin et al., 1997: 103; Song, Zhu & Chen, 1999: 230; Song, Zhu & Chen, 2001: 181.

分布：北京（BJ）、青海（QH）、新疆（XJ）、西藏（XZ）

洛桑尖蛛 *Aculepeira luosangensis* Yin et al., 1990

Hu & Li, 1987: 262 (*Araneus ceropegius*, misidentified); Yin et al., 1990: 10; Yin et al., 1997: 104; Song, Zhu & Chen, 1999: 230; Hu, 2001: 436.

分布：西藏（XZ）

帕氏尖蛛 *Aculepeira packardi* (Thorell, 1875)

Thorell, 1875: 490 (*Epeira packardii*); Chamberlin & Ivie, 1942: 75 (*A. p.*, removed from Syn. of *A. carbonaria*); Chamberlin & Ivie, 1942: 75 (*A. verae*); Levi, 1977: 228 (*A. p.*, Syn.); Yin et al., 1990: 12; Yin et al., 1997: 106; Song, Zhu & Chen, 1999: 230; Hu, 2001: 438; Dondale et al., 2003: 177.

异名：

Aculepeira verae Chamberlin & Ivie, 1942; Levi, 1977: 228 (Syn.).

分布：新疆（XJ）、西藏（XZ）；哈萨克斯坦、俄罗斯、北美洲

蛇状尖蛛 *Aculepeira serpentina* Guo & Zhang, 2010

Guo & Zhang, 2010: 261.

分布：西藏（XZ）

太白尖蛛 *Aculepeira taibaishanensis* Zhu & Wang, 1995

Zhu & Wang, 1995: 165 (*Aculeperia t.*); Yin et al., 1997: 107; Song, Zhu & Chen, 1999: 230.

分布：陕西（SN）

吊叶蛛属 *Acusilas* Simon, 1895

Simon, 1895: 785. Tyoe species: *Acusilas coccineus* Simon, 1895

褐吊叶蛛 *Acusilas coccineus* Simon, 1895

Simon, 1895: 785; Yaginuma, 1960: 59; Namkung, 1964: 37; Murphy & Murphy, 1983: 122 (*Acusilas gentingensis*); Hu, 1984: 88; Chen & Zhang, 1991: 112; Yin et al., 1997: 109; Song, Zhu & Chen, 1999: 230; Namkung, 2003: 257; Schmidt & Scharff, 2008: 18 (*A. c.*, Syn.); Yin et al., 2012: 587.

异名：

Acusilas gentingensis Murphy & Murphy, 1983; Schmidt & Scharff, 2008: 18 (Syn.).

分布：江苏（JS）、浙江（ZJ）、湖南（HN）、四川（SC）、台湾（TW）；日本、印度尼西亚（爪哇）、马六甲、巴布亚新几内亚

柔蛛属 *Agalenatea* Archer, 1951

Archer, 1951: 1. Type species: *Araneus redii* Scopoli, 1763; considered valid by Grasshoff, 1976

雷氏柔蛛 *Agalenatea redii* (Scopoli, 1763)

Scopoli, 1763: 394 (*Aranea r.*); Scopoli, 1763: 394 (*Aranea aldrovandi*); Hu & Wu, 1989: 93 (*Araneus r.*); Yin et al., 1997: 115; Song, Zhu & Chen, 1999: 230; Almquist, 2005: 135.

分布：新疆（XJ）；古北界

肋园蛛属 *Alenatea* Song & Zhu, 1999

Song & Zhu, in Song, Zhu & Chen, 1999: 230. Type species:

Agalenatea fuscocolorata (Bösenberg & Strand, 1906)

蝶斑肋园蛛 *Alenatea fuscocolorata* (Bösenberg & Strand, 1906)

Bösenberg & Strand, 1906: 224 (*Aranea f.*); Schenkel, 1953: 50 (*Araneus arcopictus*); Schenkel, 1953: 53 (*Araneus angulopictus*); Schenkel, 1963: 172 (*Araneus davidi*); Hu, 1984: 89 (*Araneus angulopictus*); Hu, 1984: 93 (*Neoscona f.*); Zhu et al., 1985: 69 (*Araneus arcopictus*); Zhang, 1987: 83 (*Neoscona angulopictus*, unsubstantiated); Zhang, 1987: 85 (*Neoscona f.*); Ma & Tu, 1987: 51 (*Neoscona f.*, Syn.); Yin et al., 1997: 112 (*Agalenatea arcopicta*); Yin et al., 1997: 113 (*Agalenatea davidi*, Trans. from *Araneus*); Yin et al., 1997: 113 (*Agalenatea f.*, Trans. from *Araneus*); Song, Zhu & Chen, 1999: 235 (*A. f.*, Trans. from *Agalenatea*); Song, Zhu & Chen, 2001: 183; Namkung, 2003: 256 (*A. fuscocoloratus*, lapsus); Tanikawa, 2007: 77; Tanikawa, 2009: 455.

异名：

Alenatea angulopicta (Schenkel, 1953, Trans. from *Araneus*); Ma & Tu, 1987: 52 (Syn., sub *Neoscona*);

A. arcopicta (Schenkel, 1953, Trans. from *Araneus*); Ma & Tu, 1987: 51 (Syn., sub *N.*);

A. davidi (Schenkel, 1963, Trans. from *Araneus*); Ma & Tu, 1987: 52 (Syn., sub *N.*).

分布：河北（HEB）、山西（SX）、山东（SD）、河南（HEN）、陕西（SN）、宁夏（NX）、甘肃（GS）、新疆（XJ）、浙江（ZJ）、江西（JX）、湖南（HN）、湖北（HB）、四川（SC）、贵州（GZ）、台湾（TW）；韩国、日本

拖鞋肋园蛛 *Alenatea touxie* Song & Zhu, 1999

Yin et al., 1997: 111 (*Agalenatea angulopicta*, misidentified); Song & Zhu, in Song, Zhu & Chen, 1999: 235; Song, Zhu & Chen, 2001: 185; Yin et al., 2012: 590.

分布：河北（HEB）、山西（SX）、甘肃（GS）、湖南（HN）、湖北（HB）

王氏肋园蛛 *Alenatea wangi* Zhu & Song, 1999

Zhu & Song, in Song, Zhu & Chen, 1999: 235.

分布：山西（SX）

秃头蛛属 *Anepsion* Strand, 1929

Strand, 1929: 12. Type species: *Epeira rhomboides* L. Koch, 1867

扁秃头蛛 *Anepsion depressum* (Thorell, 1877)

Thorell, 1877: 353 (*Paraplectana depressa*); Simon, 1895: 868 (*Anepsia depressa*); Zhu et al., 1994: 26; Yin et al., 1997: 116; Song, Zhu & Chen, 1999: 236; Chotwong et al., 2013: 91.

分布：台湾（TW）、海南（HI）；缅甸到印度尼西亚（苏拉威西）

日本秃头蛛 *Anepsion japonicum* (Bösenberg & Strand, 1906)

Bösenberg & Strand, 1906: 242 (*Paraplectana japonica*); Yaginuma, 1962: 134 (*Anepsium j.*); Yin et al., 1997: 117; Song, Zhu & Chen, 1999: 236; Chotwong et al., 2013: 92 (Syn.).

异名：

Anepsion japonicum Yaginuma, 1962; Chotwong et al., 2013: 92 (Syn.).

分布：海南（HI）；日本、泰国

斑秃头蛛 *Anepsion maritatum* (O. P.-Cambridge, 1877)

O. P.-Cambridge, 1877: 32 (*Paraplectana maritata*); Thorell, 1877: 356 (*P. picta*); Thorell, 1878: 19 (*P. p.*); Song, 1987: 158; Yin et al., 1997: 118; Song, Zhu & Chen, 1999: 236.

分布：海南（HI）；斯里兰卡到印度尼西亚（苏拉威西）

罗氏秃头蛛 *Anepsion roeweri* Chrysanthus, 1961

Chrysanthus, 1961: 467; Yoshida, 1991: 1.

分布：台湾（TW）；菲律宾、里奥群岛

尾园蛛属 *Arachnura* Vinson, 1863

Vinson, 1863: 291. Type species: *Arachnura scorpionoides* Vinson, 1863

七瘤尾园蛛 *Arachnura heptotubercula* Yin, Hu & Wang, 1983

Yin, Hu & Wang, 1983: 1; Feng, 1990: 51; Chen & Zhang, 1991: 100; Yin et al., 1997: 120; Song, Zhu & Chen, 1999: 236; Yin et al., 2012: 593.

分布：浙江（ZJ）、湖南（HN）、贵州（GZ）

双峰尾园蛛 *Arachnura logio* Yaginuma, 1956

Yaginuma, 1956: 1; Yaginuma, 1960: 66; Hu, 1984: 101; Chen & Zhang, 1991: 99; Yin et al., 1997: 121; Song, Zhu & Chen, 1999: 236; Tanikawa, 2009: 423.

分布：浙江（ZJ）、台湾（TW）；韩国、日本

黄尾园蛛 *Arachnura melanura* Simon, 1867

Simon, 1867: 17; Thorell, 1877: 410 (*A. digitata*); Yin et al., 1997: 122; Song, Zhu & Chen, 1999: 236; Tanikawa, 2009: 423; Yin et al., 2012: 594.

分布：浙江（ZJ）、湖南（HN）、台湾（TW）；日本、印度尼西亚（苏拉威西）到印度

多刺尾园蛛 *Arachnura spinosa* (Saitō, 1933)

Saitō, 1933: 52 (*Cyclosa s.*); Tanikawa & Ono, 1993: 51 (*A. s.*, Trans. from *Cyclosa*, after Yoshida, 1978).

分布：台湾（TW）

园蛛属 *Araneus* Clerck, 1757

Clerck, 1757: 22. Type species: *Araneus angulatus* Clerck, 1757

异名：

Aranea Linnaeus, 1758; Clerckian names validated by ICZN Direction 104; see also ICZN Opinion 2224 (Syn.);

Atea C. L. Koch, 1837; Levi, 1991: 171 (Syn.);

Neosconella F. O. P.-Cambridge, 1903; Levi, 1973: 478 (Syn.);

Amamrotypus Archer, 1951; Levi, 1973: 478 (Syn.);

Cambridgepeira Archer, 1951; Levi, 1973: 478 (Syn.);
Conaranea Archer, 1951; Levi, 1973: 478 (Syn.);
Conepeira Archer, 1951; Levi, 1973: 478 (Syn.);
Cathaistela Archer, 1958; Yaginuma, 1959: 28 (Syn.).

针园蛛 *Araneus acusisetus* Zhu & Song, 1994

Zhu & Song, in Zhu et al., 1994: 27; Yin et al., 1997: 143; Song, Zhu & Chen, 1999: 236; Namkung, 2002: 254, 620 (*A. fuscocoloratoides*); Namkung, 2003: 255 (*A. a.*, Syn.); Tanikawa, 2009: 455.

异名：

Araneus fuscocoloratoides Namkung, 2002; Namkung, 2003: 255 (Syn.).

分布：湖北（HB）；韩国、日本

近亲园蛛 *Araneus affinis* Zhu, Tu & Hu, 1988

Zhu, Tu & Hu, 1988: 53; Yin et al., 1997: 155; Song, Zhu & Chen, 1999: 236.

分布：山西（SX）

阿克苏园蛛 *Araneus aksuensis* Yin, Xie & Bao, 1996

Yin, Xie & Bao, 1996: 1; Yin et al., 1997: 155; Song, Zhu & Chen, 1999: 237.

分布：新疆（XJ）

白腹园蛛 *Araneus albabdominalis* Zhu et al., 2005

Zhu et al., 2005: 508.

分布：贵州（GZ）

白斑园蛛 *Araneus albomaculatus* Yin et al., 1990

Yin et al., 1990: 15; Yin & Kim, 1997: 58; Yin et al., 1997: 132; Song, Zhu & Chen, 1999: 237.

分布：云南（YN）

锚突园蛛 *Araneus ancurus* Zhu, Tu & Hu, 1988

Zhu, Tu & Hu, 1988: 54; Yin et al., 1997: 157; Song, Zhu & Chen, 1999: 237.

分布：山西（SX）

有角园蛛 *Araneus angulatus* Clerck, 1757

Clerck, 1757: 22; Clerck, 1757: 41 (*A. virgatus*); Zhang, 1987: 63; Hu & Wu, 1989: 82; Yin et al., 1997: 158; Song, Zhu & Chen, 1999: 237; Namkung, 2002: 240; Namkung, 2003: 243; Almquist, 2005: 137; Sciberras et al., 2014: 109.

分布：新疆（XJ）；古北界

安阳园蛛 *Araneus anjonensis* Schenkel, 1963

Schenkel, 1963: 171.

分布：河南（HEN）

耳状园蛛 *Araneus auriculatus* Song & Zhu, 1992

Song & Zhu, 1992: 167; Song & Li, 1997: 411; Yin et al., 1997: 144; Song, Zhu & Chen, 1999: 237; Zhu & Zhang, 2011: 198; Yin et al., 2012: 598.

分布：河南（HEN）、湖南（HN）、湖北（HB）

栗色园蛛 *Araneus badiofoliatus* Schenkel, 1963

Schenkel, 1963: 155; Yin et al., 1997: 199; Song, Zhu & Chen, 1999: 237.

分布：甘肃（GS）

巴东园蛛 *Araneus badongensis* Song & Zhu, 1992

Song & Zhu, 1992: 168; Song & Li, 1997: 412; Yin et al., 1997: 200; Song, Zhu & Chen, 1999: 237.

分布：湖北（HB）

雪园蛛 *Araneus basalteus* Schenkel, 1936

Schenkel, 1936: 99.

分布：四川（SC）

北疆园蛛 *Araneus beijiangensis* Hu & Wu, 1989

Hu & Wu, 1989: 82; Yin et al., 1997: 160; Song, Zhu & Chen, 1999: 237.

分布：新疆（XJ）

双孔园蛛 *Araneus bicavus* Zhu & Wang, 1994

Zhu & Wang, in Zhu et al., 1994: 28; Yin et al., 1997: 161; Song, Zhu & Chen, 1999: 237.

分布：广西（GX）

双钩园蛛 *Araneus bihamulus* Zhu et al., 2005

Zhu et al., 2005: 509.

分布：贵州（GZ）

双斑园蛛 *Araneus bimaculicollis* Hu, 2001

Hu, 2001: 439.

分布：西藏（XZ）

双隆园蛛 *Araneus biprominens* Yin, Wang & Xie, 1989

Yin, Wang & Xie, 1989: 330; Yin & Bao, 1995: 127 (*A. prominens*); Yin et al., 1997: 162; Song, Zhu & Chen, 1999: 237; Yin et al., 2012: 600.

分布：湖南（HN）、福建（FJ）

伯氏园蛛 *Araneus boesenbergi* (Fox, 1938)

Fox, 1938: 367 (*Aranea b.*); Yin et al., 1997: 163 (*A. bosenbergi*); Song, Zhu & Chen, 1999: 237 (*A. bosenbergi*).

分布：四川（SC）

梭园蛛 *Araneus cercidius* Yin et al., 1990

Yin et al., 1990: 20; Yin et al., 1997: 135; Song, Zhu & Chen, 1999: 237; Tang & Zhang, 2004: 433 (*A. circidius*, lapsus).

分布：内蒙古（NM）

春花园蛛 *Araneus chunhuaia* Zhu, Tu & Hu, 1988

Zhu, Tu & Hu, 1988: 54; Yin et al., 1997: 164; Song, Zhu & Chen, 1999: 237.

分布：山西（SX）

春林园蛛 *Araneus chunlin* Yin et al., 2009

Yin et al., 2009: 2.

分布：云南（YN）

小环园蛛 *Araneus circellus* Song & Zhu, 1992

Song & Zhu, 1992: 168; Song & Li, 1997: 412; Yin et al., 1997: 145; Song, Zhu & Chen, 1999: 237.

分布：湖北（HB）

轮基园蛛 *Araneus circumbasilaris* Yin et al., 1990

Yin et al., 1990: 29; Yin et al., 1997: 165; Song, Zhu & Chen, 1999: 238; Song, Zhu & Chen, 2001: 187.

分布：北京（BJ）

蛇园蛛 *Araneus colubrinus* Song & Zhu, 1992

Song & Zhu, 1992: 169; Song & Li, 1997: 413; Yin et al., 1997: 146; Song, Zhu & Chen, 1999: 238.

分布：湖北（HB）

道真园蛛 *Araneus daozhenensis* Zhu et al., 2005

Zhu et al., 2005: 509.

分布：贵州（GZ）

大庸园蛛 *Araneus dayongensis* Yin et al., 1990

Yin et al., 1990: 22; Yin et al., 1997: 147; Song, Zhu & Chen, 1999: 238; Yin et al., 2012: 601.

分布：湖南（HN）

丽园蛛 *Araneus decentellus* (Strand, 1907)

Strand, 1907: 190 (*Aranea decentella*); Yin et al., 1997: 201; Song, Zhu & Chen, 1999: 238.

分布：上海（SH）；孟加拉、印度

类十字园蛛 *Araneus diadematoides* Zhu, Tu & Hu, 1988

Zhu, Tu & Hu, 1988: 55; Yin et al., 1997: 166; Song, Zhu & Chen, 1999: 238; Song, Zhu & Chen, 2001: 188.

分布：山西（SX）

十字园蛛 *Araneus diadematus* Clerck, 1757

Clerck, 1757: 25; Clerck, 1757: 27 (*A. peleg*); Hu, 1984: 90 (*A. diadema*); Zhu et al., 1985: 71; Song, 1987: 162; Zhang, 1987: 66; Hu & Wu, 1989: 87; Feng, 1990: 56; Yin et al., 1997: 167; Song, Zhu & Chen, 1999: 238; Song, Zhu & Chen, 2001: 189; Tanikawa, 2009: 452.

分布：内蒙古（NM）、河北（HEB）、山东（SD）、甘肃（GS）、新疆（XJ）；全北界

远亲园蛛 *Araneus diffinis* Zhu, Tu & Hu, 1988

Zhu, Tu & Hu, 1988: 56; Yin et al., 1997: 202; Song, Zhu & Chen, 1999: 238; Song, Zhu & Chen, 2001: 190.

分布：山西（SX）、陕西（SN）

黄斑园蛛 *Araneus ejusmodi* Bösenberg & Strand, 1906

Bösenberg & Strand, 1906: 229; Dönitz & Strand, in Bösenberg & Strand, 1906: 380 (*Lithyphantes dubius*); Yaginuma, 1954: 26 (*A. e.*, Syn.); Yaginuma, 1960: 55; Schenkel, 1963: 167 (*A. pachygnathoides*); Yin, 1978: 1; Song, 1980: 92 (*Aranea e.*); Wang, 1981: 102; Zhu, 1983: 20 (*A. e.*, Syn.); Hu, 1984: 92; Guo, 1985: 55; Zhu et al., 1985: 73; Feng, 1990: 57; Chen & Gao, 1990: 45; Chen & Zhang, 1991: 87; Song, Zhu & Li, 1993: 870; Zhao, 1993: 229; Yin et al., 1997: 136; Song, Zhu & Chen, 1999: 238; Namkung, 2003: 253; Tanikawa, 2009: 457; Zhu & Zhang, 2011: 199; Yin et al., 2012: 604.

异名：

Araneus dubius (Bösenberg & Strand, 1906, Trans. from *Lithyphantes*); Yaginuma, 1954: 26 (Syn.);

A. pachygnathoides Schenkel, 1963; Zhu, 1983: 20 (Syn.).

分布：山东（SD）、河南（HEN）、安徽（AH）、江苏（JS）、上海（SH）、浙江（ZJ）、江西（JX）、湖南（HN）、湖北（HB）、四川（SC）、贵州（GZ）、福建（FJ）、台湾（TW）；韩国、日本

椭圆园蛛 *Araneus ellipticus* (Tikader & Bal, 1981)

Tikader & Bal, 1981: 24 (*Neoscona elliptica*); Yin & Wang, 1982: 260 (*N. griseomaculata*); Yin, Wang & Hu, 1983: 34 (*N. g.*); Hu, 1984: 122 (*N. g.*); Song, 1987: 171 (*N. g.*); Feng, 1990: 90 (*N. g.*); Chen & Gao, 1990: 66 (*N. g.*); Zhao, 1993: 242 (*N. g.*); Zhu & Zhang, 1993: 38 (*N. elliptica*); Yin et al., 1997: 347 (*N. elliptica*, Syn.); Song, Zhu & Chen, 1999: 299 (*N. elliptica*); Gajbe, 2007: 531 (*N. elliptica*); Yin et al., 2012: 725.

异名：

Araneus griseomaculatus (Yin & Wang, 1982, Trans. from *Neoscona*); Yin et al., 1997: 347 (Syn., sub. *Neoscona*).

分布：江苏（JS）、江西（JX）、湖南（HN）、湖北（HB）、贵州（GZ）、云南（YN）、广东（GD）、广西（GX）、海南（HI）；老挝、孟加拉、印度

长腹园蛛 *Araneus elongatus* Yin, Wang & Xie, 1989

Yin, Wang & Xie, 1989: 331; Yin et al., 1997: 137; Song, Zhu & Chen, 1999: 238.

分布：云南（YN）

镰状园蛛 *Araneus falcatus* Guo, Zhang & Zhu, 2011

Guo, Zhang & Zhu, 2011: 214.

分布：宁夏（NX）

凤山园蛛 *Araneus fengshanensis* Zhu & Song, 1994

Zhu & Song, in Zhu et al., 1994: 31; Song, Zhu & Chen, 1999: 238.

分布：广西（GX）

鞭状园蛛 *Araneus flagelliformis* Zhu & Yin, 1997

Zhu & Yin, in Yin et al., 1997: 168; Song, Zhu & Chen, 1999: 238.

分布：陕西（SN）

黔美园蛛 *Araneus gratiolus* Yin et al., 1990

Yin et al., 1990: 32; Yin et al., 1997: 170; Song, Zhu & Chen,

1999: 238.
分布：云南（YN）

关帝山园蛛 *Araneus guandishanensis* Zhu, Tu & Hu, 1988

Zhu, Tu & Hu, 1988: 57; Yin et al., 1997: 171; Song, Zhu & Chen, 1999: 239.
分布：山西（SX）

卜僧园蛛 *Araneus haruspex* (O. P.-Cambridge, 1885)

O. P.-Cambridge, 1885: 46 (*Epeira h.*).
分布：新疆（XJ）

胡氏园蛛 *Araneus hui* Hu, 2001

Hu, 2001: 442.
分布：西藏（XZ）

卵形园蛛 *Araneus inustus* (L. Koch, 1871)

L. Koch, 1871: 94 (*Epeira inusta*); Simon, 1885: 38 (*E. weyersi*); Thorell, 1890: 151 (*E. inusta*); Chrysanthus, 1960: 41; Yin et al., 1997: 138; Song, Zhu & Chen, 1999: 239.
分布：台湾（TW）；苏门答腊岛到澳大利亚

李氏园蛛 *Araneus liae* Yin et al., 2009

Yin et al., 2009: 4.
分布：云南（YN）

利氏园蛛 *Araneus licenti* Schenkel, 1953

Schenkel, 1953: 42; Yin et al., 1997: 172; Song, Zhu & Chen, 1999: 239.
分布：山西（SX）

临沭园蛛 *Araneus linshuensis* Yin et al., 1990

Yin et al., 1990: 35; Yin et al., 1997: 173; Song, Zhu & Chen, 1999: 239.
分布：山东（SD）

林芝园蛛 *Araneus linzhiensis* Hu, 2001

Hu, 2001: 443.
分布：西藏（XZ）

洛采园蛛 *Araneus loczyanus* (Lendl, 1898)

Lendl, 1898: 562 (*Epeira loczyana*).
分布：香港（HK）

杧果园蛛 *Araneus mangarevoides* (Bösenberg & Strand, 1906)

Bösenberg & Strand, 1906: 228 (*Aranea m.*); Schenkel, 1963: 142.
分布：湖北（HB）；日本

花岗园蛛 *Araneus marmoreus* Clerck, 1757

Clerck, 1757: 29; Clerck, 1757: 30 (*A. babel*); Scopoli, 1763: 394 (*Aranea raji*); Sulzer, 1776: 254 (*Aranea betulae*); Chamberlin, 1919: 254 (*Aranea tusigia*); Song, 1980: 40 (*Aranea marmorea*); Roberts, 1985: 208 (*A. m.*, Syn.); Song, 1987: 164; Zhang, 1987: 69; Zhu, Tu & Hu, 1988: 57; Hu & Wu, 1989: 90; Hu & Wu, 1989: 91 (*A. m. pyramidatus*); Yin et al., 1997: 174; Song, Zhu & Chen, 1999: 239; Namkung, 2003: 246; Tanikawa, 2009: 452; Zhu & Zhang, 2011: 200.
异名：
Araneus raji (Scopoli, 1763); Clerckian names validated by ICZN Direction 104;
A. betulae (Sulzer, 1776); Roberts, 1985: 208 (Syn.);
A. tusigia (Chamberlin, 1919); Levi, 1971: 156 (Syn.).
分布：内蒙古（NM）、山西（SX）、河南（HEN）、新疆（XJ）；全北界

类花岗园蛛 *Araneus marmoroides* Schenkel, 1953

Schenkel, 1953: 35; Zhu, Tu & Hu, 1988: 58; Chen & Gao, 1990: 46; Yin et al., 1997: 175; Song, Zhu & Chen, 1999: 239; Song, Zhu & Chen, 2001: 191.
分布：北京（BJ）、山东（SD）、新疆（XJ）、四川（SC）

勐仑园蛛 *Araneus menglunensis* Yin et al., 1990

Yin et al., 1990: 41; Yin et al., 1997: 187; Song, Zhu & Chen, 1999: 239; Yin et al., 2012: 607.
分布：湖南（HN）、云南（YN）

伴侣园蛛 *Araneus metellus* (Strand, 1907)

Strand, 1907: 193 (*Aranea metella*).
分布：上海（SH）

米泉园蛛 *Araneus miquanensis* Yin et al., 1990

Yin et al., 1990: 41; Yin et al., 1997: 188; Song, Zhu & Chen, 1999: 239; Guo, Zhang & Wang, 2011: 192.
分布：新疆（XJ）

黑斑园蛛 *Araneus mitificus* (Simon, 1886)

Simon, 1886: 150 (*Epeira mitifica*); Dyal, 1935: 186 (*Zilla nawazi*); Hu, 1984: 95; Feng, 1990: 58; Chen & Gao, 1990: 46; Chen & Zhang, 1991: 89; Barrion & Litsinger, 1995: 638 (*A. m.*, Syn.); Yin et al., 1997: 139; Song, Zhu & Chen, 1999: 239; Namkung, 2003: 248; Tanikawa, 2009: 457.
异名：
Araneus nawazi (Dyal, 1935, Trans. from *Zilla*); Barrion & Litsinger, 1995: 638 (Syn.).
分布：辽宁（LN）、浙江（ZJ）、江西（JX）、湖南（HN）、四川（SC）、贵州（GZ）、云南（YN）、台湾（TW）、广东（GD）、广西（GX）、香港（HK）；菲律宾、巴布亚新几内亚、印度

墨脱园蛛 *Araneus motuoensis* Yin et al., 1990

Yin et al., 1990: 36; Yin et al., 1997: 176; Song, Zhu & Chen, 1999: 239; Hu, 2001: 445.
分布：西藏（XZ）

巢园蛛 *Araneus nidus* Yin & Gong, 1996

Yin & Gong, 1996: 73; Yin et al., 1997: 177; Song, Zhu & Chen, 1999: 239; Yin et al., 2012: 611.
分布：湖南（HN）

黑纹园蛛 *Araneus nigromaculatus* Schenkel, 1963

Schenkel, 1963: 154; Yin et al., 1997: 204; Song, Zhu & Chen, 1999: 240.

分布：甘肃（GS）

妮园蛛 *Araneus nympha* (Simon, 1889)

Simon, 1889: 339 (*Epeira n.*); Tikader & Bal, 1981: 55; Hu & Li, 1987: 263; Yin et al., 1997: 148; Song, Zhu & Chen, 1999: 240; Hu, 2001: 445.

分布：西藏（XZ）；印度、巴基斯坦

八齿园蛛 *Araneus octodentalis* Song & Zhu, 1992

Song & Zhu, 1992: 169; Song & Li, 1997: 414; Yin et al., 1997: 149; Song, Zhu & Chen, 1999: 240.

分布：湖北（HB）、贵州（GZ）

八斑园蛛 *Araneus octumaculalus* Han & Zhu, 2010

Han & Zhu, 2010: 67.

分布：海南（HI）

印度园蛛 *Araneus pahalgaonensis* Tikader & Bal, 1981

Tikader & Bal, 1981: 44; Yin et al., 1990: 38; Yin et al., 1997: 179; Song, Zhu & Chen, 1999: 240.

分布：浙江（ZJ）；印度

白塔园蛛 *Araneus paitaensis* Schenkel, 1953

Schenkel, 1953: 37.

分布：北京（BJ）

苍白园蛛 *Araneus pallasi* (Thorell, 1875)

Thorell, 1875: 54 (*Epeira pallasii*); Bakhvalov, 1981: 138 (*A. issiculus*); Marusik, 1989: 41 (*A. p.*, Syn.); Zhu & Song, in Zhu et al., 1994: 43 (*Neoscona chasisus*); Yin et al., 1997: 346 (*N. c.*); Song, Zhu & Chen, 1999: 299 (*N. c.*); Marusik, Logunov & Koponen, 2000: 12 (*A. p.*, Syn.); Marusik, Šestáková & Omelko, 2012: 93.

异名：

Araneus issiculus Bakhvalov, 1981; Marusik, 1989: 41 (Syn.);

A. chasisus (Zhu & Song, 1994, Trans. from *Neoscona*); Marusik, Logunov & Koponen, 2000: 12 (Syn.).

分布：新疆（XJ）；俄罗斯、乌克兰、土耳其、中亚

帕氏园蛛 *Araneus pavlovi* Schenkel, 1953

Schenkel, 1953: 39; Yin et al., 1997: 205; Song, Zhu & Chen, 1999: 240; Song, Zhu & Chen, 2001: 192.

分布：河北（HEB）

哌园蛛 *Araneus pecuensis* (Karsch, 1881)

Karsch, 1881: 219 (*Epeira p.*); Bösenberg & Strand, 1906: 227 (*Aranea p.*, Trans. from *Epeira*).

分布：中国（具体未详）；日本、俄罗斯

五纹园蛛 *Araneus pentagrammicus* (Karsch, 1879)

Karsch, 1879: 72 (*Miranda pentagrammica*); Bösenberg & Strand, 1906: 219 (*Aranea pentagrammica*); Zhang, 1987: 70; Feng, 1990: 61; Chen & Zhang, 1991: 91 (*A. pentagrammica*); Yin et al., 1997: 180; Song, Zhu & Chen, 1999: 240; Song, Zhu & Chen, 2001: 193; Namkung, 2002: 247; Namkung, 2003: 249; Tanikawa, 2009: 455; Yin et al., 2012: 612.

分布：河北（HEB）、江西（JX）、湖南（HN）、四川（SC）、贵州（GZ）、台湾（TW）、广西（GX）；韩国、日本

皮雄园蛛 *Araneus pichoni* Schenkel, 1963

Schenkel, 1963: 157; Yin et al., 1997: 205; Song, Zhu & Chen, 1999: 240.

分布：浙江（ZJ）

肥胖园蛛 *Araneus pinguis* (Karsch, 1879)

Karsch, 1879: 68 (*Epeira p.*); Bösenberg & Strand, 1906: 226 (*Aranea p.*); Song, Yu & Shang, 1981: 83; Hu, 1984: 95; Song, 1987: 165; Zhang, 1987: 70; Zhang, 1987: 74 (*A. quadratus*, misidentified); Chikuni, 1989: 64; Yin et al., 1997: 181; Song, Zhu & Chen, 1999: 240; Namkung, 2003: 247; Tanikawa, 2009: 454.

分布：黑龙江（HL）、吉林（JL）、辽宁（LN）、内蒙古（NM）；韩国、日本、俄罗斯

丰满园蛛 *Araneus plenus* Yin et al., 2009

Yin et al., 2009: 6.

分布：云南（YN）

多齿园蛛 *Araneus polydentatus* Yin, Griswold & Xu, 2007

Yin, Griswold & Xu, 2007: 1; Yin et al., 2012: 614.

分布：湖南（HN）

伪锥园蛛 *Araneus pseudoconicus* Schenkel, 1936

Schenkel, 1936: 114.

分布：甘肃（GS）

伪斯氏园蛛 *Araneus pseudosturmii* Yin et al., 1990

Yin et al., 1990: 25; Yin et al., 1997: 150; Song, Zhu & Chen, 1999: 240; Yin et al., 2012: 615.

分布：安徽（AH）、湖南（HN）

伪大腹园蛛 *Araneus pseudoventricosus* Schenkel, 1963

Schenkel, 1963: 150; Yin et al., 1997: 190; Song, Zhu & Chen, 1999: 240.

分布：浙江（ZJ）

潜山园蛛 *Araneus qianshan* Zhu, Zhang & Gao, 1998

Zhu, Zhang & Gao, 1998: 30; Song, Zhu & Chen, 1999: 240.

分布：安徽（AH）

方园蛛 *Araneus quadratus* Clerck, 1757

Clerck, 1757: 27; Scopoli, 1763: 393 (*Aranea reaumuri*); Yin et al., 1990: 30 (*A. flavidus*); Yin et al., 1997: 169 (*A. flavidus*); Song, Zhu & Chen, 1999: 237 (*A. flavidus*); Marusik, Logunov

& Koponen, 2000: 13 (*A. q.*, Syn.); Almquist, 2005: 142; Šestáková, Krumpál & Krumpálová, 2009: 111.

异名：

Araneus reaumuri (Scopoli, 1763); Clerckian names validated by ICZN Direction 104;

A. flavidus Yin et al., 1990; Marusik, Logunov & Koponen, 2000: 13 (Syn.).

分布：新疆（XJ）；古北界

瑰斑园蛛 *Araneus roseomaculatus* Ono, 1992

Ono, 1992: 122; Song, Zhu & Chen, 1999: 241.

分布：台湾（TW）

碟形园蛛 *Araneus scutellatus* Schenkel, 1963

Schenkel, 1963: 153.

分布：内蒙古（NM）

舜皇园蛛 *Araneus shunhuangensis* Yin et al., 1990

Yin et al., 1990: 18; Yin et al., 1997: 134; Song, Zhu & Chen, 1999: 241; Yin, Griswold & Xu, 2007: 3; Yin et al., 2012: 616.

分布：湖南（HN）、云南（YN）

星状园蛛 *Araneus stella* (Karsch, 1879)

Karsch, 1879: 69 (*Epeira s.*); Yaginuma, 1972: 53 (*A. tsuno*); Oliger, 1983: 303 (*A. maculifrons*); Zhou, Wang & Zhu, 1983: 154 (*A. tsuno*); Marusik, 1989: 42 (*A. tsuno*, Syn.); Yin et al., 1997: 183 (*A. tsuno*); Song, Zhu & Chen, 1999: 241 (*A. tsuno*); Ono, 2002: 59 (*A. s.*, Syn.); Namkung, 2003: 252; Tanikawa, 2009: 450.

异名：

Araneus tsuno Yaginuma, 1972; Ono, 2002: 59 (Syn.);

A. maculifrons Oliger, 1983; Marusik, 1989: 42 (Syn., sub. *A. tsuno*).

分布：黑龙江（HL）；韩国、日本、俄罗斯

斯氏园蛛 *Araneus sturmi* (Hahn, 1831)

Hahn, 1831: 12 (*Epeira sturmii*); C. L. Koch, 1837: 3 (*Atea s.*); C. L. Koch, 1844: 122 (*Epeira alpina*, lapsus for *E. alsine*, misidentified); Xu & Wang, 1983: 32; Yin et al., 1997: 151; Song, Zhu & Chen, 1999: 241; Šestáková, Krumpál & Krumpálová, 2009: 120.

分布：福建（FJ）；古北界

太古园蛛 *Araneus taigunensis* Zhu, Tu & Hu, 1988

Zhu, Tu & Hu, 1988: 58; Yin et al., 1997: 182; Song, Zhu & Chen, 1999: 241 (*A. taiguensis*).

分布：山西（SX）

鞑靼园蛛 *Araneus tartaricus* (Kroneberg, 1875)

Kroneberg, 1875: 2 (*Epeira tartarica*); Simon, 1895: 335 (*Araneus mongolicus*); Schenkel, 1936: 269 (*A. tartaricus*); Spassky & Shnitnikov, 1937: 276; Ermolajev, 1937: 603 (*A. mongolicus*); Bakhvalov, 1974: 111; Feng, 1990: 60; Yin et al., 1997: 191; Song, Zhu & Chen, 1999: 241; Kim & Kim, 2002: 184; Yoo & Kim, 2002: 28; Yin et al., 2012: 618.

分布：新疆（XJ）、湖南（HN）；韩国、日本、蒙古、土耳其、高加索地区

柔嫩园蛛 *Araneus tenerius* Yin et al., 1990

Yin et al., 1990: 45; Yin et al., 1997: 192; Song, Zhu & Chen, 1999: 241.

分布：云南（YN）

藤县园蛛 *Araneus tengxianensis* Zhu & Zhang, 1994

Zhu & Zhang, in Zhu et al., 1994: 29; Yin et al., 1997: 141; Song, Zhu & Chen, 1999: 241.

分布：广西（GX）

四棘园蛛 *Araneus tetraspinulus* (Yin et al., 1990)

Yin et al., 1990: 7 (*Pronous t.*); Yin et al., 1997: 182 (*A. t.*, Trans. from *Pronous*); Song, Zhu & Chen, 1999: 241; Yin et al., 2012: 619.

分布：湖南（HN）

横形园蛛 *Araneus transversivittiger* (Strand, 1907)

Strand, 1907: 180 (*Aranea transversivittigera*).

分布：上海（SH）

三角园蛛 *Araneus triangulus* (Fox, 1938)

Fox, 1938: 368 (*Aranea triangula*).

分布：四川（SC）

三色园蛛 *Araneus tricoloratus* Zhu, Tu & Hu, 1988

Zhu, Tu & Hu, 1988: 59; Yin et al., 1997: 193; Song, Zhu & Chen, 1999: 241.

分布：山东（SD）

筒腹园蛛 *Araneus tubabdominus* Zhu & Zhang, 1993

Zhu & Zhang, 1993: 36; Yin et al., 1997: 184; Song, Zhu & Chen, 1999: 241.

分布：广西（GX）

杂黑斑园蛛 *Araneus variegatus* Yaginuma, 1960

Yaginuma, 1960: append. 4 (*A. v.*; preoccupied by Olivier, 1789 sub *Aranea*, but as that species is unidentifiable, Brignoli chose not to replace Yaginuma's name); Yin, 1978: 3; Song, 1980: 96 (*Aranea variegata*); Hu, 1984: 98; Zhang, 1987: 71; Zhu, Tu & Hu, 1988: 59; Chen & Gao, 1990: 47; Yin et al., 1997: 193; Song, Zhu & Chen, 1999: 241; Hu, 2001: 446 (*A. variegata*, lapsus); Namkung, 2003: 244; Tanikawa, 2009: 455.

分布：吉林（JL）、辽宁（LN）、山东（SD）、河南（HEN）、青海（QH）、四川（SC）；韩国、日本、俄罗斯

大腹园蛛 *Araneus ventricosus* (L. Koch, 1878)

L. Koch, 1878: 739 (*Epeira ventricosa*); Roewer, 1942: 820 (*Aranea piata*, replacement name for *Aranea pia*); Archer, 1958: 16 (*Cathaistela ventricosa*, Trans. from *Araneus*); Yin, Wang & Hu, 1983: 34; Hu, 1984: 97; Guo, 1985: 59; Song, 1987: 166; Zhang, 1987: 72; Song, 1988: 128 (*A. v.*, Syn. of female); Yin et al., 1990: 39; Feng, 1990: 59; Chen & Gao,

1990: 47; Chen & Zhang, 1991: 88; Song, Zhu & Li, 1993: 870; Zhao, 1993: 231; Yin et al., 1997: 195; Song, Chen & Zhu, 1997: 1710; Song, Zhu & Chen, 1999: 241; Hu, 2001: 447; Song, Zhu & Chen, 2001: 194; Namkung, 2003: 241; Shin, 2007: 146; Tanikawa, 2009: 452; Zhu & Zhang, 2011: 202; Yin et al., 2012: 621.
异名：
Araneus piatus (Roewer, 1942); Song, 1988: 128 (Syn.).
分布：黑龙江（HL）、吉林（JL）、内蒙古（NM）、河北（HEB）、北京（BJ）、山西（SX）、山东（SD）、河南（HEN）、陕西（SN）、青海（QH）、新疆（XJ）、安徽（AH）、江苏（JS）、浙江（ZJ）、江西（JX）、湖南（HN）、湖北（HB）、四川（SC）、贵州（GZ）、云南（YN）、福建（FJ）、台湾（TW）、广东（GD）、广西（GX）、海南（HI）；韩国、日本、俄罗斯

虫纹园蛛 *Araneus vermimaculatus* Zhu & Wang, 1994
Zhu & Wang, in Zhu et al., 1994: 30; Yin et al., 1997: 151; Song, Zhu & Chen, 1999: 242.
分布：陕西（SN）

蝰红园蛛 *Araneus viperifer* Schenkel, 1963
Schenkel, 1963: 165; Yin et al., 1997: 152; Song, Zhu & Chen, 1999: 242; Tanikawa, 2001: 66; Kim & Kim, 2002: 189.
分布：安徽（AH）、江西（JX）；韩国、日本

小枝园蛛 *Araneus virgus* (Fox, 1938)
Fox, 1938: 370 (*Aranea virga*); Yin et al., 1997: 206; Song, Zhu & Chen, 1999: 242.
分布：四川（SC）

浅绿园蛛 *Araneus viridiventris* Yaginuma, 1969
Yaginuma, in Ohno & Yaginuma, 1969: 21; Yin et al., 1990: 22; Yin et al., 1997: 142; Song, Zhu & Chen, 1999: 242; Chang & Tso, 2004: 27; Tanikawa, 2009: 455.
分布：福建（FJ）、台湾（TW）、广东（GD）；日本

武隆园蛛 *Araneus wulongensis* Song & Zhu, 1992
Song & Zhu, 1992: 170; Song & Li, 1997: 415; Yin et al., 1997: 153; Song, Zhu & Chen, 1999: 242.
分布：重庆（CQ）

咸丰园蛛 *Araneus xianfengensis* Song & Zhu, 1992
Song & Zhu, 1992: 171; Song & Li, 1997: 415; Yin et al., 1997: 185; Song, Zhu & Chen, 1999: 242.
分布：湖北（HB）

西藏园蛛 *Araneus xizangensis* Hu, 2001
Hu, 2001: 449.
分布：西藏（XZ）

亚东园蛛 *Araneus yadongensis* Hu, 2001
Hu, 2001: 450.
分布：西藏（XZ）

丫坪园蛛 *Araneus yapingensis* Yin et al., 2009
Yin et al., 2009: 8.
分布：云南（YN）

圆明园蛛 *Araneus yuanminensis* Yin et al., 1990
Yin et al., 1990: 26; Yin et al., 1997: 154; Song, Zhu & Chen, 1999: 242; Song, Zhu & Chen, 2001: 196.
分布：北京（BJ）

云南园蛛 *Araneus yunnanensis* Yin, Peng & Wang, 1994
Yin, Peng & Wang, 1994: 104; Yin et al., 1997: 198; Song, Zhu & Chen, 1999: 242.
分布：云南（YN）

榆中园蛛 *Araneus yuzhongensis* Yin et al., 1990
Yin et al., 1990: 47; Yin et al., 1997: 196; Song, Zhu & Chen, 1999: 242.
分布：甘肃（GS）

条纹园蛛 *Araneus zebrinus* Zhu & Wang, 1994
Zhu & Wang, in Zhu et al., 1994: 32; Yin et al., 1997: 186; Song, Zhu & Chen, 1999: 242.
分布：陕西（SN）

樟木园蛛 *Araneus zhangmu* Zhang, Song & Kim, 2006
Zhang, Song & Kim, 2006: 2.
分布：西藏（XZ）

赵氏园蛛 *Araneus zhaoi* Zhang & Zhang, 2002
Zhang & Zhang, 2002: 22.
分布：河北（HEB）

类紫阁园蛛 *Araneus zygielloides* Schenkel, 1963
Schenkel, 1963: 169.
分布：中国（具体未详）

痣蛛属 *Araniella* Chamberlin & Ivie, 1942

Chamberlin & Ivie, 1942: 76. Type species: *Araneus displicatus* (Hentz, 1847)

八痣蛛 *Araniella cucurbitina* (Clerck, 1757)
Clerck, 1757: 44 (*Araneus cucurbitinus*); Linnaeus, 1758: 620 (*Aranea c.*); Scopoli, 1763: 395 (*Aranea frischii*); Linnaeus, 1767: 1030 (*Aranea octopunctata*); Simon, 1885: 23 (*Epeira cossoni*); Blanke, 1982: 289 (*A. c.*, Syn.); Hu & Wu, 1989: 95; Yin et al., 1997: 207; Song, Zhu & Chen, 1999: 260; Hu, 2001: 452; Namkung, 2003: 281; Almquist, 2005: 149.
异名：
Araniella cucurbitina (Linnaeus, 1758, Trans. from *Aranea*); Clerckian names validated by ICNZ Direction 104;
A. cossoni (Simon, 1885, Trans. from *Araneus*); Blanke, 1982: 302 (Syn.).

分布：吉林（JL）、内蒙古（NM）、新疆（XJ）、西藏（XZ）；古北界

六痣蛛 *Araniella displicata* (Hentz, 1847)

Hentz, 1847: 476 (*Epeira d.*); Kulczyński, 1905: 233 (*Araneus croaticus*); Chamberlin & Ivie, 1942: 76 (*A. displicata octopunctata*); Levi, 1974: 294 (*A. d.*, Syn.); Hu, 1984: 91 (*Araneus displicatus*); Guo, 1985: 53 (*Araneus displicatus*); Zhu et al., 1985: 72 (*Araneus displicatus*); Song, 1987: 162 (*Araneus displicatus*); Zhang, 1987: 67 (*Araneus displicatus*); Hu & Wu, 1989: 97; Chen & Gao, 1990: 44 (*Araneus displicatus*); Zhao, 1993: 229 (*Araneus displicatus*); Yin et al., 1997: 208; Song, Chen & Zhu, 1997: 1711; Song, Zhu & Chen, 1999: 260; Hu, 2001: 453; Song, Zhu & Chen, 2001: 197; Namkung, 2003: 279; Tanikawa, 2009: 441; Zhu & Zhang, 2011: 204; Yin et al., 2012: 623.

异名：

Araniella croatica (Kulczyński, 1905, Trans. from *Araneus*); Levi, 1974: 296 (Syn.);

A. displicata octopunctata Chamberlin & Ivie, 1942; Levi, 1974: 296 (Syn.).

分布：黑龙江（HL）、吉林（JL）、辽宁（LN）、内蒙古（NM）、北京（BJ）、山西（SX）、山东（SD）、河南（HEN）、陕西（SN）、宁夏（NX）、甘肃（GS）、青海（QH）、新疆（XJ）、安徽（AH）、江苏（JS）、湖南（HN）、湖北（HB）、四川（SC）、西藏（XZ）；全北界

暗痣蛛 *Araniella inconspicua* (Simon, 1874)

Simon, 1874: 84 (*Epeira i.*); Levi, 1974: 298 (*A. i.*, Trans. from *Araneus*); Yin et al., 1997: 209; Song, Zhu & Chen, 1999: 260; Almquist, 2005: 153; Türkeş & Mergen, 2008: 300.

分布：江西（JX）、四川（SC）；古北界

吉林痣蛛 *Araniella jilinensis* Yin & Zhu, 1994

Yin & Zhu, 1994: 1; Yin et al., 1997: 210 (*A. jilingensis*); Song, Zhu & Chen, 1999: 260 (*A. jilingensis*).

分布：吉林（JL）

八木氏痣蛛 *Araniella yaginumai* Tanikawa, 1995

Tanikawa, 1995: 52; Namkung, 2003: 282; Hou, Liang & Zhu, 2007: 14; Tanikawa, 2009: 441; Marusik & Kovblyuk, 2011: 113.

分布：山西（SX）、台湾（TW）；韩国、日本、俄罗斯

金蛛属 *Argiope* Audouin, 1826

Audouin, 1826: 334. Type species: *Aranea lobata* Pallas, 1772

异名：

Austrargiope Kishida, 1936; Yaginuma, 1959: 21 (Syn.);

Chaetargiope Kishida, 1936; Yaginuma, 1959: 21 (Syn.);

Coganargiope Kishida, 1936; Yaginuma, 1959: 21 (Syn.);

Heterargiope Kishida, 1936; Yaginuma, 1959: 21 (Syn.);

Brachygea Caporiacco, 1947; Levi, 1983: 258 (Syn.).

好胜金蛛 *Argiope aemula* (Walckenaer, 1841)

Walckenaer, 1841: 118 (*Epeira a.*); Thorell, 1877: 364; Thorell, 1877: 364 (*A. a. nigripes*); Thorell, 1887: 164; Karsch, 1891: 280 (*A. trivittata*); Marapao, 1965: 46 (*Metargiope ornatus lineatus*); Yin, 1978: 4; Song, 1980: 100; Tikader, 1982: 119; Brignoli, 1983: 242 (*A. ornata lineata*); Levi, 1983: 273 (*A. a.*, Syn.); Hu, 1984: 101; Yaginuma, 1986: 114; Chikuni, 1989: 78; Feng, 1990: 62 (*A. aemule*); Barrion & Litsinger, 1995: 575; Yin et al., 1997: 69; Song, Zhu & Chen, 1999: 260; Gajbe, 2007: 512; Tanikawa, 2007: 45; Tanikawa, 2009: 425; Zhu & Zhang, 2011: 206; Yin et al., 2012: 566; Jäger, 2012: 281.

异名：

Argiope aemula nigripes Thorell, 1877; Levi, 1983: 273 (Syn.);

Argiope ornata lineata (Marapao, 1965, Trans. from *Metargiope*); Levi, 1983: 273 (Syn.).

分布：河南（HEN）、湖南（HN）、云南（YN）、福建（FJ）、台湾（TW）、广东（GD）、广西（GX）、海南（HI）、香港（HK）；菲律宾、印度尼西亚（苏拉威西）、新赫布里底群岛、印度

高居金蛛 *Argiope aetherea* (Walckenaer, 1841)

Walckenaer, 1841: 112 (*Epeira a.*); L. Koch, 1871: 36 (*A. regalis*); Bradley, 1876: 141 (*A. variabilis*); Bradley, 1876: 143 (*A. lunata*); O. P.-Cambridge, 1877: 284 (*A. brownii*); Thorell, 1878: 35 (*A. verecunda*); Thorell, 1881: 68 (*A. a. deusta*); Thorell, 1881: 68 (*A. a. annulipes*); Pocock, 1897: 599 (*A. verecunda*); Bösenberg & Strand, 1906: 198; Kulczyński, 1911: 473 (*A. maerens*); Strand, 1911: 204 (*A. a. melanopalpis*); Strand, 1911: 204 (*A. friedericii*); Strand, 1911: 204 (*A. wolfi*); Strand, 1911: 142 (*A. udjirica*); Strand, 1913: 116 (*A. wogeonicola*); Strand, 1915: 211 (*A. a. deusta*); Strand, 1915: 212 (*A. novae-pommeraniae*); Strand, 1915: 212 (*A. wolfi*); Strand, 1915: 213 (*A. wogeonicola*); Strand, 1915: 214 (*A. friedericii*); Hogg, 1915: 444 (*Gea rotunda*); Roewer, 1938: 33 (*A. udjirica*); Chrysanthus, 1958: 237 (*A. a.*, Syn.); Main, 1964: 102; Chrysanthus, 1971: 10 (*A. a.*, Syn. of *A. boetonica*, rejected); Levi, 1983: 313 (*A. a.*, Syn.); Jäger, 2012: 312.

异名：

Argiope lunata Bradley, 1876; Levi, 1983: 313 (Syn.);

A. browni O. P.-Cambridge, 1877; Levi, 1983: 313 (Syn.);

A. verecunda Thorell, 1878; Levi, 1983: 313 (Syn.);

A. aetherea annulipes Thorell, 1881; Levi, 1983: 313 (Syn.);

A. aetherea deusta Thorell, 1881; Chrysanthus, 1958: 238 (Syn.);

A. aetherea melanopalpis Strand, 1911; Levi, 1983: 313 (Syn.);

A. friedericii Strand, 1911; Levi, 1983: 313 (Syn.);

A. maerens Kulczyński, 1911; Levi, 1983: 313 (Syn.);

A. udjirica Strand, 1911; Chrysanthus, 1958: 240 (Syn.);

A. wolfi Strand, 1911; Levi, 1983: 313 (Syn.);

A. wogeonicola Strand, 1913; Levi, 1983: 314 (Syn.);

A. novae-pommeraniae Strand, 1915; Levi, 1983: 314 (Syn.);

A. rotunda (Hogg, 1915, Trans. from *Gea*); Levi, 1983: 314 (Syn.).

分布：湖南（HN）、云南（YN）、福建（FJ）、台湾（TW）、广东（GD）、广西（GX）、海南（HI）、香港（HK）；东南亚到澳大利亚

类高居金蛛 *Argiope aetheroides* Yin et al., 1989

Yaginuma, 1986: 114 (*A. aetherea*, misidentified); Yin et al., 1989: 61; Tanikawa, 1994: 34; Yin & Bao, 1995: 127; Yin et al., 1997: 80; Song, Zhu & Chen, 1999: 260; Tanikawa, 2007: 45; Tanikawa, 2009: 425; Jäger, 2012: 304; Yin et al., 2012: 567.

分布：湖南（HN）、贵州（GZ）、福建（FJ）、台湾（TW）、广西（GX）、海南（HI）；日本

悦目金蛛 *Argiope amoena* L. Koch, 1878

L. Koch, 1878: 735; Bösenberg & Strand, 1906: 199; Strand, 1918: 95; Kishida, 1936: 18 (*Coganargiope a.*, Trans. from *Argiope*); Nakatsudi, 1942: 304 (*C. a.*); Schenkel, 1963: 136 (*A. davidi*); Hikichi, 1977: 154; Yin, 1978: 3; Song, 1980: 98; Wang, 1981: 99; Levi, 1983: 280 (*A. a.*, Syn.); Hu, 1984: 102; Yaginuma, 1986: 113; Chikuni, 1989: 79; Feng, 1990: 64; Chen & Gao, 1990: 49; Chen & Zhang, 1991: 83; Yin et al., 1997: 72; Song, Zhu & Chen, 1999: 260; Hu, 2001: 431; Namkung, 2002: 271; Kim & Kim, 2002: 191; Kim & Cho, 2002: 254; Namkung, 2003: 273; Shin, 2007: 152; Tanikawa, 2007: 46; Tanikawa, 2009: 425; Zhu & Zhang, 2011: 207; Yin et al., 2012: 569; Jäger, 2012: 285.

异名：

Argiope davidi Schenkel, 1963; Levi, 1983: 280 (Syn.).

分布：河南（HEN）、安徽（AH）、江苏（JS）、浙江（ZJ）、江西（JX）、湖南（HN）、湖北（HB）、四川（SC）、贵州（GZ）、云南（YN）、西藏（XZ）、福建（FJ）、台湾（TW）、广东（GD）、广西（GX）、海南（HI）；韩国、日本

附金蛛 *Argiope appensa* (Walckenaer, 1841)

Walckenaer, 1841: 111 (*Epeira a.*); Doleschall, 1857: 414 (*E. crenulata*); Doleschall, 1859: pl. 3 (*E. c.*); L. Koch, 1871: 38 (*A. chrysorrhoea*); Thorell, 1878: 30 (*A. crenulata*); Kishida, 1936: 27 (*Coganargiope reticulata*); Roewer, 1938: 33 (*A. crenulata*); Nakatsudi, 1943: 154 (*Coganargiope reticulata*); Marapao, 1965: 44 (*A. schoenigi*); Chrysanthus, 1971: 10; Levi, 1983: 308 (*A. a.*, Syn.); Jäger, 2012: 309.

异名：

Argiope reticulata (Kishida, 1936, Trans. from *Coganargiope*); Levi, 1983: 308 (Syn.);

Argiope schoenigi Marapao, 1965: 44; Levi, 1983: 308 (Syn.).

分布：台湾（TW）；巴布亚新几内亚、夏威夷

伯氏金蛛 *Argiope boesenbergi* Levi, 1983

Levi, 1983: 279; Yaginuma, 1986: 113; Hu & Li, 1987: 265; Chikuni, 1989: 79; Feng, 1990: 63; Chen & Gao, 1990: 50; Namkung, Im & Kim, 1994: 69; Yin et al., 1997: 73; Song, Zhu & Chen, 1999: 261; Hu, 2001: 432; Namkung, 2002: 272; Kim & Kim, 2002: 192; Namkung, 2003: 274; Shin, 2007: 154; Tanikawa, 2007: 46; Tanikawa, 2009: 425; Jäger, 2012: 285; Yin et al., 2012: 571.

分布：浙江（ZJ）、湖南（HN）、四川（SC）、贵州（GZ）、西藏（XZ）、台湾（TW）；韩国、日本

横纹金蛛 *Argiope bruennichi* (Scopoli, 1772)

Scopoli, 1772: 125 (*Aranea brünnichii*); Audouin, 1826: 329 (*A. fasciata*); C. L. Koch, 1835: 128 (*Miranda transalpina*); C. L. Koch, 1838: 33 (*Nephila transalpina*); Walckenaer, 1841: 104 (*Epeira fasciata*); Walckenaer, 1841: 105 (*Epeira fasciata var. A.*); C. L. Koch, 1844: 159 (*Nephila fasciata*); Thorell, 1873: 518; Strand, 1906: 618 (*A. brünnichii africana*); Strand, 1907: 416 (*A. b. orientalis*); Franganillo, 1910: 7 (*A. bruennuchi nigrofasciata*); Franganillo, 1920: 138 (*A. acuminata*); Chamberlin, 1924: 17 (*Miranda zabonica*); Saitō, 1959: 100 (*A. brünnichi*); Levi, 1968: 334; Yin, 1978: 3; Song, 1980: 97; Wang, 1981: 98; Levi, 1983: 282 (*A. b.*, Syn.); Hu, 1984: 103; Zhu et al., 1985: 76; Zhang, 1987: 75 (*A. bruennichii*); Song, 1988: 130; Chikuni, 1989: 78; Hu & Wu, 1989: 98; Feng, 1990: 65 (*A. bruennichii*); Chen & Gao, 1990: 50 (*A. bruennichii*); Chen & Zhang, 1991: 82; Zhao, 1993: 234; Bjørn, 1997: 214 (*A. b.*, Syn.); Yin et al., 1997: 75; Song, Zhu & Chen, 1999: 261; Hu, 2001: 433 (*A. bruennichii*); Song, Zhu & Chen, 2001: 199; Namkung, 2002: 274; Namkung, 2003: 276; Almquist, 2005: 155; Tanikawa, 2007: 45; Tanikawa, 2009: 425; Jäger, 2012: 286 (*A. b.*, Syn.); Zhu & Zhang, 2011: 208; Yin et al., 2012: 572.

异名：

Argiope bruennichii africana Strand, 1906; Bjørn, 1997: 214 (Syn.);

A. bruennichi orientalis Strand, 1907; Levi, 1983: 282 (Syn.);

A. bruennichi nigrofasciata Franganillo, 1910; Jäger, 2012: 286 (Syn.);

A. acuminata Franganillo, 1920; Jäger, 2012: 286 (Syn.);

A. zabonica (Chamberlin, 1924, Trans. from *Miranda*); Levi, 1983: 282 (Syn.).

分布：黑龙江（HL）、吉林（JL）、辽宁（LN）、内蒙古（NM）、河北（HEB）、山东（SD）、河南（HEN）、青海（QH）、新疆（XJ）、安徽（AH）、江苏（JS）、浙江（ZJ）、江西（JX）、湖南（HN）、湖北（HB）、四川（SC）、贵州（GZ）、云南（YN）、福建（FJ）、广东（GD）、广西（GX）、海南（HI）；古北界

凯撒金蛛 *Argiope caesarea* Thorell, 1897

Thorell, 1897: 7; Sinha, 1952: 77 (*A. kalimpongensis*); Tikader, 1970: 28 (*A. sikkimensis*); Tikader, 1982: 125 (*A. kalimpongensis*, Syn.); Levi, 1983: 279 (*A. c.*, Syn.); Yin et al., 1989: 62; Yin et al., 1997: 71 (*A. caesares*); Song, Zhu & Chen, 1999: 261.

异名：

Argiope kalimpongensis Sinha, 1952; Levi, 1983: 279 (Syn.);

A. sikkimensis Tikader, 1970; Levi, 1983: 279 (Syn.; see also Tikader, 1982: 125).

分布：云南（YN）；印度、缅甸

驼突金蛛 *Argiope cameloides* Zhu & Song, 1994

Zhu & Song, in Zhu et al., 1994: 33; Yin et al., 1997: 82; Song, Zhu & Chen, 1999: 261; Jäger, 2012: 307.

分布：海南（HI）

链斑金蛛 *Argiope catenulata* (Doleschall, 1859)

Doleschall, 1859: 30 (*Epeira c.*); Thorell, 1859: 299 (*A. opulenta*); Keyserling, 1886: 136 (*A. pelewensis*); Kolosváry, 1931: 1071; Chrysanthus, 1958: 240; Marapao, 1965: 47 (*Metargiope ornatus turricula*); Yin, 1978: 4; Song, 1980: 101; Levi, 1983: 274 (*A. c.*, Syn.); Hu, 1984: 103; Feng, 1990: 66; Yin et al., 1997: 70; Song, Zhu & Chen, 1999: 261; Jäger, 2012: 282; Yin et al., 2012: 574.

异名：

Argiope ornata turricula (Marapao, 1965, Trans. from *Metargiope*); Levi, 1983: 274 (Syn.).

分布：安徽（AH）、湖南（HN）、福建（FJ）、广东（GD）、广西（GX）、海南（HI）；菲律宾、巴布亚新几内亚到印度

景洪金蛛 *Argiope jinghongensis* Yin, Peng & Wang, 1994

Yin, Peng & Wang, 1994: 105; Yin et al., 1997: 82; Song, Zhu & Chen, 1999: 260; Jäger, 2012: 302.

分布：云南（YN）；泰国、老挝

叶金蛛 *Argiope lobata* (Pallas, 1772)

Pallas, 1772: 46 (*Aranea l.*); Latreille, 1806: 107 (*Epeira sericea*); Audouin, 1826: 334 (*A. s.*); Audouin, 1826: 335 (*A. splendida*); C. L. Koch, 1838: 36 (*Argyopes praelautus*); Walckenaer, 1841: 117 (*E. splendida*); Walckenaer, 1841: 118 (*E. dentata*); L. Koch, 1867: 857 (*Argyopes impudicus*); Thorell, 1873: 520 (*Argiope l.*); Simon, 1884: 343 (*A. arcuata*); Franganillo, 1918: 122 (*A. l. retracta*); Levi, 1968: 336; Tikader, 1982: 115 (*A. arcuata*); Levi, 1983: 284 (*A. l.*, Syn.); Hu, 1984: 104; Hu & Wu, 1989: 98; Bjørn, 1997: 221; Yin et al., 1997: 84; Rao et al., 2006: 51; Jäger, 2012: 288 (Syn.).

异名：

Argiope arcuata Simon, 1884; Levi, 1983: 284 (Syn.);

A. lobata retracta Franganillo, 1918; Jäger, 2012: 288 (Syn.).

分布：宁夏（NX）、新疆（XJ）；古大陆界

厚缘金蛛 *Argiope macrochoera* Thorell, 1891

Thorell, 1891: 50; Levi, 1983: 272; Yin et al., 1989: 63; Yin et al., 1997: 68; Song, Zhu & Chen, 1999: 261.

分布：广东（GD）、海南（HI）；尼古巴群岛

小悦目金蛛 *Argiope minuta* Karsch, 1879

Karsch, 1879: 67; Bösenberg & Strand, 1906: 194; Sinha, 1952: 75 (*A. shillongensis*); Yin, 1978: 4; Song, 1980: 99; Wang, 1981: 100; Levi, 1983: 298 (*A. m.*, Syn.); Hu, 1984: 105; Guo, 1985: 61; Chikuni, 1989: 79; Feng, 1990: 67; Chen & Gao, 1990: 51; Chen & Zhang, 1991: 84; Song, Zhu & Li, 1993: 871; Okuma et al., 1993: 19; Yin et al., 1997: 77; Song, Zhu & Chen, 1999: 261; Namkung, 2002: 273; Kim & Kim, 2002: 194; Namkung, 2003: 275; Tanikawa, 2007: 47; Tanikawa, 2009: 427; Zhu & Zhang, 2011: 209; Yin et al., 2012: 575; Jäger, 2012: 300.

异名：

Argiope shillongensis Sinha, 1952; Levi, 1983: 298 (Syn.).

分布：河南（HEN）、安徽（AH）、浙江（ZJ）、江西（JX）、湖南（HN）、湖北（HB）、四川（SC）、贵州（GZ）、云南（YN）、福建（FJ）、台湾（TW）、广东（GD）、广西（GX）；东亚、孟加拉

目金蛛 *Argiope ocula* Fox, 1938

Fox, 1938: 364; Yaginuma, 1967: 50 (*A. ohsumiensis*); Yaginuma, 1971: 128 (*A. ohsumiensis*); Levi, 1983: 272 (*A. o.*, Syn. of male); Yaginuma, 1986: 115; Feng, 1990: 68; Chen & Gao, 1990: 51; Yin et al., 1997: 67; Song, Zhu & Chen, 1999: 262; Tanikawa, 2007: 47; Tanikawa, 2009: 427; Yin et al., 2012: 577.

异名：

Argiope ohsumiensis Yaginuma, 1967; Levi, 1983: 272 (Syn.).

分布：浙江（ZJ）、湖南（HN）、四川（SC）、贵州（GZ）、福建（FJ）、台湾（TW）；日本

孔金蛛 *Argiope perforata* Schenkel, 1963

Schenkel, 1963: 135; Levi, 1983: 293; Wang, 1988: 101; Yin et al., 1997: 78; Song, Zhu & Chen, 1999: 262; Yin et al., 2012: 578.

分布：安徽（AH）、浙江（ZJ）、江西（JX）、湖南（HN）、四川（SC）、云南（YN）、台湾（TW）、广西（GX）

丽金蛛 *Argiope pulchella* Thorell, 1881

Thorell, 1881: 74; Thorell, 1887: 154 (*A. undulata*); Thorell, 1887: 158; Thorell, 1895: 161 (*A. undulata*); Tikader, 1982: 129; Levi, 1983: 304 (*A. p.*, Syn.); Yin et al., 1989: 64; Yin et al., 1997: 85; Song, Zhu & Chen, 1999: 262; Jäger, 2012: 304.

异名：

Argiope undulata Thorell, 1887 (removed from Syn. of *A. luzona*); Levi, 1983: 304 (Syn.).

分布：江西（JX）、云南（YN）；印度尼西亚、印度

类丽金蛛 *Argiope pulchelloides* Yin et al., 1989

Yin et al., 1989: 64; Chen & Gao, 1990: 52; Yin et al., 1997: 86; Song, Zhu & Chen, 1999: 262; Jäger, 2012: 306.

分布：四川（SC）、贵州（GZ）

三带金蛛 *Argiope trifasciata* (Forsskål, 1775)

Forsskål, 1775: 86 (*Aranea t.*); Audouin, 1826: 331 (*A. aurelia*); Walckenaer, 1841: 74 (*E. nephoda*); Walckenaer, 1841: 107 (*E. aurelia*); Walckenaer, 1841: 108 (*E. latreilla*); Walckenaer, 1841: 108 (*E. mauricia*); Walckenaer, 1841: 109 (*E. fastuosa*); Walckenaer, 1841: 110 (*E. argyraspides*); Thorell, 1859: 299 (*A. avara*); Vinson, 1863: 194, 311 (*E. latreilla*); Vinson, 1863: 194, 311 (*E. mauritia*); Blackwall,

1867: 210 (*Nephila aurelia*); L. Koch, 1867: 181 (*A. plana*); L. Koch, 1871: 31 (*A. plana*); Thorell, 1873: 519; O. P.-Cambridge, 1876: 576 (*A. sticticalis*); Thorell, 1878: 295 (*A. hentzi*); Keyserling, 1886: 133; Simon, 1900: 476 (*A. avara*); F. O. P.-Cambridge, 1903: 451 (*Metargiope t.*); Mello-Leitão, 1942: 399 (*A. abalosi*); Chamberlin & Ivie, 1944: 96 (*A. seminola*); Mello-Leitão, 1945: 235 (*A. stenogastra*); Caporiacco, 1947: 24 (*Brachygea platycephala*); Caporiacco, 1948: 653 (*B. p.*); Sinha, 1952: 76 (*A. pradhani*); Levi, 1968: 340 (*A. t.*, Syn.); Chrysanthus, 1972: 156 (*A. t.*, Syn.); Tikader, 1982: 123 (*A. pradhani*); Levi, 1983: 286 (*A. t.*, Syn.); Feng, 1990: 69; Bjørn, 1997: 226; Yin et al., 1997: 76; Song, Zhu & Chen, 1999: 262; Saaristo, 2010: 48; Jäger, 2012: 294.
异名：
Argiope avara Thorell, 1859; Levi, 1968: 340 (Syn.);
A. plana L. Koch, 1867 (removed from Syn. of *A. reinwardti*); Chrysanthus, 1972 (Syn.);
A. abalosi Mello-Leitão, 1942; Levi, 1968: 340 (Syn.);
A. seminola Chamberlin & Ivie, 1944; Levi, 1968: 340 (Syn.);
A. stenogastra Mello-Leitão, 1945; Levi, 1968: 340 (Syn.);
A. platycephala (Caporiacco, 1947, Trans. from *Brachygea*); Levi, 1983: 286 (Syn.);
A. pradhani Sinha, 1952; Levi, 1983: 286 (Syn.).
分布：海南（HI）；除欧洲以外的世界性分布

多色金蛛 *Argiope versicolor* (Doleschall, 1859)

Doleschall, 1859: 31 (*Epeira v.*); L. Koch, 1871: 35 (*A. succincta*); Thorell, 1890: 95; Levi, 1983: 305; Yin et al., 1989: 65; Chen & Gao, 1990: 53; Yin et al., 1997: 88; Song, Zhu & Chen, 1999: 262; Jäger & Praxaysombath, 2009: 38.
分布：四川（SC）、云南（YN）；印度尼西亚（爪哇）

平额蛛属 *Caerostris* Thorell, 1868

Thorell, 1868: 4. Type species: *Epeira mitralis* Vinson, 1863
异名：
Trichocharis Simon, 1895; Grasshoff, 1984: 727 (Syn.).

苏门平额蛛 *Caerostris sumatrana* Strand, 1915

Simon, 1895: 831 (*C. paradoxa*, misidentified); Strand, 1915: 225; Tikader, 1982: 132 (*C. paradoxa*); Grasshoff, 1984: 758; Yin et al., 1997: 212 (*C. paradoxa*); Song, Zhu & Chen, 1999: 262; Jäger, 2007: 37.
分布：云南（YN）；婆罗洲、印度

壮头蛛属 *Chorizopes* O. P.-Cambridge, 1870

O. P.-Cambridge, 1870: 738. Type species: *Chorizoopes frontalis* O. P.-Cambridge, 1870

双室壮头蛛 *Chorizopes dicavus* Yin et al., 1990

Yin et al., 1990: 52; Yin et al., 1997: 215; Song, Zhu & Chen, 1999: 262; Yin et al., 2012: 626.
分布：湖南（HN）

飞雁壮头蛛 *Chorizopes goosus* Yin et al., 1990

Yin et al., 1990: 53; Yin et al., 1997: 215; Song, Zhu & Chen, 1999: 262.
分布：福建（FJ）

干贾壮头蛛 *Chorizopes khanjanes* Tikader, 1965

Tikader, 1965: 95; Tikader, 1982: 159; Yin, Wang & Xie, 1994: 5; Yin et al., 1997: 216; Song, Zhu & Chen, 1999: 262; Yin et al., 2012: 628.
分布：湖南（HN）；印度

日本壮头蛛 *Chorizopes nipponicus* Yaginuma, 1963

Yaginuma, 1963: 9; Chikuni, 1989: 85; Yin et al., 1990: 55; Yin et al., 1997: 217; Song, Zhu & Chen, 1999: 262; Namkung, 2002: 292; Kim & Kim, 2002: 195; Namkung, 2003: 294; Tanikawa, 2007: 42; Tanikawa, 2009: 422; Zhu & Zhang, 2011: 210; Yin et al., 2012: 629.
分布：河南（HEN）、浙江（ZJ）、湖南（HN）、湖北（HB）、广西（GX）；韩国、日本

石门壮头蛛 *Chorizopes shimenensis* Yin & Peng, 1994

Yin & Peng, in Yin, Peng & Wang, 1994: 107; Yin et al., 1997: 218; Song, Zhu & Chen, 1999: 263; Yin et al., 2012: 631.
分布：湖南（HN）

三疣壮头蛛 *Chorizopes trimamillatus* Schenkel, 1963

Schenkel, 1963: 181; Yin et al., 1997: 219; Song, Zhu & Chen, 1999: 263.
分布：甘肃（GS）

宽腹壮头蛛 *Chorizopes tumens* Yin et al., 1990

Yin et al., 1990: 56; Yin et al., 1997: 220; Song, Zhu & Chen, 1999: 263.
分布：云南（YN）

武陵壮头蛛 *Chorizopes wulingensis* Yin, Wang & Xie, 1994

Yin et al., 1990: 55 (*C. khanjanes*, misidentified); Yin, Wang & Xie, 1994: 5; Yin et al., 1997: 221; Song, Zhu & Chen, 1999: 263; Yin et al., 2012: 632.
分布：湖南（HN）、贵州（GZ）、广西（GX）

黑壮头蛛 *Chorizopes zepherus* Zhu & Song, 1994

Zhu & Song, in Zhu et al., 1994: 34 (*C. z.*: spelled *zephenus* in species heading, *zopherus* in figure legend, as above in English abstract); Yin et al., 1997: 222; Song, Zhu & Chen, 1999: 263.
分布：海南（HI）

科达蛛属 *Cnodalia* Thorell, 1890

Thorell, 1890: 116. Type species: *Cnodalia harpax* Thorell, 1890

宽腹科达蛛 *Cnodalia ampliabdominis* (Song, Zhang & Zhu, 2006)

Song, Zhang & Zhu, 2006: 675 (*Pronoides a.*); Zhang, Zhang & Zhu, 2010: 66 (*C. a.*, Trans. from *Pronoides*); Guo, Zhang &

Zhu, 2011: 6.
分布：贵州（GZ）

淡黄科达蛛 *Cnodalia flavescens* Mi, Peng & Yin, 2010

Mi, Peng & Yin, 2010: 62.
分布：云南（YN）

四瘤科达蛛 *Cnodalia quadrituberculata* Mi, Peng & Yin, 2010

Mi, Peng & Yin, 2010: 60.
分布：云南（YN）

艾蛛属 *Cyclosa* Menge, 1866

Menge, 1866: 74. Type species: *Aranea conica* Pallas, 1772
异名：
Parazygia Caporiacco, 1955; Levi, 1977: 73 (Syn.).

银斑艾蛛 *Cyclosa argentata* Tanikawa & Ono, 1993

Tanikawa & Ono, 1993: 59; Yin et al., 1997: 228; Song, Zhu & Chen, 1999: 263.
分布：台湾（TW）

银背艾蛛 *Cyclosa argenteoalba* Bösenberg & Strand, 1906

Bösenberg & Strand, 1906: 202; Schenkel, 1963: 139 (*C. kiangsica*); Yin, 1978: 7 (*C. kiangsica*); Song, 1980: 110 (*C. kiangsica*); Wang, 1981: 101 (*C. kingsica*, lapsus); Hu, 1984: 106; Hu, 1984: 107 (*C. kiangsica*); Guo, 1985: 61 (*C. kiangsica*); Song, 1987: 168; Chikuni, 1989: 86; Feng, 1990: 70; Chen & Gao, 1990: 54 (*C. argenteoalbe*); Chen & Zhang, 1991: 92; Chen & Zhang, 1991: 99 (*C. kiangsica*); Tanikawa, 1992: 65; Zhao, 1993: 236; Yin et al., 1997: 256; Song, Chen & Zhu, 1997: 1711; Song, Zhu & Chen, 1999: 263 (*C. a.*, Syn.); Namkung, 2002: 299; Namkung, 2003: 301; Tanikawa, 2009: 439; Zhu & Zhang, 2011: 212; Yin et al., 2012: 636.
异名：
Cyclosa kiangsica Schenkel, 1963; Song, Zhu & Chen, 1999: 263 (Syn.).
分布：河南（HEN）、安徽（AH）、浙江（ZJ）、江西（JX）、湖南（HN）、四川（SC）、贵州（GZ）、云南（YN）、福建（FJ）、台湾（TW）、广东（GD）、广西（GX）；韩国、日本、俄罗斯

黑尾艾蛛 *Cyclosa atrata* Bösenberg & Strand, 1906

Bösenberg & Strand, 1906: 204; Strand, 1918: 95; Feng, 1990: 71; Chen & Gao, 1990: 58 (*C. otrata*); Chen & Zhang, 1991: 95; Yin et al., 1997: 228; Song, Zhu & Chen, 1999: 263; Namkung, 2002: 301; Kim & Kim, 2002: 196; Namkung, 2003: 303; Tanikawa, 2007: 60; Tanikawa, 2009: 437; Zhu & Zhang, 2011: 213; Yin et al., 2012: 638.
分布：河南（HEN）、安徽（AH）、浙江（ZJ）、湖南（HN）、湖北（HB）、四川（SC）、贵州（GZ）、云南（YN）、广西（GX）；韩国、日本、俄罗斯

双锚艾蛛 *Cyclosa bianchoria* Yin et al., 1990

Chen & Gao, 1990: 55 (*C. ginnaga*, misidentified); Yin et al., 1990: 59; Song, Zhu & Li, 1993: 872; Yin et al., 1997: 229; Song, Chen & Zhu, 1997: 1712; Song, Zhu & Chen, 1999: 263; Yin et al., 2012: 640.
分布：湖南（HN）、贵州（GZ）、福建（FJ）、广西（GX）

双钩艾蛛 *Cyclosa bihamata* Zhang, Zhang & Zhu, 2010

Zhang, Zhang & Zhu, 2010: 698.
分布：云南（YN）

头突艾蛛 *Cyclosa cephalodina* Song & Liu, 1996

Song & Liu, in Song et al., 1996: 105; Song, Zhu & Chen, 1999: 264.
分布：安徽（AH）

浊斑艾蛛 *Cyclosa confusa* Bösenberg & Strand, 1906

Bösenberg & Strand, 1906: 209; Chikuni, 1989: 84 (*C. insulana*, misidentified); Tanikawa, 1992: 34; Kim & Kim, 1996: 45; Yin et al., 1997: 236; Song, Zhu & Chen, 1999: 264; Tanikawa, 2007: 60; Tanikawa, 2009: 435; Yin et al., 2012: 641.
分布：湖南（HN）、云南（YN）、福建（FJ）、台湾（TW）；韩国、日本

突尾艾蛛 *Cyclosa conica* (Pallas, 1772)

Pallas, 1772: 48 (*Aranea c.*); C. L. Koch, 1837: 6 (*Singa c.*); C. L. Koch, 1844: 145 (*S. c.*); Blackwall, 1846: 81 (*E. canadensis*); Menge, 1866: 74; Thorell, 1870: 18 (*Cyrtophora c.*); O. P.-Cambridge, 1881: 246; Keyserling, 1893: 276; Drensky, 1915: 143, 174 (*C. strandjae*, see Dimitrov, 1999: 23); Levi, 1977: 78 (*C. c.*, Syn.); Yin et al., 1997: 258; Song, Zhu & Chen, 1999: 264; Deltshev & Blagoev, 2001: 110 (*C. c.*, Syn.); Almquist, 2005: 158; Álvarez-Padilla & Hormiga, 2011: 846.
异名：
Cyclosa conica canadensis Blackwall, 1846 (Simon, 1929: 768, Trans. from *Epeira*); Levi, 1977: 78 (Syn.);
C. strandjae Drensky, 1915; Deltshev & Blagoev, 2001: 110 (Syn.).
分布：浙江（ZJ）、台湾（TW）；全北界

葫芦艾蛛 *Cyclosa cucurbitoria* (Yin et al., 1990)

Yin et al., 1990: 65 (*Eustala c.*); Yin & Gong, 1996: 74 (*C. c.*, Trans. from *Eustala*); Yin et al., 1997: 231; Song, Zhu & Chen, 1999: 264; Yin et al., 2012: 643; Chotwong & Tanikawa, 2013: 3.
分布：湖南（HN）、云南（YN）、台湾（TW）、广西（GX）、海南（HI）

柱艾蛛 *Cyclosa cylindrata* Yin, Zhu & Wang, 1995

Yin, Zhu & Wang, 1995: 11; Yin et al., 1997: 232; Song, Zhu &

Chen, 1999: 264.
分布：云南（YN）

大明艾蛛 *Cyclosa damingensis* Xie, Yin & Kim, 1995

Xie, Yin & Kim, 1995: 23; Yin et al., 1997: 259; Song, Zhu & Chen, 1999: 264; Yin et al., 2012: 645.
分布：湖南（HN）、广西（GX）

美丽艾蛛 *Cyclosa dives* Simon, 1877

Simon, 1877: 71; Tanikawa, 1992: 32; Zhu et al., 1994: 35; Yin et al., 1997: 237; Song, Zhu & Chen, 1999: 264.
分布：海南（HI）；菲律宾

台湾艾蛛 *Cyclosa formosana* Tanikawa & Ono, 1993

Tanikawa & Ono, 1993: 57; Yin et al., 1997: 238; Song, Zhu & Chen, 1999: 264.
分布：台湾（TW）

长腹艾蛛 *Cyclosa ginnaga* Yaginuma, 1959

Yaginuma, 1959: 12; Yaginuma, 1960: 67; Hu, 1984: 107; Zhang & Zhu, 1987: 33; Zhang, 1987: 77; Chen & Gao, 1990: 55; Chen & Zhang, 1991: 97; Tanikawa, 1992: 71; Yin et al., 1997: 233; Song, Zhu & Chen, 1999: 264; Song, Zhu & Chen, 2001: 200; Kim & Kim, 2002: 197; Tanikawa, 2007: 64; Tanikawa, 2009: 439; Zhu & Zhang, 2011: 214.
分布：山东（SD）、河南（HEN）、浙江（ZJ）、台湾（TW）；韩国、日本

牯岭艾蛛 *Cyclosa gulinensis* Xie, Yin & Kim, 1995

Xie, Yin & Kim, 1995: 24; Yin et al., 1997: 244; Song, Zhu & Chen, 1999: 264; Yin et al., 2012: 646.
分布：江西（JX）、湖南（HN）

畸形艾蛛 *Cyclosa informis* Yin, Zhu & Wang, 1995

Yin, Zhu & Wang, 1995: 12; Yin et al., 1997: 239; Song, Zhu & Chen, 1999: 264.
分布：浙江（ZJ）、云南（YN）、广东（GD）、海南（HI）

日本艾蛛 *Cyclosa japonica* Bösenberg & Strand, 1906

Bösenberg & Strand, 1906: 211; S Yaginuma, 1960: 67; Paik, 1962: 75; Hu, 1984: 107 (*C. insulana*, misidentified); Chikuni, 1989: 86; Chen & Gao, 1990: 55 (*C. insulana*, misidentified); Chen & Gao, 1990: 56; Chen & Zhang, 1991: 96 (*C. insulana*, misidentified); Tanikawa, 1992: 38; Yin et al., 1997: 241; Song, Zhu & Chen, 1999: 264; Namkung, 2002: 298; Kim & Kim, 2002: 198; Namkung, 2003: 300; Tanikawa, 2007: 60; Tanikawa, 2009: 437; Yin et al., 2012: 647.
分布：浙江（ZJ）、江西（JX）、湖南（HN）、四川（SC）、贵州（GZ）、云南（YN）、福建（FJ）、台湾（TW）；韩国、日本、俄罗斯

戈氏艾蛛 *Cyclosa koi* Tanikawa & Ono, 1993

Tanikawa & Ono, 1993: 62; Yin et al., 1997: 260; Song, Zhu & Chen, 1999: 271.
分布：台湾（TW）

侧斑艾蛛 *Cyclosa laticauda* Bösenberg & Strand, 1906

Bösenberg & Strand, 1906: 209; Hu, 1984: 108; Yaginuma, 1986: 119; Chikuni, 1989: 87; Tanikawa, 1992: 20; Yin et al., 1997: 245; Song, Zhu & Chen, 1999: 271; Namkung, 2002: 296; Kim & Kim, 2002: 199; Namkung, 2003: 298; Tanikawa, 2007: 58; Tanikawa, 2009: 434.
分布：台湾（TW）；韩国、日本

小艾蛛 *Cyclosa minora* Yin, Zhu & Wang, 1995

Yin, Zhu & Wang, 1995: 13; Yin et al., 1997: 261; Song, Zhu & Chen, 1999: 271.
分布：云南（YN）、海南（HI）

山地艾蛛 *Cyclosa monticola* Bösenberg & Strand, 1906

Bösenberg & Strand, 1906: 210; Yaginuma, 1986: 119; Zhang, 1987: 78 (*C. laticauda*, misidentified); Chikuni, 1989: 87; Chikuni, 1989: 87 (*C. laticauda*, misidentified); Chen & Gao, 1990: 56 (*C. laticauda*, misidentified); Chen & Gao, 1990: 57; Feng, 1990: 73 (*C. laticauda*, misidentified); Chen & Zhang, 1991: 97 (*C. laticauda*, misidentified); Tanikawa, 1992: 24; Yin et al., 1997: 246; Song, Zhu & Chen, 1999: 271; Namkung, 2002: 295; Kim & Kim, 2002: 199; Namkung, 2003: 297; Tanikawa, 2007: 58; Tanikawa, 2009: 435; Zhu & Zhang, 2011: 215; Yin et al., 2012: 649.
分布：河南（HEN）、甘肃（GS）、新疆（XJ）、安徽（AH）、浙江（ZJ）、江西（JX）、湖南（HN）、湖北（HB）、四川（SC）、贵州（GZ）、云南（YN）、福建（FJ）、台湾（TW）；韩国、日本、俄罗斯

角腹艾蛛 *Cyclosa mulmeinensis* (Thorell, 1887)

Thorell, 1887: 221 (*Epeira m.*); Thorell, 1895: 192 (*Epeira m.*); Simon, 1909: 104; Saitō, 1933: 45 (*Argyrodes longispinus*); Chrysanthus, 1961: 203; Yaginuma, 1963: 21 (*C. m.*, Syn.); Tikader, 1982: 187; Chikuni, 1989: 85; Tanikawa, 1990: 5 (*C. m.*, Syn.); Tanikawa, 1992: 54; Barrion & Litsinger, 1995: 370, 371; Yin et al., 1997: 253; Song, Zhu & Chen, 1999: 271; Tanikawa, 2007: 61; Tanikawa, 2009: 437; Yin et al., 2012: 651.
异名：
Cyclosa longispina (Saitō, 1933, Trans. from *Argyrodes*); Yaginuma, 1963: 21 (Syn.); Tanikawa, 1990: 5 (Syn.).
分布：湖南（HN）、云南（YN）、台湾（TW）、广东（GD）、海南（HI）；日本、菲律宾、非洲

黑腹艾蛛 *Cyclosa nigra* Yin et al., 1990

Yin et al., 1990: 62; Yin et al., 1997: 234; Song, Zhu & Chen, 1999: 271; Yin et al., 2012: 653.
分布：湖南（HN）、云南（YN）

德久艾蛛 *Cyclosa norihisai* Tanikawa, 1992

Tanikawa, 1992: 41; Yin et al., 1997: 242; Song, Zhu & Chen,

1999: 271; Tanikawa, 2007: 60; Tanikawa, 2009: 437; Yin et al., 2012: 654.
分布：浙江（ZJ）、湖南（HN）；日本

八瘤艾蛛 *Cyclosa octotuberculata* Karsch, 1879

Karsch, 1879: 74; Simon, 1895: 779; Bösenberg & Strand, 1906: 208; Hu, 1984: 109 (*C. octotubenculata*); Chikuni, 1989: 84; Feng, 1990: 74; Chen & Gao, 1990: 57; Chen & Zhang, 1991: 94; Tanikawa, 1992: 16; Yin et al., 1997: 247; Song, Chen & Zhu, 1997: 1713; Song, Zhu & Chen, 1999: 271; Namkung, 2002: 294; Kim & Kim, 2002: 200; Namkung, 2003: 296; Tanikawa, 2007: 56; Tanikawa, 2009: 433; Zhu & Zhang, 2011: 216; Yin et al., 2012: 655.
分布：吉林（JL）、辽宁（LN）、山东（SD）、河南（HEN）、陕西（SN）、甘肃（GS）、安徽（AH）、浙江（ZJ）、江西（JX）、湖南（HN）、湖北（HB）、四川（SC）、贵州（GZ）、云南（YN）、福建（FJ）、台湾（TW）、广东（GD）、广西（GX）；韩国、日本

六突艾蛛 *Cyclosa oculata* (Walckenaer, 1802)

Walckenaer, 1802: 248 (*Aranea o.*); Walckenaer, 1805: 64 (*Epeira o.*); Walckenaer, 1841: 144 (*E. o.*); Simon, 1864: 262 (*Cyrtophora o.*); L. Koch, 1870: 4 (*Singa o.*); Bösenberg, 1901: 41 (*Cyrtophora o.*); Schenkel, 1936: 123; Hu & Wu, 1989: 100; Yin et al., 1997: 249; Song, Zhu & Chen, 1999: 271; Zschokke & Bolzern, 2007: 11.
分布：甘肃（GS）、新疆（XJ）、云南（YN）、福建（FJ）；古北界

长脸艾蛛 *Cyclosa omonaga* Tanikawa, 1992

Chikuni, 1989: 84 (*C. insulana*, misidentified); Chen & Gao, 1990: 55 (*C. insulana*, misidentified); Feng, 1990: 72 (*C. japonica*, misidentified); Tanikawa, 1992: 30; Yin et al., 1997: 243; Song, Zhu & Chen, 1999: 271; Namkung, 2002: 297; Kim & Kim, 2002: 201; Namkung, 2003: 299; Tanikawa, 2007: 58; Tanikawa, 2009: 435; Yin et al., 2012: 657.
分布：安徽（AH）、浙江（ZJ）、湖南（HN）、四川（SC）、云南（YN）、台湾（TW）；韩国、日本

小野艾蛛 *Cyclosa onoi* Tanikawa, 1992

Tanikawa, 1992: 28; Tanikawa, 1992: 199; Yin et al., 1997: 249; Song, Zhu & Chen, 1999: 271; Tanikawa, 2007: 58; Tanikawa, 2009: 435; Yin et al., 2012: 659.
分布：湖南（HN）、贵州（GZ）；日本

帕朗艾蛛 *Cyclosa parangdives* Barrion, Barrion-Dupo & Heong, 2012

Barrion et al., 2012: 3.
分布：海南（HI）

五突艾蛛 *Cyclosa pentatuberculata* Yin, Zhu & Wang, 1995

Yin, Zhu & Wang, 1995: 14; Yin et al., 1997: 251; Song, Zhu & Chen, 1999: 271; Yin et al., 2012: 660.
分布：湖南（HN）、四川（SC）

伪岛艾蛛 *Cyclosa pseudoculata* Schenkel, 1936

Schenkel, 1936: 124.
分布：甘肃（GS）

五斑艾蛛 *Cyclosa quinqueguttata* (Thorell, 1881)

Thorell, 1881: 113 (*Epeira quinque-guttata*); Thorell, 1887: 217 (*Epeira hybophora*); Simon, 1889: 338 (*C. fissicauda*); Tikader, 1982: 189 (*C. fissicauda*); Roberts, 1983: 261 (*C. q.*, Syn.); Tanikawa, 1992: 61; Tanikawa & Ono, 1993: 55 (*C. q.*, Syn.); Yin et al., 1997: 254; Song, Zhu & Chen, 1999: 271.
异名：
Cyclosa hybophora (Thorell, 1887, Trans. from *Epeira*); Roberts, 1983: 261 (Syn.);
C. fissicauda Simon, 1889; Tanikawa & Ono, 1993: 55 (Syn.).
分布：云南（YN）、台湾（TW）；印度、不丹、缅甸

肾形艾蛛 *Cyclosa reniformis* Zhu, Lian & Chen, 2006

Zhu, Lian & Chen, 2006: 16.
分布：贵州（GZ）

四突艾蛛 *Cyclosa sedeculata* Karsch, 1879

Karsch, 1879: 74; Bösenberg & Strand, 1906: 207; Saitō, 1939: 13 (*C. sediculata*); Yin, 1978: 7; Song, 1980: 112; Wang, 1981: 101 (*Cyclasa s.*); Hu, 1984: 110; Guo, 1985: 63; Zhu et al., 1985: 77; Yaginuma, 1986: 119; Chikuni, 1989: 85; Feng, 1990: 75; Chen & Gao, 1990: 58; Chen & Zhang, 1991: 93; Tanikawa, 1992: 77; Yin et al., 1997: 262; Song, Zhu & Chen, 1999: 272; Namkung, 2002: 293; Kim & Kim, 2002: 202; Kim & Cho, 2002: 266; Namkung, 2003: 295; Tanikawa, 2007: 64; Tanikawa, 2009: 439; Zhu & Zhang, 2011: 217; Yin et al., 2012: 662.
分布：河南（HEN）、陕西（SN）、安徽（AH）、浙江（ZJ）、江西（JX）、湖南（HN）、湖北（HB）、四川（SC）、贵州（GZ）、福建（FJ）、台湾（TW）、广西（GX）；韩国、日本

裂尾艾蛛 *Cyclosa senticauda* Zhu & Wang, 1994

Zhu & Wang, in Zhu et al., 1994: 36; Yin et al., 1997: 235; Song, Zhu & Chen, 1999: 272; Zhu & Zhang, 2011: 218.
分布：河南（HEN）、陕西（SN）

筱原艾蛛 *Cyclosa shinoharai* Tanikawa & Ono, 1993

Tanikawa & Ono, 1993: 60; Yin et al., 1997: 263; Song, Zhu & Chen, 1999: 272 (*C. shinohariai*).
分布：台湾（TW）

圆腹艾蛛 *Cyclosa vallata* (Keyserling, 1886)

Keyserling, 1886: 149 (*Epeira v.*); Bösenberg & Strand, 1906: 203; Chrysanthus, 1971: 23; Yaginuma, 1986: 121; Chikuni, 1989: 85; Tanikawa, 1990: 2; Tanikawa, 1992: 57; Yin et al., 1997: 255; Song, Zhu & Chen, 1999: 272; Namkung, 2002: 302; Kim & Kim, 2002: 202; Namkung, 2003: 304; Tanikawa,

2007: 61; Tanikawa, 2009: 439; Yin et al., 2012: 663.
分布：安徽（AH）、浙江（ZJ）、江西（JX）、湖南（HN）、云南（YN）、福建（FJ）、台湾（TW）；韩国、日本、澳大利亚

卧羊川艾蛛 *Cyclosa woyangchuan* Zhang, Zhang & Zhu, 2010

Zhang, Zhang & Zhu, 2010: 696.
分布：宁夏（NX）

樟木艾蛛 *Cyclosa zhangmuensis* Hu & Li, 1987

Hu & Li, 1987: 265; Yin et al., 1997: 252; Song, Zhu & Chen, 1999: 272; Hu, 2001: 456.
分布：西藏（XZ）

驼蛛属 *Cyphalonotus* Simon, 1895

Simon, 1895: 889. Type species: *Poltys larvata* Simon, 1881

长垂驼蛛 *Cyphalonotus elongatus* Yin, Peng & Wang, 1994

Yin, Peng & Wang, 1994: 106; Yin et al., 1997: 266; Song, Zhu & Chen, 1999: 272; Yin et al., 2012: 665.
分布：湖南（HN）

曲腹蛛属 *Cyrtarachne* Thorell, 1868

Thorell, 1868: 10. Type species: *Cyrtogaster grubii* Keyserling, 1864

明曲腹蛛 *Cyrtarachne akirai* Tanikawa, 2013

Yaginuma, 1986: 109 (*Cyrtarachne inaequalis*, misidentified); Chikuni, 1989: 82 (*C. i.*, misidentified); Yin et al., 1997: 272 (*C. i.*, misidentified); Song, Zhu & Chen, 1999: 279 (*C. i.*, misidentified); Namkung, 2003: 287 (*C. i.*, misidentified); Tanikawa, 2007: 486 (*C. i.*, misidentified); Tanikawa, 2009: 427 (*C. i.*, misidentified); Tanikawa, 2013: 97 (*C. a.*).
分布：湖南（HN）、贵州（GZ）、云南（YN）、福建（FJ）、台湾（TW）、广西（GX）；韩国、日本

孟加拉曲腹蛛 *Cyrtarachne bengalensis* Tikader, 1961

Tikader, 1961: 550; Tikader & Biswas, 1981: 28; Tikader, 1982: 141.
分布：湖南（HN）、西藏（XZ）；印度

蟾蜍曲腹蛛 *Cyrtarachne bufo* (Bösenberg & Strand, 1906)

Bösenberg & Strand, 1906: 241 (*Poecilopachys b.*); Yaginuma, 1958: 265 (*C. b.*, Trans. from *Poecilopachys*); Namkung & Kim, 1985: 23; Yaginuma, 1986: 109; Chikuni, 1989: 82; Feng, 1990: 76; Chen & Gao, 1990: 59; Yin et al., 1997: 268; Song, Zhu & Chen, 1999: 272; Namkung, 2002: 286; Kim & Kim, 2002: 203; Namkung, 2003: 288; Tanikawa, 2007: 48; Tanikawa, 2009: 427; Zhu & Zhang, 2011: 220; Yin et al., 2012: 667.
分布：河南（HEN）、湖南（HN）、四川（SC）、贵州（GZ）、云南（YN）、福建（FJ）、台湾（TW）；韩国、日本

防城曲腹蛛 *Cyrtarachne fangchengensis* Yin & Zhao, 1994

Yin & Zhao, 1994: 1; Yin et al., 1997: 269; Song, Zhu & Chen, 1999: 272.
分布：广西（GX）

黄斑曲腹蛛 *Cyrtarachne gilva* Yin & Zhao, 1994

Yin & Zhao, 1994: 3 (*C. gilvus*); Yin et al., 1997: 270 (*C. gilvus*); Song, Zhu & Chen, 1999: 272.
分布：广西（GX）

湖北曲腹蛛 *Cyrtarachne hubeiensis* Yin & Zhao, 1994

Yin & Zhao, 1994: 3; Yin et al., 1997: 271; Song, Zhu & Chen, 1999: 279.
分布：湖北（HB）

对称曲腹蛛 *Cyrtarachne inaequalis* Thorell, 1895

Thorell, 1895: 201; Tikader, 1961: 548; Yin, 1978: 8 (*C. inaquolis*); Song, 1980: 113; Tikader & Biswas, 1981: 29 (*C. inequalis*); Tikader, 1982: 143 (*C. inequalis*); Hu, 1984: 113; Feng, 1990: 77; Zhu & Zhang, 2011: 220; Yin et al., 2012: 669; Tanikawa, 2013: 96.
分布：河南（HEN）、湖南（HN）、贵州（GZ）、云南（YN）、福建（FJ）、广西（GX）；缅甸到印度

勐海曲腹蛛 *Cyrtarachne menghaiensis* Yin, Peng & Wang, 1994

Yin, Peng & Wang, 1994: 108; Yin et al., 1997: 273; Song, Zhu & Chen, 1999: 279.
分布：云南（YN）

长崎曲腹蛛 *Cyrtarachne nagasakiensis* Strand, 1918

Strand, 1918: 81; Yaginuma, 1960: append. 5 (*C. niger*); Jo, 1981: 77; Hu & Li, 1987: 267 (*C. bengalensis*, misidentified); Chikuni, 1989: 82; Feng, 1990: 79; Chen & Gao, 1990: 60; Yin et al., 1997: 274; Song, Zhu & Chen, 1999: 279; Hu, 2001: 457; Tanikawa, 2001: 88 (*C. n.*, Syn.); Namkung, 2002: 287; Kim & Kim, 2002: 205; Namkung, 2003: 289; Tanikawa, 2007: 49; Tanikawa, 2009: 428; Yin et al., 2012: 670.
异名：
Cyrtarachne nigra Yaginuma, 1960; Tanikawa, 2001: 88 (Syn.).
分布：安徽（AH）、湖南（HN）、四川（SC）、贵州（GZ）、云南（YN）、西藏（XZ）、台湾（TW）；韩国、日本

华生曲腹蛛 *Cyrtarachne sinicola* Strand, 1942

Strand, 1942: 396.
分布：中国（具体未详）

四川曲腹蛛 *Cyrtarachne szetschuanensis* Schenkel, 1963

Schenkel, 1963: 174; Yin et al., 1997: 275.
分布：四川（SC）

汤原曲腹蛛 *Cyrtarachne yunoharuensis* Strand, 1918

Strand, 1918: 81; Yaginuma, 1960: append. 4 (*C. indutus*); Yaginuma, 1986: 110; Zhang, 1986: 49; Zhang, 1986: 50 (*C. nigra*, misidentified); Chikuni, 1989: 82; Feng, 1990: 78; Yin et al., 1997: 273 (*C. induta*); Yin et al., 1997: 276; Song, Zhu & Chen, 1999: 279 (*C. induta*); Song, Zhu & Chen, 1999: 279; Tanikawa, 2001: 87 (*C. y.*, Syn.); Namkung, 2002: 288; Namkung, 2003: 290; Tanikawa, 2007: 49; Tanikawa, 2009: 428; Zhu & Zhang, 2011: 221; Yin et al., 2012: 672.

异名：

Cyrtarachne indutus Yaginuma, 1960; Tanikawa, 2001: 87 (Syn.).

分布：河南（HEN）、湖南（HN）、贵州（GZ）、云南（YN）、福建（FJ）、台湾（TW）；韩国、日本

云斑蛛属 *Cyrtophora* Simon, 1864

Simon, 1864: 262. Type species: *Aranea citricola* Forsskål, 1775

异名：

Suzumia Nakatsudi, 1943; Yaginuma, 1958: 10 (Syn.).

双尾云斑蛛 *Cyrtophora bicauda* (Saitō, 1933)

Saitō, 1933: 51 (*Cyclosa b.*); Tanikawa & Ono, 1993: 51 (*C. b.*, Trans. from *Cyclosa*, may = *C. exanthematica*); Yin et al., 1997: 258 (*Cyclosa b.*); Song, Zhu & Chen, 1999: 263 (*Cyclosa b.*).

分布：台湾（TW）

双斑云斑蛛 *Cyrtophora bimaculata* Han, Zhang & Zhu, 2010

Han, Zhang & Zhu, 2010: 692.

分布：海南（HI）

后带云斑蛛 *Cyrtophora cicatrosa* (Stoliczka, 1869)

Stoliczka, 1869: 242 (*Epeira c.*); Thorell, 1878: 48 (*Epeira salebrosa*); Thorell, 1881: 84, 687 (*Euetria salebrosa*); Karsch, 1891: 284 (*Meta adspersata*); Strand, 1915: 220 (*C. salebrosa*); Chrysanthus, 1960: 28; Tikader & Biswas, 1981: 32; Tikader, 1982: 179; Yin et al., 1997: 279; Song, Zhu & Chen, 1999: 279.

分布：云南（YN）；巴基斯坦、澳大利亚北领地

桔云斑蛛 *Cyrtophora citricola* (Forsskål, 1775)

Forsskål, 1775: 86 (*Aranea c.*); Walckenaer, 1841: 143 (*E. c.*); Simon, 1864: 262; Blackwall, 1866: 462 (*E. dorsuosa*); Simon, 1870: 314 (*E. opuntiae*); L. Koch, 1872: 128 (*C. sculptilis*); Simon, 1874: 34 (*C. opuntiae*); Simon, 1895: 775; Yaginuma, 1968: 36; Saaristo, 1978: 124; Tikader & Biswas, 1981: 31; Tikader, 1982: 180; Yaginuma, 1986: 118; Chen & Gao, 1990: 60; Yin et al., 1997: 279; Levy, 1998: 323; Song, Zhu & Chen, 1999: 279; Saaristo, 2010: 50.

分布：四川（SC）、云南（YN）；古大陆、加勒比群岛、哥斯达黎加、哥伦比亚

类筒云斑蛛 *Cyrtophora cylindroides* (Walckenaer, 1841)

Walckenaer, 1841: 136 (*Epeira c.*); L. Koch, 1871: 90 (*Epeira nephilina*); Keyserling, 1887: 167 (*Epeira viridipes*); Chrysanthus, 1960: 25; Yin et al., 1990: 67; Yin et al., 1997: 280; Song, Zhu & Chen, 1999: 279; Tanikawa, Chang & Tso, 2010: 32.

分布：云南（YN）；澳大利亚（昆士兰）

花云斑蛛 *Cyrtophora exanthematica* (Doleschall, 1859)

Doleschall, 1859: 38 (*Epeira e.*); Keyserling, 1887: 184 (*E. e.*); Paik, 1942: 104 (*Cyclosa bifurcata*); Archer, 1951: 5 (*Chinestela e.*, Trans. from *Cyrtophora*, rejected); Yaginuma, 1958: 14 (*C. e.*, Syn.); Yaginuma, 1960: 65; Lee, 1966: 47; Yaginuma, 1968: 38; Hu, 1984: 112; Yaginuma, 1986: 117; Chikuni, 1989: 81; Barrion & Litsinger, 1995: 585; Yin et al., 1997: 281; Song, Zhu & Chen, 1999: 279; Tanikawa, 2007: 42; Tanikawa, 2009: 423; Yin et al., 2012: 674.

异名：

Cyrtophora bifurcata (Paik, 1942, Trans. from *Cyclosa*); Yaginuma, 1958: 14 (Syn.).

分布：湖南（HN）、台湾（TW）；缅甸、菲律宾、新南威尔士

广西云斑蛛 *Cyrtophora guangxiensis* Yin et al., 1990

Yin et al., 1990: 67; Yin et al., 1997: 282; Song, Zhu & Chen, 1999: 280.

分布：云南（YN）、广西（GX）

海南云斑蛛 *Cyrtophora hainanensis* Yin et al., 1990

Feng, 1990: 81 (*C. cicatrosus*, misidentified); Yin et al., 1990: 70; Yin et al., 1997: 283; Song, Zhu & Chen, 1999: 280.

分布：海南（HI）

生驹云斑蛛 *Cyrtophora ikomosanensis* (Bösenberg & Strand, 1906)

Bösenberg & Strand, 1906: 234 (*Aranea i.*); Saitō, 1939: 18 (*A. i.*); Nakatsudi, 1943: 185 (*Suzumia orientalis*); Yaginuma, 1958: 13 (*C. i.*, Trans. female from *Araneus*, Syn. of male); Yaginuma, 1960: 65; Yaginuma, 1962: 30 (*C. i.*, invalid emendation); Yaginuma, 1968: 36 (*C. moluccensis*, Syn., misidentified); Yaginuma, 1971: 65; Yaginuma, 1986: 117 (*C. m.*, misidentified); Chikuni, 1989: 81 (*C. m.*, misidentified); Tanikawa, 2007: 43 (*C. m.*, misidentified); Tanikawa, 2009: 423 (*C. m.*, misidentified); Tanikawa, Chang & Tso, 2010: 37 (*C. i.*, removed from Syn. of *C. moluccensis*, contra. Yaginuma, 1968: 36).

异名：

Cyrtophora orientalis (Nakatsudi, 1943, Trans. from *Suzumia*); Yaginuma, 1958: 13 (Syn.).

分布：台湾（TW）；日本

刻纹云斑蛛 *Cyrtophora lacunaris* Yin et al., 1990

Yin et al., 1990: 71; Yin et al., 1997: 284; Song, Zhu & Chen, 1999: 280.

分布：云南（YN）

摩鹿加云斑蛛 *Cyrtophora moluccensis* (Doleschall, 1857)

Doleschall, 1857: 418 (*Epeira m.*); Keyserling, 1865: 813 (*E. maritima*); L. Koch, 1871: 89 (*E. hieroglyphica*); Thorell, 1890: 111 (*Euetria m.*); McCook, 1894: 223 (*Argiope marxii*); Simon, 1895: 770; Pocock, 1897: 599 (*Araneus m.*); Rainbow, 1898: 337 (*C. simoni*); Rainbow, 1898: 339 (*C. albopunctata*); Nakatsudi, 1943: 160 (*Suzumia m.*); Yaginuma, 1958: 14; Levi, 1968: 334 (*C. m.*, Syn.); Chrysanthus, 1971: 19; Tikader, 1982: 172; Levi, 1983: 292 (*Argiope thai*); Hu, 1984: 112; Davies & Gallon, 1986: 232-233 (*C. m.*, Syn.); Davies, 1988: 320; Feng, 1990: 82; Chen & Gao, 1990: 61; Chen & Zhang, 1991: 105; Koh, 1991: 179; Song, Zhu & Li, 1993: 872; Yin et al., 1997: 285; Song, Zhu & Chen, 1999: 280; Tanikawa, Chang & Tso, 2010: 34; Zhu & Zhang, 2011: 222; Yin et al., 2012: 675; Jäger, 2012: 315 (*C. m.*, Syn.).

异名：

Cyrtophora marxi (McCook, 1894, Trans. from *Argiope*); Levi, 1968: 334 (Syn.);

C. simoni Rainbow, 1898; Davies & Gallon, 1986: 232 (Syn.);

C. albopunctata Rainbow, 1898; Davies & Gallon, 1986: 232 (Syn.);

C. thai (Levi, 1983, Trans. from *Argiope*); Jäger, 2012: 315 (Syn.).

分布：河南（HEN）、安徽（AH）、浙江（ZJ）、江西（JX）、湖南（HN）、四川（SC）、贵州（GZ）、云南（YN）、福建（FJ）、台湾（TW）、广西（GX）；日本到印度、澳大利亚

全色云斑蛛 *Cyrtophora unicolor* (Doleschall, 1857)

Doleschall, 1857: 419 (*Epeira u.*); Doleschall, 1859: pl. 2 (*E. u.*); Karsch, 1878: 326 (*E. stigmatisata*); Thorell, 1890: 33 (*E. s. serrata*); Chrysanthus, 1959: 201; Yaginuma, 1968: 36; Yaginuma, 1986: 117; Barrion & Litsinger, 1995: 587; Yin et al., 1997: 287; Song, Zhu & Chen, 1999: 280; Tanikawa, 2007: 43; Tanikawa, 2009: 423.

分布：浙江（ZJ）、贵州（GZ）、云南（YN）、台湾（TW）；日本、菲律宾、斯里兰卡、巴布亚新几内亚、澳大利亚圣诞岛

丘园蛛属 *Deione* Thorell, 1898

Thorell, 1898: 365. Type species: *Deione thoracic* Thorell, 1898

舌状丘园蛛 *Deione lingulata* Han, Zhu & Levi, 2009

Han, Zhu & Levi, 2009: 56.

分布：海南（HI）

卵形丘园蛛 *Deione ovata* Mi, Peng & Yin, 2010

Mi, Peng & Yin, 2010: 37.

分布：云南（YN）

肾形丘园蛛 *Deione renaria* Mi, Peng & Yin, 2010

Mi, Peng & Yin, 2010: 35.

分布：云南（YN）

基刺蛛属 *Eriophora* Simon, 1864

Simon, 1864: 261. Type species: *Epeira ravilla* C. L. Koch, 1844

异名：

Epeirella Mello-Leitão, 1941; Levi, 2002: 562 (Syn.).

锥基刺蛛 *Eriophora conica* (Yin, Wang & Zhang, 1987)

Yin, Wang & Zhang, 1987: 63 (*Zilla c.*); Yin et al., 1997: 398 (*Zilla c.*); Song, Zhu & Chen, 1999: 310 (*Zilla c.*); Yin et al., 2012: 680 (*E. c.*, Trans. from *Zilla*).

分布：浙江（ZJ）、江西（JX）、湖南（HN）

毛园蛛属 *Eriovixia* Archer, 1951

Archer, 1951: 18. Type species: *Araneus rhinurus* Pocock, 1899

异名：

Simonarachne Archer, 1951; Grasshoff, 1986: 118 (Syn.);

Tukaraneus Barrion & Litsinger, 1995; Han & Zhu, 2010: 2611 (Syn.).

卡氏毛园蛛 *Eriovixia cavaleriei* (Schenkel, 1963)

Schenkel, 1963: 162 (*Araneus c.*); Brignoli, 1983: 257 (*A. cavalierei*); Song, 1987: 160 (*A. c.*); Feng, 1990: 53 (*A. c.*); Yin et al., 1997: 295 (*E. c.*, Trans. female from *Araneus*); Song, Zhu & Chen, 1999: 281; Song, Zhu & Chen, 2001: 202 (*E. cavalerier*); Han & Zhu, 2010: 2613; Yin et al., 2012: 686.

分布：北京（BJ）、甘肃（GS）、江西（JX）、湖南（HN）、贵州（GZ）、云南（YN）、福建（FJ）、广东（GD）、广西（GX）、海南（HI）

恩施毛园蛛 *Eriovixia enshiensis* (Yin & Zhao, 1994)

Yin & Zhao, 1994: 4 (*Neoscona e.*); Yin et al., 1997: 297 (*E. e.*, Trans. from *Neoscona*); Song, Zhu & Chen, 1999: 281.

分布：湖北（HB）

高大毛园蛛 *Eriovixia excelsa* (Simon, 1889)

Simon, 1889: 337 (*Glyptogona e.*); Simon, 1906: 283 (*Araneus excelsus*); Dyal, 1935: 179 (*Araneus excelsus*); Tikader & Bal, 1981: 25 (*Neoscona excelsus*, Trans. from *Araneus*); Tikader & Biswas, 1981: 20 (*Araneus excelsus*); Tikader, 1982: 261 (*Neoscona excelsus*); Grasshoff, 1986: 118 (*E. e.*, Trans. from *Neoscona*); Barrion & Litsinger, 1995: 643; Tso & Tanikawa, 2000: 129; Mi, Peng & Yin, 2010: 41; Han & Zhu, 2010: 2616.

分布：云南（YN）、台湾（TW）、海南（HI）；菲律宾、印度尼西亚、印度、巴基斯坦

海南毛园蛛 *Eriovixia hainanensis* (Yin et al., 1990)

Yin et al., 1990: 110 (*Neoscona h.*); Yin et al., 1997: 297 (*E. h.*, T from *Neoscona*); Song, Zhu & Chen, 1999: 281; Han & Zhu, 2010: 2618.

分布：海南（HI）

虎纹毛园蛛 *Eriovixia huwena* Han & Zhu, 2010

Han & Zhu, 2010: 2619.

分布：海南（HI）

尖峰毛园蛛 *Eriovixia jianfengensis* Han & Zhu, 2010

Han & Zhu, 2010: 2621.

分布：海南（HI）

拖尾毛园蛛 *Eriovixia laglaizei* (Simon, 1877)

Doleschall, 1857: 422 (*Epeira thomisoides*; preoccupied); Doleschall, 1859: pl. 2 (*E. t.*); Simon, 1877: 77 (*E. laglaisei*, lapsus); Thorell, 1878: 84 (*E. thelura*, replacement name for *E. thomisoides*); Simon, 1895: 820 (*Araneus l.*); Strand, 1911: 224 (*Aranea l. thelura*); Archer, 1951: 28 (*Simonarachne laglaizei*, Trans. from *Araneus*); Chrysanthus, 1960: 39 (*Araneus l.*); Tikader & Bal, 1981: 27 (*Neoscona l.*, Trans. from *Araneus*); Tikader, 1982: 263 (*N. l.*); Grasshoff, 1986: 118 (*E. l.*, Trans. from *Neoscona*); Song, 1987: 163 (*A. l.*); Zhu et al., 1994: 45 (*N. laglaizai*); Barrion & Litsinger, 1995: 641; Yin et al., 1997: 296; Song, Zhu & Chen, 1999: 281; Han & Zhu, 2010: 2623.

分布：台湾（TW）、海南（HI）；菲律宾、巴布亚新几内亚、印度

勐仑毛园蛛 *Eriovixia menglunensis* (Yin et al., 1990)

Yin et al., 1990: 112 (*Neoscona m.*); Yin et al., 1997: 300 (*E. m.*, Trans. from *Neoscona*); Song, Zhu & Chen, 1999: 281.

分布：云南（YN）

黑纹毛园蛛 *Eriovixia nigrimaculata* Han & Zhu, 2010

Han & Zhu, 2010: 2625.

分布：海南（HI）

浦那毛园蛛 *Eriovixia poonaensis* (Tikader & Bal, 1981)

Tikader & Bal, 1981: 29 (*Neoscona p.*); Tikader & Biswas, 1981: 22 (*N. p.*); Tikader, 1982: 265 (*N. p.*); Grasshoff, 1986: 118 (*E. p.*, Trans. from *Neoscona*); Yin et al., 1990: 115 (*N. p.*); Yin et al., 1997: 301; Song, Zhu & Chen, 1999: 281.

分布：云南（YN）、广西（GX）、海南（HI）；印度

伪尖腹毛园蛛 *Eriovixia pseudocentrodes* (Bösenberg & Strand, 1906)

Bösenberg & Strand, 1906: 232 (*Aranea p.*); Yaginuma & Archer, 1959: 36 (*Heurodes p.*, Trans. from *Araneus*, rejected); Yaginuma, 1986: 99 (*Araneus p.*); Chikuni, 1989: 68 (*A. p.*); Chen & Zhang, 1991: 85 (*A. pseudoventrodes*); Yin et al., 1997: 140 (*A. p.*); Song, Zhu & Chen, 1999: 240 (*A. p.*); Tanikawa, 1999: 43 (*E. p.*, Trans. female from *Araneus*); Tanikawa, 2007: 90; Tanikawa, 2009: 461; Jäger & Praxaysombath, 2009: 39; Mi, Peng & Yin, 2010: 43; Han & Zhu, 2010: 2627.

分布：江西（JX）、贵州（GZ）、云南（YN）、福建（FJ）、台湾（TW）；日本、老挝

崎枝氏毛园蛛 *Eriovixia sakiedaorum* Tanikawa, 1999

Tanikawa, 1999: 45; Tanikawa, 2007: 91; Tanikawa, 2009: 461; Han & Zhu, 2010: 2629.

分布：台湾（TW）、海南（HI）；日本

斑点毛园蛛 *Eriovixia sticta* Mi, Peng & Yin, 2010

Yaginuma, 1986: 99 (*Araneus pseudocentrodes*, misidentified); Chikuni, 1989: 68 (*A. p.*, misidentified); Yin et al., 1997: 295 (*E. cavaleriei*, misidentified); Song, Zhu & Chen, 1999: 281 (*E. c.*, misidentified); Tanikawa, 1999: 43 (*E. p.*, misidentified); Song, Zhu & Chen, 2001: 202 (*E. cavalerier*, misidentified); Tanikawa, 2007: 90 (*E. p.*, misidentified); Tanikawa, 2009: 461 (*E. p.*, misidentified); Mi, Peng & Yin, 2010: 45.

分布：云南（YN）；日本

云南毛园蛛 *Eriovixia yunnanensis* (Yin et al., 1990)

Yin et al., 1990: 115 (*Neoscona y.*); Yin et al., 1997: 302 (*E. y.*, Trans. from *Neoscona*); Song, Zhu & Chen, 1999: 281; Mi, Peng & Yin, 2010: 47.

分布：云南（YN）

棘腹蛛属 *Gasteracantha* Sundevall, 1833

Sundevall, 1833: 14. Type species: *Aranea cancriformis* Linnaeus, 1758

异名：

Bunocrania Thorell, 1878; Levi, 1996: 140 (Syn.);

Paurotylus Tullgren, 1910; Emerit, 1982: 458 (Syn.).

华丽棘腹蛛 *Gasteracantha aureola* Mi & Peng, 2013

Mi & Peng, 2013: 795.

分布：云南（YN）

菱棘腹蛛 *Gasteracantha diadesmia* Thorell, 1887

Thorell, 1887: 225 (*G. diadesmia*; cited under *G. panisicea* in Roewer); Tikader, 1982: 61; Barrion & Litsinger, 1995: 557; Yin et al., 1997: 95; Song, Zhu & Chen, 1999: 281.

分布：云南（YN）、广东（GD）、广西（GX）；菲律宾到印度

地阿棘腹蛛 *Gasteracantha diardi* (Lucas, 1835)

Lucas, 1835: 70 (*Epeira d.*); C. L. Koch, 1837: 18 (*G. fornicata*, misidentified); C. L. Koch, 1844: 64 (*G. obliqua*); Doleschall, 1859: 42 (*Plectana acuminata*); Thorell, 1859: 301 (*G. varia*); O. P.-Cambridge, 1879: 282 (*G. pavesi*); Thorell, 1890: 49 (*G. fornicata bubula*); Thorell, 1890: 53 (*G. montana*); Simon, 1901: 60 (*G. fornicata jalorensis*); Simon, 1903: 302 (*G. bouchardi*); Strand, 1906: 264 (*G. marsdeni punctisternis*); Strand, 1907: 424 (*G. fornicata olivacea*); Kolosváry, 1931: 1057.

分布：云南（YN）、海南（HI）；泰国、马来西亚、婆罗洲、巽他群岛

哈氏棘腹蛛 *Gasteracantha hasselti* C. L. Koch, 1837

C. L. Koch, 1837: 29 (*G. hasseltii*); Thorell, 1859: 303 (*G. horrens*); Thorell, 1859: 303 (*G. parvula*); Keyserling, 1864:

65 (*G. blackwalli*); Blackwall, 1864: 42 (*G. helva*); L. Koch, 1871: 8 (*G. hepatica*); O. P.-Cambridge, 1879: 287 (*G. helva*); O. P.-Cambridge, 1879: 288 (*G. propinqua*); Hasselt, 1882: 14 (*G. pictospina*); Simon, 1885: 37 (*Actinacantha pictispina*); Simon, 1886: 147 (*A. propinqua*); Thorell, 1887: 224 (*Plectana hasselti*); Thorell, 1890: 68 (*P. blackwallii*); Pocock, 1900: 233; Simon, 1901: 60 (*G. perakensis*); Simon, 1904: 282 (*G. propinqua*); Strand, 1907: 424 (*G. tjibodensis*); Tikader & Biswas, 1981: 33 (*G. hasseltii*); Tikader, 1982: 63 (*G. h.*); Yin et al., 1997: 96; Song, Zhu & Chen, 1999: 281; Yin et al., 2012: 581.

分布：湖南（HN）、云南（YN）；马六甲到印度

库氏棘腹蛛 *Gasteracantha kuhli* C. L. Koch, 1837

C. L. Koch, 1837: 20 (*G. kuhlii*); Walckenaer, 1841: 159 (*Plectana acuminata*); C. L. Koch, 1844: 52 (*G. annulipes*); Doleschall, 1859: 42 (*Plectana leucomelas*); Simon, 1886: 148 (*G. annamita*); Simon, 1904: 282 (*G. leucomelas*); Bösenberg & Strand, 1906: 239 (*G. leucomelas*); Dahl, 1914: 262; Chamberlin, 1924: 22 (*G. nabona*); Fox, 1938: 365 (*G. kuhlii*, Syn.); Saitō, 1939: 10 (*G. leucomelaena*); Nakatsudi, 1943: 162 (*G. kuhlii*); Saitō, 1959: 112 (*G. leucomelaena*); Tikader & Biswas, 1981: 34 (*G. kuhlii*); Tikader, 1982: 59 (*G. kuhlii*); Hu, 1984: 114 (*G. kuhlii*); Yaginuma, 1986: 111 (*G. kuhlii*); Chikuni, 1989: 83 (*G. kuhlii*); Feng, 1990: 83 (*G. kuhlii*); Chen & Gao, 1990: 62 (*G. kuhlii*); Chen & Zhang, 1991: 101 (*G. kuhlii*); Zhao, 1993: 238 (*G. kuhlii*); Barrion & Litsinger, 1995: 559 (*G. kuhlii*); Yin et al., 1997: 97; Song, Zhu & Chen, 1999: 281; Song, Zhu & Chen, 2001: 204; Namkung, 2002: 289; Kim & Kim, 2002: 207; Kim & Cho, 2002: 267 (*G. kuhlii*); Namkung, 2003: 291; Kim & Park, 2007: 119 (*G. kuhlii*); Tanikawa, 2007: 52 (*G. kuhlii*); Tanikawa, 2009: 429 (*G. kuhlii*); Zhu & Zhang, 2011: 225; Yin et al., 2012: 582.

异名：

Gasteracantha nabona Chamberlin, 1924; Fox, 1938: 365 (Syn.).

分布：辽宁（LN）、北京（BJ）、山东（SD）、河南（HEN）、安徽（AH）、江苏（JS）、湖南（HN）、贵州（GZ）、云南（YN）、福建（FJ）、台湾（TW）、广东（GD）、广西（GX）、香港（HK）；日本、菲律宾到印度

索氏棘腹蛛 *Gasteracantha sauteri* Dahl, 1914

Dahl, 1914: 281; Saitō, 1959: 112 (*G. fornicata*, Syn., rejected); Feng, 1990: 85; Yin et al., 1997: 100; Song, Zhu & Chen, 1999: 282.

分布：台湾（TW）、海南（HI）

爪棘腹蛛 *Gasteracantha unguifera* Simon, 1889

Simon, 1889: 336; Tikader, 1982: 57; Mi & Peng, 2013: 797.

分布：云南（YN）；印度

佳蛛属 *Gea* C. L. Koch, 1843

C. L. Koch, 1843: 101. Type species: *Gea spinipes* C. L. Koch, 1843

刺佳蛛 *Gea spinipes* C. L. Koch, 1843

C. L. Koch, 1843: 101; Hasselt, 1882: 24 (*Pronous chelifer*); Thorell, 1890: 90 (*Argiope chelifera*); Thorell, 1890: 104 (*G. decorata*); Workman & Workman, 1894: 23 (*G. d.*); Thorell, 1895: 166 (*G. festiva*); Levi, 1983: 326 (*G. s.*, Syn.); Yin et al., 1989: 67; Chang & Chang, 1997: 83; Yin et al., 1997: 90; Song, Zhu & Chen, 1999: 282; Chakrabarti, 2009: 128.

异名：

Gea. chelifer (Hasselt, 1882, removed from Syn. of *Argiope catenulata* (Doleschall, 1859); Levi, 1983: 326 (Syn.);

G. decorata Thorell, 1890; Levi, 1983: 326 (Syn.);

G. festiva Thorell, 1895; Levi, 1983: 326 (Syn.).

分布：贵州（GZ）、云南（YN）、台湾（TW）；印度、婆罗洲

吉园蛛属 *Gibbaranea* Archer, 1951

Archer, 1951: 4. Type species: *Araneus bituberculatus* (Walckenaer, 1802); considered valid by Grasshoff, 1976

平肩吉园蛛 *Gibbaranea abscissa* (Karsch, 1879)

Karsch, 1879: 69 (*Epeira a.*); Bösenberg & Strand, 1906: 225 (*Aranea a.*); Saitō, 1934: 328 (*Araneus a.*); Yaginuma & Archer, 1959: 40 (*Atea abcissa*, Trans. from *Araneus*, rejected); Saitō, 1959: 85 (*Araneus a.*); Yaginuma, 1960: 53 (*A. abscissus*); Namkung, 1964: 37 (*A. a.*); Yaginuma, 1971: 53 (*A. a.*); Yaginuma, 1972: 53 (*A. a.*); Yaginuma, 1986: 97 (*A. a.*); Song, 1987: 158 (*A. a.*); Zhu, Tu & Hu, 1988: 53 (*A. a.*); Chikuni, 1989: 67 (*A. a.*); Yin et al., 1997: 303 (*G. a.*, Trans. from *Araneus*); Song, Zhu & Chen, 1999: 282 (*G. a.*); Song, Zhu & Chen, 2001: 205 (*G. a.*); Namkung, 2002: 257; Kim & Kim, 2002: 208 (*G. a.*); Namkung, 2003: 258; Tanikawa, 2007: 76; Tanikawa, 2009: 450.

分布：黑龙江（HL）、吉林（JL）、辽宁（LN）、河北（HEB）；韩国、日本、俄罗斯

叉吉园蛛 *Gibbaranea bifida* Guo, Zhang & Zhu, 2011

Guo, Zhang & Zhu, 2011: 214.

分布：宁夏（NX）

双瘤吉园蛛 *Gibbaranea bituberculata* (Walckenaer, 1802)

Walckenaer, 1802: 191 (*Aranea b.*); Walckenaer, 1802: 191 (*A. dromaderia*); Panzer, 1804: 156 (*A. albo-arcuata*); Walckenaer, 1805: 58 (*Epeira b.*); Walckenaer, 1805: 58 (*E. dromaderia*); Walckenaer, 1826: pl. 9 (*E. furcata*); Krynicki, 1837: 78 (*E. lepechini*); Krynicki, 1837: 81 (*E. melo*); Walckenaer, 1841: 126 (*E. dromaderia*); C. L. Koch, 1844: 98 (*E. d.*); Menge, 1866: 66 (*E. bicornis*); Menge, 1879: 560 (*E. d.*); Chyzer & Kulczyński, 1891: 129 (*E. d.*); Becker, 1896: 14 (*E. d.*); Bösenberg, 1901: 28 (*E. ullrichi*); O. P.-Cambridge, 1909: 111 (*E. d.*); Lessert, 1910: 309 (*Araneus dromedarius*); Simon, 1929: 699, 765 (*A. bituberculatus*); Reimoser, 1931: 84 (*E. dromedaria*); Wiehle, 1931: 61 (*Aranea b.*); Drensky, 1943:

241 (*A. b.*); Archer, 1951: 4 (*G. b.*, Trans. from *Araneus*); Archer, 1951: 2 (*G. dromedaria*); Locket & Millidge, 1953: 123 (*A. b.*); Marusik, 1985: 138 (*G. b.*, Syn.); Hu & Wu, 1989: 86 (*A. b.*); Thaler, 1991: 53; Roberts, 1995: 315; Yin et al., 1997: 304; Levy, 1998: 331; Song, Zhu & Chen, 1999: 282; Hu, 2001: 458; Almquist, 2005: 159; Tanikawa, 2007: 76; Tanikawa, 2009: 450.

异名：

Gibbaranea melo (Krynicki, 1837, Trans. from *Araneus*); Marusik, 1985: 138 (Syn.).

分布：青海（QH）、新疆（XJ）、西藏（XZ）；古北界

和田吉园蛛 *Gibbaranea hetian* (Hu & Wu, 1989)

Hu & Wu, 1989: 88 (*Araneus h.*); Marusik, 1992: 95 (*G. h.*, Trans. from *Araneus*); Yin et al., 1997: 203 (*Araneus h.*); Song, Zhu & Chen, 1999: 282.

分布：新疆（XJ）；蒙古

南国吉园蛛 *Gibbaranea nanguosa* Yin & Gong, 1996

Yin & Gong, 1996: 74; Yin et al., 1997: 305; Song, Zhu & Chen, 1999: 282; Yin et al., 2012: 688.

分布：湖南（HN）

霍德蛛属 *Heurodes* Keyserling, 1886

Keyserling, 1886: 116. Type species: *Heurodes turrita* Keyserling, 1886

颗粒霍德蛛 *Heurodes fratrellus* (Chamberlin, 1924)

Chamberlin, 1924: 19 (*Aranea fratrella*); Yaginuma & Archer, 1959: 36 (*H. f.*, Trans. from *Araneus*); Song, Zhu & Chen, 1999: 242 (*Araneus f.*, considered unidentifiable).

分布：浙江（ZJ）

高亮腹蛛属 *Hypsosinga* Ausserer, 1871

Ausserer, 1871: 823. Type species: *Singa sanguinea* C. L. Koch, 1844

Note: often considered a synonym of *Singa* C. L. Koch, 1836; for the orthography, see Levi, 1972: 240.

华南高亮腹蛛 *Hypsosinga alboria* Yin et al., 1990

Yin et al., 1990: 73; Yin et al., 1997: 307; Song, Chen & Zhu, 1997: 1713; Song, Zhu & Chen, 1999: 282; Yin et al., 2012: 690.

分布：湖南（HN）、福建（FJ）

黑氏高亮腹蛛 *Hypsosinga heri* (Hahn, 1831)

Hahn, 1831: 8 (*Epeira herii*); C. L. Koch, 1837: 6 (*Singa h.*); C. L. Koch, 1844: 153 (*Singa nigrifrons*); Menge, 1866: 85 (*S. n.*); Ausserer, 1871: 823 (*H. n.*); Simon, 1873: 327 (*Cercidia pachyderma*); Chyzer & Kulczyński, 1891: 135 (*Singa h.*); O. P.-Cambridge, 1893: 160 (*S. h.*); Bösenberg, 1901: 51 (*S. h.*); Lessert, 1910: 335 (*Araneus h.*); Simon, 1929: 703, 705, 766 (*A. h.*); Wiehle, 1931: 48 (*Singa h.*); Drensky, 1943: 232 (*S. h.*); Locket & Millidge, 1953: 157 (*S. h.*); Zamaraev, 1964: 354 (*Singa* (*H.*) *h.*, Trans. from *Singa* s. str.); Azheganova, 1968: 86; Miller, 1971: 206 (*S. h.*); Loksa, 1972: 102 (*S. h.*); Levy, 1984: 130; Roberts, 1985: 218; Heimer & Nentwig, 1991: 84; Almquist, 1994: 114; Roberts, 1995: 332; Mcheidze, 1997: 258; Yin et al., 1997: 308; Roberts, 1998: 344; Song, Zhu & Chen, 1999: 282; Almquist, 2005: 163; Jäger, 2006: 4.

分布：内蒙古（NM）；古北界

卢忠贤高亮腹蛛 *Hypsosinga luzhongxiani* Barrion, Barrion-Dupo & Heong, 2012

Barrion et al., 2012: 4.

分布：海南（HI）

四点高亮腹蛛 *Hypsosinga pygmaea* (Sundevall, 1831)

Sundevall, 1831: 14; C. L. Koch, 1839: 116 (*Phrurolithus trifasciatus*); Blackwall, 1864: 357 (*E. anthracina*); Ausserer, 1871: 823; Kroneberg, 1875: 5 (*S. aenea*); Thorell, 1875: 81 (*S. maculata*); Thorell, 1875: 13 (*S. m.*); Emerton, 1884: 322 (*S. variabilis*); Banks, 1892: 48 (*Microneta distincta*); Bösenberg & Strand, 1906: 236 (*Aranea (Singa) theridiformis*); Bösenberg & Strand, 1906: 237 (*A. (S.) linyphiformis*); Simon, 1909: 113 (*Pronous laevisternis*); Banks, 1909: 162 (*S. cubana*); Petrunkevitch, 1911: 246 (*Linyphia banksi*, replacement name for *Linyphia bicolor*); Chamberlin & Ivie, 1947: 64 (*S. melania*); Locket & Millidge, 1953: 155 (*S. p.*); Levi, 1972: 242 (*H. variabilis*, Trans. from *Singa*, Syn.); Levi, 1975: 273 (*H. p.*, Syn.); Yin, 1978: 6 (*S. p.*); Song, 1980: 108 (*S. p.*); Qiu, 1981: 17 (*S. p.*); Wang, 1981: 104 (*S. p.*); Hu, 1984: 130 (*S. p.*); Guo, 1985: 72 (*S. p.*); Zhu et al., 1985: 87 (*S. p.*); Yaginuma, 1986: 107; Song, 1987: 177 (*S. p.*); Zhang, 1987: 80; Marusik, 1989: 43 (*H. p.*, Syn.); Hu & Wu, 1989: 108 (*S. p.*); Feng, 1990: 100; Chen & Gao, 1990: 71 (*S. p.*); Chen & Zhang, 1991: 108 (*S. p.*); Zhao, 1993: 260 (*S. p.*); Levi, 1995: 169 (*H. p.*, Syn.); Barrion & Litsinger, 1995: 611; Yin et al., 1997: 309; Song, Zhu & Chen, 1999: 282; Hu, 2001: 460; Song, Zhu & Chen, 2001: 207; Namkung, 2002: 282; Levi, 2002: 541; Kim & Kim, 2002: 209; Namkung, 2003: 284; Almquist, 2005: 164; Tanikawa, 2007: 53; Tanikawa, 2009: 431; Zhu & Zhang, 2011: 227; Yin et al., 2012: 692.

异名：

Hypsosinga aenea (Kroneberg, 1875, Trans. from *Singa*); Marusik, 1989: 43 (Syn.);

H. variabilis (Emerton, 1884, Trans. from *Singa*); Levi, 1975: 273 (Syn., but see Crawford, 1988: 9 for a dissenting opinion);

H. distincta (Banks, 1892, Trans. from *Microneta*); Levi, 1972: 242 (Syn., sub *H. variabilis*);

H. theridiformis (Bösenberg & Strand, 1906, Trans. from *Singa*); Yaginuma, 1962: 32 (Syn., sub *Singa*);

H. linyphiformis (Bösenberg & Strand, 1906, Trans. from *Singa*); Yaginuma, 1962: 32 (Syn., sub *Singa*);

H. cubana (Banks, 1909, Trans. from *Singa*); Levi, 1972: 244 (Syn., sub *H. variabilis*);

H. laevisternis (Simon, 1909, Trans. from *Pronous*); Levi, 1995: 169 (Syn.);

H. banksi (Petrunkevitch, 1911, Trans. from *Linyphia*); Levi,

1972: 244 (Syn., sub *H. variabilis*);
H. melania (Chamberlin & Ivie, 1947, Trans. from *Singa*); Levi, 1972: 244 (Syn., sub *H. variabilis*);
H. itemvarians (Bonnet, 1955, Trans. from *Araneus*); Levi, 1972: 244 (Syn., sub *H. variabilis*).
分布：黑龙江（HL）、内蒙古（NM）、北京（BJ）、山东（SD）、河南（HEN）、陕西（SN）、宁夏（NX）、甘肃（GS）、青海（QH）、新疆（XJ）、安徽（AH）、江苏（JS）、浙江（ZJ）、江西（JX）、湖南（HN）、湖北（HB）、四川（SC）、贵州（GZ）、云南（YN）、福建（FJ）、台湾（TW）、广东（GD）、广西（GX）；全北界

红高亮腹蛛 *Hypsosinga sanguinea* (C. L. Koch, 1844)

C. L. Koch, 1844: 155 (*Singa s.*); O. P.-Cambridge, 1873: 552 (*Epeira s.*); Karsch, 1879: 63 (*Theridion hilgendorfi*); Kulczyński, 1885: 23 (*Singa atra*); Bösenberg & Strand, 1906: 148 (*Theridion hilgendorfi*); Nakatsudi, 1942: 12 (*S. s.*); Yaginuma, 1960: 59 (*S. s.*); Paik, 1962: 76 (*S. s.*); Levi, 1972: 242 (*H. s.*, Syn.); Palmgren, 1974: 11 (*S. s.*); Ono, 1981: 4 (*H. s.*, Syn.); Hu, 1984: 130 (*S. s.*); Roberts, 1985: 218; Guo, 1985: 72 (*S. s.*); Zhu et al., 1985: 77; Yaginuma, 1986: 107; Song, 1987: 169; Zhang, 1987: 81; Chikuni, 1989: 76; Feng, 1990: 99; Chen & Gao, 1990: 72; Chen & Zhang, 1991: 109; Zhao, 1993: 237; Yin et al., 1997: 310; Song, Zhu & Chen, 1999: 291; Hu, 2001: 460; Song, Zhu & Chen, 2001: 208; Namkung, 2002: 283; Kim & Kim, 2002: 210; Namkung, 2003: 285; Almquist, 2005: 166; Tanikawa, 2007: 54; Tanikawa, 2009: 431; Zhu & Zhang, 2011: 228; Yin et al., 2012: 693.
异名：
Hypsosinga hilgendorfi (Karsch, 1879, Trans. from *Theridion*); Ono, 1981: 4 (Syn.);
H. atra (Kulczyński, 1885, Trans. from *Singa*); Levi, 1972: 242 (Syn.).
分布：吉林（JL）、辽宁（LN）、内蒙古（NM）、河北（HEB）、北京（BJ）、山西（SX）、山东（SD）、河南（HEN）、陕西（SN）、甘肃（GS）、青海（QH）、新疆（XJ）、浙江（ZJ）、湖南（HN）、四川（SC）、台湾（TW）；古北界

皖高亮腹蛛 *Hypsosinga wanica* Song, Qian & Gao, 1996

Song, Qian & Gao, in Song et al., 1996: 106; Song, Zhu & Chen, 1999: 291.
分布：安徽（AH）

肥蛛属 *Larinia* Simon, 1874

Simon, 1874: 116. Type species: *Epeira lineata* Lucas, 1846
异名：
Drexelia McCook, 1892; Harrod, Levi & Leibensperger, 1991: 243 (Syn., after Levi, 1975: 102);
Larinopa Grasshoff, 1970; Framenau & Scharff, 2008: 242 (Syn., contra. Levy, 1986: 5).

星突肥蛛 *Larinia astrigera* Yin et al., 1990

Yin et al., 1990: 78; Yin et al., 1997: 314; Song, Zhu & Chen, 1999: 291.
分布：云南（YN）

环隆肥蛛 *Larinia cyclera* Yin et al., 1990

Yin et al., 1990: 80; Yin, 1994: 135 (*L. c.*, Trans. to *Lipocrea fusiformis*, subsequently rejected); Yin et al., 1997: 315; Song, Zhu & Chen, 1999: 291; Yin et al., 2012: 698.
分布：江西（JX）、湖南（HN）

双南肥蛛 *Larinia dinanea* Yin et al., 1990

Yin et al., 1990: 82; Yin et al., 1997: 316; Song, Zhu & Chen, 1999: 291; Yin et al., 2012: 699.
分布：湖南（HN）、云南（YN）

蔡笃程肥蛛 *Larinia duchengcaii* Barrion, Barrion-Dupo & Heong, 2012

Barrion et al., 2012: 29.
分布：海南（HI）

华丽肥蛛 *Larinia elegans* Spassky, 1939

Spassky, 1939: 302; Nemenz, 1956: 60 (*Singa phragmiteti*); Nemenz & Pühringer, 1973: 101 (*S. p.*); Song, Zhou & Chen, 1992: 9; Yin et al., 1997: 318; Song, Zhu & Chen, 1999: 291; Thaler & Knoflach, 2003: 638 (*L. e.*, Syn.); Szinetár & Eichardt, 2004: 181.
异名：
Larinia phragmiteti (Nemenz, 1956, Trans. from *Singa*); Thaler & Knoflach, 2003: 638 (Syn.).
分布：新疆（XJ）；奥地利

方祥肥蛛 *Larinia fangxiangensis* Zhu, Lian & Chen, 2006

Zhu, Lian & Chen, 2006: 15.
分布：贵州（GZ）

刘氏肥蛛 *Larinia liuae* Yin & Bao, 2012

Yin & Bao, in Yin et al., 2012: 701.
分布：湖南（HN）

大兜肥蛛 *Larinia macrohooda* Yin et al., 1990

Yin et al., 1990: 84; Yin et al., 1997: 319; Song, Zhu & Chen, 1999: 291; Yin et al., 2012: 702.
分布：湖南（HN）

小兜肥蛛 *Larinia microhooda* Yin et al., 1990

Yin et al., 1990: 86; Yin et al., 1997: 320; Song, Zhu & Chen, 1999: 291; Yin et al., 2012: 704.
分布：湖南（HN）

无千肥蛛 *Larinia nolabelia* Yin et al., 1990

Yin et al., 1990: 88; Yin et al., 1997: 320; Song, Zhu & Chen, 1999: 291.
分布：中国（具体不详）

淡绿肥蛛 *Larinia phthisica* (L. Koch, 1871)

L. Koch, 1871: 103 (*Epeira p.*); Keyserling, 1887: 171 (*E. p.*);

Chrysanthus, 1961: 205; Grasshoff, 1970: 224; Grasshoff, 1973: 148; Patel, 1975: 113 (*L. chhagani*); Tikader & Biswas, 1981: 44 (*L. phtisica*, Syn.); Tikader, 1982: 208 (*L. phtisica*); Marusik, 1987: 246 (*L. nenilini*); Tanikawa, 1989: 36; Yin et al., 1990: 76 (*L. albigera*; male=*Lariniaria argiopiformis*); Song, Zhou & Chen, 1992: 10 (*L. nenilini*); Yin, 1994: 135 (*L. p.*, Syn., Trans. of *L. triprovina*); Barrion & Litsinger, 1995: 614; Zhu & Zhang, 1993: 37; Yin et al., 1997: 321 (*L. p.*, Syn.); Song, Zhu & Chen, 1999: 291; Tanikawa, 2007: 74; Framenau & Scharff, 2008: 237; Tanikawa, 2009: 447; Yin et al., 2012: 705.

异名：

Larinia chhagani Patel, 1975; Tikader & Biswas, 1981: 44 (Syn.);

L. nenilini Marusik, 1987; Yin et al., 1997: 321 (Syn.);

L. albigera Yin et al., 1990 (Note: female only, but male=*Lariniaria argiopiformis*); Yin, 1994: 135 (Syn.).

分布：湖南（HN）、四川（SC）、云南（YN）、福建（FJ）、广西（GX）；日本、菲律宾、越南、巴布亚新几内亚、印度、澳大利亚

关口肥蛛 *Larinia sekiguchii* Tanikawa, 1989

Tanikawa, 1989: 42; Yin et al., 1990: 87 (*L. shandongensis*); Yin, 1994: 135 (*L. s.*, Syn.); Yin et al., 1997: 322; Song, Zhu & Chen, 1999: 291; Song, Zhu & Chen, 2001: 210; Tanikawa, 2007: 74; Tanikawa, 2009: 447.

异名：

Larinia shandongensis Yin et al., 1990; Yin, 1994: 135 (Syn.).

分布：河北（HEB）、山东（SD）；日本、俄罗斯

三省肥蛛 *Larinia triprovina* Yin et al., 1990

Yin et al., 1990: 90; Yin, 1994: 135 (*L. t.*, Trans. to *L. phthisica*); Yin et al., 1997: 323; Song, Zhu & Chen, 1999: 292; Yin et al., 2012: 706.

分布：江西（JX）、湖南（HN）、云南（YN）

文山肥蛛 *Larinia wenshanensis* Yin & Yan, 1994

Yin & Yan, in Yin, Peng & Wang, 1994: 108; Yin et al., 1997: 324; Song, Zhu & Chen, 1999: 292; Yin et al., 2012: 708.

分布：湖南（HN）、云南（YN）

拟肥蛛属 *Lariniaria* Grasshoff, 1970

Grasshoff, 1970: 420. Type species: *Larinia argiopiformis* Bösenberg & Strand, 1906

黄金拟肥蛛 *Lariniaria argiopiformis* (Bösenberg & Strand, 1906)

Bösenberg & Strand, 1906: 212 (*Larinia a.*); Bösenberg & Strand, 1906: 212 (*Larinia punctifera*); Yaginuma, 1960: 60 (*Larinia a.*); Yaginuma, 1962: 30 (*Larinia a.*, Syn. of male); Grasshoff, 1970: 217 (*L. a.*, Trans. from *Larinia*, Syn.); Grasshoff, 1970: 421; Yin, 1978: 6 (*Larinia a.*); Song, 1980: 107 (*Larinia a.*); Wang, 1981: 103 (*Larinia a.*); Hu, 1984: 117 (*Larinia a.*); Guo, 1985: 66 (*Larinia a.*); Zhu et al., 1985: 78 (*Larinia a.*); Yaginuma, 1986: 115 (*Larinia a.*); Marusik, 1987: 251 (*Larinia a.*); Zhang, 1987: 81 (*Larinia a.*); Tanikawa, 1989: 33 (*Larinia a.*); Chikuni, 1989: 87 (*Larinia a.*); Feng, 1990: 87 (*Larinia a.*); Chen & Gao, 1990: 63 (*Larinia a.*); Yin et al., 1990: 76 (*Larinia albigera*, male only, misidentified); Chen & Zhang, 1991: 107 (*Larinia a.*); Zhao, 1993: 239 (*Larinia a.*); Yin, 1994: 135 (*Larinia a.*, Trans. male of *Larinia albigera* Yin et al., 1990); Yin et al., 1997: 313 (*Larinia a.*); Song, Zhu & Chen, 1999: 292; Hu, 2001: 461 (*Larinia a.*); Namkung, 2002: 276; Kim & Kim, 2002: 211; Namkung, 2003: 278; Tanikawa, 2007: 72 (*Larinia a.*); Tanikawa, 2009: 447 (*Larinia a.*); Zhu & Zhang, 2011: 229; Yin et al., 2012: 696.

异名：

Lariniaria punctifera (Bösenberg & Strand, 1906, Trans. from *Larinia*); Yaginuma, 1962: 30 (Syn., sub *Larinia*); Grasshoff, 1970: 217 (Syn., Trans. from *Larinia*).

分布：河北（HEB）、山东（SD）、河南（HEN）、陕西（SN）、安徽（AH）、江苏（JS）、浙江（ZJ）、江西（JX）、湖南（HN）、湖北（HB）、四川（SC）、贵州（GZ）、西藏（XZ）、台湾（TW）、广东（GD）；韩国、日本、俄罗斯

类肥蛛属 *Larinioides* Caporiacco, 1934

Caporiacco, 1934: 14. Type species: *Epeira suspicax* O. P.-Cambridge, 1876

角类肥蛛 *Larinioides cornutus* (Clerck, 1757)

Clerck, 1757: 39 (*Araneus c.*); Fourcroy, 1785: 533 (*A. foliata*); Fischer-Waldheim, 1830: pl. 7 (*E. lyrata*); Fischer-Waldheim, 1830: pl. 7 (*E. tricolor*); Walckenaer, 1841: 61, 502 (*E. apoclisa americana*); Walckenaer, 1841: 66 (*E. foliosa*); C. L. Koch, 1844: 119 (*E. foliata*); C. L. Koch, 1844: 109 (*E. arundinacea*); Song, 1980: 93 (*Aranea cornuta*); Grasshoff, 1983: 227 (*L. cornuta*, Trans. from *Nuctenea*); Hu, 1984: 89 (*Araneus c.*); Guo, 1985: 53 (*A. c.*); Zhu et al., 1985: 70 (*A. c.*); Yaginuma, 1986: 98; Song, 1987: 161 (*A. c.*); Zhang, 1987: 64 (*A. c.*); Chikuni, 1989: 67 (*A. c.*); Feng, 1990: 54 (*A. c.*); Chen & Gao, 1990: 43 (*A. c.*); Chen & Zhang, 1991: 86 (*A. c.*); Zhao, 1993: 225 (*A. c.*); Yin et al., 1997: 325 (*L. cornuta*); Mikhailov, 1997: 119 (*L. c.*, Syn.); Levy, 1998: 345; Roberts, 1998: 334; Song, Zhu & Chen, 1999: 292; Hu, 2001: 462 (*L. cornuta*, lapsus); Song, Zhu & Chen, 2001: 211; Namkung, 2002: 258; Levi, 2002: 543; Kim & Kim, 2002: 212; Paquin & Dupérré, 2003: 47; Dondale et al., 2003: 184; Namkung, 2003: 259; Almquist, 2005: 167; Tanikawa, 2007: 55; Tanikawa, 2009: 433; Yin et al., 2012: 710.

异名：

Larinioides foliatus (Fourcroy, 1785, Trans. from *Araneus*); Clerckian names validated by ICZN Direction 104;

L. lyrata (Fischer-Waldheim, 1830, Trans. from *Araneus*); Mikhailov, 1997: 119 (Syn.);

L. tricolor (Fischer-Waldheim, 1830, Trans. from *Araneus*);

Mikhailov, 1997: 119 (Syn.).
分布：黑龙江（HL）、吉林（JL）、辽宁（LN）、内蒙古（NM）、河北（HEB）、北京（BJ）、山西（SX）、河南（HEN）、陕西（SN）、甘肃（GS）、青海（QH）、浙江（ZJ）、江西（JX）、湖南（HN）、湖北（HB）、四川（SC）、贵州（GZ）、云南（YN）；全北界

粘类肥蛛 *Larinioides ixobolus* (Thorell, 1873)

Thorell, 1873: 545 (*E. ixobola*); Simon, 1874: 106 (*E. ixobola*); Menge, 1879: 556 (*E. umbratica*, misidentified); Chyzer & Kulczyński, 1891: 133 (*E. ixobola*); Bösenberg, 1901: 34 (*E. ixobola*); Drensky, 1939: 87 (*A. ixobola*); Drensky, 1943: 243 (*Aranea ixobola*); Grasshoff, 1983: 227 (*L. ixobola*, Trans. from *Nuctenea*); Zhu et al., 1985: 74 (*Araneus ixobolatus*); Zhang, 1987: 68 (*A. ixobolatus*); Hu & Wu, 1989: 89 (*A. i.*); Yin et al., 1997: 327 (*L. ixobola*); Song, Zhu & Chen, 1999: 292.
分布：新疆（XJ）；古北界

丛林类肥蛛 *Larinioides patagiatus* (Clerck, 1757)

Clerck, 1757: 38 (*Araneus p.*); Clerck, 1757: 36 (*A. ocellatus*); Fourcroy, 1785: 534 (*Aranea dumetorum*); C. L. Koch, 1834: 123 (*E. nauseosa*); C. L. Koch, 1836: 134 (*E. munda*); C. L. Koch, 1844: 115 (*E. patagiata*); C. L. Koch, 1844: 120 (*E. nauseosa*); Blackwall, 1864: 329 (*E. patagiata*); McCook, 1894: 152 (*E. ithaca*); Simon, 1895: 336 (*Araneus potanini*); Yaginuma, 1960: 58 (*A. p.*); Yaginuma, 1971: 58 (*A. p.*); Levi, 1974: 309 (*Nuctenea patagiata*, Trans. from *Araneus*, Syn.); Grasshoff, 1983: 227 (*L. patagiata*, Trans. from *Nuctenea*); Yaginuma, 1986: 98 (*A. p.*); Marusik, 1989: 43 (*L. p.*, Syn.); Chikuni, 1989: 65 (*A. p.*); Yin et al., 1997: 328 (*L. patagiata*); Song, Zhu & Chen, 1999: 292; Dondale et al., 2003: 186; Trotta, 2005: 162; Almquist, 2005: 167; Tanikawa, 2007: 56; Tanikawa, 2009: 433.
异名：
Larinioides dumetorum (Fourcroy, 1785, Trans. from *Araneus*); Clerckian names validated by ICZN Direction 104;
L. ithaca (McCook, 1894, Trans. from *Epeira*); Levi, 1974: 309 (Syn.);
L. potanini (Simon, 1895, Trans. from *Araneus*); Marusik, 1989: 43 (Syn.).
分布：吉林（JL）、内蒙古（NM）、新疆（XJ）；全北界

丝类肥蛛 *Larinioides sericatus* (Clerck, 1757)

Clerck, 1757: 43 (*Araneus s.*); Clerck, 1757: 40 (*A. sericatus*); Olivier, 1789: 206 (*Aranea undata*; preoccupied by De Geer, 1778); Panzer, 1804: 157 (*A. oviger*); C. L. Koch, 1833: pl. 1 (*Epeira sericata*); Hahn, 1834: 26 (*E. virgata*); Walckenaer, 1841: 65 (*E. frondosa*); C. L. Koch, 1844: 110 (*E. sericata*); Westring, 1851: 34 (*E. sclopetaria*); Blackwall, 1864: 328 (*E. sericata*); Menge, 1866: 55 (*E. umbratica*, misidentified, not female); Menge, 1866: 57 (*E. sclopetaria*); Simon, 1874: 105 (*E. hygrophila*); Hansen, 1882: 19 (*E. sclopetaria*); Emerton, 1884: 303 (*E. sclopetaria*); Chyzer & Kulczyński, 1891: 132 (*E. sclopetaria*); McCook, 1894: 137 (*E. sclopetaria*); Becker, 1896: 34 (*E. sclopetaria*); Bösenberg, 1901: 34 (*E. sclopetaria*); Emerton, 1902: 160 (*E. sclopetaria*); Simon, 1929: 685, 759 (*Araneus sericatus*); Wiehle, 1931: 90 (*Aranea undata*); Reimoser, 1932: 10 (*A. undata*); Comstock, 1940: 500 (*A. sericata*); Archer, 1940: 46 (*A. undata*); Bristowe, 1941: 488 (*A. u.*); Drensky, 1943: 243 (*A. u.*); Kaston, 1948: 256 (*E. u.*); Locket & Millidge, 1953: 136 (*Araneus s.*); Yaginuma & Archer, 1959: 41 (*Cyphepeira sclopetaria*); Saitō, 1959: 97 (*Araneus undatus*); Zamaraev, 1964: 361 (*Aranea sclopetaria*); Shear, 1967: 8 (*Araneus sericatus*); Tyschchenko, 1971: 198 (*A. sericatus*); Miller, 1971: 212 (*A. sericatus*); Loksa, 1972: 92 (*A. sericatus*); Levi, 1974: 310 (*Nuctenea sclopetaria*, Trans. from *Araneus*); Grasshoff, 1983: 227 (*L. sclopetaria*, Trans. from *Nuctenea*); Roberts, 1985: 212; Ware & Opell, 1989: 150 (*L. sclopetaria*); Hu & Wu, 1989: 94 (*Araneus s.*); Heimer & Nentwig, 1991: 86; Herreros, 1991: 211 (*Nuctenea sclopetaria*); Horak & Kropf, 1992: 167; Roberts, 1995: 321; Yin et al., 1997: 329 (*L. sclopetaria*); Roberts, 1998: 335; Song, Zhu & Chen, 1999: 292; Morano, 2002: 70; Namkung, 2002: 259; Kim & Kim, 2002: 212; Paquin & Dupérré, 2003: 48; Dondale et al., 2003: 189; Namkung, 2003: 260; Trotta, 2005: 162; Almquist, 2005: 169; Jäger, 2006: 4.
异名：
Larinioides oviger (Panzer, 1804, Trans. from *Araneus*); Clerckian names validated by ICZN Direction 104.
分布：新疆（XJ）；全北界

脂蛛属 *Lipocrea* Thorell, 1878

Thorell, 1878: 431. Type species: *Meta fusiformis* Thorell, 1877

纺锤脂蛛 *Lipocrea fusiformis* (Thorell, 1877)

Thorell, 1877: 431 (*Meta f.*); Thorell, 1887: 146; Simon, 1889: 340 (*Larinia quadrinotata*); Thorell, 1898: 342 (*Larinia lutescens*); Simon, 1909: 105 (*Larinia quadrinotata*); Grasshoff, 1970: 231 (*Larinopa f.*, Trans. from *Larinia*, Syn.); Tanikawa, 1989: 35 (*Larinia f.*); Okuma et al., 1993: 23 (*Larinia f.*); Barrion & Litsinger, 1995: 612 (*Larinia f.*); Chang & Tso, 2004: 28 (*Larinia f.*); Tanikawa, 2007: 73 (*Larinia f.*); Tanikawa, 2009: 447 (*Larinia f.*).
异名：
Lipocrea quadrinotata (Simon, 1889, Trans. from *Larinia*); Grasshoff, 1970: 231 (Syn.);
L. lutescens (Thorell, 1898, Trans. from *Larinia*); Grasshoff, 1970: 231 (Syn.).
分布：台湾（TW）；日本、菲律宾、印度尼西亚（苏拉威西）、印度

长棘蛛属 *Macracantha* Simon, 1864

Simon, 1864: 287. Type species: *Aranea arcuata* Fabricius, 1793

弓长棘蛛 *Macracantha arcuata* (Fabricius, 1793)

Fabricius, 1793: 425 (*Aranea a.*); Vauthier, 1824: 261 (*Epeira curvicauda*); C. L. Koch, 1837: 34 (*Gasteracantha a.*); Walckenaer, 1841: 175 (*Plectana curvicauda*); Walckenaer, 1841: 177 (*P. a.*); Doleschall, 1859: 42 (*P. a.*); Simon, 1864: 287 (*M. curvicauda*); Simon, 1864: 287 (*M. arquata*, lapsus); Hasselt, 1882: 11 (*Gasteracantha curvicauda*); Hasselt, 1882: 11 (*G. beccarii*); Simon, 1886: 147 (*Actinacantha a.*); Simon, 1899: 94 (*G. fabricii*); Simon, 1903: 301 (*G. a.*); Simon, 1904: 282 (*G. a.*); Dahl, 1914: 242 (*G. a.*); Tikader, 1982: 69 (*G. a.*); Yin et al., 1997: 94 (*G. a.*); Song, Zhu & Chen, 1999: 281 (*G. a.*).

分布：云南（YN）；婆罗洲、印度

芒果蛛属 *Mangora* O. P.-Cambridge, 1889

O. P.-Cambridge, 1889: 14. Type species: *Mangora picta* O. P.-Cambridge, 1889

刺芒果蛛 *Mangora acalypha* (Walckenaer, 1802)

Walckenaer, 1802: 199 (*Aranea a.*); Walckenaer, 1805: 60 (*Epeira a.*); Hahn, 1831: 11 (*E. genistae*); C. L. Koch, 1837: 5 (*Zilla g.*); C. L. Koch, 1837: 5 (*Z. decora*); C. L. Koch, 1839: 139 (*Z. a.*); Blackwall, 1864: 341 (*E. a.*); Menge, 1866: 71 (*Miranda a.*); Ausserer, 1867: 148 (*Meta a.*); Thorell, 1873: 454 (*E. a.*); O. P.-Cambridge, 1878: 119 (*Zilla a.*); Chyzer & Kulczyński, 1891: 133 (*E. a.*); Becker, 1896: 39 (*E. a.*); Bösenberg, 1901: 39 (*E. a.*); Lessert, 1910: 307; Simon, 1929: 667, 755; Wiehle, 1931: 23; Drensky, 1943: 225; Locket & Millidge, 1953: 166; Azheganova, 1968: 87; Miller, 1971: 214; Loksa, 1972: 108; Grasshoff, 1973: 242; Bakhvalov, 1974: 109; Punda, 1975: 40; Levi, 1975: 117; Legotai & Sekerskaya, 1982: 50; Roberts, 1985: 222; Levy, 1987: 252; Legotai & Sekerskaya, 1989: 225; Hu & Wu, 1989: 101; Heimer & Nentwig, 1991: 88; Roberts, 1995: 337; Mcheidze, 1997: 255; Yin et al., 1997: 331; Roberts, 1998: 350; Song, Zhu & Chen, 1999: 292; Almquist, 2005: 171.

分布：新疆（XJ）；古北界

角斑芒果蛛 *Mangora angulopicta* Yin et al., 1990

Yin et al., 1990: 93; Yin et al., 1997: 332; Song, Zhu & Chen, 1999: 292; Yin et al., 2012: 712.

分布：安徽（AH）、湖南（HN）、广西（GX）

新月芒果蛛 *Mangora crescopicta* Yin et al., 1990

Yin et al., 1990: 95; Yin et al., 1997: 333; Song, Zhu & Chen, 1999: 293; Song, Zhu & Chen, 2001: 213; Yin et al., 2012: 714.

分布：北京（BJ）、湖南（HN）

叶芒果蛛 *Mangora foliosa* Zhu & Yin, 1998

Zhu & Yin, in Yin et al., 1997: 333; Song, Zhu & Chen, 1999: 293; Yin et al., 2012: 715.

分布：陕西（SN）、湖南（HN）、湖北（HB）

草芒果蛛 *Mangora herbeoides* (Bösenberg & Strand, 1906)

Bösenberg & Strand, 1906: 227 (*Aranea h.*); Strand, 1918: 81 (*Aranea h.*); Yaginuma, 1955: 16 (*M. h.*, Trans. from *Araneus*); Schenkel, 1963: 143 (*Araneus h.*); Yaginuma, 1986: 107; Yin et al., 1997: 334; Song, Zhu & Chen, 1999: 293; Namkung, 2002: 281; Kim & Kim, 2002: 213; Namkung, 2003: 283; Tanikawa, 2007: 89; Tanikawa, 2009: 459; Yin et al., 2012: 716.

分布：湖南（HN）、广西（GX）；韩国、日本

隐芒果蛛 *Mangora inconspicua* Schenkel, 1936

Schenkel, 1936: 98.

分布：甘肃（GS）

多突芒果蛛 *Mangora polypicula* Yin et al., 1990

Yin et al., 1990: 96; *polyspicula* Yin et al., 1997: 235; Song, Zhu & Chen, 1999: 293 (*M. polyspicula*).

分布：云南（YN）

菱斑芒果蛛 *Mangora rhombopicta* Yin et al., 1990

Yin et al., 1990: 98; Yin et al., 1997: 336; Song, Zhu & Chen, 1999: 293; Song, Zhu & Chen, 2001: 214; Zhang & Zhang, 2002: 23; Yin et al., 2012: 718.

分布：河北（HEB）、北京（BJ）、湖南（HN）、贵州（GZ）

松阳芒果蛛 *Mangora songyangensis* Yin et al., 1990

Yin et al., 1990: 99; Yin et al., 1997: 337; Song, Zhu & Chen, 1999: 293; Yin, Griswold & Xu, 2007: 4; Yin et al., 2012: 720.

分布：浙江（ZJ）、湖南（HN）

矛状芒果蛛 *Mangora spiculata* (Hentz, 1847)

Hentz, 1847: 475 (*Epeira s.*); Archer, 1951: 13 (female of *M. s.*, removed from Syn. of *M. placida*, not male, =*M. placida*); Archer, 1951: 14 (*M. placida*, misidentified); Archer, 1951: 14 (*M. floridana*); Levi, 1975: 125 (*M. s.*, male of Syn.); Xu & Wang, 1983: 32; Yin et al., 1997: 338; Song, Zhu & Chen, 1999: 293; Levi, 2005: 164.

异名：

Mangora floridana Archer, 1951; Levi, 1975: 125 (Syn.).

分布：安徽（AH）；美国

浙江芒果蛛 *Mangora tschekiangensis* Schenkel, 1963

Schenkel, 1963: 141; Chen & Zhang, 1991: 113; Yin et al., 1997: 338; Song, Zhu & Chen, 1999: 293.

分布：浙江（ZJ）

新佳蛛属 *Neogea* Levi, 1983

Levi, 1983: 328. Type species: *Araneus egregius* Kulczyński, 1911

云南新佳蛛 *Neogea yunnanensis* Yin et al., 1990

Yin et al., 1990: 5; Yin et al., 1997: 92; Song, Zhu & Chen, 1999: 293.

分布：云南（YN）

新园蛛属 *Neoscona* Simon, 1864

Simon, 1864: 261. Type species: *Epeira arabesca* Walckenaer, 1841

异名：
Chinestela Chamberlin, 1924; Archer, 1958: 17 (Syn.);
Cubanella Franganillo, 1926; Berman & Levi, 1971: 469 (Syn.); after Bryant, 1940: 511 (Syn.);
Afraranea Archer, 1951; Grasshoff, 1986: 4 (Syn.).

阿奇新园蛛 *Neoscona achine* (Simon, 1906)

Simon, 1906: 309 (*Araneus a.*); Tikader & Bal, 1981: 39 (*N. a.*, Trans. from *Araneus*); Tikader, 1982: 278; Hu & Li, 1987: 330; Yin et al., 1990: 131 (*N. xizangensis*); Yin et al., 1997: 364 (*N. a.*, Syn.); Song, Zhu & Chen, 1999: 293; Hu, 2001: 464.
异名：
Neoscona xizangensis Yin et al., 1990; Yin et al., 1997: 364 (Syn.).
分布：西藏（XZ）；印度

灌木新园蛛 *Neoscona adianta* (Walckenaer, 1802)

Walckenaer, 1802: 199 (*Aranea a.*); Panzer, 1804: 27 (*A. marmorea*, misidentified); Walckenaer, 1805: 60 (*Epeira a.*); Sundevall, 1833: 247 (*E. segmentata*); C. L. Koch, 1837: 4 (*Miranda pictilis*); C. L. Koch, 1838: 50 (*M. p.*); Walckenaer, 1841: 52 (*E. a.*); Westring, 1861: 51 (*E. a.*); Blackwall, 1864: 348 (*E. a.*); Menge, 1866: 69 (*Miranda a.*); Thorell, 1870: 23 (*E. a.*); L. Koch, 1882: 625 (*E. mimula*); Becker, 1896: 38 (*E. a.*); Bösenberg, 1901: 32 (*E. a.*); Bösenberg & Strand, 1906: 180 (*Meta doenitzi*); Bösenberg & Strand, 1906: 219 (*Aranea a. japonica*); Strand, 1907: 182 (*A. doenitzi*); Lessert, 1910: 331 (*Araneus adiantus*); Franganillo, 1913: 127 (*E. triangulata*); Franganillo, 1918: 63 (*E. triangulata*); Simon, 1929: 693, 762 (*Araneus a.*); Wiehle, 1931: 103 (*Aranea a.*); Saitō, 1933: 49 (*Meta doenitzi*); Nakatsudi, 1942: 307 (*M. doenitzi*); Drensky, 1943: 244 (*Aranea a.*); Archer, 1951: 4 (*N. a.*, Trans. from *Araneus*); Locket & Millidge, 1953: 141 (*Araneus adiantus*); Yaginuma, 1955: 18; Yaginuma, 1955: 18 (*N. doenitzi*, Trans. from *Araneus*); Saitō, 1959: 85 (*Araneus adiantus*); Yaginuma, 1960: 56 (*N. doenitzi*); Lee, 1966: 42 (*N. doenitzi*); Azheganova, 1968: 74 (*Araneus adiantus*); Miller, 1971: 211 (*A. adiantum*); Yaginuma, 1971: 56 (*N. doenitzi*); Yaginuma, 1971: 57; Tyschchenko, 1971: 198 (*A. adiantus*); Loksa, 1972: 84 (*A. adiantum*); Izmailova, 1972: 52 (*A. adiantus*); Bakhvalov, 1974: 111 (*A. adiantus*); Punda, 1975: 44; Yin, 1978: 4 (*N. doenitzi*); Yin, 1978: 6 (*N. adiantum*); Paik & Namkung, 1979: 46 (*N. adiantum*); Paik & Namkung, 1979: 46 (*N. doenitzi*); Song, 1980: 102 (*N. doenitzi*); Song, 1980: 106 (*N. adiantum*); Oliger, 1981: 3 (*Araneus a. japonica*); Oliger, 1981: 6 (*N. doenitzi*); Hu, 1984: 120 (*N. adiantum*); Roberts, 1985: 214; Guo, 1985: 67 (*N. adiantum*); Zhu et al., 1985: 79; Yaginuma, 1986: 103 (*N. doenitzi*); Grasshoff, 1986: 66 (*N. adiantum*, Syn.); Yaginuma, 1986: 190, 199 (*N. adiantum*, Syn.); Zhang, 1987: 82 (*N. adiantum*); Chikuni, 1989: 72; Feng, 1990: 88 (*N. adiantum*); Chen & Gao, 1990: 64 (*N. adiantum*); Heimer & Nentwig, 1991: 88; Zhao, 1993: 240; Roberts, 1995: 324; Mcheidze, 1997: 272 (*Araneus adiantus*); Yin & Kim, 1997: 58; Yin et al., 1997: 345; Song, Chen & Zhu, 1997: 1714; Levy, 1998: 339; Kim, 1998: 1; Roberts, 1998: 337; Tanikawa, 1998: 140; Song, Zhu & Chen, 1999: 293; Song, Zhu & Chen, 2001: 216; Namkung, 2002: 265; Kim & Kim, 2002: 214; Kim & Cho, 2002: 268; Namkung, 2003: 267; Almquist, 2005: 172; Tanikawa, 2007: 68; Ledoux, 2008: 49; Tanikawa, 2009: 443; Zhu & Zhang, 2011: 234.
异名：
Neoscona doenitzi (Bösenberg & Strand, 1906, Trans. from *Meta*); Grasshoff, 1986: 118 (Syn.); Yaginuma, 1986: 199 (Syn.).
分布：黑龙江（HL）、吉林（JL）、辽宁（LN）、内蒙古（NM）、河北（HEB）、河南（HEN）、四川（SC）、贵州（GZ）、台湾（TW）；古北界

隐灌木新园蛛 *Neoscona adianta persecta* (Schenkel, 1936)

Schenkel, 1936: 110 (*Araneus doenitzi persectus*).
分布：四川（SC）

崇左新园蛛 *Neoscona chongzuoensis* Zhang & Zhang, 2011

Zhang & Zhang, 2011: 521.
分布：广西（GX）

黄色新园蛛 *Neoscona flavescens* Zhang & Zhang, 2011

Zhang & Zhang, 2011: 520.
分布：广西（GX）

霍氏新园蛛 *Neoscona holmi* (Schenkel, 1953)

Schenkel, 1953: 45 (*Araneus h.*); Song, Yu & Shang, 1981: 83 (*N. adiantum*, misidentified); Wang, 1981: 96 (*N. doenitzi*, misidentified); Hu, 1984: 121 (*N. d.*, misidentified); Guo, 1985: 68 (*N. d.*, misidentified); Zhu et al., 1985: 80 (*N. d.*, misidentified); Song, 1987: 169 (*N. d.*, misidentified); Zhang, 1987: 84 (*N. d.*, misidentified); Hu & Wu, 1989: 105 (*N. d.*, misidentified); Feng, 1990: 89 (*N. d.*, misidentified); Chen & Gao, 1990: 65 (*N. d.*, misidentified); Chen & Zhang, 1991: 114 (*N. d.*, misidentified); Zhao, 1993: 245 (*N. d.*, misidentified); Yin & Kim, 1997: 58 (*N. h.*, Trans. male from *Araneus*, female had been misidentified as *N. doenitzi* by Chinese authors); Yin et al., 1997: 349; Kim, 1998: 1 (*N. d.*); Song, Zhu & Chen, 1999: 299; Hu, 2001: 466; Song, Zhu & Chen, 2001: 217; Yoo & Kim, 2002: 28 (*N. d.*); Zhu & Zhang, 2011: 236; Yin et al., 2012: 727.
分布：吉林（JL）、辽宁（LN）、内蒙古（NM）、河北（HEB）、北京（BJ）、山西（SX）、山东（SD）、河南（HEN）、陕西（SN）、宁夏（NX）、青海（QH）、新疆（XJ）、安徽（AH）、江苏（JS）、浙江（ZJ）、江西（JX）、湖南（HN）、湖北（HB）、四川（SC）、贵州（GZ）、台湾（TW）、广东（GD）、海南（HI）；韩国

景洪新园蛛 *Neoscona jinghongensis* Yin et al., 1990

Yin et al., 1990: 117; Yin et al., 1997: 356; Song, Zhu & Chen, 1999: 299.

分布：云南（YN）

昆明新园蛛 *Neoscona kunmingensis* Yin et al., 1990

Yin et al., 1990: 121; Yin et al., 1997: 365; Song, Zhu & Chen, 1999: 299.

分布：云南（YN）

褐斑新园蛛 *Neoscona lactea* (Saitō, 1933)

Saitō, 1933: 55 (*Araneus lacteus*); Lee, 1966: 39 (*A. lacteus*); Yoshida, 1978: 10 (*A. lacteus*); Hu, 1984: 94 (*A. lacteus*); Yin et al., 1997: 357 (*N. lacteus*, Trans. from *Araneus*); Song, Zhu & Chen, 1999: 299 (*N. lacteus*).

分布：台湾（TW）

白盾新园蛛 *Neoscona leucaspis* (Schenkel, 1963)

Schenkel, 1963: 159 (*Araneus l.*); Yin et al., 1997: 358 (*N. l.*, Trans. from *Araneus*); Song, Zhu & Chen, 1999: 299.

分布：甘肃（GS）

梅氏新园蛛 *Neoscona mellotteei* (Simon, 1895)

Simon, 1895: 812 (*Araneus melloteei*; patronym for Mellottée, per Ono, 2011: 125); Bösenberg & Strand, 1906: 218 (*Aranea melloteei*); Saitō, 1933: 55 (*Araneus melloteei*); Yaginuma, 1940: 123 (*A. melloteei*); Yaginuma, 1955: 19 (*N. melloteei*, Trans. from *Araneus*); Yaginuma, 1960: 57 (*N. melloteei*); Lee, 1966: 41 (*N. melloteei*); Yaginuma, 1971: 57 (*N. melloteei*); Matsumoto, 1973: 41 (*N. melloteei*); Yaginuma, 1986: 103 (*N. melloteei*); Song, 1987: 172 (*N. melloteei*); Zhang, 1987: 86 (*N. melloteei*); Chikuni, 1989: 73; Feng, 1990: 91; Chen & Gao, 1990: 66; Zhao, 1993: 254; Yin et al., 1997: 366; Song, Chen & Zhu, 1997: 1715; Tanikawa, 1998: 151; Song, Zhu & Chen, 1999: 299 (*N. melloteei*); Song, Zhu & Chen, 2001: 218; Namkung, 2002: 266 (*N. melloteei*); Kim & Kim, 2002: 215; Kim & Cho, 2002: 268; Namkung, 2003: 268 (*N. melloteei*); Tanikawa, 2007: 69 (*N. melloteei*); Tanikawa, 2009: 445; Zhu & Zhang, 2011: 237; Yin et al., 2012: 730.

分布：北京（BJ）、河南（HEN）、湖南（HN）、四川（SC）、福建（FJ）、台湾（TW）、广西（GX）；韩国、日本

勐海新园蛛 *Neoscona menghaiensis* Yin et al., 1990

Yin et al., 1990: 119; Yin et al., 1997: 358; Song, Zhu & Chen, 1999: 299.

分布：云南（YN）

多褶新园蛛 *Neoscona multiplicans* (Chamberlin, 1924)

Chamberlin, 1924: 18 (*Aranea multiplicans*); Song, 1988: 129 (*N. scylla*, Syn., rejected); Yin et al., 1990: 123 (*N. minoriscylla*); Yin et al., 1997: 367 (*N. minoriscylla*); Song, Chen & Zhu, 1997: 1715 (*N. m.*, removed from Syn. of *N. scylla*, contra. Song, 1988: 129, Syn.); Tanikawa, 1998: 158 (*N. minoriscylla*); Song, Zhu & Chen, 1999: 300; Namkung & Kim, 1999: 213 (*N. minoriscylla*); Namkung, 2002: 263; Kim & Kim, 2002: 216; Namkung, 2002: 265; Tanikawa, 2007: 72; Tanikawa, 2009: 445.

异名：

Neoscona minoriscylla Yin et al., 1990; Song, Chen & Zhu, 1997: 1715 (Syn.).

分布：浙江（ZJ）、湖南（HN）、贵州（GZ）、云南（YN）、福建（FJ）、广西（GX）、海南（HI）；韩国、日本

嗜水新园蛛 *Neoscona nautica* (L. Koch, 1875)

Taczanowski, 1873: 131 (*Epeira tristis*; preoccupied by Blackwall, 1862); L. Koch, 1875: 17 (*Epeira n.*); Thorell, 1877: 385 (*E. pullata*); Keyserling, 1885: 528 (*E. volucripes*); Keyserling, 1892: 199 (*E. v.*); McCook, 1894: 162 (*E. v.*); Pocock, 1900: 228 (*Araneus nauticus*); F. O. P.-Cambridge, 1904: 473 (*N. volucripes*); Strand, 1906: 62 (*Aranea camerunensis*); Bösenberg & Strand, 1906: 222, 403 (*Aranea n.*); Dönitz & Strand, in Bösenberg & Strand, 1906: 384 (*Aranea koratsensis*); Simon, 1907: 290 (*Araneus nauticus*); Petrunkevitch, 1911: 320 (*Araneus tristimoniae*, replacement name for *Epeira tristis* Taczanowski); Petrunkevitch, 1930: 320; Comstock, 1940: 513; Archer, 1940: 50 (*N. vulgaris*); Caporiacco, 1955: 355 (*Araneus marcuzzii*); Yaginuma, 1955: 17 (*N. n.*, Trans. from *Araneus*, Syn.); Saitō, 1959: 90 (*Araneus nauticus*); Yaginuma, 1960: 56; Lee, 1966: 41; Yaginuma, 1971: 56; Berman & Levi, 1971: 498 (*N. n.*, Syn.); Chrysanthus, 1971: 29 (*Araneus nauticus*); Yin, 1978: 5; Song, 1980: 103; Tikader & Bal, 1981: 12; Tikader & Biswas, 1981: 27; Tikader, 1982: 242; Hu, 1984: 122; Guo, 1985: 69; Zhu et al., 1985: 81; Yaginuma, 1986: 105; Grasshoff, 1986: 46; Chikuni, 1989: 72; Feng, 1990: 92; Chen & Gao, 1990: 67; Chen & Zhang, 1991: 115; Levi, 1993: 228; Zhao, 1993: 253; Barrion & Litsinger, 1995: 629; Yin et al., 1997: 351; Tanikawa, 1998: 145; Song, Zhu & Chen, 1999: 300; Hu, 2001: 467; Yoo & Kim, 2002: 28; Namkung, 2002: 260; Levi, 2002: 541; Kim & Kim, 2002: 217; Kim & Cho, 2002: 269; Namkung, 2003: 261; Gajbe, 2007: 526; Tanikawa, 2007: 69; Barrion-Dupo, 2008: 234; Tanikawa, 2009: 443; Zhu & Zhang, 2011: 239; Yin et al., 2012: 733.

异名：

Neoscona koratsensis (Dönitz & Strand, 1906, Trans. from *Araneus*); Yaginuma, 1955: 17 (Syn.);

N. tristimoniae (Petrunkevitch, 1911, Trans. from *Araneus*); Berman & Levi, 1971: 498 (Syn.);

N. marcuzzii (Caporiacco, 1955, Trans. from *Araneus*); Berman & Levi, 1971: 498 (Syn.).

分布：黑龙江（HL）、山西（SX）、山东（SD）、河南（HEN）、陕西（SN）、安徽（AH）、江苏（JS）、浙江（ZJ）、江西（JX）、湖南（HN）、湖北（HB）、四川（SC）、贵州（GZ）、云南（YN）、西藏（XZ）、福建（FJ）、台湾（TW）、广东（GD）、

广西（GX）、海南（HI）；热带地区

畏新园蛛 *Neoscona pavida* (Simon, 1906)

Simon, 1906: 309 (*Araneus pavidus*); Dyal, 1935: 184 (*A. pavidus*); Tikader & Bal, 1981: 38 (*N. p.*, Trans. from *Araneus*); Tikader, 1982: 276; Hu & Li, 1987: 333; Yin et al., 1997: 369; Song, Zhu & Chen, 1999: 300; Hu, 2001: 467.

分布：西藏（XZ）；印度、巴基斯坦

多刺新园蛛 *Neoscona polyspinipes* Yin et al., 1990

Yin et al., 1990: 104; Yin et al., 1997: 352; Song, Chen & Zhu, 1997: 1716; Song, Zhu & Chen, 1999: 300; Yin et al., 2012: 735.

分布：湖南（HN）、湖北（HB）

伪嗜水新园蛛 *Neoscona pseudonautica* Yin et al., 1990

Yin et al., 1990: 107; Yin et al., 1997: 353; Song, Zhu & Chen, 1999: 300; Namkung & Kim, 1999: 214; Namkung, 2002: 261; Kim & Kim, 2002: 217; Namkung, 2003: 262; Zhu & Zhang, 2011: 240; Yin et al., 2012: 737.

分布：河南（HEN）、浙江（ZJ）、湖南（HN）、福建（FJ）、海南（HI）；韩国

伪青新园蛛 *Neoscona pseudoscylla* (Schenkel, 1953)

Schenkel, 1953: 47 (*Araneus p.*); Yin et al., 1997: 355 (*N. p.*, Trans. male from *Araneus*); Song, Zhu & Chen, 1999: 300; Song, Zhu & Chen, 2001: 219.

分布：天津（TJ）、新疆（XJ）

丰满新园蛛 *Neoscona punctigera* (Doleschall, 1857)

Walckenaer, 1841: 34 (*Epeira lugubris*; apparently considered a nomen dubium by Grasshoff, 1986: 117); Doleschall, 1857: 420 (*E. p.*); Doleschall, 1857: 419 (*E. manipa*); L. Koch, 1871: 66 (*E. indagatrix*); Thorell, 1877: 382 (*E. vatia*); L. Koch, 1878: 740 (*E. opima*); Butler, 1879: 730 (*E. slateri*); Thorell, 1881: 101 (*E. ephippiata*); Simon, 1886: 150 (*E. paviei*); Thorell, 1887: 181 (*E. p. trabeata*); Keyserling, 1892: 136 (*E. p.*); McCook, 1894: 163 (*E. p.*); Simon, 1895: 828 (*Araneus lugubris*); Workman, 1896: 48 (*E. p.*); Bösenberg & Strand, 1906: 230 (*Aranea p.*); Bösenberg & Strand, 1906: 231 (*A. opima*); Yaginuma, 1955: 19 (*N. opima*, Trans. from *Araneus*); Yaginuma & Archer, 1959: 36 (*Catheistela opima*, Trans. from *Neoscona*, rejected); Yaginuma, 1960: 53 (*Araneus opimus*); Chrysanthus, 1960: 36 (*A. lugubris*); Schenkel, 1963: 147 (*A. parascylla*); Lee, 1966: 38 (*A. lugubris*); Yaginuma, 1967: 89 (*A. lugubris*, Syn.); Yaginuma, 1971: 53 (*A. lugubris*); Patel, 1975: 160 (*A. lugubris*); Grasshoff, 1980: 403 (*Afraranea p.*, Trans. from *Araneus*, Syn.); Tikader & Bal, 1981: 20 (*N. lugubris*, Trans. from *Araneus*); Tikader, 1982: 255 (*N. lugubris*); Roberts, 1983: 275 (*N. p.*, Trans. from *Afraranea*); Hu, 1984: 94 (*A. lugubris*); Yaginuma, 1986: 98 (*A. p.*); Grasshoff, 1986: 117 (*N. p.*, Syn.); Chikuni, 1989: 67 (*A. p.*); Chen & Gao, 1990: 45 (*A. lugubris*); Yin et al., 1997: 360; Tanikawa, 1998: 159; Song, Zhu & Chen, 1999: 300; Namkung, 2002: 264; Kim & Kim, 2002: 218; Namkung, 2003: 266; Tanikawa, 2007: 72; Barrion-Dupo, 2008: 236; Tanikawa, 2009: 445; Saaristo, 2010: 41; Yin et al., 2012: 738.

异名：

Neoscona opima (L. Koch, 1878, Trans. from *Epeira*); Yaginuma, 1967: 89 (Syn., sub *Araneus lugubris*);

N. slateri (Butler, 1879, Trans. from *Araneus*); Grasshoff, 1980: 403 (Syn., sub *Afraranea*);

N. parascylla (Schenkel, 1963, Trans. from *Araneus*); Grasshoff, 1986: 117 (Syn.).

分布：山西（SX）、陕西（SN）、安徽（AH）、湖南（HN）、四川（SC）、福建（FJ）、台湾（TW）、广东（GD）、广西（GX）、海南（HI）；日本到留尼汪岛

青新园蛛 *Neoscona scylla* (Karsch, 1879)

Karsch, 1879: 71 (*Epeira scylla*); Bösenberg & Strand, 1906: 215 (*Aranea scylla*); Chamberlin, 1924: 20 (*Chinestela gisti*); Saitō, 1939: 20 (*Araneus scyllus*); Yaginuma, 1941: 122 (*A. scylla nigromaculatus*); Yaginuma, 1955: 18 (*N. s.*, removed from Syn. of *N. theisi*); Saitō, 1959: 89 (*Araneus scyllus*); Yaginuma, 1960: 56; Shimojana, 1967: 18; Yaginuma, 1971: 56; Hikichi, 1977: 154; Nishikawa, 1977: 32 (*N. s.*, Syn.); Paik, 1978: 107; Hu, 1984: 125; Zhu et al., 1985: 82; Yaginuma, 1986: 103; Song, 1988: 129 (*N. s.*, Syn.); Chikuni, 1989: 71; Feng, 1990: 93; Chen & Gao, 1990: 67; Chen & Zhang, 1991: 116; Zhao, 1993: 255; Yin et al., 1997: 370; Song, Chen & Zhu, 1997: 1717; Tanikawa, 1998: 155; Song, Zhu & Chen, 1999: 300; Yoo & Kim, 2002: 28; Namkung, 2002: 262; Kim & Kim, 2002: 219; Kim & Cho, 2002: 269; Namkung, 2002: 264; Tanikawa, 2007: 70; Tanikawa, 2009: 445; Zhu & Zhang, 2011: 241; Yin et al., 2012: 740.

异名：

Neoscona gisti (Chamberlin, 1924, Trans. from *Chinestela*); Song, 1988: 129 (Syn.);

N. scylla nigromaculata (Yaginuma, 1941, Trans. from *Araneus*); Nishikawa, 1977: 32 (Syn.).

分布：河南（HEN）、江苏（JS）、浙江（ZJ）、江西（JX）、湖南（HN）、湖北（HB）、四川（SC）、贵州（GZ）、云南（YN）、福建（FJ）、台湾（TW）；韩国、日本、俄罗斯

类青新园蛛 *Neoscona scylloides* (Bösenberg & Strand, 1906)

Bösenberg & Strand, 1906: 217 (*Aranea s.*); Saitō, 1939: 21 (*Araneus s.*); Yaginuma, 1940: 123 (*Araneus s.*, removed from Syn. of *N. theisi*); Nakatsudi, 1942: 305 (*Araneus s.*); Yaginuma, 1955: 18; Saitō, 1959: 89 (*Araneus s.*); Yaginuma, 1960: 57; Schenkel, 1963: 145 (*Araneus s.*); Yaginuma, 1966: 23; Lee, 1966: 41; Yaginuma, 1971: 57; Matsumoto, 1973: 41; Hu, 1984: 124; Yaginuma, 1986: 103; Chikuni, 1989: 73; Feng, 1990: 94; Chen & Gao, 1990: 67; Chen & Zhang, 1991: 116; Zhao, 1993: 257; Yin et al., 1997: 371; Tanikawa, 1998: 153; Song, Zhu & Chen, 1999: 301; Namkung, 2002: 267; Kim & Kim, 2002: 220; Namkung, 2003: 269; Tanikawa, 2007: 70;

Tanikawa, 2009: 445; Zhu & Zhang, 2011: 242; Yin et al., 2012: 742.

分布：山东（SD）、河南（HEN）、安徽（AH）、浙江（ZJ）、江西（JX）、湖南（HN）、四川（SC）、贵州（GZ）、福建（FJ）、台湾（TW）；韩国、日本

半月新园蛛 *Neoscona semilunaris* (Karsch, 1879)

Karsch, 1879: 73 (*Atea s.*); Bösenberg & Strand, 1906: 220 (*Aranea s.*); Yaginuma, 1960: 55 (*Araneus s.*); Yaginuma, 1971: 55 (*A. s.*); Yaginuma, 1986: 100 (*A. s.*); Chikuni, 1989: 69 (*A. s.*); Chen & Gao, 1990: 47 (*A. s.*); Yin et al., 1997: 372 (*N. s.*, Trans. from *Araneus*); Song, Zhu & Chen, 1999: 301; Namkung, 2002: 255 (*Araneus s.*); Namkung, 2003: 263; Tanikawa, 2007: 83 (*Araneus s.*); Tanikawa, 2009: 455 (*A. s.*) ; Zhu & Zhang, 2011: 243; Yin et al., 2012: 744.

分布：山东（SD）、河南（HEN）、陕西（SN）、安徽（AH）、浙江（ZJ）、江西（JX）、湖南（HN）、四川（SC）；韩国、日本

西隆新园蛛 *Neoscona shillongensis* Tikader & Bal, 1981

Tikader & Bal, 1981: 34; Tikader, 1982: 272; Hu & Li, 1987: 334; Yin et al., 1990: 126; Yin et al., 1997: 373; Song, Zhu & Chen, 1999: 301; Hu, 2001: 469.

分布：云南（YN）、西藏（XZ）；印度、巴基斯坦

辛哈新园蛛 *Neoscona sinhagadensis* (Tikader, 1975)

Tikader, 1975: 146 (*Araneus s.*); Tikader & Bal, 1981: 30 (*N. s.*, Trans. from *Araneus*); Tikader, 1982: 267; Hu & Li, 1987: 336; Yin et al., 1997: 375; Song, Zhu & Chen, 1999: 301; Hu, 2001: 470.

分布：西藏（XZ）；印度、巴基斯坦

白缘新园蛛 *Neoscona subpullata* (Bösenberg & Strand, 1906)

Bösenberg & Strand, 1906: 234 (*Aranea s.*); Yaginuma, 1955: 20 (*N. s.*, Trans. from *Araneus*); Yaginuma, 1960: 52 (*Araneus subpullatus*); Paik, 1970: 85 (*A. subpullatus*); Yaginuma, 1971: 52 (*A. subpullatus*); Yaginuma, 1986: 105; Ma & Tu, 1987: 52; Chikuni, 1989: 70; Chen & Gao, 1990: 68 (*N. subpullatus*); Yin et al., 1997: 355; Tanikawa, 1998: 148; Song, Zhu & Chen, 1999: 301; Song, Zhu & Chen, 2001: 220; Namkung, 2002: 270; Kim & Kim, 2002: 221; Namkung, 2003: 272; Tanikawa, 2007: 69; Tanikawa, 2009: 443.

分布：河北（HEB）、山西（SX）、四川（SC）、台湾（TW）；韩国、日本

茶色新园蛛 *Neoscona theisi* (Walckenaer, 1841)

Walckenaer, 1841: 53 (*Epeira theis*); Walckenaer, 1847: 469 (*E. mangareva*); Vinson, 1863: 180, 310 (*E. assidua*); Stoliczka, 1869: 238 (*E. braminica*); L. Koch, 1871: 85 (*E. mangareva*); Thorell, 1877: 390 (*E. theisii*); Thorell, 1878: 65 (*E. theisii*); Marx, 1893: 590 (*E. eclipsis*); Pocock, 1897: 601 (*Araneus mangarevus*); Rainbow, 1897: 110 (*E. ventricosa*); Rainbow, 1897: 111 (*E. longispina*); Rainbow, 1897: 112 (*E. multispina*); Rainbow, 1897: 114 (*E. etheridgei*); Rainbow, 1897: 115 (*E. festiva*); Rainbow, 1897: 116 (*E. obscura*); Rainbow, 1897: 117 (*E. annulipes*; preoccupied by Lucas, 1838); Rainbow, 1897: 118 (*E. distincta*); Rainbow, 1897: 119 (*E. hoggi*); Rainbow, 1897: 120 (*E. speciosa*; preoccupied by Pallas, 1773); Pocock, 1898: 324 (*Araneus theis*, Syn.); Tullgren, 1910: 164 (*Aranea theisii*); Merian, 1911: 213 (*Araneus t.*); Roewer, 1938: 39 (*Aranea t.*); Saitō, 1939: 22 (*Araneus t.*); F. O. P.-Cambridge, 1904: 470; Roewer, 1942: 824 (*Aranea annulipedata*, replacement name for *E. annulipes* Rainbow, 1897); Roewer, 1942: 833 (*A. speciosissima*, replacement name for *E. speciosa* Rainbow, 1897); Nakatsudi, 1943: 156 (*Araneus t.*); Yaginuma, 1955: 17 (*N. t.*, Trans. from *Araneus*); Yaginuma, 1960: 57; Chrysanthus, 1960: 39 (*Araneus t.*); Lee, 1966: 42; Yaginuma, 1971: 57; Chrysanthus, 1971: 31 (*Araneus t.*); Patel, 1975: 158 (*Araneus t.*); Yin, 1978: 5; Song, 1980: 105; Tikader & Bal, 1981: 32 (*N. theis*); Tikader & Biswas, 1981: 26; Wang, 1981: 95; Tikader, 1982: 269; Hu, 1984: 126; Yaginuma, 1986: 104; Grasshoff, 1986: 69; Zhang, 1987: 87; Barrion et al., 1988: 402; Davies, 1988: 300; Chikuni, 1989: 72; Feng, 1990: 95; Chen & Gao, 1990: 68; Chen & Zhang, 1991: 118; Zhao, 1993: 257; Barrion & Litsinger, 1995: 625; Yin et al., 1997: 375; Tanikawa, 1998: 137; Song, Zhu & Chen, 1999: 301; Hu, 2001: 471; Song, Zhu & Chen, 2001: 220; Namkung, 2002: 269; Kim & Kim, 2002: 221; Namkung, 2003: 271; Butt & Siraj, 2006: 215; Gajbe, 2007: 533 (*N. theis*); Tanikawa, 2007: 67; Barrion-Dupo, 2008: 239; Tanikawa, 2009: 443; Zhu & Zhang, 2011: 244; Yin et al., 2012: 745; Dierkens & Charlat, 2013: 75.

异名：

Neoscona distincta (Rainbow, 1897, Trans. from *Araneus*); Pocock, 1898: 324 (Syn., Sub. omitted by Roewer);

N. hoggi (Rainbow, 1897, Trans. from *Araneus*); Pocock, 1898: 324 (Syn., Sub. omitted by Roewer);

N. annulipedata (Roewer, 1942, Trans. from *Araneus*); Pocock, 1898: 324 (Syn., Sub. omitted by Roewer);

N. speciosissima (Roewer, 1942, Trans. from *Araneus*); Pocock, 1898: 324 (Syn., Sub. omitted by Roewer).

分布：河北（HEB）、山东（SD）、河南（HEN）、陕西（SN）、甘肃（GS）、安徽（AH）、浙江（ZJ）、江西（JX）、湖南（HN）、湖北（HB）、四川（SC）、贵州（GZ）、云南（YN）、西藏（XZ）、福建（FJ）、台湾（TW）、广东（GD）；印度、太平洋群岛

天门新园蛛 *Neoscona tianmenensis* Yin et al., 1990

Yin et al., 1990: 126; Yin et al., 1997: 377; Song, Zhu & Chen, 1999: 301; Namkung, 2003: 270; Yin et al., 2012: 747.

分布：湖南（HN）；韩国

三歧新园蛛 *Neoscona triramusa* Yin & Zhao, 1994

Yin & Zhao, 1994: 5; Yin et al., 1997: 378; Song, Zhu & Chen, 1999: 301.

分布：湖北（HB）、云南（YN）

警戒新园蛛 *Neoscona vigilans* (Blackwall, 1865)

Doleschall, 1859: 33 (*Epeira hispida*; preoccupied by C. L. Koch, 1844); Blackwall, 1865: 342 (*E. v.*); Thorell, 1877: 379 (*E. decens*; preoccupied by Blackwall, 1866); Thorell, 1878: 296 (*E. rumpfii*; preoccupied by Scopoli, 1763 sub *Aranea*); Simon, 1884: 348 (*E. rufofemorata*); Thorell, 1887: 180 (*E. hispida lunifera*); Thorell, 1887: 180 (*E. h. stragulata*); Pocock, 1898: 207 (*Araneus marshalli*); Pocock, 1898: 209 (*A. spenceri*); Simon, 1899: 90 (*A. decens*); Pocock, 1900: 228 (*A. rumpfi*); Tullgren, 1910: 165 (*Aranea temeraria*); Sherriffs, 1934: 88 (*Araneus rumpfi*); Schenkel, 1936: 107 (*A. alternidens*); Caporiacco, 1947: 171 (*N. irritans*); Yaginuma, 1955: 19 (*N. rumpfi*, Trans. from *Araneus*); Yaginuma & Archer, 1959: 37 (*Afraranea rufofemorata*, Trans. from *Araneus*); Chrysanthus, 1960: 33 (*Araneus rufofemoratus*); Lee, 1966: 39 (*A. r.*); Yin, 1978: 2 (*A. alternidens*); Song, 1980: 95 (*Aranea a.*); Tikader & Bal, 1981: 18 (*N. rumpfi*); Tikader, 1982: 253 (*N. rumpfi*); Tikader & Biswas, 1981: 25 (*N. rumpfi*); Hu, 1984: 88 (*Araneus alternidens*); Grasshoff, 1986: 95 (*N. v.*, Trans. female from *Araneus*, Syn. of male); Feng, 1990: 52 (*Araneus alternidens*); Chen & Gao, 1990: 43 (*A. a.*); Barrion & Litsinger, 1995: 630 (*N. rumpfi*); Yin et al., 1997: 361; Tanikawa, 1998: 163; Song, Zhu & Chen, 1999: 301; Hu, 2001: 465; Gajbe, 2007: 529 (*N. rumpfi*); Tanikawa, 2007: 72; Barrion-Dupo, 2008: 238 (*N. rumpfi*); Barrion-Dupo, 2008: 239; Tanikawa, 2009: 445; Yin et al., 2012: 749.

异名：

Neoscona rufofemorata (Simon, 1884, Trans. from *Epeira*); Grasshoff, 1986: 95 (Syn.);

N. marshalli (Pocock, 1898, Trans. from *Araneus*); Grasshoff, 1986: 95 (Syn.);

N. spenceri (Pocock, 1898, Trans. from *Araneus*); Grasshoff, 1986: 95 (Syn.);

N. temeraria (Tullgren, 1910, Trans. from *Araneus*); Grasshoff, 1986: 95 (Syn.);

N. alternidens (Schenkel, 1936, Trans. from *Araneus*); Grasshoff, 1986: 95 (Syn.);

N. irritans Caporiacco, 1947; Grasshoff, 1986: 95 (Syn.).

分布：山东（SD）、青海（QH）、湖南（HN）、湖北（HB）、四川（SC）、西藏（XZ）、台湾（TW）、广东（GD）、海南（HI）；菲律宾到巴布亚新几内亚、非洲

西泉新园蛛 *Neoscana xiquanensis* Barrion, Barrion-Dupo & Heong, 2012

Barrion et al., 2012: 5.

分布：海南（HI）

西山新园蛛 *Neoscona xishanensis* Yin et al., 1990

Yin et al., 1990: 129; Yin et al., 1997: 379; Song, Zhu & Chen, 1999: 301.

分布：陕西（SN）、浙江（ZJ）、贵州（GZ）、云南（YN）

亚东新园蛛 *Neoscona yadongensis* Yin et al., 1990

Yin et al., 1990: 133; Yin et al., 1997: 381; Song, Zhu & Chen, 1999: 302; Hu, 2001: 472.

分布：西藏（XZ）

朱氏新园蛛 *Neoscona zhui* Zhang & Zhang, 2011

Zhang & Zhang, 2011: 518.

分布：广西（GX）

瘤腹蛛属 *Ordgarius* Keyserling, 1886

Keyserling, 1886: 114. Type species: *Ordgarius monstrosus* Keyserling, 1886

异名：

Dicrostichus Simon, 1895; Davies, 1988: 316 (Syn.);

Euglyptila Simon, 1909; Levi, 2003: 376 (Syn.).

何氏瘤腹蛛 *Ordgarius hobsoni* (O. P.-Cambridge, 1877)

O. P.-Cambridge, 1877: 562 (*Cyrtarachne h.*); Pocock, 1900: 230; Tikader, 1965: 92; Tikader, 1982: 137; Wang, Zhang & Li, 1985: 67; Tanikawa, 1997: 104; Yin et al., 1997: 383; Song, Zhu & Chen, 1999: 302; Tanikawa, 2007: 51; Tanikawa, 2009: 429; Yin et al., 2012: 751.

分布：湖南（HN）；日本、印度、斯里兰卡

六刺瘤腹蛛 *Ordgarius sexspinosus* (Thorell, 1894)

Thorell, 1894: 48 (*Notocentria sex-spinosa*); Workman, 1896: 26 (*Caerostris cuspidata*); Pocock, 1900: 230; Simon, 1909: 116 (*Euglyptila nigrithorax*); Schenkel, 1963: 178; Tikader, 1963: 97 (*Cladomelea mundhva*); Tikader, 1982: 135 (*O. s.*, Syn.); Chikuni, 1989: 83; Tanikawa, 1997: 106; Yin et al., 1997: 384; Song, Zhu & Chen, 1999: 302; Namkung, 2002: 290; Kim & Kim, 2002: 222; Levi, 2003: 376 (*O. s.*, Syn.); Namkung, 2003: 292; Tanikawa, 2007: 51; Tanikawa, 2009: 429; Yin et al., 2012: 752.

异名：

Ordgarius nigrithorax (Simon, 1909, Trans. from *Euglyptila*); Levi, 2003: 376 (Syn.);

O. mundhva (Tikader, 1963, Trans. from *Cladomelea*); Tikader, 1982: 135 (Syn.).

分布：湖南（HN）、贵州（GZ）；日本、印度尼西亚、印度

瓢蛛属 *Paraplectana* Brito Capello, 1867

Brito Capello, 1867: 10. Type species: *Eurysoma thorntoni* Blackwall, 1865

坂口瓢蛛 *Paraplectana sakaguchii* Uyemura, 1938

Uyemura, 1938: 90; Schenkel, 1963: 177 (*P. quadrimamillata*); Wang, Zhang & Li, 1985: 66; Chikuni, 1989: 83; Feng, 1990: 80; Yin et al., 1997: 385; (*P. s.*, Syn.); Song, Zhu & Chen, 1999: 302; Tanikawa, 2007: 50; Tanikawa, 2009: 428; Tanikawa & Harigae, 2010: 40; Yin et al., 2012: 754.

异名：

Paraplectana quadrimamillata Schenkel, 1963; Yin et al., 1997: 385 (Syn.).

分布：湖南（HN）、四川（SC）、贵州（GZ）、云南（YN）；

日本

对马瓢蛛 *Paraplectana tsushimensis* Yamaguchi, 1960

Yamaguchi, 1960: 5; Yin et al., 1990: 136; Chang, 1996: 13; Yin et al., 1997: 386; Song, Zhu & Chen, 1999: 302; Tanikawa, 2007: 50; Tanikawa, 2009: 428; Tanikawa, 2011: 71; Yin et al., 2012: 755.

分布：浙江（ZJ）、湖南（HN）、台湾（TW）；日本

近园蛛属 *Parawixia* F. O. P.-Cambridge, 1904

F. O. P.-Cambridge, 1904: 488. Type species: *Epeira destricta* O. P.-Cambridge, 1889

德氏近园蛛 *Parawixia dehaani* (Doleschall, 1859)

Doleschall, 1859: 33 (*Epeira dehaanii*); Doleschall, 1859: 34 (*E. spectabilis*); Doleschall, 1859: 35 (*E. caputlupi*); Doleschall, 1859: 35 (*E. bogoriensis*); Hasselt, 1877: 52 (*E. caputlupi*); Thorell, 1877: 372 (*E. kandarensis*); Hasselt, 1882: 21 (*E. d.*); Simon, 1887: 106 (*E. submucronata*); Thorell, 1890: 122 (*E. caestata*); Pocock, 1897: 599 (*Araneus caputlupi*); Simon, 1899: 90 (*A. d.*); Pocock, 1900: 225 (*A. d.*); Simon, 1901: 59 (*A. submucronatus*); Roewer, 1938: 38 (*Aranea d.*); Chrysanthus, 1960: 31 (*Araneus d.*, Syn.); Tikader & Biswas, 1981: 21 (*A. dehaanii*); Tikader, 1982: 212 (*P. dehaanii*, Trans. from *Araneus*); Feng, 1990: 55 (*A. d.*); Chen & Gao, 1990: 44 (*A. d.*); Barrion & Litsinger, 1995: 582; Yin et al., 1997: 133 (*A. dehaanii*); Song, Zhu & Chen, 1999: 302; Yin et al., 2012: 602 (*A. dehaani*).

异名：

Parawixia caputlupi (Doleschall, 1859, Trans. from *Epeira*); Chrysanthus, 1960: 31 (Syn., sub *Araneus*).

分布：湖南（HN）、四川（SC）、云南（YN）、台湾（TW）、广东（GD）、广西（GX）、海南（HI）、香港（HK）；菲律宾、巴布亚新几内亚、印度

菱腹蛛属 *Pasilobus* Simon, 1895

Simon, 1895: 881. Type species: *Micrathena bufonina* Simon, 1867

蟾蜍菱腹蛛 *Pasilobus bufoninus* (Simon, 1867)

Simon, 1867: 20 (*Micrathena bufonina*); Simon, 1895: 881; Tanikawa, Chang & Tso, 2006: 47.

分布：台湾（TW）；印度尼西亚（爪哇）、马六甲

壶瓶菱腹蛛 *Pasilobus hupingensis* Yin, Bao & Kim, 2001

Yin, Bao & Kim, 2001: 174; Tanikawa, Chang & Tso, 2006: 46; Tanikawa, 2007: 51; Yin et al., 2012: 756.

分布：湖南（HN）；日本

普园蛛属 *Plebs* Joseph & Framenau, 2012

Joseph & Framenau, 2012: 293. Type species: *Epeira eburna* Keyserling, 1886

鞭普园蛛 *Plebs astridae* (Strand, 1917)

Bösenberg & Strand, 1906: 233 (*Aranea sagana*; preoccupied); Strand, 1917: 71 (*Aranea a.*, replacement name); Yaginuma, 1955: 22 (*Zilla sagana*, Trans. from *Araneus*); Yaginuma, 1956: 26 (*Araneus a.*); Yaginuma, 1960: 58 (*Z. a.*); Lee, 1966: 42 (*Z. a.*); Yaginuma, 1971: 58 (*Z. a.*); Hu, 1984: 128 (*Z. a.*); Yaginuma, 1986: 106 (*Z. a.*); Yin, Wang & Zhang, 1987: 62 (*Z. a.*); Kim et al., 1988: 146 (*Z. a.*); Chikuni, 1989: 74 (*Z. a.*); Chen & Zhang, 1991: 104 (*Z. a.*); Zhu & Song, in Zhu et al., 1994: 40 (*Eriophora migra*); Yin et al., 1997: 289 (*E. migra*); Yin et al., 1997: 397 (*Z. a.*); Kim, Kim & Lee, 1999: 75 (*Z. a.*); Song, Zhu & Chen, 1999: 280 (*E. migra*); Song, Zhu & Chen, 1999: 310 (*Z. a.*); Tanikawa, 2000: 22 (*E. sagana*, Trans. from *Zilla*, using name replaced before 1961, Syn.); Namkung, 2002: 305 (*E. s.*); Kim & Kim, 2002: 206 (*E. s.*); Namkung, 2003: 307 (*E. s.*); Zhang, Zhu & Song, 2006: 2 (*E. a.*); Tanikawa, 2007: 65 (*E. a.*); Tanikawa, 2009: 441 (*E. a.*); Joseph & Framenau, 2012: 331 (*P. a.*, Trans. from *Eriophora*); Yin et al., 2012: 678.

异名：

Plebs migra (Zhu & Song, 1994, Trans. from *Eriophora*); Tanikawa, 2000: 22 (Syn., sub *Eriophora sagana*).

分布：浙江（ZJ）、湖南（HN）、湖北（HB）、台湾（TW）、广西（GX）；韩国、日本

宝天曼普园蛛 *Plebs baotianmanensis* (Hu, Wang & Wang, 1991)

Hu, Wang & Wang, 1991: 37 (*Araneus b.*); Zhu & Wang, in Zhu et al., 1994: 39 (*Eriophora shaanxiensis*); Zhu & Song, in Zhu et al., 1994: 42 (*E. wangi*); Yin et al., 1997: 159 (*A. b.*); Yin et al., 1997: 291 (*E. shaanxiensis*); Yin et al., 1997: 293 (*E. wangi*); Song, Zhu & Chen, 1999: 237 (*A. b.*); Song, Zhu & Chen, 1999: 280 (*E. wangi*); Song, Zhu & Chen, 1999: 280 (*E. shaanxiensis*); Zhang, Zhu & Song, 2006: 3 (*E. b.*, Trans. female from *Araneus*, Syn. of male); Zhu & Zhang, 2011: 224; Joseph & Framenau, 2012: 332 (*P. b.*, Trans. from *Eriophora*).

异名：

Plebs shaanxiensis (Zhu & Wang, 1994, Trans. from *Eriophora*); Zhang, Zhu & Song, 2006: 3 (Syn., sub *Eriophora*);

P. wangi (Zhu & Song, 1994, Trans. from *Eriophora*); Zhang, Zhu & Song, 2006: 3 (Syn., sub *Eriophora*).

分布：河南（HEN）、陕西（SN）

喜普园蛛 *Plebs himalayaensis* (Tikader, 1975)

Tikader, 1975: 145 (*Araneus h.*); Tikader & Bal, 1981: 50 (*A. h.*); Tikader, 1982: 229 (*A. h.*); Hu & Li, 1987: 326 (*A. h.*: Chinese specimens probably misidenntified, per Joseph & Framenau, 2012: 333); Yin et al., 1990: 33 (*A. h.*); Yin et al., 1997: 171 (*A. h.*); Song, Zhu & Chen, 1999: 239 (*A. h.*); Hu, 2001: 441 (*A. h.*); Zhang, Zhu & Song, 2006: 5 (*Eriophora h.*, Trans. from *Araneus*); Joseph & Framenau, 2012: 332 (*P. h.*, Trans. from *Eriophora*).

分布：西藏（XZ）；印度

弯曲普园蛛 *Plebs oculosus* (Zhu & Song, 1994)

Zhu & Song, in Zhu et al., 1994: 38 (*Eriophora oculosa*); Yin

et al., 1997: 290 (*E. o.*); Song, Zhu & Chen, 1999: 280 (*E. o.*); Zhang, Zhu & Song, 2006: 6 (*E. o.*); Joseph & Framenau, 2012: 335 (*P. o.*, Trans. from *Eriophora*).
分布：海南（HI）

羽足普园蛛 *Plebs plumiopedellus* (Yin, Wang & Zhang, 1987)

Yin, Wang & Zhang, 1987: 65 (*Zilla plumiopedella*); Yin et al., 1997: 400 (*Z. plumiopedella*); Song, Zhu & Chen, 1999: 310 (*Z. plumiopedella*); Chang & Tso, 2004: 29 (*Eriophora plumiopedella*, Trans. from *Zilla*); Zhang, Zhu & Song, 2006: 7 (*E. plumiopedella*); Joseph & Framenau, 2012: 335 (*P. p.*, Trans. from *Eriophora*); Yin et al., 2012: 682.
分布：浙江（ZJ）、江西（JX）、湖南（HN）、贵州（GZ）、台湾（TW）

杂斑普园蛛 *Plebs poecilus* (Zhu & Wang, 1994)

Zhu & Wang, in Zhu et al., 1994: 46 (*Zilla poecila*); Yin et al., 1997: 401 (*Z. poecila*); Song, Zhu & Chen, 1999: 310 (*Z. poecila*); Zhang, Zhu & Song, 2006: 8 (*Eriophora poecila*, Trans. from *Zilla*); Joseph & Framenau, 2012: 336 (*P. p.*, Trans. from *Eriophora*).
分布：陕西（SN）

萨哈林普园蛛 *Plebs sachalinensis* (Saitō, 1934)

Saitō, 1934: 332 (*Argiope s.*); Saitō, 1934: 326 (*Araneus tokachianus*); Yaginuma, 1955: 21 (*Zilla s.*, Trans. from *Argiope*); Yaginuma, 1955: 21 (*Z. tokachianus*, Trans. from *Araneus*); Yaginuma, 1955: 22 (*Z. flavomaculata*); Saitō, 1959: 90 (*Araneus tokachianus*); Saitō, 1959: 110 (*A. s.*); Yaginuma, 1960: 57 (*Z. s.*); Yaginuma, 1960: 57 (*Zilla flavomaculata*); Namkung, 1964: 38 (*Z. s.*); Arita, 1970: 27 (*Z. s.*); Yaginuma, 1971: 57 (*Z. s.*); Yaginuma, 1971: 57 (*Z. flavomaculata*); Yaginuma, 1977: 386 (*Z. s.*, Syn.); Nishikawa, 1977: 365 (*Z. s.*); Wang & Zhu, 1982: 44 (*Z. s.*); Levi, 1983: 262 (*A. s.*); Hu, 1984: 128 (*Z. s.*); Yaginuma, 1986: 105 (*Z. s.*); Yin, Wang & Zhang, 1987: 63 (*Z. s.*); Chikuni, 1989: 74 (*Z. s.*); Yin et al., 1990: 43 (*A. pineus*); Chen & Zhang, 1991: 105 (*Z. s.*); Zhu & Song, in Zhu et al., 1994: 37 (*Eriophora flava*); Yin et al., 1997: 189 (*A. pineus*); Yin et al., 1997: 288 (*E. flava*); Yin et al., 1997: 402 (*Z. s.*); Song, Chen & Zhu, 1997: 1718 (*Z. s.*); Kim, Kim & Lee, 1999: 76 (*Z. s.*); Song, Zhu & Chen, 1999: 240 (*A. pineus*); Song, Zhu & Chen, 1999: 280 (*E. flava*); Song, Zhu & Chen, 1999: 310 (*Z. s.*); Tanikawa, 2000: 23 (*E. s.*, Trans. from *Zilla*, Syn.); Namkung, 2002: 304 (*E. s.*); Kim & Kim, 2002: 206 (*E. s.*); Namkung, 2003: 306 (*E. s.*); Zhang, Zhu & Song, 2006: 9 (*E. s.*, Syn.); Marusik & Crawford, 2006: 175 (*E. s.*); Tanikawa, 2007: 67 (*E. s.*); Tanikawa, 2009: 441 (*E. s.*); Marusik & Kovblyuk, 2011: 113 (*E. s.*); Joseph & Framenau, 2012: 336 (*P. s.*, Trans. from *Eriophora*); Yin et al., 2012: 684.
异名：
Plebs tokachianus (Saitō, 1934, Trans. from *Zilla*); Tanikawa, 2000: 24 (Syn., after Yaginuma, 1986, sub *Eriophora*);
P. flavomaculatus (Yaginuma, 1955, Trans. from *Zilla*); Yaginuma, 1977: 386 (Syn., sub *Zilla*);
P. pineus (Yin et al., 1990, Trans. from *Araneus*); Zhang, Zhu & Song, 2006: 9 (Syn., sub *Eriophora*);
P. flavus (Zhu & Song, 1994, Trans. from *Eriophora*); Tanikawa, 2000: 24 (Syn., sub *Eriophora*).
分布：黑龙江（HL）、吉林（JL）、陕西（SN）、浙江（ZJ）、湖南（HN）、湖北（HB）、海南（HI）；韩国、日本、俄罗斯

三齿普园蛛 *Plebs tricentrus* (Zhu & Song, 1994)

Zhu & Song, in Zhu et al., 1994: 41 (*Eriophora tricentra*); Yin et al., 1997: 292 (*E. t.*); Song, Zhu & Chen, 1999: 280 (*E. t.*); Zhang, Zhu & Song, 2006: 10 (*E. t.*); Joseph & Framenau, 2012: 337 (*P. t.*, Trans. from *Eriophora*).
分布：湖北（HB）

锥头蛛属 *Poltys* C. L. Koch, 1843

C. L. Koch, 1843: 97. Type species: *Poltys illepidus* C. L. Koch, 1843

椭圆锥头蛛 *Poltys ellipticus* Han, Zhang & Zhu, 2010

Han, Zhang & Zhu, 2010: 51.
分布：海南（HI）

海南锥头蛛 *Poltys hainanensis* Han, Zhang & Zhu, 2010

Han, Zhang & Zhu, 2010: 53.
分布：海南（HI）

黑锥头蛛 *Poltys nigrinus* Saitō, 1933

Saitō, 1933: 49; Saitō, 1959: 102; Lee, 1966: 54; Yin et al., 1997: 389; Song, Zhu & Chen, 1999: 302.
分布：台湾（TW）

矮锥头蛛 *Poltys pygmaeus* Han, Zhang & Zhu, 2010

Han, Zhang & Zhu, 2010: 55.
分布：海南（HI）

脊园蛛属 *Porcataraneus* Mi & Peng, 2011

Mi & Peng, 2011: 8. Type species: *Porcataraneus cruciatus* Mi & Peng, 2011

孟加拉脊园蛛 *Porcataraneus bengalensis* (Tikader, 1975)

Tikader, 1975: 148 (*Chorizopes b.*); Tikader, 1982: 160 (*C. b.*); Hu & Li, 1987: 330 (*C. b.*); Yin et al., 1997: 214 (*C. b.*); Song, Zhu & Chen, 1999: 262 (*C. b.*); Hu, 2001: 454 (*C. b.*); Mi & Peng, 2011: 13 (*P. b.*, Trans. from *Chorizopes*); Yin et al., 2012: 625.
分布：湖南（HN）、云南（YN）、西藏（XZ）；印度、孟加拉

十字脊园蛛 *Porcataraneus cruciatus* Mi & Peng, 2011

Mi & Peng, 2011: 9.
分布：云南（YN）

南山脊园蛛 *Porcataraneus nanshanensis* (Yin et al., 1990)

Yin et al., 1990: 50 (*Araneus nanshanensis*); Mi & Peng, 2011: 16 (*P. n.*, removed female from Syn. of *P. bengalensis*, contra. Song, Zhu & Chen, 1999: 262.

分布：湖南（HN）、云南（YN）

类岬蛛属 *Pronoides* Schenkel, 1936

Schenkel, 1936: 120. Type species: *Pronoides brunneus* Schenkel, 1936

扁平类岬蛛 *Pronoides applanatus* Mi & Peng, 2013

Mi & Peng, 2013: 43.

分布：云南（YN）

棕类岬蛛 *Pronoides brunneus* Schenkel, 1936

Schenkel, 1936: 120; Saitō, 1939: 13 (*Wixia minuta*); Saitō, 1959: 102 (*W. m.*); Yaginuma, 1960: 58 (*W. m.*); Namkung, 1964: 40 (*W. m.*); Yaginuma, 1965: 36 (*Pronous minutus*, Trans. from *Wixia*); Yaginuma, 1971: 58 (*P. m.*); Hu, 1984: 126; Zhu et al., 1985: 85 (*P. m.*); Yaginuma, 1986: 108 (*P. m.*: *Pronoides* per Song, Zhu & Chen, 2001: 223); Chikuni, 1989: 77 (*P. m.*); Yin et al., 1997: 101; Song, Zhu & Chen, 1999: 309; Song, Zhu & Chen, 2001: 222; Namkung, 2002: 291 (*P. m.*); Kim & Kim, 2002: 223 (*P. m.*); Namkung, 2003: 293 (*P. m.*); Marusik et al., 2007: 40; Tanikawa, 2007: 89; Tanikawa, 2009: 459; Zhang, Zhang & Zhu, 2010: 61; Zhu & Zhang, 2011: 245; Mi & Peng, 2013: 44.

异名：

Pronoides minutus (Saitō, 1939, Trans. from *Pronous*); Marusik et al., 2007: 40 (Syn.).

分布：北京（BJ）、山西（SX）、河南（HEN）、陕西（SN）、四川（SC）、贵州（GZ）、云南（YN）；韩国、日本、俄罗斯

纺锤类岬蛛 *Pronoides fusinus* Mi & Peng, 2013

Mi & Peng, 2013: 46.

分布：云南（YN）

郭氏类岬蛛 *Pronoides guoi* Mi & Peng, 2013

Mi & Peng, 2013: 48.

分布：云南（YN）

苏泰类岬蛛 *Pronoides sutaiensis* Zhang, Zhang & Zhu, 2010

Zhang, Zhang & Zhu, 2010: 63.

分布：陕西（SN）、宁夏（NX）、贵州（GZ）

梯形类岬蛛 *Pronoides trapezius* Mi & Peng, 2013

Mi & Peng, 2013: 51.

分布：云南（YN）

亮腹蛛属 *Singa* C. L. Koch, 1836

C. L. Koch, 1836: 42. Type species: *Araneus hamatus* Clerck, 1757

山地亮腹蛛 *Singa alpigena* Yin, Wang & Li, 1983

Yin, Wang & Li, 1983: 374; Song, 1987: 175; Yin et al., 1997: 390; Song, Chen & Zhu, 1997: 1717; Song, Zhu & Chen, 1999: 309; Zhu et al., 2005: 517; Yin et al., 2012: 759.

分布：安徽（AH）、湖南（HN）、湖北（HB）、贵州（GZ）、福建（FJ）、广西（GX）

类山地亮腹蛛 *Singa alpigenoides* Song & Zhu, 1992

Song & Zhu, 1992: 171; Song & Li, 1997: 415; Yin et al., 1997: 391; Song, Zhu & Chen, 1999: 309; Zhu et al., 2005: 518.

分布：湖北（HB）、贵州（GZ）

双带亮腹蛛 *Singa bifasciata* Schenkel, 1936

Schenkel, 1936: 118.

分布：四川（SC）

十字亮腹蛛 *Singa cruciformis* Yin, Peng & Wang, 1994

Yin, Peng & Wang, 1994: 109; Yin et al., 1997: 392; Song, Zhu & Chen, 1999: 309.

分布：云南（YN）

钩亮腹蛛 *Singa hamata* (Clerck, 1757)

Clerck, 1757: 51 (*Araneus hamatus*); Olivier, 1789: 210 (*Aranea h.*); Walckenaer, 1802: 200 (*Aranea tubulosa*); Walckenaer, 1805: 62 (*Epeira tubulosa*); C. L. Koch, 1836: 42; Walckenaer, 1841: 86 (*Epeira tubulosa*); C. L. Koch, 1844: 153 (*S. serrulata*); Thorell, 1856: 107 (*Zilla h.*); Blackwall, 1864: 364 (*Epeira tubulosa*); Menge, 1866: 82; Hansen, 1882: 22; Chyzer & Kulczyński, 1891: 134; Becker, 1896: 43; Bösenberg, 1901: 49; Lessert, 1910: 333 (*Araneus hamatus*); Reimoser, 1932: 12 (*Aranea h.*); Simon, 1929: 701, 765 (*Araneus hamatus*); Wiehle, 1931: 42; Drensky, 1943: 231; Locket & Millidge, 1953: 157; Yaginuma, 1960: 59; Zamaraev, 1964: 353; Yaginuma, 1965: 363; Azheganova, 1968: 90; Miller, 1971: 206; Yaginuma, 1971: 59; Tyschchenko, 1971: 193; Loksa, 1972: 99; Levi, 1972: 232; Bakhvalov, 1974: 108; Palmgren, 1974: 8; Yin, 1978: 7; Paik & Namkung, 1979: 47; Song, 1980: 109; Yin, Wang & Li, 1983: 376; Levy, 1984: 122; Hu, 1984: 129; Roberts, 1985: 218; Guo, 1985: 71; Zhu et al., 1985: 86; Yaginuma, 1986: 107; Song, 1987: 176; Zhang, 1987: 88; Chikuni, 1989: 76; Hu & Wu, 1989: 107; Feng, 1990: 98; Chen & Gao, 1990: 71; Chen & Zhang, 1991: 108; Heimer & Nentwig, 1991: 90; Zhao, 1993: 259; Roberts, 1995: 332; Mcheidze, 1997: 259; Yin et al., 1997: 393; Roberts, 1998: 345; Song, Zhu & Chen, 1999: 309; Hu, 2001: 473; Song, Zhu & Chen, 2001: 224; Namkung, 2002: 284; Kim & Kim, 2002: 224; Namkung, 2003: 286; Almquist, 2005: 176; Tanikawa, 2007: 54; Crespo, 2008: 403; Tanikawa, 2009: 431; Zhu & Zhang, 2011: 247; Yin et al., 2012: 760.

异名：

Singa hamata (Olivier, 1789, Trans. from *Araneus*); Clerckian names validated by ICZN Direction 104.

分布：黑龙江（HL）、吉林（JL）、辽宁（LN）、内蒙古（NM）、河北（HEB）、北京（BJ）、山西（SX）、山东（SD）、河南（HEN）、陕西（SN）、宁夏（NX）、甘肃（GS）、青海（QH）、新疆（XJ）、安徽（AH）、江苏（JS）、浙江（ZJ）、湖南（HN）、湖北（HB）、四川（SC）、贵州（GZ）、广东（GD）；古北界

甘肃亮腹蛛 *Singa kansuensis* Schenkel, 1936

Schenkel, 1936: 116.

分布：甘肃（GS）

托氏蛛属 *Talthybia* Thorell, 1898

Thorell, 1898: 377. Type species: *Talthybia depressa* Thorell, 1898

扁托氏蛛 *Talthybia depressa* Thorell, 1898

Thorell, 1898: 377; Han, Zhu & Levi, 2009: 59.

分布：云南（YN）；缅甸

突瘤蛛属 *Thelacantha* Hasselt, 1882

Hasselt, 1882: 15. Type species: *Plectana brevispina* Doleschall, 1857

乳突瘤蛛 *Thelacantha brevispina* (Doleschall, 1857)

Doleschall, 1857: 423 (*Plectana b.*); Doleschall, 1859: 43 (*P. roseolimbata*); Doleschall, 1859: 43 (*P. flavida*); Thorell, 1859: 302 (*Gasteracantha mammeata*); Thorell, 1859: 302 (*G. guttata*); Vinson, 1863: 236, 315 (*G. borbonica*); Vinson, 1863: 240, 315 (*G. alba*); Stoliczka, 1869: 248 (*G. canningensis*); L. Koch, 1871: 11 (*G. suminata*); L. Koch, 1872: 201 (*G. mastoidea*); Karsch, 1878: 783 (*Stanneoclavis suminata*); Karsch, 1878: 783 (*S. mastoidea*); Karsch, 1878: 800 (*Actinacantha maculata*); Thorell, 1878: 17, 294 (*G. b.*); O. P.-Cambridge, 1879: 291 (*G. observatrix*); Hasselt, 1882: 15 (*G. mammosa*, misidentified); Hasselt, 1882: 15 (*G. flavida*); Simon, 1890: 133 (*S. latronum*); Workman & Workman, 1892: 8 (*G. b.*); Dahl, 1914: 258 (*G. mammosa*, misidentified); Saitō, 1933: 56 (*G. sola*); Saitō, 1933: 57 (*G. sparsa*); Saitō, 1933: 58 (*G. formosana*); Chrysanthus, 1959: 203 (*G. b.*); Chrysanthus, 1960: 25 (*G. b.*); Chrysanthus, 1971: 47 (*G. (T.) b.*); Yaginuma, 1960: 63 (*G. mammosa*, Syn., misidentified); Benoit, 1964: 49 (*T. b.*, removed from Sub. of *Gasteracantha mammosa* per Roewer); Emerit, 1974: 57; Tikader & Biswas, 1981: 34 (*G. m.*, misidentified); Tikader, 1982: 55 (*G. m.*, misidentified); Chikuni, 1989: 83 (*G. m.*, misidentified); Feng, 1990: 84 (*G. m.*, misidentified); Chen & Gao, 1990: 62 (*G. m.*, misidentified); Barrion & Litsinger, 1995: 554 (*G. m.*, misidentified); Yin et al., 1997: 98 (*G. m.*, misidentified); Song, Zhu & Chen, 1999: 309; Tanikawa, 2007: 52; Tanikawa, 2009: 429; Yin et al., 2012: 584; Dierkens & Charlat, 2013: 74.

异名：

Thelacantha formosana (Saitō, 1933, Trans. from *Gasteracantha*); Yaginuma, 1960: 63 (Syn., sub *Gasteracantha mammosa*);

T. sola (Saitō, 1933, Trans. from *Gasteracantha*); Yaginuma, 1960: 63 (Syn., sub *Gasteracantha mammosa*);

T. sparsa (Saitō, 1933, Trans. from *Gasteracantha*); Yaginuma, 1960: 63 (Syn., sub *Gasteracantha mammosa*).

分布：湖南（HN）、云南（YN）、台湾（TW）、广东（GD）、广西（GX）；印度到菲律宾、澳大利亚、马达加斯加

八氏蛛属 *Yaginumia* Archer, 1960

Archer, 1960: 13. Type species: *Zygiella sia* (Strand, 1906); not accepted by all recent authors.

叶斑八氏蛛 *Yaginumia sia* (Strand, 1906)

Strand, in Bösenberg & Strand, 1906: 237 (*Aranea s.*); Roewer, 1942: 884 (*Zygiella s.*); Saitō, 1959: 109 (*Zilla s.*); Yaginuma, 1960: 115 (*Araneus s.*, Trans. from *Zygiella*); Archer, 1960: 14 (*Y. s.*, Trans. from *Araneus*); Lee, 1966: 40 (*Araneus s.*); Yaginuma, 1971: 54 (*Araneus s.*); Namkung, Paik & Yoon, 1972: 93; Levi, 1974: 286 (*Zygiella s.*); Yin, 1978: 2 (*Araneus s.*); Song, 1980: 94 (*Aranea s.*); Hu, 1984: 97 (*Araneus s.*); Guo, 1985: 75; Yaginuma, 1986: 109; Zhang, 1987: 89; Ishinoda, 1989: 21; Chikuni, 1989: 75; Feng, 1990: 101; Chen & Gao, 1990: 73; Chen & Zhang, 1991: 91; Zhao, 1993: 233 (*Araneus s.*, probably misidentified); Zhao, 1993: 262; Yin et al., 1997: 395; Song, Zhu & Chen, 1999: 309; Namkung, 2002: 303; Kim & Kim, 2002: 225; Kim & Cho, 2002: 270; Namkung, 2003: 305; Tanikawa, 2007: 93; Tanikawa, 2009: 463; Zhu & Zhang, 2011: 248; Yin et al., 2012: 762.

分布：河南（HEN）、江苏（JS）、浙江（ZJ）、湖南（HN）、湖北（HB）、四川（SC）、贵州（GZ）、云南（YN）、福建（FJ）、台湾（TW）、广东（GD）、广西（GX）；韩国、日本

扇蛛属 *Zilla* C. L. Koch, 1834

C. L. Koch, 1834: 124. Type species: *Aranea diodia* Walckenaer, 1802

皇冠扇蛛 *Zilla crownia* Yin, Xie & Bao, 1996

Yin, Xie & Bao, 1996: 2; Yin et al., 1997: 399; Song, Zhu & Chen, 1999: 310.

分布：安徽（AH）

青海扇蛛 *Zilla qinghaiensis* Hu, 2001

Hu, 2001: 475.

分布：青海（QH）

楚蛛属 *Zygiella* F. O. P.-Cambridge, 1902

F. O. P.-Cambridge, 1902: 395. Type species: *Eucharia atrica* C. L. Koch, 1845

帆楚蛛 *Zygiella calyptrata* (Workman & Workman, 1894)

Workman & Workman, 1894: 21 (*Epeira c.*); Thorell, 1895: 188 (*E. c.*); Roewer, 1942: 886; Levi, 1974: 282; Yin et al., 1990: 138 (*Z. calyptrata*, misidentified); Song, Zhu & Chen, 1999: 229.

分布：云南（YN）；缅甸、马来西亚

丽楚蛛 *Zygiella x-notata* (Clerck, 1757)

Clerck, 1757: 46 (*Araneus x-notatus*); Olivier, 1789: 206 (*Aranea litterata*); Walckenaer, 1802: 200 (*Aranea calophylla*); Sundevall, 1833: 252 (*Epeira c.*); C. L. Koch, 1839: 148 (*Zilla c.*); Blackwall, 1844: 186 (*Epeira similis*); Thorell, 1856: 26 (*Zilla x.*); Blackwall, 1864: 337 (*Epeira similis*); Blackwall, 1864: 338 (*Epeira calophylla*); Menge, 1866: 76 (*Zilla calophylla*); Ohlert, 1867: 30 (*Zygia calophylla*); Keyserling, 1878: 575 (*Zilla bösenbergi*); Hansen, 1882: 23 (*Zilla x.*); Emerton, 1884: 324 (*Zilla x.*); Chyzer & Kulczyński, 1891: 137 (*Zilla x.*); F. O. P.-Cambridge, 1892: 395 (*Zilla x.*); Keyserling, 1893: 297 (*Zilla boesenbergi*); McCook, 1894: 237 (*Zilla x.*); Becker, 1896: 53 (*Zilla x.*); Banks, 1896: 90 (*Zilla californica*); Bösenberg, 1901: 45 (*Zilla x.*); Emerton, 1902: 185 (*Zilla x.*); Engelhardt, 1910: 42 (*Zilla x.*); Lessert, 1910: 340 (*Araneus x-notatus*); Petrunkevitch, 1911: 283 (*Araneus californicus*); Petrunkevitch, 1911: 283 (*Araneus boesenbergi*); Franganillo, 1913: 128 (*Zilla gigans*); Simon, 1929: 663, 665, 754; Wiehle, 1931: 30 (*Zilla litterata*); Roewer, 1942: 887 (*Z. boesenbergi*); Chamberlin, 1925: 217 (*Pseudometa biologica*); Comstock, 1940: 474 (*Zilla x.*); Roewer, 1942: 887 (*Z. californica*); Drensky, 1943: 228 (*Zilla litterata*); Kaston, 1948: 243 (*Z. litterata*); Chrysanthus, 1949: 350; Mello-Leitão, 1951: 331 (*Larinia maulliniana*); Locket & Millidge, 1953: 159; Gertsch, 1964: 12 (*Z. x.*, Syn.); Mackie, 1967: 439; Tyschchenko, 1971: 191; Miller, 1971: 204; Loksa, 1972: 107; *Enoplognatha gigans* Levi, 1974: 271 (Trans. from *Zilla*, nomen dubium, but see Bosmans & Van Keer, 1999: 211); Levi, 1974: 276 (*Z. x.*, Syn.); Levi, 1980: 16 (*Z. x.*, Syn.); Roberts, 1985: 220; Heimer & Nentwig, 1991: 66; Roberts, 1995: 334; Hormiga, Eberhard & Coddington, 1995: 323; Agnarsson, 1996: 66; Bellmann, 1997: 100; Roberts, 1998: 346; Méndez, 1998: 145 (*Z. x.*, Syn.); Song, Zhu & Chen, 1999: 229; Levi, 2001: 473; Levi, 2002: 545; Dondale et al., 2003: 300; Tanikawa, 2004: 61; Almquist, 2005: 181; Tanikawa, 2007: 55; Türkeş & Mergen, 2008: 300; Álvarez-Padilla & Hormiga, 2011: 852.

异名：

Zygiella litterata (Olivier, 1789); Clerckian names validated by ICZN Direction 104;

Z. calophylla (Walckenaer, 1802); Levi, 1974: 271 (Syn.);

Z. bosenbergi (Keyserling, 1878); Levi, 1974: 276 (Syn.);

Z. californica (Banks, 1896); Gertsch, 1964: 12 (Syn.);

Z. gigans (Franganillo, 1913, Trans. from *Enoplognatha*); Méndez, 1998: 145 (Syn.);

Z. biologica (Chamberlin, 1925, Trans. from *Pseudometa* = *Chrysometa*); Levi, 1980: 16 (Syn.);

Z. maulliniana (Mello-Leitão, 1951, Trans. from *Larinia*); Levi, 1974: 276 (Syn.).

分布：广西（GX）；全北界、新热带区

6. 地蛛科 Atypidae Thorell, 1870

世界 3 属 50 种；中国 2 属 15 种。

地蛛属 *Atypus* Latreille, 1804

Latreille, 1804: 133. Type species: *Aranea picea* Sulzer, 1776

异名：

Proatypus Miller, 1947; Kraus & Baur, 1974: 88 (Syn.).

宝天曼地蛛 *Atypus baotianmanensis* Hu, 1994

Hu, 1994: 127; Song, Zhu & Chen, 1999: 35; Yoo & Kim, 2002: 28; Zhu et al., 2006: 6; Zhu & Zhang, 2011: 32.

分布：河南（HEN）

弯地蛛 *Atypus flexus* Zhu et al., 2006

Zhu et al., 2006: 8.

分布：广西（GX）

台湾地蛛 *Atypus formosensis* Kayashima, 1943

Kayashima, 1943: 43 (specific name attributed to Kishida but apparently never described by that author).

分布：台湾（TW）

异囊地蛛 *Atypus heterothecus* Zhang, 1985

Zhang, 1985: 143; Schwendinger, 1990: 355; Chen & Gao, 1990: 19; Chen & Zhang, 1991: 35; Song, Zhu & Chen, 1999: 35; Yin, 2001: 2; Pan, 2003: 35 (*A. heterothecua*, lapsus); Zhu et al., 2006: 10; Zhu & Zhang, 2011: 33; Yin et al., 2012: 124.

分布：河南（HEN）、安徽（AH）、江西（JX）、湖南（HN）、湖北（HB）、四川（SC）、福建（FJ）、广西（GX）

卡氏地蛛 *Atypus karschi* Dönitz, 1887

Dönitz, 1887: 9 (*A. karschii*); Bösenberg & Strand, 1906: 99 (*A. k.*); Yaginuma, 1960: 22; Yaginuma, 1971: 22; Gertsch & Platnick, 1980: 6; Yaginuma & Nishikawa, 1980: 49; Yin, Wang & Hu, 1983: 34; Yaginuma, 1986: 5; Yoshikura, 1987: 148; Chikuni, 1989: 20; Schwendinger, 1990: 358; Feng, 1990: 28; Song, Zhu & Chen, 1999: 35; Zhu et al., 2006: 13; Ono, 2009: 84; Yin et al., 2012: 127.

分布：河北（HEB）、安徽（AH）、湖南（HN）、湖北（HB）、四川（SC）、贵州（GZ）、福建（FJ）、台湾（TW）；日本

大囊地蛛 *Atypus largosaccatus* Zhu et al., 2006

Zhu et al., 2006: 17.

分布：陕西（SN）、湖北（HB）

乐东地蛛 *Atypus ledongensis* Zhu et al., 2006

Zhu et al., 2006: 19.

分布：海南（HI）

小脚地蛛 *Atypus pedicellatus* Zhu et al., 2006

Zhu et al., 2006: 21.

分布：云南（YN）

囊状地蛛 *Atypus sacculatus* Zhu et al., 2006

Zhu et al., 2006: 24.

分布：云南（YN）

中华地蛛 *Atypus sinensis* Schenkel, 1953

Schenkel, 1953: 6; Song, Zhu & Chen, 1999: 35; Song, Zhu & Chen, 2001: 49; Zhu et al., 2006: 26.

分布：山西（SX）

绥宁地蛛 *Atypus suiningensis* Zhang, 1985

Zhang, 1985: 140; Song, Zhu & Chen, 1999: 35; Zhu et al., 2006: 28; Yin et al., 2012: 129.

分布：湖南（HN）

西藏地蛛 *Atypus tibetensis* Zhu et al., 2006

Zhu et al., 2006: 31.

分布：西藏（XZ）

亚君地蛛 *Atypus yajuni* Zhu et al., 2006

Zhu et al., 2006: 34.

分布：安徽（AH）

硬皮地蛛属 *Calommata* Lucas, 1837

Lucas, 1837: 378. Type species: *Pachyloscelis fulvipes* Lucas, 1835

皮氏硬皮地蛛 *Calommata pichoni* Schenkel, 1963

Schenkel, 1963: 17.

分布：浙江（ZJ）

沟纹硬皮地蛛 *Calommata signata* Karsch, 1879

Karsch, 1879: 60; Bösenberg & Strand, 1906: 101; Haku, 1938: 96 (*C. pumila*, attributed to *C. p.* Kishida, a nomen nudum); Yamaguchi, 1953: 2; Kritscher, 1957: 258 (*C. sundaica*, probably misidentified); Saitō, 1959: 32; Yaginuma, 1960: 22; Yaginuma, 1971: 22 (*C. signatum*); Paik, 1978: 169 (*C. signatum*); Gertsch & Platnick, 1980: 2 (*C. signatum*); Hu, 1984: 37; Guo, 1985: 43; Zhu et al., 1985: 50 (*C. signatum*); Yaginuma, 1986: 6 (*C. signatum*); Zhang, 1987: 45 (*C. signatum*); Chikuni, 1989: 20 (*C. signatum*); Zhao, 1993: 60; Song, Zhu & Chen, 1999: 35; Kim, Ji & Lee, 1999: 125; Song, Zhu & Chen, 2001: 50; Yoo & Kim, 2002: 25; Namkung, 2002: 28; Kim & Cho, 2002: 58; Namkung, 2003: 28; Kim, Shin & Park, 2008: 66; Ono, 2009: 86; Zhu & Zhang, 2011: 35; Yin et al., 2012: 131.

分布：河北（HEB）、山西（SX）、河南（HEN）、陕西（SN）、湖南（HN）；韩国、日本

7. 管巢蛛科 Clubionidae Wagner, 1887

世界 15 属 581 种；中国 4 属 109 种。

管巢蛛属 *Clubiona* Latreille, 1804

Latreille, 1804: 129-295. Type species: *Araneus pallidulus* Clerck, 1757

异名：

Tolophus Thorell, 1891; Deeleman-Reinhold, 2001: 90 (Syn.);
Bucliona Benoit, 1977; Mikhailov, 1997: 95 (Syn.);
Anaclubiona Ono, 2010; Mikhailov, 2012: 179 (Syn.).

针管巢蛛 *Clubiona aciformis* Zhang & Hu, 1991

Zhang & Hu, 1991: 420; Zhang, 1992: 56; Song, Zhu & Chen, 1999: 414.

分布：云南（YN）

微刺管巢蛛 *Clubiona aculeata* Zhang, Zhu & Song, 2007

Zhang, Zhu & Song, 2007: 408.

分布：云南（YN）

类高原管巢蛛 *Clubiona altissimoides* Liu et al., 2007

Liu et al., 2007: 65; Zhang & Zhu, 2009: 727 (*C. dactyla*); Yu, Sun & Zhang, 2012: 56 (*C. a.*, Syn.).

异名：

Clubiona dactyla Zhang & Zhu, 2009; Yu, Sun & Zhang, 2012: 56 (Syn.).

分布：云南（YN）

高原管巢蛛 *Clubiona altissimus* Hu, 2001

Hu, 2001: 283.

分布：西藏（XZ）

扁平管巢蛛 *Clubiona applanata* Liu et al., 2007

Liu et al., 2007: 64.

分布：云南（YN）

雪山管巢蛛 *Clubiona asrevida* Ono, 1992

Ono, 1992: 124; Ono, 1994: 81; Song, Zhu & Chen, 1999: 414; Huang & Chen, 2012: 44.

分布：台湾（TW）

茄管巢蛛 *Clubiona auberginosa* Zhang et al., 1997

Zhang et al., 1997: 297; Yin et al., 2012: 1087.

分布：湖南（HN）

白马管巢蛛 *Clubiona baimaensis* Song & Zhu, 1991

Song & Zhu, in Song et al., 1991: 66; Song & Li, 1997: 418; Song, Zhu & Chen, 1999: 415; Yang, Song & Zhu, 2003: 9; Yin et al., 2012: 1088.

分布：湖南（HN）、湖北（HB）、四川（SC）

白石山管巢蛛 *Clubiona baishishan* Zhang, Zhu & Song, 2003

Zhang, Zhu & Song, 2003: 634.

分布：河北（HEB）

巴氏管巢蛛 *Clubiona bakurovi* Mikhailov, 1990

Mikhailov, 1990: 163; Zhang, 1991: 33; Mikhailov, 1995: 40; Song, Zhu & Chen, 1999: 415.

分布：吉林（JL）；韩国、俄罗斯

巴蒂坎管巢蛛 *Clubiona batikanoides* Barrion, Barrion-Dupo & Heong, 2012

Barrion et al., 2012: 6.

分布：海南（HI）

双尖管巢蛛 *Clubiona bicuspidata* Wu & Zhang, 2014

Wu & Zhang, 2014: 6.

分布：陕西（SN）、西藏（XZ）

波密管巢蛛 *Clubiona bomiensis* Zhang & Zhu, 2009

Zhang & Zhu, 2009: 725.

分布：西藏（XZ）

短翼管巢蛛 *Clubiona brachyptera* Zhu & Chen, 2012

Zhu & Chen, in Zhu, Ren & Chen, 2012: 53.

分布：海南（HI）

角管巢蛛 *Clubiona bucera* Yang, Ma & Zhang, 2011

Yang, Ma & Zhang, 2011: 48.

分布：云南（YN）

蓝光管巢蛛 *Clubiona caerulescens* L. Koch, 1867

Hahn, 1829: 2 (*C. holosericea*, misidentified); Hahn, 1833: 112 (*C. holosericea*, misidentified); L. Koch, 1867: 331; O. P.-Cambridge, 1873: 533 (*C. voluta*); Menge, 1873: 362; Becker, 1896: 273; Chyzer & Kulczyński, 1897: 226; Bösenberg, 1902: 268; Simon, 1932: 907, 936; Saitō, 1934: 328; Reimoser, 1937: 70; Palmgren, 1943: 57; Tullgren, 1946: 32; Locket & Millidge, 1951: 132 (*C. coerulescens*); Saitō, 1959: 144 (*C. coerulescens*); Wiehle, 1965: 497 (*C. coerulescens*); Braendegaard, 1966: 161 (*C. coerulescens*); Azheganova, 1968: 132 (*C. coerulescens*); Tyschchenko, 1971: 128; Miller, 1971: 96; Legotai & Sekerskaya, 1982: 50 (*C. coerulescens*); Roberts, 1985: 82 (*C. coerulescens*; see *C. saxatilis*); Sterghiu, 1985: 93 (*Gauroclubiona c.*); Legotai & Sekerskaya, 1989: 223 (*C. coerulescens*); Matsuda, 1990: 16 (*C. coerulescens*); Heimer & Nentwig, 1991: 402 (*C. coerulescens*); Mikhailov, 1995: 73; Roberts, 1995: 127; Mikhailov, 1995: 41; Roberts, 1998: 133; Song, Zhu & Chen, 1999: 415 (*C. coerulescens*); Almquist, 2006: 361; Ono & Hayashi, 2009: 544; Wunderlich, 2011: 135 (*Gauroclubiona c.*); Marusik & Kovblyuk, 2011: 131.

分布：新疆（XJ）、湖南（HN）、湖北（HB）、广东（GD）；古北界

环管巢蛛 *Clubiona circulata* Zhang & Yin, 1998

Zhang & Yin, 1998: 9.

分布：云南（YN）

心形管巢蛛 *Clubiona cordata* Zhang & Zhu, 2009

Zhang & Zhu, 2009: 726.

分布：四川（SC）、西藏（XZ）

韩国管巢蛛 *Clubiona coreana* Paik, 1990

Paik, 1990: 89; Mikhailov, 1990: 143 (*C. japonica*, misidentified, Syn., rejected); Hayashi & Yoshida, 1991: 42 (*C. c.*, removed from Syn. of *C. japonica*); Song et al., 1991: 67; Song, Zhu & Chen, 1999: 415; Namkung, 2002: 430; Kim & Cho, 2002: 79; Namkung, 2003: 425.

分布：辽宁（LN）；韩国、俄罗斯

褶管巢蛛 *Clubiona corrugata* Bösenberg & Strand, 1906

Bösenberg & Strand, 1906: 283; Saitō, 1939: 31; Saitō, 1959: 142; Yaginuma, 1960: 112; Yaginuma, 1971: 112; Hu, 1979: 64 (*C. coerulescens sinensis*); Wang, 1981: 131 (*C. coerulescens sinensis*); Hu & Song, 1982: 55; Hu, 1984: 288 (*C. coerulescens sinensis*); Hu, 1984: 288; Gong, 1984: 201; Guo, 1985: 149; Yaginuma, 1986: 179; Song, 1987: 320; Chen & Gao, 1990: 151; Chen & Zhang, 1991: 245; Song, Zhu & Li, 1993: 877; Zhao, 1993: 321 (*C. coerulescens sinensis*); Zhao, 1993: 322; Song, Zhu & Chen, 1999: 415 (*C. c.*, Syn.); Ono & Hayashi, 2009: 540; Dankittipakul et al., 2012: 61; Yin et al., 2012: 1090; Huang & Chen, 2012: 50.

异名：

Clubiona caerulescens sinensis Hu, 1979; Song, Zhu & Chen, 1999: 415 (Syn.).

分布：吉林（JL）、内蒙古（NM）、山东（SD）、陕西（SN）、江苏（JS）、浙江（ZJ）、湖南（HN）、湖北（HB）、四川（SC）、贵州（GZ）、福建（FJ）、台湾（TW）、广东（GD）；韩国、日本、俄罗斯、泰国

圆筒管巢蛛 *Clubiona cylindrata* Liu et al., 2007

Liu et al., 2007: 67.

分布：云南（YN）

斑管巢蛛 *Clubiona deletrix* O. P.-Cambridge, 1885

O. P.-Cambridge, 1885: 21; Schenkel, 1944: 203 (*C. reichlini*); Song & Chen, 1979: 23 (*C. maculata*); Song, 1980: 185 (*C. maculata*); Hu, 1984: 293 (*C. maculata*); Guo, 1985: 154 (*C. maculata*); Zhu et al., 1985: 164 (*C. maculata*); Yaginuma, 1986: 181 (*C. maculata*); Song, 1987: 326 (*C. reichlini*, Syn.); Feng, 1990: 172 (*C. reichlini*); Chen & Gao, 1990: 153 (*C. reichlini*); Chen & Zhang, 1991: 245 (*C. reichlini*); Zhang, 1991: 9 (*C. d.*, Syn.); Zhao, 1993: 334 (*C. reichlini*); Ono, 1994: 80; Song, Zhu & Chen, 1999: 415; Ono & Hayashi, 2009: 533; Yin et al., 2012: 1091; Huang & Chen, 2012: 52.

异名：

Clubiona reichlini Schenkel, 1944; Zhang, 1991: 9 (Syn.);

C. maculata Song & Chen, 1979; Song, 1987: 326 (Syn., sub *C. reichlini*).

分布：山东（SD）、陕西（SN）、新疆（XJ）、安徽（AH）、江苏（JS）、上海（SH）、浙江（ZJ）、湖南（HN）、湖北（HB）、四川（SC）、贵州（GZ）、福建（FJ）、台湾（TW）、广东（GD）、海南（HI）；日本、印度

双齿管巢蛛 *Clubiona didentata* Zhang & Yin, 1998

Zhang & Yin, 1998: 11.

分布：云南（YN）

德拉管巢蛛 *Clubiona drassodes* O. P.-Cambridge, 1874

O. P.-Cambridge, 1874: 414; Gravely, 1931: 262; Singh, 1970: 410 (*C. atwali*); Gong, 1983: 64; Song, 1987: 320; Majumder & Tikader, 1991: 33 (*C. atwali*); Majumder & Tikader, 1991:

35; Okuma et al., 1993: 59; Barrion & Litsinger, 1995: 106 (*C. d.*, Syn.); Biswas & Raychaudhuri, 1996: 197; Song, Zhu & Chen, 1999: 415; Hu, 2001: 285.

异名：

Clubiona atwali Singh, 1970; Barrion & Litsinger, 1995: 106 (Syn.).

分布：四川（SC）、西藏（XZ）、福建（FJ）、广西（GX）、海南（HI）；印度、孟加拉

双凹管巢蛛 *Clubiona duoconcava* Zhang & Hu, 1991

Zhang & Hu, 1991: 417; Zhang, 1992: 47; Song, Zhu & Chen, 1999: 415; Yin et al., 2012: 1094.

分布：江苏（JS）、湖南（HN）、贵州（GZ）、云南（YN）、福建（FJ）、广西（GX）

镰状管巢蛛 *Clubiona falcata* Tang, Song & Zhu, 2005

Tang, Song & Zhu, 2005: 77 (*C. f.*: spelled *C. falcate* in heading and abstract, this way in legend and key, etymology indicates this spelling is correct); Mikhailov, 2011: 312.

分布：内蒙古（NM）；蒙古

圆环管巢蛛 *Clubiona filicata* O. P.-Cambridge, 1874

O. P.-Cambridge, 1874: 413; Thorell, 1887: 48 (*C. distincta*); Strand, 1907: 562 (*C. swatowensis*); Strand, 1909: 39 (*C. swatowensis*); Gravely, 1931: 261; Tikader & Biswas, 1981: 69; Gong, 1989: 109; Majumder & Tikader, 1991: 23; Biswas & Raychaudhuri, 1996: 199; Song, Zhu & Chen, 1999: 415 (*C. f.*, Syn.); Dankittipakul & Singtripop, 2008: 37; Dankittipakul et al., 2012: 59 (*C. f.*, Syn.); Yin et al., 2012: 1095.

异名：

Clubiona distincta Thorell, 1887; Dankittipakul et al., 2012: 59 (Syn.);

C. swatowensis Strand, 1907; Song, Zhu & Chen, 1999: 415 (Syn.).

分布：湖南（HN）、云南（YN）、福建（FJ）、台湾（TW）、广东（GD）、广西（GX）；日本、缅甸、泰国、老挝、孟加拉、印度、巴基斯坦

丝歧管巢蛛 *Clubiona filoramula* Zhang & Yin, 1998

Zhang & Yin, 1998: 12.

分布：云南（YN）

钳形管巢蛛 *Clubiona forcipa* Yang, Song & Zhu, 2003

Yang, Song & Zhu, 2003: 7.

分布：河北（HEB）

纺锤管巢蛛 *Clubiona fusoidea* Zhang, 1992

Zhang, 1992: 54; Zhang, 1993: 164; Song, Zhu & Chen, 1999: 415; Yin et al., 2012: 1097.

分布：湖南（HN）

福州管巢蛛 *Clubiona fuzhouensis* Gong, 1985

Gong, 1985: 211.

分布：福建（FJ）

日内瓦管巢蛛 *Clubiona genevensis* L. Koch, 1866

L. Koch, 1866: 294; Menge, 1873: 373 (*C. clandestina*); Simon, 1878: 236 (*C. stigmatica*); Bertkau, 1880: 259 (*C. decora*, misidentified); L. Koch, 1881: 58 (*C. lusatica*); Chyzer & Kulczyński, 1897: 229 (*C. decora*, misidentified); Bösenberg, 1902: 267 (*C. decora*, misidentified); Simon, 1932: 925, 930, 968; Reimoser, 1937: 61; Tullgren, 1946: 9; Locket & Millidge, 1951: 142; Wiehle, 1965: 478; Braendegaard, 1966: 183; Miller, 1971: 102; van Helsdingen, 1979: 299; Zhou, Wang & Zhu, 1983: 157; Roberts, 1985: 86; Sterghiu, 1985: 54 (*Microclubiona g.*); Hu & Wu, 1989: 305; Heimer & Nentwig, 1991: 400; Roberts, 1995: 131; Mikhailov, 1995: 37; Roberts, 1998: 139; Song, Zhu & Chen, 1999: 416; Hu, 2001: 287; Almquist, 2006: 368.

分布：新疆（XJ）、西藏（XZ）；古北界

龚氏管巢蛛 *Clubiona gongi* Zhang et al., 1997

Zhang et al., 1997: 298; Yin et al., 2012: 1098.

分布：湖南（HN）

海因管巢蛛 *Clubiona haeinsensis* Paik, 1990

Paik, 1990: 91; Zhang, 1991: 31; Kamura, Yodoe & Saito, 1999: 43; Song, Zhu & Chen, 1999: 416; Namkung, 2002: 433; Namkung, 2003: 428; Ono & Hayashi, 2009: 538.

分布：湖南（HN）、湖北（HB）、贵州（GZ）；韩国、日本、俄罗斯

霍普管巢蛛 *Clubiona haupti* Tang, Song & Zhu, 2005

Tang, Song & Zhu, 2005: 78.

分布：内蒙古（NM）

赫定管巢蛛 *Clubiona hedini* Schenkel, 1936

Schenkel, 1936: 163 (*C. h.*, male=*C. jucunda*); Zhang, 1987: 194 (*C. h.*, male=*C. jucunda*); Chen & Gao, 1990: 152 (*C. hedina*, male=*C. jucunda*); Zhao, 1993: 324 (*C. h.*, male=*C. jucunda*); Mikhailov, 1998: 87 (*C. h.*: Schenkel's and other described males=*C. jucunda*).Song, Zhu & Chen, 1999: 416 (*C. h.*, male=*C. jucunda*); Yin et al., 2012: 1099.

分布：甘肃（GS）、湖南（HN）

异管管巢蛛 *Clubiona heteroducta* Zhang & Yin, 1998

Zhang & Yin, 1998: 12.

分布：云南（YN）

异囊管巢蛛 *Clubiona heterosaca* Yin et al., 1996

Yin et al., 1996: 63; Song, Zhu & Chen, 1999: 416; Yin et al., 2012: 1100.

分布：湖南（HN）

双弓管巢蛛 *Clubiona hummeli* Schenkel, 1936

Schenkel, 1936: 159 (*C. h.*, female=*P. pseudogermanica*); Zhu et al., 1985: 160 (*C. h.*, female=*P. pseudogermanica*); Zhang, 1987: 194 (*C. h.*, female=*P. pseudogermanica*); Chen & Zhang,

1991: 246 (*C. propinqua*, misidentified); Zhao, 1993: 325 (*C. h.*, female=*P. pseudogermanica*); Mikhailov, 1998: 88 (*C. h.*: Schenkel's and other described female = *C. pseudogermanica*); Song, Zhu & Chen, 1999: 416; Mikhailov, 2003: 305.

分布：吉林（JL）、辽宁（LN）、山西（SX）、山东（SD）、河南（HEN）、宁夏（NX）、甘肃（GS）、安徽（AH）、浙江（ZJ）、湖南（HN）；韩国、俄罗斯

岛管巢蛛 *Clubiona insulana* Ono, 1989

Ono, 1989: 162; Song, Zhu & Chen, 1999: 416; Ono & Hayashi, 2009: 540; Huang & Chen, 2012: 61.

分布：台湾（TW）；琉球群岛

刺管巢蛛 *Clubiona interjecta* L. Koch, 1879

L. Koch, 1879: 89; Kulczyński, 1908: 70 (*C. interiecta*); Holm, 1973: 104; Mikhailov, 1991: 221 (female of *C. subinterjecta* Strand belongs here); Song, Zhu & Chen, 1999: 416; Tang, Song & Zhu, 2005: 79; Zhu & Zhang, 2011: 358.

分布：黑龙江（HL）、吉林（JL）、河南（HEN）、四川（SC）；蒙古、俄罗斯

虹管巢蛛 *Clubiona irinae* Mikhailov, 1991

Mikhailov, 1991: 208; Zhang, 1993: 162 (*C. nigra*); Mikhailov, 1995: 105 (*C. i.*, Syn.); Mikhailov, 1995: 73; Mikhailov, 1995: 38; Song, Zhu & Chen, 1999: 416; Namkung, 2002: 449; Namkung, 2003: 444; Tang, Song & Zhu, 2005: 80.

异名：

Clubiona nigra Zhang, 1993; Mikhailov, 1995: 105 (Syn.).

分布：黑龙江（HL）、吉林（JL）；韩国、俄罗斯

日本管巢蛛 *Clubiona japonica* L. Koch, 1878

L. Koch, 1878: 759; Saitō, 1939: 34 (*Agroeca flavipes*); Saitō, 1959: 146 (*Agroeca flavipes*); Ono, 1975: 22 (*C. flavipes*, Trans. from *Agroeca*); Yaginuma, 1976: 35; Hayashi, 1982: 25; Yaginuma, 1986: 180; Hayashi, 1987: 33 (*C. j.*, Syn.); Chikuni, 1989: 124; Mikhailov, 1990: 144 (*C. flavipes*; female of Ono, 1975 misplaced); Mikhailov, 1991: 228 (*C. j.*, Syn.); Chen & Zhang, 1991: 244; Hayashi & Yoshida, 1991: 42; Mikhailov, 1995: 72; Mikhailov, 1995: 34; Song, Zhu & Chen, 1999: 416; Yoo & Kim, 2002: 26; Ono & Hayashi, 2009: 533.

异名：

Clubiona flavipes (Saitō, 1939, Trans. from *Agroeca*); Hayashi, 1987: 33 (Syn.); Mikhailov, 1991: 228 (Syn.).

分布：台湾（TW）；日本、韩国、俄罗斯

粽管巢蛛 *Clubiona japonicola* Bösenberg & Strand, 1906

Bösenberg & Strand, 1906: 281; Strand, 1918: 97; Saitō, 1959: 142; Yaginuma, 1960: 113; Schenkel, 1963: 251 (*C. parajaponicola*); Yaginuma, 1965: 364; Lee, 1966: 69; Okuma, 1968: 109; Yaginuma, 1971: 113; Song et al., 1977: 32; Paik & Namkung, 1979: 84; Song, 1980: 182; Wang, 1981: 129; Yin, Wang & Hu, 1983: 34; Hu, 1984: 291; Gong, 1984: 203; Guo, 1985: 149; Zhu et al., 1985: 161; Yaginuma, 1986: 179; Song, 1987: 322 (*C. j.*, Syn.); Zhang, 1987: 195; Chikuni, 1989: 123; Feng, 1990: 171; Mikhailov, 1990: 151; Paik, 1990: 65; Chen & Gao, 1990: 152; Chen & Zhang, 1991: 243; Okuma et al., 1993: 59; Zhao, 1993: 326; Barrion & Litsinger, 1994: 297; Mikhailov, 1995: 38; Barrion & Litsinger, 1995: 111; Song, Zhu & Chen, 1999: 416; Song, Zhu & Chen, 2001: 316; Namkung, 2002: 431; Namkung, 2003: 426; Tang, Song & Zhu, 2005: 81; Ono & Hayashi, 2009: 535; Zhu & Zhang, 2011: 359; Yin et al., 2012: 1101; Huang & Chen, 2012: 64.

异名：

Clubiona parajaponicola Schenkel, 1963; Song, 1987: 322 (Syn.).

分布：吉林（JL）、辽宁（LN）、河北（HEB）、北京（BJ）、山西（SX）、河南（HEN）、陕西（SN）、安徽（AH）、上海（SH）、浙江（ZJ）、湖南（HN）、湖北（HB）、四川（SC）、贵州（GZ）、云南（YN）、福建（FJ）、台湾（TW）；菲律宾、印度尼西亚、泰国、日本、韩国、俄罗斯

九龙管巢蛛 *Clubiona jiulongensis* Zhang, Yin & Kim, 1996

Zhang, Yin & Kim, 1996: 49; Song, Zhu & Chen, 1999: 416; Yin et al., 2012: 1103.

分布：浙江（ZJ）、湖南（HN）

羽斑管巢蛛 *Clubiona jucunda* (Karsch, 1879)

Karsch, 1879: 92 (*Liocranum jucundum*); Bösenberg & Strand, 1906: 279; Bösenberg & Strand, 1906: 282 (*C. sulla*); Bösenberg & Strand, 1906: 286 (*C. mantis*); Strand, 1918: 82, 96; Saitō, 1934: 288 (*C. mantis*); Saitō, 1939: 31 (*C. sakatensis*); Nakatsudi, 1942: 320; Yaginuma, 1957: 59 (*C. jucanda*); Saitō, 1959: 143 (*C. mantis*); Yaginuma, 1960: 112; Yaginuma, 1962: 50 (*C. j.*, Syn.); Schenkel, 1936: 163 (*C. hedini*, misidentified); Yaginuma, 1965: 364; Lee, 1966: 69; Yaginuma, 1971: 112; Hu, 1979: 66 (*C. hedina*, misidentified); Wang, 1981: 132 (*C. hedina*, misidentified); Hu, 1984: 290 (*C. hedini*, misidentified); Hu, 1984: 292; Guo, 1985: 152; Yaginuma, 1986: 180; Yaginuma, 1986: 182 (*C. sulla*); Song, 1987: 321 (*C. hedini*, misidentified); Zhang, 1987: 194 (*C. hedini*, misidentified); Chikuni, 1989: 124; Paik, 1990: 71; Chen & Gao, 1990: 152 (*C. hedina*, misidentified); Hayashi & Yoshida, 1991: 42 (*C. j.*, Syn.); Zhao, 1993: 324 (*C. hedini*, misidentified); Zhao, 1993: 331; Mikhailov, 1994: 52; Mikhailov, 1995: 72; Mikhailov, 1995: 34; Song, Zhu & Chen, 1999: 425; Song, Zhu & Chen, 2001: 317; Namkung, 2002: 432; Namkung, 2003: 427; Tang, Song & Zhu, 2005: 82; Ono & Hayashi, 2009: 535 (*C. j.*, Syn.); Zhu & Zhang, 2011: 360; Yin et al., 2012: 1105; Huang & Chen, 2012: 67.

异名：

Clubiona mantis Bösenberg & Strand, 1906; Yaginuma, 1962: 50 (Syn.);

C. sulla Bösenberg & Strand, 1906; Ono & Hayashi, 2009: 535 (Syn.);

C. sakatensis Saitō, 1939; Hayashi & Yoshida, 1991: 42 (Syn.,

contra. Mikhailov, 1990: 143).
分布：黑龙江（HL）、吉林（JL）、辽宁（LN）、河北（HEB）、北京（BJ）、山东（SD）、河南（HEN）、江苏（JS）、湖南（HN）、湖北（HB）、台湾（TW）、广东（GD）、广西（GX）；韩国、日本、俄罗斯

萱氏管巢蛛 *Clubiona kayashimai* Ono, 1994

Ono, 1994: 73; Song, Zhu & Chen, 1999: 425.
分布：湖南（HN）、贵州（GZ）、台湾（TW）

金氏管巢蛛 *Clubiona kimyongkii* Paik, 1990

Paik, 1990: 98; Mikhailov, 1990: 161 (*C. ussurica*); Mikhailov, 1991: 228 (*C. k.*, Syn.); Song et al., 1991: 68; Zhang, 1991: 31; Mikhailov, 1995: 75; Mikhailov, 1995: 38; Song, Zhu & Chen, 1999: 425; Namkung, 2002: 443; Namkung, 2003: 438.
异名：
Clubiona ussurica Mikhailov, 1990; Mikhailov, 1991: 228 (Syn.).
分布：吉林（JL）、辽宁（LN）；韩国、俄罗斯

克氏管巢蛛 *Clubiona kropfi* Zhang, Zhu & Song, 2003

Zhang, Zhu & Song, 2003: 634; Wu & Zhang, 2014: 3.
分布：河北（HEB）

关山管巢蛛 *Clubiona kuanshanensis* Ono, 1994

Ono, 1994: 76; Song, Zhu & Chen, 1999: 425; Huang & Chen, 2012: 72.
分布：台湾（TW）

千岛管巢蛛 *Clubiona kurilensis* Bösenberg & Strand, 1906

Bösenberg & Strand, 1906: 286; Saitō, 1939: 32; Yaginuma, 1958: 74; Saitō, 1959: 143; Yaginuma, 1960: 112; Yaginuma, 1965: 364; Yaginuma, 1971: 112; Song et al., 1977: 33; Paik & Namkung, 1979: 85; Song, 1980: 185; Wang, 1981: 130 (*Clubione k.*); Hu & Song, 1982: 55; Hu, 1984: 292; Hayashi & Chikuni, 1984: 2; Guo, 1985: 153; Zhu et al., 1985: 162; Yaginuma, 1986: 180; Song, 1987: 323; Hayashi, 1987: 33; Zhang, 1987: 196; Chikuni, 1989: 125; Paik, 1990: 69; Chen & Gao, 1990: 153; Chen & Zhang, 1991: 244; Zhao, 1993: 332; Barrion & Litsinger, 1994: 299; Mikhailov, 1995: 38; Song, Zhu & Chen, 1999: 425; Song, Zhu & Chen, 2001: 318; Namkung, 2002: 439; Namkung, 2003: 434; Ono & Hayashi, 2009: 542; Zhu & Zhang, 2011: 362; Huang & Chen, 2012: 74; Yin et al., 2012: 1107.
分布：河北（HEB）、山东（SD）、河南（HEN）、陕西（SN）、安徽（AH）、江苏（JS）、浙江（ZJ）、湖南（HN）、湖北（HB）、贵州（GZ）、台湾（TW）、广东（GD）；韩国、日本、俄罗斯

黑泽管巢蛛 *Clubiona kurosawai* Ono, 1986

Ono, 1986: 20; Mikhailov, 1995: 34; Ono & Hayashi, 2009: 533.
分布：台湾（TW）；日本

板管巢蛛 *Clubiona lamina* Zhang, Zhu & Song, 2007

Zhang, Zhu & Song, 2007: 407.
分布：云南（YN）

侧头管巢蛛 *Clubiona laticeps* O. P.-Cambridge, 1885

O. P.-Cambridge, 1885: 22.
分布：新疆（XJ）

美管巢蛛 *Clubiona laudata* O. P.-Cambridge, 1885

O. P.-Cambridge, 1885: 23.
分布：新疆（XJ）

软管巢蛛 *Clubiona lena* Bösenberg & Strand, 1906

Bösenberg & Strand, 1906: 285; Shinkai, 1969: 47; Hayashi, 1983: 8; Yaginuma, 1986: 180; Song, 1987: 325; Chikuni, 1989: 126; Paik, 1990: 67; Chen & Zhang, 1991: 248; Song, Zhu & Li, 1993: 878; Barrion & Litsinger, 1994: 299; Song, Zhu & Chen, 1999: 425; Namkung, 2002: 434; Namkung, 2003: 429; Ono & Hayashi, 2009: 538; Yin et al., 2012: 1108.
分布：浙江（ZJ）、江西（JX）、湖南（HN）、湖北（HB）、福建（FJ）；韩国、日本

柔弱管巢蛛 *Clubiona leptosa* Zhang et al., 1997

Zhang et al., 1997: 298; Yin et al., 2012: 1109.
分布：湖南（HN）

线形管巢蛛 *Clubiona linea* Xie et al., 1996

Xie et al., 1996: 98; Song, Zhu & Chen, 1999: 425.
分布：福建（FJ）

林芝管巢蛛 *Clubiona linzhiensis* Hu, 2001

Hu, 2001: 286; Yu, Sun & Zhang, 2012: 51.
分布：西藏（XZ）

脊管巢蛛 *Clubiona lirata* Yang, Song & Zhu, 2003

Yang, Song & Zhu, 2003: 6.
分布：湖北（HB）

琴形管巢蛛 *Clubiona lyriformis* Song & Zhu, 1991

Song & Zhu, in Song et al., 1991: 69; Song & Li, 1997: 418; Song, Zhu & Chen, 1999: 425; Yin et al., 2012: 1110.
分布：湖南（HN）、湖北（HB）

吉林管巢蛛 *Clubiona mandschurica* Schenkel, 1953

Schenkel, 1953: 61; Zhu & Yu, 1982: 61; Hu, 1984: 294; Guo, 1985: 155; Paik, 1990: 105; Ono, 1994: 39; Mikhailov, 1995: 105; Mikhailov, 1997: 190; Song, Zhu & Chen, 1999: 425; Song, Zhu & Chen, 2001: 319; Namkung, 2002: 436; Namkung, 2003: 431; Ono & Hayashi, 2009: 538; Zhu & Zhang, 2011: 363 (considered a junior synonym of *C. phragmitis* by Yin et al., 2012: 1115).
分布：吉林（JL）、北京（BJ）、河南（HEN）、陕西（SN）；韩国、日本、俄罗斯

漫山管巢蛛 *Clubiona manshanensis* Zhu & An, 1988

Zhu & An, 1988: 73; Zhang, 1992: 51 (*C. serrata*); Zhang, 1993: 165 (*C. serrata*); Song, Zhu & Li, 1993: 878; Mikhailov, 1995: 105 (*C. m.*, Syn.); Zhang, Yin & Kim, 1996: 51 (*C. wenchengensis*: misspelled as *C. wenchegensis* in heading); Song, Zhu & Chen, 1999: 425 (*C. m.*, Syn.); Song, Zhu & Chen, 2001: 320; Zhu & Zhang, 2011: 364; Yin et al., 2012: 1111.

异名：

Clubiona serrata Zhang, 1992; Mikhailov, 1995: 105 (Syn.);

C. wenchengensis Zhang, Yin & Kim, 1996; Song, Zhu & Chen, 1999: 428 (Syn.).

分布：河北（HEB）、河南（HEN）、浙江（ZJ）、湖南（HN）、湖北（HB）、四川（SC）、贵州（GZ）、云南（YN）、福建（FJ）

墨脱管巢蛛 *Clubiona medog* Zhang, Zhu & Song, 2007

Zhang, Zhu & Song, 2007: 90.

分布：西藏（XZ）

米琳管巢蛛 *Clubiona milingae* Barrion, Barrion-Dupo & Heong, 2012

Barrion et al., 2012: 8.

分布：海南（HI）

模管巢蛛 *Clubiona moesta* Banks, 1896

Emerton, 1890: 181 (*C. pusilla*; preoccupied by Nicolet, 1849); Banks, 1896: 64; Petrunkevitch, 1911: 460 (*C. emertoni*, replacement name); Chamberlin, 1919: 255 (*C. orinoma*); Chickering, 1939: 68; Chamberlin & Ivie, 1947: 71 (*C. emertoni*); Kaston, 1948: 375; Edwards, 1958: 393 (*C. m.*, Syn.); Dondale & Redner, 1982: 28; Song, Zhu & Chen, 1999: 426; Hu, 2001: 292; Paquin & Dupérré, 2003: 56; Yin et al., 2012: 1113.

异名：

Clubiona orinoma Chamberlin, 1919; Edwards, 1958: 393 (Syn.).

分布：青海（QH）、湖南（HN）、湖北（HB）、贵州（GZ）；美国、加拿大、阿拉斯加

臼齿管巢蛛 *Clubiona moralis* Song & Zhu, 1991

Song & Zhu, in Song et al., 1991: 70; Song & Li, 1997: 429; Song, Zhu & Chen, 1999: 426; Huang & Chen, 2012: 80.

分布：湖北（HB）、台湾（TW）

褐管巢蛛 *Clubiona neglecta* O. P.-Cambridge, 1862

O. P.-Cambridge, 1862: 7955; L. Koch, 1867: 308 (*C. montana*); O. P.-Cambridge, 1873: 440; Menge, 1873: 365 (*C. bifurca*); Simon, 1878: 221; O. P.-Cambridge, 1879: 25; Becker, 1896: 272; Chyzer & Kulczyński, 1897: 227 (*C. similis*); Chyzer & Kulczyński, 1897: 227; Bösenberg, 1902: 271; Engelhardt, 1910: 101 (*C. montana*); Simon, 1932: 913, 918, 965; Reimoser, 1937: 66; Palmgren, 1943: 51; Tullgren, 1946: 24; Chrysanthus, 1958: 111; Wiehle, 1965: 488; Braendegaard, 1966: 169; Tyschchenko, 1971: 132; Miller, 1971: 98; Locket, Millidge & Merrett, 1974: 13; Hu, 1979: 66; Namkung, Paik & Yoon, 1981: 56; Wang, 1981: 133; Hu, 1984: 295; Roberts, 1985: 84; Sterghiu, 1985: 77; Guo, 1985: 156; Zhang, 1987: 197; Izmailova, 1989: 116; Chen & Gao, 1990: 154 (*C. neglecte*); Heimer & Nentwig, 1991: 404; Zhao, 1993: 340; Wunderlich, 1994: 160; Mikhailov, 1995: 72; Roberts, 1995: 128; Mikhailov, 1995: 38; Mcheidze, 1997: 174; Roberts, 1998: 135; Merrett, 2001: 32; Song, Zhu & Chen, 2001: 321; Hu, 2001: 293 (*C. xiningensis*); Hu, 2001: 291 (*C. yadongensis*); Mikhailov, 2003: 294 (*C. n.*, Syn.); Tang, Song & Zhu, 2005: 83; Almquist, 2006: 366; Russell-Smith, 2009: 20; Yin et al., 2012: 1114.

异名：

Clubiona xiningensis Hu, 2001; Mikhailov, 2003: 294 (Syn.);

C. yadongensis Hu, 2001; Mikhailov, 2003: 294 (Syn.).

分布：河北（HEB）、陕西（SN）、青海（QH）、浙江（ZJ）、湖南（HN）、四川（SC）、西藏（XZ）；古北界

微管巢蛛 *Clubiona neglectoides* Bösenberg & Strand, 1906

Bösenberg & Strand, 1906: 284; Hayashi, 1983: 10; Yaginuma, 1986: 182; Paik, 1990: 104; Zhang, 1991: 32; Song, Zhu & Chen, 1999: 426; Namkung, 2002: 442; Namkung, 2003: 437; Ono & Hayashi, 2009: 538.

分布：湖北（HB）、贵州（GZ）；韩国、日本

宁波管巢蛛 *Clubiona ningpoensis* Schenkel, 1944

Schenkel, 1944: 205.

分布：浙江（ZJ）

欧德沙管巢蛛 *Clubiona odesanensis* Paik, 1990

Paik, 1990: 96; Mikhailov, 1991: 212; Zhang, 1991: 33; Mikhailov, 1995: 106; Mikhailov, 1995: 73; Mikhailov, 1995: 41; Song, Zhu & Chen, 1999: 426; Namkung, 2002: 435; Mikhailov, 2003: 305; Namkung, 2003: 430; Tang, Song & Zhu, 2005: 84.

分布：吉林（JL）；韩国、俄罗斯

卵管巢蛛 *Clubiona ovalis* Zhang, 1991

Zhang, 1991: 29; Song, Zhu & Chen, 1999: 426.

分布：福建（FJ）

乳状管巢蛛 *Clubiona papillata* Schenkel, 1936

Schenkel, 1936: 162; Hu, 1984: 295; Zhu et al., 1985: 163; Paik, 1990: 99 (*C. wolchongsensis*); Hu, Wang & Wang, 1991: 47 (*C. serrulata*); Mikhailov, 1991: 225 (*C. wolchongsensis*); Song et al., 1991: 71 (*C. w.*); Zhang, 1991: 32 (*C. w.*); Zhang, 1992: 53 (*C. flexa*); Zhang & Chen, 1993: 306 (*C. f.*); Mikhailov, 1995: 40 (*C. w.*); Mikhailov, 1998: 89 (*C. p.*, Syn. of male); Song, Zhu & Chen, 1999: 415 (*C. flexa*); Song, Zhu & Chen, 1999: 426; Song, Zhu & Chen, 1999: 427 (*C.

serrulata); Song, Zhu & Chen, 1999: 427 (*C. wolchongsensis*); Namkung, 2002: 446 (*C. w.*); Mikhailov, 2003: 306 (*C. p.*, Syn.); Namkung, 2003: 441 (*C. w.*); Tang, Song & Zhu, 2005: 85; Zhu & Zhang, 2011: 366.

异名：

Clubiona wolchongsensis Paik, 1990; Mikhailov, 2003: 306 (Syn.);

C. serrulata Hu, Wang & Wang, 1991; Mikhailov, 2003: 306 (Syn.);

C. flexa Zhang, 1992; Mikhailov, 1998: 89 (Syn.);

分布：黑龙江（HL）、吉林（JL）、辽宁（LN）、河南（HEN）、甘肃（GS）、湖北（HB）；韩国、俄罗斯

中亚管巢蛛 *Clubiona parallela* Hu & Li, 1987

Hu & Li, 1987: 307; Hu, 2001: 289.

分布：西藏（XZ）

双孔管巢蛛 *Clubiona phragmitis* C. L. Koch, 1843

De Geer, 1778: 266 (*Aranea holosericea*, misidentified); C. L. Koch, 1843: 134; C. L. Koch, 1843: 135 (*C. pellucida*); O. P.-Cambridge, 1862: 7957 (*C. deinognatha*); L. Koch, 1867: 315; Ohlert, 1867: 101 (*C. pellucida*); Menge, 1873: 355 (*C. grisea*); Simon, 1878: 215; Hansen, 1882: 53 (*C. holosericea*, misidentified); Becker, 1896: 266; Chyzer & Kulczyński, 1897: 228; Simon, 1897: 75; Bösenberg, 1902: 274; Engelhardt, 1910: 91; Fedotov, 1912: 101; Spassky, 1925: 37; Reimoser, 1932: 62; Simon, 1932: 910, 916, 964; Reimoser, 1937: 68; Palmgren, 1943: 52; Tullgren, 1946: 17; Locket & Millidge, 1951: 133; Wiehle, 1965: 480; Braendegaard, 1966: 165; Azheganova, 1968: 133; Tyschchenko, 1971: 130; Miller, 1971: 96; Yaginuma & Nishikawa, 1971: 75; Namkung, Paik & Yoon, 1972: 95; Roberts, 1985: 82; Sterghiu, 1985: 66; Yaginuma, 1986: 181; Hu & Wu, 1989: 306; Paik, 1990: 73; Heimer & Nentwig, 1991: 404; Mikhailov, 1995: 74; Roberts, 1995: 127; Mikhailov, 1995: 40; Bellmann, 1997: 174; Roberts, 1998: 134; Song, Zhu & Chen, 1999: 426; Hu, 2001: 289; Tang, Song & Zhu, 2005: 86; Almquist, 2006: 370; Ono & Hayashi, 2009: 538; Yin et al., 2012: 1115.

分布：青海（QH）、新疆（XJ）、湖南（HN）；古北界

篱笆管巢蛛 *Clubiona phragmitoides* Schenkel, 1963

Schenkel, 1963: 253; Mikhailov, 1990: 161; Song, Zhu & Chen, 1999: 426; Zhu & Zhang, 2011: 367.

分布：河南（HEN）、江西（JX）、四川（SC）

伪蕾管巢蛛 *Clubiona pseudogermanica* Schenkel, 1936

Schenkel, 1936: 155; Schenkel, 1936: 159 (*C. hummeli*, misidentified); Hu, 1979: 65 (*C. hummedi*, misidentified); Hu & Song, 1982: 56 (*C. propinqua*); Song, 1982: 101 (*C. propinqua*, Syn., rejected); Hu, 1984: 290 (*C. hummedi*, misidentified); Hu, 1984: 296 (*C. propingna*); Guo, 1985: 149 (*C. hummedi*, misidentified); Zhu et al., 1985: 160 (*C. hummeli*, misidentified); Zhu et al., 1985: 165 (*C. propingua*); Song, 1987: 325 (*C. propinqua*); Namkung & Kim, 1987: 24 (*C. salictum*; female=*C. hummeli*); Zhang, 1987: 194 (*C. hummeli*, misidentified); Zhang, 1987: 198 (*C. propinqua*); Paik, 1990: 102 (*C. propinqua*, Syn.); Paik, 1990: 107 (*C. hummeli*, misidentified); Chen & Gao, 1990: 152 (*C. hummeli*, misidentified); Mikhailov, 1991: 219 (*C. p.*, removed from Syn. of *C. propinqua*, specimens misidentified, see *C. mayumiae*); Chen & Zhang, 1991: 246 (*C. propinqua*); Zhang, 1991: 9 (*C. propinqua*); Ono, 1993: 92 (*C. salictum*); Zhao, 1993: 325 (*C. hummeli*, misidentified); Zhao, 1993: 333 (*C. propinqua*); Hayashi, 1994: 80; Mikhailov, 1995: 108 (*C. hummeli*, misidentified); Mikhailov, 1995: 74; Mikhailov, 1998: 89; Song, Zhu & Chen, 1999: 426; Song, Zhu & Chen, 2001: 322; Namkung, 2002: 440; Namkung, 2003: 435; Ono & Hayashi, 2009: 538; Zhu & Zhang, 2011: 368; Yin et al., 2012: 1117.

异名：

Clubiona salictum Namkung & Kim, 1987; Paik, 1990: 102 (Syn.).

分布：吉林（JL）、河北（HEB）、北京（BJ）、山西（SX）、山东（SD）、河南（HEN）、宁夏（NX）、甘肃（GS）、安徽（AH）、浙江（ZJ）、湖南（HN）、湖北（HB）、四川（SC）、贵州（GZ）；韩国、俄罗斯

翼形管巢蛛 *Clubiona pterogona* Yang, Song & Zhu, 2003

Yang, Song & Zhu, 2003: 8.

分布：贵州（GZ）

梨形管巢蛛 *Clubiona pyrifera* Schenkel, 1936

Schenkel, 1936: 156; Hu, 1979: 65 (*C. p.*; male is *Castianeira flavimaculata*); Hu, 1984: 296; Mikhailov, 1998: 92; Song, Zhu & Chen, 1999: 427.

分布：甘肃（GS）、湖北（HB）

倩华管巢蛛 *Clubiona qianhuayuani* Barrion, Barrion-Dupo & Heong, 2012

Barrion et al., 2012: 9.

分布：海南（HI）

钦氏管巢蛛 *Clubiona qini* Tang, Song & Zhu, 2005

Tang, Song & Zhu, 2005: 87.

分布：内蒙古（NM）

齐云管巢蛛 *Clubiona qiyunensis* Xu, Yang & Song, 2003

Xu, Yang & Song, 2003: 412.

分布：安徽（AH）、贵州（GZ）

水边管巢蛛 *Clubiona riparia* L. Koch, 1866

L. Koch, 1866: 294; Kulczyński, 1885: 44 (*C. picta*); Emerton, 1890: 183 (*C. ornata*, preoccupied); Banks, 1892: 22 (*C. americana*, replacement name); Emerton, 1894: 414 (*C. ornata*); Emerton, 1902: 18 (*C. ornata*); Emerton, 1909: pl. 10; Comstock, 1912: 567; Peelle & Saitō, 1932: 85 (*C. badia*);

Sytshevskaja, 1935: 98 (*C. picta*); Chickering, 1939: 73; Kaston, 1948: 372; Edwards, 1958: 430; Saitō, 1959: 142 (*C. badia*); Yaginuma, 1972: 29 (*C. yagata*); Dondale & Redner, 1982: 90; Yaginuma, 1986: 179 (*C. yagata*); Hayashi, 1987: 36 (*C. yagata*); Chikuni, 1989: 124 (*C. yagata*); Mikhailov, 1990: 149 (*C. r.*, Syn.); Ono et al., 1991: 100 (*C. yagata*); Zhang, 1991: 30; Mikhailov & Marusik, 1996: 92; Yin et al., 1996: 65 (*C. xillinensis*); Song, Zhu & Chen, 1999: 427; Song, Zhu & Chen, 1999: 427 (*C. xilinensis*); Paquin & Dupérré, 2003: 59; Tang, Song & Zhu, 2005: 88 (*C. r.*, Syn.); Ono & Hayashi, 2009: 535; Marusik & Kovblyuk, 2011: 131.

异名：

Clubiona picta Kulczyński, 1885; Mikhailov, 1990: 149 (Syn.);

C. badia Peelle & Saitō, 1932; Mikhailov, 1990: 149 (Syn.);

C. yagata Yaginuma, 1972; Mikhailov, 1990: 150 (Syn.);

C. xillinensis Yin et al., 1996; Tang, Song & Zhu, 2005: 88 (Syn.).

分布：黑龙江（HL）、吉林（JL）、贵州（GZ）；蒙古、日本、俄罗斯、北美洲

喙管巢蛛 *Clubiona rostrata* Paik, 1985

Paik, 1985: 3; Hayashi, 1985: 36 (*C. maikoae*); Yaginuma, 1985: 131 (*C. r.*, Syn.); Yaginuma, 1986: 182; Hayashi, 1987: 35; Chikuni, 1989: 125; Mikhailov, 1990: 147; Paik, 1990: 75; Chen & Zhang, 1991: 247; Song, Zhu & Chen, 1999: 427; Namkung, 2002: 444; Namkung, 2003: 439; Lee et al., 2004: 99; Ono & Hayashi, 2009: 537; Zhu & Zhang, 2011: 369.

异名：

Clubiona maikoae Hayashi, 1985; Yaginuma, 1985: 131 (Syn.).

分布：黑龙江（HL）、吉林（JL）、辽宁（LN）、河南（HEN）、浙江（ZJ）；韩国、日本、俄罗斯

半环管巢蛛 *Clubiona semicircularis* Tang, Song & Zhu, 2005

Tang, Song & Zhu, 2005: 89.

分布：内蒙古（NM）

类管巢蛛 *Clubiona similis* L. Koch, 1867

L. Koch, 1867: 339; L. Koch, 1867: 347 (*C. alpica*); Castelli, 1893: 205 (*C. canestrinii*); Chyzer & Kulczyński, 1897: 227 (*C. neglecta*); Chyzer & Kulczyński, 1897: 227; Bösenberg, 1902: 272 (*C. montana*, misidentified); Simon, 1932: 913, 919, 963; Reimoser, 1937: 65 (*C. alpica*); Reimoser, 1937: 66; Tullgren, 1946: 28; Chrysanthus, 1958: 112; Wiehle, 1965: 485; Azheganova, 1968: 134; Oltean, 1968: 59 (*C. alpica*); Tyschchenko, 1971: 133; Miller, 1971: 98; Thaler, 1981: 120 (*C. s.*, Syn.); Sterghiu, 1985: 75 (*C. alpica*); Sterghiu, 1985: 79; Hu & Wu, 1989: 306 (*C. s.*: probably *C. neglecta*, per K. Mikhailov); Heimer & Nentwig, 1991: 404; Wunderlich, 1994: 160; Wunderlich & Schuett, 1995: 10; Mikhailov, 1995: 75; Mikhailov, 1995: 37; Mcheidze, 1997: 174; Roberts, 1998: 137.

异名：

Clubiona alpica L. Koch, 1867; Thaler, 1981: 120 (Syn.).

分布：新疆（XJ）；古北界

亚平行管巢蛛 *Clubiona subparallela* Zhang, Zhu & Song, 2007

Zhang, Zhu & Song, 2007: 91.

分布：西藏（XZ）

亚喙管巢蛛 *Clubiona subrostrata* Zhang & Hu, 1991

Zhang & Hu, 1991: 418; Zhang, 1992: 49; Song, Zhu & Chen, 1999: 427; Yin et al., 2012: 1118.

分布：湖南（HN）、福建（FJ）

台湾管巢蛛 *Clubiona taiwanica* Ono, 1994

Ono, 1994: 78 (*C. bonicula*); Ono, 1994: 75; Song, Zhu & Chen, 1999: 415 (*C. bonicula*); Song, Zhu & Chen, 1999: 427; Zhang, Zhu & Song, 2007: 38; Huang & Chen, 2012: 83 (Syn.).

异名：

Clubiona bonicula Ono, 1994; Huang & Chen, 2012: 83 (Syn.).

分布：云南（YN）、台湾（TW）

谷川管巢蛛 *Clubiona tanikawai* Ono, 1989

Ono, 1989: 163; Ono, 1994: 83; Song, Zhu & Chen, 1999: 427; Ono & Hayashi, 2009: 544; Ono, 2010: 4 (*Anaclubiona t.*, Trans. from *Clubiona*); Yin et al., 2012: 1119; Huang & Chen, 2012: 86.

分布：湖南（HN）、台湾（TW）；琉球群岛

腾冲管巢蛛 *Clubiona tengchong* Zhang, Zhu & Song, 2007

Zhang, Zhu & Song, 2007: 408.

分布：云南（YN）

天童管巢蛛 *Clubiona tiantongensis* Zhang, Yin & Kim, 1996

Zhang, Yin & Kim, 1996: 50; Song, Zhu & Chen, 1999: 427.

分布：浙江（ZJ）

通道管巢蛛 *Clubiona tongdaoensis* Zhang et al., 1997

Zhang et al., 1997: 300; Yin et al., 2012: 1120.

分布：湖南（HN）

曲管巢蛛 *Clubiona tortuosa* Zhang & Yin, 1998

Zhang & Yin, 1998: 13.

分布：云南（YN）

横列管巢蛛 *Clubiona transversa* Zhang & Yin, 1998

Zhang & Yin, 1998: 14.

分布：云南（YN）

三叉管巢蛛 *Clubiona trivialis* C. L. Koch, 1843

C. L. Koch, 1843: 132; L. Koch, 1867: 305; Menge, 1873: 366;

Fickert, 1874: 2 (*C. seideli*); Simon, 1878: 228; Chyzer & Kulczyński, 1897: 229; Bösenberg, 1902: 274; Fedotov, 1912: 103; Emerton, 1915: 153 (*C. obtusa*); Simon, 1932: 924, 926, 966; Reimoser, 1937: 64; Chickering, 1939: 71 (*C. obtusa*); Palmgren, 1943: 49; Tullgren, 1946: 8; Locket & Millidge, 1951: 140; Kekenbosch, 1956: 9; Edwards, 1958: 390 (*C. t.*, Syn.); Wiehle, 1965: 473; Braendegaard, 1966: 182; Tyschchenko, 1971: 132; Miller, 1971: 96; Punda, 1975: 70; Hu, 1979: 65; Dondale & Redner, 1982: 30; Hu, 1984: 297 (*C. trivalis*); Roberts, 1985: 86; Sterghiu, 1985: 45 (*Microclubiona t.*); Chen & Gao, 1990: 154; Heimer & Nentwig, 1991: 406; Ono, 1994: 38; Mikhailov, 1995: 72; Roberts, 1995: 130; Mikhailov, 1995: 34; Roberts, 1998: 139; Paquin & Dupérré, 2003: 59; Almquist, 2006: 383; Ono & Hayashi, 2009: 535; Wunderlich, 2011: 138 (*Microclubiona t.*); Yin et al., 2012: 1122.

异名：

Clubiona obtusa Emerton, 1915; Edwards, 1958: 391 (Syn.).

分布：浙江（ZJ）、湖南（HN）、四川（SC）、贵州（GZ）；全北界

风雅管巢蛛 *Clubiona venusta* Paik, 1985

Paik, 1985: 5 (*Clubiona venusta*, primary homonym, needs replacement name if not Syn.); Mikhailov, 1995: 106; Namkung, 2002: 450; Namkung, 2003: 445; Yang, 2003: 257; Zhu & Zhang, 2011: 371.

分布：河南（HEN）；韩国

惊觉管巢蛛 *Clubiona vigil* Karsch, 1879

Karsch, 1879: 93; Bösenberg & Strand, 1906: 280; Saitō, 1959: 144; Yaginuma, 1960: 113; Hamamura, 1965: 46; Yaginuma, 1971: 113; Yaginuma, 1976: 35; Yaginuma, 1986: 180; Zhang, 1987: 199; Chikuni, 1989: 124; Mikhailov, 1990: 143; (misidentified per Hayashi & Yoshida, 1991: 42); Hayashi & Yoshida, 1991: 42; Zhao, 1993: 341; Barrion & Litsinger, 1994: 297; Yoo & Kim, 2002: 26; Namkung, 2002: 451; Namkung, 2003: 446; Ono & Hayashi, 2009: 533.

分布：河北（HEB）、湖北（HB）；韩国、日本、俄罗斯

紫条管巢蛛 *Clubiona violaceovittata* Schenkel, 1936

Schenkel, 1936: 167; Mikhailov, 1998: 92; Song, Zhu & Chen, 1999: 427.

分布：甘肃（GS）

绿管巢蛛 *Clubiona viridula* Ono, 1989

Ono, 1989: 161; Yin et al., 1996: 64 (*C. parallelos*); Song, Zhu & Chen, 1999: 426 (*C. parallelos*); Deeleman-Reinhold, 2001: 100; Ono & Hayashi, 2009: 535; Yin et al., 2012: 1123 (Syn.); Huang & Chen, 2012: 89.

异名：

Clubiona parallelos Yin et al., 1996; Song, Zhu & Chen, 1999: 426; Yin et al., 2012: 1123 (Syn.).

分布：湖南（HN）、台湾（TW）；泰国、琉球群岛、小巽他群岛

卧龙管巢蛛 *Clubiona wolongica* Zhu & An, 1999

Zhu & An, 1999: 541.

分布：四川（SC）

新文管巢蛛 *Clubiona xinwenhui* Barrion, Barrion-Dupo & Heong, 2012

Barrion et al., 2012: 7.

分布：海南（HI）

八木管巢蛛 *Clubiona yaginumai* Hayashi, 1989

Hayashi, 1989: 103; Chikuni, 1989: 126; Ono, 1994: 72; Song, Zhu & Chen, 1999: 427; Ono & Hayashi, 2009: 533; Huang & Chen, 2012: 91.

分布：贵州（GZ）、台湾（TW）；日本

阳明管巢蛛 *Clubiona yangmingensis* Hayashi & Yoshida, 1993

Hayashi & Yoshida, 1993: 48; Song, Zhu & Chen, 1999: 428; Huang & Chen, 2012: 93.

分布：台湾（TW）

樟木管巢蛛 *Clubiona zhangmuensis* Hu & Li, 1987

Hu & Li, 1987: 309; Song, Zhu & Chen, 1999: 428; Hu, 2001: 294; Zhang, Zhu & Song, 2007: 38.

分布：西藏（XZ）

朱氏管巢蛛 *Clubiona zhui* Xu, Yang & Song, 2003

Xu, Yang & Song, 2003: 411.

分布：安徽（AH）

马蒂蛛属 *Matidia* Thorell, 1878

Thorell, 1878: 182. Type species: *Matidia virens* Thorell, 1878

异名：

Kakaibanoides Barrion & Litsinger, 1995; Deeleman-Reinhold, 2001: 156 (Syn.).

铲形马地蛛 *Matidia spatulata* Chen & Huang, 2006

Chen & Huang, 2006: 68; Huang & Chen, 2012: 1; Huang & Chen, 2012: 29.

分布：台湾（TW）

努蒂蛛属 *Nusatidia* Deeleman-Reinhold, 2001

Deeleman-Reinhold, 2001: 166. Type species: *Matidia javana* Simon, 1897

潘达努蒂蛛 *Nusatidia pandalira* Barrion-Dupo, Barrion & Heong, 2012

Barrion et al., 2012: 10.

分布：海南（HI）

锯蛛属 *Pristidia* Deeleman-Reinhold, 2001

Deeleman-Reinhold, 2001: 182. Type species: *Pristidia prima* Deeleman-Reinhold, 2001

多枝锯蛛 *Pristidia ramosa* Yu, Sun & Zhang, 2012

Yu, Sun & Zhang, 2012: 45.

分布：江西（JX）

8. 圆颚蛛科 Corinnidae Karsch, 1880

说明：Ramírez(2014)的重新界定该科，我国原属该科的刺腹蛛属 *Abdosetea*，盾球蛛属 *Orthobula*，纤耳蛛属 *Otacilia* 和刺足蛛属 *Phrurolithus* 被转至刺足蛛科 Phrurolithidae；我国原属该科的彩蛛属 *Cetonana*、管蛛属 *Trachelas*、拟管蛛属 *Paratrachelas* 和突头蛛属 *Utivarachna* 被转至管蛛科 Trachelidae。

世界 58 属 658 种；中国 3 属 13 种。

纯蛛属 *Castianeira* Keyserling, 1879

Keyserling, 1879: 334, type species *C. rubicunda* Keyserling, 1879

弧纹纯蛛 *Castianeira arcistriata* Yin et al., 1996

Yin et al., 1996: 87 (*C. arci-striata*); Song, Zhu & Chen, 1999: 428; Yin et al., 2012: 1126.

分布：湖南（HN）

道县纯蛛 *Castianeira daoxianensis* Yin et al., 1996

Yin et al., 1996: 88; Song, Zhu & Chen, 1999: 428; Yin et al., 2012: 1127.

分布：湖南（HN）

黄斑纯蛛 *Castianeira flavimaculata* Hu, Song & Zheng, 1985

Hu, Song & Zheng, 1985: 259; Song, 1987: 311; Chen & Gao, 1990: 145; Chen & Zhang, 1991: 249; Zhao, 1993: 315; Song, Zhu & Chen, 1999: 428; Zhu & Zhang, 2011: 373; Yin et al., 2012: 1128.

分布：河南（HEN）、浙江（ZJ）、湖南（HN）、湖北（HB）、广东（GD）；韩国

黄膝纯蛛 *Castianeira flavipatellata* Yin et al., 1996

Yin et al., 1996: 89; Song, Zhu & Chen, 1999: 429; Yin et al., 2012: 1130.

分布：湖南（HN）

香港纯蛛 *Castianeira hongkong* Song, Zhu & Wu, 1997

Song, Zhu & Wu, 1997: 81; Song, Zhu & Chen, 1999: 429.

分布：香港（HK）

沙县纯蛛 *Castianeira shaxianensis* Gong, 1983

Gong, 1983: 63; Song, 1987: 312; Paik, 1991: 257; Kim, 1997: 2 (*C. paikdoensis*); Song, Zhu & Chen, 1999: 429; Kamura, 2001: 59; Namkung, 2002: 454 (*C. flavimaculata*, misidentified, Syn., rejected); Namkung, 2003: 450 (*C. f.*, misidentified); Kim & Lee, 2008: 1868 (*C. s.*, Syn.); Kamura, 2009: 551.

异名：

Castianeira paikdoensis Kim, 1997; Kim & Lee, 2008: 1870 (Syn.).

分布：福建（FJ）；韩国、日本

马黄纯蛛 *Castianeira tinae* Patel & Patel, 1973

Patel & Patel, 1973: 6; Feng, 1990: 173; Majumder & Tikader, 1991: 140.

分布：浙江（ZJ）、湖南（HN）、湖北（HB）、云南（YN）、福建（FJ）、广东（GD）；印度

三带纯蛛 *Castianeira trifasciata* Yin et al., 1996

Yin et al., 1996: 90; Song, Zhu & Chen, 1999: 425; Yin et al., 2012: 1133.

分布：湖南（HN）

心颚蛛属 *Corinnomma* Karsch, 1880

Karsch, 1880: 375. Type species: *Corinna severa* Thorell, 1877

严肃心颚蛛 *Corinnomma severum* (Thorell, 1877)

Thorell, 1877: 481 (*Corinna severa*); Karsch, 1880: 375; Simon, 1886: 158 (*C. harmandi*); Thorell, 1887: 45 (*C. h.*); Workman, 1896: 79 (*C. h.*); Gravely, 1931: 276 (*C. h.*); Schenkel, 1963: 269 (*C. h.*); Tikader, 1981: 265 (*Castianeira himalayensis*, misidentified); Song & Zhu, 1992: 107 (*Castianeira hamulata*); Deeleman-Reinhold, 1993: 177 (*C. s.*, Syn. of female); Barrion & Litsinger, 1995: 172 (*Castianeira tiranglupa*); Song & Li, 1997: 420 (*Castianeira hamulata*); Song, Zhu & Chen, 1999: 429 (*Castianeira h.*); Deeleman-Reinhold, 2001: 318 (*C. s.*, Syn.); Wang, Zhang & Zhang, 2012: 38; Yin et al., 2012: 1131 (*Castianeira s.*).

异名：

Corinnomma harmandi Simon, 1886; Deeleman-Reinhold, 1993: 177 (Syn.);

C. hamulata (Song & Zhu, 1992, Trans. from *Castianeira*); Deeleman-Reinhold, 2001: 320 (Syn.);

C. tiranglupa (Barrion & Litsinger, 1995, T from *Castianeira*); Deeleman-Reinhold, 2001: 320).

分布：湖南（HN）、湖北（HB）；印度、菲律宾、印度尼西亚（苏拉威西）

雨林谷心颚蛛 *Corinnomma yulinguana* Barrion, Barrion-Dupo & Heong, 2012

Barrion et al., 2012: 10.

分布：海南（HI）

刺蛛属 *Echinax* Deeleman-Reinhold, 2001

Deeleman-Reinhold, 2001: 359. Type species: *Copa oxyopoides* Deeleman-Reinhold, 1995

安龙刺蛛 *Echinax anlongensis* Yang, Song & Zhu, 2004

Yang, Song & Zhu, 2004: 69.

分布：贵州（GZ）

类猫刺蛛 *Echinax oxyopoides* (Deeleman-Reinhold, 1995)

Deeleman-Reinhold, 1995: 48 (*Copa o.*); Deeleman-Reinhold,

2001: 361 (*E. o.*, Trans. from *Copa*); Marusik, Zheng & Li, 2009: 168.
分布：云南（YN）；苏门答腊岛、婆罗洲

羽状刺蛛 *Echinax panache* Deeleman-Reinhold, 2001

Deeleman-Reinhold, 2001: 365; Yang, Song & Zhu, 2004: 67 (*E. oxyopoides*, misidentified per Marusik, Zheng & Li, 2009: 165); Yang, Song & Zhu, 2004: 68; Marusik, Zheng & Li, 2009: 165.
分布：云南（YN）；泰国

9. 栉足蛛科 Ctenidae Keyserling, 1877

世界 39 属 490 种；中国 4 属 10 种。

阿纳蛛属 *Anahita* Karsch, 1879

Karsch, 1879: 99. Type species: *Anahita fauna* Karsch, 1879

田野阿纳蛛 *Anahita fauna* Karsch, 1879

Karsch, 1879: 99; Simon, 1897: 123; Bösenberg & Strand, 1906: 290; Paik & Namkung, 1979: 87; Song, 1987: 333; Chikuni, 1989: 132; Feng, 1990: 174; Chen & Zhang, 1991: 261; Song, Zhu & Chen, 1999: 465; Song, Zhu & Chen, 2001: 365 (misidentified per Jäger, 2012: 12); Namkung, 2002: 408; Kim & Cho, 2002: 188; Namkung, 2003: 410; Yoshida, 2009: 467; Marusik & Kovblyuk, 2011: 141; Jäger, 2012: 9; Yin et al., 2012: 934.
分布：吉林（JL）、河北（HEB）、山东（SD）、安徽（AH）、浙江（ZJ）、湖南（HN）、台湾（TW）、广东（GD）、香港（HK）；韩国、日本、俄罗斯

尖峰阿纳蛛 *Anahita jianfengensis* Zhang, Hu & Han, 2011

Zhang, Hu & Han, 2011: 85.
分布：海南（HI）

近似阿纳蛛 *Anahita jinsi* Jäger, 2012

Jäger, 2012: 11; Li, Jin & Zhang, 2014: 149.
分布：四川（SC）、福建（FJ）

茂兰阿纳蛛 *Anahita maolan* Zhu, Chen & Song, 1999

Zhu, Chen & Song, 1999: 210; Yin et al., 2012: 936.
分布：湖南（HN）、贵州（GZ）

简阿纳蛛 *Anahita samplexa* Yin, Tang & Gong, 2000

Paik, 1978: 403 (*A. fauna*, misidentified); Hu, 1984: 306 (*A. fauna*, misidentified); Zhang, 1987: 201 (*A. fauna*, misidentified); Yin, Tang & Gong, 2000: 94 (*A. s.*); Yin et al., 2012: 937.
分布：湖南（HN）；韩国

武夷阿纳蛛 *Anahita wuyiensis* Li, Jin & Zhang, 2014

Li, Jin & Zhang, 2014: 145.
分布：福建（FJ）

栉足蛛属 *Ctenus* Walckenaer, 1805

Walckenaer, 1805: 18. Type species: *Ctenus dubius* Walckenaer, 1805
异名：
Oligoctenus Simon, 1887; Brescovit & Simó, 2007: 2 (Syn.).

枢强栉足蛛 *Ctenus lishuqiang* Jäger, 2012

Jäger, 2012: 34.
分布：四川（SC）

石垣栉足蛛 *Ctenus yaeyamensis* Yoshida, 1998

Yoshida, 1998: 117; Yoshida, 2009: 467.
分布：台湾（TW）；日本

弱栉蛛属 *Leptoctenus* L. Koch, 1878

L. Koch, 1878: 994. Type species: *Leptoctenus agalenoides* L. Koch, 1878

道县弱栉蛛 *Leptoctenus daoxianensis* Yin, Tang & Gong, 2000

Yin, Tang & Gong, 2000: 95; Yin et al., 2012: 939.
分布：湖南（HN）

华栉蛛属 *Sinoctenus* Marusik, Zhang & Omelko, 2012

Marusik, Zhang & Omelko, 2012: 62. Type species: *Sinoctenus zhui* Marusik, Zhang & Omelko, 2012

朱氏华栉蛛 *Sinoctenus zhui* Marusik, Zhang & Omelko, 2012

Marusik, Zhang & Omelko, 2012: 63.
分布：海南（HI）

10. 蝗螲蛛科 Ctenizidae Thorell, 1887

世界 9 属 128 种；中国 4 属 15 种。

沟穴蛛属 *Bothriocyrtum* Simon, 1891

Simon, 1891: 315. Type species: *Cteniza californicum* O. P.-Cambridge, 1874

温和沟穴蛛 *Bothriocyrtum tractabile* Saitō, 1933

Saitō, 1933: 33.
分布：台湾（TW）

科诺蛛属 *Conothele* Thorell, 1878

Thorell, 1878: 305. Type species: *Cteniza malayana* Doleschall, 1859
异名：
Lechrictenus Chamberlin, 1917; Raven, 1985: 154 (Syn.).

台湾科诺蛛 *Conothele taiwanensis* (Tso, Haupt & Zhu, 2003)

Tso, Haupt & Zhu, 2003: 28 (*Ummidia t.*); Haupt, 2006: 78 (*C. t.*, Trans. from *Ummidia*).
分布：台湾（TW）

盘腹蛛属 *Cyclocosmia* Ausserer, 1871

Ausserer, 1871: 145. Type species: *Mygale truncata* Hentz,

1841
异名：
Chorizops Ausserer, 1871; Gertsch & Platnick, 1975: 5 (Syn.).

兰纳盘腹蛛 *Cyclocosmia lannaensis* Schwendinger, 2005

Schwendinger, 2005: 240.
分布：云南（YN）；泰国

宽肋盘腹蛛 *Cyclocosmia latusicosta* Zhu, Zhang & Zhang, 2006

Zhu, Zhang & Zhang, 2006: 121; Zhang, Gao & Li, 2007: 385.
分布：四川（SC）、广西（GX）

里氏盘腹蛛 *Cyclocosmia ricketti* (Pocock, 1901)

Pocock, 1901: 209 (*Halonoproctus r.*); Simon, 1903: 887 (*C. r.*); Gertsch & Platnick, 1975: 18; Song, Zhu & Chen, 1999: 36; Schwendinger, 2005: 227; Zhu, Zhang & Zhang, 2006: 120; Zhang, Gao & Li, 2007: 385; Yin et al., 2012: 134.
分布：浙江（ZJ）、湖南（HN）、四川（SC）、福建（FJ）

拉土蛛属 *Latouchia* Pocock, 1901

Pocock, 1901: 211. Type species: *Acattyma davidi* Simon, 1886
异名：
Cronebergella Charitonov, 1946; Raven, 1985: 151 (Syn.).

角拉土蛛 *Latouchia cornuta* Song, Qiu & Zheng, 1983

Song, Qiu & Zheng, 1983: 373; Guo, 1985: 38; Song, 1987: 58; Song, Zhu & Chen, 1999: 36; Song, Zhu & Chen, 2001: 53.
分布：河北（HEB）、陕西（SN）

大卫拉土蛛 *Latouchia davidi* (Simon, 1886)

Simon, 1886: 163 (*Acattyma d.*).
分布：西藏（XZ）

束拉土蛛 *Latouchia fasciata* Strand, 1907

Strand, 1907: 6.
分布：上海（SH）

台湾拉土蛛 *Latouchia formosensis* Kayashima, 1943

Kayashima, 1943: 38 (specific name attributed to Kishida but apparently never described by that author); Haupt & Shimojana, 2001: 105.
分布：台湾（TW）

史氏台湾拉土蛛 *Latouchia formosensis smithi* Tso, Haupt & Zhu, 2003

Tso, Haupt & Zhu, 2003: 30.
分布：台湾（TW）

沟拉土蛛 *Latouchia fossoria* Pocock, 1901

Pocock, 1901: 211; Song, Zhu & Chen, 1999: 36.
分布：福建（FJ）

湖南拉土蛛 *Latouchia hunanensis* Xu, Yin & Bao, 2002

Xu, Yin & Bao, 2002: 723; Yin et al., 2012: 136.
分布：湖南（HN）

巴氏拉土蛛 *Latouchia pavlovi* Schenkel, 1953

Schenkel, 1953: 3; Song & Hu, 1982: 178; Hu, 1984: 31; Guo, 1985: 38; Song, 1987: 59; Chen & Gao, 1990: 17; Zhao, 1993: 55; Song, Zhu & Chen, 1999: 36; Song, Zhu & Chen, 2001: 54; Zhu & Zhang, 2011: 37.
分布：河北（HEB）、山东（SD）、河南（HEN）、陕西（SN）、四川（SC）

典型拉土蛛 *Latouchia typica* (Kishida, 1913)

Kishida, 1913: 22 (*Kishinouyeus typicus*, in generic nomen nudum); Kishida, 1927: 958 (*Kishinouyeus typicus*); Yaginuma, 1971: 20 (*L. (Kishinouyeus) t.*); Mao & Zhu, 1983: 161; Yaginuma, 1986: 3; Chikuni, 1989: 19; Kim et al., 1995: 87; Ono, 2001: 154; Haupt & Shimojana, 2001: 102 (*L. swinhoei t.*, considered a subspecies); Ono, 2001: 154.
分布：河南（HEN）；日本

文会拉土蛛 *Latouchia vinhiensis* Schenkel, 1963

Schenkel, 1963: 14.
分布：中国（具体未详）

11. 并齿蛛科 Cybaeidae Banks, 1892

世界 10 属 178 种；中国 2 属 7 种。

水蛛属 *Argyroneta* Latreille, 1804

Latreille, 1804: 134. Type species: *Araneus aquaticus* Clerck, 1757

水蛛 *Argyroneta aquatica* (Clerck, 1757)

Clerck, 1757: 143 (*Araneus aquaticus*); Linnaeus, 1758: 623 (*Aranea a.*); Poda, 1761: 123 (*Aranea urinatoria*); Fabricius, 1775: 436 (*Aranea a.*); Müller, 1776: 194 (*Aranea amphibia*); Fabricius, 1781: 542 (*Aranea a.*); Olivier, 1789: 226 (*Aranea a.*); Latreille, 1804: 134; Latreille, 1804: 217 (*Aranea a.*); Sundevall, 1831: 24; Sundevall, 1832: 131; Hahn, 1834: 33; Walckenaer, 1837: 603 (*Clubiona fallax*); C. L. Koch, 1841: 60; Blackwall, 1861: 137; Menge, 1871: 294; Simon, 1875: 29; Hansen, 1882: 48; Becker, 1896: 184; Chyzer & Kulczyński, 1897: 176; Simon, 1898: 234; Bösenberg, 1902: 239; Reimoser, 1928: 104; Dahl, 1937: 116; Simon, 1937: 980, 1034; Drensky, 1942: 35; Crome, 1951: 1; Locket & Millidge, 1953: 6; Lehtinen, 1967: 450; Azheganova, 1968: 20; Loksa, 1969: 125; Tyschchenko, 1971: 158; Miller, 1971: 172; de Blauwe, 1973: 4; Palmgren, 1977: 8; Paik, 1978: 302; Zhu, 1982: 29; Hu, 1984: 212; Roberts, 1985: 154; Yaginuma, 1986: 153; Song, 1987: 197; Chikuni, 1989: 97; Heimer & Nentwig, 1991: 366; Bennett, 1992: 6; Grothendieck & Kraus, 1994: 259; Roberts, 1995: 239; Namkung, Kim & Lim, 1996: 112;

Mcheidze, 1997: 202; Roberts, 1998: 257; Song, Zhu & Chen, 1999: 355; Ono, 2002: 53; Ono, 2002: 53 (*A. a. japonica*); Namkung, 2002: 365; Namkung, 2003: 367; Cai & Li, 2004: 93; Almquist, 2005: 271; Jäger, 2006: 5 (Syn.); Ono, 2009: 169; Marusik & Kovblyuk, 2011: 121.

异名：

Argyroneta aquatica japonica Ono, 2002; Jäger, 2006: 5 (Syn.).

分布：吉林（JL）、内蒙古（NM）；古北界

并齿蛛属 *Cybaeus* L. Koch, 1868

L. Koch, 1868: 50. Type species: *Amaurobius tetricus* C. L. Koch, 1839

异名：

Bansaia Uyemura, 1938; Yaginuma, 1958: 76 (Syn.);
Dolichocybaeus Kishida, 1968; Ihara, 2010: 70 (Syn.);
Heterocybaeus Komatsu, 1968; Ihara, 2010: 70 (Syn.).

鹰状井齿蛛 *Cybaeus aquilonalis* Yaginuma, 1958

Yaginuma, 1958: 76; Yaginuma, 1960: 78; Yaginuma, 1971: 78; Yaginuma, 1986: 143; Ihara, 2004: 41; Ihara, 2005: 107; Ihara, 2009: 162.

分布：吉林（JL）；日本

缠绕井齿蛛 *Cybaeus cylisteus* Zhu & Wang, 1992

Zhu & Wang, 1992: 342; Song, Zhu & Chen, 1999: 355.

分布：吉林（JL）

提灯井齿蛛 *Cybaeus deletroneus* Zhu & Wang, 1992

Zhu & Wang, 1992: 343; Song, Zhu & Chen, 1999: 355.

分布：吉林（JL）

纽带井齿蛛 *Cybaeus desmaeus* Zhu & Wang, 1992

Zhu & Wang, 1992: 343; Song, Zhu & Chen, 1999: 355.

分布：安徽（AH）

棘井齿蛛 *Cybaeus echinaceus* Zhu & Wang, 1992

Zhu & Wang, 1992: 342; Song, Zhu & Chen, 1999: 355.

分布：吉林（JL）

吉林井齿蛛 *Cybaeus jilinensis* Song, Kim & Zhu, 1993

Song, Kim & Zhu, 1993: 19; Song, Zhu & Chen, 1999: 355.

分布：吉林（JL）

12. 妖面蛛科 Deinopidae C. L. Koch, 1850

世界 2 属 61 种；中国 1 属 1 种。

妖面蛛属 *Deinopis* MacLeay, 1839

MacLeay, 1839: 9. Type species: *Deinopis lamia* MacLeay, 1839

六库妖面蛛 *Deinopis liukuensis* Yin, Griswold & Yan, 2002

Yin, Griswold & Yan, 2002: 610.

分布：云南（YN）

13. 潮蛛科 Desidae Pocock, 1895

世界 38 属 185 种；中国 1 属 1 种。

社蛛属 *Badumna* Thorell, 1890

Thorell, 1890: 323. Type species: *Badumna hirsuta* Thorell, 1890

异名：

Aphyctoschaema Simon, 1902; Lehtinen, 1967: 215 (Syn.);
Derxema Simon, 1906; Lehtinen, 1967: 228 (Syn.);
Ixeuticus Dalmas, 1917; Gray, 1983: 249 (Syn.);
Hesperauximus Gertsch, 1937; Marples, 1959: 335 (Syn., sub *Ixeuticus*).

唐氏社蛛 *Badumna tangae* Zhu, Zhang & Yang, 2006

Zhu, Zhang & Yang, 2006: 45.

分布：云南（YN）

14. 卷叶蛛科 Dictynidae O. P.-Cambridge, 1871

世界 51 属 578 种；中国 13 属 48 种。

阿卷叶蛛属 *Ajmonia* Caporiacco, 1934

Caporiacco, 1934: 125. Type species: *Dictyna velifera* Simon, 1906

耳阿卷叶蛛 *Ajmonia aurita* Song & Lu, 1985

Song & Lu, 1985: 81 (*A. auritus*); Song, 1987: 70 (*A. auritus*); Hu & Wu, 1989: 63 (*A. auritus*, misidentified per Marusik & Esyunin, 2010: 364); Song, Zhu & Chen, 1999: 362 (*A. auritus*); Marusik & Esyunin, 2010: 362.

分布：新疆（XJ）；哈萨克斯坦

巾阿卷叶蛛 *Ajmonia capucina* (Schenkel, 1936)

Schenkel, 1936: 22 (*Dictyna c.*); Song & Lu, 1985: 80 (*A. c.*, Trans. from *Dictyna*); Song, 1987: 72; Feng, 1990: 38 (*A. capuzina*); Song, Zhu & Chen, 1999: 362; Song, Zhu & Chen, 2001: 279; Marusik, Ovchinnikov & Koponen, 2006: 355; Marusik & Esyunin, 2010: 364.

分布：北京（BJ）、甘肃（GS）、浙江（ZJ）

大阿卷叶蛛 *Ajmonia procera* (Kulczyński, 1901)

Kulczyński, 1901: 322 (*Dictyna p.*); Lehtinen, 1967: 210 (*A. p.*, Trans. from *Dictyna*).

分布：中国（具体未详）

鹦阿卷叶蛛 *Ajmonia psittacea* (Schenkel, 1936)

Schenkel, 1936: 20 (*Dictyna p.*); Lehtinen, 1967: 210 (*A. p.*, Trans. from *Dictyna*); Marusik & Esyunin, 2010: 364.

分布：甘肃（GS）

缘阿卷叶蛛 *Ajmonia velifera* (Simon, 1906)

Simon, 1906: 304 (*Dictyna v.*); Caporiacco, 1934: 125 (*A. patellaris*); Schenkel, 1963: 24 (*Dictyna yunnanensis*); Lehtinen, 1967: 210 (*A. v.*, Trans. from *Dictyna*, Syn.).

异名：

Ajmonia patellaris Caporiacco, 1934; Lehtinen, 1967: 210 (Syn.);

A. yunnanensis (Schenkel, 1963, Trans. from *Dictyna*); Lehtinen, 1967: 210 (Syn.).
分布：新疆（XJ）、云南（YN）；印度

古卷叶蛛属 *Archaeodictyna* Caporiacco, 1928

Caporiacco, 1928: 79. Type species: *Dictyna anguiniceps* Simon, 1899

康古卷叶蛛 *Archaeodictyna consecuta* (O. P.-Cambridge, 1872)

O. P.-Cambridge, 1872: 261 (*Dictyna c.*); Thorell, 1875: 72 (*Dictyna pygmaea*); Thorell, 1875: 73 (*D. p.*); Simon, 1875: 150 (*D. sedilloti*); Kulczyński, 1895: 32 (*D. annulata*); Bösenberg, 1902: 240 (*D. latens*, misidentified); Simon, 1914: 55, 56, 65 (*D. s.*); Caporiacco, 1934: 124 (*D. c.*); Holm, 1945: 76 (*D. terricola*); Miller & Valešová, 1964: 182 (*D. s.*); Lehtinen, 1967: 215 (*A. c.*, Trans. from *Dictyna*, Syn.); Azheganova, 1968: 47 (*D. p.*); Loksa, 1969: 43 (*D. a.*); Miller, 1971: 70 (*D. c.*); Staręga, 1972: 55 (*A. c.*, Syn.); Palmgren, 1977: 21 (*D. t.*); Miller & Svatoň, 1978: 7; Hu, 1984: 58 (*D. arundinacea*, misidentified); Song, Wang & Yang, 1985: 23; Song, 1987: 72; Hu & Wu, 1989: 65; Heimer & Nentwig, 1991: 374 (*D. c.*); Zhao, 1993: 139 (*Archaedictyna c.*); Danilov, 1994: 201; Mcheidze, 1997: 56 (*D. p.*); Song, Zhu & Chen, 1999: 363; Hu, 2001: 97; Song, Zhu & Chen, 2001: 280; Trotta, 2005: 164; Almquist, 2006: 301.
异名：
Archaeodictyna pygmaea (Thorell, 1875, Trans. from *Dictyna*); Lehtinen, 1967: 215 (Syn.);
A. sedilloti (Simon, 1875, Trans. from *Dictyna*); Lehtinen, 1967: 215 (Syn.);
A. annulata (Kulczyński, 1895, Trans. from *Dictyna*); Staręga, 1972: 55 (Syn.);
A. terricola (Holm, 1945, Trans. from *Dictyna*); Lehtinen, 1967: 215 (Syn.).
分布：河北（HEB）、青海（QH）、新疆（XJ）；古北界

婀蛛属 *Argenna* Thorell, 1870

Thorell, 1870: 123. Type species: *Drassus subniger* O. P.-Cambridge, 1861

阿拉善婀蛛 *Argenna alxa* Tang, 2011

Tang, 2011: 94.
分布：内蒙古（NM）

开展婀蛛 *Argenna patula* (Simon, 1874)

Menge, 1869: 248 (*Dictyna albopunctata*, nomen oblitum); Simon, 1874: 197 (*D. p.*); O. P.-Cambridge, 1878: 108 (*Lethia p.*); Dahl, 1883: 54 (*D. crassipalpis*); Bertkau, 1883: 378 (*A. a.*); Bertkau, 1883: 379; Kulczyński, in Chyzer & Kulczyński, 1891: 160 (*A. lendlii*); Simon, 1892: 240 (*Protadia p.*); Jackson, 1913: 20 (*P. p.*); Reimoser, 1919: 25 (*A. crassipalpis*); Locket & Millidge, 1951: 68 (*Protadia p.*); Wiehle, 1953: 110; Braendegaard, 1966: 56; Lehtinen, 1967: 216 (*A. p.*, Syn.); Azheganova, 1968: 43 (*A. crassipalpis*); Loksa, 1969: 55 (*A. c.*); Miller, 1971: 71; Palmgren, 1977: 22; Roberts, 1985: 54; Zhou & Song, 1987: 21; Hu & Wu, 1989: 66; Heimer & Nentwig, 1991: 374; Roberts, 1998: 91; Song, Zhu & Chen, 1999: 363; Trotta, 2005: 164; Almquist, 2006: 303.
异名：
Argenna albopunctata (Menge, 1869, Trans. from *Dictyna*); Lehtinen, 1967: 216 (Syn.).
分布：新疆（XJ）；古北界

版纳蛛属 *Bannaella* Zhang & Li, 2011

Zhang & Li, 2011: 22. Type species: *Bannaella tibialis* Zhang & Li, 2011

弯版纳蛛 *Bannaella sinuata* Zhang & Li, 2011

Zhang & Li, 2011: 24.
分布：云南（YN）

胫版纳蛛 *Bannaella tibialis* Zhang & Li, 2011

Zhang & Li, 2011: 26.
分布：云南（YN）

布朗蛛属 *Brommella* Tullgren, 1948

Tullgren, 1948: 156. Type species: *Lathys falcigera* Balogh, 1935
异名：
Pagomys Chamberlin, 1948; Braun, 1964: 152 (Syn.);
Lathargenna Braun, 1963; Braun, 1964: 152 (Syn.).

散斑布朗蛛 *Brommella punctosparsa* (Oi, 1957)

Oi, 1957: 47 (*Lathys punctosparsus*); Oi, 1961: 33 (*L. p.*); Yaginuma, 1967: 35 (*Pagomys p.*, Trans. from *Lathys*); Lehtinen, 1967: 219; Xu & Song, 1986: 39; Yaginuma, 1986: 11 (*L. p.*); Chikuni, 1989: 22 (*L. p.*); Chen & Zhang, 1991: 43; Song, Zhu & Chen, 1999: 363; Kim, Kwon & Kim, 2003: 8; Ono & Ogata, 2009: 136; Zhang & Li, 2011: 22; Yin et al., 2012: 966.
分布：河南（HEN）、安徽（AH）、浙江（ZJ）、湖南（HN）；韩国、日本

洞叶蛛属 *Cicurina* Menge, 1871

Menge, 1871: 272. Type species: *Aranea cicurea* Fabricius, 1793
异名：
Tetrilus Simon, 1886; Lehtinen, 1967: 268 (Syn.);
Moguracicurina Komatsu, 1947; Yaginuma, 1963: 53 (Syn.).

安徽洞叶蛛 *Cicurina anhuiensis* Chen, 1986

Chen, 1986: 160; Chen & Zhang, 1991: 193; Song, Zhu & Chen, 1999: 363.
分布：安徽（AH）、浙江（ZJ）

萼洞叶蛛 *Cicurina calyciforma* Wang & Xu, 1989

Wang & Xu, 1989: 4; Song, Zhu & Chen, 1999: 363.

分布：安徽（AH）

象牙洞叶蛛 *Cicurina eburnata* Wang, 1994

Wang, 1994: 289; Song, Zhu & Chen, 1999: 363.

分布：湖北（HB）

江永洞叶蛛 *Cicurina jiangyongensis* Peng, Gong & Kim, 1996

Peng, Gong & Kim, 1996: 18; Song, Zhu & Chen, 1999: 363; Yin et al., 2012: 968.

分布：湖南（HN）

脉纹洞叶蛛 *Cicurina nervifera* Yin et al., 2012

Yin et al., 2012: 969.

分布：湖南（HN）

天目洞叶蛛 *Cicurina tianmuensis* Song & Kim, 1991

Song & Kim, 1991: 21; Song, Zhu & Chen, 1999: 363.

分布：浙江（ZJ）

带蛛属 *Devade* Simon, 1884

Simon, 1884: 323. Type species: *Amaurobius indistinctus* O. P.-Cambridge, 1872

异名：

Pseudauximus Denis, 1955; Lehtinen, 1967: 228 (Syn.);

Strinatinella Denis, 1957; Lehtinen, 1967: 228 (Syn.).

弱带蛛 *Devade tenella* (Tyschchenko, 1965)

Tyschchenko, 1965: 696 (*Altella t.*); Andreeva & Tyschchenko, 1969: 380 (*Momius hispidus*); Andreeva, 1976: 28 (*M. h.*); Ovtsharenko & Fet, 1980: 445 (*M. tenellus*, Trans. from *Altella*, male Syn.); Hu & Wu, 1989: 57 (*Amaurobius qiemuensis*); Esyunin, 1994: 39 (*D. indistincta*, misidentified); Esyunin, 1994: 43 (*D. i. tatyanae*); Esyunin, 1994: 45 (*D. uiensis*); Song, Zhu & Chen, 1999: 365 (*Amaurobius qiemuensis*); Esyunin & Efimik, 2000: 680 (*D. t.*, removed from Syn. of *D. indistincta*, contra. Esyunin, 1994: 41); Esyunin & Efimik, 2000: 684 (*D. uiensis*); Esyunin & Efimik, 2000: 684 (*D. u. turanica*); Esyunin & Efimik, 2000: 685 (*D. qiemuensis*, Trans. from *Amaurobius*); Esyunin & Marusik, 2001: 130 (*D. t.*, Syn.).

异名：

Devade hispida (Andreeva & Tyschchenko, 1969, *Momius*); Ovtsharenko & Fet, 1980: 445 (Syn., sub. of *Momius*);

D. qiemuensis (Hu & Wu, 1989, Trans. from *Amaurobius*); Esyunin & Marusik, 2001: 130 (Syn.);

D. indistincta tatyanae Esyunin, 1994; Esyunin & Efimik, 2000: 684 (Syn.);

D. uiensis Esyunin, 1994; Esyunin & Marusik, 2001: 130 (Syn.);

D. uiensis turanica Esyunin & Efimik, 2000; Esyunin & Marusik, 2001: 130 (Syn.).

分布：新疆（XJ）；乌克兰

卷叶蛛属 *Dictyna* Sundevall, 1833

Sundevall, 1833: 16. Type species: *Aranea arundinacea* Linnaeus, 1758

异名：

Brigittea Lehtinen, 1967; Wunderlich, 1987: 224 (Syn.).

白卷叶蛛 *Dictyna albida* O. P.-Cambridge, 1885

O. P.-Cambridge, 1885: 29; Dyal, 1935: 157.

分布：新疆（XJ）；印度、巴基斯坦

芦苇卷叶蛛 *Dictyna arundinacea* (Linnaeus, 1758)

Linnaeus, 1758: 620 (*Aranea a.*); Olivier, 1789: 231 (*A. a.*); Walckenaer, 1802: 209 (*A. benigna*); Walckenaer, 1805: 77 (*Theridion benignum*); Sundevall, 1830: 122 (*T. b.*); Blackwall, 1833: 437 (*Clubiona parvula*); Sundevall, 1833: 16 (*D. benigna*); Blackwall, 1834: 337 (*Drassus parvulus*); C. L. Koch, 1836: 27 (*D. benigna*); Blackwall, 1841: 608 (*Ergatis benigna*); Walckenaer, 1847: 500 (*Argus benignus*); Blackwall, 1861: 146 (*Ergatis benigna*); Westring, 1861: 383; Menge, 1869: 245; O. P.-Cambridge, 1879: 49; Hansen, 1882: 40; Chyzer & Kulczyński, 1891: 158; Becker, 1896: 220; Bösenberg, 1902: 243; Simon, 1914: 55; Charitonov, 1926: 104; Gertsch & Ivie, 1936: 10 (*D. voluta*); Drensky, 1940: 181; Gertsch, 1946: 11; Miller, 1947: 32; Locket & Millidge, 1951: 58; Locket & Millidge, 1953: 406; Wiehle, 1953: 89; Muller, 1956: 199; Chamberlin & Gertsch, 1958: 81; Schenkel, 1963: 25 (*D. davidi*); Braendegaard, 1966: 47; Lehtinen, 1967: 228 (*D. a.*, Syn.); Azheganova, 1968: 45; Loksa, 1969: 44; Tyschchenko, 1971: 65; Miller, 1971: 69; Pichka, 1975: 84; Punda, 1975: 23; Yaginuma, 1975: 187; Palmgren, 1977: 19; Paik, 1978: 181; Wen, Zhao & Huang, 1981: 26; Legotai & Sekerskaya, 1982: 49; Einarsson, 1984: 66; Dunin, 1984: 143; Roberts, 1985: 50; Guo, 1985: 48; Zhu et al., 1985: 54; Song & Lu, 1985: 77; Yaginuma, 1986: 12; Song, 1987: 74; Zhang, 1987: 50; Legotai & Sekerskaya, 1989: 221; Chikuni, 1989: 22; Feng, 1990: 35; Chen & Gao, 1990: 27; Chen & Zhang, 1991: 42; Heimer & Nentwig, 1991: 376; Millidge, 1993: 154; Zhao, 1993: 140; Danilov, 1994: 201; Roberts, 1995: 83; Agnarsson, 1996: 29; Mcheidze, 1997: 56; Roberts, 1998: 86; Song, Zhu & Chen, 1999: 363; Hu, 2001: 98; Song, Zhu & Chen, 2001: 281; Namkung, 2002: 379; Namkung, 2003: 381; Griswold et al., 2005: 21; Almquist, 2006: 310; Ono & Ogata, 2009: 136; Zhu & Zhang, 2011: 314; Yin et al., 2012: 971.

异名：

Dictyna davidi Schenkel, 1963; Lehtinen, 1967: 228 (Syn.).

分布：吉林（JL）、辽宁（LN）、河北（HEB）、山西（SX）、山东（SD）、河南（HEN）、陕西（SN）、宁夏（NX）、甘肃（GS）、青海（QH）、浙江（ZJ）、湖南（HN）、湖北（HB）、四川（SC）；全北界

猫卷叶蛛 *Dictyna felis* Bösenberg & Strand, 1906

Bösenberg & Strand, 1906: 111; Schenkel, 1936: 17 (*D.*

hummeli); Saitō, 1936: 19, 77; Saitō, 1959: 7; Yaginuma, 1962: 8 (*D. maculosa*, Syn., rejected); Lehtinen, 1967: 229 (Syn.); Paik, 1978: 183; Wang, 1981: 106; Hu, 1984: 59; Dunin, 1984: 143; Guo, 1985: 50 (caption erroneously reads *D. foliicola*); Zhu et al., 1985: 55; Song & Lu, 1985: 79 (*D. foliicola*, misidentified); Yaginuma, 1986: 11; Song, 1987: 75; Zhang, 1987: 51; Chikuni, 1989: 22; Chen & Gao, 1990: 27; Chen & Zhang, 1991: 42; Zhao, 1993: 146; Song, Zhu & Chen, 1999: 364; Song, Zhu & Chen, 2001: 283; Namkung, 2002: 380; Namkung, 2003: 382; Marusik, Ovchinnikov & Koponen, 2006: 355; Ono & Ogata, 2009: 136; Zhu & Zhang, 2011: 315; Yin et al., 2012: 973.

异名：

Dictyna hummeli Schenkel, 1936; Lehtinen, 1967: 229 (Syn.).

分布：吉林（JL）、辽宁（LN）、北京（BJ）、山西（SX）、河南（HEN）、陕西（SN）、甘肃（GS）、浙江（ZJ）、湖南（HN）、湖北（HB）、四川（SC）、台湾（TW）；韩国、日本、俄罗斯

黄足卷叶蛛 *Dictyna flavipes* Hu, 2001

Hu, 2001: 99.

分布：西藏（XZ）

黑斑卷叶蛛 *Dictyna foliicola* Bösenberg & Strand, 1906

Bösenberg & Strand, 1906: 112; Strand, 1918: 91; Paik, 1979: 422; Wen, Zhao & Huang, 1981: 26; Dunin, 1984: 143; Yaginuma, 1986: 12; Zhang, 1987: 52; Chikuni, 1989: 22; Feng, 1990: 36; Chen & Gao, 1990: 28; Song, Zhu & Chen, 1999: 364; Hu, 2001: 100; Song, Zhu & Chen, 2001: 284; Namkung, 2002: 381; Namkung, 2003: 383; Ono & Ogata, 2009: 139; Marusik & Kovblyuk, 2011: 147; Yin et al., 2012: 975 (*D. follicola*).

分布：吉林（JL）、辽宁（LN）、河北（HEB）、山西（SX）、山东（SD）、河南（HEN）、陕西（SN）、宁夏（NX）、甘肃（GS）、青海（QH）、新疆（XJ）、浙江（ZJ）、湖南（HN）、湖北（HB）、四川（SC）、台湾（TW）；韩国、日本、俄罗斯

拉萨卷叶蛛 *Dictyna lhasana* Hu, 2001

Hu, 2001: 101.

分布：西藏（XZ）

林芝卷叶蛛 *Dictyna linzhiensis* Hu, 2001

Hu, 2001: 102.

分布：西藏（XZ）

大卷叶蛛 *Dictyna major* Menge, 1869

Menge, 1869: 247; O. P.-Cambridge, 1885: 237 (*D. cognata*); O. P.-Cambridge, 1894: 589 (*D. arenicola*); Simon, 1914: 55; Chamberlin, 1919: 243 (*D. vincens*); Schenkel, 1930: 5; Jackson, 1934: 612; Braendegaard, 1940: 7; Chamberlin, 1948: 7 (*D. chenea*); Chamberlin, 1948: 7 (*D. clackamas*); Locket & Millidge, 1951: 60; Locket & Millidge, 1953: 406; Wiehle, 1953: 100; Chamberlin & Gertsch, 1958: 82; Schenkel, 1963: 26 (*D. potanini*); Braendegaard, 1966: 49; Holm, 1967: 87; Loksa, 1969: 41; Song, 1982: 101 (*D. m.*, Syn.); Roberts, 1985: 50; Song & Lu, 1985: 77; Song, 1987: 75; Zhang, 1987: 53; Heimer & Nentwig, 1991: 374; Danilov, 1994: 202; Roberts, 1995: 84; Roberts, 1998: 86; Song, Zhu & Chen, 1999: 364; Danilov, 2000: 42; Hu, 2001: 104; Song, Zhu & Chen, 2001: 285; Paquin & Dupérré, 2003: 68; Marusik, Böcher & Koponen, 2006: 63; Almquist, 2006: 313; Marusik & Fritzén, 2011: 103.

异名：

Dictyna potanini Schenkel, 1963; Song, 1982: 101 (Syn., contra. Lehtinen, 1967: 228).

分布：吉林（JL）、内蒙古（NM）、河北（HEB）、青海（QH）；全北界

南木林卷叶蛛 *Dictyna namulinensis* Hu, 2001

Hu, 2001: 104.

分布：西藏（XZ）

囊谦卷叶蛛 *Dictyna nangquianensis* Hu, 2001

Hu, 2001: 105.

分布：青海（QH）

白塔卷叶蛛 *Dictyna paitaensis* Schenkel, 1953

Schenkel, 1953: 10; Lehtinen, 1967: 229 (*D. felis*, Syn., rejected by Brignoli, 1983: 512).

分布：北京（BJ）

钩卷叶蛛 *Dictyna uncinata* Thorell, 1856

Thorell, 1856: 82; O. P.-Cambridge, 1862: 7960 (*Ergatis arborea*); Westring, 1861: 385; Menge, 1869: 246; O. P.-Cambridge, 1871: 414 (*Ergatis u.*); Chyzer & Kulczyński, 1891: 157; Becker, 1896: 217; Bösenberg, 1902: 241; Simon, 1914: 55, 56, 65; Spassky, 1925: 28; Charitonov, 1926: 105; Drensky, 1940: 182; Miller, 1947: 32; Locket & Millidge, 1951: 61; Locket & Millidge, 1953: 406; Wiehle, 1953: 98; Muller, 1956: 200; Spassky, 1958: 1006; Wiehle, 1960: 472; Braendegaard, 1966: 51; Wiehle, 1967: 200; Lehtinen, 1967: 451; Azheganova, 1968: 47; Loksa, 1969: 41; Tyschchenko, 1971: 65; Miller, 1971: 69; Pichka, 1975: 84; Punda, 1975: 23; Yaginuma, 1975: 188; Palmgren, 1977: 20; Legotai & Sekerskaya, 1982: 49; Dunin, 1984: 145; Roberts, 1985: 50; Zhu et al., 1985: 57; Yaginuma, 1986: 12; Legotai & Sekerskaya, 1989: 221; Chikuni, 1989: 22; Hu & Wu, 1989: 67; Chen & Gao, 1990: 28; Heimer & Nentwig, 1991: 376; Millidge, 1993: 154; Zhao, 1993: 145; Danilov, 1994: 204; Huber, 1995: 152; Roberts, 1995: 84; Mcheidze, 1997: 55; Roberts, 1998: 87; Song, Zhu & Chen, 1999: 364; Song, Zhu & Chen, 2001: 286; Almquist, 2006: 315; Ono & Ogata, 2009: 137; Zhu & Zhang, 2011: 316.

分布：河北（HEB）、山西（SX）、河南（HEN）、四川（SC）；古北界

新疆卷叶蛛 *Dictyna xinjiangensis* Song, Wang & Yang, 1985

Song, Wang & Yang, 1985: 23; Song, 1987: 78; Hu & Wu, 1989: 69; Zhao, 1993: 153; Song, Zhu & Chen, 1999: 364.

分布：新疆（XJ）

西藏卷叶蛛 *Dictyna xizangensis* Hu & Li, 1987

Hu & Li, 1987: 255; Song, Zhu & Chen, 1999: 364; Hu, 2001: 107.

分布：西藏（XZ）

永顺卷叶蛛 *Dictyna yongshun* Yin, Bao & Kim, 2001

Yin, Bao & Kim, 2001: 170; Yin et al., 2012: 976.

分布：湖南（HN）

樟木卷叶蛛 *Dictyna zhangmuensis* Hu, 2001

Hu, 2001: 108.

分布：西藏（XZ）

艾姆蛛属 *Emblyna* Chamberlin, 1948

Chamberlin, 1948: 3. Type species: *Dictyna completa* Chamberlin & Gertsch, 1929

王氏艾姆蛛 *Emblyna wangi* (Song & Zhou, 1986)

Song & Zhou, 1986: 261 (*Dictyna w.*); Song, 1987: 76 (*Dictyna w.*); Hu & Wu, 1989: 68 (*Dictyna w.*); Marusik & Koponen, 1998: 80 (*E. logunovi*); Song, Zhu & Chen, 1999: 364 (*Dictyna w.*); Danilov, 2000: 43 (*E. w.*, Trans. from *Dictyna*, Syn.); Marusik, Ovchinnikov & Koponen, 2006: 355 (*E. logunovi*); Marusik, Fritzén & Song, 2007: 261; Marusik & Kovblyuk, 2011: 147.

异名：

Emblyna logunovi Marusik & Koponen, 1998; Danilov, 2000: 43 (Syn.).

分布：新疆（XJ）；哈萨克斯坦、蒙古、俄罗斯

隐蔽蛛属 *Lathys* Simon, 1884

Simon, 1884: 321. Type species: *Ciniflo humilis* Blackwall, 1855

异名：

Auximus Simon, 1892; Lehtinen, 1967: 217 (Syn.);
Analtella Denis, 1947; Lehtinen, 1967: 213 (Syn.).

北方隐蔽蛛 *Lathys borealis* Zhang, Hu & Zhang, 2012

Zhang, Hu & Zhang, 2012: 2.

分布：内蒙古（NM）

昌都隐蔽蛛 *Lathys changtunesis* Hu, 2001

Hu, 2001: 109, (spelled *changtunnsis* in Chinese text, correctly in English abstract; considered a member of *Ajmonia* by Zhang, Hu & Zhang, 2012: 1, but no evidence provided).

分布：西藏（XZ）

赤水隐蔽蛛 *Lathys chishuiensis* Zhang, Yang & Zhang, 2009

Zhang, Yang & Zhang, 2009: 199.

分布：贵州（GZ）

小隐蔽蛛 *Lathys humilis* (Blackwall, 1855)

Blackwall, 1855: 120 (*Ciniflo h.*); Blackwall, 1861: 145 (*Ciniflo h.*); Menge, 1869: 249 (*Lethia varia*); Thorell, 1873: 433 (*Lethia h.*); Simon, 1874: 201 (*Lethia h.*); Chyzer & Kulczyński, 1891: 161; Becker, 1896: 224 (*Lethia h.*); *L. h.* Kulczyński, 1899: 327; Bösenberg, 1902: 247 (*Lethia h.*); Simon, 1914: 45, 46, 61; Denis, 1937: 1031 (*Altella lathysoides*); Locket & Millidge, 1951: 65; Wiehle, 1953: 102; Braendegaard, 1966: 54; Lehtinen, 1967: 242 (*L. h.*, Syn.); Loksa, 1969: 52; Miller, 1971: 72; Thaler, 1981: 127; Roberts, 1985: 52; Zhu et al., 1985: 58; Roberts, 1987: 170; Heimer & Nentwig, 1991: 380; Roberts, 1995: 87; Roberts, 1998: 89; Song, Zhu & Chen, 1999: 364; Song, Zhu & Chen, 2001: 287; Griswold et al., 2005: 21; Almquist, 2006: 319; Marusik, Koponen & Fritzén, 2009: 184; Marusik, Kovblyuk & Nadolny, 2009: 22.

异名：

Lathys lathysoides (Denis, 1937, Trans. from *Altella*); Lehtinen, 1967: 242 (Syn.).

分布：山西（SX）、甘肃（GS）、安徽（AH）、台湾（TW）；古北界

旋隐蔽蛛 *Lathys spiralis* Zhang, Hu & Zhang, 2012

Zhang, Hu & Zhang, 2012: 5.

分布：甘肃（GS）

斑隐蔽蛛 *Lathys stigmatisata* (Menge, 1869)

Menge, 1869: 250 (*Lethia s.*); O. P.-Cambridge, 1873: 435 (*Lethia taczanowskii*); Simon, 1874: 204 (*Lethia puta*, misidentified; see Merrett, 1998: 120); Chyzer & Kulczyński, 1891: 162 (*L. puta*, misidentified); Simon, 1892: 233 (*L. taczanowskii*); Becker, 1896: 225 (*Lethia puta*, misidentified); Kulczyński, 1898: 48; Bösenberg, 1902: 247 (*Lethia puta*, misidentified); Simon, 1911: 278 (*L. arabs*); Simon, 1914: 45 (*L. puta*, misidentified); Caporiacco, 1934: 121 (*L. balestrerii*); Reimoser, 1935: 172 (*Dictyna bipunctata*); Hull, 1948: 61 (*L. puta*, misidentified); Miller, 1949: 92 (*L. prominens*); Locket & Millidge, 1951: 65; Wiehle, 1953: 105; Lehtinen, 1967: 243 (*L. puta*, misidentified, Syn.); Wiehle, 1967: 33 (*L. similis*); Wiehle, 1967: 200 (*L. s.*); Loksa, 1969: 53 (*L. puta*, misidentified); Andreeva & Tyschchenko, 1969: 378 (*L. spasskyi*); Miller, 1971: 72 (*L. puta*, misidentified); Wunderlich, 1974: 167 (*L. puta*, Syn., misidentified); Andreeva, 1976: 25 (*L. spasskyi*); Roberts, 1985: 52; Wang & Xu, 1987: 7 (*L. puta*, misidentified); Ovtchinnikov, 1988: 148 (*L. puta*, Syn., misidentified); Hu & Wu, 1989: 71 (*Lathy s.*); Chen & Zhang, 1991: 44 (*L. puta*, misidentified); Heimer & Nentwig, 1991: 380 (*L. puta*, misidentified); Danilov, 1994:

204 (*L. puta*, misidentified); Roberts, 1995: 88 (*L. puta*, misidentified); Roberts, 1998: 90 (*L. puta*, misidentified); Song, Zhu & Chen, 1999: 364 (*L. puta*, misidentified); Ono & Mizuyama, 2001: 45 (*L. puta*, misidentified); Namkung, 2002: 383 (*L. puto*, misidentified, lapsus); Namkung, 2003: 385; Marusik, Ovchinnikov & Koponen, 2006: 353; Marusik, Ovchinnikov & Koponen, 2006: 356 (*L. spasskyi*); Marusik, Fritzén & Song, 2007: 262 (*L. balestrerii*); Marusik, Kovblyuk & Nadolny, 2009: 22; Bosmans et al., 2009: 32 (*L. arabs*).

异名：

L. taczanowskii (O. P.-Cambridge, 1873, Trans. from *Lethia*); Lehtinen, 1967: 243 (Syn., sub. of *L. puta*);

L. arabs Simon, 1911; Lehtinen, 1967: 243 (Syn., sub. of *L. puta*);

L. balestrerii Caporiacco, 1934; Lehtinen, 1967: 243 (Syn., sub. of *L. puta*);

L. bipunctata (Reimoser, 1935, Trans. from *Dictyna*); Lehtinen, 1967: 243 (Syn., sub. of *L. puta*);

L. prominens Miller, 1949; Lehtinen, 1967: 243 (Syn., sub. of *L. puta*);

L. similis Wiehle, 1967; Wunderlich, 1974: 167 (Syn., sub. of *L. puta*);

L. spasskyi Andreeva & Tyschchenko, 1969; Ovtchinnikov, 1988: 148 (Syn., sub. of *L. puta*).

分布：新疆（XJ）、安徽（AH）、浙江（ZJ）、台湾（TW）；古北界

亚阿尔隐蔽蛛 *Lathys subalberta* Zhang, Hu & Zhang, 2012

Zhang, Hu & Zhang, 2012: 7.

分布：内蒙古（NM）

亚小隐蔽蛛 *Lathys subhumilis* Zhang, Hu & Zhang, 2012

Zhang, Hu & Zhang, 2012: 9.

分布：甘肃（GS）

黑卷叶蛛属 *Nigma* Lehtinen, 1967

Lehtinen, 1967: 252. Type species: *Drassus flavescens* Walckenaer, 1830

黄黑卷叶蛛 *Nigma flavescens* (Walckenaer, 1830)

Walckenaer, 1830: 179 (*Drassus f.*); Wider, 1834: 239 (*Theridion viride*); C. L. Koch, 1836: 29 (*Dictyna variabilis*); Blackwall, 1841: 608 (*Ergatis f.*); Walckenaer, 1847: 501 (*Argus f.*); Blackwall, 1859: 94 (*Ergatis pallens*); Blackwall, 1861: 145 (*E. p.*); Ohlert, 1867: 42 (*Dictyna variabilis*); Chyzer & Kulczyński, 1891: 158 (*D. f.*); Kulczyński, 1895: 34 (*D. orientalis*); Kulczyński, 1899: 330 (*D. f.*); Bösenberg, 1902: 241 (*D. f.*); Simon, 1914: 51, 63 (*D. f.*); Drensky, 1940: 181 (*D. f.*); Locket & Millidge, 1951: 64 (*D. f.*); Wiehle, 1953: 83 (*D. f.*); Muller, 1956: 199 (*D. f.*); Chamberlin & Gertsch, 1958: 47 (*Heterodictyna f.*, Trans. from *Dictyna*, Syn.); Lehtinen, 1967: 252 (*N. f.*, Trans. from *Heterodictyna*, Syn.); Loksa, 1969: 39 (*Dictyna f.*); Roberts, 1985: 52; Hu & Li, 1987: 319 (*Dictyna f.*); Heimer & Nentwig, 1991: 380; Roberts, 1995: 86; Roberts, 1998: 88; Song, Zhu & Chen, 1999: 365; Hu, 2001: 111; Wunderlich, 2011: 313.

异名：

Nigma orientalis (Kulczyński, 1895, Trans. from *Dictyna*); Lehtinen, 1967: 252 (Syn.).

分布：西藏（XZ）；古北界

齐云蛛属 *Qiyunia* Song & Xu, 1989

Song & Xu, 1989: 288. Type species: *Qiyunia lehtineni* Song & Xu, 1989

列氏齐云蛛 *Qiyunia lehtineni* Song & Xu, 1989

Song & Xu, 1989: 288; Song, Zhu & Chen, 1999: 365.

分布：安徽（AH）

苏蛛属 *Sudesna* Lehtinen, 1967

Lehtinen, 1967: 265. Type species: *Dictyna hedini* Schenkel, 1936

盘绕苏蛛 *Sudesna circularis* Zhang & Li, 2011

Zhang & Li, 2011: 30.

分布：云南（YN）

指状苏蛛 *Sudesna digitata* Zhang & Li, 2011

Zhang & Li, 2011: 35.

分布：云南（YN）

赫氏苏蛛 *Sudesna hedini* (Schenkel, 1936)

Schenkel, 1936: 14 (*Dictyna h.*); Lehtinen, 1967: 265 (*S. h.*, Trans. from *Dictyna*); Paik, 1979: 423 (*D. h.*); Zhu et al., 1985: 57 (*D. h.*); Song & Lu, 1985: 80; Song, 1987: 79; Feng, 1990: 37; Song, Zhu & Chen, 1999: 365; Song, Zhu & Chen, 2001: 288; Namkung, 2002: 385; Namkung, 2003: 387; Marusik, Ovchinnikov & Koponen, 2006: 355; Zhang & Li, 2011: 30.

分布：河北（HEB）、北京（BJ）、山西（SX）、甘肃（GS）、浙江（ZJ）；韩国

15. 长尾蛛科 Dipluridae Simon, 1889

世界 24 属 182 种；中国 1 属 1 种。

上户蛛属 *Euagrus* Ausserer, 1875

Ausserer, 1875: 160. Type species: *Euagrus mexicanus* Ausserer, 1875

台湾上户蛛 *Euagrus formosanus* Saitō, 1933

Saitō, 1933: 35 (maybe misplaced).

分布：台湾（TW）

16. 石蛛科 Dysderidae C. L. Koch, 1837

世界 24 属 529 种；中国 1 属 1 种。

石蛛属 *Dysdera* Latreille, 1804

Latreille, 1804: ?. Type species: *Aranea erythrina* Walckenaer,

1802

柯氏石蛛 *Dysdera crocata* C. L. Koch, 1838

C. L. Koch, 1838: 81 (*D. crocota*: also spelled *D. crocata* in index, p. 156, the latter accepted as correct by C. L. Koch, 1850: 76); Hentz, 1842: 224 (*D. interrita*); Nicolet, 1849: 340 (*D. gracilis*); Doblika, 1853: 119; Blackwall, 1864: 371 (*D. rubicunda*, misidentified); Blackwall, 1864: 179 (*D. wollastoni*); Thorell, 1873: 581 (*D. balearica*); C. L. Koch, 1874: 203 (*D. caerulescens*); Keyserling, 1877: 230 (*D. magna*); Emerton, 1890: 200 (*D. interrita*); Becker, 1896: 316; Chyzer & Kulczyński, 1897: 268 (*D. crocota*); Rainbow, 1900: 485 (*D. australiensis*); Emerton, 1902: 22 (*D. interrita*); Bösenberg & Strand, 1906: 118 (*D. crocota*); Simon, 1911: 320; Simon, 1914: 95; Roewer, 1928: 94 (*D. sternalis*); Roewer, 1928: 95 (*D. cretica*); Caporiacco, 1937: 58 (*D. menozzii*); Comstock, 1940: 109 (*D. interrita*); Kaston, 1948: 62; Locket & Millidge, 1951: 84; Wiehle, 1953: 19 (*D. crocota*); Charitonov, 1956: 24 (*D. crocota*); Grasshoff, 1959: 217 (*D. crocota*); Cooke, 1966: 36; Braendegaard, 1966: 71; Hickman, 1967: 39 (*D. c.*, Syn.); Loksa, 1969: 78; Tyschchenko, 1971: 71; Cooke, 1972: 90; Dresco, 1973: 247; Paik, 1978: 206 (*D. crocota*); Schmidt, 1982: 395 (*D. palmensis*); Roberts, 1985: 60; Forster & Platnick, 1985: 214; Yoshikura, 1987: 153; Deeleman-Reinhold & Deeleman, 1988: 157 (*D. crocota*, Syn.); Heimer & Nentwig, 1991: 44 (*D. crocota*); Wunderlich, 1992: 292 (*D. crocota*); Wunderlich, 1992: 295 (*D. inaequuscapillata*); Dunin, 1992: 62; Roberts, 1995: 94 (*D. crocota*); Wunderlich, 1995: 407 (*D. crocota*); Mcheidze, 1997: 74; Arnedo, Oromí & Ribera, 1997: 252 (*D. crocota*, Syn.); Roberts, 1998: 97 (*D. crocota*); Song, Zhu & Chen, 1999: 68 (*D. crocota*); Arnedo & Ribera, 1999: 623 (*D. crocota*, Syn.); Arnedo, Oromí & Ribera, 2000: 281 (*D. crocota*, Syn.); Paquin & Dupérré, 2003: 71; Trotta, 2005: 149; Jocqué & Dippenaar-Schoeman, 2006: 120; Řezáč, Král & Pekár, 2008: 434 (*D. c.*, Syn.); Kovblyuk, Prokopenko & Nadolny, 2008: 288; Harvey, 2009: 17; Paquin, Vink & Dupérré, 2010: 31; Le Peru, 2011: 235.

异名：

Dysdera wollastoni Blackwall, 1864; Arnedo, Oromí & Ribera, 2000: 281 (Syn.);

D. magna Keyserling, 1877; Řezáč, Král & Pekár, 2008: 436 (Syn.);

D. australiensis Rainbow, 1900; Hickman, 1967: 39 (Syn.);

D. cretica Roewer, 1928; Deeleman-Reinhold & Deeleman, 1988: 157 (Syn.);

D. sternalis Roewer, 1928; Deeleman-Reinhold & Deeleman, 1988: 157 (Syn.);

D. menozzii Caporiacco, 1937; Deeleman-Reinhold & Deeleman, 1988: 157 (Syn.);

D. palmensis Schmidt, 1982; Arnedo, Oromí & Ribera, 1997: 252 (Syn.);

D. inaequuscapillata Wunderlich, 1992; Arnedo & Ribera, 1999: 623 (Syn.).

分布：台湾（TW）；世界性分布

17. 隆头蛛科 Eresidae C. L. Koch, 1845

世界 9 属 96 种；中国 2 属 3 种。

隆头蛛属 *Eresus* Walckenaer, 1805

Walckenaer, 1805: 21. Type species: *Eresus kollari* Rossi, 1846

粒隆头蛛 *Eresus granosus* Simon, 1895

Simon, 1895: 331; Ermolajev, 1928: 100.

分布：北京（BJ）；俄罗斯

柯氏隆头蛛 *Eresus kollari* Rossi, 1846

Walckenaer, 1802: 249 (*Aranea cinnaberinus*, misidentified); Coquebert, 1804: 122 (*Aranea quatuorguttata*, misidentified); Walckenaer, 1805: 21 (*E. c.*, misidentified); Hahn, 1821: 1 (*E. c.*, misidentified); Hahn, 1832: 45 (*E. q.*, misidentified); Walckenaer, 1837: 395 (*E. c.*, misidentified); C. L. Koch, 1837: 104 (*E. 4-guttatus*, misidentified); C. L. Koch, 1837: 106 (*E. c.*, misidentified); Rossi, 1846: 17; Lucas, 1846: 133 (*E. guerinii*); Rossi, 1846: 17 (*E. fulvus*, possibly valid, per Řezáč, Pekár & Johannesen, 2008: 275); C. L. Koch, 1850: 71 (*Erythrophorus 4-guttatus*); C. L. Koch, 1850: 71 (*Erythrophorus c.*); Canestrini & Pavesi, 1868: 812 (*Chersis niger*); Kroneberg, 1875: 44 (*E. tristis*); Hansen, 1882: 50 (*E. c.*); Chyzer & Kulczyński, 1891: 152 (*E. niger*); Simon, 1892: 251, 254 (*E. n.*); Becker, 1896: 2 (*E. c.*); Bösenberg, 1903: 411 (*E. n.*); Kulczyński, 1903: 637 (*E. n.*); Simon, 1911: 296 (*E. n. typicus*); J. Berland, 1913: 39 (*E. n.*); Reimoser, 1931: 59 (*E. n.*); Giltay, 1932: 11 (*E. n.*); Nakatsudi, 1942: 8 (*E. n.*); Locket & Millidge, 1951: 50 (*E. n.*); Wiehle, 1953: 71 (*E. n.*); Namkung, 1964: 33 (*E. n.*); Braendegaard, 1966: 36 (*E. n.*, may be *E. sandaliatus*); Lehtinen, 1967: 462 (*E. n.*); Azheganova, 1968: 21 (*E. n.*); Loksa, 1969: 20 (*E. n.*); Miller, 1971: 55 (*E. n.*); Brignoli, 1978: 288 *E. c.*); Paik, 1978: 179 (*E. n.*); Hu, 1984: 51 (*E. n.*); Roberts, 1985: 46 (*E. n.*); Zhu et al., 1985: 52 (*E. n.*); Nenilin & Pestova, 1986: 1734 (*E. n.*, Syn.); Song, 1987: 63 (*E. n.*); Wunderlich, 1987: 103 (*E. c.*); Zhang, 1987: 47 (*E. n.*); Feng, 1990: 31 (*E. n.*); Chen & Gao, 1990: 23 (*E. n.*); Ergashev, 1990: 16 (*E. n.*); Heimer & Nentwig, 1991: 52 (*E. n.*); Zhao, 1993: 61 (*E. n.*); Wang, 1994: 11 (*E. n.*); Wang, 1994: 12 (*E. tristis*); Danilov, 1994: 200 (*E. n.*); Melic, 1995: 9 (*E. c.*); Ratschker & Bellmann, 1995: 217 (*E. c.*); Ratschker, 1995: 723 (*E. c.*, possibly aberrant population); Mcheidze, 1997: 47 (*E. n.*); Bellmann, 1997: 38 (*E. c.*); Roberts, 1998: 80 (*E. c.*); Song, Zhu & Chen, 1999: 74, (*E. c.*); Song, Zhu & Chen, 1999: 74 (*E. tristis*); Song, Zhu & Chen, 2001: 79 (*E. c.*); Namkung, 2002: 62 (*E. c.*); Namkung, 2003: 64 (*E. c.*); Marusik, Guseinov & Aliev, 2005: 138 (*E. c.*); Řezáč, Pekár & Johannesen, 2008: 267 (*E. k.*, considered the earliest identifiable name for the widespread species of this genus); Kovács, Szinetár & Török, 2011: 139; Le Peru, 2011: 320

(*E. n.*); Miller et al., 2012: 61.
分布：黑龙江（HL）、辽宁（LN）、内蒙古（NM）、河北（HEB）、北京（BJ）、山西（SX）、山东（SD）、陕西（SN）、新疆（XJ）；欧洲到中亚

穹蛛属 *Stegodyphus* Simon, 1873

Simon, 1873: 337. Type species: *Eresus lineatus* Latreille, 1817
异名：
Magunia Lehtinen, 1967; Kraus & Kraus, 1989: 167, 220 (Syn.).

胫穹蛛 *Stegodyphus tibialis* (O. P.-Cambridge, 1869)

O. P.-Cambridge, 1869: 71 (*Eresus t.*); Simon, 1884: 343; Pocock, 1900: 209 (*S. socialis*); Kraus & Kraus, 1989: 226 (*S. t.*, Syn.); Ono, 1995: 158; Yang & Hu, 2002: 726 (*Eresus daliensis*, considered a junior synonym of *S. t.* by Řezáč, Pekár & Johannesen, 2008: 264, without explanation); Yang, Zhu & Zhang, 2008: 72 (*S. t.*, Syn.).
异名：
Stegodyphus socialis Pocock, 1900; Kraus & Kraus, 1989: 226 (Syn.);
S. daliensis (Yang & Hu, 2002, Trans. from *Eresus*); Yang, Zhu & Zhang, 2008: 72 (Syn.).
分布：云南（YN）；缅甸、泰国、印度

18. 优列蛛科 Eutichuridae Lehtinen, 1967

说明：Ramírez（2014）重新界定优列蛛，并把它提升到科级水平。我国原属米图蛛科的红螯蛛属 *Cheiracanthium* 被转至该科。
世界 12 属 307 种；中国 1 属 38 种。

红螯蛛属 *Cheiracanthium* C. L. Koch, 1839

C. L. Koch, 1839: 9. Type species: *Aranea punctoria* Villers, 1789
异名：
Chiracanthops Mello-Leitão, 1942; Bonaldo & Brescovit, 1992: 732 (Syn.);
Helebiona Benoit, 1977; Lotz, 2007: 4 (Syn.).

邻红螯蛛 *Cheiracanthium adjacens* O. P.-Cambridge, 1885

O. P.-Cambridge, 1885: 24; Caporiacco, 1935: 219.
分布：新疆（XJ）（喀喇昆仑）

安屯红螯蛛 *Cheiracanthium antungense* Chen & Huang, 2012

Chen & Huang, 2012: 8.
分布：台湾（TW）

近红螯蛛 *Cheiracanthium approximatum* O. P.-Cambridge, 1885

O. P.-Cambridge, 1885: 26.
分布：新疆（XJ）

短刺红螯蛛 *Cheiracanthium brevispinum* Song, Feng & Shang, 1982

Song, Feng & Shang, 1982: 73 (*C. brevispinus*); Zhu et al., 1985: 158 (*C. brevispinus*); Song, 1987: 313 (*C. brevispinus*); Zhang, 1987: 191 (*C. brevispinus*); Feng, 1990: 168 (*C. brevispinus*); Paik, 1990: 7; Zhao, 1993: 316 (*C. brevispinus*); Song, Zhu & Chen, 1999: 413; Song, Zhu & Chen, 2001: 311; Namkung, 2002: 428; Namkung, 2003: 423; Yin et al., 2012: 1046.
分布：内蒙古（NM）、河北（HEB）、北京（BJ）、山西（SX）、湖南（HN）；韩国

飘红螯蛛 *Cheiracanthium erraticum* (Walckenaer, 1802)

Walckenaer, 1802: 219 (*Aranea erratica*; preoccupied by *Aranea erratica* Olivier, 1789, but that species long ago assigned to *Pardosa* and this name now well protected by usage); Walckenaer, 1805: 43 (*Clubiona erratica*); Hahn, 1831: 7 (*C. nutrix*, misidentified); Hahn, 1833: 1 (*C. dumetorum*); C. L. Koch, 1837: 9 (*Bolyphantes equestris*); Walckenaer, 1837: 602 (*Clubiona erratica*); C. L. Koch, 1839: 14 (*carnifex*); Blackwall, 1861: 134 (*Clubiona nutrix*); Blackwall, 1861: 135 (*Clubiona erratica*); Westring, 1861: 380; Simon, 1864: 145 (*Anyphaena erratica*); L. Koch, 1866: 258 (*carnifex*); Thorell, 1871: 209 (*carnifex*); O. P.-Cambridge, 1873: 529 (*carnifex*); O. P.-Cambridge, 1873: 532 (*erroneum*); Menge, 1873: 348; Hansen, 1882: 54 (*carnifex*); Kulczyński, 1885: 45 (*orientale*); Becker, 1896: 286 (*erroneum*); Becker, 1896: 287; Chyzer & Kulczyński, 1897: 233; Bösenberg, 1902: 282 (*carnifex*); Spassky, 1925: 38; Reimoser, 1932: 62; Simon, 1932: 902, 961; Reimoser, 1937: 73; Palmgren, 1943: 60; Tullgren, 1946: 37; Locket & Millidge, 1951: 144; Clark & Locket, 1964: 1; Locket, 1964: 259; Braendegaard, 1966: 189; Yaginuma, 1966: 38; Yaginuma, 1967: 95; Wiehle, 1967: 189; Wiehle, 1967: 200; Azheganova, 1968: 126; Tyschchenko, 1971: 127; Miller, 1971: 104; Clark & Jerrard, 1972: 110; Locket, Millidge & Merrett, 1974: 15; Legotai & Sekerskaya, 1982: 50; Roberts, 1985: 88; Sterghiu, 1985: 114; Yaginuma, 1986: 178; Legotai & Sekerskaya, 1989: 223; Chikuni, 1989: 123; Izmailova, 1989: 111; Wolf, 1991: 233; Heimer & Nentwig, 1991: 396; Zhang, 1994: 133; Almquist, 1994: 116; Roberts, 1995: 133; Jäger, 1996: 565 (*C. e.*; includes sketches of possible new species); Mcheidze, 1997: 171; Bellmann, 1997: 178; Roberts, 1998: 142; Song, Zhu & Chen, 1999: 413; Trotta, 2005: 170; Almquist, 2006: 353; Kim & Lee, 2007: 240; Ono, 2009: 465; Wunderlich, 2012: 185.
分布：吉林（JL）内蒙古（NM）；古北界

艾斯红螯蛛 *Cheiracanthium escaladae* Barrion, Barrion-Dupo & Heong, 2012

Barrion et al., 2012: 6.
分布：海南（HI）

优第红螯蛛 *Cheiracanthium eutittha* Bösenberg & Strand, 1906

Bösenberg & Strand, 1906: 289; Uyemura, 1937: 60; Yaginuma, 1960: 112; Yaginuma, 1966: 38; Yaginuma, 1971: 112; Yaginuma, 1986: 177; Chikuni, 1989: 123; Namkung, 2002: 429 (*C. e.*, may be misidentified, per Kim & Lee, 2007: 239); Namkung, 2003: 424; Chen et al., 2006: 14; Ono, 2009: 465; Chen & Huang, 2012: 10.

分布：台湾（TW）；韩国、日本

精美红螯蛛 *Cheiracanthium exquestitum* Zhang & Zhu, 1993

Zhang & Zhu, 1993: 5, f. 1-2 (*C. e.*; this spelling in heading only); Zhang & Yin, 1999: 287; Song, Zhu & Chen, 1999: 413 (*C. exquistitum*); Yin et al., 2012: 1047.

分布：湖南（HN）、海南（HI）、贵州（GZ）

镰形红螯蛛 *Cheiracanthium falcatum* Chen et al., 2006

Chen et al., 2006: 12.

分布：台湾（TW）

纤红螯蛛 *Cheiracanthium fibrosum* Zhang, Hu & Zhu, 1994

Zhang, Hu & Zhu, 1994: 8; Zhang & Yin, 1999: 288; Song, Zhu & Chen, 1999: 413; Xu, Yin & Yan, 2002: 76 (*Anyphaena liuyangensis*); Zhang, Zhu & Song, 2005: 2 (Syn.); Yin et al., 2012: 1049.

异名：

Cheiracanthium liuyangensis (Xu, Yin & Yan, 2002, Trans. from *Anyphaena*); Zhang, Zhu & Song, 2005: 2 (Syn.).

分布：湖南（HN）

叶突红螯蛛 *Cheiracanthium filiapophysium* Chen & Huang, 2012

Chen & Huang, 2012: 16.

分布：台湾（TW）

福建红螯蛛 *Cheiracanthium fujianense* Gong, 1983

Gong, 1983: 61 (*C. fujianensis*); Song, 1987: 314 (*C. fujianensis*); Song, Zhu & Chen, 1999: 413.

分布：福建（FJ）

戈壁红螯蛛 *Cheiracanthium gobi* Schmidt & Barensteiner, 2000

Schmidt & Barensteiner, 2000: 44.

分布：内蒙古（NM）

微曲红螯蛛 *Cheiracanthium hypocyrtum* Zhang & Zhu, 1993

Zhang & Zhu, 1993: 5; Song, Zhu & Chen, 1999: 413.

分布：贵州（GZ）、云南（YN）

膨胀红螯蛛 *Cheiracanthium inflatum* Wang & Zhang, 2013

Wang & Zhang, 2013: 59.

分布：广西（GX）

不凡红螯蛛 *Cheiracanthium insigne* O. P.-Cambridge, 1874

O. P.-Cambridge, 1874: 408; Thorell, 1895: 47 (*Eutittha gracilipes*; not female =*C. truncatum*); Gravely, 1931: 266; Tikader & Biswas, 1981: 70; Chen & Zhang, 1991: 252; Majumder & Tikader, 1991: 60; Song, Zhu & Chen, 1999: 413; Dankittipakul & Beccaloni, 2012: 78 (Syn.).

异名：

Cheiracanthium gracilipes (Thorell, 1895, Trans. from *Eutittha*); Dankittipakul & Beccaloni, 2012: 78 (Syn.).

分布：浙江（ZJ）；泰国、缅甸、斯里兰卡、印度

岛生红螯蛛 *Cheiracanthium insulanum* (Thorell, 1878)

Thorell, 1878: 179 (*Eutittha insulana*); Song, Chen & Hou, 1990: 427 (*C. adjacensoides*); Chen & Gao, 1990: 148 (*C. paradjacens*, nomen nudum); Barrion & Litsinger, 1995: 156 (*C. payateum*); Barrion & Litsinger, 1995: 161 (*C. tigbauaensis*); Barrion & Litsinger, 1995: 164 (*C. tingilium*); Barrion & Litsinger, 1995: 165 (*C. bikakapenalcolium*); Barrion & Litsinger, 1995: 167 (*C. hugiscium*); Song, Zhu & Chen, 1999: 412 (*C. adjacensoides*); Deeleman-Reinhold, 2001: 228 (Syn. of male); Chen & Huang, 2004: 56 (*C. i.*, Syn.); Jäger & Dankittipakul, 2010: 24; Zhu & Zhang, 2011: 340; Yin et al., 2012: 1044 (*C. adjacensoides*); Chen & Huang, 2012: 19.

异名：

Cheiracanthium adjacensoides Song, Chen & Hou, 1990; Chen & Huang, 2004: 56 (Syn.);

C. bikakapenalcolium Barrion & Litsinger, 1995; Deeleman-Reinhold, 2001: 228 (Syn.);

C. hugiscium Barrion & Litsinger, 1995; Deeleman- Reinhold, 2001: 228 (Syn.);

C. payateum Barrion & Litsinger, 1995; Deeleman- Reinhold, 2001: 228 (Syn.);

C. tigbauanense Barrion & Litsinger, 1995; Deeleman-Reinhold, 2001: 228 (Syn.);

C. tingilium Barrion & Litsinger, 1995; Deeleman- Reinhold, 2001: 228 (Syn.).

分布：河南（HEN）、安徽（AH）、湖南（HN）、四川（SC）、台湾（TW）；缅甸、老挝、摩鹿加群岛、菲律宾

日本红螯蛛 *Cheiracanthium japonicum* Bösenberg & Strand, 1906

Bösenberg & Strand, 1906: 288; Dönitz & Strand, in Bösenberg & Strand, 1906: 387 (*C. kompiricola*); Uyemura, 1937: 60; Saitō, 1959: 141; Yaginuma, 1960: 111; Yaginuma, 1966: 38; Yaginuma, 1971: 111; Hu, 1979: 67; Hu, 1984: 298;

Guo, 1985: 146; Yaginuma, 1986: 177; Song, 1987: 315; Yoshikura, 1987: 151; Zhang, 1987: 192; Chikuni, 1989: 122; Hu & Wu, 1989: 303; Paik, 1990: 5; Chen & Gao, 1990: 147; Shinkai, Yoshida & Ito, 1991: 40; Zhao, 1993: 317; Barrion & Litsinger, 1994: 295; Song, Zhu & Chen, 1999: 413; Hu, 2001: 281; Song, Zhu & Chen, 2001: 312; Namkung, 2002: 423; Namkung, 2003: 418; Ono, 2009: 465 (*C. j.*, Syn.); Zhu & Zhang, 2011: 341; Yin et al., 2012: 1050.

异名：

Cheiracanthium kompiricola Dönitz & Strand, 1906; Ono, 2009: 465 (Syn.).

分布：吉林（JL）、辽宁（LN）、内蒙古（NM）、山东（SD）、河南（HEN）、陕西（SN）、青海（QH）、新疆（XJ）、湖南（HN）、湖北（HB）、台湾（TW）；韩国、日本

拉斯红螯蛛 *Cheiracanthium lascivum* Karsch, 1879

Karsch, 1879: 91; Bösenberg & Strand, 1906: 287; Dönitz & Strand, in Bösenberg & Strand, 1906: 387 (*C. digitivorum*); Saitō, 1934: 329; Saitō, 1934: 291; Saitō, 1939: 28 (*C. gratiosum*); Saitō, 1959: 141 (*C. gratiosum*); Saitō, 1959: 141; Yaginuma, 1960: 112 (*C. gratiosum*); Yaginuma, 1966: 38; Yaginuma, 1966: 36 (*C. l.*, Syn.); Yaginuma, 1967: 88; Yaginuma, 1971: 112; Paik & Namkung, 1979: 83 (*C. l.*, misidentified per Kim & Lee, 2007: 239); Hu, 1984: 298; Yaginuma, 1986: 177; Chikuni, 1989: 122; Barrion & Litsinger, 1994: 297; Ono, 2009: 465 (*C. l.*, Syn.).

异名：

Cheiracanthium digitivorum Dönitz & Strand, 1906; Ono, 2009: 465 (Syn.);

C. gratiosum Saitō, 1939; Yaginuma, 1966: 36 (Syn.).

分布：浙江（ZJ）、台湾（TW）；日本、韩国、俄罗斯

浏阳红螯蛛 *Cheiracanthium liuyangense* Xie et al., 1996

Xie et al., 1996: 97 (*C. liuyangensis*); Song, Zhu & Chen, 1999: 413 (*C. liuyangensis*); Yin et al., 2012: 1051 (*C. liuyangensis*).

分布：湖南（HN）

长尾红螯蛛 *Cheiracanthium longtailen* Xu, 1993

Xu, 1993: 27; Song, Zhu & Chen, 1999: 413.

分布：安徽（AH）

摩达红螯蛛 *Cheiracanthium mordax* L. Koch, 1866

L. Koch, 1866: 262; L. Koch, 1873: 403; L. Koch, 1873: 396 (*C. diversum*); L. Koch, 1873: 419 (*C. gilvum*); Marples, 1959: 364 (*C. diversum*); Main, 1964: 76; Dondale, 1966: 1178 (*C. m.*, Syn.); Zhang, Zhu & Hu, 1993: 106 (*C. submordax*); Song, Zhu & Chen, 1999: 414 (*C. s.*); Ono, 2009: 465 (*C. s.*); Chen & Huang, 2012: 22 (*C. m.*, Syn.).

异名：

Cheiracanthium diversum L. Koch, 1873; Dondale, 1966: 1178 (Syn.);

C. gilvum L. Koch, 1873; Dondale, 1966: 1178 (Syn.);

C. submordax Zhang, Zhu & Hu, 1993; Chen & Huang, 2012: 22 (Syn.).

分布：台湾（TW）、广西（GX）；日本、澳大利亚到萨摩亚群岛、赫布里底群岛、所罗门群岛

宁明红螯蛛 *Cheiracanthium ningmingense* Zhang & Yin, 1999

Zhang & Yin, 1999: 285 (*C. ningmingensis*); Song, Zhu & Chen, 1999: 413 (*C. ningmingensis*); Yin et al., 2012: 1052.

分布：湖南（HN）、广西（GX）

壶形红螯蛛 *Cheiracanthium olliforme* Zhang & Zhu, 1993

Zhang & Zhu, 1993: 76; Song, Zhu & Chen, 1999: 413; Yin et al., 2012: 1054.

分布：湖南（HN）

彭妮红螯蛛 *Cheiracanthium pennyi* O. P.-Cambridge, 1873

O. P.-Cambridge, 1873: 533; Chyzer & Kulczyński, 1897: 233; Bösenberg, 1902: 283; Ermolajev, 1928: 99; Simon, 1932: 904, 961; Reimoser, 1937: 72; Locket & Millidge, 1951: 145; Schenkel, 1963: 257 (*C. circumcinctum*); Clark & Locket, 1964: 1; Locket, 1964: 259; Braendegaard, 1966: 193; Azheganova, 1968: 127; Tyschchenko, 1971: 127; Clark & Jerrard, 1972: 110; Locket, Millidge & Merrett, 1974: 13; Hu, 1979: 67 (*C. circumcinctum*); Song, Yu & Shang, 1981: 88 (*C. p.*, Syn.); Hu, 1984: 298; Roberts, 1985: 88; Sterghiu, 1985: 118; Guo, 1985: 147; Zhu et al., 1985: 159; Song, 1987: 315; Zhang, 1987: 193; Urones, 1988: 145; Hu & Wu, 1989: 304; Chen & Gao, 1990: 149; Wolf, 1991: 233; Heimer & Nentwig, 1991: 396; Zhao, 1993: 319; Almquist, 1994: 115; Roberts, 1995: 134; Mcheidze, 1997: 171; Roberts, 1998: 143; Song, Zhu & Chen, 1999: 413; Hu, 2001: 282; Song, Zhu & Chen, 2001: 313; Almquist, 2006: 355; Yin et al., 2012: 1055.

异名：

Cheiracanthium circumcinctum Schenkel, 1963; Song, Yu & Shang, 1981: 88 (Syn.).

分布：辽宁（LN）、内蒙古（NM）、河北（HEB）、山西（SX）、山东（SD）、陕西（SN）、青海（QH）、新疆（XJ）、湖南（HN）、四川（SC）、广东（GD）；古北界

皮氏红螯蛛 *Cheiracanthium pichoni* Schenkel, 1963

Schenkel, 1963: 258; Song, 1980: 186; Song & Zheng, 1981: 351; Song, 1987: 317; Chen & Gao, 1990: 149; Chen & Zhang, 1991: 250; Song, Zhu & Chen, 1999: 414; Zhu & Zhang, 2011: 342; Yin et al., 2012: 1056.

分布：河南（HEN）、浙江（ZJ）、湖南（HN）、四川（SC）

波氏红螯蛛 *Cheiracanthium potanini* Schenkel, 1963

Schenkel, 1963: 256.

分布：甘肃（GS）

石生红螯蛛 *Cheiracanthium rupicola* (Thorell, 1897)

Thorell, 1897: 253 (*Eutittha r.*); Hu & Li, 1987: 306 (*C. gyirongensis*); Song, Zhu & Chen, 1999: 413 (*C. gyirongense*); Hu, 2001: 283 (*C. gyirongensis*); Dankittipakul & Beccaloni, 2012: 82 (*C. rupicolum*, Syn.).

异名：

Cheiracanthium gyirongense Hu & Li, 1987; Dankittipakul & Beccaloni, 2012: 83 (Syn.).

分布：西藏（XZ）；缅甸、印度尼西亚

思茅红螯蛛 *Cheiracanthium simaoense* Zhang & Yin, 1999

Zhang & Yin, 1999: 286 (*C. simaoensis*); Song, Zhu & Chen, 1999: 414 (*C. simaoensis*).

分布：云南（YN）

结实红螯蛛 *Cheiracanthium solidum* Zhang, Zhu & Hu, 1993

Zhang, Zhu & Hu, 1993: 107; Song, Zhu & Chen, 1999: 414.

分布：贵州（GZ）

球红螯蛛 *Cheiracanthium sphaericum* Zhang, Zhu & Hu, 1993

Zhang, Zhu & Hu, 1993: 107; Song, Zhu & Chen, 1999: 414; Yin et al., 2012: 1057.

分布：湖南（HN）

异形红螯蛛 *Cheiracanthium taegense* Paik, 1990

Paik, 1990: 11; Xu & Zhang, 1993: 94; Zhang, Hu & Zhu, 1994: 9; Song, Zhu & Chen, 1999: 414; Namkung, 2002: 425; Kim & Cho, 2002: 77 (*C. taeguense*); Namkung, 2003: 420; Yin et al., 2012: 1058.

分布：浙江（ZJ）、湖南（HN）、福建（FJ）；韩国

台湾红螯蛛 *Cheiracanthium taiwanicum* Chen et al., 2006

Chen et al., 2006: 10; Chen & Huang, 2012: 25.

分布：台湾（TW）

旋扭红螯蛛 *Cheiracanthium torsivum* Chen & Huang, 2012

Chen & Huang, 2012: 28.

分布：台湾（TW）

具钩红螯蛛 *Cheiracanthium uncinatum* Paik, 1985

Paik, 1985: 2; Paik, 1990: 15; Zhang & Zhu, 1993: 77; Song, Zhu & Chen, 1999: 414; Namkung, 2002: 426; Namkung, 2003: 421; Zhu & Zhang, 2011: 343; Yin et al., 2012: 1060.

分布：河南（HEN）、湖南（HN）；韩国

单独红螯蛛 *Cheiracanthium unicum* Bösenberg & Strand, 1906

Bösenberg & Strand, 1906: 287; Strand, 1907: 562 (*C. jokohamae*); Strand, 1909: 43 (*C. jokohamae*); Yaginuma, 1960: 112; Yaginuma, 1966: 38; Paik, 1970: 88; Yaginuma, 1971: 112; Song, 1987: 318; Chikuni, 1989: 123; Paik, 1990: 13 (*C. u.*, Syn.); Chen & Zhang, 1991: 250; Barrion & Litsinger, 1994: 297; Song, Zhu & Chen, 1999: 414; Namkung, 2002: 427; Namkung, 2003: 422; Ono, 2009: 465; Zhu & Zhang, 2011: 344; Yin et al., 2012: 1061.

异名：

Cheiracanthium jokohamae Strand, 1907; Paik, 1990: 13 (Syn.).

分布：河南（HEN）、浙江（ZJ）、湖南（HN）；韩国、日本、老挝

绿色红螯蛛 *Cheiracanthium virescens* (Sundevall, 1833)

Sundevall, 1833: 267 (*Clubiona v.*); O. P.-Cambridge, 1873: 531 (*C. nutrix*, misidentified); Simon, 1878: 258 (*C. candidum*); Simon, 1878: 261 (*C. lapidicolens*); Becker, 1896: 289 (*C. l.*); Chyzer & Kulczyński, 1897: 234 (*C. l.*); Bösenberg, 1902: 282 (*C. l.*); Simon, 1918: 201; Ermolajev, 1928: 105 (*C. l.*); Simon, 1932: 899, 901, 962; Saitō, 1936: 17 (*C. l.*); Reimoser, 1937: 76; Palmgren, 1943: 60; Tullgren, 1946: 39 (*C. nutrix*); Locket & Millidge, 1951: 146; Braendegaard, 1966: 191; Azheganova, 1968: 128; Tyschchenko, 1971: 127; Miller, 1971: 104; Hu, 1979: 66; Hu, 1984: 300; Roberts, 1985: 88; Sterghiu, 1985: 108; Millidge, 1988: 259; Chen & Gao, 1990: 150; Heimer & Nentwig, 1991: 398; Próchniewicz, 1991: 178; Zhao, 1993: 320; Zhang, 1994: 133; Roberts, 1995: 134; Mcheidze, 1997: 172; Bellmann, 1997: 178; Roberts, 1998: 143; Song, Zhu & Chen, 1999: 414; Song, Zhu & Chen, 2001: 314; Almquist, 2006: 357; Zhu & Zhang, 2011: 346.

分布：河北（HEB）、河南（HEN）、四川（SC）；古北界

浙江红螯蛛 *Cheiracanthium zhejiangense* Hu & Song, 1982

Hu & Song, 1982: 56 (*C. zhejiangensis*); Hu, 1984: 299 (*C. zhejiangensis*); Song, 1987: 319 (*C. zhejiangensis*); Feng, 1990: 169 (*C. zhejiangensis*); Paik, 1990: 9; Chen & Zhang, 1991: 251 (*C. zhejiangensis*); Zhao, 1993: 321 (*C. zhejiangensis*); Song, Zhu & Chen, 1999: 414; Namkung, 2002: 424; Namkung, 2003: 419; Lee et al., 2004: 99; Yin et al., 2012: 1052.

分布：浙江（ZJ）、湖南（HN）、贵州（GZ）；韩国

19. 管网蛛科 Filistatidae Ausserer, 1867

世界 18 属 117 种；中国 4 属 20 种。

管网蛛属 *Filistata* Latreille, 1810

Latreille, 1810: 121. Type species: *Aranea insidiatrix* Forsskål, 1775

缘管网蛛 *Filistata marginata* Kishida, 1936

Kishida, in Komatsu, 1936: 151; Wang, 1987: 252; Song, Zhu

& Chen, 1999: 46.
分布：台湾（TW）；日本

隐管网蛛 *Filistata seclusa* O. P.-Cambridge, 1885

O. P.-Cambridge, 1885: 5; Caporiacco, 1934: 116.
分布：西藏（XZ）

塔里木管网蛛 *Filistata tarimuensis* Hu & Wu, 1989

Hu & Wu, 1989: 53; Song, Zhu & Chen, 1999: 46.
分布：新疆（XJ）

西藏管网蛛 *Filistata xizanensis* Hu, Hu & Li, 1987

Hu, Hu & Li, 1987: 36; Hu, Hu & Li, 1990: 197; Song, Zhu & Chen, 1999: 36 (*F. xizangensis*, invalid emendation); Hu, 2001: 72 (*F. xizangensis*).
分布：西藏（XZ）

库蛛属 *Kukulcania* Lehtinen, 1967

Lehtinen, 1967: 242. Type species: *Filistata hibernalis* Hentz, 1842

寒库蛛 *Kukulcania hibernalis* (Hentz, 1842)

Hentz, 1842: 227 (*Filistata h.*); Hentz, 1842: 228 (*F. capitata*); C. L. Koch, 1842: 103 (*Teratodes depressus*); Lucas, 1857: 74 (*F. cubaecola*); Blackwall, 1867: 202 (*F. distincta*); Blackwall, 1868: 403 (*F. depressa*); Holmberg, 1876: 7 (*Mygale muritelaria*); Keyserling, 1879: 345 (*F. capitata*); Simon, 1893: 257 (*F. capitata*); O. P.-Cambridge, 1899: 290 (*F. tractans*, misidentified); F. O. P.-Cambridge, 1899: 47 (*F. h.*); *Filistata h.* Emerton, 1902: 220 (*F. h.*); *Filistata h.* Petrunkevitch, 1929: 56 (*F. h.*); *Filistata h.* Comstock, 1940: 108, 294 (*F. h.*); *Filistata h.* Mello-Leitão, 1943: 153 (*F. h.*, Syn.); Lehtinen, 1967: 242 (*K. h.*, Trans. from *Filistata*); Abalos, 1967: 263 (*F. h.*); Alayón, 1972: 5 (*F. h.*); Paik, 1978: 96 (*F. h.*); Forster & Gray, 1979: 1061 (*F. capito*, *lapsus* for *K. h.*, per Forster, pers. comm.); Song, 1980: 63 (*F. h.*); Zhu et al., 1985: 24 (*F. h.*); Lehtinen, 1986: 151; Forster, Platnick & Gray, 1987: 92 (*F. h.*); Zhang, 1987: 30 (*F. h.*); Heimer, 1990: 4 (*F. h.*); Breene et al., 1993: 52; Gray, 1995: 83; Ramírez & Grismado, 1997: 348; Yoo & Kim, 2002: 25 (*F. h.*); Griswold et al., 2005: 27; Ramírez & Grismado, 2008: 80; Brescovit & Santos, 2012: 311; Ramírez, 2014: 213.
异名：
Kukulcania muritelaria (Holmberg, 1876, Trans. from *Mygale=Avicularia*); Mello-Leitão, 1943: 153 (Syn., sub. of *Filistata*).
分布：河北（HEB）、山西（SX）；美洲

马蹄蛛属 *Pritha* Lehtinen, 1967

Lehtinen, 1967: 260. Type species: *Filistata nana* Simon, 1868

瓶形马蹄蛛 *Pritha ampulla* Wang, 1987

Wang, 1987: 251; Song, Zhu & Chen, 1999: 46.
分布：云南（YN）

北京马蹄蛛 *Pritha beijingensis* Song, 1986

Song, 1986: 43; Song, 1987: 60; Zhang, 1987: 46; Feng, 1990: 29; Song, Zhu & Chen, 1999: 46; Song, Zhu & Chen, 2001: 66.
分布：北京（BJ）

小棘马蹄蛛 *Pritha spinula* Wang, 1987

Wang, 1987: 252; Song, Zhu & Chen, 1999: 46.
分布：云南（YN）

三栉蛛属 *Tricalamus* Wang, 1987

Wang, 1987: 142. Type species: *Tricalamus tetragonius* Wang, 1987
Note: probably a synonym of *Pritha* Lehtinen, 1967 (Gray, 1995: 80).

微白三栉蛛 *Tricalamus albidulus* Wang, 1987

Wang, 1987: 150; Song, Zhu & Chen, 1999: 48.
分布：云南（YN）

碧云三栉蛛 *Tricalamus biyun* Zhang, Chen & Zhu, 2009

Zhang, Chen & Zhu, 2009: 22.
分布：贵州（GZ）

甘肃三栉蛛 *Tricalamus gansuensis* Wang & Wang, 1992

Wang & Wang, 1992: 43; Song, Zhu & Chen, 1999: 48.
分布：甘肃（GS）

江西三栉蛛 *Tricalamus jiangxiensis* Li, 1994

Li, 1994: 422; Song, Zhu & Chen, 1999: 48.
分布：江西（JX）

林芝三栉蛛 *Tricalamus linzhiensis* Hu, 2001

Hu, 2001: 74.
分布：西藏（XZ）

长斑三栉蛛 *Tricalamus longimaculatus* Wang, 1987

Wang, 1987: 152; Song, Zhu & Chen, 1999: 48.
分布：云南（YN）

勐腊三栉蛛 *Tricalamus menglaensis* Wang, 1987

Wang, 1987: 143; Song, Zhu & Chen, 1999: 48.
分布：云南（YN）

月牙三栉蛛 *Tricalamus meniscatus* Wang, 1987

Wang, 1987: 149; Song, Zhu & Chen, 1999: 48.
分布：云南（YN）

蝶斑三栉蛛 *Tricalamus papilionaceus* Wang, 1987

Wang, 1987: 147; Song, Zhu & Chen, 1999: 48.
分布：云南（YN）

乳突三栉蛛 *Tricalamus papillatus* Wang, 1987

Wang, 1987: 154; Song, Zhu & Chen, 1999: 48.

分布：贵州（GZ）

方斑三栉蛛 *Tricalamus tetragonius* Wang, 1987

Wang, 1987: 142; Song, Zhu & Chen, 1999: 48.
分布：云南（YN）

西安三栉蛛 *Tricalamus xianensis* Wang & Wang, 1992

Wang & Wang, 1992: 42; Song, Zhu & Chen, 1999: 48.
分布：陕西（SN）

20. 平腹蛛科 Gnaphosidae Pocock, 1898

世界 123 属 2167 种；中国 32 属 204 种。

异狂蛛属 *Allozelotes* Yin & Peng, 1998

Yin & Peng, 1998: 260. Type species: *Allozelotes lushan* Yin & Peng, 1998

滇池异狂蛛 *Allozelotes dianshi* Yin & Peng, 1998

Yin & Peng, 1998: 263; Song, Zhu & Zhang, 2004: 21 (*A. dianchi*).
分布：云南（YN）

庐山异狂蛛 *Allozelotes lushan* Yin & Peng, 1998

Yin & Peng, 1998: 261; Song, Zhu & Zhang, 2004: 22; Yin et al., 2012: 1152.
分布：江西（JX）、湖南（HN）

微囊异狂蛛 *Allozelotes microsaccatus* Yang et al., 2009

Yang et al., 2009: 107.
分布：云南（YN）

宋氏异狂蛛 *Allozelotes songi* Yang et al., 2009

Yang et al., 2009: 106.
分布：云南（YN）

秘蛛属 *Aphantaulax* Simon, 1878

Simon, 1878: 360. Type species: *Clubiona albini* Audouin, 1826

三带秘蛛 *Aphantaulax trifasciata* (O. P.-Cambridge, 1872)

L. Koch, 1866: 55 (*Micaria albini*, misidentified); O. P.-Cambridge, 1872: 249 (*Micaria t.*); Simon, 1878: 34 (*A. semi-niger*); Simon, 1878: 36 (*A. trifasciatus*); Chyzer & Kulczyński, 1897: 194 (*A. seminigra*); Simon, 1914: 181, 220 (*A. s.*); Miller, 1971: 81 (*A. s.*); Grimm, 1985: 105 (*A. s.*); *A. seminigra* Hu & Wu, 1989: 249 (*A. s.*); Heimer & Nentwig, 1991: 414 (*A. s.*); Roberts, 1995: 117 (*A. seminiger*); *A. seminiger* Roberts, 1998: 124 (*A. s.*); Kamura, 2000: 162 (*A. seminigra*); Levy, 2002: 130 (*A. t.*, Syn. of male); Song, Zhu & Zhang, 2004: 24; Tuneva, 2005: 327; Trotta, 2005: 166 (*A. seminigra*); Murphy, 2007: 46 (*A. seminigra*); Kamura, 2009: 495; Yin et al., 2012: 1155.
异名：
Aphantaulax seminigra Simon, 1878; Levy, 2002: 130 (Syn.).
分布：新疆（XJ）、湖南（HN）；古北界

伯兰蛛属 *Berlandina* Dalmas, 1922

Dalmas, 1922: 85. Type species: *Gnaphosa plumalis* O. P.-Cambridge, 1872

胡氏伯兰蛛 *Berlandina hui* Song, Zhu & Zhang, 2004

Hu & Wu, 1989: 251 (*B. potanini*, misidentified); Zhao, 1993: 116 (*B. p.*, misidentified); Hu, 2001: 227 (*B. p.*, misidentified); Song, Zhu & Zhang, 2004: 26; Marusik, Fomichev & Omelko, 2014: 192.
分布：青海（QH）、新疆（XJ）

波氏伯兰蛛 *Berlandina potanini* (Schenkel, 1963)

Schenkel, 1936: 264 (*Berlandia plumalis*, misidentified); Schenkel, 1963: 97 (*Berlandia p.*); Brignoli, 1983: 565; Marusik & Logunov, 1995: 179; Song, Zhu & Chen, 1999: 446; Song, Zhu & Zhang, 2004: 28; Marusik, Fomichev & Omelko, 2014: 208.
分布：内蒙古（NM）、河北（HEB）、甘肃（GS）、新疆（XJ）；俄罗斯

斯氏伯兰蛛 *Berlandina spasskyi* Ponomarev, 1979

Ponomarev, 1979: 922; Hu & Wu, 1989: 253 (*B. xinjiangensis*); Song, Zhu & Zhang, 2004: 30 (*B. xinjiangensis*); Tuneva, 2005: 327 (*B. s.*, Syn. of male); Ponomarev & Tsvetkov, 2006: 7; Marusik, Fomichev & Omelko, 2014: 200.
异名：
Berinda xinjiangensis Hu & Wu, 1989; Tuneva, 2005: 327 (Syn.).
分布：新疆（XJ）；哈萨克斯坦、蒙古、俄罗斯

卡利蛛属 *Callilepis* Westring, 1874

Westring, 1874: 43. Type species: *Aranea nocturna* Linnaeus, 1758

夜卡利蛛 *Callilepis nocturna* (Linnaeus, 1758)

Linnaeus, 1758: 621 (*Aranea n.*); Olivier, 1789: 231 (*A. n.*); Walckenaer, 1805: 46 (*Drassus gnaphosus*); Sundevall, 1831: 29; Sundevall, 1832: 136 (*D. nocturnus*); Wider, 1834: 200 (*Filistata maculata*); Walckenaer, 1837: 616 (*Drassus gnaphosus*); C. L. Koch, 1839: 61 (*Pythonissa maculata*); C. L. Koch, 1839: 16 (*P. holobera*); Westring, 1851: 47 (*Drassus maculatus*); Thorell, 1856: 87 (*Pythonissa n.*); Westring, 1861: 357 (*Melanophora n.*); L. Koch, 1866: 37 (*Pythonissa n.*); Thorell, 1871: 199 (*Gnaphosa n.*); Menge, 1872: 317 (*G. maculata*); Westring, 1874: 43 (*C. maculata*); Simon, 1893: 384; Chyzer & Kulczyński, 1897: 191; Bösenberg, 1902: 317; Drensky, 1929: 9, 62 (*Poecilochroa ochridana*); Reimoser, 1937: 3; Nakatsudi, 1942: 17 (*Calliplepis n.*); Palmgren, 1943: 80; Tullgren, 1946: 91; Miller, 1947: 61; Machado, 1949: 17; Wiehle, 1967: 14; Miller, 1971: 76; Murphy, 1971: 269;

Locket, Millidge & Merrett, 1974: 10; Platnick, 1975: 7; Utochkin & Pakhorukov, 1976: 81; Locket, 1976: 159; Grimm, 1985: 93; Roberts, 1985: 76; Kamura, 1987: 2; Chikuni, 1989: 118; Izmailova, 1989: 98; Heimer & Nentwig, 1991: 416; Noordam, 1992: 1, 2, 13; Roberts, 1995: 119; Ovtsharenko & Marusik, 1996: 119; Tang et al., 1997: 58; Roberts, 1998: 125; Song, Zhu & Chen, 1999: 446; Deltshev, 2003: 142 (*C. n.*, Syn.); Song, Zhu & Zhang, 2004: 33; Almquist, 2006: 385; Murphy, 2007: 44; Kamura, 2009: 490.

异名：

Callilepis ochridana (Drensky, 1929, Trans. from *Poecilochroa*); Deltshev, 2003: 142 (Syn.)

分布：内蒙古（NM）、河北（HEB）、新疆（XJ）、四川（SC）、西藏（XZ）；古北界

舒氏卡利蛛 *Callilepis schuszteri* (Herman, 1879)

Herman, 1879: 199, 365 (*Gnaphosa s.*); Simon, 1880: 120 (*Pythonissa flavitarsis*); Chyzer & Kulczyński, 1897: 191; Miller, 1947: 61; Machado, 1949: 18; Yaginuma, 1960: append. 7 (*C. bipunctata*); Wiehle, 1967: 14; Yaginuma, 1971: 122 (*C. bipunctata*); Miller, 1971: 76; Platnick, 1975: 19 (*C. s.*, Syn.); Paik, 1978: 412; Song & Hubert, 1983: 16; Grimm, 1985: 96; Kamura, 1986: 16; Yaginuma, 1986: 188; Song, 1987: 334; Chikuni, 1989: 118; Heimer & Nentwig, 1991: 416; Song, Zhu & Chen, 1999: 448; Song, Zhu & Chen, 2001: 334; Namkung, 2002: 460; Kim & Cho, 2002: 75; Namkung, 2003: 463; Song, Zhu & Zhang, 2004: 35; Jung et al., 2005: 166; Kamura, 2009: 490.

异名：

Callilepis flavitarsis (Simon, 1880, Trans. from *Pythonissa*); Platnick, 1975: 19 (Syn.);

Callilepis bipunctata Yaginuma, 1960; Platnick, 1975: 19 (Syn.).

分布：河北（HEB）、北京（BJ）；古北界

枝疣蛛属 *Cladothela* Kishida, 1928

Kishida, 1928: 32. Type species: *Cladothela boninensis* Kishida, 1928

扭曲枝疣蛛 *Cladothela bistorta* Zhang, Song & Zhu, 2002

Zhang, Song & Zhu, 2002: 243; Song, Zhu & Zhang, 2004: 37.

分布：河北（HEB）

壶瓶枝疣蛛 *Cladothela hupingensis* Yin, 2012

Yin, in Yin et al., 2012: 1157.

分布：湖南（HN）

乔氏枝疣蛛 *Cladothela joannisi* (Schenkel, 1963)

Schenkel, 1963: 46 (*Phaeocedus potanini*); Schenkel, 1963: 59 (*Zelotes j.*); Zhu et al., 1985: 153 (*Phaeocedus potanini*); Zhu et al., 1985: 155 (*Zelotes j.*, misplaced); Zhang, Song & Zhu, 2002: 241 (*C. j.*, Trans. from *Zelotes*); Song, Zhu & Zhang, 2004: 38 (*C. j.*, Syn. of female).

异名：

Cladothela potanini (Schenkel, 1963, Trans. from *Phaeocedus*); Song, Zhu & Zhang, 2004: 38 (Syn.).

分布：河北（HEB）、山西（SX）

宁明枝疣蛛 *Cladothela ningmingensis* Zhang, Yin & Bao, 2004

Zhang, Yin & Bao, 2004: 83.

分布：广西（GX）

显眼枝疣蛛 *Cladothela oculinotata* (Bösenberg & Strand, 1906)

Bösenberg & Strand, 1906: 119 (*Drassodes oculinotatus*); Yaginuma, 1960: 120 (*D. oculinotatum*); Yaginuma, 1971: 120 (*D. oculinotatum*); Paik, 1978: 414 (*D. oculinotatus*); Yaginuma, 1986: 189 (*D. oculinotatus*); Kamura, 1991: 51 (*C. o.*, Trans. from *Drassodes*); Paik, 1992: 36; Namkung, 2002: 461; Namkung, 2003: 464; Song, Zhu & Zhang, 2004: 40; Jung et al., 2005: 167; Kamura, 2009: 489.

分布：江苏（JS）；韩国、日本

小枝疣蛛 *Cladothela parva* Kamura, 1991

Kamura, 1991: 57; Zhang, Song & Zhu, 2002: 17; Zhang, Yin & Bao, 2004: 83; Song, Zhu & Zhang, 2004: 42; Kamura, 2009: 488; Yin et al., 2012: 1158.

分布：安徽（AH）、浙江（ZJ）、湖南（HN）、四川（SC）；日本

卷蛛属 *Coillina* Yin & Peng, 1998

Yin & Peng, 1998: 264. Type species: *Coillina baka* Yin & Peng, 1998

巴卡卷蛛 *Coillina baka* Yin & Peng, 1998

Yin & Peng, 1998: 266; Song, Zhu & Zhang, 2004: 44.

分布：云南（YN）

韩掠蛛属 *Coreodrassus* Paik, 1984

Paik, 1984: 49. Type species: *Coreodrassus coreanus* Paik, 1984

剪韩掠蛛 *Coreodrassus forficalus* Zhang & Zhu, 2008

Zhang & Zhu, 2008: 34.

分布：新疆（XJ）

矛韩掠蛛 *Coreodrassus lancearius* (Simon, 1893)

Simon, 1893: 362 (*Drassodes lancearius*); Schenkel, 1963: 41 (*D. potanini*); Song, Yu & Shang, 1981: 89 (*D. p.*); Zhang & Zhu, 1983: 165 (*D. p.*); Hu, 1984: 277 (*D. p.*); Paik, 1984: 50 (*C. coreanus*); Guo, 1985: 142 (*D. potanini*); Song, 1987: 337 (*D. p.*); Zhang, 1987: 173 (*D. p.*); Zhao, 1993: 120 (*D. p.*); Song, Zhu & Chen, 1999: 446 (*C. l.*, Trans. from *Drassodes*, Syn. of female); Hu, 2001: 237 (*D. potanini*); Song, Zhu & Chen, 2001: 335; Namkung, 2002: 462; Namkung, 2003: 465; Song, Zhu & Zhang, 2004: 46; Kamura, 2004: 46; Jung et al., 2005: 169; Murphy, 2007: 58; Zhang & Zhu, 2008: 32;

Kamura, 2009: 487.
异名：
Coreodrassus potanini (Schenkel, 1963, Trans. from *Drassodes*); Song, Zhu & Chen, 1999: 446 (Syn.);
Coreodrassus coreanus Paik, 1984; Song, Zhu & Chen, 1999: 446 (Syn.).
分布：内蒙古（NM）、河北（HEB）、山西（SX）、甘肃（GS）、安徽（AH）；哈萨克斯坦、韩国、日本

掠蛛属 *Drassodes* Westring, 1851

Westring, 1851: 48. Type species: *Aranea lapidosa* Walckenaer, 1802
异名：
Geodrassus Chamberlin, 1922; Ubick & Roth, 1973: 1 (Syn.);
Mesklia Roewer, 1928; Chatzaki, Thaler & Mylonas, 2002: 618 (Syn.);
Sillemia Reimoser, 1935; Murphy, 2007: 54 (Syn.);
Kirmaka Roewer, 1961; Murphy, 2007: 54 (Syn.);
Siruasus Roewer, 1961; Murphy, 2007: 54 (Syn.).

耳状掠蛛 *Drassodes auritus* Schenkel, 1963

Schenkel, 1963: 38; Minoranskii, Ponomarev & Gramotenko, 1980: 34; Yu, Shen & Song, 1982: 263; Hu, 1984: 275; Song, 1987: 335; Song, Zhu & Chen, 1999: 446; Schmidt & Barensteiner, 2000: 47 (*D. aenigmaticus*); Song, Zhu & Zhang, 2004: 50 (*D. a.*, Syn.); Ponomarev & Tsvetkov, 2004: 91.
异名：
Drassodes aenigmaticus Schmidt & Barensteiner, 2000; Song, Zhu & Zhang, 2004: 50 (Syn.).
分布：内蒙古（NM）、甘肃（GS）；哈萨克斯坦、俄罗斯

大理掠蛛 *Drassodes daliensis* Yang & Song, 2003

Yang & Song, in Yang, Tang & Song, 2003: 641; Song, Zhu & Zhang, 2004: 51.
分布：云南（YN）

山西掠蛛 *Drassodes dispulsoides* Schenkel, 1963

Schenkel, 1963: 32; Song, Zhu & Zhang, 2004: 53.
分布：山西（SX）、新疆（XJ）

迅掠蛛 *Drassodes fugax* (Simon, 1878)

Simon, 1878: 114 (*Drassus f.*); Simon, 1914: 124, 128, 206; Denis, 1950: 78; Schenkel, 1963: 37 (*D. ndamicus*); Song & Hubert, 1983: 19 (*D. f.*, Syn.); Song, 1987: 336; Hu & Wu, 1989: 255; Izmailova, 1989: 99; Zhao, 1993: 118; Song, Zhu & Chen, 1999: 446; Hu, 2001: 232; Song, Zhu & Chen, 2001: 337; Song, Zhu & Zhang, 2004: 55; Hervé & Rollard, 2009: 635.
异名：
Drassodes ndamicus Schenkel, 1963; Song & Hubert, 1983: 19 (Syn.).
分布：北京（BJ）、甘肃（GS）、青海（QH）、新疆（XJ）、西藏（XZ）；古北界

河北掠蛛 *Drassodes hebei* Song, Zhu & Zhang, 2004

Song, Zhu & Zhang, 2004: 56; Fomichev & Marusik, 2011: 119.
分布：河北（HEB）

内折掠蛛 *Drassodes infletus* (O. P.-Cambridge, 1885)

O. P.-Cambridge, 1885: 7.
分布：新疆（XJ）

内钩掠蛛 *Drassodes interemptor* (O. P.-Cambridge, 1885)

O. P.-Cambridge, 1885: 8.
分布：新疆（XJ）

内舌掠蛛 *Drassodes interlisus* (O. P.-Cambridge, 1885)

O. P.-Cambridge, 1885: 12.
分布：新疆（XJ）

内插掠蛛 *Drassodes interpolator* (O. P.-Cambridge, 1885)

O. P.-Cambridge, 1885: 10.
分布：新疆（XJ）；塔吉克斯坦

内卷掠蛛 *Drassodes involutus* (O. P.-Cambridge, 1885)

O. P.-Cambridge, 1885: 14.
分布：新疆（XJ）

九峰掠蛛 *Drassodes jiufeng* Tang, Song & Zhang, 2001

Tang, Song & Zhang, 2001: 59; Song, Zhu & Zhang, 2004: 58.
分布：内蒙古（NM）

关东掠蛛 *Drassodes kwantungensis* Saitō, 1937

Saitō, 1937: 148; Song, Zhu & Zhang, 2004: 59.
分布：辽宁（LN）

石掠蛛 *Drassodes lapidosus* (Walckenaer, 1802)

Walckenaer, 1802: 222 (*Aranea lapidosa*); Walckenaer, 1805: 44 (*Clubiona lapidicolens*); Latreille, 1806: 91 (*Clubiona lapidicola*); Walckenaer, 1830: 129 (*Clubiona lapidicolens*); Sundevall, 1831: 32, 1832: 139 (*Clubiona lapidicola*); Hahn, 1833: 124 (*Drassus cinereus*); Hahn, 1833: 1 (*Clubiona lapidaria*); Hahn, 1833: 9 (*Clubiona lapidicola*); Wider, 1834: 203 (*Filistata incerta*); C. L. Koch, 1837: 18 (*Drassus lapidicola*); C. L. Koch, 1837: 18 (*Drassus incanus*); Walckenaer, 1837: 600 (*Clubiona lapidicolens signata*); C. L. Koch, 1839: 28 (*Drassus lapidicola*); Lucas, 1846: 207 (*Clubiona oblonga*); Bremi-Wolff, 1849 (*Agelena juniperina*); Westring, 1851: 48 (*D. lapidicola*); Blackwall, 1861: 116 (*Drassus lapidicolens*); L. Koch, 1866: 126 (*Drassus lapidicola*); Thorell, 1871: 202 (*D. incanus*); Menge, 1875: 384 (*Drassus lapidicola*); Simon, 1878: 108 (*Drassus l.*); Simon, 1878: 124 (*Drassus oblongus*); Simon, 1893: 359; Becker, 1896: 253 (*Drassus l.*); Chyzer & Kulczyński, 1897:

220 (*Drassus lapidicola*); Bösenberg, 1902: 294 (*Drassus lapidicola*); Simon, 1914: 121, 126, 129, 206; Drensky, 1921: 51, 78 (*D. pirini*); Reimoser, 1931: 40; Hu & Li, 1987: 297; Hu & Wu, 1989: 257; Zhao, 1993: 119; Song, Zhu & Chen, 1999: 447; Hu, 2001: 234; Song, Zhu & Chen, 2001: 338; Deltshev & Blagoev, 2001: 111 (*D. l.*, Syn.); Namkung, 2003: 466; Song, Zhu & Zhang, 2004: 60; Kovblyuk, 2008: 12 (*D. l.*, Syn.); Zakharov & Ovtcharenko, 2011: 330.

异名：

Drassodes lapidosus macer (Thorell, 1875, Trans. from *Drassus*); Kovblyuk, 2008: 12 (Syn.);

D. pirini Drensky, 1921; Deltshev & Blagoev, 2001: 111 (Syn.).

分布：北京（BJ）、甘肃（GS）、青海（QH）、新疆（XJ）、四川（SC）、西藏（XZ）；古北界

误掠蛛 *Drassodes lapsus* (O. P.-Cambridge, 1885)

O. P.-Cambridge, 1885: 15 (*Drassus lapsus*); Hogg, 1912: 205 (*Drassodes lapsus*).

分布：新疆（XJ）

长刺掠蛛 *Drassodes longispinus* Marusik & Logunov, 1995

Marusik & Logunov, 1995: 185; Song, Zhu & Zhang, 2004: 62; Zhu & Zhang, 2011: 383.

分布：河北（HEB）、河南（HEN）、西藏（XZ）、广西（GX）；俄罗斯

那曲掠蛛 *Drassodes nagqu* Song, Zhu & Zhang, 2004

Hu & Li, 1987: 357 (*D. pashanensis*, misidentified); Hu, 2001: 234 (*D. pashanensis*, misidentified); Song, Zhu & Zhang, 2004: 64, 313.

分布：西藏（XZ）

拟耳状掠蛛 *Drassodes parauritus* Song, Zhu & Zhang, 2004

Hu & Wu, 1989: 255 (*D. auritus*, misidentified); Hu, 2001: 232 (*D. auritus*, misidentified); Song, Zhu & Zhang, 2004: 69.

分布：青海（QH）、新疆（XJ）

梳齿掠蛛 *Drassodes pectinifer* Schenkel, 1936

Schenkel, 1936: 28; Hu, 2001: 235; Song, Zhu & Zhang, 2004: 66.

分布：甘肃（GS）、青海（QH）、新疆（XJ）、四川（SC）、西藏（XZ）

普氏掠蛛 *Drassodes platnicki* Song, Zhu & Zhang, 2004

Schenkel, 1936: 254 (*D. lesserti*: preoccupied by *D. hispanus lesserti*); Schenkel, 1963: 31 (*D. l.*); Loksa, 1965: 23 (*D. l.*); Marusik & Logunov, 1995: 182 (*D. l.*); Song, Zhu & Chen, 1999: 447 (*D. l.*); Esyunin & Tuneva, 2002: 172 (*D. lesserti*); Song, Zhu & Zhang, 2004: 67.

分布：黑龙江（HL）、内蒙古（NM）、河北（HEB）；蒙古、俄罗斯

伪勒氏掠蛛 *Drassodes pseudolesserti* Loksa, 1965

Loksa, 1965: 25.

分布：中国（具体未详）；哈萨克斯坦、蒙古

软毛掠蛛 *Drassodes pubescens* (Thorell, 1856)

Thorell, 1856: 110 (*Drassus p.*); Westring, 1861: 365; Westring, 1861: 366 (*D. gracilis*); L. Koch, 1866: 123 (*Drassus p.*); Menge, 1873: 382 (*Drassus putridicola*); Simon, 1878: 121 (*Drassus gracilis*); Becker, 1896: 295 (*Drassus p.*); Chyzer & Kulczyński, 1897: 220 (*Drassus p.*); Bösenberg, 1902: 295 (*Drassus p.*); Simon, 1914: 124, 130, 207; Reimoser, 1937: 14; Palmgren, 1943: 92; Tullgren, 1946: 96; Locket & Millidge, 1951: 101; Braendegaard, 1966: 90; Azheganova, 1968: 98; Miller, 1971: 81; Grimm, 1985: 122 (*D. p.*, Syn.); Roberts, 1985: 66; Pérez, 1985: 62; Yaginuma, 1986: 189; Izmailova, 1989: 100; Heimer & Nentwig, 1991: 416; Kamura, 1992: 19; Noordam, 1992: 1, 5; Roberts, 1995: 105; Mcheidze, 1997: 113; Roberts, 1998: 108; Esyunin & Tuneva, 2002: 174; Tang, Song & Zhang, 2002: 34; Chatzaki, Thaler & Mylonas, 2002: 615; Levy, 2004: 10; Song, Zhu & Zhang, 2004: 70; Tuneva, 2005: 320; Almquist, 2006: 389; Kovblyuk, 2008: 18; Kamura, 2009: 485; Hervé & Rollard, 2009: 631.

异名：

Drassodes putridicola (Menge, 1873, Trans. from *Drassus*); Grimm, 1985: 122 (Syn., after Reimoser, 1937: 14).

分布：内蒙古（NM）、西藏（XZ）；古北界

斋腾掠蛛 *Drassodes saitoi* Schenkel, 1963

Schenkel, 1963: 36; Song, Zhu & Zhang, 2004: 71.

分布：甘肃（GS）、西藏（XZ）

锯齿掠蛛 *Drassodes serratidens* Schenkel, 1963

Kishida, 1932: 4 (*Scotophaeus striatus*: preoccupied in *Drassodes*); Yaginuma, 1960: 121 (*Herpyllus striatus*, Trans. from *Scotophaeus*); Schenkel, 1963: 33; Schenkel, 1963: 29 (*D. pseudopubescens*); Yaginuma, 1971: 121 (*Herpyllus striatus*); Yaginuma, 1977: 403 (*D. striatus*, Trans. from *Herpyllus*); Paik, 1978: 415 (*D. pseudopubescens*); Hayashi, 1982: 25 (*D. striatus*); Yaginuma, 1983: 5 (*D. seratidens*, Syn.); Hu, 1984: 275; Zhu et al., 1985: 150 (*D. pseudopubescens*); Yaginuma, 1986: 189; Zhang, 1987: 175 (*D. pseudopubescens*); Chikuni, 1989: 119; Hu & Wu, 1989: 258; Paik, 1991: 49; Marusik & Logunov, 1995: 183; Song, Zhu & Chen, 1999: 447; Hu, 2001: 238; Song, Zhu & Chen, 2001: 339; Namkung, 2002: 464; Namkung, 2003: 467; Song, Zhu & Zhang, 2004: 72; Lee et al., 2004: 99; Jung et al., 2005: 170; Kamura, 2009: 485; Zhu & Zhang, 2011: 384; Yin et al., 2012: 1161.

异名：

Drassodes striatus (Kishida, 1932, Trans. from *Scotophaeus*); Yaginuma, 1983: 5 (Syn.);

D. pseudopubescens Schenkel, 1963; Yaginuma, 1983: 5

(Syn.).

分布：内蒙古（NM）、河北（HEB）、河南（HEN）、甘肃（GS）、新疆（XJ）、安徽（AH）、湖南（HN）、四川（SC）、西藏（XZ）；韩国、日本、俄罗斯

沙湾掠蛛 *Drassodes shawanensis* Song, Zhu & Zhang, 2004

Song, Zhu & Zhang, 2004: 74.

分布：新疆（XJ）

色莫尔掠蛛 *Drassodes sirmourensis* (Tikader & Gajbe, 1977)

Tikader & Gajbe, 1977: 71 (*Geodrassus s.*); Tikader, 1982: 386 (*G. s.*); Brignoli, 1983: 567; Hu & Li, 1987: 299 (*G. s.*: misidentified, may belong to *Trachelas* per Song, Zhu & Zhang, 2004: 305).

分布：西藏（XZ）；印度

乌力塔掠蛛 *Drassodes uritai* Tang et al., 1999

Tang et al., 1999: 27; Song, Zhu & Zhang, 2004: 75.

分布：内蒙古（NM）

近狂蛛属 *Drassyllus* Chamberlin, 1922

Chamberlin, 1922: 166. Type species: *Drassyllus fallens* Chamberlin, 1922

韩国近狂蛛 *Drassyllus coreanus* Paik, 1986

Paik, 1986: 4; Gao & Guan, 1991: 55 (*Zelotes x-notatus*, misidentified); Paik, 1992: 68; Song, Zhu & Chen, 1999: 447; Song, Zhu & Zhang, 2004: 78; Jung et al., 2005: 173.

分布：辽宁（LN）、山西（SX）；韩国

凹近狂蛛 *Drassyllus excavatus* (Schenkel, 1963)

Schenkel, 1963: 58 (*Zelotes e.*); Platnick & Song, 1986: 16 (*D. e.*, Trans. from *Zelotes*); Song, 1994: 25; Song, Zhu & Chen, 1999: 447; Song, Zhu & Chen, 2001: 340; Song, Zhu & Zhang, 2004: 80.

分布：河北（HEB）、北京（BJ）、甘肃（GS）

褐纹近狂蛛 *Drassyllus pantherius* Hu & Wu, 1989

Hu & Wu, 1989: 262; Zhao, 1993: 121; Song, Zhu & Zhang, 2004: 81.

分布：新疆（XJ）

小近狂蛛 *Drassyllus pusillus* (C. L. Koch, 1833)

Fabricius, 1775: 432 (*Aranea nigrita*; nomen oblitum); C. L. Koch, 1833: 120 (*Melanophora pusilla*); C. L. Koch, 1839: 90 (*M. pusilla*); C. L. Koch, 1843: 121 (*M. pusilla*); Blackwall, 1861: 107 (*Drassus p.*); L. Koch, 1866: 179 (*M. pusilla*); Thorell, 1871: 199 (*M. nigrita*); Menge, 1872: 311 (*M. nigrita*); Thorell, 1875: 83 (*Zelotes nitidus*); Simon, 1878: 82 (*Prosthesima pusilla*); Dahl, 1883: 57 (*P. nigrita*); Becker, 1896: 250 (*P. pusilla*); Chyzer & Kulczyński, 1897: 202 (*P. pusilla*); Bösenberg, 1902: 306 (*P. nigrita*); Simon, 1914: 155, 170, 217 (*Zelotes p.*); Reimoser, 1937: 35 (*Z. p.*); Palmgren, 1943: 104 (*Z. p.*); Tullgren, 1946: 123 (*Z. p.*); Miller, 1947: 58 (*Z. p.*); Locket & Millidge, 1951: 110 (*Z. p.*); Jézéquel, 1962: 602 (*Z. p.*); Braendegaard, 1966: 119 (*Z. p.*); Miller, 1967: 264 (*Z. p.*); Azheganova, 1968: 100 (*Z. p.*); Tyschchenko, 1971: 100 (*Z. p.*); Miller, 1971: 87 (*Z. p.*); Grimm, 1985: 274 (*Z. p.*); Roberts, 1985: 72 (*Z. p.*); Platnick & Song, 1986: 14; Hu & Li, 1987: 304 (*Z. p.*); Hu & Wu, 1989: 263; Heimer & Nentwig, 1991: 442 (*Z. p.*); Noordam, 1992: 1, 10 (*Z. p.*); Melic, 1994: 12; Roberts, 1995: 111 (*Z. p.*); Roberts, 1998: 115 (*Z. p.*); Song, Zhu & Chen, 1999: 448; Hu, 2001: 242; Kovblyuk, 2003: 26; Song, Zhu & Zhang, 2004: 82; Almquist, 2006: 394; Wunderlich, 2011: 36; Kovblyuk, Marusik & Omelko, 2013: 424 (Syn.).

异名：

Drassyllus nitidus (Thorell, 1875, Trans. from *Zelotes*); Kovblyuk, Marusik & Omelko, 2013: 424 (Syn.).

分布：新疆（XJ）、西藏（XZ）；古北界

三门近狂蛛 *Drassyllus sanmenensis* Platnick & Song, 1986

Platnick & Song, 1986: 17; Kamura, 1987: 79; Chikuni, 1989: 120 (*Zelotes s.*); Chen & Zhang, 1991: 239 (*D. sanmen*); Xu, 1991: 38; Paik, 1992: 70; Song, Zhu & Chen, 1999: 448; Namkung, 2002: 467; Namkung, 2003: 470; Song, Zhu & Zhang, 2004: 84; Jung et al., 2005: 174; Kamura, 2009: 493; Yin et al., 2012: 1162.

分布：安徽（AH）、浙江（ZJ）、湖南（HN）、湖北（HB）、四川（SC）；韩国、日本

陕西近狂蛛 *Drassyllus shaanxiensis* Platnick & Song, 1986

Platnick & Song, 1986: 17; Chikuni, 1989: 121 (*Zelotes s.*); Hu & Wu, 1989: 265; Kamura, 1990: 34; Song, Zhu & Chen, 1999: 448; Song, Zhu & Zhang, 2004: 85; Kim, Lee & Kwon, 2008: 33; Kamura, 2009: 493; Zhu & Zhang, 2011: 386.

分布：河北（HEB）、河南（HEN）、陕西（SN）、新疆（XJ）、四川（SC）；韩国、日本、俄罗斯

锚近狂蛛 *Drassyllus vinealis* (Kulczyński, 1897)

Kulczyński, in Chyzer & Kulczyński, 1897: 203 (*Prosthesima v.*); Yaginuma, 1960: 121 (*Zelotes pallidipatellis*); Miller, 1967: 266 (*Z. v.*); Yaginuma, 1971: 121 (*Z. pallidipatellis*); Tyschchenko, 1971: 99 (*Z. v.*); Miller, 1971: 87 (*Z. v.*); Paik, 1978: 424 (*Z. pallidipatellis*); Hu, 1984: 284 (*Z. p.*); Grimm, 1985: 263 (*Z. v.*); Platnick & Song, 1986: 16 (*D. v.*, Trans. from *Zelotes*); Paik, 1986: 8; Chikuni, 1989: 120 (*Z. p.*; male belongs to the *Poecilochroa* complex); Hu & Wu, 1989: 265; Heimer & Nentwig, 1991: 442 (*Z. v.*); Paik, 1992: 72; Song, Zhu & Chen, 1999: 448; Hu, 2001: 243; Song, Zhu & Chen, 2001: 341; Namkung, 2002: 466; Namkung, 2003: 469; Song, Zhu & Zhang, 2004: 86; Jung et al., 2005: 176; Zhu & Zhang, 2011: 387; Yin et al., 2012: 1164.

分布：河北（HEB）、北京（BJ）、山东（SD）、河南（HEN）、

新疆（XJ）、湖南（HN）、西藏（XZ）；古北界

云南近狂蛛 *Drassyllus yunnanensis* Platnick & Song, 1986

Platnick & Song, 1986: 15; Song, Zhu & Chen, 1999: 448; Song, Zhu & Zhang, 2004: 88; Yin et al., 2012: 1165.

分布：湖南（HN）、云南（YN）；缅甸

平腹蛛属 *Gnaphosa* Latreille, 1804

Latreille, 1804: 134. Type species: *Aranea lucifuga* Walckenaer, 1802

异名：

Cylphosa Chamberlin, 1939; Ubick & Roth, 1973: 4 (Syn.);
Pterochroa Benoit, 1977; Murphy, 2007: 8 (Syn.).

铃形平腹蛛 *Gnaphosa campanulata* Zhang & Song, 2001

Zhang & Song, 2001: 78; Song, Zhu & Zhang, 2004: 93.

分布：河北（HEB）

怒平腹蛛 *Gnaphosa chola* Ovtsharenko & Marusik, 1988

Ovtsharenko & Marusik, 1988: 209; Ovtsharenko, Platnick & Song, 1992: 58; Ovtsharenko & Marusik, 1996: 118; Marusik & Koponen, 2001: 138; Tang, Song & Zhang, 2001: 16; Song, Zhu & Zhang, 2004: 94.

分布：内蒙古（NM）；蒙古、俄罗斯

德格平腹蛛 *Gnaphosa dege* Ovtsharenko, Platnick & Song, 1992

Ovtsharenko, Platnick & Song, 1992: 72; Song, Zhu & Chen, 1999: 448; Song, Zhu & Zhang, 2004: 95.

分布：四川（SC）；吉尔吉斯斯坦

费氏平腹蛛 *Gnaphosa fagei* Schenkel, 1963

Schenkel, 1963: 82; Ovtsharenko, Platnick & Song, 1992: 12; Song, Zhu & Chen, 1999: 448; Song, Zhu & Zhang, 2004: 96.

分布：甘肃（GS）；哈萨克斯坦

细平腹蛛 *Gnaphosa gracilior* Kulczyński, 1901

Kulczyński, 1901: 325; Kulczyński, 1908: 9 (*G. proxima*); Schenkel, 1963: 79 (*G. pseudomongolica*); Ovtsharenko & Marusik, 1988: 208 (*G. proxima*); Izmailova, 1989: 104 (*G. proxima*); Hu, 1989: 98 (*G. tarimuensis*); Hu & Wu, 1989: 272 (*G. tarimuensis*); Ovtsharenko, Platnick & Song, 1992: 49 (*G. g.*, Syn.); Marusik & Logunov, 1995: 186 (*G. potanini*, misidentified); Marusik & Logunov, 1995: 188; Marusik & Logunov, 1995: 189 (*G. proxima*); Ovtsharenko & Marusik, 1996: 117 (*G. proxima*); Song, Zhu & Chen, 1999: 448; Hu, 2001: 253 (*G. tarimuensis*); Song, Zhu & Zhang, 2004: 97.

异名：

Gnaphosa proxima Kulczyński, 1908; Ovtsharenko, Platnick & Song, 1992: 49 (Syn.);
G. pseudomongolica Schenkel, 1963; Ovtsharenko, Platnick & Song, 1992: 49 (Syn., contra. Hu & Wu, 1989: 271);
G. tarimuensis Hu, 1989; Ovtsharenko, Platnick & Song, 1992: 49 (Syn.).

分布：内蒙古（NM）、青海（QH）、新疆（XJ）；蒙古、俄罗斯

矛平腹蛛 *Gnaphosa hastata* Fox, 1937

Fox, 1937: 247; Roewer, 1955: 363 (*G. hortula*: apparently an erroneous second listing of *G. hastata*); Paik, 1989: 9 (*G. koreae*, misidentified); Hu, Wang & Wang, 1991: 45 (*G. baotianmanensis*); Ovtsharenko, Platnick & Song, 1992: 73; Song, Zhu & Chen, 1999: 449; Namkung, 2002: 473; Namkung, 2003: 476; Song, Zhu & Zhang, 2004: 99 (*G. h.*, Syn.); Jung et al., 2005: 177; Zhu & Zhang, 2011: 390; Yin et al., 2012: 1167.

异名：

Gnaphosa baotianmanensis Hu, Wang & Wang, 1991; Song, Zhu & Zhang, 2004: 99 (Syn.).

分布：河南（HEN）、江苏（JS）、浙江（ZJ）、湖南（HN）、湖北（HB）、云南（YN）、福建（FJ）、广西（GX）；韩国

欠虑平腹蛛 *Gnaphosa inconspecta* Simon, 1878

Simon, 1878: 187; Simon, 1914: 196, 202, 225; Ovtsharenko, Platnick & Song, 1992: 30; Marusik & Logunov, 1995: 188; Song, Zhu & Chen, 1999: 449; Breuss, 2001: 187; Song, Zhu & Zhang, 2004: 100.

分布：宁夏（NX）、西藏（XZ）；古北界

久德浦平腹蛛 *Gnaphosa jodhpurensis* Tikader & Gajbe, 1977

Tikader & Gajbe, 1977: 45; Tikader, 1982: 338; Hu & Li, 1987: 359; Hu, 2001: 248; Gajbe, 2005: 116; Gajbe, 2007: 458.

分布：西藏（XZ）；印度

甘肃平腹蛛 *Gnaphosa kansuensis* Schenkel, 1936

Schenkel, 1936: 26; Schenkel, 1963: 86 (*G. alberti*); Schenkel, 1963: 92 (*G. falculata*); Schenkel, 1963: 94 (*G. roeweri*); Tu & Zhu, 1986: 91 (*G. roeweri*); Zhang, 1987: 177 (*G. kompirensis*, misidentified); Paik, 1989: 6 (*G. alberti*); Paik, 1989: 4 (*G. kompirensis*, misidentified); Chen & Gao, 1990: 144 (*G. kompirensis*, misidentified); Tang & Song, 1992: 248; Ovtsharenko, Platnick & Song, 1992: 34 (*G. k.*, Syn.); Song, Zhu & Chen, 1999: 449; Namkung, 2002: 475; Namkung, 2003: 478; Song, Zhu & Zhang, 2004: 102; Jung et al., 2005: 178; Zhu & Zhang, 2011: 391.

异名：

Gnaphosa alberti Schenkel, 1963; Ovtsharenko, Platnick & Song, 1992: 34 (Syn.);
G. falculata Schenkel, 1963; Ovtsharenko, Platnick & Song, 1992: 34 (Syn.);
G. roeweri Schenkel, 1963; Ovtsharenko, Platnick & Song, 1992: 34 (Syn.).

分布：辽宁（LN）、河北（HEB）、河南（HEN）、陕西（SN）、宁夏（NX）、甘肃（GS）、安徽（AH）、浙江（ZJ）、湖北

（HB）、四川（SC）、贵州（GZ）、云南（YN）；韩国、俄罗斯

佐贺平腹蛛 *Gnaphosa kompirensis* Bösenberg & Strand, 1906

Grube, 1861: 170 (*Drassus adspersus*: suppressed for lack of usage); Bösenberg & Strand, 1906: 123 (*G. k.*: specific name was also spelled *compirensis* in original description, but *kompirensis* was selected by Kamura, 1988: 4, because it correctly refers to the type locality); Simon, 1909: 78 (*G. aannamita*); Chamberlin, 1924: 4 (*G. suchuana*); Saitō, 1939: 5 (*G. compirensis*); Saitō, 1959: 120 (*G. compirensis*); Yaginuma, 1960: 122; Schenkel, 1963: 87 (*G. davidi*); Yaginuma, 1971: 122; Paik, 1978: 419; Hu, 1984: 279; Guo, 1985: 142; Yaginuma, 1986: 187; Kamura, 1988: 4; Paik, 1989: 4; Chikuni, 1989: 119; Ovtsharenko, Platnick & Song, 1992: 35 (*G. k.*, Syn.); Song, Zhu & Chen, 1999: 449; Namkung, 2002: 474; Namkung, 2003: 477; Song, Zhu & Zhang, 2004: 103; Jung et al., 2005: 179; Kamura, 2009: 488; Zhu & Zhang, 2011: 392; Yin et al., 2012: 1169.

异名：

Gnaphosa adspersa (Grube, 1861, Trans. from *Drassus*); Ovtsharenko, Platnick & Song, 1992: 35 (Syn., contra. Wesolowska, 1988: 411);

G. annamita Simon, 1909; Ovtsharenko, Platnick & Song, 1992: 37 (Syn.);

G. suchuana Chamberlin, 1924; Ovtsharenko, Platnick & Song, 1992: 37 (Syn.);

G. davidi Schenkel, 1963; Ovtsharenko, Platnick & Song, 1992: 37 (Syn.).

分布：辽宁（LN）、河北（HEB）、河南（HEN）、安徽（AH）、江西（JX）、湖南（HN）、湖北（HB）、四川（SC）、福建（FJ）、台湾（TW）、广东（GD）、香港（HK）；韩国、日本、俄罗斯、越南

兔平腹蛛 *Gnaphosa leporina* (L. Koch, 1866)

Blackwall, 1861: 105 (*Drassus lucifugus*); L. Koch, 1866: 27 (*Pythonissa l.*); L. Koch, 1866: 29 (*P. helvetica*); O. P.-Cambridge, 1871: 410 (*Drassus anglicus*); Thorell, 1871: 193; Thorell, 1875: 101; Thorell, 1875: 102 (*G. borealis*); Simon, 1878: 184 (*G. helvetica*); Simon, 1878: 188 (*G. anglica*); Chyzer & Kulczyński, 1897: 186; Strand, 1900: 38 (*G. anglica aculeata*); Lessert, 1910: 81; Simon, 1914: 197, 203, 225; Palmgren, 1943: 87; Tullgren, 1946: 86; Locket & Millidge, 1953: 118; Braendegaard, 1966: 135; Azheganova, 1968: 97; Tyschchenko, 1971: 94; Grimm, 1985: 57; Roberts, 1985: 76; Zhou & Song, 1985: 271; Hu & Wu, 1989: 268; Heimer & Nentwig, 1991: 420; Ovtsharenko, Platnick & Song, 1992: 66; Noordam, 1992: 1, 2, 14; Roberts, 1995: 117; Roberts, 1998: 123; Song, Zhu & Chen, 1999: 449; Song, Zhu & Zhang, 2004: 105; Almquist, 2006: 398.

分布：新疆（XJ）；古北界

利氏平腹蛛 *Gnaphosa licenti* Schenkel, 1953

Simon, 1880: 121 (*G. sinensis*, misidentified); Schenkel, 1953: 21; Schenkel, 1963: 64 (*G. denisi*); Schenkel, 1963: 66 (*G. acuaria*); Schenkel, 1963: 67 (*G. aeditua*); Mao & Zhu, 1983: 161 (*G. acuaria*); Hu, 1984: 279 (*G. denisi*); Zhu et al., 1985: 150 (*G. denisi*); Song, 1987: 338 (*G. denisi*, Syn.); Zhang, 1987: 176 (*G. acuaria*); Hu & Li, 1987: 301 (*G. denisi*); Hu & Wu, 1989: 269 (*G. montana*, misidentified); Paik, 1989: 11 (*G. taegensis*); Chen & Gao, 1990: 144 (*G. denisi*); Ovtsharenko, Platnick & Song, 1992: 53 (*G. l.*, Syn. of male); Zhao, 1993: 122 (*G. denisi*); Marusik & Logunov, 1995: 187 (*G. denisi*); Esyunin & Efimik, 1997: 107; Song, Zhu & Chen, 1999: 449; Hu, 2001: 246 (*G. denisi*); Song, Zhu & Chen, 2001: 343; Song, Zhu & Zhang, 2004: 106; Jung et al., 2005: 179; Zhu & Zhang, 2011: 393; Yin et al., 2012: 1170.

异名：

Gnaphosa acuaria Schenkel, 1963; Song, 1987: 338 (Syn., sub *G. denisi*);

G. aeditua Schenkel, 1963; Song, 1987: 339 (Syn., sub *G. denisi*);

G. denisi Schenkel, 1963; Ovtsharenko, Platnick & Song, 1992: 53 (Syn.);

G. taegensis Paik, 1989; Ovtsharenko, Platnick & Song, 1992: 53 (Syn.).

分布：辽宁（LN）、河北（HEB）、北京（BJ）、山西（SX）、山东（SD）、河南（HEN）、甘肃（GS）、青海（QH）、新疆（XJ）、安徽（AH）、湖南（HN）、四川（SC）、贵州（GZ）、西藏（XZ）；韩国、蒙古、俄罗斯、哈萨克斯坦

避日平腹蛛 *Gnaphosa lucifuga* (Walckenaer, 1802)

Walckenaer, 1802: 221 (*Aranea l.*); Latreille, 1804: 222 (*A. melanogaster*); Walckenaer, 1805: 45 (*Drassus lucifugus*); Latreille, 1806: 87 (*D. melanogaster*); Latreille, 1806: 87 (*D. fuscus*); Walckenaer, 1830: 155 (*D. lucifugus*); Hahn, 1833: 11 (*D. melanogaster*); C. L. Koch, 1837: 16 (*Pythonissa fusca*); C. L. Koch, 1837: 16 (*P. nigra*); C. L. Koch, 1839: 54 (*P. l.*); C. L. Koch, 1839: 56 (*P. fusca*); C. L. Koch, 1839: 58 (*P. occulta*); Blackwall, 1861: 105 (*D. l.*); L. Koch, 1866: 10 (*P. l.*); L. Koch, 1866: 36 (*P. femoralis*); Kempelen, 1867: 607 (*Thysa pythonissaeformis*); Thorell, 1868: 379; Thorell, 1871: 187; Simon, 1893: 383; Becker, 1896: 263; Chyzer & Kulczyński, 1897: 186; Bösenberg, 1902: 315; Lessert, 1910: 73; Simon, 1914: 193, 199, 223; Spassky, 1925: 32; Reimoser, 1931: 41; Denis, 1935: 114; Reimoser, 1937: 8; Tullgren, 1946: 78; Tyschchenko, 1971: 92; Miller, 1971: 77; Platnick & Shadab, 1975: 11; Grimm, 1985: 60; Hu & Wu, 1989: 268; Heimer & Nentwig, 1991: 422; Karol, 1987: 27; Ovtsharenko, Platnick & Song, 1992: 5; Noordam, 1992: 3; Zhao, 1993: 123; Mcheidze, 1997: 111; Roberts, 1998: 122; Song, Zhu & Chen, 1999: 450; Song, Zhu & Zhang, 2004: 108; Kovblyuk, 2005: 134; Almquist, 2006: 399; Murphy, 2007: 32.

分布：新疆（XJ）；古北界

曼平腹蛛 *Gnaphosa mandschurica* Schenkel, 1963

Schenkel, 1963: 71; Schenkel, 1963: 72 (*G. glandifera*); Schenkel, 1963: 73 (*G. holmi*: preoccupied by Lohmander, 1942 and Tullgren, 1942); Schenkel, 1963: 75 (*G. charitonowi*); Schenkel, 1963: 76 (*G. braendegaardi*); Schenkel, 1963: 83 (*G. berlandi*); Song, Yu & Shang, 1981: 88 (*G. charitonowi*); Hu, 1984: 278 (*G. c.*); Song, 1987: 338 (*G. c.*); Ovtsharenko, Platnick & Song, 1992: 45 (*G. m.*, Syn. of male); Marusik & Logunov, 1995: 187 (*G. glandifera*); Marusik & Logunov, 1995: 187; Song, Zhu & Chen, 1999: 450; Hu, 2001: 248 (*G. charitonowi*); Song, Zhu & Zhang, 2004: 110.

异名：

Gnaphosa berlandi Schenkel, 1963; Ovtsharenko, Platnick & Song, 1992: 46 (Syn.);

G. braendegaardi Schenkel, 1963; Ovtsharenko, Platnick & Song, 1992: 46 (Syn.);

G. charitonowi Schenkel, 1963; Ovtsharenko, Platnick & Song, 1992: 46 (Syn.);

G. glandifera Schenkel, 1963; Ovtsharenko, Platnick & Song, 1992: 45 (Syn.);

G. holmi Schenkel, 1963; Ovtsharenko, Platnick & Song, 1992: 45 (Syn.).

分布：辽宁（LN）、内蒙古（NM）、河北（HEB）、甘肃（GS）、四川（SC）、西藏（XZ）；尼泊尔、蒙古、俄罗斯

悲平腹蛛 *Gnaphosa moerens* O. P.-Cambridge, 1885

O. P.-Cambridge, 1885: 17; Ovtsharenko, Platnick & Song, 1992: 75 (*G. m.*, Trans. from *Pterotricha* per Roewer); Song, Zhu & Chen, 1999: 450; Song, Zhu & Zhang, 2004: 111.

分布：新疆（XJ）；尼泊尔

蒙古平腹蛛 *Gnaphosa mongolica* Simon, 1895

Simon, 1895: 334; Kulczyński, in Chyzer & Kulczyński, 1897: 187 (*G. spinosa*); Kulczyński, 1901: 323 (*G. punctata*); Schenkel, 1953: 19 (*G. auriceps*); Schenkel, 1963: 69 (*G. chaffanjoni*); Schenkel, 1963: 77 (*G. corifera*); Loksa, 1965: 23 (*G. spinosa*, Syn.); Ponomarev, 1981: 56 (*G. chaffanjoni*); Weiss & Marcu, 1988: 113 (*G. spinosa*); Izmailova, 1989: 102 (*G. chaffanjoni*); Hu & Wu, 1989: 266 (*G. denisi*, misidentified); Ovtsharenko, Platnick & Song, 1992: 46 (*G. m.*, Syn. of male); Song, Zhu & Chen, 1999: 450; Song, Zhu & Zhang, 2004: 112; Szita et al., 2006: 331.

异名：

Gnaphosa spinosa Kulczyński, 1897; Ovtsharenko, Platnick & Song, 1992: 46 (Syn.);

G. punctata Kulczyński, 1901; Loksa, 1965: 23 (Syn., sub *G. spinosa*);

G. auriceps Schenkel, 1953; Ovtsharenko, Platnick & Song, 1992: 46 (Syn.);

G. chaffanjoni Schenkel, 1963; Ovtsharenko, Platnick & Song, 1992: 46 (Syn.);

G. corifera Schenkel, 1963; Ovtsharenko, Platnick & Song, 1992: 46 (Syn.).

分布：黑龙江（HL）、内蒙古（NM）、新疆（XJ）、西藏（XZ）；土耳其、匈牙利

山地平腹蛛 *Gnaphosa montana* (L. Koch, 1866)

L. Koch, 1866: 18 (*Pythonissa m.*); Thorell, 1871: 188; Chyzer & Kulczyński, 1897: 187; Bösenberg, 1902: 316; Simon, 1914: 199, 223; Kulczyński, 1915: 916; Charitonov, 1926: 259 (*G. lucifuga*, misidentified); Reimoser, 1937: 8; Tullgren, 1942: 218; Palmgren, 1943: 85; Tullgren, 1946: 85; Miller, 1971: 78; Grimm, 1985: 73; Izmailova, 1989: 103; Heimer & Nentwig, 1991: 422; Ovtsharenko, Platnick & Song, 1992: 74; Noordam, 1992: 14; Zhao, 1993: 124; Roberts, 1998: 123; Seyyar, Demir & Topçu, 2006: 50; Almquist, 2006: 401.

分布：新疆（XJ）；古北界

蝇平腹蛛 *Gnaphosa muscorum* (L. Koch, 1866)

L. Koch, 1866: 14 (*Pythonissa m.*); Thorell, 1871: 190; Thorell, 1877: 489 (*G. conspersa*; preoccupied by O. P.-Cambridge, 1872); Simon, 1878: 181 (*G. tigrina*, misidentified); Keyserling, 1887: 424 (*G. gigantea*); Emerton, 1890: 176 (*G. conspersa*); Emerton, 1902: 2 (*G. conspersa*); Lessert, 1910: 75; Comstock, 1912: 320 (*G. gigantea*); Simon, 1914: 197, 200, 223; Kulczyński, 1926: 42 (*G. similis*); Gertsch, 1935: 28 (*G. m.*, Syn.); Reimoser, 1937: 8; Comstock, 1940: 334 (*G. gigantea*); Palmgren, 1943: 86; Tullgren, 1946: 80; Kaston, 1948: 344; Buchar, 1961: 95; Schenkel, 1963: 80 (*G. lesserti*); Beer, 1964: 525; Tyschchenko, 1971: 93; Savelyeva, 1972: 1238 (*G. mongolica*, misidentified); Ubick & Roth, 1973: 3 (*G. m.*, Syn.); Platnick & Shadab, 1975: 34; Grimm, 1985: 74; Ovtsharenko & Marusik, 1988: 207 (*G. m.*, Syn. of *Drassina ochracea*, rejected); Wesolowska, 1988: 411 (*G. m.*, Syn.); Hu & Wu, 1989: 271 (*G. m.*, Syn.); Izmailova, 1989: 103; Heimer & Nentwig, 1991: 422; Platnick & Dondale, 1992: 174; Ovtsharenko, Platnick & Song, 1992: 42 (*G. m.*, Syn.); Marusik & Logunov, 1995: 189; Ovtsharenko & Marusik, 1996: 116; Mcheidze, 1997: 111; Song, Zhu & Chen, 1999: 250; Marusik & Koponen, 2000: 59; Marusik & Koponen, 2000: 59 (*G. similis*); Hu, 2001: 249; Namkung, 2002: 477; Paquin & Dupérré, 2003: 77; Namkung, 2003: 480; Song, Zhu & Zhang, 2004: 114; Almquist, 2006: 402; Marusik & Kovblyuk, 2011: 40 (*G. similis*); Marusik & Kovblyuk, 2011: 156.

异名：

Gnaphosa gigantea Keyserling, 1887; Ubick & Roth, 1973: 4 (Syn., after Gertsch, 1935: 28);

G. similis Kulczyński, 1926; Ovtsharenko, Platnick & Song, 1992: 42 (Syn.);

G. lesserti Schenkel, 1963; Ovtsharenko, Platnick & Song, 1992: 42 (Syn.).

分布：黑龙江（HL）、内蒙古（NM）、河北（HEB）、青海（QH）、新疆（XJ）、四川（SC）、西藏（XZ）；全北界

南木林平腹蛛 *Gnaphosa namulinensis* Hu, 2001

Hu, 2001: 249; Song, Zhu & Zhang, 2004: 115.

分布：四川（SC）、西藏（XZ）

彭氏平腹蛛 *Gnaphosa pengi* Zhang & Yin, 2001

Zhang & Yin, 2001: 479; Song, Zhu & Zhang, 2004: 117.

分布：新疆（XJ）

波氏平腹蛛 *Gnaphosa potanini* Simon, 1895

Simon, 1895: 333; Kamura, 1988: 9 (*G. silvicola*); Kim et al., 1988: 147 (*G. s.*); Paik, 1989: 7 (*G. s.*); Ovtsharenko, Platnick & Song, 1992: 32 (*G. p.*, Syn. of male); Song, Zhu & Chen, 1999: 450; Namkung, 2002: 476; Namkung, 2003: 479; Song, Zhu & Zhang, 2004: 118; Jung et al., 2005: 180; Kamura, 2009: 488.

异名：

Gnaphosa silvicola Kamura, 1988; Ovtsharenko, Platnick & Song, 1992: 32 (Syn.).

分布：辽宁（LN）、安徽（AH）；蒙古、韩国、日本、俄罗斯

中华平腹蛛 *Gnaphosa sinensis* Simon, 1880

Simon, 1880: 121; Strand, 1907: 122 (*G. koreae*); Saitō, 1936: 5; Schenkel, 1963: 61 (*G. kratochvili*); Schenkel, 1963: 62 (*G. bonneti*); Schenkel, 1963: 85 (*G. martae*); Schenkel, 1963: 90 (*G. schensiensis*); Song & Hubert, 1983: 17; Zhu et al., 1985: 151 (*G. schensiensis*); Zhu et al., 1985: 152; Song, 1987: 339 (*G. s.*, Syn.); Zhang, 1987: 179 (*G. schensiensis*); Zhang, 1987: 180; Hu & Li, 1987: 299 (*G. schensiensis*); Paik & Kim, 1989: 40 (*G. koreae*); Chen & Gao, 1990: 145; Ovtsharenko, Platnick & Song, 1992: 71 (*G. s.*, Syn. of male); Zhao, 1993: 124 (*G. schensiensis*); Song, Zhu & Chen, 1999: 450; Hu, 2001: 252 (*G. schensiensis*); Song, Zhu & Chen, 2001: 344; Song, Zhu & Zhang, 2004: 119; Jung et al., 2005: 180; Zhu & Zhang, 2011: 394.

异名：

Gnaphosa koreae Strand, 1907; Ovtsharenko, Platnick & Song, 1992: 71 (Syn.);

G. bonneti Schenkel, 1963; Ovtsharenko, Platnick & Song, 1992: 71 (Syn.);

G. kratochvili Schenkel, 1963; Song, 1987: 339 (Syn.);

G. martae Schenkel, 1963; Ovtsharenko, Platnick & Song, 1992: 71 (Syn.);

G. schensiensis Schenkel, 1963; Ovtsharenko, Platnick & Song, 1992: 71 (Syn.).

分布：河北（HEB）、北京（BJ）、山西（SX）、河南（HEN）、陕西（SN）、甘肃（GS）、新疆（XJ）、安徽（AH）、四川（SC）、西藏（XZ）；韩国

宋氏平腹蛛 *Gnaphosa songi* Zhang, 2001

Zhang, in Zhang, Song & Zhu, 2001: 52; Song, Zhu & Zhang, 2004: 121.

分布：河北（HEB）、山西（SX）

斯氏平腹蛛 *Gnaphosa stoliczkai* O. P.-Cambridge, 1885

O. P.-Cambridge, 1885: 16 (*G. stoliczkae*); Schenkel, 1936: 259; Schenkel, 1963: 88 (*G. rudolfi*); Tikader, 1982: 340 (*G. stoliczkae*); Hu & Wu, 1989: 272 (*G. rudolfi*); Ovtsharenko, Platnick & Song, 1992: 12 (*G. s.*, Syn.); Song, Zhu & Chen, 1999: 450; Song, Zhu & Zhang, 2004: 123.

异名：

Gnaphosa rudolfi Schenkel, 1963; Ovtsharenko, Platnick & Song, 1992: 12 (Syn.).

分布：新疆（XJ）

牛平腹蛛 *Gnaphosa taurica* Thorell, 1875

Thorell, 1875b: 84; Thorell, 1875c: 98; Spassky, 1925: 33; Tyschchenko, 1971: 92; Ovtsharenko, Platnick & Song, 1992: 22; Mcheidze, 1997: 109; Song, Zhu & Chen, 1999: 451; Song, Zhu & Zhang, 2004: 124; Kovblyuk, 2005: 148.

分布：新疆（XJ）；保加利亚到中国

土旗平腹蛛 *Gnaphosa tumd* Tang, Song & Zhang, 2001

Tang, Song & Zhang, 2001: 15; Song, Zhu & Zhang, 2004: 125 (*G. tumid*).

分布：内蒙古（NM）

维氏平腹蛛 *Gnaphosa wiehlei* Schenkel, 1963

Schenkel, 1963: 95; Ovtsharenko, Platnick & Song, 1992: 52; Marusik & Logunov, 1995: 191; Song, Zhu & Chen, 1999: 451; Song, Zhu & Zhang, 2004: 126.

分布：甘肃（GS）、青海（QH）；蒙古、俄罗斯

谢氏平腹蛛 *Gnaphosa xieae* Zhang & Yin, 2001

Zhang & Yin, 2001: 480; Song, Zhu & Zhang, 2004: 128.

分布：青海（QH）

赵氏平腹蛛 *Gnaphosa zhaoi* Ovtsharenko, Platnick & Song, 1992

Ovtsharenko, Platnick & Song, 1992: 41; Song, Chen & Zhu, 1997: 1728; Song, Zhu & Chen, 1999: 451; Song, Zhu & Zhang, 2004: 129; Zhu & Zhang, 2011: 396; Yin et al., 2012: 1172.

分布：河南（HEN）、湖南（HN）、湖北（HB）、四川（SC）、贵州（GZ）、云南（YN）

单蛛属 *Haplodrassus* Chamberlin, 1922

Chamberlin, 1922: 161. Type species: *Drassus hiemalis* Emerton, 1909

异名：

Tuvadrassus Marusik & Logunov, 1995; Murphy, 2007: 9 (Syn.).

齿单蛛 *Haplodrassus dentatus* Xu & Song, 1987

Xu & Song, 1987: 83; Xu, 1991: 37; Song, Zhu & Chen, 1999: 451; Song, Zhu & Zhang, 2004: 132.

分布：安徽（AH）

华容单蛛 *Haplodrassus huarong* Yin & Bao, 2012

Yin & Bao, in Yin et al., 2012: 1174.

分布：湖南（HN）

湖南单蛛 *Haplodrassus hunanensis* Yin & Bao, 2012

Yin & Bao, in Yin et al., 2012: 1175.

分布：湖南（HN）

库氏单蛛 *Haplodrassus kulczynskii* Lohmander, 1942

Chyzer & Kulczyński, 1897: 217 (*Drassus microps*, misidentified); Bösenberg, 1902: 300 (*D. m.*, misidentified); Lessert, 1910: 54 (*Drassodes m.*, misidentified); Simon, 1914: 138, 209 (*D. m.*, misidentified); Reimoser, 1937: 18 (*D. m.*, misidentified); Lohmander, 1942: 101; Denis, 1951: 104 (*H. m.*, misidentified); Buchar & Žďárek, 1960: 89 (*H. m.*, misidentified); Roşca, 1968: 86 (*H. m.*, misidentified); Tyschchenko, 1971: 97 (*H. m.*, misidentified); Miller, 1971: 82; Miller & Buchar, 1977: 170; Paik & Sohn, 1984: 106 (*H. magnipalpus*); Grimm, 1985: 141; Paik & Kang, 1988: 63 (*H. k.*, Syn.); Heimer & Nentwig, 1991: 426; Esyunin & Efimik, 1995: 83; Roberts, 1998: 111; Namkung, 2002: 471; Namkung, 2003: 474; Song, Zhu & Zhang, 2004: 133; Jung et al., 2005: 181; Marusik et al., 2007: 43; Kovblyuk, Kastrygina & Omelko, 2012: 73.

异名：

Haplodrassus magnipalpus Paik & Sohn, 1984; Paik & Kang, 1988: 63 (Syn.).

分布：西藏（XZ）；古北界

适单蛛 *Haplodrassus moderatus* (Kulczyński, 1897)

Kulczyński, in Chyzer & Kulczyński, 1897: 216 (*Drassus m.*); Lohmander, 1942: 82, 85; Palmgren, 1943: 96; Tullgren, 1946: 104; Roewer, 1955: 400 (*H. modestus*, lapsus); Miller, 1971: 82; Wunderlich, 1975: 42; Izmailova, 1977: 71; Izmailova, 1978: 10; Grimm, 1985: 145; Izmailova, 1989: 106; Heimer & Nentwig, 1991: 428; Marusik & Logunov, 1995: 192; Roberts, 1998: 109; Song, Zhu & Zhang, 2004: 134; Almquist, 2006: 409; Marusik & Kovblyuk, 2011: 156.

分布：内蒙古（NM）；古北界

山地单蛛 *Haplodrassus montanus* Paik & Sohn, 1984

Paik & Sohn, 1984: 107; Namkung, 2002: 470; Namkung, 2003: 473; Jung et al., 2005: 182; Omelko & Marusik, 2012: 345; Yin et al., 2012: 1177.

分布：湖南（HN）；韩国、俄罗斯

椭圆单蛛 *Haplodrassus paramecus* Zhang, Song & Zhu, 2001

Zhang, Song & Zhu, 2001: 53; Song, Zhu & Zhang, 2004: 136.

分布：内蒙古（NM）、河北（HEB）

平单蛛 *Haplodrassus pugnans* (Simon, 1880)

Simon, 1880: 118 (*Drassus p.*); Caporiacco, 1949: 117 (*H. gridellii*); Schenkel, 1963: 43 (*Drassodes p.*); Schenkel, 1963: 45 (*D. pseudopugnans*); Song & Hubert, 1983: 17 (*D. p.*, Syn.); Hayashi, 1984: 13 (*H. signifer*, misidentified); Yaginuma, 1986: 193 *H. p.* (, Trans. from *Drassodes*); Song, 1987: 340; Zhang, 1987: 175 (*Drassodes p.*); Ovtsharenko & Marusik, 1988: 213; Chikuni, 1989: 121; Ovtsharenko & Marusik, 1996: 120; Song, Zhu & Chen, 1999: 451; Hu, 2001: 255; Song, Zhu & Chen, 2001: 345; Levy, 2004: 20 (*H. p.*, Syn.); Song, Zhu & Zhang, 2004: 137; Kamura, 2007: 95; Kamura, 2009: 485; Kovblyuk, Kastrygina & Omelko, 2012: 64.

异名：

Haplodrassus gridellii Caporiacco, 1949; Levy, 2004: 20 (Syn.);

H. pseudopugnans (Schenkel, 1963, Trans. from *Drassodes* by Platnick, 1989: 475); Song & Hubert, 1983: 17 (Syn., sub *Drassodes*).

分布：河北（HEB）、北京（BJ）、甘肃（GS）、青海（QH）、四川（SC）、西藏（XZ）；古北界

符单蛛 *Haplodrassus signifer* (C. L. Koch, 1839)

C. L. Koch, 1839: 31 (*Drassus s.*); C. L. Koch, 1839: 35 (*D. troglodytes*); Walckenaer, 1841: 480 (*Clubiona troglodytes*); O. P.-Cambridge, 1860: 171 (*D. clavator*); Blackwall, 1861: 109 (*D. c.*); L. Koch, 1866: 116 (*D. troglodytes*); Menge, 1875: 378 (*D. t.*); Emerton, 1890: 179 (*D. robustus*); O. P.-Cambridge, 1894: 104 (*D. mysticus*); Banks, 1895: 421 (*Teminius nigriceps*); Banks, 1896: 63 (*D. placidus*); Becker, 1896: 257 (*D. troglodytes*); Chyzer & Kulczyński, 1897: 217 (*D. t.*); F. O. P.-Cambridge, 1899: 60 (*Drassodes ferrum-equinum*); Banks, 1900: 531 (*Prosthesima decepta*); Bösenberg, 1902: 298 (*Drassus troglodytes*); Bryant, 1908: 7 (*Drassodes robustus*); Lessert, 1910: 52 (*D. troglodytes*); Petrunkevitch, 1911: 149 (*Zelotes decepta*); Petrunkevitch, 1911: 514 (*Syrisca nigriceps*); Comstock, 1912: 313 (*Drassodes s.*); Simon, 1914: 122, 140, 209 (*D. troglodytes*); Strand, 1916: 95 (*D. beaufortensis*, provisional name only); Chamberlin, 1922: 163; Spassky, 1925: 35 (*Drassus troglodytes*); Reimoser, 1937: 17; Chamberlin & Gertsch, 1940: 8 (*H. dystactus*); Comstock, 1940: 326; Palmgren, 1943: 95; Tullgren, 1946: 98; Braendegaard, 1946: 55 (*Drassodes s.*); Kaston, 1948: 350; Locket & Millidge, 1951: 101 (*Drassodes s.*); Braendegaard, 1966: 94; Tyschchenko, 1971: 97; Miller, 1971: 82; Platnick & Shadab, 1975: 11 (*H. s.*, Syn.); Miller & Buchar, 1977: 168; Paik, 1978: 417; Jia & Zhu, 1983: 167 (*Drassodes s.*); Thaler, 1984: 189; Grimm, 1985: 146; Roberts, 1985: 66; Heiss & Allen, 1986: 57; Hu & Li, 1987: 301 (*H. aeneus*, misidentified); Izmailova, 1989: 107; Heimer & Nentwig, 1991: 426; Platnick & Dondale, 1992: 215; Paik, 1992: 89; Noordam, 1992: 6; Roberts, 1995: 106; Marusik, Hippa & Koponen, 1996: 26; Ovtsharenko & Marusik, 1996: 121; Agnarsson, 1996: 31; Mcheidze, 1997: 114; Bellmann, 1997: 170; Roberts, 1998: 109; Hu, 2001: 240 (*Drassodes s.*); Hu, 2001: 255 (*H. aeneus*, misidentified); Chatzaki, Thaler & Mylonas, 2002: 587; Paquin & Dupérré, 2003: 78; Levy, 2004: 19; Song, Zhu & Zhang, 2004: 139; Almquist, 2006: 411; Kovblyuk, Kastrygina & Omelko, 2012: 81.

异名：

Haplodrassus ferrumequinum (F. O. P.-Cambridge, 1899,

Trans. from *Drassodes*); Platnick & Shadab, 1975: 11 (Syn.); *H. dystactus* Chamberlin & Gertsch, 1940; Platnick & Shadab, 1975: 11 (Syn.);

分布：黑龙江（HL）、辽宁（LN）、宁夏（NX）、青海（QH）、新疆（XJ）、四川（SC）、西藏（XZ）；全北界

索氏单蛛 *Haplodrassus soerenseni* (Strand, 1900)

Strand, 1900: 98 (*Drassus s.*); Holm, 1939: 4 (*H. lapponicus*); Lohmander, 1942: 101; Tullgren, 1942: 221, 230; Palmgren, 1943: 97; Tullgren, 1946: 102; Locket & Millidge, 1953: 406 (*H. sörenseni*); Miller, 1971: 84; Merrett, 1972: 180 (*H. sörenseni*); Locket, Millidge & Merrett, 1974: 6; Miller & Buchar, 1977: 168; Grimm, 1985: 153; Roberts, 1985: 66; Ovtsharenko & Marusik, 1988: 214; Heimer & Nentwig, 1991: 428; Roberts, 1995: 107; Ovtsharenko & Marusik, 1996: 121; Roberts, 1998: 111; Song, Zhu & Zhang, 2004: 141; Almquist, 2006: 412.

分布：新疆（XJ）；古北界

盾单蛛 *Haplodrassus tegulatus* (Schenkel, 1963)

Schenkel, 1963: 40 (*Drassodes t.*); Marusik & Logunov, 1995: 194 (*Tuvadrassus t.*, Trans. from *Drassodes*); Song, Zhu & Zhang, 2004: 238 (*T. t.*); Murphy, 2007: 58.

分布：甘肃（GS）；俄罗斯

荒漠单蛛 *Haplodrassus vastus* (Hu, 1989)

Hu, 1989: 99 (*Zelotes v.*); Hu & Wu, 1989: 295 (*Z. v.*); Song, Zhu & Zhang, 2004: 143 (*H. v.*, Trans. from *Zelotes*).

分布：新疆（XJ）

希托蛛属 *Hitobia* Kamura, 1992

Kamura, 1992: 123. Type species: *Poecilochroa unifascigera* (Bösenberg & Strand, 1906)

亚洲希托蛛 *Hitobia asiatica* (Bösenberg & Strand, 1906)

Bösenberg & Strand, 1906: 124 (*Callilepis asiatica*); Dalmas, 1921: 276 (*Berlandia asiatica*); Kamura, 1992: 127 (*Hitobia asiatica*, Trans. from *Berlandina*); Kamura, 2009: 495; Yin et al., 2012: 1179.

分布：湖南（HN）；日本

格状希托蛛 *Hitobia cancellata* Yin et al., 1996

Yin et al., 1996: 47; Song, Zhu & Chen, 1999: 451; Song, Zhu & Zhang, 2004: 145; Yin et al., 2012: 1181.

分布：湖南（HN）、云南（YN）、广东（GD）

察隅希托蛛 *Hitobia chayuensis* Song, Zhu & Zhang, 2004

Song, Zhu & Zhang, 2004: 146, 324.

分布：西藏（XZ）

粗毛希托蛛 *Hitobia hirtella* Wang & Peng, 2014

Wang & Peng, 2014: 29.

分布：云南（YN）

真琴希托蛛 *Hitobia makotoi* Kamura, 2011

Kamura, 2011: 104; Wang & Peng, 2014: 31.

分布：云南（YN）；日本

勐龙希托蛛 *Hitobia menglong* Song, Zhu & Zhang, 2004

Song, Zhu & Zhang, 2004: 148, 324.

分布：浙江（ZJ）、云南（YN）

山地希托蛛 *Hitobia monsta* Yin et al., 1996

Yin et al., 1996: 48; Song, Zhu & Chen, 1999: 452; Song, Zhu & Zhang, 2004: 150; Yin et al., 2012: 1182.

分布：湖南（HN）、广西（GX）

绍海希托蛛 *Hitobia shaohai* Yin & Bao, 2012

Yin & Bao, in Yin et al., 2012: 1184.

分布：湖南（HN）

石门希托蛛 *Hitobia shimen* Yin & Bao, 2012

Yin & Bao, in Yin et al., 2012: 1186.

分布：湖南（HN）

台湾希托蛛 *Hitobia taiwanica* Zhang, Zhu & Tso, 2009

Zhang, Zhu & Tso, 2009: 528.

分布：台湾（TW）

腾冲希托蛛 *Hitobia tengchong* Wang & Peng, 2014

Wang & Peng, 2014: 26.

分布：云南（YN）

单带希托蛛 *Hitobia unifascigera* (Bösenberg & Strand, 1906)

Bösenberg & Strand, 1906: 293 (*Micaria u.*); Strand, 1918: 83 (*M. u.*); Saitō, 1959: 146 (*M. u.*); Yaginuma, 1962: 52 (*Phrurolithus u.*, Trans. from *Micaria*, rejected); Wunderlich, 1979: 309 (*Poecilochroa u.*, Trans. from *Micaria*); Kamura, 1984: 1 (*P. u.*); Yaginuma, 1986: 190 (*P. u.*); Chikuni, 1989: 118 (*P. u.*); Chen & Zhang, 1991: 234 (*P. u.*); Hu, Wang & Wang, 1991: 46 (*P. u.*); Kamura, 1992: 124 (*H. u.*, Trans. from *Poecilochroa*); Song, Zhu & Chen, 1999: 452; Namkung, 2002: 482; Namkung, 2003: 485; Song, Zhu & Zhang, 2004: 151; Murphy, 2007: 46; Kamura, 2009: 495; Yin et al., 2012: 1188.

分布：河南（HEN）、浙江（ZJ）、湖南（HN）；韩国、日本

安之辅希托蛛 *Hitobia yasunosukei* Kamura, 1992

Kamura, 1992: 129; Yin et al., 1996: 49; Song, Zhu & Chen, 1999: 452; Song, Zhu & Zhang, 2004: 153; Kamura, 2009: 495; Yin et al., 2012: 1189.

分布：浙江（ZJ）、江西（JX）、湖南（HN）、福建（FJ）；冲绳

云南希托蛛 *Hitobia yunnan* Song, Zhu & Zhang, 2004

Song, Zhu & Zhang, 2004: 155, 325.

分布：云南（YN）

港蛛属 *Hongkongia* Song & Zhu, 1998

Song & Zhu, 1998: 104. Type species: *Hongkongia wuae* Song & Zhu, 1998

宋氏港蛛 *Hongkongia songi* Zhang, Zhu & Tso, 2009

Zhang, Zhu & Tso, 2009: 65.

分布：台湾（TW）

吴氏港蛛 *Hongkongia wuae* Song & Zhu, 1998

Song & Zhu, 1998: 104; Song, Zhu & Chen, 1999: 452; Deeleman-Reinhold, 2001: 518; Song, Zhu & Zhang, 2004: 157; Zhang, Zhu & Tso, 2009: 63.

分布：云南（YN）、香港（HK）；印度尼西亚（苏拉威西）

岸田蛛属 *Kishidaia* Yaginuma, 1960

Yaginuma, 1960: append. 7. Type species: *Kishidaia quadrimaculata* Yaginuma, 1960 (=*K. albimaculata*)

Note: removed from the synonymy of *Poecilochroa* Westring, 1874 by Kamura, 2001: 194, contra. Paik, 1992: 118

白斑岸田蛛 *Kishidaia albimaculata* (Saitō, 1934)

Saitō, 1934: 292 (*Castianeira a.*); Saitō, 1959: 146 (*C. a.*); Yaginuma, 1960: append. 8 (*K. quadrimaculata*); Yaginuma, 1957: 59 (*Yoshidaia a.*; generic nomen nudum); Yaginuma, 1970: 676 (*K. a.*, Trans. from *Castianeira*, Syn. of male); Yaginuma, 1971: 122 (*K. quadrimaculata*); Kamura, 1986: 13; Yaginuma, 1986: 189 (*K. quadrimaculata*); Chikuni, 1989: 119; Song, Zhu & Chen, 2001: 354 (*Poecilochroa a.*); Kamura, 2001: 197; Song, Zhu & Zhang, 2004: 159; Kamura, 2009: 497; Zhu & Zhang, 2011: 399.

异名：

Kishidaia quadrimaculata Yaginuma, 1960; Yaginuma, 1970: 676 (Syn.).

分布：河北（HEB）、河南（HEN）；日本、俄罗斯

新平岸田蛛 *Kishidaia xinping* Song, Zhu & Zhang, 2004

Song, Zhu & Zhang, 2004: 160; Fan & Tang, 2011: 91.

分布：陕西（SN）

小蚁蛛属 *Micaria* Westring, 1851

Westring, 1861: 331. Type species: *Aranea fulgens* Walckenaer, 1802

异名：

Micariolepis Simon, 1879; Wunderlich, 1979: 238 (Syn.);
Epikurtomma Tucker, 1923; Murphy, 2007: 67 (Syn.);
Castanilla Caporiacco, 1936; Haddad & Bosmans, 2013: 397 (Syn.).

白捆小蚁蛛 *Micaria albofasciata* Hu, 2001

Hu, 2001: 257; Song, Zhu & Zhang, 2004: 164.

分布：西藏（XZ）

白纹小蚁蛛 *Micaria albovittata* (Lucas, 1846)

Lucas, 1846: 226 (*Drassus albovittatus*); Simon, 1864: 113 (*Macaria a.*); L. Koch, 1866: 67 (*M. romana*); O. P.-Cambridge, 1871: 412 (*Drassus scintillans*); O. P.-Cambridge, 1872: 250 (*M. nuptialis*); O. P.-Cambridge, 1875: 243 (*M. scintillans*); Simon, 1878: 12 (*M. s.*); Simon, 1878: 13 (*M. spinulosa*); Simon, 1878: 28; Herman, 1879: 162 (*M. rogenhoferi*); Chyzer & Kulczyński, 1897: 256 (*M. r.*); Drensky, 1915: 159, 176 (*M. turcica*); Simon, 1932: 955, 976 (*M. scintillans*); Machado, 1941: 35 (*M. s.*, Syn.); Locket & Millidge, 1951: 122 (*M. s.*); Miller, 1967: 278 (*M. rogenhoferi*); Miller, 1971: 109 (*M. r.*); Jocqué, 1977: 325 (*M. cherifa*); Wunderlich, 1979: 260 (*M. romana*, Syn.); Chen et al., 1982: 43 (*M. scintillans*); Hu, 1984: 301 (*M. s.*); Roberts, 1985: 78 (*M. romana*); Wunderlich, 1987: 248 (*M. r.*); Zhang, 1987: 183 (*M. scintillans*); Mikhailov, 1991: 78 (*M. romana*, Syn.); Heimer & Nentwig, 1991: 436 (*M. r.*); Roberts, 1995: 123 (*M. r.*); Roberts, 1998: 129 (*M. r.*); Song, Zhu & Chen, 1999: 453 (*M. r.*); Bosmans & Blick, 2000: 451 (*M. a.*, Syn. of male); Hu, 2001: 262 (*M. r.*); Song, Zhu & Chen, 2001: 351 (*M. r.*); Chatzaki, Thaler & Mylonas, 2002: 580; Levy, 2002: 113; Song, Zhu & Zhang, 2004: 165; Kovblyuk & Nadolny, 2008: 216.

异名：

Micaria romana L. Koch, 1866; Bosmans & Blick, 2000: 451 (Syn.);
M. scintillans (O. P.-Cambridge, 1871, Trans. from *Drassus*); Wunderlich, 1979: 260 (Syn., sub *M. romana*);
M. nuptialis O. P.-Cambridge, 1872; Wunderlich, 1979: 260 (Syn., sub *M. romana*);
M. rogenhoferi Herman, 1879; Machado, 1941: 35 (Syn., sub *M. scintillans*);
M. turcica Drensky, 1915; Mikhailov, 1991: 78 (Syn., sub *M. romana*);
M. cherifa Jocqué, 1977; Mikhailov, 1991: 78 (Syn., sub *M. romana*).

分布：内蒙古（NM）、河北（HEB）、甘肃（GS）；古北界

阿拉善小蚁蛛 *Micaria alxa* Tang et al., 1997

Tang et al., 1997: 13; Song, Zhu & Chen, 1999: 452; Song, Zhu & Zhang, 2004: 167.

分布：内蒙古（NM）

博氏小蚁蛛 *Micaria bonneti* Schenkel, 1963

Schenkel, 1963: 274; Zhang, 1987: 182; Danilov, 1997: 114; Song, Zhu & Chen, 1999: 452; Song, Zhu & Chen, 2001: 347; Song, Zhu & Zhang, 2004: 168.

分布：内蒙古（NM）、河北（HEB）、甘肃（GS）

结合小蚁蛛 *Micaria connexa* O. P.-Cambridge, 1885

O. P.-Cambridge, 1885: 20.

分布：新疆（XJ）

华美小蚁蛛 *Micaria dives* (Lucas, 1846)

Lucas, 1846: 220 (*Drassus d.*); Simon, 1864: 121 (*Pythonissa d.*); L. Koch, 1872: 311 (*M. splendidissima*); O. P.-Cambridge, 1874: 401 (*M. armata*); Simon, 1878: 30 (*Chrysothrix splendidissima*); Simon, 1878: 31 (*C. d.*); Becker, 1882: 35 (*Micariolepis splendidissima*); Becker, 1896: 240 (*Micariolepis s.*); Chyzer & Kulczyński, 1897: 259 (*Bona d.*); Simon, 1897: 175 (*Micariolepis d.*); Bösenberg, 1902: 287; Simon, 1932: 956, 977 (*Micariolepis d.*); Reimoser, 1937: 95 (*Micariolepis d.*); Buchar, 1962: 7 (*Micariolepis d.*); Tyschchenko, 1965: 701 (*Micariolepis similis*, preoccupied in *Micaria* by Bösenberg, 1902); Braendegaard, 1966: 145 (*Micariolepis d.*); Miller, 1971: 108 (*Micariolepis d.*); Wunderlich, 1979: 287; Minoranskii, Ponomarev & Gramotenko, 1980: 35 (*Micariolepis d.*); Thaler, 1981: 113; Brignoli, 1983: 583 (*M. tyschchenkoi*, replacement name for *M. similis*); Tu & Zhu, 1986: 89; Mikhailov, 1988: 328 (*M. d.*, Syn.); Kamura, 1990: 35; Heimer & Nentwig, 1991: 430; Paik, 1992: 171; Noordam, 1992: 4, 16; Roberts, 1995: 123; Roberts, 1998: 130; Song, Zhu & Chen, 1999: 452; Bosmans & Blick, 2000: 446; Hu, 2001: 259; Song, Zhu & Chen, 2001: 348; Chatzaki, Thaler & Mylonas, 2002: 577; Namkung, 2002: 478; Levy, 2002: 123; Namkung, 2003: 481; Song, Zhu & Zhang, 2004: 169; Jung et al., 2005: 187; Tuneva, 2007: 233; Kovblyuk & Nadolny, 2008: 220; Kamura, 2009: 499; Rozwalka, 2011: 575; Yin et al., 2012: 1191.

异名：

Micaria tyschchenkoi Brignoli, 1983; Mikhailov, 1988: 328 (Syn.).

分布：河北（HEB）、山西（SX）、青海（QH）、湖南（HN）、云南（YN）；古北界

蚁形小蚁蛛 *Micaria formicaria* (Sundevall, 1831)

Sundevall, 1831: 34 (*Clubiona f.*); C. L. Koch, 1839: 94 (*Macaria aurulenta*); Simon, 1864: 113 (*Macaria f.*); Simon, 1864: 113 (*Macaria coarctata*); Ohlert, 1865: 9 (*Macaria myrmecoides*); L. Koch, 1866: 69; Thorell, 1871: 175 (*M. aenea*); Menge, 1872: 323; L. Koch, 1876: 251 (*M. constricta*, nomen nudum); Simon, 1878: 28 (*M. coarctata*); Chyzer & Kulczyński, 1897: 256; Simon, 1932: 951, 974; Reimoser, 1937: 93; Palmgren, 1943: 71; Tullgren, 1946: 60; Buchar, 1961: 90; Miller, 1967: 278; Azheganova, 1968: 134; Tyschchenko, 1971: 136; Miller, 1971: 109; Wunderlich, 1979: 266; Chen et al., 1982: 42; Hu, 1984: 301; Zhang, 1987: 182; Hu & Wu, 1989: 276; Heimer & Nentwig, 1991: 434; Noordam, 1992: 15; Roberts, 1995: 122; Roberts, 1998: 129; Song, Zhu & Chen, 1999: 452; Song, Zhu & Chen, 2001: 349; Song, Zhu & Zhang, 2004: 170; Almquist, 2006: 434; Tuneva, 2007: 234.

分布：河北（HEB）、甘肃（GS）、新疆（XJ）；古北界

金林小蚁蛛 *Micaria jinlin* Song, Zhu & Zhang, 2004

Song, Zhu & Zhang, 2004: 172, 328.

分布：新疆（XJ）

伦氏小蚁蛛 *Micaria lenzi* Bösenberg, 1899

Bösenberg, 1899: 120 (*M. lenzii*); Bösenberg, 1899: 119 (*M. dahlii*); Bösenberg, 1902: 286; Bösenberg, 1902: 290 (*M. dahlii*); Caporiacco, 1935: 223 (*M. mutilata*); Reimoser, 1937: 91; Reimoser, 1937: 92 (*M. dahlii*); Palmgren, 1943: 71; Wunderlich, 1979: 277 (*M. l.*, Syn. of male); Hu & Wu, 1989: 274 (*M. eltoni*, misidentified); Heimer & Nentwig, 1991: 434; Noordam, 1992: 4, 16; Mikhailov & Marusik, 1996: 102; Danilov, 1997: 116 (*M. l.*, Syn.); Roberts, 1998: 127; Song, Zhu & Chen, 1999: 452; Hu, 2001: 260; Song, Zhu & Zhang, 2004: 174; Almquist, 2006: 437.

异名：

Micaria dahli Bösenberg, 1899; Wunderlich, 1979: 277 (Syn.);

M. mutilata Caporiacco, 1935; Danilov, 1997: 116 (Syn.).

分布：内蒙古（NM）、河北（HEB）、新疆（XJ）、西藏（XZ）；古北界

罗氏小蚁蛛 *Micaria logunovi* Zhang, Song & Zhu, 2001

Zhang, Song & Zhu, 2001: 53; Song, Zhu & Zhang, 2004: 175.

分布：河北（HEB）

马氏小蚁蛛 *Micaria marusiki* Zhang, Song & Zhu, 2001

Zhang, Song & Zhu, 2001: 54; Song, Zhu & Zhang, 2004: 176.

分布：河北（HEB）

拟白捆小蚁蛛 *Micaria paralbofasciata* Song, Zhu & Zhang, 2004

Song, Zhu & Zhang, 2004: 178, 329.

分布：西藏（XZ）

山区小蚁蛛 *Micaria pulcherrima* Caporiacco, 1935

Caporiacco, 1935: 221; Chen et al., 1982: 43 (*M. alpina*, misidentified); Hu, 1984: 301 (*M. alpina*, misidentified); Tu & Zhu, 1986: 89 (*M. silesiaca*, misidentified); Zhang, 1987: 181 (*M. alpina*, misidentified); Hu & Wu, 1989: 280 (*M. silesiaca*, misidentified); Zhao, 1993: 129 (*M. silesiaca*, misidentified); Danilov, 1993: 429 (*M. sibirica*); Danilov, 1997: 114 (*M. p.*, Syn.); Song, Zhu & Chen, 1999: 452; Song, Zhu & Chen, 2001: 350; Song, Zhu & Zhang, 2004: 179; Zhu & Zhang, 2011: 401; Yin et al., 2012: 1193.

异名：

Micaria sibirica Danilov, 1993; Danilov, 1997: 114 (Syn.).

分布：河北（HEB）、山西（SX）、河南（HEN）、青海（QH）、新疆（XJ）、湖南（HN）；俄罗斯、印度、巴基斯坦

蚤小蚁蛛 *Micaria pulicaria* (Sundevall, 1831)

Sundevall, 1831: 33 (*Clubiona p.*); Blackwall, 1833: 439 (*Drassus nitens*); C. L. Koch, 1837: 18 (*Macaria corusca*); Walckenaer, 1837: 624 (*D. lugubris*); C. L. Koch, 1839: 91 (*M. nitens*); C. L. Koch, 1839: 97 (*M. formosa*); Walckenaer, 1841:

488 (*D. formosus*); Westring, 1851: 47; Blackwall, 1858: 430 (*D. micans*); Blackwall, 1861: 118 (*D. micans*); Blackwall, 1861: 119 (*D. nitens*); Westring, 1861: 336 (*M. nitens*); Simon, 1864: 113 (*Macaria lugubris*); L. Koch, 1866: 62; Ohlert, 1867: 104 (*Macaria formosa*); Thorell, 1871: 173; Menge, 1872: 325; Menge, 1873: 327 (*M. nitens*); Hansen, 1882: 56; Emerton, 1890: 168 (*M. montana*); Banks, 1896: 62 (*M. gentilis*); Banks, 1896: 59 (*M. perfecta*); Becker, 1896: 238; Chyzer & Kulczyński, 1897: 257; Bösenberg, 1902: 285; Bösenberg, 1902: 285 (*M. similis*); Emerton, 1909: 215 (*M. gentilis*); Chickering, 1939: 76 (*M. montana*); Palmgren, 1943: 67; Tullgren, 1946: 62; Kaston, 1948: 401 (*M. montana*); Hackman, 1954: 9 (*M. p.*, Syn.); Platnick & Shadab, 1988: 7 (*M. p.*, Syn.); Song, Zhu & Chen, 1999: 453; Song, Zhu & Zhang, 2004: 181; Kamura, 2009: 499.

异名：

Micaria montana Emerton, 1890; Hackman, 1954: 9 (Syn.);
M. perfecta Banks, 1896; Platnick & Shadab, 1988: 7 (Syn.).

分布：青海（QH）；全北界

俄小蚁蛛 *Micaria rossica* Thorell, 1875

Thorell, 1875b: 80; Thorell, 1875c: 113; Simon, 1878: 17 (*M. scenica*); Kulczyński, 1885: 42 (*M. centrocnemis*); Banks, 1901: 573 (*M. albocincta*); Lessert, 1910: 436 (*M. scenica*); Simon, 1932: 955, 976 (*M. s.*); Charitonov, 1951: 213 (*M. shadini*); Charitonov, 1951: 214 (*M. hissarica*); Schenkel, 1963: 271 (*M. fagei*); Schenkel, 1963: 272 (*M. berlandi*); Tyschchenko, 1971: 136 (*M. scenica*); Wunderlich, 1979: 286 (*M. s.*); Wunderlich, 1979: 305 (*M. centrocnemis*); Wunderlich, 1979: 308; Mikhailov & Fet, 1986: 176 (*M. r.*, Syn.); Tu & Zhu, 1986: 90 (*M. taiguica*); Platnick & Shadab, 1988: 27 (*M. r.*, Syn.); Mikhailov, 1988: 326 (*M. r.*, Syn.); Hu & Wu, 1989: 277 (*M. scenica*); Heimer & Nentwig, 1991: 432; Platnick & Dondale, 1992: 43; Mikhailov, 1995: 54 (*M. r.*, Syn.); Mikhailov & Marusik, 1996: 101; Danilov, 1997: 116 (*M. r.*, Syn.); Song, Zhu & Chen, 1999: 453; Pesarini, 2000: 385; Hu, 2001: 262; Song, Zhu & Chen, 2001: 352; Song, Zhu & Zhang, 2004: 182; Tuneva, 2007: 239; Kovblyuk & Nadolny, 2008: 224.

异名：

Micaria scenica Simon, 1878; Mikhailov & Fet, 1986: 177 (Syn.);
M. centrocnemis Kulczyński, 1885; Mikhailov, 1988: 326 (Syn.);
M. albocincta Banks, 1901; Platnick & Shadab, 1988: 27 (Syn.);
M. hissarica Charitonov, 1951; Mikhailov, 1995: 54 (Syn.);
M. shadini Charitonov, 1951; Mikhailov, 1995: 54 (Syn.);
M. berlandi Schenkel, 1963; Danilov, 1997: 116 (Syn.);
M. fagei Schenkel, 1963; Danilov, 1997: 116 (Syn.);
M. taiguica Tu & Zhu, 1986; Danilov, 1997: 116 (Syn.).

分布：内蒙古（NM）、河北（HEB）、山西（SX）、新疆（XJ）；全北界

图瓦小蚁蛛 *Micaria tuvensis* Danilov, 1993

Danilov, 1993: 428; Tang et al., 1997: 14; Song, Zhu & Chen, 1999: 453; Song, Zhu & Zhang, 2004: 184.

分布：内蒙古（NM）；哈萨克斯坦、俄罗斯

西宁小蚁蛛 *Micaria xiningensis* Hu, 2001

Hu, 2001: 264; Song, Zhu & Zhang, 2004: 185.

分布：青海（QH）

玉树小蚁蛛 *Micaria yushuensis* Hu, 2001

Hu, 2001: 266; Song, Zhu & Zhang, 2004: 186.

分布：青海（QH）

牧蛛属 *Nomisia* Dalmas, 1921

Dalmas, 1921: 278. Type species: *Pythonissa exornata* C. L. Koch, 1839

奥氏牧蛛 *Nomisia aussereri* (L. Koch, 1872)

L. Koch, 1872: 298 (*Gnaphosa a.*); O. P.-Cambridge, 1874: 374 (*G. marginata*); Pavesi, 1876: 18 (*G. thressa*); Simon, 1878: 200 (*Pythonissa a.*); Simon, 1878: 205 (*P. marginata*); Simon, 1884: 342 (*P. thressa*); Chyzer & Kulczyński, 1897: 191 (*P. a.*); Simon, 1914: 189, 222 (*Pterotricha a.*); Reimoser, 1919: 174 (*P. thressa*); Dalmas, 1921: 296 (*N. marginata*); Dalmas, 1921: 298, 299 (*N. mauretanica*); Spassky, 1925: 33 (*Pythonissa a.*); Caporiacco, 1932: 235 (*N. mauretanica*); Pérez & Zárate, 1947: 455 (*N. a.*, Syn.); Fuhn & Oltean, 1969: 168; Fuhn & Niculescu-Burlacu, 1970: 415; Tyschchenko, 1971: 95; Grimm, 1985: 84; Hu & Wu, 1989: 280; Heimer & Nentwig, 1991: 436; Levy, 1995: 929 (*N. a.*, Syn.); Tuneva, 2003: 1022; Song, Zhu & Zhang, 2004: 188; Chatzaki, 2010: 2.

异名：

Nomisia marginata (O. P.-Cambridge, 1874, Trans. from *Gnaphosa*); Levy, 1995: 929 (Syn.);
N. thressa (Pavesi, 1876, Trans. from *Pterotricha*); Pérez & Zárate, 1947: 455 (Syn.);
N. mauretanica Dalmas, 1921; Levy, 1995: 929 (Syn.).

分布：新疆（XJ）；古北界

齿舞蛛属 *Odontodrassus* Jézéquel, 1965

Jézéquel, 1965: 296. Type species: *O. nigritibialis* Jézéquel, 1965 (designated by Brignoli, 1983: 574)

本渡齿舞蛛 *Odontodrassus hondoensis* (Saitō, 1939)

Saitō, 1939: 35 (*Iheringia h.*); Saitō, 1959: 44 (*I. h.*); Kamura, 1987: 30 (*O. h.*, Trans. from *Iheringia=Otiothops*); Xu, 1991: 38 (*Drassyllus pulumipes*); Paik, 1992: 164; Song, Zhu & Chen, 1999: 453; Namkung, 2003: 475; Song, Zhu & Zhang, 2004: 190 (*O. h.*, Syn.); Jung et al., 2005: 190; Kamura, 2009: 490; Yin et al., 2012: 1194.

异名：

Odontodrassus pulumipes (Xu, 1991, Trans. from *Drassyllus*);

Song, Zhu & Zhang, 2004: 190 (Syn.).
分布：河北（HEB）、安徽（AH）、浙江（ZJ）、湖南（HN）、湖北（HB）、广东（GD）；韩国、日本、俄罗斯

壁齿舞蛛 *Odontodrassus muralis* Deeleman-Reinhold, 2001

Deeleman-Reinhold, 2001: 533.
分布：云南（YN）；泰国、印度尼西亚（苏拉威西）、龙目岛

云南齿舞蛛 *Odontodrassus yunnanensis* (Schenkel, 1963)

Schenkel, 1963: 47 (*Scotophaeus y.*); Song, Zhu & Zhang, 2004: 192 (*O. y.*, Trans. from *Scotophaeus*).
分布：云南（YN）

拟赛蛛属 *Parasyrisca* Schenkel, 1963

Schenkel, 1963: 261. Type species: *Parasyrisca potanini* Schenkel, 1963; transferred from the Clubionidae to the Miturgidae by Lehtinen, 1967: 256, here by Ovtsharenko & Marusik, 1988: 214.

贺兰拟赛蛛 *Parasyrisca helanshan* Tang & Zhao, 1998

Tang & Zhao, 1998: 110; Song, Zhu & Chen, 1999: 453; Song, Zhu & Zhang, 2004: 195.
分布：内蒙古（NM）

波氏拟赛蛛 *Parasyrisca potanini* Schenkel, 1963

Schenkel, 1963: 262; Schenkel, 1963: 266 (*Syrisca minor*); Schenkel, 1963: 267 (*Syrisca lugubris*); Ovtsharenko & Marusik, 1988: 214 (*P. minor*, Trans. from *Syrisca*); Ovtsharenko, Platnick & Marusik, 1995: 5 (*P. p.*, Syn. of female); Song, Zhu & Chen, 1999: 453; Song, Zhu & Zhang, 2004: 196; Marusik & Logunov, 2006: 51; Murphy, 2007: 58.
异名：
Parasyrisca lugubris (Schenkel, 1963, Trans. from *Syrisca*); Ovtsharenko, Platnick & Marusik, 1995: 6 (Syn.);
Parasyrisca minor (Schenkel, 1963, Trans. from *Syrisca*); Ovtsharenko, Platnick & Marusik, 1995: 6 (Syn.).
分布：青海（QH）、西藏（XZ）；蒙古、俄罗斯

申氏拟赛蛛 *Parasyrisca schenkeli* Ovtsharenko & Marusik, 1988

Schenkel, 1963: 264 (*Syrisca potanini*); Ovtsharenko & Marusik, 1988: 214 (*P. s.*, replacement name for *Syrisca potanini* Schenkel, 1963, preoccupied in *Parasyrisca*); Ovtsharenko, Platnick & Marusik, 1995: 7; Song, Zhu & Chen, 1999: 454; Hu, 2001: 237 (*Drassodes qinghaiensis*); Song, Zhu & Zhang, 2004: 198 (*P. s.*, Syn.); Marusik & Logunov, 2006: 51.
异名：
Parasyrisca qinghaiensis (Hu, 2001, Trans. from *Drassodes*); Song, Zhu & Zhang, 2004: 198 (Syn.).
分布：内蒙古（NM）、青海（QH）；哈萨克斯坦、蒙古

索莱拟赛蛛 *Parasyrisca sollers* (Simon, 1895)

Simon, 1895: 333 (*Drassodes s.*); Ovtsharenko, Platnick & Marusik, 1995: 8 (*P. s.*, Trans. from *Drassodes*); Song, Zhu & Chen, 1999: 454; Song, Zhu & Zhang, 2004: 199.
分布：新疆（XJ）；蒙古

宋氏拟赛蛛 *Parasyrisca songi* Marusik & Fritzén, 2009

Marusik & Fritzén, 2009: 64.
分布：新疆（XJ）

近昏蛛属 *Phaeocedus* Simon, 1893

Simon, 1893: 370. Type species: *Drassus braccatus* L. Koch, 1866

袜近昏蛛 *Phaeocedus braccatus* (L. Koch, 1866)

L. Koch, 1866: 97 (*Drassus b.*); O. P.-Cambridge, 1874: 386 (*D. bulbifer*); Pavesi, 1875: 124 (*D. affinis*, preoccupied); Pavesi, 1875: 303 (*D. amaryi*, replacement name); Simon, 1878: 136 (*D. b.*); O. P.-Cambridge, 1879: 18 (*D. bulbifer*); Simon, 1893: 370; Chyzer & Kulczyński, 1897: 220; Bösenberg, 1902: 302; Reimoser, 1937: 19; Palmgren, 1943: 97; Tullgren, 1946: 127; Locket & Millidge, 1951: 106; Braendegaard, 1966: 132; Azheganova, 1968: 98; Miller, 1971: 94; Platnick & Shadab, 1980: 2; Grimm, 1985: 158; Roberts, 1985: 70; Hu & Wu, 1989: 281; Izmailova, 1989: 108; Heimer & Nentwig, 1991: 438; Noordam, 1992: 7; Roberts, 1995: 119; Kamura, 1995: 44; Mcheidze, 1997: 118; Roberts, 1998: 125; Tuneva & Esyunin, 2002: 219; Tang, Song & Zhang, 2002: 33; Song, Zhu & Zhang, 2004: 200; Trotta, 2005: 167; Seyyar et al., 2006: 26; Almquist, 2006: 414; Murphy, 2007: 46; Kamura, 2009: 498; Wunderlich, 2011: 40.
分布：内蒙古（NM）、河北（HEB）、新疆（XJ）；古北界

伪掠蛛属 *Pseudodrassus* Caporiacco, 1935

Caporiacco, 1935: 286. Type species: *Pseudodrassus ricasolii* Caporiacco, 1935

皮氏伪掠蛛 *Pseudodrassus pichoni* Schenkel, 1963

Schenkel, 1963: 260 (*P. p.*, evidently as a clubionid per p. 11); Xu, 1984: 26; Chen & Zhang, 1991: 257 (*P. p.*, listed under Clubionidae, apparently considered a liocranine); Song, Zhu & Zhang, 2004: 202.
分布：安徽（AH）、浙江（ZJ）

健蛛属 *Sanitubius* Kamura, 2001

Kamura, 2001: 193. Type species: *Herpyllus anatolicus* Kamura, 1989

东方健蛛 *Sanitubius anatolicus* (Kamura, 1989)

Kamura, 1989: 112 (*Herpyllus a.*); Paik, 1992: 135 (*Herpyllus a.*); Kamura, 2001: 194 (*S. a.*, Trans. from *Herpyllus*); Song, Zhu & Zhang, 2004: 204; Kamura, 2009: 495; Yin et al., 2012: 1196.
分布：安徽（AH）、湖南（HN）；韩国、日本

寻蛛属 *Scopoides* Platnick, 1989

Platnick, 1989: 482. Type species: *Scopodes catharius* Chamberlin, 1922
Note: this genus is a replacement name for *Scopodes* Chamberlin, 1922, preoccupied in the Coleoptera by Erichson, 1842; Asian species misplaced.

吉隆寻蛛 *Scopoides gyirongensis* Hu, 2001

Hu, 2001: 267; Song, Zhu & Zhang, 2004: 206.
分布：西藏（XZ）

西藏寻蛛 *Scopoides xizangensis* Hu, 2001

Hu, 2001: 268; Song, Zhu & Zhang, 2004: 207.
分布：西藏（XZ）

幽蛛属 *Scotophaeus* Simon, 1893

Simon, 1893: 371. Type species: *Aranea quadripunctata* Linnaeus, 1758
Note: not a junior synonym of *Herpyllus* Hentz, 1832 (Platnick & Shadab, 1977: 3).

布莱克幽蛛 *Scotophaeus blackwalli* (Thorell, 1871)

Blackwall, 1861: 111 (*Drassus sericeus*, misidentified); Thorell, 1871: 179 (*D. blackwallii*); Thorell, 1871: 180 (*D. gotlandicus*); Pavesi, 1873: 119 (*D. ravidus*); Menge, 1875: 378 (*D. gotlandicus*); Simon, 1878: 148 (*D. b.*); Simon, 1883: 275 (*D. furtadoi*); Becker, 1896: 259 (*D. b.*); Kulczyński, in Chyzer & Kulczyński, 1897: 213 (*D. immundus*); Kulczyński, 1898: 55; Bösenberg, 1902: 298 (*D. b.*); Banks, 1904: 338 (*Drassodes californica*); Lessert, 1910: 56 (*Drassodes b.*); Simon, 1914: 147, 150, 212; Chamberlin, 1919: 6 (*Herpyllus pius*); Reimoser, 1919: 204 (*S. furtadoi*); Reimoser, 1937: 22; Tullgren, 1946: 110; Schenkel, 1950: 38; Locket & Millidge, 1951: 104; Braendegaard, 1966: 105 (*Herpyllus b.*); Ubick & Roth, 1973: 4 (*H. b.*, Syn.); Platnick & Shadab, 1977: 41; Grimm, 1985: 172; Roberts, 1985: 70; Heimer & Nentwig, 1991: 438; Platnick & Dondale, 1992: 278; Noordam, 1992: 8; Roberts, 1995: 108; Roberts, 1998: 112; Levy, 1999: 438; Hu, 2001: 271; Almquist, 2006: 419; Lecigne, 2013: 186.
异名：
Scotophaeus californicus (Banks, 1904, Trans. from *Drassodes*); Ubick & Roth, 1973: 4 (Syn., sub *Herpyllus*);
S. pius (Chamberlin, 1919, Trans. from *Herpyllus*); Ubick & Roth, 1973: 4 (Syn., sub *Herpyllus*).
分布：西藏（XZ）；世界性分布

湖南幽蛛 *Scotophaeus hunan* Zhang, Song & Zhu, 2003

Zhang, Song & Zhu, 2003: 71; Yin, Zhang & Bao, in Zhang, Yin & Bao, 2003: 638 (*S. mingcaii*); Song, Zhu & Zhang, 2004: 211 (*S. h.*, Syn.); Yin et al., 2012: 1198.
异名：
Scotophaeus mingcaii Yin, Zhang & Bao, in Zhang, Yin & Bao, 2003; Song, Zhu & Zhang, 2004: 211 (Syn.).
分布：湖南（HN）

隐幽蛛 *Scotophaeus invisus* (O. P.-Cambridge, 1885)

O. P.-Cambridge, 1885: 9 (*Drassus invisus*); Reimoser, 1935: 173 (*Scotophaeus invisus*).
分布：新疆（XJ）

金林幽蛛 *Scotophaeus jinlin* Song, Zhu & Zhang, 2004

Hu & Li, 1987: 304 (*S. domesticus*, misidentified); Hu, 2001: 270 (*S. domesticus*, misidentified); Song, Zhu & Zhang, 2004: 213, 333.
分布：西藏（XZ）

逆幽蛛 *Scotophaeus rebellatus* (Simon, 1880)

Simon, 1880: 119 (*Drassus r.*); Simon, 1893: 371.
分布：中国（具体未详）

西姆拉幽蛛 *Scotophaeus simlaensis* Tikader, 1982

Tikader, 1982: 382; Yin et al., 2012: 1200.
分布：湖南（HN）；印度

西藏幽蛛 *Scotophaeus xizang* Zhang, Song & Zhu, 2003

Zhang, Song & Zhu, 2003: 70; Zhang, Yin & Bao, 2003: 637 (*S. simaoensis*); Song, Zhu & Zhang, 2004: 214 (*S. x.*, Syn.).
异名：
Scotophaeus simaoensis Zhang, Yin & Bao, 2003; Song, Zhu & Zhang, 2004: 214 (Syn.).
分布：西藏（XZ）

丝蛛属 *Sergiolus* Simon, 1891

Simon, 1891: 573. Type species: *Drassus capulatus* Walckenaer, 1837

星白丝蛛 *Sergiolus hosiziro* (Yaginuma, 1960)

Yaginuma, 1960: append. 7 (*Poecilochroa h.*); Yaginuma, 1971: 121 (*P. h.*); Hu, 1984: 281 (*P. h.*); Kamura, 1986: 10 (*P. h.*); Yaginuma, 1986: 191 (*P. h.*); Zhang, 1987: 184 (*P. h.*); Chikuni, 1989: 118 (*P. h.*); Paik, 1991: 68 (*P. h.*); Kamura, 1998: 169 (*S. h.*, Trans. from *Poecilochroa*); Song, Zhu & Chen, 2001: 355 (*P. h.*); Namkung, 2002: 481; Kim & Cho, 2002: 76; Namkung, 2003: 484; Song, Zhu & Zhang, 2004: 217; Jung et al., 2005: 193; Kamura, 2009: 497.
分布：河北（HEB）；韩国、日本

麦林丝蛛 *Sergiolus mainlingensis* Hu, 2001

Hu, 2001: 273 (*S. m.*: misplaced, per Song, Zhu & Zhang, 2004: 305).
分布：西藏（XZ）

宋氏丝蛛 *Sergiolus songi* Xu, 1991

Xu, 1991: 1; Xu, 1991: 40; Song, Zhu & Zhang, 2004: 218.
分布：安徽（AH）、湖北（HB）

塞尔蛛属 *Sernokorba* Kamura, 1992

Kamura, 1992: 120. Type species: *Prosthesima pallidipatellis*

Bösenberg & Strand, 1906

梵净塞尔蛛 *Sernokorba fanjing* Song, Zhu & Zhang, 2004

Song, Zhu & Zhang, 2004: 220, 334.

分布：贵州（GZ）

淡膝塞尔蛛 *Sernokorba pallidipatellis* (Bösenberg & Strand, 1906)

Bösenberg & Strand, 1906: 123 (*Prosthesima p.*); Yaginuma, 1986: 191 (*Zelotes p.*); Zhang, 1987: 187 (*Z. pallipatellis*); Kamura, 1992: 121 (*S. p.*, Trans. from *Zelotes*); Song, Zhu & Chen, 1999: 456; Song, Zhu & Chen, 2001: 356; Namkung, 2002: 483; Namkung, 2003: 486; Song, Zhu & Zhang, 2004: 221; Lee et al., 2004: 99; Jung et al., 2005: 194; Murphy, 2007: 46; Kamura, 2009: 497; Marusik, 2009: 100.

分布：山东（SD）、浙江（ZJ）；韩国、日本、俄罗斯

神掠蛛属 *Sidydrassus* Esyunin & Tuneva, 2002

Esyunin & Tuneva, 2002: 176. Type species: *Drassodes shumakovi* Spassky, 1934

天山神掠蛛 *Sidydrassus tianschanicus* (Hu & Wu, 1989)

Hu & Wu, 1989: 260 (*Drassodes tianschanica*); Esyunin & Tuneva, 2002: 177 (*S. t.*, Trans. from *Drassodes*); Song, Zhu & Zhang, 2004: 224; Tuneva, 2005: 326 (*S. tianschanica*).

分布：新疆（XJ）

螋蛛属 *Sosticus* Chamberlin, 1922

Chamberlin, 1922: 160. Type species: *Prosthesima insularis* Banks, 1895

异名：

Sostogeus Chamberlin & Gertsch, 1940; Platnick & Shadab, 1976: 9 (Syn.).

铠螋蛛 *Sosticus loricatus* (L. Koch, 1866)

L. Koch, 1866: 131 (*Drassus l.*); Kroneberg, 1875: 20 (*D. l. longipes*); Simon, 1878: 159 (*D. navaricus*); Simon, 1884: 340 (*D. corcyraeus*); Chyzer & Kulczyński, 1897: 215 (*D. l.*); Bösenberg, 1902: 301 (*D. l.*); Strand, 1907: 119 (*Scotophaeus l.*); Simon, 1914: 145, 211 (*S. l.*); Reimoser, 1937: 21 (*S. l.*); Chamberlin & Gertsch, 1940: 1 (*Sostogeus zygethus*); Palmgren, 1943: 98 (*Scotophaeus l.*); Levi & Field, 1954: 458 (*S. l.*); Denis, 1958: 95 (*Gnaphosa rufa*); Miller, 1971: 94 (*Scotophaeus l.*); Ubick & Roth, 1973: 7 (*Sostogeus l.*, Trans. from *Scotophaeus*, Syn.); Platnick & Shadab, 1976: 13; Kaston, 1977: 45 (*Sostogeus l.*); Grimm, 1985: 183; Hu & Wu, 1989: 281; Heimer & Nentwig, 1991: 440; Platnick & Dondale, 1992: 201; Ovtsharenko, Platnick & Song, 1992: 4 (*S. l.*, Syn.); Tuneva & Esyunin, 2002: 222; Paquin & Dupérré, 2003: 81; Song, Zhu & Zhang, 2004: 226; Trotta, 2005: 165.

异名：

Sosticus zygethus (Chamberlin & Gertsch, 1940, Trans. from *Sostogeus*); Ubick & Roth, 1973: 7 (Syn., sub *Sostogeus*);

S. rufus (Denis, 1958, Trans. from *Gnaphosa*); Ovtsharenko, Platnick & Song, 1992: 4 (Syn.).

分布：内蒙古（NM）、河北（HEB）、山西（SX）、新疆（XJ）；全北界

合蛛属 *Synaphosus* Platnick & Shadab, 1980

Platnick & Shadab, 1980: 21. Type species: *Nodocion syntheticus* Chamberlin, 1924

苍山合蛛 *Synaphosus cangshanus* Yang, Yang & Zhang, 2013

Yang, Yang & Zhang, 2013: 7.

分布：云南（YN）

大围合蛛 *Synaphosus daweiensis* Yin, Bao & Peng, 2002

Yin, Bao & Peng, 2002: 74; Song, Zhu & Zhang, 2004: 229; Yin et al., 2012: 1202.

分布：湖南（HN）

粗狂蛛属 *Trachyzelotes* Lohmander, 1944

Lohmander, 1944: 13. Type species: *Melanophora pedestris* C. L. Koch, 1837

异名：

Simonizelotes Marinaro, 1967; Platnick & Murphy, 1984: 3 (Syn.).

壮粗狂蛛 *Trachyzelotes adriaticus* (Caporiacco, 1951)

Caporiacco, 1951: 87 (*Zelotes a.*); Ponomarev, 1981: 62 (*Z. zagistus*); Platnick & Murphy, 1984: 9 (*T. a.*, Trans. from *Zelotes*); Hu & Wu, 1989: 283; Song, Zhu & Chen, 1999: 455; Tuneva & Esyunin, 2002: 223; Chatzaki, Thaler & Mylonas, 2003: 54; Song, Zhu & Zhang, 2004: 232; Ponomarev & Tsvetkov, 2004: 94 (*T. a.*, Syn.); Chatzaki, 2010: 45.

异名：

Trachyzelotes zagistus (Ponomarev, 1981, Trans. from *Zelotes*); Ponomarev & Tsvetkov, 2004: 94 (Syn.).

分布：新疆（XJ）；意大利到中国

白岳粗狂蛛 *Trachyzelotes baiyuensis* Xu, 1991

Xu, 1991: 39; Song, Zhu & Zhang, 2004: 233.

分布：安徽（AH）

棕头粗狂蛛 *Trachyzelotes fuscipes* (L. Koch, 1866)

L. Koch, 1866: 189 (*Melanophora f.*); Simon, 1878: 51 (*Prosthesima f.*); Simon, 1878: 89 (*P. rubicundula*); Simon, 1914: 159, 166, 216 (*Zelotes rubicundulus*); Simon, 1914: 175, 216 (*Z. f.*); Jézéquel, 1962: 527 (*Z. rubicundulus*); Miller, 1967: 272 (*Z. r.*); Platnick & Murphy, 1984: 15 (*T. f.*, Trans. from *Zelotes*, Syn.); Hu & Wu, 1989: 284; Song, Zhu & Chen, 1999: 455; Song, Zhu & Zhang, 2004: 234.

异名：

Trachyzelotes rubicundulus (Simon, 1878, Trans. from

Zelotes); Platnick & Murphy, 1984: 15 (Syn.).

分布：新疆（XJ）；地中海

查哈粗狂蛛 *Trachyzelotes jaxartensis* (Kroneberg, 1875)

Kroneberg, 1875: 23 (*Melanophora j.*); Simon, 1880: 117 (*Prosthesima foveolata*); Simon, 1886: 382 (*P. insipiens*); Simon, 1897: 97 (*Echemus spinibarbis*); Banks, 1898: 217 (*P. peninsulana*); Kulczyński, 1901: 323 (*P. iaxartensis*); Purcell, 1907: 333 (*Melanophora acanthognathus*); Petrunkevitch, 1911: 150 (*Zelotes peninsulanus*); Chamberlin, 1922: 154 (*Nodocion barbaranus*); Chamberlin, 1922: 154 (*N. iugans*); Tucker, 1923: 335 (*Camillina acanthognathus*); Tucker, 1923: 344 (*C. postrema*); Chamberlin, 1936: 12 (*Nodocion barbaranus*); Denis, 1945: 46 (*Zelotes sorex*); Schenkel, 1963: 50 (*Z. cavaleriei*); Ubick & Roth, 1973: 3 (*Drassyllus peninsulanus*, Trans. from *Zelotes*, Syn. of male); Patel & Patel, 1975: 35 (*Scotophaeus chohanius*); Tikader & Gajbe, 1975: 276 (*Drassodes indraprastha*); Tikader, 1982: 419 (*D. i.*); Hayashi, 1983: 11 (*Zelotes cavaleriei*); Zhang & Zhu, 1983: 166 (*Z. c.*); Brignoli, 1983: 578 (*Z. c.*); Hu, 1984: 282 (*Z. c.*); Platnick & Murphy, 1984: 10 (*T. j.*, Trans. from *Zelotes*, Syn.); Guo, 1985: 145 (*Z. c.*); Zhu et al., 1985: 154 (*Z. c.*); Platnick & Song, 1986: 18 (*T. j.*, Syn.); Paik, 1986: 33; Yaginuma, 1986: 192 (*Zelotes j.*); Song, 1987: 343; Zhang, 1987: 186 (*Zelotes cavaleriei*); Chikuni, 1989: 120 (*Z. j.*); Hu & Wu, 1989: 286; Chen & Zhang, 1991: 238; Xu, 1991: 39; Zhao, 1993: 127 (*Zelotes cavaleriei*); Barrion & Litsinger, 1995: 184 (*Z. c.*); Platnick, 1997: 97 (*T. j.*, Syn.); Levy, 1998: 107; Song, Zhu & Chen, 1999: 455; Song, Zhu & Chen, 2001: 357; Namkung, 2002: 484; Namkung, 2003: 487; Song, Zhu & Zhang, 2004: 236; Jung et al., 2005: 196; Jocqué & Dippenaar-Schoeman, 2006: 128; Kamura, 2009: 493; Zhu & Zhang, 2011: 403; Yin et al., 2012: 1204.

异名：

Trachyzelotes foveolatus (Simon, 1880, Trans. from *Prosthesima*); Platnick & Song, 1986: 18 (Syn.);

T. insipiens (Simon, 1886, Trans. from *Prosthesima*); Platnick & Murphy, 1984: 10 (Syn.);

T. spinibarbis (Simon, 1897, Trans. from *Echemus*); Platnick & Murphy, 1984: 10 (Syn.);

T. peninsulanus (Banks, 1898, Trans. from *Prosthesima*); Platnick & Murphy, 1984: 10 (Syn.);

T. acanthognatha (Purcell, 1907, Trans. from *Melanophora*); Platnick & Murphy, 1984: 10 (Syn.);

T. barbaranus (Chamberlin, 1922, Trans. from *Nodocion*); Ubick & Roth, 1973: 3 (Syn., sub *Drassyllus peninsulanus*);

T. iugans (Chamberlin, 1922, T from *Nodocion*); Ubick & Roth, 1973: 3 (Syn., sub *Drassyllus peninsulanus*);

T. postrema (Tucker, 1923, Trans. from *Camillina*); Platnick, 1997: 97 (Syn.);

T. sorex (Denis, 1945, Trans. from *Zelotes*); Platnick & Murphy, 1984: 11 (Syn.);

T. cavaleriei (Schenkel, 1963, Trans. from *Zelotes*); Platnick & Murphy, 1984: 11 (Syn.);

T. chohanius (Patel & Patel, 1975, Trans. from *Scotophaeus*); Platnick & Murphy, 1984: 11 (Syn.);

T. indraprastha (Tikader & Gajbe, 1975, Trans. from *Drassodes*); Platnick & Murphy, 1984: 11 (Syn.).

分布：河北（HEB）、北京（BJ）、河南（HEN）、新疆（XJ）、安徽（AH）、江苏（JS）、浙江（ZJ）、湖南（HN）、四川（SC）、贵州（GZ）、福建（FJ）；塞内加尔、南非、夏威夷、全北界

尾狂蛛属 *Urozelotes* Mello-Leitão, 1938

Mello-Leitão, 1938: 111. Type species: *Prosthesima rustica* L. Koch, 1872

村尾狂蛛 *Urozelotes rusticus* (L. Koch, 1872)

Canestrini & Pavesi, 1870: 27 (*Melanophora rustica*, nomen nudum); L. Koch, 1872: 309 (*Prosthesima rustica*); Pavesi, 1873: 123 (*Drassus razoumowskyi*); Thorell, 1875: 97 (*D. cerdo*); Thorell, 1875: 90 (*D. cerdo*); Simon, 1878: 90 (*P. larifuga*); Simon, 1878: 93 (*P. rustica*); Keyserling, 1878: 602 (*P. pallida*, preoccupied by O. P.-Cambridge, 1874); Bertkau, 1880: 263 (*P. rustica*); Keyserling, 1891: 35 (*D. agelastus*); Banks, 1892: 18 (*P. blanda*); Banks, 1892: 19 (*P. minima*); Chyzer & Kulczyński, 1897: 207 (*P. rustica*); Banks, 1898: 219 (*P. completa*); F. O. P.-Cambridge, 1899: 57 (*P. lutea*); Simon, 1899: 412 (*Melanophora pacifica*); Bösenberg, 1902: 313 (*P. rustica*); Simon, 1904: 89 (*M. porteri*); Banks, 1904: 336 (*Zelotes femoralis*); Bösenberg & Strand, 1906: 119 (*D. pater*); Bösenberg & Strand, 1906: 120 (*D. rotundifoveatus*); Simon, 1909: 77 (*M. rustica orientalis*); Petrunkevitch, 1911: 137 (*Drassodes agelastus*); Petrunkevitch, 1911: 148 (*Zelotes blandus*); Petrunkevitch, 1911: 148 (*Z. completus*); Petrunkevitch, 1911: 150 (*Z. luteus*); Petrunkevitch, 1911: 150 (*Z. pallidus*); Petrunkevitch, 1911: 151 (*Z. porteri*); Simon, 1914: 156, 165, 218 (*Z. razoumowskyi*); Strand, 1915: 139 (*Scotophaeus blepharotrichus*); Chamberlin, 1922: 167 (*Drassyllus blandus*); Chamberlin, 1922: 170 (*D. femoralis*); Chamberlin, 1922: 170 (*D. liopus*); Tucker, 1923: 336 (*Camillina amnicola*); Chamberlin, 1933: 6 (*Haplodrassus magister*); Chamberlin, 1936: 15 (*Drassyllus abdalbus*); Reimoser, 1937: 36 (*Zelotes r.*); Mello-Leitão, 1938: 111 (*U. cardiogynus*); Mello-Leitão, 1939: 529 (*Zelotes scutatus*, preoccupied); Mello-Leitão, 1943: 216 (*Latonigena agelasta*, Trans. from *Drassodes*); Denis, 1947: 60 (*Zelotes razoumovskyi*); Kaston, 1948: 360 (*Drassyllus femoralis*); Roewer, 1951: 444 (*Zelotes keyserlingi*, replacement name for *Prosthesima pallida* Keyserling, 1878); Roewer, 1951: 444 (*Z. paulistus*, replacement name for *Zelotes scutatus* Mello-Leitão, 1939); Locket & Millidge, 1951: 112 (*Z. r.*); Denis, 1952: 121 (*Z. razoumovskyi*); Millidge & Locket, 1955: 171 (*Z. r.*, Syn.); Roewer, 1955: 369 (*Gnaphosa scutata*, lapsus for *Zelotes scutatus*); Buchar, 1961: 90 (*Zelotes r.*); Oltean, 1962: 576 (*Z. r.*); Tikader, 1962: 572 (*Drassodes malodes*); Jézéquel, 1962: 603 (*Z. r.*); Braendegaard, 1966: 113 (*Z. r.*); Tyschchenko, 1971: 101 (*Z. r.*); Schmidt, 1973: 362 (*Camillina gigas*); Ubick & Roth, 1973: 8 (*Zelotes r.*, Syn.); Shinkai & Hara, 1975: 17

(*Z. r.*); Platnick & Shadab, 1975: 5 (*Z. scutatus*, Trans. from *Gnaphosa*); Shinkai, 1977: 333 (*Z. r.*); Paik, 1978: 425 (*Z. r.*); Shinkai, 1978: 103 (*Z. r.*); Tikader & Biswas, 1981: 66 (*Drassodes malodes*); Tikader, 1982: 397 (*D. malodes*); Hayashi, 1983: 13 (*Zelotes r.*); Platnick & Murphy, 1984: 24 (*U. r.*, Trans. from *Zelotes*, Syn.); Grimm, 1985: 221 (*Zelotes r.*); Roberts, 1985: 72 (*Z. r.*); Heiss & Allen, 1986: 52; Platnick & Song, 1986: 20; Paik, 1986: 36; Yaginuma, 1986: 191 (*Z. r.*); Zhang, 1987: 188 (*Z. r.*); Chikuni, 1989: 120 (*Z. r.*); Heimer & Nentwig, 1991: 446 (*Z. r.*); Platnick & Dondale, 1992: 138; Noordam, 1992: 9 (*Z. r.*); Roberts, 1995: 112 (*Z. r.*); Levy, 1998: 143 (*Z. r.*, Syn.); Roberts, 1998: 116 (*Z. r.*); Kamura, 1998: 169 (*U. r.*, Syn.); Song, Zhu & Chen, 1999: 456; Song, Zhu & Chen, 2001: 359; Namkung, 2002: 485; Namkung, 2003: 488; Song, Zhu & Zhang, 2004: 240; Trotta, 2005: 166; Jung et al., 2005: 197; Murphy, 2007: 37; Kamura, 2009: 493; Wunderlich, 2011: 37; Yin et al., 2012: 1206.

异名：

Urozelotes agelastus (Keyserling, 1891, Trans. from *Drassus*); Platnick & Murphy, 1984: 25 (Syn.);

U. blandus (Banks, 1892, Trans. from *Prosthesima*); Ubick & Roth, 1973: 8 (Syn., sub. *Zelotes*);

U. completus (Banks, 1898, Trans. from *Prosthesima*); Platnick & Murphy, 1984: 25 (Syn.);

U. luteus (F. O. P.-Cambridge, 1899, Trans. from *Zelotes*); Platnick & Murphy, 1984: 25 (Syn.);

U. pacificus (Simon, 1899, Trans. from *Melanophora*); Platnick & Murphy, 1984: 25 (Syn.);

U. femoralis (Banks, 1904, Trans. from *Zelotes*); Millidge & Locket, 1955: 171 (Syn., sub. *Zelotes*);

U. porteri (Simon, 1904, Trans. from *Melanophora*); Platnick & Murphy, 1984: 25 (Syn.);

U. pater (Bösenberg & Strand, 1906, Trans. from *Drassodes*); Kamura, 1998: 170 (Syn.);

U. rotundifoveatus (Bösenberg & Strand, 1906, Trans. from *Drassodes*); Kamura, 1998: 170 (Syn.);

U. blepharotrichus (Strand, 1915, Trans. from *Scotophaeus*); Levy, 1998: 143 (Syn., sub. *Zelotes*);

U. liopus (Chamberlin, 1922, Trans. from *Drassyllus*); Ubick & Roth, 1973: 8 (Syn., sub *Zelotes*);

U. amnicola (Tucker, 1923, Trans. from *Camillina*); Platnick & Murphy, 1984: 25 (Syn.);

U. magister (Chamberlin, 1933, Trans. from *Haplodrassus*); Ubick & Roth, 1973: 8 (Syn., sub *Zelotes*);

U. abdalbus (Chamberlin, 1936, Trans. from *Drassyllus*); Ubick & Roth, 1973: 8 (Syn., sub *Zelotes*);

U. cardiogynus Mello-Leitão, 1938; Platnick & Murphy, 1984: 25 (Syn.);

U. scutatus (Mello-Leitão, 1939, Trans. from *Zelotes*); Platnick & Murphy, 1984: 25 (Syn.);

U. keyserlingi (Roewer, 1951, Trans. from *Zelotes*); Platnick & Murphy, 1984: 25 (Syn.);

U. paulistus (Roewer, 1951, Trans. from *Zelotes*); Platnick & Murphy, 1984: 25 (Syn.);

U. malodes (Tikader, 1962, Trans. from *Drassodes*); Platnick & Murphy, 1984: 26 (Syn.);

U. gigas (Schmidt, 1973, Trans. from *Camillina*); Platnick & Murphy, 1984: 25 (Syn.).

分布：河北（HEB）、安徽（AH）、湖南（HN）、福建（FJ）；全球性分布

藏蛛属 *Xizangia* Song, Zhu & Zhang, 2004

Song, Zhu & Zhang, 2004: 243, 336. Type species: *Callilepis linzhiensis* Hu, 2001

Note: may be a junior synonym of *Cladothela* Kishida, 1928, per. Murphy, 2007: 46.

林芝藏蛛 *Xizangia linzhiensis* (Hu, 2001)

Hu, 2001: 229 (*Callilepis l.*); Hu, 2001: 271 (*Scotophaeus himalayaensis*); Song, Zhu & Zhang, 2004: 244 (*X. l.*, Trans. from *Callilepis*, Syn. of male).

异名：

Xizangia himalayaensis (Hu, 2001, Trans. from *Scotophaeus*); Song, Zhu & Zhang, 2004: 244 (Syn.).

分布：西藏（XZ）

日喀则藏蛛 *Xizangia rigaze* Song, Zhu & Zhang, 2004

Song, Zhu & Zhang, 2004: 246.

分布：西藏（XZ）

狂蛛属 *Zelotes* Gistel, 1848

Gistel, 1848: 155. Type species: *Melanophora subterranea* C. L. Koch, 1833

异名：

Scotophinus Simon, 1905; Platnick, 1989: 488 (Syn.);

Zavattarica Caporiacco, 1941; Platnick, 1992: 178 (Syn.).

高原狂蛛 *Zelotes altissimus* Hu, 1989

Hu, 1989: 101; Hu & Wu, 1989: 287; Song, Zhu & Zhang, 2004: 289 (*Z. a.*, may be misplaced).

分布：新疆（XJ）

亚洲狂蛛 *Zelotes asiaticus* (Bösenberg & Strand, 1906)

Bösenberg & Strand, 1906: 121 (*Prosthesima asiatica*); Yaginuma, 1960: 121 (*Z. asiatica*); Lee, 1966: 72 (*Z. asiatica*); Yaginuma, 1971: 121; Paik, 1978: 422; Paik & Namkung, 1979: 88; Chen & Zhang, 1982: 37; Hayashi, 1983: 10; Kamura, 1984: 4; Hu, 1984: 281 (*Z. a.*, misidentified); Platnick & Song, 1986: 4; Paik, 1986: 25; Yaginuma, 1986: 191; Song, 1987: 344; Zhang, 1987: 185; Chikuni, 1989: 120; Chen & Zhang, 1991: 235; Paik, 1992: 148; Zhao, 1993: 126; Song, Zhu & Chen, 1999: 456; Hu, 2001: 274; Namkung, 2002: 486; Namkung, 2003: 489; Song, Zhu & Zhang, 2004: 251; Jung et al., 2005: 199; Kamura, 2009: 491; Zhu & Zhang, 2011: 405; Yin et al., 2012: 1209.

分布：河北（HEB）、河南（HEN）、安徽（AH）、浙江（ZJ）、

湖南（HN）、湖北（HB）、四川（SC）、贵州（GZ）、台湾（TW）、香港（HK）；东亚

黑铜狂蛛 *Zelotes atrocaeruleus* (Simon, 1878)

Simon, 1878: 73 (*Prosthesima atrocaerulea*); Kulczyński, 1898: 56 (*P. pilipes*); Lessert, 1910: 66 (*P. atrocaerulea*); Simon, 1914: 161, 173, 214; Miller, 1943: 18 (*Z. bursarius*); Miller, 1947: 34 (*Z. atrocoeruleus*); Miller, 1947: 60 (*Z. bursarius*); Jézéquel, 1962: 525; Miller, 1967: 260 (*Z. a.*, Syn.); Miller, 1971: 88; Polenec, 1983: 82; Grimm, 1985: 238; Hu & Wu, 1989: 288; Heimer & Nentwig, 1991: 444; Song, Zhu & Zhang, 2004: 253; Senglet, 2011: 548.

异名：

Zelotes bursarius Miller, 1943; Miller, 1967: 260 (Syn.).

分布：新疆（XJ）；古北界

巴里坤狂蛛 *Zelotes barkol* Platnick & Song, 1986

Platnick & Song, 1986: 5; Hu & Wu, 1989: 290; Song, Zhu & Chen, 1999: 456; Song, Zhu & Zhang, 2004: 254.

分布：新疆（XJ）；俄罗斯

北疆狂蛛 *Zelotes beijianensis* Hu & Wu, 1989

Hu & Wu, 1989: 290; Song, Zhu & Zhang, 2004: 255 (*Z. beijiangensis*).

分布：新疆（XJ）

双色狂蛛 *Zelotes bicolor* Hu & Wu, 1989

Hu & Wu, 1989: 291; Song, Zhu & Zhang, 2004: 256.

分布：新疆（XJ）

叉狂蛛 *Zelotes bifurcutis* Zhang, Zhu & Tso, 2009

Zhang, Zhu & Tso, 2009: 530.

分布：台湾（TW）

广东狂蛛 *Zelotes cantonensis* Platnick & Song, 1986

Platnick & Song, 1986: 8; Song, Zhu & Chen, 1999: 456; Song, Zhu & Zhang, 2004: 257.

分布：广东（GD）

大卫狂蛛 *Zelotes davidi* Schenkel, 1963

Schenkel, 1963: 51 (*Z. d.*: if actually congeneric with *Z. davidi* (Simon, 1884), this species will require a replacement name); Zhu et al., 1985: 154; Platnick & Song, 1986: 9; Paik, 1986: 26; Zhao, 1993: 128; Song, Zhu & Chen, 1999: 456; Namkung, 2002: 487; Namkung, 2003: 490; Song, Zhu & Zhang, 2004: 258; Jung et al., 2005: 200; Zhu & Zhang, 2011: 406; Yin et al., 2012: 1211.

分布：山西（SX）、河南（HEN）、陕西（SN）、安徽（AH）、江苏（JS）、湖南（HN）；韩国、日本

埃氏狂蛛 *Zelotes eskovi* Zhang & Song, 2001

Zhang & Song, 2001: 160; Song, Zhu & Zhang, 2004: 260.

分布：河北（HEB）

小狂蛛 *Zelotes exiguus* (Müller & Schenkel, 1895)

Müller & Schenkel, 1895: 770 (*Prosthesima exigua*); Bösenberg, 1902: 313 (*P. electa*, misidentified); Lessert, 1904: 291 (*P. exigua*); Lessert, 1910: 72 (*P. exigua*); Simon, 1914: 159, 171, 218; Reimoser, 1937: 36; Jézéquel, 1962: 602; Holm, 1968: 203; Miller & Buchar, 1977: 161; Grimm, 1985: 197; Hu & Wu, 1989: 292; Heimer & Nentwig, 1991: 440; Paik, 1992: 149; Kamura, 1992: 20; Pesarini, 2000: 385; Song, Zhu & Chen, 2001: 360; Namkung, 2002: 488; Namkung, 2003: 491; Song, Zhu & Zhang, 2004: 261; Jung et al., 2005: 201; Almquist, 2006: 425 (*Z. e.*, specimen from Finland considered to be misidentified as this species); Kamura, 2009: 492; Zhu & Zhang, 2011: 407.

分布：河北（HEB）、河南（HEN）、新疆（XJ）；古北界

扇狂蛛 *Zelotes flabellis* Zhang, Zhu & Tso, 2009

Zhang, Zhu & Tso, 2009: 531.

分布：台湾（TW）

贺兰狂蛛 *Zelotes helanshan* Tang et al., 1997

Tang et al., 1997: 9; Song, Zhu & Chen, 1999: 456; Song, Zhu & Zhang, 2004: 263.

分布：内蒙古（NM）

赫尔斯狂蛛 *Zelotes helsdingeni* Zhang & Song, 2001

Zhang & Song, 2001: 159; Song, Zhu & Zhang, 2004: 264.

分布：吉林（JL）、河北（HEB）

胡氏狂蛛 *Zelotes hui* Platnick & Song, 1986

Platnick & Song, 1986: 3; Hu & Wu, 1989: 292; Song, Zhu & Chen, 1999: 456; Song, Zhu & Zhang, 2004: 265; Yin et al., 2012: 1212.

分布：新疆（XJ）、湖南（HN）；哈萨克斯坦

赫氏狂蛛 *Zelotes hummeli* Schenkel, 1936

Schenkel, 1936: 255; Platnick & Song, 1986: 13; Hu & Wu, 1989: 295; Song, Zhu & Chen, 1999: 456; Song, Zhu & Zhang, 2004: 266.

分布：新疆（XJ）；哈萨克斯坦

韩狂蛛 *Zelotes keumjeungsanensis* Paik, 1986

Paik, 1986: 29; Tang, Song & Zhang, 2003: 18; Song, Zhu & Zhang, 2004: 268; Jung et al., 2005: 202.

分布：内蒙古（NM）、河北（HEB）；韩国

廖氏狂蛛 *Zelotes liaoi* Platnick & Song, 1986

Platnick & Song, 1986: 6; Yin, Bao & Zhang, 1999: 27 (*Z. l.*: considers female of Platnick & Song, 1986 misidentified); Song, Zhu & Chen, 1999: 464; Song, Zhu & Zhang, 2004: 269; Yin et al., 2012: 1213.

分布：湖南（HN）、四川（SC）、广东（GD）

长足狂蛛 *Zelotes longipes* (L. Koch, 1866)

L. Koch, 1866: 147 (*Melanophora l.*); L. Koch, 1866: 185 (*M. serotina*); Menge, 1872: 305 (*M. petiverii*, misidentified); Menge, 1872: 307 (*M. serotina*); Canestrini, 1876: 207 (*Prosthesima tridentina*); Simon, 1878: 60 (*P. femella*); Simon,

1878: 64 (*P. serotina*); Simon, 1878: 66 (*P. l.*); O. P.-Cambridge, 1881: 422 (*P. l.*); Simon, 1883: 274 (*P. setifera*); Becker, 1896: 247 (*P. serotina*); Becker, 1896: 248 (*P. l.*); Chyzer & Kulczyński, 1897: 201 (*P. serotina*); Chyzer & Kulczyński, 1897: 201 (*P. l.*); Kulczyński, 1899: 356 (*P. setifera*); Bösenberg, 1902: 307 (*P. l.*); Bösenberg, 1902: 311 (*P. serotina*); Lessert, 1910: 65 (*P. l.*); Simon, 1914: 161, 178, 216; Simon, 1914: 164, 175, 216 (*Z. serotinus*); Reimoser, 1937: 34; Reimoser, 1937: 34 (*Z. serotinus*); Palmgren, 1943: 104 (*Z. serotinus*); Tullgren, 1946: 122; Locket & Millidge, 1951: 114 (*Z. serotinus*); Tullgren, 1946: 122 (*Z. l.*, Syn.); Miller, 1947: 57 (*Z. serotinus*); Jézéquel, 1962: 601 (*Z. serotinus*); Braendegaard, 1966: 127; Miller, 1967: 268; Roşca, 1968: 86; Azheganova, 1968: 101 (*Z. serotinus*); Tyschchenko, 1971: 99 (*Z. serotinus*); Miller, 1971: 88; Grimm, 1985: 204; Roberts, 1985: 74 (*Z. serotinus*); Platnick & Song, 1986: 7; Hu & Wu, 1989: 295; Heimer & Nentwig, 1991: 446; Noordam, 1992: 11 (*Z. serotinus*); Roberts, 1995: 113; Mcheidze, 1997: 116 (*Z. serotinus*); Roberts, 1998: 118; Song, Zhu & Chen, 1999: 464; Song, Zhu & Zhang, 2004: 270; Marusik & Logunov, 2006: 51; Almquist, 2006: 427; Marusik & Kovblyuk, 2011: 156.

异名：

Zelotes serotinus (L. Koch, 1866, Trans. from *Melanophora*); Tullgren, 1946: 122 (Syn.).

分布：新疆（XJ）；古北界

洁狂蛛 *Zelotes mundus* (Kulczyński, 1897)

Kulczyński, in Chyzer & Kulczyński, 1897: 207 (*Prosthesima munda*); Platnick & Song, 1986: 12 (*Z. yutian*); Hu & Wu, 1989: 299 (*Z. y.*); Marusik & Logunov, 1995: 197 (*Z. y.*); Esyunin & Efimik, 1997: 111 (*Urozelotes yutian*, Trans. from *Zelotes*, dubious); Bauchhenss, Weiss & Toth, 1997: 43; Song, Zhu & Chen, 1999: 464 (*Zelotes yutian*); Song, Zhu & Zhang, 2004: 242 (*Urozelotes yutian*); Milasowszky et al., 2007: 22 (*Z. m.*, Syn.); Schmidt & Hänggi, 2007: 27; Marusik & Kovblyuk, 2011: 40 (*Urozelotes yutian*); Rossi & Bosio, 2012: 80.

异名：

Zelotes yutian Platnick & Song, 1986; Milasowszky et al., 2007: 22 (Syn.).

分布：新疆（XJ）；古北界

西川狂蛛 *Zelotes nishikawai* Kamura, 2010

Kamura, 2010: 15.

分布：台湾（TW）

奥氏狂蛛 *Zelotes ovtsharenkoi* Zhang & Song, 2001

Zhang & Song, 2001: 158; Song, Zhu & Zhang, 2004: 271.

分布：河北（HEB）

普氏狂蛛 *Zelotes platnicki* Zhang, Song & Zhu, 2001

Zhang, Song & Zhu, 2001: 55; Song, Zhu & Zhang, 2004: 273.

分布：河北（HEB）、山西（SX）

波氏狂蛛 *Zelotes potanini* Schenkel, 1963

Schenkel, 1963: 55; Loksa, 1965: 20 (*Z. tolaensis*); Izmailova, 1977: 71; Izmailova, 1978: 11; Platnick & Song, 1986: 11; Kamura, 1987: 4; Ovtsharenko & Marusik, 1988: 205 (*Z. p.*, Syn.); Hu & Wu, 1989: 297; Izmailova, 1989: 109; Paik, 1992: 151; Saito, 1992: 952; Esyunin & Efimik, 1995: 84; Eskov & Marusik, 1995: 63; Song, Zhu & Chen, 1999: 464; Hu, 2001: 276; Song, Zhu & Chen, 2001: 361; Namkung, 2002: 489; Namkung, 2003: 492; Song, Zhu & Zhang, 2004: 274; Jung et al., 2005: 205; Kamura, 2009: 492; Zhu & Zhang, 2011: 408; Yin et al., 2012: 1215.

异名：

Zelotes tolaensis Loksa, 1965; Ovtsharenko & Marusik, 1988: 205 (Syn.).

分布：内蒙古（NM）、河北（HEB）、北京（BJ）、山西（SX）、山东（SD）、河南（HEN）、陕西（SN）、新疆（XJ）、湖南（HN）、西藏（XZ）；哈萨克斯坦、韩国、日本、俄罗斯

假阳狂蛛 *Zelotes pseudoapricorum* Schenkel, 1963

Schenkel, 1963: 54; Platnick & Song, 1986: 3; Hu & Wu, 1989: 298; Eskov & Marusik, 1995: 77; Song, Zhu & Chen, 1999: 464; Song, Zhu & Zhang, 2004: 276.

分布：甘肃（GS）、新疆（XJ）；哈萨克斯坦

三门狂蛛 *Zelotes sanmen* Platnick & Song, 1986

Platnick & Song, 1986: 8; Chen & Zhang, 1991: 236; Song, Zhu & Chen, 1999: 464; Song, Zhu & Zhang, 2004: 277; Yin et al., 2012: 1216.

分布：浙江（ZJ）、湖南（HN）、福建（FJ）

多斑狂蛛 *Zelotes spilosus* Yin, 2012

Yin, in Yin et al., 2012: 1217.

分布：湖南（HN）

地下狂蛛 *Zelotes subterraneus* (C. L. Koch, 1833)

C. L. Koch, 1833: 120 (*Melanophora subterranea*); Wider, 1834: 197 (*Filistata atra*); C. L. Koch, 1839: 85 (*M. subterranea*); C. L. Koch, 1839: 71 (*M. violacea*); Gistel, 1848: 155; Blackwall, 1861: 106 (*Drassus ater*); L. Koch, 1866: 170 (*Melanophora subterranea*); Menge, 1872: 305 (*M. petiverii*, misidentified); Menge, 1872: 308 (*M. petrensis*, misidentified); L. Koch, 1877: 152 (*Prosthesima violacea*); Simon, 1878: 52 (*P. subterranea*); Hansen, 1882: 58 (*P. petiverii*, misidentified); Simon, 1893: 373 (*Melanophora subterranea*); Becker, 1896: 243 (*Prosthesima subterranea*); Chyzer & Kulczyński, 1897: 200 (*P. subterranea*); Bösenberg, 1902: 308 (*P. subterranea*); Bösenberg, 1902: 312 (*P. clivicola*); Simon, 1914: 166, 179, 214; Reimoser, 1937: 33; Palmgren, 1943: 102; Tullgren, 1946: 114; Denis, 1947: 149; Tullgren, 1942: 231 (*Z. s.*, Syn., *Z. reconditus*, rejected); Denis, 1947: 149; Cooke, 1962: 247 (*Z. s.*, removed from Syn. of *Z. ater*); Jézéquel, 1962: 527; Braendegaard, 1966: 121; Miller, 1967: 257; Azheganova, 1968: 101; Tyschchenko, 1971: 99; Miller, 1971: 89; Locket, Millidge & Merrett, 1974: 9; Grimm, 1982: 170; Platnick &

Shadab, 1983: 105; Grimm, 1985: 256; Murphy & Platnick, 1986: 100; Roberts, 1987: 174; Ovtsharenko & Marusik, 1988: 210; Hu, 1989: 101; Hu & Wu, 1989: 298; Izmailova, 1989: 110; Heimer & Nentwig, 1991: 446; Noordam, 1992: 12; Roberts, 1995: 115; Mcheidze, 1997: 117; Bellmann, 1997: 168; Roberts, 1998: 119; Chatzaki, Thaler & Mylonas, 2003: 63; Song, Zhu & Zhang, 2004: 278; Kovblyuk, 2006: 211; Almquist, 2006: 430; Murphy, 2007: 37; Russell-Smith, 2008: 23; Wunderlich, 2011: 37.

异名：

Zelotes violaceus (C. L. Koch, 1839, Trans. from *Melanophora*); Tullgren, 1942: 231 (Syn.).

分布：新疆（XJ）；古北界

通道狂蛛 *Zelotes tongdao* Yin, Bao & Zhang, 1999

Yin, Bao & Zhang, 1999: 24; Song, Zhu & Zhang, 2004: 279; Yin et al., 2012: 1218.

分布：湖南（HN）

蔡氏狂蛛 *Zelotes tsaii* Platnick & Song, 1986

Platnick & Song, 1986: 13; Song, Zhu & Chen, 1999: 464; Song, Zhu & Zhang, 2004: 280; Zhu & Zhang, 2011: 409.

分布：内蒙古（NM）、河北（HEB）、河南（HEN）

武昌狂蛛 *Zelotes wuchangensis* Schenkel, 1963

Schenkel, 1963: 57; Platnick & Song, 1986: 10; Paik, 1986: 28; Chen & Zhang, 1991: 236; Song, Zhu & Chen, 1999: 464; Song, Zhu & Chen, 2001: 362; Namkung, 2002: 491; Namkung, 2003: 494; Song, Zhu & Zhang, 2004: 281; Jung et al., 2005: 206; Yin et al., 2012: 1219.

分布：河北（HEB）、北京（BJ）、安徽（AH）、江苏（JS）、浙江（ZJ）、湖南（HN）、湖北（HB）、广东（GD）；韩国

肖氏狂蛛 *Zelotes xiaoi* Yin, Bao & Zhang, 1999

Yin, Bao & Zhang, 1999: 25; Song, Zhu & Zhang, 2004: 282; Yin et al., 2012: 1221.

分布：湖南（HN）

颜氏狂蛛 *Zelotes yani* Yin, Bao & Zhang, 1999

Yin, Bao & Zhang, 1999: 26; Song, Zhu & Zhang, 2004: 284; Zhu & Zhang, 2011: 410.

分布：河南（HEN）、湖南（HN）

尹氏狂蛛 *Zelotes yinae* Platnick & Song, 1986

Platnick & Song, 1986: 4; Song, Zhu & Chen, 1999: 464; Song, Zhu & Chen, 2001: 363; Song, Zhu & Zhang, 2004: 284; Yin et al., 2012: 1222.

分布：河北（HEB）、北京（BJ）、湖南（HN）

赵氏狂蛛 *Zelotes zhaoi* Platnick & Song, 1986

Platnick & Song, 1986: 7; Song, Zhu & Chen, 1999: 464; Song, Zhu & Zhang, 2004: 286.

分布：辽宁（LN）、河北（HEB）、安徽（AH）；俄罗斯

郑氏狂蛛 *Zelotes zhengi* Platnick & Song, 1986

Platnick & Song, 1986: 10; Chen & Zhang, 1991: 237; Song, Zhu & Chen, 1999: 464; Song, Zhu & Zhang, 2004: 298; Yin et al., 2012: 1224.

分布：浙江（ZJ）、湖南（HN）

朱氏狂蛛 *Zelotes zhui* Yang & Tang, 2003

Yang & Tang, in Yang, Tang & Song, 2003: 642; Song, Zhu & Zhang, 2004: 288.

分布：云南（YN）

21. 栅蛛科 Hahniidae Bertkau, 1878

世界 27 属 248 种；中国 3 属 22 种。

阿利蛛属 *Alistra* Thorell, 1894

Thorell, 1894: 40. Type species: *Alistra longicauda* Thorell, 1894

异名：

Aviola Simon, 1898; Lehtinen, 1967: 218 (Syn.);
Bigois Simon, 1898; Lehtinen, 1967: 219 (Syn.);
Nannonymphaeus Rainbow, 1920; Lehtinen, 1967: 251 (Syn.);
Tawerana Forster, 1970; Brignoli, 1986: 331 (Syn.).

环阿利蛛 *Alistra annulata* Zhang, Li & Zheng, 2011

Zhang, Li & Zheng, 2011: 2.

分布：云南（YN）

海马阿利蛛 *Alistra hippocampa* Zhang, Li & Zheng, 2011

Zhang, Li & Zheng, 2011: 5.

分布：云南（YN）

栅蛛属 *Hahnia* C. L. Koch, 1841

C. L. Koch, 1841: 61. Type species: *Hahnia pusilla* C. L. Koch, 1841

异名：

Muizenbergia Hewitt, 1915; Bosmans, 1992: 90 (Syn.);
Hahniops Roewer, 1942; Bosmans, 1980: 94 (Syn.);
Hahnistea Chamberlin & Ivie, 1942; Opell & Beatty, 1976: 420 (Syn.);
Simonida Schiapelli & Gerschman, 1958; Lehtinen, 1967: 250 (Syn., sub *Muizenbergia*);
Unzickeria Lehtinen, 1967; Opell & Beatty, 1976: 420 (Syn.).

鹿角栅蛛 *Hahnia cervicornata* Wang & Zhang, 1986

Wang & Zhang, 1986: 51; Song, Zhu & Chen, 1999: 361; Yin et al., 2012: 955.

分布：湖南（HN）

朝阳栅蛛 *Hahnia chaoyangensis* Zhu & Zhu, 1983

Zhu & Zhu, 1983: 149; Song, Zhu & Chen, 1999: 361.

分布：辽宁（LN）

栓栅蛛 *Hahnia corticicola* Bösenberg & Strand, 1906

Bösenberg & Strand, 1906: 305; Yaginuma, 1958: 72; Yaginuma, 1960: 89; Lee, 1966: 66; Lehtinen, 1967: 454; Yaginuma, 1971: 89; Paik, 1978: 363; Paik & Namkung,

1979: 57; Yin & Wang, 1983: 141; Hu, 1984: 209; Zhu et al., 1985: 126; Song, 1987: 198; Zhang, 1987: 139; Chikuni, 1989: 105; Chen & Gao, 1990: 118; Chen & Zhang, 1991: 194; Zhao, 1993: 137; Song, Zhu & Chen, 1999: 361; Hu, 2001: 112; Song, Zhu & Chen, 2001: 276; Namkung, 2002: 372; Kim & Cho, 2002: 237; Namkung, 2003: 374; Ono, 2009: 172; Marusik & Kovblyuk, 2011: 161; Yin et al., 2012: 956.

分布：吉林（JL）、河北（HEB）、山西（SX）、山东（SD）、河南（HEN）、陕西（SN）、青海（QH）、浙江（ZJ）、湖南（HN）、湖北（HB）、四川（SC）、台湾（TW）；韩国、日本、俄罗斯

镰栅蛛 *Hahnia falcata* Wang, 1989

Wang, 1989: 285; Song, Zhu & Chen, 1999: 361.

分布：云南（YN）

喜马拉雅栅蛛 *Hahnia himalayaensis* Hu & Zhang, 1990

Hu & Zhang, 1990: 165; Song, Zhu & Chen, 1999: 361; Hu, 2001: 112; Zhang, Li & Zheng, 2011: 12; Zhang, Li & Pham, 2013: 346.

分布：西藏（XZ）

老店栅蛛 *Hahnia laodiana* Song, 1990

Song, 1990: 340; Song, Zhu & Chen, 1999: 361.

分布：浙江（ZJ）

两当栅蛛 *Hahnia liangdangensis* Tang, Yang & Kim, 1996

Tang, Yang & Kim, 1996: 67; Song, Zhu & Chen, 1999: 361.

分布：甘肃（GS）

卵形栅蛛 *Hahnia ovata* Song & Zheng, 1982

Song & Zheng, 1982: 81; Hu, 1984: 210; Song, 1987: 200; Zhang & Wang, 1988: 205; Chen & Zhang, 1991: 195; Song, Zhu & Chen, 1999: 361; Zhu & Zhang, 2011: 312; Yin et al., 2012: 957.

分布：河南（HEN）、浙江（ZJ）、湖南（HN）

梨形栅蛛 *Hahnia pyriformis* Yin & Wang, 1984

Yin & Wang, 1984: 269; Song, 1987: 200; Song, Zhu & Chen, 1999: 361; Yin et al., 2012: 959.

分布：湖南（HN）

肾形栅蛛 *Hahnia reniformis* Chen, Yan & Yin, 2009

Chen, Yan & Yin, 2009: 68.

分布：云南（YN）

囊状栅蛛 *Hahnia saccata* Zhang, Li & Zheng, 2011

Zhang, Li & Zheng, 2011: 16.

分布：云南（YN）

六眼栅蛛 *Hahnia senaria* Zhang, Li & Zheng, 2011

Zhang, Li & Zheng, 2011: 24.

分布：云南（YN）

西伯利亚栅蛛 *Hahnia sibirica* Marusik, Hippa & Koponen, 1996

Marusik, Hippa & Koponen, 1996: 30; Zhang & Zhang, 2003: 52 (*H. sibrica*, lapsus).

分布：河北（HEB）；俄罗斯

亚马氏栅蛛 *Hahnia submaginii* Zhang, Li & Zheng, 2011

Zhang, Li & Zheng, 2011: 19.

分布：云南（YN）

索氏栅蛛 *Hahnia thorntoni* Brignoli, 1982

Brignoli, 1982: 346 (*H. thortoni*); Song, 1987: 201 (*H. thortoni*); Song, Zhu & Chen, 1999: 361; Zhang, Li & Zheng, 2011: 9 (*H. flagellifera*); Yin et al., 2012: 960 (*H. yueluensis*, misidentified); Zhang & Zhang, 2013: 525 (Syn.).

异名：

Hahnia yueluensis Yin & Wang, 1983; Zhang & Zhang, 2013: 526 (Syn.);

H. flagellifera Zhu, Chen & Sha, 1989; Zhang & Zhang, 2013: 525 (Syn.).

分布：湖南（HN）、四川（SC）、香港（HK）；老挝

弯栅蛛 *Hahnia tortuosa* Song & Kim, 1991

Song & Kim, 1991: 22; Song, Zhu & Chen, 1999: 361.

分布：浙江（ZJ）

新疆栅蛛 *Hahnia xinjiangensis* Wang & Liang, 1989

Wang & Liang, 1989: 52; Hu & Wu, 1989: 185; Song, Zhu & Chen, 1999: 361.

分布：新疆（XJ）

垭口栅蛛 *Hahnia yakouensis* Chen, Yan & Yin, 2009

Chen, Yan & Yin, 2009: 66.

分布：云南（YN）

浙江栅蛛 *Hahnia zhejiangensis* Song & Zheng, 1982

Song & Zheng, 1982: 81; Yin & Wang, 1983: 141; Hu, 1984: 210; Song, 1987: 203; Feng, 1990: 144; Chen & Zhang, 1991: 196; Song, Zhu & Chen, 1999: 362; Chen, Wang & Chen, 2003: 26; Zhang, Li & Pham, 2013: 350; Yin et al., 2012: 960 (*H. yueluensis*, misidentified); Yin et al., 2012: 961; Zhang & Zhang, 2013: 529; Zhang, Li & Pham, 2013: 350.

分布：浙江（ZJ）、台湾（TW）；越南

新安蛛属 *Neoantistea* Gertsch, 1934

Gertsch, 1934: 19. Type species: *Hahnia agilis* Keyserling, 1887

济州新安蛛 *Neoantistea quelpartensis* Paik, 1958

Paik, 1958: 3; Arita, 1978: 243; Paik, 1978: 364; Irie, 1985: 7 (*N. guelpartensis*); Chikuni, 1989: 105; Song, Zhu & Chen, 1999: 362; Namkung, 2002: 374; Kim & Cho, 2002: 238; Namkung, 2003: 376; Lee et al., 2004: 99; Ono, 2009: 171;

Marusik, 2011: 58.
分布：辽宁（LN）；韩国、日本、俄罗斯

22. 长纺蛛科 Hersiliidae Thorell, 1870

世界 15 属 179 种；中国 2 属 10 种。

长纺蛛属 *Hersilia* Audouin, 1826

Audouin, 1826: 318. Type species: *Hersilia caudata* Audouin, 1826

白长纺蛛 *Hersilia albinota* Baehr & Baehr, 1993

Baehr & Baehr, 1993: 60.
分布：海南（HI）

白斑长纺蛛 *Hersilia albomaculata* Wang & Yin, 1985

Yaginuma & Wen, 1983: 193 (*H. clathrata*, misidentified); Xu, 1984: 25 (*H. c.*, misidentified); Wang & Yin, 1985: 47; Song & Chen, 1985: 445; Song, 1987: 114; Chen & Zhang, 1991: 79; Baehr & Baehr, 1993: 19; Baehr, 1998: 63; Song, Zhu & Chen, 1999: 78; Zhu & Zhang, 2011: 57; Yin et al., 2012: 209.
分布：河南（HEN）、安徽（AH）、浙江（ZJ）、湖南（HN）、贵州（GZ）

亚洲长纺蛛 *Hersilia asiatica* Song & Zheng, 1982

Song & Zheng, 1982: 40; Hu, 1984: 81; Song, 1987: 116; Feng, 1990: 48; Chen & Zhang, 1991: 78; Baehr & Baehr, 1993: 25; Chen, 1994: 1; Song, Zhu & Chen, 1999: 80; Chen, 2007: 14; Dankittipakul & Singtripop, 2011: 208; Yin et al., 2012: 211.
分布：浙江（ZJ）、湖南（HN）、台湾（TW）、广东（GD）；泰国、老挝

具尾长纺蛛 *Hersilia caudata* Audouin, 1826

Audouin, 1826: 318; C. L. Koch, 1843: 103; O. P.-Cambridge, 1876: 560; O. P.-Cambridge, 1876: 561 (*H. diversa*); Simon, 1893: 446; Kulczyński, 1901: 18; Benoit, 1967: 23 (*H. hirtiventris*); Benoit, 1967: 34 (*H. c.*, Syn.); Benoit, 1971: 152 (*H. c.*, Syn.); Baehr & Baehr, 1993: 17; Baehr, 1998: 63; Levy, 2003: 21; Rheims & Brescovit, 2004: 208; Rheims, Brescovit & van Harten, 2004: 336; Foord & Dippenaar-Schoeman, 2006: 59; El-Hennawy, 2010: 25; Sallam, 2012: 176.
异名：
Hersilia diversa O. P.-Cambridge, 1876 (omitted by Roewer); Benoit, 1967: 34 (Syn.);
H. hirtiventris Benoit, 1967; Benoit, 1971: 152 (Syn.).
分布：新疆（XJ）；佛得角岛、西非到中国

山地长纺蛛 *Hersilia montana* Chen, 2007

Chen, 2007: 22.
分布：台湾（TW）

波纹长纺蛛 *Hersilia striata* Wang & Yin, 1985

Wang & Yin, 1985: 45; Song, 1987: 117; Baehr & Baehr, 1993: 37; Song, Zhu & Chen, 1999: 80; Chen, 2007: 17; Sen, Saha & Raychaudhuri, 2010: 1169; Dankittipakul & Singtripop, 2011: 218.
分布：云南（YN）、台湾（TW）；缅甸、泰国、印度尼西亚（爪哇）、苏门答腊岛、印度

台湾长纺蛛 *Hersilia taiwanensis* Chen, 2007

Chen, 2007: 20.
分布：台湾（TW）

谢氏长纺蛛 *Hersilia xieae* Yin, 2012

Yin et al., 2012: 212.
分布：湖南（HN）

云南长纺蛛 *Hersilia yunnanensis* Wang, Song & Qiu, 1993

Wang, Song & Qiu, 1993: 33; Song, Zhu & Chen, 1999: 80.
分布：云南（YN）

小纺蛛属 *Hersiliola* Thorell, 1870

Thorell, 1870: 115. Type species: *Aranea macullulata* Dufour, 1831

新疆小纺蛛 *Hersiliola xinjiangensis* (Liang & Wang, 1989)

Liang & Wang, 1989: 56 (*Hersilia x.*); Hu & Wu, 1989: 78 (*Hersilia x.*); Song, Zhu & Chen, 1999: 80 (*Hersilia x.*); Marusik, 2009: 153 (*H. x.*, Trans. from *Hersilia*); Marusik & Fet, 2009: 94.
分布：新疆（XJ）；乌兹别克斯坦

23. 异纺蛛科 Hexathelidae Simon, 1892

世界 12 属 113 种；中国 1 属 13 种。

大疣蛛属 *Macrothele* Ausserer, 1871

Ausserer, 1871: 181. Type species: *Mygale calpeiana* Walckenaer, 1805

版纳大疣蛛 *Macrothele bannaensis* Xu & Yin, 2001

Xu & Yin, 2001: 66; Yin et al., 2012: 138; Li & Zha, 2013: 779.
分布：湖南（HN）、云南（YN）

巨大疣蛛 *Macrothele gigas* Shimojana & Haupt, 1998

Shimojana & Haupt, 1998: 5; Haupt, 2008: 20; Shimojana, 2009: 94.
分布：台湾（TW）；琉球群岛

贵州大疣蛛 *Macrothele guizhouensis* Hu & Li, 1986

Hu & Li, 1986: 35; Song, Zhu & Chen, 1999: 36; Haupt, 2008: 20.
分布：贵州（GZ）

霍氏大疣蛛 *Macrothele holsti* Pocock, 1901

Pocock, 1901: 214; Yoshida, 1978: 9; Shimojana & Haupt, 1998: 2.
分布：台湾（TW）

湖南大疣蛛 *Macrothele hunanica* Zhu & Song, 2000

Zhu & Song, 2000: 60.

分布：湖南（HN）

勐仑大疣蛛 *Macrothele menglunensis* Li & Zha, 2013

Li & Zha, 2013: 776.

分布：云南（YN）

单卷大疣蛛 *Macrothele monocirculata* Xu & Yin, 2000

Xu & Yin, 2000: 200; Yin, 2001: 2; Yin et al., 2012: 140.

分布：湖南（HN）、四川（SC）、广西（GX）、海南（HI）

触形大疣蛛 *Macrothele palpator* Pocock, 1901

Pocock, 1901: 213; Hu & Li, 1986: 37; Feng, 1990: 27 (*M. papator*); Song, Zhu & Chen, 1999: 39; Yin et al., 2012: 142.

分布：浙江（ZJ）、湖南（HN）、湖北（HB）、广东（GD）、贵州（GZ）、香港（HK）

雷氏大疣蛛 *Macrothele raveni* Zhu, Li & Song, 2000

Zhu, Li & Song, 2000: 358; Haupt, 2008: 20.

分布：广西（GX）

简褶大疣蛛 *Macrothele simplicata* (Saitō, 1933)

Saitō, 1933: 34 (*Ischnothele s.*); Saitō, 1959: 32 (*M. s.*, Trans. from *Ischnothele*); Yoshida, 1978: 9.

分布：台湾（TW）

台湾大疣蛛 *Macrothele taiwanensis* Shimojana & Haupt, 1998

Shimojana & Haupt, 1998: 7.

分布：台湾（TW）

颜氏大疣蛛 *Macrothele yani* Xu, Yin & Griswold, 2002

Xu, Yin & Griswold, 2002: 116.

分布：云南（YN）

云南大疣蛛 *Macrothele yunnanica* Zhu & Song, 2000

Zhu & Song, 2000: 62.

分布：云南（YN）

24. 古筛蛛科 Hypochilidae Marx, 1888

世界 2 属 12 种；中国 1 属 2 种。

延斑蛛属 *Ectatosticta* Simon, 1892

Simon, 1892: 204. Type species: *Hypochilus davidi* Simon, 1889

大卫延斑蛛 *Ectatosticta davidi* (Simon, 1889)

Simon, 1889: 208 (*Hypochilus d.*); Simon, 1892: 204 (*E. d.*, Trans. from *Hypochilus*); Gertsch, 1958: 13; Lehtinen, 1967: 431; Platnick & Jäger, 2009: 210.

分布：北京（BJ）

德氏延斑蛛 *Ectatosticta deltshevi* Platnick & Jäger, 2009

Li & Zhu, 1984: 510 (*E. davidi*, misidentified); Forster, Platnick & Gray, 1987: 23 (*E. d.*, misidentified); Song, Zhu & Chen, 1999: 41 (*E. d.*, misidentified); Hu, 2001: 69 (*E. d.*, misidentified); Song, Zhu & Chen, 2001: 64 (*E. d.*, misidentified); Platnick & Jäger, 2009: 214.

分布：青海（QH）、西藏（XZ）

25. 弱蛛科 Leptonetidae Simon, 1890

世界 22 属 272 种；中国 5 属 69 种。

贵弱蛛属 *Guineta* Lin & Li, 2010

Lin & Li, 2010: 6. Type species: *Guineta gigachela* Lin & Li, 2010

巨螯贵弱蛛 *Guineta gigachela* Lin & Li, 2010

Lin & Li, 2010: 6.

分布：贵州（GZ）

弱蛛属 *Leptoneta* Simon, 1872

Simon, 1872: 479. Type species: *Leptoneta convexa* Simon, 1872

无眼弱蛛 *Leptoneta anocellata* Chen, Zhang & Song, 1986

Chen, Zhang & Song, 1986: 40; Song, 1987: 98; Chen & Zhang, 1991: 60; Song, Zhu & Chen, 1999: 50.

分布：浙江（ZJ）

弓形弱蛛 *Leptoneta arquata* Song & Kim, 1991

Song & Kim, 1991: 20; Song, Zhu & Chen, 1999: 50.

分布：浙江（ZJ）

长林弱蛛 *Leptoneta changlini* Zhu & Tso, 2002

Zhu & Tso, 2002: 563.

分布：台湾（TW）

角弱蛛 *Leptoneta cornea* Tong & Li, 2008

Tong & Li, 2008: 375.

分布：北京（BJ）

小眼弱蛛 *Leptoneta exilocula* Tong & Li, 2008

Tong & Li, 2008: 378.

分布：北京（BJ）

镰形弱蛛 *Leptoneta falcata* Chen, Gao & Zhu, 2000

Chen, Gao & Zhu, 2000: 10.

分布：贵州（GZ）

叶形弱蛛 *Leptoneta foliiformis* Tong & Li, 2008

Tong & Li, 2008: 378.

分布：北京（BJ）

黄龙弱蛛 *Leptoneta huanglongensis* Chen, Zhang & Song, 1982

Chen, Zhang & Song, 1982: 204; Hu, 1984: 69; Song, 1987:

100; Chen & Zhang, 1991: 57; Song, Zhu & Chen, 1999: 50.
分布：湖北（HB）

惠荪弱蛛 *Leptoneta huisunica* Zhu & Tso, 2002

Zhu & Tso, 2002: 565.
分布：台湾（TW）

灵栖弱蛛 *Leptoneta lingqiensis* Chen, Shen & Gao, 1984

Chen, Shen & Gao, 1984: 9; Song, 1987: 100; Chen & Zhang, 1991: 59; Song, Zhu & Chen, 1999: 50.
分布：浙江（ZJ）

斑腹弱蛛 *Leptoneta maculosa* Song & Xu, 1986

Song & Xu, 1986: 84 (spelling as *maculosus*); Song, 1987: 101; Chen & Zhang, 1991: 56; Song, Zhu & Chen, 1999: 50.
分布：安徽（AH）

妙石弱蛛 *Leptoneta miaoshiensis* Chen & Zhang, 1993

Chen & Zhang, 1993: 217; Song, Zhu & Chen, 1999: 50.
分布：浙江（ZJ）

单指弱蛛 *Leptoneta monodactyla* Yin, Wang & Wang, 1984

Yin, Wang & Wang, 1984: 366; Song, 1987: 104; Song, Zhu & Chen, 1999: 51; Yin et al., 2012: 156.
分布：安徽（AH）、湖南（HN）

黑腹弱蛛 *Leptoneta nigrabdomina* Zhu & Tso, 2002

Zhu & Tso, 2002: 567.
分布：台湾（TW）

具毛弱蛛 *Leptoneta setulifera* Tong & Li, 2008

Tong & Li, 2008: 380.
分布：北京（BJ）

台湾弱蛛 *Leptoneta taiwanensis* Zhu & Tso, 2002

Zhu & Tso, 2002: 568.
分布：台湾（TW）

太真弱蛛 *Leptoneta taizhensis* Chen & Zhang, 1993

Chen & Zhang, 1993: 218; Song, Zhu & Chen, 1999: 51.
分布：浙江（ZJ）

天星弱蛛 *Leptoneta tianxinensis* Tong & Li, 2008

Tong & Li, 2008: 382.
分布：河南（HEN）

三刺弱蛛 *Leptoneta trispinosa* Yin, Wang & Wang, 1984

Yin, Wang & Wang, 1984: 364; Song, 1987: 105; Song, Zhu & Chen, 1999: 51; Yin et al., 2012: 157.
分布：湖南（HN）

屯溪弱蛛 *Leptoneta tunxiensis* Song & Xu, 1986

Song & Xu, 1986: 84; Song, 1987: 106; Song, Zhu & Chen, 1999: 51.
分布：安徽（AH）

单刺弱蛛 *Leptoneta unispinosa* Yin, Wang & Wang, 1984

Yin, Wang & Wang, 1984: 368; Song, 1987: 107; Song, Zhu & Chen, 1999: 51; Yin et al., 2012: 159.
分布：湖南（HN）

王氏弱蛛 *Leptoneta wangae* Tong & Li, 2008

Tong & Li, 2008: 385.
分布：北京（BJ）

徐氏弱蛛 *Leptoneta xui* Chen, Gao & Zhu, 2000

Chen, Gao & Zhu, 2000: 10.
分布：贵州（GZ）

小弱蛛属 *Leptonetela* Kratochvíl, 1978

Kratochvíl, 1978: 11. Type species: *Sulcia kanellisi* Deeleman-Reinhold, 1971
异名：
Qianleptoneta Chen & Zhu, 2008; Lin & Li, 2010: 10 (Syn.).

安顺小弱蛛 *Leptonetela anshun* Lin & Li, 2010

Lin & Li, 2010: 11.
分布：贵州（GZ）

巴马小弱蛛 *Leptonetela bama* Lin & Li, 2010

Lin & Li, 2010: 15.
分布：广西（GX）

曲刺小弱蛛 *Leptonetela curvispinosa* Lin & Li, 2010

Lin & Li, 2010: 18.
分布：贵州（GZ）

丹霞小弱蛛 *Leptonetela danxia* Lin & Li, 2010

Lin & Li, 2010: 21; Chen, Jia & Wang, 2010: 2889 (*Qianleptoneta lycotropa*); Wang & Li, 2011: 5 (Syn.).
异名：
Qianleptoneta lycotropa Chen, Jia & Wang, 2010; Wang & Li, 2011: 5 (Syn.).
分布：贵州（GZ）

指状小弱蛛 *Leptonetela digitata* Lin & Li, 2010

Lin & Li, 2010: 24; Chen, Jia & Wang, 2010: 2879 (*Qianleptoneta triangula*); Wang & Li, 2011: 6 (Syn.).
异名：
Qianleptoneta triangula Chen, Jia & Wang, 2010; Wang & Li, 2011: 6 (Syn.).
分布：贵州（GZ）

扇形小弱蛛 *Leptonetela flabellaris* Wang & Li, 2011

Wang & Li, 2011: 6.
分布：江西（JX）

叉刺小弱蛛 *Leptonetela furcaspina* Lin & Li, 2010

Lin & Li, 2010: 27.

分布：贵州（GZ）

井刺小弱蛛 *Leptonetela geminispina* Lin & Li, 2010

Lin & Li, 2010: 30.

分布：贵州（GZ）

大刺小弱蛛 *Leptonetela grandispina* Lin & Li, 2010

Lin & Li, 2010: 30.

分布：贵州（GZ）

钩状小弱蛛 *Leptonetela hamata* Lin & Li, 2010

Lin & Li, 2010: 36.

分布：贵州（GZ）

杭州小弱蛛 *Leptonetela hangzhouensis* (Chen, Shen & Gao, 1984)

Chen, Shen & Gao, 1984: 8 (*Leptoneta*); Song, 1987: 98; Chen & Zhang, 1991: 58; Song, Zhu & Chen, 1999: 50; Wang & Li, 2011: 7 (*Leptonetela h.*, Trans. from *Leptoneta*).

分布：浙江（ZJ）

六刺小弱蛛 *Leptonetela hexacantha* Lin & Li, 2010

Lin & Li, 2010: 39.

分布：贵州（GZ）

同型小弱蛛 *Leptonetela identica* (Chen, Jia & Wang, 2010)

Chen, Jia & Wang, 2010: 2886 (*Qianleptoneta*); Wang & Li, 2011: 8.

分布：贵州（GZ）

金沙小弱蛛 *Leptonetela jinsha* Lin & Li, 2010

Lin & Li, 2010: 42.

分布：贵州（GZ）

九龙小弱蛛 *Leptonetela jiulong* Lin & Li, 2010

Lin & Li, 2010: 45c.

分布：贵州（GZ）

线形小弱蛛 *Leptonetela lineata* Wang & Li, 2011

Wang & Li, 2011: 9.

分布：贵州（GZ）

黎平小弱蛛 *Leptonetela liping* Lin & Li, 2010

Lin & Li, 2010: 45.

分布：贵州（GZ）

簇刺小弱蛛 *Leptonetela lophacantha* (Chen, Jia & Wang, 2010)

Chen, Jia & Wang, 2010: 2896 (*Qianleptoneta*); Wang & Li, 2011: 9.

分布：贵州（GZ）

脊颚小弱蛛 *Leptonetela maxillacostata* Lin & Li, 2010

Lin & Li, 2010: 51.

分布：贵州（GZ）

大齿小弱蛛 *Leptonetela megaloda* (Chen, Jia & Wang, 2010)

Chen, Jia & Wang, 2010: 2909 (*Qianleptoneta*); Wang & Li, 2011: 9.

分布：贵州（GZ）

湄潭小弱蛛 *Leptonetela meitan* Lin & Li, 2010

Lin & Li, 2010: 54.

分布：贵州（GZ）

孟宗小弱蛛 *Leptonetela mengzongensis* Wang & Li, 2011

Wang & Li, 2011: 10.

分布：贵州（GZ）

小齿小弱蛛 *Leptonetela microdonta* (Xu & Song, 1983)

Xu & Song, 1983: 24 (*Leptoneta*); Song, 1987: 103; Song, Zhu & Chen, 1999: 51; Wang & Li, 2011: 10 (*Leptonetela m.*, Trans. from *Leptoneta*).

分布：安徽（AH）

露指小弱蛛 *Leptonetela mita* Wang & Li, 2011

Wang & Li, 2011: 11.

分布：湖南（HN）

裸小弱蛛 *Leptonetela nuda* (Chen, Jia & Wang, 2010)

Chen, Jia & Wang, 2010: 2882 (*Qianleptoneta*); Wang & Li, 2011: 12.

分布：贵州（GZ）

八刺小弱蛛 *Leptonetela oktocantha* Lin & Li, 2010

Lin & Li, 2010: 57.

分布：贵州（GZ）

掌形小弱蛛 *Leptonetela palmata* Lin & Li, 2010

Lin & Li, 2010: 60.

分布：贵州（GZ）

等长小弱蛛 *Leptonetela parlonga* Wang & Li, 2011

Wang & Li, 2011: 12.

分布：广西（GX）

五针小弱蛛 *Leptonetela pentakis* Lin & Li, 2010

Lin & Li, 2010: 60.

分布：贵州（GZ）

五刺小弱蛛 *Leptonetela quinquespinata* (Chen & Zhu, 2008)

Chen & Zhu, 2008: 12 (*Qianleptoneta*); Lin & Li, 2010: 67 (*Leptonetela*); Chen, Jia & Wang, 2010: 2874 (*Qianleptoneta*); Wang & Li, 2011: 13 (*Leptonetela q.*, Trans. from *Leptoneta*).

分布：贵州（GZ）

网胸小弱蛛 *Leptonetela reticulopecta* Lin & Li, 2010

Lin & Li, 2010: 68; Chen, Jia & Wang, 2010: 2906 (*Qianleptoneta sublunata*); Wang & Li, 2011: 14 (Syn.).

异名：

Qianleptoneta sublunata Chen, Jia & Wang, 2010; Wang & Li, 2011: 14 (Syn.).

分布：贵州（GZ）

强刺小弱蛛 *Leptonetela robustispina* (Chen, Jia & Wang, 2010)

Chen, Jia & Wang, 2010: 2899 (*Qianleptoneta*); Wang & Li, 2011: 14.

分布：贵州（GZ）

铲形小弱蛛 *Leptonetela rudicula* Wang & Li, 2011

Wang & Li, 2011: 14.

分布：贵州（GZ）

六齿小弱蛛 *Leptonetela sexdentata* Wang & Li, 2011

Wang & Li, 2011: 15.

分布：湖南（HN）

苏氏小弱蛛 *Leptonetela suae* Lin & Li, 2010

Lin & Li, 2010: 71.

分布：贵州（GZ）

四刺小弱蛛 *Leptonetela tetracantha* Lin & Li, 2010

Lin & Li, 2010: 74; Chen, Jia & Wang, 2010: 2892 (*Qianleptoneta multiseta*); Wang & Li, 2011: 15 (Syn.).

异名：

Qianleptoneta multiseta Chen, Jia & Wang, 2010; Wang & Li, 2011: 15 (Syn.).

分布：贵州（GZ）

天星小弱蛛 *Leptonetela tianxingensis* Wang & Li, 2011

Wang & Li, 2011: 16.

分布：重庆（CQ）

桐梓小弱蛛 *Leptonetela tongzi* Lin & Li, 2010

Lin & Li, 2010: 74.

分布：贵州（GZ）

杨氏小弱蛛 *Leptonetela yangi* Lin & Li, 2010

Lin & Li, 2010: 79.

分布：贵州（GZ）

姚氏小弱蛛 *Leptonetela yaoi* Wang & Li, 2011

Wang & Li, 2011: 17.

分布：广西（GX）

查氏小弱蛛 *Leptonetela zhai* Wang & Li, 2011

Wang & Li, 2011: 17.

分布：广西（GX）

皱弱蛛属 *Rhyssoleptoneta* Tong & Li, 2007

Tong & Li, 2007: 35. Type species: *Rhyssoleptoneta latitarsa* Tong & Li, 2007

宽跗皱弱蛛 *Rhyssoleptoneta latitarsa* Tong & Li, 2007

Tong & Li, 2007: 35; Wang, Tao & Li, 2012: 870.

分布：河北（HEB）

华弱蛛属 *Sinoneta* Lin & Li, 2010

Lin & Li, 2010: 82. Type species: *Sinoneta notabilis* Lin & Li, 2010

显著华弱蛛 *Sinoneta notabilis* Lin & Li, 2010

Lin & Li, 2010: 83.

分布：贵州（GZ）

掌形华弱蛛 *Sinoneta palmata* (Chen, Jia & Wang, 2010)

Chen, Jia & Wang, 2010: 2902 (*Qianleptoneta*); Wang & Li, 2011: 4 (*Sinoneta h.*, Trans. from *Qianleptoneta* = *Leptonetela*).

分布：贵州（GZ）

六指华弱蛛 *Sinoneta sexdigiti* Lin & Li, 2010

Lin & Li, 2010: 87.

分布：贵州（GZ）

26. 皿蛛科 Linyphiidae Blackwall, 1859

世界 590 属 4496 种；中国 154 属 371 种。

杉皿蛛属 *Abiskoa* Saaristo & Tanasevitch, 2000

Saaristo & Tanasevitch, 2000: 262. Type species: *Lepthyphantes abiskoensis* Holm, 1945

阿比斯杉皿蛛 *Abiskoa abiskoensis* (Holm, 1945)

Holm, 1945: 51 (*Lepthyphantes*); Palmgren, 1975: 57 (*Lepthyphantes*); Pakhorukov, 1981: 73 (*Lepthyphantes abiscoensis*); Zhu, Wen & Sun, 1986: 205 (*Lepthyphantes haniensis*); Heimer & Nentwig, 1991: 182 (*Lepthyphantes*); Tanasevitch, 1992: 48 (Syn., *Lepthyphantes*); Tao, Li & Zhu, 1995: 247 (*Lepthyphantes*); Song, Zhu & Chen, 1999: 181 (*Lepthyphantes*); Saaristo & Tanasevitch, 2000: 262 (*Abiskoa*); Saaristo, in Marusik & Koponen, 2008: 10.

异名：

Lepthyphantes haniensis Zhu, Wen & Sun, 1986; Tanasevitch, 1992: 48 (Syn., sub. *Lepthyphantes*).

分布：吉林（JL）；古北界

类刺皿蛛属 *Acanoides* Sun, Marusik & Tu, 2014

Sun, Marusik & Tu, 2014: 83. Type species: *Acanoides beijingensis* Sun, Marusik & Tu, 2014

北京类刺皿蛛 *Acanoides beijingensis* Sun, Marusik & Tu, 2014

Sun, Marusik & Tu, 2014: 83.

分布：河北（HEB）、北京（BJ）

衡山类刺皿蛛 *Acanoides hengshanensis* (Chen & Yin, 2000)

Chen & Yin, 2000: 87 (*Lepthyphantes h.*); Tu, Saaristo & Li, 2006: 412 (*Acanthoneta h.*, Trans. from *Lepthyphantes*, no justification provided for elevation of *Acanthoneta* from a subgenus); Yin et al., 2012: 548 (*Poeciloneta h.*); Sun, Marusik & Tu, 2014: 86 (*Acanoides h.*, Trans. from *Poeciloneta*).

分布：湖南（HN）

刺皿蛛属 *Acanthoneta* Eskov & Marusik, 1992

Eskov & Marusik, 1992: 34. Type species: *Lepthyphantes aggressus* Chamberlin & Ivie, 1943

杜克刺皿蛛 *Acanthoneta dokutchaevi* (Eskov & Marusik, 1994)

Eskov & Marusik, 1992: 34 (*Poeciloneta agressa*, misidentified); Eskov & Marusik, 1994: 52 (*Poeciloneta dokutchaevi*); Sun, Marusik & Tu, 2014: 90 (*Acanthoneta d.*, Trans. from *Poeciloneta*).

分布：吉林（JL）；俄罗斯

斑丘皿蛛属 *Agnyphantes* Hull, 1932

Hull, 1932: 106. Type species: *Linyphia expuncta* O. P.-Cambridge, 1875

异名：

Trachelocamptus Simon, 1884; Wunderlich, 1995: 368 (Syn).

外斑丘皿蛛 *Agnyphantes expunctus* (O. P.-Cambridge, 1875)

O. P.-Cambridge, 1873: 539: (*Linyphia lepida*: preoccupied); O. P.-Cambridge, 1875: 251 (*Linyphia expuncta*: replacement name); O. P.-Cambridge, 1881: 512 (*Linyphia expuncta*); Simon, 1884: 329 (*Lepthyphantes e.*); Simon, 1884: 329 (*Lepthyphantes lepidus*); Chyzer & Kulczyński, 1894: 68 (*L. l.*); Bösenberg, 1901: 79 (*L. l.*); Hull, 1909: 446 (*Bolyphantes e.*); Simon, 1929: 583 (*Lepthyphantes e.*); Hull, 1932: 106 (*Agnyphantes e.*); Locket & Millidge, 1953: 394 (*Lepthyphantes e.*); Wiehle, 1956: 185 (*L. e.*); Merrett, 1963: 361 (*L. e.*); Tyschchenko, 1971: 222 (*L. e.*); Miller, 1971: 224 (*L. e.*); Wanless, 1971: 24 (*L. e.*); Wanless, 1973: 132 (*L. e.*); Palmgren, 1975: 58 (*L. e.*); Bosmans, 1978: 273 (*L. e.*); Deeleman-Reinhold, 1978: 181 (*L. e.*); Millidge, 1984: 248 (*L. e.*); Zhou & Song, 1985: 271 (*L. e.*); Grabner & Thaler, 1986: 19 (*L. e.*); Roberts, 1987: 155 (*L. e.*); Hu & Wu, 1989: 147 (*L. e.*); Heimer & Nentwig, 1991: 182 (*L. e.*); Roberts, 1995: 362 (*L. e.*); Roberts, 1998: 373 (*L. e.*); Song, Zhu & Chen, 1999: 181 (*L. e.*); Saaristo & Tanasevitch, 2000: 258 (*A. e.*, Trans. from *Lepthyphantes*); Merrett, 2004: 21.

分布：新疆（XJ）；古北界

丘皿蛛属 *Agyneta* Hull, 1911

Hull, 1911: 583. Type species: *Neriene decora* O. P.-Cambridge, 1871

异名：

Eupolis O. P.-Cambridge, 1900; Bristowe, 1941: 516 (Syn., sub *Meioneta*);

Meioneta Hull, 1920; Dupérré, 2013: 8 (Syn., after Saaristo, 1973: 461, contra. Wunderlich, 1973: 418).

Aprolagus Simon, 1929; Saaristo, 1973: 461 (Syn., contra. Wunderlich, 1973: 418);

Syedrula Simon, 1929; Dupérré, 2013: 8 (Syn., after Saaristo, 1973: 461, contra. Millidge, 1977: 45);

Gnathantes Chamberlin & Ivie, 1943; Crawford, 1988: 18 (Syn.);

近亲丘皿蛛 *Agyneta affinis* (Kulczyński, 1898)

Kulczyński, 1898: 83 (*Sintula a.*); O. P.-Cambridge, 1906: 77 (*Microneta beata*); O. P.-Cambridge, 1911: 370 (*Bathyphantes explicata*); Jackson, 1912: 128 (*Micryphantes beatus*); Simon, 1929: 541 (*Aprolagus beatus*); Denis & Guibé, 1942: 94 (*M. beata*); Balogh & Loksa, 1947: 64 (*Sintula a.*); Miller, 1947: 74 (*Aprolagus beatus*); Locket & Millidge, 1953: 345 (*M. beata*); Wiehle, 1956: 125 (*M. beata*); Miller, 1971: 237 (*Aprolagus beatus*); Wunderlich, 1973: 418 (*Meioneta a.*, Trans. from *Sintula*, Syn. of male; Syn. rejected by some authors, now accepted here); Palmgren, 1975: 29 (*M. beata*); Pichka, 1983: 3 (*Aprolagus beatus*); Roberts, 1987: 124 (*M. beata*); Zhou & Song, 1987: 18 (*M. beata*); Hu & Wu, 1989: 155 (*M. beata*); Tanasevitch, 1990: 95 (*A. beata*); Heimer & Nentwig, 1991: 208 (*M. beata*); Song, Zhu & Chen, 1999: 186 (*M. beata*).

异名：

Agyneta beata (O. P.-Cambridge, 1906, Trans. from *Microneta*); Wunderlich, 1973: 418 (Syn., sub. *Meioneta*);

Agyneta explicata (O. P.-Cambridge, 1911, Trans. from *Bathyphantes*); Bristowe, 1939: 8, 101 (Syn., sub *A. beata*).

分布：新疆（XJ）；古北界

毕氏丘皿蛛 *Agyneta birulai* (Kulczyński, 1908)

Kulczyński, 1908: 37 (*Micryphantes b.*); Wunderlich, 1995: 482; Tao, Li & Zhu, 1995: 250 (*Meioneta bialata*); Song, Zhu & Chen, 1999: 187 (*M. bialata*); Tanasevitch, 2011: 130 (*Agyneta b.*, Syn.).

异名：

Agyneta bialata (Tao, Li & Zhu, 1995, Trans.from *Meioneta*); Tanasevitch, 2011: 130 (Syn.).

分布：吉林（JL）；俄罗斯

护丘皿蛛 *Agyneta cauta* (O. P.-Cambridge, 1902)

O. P.-Cambridge, 1902: 31 (*Microneta*); Jackson, 1912: 137 (*Agyneta*); Miller, 1947: 75; Locket & Millidge, 1953: 341; Wiehle, 1956: 102; Casemir, 1960: 249; Tyschchenko, 1971: 211; Miller, 1971: 242; Saaristo, 1973: 453; Palmgren, 1975: 24; Thaler, 1983: 136; Hippa & Oksala, 1985: 279; Roberts, 1987: 120; Holm, 1987: 162; Heimer & Nentwig, 1991: 112; Hu, 2001: 480.

分布：吉林（JL）、青海（QH）；古北界

指丘皿蛛 *Agyneta dactylis* (Tao, Li & Zhu, 1995)

Tao, Li & Zhu, 1995: 251 (*Meioneta d.*); Song, Zhu & Chen, 1999: 187 (*Meioneta d.*).

分布：吉林（JL）

扭曲丘皿蛛 *Agyneta decurvis* (Tao, Li & Zhu, 1995)

Tao, Li & Zhu, 1995: 251 (*Meioneta d.*); Song, Zhu & Chen, 1999: 187 (*Meioneta d.*).

分布：吉林（JL）

镰丘皿蛛 *Agyneta falcata* (Li & Zhu, 1995)

Li & Zhu, 1995: 42 (*Meioneta f.*); Song, Zhu & Chen, 1999: 187 (*Meioneta f.*).

分布：湖北（HB）

玛氏丘皿蛛 *Agyneta martensi* Tanasevitch, 2006

Tanasevitch, 2006: 279.

分布：江西（JX）

明生丘皿蛛 *Agyneta mingshengzhui* (Barrion, Barrion-Dupo & Heong, 2012)

Barrion et al., 2012: 11 (*Meioneta mingshengzhui*).

分布：海南（HI）

弱丘皿蛛 *Agyneta mollis* (O. P.-Cambridge, 1871)

O. P.-Cambridge, 1871: 439 (*Neriene m.*); O. P.-Cambridge, 1873: 446 (*Linyphia oblivia*); O. P.-Cambridge, 1875: 251 (*Linyphia aeria*); O. P.-Cambridge, 1879: 186 (*Linyphia frederici*); Simon, 1884: 329 (*Leptyphantes oblivius*); Simon, 1884: 441 (*Microneta m.*); Simon, 1884: 449 (*Sintula aerius*); Simon, 1884: 450 (*Sintula pusio*); Chyzer & Kulczyński, 1894: 89 (*Sintula aerius*); Becker, 1896: 74 (*Sintula aerius*); O. P.-Cambridge, 1900: 26 (*Eupolis excavatus*); Bösenberg, 1902: 130 (*Sintula aeria*); Jackson, 1912: 129 (*Micryphantes m.*); Simon, 1929: 542, 718 (*Aprolagus m.*); Hull, 1932: 106 (*Meioneta m.*); Miller, 1947: 73 (*Aprolagus m.*, Syn.); Locket & Millidge, 1953: 343 (*Meioneta m.*); Wiehle, 1956: 123 (*Meioneta m.*); Miller, 1971: 237 (*Aprolagus m.*); Locket, Millidge & Merrett, 1974: 106 (*Meioneta m.*); Palmgren, 1975: 29 (*Meioneta m.*); Thaler, 1983: 145 (*Meioneta m.*); Zhu & Tu, 1986: 104 (*Meioneta mallis*); Roberts, 1987: 124 (*Meioneta m.*); Tanasevitch, 1990: 95; Heimer & Nentwig, 1991: 210 (*Meioneta tenera*, using nomen dubium); Bosmans, 2006: 140 (*Meioneta m.*); Ono, Matsuda & Saito, 2009: 323 (*Meioneta m.*); Dupérré, 2013: 50.

异名：

Agyneta excavata (O. P.-Cambridge, 1900, Trans. from *Eupolis*); Miller, 1947: 73 (Syn., sub. *Aprolagus*, contra. Bristowe, 1941: 516).

分布：山西（SX）；古北界

黑丘皿蛛 *Agyneta nigra* (Oi, 1960)

Oi, 1960: 211 (*Meioneta n.*); Saito, 1983: 52 (*M. n.*); Hu, 1984: 178 (*M. n.*); Zhang, 1987: 114 (*M. n.*); Chikuni, 1989: 54 (*M. n.*); Chen & Gao, 1990: 98 (*M. n.*); Seo, 1993: 173 (*M. n.*); Hu, 2001: 520 (*M. n.*); Song, Zhu & Chen, 2001: 138 (*M. n.*); Tanasevitch, 2005: 170; Marusik, Fritzén & Song, 2007: 265; Ono, Matsuda & Saito, 2009: 323 (*M. n.*); Zhu & Zhang, 2011: 133; Zhao & Li, 2014: 9.

分布：黑龙江（HL）、吉林（JL）、辽宁（LN）、内蒙古（NM）、河北（HEB）、北京（BJ）、河南（HEN）、甘肃（GS）、青海（QH）、湖北（HB）、四川（SC）、云南（YN）、西藏（XZ）、广西（GX）；蒙古、韩国、日本、俄罗斯

帕贡丘皿蛛 *Agyneta palgongsanensis* (Paik, 1991)

Paik, 1991: 3 (*Meioneta p.*); Song, Zhu & Chen, 2001: 139 (*Meioneta p.*).

分布：河北（HEB）；韩国、俄罗斯

沼泽丘皿蛛 *Agyneta palustris* (Li & Zhu, 1995)

Li & Zhu, 1995: 44 (*Meioneta p.*); Song, Zhu & Chen, 1999: 187 (*Meioneta p.*).

分布：湖北（HB）

乡间丘皿蛛 *Agyneta rurestris* (C. L. Koch, 1836)

C. L. Koch, 1836: 84 (*Micryphantes r.*); Blackwall, 1841: 646 (*Neriene gracilis*); Walckenaer, 1841: 512 (*Argus gracilis*); Blackwall, 1844: 182 (*Neriene flavipes*); Westring, 1861: 287 (*Erigone r.*); Blackwall, 1864: 256 (*Neriene gracilis*); Blackwall, 1864: 264 (*Neriene flavipes*); Menge, 1869: 238 (*Micryphantes tenuipalpis*); O. P.-Cambridge, 1872: 749 (*Erigone forensis*); Simon, 1884: 436 (*Microneta r.*); Simon, 1884: 441 (*Microneta forensis*); Chyzer & Kulczyński, 1894: 88 (*Micryphantes r.*); Becker, 1896: 71 (*Microneta r.*); Bösenberg, 1902: 152 (*Micryphantes r.*); Jackson, 1912: 126 (*Micryphantes r.*); Fage, 1919: 80 (*Micryphantes r.*); Dahl, 1928: 23 (*Microneta r.*); Simon, 1929: 540, 718 (*Ischnyphantes r.*); Roewer, 1942: 515 (*Aprolagus forensis*); Miller, 1947: 72 (*Meioneta r.*); Locket & Millidge, 1953: 343 (*M. r.*); Hackman, 1954: 15 (*M. r.*, may occur in New World); Wiehle, 1956: 114 (*M. r.*); Paik, 1965: 62 (*M. r.*); Tyschchenko, 1971: 212 (*M. r.*); Miller, 1971: 249 (*M. r.*); Saaristo, 1973: 455; Wunderlich, 1973: 414 (*Meioneta r.*, Syn.); Palmgren, 1975: 28 (*M. r.*); Punda, 1975: 53 (*M. r.*); Thaler, 1977: 560 (*M. r.*); Paik, 1978: 256 (*M. r.*); Wunderlich, 1980: 319; Roberts, 1987: 122 (*Meioneta r.*); Zhou & Song, 1987: 18 (*M. r.*); Hu & Wu, 1989: 156 (*M. r.*); Tanasevitch, 1990: 94; Heimer & Nentwig, 1991: 212 (*Meioneta r.*); Thaler, Buchar & Kůrka, 1997: 389 (*M. r.*); Saaristo & Koponen, 1998: 571; Song, Zhu & Chen, 1999: 187 (*Meioneta r.*); Muster, 1999: 151 (*M. r.*); Hu, 2001: 521 (*M. r.*); Namkung, 2002: 168; Namkung, 2003: 170 (*Meioneta r.*); Lee, Kang & Kim, 2009: 130 (*M. r.*); Tu & Hormiga, 2010: 61 (*M. r.*); Dupérré, 2013: 38.

异名：

Agyneta forensis (O. P.-Cambridge, 1872, Trans. from *Erigone*); Wunderlich, 1973: 420 (Syn., sub. *Meioneta*, female only, male is *Trichoncus sordidus*).

分布：青海（QH）、新疆（XJ）；古北界

岩间丘皿蛛 *Agyneta saxatilis* (Blackwall, 1844)

Blackwall, 1844: 183 (*Neriene s.*); Thorell, 1873: 445 (*Linyphia s.*); O. P.-Cambridge, 1879: 124 (*Neriene s.*); O. P.-Cambridge, 1881: 590 (*Neriene campbellii*); O. P.-Cambridge, 1881: 592 (*Neriene rustica*); Simon, 1884: 284 (*Leptyphantes euchirus*); Simon, 1884: 430 (*Microneta rustica*); Simon, 1884: 420 (*Tmeticus cambelli*); Simon, 1884: 441 (*Microneta s.*); Kulczyński, 1898: 83 (*Sintula montanus*); Bösenberg, 1902: 148 (*Microneta hamburgensis*); O. P.-Cambridge, 1906: 77, 89 (*Microneta passiva*); O. P.-Cambridge, 1910: 53 (*Microneta passiva*); Jackson, 1912: 130 (*Micryphantes s.*); Simon, 1929: 541, 718 (*Aprolagus s.*); Hull, 1932: 106 (*Meioneta s.*); Miller, 1947: 73 (*Aprolagus s.*, removed from Syn. of *Aprolagus lugubris*, Syn.); Jong, 1950: 212 (*Centromerus obscurus*, misidentified); Locket & Millidge, 1953: 345 (*Meioneta s.*); Wiehle, 1956: 121 (*M. s.*); Merrett, 1963: 355 (*M. s.*); Locket, 1967: 1 (*M. s.*); Locket & Millidge, 1967: 180 (*M. s.*); Miller, 1971: 237 (*Aprolagus s.*); Locket, Millidge & Merrett, 1974: 106 (*Meioneta s.*); Palmgren, 1975: 29 (*M. s.*); Thaler, 1983: 146 (*M. s.*); Tanasevitch, 1984: 48; Roberts, 1987: 124 (*Meioneta s.*); Tanasevitch, 1990: 95; Heimer & Nentwig, 1991: 210 (*Meioneta s.*); Schikora, 1993: 160 (*M. s.*); Schikora, 1995: 68 (*M. s.*); Kupryjanowicz, Stankiewicz & Hajdamowicz, 1997: 41 (*M. s.*); Aakra, 2000: 96; Hu, 2001: 521 (*Meioneta s.*); Schikora, 2009: 1182 (*M. s.*).

异名：

Agyneta montana (Kulczyński, 1898, Trans. from *Sintula*); Miller, 1947: 73 (Syn., sub. *Aprolagus*, after Kulczyński, 1915);

A. hamburgensis (Bösenberg, 1902, Trans. from *Microneta*); Miller, 1947: 73 (Syn., sub. *Aprolagus*).

分布：青海（QH）；俄罗斯、欧洲

细丘皿蛛 *Agyneta subtilis* (O. P.-Cambridge, 1863)

O. P.-Cambridge, 1863: 8584 (*Neriene*); O. P.-Cambridge, 1863: 8585 (*Neriene anomala*); O. P.-Cambridge, 1873: 450 (*Neriene anomala*); O. P.-Cambridge, 1873: 450 (*Neriene*); Simon, 1884: 428 (*Microneta*); Bösenberg, 1902: 149 (*Microneta anomala*); O. P.-Cambridge, 1902: 31 (*Microneta cauta*, misidentified); Lessert, 1910: 230 (*Microneta*); Hull, 1911: 583 (*Agyneta*); Jackson, 1912: 136; Dahl, 1912: 611 (*Anomalaria*); Simon, 1929: 538 (*Agyneta*); Miller, 1947: 75; Locket & Millidge, 1953: 339; Wiehle, 1956: 98; Braendegaard, 1958: 78; Merrett, 1963: 354; Tyschchenko, 1971: 211; Miller, 1971: 242; Punda, 1972: 127; Saaristo, 1973: 453; Palmgren, 1975: 23; Millidge, 1977: 45; Hippa & Oksala, 1985: 285; Song, 1987: 129; Roberts, 1987: 120; Hu & Li, 1987: 341; Hu & Wu, 1989: 142; Izmailova, 1989: 68; Tanasevitch, 1990: 87; Heimer & Nentwig, 1991: 112; Zhao, 1993: 154; Song, Zhu & Chen, 1999: 156; Hu, 2001: 480; Song, Zhu & Chen, 2001: 118; Saaristo & Marusik, 2004: 77.

分布：河北（HEB）、青海（QH）、新疆（XJ）、西藏（XZ）；古北界

单角丘皿蛛 *Agyneta unicornis* (Tao, Li & Zhu, 1995)

Tao, Li & Zhu, 1995: 252 (*Meioneta u.*); Song, Zhu & Chen, 1999: 187 (*Meioneta u.*).

分布：吉林（JL）

前翼蛛属 *Alioranus* Simon, 1926

Simon, 1926: 371. Type species: *Erigone paupera* Simon, 1881

异名：

Hubertinus Wunderlich, 1980; Tanasevitch, 1989: 125 (Syn.).

奇亚多前翼蛛 *Alioranus chiardolae* (Caporiacco, 1935)

Caporiacco, 1935: 169 (*Gongylidiellum c.*); Andreeva & Tyschchenko, 1970: 38 (*A. avanturus*); Andreeva, 1976: 61 (*A. avanturus*); Tanasevitch, 1989: 124 (*A. avanturus*); Gao, Zhu & Sha, 1994: 80 (*A. avanturus*); Song, Zhu & Chen, 1999: 156 (*A. avanturus*); Tanasevitch, 2013: 172 (*A. c.*, Trans. from *Gongylidiellum*, Syn.).

异名：

Alioranus avanturus Andreeva & Tyschchenko, 1970; Tanasevitch, 2013: 172 (Syn.).

分布：新疆（XJ）（喀喇昆仑）；土库曼斯坦到中国

皿盖蛛属 *Allomengea* Strand, 1912

Strand, 1912: 346. Type species: *Linyphia scopigera* Grube, 1859

斑皿盖蛛 *Allomengea dentisetis* (Grube, 1861)

Grube, 1861: 11 (*Micryphantes*); L. Koch, 1879: 36 (*Linyphia pigra*); Emerton, 1915: 152 (*Microneta pinnata*); Emerton, 1925: 68 (*Linyphia ontariensis*); Blauvelt, 1936: 154 (*Helophora ontariensis*); Chamberlin & Ivie, 1947: 56 (*Helophora ontariensis*); Holm, 1960: 125 (*Allomengea pinnata*); Ivie, 1967: 130 (*Allomengea pinnata*); Holm, 1973: 89 (*Allomengea pigra*); Staręga, 1974: 23 (*Allomengea pigra*); van Helsdingen, 1974: 311 (*Allomengea pinnata*); van Helsdingen, 1974: 317 (*Allomengea dentisetis*); Zhu, Li & Sha, 1986: 267 (*Allomengea adornata*); Saito, 1987: 9 (*Allomengea dentisetis*); Eskov, 1992: 53; Li, Song & Zhu, 1994: 80; Tao, Li & Zhu, 1995: 242; Song, Zhu & Chen, 1999: 156; Hu, 2001: 482 (*Allomengea adornata*); Paquin & Dupérré, 2003: 133 (*Allomengea dentisetis*); Ono, Matsuda & Saito, 2009: 335.

异名：

Allomengea pigra (L. Koch, 1879); van Helsdingen, 1974: 317 (Syn.);

A. pinnata (Emerton, 1915); Saito, 1987: 9 (Syn.);

A. ontariensis (Emerton, 1925, Trans. from *Helophora*); Ivie, 1967: 130 (Syn., Sub. *Allomengea*);

A. adornata Zhu, Li & Sha, 1986; Eskov, 1992: 53 (Syn.).

分布：吉林（JL）、青海（QH）；全北界

尼洋皿盖蛛 *Allomengea niyangensis* (Hu, 2001)

Hu, 2001: 523 (*Mengea*).

分布：西藏（XZ）

角皿蛛属 *Anguliphantes* Saaristo & Tanasevitch, 1996

Saaristo & Tanasevitch, 1996: 184. Type species: *Lepthyphantes angulipalpis* Westring, 1851

细垂角皿蛛 *Anguliphantes karpinskii* (O. P.-Cambridge, 1873)

O. P.-Cambridge, 1873: 437 (*Linyphia k.*); Simon, 1884: 330 (*Lepthyphantes k.*); Tanasevitch, 1986: 169 (*L. k.*); Tao, Li & Zhu, 1995: 249 (*L. k.*); Saaristo & Tanasevitch, 1996: 184 (*A. k.*, Trans. from *Lepthyphantes*); Song, Zhu & Chen, 1999: 182 (*L. k.*).

分布：吉林（JL）；蒙古、俄罗斯

滨海角皿蛛 *Anguliphantes maritimus* (Tanasevitch, 1988)

Tanasevitch, 1988: 188 (*Lepthyphantes m.*); Tao, Li & Zhu, 1995: 249 (*L. m.*); Saaristo & Tanasevitch, 1996: 184 (*A. m.*, Trans. from *Lepthyphantes*); Song, Zhu & Chen, 1999: 182 (*L. m.*).

分布：吉林（JL）；俄罗斯

鼻角皿蛛 *Anguliphantes nasus* (Paik, 1965)

Paik, 1965: 27 (*Lepthyphantes n.*); Paik, 1978: 255 (*L. n.*); Paik, 1985: 1 (*L. n.*); Saaristo & Tanasevitch, 1996: 184 (*A. n.*, Trans. from *Lepthyphantes*); Song, Zhu & Chen, 1999: 182 (*L. n.*); Namkung, 2002: 164 (*L. n.*); Namkung, 2003: 165; Lee et al., 2004: 100; Lee, Kang & Kim, 2009: 117.

分布：辽宁（LN）；韩国

具齿角皿蛛 *Anguliphantes zygius* (Tanasevitch, 1993)

Tanasevitch, 1993: 1 (*Lepthyphantes z.*); Tao, Li & Zhu, 1995: 248 (*L. dentatus*); Saaristo & Tanasevitch, 1996: 184 (*A. z.*, Trans. from *L.*); Song, Zhu & Chen, 1999: 181 (*L. dentatus*); Marusik & Koponen, 2000: 61 (*L. z.*, Syn.).

异名：

Anguliphantes dentatus (Tao, Li & Zhu, 1995, Trans. from *Lepthyphantes*); Marusik & Koponen, 2000: 61 (Syn., sub. *Lepthyphantes*).

分布：吉林（JL）；俄罗斯

吻额蛛属 *Aprifrontalia* Oi, 1960

Oi, 1960: 150. Type species: *Erigone mascula* Karsch, 1879

膨大吻额蛛 *Aprifrontalia afflata* Ma & Zhu, 1991

Ma & Zhu, 1991: 169; Song, Zhu & Chen, 1999: 156; Zhu & Zhang, 2011: 115; Yin et al., 2012: 478.

分布：吉林（JL）、河南（HEN）、陕西（SN）、湖南（HN）、湖北（HB）、贵州（GZ）

壮吻额蛛 *Aprifrontalia mascula* (Karsch, 1879)

Karsch, 1879: 62 (*Erigone m.*); Bösenberg & Strand, 1906: 170 (*Microneta m.*); Oi, 1960: 150 (*A. m.*, Trans. from *Microneta*); Chikuni, 1989: 55; Namkung, 2002: 185; Namkung, 2003: 187; Lee, Kang & Kim, 2009: 118; Ono, Matsuda & Saito, 2009: 292.

分布：台湾（TW）；韩国、日本、俄罗斯

窄突蛛属 *Araeoncus* Simon, 1884

Simon, 1884: 636. Type species: *Walckenaera humilis* Blackwall, 1841

透明窄突蛛 *Araeoncus hyalinus* Song & Li, 2010

Song & Li, 2010: 120.

分布：四川（SC）、云南（YN）

长刺窄突蛛 *Araeoncus longispineus* Song & Li, 2010

Song & Li, 2010: 125.

分布：四川（SC）

首蛛属 *Archaraeoncus* Tanasevitch, 1987

Tanasevitch, 1987: 337. Type species: *Erigone prospiciens* Thorell, 1875

前延首蛛 *Archaraeoncus prospiciens* (Thorell, 1875)

Thorell, 1875: 57 (*Erigone p.*); Thorell, 1875: 37 (*Erigone p.*); Simon, 1884: 643 (*Araeoncus p.*); Tanasevitch, 1987: 338 (*A. p.*, Trans. from *Araeoncus*, misidentified per Tanasevitch, 2008: 476); Hu & Wu, 1989: 164 (*Araeoncus tianschanica*); Zhou & Luo, 1992: 10 (*A. tianschanicus*, Trans. from *Araeoncus*); Marusik, 1992: 95 (*A. p.*, Syn.); Song, Zhu & Chen, 1999: 156; Tanasevitch, 2008: 476.

异名：

Archaraeoncus tianschanicus (Hu & Wu, 1989); Marusik, 1992: 95 (Syn.).

分布：新疆（XJ）；东欧到中国

耳蛛属 *Arcuphantes* Chamberlin & Ivie, 1943

Chamberlin & Ivie, 1943: 16. Type species: *Arcuphantes fragilis* Chamberlin & Ivie, 1943

池耳蛛 *Arcuphantes chinensis* Tanasevitch, 2006

Tanasevitch, 2006: 282.

分布：陕西（SN）

亚微蛛属 *Asiagone* Tanasevitch, 2014

Tanasevitch, 2014: 69. Type species: *Asiagone signifera* Tanasevitch, 2014

穴亚微蛛 *Asiagone perforata* Tanasevitch, 2014

Tanasevitch, 2014: 72; Zhao & Li, 2014: 9.

分布：云南（YN）；老挝

皱胸蛛属 *Asperthorax* Oi, 1960

Oi, 1960: 169. Type species: *Asperthorax communis* Oi, 1960

粒突皱胸蛛 *Asperthorax granularis* Gao & Zhu, 1989

Gao & Zhu, 1989: 246; Song, Zhu & Chen, 1999: 159.

分布：湖北（HB）

锐蛛属 *Asthenargus* Simon & Fage, 1922

Simon & Fage, 1922: 545. Type species: *Gongylidiellum paganum* Simon, 1884

圆锥锐蛛 *Asthenargus conicus* Tanasevitch, 2006

Tanasevitch, 2006: 289.
分布：青海（QH）

无齿锐蛛 *Asthenargus edentulus* Tanasevitch, 1989

Tanasevitch, 1989: 127; Gao, Zhu & Sha, 1994: 80; Song, Zhu & Chen, 1999: 159.
分布：新疆（XJ）；哈萨克斯坦到中国

畸皿蛛属 *Atypena* Simon, 1894

Simon, 1894: 668. Type species: *Atypena superciliosa* Simon, 1894
异名：
Paranasoona Heimer, 1984; Tanasevitch, 2014: 72 (Syn.).

卷云畸皿蛛 *Atypena cirrifrons* (Heimer, 1984)

Heimer, 1984: 87 (*Paranasoona cirrifrons*); Zhu & Sha, 1992: 42 (*P. c.*); Song, Zhu & Chen, 1999: 203 (*P. c.*); Tanasevitch, 2014: 72 (*Atypena c.*, Trans. from *Pranasoona*); Zhao & Li, 2014: 10.
分布：云南（YN）、广西（GX）；越南、老挝

指皿蛛属 *Bathylinyphia* Eskov, 1992

Eskov, 1992: 162. Type species: *Bathyphantes maior* Kulczyński, 1885

大指皿蛛 *Bathylinyphia maior* (Kulczyński, 1885)

Kulczyński, 1885: 30 (*Bathyphantes m.*); Oi, 1979: 331 (*Bathyphantes japonica*); Heimer, 1981: 204 (*Bathyphantes m.*); Chikuni, 1989: 47 (*Bathyphantes japonicus*); Eskov, 1992: 53 (*Neriene major*, Trans. from *Bathyphantes*, Syn.); Eskov, 1992: 164 (*B. major*, Trans. from *Neriene*); Kim & Kim, 2000: 7 (*B. major*); Marusik, Koponen & Danilov, 2001: 84; Ono, Matsuda & Saito, 2009: 337 (*B. major*).
异名：
Bathylinyphia japonica (Oi, 1979, Trans. from *Bathyphantes*); Eskov, 1992: 53 (Syn., sub. *Neriene*).
分布：辽宁（LN）；韩国、日本、俄罗斯

指蛛属 *Bathyphantes* Menge, 1866

Menge, 1866: 116. Type species: *Linyphia gracilis* Blackwall, 1841
异名：
Bathyphantoides Kaston, 1948; Hackman, 1954: 13 (Syn.);
Oreodia Hull, 1950; Millidge & Locket, 1952: 71 (Syn.).

博湖指蛛 *Bathyphantes bohuensis* Zhu & Zhou, 1983

Zhu & Zhou, 1983: 142; Hu & Wu, 1989: 143; Zhao, 1993: 154; Song, Zhu & Chen, 1999: 159.
分布：新疆（XJ）

穴居指蛛 *Bathyphantes eumenis* (L. Koch, 1879)

L. Koch, 1879: 27 (*Linyphia e.*); L. Koch, 1879: 29 (*Linyphia simillima*); Kulczyński, 1916: 17 (*B. humilis*, misidentified per Tanasevitch, 2011: 131); Emerton, 1917: 266 (*Diplostyla inornata*: preoccupied by Banks 1892, sub. *Bathyphantes*); Crosby & Bishop, 1928: 1043 (*B. inornata*); Roewer, 1942: 674 (*B. emertoni*, replacement name); Buchar, 1967: 83 (*B. humilis*, misidentified per Tanasevitch, 2011: 131); Holm, 1967: 64 (*B. eumenoides*); Ivie, 1969: 24 (*B. eumenoides*); Ivie, 1969: 26 (*B. simillimus*, Syn.); Holm, 1973: 90 (*B. e.*, Trans. from *Linyphia*, where "nicht zu deuten!" per Roewer); Holm, 1973: 91 (*B. simillimus*); Palmgren, 1975: 75; Pakhorukov & Utochkin, 1977: 907; Eskov, 1979: 65 (*B. jeniseicus*, misidentified per Tanasevitch, 2011: 131); Woźny & Czajka, 1985: 575 (*B. e.*, Syn.); Zhu, Wen & Sun, 1986: 206 (*B. haniensis*); Růžička, 1988: 152 (*B. jeniseicus*, misidentified per Tanasevitch, 2011: 131); Eskov, 1992: 53 (*B. e.*, Syn.); Marusik et al., 1993: 68 (*B. simillimus*, removed from Syn. of *B. eumenis*, contra. Woźny & Czajka, 1985, Syn.); Li, Song & Zhu, 1994: 79; Tao, Li & Zhu, 1995: 242; Song, Zhu & Chen, 1999: 159; Paquin & Dupérré, 2003: 136 (*B. simillimus*); Tanasevitch, 2011: 131 (*B. e.*, Syn.).
异名：
Bathyphantes simillimus (L. Koch, 1879, Trans. from *Linyphia*); Tanasevitch, 2011: 131 (Syn., after Woźny & Czajka, 1985, contra. Marusik et al., 1993: 68);
B. emertoni Roewer, 1942; Ivie, 1969: 26 (Syn., sub *B. simillimus*);
B. eumenoides Holm, 1967 (removed from Syn. of *B. eumenis*); Marusik et al., 1993: 68 (Syn., sub. *B. simillimus*, contra. Woźny & Czajka, 1985: 575);
B. haniensis Zhu, Wen & Sun, 1986; Eskov, 1992: 53 (Syn.).
分布：吉林（JL）；全北界

柔弱指蛛 *Bathyphantes gracilis* (Blackwall, 1841)

Blackwall, 1841: 666 (*Linyphia g.*); C. L. Koch, 1845: 125 (*Linyphia terricola*); Blackwall, 1854: 177 (*Linyphia circumspecta*); Blackwall, 1864: 245 (*Linyphia g.*); Blackwall, 1864: 246 (*Linyphia circumspecta*); Menge, 1866: 116 (*B. longipes*); O. P.-Cambridge, 1871: 430 (*Linyphia longipes*); Thorell, 1875: 87 (*Linyphia vilis*); Thorell, 1875: 30 (*Linyphia vilis*); O. P.-Cambridge, 1879: 202 (*Linyphia circumspecta*); L. Koch, 1879: 28 (*Linyphia similior*); Simon, 1884: 345; Simon, 1884: 347 (*B. burgundicus*); Simon, 1884: 341 (*B. vilis*); F. O. P.-Cambridge, 1892: 393; Chyzer & Kulczyński, 1894: 73; Becker, 1896: 56; Bösenberg, 1901: 86; Bösenberg, 1901: 89 (*B. circumspectus*); Kulczyński, 1926: 55 (*B. pusio*); Miller, 1947: 78; Hull, 1950: 420 (*Oreodia minutula*); Millidge & Locket, 1952: 71 (*B. g.*, Syn.); Locket & Millidge, 1953: 366; Hackman, 1954: 13; Wiehle, 1956: 251; Oi, 1960: 207 (*B. orientis*); Merrett, 1963: 380; Ivie, 1969: 10; Tyschchenko, 1971: 227; Miller, 1971: 218; Holm, 1973: 90 (*B. g.*, Syn.); Palmgren,

1975: 74; Millidge, 1977: 48; Zhou, Wang & Zhu, 1983: 156; Thaler, 1983: 137; Saito, 1983: 54; Hu, 1984: 177 (*B. orientis*); Yaginuma, 1986: 73 (*B. orientis*); Song, 1987: 1131 (*B. orientis*); Zhang, 1987: 113 (*B. orientis*); Roberts, 1987: 138; Holm, 1987: 163; Chikuni, 1989: 47 (*B. orientis*); Tanasevitch, 1990: 86; Heimer & Nentwig, 1991: 122; Marusik et al., 1993: 74 (*B. g.*, Syn.); Li, Song & Zhu, 1994: 79; Roberts, 1995: 355; Agnarsson, 1996: 142; Roberts, 1998: 366; Song, Zhu & Chen, 1999: 159; Song, Zhu & Chen, 1999: 159 (*B. orientis*); Song, Zhu & Chen, 2001: 120 (*B. orientis*); Namkung, 2002: 177; Paquin & Dupérré, 2003: 135; Namkung, 2003: 179; Bosmans, 2006: 126; Lee, Kang & Kim, 2009: 120; Ono, Matsuda & Saito, 2009: 332; Russell-Smith, 2011: 21.

异名：

Bathyphantes similior (L. Koch, 1879, Trans. from *Linyphia*); Holm, 1973: 90 (Syn.);

B. pusio Kulczyński, 1926; Marusik et al., 1993: 74 (Syn.);

B. minutulus (Hull, 1950, Trans. from *Oreodia*); Millidge & Locket, 1952: 71 (Syn.);

B. orientis Oi, 1960; Marusik et al., 1993: 74 (Syn.).

分布：吉林（JL）、河北（HEB）、新疆（XJ）、湖北（HB）；全北界

米林指蛛 *Bathyphantes mainlingensis* Hu, 2001

Hu, 2001: 483.

分布：西藏（XZ）

门源指蛛 *Bathyphantes menyuanensis* Hu, 2001

Hu, 2001: 485.

分布：青海（QH）

囊谦指蛛 *Bathyphantes nangqianensis* Hu, 2001

Hu, 2001: 486.

分布：青海（QH）

副舟指蛛 *Bathyphantes paracymbialis* Tanasevitch, 2014

Tanasevitch, 2014: 73; Zhao & Li, 2014: 11.

分布：云南（YN）；老挝、泰国、马来西亚

微小指蛛 *Bathyphantes parvulus* (Westring, 1851)

Westring, 1851: 59 (*Linyphia parvula*); Westring, 1861: 135 (*Linyphia parvula*); Simon, 1884: 348; F. O. P.-Cambridge, 1892: 392 (*B. parvulus*); Miller, 1947: 77 (*B. p.*; removed from Sub. of *B. gracilis*); Locket & Millidge, 1953: 366; Wiehle, 1956: 255; Waaler, 1971: 98; Miller, 1971: 218; Palmgren, 1975: 74; Thaler, 1983: 137; Roberts, 1987: 138; Heimer & Nentwig, 1991: 122; Roberts, 1995: 355; Roberts, 1998: 366; Song, Zhu & Chen, 1999: 159; Russell-Smith, 2011: 21.

分布：吉林（JL）；古北界

桐庐指蛛 *Bathyphantes tongluensis* Chen & Song, 1988

Chen & Song, 1988: 42; Chen & Zhang, 1991: 170; Li, Song & Zhu, 1994: 79; Song, Zhu & Chen, 1999: 159; Yin et al., 2012: 480.

分布：安徽（AH）、浙江（ZJ）、湖南（HN）、湖北（HB）、贵州（GZ）

巴图蛛属 *Batueta* Locket, 1982

Locket, 1982: 372. Type species: *Batueta voluta* Locket, 1982

尖利巴图蛛 *Batueta cuspidata* Zhao & Li, 2014

Zhao & Li, 2014: 12.

分布：云南（YN）

相似巴图蛛 *Batueta similis* Wunderlich & Song, 1995

Wunderlich & Song, 1995: 345; Song, Zhu & Chen, 1999: 159; Zhao & Li, 2014: 13.

分布：云南（YN）

叉蛛属 *Bifurcia* Saaristo, Tu & Li, 2006

Saaristo, Tu & Li, 2006: 385. Type species: *Arcuphantes ramosus* Li & Zhu, 1987

Note: Probably a junior synonym of *Arcuphantes* (see Tanasevitch, 2010: 270).

葫芦叉蛛 *Bifurcia cucurbita* Zhai & Zhu, 2007

Zhai & Zhu, 2007: 73; Zhu & Zhang, 2011: 118; Quan & Chen, 2012: 65.

分布：河南（HEN）

弯曲叉蛛 *Bifurcia curvata* (Sha & Zhu, 1987)

Sha & Zhu, in Li, Sha & Zhu, 1987: 46 (*Arcuphantes curvatus*); Song, Zhu & Chen, 1999: 156 (*A. curvatus*); Song, Zhu & Chen, 2001: 119 (*A. curvatus*); Saaristo, Tu & Li, 2006: 390 (*B. c.*, Trans. from *A.*); Zhu & Zhang, 2011: 117.

分布：河北（HEB）、河南（HEN）、湖南（HN）、湖北（HB）、四川（SC）

伪宋氏叉蛛 *Bifurcia pseudosongi* Quan & Chen, 2012

Quan & Chen, 2012: 65.

分布：重庆（CQ）

多枝叉蛛 *Bifurcia ramosa* (Li & Zhu, 1987)

Li & Zhu, in Li, Sha & Zhu, 1987: 45 (*Arcuphantes ramosus*); Li & Song, 1993: 251 (*A. ramosus*); Li, Song & Zhu, 1994: 80 (*A. ramosus*); Song & Li, 1997: 405 (*A. ramosus*); Song, Zhu & Chen, 1999: 156 (*A. ramosus*); Saaristo, Tu & Li, 2006: 387 (*B. r.*, Trans. from *Arcuphantes*); Tu & Hormiga, 2010: 61; Yin et al., 2012: 481 (*B. ramosus*).

分布：湖南（HN）、湖北（HB）

宋氏叉蛛 *Bifurcia songi* Zhai & Zhu, 2007

Zhai & Zhu, 2007: 75; Zhu & Zhang, 2011: 119; Quan & Chen, 2012: 65.

分布：河南（HEN）

毕微蛛属 *Bishopiana* Eskov, 1988

Eskov, 1988: 678. Type species: *Bishopiana hypoarctica* Eskov, 1988

膜毕微蛛 *Bishopiana glumacea* (Gao, Fei & Zhu, 1992)

Gao, Fei & Zhu, 1992: 6 (*Caviphantes glumaceus*); Eskov & Marusik, 1994: 67 (*B. g.*, Trans. from *Caviphantes*); Song, Zhu & Chen, 1999: 160.

分布：新疆（XJ）

斑齿蛛属 *Bolephthyphantes* Strand, 1901

Strand, 1901: 9. Type species: *Linyphia index* Thorell, 1856

索斑齿蛛 *Bolephthyphantes index* (Thorell, 1856)

Thorell, 1856: 107 (*Linyphia i.*); Strand, 1901: 9 (*Bolephthyphantes i.*); Kulczyński, 1887: 315 (*Bolyphantes i.*); Braendegaard, 1946: 28 (*Bolyphantes i.*); Wiehle, 1956: 161 (*Bolyphantes i.*); Braendegaard, 1958: 82 (*Bolyphantes i.*); Palmgren, 1975: 43 (*Bolyphantes i.*); Utochkin & Pakhorukov, 1976: 88 (*Bolyphantes i.*); Tanasevitch, 1989: 94 (*Bolyphantes i.*); Tanasevitch, 1990: 11 (*Bolyphantes i.*); Heimer & Nentwig, 1991: 124 (*Bolyphantes i.*); Tao, Li & Zhu, 1995: 244 (*Bolyphantes i.*); Agnarsson, 1996: 143 (*Bolyphantes i.*); Song, Zhu & Chen, 1999: 160 (*Bolyphantes i.*); Růžička, 2000: 241 (*Bolyphantes i.*); Saaristo & Tanasevitch, 2000: 258 (*B. i.*, Trans. from *Bolyphantes*); van Helsdingen, Thaler & Deltshev, 2001: 7 (*Bolyphantes i.*).

分布：吉林（JL）；格陵兰、古北界

齿刺蛛属 *Bolyphantes* C. L. Koch, 1837

C. L. Koch, 1837: 9. Type species: *Linyphia luteola* Blackwall, 1833

高头齿刺蛛 *Bolyphantes alticeps* (Sundevall, 1833)

Sundevall, 1833: 261 (*Linyphia a.*); C. L. Koch, 1841: 71 (*B. stramineus*); Westring, 1861: 117 (*Linyphia a.*); Menge, 1866: 134; Thorell, 1870: 59 (*Linyphia a.*); Chyzer & Kulczyński, 1894: 52; Bösenberg, 1901: 63; Simon, 1929: 568, 727; Locket & Millidge, 1953: 378; Wiehle, 1956: 152; Azheganova, 1968: 61; Tyschchenko, 1971: 231; Miller, 1971: 234; Roberts, 1974: 29; Palmgren, 1975: 42; Roberts, 1987: 147; Chikuni, 1989: 47; Izmailova, 1989: 68; Tanasevitch, 1990: 87; Heimer & Nentwig, 1991: 122; Roberts, 1995: 356; Tao, Li & Zhu, 1995: 243; Mcheidze, 1997: 303; Roberts, 1998: 368; Song, Zhu & Chen, 1999: 160; van Helsdingen, Thaler & Deltshev, 2001: 6; Ono, Matsuda & Saito, 2009: 320; Karabulut & Türkeş, 2011: 119.

分布：吉林（JL）、新疆（XJ）；古北界

土黄齿刺蛛 *Bolyphantes luteolus* (Blackwall, 1833)

Blackwall, 1833: 192 (*Linyphia luteola*); C. L. Koch, 1837: 9 (*B. alpestris*); C. L. Koch, 1841: 69 (*B. alpestris*); Westring, 1861: 595 (*Linyphia affinis*); Blackwall, 1864: 226 (*Linyphia alticeps*, misidentified); Menge, 1866: 136 (*B. stramineus*); Thorell, 1870: 63 (*Linyphia l.*); O. P.-Cambridge, 1879: 204 (*Linyphia subnigripes*); Simon, 1884: 213; Simon, 1884: 330 (*Lepthyphantes subnigripes*); Chyzer & Kulczyński, 1894: 52; Bösenberg, 1901: 62; Simon, 1929: 569, 727; Locket & Millidge, 1953: 376; Locket & Millidge, 1953: 377 (*B. l. subnigripes*, elevated to subspecies); Wiehle, 1956: 155; Merrett, 1963: 362; Tyschchenko, 1971: 231; Miller, 1971: 235; Locket, Millidge & Merrett, 1974: 117 (*B. l.*, Syn.); Roberts, 1974: 29; Palmgren, 1975: 42; Roberts, 1987: 147; Hu & Wu, 1989: 145; Heimer & Nentwig, 1991: 122; Hormiga, 1994: 4; Roberts, 1995: 355; Tao, Li & Zhu, 1995: 244; Roberts, 1998: 367; Song, Zhu & Chen, 1999: 160; Saaristo & Tanasevitch, 2000: 257 (*B. l.*, Syn. of *B. nigropictus*, rejected); Hormiga, 2000: 78; van Helsdingen, Thaler & Deltshev, 2001: 10; Dupérré, 2013: 7.

分布：吉林（JL）、新疆（XJ）；古北界

美毛蛛属 *Callitrichia* Fage, 1936

Fage, 1936: 330. Type species: *Callitrichia hamifer* Fage, in Fage & Simon, 1936

台湾美毛蛛 *Callitrichia formosana* Oi, 1977

Oi, 1977: 23; Brignoli, 1983: 349 (*Oedothorax formosanus*); Song, 1987: 144 (*C. f.*, Trans. from *Oedothorax*); Tazoe, 1992: 212 (*Atypena f.*: generic placement following Jocqué, 1983); Okuma et al., 1993: 13 (*Oedothorax formosanus*); Barrion & Litsinger, 1994: 319 (*Atypena f.*); Song, Zhu & Chen, 1999: 160; Ono, Matsuda & Saito, 2009: 267.

分布：台湾（TW）；日本、孟加拉

裹蛛属 *Capsulia* Saaristo, Tu & Li, 2006

Saaristo, Tu & Li, 2006: 393. Type species: *Centromerus tianmushanus* Chen & Song, 1987

锯齿裹蛛 *Capsulia laciniosa* Zhao & Li, 2014

Zhao & Li, 2014: 14.

分布：云南（YN）

天目山裹蛛 *Capsulia tianmushana* (Chen & Song, 1987)

Chen & Song, 1987: 136 (*Centromerus tianmushanus*); Chen & Zhang, 1991: 171 (*Centromerus tianmushanus*); Song, Zhu & Chen, 1999: 163 (*Centromerus tianmushanus*); Chen & Yin, 2000: 90 (*Centromerus tianmushanus*); Saaristo, Tu & Li, 2006: 393 (*C. t.*, Trans. from *Centromerus*); Yin et al., 2012: 483 (*C. tianmushanus*).

分布：浙江（ZJ）、湖南（HN）

支头蛛属 *Caracladus* Simon, 1884

Simon, 1884: 590. Type species: *Erigone avicula* L. Koch, 1869

山地支头蛛 *Caracladus montanus* Sha & Zhu, 1994

Sha & Zhu, 1994: 172; Song, Zhu & Chen, 1999: 160.

分布：吉林（JL）

中突蛛属 *Carorita* Duffey & Merrett, 1963

Duffey & Merrett, 1963: 574. Type species: *Oedothorax limnaeus* Crosby & Bishop, 1927

盘中突蛛 *Carorita limnaea* (Crosby & Bishop, 1927)

Crosby & Bishop, 1927: 149 (*Oedothorax limnaeus*); Duffey & Merrett, 1963: 575 (*C. l.*, Trans. from *Oedothorax*); Holm, 1968: 188; Moritz, 1973: 186; Locket, Millidge & Merrett, 1974: 93; Palmgren, 1976: 44; Millidge, 1977: 40; Roberts, 1987: 108; Heimer & Nentwig, 1991: 124; Fei, Zhu & Gao, 1994: 47 (*C. limnaeus*); Zujko-Miller, 1999: 49; Song, Zhu & Chen, 1999: 160; Paquin & Dupérré, 2003: 90; Tanasevitch, 2007: 147.

分布：吉林（JL）；全北界

额毛蛛属 *Caviphantes* Oi, 1960

Oi, 1960: 178. Type species: *Caviphantes samensis* Oi, 1960

异名：

Lessertiella Dumitrescu & Miller, 1962; Wunderlich, 1979: 85 (Syn.);

Maxillodens Zhu & Zhou, 1992; Eskov & Marusik, 1994: 67 (Syn.).

鞭状额毛蛛 *Caviphantes flagellatus* (Zhu & Zhou, 1992)

Zhu & Zhou, 1992: 2 (*Maxillodens f.*); Song, Zhu & Chen, 1999: 160.

分布：新疆（XJ）

类石额毛蛛 *Caviphantes pseudosaxetorum* Wunderlich, 1979

Wunderlich, 1979: 87; Ono et al., 1991: 97; Gao, Fei & Zhu, 1992: 8; Song, Zhu & Chen, 1999: 160; Ono, Matsuda & Saito, 2009: 292.

分布：湖北（HB）；黎巴嫩到印度、尼泊尔、日本、俄罗斯

三门额毛蛛 *Caviphantes samensis* Oi, 1960

Oi, 1960: 179; Yaginuma, 1972: 304; Wunderlich, 1979: 86; Yaginuma, 1986: 86; Ono et al., 1991: 97; Gao, Fei & Zhu, 1992: 8; Song, Zhu & Chen, 1999: 160; Ono, Matsuda & Saito, 2009: 292; Ono, 2011: 448.

分布：吉林（JL）；日本

中指蛛属 *Centromerus* Dahl, 1886

Dahl, 1886: 74. Type species: *Bathyphantes brevipalpus* Menge, 1866

异名：

Atopogyna Millidge, 1984; Eskov & Marusik, 1992: 34 (Syn.).

拉孜中指蛛 *Centromerus laziensis* Hu, 2001

Hu, 2001: 490.

分布：西藏（XZ）

青海中指蛛 *Centromerus qinghaiensis* Hu, 2001

Hu, 2001: 491.

分布：青海（QH）

青藏中指蛛 *Centromerus qingzangensis* Hu, 2001

Hu, 2001: 492.

分布：西藏（XZ）

林中指蛛 *Centromerus sylvaticus* (Blackwall, 1841)

Blackwall, 1841: 644 (*Neriene sylvatica*); Westring, 1861: 273 (*Erigone silvestris*); Menge, 1866: 124 (*Bathyphantes setipalpus*); Thorell, 1871: 134 (*Erigone silvatica*); O. P.-Cambridge, 1873: 455 (*Neriene sylvatica*); Fickert, 1876: 54 (*Linyphia setipalpis*); Emerton, 1882: 75 (*Microneta quinquedentata*); Simon, 1884: 410 (*Tmeticus silvaticus*); Dahl, 1886: 74 (*C. silvaticus*); Banks, 1892: 46 (*Microneta latens*); Chyzer & Kulczyński, 1894: 82 (*C. silvaticus*); Becker, 1896: 67 (*Tmeticus s.*); Bösenberg, 1902: 134 (*C. silvaticus*); O. P.-Cambridge, 1907: 143 (*Tmeticus serratus*); Holm, 1945: 42 (*C. s.*, Syn.); Kaston, 1948: 135; Locket & Millidge, 1953: 349; Wiehle, 1956: 37; Miller, 1958: 86; Oi, 1960: 189; Merrett, 1963: 368; Tyschchenko, 1971: 224 (*C. silvaticus*); Miller, 1971: 244; van Helsdingen, 1973: 31 (*C. s.*, Syn.); Palmgren, 1975: 14 (*C. silvaticus*); Deltshev, 1983: 58; Millidge, 1984: 248; Millidge, 1986: 58; Yaginuma, 1986: 86; Roberts, 1987: 128; Chikuni, 1989: 53; Tanasevitch, 1990: 15; Heimer & Nentwig, 1991: 126; Millidge, 1993: 152; Hu, 2001: 494; Paquin & Dupérré, 2003: 137; Gnelitsa, 2007: 31; Ono, Matsuda & Saito, 2009: 325; Karabulut & Türkeş, 2011: 119.

异名：

Centromerus quinquedentatus (Emerton, 1882, Trans. from *Microneta*); Holm, 1945: 42 (Syn.);

C. latens (Banks, 1892, Trans. from *Microneta*); van Helsdingen, 1973: 31 (Syn.).

分布：吉林（JL）、青海（QH）、四川（SC）；全北界

三叶中指蛛 *Centromerus trilobus* Tao, Li & Zhu, 1995

Tao, Li & Zhu, 1995: 245; Song, Zhu & Chen, 1999: 163 (*C. triobus*); Saaristo, Tu & Li, 2006: 394.

分布：吉林（JL）

亚东中指蛛 *Centromerus yadongensis* Hu & Li, 1987

Hu & Li, 1987: 343; Hu, 2001: 494.

分布：西藏（XZ）

角微蛛属 *Ceratinella* Emerton, 1882

Emerton, 1882: 36. Type species: *Theridion breve* Wider, 1834

N.B.: not a junior synonym of *Sphecozone* O. P.-Cambridge, 1870 (Millidge, 1991: 165, contra Wunderlich, 1987: 170); considered a junior synonym of *Ceratinopsis* Emerton, 1882 by Wunderlich, 1995: 494, without documentation.

短角微蛛 *Ceratinella brevis* (Wider, 1834)

Wider, 1834: 236 (*Theridion breve*); Blackwall, 1836: 482 (*Walckenaeria depressa*); Walckenaer, 1841: 556 (*Argus b.*); C. L. Koch, 1845: 151 (*Micryphantes phaeopus*); Walckenaer, 1847: 495 (*Theridion phaeopus*); Westring, 1851: 43 (*Erigone phaeopus*); Blackwall, 1864: 306 (*Walckenaeria depressa*); Menge, 1868: 171 (*Ceratina b.*); Thorell, 1871: 142 (*Erigone phaeopus*); O. P.-Cambridge, 1879: 142 (*Walckenaera b.*); Dahl, 1883: 49 (*Erigone b.*); Simon, 1884: 854; Chyzer & Kulczyński, 1894: 137; Simon, 1894: 649; Becker, 1896: 171; Bösenberg, 1902: 128; Smith, 1906: 316 (*Ceratinodes b.*); Simon, 1926: 333, 479; Hackman, 1952: 77; Locket & Millidg, 1953: 189; Wiehle, 1960: 72; Merrett, 1963: 434; Tyschchenko, 1971: 245; Miller, 1971: 260; Palmgren, 1976: 45; Saito, 1977: 9; Saito, Takahashi & Sagara, 1979: 9; Millidge, 1980: 101; Hayashi & Saito, 1980: 6; Bosmans & Janssen, 1982: 285; Roberts, 1987: 26; Tanasevitch, 1990: 108; Heimer & Nentwig, 1991: 134; Song, Zhu & Chen, 1999: 163; Seo, 2011: 142.

分布：吉林（JL）；古北界

普氏角微蛛 *Ceratinella plancyi* (Simon, 1880)

Simon, 1880: 113 (*Erigone p.*); Simon, 1884: 858; Song & Hubert, 1983: 3; Song, 1987: 145; Song, Zhu & Chen, 1999: 163; Song, Zhu & Chen, 2001: 122.

分布：吉林（JL）、辽宁（LN）、北京（BJ）

卷须蛛属 *Cirrosus* Zhao & Li, 2014

Zhao & Li, 2014: 15. Type species: *Cirrosus atrocaudatus* Zhao & Li, 2014

黑尾卷须蛛 *Cirrosus atrocaudatus* Zhao & Li, 2014

Zhao & Li, 2014: 15.

分布：云南（YN）

科林蛛属 *Collinsia* O. P.-Cambridge, 1913

O. P.-Cambridge, 1913: 136. Type species: *Gongylidium distinctum* Simon, 1884

异名：

Coryphaeolana Strand, 1914; Holm, 1950: 138 (Syn.);
Catabrithorax Chamberlin, 1920; Hackman, 1954: 22 (Syn.);
Anitsia Chamberlin, 1922; Holm, 1944: 131 (Syn.);
Microerigone M. Dahl, 1928; Holm, 1958: 45 (Syn.);
Milleriana Denis, 1966; Eskov, 1990: 287 (Syn.).

郝氏科林蛛 *Collinsia holmgreni* (Thorell, 1871)

Thorell, 1871: 691 (*Erigone holmgrenii*); L. Koch, 1879: 52 (*Erigone mendica*); Simon, 1884: 499 (*Gongylidium mendicum*); Lenz, 1897: 75 (*Erigone groenlandica*); Sørensen, 1898: 209 (*Walckenaera similis*); Strand, 1901: 42 (*Lophomma nivicola*); Kulczyński, 1907: 585 (*Coryphaeus mendicus*); Strand, 1911: 280 (*Lophomma h.*); Jackson, 1914: 127 (*Coryphaeus mendicus*); Chamberlin, 1921: 38 (*Anitsia abjecta*); Bristowe, 1925: 484 (*Coryphaeus h.*); Braendegaard, 1928: 10 (*Coryphaeolana mendica*); Dahl, 1928: 17 (*Microerigone mendica*); Braendegaard, 1932: 20 (*Coryphaeolana h.*); Bristowe, 1933: 150 (*Coryphaeus h.*); Braendegaard, 1940: 14 (*Coryphaeolana h.*); Holm, 1944: 131 (*Catabrithorax h.*, Syn.); Locket & Millidge, 1953: 305; Holm, 1958: 43; Palmgren, 1976: 47; Millidge, 1977: 11; Thaler, 1980: 580; Roberts, 1987: 108 (*Halorates h.*); Heimer & Nentwig, 1991: 166 (*Halorates h.*); Agnarsson, 1996: 103; Hu, 2001: 539; Paquin & Dupérré, 2003: 109 (*Halorates h.*).

异名：

Collinsia abjecta (Chamberlin, 1921, Trans. from *Anitsia*); Holm, 1944: 131 (Syn., sub *Catabrithorax*).

分布：西藏（XZ）；全北界

静栖科林蛛 *Collinsia inerrans* (O. P.-Cambridge, 1885)

L. Koch, 1879: 73 (*Erigone deserta*: suppressed for lack of usage); L. Koch, 1879: 69 (*E. submissa*: suppressed for lack of usage); L. Koch, 1879: 74 (*E. imula*: suppressed for lack of usage); Simon, 1884: 498 (*G. foenarium*: suppressed for lack of usage); Simon, 1884: 499 (*G. submissum*); Simon, 1884: 499 (*G. imulum*); O. P.-Cambridge, 1885: 11 (*Neriene i.*); O. P.-Cambridge, 1895: 123 (*Tmeticus fortunatus*); O. P.-Cambridge, 1907: 128, 142 (*T. f.*); Strand, 1907: 137 (*Oedothorax submissus*); O. P.-Cambridge, 1908: 173 (*Centromerus fortunatus*); Simon, 1926: 470, 530 (*Scotargus i.*); Simon, 1926: 475, 532 (*Coryphaeolanus foenarius*); Schenkel, 1929: 17 (*Trichoncus strandi*); Charitonov, 1932: 94 (*Oedothorax imulus*); Miller & Kratochvíl, 1939: 37 (*Trichoncus i.*); Vogelsanger, 1948: 58 (*Scotargus i.*, Trans. from *Trichoncus*); Locket & Millidge, 1953: 307 (*S. i.*); Merrett, 1963: 393 (*S. i.*); Oi, 1964: 26 (*S. japonicus*); Denis, 1966: 979 (*Milleriana i.*, Trans. from *Scotargus*); Holm, 1973: 87 (*M. i.*, Syn.); Millidge, 1977: 13 (*M. i.*, Syn.); Song, Yu & Shang, 1981: 81 (*Scotargus i.*); Saito, 1982: 16 (*M. i.*); Saito, 1982: 17 (*M. japonicus*, Trans. from *Scotargus*); Wunderlich, 1983: 231 (*C. japonica*, Trans. from *Scotargus*); Hu, 1984: 200 (*Scotargus i.*); Yaginuma, 1986: 88 (*Milleria japonicus*); Roberts, 1987: 92 (*Milleriana i.*); Song, 1987: 156 (*Scotargus i.*); Thaler, 1987: 35 (*M. i.*); Holm, 1987: 160 (*M. i.*); Zhang, 1987: 129 (*M. i.*); Hu & Wu, 1989: 175 (*Scotargus i.*); Chikuni, 1989: 58 (*M. japonica*); Tanasevitch, 1990: 105; Heimer & Nentwig, 1991: 218 (*M. i.*); Zhao, 1993: 200 (*Scotargus i.*); Marusik et al., 1993: 69 (*C. submissa*, Syn.); Paik, 1995: 47 (*C. japonica*); Woźny & Baldy, 1996: 205; Song, Zhu & Chen, 1999: 163; Hu, 2001: 539; Song, Zhu & Chen, 2001: 123; Namkung, 2002: 197 (*C. submissa*); Namkung, 2003: 199; Lee, Kang & Kim, 2009: 121; Ono, Matsuda & Saito, 2009: 304 (*C. japonica*).

异名：

Collinsia deserta (L. Koch, 1879, Trans. from *Erigone*); Holm, 1973: 87 (Syn., sub. *Milleriana*, who suppressed the older name for lack of use);

C. imula (L. Koch, 1879, Trans. from *Erigone*); Holm, 1973: 87 (Syn., sub *Milleriana*, who suppressed the older name for lack of use);
C. submissa (L. Koch, 1879, Trans. from *Erigone*); Holm, 1973: 87 (Syn., sub. *Milleriana*, older name suppressed for lack of usage);
C. foenaria (Simon, 1884, Trans. from *Gongylidium*); Millidge, 1977: 55 (Syn., sub. *Milleriana*, who suppressed the older name for lack of use);
C. japonica (Oi, 1964, Trans. from *Scotargus*); Marusik et al., 1993: 69 (Syn., sub. *C. submissa*).
分布：吉林（JL）、内蒙古（NM）、河北（HEB）、青海（QH）、新疆（XJ）、西藏（XZ）；古北界

丛林蛛属 *Conglin* Zhao & Li, 2014

Zhao & Li, 2014: 16. Type species: *Conglin personatus* Zhao & Li, 2014

面具丛林蛛 *Conglin personatus* Zhao & Li, 2014

Zhao & Li, 2014: 17.
分布：云南（YN）

角头蛛属 *Cornicephalus* Saaristo & Wunderlich, 1995

Saaristo & Wunderlich, 1995: 308. Type species: *Cornicephalus jilinensis* Saaristo & Wunderlich, 1995

吉林角头蛛 *Cornicephalus jilinensis* Saaristo & Wunderlich, 1995

Saaristo & Wunderlich, 1995: 309; Song, Zhu & Chen, 1999: 163; Saaristo, in Marusik & Koponen, 2008: 10.
分布：吉林（JL）

皱蛛属 *Crispiphantes* Tanasevitch, 1992

Tanasevitch, 1992: 45. Type species: *Meioneta rhomboidea* Paik, 1985

毕素皱蛛 *Crispiphantes biseulsanensis* (Paik, 1985)

Paik, 1985: 8 (*Lepthyphantes b.*); Tanasevitch, 1992: 45 (*C. b.*, Trans. from *Lepthyphantes*); Song, Zhu & Chen, 1999: 181 (*Lepthyphantes b.*); Namkung, 2003: 163; Lee, Kang & Kim, 2009: 122; Zhu & Zhang, 2011: 121.
分布：辽宁（LN）、河南（HEN）；韩国

短胫蛛属 *Curtimeticus* Zhao & Li, 2014

Zhao & Li, 2014: 17. Type species: *Curtimeticus nebulosus* Zhao & Li, 2014

云状短胫蛛 *Curtimeticus nebulosus* Zhao & Li, 2014

Zhao & Li, 2014: 18.
分布：云南（YN）

达蛛属 *Dactylopisthes* Simon, 1884

Simon, 1884: 594. Type species: *Erigone digiticeps* Simon, 1881
异名：
Scytiella Georgescu, 1976; Eskov, 1990: 1 (Syn.).

双达蛛 *Dactylopisthes diphyus* (Heimer, 1987)

Heimer, 1987: 142 (*Diplocephalus d.*); Zhu & Zhou, 1988: 343 (*Walckenaera dentata*); Hu & Wu, 1989: 166 (*W. dentata*); Eskov, 1990: 2 (*D. d.*, Trans. from *Diplocephalus*, Syn. of female); Song, Zhu & Chen, 1999: 163; Hu, 2001: 551 (*Walckenaera dentata*).
异名：
Dactylopisthes dentatus (Zhu & Zhou, 1988, Trans. from *Walckenaeria*); Eskov, 1990: 2 (Syn.).
分布：新疆（XJ）、西藏（XZ）；蒙古

分离达蛛 *Dactylopisthes separatus* Zhao & Li, 2014

Zhao & Li, 2014: 19.
分布：云南（YN）

丹尼蛛属 *Denisiphantes* Tu, Li & Rollard, 2005

Tu, Li & Rollard, 2005: 651. Type species: *Lepthyphantes denisi* Schenkel, 1963

邓氏丹尼蛛 *Denisiphantes denisi* (Schenkel, 1963)

Schenkel, 1963: 118 (*Lepthyphantes d.*); Zhu & Li, 1983: 146 (*L. d.*); Hu, 2001: 503 (*L. d.*); Tu, Li & Rollard, 2005: 652; Tanasevitch, 2006: 303.
分布：甘肃（GS）、青海（QH）

双舟蛛属 *Dicymbium* Menge, 1868

Menge, 1868: 194. Type species: *Neriene nigra* Blackwall, 1834

叉胫双舟蛛 *Dicymbium libidinosum* (Kulczyński, 1926)

Kulczyński, 1926: 45 (*Lophomma l.*); Sytshevskaja, 1935: 92 (*L. l.*); Tanasevitch, 1987: 73 (*D. l.*, Trans. from *Lophomma*); Sha, Gao & Zhu, 1994: 19; Song, Zhu & Chen, 1999: 163.
分布：吉林（JL）；俄罗斯

黑双舟蛛 *Dicymbium nigrum* (Blackwall, 1834)

Blackwall, 1834: 52 (*Neriene nigra*); C. L. Koch, 1841: 95 (*Erigone serotina*); Westring, 1851: 40 (*E. scabristernis*); Westring, 1861: 206 (*E. s.*); Blackwall, 1864: 271 (*Neriene n.*); Menge, 1868: 194 (*D. gracilipes*); Thorell, 1871: 104 (*Erigone scabristernis*); Dahl, 1883: 44 (*E. nigra*); Simon, 1884: 544; Chyzer & Kulczyński, 1894: 105; Simon, 1894: 658; Becker, 1896: 104; Bösenberg, 1902: 155; Simon, 1926: 402, 503; Miller, 1947: 29; Locket & Millidge, 1953: 209; Tullgren, 1955: 298; Wiehle, 1960: 189; Merrett, 1963: 399; Wiehle, 1965: 20; Miller, 1971: 261; Locket, Millidge & Merrett, 1974: 74; Palmgren, 1976: 51; Millidge, 1977: 34; Millidge, 1984: 250; Thaler, 1986: 493; Roberts, 1987: 38; Tanasevitch, 1990: 102; Heimer & Nentwig, 1991: 138; Zhou et al., 1994: 21; Song, Zhu & Chen, 1999: 167.
分布：新疆（XJ）；古北界

华雅双舟蛛 *Dicymbium sinofacetum* Tanasevitch, 2006

Xia et al., 2001: 164 (*Araeoncus stigmosus*, misidentified, per Song & Li, 2008: 88, after Tanasevitch, 2006: 289); Tanasevitch, 2006: 289; Song & Li, 2008: 88.

分布：陕西（SN）、甘肃（GS）、青海（QH）、四川（SC）、云南（YN）

胫毛双舟蛛 *Dicymbium tibiale* (Blackwall, 1836)

Blackwall, 1836: 485 (*Neriene tibialis*); Menge, 1868: 193 (*D. clavipes*); Thorell, 1871: 104 (*Erigone tibialis*); Dahl, 1883: 44 (*E. tibialis*); Simon, 1884: 543; Simon, 1894: 614; Bösenberg, 1902: 156; Locket & Millidge, 1953: 209; Tullgren, 1955: 298; Wiehle, 1960: 193; Palmgren, 1976: 51; Thaler, 1986: 493; Roberts, 1987: 38; Sha, Gao & Zhu, 1994: 19; Song, Zhu & Chen, 1999: 167.

分布：新疆（XJ）、湖北（HB）；古北界

环曲蛛属 *Diplocentria* Hull, 1911

Hull, 1911: 581. Type species: *Tmeticus bidentatus* Emerton, 1882

异名：

Microcentria Schenkel, 1925; Wunderlich, 1970: 407 (Syn.);
Smodigoides Crosby & Bishop, 1936; Holm, 1945: 20 (Syn., sub *Microcentria*);
Scotoussa Bishop & Crosby, 1938; Holm, 1945: 19 (Syn.).

双齿环曲蛛 *Diplocentria bidentata* (Emerton, 1882)

Emerton, 1882: 56 (*Tmeticus bidentatus*); Simon, 1884: 500 (*Gongylidium bidentatum*); Marx, 1890: 533 (*Erigone b.*); Crosby, 1905: 310 (*Oedothorax bidentatus*); O. P.-Cambridge, 1905: 61 (*Tmeticus rivalis*); Lessert, 1907: 116 (*Centromerus subalpinus*); O. P.-Cambridge, 1909: 104 (*Centromerus rivalis*); Hull, 1911: 581 (*D. rivalis*); Lessert, 1910: 222 (*Centromerus subalpinus*); Schenkel, 1925: 300 (*D. rivalis*); Chamberlin & Ivie, 1933: 15 (*Eulaira tigana*); Bishop & Crosby, 1938: 87 (*Scotoussa b.*); Holm, 1939: 23 (*D. rivalis*); Holm, 1945: 19 (*D. b.*, Syn.); Chamberlin & Ivie, 1945: 11 (*D. b.*, Syn.); Denis, 1947: 80; Kaston, 1948: 212 (*Scotoussa b.*); Locket & Millidge, 1953: 307; Tullgren, 1955: 332; Braendegaard, 1958: 58; Wiehle, 1960: 428; Merrett, 1963: 406; Palmgren, 1976: 52; Millidge, 1977: 6; Millidge, 1984: 157; Roberts, 1987: 94; Heimer & Nentwig, 1991: 140; Fei, Zhu & Gao, 1994: 48; Agnarsson, 1996: 106; Song, Zhu & Chen, 1999: 167; Hormiga, 2000: 32; Paquin & Dupérré, 2003: 97; Merrett & Dawson, 2005: 119.

异名：

Diplocentria rivalis (O. P.-Cambridge, 1905, Trans. from *Tmeticus*); Holm, 1945: 19 (Syn.); Chamberlin & Ivie, 1945: 11 (Syn.);
D. tigana (Chamberlin & Ivie, 1933, Trans. from *Eulaira*); Chamberlin & Ivie, 1945: 11 (Syn.).

分布：吉林（JL）；全北界

类双头蛛属 Diplocephaloides Oi, 1960

Oi, 1960: 156. Type species: *Diplocephalus saganus* Bösenberg & Strand, 1906

钩状类双头蛛 *Diplocephaloides uncatus* Song & Li, 2010

Song & Li, 2010: 703.

分布：浙江（ZJ）

双头蛛属 *Diplocephalus* Bertkau, 1883

Bertkau, 1883: 229. Type species: *Erigone foraminifera* O. P.-Cambridge, 1875

异名：

Plaesiocraerus Simon, 1884; Denis, 1949: 140 (Syn.);
Streptosphaenus Simon, 1926; Denis, 1949: 140 (Syn.);
Chocorua Crosby & Bishop, 1933; Hackman, 1954: 28 (Syn.).

奇异双头蛛 *Diplocephalus mirabilis* Eskov, 1988

Eskov, 1988: 18; Sha, Gao & Zhu, 1994: 14; Song, Zhu & Chen, 1999: 167; Song & Li, 2010: 128.

分布：吉林（JL）；俄罗斯

双亲双头蛛 *Diplocephalus parentalis* Song & Li, 2010

Song & Li, 2010: 132.

分布：浙江（ZJ）

樱蛛属 *Doenitzius* Oi, 1960

Oi, 1960: 194. Type species: *Doenitzius peniculus* Oi, 1960

纯净樱蛛 *Doenitzius pruvus* Oi, 1960

Oi, 1960: 196 (*D. p.*: specific name was spelled three different ways by Oi, 1960, but *parvus* was not one of the three); Paik, 1965: 61 (*D. purvus*); Yaginuma, 1970: 651 (*D. parvus*); Paik, 1978: 245 (*D. parvus*); Brignoli, 1983: 293 (*D. parvus*, original spelling regarded as *lapsus*); Yaginuma, 1986: 75; Li, Song & Zhu, 1994: 80; Tao, Li & Zhu, 1995: 245; Song, Zhu & Chen, 1999: 167; Namkung, 2002: 167; Kim & Cho, 2002: 272 (*D. purvus*); Namkung, 2003: 169; Lee et al., 2004: 100; Ono, Matsuda & Saito, 2009: 310.

分布：吉林（JL）；韩国、日本、俄罗斯

珑蛛属 *Drapetisca* Menge, 1866

Menge, 1866: 141. Type species: *Linyphia socialis* Sundevall, 1833

二叉珑蛛 *Drapetisca bicruris* Tu & Li, 2006

Li, Song & Zhu, 1994: 80 (*D. socialis*, misidentified); Tao, Li & Zhu, 1995: 245 (*D. s.*, misidentified); Song, Zhu & Chen, 1999: 167 (*D. s.*, misidentified); Hu, 2001: 496 (*D. s.*, misidentified); Tu & Li, 2006: 770.

分布：吉林（JL）、青海（QH）

群居珑蛛 *Drapetisca socialis* (Sundevall, 1833)

Sundevall, 1833: 260 (*Linyphia s.*); Blackwall, 1833: 348 (*L.*

annulipes); Wider, 1834: 256 (*L. tigrina*); C. L. Koch, 1837: 10 (*L. sepium*); C. L. Koch, 1845: 130 (*Meta tigrina*); Westring, 1861: 125 (*L. s.*); Blackwall, 1864: 222 (*L. s.*); Menge, 1866: 141; Thorell, 1870: 65 (*L. s.*); Simon, 1894: 706; Becker, 1896: 12; Bösenberg, 1901: 90; Simon, 1929: 567; Locket & Millidge, 1953: 371; Wiehle, 1956: 137; Merrett, 1963: 363; Wiehle, 1967: 187; Tyschchenko, 1971: 214; Miller, 1971: 215; Palmgren, 1975: 33; Millidge, 1984: 246; Matsuda, 1986: 88; Roberts, 1987: 140; Tanasevitch, 1990: 81; Heimer & Nentwig, 1991: 148; Roberts, 1995: 351; Roberts, 1998: 363; Saaristo & Tanasevitch, 2004: 111; Tu & Li, 2006: 773; Saaristo, in Marusik & Koponen, 2008: 10; Ono, Matsuda & Saito, 2009: 316; Tu & Hormiga, 2010: 61; Dupérré, 2013: 7.

分布：吉林（JL）；古北界

镰蛛属 *Drepanotylus* Holm, 1945

Holm, 1945: 25. Type species: *Neriene uncata* O. P.-Cambridge, 1873

钩镰蛛 *Drepanotylus aduncus* Sha & Zhu, 1995

Sha & Zhu, 1995: 281; Song, Zhu & Chen, 1999: 167.

分布：吉林（JL）

隆首蛛属 *Entelecara* Simon, 1884

Simon, 1884: 619. Type species: *Theridion acuminatum* Wider, 1834

异名：

Stajus Simon, 1884; Millidge, 1977: 37 (Syn.).

金黄隆首蛛 *Entelecara aurea* Gao & Zhu, 1993

Gao & Zhu, 1993: 27; Song, Zhu & Chen, 1999: 167.

分布：湖北（HB）

异突隆首蛛 *Entelecara dabudongensis* Paik, 1983

Paik, 1983: 30; Seo & Sohn, 1984: 115; Saito, 1987: 3 (*E. dobudongensis*); Chikuni, 1989: 59; Song, Zhu & Chen, 1999: 167; Namkung, 2003: 191; Ono, Matsuda & Saito, 2009: 292.

分布：吉林（JL）；韩国、日本、俄罗斯

微蛛属 *Erigone* Audouin, 1826

Audouin, 1826: 320. Type species: *Linyphia longipalpis* Sundevall, 1830

黑微蛛 *Erigone atra* Blackwall, 1833

Blackwall, 1833: 195; Walckenaer, 1841: 346 (*Argus nigrimanus*); Westring, 1861: 597 (*E. vagabunda*); Blackwall, 1864: 274 (*Neriene longipalpis*, misidentified); Menge, 1868: 198 (*E. dentipalpis*, misidentified); O. P.-Cambridge, 1873: 448 (*Neriene a.*); O. P.-Cambridge, 1875: 394 (*E. persimilis*); O. P.-Cambridge, 1877: 278 (*E. arctica*, misidentified); Emerton, 1882: 59 (*E. longipalpis*, misidentified); Dahl, 1883: 44; Simon, 1884: 520 (*E. lantosquensis*); Simon, 1884: 528; Dahl, 1886: 78; Keyserling, 1886: 172 (*E. praepulchra*); F. O. P.-Cambridge, 1894: 89 (*Hillhousia desolans*); Chyzer & Kulczyński, 1894: 90; Becker, 1896: 97; Bösenberg, 1902: 174; Kulczyński, 1902: 546 (*E. lantosquensis*); Kulczyński, 1902: 546; O. P.-Cambridge, 1909: 106 (*Neriene a.*); Crosby & Bishop, 1928: 15; Miller, 1947: 38; Kaston, 1948: 189; Locket & Millidge, 1953: 309; Hackman, 1954: 19; Knülle, 1954: 90; Braendegaard, 1958: 60; Wiehle, 1960: 570; Wiehle, 1960: 463; Locket, 1962: 11; Casemir, 1962: 27; Schenkel, 1963: 111 (*E. dentipalpis kansuensis*); Oi, 1964: 27 (*E. hakusanensis*); Cooke, 1966: 195; Ivie, 1967: 127 (*E. a.*, Syn.); Wiehle, 1967: 199; Tyschchenko, 1971: 259; Miller, 1971: 266; Locket, Millidge & Merrett, 1974: 101; Palmgren, 1976: 64; Heimer, 1982: 50; Saito, 1982: 17 (*E. a.*, Syn.); Millidge, 1984: 265; Song, 1987: 146; Roberts, 1987: 94; Tanasevitch, 1989: 170 (*E. a.*, Syn.); Hu & Wu, 1989: 167; Heimer & Nentwig, 1991: 154; Zhao, 1993: 162; Agnarsson, 1996: 109; Mcheidze, 1997: 308; Bellmann, 1997: 90; Song, Zhu & Chen, 1999: 168; Hu, 2001: 541; Song, Zhu & Chen, 2001: 124; Paquin & Dupérré, 2003: 102; Jocqué & Dippenaar-Schoeman, 2006: 152; Song & Li, 2008: 452; Ono, Matsuda & Saito, 2009: 302; Tu & Hormiga, 2010: 61; Seo, 2011: 143.

异名：

Erigone praepulchra Keyserling, 1886; Ivie, 1967: 128 (Syn.);

E. dentipalpis kansuensis Schenkel, 1963; Tanasevitch, 1989: 170 (Syn.);

E. hakusanensis Oi, 1964; Saito, 1982: 18 (Syn.).

分布：吉林（JL）、甘肃（GS）、青海（QH）、新疆（XJ）、四川（SC）、西藏（XZ）；全北界

齿肢微蛛 *Erigone dentipalpis* (Wider, 1834)

Wider, 1834: 242 (*Theridion dentipalpe*); C. L. Koch, 1841: 90; O. P.-Cambridge, 1863: 8598 (*Neriene d.*); O. P.-Cambridge, 1873: 448 (*Neriene d.*); Simon, 1884: 523; Chyzer & Kulczyński, 1894: 91; Becker, 1896: 95; Bösenberg, 1902: 175; Kulczyński, 1902: 546; Jackson, 1930: 647; Miller, 1947: 38; Locket & Millidge, 1953: 309; Knülle, 1954: 94; Wiehle, 1960: 562; Locket, 1962: 11; Casemir, 1962: 27; Merrett, 1963: 396; Cooke, 1966: 195; Tyschchenko, 1971: 259; Miller, 1971: 266; Locket, Millidge & Merrett, 1974: 101; Palmgren, 1976: 65; Hu & Wang, 1982: 64; Legotai & Sekerskaya, 1982: 51; Wunderlich, 1983: 235; Hu, 1984: 191; Song, 1987: 147; Roberts, 1987: 94; Hu & Wu, 1989: 169; Tanasevitch, 1990: 110; Legotai & Sekerskaya, 1989: 227; Heimer & Nentwig, 1991: 154; Zhao, 1993: 164; Mcheidze, 1997: 307; Song, Zhu & Chen, 1999: 168; Hu, 2001: 542; Bosmans, 2007: 125.

分布：甘肃（GS）、新疆（XJ）、西藏（XZ）；全北界

大齿微蛛 *Erigone grandidens* Tu & Li, 2004

Tu & Li, 2004: 420; Zhao & Li, 2014: 20.

分布：云南（YN）；越南

耶格微蛛 *Erigone jaegeri* Baehr, 1984

Baehr, 1984: 245 (*E. jägeri*); Heimer & Nentwig, 1991: 154; Thaler, 1993: 648; Gao, Zhu & Sha, 1994: 81 (*E. jageri*); Song,

Zhu & Chen, 1999: 168.
分布：吉林（JL）；中欧

锯胸微蛛 *Erigone koshiensis* Oi, 1960

Oi, 1960: 181; Lee, 1966: 33; Namkung, Paik & Yoon, 1971: 51; Saito, 1982: 39; Hu, 1984: 192; Chen & Zhang, 1991: 173; Song, Zhu & Chen, 1999: 168; Namkung, 2002: 193; Namkung, 2003: 195; Ono, Matsuda & Saito, 2009: 302.
分布：江苏（JS）、上海（SH）、浙江（ZJ）、台湾（TW）；韩国、日本

宽微蛛 *Erigone lata* Song & Li, 2008

Song & Li, 2008: 455.
分布：四川（SC）

长触微蛛 *Erigone longipalpis* (Sundevall, 1830)

Sundevall, 1830: 25 (*Linyphia l.*); Walckenaer, 1841: 346 (*Argus longimanus*, lapsus); Westring, 1861: 197; Menge, 1868: 196; O. P.-Cambridge, 1873: 447 (*Neriene l.*); O. P.-Cambridge, 1873: 542 (*N. pascalis*); Simon, 1884: 499 (*Gongylidium pascale*); Simon, 1884: 515; Becker, 1896: 93; Bösenberg, 1902: 175; Kulczyński, 1902: 540; Holm, 1937: 10; Locket & Millidge, 1953: 311; Knülle, 1954: 79; Braendegaard, 1958: 63; Wiehle, 1960: 576; Casemir, 1962: 28; Cooke, 1966: 195; Roşca, 1968: 82; Tyschchenko, 1971: 259; Wunderlich, 1972: 147; Locket, Millidge & Merrett, 1974: 100; Palmgren, 1976: 66; Saito, 1982: 18; Deltshev, 1983: 72; Millidge, 1984: 265; Roberts, 1987: 95; Chikuni, 1989: 53; Heimer & Nentwig, 1991: 156; Sha, in Li & Tao, 1995: 220 (Syn., rejected); Agnarsson, 1996: 111; Mcheidze, 1997: 308; Song, Zhu & Chen, 1999: 168; Song, Zhu & Chen, 2001: 125; Ono, Matsuda & Saito, 2009: 302.
分布：吉林（JL）、河北（HEB）、甘肃（GS）；古北界

隆背微蛛 *Erigone prominens* Bösenberg & Strand, 1906

Bösenberg & Strand, 1906: 168; Strand, 1918: 75 (*E. doenitzi*); Strand, 1918: 94; Crosby & Bishop, 1928: 35 (*E. ourania*); Yaginuma, 1960: 45; Oi, 1960: 180; Miller, 1970: 89 (*E. riparia*); Yaginuma, 1971: 45; Locket, 1973: 158; Locket, 1973: 161 (*E. ourania*); Holm, 1977: 163 (*E. p.*, Syn.); Song et al., 1977: 37; Paik & Namkung, 1979: 33; Song, 1980: 153; Saito, 1982: 17; Wunderlich, 1983: 235 (*E. ourania*); Jocqué, 1984: 128; Hu, 1984: 192; Jocqué, 1985: 203; Guo, 1985: 103; Zhu et al., 1985: 112; Yaginuma, 1986: 81; Song, 1987: 148; Zhang, 1987: 124; Millidge, 1988: 66; Chikuni, 1989: 53; Feng, 1990: 132; Chen & Gao, 1990: 106; Chen & Zhang, 1991: 173; Song, Zhu & Li, 1993: 859; Zhao, 1993: 165; Barrion & Litsinger, 1994: 317; Song, Zhu & Chen, 1999: 168; Song, Zhu & Chen, 2001: 126; Namkung, 2002: 192; Namkung, 2003: 194; Tu & Li, 2004: 422; Song & Li, 2008: 460 (*E. p.*, Syn.); Lee, Kang & Kim, 2009: 125; Ono, Matsuda & Saito, 2009: 302 (*E. p.*, Syn.); Zhu & Zhang, 2011: 122; Yin et al., 2012: 485.
异名：
Erigone doenitzi Strand, 1918; Ono, Matsuda & Saito, in Ono, 2009: 656 (Syn.);
E. ourania Crosby & Bishop, 1928; Song & Li, 2008: 460 (Syn.);
E. riparia Miller, 1970; Holm, 1977: 163 (Syn.).
分布：河北（HEB）、山东（SD）、河南（HEN）、陕西（SN）、安徽（AH）、江苏（JS）、浙江（ZJ）、江西（JX）、湖南（HN）、湖北（HB）、四川（SC）、重庆（CQ）、福建（FJ）、台湾（TW）、广东（GD）；喀麦隆到日本、新西兰

中华微蛛 *Erigone sinensis* Schenkel, 1936

Schenkel, 1936: 61; Schenkel, 1963: 109 (*E. amdoensis*); Zhu & Wen, 1980: 18 (*E. changchunensis*); Hu, 1984: 190 (*E. c.*); Song, 1987: 147 (*E. c.*); Zhang, 1987: 123 (*E. c.*); Heimer, 1987: 142 (*E. piechockii*); Tanasevitch, 1989: 170; Sha, in Li & Tao, 1995: 220 (*E. longipalpis*, Syn., rejected); Song, Zhu & Chen, 1999: 168; Marusik & Koponen, 2000: 61 (*E. c.*, Syn.); Tu & Li, 2005: 861 (*E. s.*, Syn. of male); Tu, Li & Rollard, 2005: 649 (*E. s.*, Syn.); Tanasevitch, 2013: 283.
异名：
Erigone amdoensis Schenkel, 1963; Tu & Li, 2005: 861 (Syn.); Tu, Li & Rollard, 2005: 649 (Syn.);
E. changchunensis Zhu & Wen, 1980; Tu & Li, 2005: 861 (Syn.); Tu, Li & Rollard, 2005: 649 (Syn.);
E. piechockii Heimer, 1987; Marusik & Koponen, 2000: 61 (Syn., sub. *E. changchunensis*).
分布：吉林（JL）、甘肃（GS）、青海（QH）、新疆（XJ）、西藏（XZ）；吉尔吉斯斯坦、蒙古、俄罗斯

折多山微蛛 *Erigone zheduoshanensis* Song & Li, 2008

Song & Li, 2008: 464.
分布：四川（SC）

耶微蛛属 *Eskovina* Koçak & Kemal, 2006

Koçak & Kemal, 2006: 6. Type species: *Gongylidium clavus* Zhu & Wen, 1980

钉突耶微蛛 *Eskovina clava* (Zhu & Wen, 1980)

Zhu & Wen, 1980: 20 (*Gongylidium clavus*); Hu, 1984: 196 (*G. clavus*); Eskov, 1984: 1341 (*Oinia trilineata*); Paik, 1985: 59 (*G. clavus*); Eskov, 1992: 53 (*O. c.*, Trans. from *Gongylidium*, Syn.); Song, Zhu & Chen, 1999: 199 (*O. c.*); Namkung, 2003: 200 (*O. c.*); Lee, Kang & Kim, 2009: 137 (*O. c.*).
异名：
Eskovina trilineata Eskov, 1984; Eskov, 1992: 53 (Syn., sub. *Oinia*).
分布：吉林（JL）、内蒙古（NM）；韩国、俄罗斯

奕蛛属 *Estrandia* Blauvelt, 1936

Blauvelt, 1936: 164. Type species: *Linyphia grandaeva*

Keyserling, 1886

华美奕蛛 *Estrandia grandaeva* (Keyserling, 1886)

Keyserling, 1886: 92 (*Linyphia g.*); Emerton, 1894: 409 (*L. humilis*; preoccupied); Banks, 1910: 33 (*L. nearctica*, replacement name for *L. humilis* Emerton); Emerton, 1911: 398 (*L. humilis*); Schenkel, 1930: 18 (*L. tridens*); Blauvelt, 1936: 164 (*E. nearctica*); Roewer, 1942: 592 (*L. granadaeva*, lapsus); Chamberlin & Ivie, 1947: 55 (*E. g.*, Trans. from *Linyphia*); Kaston, 1948: 125 (*E. nearctica*); Bishop, 1949: 101 (*E. n.*, Syn.); Hackman, 1954: 11 (*E. g.*, Syn.); Yaginuma & Nishikawa, 1971: 74 (*L. tridens*); Palmgren, 1975: 86 (*E. grandeva*); Pakhorukov & Utochkin, 1977: 910 (*L. tridens*); Pakhorukov, 1981: 73 (*E. grandeva*); Saito, 1983: 57 (*L. tridens*); Millidge, 1984: 237 (*E. n.*); Yaginuma, 1986: 69 (*E. n.*); Chikuni, 1989: 52 (*E. n.*); Li, Song & Zhu, 1994: 78; Tao, Li & Zhu, 1995: 245; Song, Zhu & Chen, 1999: 169; Paquin & Dupérré, 2003: 138; Ono, Matsuda & Saito, 2009: 335; Zhu & Zhang, 2011: 123.

异名：

Estrandia nearctica (Banks, 1910, Trans. from *Linyphia*); Hackman, 1954: 11 (Syn.);

E. tridens (Schenkel, 1930, Trans. from *Linyphia*); Bishop, 1949: 101 (Syn., sub. *E. nearctica*).

分布：吉林（JL）；全北界

弗蛛属 *Floronia* Simon, 1887

Simon, 1887: 158. Type species: *Araneus bucculentus* Clerck, 1757

三角弗蛛 *Floronia bucculenta* (Clerck, 1757)

Clerck, 1757: 63 (*Araneus bucculentus*); Wider, 1834: 262 (*Linyphia frenata*); C. L. Koch, 1836: 64 (*Theridion pallidum*); Walckenaer, 1841: 279 (*Linyphia elegans*); Blackwall, 1843: 126 (*L. pallida*); Westring, 1861: 110 (*L. frenata*); Blackwall, 1864: 228 (*L. frenata*); Menge, 1866: 137 (*Bolyphantes frenatus*); Ohlert, 1867: 81 (*L. albomaculata*); Thorell, 1870: 54 (*L. frenata*); Dahl, 1883: 50 (*B. bucculentus*); Simon, 1884: 207 (*Frontina b.*); Simon, 1887: 158; Chyzer & Kulczyński, 1894: 51 (*F. frenata*); Simon, 1894: 708; Becker, 1896: 10 (*Frontina b.*); Bösenberg, 1901: 62 (*B. frenatus*); Lessert, 1910: 823 (*Frontina frenata*); Fage, 1919: 78; Simon, 1929: 566, 726; Locket & Millidge, 1953: 373; Wiehle, 1956: 146; Saitō, 1959: 78 (*B. frenatus*); Merrett, 1963: 364; Wiehle, 1967: 187; Tyschchenko, 1971: 227; Miller, 1971: 216; Palmgren, 1975: 34; Millidge, 1984: 246; Roberts, 1987: 142; Izmailova, 1989: 71; Tanasevitch, 1990: 87; Heimer & Nentwig, 1991: 160; Roberts, 1995: 363; Tao, Li & Zhu, 1995: 246; Saaristo, 1996: 6; Roberts, 1998: 374; Song, Zhu & Chen, 1999: 169; Hu, 2001: 498; Song, Zhu & Chen, 2001: 127; Saaristo, in Marusik & Koponen, 2008: 9; Dupérré, 2013: 7.

异名：

Floronia frenata (Wider, 1834, Trans. from *Linyphia*); Clerckian names validated by ICZN Direction 104.

分布：吉林（JL）、辽宁（LN）、河北（HEB）、青海（QH）、云南（YN）；俄罗斯、欧洲

湖南弗蛛 *Floronia hunanensis* Li & Song, 1993

Li & Song, 1993: 251; Song & Li, 1997: 405; Song, Zhu & Chen, 1999: 169; Yin et al., 2012: 486.

分布：湖南（HN）

九湖弗蛛 *Floronia jiuhuensis* Li & Zhu, 1987

Li & Zhu, in Li, Sha & Zhu, 1987: 43; Song, Zhu & Chen, 1999: 169.

分布：湖北（HB）

浙江弗蛛 *Floronia zhejiangensis* Zhu, Chen & Sha, 1987

Zhu, Chen & Sha, 1987: 139; Chen & Zhang, 1991: 169; Song, Zhu & Chen, 1999: 169.

分布：浙江（ZJ）

盾蛛属 *Frontinella* F. O. P.-Cambridge, 1902

F. O. P.-Cambridge, 1902: 422. Type species: *Linyphia communis* Hentz, 1850

湖北盾蛛 *Frontinella hubeiensis* Li & Song, 1993

Li & Song, 1993: 252; Li, Song & Zhu, 1994: 78; Song & Li, 1997: 406; Song, Zhu & Chen, 1999: 169.

分布：湖北（HB）

朱氏盾蛛 *Frontinella zhui* Li & Song, 1993

Li & Song, in Song, Zhu & Li, 1993: 863; Li & Song, 1993: 254; Li, Song & Zhu, 1994: 78; Song & Li, 1997: 407; Song, Zhu & Chen, 1999: 169; Yin et al., 2012: 488.

分布：湖南（HN）、湖北（HB）、福建（FJ）

斗士蛛属 *Gladiata* Zhao & Li, 2014

Zhao & Li, 2014: 21. Type species: *Gladiata fengli* Zhao & Li, 2014

锋利斗士蛛 *Gladiata fengli* Zhao & Li, 2014

Zhao & Li, 2014: 21.

分布：云南（YN）

格莱蛛属 *Glebala* Zhao & Li, 2014

Zhao & Li, 2014: 22. Type species: *Glebala aspera* Zhao & Li, 2014

粗糙格莱蛛 *Glebala aspera* Zhao & Li, 2014

Zhao & Li, 2014: 23.

分布：云南（YN）

球状蛛属 *Glomerosus* Zhao & Li, 2014

Zhao & Li, 2014: 23. Type species: *Glomerosus lateralis* Zhao & Li, 2014

边球状蛛 *Glomerosus lateralis* Zhao & Li, 2014

Zhao & Li, 2014: 24.

分布：云南（YN）

额角蛛属 *Gnathonarium* Karsch, 1881

Karsch, 1881: 10. Type species: *Theridion dentatum* Wider, 1834

双凹额角蛛 *Gnathonarium biconcavum* Tu & Li, 2004

Tu & Li, 2004: 854.

分布：新疆（XJ）

齿螯额角蛛 *Gnathonarium dentatum* (Wider, 1834)

Wider, 1834: 223 (*Theridion d.*); Walckenaer, 1841: 354 (*Argus d.*); Westring, 1861: 262 (*Erigone dentata*); Blackwall, 1864: 258 (*Neriene dentata*); Menge, 1868: 187 (*Tmeticus dentatus*); Menge, 1868: 189 (*T. cristatus*); Karsch, 1881: 10 (*G. rohlfsianum*); Simon, 1884: 492 (*Gongylidium d.*); Chyzer & Kulczyński, 1894: 91 (*Trachygnatha dentata*); Becker, 1896: 88 (*Gongylidium d.*); Bösenberg, 1902: 166 (*Tmeticus dentatus*); Bösenberg & Strand, 1906: 165 (*Oedothorax dentatus*); Simon, 1926: 476, 532; Hull, 1932: 108 (*Micryphantes dentatus*); Bishop & Crosby, 1935: 222; Locket & Millidge, 1953: 217; Tullgren, 1955: 363; Oi, 1960: 147; Wiehle, 1960: 371; Merrett, 1963: 442; Miller, 1971: 261; Yaginuma, 1971: 45; Tyschchenko, 1971: 248; Namkung, Paik & Yoon, 1972: 92; Palmgren, 1976: 69; Millidge, 1977: 40; Song et al., 1977: 37; Paik & Namkung, 1979: 34; Song, 1980: 155; Millidge, 1980: 101; Saito, 1983: 3; Hu, 1984: 194; Guo, 1985: 105; Zhu et al., 1985: 115; Yaginuma, 1986: 80; Song, 1987: 150; Roberts, 1987: 42; Zhang, 1987: 127; Tanasevitch, 1990: 102; Feng, 1990: 134; Chen & Gao, 1990: 108; Chen & Zhang, 1991: 176; Heimer & Nentwig, 1991: 162; Millidge, 1993: 147; Song, Zhu & Li, 1993: 860; Zhao, 1993: 183; Song, Zhu & Chen, 1999: 169; Hu, 2001: 544; Song, Zhu & Chen, 2001: 129; Namkung, 2002: 187; Namkung, 2003: 189; Guryanova, 2003: 5; Tu & Li, 2004: 859; Bosmans, 2007: 126; Lee, Kang & Kim, 2009: 126; Ono, Matsuda & Saito, 2009: 294; Zhu & Zhang, 2011: 124; Yin et al., 2012: 489; Tanasevitch, 2013: 173.

分布：吉林（JL）、内蒙古（NM）、河北（HEB）、北京（BJ）、山西（SX）、山东（SD）、河南（HEN）、陕西（SN）、甘肃（GS）、青海（QH）、安徽（AH）、江苏（JS）、浙江（ZJ）、江西（JX）、湖南（HN）、湖北（HB）、四川（SC）、西藏（XZ）、福建（FJ）、广东（GD）；古北界

驼背额角蛛 *Gnathonarium gibberum* Oi, 1960

Oi, 1960: 149; Song et al., 1977: 37; Paik & Namkung, 1979: 35; Song, 1980: 158; Wang, 1981: 109; Saito, 1983: 4; Hu, 1984: 194; Guo, 1985: 106; Yaginuma, 1986: 80; Song, 1987: 152; Zhang, 1987: 128; Feng, 1990: 135; Chen & Gao, 1990: 109; Chen & Zhang, 1991: 177; Song, Zhu & Li, 1993: 860; Zhao, 1993: 185; Barrion & Litsinger, 1994: 322; Song, Zhu & Chen, 1999: 170; Song, Zhu & Chen, 2001: 131; Namkung, 2002: 188; Namkung, 2003: 190; Tu & Li, 2004: 861; Lee, Kang & Kim, 2009: 126; Ono, Matsuda & Saito, 2009: 294; Zhu & Zhang, 2011: 125; Yin et al., 2012: 491.

分布：河北（HEB）、陕西（SN）、安徽（AH）、江苏（JS）、浙江（ZJ）、江西（JX）、湖南（HN）、湖北（HB）、四川（SC）、福建（FJ）；韩国、日本、俄罗斯

塔克额角蛛 *Gnathonarium taczanowskii* (O. P.-Cambridge, 1873)

O. P.-Cambridge, 1873: 443 (*Erigone t.*); L. Koch, 1879: 50 (*E. t.*); Simon, 1884: 499 (*Gongylidium t.*); Schenkel, 1963: 114 (*G. cambridgei*); Zhu & Wen, 1980: 19 (*G. cornigerum*); Hu, 1984: 193 (*G. c.*); Zhu et al., 1985: 114 (*G. c.*); Zhang, 1987: 126 (*G. c.*); Gao & Zhu, 1988: 350 (*G. phragmigerum*); Song, Zhu & Li, 1993: 860 (*G. p.*); Gao & Zhu, 1993: 28 (*G. flavidum*); Song, Zhu & Chen, 1999: 169 (*G. cornigerum*); Song, Zhu & Chen, 1999: 169 (*G. flavidum*); Song, Zhu & Chen, 1999: 170 (*G. phragmigerum*); Hu, 2001: 543 (*G. cornigerum*); Song, Zhu & Chen, 2001: 128 (*G. c.*); Tu & Li, 2004: 856 (*G. cambridgei*, Syn. of male); Tanasevitch, 2006: 303 (*G. t.*, regarded as valid, after Buckle et al., 2001: 120, Syn.); Zhu & Zhang, 2011: 126; Yin et al., 2012: 492; Tanasevitch, 2013: 177 (*G. t.*, Syn.).

异名：

Gnathonarium columbianum (Emerton, 1923, removed from Syn. of *G. suppositum*); Tanasevitch, 2013: 177 (Syn., contra. Eskov, 1988: 105);

G. cambridgei Schenkel, 1963; Tanasevitch, 2006: 303 (Syn.);

G. cornigerum Zhu & Wen, 1980; Tu & Li, 2004: 856 (Syn., sub. *G. cambridgei*);

G. phragmigerum Gao & Zhu, 1988; Tu & Li, 2004: 856 (Syn., sub. *G. cambridgei*);

G. flavidum Gao & Zhu, 1993; Tu & Li, 2004: 856 (Syn., sub. *G. cambridgei*).

分布：陕西（SN）、青海（QH）；蒙古、俄罗斯、阿拉斯加

戈那蛛属 *Gonatium* Menge, 1868

Menge, 1868: 180. Type species: *Neriene rubens* Blackwall, 1833

日本戈那蛛 *Gonatium japonicum* Simon, 1906

Simon, in Bösenberg & Strand, 1906: 162; Schenkel, 1936: 55 (*G. cinctum*); Oi, 1960: 155 (*G. opimum*); Millidge, 1981: 272 (*G. j.*, Syn.); Yaginuma, 1986: 83; Chikuni, 1989: 57; Namkung, 2002: 191; Namkung, 2003: 193; Ono, Matsuda & Saito, 2009: 268.

异名：

Gonatium cinctum Schenkel, 1936; Millidge, 1981: 257 (Syn.);

G. opimum Oi, 1960; Millidge, 1981: 257 (Syn.).

分布：甘肃（GS）；韩国、日本、俄罗斯

贡勒蛛属 *Gongylidiellum* Simon, 1884

Simon, 1884: 605. Type species: *Neriene latebricola* O.

P.-Cambridge, 1871

鳞状贡勒蛛 *Gongylidiellum bracteatum* Zhao & Li, 2014

Zhao & Li, 2014: 25.

分布：云南（YN）

圆胸蛛属 *Gongylidioides* Oi, 1960

Oi, 1960: 172. Type species: *Gongylidioides cucullatus* Oi, 1960

针饰圆胸蛛 *Gongylidioides acmodontus* Tu & Li, 2006

Tu & Li, 2006: 53.

分布：四川（SC）

狭圆胸蛛 *Gongylidioides angustus* Tu & Li, 2006

Tu & Li, 2006: 55.

分布：台湾（TW）

双椭圆胸蛛 *Gongylidioides diellipticus* Song & Li, 2008

Song & Li, 2008: 92.

分布：陕西（SN）、四川（SC）、台湾（TW）

穿孔圆胸蛛 *Gongylidioides foratus* (Ma & Zhu, 1990)

Ma & Zhu, 1990: 433 (*Oedothorax f.*); Eskov, 1992: 159 (*G. f.*, Trans. from *Oedothorax*); Song, Zhu & Chen, 1999: 170; Tu & Li, 2006: 56.

分布：湖南（HN）、湖北（HB）

灰线圆胸蛛 *Gongylidioides griseolineatus* (Schenkel, 1936)

Schenkel, 1936: 58 (*Gonatium griseolineatum*); Tanasevitch, 1989: 170 (*Oinia griseolineata*, Trans. from *Gonatium*); Eskov, 1992: 159 (*G. g.*, Trans. from *Oinia=Eskovina*); Song, Zhu & Chen, 1999: 170 (*G. griseolineata*); Tu & Li, 2006: 59.

分布：甘肃（GS）；俄罗斯

口泉圆胸蛛 *Gongylidioides kouqianensis* Tu & Li, 2006

Tu & Li, 2006: 59.

分布：吉林（JL）

瓶垂圆胸蛛 *Gongylidioides lagenoscapis* Yin, 2012

Yin, in Yin et al., 2012: 494.

分布：湖南（HN）

小野圆胸蛛 *Gongylidioides onoi* Tazoe, 1994

Tazoe, 1994: 131; Gao, Xing & Zhu, 1996: 293 (*Aprifrontalia quadrialata*); Song, Zhu & Chen, 1999: 156 (*A. q.*); Tu & Li, 2004: 426 (*G. o.*, Syn.); Ono, Matsuda & Saito, 2009: 296.

异名：

Gongylidioides quadrialatus (Gao, Xing & Zhu, 1996, Trans. from *Aprifrontalia*); Tu & Li, 2004: 426 (Syn.).

分布：陕西（SN）、安徽（AH）、浙江（ZJ）、台湾（TW）；日本、越南

裂缝圆胸蛛 *Gongylidioides rimatus* (Ma & Zhu, 1990)

Ma & Zhu, 1990: 431 (*Oedothorax r.*); Eskov, 1992: 159 (*G. r.*, Trans. from *Oedothorax*); Song, Zhu & Chen, 1999: 170; Tu & Li, 2006: 62; Tanasevitch, 2006: 303; Yin et al., 2012: 495.

分布：吉林（JL）、陕西（SN）、甘肃（GS）、湖北（HB）；俄罗斯

纵带圆胸蛛 *Gongylidioides ussuricus* Eskov, 1992

Eskov, 1992: 159; Fei & Zhu, 1992: 536 (*Oedothorax longistriatus*); Eskov & Marusik, 1994: 67 (*G. u.*, Syn.); Song, Zhu & Chen, 1999: 170.

异名：

Gongylidioides longistriatus (Fei & Zhu, 1992, Trans. from *Oedothorax*); Eskov & Marusik, 1994: 67 (Syn.).

分布：吉林（JL）；俄罗斯

圆膝蛛属 *Gongylidium* Menge, 1868

Menge, 1868: 183. Type species: *Aranea rufipes* Linnaeus, 1758

皱褶圆膝蛛 *Gongylidium rugulosum* Song & Li, 2010

Song & Li, 2010: 707 (*G. rugulosa*).

分布：西藏（XZ）

齿突蛛属 *Halorates* Hull, 1911

Hull, 1911: 584. Type species: Neriene reproba O. P.-Cambridge, 1879

六斑齿突蛛 *Halorates sexastriatus* Fei, Gao & Chen, 1997

Fei, Gao & Chen, 1997: 54.

分布：四川（SC）

泽蛛属 *Helophora* Menge, 1866

Menge, 1866: 127. Type species: *Linyphia insignis* Blackwall, 1841

特异泽蛛 *Helophora insignis* (Blackwall, 1841)

Blackwall, 1841: 662 (*Linyphia i.*); Westring, 1851: 37 (*L. pallescens*); Westring, 1861: 119 (*L. pallescens*); Grube, 1861: 8 (*L. sagittata*); Blackwall, 1864: 238 (*L. i.*); Menge, 1866: 127 (*H. pallescens*); Emerton, 1882: 67; Keyserling, 1886: 80 (*L. i.*); Bösenberg, 1901: 90; Emerton, 1902: 146 (*L. i.*); Hull, 1920: 8 (*Scaptophorus i.*); Simon, 1929: 636, 745 (*L. i.*); Blauvelt, 1936: 155; Comstock, 1940: 402 (*L. i.*); Kaston, 1948: 126 (*H. i.*, Trans. from *Linyphia*); Locket & Millidge, 1953: 395; Wiehle, 1956: 289; Merrett, 1963: 372; Beer, 1964: 527; Wiehle, 1967: 187; Tyschchenko, 1971: 214; Miller, 1971: 219; Palmgren, 1975: 37; Millidge, 1977: 48; van Helsdingen, 1978: 186 (*H. i.*, Syn.); Millidge, 1984: 246; Roberts, 1987: 159; Izmailova, 1989: 76 (*Linyphia i.*); Tanasevitch, 1990: 81; Heimer & Nentwig, 1991: 166; Li, Song & Zhu, 1994: 80; Roberts, 1995: 363; Tao, Li & Zhu, 1995: 246; Roberts, 1998: 373; Song, Zhu & Chen, 1999: 170; Paquin & Dupérré, 2003:

139; Tu & Hormiga, 2010: 61.

异名：

Helophora sagittata (Grube, 1861, Trans. from *Linyphia*); van Helsdingen, 1978: 186 (Syn.).

分布：吉林（JL）；全北界

贵德泽蛛 *Helophora kueideensis* Hu, 2001

Hu, 2001: 499.

分布：青海（QH）

荫湿蛛属 *Hilaira* Simon, 1884

Simon, 1884: 375. Type species: *Neriene excisa* O. P.-Cambridge, 1871

异名：

Utopiellum Strand, 1901; Holm, 1945: 28 (Syn.);

Arctilaira Chamberlin, 1921; Holm, 1960: 119 (Syn.);

Soudinus Crosby & Bishop, 1936; Marusik et al., 1993: 68 (Syn.).

具结荫湿蛛 *Hilaira tuberculifera* Sha & Zhu, 1995

Sha & Zhu, 1995: 284; Song, Zhu & Chen, 1999: 171.

分布：吉林（JL）

喜峰蛛属 *Himalaphantes* Tanasevitch, 1992

Tanasevitch, 1992: 43. Type species: *Lepthyphantes grandiculus* Tanasevitch, 1987

东喜峰蛛 *Himalaphantes azumiensis* (Oi, 1979)

Oi, 1979: 333 (*Lepthyphantes a.*); Zhu, Li & Sha, 1986: 265 (*Lepthyphantes denticulatus*); Chikuni, 1989: 48 (*Lepthyphantes a.*); Tanasevitch, 1992: 45 (*H. a.*, Trans. from *Lepthyphantes*); Li & Tao, 1995: 224 (*Lepthyphantes a.*, Syn.); Song, Zhu & Chen, 1999: 171; Hu, 2001: 505 (*Lepthyphantes denticulatus*); Ono, Matsuda & Saito, 2009: 327; Zhu & Zhang, 2011: 128; Yin et al., 2012: 497.

异名：

Himilaphantes denticulatus (Zhu, Li & Sha, 1986, Trans. from *Lepthyphantes*); Li & Tao, 1995: 224 (Syn., sub. *Lepthyphantes*).

分布：甘肃（GS）、青海（QH）、四川（SC）、贵州（GZ）；日本、俄罗斯

霍蛛属 *Holminaria* Eskov, 1991

Eskov, 1991: 97. Type species: *Holminaria sibirica* Eskov, 1991

西伯利亚霍蛛 *Holminaria sibirica* Eskov, 1991

Eskov, 1991: 98; Tao, Li & Zhu, 1995: 243 (*Birgerius triangulus*); Song, Zhu & Chen, 1999: 159 (*B. t.*); Marusik, Koponen & Danilov, 2001: 86 (*H. s.*, Syn.).

异名：

Holminaria triangula (Tao, Li & Zhu, 1995, Trans. from *Birgerius*); Marusik, Koponen & Danilov, 2001: 86 (Syn.); Yin et al., 2012: 499.

分布：吉林（JL）；蒙古、俄罗斯

厚昣蛛属 *Houshenzinus* Tanasevitch, 2006

Tanasevitch, 2006: 292. Type species: *Houshenzinus rimosus* Tanasevitch, 2006

多裂厚昣蛛 *Houshenzinus rimosus* Tanasevitch, 2006

Tanasevitch, 2006: 292; Song & Li, 2008: 92.

分布：陕西（SN）

小龙哈厚昣蛛 *Houshenzinus xiaolongha* Zhao & Li, 2014

Zhao & Li, 2014: 25.

分布：云南（YN）

钻头蛛属 *Hylyphantes* Simon, 1884

Simon, 1884: 464. Type species: *Erigone nigrita* Simon, 1881

异名：

Erigonidium Smith, 1904; Wunderlich, 1970: 406 (Syn.).

曲膝钻头蛛 *Hylyphantes geniculatus* Tu & Li, 2003

Tu & Li, 2003: 211; Tu & Li, 2005: 62.

分布：陕西（SN）

草间钻头蛛 *Hylyphantes graminicola* (Sundevall, 1830)

Sundevall, 1830: 26 (*Linyphia g.*); Hahn, 1833: 92 (*Theridion rubripes*); C. L. Koch, 1833: 121 (*Micryphantes rubripes*); C. L. Koch, 1838: 121 (*M. rubripes*); Walckenaer, 1841: 351 (*Argus graminicolis*); Westring, 1851: 43 (*Erigone g.*); Blackwall, 1852: 269 (*Neriene g.*); Westring, 1861: 257 (*Erigone g.*); Westring, 1861: 261 (*E. dentifera*); Blackwall, 1864: 272 (*Neriene g.*); Menge, 1868: 191 (*Tmeticus graminicolus*); Simon, 1884: 499 (*Gongylidium dentiferum*); Simon, 1884: 474 (*G. g.*); Simon, 1894: 669 (*Erigone g.*); Becker, 1896: 79 (*Gongylidium g.*); Bösenberg, 1902: 165 (*Tmeticus g.*); Kulczyński, 1902: 548 (*Erigone g.*); Smith, 1904: 113 (*Erigonidium graminicolum*); Dönitz & Strand, in Bösenberg & Strand, 1906: 381 (*Erigone hua*); Strand, 1907: 142 (*Erigonides g.*); Simon, 1909: 100 (*Erigone orientalis*); Simon, 1909: 101 (*E. tonkina*); Fedotov, 1912: 66 (*E. g.*); Simon, 1926: 450, 521 (*Tmeticus g.*); Locket & Millidge, 1953: 217 (*Erigonidium g.*, Trans. from *Micryphantes*); Oi, 1960: 143 (*E. g.*); Wiehle, 1960: 406 (*E. graminicolum*); Schenkel, 1963: 113 (*Tmeticus yunnanensis*); Merrett, 1963: 391 (*E. g.*); Lee, 1966: 34 (*E. g.*); Tyschchenko, 1971: 248 (*E. g.*); Miller, 1971: 261 (*E. g.*); Suganami, 1971: 23 (*E. g.*); Punda, 1975: 56 (*E. g.*); Palmgren, 1976: 68 (*E. g.*); Millidge, 1977: 11 (*E. g.*); Song et al., 1977: 36 (*E. g.*); Paik & Namkung, 1979: 33 (*E. g.*); Song, 1980: 149 (*E. g.*); Wang, 1981: 107 (*E. graminicolum*); Hu, 1984: 188 (*E. g.*); Guo, 1985: 104 (*E. g.*); Hu et al., 1985: 113 (*E. g.*); Yaginuma, 1986: 81 (*E. g.*); Song, 1987: 149 (*E. g.*); Roberts, 1987: 42; Zhang, 1987: 125 (*E. g.*); Chikuni, 1989: 56 (*E. g.*); Hu & Wu, 1989: 171 (*E. g.*); Feng,

1990: 135 (*E. graminicolum*); Coddington, 1990: 15 (*E. graminicolum*); Chen & Gao, 1990: 107 (*E. graminicolum*); Chen & Zhang, 1991: 175 (*E. g.*); Heimer & Nentwig, 1991: 172; Eskov, 1992: 166 (*Erigonidium g.*, Syn.); Millidge, 1993: 147 (*E. g.*); Zhao, 1993: 169 (*E. g.*); Barrion & Litsinger, 1994: 319 (*E. g.*); Agnarsson, 1996: 84; Song, Zhu & Chen, 1999: 171; Hormiga, 2000: 43; Hu, 2001: 546 (*Erigonidium g.*); Song, Zhu & Chen, 2001: 132; Namkung, 2002: 186; Kim & Cho, 2002: 297; Namkung, 2003: 188; Tu & Li, 2003: 211; Tu & Li, 2004: 426 (*H. g.*, Syn.); Tu & Li, 2005: 62; Lee et al., 2004: 100; Tu, Li & Rollard, 2005: 651 (*H. g.*, Syn.); Lee, Kang & Kim, 2009: 128; Ono, Matsuda & Saito, 2009: 298; Zhu & Zhang, 2011: 129; Yin et al., 2012: 500; Zhao & Li, 2014: 27.

异名：

Hylyphantes hua (Dönitz & Strand, 1906, Trans. from *Erigone*); Eskov, 1992: 166 (Syn., sub. *Erigonidium*);

H. orientalis (Simon, 1909, Trans. from *Erigone*); Tu & Li, 2004: 426 (Syn.);

H. tonkina (Simon, 1909, Trans. from *Erigone*); Tu & Li, 2004: 426 (Syn.);

H. yunnanensis (Schenkel, 1963, Trans. from *Tmeticus*); Tu, Li & Rollard, 2005: 651 (Syn.).

别名：草间小黑蛛

分布：吉林（JL）、辽宁（LN）、河北（HEB）、山西（SX）、山东（SD）、河南（HEN）、陕西（SN）、宁夏（NX）、青海（QH）、新疆（XJ）、安徽（AH）、江苏（JS）、上海（SH）、浙江（ZJ）、江西（JX）、湖南（HN）、湖北（HB）、四川（SC）、贵州（GZ）、云南（YN）、福建（FJ）、台湾（TW）、广东（GD）、广西（GX）；古北界

黑钻头蛛 *Hylyphantes nigritus* (Simon, 1881)

Simon, 1881: 233 (*Erigone nigrita*); Simon, 1884: 464; Bösenberg, 1902: 151 (*Porrhomma nigritum*); Simon, 1926: 467, 528; Wiehle, 1956: 30; Wiehle, 1960: 404; Wiehle, 1960: 461; Tyschchenko, 1971: 212; Miller, 1971: 260; Palmgren, 1976: 74; Millidge, 1977: 11; Tanasevitch, 1990: 102; Heimer & Nentwig, 1991: 172; Thaler, 1993: 642; Pesarini, 1996: 422; Song, Zhu & Chen, 1999: 171; Hormiga, 2000: 43; Tu & Li, 2003: 209; Tu & Li, 2005: 62.

分布：吉林（JL）、辽宁（LN）、陕西（SN）；古北界

小旋钻头蛛 *Hylyphantes spirellus* Tu & Li, 2005

Tu & Li, 2005: 62.

分布：四川（SC）

异突蛛属 *Hypomma* Dahl, 1886

Dahl, 1886: 88. Type species: *Theridion bituberculatum* Wider, 1834

异名：

Enidia Smith, 1908; Denis, 1968: 7 (Syn.).

双瘤异突蛛 *Hypomma bituberculatum* (Wider, 1834)

Wider, 1834: 216 (*Theridion b.*); Walckenaer, 1841: 363 (*Argus bituberculatus*); Westring, 1861: 210 (*Erigone bituberculata*); Blackwall, 1864: 268 (*Neriene bituberculata*); Ohlert, 1865: 62 (*Micryphantes bituberculatus*); Menge, 1871: 221 (*Dicyphus tumidus*); Hansen, 1882: 32 (*Erigone bituberculata*); Förster & Bertkau, 1883: 270 (*Dicyphus bituberculatus*); Simon, 1884: 559 (*G. b.*); Dahl, 1886: 88 (*H. bituberculata*); Chyzer & Kulczyński, 1894: 100 (*H. b.*); Simon, 1894: 605 (*G. b.*); Becker, 1896: 109 (*G. b.*); Bösenberg, 1902: 163 (*Dicyphus bituberculatus*); Smith, 1904: 115 (*E. bituberculata*); Simon, 1926: 435, 515; Bristowe, 1931: 1404; Hull, 1932: 108 (*Dismodicus b.*); Miller, 1947: 29; Locket & Millidge, 1953: 223; Wiehle, 1960: 290 (*E. bituberculata*); Merrett, 1963: 416 (*E. bituberculata*); Tyschchenko, 1971: 246; Miller, 1971: 259 (*E. bituberculata*); Palmgren, 1976: 58 (*E. bituberculata*); Millidge, 1977: 28; Roberts, 1987: 44; Heimer & Nentwig, 1991: 172; Song, Zhu & Chen, 1999: 171; Marusik & Kunt, 2009: 84.

分布：吉林（JL）；古北界

闪腹蛛属 *Hypselistes* Simon, 1894

Simon, 1894: 671. Type species: *Erigone florens* O. P.-Cambridge, 1875

舟齿闪腹蛛 *Hypselistes acutidens* Gao, Sha & Zhu, 1989

Gao, Sha & Zhu, 1989: 424; Song, Zhu & Chen, 1999: 171; Song, Zhu & Chen, 2001: 133.

分布：陕西（SN）、湖北（HB）

沟突闪腹蛛 *Hypselistes fossilobus* Fei & Zhu, 1993

Fei & Zhu, 1993: 23; Song, Zhu & Chen, 1999: 171.

分布：吉林（JL）；俄罗斯

杰氏闪腹蛛 *Hypselistes jacksoni* (O. P.-Cambridge, 1902)

O. P.-Cambridge, 1902: 32 (*Entelecara jacksonii*); Reimoser, 1919: 76; Schenkel, 1931: 961; Chamberlin & Ivie, 1935: 17 (*H. reducens*); Chamberlin & Ivie, 1947: 45 (*H. reducens*); Locket & Millidge, 1953: 237; Tullgren, 1955: 347; Wiehle, 1960: 92; Merrett, 1963: 418; Palmgren, 1976: 74; Millidge, 1977: 19; Millidge, 1984: 250; Roberts, 1987: 57; Tanasevitch, 1990: 103; Heimer & Nentwig, 1991: 174; Fei & Zhu, 1993: 25; Marusik & Leech, 1993: 1118 (*H. j.*, Syn.); Song, Zhu & Chen, 1999: 171.

异名：

Hypselistes reducens Chamberlin & Ivie, 1935; Marusik & Leech, 1993: 1118 (Syn.).

分布：吉林（JL）；全北界

印赛蛛属 *Incestophantes* Tanasevitch, 1992

Tanasevitch, 1992: 45. Type species: *Linyphia incesta* L. Koch, 1879

环足印赛蛛 *Incestophantes kochiellus* (Strand, 1900)

L. Koch, 1879: 15 (*Linyphia albula*, preoccupied); Strand,

1900: 102 (*L. k.*, replacement name); Strand, 1901: 5 (*Bolyphantes affinitatus*); Kulczyński, 1916: 19 (*L. albulus*); Holm, 1944: 122 (*L. k.*, Syn.); Holm, 1973: 93 (*L. k.*); Palmgren, 1975: 57 (*L. k.*); Pakhorukov & Utochkin, 1977: 909 (*L. k.*); Pakhorukov, 1981: 77 (*L. k.*); Tanasevitch, 1992: 45 (*I. k.*, Trans. from *Lepthyphantes*); Thaler, van Helsdingen & Deltshev, 1994: 120 (*L. k.*); Tao, Li & Zhu, 1995: 249 (*L. k.*); Tanasevitch, 1996: 119 (*I. obtusus*); Tanasevitch, 1996: 120; Song, Zhu & Chen, 1999: 171; Tanasevitch, 2008: 124 (*I. k.*, Syn.).

异名：

Incestophantes affinitatus (Strand, 1901, Trans. from *Bolyphantes*); Holm, 1944: 122 (Syn., sub. *Lepthyphantes*);

I. obtusus Tanasevitch, 1996; Tanasevitch, 2008: 124 (Syn.).

分布：青海（QH）、四川（SC）；俄罗斯、芬兰、瑞典、挪威

印蛛属 *Indophantes* Saaristo & Tanasevitch, 2003

Saaristo & Tanasevitch, 2003: 320. Type species: *Indophantes kalimantanus* Saaristo & Tanasevitch, 2003

月晕印蛛 *Indophantes halonatus* (Li & Zhu, 1995)

Li & Zhu, 1995: 39 (*Lepthyphantes h.*); Song, Zhu & Chen, 1999: 181 (*L. h.*); Tu, Saaristo & Li, 2006: 413 (*I. h.*, Trans. from *Lepthyphantes*).

分布：湖北（HB）

多枝印蛛 *Indophantes ramosus* Tanasevitch, 2006

Tanasevitch, 2006: 284.

分布：青海（QH）

伊鲍蛛属 *Ipaoides* Tanasevitch, 2008

Tanasevitch, 2008: 101. Type species: *Ipaoides saaristoi* Tanasevitch, 2008

萨氏伊鲍蛛 *Ipaoides saaristoi* Tanasevitch, 2008

Tanasevitch, 2008: 103.

分布：云南（YN）

长指蛛属 *Kaestneria* Wiehle, 1956

Wiehle, 1956: 272. Type species: *Linyphia dorsalis* Wider, 1834

双刺长指蛛 *Kaestneria bicultrata* Chen & Yin, 2000

Chen & Yin, 2000: 88; Yin et al., 2012: 502; Zhao & Li, 2014: 27.

分布：湖南（HN）、云南（YN）

特长指蛛 *Kaestneria longissima* (Zhu & Wen, 1983)

Zhu & Wen, 1983: 149 (*Bathyphantes l.*); Eskov, 1984: 1343 (*K. l.*, Trans. from *Bathyphantes*); Song, 1987: 130 (*Bathyphantes l.*); Li, Song & Zhu, 1994: 79; Tao, Li & Zhu, 1995: 246; Song, Zhu & Chen, 1999: 171.

分布：吉林（JL）；俄罗斯

中长指蛛 *Kaestneria pullata* (O. P.-Cambridge, 1863)

O. P.-Cambridge, 1863: 8580 (*Linyphia p.*); Blackwall, 1863: 265 (*L. crucigera*); O. P.-Cambridge, 1873: 446 (*L. p.*); Simon, 1884: 329 (*Lepthyphantes cruciger*); Simon, 1884: 431 (*Bathyphantes pullatus*); Kulczyński, 1885: 33 (*B. anceps*); Keyserling, 1886: 182 (*Erigone schumaginensis*); Strand, 1899: 25 (*Stylophora colletti*); Hull, 1901: 366 (*Bathyphantes pullatus cruciger*); Smith, 1908: 323 (*B. pullatus*); Dahl, 1912: 616 (*Lepthyphantes cruciger*); Emerton, 1914: 263 (*Tmeticus conicus*); Simon, 1929: 640, 746 (*Stylophora pullatus*); Bristowe, 1941: 514 (*Bathyphantes pullatus*, Syn.); Roewer, 1942: 645 (*Oedothorax conicus*); Chamberlin & Ivie, 1947: 54 (*Bathyphantes kuratai*); Locket & Millidge, 1953: 366 (*B. pullatus*, removed from Syn. of *Stylophora flavipes*); Wiehle, 1956: 270 (*B. pullatus*); Merrett, 1963: 368 (*K. p.*, Trans. from *Bathyphantes*); Wiehle, 1967: 187 (*B. pullatus*); Azheganova, 1968: 62 (*Diplostyla pullatus*, Trans. from *K.*, rejected); Ivie, 1969: 57 (*B. pullatus*, Syn.); Ivie, 1969: 59 (*B. anceps*, Syn.); Tyschchenko, 1971: 227 (*B. pullatus*); Miller, 1971: 218 (*B. pullatus*); Palmgren, 1975: 76; Millidge, 1977: 45; Thaler, 1983: 140; Millidge, 1984: 242; Roberts, 1987: 140; Heimer & Nentwig, 1991: 174; Marusik et al., 1993: 75 (*K. p.*, Syn., not accepted by Buckle et al., 2001: 127); Eskov & Marusik, 1994: 67 (*K. p.*, Syn.); Song, Zhu & Chen, 1999: 181; Paquin & Dupérré, 2003: 140; Ono, Matsuda & Saito, 2009: 335.

异名：

Kaestneria anceps (Kulczyński, 1885, Trans. from *Bathyphantes*); Marusik et al., 1993: 75 (Syn.);

K. schumaginensis (Keyserling, 1886, Trans. from *Erigone*); Ivie, 1969: 59 (Syn., sub. *Bathyphantes anceps*);

K. colletti (Strand, 1899, Trans. from *Stylophora*); Eskov & Marusik, 1994: 67 (Syn.);

K. conica (Emerton, 1914, Trans. from *Tmeticus*); Ivie, 1969: 57 (Syn., sub. *Bathyphantes*);

K. kuratai (Chamberlin & Ivie, 1947, Trans. from *Bathyphantes*); Ivie, 1969: 59 (Syn., sub. *Bathyphantes anceps*);

K. curcigera (Blackwall, 1863, Trans. from *Linyphia*); Bristowe, 1941: 514 (Syn., sub. *Bathyphantes*).

分布：吉林（JL）、内蒙古（NM）、湖北（HB）；全北界

老微蛛属 *Laogone* Tanasevitch, 2014

Tanasevitch, 2014: 76. Type species: *Laogone cephala* Tanasevitch, 2014

白老微蛛 *Laogone bai* Zhao & Li, 2014

Zhao & Li, 2014: 28.

分布：云南（YN）

新月老微蛛 *Laogone lunata* Zhao & Li, 2014

Zhao & Li, 2014: 29.

分布：云南（YN）

斑皿蛛属 *Lepthyphantes* Menge, 1866

Menge, 1866: 131. Type species: *Linyphia minuta* Blackwall,

1833

高原斑皿蛛 *Lepthyphantes altissimus* Hu, 2001

Hu, 2001: 502.
分布：西藏（XZ）

刃形斑皿蛛 *Lepthyphantes cultellifer* Schenkel, 1936

Schenkel, 1936: 62; Tanasevitch, 1989: 171; Song, Zhu & Chen, 1999: 181.
分布：甘肃（GS）

艾利斑皿蛛 *Lepthyphantes erigonoides* Schenkel, 1936

Schenkel, 1936: 69; Tanasevitch, 1989: 170; Song, Zhu & Chen, 1999: 181.
分布：甘肃（GS）

反钩斑皿蛛 *Lepthyphantes hamifer* Simon, 1884

Simon, 1884: 285; Simon, 1929: 587, 732; Zhu & Li, 1983: 145 (*L. minhenensis*); Zhu & Tu, 1986: 103; Zhang, 1987: 113 (*L. minhenensis*); Tao, Li & Zhu, 1995: 248 (*L. h.*, Syn.); Song, Zhu & Chen, 1999: 182; Hu, 2001: 509 (*L. minhenensis*); Song, Zhu & Chen, 2001: 135; Tanasevitch & Saaristo, 2006: 16.
异名：
Lepthyphantes minhenensis Zhu & Li, 1983; Tao, Li & Zhu, 1995: 248 (Syn.).
分布：吉林（JL）、河北（HEB）、北京（BJ）、山东（SD）、河南（HEN）、青海（QH）；古北界

胡氏斑皿蛛 *Lepthyphantes hummeli* Schenkel, 1936

Schenkel, 1936: 65; Tanasevitch, 1989: 170; Song, Zhu & Chen, 1999: 182.
分布：甘肃（GS）

湖南斑皿蛛 *Lepthyphantes hunanensis* Yin, 2012

Yin, in Yin et al., 2012: 503.
分布：湖南（HN）

甘肃斑皿蛛 *Lepthyphantes kansuensis* Schenkel, 1936

Schenkel, 1936: 67.
分布：甘肃（GS）

林芝斑皿蛛 *Lepthyphantes linzhiensis* Hu, 2001

Hu, 2001: 507.
分布：西藏（XZ）

鲁特斑皿蛛 *Lepthyphantes luteipes* (L. Koch, 1879)

L. Koch, 1879: 21 (*Linyphia l.*); Holm, 1973: 93 (*L. l.*, Trans. from *Linyphia*); Tanasevitch, 1986: 166; Saito, 1987: 8; Wunderlich, 1995: 488; Zhai & Zhu, 2008: 85; Ono, Matsuda & Saito, 2009: 329.
分布：新疆（XJ）；哈萨克斯坦、蒙古、日本、俄罗斯

岳麓斑皿蛛 *Lepthyphantes yueluensis* Yin, 2012

Yin et al., 2012: 505.
分布：湖南（HN）

玉树斑皿蛛 *Lepthyphantes yushuensis* Hu, 2001

Hu, 2001: 512.
分布：青海（QH）

樟木斑皿蛛 *Lepthyphantes zhangmuensis* Hu, 2001

Hu, 2001: 514.
分布：西藏（XZ）

皿蛛属 *Linyphia* Latreille, 1804

Latreille, 1804: 134. Type species: *Araneus triangularis* Clerck, 1757

翼斑皿蛛 *Linyphia albipunctata* O. P.-Cambridge, 1885

O. P.-Cambridge, 1885: 41.
分布：新疆（XJ）

拟蛇皿蛛 *Linyphia consanguinea* O. P.-Cambridge, 1885

O. P.-Cambridge, 1885: 40.
分布：新疆（XJ）

胡氏皿蛛 *Linyphia hui* Hu, 2001

Hu, 2001: 519.
分布：西藏（XZ）

林芝皿蛛 *Linyphia linzhiensis* Hu, 2001

Hu, 2001: 516.
分布：西藏（XZ）

门源皿蛛 *Linyphia menyuanensis* Hu, 2001

Hu, 2001: 517.
分布：青海（QH）

三角皿蛛 *Linyphia triangularis* (Clerck, 1757)

Clerck, 1757: 71 (*Araneus t.*); Linnaeus, 1758: 621 (*Aranea montana*); Scopoli, 1763: 396 (*Araneus albini*); Ström, 1768: 363 (*Aranea pinnata*); De Geer, 1778: 245 (*A. resupina sylvestris*); Walckenaer, 1802: 214 (*A. t.*); Walckenaer, 1805: 70; Risso, 1826: 169 (*L. walckenaeri*); Sundevall, 1830: 28; Walckenaer, 1841: 233 (*L. montana*); Walckenaer, 1841: 240; C. L. Koch, 1845: 113 (*L. montana*); Blackwall, 1864: 211 (*L. montana*); Blackwall, 1864: 212; Menge, 1866: 101 (*L. macrognatha*); Menge, 1866: 103 (*L. micrognatha*); Thorell, 1870: 46; Lebert, 1877: 149; Becker, 1896: 18; Bösenberg, 1901: 65; Engelhardt, 1910: 61; Fedotov, 1912: 69; Osterloh, 1922: 329; Simon, 1929: 633; Reimoser, 1931: 85 (*L. montana*); Kolosváry, 1933: 57 (*L. pinnata*); Blauvelt, 1936: 124; Locket & Millidge, 1953: 397; Wiehle, 1956: 308; Merrett, 1963: 373; Azheganova, 1968: 67; van Helsdingen, 1969: 31 (*L. t.*, Syn.); Palmgren, 1975: 84; Punda, 1975: 50; Millidge, 1977: 47; Legotai & Sekerskaya, 1982: 51; Millidge, 1984: 244; Zhu et al., 1985: 105; Schult, 1986: 267; Song, 1987: 133; Roberts, 1987: 159; Hu & Wu, 1989: 153;

Tanasevitch, 1990: 98; Legotai & Sekerskaya, 1989: 227; Izmailova, 1989: 78; Heimer & Nentwig, 1991: 202; Roberts, 1992: 193; Hormiga, 1994: 4; Roberts, 1995: 365; Hormiga, Eberhard & Coddington, 1995: 323; Mcheidze, 1997: 299; Griswold et al., 1998: 64; Roberts, 1998: 375; Song, Zhu & Chen, 1999: 186; Hormiga, 2000: 84; Song, Zhu & Chen, 2001: 136; Agnarsson, 2004: 604; Funke & Huber, 2005: 870; Agnarsson, Coddington & Knoflach, 2007: 385; Álvarez-Padilla & Hormiga, 2011: 850.

异名：

Linyphia. montana (Linnaeus, 1758, Trans. from *Aranea*); Clerckian names validated by IZCN Direction 104;

L. albini (Scopoli, 1763, Trans. from *Araneus*); van Helsdingen, 1969: 33 (Syn., after Bonnet).

分布：辽宁（LN）、内蒙古（NM）、河北（HEB）、山西（SX）、甘肃（GS）、新疆（XJ）；古北界，引入美国

类三角皿蛛 *Linyphia triangularoides* Schenkel, 1936

Schenkel, 1936: 73; Tanasevitch, 1989: 170; Song, Zhu & Chen, 1999: 186.

分布：甘肃（GS）

阳明皿蛛 *Linyphia yangmingensis* Yin, 2012

Yin, in Yin et al., 2012: 506.

分布：湖南（HN）

芙蓉蛛属 *Lotusiphantes* Chen & Yin, 2001

Chen & Yin, 2001: 170. Type species: *Lotusiphantes nanyuensis* Chen & Yin, 2001

南岳芙蓉蛛 *Lotusiphantes nanyuensis* Chen & Yin, 2001

Chen & Yin, 2001: 171; Yin et al., 2012: 508.

分布：湖南（HN）

珍蛛属 *Macrargus* Dahl, 1886

Dahl, 1886: 76. Type species: *Theridion rufum* Wider, 1834

异名：

Auletta O. P.-Cambridge, 1882; Wunderlich, 1974: 160 (Syn.);

Aulettobia Strand, 1929; Wunderlich, 1974: 160 (Syn.).

山地珍蛛 *Macrargus alpinus* Li & Zhu, 1993

Li & Zhu, in Song, Zhu & Li, 1993: 863; Li, Song & Zhu, 1994: 81; Li & Zhu, 1995: 41; Song, Zhu & Chen, 1999: 186.

分布：湖北（HB）、福建（FJ）

黑腹珍蛛 *Macrargus multesimus* (O. P.-Cambridge, 1875)

O. P.-Cambridge, 1875: 402 (*Erigone multesima*); L. Koch, 1879: 13 (*Linyphia mordax*); L. Koch, 1879: 43 (*Erigone granulosa*); Emerton, 1882: 75 (*Microneta discolor*); Simon, 1884: 420 (*Tmeticus granulosus*); Grese, 1909: 327 (*T. granulosus*); Reimoser, 1919: 80 (*Centromerus granulosus*); Crosby & Bishop, 1928: 1049 (*Microneta multesima*); Holm, 1945: 44 (*M. m.*, Trans. from *Microneta*, Syn.); Kaston, 1948: 133; Kleemola, 1961: 133; Hauge, 1969: 3; Palmgren, 1975: 19; Pakhorukov & Utochkin, 1977: 910; Pakhorukov, 1981: 79; Li, Song & Zhu, 1994: 81; Tao, Li & Zhu, 1995: 250; Wunderlich, 1995: 489; Song, Zhu & Chen, 1999: 186; Paquin & Dupérré, 2003: 142; Gnelitsa & Koponen, 2010: 222.

异名：

Macrargus granulosus (L. Koch, 1879, Trans. from *Erigone*); Holm, 1945: 44 (Syn.);

M. mordax (L. Koch, 1879, Trans. from *Linyphia*); Holm, 1945: 44 (Syn.).

分布：吉林（JL）；全北界

斑微蛛属 *Maculoncus* Wunderlich, 1995

Wunderlich, 1995: 646. Type species: *Maculoncus parvipalpus* Wunderlich, 1995

东方斑微蛛 *Maculoncus orientalis* Tanasevitch, 2011

Tanasevitch, 2011: 32.

分布：台湾（TW）

玛若蛛属 *Maro* O. P.-Cambridge, 1906

O. P.-Cambridge, 1906: 77. Type species: *Maro minutus* O. P.-Cambridge, 1906

球形玛若蛛 *Maro bulbosus* Zhao & Li, 2014

Zhao & Li, 2014: 30.

分布：云南（YN）

玛索蛛属 *Maso* Simon, 1884

Simon, 1884: 864. Type species: *Erigone sundevallii* Westring, 1851

小突玛索蛛 *Maso sundevalli* (Westring, 1851)

Westring, 1851: 44 (*Erigone sundevallii*); Westring, 1861: 291 (*E. s.*); Menge, 1869: 232 (*Microneta s.*); O. P.-Cambridge, 1871: 450 (*Neriene s.*); Simon, 1881: 256 (*Erigone westringi*); Simon, 1884: 864 (*M. westringi*); Dahl, 1886: 101 (*Phylloeca s.*); Banks, 1892: 33 (*Ceratinopsis frontata*); Chyzer & Kulczyński, 1894: 133; Simon, 1894: 670; Banks, 1896: 67 (*M. frontata*); Becker, 1896: 174; Bösenberg, 1902: 154; Emerton, 1909: 186 (*Caseola herbicola*); Banks, 1911: 447 (*M. frontata*); Dahl, 1912: 604 (*Minicia s.*); Simon, 1926: 330, 478; Bishop & Crosby, 1935: 233; Miller, 1947: 37; Kaston, 1948: 145; Locket & Millidge, 1953: 232; Braendegaard, 1958: 46; Wiehle, 1960: 20; Merrett, 1963: 413; Miller, 1971: 260; Palmgren, 1976: 77; Millidge, 1977: 19; Saito, 1979: 81; Matsuda, 1986: 88; Roberts, 1987: 54; Tanasevitch, 1990: 108; Heimer & Nentwig, 1991: 208; Sha, Gao & Zhu, 1994: 17; Agnarsson, 1996: 88; Song, Zhu & Chen, 1999: 186; Paquin & Dupérré, 2003: 114; Ono, Matsuda & Saito, 2009: 260; Marusik & Kunt, 2009: 85; Seo, 2011: 144; Zhu & Zhang, 2011: 131; Yin et al., 2012: 510.

分布：吉林（JL）、陕西（SN）、湖南（HN）；全北界

额突蛛属 *Mecopisthes* Simon, 1926

Simon, 1926: 351. Type species: *Erigone sila* O. P.-Cambridge, 1872

梭形额突蛛 *Mecopisthes rhomboidalis* Gao, Zhu & Gao, 1993

Gao, Zhu & Gao, 1993: 40.

分布：湖北（HB）

嵴突蛛属 *Mecynargus* Kulczyński, 1894

Kulczyński, 1894: 121. Type species: *Erigone longa* Kulczyński, 1882

异名：

Rhaebothorax Simon, 1926; Millidge, 1977: 17 (Syn.);
Conigerella Holm, 1967; Eskov, 1988: 1832 (Syn.).

长白嵴突蛛 *Mecynargus tungusicus* (Eskov, 1981)

Eskov, 1981: 502 (*Rhaebothorax t.*); Fei, Zhu & Gao, 1994: 49; Song, Zhu & Chen, 1999: 186.

分布：吉林（JL）；吉尔吉斯斯坦、俄罗斯、加拿大

巨斑皿蛛属 *Megalepthyphantes* Wunderlich, 1994

Wunderlich, 1994: 168. Type species: *Linyphia nebulosus* Sundevall, 1830

新疆巨斑皿蛛 *Megalepthyphantes kronebergi* (Tanasevitch, 1989)

Tanasevitch, 1989: 101 (*Lepthyphantes k.*); Hu & Wu, 1989: 150 (*L. xinjiangensis*); Tanasevitch, 1992: 48 (*L. k.*, Syn.); Song, Zhu & Chen, 1999: 182 (*L. k.*); Saaristo & Tanasevitch, 2000: 264 (*M. k.*, Trans. from *Lepthyphantes*).

分布：新疆（XJ）；伊朗、哈萨克斯坦

库山巨斑皿蛛 *Megalepthyphantes kuhitangensis* (Tanasevitch, 1989)

Tanasevitch, 1989: 102 (*Lepthyphantes k.*); Song, Zhu & Chen, 1999: 182 (*L. k.*); Tanasevitch, 2008: 481 (*M. k.*, Trans. from *Leptyphantes*); Tanasevitch, 2009: 400.

分布：新疆（XJ）；中亚

雾巨斑皿蛛 *Megalepthyphantes nebulosus* (Sundevall, 1830)

Sundevall, 1830: 31 (*Linyphia n.*); C. L. Koch, 1837: 10 (*Linyphia furcula*); Blackwall, 1841: 657 (*Linyphia vivax*); C. L. Koch, 1845: 116 (*Linyphia furcula*); C. L. Koch, 1845: 128 (*Linyphia circumflexa*); Hentz, 1850: 30 (*Linyphia autumnalis*); Blackwall, 1864: 221 (*Linyphia vivax*); Menge, 1866: 133 (*Lepthyphantes crypticola*, misidentified); Ohlert, 1867: 45 (*Linyphia circumflexa*); Emerton, 1882: 69 (*Bathyphantes n.*); Simon, 1884: 273 (*Lepthyphantes n.*); Keyserling, 1886: 75 (*Linyphia n.*); Becker, 1896: 39 (*Lepthyphantes n.*); Bösenberg, 1901: 72 (*Lepthyphantes n.*); Emerton, 1902: 143 (*Linyphia n.*); Bishop, 1925: 66 (*Lepthyphantes n.*); Spassky, 1925: 25 (*L. n.*); Simon, 1929: 578, 730 (*L. n.*); Zorsch, 1937: 864 (*L. n.*); Comstock, 1940: 394 (*L. n.*); Muma, 1943: 75 (*L. n.*); Kaston, 1948: 128 (*Lepthyphantes nebulosa*); Locket & Millidge, 1953: 380 (*L. n.*); Wiehle, 1956: 164 (*L. n.*); Buchar, 1961: 89 (*L. n.*); Merrett, 1963: 357 (*L. n.*); Azheganova, 1968: 64 (*L. n.*); Tyschchenko, 1971: 216 (*L. n.*); Miller, 1971: 234 (*L. n.*); Wanless, 1971: 21 (*L. n.*); Wanless, 1973: 130 (*L. n.*); Palmgren, 1975: 54 (*L. n.*); Wunderlich, 1977: 59 (*L. n.*); Millidge, 1984: 248 (*L. n.*); Millidge, 1986: 58 (*L. n.*); Roberts, 1987: 148 (*L. n.*); Tanasevitch, 1989: 104 (*L. n.*); Hu & Wu, 1989: 147 (*L. n.*); Izmailova, 1989: 72 (*L. n.*); Tanasevitch, 1990: 96 (*L. n.*); Heimer & Nentwig, 1991: 180 (*L. n.*); Zhao, 1993: 156 (*L. n.*); Wunderlich, 1994: 168 (*M. n.*, Trans. from *Lepthyphantes*); Roberts, 1995: 357 (*L. n.*); Roberts, 1998: 369 (*L. n.*); Paquin & Dupérré, 2003: 143; Tanasevitch & Saaristo, 2006: 15; Saaristo, in Marusik & Koponen, 2008: 8; Dupérré, 2013: 7.

分布：新疆（XJ）；全北界

中亚巨斑皿蛛 *Megalepthyphantes turkestanicus* (Tanasevitch, 1989)

Tanasevitch, 1989: 113 (*Lepthyphantes t.*); Song, Zhu & Chen, 1999: 186 (*L. t.*); Saaristo & Tanasevitch, 2000: 264 (*M. t.*, Trans. from *Lepthyphantes*).

分布：新疆（XJ）；土库曼斯坦、阿富汗

索微蛛属 *Mermessus* O. P.-Cambridge, 1899

O. P.-Cambridge, 1899: 292. Type species: *Mermessus dentiger* O. P.-Cambridge, 1899

异名：

Eperigone Crosby & Bishop, 1928; Miller, 2007: 122 (Syn.);
Anerigone Berland, 1932; Jocqué, 1984: 124 (Syn., sub *Eperigone*);
Sinoria Bishop & Crosby, 1938; Miller, 2007: 122 (Syn.);
Aitutakia Marples, 1960; Beatty, Berry & Millidge, 1991: 272 (Syn., sub *Eperigone*).

浅斑索微蛛 *Mermessus fradeorum* (Berland, 1932)

Berland, 1932: 76 (*Parerigone f.*); Berland, 1932: 119 (*Anerigone f.*); Ivie & Barrows, 1935: 8 (*Eperigone banksi*); Marples, 1960: 386 (*Aitutakia armata*); Denis, 1964: 80 (*Anerigone f.*); Jocqué, 1984: 124 (*Eperigone f.*); Millidge, 1987: 35 (*E. f.*, Syn.); Millidge, 1988: 67 (*E. f.*); Beatty, Berry & Millidge, 1991: 272 (*E. f.*, Syn.); Gao, Ren & Zhu, 1994: 52 (*E. f.*); Prinsen, 1996: 2 (*E. f.*); Song, Zhu & Chen, 1999: 167 (*E. f.*); Tanasevitch, 2010: 16.

异名：

Mermessus banksi (Ivie & Barrows, 1935, Trans. from *Eperigone*); Millidge, 1987: 36 (Syn., sub *Eperigone*);
M. armatus (Marples, 1960, Trans. from *Aitutakia*); Beatty, Berry & Millidge, 1991: 272 (Syn., sub *Eperigone*).

分布：四川（SC）；世界性分布

南泥湾索微蛛 *Mermessus naniwaensis* (Oi, 1960)

Oi, 1960: 145 (*Erigonidium n.*); Brignoli, 1983: 337 (*Erigonidium naniwaense*); Oi, 1964: 23 (*Eperigone n.*, Trans. from *Erigonidium=Hylyphantes*); Chikuni, 1989: 56 (*Erigonidium naniwaense*); Zhu & Sha, 1992: 43 (*Eperigone n.*); Song, Zhu & Chen, 1999: 167 (*E. n.*); Ono, Matsuda & Saito, 2009: 290.

分布：河北（HEB）、陕西（SN）；日本

中微蛛属 *Mesasigone* Tanasevitch, 1989

Tanasevitch, 1989: 141. Type species: *Mesasigone mira* Tanasevitch, 1989

奇异中微蛛 *Mesasigone mira* Tanasevitch, 1989

Zhu & Tu, 1986: 106 (*Tapinopa disjugata*, misidentified); Tanasevitch, 1989: 141; Song, Zhou & Wang, in Hu & Wu, 1989: 156 (*Meioneta beijianensis*); Song, Zhou & Wang, 1990: 48 (*Meioneta beijianensis*); Eskov, 1992: 166 (*M. m.*, Syn.); Zhao, 1993: 159 (*Meioneta beijianensis*); Wunderlich, 1995: 484; Song, Zhu & Chen, 1999: 187 (*M. beijianensis*).

异名：

Mesasigone beijianensis (Song, Zhou & Wang, in Hu & Wu, 1989, Trans. from *Meioneta=Agyneta*); Eskov, 1992: 166 (Syn.).

分布：山西（SX）、新疆（XJ）；俄罗斯、哈萨克斯坦、伊朗

后沟蛛属 *Micrargus* Dahl, 1886

Dahl, 1886: 79. Type species: *Neriene herbigradus* Blackwall, 1854

异名：

Blaniargus Simon, 1913; Denis, 1950: 248 (Syn.);

Plexisma Hull, 1920; Denis, 1949: 142 (Syn., sub *Blaniargus*);

Nothocyba Simon, 1926; Denis, 1949: 142 (Syn., sub *Blaniargus*).

草间后沟蛛 *Micrargus herbigradus* (Blackwall, 1854)

Blackwall, 1854: 179 (*Neriene h.*); Blackwall, 1864: 285 (*N. h.*); O. P.-Cambridge, 1879: 199 (*N. exhilarans*); Simon, 1884: 537 (*Lophomma herbigrada*); Dahl, 1886: 79; Chyzer & Kulczyński, 1894: 127 (*Lophomma herbigradum*); Simon, 1894: 659 (*L. herbigrada*); Becker, 1896: 101 (*L. h.*); Bösenberg, 1902: 183 (*L. h.*); Hull, 1911: 48 (*L. h.*); Simon, 1926: 438, 516 (*Blaniargus h.*); Denis, 1950: 89 (*M. herbigrada*); Georgescu, 1971: 237 (*M. h.*, Syn. of *M. canescens*, rejected); Georgescu, 1971: 235 (*M. h. carpaticus*); Tyschchenko, 1971: 260; Miller, 1971: 274; Palmgren, 1976: 79; Millidge, 1976: 147 (*M. h.*, Syn.); Gao & Zhu, 1990: 154; Song, Zhu & Chen, 1999: 187; Ono, Matsuda & Saito, 2009: 288; Tanasevitch, 2011: 34.

异名：

Micrargus herbigradus carpaticus Georgescu, 1971; Millidge, 1976: 147 (Syn.).

分布：吉林（JL）；古北界

孪生后沟蛛 *Micrargus subaequalis* (Westring, 1851)

Westring, 1851: 42 (*Erigone s.*); O. P.-Cambridge, 1871: 452 (*Walckenaera fortuita*); O. P.-Cambridge, 1881: 501 (*W. s.*); Simon, 1884: 786 (*Tapinocyba s.*); Simon, 1884: 539 (*Lophomma laudatum*); Becker, 1896: 102 (*L. l.*); Kulczyński, 1898: 72 (*L. l.*); O. P.-Cambridge, 1899: 16 (*Cnephalocotes fuscus*); Bösenberg, 1902: 183 (*L. l.*); Smith, 1908: 331 (*L. subaequale*); Simon, 1926: 440, 517 (*Nothocyba s.*); Hull, 1932: 108 (*Blaniargus s.*); Miller, 1947: 67 (*Nothocyba s.*); Jong, 1950: 215 (*N. s.*); Denis, 1950: 90; Hackman, 1952: 73 (*N. s.*); Locket & Millidge, 1953: 283; Tullgren, 1955: 337; Buchar & Žďárek, 1960: 89; Wiehle, 1960: 266 (*Nothocyba s.*); Millidge, 1977: 30 (*M. s.*, suggested Trans. to *Grammonota*, rejected); Song, Zhu & Chen, 1999: 187; Hu, 2001: 547; Song, Zhu & Chen, 2001: 139; Guryanova, 2003: 5; Karabulut & Türkeş, 2011: 120; Zhu & Zhang, 2011: 134.

分布：吉林（JL）、河北（HEB）、陕西（SN）、青海（QH）、湖北（HB）；古北界

小指蛛属 *Microbathyphantes* van Helsdingen, 1985

van Helsdingen, 1985: 21. Type species: *Linyphia palmaria* Marples, 1955

异名：

Priscipalpus Millidge, 1991; Saaristo, 1995: 43 (Syn.).

青木小指蛛 *Microbathyphantes aokii* (Saito, 1982)

Saito, 1982: 34 (*Bathyphantes a.*); Chen & Yin, 2000: 89 (*B. dipetalus*); Tu & Li, 2006: 104 (*M. a.*, Trans. from *Bathyphantes*, Syn.); Ono, Matsuda & Saito, 2009: 334; Yin et al., 2012: 511.

异名：

Microbathyphantes dipetalus (Chen & Yin, 2000, Trans. from *Bathyphantes*); Tu & Li, 2006: 104 (Syn.).

分布：湖南（HN）；越南、日本

小皿蛛属 *Microlinyphia* Gerhardt, 1928

Gerhardt, 1928: 629. Type species: *Linyphia pusilla* Sundevall, 1830

异名：

Pusillia Chamberlin & Ivie, 1943; Wiehle, 1956: 297 (Syn.);

Bonnetiella Caporiacco, 1949; van Helsdingen, 1970: 4 (Syn.).

机敏小皿蛛 *Microlinyphia impigra* (O. P.-Cambridge, 1871)

O. P.-Cambridge, 1871: 422 (*Linyphia i.*); O. P.-Cambridge, 1871: 423 (*L. circumcincta*); Thorell, 1875: 60 (*L. mäklinii*); Thorell, 1875: 16 (*L. mäklinii*); O. P.-Cambridge, 1893: 152 (*L. culta*); Chyzer & Kulczyński, 1894: 58 (*L. i.*); Emerton, 1914: 264 (*L. cayuga*); Simon, 1926: 470 (*Emenista culta*); Simon, 1929: 638, 745 (*L. i.*); Blauvelt, 1936: 127 (*L. cayuga*); Chamberlin & Ivie, 1943: 26 (*Pusillia cayuga*, Trans. from *Linyphia*); Locket & Millidge, 1953: 401 (*L. i.*); Wiehle, 1956:

327 (*L. i.*, Syn.); Casemir, 1962: 19 (*L. i.*); Merrett, 1963: 375 (*L. i.*); van Helsdingen, 1969: 288 (*M. i.*, Trans. from *Linyphia*); van Helsdingen, 1970: 50 (*M. i.*, Syn.); Tyschchenko, 1971: 230 (*L. i.*); Miller, 1971: 222 (*L. i.*); Palmgren, 1975: 86; Minoranskii, Ponomarev & Gramotenko, 1980: 32 (*L. i.*); Millidge, 1984: 239; Roberts, 1987: 164; Zhou & Song, 1987: 17 (*L. i.*); Hu & Wu, 1989: 154 (*L. i.*); Izmailova, 1989: 75 (*L. i.*); Tanasevitch, 1990: 99; Heimer & Nentwig, 1991: 218; Millidge, 1993: 152; Roberts, 1995: 370; Roberts, 1998: 381; Song, Zhu & Chen, 1999: 187.

异名：

Microlinyphia maeklini (Thorell, 1875, Trans. from *Linyphia*); van Helsdingen, 1970: 51 (Syn.);

M. cayuga (Emerton, 1914, Trans. from *Linyphia*); Wiehle, 1956: 331 (Syn., sub. *Linyphia*).

分布：新疆（XJ）；全北界

细小皿蛛 *Microlinyphia pusilla* (Sundevall, 1830)

Sundevall, 1830: 27 (*Linyphia p.*); Blackwall, 1833: 349 (*L. fuliginea*); Hahn, 1834: 40 (*Theridion signatum*); Wider, 1834: 251 (*L. pratensis*); Wider, 1834: 252 (*L. globosa*); Walckenaer, 1837: 336 (*T. ampullaceum*); Walckenaer, 1841: 251 (*L. pascuensis*); Walckenaer, 1841: 272 (*L. globosa*); C. L. Koch, 1845: 121 (*L. pratensis*); C. L. Koch, 1850: 18 (*L. signata*); Blackwall, 1864: 216 (*L. fuliginea*); Menge, 1866: 109 (*L. p.*); Ohlert, 1867: 45 (*L. pratensis*); Keyserling, 1886: 55 (*L. p.*); Chyzer & Kulczyński, 1894: 58 (*L. p.*); Becker, 1896: 27 (*L. p.*); Bösenberg, 1901: 70 (*L. p.*); Engelhardt, 1910: 64 (*L. p.*); Comstock, 1912: 398 (*L. p.*); Fedotov, 1912: 71 (*L. p.*); Caporiacco, 1922: 81 (*L. carnica*); Simon, 1929: 638 (*L. p.*); Caporiacco, 1932: 95 (*Lepthyphantes parenzani*); Caporiacco, 1934: 158 (*Linyphia baltistana*); Saitō, 1934: 307 (*L. p.*); Blauvelt, 1936: 130 (*L. p.*); Chamberlin & Ivie, 1943: 26 (*Pusillia p.*, Trans. from *Linyphia*); Chamberlin & Ivie, 1943: 26 (*P. bonita*); Locket & Millidge, 1953: 400 (*L. p.*); Hackman, 1954: 10 (*P. p.*); Wiehle, 1956: 331 (*L. p.*); Saitō, 1959: 78 (*L. p.*); Merrett, 1963: 376 (*L. p.*); Yaginuma, 1966: 35 (*Neolinyphia p.*, Trans. from *Pusillia*, rejected); Azheganova, 1968: 67 (*Linyphia p.*); Fuhn & Niculescu-Burlacu, 1969: 75 (*L. p.*); van Helsdingen, 1970: 9 (*M. p.*, Syn.); Tyschchenko, 1971: 9 (*L. p.*); Miller, 1971: 222 (*L. p.*); Palmgren, 1975: 85; Punda, 1975: 12; van Helsdingen, 1982: 169 (*M. p.*, Syn.); Legotai & Sekerskaya, 1982: 50 (*L. p.*); Millidge, 1984: 239; Song, 1987: 1134; Roberts, 1987: 164; Hu & Wu, 1989: 158; Legotai & Sekerskaya, 1989: 227 (*L. p.*); Izmailova, 1989: 77 (*L. p.*); Tanasevitch, 1990: 99; Heimer & Nentwig, 1991: 216; Millidge, 1993: 150; Roberts, 1995: 369; Mcheidze, 1997: 300 (*L. p.*); Roberts, 1998: 380; Song, Zhu & Chen, 1999: 187; Hu, 2001: 524; Paquin & Dupérré, 2003: 143; Bosmans, 2006: 143; Ono, Matsuda & Saito, 2009: 342.

异名：

Microlinyphia carnica (Caporiacco, 1922, Trans. from *Linyphia*); van Helsdingen, 1970: 9 (Syn.);

M. parenzani (Caporiacco, 1932, Trans. from *Lepthyphantes*); van Helsdingen, 1982: 169 (Syn.);

M. baltistana (Caporiacco, 1934, Trans. from *Linyphia*); van Helsdingen, 1970: 9 (Syn.);

M. bonita (Chamberlin & Ivie, 1943, Trans. from *Pusillia*); van Helsdingen, 1970: 9 (Syn.).

分布：内蒙古（NM）、甘肃（GS）、青海（QH）、新疆（XJ）；全北界

不育小皿蛛 *Microlinyphia sterilis* (Pavesi, 1883)

Pavesi, 1883: 31 (*Linyphia s.*); Pavesi, 1883: 28 (*L. suspiciosa*); Lessert, 1915: 10 (*L. s.*); O. P.-Cambridge, 1904: 161 (*L. interpolis*); Strand, 1913: 352 (*L. africanibia*); Caporiacco, 1949: 352 (*L. s.*); Caporiacco, 1949: 354 (*L. bonneti*); Caporiacco, 1949: 359 (*Bonnetiella singularis*); van Helsdingen, 1969: 156 (*M. s.*, Trans. from *Linyphia*, Syn.); van Helsdingen, 1970: 17, 18 (*M. s.*, Syn.); Zhu et al., 1985: 105.

异名：

Microlinyphia suspiciosa (Pavesi, 1883, Trans. from *Linyphia*); van Helsdingen, 1970: 17 (Syn.);

M. interpolis (O. P.-Cambridge, 1904, Trans. from *Linyphia*); van Helsdingen, 1970: 17 (Syn.);

M. africanibia (Strand, 1913, Trans. from *Linyphia*); van Helsdingen, 1970: 18 (Syn.);

M. singularis (Caporiacco, 1949, Trans. from *Bonnetiella*); van Helsdingen, 1970: 18 (Syn.).

分布：山西（SX）；中非、东非、南非

浙江小皿蛛 *Microlinyphia zhejiangensis* (Chen, 1991)

Chen, 1991: 163 (*Lepthyphantes z.*); Song, Zhu & Chen, 1999: 186 (*L. z.*); Saaristo, Tu & Li, 2006: 384 (*M. z.*, Trans. from *Lepthyphantes*).

分布：浙江（ZJ）

褶蛛属 *Microneta* Menge, 1869

Menge, 1869: 229. Type species: *Neriene viaria* Blackwall, 1841

腐质褶蛛 *Microneta viaria* (Blackwall, 1841)

Blackwall, 1841: 645 (*Neriene v.*); Westring, 1851: 44 (*Erigone quisquiliarum*); Walckenaer, 1847: 512 (*Argus viarius*); Westring, 1861: 277 (*Erigone quisquiliarum*); Blackwall, 1864: 255 (*Neriene v.*); Menge, 1869: 229 (*M. quisquiliarum*); Thorell, 1871: 136 (*Erigone v.*); O. P.-Cambridge, 1879: 138 (*Neriene jugulans*); Emerton, 1882: 73; Simon, 1884: 431; Chyzer & Kulczyński, 1894: 86; Simon, 1894: 703; Becker, 1896: 69; O. P.-Cambridge, 1900: 32 (*Sintula nescia*); Banks, 1901: 581 (*M. soltaui*); Bösenberg, 1902: 148; O. P.-Cambridge, 1906: 58 (*M. nicholsonii*); Dahl, 1912: 611 (*Micronetaria v.*); Jackson, 1912: 132; Chamberlin, 1919: 250 (*Grammonota obesior*); Miller, 1947: 75; Kaston, 1948: 134; Locket & Millidge, 1953: 347; Wiehle, 1956: 127; Merrett, 1963: 356; Miller, 1971: 236; van Helsdingen, 1973: 9 (*M. v.*, Syn.); Saaristo, 1974: 166; Palmgren, 1975: 30; Utochkin &

Pakhorukov, 1976: 87; Saito, 1979: 82; Hayashi & Saito, 1980: 9; Millidge, 1984: 246; Matsuda, 1986: 88; Roberts, 1987: 124; Hu & Wu, 1989: 159; Tanasevitch, 1990: 81; Seo, 1990: 102; Heimer & Nentwig, 1991: 218; Li, Song & Zhu, 1994: 81; Tao, Li & Zhu, 1995: 252; Wunderlich, 1995: 471; Song, Zhu & Chen, 1999: 188; Paquin & Dupérré, 2003: 143; Lee et al., 2004: 100; Bosmans, 2006: 144; Saaristo, in Marusik & Koponen, 2008: 9; Ono, Matsuda & Saito, 2009: 325; Dupérré, 2013: 6.

异名：

Microneta soltaui Banks, 1901; van Helsdingen, 1973: 9 (Syn.).

分布：黑龙江（HL）、吉林（JL）、辽宁（LN）、陕西（SN）、青海（QH）、新疆（XJ）；全北界

莫蛛属 *Moebelia* Dahl, 1886

Dahl, 1886: 91. Type species: *Erigone penicillata* Westring, 1851

异名：

Araeoncoides Wunderlich, 1969; Wunderlich & Blick, 2006: 13 (Syn., contra. Heimer & Nentwig, 1991: 148).

方胫莫蛛 *Moebelia rectangula* Song & Li, 2007

Song & Li, 2007: 268.

分布：河北（HEB）、北京（BJ）

帽蛛属 *Molestia* Tu, Saaristo & Li, 2006

Tu, Saaristo & Li, 2006: 415. Type species: *Lepthyphantes molestus* Tao, Li & Zhu, 1995

烦恼帽蛛 *Molestia molesta* (Tao, Li & Zhu, 1995)

Tao, Li & Zhu, 1995: 249 (*Lepthyphantes molestus*); Song, Zhu & Chen, 1999: 182 (*L. molestus*); Tu, Saaristo & Li, 2006: 416 (*M. molestus*, Trans. from *Lepthyphantes*; generic name is feminine).

分布：吉林（JL）

目皿蛛属 *Mughiphantes* Saaristo & Tanasevitch, 1999

Saaristo & Tanasevitch, 1999: 139. Type species: *Lepthyphantes mughi* (Fickert, 1875)

北山目皿蛛 *Mughiphantes beishanensis* Tanasevitch, 2006

Tanasevitch, 2006: 285.

分布：青海（QH）

耶格目皿蛛 *Mughiphantes jaegeri* Tanasevitch, 2006

Tanasevitch, 2006: 285.

分布：陕西（SN）

马氏目皿蛛 *Mughiphantes martensi* Tanasevitch, 2006

Tanasevitch, 2006: 287.

分布：青海（QH）

黑斑目皿蛛 *Mughiphantes nigromaculatus* (Zhu & Wen, 1983)

Zhu & Wen, 1983: 150 (*Bolyphantes nigromaculata*); Zhu & Tu, 1986: 98 (*B. auriformis*); Song, 1987: 132 (*B. nigromaculata*); Eskov & Marusik, 1992: 33 (*Parawubanoides n.*, Trans. from *Bolyphantes*, Syn.); Tao, Li & Zhu, 1995: 244 (*B. n.*); Saaristo & Tanasevitch, 1999: 146 (*M. n.*, Trans. from *Lepthyphantes*); Song, Zhu & Chen, 1999: 203 (*P. n.*); Hu, 2001: 489 (*B. nigromaculata*); Song, Zhu & Chen, 2001: 159 (*P. n.*).

异名：

Mughiphantes auriformis (Zhu & Tu, 1986, Trans. from *Bolyphantes*); Eskov & Marusik, 1992: 33 (Syn., sub. *Parawubanoides*).

分布：黑龙江（HL）、吉林（JL）、辽宁（LN）、河北（HEB）、北京（BJ）、山西（SX）、青海（QH）、四川（SC）；俄罗斯

亚东目皿蛛 *Mughiphantes yadongensis* (Hu, 2001)

Hu, 2001: 510 (*Lepthyphantes y.*); Marusik, Fritzén & Song, 2007: 266 (*M. y.*, Trans. from *Lepthyphantes*).

分布：西藏（XZ）

屿蛛属 *Nasoona* Locket, 1982

Locket, 1982: 366. Type species: *Nasoona prominula* Locket, 1982

异名：

Chaetophyma Millidge, 1991; Millidge, 1995: 44 (Syn.);
Gorbothorax Tanasevitch, 1998; Tanasevitch, 2014: 78 (Syn.).

独屿蛛 *Nasoona asocialis* (Wunderlich, 1974)

Wunderlich, 1974: 172 (*Oedothorax asocialis*); Tanasevitch, 1998: 428 (*Gorbothorax ungibbus*); Tanasevitch, 2011: 573 (*G. u.*); Tanasevitch, 2014: 78 (*N. asocialis*, Trans. from *Oedothorax*, Syn.); Zhao & Li, 2014: 31.

异名：

Nasoona ungibba (Tanasevitch, 1998, Trans. from *Gorbothorax*); Tanasevitch, 2014: 79 (Syn.).

分布：云南（YN）；尼泊尔、老挝、泰国、马来西亚、印度

十字屿蛛 *Nasoona crucifera* (Thorell, 1895)

Thorell, 1895: 110 (*Erigone c.*); Thorell, 1895: 114 (*E. occipitalis*); Thorell, 1898: 315 (*E. gibbicervix*); Simon, 1909: 98 (*Trematocephalus eustylis*); Simon, 1909: 98 (*T. bivittatus*); Tu & Li, 2004: 426 (*N. eustylis*, Trans. from *Trematocephalus*, Syn. of female); Han & Zhu, 2008: 207 (*N. eustylis*); Tanasevitch, 2010: 104 (*N. c.*, Trans. from *Erigone*, Syn. of male); Zhao & Li, 2014: 31.

异名：

Nasoona occipitalis (Thorell, 1895, Trans. from *Erigone*); Tanasevitch, 2010: 104 (Syn.);
N. gibbicervix (Thorell, 1898, Trans. from *Erigone*); Tanasevitch, 2010: 104 (Syn.);

N. bivittata (Simon, 1909, Trans. from *Trematocephalus*); Tu & Li, 2004: 426 (Syn., sub *N. eustylis*);
N. eustylis (Simon, 1909, Trans. from *Trematocephalus*); Tanasevitch, 2010: 104 (Syn.).
分布：云南（YN）、广西（GX）；越南、缅甸

黑斑屿蛛 *Nasoona nigromaculata* Gao, Fei & Xing, 1996

Gao, Fei & Xing, 1996: 29; Song, Zhu & Chen, 1999: 188.
分布：新疆（XJ）、安徽（AH）

鼻蛛属 *Nasoonaria* Wunderlich & Song, 1995

Wunderlich & Song, 1995: 346. Type species: *Nasoonaria sinensis* Wunderlich & Song, 1995

卷曲鼻蛛 *Nasoonaria circinata* Zhao & Li, 2014

Zhao & Li, 2014: 32.
分布：云南（YN）

中华鼻蛛 *Nasoonaria sinensis* Wunderlich & Song, 1995

Wunderlich & Song, 1995: 347; Song, Zhu & Chen, 1999: 188; Zhao & Li, 2014: 33.
分布：云南（YN）

疣舟蛛属 *Nematogmus* Simon, 1884

Simon, 1884: 615. Type species: *Theridion sanguinolentum* Walckenaer, 1841

指状疣舟蛛 *Nematogmus digitatus* Fei & Zhu, 1994

Fei & Zhu, 1994: 293; Song, Zhu & Chen, 1999: 188; Song & Li, 2008: 277e2.
分布：吉林（JL）

长疣舟蛛 *Nematogmus longior* Song & Li, 2008

Song & Li, 2008: 277e5.
分布：四川（SC）、云南（YN）

膜疣舟蛛 *Nematogmus membranifer* Song & Li, 2008

Song & Li, 2008: 277e8.
分布：云南（YN）

黑疣舟蛛 *Nematogmus nigripes* Hu, 2001

Hu, 2001: 548.
分布：青海（QH）

橙色疣舟蛛 *Nematogmus sanguinolentus* (Walckenaer, 1841)

Walckenaer, 1841: 326 (*Theridion sanguinolentum*); Canestrini, 1868: 200 (*Linyphia rubecula*); Canestrini & Pavesi, 1868: 858 (*L. rubecula*); O. P.-Cambridge, 1872: 756 (*Erigone simonii*); Lebert, 1877: 158 (*Linyphia rubecula*); Simon, 1884: 615; Dahl, 1886: 78 (*Eustichothrix sanguinolenta*); Chyzer & Kulczyński, 1894: 123; Becker, 1896: 120; Bösenberg, 1902: 211; Simon, 1926: 428, 513; Miller, 1947: 39; Yaginuma, 1960: 45; Oi, 1960: 165; Wiehle, 1960: 391; Yaginuma, 1971: 45; Tyschchenko, 1971: 265; Miller, 1971: 280; Namkung, Paik & Yoon, 1972: 92; Millidge, 1977: 25; Yaginuma, 1986: 85; Song, 1987: 152; Irie & Saito, 1987: 19; Chikuni, 1989: 56; Hu & Wu, 1989: 172; Feng, 1990: 136; Tanasevitch, 1990: 104; Chen & Gao, 1990: 110 (*Nematogmun s.*); Chen & Zhang, 1991: 174; Heimer & Nentwig, 1991: 138 (*Cnephalocotes s.*); Millidge, 1993: 146; Pesarini, 1996: 423; Song, Zhu & Chen, 1999: 188; Song, Zhu & Chen, 2001: 141; Namkung, 2003: 196; Lee et al., 2004: 100; Bosmans, 2007: 135; Song & Li, 2008: 277e11; Lee, Kang & Kim, 2009: 131; Ono, Matsuda & Saito, 2009: 261; Zhu & Zhang, 2011: 135; Yin et al., 2012: 513; Zhao & Li, 2014: 34.
分布：黑龙江（HL）、吉林（JL）、辽宁（LN）、河北（HEB）、北京（BJ）、河南（HEN）、新疆（XJ）、浙江（ZJ）、湖南（HN）、湖北（HB）、四川（SC）、云南（YN）；古北界

杆疣舟蛛 *Nematogmus stylitus* (Bösenberg & Strand, 1906)

Bösenberg & Strand, 1906: 159 (*Lophocarenum stylitum*); Oi, 1960: 163 (*N. s.*, Trans. from *Lophocarenum=Pelecopsis*); Chen & Gao, 1990: 110 (*Nematogmun s.*); Ono, Matsuda & Saito, 2009: 261; Yin et al., 2012: 514.
分布：湖南（HN）、四川（SC）；日本

盖蛛属 *Neriene* Blackwall, 1833

Blackwall, 1833: 188. Type species: *Linyphia clathrata* Sundevall, 1830
异名：
Prolinyphia Homann, 1952; van Helsdingen, 1969: 73 (Syn.);
Neolinyphia Oi, 1960; van Helsdingen, 1969: 73 (Syn.);
Ambengana Millidge & Russell-Smith, 1992; Xu, Liu & Chen, 2010: 3 (Syn.).

白缘盖蛛 *Neriene albolimbata* (Karsch, 1879)

Karsch, 1879: 62 (*Linyphia a.*); Bösenberg & Strand, 1906: 171 (*L. a.*); Saitō, 1959: 77 (*L. a.*); Oi, 1960: 231 (*L. pennata*); Oi, 1964: 29 (*L. pennata*); Lee, 1966: 32 (*L. a.*); van Helsdingen, 1969: 141 (*N. a.*, Trans. from *Linyphia*, Syn.); Paik, 1978: 264; Paik & Namkung, 1979: 31; Hu, 1984: 179; Yaginuma, 1986: 66 (*L. a.*); Chikuni, 1989: 49 (*L. a.*); Chen & Zhang, 1991: 162; Song, Zhu & Chen, 1999: 188; Kim & Kim, 2000: 14; Namkung, 2002: 155; Kim & Cho, 2002: 281; Namkung, 2003: 157; Lee et al., 2004: 100; Lee, Kang & Kim, 2009: 131; Ono, Matsuda & Saito, 2009: 342; Yin et al., 2012: 517.
异名：
Neriene pennata (Oi, 1960, Trans. from *Linyphia*); van Helsdingen, 1969: 141 (Syn.).
分布：吉林（JL）、山东（SD）、安徽（AH）、江苏（JS）、浙江（ZJ）、湖南（HN）、四川（SC）、贵州（GZ）、台湾（TW）；韩国、日本、俄罗斯

丽纹盖蛛 *Neriene angulifera* (Schenkel, 1953)

Schenkel, 1953: 24 (*Linyphia a.*); Saitō, 1959: 77 (*L. peltata*, misidentified); Yaginuma, 1960: 42 (*L. peltata*, misidentified); Oi, 1960: 225 (*Neolinyphia peltata*, misidentified); van Helsdingen, 1969: 258 (*N. a.*, Trans. from *Linyphia*); Yaginuma, 1971: 42 (*Linyphia peltata*, misidentified); Yaginuma, 1986: 67 (*Linyphia a.*); Song, 1987: 135; Zhang, 1987: 115; Chikuni, 1989: 50 (*Linyphia a.*); Song, Zhu & Chen, 1999: 188; Song, Zhu & Chen, 2001: 143; Ono, Matsuda & Saito, 2009: 339 (*Neolinyphia a.*); Zhu & Zhang, 2011: 137.

分布：吉林（JL）、河北（HEB）、河南（HEN）、甘肃（GS）；日本、俄罗斯

鹰缘盖蛛 *Neriene aquilirostralis* Chen & Zhu, 1989

Chen & Zhu, 1989: 160; Song, Zhu & Chen, 1999: 188.

分布：陕西（SN）、湖北（HB）

缅甸盖蛛 *Neriene birmanica* (Thorell, 1887)

Thorell, 1887: 99 (*Linyphia b.*); Caporiacco, 1935: 167 (*Bathyphantes kashmiricus*); van Helsdingen, 1969: 261 (*N. kashmirica*, Trans. from *Bathyphantes*); van Helsdingen, 1969: 265 (*N. b.*, Trans. from *Linyphia*); Chen, Zhu & Chen, 1989: 1 (*N. b.*, Syn. of male); Chen & Gao, 1990: 99; Millidge & Russell-Smith, 1992: 1386 (*Ambengana complexipalpis*); Song, Zhu & Chen, 1999: 188; Xu, Liu & Chen, 2010: 3 (*N. b.*, Syn.).

异名：

Neriene kashmirica (Caporiacco, 1935, Trans. from *Bathyphantes*); Chen, Zhu & Chen, 1989: 1 (Syn.);

N. complexipalpis (Millidge & Russell-Smith, 1992, Trans. from *Ambengana*); Xu, Liu & Chen, 2010: 3 (Syn.).

分布：四川（SC）；克什米尔、印度、缅甸、巴厘岛

丽带盖蛛 *Neriene calozonata* Chen & Zhu, 1989

Chen & Zhu, 1989: 162; Song, Zhu & Chen, 1999: 193; Yin et al., 2012: 519.

分布：陕西（SN）、湖南（HN）、湖北（HB）

卡氏盖蛛 *Neriene cavaleriei* (Schenkel, 1963)

Schenkel, 1963: 119 (*Linyphia c.*); van Helsdingen, 1969: 153 (*N. c.*, Trans. from *Linyphia*); Song, 1981: 56; Brignoli, 1983: 303 (*Linyphia cavalierei*); Hu, 1984: 180; Song, 1987: 135; Feng, 1990: 123; Chen & Gao, 1990: 101; Chen & Zhang, 1991: 163; Song, Zhu & Li, 1993: 864; Song, Zhu & Chen, 1999: 193; Tu & Li, 2006: 107; Yin et al., 2012: 520.

分布：甘肃（GS）、浙江（ZJ）、湖南（HN）、湖北（HB）、四川（SC）、贵州（GZ）、福建（FJ）、广西（GX）；越南

楚南盖蛛 *Neriene chunan* Yin, 2012

Yin, in Yin et al., 2012: 522.

分布：湖南（HN）

环叶盖蛛 *Neriene circifolia* Zhao & Li, 2014

Zhao & Li, 2014: 34.

分布：云南（YN）

篓盖蛛 *Neriene clathrata* (Sundevall, 1830)

Sundevall, 1830: 30 (*Linyphia c.*); Lucas, 1846: 255 (*L. pallipes*; nomen dubium per Roewer, 1955: 1545); Blackwall, 1833: 188 (*N. marginata*); Blackwall, 1834: 363 (*N. m.*); Wider, 1834: 248 (*L. multiguttata*); C. L. Koch, 1837: 10 (*L. luctuosa*); Walckenaer, 1841: 271 (*L. luctuosa*); C. L. Koch, 1845: 111 (*L. multiguttata*); Blackwall, 1864: 249 (*N. marginata*); Menge, 1866: 107 (*L. c.*); Emerton, 1882: 62 (*L. c.*); Simon, 1884: 244 (*L. c.*); Keyserling, 1886: 98 (*Frontina c.*); Becker, 1896: 31 (*L. c.*); Bösenberg, 1901: 69 (*L. c.*); Strand, 1907: 145 (*L. amurensis*); Banks, 1910: 32; Comstock, 1912: 384; Simon, 1929: 636, 744 (*L. c.*); Blauvelt, 1936: 98 (*L. c.*); Muma, 1943: 76 (*L. c.*); Chamberlin & Ivie, 1943: 27 (*L. waldea*, name for specimens identified by Emerton, 1882 as *Linyphia clathrata*); Kaston, 1948: 123 (*L. c.*); Locket & Millidge, 1953: 399 (*L. c.*); Wiehle, 1956: 316 (*L. c.*); Yaginuma, 1960: 42 (*L. c.*); Oi, 1960: 230 (*L. c.*); Paik, 1965: 70 (*L. c.*); Azheganova, 1968: 65 (*L. c.*); van Helsdingen, 1969: 84 (*N. c.*, Trans. from *Linyphia*, Syn.); Yaginuma, 1971: 42 (*L. c.*); Tyschchenko, 1971: 230 (*L. c.*); Miller, 1971: 222 (*L. c.*); Palmgren, 1975: 83; Paik, 1978: 266; Hu, 1984: 180; Zhu et al., 1985: 107; Millidge, 1986: 58 (*L. c.*); Yaginuma, 1986: 66 (*L. c.*); Song, 1987: 137; Roberts, 1987: 162; Thaler, 1987: 42; Chikuni, 1989: 49; Feng, 1990: 124; Tanasevitch, 1990: 99; Chen & Gao, 1990: 101; Heimer & Nentwig, 1991: 222; Roberts, 1995: 366; Roberts, 1998: 377; Song, Zhu & Chen, 1999: 193; Kim & Kim, 2000: 16; Song, Zhu & Chen, 2001: 144; Namkung, 2002: 152; Kim & Cho, 2002: 282; Paquin & Dupérré, 2003: 144; Namkung, 2003: 154; Lee et al., 2004: 100; Bosmans, 2006: 145 (*N. c.*, Syn.); Jäger, 2006: 3; Lee, Kang & Kim, 2009: 132; Ono, Matsuda & Saito, 2009: 340.

异名：

Neriene pallipes (Lucas, 1846, Trans. from *Linyphia*); Bosmans, 2006: 145 (Syn.);

N. amurensis (Strand, 1907, Trans. from *Linyphia*); van Helsdingen, 1969: 84 (Syn.);

N. waldea (Chamberlin & Ivie, 1943, Trans. from *Linyphia*); van Helsdingen, 1969: 84 (Syn.).

分布：黑龙江（HL）、吉林（JL）、辽宁（LN）、山西（SX）、甘肃（GS）、安徽（AH）、湖北（HB）、四川（SC）、贵州（GZ）；全北界

饰斑盖蛛 *Neriene compta* Zhu & Sha, 1986

Zhu & Sha, 1986: 163; Chen & Zhang, 1991: 161; Song, Zhu & Chen, 1999: 193; Yin et al., 2012: 523.

分布：浙江（ZJ）、湖南（HN）、湖北（HB）、四川（SC）、贵州（GZ）

华斑盖蛛 *Neriene decormaculata* Chen & Zhu, 1988

Chen & Zhu, 1988: 346; Song, Zhu & Li, 1993: 864; Song, Zhu & Chen, 1999: 193.

分布：湖北（HB）、福建（FJ）

醒目盖蛛 *Neriene emphana* (Walckenaer, 1841)

Walckenaer, 1841: 246 (*Linyphia e.*); Menge, 1866: 110 (*L. scalarifera*); Dahl, 1883: 38 (*L. e.*); Becker, 1896: 23 (*L. e.*); Bösenberg, 1901: 68 (*L. e.*); Fedotov, 1912: 70 (*L. e.*); Simon, 1929: 631, 743 (*L. e.*); Saitō, 1934: 305 (*L. e.*); Blauvelt, 1936: 118 (*L. e.*); Homann, 1952: 349 (*Prolinyphia e.*, Trans. from *Linyphia*); Wiehle, 1956: 302 (*P. e.*); Paik, 1957: 43 (*L. e.*); Yaginuma, 1957: 54 (*L. e.*); Saitō, 1959: 77 (*L. e.*); Yaginuma, 1960: 41 (*L. e.*); Oi, 1960: 221 (*P. e.*); Prószyński, 1961: 129 (*L. marginata*, misidentified); Paik, 1965: 66 (*P. e.*); van Helsdingen, 1969: 210; Yaginuma, 1971: 41 (*L. e.*); Tyschchenko, 1971: 228 (*L. e.*); Miller, 1971: 220 (*L. e.*); Palmgren, 1975: 82; Paik, 1978: 268; Hu, 1984: 182; Zhu et al., 1985: 108; Yaginuma, 1986: 65 (*L. e.*); Song, 1987: 138; Zhang, 1987: 116; Chikuni, 1989: 52 (*L. e.*); Feng, 1990: 125; Tanasevitch, 1990: 98; Chen & Gao, 1990: 101; Heimer & Nentwig, 1991: 222; Song, Zhu & Li, 1993: 865; Roberts, 1995: 368; Mcheidze, 1997: 300 (*L. e.*); Roberts, 1998: 379; Song, Zhu & Chen, 1999: 193; Kim & Kim, 2000: 18; Hu, 2001: 526; Song, Zhu & Chen, 2001: 145; Yoo & Kim, 2002: 26; Namkung, 2002: 148; Dawson & Merrett, 2002: 295; Kim & Cho, 2002: 283; Namkung, 2003: 150; Ono, Matsuda & Saito, 2009: 339 (*Prolinyphia e.*); Zhu & Zhang, 2011: 137; Yin et al., 2012: 524.

分布：河北（HEB）、北京（BJ）、山西（SX）、陕西（SN）、安徽（AH）、湖南（HN）、湖北（HB）、四川（SC）、贵州（GZ）、西藏（XZ）、福建（FJ）；古北界

吉隆盖蛛 *Neriene gyirongana* Hu, 2001

Hu, 2001: 527.

分布：西藏（XZ）

哈氏盖蛛 *Neriene hammeni* (van Helsdingen, 1963)

van Helsdingen, 1963: 153 (*Linyphia h.*); van Helsdingen, 1969: 124 (*N. h.*, Trans. from *Linyphia*); Heimer & Nentwig, 1991: 220; Roberts, 1998: 378.

分布：山西（SX）、湖北（HB）、贵州（GZ）；古北界

草盖蛛 *Neriene herbosa* (Oi, 1960)

Oi, 1960: 232 (*Linyphia h.*); Oi, 1964: 30 (*L. h.*); van Helsdingen, 1969: 201 (*N. h.*, Trans. from *Linyphia*); Hu, 1984: 183; Yaginuma, 1986: 66 (*L. h.*); Ono, Matsuda & Saito, 2009: 342; Yin et al., 2012: 526.

分布：湖南（HN）、四川（SC）；日本

日本盖蛛 *Neriene japonica* (Oi, 1960)

Oi, 1960: 224 (*Neolinyphia j.*); Paik, 1965: 67 (*Neolinyphia j.*); van Helsdingen, 1969: 270; Paik, 1978: 270; Zhu & Tu, 1986: 105; Yaginuma, 1986: 67 (*Linyphia j.*); Song, 1987: 139; Zhang, 1987: 117; Chikuni, 1989: 50 (*Linyphia j.*); Feng, 1990: 126; Chen & Gao, 1990: 102; Chen & Zhang, 1991: 165; Song, Zhu & Chen, 1999: 193; Song, Zhu & Chen, 2001: 146; Namkung, 2002: 157 (*Bathylinyphia major*, misidentified); Kim & Cho, 2002: 284; Namkung, 2003: 159; Lee et al., 2004: 100; Ono, Matsuda & Saito, 2009: 339 (*Neolinyphia j.*); Zhu & Zhang, 2011: 138; Yin et al., 2012: 527.

分布：黑龙江（HL）、吉林（JL）、辽宁（LN）、河北（HEB）、山西（SX）、河南（HEN）、陕西（SN）、安徽（AH）、江苏（JS）、浙江（ZJ）、江西（JX）、湖南（HN）、湖北（HB）、四川（SC）；韩国、日本、俄罗斯

晋胄盖蛛 *Neriene jinjooensis* Paik, 1991

Zhu et al., 1985: 109 (*N. hammeni*, misidentified); Paik, 1991: 5; Song, Zhu & Chen, 1999: 193 (*N. hammeni*, misidentified); Song, Zhu & Chen, 1999: 193; Song, Zhu & Chen, 2001: 147; Ono, Matsuda & Saito, 2009: 342.

分布：山西（SX）；韩国

窄边盖蛛 *Neriene limbatinella* (Bösenberg & Strand, 1906)

Bösenberg & Strand, 1906: 174 (*Linyphia l.*); Schenkel, 1936: 76 (*L. fenestrata*); Oi, 1960: 220 (*Prolinyphia bilineata*); Namkung, 1964: 35 (*P. bilineata*); Namkung, 1964: 36 (*P. l.*, Trans. from *Linyphia*); Paik, 1965: 65 (*P. bilineata*); van Helsdingen, 1969: 278 (*N. l.*, Syn.); Paik, 1978: 273; Yaginuma, 1986: 65 (*L. l.*); Song, 1987: 140l Zhang, 1987: 118; Chikuni, 1989: 52 (*L. l.*); Feng, 1990: 127; Chen & Gao, 1990: 103; Chen & Zhang, 1991: 166; Song, Zhu & Li, 1993: 865; Song, Zhu & Chen, 1999: 193; Kim & Kim, 2000: 21; Hu, 2001: 529; Song, Zhu & Chen, 2001: 148; Yoo & Kim, 2002: 26 (*L. l.*); Namkung, 2002: 151; Kim & Cho, 2002: 285; Namkung, 2003: 153; Lee, Kang & Kim, 2009: 133; Ono, Matsuda & Saito, 2009: 339 (*Prolinyphia l.*); Zhu & Zhang, 2011: 141; Yin et al., 2012: 529.

异名：

Neriene fenestrata (Schenkel, 1936, Trans. from *Linyphia*); van Helsdingen, 1969: 278 (Syn.);

N. bilineata (Oi, 1960, Trans. from *Prolinyphia*); van Helsdingen, 1969: 278 (Syn.).

分布：黑龙江（HL）、吉林（JL）、辽宁（LN）、河北（HEB）、甘肃（GS）、青海（QH）、安徽（AH）、浙江（ZJ）、湖北（HB）、四川（SC）、福建（FJ）；韩国、日本、俄罗斯

白条盖蛛 *Neriene litigiosa* (Keyserling, 1886)

Keyserling, 1886: 62 (*Linyphia l.*); Blauvelt, 1936: 107 (*L. l.*); Levi & Levi, 1951: 222 (*L. l.*); van Helsdingen, 1969: 217 (*N. l.*, Trans. from *Linyphia*); Zhu & Tu, 1986: 105; Song, Zhu & Chen, 1999: 194.

分布：山西（SX）；北美洲

六盘盖蛛 *Neriene liupanensis* Tang & Song, 1992

Tang & Song, 1992: 415; Song, Zhu & Chen, 1999: 194; Hu,

Zhang & Li, 2011: 528.

分布：宁夏（NX）；俄罗斯

长肢盖蛛 *Neriene longipedella* (Bösenberg & Strand, 1906)

Bösenberg & Strand, 1906: 173 (*Linyphia marginata l.*, omitted by Roewer); Yaginuma, 1956: 19 (*Linyphia l.*, elevated to species); Yaginuma, 1960: 41 (*L. l.*); Oi, 1960: 218 (*Prolinyphia l.*, Trans. from *Linyphia*); Paik, 1965: 64 (*P. l.*); van Helsdingen, 1969: 235; Yaginuma, 1971: 41 (*L. l.*); Paik, 1978: 275; Song, 1981: 56; Hu, 1984: 184; Zhu et al., 1985: 110; Yaginuma, 1986: 64 (*L. l.*); Song, 1987: 141; Yoshikura, 1987: 151 (*L. l.*); Chikuni, 1989: 51 (*L. l.*); Feng, 1990: 128; Chen & Gao, 1990: 104; Chen & Zhang, 1991: 164; Zhao, 1993: 160; Song, Zhu & Chen, 1999: 194; Kim & Kim, 2000: 23; Yoo & Kim, 2002: 26 (*L. l.*); Namkung, 2002: 150; Namkung, 2003: 152; Lee, Kang & Kim, 2009: 134; Ono, Matsuda & Saito, 2009: 337 (*P. l.*); Zhu & Zhang, 2011: 142; Yin et al., 2012: 530.

分布：黑龙江（HL）、吉林（JL）、山西（SX）、陕西（SN）、甘肃（GS）、安徽（AH）、浙江（ZJ）、湖南（HN）、湖北（HB）、四川（SC）；韩国、日本、俄罗斯

鹤嘴盖蛛 *Neriene macella* (Thorell, 1898)

Thorell, 1898: 319 (*Linyphia m.*); Thorell, 1898: 321 (*L. multidens*); Simon, 1901: 54 (*L. passercula*); van Helsdingen, 1969: 186 (*N. m.*, Trans. from *Linyphia*, Syn. of female); Locket, 1982: 383; Chen, Li & Zhao, 1995: 137; Song, Zhu & Chen, 1999: 194; Zhao & Li, 2014: 36.

异名：

Neriene multidens (Thorell, 1898, Trans. from *Linyphia*); van Helsdingen, 1969: 186 (Syn.);

N. passercula (Simon, 1901, Trans. from *Linyphia*); van Helsdingen, 1969: 186 (Syn.).

分布：云南（YN）；缅甸、泰国、马来西亚

黑斑盖蛛 *Neriene nigripectoris* (Oi, 1960)

Oi, 1960: 227 (*Neolinyphia n.*); Namkung, 1964: 36 (*Neolinyphia n.*); Paik, 1965: 68 (*Neolinyphia n.*); Paik, 1978: 262 (*Neolinyphia n.*); Brignoli, 1983: 304; Yaginuma, 1986: 68 (*Linyphia n.*); Chikuni, 1989: 50 (*Linyphia n.*); Feng, 1990: 129; Kim & Kim, 2000: 25; Song, Zhu & Chen, 2001: 149; Namkung, 2002: 156; Kim & Cho, 2002: 286; Namkung, 2003: 158; Lee, Kang & Kim, 2009: 134; Ono, Matsuda & Saito, 2009: 339 (*Neolinyphia n.*); Yin et al., 2012: 532.

分布：吉林（JL）、河北（HEB）、安徽（AH）、江西（JX）、湖南（HN）、湖北（HB）、四川（SC）、贵州（GZ）、福建（FJ）、广东（GD）、广西（GX）；韩国、日本、俄罗斯

华丽盖蛛 *Neriene nitens* Zhu & Chen, 1991

Zhu & Chen, in Chen & Zhang, 1991: 167 (*N. n.*: species attributed to Zhu & Chen, 1988, but no such description published); Chen & Zhu, 1992: 418; Song, Zhu & Li, 1993: 866; Song, Zhu & Chen, 1999: 194; Zhu & Zhang, 2011: 143; Yin et al., 2012: 534; Zhao & Li, 2014: 36.

分布：安徽（AH）、浙江（ZJ）、湖南（HN）、湖北（HB）、四川（SC）、云南（YN）、福建（FJ）

大井盖蛛 *Neriene oidedicata* van Helsdingen, 1969

Yaginuma, 1960: 41 (*Linyphia albolimbata*, misidentified); Oi, 1960: 228 (*L. a.*, misidentified); van Helsdingen, 1963: 153 (*L. a.*, misidentified); Paik, 1965: 69 (*L. a.*, misidentified); van Helsdingen, 1969: 146; Yaginuma, 1971: 41 (*L. a.*, misidentified); Paik, 1978: 277; Yin, Wang & Hu, 1983: 34; Yaginuma, 1986: 66 (*L. o.*); Chikuni, 1989: 49 (*L. o.*); Feng, 1990: 130; Chen & Gao, 1990: 104; Song, Zhu & Chen, 1999: 194; Kim & Kim, 2000: 26; Namkung, 2002: 153; Kim & Cho, 2002: 287; Namkung, 2003: 155; Lee et al., 2004: 100; Lee, Kang & Kim, 2009: 134; Ono, Matsuda & Saito, 2009: 340; Zhu & Zhang, 2011: 144; Yin et al., 2012: 535.

分布：黑龙江（HL）、吉林（JL）、山东（SD）、河南（HEN）、安徽（AH）、江苏（JS）、浙江（ZJ）、湖南（HN）、湖北（HB）、四川（SC）、贵州（GZ）、台湾（TW）；韩国、日本、俄罗斯

杯状盖蛛 *Neriene poculiforma* Liu & Chen, 2010

Liu & Chen, 2010: 65.

分布：云南（YN）

花腹盖蛛 *Neriene radiata* (Walckenaer, 1841)

C. L. Koch, 1834: 127 (*Linyphia marginata*; preoccupied by Blackwall, 1833); Wider, 1834: 247 (*L. marginata*); Walckenaer, 1841: 262 (*L. r.*); C. L. Koch, 1845: 118 (*L. marginata*); Hentz, 1850: 29 (*L. marmorata*); Hentz, 1850: 29 (*L. scripta*); Thorell, 1875: 82 (*L. pyrenaea*); Thorell, 1875: 17 (*L. p.*); Emerton, 1882: 61 (*L. marginata*); Keyserling, 1886: 58 (*L. m.*); Chyzer & Kulczyński, 1894: 57 (*L. m.*); Becker, 1896: 20 (*L. m.*); Bösenberg, 1901: 67 (*L. m.*); Emerton, 1902: 136 (*L. m.*); Bösenberg & Strand, 1906: 173 (*L. m.*); Engelhardt, 1910: 60 (*L. m.*); Comstock, 1912: 390 (*L. m.*); Fedotov, 1912: 71 (*L. m.*); Chamberlin, 1924: 14 (*Nesticus alteratus*); Simon, 1929: 630, 743 (*L. m.*); Saitō, 1934: 308 (*L. m.*); Blauvelt, 1936: 110 (*L. m.*); Muma, 1943: 76 (*L. m.*); Kaston, 1948: 122 (*L. m.*); Locket & Millidge, 1953: 403 (*L. m.*); Yaginuma, 1956: 20 (*L. m.*); Wiehle, 1956: 298 (*Prolinyphia m.*); Saitō, 1959: 77 (*L. m.*); Yaginuma, 1960: 41 (*L. m.*); Oi, 1960: 217 (*P. m.*); Paik, 1965: 63 (*P. m.*); Shear, 1967: 7 (*L. m.*); Azheganova, 1968: 65 (*L. m.*); van Helsdingen, 1969: 223 (*N. r.*, Trans. from *Linyphia*, Syn.); Yaginuma, 1971: 41 (*L. m.*); Miller, 1971: 220 (*L. m.*); Palmgren, 1975: 81 (*N. marginata*); Punda, 1975: 52; Paik, 1978: 279; Lehtinen & Saaristo, 1980: 58 (*N. alterata*, Trans. from *Nesticus*); Song, 1980: 146; Song, 1981: 55; Wang, 1981: 117; Hu, 1984: 185; Guo, 1985: 100; Zhu et al., 1985: 111; Yaginuma, 1986: 64 (*L. r.*); Song, 1987: 142; Roberts, 1987: 164; Zhang, 1987: 119; Song, 1988: 131 (*N. r.*, Syn.); Chikuni, 1989: 51 (*L. r.*); Izmailova, 1989: 76 (*L. m.*); Feng, 1990: 131; Tanasevitch,

1990: 98; Chen & Gao, 1990: 105; Chen & Zhang, 1991: 165; Heimer & Nentwig, 1991: 220; Zhao, 1993: 161; Roberts, 1995: 368; Mcheidze, 1997: 302 (*L. m.*); Roberts, 1998: 378; Song, Zhu & Chen, 1999: 194; Kim & Kim, 2000: 28; Song, Zhu & Chen, 2001: 150; Yoo & Kim, 2002: 26 (*L. r.*); Namkung, 2002: 149; Paquin & Dupérré, 2003: 144; Namkung, 2003: 151; Ono, Matsuda & Saito, 2009: 337 (*P. r.*); Karabulut & Türkeş, 2011: 121; Zhu & Zhang, 2011: 144; Yin et al., 2012: 537.

异名：

Neriene pyrenaea (Thorell, 1875, Trans. from *Linyphia*); van Helsdingen, 1969: 223 (Syn.);

N. alterata (Chamberlin, 1924, Trans. from *Nesticus*); Song, 1988: 131 (Syn.).

分布：吉林（JL）、辽宁（LN）、河北（HEB）、山西（SX）、河南（HEN）、陕西（SN）、宁夏（NX）、甘肃（GS）、安徽（AH）、江苏（JS）、浙江（ZJ）、湖南（HN）、湖北（HB）、四川（SC）、贵州（GZ）、云南（YN）、台湾（TW）；全北界

河岸盖蛛 *Neriene strandia* (Blauvelt, 1936)

Blauvelt, 1936: 116 (*Linyphia s.*); van Helsdingen, 1969: 247 (*N. s.*, Trans. from *Linyphia*); Chen & Li, 2000: 192; Zhao & Li, 2014: 36.

分布：云南（YN）；婆罗洲

颜氏盖蛛 *Neriene yani* Chen & Yin, 1999

Chen & Yin, 1999: 65.

分布：云南（YN）

赞皇盖蛛 *Neriene zanhuangica* Zhu & Tu, 1986

Zhu & Tu, 1986: 102; Song, Zhu & Chen, 1999: 194; Song, Zhu & Chen, 2001: 151.

分布：河北（HEB）、陕西（SN）

朱氏盖蛛 *Neriene zhui* Chen & Li, 1995

Chen & Li, 1995: 311; Song, Zhu & Chen, 1999: 194.

分布：福建（FJ）

日蛛属 *Nippononeta* Eskov, 1992

Eskov, 1992: 159, type *Nippononeta kurilensis* Eskov, 1992

袋形日蛛 *Nippononeta bursa* Yin, 2012

Yin, in Yin et al., 2012: 540.

分布：湖南（HN）

韩国日蛛 *Nippononeta coreana* (Paik, 1991)

Paik, 1991: 2 (*Macrargus coreanus*); Eskov, 1992: 159 (*N. c.*, Trans. from *Macrargus*); Li et al., 1996: 10 (*Macaragus c.*); Song, Zhu & Chen, 1999: 199 (*N. coreanus*); Yin et al., 2012: 539.

分布：吉林（JL）、湖南（HN）、湖北（HB）、广西（GX）；韩国

中华日蛛 *Nippononeta sinica* Tanasevitch, 2006

Tanasevitch, 2006: 281.

分布：陕西（SN）

诺提蛛属 *Notioscopus* Simon, 1884

Simon, 1884: 644. Type species: *Erigone sarcinata* O. P.-Cambridge, 1872

西伯利亚诺提蛛 *Notioscopus sibiricus* Tanasevitch, 2007

Marusik, Gnelitsa & Koponen, 2006: 322 (*N. jamalensis*, misidentified per Tanasevitch, 2007); Tanasevitch, 2007: 142.

分布：黑龙江（HL）；蒙古、俄罗斯、库页岛

暗斑蛛属 *Obscuriphantes* Saaristo & Tanasevitch, 2000

Saaristo & Tanasevitch, 2000: 260. Type species: *Lepthyphantes obscurus* (Blackwall, 1841)

昏暗斑蛛 *Obscuriphantes obscurus* (Blackwall, 1841)

Blackwall, 1841: 665 (*Linyphia obscura*); Blackwall, 1864: 244 (*L. obscura*); Thorell, 1875: 23 (*L. obscura*); Förster & Bertkau, 1883: 274 (*Bathyphantes o.*); Simon, 1884: 292 (*Lepthyphantes o.*); Becker, 1896: 44 (*L. o.*); Bösenberg, 1901: 78 (*L. o.*); Simon, 1929: 588, 732 (*L. o.*); Schenkel, 1936: 267 (*L. uncinatus*); Denis, 1943: 17 (*L. o.*); Locket & Millidge, 1953: 384 (*L. o.*); Wiehle, 1956: 188 (*L. o.*); Merrett, 1963: 360 (*L. o.*); Tyschchenko, 1971: 218 (*L. o.*); Miller, 1971: 225 (*L. o.*); Wanless, 1971: 21 (*L. o.*); Wanless, 1973: 130 (*L. o.*); Palmgren, 1975: 58 (*L. o.*); Utochkin & Pakhorukov, 1976: 87 (*L. o.*); Roberts, 1987: 150 (*L. o.*); Hu & Wu, 1989: 148 (*L. o.*, Syn.); Tanasevitch, 1990: 97 (*L. o.*); Heimer & Nentwig, 1991: 178 (*L. o.*); Zhao, 1993: 158 (*L. o.*); Roberts, 1995: 359 (*L. o.*); Marusik, Hippa & Koponen, 1996: 17 (*L. o.*); Roberts, 1998: 370 (*L. o.*); Esyunin & Efimik, 1999: 230 (*L. o.*); Saaristo & Tanasevitch, 2000: 260 (*O. o.*, Trans. from *Lepthyphantes*); Hu, 2001: 509 (*L. o.*); Merrett, 2004: 21; Saaristo, in Marusik & Koponen, 2008: 10; Bosmans, Cardoso & Crespo, 2010: 36.

异名：

Obscuriphantes uncinatus (Schenkel, 1936, Trans. from *Lepthyphantes*); Hu & Wu, 1989: 148 (Syn., sub *Lepthyphantes*).

分布：青海（QH）、新疆（XJ）；古北界

瘤胸蛛属 *Oedothorax* Bertkau, in Förster & Bertkau, 1883

Oedothorax Bertkau, in Förster & Bertkau, 1883: 229. Type species: *Neriene gibbosa* Blackwall, 1841

僧帽瘤胸蛛 *Oedothorax apicatus* (Blackwall, 1850)

Blackwall, 1850: 339 (*Neriene apicata*); Westring, 1851: 41 (*Erigone gibbicollis*); Grube, 1859: 469 (*Micryphantes tuberculatus*); Westring, 1861: 223 (*Erigone gibbicollis*); Blackwall, 1864: 269 (*Neriene apicata*); Ohlert, 1867: 65 (*Micryphantes gibbus*); Menge, 1871: 220 (*Phalops gibbicollis*); Thorell, 1871: 112 (*Erigone gibbicollis*); Dahl,

1883: 46 (*Erigone apicata*); Simon, 1884: 487 (*Gongylidium apicatum*); Chyzer & Kulczyński, 1894: 93 (*Neriene apicata*); Simon, 1894: 666 (*Neriene apicata*); F. O. P.-Cambridge, 1895: 39 (*Kulczynskiellum apicatum*); Becker, 1896: 86 (*Gongylidium apicatum*); Bösenberg, 1902: 169 (*Kulczynskiellum apicatum*); Lessert, 1910: 191; Dahl, 1912: 603 (*Stylothorax apicata*); Denis, 1947: 145; Locket & Millidge, 1953: 241; Wiehle, 1960: 437; Wiehle, 1960: 477; Tyschchenko, 1971: 251; Miller, 1971: 262; Palmgren, 1976: 88; Millidge, 1977: 11; Růžička, 1978: 195; Hu & Wang, 1982: 63; Hu, 1984: 196; Bosmans, 1985: 65; Song, 1987: 153; Roberts, 1987: 58; Hu & Wu, 1989: 174; Tanasevitch, 1990: 102; Chen & Gao, 1990: 111; Heimer & Nentwig, 1991: 224; Alderweireldt, 1992: 5; Zhao, 1993: 191; Wunderlich, 1995: 473; Song, Zhu & Chen, 1999: 199; Hu, 2001: 550.
分布：新疆（XJ）、四川（SC）、西藏（XZ）；古北界

边凸瘤胸蛛 *Oedothorax biantu* Zhao & Li, 2014

Zhao & Li, 2014: 37.
分布：云南（YN）

毛丘瘤胸蛛 *Oedothorax collinus* Ma & Zhu, 1991

Ma & Zhu, 1991: 27; Song, Zhu & Chen, 1999: 199; Yin et al., 2012: 542.
分布：湖南（HN）、湖北（HB）、贵州（GZ）

埃希瘤胸蛛 *Oedothorax esyunini* Zhang, Zhang & Yu, 2003

Zhang, Zhang & Yu, 2003: 408.
分布：河北（HEB）

护龙瘤胸蛛 *Oedothorax hulongensis* Zhu & Wen, 1980

Zhu & Wen, 1980: 21; Hu, 1984: 197; Zhu et al., 1985: 118; Song, 1987: 154; Zhang, 1987: 131; Chen & Zhang, 1991: 180; Zhao, 1993: 192; Song, Zhu & Chen, 1999: 199; Song, Zhu & Chen, 2001: 154; Zhu & Zhang, 2011: 147.
分布：吉林（JL）、辽宁（LN）、河北（HEB）、山西（SX）、浙江（ZJ）、湖北（HB）；俄罗斯

钝瘤胸蛛 *Oedothorax retusus* (Westring, 1851)

Westring, 1851: 41 (*Erigone retusa*); O. P.-Cambridge, 1862: 7966 (*Neriene elevata*); Menge, 1868: 186 (*Tmeticus foveolatus*); O. P.-Cambridge, 1873: 451 (*Neriene retusa*); Simon, 1884: 478 (*Gongylidium fuscum*, misidentified); Chyzer & Kulczyński, 1894: 94 (*Neriene retusa*); F. O. P.-Cambridge, 1895: 39 (*Kulczynskiellum retusum*); Becker, 1896: 82 (*Gongylidium fuscum*); Bösenberg, 1902: 170 (*Kulczynskiellum retusum*); Lessert, 1910: 192; Fedotov, 1912: 454 (*Kulczynskiellum retusum*); Dahl, 1912: 603 (*Stylothorax retusa*); Denis, 1947: 145; Vogelsanger, 1948: 53; Locket & Millidge, 1953: 241; Wiehle, 1960: 440; Holm, 1962: 165; Tyschchenko, 1971: 251; Miller, 1971: 262; Palmgren, 1976: 88; Růžička, 1978: 195; Hu & Wang, 1982: 63; Hu, 1984: 199; Bosmans, 1985: 65; Roberts, 1987: 57; Heimer & Nentwig, 1991: 224; Alderweireldt, 1992: 5; Zhao, 1993: 199; Uhl, Nessler & Schneider, 2010: 77.
分布：新疆（XJ）；古北界

伊亚蛛属 *Oia* Wunderlich, 1973

Wunderlich, 1973: 437. Type species: *Oia sororia* Wunderlich, 1973

短突伊亚蛛 *Oia breviprocessia* Song & Li, 2010

Song & Li, 2010: 711.
分布：河南（HEN）

伊氏伊亚蛛 *Oia imadatei* (Oi, 1964)

Oi, 1964: 24 (*Cornicularia i.*); Wunderlich, 1973: 437 (*O. i.*, Trans. from *Cornicularia=Walckenaeria*); Shinkai, 1978: 89; Irie & Saito, 1987: 17; Chikuni, 1989: 58; Seo, 1993: 175; Namkung, 2002: 200; Namkung, 2003: 202; Lee et al., 2004: 100; Ono, Matsuda & Saito, 2009: 275.
分布：台湾（TW）；韩国、日本、俄罗斯

奥皿蛛属 *Oilinyphia* Ono & Saito, 1989

Ono & Saito, 1989: 232. Type species: *Oilinyphia peculiaris* Ono & Saito, 1989

横脊奥皿蛛 *Oilinyphia hengji* Zhao & Li, 2014

Zhao & Li, 2014: 37.
分布：云南（YN）

奥克蛛属 *Okhotigone* Eskov, 1993

Eskov, 1993: 55. Type species: *Walckenaeria sounkyoensis* Saito, 1986

层云峡奥克蛛 *Okhotigone sounkyoensis* (Saito, 1986)

Saito, 1986: 13 (*Walckenaeria s.*); Sha & Zhu, 1992: 1 (*W. s.*); Eskov, 1993: 55 (*O. s.*, Trans. from *Walckenaeria*); Song, Zhu & Chen, 1999: 199; Ono, Matsuda & Saito, 2009: 272.
分布：吉林（JL）；日本、俄罗斯

山纺蛛属 *Oreoneta* Kulczyński, 1894

Kulczyński, 1894: 78. Type species: *Erigone frigida* Thorell, 1872

塔特山纺蛛 *Oreoneta tatrica* (Kulczyński, 1915)

Kulczyński, 1915: 927 (*Hilaira montigena t.*: omitted by Roewer); Wiehle, 1963: 246 (*Hilaira t.*); Miller, 1971: 237 (*H. t.*); Palmgren, 1975: 91 (*H. t.*); Thaler, 1983: 140 (*H. t.*); Tanasevitch, 1990: 81 (*H. t.*); Heimer & Nentwig, 1991: 170 (*H. t.*); Sha & Zhu, 1995: 287 (*H. t.*); Wunderlich, 1995: 498 (*H. t.*); Song, Zhu & Chen, 1999: 171 (*H. t.*); Saaristo & Marusik, 2004: 246 (*O. t.*, Trans. from *Hilaira*).
分布：吉林（JL）；中欧

天山山纺蛛 *Oreoneta tienshangensis* Saaristo & Marusik, 2004

Saaristo & Marusik, 2004: 248; Marusik, Fritzén & Song, 2007: 266.

分布：新疆（XJ）；哈萨克斯坦

类山纺蛛属 *Oreonetides* Strand, 1901

Strand, 1901: 29. Type species: *Erigone vaginata* Thorell, 1872

异名：

Aigola Chamberlin, 1922; Holm, 1945: 45 (Syn.);
Labuella Chamberlin & Ivie, 1943; Chamberlin & Ivie, 1947: 60 (Syn.);
Montitextrix Denis, 1963; van Helsdingen, 1981: 230 (Syn.);
Paramaro Wunderlich, 1980; Thaler, 1981: 143 (Syn.).

长栓类山纺蛛 *Oreonetides longembolus* Wunderlich & Li, 1995

Wunderlich & Li, 1995: 338; Song, Zhu & Chen, 1999: 199.

分布：辽宁（LN）

台湾类山纺蛛 *Oreonetides taiwanus* Tanasevitch, 2011

Tanasevitch, 2011: 34.

分布：台湾（TW）

东洋蛛属 *Orientopus* Eskov, 1992

Eskov, 1992: 165. Type *Lophomma yodoense* Oi, 1960

淀川东洋蛛 *Orientopus yodoensis* (Oi, 1960)

Oi, 1960: 171 (*Lophomma y.*); Namkung, 1964: 36 (*L. y.*); Paik & Namkung, 1979: 37 (*L. yodoense*); Eskov, 1992: 165 (*O. y.*, Trans. from *Lophomma*); Li et al., 1997: 67 (*L. y.*); Song, Zhu & Chen, 1999: 199; Marusik, Koponen & Danilov, 2001: 88 (*Silometopoides y.*); Song, Zhu & Chen, 2001: 156; Ono, Matsuda & Saito, 2009: 267.

分布：河北（HEB）；韩国、日本

黑皿蛛属 *Ostearius* Hull, 1911

Hull, 1911: 583. Type species: *Linyphia melanopygia* O. P.-Cambridge, 1879

异名：

Haemathyphantes Caporiacco, 1949; van Helsdingen, 1977: 182 (Syn.).

黑骨黑皿蛛 *Ostearius melanopygius* (O. P.-Cambridge, 1879)

O. P.-Cambridge, 1879: 696 (*Linyphia melanopygia*); Keyserling, 1886: 159 (*Erigone matei*); Keyserling, 1886: 209 (*Erigone striaticeps*); Urquhart, 1887: 101 (*Linyphia m.*); Urquhart, 1887: 102 (*Erigone atriventer*); Simon, 1894: 667 (*Neriene analis*); Simon, 1900: 461 (*Microneta insulana*); Tullgren, 1901: 200 (*Neriene arcuata*); Tullgren, 1901: 199 (*Neriene matei*); O. P.-Cambridge, 1907: 141 (*Tmeticus nigricauda*); Simon, 1908: 416 (*Ceratinopsis melanura*); Strand, 1909: 553 (*Oedothorax melanopygia*); Petrunkevitch, 1911: 260 (*Oedothorax arcuatus*); Petrunkevitch, 1911: 263 (*Oedothorax matei*); Hull, 1911: 583 (*O. nigricauda*); Chamberlin, 1916: 236 (*Oedothorax melacra*); Bryant, 1933: 19 (*Erigone atriventris*); Bishop & Crosby, 1938: 64 (*Scolopembolus melacrus*); Annen, 1941: 110 (*Oedothorax melanopygus*, lapsus for *O. m.*, Nishikawa, 1977: 362); Denis & Dresco, 1946: 103; Caporiacco, 1949: 360 (*Haemathyphantes denisi*); Locket & Millidge, 1953: 326; Oi, 1960: 187; Oi, 1960: 3; Wiehle, 1960: 201; Holm, 1962: 186 (*O. m.*, Syn.); Merrett, 1963: 411; Ivie, 1967: 129 (*O. m.*, Syn.); Miller, 1970: 145; van Helsdingen, 1973: 8 (*O. m.*, Syn.); Locket, Millidge & Merrett, 1974: 103; Wunderlich, 1976: 140 (*O. m.*, Syn.); van Helsdingen, 1977: 182 (*O. m.*, Syn.); Millidge, 1977: 37; Kaston, 1977: 23; Thaler, 1978: 186; Machado, 1982: 141 (*O. m.*, Syn.); Seo & Sohn, 1984: 114; Millidge, 1984: 239; Millidge, 1985: 42 (*O. m.*, Syn.); Yaginuma, 1986: 70; Roberts, 1987: 113; Irie & Saito, 1987: 21; Millidge, 1988: 61; Chikuni, 1989: 53; Heimer & Nentwig, 1991: 228; Pekár, 1994: 100; Roberts, 1995: 350; Kronestedt, 1996: 11; Agnarsson, 1996: 128; Roberts, 1998: 362; Hormiga, 2000: 49; Hu, 2001: 531; Song, Zhu & Chen, 2001: 157 (*Osterarius m.*); Namkung, 2002: 172; Paquin & Dupérré, 2003: 146; Namkung, 2003: 174; Miller, 2007: 30 (*O. m.*, Syn.); Bayram et al., 2007: 83; Bosmans, 2007: 136; Pajunen, Terhivuo & Koponen, 2008: 111; Ono, Matsuda & Saito, 2009: 308; Paquin, Vink & Dupérré, 2010: 56.

异名：

Ostearius matei (Keyserling, 1886, Trans. from *Erigone*); Holm, 1962: 186 (Syn.);
O. striaticeps (Keyserling, 1886, Trans. from *Erigone*); Miller, 2007: 30 (Syn.);
O. atriventer (Urquhart, 1887, Trans. from *Erigone*); Millidge, 1985: 42 (Syn.);
O. analis (Simon, 1894, Trans. from *Neriene*); Wunderlich, 1976: 140 (Syn.);
O. insulanus (Simon, 1900, Trans. from *Microneta*); van Helsdingen, 1973: 8 (Syn.);
O. arcuata (Tullgren, 1901, Trans. from *Neriene*); Holm, 1962: 187 (Syn.);
O. melanura (Simon, 1908, Trans. from *Ceratinopsis*); Machado, 1982: 141 (Syn.);
O. melacrus (Chamberlin, 1916, Trans. from *Oedothorax*); Ivie, 1967: 129 (Syn.);
O. denisi (Caporiacco, 1949, Trans. from *Haemathyphantes*); van Helsdingen, 1977: 182 (Syn.).

分布：河北（HEB）、西藏（XZ）；世界性分布

钝突黑皿蛛 *Ostearius muticus* Gao, Gao & Zhu, 1994

Gao, Gao & Zhu, 1994: 124; Song, Zhu & Chen, 1999: 203.

分布：甘肃（GS）

洋蛛属 *Pacifiphantes* Eskov & Marusik, 1994

Eskov & Marusik, 1994: 49. Type species: *Pacifiphantes zakharovi* Eskov & Marusik, 1994

扎哈洋蛛 *Pacifiphantes zakharovi* Eskov & Marusik, 1994

Eskov & Marusik, 1994: 49; Tao, Li & Zhu, 1995: 247

(*Kaestneria rahmanni*); Song, Zhu & Chen, 1999: 181 (*K. rahmanni*); Marusik & Koponen, 2000: 62 (*P. z.*, Syn.).
异名：
Pacifiphantes rahmanni (Tao, Li & Zhu, 1995, Trans. from *Kaestneria*); Marusik & Koponen, 2000: 62 (Syn.).
分布：吉林（JL）；俄罗斯

派克蛛属 *Paikiniana* Eskov, 1992

Eskov, 1992: 164. Type species: *Cornicularia bella* Paik, 1978

双头派克蛛 *Paikiniana biceps* Song & Li, 2008

Song & Li, 2008: 92.
分布：河南（HEN）

二叉派克蛛 *Paikiniana furcata* Zhao & Li, 2014

Zhao & Li, 2014: 39.
分布：云南（YN）

奇妙派克蛛 *Paikiniana mira* (Oi, 1960)

Oi, 1960: 141 (*Cornicularia m.*); Wunderlich, 1972: 416 (*Walckenaeria m.*); Yaginuma, 1986: 85 (*W. m.*); Chikuni, 1989: 59 (*W. m.*); Eskov, 1992: 164 (*P. m.*, Trans. from *Walckenaeria*); Xu, 1994: 131 (*W. cylindrica*); Song, Zhu & Chen, 1999: 210 (*W. cylindrica*); Namkung, 2002: 203; Namkung, 2003: 205; Lee, Kang & Kim, 2009: 138; Ono, Matsuda & Saito, 2009: 298; Song & Li, 2011: 175 (*P. m.*, Syn.); Yin et al., 2012: 544.
异名：
Paikiniana cylindrica (Xu, 1994, Trans. from *Walckenaeria*); Song & Li, 2011: 175 (Syn.).
分布：湖南（HN）；韩国、日本

暗皿蛛属 *Palliduphantes* Saaristo & Tanasevitch, 2001

Saaristo & Tanasevitch, 2001: 6. Type species: *Linyphia pallida* O. P.-Cambridge, 1871

苍白暗皿蛛 *Palliduphantes pallidus* (O. P.-Cambridge, 1871)

O. P.-Cambridge, 1871: 435 (*Linyphia pallida*); L. Koch, 1872: 131 (*Linyphia troglodytes*); Simon, 1884: 307 (*Lepthyphantes p.*); Chyzer & Kulczyński, 1894: 68 (*L. p.*); Becker, 1896: 46 (*L. p.*); Bösenberg, 1901: 77 (*L. p.*); Enslin, 1906: 319 (*L. p.*); O. P.-Cambridge, 1907: 139 (*L. patens*); Schenkel, 1929: 141 (*L. p.*); Simon, 1929: 601, 616, 739 (*L. troglodytes*); Roewer, 1931: 7 (*L. p.*); Kauri, 1947: 67 (*L. relativus*); Locket & Millidge, 1953: 392 (*L. p.*); Wiehle, 1956: 218 (*L. p.*, Syn.); Braendegaard, 1958: 87 (*L. p.*); Loksa, 1970: 272 (*L. p.*); Tyschchenko, 1971: 219 (*L. p.*); Miller, 1971: 228 (*L. p.*); Wanless, 1971: 23 (*L. p.*); Wanless, 1973: 132 (*L. p.*); Palmgren, 1975: 62 (*L. p.*); Miller & Obrtel, 1975: 11 (*L. p.*); Millidge, 1977: 43 (*L. p.*); Pakhorukov & Utochkin, 1977: 909 (*L. p.*); Brignoli, 1979: 20 (*L. p.*); Dumitrescu & Georgescu, 1981: 14 (*L. p.*); Thaler & Plachter, 1983: 254 (*L. p.*); Millidge, 1984: 248 (*L. p.*); Deeleman-Reinhold, 1985: 46 (*L. p.*); Roberts, 1987: 152 (*L. p.*); Polenec, 1987: 83 (*L. p.*); Hu & Wu, 1989: 149 (*L. p.*); Heimer & Nentwig, 1991: 200 (*L. p.*); Agnarsson, 1996: 149 (*L. p.*); Bellmann, 1997: 88 (*L. p.*); Saaristo & Tanasevitch, 2001: 6 (*P. p.*, Trans. from *Lepthyphantes*); Merrett, 2004: 21; Isaia et al., 2011: 120.
异名：
Palliduphantes troglodytes (L. Koch, 1872, Trans. from *Linyphia*); Wiehle, 1956: 221 (Syn., sub. *Lepthyphantes*).
分布：新疆（XJ）；古北界

玲蛛属 *Parameioneta* Locket, 1982

Locket, 1982: 375. Type species: *Parameioneta spicata* Locket, 1982

二叶玲蛛 *Parameioneta bilobata* Li & Zhu, 1993

Li & Zhu, in Song, Zhu & Li, 1993: 867; Li & Zhu, 1995: 45; Song, Zhu & Chen, 1999: 203; Tu & Li, 2006: 113; Yin et al., 2012: 545.
分布：湖南（HN）、湖北（HB）、贵州（GZ）、福建（FJ）；越南

匕首玲蛛 *Parameioneta bishou* Zhao & Li, 2014

Zhao & Li, 2014: 40.
分布：云南（YN）

多叉玲蛛 *Parameioneta multifida* Zhao & Li, 2014

Zhao & Li, 2014: 41.
分布：云南（YN）

三色玲蛛 *Parameioneta tricolorata* Zhao & Li, 2014

Zhao & Li, 2014: 42.
分布：云南（YN）

永靖玲蛛 *Parameioneta yongjing* Yin, 2012

Yin, in Yin et al., 2012: 547.
分布：湖南（HN）

帕拉蛛属 *Parasisis* Eskov, 1984

Eskov, 1984: 1337. Type species: *Parasisis amurensis* Eskov, 1984

阿木任帕拉蛛 *Parasisis amurensis* Eskov, 1984

Eskov, 1984: 1338; Saito, 1987: 7; Fei et al., 1999: 81; Ono, Matsuda & Saito, 2009: 279; Seo, 2011: 146.
分布：陕西（SN）；韩国、日本、俄罗斯

盾板蛛属 *Pelecopsis* Simon, 1864

Simon, 1864: ?. Type species: *Theridion elongatum* Wider, 1834
异名：
Lophocarenum Menge, 1866; Wiehle, 1960: 34 (Syn.);
Exechophysis Simon, 1884; Millidge, 1977: 21 (Syn.).

黑突盾板蛛 *Pelecopsis nigroloba* Fei, Gao & Zhu, 1995

Fei, Gao & Zhu, 1995: 168; Song, Zhu & Chen, 1999: 203.

分布：吉林（JL）；俄罗斯

喙突蛛属 *Perregrinus* Tanasevitch, 1992

Tanasevitch, 1992: 50. Type species: *Peregrinus deformis* Tanasevitch, 1982

方凹喙突蛛 *Perregrinus deformis* (Tanasevitch, 1982)

Tanasevitch, 1982: 1503 (*Peregrinus d.*); Fei, Zhu & Gao, 1994: 49 (*Peregrinus d.*); Song, Zhu & Chen, 1999: 203; Paquin & Dupérré, 2003: 116; Nekhaeva, 2012: 81.

分布：吉林（JL）；蒙古、俄罗斯、加拿大

扁旋蛛属 *Platyspira* Song & Li, 2009

Song & Li, 2009: 59. Type species: *Platyspira tanasevitchi* Song & Li, 2009

泰氏扁旋蛛 *Platyspira tanasevitchi* Song & Li, 2009

Song & Li, 2009: 62.

分布：贵州（GZ）

双环蛛属 *Pocadicnemis* Simon, 1884

Simon, 1884: 714. Type species: *Walckenaera pumila* Blackwall, 1841

杰氏双环蛛 *Pocadicnemis jacksoni* Millidge, 1976

Millidge, 1976: 153; Gao & Zhu, 1990: 153; Song, Zhu & Chen, 1999: 203.

分布：湖北（HB）；法国、西班牙、葡萄牙

连双环蛛 *Pocadicnemis juncea* Locket & Millidge, 1953

Locket & Millidge, 1953: 237 (*P. pumila j.*); Locket, Millidge & Merrett, 1974: 82 (*P. pumila*, Syn., rejected); Millidge, 1976: 151 (*P. j.*, elevated to species); Millidge, 1976: 153 (*P. neglecta*); Heimer, 1978: 108 (*P. j.*, Syn.); Roberts, 1987: 54; Gao & Zhu, 1990: 153; Chen & Zhang, 1991: 181; Heimer & Nentwig, 1991: 234; Song, Zhu & Chen, 1999: 203.

异名：

Pocadicnemis neglecta Millidge, 1976; Heimer, 1978: 108 (Syn.).

分布：浙江（ZJ）、湖北（HB）；古北界

杂色皿蛛属 *Poeciloneta* Kulczyński, 1894

Kulczyński, 1894: 71. Type species: *Neriene variegata* Blackwall, 1841

锚杂色皿蛛 *Poeciloneta ancora* Zhai & Zhu, 2008

Zhai & Zhu, 2008: 63.

分布：西藏（XZ）

多杂色皿蛛 *Poeciloneta variegata* (Blackwall, 1841)

Blackwall, 1841: 650 (*Neriene v.*); Walckenaer, 1847: 513 (*Argus variegatus*); Westring, 1851: 37 (*Linyphia gracilis*); Westring, 1861: 138 (*L. gracilis*); Blackwall, 1864: 282 (*Neriene v.*); O. P.-Cambridge, 1871: 426 (*Linyphia finitima*); O. P.-Cambridge, 1873: 537 (*L. contrita*); O. P.-Cambridge, 1879: 189 (*L. v.*); L. Koch, 1879: 22 (*L. picturata*); O. P.-Cambridge, 1881: 511 (*Tapinopa finitima*); Simon, 1884: 334 (*Bathyphantes variegatus*); Simon, 1884: 372 (*Porrhomma contritum*); Kulczyński, in Chyzer & Kulczyński, 1894: 71; Becker, 1896: 51 (*Bathyphantes variegatus*); O. P.-Cambridge, 1900: 33 (*Tmeticus finitimus*); O. P.-Cambridge, 1900: 33 (*Tmeticus contritus*); Bösenberg, 1901: 91; Lessert, 1910: 243 (*P. globosa*, misidentified); Locket & Millidge, 1953: 369 (*P. globosa*); Wiehle, 1956: 223 (*P. globosa*); Merrett, 1963: 362 (*P. globosa*); Holm, 1970: 197; Tyschchenko, 1971: 211; Holm, 1973: 97 (*P. v.*, Syn.); Palmgren, 1975: 39 (*P. globosa*); Roberts, 1987: 140 (*P. globosa*); Hu & Li, 1987: 275 (*P. globosa*); Tanasevitch, 1989: 128; Hu & Wu, 1989: 160 (*P. globosa*); Tanasevitch, 1990: 81; Heimer & Nentwig, 1991: 234 (*P. globosa*); Roberts, 1995: 351; Roberts, 1998: 363; Saaristo & Tanasevitch, 2000: 260; Hu, 2001: 531; Marusik et al., 2002: 358; Marusik & Koponen, in Marusik et al., 2002: 357 (*P. yanensis*); Saaristo, in Marusik & Koponen, 2008: 10; Tanasevitch, 2010: 276 (*P. v.*, Syn.); Dupérré, 2013: 7.

异名：

Poeciloneta picturata (L. Koch, 1879, Trans. from *Linyphia*); Holm, 1973: 97 (Syn.);

P. yanensis Marusik & Koponen, 2002; Tanasevitch, 2010: 276 (Syn.).

分布：青海（QH）、新疆（XJ）、西藏（XZ）；全北界

西藏杂色皿蛛 *Poeciloneta xizangensis* Zhai & Zhu, 2008

Zhai & Zhu, 2008: 61.

分布：西藏（XZ）

洞厣蛛属 *Porrhomma* Simon, 1884

Simon, 1884: 360. Type species: *Erigone convexa* Westring, 1851

异名：

Opistoxys Simon, 1884; Thaler, 1975: 142 (Syn.).

龙江洞厣蛛 *Porrhomma longjiangense* Zhu & Wang, 1983

Zhu & Wang, 1983: 148 (*P. longjiangensis*); Zhu, Wen & Sun, 1986: 207 (*P. longjiangensis*); Eskov & Marusik, 1994: 52 (*P. longjiangensis*); Song, Zhu & Chen, 1999: 204 (*P. rakanum*, misidentified). Tanasevitch, 2012: 372 (*P. longjiangensis*, removed from Syn. of *P. rakanum*, after Marusik & Koponen, 2000: 62, contra. Li & Song, 1993: 250).

分布：黑龙江（HL）、吉林（JL）；俄罗斯

始微蛛属 *Prinerigone* Millidge, 1988

Millidge, 1988: 216. Type species: *Erigone vagans* Audouin,

1826

游荡始微蛛 *Prinerigone vagans* (Audouin, 1826)

Audouin, 1826: 320 (*Erigone v.*); Walckenaer, 1841: 345 (*Argus v.*); O. P.-Cambridge, 1872: 292 (*Erigone spinosa*); L. Koch, 1872: 274 (*E. litoralis*); Simon, 1884: 530 (*E. v.*); Chyzer & Kulczyński, 1894: 91 (*E. v.*); Simon, 1894: 669 (*E. v.*); Becker, 1896: 97 (*E. v.*); Kulczyński, 1902: 540 (*E. v.*); O. P.-Cambridge, 1909: 106 (*E. spinosa*); Lessert, 1910: 201 (*E. v.*); Simon, 1926: 442, 446, 520 (*E. v.*); Bristowe, 1935: 782 (*E. jeannei*); Denis, 1948: 588 (*E. v.*); Denis, 1948: 590 (*E. v. spinosa*, elevated to subspecies, rejected by Locket & Millidge, 1953: 314); Denis, 1950: 96 (*E. v.*); Denis, 1950: 96 (*E. v. spinosa*); Locket & Millidge, 1953: 313 (*E. v.*); Knülle, 1954: 219 (*E. v. spinosa*); Knülle, 1954: 97 (*E. v.*); Wiehle, 1960: 558 (*E. v.*); Merrett, 1963: 397 (*E. v.*); Georgescu, 1969: 92 (*E. v.*); Tyschchenko, 1971: 259 (*E. v.*); Miller, 1971: 265 (*E. v.*); Lawrence, 1971: 305 (*E. v.*); Millidge, 1977: 11 (*E. v.*); Wunderlich, 1977: 292 (*E. v.*, Syn.); Jocqué, 1981: 113 (*E. v.*); Zhou, Wang & Zhu, 1983: 156 (*E. v.*); Millidge, 1984: 265 (*E. v.*); Roberts, 1987: 94 (*E. v.*); Millidge, 1988: 216 (*P. v.*, Trans. from *Erigone*); Hu & Wu, 1989: 171 (*E. v.*); Tanasevitch, 1990: 110 (*E. v.*); Coddington, 1990: 15 (*E. v.*); Heimer & Nentwig, 1991: 154 (*E. v.*); Millidge, 1993: 147; Bosmans, 2007: 137; Tanasevitch, 2009: 406.

异名：

Prinerigone jeannei (Bristowe, 1935, Trans. from *Erigone*); Wunderlich, 1977: 292 (Syn., sub. *Erigone*).

分布：新疆（XJ）；古大陆

面蛛属 *Prosoponoides* Millidge & Russell-Smith, 1992

Millidge & Russell-Smith, 1992: 1369. Type species: *Prosoponoides hamatus* Millidge & Russell-Smith, 1992

钩状面蛛 *Prosoponoides hamatus* Millidge & Russell-Smith, 1992

Millidge & Russell-Smith, 1992: 1371; Zhao & Li, 2014: 44.

分布：云南（YN）；苏门答腊岛

中华面蛛 *Prosoponoides sinensis* (Chen, 1991)

Chen, 1991: 164 (*Neriene s.*); Song, Zhu & Li, 1993: 866 (*N. s.*); Song, Zhu & Chen, 1999: 194 (*N. s.*); Tu & Li, 2006: 113 (*P. s.*, Trans. from *Neriene*); Yin et al., 2012: 550.

分布：浙江（ZJ）、湖南（HN）、贵州（GZ）、福建（FJ）；越南

纵带蛛属 *Pseudomaro* Denis, 1966

Denis, 1966: 1. Type species: *Pseudomaro aenigmaticus* Denis, 1966

面形纵带蛛 *Pseudomaro aenigmaticus* Denis, 1966

Denis, 1966: 1; Brignoli, 1971: 159 (*Lepthyphantes sanctibenedicti*); Saaristo, 1971: 467; Snazell, 1978: 251; Brignoli, 1979: 28 (*P. sanctibenedicti*, Trans. from *Lepthyphantes*); Thaler & Plachter, 1983: 251; Roberts, 1987: 112 (*P. a.*, Syn.); Thaler, 1991: 166; Heimer & Nentwig, 1991: 240; Fei & Gao, 1996: 248.

异名：

Pseudpmaro sanctibenedicti (Brignoli, 1971, Trans. from *Lepthyphantes*); Roberts, 1987: 112 (Syn.).

分布：四川（SC）；古北界

良次蛛属 *Ryojius* Saito & Ono, 2001

Saito & Ono, 2001: 53. Type species: *Ryojius japonicus* Saito & Ono, 2001

南岳良次蛛 *Ryojius nanyuensis* (Chen & Yin, 2000)

Chen & Yin, 2000: 86 (*Lepthyphantes n.*); Tu, Saaristo & Li, 2006: 409 (*R. n.*, Trans. from *Lepthyphantes*); Yin et al., 2012: 551.

分布：湖南（HN）

岔蛛属 *Sachaliphantes* Saaristo & Tanasevitch, 2004

Saaristo & Tanasevitch, 2004: 124. Type species: *Lepthyphantes sachalinensis* Tanasevitch, 1988

三岔蛛 *Sachaliphantes sachalinensis* (Tanasevitch, 1988)

Tanasevitch, 1988: 338 (*Lepthyphantes s.*); Tao, Li & Zhu, 1995: 250 (*L. s.*); Song, Zhu & Chen, 1999: 182 (*L. s.*); Saaristo & Tanasevitch, 2004: 124 (*Mughiphantes s.*, Trans. from *Lepthyphantes*); Tanasevitch, 2008: 128 (*S. s.*, Trans. from *Mughiphantes*); Ono, Matsuda & Saito, 2009: 329.

分布：吉林（JL）；日本、俄罗斯

齐藤蛛属 *Saitonia* Eskov, 1992

Eskov, 1992: 164. Type species: *Araeoncus muscus* Saito, 1989

富士齐藤蛛 *Saitonia kawaguchikonis* Saito & Ono, 2001

Saito & Ono, 2001: 39; Ono, Matsuda & Saito, 2009: 278; Zhao & Li, 2014: 44.

分布：云南（YN）；日本

沙维蛛属 *Savignia* Blackwall, 1833

Blackwall, 1833: 105. Type species: *Savignia frontata* Blackwall, 1833

异名：

Delorrhipis Simon, 1884; Wunderlich, 1995: 648 (Syn.);

Cephalethus Chamberlin & Ivie, 1947; Tanasevitch, 1985: 56 (Syn.).

双喙沙维蛛 *Savignia birostra* (Chamberlin & Ivie, 1947)

Chamberlin & Ivie, 1947: 30 (*Cephalethus birostrum*); Tanasevitch, 1985: 56 (*S. birostrum*); Marusik, 1988: 1917 (*S.*

birostrum); Marusik, 1988: 1916 (*S. nenilini*); Eskov, 1988: 30 (*S. nenilini*); Eskov, 1988: 27 (*S. birostrum*); Fei & Gao, 1996: 247 (*Diplocephalus permixtus*, misidentified, per Song & Li, 2010: 119); Ono, Matsuda & Saito, 2009: 275; Lasut, Marusik & Frick, 2009: 65; Tanasevitch, 2010: 279 (*S. b.*, Syn.).

异名：

Savignia nenilini Marusik, 1988; Tanasevitch, 2010: 279 (Syn.).

分布：四川（SC）；俄罗斯、阿拉斯加

喙状沙维蛛 *Savignia rostellatra* Song & Li, 2009

Song & Li, 2009: 64.

分布：河南（HEN）

肺音蛛属 *Semljicola* Strand, 1906

Strand, 1906: 448. Type species: *Erigone barbigera* L. Koch, 1879

异名：

Eboria Falconer, 1910; Eskov & Marusik, 1994: 59 (Syn.);

Latithorax Holm, 1943; Saaristo & Eskov, 1996: 48 (Syn., contra. Wunderlich, 1995: 501).

窄缝肺音蛛 *Semljicola faustus* (O. P.-Cambridge, 1900)

O. P.-Cambridge, 1900: 30 (*Sintula fausta*); Jackson, 1911: 390 (*Gongylidiellum faustum*); Simon, 1926: 456, 524 (*Rhaebothorax f.*); Hull, 1932: 108 (*Notioscopus f.*); Holm, 1939: 30 (*Rhaebothorax f.*); Holm, 1943: 23 (*Latithorax f.*, Trans. from *Rhaebothorax=Mecynargus*); Vogelsanger, 1944: 168 (*L. f.*); Millidge, 1951: 560 (*Eboria fausta*, Trans. from *Latithorax*, rejected); Miller, 1951: 216 (*L. f.*); Locket & Millidge, 1953: 317 (*Eboria fausta*); Merrett, 1963: 404 (*Eboria fausta*); Wiehle, 1963: 235 (*Latithorax f.*); Tyschchenko, 1971: 260 (*L. f.*); Miller, 1971: 270 (*L. f.*); Palmgren, 1976: 75 (*L. f.*); Millidge, 1977: 17 (*L. f.*); Thaler, 1980: 580 (*L. f.*); Roberts, 1987: 102 (*L. f.*); Heimer & Nentwig, 1991: 176 (*L. f.*); Gao, Zhu & Fei, 1993: 74 (*L. f.*); Agnarsson, 1996: 119 (*L. f.*); Saaristo & Eskov, 1996: 58; Song, Zhu & Chen, 1999: 181 (*L. f.*).

分布：吉林（JL）；古北界

齐溪肺音蛛 *Semljicola qixiensis* (Gao, Zhu & Fei, 1993)

Gao, Zhu & Fei, 1993: 73 (*Latithorax q.*); Song, Zhu & Chen, 1999: 181 (*L. q.*).

分布：江苏（JS）

陕蛛属 *Shaanxinus* Tanasevitch, 2006

Tanasevitch, 2006: 293. Type species: *Shaanxinus rufus* Tanasevitch, 2006

蛇形陕蛛 *Shaanxinus anguilliformis* (Xia et al., 2001)

Xia et al., 2001: 161 (*Walckenaeria a.*); Tanasevitch, 2006: 296 (*S. a.*, Trans. from *Walckenaeria*).

分布：河北（HEB）

红陕蛛 *Shaanxinus rufus* Tanasevitch, 2006

Tanasevitch, 2006: 293.

分布：陕西（SN）

山蛛属 *Shanus* Tanasevitch, 2006

Tanasevitch, 2006: 296. Type species: *Shanus taibaiensis* Tanasevitch, 2006

太白山蛛 *Shanus taibaiensis* Tanasevitch, 2006

Tanasevitch, 2006: 297.

分布：陕西（SN）

长插蛛属 *Silometopus* Simon, 1926

Simon, 1926: 353. Type species: *Erigone curta* Simon, 1881

异名：

Scleroschaema Hull, 1911; Denis, 1942: 84 (Syn.).

罗氏长插蛛 *Silometopus reussi* (Thorell, 1871)

Westring, 1861: 241 (*Erigone parallela*, misidentified); Thorell, 1871: 121 (*Erigone reussii*, for specimens of Westring, 1861); L. Koch, 1879: 67 (*Erigone laesa*); L. Koch, 1879: 57 (*Erigone vulnerata*); Simon, 1884: 792 (*Minyriolus laesus*); Simon, 1884: 792 (*M. vulneratus*); O. P.-Cambridge, 1884: 89 (*Walckenaera hasseltii*); O. P.-Cambridge, 1888: 18 (*W. interjecta*); O. P.-Cambridge, 1889: 121 (*W. i.*); Chyzer & Kulczyński, 1894: 118 (*Cnephalocotes interjectus*); Kulczyński, 1898: 63 (*C. laesus*); Strand, 1903: 21 (*C. dentiger*); Lessert, 1910: 138 (*C. laesus*); Simon, 1926: 354, 487 (*S. reussii*); Simon, 1926: 488 (*S. laesus*); Simon, 1926: 488 (*S. vulneratus*); Denis, 1944: 123 (*S. laesus*); Denis, 1949: 147 (*S. r.*, removed from Syn. of *S. ater*, Syn.); Locket & Millidge, 1953: 252 (*S. interjectus*, removed from Syn. of *S. ater*); Tullgren, 1955: 367; Tullgren, 1955: 369 (*S. interjectus*); Wiehle, 1960: 270; Locket, 1962: 9 (*S. r.*, Syn.); Merrett, 1963: 439; Casemir, 1970: 210; Tyschchenko, 1971: 262; Miller, 1971: 272; Holm, 1973: 89 (*S. r.*, Syn.); *S. r.* Palmgren, 1976: 99; Roberts, 1987: 64; Heimer & Nentwig, 1991: 246; Zhou et al., 1994: 22; Song, Zhu & Chen, 1999: 204; Aakra, 2002: 268 (*S. r.*, Syn.); Tanasevitch, 2008: 485.

异名：

Silometopus laesus (L. Koch, 1879, Trans. from *Erigone*); Denis, 1949: 147 (Syn.);

S. vulneratus (L. Koch, 1879, Trans. from *Erigone*); Holm, 1973: 89 (Syn.);

S. interjectus (O. P.-Cambridge, 1888, Trans. from *Walckenaera*); Locket, 1962: 9 (Syn.);

S. dentiger (Strand, 1903, Trans. from *Cnephalocotes*); Aakra, 2002: 268 (Syn.).

分布：新疆（XJ）；古北界

华皿蛛属 *Sinolinyphia* Wunderlich & Li, 1995

Wunderlich & Li, 1995: 336. Type species: *Sinolinyphia*

cyclosoides Wunderlich & Li, 1995

河南华皿蛛 *Sinolinyphia henanensis* (Hu, Wang & Wang, 1991)

Hu, Wang & Wang, 1991: 39 (*Hypsosinga h.*); Wunderlich & Li, 1995: 336 (*S. cyclosoides*); Yin et al., 1997: 197 (*Araneus h.*, Trans. from *Hypsosinga*); Song, Zhu & Chen, 1999: 204 (*S. cyclosoides*); Song, Zhu & Chen, 1999: 239 (*Araneus h.*); Zhu et al., 2005: 502 (*S. h.*, Trans. from *Araneus*, Syn. of male); Zhu & Zhang, 2011: 148; Yin et al., 2012: 553; Yin et al., 2012: 606.

异名：

Sinolinyphia cyclosoides Wunderlich & Li, 1995; Zhu et al., 2005: 502 (Syn.).

分布：辽宁（LN）、河南（HEN）、陕西（SN）、湖南（HN）、湖北（HB）

美亚蛛属 *Smerasia* Zhao & Li, 2014

Zhao & Li, 2014: 45. Type species: *Smerasia obscurus* Zhao & Li, 2014

朦胧美亚蛛 *Smerasia obscurus* Zhao & Li, 2014

Zhao & Li, 2014: 45.

分布：云南（YN）

蚁微蛛属 *Solenysa* Simon, 1894

Simon, 1894: 677. Type species: *Solenysa mellottei* Simon, 1894

兰屿蚁微蛛 *Solenysa lanyuensis* Tu, 2011

Tu & Li, 2006: 94 (*S. protrudens*, misidentified); Tu, in Tu & Hormiga, 2011: 515.

分布：台湾（TW）

龙栖蚁微蛛 *Solenysa longqiensis* Li & Song, 1992

Li & Song, 1992: 6; Song, Zhu & Li, 1993: 861; Li, Song & Zhu, 1994: 80; Song, Zhu & Chen, 1999: 204; Tu & Li, 2006: 91; Tu & Hormiga, 2011: 503.

分布：福建（FJ）、台湾（TW）

胫突蚁微蛛 *Solenysa protrudens* Gao, Zhu & Sha, 1993

Gao, Zhu & Sha, 1993: 65; Gao, Zhu & Sha, 1993: 66 (*S. circularis*); Song, Zhu & Chen, 1999: 204 (*S. circularis*); Song, Zhu & Chen, 1999: 204; Tu & Li, 2006: 90 (*S. circularis*); Tu & Hormiga, 2011: 505 (*S. p.*, Syn.).

异名：

Solenysa circularis Gao, Zhu & Sha, 1993; Tu & Hormiga, 2011: 505 (Syn.).

分布：浙江（ZJ）

后拉蚁微蛛 *Solenysa retractilis* Tu, 2011

Tu, in Tu & Hormiga, 2011: 515.

分布：台湾（TW）

天目蚁微蛛 *Solenysa tianmushana* Tu, 2011

Gao, Zhu & Sha, 1993: 66 (*S. circularis*, misidentified); Song, Zhu & Chen, 1999: 204 (*S. c.*, misidentified); Tu & Li, 2006: 90 (*S. c.*, misidentified); Tu, in Tu & Hormiga, 2011: 518.

分布：浙江（ZJ）

武陵蚁微蛛 *Solenysa wulingensis* Li & Song, 1992

Li & Song, 1992: 7; Song & Li, 1997: 404; Song, Zhu & Chen, 1999: 204; Tu & Li, 2006: 324; Tu & Li, 2006: 94; Tu & Hormiga, 2011: 518; Yin et al., 2012: 554.

分布：湖南（HN）

阳明蚁微蛛 *Solenysa yangmingshana* Tu, 2011

Tu, in Tu & Hormiga, 2011: 503.

分布：台湾（TW）

冠蛛属 *Stemonyphantes* Menge, 1866

Menge, 1866: 139. Type species: *Aranea lineata* Linnaeus, 1758

异名：

Narcissius Ermolajew, 1930; Wunderlich, 1978: 125 (Syn.).

格力冠蛛 *Stemonyphantes griseus* (Schenkel, 1936)

Schenkel, 1936: 71 (*Labulla grisea*); Tanasevitch, 1985: 846 (*S. volucer*); Tanasevitch, 1989: 121 (*S. g.*, Trans. from *Labulla*, Syn. of male); Song, Zhu & Chen, 1999: 204; Marusik & Kovblyuk, 2011: 169.

异名：

Stemonyphantes volucer Tanasevitch, 1985; Tanasevitch, 1989: 121 (Syn.).

分布：甘肃（GS）；吉尔吉斯斯坦

条纹冠蛛 *Stemonyphantes lineatus* (Linnaeus, 1758)

Linnaeus, 1758: 620 (*Aranea lineata*); Linnaeus, 1767: 1031 (*A. 3-lineata*); Olivier, 1789: 211 (*A. bucculenta*); Sundevall, 1831: 2, 1832: 109 (*Linyphia bucculenta*); Sundevall, 1831: 10 (*Theridion albomaculatum*); Hahn, 1834: 39 (*T. reticulatum*); C. L. Koch, 1837: 9 (*Bolyphantes trilineatus*); C. L. Koch, 1841: 67 (*B. trilineatus*); Walckenaer, 1841: 260 (*Linyphia reticulata*); Blackwall, 1843: 125 (*Neriene graminicolens*); Blackwall, 1843: 124 (*N. trilineata*); Blackwall, 1864: 279 (*N. t.*); Menge, 1866: 139 (*S. trilineatus*); Karsch, 1873: 127 (*S. bucculentus*); Simon, 1884: 223 (*Linyphia lineata*); Keyserling, 1886: 64 (*L. lineata*); Chyzer & Kulczyński, 1894: 53 (*S. bucculentus*); Becker, 1896: 14 (*Linyphia lineata*); O. P.-Cambridge, 1900: 26; Bösenberg, 1901: 92 (*S. bucculentus*); Fage, 1919: 78 (*S. bucculentus*); Simon, 1929: 623, 740; Gertsch, 1951: 1; Locket & Millidge, 1953: 376; Wiehle, 1956: 279; Merrett, 1963: 382; Buchar, 1967: 120; Azheganova, 1968: 69; van Helsdingen, 1968: 121; Miller, 1971: 223; Palmgren, 1975: 38; Millidge, 1977: 50; van Helsdingen, 1978:

186; Millidge, 1984: 237; Roberts, 1987: 142; Hu & Wu, 1989: 162; Izmailova, 1989: 82; Tanasevitch, 1990: 95; Heimer & Nentwig, 1991: 250; Roberts, 1995: 353; Roberts, 1998: 365; Tanasevitch, 2007: 256; Gavish-Regev, Hormiga & Scharff, 2013: 39.

分布：新疆（XJ）；古北界

门源冠蛛 *Stemonyphantes menyuanensis* Hu, 2001

Hu, 2001: 533.

分布：青海（QH）

施特蛛属 *Strandella* Oi, 1960

Oi, 1960: 188. Type species: *Oedothorax quadrimaculatus* Uyemura, 1937

帕让施特蛛 *Strandella paranglampara* Barrion, Barrion-Dupo & Heong, 2012

Barrion et al., 2012: 12.

分布：海南（HI）

帕贡施特蛛 *Strandella pargongensis* (Paik, 1965)

Paik, 1965: 23 (*Phaulothrix p.*); Paik, 1978: 281 (*P. p.*); Paik, 1978: 213 (*S. p.*, Trans. from *Phaulothrix=Leptothrix*); Saito, 1982: 19; Yaginuma, 1986: 75; Song, Zhu & Chen, 1999: 207 (*S. pargogensis*); Namkung, 2002: 183; Namkung, 2003: 185; Lee, Kang & Kim, 2009: 140; Ono, Matsuda & Saito, 2009: 308.

分布：吉林（JL）；韩国、日本、俄罗斯

拟角蛛属 *Styloctetor* Simon, 1884

Simon, 1884: 735. Type species: *Erigone incauta* O. P.-Cambridge, 1872

异名：

Anacotyle Simon, 1926; Marusik & Tanasevitch, 1998: 154 (Syn., contra. Wunderlich, 1970: 406).

罗马拟角蛛 *Styloctetor romanus* (O. P.-Cambridge, 1872)

O. P.-Cambridge, 1872: 752 (*Erigone romana*); O. P.-Cambridge, 1872: 289 (*E. incauta*); Thorell, 1875: 63 (*Erigone taurica*); Thorell, 1875: 39 (*E. t.*); Simon, 1884: 777 (*Plaesiocraerus tauricus*); Simon, 1884: 538 (*Lophomma incautum*); Simon, 1884: 735 (*S. inuncans*); Chyzer & Kulczyński, 1894: 96; Bösenberg, 1902: 153 (*Micryphantes inuncans*); Simon, 1926: 357, 488; Miller, 1947: 37; Locket & Millidge, 1953: 258; Wiehle, 1960: 254; Merrett, 1963: 435; Andreeva & Tyschchenko, 1970: 40 (*Thyreostenius asiaticus*); Tyschchenko, 1971: 264; Miller, 1971: 276; Andreeva, 1976: 63 (*Thyreosthenius asiaticus*); Millidge, 1977: 55 (*Ceratinopsis romana*, Syn.); Tanasevitch, 1983: 1786 (*C. romana*, Syn.); Roberts, 1987: 70 (*C. romana*); Wunderlich, 1987: 172 (*Sphecozone romana*, Trans. from *Ceratinopsis*, rejected); Tanasevitch, 1990: 104 (*Ceratinopsis romana*); Heimer & Nentwig, 1991: 136 (*C. romana*); Bosmans, 1994: 234 (*C. romana*, Syn.); Marusik & Tanasevitch, 1998: 154 (*S. r.*, Trans. from *Ceratinopsis*); Xia et al., 2002: 80 (*Ceratinopsis romana*); Bosmans, 2007: 139.

异名：

Styloctetor incautus (O. P.-Cambridge, 1872, Trans. from *Erigone*); Bosmans, 1994: 234 (Syn., sub. *Ceratinopsis*);

S. tauricus (Thorell, 1875, Trans. from *Erigone*); Millidge, 1977: 55 (Syn., sub *Ceratinopsis*);

S. asiaticus (Andreeva & Tyschchenko, 1970, Trans. from *Thyreosthenius*); Tanasevitch, 1983: 1786 (Syn., sub. *Ceratinopsis*).

分布：辽宁（LN）；古北界

蟋蛛属 *Syedra* Simon, 1884

Simon, 1884: 455. Type species: *Microneta gracilis* Menge, 1869

瘦蟋蛛 *Syedra gracilis* (Menge, 1869)

Menge, 1869: 233 (*Microneta g.*); O. P.-Cambridge, 1879: 212 (*Linyphia pholcommoides*); O. P.-Cambridge, 1881: 575 (*Neriene p.*); Simon, 1884: 455 (*S. ophthalmica*); Simon, 1884: 456 (*S. p.*); Chyzer & Kulczyński, 1894: 85; Simon, 1894: 704 (*S. o.*); Jackson, 1912: 123 (*S. p.*); Miller, 1947: 71; Locket & Millidge, 1953: 337; Wiehle, 1956: 96; Merrett, 1965: 468; Miller, 1971: 243; Thaler, 1983: 148; Roberts, 1987: 126; Heimer & Nentwig, 1991: 252; Wunderlich, 1992: 281; Hu, 2001: 535; Arnò, 2001: 158; Saaristo, in Marusik & Koponen, 2008: 11.

分布：西藏（XZ）；古北界

大井蟋蛛 *Syedra oii* Saito, 1983

Saito, 1983: 14; Zhu & Tu, 1986: 100 (*Lepthyphantes rutilalus*); Eskov, 1992: 166 (*S. o.*, Syn.); Song & Li, 1997: 408 (*S. rutilata*); Song, Zhu & Chen, 1999: 207 (*S. rutilata*); Yin et al., 2012: 556.

异名：

Syedra rutilalus (Zhu & Tu, 1986, Trans. from *Lepthyphantes*); Eskov, 1992: 166 (Syn.).

分布：湖南（HN）；韩国、日本

太白蛛属 *Taibainus* Tanasevitch, 2006

Tanasevitch, 2006: 297. Type species: *Taibainus shanensis* Tanasevitch, 2006

陕太白蛛 *Taibainus shanensis* Tanasevitch, 2006

Tanasevitch, 2006: 299.

分布：陕西（SN）

太白山蛛属 *Taibaishanus* Tanasevitch, 2006

Tanasevitch, 2006: 300. Type species: *Taibaishanus elegans* Tanasevitch, 2006

华美太白山蛛 *Taibaishanus elegans* Tanasevitch, 2006

Tanasevitch, 2006: 300.

分布：陕西（SN）

苔露蛛属 *Tallusia* Lehtinen & Saaristo, 1972

Lehtinen & Saaristo, 1972: 265. Type species: *Linyphia experta* O. P.-Cambridge, 1871

剪状苔露蛛 *Tallusia forficala* (Zhu & Tu, 1986)

Zhu & Tu, 1986: 101 (*Centromerus forficalus*); Song, Zhu & Chen, 1999: 160 (*C. forficalus*); Saaristo, Tu & Li, 2006: 398 (*T. f.*, Trans. from *Centromerus*).

分布：山西（SX）

盾大蛛属 *Tapinocyba* Simon, 1884

Simon, 1884: 779. Type species: *Walckenaera praecox* O. P.-Cambridge, 1873

异名：

Colobocyba Simon, 1926; Denis, 1948: 28 (Syn.).

台湾盾大蛛 *Tapinocyba formosa* Tanasevitch, 2011

Tanasevitch, 2011: 38.

分布：台湾（TW）

尖盾大蛛 *Tapinocyba kolymensis* Eskov, 1989

Eskov, 1989: 106; Sha, Gao & Zhu, 1994: 15; Song, Zhu & Chen, 1999: 207.

分布：吉林（JL）；俄罗斯

苔蛛属 *Tapinopa* Westring, 1851

Westring, 1851: 38. Type species: *Linyphia longidens* Wider, 1834

八齿苔蛛 *Tapinopa guttata* Komatsu, 1937

Komatsu, 1937: 162 (*T. g.*, attributed to Kishida); Wunderlich & Li, 1995: 337 (*T. octodentata*); Saaristo, 1996: 1 (*T. g.*, removed from Syn. of *T. longidens*, contra. Yaginuma, 1977: 381, Syn.); Song, Zhu & Chen, 1999: 207 (*T. octodentata*); Song, Zhu & Chen, 2001: 160 (*T. octodentata*); Ono, Matsuda & Saitō, 2009: 316.

异名：

Tapinopa octodentata Wunderlich & Li, 1995; Saaristo, 1996: 1 (Syn.).

分布：辽宁（LN）、河北（HEB）；日本、俄罗斯

长齿苔蛛 *Tapinopa longidens* (Wider, 1834)

Wider, 1834: 264 (*Linyphia l.*); Blackwall, 1836: 488 (*Linyphia tardipes*); C. L. Koch, 1836: 86 (*Micryphantes tessellatus*); Walckenaer, 1841: 264 (*Linyphia l.*); Westring, 1851: 38; Blackwall, 1864: 227 (*Linyphia tardipes*); Menge, 1866: 143; Canestrini & Pavesi, 1868: 859 (*Linyphia lithobia*); O. P.-Cambridge, 1875: 319 (*T. unicolor*); Chyzer & Kulczyński, 1894: 51; Simon, 1894: 708; Becker, 1896: 8; Bösenberg, 1901: 93; Simon, 1929: 565, 726; Locket & Millidge, 1953: 372; Wiehle, 1956: 143; Oi, 1960: 192; Merrett, 1963: 365; Oi, 1964: 29; Tyschchenko, 1971: 227; Miller, 1971: 215; Palmgren, 1975: 34; Yaginuma, 1977: 381; Millidge, 1977: 45; Thaler, 1983: 461; Millidge, 1984: 246; Yaginuma, 1986: 78; Roberts, 1987: 142; Zhang & Zhu, 1987: 34; Zhang, 1987: 120; Chikuni, 1989: 55; Tanasevitch, 1990: 86; Heimer & Nentwig, 1991: 256; Roberts, 1995: 352; Saaristo, 1996: 5; Saaristo, 1997: 5; Roberts, 1998: 364; Hu, 2001: 535; Saaristo, in Marusik & Koponen, 2008: 9.

分布：青海（QH）；古北界

波状苔蛛 *Tapinopa undata* Zhao & Li, 2014

Zhao & Li, 2014: 47.

分布：云南（YN）

维拉苔蛛 *Tapinopa vara* Locket, 1982

Locket, 1982: 380; Zhao & Li, 2014: 47.

分布：云南（YN）；马来西亚

柴蛛属 *Tchatkalophantes* Tanasevitch, 2001

Tanasevitch, 2001: 20. Type species: *Lepthyphantes tchatkalensis* Tanasevitch, 1983

波氏柴蛛 *Tchatkalophantes bonneti* (Schenkel, 1963)

Schenkel, 1963: 117 (*Lepthyphantes b.*); Zhu & Li, 1983: 146 (*L. riyueshanensis*); Song, Zhu & Chen, 1999: 182 (*L. r.*); Saaristo & Tanasevitch, 2000: 264 (*Incestophantes b.*, Trans. from *Lepthyphantes*); Hu, 2001: 510 (*L. r.*); Tu, Li & Rollard, 2005: 655 (*T. b.*, Trans. from *Incestophantes*, Syn. of male).

异名：

Tchatkalophantes riyueshanensis (Zhu & Li, 1983, Trans. from *Lepthyphantes*); Tu, Li & Rollard, 2005: 655 (Syn.).

分布：甘肃（GS）、青海（QH）、西藏（XZ）

湟源柴蛛 *Tchatkalophantes huangyuanensis* (Zhu & Li, 1983)

Zhu & Li, 1983: 144 (*Lepthyphantes h.*); Song, Zhu & Chen, 1999: 182 (*L. h.*); Hu, 2001: 506 (*L. h.*); Tu, Saaristo & Li, 2006: 417 (*T. h.*, Trans. from *Lepthyphantes*).

分布：青海（QH）

细蛛属 *Tenuiphantes* Saaristo & Tanasevitch, 1996

Saaristo & Tanasevitch, 1996: 180. Type species: *Linyphia tenuis* Blackwall, 1852

钩舟细蛛 *Tenuiphantes aduncus* (Zhu, Li & Sha, 1986)

Zhu, Li & Sha, 1986: 264 (*Lepthyphantes a.*); Li & Song, 1993: 249 (*L. a.*); Song, Zhu & Chen, 1999: 181 (*L. a.*); Hu, 2001: 501 (*L. a.*); Tu, Saaristo & Li, 2006: 405 (*T. a.*, Trans. from *Lepthyphantes*).

分布：青海（QH）、湖北（HB）

垂耳细蛛 *Tenuiphantes ancatus* (Li & Zhu, 1989)

Li & Zhu, 1989: 38 (*Lepthyphantes a.*); Song, Zhu & Chen, 1999: 181 (*L. a.*); Tu, Saaristo & Li, 2006: 408 (*T. a.*, Trans. from *Lepthyphantes*).

分布：湖北（HB）

分叉细蛛 *Tenuiphantes nigriventris* (L. Koch, 1879)

L. Koch, 1879: 34 (*Linyphia n.*); Kulczyński, 1916: 20 (*Lepthyphantes n.*); Kulczyński, 1926: 57 (*L. camtschadalicus*); Schenkel, 1930: 17 (*L. c.*); Holm, 1945: 54 (*L. n.*); Holm, 1973: 95 (*L. n.*); Holm, 1973: 95 (*L. camtschaticus*); Palmgren, 1975: 61 (*L. n.*); van Helsdingen, Thaler & Deltshev, 1977: 36 (*L. n.*); van Helsdingen, Thaler & Deltshev, 1977: 38 (*L. camtschaticus*); Saitō, 1983: 54 (*L. n.*); Tanasevitch & Eskov, 1987: 185 (*L. n.*, Syn.); Izmailova, 1989: 73 (*L. n.*); Li, Song & Zhu, 1994: 81 (*L. n.*); Tao, Li & Zhu, 1995: 250 (*L. n.*); Saaristo & Tanasevitch, 1996: 182 (*T. n.*, Trans. from *Lepthyphantes*); Song, Zhu & Chen, 1999: 182 (*L. n.*); Marusik & Kovblyuk, 2011: 169.

异名：

Tenuiphantes camtschaticus (Kulczyński, 1926, Trans. from *Lepthyphantes*); Tanasevitch & Eskov, 1987: 185 (Syn., sub. *Lepthyphantes*).

分布：吉林（JL）；全北界

喜暗细蛛 *Tenuiphantes tenebricola* (Wider, 1834)

Wider, 1834: 260 (*Linyphia t.*); Walckenaer, 1841: 257 (*Linyphia t.*); Thorell, 1856: 108 (*Linyphia arcuata*); Menge, 1866: 114 (*Bathyphantes pygmaeus*, misidentified); Thorell, 1870: 65 (*Linyphia arcuata*); Kulczyński, 1887: 321 (*Lepthyphantes t.*); F. O. P.-Cambridge, 1891: 76 (*L. t.*); Simon, 1929: 590, 592, 733 (*L. t.*); Holm, 1945: 56 (*L. t.*, Syn.); Hu & Wu, 1989: 150 (*L. t.*); Heimer & Nentwig, 1991: 188 (*L. t.*); Roberts, 1995: 362 (*L. t.*); Saaristo & Tanasevitch, 1996: 182 (*T. t.*, Trans. from *Lepthyphantes*); Roberts, 1998: 373 (*L. t.*); Hormiga, 2000: 82 (*L. t.*).

异名：

Tenuiphantes pygmaeus (Menge, 1866, Trans. from *Bathyphantes*); Holm, 1945: 56 (Syn., sub. *Lepthyphantes*).

分布：新疆（XJ）；古北界

三突蛛属 *Ternatus* Sun, Li & Tu, 2012

Sun, Li & Tu, 2012: 45. Type species: *Ternatus malleatus* Sun, Li & Tu, 2012

锤状三突蛛 *Ternatus malleatus* Sun, Li & Tu, 2012

Sun, Li & Tu, 2012: 46.

分布：广西（GX）

西西里三突蛛 *Ternatus siculus* Sun, Li & Tu, 2012

Sun, Li & Tu, 2012: 47.

分布：湖南（HN）

地奥蛛属 *Theoa* Saaristo, 1995

Saaristo, 1995: 49. Type species: *Theonina tricaudata* Locket, 1982

双齿地奥蛛 *Theoa bidentata* Zhao & Li, 2014

Zhao & Li, 2014: 48.

分布：云南（YN）

囊状地奥蛛 *Theoa vesica* Zhao & Li, 2014

Zhao & Li, 2014: 50.

分布：云南（YN）

双突蛛属 *Tibioploides* Eskov & Marusik, 1991

Eskov & Marusik, 1991: 240. Type species: *Tibioploides pacificus* Eskov & Marusik, 1991

圆双突蛛 *Tibioploides cyclicus* Sha & Zhu, 1995

Sha & Zhu, 1995: 283; Song, Zhu & Chen, 1999: 207.

分布：吉林（JL）

多斑双突蛛 *Tibioploides stigmosus* (Xia et al., 2001)

Xia et al., 2001: 164 (*Araeoncus s.*); Tanasevitch, 2006: 308 (*T. s.*, Trans. from *Araeoncus*).

分布：甘肃（GS）、青海（QH）

盾突蛛属 *Tiso* Simon, 1884

Simon, 1884: 507. Type species: *Theridion longipalpe* Wider, 1834

双头盾突蛛 *Tiso biceps* Gao, Zhu & Gao, 1993

Gao, Zhu & Gao, 1993: 41.

分布：新疆（XJ）

平胸蛛属 *Toschia* Caporiacco, 1949

Caporiacco, 1949: 363. Type species: *Toschia picta* Caporiacco, 1949

隐藏平胸蛛 *Toschia celans* Gao, Xing & Zhu, 1996

Gao, Xing & Zhu, 1996: 291; Song, Zhu & Chen, 1999: 207.

分布：山东（SD）

头孔蛛属 *Trematocephalus* Dahl, 1886

Dahl, 1886: 92. Type species: *Theridion cristatum* Wider, 1834

冠毛头孔蛛 *Trematocephalus cristatus* (Wider, 1834)

Wider, 1834: 224 (*Theridion cristatum*); Walckenaer, 1841: 364 (*Argus c.*); Thorell, 1871: 109 (*Erigone perforata*); O. P.-Cambridge, 1879: 343 (*Walckenaera perforata*); Förster & Bertkau, 1883: 236 (*Stylothorax perforatus*); Simon, 1884: 485 (*Gongylidium cristatum*); Dahl, 1886: 92 (*T. perforatus*); Chyzer & Kulczyński, 1894: 95; Simon, 1894: 668; Bösenberg, 1902: 173 (*T. perforatus*); Simon, 1926: 429; Miller, 1947: 38; Wiehle, 1960: 196; Merrett, 1960: 145; Merrett, 1963: 391; Miller, 1971: 252; Locket, Millidge & Merrett, 1974: 76; Millidge, 1977: 11; Millidge, 1984: 250; Roberts, 1987: 42; Tanasevitch, 1990: 102; Jonsson, 1990: 85; Gao & Zhu, 1990: 152; Heimer & Nentwig, 1991: 258; Millidge, 1993: 146; Song, Zhu & Chen, 1999: 207; Bayram et al., 2007: 84.

分布：湖北（HB）；古北界

鞭突蛛属 *Trichoncus* Simon, 1884

Simon, 1884: 467. Type species: *Trichoncus scrofa* Simon, 1884

腹斑鞭突蛛 *Trichoncus maculatus* Fei, Gao & Zhu, 1997

Fei, Gao & Zhu, 1997: 130; Song, Zhu & Chen, 1999: 210.
分布：吉林（JL）

旋皿蛛属 *Turinyphia* van Helsdingen, 1982

van Helsdingen, 1982: 174. Type species: *Linyphia clairi* Simon, 1884

尤诺旋皿蛛 *Turinyphia yunohamensis* (Bösenberg & Strand, 1906)

Bösenberg & Strand, 1906: 173 (*Linyphia y.*); Strand, 1918: 76 (*L. y.*); Peelle & Saitō, 1933: 120 (*L. y.*); Saitō, 1959: 78 (*L. y.*); Yaginuma, 1960: 41 (*L. y.*); Oi, 1960: 222 (*Prolinyphia y.*, Trans. from *Linyphia*); Yaginuma, 1971: 41 (*L. y.*); Yaginuma, 1986: 65 (*L. y.*); Chikuni, 1989: 51 (*L. y.*); Eskov, 1992: 166 (*T. y.*, Trans. from *Neriene*); Namkung, 2002: 158; Namkung, 2003: 160; Lee, Kang & Kim, 2009: 141; Ono, Matsuda & Saitō, 2009: 334.
分布：浙江（ZJ）；韩国、日本

沟瘤蛛属 *Ummeliata* Strand, 1942

Strand, 1942: 397. Type species: *Oedothorax insecticeps* Bösenberg & Strand, 1906

阴沟瘤蛛 *Ummeliata feminea* (Bösenberg & Strand, 1906)

Bösenberg & Strand, 1906: 163 (*Oedothorax femineus*); Uyemura, 1941: 212 (*Erigone tokyoensis*); Yaginuma, 1958: 71 (*Oedothorax tokyoensis*, Trans. from *Erigone*); Yaginuma, 1960: 44 (*O. t.*); Oi, 1960: 159 (*O. t.*); Paik & Namkung, 1979: 39 (*O. t.*); Eskov, 1980: 1743 (*Hummelia t.*, Trans. from *Oedothorax*); Wang & Zhu, 1982: 44 (*O. t.*); Hu, 1984: 200 (*O. t.*); Zhu et al., 1985: 118 (*O. t.*); Irie, 1985: 5 (*O. t.*); Irie & Saitō, 1987: 18 (*U. tokyoensis*); Zhang, 1987: 132 (*U. t.*); Chen & Gao, 1990: 112 (*U. t.*); Song, Zhu & Li, 1993: 862 (*U. t.*); Saitō, 1993: 105 (*U. f.*, Trans. from *Oedothorax*, Syn. of male); Song, Zhu & Chen, 1999: 210; Hu, 2001: 549 (*Oedothorax tokyoensis*); Song, Zhu & Chen, 2001: 152 (*O. f.*); Namkung, 2002: 208; Namkung, 2003: 210; Ono, Matsuda & Saitō, 2009: 281; Zhu & Zhang, 2011: 152.
异名：
Ummeliata tokyoensis (Uyemura, 1941, Trans. from *Erigone*); Saitō, 1993: 105 (Syn.).
分布：吉林（JL）、河北（HEB）、北京（BJ）、山西（SX）、山东（SD）、河南（HEN）、陕西（SN）、甘肃（GS）、青海（QH）、湖北（HB）、贵州（GZ）、福建（FJ）；韩国、日本、俄罗斯

食虫沟瘤蛛 *Ummeliata insecticeps* (Bösenberg & Strand, 1906)

Bösenberg & Strand, 1906: 163 (*Oedothorax i.*); Simon, 1909: 99 (*Trematocephalus acanthochirus*); Schenkel, 1936: 52 (*Hummelia incisa*); Oi, 1960: 158 (*Oedothorax i.*); Lee, 1966: 33 (*O. i.*); Chiu, Chu & Lung, 1974: 153 (*O. i.*); Song et al., 1977: 36 (*O. i.*); Paik & Namkung, 1979: 38 (*O. i.*); Eskov, 1980: 1743 (*Hummelia i.*, Trans. from *Oedothorax*); Song, 1980: 151 (*O. i.*); Qiu, 1981: 18 (*O. i.*); Wang, 1981: 108 (*O. i.*); Yin, Wang & Hu, 1983: 34 (*O. i.*); Hu, 1984: 198 (*O. i.*); Guo, 1985: 106 (*O. i.*); Zhu et al., 1985: 116 (*O. i.*); Song, 1987: 155 (*O. i.*); Zhang, 1987: 130 (*O. i.*); Chikuni, 1989: 57; Feng, 1990: 137 (*Oedothorax i.*); Chen & Gao, 1990: 112; Chen & Zhang, 1991: 178, 328 (*U. i.*, Syn.); Song, Zhu & Li, 1993: 861; Zhao, 1993: 193; Barrion & Litsinger, 1994: 319; Song, Zhu & Chen, 1999: 210; Song, Zhu & Chen, 2001: 154 (*Oedothorax i.*); Yoo & Kim, 2002: 26; Namkung, 2002: 206; Kim & Cho, 2002: 297; Namkung, 2003: 208; Tu & Li, 2004: 428 (*U. i.*, Syn.); Lee, Kang & Kim, 2009: 142; Ono, Matsuda & Saitō, 2009: 281; Zhu & Zhang, 2011: 153; Yin et al., 2012: 557.
异名：
Ummeliata acanthochira (Simon, 1909, Trans. from *Trematocephalus*); Tu & Li, 2004: 428 (Syn.);
U. incisa (Schenkel, 1936, Trans. from *Hummelia*); Chen & Zhang, 1991: 328 (Syn.).
分布：吉林（JL）、河南（HEN）、陕西（SN）、安徽（AH）、浙江（ZJ）、江西（JX）、湖北（HB）、福建（FJ）、台湾（TW）；俄罗斯、日本、越南

长板蛛属 *Vittatus* Zhao & Li, 2014

Zhao & Li, 2014: 51. Type species: *Vittatus fencha* Zhao & Li, 2014

鞭状长板蛛 *Vittatus bian* Zhao & Li, 2014

Zhao & Li, 2014: 51.
分布：云南（YN）

分叉长板蛛 *Vittatus fencha* Zhao & Li, 2014

Zhao & Li, 2014: 52.
分布：云南（YN）

宽阔长板蛛 *Vittatus latus* Zhao & Li, 2014

Zhao & Li, 2014: 53.
分布：云南（YN）

盘状长板蛛 *Vittatus pan* Zhao & Li, 2014

Zhao & Li, 2014: 54.
分布：云南（YN）

瓦蛛属 *Walckenaeria* Blackwall, 1833

Blackwall, 1833: 106. Type species: *Walckenaeria acuminata* Blackwall, 1833
异名：
Cornicularia Menge, 1869; Merrett, 1963: 462 (Syn.);
Prosopotheca Simon, 1884; Merrett, 1963: 462 (Syn.);
Tigellinus Simon, 1884; Merrett, 1963: 462 (Syn.);
Paragonatium Schenkel, 1927; Wunderlich, 1974: 166 (Syn.);

Trachynella Braendegaard, 1932; Merrett, 1963: 462 (Syn.);
Wideria Simon, 1864; Merrett, 1963: 462 (Syn.).

翘首瓦蛛 *Walckenaeria antica* (Wider, 1834)

Wider, 1834: 215 (*Theridion anticum*); C. L. Koch, 1836: 47 (*Micryphantes tibialis*); Blackwall, 1841: 637 (*W. apicata*); C. L. Koch, 1841: 107 (*Micryphantes tibialis*); Walckenaer, 1841: 357 (*Argus anticus*); Walckenaer, 1841: 509 (*Argus apicatus*); Westring, 1861: 214 (*Erigone a.*); Blackwall, 1864: 310 (*W. apicata*); Menge, 1868: 213 (*Lophomma anticum*); Menge, 1868: 215 (*L. flavidum*); O. P.-Cambridge, 1879: 153; Förster & Bertkau, 1883: 269 (*Ithyomma anticum*); Dahl, 1883: 46 (*Erigone flavida*); Simon, 1884: 807 (*Wideria a.*); Simon, 1884: 812 (*Wideria flavida*); Chyzer & Kulczyński, 1894: 143; Becker, 1896: 154 (*Wideria a.*); Bösenberg, 1902: 141; Simon, 1926: 406, 411, 505 (*Wideria a.*); Simon, 1926: 406, 506 (*Wideria a. flavida*); Miller, 1947: 38 (*Wideria a.*); Locket & Millidge, 1953: 194 (*Wideria a.*); Wiehle, 1960: 110 (*Wideria a.*); Merrett, 1963: 430; Tyschchenko, 1971: 254 (*Wideria a.*); Miller, 1971: 254 (*Wideria a.*); Prószyński & Staręga, 1971: 164 (*Wideria a.*, Syn.); Wunderlich, 1972: 395; Wunderlich, 1972: 391 (*W. quarta*); Palmgren, 1976: 111 (*Wideria a.*); Kronestedt, 1980: 139; Palmgren, 1982: 199; Paik, 1985: 60 (*Wideria a.*); Yaginuma, 1986: 85; Roberts, 1987: 28; Tanasevitch, 1990: 109; Heimer & Nentwig, 1991: 268; Wunderlich, 1995: 671; Song, Zhu & Chen, 1999: 210; Růžička & Bryja, 2000: 137; Namkung, 2002: 209; Namkung, 2003: 211; Guryanova, 2003: 6; Wunderlich, 2008: 757 (*W. a.*, Syn.).

异名：

Walckenaeria antica flavida (Menge, 1868, Trans. from *Lophomma*); Prószyński & Staręga, 1971: 164 (Syn., sub. *Wideria*);
W. quarta Wunderlich, 1972; Wunderlich, 2008: 757 (Syn.).

分布：吉林（JL）；古北界

不对称瓦蛛 *Walckenaeria asymmetrica* Song & Li, 2011

Song & Li, 2011: 176.

分布：河北（HEB）

钉角瓦蛛 *Walckenaeria clavicornis* (Emerton, 1882)

Emerton, 1882: 43 (*Cornicularia c.*); Marx, 1890: 533 (*Erigone c.*); Sørensen, 1898: 207 (*W. insolens*); Crosby & Bishop, 1931: 365 (*Cornicularia c.*); Braendegaard, 1946: 35 (*C. karpinskii*, Syn., misidentified per Holm, 1967); Locket & Millidge, 1953: 207 (*C. karpinskii*, misidentified per Holm, 1967); Leech, 1966: 179 (*C. c.*); Holm, 1967: 24 (*C. c.*); Parker, 1969: 51 (*C. c.*); Waaler, 1970: 2 (*C. c.*); Wunderlich, 1972: 383; Locket, Millidge & Merrett, 1974: 72; Palmgren, 1976: 47 (*C. c.*); Millidge, 1983: 188; Roberts, 1987: 28; Saitō, 1987: 1; Heimer & Nentwig, 1991: 270; Sha & Zhu, 1992: 2; Efimik & Esyunin, 1996: 69; Agnarsson, 1996: 76; Song, Zhu & Chen, 1999: 210.

异名：

Walckenaeria insolens Sørensen, 1898; Braendegaard, 1946: 36 (Syn., sub. *Cornicularia karpinskii*, misidentified per Holm, 1967: 24).

分布：吉林（JL）；全北界

大海陀瓦蛛 *Walckenaeria dahaituoensis* Song & Li, 2011

Song & Li, 2011: 180.

分布：河北（HEB）

锈瓦蛛 *Walckenaeria ferruginea* Seo, 1991

Seo, 1991: 36; Song & Li, 2011: 184 (*W. f.*, removed from Syn. of *W. orientalis*, contra. Marusik & Koponen, 2000: 62).

分布：吉林（JL）；韩国

金林瓦蛛 *Walckenaeria jinlin* Yin & Bao, 2012

Yin & Bao, in Yin et al., 2012: 559.

分布：湖南（HN）

卡氏瓦蛛 *Walckenaeria karpinskii* (O. P.-Cambridge, 1873)

O. P.-Cambridge, 1873: 447 (*Erigone k.*); O. P.-Cambridge, 1873: 543 (*Neriene pavitans*); Simon, 1884: 849 (*Cornicularia k.*); Lessert, 1910: 103; Schenkel, 1931: 960 (*C. k.*); Holm, 1967: 21 (*C. k.*); Parker, 1969: 49 (*C. k.*); Waaler, 1970: 3 (*C. k.*); Miller, 1971: 253 (*C. k.*); Wunderlich, 1972: 383; Palmgren, 1976: 48 (*C. k.*); Millidge, 1983: 190 (*W. holmi*); Millidge, 1983: 191; Sha & Zhu, 1992: 3 (*W. holmi*); Marusik et al., 1993: 75 (*W. k.*, Syn.); Efimik & Esyunin, 1996: 70; Song, Zhu & Chen, 1999: 210; Paquin & Dupérré, 2003: 126; Ono, Matsuda & Saitō, 2009: 284; Song & Li, 2011: 187.

异名：

Walckenaeria holmi Millidge, 1983; Marusik et al., 1993: 75 (Syn.).

分布：吉林（JL）；全北界

结瓦蛛 *Walckenaeria nodosa* O. P.-Cambridge, 1873

O. P.-Cambridge, 1873: 550; O. P.-Cambridge, 1881: 509; O. P.-Cambridge, 1881: 449 (*W. jucundissima*); Simon, 1884: 827 (*W. jucundissima*); Simon, 1894: 624 (*W. jucundissima*); Smith, 1905: 244 (*Jacksonia n.*); Simon, 1926: 409, 411, 504 (*Wideria n.*); Locket & Millidge, 1953: 195 (*Wideria n.*); Tullgren, 1955: 356 (*Wideria n.*); Wiehle, 1960: 139 (*Wideria n.*); Tyschchenko, 1971: 254 (*Wideria n.*); Palmgren, 1976: 114 (*Wideria n.*); Saitō, 1986: 10 (*W. mayumiae*); Roberts, 1987: 28; Heimer & Nentwig, 1991: 268; Eskov & Marusik, 1992: 97 (*W. n.*, Syn.); Agnarsson, 1996: 74; Růžička & Bryja, 2000: 138; Hu, 2001: 553 (*Walckenaera n.*); Ono, Matsuda & Saitō, 2009: 286 (*W. mayumiae*).

异名：

Walckenaeria mayumiae Saitō, 1986; Eskov & Marusik, 1992: 97 (Syn.).

分布：青海（QH）；古北界

警觉瓦蛛 *Walckenaeria vigilax* (Blackwall, 1853)

Blackwall, 1853: 24 (*Neriene v.*); Blackwall, 1864: 277 (*Neriene v.*); L. Koch, 1869: 194 (*Erigone egena*); Thorell, 1873: 446 (*Neriene v.*); O. P.-Cambridge, 1873: 443 (*Erigone sollers*); L. Koch, 1879: 71 (*Erigone hyperborea*); Simon, 1884: 499 (*Gongylidium egenum*); Simon, 1884: 812 (*Wideria sollers*); Simon, 1884: 848 (*Cornicularia v.*); Dahl, 1886: 98 (*Lophomma v.*); Chyzer & Kulczyński, 1894: 146; Bösenberg, 1902: 144; Reimoser, 1919: 72 (*Stylothorax egena*); Locket & Millidge, 1953: 207 (*Cornicularia v.*); Tullgren, 1955: 364 (*C. v.*); Wiehle, 1960: 154 (*C. v.*); Wiehle, 1960: 464 (*C. v.*); Merrett, 1963: 424; Tyschchenko, 1971: 252 (*C. v.*); Miller, 1971: 261 (*C. v.*); Thaler, 1972: 40 (*C. v.*, Syn.); Dondale & Redner, 1972: 1644; Holm, 1973: 81 (*C. v.*, Syn.); Palmgren, 1976: 50 (*C. v.*); Millidge, 1977: 20; Millidge, 1983: 129; Roberts, 1987: 28; Crawford & Edwards, 1989: 437; Hu & Wu, 1989: 166 (*Cornicularia v.*); Tanasevitch, 1990: 109; Heimer & Nentwig, 1991: 272; Marusik et al., 1993: 74 (*W. v.*, Syn.); Růžička & Bryja, 2000: 137.

异名：

Walckenaeria egena (L. Koch, 1869, Trans. from *Erigone*); Thaler, 1972: 40 (Syn., sub. *Cornicularia*);

W. sollers (O. P.-Cambridge, 1873, Trans. from *Erigone*); Marusik et al., 1993: 74 (Syn.);

W. hyperborea (L. Koch, 1879, Trans. from *Erigone*); Holm, 1973: 81 (Syn., sub. *Cornicularia*).

分布：新疆（XJ）；全北界

云南瓦蛛 *Walckenaeria yunnanensis* Xia et al., 2001

Xia et al., 2001: 163; Song & Li, 2011: 191.

分布：云南（YN）

27. 光盔蛛科 Liocranidae Simon, 1897

世界 32 属 271 种；中国 7 属 16 种。

田野蛛属 *Agroeca* Westring, 1861

Westring, 1861: 311. Type species: *Agelena proxima* O. P.-Cambridge, 1871

加氏田野蛛 *Agroeca kamurai* Hayashi, 1992

Hayashi, 1992: 134; Kamura & Hayashi, 2009: 549; Yin et al., 2012: 1066.

分布：湖南（HN）；日本

蒙古田野蛛 *Agroeca mongolica* Schenkel, 1936

Schenkel, 1936: 283; Song et al., 1991: 7; Namkung, 1992: 96; Song, Zhu & Chen, 1999: 402; Hu, 2001: 304; Kim & Choi, 2001: 81; Namkung, 2002: 413; Namkung, 2003: 415; Kim, Kim & Park, 2008: 16.

分布：辽宁（LN）、内蒙古（NM）、青海（QH）；蒙古、韩国

山地田野蛛 *Agroeca montana* Hayashi, 1986

Hayashi, 1986: 24; Song et al., 1991: 8; Hayashi, 1992: 134; Song, Zhu & Chen, 1999: 402; Kamura & Hayashi, 2009: 549; Seo, 2011: 99.

分布：辽宁（LN）；韩国、日本

雅卡蛛属 *Jacaena* Thorell, 1897

Thorell, 1897: 231. Type species: *Jacaena distincta* Thorell, 1897

腾冲雅卡蛛 *Jacaena tengchongensis* Zhao & Peng, 2013

Zhao & Peng, 2013: 177.

分布：云南（YN）

朱氏雅卡蛛 *Jacaena zhui* (Zhang & Fu, 2011)

Zhang & Fu, 2011: 71 (*Sesieutes zhui*); Dankittipakul, Tavano & Singtripop, 2013: 1556 (Trans. from *Sesieutes*).

分布：云南（YN）；泰国

间蛛属 *Mesiotelus* Simon, 1897

Simon, 1897: 143. Type species: *Cheiracanthium tenuissimum* L. Koch, 1866

平滑间蛛 *Mesiotelus lubricus* (Simon, 1880)

Simon, 1880: 122 (*Liocranum lubricum*); Simon, 1897: 140, 143; Song & Hubert, 1983: 14; Song, 1987: 328; Song, Zhu & Chen, 1999: 411; Song, Zhu & Chen, 2001: 304; Fu, Zhang & Zhu, 2009: 171; Zhu & Zhang, 2011: 348.

分布：北京（BJ）

膨颚蛛属 *Oedignatha* Thorell, 1881

Thorell, 1881: 209. Type species: *Oedignatha scrobiculata* Thorell, 1881

普氏膨颚蛛 *Oedignatha platnicki* Song & Zhu, 1998

Song & Zhu, 1998: 105; Song, Zhu & Chen, 1999: 429; Chen & Huang, 2009: 32.

分布：台湾（TW）、香港（HK）

沟膨颚蛛 *Oedignatha scrobiculata* Thorell, 1881

Thorell, 1881: 209; Simon, 1897: 13 (*O. decorata*); Gravely, 1931: 268; Majumder & Tikader, 1991: 116; Barrion & Litsinger, 1995: 174 (*Phrurolithus ulopatulisus*); Deeleman-Reinhold, 2001: 267 (*O. s.*, Syn.); Saaristo, 2002: 9; Tso et al., 2005: 46; Saaristo, 2010: 61.

异名：

Oedignatha decorata Simon, 1897; Deeleman-Reinhold, 2001: 267 (Syn.);

O. ulopatulisus (Barrion & Litsinger, 1995, Trans. from *Phrurolithus*); Deeleman-Reinhold, 2001: 267 (Syn.).

分布：台湾（TW）、海南（HI）；印度、菲律宾、塞舌尔

备蛛属 *Paratus* Simon, 1898

Simon, 1898: 209. Type species: *Paratus reticulatus* Simon, 1898

龙陵备蛛 *Paratus longlingensis* Zhao & Peng, 2013

Zhao & Peng, 2013: 178.

分布：云南（YN）

中华备蛛 *Paratus sinensis* Marusik, Zheng & Li, 2008

Marusik, Zheng & Li, 2008: 52.

分布：云南（YN）

塞斯蛛属 *Sesieutes* Simon, 1897

Simon, 1897: 500. Type species: *Sesieutes lucens* Simon, 1897

龙阳塞斯蛛 *Sesieutes longyangensis* Zhao & Peng, 2013

Zhao & Peng, 2013: 180.

分布：云南（YN）

斯芬蛛属 *Sphingius* Thorell, 1890

Thorell, 1890: 285. Type species: *Sphingius thecatus* Thorell, 1890

异名：

Alaeho Barrion & Litsinger, 1995; Deeleman-Reinhold, 2001: 489 (Syn.).

戴氏斯芬蛛 *Sphingius deelemanae* Zhang & Fu, 2010

Zhang & Fu, 2010: 25.

分布：云南（YN）

纤细斯芬蛛 *Sphingius gracilis* (Thorell, 1895)

Thorell, 1895: 36 (*Thamphilus g.*); Simon, 1897: 158; Schenkel, 1963: 49 (*Scotophaeoides sinensis*); Deeleman-Reinhold, 2001: 489; Song, Zhu & Zhang, 2004: 209 (*Scotophaeoides sinensis*); Murphy, 2007: 589 (*Scotophaeoides sinensis*, misplaced in the Gnaphosidae); Zhang, Fu & Zhu, 2009: 38 (*S. sinensis*); Dankittipakul, Tavano & Singtripop, 2011: 17, f. 2 (*S. g.*, Syn.).

异名：

Sphingius sinensis (Schenkel, 1963, Trans. from *Scotophaeoides*); Dankittipakul, Tavano & Singtripop, 2011: 17 (Syn.).

分布：广东（GD）、广西（GX）；缅甸

海南斯芬蛛 *Sphingius hainan* Zhang, Fu & Zhu, 2009

Zhang, Fu & Zhu, 2009: 35; Zhang & Fu, 2010: 27.

分布：海南（HI）

凹斯芬蛛 *Sphingius scrobiculatus* Thorell, 1897

Thorell, 1897: 236; Deeleman-Reinhold, 2001: 489; Tso et al., 2005: 49 (*S. pingtung*); Zhang, Fu & Zhu, 2009: 37 (*S. pingtung*); Dankittipakul, Tavano & Singtripop, 2011: 18, f. 1 (*S. s.*, Syn.).

异名：

Sphingius pingtung Tso et al., 2005; Dankittipakul, Tavano & Singtripop, 2011: 18 (Syn.).

分布：台湾（TW）、广西（GX）；缅甸、泰国

张氏斯芬蛛 *Sphingius zhangi* Zhang, Fu & Zhu, 2009

Zhang, Fu & Zhu, 2009: 40.

分布：广西（GX）

28. 节板蛛科 Liphistiidae Thorell, 1869

世界 3 属 87 种；中国 1 属 17 种。

七纺蛛属 *Heptathela* Kishida, 1923

Kishida, 1923: 236. Type species: *Liphistius kimurai* Kishida, 1920

异名：

Abcathela Ono, 2000; Haupt, 2003: 91 (Syn.);

Songthela Ono, 2000; Schwendinger & Ono, 2011: 601 (Syn.);

Vinathela Ono, 2000; Haupt, 2003: 91 (Syn.);

Nanthela Haupt, 2003; Schwendinger & Ono, 2011: 601 (Syn.);

Sinothela Haupt, 2003; Schwendinger & Ono, 2011: 601 (Syn.).

川七纺蛛 *Heptathela bristowei* Gertsch, 1967

Gertsch, 1967: 116; Haupt, 1983: 285; Yin, Wang & Hu, 1983: 34; Song, Zhu & Chen, 1999: 32; Ono, 2000: 150 (*Abcathela b.*); Yin et al., 2012: 34 (*H. bristowai*, lapsus).

分布：湖南（HN）、四川（SC）、重庆（CQ）

慈利七纺蛛 *Heptathela ciliensis* Yin, Tang & Xu, 2003

Yin, Tang & Xu, 2003: 1; Yin et al., 2012: 112 (Syn.).

异名：

Heptathela suoxiyuensis Yin, Tang & Xu, 2003; Yin et al., 2012: 112 (Syn.).

分布：湖南（HN）

茨坪七纺蛛 *Heptathela cipingensis* (Wang, 1989)

Wang, 1989: 30 (*Liphistius c.*); Platnick, 1993: 77 (*H. c.*, Trans. from *Liphistius*); Ono, 2000: 150 (*Songthela c.*).

分布：江西（JX）

岣嵝七纺蛛 *Heptathela goulouensis* Yin, 2001

Yin, 2001: 297; Yin, 2001: 2; Yin et al., 2012: 114.

分布：湖南（HN）

杭州七纺蛛 *Heptathela hangzhouensis* Chen, Zhang & Zhu, 1981

Chen, Zhang & Zhu, 1981: 305; Haupt, 1983: 285; Wang & Ye, 1983: 146 (*H. yuelushanensis*); Zhu, 1983: 4 (*H. bristowei*, Syn., rejected); Hu, 1984: 28; Song & Haupt, 1984: 448; Song & Haupt, 1984: 449 (*H. yuelushanensis*, considered a nomen dubium); Yin et al., 1988: 53 (*H. yuelushanensis*); Platnick, 1989: 57 (*H. h.*, Syn.); Feng, 1990: 26; Chen & Gao, 1990: 16 (*H. yuelushanensis*); Chen & Zhang, 1991: 30; Song, Zhu & Chen, 1999: 32; Ono, 2000: 150 (*Songthela h.*); Yin, 2001: 1;

Yoo & Kim, 2002: 27; Haupt, 2003: 71 (*Sinothela h.*); Yin et al., 2012: 119 (*Songthela h.*).

异名：

Heptathela yuelushanensis Wang & Ye, 1983; Platnick, 1989: 57 (Syn.).

分布：浙江（ZJ）、湖南（HN）

合阳七纺蛛 *Heptathela heyangensis* (Zhu & Wang, 1984)

Zhu & Wang, 1984: 251 (*Liphistius h.*); Platnick, 1989: 57 (*H. h.*, Trans. from *Liphistius*); Ono, 2000: 150 (*Abcathela h.*); Haupt, 2003: 71 (*Sinothela h.*, Trans. from *Heptathela*).

分布：陕西（SN）

香港七纺蛛 *Heptathela hongkong* Song & Wu, 1997

Song & Wu, 1997: 1; Song, Zhu & Chen, 1999: 33; Ono, 2000: 150 (*Vinathela h.*); Haupt, 2003: 69 (*Nanthela h.*, Trans. from *Heptathela*).

分布：香港（HK）

湖南七纺蛛 *Heptathela hunanensis* Song & Haupt, 1984

Song & Haupt, 1984: 449; Song, Zhu & Chen, 1999: 33; Ono, 2000: 150 (*Vinathela h.*); Yin et al., 2012: 115.

分布：湖南（HN）

江安七纺蛛 *Heptathela jianganensis* Chen et al., 1988

Chen et al., 1988: 78; Chen & Gao, 1990: 14; Ono, 2000: 150 (*Abcathela j.*).

分布：四川（SC）

罗田七纺蛛 *Heptathela luotianensis* Yin et al., 2002

Yin et al., 2002: 18.

分布：湖北（HB）

莽山七纺蛛 *Heptathela mangshan* Bao, Yin & Xu, 2003

Bao, Yin & Xu, 2003: 459; Yin et al., 2012: 116.

分布：湖南（HN）

陕西七纺蛛 *Heptathela schensiensis* (Schenkel, 1953)

Schenkel, 1953: 1 (*Liphistius (Heptathele) sinensis s.*); Gertsch, 1967: 115 (*Liphistius s.*, elevated to species); Haupt, 1983: 285 (*H. sinensis s.*, Trans. from *Liphistius*, returned to subspecies); Zhu & Wang, 1983: 131 (*H. xianensis*); Platnick & Sedgwick, 1984: 4 (*H. s.*, Trans. from *Liphistius*); Song & Haupt, 1984: 447 (*H. s.*, elevated to species, Syn.); Wang & Zhu, 1984: 403 (*H. xianensis*); Song, Zhu & Chen, 1999: 33; Ono, 2000: 150 (*Abcathela s.*); Haupt, 2003: 71 (*Sinothela s.*, Trans. from *Heptathela*).

异名：

Heptathela xianensis Zhu & Wang, 1983; Song & Haupt, 1984: 447 (Syn.).

分布：陕西（SN）

佘氏七纺蛛 *Heptathela shei* Xu & Yin, 2001

Xu & Yin, 2001: 8; Yin et al., 2012: 117.

分布：湖南（HN）

中华七纺蛛 *Heptathela sinensis* Bishop & Crosby, 1932

Bishop & Crosby, 1932: 5; Bristowe, 1933: 1055; Wen & Zhu, 1980: 39; Haupt, 1983: 285; Hu, 1984: 26; Song & Haupt, 1984: 445; Zhu et al., 1985: 48; Zhang, 1987: 44; Zhao, 1993: 53; Song, Zhu & Chen, 1999: 33; Ono, 2000: 150 (*Abcathela s.*); Song, Zhu & Chen, 2001: 46; Haupt, 2003: 71 (*Sinothela s.*, Trans. from *Heptathela*); Zhu & Zhang, 2011: 30 (*Songthela s.*).

分布：山东（SD）、河南（HEN）

峨山七纺蛛 *Heptathela wosanensis* Wang & Jiao, 1995

Wang & Jiao, 1995: 80.

分布：云南（YN）

咸宁七纺蛛 *Heptathela xianningensis* Yin et al., 2002

Yin et al., 2002: 19.

分布：湖北（HB）

云南七纺蛛 *Heptathela yunnanensis* Song & Haupt, 1984

Song & Haupt, 1984: 449; Song, Zhu & Chen, 1999: 33; Ono, 2000: 150 (*Abcathela y.*).

分布：云南（YN）

29. 狼蛛科 Lycosidae Sundevall, 1833

世界 120 属 2395 种；中国 26 属 310 种。

刺狼蛛属 *Acantholycosa* Dahl, 1908

Dahl, 1908: 368. Type species: *Lycosa sudetica* L. Koch, 1875

鲍氏刺狼蛛 *Acantholycosa baltoroi* (Caporiacco, 1935)

Caporiacco, 1935: 233 (*Pardosa b.: baltistana* in legend); Roewer, 1955: 152; Buchar, 1976: 202; Chen, Song & Kim, 1998: 72; Song, Zhu & Chen, 1999: 310; Song, Zhu & Chen, 2001: 226; Marusik, Azarkina & Koponen, 2004: 112.

分布：吉林（JL）、内蒙古（NM）、河北（HEB）、陕西（SN）、四川（SC）、西藏（XZ）；克什米尔、尼泊尔

木刺狼蛛 *Acantholycosa lignaria* (Clerck, 1757)

Clerck, 1757: 90 (*Araneus lignarius*); Olivier, 1789: 217 (*Aranea l.*); Sundevall, 1833: 174 (*Lycosa l.*); Sundevall, 1833: 180 (*Lycosa borealis*); Simon, 1876: 355 (*Pardosa l.*); Chyzer & Kulczyński, 1891: 59 (*Lycosa l.*); Dahl, 1908: 367, 369; Charitonov, 1926: 59; Dahl & Dahl, 1927: 11; Palmgren, 1939: 30; Holm, 1947: 37; Azheganova, 1971: 12; Fuhn & Niculescu-Burlacu, 1971: 60; Miller, 1971: 156; Savelyeva,

1972: 454 (*A. altaica*); Zyuzin & Marusik, 1988: 1085; Heimer & Nentwig, 1991: 310; Buchar & Thaler, 1993: 339 (*A. l.*, Trans. from *Pardosa*); Mikhailov, 1996: 105 (*Pardosa altaica*, Trans. from *Acantholycosa*); Chen, Song & Kim, 1998: 72; Song, Zhu & Chen, 1999: 316; Marusik, Azarkina & Koponen, 2004: 119 (*A. l.*, Syn.); Almquist, 2005: 184; Marusik & Omelko, 2011: 6.

异名：

Acantholycosa altaica Savelyeva, 1972; Marusik, Azarkina & Koponen, 2004: 119 (Syn.).

分布：内蒙古（NM）；古北界

舞蛛属 *Alopecosa* Simon, 1885

Simon, 1885: 10. Type species: *Araneus fabrilis* Clerck, 1757

异名：

Jollecosa Roewer, 1960; Dondale & Redner, 1979: 1035 (Syn.);

Solicosa Roewer, 1960; Lugetti & Tongiorgi, 1969: 92 (Syn.).

刺舞蛛 *Alopecosa aculeata* (Clerck, 1757)

Clerck, 1757: 87 (*Araneus aculeatus*); Hahn, 1831: 20 (*Lycosa meridiana*); Sundevall, 1833: 184 (*L. nivalis*); Hahn, 1829: pl. (*L. ephippium*); C. L. Koch, 1850: 34 (*Tarentula nivalis*); Thorell, 1856: 61 (*T. taeniata*); Westring, 1861: 517 (*L. cursor*); Ohlert, 1867: 140 (*T. taeniata*); Thorell, 1872: 323 (*T. a.*); Fickert, 1875: 42 (*T. andrenivora*); Menge, 1879: 527 (*T. a.*); Menge, 1879: 533 (*T. cuneata*); Becker, 1882: 95 (*L. trabalis*); Kulczyński, 1882: 30 (*L. pulverulenta*); Dahl, 1883: 65 (*T. a.*); Dahl, 1883: 66 (*T. meridiana*); Emerton, 1894: 421 (*L. beanii*); Bösenberg, 1903: 394 (*T. a.*); Bösenberg, 1903: 396 (*T. pulverulenta*); Chamberlin, 1908: 273 (*L. beanii*); Dahl, 1908: 332 (*T. a.*); Järvi, 1908: 757 (*T. a.*); Kulczyński, 1909: 437 (*T. a.*); Lessert, 1910: 489 (*L. a.*); Petrunkevitch, 1911: 551 (*A. beanii*); Fedotov, 1912: 111 (*T. a.*); Dahl & Dahl, 1927: 25 (*T. a.*); Palmgren, 1939: 26 (*T. a.*); Chamberlin & Ivie, 1947: 23 (*T. a.*); Holm, 1947: 19 (*T. a.*); Kaston, 1948: 312 (*T. a.*); Schenkel, 1950: 764 (*T. a.*); Roewer, 1955: 222; Muller, 1958: 231; Lugetti & Tongiorgi, 1969: 25; Azheganova, 1971: 19; Fuhn & Niculescu-Burlacu, 1971: 144; Miller, 1971: 150; Loksa, 1972: 32; Dondale & Redner, 1979: 1038; Izmailova, 1989: 21; Kronestedt, 1990: 204; Dondale & Redner, 1990: 304; Heimer & Nentwig, 1991: 312; Tanaka, 1992: 324; Yin et al., 1997: 55; Roberts, 1998: 239; Song, Zhu & Chen, 1999: 316; Song, Zhu & Chen, 2001: 228; Paquin & Dupérré, 2003: 157; Almquist, 2005: 186; Tanaka, 2009: 238; Zhu & Zhang, 2011: 250.

分布：黑龙江（HL）、吉林（JL）、北京（BJ）、山东（SD）、河南（HEN）、陕西（SN）、宁夏（NX）、新疆（XJ）；全北界

方隔舞蛛 *Alopecosa akkolka* Marusik, 1995

Marusik, in Eskov & Marusik, 1995: 63; Chen & Song, 2003: 67.

分布：新疆（XJ）；哈萨克斯坦

白纹舞蛛 *Alopecosa albostriata* (Grube, 1861)

Grube, 1861: 174 (*Lycosa a.*); Simon, 1880: 102 (*L. erudita*); Schmidt, 1895: 462 (*L. a.*); Kulczyński, 1908: 71 (*Tarentula a.*); Fox, 1935: 452 (*Arctosa gertschi*); Schenkel, 1936: 288 (*L. erudita*); Schenkel, 1953: 70 (*L. erudita*); Schenkel, 1953: 71 (*L. erudita mongolica*); Roewer, 1955: 213, 216 (*A. erudita*); Roewer, 1955: 307 (*Vesubia gertschi*); Schenkel, 1963: 296 (*Tarentula albostriatoides*); Schenkel, 1963: 297 (*T. paralbostriata*); Schenkel, 1963: 325 (*T. wiehlei*); Schenkel, 1963: 328 (*T. fabifer*); Schenkel, 1963: 330 (*T. luteocuneata*); Savelyeva, 1972: 458 (*A. l.*); Brignoli, 1983: 436 (*A. albostriatoides*); Brignoli, 1983: 436 (*A. fabifer*); Brignoli, 1983: 437 (*A. paralbostriata*); Brignoli, 1983: 438 (*A. wiehlei*); Song & Hubert, 1983: 7 (*A. a.*, Syn., but see Marusik & Buchar, 2004: 153, sub. *Mustelicosa dimidiata*); Zhu et al., 1985: 128 (*A. albostrista*); Song, 1987: 213; Zhang, 1987: 141; Wesolowska, 1988: 406; Paik, 1988: 87; Yu & Song, 1988: 117 (*A. a.*, Syn.); Hu & Wu, 1989: 191 (*A. luteocuneata*); Zhao, 1993: 64; Zhao, 1993: 66 (*A. luteocuneata*, probably misidentified); Yin et al., 1997: 57; Song, Zhu & Chen, 1999: 316; Song, Zhu & Chen, 2001: 230; Namkung, 2002: 308; Namkung, 2003: 310; Zhu & Zhang, 2011: 252.

异名：

Alopecosa erudita (Simon, 1880, Trans. from *Lycosa*); Song & Hubert, 1983: 7 (Syn.);

A. gertschi (Fox, 1935, Trans. from *Arctosa*); Yu & Song, 1988: 117 (Syn.);

A. erudita mongolica (Schenkel, 1953, Trans. from *Lycosa*); Song & Hubert, 1983: 7 (Syn.);

A. albostriatoides (Schenkel, 1963, Trans. from *Tarentula*); Song & Hubert, 1983: 7 (Syn.);

A. fabifer (Schenkel, 1963, Trans. from *Tarentula*); Song & Hubert, 1983: 7 (Syn.);

A. luteocuneata (Schenkel, 1963, Trans. from *Tarentula*); Song & Hubert, 1983: 7 (Syn.);

A. paralbostriata (Schenkel, 1963, Trans. from *Tarentula*); Song & Hubert, 1983: 7 (Syn.);

A. wiehlei (Schenkel, 1963, Trans. from *Tarentula*); Song & Hubert, 1983: 7 (Syn.).

分布：黑龙江（HL）、吉林（JL）、内蒙古（NM）、河北（HEB）、北京（BJ）、山西（SX）、山东（SD）、河南（HEN）、陕西（SN）、甘肃（GS）、青海（QH）、新疆（XJ）、云南（YN）；韩国、俄罗斯、哈萨克斯坦

高山舞蛛 *Alopecosa alpicola* (Simon, 1876)

Simon, 1876: 263 (*Lycosa a.*); Simon, 1876: 251 (*L. pastoralis*); O. P.-Cambridge, 1912: 404 (*Tarentula lessertii*); Simon, 1937: 1097, 1135 (*L. pastoralis*); Simon, 1937: 1102, 1106, 1135 (*L. a.*); Roewer, 1955: 213, 218 (*A. pastoralis*); Roewer, 1955: 248 (*Hogna lessertii*); Wiehle, 1967: 10; Lugetti & Tongiorgi, 1969: 70 (*A. a.*, Syn.); Savelyeva, 1972: 455; Song, Zhu & Chen, 1999: 316.

异名：

Alopecosa pastoralis (Simon, 1876, Trans. from Lycosa); Lugetti & Tongiorgi, 1969: 70 (Syn.);

A. lesserti (O. P.-Cambridge, 1912, Trans. from *Tarentula*); Lugetti & Tongiorgi, 1969: 70 (Syn.).

分布：四川（SC）、西藏（XZ）；古北界

耳毛舞蛛 *Alopecosa auripilosa* (Schenkel, 1953)

Schenkel, 1953: 74 (*Lycosa a.*); Schenkel, 1963: 304 (*Tarentula argenteopilosa*); Schenkel, 1963: 331 (*Tarentula albofasciata fornicata*); Oliger, 1981: 8 (*A. argenteopilosa*); Brignoli, 1983: 436 (*A. albofasciata fornicata*); Song, 1986: 74 (*A. a.*, Trans. from *Lycosa*, Syn. of female); Zhang & Zhu, 1987: 33 (*A. argenteopilosa*); Zhang, 1987: 142 (*A. argenteopilosa*); Paik, 1988: 90 (*A. a.*, Syn.); Yin et al., 1997: 58; Song, Zhu & Chen, 1999: 316; Hu, 2001: 156; Namkung, 2002: 309; Kim & Cho, 2002: 202; Namkung, 2003: 311.

异名：

Alopecosa albofasciata fornicata (Schenkel, 1963, Trans. from *Tarentula*); Song, 1986: 74 (Syn.);

A. argenteopilosa (Schenkel, 1963, Trans. from *Tarentula*); Song, 1986: 74 (Syn.).

分布：黑龙江（HL）、辽宁（LN）、甘肃（GS）、青海（QH）、新疆（XJ）、四川（SC）、西藏（XZ）；韩国、俄罗斯

耳舞蛛 *Alopecosa aurita* Chen, Song & Kim, 2001

Chen, Song & Kim, 2001: 18.

分布：黑龙江（HL）

察雅舞蛛 *Alopecosa chagyabensis* Hu & Li, 1987

Hu & Li, 1987: 283; Song, Zhu & Chen, 1999: 316; Hu, 2001: 157.

分布：西藏（XZ）

细纹舞蛛 *Alopecosa cinnameopilosa* (Schenkel, 1963)

Schenkel, 1963: 333 (*Tarentula c.*); Sternbergs, 1981: 60 (*Pardosa lusisi*); Song, 1982: 76; Li & Chen, 1982: 66; Hu, 1984: 246 (*Tarentula c.*); Zhu et al., 1985: 129; Song, 1986: 78; Song, 1987: 215; Tanaka, 1987: 17; Zhang, 1987: 144; Paik, 1988: 92; Hu & Wu, 1989: 186; Chen & Zhang, 1991: 216; Tanaka, 1992: 326; Yin et al., 1997: 60; Song, Zhu & Chen, 1999: 316; Marusik, Logunov & Koponen, 2000: 77 (*A. c.*, Syn., by Kronestedt); Song, Zhu & Chen, 2001: 231; Namkung, 2002: 313; Namkung, 2003: 315; Tanaka, 2009: 238.

异名：

Alopecosa lusisi (Sternbergs, 1981, Trans. from *Pardosa*); Kronestedt, in Marusik, Logunov & Koponen, 2000: 77 (Syn.).

分布：吉林（JL）、内蒙古（NM）、河北（HEB）、北京（BJ）、山西（SX）、山东（SD）、甘肃（GS）、新疆（XJ）、安徽（AH）、湖南（HN）；韩国、日本、俄罗斯

楔形舞蛛 *Alopecosa cuneata* (Clerck, 1757)

Clerck, 1757: 99 (*Araneus cuneatus*); Sundevall, 1833: 187 (*Lycosa c.*); Hahn, 1833: 105 (*L. vorax*); C. L. Koch, 1834: 122 (*L. clavipes*); C. L. Koch, 1834: 122 (*L. alpica*); Walckenaer, 1837: 317 (*L. armillata*); C. L. Koch, 1847: 191 (*L. clavipes*); C. L. Koch, 1850: 34 (*Tarantula c.*); Westring, 1861: 521 (*L. c.*); Simon, 1864: 351 (*Tarentula armillata*); Ohlert, 1867: 141 (*T. clavipes*); Thorell, 1872: 330 (*T. c.*); Menge, 1879: 532 (*T. clavipes*); Becker, 1882: 99 (*L. c.*); Bösenberg, 1903: 393 (*T. c.*); Dahl, 1908: 331, 352 (*T. c.*); Kulczyński, 1909: 437 (*T. c.*); Dahl & Dahl, 1927: 23 (*T. c.*); Reimoser, 1931: 130 (*T. c.*); Simon, 1937: 1099, 1103, 1134 (*L. c.*); Palmgren, 1939: 23 (*T. c.*); Holm, 1947: 18 (*T. c.*); Locket & Millidge, 1951: 274 (*T. c.*); Roewer, 1955: 215; Muller, 1955: 160 (*Tarentula c.*); Wiebes, 1959: 7; Azheganova, 1968: 30; Lugetti & Tongiorgi, 1969: 33; Azheganova, 1971: 19; Fuhn & Niculescu-Burlacu, 1971: 148; Loksa, 1972: 32; Locket, Millidge & Merrett, 1974: 36; Roberts, 1985: 140; Kronestedt, 1986: 128; Kronestedt, 1990: 217; Heimer & Nentwig, 1991: 312; Zyuzin, 1993: 697; Roberts, 1995: 224; Mcheidze, 1997: 218; Yin et al., 1997: 62; Roberts, 1998: 238; Almquist, 2005: 189; Marusik & Kovblyuk, 2011: 183.

分布：内蒙古（NM）；古北界

疾行舞蛛 *Alopecosa cursor* (Hahn, 1831)

Hahn, 1831: 17 (*Lycosa c.*); Hahn, 1831: 16 (*L. sabulosa*); C. L. Koch, 1850: 34 (*Tarantula c.*); Becker, 1882: 100 (*L. c.*); Chyzer & Kulczyński, 1891: 70 (*Tarentula c.*); Bösenberg, 1903: 395 (*T. c.*); Dahl, 1908: 327, 349 (*T. c.*); Spassky, 1925: 50 (*T. c.*); Dahl & Dahl, 1927: 17 (*T. c.*); Caporiacco, 1934: 127 (*Hogna c.*); Kratochvíl, 1935: 19 (*Tarentula c.*); Simon, 1937: 1102, 1105, 1135 (*Lycosa c.*); Roewer, 1955: 215; Wiebes, 1959: 14; Azheganova, 1968: 31; Lugetti & Tongiorgi, 1969: 52; Azheganova, 1971: 20; Tyschchenko, 1971: 171; Fuhn & Niculescu-Burlacu, 1971: 150; Miller, 1971: 150; Loksa, 1972: 36; Hu & Li, 1987: 347; Hu & Li, 1987: 286; Hu & Wu, 1989: 188; Heimer & Nentwig, 1991: 314; Noflatscher, 1993: 281; Mcheidze, 1997: 219; Roberts, 1998: 243; Song, Zhu & Chen, 1999: 317; Hu, 2001: 158; Almquist, 2005: 190.

分布：新疆（XJ）、西藏（XZ）；古北界

弯毛舞蛛 *Alopecosa curtohirta* Tang, Urita & Song, 1993

Tang, Urita & Song, 1993: 69.

分布：内蒙古（NM）

盘形舞蛛 *Alopecosa disca* Tang et al., 1997

Tang et al., in Yin et al., 1997: 64; Tang, Yin & Yang, 1998: 90; Song, Zhu & Chen, 1999: 317.

分布：甘肃（GS）

贪食舞蛛 *Alopecosa edax* (Thorell, 1875)

Thorell, 1875: 107 (*Tarentula e.*); Thorell, 1875: 150 (*T. e.*); Roewer, 1955: 308 (*Xerolycosa e.*); Prószyński, 1961: 125 (*T. e.*, Trans. from *Xerolycosa*); Schenkel, 1963: 309 (*T. pseudohirta*); Lugetti & Tongiorgi, 1969: 89; Brignoli, 1983:

437 (*A. pseudohirta*); Song, 1986: 77 (*A. p*); Buchar, 2001: 264 (*A. e.*, Syn.).

异名：

Alopecosa pseudohirta (Schenkel, 1963, Trans. from *Tarentula*); Buchar, 2001: 264 (Syn.).

分布：甘肃（GS）；波兰

法布尔舞蛛 *Alopecosa fabrilis* (Clerck, 1757)

Clerck, 1757: 86 (*Araneus f.*); Olivier, 1789: 217 (*Aranea f.*); Walckenaer, 1826: 17 (*Lycosa f.*); Sundevall, 1833: 182 (*Lycosa f.*); Hahn, 1833: 102 (*Lycosa melanogaster*); C. L. Koch, 1847: 168 (*Lycosa f.*); C. L. Koch, 1850: 34 (*Tarantula f.*); Thorell, 1856: 41 (*T. f.*); Thorell, 1872: 309 (*T. f.*); Menge, 1879: 523 (*T. f.*); Becker, 1882: 89 (*Lycosa f.*); Simon, 1885: 10 (*Lycosa (A.) f.*); Simon, 1898: 348; Bösenberg, 1903: 390 (*Tarentula f.*); Dahl, 1908: 330, 337 (*T. f.*); Kulczyński, 1909: 434 (*T. f.*); Dahl & Dahl, 1927: 21 (*T. f.*); Simon, 1937: 1099, 1133 (*Lycosa f.*); Palmgren, 1939: 22 (*T. f.*); Holm, 1947: 16 (*T. f.*); Locket & Millidge, 1951: 276 (*T. f.*); Wiebes, 1959: 10; Beer, 1964: 530 (*Tarentula f.*); Lugetti & Tongiorgi, 1969: 5; Tyschchenko, 1971: 169; Fuhn & Niculescu-Burlacu, 1971: 151; Miller, 1971: 149; Würmli, 1972: 73; Roberts, 1985: 144; Hu & Li, 1987: 288; Heimer & Nentwig, 1991: 312; Noflatscher, 1993: 281; Roberts, 1995: 225; Bellmann, 1997: 152; Roberts, 1998: 242; Hu, 2001: 159; Almquist, 2005: 191.

分布：青海（QH）、新疆（XJ）、西藏（XZ）；古北界

钩舞蛛 *Alopecosa hamata* (Schenkel, 1963)

Schenkel, 1963: 303 (*Tarentula h.*); Schenkel, 1963: 308 (*T. parahirta*); Brignoli, 1983: 437; Brignoli, 1983: 437 (*A. parahirta*); Song, 1986: 78 (*A. h.*, Syn.); Song, Zhu & Chen, 1999: 317; Hu, 2001: 159.

异名：

Alopecosa parahirta (Schenkel, 1963, Trans. from *Tarentula*); Song, 1986: 78 (Syn.).

分布：内蒙古（NM）、甘肃（GS）、青海（QH）

喜舞蛛 *Alopecosa himalayaensis* Hu, 2001

Hu, 2001: 160.

分布：西藏（XZ）

兴安舞蛛 *Alopecosa hingganica* Tang, Urita & Song, 1993

Tang, Urita & Song, 1993: 70.

分布：内蒙古（NM）；蒙古

荷氏舞蛛 *Alopecosa hoevelsi* Schmidt & Barensteiner, 2000

Schmidt & Barensteiner, 2000: 43.

分布：内蒙古（NM）

北海道舞蛛 *Alopecosa hokkaidensis* Tanaka, 1985

Tanaka, 1985: 67; Matsuda, 1986: 85; Yaginuma, 1986: 160; Chikuni, 1989: 110; Chen & Zhang, 1991: 217 (*A. kokkaidensis*); Tanaka, 1992: 331; Yoo, Kim & Tanaka, 2004: 2; Tanaka, 2009: 238.

分布：青海（QH）；日本、俄罗斯

花斑舞蛛 *Alopecosa huabanna* Chen, Song & Gao, 2000

Chen, Song & Gao, 2000: 134.

分布：黑龙江（HL）

胡氏舞蛛 *Alopecosa hui* Chen, Song & Kim, 2001

Hu & Wu, 1989: 188 (*A. fabrilis*, misidentified); Chen, Song & Kim, 2001: 19.

分布：新疆（XJ）

客居舞蛛 *Alopecosa inquilina* (Clerck, 1757)

Clerck, 1757: 88 (*Araneus inquilinus*); Clerck, 1757: 100 (*Araneus nivalis*); Olivier, 1789: 217 (*Aranea i.*); Olivier, 1789: 218 (*A. nivalis*); Walckenaer, 1837: 335 (*Lycosa audax*); C. L. Koch, 1850: 34 (*Tarantula i.*); Doleschall, 1852: 643 (*Lycosa kollari*); Thorell, 1856: 44, 47 (*Tarentula i.*); Simon, 1864: 351 (*Leimonia audax*); Westring, 1861: 507 (*Lycosa i.*); Thorell, 1872: 312 (*Tarentula i.*); Menge, 1879: 524 (*T. i.*); Becker, 1882: 91 (*Lycosa i.*); Hansen, 1882: 71 (*Tarentula i.*); Chyzer & Kulczyński, 1891: 69 (*T. i.*); Bösenberg, 1903: 390 (*T. i.*); Dahl, 1908: 326, 339 (*T. i.*); Fedotov, 1912: 109 (*T. iniquilina*, lapsus); Dahl & Dahl, 1927: 15 (*T. i.*); Reimoser, 1930: 56 (*T. i.*); Simon, 1937: 1099, 1133 (*Lycosa i.*); Palmgren, 1939: 21 (*Tarentula i.*); Holm, 1947: 15 (*T. i.*); Roewer, 1955: 217; Wiebes, 1959: 14; Lugetti & Tongiorgi, 1969: 10; Azheganova, 1971: 20; Tyschchenko, 1971: 168; Fuhn & Niculescu-Burlacu, 1971: 154; Miller, 1971: 148; Loksa, 1972: 35; Heimer & Nentwig, 1991: 312; Bellmann, 1997: 152; Roberts, 1998: 242; Chen & Song, 2003: 68; Almquist, 2005: 192.

分布：吉林（JL）；古北界

克拉舞蛛 *Alopecosa kratochvili* (Schenkel, 1963)

Schenkel, 1963: 302 (*Tarentula k.*); Brignoli, 1983: 437; Song, 1986: 81; Yin et al., 1997: 65 (*A. krotochvili*); Song, Zhu & Chen, 1999: 317 (*A. krotochivii*).

分布：甘肃（GS）

莱塞舞蛛 *Alopecosa lessertiana* Brignoli, 1983

Schenkel, 1963: 300 (*Tarentula lesserti*, preoccupied by O. P.-Cambridge, 1912); Brignoli, 1983: 437 (*A. l.*, replacement name); Song, Zhu & Chen, 1999: 317.

分布：甘肃（GS）、四川（SC）、贵州（GZ）

利氏舞蛛 *Alopecosa licenti* (Schenkel, 1953)

Schenkel, 1953: 77 (*Tarentula l.*); Schenkel, 1963: 306 (*T. argentata*); Schenkel, 1963: 311 (*T. fenestrata*); Schenkel, 1963: 312 (*T. fenestrata pseudobarbipes*); Schenkel, 1963: 313 (*T. davidi*); Schenkel, 1963: 315 (*T. orbiculata*); Schenkel, 1963: 316 (*T. bipennis*); Zhang & Zhu, 1982: 66 (*A. fenestrata pseudobarbipes*); Brignoli, 1983: 436 (*A. argentata*); Brignoli, 1983: 436 (*A. bipennis*); Brignoli, 1983: 436 (*A. davidi*); Brignoli, 1983: 436 (*A. fenestrata*); Brignoli, 1983: 437;

Brignoli, 1983: 437 (*A. orbiculata*); Hu, 1984: 247 (*T. fenestrata pseudobarbipes*); Hu, 1984: 247 (*T. l.*); Guo, 1985: 114; Zhu et al., 1985: 130 (*A. fenestrata*); Zhu et al., 1985: 131 (*A. fenestrata pseudobarbipes*); Song, 1986: 77 (*A. l.*, Syn.); Song, 1987: 216; Kim, Namkung & Jun, 1987: 30; Zhang, 1987: 145; Paik, 1988: 94; Chen & Gao, 1990: 122; Yin et al., 1997: 67; Song, Zhu & Chen, 1999: 317; Hu, 2001: 162; Song, Zhu & Chen, 2001: 232; Namkung, 2002: 307; Kim & Cho, 2002: 202; Namkung, 2003: 309.

异名：

Alopecosa argentata (Schenkel, 1963, Trans. from *Tarentula*); Song, 1986: 77 (Syn.);

A. bipennis (Schenkel, 1963, Trans. from *Tarentula*); Song, 1986: 77 (Syn.);

A. davidi (Schenkel, 1963, Trans. from *Tarentula*); Song, 1986: 77 (Syn.);

A. fenestrata (Schenkel, 1963, Trans. from *Tarentula*); Song, 1986: 77 (Syn.);

A. fenestrata pseudobarbipes (Schenkel, 1963, Trans. from *Tarentula*); Song, 1986: 77 (Syn.);

A. orbiculata (Schenkel, 1963, Trans. from *Tarentula*); Song, 1986: 77 (Syn.).

分布：黑龙江（HL）、吉林（JL）、辽宁（LN）、内蒙古（NM）、河北（HEB）、北京（BJ）、山西（SX）、山东（SD）、河南（HEN）、陕西（SN）、宁夏（NX）、甘肃（GS）、青海（QH）、四川（SC）；韩国、蒙古、俄罗斯

林站舞蛛 *Alopecosa linzhan* Chen & Song, 2003

Chen & Song, 2003: 66.

分布：内蒙古（NM）

玛丽舞蛛 *Alopecosa mariae* (Dahl, 1908)

Doleschall, 1852: 642 (*Lycosa striatipes*; preoccupied); Kulczyński, 1895: 18 (*Tarentula striatipes*); Dahl, 1908: 329, 343 (*T. m.*); Dahl & Dahl, 1927: 21 (*T. m.*); Ermolajev, 1928: 107 (*T. m.*); Kratochvíl, 1933: 537 (*T. striatipes m.*); Simon, 1937: 1133 (*Lycosa m.*); Miller, 1971: 149 (*A. striata*, misidentified); Hu & Li, 1987: 288; Izmailova, 1989: 23; Heimer & Nentwig, 1991: 312; Hu, 2001: 163; Buchar & Thaler, 2004: 274.

分布：新疆（XJ）、西藏（XZ）；古北界

纳帕海舞蛛 *Alopecosa nagpag* Chen, Song & Kim, 2001

Chen, Song & Kim, 2001: 21.

分布：云南（YN）

藏西舞蛛 *Alopecosa nitidus* Hu, 2001

Hu, 2001: 164.

分布：西藏（XZ）

圆囊舞蛛 *Alopecosa orbisaca* Peng et al., 1997

Peng et al., 1997: 41; Yin et al., 1997: 70; Song, Zhu & Chen, 1999: 317.

分布：青海（QH）

椭圆舞蛛 *Alopecosa ovalis* Chen, Song & Gao, 2000

Chen, Song & Gao, 2000: 135.

分布：黑龙江（HL）

伪楔舞蛛 *Alopecosa pseudocuneata* (Schenkel, 1953)

Schenkel, 1953: 79 (*Tarentula p.*); Schenkel, 1963: 318 (*T. pseudopulverulenta*); Brignoli, 1983: 437; Brignoli, 1983: 437 (*A. pseudopulverulenta*); Song, 1986: 73 (*A. p.*, Syn. female); Song, Zhu & Chen, 1999: 317.

异名：

Alopecosa pseudopulverulenta (Schenkel, 1963, Trans. from *Tarentula*); Song, 1986: 74 (Syn.).

分布：甘肃（GS）、四川（SC）

尘舞蛛 *Alopecosa pulverulenta* (Clerck, 1757)

Clerck, 1757: 93 (*Araneus pulverulentus*); Olivier, 1789: 218 (*Aranea carinata*); Walckenaer, 1805: 13 (*Lycosa andrenivora*); Latreille, 1817: 295 (*L. intersecta*); Walckenaer, 1826: 21 (*L. graminicola*); Sundevall, 1833: 186 (*L. p.*); C. L. Koch, 1834: 122 (*L. gasteinensis*); Walckenaer, 1837: 311 (*L. trucidatoria*); Blackwall, 1841: 609 (*L. rapax*); C. L. Koch, 1847: 183 (*L. cuneata*); C. L. Koch, 1847: 187 (*L. gasteinensis*); Blackwall, 1861: 21 (*L. rapax*); Simon, 1864: 351 (*Tarentula andrenivora*); Simon, 1864: 351 (*T. gasteinensis*); Simon, 1864: 351 (*T. graminicola*); Zimmermann, 1871: 112 (*T. p.*); Thorell, 1872: 328 (*T. p.*); Simon, 1876: 275 (*L. renidens*); Menge, 1879: 519 (*T. andrenivora*); Menge, 1879: 529 (*T. p.*); Menge, 1879: 533 (*T. cuneata*); Becker, 1882: 96 (*L. p.*); Bösenberg, 1903: 396 (*T. p.*); Dahl, 1908: 331, 354 (*T. p.*); Kulczyński, 1909: 437 (*T. p.*); Fedotov, 1912: 111 (*T. p.*); Dahl & Dahl, 1927: 24 (*T. p.*); Schenkel, 1927: 259 (*T. renidens*); Simon, 1937: 1100, 1103, 1134 (*L. p.*); Simon, 1937: 1113, 1138 (*L. renidens*); Palmgren, 1939: 24 (*T. p.*); Saitō, 1939: 71 (*Pardosa cornuta*); Fox, 1940: 44 (*T. aquilonaris*); Holm, 1947: 18 (*T. p.*); Caporiacco, 1948: 44; Locket & Millidge, 1951: 274 (*T. p.*); Roewer, 1955: 227 (*A. renidens*); Saitō, 1959: 60 (*Pardosa cornuta*); Wiebes, 1959: 8; Yaginuma, 1967: 96; Lugetti & Tongiorgi, 1965: 207 (*Arctosa renidens*, misidentified); Azheganova, 1968: 32; Lugetti & Tongiorgi, 1969: 18 (*A. p.*, Syn.); Azheganova, 1971: 19; Fuhn & Niculescu-Burlacu, 1971: 159; Miller, 1971: 150; Loksa, 1972: 32; Locket, Millidge & Merrett, 1974: 36; Gack & von Helversen, 1976: 109; Dondale & Redner, 1979: 1041 (*A. p.*, Syn.); Roberts, 1985: 142; Yaginuma, 1986: 160; Kronestedt, 1986: 128; Chikuni, 1989: 110; Izmailova, 1989: 27; Hu & Wu, 1989: 193 (*A. pinetorum*, misidentified, per Chen & Song, 1996); Kronestedt, 1990: 217; Dondale & Redner, 1990: 310; Heimer & Nentwig, 1991: 314; Tanaka, 1992: 318 (*A. p.*, Syn.); Roberts, 1995: 224; Buchar & Thaler, 1995: 488 (*A. p.*, Syn.); Chen & Song, 1996: 124; Mcheidze, 1997: 217; Roberts, 1998: 238; Song, Zhu & Chen, 1999: 317;

Hu, 2001: 166; Namkung, 2002: 312; Namkung, 2003: 314; Almquist, 2005: 194; Tanaka, 2009: 238.

异名：

Alopecosa renidens (Simon, 1876, Trans. from *Lycosa*); Buchar & Thaler, 1995: 488 (Syn., after Lugetti & Tongiorgi, 1969: 19);

A. cornuta (Saitō, 1939, Trans. from *Pardosa*); Tanaka, 1992: 318 (Syn.);

A. aquilonaris (Fox, 1940, Trans. from *Tarentula*); Dondale & Redner, 1979: 1041 (Syn.).

分布：陕西（SN）、甘肃（GS）、青海（QH）、新疆（XJ）；古北界

北方舞蛛 *Alopecosa sibirica* (Kulczyński, 1908)

Kulczyński, 1908: 76 (*Tarentula s.*); Kulczyński, 1908: 78 (*T. pinnata*); Kulczyński, 1908: 81 (*T. incompta*); Roewer, 1955: 219 (*A. pinnata*); Roewer, 1955: 220; Roewer, 1955: 308 (*Xerolycosa incompta*); Roewer, 1960: 894 (*A. incompta*, Trans. from *Xerolycosa*); Schenkel, 1963: 294 (*T. eruditoides*); Schenkel, 1963: 298 (*T. potanini*); Schenkel, 1963: 322 (*T. parasibirica*); Schenkel, 1963: 323 (*T. chazaudi*); Schenkel, 1963: 325 (*T. pinnata*); Brignoli, 1983: 436 (*A. chazaudi*); Brignoli, 1983: 436 (*A. eruditoides*); Brignoli, 1983: 437 (*A. parasibirica*); Brignoli, 1983: 437 (*A. potanini*); Eskov, 1985: 122 (*A. s.*, Syn.); Song, 1986: 75 (*A. s.*, Syn.); Izmailova, 1989: 25 (*A. pinnata*); Izmailova, 1989: 28; Yin et al., 1997: 71; Song, Zhu & Chen, 1999: 318.

异名：

Alopecosa incompta (Kulczyński, 1908, Trans. from *Tarentula*); Eskov, 1985: 122 (Syn.);

A. pinnata (Kulczyński, 1908, Trans. from *Tarentula*); Eskov, 1985: 122 (Syn.);

A. chazaudi (Schenkel, 1963, Trans. from *Tarentula*); Song, 1986: 76 (Syn.);

A. eruditoides (Schenkel, 1963, Trans. from *Tarentula*); Song, 1986: 76 (Syn.);

A. parasibirica (Schenkel, 1963, Trans. from *Tarentula*); Song, 1986: 76 (Syn.);

A. potanini (Schenkel, 1963, Trans. from *Tarentula*); Song, 1986: 76 (Syn.).

分布：黑龙江（HL）、内蒙古（NM）、甘肃（GS）；蒙古、俄罗斯

独行舞蛛 *Alopecosa solivaga* (Kulczyński, 1901)

Kulczyński, 1901: 343 (*Tarentula s.*); Kulczyński, 1908: 83 (*T. poecila*); Kulczyński, 1916: 29 (*T. s.*); Roewer, 1955: 219 (*A. poecila*); Roewer, 1955: 221; Eskov, 1985: 122 (*A. s.*, Syn.); Izmailova, 1989: 26 (*A. poecila*); Chen & Song, 2003: 69.

异名：

Alopecosa poecila (Kulczyński, 1908, Trans. from *Tarentula*); Eskov, 1985: 122 (Syn.).

分布：黑龙江（HL）；蒙古、俄罗斯

针舞蛛 *Alopecosa spinata* Yu & Song, 1988

Yu & Song, 1988: 234; Yin et al., 1997: 73; Song, Zhu & Chen, 1999: 318; Hu, 2001: 167.

分布：四川（SC）、西藏（XZ）

淡红舞蛛 *Alopecosa subrufa* (Schenkel, 1963)

Schenkel, 1963: 319 (*Tarentula s.*); Schenkel, 1963: 334 (*T. fusca*, preoccupied by Keyserling, 1876); Brignoli, 1983: 433, 437 (*A. schenkeliana*, replacement name for *A. fusca*); Brignoli, 1983: 437; Song, 1986: 79 (*A. s.*, Syn.); Song, Zhu & Chen, 1999: 318; Hu, 2001: 168; Marusik & Logunov, 2002: 270.

异名：

Alopecosa schenkeliana Brignoli, 1983; Song, 1986: 79 (Syn.).

分布：黑龙江（HL）、吉林（JL）、甘肃（GS）、青海（QH）；蒙古、俄罗斯

苏氏舞蛛 *Alopecosa sulzeri* (Pavesi, 1873)

Pavesi, 1873: 169 (*Tarentula s.*); Thorell, 1875: 164 (*Trochosa s.*); Simon, 1876: 252 (*Lycosa s.*); Chyzer & Kulczyński, 1891: 72 (*Trochosa s.*); Dahl, 1908: 328, 345 (*Tarentula s.*); Dahl & Dahl, 1927: 18 (*T. s.*); Drensky, 1929: 53, 73 (*T. konstantinovi*); Simon, 1937: 1097, 1132 (*Lycosa s.*); Caporiacco, 1948: 44; Roewer, 1955: 218 (*A. konstantinovi*); Schenkel, 1963: 320 (*Tarentula aerosa*); Lugetti & Tongiorgi, 1969: 67; Fuhn & Niculescu-Burlacu, 1971: 167; Miller, 1971: 148; Loksa, 1972: 34; Barrientos, 1981: 207; Brignoli, 1983: 436 (*A. aerosa*); Song, 1986: 75 (*A. aerosa*); Hu & Wu, 1989: 194 (*A. s.*, Syn.); Heimer & Nentwig, 1991: 312; Song, Zhu & Chen, 1999: 316 (*A. aerosa*); Song, Zhu & Chen, 1999: 318; Deltshev & Blagoev, 2001: 111 (*A. s.*, Syn.).

异名：

Alopecosa konstantinovi (Drensky, 1929, Trans. from *Tarentula*); Deltshev & Blagoev, 2001: 111 (Syn., after Lugetti & Tongiorgi, 1969: 67);

A. aerosa (Schenkel, 1963, Trans. from *Tarentula*); Hu & Wu, 1989: 194 (Syn.).

分布：黑龙江（HL）、甘肃（GS）、新疆（XJ）、四川（SC）；古北界

带状舞蛛 *Alopecosa taeniopus* (Kulczyński, 1895)

Kulczyński, 1895: 16 (*Tarentula t.*); Nosek, 1905: 139 (*Lycosa lineatipes*); Roewer, 1955: 218 (*A. lineatipes*); Roewer, 1955: 222; Lugetti & Tongiorgi, 1969: 84 (*A. t.*, Syn.); Fuhn & Niculescu-Burlacu, 1971: 168; Hu & Wu, 1989: 192 (*A. mariae*, misidentified); Mcheidze, 1997: 219; Song, Zhu & Chen, 1999: 318; Nadolny & Kovblyuk, 2010: 240; Nadolny, Ponomarev & Dvadnenko, 2012: 85.

异名：

Alopecosa lineatipes (Nosek, 1905, Trans. from *Lycosa*); Lugetti & Tongiorgi, 1969: 84 (Syn.).

分布：新疆（XJ）；保加利亚到中国

文县舞蛛 *Alopecosa wenxianensis* Tang et al., 1997

Tang et al., in Yin et al., 1997: 75; Tang, Yin & Yang, 1998: 91; Song, Zhu & Chen, 1999: 318.

分布：甘肃（GS）

锡林舞蛛 *Alopecosa xilinensis* Peng et al., 1997

Peng et al., 1997: 42; Yin et al., 1997: 76; Song, Zhu & Chen, 1999: 318.

分布：内蒙古（NM）

西宁舞蛛 *Alopecosa xiningensis* Hu, 2001

Hu, 2001: 168.

分布：青海（QH）

新疆舞蛛 *Alopecosa xinjiangensis* Hu & Wu, 1989

Hu & Wu, 1989: 195; Song, Zhu & Chen, 1999: 318; Marusik, Fritzén & Song, 2007: 267.

分布：甘肃（GS）、青海（QH）、新疆（XJ）；蒙古

雪林舞蛛 *Alopecosa xuelin* Tang & Zhang, 2004

Tang & Zhang, 2004: 432.

分布：内蒙古（NM）

熊蛛属 *Arctosa* C. L. Koch, 1847

C. L. Koch, 1847: 123. Type species: *Aranea cinerea* Fabricius, 1777

异名：

Leaena Simon, 1885; Lugetti & Tongiorgi, 1965: 186 (Syn.);

Tricca Simon, 1889; Dondale & Redner, 1983: 2 (Syn., after Wiebes, 1959);

Alopecosella Roewer, 1960; Bosmans & Van Keer, 2012: 9 (Syn.);

Arctosella Roewer, 1960; Guy, 1966: 64 (Syn.); Lugetti & Tongiorgi, 1965: 175 (Syn.);

Arkalosula Roewer, 1960; Dondale & Redner, 1983: 2 (Syn.);

Bonacosa Roewer, 1960; Wunderlich, 1984: 23 (Syn.);

Leaenella Roewer, 1960; Wunderlich, 1984: 23 (Syn.);

Tetrarctosa Roewer, 1960; Lugetti & Tongiorgi, 1965: 194 (Syn.);

Triccosta Roewer, 1960; Braun, 1963: 81 (Syn., sub *Tricca*).

阿米熊蛛 *Arctosa amylaceoides* (Schenkel, 1936)

Schenkel, 1936: 188; Roewer, 1955: 231 (*Arkalosula a.*).

分布：四川（SC）

掠熊蛛 *Arctosa depectinata* (Bösenberg & Strand, 1906)

Bösenberg & Strand, 1906: 314 (*Tarentula d.*); Strand, 1918: 97 (*T. d.*); Roewer, 1955: 225; Yaginuma, 1986: 159; Yu & Song, 1988: 236 (*A. binalis*); Chikuni, 1989: 112; Tanaka, 1991: 301; Chen & Song, 1999: 141; Song, Zhu & Chen, 1999: 318; Song, Zhu & Chen, 1999: 318 (*A. binalis*); Tanaka, 2009: 232; Wang, Marusik & Zhang, 2012: 54 (*A. d.*, Syn.).

异名：

Arctosa binalis Yu & Song, 1988; Wang, Marusik & Zhang, 2012: 55 (Syn.).

分布：香港（HK）；日本

埃比熊蛛 *Arctosa ebicha* Yaginuma, 1960

Yaginuma, 1960: append. 6; Yaginuma, 1971: 85; Namkung & Yoon, 1980: 19; Yaginuma, 1986: 158; Chikuni, 1989: 111; Tanaka, 1991: 311; Paik, 1994: 40; Yin et al., 1997: 81; Song, Zhu & Chen, 1999: 318; Song, Zhu & Chen, 2001: 234; Namkung, 2002: 317; Kim & Cho, 2002: 204; Namkung, 2003: 319; Tanaka, 2009: 234.

分布：吉林（JL）、河北（HEB）；韩国、日本

儋州熊蛛 *Arctosa danzhounensis* Barrion, Barrion-Dupo & Heong, 2012

Barrion et al., 2012: 13.

分布：海南（HI）

富士熊蛛 *Arctosa fujiii* Tanaka, 1985

Tanaka, 1985: 57; Chikuni, 1989: 112; Tanaka, 1991: 296; Chen & Song, 1999: 141; Song, Zhu & Chen, 1999: 318; Tanaka, 2009: 232.

分布：湖北（HB）；日本

沟谷熊蛛 *Arctosa gougu* Chen & Song, 1999

Chen & Song, 1999: 138; Wang, Marusik & Zhang, 2012: 57.

分布：云南（YN）

湖南熊蛛 *Arctosa hunanensis* Yin, Peng & Bao, 1997

Yin, Peng & Bao, 1997: 1; Yin et al., 1997: 82; Song, Zhu & Chen, 1999: 318; Yin et al., 2012: 794.

分布：湖南（HN）

印熊蛛 *Arctosa indica* Tikader & Malhotra, 1980

Tikader & Malhotra, 1980: 371 (*A. indicus*); Tikader & Biswas, 1981: 58 (*A. indicus*); Yin et al., 1993: 9; Yin et al., 1997: 84 (*A. indicus*); Song, Zhu & Chen, 1999: 319 (*A. indicus*); Gajbe, 2007: 505 (*A. indicus*); Yin et al., 2012: 796 (*A. indicus*).

分布：湖南（HN）、广西（GX）、海南（HI）；印度

甘肃熊蛛 *Arctosa kansuensis* (Schenkel, 1936)

Schenkel, 1936: 286 (*Tricca k.*); Roewer, 1955: 298 (*Triccosta k.*).

分布：甘肃（GS）

库定熊蛛 *Arctosa khudiensis* (Sinha, 1951)

Sinha, 1951: 22 (*Lycosa k.*); Tikader & Malhotra, 1980: 375 (*A. k.*, Trans. from *Lycosa*); Yin et al., 1993: 10; Yin et al., 1997: 86; Song, Zhu & Chen, 1999: 319.

分布：四川（SC）、云南（YN）、海南（HI）；印度

江西熊蛛 *Arctosa kiangsiensis* (Schenkel, 1963)

Schenkel, 1963: 345 (*Lycosa k.*); Yu & Song, 1988: 239 (*A. vaginalis*, misidentified); Song & Yu, 1990: 77 (*A. k.*, Trans. from *Lycosa*); Chen & Zhang, 1991: 218 (*A. spinata*: lapsus, according to Chen and Zhang); Yin et al., 1997: 88; Song, Zhu & Chen, 1999: 319; Yin et al., 2012: 797.

分布：浙江（ZJ）、江西（JX）、湖南（HN）、云南（YN）、福建（FJ）

广陵熊蛛 *Arctosa kwangreungensis* Paik & Tanaka, 1986

Paik & Tanaka, 1986: 16; Yin et al., 1993: 11; Yin et al., 1997: 90; Song, Zhu & Chen, 1999: 319; Namkung, 2002: 318; Namkung, 2003: 320; Lee et al., 2004: 99; Yin et al., 2012: 799.

分布：湖南（HN）、福建（FJ）；韩国

唇形熊蛛 *Arctosa labiata* Tso & Chen, 2004

Tso & Chen, 2004: 401.

分布：台湾（TW）

片熊蛛 *Arctosa laminata* Yu & Song, 1988

Yu & Song, 1988: 235; Tanaka, 1989: 10; Tanaka, 1991: 304; Chen & Zhang, 1991: 220; Yin et al., 1997: 91; Song, Zhu & Chen, 1999: 319; Tanaka, 2009: 232.

分布：安徽（AH）、江西（JX）、贵州（GZ）、福建（FJ）、广西（GX）；日本

刘家坪熊蛛 *Arctosa liujiapingensis* Yin et al., 1997

Yin et al., 1997: 93; Tang, Yin & Yang, 1998: 92 (*Arotosa l.*); Song, Zhu & Chen, 1999: 319.

分布：甘肃（GS）

湄潭熊蛛 *Arctosa meitanensis* Yin et al., 1993

Yin et al., 1993: 12; Yin et al., 1997: 95; Chen & Song, 1999: 140; Song, Zhu & Chen, 1999: 319; Trilikauskas & Azarkina, 2014: 447.

分布：河南（HEN）、贵州（GZ）；俄罗斯（阿勒泰山脉）

指囊熊蛛 *Arctosa mittensa* Yin et al., 1993

Yin et al., 1993: 13; Yin et al., 1997: 96; Song, Zhu & Chen, 1999: 319.

分布：福建（FJ）

宁波熊蛛 *Arctosa ningboensis* Yin, Bao & Zhang, 1996

Yin, Bao & Zhang, 1996: 5; Yin et al., 1997: 98; Song, Zhu & Chen, 1999: 319.

分布：浙江（ZJ）

皮氏熊蛛 *Arctosa pichoni* Schenkel, 1963

Schenkel, 1963: 355.

分布：浙江（ZJ）

后凹熊蛛 *Arctosa recurva* Yu & Song, 1988

Yu & Song, 1988: 237; Chen & Zhang, 1991: 217; Yin et al., 1997: 100; Song, Zhu & Chen, 1999: 319; Yin et al., 2012: 802.

分布：安徽（AH）、浙江（ZJ）、湖南（HN）、湖北（HB）

陕西熊蛛 *Arctosa schensiensis* Schenkel, 1963

Schenkel, 1963: 352.

分布：陕西（SN）

锯齿熊蛛 *Arctosa serrulata* Mao & Song, 1985

Mao & Song, 1985: 263; Song, 1987: 219; Chen & Zhang, 1991: 220; Yin et al., 1997: 101; Song, Zhu & Chen, 1999: 319; Zhu & Zhang, 2011: 258; Yin et al., 2012: 804.

分布：河南（HEN）、陕西（SN）、江西（JX）、湖南（HN）、湖北（HB）、贵州（GZ）、福建（FJ）

泉熊蛛 *Arctosa springiosa* Yin et al., 1993

Yin et al., 1993: 15; Yin et al., 1997: 103; Song, Zhu & Chen, 1999: 319; Yin et al., 2012: 806.

分布：湖南（HN）、云南（YN）、海南（HI）

多斑熊蛛 *Arctosa stigmosa* (Thorell, 1875)

Thorell, 1875: 107 (*Trochosa s.*); Thorell, 1875: 175 (*T. s.*); Simon, 1876: 280 (*Lycosa s.*); Menge, 1879: 518 (*Arctosa picta*, misidentified); L. Koch, 1881: 69 (*Lycosa vigilans*); Chyzer & Kulczyński, 1891: 74 (*Trochosa s.*); Dahl, 1908: 308, 321 (*Arctosa s.*); Dahl & Dahl, 1927: 69 (*Arctosa s.*); Rosca, 1935: 252 (*A. turbida*); Rosca, 1936: 208 (*A. t.*); Denis, 1937: 452 (*Arctosa s.*); Roewer, 1955: 239 (*Cynosa s.*); Roewer, 1955: 270 (*Lycosa turbida*); Lugetti & Tongiorgi, 1966: 139 (*A. s.*, Trans. from *Cynosa* per Roewer, 1955: 239 and 1960: 682, *Megarctosa* per Roewer, 1955: 1717); Azheganova, 1971: 9; Tyschchenko, 1971: 172; Fuhn & Niculescu-Burlacu, 1971: 187 (*A. s.*, Syn.); Miller, 1971: 165; Loksa, 1972: 55; Hu & Wu, 1989: 198; Heimer & Nentwig, 1991: 320; Bellmann, 1997: 160; Yin et al., 1997: 105 (*A. s.*, Syn.); Aakra, 2000: 157; Song, Zhu & Chen, 2001: 236; Namkung, 2003: 318; Topçu et al., 2006: 336; Yoo, Framenau & Kim, 2007: 172; Demircan & Topçu, 2011: 136; Yin et al., 2012: 807.

异名：

Arctosa turbida Rosca, 1935; Fuhn & Niculescu-Burlacu, 1971: 187 (Syn.); Yin et al., 1997: 105 (Syn.).

分布：吉林（JL）、河北（HEB）、北京（BJ）、山西（SX）、山东（SD）、河南（HEN）、陕西（SN）、宁夏（NX）、甘肃（GS）、青海（QH）、新疆（XJ）、安徽（AH）、浙江（ZJ）、湖南（HN）、四川（SC）、广东（GD）；法国、挪威到乌克兰

亚阿米熊蛛 *Arctosa subamylacea* (Bösenberg & Strand, 1906)

Bösenberg & Strand, 1906: 322 (*Tarentula s.*); Schenkel, 1936: 191 (*A. cervina*); Saitō, 1939: 70 (*Tarentula s.*); Yaginuma, 1971: 85; Roewer, 1955: 234 (*Avicosa cervina*); Roewer, 1955: 247 (*Hoggicosa s.*); Saitō, 1959: 55 (*Lycosa s.*); Yaginuma, 1960: 85 (*A. s.*, Trans. from *Hoggicosa=Lycosa*); Yaginuma, 1960: append. 6 (*A. kobayashii*); Yaginuma, 1965: 367; Yaginuma, 1971: 85 (*A. kobayashii*); Paik & Namkung, 1979: 64; Song, 1982: 75 (*A. cervina*, Trans. from *Avicosa*=*Schizocosa*); Hu, 1984: 215 (*A. c.*); Guo, 1985: 116 (*A. c.*); Zhu et al., 1985: 131 (*A. c.*); Yaginuma, 1986: 158 (*A. s.*, Syn.); Song, 1987: 218 (*A. cervina*); Zhang, 1987: 145 (*A. stigmosa*, Syn., misidentified); Hu & Wu, 1989: 197 (*A. cervina*); Chikuni, 1989: 111; Tanaka, 1991: 308; Chen & Zhang, 1991: 219 (*A. cervina*); Zhao, 1993: 63 (*A. cervina*); Paik, 1994: 41

(*A. s.*, Syn.); Eskov & Marusik, 1995: 77 (*A. cervina*); Song, Zhu & Chen, 1999: 319 (*A. stigmosa*, misidentified); Hu, 2001: 169 (*A. cervina*); Namkung, 2002: 316 (*A. stigmosa*, misidentified); Kim & Cho, 2002: 205 (*A. stigmosa*, misidentified); Yoo, Framenau & Kim, 2007: 175 (*A. s.*, removed from Syn. of *A. stigmosa*, contra. Yin et al., 1997: 106, after Zhang, 1987: 145); Yoshida, 2009: 145; Zhu & Zhang, 2011: 259 (*A. stigmosa*).

异名：

Arctosa cervina Schenkel, 1936; Paik, 1994: 42 (Syn., after Zhang, 1987: 145);

A. kobayashii Yaginuma, 1960; Yaginuma, 1986: 158).

分布：河北（HEB）、山东（SD）、河南（HEN）、陕西（SN）、宁夏（NX）、甘肃（GS）、青海（QH）、新疆（XJ）、浙江（ZJ）、湖南（HN）；韩国、日本、哈萨克斯坦

汕头熊蛛 *Arctosa swatowensis* (Strand, 1907)

Strand, 1907: 565 (*Tarentula s.*); Strand, 1909: 70 (*Tarentula s.*); Roewer, 1955: 230.

分布：广东（GD）

三齿熊蛛 *Arctosa tridentata* Chen & Song, 1999

Chen & Song, 1999: 139.

分布：海南（HI）

钝突熊蛛 *Arctosa truncata* Tso & Chen, 2004

Tso & Chen, 2004: 402.

分布：台湾（TW）

鞘熊蛛 *Arctosa vaginalis* Yu & Song, 1988

Yu & Song, 1988: 239; Song, Zhu & Chen, 1999: 320; Wang, Marusik & Zhang, 2012: 61.

分布：四川（SC）、贵州（GZ）、云南（YN）

旬阳熊蛛 *Arctosa xunyangensis* Wang & Qiu, 1992

Wang & Qiu, 1992: 424; Yin et al., 1997: 107; Song, Zhu & Chen, 1999: 320; Zhu & Zhang, 2011: 260; Yin et al., 2012: 809.

分布：山西（SX）、山东（SD）、湖南（HN）、湖北（HB）

紫云熊蛛 *Arctosa ziyunensis* Yin, Peng & Bao, 1997

Yin, Peng & Bao, 1997: 2; Yin et al., 1997: 109; Song, Zhu & Chen, 1999: 320; Yin et al., 2012: 810.

分布：湖南（HN）

阿狼蛛属 *Artoria* Thorell, 1877

Thorell, 1877: 531. Type species: *Artoria parvula* Thorell, 1877

异名：

Artoriella Roewer, 1960; Framenau, 2002: 210 (Syn.);

Lycosula Roewer, 1960; Framenau, 2007: 5 (Syn.);

Trabaeola Roewer, 1960; Framenau, 2002: 210 (Syn.).

舌状阿狼蛛 *Artoria ligulacea* (Qu, Peng & Yin, 2009)

Qu, Peng & Yin, 2009: 71 (*Hygrolycosa l.*); Li, Framenau & Zhang, 2012: 40 (*A. l.*, Trans. from *Hygrolycosa*).

分布：云南（YN）

小阿狼蛛 *Artoria parvula* Thorell, 1877

Thorell, 1877: 531; Barrion & Litsi nger, 1995: 364 (*A. luwamata*); Framenau, 2002: 233; (*A. p.*, Syn.); Framenau, 2005: 286; Li, Framenau & Zhang, 2012: 36.

异名：

Artoria luwamata Barrion & Litsinger, 1995; Framenau, 2002: 223 (Syn.).

分布：云南（YN）；菲律宾、印度尼西亚（苏拉威西）、澳大利亚北领地

龙狼蛛属 *Draposa* Kronestedt, 2010

Kronestedt, 2010: 33. Type species: *Lycosa nicobarica* Thorell, 1891

湛江龙狼蛛 *Draposa zhanjiangensis* (Yin et al., 1995)

Yin et al., 1995: 74 (*Pardosa z.*); Yin et al., 1997: 281 (*P. z.*); Song, Zhu & Chen, 1999: 335 (*P. z.*); Kronestedt, 2010: 52 (*D. z.*, Trans. from *Pardosa*).

分布：广东（GD）；马来西亚、印度尼西亚（苏门答腊）、婆罗洲

艾狼蛛属 *Evippa* Simon, 1882

Simon, 1882: 223. Type species: *Lycosa arenaria* Audouin, 1826

异名：

Evippella Strand, 1906; Alderweireldt, 1991: 360 (Syn.).

仁慈艾狼蛛 *Evippa benevola* (O. P.-Cambridge, 1885)

O. P.-Cambridge, 1885: 95 (*Boebe benevola*); Simon, 1898: 360 (*Evippa benevola*).

分布：新疆（XJ）

道氏艾狼蛛 *Evippa douglasi* Hogg, 1912

Hogg, 1912: 215.

分布：陕西（SN）

暗色艾狼蛛 *Evippa lugubris* Chen, Song & Kim, 1998

Chen, Song & Kim, 1998: 70; Song, Zhu & Chen, 1999: 320.

分布：四川（SC）

波斯艾狼蛛 *Evippa onager* Simon, 1895

Simon, 1895: 341; Šternbergs, 1979: 67 (*E. o.*; misidentified per Marusik, Guseinov & Koponen, 2003: 50).

分布：新疆（XJ）；土库曼斯坦

西伯利亚艾狼蛛 *Evippa sibirica* Marusik, 1995

Marusik, in Eskov & Marusik, 1995: 64; Peng, Yin & Kim, 1996: 71 (*E. fujianensis*); Yin et al., 1997: 7 (*E. f.*); Song, Zhu & Chen, 1999: 320 (*E. f.*); Marusik, Guseinov & Koponen, 2003: 50; Marusik & Buchar, 2004: 153 (*E. s.*, Syn.).

分布：福建（FJ）；俄罗斯、蒙古、哈萨克斯坦

舍氏艾狼蛛 *Evippa sjostedti* Schenkel, 1936

Schenkel, 1936: 304 (*E. sjöstedti*); Schenkel, 1963: 387 (*E.*

potanini); Loksa, 1965: 16 (*Xerolycosa brunneopicta*); Song, Yu & Yang, 1982: 209 (*E. potanini*); Hu, 1984: 216 (*E. p.*); Song, 1987: 220 (*E. p.*); Yu & Song, 1988: 113 (*E. p.*, Syn.); Hu & Wu, 1989: 201 (*E. p.*); Zhao, 1993: 67 (*E. p.*); Peng, Yin & Kim, 1996: 72 (*E. helanshanensis*); Yin et al., 1997: 8 (*E. helanensis*, lapsus); Song, Zhu & Chen, 1999: 320 (*E. helanshanensis*); Song, Zhu & Chen, 1999: 320 (*E. p.*); Hu, 2001: 171 (*E. p.*); Marusik, Guseinov & Koponen, 2003: 50 (*E. s.*, Syn.); Marusik & Buchar, 2004: 153 (*E. s.*, Syn.).

异名：

Evippa potanini Schenkel, 1963; Marusik, Guseinov & Koponen, 2003: 50 (Syn.);

E. brunneopicta (Loksa, 1965, Trans. from *Xerolycosa*); Yu & Song, 1988: 113 (Syn., sub *E. potanini*);

E. helanshanensis Peng, Yin & Kim, 1996; Marusik & Buchar, 2004: 153 (Syn.).

分布：宁夏（NX）；蒙古、中亚

索迪艾狼蛛 *Evippa soderbomi* Schenkel, 1936

Schenkel, 1936: 302 (*E. söderbomi*); Hu & Wu, 1989: 202; Song, Zhu & Chen, 1999: 320.

分布：内蒙古（NM）、新疆（XJ）；蒙古

马蛛属 *Hippasa* Simon, 1885

Simon, 1885: 31. Type species: *Pirata agelenoides* Simon, 1884

类漏马蛛 *Hippasa agelenoides* (Simon, 1884)

Simon, 1884: 334 (*Pirata a.*); Simon, 1885: 31; Thorell, 1887: 300 (*Diapontia a.*); Simon, 1898: 326; Gravely, 1924: 594; Dyal, 1935: 142; Li, 1966: 36; Tikader & Malhotra, 1980: 293.

分布：台湾（TW）；印度到中国

格里马蛛 *Hippasa greenalliae* (Blackwall, 1867)

Blackwall, 1867: 387 (*Lycosa g.*); Simon, 1885: 31; Simon, 1889: 378; Karsch, 1891: 296; Pocock, 1899: 752 (*H. pantherina*); Pocock, 1900: 250 (*H. p.*); Gravely, 1924: 594 (*H. p.*); Tikader & Malhotra, 1980: 277 (*H. g.*, Syn.); Yin & Wang, 1980: 57 (*H. lingxianensis*); Hu, 1984: 220 (*H. l.*); Wang, Zhang & Li, 1985: 67 (*H. pantherina*); Song, 1987: 222 (*H. lingxianensis*); Yu & Song, 1988: 119 (*H. pantherina*, Syn.); Barrion & Litsinger, 1994: 307; Yin et al., 1997: 15 (*H. lingxianensis*); Biswas & Raychaudhuri, 2007: 244 (*H. greenaliae*, lapsus); Yin et al., 2012: 768 (*H. lingxianensis*).

异名：

Hippasa pantherina Pocock, 1899; Tikader & Malhotra, 1980: 277 (Syn.);

H. lingxianensis Yin & Wang, 1980; Yu & Song, 1988: 119 (Syn., sub. *H. pantherina*).

分布：湖南（HN）、贵州（GZ）；孟加拉、斯里兰卡、印度

猴马蛛 *Hippasa holmerae* Thorell, 1895

Thorell, 1895: 218; Gravely, 1924: 595; Lee, 1966: 62; Tikader & Malhotra, 1980: 295; Yin & Wang, 1980: 55 (*H. jaihenensis*); Tikader & Biswas, 1981: 49; Barrion & Litsinger, 1981: 15; Barrion, 1981: 1 (*H. rimandoi*); Hu, 1984: 218; Hu, 1984: 219 (*H. jaihenensis*); Song, 1987: 221 (*H. h.*, Syn.); Feng, 1990: 145; Okuma et al., 1993: 47; Barrion & Litsinger, 1994: 307; Barrion & Litsinger, 1995: 362 (*H. h.*, Syn.); Yin et al., 1997: 13; Song, Zhu & Chen, 1999: 320; Biswas & Raychaudhuri, 2007: 245 (*H. holmarae*, lapsus); Yin et al., 2012: 767.

异名：

Hippasa jaihenensis Yin & Wang, 1980; Song, 1987: 221 (Syn.);

H. rimandoi Barrion, 1981; Barrion & Litsinger, 1995: 362 (Syn.).

分布：江西（JX）、湖南（HN）、云南（YN）、福建（FJ）、台湾（TW）、广东（GD）、广西（GX）、海南（HI）；印度到菲律宾

狼马蛛 *Hippasa lycosina* Pocock, 1900

Pocock, 1900: 250; Gravely, 1924: 593; Gravely, 1924: 593 (*H. nilgiriensis*); Sinha, 1951: 12 (*H. n.*); Tikader & Malhotra, 1980: 287 (*H. l.*, Syn.); Tikader & Malhotra, 1980: 285 (*H. mahabaleshwarensis*); Yin & Wang, 1980: 56 (*H. menglanensis*); Hu, 1984: 221 (*H. m.*); Song, 1987: 223 (*H. l.*, Syn.); Feng, 1990: 146; Chen & Gao, 1990: 123; Yin et al., 1997: 17; Yin et al., 1997: 20 (*H. mahabaleshwarensis*); Song, Zhu & Chen, 1999: 321.

异名：

Hippasa nilgiriensis Gravely, 1924; Tikader & Malhotra, 1980: 287 (Syn.);

H. mahabaleshwarensis Tikader & Malhotra, 1980; Song, 1987: 224 (Syn.);

H. menglanensis Yin & Wang, 1980; Song, 1987: 224 (Syn.).

分布：云南（YN）；老挝、印度

凿状马蛛 *Hippasa sinsiloides* Barrion, Barrion-Dupo & Heong, 2012

Barrion et al., 2012: 13.

分布：海南（HI）

穴狼蛛属 *Hogna* Simon, 1885

Simon, 1885: 458. Type species: *Lycosa radiata* Latreille, 1817

异名：

Lycorma Simon, 1885; Wunderlich, 1992: 440 (Syn.);

Citilycosa Roewer, 1960 (removed from Syn. of *Tricca*=*Arctosa*); Thaler, Buchar & Knoflach, 2000: 1076 (Syn., contra. Wunderlich, 1984: 24);

Galapagosa Roewer, 1960; Baert & Maelfait, 1997: 3 (Syn., contra. Roth & Craig, 1970: 120);

Isohogna Roewer, 1960; Wunderlich, 1992: 440 (Syn.);

Lynxosa Roewer, 1960; Wunderlich, 1992: 258 (Syn.).

喜穴狼蛛 *Hogna himalayensis* (Gravely, 1924)

Gravely, 1924: 603 (*Lycosa h.*); Tikader & Malhotra, 1980:

382 (*L. h.*); Hu & Li, 1987: 288 (*L. h.*); Buchar, 1997: 14 (*Lycorma h.*, Trans. from *Lycosa* sub. synonymized generic name); Song, Zhu & Chen, 1999: 321 (*Lycosa h.*); Hu, 2001: 173 (*L. h.*).
分布：西藏（XZ）；不丹、印度

家福穴狼蛛 *Hogna jiafui* Peng et al., 1997

Peng et al., 1997: 42; Yin et al., 1997: 112; Song, Zhu & Chen, 1999: 321.
分布：中国（具体未详）

红穴狼蛛 *Hogna rubetra* (Schenkel, 1963)

Schenkel, 1963: 346 (*Lycosa r.*); Brignoli, 1983: 444.
分布：甘肃（GS）

树穴狼蛛 *Hogna trunca* Yin, Bao & Zhang, 1996

Yin, Bao & Zhang, 1996: 6; Yin et al., 1997: 113; Song, Zhu & Chen, 1999: 321.
分布：浙江（ZJ）

土狼蛛属 *Hyaenosa* Caporiacco, 1940

Caporiacco, 1940: 799. Type species: *Hyaenosa strandi* Caporiacco, 1940

卡氏土狼蛛 *Hyaenosa clarki* (Hogg, 1912)

Hogg, 1912: 209 (*Lycosa c.*); Roewer, 1955: 260.
分布：陕西（SN）

潮狼蛛属 *Hygrolycosa* Dahl, 1908

Dahl, 1908: 366. Type species: *Trochosa rubrofasciata* Ohlert, 1865
异名：
Hydrolycosa Caporiacco, 1948; Brignoli, 1983: 433 (Syn.).

高山潮狼蛛 *Hygrolycosa alpigena* Yu & Song, 1988

Yu & Song, 1988: 240; Song, Zhu & Chen, 1999: 321.
分布：四川（SC）

狼蛛属 *Lycosa* Latreille, 1804

Latreille, 1804: 135. Type species: *Aranea tarantula* Linnaeus, 1758
异名：
Allohogna Roewer, 1955; Fuhn & Niculescu-Burlacu, 1971: 193 (Syn.);
Foxicosa Roewer, 1960; (Chen & Gao, 1990: 124 (Syn.);
Ishicosa Roewer, 1960; Ono & Shinkai, 1988: 134 (Syn.);
Mimohogna Roewer, 1960; Fuhn & Niculescu-Burlacu, 1971: 193 (Syn.).

近狼蛛 *Lycosa approximata* (O. P.-Cambridge, 1885)

O. P.-Cambridge, 1885: 84 (*Trochosa approximata*); Roewer, 1955: 212 (*Allohogna a.*).
分布：新疆（XJ）

北海狼蛛 *Lycosa beihaiensis* Yin, Bao & Zhang, 1995

Yin, Bao & Zhang, 1995: 31; Yin et al., 1997: 119; Song, Zhu & Chen, 1999: 321.
分布：广西（GX）

小笠原狼蛛 *Lycosa boninensis* Tanaka, 1989

Tanaka, 1989: 89; Tanaka, 1990: 208; Tso & Chen, 2004: 406; Tanaka, 2009: 236.
分布：台湾（TW）；日本

渐白狼蛛 *Lycosa canescens* Schenkel, 1963

Schenkel, 1963: 337.
分布：湖北（HB）

乔氏狼蛛 *Lycosa choudhuryi* Tikader & Malhotra, 1980

Tikader & Malhotra, 1980: 390; Hu, 2001: 172.
分布：西藏（XZ）；印度

黑腹狼蛛 *Lycosa coelestis* L. Koch, 1878

L. Koch, 1878: 772; Bösenberg & Strand, 1906: 321 (*Tarentula c.*); Dönitz & Strand, in Bösenberg & Strand, 1906: 391 (*Tarentula sepia*); Schenkel, 1936: 194 (*L. auribrachialis*); Fox, 1935: 455 (*L. subcoelestis*); Roewer, 1955: 241 (*Geolycosa sepia*); Roewer, 1955: 247 (*Hogna auribrachialis*); Roewer, 1955: 248 (*H. c.*); Roewer, 1955: 296 (*Tetrarctosa subcoelestis*); Roewer, 1960: 949 (*Foxicosa subcoelestis*, Trans. from *Tetrarctosa=Arctosa*); Yaginuma, 1960: 83 (*L. c.*, Trans. from *Hogna*); Yaginuma, 1971: 83; Song et al., 1978: 2 (*L. auribrachialis*, Trans. from *Hogna*); Zhang & Zhu, 1982: 66 (*L. a.*); Hu, 1984: 223; Yaginuma, 1986: 161 (*L. c.*, Syn.); Song, 1987: 224 (*L. a.*); Paik, 1988: 116; Paik, 1988: 114 (*L. a.*); Yu & Song, 1988: 117 (*L. c.*, Syn.); Chikuni, 1989: 109; Tanaka, 1990: 195; Chen & Gao, 1990: 124 (*L. c.*, Syn.); Chen & Zhang, 1991: 209; Zhao, 1993: 74; Yin et al., 1997: 120; Song, Zhu & Chen, 1999: 321; Namkung, 2002: 323; Kim & Cho, 2002: 206; Namkung, 2003: 325; Yoo, Park & Kim, 2007: 25; Tanaka, 2009: 234; Zhu & Zhang, 2011: 264; Yin et al., 2012: 813.
异名：
Lycosa sepia (Dönitz & Strand, 1906, Trans. from *Geolycosa*); Yaginuma, 1986: 161 (Syn.);
L. subcoelestis Fox, 1935; Chen & Gao, 1990: 124 (Syn.);
L. auribrachialis Schenkel, 1936; Yu & Song, 1988: 117 (Syn.).
分布：河南（HEN）、浙江（ZJ）、江西（JX）、湖南（HN）、湖北（HB）、四川（SC）、云南（YN）、福建（FJ）、台湾（TW）；韩国、日本

丹江狼蛛 *Lycosa danjiangensis* Yin, Zhao & Bao, 1997

Yin, Zhao & Bao, 1997: 96; Yin et al., 1997: 122; Song, Zhu & Chen, 1999: 321.
分布：湖北（HB）

二监狼蛛 *Lycosa erjianensis* Yin & Zhao, 1996

Yin & Zhao, 1996: 117; Yin et al., 1997: 124; Song, Zhu &

Chen, 1999: 321.
分布：湖北（HB）

台湾狼蛛 *Lycosa formosana* Saitō, 1936

Saitō, 1936: 252; Roewer, 1955: 265 (*Lycorma f.*); Saitō, 1959: 56 (*L. f.*, Trans. from *Lycorma=Hogna*); Lee, 1966: 61; Hu, 1984: 224.
分布：台湾（TW）

戈壁狼蛛 *Lycosa gobiensis* Schenkel, 1936

Schenkel, 1936: 290 (*L. singoriensis g.*); Roewer, 1955: 212 (*Allohogna g.*); Song & Yu, 1990: 77.
分布：内蒙古（NM）、新疆（XJ）；蒙古

格氏狼蛛 *Lycosa grahami* Fox, 1935

Fox, 1935: 455; Fox, 1937: 2 (*L. melica*); Roewer, 1955: 234 (*Avicosa g.*); Roewer, 1955: 249 (*Hogna melica*); Roewer, 1959: 351 (*Dingosa g.*, Trans. from *Avicosa=Schizocosa*); Schenkel, 1963: 342 (*L. melica*, Trans. from *Hogna*); Yu & Song, 1988: 117 (*L. g.*, Trans. from *Dingosa*, Syn.); Chen & Gao, 1990: 124 (*L. phipsoni*, misidentified); Yin et al., 1997: 125; Song, Zhu & Chen, 1999: 321.
异名：
Lycosa melica Fox, 1937; Yu & Song, 1988: 117 (Syn.).
分布：四川（SC）、云南（YN）

似带斑狼蛛 *Lycosa hawigvittata* Barrion, Barrion-Dupo & Heong, 2012

Barrion et al., 2012: 15.
分布：海南（HI）

肯氏狼蛛 *Lycosa kempi* Gravely, 1924

Gravely, 1924: 602; Dyal, 1935: 141; Sinha, 1951: 28; Roewer, 1955: 289 (*Piratula k.*); Tikader, 1970: 65 (*L. k.*, Trans. from *Piratula=Pirata*); Buchar, 1976: 221; Tikader & Malhotra, 1980: 389; Tikader & Biswas, 1981: 50; Yin et al., 1997: 127; Buchar, 1997: 26; Song, Zhu & Chen, 1999: 322; Yin et al., 2012: 815.
分布：湖南（HN）、西藏（XZ）；不丹、巴基斯坦、印度

唇形狼蛛 *Lycosa labialis* Mao & Song, 1985

Mao & Song, 1985: 264; Song, 1987: 225; Paik, 1988: 116; Yin et al., 1997: 129; Song, Zhu & Chen, 1999: 322; Song, Zhu & Chen, 2001: 237; Namkung, 2002: 326; Namkung, 2003: 328; Zhu & Zhang, 2011: 265; Yin et al., 2012: 826.
分布：吉林（JL）、辽宁（LN）、北京（BJ）、山东（SD）、河南（HEN）、江苏（JS）、江西（JX）、湖南（HN）；韩国

类唇形狼蛛 *Lycosa labialisoides* Peng et al., 1997

Peng et al., 1997: 43; Yin et al., 1997: 130; Song, Zhu & Chen, 1999: 322; Song, Zhu & Chen, 2001: 239.
分布：北京（BJ）

大狼蛛 *Lycosa magnifica* Hu, 2001

Hu, 2001: 174.
分布：西藏（XZ）

巴氏狼蛛 *Lycosa pavlovi* Schenkel, 1953

Schenkel, 1953: 70.
分布：天津（TJ）

菲氏狼蛛 *Lycosa phipsoni* Pocock, 1899

Pocock, 1899: 751; Pocock, 1900: 253; Strand, 1909: 72 (*Tarentula nigrotibiella*, provisional name only); Gravely, 1924: 600 (*Lycosa nigrotibialis*, misidentified); Sinha, 1951: 23 (*L. n.*); Roewer, 1955: 205 (*Allocosa p.*); Lee, 1966: 62 (*L. p.*, Trans. from *Allocosa*); Tikader & Malhotra, 1980: 398; Hu, 1984: 224.
分布：台湾（TW）；印度到中国

红胸狼蛛 *Lycosa rufisterna* Schenkel, 1953

Schenkel, 1953: 67 (*L. rufisternum*).
分布：甘肃（GS）

鲁斯狼蛛 *Lycosa russea* Schenkel, 1953

Schenkel, 1953: 68.
分布：陕西（SN）

砂狼蛛 *Lycosa sabulosa* (O. P.-Cambridge, 1885)

O. P.-Cambridge, 1885: 83 (*Trochosa sabulosa*); Roewer, 1955: 212 (*Allohogna s.*).
分布：新疆（XJ）

山西狼蛛 *Lycosa shansia* (Hogg, 1912)

Hogg, 1912: 211 (*Pardosa s.*); Saitō, 1936: 65, 84 (*Tarentula hsinglungshanensis*); Schenkel, 1953: 75 (*L. sinensis*); Roewer, 1955: 304 (*Varacosa hsinglungshanensis*); Schenkel, 1963: 347 (*L. immanis*); Wen & Zhu, 1980: 40 (*L. sinensis*); Hu, 1984: 226 (*L. sinensis*); Song & Zhang, 1985: 60 (*L. sinensis*); Guo, 1985: 118 (*L. sinensis*); Zhu et al., 1985: 133 (*L. sinensis*); Song, 1987: 229 (*L. sinensis*); Zhang, 1987: 149 (*L. s.*, Trans. from *Pardosa*, Syn.); Yu & Song, 1988: 118 (*L. sinensis*, accepted S but used younger name); Feng, 1990: 149; Zhao, 1993: 69; Zhao, 1993: 70 (*L. sinensis*, probably misidentified); Yin et al., 1997: 132 (*L. sinensis*); Song, Zhu & Chen, 1999: 322 (*L. sinensis*); Hu, 2001: 176; Song, Zhu & Chen, 2001: 240 (*L. sinensis*); Marusik & Buchar, 2004: 152 (*Allohogna s.*: no justification provided for the resurrection of *Allohogna*).
异名：
Lycosa hsinglungshanensis (Saitō, 1936, Trans. from *Varacosa* sensu *Trochosa*); Yu & Song, 1988: 118 (Syn., sub *L. sinensis*);
L. sinensis Schenkel, 1953; Zhang, 1987: 149 (Syn.).
分布：黑龙江（HL）、吉林（JL）、辽宁（LN）、内蒙古（NM）、河北（HEB）、天津（TJ）、山西（SX）、山东（SD）、河南（HEN）、宁夏（NX）、甘肃（GS）、青海（QH）、新疆（XJ）；蒙古

穴居狼蛛 *Lycosa singoriensis* (Laxmann, 1770)

Laxmann, 1770: 602 (*Aranea s.*); Pallas, 1771: 337 (*Aranea tarentula*); Jarocki, 1825: 375 (*Lycosa ucrainensis*); Hahn, 1833: 98 (*L. latreillii*); Krynicki, 1837: 83 (*L. rossica*); Walckenaer, 1837: 287 (*L. tarentuloides s.*); C. L. Koch, 1838: 99 (*L. latreillii*); C. L. Koch, 1850: 32 (*Arctosa latreillii*); Simon, 1864: 346 (*Arctosa s.*); L. Koch, 1879: 101; Chyzer & Kulczyński, 1891: 72 (*Trochosa s.*); Simon, 1898: 315; Schenkel, 1936: 289; Roewer, 1955a: 760 (*Allohogna s.*); Roewer, 1955b: 212 (*Allohogna s.*); Marikovskii, 1956: 10; Azheganova, 1968: 25; Azheganova, 1971: 7; Fuhn & Niculescu-Burlacu, 1971: 198; Miller, 1971: 154; Loksa, 1972: 50; Hu, 1984: 228; Zyuzin, 1985: 42; Hu & Wu, 1989: 204; Feng, 1990: 150; Zhao, 1993: 75; Mcheidze, 1997: 224; Yin et al., 1997: 134; Kim, 1999: 20; Song, Zhu & Chen, 1999: 322; Kim, Cho & Lee, 2003: 80; Marusik, Guseinov & Koponen, 2003: 54 (*Allohogna s.*); Bayram et al., 2007: 79; Logunov, 2010: 241 (*Allohogna s.*).

分布：内蒙古（NM）、新疆（XJ）；古北界

铃木狼蛛 *Lycosa suzukii* Yaginuma, 1960

Yaginuma, 1960: 83 (*L. s.*, attributed to Kishida but never described by that author); Namkung, 1964: 41; Yaginuma, 1971: 83; Yaginuma, 1973: 17; Paik & Namkung, 1979: 65; Zhang & Zhu, 1982: 66 (*L. auribranchialis*, misidentified); Song & Zhang, 1985: 61 (*L. yaginumai*); Yaginuma, 1986: 161; Zhang, 1987: 147 (*L. yaginumai*); Paik, 1988: 118; Tanaka, 1990: 198; Feng, 1990: 147 (*L. yaginumai*); Yin et al., 1997: 142 (*L. yaginumai*); Song, Zhu & Chen, 1999: 322 (*L. s.*, Syn.); Song, Zhu & Chen, 2001: 241; Namkung, 2002: 325; Kim & Cho, 2002: 206; Namkung, 2003: 327; Tanaka, 2009: 234.

异名：

Lycosa yaginumai Song & Zhang, 1985; Song, Zhu & Chen, 1999: 322 (Syn.).

分布：吉林（JL）、河北（HEB）、山西（SX）、陕西（SN）、安徽（AH）、湖北（HB）；韩国、日本、俄罗斯

带斑狼蛛 *Lycosa vittata* Yin, Bao & Zhang, 1995

Yin, Bao & Zhang, 1995: 32; Yin et al., 1997: 137; Song, Zhu & Chen, 1999: 322.

分布：云南（YN）、广西（GX）、海南（HI）

王氏狼蛛 *Lycosa wangi* Yin, Peng & Wang, 1996

Yin, Peng & Wang, 1996: 111; Yin et al., 1997: 139; Song, Zhu & Chen, 1999: 322.

分布：云南（YN）

伍氏狼蛛 *Lycosa wulsini* Fox, 1935

Fox, 1935: 452; Roewer, 1955: 235 (*Avicosa w.*); Roewer, 1959: 351 (*Dingosa w.*, Trans. from *Avicosa=Schizocosa*); Yin et al., 1997: 141 (*L. w.*, Trans. from *Dingosa*); Song, Zhu & Chen, 1999: 322.

分布：上海（SH）、湖北（HB）

宜章狼蛛 *Lycosa yizhangensis* Yin, Peng & Wang, 1996

Yin, Peng & Wang, 1996: 112; Yin et al., 1997: 144; Song, Zhu & Chen, 1999: 322; Yin et al., 2012: 818.

分布：湖南（HN）

云南狼蛛 *Lycosa yunnanensis* Yin, Peng & Wang, 1996

Yin, Peng & Wang, 1996: 113; Yin et al., 1997: 145; Song, Zhu & Chen, 1999: 322.

分布：云南（YN）

亚狼蛛属 *Lysania* Thorell, 1890

Thorell, 1890: 313. Type species: *Lysania pygmaea* Thorell, 1890

德昂亚狼蛛 *Lysania deangia* Li, Wang & Zhang, 2013

Li, Wang & Zhang, 2013: 25.

分布：云南（YN）

矮亚狼蛛 *Lysania pygmaea* Thorell, 1890

Thorell, 1890: 313; Roewer, 1955: 310 (*Anomalomma pygmaeum*); Roewer, 1960: 973 (Trans. from *Anomalomma*); Lehtinen & Hippa, 1979: 14; Li, Wang & Zhang, 2013: 28.

分布：云南（YN）、广西（GX）；马来西亚

蒙狼蛛属 *Mongolicosa* Marusik, Azarkina & Koponen, 2004

Marusik, Azarkina & Koponen, 2004: 131. Type species: *Mongolicosa glupovi* Marusik, Azarkina & Koponen, 2004

伪锈蒙狼蛛 *Mongolicosa pseudoferruginea* (Schenkel, 1936)

Schenkel, 1936: 295 (*Pardosa p.*); Yu & Song, 1988: 241 (*Acantholycosa triangulata*); Hu & Wu, 1989: 186 (*A. t.*); Platnick, 1993: 501 (*Pardosa t.*); Marusik, Azarkina & Koponen, 2004: 137 (*M. p.*, Trans. from *Pardosa*, Syn.).

异名：

Mongolicosa triangulata (Yu & Song, 1988, Trans. from *Acantholycosa*); Marusik, Azarkina & Koponen, 2004: 137 (Syn.).

分布：新疆（XJ）

宋氏蒙狼蛛 *Mongolicosa songi* Marusik, Azarkina & Koponen, 2004

Song, Zhu & Chen, 1999: 316 (*Acantholycosa triangulata*, misidentified); Marusik, Azarkina & Koponen, 2004: 137.

分布：新疆（XJ）；蒙古

鼬狼蛛属 *Mustelicosa* Roewer, 1960

Roewer, 1960: 917. Type species: *Trochosa dimidiata* Thorell, 1875

Note: considered a subgenus of *Arctosa* C. L. Koch, 1847 by Guy, 1966: 63.

对半鼬狼蛛 *Mustelicosa dimidiata* (Thorell, 1875)

Thorell, 1875: 107 (*Trochosa d.*); Thorell, 1875: 165 (*T. d.*); Roewer, 1955: 279 (*M. d.*); Marusik & Buchar, 2004: 153 (*M.*

d.: members of this species may have been misidentified as *Alopecosa albostriata* or its putative synonyms); Marusik & Kovblyuk, 2011: 185.

分布：中国（具体未详）；乌克兰、土库曼斯坦、蒙古、俄罗斯

鄂尔多斯鼬狼蛛 *Mustelicosa ordosa* (Hogg, 1912)

Hogg, 1912: 210 (*Lycosa o.*); Roewer, 1955: 279.

分布：内蒙古（NM）

迅蛛属 *Ocyale* Audouin, 1826

Audouin, 1826: 374. Type species: *Ocyale atalanta* Audouin, 1826

异名：

Hippasosa Roewer, 1960; Alderweireldt & Jocqué, 2005: 46, 63 (Syn.).

琼中迅蛛 *Ocyale qiongzhongensis* Yin & Peng, 1997

Yin & Peng, 1997: 6; Yin et al., 1997: 22; Song, Zhu & Chen, 1999: 329.

分布：海南（HI）

直额蛛属 *Orthocosa* Roewer, 1960

Roewer, 1960: 774. Type species: *Lycosa semicincta* L. Koch, 1877

托库直额蛛 *Orthocosa tokunagai* (Saitō, 1936)

Saitō, 1936: 69, 86 (*Hygrolycosa t.*); Roewer, 1960: 774 (*O. t.*, Trans. from *Hygrolycosa*).

分布：中国（具体未详）

豹蛛属 *Pardosa* C. L. Koch, 1847

C. L. Koch, 1847: 39. Type species: *Lycosa alacris* C. L. Koch, 1833

异名：

Acroniops Simon, 1898; Tikader & Malhotra, 1980: 347 (Syn.);

Pardosops Roewer, 1955; Tongiorgi, 1966: 351 (Syn.);

Chorilycosa Roewer, 1960; Barrion & Litsinger, 1995: 382 (Syn.).

针豹蛛 *Pardosa aciculifera* Chen, Song & Li, 2001

Chen, Song & Li, 2001: 476.

分布：海南（HI）

火豹蛛 *Pardosa adustella* (Roewer, 1951)

Odenwall, 1901: 266 (*Lycosa adusta*; preoccupied by Banks, 1898); Roewer, 1951: 438 (*Lycosa a.*, replacement name); Roewer, 1955: 156; Loksa, 1965: 18 (*Evippa sjöstedti*, misidentified); Izmailova, 1980: 127 (*Evippa sjostedti*, misidentified); Izmailova, 1989: 30 (*P. adusta*); Logunov & Marusik, 1995: 114.

分布：中国（具体未详）；蒙古、俄罗斯

田野豹蛛 *Pardosa agrestis* (Westring, 1861)

Westring, 1861: 480 (*Lycosa a.*); L. Koch, 1870: 33 (*L. decipiens*); L. Koch, 1870: 41 (*L. amnicola*); Thorell, 1872: 278, 282 (*L. a.*); Simon, 1876: 315; Simon, 1876: 339 (*P. amnicola*); L. Koch, 1881: 65 (*P. neglecta*); Becker, 1882: 126; O. P.-Cambridge, 1903: 161 (*L. decipiens*); Smith, 1907: 16 (*L. a.*); Dahl, 1908: 377, 436 (*L. a.*); Dahl, 1908: 395 (*L. a. pseudagricola*); Lessert, 1910: 509; Lessert, 1910: 509 (*P. a. pseudagricola*); Dahl, 1912: 582 (*L. a. pseudagricola*); Spassky, 1925: 47 (*L. a.*); Dahl & Dahl, 1927: 49 (*L. a.*); Reimoser, 1931: 61 (*L. a.*); Kratochvíl, 1935: 18 (*L. a.*); Simon, 1937: 1056, 1071, 1127; Simon, 1937: 1071, 1127 (*P. a. pseudomonticola*); Tambs-Lyche, 1940: 35; Holm, 1947: 29 (*L. a.*); Locket & Millidge, 1951: 255 (*L. a.*); Knülle, 1954: 72 (*L. a.*); Muller, 1955: 163 (*L. a.*); Wiebes, 1959: 39; Tongiorgi, 1966: 285; Holm, 1968: 203; Azheganova, 1971: 16; Fuhn & Niculescu-Burlacu, 1971: 73; Loksa, 1972: 21 (*P. a.*, Syn.); Locket, Millidge & Merrett, 1974: 33 (*P. a.*, Syn. of *P. purbeckensis*, rejected); Zyuzin, 1979: 434; Zyuzin, 1985: 158; Roberts, 1985: 134; Zhu et al., 1985: 135; Zhang, 1987: 150; Izmailova, 1989: 30; Heimer & Nentwig, 1991: 326 (*P. a.*, Syn.); Roberts, 1995: 214; Yin et al., 1997: 222; Song, Zhu & Chen, 1999: 329; Hu, 2001: 179; Song, Zhu & Chen, 2001: 244; Zhu & Zhang, 2011: 269.

异名：

Pardosa amnicola (L. Koch, 1870, Trans. from *Lycosa*); Loksa, 1972: 21 (Syn.);

P. agrestis pseudagricola (Dahl, 1908, Trans. from *Lycosa*); Heimer & Nentwig, 1991: 336 (Syn.);

P. agrestis pseudomonticola Simon, 1937; Heimer & Nentwig, 1991: 336 (Syn.).

分布：内蒙古（NM）、河北（HEB）、山西（SX）、河南（HEN）、宁夏（NX）、甘肃（GS）、青海（QH）、新疆（XJ）、四川（SC）；古北界

白环豹蛛 *Pardosa alboannulata* Yin et al., 1997

Yin et al., 1997: 273; Song, Zhu & Chen, 1999: 329.

分布：浙江（ZJ）

阿尔豹蛛 *Pardosa algoides* Schenkel, 1963

Schenkel, 1963: 365 (*P. uncata*, preoccupied by Banks, 1894); Schenkel, 1963: 367; Tikader, 1977: 144 (*P. ladakhensis*); Tikader & Malhotra, 1980: 360 (*P. l.*); Brignoli, 1983: 452 (*P. ehrenfriedi*, replacement name for *P. uncata*); Hu, 1984: 232; Hu & Li, 1987: 349 (*P. ladakhensis*); Yu & Song, 1988: 115 (*P. a.*, Syn. of male); Hu & Wu, 1989: 207; Zhao, 1993: 84; Yin et al., 1997: 190; Song, Zhu & Chen, 1999: 329; Hu, 2001: 180; Biswas & Raychaudhuri, 2003: 113 (*P. ladakhensis*).

异名：

Pardosa ladakhensis Tikader, 1977; Yu & Song, 1988: 115 (Syn.);

P. ehrenfriedi Brignoli, 1983; Yu & Song, 1988: 115 (Syn.).

分布：甘肃（GS）、青海（QH）、新疆（XJ）、四川（SC）、西藏（XZ）；孟加拉、印度

高山豹蛛 *Pardosa altitudis* Tikader & Malhotra, 1980

Tikader & Malhotra, 1980: 328; Hu & Li, 1987: 291; Yin et al.,

1997: 191; Song, Zhu & Chen, 1999: 329; Hu, 2001: 181.
分布：西藏（XZ）；印度

锚形豹蛛 *Pardosa anchoroides* Yu & Song, 1988

Yu & Song, 1988: 27; Yin et al., 1997: 176; Song, Zhu & Chen, 1999: 329.
分布：吉林（JL）、内蒙古（NM）、宁夏（NX）、甘肃（GS）

无角豹蛛 *Pardosa ancorifera* Schenkel, 1936

Schenkel, 1936: 227.
分布：甘肃（GS）

星豹蛛 *Pardosa astrigera* L. Koch, 1878

L. Koch, 1878: 775; Bösenberg & Strand, 1906: 322 (*Lycosa a.*); Bösenberg & Strand, 1906: 324 (*L. t-insignita*); Dönitz & Strand, in Bösenberg & Strand, 1906: 389 (*Tarentula phila*); Dönitz & Strand, in Bösenberg & Strand, 1906: 393 (*L. cinereofusca*); Strand, 1918: 85 (*L. sagibia*); Saitō, 1936: 63, 84 (*L. t-insignita*); Saitō, 1939: 71 (*Pirata aomorensis*); Roewer, 1955: 161 (*P. cinereofusca*); Roewer, 1955: 172 (*P. sagiba*); Roewer, 1955: 174 (*P. t-insignita*); Roewer, 1955: 234 (*Avicosa aomorensis*); Roewer, 1955: 269 (*L. phila*); Saitō, 1959: 58 (*L. t-insignita*); Saitō, 1959: 59 (*Pirata aomorensis*); Yaginuma, 1960: 83 (*L. t-insignita*); Schenkel, 1963: 357 (*P. pseudochionophila*); Namkung, 1964: 41 (*L. t-insignita*); Yaginuma, 1965: 366 (*P. t-insignita*); Lee, 1966: 60 (*Lycosa t-insignita*); Yaginuma, 1971: 83 (*P. t-insignita*); Tanaka, 1974: 42 (*P. t-insignita*, Syn.); Yin, 1978: 10 (*P. t-insignita*); Song et al., 1978: 3 (*P. t-insignita*); Tanaka, 1978: 12; Paik & Namkung, 1979: 67; Song, 1980: 165 (*P. t-insignita*); Tanaka, 1980: 52; Wang, 1981: 123 (*P. fiusignita*, lapsus); Hu, 1984: 214; Hu, 1984: 234 (*P. t-insignita*); Guo, 1985: 119; Guo, 1985: 123 (*P. t-insignita*); Zhu et al., 1985: 136; Zhu et al., 1985: 140 (*P. t-insignita*); Yaginuma, 1986: 162; Song, 1987: 230; Zhang, 1987: 151; Zhang, 1987: 156 (*P. t-insignita*); Yu & Song, 1988: 115 (*P. a.*, Syn.); Chikuni, 1989: 115; Hu & Wu, 1989: 208; Feng, 1990: 153; Chen & Gao, 1990: 126; Chen & Zhang, 1991: 199; Tanaka, 1993: 159 (*P. a.*, S); Zhao, 1993: 77; Dong, 1994: 64; Barrion & Litsinger, 1994: 309; Kim & Yoo, 1997: 32; Yin et al., 1997: 193; Song, Chen & Zhu, 1997: 1719; Song, Zhu & Chen, 1999: 329; Hu, 2001: 182; Song, Zhu & Chen, 2001: 244; Yoo & Kim, 2002: 28; Namkung, 2002: 327; Kim & Cho, 2002: 207; Namkung, 2003: 329; Lee et al., 2004: 99; Yoo, Park & Kim, 2007: 25; Tanaka, 2009: 247; Zhu & Zhang, 2011: 269; Yin et al., 2012: 831.
异名：
Pardosa cinereofusca (Dönitz & Strand, 1906, Trans. from *Lycosa*); Tanaka, 1993: 160 (Syn.);
P. phila (Dönitz & Strand, 1906, Trans. from *Tarentula*); Tanaka, 1993: 160 (Syn.);
P. t-insignita (Bösenberg & Strand, 1906, Trans. from *Lycosa*); Yu & Song, 1988: 115 (Syn.);
P. sagibia (Strand, 1918, Trans. from *Lycosa*); Tanaka, 1993: 160 (Syn.);
P. aomorensis (Saitō, 1939, Trans. from *Pirata*); Tanaka, 1974: 42 (Syn., sub. *P. t-insignita*);
P. pseudochionophila Schenkel, 1963; Yu & Song, 1988: 115 (Syn.).
分布：黑龙江（HL）、吉林（JL）、辽宁（LN）、内蒙古（NM）、河北（HEB）、天津（TJ）、北京（BJ）、山西（SX）、山东（SD）、河南（HEN）、陕西（SN）、宁夏（NX）、甘肃（GS）、青海（QH）、新疆（XJ）、安徽（AH）、江苏（JS）、上海（SH）、浙江（ZJ）、江西（JX）、湖南（HN）、湖北（HB）、四川（SC）、贵州（GZ）、云南（YN）、西藏（XZ）、台湾（TW）、广西（GX）；韩国、日本、俄罗斯

黑豹蛛 *Pardosa atrata* (Thorell, 1873)

Thorell, 1872: 273 (*Lycosa lapponica*); Thorell, 1873: 576 (*Lycosa a.*); Kulczyński, 1885: 52 (*Lycosa camtschadalica*); Simon, 1887: 457; Schenkel, 1928: 19 (*Lycosa a.*); Sytshevskaja, 1935: 85 (*P. lapponica*); Palmgren, 1939: 49 (*Lycosa a.*); Tambs-Lyche, 1940: 39; Holm, 1947: 35 (*Lycosa a.*); Schenkel, 1951: 25 (*P. lapponica*); Buchar, 1971: 122; Zyuzin, 1979: 434; Izmailova, 1989: 31; Yin et al., 1997: 196; Song, Zhu & Chen, 1999: 329; Almquist, 2005: 211.
分布：内蒙古（NM）；古北界

昏暗豹蛛 *Pardosa atronigra* Song, 1995

Song, in Song & Haupt, 1995: 1; Song, Zhu & Chen, 1999: 329; Hu, 2001: 211.
分布：青海（QH）、新疆（XJ）

瘦豹蛛 *Pardosa atropos* (L. Koch, 1878)

L. Koch, 1878: 770 (*Lycosa a.*); Bösenberg & Strand, 1906: 134 (*Tarentula a.*); Fox, 1937: 4 (*L. a.*); Saitō, 1939: 75 (*L. a.*); Saitō, 1959: 48 (*L. a.*); Namkung, 1964: 41 (*P. a.*, Trans. from *Lycosa*); Tanaka, 2009: 234 (*Arctosa a.*).
分布：四川（SC）、香港（HK）；韩国、日本

保山豹蛛 *Pardosa baoshanensis* Wang & Qiu, 1991

Wang & Qiu, 1991: 93; Song, Zhu & Chen, 1999: 329.
分布：云南（YN）

拔仙豹蛛 *Pardosa baxianensis* Wang & Song, 1993

Wang & Song, 1993: 152; Song, Zhu & Chen, 1999: 329.
分布：陕西（SN）

北疆豹蛛 *Pardosa beijiangensis* Hu & Wu, 1989

Hu & Wu, 1989: 210; Zhao, 1993: 85; Song, Zhu & Chen, 1999: 329; Chen & Song, 2004: 406.
分布：新疆（XJ）

双带豹蛛 *Pardosa bifasciata* (C. L. Koch, 1834)

C. L. Koch, 1834: 125 (*Lycosa b.*); C. L. Koch, 1847: 345 (*L. b.*); Blackwall, 1852: 935 (*L. calida*); Simon, 1876: 324; Menge, 1879: 546 (*L. b.*); Becker, 1882: 131; Bösenberg, 1903: 3865 (*L. b.*); Lessert, 1904: 429; Simon, 1898: 355 (*Passiena b.*); Dahl, 1908: 385, 4275 (*L. b.*); Dahl & Dahl, 1927: 34 (*L.*

b.); Schenkel, 1936: 228 (*P. credula*, misidentified); Schenkel, 1936: 297 (*P. albigena*); Simon, 1937: 1069, 1077, 1130; Holm, 1947: 31 (*L. b.*); Loksa, 1965: 18 (*P. calida*); Tongiorgi, 1966: 292 (*P. b.*, Trans. from *Passiena*); Tyschchenko, 1971: 175; Fuhn & Niculescu-Burlacu, 1971: 81; Miller, 1971: 159; Loksa, 1972: 17; Buchar, 1976: 210 (*P. thaleri*); Zyuzin, 1979: 435; Bosmans & Janssen, 1982: 282; Yu & Song, 1988: 116 (*P. b.*, Syn.); Hu & Wu, 1989: 211 (*P. b.*, Syn.); Heimer & Nentwig, 1991: 328; Roberts, 1995: 216; Eskov & Marusik, 1995: 78 (*P. thaleri*); Yin et al., 1997: 171, 172 (*P. b.*, Syn.); Bellmann, 1997: 144; Roberts, 1998: 229; Song, Zhu & Chen, 1999: 330; Hu, 2001: 183; Namkung, 2002: 335; Namkung, 2003: 337; Kronestedt, 2005: 37; Almquist, 2005: 212; Kronestedt, 2006: 35.

异名：

Pardosa albigena Schenkel, 1936; Hu & Wu, 1989: 211 (Syn.);

P. thaleri Buchar, 1976; Yu & Song, 1988: 116 (Syn.).

分布：河北（HEB）、甘肃（GS）、青海（QH）、新疆（XJ）、四川（SC）、西藏（XZ）；古北界

缅甸豹蛛 *Pardosa birmanica* Simon, 1884

Simon, 1884: 333; Thorell, 1890: 138 (*Lycosa ipnochoera*); Thorell, 1895: 242 (*L. b.*); Strand, 1909: 84 (*L. subbirmanica*, provisional name only); Gravely, 1924: 607 (*L. b.*); Dyal, 1935: 136 (*L. b.*); Sadana, 1971: 226 (*P. bhatnagari*); Buchar, 1976: 206; Tikader & Malhotra, 1980: 329 (*P. b.*, Syn.); Tikader & Biswas, 1981: 52; Hu & Li, 1987: 291 (*P. b.*, Syn. of *P. armillata*, rejected); Okuma et al., 1993: 49; Barrion & Litsinger, 1994: 311; Barrion & Litsinger, 1995: 386; Biswas & Raychaudhuri, 2003: 109; Gajbe, 2007: 499.

异名：

Pardosa bhatnagari Sadana, 1971; Tikader & Malhotra, 1980: 329 (Syn.).

分布：西藏（XZ）；菲律宾、苏门答腊岛、巴基斯坦

温和豹蛛 *Pardosa blanda* (C. L. Koch, 1833)

C. L. Koch, 1833: 120 (*Lycosa b.*); Heer, 1845: 14 (*Lycosa blanda obscura*); C. L. Koch, 1847: 21 (*Lycosa b.*); Simon, 1864: 351 (*Leimonia b.*); Thorell, 1872: 299 (*Lycosa hortensis*, misidentified); Bösenberg, 1902: 379 (*Lycosa hortensis*, misidentified); Bösenberg, 1903: 385 (*Lycosa b.*); Dahl, 1908: 374, 438 (*Lycosa b.*); Kulczyński, 1909: 443 (*Lycosa b.*); Lessert, 1910: 513; Dahl & Dahl, 1927: 51 (*Lycosa b.*); Schenkel, 1927: 261 (*Lycosa b.*); Kratochvíl, 1935: 18 (*Lycosa b.*); Simon, 1937: 1064, 1073, 1128; Tongiorgi, 1966: 287; Tongiorgi, 1966: 350; Buchar, 1968: 120; Tyschchenko, 1971: 175; Fuhn & Niculescu-Burlacu, 1971: 85; Hu, 1984: 222 (*Lycosa b.*); Heimer & Nentwig, 1991: 326; Zhao, 1993: 68 (*Lycosa b.*); Mcheidze, 1997: 234; Pirchegger & Thaler, 1999: 49; Demircan & Topçu, 2011: 137.

分布：新疆（XJ）；古北界

简阴豹蛛 *Pardosa brevivulva* Tanaka, 1975

Tanaka, 1975: 21; Yaginuma, 1986: 163; Chikuni, 1989: 114; Qiu & Wang, 1990: 2; Tanaka, 1993: 286; Kim & Yoo, 1997: 33; Yin et al., 1997: 177; Song, Zhu & Chen, 1999: 330; Yoo & Kim, 2002: 28; Namkung, 2002: 328; Kim & Cho, 2002: 207; Namkung, 2003: 330; Tanaka, 2009: 243.

分布：陕西（SN）、甘肃（GS）；韩国、日本、俄罗斯

布库昆豹蛛 *Pardosa bukukun* Logunov & Marusik, 1995

Logunov & Marusik, 1995: 112; Zhu, Xu & Zhang, 2010: 57.

分布：内蒙古（NM）；蒙古、俄罗斯

布拉桑豹蛛 *Pardosa burasantiensis* Tikader & Malhotra, 1976

Tikader & Malhotra, 1976: 130; Tikader & Malhotra, 1980: 338; Tikader & Biswas, 1981: 55; Yin et al., 1997: 239 (*P. b.*, misidentified per Kronestedt, 2010: 34); Song, Zhu & Chen, 1999: 330 (*P. b.*, misidentified per Kronestedt, 2010: 34); Yin et al., 2012: 833.

分布：湖南（HN）、云南（YN）；印度

鹿豹蛛 *Pardosa cervina* Schenkel, 1936

Schenkel, 1936: 222.

分布：四川（SC）

红甲豹蛛 *Pardosa cervinopilosa* Schenkel, 1936

Schenkel, 1936: 224.

分布：四川（SC）

查氏豹蛛 *Pardosa chapini* (Fox, 1935)

Fox, 1935: 453 (*Lycosa c.*); Schenkel, 1936: 205 (*L. intermixta*); Roewer, 1955: 234 (*Avicosa chopini*, lapsus); Roewer, 1955: 234 (*A. intermixta*); Zheng & Qiu, 1980: 377 (*Trochosa shaanxiensis*); Qiu, 1981: 16 (*T. shansiensis*); Hu, 1984: 251 (*T. shaanxiensis*); Guo, 1985: 130 (*T. shaanxiensis*); Zhu et al., 1985: 144 (*T. shaanxiensis*); Song, 1987: 246 (*P. c.*, Trans. from *Avicosa*=*Schizocosa*); Zhang, 1987: 164 (*P. c.*, Syn.); Yu & Song, 1988: 115 (*P. c.*, Syn.); Chen & Gao, 1990: 127; Chen & Zhang, 1991: 205; Yin et al., 1997: 240; Song, Chen & Zhu, 1997: 1720; Yang & Chai, 1998: 61; Song, Zhu & Chen, 1999: 330; Hu, 2001: 184; Song, Zhu & Chen, 2001: 246; Zhu & Zhang, 2011: 271; Yin et al., 2012: 835; Wang & Zhang, 2014: 233.

异名：

Pardosa intermixta (Schenkel, 1936, Trans. from *Lycosa*); Yu & Song, 1988: 115 (Syn.);

P. shaanxiensis (Zheng & Qiu, 1980, Trans. from *Trochosa*); Zhang, 1987: 164 (Syn.).

分布：河北（HEB）、北京（BJ）、山西（SX）、山东（SD）、河南（HEN）、陕西（SN）、甘肃（GS）、湖南（HN）、湖北（HB）、四川（SC）、云南（YN）、西藏（XZ）

城步豹蛛 *Pardosa chenbuensis* Yin et al., 1997

Yin et al., 1997: 19; Yin et al., 1997: 178; Song, Zhu & Chen,

1999: 330 (*P. chengbuensis*, invalid emendation); Yin et al., 2012: 837 (*P. chengbuensis*).
分布：湖南（HN）

大别豹蛛 *Pardosa dabiensis* Chai & Yang, 1998

Chai & Yang, in Yang & Chai, 1998: 61.
分布：河南（HEN）

大通豹蛛 *Pardosa datongensis* Yin, Peng & Kim, 1997

Yin, Peng & Kim, 1997: 51; Yin et al., 1997: 197; Song, Zhu & Chen, 1999: 330.
分布：甘肃（GS）、青海（QH）

大祥豹蛛 *Pardosa daxiansongi* Barrion, Barrion-Dupo & Heong, 2012

Barrion et al., 2012: 16.
分布：海南（HI）

齿盾豹蛛 *Pardosa dentitegulum* Yin et al., 1997

Yin et al., 1997: 20; Yin et al., 1997: 268 (*P. dentitegulumia*); Song, Zhu & Chen, 1999: 330; Yin et al., 2012: 838 (*P. dentitegulumia*).
分布：湖南（HN）

镰豹蛛 *Pardosa falcata* Schenkel, 1963

Schenkel, 1963: 363; Schenkel, 1963: 374 (*P. crucifera*); Song, 1982: 77; Hu, 1984: 238; Zhu et al., 1985: 137; Song, 1987: 231; Zhang, 1987: 151; Hu & Wu, 1989: 229 (*P. wagleri*, misidentified); Chen & Song, 1996: 122; Yin et al., 1997: 199; Song, Zhu & Chen, 1999: 330; Hu, 2001: 187; Song, Zhu & Chen, 2001: 249; Marusik, Guseinov & Koponen, 2003: 46 (*P. f.*, Syn.).
异名：
Pardosa crucifera Schenkel, 1963; Marusik, Guseinov & Koponen, 2003: 46 (Syn.).
分布：吉林（JL）、内蒙古（NM）、河北（HEB）、天津（TJ）、北京（BJ）、山西（SX）、山东（SD）、河南（HEN）、陕西（SN）、宁夏（NX）、甘肃（GS）、青海（QH）、新疆（XJ）；蒙古

锋豹蛛 *Pardosa fengi* Marusik, Nadolny & Omelko, 2013

Marusik, Nadolny & Omelko, 2013: 209.
分布：新疆（XJ）

锈豹蛛 *Pardosa ferruginea* (L. Koch, 1870)

L. Koch, 1870: 46 (*Lycosa f.*); L. Koch, 1876: 341 (*L. f.*); Simon, 1876: 349 (*P. blanda*, misidentified); Simon, 1876: 346 (*P. alveolata*); Kulczyński, 1887: 294 (*L. f.*); Chyzer & Kulczyński, 1891: 59 (*L. f.*); Bösenberg, 1902: 379 (*L. f.*); Dahl, 1908: 378, 397 (*L. f.*); Kulczyński, 1909: 439 (*L. f.*); Lessert, 1910: 525; Dahl & Dahl, 1927: 36 (*L. f.*); Simon, 1937: 1058, 1086, 1124; Palmgren, 1939: 50 (*L. f.*); Yaginuma, 1960: 85; Loksa, 1965: 18; Tongiorgi, 1966: 294; Yaginuma, 1971: 85; Fuhn & Niculescu-Burlacu, 1971: 91; Miller, 1971: 157; Zyuzin, 1979: 434; Heimer & Nentwig, 1991: 328; Hu, 2001: 188.
分布：西藏（XZ）；古北界

平豹蛛 *Pardosa flata* Qu, Peng & Yin, 2010

Qu, Peng & Yin, 2010: 388.
分布：云南（YN）

淡黄豹蛛 *Pardosa flavida* (O. P.-Cambridge, 1885)

O. P.-Cambridge, 1885: 93 (*Lycosa f.*); Roewer, 1955: 162.
分布：新疆（XJ）（莎车）；土库曼斯坦

黄足豹蛛 *Pardosa flavipes* Hu, 2001

Hu, 2001: 188.
分布：西藏（XZ）

绿地豹蛛 *Pardosa graminea* Tanaka, 1985

Tanaka, 1985: 76; Tanaka, 1993: 289; Tanaka, 2009: 243; Zhu, Xu & Zhang, 2010: 58.
分布：内蒙古（NM）；日本

海北豹蛛 *Pardosa haibeiensis* Yin et al., 1995

Hu & Wu, 1989: 217 (*P. mongolica*, misidentified); Yin et al., 1995: 72; Yin et al., 1997: 213; Song, Zhu & Chen, 1999: 330.
分布：青海（QH）

哈腾豹蛛 *Pardosa hatanensis* Urita, Tang & Song, 1993

Urita, Tang & Song, 1993: 46.
分布：内蒙古（NM）

豪氏豹蛛 *Pardosa haupti* Song, 1995

Song, in Song & Haupt, 1995: 2; Song, Zhu & Chen, 1999: 331; Hu, 2001: 211.
分布：甘肃（GS）、青海（QH）、新疆（XJ）

赫氏豹蛛 *Pardosa hedini* Schenkel, 1936

Schenkel, 1936: 230; Qiu, 1981: 14; Song & Feng, 1982: 450; Hu, 1984: 236; Guo, 1985: 121; Song, 1987: 232; Zhang, 1987: 152; Tanaka, 1989: 12; Chikuni, 1989: 116; Feng, 1990: 151; Chen & Zhang, 1991: 207; Tanaka, 1993: 292; Kim & Yoo, 1997: 33; Song, Chen & Zhu, 1997: 1720; Song, Zhu & Chen, 1999: 331; Song, Zhu & Chen, 2001: 250; Namkung, 2002: 334; Kim & Cho, 2002: 208; Namkung, 2003: 336; Tanaka, 2009: 243; Zhu & Zhang, 2011: 273; Yin et al., 2012: 840.
分布：黑龙江（HL）、吉林（JL）、河北（HEB）、山东（SD）、陕西（SN）、甘肃（GS）、浙江（ZJ）、湖南（HN）、湖北（HB）、四川（SC）、贵州（GZ）、云南（YN）；韩国、日本、俄罗斯

草豹蛛 *Pardosa herbosa* Jo & Paik, 1984

Jo & Paik, 1984: 190; Tanaka, 1985: 81 (*P. umida*); Tanaka, 1986: 21 (*P. h.*, Syn.); Tanaka, 1993: 306; Kim & Yoo, 1997: 34; Namkung, 2002: 336; Chen & Song, 2003: 456; Namkung, 2003: 338; Tanaka, 2009: 245.

异名：

Pardosa umida Tanaka, 1985; Tanaka, 1986: 21 (Syn.).

分布：吉林（JL）；韩国、日本、俄罗斯

可可西里豹蛛 *Pardosa hohxilensis* Song, 1995

Song, in Song & Haupt, 1995: 3; Song, Zhu & Chen, 1999: 331; Hu, 2001: 212.

分布：青海（QH）

淡豹蛛 *Pardosa indecora* L. Koch, 1879

L. Koch, 1879: 104; Kulczyński, 1885: 51 (*Lycosa latisepta*); Kulczyński, 1916: 41 (*Lycosa i.*); Holm, 1973: 101; Zyuzin, 1979: 435; Izmailova, 1989: 33; Chen & Song, 2003: 456.

分布：内蒙古（NM）；俄罗斯

河岸豹蛛 *Pardosa isago* Tanaka, 1977

Tanaka, 1977: 56; Zhang & Zhu, 1982: 66; Hu, 1984: 238; Yaginuma, 1986: 165; Chikuni, 1989: 115; Tanaka, 1993: 11 (*P. i.*, removed from Syn. of *P. lyrifera*, contra. Zhang, 1987: 153); Barrion & Litsinger, 1994: 309; Kim, 1999: 1; Tanaka, 2009: 245.

分布：河北（HEB）、河南（HEN）、青海（QH）；韩国、日本、俄罗斯

意大利豹蛛 *Pardosa italica* Tongiorgi, 1966

Tongiorgi, 1966: 301; Buchar, 1968: 125; Fuhn & Niculescu-Burlacu, 1971: 95; Charitonov, 1969: 94 (*P. proxima kitabensis*); Zyuzin, 1979: 435, 444 (*P. i.*, Syn.); Hu & Wu, 1989: 222 (*P. paludicola*, misidentified); Chen & Song, 1996: 121; Song, Zhu & Chen, 1999: 331; Ponomarev et al., 2011: 131; Fomichev & Marusik, 2013: 89; Marusik, Nadolny & Omelko, 2013: 215.

异名：

Pardosa proxima kitabensis Charitonov, 1969; Zyuzin, 1979: 444 (Syn.).

分布：新疆（XJ）；南欧到中国

李氏豹蛛 *Pardosa lii* Marusik, Nadolny & Omelko, 2013

Marusik, Nadolny & Omelko, 2013: 212.

分布：新疆（XJ）

詹巴鲁豹蛛 *Pardosa jambaruensis* Tanaka, 1990

Tanaka, 1990: 23; Tanaka, 1993: 297; Yin et al., 1997: 243; Song, Zhu & Chen, 1999: 331; Song, Zhu & Chen, 2001: 251; Wei & Chen, 2003: 90; Tanaka, 2009: 243.

分布：河北（HEB）、湖南（HN）、贵州（GZ）、福建（FJ）、台湾（TW）、广西（GX）；琉球群岛

吉兰泰豹蛛 *Pardosa jartica* Urita, Tang & Song, 1993

Urita, Tang & Song, 1993: 47.

分布：内蒙古（NM）

金平豹蛛 *Pardosa jinpingensis* Yin et al., 1997

Yin et al., 1997: 21; Yin et al., 1997: 180; Song, Zhu & Chen, 1999: 331.

分布：云南（YN）

克氏豹蛛 *Pardosa kronestedti* Song, Zhang & Zhu, 2002

Song, Zhang & Zhu, 2002: 145.

分布：河北（HEB）

铲豹蛛 *Pardosa kupupa* (Tikader, 1970)

Tikader, 1970: 66 (*Lycosa k.*); Tikader & Malhotra, 1980: 333 (*P. k.*, Trans. from *Lycosa*); Song, 1982: 77 (*P. palavulva*); Hu, 1984: 240 (*P. p.*); Song, 1987: 236; Hu & Li, 1987: 351 (*P. p.*); Yu & Song, 1988: 116 (*P. k.*, Syn.); Song, Zhu & Chen, 1999: 332 (*P. palavulva*); Hu, 2001: 193.

异名：

Pardosa palavulva Song, 1982; Yu & Song, 1988: 116 (Syn.).

分布：四川（SC）、西藏（XZ）；印度

条裂豹蛛 *Pardosa laciniata* Song & Haupt, 1995

Song & Haupt, 1995: 4; Song & Haupt, 1996: 313; Song, Zhu & Chen, 1999: 321.

分布：新疆（XJ）

葫芦豹蛛 *Pardosa lagenaria* Qu, Peng & Yin, 2010

Qu, Peng & Yin, 2010: 389.

分布：云南（YN）

拉普豹蛛 *Pardosa lapponica* (Thorell, 1872)

Thorell, 1872: 273 (*Lycosa l.*); Schenkel, 1928: 20 (*L. l.*); Palmgren, 1939: 51 (*. l.*); Tambs-Lyche, 1940: 45; Holm, 1947: 36 (*L. l.*); Bishop, 1949: 101 (*P. harperi*); Bishop, 1949: 103; Roewer, 1955: 165; Tongiorgi, 1966: 294; Buchar, 1971: 121; Savelyeva, 1972: 460; Kononenko, 1978: 66; Zyuzin, 1979: 434; Buchar, 1981: 5; Dondale & Redner, 1986: 823 (*P. l.*, Syn.); Dondale & Redner, 1990: 167; Yin et al., 1997: 201; Song, Zhu & Chen, 1999: 331; Paquin & Dupérré, 2003: 164; Almquist, 2005: 213.

异名：

Pardosa harperi Bishop, 1949; Dondale & Redner, 1986: 823 (Syn.).

分布：内蒙古（NM）、青海（QH）；全北界

顽皮豹蛛 *Pardosa lasciva* L. Koch, 1879

L. Koch, 1879: 103; Simon, 1887: 457 (*P. guernei*); Palmgren, 1939: 42 (*Lycosa guernei*); Holm, 1947: 35 (*L. l.*); Holm, 1973: 101 (*P. l.*, Syn.); Zhou & Song, 1987: 20; Hu & Wu, 1989: 213; Izmailova, 1989: 34; Almquist, 2005: 229.

异名：

Pardosa guernei Simon, 1887; Holm, 1973: 101 (Syn.).

分布：新疆（XJ）；古北界

宽基豹蛛 *Pardosa latibasa* Qu, Peng & Yin, 2010

Qu, Peng & Yin, 2010: 391.

分布：云南（YN）

沟渠豹蛛 *Pardosa laura* Karsch, 1879

Karsch, 1879: 102; Bösenberg & Strand, 1906: 323 (*Lycosa l.*);

Dönitz & Strand, in Bösenberg & Strand, 1906: 391 (*Tarentula palus*); Saitō, 1939: 74 (*Pirata longipedis*); Saitō, 1939: 76 (*Lycosa l.*); Roewer, 1955: 234 (*Avicosa longipedis*); Saitō, 1959: 57 (*Lycosa l.*); Saitō, 1959: 59 (*Pirata longipedis*); Yaginuma, 1960: 85; Yaginuma, 1965: 366; Yaginuma, 1971: 85; Tanaka, 1974: 42 (*P. longipedis*, Trans. from *Avicosa=Schizocosa*); Tanaka, 1974: 2; Tanaka, 1975: 21; Paik, 1976: 84; Shimojana, 1977: 113; Yin, 1978: 10; Song et al., 1978: 3; Paik, 1978: 107; Paik & Namkung, 1979: 66; Song, 1980: 167; Tanaka, 1980: 51; Qiu, 1981: 15; Wang, 1981: 124; Hu, 1984: 238; Zhu et al., 1985: 138; Tanaka, 1985: 70 (*P. agraria*); Tanaka, 1985: 73 (*P. diversa*); Yaginuma, 1986: 163 (*P. l.*, Syn.); Song, 1987: 233; Zhang, 1987: 154; Chikuni, 1989: 114; Qiu & Wang, 1990: 2 (*P. agraria*); Feng, 1990: 152; Chen & Gao, 1990: 127; Qiu & Wang, 1990: 2; Chen & Zhang, 1991: 200; Tanaka, 1993: 268 (*P. l.*, Syn.); Tanaka, 1993: 272 (*P. agraria*); Tanaka, 1993: 275 (*P. diversa*); Zhao, 1993: 89; Barrion & Litsinger, 1994: 307; Kim & Yoo, 1997: 35; Yin et al., 1997: 182 (*P. l.*, Syn.); Song, Chen & Zhu, 1997: 1721; Song, Zhu & Chen, 1999: 331; Hu, 2001: 187 (*P. diversa*); Yoo & Kim, 2002: 28; Namkung, 2002: 330; Kim & Cho, 2002: 208; Namkung, 2003: 332; Tanaka, 2009: 240; Tanaka, 2009: 240 (*P. agraria*); Tanaka, 2009: 241 (*P. diversa*); Zhu & Zhang, 2011: 275; Yin et al., 2012: 844.

异名：

Pardosa palus (Dönitz & Strand, 1906, removed from Syn. of *P. sumatrana*); Tanaka, 1993: 268 (Syn.);

P. longipedis (Saitō, 1939, Trans. from *Pirata*); Yaginuma, 1986: 163 (Syn.);

P. agraria Tanaka, 1985; Yin et al., 1997: 182 (Syn.);

P. diversa Tanaka, 1985; Yin et al., 1997: 182 (Syn.).

分布：吉林（JL）、辽宁（LN）、河南（HEN）、陕西（SN）、宁夏（NX）、青海（QH）、安徽（AH）、江苏（JS）、浙江（ZJ）、江西（JX）、湖南（HN）、湖北（HB）、四川（SC）、贵州（GZ）、云南（YN）、福建（FJ）、台湾（TW）；韩国、日本、俄罗斯

理塘豹蛛 *Pardosa litangensis* Xu, Zhu & Kim, 2010

Xu, Zhu & Kim, 2010: 2.

分布：四川（SC）

长爪豹蛛 *Pardosa longionycha* Yin et al., 1995

Yin et al., 1995: 8; Yin et al., 1997: 245; Song, Zhu & Chen, 1999: 331.

分布：云南（YN）

长隔豹蛛 *Pardosa longisepta* Chen & Song, 2002

Chen & Song, 2002: 341.

分布：甘肃（GS）

亮豹蛛 *Pardosa luctinosa* Simon, 1876

Simon, 1876: 347; Chyzer, in Chyzer & Kulczyński, 1891: 60 (*Lycosa entzii*); Simon, 1937: 1059, 1086, 1124; Kolosváry, 1940: 146 (*Lycosa entzii*); Kolosváry, 1942: 175 (*L. entzii*); Caporiacco, 1950: 121 (*P. wagleri lagunaris*); Roewer, 1955: 162 (*P. entzii*); Tongiorgi, 1964: 244 (*P. l.*, Syn.); Tongiorgi, 1966: 300; Tyschchenko, 1971: 175 (*P. entzi*); Fuhn & Niculescu-Burlacu, 1971: 97; Zyuzin, 1979: 435; Zyuzin, 1985: 160; Hu & Wu, 1989: 214; Zhao, 1993: 87; Song & Haupt, 1995: 5 (*P. taxkorgan*); Song & Haupt, 1996: 314 (*P. taxkorgan*); Song, Zhu & Chen, 1999: 331 (*P. l.*, Syn.).

异名：

Pardosa entzii (Chyzer, 1891, Trans. from *Lycosa*); Tongiorgi, 1964: 244 (Syn.);

P. wagleri lagunaris Caporiacco, 1950; Tongiorgi, 1964: 246 (Syn.);

P. taxkorgan Song & Haupt, 1995; Song, Zhu & Chen, 1999: 331 (Syn.).

分布：新疆（XJ）；古北界

中华亮豹蛛 *Pardosa luctinosa etsinensis* Schenkel, 1963

Schenkel, 1963: 369 (*P. entzii e.*); Tongiorgi, 1964: 246; Yin et al., 1997: 263.

分布：黑龙江（HL）、内蒙古（NM）、甘肃（GS）、新疆（XJ）

哀豹蛛 *Pardosa lugubris* (Walckenaer, 1802)

Müller, 1764: 94 (*Aranea chelata*; suppressed by ICZN Opinion 2049; see Kronestedt, Dondale & Zyuzin, 2002: 10); Fabricius, 1775: 437 (*Aranea dorsalis*; nomen oblitum); Walckenaer, 1802: 239 (*Aranea l.*); Walckenaer, 1805: 13 (*Lycosa l.*); Sundevall, 1833: 176 (*L. silvicola*); Walckenaer, 1837: 329 (*L. lugubris*); Westring, 1861: 474 (*L. silvicola*); Zimmermann, 1871: 110 (*P. silvicola*); Thorell, 1872: 276 (*L. silvicola*); Simon, 1876: 337; Menge, 1879: 549 (*L. nigriceps*); Menge, 1879: 553 (*L. silvicola*); Bertkau, 1880: 288 (*L. nemoralis*); Becker, 1882: 138; Chyzer & Kulczyński, 1891: 58 (*L. l.*); Wagner, 1894: 30 (*L. blanca*); Strand, 1906: 468 (*L. l. arctica*); Fedotov, 1912: 117 (*L. chelata*); Spassky, 1925: 48 (*L. l.*); Dahl & Dahl, 1927: 43 (*L. chelata*); Reimoser, 1930: 57 (*L. chelata*); Bristowe, 1933: 284 (*L. l.*); Simon, 1937: 1065, 1082, 1130; Palmgren, 1939: 45 (*L. chelata*); Holm, 1947: 33 (*L. l.*); Muller, 1955: 162 (*L. chelata*); Yaginuma, 1957: 57 (*L. lugbris*); Yaginuma, 1960: 85 (*P. lugbris*); Lehtinen & Kleemola, 1962: 108 (*Lycosa l.*); Azheganova, 1968: 38; Wunderlich, 1969: 384 (*P. barndti*); Wunderlich, 1984: 2 (*P. l.*, Syn.); Yoo & Kim, 2002: 28 (*P. lugbris*, lapsus); Namkung, 2003: 335; Zhu, Xu & Zhang, 2010: 59; Nadolny & Kovblyuk, 2012: 72.

异名：

Pardosa barndti Wunderlich, 1969; Wunderlich, 1984: 2 (Syn.).

分布：四川（SC）；古北界

琴形豹蛛 *Pardosa lyrifera* Schenkel, 1936

Schenkel, 1936: 234; Jo & Paik, 1984: 192 (*P. koreana*); Guo, 1985: 122; Zhu et al., 1985: 139; Zhang, 1987: 153 (*P. l.*, Syn. of male); Yu & Song, 1988: 113 (*P. l.*, Syn.); Chen & Zhang,

1991: 204; Kim & Yoo, 1997: 36; Yin et al., 1997: 224; Song, Chen & Zhu, 1997: 1722; Kim, 1999: 1; Song, Zhu & Chen, 1999: 331; Hu, 2001: 194; Song, Zhu & Chen, 2001: 252; Namkung, 2003: 334; Zhu & Zhang, 2011: 276; Yin et al., 2012: 845.

异名：

Pardosa koreana Jo & Paik, 1984; Yu & Song, 1988: 113 (Syn.).

分布：吉林（JL）、河北（HEB）、山西（SX）、山东（SD）、河南（HEN）、陕西（SN）、宁夏（NX）、甘肃（GS）、青海（QH）、新疆（XJ）、安徽（AH）、江苏（JS）、湖南（HN）、湖北（HB）、四川（SC）；韩国、日本

小雾豹蛛 *Pardosa mionebulosa* Yin et al., 1997

Yin et al., 1997: 21; Yin et al., 1997: 246; Song, Zhu & Chen, 1999: 332.

分布：湖南（HN）、贵州（GZ）、云南（YN）、广西（GX）

米泉豹蛛 *Pardosa miquanensis* Yin et al., 1995

Yin et al., 1995: 73; Yin et al., 1997: 203; Song, Zhu & Chen, 1999: 331.

分布：新疆（XJ）

蒙古豹蛛 *Pardosa mongolica* Kulczyński, 1901

Kulczyński, 1901: 346; Odenwall, 1901: 262 (*Lycosa ricta*); Odenwall, 1901: 264 (*Lycosa incilis*); Schenkel, 1936: 299 (*P. hummeli*); Schenkel, 1953: 63 (*P. licenti*); Roewer, 1955: 197 (*Pardosops incilis*); Roewer, 1955: 197 (*Pardosops ricta*); Schenkel, 1963: 372 (*P. chaffanjoni*); Loksa, 1965: 18 (*P. hummeli*); Zyuzin, 1979: 435 (*P. hummeli*); Zyuzin, 1979: 444 (*P. m.*, Syn., but see Marusik, Logunov & Koponen, 2000: 82 and Marusik & Buchar, 2004: 156); Song, Yu & Shang, 1981: 86 (*P. m.*, Syn.); Buchar, 1984: 382 (*P. tikaderi*); Buchar, 1984: 384 (*P. hummeli*); Hu, 1984: 239; Song, 1987: 234; Yu & Song, 1988: 116 (*P. m.*, Syn.); Izmailova, 1989: 37 (*P. ricta*); Yin et al., 1995: 73; Yin et al., 1997: 215; Song, Zhu & Chen, 1999: 332; Hu, 2001: 193.

异名：

Pardosa incilis (Odenwall, 1901, Trans. from *Lycosa*); Zyuzin, 1979: 444 (Syn., sub. *P. ricta*);

P. ricta (Odenwall, 1901, Trans. from *Lycosa*); Zyuzin, 1979: 444 (Syn.);

P. hummeli Schenkel, 1936; Song, Yu & Shang, 1981: 86 (Syn.);

P. licenti Schenkel, 1953; Yu & Song, 1988: 116 (Syn.);

P. chaffanjoni Schenkel, 1963; Song, Yu & Shang, 1981: 86 (Syn.);

P. tikaderi Buchar, 1984; Yu & Song, 1988: 116 (Syn.).

分布：黑龙江（HL）、吉林（JL）、内蒙古（NM）、甘肃（GS）、青海（QH）、新疆（XJ）、四川（SC）、西藏（XZ）；尼泊尔、塔吉克斯坦、蒙古、俄罗斯

山栖豹蛛 *Pardosa monticola* (Clerck, 1757)

Clerck, 1757: 91 (*Araneus m.*); Sundevall, 1833: 175 (*Lycosa m.*); Hahn, 1833: 15 (*L. paludosa*); Blackwall, 1836: 490 (*L. exigua*); Walckenaer, 1837: 319 (*L. solers*); Walckenaer, 1837: 327 (*L. saccigera*); C. L. Koch, 1847: 42 (*L. m.*); C. L. Koch, 1850: 35 (*Leimonia pullata*); Blackwall, 1861: 29 (*Lycosa exigua*); Westring, 1861: 487 (*L. m.*); Simon, 1864: 351 (*Leimonia solers*); Thorell, 1872: 285 (*Lycosa m.*); Simon, 1876: 318; Menge, 1879: 543 (*Lycosa m.*); Menge, 1879: 544 (*L. palustris*); Menge, 1879: 546 (*L. bifasciata*); Becker, 1882: 127; F. O. P.-Cambridge, 1895: 34; Bösenberg, 1903: 374 (*Lycosa agrestis*); Bösenberg, 1903: 376 (*L. m.*); Smith, 1907: 17 (*L. m.*); Dahl, 1908: 376, 430 (*L. m.*); Kulczyński, 1909: 443 (*L. m.*); Dahl & Dahl, 1927: 48 (*L. m.*); Saitō, 1934: 83 (*L. m.*); Kratochvíl, 1935: 18 (*L. m.*); Simon, 1937: 1068, 1074, 1129; Holm, 1947: 29 (*L. m.*); Locket & Millidge, 1951: 259 (*L. m.*); Knülle, 1954: 72 (*L. m.*); Muller, 1955: 162 (*L. m.*); Saitō, 1959: 53 (*L. m.*); Hu & Wu, 1989: 217; Zhao, 1993: 94 (*P. monticala*); Yin et al., 1997: 226; Song, Zhu & Chen, 1999: 332; Hu, 2001: 196; Almquist, 2005: 224.

分布：黑龙江（HL）、内蒙古（NM）、甘肃（GS）、青海（QH）、新疆（XJ）、西藏（XZ）；古北界

莫尔豹蛛 *Pardosa mordagica* Tang, Urita & Song, 1995

Tang, Urita & Song, 1995: 296.

分布：内蒙古（NM）

多齿豹蛛 *Pardosa multidontata* Qu, Peng & Yin, 2010

Qu, Peng & Yin, 2010: 392.

分布：云南（YN）

多瓣豹蛛 *Pardosa multivaga* Simon, 1880

Simon, 1880: 104; Song & Hubert, 1983: 8; Song, 1987: 235; Zhang, 1987: 155; Qiu & Wang, 1992: 26 (*P. dukouensis*); Yin et al., 1997: 231; Song, Zhu & Chen, 1999: 330 (*P. dukouensis*); Song, Zhu & Chen, 1999: 332; Song, Zhu & Chen, 2001: 253; Chen & Song, 2004: 407 (*P. m.*, Syn.).

异名：

Pardosa dukouensis Qiu & Wang, 1992; Chen & Song, 2004: 407 (Syn.).

分布：河北（HEB）、北京（BJ）、山西（SX）、山东（SD）、陕西（SN）、宁夏（NX）

南岳豹蛛 *Pardosa nanyuensis* Yin et al., 1995

Yin et al., 1995: 9; Yin et al., 1997: 184; Song, Zhu & Chen, 1999: 332; Yin et al., 2012: 848.

分布：湖南（HN）

雾豹蛛 *Pardosa nebulosa* (Thorell, 1872)

Thorell, 1872: 330 (*Tarentula n.*); Thorell, 1875: 63 (*Lycosa n.*); Chyzer & Kulczyński, 1891: 62 (*L. n.*); Rosca, 1939: 93 (*Acantholycosa trajani*); Roewer, 1955: 168, 174 (*P. trajani*); Schenkel, 1963: 384 (*P. buttneri*); Tongiorgi, 1966: 303; Tyschchenko, 1971: 176; Fuhn & Niculescu-Burlacu, 1971:

106 (*P. n.*, Syn.); Miller, 1971: 156; Loksa, 1972: 18; Yin, 1978: 10 (*P. buttneri*); Zyuzin, 1979: 435; Buchar, 1980: 78; Zyuzin, 1985: 42; Song, 1987: 237 (*P. n.*, Syn.); Zhang, 1987: 157; Hu & Wu, 1989: 218 (*P. n.*, Syn. of *P. davidi*, rejected); Feng, 1990: 154; Chen & Gao, 1990: 128; Heimer & Nentwig, 1991: 332; Yin et al., 1997: 248; Yang & Chai, 1998: 63; Song, Zhu & Chen, 1999: 330 (*P. buttneri*); Song, Zhu & Chen, 1999: 332; Esyunin, Tuneva & Farzalieva, 2007: 51.

异名：

Pardosa trajani (Rosca, 1939, Trans. from *Acantholycosa*); Fuhn & Niculescu-Burlacu, 1971: 106 (Syn.);

P. buttneri Schenkel, 1963; Song, 1987: 237 (Syn.).

分布：新疆（XJ）、浙江（ZJ）、江西（JX）、广东（GD）、海南（HI）；古北界

暗豹蛛 *Pardosa nigra* (C. L. Koch, 1834)

C. L. Koch, 1834: 122 (*Lycosa n.*); C. L. Koch, 1847: 13 (*L. n.*); Simon, 1864: 351 (*Leimonia n.*); Thorell, 1875: 106 (*Lycosa celeris*); Thorell, 1875: 146 (*L. celeris*); Simon, 1876: 351; Chyzer & Kulczyński, 1891: 59 (*L. n.*); Dahl, 1908: 378, 395 (*L. ludovici*); Lessert, 1910: 528 (*P. ludovici*); Dahl & Dahl, 1927: 35 (*Lycosa ludovici*); Roewer, 1955: 142 (*Acantholycosa n.*); Roewer, 1955: 160 (*P. celeris*); Tongiorgi, 1966: 289 (*P. n.*, Trans. from *Acantholycosa*, Syn.); Hu & Wu, 1989: 221; Heimer & Nentwig, 1991: 326.

异名：

Pardosa celeris (Thorell, 1875, Trans. from *Lycosa*); Tongiorgi, 1966: 289 (Syn.).

分布：新疆（XJ）；古北界

东方豹蛛 *Pardosa oriens* (Chamberlin, 1924)

Chamberlin, 1924: 31 (*Orinocosa o.*); Song, 1988: 131 (*P. o.*, Trans. from *Orinocosa*); Tanaka, 1989: 10; Chen & Zhang, 1991: 203; Tanaka, 1993: 299; Yin et al., 1997: 251; Song, Chen & Zhu, 1997: 1722; Yang & Chai, 1998: 63; Song, Zhu & Chen, 1999: 332; Hu, 2001: 198; Tanaka, 2009: 243.

分布：江苏（JS）、浙江（ZJ）、江西（JX）、湖北（HB）、四川（SC）、云南（YN）、西藏（XZ）、福建（FJ）、广东（GD）、海南（HI）；日本、冲绳

静豹蛛 *Pardosa pacata* Fox, 1937

Fox, 1937: 6.

分布：香港（HK）

沼地豹蛛 *Pardosa paludicola* (Clerck, 1757)

Clerck, 1757: 94 (*Araneus p.*); Walckenaer, 1805: 13 (*Lycosa fumigata*); Walckenaer, 1826: 26 (*L. p.*); Walckenaer, 1837: 334 (*L. fumigata*); C. L. Koch, 1847: 16 (*L. fumigata*); Simon, 1864: 351 (*Leimonia fumigata*); Thorell, 1872: 304 (*Lycosa p.*); Simon, 1876: 348; Menge, 1879: 541 (*Lycosa p.*); Menge, 1879: 544 (*Lycosa palustris*); Becker, 1882: 144; Chyzer & Kulczyński, 1891: 59 (*Lycosa p.*); Bösenberg, 1902: 381 (*L. p.*); Smith, 1907: 27 (*L. fumigata*); Dahl, 1908: 379, 397 (*L. p.*); Järvi, 1908: 757 (*L. p.*); Fedotov, 1912: 113 (*L. p.*); Dahl & Dahl, 1927: 40 (*L. p.*); Simon, 1937: 1066, 1086, 1124; Palmgren, 1939: 43 (*L. p.*); Holm, 1947: 35 (*L. p.*); Hull, 1950: 426; Locket & Millidge, 1951: 270 (*L. p.*); Millidge & Locket, 1952: 62 (*L. p.*); Locket & Millidge, 1953: 415 (*L. p.*); Muller, 1955: 160 (*L. p.*); Hu & Wu, 1989: 226 (*P. sordidata*, misidentified); Chen & Song, 1996: 123; Roberts, 1998: 235; Song, Zhu & Chen, 1999: 332; Almquist, 2005: 232.

分布：新疆（XJ）；古北界

沼泽豹蛛 *Pardosa palustris* (Linnaeus, 1758)

Linnaeus, 1758: 623 (*Aranea p.*); Linnaeus, 1761: 491 (*A. p.*); Martini & Goeze, in Lister, 1778: 287 (*A. flavo-trifasciata*); C. L. Koch, 1847: 42 (*Lycosa monticola*); Thorell, 1856: 53 (*L. saccigera*); Blackwall, 1857: 285 (*L. herbigrada*); Blackwall, 1861: 22 (*L. herbigrada*); Westring, 1861: 482 (*L. albo-limbata*); Ohlert, 1867: 136 (*P. monticola*); Thorell, 1872: 288 (*L. p.*); Simon, 1876: 321; Simon, 1876: 323 (*P. herbigrada*); Menge, 1879: 545 (*L. tarsalis*); O. P.-Cambridge, 1881: 384 (*L. herbigrada*); O. P.-Cambridge, 1881: 387 (*L. p.*); Becker, 1882: 129; Kulczyński, 1887: 303 (*L. p.*); Chyzer & Kulczyński, 1891: 56 (*L. p.*); F. O. P.-Cambridge, 1895: 34 (*P. herbigrada*); Carpenter, 1898: 201 (*P. herbigrada*); Storm, 1898: 6 (*L. thoracica*); Bösenberg, 1902: 377 (*L. p.*); Smith, 1907: 19 (*L. herbigrada*); Smith, 1907: 20 (*L. herbigrada intermedia*); Dahl, 1908: 373, 439 (*L. tarsalis*); Lessert, 1910: 512 (*P. tarsalis*); Dahl & Dahl, 1927: 47 (*L. tarsalis*); Gertsch, 1934: 16 (*P. andersoni*); Kratochvíl, 1935: 17 (*L. tarsalis*); Kolosváry, 1937: 404 (*L. tarsalis*); Simon, 1937: 1064, 1071, 1128 (*P. herbigrada*); Simon, 1937: 1064, 1072, 1128 (*P. tarsalis*); Palmgren, 1939: 54 (*L. tarsalis*); Tambs-Lyche, 1940: 8 (*P. tarsalis herbigrada*, Syn.); Holm, 1941: 399 (*L. tarsalis*); Kolosváry, 1943: 137 (*L. tarsalis*); Kolosváry, 1943: 137 (*L. tarsalis ehiki*: omitted by Roewer); Holm, 1947: 28 (*L. p.*); Locket & Millidge, 1951: 259 (*L. tarsalis*); Locket & Millidge, 1951: 261 (*L. tarsalis herbigrada*); Knülle, 1954: 72 (*L. p.*); Muller, 1955: 162 (*L. tarsalis*); Roewer, 1955: 174 (*P. thoracica*); Braendegaard, 1958: 13 (*Lycosa tarsalis*); Wiebes, 1959: 44 (*P. p.*, Syn.); Lehtinen & Kleemola, 1962: 107 (*L. tarsalis*); Azheganova, 1971: 15 (*P. tarsalis*); Fuhn & Niculescu-Burlacu, 1971: 116 (*P. p.*, Syn.); Hu & Wu, 1989: 224; Yin et al., 1997: 227; Song, Zhu & Chen, 1999: 332; Namkung, 2003: 333; Marusik & Kovblyuk, 2011: 40; Martin, 2013: 1.

异名：

Pardosa herbigrada (Blackwall, 1857, Trans. from *Lycosa*); Wiebes, 1959: 44 (Syn.);

P. thoracica (Storm, 1898, Trans. from *Lycosa*); Tambs-Lyche, 1940: 8 (Syn., sub. *P. tarsalis herbigrada*);

P. tarsalis ehiki (Kolosváry, 1943, Trans. from *Lycosa*); Fuhn & Niculescu-Burlacu, 1971: 116 (Syn.).

分布：新疆（XJ）；全北界

蝶豹蛛 *Pardosa papilionaca* Chen & Song, 2003

Chen & Song, 2003: 455.

分布：甘肃（GS）

拟拉普豹蛛 *Pardosa paralapponica* Schenkel, 1963

Schenkel, 1963: 371; Hu & Li, 1987: 291; Song, Zhu & Chen, 1999: 332; Hu, 2001: 198.

分布：黑龙江（HL）、新疆（XJ）、西藏（XZ）；蒙古

拟荒漠豹蛛 *Pardosa paratesquorum* Schenkel, 1963

Schenkel, 1963: 359; Yu, Song & Ma, 1987: 12 (*P. p.*, not conspecific); Tang, Urita & Song, 1994: 11 (*P. daqingshanica*); Yin et al., 1997: 204; Song, Zhu & Chen, 1999: 333; Song, Zhu & Chen, 2001: 254; Kronestedt & Marusik, 2011: 28 (*P. p.*, Syn.).

异名：

Pardosa daqingshanica Tang, Urita & Song, 1994 ; Kronestedt & Marusik, 2011: 28 (Syn.).

分布：内蒙古（NM）、河北（HEB）、北京（BJ）、山西（SX）、甘肃（GS）、青海（QH）；蒙古、俄罗斯

拟汤氏豹蛛 *Pardosa parathompsoni* Wang & Zhang, 2014

Wang & Zhang, 2014: 228.

分布：云南（YN）

羽状豹蛛 *Pardosa plumipes* (Thorell, 1875)

Thorell, 1875: 104 (*Lycosa p.*); Thorell, 1875: 143 (*L. p.*); Odenwall, 1901: 257 (*L. p.*); Strand, 1909: 76 (*L. plumipedella*, provisional name only); Tongiorgi, 1966: 341; Azheganova, 1968: 40; Holm, 1968: 201; Azheganova, 1971: 15; Zyuzin & Ovtsharenko, 1979: 63; Yaginuma, 1986: 165; Chikuni, 1989: 114; Tanaka, 1993: 13; Mcheidze, 1997: 233; Yin et al., 1997: 229; Song, Zhu & Chen, 1999: 333; Almquist, 2005: 227; Tanaka, 2009: 245.

分布：内蒙古（NM）、山西（SX）、陕西（SN）、四川（SC）、西藏（XZ）；古北界

前凹豹蛛 *Pardosa procurva* Yu & Song, 1988

Yu & Song, 1988: 30; Chen & Zhang, 1991: 205; Yin et al., 1997: 276; Song, Zhu & Chen, 1999: 197; Wei & Chen, 2003: 93; Tso & Chen, 2004: 405.

分布：北京（BJ）、山东（SD）、陕西（SN）、安徽（AH）、浙江（ZJ）、江西（JX）、湖南（HN）、湖北（HB）、贵州（GZ）、福建（FJ）、台湾（TW）、广东（GD）、广西（GX）

近豹蛛 *Pardosa proxima* (C. L. Koch, 1847)

C. L. Koch, 1847: 53 (*Lycosa p.*); Simon, 1876: 330; O. P.-Cambridge, 1878: 125 (*L. p.*); Becker, 1882: 133; Simon, 1883: 263 (*P. furtadoi*); Chyzer & Kulczyński, 1891: 57 (*L. p.*); Bösenberg, 1903: 386 (*L. p.*); Nosek, 1905: 140 (*L. p.*); Smith, 1907: 26 (*L. p.*); Dahl, 1908: 384 (*Lycosa p. tenuipes*); Lessert, 1910: 513 (*P. p. tenuipes*); Dahl & Dahl, 1927: 33 (*Lycosa p. tenuipes*); Simon, 1937: 1068, 1085, 1129; Locket & Millidge, 1951: 267 (*L. p.*); Tongiorgi, 1966: 306; Tyschchenko, 1971: 175; Fuhn & Niculescu-Burlacu, 1971: 122 (*P. p.*, Syn.); Miller, 1971: 159; Vlijm, 1971: 285; Loksa, 1972: 17 (*P. p.*, Syn.); den Hollander et al., 1972: 79; den Hollander & Dijkstra, 1974: 57; Schmidt, 1975: 505 (*P. esperanzae*); Zyuzin, 1979: 435; Schmidt, 1982: 405 (*P. canariensis*); Roberts, 1985: 134; Wunderlich, 1987: 235; Wunderlich, 1987: 235 (*P. pseudoproxima*); Hu & Wu, 1989: 224; Heimer & Nentwig, 1991: 332; Wunderlich, 1992: 258, 466 (*P. p.*, Syn.); Roberts, 1995: 220; Roberts, 1998: 235; Hepner & Paulus, 2009: 342.

异名：

Pardosa proxima tenuipes (Dahl, 1908, Trans. from *Lycosa*); Fuhn & Niculescu-Burlacu, 1971: 122 (Syn.);

P. esperanzae Schmidt, 1975; Wunderlich, 1992: 466 (Syn.);

P. canariensis Schmidt, 1982; Wunderlich, 1992: 258 (Syn.);

P. pseudoproxima Wunderlich, 1987; Wunderlich, 1992: 466 (Syn.).

分布：新疆（XJ）；古北界、加那利群岛、亚速尔群岛

伪环纹豹蛛 *Pardosa pseudoannulata* (Bösenberg & Strand, 1906)

Bösenberg & Strand, 1906: 319 (*Tarentula p.*); Bösenberg & Strand, 1906: 325 (*Lycosa doenitzi*); Dönitz & Strand, in Bösenberg & Strand, 1906: 392 (*L. innominabilis*); Dönitz & Strand, in Bösenberg & Strand, 1906: 393 (*L. subtarentula*); Gravely, 1924: 606 (*L. annandalei*); Fox, 1935: 455 (*L. p.*); Schenkel, 1936: 199 (*L. pseudoterricola*); Saitō, 1939: 77 (*L. p.*); Roewer, 1955: 161 (*P. doenitzi*); Roewer, 1955: 164 (*P. innominabilis*); Roewer, 1955: 174 (*P. subtarentula*); Roewer, 1955: 182 (*P. annandalei*); Roewer, 1955: 234 (*Avicosa p.*); Roewer, 1955: 235 (*Avicosa pseudoterricola*); Saitō, 1959: 53 (*L. p.*); Yaginuma, 1960: 84 (*L. p.*, Trans. from *Avicosa=Schizocosa*, Syn.); Schenkel, 1963: 338 (*Lycosa cinnameovittata*); Yaginuma, 1965: 366 (*L. p.*); Lee, 1966: 61 (*L. p.*); Yaginuma, 1971: 84 (*L. p.*); Shimojana, 1977: 112 (*L. p.*); Yin, 1978: 9 (*L. p.*); Song et al., 1978: 1 (*L. p.*); Paik & Namkung, 1979: 65 (*L. p.*); Song, 1980: 163 (*L. p.*); Tikader & Malhotra, 1980: 351 (*P. annandalei*); Tikader & Biswas, 1981: 54 (*P. annandalei*); Wang, 1981: 119 (*L. p.*); Yin, Wang & Hu, 1983: 34 (*L. p.*); Hu, 1984: 225 (*L. p.*); Guo, 1985: 117 (*L. p.*); Zhu et al., 1985: 132 (*L. p.*); Yaginuma, 1986: 162 (*P. p.*, Trans. from *Lycosa*); Song, 1987: 227 (*L. p.*); Zhang, 1987: 148 (*L. p.*); Yu & Song, 1988: 116 (*P. p.*, Syn.); Chikuni, 1989: 115; Hu & Wu, 1989: 225; Feng, 1990: 148 (*Lycosa p.*); Chen & Gao, 1990: 128; Chen & Zhang, 1991: 198; Tanaka, 1993: 302 (*P. p.*, Syn.); Okuma et al., 1993: 51 (*P. annandalei*); Zhao, 1993: 95 (*P. annandalei*); Barrion & Litsinger, 1994: 311; Barrion & Litsinger, 1994: 311 (*P. annandalei*); Barrion & Litsinger, 1995: 379 (*P. annandalei*); Yin et al., 1997: 278; Song, Zhu & Chen, 1999: 333; Hu, 2001: 199; Yoo & Kim, 2002: 28; Namkung, 2002: 329; Biswas & Raychaudhuri,

2003: 109 (*P. annandalei*); Namkung, 2003: 331; Gajbe, 2007: 503 (*P. annandalei*); Tanaka, 2009: 245.

异名：

Pardosa innominabilis (Dönitz & Strand, 1906, Trans. from *Lycosa*); Tanaka, 1993: 303 (Syn.);

P. subtarentula (Dönitz & Strand, 1906, Trans. from *Lycosa*); Tanaka, 1993: 303 (Syn.);

P. doenitzi (Bösenberg & Strand, 1906, Trans. from *Lycosa*); Yaginuma, 1960: 84 (Syn., sub. *Lycosa*);

P. annandalei (Gravely, 1924, Trans. from *Lycosa*); Yu & Song, 1988: 116 (Syn.);

P. pseudoterricola (Schenkel, 1936, Trans. from *Lycosa*); Yu & Song, 1988: 116 (Syn.);

P. cinnameovittata (Schenkel, 1963, Trans. from *Lycosa*); Yu & Song, 1988: 116 (Syn.).

分布：山东（SD）、河南（HEN）、甘肃（GS）、新疆（XJ）、安徽（AH）、江苏（JS）、浙江（ZJ）、江西（JX）、湖南（HN）、湖北（HB）、四川（SC）、贵州（GZ）、云南（YN）、西藏（XZ）、福建（FJ）、台湾（TW）、广东（GD）、广西（GX）、海南（HI）；巴基斯坦到日本、菲律宾、印度尼西亚（爪哇）

伪查氏豹蛛 *Pardosa pseudochapini* Peng, 2011

Qu, Peng & Yin, 2010: 388 (*P. bidentata*: a primary junior homonym of *P. b.* Franganillo, 1936); Peng, 2011: 9 (*P. p.*, replacement name).

分布：云南（YN）

伪杂豹蛛 *Pardosa pseudomixta* Marusik & Fritzén, 2009

Chen & Song, 2002: 342 (*P. mixta*, misidentified); Marusik & Fritzén, 2009: 412; Ballarin et al., 2012: 180.

分布：新疆（XJ）

细豹蛛 *Pardosa pusiola* (Thorell, 1891)

Thorell, 1891: 65 (*Lycosa p.*); Simon, 1905: 70; Gravely, 1924: 609; Schenkel, 1963: 335 (*Lycosa hotingchiehi*); Tikader & Malhotra, 1980: 323; Yu & Song, 1988: 114 (*P. p.*, Syn.); Yin et al., 1997: 252; Song, Zhu & Chen, 1999: 333; Biswas & Raychaudhuri, 2003: 113; Wang & Zhang, 2014: 233.

异名：

Pardosa hotingchiehi (Schenkel, 1963, Trans. from *Lycosa*); Yu & Song, 1988: 114 (Syn.);

P. shuangjiangensis Yin et al., 1997; Wang & Zhang, 2014: 233 (Syn.).

分布：江西（JX）、湖南（HN）、湖北（HB）、云南（YN）、广东（GD）、广西（GX）、海南（HI）；印度、斯里兰卡、印度尼西亚（爪哇）、印度尼西亚、马来西亚

青藏豹蛛 *Pardosa qingzangensis* Hu, 2001

Hu, 2001: 191.

分布：青海（QH）、西藏（XZ）

青海豹蛛 *Pardosa qinhaiensis* Yin et al., 1995

Yin et al., 1995: 73; Yin et al., 1997: 218; Song, Zhu & Chen, 1999: 333 (*P. qinghaiensis*, invalid emendation).

分布：青海（QH）

琼华豹蛛 *Pardosa qionghuai* Yin et al., 1995

Yin et al., 1995: 11; Yin et al., 1997: 206; Song, Zhu & Chen, 1999: 333.

分布：陕西（SN）、宁夏（NX）、湖北（HB）、四川（SC）、云南（YN）、福建（FJ）

偌氏豹蛛 *Pardosa roeweri* Schenkel, 1963

Schenkel, 1963: 386.

分布：甘肃（GS）

粗钩豹蛛 *Pardosa rudis* Yin et al., 1995

Yin et al., 1995: 14 (*P. r.*: misspelled as *rudius* in heading); Yin et al., 1997: 219; Song, Zhu & Chen, 1999: 133 (*P. rudius*).

分布：新疆（XJ）

桑植豹蛛 *Pardosa sangzhiensis* Yin et al., 1995

Yin et al., 1995: 16; Yin et al., 1997: 186; Song, Zhu & Chen, 1999: 333; Yin et al., 2012: 854.

分布：湖南（HN）

三门豹蛛 *Pardosa sanmenensis* Yu & Song, 1988

Yu & Song, 1988: 28; Chen & Zhang, 1991: 203 (*P. sangmenensis*); Song, Zhu & Chen, 1999: 333.

分布：浙江（ZJ）

申氏豹蛛 *Pardosa schenkeli* Lessert, 1904

Lessert, 1904: 427; Dahl, 1908: 385, 428 (*Lycosa calida*); Lessert, 1910: 534; Charitonov, 1926: 60 (*Lycosa s.*); Dahl & Dahl, 1927: 38 (*Lycosa calida*); Palmgren, 1939: 43, 60, 76 (*Lycosa calida*); Roewer, 1955: 199 (*Passiena s.*); Tongiorgi, 1966: 291 (*P. s.*, Trans. from *Passiena*); Azheganova, 1968: 38 (*P. calida*, misidentified); Azheganova, 1971: 14 (*P. calida*, misidentified); Tyschchenko, 1971: 175 (*P. calida*); Fuhn & Niculescu-Burlacu, 1971: 129; Zyuzin, 1979: 435; Izmailova, 1989: 32 (*P. calida*); Heimer & Nentwig, 1991: 328; Logunov & Marusik, 1995: 113; Mcheidze, 1997: 234 (*P. calida*); Yin et al., 1997: 173; Song, Zhu & Chen, 1999: 333; Kronestedt, 2005: 37; Almquist, 2005: 213; Isaia, 2005: 39; Kronestedt, 2006: 31.

分布：内蒙古（NM）、山西（SX）、新疆（XJ）；古北界

半管豹蛛 *Pardosa semicana* Simon, 1885

Simon, 1885: 442; Strand, 1909: 87 (*Lycosa subsemicana*, provisional name only); Schenkel, 1963: 379 (*P. subsemicana*).

分布：内蒙古（NM）；马来西亚、斯里兰卡

疏港豹蛛 *Pardosa shugangensis* Yin, Bao & Peng, 1997

Yin et al., 1997: 24; Yin et al., 1997: 269; Song, Zhu & Chen, 1999: 334.

分布：广西（GX）

怯豹蛛 *Pardosa shyamae* (Tikader, 1970)

Tikader, 1970: 67 (*Lycosa s.*); Tikader & Malhotra, 1980: 343 (*P. s.*, Trans. from *Lycosa*); Yin et al., 1997: 257; Song, Zhu & Chen, 1999: 334; Biswas & Raychaudhuri, 2003: 119.

分布：海南（HI）；孟加拉、印度

矛状豹蛛 *Pardosa sibiniformis* Tang, Urita & Song, 1995

Tang, Urita & Song, 1995: 295.

分布：内蒙古（NM）

四川豹蛛 *Pardosa sichuanensis* Yu & Song, 1991

Yu & Song, 1988: 32 (*P. dondalei*; preoccupied); Yu & Song, 1991: 416 (*P. s.*, replacement name); Song, Zhu & Chen, 1999: 334.

分布：四川（SC）

森林豹蛛 *Pardosa silvarum* Hu, 2001

Hu, 2001: 200.

分布：青海（QH）

中华豹蛛 *Pardosa sinensis* Yin et al., 1995

Yin et al., 1995: 18; Yin et al., 1997: 233; Song, Zhu & Chen, 1999: 334.

分布：中国（具体未详）

袜形豹蛛 *Pardosa soccata* Yu & Song, 1988

Yu & Song, 1988: 33; Hu & Wu, 1989: 226; Song, Zhu & Chen, 1999: 334.

分布：新疆（XJ）

鸣豹蛛 *Pardosa songosa* Tikader & Malhotra, 1976

Tikader & Malhotra, 1976: 128; Tikader & Malhotra, 1980: 340; Hu & Li, 1987: 293; Hu, 2001: 202; Biswas & Raychaudhuri, 2003: 119.

分布：西藏（XZ）；孟加拉、印度

索氏豹蛛 *Pardosa sowerbyi* Hogg, 1912

Hogg, 1912: 213; Roewer, 1955: 277 (*Lynxosa s.*); Roewer, 1961: 16 (*P. s.*, Trans. from *Lynxosa=Hogna*).

分布：陕西（SN）

粗豹蛛 *Pardosa strena* Yu & Song, 1988

Yu & Song, 1988: 34; Song, Zhu & Chen, 1999: 334; Hu, 2001: 202.

分布：西藏（XZ）

条纹豹蛛 *Pardosa strigata* Yu & Song, 1988

Yu & Song, 1988: 35; Hu & Wu, 1989: 227; Song, Zhu & Chen, 1999: 334.

分布：四川（SC）、云南（YN）

亚锚豹蛛 *Pardosa subanchoroides* Wang & Song, 1993

Wang & Song, 1993: 153.

分布：陕西（SN）

苏门答腊豹蛛 *Pardosa sumatrana* (Thorell, 1890)

Thorell, 1890: 136 (*Lycosa s.*); Hogg, 1919: 100; Gravely, 1924: 604 (*L. s.*); Fox, 1935: 453 (*L. chengta*); Dyal, 1935: 140 (*L. arorai*); Sherriffs, 1939: 137 (*L. s.*); Roewer, 1955: 231 (*Arkalosula chengta*); Roewer, 1955: 237 (*Chorilycosa arorai*); Schenkel, 1963: 378 (*P. davidi*); Buchar, 1976: 207; Buchar, 1980: 80; Tikader & Malhotra, 1980: 353; Tikader & Biswas, 1981: 56; Hu, 1984: 235 (*P. davidi*); Hu & Li, 1987: 293 (*P. shyamae*, misidentified); Chen & Gao, 1990: 129 (*P. s.*, Syn.); Okuma et al., 1993: 51; Zhao, 1993: 86 (*P. davidi*, probably misidentified); Zhao, 1993: 101; Barrion & Litsinger, 1994: 311; Barrion & Litsinger, 1995: 382; Yin et al., 1997: 258; Yang & Chai, 1998: 63; Song, Zhu & Chen, 1999: 198; Hu, 2001: 203; Biswas & Raychaudhuri, 2003: 119; Gajbe, 2007: 501; Yin et al., 2012: 856.

异名：

Pardosa arorai (Dyal, 1935, Trans. from *Lycosa*); Barrion & Litsinger, 1995: 382 (Syn.);

P. chengta (Fox, 1935, Trans. from *Lycosa*); Chen & Gao, 1990: 129 (Syn.);

P. davidi Schenkel, 1963; Chen & Gao, 1990: 129 (Syn., contra. Hu & Wu, 1989: 218).

分布：浙江（ZJ）、湖南（HN）、湖北（HB）、四川（SC）、贵州（GZ）、云南（YN）、西藏（XZ）、福建（FJ）、广东（GD）、广西（GX）、海南（HI）；印度、菲律宾、印度尼西亚（苏拉威西）

诹访豹蛛 *Pardosa suwai* Tanaka, 1985

Tanaka, 1985: 83; Logunov, 1992: 63; Tanaka, 1993: 164; Yin et al., 1997: 208; Song, Zhu & Chen, 1999: 334; Tanaka, 2009: 248.

分布：吉林（JL）、青海（QH）；日本、俄罗斯

塔赞豹蛛 *Pardosa taczanowskii* (Thorell, 1875)

Thorell, 1875: 100 (*Lycosa t.*); Thorell, 1875: 148 (*L. t.*); L. Koch, 1879: 102 (*P. chionophila*); Schenkel, 1936: 215 (*P. c.*); Roewer, 1955: 174 (*P. t.*); Holm, 1973: 100 (*P. c.*); Zyuzin, 1979: 434 (*P. c.*); Izmailova, 1989: 32 (*P. c.*); Zyuzin, 1993: 699 (*P. c.*); Eskov & Marusik, 1995: 66 (*P. c.*); Song, Zhu & Chen, 1999: 330 (*P. c.*); Song, Zhu & Chen, 2001: 248 (*P. c.*); Kronestedt, 2013: 56 (*P. t.*, Syn.).

异名：

Pardosa chionophila L. Koch, 1879; Kronestedt, 2013: 56 (Syn.).

分布：辽宁（LN）、河北（HEB）、北京（BJ）、山西（SX）、

山东（SD）、陕西（SN）；蒙古、俄罗斯

高梁豹蛛 *Pardosa takahashii* (Saitō, 1936)

Saitō, 1936: 250 (*Lycosa t.*); Roewer, 1955: 304 (*Varacosa t.*); Roewer, 1959: 378 (*Schizocosa t.*, Trans. from *Varacosa* sensu *Trochosa*); Saitō, 1959: 57 (*Lycosa t.*); Lee, 1966: 61 (*Lycosa t.*); Yoshida, 1978: 10 (*P. t.*, Trans. from *Schizocosa*); Hu, 1984: 230 (*Lycosa t.*, Trans. from *Pardosa*, rejected); Yaginuma, 1986: 163; Chikuni, 1989: 114; Tanaka, 1993: 294; Tanaka, 2009: 243.

分布：台湾（TW）；日本、冲绳

荒漠豹蛛 *Pardosa tesquorum* (Odenwall, 1901)

Odenwall, 1901: 258 (*Lycosa t.*); Kulczyński, 1908: 90 (*Lycosa t.*); Emerton, 1915: 152 (*P. albiceps*); Roewer, 1955: 197 (*Pardosops t.*); Zyuzin, 1979: 435; Dondale & Redner, 1986: 826; Izmailova, 1989: 40; Dondale & Redner, 1990: 154; Song, Zhu & Chen, 1999: 334; Paquin & Dupérré, 2003: 166; Vogel, 2004: 106; Kronestedt & Marusik, 2011: 16.

分布：内蒙古（NM）；蒙古、俄罗斯、阿拉斯加、加拿大、美国

类荒漠豹蛛 *Pardosa tesquorumoides* Song & Yu, 1990

Song & Yu, 1990: 79; Yin et al., 1997: 209; Song, Zhu & Chen, 1999: 334; Hu, 2001: 204; Song, Zhu & Chen, 2001: 256; Kronestedt & Marusik, 2011: 20.

分布：内蒙古（NM）、北京（BJ）、青海（QH）、新疆（XJ）、四川（SC）、西藏（XZ）

三窝豹蛛 *Pardosa trifoveata* (Strand, 1907)

Strand, 1907: 566 (*Lycosa t.*); Strand, 1909: 80 (*L. t.*); Roewer, 1955: 184.

分布：广东（GD）

浙江豹蛛 *Pardosa tschekiangiensis* Schenkel, 1963

Schenkel, 1963: 382; Song et al., 1978: 3; Song, 1980: 168; Zhu, 1983: 75; Hu, 1984: 240; Chen & Zhang, 1991: 201; Yin & Kim, 1997: 60 (*P. t.*, removed from Syn. of *P. nebulosa*, contra. Song, 1987: 237); Yin et al., 1997: 260; Yin et al., 2012: 858.

分布：浙江（ZJ）、湖南（HN）、广东（GD）、广西（GX）、海南（HI）

瘤突豹蛛 *Pardosa tuberosa* Wang & Zhang, 2014

Wang & Zhang, 2014: 231.

分布：云南（YN）

钩豹蛛 *Pardosa uncifera* Schenkel, 1963

Schenkel, 1963: 361; Hu & Li, 1987: 293; Yin et al., 1997: 211; Song, Zhu & Chen, 1999: 334; Hu, 2001: 206; Namkung, 2002: 337; Namkung, 2003: 339.

分布：内蒙古（NM）、新疆（XJ）、西藏（XZ）；韩国、俄罗斯

类钩豹蛛 *Pardosa unciferodies* Qu, Peng & Yin, 2010

Qu, Peng & Yin, 2010: 393.

分布：云南（YN）

维拉豹蛛 *Pardosa villarealae* Barrion, Barrion-Dupo & Heong, 2012

Barrion et al., 2012: 17.

分布：海南（HI）

保卫豹蛛 *Pardosa vindex* (O. P.-Cambridge, 1885)

O. P.-Cambridge, 1885: 92 (*Lycosa vindex*); Roewer, 1955: 174 (*Pardosa v.*).

分布：新疆（XJ）

罚豹蛛 *Pardosa vindicata* (O. P.-Cambridge, 1885)

O. P.-Cambridge, 1885: 92 (*Lycosa vindicata*); Caporiacco, 1935: 234 (*Pardosa v.*).

分布：新疆（XJ）（喀喇昆仑）

罩豹蛛 *Pardosa vulvitecta* Schenkel, 1936

Schenkel, 1936: 233; Chen & Song, 1996: 120; Song, Zhu & Chen, 1999: 334.

分布：甘肃（GS）、四川（SC）、云南（YN）

瓦氏豹蛛 *Pardosa wagleri* (Hahn, 1822)

Hahn, 1822: pl. 10 (*Lycosa waglerii*); Walckenaer, 1837: 334 (*L. pallida*); C. L. Koch, 1847: 19 (*L. w.*); Simon, 1864: 351 (*Leimonia pallida*); Thorell, 1873: 533 (*L. w.*); Simon, 1876: 354; Chyzer & Kulczyński, 1891: 60 (*L. w.*); Bösenberg, 1903: 386 (*L. w.*); Dahl, 1908: 379 (*L. w.*); Järvi, 1908: 757 (*L. w.*); Dahl & Dahl, 1927: 37 (*L. w.*); Simon, 1937: 1059, 1083, 1123; Tongiorgi, 1966: 302; Fuhn & Niculescu-Burlacu, 1969: 77; Tyschchenko, 1971: 175; Fuhn & Niculescu-Burlacu, 1971: 135; Miller, 1971: 157; Zyuzin, 1979: 435; Heimer & Nentwig, 1991: 330; Mcheidze, 1997: 232; Yin et al., 1997: 265; Bellmann, 1997: 146; Song, Zhu & Chen, 1999: 334.

分布：青海（QH）、新疆（XJ）；古北界

武夷豹蛛 *Pardosa wuyiensis* Yu & Song, 1988

Yu & Song, 1988: 36; Chen & Zhang, 1991: 202; Yin et al., 1997: 271; Song, Zhu & Chen, 1999: 335; Yin et al., 2012: 860.

分布：内蒙古（NM）、湖南（HN）、福建（FJ）

新疆豹蛛 *Pardosa xinjiangensis* Hu & Wu, 1989

Hu & Wu, 1989: 231; Yin et al., 1997: 235; Song, Zhu & Chen, 1999: 335; Hu, 2001: 208; Chen & Song, 2004: 408.

分布：甘肃（GS）、青海（QH）、新疆（XJ）

亚东豹蛛 *Pardosa yadongensis* Hu & Li, 1987

Hu & Li, 1987: 352; Song, Zhu & Chen, 1999: 335; Hu, 2001: 210.

分布：西藏（XZ）

张氏豹蛛 *Pardosa zhangi* Song & Haupt, 1995

Song & Haupt, 1995: 6; Song & Haupt, 1996: 312; Song, Zhu & Chen, 1999: 335.

分布：新疆（XJ）

朱氏豹蛛 *Pardosa zhui* Yu & Song, 1988

Yu & Song, 1988: 30; Chen & Zhang, 1991: 206; Song, Zhu & Chen, 1999: 335.

分布：江苏（JS）、江西（JX）

祚建豹蛛 *Pardosa zuojiani* Song & Haupt, 1995

Song & Haupt, 1995: 7; Song & Haupt, 1996: 314; Song, Zhu & Chen, 1999: 335.

分布：新疆（XJ）

水狼蛛属 *Pirata* Sundevall, 1833

Sundevall, 1833: 24. Type species: *Araneus piraticus* Clerck, 1757

异名：

Sosilaus Simon, 1898; Wallace & Exline, 1978: 79 (Syn.).

卡丁水狼蛛 *Pirata catingigae* Barrion, Barrion-Dupo & Heong, 2012

Barrion et al., 2012: 18.

分布：海南（HI）

指形水狼蛛 *Pirata digitatus* Tso & Chen, 2004

Tso & Chen, 2004: 403.

分布：台湾（TW）

真水狼蛛 *Pirata piraticus* (Clerck, 1757)

Clerck, 1757: 102 (*Araneus p.*); Olivier, 1789: 218 (*Aranea piratica*); Walckenaer, 1805: 14 (*Lycosa piratica*); Hahn, 1831: 107 (*L. piratica*); Sundevall, 1833: 24; Lucas, 1846: 120 (*L. argenteomarginata*); C. L. Koch, 1847: 1 (*L. piratica*); Thorell, 1856: 63 (*Potamia piratica*); Blackwall, 1861: 34 (*L. piratica*); Simon, 1864: 352 (*Potamia argenteomarginata*); Thorell, 1872: 341 (*L. piratica*); Simon, 1876: 300; Keyserling, 1877: 669 (*P. prodigiosa*); Menge, 1879: 513; Becker, 1881: 45 (*L. febriculosa*); Becker, 1882: 122; Hansen, 1882: 73; Bösenberg, 1903: 406; Dahl, 1908: 287; Chamberlin, 1908: 311 (*P. febriculosa*); Chamberlin, 1908: 313 (*P. p. utahensis*); Emerton, 1909: 209 (*P. sylvestris*); Comstock, 1912: 645 (*P. febriculosa*); Dahl & Dahl, 1927: 64; Reimoser, 1928: 107; Kratochvíl, 1931: 2; Saitō, 1934: 351; Gertsch & Wallace, 1937: 5; Simon, 1937: 1118, 1140 (*Lycosa p.*); Palmgren, 1939: 70; Kaston, 1938: 16; Comstock, 1940: 653 (*P. febriculosa*); Holm, 1947: 10; Kaston, 1948: 309; Locket & Millidge, 1951: 287; Braendegaard, 1958: 22; Saitō, 1959: 58; Wiebes, 1959: 61; Yaginuma, 1960: 87 (*P. piratica*); Yaginuma, 1965: 366; Buchar, 1966: 217; Azheganova, 1968: 27; von Helversen & Harms, 1969: 367; Yaginuma, 1971: 87; Azheganova, 1971: 11; Tyschchenko, 1971: 182; Fuhn & Niculescu-Burlacu, 1971: 213; Miller, 1971: 169; Namkung, Paik & Yoon, 1971: 51; Loksa, 1972: 60; Tanaka, 1974: 23; Michelucci & Tongiorgi, 1976: 155; Jocqué, 1977: 145; Wallace & Exline, 1978: 66 (*P. p.*, Syn.); Paik & Namkung, 1979: 68; Kronestedt, 1980: 65; Snazell, 1983: 97; Hu, 1984: 243; Zyuzin, 1985: 44; Roberts, 1985: 150; Yaginuma, 1986: 167; Liu, 1987: 45; Liu, 1987: 86; Tanaka, 1988: 36; Yu & Song, 1988: 119; Chikuni, 1989: 113; Hu & Wu, 1989: 233; Dondale & Redner, 1990: 270; Chen & Gao, 1990: 130; Heimer & Nentwig, 1991: 346; Zhao, 1993: 107; Barrion & Litsinger, 1994: 315; Roberts, 1995: 232; Agnarsson, 1996: 45; Yin et al., 1997: 37; Roberts, 1998: 250; Song, Zhu & Chen, 1999: 344; Paquin & Dupérré, 2003: 168; Almquist, 2005: 243; Yoo, Park & Kim, 2007: 25; Tanaka, 2009: 223; Nadolny & Kovblyuk, 2011: 186; Omelko, Marusik & Koponen, 2011: 207; Yin et al., 2012: 778.

异名：

Pirata piraticus utahensis Chamberlin, 1908; Wallace & Exline, 1978: 66 (Syn.).

分布：吉林（JL）、内蒙古（NM）、新疆（XJ）、湖南（HN）、四川（SC）、云南（YN）；全北界

三亚水狼蛛 *Pirata sanya* Barrion, Barrion-Dupo & Heong, 2012

Barrion et al., 2012: 19.

分布：海南（HI）

匙杓水狼蛛 *Pirata spatulatus* Chai, 1985

Chai, 1985: 76.

分布：云南（YN）

拟水狼蛛 *Pirata subpiraticus* (Bösenberg & Strand, 1906)

Bösenberg & Strand, 1906: 317 (*Tarentula subpiratica*); Roewer, 1955: 288 (*Piratula s.*); Saitō, 1959: 59 (*P. subpiratica*); Yaginuma, 1960: 87 (*P. subpiratica*); Yaginuma, 1965: 366; Yaginuma, 1971: 87; Tanaka, 1974: 25; Yin, 1978: 11; Song et al., 1978: 4; Paik & Namkung, 1979: 68; Song, 1980: 169; Wang, 1981: 120; Hu, 1984: 245; Guo, 1985: 124; Yaginuma, 1986: 169; Song, 1987: 243; Liu, 1987: 45; Liu, 1987: 45 (*P. haploapophysis*, nomen nudum); Chai, 1987: 362 (*P. haploapophysis*); Liu, 1987: 86; Zhang, 1987: 159; Tanaka, 1988: 39; Chikuni, 1989: 113; Feng, 1990: 156; Chen & Gao, 1990: 131; Chen & Zhang, 1991: 214; Zhao, 1993: 104 (*P. haploapophysis*); Zhao, 1993: 107; Barrion & Litsinger, 1994: 315; Barrion & Litsinger, 1995: 366 (*P. luzonensis*); Barrion & Litsinger, 1995: 368 (*P. blabakensis*); Yin et al., 1997: 31 (*P. haploapophysis*); Yin et al., 1997: 44; Song, Zhu & Chen, 1999: 335 (*P. haploapophysis*); Song, Zhu & Chen, 1999: 344; Hu, 2001: 215; Song, Zhu & Chen, 2001: 260; Namkung, 2002: 338; Namkung, 2003: 340; Yoo & Framenau, 2006: 680; Tanaka, 2009: 223; Omelko, Marusik & Koponen, 2011: 213 (*P. s.*, Syn.); Yin et al., 2012: 783.

异名：

Pirata haploapophysis Chai, 1987; Omelko, Marusik & Koponen, 2011: 213 (Syn.);

P. blabakensis Barrion & Litsinger, 1995; Omelko, Marusik & Koponen, 2011: 213 (Syn.);
P. luzonensis Barrion & Litsinger, 1995; Omelko, Marusik & Koponen, 2011: 213 (Syn.).
分布：吉林（JL）、北京（BJ）、山东（SD）、青海（QH）、安徽（AH）、江苏（JS）、浙江（ZJ）、江西（JX）、湖南（HN）、湖北（HB）、四川（SC）、贵州（GZ）、云南（YN）、西藏（XZ）、福建（FJ）、台湾（TW）、广东（GD）、广西（GX）、海南（HI）；韩国、日本、俄罗斯、菲律宾、印度尼西亚（爪哇）

小水狼蛛属 *Piratula* Roewer, 1960

Roewer, 1960: 677. Type species: *Pirata hygrophilus* Thorell, 1872
Note: removed from the synonymy of *Pirata* Sundevall, 1833 by Omelko, Marusik & Koponen, 2011: 213, contra. Dondale & Redner, 1981: 107.

北方小水狼蛛 *Piratula borea* (Tanaka, 1974)

Tanaka, 1974: 33 (*Pirata boreus*); Tanaka, 1988: 55 (*Pirata boreus*); Song, Zhu & Chen, 1999: 335 (*Pirata boreus*); Tanaka, 2009: 225 (*Pirata boreus*); Omelko, Marusik & Koponen, 2011: 218 (*P. b.*, Trans. from *Pirata*).
分布：吉林（JL）；日本、俄罗斯

克氏小水狼蛛 *Piratula clercki* (Bösenberg & Strand, 1906)

Bösenberg & Strand, 1906: 316 (*Tarentula c.*); Fox, 1935: 456 (*Pirata c.*); Roewer, 1955: 287; Yaginuma, 1960: 87 (*Pirata c.*); Yaginuma, 1965: 366 (*Pirata c.*); Yaginuma, 1971: 87 (*Pirata c.*); Tanaka, 1974: 34 (*Pirata c.*); Yoshida, 1978: 10 (*Pirata c.*); Hu, 1984: 242 (*Pirata c.*); Yaginuma, 1986: 167 (*Pirata c.*); Liu, 1987: 45 (*Pirata c.*); Liu, 1987: 86 (*Pirata c.*); Tanaka, 1988: 42 (*Pirata c.*); Chikuni, 1989: 113 (*Pirata c.*); Chen & Zhang, 1991: 215 (*Pirata c.*); Barrion & Litsinger, 1994: 317 (*Pirata c.*); Yin et al., 1997: 27 (*Pirata c.*); Song, Zhu & Chen, 1999: 335 (*Pirata c.*); Namkung, 2002: 340 (*Pirata c.*); Kim & Cho, 2002: 219 (*Pirata c.*); Namkung, 2003: 342 (*Pirata c.*); Lee et al., 2004: 99 (*Pirata c.*); Tanaka, 2009: 225 (*Pirata c.*); Omelko, Marusik & Koponen, 2011: 216 (*P. c.*, Trans. from *Pirata*); Yin et al., 2012: 772 (*Pirata c.*).
分布：陕西（SN）、浙江（ZJ）、湖南（HN）、湖北（HB）、四川（SC）、台湾（TW）；韩国、日本

小齿小水狼蛛 *Piratula denticulata* (Liu, 1987)

Liu, 1987: 46 (*Pirata d.*, nomen nudum); Liu, 1987: 367 (*Pirata d.*); Chen & Zhang, 1991: 211 (*Pirata d.*); Yin et al., 1997: 29 (*Pirata d.*); Song, Zhu & Chen, 1999: 335 (*Pirata denticulatus*); Tso & Chen, 2004: 407 (*Pirata denticulatus*); Omelko, Marusik & Koponen, 2011: 216 (*P. d.*, Trans. from *Pirata*); Yin et al., 2012: 774 (*Pirata d.*).
分布：浙江（ZJ）、湖南（HN）、贵州（GZ）、福建（FJ）、台湾（TW）、广西（GX）；俄罗斯

龙江小水狼蛛 *Piratula longjiangensis* (Yan et al., 1997)

Yan et al., 1997: 17 (*Pirata l.*); Yin et al., 1997: 32 (*Pirata l.*); Song, Zhu & Chen, 1999: 335 (*Pirata l.*); Omelko, Marusik & Koponen, 2011: 216 (*P. l.*, Trans. from *Pirata*).
分布：黑龙江（HL）

南方小水狼蛛 *Piratula meridionalis* (Tanaka, 1974)

Tanaka, 1974: 31 (*Pirata m.*); Sohn & Paik, 1981: 20 (*Pirata m.*); Liu, 1987: 46 (*Pirata m.*); Liu, 1987: 371 (*Pirata m.*); Tanaka, 1988: 52 (*Pirata m.*); Chikuni, 1989: 114 (*Pirata m.*); Barrion & Litsinger, 1994: 315 (*Pirata m.*); Yin et al., 1997: 34 (*Pirata m.*); Song, Zhu & Chen, 1999: 344 (*Pirata m.*); Namkung, 2002: 341 (*Pirata m.*); Namkung, 2003: 343 (*Pirata m.*); Tanaka, 2009: 225 (*Pirata m.*); Omelko, Marusik & Koponen, 2011: 226 (*P. m.*, Trans. from *Pirata*); Yin et al., 2012: 777 (*Pirata m.*).
分布：湖南（HN）、广西（GX）、海南（HI）、香港（HK）；韩国、日本

高原小水狼蛛 *Piratula montigena* (Liu, 1987)

Liu, 1987: 46 (*Pirata m.*, nomen nudum); Liu, 1987: 369 (*Pirata m.*); Yin et al., 1997: 35 (*Pirata m.*); Song, Zhu & Chen, 1999: 344 (*Pirata montigenus*); Omelko, Marusik & Koponen, 2011: 216 (*P. m.*, Trans. from *Pirata*).
分布：贵州（GZ）、云南（YN）

类小水狼蛛 *Piratula piratoides* (Bösenberg & Strand, 1906)

Bösenberg & Strand, 1906: 318 (*Tarentula p.*); Schenkel, 1953: 80 (*Pirata praedatoria*); Roewer, 1955: 288; Schenkel, 1963: 356 (*Pirata wuchangensis*); Tanaka, 1974: 29 (*Pirata japonicus*); Yaginuma, 1978: 16 (*Pirata p.*, Syn.); Yin, 1978: 11 (*Pirata japonicus*); Song et al., 1978: 4 (*Pirata praedatoria*); Song, 1980: 170 (*Pirata japonicus*); Wang, 1981: 121 (*Pirata japonicus*); Brignoli, 1983: 456 (*Pirata praedatorius*); Hu, 1984: 242 (*Pirata japonicus*); Hu, 1984: 243 (*Pirata praedatoria*); Guo, 1985: 124 (*Pirata praedatoria*); Zhu et al., 1985: 141 (*Pirata preadatoria*); Yaginuma, 1986: 167 (*Pirata p.*); Song, 1987: 240 (*Pirata p.*, Syn.); Liu, 1987: 45 (*Pirata p.*, Syn.); Liu, 1987: 85 (*Pirata p.*, Syn.); Zhang, 1987: 158 (*Pirata p.*); Tanaka, 1988: 49 (*Pirata p.*); Chikuni, 1989: 113 (*Pirata p.*); Chen & Gao, 1990: 130 (*Pirata p.*); Chen & Zhang, 1991: 213 (*Pirata p.*); Song, Zhu & Li, 1993: 873 (*Pirata p.*); Zhao, 1993: 105 (*Pirata p.*); Barrion & Litsinger, 1994: 315 (*Pirata p.*); Yin et al., 1997: 39 (*Pirata p.*); Song, Zhu & Chen, 1999: 344 (*Pirata p.*); Song, Zhu & Chen, 2001: 257 (*Pirata p.*); Namkung, 2002: 342 (*Pirata p.*); Kim & Cho, 2002: 219 (*Pirata p.*); Namkung, 2003: 344 (*Pirata p.*); Tanaka, 2009: 225 (*Pirata p.*); Omelko, Marusik & Koponen, 2011: 226 (*P. p.*, Trans. from *Pirata*); Yin et al., 2012: 780

(*Pirata p.*).

异名：

Piratula praedatoria (Schenkel, 1953, Trans. from *Pirata*); Song, 1987: 240 (Syn.); Liu, 1987: 45 (Syn.); Liu, 1987: 85 (Syn., sub. *Pirata*);

P. wuchangensis (Schenkel, 1963, Trans. from *Pirata*); Song, 1987: 240 (Syn.); Liu, 1987: 85 (Syn., sub. *Pirata*);

P. japonica (Tanaka, 1974, Trans. from *Pirata*); Yaginuma, 1978: 16 (Syn., sub. *Pirata*).

分布：黑龙江（HL）、吉林（JL）、河北（HEB）、山西（SX）、山东（SD）、河南（HEN）、陕西（SN）、甘肃（GS）、安徽（AH）、江苏（JS）、浙江（ZJ）、江西（JX）、湖南（HN）、湖北（HB）、四川（SC）、贵州（GZ）、云南（YN）、福建（FJ）、广东（GD）、广西（GX）；韩国、日本、俄罗斯

前凹小水狼蛛 *Piratula procurva* (Bösenberg & Strand, 1906)

Bösenberg & Strand, 1906: 315 (*Tarentula p.*); Strand, 1918: 99 (*T. sagaphila*); Roewer, 1955: 260 (*Hyaenosa sagaphila*); Roewer, 1955: 288; Yaginuma, 1960: 87 (*Pirata p.*); Yaginuma, 1961: 83 (*Pirata p.*); Yaginuma, 1965: 366 (*Pirata procurvus*); Paik, 1970: 87 (*Pirata p.*); Yaginuma, 1971: 87 (*Pirata procurvus*); Tanaka, 1974: 38 (*Pirata procurvus*); Shimojana, 1977: 113 (*Pirata procurvus*); Song et al., 1978: 5 (*Pirata procurvus sinensis*); Hu, 1984: 244 (*Pirata procurvus sinensis*); Yin & Wang, 1984: 146 (*Pirata nanshanensis*); Yaginuma, 1986: 167 (*Pirata procurvus*); Song, 1987: 238 (*Pirata nanshanensis*); Song, 1987: 241 (*Pirata procurvus*, Syn.); Liu, 1987: 46 (*Pirata procurvus*); Liu, 1987: 85 (*Pirata procurvus*, Syn., including *P. canadensis*, rejected); Tanaka, 1988: 57 (*Pirata procurvus*, Syn.); Yu & Song, 1988: 119 (*Pirata procurvus*, Syn.); Chikuni, 1989: 113 (*Pirata procurvus*); Feng, 1990: 155 (*Pirata procurvus*); Chen & Zhang, 1991: 213 (*Pirata procurvus*); Song, Zhu & Li, 1993: 873 (*Pirata procurvus*); Zhao, 1993: 106 (*Pirata procurvus*); Barrion & Litsinger, 1994: 317 (*Pirata procurvus*); Yin et al., 1997: 41 (*Pirata procurvus*); Song, Zhu & Chen, 1999: 344 (*Pirata procurvus*); Song, Zhu & Chen, 2001: 259 (*Pirata procurvus*); Namkung, 2002: 343 (*Pirata procurvus*); Kim & Cho, 2002: 220 (*Pirata procurvus*); Namkung, 2003: 345 (*Pirata procurvus*); Lee et al., 2004: 99 (*Pirata procurvus*); Tanaka, 2009: 227 (*Pirata procurvus*); Omelko, Marusik & Koponen, 2011: 216 (*P. p.*, Trans. from *Pirata*); Yin et al., 2012: 781 (*Pirata procurvus*).

异名：

Piratula sagaphila (Strand, 1918, Trans. from *Tarentula*); Tanaka, 1988: 57 (Syn., sub. *Pirata*);

P. procurva sinensis (Song et al., 1978, Trans. from *Pirata*); Song, 1987: 241 (Syn.); Liu, 1987: 86 (Syn., sub. *Pirata*);

P. nanshanensis (Yin & Wang, 1984, Trans. from *Pirata*); Yu & Song, 1988: 119 (Syn., sub *Pirata*).

分布：北京（BJ）、山东（SD）、陕西（SN）、安徽（AH）、浙江（ZJ）、江西（JX）、湖南（HN）、湖北（HB）、贵州（GZ）、福建（FJ）、广东（GD）、广西（GX）；韩国、日本

锯小水狼蛛 *Piratula serrulata* (Song & Wang, 1984)

Song & Wang, 1984: 149 (*Pirata serrulatus*); Song, 1987: 242 (*Pirata serrulatus*); Logunov, 1992: 59; Omelko, Marusik & Koponen, 2011: 228 (*P. s.*, Trans. from *Pirata*).

分布：黑龙江（HL）；俄罗斯

细毛小水狼蛛 *Piratula tenuisetacea* (Chai, 1987)

Liu, 1987: 45 (*Pirata tenuisetaceus*, nomen nudum); Chai, 1987: 363 (*Pirata tenuisetaceus*); Chen & Zhang, 1991: 212 (*Pirata tenuisetaceus*); Song, Zhu & Li, 1993: 873 (*Pirata enuisetaceus*); Zhao, 1993: 111 (*Pirata tenuisetaceus*); Yin et al., 1997: 46 (*Pirata tenuisetaceus*); Song, Zhu & Chen, 1999: 344 (*Pirata tenuisetaceus*); Omelko, Marusik & Koponen, 2011: 216 (*P. t.*, Trans. from *Pirata*); Yin et al., 2012: 785 (*Pirata tenuisetaceus*).

分布：山东（SD）、河南（HEN）、陕西（SN）、浙江（ZJ）、江西（JX）、湖南（HN）、湖北（HB）、福建（FJ）

八木小水狼蛛 *Piratula yaginumai* (Tanaka, 1974)

Tanaka, 1974: 27 (*Pirata y.*); Paik, 1976: 85 (*Pirata y.*); Zheng & Qiu, 1980: 379 (*Pirata qinlingensis*); Qiu, 1981: 15 (*Pirata q.*); Hu, 1984: 244 (*Pirata q.*); Guo, 1985: 124 (*Pirata q.*); Zhu et al., 1985: 142 (*Pirata q.*); Yaginuma, 1986: 167 (*Pirata y.*); Song, 1987: 244 (*Pirata y.*, Syn.); Liu, 1987: 46 (*Pirata y.*); Liu, 1987: 84 (*Pirata y.*, Syn.); Zhang, 1987: 160 (*Pirata y.*); Tanaka, 1988: 46 (*Pirata y.*); Chikuni, 1989: 114 (*Pirata y.*); Chen & Zhang, 1991: 210 (*Pirata y.*); Yin et al., 1997: 48 (*Pirata y.*); Song, Zhu & Chen, 1999: 344 (*Pirata y.*); Song, Zhu & Chen, 2001: 261 (*Pirata y.*); Namkung, 2002: 339 (*Pirata y.*); Kim & Cho, 2002: 220 (*Pirata y.*); Namkung, 2003: 341 (*Pirata y.*); Tanaka, 2009: 225 (*Pirata y.*); Omelko, Marusik & Koponen, 2011: 229 (*P. y.*, Trans. from *Pirata*); Yin et al., 2012: 786 (*Pirata y.*).

异名：

Piratula qinlingensis (Zheng & Qiu, 1980, Trans. from *Pirata*); Song, 1987: 244 (Syn.); Liu, 1987: 84 (Syn., sub. *Pirata*).

分布：北京（BJ）、山东（SD）、陕西（SN）、湖南（HN）、湖北（HB）、贵州（GZ）、云南（YN）；韩国、日本、俄罗斯

裂狼蛛属 *Schizocosa* Chamberlin, 1904

Chamberlin, 1904: 176. Type species: *Lycosa ocreata* Hentz, 1844

异名：

Avicosa Chamberlin & Ivie, 1942; Dondale & Redner, 1978: 146 (Syn.);

Epihogna Roewer, 1960; Dondale & Redner, 1978: 146 (Syn.).

草裂狼蛛 *Schizocosa hebes* (O. P.-Cambridge, 1885)

O. P.-Cambridge, 1885: 81 (*Trochosa hebes*); Roewer, 1955:

234 (*Avicosa v.*).
分布：新疆（XJ）

葩裂狼蛛 *Schizocosa parricida* (Karsch, 1881)

Karsch, 1881: 219 (*Lycosa p.*); Roewer, 1959: 378 (*S. p.*, Trans. from *Lycosa*).
分布：中国（具体未详）

懒裂狼蛛 *Schizocosa rubiginea* (O. P.-Cambridge, 1885)

O. P.-Cambridge, 1885: 80 (*Trochosa rubiginea*); Roewer, 1955: 235 (*Avicosa r.*).
分布：新疆（XJ）

西狼蛛属 *Sibirocosa* Marusik, Azarkina & Koponen, 2004

Marusik, Azarkina & Koponen, 2004: 137. Type species: *Sibirocosa kolymensis* Marusik, Azarkina & Koponen, 2004

高山西狼蛛 *Sibirocosa alpina* Marusik, Azarkina & Koponen, 2004

Marusik, Azarkina & Koponen, 2004: 142; Marusik, Fritzén & Song, 2007: 269.
分布：新疆（XJ）；哈萨克斯坦、吉尔吉斯斯坦

獾蛛属 *Trochosa* C. L. Koch, 1847

C. L. Koch, 1847: 141. Type species: *Aranea lupus ruricola* De Geer, 1778
异名：
Trochosina Simon, 1885; Engelhardt, 1964: 227 (Syn.);
Piratosa Roewer, 1960; Marusik, Omelko & Koponen, 2010: 35 (Syn.);
Metatrochosina Roewer, 1960; Tanaka, 1988: 110 (Syn.);
Trochosomma Roewer, 1960; McKay, 1979: 277 (Syn.).

邻獾蛛 *Trochosa adjacens* O. P.-Cambridge, 1885

O. P.-Cambridge, 1885: 83.
分布：新疆（XJ）

水獾蛛 *Trochosa aquatica* Tanaka, 1985

Tanaka, 1985: 54; Tanaka, 1988: 102; Yin, Bao & Wang, 1995: 25; Yin et al., 1997: 150; Song, Zhu & Chen, 1999: 345; Tanaka, 2009: 236; Yin et al., 2012: 820.
分布：浙江（ZJ）、湖南（HN）、广东（GD）；日本

版纳獾蛛 *Trochosa bannaensis* Yin & Chen, 1995

Yin & Chen, in Yin, Bao & Wang, 1995: 26; Yin et al., 1997: 152; Song, Zhu & Chen, 1999: 345.
分布：云南（YN）

科氏獾蛛 *Trochosa corporaali* (Reimoser, 1935)

Reimoser, 1935: 170 (*Hogna c.*); Roewer, 1955: 298.
分布：中国（具体未详）

红旗獾蛛 *Trochosa honggiana* Barrion, Barrion-Dupo & Heong, 2012

Barrion et al., 2012: 20.
分布：海南（HI）

长獾蛛 *Trochosa longa* Qu, Peng & Yin, 2010

Qu, Peng & Yin, 2010: 258.
分布：云南（YN）

勐腊獾蛛 *Trochosa menglaensis* Yin, Bao & Wang, 1995

Yin, Bao & Wang, 1995: 27; Yin et al., 1997: 154; Song, Zhu & Chen, 1999: 345.
分布：云南（YN）、广西（GX）

壮獾蛛 *Trochosa robusta* (Simon, 1876)

C. L. Koch, 1847: 138 (*T. ruricola*, misidentified); C. L. Koch, 1847: 141 (*T. trabalis*); Simon, 1876: 286 (*Lycosa r.*); Becker, 1882: 114 (*L. r.*); Chyzer & Kulczyński, 1891: 73; F. O. P.-Cambridge, 1895: 30 (*L. r.*); Bösenberg, 1903: 400; Dahl, 1908: 278 (*T. lapidicola*, misidentified); Dahl & Dahl, 1927: 57 (*T. lapidicola*, misidentified); Simon, 1937: 1110, 1137 (*L. r.*); Chrysanthus, 1955: 518; Buchar, 1959: 159; Wiebes, 1959: 25; Engelhardt, 1964: 222; Azheganova, 1971: 10 (*T. lapidicola*); Tyschchenko, 1971: 180; Fuhn & Niculescu-Burlacu, 1971: 224; Miller, 1971: 168; Loksa, 1972: 47; Roberts, 1985: 144; Tanaka, 1988: 105; Hu & Wu, 1989: 235; Heimer & Nentwig, 1991: 348; Zhao, 1993: 103; Roberts, 1995: 227; Bellmann, 1997: 158; Roberts, 1998: 244; Milasowszky, Herberstein & Zulka, 1998: 91; Song, Zhu & Chen, 1999: 345; Hepner & Milasowszky, 2006: 7; Ponomarev & Kovblyuk, 2009: 8.
分布：新疆（XJ）；古北界

奇异獾蛛 *Trochosa ruricola* (De Geer, 1778)

De Geer, 1778: 282 (*Aranea lupus r.*); Fourcroy, 1785: 536 (*Aranea lupus*); Olivier, 1789: 216 (*Aranea r.*); Walckenaer, 1805: 13 (*Lycosa agretyca*); Hahn, 1829: 1 (*L. lapidicola*); Walckenaer, 1826: 18 (*L. agretyca*); Hahn, 1833: 103 (*L. r.*); Hahn, 1835: 57 (*L. alpina*); Walckenaer, 1837: 308 (*L. agretyca*); C. L. Koch, 1847: 141 (*T. trabalis*); C. L. Koch, 1850: 33; Blackwall, 1861: 18 (*Lycosa campestris*); Thorell, 1872: 336; Menge, 1879: 535; Menge, 1879: pl. 87 (*T. terricola*); Karsch, 1879: 100 (*L. lacernata*); Becker, 1882: 113 (*L. r.*); Hansen, 1882: 72; Marx, 1889: 100 (*L. atlantica*); Chyzer & Kulczyński, 1891: 73; F. O. P.-Cambridge, 1898: 30 (*L. r.*); Bösenberg, 1903: 399; Dahl, 1908: 277; Dahl & Dahl, 1927: 54; Petrunkevitch, 1929: 97 (*L. atlantica*); Simon, 1937: 1109, 1112, 1136 (*L. r.*); Bryant, 1940: 279 (*L. atlantica*); Holm, 1947: 13; Locket & Millidge, 1951: 279; Roewer, 1955: 247 (*Hoggicosa atlantica*); Roewer, 1955: 304 (*Trochosula lacernata*); Chrysanthus, 1955: 518; Muller, 1955: 160; Buchar, 1959: 159; Wiebes, 1959: 21; Roewer, 1960: 859 (*Alopecosa lacernata*, Trans. from *Trochosula*); Lehtinen & Kleemola, 1962: 109; Engelhardt, 1964: 222; Azheganova, 1971: 10; Tyschchenko, 1971: 180; Fuhn & Niculescu-Burlacu, 1971: 226; Miller, 1971: 168; Namkung, Paik & Yoon, 1971: 51; Loksa, 1972: 46; Yin, 1978: 12; Paik & Namkung, 1979: 69; Song, 1980: 171; Tanaka, 1980: 48 (*T.*

r., Syn.); Wang, 1981: 122; Hu, 1984: 251; Zyuzin, 1985: 42; Roberts, 1985: 144; Yaginuma, 1986: 166; Song, 1987: 247 (*T. r.*, Syn.); Zhang, 1987: 163; Tanaka, 1988: 98; Sierwald, 1988: 9 (*T. r.*, Syn.); Chikuni, 1989: 108; Hu & Wu, 1989: 236; Sierwald, 1990: 44; Chen & Gao, 1990: 132 (*T. r.*, Syn., rejected); Chen & Zhang, 1991: 209, 329 (*T. r.*, Syn., rejected); Heimer & Nentwig, 1991: 348; Zhao, 1993: 102; Paik, 1994: 11; Roberts, 1995: 226; Yin, Bao & Wang, 1995: 27; Mcheidze, 1997: 240; Yin et al., 1997: 155; Bellmann, 1997: 158; Roberts, 1998: 244; Milasowszky, Herberstein & Zulka, 1998: 91; Song, Zhu & Chen, 1999: 345; Song, Zhu & Chen, 2001: 262; Prentice, 2001: 427; Namkung, 2002: 314; Kim & Cho, 2002: 221; Paquin & Dupérré, 2003: 171; Namkung, 2003: 316; Almquist, 2005: 247; Hepner & Milasowszky, 2006: 7; Ponomarev & Kovblyuk, 2009: 8; Tanaka, 2009: 236; Baert, 2012: 222.

异名：

Trochosa lacernata (Karsch, 1879, Trans. from *Lycosa*); Tanaka, 1980: 48 (Syn.);

T. atlantica (Marx, 1889, Trans. from *Lycosa*); Sierwald, 1988: 9 (Syn.).

分布：吉林（JL）、河北（HEB）、北京（BJ）、山东（SD）、陕西（SN）、宁夏（NX）、甘肃（GS）、新疆（XJ）；全北界、百慕大群岛

类奇异獾蛛 *Trochosa ruricoloides* Schenkel, 1963

Schenkel, 1963: 350; Yin, Bao & Wang, 1995: 28 (*T. r.*, removed from Syn. of *T. ruricola*, contra. Chen & Gao, 1990: 132); Yin et al., 1997: 157; Song, Zhu & Chen, 1999: 345; Tso & Chen, 2004: 407; Yin et al., 2012: 822.

分布：陕西（SN）、浙江（ZJ）、江西（JX）、湖南（HN）、湖北（HB）、四川（SC）、云南（YN）、西藏（XZ）、福建（FJ）、台湾（TW）、广东（GD）、海南（HI）

刺獾蛛 *Trochosa spinipalpis* (F. O. P.-Cambridge, 1895)

F. O. P.-Cambridge, 1895: 28 (*Lycosa s.*); Kulczyński, 1898: 104; Dahl, 1908: 280; Dahl & Dahl, 1927: 55; Simon, 1937: 1110, 1137 (*Lycosa s.*); Palmgren, 1939: 65; Holm, 1947: 14; Locket & Millidge, 1951: 282; Chrysanthus, 1955: 518; Yaginuma, 1957: 57; Buchar, 1959: 159; Wiebes, 1959: 24; Yaginuma, 1960: 87; Lehtinen & Kleemola, 1962: 109; Engelhardt, 1964: 222; Yaginuma, 1971: 87; Azheganova, 1971: 10; Fuhn & Niculescu-Burlacu, 1971: 229; Miller, 1971: 168; Loksa, 1972: 44; Locket, Millidge & Merrett, 1974: 37; Song, 1982: 78 (*T. daxinensis*); Hu, 1984: 250 (*T. daxinensis*); Kronestedt, 1984: 105; Roberts, 1985: 144; Guo, 1985: 128 (*T. daxinensis*); Zhu et al., 1985: 143 (*T. daxinensis*); Yaginuma, 1986: 166; Kronestedt, 1986: 130; Song, 1987: 245; Zhang, 1987: 162 (*T. s.*, Syn.); Tanaka, 1988: 107; Heimer & Nentwig, 1991: 348; Roberts, 1995: 228; Yin, Bao & Wang, 1995: 30; Yin et al., 1997: 160; Roberts, 1998: 245; Almquist, 2005: 248; Hepner & Milasowszky, 2006: 7; Hepner & Milasowszky, 2006: 11.

异名：

Trochosa daxinensis Song, 1982; Zhang, 1987: 162 (Syn.).

分布：北京（BJ）；古北界

绥宁獾蛛 *Trochosa suiningensis* Peng et al., 1997

Peng et al., 1997: 44; Yin et al., 1997: 161; Song, Zhu & Chen, 1999: 345; Yin et al., 2012: 823.

分布：湖南（HN）

陆獾蛛 *Trochosa terricola* Thorell, 1856

Thorell, 1856: 101; Blackwall, 1861: 14 (*Lycosa agretyca*); Westring, 1861: 529 (*Lycosa t.*); Ohlert, 1867: 142 (*T. trabalis*); Thorell, 1872: 339 (*Lycosa t.*); Menge, 1879: 548 (*Lycosa lugubris*); Becker, 1882: 110 (*Lycosa t.*); Simon, 1885: 10 (*Trochosina t.*); Emerton, 1885: 483 (*Lycosa pratensis*); Kulczyński, 1885: 54 (*T. dybowskii*); Chyzer & Kulczyński, 1891: 73; Emerton, 1894: 422 (*Lycosa pratensis*); F. O. P.-Cambridge, 1895: 30 (*Lycosa t.*); Emerton, 1902: 69 (*Lycosa pratensis*); Bösenberg, 1903: 399; Montgomery, 1903: 651 (*Lycosa pratensis*); Montgomery, 1904: 303 (*T. pratensis*); Nosek, 1904: 3 (*Lycosa terricola pallida*); Dahl, 1908: 271; Chamberlin, 1908: 261 (*Lycosa pratensis*); Comstock, 1912: 638 (*Lycosa pratensis*); Dahl & Dahl, 1927: 56; Chamberlin & Gertsch, 1929: 108 (*Lycosa orophila*); Gertsch, 1934: 1 (*Lycosa pratensis*); Simon, 1937: 1109, 1137 (*Lycosa t.*); Palmgren, 1939: 63; Comstock, 1940: 649 (*T. pratensis*); Holm, 1947: 14; Chamberlin & Ivie, 1947: 24 (*T. pratensis orophila*); Kaston, 1948: 330 (*T. pratensis*); Chrysanthus, 1949: 350; Locket & Millidge, 1951: 281; Hackman, 1954: 32 (*T. t. pratensis*, reduced to subspecies); Roewer, 1955: 213 (*Allohogna pratensis*); Chrysanthus, 1955: 518; Muller, 1955: 160; Roewer, 1955: 286 (*Piratessa dybowskii*); Yaginuma, 1957: 57; Saitō, 1959: 54 (*Lycosa t.*); Buchar, 1959: 159; Wiebes, 1959: 84; Wiebes, 1959: 23; Yaginuma, 1960: 87; Engelhardt, 1964: 222; Azheganova, 1968: 26; Yaginuma, 1971: 87; Azheganova, 1971: 10; Tyschchenko, 1971: 180; Fuhn & Niculescu-Burlacu, 1971: 231; Miller, 1971: 168; Loksa, 1972: 45; Locket, Millidge & Merrett, 1974: 37; Kaston, 1977: 42 (*T. t.*, Syn.); Brady, 1980: 177; Barrientos, 1981: 205; Legotai & Sekerskaya, 1982: 50; Roth, 1982: 28; Roth, 1985: B24-6; Roberts, 1985: 144; Yaginuma, 1986: 166; Tanaka, 1988: 95; Crawford, 1988: 24 (*T. pratensis*, removal from Syn., rejected); Alderweireldt, 1989: 16; Legotai & Sekerskaya, 1989: 224; Chikuni, 1989: 108; Dondale & Redner, 1990: 23; Heimer & Nentwig, 1991: 348; Roberts, 1995: 227; Mcheidze, 1997: 241; Bellmann, 1997: 158; Roberts, 1998: 245; Song, Zhu & Chen, 1999: 345; Hu, 2001: 216; Song, Zhu & Chen, 2001: 264; Prentice, 2001: 427; Paquin & Dupérré, 2003: 171; Almquist, 2005: 249; Hepner & Milasowszky, 2006: 7; Hepner & Milasowszky, 2006: 11; Ponomarev & Kovblyuk, 2009: 8; Tanaka, 2009: 236; Marusik, Omelko & Koponen, 2010: 35 (*T. t.*, Syn.).

异名：
Trochosa dybowskii Kulczyński, 1885; Marusik, Omelko & Koponen, 2010: 35 (Syn.);
T. pratensis (Emerton, 1885, Trans. from *Lycosa*); Kaston, 1977: 42 (Syn.);
T. terricola pallida (Nosek, 1904, Trans. from *Lycosa*, omitted by Roewer); Brady, 1980: 177 (Syn.).
分布：吉林（JL）、辽宁（LN）、北京（BJ）、甘肃（GS）、青海（QH）、新疆（XJ）；全北界

熊獾蛛 *Trochosa ursina* (Schenkel, 1936)

Schenkel, 1936: 198 (*Lycosa u.*); Roewer, 1955: 294 (*Schizocosa u.*); Roewer, 1959: 351 (*Dingosa u.*, Trans. from *Schizocosa*); Framenau & Baehr, 2007: 1627 (*T. u.*, Trans. from *Dingosa*).
分布：甘肃（GS）、四川（SC）

武昌獾蛛 *Trochosa wuchangensis* (Schenkel, 1963)

Schenkel, 1963: 344 (*Lycosa wuchangensis*); Hu, 1984: 251 (*T. r. c.*); Guo, 1985: 129 (*T. r. c.*); Zhu et al., 1985: 145 (*T. wuchangensis*, Trans. from *Lycosa*); Yin, Bao & Wang, 1995: 30 (*T. w.*, removed from Syn. of *T. ruricola*, contra. Chen & Zhang, 1991: 329, Syn. of male); Yin et al., 1997: 163; Yin, 2001: 2.
异名：
Trochosa ruricola chekiangensis Song et al., 1978 (removed from Syn. of *T. ruricola*); Yin, Bao & Wang, 1995: 31 (Syn., contra. Chen & Zhang, 1991: 329).
分布：湖北（HB）

脉狼蛛属 *Venonia* Thorell, 1894

Thorell, 1894: 333. Type species: *Venonia coruscans* Thorell, 1894

旋囊脉狼蛛 *Venonia spirocysta* Chai, 1991

Chai, in Chen & Zhang, 1991: 208 (*V. s.*: misplaced in this genus, per Yoo & Framenau, 2006: 679); Cai, 1993: 60; Yin et al., 1997: 50; Song, Zhu & Chen, 1999: 346; Tso & Chen, 2004: 408; Yin et al., 2012: 788.
分布：浙江（ZJ）、江西（JX）、湖南（HN）、贵州（GZ）、福建（FJ）、台湾（TW）、广西（GX）

娲蛛属 *Wadicosa* Zyuzin, 1985

Zyuzin, 1985: 48. Type species: *Lycosa fidelis* O. P.-Cambridge, 1872

大理娲蛛 *Wadicosa daliensis* Yin, Peng & Zhang, 1997

Yin, Peng & Zhang, 1997: 99; Yin et al., 1997: 285; Song, Zhu & Chen, 1999: 346.
分布：云南（YN）

忠娲蛛 *Wadicosa fidelis* (O. P.-Cambridge, 1872)

O. P.-Cambridge, 1872: 319 (*Lycosa f.*); L. Koch, 1875: 69 (*L. galerita*); Simon, 1876: 269 (*L. galerita*); Strand, 1907: 567 (*L. indistincte-picta*); Pocock, 1903: 193 (*Pardosa spilota*); Strand, 1909: 81 (*Lycosa indistincte-picta*); Schenkel, 1936: 218 (*Pardosa armillata*); Simon, 1937: 1059, 1080, 1128 (*Pardosa venatrix*, dubious identification, as are later uses); Strand, 1942: 398 (*Lycosa biarmillatana*, replacement name for *P. armillata*, preoccupied in *Lycosa* by Walckenaer, 1837); Denis, 1947: 37 (*Pardosa venatrix*); Roewer, 1955: 160 (*P. biarmillata*, lapsus); Roewer, 1959: 45; Roewer, 1959: 51 (*P. kraepelini*); Roewer, 1959: 55 (*P. venatrix*); Roewer, 1959: 64 (*P. galerita*, removed from Syn. of *P. venatrix*); Roewer, 1959: 147 (*P. spilota*); Schenkel, 1963: 376 (*P. pararmillata*); Zyuzin, 1979: 434 (*P. armillata*); Buchar, 1980: 88 (*P. venatrix*, Syn.); Hu, 1984: 233 (*P. armillata*); Zyuzin, 1985: 49 (*W. venatrix*, Trans. from *Pardosa*); Yu & Song, 1988: 117 (*P. venatrix*, Syn.); Chen & Gao, 1990: 126 (*P. armillata*); Chen & Zhang, 1991: 201 (*P. venatrix*); Wunderlich, 1992: 467 (*W. f.*, Trans. male from *Pardosa*, Syn. of female); Pan, 1995: 144 (*Pardosa venatrix*); Song, Chen & Zhu, 1997: 1723 (*Pardosa venatrix*); Yin et al., 1997: 286 (*Pardosa venatrix*); Song, Zhu & Chen, 1999: 202; Tanaka, 2000: 96 (*W. venatrix*); Hu, 2001: 206 (*Pardosa venatrix*); Marusik, Guseinov & Koponen, 2003: 63; Alderweireldt & van Harten, 2004: 354 (*W. f.*, Syn.); Tso & Chen, 2004: 407; Hepner & Paulus, 2009: 343; Kronestedt & Zyuzin, 2009: 818; Yin et al., 2012: 863.
异名：
Wadicosa galerita (L. Koch, 1875, Trans. from *Lycosa*); Wunderlich, 1992: 467 (Syn.);
W. spilota (Pocock, 1903, Trans. from *Pardosa*); Alderweireldt & van Harten, 2004: 354 (Syn.);
W. indistinctepicta (Strand, 1907, Trans. from *Lycosa*); Yu & Song, 1988: 117 (Syn., sub. *Pardosa venatrix*);
Wadicosa armillata (Schenkel, 1936, Trans. from *Pardosa*); Yu & Song, 1988: 117 (Syn., sub. *Pardosa venatrix*, contra. Hu & Li, 1987: 291);
W. kraepelini (Roewer, 1959, Trans. from *Pardosa*, removed from Syn. of *W. venatrix*); Wunderlich, 1992: 467 (Syn., contra. Buchar, 1980: 88);
W. pararmillata (Schenkel, 1963, Trans. from *Pardosa*); Yu & Song, 1988: 117 (Syn., sub. *Pardosa venatrix*).
分布：浙江（ZJ）、江西（JX）、湖南（HN）、湖北（HB）、四川（SC）、云南（YN）、西藏（XZ）、福建（FJ）、广东（GD）、广西（GX）、海南（HI）；古北界、加纳利群岛

旱狼蛛属 *Xerolycosa* Dahl, 1908

Dahl, 1908: 361. Type species: *Lycosa nemoralis* Westring, 1861
异名：
Saitocosa Roewer, 1960; Yaginuma, 1986: 169 (Syn.).

侏旱狼蛛 *Xerolycosa miniata* (C. L. Koch, 1834)

C. L. Koch, 1834: 123 (*Lycosa m.*); C. L. Koch, 1847: 196 (*L. m.*); Becker, 1882: 104 (*L. m.*); Chyzer & Kulczyński, 1891: 69 (*Tarentula m.*); Bösenberg, 1903: 396 (*T. m.*); Smith, 1907: 184 (*T. m.*); Dahl, 1908: 361; O. P.-Cambridge, 1909: 112 (*T. m.*); Dahl & Dahl, 1927: 28; Simon, 1937: 1108, 1136 (*L. m.*); Palmgren, 1939: 29; Holm, 1947: 24; Locket & Millidge, 1951: 273; Wiebes, 1959: 17; Azheganova, 1968: 34; Azheganova,

1971: 13; Fuhn & Niculescu-Burlacu, 1971: 235; Miller, 1971: 153; Loksa, 1972: 7; Roberts, 1985: 142; Hu & Wu, 1989: 238; Heimer & Nentwig, 1991: 350; Roberts, 1995: 223; Mcheidze, 1997: 243; Roberts, 1998: 237; Trotta, 2005: 170; Almquist, 2005: 251; Marusik, Kovblyuk & Koponen, 2011: 15.

分布：新疆（XJ）；古北界

蒙古旱狼蛛 *Xerolycosa mongolica* (Schenkel, 1963)

Schenkel, 1963: 353 (*Arctosa mongolica*); Chen, Song & Kim, 1998: 71 (*X. undulata*); Song, Zhu & Chen, 1999: 346 (*X. undulata*); Marusik, Kovblyuk & Koponen, 2011: 17 (*X. m.*, removed female from Syn. of *X. nemoralis*, contra. Yu & Song, 1988: 118, Syn. of male); Marusik & Kovblyuk, 2011: 183.

异名：

Xerolycosa undulata Chen, Song & Kim, 1998; Marusik, Kovblyuk & Koponen, 2011: 17 (Syn.).

分布：黑龙江（HL）、吉林（JL）、内蒙古（NM）、甘肃（GS）、青海（QH）、新疆（XJ）、四川（SC）、西藏（XZ）；俄罗斯

森林旱狼蛛 *Xerolycosa nemoralis* (Westring, 1861)

C. L. Koch, 1835: 131 (*Lycosa pulverulenta*, misidentified); C. L. Koch, 1847: 199 (*Lycosa nivalis*, misidentified); C. L. Koch, 1847: 194 (*Lycosa alpica*, misidentified); Westring, 1861: 472(*Lycosa n.*); Ohlert, 1867: 142 (*Tarentula nivalis*); Menge, 1879: 531 (*Tarentula meridiana*, misidentified); Becker, 1882: 102 (*Lycosa n.*); Chyzer & Kulczyński, 1891: 68 (*Tarentula n.*); Bösenberg, 1903: 397 (*Tarentula n.*); Smith, 1907: 185 (*Tarentula n.*); Dahl, 1908: 361; O. P.-Cambridge, 1909: 112 (*Tarentula meridiana*); Fedotov, 1912: 112; Dahl & Dahl, 1927: 27; Bristowe, 1933: 284 (*Tarentula n.*); Saitō, 1934: 355 (*Tarentula flavitibia*); Simon, 1937: 1106, 1136 (*Lycosa n.*); Holm, 1947: 23; Locket & Millidge, 1951: 271; Roewer, 1955: 290 (*Saitocosa flavitibia*); Muller, 1955: 165; Saitō, 1959: 54 (*Lycosa flavipes*, lapsus for *L. flavitibia*); Wiebes, 1959: 16; Yaginuma, 1960: 84; Yaginuma, 1971: 84; Azheganova, 1971: 13; Fuhn & Niculescu-Burlacu, 1971: 237; Miller, 1971: 153; Loksa, 1972: 7; Namkung & Yoon, 1980: 19; Wunderlich, 1984: 26; Zyuzin, 1985: 48; Roberts, 1985: 140; Yaginuma, 1986: 169 (*X. n.*, Syn.); Yu & Song, 1988: 118 (*X. n.*, Syn., rejected); Alderweireldt, 1989: 17; Chikuni, 1989: 112; Hu & Wu, 1989: 238; Izmailova, 1989: 44; Tanaka, 1990: 46; Heimer & Nentwig, 1991: 350; Paik, 1994: 76; Roberts, 1995: 222; Yin et al., 1997: 10; Roberts, 1998: 236; Song, Zhu & Chen, 1999: 346; Namkung, 2002: 315; Namkung, 2003: 317; Trotta, 2005: 170; Almquist, 2005: 252; Yoo, Park & Kim, 2007: 25; Tanaka, 2009: 230; Marusik, Kovblyuk & Koponen, 2011: 20.

异名：

Xerolycosa flavitibia (Saitō, 1934, Trans. from *Tarentula*); Yaginuma, 1986: 169 (Syn.).

分布：黑龙江（HL）、吉林（JL）、内蒙古（NM）、新疆（XJ）；古北界

佐卡蛛属 *Zoica* Simon, 1898

Simon, 1898: 248. Type species: *Zobia parvula* Thorell, 1895

异名：

Flanona Simon, 1898; Lehtinen & Hippa, 1979: 15 (Syn.).

钩佐卡蛛 *Zoica unciformis* Li, Wang & Zhang, 2013

Li, Wang & Zhang, 2013: 30.

分布：云南（YN）

30. 拟态蛛科 Mimetidae Simon, 1881

世界 13 属 158 种；中国 2 属 15 种。

突腹蛛属 *Ero* C. L. Koch, 1836

C. L. Koch, 1836: 138. Type species: *Aranea tuberculata* De Geer, 1778

秘突腹蛛 *Ero aphana* (Walckenaer, 1802)

Walckenaer, 1802: 206 (*Aranea a.*); Walckenaer, 1805: 77 (*Theridion a.*); Walckenaer, 1841: 330 (*T. a.*); C. L. Koch, 1845: 106 (*E. atomaria*); Simon, 1881: 33; Dahl, 1883: 35 (*E. atomaria*); Zhou, Wang & Zhu, 1983: 156; Hu & Wu, 1989: 177; Wang, 1990: 39; Barrion & Litsinger, 1995: 304 (*E. luzonensis*); Song, Zhu & Chen, 1999: 73; Harms & Harvey, 2009: 268 (*E. a.*, Syn.); Le Peru, 2011: 314; Yin et al., 2012: 196.

异名：

Ero luzonensis Barrion & Litsinger, 1995; Harms & Harvey, 2009: 269 (Syn.).

分布：新疆（XJ）、浙江（ZJ）、湖南（HN）；古北界、大洋洲为引种分布区

沟突腹蛛 *Ero canala* Wang, 1990

Wang, 1990: 39; Song, Zhu & Chen, 1999: 73; Yin et al., 2012: 188.

分布：湖南（HN）

盔突腹蛛 *Ero galea* Wang, 1990

Wang, 1990: 39; Song, Zhu & Chen, 1999: 73.

分布：安徽（AH）

日本突腹蛛 *Ero japonica* Bösenberg & Strand, 1906

Bösenberg & Strand, 1906: 245; Yaginuma, 1954: 17; Saitō, 1959: 119; Namkung, 1964: 36; Paik, 1967: 186; Paik, 1978: 284; Yaginuma, 1986: 62; Chikuni, 1989: 60; Wang, 1990: 36; Chen & Zhang, 1991: 183; Song, Zhu & Chen, 1999: 73; Namkung, 2002: 57; Namkung, 2003: 59; Yoshida & Tanikawa, 2009: 251; Yin et al., 2012: 191.

分布：湖南（HN）；韩国、日本、俄罗斯

家福突腹蛛 *Ero jiafu* Yin & Bao, 2012

Yin & Bao, in Yin et al., 2012: 183.

分布：湖南（HN）

九华突腹蛛 *Ero juhuaensis* Xu, Wang & Wang, 1987

Xu, Wang & Wang, 1987: 65; Song, Zhu & Chen, 1999: 73 (*E. jiuhuaensis*, invalid emendation); Yin et al., 2012: 194 (*E. jiuhuaensis*).

分布：安徽（AH）、湖南（HN）

韩国突腹蛛 *Ero koreana* Paik, 1967

Paik, 1967: 188; Paik, 1978: 286; Wang, 1990: 36; Ono, 1996: 20; Song, Zhu & Chen, 1999: 73; Namkung, 2003: 60; Yoshida & Tanikawa, 2009: 251; Yin et al., 2012: 195.
分布：湖南（HN）；韩国、日本、俄罗斯

瘤突腹蛛 *Ero tuberculata* (De Geer, 1778)

De Geer, 1778: 226 (*Aranea t.*); C. L. Koch, 1836: 138; C. L. Koch, 1845: 107; Menge, 1866: 149; Chyzer & Kulczyński, 1894: 13; Becker, 1896: 73; Bösenberg, 1902: 111; Kulczyński, 1905: 556; Simon, 1932: 775, 778; Simon, 1932: 775, 778 (*E. aurantiaca*); Locket & Millidge, 1953: 35; Wiehle, 1953: 64; Denis, 1966: 173 (*E. aurantiaca*); Palmgren, 1974: 58; Canard, 1982: 77 (*E. t.*, Syn.); Roberts, 1985: 170; Wang, 1986: 41; Song, Zhu & Chen, 1999: 73; Harms & Dunlop, 2009: 786; Le Peru, 2011: 315.
异名：
Ero aurantiaca Simon, 1932; Canard, 1982: 86 (Syn.).
分布：安徽（AH）；古北界

拟态蛛属 *Mimetus* Hentz, 1832

Hentz, 1832: 105. Type species: *Mimetus syllepsicus* Hentz, 1832

尾突拟态蛛 *Mimetus caudatus* Wang, 1990

Wang, 1990: 42; Song, Zhu & Chen, 1999: 73.
分布：广西（GX）

刺拟态蛛 *Mimetus echinatus* Wang, 1990

Wang, 1990: 44; Song, Zhu & Chen, 1999: 73; Yin et al., 2012: 198.
分布：湖南（HN）、贵州（GZ）

唇形拟态蛛 *Mimetus labiatus* Wang, 1990

Wang, 1990: 40; Song, Zhu & Chen, 1999: 74; Yin et al., 2012: 199.
分布：湖南（HN）

琉球拟态蛛 *Mimetus ryukyus* Yoshida, 1993

Yoshida, 1993: 30; Song, Zhu & Chen, 1999: 74; Yoshida & Tanikawa, 2009: 251.
分布：台湾（TW）；琉球群岛

中华拟态蛛 *Mimetus sinicus* Song & Zhu, 1993

Song & Zhu, 1993: 421; Song & Li, 1997: 400; Song, Zhu & Chen, 1999: 74.
分布：湖北（HB）、贵州（GZ）

突腹拟态蛛 *Mimetus testaceus* Yaginuma, 1960

Yaginuma, 1960: append. 3; Paik, 1967: 190; Nishikawa, 1977: 363; Paik, 1978: 289; Yaginuma, 1986: 62; Chikuni, 1989: 61; Wang, 1990: 40; Chen & Zhang, 1991: 182; Song, Zhu & Chen, 1999: 74; Namkung, 2002: 60; Namkung, 2003: 62; Yoshida & Tanikawa, 2009: 252; Yin et al., 2012: 200.
分布：浙江（ZJ）、湖南（HN）、贵州（GZ）、广西（GX）；韩国、日本

瘤拟态蛛 *Mimetus tuberculatus* Liang & Wang, 1991

Liang & Wang, 1991: 61; Song, Zhu & Chen, 1999: 74.
分布：青海（QH）、新疆（XJ）

31. 米图蛛科 Miturgidae Simon, 1886

说明：Ramírez(2014)重新界定米图蛛科，并认为狼栉蛛科 Zoridae 是其异名。我国原属米图蛛科的红螯蛛属 *Cheiracanthium* 被转至优列蛛科 Eutichuridae；原属狼栉蛛科的佐蛛属 *Zora* 被转至此科。
世界 33 属 158 种；中国 5 属 9 种。

帕丽蛛属 *Palicanus* Thorell, 1897

Thorell, 1897: 227. Type species: *Palicanus caudatus* Thorell, 1897

具尾帕丽蛛 *Palicanus caudatus* Thorell, 1897

Thorell, 1897: 227; Deeleman-Reinhold, 2001: 220; Saaristo, 2002: 16; Saaristo, 2010: 90.
分布：海南（HI）；缅甸、印度尼西亚、塞舌尔

毛丛蛛属 *Prochora* Simon, 1886

Simon, 1886: 374. Type species: *Agroeca praticola* Bösenberg & Strand, 1906

草栖毛丛蛛 *Prochora praticola* (Bösenberg & Strand, 1906)

Bösenberg & Strand, 1906: 291 (*Agroeca p.*); Dönitz & Strand, in Bösenberg & Strand, 1906: 377 (*Talanites dorsilineatus*); Uyemura, 1938: 26 (*Agroeca p.*); Yaginuma, 1939: 106 (*I. dorsilineata*, Trans. from *Talanites*); Yaginuma, 1960: 113 (*I. p.*, Trans. from *Agroeca*); Yaginuma, 1962: 51 (*I. p.*, Syn.); Paik, 1970: 88; Yaginuma, 1971: 113; Yaginuma, 1986: 185; Song, 1987: 328; Chikuni, 1989: 128; Paik, 1990: 109; Chen & Zhang, 1991: 258; Peng & Wang, 1997: 329 (*Coelotes lushanensis*); Zhang, 1998: 113 (*C. lushanensis*); Song, Zhu & Chen, 1999: 402 (*I. p.*, Syn.); Kim & Choi, 2001: 82; Namkung, 2002: 414; Kim & Cho, 2002: 73; Namkung, 2003: 416; Lee et al., 2004: 99; Kim, Kim & Park, 2008: 17; Kamura & Hayashi, 2009: 550; Zhu & Zhang, 2011: 349; Yin et al., 2012: 1068.
异名：
Prochora dorsilineata (Dönitz & Strand, 1906); Yaginuma, 1962: 51 (Syn.);
P. lushanensis (Peng & Wang, 1997, Trans. from *Coelotes*); Song, Zhu & Chen, 1999: 365 (Syn.).
分布：江苏（JS）、浙江（ZJ）、江西（JX）、台湾（TW）；韩国、日本

细星蛛属 *Systaria* Simon, 1897

Simon, 1897: 87. Type species: *Systaria drassiformis* Simon, 1897

异名：
Hebrithele Berland, 1938; Deeleman-Reinhold, 2001: 202 (Syn.).

海南细星蛛 *Systaria hainanensis* Zhang, Fu & Zhu, 2009

Zhang, Fu & Zhu, 2009: 53.
分布：海南（HI）

勐腊细星蛛 *Systaria mengla* (Song & Zhu, 1994)

Song & Zhu, 1994: 42 (*Itatsina m.*); Song, Zhu & Chen, 1999: 402 (*Itatsina m.*); Zhang, Fu & Zhu, 2009: 57 (*S. m.*, Trans. from *Itatsina*).
分布：云南（YN）

黄蛛属 *Xantharia* Deeleman-Reinhold, 2001

Deeleman-Reinhold, 2001: 216. Type species: *Xantharia floreni* Deeleman-Reinhold, 2001

盔黄蛛 *Xantharia galea* Zhang, Zhang & Fu, 2010

Zhang, Zhang & Fu, 2010: 66.
分布：海南（HI）

佐蛛属 *Zora* C. L. Koch, 1847

C. L. Koch, 1847: 102. Type species: *Lycaena spinimana* Sundevall, 1833

渐尖佐蛛 *Zora acuminata* Zhu & Zhang, 2006

Zhu & Zhang, 2006: 48.
分布：北京（BJ）

琴形佐蛛 *Zora lyriformis* Song, Zhu & Gao, 1993

Song, Zhu & Gao, 1993: 87; Song, Zhu & Chen, 1999: 465; Song, Zhu & Chen, 2001: 367; Zhu & Zhang, 2011: 413.
分布：辽宁（LN）

森林佐蛛 *Zora nemoralis* (Blackwall, 1861)

Blackwall, 1861: 441 (*Hecaerge n.*); O. P.-Cambridge, 1873: 433 (*Hecaerge n.*); Menge, 1875: 401; Becker, 1896: 308; Bösenberg, 1902: 254; Dahl & Dahl, 1927: 5; Simon, 1932: 932, 934, 968; Holm, 1945: 68; Tullgren, 1946: 73; Miller, 1947: 88; Locket & Millidge, 1951: 159; Millidge & Locket, 1955: 163; Braendegaard, 1966: 209; Locket, Millidge & Merrett, 1974: 20; Paik, 1978: 406; Roberts, 1985: 94; Heimer & Nentwig, 1991: 456; Song, Zhu & Gao, 1993: 89; Roberts, 1995: 145; Roberts, 1998: 154; Song, Zhu & Chen, 1999: 465; Namkung, 2002: 493; Namkung, 2003: 496; Lee et al., 2004: 99; Urones, 2005: 13; Almquist, 2006: 444; Ono, 2009: 469.
分布：辽宁（LN）、内蒙古（NM）、甘肃（GS）；古北界

刺佐蛛 *Zora spinimana* (Sundevall, 1833)

Sundevall, 1833: 266 (*Lycaena s.*); Blackwall, 1833: 193 (*Hecaerge maculata*); Sundevall, 1833: 22 (*Lycodia s.*); Blackwall, 1834: 413 (*Hecaerge maculata*); C. L. Koch, 1835: 128 (*Dolomedes spinimanus*); Walckenaer, 1837: 348 (*Dolomedes lycaena*); C. L. Koch, 1847: 102; Gistel, 1848: 9 (*Psilothra s.*, replacement name for *Hecaerge*, preoccupied); Blackwall, 1861: 41 (*Hecaerge s.*); Thorell, 1870: 140 (*Z. lycaena*); Menge, 1875: 400 (*Z. maculata*); Hansen, 1882: 51 (*Z. maculata*); Bösenberg, 1902: 254 (*Z. maculata*); Hu & Wu, 1989: 308; Song, Zhu & Gao, 1993: 88; Song, Zhu & Chen, 1999: 466; Song, Zhu & Chen, 2001: 368; Ono, 2009: 469; Marusik & Kovblyuk, 2011: 265; Ramírez, 2014: 212.
分布：吉林（JL）、辽宁（LN）、新疆（XJ）；古北界

32. 密蛛科 Mysmenidae Petrunkevitch, 1928

世界 23 属 134 种；中国 9 属 38 种。

丽密蛛属 *Calodipoena* Gertsch & Davis, 1936

Gertsch & Davis, 1936: 8. Type species: *Calodipoena incredula* Gertsch & Davis, 1936

双角丽密蛛 *Calodipoena biangulata* Lin & Li, 2008

Lin & Li, 2008: 499.
分布：云南（YN）

角突丽密蛛 *Calodipoena cornigera* Lin & Li, 2008

Lin & Li, 2008: 501.
分布：云南（YN）

缠蛛属 *Chanea* Miller, Griswold & Yin, 2009

Miller, Griswold & Yin, 2009: 54. Type species: *Chanea suukyi* Miller, Griswold & Yin, 2009

素季缠蛛 *Chanea suukyii* Miller, Griswold & Yin, 2009

Miller, Griswold & Yin, 2009: 54.
分布：云南（YN）

高黎贡蛛属 *Gaoligonga* Miller, Griswold & Yin, 2009

Miller, Griswold & Yin, 2009: 47. Type species: *Gaoligonga changya* Miller, Griswold & Yin, 2009

长牙高黎贡蛛 *Gaoligonga changya* Miller, Griswold & Yin, 2009

Miller, Griswold & Yin, 2009: 48.
分布：云南（YN）

竹笋高黎贡蛛 *Gaoligonga zhusun* Miller, Griswold & Yin, 2009

Miller, Griswold & Yin, 2009: 50.
分布：云南（YN）

迈蛛属 *Maymena* Gertsch, 1960

Gertsch, 1960: 30. Type species: *Nesticus mayanus* Chamberlin & Ivie, 1938

刻痕迈蛛 *Maymena kehen* Miller, Griswold & Yin, 2009

Miller, Griswold & Yin, 2009: 57.

分布：云南（YN）

帕氏迈蛛 *Maymena paquini* Miller, Griswold & Yin, 2009

Miller, Griswold & Yin, 2009: 55.

分布：云南（YN）

摩梭蛛属 *Mosu* Miller, Griswold & Yin, 2009

Miller, Griswold & Yin, 2009: 51. Type species: *Mosu nujiang* Miller, Griswold & Yin, 2009

大岩摩梭蛛 *Mosu dayan* Lin & Li, 2013

Lin & Li, 2013: 450.

分布：广西（GX）

火狗摩梭蛛 *Mosu huogou* Miller, Griswold & Yin, 2009

Miller, Griswold & Yin, 2009: 53.

分布：云南（YN）

怒江摩梭蛛 *Mosu nujiang* Miller, Griswold & Yin, 2009

Miller, Griswold & Yin, 2009: 52.

分布：云南（YN）

谭家摩梭蛛 *Mosu tanjia* Lin & Li, 2013

Lin & Li, 2013: 457.

分布：云南（YN）

密蛛属 *Mysmena* Simon, 1894

Simon, 1894: 558. Type species: *Theridion leycoplagiatum* Simon, 1879

长弓密蛛 *Mysmena arcilonga* Lin & Li, 2008

Lin & Li, 2008: 497 (*M. arcilongus*).

分布：云南（YN）

宝兴密蛛 *Mysmena baoxingensis* Lin & Li, 2013

Lin & Li, 2013: 464.

分布：四川（SC）

鼻密蛛 *Mysmena bizi* Miller, Griswold & Yin, 2009

Miller, Griswold & Yin, 2009: 37.

分布：云南（YN）

梃钩子密蛛 *Mysmena changouzi* Miller, Griswold & Yin, 2009

Miller, Griswold & Yin, 2009: 35.

分布：云南（YN）

叉突密蛛 *Mysmena furca* Lin & Li, 2008

Lin & Li, 2008: 495.

分布：云南（YN）

沟道密蛛 *Mysmena goudao* Miller, Griswold & Yin, 2009

Miller, Griswold & Yin, 2009: 39.

分布：云南（YN）

哈办密蛛 *Mysmena haban* Miller, Griswold & Yin, 2009

Miller, Griswold & Yin, 2009: 40.

分布：云南（YN）

金龙密蛛 *Mysmena jinlong* Miller, Griswold & Yin, 2009

Miller, Griswold & Yin, 2009: 37.

分布：云南（YN）

喙突密蛛 *Mysmena rostella* Lin & Li, 2008

Lin & Li, 2008: 492.

分布：云南（YN）

石坝里密蛛 *Mysmena shibali* Miller, Griswold & Yin, 2009

Miller, Griswold & Yin, 2009: 41.

分布：云南（YN）

螺旋密蛛 *Mysmena spirala* Lin & Li, 2008

Lin & Li, 2008: 488.

分布：海南（HI）

台湾密蛛 *Mysmena taiwanica* Ono, 2007

Ono, in Ono, Chang & Tso, 2007: 73.

分布：台湾（TW）

瓦屋密蛛 *Mysmena wawuensis* Lin & Li, 2013

Lin & Li, 2013: 35.

分布：四川（SC）

郑氏密蛛 *Mysmena zhengi* Lin & Li, 2008

Lin & Li, 2008: 490 (may belong to *Mosu*, per Miller, Griswold & Yin, 2009: 52).

分布：云南（YN）

小密蛛属 *Mysmenella* Brignoli, 1980

Brignoli, 1980: 731. Type species: *Mysmena illectrix* Simon, 1895

龚氏小密蛛 *Mysmenella gongi* Yin, Peng & Bao, 2004

Yin, Peng & Bao, 2004: 80; Lin & Li, 2008: 510.

分布：湖南（HN）

吉小密蛛 *Mysmenella jobi* (Kraus, 1967)

Kraus, 1967: 392 (*Mysmena j.*); Shinkai, 1977: 326 (*Mysmena j.*); Wunderlich, 1980: 267 (*Mysmena j.*); Brignoli, 1980: 731 (*Mysmenella j.*, Trans. from *Mysmena*); Kasal, 1982: 75 (*Mysmena j.*); Wunderlich, 1986: 222 (*Mysmena j.*); Namkung & Lee, 1987: 46 (*Mysmenella j.*); Heimer & Nentwig, 1991: 306

(*Mysmena j.*); Namkung, 2003: 148; Lee et al., 2004: 100; Le Peru, 2011: 344; Yin et al., 2012: 427.
分布：辽宁（LN）、湖南（HN）；韩国、日本、法国、德国、意大利、古北界

勐仑小密蛛 *Mysmenella menglunensis* Lin & Li, 2008
Lin & Li, 2008: 506.
分布：云南（YN）

伪吉小密蛛 *Mysmenella pseudojobi* Lin & Li, 2008
Lin & Li, 2008: 504; Ono, 2009: 402.
分布：北京（BJ）；日本

尹氏小密蛛 *Mysmenella yinae* Lin & Li, 2013
Lin & Li, 2013: 470.
分布：四川（SC）

思茅蛛属 *Simaoa* Miller, Griswold & Yin, 2009

Miller, Griswold & Yin, 2009: 42. Type species: *Simaoa yaojia* Miller, Griswold & Yin, 2009

边境思茅蛛 *Simaoa bianjing* Miller, Griswold & Yin, 2009
Miller, Griswold & Yin, 2009: 46.
分布：云南（YN）

卡氏思茅蛛 *Simaoa kavanaugh* Miller, Griswold & Yin, 2009
Miller, Griswold & Yin, 2009: 44.
分布：云南（YN）

马库思茅蛛 *Simaoa maku* Miller, Griswold & Yin, 2009
Miller, Griswold & Yin, 2009: 46.
分布：云南（YN）

姚家思茅蛛 *Simaoa yaojia* Miller, Griswold & Yin, 2009
Miller, Griswold & Yin, 2009: 43.
分布：云南（YN）

洞密蛛属 *Trogloneta* Simon, 1922

Simon, 1922: 200. Type species: *Troglonata granulum* Simon, 1922

齿勺洞密蛛 *Trogloneta denticocleari* Lin & Li, 2008
Lin & Li, 2008: 513.
分布：贵州（GZ）、云南（YN）

美洞密蛛 *Trogloneta speciosum* Lin & Li, 2008
Lin & Li, 2008: 514.
分布：云南（YN）

钩洞密蛛 *Trogloneta uncata* Lin & Li, 2013
Lin & Li, 2013: 476.
分布：云南（YN）

渝洞密蛛 *Trogloneta yuensis* Lin & Li, 2013
Lin & Li, 2013: 43.
分布：重庆（CQ）

33. 线蛛科 Nemesiidae Simon, 1889

世界 44 属 374 种；中国 3 属 12 种。

线蛛属 *Nemesia* Audouin, 1826

Audouin, 1826: 304. Type species: *Nemesia cellicola* Audouin, 1826

中华线蛛 *Nemesia sinensis* Pocock, 1901
Pocock, 1901: 212.
分布：浙江（ZJ）

雷文蛛属 *Raveniola* Zonstein, 1987

Zonstein, 1987: 1014. Type species: *Brachythele virgata* Simon, 1891

单色雷文蛛 *Raveniola concolor* Zonstein, 2000
Zonstein, 2000: 50.
分布：西藏（XZ）

广西雷文蛛 *Raveniola guangxi* (Raven & Schwendinger, 1995)
Raven & Schwendinger, 1995: 633 (*Sinopesa g.*); Zonstein & Marusik, 2012: 76 (*R. g.*, Trans. from *Sinopesa*).
分布：广西（GX）

河北雷文蛛 *Raveniola hebeinica* Zhu, Zhang & Zhang, 1999
Zhu, Zhang & Zhang, 1999: 366; Song, Zhu & Chen, 2001: 56; Zonstein & Marusik, 2012: 76.
分布：河北（HEB）

山地雷文蛛 *Raveniola montana* Zonstein & Marusik, 2012
Zonstein & Marusik, 2012: 77.
分布：云南（YN）

香格里拉雷文蛛 *Raveniola shangrila* Zonstein & Marusik, 2012
Zonstein & Marusik, 2012: 81.
分布：云南（YN）

宋氏雷文蛛 *Raveniola songi* Zonstein & Marusik, 2012
Zonstein & Marusik, 2012: 92.
分布：云南（YN）

西藏雷文蛛 *Raveniola xizangensis* (Hu & Li, 1987)
Hu & Li, 1987: 315 (*Brachythele x.*); Song, Zhu & Chen, 1999: 40 (*R. x.*, Trans. from *Brachythele*); Hu, 2001: 65 (*B. x.*);

Zonstein & Marusik, 2012: 94.
分布：西藏（XZ）

云南雷文蛛 *Raveniola yunnanensis* Zonstein & Marusik, 2012

Zonstein & Marusik, 2012: 93.
分布：云南（YN）

华足蛛属 *Sinopesa* Raven & Schwendinger, 1995

Raven & Schwendinger, 1995: 631. Type species: *Sinopesa maculata* Raven & Schwendinger, 1995

城步华足蛛 *Sinopesa chengbuensis* (Xu & Yin, 2002)

Xu & Yin, 2002: 474 (*Raveniola c.*); Zonstein & Marusik, 2012: 96 (*S. c.*, Trans. from *Raveniola*).
分布：湖南（HN）

秦华足蛛 *Sinopesa chinensis* (Kulczyński, 1901)

Kulczyński, 1901: 320 (*Brachythele c.*); Kritscher, 1957: 258 (*B. c.*); Zonstein, 1987: 1015 (*Raveniola c.*, Trans. from *Brachythele*); Zonstein & Marusik, 2012: 96 (*S. c.*, Trans. from *Raveniola*).
分布：陕西（SN）

中华华足蛛 *Sinopesa sinensis* (Zhu & Mao, 1983)

Zhu & Mao, 1983: 133 (*Macrothele s.*); Chen & Zhang, 1991: 33 (*M. s.*); Song, Zhu & Chen, 1999: 40 (*Raveniola s.*, Trans. from *Macrothele*); Song, Zhu & Chen, 2001: 57 (*R. s.*); Zonstein & Marusik, 2012: 96 (*S. s.*, Trans. from *Raveniola*).
分布：北京（BJ）、河南（HEN）、浙江（ZJ）

34. 络新妇科 Nephilidae Simon, 1894

世界 5 属 61 种；中国 3 属 6 种。

裂腹蛛属 *Herennia* Thorell, 1877

Thorell, 1877: 371. Type species: *Epeira multipuncta* Doleschall, 1859

多斑裂腹蛛 *Herennia multipuncta* (Doleschall, 1859)

Doleschall, 1859: 32 (*Epeira ornatissima*); Doleschall, 1859: 32 (*Epeira m.*); Stoliczka, 1869: 236 (*Epeira mammillaris*); Thorell, 1877: 371 (*H. m.*, Syn., first reviser); Karsch, 1880: 381 (*H. sampitana*); Thorell, 1887: 166 (*H. mollis*); Simon, 1894: 759 (*H. ornatissima*); Tikader, 1982: 106 (*H. o.*); Feng, 1990: 86 (*H. o.*); Hormiga, Eberhard & Coddington, 1995: 334 (*H. o.*); Song, Zhu & Chen, 1999: 213 (*H. o.*); Zhu, Song & Zhang, 2003: 71 (*H. o.*); Kuntner, 2005: 397 (*H. m.*, Syn.); Kuntner, Coddington & Hormiga, 2008: 168; Kuntner, Coddington & Schneider, 2009: 1452; Kuntner et al., 2009: 258; Eberhard & Huber, 2010: 264; Álvarez-Padilla & Hormiga, 2011: 846.
异名：
Herennia sampitana Karsch, 1880; Kuntner, 2005: 397 (Syn.);
H. mollis Thorell, 1887; Kuntner, 2005: 397 (Syn.).
分布：云南（YN）、台湾（TW）、海南（HI）；印度、印度尼西亚（苏拉威西）、婆罗洲

络新妇属 *Nephila* Leach, 1815

Leach, 1815: 134. Type species: *Aranea pilipes* Fabricius, 1793

对柄络新妇 *Nephila antipodiana* (Walckenaer, 1841)

Walckenaer, 1841: 93 (*Epeira a.*); Blackwall, 1864: 43 (*N. ornata*); Simon, 1877: 82 (*N. baeri*); Thorell, 1881: 141 (*N. holmerae*); Pocock, 1900: 160 (*N. nigritarsis insulicola*); Strand, 1911: 204 (*N. imperialis novae-mecklenburgiae*); Kulczyński, 1911: 464 (*N. ambigua*); Merian, 1911: 198 (*N. sarasinorum*); Dahl, 1912: 35, 59, 61; Strand, 1915: 206 (*N. celebesiana*); Yin et al., 1990: 2; Barrion & Litsinger, 1995: 563; Song, Zhu & Chen, 1999: 217; Harvey, Austin & Adams, 2007: 436 (*N. a.*, S); Kim, Park & Lee, 2007: 123.
异名：
Nephila nigritarsis insulicola Pocock, 1900 (removed from Syn. of *N. plumipes*); Harvey, Austin & Adams, 2007: 436 (Syn.);
N. ambigua Kulczyński, 1911; Harvey, Austin & Adams, 2007: 436 (Syn.);
N. imperialis novae-mecklenburgiae (Strand, 1911); Harvey, Austin & Adams, 2007: 436 (Syn.);
N. sarasinorum Merian, 1911; Harvey, Austin & Adams, 2007: 436 (Syn.);
N. celebesiana Strand, 1915; Harvey, Austin & Adams, 2007: 436 (Syn.).
分布：海南（HI）；菲律宾到巴布亚新几内亚、所罗门群岛、澳大利亚（昆士兰）

棒络新妇 *Nephila clavata* L. Koch, 1878

L. Koch, 1878: 741; Thorell, 1898: 335 (*N. limbata*); Simon, 1906: 308 (*N. obnubila*); Bösenberg & Strand, 1906: 190; Bösenberg & Strand, 1906: 201 (*Argiope maja*); Dahl, 1912: 35, 73; Schenkel, 1953: 27 (*N. clavatoides*); Schenkel, 1963: 134 (*N. c. cavaleriei*); Hikichi, 1977: 154; Tikader, 1982: 102; Brignoli, 1983: 241 (*N. c. cavalierei*, lapsus); Hu, 1984: 119; Zhu et al., 1985: 84; Chikuni, 1989: 80; Feng, 1990: 96; Chen & Gao, 1990: 69; Chen & Zhang, 1991: 110; Kim, Kim & Lee, 1999: 58; Song, Zhu & Chen, 1999: 217; Song, Zhu & Chen, 2001: 167; Namkung, 2002: 232; Kim & Cho, 2002: 318; Zhu, Song & Zhang, 2003: 75 (*N. c.*, Syn.); Namkung, 2003: 234; Tanikawa, 2007: 94; Kim, Ki & Park, 2008: 183; Tanikawa, 2009: 403; Jäger, 2012: 315 (*N. c.*, Syn.); Yin et al., 2012: 475.
异名：
Nephila maja (Bösenberg & Strand, 1906, Trans. from *Argiope*); Jäger, 2012: 315 (Syn.);
N. clavatoides Schenkel, 1953; Zhu, Song & Zhang, 2003: 75 (Syn.);
N. clavata cavaleriei Schenkel, 1963; Zhu, Song & Zhang, 2003: 75 (Syn.).
分布：辽宁（LN）、河北（HEB）、北京（BJ）、山西（SX）、山东（SD）、河南（HEN）、陕西（SN）、安徽（AH）、浙江（ZJ）、湖南（HN）、湖北（HB）、四川（SC）、贵州（GZ）、

云南（YN）、台湾（TW）广西（GX）、海南（HI）；印度到日本

劳日络新妇 *Nephila laurinae* Thorell, 1881

Doleschall, 1857: 413 (*Epeira imperialis*; preoccupied by Walckenaer, 1805); Doleschall, 1859: 28 (*Epeira imperialis*); Thorell, 1878: 118 (*N. imperialis*); Thorell, 1881: 142; Dahl, 1912: 36, 59 (*N. imperialis*); Liao, Chen & Song, 1984: 69 (*N. imperialis*); Song, 1987: 173 (*N. imperialis*); Song, Zhu & Chen, 1999: 217 (*N. imperialis*); Zhu, Song & Zhang, 2003: 78.

分布：广东（GD）、海南（HI）；东南亚到所罗门群岛

斑络新妇 *Nephila pilipes* (Fabricius, 1793)

Fabricius, 1781: 545 (*Aranea longipes*; preoccupied by Fuesslin, 1775); Fabricius, 1793: 424 (*Aranea maculata*, preoccupied by Olivier, 1789); Fabricius, 1793: 425 (*Aranea p.*); Walckenaer, 1802: 55 (*Aranea sebae*); Walckenaer, 1805: 53 (*Epeira chrysogaster*); Leach, 1815: 134 (*N. maculata*); C. L. Koch, 1839: 136 (*N. fuscipes*); Walckenaer, 1841: 92 (*Epeira chrysogaster*); Walckenaer, 1841: 97 (*Epeira fuscipes*); Walckenaer, 1841: 100 (*Epeira doreyana*); Walckenaer, 1841: 100 (*Epeira caliginosa*); Adams, 1847: 291 (*N. ornata*); Doleschall, 1857: 413 (*Epeira penicillum*); Doleschall, 1857: 413 (*Epeira walckenaeri*); Doleschall, 1859: 27 (*Epeira hasseltii*); Doleschall, 1859: 27 (*Epeira chrysogaster*); Doleschall, 1859: pl. 1 (*Epeira walckenaeri*); Doleschall, 1859: 28 (*Epeira harpyia*); O. P.-Cambridge, 1871: 620 (*N. chrysogaster*); L. Koch, 1872: 134 (*Meta ornata*); L. Koch, 1872: 156 (*N. fuscipes*); L. Koch, 1872: 157 (*N. pecuniosa*); L. Koch, 1872: 160 (*N. aurosa*); L. Koch, 1872: 162 (*N. procera*); L. Koch, 1872: 163 (*N. sulphurosa*); L. Koch, 1872: 165 (*N. tenuipes*); Thorell, 1877: 447 (*N. walckenaeri*); Thorell, 1881: 146 (*N. maculata annulipes*); McCook, 1894: 254 (*N. m.*); Simon, 1894: 755 (*N. m.*); Simon, 1901: 58 (*N. m. jalorensis*); Strand, 1906: 30 (*N. submaculata*); Strand, 1906: 261 (*N. m. novae-guineae*); Bösenberg & Strand, 1906: 193 (*N. m.*); Kulczyński, 1911: 469 (*N. pictithorax*); Merian, 1911: 195 (*N. m. flavornata*); Vis, 1911: 167 (*N. m. piscatorum*); Dahl, 1912: 35, 52 (*N. m.*); Dahl, 1912: 53 (*N. m. lauterbachi*); Hogg, 1915: 440 (*N. m. hasselti*); Hogg, 1915: 441 (*N. m. walckenaeri*); Saitō, 1959: 117 (*N. m.*); Chrysanthus, 1959: 197 (*N. m.*); Chrysanthus, 1960: 23 (*N. m.*); Wiehle, 1967: 195 (*N. m.*); Levi, 1980: 17 (*N. m.*); Tikader, 1982: 97 (*N. m.*); Schult & Sellenschlo, 1983: 222; Wunderlich, 1986: 197 (*N. m.*); Song, 1987: 174 (*N. m.*); Barrion et al., 1988: 248; Chikuni, 1989: 80 (*N. m.*); Hu & Wu, 1989: 106 (*N. m.*); Feng, 1990: 97 (*N. m.*); Chen & Zhang, 1991: 111 (*N. m.*); Barrion & Litsinger, 1995: 560 (*N. m.*); Song, Zhu & Chen, 1999: 217; Song, Zhu & Chen, 2001: 168; Zhu, Song & Zhang, 2003: 82; Kim, 2006: 203 (*N. m.*); Gajbe, 2007: 510 (*N. m.*); Harvey, Austin & Adams, 2007: 422 (*N. p.*, Syn.); Tanikawa, 2007: 94; Tanikawa, 2009: 404.

异名：

Nephila pilipes walckenaeri (Doleschall, 1857, Trans. from *Epeira*); Harvey, Austin & Adams, 2007: 423 (Syn.);

N. pilipes hasselti (Doleschall, 1859, Trans. from *Epeira*); Harvey, Austin & Adams, 2007: 423 (Syn.);

N. pilipes annulipes Thorell, 1881; Harvey, Austin & Adams, 2007: 423 (Syn.);

N. pilipes jalorensis (Simon, 1901); Harvey, Austin & Adams, 2007: 423 (Syn.);

N. pilipes novae-guineae (Strand, 1906); Harvey, Austin & Adams, 2007: 423 (Syn.);

N. pilipes flavornata Merian, 1911; Harvey, Austin & Adams, 2007: 423 (Syn.);

N. pictithorax Kulczyński, 1911; Harvey, Austin & Adams, 2007: 423 (Syn.);

N. pilipes piscatorum Vis, 1911; Harvey, Austin & Adams, 2007: 423 (Syn.);

N. pilipes lauterbachi (Dahl, 1912); Harvey, Austin & Adams, 2007: 423 (Syn.).

分布：浙江（ZJ）、贵州（GZ）、云南（YN）、台湾（TW）、广东（GD）、海南（HI）；印度到菲律宾、澳大利亚

近络新妇属 *Nephilengys* L. Koch, 1872

L. Koch, 1872: 144. Type species: *Epeira malabarensis* Walckenaer, 1841

马拉近络新妇 *Nephilengys malabarensis* (Walckenaer, 1841)

Walckenaer, 1841: 103 (*Epeira m.*); Walckenaer, 1841: 102 (*E. anama*); Doleschall, 1857: 420 (*E. malabarica*); Doleschall, 1859: 40 (*E. rhodosternon*); O. P.-Cambridge, 1871: 618 (*Nephila rivulata*); L. Koch, 1872: 144 (*N. schmeltzii*); L. Koch, 1872: 145 (*N. hofmanni*); Thorell, 1878: 123; Hasselt, 1882: 28 (*Nephila urna*); Simon, 1894: 745 (*Nephila m.*); Bösenberg & Strand, 1906: 192 (*Nephila m.*); Dahl, 1912: 46, 49 (*Nephila m.*); Wiehle, 1967: 195 (*Nephila m.*); Tikader, 1977: 181 (*Metepeira andamanensis*); Tikader, 1982: 95 (*Nephila m.*, Syn.); Millidge, 1988: 258 (*Nephila m.*); Davies, 1988: 296; Deeleman-Reinhold, 1989: 624; Deeleman-Reinhold, 1989: 626 (*N. niahensis*); Yin et al., 1990: 3 (*Nephila m.*); Barrion & Litsinger, 1995: 565; Song, Zhu & Chen, 1999: 217; Zhu, Song & Zhang, 2003: 85; Kuntner, 2007: 119, 121 (*N. m.*, Syn.); Kuntner, Coddington & Hormiga, 2008: 167; Kuntner, Coddington & Schneider, 2009: 1452; Kuntner et al., 2009: 258; Álvarez-Padilla & Hormiga, 2011: 848.

异名：

Nephilengys andamanensis (Tikader, 1977, Trans. from *Metepeira*); Tikader, 1982: 95 (Syn.);

N. niahensis Deeleman-Reinhold, 1989; Kuntner, 2007: 121 (Syn.).

分布：云南（YN）；印度到菲律宾、日本、印度尼西亚安汶岛

35. 类球蛛科 Nesticidae Simon, 1894

世界 10 属 224 种；中国 3 属 18 种。

小类球蛛属 *Nesticella* Lehtinen & Saaristo, 1980

Lehtinen & Saaristo, 1980: 55. Type species: *Nesticus*

nepalensis Hubert, 1973
异名：
Howaia Lehtinen & Saaristo, 1980; Wunderlich, 1986: 93 (Syn.).

细尖小类球蛛 *Nesticella apiculata* Liu & Li, 2013
Liu & Li, 2013: 502.
分布：河南（HEN）

弯弓小类球蛛 *Nesticella arcuata* Liu & Li, 2013
Liu & Li, 2013: 511.
分布：云南（YN）

短足小类球蛛 *Nesticella brevipes* (Yaginuma, 1970)
Komatsu, 1940: 194 (*Theridion pilula*, misidentified); Yaginuma, 1970: 386 (*Nesticus*); Yaginuma, 1970: 390 (*Nesticus terrestris*, not male =*N. mogera*); Yamaguchi & Yaginuma, 1971: 172 (*Nesticus*); Yaginuma, 1972: 619 (*Nesticus b.*, Syn.); Yaginuma, 1977: 315 (*Nesticus*); Song, Zhu & Chen, 1999: 85; Namkung, 2002: 80; Namkung, 2003: 82; Lee et al., 2004: 100; Marusik & Crawford, 2006: 187 (*Howaia b.*); Kamura & Irie, 2009: 353; Marusik & Kovblyuk, 2011: 199 (*Howaia b.*).
异名：
Nesticella terrestris (Yaginuma, 1970, Trans. from *Nesticus*); Yaginuma, 1972: 619 (Syn., sub *Nesticus*).
分布：浙江（ZJ）；韩国、日本、俄罗斯

镰形小类球蛛 *Nesticella falcata* Liu & Li, 2013
Liu & Li, 2013: 511.
分布：贵州（GZ）

纤细小类球蛛 *Nesticella gracilenta* Liu & Li, 2013
Liu & Li, 2013: 512.
分布：贵州（GZ）

底栖小类球蛛 *Nesticella mogera* (Yaginuma, 1972)
Yaginuma, 1970: 390 (*Nesticus terrestris*, misidentified); Yaginuma, 1972: 621 (*Nesticus*); Gertsch, 1973: 168 (*Nesticus*); Yaginuma, 1977: 315 (*Nesticus*); Shimojana, 1977: 353 (*Nesticus*); Yaginuma, 1979: 275 (*Nesticus*); Lehtinen & Saaristo, 1980: 53 (*Howaia m.*, Trans. from *Nesticus*); Gong & Zhu, 1982: 62 (*Nesticus*); Hu, 1984: 175 (*Nesticus*); Gertsch, 1984: 44 (*Nesticus*); Yaginuma, 1986: 55 (*Nesticus*); Chikuni, 1989: 45 (*Nesticus*); Chen & Zhang, 1991: 157 (*Nesticus*); Song, Zhu & Chen, 1999: 86; Kim, Yoo & Lee, 1999: 183; Marusik & Guseinov, 2003: 38 (*Howaia m.*); Kamura & Irie, 2009: 353; Kielhorn, 2009: 32; Liu & Li, 2013: 521.
分布：内蒙古（NM）、山东（SD）、陕西（SN）、浙江（ZJ）、贵州（GZ）；韩国、日本、阿塞拜疆、夏威夷、斐济、德国为引入种

齿小类球蛛 *Nesticella odonta* (Chen, 1984)
Chen, 1984: 34 (*Nesticus odontus*); Platnick, 1989: 184; Chen & Zhang, 1991: 158 (*Nesticus odontus*); Song, Zhu & Chen, 1999: 86 (*N. o.*).
分布：安徽（AH）、浙江（ZJ）

半圆小类球蛛 *Nesticella semicircularis* Liu & Li, 2013
Liu & Li, 2013: 521.
分布：贵州（GZ）

山林小类球蛛 *Nesticella shanlinensis* Liu & Li, 2013
Liu & Li, 2013: 521.
分布：贵州（GZ）

宋氏小类球蛛 *Nesticella songi* Chen & Zhu, 2004
Chen & Zhu, 2004: 87.
分布：贵州（GZ）

台湾小类球蛛 *Nesticella taiwan* Tso & Yoshida, 2000
Tso & Yoshida, 2000: 13.
分布：台湾（TW）

垂直小类球蛛 *Nesticella verticalis* Liu & Li, 2013
Liu & Li, 2013: 522.
分布：贵州（GZ）

虞氏小类球蛛 *Nesticella yui* Wunderlich & Song, 1995
Wunderlich & Song, 1995: 347; Song, Zhu & Chen, 1999: 86.
分布：云南（YN）

类球蛛属 *Nesticus* Thorell, 1869

Thorell, 1869: 88. Type species: *Araneus cellulanus* Clerck, 1757
异名：
Ivesia Petrunkevitch, 1925; Kaston, 1945: 4 (Syn.);
Tuganobia Chamberlin, 1933; Gertsch, 1984: 16 (Syn.).

荔波类球蛛 *Nesticus libo* Chen & Zhu, 2005
Chen & Zhu, 2005: 735.
分布：贵州（GZ）

球形类球蛛 *Nesticus globosus* Liu & Li, 2013
Liu & Li, 2013: 537.
分布：广西（GX）

舟状类球蛛 *Nesticus navicellatus* Liu & Li, 2013
Liu & Li, 2013: 542.
分布：广西（GX）

八木类球蛛 *Nesticus yaginumai* Yin, 2012
Yin, in Yin et al., 2012: 238 (if actually intended to be different from the above species, the name is a primary junior homonym and cannot be used).
分布：湖南（HN）

伪类球蛛属 *Pseudonesticus* Liu & Li, 2013

Liu & Li, 2013: 790. Type species: *Pseudonesticus clavatus* Liu & Li, 2013

棒状伪类球蛛 *Pseudonesticus clavatus* Liu & Li, 2013

Liu & Li, 2013: 790.
分布：云南（YN）

36. 花洞蛛科 Ochyroceratidae Fage, 1912

世界 15 属 175 种；中国 6 属 13 种。

阿瑟蛛属 *Althepus* Thorell, 1898

Thorell, 1898: 297. Type species: *Althepus pictus* Thorell, 1898

克氏阿瑟蛛 *Althepus christae* Wang & Li, 2013

Wang & Li, 2013: 40.
分布：云南（YN）

曲胫蛛属 *Flexicrurum* Tong & Li, 2007

Tong & Li, 2007: 64. Type species: *Flexicrurum flexicrurum* Tong & Li, 2007

曲足曲胫蛛 *Flexicrurum flexicrurum* Tong & Li, 2007

Tong & Li, 2007: 64.
分布：海南（HI）

长刺曲胫蛛 *Flexicrurum longispina* Tong & Li, 2007

Tong & Li, 2007: 64.
分布：海南（HI）

小曲胫蛛 *Flexicrurum minutum* Tong & Li, 2007

Tong & Li, 2007: 65.
分布：海南（HI）

利克蛛属 *Leclercera* Deeleman-Reinhold, 1995

Deeleman-Reinhold, 1995: 45. Type species: *Leclercera khaoyai* Deeleman-Reinhold, 1995

波状利克蛛 *Leclercera undulata* Wang & Li, 2013

Wang & Li, 2013: 40 (*L. undulatus*).
分布：云南（YN）

埃特蛛属 *Ouette* Saaristo, 1998

Saaristo, 1998: 22. Type species: *Ouette ouette* Saaristo, 1998

环埃特蛛 *Ouette gyrus* Tong & Li, 2007

Tong & Li, 2007: 69.
分布：海南（HI）

裸斑蛛属 *Psiloderces* Simon, 1892

Simon, 1892: 40. Type species: *Psiloderces egeria* Simon, 1892

纤细裸斑蛛 *Psiloderces exilis* Wang & Li, 2013

Wang & Li, 2013: 49.
分布：广西（GX）

朴素裸斑蛛 *Psiloderces incomptus* Wang & Li, 2013

Wang & Li, 2013: 56.
分布：云南（YN）

角洞蛛属 *Speocera* Berland, 1914

Berland, 1914: 89. Type species: *Speocera pallida* Berland, 1914
异名：
Apiacera Marples, 1955; Brignoli, 1979: 597 (Syn.);
Simonicera Brignoli, 1979; Deeleman-Reinhold, 1995: 72 (Syn.).

芒果角洞蛛 *Speocera asymmetrica* Tong & Li, 2007

Tong & Li, 2007: 69.
分布：海南（HI）

双角角洞蛛 *Speocera bicornea* Tong & Li, 2007

Tong & Li, 2007: 72.
分布：海南（HI）

八齿角洞蛛 *Speocera octodentis* Tong & Li, 2007

Tong & Li, 2007: 72.
分布：海南（HI）

杰克逊角洞蛛 *Speocera rjacksoni* Barrion, Barrion-Dupo & Heong, 2012

Barrion et al., 2012: 21.
分布：海南（HI）

宋氏角洞蛛 *Speocera songae* Tong & Li, 2007

Tong & Li, 2007: 72.
分布：海南（HI）

37. 拟壁钱科 Oecobiidae Blackwall, 1862

世界 6 属 110 种；中国 2 属 7 种。

拟壁钱属 *Oecobius* Lucas, 1846

Lucas, 1846: 101. Type species: *Clotho cellariorum* Dugès, 1836
异名：
Thalamia Hentz, 1850; Shear, 1970: 135 (Syn.);
Ambika Lehtinen, 1967; Shear, 1970: 135 (Syn.);
Maitreja Lehtinen, 1967; Shear & Benoit, 1974: 709 (Syn.);
Tarapaca Lehtinen, 1967; Shear, 1970: 135 (Syn.).

居室拟壁钱 *Oecobius cellariorum* (Dugčs, 1836)

Dugčs, 1836: 161 (*Clotho c.*); Lucas, 1846: 101 (*O. domesticus*); Simon, 1875: 7; Bryant, 1936: 87 (*O. texanus*); Kritscher, 1966: 287; Lehtinen, 1967: 433; Shear, 1970: 136 (*O. c.*, Syn.); Kraus & Baum, 1972: 167; Baum, 1972: 122; Benoit, 1977: 27; Qiu & Zheng, 1981: 141 (*O. shaanxiensis*); Qiu, 1981: 18 (*O. shensiensis*); Yin & Wang, 1981: 143 (*O. sinensis*); Zhu, 1983: 7 (*O. c.*, Syn.); Yaginuma & Wen, 1983: 195; Song, Hu & Liu, 1984: 2 (*O. c.*, Syn.); Hu, 1984: 50; Barrientos et al., 1985: 223; Song, 1987: 88; Kumada, 1988: 1; Feng, 1990: 30; Chen & Gao, 1990: 22; Chen & Zhang, 1991: 37; Heimer & Nentwig, 1991: 54; Wunderlich, 1995: 593;

Song, Zhu & Chen, 1999: 77; Song, Zhu & Chen, 2001: 81; Jocqué & Dippenaar-Schoeman, 2006: 188; Ono, 2009: 128; Le Peru, 2011: 325; El-Hennawy, 2011: 4; Marusik & Kovblyuk, 2011: 273; Zhu & Zhang, 2011: 54; Yin et al., 2012: 203.

异名：

Oecobius texanus Bryant, 1936; Shear, 1970: 137 (Syn.);

O. sinensis Yin & Wang, 1981; Zhu, 1983: 7 (Syn.); Song, Hu & Liu, 1984: 2 (Syn.);

O. shaanxiensis Qiu & Zheng, 1981; Zhu, 1983: 7 (Syn.); Song, Hu & Liu, 1984: 2 (Syn.).

分布：河北（HEB）、山东（SD）、陕西（SN）、浙江（ZJ）、湖南（HN）、四川（SC）；世界性分布

马拉拟壁钱 *Oecobius marathaus* Tikader, 1962

Tikader, 1962: 684; Lee, 1966: 18 (*O. formosensis*, misidentified per Santos, Gonzaga & Hormiga, 2009: 101); Lehtinen, 1967: 246 (*Maitreja m.*, Tf from *Oecobius*); Shear & Benoit, 1974: 709; Saaristo, 1978: 104 (*O. reefi*); Baum, 1980: 347 (*O. marathans*); Schmidt & Krause, 1994: 234 (*O. reefi*); Wunderlich, 1995: 691 (*O. inopinatus*); Saaristo, 1997: 71 (*Maitreja m.*, Syn. of male); Santos & Gonzaga, 2003: 247 (*O. m.*, Syn.); Saaristo, 2010: 106 (*Maitreja m.*).

异名：

Oecobius reefi Saaristo, 1978; Saaristo, 1997: 71 (Syn., sub *Maitreja*);

O. inopinatus Wunderlich, 1995; Santos & Gonzaga, 2003: 247 (Syn.).

分布：台湾（TW）；泛热带地区

纳迪拟壁钱 *Oecobius nadiae* (Spassky, 1936)

Spassky, 1936: 43 (*Uroctea n.*); Andreeva, 1975: 327 (*O. n.*, Trans. from *Uroctea*); Andreeva, 1976: 20; Kullmann & Zimmermann, 1976: 42 (*O. afghanicus*); Ovtsharenko & Fet, 1980: 445 (*O. n.*, Syn.); Zhou, Wang & Zhu, 1983: 153 (*O. afghanicus*); Song, Hu & Liu, 1984: 1 (*O. a.*); Hu, 1984: 48 (*O. a.*); Song, 1987: 85 (*O. a.*); Hu & Wu, 1989: 55 (*O. a.*); Chen & Gao, 1990: 21 (*O. a.*); Song, Zhu & Chen, 1999: 77.

异名：

Oecobius afghanicus Kullmann & Zimmermann, 1976; Ovtsharenko & Fet, 1980: 445 (Syn.).

分布：新疆（XJ）、四川（SC）；中亚

船形拟壁钱 *Oecobius navus* Blackwall, 1859

Blackwall, 1859: 266; Hentz, 1850: 35 (*Thalamia parietalis*); O. P.-Cambridge, 1873: 531 (*O. ionicus*); Simon, 1875: 9 (*O. annulipes*, misidentified); Keyserling, 1891: 160 (*Omanus maculatus*; preoccupied by Simon, 1870, sub *Oecobius*); Simon, 1892: 247 (*O. parietalis*); Simon, 1892: 247 (*O. annulipes*, misidentified); Simon, 1893: 435; Kulczyński, 1899: 333; Emerton, 1909: 212 (*O. parietalis*); Petrunkevitch, 1911: 114 (*O. maculatus*, Trans. from *Omanus m.*); Comstock, 1912: 288 (*O. parietalis*); Mello-Leitão, 1915: 132 (*O. hammondi*); Mello-Leitão, 1917: 78 (*O. variabilis*); Mello-Leitão, 1917: 9 (*O. fluminensis*); Mello-Leitão, 1917: 10 (*O. variabilis*); Butler, 1929: 49; Chamberlin & Ivie, 1935: 267 (*O. parietalis*); Mello-Leitão, 1943: 153 (*O. n.*, Syn.); Kaston, 1948: 499 (*O. parietalis*); Roewer, 1951: 454 (*O. keyserlingi*, replacement name for *Omanus maculatus* Keyserling, 1891); Lawrence, 1952: 185 (*O. hortensis*); Hassan, 1953: 21 (*O. annulipes*); Schmidt, 1956: 140 (*O. annulipes immaculatus*); Denis, 1962: 104 (*O. annulipes*); Ledoux, 1963: 100 (*O. annulipes*); Denis, 1963: 45 (*O. immaculatus*, elevated to species); Kritscher, 1966: 285 (*O. annulipes*); Lehtinen, 1967: 254, 269 (*Thalamia annulipes*, Trans. from *Oecobius*, Syn.); Shear, 1970: 138 (*O. annulipes*); Baum, 1972: 117 (*O. annulipes*); Shear & Benoit, 1974: 710 (*O. annulipes*, Syn.); Kullmann & Zimmermann, 1976: 42 (*O. annulipes*); Benoit, 1976: 669 (*O. trifidivulva*); Ritchie, 1978: 210 (*O. annulipes*); Paik, 1978: 201 (*O. annulipes*); Yaginuma, 1986: 16 (*O. annulipes*); Song, 1987: 87 (*O. annulipes*); Wunderlich, 1987: 115 (*O. n.*; previous references to this species as *O. annulipes* are considered by Wunderlich to be misidentifications); Kumada, 1988: 1 (*O. annulipes*); Chikuni, 1989: 24 (*O. annulipes*); Coddington, 1990: 10 (*O. annulipes*); Chen & Zhang, 1991: 38 (*O. annulipes*); Heimer & Nentwig, 1991: 54 (*O. annulipes*); Wunderlich, 1992: 349; Roberts, 1995: 89; Wunderlich, 1995: 595 (*O. n.*, Syn.); Wunderlich, 1995: 691; Song, Chen & Zhu, 1997: 1704; Roberts, 1998: 92; Song, Zhu & Chen, 1999: 77; Namkung, 2002: 64; Santos & Gonzaga, 2003: 240 (*O. n.*, Syn.); Paquin & Dupérré, 2003: 176; Namkung, 2003: 66; Griswold et al., 2005: 33; Jocqué & Dippenaar-Schoeman, 2006: 188 (*O. annulipes*); Ono, 2009: 127; Paquin, Vink & Dupérré, 2010: 38; Le Peru, 2011: 325; Yin et al., 2012: 205.

异名：

Oecobius parietalis (Hentz, 1850, Trans. from *Thalamia*); Lehtinen, 1967: 269 (Syn., sub *Thalamia annulipes*);

O. ionicus O. P.-Cambridge, 1873 (removed from S of *O. cellariorum*); Wunderlich, 1995: 595 (Syn.);

O. hammondi Mello-Leitão, 1915; Mello-Leitão, 1943: 153 (Syn.);

O. fluminensis Mello-Leitão, 1917; Santos & Gonzaga, 2003: 241 (Syn.);

O. variabilis Mello-Leitão, 1917; Mello-Leitão, 1943: 153 (Syn.);

O. keyserlingi Roewer, 1951; Mello-Leitão, 1943: 153 (Syn., sub *O. maculatus*, preoccupied);

O. hortensis Lawrence, 1952; Lehtinen, 1967: 254 (Syn., sub *Thalamia annulipes*);

O. annulipes immaculatus Schmidt, 1956; Shear & Benoit, 1974: 710 (Syn., sub *O. annulipes*);

O. trifidivulvus Benoit, 1976; Santos & Gonzaga, 2003: 241 (Syn.).

分布：浙江（ZJ）、湖南（HN）、四川（SC）、云南（YN）、台湾（TW）、广东（GD）、香港（HK）；世界性分布

高原拟壁钱 *Oecobius przewalskyi* Hu & Li, 1987

Hu & Li, 1987: 247; Song, Zhu & Chen, 1999: 77; Hu, 2001: 89.

分布：西藏（XZ）

壁钱蛛属 *Uroctea* Dufour, 1820

Dufour, 1820: 198. Type species: *Clotho durandii* Latreille, 1809

华南壁钱 *Uroctea compactilis* L. Koch, 1878

L. Koch, 1878: 749; Bösenberg & Strand, 1906: 126; Nakatsudi, 1942: 303; Saitō, 1959: 35; Yaginuma, 1960: 47; Yaginuma, 1971: 47; Baum, 1972: 110; Hikichi, 1977: 154; Paik, 1978: 297; Hu, 1984: 84; Zhu, 1984: 170; Yaginuma, 1986: 90; Chikuni, 1989: 96; Feng, 1990: 49; Chen & Gao, 1990: 41; Chen & Zhang, 1991: 80; Kim & Lee, 1998: 53; Song, Zhu & Chen, 1999: 78; Namkung, 2002: 66; Kim & Cho, 2002: 62; Namkung, 2003: 68; Ono, 2009: 148; Yin et al., 2012: 206.

分布：浙江（ZJ）、湖南（HN）、四川（SC）、云南（YN）、福建（FJ）；韩国、日本

北国壁钱 *Uroctea lesserti* Schenkel, 1936

Schenkel, 1936: 266; Schenkel, 1953: 15 (*U. undecimmaculata*); Schenkel, 1963: 99 (*U. joannisi*); Namkung, 1964: 37 (*U. limbata*, misidentified); Kraus & Baum, 1972: 167; Baum, 1972: 110; Paik, 1978: 299 (*U. limbata*, misidentified); Baum, 1980: 354 (*U. l.*, Syn.); Wen & Zhu, 1980: 40; Brignoli, 1983: 216 (*U. undecimmaculata*); Hu, 1984: 83; Zhu, 1984: 169; Zhu et al., 1985: 66; Zhang, 1987: 61; Feng, 1990: 50; Kim & Namkung, 1992: 102; Kim & Lee, 1998: 54; Song, Zhu & Chen, 1999: 78 (*U. l.*, Syn.); Song, Zhu & Chen, 2001: 83; Namkung, 2002: 65; Namkung, 2003: 67.

异名：

Uroctea undecimmaculata Schenkel, 1953; Song, Zhu & Chen, 1999: 78 (Syn.);

U. joannisi Schenkel, 1963; Baum, 1980: 354 (Syn.).

分布：黑龙江（HL）、吉林（JL）、辽宁（LN）、河北（HEB）、北京（BJ）、山东（SD）、河南（HEN）、陕西（SN）、甘肃（GS）、江苏（JS）；韩国

38. 卵形蛛科 Oonopidae Simon, 1890

世界 102 属 1545 种；中国 12 属 56 种。

博蛛属 *Brignolia* Dumitrescu & Georgescu, 1983

Dumitrescu & Georgescu, 1983: 107. Type species: *Brignolia cubana* Dumitrescu & Georgescu, 1983

小斑博蛛 *Brignolia parumpunctata* (Simon, 1893)

Simon, 1893: 305 (*Xestaspis parumpunctata*); Saaristo, 2010: 111 (*Brignolia cubana*); Platnick et al., 2011: 14 (*B. parumpunctata*); Tong & Li, 2014: 68.

分布：台湾（TW）；泛热带区

拟巨膝蛛属 *Camptoscaphiella* Caporiacco, 1934

Caporiacco, 1934: 118. Type species: *Camptoscaphiella fulva* Caporiacco, 1934

帕琴拟巨膝蛛 *Camptoscaphiella paquini* Ubick, 2010

Ubick, in Baehr & Ubick, 2010: 13; Ubick & Griswold, 2011: 4.

分布：云南（YN）

中华拟巨膝蛛 *Camptoscaphiella sinensis* Deeleman-Reinhold, 1995

Deeleman-Reinhold, 1995: 26; Song, Zhu & Chen, 1999: 68.

分布：云南（YN）

具瘤拟巨膝蛛 *Camptoscaphiella tuberans* Tong & Li, 2007

Tong & Li, 2007: 335.

分布：云南（YN）

加马蛛属 *Gamasomorpha* Karsch, 1881

Karsch, 1881: 40. Type species: *Gamasomorpha cataphracta* Karsch, 1881

安徽加马蛛 *Gamasomorpha anhuiensis* Song & Xu, 1984

Song & Xu, 1984: 361; Song, 1987: 90; Xu, 1997: 17; Song, Zhu & Chen, 1999: 68; Tong, 2013: 26.

分布：安徽（AH）、海南（HI）

须加马蛛 *Gamasomorpha barbifera* Tong & Li, 2007

Tong & Li, 2007: 339.

分布：云南（YN）

甲胄加马蛛 *Gamasomorpha cataphracta* Karsch, 1881

Karsch, 1881: 40; Simon, 1893: 72; Simon, 1893: 301; Bösenberg & Strand, 1906: 116; Bösenberg & Strand, 1906: 116 (*Oonops corticalis*); Strand, 1918: 91; Brignoli, 1974: 74 (*G. c.*, Syn.); Yaginuma, 1986: 26; Song, 1987: 90; Chikuni, 1989: 25; Song, Zhu & Chen, 1999: 68; Namkung, 2002: 55; Namkung, 2003: 57; Ono, 2009: 103.

异名：

Gamasomorpha corticalis (Bösenberg & Strand, 1906, Trans. from *Oonops*); Brignoli, 1974: 74 (Syn.).

分布：台湾（TW）；韩国、日本、菲律宾

长毛加马蛛 *Gamasomorpha comosa* Tong & Li, 2009

Tong & Li, 2009: 23.

分布：海南（HI）

林芝加马蛛 *Gamasomorpha linzhiensis* Hu, 2001

Hu, 2001: 78.

分布：西藏（XZ）

黑纹加马蛛 *Gamasomorpha nigrilineata* Xu, 1986

Xu, 1986: 270; Chen & Zhang, 1991: 64; Song, Zhu & Chen, 1999: 68.

分布：安徽（AH）、浙江（ZJ）

条纹加马蛛 *Gamasomorpha virgulata* Tong & Li, 2009

Tong & Li, 2009: 24.

分布：海南（HI）

弱斑蛛属 *Ischnothyreus* Simon, 1893

Simon, 1893: 302. Type species: *Ischnaspis peltifer* Simon, 1891

异名：

Ischnothyrella Saaristo, 2001; Platnick, Berniker & Kranz-Baltensperger, 2012: 6 (Syn.).

耳形弱斑蛛 *Ischnothyreus auritus* Tong & Li, 2012

Tong & Li, 2012: 26.

分布：海南（HI）

钟形弱斑蛛 *Ischnothyreus campanaceus* Tong & Li, 2008

Tong & Li, 2008: 56.

分布：海南（HI）

镰形弱斑蛛 *Ischnothyreus falcatus* Tong & Li, 2008

Tong & Li, 2008: 56.

分布：海南（HI）

鞭螯弱斑蛛 *Ischnothyreus flagellichelis* Xu, 1989

Xu, 1989: 19; Song, Zhu & Chen, 1999: 69.

分布：安徽（AH）

韩氏弱斑蛛 *Ischnothyreus hanae* Tong & Li, 2008

Tong & Li, 2008: 59.

分布：海南（HI）

垦丁弱斑蛛 *Ischnothyreus kentingensis* Tong & Li, 2014

Tong & Li, 2014: 69.

分布：台湾（TW）

林芝弱斑蛛 *Ischnothyreus linzhiensis* Hu, 2001

Hu, 2001: 79.

分布：西藏（XZ）

纳氏弱斑蛛 *Ischnothyreus narutomii* (Nakatsudi, 1942)

Nakatsudi, 1942: 287 (*Gamasomorpha n.*); Oi, 1958: 31 (*I. japonicus*); Lee, 1966: 22 (*I. n.*, Syn.); Yaginuma, 1971: 23; Yaginuma, 1986: 26; Chikuni, 1989: 25; Tong & Li, 2008: 60; Ono, 2009: 103.

异名：

Ischnothyreus japonicus Oi, 1958; Lee, 1966: 22 (Syn.).

分布：台湾（TW）、海南（HI）；日本

具盾弱斑蛛 *Ischnothyreus peltifer* (Simon, 1891)

Simon, 1891: 562 (*Ischnaspis p.*); Petrunkevitch, 1929: 66; Bryant, 1942: 324 (*Dysderina antillana*); Bryant, 1948: 340 (*Dysderina antillana*); Bristowe, 1948: 890 (*I. velox*, misidentified); Locket & Millidge, 1951: 76 (*I. velox*, misidentified); Chickering, 1951: 219; Suman, 1965: 226 (*I. omus*); Chickering, 1968: 80 (*I. p.*, Syn.); Chickering, 1969: 145 (*I. p.*, Syn.); Brignoli, 1974: 80 (*I. formosus*); Benoit, 1977: 41 (*I. p.*, misidentified); Benoit, 1979: 208 (*I. sechellorum*); Dumitrescu & Georgescu, 1983: 96; Song, 1987: 91 (*I. formosus*); Chen & Zhang, 1991: 62 (*I. formosus*); Chen & Zhang, 1991: 63 (*I. onus*, lapsus); Saaristo, 1999: 3 (*I. p.*, Syn.); Song, Zhu & Chen, 1999: 69 (*I. formosus*); Song, Zhu & Chen, 1999: 69 (*I. omus*); Saaristo, 2001: 345 (*I. p.*, Syn.); Saaristo & van Harten, 2006: 135; Ono, 2009: 103 (*I. omus*); Saaristo, 2010: 119; Platnick, Berniker & Kranz-Baltensperger, 2012: 7.

异名：

Ischnothyreus antillanus (Bryant, 1942, Trans. from *Dysderina*); Chickering, 1968: 80 (Syn.);

I. omus Suman, 1965; Saaristo, 2001: 345 (Syn., sub *I. omosus*);

I. formosus Brignoli, 1974; Saaristo, 2001: 345 (Syn., sub *I. formusus*);

I. sechellorum Benoit, 1979; Saaristo, 1999: 3 (Syn.).

分布：安徽（AH）、浙江（ZJ）、台湾（TW）、海南（HI）；泛热带地区、加拿大到欧洲为引入种

千龙弱斑蛛 *Ischnothyreus qianlongae* Tong & Li, 2008

Tong & Li, 2008: 60.

分布：海南（HI）

刺弱斑蛛 *Ischnothyreus spineus* Tong & Li, 2012

Tong & Li, 2012: 29.

分布：海南（HI）

徐氏弱斑蛛 *Ischnothyreus xui* Tong & Li, 2012

Tong & Li, 2012: 29.

分布：海南（HI）

媛烨弱斑蛛 *Ischnothyreus yuanyeae* Tong & Li, 2012

Tong & Li, 2012: 26.

分布：海南（HI）

岳麓弱斑蛛 *Ischnothyreus yueluensis* Yin & Wang, 1984

Yin & Wang, 1984: 51 (*I. narutomii y.*); Song, Zhu & Chen, 1999: 69 (*I. y.*, elevated from subspecies); Yin et al., 2012: 180.

分布：湖南（HN）

卵形蛛属 *Oonopinus* Simon, 1893

Simon, 1893: 446. Type species: *Oonops angustatus* Simon, 1882

角卵形蛛 *Oonopinus corneus* Tong & Li, 2008

Tong & Li, 2008: 62.

分布：海南（HI）

球卵形蛛 *Oonopinus pilulus* Suman, 1965

Suman, 1965: 237; Chen & Zhang, 1991: 67.

分布：浙江（ZJ）；夏威夷

巨膝蛛属 *Opopaea* Simon, 1891

Simon, 1891: 560. Type species: *Epectris apicalis* Simon, 1893

异名：

Epectris Simon, 1893; Baehr et al., 2013: 109 (Syn.);

Myrmecoscaphiella Mello-Leitão, 1926; Platnick & Dupérré, 2009: 3 (Syn.);

Nale Saaristo & Marusik, 2008; Platnick & Dupérré, 2009: 29, sub *Epectris* (Syn.).

端斑巨膝蛛 *Opopaea apicalis* (Simon, 1893)

Tong & Li, 2014: 74.

分布：台湾（TW）；泛热带区

崇林巨膝蛛 *Opopaea chunglinchaoi* Barrion, Barrion-Dupo & Heong, 2012

Barrion et al., 2012: 21.

分布：海南（HI）

牯牛降埃蛛 *Opopaea conujaingensis* (Xu, 1986)

Xu, 1986: 271 (*Epectris c.*; misplaced in this genus, per Platnick & Dupérré, 2009: 29); Song, Zhu & Chen, 1999: 68 (*E. guniujiangensis*, invalid emendation).

分布：安徽（AH）

角巨膝蛛 *Opopaea cornuta* Yin & Wang, 1984

Yin & Wang, 1984: 52; Song, 1987: 92; Feng, 1990: 43; Chen & Zhang, 1991: 67; Song, Zhu & Chen, 1999: 69; Burger, Nentwig & Kropf, 2003: 91; Tong & Li, 2010: 24; Yin et al., 2012: 182; Tong, 2013: 37.

分布：浙江（ZJ）、湖南（HN）、云南（YN）、海南（HI）

沙漠巨膝蛛 *Opopaea deserticola* Simon, 1891

Tong & Li, 2014: 74.

分布：台湾（TW）；泛热带区

吊罗山巨膝蛛 *Opopaea diaolaushan* Tong & Li, 2010

Tong & Li, 2010: 25; Tong, 2013: 38.

分布：海南（HI）

叉板巨膝蛛 *Opopaea furcula* Tong & Li, 2010

Tong & Li, 2010: 30; Tong, 2013: 39.

分布：海南（HI）

瘤巨膝蛛 *Opopaea gibbifera* Tong & Li, 2008

Tong & Li, 2008: 64; Tong & Li, 2010: 32; Tong, 2013: 41.

分布：海南（HI）

中位巨膝蛛 *Opopaea media* Song & Xu, 1984

Song & Xu, 1984: 362 (*O. medius*); Song, 1987: 94 (*O. medius*); Chen & Zhang, 1991: 67 (*O. medius*); Song, Zhu & Chen, 1999: 69.

分布：安徽（AH）、浙江（ZJ）

羽巨膝蛛 *Opopaea plumula* Yin & Wang, 1984

Yin & Wang, 1984: 54; Song, 1987: 94; Song, Zhu & Chen, 1999: 69; Yin et al., 2012: 183.

分布：湖南（HN）

三亚巨膝蛛 *Opopaea sanya* Tong & Li, 2010

Tong & Li, 2010: 32; Tong, 2013: 42.

分布：海南（HI）

索氏巨膝蛛 *Opopaea sauteri* Brignoli, 1974

Brignoli, 1974: 82; Song, 1987: 95; Song, Zhu & Chen, 1999: 69; Tong & Li, 2010: 35; Tong, 2013: 42.

分布：台湾（TW）、海南（HI）

透刺巨膝蛛 *Opopaea vitrispina* Tong & Li, 2010

Tong & Li, 2010: 36; Tong, 2013: 44.

分布：海南（HI）

奥蛛属 *Orchestina* Simon, 1882

Simon, 1882: 237. Type species: *Schoenobates pavesii* Simon, 1873

异名：

Ferchestina Saaristo & Marusik, 2004; Platnick et al., 2012: 37 (Syn.).

金色奥蛛 *Orchestina aureola* Tong & Li, 2011

Tong & Li, 2011: 37; Tong, 2013: 45.

分布：海南（HI）

棒形奥蛛 *Orchestina clavulata* Tong & Li, 2011

Tong & Li, 2011: 38; Tong, 2013: 47.

分布：海南（HI）

中国奥蛛 *Orchestina sinensis* Xu, 1987

Xu, 1987: 256; Chen & Zhang, 1991: 65; Song, Zhu & Chen, 1999: 69.

分布：安徽（AH）

纹胸奥蛛 *Orchestina thoracica* Xu, 1987

Xu, 1987: 257; Song, Zhu & Chen, 1999: 69.

分布：安徽（AH）、台湾（TW）

截形奥蛛 *Orchestina truncatula* Tong & Li, 2011

Tong & Li, 2011: 39; Tong, 2013: 48.

分布：海南（HI）

管状奥蛛 *Orchestina tubulata* Tong & Li, 2011

Tong & Li, 2011: 40; Tong, 2013: 49.

分布：海南（HI）

鹦哥嘴奥蛛 *Orchestina yinggezui* Tong & Li, 2011

Tong & Li, 2011: 40; Tong, 2013: 49.

分布：海南（HI）

郑氏奥蛛 *Orchestina zhengi* Tong & Li, 2011

Tong & Li, 2011: 41; Tong, 2013: 50.

分布：海南（HI）

鹈鹕蛛属 *Pelicinus* Simon, 1891

Simon, 1891: 559. Type species: *Pelicinus marmoratus* Simon, 1891

萨文鹈鹕蛛 *Pelicinus schwendingeri* Platnick et al., 2012

Platnick et al., 2012: 31; Zhao & Tong, 2013: 66.
分布：海南（HI）；泰国

扁肢蛛属 *Prethopalpus* Baehr et al., 2012

Baehr et al., 2012: 4. Type species: *Opopaea fosuma* Burger et al., 2002

海南扁肢蛛 *Prethopalpus hainanensis* Tong & Li, 2013

Tong & Li, 2013: 596.
分布：海南（HI）

三窝蛛属 *Trilacuna* Tong & Li, 2007

Tong & Li, 2007: 333. Type species: *Trilacuna rastrum* Tong & Li, 2007

角三窝蛛 *Trilacuna angularis* Tong & Li, 2007

Tong & Li, 2007: 335.
分布：重庆（CQ）

耙三窝蛛 *Trilacuna rastrum* Tong & Li, 2007

Tong & Li, 2007: 333.
分布：云南（YN）

希塔蛛属 *Xestaspis* Simon, 1884

Simon, 1884: 325. Type species: *Oonops loricatus* L. Koch, 1873

兜甲希塔蛛 *Xestaspis loricata* (L. Koch, 1873)

L. Koch, 1873: 449 (*Oonops loricatus*); Berland, 1933: 46 (*Gamasomorpha l.*); Roewer, 1963: 119 (*G. l.*); Brignoli, 1975: 172 (*Gamasomorpha clypeata*, maintains that *Oonops loricata* Simon, described in 1873 per Bonnet and Roewer, has priority over *O. l.* L. Koch, uses this replacement name from Pavesi, 1875 that was omitted by Bonnet and Roewer); Saaristo, 2001: 311 (*G. l.*); Tong & Li, 2009: 26; Tong, 2013: 51.
分布：海南（HI）；密克罗尼西亚、澳大利亚

喙状希塔蛛 *Xestaspis rostrata* Tong & Li, 2009

Tong & Li, 2009: 31; Tong, 2013: 52.
分布：海南（HI）

喜菲蛛属 *Xyphinus* Simon, 1893

Simon, 1893: 303. Type species: *Xyphinus hystrix* Simon, 1893
异名：
Pseudotriaeris Brignoli, 1974; Kranz-Baltensperger, 2014: 4 (Syn.).

黄氏喜菲蛛 *Xyphinus hwangi* Tong & Li, 2014

Tong & Li, 2014: 76.
分布：台湾（TW）

卡氏喜菲蛛 *Xyphinus karschi* (Bösenberg & Strand, 1906)

Bösenberg & Strand, 1906: 117 (*Gamasomorpha k.*); Uyemura, 1937: 61 (*G. k.*); Brignoli, 1974: 77 (*Pseudotriaeris k.*, Trans. from *Gamasomorpha*); Yin & Wang, 1984: 55 (*P. echinatus*); Song, 1987: 96 (*P. k.*, Syn.); Chen & Zhang, 1991: 61 (*P. k.*); Song, Zhu & Chen, 1999: 72 (*P. k.*); Ono, 2009: 103 (*P. k.*); Yin et al., 2012: 185 (*P. k.*); Kranz-Baltensperger, 2014: 63 (*X. karschi*, Trans. from *Pseudotriaeris*).
异名：
Pseudotriaeris echinatus Yin & Wang, 1984; Song, 1987: 96 (Syn.).
分布：安徽（AH）、浙江（ZJ）、湖南（HN）；日本

39. 猫蛛科 Oxyopidae Thorell, 1870

世界 9 属 451 种；中国 4 属 54 种。

钩猫蛛属 *Hamadruas* Deeleman-Reinhold, 2009

Deeleman-Reinhold, 2009: 688. Type species: *Oxyopes hieroglyphicus* Thorell, 1887

象文钩猫蛛 *Hamadruas hieroglyphica* (Thorell, 1887)

Thorell, 1887: 332 (*Oxyopes hieroglyphicus*); Thorell, 1895: 254 (*Tapponia h.*); Deeleman-Reinhold, 2009: 691; Tang & Li, 2012: 3.
分布：云南（YN）；缅甸

锡金钩猫蛛 *Hamadruas sikkimensis* (Tikader, 1970)

Tikader, 1970: 76 (*Oxyopes s.*); Tikader & Biswas, 1981: 64 (*O. s.*); Hu, Zhang & Li, 1983: 9 (*O. s.*); Song, 1991: 171 (*O. s.*); Song, Zhu & Chen, 1999: 400 (*O. s.*); Gajbe, 1999: 47 (*O. s.*); Zhang, Zhu & Song, 2005: 13 (*Hamataliwa s.*, Trans. from *Oxyopes*; misidentified, per Deeleman-Reinhold, 2009: 688); Gajbe, 2008: 97 (*Hamataliwa s.*); Deeleman-Reinhold, 2009: 693 (*H. s.*, Trans. from *Hamataliwa*); Yin et al., 2012: 900 (*Hamataliwa s.*).
分布：湖南（HN）、贵州（GZ）、云南（YN）、广西（GX）；印度

哈猫蛛属 *Hamataliwa* Keyserling, 1887

Keyserling, 1887: 458. Type species: *Hamataliwa grisea* Keyserling, 1887
异名：
Oxyopeidon O. P.-Cambridge, 1894; Bryant, 1948: 357 (Syn.);
Megullia Thorell, 1897; Deeleman-Reinhold, 2009: 677 (Syn.).

耳形哈猫蛛 *Hamataliwa aurita* Zhang, Zhu & Song, 2005

Zhang, Zhu & Song, 2005: 4.

分布：福建（FJ）

心形哈猫蛛 *Hamataliwa cordata* Zhang, Zhu & Song, 2005

Zhang, Zhu & Song, 2005: 7.

分布：广西（GX）

兜状哈猫蛛 *Hamataliwa cucullata* Tang, Wang & Peng, 2012

Tang, Wang & Peng, 2012: 64.

分布：云南（YN）

窝哈猫蛛 *Hamataliwa foveata* Tang & Li, 2012

Tang & Li, 2012: 4

分布：云南（YN）

唇形哈猫蛛 *Hamataliwa labialis* (Song, 1991)

Song, 1991: 170 (*Oxyopes l.*); Song, Zhu & Chen, 1999: 400 (*O. l.*); Zhang, Zhu & Song, 2005: 9 (*H. l.*, Trans. from *Oxyopes*).

分布：海南（HI）

残哈猫蛛 *Hamataliwa manca* Tang & Li, 2012

Tang & Li, 2012: 10.

分布：云南（YN）

勐仑哈猫蛛 *Hamataliwa menglunensis* Tang & Li, 2012

Tang & Li, 2012: 11.

分布：云南（YN）

目哈猫蛛 *Hamataliwa oculata* Tang & Li, 2012

Tang & Li, 2012: 12.

分布：云南（YN）

足哈猫蛛 *Hamataliwa pedicula* Tang & Li, 2012

Tang & Li, 2012: 16.

分布：云南（YN）

五角哈猫蛛 *Hamataliwa pentagona* Tang & Li, 2012

Tang & Li, 2012: 17.

分布：云南（YN）

小球哈猫蛛 *Hamataliwa pilulifera* Tang & Li, 2012

Tang & Li, 2012: 19.

分布：云南（YN）

三门哈猫蛛 *Hamataliwa sanmenensis* Song & Zheng, 1992

Song & Zheng, 1992: 30; Song, Zhu & Chen, 1999: 399; Zhang, Zhu & Song, 2005: 11.

分布：浙江（ZJ）

亚哈德哈猫蛛 *Hamataliwa subhadrae* (Tikader, 1970)

Tikader, 1970: 71 (*Oxyopes s.*); Gajbe, 1999: 40 (*O. s.*); Gajbe, 2008: 88, f. 185-187 (*O. s.*); Tang & Li, 2012: 22 (*H. s.*, Trans. from *Oxyopes*).

分布：云南（YN）；印度

亚残哈猫蛛 *Hamataliwa submanca* Tang & Li, 2012

Tang & Li, 2012: 25.

分布：云南（YN）

旋扭哈猫蛛 *Hamataliwa torsiva* Tang, Wang & Peng, 2012

Tang, Wang & Peng, 2012: 69.

分布：云南（YN）

猫蛛属 *Oxyopes* Latreille, 1804

Latreille, 1804: 135. Type species: *Aranea heterophthalma* Latreille, 1804

环缘猫蛛 *Oxyopes annularis* Yin, Zhang & Bao, 2003

Yin, Zhang & Bao, 2003: 629; Yin et al., 2012: 903.

分布：湖南（HN）

弓缘猫蛛 *Oxyopes arcuatus* Yin, Zhang & Bao, 2003

Yin, Zhang & Bao, 2003: 630; Yin et al., 2012: 904.

分布：湖南（HN）

带缘猫蛛 *Oxyopes balteiformis* Yin, Zhang & Bao, 2003

Yin, Zhang & Bao, 2003: 631; Yin et al., 2012: 906.

分布：湖南（HN）

双角猫蛛 *Oxyopes bicorneus* Zhang & Zhu, 2005

Zhang & Zhu, 2005: 105.

分布：云南（YN）

缅甸猫蛛 *Oxyopes birmanicus* Thorell, 1887

Thorell, 1887: 325; Workman, 1896: 100; Roewer, 1938: 13; Sherriffs, 1951: 654; Tikader & Biswas, 1981: 61; Hu & Li, 1987: 295; Song, 1991: 172; Song, Zhu & Chen, 1999: 399; Hu, 2001: 221; Gajbe, 2008: 44; Jäger & Praxaysombath, 2009: 43; Yin et al., 2012: 923.

分布：湖南（HN）、云南（YN）、西藏（XZ）、福建（FJ）、海南（HI）；印度到苏门答腊岛

折叠猫蛛 *Oxyopes complicatus* Tang & Li, 2012

Tang & Li, 2012: 26.

分布：云南（YN）

南方猫蛛 *Oxyopes daksina* Sherriffs, 1955

Sherriffs, 1955: 305; Hu, 1980: 69; Hu, 1984: 267; Chen & Gao, 1990: 139; Chen & Zhang, 1991: 228; Zhao, 1993: 309 (*O. daksima*); Song, Zhu & Chen, 1999: 399.

分布：浙江（ZJ）、江西（JX）、四川（SC）、香港（HK）；斯里兰卡

华美猫蛛 *Oxyopes decorosus* Zhang & Zhu, 2005

Zhang & Zhu, 2005: 106.

分布：海南（HI）

镰猫蛛 *Oxyopes falcatus* Zhang, Yang & Zhu, 2005

Zhang, Yang & Zhu, 2005: 75.

分布：云南（YN）

钳猫蛛 *Oxyopes forcipiformis* Xie & Kim, 1996

Xie & Kim, 1996: 34; Song, Zhu & Chen, 1999: 399; Yin et al., 2012: 910.

分布：湖南（HN）、云南（YN）

福建猫蛛 *Oxyopes fujianicus* Song & Zhu, 1993

Song & Zhu, in Song, Zhu & Li, 1993: 875; Xie & Kim, 1996: 33 (*O. bianatinus*); Song, Zhu & Chen, 1999: 399; Song, Zhu & Chen, 1999: 399 (*O. bianatinus*); Yin et al., 2012: 907 (*O. bianatinus*); ; Tang & Li, 2012: 29 (*O. f.*, Syn. of female).

异名：

Oxyopes bianatinus Xie & Kim, 1996; Tang & Li, 2012: 29 (Syn.).

分布：福建（FJ）

高峰猫蛛 *Oxyopes gaofengensis* Zhang, Zhang & Kim, 2005

Zhang, Zhang & Kim, 2005: 2.

分布：广西（GX）

吉隆猫蛛 *Oxyopes gyirongensis* Hu & Li, 1987

Hu & Li, 1987: 353; Hu & Wu, 1989: 242; Hu, 2001: 221.

分布：新疆（XJ）、西藏（XZ）

霍氏猫蛛 *Oxyopes hotingchiehi* Schenkel, 1963

Schenkel, 1963: 389; Hu, 1984: 267; Song, 1991: 169; Chen & Zhang, 1991: 229; Song, Zhu & Li, 1993: 876; Song, Zhu & Chen, 1999: 399; Yin et al., 2012: 924.

分布：新疆（XJ）、浙江（ZJ）、湖南（HN）、湖北（HB）、贵州（GZ）、云南（YN）、福建（FJ）

壶瓶猫蛛 *Oxyopes hupingensis* Bao & Yin, 2002

Bao & Yin, 2002: 720; Yin et al., 2012: 911.

分布：湖南（HN）

单齿猫蛛 *Oxyopes isangipinus* Barrion, Barrion-Dupo & Heong, 2012

Barrion et al., 2012: 22.

分布：海南（HI）

爪哇猫蛛 *Oxyopes javanus* Thorell, 1887

Thorell, 1887: 329; Thorell, 1892: 195; Workman, 1896: 99; Sherriffs, 1951: 659; Okuma, 1968: 106; Hu, 1980: 68 (*O. hotingchiehi*, misidentification); Song, 1980: 181; Tikader & Biswas, 1981: 62; Song, 1987: 249; Chen & Gao, 1990: 140; Barrion, Amalin & Casal, 1989: 229; Okuma et al., 1993: 55; Barrion & Litsinger, 1994: 299; Barrion & Litsinger, 1995: 326; Song, Zhu & Chen, 1999: 399; Gajbe, 2008: 54; Yin et al., 2012: 912.

分布：湖南（HN）、四川（SC）、广东（GD）；印度到印度尼西亚（爪哇）到菲律宾

尖峰猫蛛 *Oxyopes jianfeng* Song, 1991

Song, 1991: 177; Song, Zhu & Chen, 1999: 400.

分布：海南（HI）

利氏猫蛛 *Oxyopes licenti* Schenkel, 1953

Schenkel, 1953: 81; Yaginuma, 1967: 98 (*O. badius*); Paik, 1969: 114 (*O. parvus*); Paik, 1978: 385 (*O. parvus*); Paik & Namkung, 1979: 59 (*O. parvus*); Hu, 1980: 69 (*O. ramosus*, misidentified); Hu, 1984: 270 (*O. ramosus*, misidentified); Hu, 1984: 269 (*O. parvus*); Yoshikura, 1984: 9 (*O. badius*); Guo, 1985: 137 (*O. parvus*); Guo, 1985: 139 (*O. ramosus*, misidentified); Zhu et al., 1985: 147 (*O. parvus*); Yaginuma, 1986: 157 (*O. badius*); Song, 1987: 250 (*O. parvus*); Zhang, 1987: 170 (*O. parvus*); Chikuni, 1989: 117 (*O. badius*); Chen & Gao, 1990: 141 (*O. parvus*); Zhao, 1993: 313 (*O. parvus*); Marusik, Hippa & Koponen, 1996: 40 (*O. parvus*); Song, Zhu & Chen, 1999: 400 (*O. l.*, Syn. of female); Marusik & Koponen, 2000: 64 (*O. l.*, Syn.); Hu, 2001: 223 (*O. parvus*); Song, Zhu & Chen, 2001: 302; Namkung, 2002: 355; Kim & Cho, 2002: 223; Namkung, 2003: 357; Ono & Ban, 2009: 249; Marusik & Kovblyuk, 2011: 205.

异名：

Oxyopes badius Yaginuma, 1967; Marusik & Koponen, 2000: 64 (Syn.);

O. parvus Paik, 1969; Song, Zhu & Chen, 1999: 400 (Syn.).

分布：河北（HEB）、山西（SX）、山东（SD）、河南（HEN）、陕西（SN）、甘肃（GS）、四川（SC）、西藏（XZ）；韩国、日本、俄罗斯

线纹猫蛛 *Oxyopes lineatipes* (C. L. Koch, 1847)

Sphasus l. C. L. Koch, 1847: 55; Simon, 1864: 387; Thorell, 1891: 71; Workman & Workman, 1892: 1; Sherriffs, 1951: 661; Chamberlin, 1924: 16 (*Argiope viabilior*); Okuma, 1968: 106; Song, 1980: 180; Hu, 1980: 68; Wang, 1981: 126; Hu, 1984: 268; Song, 1987: 250; Song, 1988: 133 (*O. l.*, Syn.); Feng, 1990: 164; Chen & Gao, 1990: 140; Chen & Zhang, 1991: 230; Okuma et al., 1993: 55; Zhao, 1993: 310; Barrion & Litsinger, 1994: 301 (*O. linealipes*, lapsus); Barrion & Litsinger, 1995: 334; Song, Zhu & Chen, 1999: 400; Yin et al., 2012: 914.

异名：

Oxyopes viabilior (Chamberlin, 1924, Trans. from *Argiope* after Levi, 1983: 261); Song, 1988: 133 (Syn.).

分布：江苏（JS）、浙江（ZJ）、湖南（HN）、四川（SC）；菲律宾、印度尼西亚（爪哇）、苏门答腊岛

细纹猫蛛 *Oxyopes macilentus* L. Koch, 1878

L. Koch, 1878: 1000; Giltay, 1935: 10; Roewer, 1938: 14; Chrysanthus, 1967: 419; Yaginuma, 1967: 96; Yaginuma, 1971: 90; Hu, 1980: 68; Yin, Wang & Hu, 1983: 34; Hu, 1984: 269; Yoshikura, 1984: 7; Yaginuma, 1986: 156; Chikuni, 1989: 117; Feng, 1990: 165; Chen & Gao, 1990: 141; Song, 1991: 173; Chen & Zhang, 1991: 230; Song, Zhu & Li, 1993: 876; Barrion & Litsinger, 1994: 299; Song, Chen & Zhu, 1997: 1724; Song, Zhu & Chen, 1999: 400; Hu, 2001: 223; Yoo & Kim, 2002: 27; Ono & Ban, 2009: 249; Yin et al., 2012: 33.

分布：江苏（JS）、浙江（ZJ）、湖南（HN）、四川（SC）、云南（YN）、西藏（XZ）、福建（FJ）、台湾（TW）、广东（GD）、海南（HI）；东南亚到澳大利亚

奇异猫蛛 *Oxyopes mirabilis* Zhang, Yang & Zhu, 2005

Zhang, Yang & Zhu, 2005: 76; Tang & Li, 2012: 32.

分布：云南（YN）

雷林猫蛛 *Oxyopes nenilini* Esyunin & Tuneva, 2009

Hu & Wu, 1989: 244 (*O. heterophthalmus*, misidentified); Esyunin & Tuneva, 2009: 170; Esyunin, Rad & Kamoneh, 2011: 127.

分布：新疆（XJ）；乌兹别克斯坦

宁夏猫蛛 *Oxyopes ningxiaensis* Tang & Song, 1990

Tang & Song, 1990: 50 (female=*O. takobius*); Song, Zhu & Chen, 1999: 400.

分布：宁夏（NX）

羽状猫蛛 *Oxyopes pennatus* Schenkel, 1936

Schenkel, 1936: 239.

分布：四川（SC）

类斜纹猫蛛 *Oxyopes sertatoides* Xie & Kim, 1996

Xie & Kim, 1996: 35; Song, Zhu & Chen, 1999: 400; Yin et al., 2012: 915.

分布：湖南（HN）、贵州（GZ）、福建（FJ）、广东（GD）

斜纹猫蛛 *Oxyopes sertatus* L. Koch, 1878

L. Koch, 1878: 779; Bösenberg & Strand, 1906: 327; Chamberlin, 1924: 16 (*Argiope aequior*); Saitō, 1933: 59; Sherriffs, 1955: 303; Yaginuma, 1960: 90; Lee, 1966: 63; Paik, 1969: 107; Yaginuma, 1971: 90; Paik, 1978: 387; Hu, 1980: 67; Song, 1980: 178; Wang, 1981: 126; Yoshikura, 1982: 43; Hu, 1984: 271; Yoshikura, 1984: 1; Yoshikura, 1984: 6; Guo, 1985: 139; Yaginuma, 1986: 156; Song, 1987: 251; Yoshikura, 1987: 268; Zhang, 1987: 171; Song, 1988: 134 (*O. s.*, Syn.); Chikuni, 1989: 117; Feng, 1990: 166; Chen & Gao, 1990: 142; Chen & Zhang, 1991: 231; Zhao, 1993: 311; Barrion & Litsinger, 1994: 301; Xie & Kim, 1996: 36; Song, Chen & Zhu, 1997: 1725; Song, Zhu & Chen, 1999: 400; Namkung, 2002: 353; Namkung, 2003: 355; Ono & Ban, 2009: 249.

异名：

Oxyopes aequior (Chamberlin, 1924, Trans. from *Argiope* after Levi, 1983: 260); Song, 1988: 134 (Syn.).

分布：江苏（JS）、浙江（ZJ）、四川（SC）、台湾（TW）；韩国、日本

锡威特猫蛛 *Oxyopes shweta* Tikader, 1970

Tikader, 1970: 78; Tikader & Biswas, 1981: 61; Hu & Li, 1987: 295; Gajbe, 1999: 46 (*O. shwetae*, lapsus); Hu, 2001: 225; Gajbe, 2008: 84 (*O. shwetae*, lapsus).

分布：西藏（XZ）；印度

条纹猫蛛 *Oxyopes striagatus* Song, 1991

Song, 1991: 174; Song, Chen & Zhu, 1997: 1725; Song, Zhu & Chen, 1999: 401.

分布：安徽（AH）、浙江（ZJ）、贵州（GZ）

亚奇异猫蛛 *Oxyopes submirabilis* Tang & Li, 2012

Tang & Li, 2012: 36.

分布：云南（YN）

盾形猫蛛 *Oxyopes sushilae* Tikader, 1965

Tikader, 1965: 141; Hu, Liu & Li, 1985: 28; Song, 1991: 175; Song, Chen & Zhu, 1997: 1726; Song, Zhu & Chen, 1999: 401; Gajbe, 1999: 52; Townsend, Felgenhauer & Grimshaw, 2001: 565; Gajbe, 2008: 92; Zhu & Zhang, 2011: 337; Yin et al., 2012: 920.

分布：浙江（ZJ）、江西（JX）、湖南（HN）、贵州（GZ）、广东（GD）、海南（HI）；印度

塔口猫蛛 *Oxyopes takobius* Andreeva & Tyschchenko, 1969

Andreeva & Tyschchenko, 1969: 383; Andreeva, 1976: 31; Hu & Wu, 1989: 247 (*O. yiliensis*); Tang & Song, 1990: 50 (*O. ningxiaensis*, misidentified); Song, 1991: 178 (*O. foliiformis*); Song, Zhu & Chen, 1999: 399 (*O. foliiformis*); Esyunin & Tuneva, 2009: 172 (*O. t.*, Syn.).

异名：

Oxyopes yiliensis Hu & Wu, 1989; Esyunin & Tuneva, 2009: 172 (Syn.);

O. foliiformis Song, 1991; Esyunin & Tuneva, 2009: 172 (Syn.).

分布：黑龙江（HL）、新疆（XJ）；中亚

柔弱猫蛛 *Oxyopes tenellus* Song, 1991

Song, 1991: 176; Song, Zhu & Chen, 1999: 401; Tang & Li, 2012: 36.

分布：海南（HI）

新疆猫蛛 *Oxyopes xinjiangensis* Hu & Wu, 1989

Hu & Wu, 1989: 245; Zhao, 1993: 314.

分布：新疆（XJ）

松猫蛛属 *Peucetia* Thorell, 1869

Thorell, 1869: 37. Type species: *Pasithea viridis* Blackwall, 1858

阿达松猫蛛 *Peucetia akwadaensis* Patel, 1978

Patel, 1978: 327; Hu, Wang & Chen, 1987: 69; Song, Zhu & Chen, 1999: 401; Gajbe, 2008: 13.

分布：云南（YN）；印度

台湾松猫蛛 *Peucetia formosensis* Kishida, 1930

Kishida, 1930: 145; Kayashima, 1939: 36.

分布：台湾（TW）

拉蒂松猫蛛 *Peucetia latikae* Tikader, 1970

Tikader, 1970: 80; Hu, Wang & Chen, 1987: 69; Chen & Gao, 1990: 143; Song, Zhu & Chen, 1999: 401; Gajbe, 1999: 71; Gajbe, 2008: 27.

分布：四川（SC）；印度

40. 二纺蛛科 Palpimanidae Thorell, 1870

世界 16 属 134 种；中国 1 属 1 种。

坚蛛属 *Steriphopus* Simon, 1887

Simon, 1887: 274. Type species: *Pachypus macleayi* O. P-Cambridge, 1873

吉隆坚蛛 *Steriphopus gyirongensis* Hu & Li, 1987

Hu & Li, 1987: 323 (*F. g.*, misplaced in this genus); Hu, 2001: 94; Zonstein & Marusik, 2013: 41 (*S. g.*, Trans. from *Fernandezina*).

分布：西藏（XZ）

41. 逍遥蛛科 Philodromidae Thorell, 1870

世界 29 属 542 种；中国 3 属 57 种。

逍遥蛛属 *Philodromus* Walckenaer, 1826

Walckenaer, 1826: 89. Type species: *Araneus aureolus* Clerck, 1757

异名：

Philodromoides Scheffer, 1904; Schick, 1965: 62, Gertsch, Schick, 1965: 62 (Syn.);

Horodromoides Gertsch, 1933; Dondale & Redner, 1975: 370 (Syn.);

Rhysodromus Schick, 1965; Dondale & Redner, 1975: 372 (Syn.).

阿拉逍遥蛛 *Philodromus alascensis* Keyserling, 1884

Thorell, 1877: 502 (*P. inquisitor*, preoccupied); Keyserling, 1884: 674; Marx, 1890: 559 (*P. thorelli*, replacement name, itself preoccupied); Emerton, 1894: 419 (*P. inquisitor*); Kulczyński, 1908: 57 (*P. varians*); Mello-Leitão, 1929: 270 (*P. ubiquitor*, replacement name); Bryant, 1933: 188 (*Ebo oblongus*, misidentified); Gertsch, 1934: 19; Levi, 1951: 230; Schick, 1965: 71 (*Rhysodromus a.*, Trans. from *Philodromus*); Schick, 1965: 73 (*Rhysodromus a. dondalei*); Dondale & Redner, 1975: 379 (*P. a.*, Syn.); Dondale & Redner, 1978: 67; Zhou & Song, 1985: 1; Urita & Song, 1987: 28; Hu & Wu, 1989: 315; Song & Zhu, 1997: 181; Song, Zhu & Chen, 1999: 470; Paquin & Dupérré, 2003: 179; Szita & Logunov, 2008: 42.

异名：

Philodromus alascensis dondalei (Schick, 1965, Trans. from *Rhysodromus*); Dondale & Redner, 1975: 379 (Syn.).

分布：内蒙古（NM）、新疆（XJ）；全北界

阿里逍遥蛛 *Philodromus aliensis* Hu, 2001

Hu, 2001: 319.

分布：西藏（XZ）

阿利逍遥蛛 *Philodromus aryy* Marusik, 1991

Marusik, 1991: 53; Tang, Song & Zhu, 2004: 394; Marusik & Kovblyuk, 2011: 209.

分布：内蒙古（NM）；俄罗斯

阿萨逍遥蛛 *Philodromus assamensis* Tikader, 1962

Tikader, 1962: 581; Tikader, 1968: 116; Tikader, 1971: 70; Tikader, 1980: 185; Tikader & Biswas, 1981: 86; Hu, 2001: 320.

分布：西藏（XZ）；印度

金黄逍遥蛛 *Philodromus aureolus* (Clerck, 1757)

Clerck, 1757: 133 (*Araneus a.*); Olivier, 1789: 226 (*Aranea aureola*); Martini & Goeze, in Lister, 1778: 300 (*Aranea quadrilineata*); Panzer, 1804: 189 (*Aranea quadrilineata*); Walckenaer, 1805: 35 (*Thomisus a.*); Wider, 1834: 267 (*P. affinis*); Hahn, 1835: 57 (*Thomisus a.*); Walckenaer, 1837: 556; Blackwall, 1861: 99; Prach, 1866: 628; Simon, 1870: 333 (*P. politus*); Thorell, 1872: 264; Menge, 1875: 403; Simon, 1875: 294 (*P. politus*); Becker, 1882: 230; Hansen, 1882: 65; Chyzer & Kulczyński, 1891: 108; Kulczyński, in Chyzer & Kulczyński, 1891: 109 (*P. a. variegatus*: male might belong to *P. buchari*); Bösenberg, 1902: 330; Charitonov, 1926: 267; Reimoser, 1931: 86; Simon, 1932: 851, 884; Simon, 1932: 852 (*P. aureolus politus*); Charitonov, 1937: 138 (*P. a. tauricus*); Kolosváry, 1938: 585; Chickering, 1940: 221; Tullgren, 1944: 115; Hull, 1948: 59; Hull, 1948: 62 (*Thanatus arenarius*, misidentified); Kaston, 1948: 436; Locket & Millidge, 1951: 196; Saitō, 1959: 132; Braun, 1965: 376 (*P. a.*, Syn.); Braun, 1965: 380 (*P. a. variegatus*, Syn. of *P. praedatus*, previously considered a synonym of *P. collinus*, but *P. praedatus* has priority over *P. a. variegatus*; Syn. of rejected); Zhu et al., 1985: 177; Urita & Song, 1987: 28; Segers, 1987: 9; Zhang, 1987: 214; Hu & Wu, 1989: 316; Segers, 1992: 24 (*P. a.*, Syn.); Zhao, 1993: 342; Song & Zhu, 1997: 182; Bellmann, 1997: 182 (*P. margaritatus*, misidentified, per Muster, 2009: 149); Song, Zhu & Chen, 1999: 470; Namkung, 2003: 506; Wunderlich, 2012: 49.

异名：

Philodromus aureolus politus Simon, 1870; Segers, 1992: 24 (Syn., after Braun, 1965: 376, contra. Segers, 1990: 14);

P. aureolus variegatus Kulczyński, 1891; Segers, 1992: 24 (Syn., contra. Braun, 1965: 380);

P. aureolus tauricus Charitonov, 1937; Segers, 1992: 24 (Syn.).

分布：吉林（JL）、辽宁（LN）、内蒙古（NM）、宁夏（NX）、新疆（XJ）、四川（SC）；古北界

耳斑逍遥蛛 *Philodromus auricomus* L. Koch, 1878

L. Koch, 1878: 763; Bösenberg & Strand, 1906: 258 (*Diaea subadulta*); Bösenberg & Strand, 1906: 269; Yaginuma, 1960: 101; Yaginuma, 1971: 101; Paik, 1979: 425; Zhang & Zhu, 1982: 66; Hu & Guo, 1982: 141; Hu, 1984: 328; Yaginuma, 1986: 217; Zhang, 1987: 213; Ono, 1988: 211 (*P. a.*, Syn.); Chikuni, 1989: 134; Chen & Gao, 1990: 163; Feng, 1990: 190; Song & Zhu, 1997: 183; Song, Zhu & Chen, 1999: 470; Song, Zhu & Chen, 2001: 370; Kim & Jung, 2001: 191; Namkung, 2002: 504; Kim & Cho, 2002: 172; Namkung, 2003: 507; Ono & Ban, 2009: 479; Zhu & Zhang, 2011: 423; Yin et al., 2012: 1246.

异名：

Philodromus subadultus (Bösenberg & Strand, 1906, Trans. from *Diaea*); Ono, 1988: 211 (Syn.).

分布：辽宁（LN）、河北（HEB）、山东（SD）、河南（HEN）、湖南（HN）、四川（SC）；韩国、日本、俄罗斯

草皮逍遥蛛 *Philodromus cespitum* (Walckenaer, 1802)

Walckenaer, 1802: 230 (*Aranea c.*); Walckenaer, 1805: 35 (*Thomisus cespiticolens*); Walckenaer, 1837: 555 (*P. cespiticolis*); Blackwall, 1846: 39 (*P. maculatus*); Blackwall, 1861: 95 (*P. cespiticolis*); Blackwall, 1871: 431 (*P. obscurus*); O. P.-Cambridge, 1881: 331 (*P. cespiticolens*); Chyzer & Kulczyński, 1891: 109 (*P. aureolus caespiticola*); Bösenberg, 1902: 329 (*P. reussii*); Bösenberg, 1902: 330 (*P. albicans*, preocupied by O. P.-Cambridge, 1897); Bösenberg, 1902: 330 (*P. caespiticolis*); Kulczyński, in Chyzer & Kulczyński, 1891: 109 (*P. aureolus similis*); Kulczyński, 1908: 61 (*P. aureolus sibiricus*); Emerton, 1917: 270 (*P. canadensis*); Mello-Leitão, 1929: 267 (*P. bösenbergi*, replacement name for *P. albicans*); Ovsyannikov, 1937: 91 (*P. reussi*); Saitō, 1939: 87 (*P. reussi*); Chickering, 1940: 221 (*P. aureolus*); Hull, 1948: 59; Hull, 1948: 62 (*P. reussi*); Locket & Millidge, 1951: 196 (*P. aureolus caespiticola*); Paik, 1957: 46 (*P. reussi*); Saitō, 1959: 133 (*P. reussi*); Yaginuma, 1960: 101 (*P. reussi*); Dondale, 1961: 216 (*P. cespiticolis*, elevated from sub. of *P. aureolus*, Syn.); Zhu & Wang, 1963: 475 (*P. aureolus*, misidentified); Braun, 1965: 384 (*P. c.*, removed from sub. of *P. aureolus*, Syn.); Braun, 1965: 392 (*P. c. similis*, Trans. from sub. of *P. aureolus*); Braun, 1965: 394 (*P. c. sibiricus*, Trans. from sub. of *P. aureolus*); Schick, 1965: 49; Yaginuma, 1967: 22 (*P. reussi*); Azheganova, 1968: 111 (*P. reussi*); Roşca, 1968: 85 (*P. bösenbergi*); Vilbaste, 1969: 101 (*P. aureolus cespiticolis*); Yaginuma, 1971: 101; Tyschchenko, 1971: 110 (*P. aureolus reussi*, reduced to subspecies); Tyschchenko, 1971: 110 (*P. boesenbergi*); Dondale & Redner, 1976: 131 (*P. c.*, Syn.); Kaston, 1977: 51; Dondale & Redner, 1978: 45; Paik, 1979: 426; Song et al., 1979: 19; Paik & Namkung, 1979: 73; Song, 1980: 195; Palmgren, 1983: 203 (*P. caespitum*); Hidalgo, 1983: 364; Qiu, 1983: 96; Hu, 1984: 329; Roberts, 1985: 108; Guo, 1985: 163; Zhu et al., 1985: 178; Yaginuma, 1986: 217; Song, 1987: 262; Urita & Song, 1987: 29; Segers, 1987: 9; Zhang, 1987: 215; Chikuni, 1989: 134; Izmailova, 1989: 127; Izmailova, 1989: 131 (*P. reussi*); Feng, 1990: 191; Chen & Gao, 1990: 161; Chen & Zhang, 1991: 284; Heimer & Nentwig, 1991: 458; Marusik, 1991: 48, 55 (*P. c.*, Syn.); Segers, 1992: 24 (*P. c.*, Syn.); Roberts, 1993: 8; Zhao, 1993: 344; Roberts, 1995: 171; Song & Zhu, 1997: 184; Bellmann, 1997: 184; Roberts, 1998: 183; Song, Zhu & Chen, 1999: 470; Song, Zhu & Chen, 2001: 372; Namkung, 2003: 509; Zhu & Zhang, 2011: 424.

异名：

Philodromus cespiticolis Walckenaer, 1837; Dondale, 1961: 216 (Syn.);

P. maculatus Blackwall, 1846; Dondale, 1961: 216 (Syn., sub. of *P. cespiticolis*);

P. obscurus Blackwall, 1871 (removed from Sub. of *P. rufus*); Dondale & Redner, 1976: 131 (Syn.);

P. cespitum similis Kulczyński, 1891; Segers, 1992: 24 (Syn.);

P. reussi Bösenberg, 1902; Braun, 1965: 384 (Syn.);

P. cespitum sibiricus Kulczyński, 1908; Marusik, 1991: 48, 55 (Syn.);

P. canadensis Emerton, 1917 (removed from Sub. of *P. aureolus*); Dondale, 1961: 216 (Syn., sub. *P. cespiticolis*);

P. boesenbergi Mello-Leitão, 1929; Segers, 1992: 25 (Syn.).

分布：辽宁（LN）、内蒙古（NM）、河北（HEB）、河南（HEN）、陕西（SN）、甘肃（GS）、江苏（JS）；全北界

查姆逍遥蛛 *Philodromus chambaensis* Tikader, 1980

Tikader, 1980: 206; Hu, 2001: 321.

分布：西藏（XZ）；印度

灰毛逍遥蛛 *Philodromus cinerascens* O. P.-Cambridge, 1885

O. P.-Cambridge, 1885: 74.

分布：新疆（XJ）

道县逍遥蛛 *Philodromus daoxianen* Yin, Peng & Kim, 1999

Yin, Peng & Kim, 1999: 355; Yin et al., 2012: 1247.

分布：湖南（HN）

指逍遥蛛 *Philodromus digitatus* Yang, Zhu & Song, 2005

Yang, Zhu & Song, 2005: 344.

分布：云南（YN）

凹缘逍遥蛛 *Philodromus emarginatus* (Schrank, 1803)

Schrank, 1803: 230 (*Aranea emarginata*); Walckenaer, 1826: 90 (*P. pallidus*); Hahn, 1826: 2 (*Thomisus griseus*); Hahn, 1833: 121 (*Thomisus griseus*); C. L. Koch, 1837: 27 (*Artamus griseus*); Walckenaer, 1837: 512 (*Thomisus marginatus*); Walckenaer, 1837: 554 (*P. pallidus*); C. L. Koch, 1845: 81 (*Artamus griseus*); Westring, 1861: 462 (*P. griseus*); Blackwall, 1861: 93 (*P. pallidus*, misidentified, per Muster, 2009: 149); Simon, 1864: 416 (*Artama pallida*); Blackwall, 1867: 208 (*P. ambiguus*, placement here per Muster, 2009: 149); Simon, 1875: 277; O. P.-Cambridge, 1878: 122 (*P. lineatipes*); O. P.-Cambridge, 1881: 338 (*P. lineatipes*); Becker, 1882: 225; Dahl, 1883: 71 (*P. pallidus*); Chyzer & Kulczyński, 1891: 107; Bösenberg, 1902: 325 (*Artanes e.*); Bösenberg, 1902: 325 (*Artanes pallidus*); Kulczyński, 1911: 64; Fedotov, 1912: 96; Pereleschina, 1928: 36; Simon, 1932: 847, 882; Saitō, 1934: 283 (*P. flavidus*); Tullgren, 1944: 110; Locket & Millidge, 1951: 199; Yaginuma, 1958: 73 (*P. flavidus*); Saitō, 1959: 132 (*P. flavidus*); Yaginuma, 1960: 101 (*P. flavidus*); Zhu & Wang, 1963: 477 (*P. flavidus*); Azheganova, 1968: 107; Vilbaste, 1969: 105; Miller, 1971: 127; Yaginuma, 1971: 101 (*P.*

flavidus); Tyschchenko, 1971: 110; Punda, 1975: 78; Paik, 1979: 428 (*P. flavidus*); Hu, 1984: 330 (*P. flavidus*); Roberts, 1985: 110; Zhu et al., 1985: 178 (*P. flavidus*); Yaginuma, 1986: 217 (*P. flavidus*); Urita & Song, 1987: 29 (*P. e.*, Syn.); Chikuni, 1989: 136 (*P. flavidus*); Chen & Gao, 1990: 164 (*P. flavidus*); Izmailova, 1989: 128; Heimer & Nentwig, 1991: 458; Roberts, 1995: 173; Song & Zhu, 1997: 186; Roberts, 1998: 185; Song, Zhu & Chen, 1999: 476; Hu, 2001: 321; Namkung, 2003: 510; Wunderlich, 2012: 48 (*Emargidromus e.*).

异名：

Philodromus flavidus Saitō, 1934; Urita & Song, 1987: 29 (Syn.).

分布：吉林（JL）、辽宁（LN）、内蒙古（NM）、山西（SX）、西藏（XZ）；古北界

虚逍遥蛛 *Philodromus fallax* Sundevall, 1833

Sundevall, 1833: 226; O. P.-Cambridge, 1863: 8564 (*P. deletus*); Menge, 1875: 413 (*P. arenarius*); Simon, 1875: 280; Becker, 1882: 226; Bösenberg, 1902: 336; Simon, 1932: 847, 883; Tullgren, 1944: 112; Locket & Millidge, 1951: 197; Azheganova, 1968: 110; Vilbaste, 1969: 96; Tyschchenko, 1971: 110; Braendegaard, 1972: 27; Roberts, 1985: 110; Zhou & Song, 1985: 273; Urita & Song, 1987: 30; Hu & Wu, 1989: 317; Heimer & Nentwig, 1991: 460; Roberts, 1995: 172; Song & Zhu, 1997: 187; Roberts, 1998: 184; Song, Zhu & Chen, 1999: 476; Song, Zhu & Chen, 2001: 373; Almquist, 2006: 466; Szita & Logunov, 2008: 55; Wunderlich, 2012: 54 (*Rhysodromus f.*).

分布：内蒙古（NM）、新疆（XJ）；古北界

吉隆逍遥蛛 *Philodromus gyirongensis* Hu, 2001

Hu, 2001: 322.

分布：西藏（XZ）

铲逍遥蛛 *Philodromus histrio* (Latreille, 1819)

Latreille, 1819: 36 (*Thomisus h.*); Blackwall, 1859: 92 (*P. elegans*); Blackwall, 1861: 94 (*P. elegans*); Westring, 1861: 459 (*P. decorus*); Menge, 1875: 409 (*P. elegans*); Simon, 1875: 284; Thorell, 1877: 500 (*P. virescens*); Keyserling, 1880: 214 (*P. clarus*); Keyserling, 1881: 312 (*P. lentiginosus*); Becker, 1882: 228; Chyzer & Kulczyński, 1891: 107; Bösenberg, 1902: 335 (*P. elegans*); Fedotov, 1912: 97; Chamberlin & Gertsch, 1928: 181 (*P. crenifer*); Simon, 1932: 848, 883; Tullgren, 1944: 113; Hull, 1950: 426 (*P. elegans*); Hull, 1950: 426; Locket & Millidge, 1951: 197; Levi, 1951: 230 (*P. virescens*); Hull, 1955: 52 (*P. elegans*); Schick, 1965: 67 (*Rhysodromus h.*, Trans. from *Philodromus*); Schick, 1965: 69 (*R. h. californicus*); Schick, 1965: 69 (*R. h. virescens*, reduced to subspecies); *clarus* Schick, 1965: 69 (*R. h.*, removed from Sub. of *P. virescens*, rejected); Azheganova, 1968: 111; Vilbaste, 1969: 97; Tyschchenko, 1971: 108; Braendegaard, 1972: 19; Dondale & Redner, 1975: 373 (*P. h.*, Syn.); Dondale & Redner, 1978: 63; Roberts, 1985: 110; Zhu et al., 1985: 179; Urones, 1986: 235; Urita & Song, 1987: 30; Izmailova, 1989: 129; Heimer & Nentwig, 1991: 458; Zhao, 1993: 347; Roberts, 1995: 173; Mcheidze, 1997: 126; Song & Zhu, 1997: 188; Bellmann, 1997: 184; Roberts, 1998: 185; Song, Zhu & Chen, 1999: 376; Paquin & Dupérré, 2003: 180; Bryja et al., 2005: 186; Almquist, 2006: 466; Szita & Logunov, 2008: 29; Wunderlich, 2012: 55 (*Rhysodromus h.*).

异名：

Philodromus elegans Blackwall, 1859; Dondale & Redner, 1975: 373 (Syn.);

P. virescens Thorell, 1877; Dondale & Redner, 1975: 373 (Syn.);

P. lentiginosus Keyserling, 1881 (removed from Sub. of *P. alascensis*); Dondale & Redner, 1975: 373 (Syn.);

P. histrio californicus (Schick, 1965, Trans. from *Rhysodromus*); Dondale & Redner, 1975: 373 (Syn.).

分布：吉林（JL）、内蒙古（NM）、山西（SX）；全北界

胡氏逍遥蛛 *Philodromus hui* Yang & Mao, 2002

Yang & Mao, 2002: 77.

分布：云南（YN）

兰州逍遥蛛 *Philodromus lanchowensis* Schenkel, 1936

Schenkel, 1936: 280; Paik, 1979: 433 (*P. kimwhaensis*); Song, Yu & Shang, 1981: 86 (*P. lanchouensis*); Hu & Guo, 1982: 142 (*P. lanchouensis*); Hu, 1984: 331 (*P. lanchouensis*); Song, 1987: 264 (*P. lanchouensis*); Urita & Song, 1987: 31 (*P. lanchouensis*); Logunov, 1997: 101; Song & Zhu, 1997: 189 (*P. l.*, Syn.); Song, Zhu & Chen, 1999: 476; Hu, 2001: 323 (*P. lanchouensis*); Song, Zhu & Chen, 2001: 374 (*P. lanchouensis*); Kim & Jung, 2001: 197 (*P. kimwhaensis*, lapsus in use of younger name); Szita & Logunov, 2008: 40; Ono & Ban, 2009: 479.

异名：

Philodromus kimwhaensis Paik, 1979; Song & Zhu, 1997: 189 (Syn.).

分布：吉林（JL）、辽宁（LN）、内蒙古（NM）、河北（HEB）、甘肃（GS）、青海（QH）、西藏（XZ）；韩国、日本、俄罗斯

拉逍遥蛛 *Philodromus lasaensis* Yin et al., 2000

Yin et al., 2000: 68.

分布：西藏（XZ）

白缘逍遥蛛 *Philodromus leucomarginatus* Paik, 1979

Paik, 1979: 434; Zhu et al., 1985: 180; Urita & Song, 1987: 31; Zhao, 1993: 348; Song & Zhu, 1997: 190; Song, Zhu & Chen, 1999: 476; Kim & Jung, 2001: 198.

分布：内蒙古（NM）、山西（SX）、山东（SD）；韩国

拉萨逍遥蛛 *Philodromus lhasana* Hu, 2001

Hu, 2001: 324.

分布：西藏（XZ）

米林逍遥蛛 *Philodromus mainlingensis* Hu & Li, 1987

Hu & Li, 1987: 316; Song & Zhu, 1997: 190; Song, Zhu &

Chen, 1999: 476; Hu, 2001: 327.
分布：西藏（XZ）

东方逍遥蛛 *Philodromus orientalis* Schenkel, 1963

Schenkel, 1963: 243 (*P. emarginatus o.*); Logunov, 1997: 102 (*P. o.*, removed female from Sub. of *P. emarginatus*, contra. Urita & Song, 1987: 29, elevated from subspecies).
分布：陕西（SN）

南疆逍遥蛛 *Philodromus pictus* Kroneberg, 1875

Kroneberg, 1875: 30; Spassky & Shnitnikov, 1937: 285; Hu & Wu, 1989: 320 (*P. nanjiangensis*); Hu & Wu, 1990: 110 (*P. n.*); Song & Zhu, 1997: 193 (*P. n.*); Song, Zhu & Chen, 1999: 476 (*P. n.*); Szita & Logunov, 2008: 64 (*P. p.*, Syn.).
异名：
Philodromus nanjiangensis Hu & Wu, 1989; Szita & Logunov, 2008: 64 (Syn.).
分布：新疆（XJ）；中亚

肾形逍遥蛛 *Philodromus renarius* Urita & Song, 1987

Urita & Song, 1987: 31; Song & Zhu, 1997: 194; Song, Zhu & Chen, 1999: 476.
分布：内蒙古（NM）

红棕逍遥蛛 *Philodromus rufus* Walckenaer, 1826

Walckenaer, 1826: 91; Walckenaer, 1837: 555; Blackwall, 1850: 338 (*P. clarkii*); Simon, 1864: 416 (*Artama r.*); Simon, 1875: 287; Herman, 1879: 219, 371 (*P. pellax*); Bertkau, 1880: 246 (*P. clarae*); Becker, 1882: 229; Chyzer & Kulczyński, 1891: 107; Banks, 1892: 63 (*P. exilis*); Emerton, 1892: 373 (*P. pictus*); Bösenberg, 1902: 333; Emerton, 1902: 37 (*P. pictus*); Simon, 1932: 854, 884; Simon, 1932: 854, 885 (*P. r. virescens*); Chickering, 1940: 228; Zhu & Wang, 1963: 477; Dondale, 1964: 825 (*P. r.*, Syn.); Qiu, 1983: 97; Hu, 1984: 332; Zhu et al., 1985: 181; Song, 1987: 265; Urita & Song, 1987: 32; Zhang, 1987: 216; Chen & Gao, 1990: 165; Zhao, 1993: 346; Song & Zhu, 1997: 195; Song, Zhu & Chen, 1999: 476; Hu, 2001: 326; Song, Zhu & Chen, 2001: 375; Namkung, 2003: 511; Benjamin, 2011: 19; Wunderlich, 2012: 54 (*Tibellomimus r.*).
异名：
Philodromus rufus virescens Simon, 1932; Dondale, 1964: 825 (Syn.).
分布：吉林（JL）、辽宁（LN）、内蒙古（NM）、河北（HEB）、陕西（SN）、甘肃（GS）、青海（QH）、四川（SC）、云南（YN）、西藏（XZ）、福建（FJ）；全北界

少初逍遥蛛 *Philodromus shaochui* Yin et al., 2000

Yin et al., 2000: 69.
分布：西藏（XZ）

刺跗逍遥蛛 *Philodromus spinitarsis* Simon, 1895

Karsch, 1879: 80 (*Artanes fuliginosus*, preoccupied); Simon, 1895: 1058 (*P. s.*, replacement name); Bösenberg & Strand, 1906: 267; Mello-Leitão, 1929: 268 (*P. karschi*, superfluous replacement name); Nakatsudi, 1942: 14 (*P. fusco-marginatus*, misidentified, per Muster, 2009: 154); Zhu & Wang, 1963: 478; Schenkel, 1963: 245 (*P. davidi*); Namkung, 1964: 43 (*P. davidi*); Paik, 1979: 430 (*P. fuscomarginatus*, misidentified per Song & Zhu, 1997: 196); Song, Yu & Shang, 1981: 86 (*P. s.*, Syn.); Qiu, 1983: 98 (*P. spintarsis*); Hu, 1984: 332; Guo, 1985: 163; Zhu et al., 1985: 182; Yaginuma, 1986: 217; Song, 1987: 265; Urita & Song, 1987: 32; Zhang, 1987: 217; Chikuni, 1989: 134; Hu & Wu, 1989: 321; Feng, 1990: 192; Chen & Gao, 1990: 165; Chen & Zhang, 1991: 285; Logunov, 1992: 57; Zhao, 1993: 343; Song & Zhu, 1997: 195; Song, Zhu & Chen, 1999: 476; Hu, 2001: 328; Song, Zhu & Chen, 2001: 376; Kim & Jung, 2001: 195 (*P. fuscomarginatus*, misidentified, per Muster, 2009: 154); Namkung, 2003: 513; Ono & Ban, 2009: 481.
异名：
Pholodromus davidi Schenkel, 1963; Song, Yu & Shang, 1981: 86 (Syn.).
分布：黑龙江（HL）、吉林（JL）、辽宁（LN）、内蒙古（NM）、河北（HEB）、北京（BJ）、山西（SX）、山东（SD）、陕西（SN）、宁夏（NX）、新疆（XJ）、浙江（ZJ）、湖北（HB）、四川（SC）、西藏（XZ）、台湾（TW）、广东（GD）；韩国、日本、俄罗斯

土黄逍遥蛛 *Philodromus subaureolus* Bösenberg & Strand, 1906

Bösenberg & Strand, 1906: 270; Bösenberg & Strand, 1906: 268 (*P. aureolus japonicola*); Chamberlin, 1924: 22 (*P. amitinus*); Yaginuma, 1960: 102 (*P. aureolus japonicola*); Yaginuma, 1962: 43 (*P. japonicola*, elevated from sub. of *P. aureolus*); Braun, 1965: 413 (*P. s.*, Syn. of male); Yaginuma, 1966: 30; Yaginuma, 1967: 90; Yaginuma, 1971: 102; Paik, 1979: 439; Song et al., 1979: 19; Paik & Namkung, 1979: 73; Hu, 1984: 333; Yaginuma, 1986: 217; Song, 1988: 134 (*P. s.*, Syn.); Chikuni, 1989: 135; Feng, 1990: 193; Chen & Zhang, 1991: 286; Song & Zhu, 1997: 197; Song, Chen & Zhu, 1997: 1728; Song, Zhu & Chen, 1999: 477; Song, Zhu & Chen, 2001: 377; Kim & Jung, 2001: 202; Namkung, 2002: 505; Kim & Cho, 2002: 173; Namkung, 2003: 508; Ono & Ban, 2009: 479.
异名：
Philodromus aureolus japonicola Bösenberg & Strand, 1906; Braun, 1965: 413 (Syn.);
P. amitinus Chamberlin, 1924; Song, 1988: 134 (Syn.).
分布：黑龙江（HL）、吉林（JL）、辽宁（LN）、内蒙古（NM）、河北（HEB）、山西（SX）、山东（SD）、河南（HEN）、陕西（SN）、宁夏（NX）、甘肃（GS）、新疆（XJ）、安徽（AH）、江苏（JS）、浙江（ZJ）、湖北（HB）；韩国、日本

三角逍遥蛛 *Philodromus triangulatus* Urita & Song, 1987

Urita & Song, 1987: 32; Song & Zhu, 1997: 188; Song, Zhu & Chen, 1999: 477; Szita & Logunov, 2008: 62.
分布：内蒙古（NM）；哈萨克斯坦

维氏逍遥蛛 *Philodromus vinokurovi* Marusik, 1991

Marusik, 1991: 54; Tang, Song & Zhu, 2004: 395; Marusik & Kovblyuk, 2011: 209.

分布：内蒙古（NM）；俄罗斯

新疆逍遥蛛 *Philodromus xinjiangensis* Tang & Song, 1987

Tang & Song, in Urita & Song, 1987: 33; Tang & Song, 1989: 420; Hu & Wu, 1989: 324; Zhao, 1993: 349; Song & Zhu, 1997: 199; Song, Zhu & Chen, 1999: 477; Szita & Logunov, 2008: 53.

分布：新疆（XJ）；阿塞拜疆到中国

狼逍遥蛛属 *Thanatus* C. L. Koch, 1837

C. L. Koch, 1837: 28. Type species: *Araneus formicinus* Clerck, 1757

异名：

Paratibellus Simon, 1932; Logunov & Huseynov, 2008: 126 (Syn.).

北极狼逍遥蛛 *Thanatus arcticus* Thorell, 1872

Thorell, 1872: 157; Lenz, 1897: 76; Sørensen, 1898: 225; Fedotov, 1912: 463; Kulczyński, 1916: 24; Jackson, 1932: 109 (*T. lapponicus*); Holm, 1958: 530; Dondale, Turnbull & Redner, 1964: 651; Holm, 1967: 81 (*T. a.*, Syn.); Holm, 1968: 205; Hauge, 1976: 122; Dondale & Redner, 1978: 119; Marusik, 1991: 48 (*T. kolymensis*); Marusik, 1991: 50; Logunov, 1996: 147 (*T. a.*, Syn.); Almquist, 2006: 469; Tang & Wang, 2008: 78; Ono & Ban, 2009: 476; Pajunen, 2009: 86; Marusik & Kovblyuk, 2011: 209 (*T. kolymensis*).

异名：

Thanatus lapponicus Jackson, 1932; Holm, 1967: 81 (Syn.);

T. kolymensis Marusik, 1991; Logunov, 1996: 147 (Syn.).

分布：内蒙古（NM）；全北界

科罗拉多狼逍遥蛛 *Thanatus coloradensis* Keyserling, 1880

Keyserling, 1880: 206; Kulczyński, 1887: 304 (*T. alpinus*); Emerton, 1902: 39; Kulczyński, 1908: 65 (*T. albomaculatus*); Lessert, 1910: 391 (*T. alpinus*); Simon, 1932: 861, 886 (*T. alpinus*); Gertsch, 1933: 1; Schenkel, 1963: 248 (*T. albomaculatus*); Dondale, Turnbull & Redner, 1964: 641 (*T. c.*, Syn.); Schick, 1965: 97; Miller, 1971: 130 (*T. alpinus*); Dondale & Redner, 1978: 112; Urita & Song, 1987: 33 (*T. albomaculatus*); Heimer & Nentwig, 1991: 464 (*T. alpinus*); Logunov, 1996: 151 (*T. c.*, Syn.); Song & Zhu, 1997: 202 (*T. albomaculatus*); Song, Zhu & Chen, 1999: 477; Szita & Samu, 2000: 167; Hu, 2001: 330 (*T. albomaculatus*); Paquin & Dupérré, 2003: 184.

异名：

Thanatus alpinus Kulczyński, 1887; Dondale, Turnbull & Redner, 1964: 641 (Syn., after Gertsch, 1934);

T. albomaculatus Kulczyński, 1908; Logunov, 1996: 151 (Syn.).

分布：黑龙江（HL）、辽宁（LN）、内蒙古（NM）、甘肃（GS）、青海（QH）；全北界

韩国狼逍遥蛛 *Thanatus coreanus* Paik, 1979

Paik, 1979: 118; Urita & Song, 1987: 34; Logunov, 1996: 174; Song & Zhu, 1997: 203; Song, Zhu & Chen, 1999: 477; Song, Zhu & Chen, 2001: 379; Namkung, 2003: 515; Zhu & Zhang, 2011: 429.

分布：黑龙江（HL）、吉林（JL）、内蒙古（NM）、河北（HEB）、河南（HEN）；韩国、俄罗斯

大明狼逍遥蛛 *Thanatus damingus* Wang, Zhang & Xing, 2013

Wang, Zhang & Xing, 2013: 56.

分布：河北（HEB）

镰状狼逍遥蛛 *Thanatus forciformis* Li, Feng & Yang, 2013

Li, Feng & Yang, 2013: 771.

分布：云南（YN）

蚁形狼逍遥蛛 *Thanatus formicinus* (Clerck, 1757)

Clerck, 1757: 134 (*Araneus f.*); Olivier, 1789: 226 (*Aranea formicina*); Walckenaer, 1802: 228 (*Aranea rhomboica*); Panzer, 1804: 65 (*Aranea testacea*); Walckenaer, 1805: 38 (*Thomisus rhomboicus*); Walckenaer, 1826: 95 (*Philodromus rhombiferens*); Audouin, 1826: 392 (*Philodromus rhombiferens*); Sundevall, 1833: 229 (*Philodromus f.*); Hahn, 1833: 111 (*Thomisus rhomboicus*); Hahn, 1836: 1 (*Thomisus rhomboicus*); C. L. Koch, 1837: 28; Walckenaer, 1837: 559 (*Thomisus rhombiferens*); Ohlert, 1867: 122 (*T. rhomboicus*); Thorell, 1872: 269; Menge, 1875: 410 (*Philodromus f.*); Becker, 1882: 241; Emerton, 1892: 379 (*T. lycosoides*); Müller & Schenkel, 1895: 782 (*T. pictus*); F. O. P.-Cambridge, 1900: 130; Bösenberg, 1902: 337; Comstock, 1912: 548 (*T. lycosoides*); Simon, 1932: 861, 886; Gertsch, 1933: 3 (*T. canadensis*); Gertsch, 1933: 5 (*T. lycosoides*); Zhu & Wang, 1963: 482; Song & Hubert, 1983: 13; Qiu, 1983: 100 (*T. formicicus*); Zhang, 1987: 221; Chen & Gao, 1990: 166; Zhao, 1993: 350; Almquist, 2006: 471; Pajunen, 2009: 86; Wunderlich, 2012: 51.

分布：辽宁（LN）、河北（HEB）、山东（SD）、河南（HEN）、陕西（SN）、甘肃（GS）、青海（QH）、新疆（XJ）、浙江（ZJ）、西藏（XZ）；全北界

香港狼逍遥蛛 *Thanatus hongkong* Song, Zhu & Wu, 1997

Song, Zhu & Wu, 1997: 82; Song, Zhu & Chen, 1999: 478.

分布：香港（HK）

小狼逍遥蛛 *Thanatus miniaceus* Simon, 1880

Simon, 1880: 110; Song & Hubert, 1983: 12; Hu, 1984: 336 (*T. formicinus*, misidentified); Zhu et al., 1985: 185; Yaginuma, 1986: 215; Song, 1987: 269; Urita & Song, 1987: 34; Zhang, 1987: 222; Hu & Li, 1987: 318 (*T. xizangensis*); Chikuni, 1989: 133; Feng, 1990: 194; Chen & Zhang, 1991: 284; Zhao, 1993: 352; Logunov, 1996: 179; Song & Zhu, 1997: 204; Song, Zhu & Chen, 1999: 478 (*T. m.*, Syn.); Hu, 2001: 332 (*T. xizangensis*); Song, Zhu & Chen, 2001: 380; Namkung, 2003:

516; Chang & Tso, 2004: 30; Ono & Ban, 2009: 476.

异名：

Thanatus xizangensis Hu & Li, 1987; Song, Zhu & Chen, 1999: 478 (Syn.).

分布：吉林（JL）、辽宁（LN）、内蒙古（NM）、河北（HEB）、山东（SD）、河南（HEN）、青海（QH）、浙江（ZJ）、西藏（XZ）、台湾（TW）；韩国、日本

蒙古狼逍遥蛛 *Thanatus mongolicus* (Schenkel, 1936)

Schenkel, 1936: 278 (*Philodromus m.*); Hu & Wu, 1989: 320 (*P. mongodicus*); Logunov, 1996: 159 (*T. m.*, Trans. from *Philodromus*); Song & Zhu, 1997: 192 (*Philodromus m.*); Song, Zhu & Chen, 1999: 478; Song, Zhu & Chen, 2001: 381.

分布：内蒙古（NM）、新疆（XJ）；蒙古

内蒙狼逍遥蛛 *Thanatus neimongol* Urita & Song, 1987

Urita & Song, 1987: 35; Song & Zhu, 1997: 205; Song, Zhu & Chen, 1999: 478.

分布：内蒙古（NM）

日本狼逍遥蛛 *Thanatus nipponicus* Yaginuma, 1969

Yaginuma, 1969: 87; Shinkai & Hara, 1975: 15; Yaginuma, Yamaguchi & Nishikawa, 1976: 829; Paik, 1979: 122; Yaginuma, 1986: 215; Urita & Song, 1987: 36; Logunov, 1992: 57; Logunov, 1996: 161; Song & Zhu, 1997: 206; Song, Zhu & Chen, 1999: 478; Song, Zhu & Chen, 2001: 382; Kim & Jung, 2001: 206; Namkung, 2002: 514; Namkung, 2003: 517; Ono & Ban, 2009: 476.

分布：吉林（JL）、内蒙古（NM）；韩国、日本、俄罗斯

椭圆狼逍遥蛛 *Thanatus oblongiusculus* (Lucas, 1846)

Lucas, 1846: 200 (*Philodromus o.*); Simon, 1874: 155; Simon, 1875: 312 (*Tibellus o.*); Kulczyński, 1899: 412; Simon, 1932: 864, 887 (*Paratibellus o.*); Charitonov, 1946: 28 (*T. constellatus*; see also Charitonov, 1969: 122); Maurer & Walter, 1984: 65 (*Paratibellus o.*); Hu & Wu, 1989: 324 (*Philodromus yiningensis*); Hu & Wu, 1990: 111 (*P. y.*); Noflatscher, 1993: 283 (*Paratibellus o.*); Esyunin & Efimik, 1995: 84 (*T. constellatus*); Logunov, 1996: 167 (*T. constellatus*, Syn.); Song & Zhu, 1997: 200 (*Philodromus yiningensis*); Lyakhov, 2000: 222 (*T. constellatus*); Trotta, 2005: 171 (*Paratibellus o.*); Logunov & Huseynov, 2008: 126, f. 27 (*T. o.*, Syn.); Wunderlich, 2012: 52 (*Paratibellus o.*).

异名：

Thanatus constellatus Charitonov, 1946; Logunov & Huseynov, 2008: 126 (Syn.);

T. yiningensis (Hu & Wu, 1989, Trans. from *Philodromus*); Logunov, 1996: 167 (Syn., sub of *T. constellatus*).

分布：新疆（XJ）；古北界

指母狼逍遥蛛 *Thanatus pollex* Li, Feng & Yang, 2013

Li, Feng & Yang, 2013: 772.

分布：云南（YN）

草原狼逍遥蛛 *Thanatus stepposus* Logunov, 1996

Logunov, 1996: 179; Tang & Wang, 2008: 79.

分布：内蒙古（NM）；俄罗斯

普通狼逍遥蛛 *Thanatus vulgaris* Simon, 1870

Reuss, 1834: 206 (*Drassus notatus*: suppressed for lack of usage, see Levy, 1999: 189); Simon, 1870: 328; Simon, 1870: 332 (*T. major*); O. P.-Cambridge, 1872: 309 (*Philodromus thorellii*); Simon, 1875: 323 (*T. major*); Simon, 1875: 325; L. Koch, 1882: 645 (*Philodromus vegetus*); Chyzer & Kulczyński, 1891: 114; Banks, 1898: 265 (*T. peninsulanus*); Kulczyński, 1903: 50 (*T. v. maderianus*); Simon, 1910: 196 (*T. purcelli*); Strand, 1913: 158 (*T. v. syriensis*); Strand, 1915: 153 (*T. odorus*); Strand, 1915: 154 (*T. rehobothicola*: listed by Roewer under both *Thanatus* and *Philodromus*); Strand, 1916: 34 (*T. notatus*); Chamberlin, 1919: 9 (*T. retentus*); Petrunkevitch, 1929: 523 (*Philodromus setosus*); Simon, 1932: 863, 886; Simon, 1932: 863 (*T. v. major*); Caporiacco, 1935: 194 (*Vacchellia thorelli*); Kaston, 1948: 439 (*T. peninsulanus*); Dondale, Turnbull & Redner, 1964: 653 (*T. v.*, Syn.); Schick, 1965: 93 (*T. peninsulanus*); Miller, 1971: 130; Dondale & Redner, 1976: 155 (*T. v.*, Syn.); Levy, 1977: 214 (*T. v.*, Syn.); Dondale & Redner, 1978: 120; Paik, 1979: 123; Zhou & Song, 1985: 272; Urita & Song, 1987: 36; Wunderlich, 1987: 261 (*T. v.*, Syn.); Hu & Li, 1987: 320 (*Tibellus pateli*, misidentified); Hu & Wu, 1989: 326; Heimer & Nentwig, 1991: 466; Wunderlich, 1992: 508; Zhao, 1993: 353; Hansen, 1995: 17; Logunov, 1996: 196; Song & Zhu, 1997: 207; Levy, 1999: 189 (*T. v.*, Syn.); Song, Zhu & Chen, 1999: 478; Lyakhov, 2000: 229; Szita & Samu, 2000: 173; Hu & Li, 1987: 320 (*T. pateli*, see note under *Tibellus pateli*); Hu, 2001: 331; Kim & Jung, 2001: 207; Jäger, 2002: 50; van Helsdingen, 2010: 10; Logunov, 2011: 449; Logunov, Ballarin & Marusik, 2011: 238; Wunderlich, 2012: 53; Bosmans & Van Keer, 2012: 11.

异名：

Thanatus notatus (Reuss, 1834, Trans. from *Drassus*); Levy, 1999: 189 (Syn.);

T. major Simon, 1870; Levy, 1977: 214 (Syn.);

T. thorelli (O. P.-Cambridge, 1872, Trans. from *Vacchellia*); Levy, 1977: 214 (Syn.);

T. vegetus (L. Koch, 1882, Trans. from *Philodromus*); Bosmans & Van Keer, 2012: 11 (Syn., contra. Braun, 1965: 369);

T. peninsulanus Banks, 1898; Dondale, Turnbull & Redner, 1964: 653 (Syn.);

T. vulgaris maderianus Kulczyński, 1903; Wunderlich, 1987: 261 (Syn.);

T. purcelli Simon, 1910; Levy, 1977: 215 (Syn.);

T. vulgaris syriensis Strand, 1913; Levy, 1977: 215 (Syn.);

T. odorus Strand, 1915; Levy, 1977: 215 (Syn.);

T. rehobothicola Strand, 1915; Levy, 1977: 216 (Syn.);

T. setosus (Petrunkevitch, 1929, Trans. from *Philodromus*); Dondale & Redner, 1976: 155 (Syn.).

分布：内蒙古（NM）、新疆（XJ）、西藏（XZ）；全北界

武川狼逍遥蛛 *Thanatus wuchuanensis* Tang & Wang, 2008

Tang & Wang, 2008: 76.

分布：内蒙古（NM）

新疆狼逍遥蛛 *Thanatus xinjiangensis* Hu & Wu, 1989

Hu & Wu, 1989: 329; Song & Zhu, 1997: 208; Song, Zhu & Chen, 1999: 478.

分布：新疆（XJ）

长逍遥蛛属 *Tibellus* Simon, 1875

Simon, 1875: 307. Type species: *Aranea oblonga* Walckenaer, 1802

异名：

Tibellinus Simon, 1910; Van den Berg & Dippenaar-Schoeman, 1994: 72 (Syn.);

Tibelloides Mello-Leitão, 1939; Mello-Leitão, 1945: 224 (Syn.).

葫芦长逍遥蛛 *Tibellus cucurbitus* Yang, Zhu & Song, 2005

Yang, Zhu & Song, 2005: 345.

分布：云南（YN）

冯氏长逍遥蛛 *Tibellus fengi* Efimik, 1999

Feng, 1990: 196 (*T. tenellus*, misidentified); Efimik, 1999: 110; Ono & Ban, 2009: 478.

分布：河北（HEB）、山西（SX）、山东（SD）、河南（HEN）、陕西（SN）、甘肃（GS）；日本、俄罗斯

日本长逍遥蛛 *Tibellus japonicus* Efimik, 1999

Bösenberg & Strand, 1906: 271 (*T. tenellus*, misidentified); Saitō, 1934: 327 (*T. tenellus*, misidentified); Saitō, 1959: 134 (*T. tenellus*, misidentified); Chikuni, 1989: 133 (*T. tenellus*, misidentified); Efimik, 1999: 112; Chen, Zhang & Song, 2003: 91; Ono & Ban, 2009: 478; Zhu & Zhang, 2011: 431; Yin et al., 2012: 1252.

分布：河南（HEN）、湖南（HN）、贵州（GZ）；日本、俄罗斯

滨海长逍遥蛛 *Tibellus maritimus* (Menge, 1875)

Menge, 1875: 398 (*Thanatus m.*); Menge, 1875: 396 (*Thanatus oblongus*); Becker, 1882: 238 (*T. oblongus*, misidentified); Chyzer & Kulczyński, 1891: 115 (*T. oblongus*, misidentified); Lessert, 1910: 395; Jackson, 1911: 387; Charitonov, 1926: 122; Simon, 1932: 866, 888 (*T. oblongus*, misidentified); Bryant, 1933: 189; Gertsch, 1933: 8; Chickering, 1940: 234; Tullgren, 1944: 126; Kaston, 1948: 441; Locket & Millidge, 1951: 202; Azheganova, 1968: 116; Vilbaste, 1969: 115; Tyschchenko, 1971: 113; Miller, 1971: 128; Braendegaard, 1972: 40; Dondale & Redner, 1978: 97; Utochkin, 1981: 12; Roberts, 1985: 114; Zhu et al., 1985: 187; Song, 1987: 270 (*T. oblongus*, misidentified); Heimer & Nentwig, 1991: 466; Roberts, 1995: 178; Mcheidze, 1997: 133; Song & Zhu, 1997: 210; Song & Zhu, 1997: 211 (*T. oblongus*, misidentified); Roberts, 1998: 190; Efimik, 1999: 115; Song, Zhu & Chen, 1999: 478; Song, Zhu & Chen, 2001: 384; Paquin & Dupérré, 2003: 185; Almquist, 2006: 475.

分布：吉林（JL）、内蒙古（NM）、河北（HEB）、山西（SX）；全北界

短胸长逍遥蛛 *Tibellus oblongus* (Walckenaer, 1802)

Walckenaer, 1802: 228 (*Aranea oblonga*); Walckenaer, 1805: 38 (*Thomisus o.*); Jarocki, 1825: 369 (*Formicinus o.*, generic nomen oblitum); Hahn, 1831: 10 (*Thomisus o.*); Hahn, 1836: 1 (*Thomisus o.*); Walckenaer, 1837: 558 (*Philodromus o.*); C. L. Koch, 1837: 87 (*Thanatus parallelus*); C. L. Koch, 1837: 28 (*Thanatus parallelus*); Lucas, 1846: 199 (*Philodromus gracilentus*); Blackwall, 1861: 100 (*Philodromus o.*); Simon, 1864: 401 (*Thanata gracilenta*); Prach, 1866: 630 (*Thanatus trilineatus*); Ohlert, 1867: 122 (*Thanatus o.*); Thorell, 1872: 269 (*Thanatus o.*); Menge, 1875: 396 (*Thanatus o.*); Menge, 1875: 398 (*Thanatus maritimus*); Simon, 1875: 309 (*T. propinquus*); Bertkau, 1878: 377 (*Metastenus o.*); Bertkau, 1878: 377 (*Metastenus parallelus*); Keyserling, 1880: 194; Becker, 1882: 237 (*T. propinquus*); Hansen, 1882: 65 (*Thanatus o.*); Chyzer & Kulczyński, 1891: 115 (*T. parallelus*); Emerton, 1892: 378 (*T. duttoni*, misidentified); Bösenberg, 1902: 338; Emerton, 1902: 39 (*T. duttoni*, misidentified); Engelhardt, 1910: 110; Jackson, 1911: 387; Charitonov, 1926: 121; Simon, 1932: 866, 888 (*T. parallelus*); Gertsch, 1933: 3 (*Thanatus o.*); Peelle & Saitō, 1933: 115; Saitō, 1934: 286; Chickering, 1940: 234; Tullgren, 1944: 124; Kaston, 1948: 440; Locket & Millidge, 1951: 203; Hull, 1955: 56 (*T. punctatus*); Locket & Millidge, 1957: 488 (*T. o.*, Syn.); Utochkin, 1981: 9 (*T. longicephalus*); Utochkin, 1981: 10 (*T. lineatus*); Utochkin, 1984: 4 (*T. lineatus*); Hu, 1984: 340; Zhang, 1987: 224; Song, 1987: 271 (*T. parallelus*); Hu & Wu, 1989: 330 (*T. parallelus*); Chen & Gao, 1990: 167; Zhao, 1993: 353; Zhao, 1993: 355 (*T. parallelus*); Efimik, 1999: 117 (*T. o.*, Syn.); Song, Zhu & Chen, 1999: 479; Hu, 2001: 334; Song, Zhu & Chen, 2001: 384; Namkung, 2003: 519; Zhu & Zhang, 2011: 433; Wunderlich, 2012: 55; Ramírez, 2014: 65.

异名：

Tibellus punctatus Hull, 1955; Locket & Millidge, 1957: 488 (Syn.);

T. longicephalus Utochkin, 1981; Efimik, 1999: 117 (Syn.);

T. lineatus Utochkin, 1981; Efimik, 1999: 117 (Syn.).

分布：黑龙江（HL）、吉林（JL）、内蒙古（NM）、河北（HEB）、山西（SX）、山东（SD）、河南（HEN）、陕西（SN）、甘肃（GS）、新疆（XJ）、四川（SC）、西藏（XZ）；全北界

东方长逍遥蛛 *Tibellus orientis* Efimik, 1999

Song, 1987: 272 (*T. tenellus*, misidentified); Song & Zhu, 1997: 212 (*T. tenellus*, misidentified); Efimik, 1999: 121; Zhu & Zhang, 2011: 433; Yin et al., 2012: 1253.

分布：黑龙江（HL）、吉林（JL）、辽宁（LN）、河南（HEN）、江西（JX）、湖南（HN）；俄罗斯

先知长逍遥蛛 *Tibellus propositus* Roewer, 1951

O. P.-Cambridge, 1885: 76 (*Tibellus propinquus*; preoccupied

by Simon, 1875); Roewer, 1951: 448 (*Tibellus propositus*, replacement name).
分布：新疆（XJ）

娇长逍遥蛛 *Tibellus tenellus* (L. Koch, 1876)

L. Koch, 1876: 849 (*Thanatus t.*); Yaginuma, 1960: 101; Yaginuma, 1971: 101; Hu & Guo, 1982: 144; Hu, 1984: 341; Guo, 1985: 169; Zhu et al., 1985: 188; Yaginuma, 1986: 216; Zhang, 1987: 225; Zhao, 1993: 357; Song, Zhu & Chen, 1999: 479; Song, Zhu & Chen, 2001: 386; Kim & Jung, 2001: 209; Namkung, 2002: 515; Namkung, 2003: 518.
分布：黑龙江（HL）、吉林（JL）、辽宁（LN）、河南（HEN）、江西（JX）、湖南（HN）；俄罗斯、澳大利亚

朱氏长逍遥蛛 *Tibellus zhui* Tang & Song, 1989

Tang & Song, 1989: 421; Tang, in Feng, 1990: 195 (*T. semiannuaris*; manuscript name); Song & Zhu, 1997: 213; Tang et al., 1999: 28; Song, Zhu & Chen, 1999: 479.
分布：四川（SC）、广东（GD）、海南（HI）

42. 幽灵蛛科 Pholcidae C. L. Koch, 1850

世界 78 属 1406 种；中国 13 属 182 种。

巨幽蛛属 *Artema* Walckenaer, 1837

Walckenaer, 1837: 656. Type species: *Artema atlanta* Walckenaer, 1837
异名：
Pholciella Roewer, 1960; Huber, 2009: 67 (Syn.).

热带巨幽蛛 *Artema atlanta* Walckenaer, 1837

Walckenaer, 1837: 656; Walckenaer, 1837: 657 (*A. mauriciana*); Doleschall, 1857: 408 (*Pholcus sisyphoides*); Blackwall, 1858: 332 (*A. convexa*); Vinson, 1863: 132 (*Pholcus borbonicus*); Vinson, 1863: 141, 307 (*A. mauricia*); Blackwall, 1866: 459 (*A. convexa*); L. Koch, 1875: 25 (*Pholcus borbonicus*); Karsch, 1879: 106 (*Pholcus rotundatus*); Simon, 1885: 19 (*A. mauricia*); Karsch, 1891: 276 (*A. sisyphoides*); Simon, 1893: 463 (*A. mauricia*); Pocock, 1900: 239; Kulczyński, 1901: 20 (*A. kochii*); Kulczyński, 1901: 20 (*A. mauriciana*).F. O. P.-Cambridge, 1902: 366; Tullgren, 1910: 119 (*A. mauriciana*); Franganillo, 1926: 49 (*Crossopriza sex-signata*); Petrunkevitch, 1929: 119; Dyal, 1935: 170; Millot, 1941: 3 (*A. mauriciana*, Syn.); Millot, 1946: 129 (*A. mauriciana*); Caporiacco, 1948: 626 (*A. a.*, Syn.); Chrysanthus, 1967: 92; Brignoli, 1981: 92; Tikader & Biswas, 1981: 18; Pérez, 1996: 432 (*A. a.*, Syn.); Huber, 2000: 12; Saaristo, 2001: 15; Lee, 2005: 7; Beatty, Berry & Huber, 2008: 3; Colmenares-García, 2008: 87; Irie, 2009: 106; Gao & Li, 2010: 11; Saaristo, 2010: 159; Le Peru, 2011: 152; Tong, 2013: 55.
异名：
Artema mauriciana Walckenaer, 1837; Caporiacco, 1948: 626 (Syn., after O. P.-Cambridge, 1902);
A. sisyphoides (Doleschall, 1857, Trans. from *Pholcus*); Millot, 1941: 3 (Syn., sub *A. mauriciana*);
A. kochii Kulczyński, 1901; Millot, 1941: 3 (Syn., sub. of *A. mauriciana*);
A. sex-signata (Franganillo, 1926, Trans. from *Crossopriza*); Pérez, 1996: 432 (Syn).
分布：海南（HI）；泛热带地区，引入比利时

贝尔蛛属 *Belisana* Thorell, 1898

Thorell, 1898: 278. Type species: *Belisana tauricornis* Thorell, 1898

翼贝尔蛛 *Belisana aliformis* Tong & Li, 2008

Tong & Li, 2008: 46; Tong, 2013: 55.
分布：海南（HI）

安徽贝尔蛛 *Belisana anhuiensis* (Xu & Wang, 1984)

Xu & Wang, 1984: 51 (*Spermophora a.*); Song, 1987: 110 (*S. a.*); Huber, 2005: 104 (*B. a.*, Trans. from *Spermophora*).
分布：安徽（AH）

霸王贝尔蛛 *Belisana bawangensis* Zhang & Peng, 2011

Zhang & Peng, 2011: 52.
分布：海南（HI）

潮安贝尔蛛 *Belisana chaoanensis* Zhang & Peng, 2011

Zhang & Peng, 2011: 55.
分布：广东（GD）

蛇形贝尔蛛 *Belisana colubrina* Zhang & Peng, 2011

Zhang & Peng, 2011: 62.
分布：广西（GX）

打鸡贝尔蛛 *Belisana daji* Chen, Zhang & Zhu, 2009

Chen, Zhang & Zhu, 2009: 62.
分布：贵州（GZ）

缺失贝尔蛛 *Belisana desciscens* Tong & Li, 2009

Tong & Li, 2009: 18; Tong, 2013: 56.
分布：海南（HI）

吊罗贝尔蛛 *Belisana diaoluoensis* Zhang & Peng, 2011

Zhang & Peng, 2011: 55.
分布：海南（HI）

陡箐贝尔蛛 *Belisana douqing* Chen, Zhang & Zhu, 2009

Chen, Zhang & Zhu, 2009: 59.
分布：贵州（GZ）

强壮贝尔蛛 *Belisana erromena* Zhang & Peng, 2011

Zhang & Peng, 2011: 58.
分布：云南（YN）

俄贤贝尔蛛 *Belisana exian* Tong & Li, 2009

Tong & Li, 2009: 18; Tong, 2013: 57.

分布：海南（HI）

钳贝尔蛛 *Belisana forcipata* (Tu, 1994)

Tu, 1994: 419 (*Spermophora f.*); Song, Zhu & Chen, 1999: 65 (*S. f.*); Huber, 2005: 104 (*B. f.*, Trans. from *Spermophora*).
分布：福建（FJ）

帽形贝尔蛛 *Belisana galeiformis* Zhang & Peng, 2011

Zhang & Peng, 2011: 52.
分布：贵州（GZ）

吉隆贝尔蛛 *Belisana gyirong* Zhang, Zhu & Song, 2006

Zhang, Zhu & Song, 2006: 200.
分布：西藏（XZ）

虎伯贝尔蛛 *Belisana huberi* Tong & Li, 2008

Tong & Li, 2008: 47; Tong, 2013: 58.
分布：海南（HI）

顺子贝尔蛛 *Belisana junkoae* (Irie, 1997)

Irie, 1997: 136 (*Spermophora j.*); Huber, 2005: 102 (*B. j.*, Trans. from *Spermophora*); Irie, 2009: 111 (*Spermophora j.*).
分布：台湾（TW）；日本

具膜贝尔蛛 *Belisana lamellaris* Tong & Li, 2008

Tong & Li, 2008: 47; Tong, 2013: 58.
分布：海南（HI）

宽贝尔蛛 *Belisana lata* Zhang & Peng, 2011

Zhang & Peng, 2011: 62.
分布：云南（YN）

长贝尔蛛 *Belisana longinqua* Zhang & Peng, 2011

Zhang & Peng, 2011: 58.
分布：海南（HI）

米林贝尔蛛 *Belisana mainling* Zhang, Zhu & Song, 2006

Zhang, Zhu & Song, 2006: 203.
分布：西藏（XZ）

毛感贝尔蛛 *Belisana maogan* Tong & Li, 2009

Tong & Li, 2009: 19; Tong, 2013: 59.
分布：海南（HI）

怒江贝尔蛛 *Belisana nujiang* Huber, 2005

Huber, 2005: 14.
分布：云南（YN）

平行贝尔蛛 *Belisana parallelica* Zhang & Peng, 2011

Zhang & Peng, 2011: 58.
分布：广西（GX）

片马贝尔蛛 *Belisana pianma* Huber, 2005

Huber, 2005: 14.
分布：云南（YN）

卷叶贝尔蛛 *Belisana rollofoliolata* (Wang, 1983)

Wang, 1983: 6 (*Spermophora r.*); Xu & Wang, 1984: 52 (*S. r.*); Song, 1987: 113 (*S. r.*); Huber, 2005: 13 (*B. r.*, Trans. from *Spermophora*).
分布：云南（YN）

田林贝尔蛛 *Belisana tianlinensis* Zhang & Peng, 2011

Zhang & Peng, 2011: 65.
分布：广西（GX）

同乐贝尔蛛 *Belisana tongle* Zhang, Chen & Zhu, 2008

Zhang, Chen & Zhu, 2008: 654.
分布：广西（GX）

习水贝尔蛛 *Belisana xishui* Chen, Zhang & Zhu, 2009

Chen, Zhang & Zhu, 2009: 65.
分布：贵州（GZ）

亚东贝尔蛛 *Belisana yadongensis* (Hu, 1985)

Hu, 1985: 148 (*Spermophora y.*); Hu, 2001: 85 (*S. y.*); Huber, 2005: 13 (*B. y.*, Trans. from *Spermophora*); Zhang, Zhu & Song, 2006: 203.
分布：西藏（XZ）

亚龙贝尔蛛 *Belisana yalong* Tong & Li, 2009

Tong & Li, 2009: 24; Tong, 2013: 60.
分布：海南（HI）

杨氏贝尔蛛 *Belisana yangi* Zhang & Peng, 2011

Zhang & Peng, 2011: 65.
分布：云南（YN）

沿河贝尔蛛 *Belisana yanhe* Chen, Zhang & Zhu, 2009

Chen, Zhang & Zhu, 2009: 65.
分布：贵州（GZ）

张氏贝尔蛛 *Belisana zhangi* Tong & Li, 2007

Tong & Li, 2007: 505.
分布：广西（GX）

壶腹蛛属 *Crossopriza* Simon, 1893

Simon, 1893: 476. Type species: *Artema pristina* Simon, 1890
异名：
Ceratopholcus Spassky, 1934; Huber, Colmenares & Ramírez, 2014: 420 (Syn.);
Tibiosa González-Sponga, 2006; Huber, 2009: 65 (Syn.).

莱氏壶腹蛛 *Crossopriza lyoni* (Blackwall, 1867)

Blackwall, 1867: 392 (*Pholcus l.*); Thorell, 1895: 70

(*Smeringopus l.*); Pocock, 1900: 240; Dyal, 1935: 168; Mello-Leitão, 1935: 94 (*C. brasiliensis*); Mello-Leitão, 1942: 389 (*C. mucronata*); Millot, 1946: 154 (*C. francoisi*); Millot, 1946: 156 (*C. stridulans*); Zhu & Wang, 1963: 462; Chrysanthus, 1967: 96; Tikader & Biswas, 1981: 18; Yaginuma, 1986: 31; Kim, 1988: 35; Chikuni, 1989: 29; Chen & Zhang, 1991: 72; Huber, Deeleman-Reinhold & Pérez, 1999: 2 (*C. l.*, Syn.); Song, Zhu & Chen, 1999: 52; Huber, 2000: 30; González-Sponga, 2006: 11 (*Tibiosa caracensis*); González- Sponga, 2006: 14 (*Tibiosa casanaimensis*); González-Sponga, 2006: 17 (*Tibiosa coreana*); González-Sponga, 2006: 20 (*Tibiosa guayanesa*); González-Sponga, 2006: 23 (*Tibiosa moraensis*); Huber, 2009: 65 (*C. l.*, Syn.); Yin et al., 2012: 163.

异名：

Crossopriza brasiliensis Mello-Leitão, 1935; Huber, Deeleman-Reinhold & Pérez, 1999: 2 (Syn.);

C. mucronata Mello-Leitão, 1942; Huber, Deeleman-Reinhold & Pérez, 1999: 2 (Syn.);

C. stridulans Millot, 1946; Huber, Deeleman-Reinhold & Pérez, 1999: 2 (Syn.).

C. francoisi Millot, 1946; Huber, Deeleman-Reinhold & Pérez, 1999: 2 (Syn.);

C. caracensis (González-Sponga, 2006, Trans. from *Tibiosa*); Huber, 2009: 65 (Syn.);

C. casanaimensis (González-Sponga, 2006, Trans. from *Tibiosa*); Huber, 2009: 65 (Syn.);

C. coreana (González-Sponga, 2006, Trans. from *Tibiosa*); Huber, 2009: 65 (Syn.);

C. guayanesa (González-Sponga, 2006, Trans. from *Tibiosa*); Huber, 2009: 65 (Syn.);

C. moraensis (González-Sponga, 2006, Trans. from *Tibiosa*); Huber, 2009: 65 (Syn.).

分布：浙江（ZJ）、湖南（HN）、福建（FJ）、广西（GX）、海南（HI）；世界性分布

全小蛛属 *Holocneminus* Berland, 1942

Berland, 1942: 13. Type species: *Holocneminus piritarsis* Berland, 1942

皇帝全小蛛 ***Holocneminus huangdi*** **Tong & Li, 2009**

Tong & Li, 2009: 24; Tong, 2013: 61.

分布：海南（HI）

呵叻蛛属 *Khorata* Huber, 2005

Huber, 2005: 79. Type species: *Khorata khammouan* Huber, 2005

吊罗山呵叻蛛 ***Khorata diaoluoshanensis*** **Tong & Li, 2008**

Tong & Li, 2008: 52; Tong, 2013: 62.

分布：海南（HI）

指状呵叻蛛 ***Khorata digitata*** **Yao & Li, 2010**

Yao & Li, 2010: 5.

分布：广西（GX）

洞口呵叻蛛 ***Khorata dongkou*** **Yao & Li, 2010**

Yao & Li, 2010: 5.

分布：广西（GX）

无斑呵叻蛛 ***Khorata epunctata*** **Yao & Li, 2010**

Yao & Li, 2010: 6.

分布：广西（GX）

扇形呵叻蛛 ***Khorata flabelliformis*** **Yao & Li, 2010**

Yao & Li, 2010: 7.

分布：广西（GX）

扶绥呵叻蛛 ***Khorata fusui*** **Zhang & Zhu, 2009**

Zhang & Zhu, 2009: 234.

分布：广西（GX）

桂呵叻蛛 ***Khorata guiensis*** **Yao & Li, 2010**

Yao & Li, 2010: 8.

分布：广西（GX）

柳州呵叻蛛 ***Khorata liuzhouensis*** **Yao & Li, 2010**

Yao & Li, 2010: 9.

分布：广西（GX）

罗锦呵叻蛛 ***Khorata luojinensis*** **Yao & Li, 2010**

Yao & Li, 2010: 9.

分布：广西（GX）

弱呵叻蛛 ***Khorata macilenta*** **Yao & Li, 2010**

Yao & Li, 2010: 10.

分布：广西（GX）

庙山呵叻蛛 ***Khorata miaoshanensis*** **Yao & Li, 2010**

Yao & Li, 2010: 11.

分布：广西（GX）

南宁呵叻蛛 ***Khorata nanningensis*** **Yao & Li, 2010**

Yao & Li, 2010: 12.

分布：广西（GX）

宁明呵叻蛛 ***Khorata ningming*** **Zhang & Zhu, 2009**

Zhang & Zhu, 2009: 236.

分布：广西（GX）

宁远呵叻蛛 ***Khorata ningyuan*** **Wei & Xu, 2014**

Wei & Xu, 2014: 184.

分布：湖南（HN）

帕氏呵叻蛛 ***Khorata paquini*** **Yao & Li, 2010**

Yao & Li, 2010: 13.

分布：广西（GX）

罗伯特呵叻蛛 ***Khorata robertmurphyi*** **Yao & Li, 2010**

Yao & Li, 2010: 13.

分布：广西（GX）

融水呵叻蛛 *Khorata rongshuiensis* Yao & Li, 2010

Yao & Li, 2010: 14.

分布：广西（GX）

三彩呵叻蛛 *Khorata sancai* Wei & Xu, 2014

Wei & Xu, 2014: 184.

分布：广西（GX）

勺呵叻蛛 *Khorata shao* Yao & Li, 2010

Yao & Li, 2010: 15.

分布：广西（GX）

三角呵叻蛛 *Khorata triangula* Yao & Li, 2010

Yao & Li, 2010: 16.

分布：广西（GX）

王氏呵叻蛛 *Khorata wangae* Yao & Li, 2010

Yao & Li, 2010: 16.

分布：广西（GX）

兴义呵叻蛛 *Khorata xingyi* Chen, Zhang & Zhu, 2009

Chen, Zhang & Zhu, 2009: 49.

分布：贵州（GZ）

朱氏呵叻蛛 *Khorata zhui* Zhang & Zhang, 2008

Zhang & Zhang, 2008: 65.

分布：福建（FJ）

瘦幽蛛属 *Leptopholcus* Simon, 1893

Simon, 1893: 474. Type species: *Leptopholcus signifer* Simon, 1893

香山瘦幽蛛 *Leptopholcus huongson* Huber, 2011

Huber, 2011: 93; Zhang & Peng, 2012: 635.

分布：广西（GX）；泰国、越南

柄眼瘦幽蛛 *Leptopholcus podophthalmus* (Simon, 1893)

Simon, 1893: 468 (*Pholcus p.*); Song, Zhu & Chen, 1999: 58 (*P. p.*); Zhang & Zhu, 2009: 71 (*P. p.*); Huber, 2011: 99 (*L. p.*, Trans. from *Pholcus*).

分布：河南（HEN）、广西（GX）、海南（HI）；印度、斯里兰卡到新加坡

小幽灵蛛属 *Micropholcus* Deeleman-Reinhold & Prinsen, 1987

Deeleman-Reinhold & Prinsen, 1987: 73. Type species: *Pholcus fauroti* Simon, 1887

异名：

Mariguitaia González-Sponga, 2004; Huber, 2009: 66 (Syn.).

佛若小幽灵蛛 *Micropholcus fauroti* (Simon, 1887)

Simon, 1887: 453 (*Pholcus f.*); Thorell, 1895: 72 (*Pholcus infirmus*); Petrunkevitch, 1929: 147 (*Pholcus unicolor*); Mello-Leitão, 1929: 95 (*Leptopholcus occidentalis*); Millot, 1941: 14 (*Pholcus senegalensis*); Millot, 1946: 130 (*Pholcus chavanei*); Mello-Leitão, 1946: 75 (*Micromerys occidentalis*, Trans. from *Leptopholcus*); Deeleman-Reinhold & Prinsen, 1987: 73 (*M. f.*, Trans. from *Pholcus*, Syn.); Song, Zhu & Chen, 1999: 52; Huber, 2000: 55 (*M. f.*, Syn.); Irie, 2000: 215; Deeleman-Reinhold & van Harten, 2001: 199; Saaristo, 2001: 12; Beatty, Berry & Huber, 2008: 12; González-Sponga, 2004: 64 (*Mariguitaia divergentis*); González-Sponga, 2004: 68 (*Mariguitaia museorum*); González-Sponga, 2004: 70 (*Mariguitaia neoespartana*); González-Sponga, 2004: 72 (*Mariguitaia sucrensis*); Huber, 2009: 66 (*M. f.*, Syn.); Irie, 2009: 106; Saaristo, 2010: 163; Huber, 2011: 26.

异名：

Micropholcus infirmus (Thorell, 1895, Trans. from *Pholcus*); Deeleman-Reinhold & Prinsen, 1987: 73 (Syn.);

M. occidentalis (Mello-Leitão, 1929, Trans. from *Leptopholcus*); Huber, 2000: 55 (Syn.);

M. unicolor (Petrunkevitch, 1929, Trans. from *Pholcus*); Deeleman-Reinhold & Prinsen, 1987: 73 (Syn., after Roth, 1985);

M. senegalensis (Millot, 1941, Trans. from *Pholcus*); Deeleman-Reinhold & Prinsen, 1987: 73 (Syn.);

M. chavanei (Millot, 1946, Trans. from *Pholcus*); Deeleman-Reinhold & Prinsen, 1987: 73 (Syn.);

M. sucrensis (González-Sponga, 2004, Trans. from *Mariguitaia*); Huber, 2009: 66 (Syn.);

M. divergentis (González-Sponga, 2004, Trans. from *Mariguitaia*); Huber, 2009: 66 (Syn.);

M. museorum (González-Sponga, 2004, Trans. from *Mariguitaia*); Huber, 2009: 66 (Syn.);

M. neoespartana (González-Sponga, 2004, Trans. from *Mariguitaia*); Huber, 2009: 66 (Syn.).

分布：云南（YN）、海南（HI）；泛热带地区，引入比利时

莫蒂蛛属 *Modisimus* Simon, 1893

Simon, 1893: 485. Type species: *Modisimus glaucus* Simon, 1893

异名：

Hedypsilus Simon, 1893; Huber, 1997: 238 (Syn.).

角突莫蒂蛛 *Modisimus culicinus* (Simon, 1893)

Simon, 1893: 322 (*Hedypsilus c.*); Simon, 1893: 486 (*Hedypsilus c.*); Lessert, 1938: 434 (*Hedypsilus lawrencei*); Gertsch & Peck, 1992: 1192 (*Hedypsilus c.*); Huber, 1997: 233 (*M. c.*, Syn.); Huber, 1998: 1594; Huber, 1998: 592; Huber, 2000: 28; Saaristo, 2001: 24; Beatty, Berry & Huber, 2008: 14; Tong & Li, 2009: 25; Saaristo, 2010: 165; Tong, 2013: 64.

异名：

Modisimus lawrencei (Lessert, 1938, Trans. from *Hedypsilus*); Huber, 1997: 233 (Syn.).

分布：海南（HI）；世界性分布

幽灵蛛属 *Pholcus* Walckenaer, 1805

Walckenaer, 1805: 80. Type species: *Aranea phalangoides* Fuesslin, 1775

匿幽灵蛛 *Pholcus abstrusus* Yao & Li, 2012

Yao & Li, 2012: 5.

分布：广西（GX）

钩幽灵蛛 *Pholcus aduncus* Yao & Li, 2012

Yao & Li, 2012: 6.

分布：广西（GX）

敏捷幽灵蛛 *Pholcus agilis* Yao & Li, 2012

Yao & Li, 2012: 7.

分布：广西（GX）

杂斑幽灵蛛 *Pholcus alloctospilus* Zhu & Gong, 1991

Zhu & Gong, 1991: 18; Song, Zhu & Chen, 1999: 52; Song, Zhu & Chen, 2001: 72; Zhang & Zhu, 2009: 11; Huber, 2011: 463; Yao & Li, 2012: 7.

分布：河北（HEB）

高山幽灵蛛 *Pholcus alpinus* Yao & Li, 2012

Yao & Li, 2012: 8.

分布：湖北（HB）

安龙幽灵蛛 *Pholcus anlong* Chen, Zhang & Zhu, 2011

Chen, Zhang & Zhu, 2011: 52; Yao & Li, 2012: 8.

分布：贵州（GZ）

八宝幽灵蛛 *Pholcus babao* Tong & Li, 2010

Tong & Li, 2010: 36.

分布：河北（HEB）

白龙幽灵蛛 *Pholcus bailongensis* Yao & Li, 2012

Yao & Li, 2012: 9.

分布：广西（GX）

板透幽灵蛛 *Pholcus bantouensis* Yao & Li, 2012

Yao & Li, 2012: 9.

分布：广西（GX）

北京幽灵蛛 *Pholcus beijingensis* Zhu & Song, 1999

Zhu & Song, in Song, Zhu & Chen, 1999: 52; Song, Zhu & Chen, 2001: 73; Zhang & Zhu, 2009: 13; Huber, 2011: 469; Yao & Li, 2012: 10.

分布：河北（HEB）、北京（BJ）

山谷幽灵蛛 *Pholcus bessus* Zhu & Gong, 1991

Zhu & Gong, 1991: 20; Song, Zhu & Chen, 1999: 57; Song, Zhu & Chen, 2001: 74; Zhang & Zhu, 2009: 15; Huber, 2011: 365; Yao & Li, 2012: 10.

分布：河北（HEB）

双齿幽灵蛛 *Pholcus bidentatus* Zhu et al., 2005

Zhu et al., 2005: 490; Zhang & Zhu, 2009: 15; Huber, 2011: 420; Yao & Li, 2012: 11.

分布：四川（SC）、贵州（GZ）；老挝

柄幽灵蛛 *Pholcus bing* Yao & Li, 2012

Yao & Li, 2012: 11.

分布：广西（GX）

短幽灵蛛 *Pholcus brevis* Yao & Li, 2012

Yao & Li, 2012: 12.

分布：北京（BJ）

册亨幽灵蛛 *Pholcus ceheng* Chen, Zhang & Zhu, 2011

Chen, Zhang & Zhu, 2011: 54.

分布：贵州（GZ）

长突幽灵蛛 *Pholcus chang* Yao & Li, 2012

Yao & Li, 2012: 12.

分布：四川（SC）

程坡幽灵蛛 *Pholcus chengpoi* Huber & Dimitov, 2014

Huber & Dimitov, 2014: 397.

分布：台湾（TW）

山纹幽灵蛛 *Pholcus chevronus* Yin, Xu & Bao, 2012

Yin, Xu & Bao, in Yin et al., 2012: 167.

分布：湖南（HN）

赤城幽灵蛛 *Pholcus chicheng* Tong & Li, 2010

Tong & Li, 2010: 36.

分布：河北（HEB）

棒状幽灵蛛 *Pholcus clavatus* Schenkel, 1936

Schenkel, 1936: 32; Zhu & Wang, 1963: 464 (*P. sinicus*); Hu, 1984: 78 (*P. sinensis*; lapsus for *P. sinicus*); Zhu, Tu & Shi, 1986: 120 (*P. sinicus*); Zhang, 1987: 59 (*P. c.*, Syn.); Chen & Zhang, 1991: 75 (*P. sinensis*; lapsus for *P. sinicus*); Hu, 2001: 85; Song, Zhu & Chen, 2001: 75; Zhang & Zhu, 2009: 18; Tong & Li, 2010: 38.

异名：

Pholcus sinicus Zhu & Wang, 1963; Zhang, 1987: 59 (Syn.).

分布：辽宁（LN）、河北（HEB）、陕西（SN）、青海（QH）、浙江（ZJ）、西藏（XZ）

棒斑幽灵蛛 *Pholcus clavimaculatus* Zhu & Song, 1999

Zhu & Song, in Song, Zhu & Chen, 1999: 57; Zhu & Tso, 2002: 154; Zhang & Zhu, 2009: 20; Huber, 2011: 466; Yao & Li, 2012: 13.

分布：辽宁（LN）、河北（HEB）

楔形幽灵蛛 *Pholcus cuneatus* Yao & Li, 2012

Yao & Li, 2012: 13.

分布：云南（YN）

大理幽灵蛛 *Pholcus dali* Zhang & Zhu, 2009

Zhang & Zhu, 2009: 25; Yao & Li, 2012: 14.

分布：云南（YN）

大滩幽灵蛛 *Pholcus datan* Tong & Li, 2010

Tong & Li, 2010: 38.

分布：河北（HEB）

华美幽灵蛛 *Pholcus decorus* Yao & Li, 2012

Yao & Li, 2012: 14.

分布：辽宁（LN）

蝶斑幽灵蛛 *Pholcus dieban* Yao & Li, 2012

Yao & Li, 2012: 15.

分布：贵州（GZ）

长幽灵蛛 *Pholcus elongatus* (Yin & Wang, 1981)

Yin & Wang, 1981: 380 (*Spermophora elongata*); Hu, 1984: 80 (*S. elongata*); Song, 1987: 112 (*S. elongata*); Song, Zhu & Chen, 1999: 65 (*S. elongata*); Zhang & Zhu, 2009: 25 (*P. e.*, Trans. from *Spermophora*); Huber, 2011: 133; Tong, 2013: 65.

分布：云南（YN）、福建（FJ）、海南（HI）；老挝

奇异幽灵蛛 *Pholcus exceptus* Tong & Li, 2009

Tong & Li, 2009: 25; Tong, 2013: 66.

分布：海南（HI）

纤细幽灵蛛 *Pholcus exilis* Tong & Li, 2010

Tong & Li, 2010: 44.

分布：河北（HEB）

凤城幽灵蛛 *Pholcus fengcheng* Zhang & Zhu, 2009

Zhang & Zhu, 2009: 28; Yao & Li, 2012: 16.

分布：辽宁（LN）

叶状幽灵蛛 *Pholcus foliaceus* Peng & Zhang, 2013

Peng & Zhang, 2013: 75.

分布：辽宁（LN）

易脆幽灵蛛 *Pholcus fragillimus* Strand, 1907

Strand, 1907: 126; Irie, 2002: 141 (*P. okinawaensis*); Irie, 2009: 108 (*P. o.*); Peng & Zhang, 2011: 1 (*P. acerosus*); Huber, 2011: 415 (*Pholcus fragillimus*, Syn.); Huber, Colmenares & Ramírez, 2014: 420 (*P. f.*, Syn.); Huber & Dimitrov, 2014: 395.

异名：

Pholcus okinawaensis Irie, 2002; Huber, 2011: 415 (Syn.);

P. acerosus Peng & Zhang, 2011; Huber, Colmenares & Ramírez, 2014: 420 (Syn.).

分布：台湾（TW）、海南（HI）；斯里兰卡、印度到日本

甘孜幽灵蛛 *Pholcus ganziensis* Yao & Li, 2012

Yao & Li, 2012: 16.

分布：四川（SC）

高氏幽灵蛛 *Pholcus gaoi* Song & Ren, 1994

Song & Ren, 1994: 20; Song, Zhu & Chen, 1999: 57; Zhang & Zhu, 2009: 29; Yao & Li, 2012: 17.

分布：辽宁（LN）

关氏幽灵蛛 *Pholcus guani* Song & Ren, 1994

Song & Ren, 1994: 21; Song, Zhu & Chen, 1999: 57; Zhang & Zhu, 2009: 32; Yao & Li, 2012: 17.

分布：辽宁（LN）

顾氏幽灵蛛 *Pholcus gui* Zhu & Song, 1999

Zhu & Song, in Song, Zhu & Chen, 1999: 57; Zhang & Zhu, 2009: 32; Huber, 2011: 425; Yao & Li, 2012: 17.

分布：广西（GX）、海南（HI）

钩突幽灵蛛 *Pholcus hamatus* Tong & Ji, 2010

Tong & Ji, 2010: 98.

分布：辽宁（LN）

哈氏幽灵蛛 *Pholcus harveyi* Zhang & Zhu, 2009

Zhang & Zhu, 2009: 35; Yao & Li, 2012: 18.

分布：河南（HEN）

河南幽灵蛛 *Pholcus henanensis* Zhu & Mao, 1983

Zhu & Mao, in Zhu, Mao & Yu, 1983: 135; Zhang & Zhu, 2009: 37; Yao & Li, 2012: 18.

分布：山西（SX）、河南（HEN）

华坪幽灵蛛 *Pholcus huapingensis* Yao & Li, 2012

Yao & Li, 2012: 18.

分布：云南（YN）

胡贝尔幽灵蛛 *Pholcus huberi* Zhang & Zhu, 2009

Zhang & Zhu, 2009: 37; Yao & Li, 2012: 19.

分布：河南（HEN）

覆瓦幽灵蛛 *Pholcus imbricatus* Yao & Li, 2012

Yao & Li, 2012: 19.

分布：云南（YN）

角突幽灵蛛 *Pholcus jiaotu* Yao & Li, 2012

Yao & Li, 2012: 20.

分布：贵州（GZ）

金牛幽灵蛛 *Pholcus jinniu* Tong & Li, 2010

Tong & Li, 2010: 44.

分布：河北（HEB）

九龙幽灵蛛 *Pholcus jiulong* Tong & Li, 2010

Tong & Li, 2010: 47.

分布：四川（SC）

久伟幽灵蛛 *Pholcus jiuwei* Tong & Ji, 2010

Tong & Ji, 2010: 99.

分布：辽宁（LN）

蓟县幽灵蛛 *Pholcus jixianensis* Zhu & Yu, 1983

Zhu & Yu, in Zhu, Mao & Yu, 1983: 136; Zhang & Zhu, 2009: 41.

分布：天津（TJ）

康定幽灵蛛 *Pholcus kangding* Zhang & Zhu, 2009

Zhang & Zhu, 2009: 43; Tong & Li, 2010: 47; Yao & Li, 2012: 21.

分布：四川（SC）

金氏幽灵蛛 *Pholcus kimi* Song & Zhu, 1994

Song & Zhu, 1994: 37; Song, Zhu & Chen, 1999: 58; Zhang & Zhu, 2009: 43; Huber, 2011: 423; Yao & Li, 2012: 21.

分布：湖南（HN）、湖北（HB）、贵州（GZ）、云南（YN）；老挝

盔幽灵蛛 *Pholcus kui* Yao & Li, 2012

Yao & Li, 2012: 21.

分布：广西（GX）

昆明幽灵蛛 *Pholcus kunming* Zhang & Zhu, 2009

Zhang & Zhu, 2009: 47; Yao & Li, 2012: 22.

分布：云南（YN）

丽江幽灵蛛 *Pholcus lijiangensis* Yao & Li, 2012

Yao & Li, 2012: 23.

分布：云南（YN）

舌状幽灵蛛 *Pholcus lingulatus* Gao, Gao & Zhu, 2002

Gao, Gao & Zhu, 2002: 74; Zhang & Zhu, 2009: 47; Huber, 2011: 471; Yao & Li, 2012: 23.

分布：吉林（JL）

林州幽灵蛛 *Pholcus linzhou* Zhang & Zhang, 2000

Zhang & Zhang, 2000: 152; Zhang & Zhu, 2009: 50; Huber, 2011: 459; Yao & Li, 2012: 24.

分布：河北（HEB）、河南（HEN）

刘氏幽灵蛛 *Pholcus liui* Yao & Li, 2012

Yao & Li, 2012: 24.

分布：云南（YN）

瘤突幽灵蛛 *Pholcus liutu* Yao & Li, 2012

Yao & Li, 2012: 25.

分布：云南（YN）

泸定幽灵蛛 *Pholcus luding* Tong & Li, 2010

Tong & Li, 2010: 47.

分布：四川（SC）

芦芽幽灵蛛 *Pholcus luya* Peng & Zhang, 2013

Peng & Zhang, 2013: 77.

分布：山西（SX）

曼纽幽灵蛛 *Pholcus manueli* Gertsch, 1937

Gertsch, 1937: 1; Schenkel, 1953: 23 (*P. affinis*); Yaginuma, 1957: 57 (*P. affinis*); Zhu & Wang, 1963: 463 (*P. opilionoides*, misidentified); Maughan & Fitch, 1976: 306 (*P. opilionoides*, misidentified); Paik, 1978: 225 (*P. opilionoides*, misidentified); Hu, 1984: 78 (*P. opilionides*, misidentified); Zhu et al., 1985: 66 (*P. affinis*); Zhu, Tu & Shi, 1986: 118 (*P. affinis*); Yaginuma, 1986: 29 (*P. opilionoides*, misidentified); Song, 1987: 109 (*P. affinis*); Zhang, 1987: 58 (*P. affinis*); Hu & Wu, 1989: 74 (*P. affinis*); Chikuni, 1989: 29 (*P. opilionoides*, misidentified); Feng, 1990: 46 (*P. affinis*); Chen & Gao, 1990: 39 (*P. affinis*); Chen & Zhang, 1991: 74 (*P. opilionoides*, misidentified); Chen & Zhang, 1991: 76 (*P. affinis*); Song, Zhu & Chen, 1999: 52 (*P. affinis*); Hu, 2001: 81 (*P. affinis*); Senglet, 2001: 62 (*P. m.*, removed from Sub. of *P. opilionoides*, contra. Kaston, 1977: 6, Syn.); Song, Zhu & Chen, 2001: 71 (*P. affinis*); Namkung, 2002: 42 (*P. opilionoides*, misidentified); Namkung, 2003: 44 (*P. opilionoides*, misidentified); Lee & Kim, 2003: 112 (*P. opilionoides*, misidentified); Cutler, 2007: 129; Cutler, 2007: 129 (*P. opilionoides*, misidentified); Zhang & Zhu, 2009: 52; Irie, 2009: 108 (*P. opilionoides*, misidentified); Huber, 2011: 361.

异名：

Pholcus affinis Schenkel, 1953; Senglet, 2001: 62 (Syn.).

分布：吉林（JL）、辽宁（LN）、内蒙古（NM）、河北（HEB）、山西（SX）、陕西（SN）、江苏（JS）、浙江（ZJ）、四川（SC）、西藏（XZ）；韩国、日本、俄罗斯、土库曼斯坦、美国

锚幽灵蛛 *Pholcus mao* Yao & Li, 2012

Yao & Li, 2012: 25.

分布：广西（GX）

墨脱幽灵蛛 *Pholcus medog* Zhang, Zhu & Song, 2006

Zhang, Zhu & Song, 2006: 195; Zhang & Zhu, 2009: 54; Huber, 2011: 390.

分布：西藏（XZ）；印度

勐腊幽灵蛛 *Pholcus mengla* Song & Zhu, 1999

Song & Zhu, in Song, Zhu & Chen, 1999: 58; Zhang & Zhu, 2009: 56; Yao & Li, 2012: 26.

分布：云南（YN）

绵山幽灵蛛 *Pholcus mianshanensis* Zhang & Zhu, 2009

Zhu, Tu & Shi, 1986: 119 (*P. henanensis*, misidentified); Zhang & Zhu, 2009: 56; Yao & Li, 2012: 26.

分布：山西（SX）

奇特幽灵蛛 *Pholcus mirabilis* Yao & Li, 2012

Yao & Li, 2012: 27.

分布：云南（YN）

暗幽灵蛛 *Pholcus obscurus* Yao & Li, 2012

Yao & Li, 2012: 27.

分布：云南（YN）

弯曲幽灵蛛 *Pholcus oculosus* Zhang & Zhang, 2000

Zhang & Zhang, 2000: 151; Zhang & Zhu, 2009: 59; Peng & Zhang, 2011: 82; Huber, 2011: 458; Yao & Li, 2012: 28.

分布：河北（HEB）、山西（SX）

长跨幽灵蛛 *Pholcus opilionoides* (Schrank, 1781)

Schrank, 1781: 530 (*Aranea o.*); Hahn, 1834: 34 (*P.*

phalangioides, misidentified); Simon, 1866: 120; Simon, 1866: 121 (*P. grossipalpus*); Chyzer & Kulczyński, 1891: 149; Bösenberg, 1902: 219; Kulczyński, 1913: 20; Simon, 1914: 237, 243; Spassky, 1925: 26; Wiehle, 1953: 39; Muller, 1967: 130; Loksa, 1969: 71; Miller, 1971: 58; Brignoli, 1971: 35 (*P. osellai*); Heimer & Nentwig, 1991: 40; Roberts, 1995: 99; Huber, 1995: 291; Roberts, 1998: 101; Senglet, 2001: 63 (*P. o.*, Syn.); Van Keer & Van Keer, 2003: 80; Ponomarev, 2005: 44 (*P. donensis*); Zhang & Zhu, 2009: 59; Le Peru, 2011: 156; Huber, 2011: 323 (*P. o.*, Syn.); Yin et al., 2012: 170.

异名：

Pholcus osellai Brignoli, 1971; Senglet, 2001: 63 (Syn.);
P. donensis Ponomarev, 2005; Huber, 2011: 323 (Syn.).

分布：黑龙江（HL）、吉林（JL）、辽宁（LN）、北京（BJ）、河南（HEN）、新疆（XJ）、江苏（JS）、浙江（ZJ）、湖南（HN）；日本、古北界

卵形幽灵蛛 *Pholcus ovatus* Yao & Li, 2012

Yao & Li, 2012: 28.

分布：陕西（SN）

蝶形幽灵蛛 *Pholcus papilionis* Peng & Zhang, 2011

Peng & Zhang, 2011: 80.

分布：山西（SX）

副林州幽灵蛛 *Pholcus paralinzhou* Zhang & Zhu, 2009

Zhang & Zhu, 2009: 61; Yao & Li, 2012: 29.

分布：河南（HEN）

副翼城幽灵蛛 *Pholcus parayichengicus* Zhang & Zhu, 2009

Zhang & Zhu, 2009: 62; Tong & Li, 2010: 51; Yao & Li, 2012: 29.

分布：河南（HEN）

短突幽灵蛛 *Pholcus pennatus* Zhang, Zhu & Song, 2005

Zhang, Zhu & Song, 2005: 65; Zhang & Zhu, 2009: 65; Huber, 2011: 463; Yao & Li, 2012: 30.

分布：河北（HEB）

家幽灵蛛 *Pholcus phalangioides* (Fuesslin, 1775)

Fuesslin, 1775: 9 (*Aranea phalangoides*); Fourcroy, 1785: 537 (*Aranea meticulosa*); Walckenaer, 1805: 80; Walckenaer, 1837: 652; C. L. Koch, 1837: 97 (*P. nemastomoides*); Nicolet, 1849: 463 (*P. americanus*); Hentz, 1850: 284 (*P. atlanticus*); Blackwall, 1864: 208; L. Koch, 1867: 193 (*P. litoralis*); L. Koch, 1872: 285 (*P. litoralis*); O. P.-Cambridge, 1879: 77; Emerton, 1882: 30; Chyzer & Kulczyński, 1891: 149; Simon, 1893: 470; Bösenberg, 1902: 219; Emerton, 1902: 128; Simon, 1914: 239; Mello-Leitão, 1918: 113; Mello-Leitão, 1918: 116 (*P. dubiomaculatus*); Simon & Fage, 1922: 540; Reimoser, 1929: 62; Bristowe, 1938: 311; Piza, 1938: 22 (*P. communis*); Uyemura, 1938: 20; Soares, 1944: 320 (*P. p.*, Syn.); Millot, 1946: 131 (*P. lambertoni*); Kaston, 1948: 68; Chrysanthus, 1950: 82; Locket & Millidge, 1951: 93; Wiehle, 1953: 43; Mikulska, 1964: 44; Braendegaard, 1966: 83; Lee, 1966: 35; Hickman, 1967: 41; Muller, 1967: 132; Loksa, 1969: 71; Cooke, 1970: 145; Miller, 1971: 58; Maughan & Fitch, 1976: 306; Paik, 1978: 227; Roberts, 1985: 64; Deeleman-Reinhold, 1986: 222; Yaginuma, 1986: 29; Wunderlich, 1987: 69; Chikuni, 1989: 28; Heimer, 1990: 10; Chen & Zhang, 1991: 75; Heimer & Nentwig, 1991: 40; Uhl, 1994: 1; Uhl, Huber & Rose, 1995: 1; Roberts, 1995: 98; Barrion & Litsinger, 1995: 37 (*P. p.*, misidentified, may belong to *P. arayat*, see Huber, 2011: 318); Agnarsson, 1996: 30; Bartos, 1997: 27; Huber, 1998: 595; Roberts, 1998: 101; Huber, 2000: 77 (*P. p.*, Syn.); Senglet, 2001: 55; Namkung, 2002: 43; Paquin & Dupérré, 2003: 186; Namkung, 2003: 45; Lee & Kim, 2003: 113; Almquist, 2005: 29; Beatty, Berry & Huber, 2008: 18; Kim & Yoo, 2008: 81; Zhang & Zhu, 2009: 67; Irie, 2009: 108; Paquin, Vink & Dupérré, 2010: 35; Le Peru, 2011: 156; Huber, 2011: 375 (*P. p.*, Syn.).

异名：

Pholcus litoralis L. Koch, 1867; Huber, 2001: 111 (Syn.).
P. dubiomaculatus Mello-Leitão, 1918; Huber, 2000: 77 (Syn.);
P. communis Piza, 1938; Soares, 1944: 320 (Syn.);
P. lambertoni Millot, 1946; Huber, 2011: 375 (Syn.).

分布：上海（SH）、浙江（ZJ）；世界性分布

凤凰幽灵蛛 *Pholcus phoenixus* Zhang & Zhu, 2009

Zhang & Zhu, 2009: 69; Yao & Li, 2012: 30.

分布：辽宁（LN）

屏东幽灵蛛 *Pholcus pingtung* Huber & Dimitov, 2014

Huber & Dimitov, 2014: 395.

分布：台湾（TW）

琴马幽灵蛛 *Pholcus ponticus* Thorell, 1875

Thorell, 1875a: 70; Thorell, 1875b: 70; Wunderlich, 1980: 221; Hu & Wu, 1989: 74 (*P. xinjiangensis*); Efimik, Esyunin & Kuznetsov, 1997: 86 (*P. fagei*, misidentified); Song, Zhu & Chen, 1999: 63 (*P. xinjiangensis*); Zhang & Zhu, 2009: 98 (*P. xinjiangensis*); Kuzmin, 2010: 13; Le Peru, 2011: 156; Huber, 2011: 345 (*P. p.*, Syn.).

异名：

Pholcus xinjiangensis Hu & Wu, 1989; Huber, 2011: 345 (Syn.).

分布：新疆（XJ）；保加利亚到中国

青城幽灵蛛 *Pholcus qingchengensis* Gao, Gao & Zhu, 2002

Gao, Gao & Zhu, 2002: 75; Zhang & Zhu, 2009: 72; Yao & Li, 2012: 30.

分布：四川（SC）

青海幽灵蛛 *Pholcus quinghaiensis* Song & Zhu, 1999

Song & Zhu, in Song, Zhu & Chen, 1999: 59; Zhang & Zhu, 2009: 75; Tong & Li, 2010: 51; Huber, 2011: 451; Yao & Li,

2012: 30.
分布：青海（QH）、四川（SC）

萨氏幽灵蛛 *Pholcus saaristoi* Zhang & Zhu, 2009

Zhang & Zhu, 2009: 75; Yao & Li, 2012: 31.
分布：云南（YN）

香格里拉幽灵蛛 *Pholcus shangrila* Zhang & Zhu, 2009

Zhang & Zhu, 2009: 76; Yao & Li, 2012: 31.
分布：云南（YN）

双突幽灵蛛 *Pholcus shuangtu* Yao & Li, 2012

Yao & Li, 2012: 31.
分布：云南（YN）

宋氏幽灵蛛 *Pholcus songi* Zhang & Zhu, 2009

Zhang & Zhu, 2009: 80; Yao & Li, 2012: 32.
分布：湖北（HB）

嵩县幽灵蛛 *Pholcus songxian* Zhang & Zhu, 2009

Zhang & Zhu, 2009: 82; Yao & Li, 2012: 32.
分布：河南（HEN）

星斑幽灵蛛 *Pholcus spilis* Zhu & Gong, 1991

Zhu & Gong, 1991: 22; Song, Zhu & Chen, 1999: 59; Zhang & Zhu, 2009: 83; Huber, 2011: 359; Yao & Li, 2012: 33; Yin et al., 2012: 171; Huber & Dimitrov, 2014: 395.
分布：江苏（JS）、湖南（HN）、湖北（HB）、四川（SC）、贵州（GZ）、台湾（TW）

亚舌状幽灵蛛 *Pholcus sublingulatus* Zhang & Zhu, 2009

Zhang & Zhu, 2009: 83; Yao & Li, 2012: 33.
分布：吉林（JL）

亚弯曲幽灵蛛 *Pholcus suboculosus* Peng & Zhang, 2011

Peng & Zhang, 2011: 80.
分布：山西（SX）

亚武夷幽灵蛛 *Pholcus subwuyiensis* Zhang & Zhu, 2009

Zhang & Zhu, 2009: 87; Yao & Li, 2012: 33.
分布：福建（FJ）

绥中幽灵蛛 *Pholcus suizhongicus* Zhu & Song, 1999

Zhu & Song, in Song, Zhu & Chen, 1999: 59; Zhang & Zhu, 2009: 89; Yao & Li, 2012: 33.
分布：辽宁（LN）

太白幽灵蛛 *Pholcus taibaiensis* Wang & Zhu, 1992

Wang & Zhu, 1992: 20; Song, Zhu & Chen, 1999: 63; Zhang & Zhu, 2009: 90; Huber, 2011: 451; Yao & Li, 2012: 34.
分布：陕西（SN）、四川（SC）

泰山幽灵蛛 *Pholcus taishan* Song & Zhu, 1999

Song & Zhu, in Song, Zhu & Chen, 1999: 63; Zhang & Zhu, 2009: 93; Huber, 2011: 454; Yao & Li, 2012: 34.
分布：山东（SD）

佟氏幽灵蛛 *Pholcus tongi* Yao & Li, 2012

Yao & Li, 2012: 34.
分布：辽宁（LN）

三角幽灵蛛 *Pholcus triangulatus* Zhang & Zhang, 2000

Zhang & Zhang, 2000: 153; Zhang & Zhu, 2009: 93; Zhang & Zhu, 2009: 84; Huber, 2011: 466; Yao & Li, 2012: 35.
分布：河北（HEB）

椭圆幽灵蛛 *Pholcus tuoyuan* Yao & Li, 2012

Yao & Li, 2012: 35.
分布：广西（GX）

突眼幽灵蛛 *Pholcus tuyan* Yao & Li, 2012

Yao & Li, 2012: 36.
分布：广西（GX）

波形幽灵蛛 *Pholcus undatus* Yao & Li, 2012

Yao & Li, 2012: 37.
分布：广西（GX）

王氏幽灵蛛 *Pholcus wangi* Yao & Li, 2012

Yao & Li, 2012: 37.
分布：辽宁（LN）

望天幽灵蛛 *Pholcus wangtian* Tong & Ji, 2010

Tong & Ji, 2010: 102.
分布：辽宁（LN）

王喜洞幽灵蛛 *Pholcus wangxidong* Zhang & Zhu, 2009

Zhang & Zhu, 2009: 84; Yao & Li, 2012: 38.
分布：河北（HEB）

雾灵幽灵蛛 *Pholcus wuling* Tong & Li, 2010

Tong & Li, 2010: 51.
分布：河北（HEB）

武夷幽灵蛛 *Pholcus wuyiensis* Zhu & Gong, 1991

Zhu & Gong, 1991: 23; Song, Zhu & Chen, 1999: 63; Zhang & Zhu, 2009: 94; Huber, 2011: 441; Yao & Li, 2012: 38.
分布：福建（FJ）

小突幽灵蛛 *Pholcus xiaotu* Yao & Li, 2012

Yao & Li, 2012: 39.
分布：云南（YN）

兴仁幽灵蛛 *Pholcus xingren* Chen, Zhang & Zhu, 2011

Chen, Zhang & Zhu, 2011: 54.

分布：贵州（GZ）

兴义幽灵蛛 *Pholcus xingyi* Chen, Zhang & Zhu, 2011

Chen, Zhang & Zhu, 2011: 57.
分布：贵州（GZ）

杨氏幽灵蛛 *Pholcus yangi* Zhang & Zhu, 2009

Zhang & Zhu, 2009: 100; Yao & Li, 2012: 39.
分布：云南（YN）

翼幽灵蛛 *Pholcus yi* Yao & Li, 2012

Yao & Li, 2012: 40.
分布：贵州（GZ）

翼城幽灵蛛 *Pholcus yichengicus* Zhu, Tu & Shi, 1986

Zhu, Tu & Shi, 1986: 121; Song, Zhu & Chen, 1999: 63; Song, Zhu & Chen, 2001: 77; Zhang & Zhu, 2009: 103; Huber, 2011: 449; Yao & Li, 2012: 40.
分布：河北（HEB）、山西（SX）

圆突幽灵蛛 *Pholcus yuantu* Yao & Li, 2012

Yao & Li, 2012: 41.
分布：云南（YN）

愚公幽灵蛛 *Pholcus yugong* Zhang & Zhu, 2009

Zhang & Zhu, 2009: 104; Yao & Li, 2012: 41.
分布：河南（HEN）

云南幽灵蛛 *Pholcus yunnanensis* Yao & Li, 2012

Yao & Li, 2012: 42.
分布：云南（YN）

樟木幽灵蛛 *Pholcus zham* Zhang, Zhu & Song, 2006

Zhang, Zhu & Song, 2006: 197; Zhang & Zhu, 2009: 106; Huber, 2011: 388.
分布：西藏（XZ）；尼泊尔

张氏幽灵蛛 *Pholcus zhangae* Zhang & Zhu, 2009

Zhang & Zhu, 2009: 108.
分布：四川（SC）

朱氏幽灵蛛 *Pholcus zhui* Yao & Li, 2012

Yao & Li, 2012: 42.
分布：云南（YN）

涿鹿幽灵蛛 *Pholcus zhuolu* Zhang & Zhu, 2009

Zhang & Zhu, 2009: 108; Yao & Li, 2012: 43.
分布：河北（HEB）

西奇幽灵蛛 *Pholcus zichyi* Kulczyński, 1901

Kulczyński, 1901: 326 (*P. z.*, nomen oblitum); Schenkel, 1963: 101 (*P. crypticolens*, misidentified); Hu, 1984: 77 (*P. cryticolens*, misidentified); Song, 1987: 110 (*P. crypticolens*, misidentified); Feng, 1990: 47 (*P. c.*, misidentified); Chen & Gao, 1990: 40 (*P. cryticolens*, misidentified); Chen & Zhang, 1991: 73 (*P. c.*, misidentified); Zhu & Gong, 1991: 18 (*P. c.*, misidentified); Oliger, 1998: 111 (*P. minutus*); Song, Zhu & Chen, 1999: 57 (*P. c.*, misidentified); Song, Zhu & Chen, 2001: 76 (*P. c.*, misidentified); Namkung, 2002: 44 (*P. c.*, misidentified); Namkung, 2003: 46 (*P. c.*, misidentified); Lee & Kim, 2003: 108 (*P. c.*, misidentified); Zhang & Zhu, 2009: 23 (*P. c.*, misidentified); Huber, 2011: 358 (*P. z.*, removed from Sub. of *P. crypticolens*, contra. Marusik & Koponen, 2000: 65, Syn.).
异名：
Pholcus minutus Oliger, 1998; Huber, 2011: 358 (Syn., contra. Marusik & Koponen, 2000: 65).
分布：吉林（JL）、辽宁（LN）、河北（HEB）、北京（BJ）、山东（SD）、河南（HEN）；韩国、俄罗斯

环蛛属 *Physocyclus* Simon, 1893

Simon, 1893: 470. Type species: *Pholcus globosus* Taczanowski, 1874

球状环蛛 *Physocyclus globosus* (Taczanowski, 1874)

Taczanowski, 1874: 105 (*Pholcus g.*); Simon, 1877: 483 (*Pholcus claviger*); Keyserling, 1877: 208 (*Pholcus gibbosus*); Simon, 1893: 470; Workman, 1896: 72 (*Pholcus gibbosus*); O. P.-Cambridge, 1898: 234 (*Decetia incisa*); F. O. P.-Cambridge, 1902: 368; Chamberlin, 1921: 247; Mello-Leitão, 1922: 210 (*P. dubius*); Mello-Leitão, 1922: 210 (*Pholcophora juruensis*); Petrunkevitch, 1929: 141; Badcock, 1932: 7 (*P. muricola*); Nakatsudi, 1943: 152; Mello-Leitão, 1946: 71 (*P. g.*, Syn.); Mello-Leitão, 1946: 33 (*P. g.*, Syn.); Brignoli, 1981: 94; Yaginuma, 1986: 31; Feng, 1990: 45 (*Artema atlanta*, misidentified); Huber & Eberhard, 1997: 905; Huber, 1998: 1596; Zhu & Song, in Song, Zhu & Chen, 1999: 63 (*P. orientalis*); Huber, 2000: 149 (*P. g.*, Syn.); Huber & Zhu, 2001: 152 (*P. g.*, Syn.); Saaristo, 2001: 17; Beatty, Berry & Huber, 2008: 19; González-Sponga, 2007: 56 (*P. boconoensis*); González-Sponga, 2007: 58 (*P. borburatensis*); González-Sponga, 2007: 60 (*P. cariacoensis*); González-Sponga, 2007: 62 (*P. guatirensis*); González-Sponga, 2007: 64 (*P. monaguensis*); Huber, 2009: 66 (*P. g.*, Syn.); Irie, 2009: 111; Valdez-Mondragón, 2010: 25; Silva-Moreira et al., 2010: 46 (*P. g.*, Syn. of *P. juruensis*, after Huber, 2000: 344); Saaristo, 2010: 166; Huber, 2011: 126 (*P. g.*, Syn.).
异名：
Physocyclus claviger (Simon, 1877, Trans. from *Pholcus*); Huber, 2011: 126 (Syn.);
P. juruensis (Mello-Leitão, 1922, Trans. from *Pholcophora*); Silva-Moreira et al., 2010: 45 (Syn., after Huber, 2000: 344).
P. muricola Badcock, 1932; Mello-Leitão, 1946: 72 (Syn.); Mello-Leitão, 1946: 33 (Syn.);
P. orientalis Zhu & Song, in Song, Zhu & Chen, 1999; Huber & Zhu, 2001: 152 (Syn.);
P. boconoensis González-Sponga, 2007; Huber, 2009: 66 (Syn.);
P. borburatensis González-Sponga, 2007; Huber, 2009: 66

(Syn.);

P. cariacoensis González-Sponga, 2007; Huber, 2009: 66 (Syn.);

P. guatirensis González-Sponga, 2007; Huber, 2000: 149 (Syn.);

P. monaguensis González-Sponga, 2007; Huber, 2000: 149 (Syn.).

分布：台湾（TW）、广东（GD）、海南（HI）；世界性分布

拟幽灵蛛属 *Smeringopus* Simon, 1890

Simon, 1890: 94. Type species: *Pholcus pallidus* Blackwall, 1858

苍白拟幽灵蛛 *Smeringopus pallidus* (Blackwall, 1858)

Blackwall, 1858: 433 (*Pholcus p.*); Doleschall, 1859: 47 (*Pholcus phalangioides*, misidentified); Blackwall, 1861: 444 (*Pholcus p.*); Vinson, 1863: 307 (*Pholcus elongatus*); O. P.-Cambridge, 1869: 380 (*Pholcus distinctus*); L. Koch, 1872: 281 (*Pholcus tipuloides*); Taczanowski, 1874: 104 (*Pholcus tigrinus*); Simon, 1877: 482 (*Pholcus excavatus*); Workman, 1878: 451 (*Pholcus margarita*); Marx, 1889: 99 (*Pholcus tipuloides*); Simon, 1890: 94 (*S. elongatus*); Simon, 1893: 476 (*S. elongatus*); Simon, 1893: 478 (*Priscula tigrina*); Moenkhaus, 1898: 90 (*S. purpureus*); Pocock, 1900: 239 (*S. elongatus*); Strand, 1907: 527 (*S. pholcicus*); Strand, 1907: 571 (*S. pholcicus*); Kishida, 1913: 827 (*S. todai*); Mello-Leitão, 1918: 119; Mello-Leitão, 1918: 120 (*S. purpureus*); Mello-Leitão, 1918: 121 (*S. geniculatus*, Trans. from *Pholcus*; specific name erroneously attributed to Thorell); Petrunkevitch, 1929: 144 (*S. elongatus*); Berland, 1929: 43 (*S. elongatus*); Saitō, 1933: 41 (*S. kishidai*); Giltay, 1935: 2 (*S. katangae*); Millot, 1941: 18 (*S. elongatus*); Schenkel, 1944: 176 (*S. bühleri*); Millot, 1946: 150 (*S. elongatus*); Mello-Leitão, 1946: 73 (*S. geniculatus*, Syn.); Kraus, 1957: 219 (*S. p.*, Syn.); Lee, 1966: 35 (*S. pullidus*, Syn.); Timm, 1976: 70; Saaristo, 1978: 102; Yaginuma, 1986: 28; Huber, 1998: 1597; Song, Zhu & Chen, 1999: 65; Huber, 2000: 12; Huber, 2001: 134; Huber & Zhu, 2001: 152 (*S. p.*, Syn.); Saaristo, 2001: 23; Cai, 2003: 20 (*S. pullidus*); Beatty, Berry & Huber, 2008: 21; Irie, 2009: 111; Saaristo, 2010: 169; Huber, 2011: 126 (*S. excavatus*, Trans. from *Pholcus*); Huber, 2012: 65 (*S. p.*, Syn.); Yin et al., 2012: 82.

异名：

Smeringopus elongatus (Vinson, 1863, Trans. from *Pholcus*); Mello-Leitão, 1946: 73 (Syn., sub *S. geniculatus*, after Mello-Leitão, 1918: 121, contra. Petrunkevitch, 1930: 119);

S. tigrina (Taczanowski, 1874, Trans. from *Pholcus*); Huber & Zhu, 2001: 152 (Syn.);

S. excavatus (Simon, 1877, Trans. from *Pholcus*); Huber, 2012: 65 (Syn.);

S. purpureus Moenkhaus, 1898; Kraus, 1957: 219 (Syn.);

S. pholcicus Strand, 1907; Strand, 1907: 571; Huber, 2012: 65 (Syn.);

S. todai Kishida, 1913; Lee, 1966: 36 (Syn.);

S. kishidai Saitō, 1933; Kraus, 1957: 219 (Syn.);

S. katangae Giltay, 1935; Kraus, 1957: 219 (Syn.);

S. bühleri Schenkel, 1944; Huber, 2012: 65 (Syn.).

分布：湖南（HN）、云南（YN）、台湾（TW）、广东（GD）、海南（HI）、香港（HK）；世界性分布

六眼幽灵蛛属 *Spermophora* Hentz, 1841

Hentz, 1841: 116. Type species: *Pholcus senoculatus* Dugès, 1836

异名：

Simonius Kishida, 1913; Yaginuma, 1974: 170 (Syn.).

家六眼幽灵蛛 *Spermophora domestica* Yin & Wang, 1981

Yin & Wang, 1981: 378 (*S. d.*; considered a junior synonym of *S. senoculata* by Zhu, 1983: 17 but not by Song, 1987: 111); Song, 1987: 111; Chen & Zhang, 1991: 76.

分布：湖南（HN）

六眼幽灵蛛 *Spermophora senoculata* (Dugès, 1836)

Dugès, 1836: 160 (*Pholcus senoculatus*); Hentz, 1841: 116 (*S. meridionalis*); Lucas, 1846: 339 (*Pholcus quadri-punctatus*); Walckenaer, 1847: 459 (*Rachus quadripunctatus*); Hentz, 1850: 286 (*Oophora meridionalis*); Simon, 1866: 119 (*Pholcus sexoculatus*); Canestrini, 1868: 199 (*Rachus quadrioculatus*); Emerton, 1882: 31 (*S. meridionalis*); Chyzer & Kulczyński, 1891: 150; Petrunkevitch, 1910: 208 (*S. meridionalis*); Kishida, 1913: 1020 (*Simonius typicus*); Simon, 1914: 238; Roewer, 1928: 120 (*S. topolia*); Drensky, 1929: 36 (*Comaroma ressenensis*); Drensky, 1935: 105 (*Comaroma resnensis*, lapsus); Gertsch, 1939: 1 (*S. meridionalis*); Hadjissarantos, 1940: 48 (*S. topolia*); Shinkai, 1969: 11 (*Simonius typicus*); Dresco & Hubert, 1969: 170; Yaginuma, 1974: 170 (*S. s.*, Syn.); Yaginuma, 1975: 23; Miller & Žitňanská, 1976: 81; Yaginuma, 1986: 29; Chikuni, 1989: 27; Heimer & Nentwig, 1991: 40; Wunderlich, 1992: 324 (*S. s.*, Syn.); Paik, 1996: 23; Song, Zhu & Chen, 1999: 65; Szinetár, Kenyeres & Kovács, 1999: 162; Huber, 2000: 11; Senglet, 2001: 50; Deltshev & Blagoev, 2001: 110 (*S. s.*, Syn.); Namkung, 2002: 50; Huber, 2002: 105; Kim & Cho, 2002: 60; Namkung, 2003: 52; Lee & Kim, 2003: 117; Deltshev, 2003: 137; Trotta, 2005: 171; Jocqué & Dippenaar-Schoeman, 2006: 206; Kovács, Szinetár & Eichardt, 2008: 125; Senglet, 2008: 370; Irie, 2009: 111; Le Peru, 2011: 157; Zhu & Zhang, 2011: 51; Yin et al., 2012: 175.

异名：

Spermophora meridionalis Hentz, 1841; Yaginuma, 1974: 170 (Syn.);

S. typica (Kishida, 1913, Trans. from *Simonius*); Yaginuma, 1974: 170 (Syn.);

S. topolia Roewer, 1928; Wunderlich, 1992: 324 (Syn.);

S. ressenensis (Drensky, 1929, Trans. from *Comaroma*); Deltshev & Blagoev, 2001: 110 (Syn.).

分布：浙江（ZJ）、湖南（HN）；全北界，引入世界各地

藏幽蛛属 *Tibetia* Zhang, Zhu & Song, 2006

Zhang, Zhu & Song, 2006: 198. Type species: *Pholcus everesti* Hu & Li, 1987

珠峰藏幽蛛 *Tibetia everesti* (Hu & Li, 1987)

Hu & Li, 1987: 260 (*Pholcus e.*); Hu, 2001: 82 (*P. e.*); Zhang, Zhu & Song, 2006: 198 (*T. e.*, Trans. from *Pholcus*).

分布：西藏（XZ）

43. 刺足蛛科 Phrurolithidae Banks, 1892

说明：Ramírez(2014)重新界定刺足蛛，并把它提升到科级水平。我国原属圆颚蛛科 Corinnidae 的刺腹蛛属 *Abdosetea*、盾球蛛属 *Orthobula*、奥塔蛛属 *Otacilia* 和刺足蛛属 *Phrurolithus* 被转至该科。

世界 14 属 185 种；中国 4 属 42 种。

腹毛蛛属 *Abdosetae* Fu, Zhang & MacDermott, 2010

Fu, Zhang & MacDermott, 2010: 86, type *A. hainan* Fu, Zhang & MacDermott, 2010

海南腹毛蛛 *Abdosetae hainan* Fu, Zhang & MacDermott, 2010

Fu, Zhang & MacDermott, 2010: 86.

分布：海南（HI）

盾球蛛属 *Orthobula* Simon, 1897

Simon, 1897: 498. Type species: *Orthobula impressa* Simon, 1897

十字盾球蛛 *Orthobula crucifera* Bösenberg & Strand, 1906

Bösenberg & Strand, 1906: 292; Yaginuma, 1960: 114; Namkung, 1964: 45; Yaginuma, 1971: 114; Platnick, 1977: 45; Paik & Namkung, 1979: 86; Hu & Song, 1982: 58; Hu, 1984: 303; Yaginuma, 1986: 183; Chikuni, 1989: 128; Chen & Gao, 1990: 155; Chen & Zhang, 1991: 258; Song, Zhu & Chen, 1999: 411; Kim & Choi, 2001: 84; Song, Zhu & Chen, 2001: 305; Namkung, 2002: 415; Namkung, 2003: 453; Lee et al., 2004: 99; Kamura, 2009: 553; Zhu & Zhang, 2011: 375; Yin et al., 2012: 1070.

分布：北京（BJ）、陕西（SN）、湖南（HN）；韩国、日本

青海盾球蛛 *Orthobula qinghaiensis* Hu, 2001

Hu, 2001: 295 (*O. q.*: misplaced).

分布：青海（QH）

刺盾球蛛 *Orthobula spiniformis* Tso et al., 2005

Tso et al., 2005: 47.

分布：台湾（TW）

西藏盾球蛛 *Orthobula tibenensis* Hu, 2001

Hu, 2001: 299 (*O. t.*: misplaced).

分布：西藏（XZ）

八木盾球蛛 *Orthobula yaginumai* Platnick, 1977

Platnick, 1977: 46; Song, 1987: 329; Song, Zhu & Li, 1993: 877 (*Orithobula y.*); Song, Zhu & Chen, 1999: 411.

分布：福建（FJ）、广东（GD）

樟木盾球蛛 *Orthobula zhangmuensis* Hu & Li, 1987

Hu & Li, 1987: 310 (*O. z.*: misplaced); Hu, 2001: 298.

分布：西藏（XZ）

奥塔蛛属 *Otacilia* Thorell, 1897

Thorell, 1897: 244. Type species: *Otacilia armatissima* Thorell, 1897

异名：

Palaetyra Simon, 1898; Deeleman-Reinhold, 2001: 409 (Syn.).

霸王岭奥塔蛛 *Otacilia bawangling* Fu, Zhang & Zhu, 2010

Fu, Zhang & Zhu, 2010: 645.

分布：海南（HI）

钳状奥塔蛛 *Otacilia forcipata* Yang, Wang & Yang, 2013

Yang, Wang & Yang, 2013: 9.

分布：云南（YN）

凹奥塔蛛 *Otacilia foveata* (Song, 1990)

Song, 1990: 341 (*Phrurolithus foveatus*); Song, Zhu & Chen, 1999: 411 (*P. foveatus*); Hu & Zhang, 2011: 65 (*O. f.*, Trans. from *Phrurolithus*); Yin et al., 2012: 1076 (*Phrurolithus h.*).

分布：湖南（HN）

福建奥塔蛛 *Otacilia fujiana* Fu, Jin & Zhang, 2014

Fu, Jin & Zhang, 2014: 484.

分布：福建（FJ）

衡山奥塔蛛 *Otacilia hengshan* (Song, 1990)

Song, 1990: 342 (*Phrurolithus hengshan*); Song, Zhu & Chen, 1999: 411 (*P. h.*); Hu & Zhang, 2011: 62 (*O. h.*, Trans. from *Phrurolithus*).

分布：湖南（HN）

尖峰岭奥塔蛛 *Otacilia jianfengling* Fu, Zhang & Zhu, 2010

Fu, Zhang & Zhu, 2010: 641.

分布：海南（HI）

加村奥塔蛛 *Otacilia komurai* (Yaginuma, 1952)

Yaginuma, 1952: 13 (*Phrurolithus k.*); Yaginuma, 1960: 115 (*P. k.*); Komatsu, 1961: 26 (*P. k.*); Yaginuma, 1971: 115 (*P. k.*); Yaginuma, 1986: 185 (*P. k.*); Chikuni, 1989: 127 (*P. k.*); Chen & Zhang, 1991: 255 (*P. k.*); Song, Zhu & Chen, 1999: 411 (*P. k.*); Kamura, 2005: 89 (*O. k.*, Trans. from *Phrurolithus*); Kamura, 2009: 556; Wang, Zhang & Zhang, 2012: 38.

分布：浙江（ZJ）；日本

黎母山奥塔蛛 *Otacilia limushan* Fu, Zhang & Zhu, 2010

Fu, Zhang & Zhu, 2010: 648.

分布：海南（HI）

六盘奥塔蛛 *Otacilia liupan* Hu & Zhang, 2011

Hu & Zhang, 2011: 60.

分布：宁夏（NX）

长管奥塔蛛 *Otacilia longituba* Wang, Zhang & Zhang, 2012

Wang, Zhang & Zhang, 2012: 41.

分布：重庆（CQ）

山猫奥塔蛛 *Otacilia lynx* (Kamura, 1994)

Kamura, 1994: 165 (*Phrurolithus l.*); Deeleman-Reinhold, 2001: 409, 505 (*O. l.*, Trans. from *Phrurolithus*); Kamura, 2009: 556.

分布：台湾（TW）；日本

明生奥塔蛛 *Otacilia mingsheng* Yang, Wang & Yang, 2013

Yang, Wang & Yang, 2013: 12.

分布：云南（YN）

拟舟奥塔蛛 *Otacilia paracymbium* Jäger & Wunderlich, 2012

Jäger & Wunderlich, 2012: 260.

分布：云南（YN）

伪星奥塔蛛 *Otacilia pseudostella* Fu, Jin & Zhang, 2014

Fu, Jin & Zhang, 2014: 487.

分布：甘肃（GS）

四面山奥塔蛛 *Otacilia simianshan* Zhou, Wang & Zhang, 2013

Zhou, Wang & Zhang, 2013: 2.

分布：重庆（CQ）

台湾奥塔蛛 *Otacilia taiwanica* (Hayashi & Yoshida, 1993)

Hayashi & Yoshida, 1993: 49 (*Phrurolithus taiwanicus*); Kamura, 2001: 52 (*P. t.*); Kamura, 2005: 91 (*O. t.*, Trans. from *Phrurolithus*); Kamura, 2009: 556; Wang, Zhang & Zhang, 2012: 44.

分布：台湾（TW）；日本

杨氏奥塔蛛 *Otacilia yangi* Zhang, Fu & Zhu, 2009

Zhang, Fu & Zhu, 2009: 1.

分布：海南（HI）

张氏奥塔蛛 *Otacilia zhangi* Fu, Jin & Zhang, 2014

Fu, Jin & Zhang, 2014: 48.

分布：四川（SC）

刺足蛛属 *Phrurolithus* C. L. Koch, 1839

C. L. Koch, 1839: 110. Type species: *Macaria festiva* C. L. Koch, 1835

环刺足蛛 *Phrurolithus annulus* Zhou, Wang & Zhang, 2013

Zhou, Wang & Zhang, 2013: 4.

分布：重庆（CQ）

双突刺足蛛 *Phrurolithus bifidus* Yin et al., 2004

Yin et al., 2004: 271.

分布：云南（YN）

苍山刺足蛛 *Phrurolithus cangshan* Yang et al., 2010

Yang et al., 2010: 88.

分布：云南（YN）

亮刺足蛛 *Phrurolithus claripes* (Dönitz & Strand, 1906)

Dönitz & Strand, in Bösenberg & Strand, 1906: 388 (*Micaria c.*); Saitō, 1959: 146 (*Micaria clasipes*); Yaginuma, 1960: 115 (*P. c.*, Trans. from *Micaria*); Lee, 1966: 70 (*Micaria clasipis*); Yaginuma, 1971: 115; Hu, 1984: 301 (*Micaria clasipes*); Zhu et al., 1985: 166; Yaginuma, 1986: 184; Chikuni, 1989: 127; Chen & Zhang, 1991: 254; Zhao, 1993: 341; Marusik & Crawford, 2006: 176; Kamura, 2009: 553; Marusik & Kovblyuk, 2011: 137.

分布：台湾（TW）；日本、萨哈林岛

道县刺足蛛 *Phrurolithus daoxianensis* Yin et al., 1997

Yin et al., 1997: 25; Song, Zhu & Chen, 1999: 411.

分布：湖南（HN）

滇池刺足蛛 *Phrurolithus dianchiensis* Yin et al., 1997

Yin et al., 1997: 26; Song, Zhu & Chen, 1999: 411.

分布：云南（YN）

快乐刺足蛛 *Phrurolithus festivus* (C. L. Koch, 1835)

C. L. Koch, 1835: 129 (*Macaria festiva*); C. L. Koch, 1839: 110; Blackwall, 1854: 175 (*Drassus propinquus*); Blackwall, 1861: 120 (*D. p.*); Simon, 1864: 168 (*Phrurolithum festivum*); L. Koch, 1866: 229; Thorell, 1871: 169; Menge, 1873: 330; Simon, 1878: 275 (*Micariosoma festivum*); O. P.-Cambridge, 1879: 40 (*Liocranum celer*); O. P.-Cambridge, 1893: 147 (*Agroeca celer*); Becker, 1896: 293 (*Micariosoma festivum*); Chyzer & Kulczyński, 1897: 247; Simon, 1897: 151 (*Micariosoma festivum*); Bösenberg, 1902: 264; O. P.-Cambridge, 1902: 13 (*Agroeca celer*); Roewer, 1955: 569 (*Scotina celer*); Braendegaard, 1966: 216; Wiehle, 1967: 17; Wiehle, 1967: 18 (*P. difficilis*, misidentified; female=*P. minimus*); Job, 1968: 399 (*P. f.*, Syn. of male); Song, Zhu & Chen, 1999: 411; Song, Zhu & Chen, 2001: 307; Kamura, 2009: 553; Wunderlich, 2012: 22.

异名：
Phrurolithus difficilis Wiehle, 1967; Job, 1968: 399 (Syn. of male; female=*P. minimus*).
分布：辽宁（LN）、河北（HEB）、山西（SX）；古北界

钩状刺足蛛 *Phrurolithus hamatus* Wang, Zhang & Zhang, 2012

Wang, Zhang & Zhang, 2012: 44.
分布：重庆（CQ）

八公刺足蛛 *Phrurolithus palgongensis* Seo, 1988

Seo, 1988: 83; Paik, 1991: 180; Song et al., 1994: 169 (*P. liaoningensis*); Danilov, 1999: 316 (*P. pargongensis*); Song, Zhu & Chen, 1999: 411 (*P. liaoningensis*); Kim & Choi, 2001: 87; Namkung, 2002: 419 (*P. p.*, Syn. male); Namkung, 2003: 457 (*P. p.*, Syn. male).
异名：
Phrurolithus liaoningensis Song et al., 1994; Namkung, 2002: 419 (Syn.); Namkung, 2003: 457 (Syn.).
分布：辽宁（LN）；韩国、俄罗斯

短突刺足蛛 *Phrurolithus pennatus* Yaginuma, 1967

Yaginuma, 1967: 102; Paik, 1970: 88; Yamakawa & Kumada, 1979: 12; Yaginuma, 1986: 185; Seo, 1988: 79; Chikuni, 1989: 127; Paik, 1991: 181; Danilov, 1999: 317; Song, Zhu & Chen, 1999: 411; Kim & Choi, 2001: 89; Namkung, 2002: 418; Namkung, 2003: 456; Kamura, 2009: 553.
分布：辽宁（LN）；韩国、日本、俄罗斯

其期刺足蛛 *Phrurolithus qiqiensis* Yin et al., 2004

Yin et al., 2004: 272.
分布：云南（YN）

旋刺足蛛 *Phrurolithus revolutus* Yin et al., 2004

Yin et al., 2004: 273.
分布：云南（YN）

石门刺足蛛 *Phrurolithus shimenensis* Yin et al., 1997

Yin et al., 1997: 27; Song, Zhu & Chen, 1999: 412.
分布：湖南（HN）

中华刺足蛛 *Phrurolithus sinicus* Zhu & Mei, 1982

Zhu & Mei, 1982: 49; Hu, 1984: 304; Song, 1987: 330; Zhang, 1987: 199; Seo, 1988: 81; Paik, 1991: 184; Chen & Zhang, 1991: 254; Danilov, 1999: 317; Song, Zhu & Chen, 1999: 412; Hu, 2001: 301; Kim & Choi, 2001: 91; Song, Zhu & Chen, 2001: 307; Namkung, 2003: 459; Lee et al., 2004: 99; Kamura, 2009: 553.
分布：吉林（JL）、河北（HEB）、北京（BJ）、陕西（SN）、甘肃（GS）、青海（QH）、浙江（ZJ）；韩国、日本、俄罗斯

灿烂刺足蛛 *Phrurolithus splendidus* Song & Zheng, 1992

Tu & Zhu, 1986: 93 (*P. pennatus*, misidentified); Chen & Zhang, 1991: 256 (*P. pennatus*, misidentified); Song & Zheng, 1992: 103; Song, Zhu & Chen, 1999: 412.
分布：山西（SX）、浙江（ZJ）

浙江刺足蛛 *Phrurolithus zhejiangensis* Song & Kim, 1991

Song & Kim, 1991: 23; Song, Zhu & Chen, 1999: 412.
分布：浙江（ZJ）

宗煦刺足蛛 *Phrurolithus zongxu* Wang, Zhang & Zhang, 2012

Wang, Zhang & Zhang, 2012: 46.
分布：重庆（CQ）

44. 派模蛛科 Pimoidae Wunderlich, 1986

世界 4 属 38 种；中国 3 属 13 种。

派模蛛属 *Pimoa* Chamberlin & Ivie, 1943

Chamberlin & Ivie, 1943: 9. Type species: *Labulla hespera* Gertsch & Ivie, 1936

东方派模蛛 *Pimoa anatolica* Hormiga, 1994

Hormiga, 1994: 73; Xu & Li, 2007: 484.
分布：云南（YN）

棒状派模蛛 *Pimoa clavata* Xu & Li, 2007

Xu & Li, 2007: 487.
分布：河北（HEB）、北京（BJ）

宽派模蛛 *Pimoa lata* Xu & Li, 2009

Xu & Li, 2009: 56.
分布：四川（SC）

李恒派模蛛 *Pimoa lihengae* Griswold, Long & Hormiga, 1999

Griswold, Long & Hormiga, 1999: 93.
分布：云南（YN）

肾形派模蛛 *Pimoa reniformis* Xu & Li, 2007

Xu & Li, 2007: 493.
分布：四川（SC）、云南（YN）

三叉派模蛛 *Pimoa trifurcata* Xu & Li, 2007

Xu & Li, 2007: 496.
分布：四川（SC）

葡萄蛛属 *Putaoa* Hormiga & Tu, 2008

Hormiga & Tu, 2008: 4. Type species: *Putaoa huaping* Hormiga & Tu, 2008

花坪葡萄蛛 *Putaoa huaping* Hormiga & Tu, 2008

Hormiga & Tu, 2008: 5; Wunderlich, 2008: 112.
分布：云南（YN）

大刺葡萄蛛 *Putaoa megacantha* (Xu & Li, 2007)

Xu & Li, 2007: 499 (*Weintrauboa megacanthus*); Hormiga & Tu, 2008: 12 (*H. m.*, Trans. from *Weintrauboa*).

分布：四川（SC）

文蛛属 *Weintrauboa* Hormiga, 2003

Hormiga, 2003: 269. Type species: *Labulla contortipes* Karsch, 1881

双刺文蛛 *Weintrauboa bispinipes* Yang & Chen, 2009

Yang & Chen, 2009: 452.
分布：贵州（GZ）

扁平文蛛 *Weintrauboa plana* Xu & Li, 2009

Xu & Li, 2009: 58.
分布：四川（SC）

拇指文蛛 *Weintrauboa pollex* Xu & Li, 2009

Xu & Li, 2009: 58.
分布：四川（SC）

冶勒文蛛 *Weintrauboa yele* Hormiga, 2008

Hormiga, 2008: 5.
分布：四川（SC）

云南文蛛 *Weintrauboa yunnan* Yang, Zhu & Song, 2006

Yang, Zhu & Song, 2006: 237; Xu & Li, 2007: 496 (*W. chikunii*, misidentified).
分布：云南（YN）

45. 盗蛛科 Pisauridae Simon, 1890

世界 48 属 336 种；中国 11 属 41 种。

古盗蛛属 *Archipirata* Simon, 1898

Simon, 1898: 314. Type species: *Archipirata tataricus* Simon, 1898

鞑靼古盗蛛 *Archipirata tataricus* Simon, 1898

Simon, 1898: 314.
分布：山东（SD）；土库曼斯坦

树盗蛛属 *Dendrolycosa* Doleschall, 1859

Doleschall, 1859: 51. Type species: *Dendrolycosa fusca* Doleschall, 1859
异名：
Campostichommides Strand, 1911; Jäger, 2011: 10 (Syn.);
Dianpisaura Zhang, Zhu & Song, 2004; Jäger, 2011: 10 (Syn.).

壮树盗蛛 *Dendrolycosa robusta* (Thorell, 1895)

Thorell, 1895: 224 (*Therimachus robustus*); Simon, 1898: 289; Simon, 1898: 16 (*Nilus lanceolatus*); Zhang, 2000: 4 (*Pisaura lizhii*); Zhang, Zhu & Song, 2004: 367 (*Dianpisaura lizhii*, Trans. from *Pisaura*); Jäger, 2011: 14 (*D. r.*, Syn.).
异名：
Dendrolycosa lanceolata (Simon, 1898, Trans. from *Nilus*); Jäger, 2011: 14 (Syn.);
D. lizhii (Zhang, 2000, Trans. from *Pisaura*); Jäger, 2011: 14 (Syn.).
分布：云南（YN）；越南、缅甸、老挝

宋氏树盗蛛 *Dendrolycosa songi* (Zhang, 2000)

Zhang, 2000: 5 (*Pisaura s.*); Zhang, Zhu & Song, 2004: 368 (*Dianpisaura s.*, Trans. from *Pisaura*); Jäger, 2011: 17.
分布：云南（YN）

狡蛛属 *Dolomedes* Latreille, 1804

Latreille, 1804: 135. Type species: *Araneus fimbriatus* Clerck, 1757
异名：
Teippus Chamberlin, 1924; Carico, 1973: 448 (Syn., after Gertsch, 1934: 11);
Cispiolus Roewer, 1955; Blandin, 1979: 361 (Syn.).

窄纹狡蛛 *Dolomedes angustivirgatus* Kishida, 1936

Bösenberg & Strand, 1906: 310 (*D. hercules*, misidentified); Kishida, 1936: 123; Paik, 1969: 36; Paik, 1978: 367; Paik & Namkung, 1979: 61; Hu, 1984: 254; Barrion & Litsinger, 1994: 305; Namkung, 2002: 346 (*D. sulfureus*, misidentified); Tanikawa & Miyashita, 2008: 24 (*D. a.*, removed from synonymy of *D. sulfureus*, contra. Zhang, Zhu & Song, 2004: 378); Tanikawa & Ono, 2009: 218.
分布：贵州（GZ）；韩国、日本

山狡蛛 *Dolomedes chevronus* Yin, 2012

Yin, in Yin et al., 2012: 868.
分布：湖南（HN）

梨形狡蛛 *Dolomedes chinesus* Chamberlin, 1924

Chamberlin, 1924: 26; Song, 1980: 175; Wang, 1981: 125 (*D. chinsus*); Hu, 1984: 255 (*D. chinensis*); Guo, 1985: 132 (*D. chinensis*); Song, 1988: 132; Song, Zhu & Chen, 1999: 347; Zhang, Zhu & Song, 2004: 370; Yin et al., 2012: 869.
分布：陕西（SN）、江苏（JS）、湖南（HN）、湖北（HB）、贵州（GZ）、广东（GD）

脊纹狡蛛 *Dolomedes costatus* Zhang, Zhu & Song, 2004

Zhang, Zhu & Song, 2004: 370.
分布：湖南（HN）

黑脊狡蛛 *Dolomedes horishanus* Kishida, 1936

Kishida, 1936: 119; Tanikawa, 2003: 39 (*D. h.*, Syn. of *D. mizhoanus*, rejected by Zhang, Zhu & Song, 2004: 371); Tanikawa & Ono, 2009: 218.
分布：台湾（TW）；日本

日本狡蛛 *Dolomedes japonicus* Bösenberg & Strand, 1906

Bösenberg & Strand, 1906: 313; Kishida, 1936: 121 (*D. stellatus*); Paik, 1969: 39 (*D. s.*); Paik, 1978: 371 (*D. s.*); Hu, 1984: 259 (*D. s.*); Song, 1987: 207 (*D. s.*); Chen & Gao, 1990: 134 (*D. s.*); Chen & Zhang, 1991: 223 (*D. s.*); Song, Zhu &

Chen, 1999: 347 (*D. s.*); Song, Zhu & Chen, 2001: 267 (*D. s.*); Namkung, 2002: 347 (*D. s.*); Namkung, 2003: 349 (*D. s.*); Zhang, Zhu & Song, 2004: 378 (*D. s.*); Tanikawa & Miyashita, 2008: 19 (*D. j.*, Syn. of female); Tanikawa & Ono, 2009: 216; Yin et al., 2012: 880 (*D. stellatus*).

异名：

Dolomedes stellatus Kishida, 1936; Tanikawa & Miyashita, 2008: 19 (Syn.).

分布：山西（SX）、浙江（ZJ）、湖南（HN）、四川（SC）；韩国、日本

褐腹狡蛛 *Dolomedes mizhoanus* Kishida, 1936

Kishida, 1936: 120; Brignoli, 1983: 466 (*D. mizuhoanus*, lapsus); Zhang, Zhu & Song, 2004: 371 (*D. m.*, removed from Syn. of *D. horishanus*, contra. Tanikawa, 2003: 39); Jäger, 2007: 40; Yin et al., 2012: 872.

分布：湖南（HN）、云南（YN）、台湾（TW）、广西（GX）、海南（HI）；老挝、马来西亚

黑斑狡蛛 *Dolomedes nigrimaculatus* Song & Chen, 1991

Song & Chen, 1991: 15; Chen & Zhang, 1991: 222 (*D. nigramaculatus*); Song, Zhu & Chen, 1999: 347; Zhang, Zhu & Song, 2004: 373; Yin et al., 2012: 873.

分布：河北（HEB）、浙江（ZJ）、湖南（HN）、贵州（GZ）

掌形狡蛛 *Dolomedes palmatus* Zhang, Zhu & Song, 2005

Zhang, Zhu & Song, 2005: 7.

分布：海南（HI）

瓣突狡蛛 *Dolomedes petalinus* Yin, 2012

Yin, in Yin et al., 2012: 875.

分布：湖南（HN）

掠狡蛛 *Dolomedes raptor* Bösenberg & Strand, 1906

Bösenberg & Strand, 1906: 309; Yaginuma, 1960: 80; Paik, 1969: 42; Yaginuma, 1971: 80; Paik, 1978: 370; Yaginuma, 1986: 172; Chikuni, 1989: 107; Namkung, 2002: 348; Tanikawa, 2003: 38; Namkung, 2003: 350; Zhang, Zhu & Song, 2004: 373; Tanikawa & Miyashita, 2008: 20; Tanikawa & Ono, 2009: 216; Zhu & Zhang, 2011: 293.

分布：河南（HEN）、陕西（SN）、浙江（ZJ）、贵州（GZ）、台湾（TW）；俄罗斯、韩国、日本

类掠狡蛛 *Dolomedes raptoroides* Zhang, Zhu & Song, 2004

Zhang, Zhu & Song, 2004: 374.

分布：云南（YN）

赤条狡蛛 *Dolomedes saganus* Bösenberg & Strand, 1906

Bösenberg & Strand, 1906: 312; Doniotz & Strand, in Bösenberg & Strand, 1906: 388 (*D. pallitarsis*); Chamberlin, 1924: 25 (*D. insurgens*); Saitō, 1934: 349; Saitō, 1935: 59; Saitō, 1959: 46; Yaginuma, 1960: 80 (*D. pallitarsis*); Lee, 1966: 58; Yaginuma, 1971: 80 (*D. pallitarsis*); Yaginuma, 1971: 81; Song, 1980: 174 (*D. insurgens*); Yin, Wang & Hu, 1983: 34 (*D. insurgens*); Hu, 1984: 256 (*D. insurgens*); Hu, 1984: 257 (*D. pallitarsis*); Hu, 1984: 258; Yaginuma, 1985: 124 (*D. pallitarsis*); Yaginuma, 1986: 171 (*D. pallitarsis*); Song, 1987: 205 (*D. pallitarsis*); Song, 1988: 132 (*D. insurgens*); Chikuni, 1989: 107 (*D. pallitarsis*); Feng, 1990: 157 (*D. insurgens*); Feng, 1990: 158 (*D. pallitarsis*); Chen & Gao, 1990: 133 (*D. insurgens*); Chen & Gao, 1990: 134 (*D. pallitarsis*); Chen & Zhang, 1991: 223 (*D. pallitarsis*); Zhao, 1993: 304 (*D. pallitarsis*); Song, Zhu & Chen, 1999: 347 (*D. pallitarsis*); Song, Zhu & Chen, 1999: 347 (*D. insurgens*); Yoo & Kim, 2002: 27 (*D. pallitarsis*); Yoo & Kim, 2002: 27; Zhang, Zhu & Song, 2004: 375 (*D. s.*, Syn.); Tanikawa & Miyashita, 2008: 28; Tanikawa & Ono, 2009: 218; Zhu & Zhang, 2011: 294; Yin et al., 2012: 32 (*D. insurgens*); Yin et al., 2012: 877.

异名：

Dolomedes pallitarsis Dönitz & Strand, 1906; Zhang, Zhu & Song, 2004: 375 (Syn.);

D. insurgens Chamberlin, 1924; Zhang, Zhu & Song, 2004: 375 (Syn.).

分布：山东（SD）、河南（HEN）、江苏（JS）、浙江（ZJ）、湖南（HN）、湖北（HB）、四川（SC）、贵州（GZ）、台湾（TW）；日本

老狡蛛 *Dolomedes senilis* Simon, 1880

Simon, 1880: 101; Bonnet, 1929: 268 (*D. strandi*); Song & Zheng, 1982: 156; Hu, 1984: 258; Guo, 1985: 132; Song, 1987: 205; Zhang, 1987: 166; Marusik, 1988: 1471 (*D. strandi*); Renner, 1988: 2 (*D. strandi*); Feng, 1990: 159; Song, Zhu & Chen, 1999: 347; Song, Zhu & Chen, 2001: 266 (*D. senillis*); Zhang, Zhu & Song, 2004: 377 (*D. s.*, Syn.); Marusik & Kovblyuk, 2011: 219; Tanikawa, 2012: 11; Yin et al., 2012: 879.

异名：

Dolomedes strandi Bonnet, 1929; Zhang, Zhu & Song, 2004: 377 (Syn.).

分布：河北（HEB）、北京（BJ）、陕西（SN）、湖南（HN）；俄罗斯

森林狡蛛 *Dolomedes silvicola* Tanikawa & Miyashita, 2008

Yaginuma, 1960: 81 (*D. saganus*, misidentified); Yaginuma, 1986: 172 (*D. saganus*, misidentified); Chikuni, 1989: 106 (*D. saganus*, misidentified); Zhang, Zhu & Song, 2004: 375 (*D. saganus*, in part, misidentified); Tanikawa & Miyashita, 2008: 30; Tanikawa & Ono, 2009: 218.

分布：江苏（JS）、浙江（ZJ）、湖南（HN）、湖北（HB）、四川（SC）、贵州（GZ）、台湾（TW）、广东（GD）；日本

黄褐狡蛛 *Dolomedes sulfureus* L. Koch, 1878

L. Koch, 1878: 778; Bösenberg & Strand, 1906: 307 (*Caripeta japonica*); Bösenberg & Strand, 1906: 308 (*D. fimbriatoides*); Bösenberg & Strand, 1906: 310 (*D. hercules*); Bösenberg &

Strand, 1906: 311; Dönitz & Strand, in Bösenberg & Strand, 1906: 389 (*D. oviger*); Strand, 1918: 97; Saitō, 1934: 349; Kishida, 1936: 118 (*D. s.*, Syn.); Kishida, 1936: 121 (*D. annulatus*); Uyemura, 1937: 64; Saitō, 1939: 68 (*D. hercules*); Saitō, 1939: 69; Saitō, 1939: 69 (*D. xanthum*); Kayashima, 1952: 265 (*D. hinoi*); Saitō, 1959: 45; Saitō, 1959: 46 (*D. xanthum*); Saitō, 1959: 46 (*D. fimbriatoides*); Saitō, 1959: 47 (*D. hercules*); Yaginuma, 1960: 80; Yaginuma, 1960: 80 (*D. hercules*); Yaginuma, 1962: 36 (*D. s.*, Syn.); Paik, 1969: 29 (*D. s.*, Syn.); Paik, 1969: 33 (*D. hercules*); Yaginuma, 1971: 80; Yaginuma, 1971: 80 (*D. hercules*); Nakahira, 1977: 45; Paik, 1978: 369 (*D. hercules*); Paik, 1978: 373; Paik & Namkung, 1979: 61 (*D. hercules*); Paik & Namkung, 1979: 62; Hu, 1984: 258; Yaginuma, 1985: 125; Yaginuma, 1986: 171; Song, 1987: 208; Chikuni, 1989: 107; Feng, 1990: 160; Chen & Gao, 1990: 135; Chen & Zhang, 1991: 224; Song, Zhu & Li, 1993: 874; Zhao, 1993: 306; Barrion & Litsinger, 1994: 307; Song, Zhu & Chen, 1999: 347; Yoo & Kim, 2002: 27; Namkung, 2002: 346; Kim & Cho, 2002: 190; Namkung, 2003: 348; Zhang, Zhu & Song, 2004: 378 (*D. s.*, Syn.); Yoo, Park & Kim, 2007: 25; Tanikawa & Miyashita, 2008: 25 (*D. s.*, Syn.); Tanikawa & Ono, 2009: 218.

异名：

Dolomedes oviger Dönitz & Strand, 1906; Kishida, 1936: 118 (Syn.);

D. japonicus (Bösenberg & Strand, 1906, Trans. from *Caripetella*); Paik, 1969: 29 (Syn.);

D. fimbriatoides Bösenberg & Strand, 1906; Tanikawa & Miyashita, 2008: 25 (Syn.);

D. hercules Bösenberg & Strand, 1906; Zhang, Zhu & Song, 2004: 378 (Syn., after Yaginuma, 1986: 171);

D. annulatus Kishida, 1936; Paik, 1969: 29 (Syn.);

D. xanthus Saitō, 1939; Yaginuma, 1962: 36 (Syn.);

D. hinoi Kayashima, 1952; Tanikawa & Miyashita, 2008: 26 (Syn.).

分布：安徽（AH）、浙江（ZJ）、湖南（HN）、湖北（HB）、四川（SC）、贵州（GZ）、云南（YN）、福建（FJ）、台湾（TW）；俄罗斯、韩国、日本

潮盗蛛属 *Hygropoda* Thorell, 1894

Thorell, 1894: 324. Type species: *Tegenaria dolomedes* Doleschall, 1859

异名：

Hypsithylla Simon, 1903; Silva, 2012: 60 (Syn.).

银斑潮盗蛛 *Hygropoda argentata* Zhang, Zhu & Song, 2004

Zhang, Zhu & Song, 2004: 381; Dankittipakul, Singtripop & Zhang, 2008: 313.

分布：云南（YN）；泰国

钟形潮盗蛛 *Hygropoda campanulata* Zhang, Zhu & Song, 2004

Zhang, Zhu & Song, 2004: 382; Dankittipakul, Singtripop & Zhang, 2008: 318.

分布：云南（YN）；泰国

长肢潮盗蛛 *Hygropoda higenaga* (Kishida, 1936)

Kishida, 1936: 119 (*Dolomedes h.*); Yaginuma, 1965: 32 (*H. h.*, Trans. male from *Dolomedes*); Yaginuma, 1971: 126; Hu, 1984: 260; Yaginuma, 1986: 176; Wang, 1993: 156 (*H. hippocrepiforma*); Song, Zhu & Chen, 1999: 348 (*H. hippocrepiforma*); Zhang & Zhang, 2003: 14 (*H. h.*, Syn.); Zhang, Zhu & Song, 2004: 383; Tanikawa & Ono, 2009: 216.

异名：

Hygropoda hippocrepiforma Wang, 1993; Zhang & Zhang, 2003: 14 (Syn.).

分布：湖南（HN）、云南（YN）、台湾（TW）、广西（GX）；日本

勐仑潮盗蛛 *Hygropoda menglun* Zhang, Zhu & Song, 2004

Zhang, Zhu & Song, 2004: 384.

分布：云南（YN）

带潮盗蛛 *Hygropoda taeniata* Wang, 1993

Wang, 1993: 157; Song, Zhu & Chen, 1999: 348; Zhang, Zhu & Song, 2004: 384.

分布：云南（YN）

云南潮盗蛛 *Hygropoda yunnan* Zhang, Zhu & Song, 2004

Zhang, Zhu & Song, 2004: 385; Dankittipakul, Singtripop & Zhang, 2008: 319.

分布：云南（YN）；泰国、老挝

尼蛛属 *Nilus* O. P.-Cambridge, 1876

O. P.-Cambridge, 1876: 596. Type species: *Nilus curtus* O. P.-Cambridge, 1876

异名：

Thalassius Simon, 1885; Jäger, 2011: 4 (Syn.).

拟白斑尼蛛 *Nilus paralbocinctus* (Zhang, Zhu & Song, 2004)

Zhang, Zhu & Song, 2004: 409 (*Thalassius p.*); Jäger, 2007: 44 (*Thalassius p.*).

分布：云南（YN）、广西（GX）；老挝

菲氏尼蛛 *Nilus phipsoni* (F. O. P.-Cambridge, 1898)

F. O. P.-Cambridge, 1898: 31 (*Thalassius p.*, omitted by Roewer); Strand, 1915: 254 (*Thalassius lombokanus*); Lee, 1966: 58 (*Thalassius p.*); Song & Zheng, 1982: 157 (*Thalassius affinis*); Hu, 1984: 264 (*Thalassius affinis*); Hu, 1984: 265 (*Thalassius p.*); Song, 1987: 212 (*Thalassius affinis*); Sierwald, 1987: 116 (*Thalassius p.*, Syn. of male); Feng, 1990: 161 (*Thalassius affinis*); Chen & Gao, 1990: 138 (*Thalassius affinis*); Chen & Zhang, 1991: 225 (*Thalassius p.*); Song, Zhu & Chen, 1999: 353 (*Thalassius p.*); Zhang, Zhu & Song, 2004: 412 (*Thalassius p.*); Yin et al., 2012: 897 (*Thalassius p.*).

异名：

Nilus lombokanus (Strand, 1915, Trans. from *Thalassius*);

Sierwald, 1987: 116 (Syn., sub *Thalassius*);
N. affinis (Song & Zheng, 1982, Trans. from *Thalassius*); Sierwald, 1987: 116 (Syn., sub. *Thalassius*).
分布：浙江（ZJ）、四川（SC）、福建（FJ）、台湾（TW）、香港（HK）；印度到印度尼西亚

草盗蛛属 *Perenethis* L. Koch, 1878

L. Koch, 1878: 980. Type species: *Perenethis venusta* L. Koch, 1878
异名：
Pisaurellus Roewer, 1961; Sierwald, 1997: 395 (Syn., by synonymy of type species only).

纹草盗蛛 *Perenethis fascigera* (Bösenberg & Strand, 1906)

Bösenberg & Strand, 1906: 306 (*Tetragonophthalma f.*); Yaginuma, 1960: 81 (*Tetragonophthalma f.*); Paik, 1970: 87 (*Tetragonophthalma f.*); Yaginuma, 1971: 81; Paik, 1978: 375; Song, 1980: 177; Hu, 1984: 260; Yaginuma, 1986: 173; Song, 1987: 209; Chikuni, 1989: 106; Chen & Gao, 1990: 136; Chen & Zhang, 1991: 225; Song, Zhu & Chen, 1999: 348; Namkung, 2002: 349; Namkung, 2003: 351; Zhang, Zhu & Song, 2004: 387; Tanikawa & Ono, 2009: 220.
分布：浙江（ZJ）、湖南（HN）、四川（SC）、贵州（GZ）、云南（YN）、广西（GX）、海南（HI）；韩国、日本

辛迪草盗蛛 *Perenethis sindica* (Simon, 1897)

Simon, 1897: 295 (*Tetragonophthalma s.*); Pocock, 1900: 246 (*P. indica*); Sierwald, 1997: 395; Zhang, Zhu & Song, 2004: 387.
分布：四川（SC）、云南（YN）；印度、斯里兰卡、尼泊尔、菲律宾

可爱草盗蛛 *Perenethis venusta* L. Koch, 1878

L. Koch, 1878: 980; Thorell, 1881: 372; Dahl, 1908: 228 (*P. parkinsoni*); Chrysanthus, 1967: 421 (*P. v.*, removed from Syn. of *P. unifasciata*); Chrysanthus, 1967: 422 (*P. unifasciata*, misidentified, per Sierwald, 1997: 396); Sierwald, 1997: 396 (*P. v.*, Syn.); Chen & Chen, 2002: 32; Jose, Sudhikumar & Sebastian, 2007: 127 (*P. unifasciata*); Tanikawa & Ono, 2009: 220.
异名：
Perenethis parkinsoni Dahl, 1908; Sierwald, 1997: 396 (Syn.).
分布：浙江（ZJ）、湖南（HN）、四川（SC）、贵州（GZ）、云南（YN）、台湾（TW）、广西（GX）、海南（HI）；印度、泰国、澳大利亚（昆士兰）

盗蛛属 *Pisaura* Simon, 1885

Simon, 1885: 354. Type species: *Araneus mirabilis* Clerck, 1757

锚盗蛛 *Pisaura ancora* Paik, 1969

Paik, 1969: 49; Song & Zheng, 1982: 155; Hu, 1984: 261; Guo, 1985: 134; Zhu et al., 1985: 147; Song, 1987: 210; Zhang, 1987: 167; Feng, 1990: 162; Chen & Gao, 1990: 137; Chen & Zhang, 1991: 227; Zhang, 2000: 2; Song, Zhu & Chen, 1999: 348; Hu, 2001: 217; Song, Zhu & Chen, 2001: 268; Namkung, 2003: 352; Zhang, Zhu & Song, 2004: 391; Marusik & Kovblyuk, 2011: 219; Zhu & Zhang, 2011: 296; Yin et al., 2012: 888.
分布：吉林（JL）、内蒙古（NM）、河北（HEB）、北京（BJ）、山西（SX）、山东（SD）、河南（HEN）、陕西（SN）、宁夏（NX）、甘肃（GS）、浙江（ZJ）、湖南（HN）、湖北（HB）、四川（SC）、贵州（GZ）、西藏（XZ）；韩国、俄罗斯

双角盗蛛 *Pisaura bicornis* Zhang & Song, 1992

Zhang & Song, 1992: 17; Wang, 1993: 158 (*P. lantanus*); Song, Zhu & Chen, 1999: 348; Song, Zhu & Chen, 1999: 348 (*P. lantanus*); Zhang, 2000: 2 (*P. b.*, Syn.); Tanikawa, 2003: 41; Zhang, Zhu & Song, 2004: 392; Tanikawa & Ono, 2009: 220; Yin et al., 2012: 890.
异名：
Pisaura lantana Wang, 1993; Zhang, 2000: 2 (Syn.).
分布：浙江（ZJ）、湖南（HN）、贵州（GZ）、福建（FJ）；日本

驼盗蛛 *Pisaura lama* Bösenberg & Strand, 1906

Bösenberg & Strand, 1906: 306; Dönitz & Strand, in Bösenberg & Strand, 1906: 389 (*P. clarivittata*); Kishida, 1914: 127 (*P. strandi*); Yaginuma, 1960: 81 (*P. strandi*); Yaginuma, 1960: append. 6 (*P. flavistriata*); Paik, 1969: 44 (*P. l.*, Syn.); Yaginuma, 1971: 81 (*P. strandi*); Yaginuma, 1971: 81 (*P. flavistriata*); Yaginuma, 1974: 170 (*P. l.*, Syn.); Arita & Yaginuma, 1975: 29; Paik, 1978: 379; Qiu, 1981: 14 (*P. laura*); Song & Zheng, 1982: 156; Hu, 1984: 261 (*P. ancora*, misidentified); Hu, 1984: 262; Guo, 1985: 135; Song, 1987: 210; Zhang, 1987: 168; Feng, 1990: 163; Chen & Gao, 1990: 137; Chen & Zhang, 1991: 227; Barrion & Litsinger, 1994: 305; Song, Zhu & Chen, 1999: 348; Song, Zhu & Chen, 2001: 269; Namkung, 2003: 353; Zhang, Zhu & Song, 2004: 393; Zhu & Zhang, 2011: 297; Yin et al., 2012: 891.
异名：
Pisaura clarivittata Dönitz & Strand, 1906; Yaginuma, 1974: 170 (Syn.);
P. strandi Kishida, 1914; Paik, 1969: 44 (Syn.);
P. flavistriata Yaginuma, 1960; Yaginuma, 1974: 170 (Syn.).
分布：吉林（JL）、河北（HEB）、河南（HEN）、陕西（SN）、浙江（ZJ）、湖南（HN）、四川（SC）、西藏（XZ）；韩国、日本、俄罗斯

奇异盗蛛 *Pisaura mirabilis* (Clerck, 1757)

Clerck, 1757: 108 (*Araneus m.*); Scopoli, 1763: 397 (*Aranea listeri*); Martini & Goeze, in Lister, 1778: 294 (*A. arcuato-lineata*); Martini & Goeze, in Lister, 1778: 296 (*A. flavo-striata*); Martini & Goeze, in Lister, 1778: 297 (*A. tripunctata*); De Geer, 1783: 269 (*A. rufo-fasciata*); Fourcroy, 1785: 535 (*A. marmorata*); Olivier, 1789: 215 (*A. agraria*); Fabricius, 1793: 419 (*A. obscura*); Walckenaer, 1805: 16 (*Dolomedes m.*); Audouin, 1826: 373 (*Ocyale m.*); Risso, 1826: 164 (*Aranea bivittata*); Hahn, 1829: 1 (*Dolomedes m.*); Hahn, 1834: 35 (*D. m.*); C. L. Koch, 1837: 23 (*Ocyale murina*); C. L.

Koch, 1847: 107 (*O. m.*); C. L. Koch, 1847: 110 (*O. rufofasciata*); C. L. Koch, 1847: 111 (*O. murina*); Bremi-Wolff, 1849: 12 (*Dolomedes scheuchzeri*); Blackwall, 1861: 37 (*D. m.*); Thorell, 1872: 349 (*Ocyale m.*); Menge, 1879: 506 (*O. m.*); L. Koch, 1878: 56 (*O. m.*); Becker, 1882: 81 (*O. m.*); Hansen, 1882: 75 (*O. m.*); Simon, 1886: 354; Simon, 1898: 294; Kulczyński, 1899: 422; Bösenberg, 1903: 408; Kulczyński, 1903: 54 (*P. rufofasciata*); Järvi, 1908: 755; Dahl, 1908: 258 (*P. listeri*); Franganillo, 1913: 120 (*Ocyale m. albida*); Franganillo, 1913: 120 (*O. m. fusca*); Berland, 1927: 22; Dahl & Dahl, 1927: 7 (*P. listeri*); Reimoser, 1932: 63 (*P. listeri*); Spassky, 1935: 193 (*P. listeri*); Holm, 1947: 40 (*P. listeri*); Barrientos, 1978: 18 (*P. m.*, Syn.); Hu, 1984: 263; Song, 1987: 211; Hu & Wu, 1989: 241; Zhao, 1993: 307; Song, Zhu & Chen, 1999: 348; Zhang, 2000: 4; Hu, 2001: 220; Zhang, Zhu & Song, 2004: 394; Nadolny et al., 2012: 256.

异名：

Pisaura mirabilis albida (Franganillo, 1913, Trans. from *Ocyale*); Barrientos, 1978: 18 (Syn.);

P. mirabilis fusca (Franganillo, 1913, Trans. from *Ocyale*); Barrientos, 1978: 18 (Syn.).

分布：甘肃（GS）、新疆（XJ）、浙江（ZJ）、西藏（XZ）；古北界

拟驼盗蛛 *Pisaura sublama* Zhang, 2000

Zhang, 2000: 5; Zhang, Zhu & Song, 2004: 396.

分布：山东（SD）、陕西（SN）、四川（SC）、贵州（GZ）

多盗蛛属 *Polyboea* Thorell, 1895

Thorell, 1895: 229. Type species: *Polyboea vulpina* Thorell, 1895

带形多盗蛛 *Polyboea zonaformis* (Wang, 1993)

Wang, 1993: 157 (*Pisaura z.*); Song, Zhu & Chen, 1999: 353 (*Pisaura z.*); Zhang & Zhang, 2003: 15 (*P. z.*, Trans. from *Pisaura*); Zhang, Zhu & Song, 2004: 397; Jäger, 2007: 43; Sen, Saha & Raychaudhuri, 2010: 227.

分布：云南（YN）；老挝、印度

黔舌蛛属 *Qianlingula* Zhang, Zhu & Song, 2004

Zhang, Zhu & Song, 2004: 399. Type species: *Qianlingula bilamellata* Zhang, Zhu & Song, 2004

双片黔舌蛛 *Qianlingula bilamellata* Zhang, Zhu & Song, 2004

Zhang, Zhu & Song, 2004: 400.

分布：湖南（HN）、贵州（GZ）

家福黔舌蛛 *Qianlingula jiafu* Zhang, Zhu & Song, 2004

Zhang, Zhu & Song, 2004: 400.

分布：湖南（HN）

陀螺黔舌蛛 *Qianlingula turbinata* Zhang, Zhu & Song, 2004

Zhang, Zhu & Song, 2004: 402.

分布：湖南（HN）、贵州（GZ）、福建（FJ）、海南（HI）

楔盗蛛属 *Sphedanus* Thorell, 1877

Thorell, 1877: 523. Type species: *Sphedanus undatus* Thorell, 1877

异名：

Eurychoera Thorell, 1897; Jäger, 2011: 7 (Syn.).

版纳楔盗蛛 *Sphedanus banna* (Zhang, Zhu & Song, 2004)

Zhang, Zhu & Song, 2004: 380 (*Eurychoera b.*); Jäger, 2007: 41 (*Eurychoera b.*); Jäger, 2011: 10 (*S. b.*, Trans. from *Eurychoera*).

分布：云南（YN）；老挝

斯盗蛛属 *Stoliczka* O. P.-Cambridge, 1885

O. P.-Cambridge, 1885: 77. Type species: *Stoliczka insignis* O. P.-Cambridge, 1885

近亲斯盗蛛 *Stoliczka affinis* Caporiacco, 1935

Caporiacco, 1935: 229.

分布：新疆（XJ）（喀喇昆仑）

46. 粗螯蛛科 Prodidomidae Simon, 1884

世界 31 属 309 种；中国 1 属 1 种。

粗螯蛛属 *Prodidomus* Hentz, 1847

Hentz, 1847: 466. Type species: *Prodidomus rufus* Hentz, 1847

荷色粗螯蛛 *Prodidomus rufus* Hentz, 1847

Hentz, 1847: 466; Hentz, 1867: 108; Simon, 1884: 141 (*Miltia gulosa*); Banks, 1892: 259; Simon, 1893: 333 (*P. gulosus*); Kishida, 1914: 324 (*P. imaidzumii*); Dalmas, 1919: 318 (*P. gulosus*); Bryant, 1935: 164; Bryant, 1949: 22; Birabén, 1954: 13 (*Hyltonia scottae*); Cooke, 1964: 266; Platnick, 1976: 38; Platnick, 1976: 38 (*P. imaidzumii*); Hu & Wang, 1981: 51; Song, 1987: 342; Chen & Zhang, 1991: 240 (*P. imaidzumii*); Song, Zhu & Chen, 1999: 432 (*P. imaidzumii*); Platnick & Baehr, 2006: 13 (*P. r.*, Syn.); Kamura, 2009: 500.

异名：

Prodidomus gulosus (Simon, 1884, Trans. from *Miltia*); Platnick & Baehr, 2006: 13 (Syn.);

P. imaidzumii Kishida, 1914; Platnick & Baehr, 2006: 13 (Syn.);

P. scottae (Birabén, 1954, Trans. from *Hyltonia*); Platnick & Baehr, 2006: 13 (Syn.).

分布：浙江（ZJ）、湖南（HN）；日本、新喀里多尼亚、美国、古巴、阿根廷、智利、圣海伦娜岛

47. 褛网蛛科 Psechridae Simon, 1890

世界 2 属 57 种；中国 2 属 14 种。

便蛛属 *Fecenia* Simon, 1887

Simon, 1887: 194. Type species: *Tegenaria ochracea* Doleschall, 1859

筒腹便蛛 *Fecenia cylindrata* Thorell, 1895

Thorell, 1895: 64; Thorell, 1897: 263; Pocock, 1900: 212; Wang, 1990: 257 (*F. hainanensis*); Yang & Wang, 1993: 29; Song, Zhu & Chen, 1999: 397; Wang & Yin, 2001: 332 (*F. c.*, Syn.); Bayer, 2011: 39.

异名：

Fecenia hainanensis Wang, 1990; Wang & Yin, 2001: 332 (Syn.).

分布：海南（HI）；缅甸、泰国、老挝

褛网蛛属 *Psechrus* Thorell, 1878

Thorell, 1878: 170. Type species: *Tegenaria argentata* Doleschall, 1857

棒褛网蛛 *Psechrus clavis* Bayer, 2012

Kayashima, 1962: 9 (*P. torvus*, misidentified); Ono, 2009: 140 (*P. taiwanensis*, misidentified); Bayer, 2012: 119.

分布：台湾（TW）

棕褛网蛛 *Psechrus fuscai* Bayer, 2012

Bayer, 2012: 109.

分布：云南（YN）

泰褛网蛛 *Psechrus ghecuanus* Thorell, 1897

Thorell, 1897: 261; Lehtinen, 1967: 260 (*P. torvus*, Syn., rejected); Levi, 1982: 123; Yin, Wang & Zhang, 1985: 19; Song, Zhu & Chen, 1999: 397; Wang & Yin, 2001: 333; Bayer, 2012: 75.

分布：云南（YN）；缅甸、泰国、老挝

膨胀褛网蛛 *Psechrus inflatus* Bayer, 2012

Bayer, 2012: 72.

分布：云南（YN）

井冈褛网蛛 *Psechrus jinggangensis* Wang & Yin, 2001

Wang & Yin, 2001: 334; Bayer, 2012: 112.

分布：江西（JX）

垦丁褛网蛛 *Psechrus kenting* Yoshida, 2009

Yoshida, 2009: 9; Bayer, 2012: 117; Bayer, 2014: 28.

分布：台湾（TW）

昆明褛网蛛 *Psechrus kunmingensis* Yin, Wang & Zhang, 1985

Yin, Wang & Zhang, 1985: 25; Feng, 1990: 34 (*P. tingpingensis*, misidentified); Song, Zhu & Chen, 1999: 397; Wang & Yin, 2001: 334; Bayer, 2012: 110; Feng, Ma & Yang, 2012: 89.

分布：云南（YN）

冉氏褛网蛛 *Psechrus rani* Wang & Yin, 2001

Wang & Yin, 2001: 335; Silva, 2003: 45 (*P. sinensis*, misidentified); Bayer & Jäger, 2010: 65; Bayer, 2012: 50; Bayer, 2014: 13.

分布：贵州（GZ）；越南

广褛网蛛 *Psechrus senoculatus* Yin, Wang & Zhang, 1985

Xu & Wang, 1983: 35 (*P. mimus*, misidentified); Hu, 1984: 55 (*P. sinensis*, misidentified); Yin, Wang & Zhang, 1985: 21 (*P. senoculata*); Song, 1987: 68 (*P. mimus*, misidentified); Song, 1988: 133 (*P. mimus*, Syn., rejected); Feng, 1990: 33 (*P. senoculata*); Chen & Gao, 1990: 25 (*P. sinensis*, misidentified); Chen & Zhang, 1991: 40 (*P. mimus*); Song, Zhu & Chen, 1999: 397 (*P. mimus*); Wang & Yin, 2001: 336 (*P. senoculata*, removed from Syn. of *P. sinensis*); Bayer, 2012: 113; Yin et al., 2012: 927.

分布：安徽（AH）、浙江（ZJ）、湖南（HN）、贵州（GZ）、广西（GX）

中华褛网蛛 *Psechrus sinensis* Berland & Berland, 1914

Berland & Berland, 1914: 131; Schenkel, 1963: 20; Lehtinen, 1967: 261 (*P. singaporensis*, Syn., rejected); Levi, 1982: 123; Yin, Wang & Zhang, 1985: 24 (*P. guiyangensis*); Song, Zhu & Chen, 1999: 397 (*P. s.*, Syn.); Wang & Yin, 2001: 339; Bayer, 2012: 97.

异名：

Psechrus guiyangensis Yin, Wang & Zhang, 1985; Song, Zhu & Chen, 1999: 397 (Syn.).

分布：四川（SC）、贵州（GZ）、台湾（TW）

台湾褛网蛛 *Psechrus taiwanensis* Wang & Yin, 2001

Lee, 1966: 18 (*P. torvus*, misidentified); Levi, 1982: 123 (*P. sinensis*, misidentified); Hu, 1984: 56 (*P. torvus*, misidentified); Wang & Yin, 2001: 340; Yoshida, 2009: 7; Bayer, 2012: 118.

分布：台湾（TW）

汀坪褛网蛛 *Psechrus tingpingensis* Yin, Wang & Zhang, 1985

Yin, Wang & Zhang, 1985: 23; Song, Zhu & Chen, 1999: 398; Chen et al., 2002: 10 (*P. xinping*); Bayer, 2012: 102 (*P. t.*, Syn. of male); Yin et al., 2012: 930.

异名：

Psechrus xinping Chen et al., 2002; Bayer, 2012: 102 (Syn.).

分布：湖南（HN）、四川（SC）、贵州（GZ）、广西（GX）

三角褛网蛛 *Psechrus triangulus* Yang et al., 2003

Yang et al., 2003: 43; Bayer, 2012: 100.

分布：云南（YN）

48. 跳蛛科 Salticidae Blackwall, 1841

世界 602 属 5771 种；中国 95 属 473 种。

豹跳蛛属 *Aelurillus* Simon, 1884

Simon, 1884: 314. Type species: *Araneus litera insignitus* Clerck, 1757

异名：

Hemsenattus Roewer, 1955; Prószyński, 1966: 464 (Syn.);
Melioranus Tyschchenko, 1965; Prószyński, 1979: 303 (Syn.).

黑豹跳蛛 *Aelurillus m-nigrum* Kulczyński, 1891

Kulczyński, in Chyzer & Kulczyński, 1891: 31; Prószyński, 1979: 303; Weiss, 1979: 240 (*Phlegra m.*, Trans. from *Aelurillus*, rejected); Zhou & Song, 1988: 1; Hu & Wu, 1989: 357; Peng et al., 1993: 21; Fuhn & Gherasim, 1995: 46; Logunov, 1996: 172; Song, Zhu & Chen, 1999: 505; Azarkina, 2002: 259; Dobroruka, 2002: 8; Yin et al., 2012: 1323.

分布：新疆（XJ）、江西（JX）、湖南（HN）、四川（SC）、广西（GX）；古北界

V-纹豹跳蛛 *Aelurillus v-insignitus* (Clerck, 1757)

Clerck, 1757: 121 (*Araneus litera v insignitus*); Clerck, 1757: 123 (*A. litera v notatus*); Martini & Goeze, in Lister, 1778: 245 (*Aranea navaria*); Olivier, 1789: 222 (*A. insignita*); Olivier, 1789: 222 (*A. punctata*); Walckenaer, 1802: 247 (*A. litterata*); Walckenaer, 1805: 24 (*Attus litteratus*); Walckenaer, 1805: 25 (*Attus quinquepartitus*); Sundevall, 1833: 211 (*Attus insignitus*); Hahn, 1834: 41 (*Salticus quinquepartitus*); C. l. Koch, 1837: 33 (*Euophrys quinquepartitus*); Walckenaer, 1837: 403 (*Attus quinquepartitus*); Walckenaer, 1847: 408 (*Attus quinquefidus*); C. L. Koch, 1846: 27 (*Euophrys quinquepartitus*); C. L. Koch, 1850: 64 (*Dia quinquepartita*); O. P.-Cambridge, 1861: 7945 (*Salticus nidicolens*); Westring, 1861: 559 (*Attus v.*); Simon, 1864: 312 (*Pandora litterata*); Simon, 1864: 312 (*Dia quinquefida*); Ausserer, 1867: 155 (*Euophrys insignitus*); Simon, 1868: 64 (*Attus insignitus*); Thorell, 1873: 378 (*Yllenus v.*); Simon, 1876: 136 (*Aelurops insignitus*); Menge, 1877: 474 (*Aelurops v.*); O. P.-Cambridge, 1881: 416 (*Aelurops v.*); Becker, 1882: 53 (*Aelurops insignitus*); Kulczyński, 1884: 183 (*Ictidops v.*); Simon, 1884: 314 (*A. insignitus*); Simon, 1901: 668 (*A. insignitus*); Dahl, 1926: 48 (*A. litera v.*); Tullgren, 1944: 58 (*A. insignitus*); Harm, 1977: 66 (*Phlegra v-insignita*, Trans. from *Aelurillus*, rejected); Weiss, 1979: 243 (*Phlegra v.*); Flanczewska, 1981: 215 (*Phlegra v.*); Hu & Wu, 1989: 357; Almquist, 2006: 520; Wunderlich, 2008: 712.

分布：新疆（XJ）；古北界

暗跳蛛属 *Asemonea* O. P.-Cambridge, 1869

O. P.-Cambridge, 1869: 65. Type species: *Lyssomanes tenuipes* O. P.-Cambridge, 1869

四川暗跳蛛 *Asemonea sichuanensis* Song & Chai, 1992

Song & Chai, 1992: 76; Song & Li, 1997: 430; Song, Zhu & Chen, 1999: 505; Zhang, Chen & Kim, 2004: 7.

分布：四川（SC）、贵州（GZ）

三点暗跳蛛 *Asemonea trispila* Tang, Yin & Peng, 2006

Tang, Yin & Peng, 2006: 547; Yin et al., 2012: 1326.

分布：湖南（HN）

亚蛛属 *Asianellus* Logunov & Hęciak, 1996

Logunov & Hęciak, 1996: 104. Type species: *Euophrys festiva* C. L. Koch, 1834

丽亚蛛 *Asianellus festivus* (C. L. Koch, 1834)

C. L. Koch, 1834: 123 (*Euophrys festiva*); C. L. Koch, 1846: 1 (*Euophrys striata*); C. L. Koch, 1850: 64 (*Pandora striata*); Grube, 1861: 177 (*Attus melanotarsus*); Simon, 1868: 68, 532 (*Attus litteratus*); Simon, 1868: 532 (*Attus gilvus*); Thorell, 1873: 379 (*Yllenus f.*); Thorell, 1875: 197 (*Yllenus gilvus*); Simon, 1876: 137 (*Aelurops festiva*); Simon, 1876: 139 (*Aelurops gilvus*); Kulczyński, 1884: 184 (*Ictidops f.*); Bösenberg, 1903: 439 (*Aelurillus f.*); Reimoser, 1919: 111 (*Aelurillus gilvus*); Dahl, 1926: 48 (*Aelurillus f.*); Simon, 1937: 1227, 1267 (*Aelurillus f.*); Schenkel, 1963: 438 (*Phlegra pichoni*); Kataoka, 1969: 4 (*Aelurillus f.*); Tyschchenko, 1971: 80 (*Aelurillus f.*); Prószyński, 1971: 209 (*Aelurillus f.*); Prószyński, 1971: 233 (*Aelurillus f.*, Syn.); Prószyński, 1971: 375 (*Aelurillus f.*, Syn.); Miller, 1971: 133 (*Aelurillus f.*); Prószyński, 1976: 148 (*Aelurillus f.*); Harm, 1977: 69 (*Phlegra festiva*, Trans. from *Aelurillus*, rejected); Nishikawa, 1977: 373 (*Aelurillus f.*); Weiss, 1979: 246 (*Phlegra festiva*); Yin & Wang, 1979: 36 (*Phlegra pichoni*); Wesolowska, 1981: 46 (*Phlegra festiva*); Wesolowska, 1981: 153 (*Phlegra pichoni*, misidentified); Prószyński, 1982: 274 (*Aelurillus f.*); Dunin, 1984: 128 (*Aelurillus f.*, Syn.); Hu, 1984: 383 (*Phlegra pichoni*); Paik, 1985: 47 (*Phlegra festiva*); Zhu et al., 1985: 199 (*Aelurillus f.*); Yaginuma, 1986: 222 (*Aelurillus f.*); Zhang, 1987: 249 (*Phlegra festiva*); Chikuni, 1989: 146 (*Aelurillus f.*); Izmailova, 1989: 150 (*Aelurillus f.*); Chen & Zhang, 1991: 318 (*Aelurillus f.*); Chen & Gao, 1990: 191 (*Phlegra pichoni*, misidentified); Prószyński, 1990: 282 (*P. festiva*, Trans, from *Aelurillus*); Heimer & Nentwig, 1991: 514 (*P. festiva*); Peng et al., 1993: 168 (*P. festiva*); Fuhn & Gherasim, 1995: 44 (*Aelurillus f.*); Logunov & Hęciak, 1996: 106 (*A. f.*, Trans. from *Phlegra*, Syn.); Mcheidze, 1997: 93 (*Aelurillus f.*); Song, Chen & Zhu, 1997: 1739 (*Phlegra festiva*); Żabka, 1997: 38; Roberts, 1998: 218 (*Aelurillus f.*); Metzner, 1999: 71; Song, Zhu & Chen, 1999: 505; Hu, 2001: 404 (*Phlegra festiva*); Song, Zhu & Chen, 2001: 422; Namkung, 2002: 557; Cho & Kim, 2002: 88; Kim & Cho, 2002: 92; Namkung, 2003: 561; Trotta, 2005: 172; Ono, Ikeda & Kono, 2009: 567; Yin et al., 2012: 1328.

异名：

Asianellus gilvus (Simon, 1868, Trans. from *Attus*); Prószyński, 1971: 233 (Syn., sub *Aelurillus*);
A. pichoni (Schenkel, 1963, Trans. from *Phlegra*); Logunov & Hęciak, 1996: 106 (Syn., after Dunin, 1984: 128 and Prószyński, 1971: 375, contra. Wesolowska, 1981).

分布：黑龙江（HL）、吉林（JL）、河北（HEB）、北京（BJ）、山西（SX）、山东（SD）、陕西（SN）、甘肃（GS）、安徽（AH）、浙江（ZJ）、湖南（HN）、湖北（HB）、四川（SC）、贵州（GZ）、西藏（XZ）、广西（GX）；古北界

哈萨克亚蛛 *Asianellus kazakhstanicus* Logunov & Hęciak, 1996

Logunov & Hęciak, 1996: 108.

分布：新疆（XJ）；哈萨克斯坦、俄罗斯

波氏亚蛛 *Asianellus potanini* (Schenkel, 1963)

Schenkel, 1963: 436 (*Phlegra p.*); Wesolowska, 1981: 153 (*Phlegra p.*, Syn. of male); Prószyński, 1982: 276 (*Aelurillus p.*, Trans. from *Phlegra*); Prószyński, 1990: 283 (*Phlegra p.*, Trans. from *Aelurillus*); Logunov & Hęciak, 1996: 113 (*A. p.*, Trans. from *Phlegra*); Song, Zhu & Chen, 1999: 506.

分布：甘肃（GS）；哈萨克斯坦

巴瓦蛛属 *Bavia* Simon, 1877

Simon, 1877: 61. Type species: *Bavia aericeps* Simon, 1877

华美巴瓦蛛 *Bavia sinoamerica* Lei & Peng, 2011

Lei & Peng, 2011: 218.

分布：云南（YN）

菱头蛛属 *Bianor* Peckham & Peckham, 1886

Peckham & Peckham, 1886: 284. Type species: *Scythropa maculata* Keyserling, 1883

华南菱头蛛 *Bianor angulosus* (Karsch, 1879)

Karsch, 1879: 553 (*Ballus a.*); Thorell, 1895: 334 (*B. trepidans*); Simon, 1903: 838 (*Simaetha angulosa*); Schenkel, 1963: 434 (*B. hotingchiehi*); Yin & Wang, 1979: 27 (*B. h.*); Song, 1980: 209 (*B. h.*); Bohdanowicz & Hęciak, 1980: 253 (*B. h.*); Yin & Wang, 1981: 268 (*B. h.*); Wang, 1981: 138 (*B. h.*); Hu, 1984: 354 (*B. h.*); Żabka, 1985: 204 (*B. simoni*); Żabka, 1985: 210 (*B. h.*); Song, 1987: 286 (*B. h.*); Żabka, 1988: 442 (*B. a.*, Trans. from *Simaetha*); Feng, 1990: 198 (*B. h.*); Chen & Gao, 1990: 180 (*B. h.*); Chen & Zhang, 1991: 288 (*B. h.*); Song, Zhu & Li, 1993: 883 (*B. h.*); Okuma et al., 1993: 75 (*B. h.*); Peng et al., 1993: 26 (*B. h.*); Zhao, 1993: 391 (*B. h.*); Barrion & Litsinger, 1994: 285 (*B. h.*); Barrion & Litsinger, 1995: 62 (*B. h.*); Song, Zhu & Chen, 1999: 506 (*B. h.*); Hu, 2001: 375 (*B. hotingchiehi*); Logunov, 2001: 231 (*B. a.*, Syn. of male); Zhu & Zhang, 2011: 475; Yin et al., 2012: 1330.

异名：

Bianor hotingchiehi Schenkel, 1963; Logunov, 2001: 231 (Syn.);

B. simoni Żabka, 1985; Logunov, 2001: 231 (Syn.);

B. trepidans Thorell, 1895; Logunov, 2001: 231 (Syn.).

分布：河北（HEB）、山东（SD）、河南（HEN）、陕西（SN）、安徽（AH）、江苏（JS）、浙江（ZJ）、江西（JX）、湖南（HN）、湖北（HB）、四川（SC）、贵州（GZ）、云南（YN）、西藏（XZ）、福建（FJ）、广东（GD）、广西（GX）；斯里兰卡、印度、越南、印度尼西亚

香港菱头蛛 *Bianor hongkong* Song et al., 1997

Song et al., 1997: 149; Song, Zhu & Chen, 1999: 506.

分布：香港（HK）

裂菱头蛛 *Bianor incitatus* Thorell, 1890

Thorell, 1890: 159; Reimoser, 1934: 506 (*B. carli*); Roewer, 1955: 1011 (*Stertinius i.*); Prószyński, 1984: 57 (*Stichius albomaculatus*, misidentified); Peng, 1989: 158 (*B. maculatus*, misidentified); Peng et al., 1993: 29 (*B. m.*, misidentified); Berry, Beatty & Prószyński, 1996: 220 (*B. obak*); Song, Zhu & Chen, 1999: 506 (*B. m.*, misidentified); Logunov, 2001: 236 (*B. i.*, Trans. from *Stertinius*, Syn. of male) ; Yin et al., 2012: 1332; Prószyński & Deeleman-Reinhold, 2013: 117.

异名：

Bianor carli Reimoser, 1934; Logunov, 2001: 236 (Syn.);

B. obak Berry, Beatty & Prószyński, 1996; Logunov, 2001: 236 (Syn.).

分布：湖南（HN）、云南（YN）、广西（GX）；印度、越南、苏门答腊岛、印度尼西亚（爪哇）、澳大利亚、加罗林群岛

贝塔蛛属 *Brettus* Thorell, 1895

Thorell, 1895: 355. Type species: *Brettus cingulatus* Thorell, 1895

白斑贝塔蛛 *Brettus albolimbatus* Simon, 1900

Simon, 1900: 31; Simon, 1900: 31 (*B. semifimbriatus*); Simon, 1901: 401 (*Portia semifimbriata*); Simon, 1901: 402 (*Portia albolimbata*); Strand, 1912: 148 (*Portia foveolata*, provisional name only); Wanless, 1979: 188 (*B. a.*, Trans. from *Portia*, Syn.); Peng & Kim, 1998: 411.

异名：

Brettus semifimbriatus Simon, 1900; Wanless, 1979: 188 (Syn.).

分布：云南（YN）；印度

布氏蛛属 *Bristowia* Reimoser, 1934

Reimoser, 1934: 17. Type species: *Bristowia heterospinosa* Reimoser, 1934

巨刺布氏蛛 *Bristowia heterospinosa* Reimoser, 1934

Reimoser, 1934: 17; Prószyński, 1984: 14; Żabka, 1985: 206; Seo, 1986: 24; Peng et al., 1993: 30; Ikeda, 1995: 160; Song & Li, 1997: 431; Song, Zhu & Chen, 1999: 506; Namkung, 2002: 586; Cho & Kim, 2002: 91; Namkung, 2003: 590; Dobroruka, 2004: 17; Szüts, 2004: 28; Lee et al., 2004: 99; Ono, Ikeda & Kono, 2009: 574; Yin et al., 2012: 1333.

分布：湖南（HN）、贵州（GZ）、云南（YN）；印度、越南、韩国、日本、印度尼西亚

缅蛛属 *Burmattus* Prószyński, 1992

Prószyński, 1992: 89. Type species: *Plexippus pococki* Thorell, 1895

波氏缅蛛 *Burmattus pococki* (Thorell, 1895)

Thorell, 1895: 368 (*Plexippus pocockii*: omitted by Roewer); Prószyński, 1984: 153 (*Plexippus p.*); Żabka, 1985: 434 (*Plexippus p.*); Song & Chai, 1991: 22 (*B. p.*, placed in generic nomen nudum); Tanikawa, 1992: 13 (*Plexippus p.*); Prószyński, 1992: 89 (*B. p.*, Trans. from *Plexippus*); Xie, 1993: 358; Peng et al., 1993: 32; Song, Zhu & Chen, 1999: 507; Ono,

Ikeda & Kono, 2009: 568; Prószyński & Deeleman-Reinhold, 2010: 156; Yin et al., 2012: 1335.

分布：湖南（HN）、贵州（GZ）、云南（YN）、广东（GD）、广西（GX）、海南（HI）；缅甸、越南、日本

华南缅蛛 *Burmattus sinicus* Prószyński, 1992

Prószyński, 1992: 89; Song, Zhu & Chen, 1999: 507.

分布：中国（具体未详）

猫跳蛛属 *Carrhotus* Thorell, 1891

Thorell, 1891: 142. Type species: *Plexippus viduus* C. L. Koch, 1846

异名：

Eugasmia Simon, 1902; Prószyński, 1984: 16 (Syn.).

冠猫跳蛛 *Carrhotus coronatus* (Simon, 1885)

Simon, 1885: 33 (*Ergane coronata*); Hasselt, 1882: 48 (*Plexippus sannio*, misidentified); Thorell, 1887: 404 (*Hasarius c.*); Simon, 1903: 679 (*Eugasmia coronata*); Chen & Zhang, 1991: 296; Song, Zhu & Chen, 1999: 507.

分布：浙江（ZJ）、贵州（GZ）、云南（YN）；越南到印度尼西亚（爪哇）

角猫跳蛛 *Carrhotus sannio* (Thorell, 1877)

Thorell, 1877: 617 (*Plexippus s.*); Thorell, 1891: 147 (*Hasarius virens*); Workman & Workman, 1894: 16 (*Hasarius s.*); Simon, 1903: 708 (*Eugasmia sannio*); Prószyński, 1984: 16 (*C. s.*); Peng et al., 1993: 35; Jastrzębski, 1999: 3; Song, Zhu & Chen, 1999: 507; Ledoux, 2007: 33; Zhu & Zhang, 2011: 476; Yin et al., 2012: 1337.

分布：河南（HEN）、江西（JX）、湖南（HN）、云南（YN）、福建（FJ）、广东（GD）、广西（GX）；越南、印度、缅甸、马来西亚

白斑猫跳蛛 *Carrhotus viduus* (C. L. Koch, 1846)

C. L. Koch, 1846: 104 (*Plexippus v.*); Walckenaer, 1847: 426 (*Attus v.*); Simon, 1885: 437 (*Hyllus morgani*); Simon, 1885: 439 (*Mogrus ornatus*); Karsch, 1891: 301 (*Plexippus cumulatus*); Thorell, 1891: 142; Workman & Workman, 1894: 14; Andreeva, Kononenko & Prószyński, 1981: 103 (*C. v.*, Syn.); Prószyński, 1984: 16; Song & Chai, 1991: 13; Prószyński, 1992: 169; Peng et al., 1993: 36; Jastrzębski, 1999: 4; Song, Zhu & Chen, 1999: 507; Prószyński, 2009: 158; Prószyński & Deeleman-Reinhold, 2010: 157; Yin et al., 2012: 1339.

异名：

Carrhotus ornatus (Simon, 1885, Trans. from *Mogrus*); Andreeva, Kononenko & Prószyński, 1981: 103 (Syn.).

分布：湖南（HN）、福建（FJ）、广东（GD）、广西（GX）、海南（HI）；印度、斯里兰卡、缅甸、马来西亚

黑猫跳蛛 *Carrhotus xanthogramma* (Latreille, 1819)

Walckenaer, 1802: 247 (*Aranea bicolor*: preoccupied by Olivier, 1789 and Fabricius, 1798); Walckenaer, 1805: 24 (*Attus bicolor*); Latreille, 1819: 103 (*Salticus x.*); Walckenaer, 1826: 52 (*Attus x.*); C. L. Koch, 1846: 86 (*Dendryphantes mucidus*); Blackwall, 1851: 401 (*Salticus x.*); Simon, 1864: 315 (*Dendryphantes bicolor*); Simon, 1864: 500 (*Euophrys bicolor*); Simon, 1868: 28 (*Attus bicolor*); Simon, 1871: 189 (*A. lanipes*); Simon, 1876: 49 (*Philaeus bicolor*); Karsch, 1879: 86 (*Hasarius crinitus*); O. P.-Cambridge, 1881: 561 (*Hyctia x.*); Bösenberg, 1903: 441 (*Philaeus bicolor*); Bösenberg & Strand, 1906: 358 (*C. detritus*); Dönitz & Strand, in Bösenberg & Strand, 1906: 397 (*Dendryphantes rubrosquamulatus*); Lessert, 1910: 592 (*C. bicolor*); Dahl, 1926: 47 (*C. b.*); Simon, 1937: 1238 (*C. b.*); Saitō, 1939: 40 (*C. detritus*); Saitō, 1959: 148 (*C. d.*); Yaginuma, 1962: 46 (*C. d.*, Syn.); Schenkel, 1963: 444 (*C. pichoni*); Lee, 1966: 74 (*C. d.*); Yaginuma, 1971: 105 (*C. d.*); Miller, 1971: 142 (*C. bicolor*); Prószyński, 1973: 100 (*C. x.*, Syn.); Prószyński, 1976: 154; Yin & Wang, 1979: 28 (*C. pichoni*); Yin & Wang, 1981: 269 (*C. pichoni*); Wesolowska, 1981: 128 (*C. x.*, Syn.); Hu, 1984: 355 (*C. detritus*); Hu, 1984: 356 (*C. pichoni*); Guo, 1985: 175; Yaginuma, 1986: 227; Song, 1987: 287; Zhang, 1987: 236; Peng, 1989: 158 (*C. bicolor*); Chen & Gao, 1990: 181; Chen & Zhang, 1991: 295; Peng et al., 1993: 38; Zhao, 1993: 392; Mcheidze, 1997: 96 (*C. bicolor*); Song, Zhu & Chen, 1999: 507; Hu, 2001: 376; Song, Zhu & Chen, 2001: 425; Namkung, 2003: 562; Zhu & Zhang, 2011: 477; Yin et al., 2012: 1340.

异名：

Carrhotus crinitus (Karsch, 1879, Trans. from *Hasarius*); Prószyński, 1973: 100 (Syn.);

C. detritus Bösenberg & Strand, 1906; Prószyński, 1973: 100 (Syn.);

C. rubrosquamulatus (Dönitz & Strand, 1906, Trans. from *Dendryphantes*); Yaginuma, 1962: 46 (Syn., sub. of *C. detritus*);

C. pichoni Schenkel, 1963; Wesolowska, 1981: 128 (Syn.).

分布：吉林（JL）、辽宁（LN）、河北（HEB）、北京（BJ）、山东（SD）、河南（HEN）、陕西（SN）、浙江（ZJ）、江西（JX）、湖南（HN）、湖北（HB）、四川（SC）、贵州（GZ）、西藏（XZ）、福建（FJ）、台湾（TW）、广东（GD）、广西（GX）；保加利亚、越南、印度

铜蛛属 *Chalcoscirtus* Bertkau, 1880

Bertkau, 1880: 284. Type species: *Callietherus infimus* Simon, 1868

李氏铜蛛 *Chalcoscirtus lii* Lei & Peng, 2010

Lei & Peng, 2010: 67.

分布：云南（YN）

马氏铜蛛 *Chalcoscirtus martensi* Żabka, 1980

Żabka, 1980: 360; Żabka, 1981: 407; Hu & Wu, 1989: 359.

分布：新疆（XJ）；中亚、尼泊尔、印度

黑铜蛛 *Chalcoscirtus nigritus* (Thorell, 1875)

Thorell, 1875: 114 (*Heliophanus n.*); Thorell, 1875: 180 (*Heliophanus n.*); Prószyński, 1976: 150 (*Euophrys n.*, Trans. from *Heliophanus*); Prószyński, 1979: 307 (*Euophrys nigrita*); Hu & Wu, 1989: 362 (*Euophrys nigrita*); Bauchhenss, 1993: 43 (*C. n.*, Trans. from *Euophrys*); Logunov & Marusik, 1999:

216; Metzner, 1999: 47.
分布：新疆（XJ）；古北界

尹氏铜蛛 *Chalcoscirtus yinae* Lei & Peng, 2010

Lei & Peng, 2010: 67.
分布：湖南（HN）

螯跳蛛属 *Cheliceroides* Żabka, 1985

Żabka, 1985: 209. Type species: *Cheliceroides longipalpis* Żabka, 1985

长触螯跳蛛 *Cheliceroides longipalpis* Żabka, 1985

Żabka, 1985: 210; Peng, 1989: 158; Peng & Xie, 1993: 81; Peng et al., 1993: 40; Song, Zhu & Chen, 1999: 507; Yin et al., 2012: 1343.
分布：湖南（HN）、广西（GX）、海南（HI）；越南

华蛛属 *Chinattus* Logunov, 1999

Logunov, 1999: 145. Type species: *Heliophanus undulatus* Song & Chai, 1992

峨眉华蛛 *Chinattus emeiensis* (Peng & Xie, 1995)

Peng & Xie, 1995: 58 (*Habrocestoides e.*); Song, Zhu & Chen, 1999: 512 (*H. e.*); Logunov, 1999: 147 (*C. e.*, Trans. from *Habrocestoides*).
分布：四川（SC）、贵州（GZ）

叉状华蛛 *Chinattus furcatus* (Xie, Peng & Kim, 1993)

Xie, Peng & Kim, 1993: 24 (*Habrocestoides f.*); Peng & Xie, 1995: 59 (*Habrocestoides f.*); Song, Zhu & Chen, 1999: 512 (*Habrocestoides f.*); Logunov, 1999: 147 (*C. f.*, Trans. from *Habrocestoides*) ; Yin et al., 2012: 1345.
分布：湖南（HN）

炎华蛛 *Chinattus sinensis* (Prószyński, 1992)

Prószyński, 1992: 94 (*Habrocestoides s.*); Peng & Xie, 1995: 59 (*Habrocestoides s.*); Song, Zhu & Chen, 1999: 512 (*H. s.*); Logunov, 1999: 147 (*C. s.*, Trans. from *Habrocestoides*).
分布：湖北（HB）

台湾华蛛 *Chinattus taiwanensis* Bao & Peng, 2002

Bao & Peng, 2002: 404.
分布：台湾（TW）

胫华蛛 *Chinattus tibialis* (Żabka, 1985)

Żabka, 1985: 430 (*Phintella t.*); Song & Chai, 1992: 78 (*Heliophanus geminus*); Peng et al., 1993: 161 (*Phintella t.*); Peng & Xie, 1995: 61 (*Habrocestoides t.*, Trans. from *Phintella*); Song & Li, 1997: 433 (*Heliophanus geminus*); Song & Li, 1997: 437 (*Phintella t.*); Song, Zhu & Chen, 1999: 512 (*Habrocestoides geminus*, Trans. from *Heliophanus*); Song, Zhu & Chen, 1999: 512 (*Habrocestoides t.*); Logunov, 1999: 147 (*C. t.*, Trans. from *Habrocestoides*, Syn.) ; Yin et al., 2012: 1345.
异名：
Chinattus geminus (Song & Chai, 1992, Trans. from *Heliophanus*); Logunov, 1999: 148 (Syn.).
分布：湖南（HN）、湖北（HB）、四川（SC）、福建（FJ）；越南

波状华蛛 *Chinattus undulatus* (Song & Chai, 1992)

Song & Chai, 1992: 79 (*Heliophanus u.*); Prószyński, 1992: 94 (*Habrocestoides szechwanensis*); Peng & Xie, 1995: 60 (*H. s.*); Song & Li, 1997: 434 (*Heliophanus u.*); Song, Zhu & Chen, 1999: 512 (*Habrocestoides u.*, Trans. from *Heliophanus*, Syn. of male); Logunov, 1999: 147 (*C. szechwanensis*, Trans. from *Habrocestoides*); Logunov, 1999: 148 (*C. u.*, Trans. from *Habrocestoides*).
异名：
Chinattus szechwanensis (Prószyński, 1992, Trans. from *Habrocestoides*); Song, Zhu & Chen, 1999: 512 (Syn., sub *Habrocestoides*).
分布：湖北（HB）、四川（SC）

强壮华蛛 *Chinattus validus* (Xie, Peng & Kim, 1993)

Xie, Peng & Kim, 1993: 25 (*Habrocestoides v.*); Peng & Xie, 1995: 62 (*H. v.*); Song, Zhu & Chen, 1999: 512 (*H. v.*); Logunov, 1999: 148 (*C. v.*, Trans. from *Habrocestoides*) ; Yin et al., 2012: 1348.
分布：湖南（HN）

武陵华蛛 *Chinattus wulingensis* (Peng & Xie, 1995)

Peng & Xie, 1995: 62 (*Habrocestoides w.*); Song, Zhu & Chen, 1999: 512 (*H. w.*); Logunov, 1999: 148 (*C. w.*, Ttans. from *Habrocestoides*) ; Yin et al., 2012: 1349.
分布：湖南（HN）

类武陵华蛛 *Chinattus wulingoides* (Peng & Xie, 1995)

Peng & Xie, 1995: 63 (*Habrocestoides w.*); Logunov, 1999: 148 (*C. w.*, Trans. from *Habrocestoides*).
分布：湖南（HN）

华斑蛛属 *Chinophrys* Zhang & Maddison, 2012

Zhang & Maddison, 2012: 54. Type species: *Chinophrys pengi* Zhang & Maddison, 2012

刘家坪华斑蛛 *Chinophrys liujiapingensis* (Yang & Tang, 1997)

Yang & Tang, 1997: 94 (*Laufeia l.*); Zhu & Zhang, 2011: 479, 535 (*Euophrys l.*, Trans. from *Laufeia*); Zhang & Maddison, 2012: 54 (Trans. From *Laufeia*).
分布：湖南（HN）

彭氏华斑蛛 *Chinophrys pengi* Zhang & Maddison, 2012

Zhang & Maddison, 2012: 54.
分布：湖南（HN）

丽跳蛛属 *Chrysilla* Thorell, 1887

Thorell, 1887: 387. Type species: *Chrysilla lauta* Thorell,

1887

针状丽跳蛛 *Chrysilla acerosa* Wang & Zhang, 2012

Wang & Zhang, 2012: 65.

分布：重庆（CQ）

华美丽跳蛛 *Chrysilla lauta* Thorell, 1887

Thorell, 1887: 387; Prószyński, 1976: 154; Prószyński, 1983: 44; Żabka, 1985: 210; Song & Chai, 1991: 14; Song, Zhu & Chen, 1999: 507; Prószyński & Deeleman-Reinhold, 2010: 159.

分布：海南（HI）；缅甸、越南

剑蛛属 *Colyttus* Thorell, 1891

Thorell, 1891: 132. Type species: *Colyttus bilineatus* Thorell, 1891

勒氏剑蛛 *Colyttus lehtineni* Żabka, 1985

Żabka, 1985: 212; Peng, 1989: 158; Peng et al., 1993: 42; Song, Zhu & Chen, 1999: 507.

分布：海南（HI）；越南

华美蛛属 *Corusca* Zhou & Li, 2013

Zhou & Li, 2013: 4. Type species: *Corusca gracilis* Zhou & Li, 2013

尖华美蛛 *Corusca acris* Zhou & Li, 2013

Zhou & Li, 2013: 5.

分布：海南（HI）

霸王华美蛛 *Corusca bawangensis* Zhou & Li, 2013

Zhou & Li, 2013: 5.

分布：海南（HI）

镰状华美蛛 *Corusca falcata* Zhou & Li, 2013

Zhou & Li, 2013: 6.

分布：海南（HI）

纤细华美蛛 *Corusca gracilis* Zhou & Li, 2013

Zhou & Li, 2013: 6.

分布：海南（HI）

尖峰华美蛛 *Corusca jianfengensis* Zhou & Li, 2013

Zhou & Li, 2013: 7.

分布：海南（HI）

廖氏华美蛛 *Corusca liaoi* (Peng & Li, 2006)

Peng & Li, 2006: 66 (*Eupoa l.*); Zhou & Li, 2013: 7 (*Corusca l.*, Trans. from *Eupoa*).

分布：海南（HI）

三亚华美蛛 *Corusca sanyaensis* Zhou & Li, 2013

Zhou & Li, 2013: 8.

分布：海南（HI）

具毛华美蛛 *Corusca setifera* Zhou & Li, 2013

Zhou & Li, 2013: 9.

分布：海南（HI）

强壮华美蛛 *Corusca viriosa* Zhou & Li, 2013

Zhou & Li, 2013: 9.

分布：海南（HI）

五指山华美蛛 *Corusca wuzhishanensis* Zhou & Li, 2013

Zhou & Li, 2013: 10.

分布：海南（HI）

双管跳蛛属 *Cyrba* Simon, 1876

Simon, 1876: 167. Type species: *Salticus algerinus* Lucas, 1846

异名：

Vindima Thorell, 1895; Wanless, 1984: 448 (Syn.).

眼双管跳蛛 *Cyrba ocellata* (Kroneberg, 1875)

Kroneberg, 1875: 48 (*Euophrys o.*); Simon, 1885: 457 (*C. micans*); Thorell, 1887: 375 (*Stasippus inornatus*); Thorell, 1895: 348 (*Vindima maculata*); Simon, 1899: 103 (*C. flavimana*); Simon, 1901: 436 (*Astia maculata*); Andreeva, 1969: 89 (*C. tadzika*); Andreeva, 1976: 79 (*C. tadzhika*); Prószyński, 1978: 16 (*C. micans*, Syn. of female); Nenilin, 1984: 14 (*C. o.*, removed from Sub. of *C. algerina*, Syn.); Wanless, 1984: 455 (*C. o.*, Syn.); Prószyński, 1984: 26 (*C. inornata*); Davies & Żabka, 1989: 194; Song & Chai, 1991: 15; Wesolowska, 1996: 29; Jastrzębski, 1997: 705; Song, Zhu & Chen, 1999: 508; Wesolowska & Tomasiewicz, 2008: 7; Wesolowska & van Harten, 2010: 30.

异名：

Cyrba micans Simon, 1885; Nenilin, 1984: 14 (Syn.); Wanless, 1984: 455 (Syn.);

C. inornata (Thorell, 1887, Trans. from *Stasippus*); Wanless, 1984: 455 (Syn.);

C. maculata (Thorell, 1895, Trans. from *Vindima*); Wanless, 1984: 455 (Syn.);

C. flavimana Simon, 1899; Prószyński, 1978: 16 (Syn., sub *C. micans*);

C. tadzika Andreeva, 1969; Prószyński, 1978: 16 (Syn., sub *C. micans*).

分布：甘肃（GS）、云南（YN）、福建（FJ）、广西（GX）、海南（HI）；索马里、苏丹、澳大利亚

泽氏双管跳蛛 *Cyrba szechenyii* Karsch, 1898

Karsch, in Lendl, 1898: 561.

分布：香港（HK）

胞蛛属 *Cytaea* Keyserling, 1882

Keyserling, 1882: 1383. Type species: *Plexippus severus* Thorell, 1881

列维胞蛛 *Cyrtaea levii* Peng & Li, 2002

Peng & Li, 2002: 338.

分布：台湾（TW）

追蛛属 *Dendryphantes* C. L. Koch, 1837

C. L. Koch, 1837: 32. Type species: *Araneus hastatus* Clerck, 1757

卞氏追蛛 *Dendryphantes biankii* Prószyński, 1979

Prószyński, 1979: 304; Logunov & Marusik, 1994: 103; Su & Tang, 2005: 83.

分布：内蒙古（NM）；蒙古、俄罗斯

褐色追蛛 *Dendryphantes fusconotatus* (Grube, 1861)

Grube, 1861: 22 (*Attus f.*); Kulczyński, 1895: 68 (*D. thorellii*); Prószyński, 1971: 210 (*D. f.*, Trans. from *Attus=Salticus*, where "nicht zu deuten!" per Roewer); Prószyński, 1976: 148 (*D. thorelli*); Prószyński, 1979: 305 (*D. f.*, Syn. of female); Wesolowska, 1981: 129 (*D. thorelli*); Dunin, 1984: 130; Zhu et al., 1985: 200; Hu & Wu, 1989: 359; Peng et al., 1993: 46; Logunov & Marusik, 1994: 103; Song, Zhu & Chen, 1999: 508; Hu, 2001: 377; Song, Zhu & Chen, 2001: 426.

异名：

Dendryphantes thorelli Kulczyński, 1895; Prószyński, 1979: 305 (Syn.).

分布：吉林（JL）、内蒙古（NM）、北京（BJ）、山西（SX）、甘肃（GS）、新疆（XJ）、西藏（XZ）；蒙古、俄罗斯

矛状追蛛 *Dendryphantes hastatus* (Clerck, 1757)

Clerck, 1757: 115 (*Araneus h.*); De Geer, 1778: 285 (*Aranea phalangium pini*); Walckenaer, 1802: 246 (*Aranea lunulata*); Walckenaer, 1805: 24 (*Attus lunulatus*); Hahn, 1832: 59 (*Salticus pini*); Sundevall, 1833: 208 (*Attus muscosus*); Hahn, 1836: 2 (*Salticus pini*); C. L. Koch, 1837: 32 (*D. medius*); C. L. Koch, 1837: 32 (*D. minor*); Walckenaer, 1837: 416 (*Attus lunulatus*); C. L. Koch, 1846: 77 (*D. medius*); C. L. Koch, 1846: 81; Westring, 1851: 55 (*Attus h.*); Westring, 1851: 55 (*Attus medius*); Simon, 1864: 312 (*Euophrys lunulata*); Simon, 1868: 549 (*Attus lemniscus*); Simon, 1868: 577 (*Attus bombycius*); Simon, 1868: 576 (*Attus h.*); Thorell, 1873: 375; Simon, 1876: 37 (*D. bombycius*); Reimoser, 1919: 110 (*D. pini*); Dahl, 1926: 41 (*D. pini*); Reimoser, 1930: 56 (*D. pini*); Tullgren, 1944: 49 (*D. pini*); Zhu et al., 1985: 201; Song, Zhu & Chen, 1999: 508; Almquist, 2006: 523.

分布：山西（SX）；古北界

林芝追蛛 *Dendryphantes linzhiensis* Hu, 2001

Hu, 2001: 378.

分布：西藏（XZ）

波氏追蛛 *Dendryphantes potanini* Logunov, 1993

Logunov, 1993: 55; Song, Zhu & Chen, 1999: 508.

分布：四川（SC）

拟呼勒德追蛛 *Dendryphantes pseudochuldensis* Peng, Xie & Kim, 1994

Peng, 1992: 84 (*D. chuldensis*, misidentified); Peng et al., 1993: 44 (*D. chuldensis*, misidentified); Peng, Xie & Kim, 1994: 31; Song, Zhu & Chen, 1999: 508.

分布：内蒙古（NM）

亚东追蛛 *Dendryphantes yadongensis* Hu, 2001

Hu, 2001: 378.

分布：西藏（XZ）

右蛛属 *Dexippus* Thorell, 1891

Thorell, 1891: 112. Type species: *Dexippus kleini* Thorell, 1891

台湾右蛛 *Dexippus taiwanensis* Peng & Li, 2002

Peng & Li, 2002: 339.

分布：台湾（TW）

艾普蛛属 *Epeus* Peckham & Peckham, 1886

Peckham & Peckham, 1886: 334. Type species: *Evenus tener* Simon, 1877

异名：

Taupoa Peckham & Peckham, 1907; Prószyński, 1984: 143 (Syn.).

白斑艾普蛛 *Epeus alboguttatus* (Thorell, 1887)

Thorell, 1887: 397 (*Viciria alboguttata*); Żabka, 1985: 214 (*E. a.*, Trans. from *Viciria*); Chen & Zhang, 1991: 316 (*Viciria alboguttata*).

分布：浙江（ZJ）；越南、缅甸

双尖艾普蛛 *Epeus bicuspidatus* (Song, Gu & Chen, 1988)

Song, Gu & Chen, 1988: 71 (*Plexippodes b.*); Peng et al., 1993: 48 (*E. b.*, Trans. from *Plexippoides*); Song, Zhu & Chen, 1999: 508; Peng & Li, 2002: 386; Yin et al., 2012: 1352.

分布：湖南（HN）、云南（YN）、广西（GX）、海南（HI）

荣艾普蛛 *Epeus glorius* Żabka, 1985

Żabka, 1985: 216; Xie & Peng, 1993: 20; Peng et al., 1993: 49; Song, Zhu & Chen, 1999: 508; Peng & Li, 2002: 387.

分布：云南（YN）、广东（GD）、广西（GX）；越南、马来西亚

广西艾普蛛 *Epeus guangxi* Peng & Li, 2002

Peng & Li, 2002: 388.

分布：广西（GX）

艳蛛属 *Epocilla* Thorell, 1887

Thorell, 1887: 378. Type species: *Epocilla praetextata* Thorell, 1887

异名：

Goajara Peckham & Peckham, 1907; Żabka, 1985: 216 (Syn.).

布氏艳蛛 *Epocilla blairei* Żabka, 1985

Żabka, 1985: 217; Song & Chai, 1991: 16; Song, Zhu & Chen, 1999: 508.

分布：海南（HI）；越南

锯艳蛛 *Epocilla calcarata* (Karsch, 1880)

Karsch, 1880: 398 (*Plexippus calcaratus*); Peckham & Peckham, 1907: 616 (*Goajara crassipes*); Wesolowska, 1981: 52 (*E. rufa*); Żabka, 1985: 217 (*E. c.*, Trans. from *Plexippus*, Syn.); Feng, 1990: 218; Chen & Zhang, 1991: 315; Peng et al., 1993: 51; Song, Zhu & Chen, 1999: 509; Saaristo, 2002: 25; Saaristo, 2010: 181; Yin et al., 2012: 1354.

异名：

Epocilla crassipes (Peckham & Peckham, 1907, Trans. from *Goajara*); Żabka, 1985: 217 (Syn.);

E. rufa Wesolowska, 1981; Żabka, 1985: 217 (Syn.).

分布：湖南（HN）、四川（SC）、云南（YN）、广东（GD）、广西（GX）；印度尼西亚（苏拉威西）、塞舌尔、夏威夷

图画艳蛛 *Epocilla picturata* Simon, 1901

Simon, 1901: 62; Strand, 1909: 105; Prószyński, 1984: 39.

分布：广东（GD）

斑蛛属 *Euophrys* C. L. Koch, 1834

C. L. Koch, 1834: 123. Type species: *Aranea frontalis* Walckenaer, 1802

白触斑蛛 *Euophrys albopalpalis* Bao & Peng, 2002

Bao & Peng, 2002: 405.

分布：台湾（TW）

黑斑蛛 *Euophrys atrata* Song & Chai, 1992

Song & Chai, 1992: 77; Song & Li, 1997: 431; Song, Zhu & Chen, 1999: 509; Zha, Jin & Zhang, 2014: 369.

分布：浙江（ZJ）、湖北（HB）、福建（FJ）

球斑蛛 *Euophrys bulbus* Bao & Peng, 2002

Bao & Peng, 2002: 406; Zha, Jin & Zhang, 2014: 371.

分布：安徽（AH）、福建（FJ）、台湾（TW）

高山斑蛛 *Euophrys evae* Żabka, 1981

Żabka, 1981: 409.

分布：西藏（XZ）

珠峰斑蛛 *Euophrys everestensis* Wanless, 1975

Wanless, 1975: 134; Prószyński, 1976: 151; Song, Zhu & Chen, 1999: 509.

分布：西藏（XZ）

前斑蛛 *Euophrys frontalis* (Walckenaer, 1802)

Walckenaer, 1802: 246 (*Aranea f.*; preoccupied by Olivier, 1789, but amply protected by usage); Wider, 1834: 271 (*Salticus maculatus*, misidentified); Blackwall, 1834: 420 (*Salticus rufifrons*); C. L. Koch, 1834: 123; Walckenaer, 1837: 415 (*Attus f.*); C. L. Koch, 1846: 44 (*Attus f.*); Blackwall, 1861: 52 (*Salticus f.*); Westring, 1861: 591 (*Attus striolatus*); Simon, 1864: 311 (*Atta f.*); *E. f.* Simon, 1876: 183; Menge, 1879: 496; Becker, 1882: 67; Bösenberg, 1903: 450; Dahl, 1912: 588 (*E. maculata*); Dahl, 1926: 35 (*E. maculata*); Simon, 1937: 1172, 1176, 1251; Palmgren, 1943: 18 (*E. maculata*); Tullgren, 1944: 35 (*E. maculata*); Locket & Millidge, 1951: 223; Kekenbosch, 1961: 7 (*E. f.*, removed from Sub. of *E. maculata*); Azheganova, 1968: 143 (*E. maculata*); Vilbaste, 1969: 171 (*E. maculata*); Miller, 1971: 141; Braendegaard, 1972: 168; Prószyński, 1976: 150; Prószyński, 1979: 306; Flanczewska, 1981: 196; Wesolowska, 1981: 49; Chen & Zhu, 1982: 51; Prószyński, 1983: 45; Hu, 1984: 358; Dunin, 1984: 130; Roberts, 1985: 122; Kim, 1985: 18; Hansen, 1986: 102; Zhang, 1987: 237; Zhou & Song, 1988: 1; Hu & Wu, 1989: 363; Heimer & Nentwig, 1991: 498; Peng et al., 1993: 55; Song, Zhu & Chen, 1999: 509; Hu, 2001: 381 (*E. forntalis*, lapsus); Zhu & Zhang, 2011: 478; Dhali et al., 2014: 144.

分布：北京（BJ）、河南（HEN）、陕西（SN）、新疆（XJ）、西藏（XZ）；古北界

卡氏斑蛛 *Euophrys kataokai* Ikeda, 1996

Kataoka, 1977: 312 (*E. frontalis*, misidentified); Yaginuma, 1986: 239 (*E. frontalis*, misidentified); Chikuni, 1989: 149 (*E. frontalis*, misidentified); Ikeda, 1996: 33; Namkung, 2002: 587; Kim, Kim & Cho, 2003: 89 (*E. frontalis*, Syn., presented without evidence); Namkung, 2003: 591; Ono, Ikeda & Kono, 2009: 583.

分布：辽宁（LN）；韩国、日本、俄罗斯

龙阳斑蛛 *Euophrys longyangensis* Lei & Peng, 2012

Lei & Peng, 2012: 2.

分布：云南（YN）

南木林斑蛛 *Euophrys namulinensis* Hu, 2001

Hu, 2001: 382.

分布：西藏（XZ）

囊谦斑蛛 *Euophrys nangqianensis* Hu, 2001

Hu, 2001: 383.

分布：青海（QH）

尼泊尔斑蛛 *Euophrys nepalica* Żabka, 1980

Żabka, 1980: 363; Hu, 2001: 384.

分布：西藏（XZ）；尼泊尔

粗壮斑蛛 *Euophrys robusta* Lei & Peng, 2012

Lei & Peng, 2012: 4.

分布：云南（YN）

微突斑蛛 *Euophrys rufibarbis* (Simon, 1868)

Simon, 1868: 602 (*Attus r.*); Simon, 1871: 216 (*Attus comptulus*); Simon, 1876: 186; Simon, 1876: 187 (*E. comptula*); Simon, 1937: 1173, 1251 (*E. r. comptula*); Hansen, 1986: 102; Prószyński, 1987: 23, 143 (*E. comptula*, Syn.); Peng, 1989: 159; Peng et al., 1993: 58; Baldacchino et al., 1993: 45; Fuhn & Gherasim, 1995: 100; Bellmann, 1997: 236; Metzner, 1999: 51; Song, Zhu & Chen, 1999: 509; Yin et al., 2012: 1356.

异名：

Euophrys rufibarbis comptula (Simon, 1871, Trans. from *Attus*); Prószyński, 1987: 143 (Syn.).

分布：湖南（HN）；古北界

腾冲斑蛛 *Euophrys tengchongensis* Lei & Peng, 2012

Lei & Peng, 2012: 5.
分布：云南（YN）

文县斑蛛 *Euophrys wenxianensis* Yang & Tang, 1997

Yang & Tang, 1997: 93.
分布：甘肃（GS）

玉朗斑蛛 *Euophrys yulungensis* Żabka, 1980

Żabka, 1980: 363; Hu & Li, 1987: 331; Hu, 2001: 386.
分布：西藏（XZ）；尼泊尔

尤波蛛属 *Eupoa* Żabka, 1985

Żabka, 1985: 220. Type species: *Eupoa prima* Żabka, 1985

海南尤波蛛 *Eupoa hainanensis* Peng & Kim, 1997

Peng & Kim, 1997: 195; Song, Zhu & Chen, 1999: 509.
分布：海南（HI）

精卫尤波蛛 *Eupoa jingwei* Maddison & Zhang, 2007

Maddison & Zhang, in Maddison, Zhang & Bodner, 2007: 28.
分布：广西（GX）

廖氏尤波蛛 *Eupoa liaoi* Peng & Li, 2006

Peng & Li, 2006: 66; Zhou & Li, 2013: 7 (*Corusca*, Trans. from *E.*).
分布：海南（HI）

斑点尤波蛛 *Eupoa maculata* Peng & Kim, 1997

Peng & Kim, 1997: 195; Song, Zhu & Chen, 1999: 509.
分布：海南（HI）

哪吒尤波蛛 *Eupoa nezha* Maddison & Zhang, 2007

Maddison & Zhang, in Maddison, Zhang & Bodner, 2007: 26.
分布：广西（GX）

云南尤波蛛 *Eupoa yunnanensis* Peng & Kim, 1997

Peng & Kim, 1997: 196; Song, Zhu & Chen, 1999: 509.
分布：云南（YN）

猎蛛属 *Evarcha* Simon, 1902

Simon, 1902: 409. Type species: *Araneus falcatus* Clerck, 1757
异名：*Colopsus* Simon, 1902; Prószyński, 1984: 51 (Syn.).

白斑猎蛛 *Evarcha albaria* (L. Koch, 1878)

L. Koch, 1878: 780 (*Hasarius albarius*); Kulczyński, 1895: 90 (*Ergane albifrons*); Simon, 1903: 697; Bösenberg & Strand, 1906: 356 (*Hyllus lamperti*); Bösenberg & Strand, 1906: 359 (*E. albifrons*); Bösenberg & Strand, 1906: 361; Yaginuma, 1957: 58; Saitō, 1959: 158; Yaginuma, 1962: 46 (*Hasarius lamperti*, Trans. from *Hyllus*); Schenkel, 1963: 459; Schenkel, 1963: 459 (*E. pichoni*); Prószyński, 1973: 104 (*E. a.*, Syn.); Matsumoto, 1977: 6; Prószyński, 1979: 307; Yin & Wang, 1979: 30 (*E. alboria*); Song, 1980: 203; Qiu, 1981: 12; Wang, 1981: 137 (*Erarcha a.*); Hu, 1984: 361; Guo, 1985: 176; Zhu et al., 1985: 212; Song, 1987: 290; Zhang, 1987: 238; Feng, 1990: 199; Chen & Gao, 1990: 183; Prószyński, 1990: 136 (*E. a.*, Syn.); Chen & Zhang, 1991: 312; Song, Zhu & Li, 1993: 884; Peng et al., 1993: 61; Zhao, 1993: 395; Song, Chen & Zhu, 1997: 1734; Song, Zhu & Chen, 1999: 509; Song, Zhu & Chen, 2001: 427; Namkung, 2003: 563; Zhu & Zhang, 2011: 480; Yin et al., 2012: 1357.
异名：
Evarcha albifrons (Kulczyński, 1895, Trans. from *Ergana*); Prószyński, 1973: 104 (Syn.);
E. lamperti (Bösenberg & Strand, 1906, Trans. from *Hasarius*); Prószyński, 1973: 104 (Syn.);
E. pichoni Schenkel, 1963; Prószyński, 1990: 136 (Syn.).
分布：吉林（JL）、辽宁（LN）、河北（HEB）、山西（SX）、山东（SD）、河南（HEN）、陕西（SN）、甘肃（GS）、新疆（XJ）、安徽（AH）、江苏（JS）、浙江（ZJ）、湖南（HN）、湖北（HB）、四川（SC）、贵州（GZ）、云南（YN）、福建（FJ）、广东（GD）、广西（GX）；韩国、日本、俄罗斯

弓拱猎蛛 *Evarcha arcuata* (Clerck, 1757)

Clerck, 1757: 125 (*Araneus arcuatus*); Scopoli, 1763: 401 (*Aranea marcgravii*); De Geer, 1778: 290 (*A. grossipes*); Schrank, 1781: 531 (*A. truncorum*); Schrank, 1781: 534 (*A. goezenii*); Olivier, 1789: 223 (*A. frontalis*); Latreille, 1819: 22 (*Salticus grossipes*); Hahn, 1826: 12 (*Attus limbatus*); Hahn, 1832: 53 (*Salticus grossipes*); C. L. Koch, 1837: 32 (*Dendryphantes grossus*); C. L. Koch, 1837: 34 (*Euophrys farinosa*); Walckenaer, 1837: 408 (*Attus limbatus*); Walckenaer, 1837: 424 (*Attus grossipes*); C. L. Koch, 1846: 57 (*Marpissa grossa*); C. L. Koch, 1846: 223 (*Euophrys farinosa*); C. L. Koch, 1846: 30 (*E. a.*); C. L. Koch, 1846: 36 (*E. paludicola*); C. L. Koch, 1850: 65 (*Maturna a.*); Doleschall, 1852: 645 (*Attus viridimanus*); Westring, 1861: 570 (*A. a.*); Simon, 1864: 313 (*Maturna grossipes*); Canestrini & Pavesi, 1868: 819 (*Euophrys limbata*); Simon, 1868: 35 (*Attus a.*); Simon, 1868: 36 (*A. albociliatus*); Simon, 1868: 59 (*A. farinosus*); Simon, 1876: 83 (*Hasarius a.*); Simon, 1876: 85 (*H. falcatus*, misidentified); Simon, 1876: 90 (*Ergane a.*); Becker, 1882: 33 (*Hasarius a.*); Bösenberg, 1903: 435 (*Ergane a.*); Sørensen, 1904: 350 (*Hasarius farinosus*); Lessert, 1910: 593; Fedotov, 1912: 122; Dahl, 1926: 51 (*E. marcgravii*); Simon, 1937: 1238, 1241, 1270; Tullgren, 1944: 62 (*E. marcgravii*); Zhou, Wang & Zhu, 1983: 158; Hu & Wu, 1989: 366; Peng et al., 1993: 62; Song, Zhu & Chen, 1999: 510; Almquist, 2006: 527; Ono, Ikeda & Kono, 2009: 576.
分布：吉林（JL）、内蒙古（NM）、新疆（XJ）；古北界

双冠猎蛛 *Evarcha bicoronata* (Simon, 1901)

Simon, 1901: 64 (*Pseudamycus bicoronatus*); Simon, 1903: 733 (*E. bicoronata*).
分布：香港（HK）

鳞状猎蛛 *Evarcha bulbosa* Żabka, 1985

Żabka, 1985: 222; Peng, 1989: 159; Zhang, Song & Zhu, 1992: 1; Peng et al., 1993: 64; Song, Zhu & Chen, 1999: 510; Yin et

al., 2012: 1359.
分布：湖南（HN）、广西（GX）；越南

韩国猎蛛 *Evarcha coreana* Seo, 1988

Seo, 1988: 91; Peng, Xie & Kim, 1993: 7; Song, Zhu & Chen, 1999: 510; Namkung, 2002: 560; Cho & Kim, 2002: 95; Namkung, 2003: 564; Yin et al., 2012: 1360.
分布：浙江（ZJ）、湖南（HN）、湖北（HB）、福建（FJ）；韩国

指状猎蛛 *Evarcha digitata* Peng & Li, 2002

Peng & Li, 2002: 469.
分布：广西（GX）

镰猎蛛 *Evarcha falcata* (Clerck, 1757)

Clerck, 1757: 125 (*Araneus falcatus*); Linnaeus, 1758: 623 (*Aranea rupestris*); Scopoli, 1763: 402 (*A. blancardi*); Olivier, 1789: 222 (*A. f.*); Olivier, 1789: 222 (*A. flammata*); Walckenaer, 1802: 245 (*A. coronata*); Walckenaer, 1805: 24 (*Attus coronatus*); Walckenaer, 1826: 53 (*A. capreolus*); Hahn, 1832: 61 (*Salticus abietis*); Hahn, 1832: 64 (*S. blancardi*); Sundevall, 1833: 213 (*Attus falcatus*); C. L. Koch, 1837: 33 (*Euophrys f.*); Walckenaer, 1837: 412 (*Attus coronatus*); C. L. Koch, 1846: 24 (*Euophrys f.*); Blackwall, 1861: 50 (*Salticus coronatus*); Simon, 1864: 311 (*Euophrys coronata*); Simon, 1868: 54 (*Attus falcatus*); Simon, 1868: 55 (*A. falcatus luteus*); Simon, 1868: 56 (*A. falcatus punctatus*); Simon, 1868: 58 (*A. taczanowskii*); Simon, 1871: 146 (*A. taczanowskii*); Karsch, 1873: 154 (*A. napoleon*); Thorell, 1873: 390 (*A. arcuatus*); Simon, 1876: 83 (*Hasarius arcuatus*, misidentified); Simon, 1876: 85 (*H. falcatus*); Menge, 1877: 489 (*Attus falcatus*); Becker, 1882: 35 (*Hasarius falcatus*); Hansen, 1882: 81 (*Attus falcatus*); Chyzer & Kulczyński, 1891: 37 (*Ergane f.*); Bösenberg, 1903: 435 (*Ergane f.*); Simon, 1903: 709 (*E. flammata*); Smith, 1908: 318 (*E. blancardi*); Lessert, 1910: 594; Fedotov, 1912: 123; Dahl, 1926: 50 (*E. blancardi*); Reimoser, 1930: 55 (*E. blancardi*); Simon, 1937: 1240 (*E. flammata*); Palmgren, 1943: 40; Tullgren, 1944: 61 (*E. blancardi*); Locket & Millidge, 1951: 233; Kekenbosch, 1961: 5 (*E. flammata*); Azheganova, 1968: 140; Vilbaste, 1969: 195 (*E. flammata*); Tyschchenko, 1971: 84 (*E. flammata*); Miller, 1971: 142 (*E. flammata*); Legotai & Sekerskaya, 1982: 50 (*E. flammata*); Zhou & Song, 1988: 2; Legotai & Sekerskaya, 1989: 222 (*E. flammata*); Hu & Wu, 1989: 366; Peng et al., 1993: 66; Peng & Xie, 1994: 62; Żabka, 1997: 51 (*E. flammata*); Song, Zhu & Chen, 1999: 510; Almquist, 2006: 527.
分布：新疆（XJ）；古北界

兴隆猎蛛 *Evarcha falcata xinglongensis* Yang & Tang, 1996

Yang & Tang, 1996: 105.
分布：甘肃（GS）

带猎蛛 *Evarcha fasciata* Seo, 1992

Seo, 1992: 160; Peng, Xie & Kim, 1993: 9; Peng et al., 1993: 69; Ikeda & Saito, 1997: 125; Song, Zhu & Chen, 1999: 510; Namkung, 2002: 561; Cho & Kim, 2002: 95; Kim & Cho, 2002: 96; Namkung, 2003: 565; Ono, Ikeda & Kono, 2009: 576; Yin et al., 2012: 1362.
分布：湖南（HN）、湖北（HB）、福建（FJ）；韩国、日本

黄带猎蛛 *Evarcha flavocincta* (C. L. Koch, 1846)

C. L. Koch, 1846: 74 (*Maevia f.*); Thorell, 1892: 477 (*Hasarius simonis*); Simon, 1903: 733 (*E. heteropogon*); Bösenberg & Strand, 1906: 358 (*Hyllus fischeri*); Prószyński, 1984: 50 (*E. heteropogon*); Prószyński, 1984: 50 (*E. simoni*, Trans. from *Hasarius*); Prószyński, 1984: 50 (*Hyllus fischeri*); Żabka, 1985: 224 (*E. f.*, Trans. female from *Viciria* per Roewer, Syn. of male); Peng, 1989: 159; Peng et al., 1993: 70; Song, Zhu & Chen, 1999: 510; Ono, Ikeda & Kono, 2009: 576; Prószyński & Deeleman-Reinhold, 2010: 165; Yin et al., 2012: 1363; Roy et al., 2014: 380.
异名：
Evarcha simonis (Thorell, 1892, Trans. from *Hasarius*); Żabka, 1985: 224 (Syn.);
E. heteropogon Simon, 1903; Żabka, 1985: 224 (Syn.);
E. fischeri (Bösenberg & Strand, 1906, Trans. from *Hyllus*); Żabka, 1985: 224 (Syn.).
分布：湖南（HN）、广东（GD）、广西（GX）、海南（HI）；印度尼西亚（爪哇）

毛首猎蛛 *Evarcha hirticeps* (Song & Chai, 1992)

Song & Chai, 1992: 80 (*Pharacocerus h.*); Song & Li, 1997: 436 (*P. h.*); Song, Zhu & Chen, 1999: 510 (*E. h.*, Trans. from *Pharacocerus*); Yin et al., 2012: 1364.
分布：湖南（HN）、湖北（HB）

湖南猎蛛 *Evarcha hunanensis* Peng, Xie & Kim, 1993

Peng, Xie & Kim, 1993: 9; Song, Zhu & Chen, 1999: 510.
分布：湖南（HN）

喜猎蛛 *Evarcha laetabunda* (C. L. Koch, 1846)

C. L. Koch, 1846: 21 (*Euophrys l.*); Simon, 1868: 56 (*Attus laetabundus*); Simon, 1876: 86 (*Hasarius l.*); Becker, 1882: 39 (*H. l.*); Chyzer & Kulczyński, 1891: 37 (*Ergane l.*); Bösenberg, 1903: 436 (*Ergane l.*); Dahl, 1926: 51; Simon, 1937: 1240, 1271; Azheganova, 1968: 141; Vilbaste, 1969: 193; Tyschchenko, 1971: 84; Miller, 1971: 143; Polenec, 1971: 121; Prószyński, 1982: 280; Dunin, 1984: 132; Izmailova, 1989: 155; Heimer & Nentwig, 1991: 502; Logunov, 1992: 54; Peng & Xie, 1994: 62; Roberts, 1995: 203; Fuhn & Gherasim, 1995: 192; Żabka, 1997: 52; Roberts, 1998: 217; Metzner, 1999: 149; Song, Zhu & Chen, 1999: 510; Almquist, 2006: 530.
分布：中国（具体未详）；古北界

米氏猎蛛 *Evarcha michailovi* Logunov, 1992

Logunov, 1992: 34; Rakov, 1997: 109; Ledoux & Emerit, 2004: 25; Su & Tang, 2005: 84 (*E. mikhailovi*); Yağmur, Kunt & Ulupinar, 2009: 230; Marusik & Kovblyuk, 2011: 225.
分布：内蒙古（NM）；俄罗斯、中亚、土耳其、法国

蒙古猎蛛 *Evarcha mongolica* Danilov & Logunov, 1994

Danilov & Logunov, 1994: 30; Peng & Xie, 1994: 62 (*E. pseudolaetabunda*); Song, Zhu & Chen, 1999: 511 (*E. pseudolaetabunda*); Logunov & Marusik, 2001: 93 (*E. m.*, Syn. of female).

分布：内蒙古（NM）；俄罗斯

眼猎蛛 *Evarcha optabilis* (Fox, 1937)

Fox, 1937: 16 (*Plexippus o.*); Prószyński, 1987: 26 (*E. o.*, Trans. from *Plexippus*).

分布：四川（SC）、云南（YN）

东方猎蛛 *Evarcha orientalis* (Song & Chai, 1992)

Song & Chai, 1992: 80 (*Pharacocerus o.*); Yang & Tang, 1995: 142 (*P. o.*); Song & Li, 1997: 436 (*P. o.*); Song, Zhu & Chen, 1999: 510 (*E. o.*, Trans. from *Pharacocerus*).

分布：湖北（HB）、四川（SC）、贵州（GZ）

平斑猎蛛 *Evarcha paralbaria* Song & Chai, 1992

Song & Chai, 1992: 77; Peng et al., 1993: 71; Song & Li, 1997: 432; Song, Zhu & Chen, 1999: 510.

分布：浙江（ZJ）、湖南（HN）、湖北（HB）、福建（FJ）

波氏猎蛛 *Evarcha pococki* Żabka, 1985

Prószyński, 1984: 49 (*E. p.*, misidentification of *Plexippus pococki* Thorell, 1895); Żabka, 1985: 223; Peng, 1989: 159; Zhang, Song & Zhu, 1992: 2; Peng, Xie & Kim, 1993: 11; Peng et al., 1993: 73; Song, Zhu & Chen, 1999: 511; Yin et al., 2012: 1366.

分布：湖南（HN）、云南（YN）、广东（GD）、广西（GX）；不丹到越南

普氏猎蛛 *Evarcha proszynskii* Marusik & Logunov, 1998

Dunin, 1984: 132 (*E. falcata*, misidentified); Yaginuma, 1986: 225 (*E. flammata*, misidentified); Chikuni, 1989: 154 (*E. flammata*, misidentified); Peng, 1989: 159 (*E. hoyi*, misidentified); Peng et al., 1993: 68 (*E. falcata hoyi*, misidentified); Marusik & Logunov, 1998: 101; Song, Zhu & Chen, 1999: 511; Namkung, 2002: 562; Namkung, 2003: 566; Ono, Ikeda & Kono, 2009: 576.

分布：吉林（JL）、内蒙古（NM）；日本到俄罗斯、加拿大、美国

伪波氏猎蛛 *Evarcha pseudopococki* Peng, Xie & Kim, 1993

Peng, Xie & Kim, 1993: 10; Song, Zhu & Chen, 1999: 511.

分布：广西（GX）

四川猎蛛 *Evarcha sichuanensis* Peng, Xie & Kim, 1993

Peng, Xie & Kim, 1993: 11; Song, Zhu & Chen, 1999: 511.

分布：四川（SC）

文县猎蛛 *Evarcha wenxianensis* Tang & Yang, 1995

Tang & Yang, 1995: 110; Song, Zhu & Chen, 1999: 511.

分布：甘肃（GS）

武陵猎蛛 *Evarcha wulingensis* Peng, Xie & Kim, 1993

Peng, Xie & Kim, 1993: 12; Song, Zhu & Chen, 1999: 511; Yin et al., 2012: 1367.

分布：湖南（HN）

羽蛛属 *Featheroides* Peng et al., 1994

Peng et al., 1994: 1. Type species: *Featheroides typica* Peng et al., 1994

原羽蛛 *Featheroides typicus* Peng et al., 1994

Peng et al., 1994: 2 (*F. typica*); Song, Zhu & Chen, 1999: 511; Yin et al., 2012: 1369.

分布：湖南（HN）、云南（YN）

云南羽蛛 *Featheroides yunnanensis* Peng et al., 1994

Peng et al., 1994: 3; Song, Zhu & Chen, 1999: 511.

分布：云南（YN）

潜叶蛛属 *Foliabitus* Zhang & Maddison, 2012

Zhang & Maddison, 2012: 58. Type species: *Foliabitus longzhou* Zhang & Maddison, 2012

龙州潜叶蛛 *Foliabitus longzhou* Zhang & Maddison, 2012

Zhang & Maddison, 2012: 60.

分布：广西（GX）

格德蛛属 *Gedea* Simon, 1902

Simon, 1902: 390. Type species: *Gedea flavogularis* Simon, 1902

道县格德蛛 *Gedea daoxianensis* Song & Gong, 1992

Song & Gong, 1992: 291; Peng et al., 1993: 75; Song, Zhu & Chen, 1999: 511; Yin et al., 2012: 1370.

分布：湖南（HN）

中华格德蛛 *Gedea sinensis* Song & Chai, 1991

Song & Chai, 1991: 17; Song, Zhu & Chen, 1999: 511.

分布：湖南（HN）、海南（HI）

爪格德蛛 *Gedea unguiformis* Xiao & Yin, 1991

Xiao & Yin, 1991: 48; Peng et al., 1993: 76; Song, Zhu & Chen, 1999: 512.

分布：广西（GX）

胶跳蛛属 *Gelotia* Thorell, 1890

Thorell, 1890: 164. Type species: *Gelotia frenata* Thorell, 1890

异名：

Policha Thorell, 1892; Prószyński, 1969: 13 (Syn.);
Codeta Simon, 1900; Wanless, 1984: 169 (Syn.).

针管胶跳蛛 *Gelotia syringopalpis* Wanless, 1984

Wanless, 1984: 178; Wanless, 1984: 446; Xie & Peng, 1995:

289; Song & Li, 1997: 433; Song, Zhu & Chen, 1999: 512; Yin et al., 2012: 1372.

分布：湖南（HN）；马来西亚、婆罗洲

美蛛属 *Habrocestum* Simon, 1876

Simon, 1876: 132. Type species: *Habrocestum pullatum* Simon, 1876

香港美蛛 *Habrocestum hongkongiense* Prószyński, 1992

Prószyński, 1992: 96 (*H. hongkongiensis*); Song, Zhu & Chen, 1999: 513 (*H. hongkongensis*).

分布：香港（HK）

苦役蛛属 *Hakka* Berry & Prószyński, 2001

Berry & Prószyński, 2001: 201. Type species: *Menemerus himeshimensis* Dönitz & Strand, in Bösenberg & Strand, 1906

姬岛苦役蛛 *Hakka himeshimensis* (Dönitz & Strand, 1906)

Dönitz & Strand, in Bösenberg & Strand, 1906: 395 (*Menemerus h.*); Yaginuma, 1960: 104 (*Menemerus h.*); Yaginuma, 1971: 104 (*Menemerus h.*); Wesolowska, 1981: 78 (*Salticus koreanus*); Hu, 1984: 377 (*Menemerus h.*); Irie, 1985: 9 (*Menemerus h.*); Yaginuma, 1986: 234 (*Menemerus h.*); Bohdanowicz & Prószyński, 1987: 66 (*Icius h.*); Chikuni, 1989: 151 (*Icius h.*); Peng, 1989: 160 (*Salticus koreanus*); Hu, 1990: 109 (*Menemerus h.*, Syn.); Chen & Zhang, 1991: 300 (*Icius h.*); Peng et al., 1993: 191 (*Pseudicius h.*); Peng et al., 1993: 205 (*Salticus koreanus*); Zhao, 1993: 407 (*Menemerus h.*); Song, Zhu & Chen, 1999: 542 (*Pseudicius h.*); Song, Zhu & Chen, 1999: 558 (*Salticus koreanus*); Berry & Prószyński, 2001: 202 (*H. h.*, Trans. from *Pseudicius*); Namkung, 2003: 601; Kim, Jeong & Lee, 2007: 38 (*Hekka h.*, lapsus); Ono, Ikeda & Kono, 2009: 570; Kaldari, Edwards & Walton, 2011: 1.

异名：

Hakka koreana (Wesolowska, 1981, Trans. from *Salticus*); Hu, 1990: 109 (Syn., sub. *Menemerus*).

分布：山西（SX）、山东（SD）、陕西（SN）、广西（GX）；韩国、日本、夏威夷，引入美国

蛤莫蛛属 *Harmochirus* Simon, 1885

Simon, 1885: 441. Type species: *Ballus brachiatus* Thorell, 1877

异名：

Valloa Peckham & Peckham, 1903; Wesolowska, 1994: 198 (Syn., contra. Berland & Millot, 1941: 366, sub *Partona*).

鳃哈莫蛛 *Harmochirus brachiatus* (Thorell, 1877)

Thorell, 1877: 626 (*Ballus b.*); Simon, 1885: 441 (*H. malaccensis*); Thorell, 1890: 68 (*H. nervosus*); Thorell, 1892: 68, 336 (*H. malaccensis*); Thorell, 1892: 246 (*H. nervosus*); Simon, 1903: 867; Saitō, 1959: 155; Yin & Wang, 1979: 30; Prószyński, 1984: 55; Hu, 1984: 362; Prószyński, 1987: 59; Davies & Żabka, 1989: 214; Feng, 1990: 205; Chen & Zhang, 1991: 304; Song, Zhu & Li, 1993: 884; Okuma et al., 1993: 79; Barrion & Litsinger, 1994: 285 (*H. bruchiatus*, lapsus); Barrion & Litsinger, 1995: 90; Logunov, Ikeda & Ono, 1997: 5; Song, Zhu & Chen, 1999: 513; Logunov, 2001: 250; Peng, Tso & Li, 2002: 8; Namkung, 2002: 581 (*H. insulanus*, misidentified); Namkung, 2003: 585 (*H. b.*, misidentified); Prószyński & Deeleman-Reinhold, 2010: 166; Zhu & Zhang, 2011: 482; Yin et al., 2012: 1373.

分布：河南（HEN）、浙江（ZJ）、湖南（HN）、贵州（GZ）、云南（YN）、福建（FJ）、台湾（TW）、广东（GD）、广西（GX）；印度、不丹、印度尼西亚

孤哈莫蛛 *Harmochirus insulanus* (Kishida, 1914)

Bösenberg & Strand, 1906: 373 (*H. brachiatus*, misidentified); Kishida, 1914: 226 (*Chirothecia insulana*: omitted from all previous catalogs); Kawana & Matsumoto, 1986: 70 (*H. brachiatus*, misidentified); Yaginuma, 1986: 236 (*H. brachiatus*, misidentified); Bohdanowicz & Prószyński, 1987: 57 (*H. pullus*, misidentified); Chikuni, 1989: 147 (*H. brachiatus*, misidentified); Peng et al., 1993: 79 (*H. brachiatus*, misidentified); Logunov, Ikeda & Ono, 1997: 3 (*H. i.*, Trans. from *Chirothecia*; previously misidentified as *H. brachiatus* or *H. pullus*); Logunov, 2001: 253; Ono, Ikeda & Kono, 2009: 583.

分布：浙江（ZJ）、湖南（HN）、贵州（GZ）、云南（YN）、福建（FJ）、广东（GD）、广西（GX）；韩国、日本

松林哈莫蛛 *Harmochirus pineus* Xiao & Wang, 2005

Xiao & Wang, 2005: 527.

分布：湖南（HN）

蛤蛛属 *Hasarina* Schenkel, 1963

Schenkel, 1963: 461. Type species: *Hasarina contortospinosa* Schenkel, 1963

螺旋哈蛛 *Hasarina contortospinosa* Schenkel, 1963

Schenkel, 1963: 462; Wesolowska, 1981: 132; Brignoli, 1983: 639 (*H. contortispinosa*); Xiao, 1991: 383; Peng et al., 1993: 83; Song, Zhu & Chen, 1999: 513; Yin et al., 2012: 1375.

分布：甘肃（GS）、湖南（HN）、湖北（HB）、四川（SC）、贵州（GZ）、福建（FJ）

蛤沙蛛属 *Hasarius* Simon, 1871

Simon, 1871: 29. Type species: *Attus adansonii* Audouin, 1826

异名：

Rhondes Simon, 1901; Żabka, 1988: 423;

Tachyskarthmos Hogg, 1922; Prószyński, 1984: 107 (Syn.), Żabka, 1985: 226 (Syn.);

Jacobia Schmidt, 1956; Clark & Benoit, 1977: 102 (Syn.);

Vitioides Marples, 1989; Prószyński, 1990: 359 (Syn.).

花哈沙蛛 *Hasarius adansoni* (Audouin, 1826)

Audouin, 1826: 404 (*Attus adansonii*); Audouin, 1826: 406 (*A.*

tardigradus); Walckenaer, 1837: 428 (*A. forskaeli*); Lucas, 1838: 27 (*A. capito*); Lucas, 1846: 144 (*Salticus oraniensis*); Lucas, 1853: 521 (*S. striatus*); Doleschall, 1859: 13 (*S. ruficapillus*); O. P.-Cambridge, 1863: 8561 (*S. citus*); Vinson, 1863: 59, 302 (*Attus nigro-fuscus*); Simon, 1864: 326 (*Plexippa nigrofusca*); Simon, 1868: 644 (*Plexippus a.*); Simon, 1871: 330; Gerstäcker, 1873: 477 (*Eris niveipalpis*); Butler, 1876: 441 (*Salticus scabellatus*); Simon, 1876: 79; Thorell, 1877: 603 (*Plexippus ardelio*); Butler, 1878: 507 (*Salticus scabellatus*); O. P.-Cambridge, 1878: 127 (*H. citus*); Taczanowski, 1878: 288 (*Euophrys nigriceps*); L. Koch, 1880: 1250 (*Jotus albocircumdatus*); Keyserling, 1881: 1289 (*H. garetti*); Keyserling, 1890: 263 (*Ergane signata*); Karsch, in Lendl, 1898: 561 (*Cyrba picturata*); F. O. P.-Cambridge, 1901: 238 (*Cyrene fusca*); Simon, 1903: 795 (*H. albocircumdatus*); Banks, 1904: 116 (*Sidusa borealis*); Bösenberg & Strand, 1906: 361 (*Evarcha longipalpis*); Peckham & Peckham, 1909: 593 (*Sidusa borealis*); Petrunkevitch, 1911: 690 (*Phiale fusca*); Hogg, 1922: 310 (*Tachyskarthmos annamensis*); Muma, 1944: 12 (*Sidusa borealis*); Kaston, 1945: 16 (*Nebridia borealis*); Schmidt, 1956: 150 (*Jacobia brauni*); Marples, 1957: 390 (*Vitia albipalpis*); Clark & Benoit, 1977: 102 (*H. a.*, Syn.); Saaristo, 1978: 111 (*H. albocircumdatus*); Galiano, 1979: 33 (*H. a.*, Syn.); Yin & Wang, 1979: 30; Galiano, 1981: 283 (*H. a.*, Syn.); Prószyński, 1983: 283 (*Cyrba picturata*); Wanless, in Prószyński, 1983: Errata added to p. 297 (*H. a.*, Syn.); Wanless, 1984: 471 (*H. a.*, Syn.); Prószyński, 1984: 58, 107 (*H. a.*, Syn.); Hu, 1984: 363; Żabka, 1985: 226 (*H. a.*, Syn.); Prószyński, 1987: 14 (*H. a.*, = female of *Euophrys plebeja* L. Koch, 1875); Feng, 1990: 206; Chen & Gao, 1990: 183; Prószyński, 1990: 359 (*H. a.*, Syn.); Żabka, 1991: 29 (*H. a.*, Syn.); Peng et al., 1993: 85; Zhao, 1993: 396; Song, Chen & Zhu, 1997: 1735; Song, Zhu & Chen, 1999: 513; Namkung, 2003: 589; Trotta, 2005: 171; Saaristo, 2010: 182; Yin et al., 2012: 1377.

异名：

Hasarius nigriceps (Taczanowski, 1878, Trans. from *Euophrys*); Galiano, 1979: 33 (Syn.);

H. albocircumdatus (L. Koch, 1880, Trans. from *Jotus*); Żabka, 1991: 29 (Syn.);

H. picturata (Karsch, 1898, Trans. from *Cyrba*); Wanless, in Prószyński, 1983: 297 (Syn.); Wanless, 1984: 471 (Syn.);

H. fusca (F. O. P.-Cambridge, 1901, Trans. from *Cyrene*); Galiano, 1981: 283 (Syn.);

H. longipalpis (Bösenberg & Strand, 1906, Trans. from *Evarcha*); Prószyński, 1984: 58, 172 (Syn.);

H. annamensis (Hogg, 1922, Trans. from *Tachyskarthmos*); Prószyński, 1984: 107 (Syn.); Żabka, 1985: 226 (Syn.);

H. brauni (Schmidt, 1956, Trans. from *Jacobia*); Clark & Benoit, 1977: 102 (Syn.);

H. albipalpis (Marples, 1957, Trans. from *Vitia*); Prószyński, 1990: 359 (Syn.).

分布：甘肃（GS）、湖南（HN）、四川（SC）、贵州（GZ）、云南（YN）、福建（FJ）、台湾（TW）、广东（GD）、广西（GX）、海南（HI）、香港（HK）；世界性分布

指状哈沙蛛 *Hasarius dactyloides* (Xie, Peng & Kim, 1993)

Xie, Peng & Kim, 1993: 23 (*Habrocestoides d.*); Peng & Xie, 1995: 57 (*Habrocestoides d.*); Song, Zhu & Chen, 1999: 512 (*Habrocestoides d.*); Logunov, 1999: 148 (*H. d.*, Trans. from *Habrocestoides*) ; Yin et al., 2012: 1379.

分布：安徽（AH）、湖南（HN）

桂林哈沙蛛 *Hasarius kweilinensis* (Prószyński, 1992)

Prószyński, 1992: 96 (*Habrocestum k.*); Peng & Xie, 1995: 58 (*Habrocestoides k.*, Trans. from *Habrocestum*); Song, Zhu & Chen, 1999: 512 (*Habrocestoides k.*); Logunov, 1999: 148 (*H. k.*, Trans. from *Habrocestoides*); Yin et al., 2012: 1381.

分布：广西（GX）

闪蛛属 *Heliophanus* C. L. Koch, 1833

C. L. Koch, 1833: 119. Type species: *Aranea cuprea* Walckenaer, 1802

异名：

Trapezocephalus Berland & Millot, 1941; Wesolowska, 1986: 5 (Syn.).

金点闪蛛 *Heliophanus auratus* C. L. Koch, 1835

C. L. Koch, 1835: 128; C. L. Koch, 1846: 54; Simon, 1868: 682 (*H. varians*); Simon, 1868: 684 (*H. branickii*); L. Koch, in Simon, 1868: 685 (*H. exultans*); Simon, 1876: 155; Chyzer & Kulczyński, 1891: 10 (*H. exultans*); Kulczyński, 1895: 6 (*H. nigriceps*); Fedotov, 1912: 119; Spassky, 1925: 54; Dahl, 1926: 43; Reimoser, 1931: 86; Simon, 1937: 1165, 1170, 1249; Simon, 1937: 1165, 1170, 1249 (*H. exultans*); Palmgren, 1943: 16; Tullgren, 1944: 57; Kekenbosch, 1961: 9; Cooke, 1962: 248; Cooke, 1963: 156; Azheganova, 1968: 144; Vilbaste, 1969: 137; Tyschchenko, 1971: 88; Miller, 1971: 145; Harm, 1971: 63; Prószyński, 1971: 241 (*H. varians*); Locket, Millidge & Merrett, 1974: 27; Prószyński, 1979: 308; Flanczewska, 1981: 200; Roberts, 1985: 118; Wesolowska, 1986: 212 (*H. a.*, Syn.); Fuhn & Gherasim, 1995: 128 (*H. exultans*); Fuhn & Gherasim, 1995: 145 (*H. varians*); Song, Zhu & Chen, 1999: 513; Almquist, 2006: 531.

异名：

Heliphanus exultans L. Koch, 1868; Wesolowska, 1986: 212 (Syn.);

H. varians Simon, 1868; Wesolowska, 1986: 212 (Syn.);

H. nigriceps Kulczyński, 1895; Wesolowska, 1986: 212 (Syn.).

分布：内蒙古（NM）、新疆（XJ）；古北界

贝加尔闪蛛 *Heliophanus baicalensis* Kulczyński, 1895

Kulczyński, 1895: 54, 97; Schenkel, 1953: 84 (*H. mongolicus*; regarded as a nomen dubium by Wesolowska, 1986: 233); Schenkel, 1963: 400; Prószyński, 1979: 308; Zhu et al., 1985: 203; Wesolowska, 1986: 45; Zhang, 1987: 239; Marusik & Cutler, 1989: 54; Hu & Wu, 1989: 368; Xiao & Yin, 1991: 49

(*H. falcatus*; preoccupied); Logunov, 1992: 57 (*H. b.*, Syn.); Peng et al., 1993: 90 (*H. falcatus*); Zhao, 1993: 396; Song, Zhu & Chen, 1999: 513; Song, Zhu & Chen, 2001: 431; Logunov & Marusik, 2001: 102 (*H. b.*, Syn.); Marusik & Kovblyuk, 2011: 225.

异名：

Heliophanus mongolicus Schenkel, 1953; Logunov & Marusik, 2001: 102 (Syn.);

H. falcatus Xiao & Yin, 1991; Logunov, 1992: 57 (Syn.).

分布：吉林（JL）、内蒙古（NM）、河北（HEB）、山西（SX）、甘肃（GS）、新疆（XJ）；蒙古、俄罗斯

曲齿闪蛛 *Heliophanus curvidens* (O. P.-Cambridge, 1872)

O. P.-Cambridge, 1872: 345 (*Salticus c.*); Simon, 1876: 165; Caporiacco, 1935: 200; Schenkel, 1963: 399 (*H. berlandi*; preoccupied by Lawrence, 1937); Prószyński & Żochowska, 1981: 18 (*H. berlandi*); Wesolowska, in Prószyński, 1982: 280 (*H. c.*, Syn.); Wesolowska, 1986: 45 (*H. c.*, Syn.); Prószyński, 1992: 178; Rakov & Logunov, 1997: 75; Song, Zhu & Chen, 1999: 513 (*H. berlandi*); Song, Zhu & Chen, 1999: 514; Prószyński, 2003: 72.

异名：

Heliophanus berlandi Schenkel, 1963 (not *H. b.* Lawrence, 1937); Wesolowska, in Prószyński, 1982: 280 (Syn.); Wesolowska, 1986: 45 (Syn.).

分布：甘肃（GS）、新疆（XJ）；以色列到中国

尖闪蛛 *Heliophanus cuspidatus* Xiao, 2000

Xiao, 2000: 282.

分布：内蒙古（NM）

悬闪蛛 *Heliophanus dubius* C. L. Koch, 1835

C. L. Koch, 1835: 128; C. L. Koch, 1846: 61; C. L. Koch, 1846: 63 (*H. nitens*); Simon, 1868: 679 (*H. karpinskii*); Simon, 1876: 146; Becker, 1882: 59; Chyzer & Kulczyński, 1891: 8; Bösenberg, 1903: 415; Dahl, 1926: 44; Simon, 1937: 1159, 1248; Palmgren, 1943: 17; Tullgren, 1944: 55; Vilbaste, 1969: 143; Tyschchenko, 1971: 88; Miller, 1971: 144; Harm, 1971: 65; Braendegaard, 1972: 141; Ledoux, 1972: 93; Wesolowska, 1986: 211; Izmailova, 1989: 157; Heimer & Nentwig, 1991: 504; Peng et al., 1993: 89; Fuhn & Gherasim, 1995: 123; Rakov & Logunov, 1997: 77; Żabka, 1997: 59; Bellmann, 1997: 220; Roberts, 1998: 201; Metzner, 1999: 102; Song, Zhu & Chen, 1999: 514; Almquist, 2006: 537.

分布：吉林（JL）；古北界

黄闪蛛 *Heliophanus flavipes* (Hahn, 1832)

Hahn, 1832: 66 (*Salticus f.*); Hahn, 1836: 2 (*Salticus f.*); C. L. Koch, 1846: 64; Westring, 1861: 585 (*Attus f.*); Simon, 1868: 681 (*H. f. anglicus*); Simon, 1868: 685 (*H. hecticus*); Simon, 1871: 344 (*H. corsicus*); Simon, 1871: 345 (*H. fulvignathus*); Simon, 1876: 144 (*H. cupreus*); Simon, 1876: 151; Simon, 1876: 152 (*H. fulvignathus*); Simon, 1876: 154 (*H. corsicus*); Becker, 1882: 61; Chyzer & Kulczyński, 1891: 9 (*H. varians*); Bösenberg, 1903: 417; Yurinich & Drensky, 1917: 133 (*H. f. nigripes*: considered a nomen dubium by Deltshev & Blagoev, 2001: 110); Dahl, 1926: 43 (*H. ritteri*); Simon, 1937: 1163, 1169, 1250; Simon, 1937: 1165, 1249 (*H. corsicus*); Palmgren, 1943: 17 (*H. ritteri*); Tullgren, 1944: 54 (*H. ritteri*); Locket & Millidge, 1951: 214; Kraus, 1955: 389 (*H. corsicus*); Kekenbosch, 1961: 11 (*H. f.*, removed from Sub. of *H. ritteri*); Cooke, 1962: 249; Azheganova, 1968: 145; Vilbaste, 1969: 139 (*H. ritteri*); Zhou & Song, 1985: 275; Wesolowska, 1986: 213 (*H. f.*, Syn.); Hu & Wu, 1989: 369; Song, Zhu & Chen, 1999: 514; Almquist, 2006: 537.

异名：

Heliophanus corsicus Simon, 1871; Wesolowska, 1986: 213 (Syn.).

分布：新疆（XJ）；古北界

线腹闪蛛 *Heliophanus lineiventris* Simon, 1868

Simon, 1868: 688; Simon, 1876: 158; Chyzer & Kulczyński, 1891: 9; Simon, 1878: 209 (*H. miles*); Denis, 1953: 90 (*H. semipullatus*); Kraus, 1955: 392; Denis, 1957: 285 (*H. semipullatus steineri*); Miller, 1958: 152 (*H. pouzdranensis*); Denis, 1962: 81 (*H. albonotatus*); Denis, 1964: 104 (*H. albonotatus*); Vilbaste, 1969: 141; Miller, 1971: 145 (*H. pouzdranensis*); Cantarella, 1974: 164; Prószyński, 1976: 154; Prószyński, 1979: 309; Flanczewska, 1981: 204; Wesolowska, 1981: 54; Prószyński, 1982: 283; Dunin, 1984: 132; Hu, 1984: 365 (*H. flavipes*, misidentified); Wesolowska, 1986: 216 (*H. l.*, Syn.); Song, 1987: 291; Paik, 1987: 6; Thaler, 1987: 396; Heimer & Nentwig, 1991: 504; Peng et al., 1993: 92; Fuhn & Gherasim, 1995: 138 (*H. pouzdranensis*); Rakov & Logunov, 1997: 91; Efimik, Esyunin & Kuznetsov, 1997: 90; Bellmann, 1997: 222; Metzner, 1999: 107; Sacher & Metzner, 1999: 38; Song, Zhu & Chen, 1999: 514; Namkung, 2002: 595; Cho & Kim, 2002: 100; Namkung, 2003: 599; Ono, Ikeda & Kono, 2009: 571.

异名：

Heliophanus miles Simon, 1878; Wesolowska, 1986: 216 (Syn.);

H. semipullatus Denis, 1953; Wesolowska, 1986: 216 (Syn.);

H. semipullatus steineri Denis, 1957; Wesolowska, 1986: 216 (Syn.);

H. pouzdranensis Miller, 1958; Wesolowska, 1986: 216 (Syn.);

H. albonotatus Denis, 1962; Wesolowska, 1986: 216 (Syn.).

分布：吉林（JL）、辽宁（LN）、内蒙古（NM）、山西（SX）；古北界

翼膜闪蛛 *Heliophanus patagiatus* Thorell, 1875

Thorell, 1875: 112; Simon, 1876: 148 (*H. metallicus*, misidentified); Chyzer & Kulczyński, 1891: 9; Bösenberg, 1903: 416; Spassky, 1925: 54; Dahl, 1926: 41; Simon, 1937: 1160, 1167, 1248; Tyschchenko, 1971: 88; Miller, 1971: 144;

Harm, 1971: 70; Wesolowska, 1986: 221; Hu & Wu, 1989: 370; Heimer & Nentwig, 1991: 504; Wesolowska, 1991: 2; Zhao, 1993: 398; Fuhn & Gherasim, 1995: 136; Rakov & Logunov, 1997: 94; Bellmann, 1997: 222; Metzner, 1999: 110; Song, Zhu & Chen, 1999: 514.

分布：新疆（XJ）；古北界

波氏闪蛛 *Heliophanus potanini* Schenkel, 1963

Schenkel, 1963: 397; Schenkel, 1963: 422 (*Menemerus fagei*); Prószyński, 1979: 309 (*H. tribulosus*, misidentified); Wesolowska, 1981: 133 (*H. p.*, Syn.); Prószyński, 1982: 284; Wesolowska, 1986: 219; Zhou & Song, 1988: 3; Hu & Wu, 1989: 373; Rakov & Logunov, 1997: 97; Song, Zhu & Chen, 1999: 514.

异名：

Heliophanus fagei (Schenkel, 1963, Trans. from *Menemerus*); Wesolowska, 1981: 133 (Syn.).

分布：辽宁（LN）、内蒙古（NM）、江苏（JS）、浙江（ZJ）；蒙古、中亚、阿塞拜疆

简单闪蛛 *Heliophanus simplex* Simon, 1868

Simon, 1868: 673; Chyzer & Kulczyński, 1891: 9; Dahl, 1926: 45; Simon, 1937: 1254 (*H. cupreus s.*); Tyschchenko, 1971: 88 (*H. s.*, elevated from subspecies); Miller, 1971: 144; Harm, 1971: 77; Prószyński, 1976: 186; Prószyński, 1979: 309; Wesolowska, 1986: 210; Hu & Wu, 1989: 373; Fuhn & Gherasim, 1995: 140; Metzner, 1999: 104; Szüts et al., 2003: 50.

分布：新疆（XJ）；古北界

乌苏里闪蛛 *Heliophanus ussuricus* Kulczyński, 1895

Kulczyński, 1895: 51; Prószyński, 1979: 310; Wesolowska, 1981: 55; Prószyński, 1982: 285; Dunin, 1984: 133; Hu, 1984: 364 (*H. cupreus*, misidentified); Paik, 1985: 46; Zhu et al., 1985: 203; Wesolowska, 1986: 43; Matsuda, 1986: 87; Song, 1987: 292; Paik, 1987: 8; Zhang, 1987: 239; Wesolowska & Marusik, 1990: 92; Peng et al., 1993: 94; Song, Zhu & Chen, 1999: 514; Song, Zhu & Chen, 2001: 433; Kim & Cho, 2002: 106; Namkung, 2003: 600; Zhu & Zhang, 2011: 483; Yin et al., 2012: 1382.

分布：吉林（JL）、山西（SX）；蒙古、韩国、日本、俄罗斯

武陵闪蛛 *Heliophanus wulingensis* Peng & Xie, 1996

Peng & Xie, 1996: 32; Song, Zhu & Chen, 1999: 514.

分布：湖南（HN）

蝇象属 *Hyllus* C. L. Koch, 1846

C. L. Koch, 1846: 161. Type species: *Hyllus giganteus* C. L. Koch, 1846

斑腹蝇象 *Hyllus diardi* (Walckenaer, 1837)

Walckenaer, 1837: 460 (*Attus d.*); C. L. Koch, 1846: 93 (*Plexippus mutillarius*); Simon, 1864: 327 (*Phidippa d.*); Simon, 1886: 139; Thorell, 1892: 381 (*H. mutillarius*); Prószyński, 1984: 62; Żabka, 1985: 229; Żabka, 1988: 458; Peng et al., 1993: 96; Song, Zhu & Chen, 1999: 514.

分布：贵州（GZ）、云南（YN）；缅甸到印度尼西亚（爪哇）

蜥状蝇象 *Hyllus lacertosus* (C. L. Koch, 1846)

C. L. Koch, 1846: 94 (*Plexippus lacertosus*); Simon, 1899: 111 (*Hyllus l.*); Prószyński, 1984: 63; Żabka, 1985: 230; Peng & Kim, 1998: 411.

分布：云南（YN）

具瞳蝇象 *Hyllus pupillatus* (Fabricius, 1793)

Fabricius, 1793: 422 (*Aranea pupillata*); Simon, 1903: 701.

分布：中国（具体未详）

伊蛛属 *Icius* Simon, 1876

Simon, 1876: 59. Type species: *Marpissa hamata* C. L. Koch, 1846

二歧伊蛛 *Icius bilobus* Yang & Tang, 1996

Yang & Tang, 1996: 105.

分布：甘肃（GS）

吉隆伊蛛 *Icius gyirongensis* Hu, 2001

Hu, 2001: 387.

分布：西藏（XZ）

钩伊蛛 *Icius hamatus* (C. L. Koch, 1846)

C. L. Koch, 1846: 67 (*Marpissa hamata*); C. L. Koch, 1846: 174 (*Icelus notabilis*); Simon, 1864: 314 (*Dendryphantes h.*); Simon, 1868: 63 (*Attus alter*); Simon, 1868: 566 (*Attus striatus*, misidentified); Simon, 1868: 569 (*Attus vicinus*); Simon, 1871: 183 (*Attus h.*); Simon, 1876: 59 (*I. striatus*); Simon, 1876: 90 (*Hasarius alter*); Peckham & Peckham, 1886: 306; Simon, 1901: 568 (*Euophrys altera*); Simon, 1901: 614 (*I. striatus*); Simon, 1937: 1216, 1217, 1264; Prószyński, 1976: 150 (*Euophrys altera*); Prószyński, 1976: 154; Hansen, 1982: 55; Prószyński, 1983: 46; Prószyński, 1984: 41 (*I. h.*, Syn. of female); Hu & Li, 1987: 379; Hu, 2001: 388; Schäfer & Deepen-Wieczorek, 2014: 49.

异名：

Icius altera (Simon, 1868, Trans. from *Attus*); Prószyński, 1984: 41, 170 (Syn.).

分布：西藏（XZ）；古北界

香港伊蛛 *Icius hongkong* Song et al., 1997

Song et al., 1997: 150; Song, Zhu & Chen, 1999: 532.

分布：香港（HK）

亚东伊蛛 *Icius yadongensis* Hu, 2001

Hu, 2001: 389.

分布：西藏（XZ）

翘蛛属 *Irura* Peckham & Peckham, 1901

Peckham & Peckham, 1901: 227. Type species: *Irura pulchra* Peckham & Peckham, 1901

异名：
Kinhia Żabka, 1985; Peng & Xie, 1994: 27 (Syn.).

双齿翘蛛 *Irura bidenticulata* Guo, Zhang & Zhu, 2011

Guo, Zhang & Zhu, 2011: 89.
分布：海南（HI）

钩突翘蛛 *Irura hamatapophysis* (Peng & Yin, 1991)

Peng & Yin, 1991: 35 (*Kinhia h.*); Peng et al., 1993: 99 (*Iura h.*); Song, Zhu & Chen, 1999: 532; Yin et al., 2012: 1384.
分布：湖南（HN）

长螯翘蛛 *Irura longiochelicera* (Peng & Yin, 1991)

Peng & Yin, 1991: 43 (*Kinhia l.*); Peng et al., 1993: 101 (*Iura l.*); Song, Zhu & Chen, 1999: 532; Yin et al., 2012: 1386.
分布：湖南（HN）、云南（YN）、福建（FJ）

彭氏翘蛛 *Irura pengi* Guo, Zhang & Zhu, 2011

Guo, Zhang & Zhu, 2011: 91.
分布：海南（HI）

角突翘蛛 *Irura trigonapophysis* (Peng & Yin, 1991)

Peng & Yin, 1991: 36 (*Kinhia t.*); Peng et al., 1993: 103 (*Iura t.*); Song, Zhu & Chen, 1999: 532.
分布：福建（FJ）、广东（GD）

岳麓翘蛛 *Irura yueluensis* (Peng & Yin, 1991)

Peng & Yin, 1991: 41 (*Kinhia y.*); Peng et al., 1993: 105 (*Iura y.*); Song, Zhu & Chen, 1999: 532; Yin et al., 2012: 1388.
分布：浙江（ZJ）、湖南（HN）、四川（SC）、广西（GX）

云南翘蛛 *Irura yunnanensis* (Peng & Yin, 1991)

Peng & Yin, 1991: 39 (*Kinhia y.*); Peng et al., 1993: 106 (*Iura y.*); Song, Zhu & Chen, 1999: 532.
分布：云南（YN）

兰格蛛属 *Langerra* Żabka, 1985

Żabka, 1985: 234. Type species: *Langerra oculina* Żabka, 1985

长跗兰格蛛 *Langerra longicymbia* Song & Chai, 1991

Song & Chai, 1991: 18 (*L. longicymbium*); Song, Zhu & Chen, 1999: 532 (*L. longicymbium*).
分布：海南（HI）

眼兰格蛛 *Langerra oculina* Żabka, 1985

Żabka, 1985: 234; Song & Chai, 1991: 19; Song, Zhu & Chen, 1999: 532.
分布：海南（HI）；越南

兰戈纳蛛属 *Langona* Simon, 1901

Simon, 1901: 665. Type species: *Attus redii* Audouin, 1826

暗兰戈纳蛛 *Langona atrata* Peng & Li, 2008

Peng & Li, in Peng, Tang & Li, 2008: 248.
分布：云南（YN）

不丹兰戈纳蛛 *Langona bhutanica* Prószyński, 1978

Prószyński, 1978: 10; Hęciak & Prószyński, 1983: 230; Peng, 1989: 159; Peng et al., 1993: 108; Song, Zhu & Chen, 1999: 532.
分布：四川（SC）；不丹

双角兰戈纳蛛 *Langona biangula* Peng, Li & Yang, 2004

Peng, Li & Yang, 2004: 414.
分布：云南（YN）

香港兰戈纳蛛 *Langona hongkong* Song et al., 1997

Song et al., 1997: 150; Song, Zhu & Chen, 1999: 532.
分布：香港（HK）

斑兰戈纳蛛 *Langona maculata* Peng, Li & Yang, 2004

Peng, Li & Yang, 2004: 415.
分布：云南（YN）

粗面兰戈纳蛛 *Langona tartarica* (Charitonov, 1946)

Charitonov, 1946: 30 (*Phlegra t.*; see also Charitonov, 1969: 128); Andreeva, 1975: 339 (*Aelurillus tartaricus*, Trans. from *Phlegra*); Andreeva, 1976: 83 (*Aelurillus tartaricus*); Prószyński, 1979: 303 (*Aelurillus tartaricus*); Hęciak & Prószyński, 1983: 229 (*L. t.*, Trans. from *Aelurillus*); Hu & Li, 1987: 328 (*Aelurillus tartaricus*); Wesolowska, 1996: 30; Logunov & Rakov, 1998: 122; Hu, 2001: 373 (*Aelurillus tartaricus*); Wesolowska & van Harten, 2007: 224.
分布：西藏（XZ）；也门、中亚

劳弗蛛属 *Laufeia* Simon, 1889

Simon, 1889: 249. Type species: *Laufeia aenea* Simon, 1889

埃氏劳弗蛛 *Laufeia aenea* Simon, 1889

Simon, 1889: 249; Bösenberg & Strand, 1906: 370; Yaginuma, 1960: 105; Namkung, 2003: 582; Ono, Ikeda & Kono, 2009: 585; Prószyński & Deeleman-Reinhold, 2012: 51.
分布：中国（具体未详）；韩国、日本

奇劳弗蛛 *Laufeia eximia* Zhang & Maddison, 2012

Zhang & Maddison, 2012: 64.
分布：广西（GX）

长突劳弗蛛 *Laufeia longapophysis* Lei & Peng, 2012

Lei & Peng, 2012: 9.
分布：云南（YN）

剑突劳弗蛛 *Laufeia sicus* Wu & Yang, 2008

Wu & Yang, 2008: 19.
分布：云南（YN）

莱奇蛛属 *Lechia* Żabka, 1985

Żabka, 1985: 235. Type species: *Lechia squamata* Żabka,

1985

鳞斑莱奇蛛 *Lechia squamata* Żabka, 1985

Żabka, 1985: 236; Song & Chai, 1991: 20; Song, Zhu & Chen, 1999: 533.

分布：海南（HI）；越南

马卡蛛属 *Macaroeris* Wunderlich, 1992

Wunderlich, 1992: 512. Type species: *Aranea nidicolens* Walckenaer, 1802

莫氏马卡蛛 *Macaroeris moebi* (Bösenberg, 1895)

Bösenberg, 1895: 10 (*Dendryphantes moebii*); Schmidt, 1977: 66 (*D. canariensis*); Schmidt, 1977: 67 (*D. moebii*); Schmidt, 1982: 408 (*D. palmensis*); Peng, 1992: 83 (*D. canariensis*); Wunderlich, 1992: 519 (*M. m.*, Trans. from *Dendryphantes*, Syn.); Peng et al., 1993: 43 (*D. canariensis*); Peng, Xie & Kim, 1994: 33 (*Rhene canariensis*, Trans. from *Dendryphantes*); Song, Zhu & Chen, 1999: 533; Yin et al., 2012: 1390.

异名：

Macaroeris canariensis (Schmidt, 1977, Trans. from *Dendryphantes*); Wunderlich, 1992: 519 (Syn.);

M. palmensis (Schmidt, 1982, Trans. from *Dendryphantes*); Wunderlich, 1992: 519 (Syn.).

分布：湖南（HN）；加纳利群岛、Salvages、马德拉群岛

马拉蛛属 *Maratus* Karsch, 1878

Karsch, 1878: 27. Type species: *Maratus amabilis* Karsch, 1878

异名：

Lycidas Karsch, 1878; Otto & Hill, 2012: 23 (Syn.).

暗马拉蛛 *Maratus furvus* (Song & Chai, 1992)

Song & Chai, 1992: 79 (*Lycidas furvus*); Song & Li, 1997: 435 (*Lycidas furvus*); Song, Zhu & Chen, 1999: 533 (*Lycidas furvus*).

分布：湖北（HB）

蝇狮属 *Marpissa* C. L. Koch, 1846

C. L. Koch, 1846: 63. Type species: *Araneus muscosus* Clerck, 1757

异名：

Hyctia Simon, 1876; Barnes, 1958: 3 (Syn.);

Icidella Bösenberg & Strand, 1906; Yaginuma, 1955: 14 (Syn., sub *Hyctia*);

Roeweriella Kratochvíl, 1932; Logunov, 2009: 9 (Syn.).

林芝蝇狮 *Marpissa linzhiensis* Hu, 2001

Hu, 2001: 392.

分布：西藏（XZ）

螺蝇狮 *Marpissa milleri* (Peckham & Peckham, 1894)

Peckham & Peckham, 1894: 91 (*Marptusa millerii*); Kulczyński, 1895: 63 (*Marptusa dybowskii*); Simon, 1901: 603; Simon, 1901: 603 (*M. dybowskii*); Strand, in Bösenberg & Strand, 1906: 346 (*M. römeri*); Kishida, 1910: 3 (*M. magna*: preoccupied by *Marptusa m.* Peckham & Peckham, 1894); Saitō, 1939: 41 (*Maevia nigrifrontis*); Saitō, 1959: 155 (*Maevia nigrifrontis*); Yaginuma, 1960: 107 (*M. roemeri*); Schenkel, 1963: 420 (*M. koreanica*); Yaginuma, 1971: 107 (*M. roemeri*); Prószyński, 1973: 116; Prószyński, 1976: 155; Prószyński, 1979: 311 (*M. dybowskii*); Wesolowska, 1981: 138 (*M. d.*, Syn.); Zhou, Wang & Zhu, 1983: 160 (*M. roemeri*); Dunin, 1984: 135 (*M. d.*); Yaginuma, 1986: 228 (*M. d.*); Bohdanowicz & Prószyński, 1987: 77 (*M. d.*, Syn.); Chikuni, 1989: 155 (*M. d.*); Peng et al., 1993: 111 (*M. D.*); Song, Zhu & Chen, 1999: 533 (*M. d.*); Logunov, 1999: 37 (*M. m.*, Syn.); Namkung, 2003: 574.

异名：

Marpissa dybowskii (Kulczyński, 1895, Trans. from *Marptusa*); Logunov, 1999: 38 (Syn.);

M. römeri Strand, 1906; Bohdanowicz & Prószyński, 1987: 77 (Syn., sub. of *M. dybowskii*);

M. magna Kishida, 1910; Logunov, 1999: 39 (Syn.);

M. nigrifrontis (Saitō, 1939, Trans. from *Maevia*); Logunov, 1999: 39 (Syn.);

M. koreanica Schenkel, 1963; Wesolowska, 1981: 138 (Syn., sub. of *M. dybowskii*).

分布：黑龙江（HL）、吉林（JL）；韩国、日本、俄罗斯

藏西蝇狮 *Marpissa nitida* Hu, 2001

Hu, 2001: 393 (*M. nitidus*).

分布：西藏（XZ）

黄棕蝇狮 *Marpissa pomatia* (Walckenaer, 1802)

Walckenaer, 1802: 244 (*Aranea p.*); Walckenaer, 1805: 25 (*Attus pomatius*); Latreille, 1819: 103 (*Salticus xanthogramma*); Simon, 1868: 19 (*Marpissus p.*); Simon, 1868: 23 (*Marpissus monachus*); Simon, 1868: 24 (*Marpissus blackwalli*); Simon, 1871: 213 (*Attus promptus*); Thorell, 1873: 368 (*Marpessa p.*); Thorell, 1873: 423 (*Euophrys prompta*); Thorell, 1873: 423 (*Marpessa blackwallii*); Simon, 1876: 26 (*M. p.*); Becker, 1882: 17; Chyzer & Kulczyński, 1891: 16 (*Marptusa p.*); Simon, 1901: 595; Lessert, 1910: 578; Simon, 1937: 1208, 1261; Kekenbosch, 1961: 12; Vilbaste, 1969: 149; Braendegaard, 1972: 148; Prószyński, 1976: 51 (*M. sibirica*, nomen nudum); Prószyński, 1979: 312; Harm, 1981: 288; Zhou, Wang & Zhu, 1983: 159; Dunin, 1984: 135; Yaginuma, 1986: 229; Hansen, 1986: 108; Chikuni, 1989: 155; Heimer & Nentwig, 1991: 508; Peng et al., 1993: 112; Song, Zhu & Chen, 1999: 534; Ono, Ikeda & Kono, 2009: 578.

分布：黑龙江（HL）、吉林（JL）；古北界

横纹蝇狮 *Marpissa pulla* (Karsch, 1879)

Karsch, 1879: 87 (*Marptusa p.*); Bösenberg & Strand, 1906: 348 (*Menemerus p.*); Strand, 1918: 88, 103 (*Menemerus p.*); Yaginuma, 1960: 104 (*Menemerus p.*); Namkung, 1964: 44 (*Menemerus pullus*); Lee, 1966: 73 (*Menemerus pullus*); Yaginuma, 1971: 104 (*Menemerus pullus*); Prószyński, 1976:

155 (*M. p.*, Trans. from *Menemerus*); Yin & Wang, 1979: 34; Wesolowska, 1981: 68; Wesolowska, 1981: 141; Hu, 1984: 374; Yaginuma, 1986: 229; Bohdanowicz & Prószyński, 1987: 88; Chikuni, 1989: 155; Peng et al., 1993: 114; Song, Zhu & Chen, 1999: 534; Logunov, 1999: 42; Namkung, 2002: 571; Cho & Kim, 2002: 104; Namkung, 2003: 575; Ono, Ikeda & Kono, 2009: 578; Zhu & Zhang, 2011: 481; Yin et al., 2012: 1391.

分布：吉林（JL）、安徽（AH）、湖南（HN）、台湾（TW）、广东（GD）；韩国、日本、俄罗斯

杯蛛属 *Meata* Żabka, 1985

Żabka, 1985: 239. Type species: *Meata typica* Żabka, 1985

蘑菇杯蛛 *Meata fungiformis* Xiao & Yin, 1991

Xiao & Yin, 1991: 150; Peng et al., 1993: 123; Song, Zhu & Chen, 1999: 534.

分布：云南（YN）

蒙蛛属 *Mendoza* Peckham & Peckham, 1894

Peckham & Peckham, 1894: 105. Type species: *Marpissa canestrinii* Ninni, in Canestrini & Pavesi, 1868

卡氏蒙蛛 *Mendoza canestrinii* (Ninni, 1868)

Ninni, in Canestrini & Pavesi, 1868: 866 (*Marpissa c.*); Simon, 1871: 129 (*Marpissus c.*); Simon, 1871: 135 (*Attus eurinus*); Kroneberg, 1875: 46 (*Marpessa obscura*); Simon, 1876: 21 (*Hyctia c.*); O. P.-Cambridge, 1876: 618 (*Attus memorabilis*); Karsch, 1879: 83 (*Icius magister*); Chyzer & Kulczyński, 1891: 19 (*Hyctia c.*); Peckham & Peckham, 1894: 105 (*M. memorabilis*); Peckham & Peckham, 1894: 112 (*Pseudicius cognatus*); Simon, 1901: 603 (*Mithion c.*); Simon, 1901: 603 (*M. obscurus*); Simon, 1901: 603 (*Marpissa memorabilis*); Bösenberg & Strand, 1906: 351 (*Icidella interrogationis*); Bösenberg & Strand, 1906: 353 (*Icius magister*); Caporiacco, 1934: 119 (*Hyctia gridellii*); Caporiacco, 1936: 106 (*Marpissa memorabilis*); Simon, 1937: 1213, 1263 (*Mithion c.*); Caporiacco, 1950: 138 (*M. gridellii*); Yaginuma, 1955: 14 (*Hyctia magister*, Trans. from *Icius*, Syn.); Paik, 1957: 45 (*H. magister*); Oltean, 1962: 580 (*Mithion c.*); Schenkel, 1963: 414 (*M. pichoni*); Schenkel, 1963: 418 (*M. tschekiangensis*); Tyschchenko, 1965: 704 (*Marpissa salsophila*); Nemenz, 1967: 133 (*Mithion canestrini*); Prószyński, 1973: 116 (*Marpissa magister*); Prószyński, 1976: 155 (*M. c.*, Trans. from *Mithion=Thyene*); Prószyński, 1976: 155 (*M. magister*); Chikuni & Yaginuma, 1976: 33 (*M. m.*); Prószyński, 1979: 312 (*M. salsophila*); Yin & Wang, 1979: 33 (*M. magister*); Paik & Namkung, 1979: 81 (*M. m.*); Song, 1980: 205 (*M. m.*); Wang, 1981: 138 (*M. m.*); Wesolowska, 1981: 68 (*M. salsophila*); Wesolowska, 1981: 142 (*M. tschekiangensis*, Trans. female from *Mithion=Thyene*, Syn. of male); Nenilin, 1984: 137 (*M. obscura*, removed from Sub. of *Mithion canestrinii*, Syn.); Dunin, 1984: 135 (*M. pichoni*); Hu, 1984: 372 (*M. magister*); Żabka, 1985: 238 (*M. m.*); Guo, 1985: 180 (*M. m.*); Zhu et al., 1985: 205 (*M. m.*); Hansen, 1985: 205 (*M. c.*, Syn.); Yaginuma, 1986: 229 (*M. m.*); Song, 1987: 296 (*M. m.*); Prószyński, 1987: 76 (*M. c.* Bohdanowicz); Bohdanowicz & Prószyński, 1987: 83 (*M. magister*); Zhang, 1987: 241 (*M. m.*); Chikuni, 1989: 145 (*M. m.*); Chikuni, 1989: 156 (*M. m.*); Feng, 1990: 208 (*M. m.*); Chen & Gao, 1990: 185 (*M. m.*); Prószyński, 1990: 207 (*M. memorabilis*, Trans. from *Mithion=Thyene*); Heimer & Nentwig, 1991: 508 (*M. c.*); Chen & Zhang, 1991: 307 (*M. magister*); Logunov & Wesolowska, 1992: 125 (*M. m.*); Peng et al., 1993: 118 (*M. m.*); Zhao, 1993: 405 (*M. m.*); Barrion & Litsinger, 1994: 285 (*Maripissa magister*, lapsus); Fuhn & Gherasim, 1995: 175 (*Mithion c.*); Marusik & Logunov, 1996: 132 (*Marpissa magister*); Pesarini, 1997: 260 (*Mithion c.*); Logunov & Rakov, 1998: 125 (*Marpissa c.*, Syn.); Metzner, 1999: 138 (*M. c.*, Syn.); Song, Zhu & Chen, 1999: 533 (*M. c.*); Song, Zhu & Chen, 1999: 533 (*M. obscura*); Logunov, 1999: 49 (*M. c.*, Trans. from *Marpissa*, Syn.); Song, Zhu & Chen, 2001: 435 (*M. m.*); Prószyński, 2003: 87 (*M. canestrini*); Namkung, 2003: 576; Zhu & Zhang, 2011: 485; Yin et al., 2012: 1393.

异名：

Mendoza eurina (Simon, 1871, Trans. from *Attus=Salticus*); Metzner, 1999: 138 (Syn.);

M. obscura (Kroneberg, 1875, Trans. from *Marpissa*); Logunov & Rakov, 1998: 125 (Syn., sub. *Marpissa*);

M. memorabilis (O. P.-Cambridge, 1876, Trans. from *Marpissa*); Logunov, 1999: 49 (Syn.);

M. magister (Karsch, 1879, Trans. from *Marpissa*); Logunov, 1999: 49 (Syn.);

M. cognata (Peckham & Peckham, 1894, Trans. from *Pseudicius*); Logunov, 1999: 49 (Syn.);

M. interrogationis (Bösenberg & Strand, 1906, Trans. from *Marpissa*); Yaginuma, 1955: 14 (Syn., sub. *Hyctia magister*);

M. gridellii (Caporiacco, 1934, Trans. from *Mithion=Thyene*); Hansen, 1985: 209 (Syn., sub. *Marpissa*);

M. pichoni (Schenkel, 1963, Trans. from *Mithion=Thyene*); Wesolowska, 1981: 142 (Syn., sub. *Marpissa tschekiangensis*);

M. tschekiangensis (Schenkel, 1963, Trans. from *Mithion=Thyene* by Wesolowska, 1981: 142); Nenilin, 1984: 137 (Syn., sub *Marpissa obscura*); Hansen, 1985: 209 (Syn.);

M. salsophila (Tyschchenko, 1965, Trans. from *Marpissa*); Wesolowska, 1981: 142 (Syn., sub. *Marpissa tschekiangensis*).

分布：吉林（JL）、河北（HEB）、北京（BJ）、山西（SX）、山东（SD）、河南（HEN）、陕西（SN）、安徽（AH）、江苏（JS）、浙江（ZJ）、湖南（HN）、湖北（HB）、四川（SC）、贵州（GZ）、福建（FJ）、广东（GD）、广西（GX）；南非、古北界

长腹蒙蛛 *Mendoza elongata* (Karsch, 1879)

Karsch, 1879: 83 (*Icius elongatus*); Bösenberg & Strand, 1906: 353 (*I. e.*); Nakatsudi, 1942: 317 (*Hyctia hiroseae*); Schenkel, 1953: 87 (*Icius elongatus*); Yaginuma, 1962: 47 (*Hyctia e.*, Trans. from *Icius*); Schenkel, 1963: 416 (*Mithion hotingchiehi*); Shinkai, 1969: 44 (*Marpissa hiroseae*); Prószyński, 1973: 114

(*Marpissa e.*); Chikuni & Yaginuma, 1976: 33 (*M. e.*); Prószyński, 1976: 155 (*M. e.*); Yin & Wang, 1979: 34 (*M. e.*); Paik & Namkung, 1979: 80 (*M. e.*); Wesolowska, 1981: 64 (*M. e.*); Hu, 1984: 372 (*M. e.*); Dunin, 1984: 135 (*M. e.*); Guo, 1985: 178 (*M. e.*); Yaginuma, 1986: 229 (*M. e.*); Bohdanowicz & Prószyński, 1987: 80 (*M. e.*); Chikuni, 1989: 145 (*M. e.*); Chikuni, 1989: 156 (*M. e.*); Feng, 1990: 207 (*M. e.*); Chen & Zhang, 1991: 306 (*M. e.*); Peng et al., 1993: 116 (*M. e.*); Zhao, 1993: 403 (*M. e.*); Barrion & Litsinger, 1994: 285 (*M. e.*, lapsus); Song, Zhu & Chen, 1999: 533 (*M. e.*); Logunov, 1999: 53 (*Mendoza e.*, Trans. from *Marpissa*, Syn.); Song, Zhu & Chen, 2001: 434 (*Marpissa e.*); Namkung, 2003: 577; Yin et al., 2012: 1395.

异名：

Mendoza hiroseae (Nakatsudi, 1942, Trans. from *Marpissa*); Logunov, 1999: 53 (Syn.);

M. hotingchiehi (Schenkel, 1963, Trans. from *Mithion=Thyene*); Logunov, 1999: 53 (Syn., contra. Wesolowska, 1981: 139, who placed it as a junior Syn. of *Marpissa nobilis*).

分布：黑龙江（HL）、北京（BJ）、山西（SX）、陕西（SN）、甘肃（GS）、江苏（JS）、浙江（ZJ）、湖南（HN）、湖北（HB）、四川（SC）、贵州（GZ）、福建（FJ）、台湾（TW）；韩国、日本、俄罗斯

高尚蒙蛛 *Mendoza nobilis* (Grube, 1861)

Grube, 1861: 28 (*Attus n.*); Prószyński, 1971: 212 (*Marpissa n.*, Trans. male from *Attus=Salticus*, where "nicht zu deuten!" per Roewer); Prószyński, 1976: 155 (*M. n.*); Prószyński, 1979: 312 (*M. n.*); Wesolowska, 1981: 139 (*M. n.*); Logunov & Wesolowska, 1992: 126 (*M. n.*); Logunov & Wesolowska, 1992: 128 (*M. pulchra*, misidentified); Peng et al., 1993: 120 (*M. p.*); Song, Zhu & Chen, 1999: 533 (*M. n.*); Logunov, 1999: 53 (*Mendiza n.*, Trans. from *Marpissa*); Yin et al., 2012: 1397.

分布：湖北（HB）；韩国、俄罗斯

美丽蒙蛛 *Mendoza pulchra* (Prószyński, 1981)

Prószyński, 1976: 187 (*Marpissa p.*, nomen nudum); Prószyński, in Wesolowska, 1981: 66 (*Marpissa p.*); Yaginuma, 1986: 230 (*M. p.*); Bohdanowicz & Prószyński, 1987: 86 (*M. p.*); Chikuni, 1989: 150 (*M. p.*); Chikuni, 1989: 156 (*M. p.*); Logunov & Wesolowska, 1992: 128 (*M. p.*); Song, Zhu & Chen, 1999: 534 (*M. p.*); Logunov, 1999: 55 (*Mendoza p.*, Trans. from *Marpissa*); Namkung, 2003: 578; Ono, Ikeda & Kono, 2009: 580; Zhu & Zhang, 2011: 486.

分布：吉林（JL）、内蒙古（NM）、湖南（HN）、贵州（GZ）、广西（GX）；韩国、日本、俄罗斯

扁蝇虎属 *Menemerus* Simon, 1868

Simon, 1868: 663. Type species: *Attus semilimbatus* Hahn, 1829

异名：

Stridulattus Petrunkevitch, 1926; Jastrzębski, 1997: 41 (Syn.);

Camponia Badcock, 1932; Galiano, 1979: 33 (Syn.).

双带扁蝇虎 *Menemerus bivittatus* (Dufour, 1831)

Dufour, 1831: 369 (*Salticus b.*); Walckenaer, 1837: 430 (*Attus cinctus*); Walckenaer, 1837: 434 (*A. locustoides*); Walckenaer, 1837: 437 (*A. attentus*); Lucas, 1838: 29 (*A. melanognathus*); C. L. Koch, 1846: 68 (*Marpissa balteata*); C. L. Koch, 1846: 70 (*M. dissimilis*); C. L. Koch, 1846: 73 (*M. incerta*); C. L. Koch, 1846: 74 (*M. discoloria*); Doleschall, 1859: 15 (*Salticus convergens*); Vinson, 1863: 47, 300 (*Attus muscivorus*); Simon, 1864: 314 (*Dendryphantes balteata*); Simon, 1864: 314 (*D. discoloria*); Simon, 1864: 314 (*D. dissimilis*); Simon, 1864: 314 (*D. incerta*); L. Koch, 1867: 226 (*Attus foliatus*); O. P.-Cambridge, 1869: 542 (*Salticus nigro-limbatus*); Taczanowski, 1871: 80 (*Attus planus*); O. P.-Cambridge, 1873: 527 (*Salticus nigrolimbatus*); O. P.-Cambridge, 1874: 333 (*Marpessa nigrolimbata*); Simon, 1876: 29 (*Marpissa n.*); Simon, 1877: 59 (*M. vittatus*); Thorell, 1878: 232 (*Icius convergens*); Taczanowski, 1878: 324 (*Marpissa plana*); Karsch, 1879: 358 (*Marptusa marita*); L. Koch, 1879: 1123 (*M. foliatus*); Thorell, 1881: 461 (*Icius dissimilis*); Peckham & Peckham, 1883: 27 (*Attus mannii*); Karsch, 1884: 64 (*Icius maritus*); Peckham & Peckham, 1886: 292; Thorell, 1887: 362 (*Tapinattus melanognathus*); Peckham & Peckham, 1888: 82 (*M. melanognathus*); Marx, 1889: 99 (*M. melanognathus*); Banks, 1898: 285 (*Marptusa melanognatha*); F. O. P.-Cambridge, 1901: 250 (*Marpissa melanognatha*); *a* Peckham & Peckham, 1909: 483 (*Marpissa melanognath*); Petrunkevitch, 1925: 241; Petrunkevitch, 1926: 74 (*Stridulattus stridulans*); Petrunkevitch, 1930: 184; Badcock, 1932: 40 (*Camponia lineata*); Simon, 1937: 1210, 1262; Berland & Millot, 1941: 346; Nakatsudi, 1943: 172 (*M. melanognathus*); Barnes, 1958: 44; Schenkel, 1963: 430 (*M. bonneti*); Chrysanthus, 1968: 68; Galiano, 1979: 33 (*M. b.*, Syn.); Wesolowska, 1981: 145 (*M. bonneti*); Prószyński, 1984: 157 (*M. lineatus*); Peng et al., 1993: 125 (*M. bonneti*); Jastrzębski, 1997: 41 (*M. b.*, Syn.); Peng et al., 1998: 37; Wesolowska, 1999: 267 (*M. b.*, Syn.); Song, Zhu & Chen, 1999: 534 (*M. bonneti*); Yin et al., 2012: 1399.

异名：

Menemerus stridulans (Petrunkevitch, 1926, Trans. from *Stridulattus*); Jastrzębski, 1997: 41 (Syn.);

M. lineatus (Badcock, 1932, Trans. from *Camponia*); Galiano, 1979: 33 (Syn.);

M. bonneti Schenkel, 1963; Wesolowska, 1999: 267 (Syn.).

分布：湖南（HN）、云南（YN）、广东（GD）、广西（GX）、海南（HI）；泛热带地区

短颚扁蝇虎 *Menemerus brachygnathus* (Thorell, 1887)

Thorell, 1887: 364 (*Tapinattus b.*); Simon, 1901: 604, 606; Bösenberg & Strand, 1906: 349; Prószyński, 1984: 84; Żabka, 1985: 241; Peng et al., 1993: 127; Jastrzębski, 1997: 35 (*M. b.*, removed from Syn. of *M. fulvus*, contra. Prószyński, 1987: 155); Ono, Ikeda & Kono, 2009: 578; Yin et al., 2012: 1401.

分布：河北（HEB）、北京（BJ）、安徽（AH）、江苏（JS）、江西（JX）、湖南（HN）、湖北（HB）、贵州（GZ）、云南（YN）、福建（FJ）、台湾（TW）、广西（GX）、海南（HI）；印度到日本

黑扁蝇虎 *Menemerus fulvus* (L. Koch, 1878)

L. Koch, 1878: 782 (*Hasarius f.*); Bösenberg & Strand, 1906: 350 (*M. confusus*); Strand, 1918: 86 (*M. c.*); Yaginuma, 1960: 104 (*M. c.*); Schenkel, 1963: 427 (*M. sinensis*); Lee, 1966: 73 (*M. c.*); Schenkel, 1963: 429 (*M. schensiensis*); Yaginuma, 1971: 104 (*M. c.*); Matsumoto, 1977: 10 (*M. c.*); Yin & Wang, 1979: 35 (*M. c.*); Jo, 1981: 79 (*M. c.*); Wesolowska, 1981: 147 (*M. confusus*, Syn.); Hu, 1984: 376 (*M. c.*); Guo, 1985: 181 (*M. c.*); Yaginuma, 1986: 221 (*M. c.*); Song, 1987: 297 (*M. c.*); Prószyński, 1987: 155 (*M. f.*, Trans. from *Hasarius*, Syn.); Bohdanowicz & Prószyński, 1987: 92; Zhang, 1987: 242 (*M. c.*); Chikuni, 1989: 151 (*M. c.*); Feng, 1990: 209 (*M. c.*); Chen & Gao, 1990: 186 (*M. c.*); Chen & Zhang, 1991: 308 (*M. c.*); Zhao, 1993: 406 (*M. c.*); Jastrzębski, 1997: 38; Song, Zhu & Chen, 1999: 534; Song, Zhu & Chen, 2001: 437; Namkung, 2002: 575; Cho & Kim, 2002: 108; Kim & Cho, 2002: 108; Namkung, 2003: 579; Zhu & Zhang, 2011: 488.

异名：

Menemerus confusus Bösenberg & Strand, 1906; Prószyński, 1987: 155 (Syn.);

M. schensiensis Schenkel, 1963; Wesolowska, 1981: 147 (Syn., sub. of *M. confusus*);

M. sinensis Schenkel, 1963; Wesolowska, 1981: 147 (Syn., sub.of *M. confusus*).

分布：河北（HEB）、北京（BJ）、河南（HEN）、安徽（AH）、江苏（JS）、浙江（ZJ）、江西（JX）、湖南（HN）、湖北（HB）、四川（SC）、贵州（GZ）、云南（YN）、福建（FJ）、台湾（TW）、广西（GX）、海南（HI）；印度到日本

莱扁蝇虎 *Menemerus legendrei* Schenkel, 1963

Schenkel, 1963: 423.

分布：云南（YN）

五斑扁蝇虎 *Menemerus pentamaculatus* Hu, 2001

Hu, 2001: 395 (*M. pentamaculata*).

分布：西藏（XZ）

武昌扁蝇虎 *Menemerus wuchangensis* Schenkel, 1963

Schenkel, 1963: 424.

分布：湖北（HB）

摩挡蛛属 *Modunda* Simon, 1901

Simon, 1901: 160. Type species: *Salticus staintonii* O. P.-Cambridge, 1872

铜头摩挡蛛 *Modunda aeneiceps* Simon, 1901

Simon, 1901: 161; Prószyński, 1987: 9 (*Bianor a.*, Trans. from *Modunda*); Peng, 1992: 10 (*Bianor a.*); Peng et al., 1993: 24 (*Bianor a.*); Song, Zhu & Chen, 1999: 506 (*Bianor a.*); Logunov, 2001: 276 (*M. a.*, Trans. from *Bianor*); Song, Zhu & Chen, 2001: 423 (*Bianor a.*); Yin et al., 2012: 1403.

分布：河北（HEB）、山西（SX）、湖南（HN）、福建（FJ）、广西（GX）、香港（HK）；斯里兰卡

莫鲁蛛属 *Mogrus* Simon, 1882

Simon, 1882: 215. Type species: *Mogrus fulvovittatus* Simon, 1882

安东莫鲁蛛 *Mogrus antoninus* Andreeva, 1976

Andreeva, 1976: 82; Prószyński, 1976: 156; Prószyński, 1979: 313; Andreeva, Kononenko & Prószyński, 1981: 94; Wesolowska, 1981: 72; Zhou & Song, 1988: 4; Hu & Wu, 1989: 376; Logunov, 1995: 593; Wesolowska, 1996: 34; Song, Zhu & Chen, 1999: 534.

分布：新疆（XJ）；俄罗斯、中亚

林芝莫鲁蛛 *Mogrus linzhiensis* Hu, 2001

Hu, 2001: 397.

分布：西藏（XZ）

蚁蛛属 *Myrmarachne* MacLeay, 1839

MacLeay, 1839: 11. Type species: *Myrmarachne melanocephala* MacLeay, 1839

异名：

Emertonius Peckham & Peckham, 1892; Wanless, 1978: 235 (Syn.);

Bizonella Strand, 1929; Wanless, 1978: 18 (Syn.);

狭蚁蛛 *Myrmarachne angusta* (Thorell, 1877)

Thorell, 1877: 553 (*Salticus angusta*); Simon, 1901: 503 (*Myrmarachne a.*); Żabka, 1985: 243 (*M. annamita*); Zhang, Song & Zhu, 1992: 2 (*M. annamita*); Peng et al., 1993: 130 (*M. annamita*); Song, Zhu & Chen, 1999: 535 (*M. annamita*); Yin et al., 2012: 1405 (*M. annamita*); Yamasaki, 2012: 155 (*M. angusta*, Syn.).

异名：

Myrmarachne annamita Żabka, 1985; Yamasaki, 2012: 155 (Syn.).

分布：广西（GX）；越南

短螯蚁蛛 *Myrmarachne brevis* Xiao, 2002

Xiao, 2002: 477.

分布：云南（YN）

环蚁蛛 *Myrmarachne circulus* Xiao & Wang, 2004

Xiao & Wang, 2004: 263.

分布：云南（YN）

凹蚁蛛 *Myrmarachne concava* Zhu et al., 2005

Zhu et al., 2005: 536.

分布：贵州（GZ）

长腹蚁蛛 *Myrmarachne elongata* Szombathy, 1915

Szombathy, 1915: 475; Berland & Millot, 1941: 405 (*M. coppeti*); Roewer, 1965: 48 (*M. faradjensis*); Roewer, 1965: 50 (*M. atra*); Roewer, 1965: 58 (*M. abimvai*); Roewer, 1965: 58 (*M. dartevellei*); Roewer, 1965: 60 (*M. kasaia*); Roewer, 1965: 60 (*M. moto*); Wanless, 1978: 50 (*M. e.*, Syn. of female); Żabka, 1985: 244; Zhang, Song & Zhu, 1992: 3; Song, Zhu & Chen, 1999: 535; Ono, Ikeda & Kono, 2009: 564; Wesolowska & Russell-Smith, 2011: 582.

异名：

Myrmarachne coppeti Berland & Millot, 1941; Wanless, 1978: 51 (Syn.);
M. atra Roewer, 1965; Wanless, 1978: 51 (Syn.);
M. abimvai Roewer, 1965; Wanless, 1978: 51 (Syn.);
M. dartevellei Roewer, 1965; Wanless, 1978: 51 (Syn.);
M. faradjensis Roewer, 1965; Wanless, 1978: 51 (Syn.);
M. kasaia Roewer, 1965; Wanless, 1978: 51 (Syn.);
M. moto Roewer, 1965; Wanless, 1978: 51 (Syn.).

分布：贵州（GZ）、广西（GX）；日本到非洲

乔氏蚁蛛 *Myrmarachne formicaria* (De Geer, 1778)

Scopoli, 1763: 402 (*Aranea joblotii*; nomen oblitum, see Bonnet, 1957: 3002); De Geer, 1778: 293 (*Aranea f.*); Walckenaer, 1805: 26 (*Attus formicarius*); Walckenaer, 1826: 64 (*A. formicarius*); Walckenaer, 1826: 66 (*A. formicoides*); Sundevall, 1833: 200 (*Salticus formicarius*); C. L. Koch, 1837: 29 (*Pyrophorus semirufus*; Syn. by Simon, 1937: 1246, omitted by Roewer); C. L. Koch, 1846: 24 (*Pyrophorus semirufus*); C. L. Koch, 1846: 26 (*P. helveticus*); C. L. Koch, 1846: 28 (*P. siciliensis*); C. L. Koch, 1846: 33 (*Salticus formicarius*); Walckenaer, 1847: 520 (*Attus helveticus*); Blackwall, 1861: 64 (*Salticus formicarius*); Simon, 1864: 335 (*Saltica f.*); Canestrini, 1868: 203 (*Pyrophorus venetiarum*); Canestrini & Pavesi, 1868: 864 (*P. v.*); Canestrini & Pavesi, 1868: 865 (*P. flaviventris*); Simon, 1868: 715 (*P. formicarius*); Canestrini & Pavesi, 1870: 55 (*P. helveticus*); Canestrini & Pavesi, 1870: 55 (*P. semirufus*); Canestrini & Pavesi, 1870: 55 (*P. siciliensis*); Canestrini & Pavesi, 1870: 55 (*P. venetiarum*); Canestrini & Pavesi, 1870: 55 (*P. flaviventris*); Thorell, 1872: 357 (*Salticus formicarius*); Simon, 1876: 7 (*S. formicarius*); Becker, 1882: 6 (*S. formicarius*); Hansen, 1882: 78 (*S. formicarius*); Peckham & Peckham, 1892: 16 (*S. formicarius*); Simon, 1901: 499; Bösenberg, 1903: 412 (*S. formicarius*); Smith, 1907: 181 (*Toxeus formicarius*); Dahl, 1926: 23 (*M. jobloti*); Simon, 1937: 1150, 1246 (*M. f.*, Syn.); Palmgren, 1943: 11; Tullgren, 1944: 17 (*M. jobloti*); Locket & Millidge, 1951: 240; Wiehle, 1967: 19 (*M. jobloti*, Syn., rejected); Miller, 1971: 131; Prószyński, 1979: 313 (*M. f.*, removed from Syn. of *M. jobloti*); Yin & Wang, 1979: 35; Paik & Namkung, 1979: 82; Flanczewska, 1981: 212; Wesolowska, 1981: 81; Hu, 1984: 378; Dunin, 1984: 135; Zhu et al., 1985: 206; Roberts, 1985: 130; Zhang, 1987: 243 (*M. joblotii*); Chikuni, 1989: 160; Hu & Wu, 1989: 378; Feng, 1990: 212 (*M. jobloti*); Chen & Gao, 1990: 187; Chen & Zhang, 1991: 310; Peng et al., 1993: 136 (*M. joblotii*); Zhao, 1993: 408; Song, Zhu & Chen, 1999: 535; Hu, 2001: 398 (*M. joblotii*); Song, Zhu & Chen, 2001: 439; Namkung, 2003: 610; Zhu & Zhang, 2011: 489; Yin et al., 2012: 1406.

异名：

Myrmarachne austriaca (Doleschall, 1852, Trans. from *Pyrophorus*); Simon, 1937: 1246 (Syn., omitted by Roewer).

分布：吉林（JL）、北京（BJ）、山西（SX）、山东（SD）、河南（HEN）、陕西（SN）、青海（QH）、新疆（XJ）、安徽（AH）、浙江（ZJ）、湖南（HN）、湖北（HB）、四川（SC）、贵州（GZ）、广东（GD）；古北界，引入美国

福摩蚁蛛 *Myrmarachne formosana* (Matsumura, 1911)

Matsumura, 1911: 150 (*Pyroderes formosanus*).

分布：台湾（TW）

台湾蚁蛛 *Myrmarachne formosana* (Saitō, 1933)

Saitō, 1933: 40 (*Simonella f.*); Galiano, 1966: 378 (*M. f.*, Trans. from *Simonella*; preoccupied by Matsumura, 1911 if congeneric).

分布：台湾（TW）

台蚁蛛 *Myrmarachne formosicola* Strand, 1910

Strand, 1910: 14.

分布：台湾（TW）

吉蚁蛛 *Myrmarachne gisti* Fox, 1937

Fox, 1937: 13; Yin & Wang, 1979: 36; Hu, 1984: 379; Zhu et al., 1985: 207; Żabka, 1985: 247 (*M. legon*, misidentified); Song, 1987: 298; Zhang, 1987: 244; Feng, 1990: 211; Chen & Gao, 1990: 187; Chen & Zhang, 1991: 311; Logunov, 1993: 51; Peng et al., 1993: 132; Zhao, 1993: 411; Song, Zhu & Chen, 1999: 535; Song, Zhu & Chen, 2001: 440; Zhu & Zhang, 2011: 490; Yin et al., 2012: 1408.

分布：吉林（JL）、河北（HEB）、山西（SX）、山东（SD）、河南（HEN）、陕西（SN）、安徽（AH）、江苏（JS）、浙江（ZJ）、湖南（HN）、四川（SC）、贵州（GZ）、云南（YN）、福建（FJ）、广东（GD）；越南

河内蚁蛛 *Myrmarachne hanoii* Żabka, 1985

Żabka, 1985: 246; Xiao & Wang, 2007: 1004; Yamasaki & Ahmad, 2013: 526.

分布：云南（YN）；越南

霍氏蚁蛛 *Myrmarachne hoffmanni* Strand, 1913

Strand, 1913: 168.

分布：山东（SD）

无刺蚁蛛 *Myrmarachne inermichelis* Bösenberg & Strand, 1906

Bösenberg & Strand, 1906: 329; Strand, 1918: 100; Saitō, 1933: 39; Uyemura, 1952: 5 (*M. innermichelis*); Oliger, 1984: 126; Yaginuma, 1986: 242; Bohdanowicz & Prószyński, 1987: 96; Chikuni, 1989: 160 (*M. innermichelis*); Namkung, 2002: 607; Cho & Kim, 2002: 110 (*M. innermichelis*); Namkung, 2003: 611; Ono, Ikeda & Kono, 2009: 564.

分布：台湾（TW）；韩国、日本、俄罗斯

日本蚁蛛 *Myrmarachne japonica* (Karsch, 1879)

Karsch, 1879: 82 (*Salticus japonicus*; considered a nomen dubium by Logunov & Marusik, 2001: 258, with the following citations considered to be misidentifications of other species); Simon, 1901: 498, 500; Bösenberg & Strand, 1906: 328; Saitō, 1933: 39; Uyemura, 1952: 5; Prószyński, 1973: 120; Oliger, 1984: 122; Zhu et al., 1985: 208; Song, 1987: 299; Yaginuma, 1986: 242; Zhang, 1987: 245; Chikuni, 1989: 160; Chen &

Gao, 1990: 188; Zhao, 1993: 410; Song, Zhu & Chen, 1999: 535; Song, Zhu & Chen, 2001: 441; Namkung, 2002: 604; Cho & Kim, 2002: 111; Namkung, 2003: 608; Kim, Ki & Park, 2008: 186; Ono, Ikeda & Kono, 2009: 564; Zhu & Zhang, 2011: 491.

分布：河北（HEB）、北京（BJ）、山西（SX）、湖南（HN）、湖北（HB）、四川（SC）、台湾（TW）；韩国、日本、俄罗斯

尖峰岭蚁蛛 *Myrmarachne jianfenglin* Barrion, Barrion-Dupo & Heong, 2012

Barrion et al., 2012: 23.

分布：海南（HI）

褶腹蚁蛛 *Myrmarachne kiboschensis* Lessert, 1925

Lessert, 1925: 441; Caporiacco, 1947: 227 (*M. diversicoxis*); Wanless, 1978: 78 (*M. k.*, Syn.); Żabka, 1985: 247; Prószyński, 1992: 187; Peng et al., 1993: 137; Song, Zhu & Chen, 1999: 535; Wesolowska & Tomasiewicz, 2008: 28; Wesolowska & Russell-Smith, 2011: 583; Yin et al., 2012: 1412.

异名：

Myrmarachne diversicoxis Caporiacco, 1947; Wanless, 1978: 78 (Syn.).

分布：江西（JX）、湖南（HN）、云南（YN）；博茨瓦纳到越南

叉蚁蛛 *Myrmarachne kuwagata* Yaginuma, 1967

Yaginuma, 1967: 100; Yaginuma, 1986: 243; Bohdanowicz & Prószyński, 1987: 98; Chikuni, 1989: 160; Seo, 1992: 181; Zhang, Song & Zhu, 1992: 3; Peng et al., 1993: 138; Song, Zhu & Chen, 1999: 535; Namkung, 2002: 605; Cho & Kim, 2002: 111; Namkung, 2003: 609; Ono, Ikeda & Kono, 2009: 564; Yin et al., 2012: 1413.

分布：湖南（HN）；韩国、日本

喜蚁蛛 *Myrmarachne laeta* (Thorell, 1887)

Thorell, 1887: 339 (*Synemosyna l.*); Thorell, 1895: 321 (*Ascalus l.*); Gravely, 1922: 1049; Dyal, 1935: 220.

分布：广东（GD）；印度、巴基斯坦、印度尼西亚（尼亚斯岛）

临桂蚁蛛 *Myrmarachne linguiensis* Zhang & Song, 1992

Zhang & Song, in Zhang, Song & Zhu, 1992: 3; Song, Zhu & Chen, 1999: 536.

分布：广西（GX）

卢格蚁蛛 *Myrmarachne lugubris* (Kulczyński, 1895)

Kulczyński, 1895: 46 (*Salticus l.*); Simon, 1901: 503; Fox, 1937: 12 (*M. grahami*); Prószyński, 1979: 313; Wesolowska, 1981: 81; Dunin, 1984: 136; Żabka, 1985: 248; Prószyński, 1987: 26 (*M. l.*, Syn.); Logunov & Wesolowska, 1992: 133; Song, Zhu & Chen, 1999: 536; Cho & Kim, 2002: 112.

异名：

Myrmarachne grahami Fox, 1937; Prószyński, 1987: 26 (Syn.).

分布：甘肃（GS）、四川（SC）；韩国、俄罗斯

大蚁蛛 *Myrmarachne magna* Saitō, 1933

Saitō, 1933: 40.

分布：台湾（TW）

颚蚁蛛 *Myrmarachne maxillosa* (C. L. Koch, 1846)

C. L. Koch, 1846: 19 (*Toxeus maxillosus*); Thorell, 1877: 538 (*Synemosyna procera*); Thorell, 1887: 346 (*Toxeus procerus*); Peckham & Peckham, 1892: 32 (*Salticus bellicosus*); Thorell, 1892: 235 (*S. modestus*); Thorell, 1895: 328 (*Toxeus m.*); Simon, 1901: 498; Simon, 1901: 500 (*M. bellicosa*); Szombathy, 1913: 31; Żabka, 1985: 244 (*M. gigantea*); Yamasaki & Ahmad, 2013: 538.

分布：中国（具体未详）；缅甸、菲律宾、印度尼西亚（苏拉威西）

七齿蚁蛛 *Myrmarachne maxillosa septemdentata* Strand, 1907

Strand, 1907: 568 (*M. m. 7-dentata*); Strand, 1909: 99; Feng, 1990: 210 (*M. 7-dentata*); Song, Zhu & Chen, 1999: 536.

分布：浙江（ZJ）、四川（SC）、广东（GD）

小碟蚁蛛 *Myrmarachne patellata* Strand, 1907

Strand, 1907: 568.

分布：广东（GD）

黄蚁蛛 *Myrmarachne plataleoides* (O. P.-Cambridge, 1869)

O. P.-Cambridge, 1869: 68 (*Salticus p.*); Peckham & Peckham, 1892: 33 (*S. p.*); Simon, 1901: 499; Szombathy, 1913: 23; Bhattacharya, 1937: 426; Prószyński, 1992: 185 (*M. daitarensis*); Peng et al., 1993: 140; Song, Zhu & Chen, 1999: 536; Edmunds & Prószyński, 2003: 298 (*M. p.*, Syn.); Edwards & Benjamin, 2009: 16.

异名：

Myrmarachne daitarensis Prószyński, 1992; Edmunds & Prószyński, 2003: 298 (Syn.).

分布：云南（YN）；印度、斯里兰卡、东南亚

申克尔蚁蛛 *Myrmarachne schenkeli* Peng & Li, 2002

Schenkel, 1963: 391 (*M. lesserti*: preoccupied by Lawrence, 1938); Song, Zhu & Chen, 1999: 535 (*M. lesserti*, female may be mislabeled); Peng & Li, 2002: 26 (*M. s.*, replacement name).

分布：香港（HK）

苇荷蚁蛛 *Myrmarachne vehemens* Fox, 1937

Fox, 1937: 16.

分布：江苏（JS）

伏蚁蛛 *Myrmarachne volatilis* (Peckham & Peckham, 1892)

Peckham & Peckham, 1892: 53 (*Hermosa v.*); Simon, 1901: 504; Strand, 1907: 745 (*M. majungae*); Wanless, 1978: 98 (*M. v.*, Syn.); Żabka, 1985: 419 (*M. voliatilis*); Zhang, Song & Zhu, 1992: 4; Peng et al., 1993: 141 (*M. voliatilis*); Song, Zhu &

Chen, 1999: 536; Yin et al., 2012: 1415.

异名：

Myrmarachne majungae Strand, 1907; Wanless, 1978: 98 (Syn.).

分布：湖南（HN）、贵州（GZ）；越南、马达加斯加

卫跳蛛属 *Necatia* Özdikmen, 2007

Özdikmen, 2007: 140. Type species: *Davidia magnidens* Schenkel, 1963

大齿卫跳蛛 *Necatia magnidens* (Schenkel, 1963)

Schenkel, 1963: 465 (*Davidia m.*).

分布：浙江（ZJ）

新贝塔蛛属 *Neobrettus* Wanless, 1984

Wanless, 1984: 181. Type species: *Cyrba tibialis* Prószyński, 1978

洪氏新贝塔蛛 *Neobrettus heongi* Barrion & Barrion-Dupo, 2012

Barrion et al., 2012: 24.

分布：海南（HI）

新跳蛛属 *Neon* Simon, 1876

Simon, 1876: 210. Type species: *Salticus reticulatus* Blackwall, 1853

光滑新跳蛛 *Neon levis* (Simon, 1871)

Simon, 1871: 221 (*Attus l.*); Simon, 1876: 211; Dahl, 1926: 38; Simon, 1937: 1183, 1254 (*N. laevis*); Tullgren, 1944: 42; Lohmander, 1945: 66 (*N. laevis*); Wiehle, 1967: 28 (*N. laevis*); Vilbaste, 1969: 166 (*N. laevis*); Miller, 1971: 135 (*N. laevis*); Ledoux, 1972: 95 (*N. laevis*); Prószyński, 1979: 314; Flanczewska, 1981: 214; Zhou & Song, 1988: 4; Hu & Wu, 1989: 379; Heimer & Nentwig, 1991: 510 (*N. laevis*); Fuhn & Gherasim, 1995: 217 (*N. laevis*); Logunov, 1998: 17 (*N. laevis*); Song, Zhu & Chen, 1999: 536; Almquist, 2006: 543; Lecigne, 2013: 185.

分布：新疆（XJ）；古北界

小新跳蛛 *Neon minutus* Żabka, 1985

Żabka, 1985: 420; Ikeda, 1995: 35; Seo, 1995: 324 (*N. rostratus*); Logunov, 1998: 20; Logunov & Marusik, 2001: 148 (*N. m.*, Syn.); Namkung, 2002: 580 (*N. rostratus*); Namkung, 2003: 584; Ono, Ikeda & Kono, 2009: 587.

异名：

Neon rostratus Seo, 1995; Logunov & Marusik, 2001: 148 (Syn.).

分布：台湾（TW）；韩国、日本、越南

宁新跳蛛 *Neon ningyo* Ikeda, 1995

Ikeda, 1995: 38; Peng, Gong & Kim, 2000: 13; Ono, Ikeda & Kono, 2009: 587; Yin et al., 2012: 1416.

分布：湖南（HN）；日本

网新跳蛛 *Neon reticulatus* (Blackwall, 1853)

Blackwall, 1853: 14 (*Salticus r.*); Blackwall, 1861: 60 (*Salticus r.*); Westring, 1861: 587 (*Attus frontalis*); Ohlert, 1867: 156 (*Attus frontalis*); Simon, 1868: 604 (*Attus r.*); L. Koch, 1877: 175 (*Euophrys frontalis*); Menge, 1879: 497 (*Euophrys reticulata*); Becker, 1882: 76; Banks, 1895: 98 (*Icius obliquus*); Simon, 1901: 577; Bösenberg, 1903: 446; Dahl, 1926: 38; Dahl, 1926: 38 (*N. r. sphagnicola*); Simon, 1937: 1184, 1254; Palmgren, 1943: 20; Tullgren, 1944: 40; Lohmander, 1945: 40; Holm, 1945: 3; Tullgren, 1946: 130; Locket & Millidge, 1951: 221; Gertsch & Ivie, 1955: 8 (*N. r.*, Syn.); Chen & Zhang, 1991: 313; Namkung, 2003: 583; Ono, Ikeda & Kono, 2009: 585; Russell-Smith, 2009: 22.

异名：

Neon obliquus (Banks, 1895, Trans. from *Icius*, removed from Syn. of *N. nellii*); Gertsch & Ivie, 1955: 8 (Syn.).

分布：吉林（JL）、辽宁（LN）、浙江（ZJ）；全北界

王氏新跳蛛 *Neon wangi* Peng & Li, 2006

Peng & Li, 2006: 127.

分布：贵州（GZ）

带新跳蛛 *Neon zonatus* Bao & Peng, 2002

Bao & Peng, 2002: 408.

分布：台湾（TW）

蝶蛛属 *Nungia* Żabka, 1985

Żabka, 1985: 421. Type species: *Nungia epigynalis* Żabka, 1985

上位蝶蛛 *Nungia epigynalis* Żabka, 1985

Żabka, 1985: 421; Peng et al., 1993: 143; Song, Zhu & Chen, 1999: 536; Ikeda, 2013: 81.

分布：云南（YN）、广东（GD）、广西（GX）；越南

脊跳蛛属 *Ocrisiona* Simon, 1901

Simon, 1901: 602. Type species: *Marptusa leucocomis* L. Koch, 1879

弗勒脊跳蛛 *Ocrisiona frenata* Simon, 1901

Simon, 1901: 63; Simon, 1901: 595.

分布：香港（HK）

绥宁脊跳蛛 *Ocrisiona suilingensis* Peng, Liu & Kim, 1999

Peng, Liu & Kim, 1999: 20; Yin et al., 2012: 1418.

分布：湖南（HN）

奥诺玛蛛属 *Onomastus* Simon, 1900

Simon, 1900: 29. Type species: *Onomastus nigricauda* Simon, 1900

黑斑奥诺玛蛛 *Onomastus nigrimaculatus* Zhang & Li, 2005

Zhang & Li, 2005: 222; Benjamin, 2010: 731.

分布：海南（HI）；泰国

奥尔蛛属 *Orcevia* Thorell, 1890

Thorell, 1890: 166. Type species: *Orcevia keyserlingii* Thorell, 1890

波兰奥尔蛛 *Orcevia proszynskii* (Song, Gu & Chen, 1988)

Song, Gu & Chen, 1988: 70 (*Laufeia p.*); Song, Zhu & Chen, 1999: 53 (*Laufeia p.*); Prószyński & Deeleman-Reinhold, 2012: 50 (*O. p.*, Trans. from *Laufeia*).

分布：海南（HI）

盘蛛属 *Pancorius* Simon, 1902

Simon, 1902: 411. Type species: *Ergane dentichelis* Simon, 1899

异名：

Orissania Prószyński, 1992; Prószyński & Deeleman- Reinhold, 2013: 138 (Syn.).

陈氏盘蛛 *Pancorius cheni* Peng & Li, 2008

Peng & Li, in Peng, Tang & Li, 2008

分布：广西（GX）

粗脚盘蛛 *Pancorius crassipes* (Karsch, 1881)

Karsch, 1881: 38 (*Plexippus c.*); Bösenberg & Strand, 1906: 363 (*Plexippus c.*); Saitō, 1959: 159 (*Plexippus c.*); Lee, 1966: 74 (*Plexippus c.*); Prószyński & Staręga, 1971: 272 (*Evarcha c.*, Trans. from *Plexippus*); Prószyński, 1973: 107 (*E. c.*); Matsumoto, 1977: 6 (*E. c.*); Hu, 1984: 384 (*Plexippus c.*); Żabka, 1985: 223 (*Evarcha c.*); Yaginuma, 1986: 225 (*E. c.*); Bohdanowicz & Prószyński, 1987: 55 (*E. c.*); Chikuni, 1989: 154 (*E. c.*); Heimer & Nentwig, 1991: 502 (*E. c.*); Seo, 1992: 180 (*E. c.*); Peng et al., 1993: 65 (*E. c.*); Song & Li, 1997: 432 (*E. c.*); Żabka, 1997: 50 *E. c.* (); Song, Zhu & Chen, 1999: 510 (*E. c.*); Logunov & Marusik, 2001: 150 (*P. c.*, Trans. from *Evarcha*).Namkung, 2002: 563 (*E. c.*); Cho & Kim, 2002: 95 (*E. c.*); Namkung, 2003: 567; Ono, Ikeda & Kono, 2009: 568; Yin et al., 2012: 1419.

分布：湖南（HN）、四川（SC）、福建（FJ）、台湾（TW）、广西（GX）；古北界

岣嵝峰盘蛛 *Pancorius goulufengensis* Peng et al., 1998

Peng et al., 1998: 37; Yin et al., 2012: 1420.

分布：湖南（HN）

海南盘蛛 *Pancorius hainanensis* Song & Chai, 1991

Song & Chai, 1991: 20; Song, Zhu & Chen, 1999: 536.

分布：海南（HI）

香港盘蛛 *Pancorius hongkong* Song et al., 1997

Song et al., 1997: 151; Song, Zhu & Chen, 1999: 536.

分布：香港（HK）

大盘蛛 *Pancorius magnus* Żabka, 1985

Żabka, 1985: 422; Prószyński, 1992: 191; Peng & Li, 2002: 340; Jastrzębski, 2011: 186.

分布：台湾（TW）；印度、尼泊尔、越南

小盘蛛 *Pancorius minutus* Żabka, 1985

Żabka, 1985: 424; Żabka, 1990: 170; Song & Chai, 1991: 21; Song, Zhu & Chen, 1999: 537.

分布：海南（HI）；尼泊尔、越南

明亮盘蛛 *Pancorius relucens* (Simon, 1901)

Simon, 1901: 63 (*Pseudamycus r.*); Simon, 1903: 738.

分布：香港（HK）

台湾盘蛛 *Pancorius taiwanensis* Bao & Peng, 2002

Bao & Peng, 2002: 407.

分布：台湾（TW）

小蝇狼属 *Parvattus* Zhang & Maddison, 2012

Zhang & Maddison, 2012: 70. Type species: *Parvattus zhui* Zhang & Maddison, 2012

朱氏小蝇狼 *Parvattus zhui* Zhang & Maddison, 2012

Zhang & Maddison, 2012: 70.

分布：广西（GX）

蝇犬属 *Pellenes* Simon, 1876

Simon, 1876: 94. Type species: *Aranea tripunctata* Walckenaer, 1802

异名：

Hyllothyene Caporiacco, 1939; Prószyński, 1987: 44 (Syn.).

德氏蝇犬 *Pellenes denisi* Schenkel, 1963

Schenkel, 1963: 440; Andreeva, 1976: 84 (*P. d.*, misidentified per Logunov, Marusik & Rakov, 1999: 122); Wesolowska, 1981: 151; Peng & Xie, 1992: 472 (*P. maculatus*, nomen nudum); Peng & Xie, 1993: 80 (*Pellenese albomaculatus*); Logunov, Marusik & Rakov, 1999: 122 (*P. d.*, Syn.); Song, Zhu & Chen, 1999: 537 (*P. albomaculatus*).

异名：

Pellenes albomaculatus Peng & Xie, 1993; Logunov, Marusik & Rakov, 1999: 122 (Syn.).

分布：内蒙古（NM）、甘肃（GS）、新疆（XJ）；塔吉克斯坦

埃普蝇犬 *Pellenes epularis* (O. P.-Cambridge, 1872)

O. P.-Cambridge, 1872: 329 (*Salticus e.*); Simon, 1876: 101; Prószyński, 1984: 101; Logunov, Marusik & Rakov, 1999: 122 (*P. e.*, Syn. of *P. maderianus*, rejected); Metzner, 1999: 127; Cantarella & Alicata, 2002: 574; Prószyński, 2003: 112; Wesolowska, 2006: 246; Wesolowska & van Harten, 2007: 238; Wesolowska & Haddad, 2009: 68; Allahverdi & Gündüz, 2014: 20.

分布：西藏（XZ）；希腊到中国、纳米比亚、南非

葛尔蝇犬 *Pellenes gerensis* Hu, 2001

Hu, 2001: 399.

分布：西藏（XZ）

戈壁蝇犬 *Pellenes gobiensis* Schenkel, 1936

Schenkel, 1936: 307; Wesolowska, 1981: 152; Logunov, 1992: 60; Song, Zhu & Chen, 1999: 537.

分布：内蒙古（NM）；蒙古、俄罗斯

火蝇犬 *Pellenes ignifrons* (Grube, 1861)

Grube, 1861: 176 (*Attus ignifrons*); Kulczyński, 1895: 83; Peckham & Peckham, 1909: 560 (*P. lagganii*); Levi, 1951: 232 (*P. laggani*); Prószyński, 1971: 214; Prószyński, 1976: 155; Prószyński, 1979: 314 (*P. ignifrons*, Syn.); Izmailova, 1989: 160; Logunov, Marusik & Rakov, 1999: 105; Yuan, Yang & Zhang, 2013: 24.

异名：

Pellenes laggani Peckham & Peckham, 1909; Maddison in Prószyński, 1979: 314 (Syn.).

分布：河北（HEB）；蒙古、俄罗斯、加拿大、美国

缘蝇犬 *Pellenes limbatus* Kulczyński, 1895

Kulczyński, 1895: 87; Andreeva, 1976: 85; Prószyński, 1982: 285 (*P. chanujensis*); Logunov, 1992: 61 (*P. l.*, Syn. of female); Logunov, Marusik & Rakov, 1999: 105; Marusik, Fritzén & Song, 2007: 269.

异名：

Pellenes chanujensis Prószyński, 1982; Logunov, 1992: 61 (Syn.).

分布：新疆（XJ）；蒙古、俄罗斯、中亚

黑线蝇犬 *Pellenes nigrociliatus* (Simon, 1875)

Simon, in L. Koch, 1875: 14 (*Attus n.*); Thorell, 1875: 116 (*Attus tauricus*); Thorell, 1875: 187 (*Attus tauricus*); Simon, 1875: 93 (*Attus bedeli*); Simon, 1876: 98 (*P. bedeli*); Simon, 1876: 101 (*P. tauricus*); Simon, 1876: 101; Simon, 1877: 74 (*P. bilunulatus*); Herman, 1879: 316, 386 (*P. brassayi*); Chyzer & Kulczyński, 1897: 293; Bösenberg, 1903: 423; Dahl, 1926: 49; Simon, 1937: 1232, 1268; Simon, 1937: 1232, 1268 (*P. n. bilunulatus*); Saitō, 1959: 159; Charitonov, 1969: 130 (*P. tauricus*); Miller, 1971: 142; Prószyński, 1971: 244 (*P. n.*, Syn.); Andreeva, 1976: 85; Prószyński, 1976: 155; Prószyński, 1979: 314; Flanczewska, 1981: 215; Prószyński, 1984: 102 (*P. tauricus*); Zhang, 1987: 246; Zhou & Song, 1988: 5; Hu & Wu, 1989: 381; Thaler & Noflatscher, 1990: 177; Heimer & Nentwig, 1991: 512; Peng et al., 1993: 146 (*P. nigrocillatus*); Fuhn & Gherasim, 1995: 195 (*P. nigrocilliatus*); Logunov, Marusik & Rakov, 1999: 132 (*P. n.*, Syn.); Song, Zhu & Chen, 1999: 537; Hu, 2001: 402; Prószyński, 2003: 116; Prószyński, 2003: 120 (*P. tauricus*).

异名：

Pellenes tauricus (Thorell, 1875, Trans. from *Attus*); Logunov, Marusik & Rakov, 1999: 132 (Syn.);

P. nigrociliatus bilunulatus Simon, 1937; Prószyński, 1971: 244 (Syn.).

分布：新疆（XJ）、云南（YN）、西藏（XZ）；古北界

西伯利亚蝇犬 *Pellenes sibiricus* Logunov & Marusik, 1994

Izmailova, 1989: 161 (*P. tripunctatus*, misidentified); Logunov & Marusik, 1994: 108; Logunov, Marusik & Rakov, 1999: 99; Su & Tang, 2005: 85.

分布：内蒙古（NM）；蒙古、俄罗斯、中亚

三斑蝇犬 *Pellenes tripunctatus* (Walckenaer, 1802)

Walckenaer, 1802: 247 (*Aranea tripunctata*); Walckenaer, 1802: 245 (*Aranea psylla*); Walckenaer, 1805: 24 (*Attus t.*); Walckenaer, 1805: 25 (*Attus crucigerus*); Risso, 1826: 175 (*Salticus ater*); Hahn, 1832: 69 (*Salticus crux*); Sundevall, 1833: 215 (*Attus crucifer*); Sundevall, 1833: 216 (*Attus rufifrons*); C. L. Koch, 1837: 33 (*Euophrys crucifera*); Walckenaer, 1837: 407 (*Attus psyllus*); Walckenaer, 1837: 420 (*Attus crucigerus*); Walckenaer, 1837: 424 (*Attus fuscus*); C. L. Koch, 1846: 226 (*Euophrys crucifera*); C. L. Koch, 1846: 27 (*Euophrys quinquepartita*); C. L. Koch, 1850: 65 (*Pales crucigera*); Simon, 1864: 312 (*Pales crucifer*); Simon, 1864: 312 (*Ino psylla*); Simon, 1864: 313 (*Atta fusca*); Simon, 1864: 503 (*Pales t.*); Simon, 1876: 94; Menge, 1877: 488 (*Attus crucigerus*); Becker, 1882: 41; Peckham & Peckham, 1886: 314 (*P. crucigerus*); Sørensen, 1904: 349 (*Hasarius cruciger*); Zhang, 1987: 247; Song, Zhu & Chen, 2001: 442; Almquist, 2006: 549.

分布：河北（HEB）；古北界

无斑蝇犬 *Pellenes unipunctus* Saitō, 1937

Saitō, 1937: 154; Saitō, 1959: 160.

分布：中国（具体未详）

昏蛛属 *Phaeacius* Simon, 1900

Simon, 1900: 32. Type species: *Phaeacius fimbriatus* Simon, 1900

马来昏蛛 *Phaeacius malayensis* Wanless, 1981

Wanless, 1981: 205; Zhang & Li, 2005: 223.

分布：云南（YN）；马来西亚、新加坡、苏门答腊岛

一心昏蛛 *Phaeacius yixin* Zhang & Li, 2005

Zhang & Li, 2005: 225.

分布：海南（HI）

云南昏蛛 *Phaeacius yunnanensis* Peng & Kim, 1998

Peng & Kim, 1998: 412.

分布：云南（YN）

蝇狼属 *Philaeus* Thorell, 1870

Thorell, 1870: 217. Type species: *Aranea chrysops* Poda, 1761

黑斑蝇狼 *Philaeus chrysops* (Poda, 1761)

Poda, 1761: 123 (*Aranea c.*); Scopoli, 1763: 401 (*A. sloanii*); Scopoli, 1763: 401 (*A. catesbaei*); Linnaeus, 1767: 1032 (*A. sanguinolenta*); Olivier, 1789: 220 (*A. s.*); Rossi, 1790: 134 (*A.*

sloanii); Petagna, 1792: 437 (*A. sanguinolenta*); Rossi, 1794: 6 (*A. catesbaei*); Walckenaer, 1805: 24 (*Attus sanguinolentus*); Latreille, 1806: 123 (*Salticus sloanii*); Latreille, 1819: 22 (*S. catesbaei*); Walckenaer, 1826: 42 (*Attus bilineatus*); Hahn, 1829: 1 (*A. sloani*); Hahn, 1832: 51 (*Salticus sanguinolentus*); C. L. Koch, 1837: 30 (*Calliethera sanguinolenta*); C. L. Koch, 1846: 54 (*Philia haemorrhoica*); C. L. Koch, 1846: 56 (*P. sanguinolenta*); C. L. Koch, 1846: 84 (*Dendryphantes dorsatus*); C. L. Koch, 1846: 85 (*D. xanthomelas*); C. L. Koch, 1846: 88 (*D. leucomelas*); Lucas, 1846: 137 (*Salticus erythrogaster*); Lucas, 1846: 142 (*S. cirtanus*); Walckenaer, 1847: 412 (*Attus xanthomelas*); Doleschall, 1852: 645 (*Philia setigera*); Simon, 1864: 312 (*Pandora cirtana*); Simon, 1864: 328 (*Philia erythrogaster*); Simon, 1864: 328 (*P. bilineata*); Simon, 1868: 26 (*Attus sanguinolentus*); Simon, 1868: 27 (*A. haemorrhoicus*); Simon, 1868: 59 (*A. nervosus*); Simon, 1868: 635 (*Dendryphantes bilineatus*); Simon, 1868: 638 (*D. leucomelas*); Simon, 1868: 649 (*D. nigriceps*); Thorell, 1870: 217; Canestrini & Pavesi, 1870: 31 (*Attus bimaculatus*); Thorell, 1873: 388; Simon, 1876: 47; Simon, 1876: 51 (*P. bilineatus*); Simon, 1876: 51 (*P. nervosus*); Menge, 1877: 477; Chyzer & Kulczyński, 1891: 17; Peckham & Peckham, 1901: 298; Peckham & Peckham, 1901: 299 (*P. sanguinolentus*); Kulczyński, 1903: 659 (*P. c. haemorrhoicus*); Prószyński, 1971: 249 (*P. c.*, Syn.); Chen & Zhu, 1982: 51; Hu, 1984: 381; Zhu et al., 1985: 209; Zhang, 1987: 248; Zhou & Song, 1988: 6; Hu & Wu, 1989: 381; Peng et al., 1993: 147; Zhao, 1993: 416; Song, Zhu & Chen, 1999: 537; Song, Zhu & Chen, 2001: 443; Namkung, 2003: 612; Ahmed & Ahmed, 2012: 38.

异名：

Philaeus bilineatus (Walckenaer, 1826, Trans. from *Attus*); Prószyński, 1971: 249 (Syn.).

分布：吉林（JL）、辽宁（LN）、内蒙古（NM）、河北（HEB）、北京（BJ）、山西（SX）、新疆（XJ）；古北界

道县蝇狼 *Philaeus daoxianensis* Peng, Gong & Kim, 2000

Peng, Gong & Kim, 2000: 14; Yin et al., 2012: 1422.

分布：湖南（HN）

金蝉蛛属 *Phintella* Strand, in Bösenberg & Strand, 1906

Strand, in Bösenberg & Strand, 1906: 333. Type species: *Telamonia bifurcilinea* Bösenberg & Strand, 1906

异形金蝉蛛 *Phintella abnormis* (Bösenberg & Strand, 1906)

Bösenberg & Strand, 1906: 336 (*Jotus a.*); Saitō, 1939: 43 (*J. a.*); Nakatsudi, 1942: 15 (*J. a.*); Saitō & Kishida, 1947: 982 (*J. a.*); Saitō, 1959: 158 (*J. a.*); Yaginuma, 1960: 107 (*J. a.*); Yaginuma, 1971: 107 (*J. a.*); Namkung, Paik & Yoon, 1972: 95 (*J. a.*); Prószyński, 1979: 310 (*Icius a.*, Trans. from *Jotus*); Wesolowska, 1981: 57 (*I. a.*); Prószyński, 1983: 6 (*P. a.*, Trans. from *Icius*); Dunin, 1984: 134 (*Icius a.*); Yaginuma, 1986: 231; Bohdanowicz & Prószyński, 1987: 100; Matsumoto, 1989: 125; Chikuni, 1989: 148; Seo, 1995: 185; Song, Chen & Zhu, 1997: 1736; Song, Zhu & Chen, 1999: 537; Namkung, 2002: 609; Cho & Kim, 2002: 115; Kim & Cho, 2002: 121; Namkung, 2003: 613; Ono, Ikeda & Kono, 2009: 572.

分布：浙江（ZJ）、台湾（TW）；韩国、日本、俄罗斯

扇形金蝉蛛 *Phintella accentifera* (Simon, 1901)

Simon, 1901: 548 (*Telamonia a.*); Prószyński, 1978: 336; Prószyński, 1984: 156 (*P. a.*, Trans. from *Telamonia*); Żabka, 1985: 428; Xie, 1993: 358; Peng et al., 1993: 150; Song, Zhu & Chen, 1999: 537.

分布：云南（YN）；越南、印度

双带金蝉蛛 *Phintella aequipeiformis* Żabka, 1985

Żabka, 1985: 427; Xie, 1993: 358; Peng et al., 1993: 151; Song, Zhu & Chen, 1999: 537; Yin et al., 2012: 1423.

分布：湖南（HN）、贵州（GZ）；越南

机敏金蝉蛛 *Phintella arenicolor* (Grube, 1861)

Grube, 1861: 26 (*Attus a.*); Simon, 1889: 248 (*Maevia mellotei*); Simon, 1901: 540 (*Telamonia m.*); Bösenberg & Strand, 1906: 336 (*Jotus difficilis*); Bösenberg & Strand, 1906: 341 (*Sitticus pallicolor*); Saitō, 1939: 44 (*Jotus difficilis*); Saitō, 1959: 158 (*J. d.*); Yaginuma, 1960: 107 (*J. d.*); Paik, 1962: 77 (*J. d.*); Schenkel, 1963: 451 (*Dexippus lesserti*); Yaginuma, 1971: 107 (*J. d.*); Matsumoto, 1973: 43 (*J. d.*); Prószyński, 1978: 336 (*J. d.*); Prószyński, 1978: 336 (*Telamonia mellottei*); Yin & Wang, 1979: 31 (*J. d.*, Syn.); Prószyński, 1979: 311 (*Icius d.*, Trans. from *Jotus*); Paik & Namkung, 1979: 80 (*Icius d.*); Qiu, 1981: 13 (*J. d.*); Prószyński, 1983: 6 (*P. melloteei*, Trans. from *Telamonia*); Hu, 1984: 369 (*J. d.*); Dunin, 1984: 134 (*Icius d.*); Yaginuma, 1986: 232 (*P. difficilis*, Trans. from *Jotus*); Song, 1987: 294 (*P. melloteei*); Prószyński, 1987: 151, 161, 168 (*P. m.*, Syn.); Bohdanowicz & Prószyński, 1987: 110 (*P. m.*); Chikuni, 1989: 148 (*P. difficilis*); Feng, 1990: 204 (*P. m.*); Chen & Gao, 1990: 190 (*P. m.*); Chen & Zhang, 1991: 293 (*P. m.*); Logunov & Wesolowska, 1992: 135 (*P. a.*, removed from Syn. of *P. castriesiana*, contra. Prószyński, 1979: 310, sub. *Icius*, Syn.); Peng et al., 1993: 156 (*P. m.*); Zhao, 1993: 401 (*Jotus difficilis*, probably misidentified); Zhao, 1993: 414 (*P. m.*); Seo, 1995: 189 (*P. m.*); Song, Chen & Zhu, 1997: 1737 (*P. m.*); Song, Zhu & Chen, 1999: 538; Namkung, 2003: 614; Ono, Ikeda & Kono, 2009: 572; Zhu & Zhang, 2011: 492; Yin et al., 2012: 1425.

异名：

Phintella mellotteei (Simon, 1889, Trans. from *Maevia*); Logunov & Wesolowska, 1992: 135 (Syn.);

P. difficilis (Bösenberg & Strand, 1906, Trans. from *Jotus*); Prószyński, 1987: 151, 161 (Syn., sub. *P. mellotteei*);

P. pallicolor (Bösenberg & Strand, 1906, Trans. from *Sitticus*); Prószyński, 1987: 161, 168 (Syn., sub. *P. mellotteei*);

P. lesserti (Schenkel, 1963, Trans. from *Dexippus*); Yin & Wang, 1979: 31 (Syn., sub. *Jotus difficilis*).
分布：吉林（JL）、北京（BJ）、山西（SX）、甘肃（GS）、浙江（ZJ）、湖南（HN）、湖北（HB）、云南（YN）；韩国、日本、俄罗斯

花腹金蝉蛛 *Phintella bifurcilinea* (Bösenberg & Strand, 1906)

Karsch, 1879: 85 (*Ictidops pupus*, nomen oblitum); Bösenberg & Strand, 1906: 331 (*Telamonia b.*); Bösenberg & Strand, 1906: 356 (*Aelurillus pupus*); Bösenberg & Strand, 1906: 333 (*P. typica*); Dönitz & Strand, in Bösenberg & Strand, 1906: 399 (*Hasarius crucifer*); Shinkai, 1969: 46 (*Telamonia b.*); Paik, 1970: 88 (*Telamonia b.*); Prószyński, 1973: 114 (*Icius pupus*, Trans. from *Aelurillus*); Paik, 1978: 443 (*Telamonia b.*, Syn.); Song, 1980: 206 (*Telamonia b.*); Song, 1980: 208 (*Icius pupus*); Prószyński, 1983: 7 (*P. b.*, Trans. from *Telamonia*, Syn.); u, 1984: 368 (*Icius pupus*); Hu, 1984: 391 (*Telamonia b.*); Żabka, 1985: 425; Yaginuma, 1986: 232 (*P. b.*, Syn.); Song, 1987: 307; Feng, 1990: 200; Chen & Gao, 1990: 189; Chen & Zhang, 1991: 294; Chen & Zhang, 1991: 301 (*Icius pupus*); Song, Zhu & Li, 1993: 885; Peng et al., 1993: 153; Seo, 1995: 186; Song, Chen & Zhu, 1997: 1736; Song, Zhu & Chen, 1999: 538; Namkung, 2003: 619; Zhu & Zhang, 2011: 493; Yin et al., 2012: 1427.
异名：
Phintella pupus (Karsch, 1879, Trans. from *Icius*); Yaginuma, 1986: 232 (Syn., after Syn. of Prószyński, 1983: 5, 7);
P. crucifer (Dönitz & Strand, 1906, Trans. from *Hasarius*); Paik, 1978: 443 (Syn., sub. *Telamonia*);
P. typica Bösenberg & Strand, 1906; Prószyński, 1983: 7 (Syn.).
分布：浙江（ZJ）、湖南（HN）、四川（SC）、贵州（GZ）、云南（YN）、福建（FJ）、广东（GD）；韩国、日本、越南

卡氏金蝉蛛 *Phintella cavaleriei* (Schenkel, 1963)

Schenkel, 1963: 454 (*Dexippus c.*); Wesolowska, 1981: 134 (*Icius c.*, Trans. from *Dexippus*); Song, Yu & Yang, 1982: 210 (*Icius c.*); Brignoli, 1983: 636 (*Dexippus cavalierei*); Prószyński, 1983: 6 (*P. c.*, Trans. from *Icius*); Hu, 1984: 366 (*Icius c.*); Song, 1987: 293; Feng, 1990: 201; Chen & Gao, 1990: 189; Chen & Zhang, 1991: 293; Peng et al., 1993: 154; Seo, 1995: 187; Song, Chen & Zhu, 1997: 1736; Song, Zhu & Chen, 1999: 538; Namkung, 2002: 614; Cho & Kim, 2002: 117; Namkung, 2003: 618; Lee et al., 2004: 99; Zhu & Zhang, 2011: 494; Yin et al., 2012: 1428.
分布：甘肃（GS）、浙江（ZJ）、江西（JX）、湖南（HN）、湖北（HB）、四川（SC）、贵州（GZ）、福建（FJ）、广西（GX）；韩国

代比金蝉蛛 *Phintella debilis* (Thorell, 1891)

Thorell, 1891: 115 (*Chrysilla d.*); Żabka, 1985: 425 (*P. d.*, Trans. from *Chrysilla*); Chen & Zhang, 1991: 292; Prószyński, 1992: 198; Song, Zhu & Chen, 1999: 538; Peng & Li, 2002: 342.
分布：浙江（ZJ）、台湾（TW）、广东（GD）；日本、印度

海南金蝉蛛 *Phintella hainani* Song, Gu & Chen, 1988

Song, Gu & Chen, 1988: 71; Song, Zhu & Chen, 1999: 538.
分布：海南（HI）

条纹金蝉蛛 *Phintella linea* (Karsch, 1879)

Karsch, 1879: 90 (*Euophrys l.*); Bösenberg & Strand, 1906: 337 (*Jotus l.*); Yaginuma, 1960: 107 (*J. l.*); Yaginuma, 1970: 671 (*J. l.*, Syn., rejected); Yaginuma, 1971: 107 (*J. l.*); Matsumoto, 1973: 42 (*J. l.*); Prószyński, 1973: 113 (*Icius l.*, Trans. from *Jotus*); Yin & Wang, 1979: 31 (*Icius l.*); Yin & Wang, 1979: 32 (*Jotus l.*); Wesolowska, 1981: 57 (*Icius l.*); Prószyński, 1983: 6 (*P. l.*, Trans. from *Icius*); Hu, 1984: 366 (*Icius l.*); Hu, 1984: 370 (*Jotus l.*); Feng, 1990: 203; Chen & Gao, 1990: 184 (*Icius l.*); Zhao, 1993: 401 (*Icius l.*, probably misidentified); Zhao, 1993: 413; Song, Zhu & Chen, 1999: 538; Namkung, 2003: 615; Ono, Ikeda & Kono, 2009: 572.
分布：山西（SX）、浙江（ZJ）、湖南（HN）、湖北（HB）、四川（SC）、台湾（TW）；韩国、日本、俄罗斯

长突金蝉蛛 *Phintella longapophysis* Lei & Peng, 2013

Lei & Peng, 2013: 100.
分布：云南（YN）

龙陵金蝉蛛 *Phintella longlingensis* Lei & Peng, 2013

Lei & Peng, 2013: 102.
分布：云南（YN）

胡椒金蝉蛛 *Phintella paminta* Barrion, Barrion-Dupo & Heong, 2012

Barrion et al., 2012: 25.
分布：海南（HI）

小金蝉蛛 *Phintella parva* (Wesolowska, 1981)

Wesolowska, 1981: 60 (*Icius parvus*); Prószyński, 1983: 6 (*P. parvus*, Trans. from *Icius*); *Icius parvus* Tu & Zhu, 1986: 93 (*Icius parvus*); Chen & Zhang, 1991: 301 (*Icius parvus*); Logunov & Wesolowska, 1992: 139; Peng et al., 1993: 157 (*P. parvus*); Seo, 1995: 190; Song, Zhu & Chen, 1999: 538; Song, Zhu & Chen, 2001: 445; Namkung, 2002: 613; Cho & Kim, 2002: 119; Kim & Cho, 2002: 123; Namkung, 2003: 617; Ono, Ikeda & Kono, 2009: 572 (*Phintera p.*, lapsus) ; Zhu & Zhang, 2011: 495.
分布：北京（BJ）、山西（SX）；韩国、俄罗斯

波氏金蝉蛛 *Phintella popovi* (Prószyński, 1979)

Prószyński, 1978: 336 (*Icius p.*, nomen nudum); Prószyński, 1979: 311 (*Icius p.*); Song, Yu & Yang, 1982: 210 (*Icius p.*); Prószyński, 1983: 6 (*P. p.*, Trabs. from *Icius*); Hu, 1984: 367 (*Icius p.*); Dunin, 1984: 134 (*Icius p.*); Song, 1987: 294; Zhang, 1987: 240; Chen & Zhang, 1991: 291; Logunov & Wesolowska, 1992: 141; Peng et al., 1993: 158; Seo, 1995: 190; Song, Zhu & Chen, 1999: 538; Song, Zhu & Chen, 2001: 446; Namkung, 2002: 612; Cho & Kim, 2002: 120; Namkung,

2003: 616; Zhu & Zhang, 2011: 496.

分布：吉林（JL）、辽宁（LN）、北京（BJ）；韩国、俄罗斯

矮金蝉蛛 *Phintella pygmaea* (Wesolowska, 1981)

Wesolowska, 1981: 49 (*Euophrys p.*); Song, Zhu & Chen, 1999: 509 (*Euophrys p.*); Logunov & Marusik, 2000: 268 (*P. p.*, Trans. from *Euophrys*).

分布：广东（GD）

苏氏金蝉蛛 *Phintella suavis* (Simon, 1885)

Simon, 1885: 439 (*Thiania s.*); Simon, 1901: 548 (*Telamonia s.*); Prószyński, 1978: 336 (*Telamonia s.*); Prószyński, 1984: 106 (*P. s.*, Trans. from *Telamonia*); Żabka, 1985: 427; Peng et al., 1993: 160; Song, Zhu & Chen, 1999: 539.

分布：云南（YN）、广东（GD）；尼泊尔到马来西亚

类苏氏金蝉蛛 *Phintella suavisoides* Lei & Peng, 2013

Lei & Peng, 2013: 103.

分布：云南（YN）

腾冲金蝉蛛 *Phintella tengchongensis* Lei & Peng, 2013

Lei & Peng, 2013: 106.

分布：云南（YN）

多色金蝉蛛 *Phintella versicolor* (C. L. Koch, 1846)

C. L. Koch, 1846: 103 (*Plexippus v.*); Walckenaer, 1847: 426 (*Attus v.*); C. L. Koch, 1846: 72 (*Maevia picta*); Thorell, 1891: 117 (*Chrysilla p.*); Workman & Workman, 1894: 10 (*C. p.*); Simon, 1901: 544 (*C. v.*); Bösenberg & Strand, 1906: 334 (*Jotus munitus*); Bösenberg & Strand, 1906: 366 (*Chira albiocciput*); Dönitz & Strand, in Bösenberg & Strand, 1906: 398 (*Aelurillus dimorphus*); Strand, 1907: 569 (*Jotus munitus chinesicus*); Yaginuma, 1955: 14 (*J. m.*, Syn.); Saitō, 1959: 147 (*Aelurillus dimorphus*); Yaginuma, 1960: 107 (*Jotus munitus*); Schenkel, 1963: 446 (*Dexippus davidi*); Schenkel, 1963: 449 (*D. tschekiangensis*); Lee, 1966: 75 (*Jotus munitus*); Yaginuma, 1971: 107 (*Jotus m.*); Prószyński, 1973: 98 (*Chrysilla v.*); Yaginuma, 1977: 398 (*C. v.*, Syn.); Yin & Wang, 1979: 32 (*Jotus munitus*); Wesolowska, 1981: 59 (*Icius m.*, Trans. from *Jotus*); Wesolowska, 1981: 135 (*I. davidi*, Trans. from *Dexippus*); Wesolowska, 1981: 135 (*I. tschekiangensis*, Trans. from *Dexippus*); Song, 1982: 102 (*Chrysilla v.*, Syn.); Prószyński, 1983: 44 (*P. v.*, Trans. from *Chrysilla*, Syn.); Prószyński, 1983: 6 (*P. davidi*); Prószyński, 1983: 6; Prószyński, 1983: 7 (*P. tschekiangensis*, Trans. from *Icius*); Prószyński, 1984: 155, 170 (*P. caprina*, Trans. from *Viciria*, misidentified); Hu, 1984: 370 (*Jotus munitus*); Żabka, 1985: 211 (*Chrysilla v.*, Syn.); Yaginuma, 1986: 231; Song, 1987: 288; Maddison, 1987: 103; Prószyński, 1987: 152, 161 (*P. v.*, Syn.); Feng, 1990: 202; Chen & Gao, 1990: 191 (*P. v.*, Syn.); Chen & Zhang, 1991: 290; Peng et al., 1993: 162; Zhao, 1993: 411; Song, Chen & Zhu, 1997: 1738; Song, Zhu & Chen, 1999: 539; Hu, 2001: 403; Namkung, 2003: 620; Zhu & Zhang, 2011: 497; Yin et al., 2012: 1429.

异名：

Phintella albiocciput (Bösenberg & Strand, 1906, Trans. from *Chira*); Prószyński, 1983: 44 (Syn., after Yaginuma, 1955: 14);

P. dimorphus (Dönitz & Strand, 1906, Trans. from *Aelurillus*); Yaginuma, 1955: 14 (Syn., sub. *Jotus munitus*);

P. munita (Bösenberg & Strand, 1906, Trans. from *Icius*); Yaginuma, 1977: 398 (Syn., sub. *Chrysilla*);

P. munita chinesica (Strand, 1907, Trans. from *Jotus*); Chen & Gao, 1990: 191 (Syn.);

P. davidi (Schenkel, 1963, Trans. from *Dexippus* per Schenkel, *Icius* per Wesolowska, 1981: 135); Song, 1982: 102 (Syn.);

P. tschekiangensis (Schenkel, 1963, Trans. from *Dexippus* per Schenkel, *Icius* per Wesolowska, 1981: 135); Żabka, 1985: 211 (Syn.).

分布：青海（QH）、安徽（AH）、浙江（ZJ）、江西（JX）、湖南（HN）、湖北（HB）、四川（SC）、贵州（GZ）、云南（YN）、西藏（XZ）、台湾（TW）、广东（GD）、广西（GX）；韩国、日本、马来西亚、苏门答腊岛、夏威夷

悦金蝉蛛 *Phintella vittata* (C. L. Koch, 1846)

C. L. Koch, 1846: 125 (*Plexippus vittatus*); C. L. Koch, 1846: 169 (*Hyllus alternans*); Simon, 1864: 326 (*Thiania v.*); Thorell, 1891: 83 (*Maevia alternans*); Thorell, 1892: 335 (*Maevia v.*); Workman & Workman, 1894: 11 (*M. alternans*); Simon, 1901: 540, 541, 548 (*Telamonia v.*); Tikader, 1967: 117 (*Salticus ranjitus*); Prószyński, 1971: 390 (*Chrysilla v.*, Trans. from *Telamonia*); Tikader & Biswas, 1981: 89 (*Salticus ranjitus*); Żabka, 1985: 429 (*P. v.*, Trans. from *Chrysilla*); Prószyński, 1990: 281 (*P. v.*, Syn.); Prószyński, 1992: 200; Peng et al., 1993: 164; Song, Zhu & Chen, 1999: 539.

异名：

Phintella ranjita (Tikader, 1967, Trans. from *Salticus*); Prószyński, 1990: 281 (Syn.).

分布：云南（YN）；印度到菲律宾

尹氏金蝉蛛 *Phintella yinae* Lei & Peng, 2013

Lei & Peng, 2013: 108.

分布：云南（YN）

绯蛛属 *Phlegra* Simon, 1876

Simon, 1876: 123. Type species: *Attus fasciatus* Hahn, 1826

灰带绯蛛 *Phlegra cinereofasciata* (Simon, 1868)

Simon, 1868: 554 (*Attus cineroeo-fasciatus*); Simon, 1876: 122 (*P. cinereo-fasciata*); Kulczyński, in Chyzer & Kulczyński, 1891: 33 (*P. fuscipes*); Miller, 1971: 134 (*P. f.*); Prószyński, 1982: 288; Heimer & Nentwig, 1991: 514; Peng, 1992: 10; Peng et al., 1993: 169; Fuhn & Gherasim, 1995: 62; Logunov, 1996: 548; Metzner, 1999: 69; Song, Zhu & Chen, 1999: 539; Azarkina, 2004: 82 (*P. c.*, Syn.).

异名：

Phlegra fuscipes Kulczyński, 1891; Azarkina, 2004: 82 (Syn.).

分布：吉林（JL）、内蒙古（NM）；法国到中亚

带绯蛛 *Phlegra fasciata* (Hahn, 1826)

Fabricius, 1793: 428 (*Aranea elegans*; preoccupied); Hahn, 1826: 1 (*Attus fasciatus*); Hahn, 1832: 54 (*Salticus fasciatus*); Sundevall, 1833: 204 (*Attus niger*); Walckenaer, 1837: 443 (*A. divisus*, replacement name for *Aranea elegans*); C. L. Koch, 1846: 4 (*Euophrys aprica*); C. L. Koch, 1850: 65 (*Parthenia f.*); Simon, 1864: 312 (*Ino nigra*); Simon, 1868: 552 (*Attus fasciatus*); Simon, 1868: 560 (*A. subfasciatus*); Simon, 1871: 176 (*A. luteofasciatus*); Thorell, 1873: 385 (*Aelurops f.*); Simon, 1876: 123; L. Koch, 1876: 348 (*Aelurops nobilis*); Menge, 1877: 475 (*A. f.*); Bertkau, 1880: 234 (*Ictidops f.*); Becker, 1882: 51; Dahl, 1883: 78 (*Yllenus f.*); Bösenberg, 1903: 422; Schenkel, 1918: 101 (*P. delesserti*); Reimoser, 1919: 112 (*P. nobilis*); Dahl, 1926: 27; Simon, 1937: 1222, 1224; Simon, 1937: 1222, 1266 (*P. f. luteofasciata*); Palmgren, 1943: 37; Tullgren, 1944: 21; Locket & Millidge, 1951: 237; Kekenbosch, 1961: 14; Azheganova, 1968: 141; Vilbaste, 1969: 202; Prószyński, 1971: 251 (*P. f.*, Syn.); Zhou & Song, 1988: 7; Peng, 1989: 159; Hu & Wu, 1989: 383; Hänggi, 1990: 163 (*P. f.*, Syn.); Peng et al., 1993: 166; Song, Zhu & Chen, 1999: 539; Namkung, 2003: 568; Wunderlich, 2008: 716; Ono, Ikeda & Kono, 2009: 567.

异名：

Phlegra fasciata subfasciata (Simon, 1868, Trans. from *Attus*); Prószyński, 1971: 251 (Syn.);

P. nobilis (L. Koch, 1876, Trans. from *Aelurops*); Hänggi, 1990: 163 (Syn.);

P. delesserti Schenkel, 1918; Hänggi, 1990: 163 (Syn.).

分布：吉林（JL）、新疆（XJ）；古北界

闪烁绯蛛 *Phlegra micans* Simon, 1901

Simon, 1901: 64.

分布：香港（HK）

皮氏绯蛛 *Phlegra pisarskii* Żabka, 1985

Żabka, 1985: 431; Zhang, Song & Zhu, 1992: 5; Song, Zhu & Chen, 1999: 539.

分布：云南（YN）、西藏（XZ）、广西（GX）、海南（HI）；越南

半暗绯蛛 *Phlegra semipullata* Simon, 1901

Simon, 1901: 65.

分布：香港（HK）

西藏绯蛛 *Phlegra thibetana* Simon, 1901

Simon, 1901: 73; Prószyński, 1978: 14; Song, Zhu & Chen, 1999: 539.

分布：西藏（XZ）；不丹

榆中绯蛛 *Phlegra yuzhongensis* Yang & Tang, 1996

Yang & Tang, 1996: 104.

分布：甘肃（GS）

拟蝇虎属 *Plexippoides* Prószyński, 1984

Prószyński, 1984: 400. Type species: *Salticus flavescens* O. P.-Cambridge, 1872

异名：

Menemerops Prószyński, 1992; Wesolowska, 1996: 34 (Syn.).

环足拟蝇虎 *Plexippoides annulipedis* (Saitō, 1939)

Saitō, 1939: 40 (*Plexippus a.*); Kataoka, 1970: 48 (*Plexippus a.*); Prószyński, 1976: 156 (*P. a.*, Trans. into generic nomen nudum); Song, Li & Wang, 1983: 23 (*P. a.*, following above placement); Prószyński, 1984: 400 (*P. a.*, Trans. from *Plexippus*); Yaginuma, 1986: 226; Bohdanowicz & Prószyński, 1987: 120; Zhang, 1987: 252; Chikuni, 1989: 152; Song, Zhu & Chen, 1999: 539; Song, Zhu & Chen, 2001: 447; Namkung, 2002: 566; Cho & Kim, 2003: 14; Namkung, 2003: 576; Ono, Ikeda & Kono, 2009: 574.

分布：河北（HEB）；韩国、日本

角拟蝇虎 *Plexippoides cornutus* Xie & Peng, 1993

Xie & Peng, 1993: 19; Peng et al., 1993: 172; Song, Zhu & Chen, 1999: 540.

分布：贵州（GZ）

指状拟蝇虎 *Plexippoides digitatus* Peng & Li, 2002

Peng & Li, 2002: 717; Peng, Chen & Zhao, 2004: 80; Zhu & Zhang, 2011: 498.

分布：甘肃（GS）

盘触拟蝇虎 *Plexippoides discifer* (Schenkel, 1953)

Schenkel, 1953: 88 (*Plexippus d.*); Prószyński, 1976: 156 (*P. d.*, Trans. into generic nomen nudum); Yin & Wang, 1979: 38 (*Plexippus d.*); Yin & Wang, 1981: 271 (*Plexippus d.*); Hu, 1984: 384 (*Plexippus d.*); Zhu et al., 1985: 210; Prószyński, 1984: 400 (*P. d.*, Trans. from *Plexippus*); Zhang, 1987: 253; Chen & Gao, 1990: 192; Chen & Zhang, 1991: 299 (*P. discifos*); Peng et al., 1993: 173; Zhao, 1993: 417; Song, Zhu & Chen, 1999: 540; Song, Zhu & Chen, 2001: 448; Zhu & Zhang, 2011: 499; Yin et al., 2012: 1433.

分布：河北（HEB）、北京（BJ）、山西（SX）、山东（SD）、浙江（ZJ）、湖南（HN）

德氏拟蝇虎 *Plexippoides doenitzi* (Karsch, 1879)

Karsch, 1879: 86 (*Hasarius d.*); Bösenberg & Strand, 1906: 368 (*Hasarius d.*); Prószyński, 1973: 110 (*Hasarius d.*); Yin & Wang, 1979: 31 (*Hasarius d.*); Hu, 1984: 364 (*Hasarius d.*); Prószyński, 1984: 400 (*P. d.*, Trans. from *Hasarius*); Yaginuma, 1986: 226; Bohdanowicz & Prószyński, 1987: 122; Chikuni, 1989: 152; Chen & Gao, 1990: 193; Chen & Zhang, 1991: 298; Song, Zhu & Chen, 1999: 540; Namkung, 2002: 565; Cho & Kim, 2002: 122; Kim & Cho, 2002: 124; Namkung, 2003: 569; Ono, Ikeda & Kono, 2009: 576; Yin et al., 2012: 1435.

分布：浙江（ZJ）、湖南（HN）、四川（SC）、广东（GD）；韩国、日本

金陵拟蝇虎 *Plexippoides jinlini* Yang, Zhu & Song, 2006

Yang, Zhu & Song, 2006: 14.

分布：云南（YN）

长拟蝇虎 *Plexippoides longus* Zhu et al., 2005

Zhu et al., 2005: 538.

分布：贵州（GZ）

弹簧拟蝇虎 *Plexippoides meniscatus* Yang, Zhu & Song, 2006

Yang, Zhu & Song, 2006: 13 (*P. m.*: referred to as *P. springiformes* in abstract and introduction).

分布：云南（YN）

波氏拟蝇虎 *Plexippoides potanini* Prószyński, 1984

Prószyński, 1976: 187 (*P. p.*, nomen nudum); Prószyński, 1984: 401; Peng et al., 1993: 175; Song, Zhu & Chen, 1999: 540; Yin et al., 2012: 1436.

分布：湖南（HN）、四川（SC）

王拟蝇虎 *Plexippoides regius* Wesolowska, 1981

Wesolowska, 1981: 73 (*P. r.*, placed in generic nomen nudum); Dunin, 1984: 137; Paik, 1985: 49; Zhu et al., 1985: 211 (*P. rigius*); Hu, Wang & Wang, 1991: 49; Peng et al., 1993: 176; Song, Chen & Zhu, 1997: 1739; Kim & Yoo, 1997: 71 (*P. joopili*; not seen); Song, Zhu & Chen, 1999: 540; Namkung, Kim & Lee, 2000: 336, 338 (*P. r.*, Syn.); Song, Zhu & Chen, 2001: 449; Namkung, 2002: 567; Cho & Kim, 2002: 123; Kim & Cho, 2002: 125; Namkung, 2003: 571; Zhu & Zhang, 2011: 500; Yin et al., 2012: 1437.

异名：

Plexippoides joopili Kim & Yoo, 1997; Namkung, Kim & Lee, 2000: 336, 338 (Syn.).

分布：吉林（JL）、北京（BJ）、山西（SX）、安徽（AH）、浙江（ZJ）、湖南（HN）、四川（SC）；韩国、俄罗斯

类王拟蝇虎 *Plexippoides regiusoides* Peng & Li, 2008

Peng & Li, in Peng, Tang & Li, 2008: 250.

分布：湖北（HB）

四川拟蝇虎 *Plexippoides szechuanensis* Logunov, 1993

Logunov, 1993: 57; Song, Zhu & Chen, 1999: 540.

分布：四川（SC）

壮拟蝇虎 *Plexippoides validus* Xie & Yin, 1991

Xie & Yin, 1991: 30; Peng et al., 1993: 178; Song, Zhu & Chen, 1999: 540; Yin et al., 2012: 1439.

分布：湖南（HN）、贵州（GZ）

张氏拟蝇虎 *Plexippoides zhangi* Peng et al., 1998

Peng et al., 1998: 38; Yin et al., 2012: 1440.

分布：江西（JX）、湖南（HN）、贵州（GZ）

蝇虎属 *Plexippus* C. L. Koch, 1846

C. L. Koch, 1846: 107. Type species: *Attus paykullii* Audouin, 1826

异名：

Apamamia Roewer, 1944; Ledoux & Hallé, 1995: 12 (Syn.);
Hissarinus Charitonov, 1951; Andreeva, 1975: 339 (Syn.).

不丹蝇虎 *Plexippus bhutani* Żabka, 1990

Żabka, 1990: 173; Xie & Peng, 1993: 21; Peng et al., 1993: 180; Song, Zhu & Chen, 1999: 540; Peng & Li, 2003: 750.

分布：云南（YN）；不丹

未名蝇虎 *Plexippus incognitus* Dönitz & Strand, 1906

Dönitz & Strand, in Bösenberg & Strand, 1906: 399; Lee, 1966: 74; Namkung, Paik & Yoon, 1972: 95; Yaginuma, 1977: 400 (*P. paykulli*, Syn., rejected); Prószyński, 1979: 319 (*Yaginumaella incognita*, Trans. from *Plexippus*, rejected); Hu, 1984: 384.

分布：台湾（TW）；韩国、日本

黑色蝇虎 *Plexippus paykulli* (Audouin, 1826)

Audouin, 1826: 409 (*Attus paykullii*); Walckenaer, 1837: 426 (*Attus ligo*); C. L. Koch, 1846: 107 (*P. ligo*); Lucas, 1846: 136 (*Salticus vaillanttii*); Doleschall, 1859: 14 (*Salticus culicivorus*); Vinson, 1863: 52, 301 (*Attus africanus*); Simon, 1864: 328 (*Philia vaillanti*); Simon, 1864: 313 (*Parthenia africana*); L. Koch, 1865: 874 (*Euophrys delibuta*); Blackwall, 1868: 403 (*Salticus diversus*); Simon, 1868: 601 (*Attus p.*); Butler, 1876: 440 (*Salticus rodericensis*); Simon, 1876: 81 (*Hasarius p.*); Thorell, 1877: 568 (*Menemerus culicivorus*); Butler, 1878: 507 (*Salticus rodericensis*); Thorell, 1878: 237 (*Menemerus culicivorus*); Karsch, 1878: 25 (*P. punctatus*); Thorell, 1881: 501 (*Menemerus p.*); Karsch, 1881: 16 (*Plexippus planipudens*); Keyserling, 1883: 1442 (*Cyrba planipudens*); Keyserling, 1883: 1461 (*Menemerus culicivorus*); Peckham & Peckham, 1886: 296; Thorell, 1887: 373 (*P. culicivorus*); Peckham & Peckham, 1888: 84 (*Menemerus p.*); Marx, 1889: 99 (*M. p.*); F. O. P.-Cambridge, 1901: 240 (*Thotmes p.*); Simon, 1903: 712, 735; Simon, 1903: 728 (*Artabrus planipudens*); Pocock, 1904: 804 (*Thotmes p.*); Bösenberg & Strand, 1906: 362; Hogg, 1915: 512; Gravely, 1922: 1049; Hogg, 1922: 307 (*Menemerus crassus*); Chamberlin, 1924: 33 (*Hyllus mimus*); Petrunkevitch, 1930: 156; Berland, 1932: 397; Berland, 1933: 60 (*Sandalodes magnus*); Dyal, 1935: 225; Simon, 1937: 1242; Fox, 1937: 17 (*P. p.*, Syn.); Sherriffs, 1939: 197; Nakatsudi, 1943: 169; Roewer, 1944: 7 (*Apamamia bocki*); Berland, 1945: 24 (*P. p.*, Syn.); Mello-Leitão, 1946: 29 (*P. quadriguttatus*); Saitō, 1959: 159; Yaginuma, 1966: 33; Lee, 1966: 74; Tikader, 1967: 120; Chrysanthus, 1968: 61; Tikader, 1974: 211 (*Marpissa bengalensis*); Tikader, 1974: 213 (*Marpissa mandali*); Prószyński, 1976: 156; Yin & Wang, 1979: 37; Galiano, 1979: 34 (*P. p.*, Syn.); Song, 1980: 201; Tikader & Biswas, 1981: 95 (*Marpissa bengalensis*); Tikader & Biswas, 1981: 100 (*P. p.*,

Syn.); Wang, 1981: 135; Yin, Wang & Hu, 1983: 34; Nenilin, 1984: 6 (*P. mandali*, Trans. from *Marpissa*); Nenilin, 1984: 6 (*P. bengalensis*, Trans. from *Marpissa*); Hu, 1984: 386; Wanless, 1984: 64; Żabka, 1985: 432 (*P. p.*, Syn.); Guo, 1985: 182; Zhu et al., 1985: 212; Song, 1987: 300; Zhang, 1987: 250; Hu & Li, 1987: 331 (*Marpissa bengalensis*); Żabka, 1990: 170 (*P. p.*, Syn.); Feng, 1990: 213; Chen & Gao, 1990: 194; Chen & Zhang, 1991: 296; Song, Zhu & Li, 1993: 886; Peng et al., 1993: 181; Zhao, 1993: 417; Ledoux & Hallé, 1995: 12 (*P. p.*, Syn.); Song, Zhu & Chen, 1999: 540; Hu, 2001: 406; Song, Zhu & Chen, 2001: 451; Peng & Li, 2003: 752; Namkung, 2003: 572; Prószyński, 2009: 162 (*P. p.*, Syn.); Zhu & Zhang, 2011: 502; Yin et al., 2012: 1442; Ahmed & Ahmed, 2012: 42; Ramírez, 2014: 259.

异名：

Plexippus punctatus Karsch, 1878; Żabka, 1985: 432 (Syn.);
P. planipudens Karsch, 1881 (Trans. from *Artabrus*); Prószyński, 2009: 162 (Syn.);
P. crassus (Hogg, 1922, Trans. from *Menemerus*); Żabka, 1985: 432 (Syn.);
P. mimus (Chamberlin, 1924, Trans. from *Hyllus*); Fox, 1937: 17 (Syn.);
P. magnus (Berland, 1933, Trans. from *Sandalodes*); Berland, 1945: 24 (Syn.);
P. bocki (Roewer, 1944, Trans. from *Apamamia*); Ledoux & Hallé, 1995: 12 (Syn.);
P. quadriguttatus Mello-Leitão, 1946; Galiano, 1979: 34 (Syn.);
P. bengalensis (Tikader, 1974, Trans. from *Marpissa*); Żabka, 1990: 170 (Syn.);
P. mandali (Tikader, 1974, Trans. from *Marpissa*); Tikader & Biswas, 1981: 100 (Syn.).

分布：河北（HEB）、山西（SX）、山东（SD）、河南（HEN）、陕西（SN）、安徽（AH）、江苏（JS）、浙江（ZJ）、江西（JX）、湖南（HN）、湖北（HB）、四川（SC）、贵州（GZ）、云南（YN）、西藏（XZ）、福建（FJ）、台湾（TW）、广东（GD）、广西（GX）；世界性分布

沟渠蝇虎 *Plexippus petersi* (Karsch, 1878)

Karsch, 1878: 332 (*Euophrys petersii*); Simon, 1903: 728; Żabka, 1985: 433; Prószyński, 1987: 80; Próchniewicz, 1989: 219; Żabka, 1990: 172; Song & Chai, 1991: 21; Xie, 1993: 359; Peng et al., 1993: 183; Barrion & Litsinger, 1995: 83; Song, Zhu & Chen, 1999: 541; Peng & Li, 2003: 752; Jang, Choe & Kim, 2007: 101; Yin et al., 2012: 1443.

分布：湖南（HN）、云南（YN）、广东（GD）、广西（GX）、海南（HI）；非洲到日本、菲律宾、夏威夷

条纹蝇虎 *Plexippus setipes* Karsch, 1879

Karsch, 1879: 89; Bösenberg & Strand, 1906: 364; Schenkel, 1963: 456 (*Dexippus berlandi*); Yaginuma, 1966: 33; Prószyński, 1973: 120 (*P. s.*, misidentified, Syn.); Yin & Wang, 1979: 37; Song, 1980: 202; Wang, 1981: 136; Hu, 1984: 387; Żabka, 1985: 436; Guo, 1985: 183; Zhu et al., 1985: 213; Yaginuma, 1986: 235; Song, 1987: 301; Bohdanowicz & Prószyński, 1987: 117; Zhang, 1987: 251; Chikuni, 1989: 152; Feng, 1990: 214; Chen & Gao, 1990: 194; Chen & Zhang, 1991: 297; Song, Zhu & Li, 1993: 886; Peng et al., 1993: 185; Zhao, 1993: 419; Barrion & Litsinger, 1994: 288; Wesolowska, 1996: 38; Song, Zhu & Chen, 1999: 541; Song, Zhu & Chen, 2001: 452; Yoo & Kim, 2002: 26; Namkung, 2002: 569; Cho & Kim, 2002: 125; Kim & Cho, 2002: 125; Peng & Li, 2003: 755; Namkung, 2003: 573; Ono, Ikeda & Kono, 2009: 576; Zhu & Zhang, 2011: 503; Yin et al., 2012: 1443.

异名：

Plexippus berlandi (Schenkel, 1963, Trans. from *Dexippus*); Prószyński, 1973: 120 (Syn.).

分布：河北（HEB）、山西（SX）、山东（SD）、河南（HEN）、陕西（SN）、甘肃（GS）、安徽（AH）、江苏（JS）、上海（SH）、浙江（ZJ）、江西（JX）、湖南（HN）、湖北（HB）、四川（SC）、云南（YN）、福建（FJ）、广东（GD）、广西（GX）；土库曼斯坦、韩国、越南

尹氏蝇虎 *Plexippus yinae* Peng & Li, 2003

Peng & Li, 2003: 755.

分布：云南（YN）

孔蛛属 *Portia* Karsch, 1878

Karsch, 1878: 774. Type species: *Portia schultzi* Karsch, 1878

异名：

Linus Peckham & Peckham, 1885; Wanless, 1978: 84 (Syn.);
Boethoportia Hogg, 1915; Clark in Prószyński, 1971: 385 (Syn., sub *Linus*);
Neccocalus Roewer, 1965; Wanless, 1978: 84 (Syn.).

缨孔蛛 *Portia fimbriata* (Doleschall, 1859)

Doleschall, 1859: 22 (*Salticus fimbriatus*); Thorell, 1878: 269 (*Sinis fimbriatus*); Peckham & Peckham, 1886: 289 (*Linus fimbriatus*); Pocock, 1899: 117 (*Linus alticeps*); Peckham & Peckham, 1901: 342 (*L. fimbriatus*); Simon, 1901: 411 (*L. fimbriatus*); Hogg, 1915: 502 (*Boethoportia ocellata*); Sherriffs, 1939: 196 (*L. fimbriatus*); Roewer, 1965: 17 (*L. fimbriatus*, probably misidentified); Chrysanthus, 1968: 49 (*L. fimbriatus*); Prószyński, 1971: 385 (*L. fimbriatus*, Syn.); Wanless, 1978: 99 (*P. f.*, Syn.); Wanless, 1984: 446; Davies & Żabka, 1989: 194; Chikuni, 1989: 157; Wijesinghe, 1990: 101; Jastrzębski, 1997: 711; Chang & Tso, 2004: 30; Ono, Ikeda & Kono, 2009: 564.

异名：

Portia alticeps (Pocock, 1899, Trans. from *Linus*); Wanless, 1978: 99 (Syn.);
P. ocellata (Hogg, 1915, Trans. from *Boethoportia*); Clark, in Prószyński, 1971: 385 (Syn.).

分布：台湾（TW）；尼泊尔、斯里兰卡到澳大利亚

异形孔蛛 *Portia heteroidea* Xie & Yin, 1991

Xie & Yin, 1991: 31; Peng et al., 1993: 187; Song, Chen & Zhu, 1997: 1740; Song, Zhu & Chen, 1999: 541; Zhu & Zhang, 2011: 504; Yin et al., 2012: 1448.

分布：陕西（SN）、甘肃（GS）、湖南（HN）、湖北（HB）、四川（SC）、贵州（GZ）

尖峰孔蛛 *Portia jianfeng* Song & Zhu, 1998

Song & Zhu, 1998: 26; Song, Zhu & Chen, 1999: 541; Peng & Li, 2002: 257.

分布：海南（HI）

唇须孔蛛 *Portia labiata* (Thorell, 1887)

Hasselt, 1882: 50 (*Sinis fimbriatus*, misidentified); Thorell, 1887: 354 (*Linus labiatus*); Thorell, 1890: 35 (*L. dentipalpis*); Thorell, 1892: 352 (*Erasinus dentipalpis*); Simon, 1903: 754 (*Erasinus labiatus*); Wanless, 1978: 103 (*P. l.*, Trans. from *Erasinus*); Prószyński and Żabka, 1980: 217; Murphy & Murphy, 1983: 43; Wanless, 1984: 192; Wanless, 1984: 446; Prószyński, 1984: 26; Wanless, 1987: 107; Zhu, Yang & Zhang, 2007: 513.

分布：云南（YN）；斯里兰卡到印度、菲律宾

东方孔蛛 *Portia orientalis* Murphy & Murphy, 1983

Murphy & Murphy, 1983: 40.

分布：香港（HK）

昆孔蛛 *Portia quei* Żabka, 1985

Żabka, 1985: 438; Song, Chen & Gong, 1990: 15; Chen & Zhang, 1991: 314; Peng et al., 1993: 188; Song, Zhu & Chen, 1999: 541; Yin et al., 2012: 1449.

分布：浙江（ZJ）、湖南（HN）、湖北（HB）、四川（SC）、贵州（GZ）、云南（YN）、广西（GX）；越南

宋氏孔蛛 *Portia songi* Tang & Yang, 1997

Tang & Yang, 1997: 353; Song, Zhu & Chen, 1999: 541; Peng & Li, 2002: 260.

分布：甘肃（GS）

台湾孔蛛 *Portia taiwanica* Zhang & Li, 2005

Zhang & Li, 2005: 226.

分布：台湾（TW）

吴氏孔蛛 *Portia wui* Peng & Li, 2002

Peng & Li, 2002: 260.

分布：广西（GX）

赵氏孔蛛 *Portia zhaoi* Peng, Li & Chen, 2003

Peng, Li & Chen, 2003: 50.

分布：广西（GX）

伪斑蛛属 *Pseudeuophrys* Dahl, 1912

Dahl, 1912: 589. Type species: *Attus erraticus* Walckenaer, 1826

磐田伪斑蛛 *Pseudeuophrys iwatensis* (Bohdanowicz & Prószyński, 1987)

Prószyński, 1976: 151 (*Euophrys i.*, nomen nudum); Prószyński, 1979: 306 (*E. erratica*, misidentified); Flanczewska, 1981: 192 (*E. e.*, misidentified); Seo, 1985: 13 (*E. e.*, misidentified); Bohdanowicz & Prószyński, 1987: 49 (*E. i.*); Paik, 1987: 12 (*E. e.*, misidentified); Chikuni, 1989: 149 (*E. i.*); Logunov, Cutler & Marusik, 1993: 106 (*E. i.*); Peng et al., 1993: 54 (*E. e.*, misidentified); Ikeda, 1996: 29 (*E. i.*); Logunov, 1998: 118 (*P. i.*, Trans. from *Euophrys*); Namkung, 2002: 588 (*P. erratica*, misidentified); Cho & Kim, 2002: 127 (*P. e.*, misidentified); Kim & Cho, 2002: 127 (*P. e.*, misidentified); Namkung, 2003: 592 (*P. erratica*, misidentified); Ono, Ikeda & Kono, 2009: 585.

分布：吉林（JL）、甘肃（GS）；韩国、日本、俄罗斯

侏伪斑蛛 *Pseudeuophrys obsoleta* (Simon, 1868)

Simon, 1868: 595 (*Attus obsoletus*); Simon, 1871: 172 (*A. pictilis*); Simon, 1876: 178 (*Euophrys pictilis*); Simon, 1876: 196 (*E. o.*); Kulczyński, in Chyzer & Kulczyński, 1891: 40 (*E. confusa*); Kolosváry, 1934: 16 (*E. caporiaccoi*); Simon, 1937: 1180, 1253 (*E. pictilis*); Schenkel, 1938: 18 (*E. pictilis*); Schenkel, 1938: 18 (*E. bacelari*); Bacelar, 1940: 100 (*E. pictilis*, Syn.); Miller, 1947: 90 (*E. p.*, Syn.); Millidge & Locket, 1955: 163 (*E. browningi*); Millidge & Locket, 1955: 165 (*E. o.*); Locket, Millidge & La Touche, 1958: 137 (*E. b.*); Cooke, 1962: 245 (*E. b.*); Cooke, 1963: 156 (*E. b.*); Tyschchenko, 1971: 86 (*E. o.*); Miller, 1971: 141 (*E. o.*); Locket, Millidge & Merrett, 1974: 29 (*E. b.*); Prószyński, 1976: 151 (*E. o.*); Prószyński, 1976: 151 (*E. b.*); Prószyński, 1979: 307 (*E. o.*); Flanczewska, 1981: 196 (*E. o.*); Legotai & Sekerskaya, 1982: 50 (*E. o.*); Roberts, 1985: 124 (*E. b.*); Prószyński, 1987: 24 (*E. confusa*); Hu & Li, 1987: 328 (*E. o.*); Legotai & Sekerskaya, 1989: 222 (*E. o.*); Hu & Wu, 1989: 362 (*E. o.*); Heimer & Nentwig, 1991: 498 (*E. o.*); Heimer & Nentwig, 1991: 498 (*E. b.*); Logunov, Cutler & Marusik, 1993: 107 (*E. o.*); Roberts, 1995: 198 (*E. b.*); Fuhn & Gherasim, 1995: 95 (*E. o.*); Żabka, 1997: 78 (*P. o.*, Trans. from *Euophrys*); Logunov, 1998: 119 *P. o.* (, Syn.); Roberts, 1998: 211 (*E. b.*); Metzner, 1999: 54; Hu, 2001: 385 (*E. o.*).

异名：

Pseudeuophrys pictilis (Simon, 1871, Trans. from *Euophrys*); Logunov, 1998: 119 (Syn.);

P. caporiaccoi (Kolosváry, 1934, Trans. from *Euophrys*); Miller, 1947: 90, 97 (Syn., sub. *Euophrys pictilis*);

P. bacelari (Schenkel, 1938, Trans. from *Euophrys*); Bacelar, 1940: 100 (Syn., sub. *Euophrys pictilis*);

P. browningi (Millidge & Locket, 1955, Trans. from *Euophrys*); Logunov, 1998: 119 (Syn.).

分布：新疆（XJ）、西藏（XZ）；古北界

拟伊蛛属 *Pseudicius* Simon, 1885

Simon, 1885: 28. Type species: *Aranea encarpata* Walckenaer, 1802

异名：

Savaiia Marples, 1957; Prószyński, 1990: 316 (Syn.).

剑桥拟伊蛛 *Pseudicius cambridgei* Prószyński & Żochowska, 1981

Prószyński & Żochowska, 1981: 23; Song, Zhu & Chen, 1999: 542.

分布：新疆（XJ）；中亚到中国

中华拟伊蛛 *Pseudicius chinensis* Logunov, 1995

Logunov, 1995: 242; Song, Zhu & Chen, 1999: 542.
分布：四川（SC）

环拟伊蛛 *Pseudicius cinctus* (O. P.-Cambridge, 1885)

O. P.-Cambridge, 1885: 99 (*Menemerus c.*); O. P.-Cambridge, 1885: 100 (*M. incertus*); Simon, 1889: 374 (*P. vittatus*); Spassky, 1952: 205 (*P. rufovittatus*); Andreeva, 1976: 90 (*P. r.*); Prószyński, 1979: 316 (*P. r.*); Prószyński & Żochowska, 1981: 26 (*P. c.*, Trans. from *Menemerus*, Syn.); Nenilin, 1984: 28 (*P. vittatus*, Syn.); Nenilin, 1984: 1177 (*P. c.*, Syn.); Andreeva, Hęciak & Prószyński, 1984: 351 (*Icius c.*); Prószyński, 1987: 49 (*I. c.*); Zhou & Song, 1988: 8 (*I. c.*); Hu & Wu, 1989: 374 (*I. c.*); Zhao, 1993: 399 (*I. c.*); Song, Zhu & Chen, 1999: 542 (*P. c.*, Syn.).
异名：
Pseudicius incertus (O. P.-Cambridge, 1885, Trans. from *Menemerus*); Song, Zhu & Chen, 1999: 542 (Syn.);
P. vittatus Simon, 1889; Nenilin, 1984: 1177 (Syn.); Prószyński, 1987: 49 (Syn.);
P. rufovittatus Spassky, 1952; Prószyński & Żochowska, 1981: 26 (Syn.); Nenilin, 1984: 28 (Syn.).
分布：新疆（XJ）；中亚到中国

考氏拟伊蛛 *Pseudicius courtauldi* Bristowe, 1935

Bristowe, 1935: 786; Andreeva, Hęciak & Prószyński, 1984: 373 (*Icius c.*); Song, Zhou, & Wang, 1991: 248 (*Icius c.*); Logunov, 1993: 51; Wesolowska, 1996: 38 (*P. courtlauldi*, lapsus); Metzner, 1999: 90; Song, Zhu & Chen, 1999: 542.
分布：新疆（XJ）；希腊到中国

大坡拟伊蛛 *Pseudicius dapoensis* Barrion, Barrion-Dupo & Heong, 2012

Barrion et al., 2012: 26.
分布：海南（HI）

删拟伊蛛 *Pseudicius deletus* (O. P.-Cambridge, 1885)

O. P.-Cambridge, 1885: 101 (*Menemerus d.*); Prószyński & Żochowska, 1981: 26 (*P. d.*, Trans. from *Menemerus*); Song, Zhu & Chen, 1999: 542.
分布：新疆（XJ）

寒冷拟伊蛛 *Pseudicius frigidus* (O. P.-Cambridge, 1885)

O. P.-Cambridge, 1885: 102 (*Menemerus f.*); Simon, 1889: 334 (*Phlegra icioides*); Simon, 1901: 629 (*Icius icioides*); Prószyński & Żochowska, 1981: 26 (*P. f.*, Trans. from *Menemerus*); Andreeva, Hęciak & Prószyński, 1984: 374 (*Icius f.*, Syn.); Prószyński, 1987: 56 (*I. f.*); Prószyński, 1992: 202; Song, Zhu & Chen, 1999: 542.
异名：
Pseudicius icioides (Simon, 1889, Trans. from *Icius*); Andreeva, Hęciak & Prószyński, 1984: 374 (Syn.).
分布：新疆（XJ）；阿富汗、巴基斯坦、印度

韩国拟伊蛛 *Pseudicius koreanus* Wesolowska, 1981

Wesolowska, 1981: 60; Yaginuma, 1986: 233 (*Icius k.*); Bohdanowicz & Prószyński, 1987: 67 (*Icius k.*); Xiao, 1993: 123 (*Icius k.*); Peng et al., 1993: 192; Song, Zhu & Chen, 1999: 542; Yin et al., 2012: 1451.
分布：湖南（HN）、云南（YN）、福建（FJ）、广西（GX）；韩国、日本

四川拟伊蛛 *Pseudicius szechuanensis* Logunov, 1995

Logunov, 1995: 242; Song, Zhu & Chen, 1999: 542.
分布：四川（SC）

狐拟伊蛛 *Pseudicius vulpes* (Grube, 1861)

Grube, 1861: 23 (*Attus v.*); Kulczyński, 1895: 59 (*P. orientalis*); Bösenberg & Strand, 1906: 339 (*Euophrys undulatovittata*); Bösenberg & Strand, 1906: 340 (*Euophrys breviaculeis*); Bösenberg & Strand, 1906: 345 (*Breda lambda-signata*); Yaginuma, 1960: 110 (*Euophrys undulato-vittata*); Namkung, 1964: 44 (*E. undulato-vittata*); Yaginuma, 1970: 670 (*E. undulatovittata*, Syn.); Yaginuma, 1971: 110 (*E. undulato-vittata*); Prószyński, 1971: 220 (*P. v.*, Trans. male from *Attus*=*Salticus*, Syn. of female); Yin & Wang, 1979: 29 (*Euophrys undulatovittata*); Wesolowska, 1981: 61; Andreeva, Hęciak & Prószyński, 1984: 357 (*Icius v.*); Hu, 1984: 360 (*Euophrys undulatovittata*); Hu, 1984: 371 (*Laufeia aenea*, misidentified); Prószyński, 1984: 68 (*Icius breviaculeis*, Trans. from *Euophrys*); Guo, 1985: 176 (*Laufeia aenea*, misidentified); Yaginuma, 1986: 239 (*Euophrys undulatovittata*); Song, 1987: 303 (*Icius v.*); Prószyński, 1987: 151-152 (*Icius v.*, Syn.); Bohdanowicz & Prószyński, 1987: 72 (*Icius v.*); Chikuni, 1989: 149 (*Icius v.*); Chen & Gao, 1990: 182 (*Euophryus undulatovittata*); Chen & Zhang, 1991: 300 (*Icius v.*); Peng et al., 1993: 194; Zhao, 1993: 394 (*Euophrys undulatovittata*); Tang & Yang, 1995: 61; Song, Zhu & Chen, 1999: 542; Song, Zhu & Chen, 2001: 455; Namkung, 2003: 602; Ono, Ikeda & Kono, 2009: 570; Zhu & Zhang, 2011: 507; Yin et al., 2012: 1453.
异名：
Pseudicius orientalis Kulczyński, 1895; Prószyński, 1971: 220 (Syn.);
P. lambdasignatus (Bösenberg & Strand, 1906, Trans. from *Breda*); Yaginuma, 1970: 670 (Syn., sub. *Euophrys undulatovitta*);
P. breviaculeis (Bösenberg & Strand, 1906, Trans. from *Euophrys*); Prószyński, 1987: 151-152 (Syn., sub *Icius*);
P. undulatovittatus (Bösenberg & Strand, 1906, Trans. from *Euophrys*); Bohdanowicz & Prószyński, 1987: 72 (Syn., sub *Icius*).
分布：黑龙江（HL）、吉林（JL）、北京（BJ）、河南（HEN）、陕西（SN）、浙江（ZJ）、江西（JX）、湖南（HN）、四川（SC）、贵州（GZ）、福建（FJ）；韩国、日本、俄罗斯

文山拟伊蛛 *Pseudicius wenshanensis* He & Hu, 1999

He & Hu, 1999: 32.

分布：云南（YN）

韦氏拟伊蛛 *Pseudicius wesolowskae* Zhu & Song, 2001

Zhu & Song, in Song, Zhu & Chen, 2001: 454.
分布：河北（HEB）

云南拟伊蛛 *Pseudicius yunnanensis* (Schenkel, 1963)

Schenkel, 1963: 426 (*Menemerus y.*); Wesolowska, 1981: 150 (*M. y.*); Song, Zhu & Chen, 1999: 534 (*M. y.*); Peng, Li & Rollard, 2003: 100 (*P. y.*, Trans. from *Menemerus*).
分布：云南（YN）

扎氏拟伊蛛 *Pseudicius zabkai* Song & Zhu, 2001

Song & Zhu, in Song, Zhu & Chen, 2001: 456.
分布：河北（HEB）

兜跳蛛属 *Ptocasius* Simon, 1885

Simon, 1885: 35. Type species: *Ptocasius weyersi* Simon, 1885

金希兜跳蛛 *Ptocasius kinhi* Żabka, 1985

Żabka, 1985: 440; Peng & Kim, 1998: 414.
分布：云南（YN）；越南

林芝兜跳蛛 *Ptocasius linzhiensis* Hu, 2001

Hu, 2001: 407.
分布：西藏（XZ）

山形兜跳蛛 *Ptocasius montiformis* Song, 1991

Song, 1991: 163; Song, Zhu & Chen, 1999: 543.
分布：云南（YN）

宋氏兜跳蛛 *Ptocasius songi* Logunov, 1995

Logunov, 1995: 243; Song, Zhu & Chen, 1999: 543.
分布：四川（SC）

毛垛兜跳蛛 *Ptocasius strupifer* Simon, 1901

Simon, 1901: 65; Simon, 1903: 780; Żabka, 1985: 441; Chen & Zhang, 1991: 317; Song, Zhu & Li, 1993: 887; Peng et al., 1993: 196; Song, Chen & Zhu, 1997: 1740; Song, Zhu & Chen, 1999: 543; Peng, Tso & Li, 2002: 9; Zhu & Zhang, 2011: 509; Yin et al., 2012: 1456; Kaur et al., 2014: 503.
分布：浙江（ZJ）、湖南（HN）、云南（YN）、福建（FJ）、台湾（TW）、广西（GX）、香港（HK）；越南

饰圈兜跳蛛 *Ptocasius vittatus* Song, 1991

Song, 1991: 164; Song, Zhu & Chen, 1999: 543.
分布：海南（HI）

云南兜跳蛛 *Ptocasius yunnanensis* Song, 1991

Song, 1991: 165; Song, Zhu & Chen, 1999: 543.
分布：云南（YN）

宽胸蝇虎属 *Rhene* Thorell, 1869

Thorell, 1869: 37. Type species: *Rhanis flavigera* C. L. Koch, 1846

阿贝宽胸蝇虎 *Rhene albigera* (C. L. Koch, 1846)

C. L. Koch, 1846: 87 (*Rhanis a.*); Simon, 1886: 353 (*Homalattus albiger*); Peng et al., 1993: 198; Song, Zhu & Chen, 1999: 543; Namkung, 2003: 581; Ono, Ikeda & Kono, 2009: 580; Zhu & Zhang, 2011: 510; Yin et al., 2012: 1458.
分布：湖南（HN）、云南（YN）、福建（FJ）、广西（GX）；印度到日本、苏门答腊岛

暗宽胸蝇虎 *Rhene atrata* (Karsch, 1881)

Karsch, 1881: 39 (*Homalattus atratus*); Bösenberg & Strand, 1906: 355; Strand, 1918: 105; Saitō, 1959: 157; Namkung, 1964: 45; Lee, 1966: 75; Prószyński, 1973: 102 (*Dendryphantes atratus*, Trans. from *Rhene*, rejected); Prószyński, 1976: 149 (*Dendryphantes atratus*); Chikuni, 1977: 10; Yin & Wang, 1979: 29 (*Dendryphantes atratus*); Prószyński, 1979: 304 (*D. atratus*); Paik & Namkung, 1979: 78 (*D. atratus*); Wesolowska, 1981: 47 (*R. a.*, rejected Trans.); Hu, 1984: 357 (*Dendryphantes afrata*); Hu, 1984: 388; Dunin, 1984: 137; Yaginuma, 1986: 237; Chikuni, 1989: 147; Chen & Gao, 1990: 195; Chen & Zhang, 1991: 306 (*Dendryphantes atratus*); Song, Zhu & Li, 1993: 887; Peng et al., 1993: 200; Zhao, 1993: 421; Song, Chen & Zhu, 1997: 1741; Song, Zhu & Chen, 1999: 543; Namkung, 2003: 580; Zhu & Zhang, 2011: 511; Yin et al., 2012: 1460.
分布：山东（SD）、河南（HEN）、浙江（ZJ）、湖南（HN）、四川（SC）、贵州（GZ）、云南（YN）、福建（FJ）、台湾（TW）、广东（GD）、广西（GX）；韩国、日本、俄罗斯

叉宽胸蝇虎 *Rhene biembolusa* Song & Chai, 1991

Song & Chai, 1991: 23; Peng, Xie & Kim, 1994: 32; Song, Zhu & Chen, 1999: 543.
分布：贵州（GZ）、云南（YN）、广东（GD）、广西（GX）、海南（HI）

雪亮宽胸蝇虎 *Rhene candida* Fox, 1937

Fox, 1937: 18.
分布：四川（SC）

指状宽胸蝇虎 *Rhene digitata* Peng & Li, 2008

Peng & Li, in Peng, Tang & Li, 2008: 251.
分布：湖北（HB）

黄宽胸蝇虎 *Rhene flavigera* (C. L. Koch, 1846)

C. L. Koch, 1846: 86 (*Rhanis f.*); Thorell, 1869: 37; Prószyński, 1984: 119-121; Żabka, 1985: 443; Chen & Zhang, 1991: 313; Peng et al., 1993: 201; Maddison, 1996: 332; Song, Zhu & Chen, 1999: 543; Yin et al., 2012: 1462.
分布：浙江（ZJ）、湖南（HN）、云南（YN）、福建（FJ）、广西（GX）；越南到苏门答腊岛

印度宽胸蝇虎 *Rhene indica* Tikader, 1973

Tikader, 1973: 68 (*R. indicus*); Tikader & Biswas, 1981: 102 (*R. indicus*); Brignoli, 1983: 653; Hu & Li, 1987: 333 (*R. indicus*); Hu, 2001: 413.
分布：西藏（XZ）；印度、安达曼群岛

伊皮斯宽胸蝇虎 *Rhene ipis* Fox, 1937

Fox, 1937: 18; Prószyński, 1987: 83.

分布：四川（SC）

普拉纳宽胸蝇虎 *Rhene plana* (Schenkel, 1936)

Schenkel, 1936: 244 (*Ballus planus*); Logunov, 1993: 51 (*R. planus*, Trans. from *Ballus*); Song, Zhu & Chen, 1999: 558.

分布：甘肃（GS）

锈宽胸蝇虎 *Rhene rubrigera* (Thorell, 1887)

Thorell, 1887: 347 (*Homalattus rubriger*); Thorell, 1887: 350 (*H. analis*); Simon, 1888: 203 (*H. phoeniceus*); Thorell, 1891: 104 (*H. albostriatus*); F. O. P.-Cambridge, 1901: 295 (*Homalattoides phoeniceus*); Simon, 1901: 635, 638 (*R. phoenicea*); Simon, 1901: 639 (*R. analis*); Simon, 1903: 842 (*Ligurra albostriata*); Galiano, 1963: 427 (*R. phoenicea*); Żabka, 1985: 444 (*R. rubigera*, Syn.); Peng, 1989: 159 (*R. rubigera*); Peng et al., 1993: 203; Song, Zhu & Chen, 1999: 538; Yin et al., 2012: 1463.

异名：

Rhene phoenicea (Simon, 1888, Trans. from *Homalattus*); Żabka, 1985: 444 (Syn.);

R. albostriata (Thorell, 1891, Trans. from *Homalattus*); Żabka, 1985: 444 (Syn.).

分布：湖南（HN）、湖北（HB）、贵州（GZ）、云南（YN）、广东（GD）；印度、苏门答腊岛、夏威夷

条纹宽胸蝇虎 *Rhene setipes* Żabka, 1985

Żabka, 1985: 445; Tanikawa, 1993: 17; Peng & Li, 2002: 471; Ono, Ikeda & Kono, 2009: 580.

分布：广西（GX）；越南、琉球群岛

三突宽胸蝇虎 *Rhene triapophyses* Peng, 1995

Peng, 1995: 35; Song, Zhu & Chen, 1999: 538.

分布：云南（YN）

跳蛛属 *Salticus* Latreille, 1804

Latreille, 1804: 136. Type species: *Araneus scenicus* Clerck, 1757

益跳蛛 *Salticus beneficus* (O. P.-Cambridge, 1885)

O. P.-Cambridge, 1885: 103 (*Attus beneficus*).

分布：新疆（XJ）

德沃特跳蛛 *Salticus devotus* (O. P.-Cambridge, 1885)

O. P.-Cambridge, 1885: 102 (*Attus devotus*).

分布：新疆（XJ）

宽齿跳蛛 *Salticus latidentatus* Roewer, 1951

Kulczyński, 1895: 56 (*Epiblemum latidens*; preoccupied by Doleschall, 1889, sub. *Salticus*); Simon, 1901: 601 (*S. latidens*); Roewer, 1951: 454 (*S. l.*, replacement name); Schenkel, 1963: 410 (*S. potanini*); Wesolowska, 1981: 79 (*S. p.*); Wesolowska, 1981: 155 (*S. p.*); Prószyński, 1982: 288 (*S. p.*); Prószyński, 1984: 128 (*S. latidens*); Tu & Zhu, 1986: 94 (*S. p.*); Zhang & Zhu, 1987: 33 (*S. p.*); Zhang, 1987: 254 (*S. p.*); Zhou & Song, 1988: 8 (*S. p.*); Hu & Wu, 1989: 383 (*S. p.*); Chen & Gao, 1990: 197 (*S. p.*); Peng et al., 1993: 206 (*S. p.*); Song, Zhu & Chen, 1999: 558 (*S. p.*); Hu, 2001: 413 (*S. p.*); Song, Zhu & Chen, 2001: 458 (*S. p.*); Logunov & Marusik, 2001: 198 (*S. l.*, Syn.).

异名：

Salticus potanini Schenkel, 1963; Logunov & Marusik, 2001: 198 (Syn.).

分布：吉林（JL）、内蒙古（NM）、河北（HEB）、山西（SX）、陕西（SN）、宁夏（NX）、青海（QH）、新疆（XJ）、江苏（JS）、浙江（ZJ）、湖南（HN）、湖北（HB）、四川（SC）、台湾（TW）；蒙古、俄罗斯

西菱蛛属 *Sibianor* Logunov, 2001

Logunov, 2001: 261. Type species: *Heliophanus aurocinctus* Ohlert, 1865

安氏西菱头蛛 *Sibianor annae* Logunov, 2001

Logunov, 2001: 264.

分布：广东（GD）

斜纹西菱头蛛 *Sibianor aurocinctus* (Ohlert, 1865)

Ohlert, 1865: 11 (*Heliophanus a.*); Simon, 1868: 628 (*Attus aenescens*); Thorell, 1873: 405 (*Ballus aenescens*); Simon, 1876: 206 (*Ballus aenescens*); Menge, 1877: 482 (*Oedipus aenescens*); Peckham & Peckham, 1886: 323 (*Oedipus a.*); Simon, 1901: 638 (*Bianor aenescens*); Bösenberg, 1903: 445 (*Oedipus aenescens*); Dahl, 1926: 34 (*B. a.*); Simon, 1937: 1219, 1265 (*B. aenescens*); Locket & Millidge, 1951: 217 (*B. aenescens*); Kekenbosch, 1961: 4 (*B. aenescens*); Azheganova, 1968: 145 (*B. a.*); Miller, 1971: 134 (*B. aenescens*); Braendegaard, 1972: 158 (*B. aenescens*); Prószyński, 1976: 156 (*B. a.*); Yin & Wang, 1979: 28 (*B. aenescens*); Wesolowska, 1981: 69 (*B. a.*); Hu, 1984: 353 (*B. aenescens*); Dunin, 1984: 130 (*B. a.*); Roberts, 1985: 120 (*B. a.*); Zhu et al., 1985: 199 (*B. aenescens*); Matsuda, 1986: 87 (*B. a.*); Hansen, 1986: 99 (*B. aenescens*); Zhang, 1987: 235 (*B. aenescens*); Izmailova, 1989: 151 (*B. a.*); Feng, 1990: 197 (*B. aenescens*); Chen & Gao, 1990: 179 (*B. aenescens*); Chen & Zhang, 1991: 288 (*B. aenescens*); Logunov, 1991: 56 (*B. inexploratus*); Heimer & Nentwig, 1991: 494 (*B. a.*); Peng et al., 1993: 25 (*B. a.*); Peng et al., 1993: 28 (*B. inexplouratus*); Zhao, 1993: 390 (*B. aenescens*); Roberts, 1995: 194 (*B. a.*); Mcheidze, 1997: 105 (*B. aenescens*); Żabka, 1997: 41 (*B. a.*); Roberts, 1998: 208 (*B. a.*); Song, Zhu & Chen, 1999: 506 (*B. a.*); Song, Zhu & Chen, 1999: 506 (*B. inexploratus*); Hu, 2001: 374 (*B. a.*); Logunov, 2001: 264 (*S. a.*, Trans. from *B.*, Syn.); Namkung, 2002: 585 (*B. a.*); Cho & Kim, 2002: 90 (*B. a.*); Namkung, 2003: 587; Ono, Ikeda & Kono, 2009: 583; Vogels, 2012: 254; Zhu & Zhang, 2011: 512; Yin et al., 2012: 1465.

异名：

Sibianor inexploratus (Logunov, 1991, Trans. from *Bianor*); Logunov, 2001: 266 (Syn.).

分布：山东（SD）、河南（HEN）、陕西（SN）、江苏（JS）、

浙江（ZJ）、湖南（HN）、湖北（HB）、四川（SC）、贵州（GZ）、西藏（XZ）、福建（FJ）、广东（GD）；古北界

隐蔽西菱头蛛 *Sibianor latens* (Logunov, 1991)

Logunov, 1991: 54 (*Bianor l.*); Logunov & Wesolowska, 1992: 116 (*Harmochirus l.*, Trans. from *Bianor*); Logunov, 2001: 271 (*S. l.*, Trans. from *Harmochirus*); Zhang & Zhang, 2003: 51 (*Harmochirus l.*).

分布：河北（HEB）；俄罗斯

波氏西菱头蛛 *Sibianor proszynski* (Zhu & Song, 2001)

Zhu & Song, in Song, Zhu & Chen, 2001: 429 (*Harmochirus p.*); Logunov, 2009: 268 (*S. p.*, Trans. from *Harmochirus*).

分布：河北（HEB）

暗色西菱头蛛 *Sibianor pullus* (Bösenberg & Strand, 1906)

Bösenberg & Strand, 1906: 354 (*Bianor p.*); Kishida, 1910: 5 (*Harmochirus nigrum*); Yin & Wang, 1979: 28 (*Bianor aenescens*, misidentified); Wesolowska, 1981: 70 (*Bianor p.*); Brignoli, 1983: 639 (*H. niger*); Prószyński, 1984: 55-56 (*H. p.*, Trans. from *Bianor*); Kawana & Matsumoto, 1986: 75 (*Bianor p.*); Yaginuma, 1986: 236 (*H. p.*); Peng et al., 1993: 81 (*H. p.*); Peng et al., 1993: 25 (*Bianor aurocinctus*, misidentified); Chang, Gao & Guan, 1995: 46 (*H. p.*); Logunov, Ikeda & Ono, 1997: 7 (*H. p.*); Song, Zhu & Chen, 1999: 513 (*H. p.*); Song, Zhu & Chen, 1999: 506 *s* (*Bianor aurocinctu*, misidentified); Logunov, 2001: 273 (*S. p.*, Trans. from *Harmochirus*); Song, Zhu & Chen, 2001: 430. (*H. p*); Namkung, 2002: 582 (*H. p.*); Cho & Kim, 2002: 97 (*H. p.*); Kim & Cho, 2002: 128; Namkung, 2003: 586; Lee et al., 2004: 99 (*H. p.*); Ono, Ikeda & Kono, 2009: 583; Zhu & Zhang, 2011: 513; Yin et al., 2012: 1466.

分布：湖南（HN）、福建（FJ）、广西（GX）、香港（HK）；韩国、日本、俄罗斯

翠蛛属 *Siler* Simon, 1889

Simon, 1889: 250. Type species: *Siler cupreus* Simon, 1889

异名：

Silerella Strand, 1906; Prószyński, 1984: 135; Prószyński, 1985: 70 (Syn.).

贝氏翠蛛 *Siler bielawskii* Żabka, 1985

Żabka, 1985: 446; Xie, 1993: 359; Peng et al., 1993: 209; Song, Zhu & Chen, 1999: 558.

分布：广东（GD）、广西（GX）；越南

科氏翠蛛 *Siler collingwoodi* (O. P.-Cambridge, 1871)

O. P.-Cambridge, 1871: 621 (*Salticus collingwoodii*); Simon, 1901: 549 (*Cosmophasis collingwodi*); Prószyński, 1984: 136 (*S. colingwoodi*, Trans. from *Cosmophasis*); Prószyński, 1985: 75; Song & Chai, 1991: 14; Song, Zhu & Chen, 1999: 558; Baba, 2010: 17.

分布：海南（HI）、香港（HK）；日本

蓝翠蛛 *Siler cupreus* Simon, 1889

Simon, 1889: 250; Simon, 1903: 853; Bösenberg & Strand, 1906: 346 (*Marpissa vittata*, misidentified); Bösenberg & Strand, 1906: 371; Strand, in Bösenberg & Strand, 1906: 372 (*Silerella barbata*); Paik, 1942: 108 (*Marpissa vittata*); Yaginuma, 1962: 48 (*Silerella vittata*, Trans. from *Marpissa*); Nishikawa, 1977: 384 (*Silerella vittata*, Syn.); Yin & Wang, 1979: 38 (*Silerella vittata*); Song, 1980: 210 (*Silerella vittata*); Prószyński, 1984: 133-135 (*S. c.*, Syn.); Hu, 1984: 388 (*Silerella vittata*); Zhu et al., 1985: 213 (*Silerella vittata*); Prószyński, 1985: 70; Yaginuma, 1986: 235 (*Silerella vittata*); Bohdanowicz & Prószyński, 1987: 125; Zhang, 1987: 255 (*Silerella vittata*); Chikuni, 1989: 154 (*Silerella vittata*); Feng, 1990: 215 (*Silerella vittata*); Chen & Gao, 1990: 196; Chen & Zhang, 1991: 302 (*Silerella vittata*); Song, Zhu & Li, 1993: 888; Peng et al., 1993: 210; Zhao, 1993: 426 (*Silerella vittata*); Song & Li, 1997: 439; Song, Zhu & Chen, 1999: 558; Song, Zhu & Chen, 2001: 460; Peng, Tso & Li, 2002: 2; Namkung, 2002: 584; Cho & Kim, 2002: 130; Kim & Cho, 2002: 137; Namkung, 2003: 588; Ono, Ikeda & Kono, 2009: 570 (*S. vittata*); Zhu & Zhang, 2011: 514; Yin et al., 2012: 1469.

异名：

Siler barbata (Strand, in Bösenberg & strand, 1906, Trans. from *Silerella*); Nishikawa, 1977: 384 (Syn., sub *Silerella vittata*).

分布：山西（SX）、山东（SD）、陕西（SN）、江苏（JS）、浙江（ZJ）、湖南（HN）、湖北（HB）、四川（SC）、贵州（GZ）、福建（FJ）、台湾（TW）；韩国、日本

酷翠蛛 *Siler severus* (Simon, 1901)

Simon, 1901: 151 (*Cyllobelus s.*); Prószyński, 1984: 136 (*S. s.*, Trans. from *Cyllobelus=Natta*); Prószyński, 1985: 73; Song, Zhu & Chen, 1999: 558.

分布：山东（SD）

西马蛛属 *Simaetha* Thorell, 1881

Thorell, 1881: 521. Type species: *Simaetha thoracica* Thorell, 1881

龚氏西马蛛 *Simaetha gongi* Peng, Gong & Kim, 2000

Peng, Gong & Kim, 2000: 14; Yin et al., 2012: 1470.

分布：湖南（HN）

华岛蛛属 *Sinoinsula* Zhou & Li, 2013

Zhou & Li, 2013: 95. Type species: *Insula hebetata* Zhou & Li, 2013

Note: Replacement name for *Insula* Zhou & Li, 2013: 11; preoccupied in the Crustacea.

曲华岛蛛 *Sinoinsula curva* (Zhou & Li, 2013)

Zhou & Li, 2013: 11 (*Insula c.*); Zhou & Li, 2013: 95 (*Sinoinsula*, Trans. from *Insula*).

分布：海南（HI）

钝华岛蛛 *Sinoinsula hebetata* (Zhou & Li, 2013)

Zhou & Li, 2013: 12 (*Insula h.*); Zhou & Li, 2013: 95

(*Sinoinsula*, Trans. from *Insula*).
分布：海南（HI）

黎母华岛蛛 *Sinoinsula limuensis* (Zhou & Li, 2013)

Zhou & Li, 2013: 13 (*Insula l.*); Zhou & Li, 2013: 95 (*Sinoinsula*, Trans. from *Insula*).
分布：海南（HI）

长华岛蛛 *Sinoinsula longa* (Zhou & Li, 2013)

Zhou & Li, 2013: 13 (*Insula l.*); Zhou & Li, 2013: 95 (*Sinoinsula*, Trans. from *Insula*).
分布：海南（HI）

斑华岛蛛 *Sinoinsula maculata* (Peng & Kim, 1997)

Peng & Kim, 1997: 195 (*Eupoa m.*); Song, Zhu & Chen, 1999: 509 (*Eupoa m.*); Zhou & Li, 2013: 14 (*Insula m.*, Trans. from *Eupoa*); Zhou & Li, 2013: 95 (*Sinoinsula*, Trans. from *Insula*).
分布：海南（HI）

小华岛蛛 *Sinoinsula minuta* (Zhou & Li, 2013)

Zhou & Li, 2013: 14 (*Insula m.*); Zhou & Li, 2013: 95 (*Sinoinsula*, Trans. from *Insula*).
分布：海南（HI）

暗华岛蛛 *Sinoinsula nigricula* (Zhou & Li, 2013)

Zhou & Li, 2013: 15 (*Insula n.*); Zhou & Li, 2013: 95 (*Sinoinsula*, Trans. from *Insula*).
分布：海南（HI）

多枝华岛蛛 *Sinoinsula ramosa* (Zhou & Li, 2013)

Zhou & Li, 2013: 16 (*Insula r.*); Zhou & Li, 2013: 95 (*Sinoinsula*, Trans. from *Insula*).
分布：海南（HI）

盾华岛蛛 *Sinoinsula scutata* (Zhou & Li, 2013)

Zhou & Li, 2013: 17 (*Insula s.*); Zhou & Li, 2013: 95 (*Sinoinsula*, Trans. from *Insula*).
分布：海南（HI）

方华岛蛛 *Sinoinsula squamata* (Zhou & Li, 2013)

Zhou & Li, 2013: 17 (*Insula s.*); Zhou & Li, 2013: 95 (*Sinoinsula*, Trans. from *Insula*).
分布：海南（HI）

膨大华岛蛛 *Sinoinsula tumida* (Zhou & Li, 2013)

Zhou & Li, 2013: 18 (*Insula t.*); Zhou & Li, 2013: 95 (*Sinoinsula*, Trans. from *Insula*).
分布：海南（HI）

钩华岛蛛 *Sinoinsula uncinata* (Zhou & Li, 2013)

Zhou & Li, 2013: 19 (*Insula u.*); Zhou & Li, 2013: 95 (*Sinoinsula*, Trans. from *Insula*).
分布：海南（HI）

跃蛛属 *Sitticus* Simon, 1901

Simon, 1901: 580. Type species: *Araneus terebratus* Clerck, 1757
异名：
Tomis F. O. P.-Cambridge, 1901; Galiano, 1991: 61 (Syn.);
Attinella Banks, 1905; Richman, 1979: 125 (Syn.);
Sitticulus Dahl, 1926; Prószyński, 1973: 72 (Syn.).

白线跃蛛 *Sitticus albolineatus* (Kulczyński, 1895)

Kulczyński, 1895: 77 (*Attus a.*; preoccupied by Walckenaer, 1847, but that name is in synonymy); Simon, 1901: 580; Roewer, 1951: 453 (*S. kulczynskii*, replacement name for *Attus albolineatus*); Prószyński, 1975: 216; Prószyński, 1976: 156; Prószyński, 1979: 310; Dunin, 1984: 137; Paik, 1985: 44; Prószyński, 1987: 85-86; Hu & Wu, 1989: 386; Xie, 1993: 360; Peng et al., 1993: 215; Song, Zhu & Chen, 1999: 559; Namkung, 2003: 595.
分布：新疆（XJ）；孟加拉、韩国、俄罗斯

乌跃蛛 *Sitticus avocator* (O. P.-Cambridge, 1885)

O. P.-Cambridge, 1885: 106 (*Attus a.*); Kulczyński, 1895: 79 (*Attus viduus*; preoccupied by Walckenaer, 1847); Bösenberg & Strand, 1906: 342 (*S. numeratus*); Reimoser, 1919: 193 (*Attulus a.*); Reimoser, 1919: 193 (*S. viduus*); Roewer, 1951: 453 (*S. sibiricus*, replacement name for *Attus viduus*); Schenkel, 1963: 402 (*S. paraviduus*); Prószyński, 1975: 216 (*S. viduus*); Prószyński, 1976: 156 (*S. viduus*); Wesolowska, 1981: 156 (*S. viduus*); Prószyński & Żochowska, 1981: 26 (*S. a.*, Trans. from *Attulus*, Syn.); Zhu et al., 1985: 215 (*S. paraviduus*); Prószyński, 1987: 90-92, 97 (*S. a.*, Syn.); Zhou & Song, 1988: 9; Hu & Wu, 1989: 386; Tang & Song, 1990: 52; Song, Zhu & Chen, 1999: 559; Namkung, 2003: 596; Ono, Ikeda & Kono, 2009: 564.
异名：
Sitticus numeratus Bösenberg & Strand, 1906; Prószyński, 1987: 90 (Syn.);
S. sibiricus Roewer, 1951; Prószyński & Żochowska, 1981: 26 (Syn.);
S. paraviduus Schenkel, 1963; Prószyński, 1987: 90 (Syn.).
分布：内蒙古（NM）、山西（SX）、新疆（XJ）、西藏（XZ）；土耳其到日本

棒跃蛛 *Sitticus clavator* Schenkel, 1936

Schenkel, 1936: 247; Prószyński, 1973: 72 (*S. penicillatus*, tentative Syn., rejected); Song, 1987: 303; Logunov, 1993: 9; Peng et al., 1993: 218 (*S. penicillatus*, misidentified); Song et al., 1996: 108; Song, Zhu & Chen, 1999: 559.
分布：吉林（JL）、河北（HEB）、甘肃（GS）、安徽（AH）

双管跃蛛 *Sitticus diductus* (O. P.-Cambridge, 1885)

O. P.-Cambridge, 1885: 32 (*Attus d.*); Caporiacco, 1935: 207 (*S. d.*, Trans. from *Attus*).
分布：新疆（XJ）（喀喇昆仑）

卷带跃蛛 *Sitticus fasciger* (Simon, 1880)

Simon, 1880: 99 (*Attus f.*); Kulczyński, 1895: 74 (*Attus godlewskii*); Simon, 1901: 580; Simon, 1901: 580 (*S. godlewskii*); Prószyński, 1962: 65 (*S. godlewskii*); Cutler, 1965:

140 (*S. barnesi*); Prószyński, 1968: 399 (*S. f.*, Syn.); Matsumoto & Chikuni, 1980: 15; Song, Yu & Shang, 1981: 88; Song & Hubert, 1983: 14; Hu, 1984: 390; Seo, 1985: 16; Zhu et al., 1985: 215; Song, 1987: 304; Zhang, 1987: 256; Hu & Wu, 1989: 390; Feng, 1990: 216; Peng et al., 1993: 216; Zhao, 1993: 424; Song, Zhu & Chen, 1999: 559; Hu, 2001: 415; Song, Zhu & Chen, 2001: 461; Namkung, 2003: 597; Yin et al., 2012: 1474.

异名：

Sitticus godlewskii (Kulczyński, 1895, Trans. from *Attus*); Prószyński, 1968: 399 (Syn.);

S. barnesi Cutler, 1965; Prószyński, 1968: 399 (Syn.).

分布：黑龙江（HL）、吉林（JL）、内蒙古（NM）、河北（HEB）、北京（BJ）、山西（SX）、山东（SD）、河南（HEN）、陕西（SN）、甘肃（GS）、青海（QH）、新疆（XJ）、湖南（HN）；韩国、日本、俄罗斯、美国

花跃蛛 *Sitticus floricola* (C. L. Koch, 1837)

Hahn, 1836: 2 (*Salticus littoralis*, misidentified); C. L. Koch, 1837: 34 (*Euophrys f.*); C. L. Koch, 1850: 63 (*Phoebe f.*); C. L. Koch, 1850: 65 (*Maturna litoralis*); Westring, 1861: 573 (*Attus f.*); Ohlert, 1867: 160 (*Euophrys pratincola*); Thorell, 1873: 393 (*Attus mancus*); O. P.-Cambridge, 1873: 528 (*Salticus f.*); Simon, 1876: 111 (*Attus f.*); Menge, 1877: 493 (*Attus f.*); Becker, 1882: 47 (*Attus f.*); Hansen, 1882: 81 (*Attus f.*); Bösenberg, 1903: 426 (*Attus f.*); Strand, in Bösenberg & Strand, 1906: 343 (*S. f. orientalis*); Dahl, 1912: 589 (*S. littoralis*); Reimoser, 1919: 104 (*S. mancus*); Dahl, 1926: 33 (*S. littoralis*); Simon, 1937: 1257 (*Attus naucus*); Palmgren, 1943: 23 (*S. littoralis*); Tullgren, 1944: 31 (*S. mancus*); Tullgren, 1944: 30 (*S. littoralis*); Locket & Millidge, 1951: 230; Kekenbosch, 1961: 16 (*S. f.*, removed from Syn. of *S. littoralis*); Azheganova, 1968: 145 (*S. littoralis*); Vilbaste, 1969: 179 (*S. littoralis*); Prószyński, 1971: 472 (*S. f.*, Syn.); Miller, 1971: 138; Braendegaard, 1972: 182; Harm, 1973: 380 (*S. littoralis*); Prószyński, 1984: 55 (*S. f. orientalis*); Zhou & Song, 1985: 274; Prószyński, 1987: 167 (*S. f.*, Syn.); Hu & Wu, 1989: 388; Song, Zhu & Chen, 1999: 559; Marusik, Omelko & Ryabukhin, 2013: 374.

异名：

Sitticus mancus (Thorell, 1873, Trans. from *Attus*); Prószyński, 1971: 473 (Syn.);

S. floricola orientalis Strand, 1906; Prószyński, 1987: 167 (Syn.).

分布：新疆（XJ）；古北界

米兰达跃蛛 *Sitticus mirandus* Logunov, 1993

Logunov, 1993: 10; Marusik, Fritzén & Song, 2007: 271; Marusik & Kovblyuk, 2011: 225.

分布：新疆（XJ）；中亚、俄罗斯

西藏跃蛛 *Sitticus nitidus* Hu, 2001

Hu, 2001: 416.

分布：西藏（XZ）

雪斑跃蛛 *Sitticus niveosignatus* (Simon, 1880)

Simon, 1880: 100 (*Attus niveo-signatus*); Simon, 1901: 580 (*Attulus n.*); Prószyński, 1975: 216 (*S. n.*, Trans. from *Attulus*); Prószyński, 1976: 156; Żabka, 1980: 241; Song & Hubert, 1983: 14; Song, 1987: 305; Prószyński, 1987: 97; Song, Zhu & Chen, 1999: 559; Song, Zhu & Chen, 2001: 462.

分布：北京（BJ）；尼泊尔

笔状跃蛛 *Sitticus penicillatus* (Simon, 1875)

Simon, 1868: 541 (*Attus illibatus*; suppressed by ICZN); Simon, 1868: 614 (*A. inaequalipes*; suppressed by ICNZ); Simon, 1875: 92; Thorell, 1875: 119 (*A. guttatus*); Thorell, 1875: 193 (*A. g.*); Simon, 1876: 117; Simon, 1876: 119 (*A. inaequipes*); Simon, 1901: 580 (*Attulus illibatus*); Simon, 1901: 580 (*Attulus p.*); Bösenberg, 1903: 428 (*A. guttatus*); Lessert, 1904: 438 (*Attulus guttatus*); Bösenberg & Strand, 1906: 342 (*S. patellidens*); Reimoser, 1919: 104 (*S. guttatus*); Reimoser, 1919: 105 (*Attulus inaequalipes*); Dahl, 1926: 29 (*Sitticulus p.*); Simon, 1937: 1198, 1258 (*Attulus p.*); Kolosváry, 1938: 17; Tyschchenko, 1971: 82 (*S. guttatus*); Tyschchenko, 1971: 82 (*Attulus p.*); Miller, 1971: 135 (*Attulus p.*); Prószyński, 1973: 72 (*S. p.*, Syn.); Yin & Wang, 1979: 39; Hu, 1984: 390; Zhu et al., 1985: 216; Zhang, 1987: 257; Hu & Wu, 1989: 391; Feng, 1990: 217; Zhao, 1993: 425; Song, Zhu & Chen, 1999: 559; Hu, 2001: 417; Song, Zhu & Chen, 2001: 463; Namkung, 2003: 598; Zhu & Zhang, 2011: 517.

异名：

Sitticus illibatus (Simon, 1868, Trans. from *Attus*); Prószyński, 1973: 72 (Syn.; older name suppressed by ICZN Opinion 1612);

S. inaequalipes (Simon, 1868, Trans. from *Attus*); Prószyński, 1973: 72 (Syn.; older name suppressed by ICZN Opinion 1612);

S. guttatus (Thorell, 1875, Trans. from *Attus*); Prószyński, 1973: 72 (Syn.; older name suppressed by ICZN Opinion 1612);

S. patellidens Bösenberg & Strand, 1906; Prószyński, 1973: 72 (Syn.).

分布：吉林（JL）、河北（HEB）、北京（BJ）、山西（SX）、河南（HEN）、甘肃（GS）、青海（QH）、新疆（XJ）、安徽（AH）、湖南（HN）、贵州（GZ）、云南（YN）、台湾（TW）、广东（GD）；古北界

中华跃蛛 *Sitticus sinensis* Schenkel, 1963

Schenkel, 1963: 404; Yin & Wang, 1979: 39; Hu, 1984: 391; Zhu et al., 1985: 217; Zhang, 1987: 258; Hu & Wu, 1989: 392; Chen & Zhang, 1991: 305; Peng et al., 1993: 219; Zhao, 1993: 426; Song, Zhu & Chen, 1999: 559; Hu, 2001: 418; Song, Zhu & Chen, 2001: 464; Cho & Kim, 2002: 133; Zhu & Zhang, 2011: 518; Yin et al., 2012: 1475.

分布：吉林（JL）、辽宁（LN）、河北（HEB）、北京（BJ）、山西（SX）、山东（SD）、河南（HEN）、陕西（SN）、甘肃（GS）、青海（QH）、新疆（XJ）、湖南（HN）；韩国

台湾跃蛛 *Sitticus taiwanensis* Peng & Li, 2002

Peng & Li, 2002: 344.

分布：台湾（TW）

吴氏跃蛛 *Sitticus wuae* Peng, Tso & Li, 2002

Peng, Tso & Li, 2002: 2.

分布：台湾（TW）

齐氏跃蛛 *Sitticus zimmermanni* (Simon, 1877)

Simon, 1877: 74 (*Attus z.*); Kulczyński, in Chyzer & Kulczyński, 1891: 23 (*Attus hungaricus*); Bösenberg, 1903: 433 (*Attus z.*); Reimoser, 1919: 104 (*S. hungaricus*); Holm, in Tullgren, 1944: 29 (*S. tullgreni*); Holm, 1945: 3 (*S. tullgreni*); Kleemola, 1969: 47 (*S. tullgreni*); Prószyński & Staręga, 1971: 289 (*S. z.*, Syn.); Hu & Wu, 1989: 392; Almquist, 2006: 569.

异名：

Sitticus hungaricus (Kulczyński, 1891, Trans. from *Attus*); Prószyński & Staręga, 1971: 289 (Syn.);

S. tullgreni Holm, 1945; Prószyński & Staręga, 1971: 289 (Syn.).

分布：新疆（XJ）；欧洲到中亚

散蛛属 *Spartaeus* Thorell, 1891

Thorell, 1891: 137. Type species: *Boethus spinimanus* Thorell, 1878

椭圆散蛛 *Spartaeus ellipticus* Bao & Peng, 2002

Bao & Peng, 2002: 409.

分布：台湾（TW）

峨眉山散蛛 *Spartaeus emeishan* Zhu, Yang & Zhang, 2007

Zhu, Yang & Zhang, 2007: 515.

分布：四川（SC）

尖峰散蛛 *Spartaeus jianfengensis* Song & Chai, 1991

Song & Chai, 1991: 24; Song, Zhu & Chen, 1999: 560; Peng & Li, 2002: 395.

分布：海南（HI）

普氏散蛛 *Spartaeus platnicki* Song, Chen & Gong, 1991

Song, Chen & Gong, 1991: 424; Song & Chai, 1992: 81 (*S. heterospineus*); Song & Li, 1997: 438 (*S. h.*); Song, Zhu & Chen, 1999: 560 (*S. h.*); Song, Zhu & Chen, 1999: 560; Peng & Li, 2002: 395 (*S. p.*, Syn.); Zhu & Zhang, 2011: 519; Yin et al., 2012: 1477.

异名：

Spartaeus heterospineus Song & Chai, 1992; Peng & Li, 2002: 395 (Syn.).

分布：湖南（HN）、贵州（GZ）

泰国散蛛 *Spartaeus thailandicus* Wanless, 1984

Wanless, 1984: 151 (*S. thailandica*); Wanless, 1987: 110; Song, Zhu & Chen, 1999: 560 (*S. thailandica*); Peng & Li, 2002: 397; Logunov & Azarkina, 2008: 110.

分布：云南（YN）；泰国

张氏散蛛 *Spartaeus zhangi* Peng & Li, 2002

Peng & Li, 2002: 398; Logunov & Azarkina, 2008: 110.

分布：广西（GX）；老挝

斯坦蛛属 *Stenaelurillus* Simon, 1886

Simon, 1886: 351. Type species: *Stenaelurillus nigricauda* Simon, 1886

异名：

Philotheroides Strand, 1934; Prószyński, 1984: 138 (Syn.).

琼斯坦蛛 *Stenaelurillus hainanensis* Peng, 1995

Peng, 1995: 36; Song, Zhu & Chen, 1999: 560.

分布：海南（HI）

小斯坦蛛 *Stenaelurillus minutus* Song & Chai, 1991

Song & Chai, 1991: 25; Song, Zhu & Chen, 1999: 560.

分布：海南（HI）

三点斯坦蛛 *Stenaelurillus triguttatus* Simon, 1886

Simon, 1886: 351; Prószyński, 1984: 138.

分布：西藏（XZ）

似蚁蛛属 *Synageles* Simon, 1876

Simon, 1876: 75. Type species: *Attus venator* Lucas, 1836

异名：

Gertschia Kaston, 1945; Cutler, in Kaston, 1977: 72 (Syn.).

枝似蚁蛛 *Synageles ramitus* Andreeva, 1976

Andreeva, 1976: 81; Prószyński, 1979: 318 (*S. charitonovi*, misidentified); Prószyński, 1982: 290; Zhou & Song, 1988: 11 (*S. c.*, misidentified); Hu & Wu, 1989: 394 (*S. c.*, misidentified); Zhao, 1993: 422 (*S. c.*, misidentified); Logunov & Rakov, 1996: 70 (*S. r.*, Trans. from *S. charitonovi*); Song, Zhu & Chen, 1999: 560.

分布：新疆（XJ）；蒙古、中亚

脉似蚁蛛 *Synageles venator* (Lucas, 1836)

Lucas, 1836: 629 (*Attus v.*); Rossi, 1846: 15 (*Salticus myrmecoides*); Simon, 1871: 353 (*Leptorchestes v.*); Simon, 1876: 94 (*L. ludibundus*); Simon, 1876: 75 (*S. l.*); Simon, 1876: 16; Becker, 1882: 11; Kulczyński, 1884: 192 (*S. confusus*); Zhou & Song, 1988: 11; Hu & Wu, 1989: 395; Zhao, 1993: 423; Song, Zhu & Chen, 1999: 560; Paquin & Dupérré, 2003: 202; Almquist, 2006: 571; Ono, Ikeda & Kono, 2009: 587.

分布：新疆（XJ）；古北界、加拿大

合跳蛛属 *Synagelides* Strand, 1906

Strand, 1906: 330. Type species: *Synagelides agoriformis* Strand, in Bösenberg & Strand, 1906

异名：

Tagoria Schenkel, 1963; Bohdanowicz, 1979: 53 (Syn.).

日本合跳蛛 *Synagelides agoriformis* Strand, 1906

Strand, in Bösenberg & Strand, 1906: 330; Yaginuma, 1967:

22; Bohdanowicz, 1979: 55; Prószyński, 1979: 318; Namkung & Yoon, 1980: 19; Dunin, 1984: 139; Yaginuma, 1986: 237; Bohdanowicz, 1987: 67; Bohdanowicz & Prószyński, 1987: 133; Chikuni, 1989: 158; Peng et al., 1993: 222; Song, Zhu & Chen, 1999: 560; Namkung, 2003: 607; Lee et al., 2004: 99; Prószyński, 2009: 317; Ono, Ikeda & Kono, 2009: 588.

分布：黑龙江（HL）、吉林（JL）、辽宁（LN）；韩国、日本、俄罗斯

安氏合跳蛛 *Synagelides annae* Bohdanowicz, 1979

Bohdanowicz, 1979: 56; Bohdanowicz & Prószyński, 1987: 138; Chikuni, 1989: 158; Xie & Yin, 1990: 302; Peng et al., 1993: 224; Song & Li, 1997: 440; Song, Zhu & Chen, 1999: 560; Ono, Ikeda & Kono, 2009: 588; Yin et al., 2012: 1480.

分布：江西（JX）、湖南（HN）、湖北（HB）；日本

卡氏合跳蛛 *Synagelides cavaleriei* (Schenkel, 1963)

Schenkel, 1963: 394 (*Tagoria c.*); Bohdanowicz & Hęciak, 1980: 248; Brignoli, 1983: 656 (*Tagoria cavalierei*); Song, 1987: 306; Bohdanowicz, 1987: 66; Hu & Li, 1987: 334; Song, Zhu & Chen, 1999: 560; Hu, 2001: 420.

分布：河北（HEB）、甘肃（GS）、贵州（GZ）、西藏（XZ）

蹄形合跳蛛 *Synagelides gambosus* Xie & Yin, 1990

Xie & Yin, 1990: 298 (*S. gambosa*); Peng et al., 1993: 225 (*S. gambosa*); Song, Zhu & Chen, 1999: 561; Yin et al., 2012: 1481 (*S. gambosa*).

分布：湖南（HN）、广西（GX）

钩状合跳蛛 *Synagelides hamatus* Zhu et al., 2005

Zhu et al., 2005: 541.

分布：贵州（GZ）

黄桑合跳蛛 *Synagelides huangsangensis* Peng et al., 1998

Peng et al., 1998: 39; Yin et al., 2012: 1483.

分布：湖南（HN）

湖北合跳蛛 *Synagelides hubeiensis* Peng & Li, 2008

Peng & Li, in Peng, Tang & Li, 2008: 251.

分布：湖北（HB）

长合跳蛛 *Synagelides longus* Song & Chai, 1992

Song & Chai, 1992: 82; Song & Li, 1997: 441; Song, Zhu & Chen, 1999: 561.

分布：湖北（HB）

庐山合跳蛛 *Synagelides lushanensis* Xie & Yin, 1990

Xie & Yin, 1990: 300; Peng et al., 1993: 227; Song, Zhu & Chen, 1999: 561.

分布：江西（JX）

长触合跳蛛 *Synagelides palpalis* Żabka, 1985

Żabka, 1985: 447; Song & Chai, 1991: 26; Song, Zhu & Chen, 1999: 561; Prószyński, 2009: 323.

分布：河北（HEB）、北京（BJ）、安徽（AH）、江苏（JS）、江西（JX）、湖南（HN）、湖北（HB）、贵州（GZ）、云南（YN）、福建（FJ）、台湾（TW）、广西（GX）、海南（HI）；越南

类长触合跳蛛 *Synagelides palpaloides* Peng, Tso & Li, 2002

Peng, Tso & Li, 2002: 3 (*S. palpalis*, misidentified); Peng, Tso & Li, 2002: 4; Logunov & Hereward, 2006: 289.

分布：台湾（TW）

波氏合跳蛛 *Synagelides proszynskii* Barrion, Barrion-Dupo & Heong, 2012

Barrion et al., 2012: 26.

分布：海南（HI）

天目合跳蛛 *Synagelides tianmu* Song, 1990

Song, 1990: 343; Song, Zhu & Chen, 1999: 561.

分布：浙江（ZJ）

云南合跳蛛 *Synagelides yunnan* Song & Zhu, 1998

Song & Zhu, 1998: 27; Song, Zhu & Chen, 1999: 561.

分布：云南（YN）

斑马合跳蛛 *Synagelides zebrus* Peng & Li, 2008

Peng & Li, in Peng, Tang & Li, 2008: 252.

分布：广西（GX）

赵氏合跳蛛 *Synagelides zhaoi* Peng, Li & Chen, 2003

Peng, Li & Chen, 2003: 249.

分布：湖北（HB）

齐氏合跳蛛 *Synagelides zhilcovae* Prószyński, 1979

Prószyński, 1979: 319; Dunin, 1984: 139 (*S. zchilcovae*); Peng et al., 1993: 229; Song, Zhu & Chen, 1999: 561; Kim & Kim, 2000: 186; Ono, Ikeda & Kono, 2009: 588.

分布：吉林（JL）；韩国、俄罗斯

带状合跳蛛 *Synagelides zonatus* Peng & Li, 2008

Peng & Li, in Peng, Tang & Li, 2008: 254.

分布：湖北（HB）

怜蛛属 *Talavera* Peckham & Peckham, 1909

Peckham & Peckham, 1909: 576. Type species: *Icius minutus* Banks, 1895

同足怜蛛 *Talavera aequipes* (O. P.-Cambridge, 1871)

O. P.-Cambridge, 1871: 399 (*Salticus a.*); Simon, 1871: 199 (*Attus a.*); Simon, 1876: 195 (*Euophrys a.*); Becker, 1882: 71 (*E. a.*); Bösenberg, 1903: 448 (*E. a.*); Dahl, 1926: 37 (*E. a.*); Palmgren, 1943: 18 (*E. a.*); Tullgren, 1944: 37 (*E. a.*); Locket & Millidge, 1951: 227 (*E. a.*); Buchar, 1961: 95 (*E. a.*); Kekenbosch, 1961: 6 (*E. a.*); Niculescu-Burlacu, 1968: 91 (*E. a.*); Vilbaste, 1969: 176 (*E. a.*); Miller, 1971: 140 (*E. a.*); Braendegaard, 1972: 176 (*E. a.*); Prószyński, 1976: 151 (*E. a.*); Thaler, 1981: 123 (*E. a.*); Roberts, 1985: 124 (*E. a.*); Zhou & Song, 1987: 22 (*E. a.*); Hu & Wu, 1989: 362 (*E. a.*); Heimer & Nentwig, 1991: 498 (*E. a.*); Logunov, 1992: 78 (*T. a.*, Trans.

from *Euophrys*); Logunov, Cutler & Marusik, 1993: 119 (*E. a.*); Peng et al., 1993: 53 (*E. a.*); Roberts, 1995: 197 (*E. a.*); Fuhn & Gherasim, 1995: 88 (*E. a.*); Roberts, 1998: 210 (*E. a.*); Metzner, 1999: 64; Song, Zhu & Chen, 1999: 561; Logunov & Kronestedt, 2003: 1136; Trotta, 2005: 172; Topçu et al., 2006: 338; Almquist, 2006: 572; Wunderlich, 2008: 725; Yin et al., 2012: 1484.

分布：吉林（JL）、新疆（XJ）、湖南（HN）；古北界

彼得怜蛛 *Talavera petrensis* (C. L. Koch, 1837)

C. L. Koch, 1837: 34 (*Euophrys petrensis*); C. L. Koch, 1846: 49 (*Attus petrensis*); Westring, 1851: 62 (*Attus petrensis*); O. P.-Cambridge, 1863: 8562 (*Salticus coccociliatus*); Simon, 1864: 311 (*Balla petrensis*); Simon, 1868: 609 (*Attus coccociliatus*); Thorell, 1873: 374 (*Euophrys petrensis*); Becker, 1882: 69 (*E. p.*); Kulczyński, 1898: 112 (*E. p.*); Bösenberg, 1903: 449 (*E. p.*); Dahl, 1926: 37 (*E. p.*); Simon, 1937: 1181, 1253 (*E. p.*); Palmgren, 1943: 18 (*E. p.*); Tullgren, 1944: 36 (*E. p.*); Locket & Millidge, 1951: 225 (*E. p.*); Kekenbosch, 1961: 8 (*E. p.*); Vilbaste, 1969: 174 (*E. p.*); Miller, 1971: 140 (*E. p.*); Braendegaard, 1972: 179 (*E. p.*); Prószyński, 1976: 151 (*E. p.*); Flanczewska, 1981: 196 (*E. p.*); Roberts, 1985: 124 (*E. p.*); Hansen, 1986: 102 (*E. p.*); Heimer & Nentwig, 1991: 498 (*E. p.*); Logunov, 1992: 76 (*E. p.*); Logunov, Cutler & Marusik, 1993: 120 (*E. p.*); Peng et al., 1993: 57 (*E. p.*); Roberts, 1995: 196 (*E. p.*); Fuhn & Gherasim, 1995: 98 (*E. p.*); Żabka, 1997: 104 (*Talavera petrensis*); Bellmann, 1997: 236 (*E. p.*); Roberts, 1998: 209 (*E. p.*); Song, Zhu & Chen, 1999: 561 (*T. p.*); Guryanova, 2003: 6 (*E. p.*); Wunderlich, 2008: 725 (*T. p.*).

分布：新疆（XJ）；欧洲到中亚

三带怜蛛 *Talavera trivittata* (Schenkel, 1963)

Schenkel, 1963: 401 (*Euophrys t.*); Wesolowska, 1981: 130 (*E. t.*); Hu, 1984: 359 (*E. t.*); Hu & Wu, 1989: 363 (*E. t.*); Logunov, 1992: 78 (*T. t.*, Trans. from *Euophrys*); Song, Zhu & Chen, 1999: 561; Logunov & Kronestedt, 2003: 1142.

分布：内蒙古（NM）；蒙古、俄罗斯

塔沙蛛属 *Tasa* Wesolowska, 1981

Wesolowska, 1981: 157. Type species: *Thianella davidi* Schenkel, 1963

大卫塔沙蛛 *Tasa davidi* (Schenkel, 1963)

Schenkel, 1963: 412 (*Thianella d.*); Wesolowska, 1981: 157; Peng et al., 1993: 230; Song, Zhu & Chen, 1999: 561; Peng, Gong & Kim, 2000: 15; Yin et al., 2012: 1486.

分布：陕西（SN）、江西（JX）、湖南（HN）

日本塔沙蛛 *Tasa nipponica* Bohdanowicz & Prószyński, 1987

Bohdanowicz & Prószyński, 1987: 143; Chen & Zhang, 1991: 318; Seo, 1992: 183; Ikeda, 1995: 163; Song, Zhu & Chen, 1999: 561; Namkung, 2002: 590; Cho & Kim, 2002: 136; Namkung, 2003: 594; Ono, Ikeda & Kono, 2009: 574.

分布：浙江（ZJ）；韩国、日本

牛蛛属 *Tauala* Wanless, 1988

Wanless, 1988: 121. Type species: *Tauala lepidus* Wanless, 1988

长腹牛蛛 *Tauala elongata* Peng & Li, 2002

Peng & Li, 2002: 340.

分布：台湾（TW）

纽蛛属 *Telamonia* Thorell, 1887

Thorell, 1887: 386. Type species: *Telamonia festiva* Thorell, 1887

开普纽蛛 *Telamonia caprina* (Simon, 1903)

Simon, 1903: 734 (*Viciria c.*); Żabka, 1985: 448 (*T. c.*, Trans. from *Viciria*); Zhang, Song & Zhu, 1992: 5; Peng et al., 1993: 232; Song, Zhu & Chen, 1999: 562; Yin et al., 2012: 1488.

分布：湖南（HN）、云南（YN）、广东（GD）、广西（GX）；越南

多彩纽蛛 *Telamonia festiva* Thorell, 1887

Thorell, 1887: 386; Thorell, 1890: 168 (*Viciria terebrifera*); Thorell, 1895: 386 (*Bathippus trinotatus*); Simon, 1899: 118 (*Viciria signata*); Simon, 1903: 748 (*Viciria terebrifera*, Syn. of *V. signata*, but omitted by Roewer); Reimoser, 1925: 91 (*Viciria terebrifera*); Prószyński, 1984: 421 (*T. f.*, Syn. of male); Bohdanowicz & Prószyński, 1987: 140 (*T. terebrifera*); Żabka, 1988: 470 (*T. f.*, Syn.); Peng et al., 1993: 234; Song, Zhu & Chen, 1999: 562.

异名：

Telamonia terebrifera (Thorell, 1890, Trans. from *Viciria*); Prószyński, 1984: 421 (Syn.);

T. trinotata (Thorell, 1895, Trans. from *Bathippus*); Żabka, 1988: 470 (Syn.).

分布：云南（YN）、台湾（TW）、广西（GX）、海南（HI）；缅甸到印度尼西亚（爪哇）

泸溪纽蛛 *Telamonia luxiensis* Peng et al., 1998

Peng et al., 1998: 40 (*Telemonia l.*); Yin et al., 2012: 1491.

分布：湖南（HN）

穆斯林纽蛛 *Telamonia mustelina* Simon, 1901

Simon, 1901: 61.

分布：香港（HK）

薛普纽蛛 *Telamonia shepardi* Barrion, Barrion-Dupo & Heong, 2012

Barrion et al., 2012: 27.

分布：海南（HI）

弗氏纽蛛 *Telamonia vlijmi* Prószyński, 1984

Prószyński, 1976: 156 (*Viciria v.*, nomen nudum); Prószyński, 1984: 423; Li, Chen & Song, 1984: 28 (*Viciria v.*; generic placement following Prószyński, 1976); Song, 1987: 309; Chen & Zhang, 1991: 303; Song, Zhu & Li, 1993: 888; Peng

et al., 1993: 235; Song, Zhu & Chen, 1999: 562; Namkung, 2002: 602; Cho & Kim, 2002: 137; Kim & Cho, 2002: 141; Namkung, 2003: 606; Lee et al., 2004: 99; Ono, Ikeda & Kono, 2009: 574; Yin et al., 2012: 1492.
分布：安徽（AH）、浙江（ZJ）、湖南（HN）、贵州（GZ）、福建（FJ）、广西（GX）；韩国、日本

方胸蛛属 *Thiania* C. L. Koch, 1846

C. L. Koch, 1846: 171. Type species: *Thiania pulcherrima* C. L. Koch, 1846

腹方胸蛛 *Thiania abdominalis* Żabka, 1985

Żabka, 1985: 451; Guo & Zhu, 2010: 93.
分布：海南（HI）；越南

巴莫方胸蛛 *Thiania bhamoensis* Thorell, 1887

Thorell, 1887: 357; Thorell, 1891: 114 (*Marptusa oppressa*); Simon, 1901: 588 (*T. oppressa*); Tikader, 1977: 206 (*Euophrys chiriatapuensis*); Tikader & Biswas, 1981: 101 (*E. c.*); Żabka, 1985: 452 (*T. b.*, Syn.); Peng et al., 1993: 238; Song, Zhu & Chen, 1999: 562; Davis et al., 2005: 245; Prószyński & Deeleman-Reinhold, 2010: 181 (*T. b.*, Syn.).
异名：
Thiania oppressa (Thorell, 1891, Trans. from *Marptusa*); Żabka, 1985: 452 (Syn.);
T. chiriatapuensis (Tikader, 1977, Trans. from *Euophrys*); Prószyński & Deeleman-Reinhold, 2010: 182 (Syn., sub *E. chiariatapuensis*, lapsus).
分布：云南（YN）、广东（GD）；印度、缅甸到苏门答腊岛、巴厘岛

卡氏方胸蛛 *Thiania cavaleriei* Schenkel, 1963

Schenkel, 1963: 406; Prószyński, 1976: 150; Brignoli, 1983: 656 (*T. cavalierei*); Prószyński, 1984: 147; Song, Zhu & Chen, 1999: 562; Peng, Li & Rollard, 2003: 104.
分布：甘肃（GS）

金线方胸蛛 *Thiania chrysogramma* Simon, 1901

Simon, 1901: 61; Sherriffs, 1939: 198.
分布：香港（HK）

无刺方胸蛛 *Thiania inermis* (Karsch, 1897)

Karsch, in Lendl, 1897: 702 (*Marpissa i.*); Prószyński, 1983: 284 (*T. i.*, Trans. from *Marpissa*); Song, Zhu & Chen, 1999: 562.
分布：香港（HK）

黄枝方胸蛛 *Thiania luteobrachialis* Schenkel, 1963

Schenkel, 1963: 408; Prószyński, 1984: 145 (*T. luteola*); Peng, Li & Rollard, 2003: 104.
分布：中国（具体未详）

细齿方胸蛛 *Thiania suboppressa* Strand, 1907

Strand, 1907: 569; Wesolowska, 1981: 50 (*T. subopressa*); Prószyński, 1984: 145 (*T. subopressa*); Żabka, 1985: 453 (*T. subopressa*); Peng et al., 1993: 240; Song, Zhu & Chen, 1999: 562; Yin et al., 2012: 1494.
分布：湖南（HN）、福建（FJ）、台湾（TW）、广东（GD）；越南、夏威夷

莎茵蛛属 *Thyene* Simon, 1885

Simon, 1885: 4. Type species: *Attus imperialis* Rossi, 1846
异名：
Mithion Simon, 1884; Prószyński, 1987: 111 (Syn.);
Gangus Simon, 1902; Prószyński & Deeleman- Reinhold, 2010: 184 (Syn.);
Paramodunda Lessert, 1925; Prószyński, 1990: 252 (Syn.).

双带莎茵蛛 *Thyene bivittata* Xie & Peng, 1995

Xie & Peng, 1995: 105; Song, Zhu & Chen, 1999: 562; Jastrzębski, 2006: 1; Yin et al., 2012: 1496.
分布：湖南（HN）、云南（YN）；尼泊尔

阔莎茵蛛 *Thyene imperialis* (Rossi, 1846)

Rossi, 1846: 12 (*Attus i.*); Lucas, 1846: 147 (*Salticus moreletii*); L. Koch, 1867: 879 (*Attus regillus*); Simon, 1868: 620 (*Attus argentoe-lineatus*); Simon, 1868: 622 (*Attus moreletii*); Simon, 1871: 142 (*Attus moreletii*); O. P.-Cambridge, 1876: 611 (*Attus regillus*); Pavesi, 1876: 24 (*Marpessa i.*); Simon, 1876: 52 (*Thya i.*); Pavesi, 1897: 183 (*Thiene i.*); Peckham & Peckham, 1901: 307; Simon, 1903: 687; Reimoser, 1919: 115 (*T. moreleti*); Simon, 1937: 1236, 1269; Berland & Millot, 1941: 374; Denis, 1947: 79 (*T. i.*, Syn.); Roewer, 1962: 27 (*T. lindbergi*); Schenkel, 1963: 441 (*T. sinensis*); Wesolowska, 1981: 159 (*T. i.*, Syn.); Peng et al., 1993: 242; Xie & Peng, 1995: 107; Song, Zhu & Chen, 1999: 562; Logunov & Zamanpoore, 2005: 231 (*T. i.*, Syn.); Prószyński & Deeleman-Reinhold, 2010: 184.
异名：
Thyene moreletii (Lucas, 1846, Trans. from *Salticus*); Denis, 1947: 79 (Syn.);
T. lindbergi Roewer, 1962; Logunov & Zamanpoore, 2005: 231 (Syn.);
T. sinensis Schenkel, 1963; Wesolowska, 1981: 159 (Syn.).
分布：湖北（HB）、福建（FJ）、广东（GD）、广西（GX）、海南（HI）；旧大陆

东方莎茵蛛 *Thyene orientalis* Żabka, 1985

Żabka, 1985: 454; Peng et al., 1993: 244; Xie & Peng, 1995: 107; Song & Li, 1997: 442; Song, Zhu & Chen, 1999: 562; Yin et al., 2012: 1497.
分布：湖南（HN）；越南

射纹莎茵蛛 *Thyene radialis* Xie & Peng, 1995

Xie & Peng, 1995: 105; Song, Zhu & Chen, 1999: 563; Yin et al., 2012: 1498.
分布：湖南（HN）

三角莎茵蛛 *Thyene triangula* Xie & Peng, 1995

Xie & Peng, 1995: 106; Song, Zhu & Chen, 1999: 561.
分布：云南（YN）

玉溪莎茵蛛 *Thyene yuxiensis* Xie & Peng, 1995

Xie & Peng, 1995: 106; Song, Zhu & Chen, 1999: 563; Jastrzębski, 2006: 2.

分布：湖南（HN）、云南（YN）；尼泊尔

维利蛛属 *Vailimia* Kammerer, 2006

Kammerer, 2006: 269 (replacement name for *Vailima* Peckham & Peckham, 1907, preoccupied in the Osteichthyes). Type species: *Vailima masinei* Peckham & Peckham, 1907

长胫维利蛛 *Vailimia longitibia* Guo, Zhang & Zhu, 2011

Guo, Zhang & Zhu, 2011: 1.

分布：海南（HI）

沃蛛属 *Wanlessia* Wijesinghe, 1992

Wijesinghe, 1992: 10. Type species: *Wanlessia sedgwicki* Wijesinghe, 1992

齿沃蛛 *Wanlessia denticulata* Peng, Tso & Li, 2002

Peng, Tso & Li, 2002: 5.

分布：台湾（TW）

雅蛛属 *Yaginumaella* Prószyński, 1979

Prószyński, 1979: 319. Type species: *Attus striatipes* Grube, 1861

巴东雅蛛 *Yaginumaella badongensis* Song & Chai, 1992

Song & Chai, 1992: 82; Song & Li, 1997: 443; Song, Zhu & Chen, 1999: 563.

分布：湖北（HB）

双屏雅蛛 *Yaginumaella bilaguncula* Xie & Peng, 1995

Xie & Peng, 1995: 290; Song, Zhu & Chen, 1999: 563.

分布：云南（YN）

球雅蛛 *Yaginumaella bulbosa* Peng, Tang & Li, 2008

Peng, Tang & Li, 2008: 255.

分布：湖北（HB）

镰雅蛛 *Yaginumaella falcata* Zhu et al., 2005

Zhu et al., 2005: 542.

分布：贵州（GZ）

曲雅蛛 *Yaginumaella flexa* Song & Chai, 1992

Song & Chai, 1992: 83; Song & Li, 1997: 443; Song, Zhu & Chen, 1999: 563; Yin et al., 2012: 1500.

分布：湖南（HN）、贵州（GZ）

垂雅蛛 *Yaginumaella lobata* Peng, Tso & Li, 2002

Peng, Tso & Li, 2002: 6.

分布：江西（JX）、台湾（TW）

陇南雅蛛 *Yaginumaella longnanensis* Yang, Tang & Kim, 1997

Yang, Tang & Kim, 1997: 47; Song, Zhu & Chen, 1999: 563; Yin et al., 2012: 1501.

分布：甘肃（GS）、湖南（HN）

卢氏雅蛛 *Yaginumaella lushiensis* Zhang & Zhu, 2007

Zhang & Zhu, 2007: 1.

分布：河南（HEN）

梅氏雅蛛 *Yaginumaella medvedevi* Prószyński, 1979

Prószyński, 1979: 320; Dunin, 1984: 139; Tu & Zhu, 1986: 95; Peng et al., 1993: 245; Song, Zhu & Chen, 1999: 563; Song, Zhu & Chen, 2001: 465; Namkung, 2003: 605; Marusik & Kovblyuk, 2011: 225.

分布：吉林（JL）、山西（SX）；韩国、俄罗斯

山地雅蛛 *Yaginumaella montana* Żabka, 1981

Żabka, 1981: 26; Xie & Peng, 1995: 292; Song, Zhu & Chen, 1999: 563; Yin et al., 2012: 1502.

分布：湖南（HN）；不丹

南岳雅蛛 *Yaginumaella nanyuensis* Xie & Peng, 1995

Xie & Peng, 1995: 291; Song, Zhu & Chen, 1999: 563; Yin et al., 2012: 1503.

分布：湖南（HN）

尼泊尔雅蛛 *Yaginumaella nepalica* Żabka, 1980

Żabka, 1980: 376; Hu & Li, 1987: 335; Song, Zhu & Chen, 1999: 563; Hu, 2001: 408 (*Ptocasius n.*).

分布：西藏（XZ）；尼泊尔

萨克雅蛛 *Yaginumaella thakkholaica* Żabka, 1980

Żabka, 1980: 373; Hu & Li, 1987: 382; Song, Zhu & Chen, 1999: 563; Hu, 2001: 409 (*Ptocasius t.*).

分布：西藏（XZ）；尼泊尔

异形雅蛛 *Yaginumaella variformis* Song & Chai, 1992

Song & Chai, 1992: 83; Song & Li, 1997: 444; Song, Zhu & Chen, 1999: 563.

分布：湖北（HB）

吴氏雅蛛 *Yaginumaella wuermli* Żabka, 1981

Żabka, 1981: 29; Hu, 2001: 411 (*Ptocasius w.*).

分布：西藏（XZ）；不丹

后雅蛛属 *Yaginumanis* Wanless, 1984

Wanless, 1984: 152. Type species: *Boethus sexdentatus* Yaginuma, 1967

陈氏后雅蛛 *Yaginumanis cheni* Peng & Li, 2002

Peng & Li, 2002: 238.

分布：广西（GX）

沃氏后雅蛛 *Yaginumanis wanlessi* Zhang & Li, 2005

Zhang & Li, 2005: 227.
分布：四川（SC）

树跳蛛属 *Yllenus* Simon, 1868

Simon, 1868: 633. Type species: *Yllenus arenarius* Menge, in Simon, 1868
异名：
Pseudomogrus Simon, 1937; Prószyński, 1968: 415 (Syn.).

白树跳蛛 *Yllenus albocinctus* (Kroneberg, 1875)

Kroneberg, 1875: 49 (*Attus albo-cinctus*); Simon, 1901: 581 (*Attulus a.*); Reimoser, 1919: 193; Prószyński, 1968: 463; Ponomarev, 1978: 96; Hu & Wu, 1989: 396; Song, Zhu & Chen, 1999: 563.
分布：新疆（XJ）；土耳其到中国

环纹树跳蛛 *Yllenus auspex* (O. P.-Cambridge, 1885)

O. P.-Cambridge, 1885: 104 (*Attus a.*); Reimoser, 1919: 193 (*Attulus a.*); Prószyński & Żochowska, 1981: 29 (*Y. a.*, Trans. from *Attulus*, Syn.); Zhou & Song, 1988: 11; Hu & Wu, 1989: 396; Wesolowska, 1996: 44; Song, Zhu & Chen, 1999: 563; Logunov & Marusik, 2000: 273 (*Y. a.*, Syn., rejected); Logunov, Ballarin & Marusik, 2011: 239.
异名：
Yllenus baltistanus Caporiacco, 1935; Prószyński & Żochowska, 1981: 29 (Syn.).
分布：内蒙古（NM）、新疆（XJ）、西藏（XZ）；巴基斯坦、蒙古

巴彦树跳蛛 *Yllenus bajan* Prószyński, 1968

Prószyński, 1968: 440; Hu & Wu, 1989: 397; Tang & Song, 1990: 52; Song, Zhu & Chen, 1999: 564; Logunov & Marusik, 2003: 125.
分布：新疆（XJ）；蒙古

巴托尔树跳蛛 *Yllenus bator* Prószyński, 1968

Prószyński, 1968: 444; Hu & Li, 1987: 334; Logunov & Marusik, 2000: 273; Song, Zhu & Chen, 1999: 564; Hu, 2001: 421; Logunov & Marusik, 2003: 130.
分布：西藏（XZ）；蒙古

黄绒树跳蛛 *Yllenus flavociliatus* Simon, 1895

Simon, 1895: 343; Prószyński, 1968: 479; Punda, 1975: 38; Wesolowska, 1991: 4; Su & Tang, 2005: 85.
分布：内蒙古（NM）；蒙古、俄罗斯、中亚

卡卡树跳蛛 *Yllenus kalkamanicus* Logunov & Marusik, 2000

Logunov & Marusik, 2000: 275; Marusik, Fritzén & Song, 2007: 271; Marusik & Kovblyuk, 2011: 225.
分布：新疆（XJ）；哈萨克斯坦

牦牛树跳蛛 *Yllenus maoniuensis* (Liu, Wang & Peng, 1991)

Liu, Wang & Peng, 1991: 363 (*Philaeus m.*); Song, Zhu & Chen, 1999: 537 (*P. m.*); Logunov & Marusik, 2000: 272 (*Y. auspex*, Trans. *P. m.* to *Yllenus*, Syn., rejected); Logunov & Marusik, 2003: 151 (*Y. m.*, removed from Syn. of *Y. auspex*).
分布：西藏（XZ）

南木林树跳蛛 *Yllenus namulinensis* Hu, 2001

Hu, 2001: 421; Logunov & Marusik, 2003: 136.
分布：西藏（XZ）

伪巴彦树跳蛛 *Yllenus pseudobajan* Logunov & Marusik, 2003

Logunov & Marusik, 2003: 150.
分布：青海（QH）

粗树跳蛛 *Yllenus robustior* Prószyński, 1968

Schenkel, 1936: 309 (*Y. hamifer*, misidentified); Prószyński, 1968: 435; Prószyński & Żochowska, 1981: 32; Zhou & Song, 1988: 13 (*Y. hamifer*, misidentified); Hu & Wu, 1989: 398 (*Y. hamifer*, misidentified); Logunov, 1993: 51; Peng et al., 1993: 247; Song, Zhu & Chen, 1999: 564; Logunov & Marusik, 2003: 150.
分布：内蒙古（NM）、新疆（XJ）

斑马蛛属 *Zebraplatys* Żabka, 1992

Żabka, 1992: 674. Type species: *Holoplatys fractivittata* Simon, 1909

球斑马蛛 *Zebraplatys bulbus* Peng, Tso & Li, 2002

Peng, Tso & Li, 2002: 7.
分布：台湾（TW）

长腹蝇虎属 *Zeuxippus* Thorell, 1891

Thorell, 1891: 110. Type species: *Zeuxippus histrio* Thorell, 1891

白长腹蝇虎 *Zeuxippus pallidus* Thorell, 1895

Thorell, 1895: 333; Wesolowska, 1981: 47 (*Rhene argentata*); Prószyński, 1984: 123; Żabka, 1985: 456 (*Z. p.*, Syn.); Peng, 1989: 160; Okuma et al., 1993: 87; Peng et al., 1993: 249; Song, Zhu & Chen, 1999: 564; Yin et al., 2012: 1504.
异名：
Zeuxippus argentatus (Wesolowska, 1981, Trans. from *Rhene*); Żabka, 1985: 456 (Syn.).
分布：浙江（ZJ）、湖南（HN）、贵州（GZ）、福建（FJ）、广东（GD）；孟加拉、缅甸、越南

滇长腹蝇虎 *Zeuxippus yunnanensis* Peng & Xie, 1995

Peng & Xie, 1995: 134; Song, Zhu & Chen, 1999: 564.
分布：云南（YN）、海南（HI）

49. 花皮蛛科 Scytodidae Blackwall, 1864

世界 5 属 229 种；中国 3 属 14 种。

代提蛛属 *Dictis* L. Koch, 1872

L. Koch, 1872: 295. Type species: *Dictis striatipes* L. Koch,

1872

条纹代提蛛 *Dictis striatipes* L. Koch, 1872

L. Koch, 1872: 295; Simon, 1880: 123 (*D. nigrolineata*); Bösenberg & Strand, 1906: 114 (*Scytodes nigrolineata*); Berland, 1924: 185 (*S. s.*); Berland, 1935: 43 (*S. s.*); Schenkel, 1953: 14 (*S. depressus*); Schenkel, 1963: 28 (*S. nigrolineatus*); Roewer, 1963: 130 (*S. s.*); Lee, 1966: 24 (*S. nigrolineata*); Paik, 1978: 219 (*S. nigrolineata*); Song & Hubert, 1983: 2 (*Scytodes s.*, Syn.); Yoshikura, 1987: 267 (*S. s.*); Xu, 1987: 2 (*S. s.*); Saaristo, 1997: 56 (*D. s.*, Trans. from *Scytodes*); Song, Zhu & Chen, 1999: 49 (*S. s.*); Song, Zhu & Chen, 2001: 68 (*S. s.*); Namkung, 2002: 33 (*Scytodes s.*); Namkung, 2003: 33; Ono, 2009: 124; Yin et al., 2012: 150.

异名：

Dictis nigrolineata Simon, 1880; Song & Hubert, 1983: 2 (Syn., sub. of *Scytodes*);

D. depressus (Schenkel, 1953, Trans. from *Scytodes*); Song & Hubert, 1983: 2 (Syn., sub. of *Scytodes*).

分布：河北（HEB）、天津（TJ）、北京（BJ）、安徽（AH）、浙江（ZJ）、湖南（HN）、台湾（TW）、海南（HI）；澳大利亚

花皮蛛属 *Scytodes* Latreille, 1804

Latreille, 1804: 249. Type species: *Aranea thoracica* Latreille, 1802

白顶花皮蛛 *Scytodes albiapicalis* Strand, 1907

Strand, 1907: 107.

分布：广东（GD）

爱氏花皮蛛 *Scytodes edwardsi* Barrion, Barrion-Dupo & Heong, 2012

Barrion et al., 2012: 28.

分布：海南（HI）

花腹花皮蛛 *Scytodes florifera* Yin & Xu, 2012

Yin & Xu, in Yin et al., 2012: 152.

分布：湖南（HN）

暗花皮蛛 *Scytodes fusca* Walckenaer, 1837

Walckenaer, 1837: 272; Doleschall, 1859: 48 (*S. domestica*); Taczanowski, 1872: 108 (*S. guianensis*); Simon, 1891: 568 (*S. hebraica*); Simon, 1891: 569 (*S. bajula*); Thorell, 1891: 33 (*Dictis fumida*); Thorell, 1895: 67 (*Dictis domestica*); F. O. P.-Cambridge, 1899: 51 (*S. hebraica*); Simon, 1891: 571; Kulczyński, 1911: 457 (*S. domestica*); Strand, 1916: 95 (*S. atrofusca*, provisional name only); Mello-Leitão, 1918: 133 (*S. campinensis*); Mello-Leitão, 1918: 133 (*S. discolor*); Mello-Leitão, 1918: 133 (*S. iguassuensis*); Chamberlin & Ivie, 1936: 8 (*S. nannipes*); Millot, 1941: 41 (*S. velutina*, misidentified); Mello-Leitão, 1941: 236 (*S. f.*, Syn.); Kaston, 1945: 7; Millot, 1946: 157; Kraus, 1955: 12 (*S. torquatus*); Brignoli, 1976: 175; Valerio, 1981: 83 (*S. f.*, Syn.); Brignoli, 1983: 150 (*S. torquata*); Wang, Zhang & Li, 1985: 66; Lehtinen, 1986: 152; Heimer, 1990: 11; Wang, 1994: 6; Song, Zhu & Chen, 1999: 49; Brescovit & Rheims, 2000: 323 (*S. f.*, Syn.); Saaristo, 2010: 203; Ono, 2011: 444; Šestáková et al., 2014: 1.

异名：

Scytodes bajula Simon, 1891; Valerio, 1981: 83 (Syn.);

S. hebraica Simon, 1891; Valerio, 1981: 83 (Syn.);

S. campinensis Mello-Leitão, 1918; Mello-Leitão, 1941: 236 (Syn.);

S. discolor Mello-Leitão, 1918; Mello-Leitão, 1941: 236 (Syn.);

S. iguassuensis Mello-Leitão, 1918; Brescovit & Rheims, 2000: 323 (Syn.);

S. nannipes Chamberlin & Ivie, 1936; Valerio, 1981: 83 (Syn.);

S. torquatus Kraus, 1955; Valerio, 1981: 83 (Syn.).

分布：云南（YN）、海南（HI）；古北界

刘氏花皮蛛 *Scytodes liui* Wang, 1994

Wang, 1994: 7; Song, Zhu & Chen, 1999: 49.

分布：福建（FJ）

白色花皮蛛 *Scytodes pallida* Doleschall, 1859

Doleschall, 1859: 48; Chrysanthus, 1967: 91; Wang, 1994: 7 (*S. pallidus*); Song, Zhu & Chen, 1999: 49.

分布：云南（YN）；印度、菲律宾、巴布亚新几内亚

四斑花皮蛛 *Scytodes quattuordecemmaculata* Strand, 1907

Strand, 1907: 114 (*S. 14-maculatus*).

分布：广东（GD）

卡拉四斑花皮蛛 *Scytodes quattuordecemmaculata clarior* Strand, 1907

Strand, 1907: 116 (*S. 14-maculatus c.*).

分布：广东（GD）

半曳花皮蛛 *Scytodes semipullata* (Simon, 1909)

Simon, 1909: 75 (*Dictis s.*); Hu & Li, 1987: 259; Hu, 2001: 87.

分布：西藏（XZ）

胸纹花皮蛛 *Scytodes thoracica* (Latreille, 1802)

Latreille, 1802: 56 (*Aranea t.*); Latreille, 1804: 249 (*Aranea t.*); Audouin, 1826: 378; C. L. Koch, 1838: 87 (*S. tigrina*); Hentz, 1850: 35 (*S. cameratus*); Garneri, 1902: 57, 95 (*Loxoscelis t.*); Hu, 1984: 73; Zhu et al., 1985: 65; Xu, 1987: 1; Zhang, 1987: 56; Feng, 1990: 44; Chen & Gao, 1990: 38; Chen & Zhang, 1991: 69; Song, Zhu & Chen, 1999: 49; Song, Zhu & Chen, 2001: 69; Namkung, 2003: 32; Ono, 2009: 124; Le Peru, 2011: 114; Özkütük et al., 2013: 14.

分布：辽宁（LN）、河北（HEB）、山西（SX）、山东（SD）、安徽（AH）、江苏（JS）、浙江（ZJ）、四川（SC）、台湾（TW）；全北界、太平洋岛屿

锦花皮蛛 *Scytodes yphanta* Wang, 1994

Wang, 1994: 8 (*S. yphantus*); Song, Zhu & Chen, 1999: 50;

Yin et al., 2012: 154.
分布：湖南（HN）

怒花皮蛛 *Scytodes zamena* Wang, 1994

Wang, 1994: 9 (*S. zamenus*); Song, Zhu & Chen, 1999: 50.
分布：福建（FJ）

胸蛛属 *Stedocys* Ono, 1995

Ono, 1995: 132. Type species: *Stedocys uenorum* Ono, 1995

宝塔胸蛛 *Stedocys pagodas* Labarque et al., 2009

Labarque et al., 2009: 5.
分布：云南（YN）

50. 类石蛛科 Segestriidae Simon, 1893

世界 3 属 120 种；中国 2 属 6 种。

垣蛛属 *Ariadna* Audouin, 1826

Audouin, 1826: 308. Type species: *Ariadna insidiatrix* Audouin, 1826
异名：
Segestriella Purcell, 1904; Beatty, 1970: 454 (Syn.);
Citharoceps Chamberlin, 1924; Beatty, 1970: 454 (Syn.).

大围垣蛛 *Ariadna daweiensis* Yin, Xu & Bao, 2002

Yin, Xu & Bao, 2002: 186; Yin et al., 2012: 177.
分布：湖南（HN）

敏捷垣蛛 *Ariadna elaphra* Wang, 1993

Wang, 1993: 418 (*A. elaphros*).
分布：湖南（HN）、福建（FJ）

岛垣蛛 *Ariadna insulicola* Yaginuma, 1967

Yaginuma, 1967: 103; Namkung, 1985: 57; Chikuni, 1989: 25; Namkung, 2002: 54; Namkung, 2003: 56; Ono, 2009: 99.
分布：浙江（ZJ）、海南（HI）；韩国、日本

侧垣蛛 *Ariadna lateralis* Karsch, 1881

Karsch, 1881: 40; Bösenberg & Strand, 1906: 118; Dönitz & Strand, in Bösenberg & Strand, 1906: 376 (*A. orientalis*; synonymy disputed by Ono, 2009: 98); Saitō, 1959: 34; Yaginuma, 1962: 10 (*A. l.*, Syn.); Namkung, 2003: 55; Ono, 2009: 98; Zhu & Zhang, 2011: 53.
异名：
Ariadna orientalis Dönitz & Strand, 1906; Yaginuma, 1962: 10 (Syn., but synonymy disputed by Ono, 2009: 98).
分布：辽宁（LN）、山东（SD）、浙江（ZJ）、台湾（TW）；韩国、日本

黑色垣蛛 *Ariadna pelia* Wang, 1993

Wang, 1993: 417 (*A. pelios*: spelled *pellios* in abstract); Song, Zhu & Chen, 1999: 67 (*A. pelios*).
分布：云南（YN）

类石蛛属 *Segestria* Latreille, 1804

Latreille, 1804: 217. Type species: *Aranea florentina* Rossi, 1790

巴伐利亚类石蛛 *Segestria bavarica* C. L. Koch, 1843

C. L. Koch, 1843: 93; Westring, 1861: 298; Miller, 1971: 73; Brignoli, 1976: 43; Xu, 1987: 26; Song, Zhu & Chen, 1999: 67; Almquist, 2005: 31; Le Peru, 2011: 165.
分布：安徽（AH）；欧洲到阿塞拜疆

51. 拟扁蛛科 Selenopidae Simon, 1897

世界 10 属 256 种；中国 2 属 4 种。

巴赛蛛属 *Pakawops* Crews & Harvey, 2011

Crews & Harvey, 2011: 91. Type species: *Selenops formosanus* Kayashima, 1943

台湾巴赛蛛 *Pakawops formosanus* (Kayashima, 1943)

Kayashima, 1943: 34 (*Selenops formosanus*); Kayashima, 1943: 65 (*S. f.*); Crews & Harvey, 2011: 96 (*Pakawops f.*, Trans. from *Selenops*).
分布：台湾（TW）

拟扁蛛属 *Selenops* Latreille, 1819

Latreille, 1819: 579. Type species: *Selenops radiatus* Latreille, 1819
异名：
Orops Benoit, 1968; Corronca, 1996: 60 (Syn.).

袋拟扁蛛 *Selenops bursarius* Karsch, 1879

Karsch, 1879: 81; Lee, 1966: 71 (*S. brusarius*); Zhu & Mao, 1983: 151 (*S. henanensis*); Hu, 1984: 312 (*S. henanensis*); Song, 1987: 332; Feng, 1990: 176 (*S. henanensis*); Zhu, Sha & Chen, 1990: 30 (*S. b.*, Syn.); Chen & Gao, 1990: 159; Chen & Zhang, 1991: 265; Chen & Zhang, 1991: 264 (*S. henanensis*); Song, Zhu & Chen, 1999: 466; Namkung, 2003: 498; Ono, 2009: 470; Zhu & Zhang, 2011: 415; Yin et al., 2012: 1225.
异名：
Selenops henanensis Zhu & Mao, 1983; Zhu, Sha & Chen, 1990: 30 (Syn.).
分布：河南（HEN）、安徽（AH）、江苏（JS）、浙江（ZJ）、四川（SC）、贵州（GZ）、台湾（TW）；韩国、日本

壶拟扁蛛 *Selenops ollarius* Zhu, Sha & Chen, 1990

Zhu, Sha & Chen, 1990: 32; Chen & Gao, 1990: 161; Song, Zhu & Chen, 1999: 466.
分布：四川（SC）

辐射拟扁蛛 *Selenops radiatus* Latreille, 1819

Latreille, 1819: 579; Dufour, 1820: 361 (*S. omalosoma*); Audouin, 1826: 394 (*S. aegyptiaca*); Walckenaer, 1837: 544 (*S. omalosoma*); Walckenaer, 1837: 546 (*S. annulipes*); Walckenaer, 1837: 546 (*S. peregrinator*); Blackwall, 1865: 85 (*S. alacer*); Gerstäcker, 1873: 479 (*S. sansibaricus*); Simon, 1875: 345 (*S. radiata*); Simon, 1875: 346 (*S. latreillei*); O. P.-Cambridge, 1876: 585 (*S. aegyptica*); Simon, 1880: 234 (*S. malabarensis*); Thorell, 1895: 261 (*S. birmanicus*); Simon,

1897: 26; O. P.-Cambridge, 1898: 390 (*S. diversus*); Lessert, 1936: 263 (*S. r. peryensis*); Lawrence, 1940: 557 (*S. r. damaranus*); Lawrence, 1940: 558 (*S. r. krügeri*, misidentified); Caporiacco, 1941: 111 (*S. strandi*: omitted by Roewer); Caporiacco, 1947: 207 (*S. montanus*; preoccupied by Lawrence, 1940); Caporiacco, 1949: 449 (*S. röweri*, replacement name for *S. montanus*); Benoit, 1968: 133 (*S. r.*, Syn.); Zhu, Sha & Chen, 1990: 31 (*S. cordatus*); Chen & Gao, 1990: 160 (*S. cordatus*); Song, Zhu & Chen, 1999: 466 (*S. cordatus*); Corronca, 2002: 25; Crews & Harvey, 2011: 10, f. 114 (*S. r.*, Syn.); Kunt, Tezcan & Yağmur, 2011: 608.

异名：

Selenops radiatus peryensis Lessert, 1936; Benoit, 1968: 133 (Syn.);

S. radiatus damaranus Lawrence, 1940; Benoit, 1968: 133 (Syn.);

S. strandi Caporiacco, 1941; Benoit, 1968: 133 (Syn.);

S. röweri Caporiacco, 1949; Benoit, 1968: 134 (Syn.);

S. cordatus Zhu, Sha & Chen, 1990; Crews & Harvey, 2011: 10 (Syn.).

分布：四川（SC）、云南（YN）；地中海、非洲、印度、缅甸

52. 刺客蛛科 Sicariidae Keyserling, 1880

世界 2 属 132 种；中国 1 属 3 种。

平甲蛛属 *Loxosceles* Heineken & Lowe, 1832

Heineken & Lowe, 1832: 320. Type species: *Scytodes rufescens* Dufour, 1820

异名：

Loxoscella Strand, 1906; Gertsch & Ennik, 1983: 277 (Syn.);

Calheirosia Mello-Leitão, 1917; Brignoli, 1978: 18 (Syn.).

奇异平甲蛛 *Loxosceles aphrasta* Wang, 1994

Wang, 1994: 13; Song, Zhu & Chen, 1999: 49; Yin et al., 2012: 146.

分布：湖南（HN）

乳状平甲蛛 *Loxosceles lacta* Wang, 1994

Wang, 1994: 14; Song, Zhu & Chen, 1999: 49; Yin et al., 2012: 147.

分布：湖南（HN）

红平甲蛛 *Loxosceles rufescens* (Dufour, 1820)

Dufour, 1820: 203 (*Scytodes r.*); Audouin, 1826: 379 (*Scytodes r.*); Heineken & Lowe, in Lowe, 1832: 322 (*L. citigrada*); C. L. Koch, 1838: 90 (*Scytodes erythrocephala*); Lucas, 1846: 104 (*Scytodes distincta*); Simon, 1864: 50, 451 (*Omosita r.*); Blackwall, 1865: 100 (*Scytodes pallida*); Simon, 1873: 38 (*L. erythrocephala*); Simon, 1873: 38; Pavesi, 1876: 435 (*L. erythrocephala*); Butler, 1879: 43 (*Spermophora comoroensis*); Simon, 1881: 6 (*L. compactilis*); Bösenberg & Strand, 1906: 113; Simon, 1908: 422 (*L. distincta*); Simon, 1914: 75, 76; Simon, 1914: 75, 77 (*L. erythrocephala*); Strand, 1918: 91; Petrunkevitch, 1929: 108; Bristowe, 1938: 311; Comstock, 1940: 108; Yaginuma, 1940: 129; Muma, 1944: 2 (*L. marylandicus*); Gertsch, 1958: 31 (*L. r.*, Syn.); Bücherl, 1961: 213; Tikader, 1963: 23 (*L. indrabeles*); Brignoli, 1976: 144 (*L. r.*, Syn.); Yin, Wang & Hu, 1983: 33; Xu, 1987: 3; Chen & Gao, 1990: 37; Chen & Zhang, 1991: 68; Song, Zhu & Chen, 1999: 49; Yoo & Kim, 2002: 25 (*L. ruescens*, lapsus); Namkung, 2003: 30; Yin et al., 2012: 148; Mirshamsi, Hatami & Zamani, 2013: 83; Zamani & Rafinejad, 2014: 229.

异名：

Loxosceles distincta (Lucas, 1846, Trans. from *Scytodes*); Brignoli, 1976: 142 (Syn.);

L. compactilis Simon, 1881; Brignoli, 1976: 142 (Syn.);

L. marylandicus Muma, 1944; Gertsch, 1958: 31 (Syn.);

L. indrabeles Tikader, 1963; Brignoli, 1976: 144 (Syn.).

分布：安徽（AH）、江苏（JS）、浙江（ZJ）、四川（SC）、台湾（TW）；世界性分布

53. 华模蛛科 Sinopimoidae Li & Wunderlich, 2008

世界 1 属 1 种；中国 1 属 1 种。

华模蛛属 *Sinopimoa* Li & Wunderlich, 2008

Li & Wunderlich, 2008: 2. Type species: *Sinopimoa bicolor* Li & Wunderlich, 2008

双色华模蛛 *Sinopimoa bicolor* Li & Wunderlich, 2008

Li & Wunderlich, 2008: 2 (type locality:); Wunderlich, 2008: 118.

分布：云南（YN）

54. 巨蟹蛛科 Sparassidae Bertkau, 1872

世界 84 属 1142 种；中国 11 属 114 种。

不丹蛛属 *Bhutaniella* Jäger, 2000

Jäger, 2000: 67. Type species: *Bhutaniella hillyardi* Jäger, 2000

喀氏不丹蛛 *Bhutaniella kronestedti* Vedel & Jäger, 2005

Vedel & Jäger, 2005: 42.

分布：西藏（XZ）

斯氏不丹蛛 *Bhutaniella scharffi* Vedel & Jäger, 2005

Vedel & Jäger, 2005: 41.

分布：云南（YN）

朱氏不丹蛛 *Bhutaniella zhui* Zhu & Zhang, 2011

Zhu & Zhang, 2011: 416, 534.

分布：河南（HEN）

艾舞蛛属 *Eusparassus* Simon, 1903

Simon, 1903: 1025. Type species: *Eusparassus dufouri* Simon, 1932

异名：

Cercetius Simon, 1902; Moradmand & Jäger, 2012: 251 (Syn.).

眼艾舞蛛 *Eusparassus oculatus* (Kroneberg, 1875)

Kroneberg, 1875: 29 (*Sparassus o.*); Denis, 1958: 102; Levy, 1989: 136 (*Sparassus o.*); Moradmand & Jäger, 2012: 2473; Moradmand, 2013: 69.

分布：新疆（XJ）；中亚到中国

波氏艾舞蛛 *Eusparassus potanini* (Simon, 1895)

Simon, 1895: 340 (*Sparassus p.*); Reimoser, 1919: 200; Hu & Fu, 1985: 86 (*Heteropoda nanjianensis*); Hu & Wu, 1989: 310 (*H. n.*, invalid emendation); Levy, 1989: 134 (*Sparassus n.*, Trans. from *Heteropoda*, may be Syn. of *E. walckenaeri*); Song, Zhu & Chen, 1999: 467 (*E. n.*); Moradmand & Jäger, 2012: 2476 (*E. p.*, Syn. of female); Moradmand, 2013: 69.

异名：

Eusparassus nanjianensis (Hu & Fu, 1985, Trans. from *Heterpoda*); Moradmand & Jäger, 2012: 2476 (Syn.).

分布：新疆（XJ）

颚突蛛属 *Gnathopalystes* Rainbow, 1899

Rainbow, 1899: 314. Type species: *Gnathopalystes ferox* Rainbow, 1899

台湾颚突蛛 *Gnathopalystes taiwanensis* Zhu & Tso, 2006

Zhu & Tso, 2006: 267.

分布：台湾（TW）

巨蟹蛛属 *Heteropoda* Latreille, 1804

Latreille, 1804: 135. Type species: *Aranea venatoria* Linnaeus, 1767

异名：

Adrastis Simon, 1880; Jäger, 2002: 40 (Syn.);
Panaretus Simon, 1880; Jäger, 2002: 40 (Syn.);
Torania Simon, 1886; Jäger, 2001: 19 (Syn.);
Parhedrus Simon, 1887; Jäger, 2002: 40 (Syn.);
Panaretidius Simon, 1906; Jäger, 2001: 19 (Syn.).

长径巨蟹蛛 *Heteropoda amphora* Fox, 1936

Fox, 1936: 125; Zhang, 1998: 114 (*H. a.*: placed in a nomen nudum, *H. zhangi*, by Song & Zhu, in Song, Zhu & Chen, 1999: 468); Jäger, 2001: 22.

分布：浙江（ZJ）、四川（SC）、广西（GX）、香港（HK）

城步巨蟹蛛 *Heteropoda chengbuensis* Wang, 1990

Wang, 1990: 9; Song, Zhu & Chen, 1999: 467; Yin et al., 2012: 1229.

分布：湖南（HN）

吉隆巨蟹蛛 *Heteropoda gyirongensis* Hu & Li, 1987

Hu & Li, 1987: 365; Hu, 2001: 310.

分布：西藏（XZ）

赫氏巨蟹蛛 *Heteropoda helge* Jäger, 2008

Jäger, 2008: 245.

分布：福建（FJ）、海南（HI）

壶瓶巨蟹蛛 *Heteropoda hupingensis* Peng & Yin, 2001

Peng & Yin, 2001: 483; Yin et al., 2012: 1229.

分布：湖南（HN）

江西巨蟹蛛 *Heteropoda jiangxiensis* Li, 1991

Li, 1991: 367; Song, Zhu & Chen, 1999: 467.

分布：江西（JX）

聂拉木巨蟹蛛 *Heteropoda nyalama* Hu & Li, 1987

Hu & Li, 1987: 369 (*H. nyalamus*); Hu, 2001: 310.

分布：西藏（XZ）

屏东巨蟹蛛 *Heteropoda pingtungensis* Zhu & Tso, 2006

Zhu & Tso, 2006: 267; Jäger, 2008: 265.

分布：台湾（TW）

施氏巨蟹蛛 *Heteropoda schwalbachorum* Jäger, 2008

Jäger, 2008: 292; Li, Jäger & Liu, 2013: 185.

分布：海南（HI）

鳞片巨蟹蛛 *Heteropoda squamacea* Wang, 1990

Wang, 1990: 8 (*H. s.*, female =*H. venatoria*); Song, Zhu & Chen, 1999: 468 (*H. s.*, presumably not female); Wang, Chen & Zhu, 2002: 19 (*H. bifurcuta*); Liu, Li & Jäger, 2008: 65 (*H. s.*, Syn.); Jäger, 2008: 294.

分布：贵州（GZ）、云南（YN）、广西（GX）

狂放巨蟹蛛 *Heteropoda tetrica* Thorell, 1897

Thorell, 1897: 33; Jäger, 2001: 22; Jäger, 2005: 99; Eusemann & Jäger, 2009: 502.

分布：云南（YN）、广西（GX）；苏门答腊岛

白额巨蟹蛛 *Heteropoda venatoria* (Linnaeus, 1767)

Linnaeus, 1767: 1035 (*Aranea v.*); Fabricius, 1775: 439 (*A. v.*); Olivier, 1789: 230 (*A. v.*); Fabricius, 1793: 408 (*A. regia*); Fabricius, 1798: 291 (*A. pallens*); Latreille, 1804: 135; Walckenaer, 1805: 36 (*Thomisus leucosius*); Latreille, 1806: 114 (*T. venatorius*); Perty, 1833: 195 (*Micrommata setulosa*); C. L. Koch, 1836: 40 (*Ocypete setulosa*); C. L. Koch, 1837: 28 (*O. s.*); Walckenaer, 1837: 566 (*Olios leucosius*); Walckenaer, 1837: 568 (*O. antillianus*); Walckenaer, 1837: 569 (*O. freycineti*); Walckenaer, 1837: 571 (*O. colombianus*); C. L. Koch, 1837: 82 (*Ocypete pallens*); Walckenaer, 1841: 474 (*Olios setulosus*); C. L. Koch, 1845: 36 (*Ocypete murina*); C. L. Koch, 1845: 44 (*O. draco*); Lucas, 1852: 76 (*Olios albifrons*); Doleschall, 1857: 428 (*O. javensis*); Lucas, 1858: 407 (*O. gabonensis*); Doleschall, 1859: 54 (*O. zonatus*); Doleschall, 1859: pl. 13 (*O. javensis*); Doleschall, 1859: 54 (*O.

lunula, misidentified); Dufour, 1863: 9 (*Sparassus ammanita*); Giebel, 1863: 320 (*Ocypete bruneiceps*); Vinson, 1863: 98, 304 (*Olios leucosius*); Gerstäcker, 1873: 482 (*O. regius*); L. Koch, 1875: 675 (*Sarotes regius*); Thorell, 1875: 123 (*Helicopis maderiana*); L. Koch, 1878: 767 (*Sarotes invictus*); McCook, 1878: 144 (*S. venatorius*); Thorell, 1878: 191; Simon, 1880: 263 (*Palystes maderianus*); Simon, 1880: 270 (*H. invicta*); Karsch, 1881: 38 (*Sarotes peditatus*); Simon, 1883: 281, 309 (*Olios maderianus*); Simon, 1887: 102 (*H. ferina*); Pocock, 1897: 613; Simon, 1897: 54 (*H. regia*); Pocock, 1903: 96 (*H. ocellata*); Bösenberg & Strand, 1906: 273; Bösenberg & Strand, 1906: 275 (*H. invicta*); Järvi, 1914: 77, 197; Hogg, 1914: 57 (*H. venatoria pluridentata*); Hogg, 1922: 296 (*Palystes ledleyi*); Yin, Wang & Hu, 1983: 34; Hu, 1984: 311; Feng, 1990: 175; Chen & Gao, 1990: 158; Wang, 1990: 8 (*H. squamacea*, misidentified); Chen & Zhang, 1991: 262; Peng, Yin & Kim, 1996: 57 (*H. minschana*, misidentified); Croeser, 1996: 114 (*H. ledleyi*, Trans. from *Palystes*); Song, Zhu & Chen, 1999: 468; Song & Zhu, in Song, Zhu & Chen, 1999: 469 (*Sinopoda pengi*, misidentified); Jäger, 2000: 53; Jäger & Ono, 2000: 47; Yin et al., 2000: 98 (*H. shimen*); Hu, 2001: 312 (*H. v.*: probably a misidentified *Pseudopoda*, per Jäger & Yin, 2001: 127); Jäger, 2001: 19; Jäger & Yin, 2001: 125 (*H. v.*, Syn.); Yoo & Kim, 2002: 27 (*Sinopoda v.*, lapsus); Jäger, 2002: 51 (*H. v.*, Syn.); Namkung, 2003: 502; Jäger & Kunz, 2005: 166; Ono, 2009: 472 (*H. v.*, Syn.); Marusik & Kuzminykh, 2010: 99; Yin et al., 2012: 1231; Ramírez, 2014: 226; Jäger, 2014: 147 (Syn.).

异名：

Heteropoda freycineti (Walckenaer, 1837, Trans. from *Olios*); Jäger, 2002: 51 (Syn.);
H. thoracica (C. L. Koch, 1845); Jäger, 2014: 147 (Syn.);
H. albifrons (Lucas, 1852, Trans. from *Olios*); Jäger, 2002: 51 (Syn.);
H. maderiana (Thorell, 1875, Trans. from *Olios*); Jäger, 2002: 51 (Syn.);
H. truncus (McCook, 1878); Jäger, 2014: 147 (Syn.);
H. aulica (L. Koch, 1878); Jäger, 2014: 147 (Syn.);
H. invictus L. Koch, 1878; Ono, 2009: 473 (Syn.);
H. venatoria chinesica Strand, 1907; Jäger, 2014: 147 (Syn.);
H. venatoria japonica Strand, 1907; Jäger, 2014: 147 (Syn.);
H. venatoria maculipes Strand, 1907; Jäger, 2014: 147 (Syn.);
H. venatoria pluridentata Hogg, 1914; Jäger, 2002: 52 (Syn.);
H. nicki Strand, 1915; Jäger, 2014: 147 (Syn.);
H. nicki quala Strand, 1915; Jäger, 2014: 147 (Syn.);
H. ledleyi (Hogg, 1922, Trans. from *Palystes*); Jäger, 2002: 52 (Syn.);
H. andamanensis Tikader, 1977; Jäger, 2014: 147 (Syn.);
H. nicobarensis Tikader, 1977; Jäger, 2014: 147 (Syn.);
H. hainanensis Li, 1991; Jäger, 2014: 147 (Syn.);
H. shimen Yin et al., 2000; Jäger & Yin, 2001: 125 (Syn.).

分布：安徽（AH）、浙江（ZJ）、江西（JX）、湖南（HN）、湖北（HB）、四川（SC）、云南（YN）、西藏（XZ）、台湾（TW）、广东（GD）；泛热带地区

小遁蛛属 *Micrommata* Latreille, 1804

Latreille, 1804: 135. Type species: *Araneus virescens* Clerck, 1757

异名：

Sparassus Walckenaer, 1805; Jäger, 1999: 6 (Syn.).

微绿小遁蛛 *Micrommata virescens* (Clerck, 1757)

Clerck, 1757: 138 (*Araneus v.*); Clerck, 1757: 137 (*A. roseus*); De Geer, 1778: 252 (*Aranea viridissima*); Schrank, 1781: 533 (*A. v.*); Olivier, 1789: 226 (*A. rosea*); Fabricius, 1793: 412 (*A. smaragdula*); Latreille, 1804: 135 (*M. smaragdina*); Walckenaer, 1805: 39 (*Sparassus smaragdulus*); Walckenaer, 1805: 40 (*S. roseus*); Latreille, 1806: 115 (*M. smaragdina*); Sundevall, 1831: 40, 1832: 147 (*Sparassus smaragdulus*); Hahn, 1833: 119 (*M. smaragdina*); C. L. Koch, 1837: 28 (*Sparassus v.*); C. L. Koch, 1845: 87 (*S. v.*); Westring, 1861: 406 (*S. v.*); Blackwall, 1861: 102 (*S. smaragdulus*); Prach, 1866: 632 (*S. v.*); Franganillo, 1913: 131 (*M. viridissima valvulata*); Reimoser, 1931: 129 (*M. viridissima*); Simon, 1932: 891, 959 (*M. rosea*); Palmgren, 1943: 77 (*M. viridissima*); Tullgren, 1944: 127 (*M. viridissima*); Miller, 1971: 62 (*M. roseum*); Paik, 1978: 399 (*M. roseum*); Hu & Fu, 1985: 89; Hu & Wu, 1989: 312; Izmailova, 1989: 121; Heimer & Nentwig, 1991: 456 (*M. roseum*); Roberts, 1995: 147; Mcheidze, 1997: 120 (*M. roseum*); Roberts, 1998: 156; Song, Zhu & Chen, 1999: 269; Jäger & Ono, 2000: 43; Jäger, 2000: 239; Namkung, 2002: 500; Bayram & Özdağ, 2002: 305; Namkung, 2003: 503; Urones, 2004: 48 (*M. v.*, Syn.); Almquist, 2006: 451; Ono, 2009: 472; Marusik & Kovblyuk, 2011: 229.

异名：

Micrommata viridissima valvulata Franganillo, 1913; Urones, 2004: 48 (Syn.).

分布：新疆（XJ）；古北界

奥利蛛属 *Olios* Walckenaer, 1837

Walckenaer, 1837: 574. Type species: *Sparassus argelasius* Walckenaer, 1805

指状奥利蛛 *Olios digitatus* Sun, Li & Zhang, 2011

Sun, Li & Zhang, 2011: 88.

分布：海南（HI）

淡黄奥利蛛 *Olios flavidus* (O. P.-Cambridge, 1885)

O. P.-Cambridge, 1885: 73 (*Sparassus flavidus*); Roewer, 1955: 692 (*Olios flavidus*).

分布：新疆（XJ）

迅奥利蛛 *Olios fugax* (O. P.-Cambridge, 1885)

O. P.-Cambridge, 1885: 73 (*Sparassus fugax*); Dyal, 1935: 207 (*Olios fugax*).

分布：新疆（XJ）

勐海奥利蛛 *Olios menghaiensis* (Wang & Zhang, 1990)

Wang & Zhang, 1990: 91 (*Heteropoda m.*); Jäger & Yin, 2001: 130 (*O. m.*, Trans. from *Heteropoda*); Jäger, Gao & Fei, 2002: 29.

分布：云南（YN）

南宁奥利蛛 *Olios nanningensis* (Hu & Ru, 1988)

Hu & Ru, 1988: 92 (*Micrommata n.*); Song, Zhu & Chen, 1999: 468 (*M. n.*); Yin, Yan & Kim, 2000: 5 (*Heteropoda guangdongensis*); He & Hu, 2000: 14 (*M. hainanensis*); Jäger & Yin, 2001: 130 (*O. n.*, Trans. from *Micrommata*, Syn.); Yin et al., 2012: 1233.

异名：

Olios guangdongensis (Yin, Yan & Kim, 2000, Trans. from *Heteropoda*); Jäger & Yin, 2001: 130 (Syn.);

O. hainanensis (He & Hu, 2000, Trans. from *Micrommata*); Jäger & Yin, 2001: 130 (Syn.).

分布：湖南（HN）、广西（GX）

雕刻奥利蛛 *Olios scalptor* Jäger & Ono, 2001

Jäger & Ono, 2001: 28; Zhu & Tso, 2006: 268.

分布：台湾（TW）

天童奥利蛛 *Olios tiantongensis* (Zhang & Kim, 1996)

Zhang & Kim, 1996: 77 (*Heteropoda t.*: misspelled *H. tiantongensi* in heading, correct in legend); Song, Zhu & Chen, 1999: 468 (*Heteropoda t.*); Jäger & Yin, 2001: 131 (*O. t.*, Trans. from *Heteropoda*); Jäger, Gao & Fei, 2002: 27.

分布：江苏（JS）、浙江（ZJ）、湖南（HN）

胆怯奥利蛛 *Olios timidus* (O. P.-Cambridge, 1885)

O. P.-Cambridge, 1885: 72 (*Sparassus timidus*); Roewer, 1955: 693 (*Olios timidus*).

分布：新疆（XJ）

伪遁蛛属 *Pseudopoda* Jäger, 2000

Jäger, 2000: 62. Type species: *Sarotes promptus* O. P.-Cambridge, 1885

渐尖伪遁蛛 *Pseudopoda acuminata* Zhang, Zhang & Zhang, 2013

Zhang, Zhang & Zhang, 2013: 39.

分布：贵州（GZ）

艾美伪遁蛛 *Pseudopoda amelia* Jäger & Vedel, 2007

Jäger & Vedel, 2007: 12.

分布：云南（YN）

华丽伪遁蛛 *Pseudopoda aureola* (He & Hu, 2000)

He & Hu, 2000: 17; Jäger, 2014: 184 (Trans. from *Heteropoda*).

分布：

双球伪遁蛛 *Pseudopoda bibulba* (Xu & Yin, 2000)

Xu & Yin, 2000: 37 (*Heteropoda b.*); Jäger & Yin, 2001: 126 (*P. b.*, Trans. from *Heteropoda*); Jäger & Vedel, 2007: 15.

分布：云南（YN）

二叉伪遁蛛 *Pseudopoda bicruris* Quan, Zhong & Liu, 2014

Quan, Zhong & Liu, 2014: 556.

分布：海南（HI）

短管伪遁蛛 *Pseudopoda breviducta* Zhang, Zhang & Zhang, 2013

Zhang, Zhang & Zhang, 2013: 279.

分布：云南（YN）

苍山伪遁蛛 *Pseudopoda cangschana* Jäger & Vedel, 2007

Jäger & Vedel, 2007: 19.

分布：云南（YN）

努力伪遁蛛 *Pseudopoda contentio* Jäger & Vedel, 2007

Jäger & Vedel, 2007: 10.

分布：云南（YN）

对立伪遁蛛 *Pseudopoda contraria* Jäger & Vedel, 2007

Jäger & Vedel, 2007: 31.

分布：云南（YN）

大理伪遁蛛 *Pseudopoda daliensis* Jäger & Vedel, 2007

Jäger & Vedel, 2007: 23.

分布：云南（YN）

指突伪遁蛛 *Pseudopoda digitata* Jäger & Vedel, 2007

Jäger & Vedel, 2007: 29.

分布：云南（YN）

峨眉伪遁蛛 *Pseudopoda emei* Zhang, Zhang & Zhang, 2013

Zhang, Zhang & Zhang, 2013: 44.

分布：四川（SC）

小伪遁蛛 *Pseudopoda exigua* (Fox, 1938)

Fox, 1938: 370 (*Heteropoda e.*); Jäger, 2000: 63 (*P. e.*, Trans. from *Heteropoda*); Jäger, 2001: 87.

分布：四川（SC）

类小伪遁蛛 *Pseudopoda exiguoides* (Song & Zhu, 1999)

Wang, 1991: 4 (*Heteropoda grahami*, misidentified); Song & Zhu, in Song, Zhu & Chen, 1999: 467 (*H. e.*); Jäger, 2000: 63 (*P. e.*, Trans. from *Heteropoda*); Jäger, Gao & Fei, 2002: 26; Yin et al., 2012: 1235.

分布：湖南（HN）

多凸伪遁蛛 *Pseudopoda gibberosa* Zhang, Zhang & Zhang, 2013

Zhang, Zhang & Zhang, 2013: 274.

分布：云南（YN）

贡山伪遁蛛 *Pseudopoda gongschana* Jäger & Vedel, 2007

Jäger & Vedel, 2007: 6.

分布：云南（YN）

格氏伪遁蛛 *Pseudopoda grahami* (Fox, 1936)

Fox, 1936: 125 (*Heteropoda g.*); Chen & Gao, 1990: 156 (*H. g.*); Song & Chen, 1992: 120 (*H. g.*); Song, Zhu & Chen, 1999: 467 (*H. g.*); Jäger, 2000: 63 (*P. g.*, Trans. from *Heteropoda*); Jäger, 2001: 84.

分布：四川（SC）

居间伪遁蛛 *Pseudopoda interposita* Jäger & Vedel, 2007

Jäger & Vedel, 2007: 5.

分布：云南（YN）

昆明伪遁蛛 *Pseudopoda kunmingensis* Sun & Zhang, 2012

Sun & Zhang, 2012: 25.

分布：云南（YN）

泪滴伪遁蛛 *Pseudopoda lacrimosa* Zhang, Zhang & Zhang, 2013

Zhang, Zhang & Zhang, 2013: 49.

分布：云南（YN）

庐山伪遁蛛 *Pseudopoda lushanensis* (Wang, 1990)

Wang, 1990: 8 (*Heteropoda l.*); Song, Zhu & Chen, 1999: 468 (*H. l.*); Jäger, 2000: 63 (*P. l.*, Trans. from *Heteropoda*); Jäger, 2001: 89.

分布：江西（JX）

袋状伪遁蛛 *Pseudopoda marsupia* (Wang, 1991)

Wang, 1991: 3 (*Heteropoda m.*); Jäger, 1999: 21 (*Sinopoda m.*, Trans. from *Heteropoda*); Song, Zhu & Chen, 1999: 469 (*S. m.*); Jäger, 2001: 31 (*P. m.*, Trans. from *Sinopoda*, female belongs to that genus); Jäger & Ono, 2001: 23; Jäger, 2001: 31 (Trans. from *Sinopoda*).

分布：云南（YN）；泰国

居中伪遁蛛 *Pseudopoda mediana* Quan, Zhong & Liu, 2014

Quan, Zhong & Liu, 2014: 562.

分布：海南（HI）

南坎伪遁蛛 *Pseudopoda namkhan* Jäger, Pathoumthong & Vedel, 2006

Jäger, Pathoumthong & Vedel, 2006: 222.

分布：云南（YN）；老挝

南岳伪遁蛛 *Pseudopoda nanyueensis* Tang & Yin, 2000

Tang & Yin, 2000: 274; Yin et al., 2012: 1236.

分布：湖南（HN）

钝伪遁蛛 *Pseudopoda obtusa* Jäger & Vedel, 2007

Jäger & Vedel, 2007: 25.

分布：云南（YN）

直伪遁蛛 *Pseudopoda recta* Jäger & Ono, 2001

Jäger & Ono, 2001: 25.

分布：台湾（TW）

锤角伪遁蛛 *Pseudopoda rhopalocera* Yang et al., 2009

Yang et al., 2009: 20.

分布：云南（YN）

溪旁伪遁蛛 *Pseudopoda rivicola* Jäger & Vedel, 2007

Jäger & Vedel, 2007: 27.

分布：云南（YN）

壮伪遁蛛 *Pseudopoda robusta* Zhang, Zhang & Zhang, 2013

Zhang, Zhang & Zhang, 2013: 54.

分布：重庆（CQ）

问号伪遁蛛 *Pseudopoda roganda* Jäger & Vedel, 2007

Jäger & Vedel, 2007: 18.

分布：云南（YN）

刺突伪遁蛛 *Pseudopoda saetosa* Jäger & Vedel, 2007

Jäger & Vedel, 2007: 8.

分布：云南（YN）

半环伪遁蛛 *Pseudopoda semiannulata* Zhang, Zhang & Zhang, 2013

Zhang, Zhang & Zhang, 2013: 279.

分布：云南（YN）

锯伪遁蛛 *Pseudopoda serrata* Jäger & Ono, 2001

Jäger & Ono, 2001: 23.

分布：台湾（TW）

枢强伪遁蛛 *Pseudopoda shuqiangi* Jäger & Vedel, 2007

Jäger & Vedel, 2007: 21.

分布：云南（YN）

标记伪遁蛛 *Pseudopoda signata* Jäger, 2001

Jäger, 2001: 50.

分布：西藏（XZ）

华突伪遁蛛 *Pseudopoda sinapophysis* Jäger & Vedel, 2007

Jäger & Vedel, 2007: 3.

分布：云南（YN）

宋氏伪遁蛛 *Pseudopoda songi* Jäger, 2008

Jäger, 2008: 46.
分布：云南（YN）

尖穗伪遁蛛 *Pseudopoda spiculata* (Wang, 1990)

Wang, 1990: 8 (*Heteropoda s.*); Song, Zhu & Chen, 1999: 468 (*H. s.*); Jäger, 2001: 100 (*P. s.*, Trans. from *Heteropoda*); Jäger & Vedel, 2007: 32.
分布：云南（YN）

太白伪遁蛛 *Pseudopoda taibaischana* Jäger, 2001

Jäger, 2001: 86.
分布：陕西（SN）

天堂伪遁蛛 *Pseudopoda tiantangensis* Quan, Zhong & Liu, 2014

Quan, Zhong & Liu, 2014: 569.
分布：湖北（HB）

三角伪遁蛛 *Pseudopoda triangula* Zhang, Zhang & Zhang, 2013

Zhang, Zhang & Zhang, 2013: 282.
分布：云南（YN）

条纹伪遁蛛 *Pseudopoda virgata* (Fox, 1936)

Fox, 1936: 127 (*Heteropoda v.*); Jäger, 2000: 63 (*P. v.*, Trans. from *Heteropoda*); Hu, 2001: 313 (*Heteropoda v.*, misidentified, per Jäger & Yin, 2001: 127); Jäger, 2001: 62.
分布：四川（SC）、西藏（XZ）

尹氏伪遁蛛 *Pseudopoda yinae* Jäger & Vedel, 2007

Jäger & Vedel, 2007: 14.
分布：云南（YN）

云南伪遁蛛 *Pseudopoda yunnanensis* (Yang & Hu, 2001)

Yang & Hu, 2001: 18 (*Sinopoda y.*); Jäger & Vedel, 2007: 17 (*P. y.*, Trans. from *Sinopoda*); Yang & Chen, 2008: 810.
分布：云南（YN）

张氏伪遁蛛 *Pseudopoda zhangi* Fu & Zhu, 2008

Fu & Zhu, 2008: 657.
分布：西藏（XZ）

樟木伪遁蛛 *Pseudopoda zhangmuensis* (Hu & Li, 1987)

Hu & Li, 1987: 372 (*Heteropoda z.*); Jäger, 2000: 63 (*P. z.*, Trans. from *Heteropoda*); Hu, 2001: 314 (*H. z.*); Jäger, 2001: 48.
分布：西藏（XZ）

浙江伪遁蛛 *Pseudopoda zhejiangensis* (Zhang & Kim, 1996)

Zhang & Kim, 1996: 78 (*Heteropoda z.*); Song, Zhu & Chen, 1999: 468 (*H. z.*); Jäger, 2000: 63 (*P. z.*, Trans. from *Heteropoda*); Jäger, 2001: 87.
分布：浙江（ZJ）

镇康伪遁蛛 *Pseudopoda zhenkangensis* Yang et al., 2009

Yang et al., 2009: 18.
分布：云南（YN）

莱提蛛属 *Rhitymna* Simon, 1897

Simon, 1897: 485. Type species: *Sarotes pinangensis* Thorell, 1891

瘦莱提蛛 *Rhitymna macilenta* Quan & Liu, 2012

Quan & Liu, 2012: 62; Liu & Chen, 2014: 37.
分布：海南（HI）

唐氏莱提蛛 *Rhitymna tangi* Quan & Liu, 2012

Quan & Liu, 2012: 62.
分布：海南（HI）

多疣莱提蛛 *Rhitymna verruca* (Wang, 1991)

Wang, 1991: 3 (*Thelcticopis v.*, female =*Olios* sp. per Jäger, 2003: 107); Song, Zhu & Chen, 1999: 468 (*Olios v.*, no explanation provided for generic placement); Jäger & Yin, 2001: 131 (*Olios v.*, Trans. from *Thelcticopis*); Jäger, 2003: 106 (*R. v.*, Trans. from *Olios*).
分布：云南（YN）；越南、老挝

敏蛛属 *Sagellula* Strand, 1942

Strand, 1942: 399. Type species: *Sagella octomunita* Dönitz & Strand, in Bösenberg & Strand, 1906

西藏敏蛛 *Sagellula xizangensis* (Hu, 2001)

Hu, 2001: 316 (*Sagella x.*); Jäger & Yin, 2001: 131 (*S. x.*, probably misplaced).
分布：西藏（XZ）

华遁蛛属 *Sinopoda* Jäger, 1999

Jäger, 1999: 19. Type species: *Sarotes forcipatus* Karsch, 1881

高原华遁蛛 *Sinopoda altissima* (Hu & Li, 1987)

Hu & Li, 1987: 363 (*Heteropoda altissimus*); Hu, 2001: 307 (*H. altissimus*); Jäger & Yin, 2001: 128 (*S. a.*, Trans. from *Heteropoda*, after Song, Zhu & Chen, 1999: 468).
分布：西藏（XZ）

象蛇华遁蛛 *Sinopoda anguina* Liu, Li & Jäger, 2008

Liu, Li & Jäger, 2008: 3.
分布：云南（YN）

角状华遁蛛 *Sinopoda angulata* Jäger, Gao & Fei, 2002

Jäger, Gao & Fei, 2002: 23.

分布：湖北（HB）

铃形华遁蛛 *Sinopoda campanacea* (Wang, 1990)

Wang, 1990: 7 (*Heteropoda c.*); Jäger, 1999: 21 (*S. c.*, Trans. from *Heteropoda*); Song, Zhu & Chen, 1999: 269, 270; Yin et al., 2012: 1238.

分布：湖南（HN）、广西（GX）

崇安华遁蛛 *Sinopoda chongan* Xu, Yin & Peng, 2000

Xu, Yin & Peng, 2000: 374 (*S. chong'an*).

分布：福建（FJ）

厚华遁蛛 *Sinopoda crassa* Liu, Li & Jäger, 2008

Liu, Li & Jäger, 2008: 3; Liu, Li & Jäger, 2009: 68.

分布：广西（GX）

大沙河华遁蛛 *Sinopoda dashahe* Zhu et al., 2005

Zhu et al., 2005: 529.

分布：贵州（GZ）

大庸华遁蛛 *Sinopoda dayong* (Bao, Yin & Yan, 2000)

Bao, Yin & Yan, 2000: 279 (*Heteropoda d.*); Jäger & Yin, 2001: 128 (*S. d.*, Trans. from *Heteropoda*); Yin et al., 2012: 1239.

分布：湖南（HN）

期望华遁蛛 *Sinopoda exspectata* Jäger & Ono, 2001

Jäger & Ono, 2001: 26.

分布：台湾（TW）

簇华遁蛛 *Sinopoda fasciculata* Jäger, Gao & Fei, 2002

Jäger, Gao & Fei, 2002: 25; Jäger, 2006: 55.

分布：贵州（GZ）

钳状华遁蛛 *Sinopoda forcipata* (Karsch, 1881)

Karsch, 1881: 38 (*Sarotes forcipatus*); Bösenberg & Strand, 1906: 276 (*H. f.*); Järvi, 1914: 82, 209 (*H. f.*); Yaginuma, 1960: 118 (*H. f.*); Yaginuma, 1971: 118 (*H. f.*); Yaginuma, 1975: 190 (*H. f.*); Yaginuma, 1986: 199 (*H. f.*); Chikuni, 1989: 130 (*H. f.*); Jäger, 1999: 21 (*S. f.*, Trans. from *Heteropoda*); Song, Zhu & Chen, 1999: 469; Jäger & Ono, 2000: 51; Jäger, 2001: 39; Ono, 2009: 473.

分布：四川（SC）、云南（YN）、台湾（TW）；日本

穹庐华遁蛛 *Sinopoda fornicata* Liu, Li & Jäger, 2008

Liu, Li & Jäger, 2008: 6; Liu, Li & Jäger, 2009: 68.

分布：云南（YN）

大刺华遁蛛 *Sinopoda grandispinosa* Liu, Li & Jäger, 2008

Liu, Li & Jäger, 2008: 6.

分布：海南（HI）

钩华遁蛛 *Sinopoda hamata* (Fox, 1937)

Fox, 1937: 7 (*Heteropoda h.*); Hu & Fu, 1985: 88 (*H. h.*); Chen & Gao, 1990: 157 (*H. h.*); Song & Chen, 1992: 119 (*H. h.*); Jäger, 1999: 21 (*S. h.*, Trans. from *Heteropoda*); Song, Zhu & Chen, 1999: 469; Jäger, 2006: 55.

分布：四川（SC）

喜马拉雅华遁蛛 *Sinopoda himalayica* (Hu & Li, 1987)

Hu & Li, 1987: 367 (*Heteropoda himalayicus*); Hu, 2001: 309 (*H. h.*); Jäger, 2001: 109 (*H. h.*); Jäger & Yin, 2001: 128 (*S. h.*, Trans. from *Heteropoda*).

分布：西藏（XZ）

北华遁蛛 *Sinopoda licenti* (Schenkel, 1953)

Schenkel, 1953: 58 (*Heteropoda l.*); Wen & Zhu, 1980: 41 (*H. l.*); Hu, 1984: 309 (*H. l.*); Jäger, 1999: 21 (*S. l.*, Trans. from *Heteropoda*).

分布：辽宁（LN）、山东（SD）

龙山华遁蛛 *Sinopoda longshan* Yin et al., 2000

Yin et al., 2000: 98; Liu, Li & Jäger, 2008: 8; Yin et al., 2012: 1240.

分布：湖南（HN）

米华遁蛛 *Sinopoda mi* Chen & Zhu, 2009

Chen & Zhu, 2009: 19.

分布：贵州（GZ）

岷山华遁蛛 *Sinopoda minschana* (Schenkel, 1936)

Schenkel, 1936: 153 (*Heteropoda m.*); Wang, 1991: 4 (*H. m.*, misidentified); Jäger, 1999: 21 (*S. m.*, Trans. from *Heteropoda*); Song, Zhu & Chen, 1999: 469 (*S. m.*, misidentified).

分布：湖南（HN）、四川（SC）、贵州（GZ）

裸华遁蛛 *Sinopoda nuda* Liu, Li & Jäger, 2008

Liu, Li & Jäger, 2008: 9.

分布：贵州（GZ）

彭氏华遁蛛 *Sinopoda pengi* Song & Zhu, 1999

Peng, Yin & Kim, 1996: 57 (*Heteropoda minschana*, misidentified); Song & Zhu, in Song, Zhu & Chen, 1999: 469 (*S. p.*, female =*Heteropoda venatoria*).

分布：新疆（XJ）

半圆华遁蛛 *Sinopoda semicirculata* Liu, Li & Jäger, 2008

Liu, Li & Jäger, 2008: 11.

分布：广西（GX）

蛇突华遁蛛 *Sinopoda serpentembolus* Zhang et al., 2007

Zhang et al., 2007: 251; Zhu & Zhang, 2011: 418.

分布：河南（HEN）、陕西（SN）

锯齿华遁蛛 *Sinopoda serrata* (Wang, 1990)

Wang, 1990: 10 (*Heteropoda s.*); Jäger, 1999: 21 (*S. s.*, Trans.

from *Heteropoda*); Song, Zhu & Chen, 1999: 469; Quan, Chen & Liu, 2013: 90.
分布：安徽（AH）、江西（JX）

神农华遁蛛 *Sinopoda shennonga* (Peng, Yin & Kim, 1996)

Peng, Yin & Kim, 1996: 58 (*Heteropoda s.*); Jäger, 1999: 21 (*S. s.*, Trans. from *Heteropoda*); Song, Zhu & Chen, 1999: 469; Jäger, Gao & Fei, 2002: 25.
分布：湖北（HB）、贵州（GZ）

星状华遁蛛 *Sinopoda stellata* (Schenkel, 1963)

Schenkel, 1963: 250 (*Heteropoda s.*); Mao & Zhu, 1983: 161 (*H. s.*); Jäger, 1999: 21 (*S. s.*, Trans. from *Heteropoda*).
分布：河南（HEN）、甘肃（GS）

腾冲华遁蛛 *Sinopoda tengchongensis* Fu & Zhu, 2008

Fu & Zhu, 2008: 63.
分布：云南（YN）

三角华遁蛛 *Sinopoda triangula* Liu, Li & Jäger, 2008

Liu, Li & Jäger, 2008: 13.
分布：贵州（GZ）

波状华遁蛛 *Sinopoda undata* Liu, Li & Jäger, 2008

Liu, Li & Jäger, 2008: 15.
分布：云南（YN）

王氏华遁蛛 *Sinopoda wangi* Song & Zhu, 1999

Wang, 1991: 5 (*Heteropoda hamata*, misidentified); Song & Zhu, in Song, Zhu & Chen, 1999: 469; Jäger, Gao & Fei, 2002: 25; Jäger, 2006: 55; Zhu & Zhang, 2011: 419.
分布：江西（JX）

谢氏华遁蛛 *Sinopoda xieae* Peng & Yin, 2001

Peng & Yin, 2001: 484; Yin et al., 2012: 1242.
分布：湖南（HN）

妖精华遁蛛 *Sinopoda yaojingensis* Liu, Li & Jäger, 2008

Liu, Li & Jäger, 2008: 15; Liu, Li & Jäger, 2009: 68.
分布：云南（YN）

塞蛛属 *Thelcticopis* Karsch, 1884

Karsch, 1884: 65. Type species: *Themeropis severa* L. Koch, 1875
异名：
Mardonia Thorell, 1897; Deeleman-Reinhold, 2001: 401, 505 (Syn., sub *Seramba*);
Seramba Thorell, 1887; Jäger, 2005: 57 (Syn.).

离塞蛛 *Thelcticopis severa* (L. Koch, 1875)

L. Koch, 1875: 699 (*Themeropis s.*); Simon, 1897: 72; Bösenberg & Strand, 1906: 276; Strand, in Bösenberg & Strand, 1906: 278 (*Stasina japonica*); Dönitz & Strand, in Bösenberg & Strand, 1906: 286 (*S. maculifera*); Saitō, 1959: 121; Yaginuma, 1986: 198; Hu & Ru, 1988: 93; Zhang & Kim, 1996: 79 (*Theleticopes jiulongensis*); Zhang & Kim, 1996: 80 (*T. s.*); Song, Zhu & Chen, 1999: 469 (*T. jiulongensis*); Song, Zhu & Chen, 1999: 469; Jäger & Yin, 2001: 131 (*T. s.*, Syn.); Namkung, 2002: 501; Namkung, 2003: 504; Ono, 2009: 475; Ono, 2009: 592 (*T. s.*, Syn.); Yin et al., 2012: 1243.
异名：
Thelcticopis japonica (Strand, 1906, Trans. from *Stasina*); Ono, 2009: 592 (Syn.);
T. maculifera (Dönitz & Strand, 1906, Trans. from *Stasina*); Ono, 2009: 592 (Syn.);
T. jiulongensis Zhang & Kim, 1996; Jäger & Yin, 2001: 131 (Syn.).
分布：浙江（ZJ）、湖南（HN）、云南（YN）、台湾（TW）、广西（GX）、海南（HI）、香港（HK）；韩国、日本、老挝

郑氏塞蛛 *Thelcticopis zhengi* Liu, Li & Jäger, 2010

Liu, Li & Jäger, 2010: 60.
分布：云南（YN）

55. 斯坦蛛科 Stenochilidae Thorell, 1873

世界 2 属 13 种；中国 1 属 1 种。

科罗蛛属 *Colopea* Simon, 1893

Simon, 1893: 397. Type species: *Colopea pusilla* Simon, 1893

莱氏科罗蛛 *Colopea lehtineni* Zheng, Marusik & Li, 2009

Zheng, Marusik & Li, 2009: 305.
分布：云南（YN）

56. 合螯蛛科 Symphytognathidae Hickman, 1931

世界 7 属 69 种；中国 3 属 18 种。

安皮图蛛属 *Anapistula* Gertsch, 1941

Gertsch, 1941: 2. Type species: *Anapistula secreta* Gertsch, 1941

附叶安皮图蛛 *Anapistula appendix* Tong & Li, 2006

Tong & Li, 2006: 34.
分布：海南（HI）

盘县安皮图蛛 *Anapistula panensis* Lin, Tao & Li, 2013

Lin, Tao & Li, 2013: 53.
分布：贵州（GZ）

郑氏安皮图蛛 *Anapistula zhengi* Lin, Tao & Li, 2013

Lin, Tao & Li, 2013: 55.
分布：云南（YN）

糙胸蛛属 *Crassignatha* Wunderlich, 1995

Wunderlich, 1995: 546. Type species: *Crassignatha haeneli*

Wunderlich, 1995

二头糙胸蛛 *Crassignatha ertou* Miller, Griswold & Yin, 2009

Miller, Griswold & Yin, 2009: 74.

分布：云南（YN）

孤独糙胸蛛 *Crassignatha gudu* Miller, Griswold & Yin, 2009

Miller, Griswold & Yin, 2009: 75.

分布：云南（YN）

龙头糙胸蛛 *Crassignatha longtou* Miller, Griswold & Yin, 2009

Miller, Griswold & Yin, 2009: 76.

分布：云南（YN）

片马糙胸蛛 *Crassignatha pianma* Miller, Griswold & Yin, 2009

Miller, Griswold & Yin, 2009: 70.

分布：云南（YN）

蜷曲糙胸蛛 *Crassignatha quanqu* Miller, Griswold & Yin, 2009

Miller, Griswold & Yin, 2009: 72.

分布：云南（YN）

压木糙胸蛛 *Crassignatha yamu* Miller, Griswold & Yin, 2009

Miller, Griswold & Yin, 2009: 73.

分布：云南（YN）

縯直糙胸蛛 *Crassignatha yinzhi* Miller, Griswold & Yin, 2009

Miller, Griswold & Yin, 2009: 71.

分布：云南（YN）

帕图蛛属 *Patu* Marples, 1951

Marples, 1951: 47. Type species: *Patu vitiensis* Marples, 1951

双腹突帕图蛛 *Patu bicorniventris* Lin & Li, 2009

Lin & Li, 2009: 50.

分布：海南（HI）

护卵帕图蛛 *Patu jidanweishi* Miller, Griswold & Yin, 2009

Miller, Griswold & Yin, 2009: 64.

分布：云南（YN）

黑帕图蛛 *Patu nigeri* Lin & Li, 2009

Lin & Li, 2009: 50.

分布：云南（YN）

方腹帕图蛛 *Patu quadriventris* Lin & Li, 2009

Lin & Li, 2009: 55.

分布：海南（HI）

奇奇帕图蛛 *Patu qiqi* Miller, Griswold & Yin, 2009

Miller, Griswold & Yin, 2009: 66.

分布：云南（YN）

石碌帕图蛛 *Patu shiluensis* Lin & Li, 2009

Lin & Li, 2009: 59.

分布：海南（HI）

棘胸帕图蛛 *Patu spinithoraxi* Lin & Li, 2009

Lin & Li, 2009: 60.

分布：云南（YN）

小小帕图蛛 *Patu xiaoxiao* Miller, Griswold & Yin, 2009

Miller, Griswold & Yin, 2009: 67.

分布：云南（YN）

57. 泰莱蛛科 Telemidae Fage, 1913

世界 8 属 61 种；中国 3 属 33 种。

平莱蛛属 *Pinelema* Wang & Li, 2012

Wang & Li, 2012: 82. Type species: *Pinelema bailongensis* Wang & Li, 2012

白龙平莱蛛 *Pinelema bailongensis* Wang & Li, 2012

Wang & Li, 2012: 82.

分布：广西（GX）

塞舌蛛属 *Seychellia* Saaristo, 1978

Saaristo, 1978: 100. Type species: *Seychellia wiljoi* Saaristo, 1978

新平塞舌蛛 *Seychellia xinpingi* Lin & Li, 2008

Lin & Li, 2008: 650.

分布：云南（YN）

泰莱蛛属 *Telema* Simon, 1882

Simon, 1882: 205. Type species: *Telema tenella* Simon, 1882

钩囊泰莱蛛 *Telema adunca* Wang & Li, 2010

Wang & Li, 2010: 2.

分布：广西（GX）

金毛泰莱蛛 *Telema auricoma* Lin & Li, 2010

Lin & Li, 2010: 3.

分布：贵州（GZ）、云南（YN）

美丽泰莱蛛 *Telema bella* Tong & Li, 2008

Tong & Li, 2008: 68.

分布：海南（HI）

双裂泰莱蛛 *Telema bifida* Lin & Li, 2010

Lin & Li, 2010: 5.

分布：广西（GX）

碧云泰莱蛛 *Telema biyunensis* Wang & Li, 2010

Wang & Li, 2010: 9.
分布：广西（GX）

短刺泰莱蛛 *Telema breviseta* Tong & Li, 2008

Tong & Li, 2008: 69.
分布：海南（HI）

圆泰莱蛛 *Telema circularis* Tong & Li, 2008

Tong & Li, 2008: 363.
分布：贵州（GZ）

棒状泰莱蛛 *Telema claviformis* Tong & Li, 2008

Tong & Li, 2008: 364.
分布：贵州（GZ）

球泰莱蛛 *Telema conglobare* Lin & Li, 2010

Lin & Li, 2010: 8.
分布：广西（GX）

心形泰莱蛛 *Telema cordata* Wang & Li, 2010

Wang & Li, 2010: 9.
分布：广西（GX）

葫芦泰莱蛛 *Telema cucurbitina* Wang & Li, 2010

Wang & Li, 2010: 19.
分布：广西（GX）

邓氏泰莱蛛 *Telema dengi* Tong & Li, 2008

Tong & Li, 2008: 69.
分布：海南（HI）

董背泰莱蛛 *Telema dongbei* Wang & Ran, 1998

Wang & Ran, 1998: 94; Song, Zhu & Chen, 1999: 51.
分布：贵州（GZ）

飞龙泰莱蛛 *Telema feilong* Chen & Zhu, 2009

Chen & Zhu, 2009: 1707.
分布：贵州（GZ）

大齿泰莱蛛 *Telema grandidens* Tong & Li, 2008

Tong & Li, 2008: 366.
分布：贵州（GZ）

桂花泰莱蛛 *Telema guihua* Lin & Li, 2010

Lin & Li, 2010: 12.
分布：贵州（GZ）

凉席泰莱蛛 *Telema liangxi* Zhu & Chen, 2002

Zhu & Chen, 2002: 82; Chen & Zhu, 2009: 1709.
分布：贵州（GZ）

小球泰莱蛛 *Telema mikrosphaira* Wang & Li, 2010

Wang & Li, 2010: 24.
分布：广西（GX）

具眼泰莱蛛 *Telema oculata* Tong & Li, 2008

Tong & Li, 2008: 369.
分布：贵州（GZ）

足形泰莱蛛 *Telema pedati* Lin & Li, 2010

Lin & Li, 2010: 15.
分布：广西（GX）

肾形泰莱蛛 *Telema renalis* Wang & Li, 2010

Wang & Li, 2010: 24.
分布：广西（GX）

刺泰莱蛛 *Telema spina* Tong & Li, 2008

Tong & Li, 2008: 73.
分布：海南（HI）

刺腿泰莱蛛 *Telema spinafemora* Lin & Li, 2010

Lin & Li, 2010: 18.
分布：广西（GX）

盘曲泰莱蛛 *Telema spirae* Lin & Li, 2010

Lin & Li, 2010: 21.
分布：广西（GX）

壮跗泰莱蛛 *Telema strentarsi* Lin & Li, 2010

Lin & Li, 2010: 23.
分布：广西（GX）

曲囊泰莱蛛 *Telema tortutheca* Lin & Li, 2010

Lin & Li, 2010: 26.
分布：广西（GX）

小泡泰莱蛛 *Telema vesiculata* Lin & Li, 2010

Lin & Li, 2010: 29.
分布：云南（YN）

冯氏泰莱蛛 *Telema wunderlichi* Song & Zhu, 1994

Song & Zhu, 1994: 36; Song, Zhu & Chen, 1999: 51.
分布：湖南（HN）

牙山泰莱蛛 *Telema yashanensis* Wang & Li, 2010

Wang & Li, 2010: 33.
分布：广西（GX）

者王泰莱蛛 *Telema zhewang* Chen & Zhu, 2009

Chen & Zhu, 2009: 1709.
分布：贵州（GZ）

带状泰莱蛛 *Telema zonaria* Wang & Li, 2010

Wang & Li, 2010: 33.
分布：广西（GX）

58. 四盾蛛科 Tetrablemmidae O. P.-Cambridge, 1873

世界 31 属 158 种；中国 8 属 16 种。

阿巴蛛属 *Ablemma* Roewer, 1963

Roewer, 1963: 228. Type species: *Ablemma baso* Roewer, 1963

突出阿巴蛛 *Ablemma prominens* Tong & Li, 2008

Tong & Li, 2008: 86; Tong, 2013: 75.
分布：海南（HI）

博格蛛属 *Brignoliella* Shear, 1978

Shear, 1978: 26. Type species: *Polyaspis acuminata* Simon, 1889

靴形博格蛛 *Brignoliella caligiformis* Tong & Li, 2008

Tong & Li, 2008: 87; Tong, 2013: 76.
分布：海南（HI）

毛感博格蛛 *Brignoliella maoganensis* Tong & Li, 2008

Tong & Li, 2008: 88; Tong, 2013: 77.
分布：海南（HI）

印盔蛛属 *Indicoblemma* Bourne, 1980

Bourne, 1980: 308. Type species: *Indicoblemma sheari* Bourne, 1980
异名：
Chavia Lehtinen, 1981; Burger, 2005: 97 (Syn.).

十字印盔蛛 *Indicoblemma cruxi* Lin & Li, 2010

Lin & Li, 2010: 19.
分布：云南（YN）

莱氏蛛属 *Lehtinenia* Tong & Li, 2008

Tong & Li, 2008: 90. Type species: *Lehtinenia bicornis* Tong & Li, 2008

弓形莱氏蛛 *Lehtinenia arcus* Lin & Li, 2010

Lin & Li, 2010: 21; Tong, 2013: 78.
分布：海南（HI）

双角莱氏蛛 *Lehtinenia bicornis* Tong & Li, 2008

Tong & Li, 2008: 90; Tong, 2013: 79.
分布：海南（HI）

皮蛛属 *Perania* Thorell, 1890

Thorell, 1890: 316. Type species: *Phaedima nigra* Thorell, 1890
异名：
Mirania Lehtinen, 1981; Schwendinger, 1989: 579 (Syn.).

壮皮蛛 *Perania robusta* Schwendinger, 1989

Schwendinger, 1989: 577; Lian, 2009: 31; Schwendinger, 2013: 596.
分布：云南（YN）；泰国

华盾蛛属 *Sinamma* Lin & Li, 2014

Lin & Li, 2014: 38. Type species: *Sinamma oxycera* Lin & Li, 2014

尖角华盾蛛 *Sinamma oxycera* Lin & Li, 2014

Lin & Li, 2014: 38.
分布：广西（GX）

三亚华盾蛛 *Sinamma sanya* (Lin & Li, 2010)

Lin & Li, 2010: 23 (*Shearella sanya*); Tong, 2013: 80 (*Shearella sanya*); Lin & Li, 2014: 37 (Trans. from *Shearella*).
分布：海南（HI）

加坡蛛属 *Singaporemma* Shear, 1978

Shear, 1978: 36. Type species: *Singaporemma singulare* Shear, 1978

板硝加坡蛛 *Singaporemma baoxiaoensis* Lin & Li, 2014

Lin & Li, 2014: 42.
分布：广西（GX）

叉突加坡蛛 *Singaporemma bifurcata* Lin & Li, 2010

Lin & Li, 2010: 26.
分布：重庆（CQ）、贵州（GZ）

武隆加坡蛛 *Singaporemma wulongensis* Lin & Li, 2014

Lin & Li, 2014: 46.
分布：重庆（CQ）

四盾蛛属 *Tetrablemma* O. P.-Cambridge, 1873

O. P.-Cambridge, 1873: 114. Type species: *Tetrablemma medioculatum* O. P.-Cambridge, 1873
异名：
Indonops Tikader, 1976; Brignoli, 1976: 211 (Syn.).

短齿四盾蛛 *Tetrablemma brevidens* Tong & Li, 2008

Tong & Li, 2008: 91; Tong, 2013: 81.
分布：海南（HI）

勐腊四盾蛛 *Tetrablemma menglaensis* Lin & Li, 2014

Lin & Li, 2014: 51.
分布：云南（YN）

南丹四盾蛛 *Tetrablemma nandan* Lin & Li, 2010

Lin & Li, 2010: 28.
分布：广西（GX）

自尧四盾蛛 *Tetrablemma ziyaoensis* Lin & Li, 2014

Lin & Li, 2014: 55.
分布：广西（GX）

59. 肖蛸科 Tetragnathidae Menge, 1866

世界 47 属 971 种；中国 19 属 137 种。

滇银鳞蛛属 *Dianleucauge* Song & Zhu, 1994

Song & Zhu, 1994: 40. Type species: *Dianleucauge deelemanae*

Song & Zhu, 1994

迪氏滇银鳞蛛 *Dianleucauge deelemanae* Song & Zhu, 1994

Song & Zhu, 1994: 41; Song, Zhu & Chen, 1999: 212; Zhu, Song & Zhang, 2003: 53.

分布：云南（YN）

双胜蛛属 *Diphya* Nicolet, 1849

Nicolet, 1849: 406. Type species: *Diphya macrophthalma* Nicolet, 1849

大熊双胜蛛 *Diphya okumae* Tanikawa, 1995

Tanikawa, 1995: 102; Zhu, Song & Zhang, 2003: 56; Namkung, 2003: 239; Tanikawa, 2007: 96; Kim, Kim & Lee, 2008: 44; Tanikawa, 2009: 406; Zhu & Zhang, 2011: 155.

分布：湖北（HB）；韩国、日本

黔双胜蛛 *Diphya qianica* Zhu, Song & Zhang, 2003

Zhu, Song & Zhang, 2003: 57.

分布：贵州（GZ）

宋氏双胜蛛 *Diphya songi* Wu & Yang, 2010

Wu & Yang, 2010: 594.

分布：云南（YN）

台湾双胜蛛 *Diphya taiwanica* Tanikawa, 1995

Tanikawa, 1995: 105; Song, Zhu & Chen, 1999: 213; Zhu, Song & Zhang, 2003: 58.

分布：台湾（TW）

塔纳双胜蛛 *Diphya tanasevitchi* (Zhang, Zhang & Yu, 2003)

Zhang, Zhang & Yu, 2003: 407 (*Lophomma t.*, probably misplaced in this family); Marusik, Gnelitsa & Koponen, 2007: 163 (*D. t.*, Trans. from *Lophomma*).

分布：河北（HEB）

长颚蛛属 *Dolichognatha* O. P.-Cambridge, 1869

O. P.-Cambridge, 1869: 388. Type species: *Dolichognatha nietneri* O. P.-Cambridge, 1869

异名：

Landana Simon, 1883; Levi, 1981: 277 (Syn.);

Paraebius Thorell, 1894; Levi, 1981: 277 (Syn.);

Prolochus Thorell, 1895; Levi, 1981: 277 (Syn.).

Atimiosa Simon, 1895; Dimitrov, Álvarez-Padilla & Hormiga, 2010: 6 (Syn.);

Homalopoltys Simon, 1895; Smith, 2008: 10 (Syn.);

Nicholasia Bryant & Archer, 1940; Levi, 1981: 277 (Syn.);

Afiamalu Marples, 1955; Levi, 1981: 277 (Syn.).

喜荫长颚蛛 *Dolichognatha umbrophila* Tanikawa, 1991

Tanikawa, 1991: 38; Chang & Tso, 2004: 31; Tanikawa, 2007: 96; Tanikawa, 2009: 406.

分布：台湾（TW）；冲绳岛

锯螯蛛属 *Dyschiriognatha* Simon, 1893

Simon, 1893: 323. Type species: *Dyschiriognatha bedoti* Simon, 1893

栉齿锯螯蛛 *Dyschiriognatha dentata* Zhu & Wen, 1978

Zhu & Wen, 1978: 16; Hu, 1984: 133; Chen & Gao, 1990: 74; Okuma, 1991: 15; Okuma et al., 1993: 31; Barrion & Litsinger, 1995: 490 (*D. hawigtenera*); Song, Zhu & Chen, 1999: 213; Zhu, Song & Zhang, 2003: 204 (Syn.); Tanikawa, 2007: 103; Tanikawa, 2009: 412.

异名：

Dyschiriognatha hawigtenera Barrion & Litsinger, 1995; Zhu, Song & Zhang, 2003: 204 (Syn.).

分布：四川（SC）、云南（YN）；孟加拉到菲律宾、日本

汤氏锯螯蛛 *Dyschiriognatha tangi* Zhu, Song & Zhang, 2003

Zhu, Song & Zhang, 2003: 207.

分布：云南（YN）、广西（GX）

桂齐蛛属 *Guizygiella* Zhu, Kim & Song, 1997

Zhu, Kim & Song, 1997: 3. Type species: *Zygiella salta* Yin & Gong, 1996

广西桂齐蛛 *Guizygiella guangxiensis* (Zhu & Zhang, 1993)

Yin et al., 1990: 138 (*Zygiella calyptrata*, misidentified); Zhu & Zhang, 1993: 39 (*Zygiella g.*); Song, Zhu & Chen, 1999: 229 (*Z. g.*); Zhu, Song & Zhang, 2003: 45 (*G. g.*, Trans. from *Zygiella*); *G. g.* Jäger, 2007: 35.

分布：云南（YN）、广西（GX）、海南（HI）；老挝

黑头桂齐蛛 *Guizygiella melanocrania* (Thorell, 1887)

Thorell, 1887: 209 (*Epeira m.*); Simon, 1909: 108 (*Araneus melanocranius*); Dyal, 1935: 183 (*A. m.*); Roewer, 1942: 886 (*Zygiella m.*); Levi, 1974: 282 (*Z. m.*); Tikader & Bal, 1980: 243 (*Z. m.*); Tikader, 1982: 215 (*Z. m.*); Zhu, Song & Zhang, 2003: 46 (*G. m.*, Trans. from *Zygiella*).

分布：云南（YN）；印度、老挝

纳氏桂齐蛛 *Guizygiella nadleri* (Heimer, 1984)

Heimer, 1984: 95 (*Zygiella n.*); Feng, 1990: 102 (*Z. x-notata*, misidentified); Yin et al., 1990: 138 (*Z. melanocrania*, misidentified); Zhu & Zhang, 1993: 40 (*Z. n.*); Song, Zhu & Chen, 1999: 229 (*Z. n.*); Zhu, Song & Zhang, 2003: 48 (*G. n.*, Trans. from *Zygiella*); Yin et al., 2012: 430.

分布：湖南（HN）、云南（YN）、广西（GX）；老挝、越南

森林桂齐蛛 *Guizygiella salta* (Yin & Gong, 1996)

Yin & Gong, 1996: 75 (*Zygiella s.*); Zhu, Kim & Song, 1997: 4 (*G. quadrata*); Song, Zhu & Chen, 1999: 213 (*G. q.*); Yin, 2002: 281 (*Zygiella baojingensis*); Zhu, Song & Zhang, 2003: 50 (*G. s.*, Trans. from *Zygiella*, Syn.); Yin et al., 2012: 431.

异名：

Guizygiella quadrata Zhu, Kim & Song, 1997; Zhu, Song & Zhang, 2003: 50 (Syn.);

G. baojingensis (Yin, 2002, Trans. from *Zygiella*); Zhu, Song & Zhang, 2003: 50 (Syn.).

分布：湖南（HN）、贵州（GZ）、云南（YN）、广西（GX）

银鳞蛛属 *Leucauge* White, 1841

White, 1841: 473. Type species: *Epeira venusta* Walckenaer, 1841

异名：

Plesiometa F. O. P.-Cambridge, 1903; Levi, 1980: 23 (Syn., contra. Archer, 1951).

雪银鳞蛛 *Leucauge argentina* (Hasselt, 1882)

Hasselt, 1882: 34 (*Theridion argentinum*); Thorell, 1890: 199 (*Argyroepeira a.*); Workman, 1896: 54 (*A. a.*); Barrion & Litsinger, 1995: 543 (*L. a.*); Tso & Tanikawa, 2000: 126; Zhu, Song & Zhang, 2003: 217.

分布：台湾（TW）；苏门答腊岛、菲律宾、新加坡

肩斑银鳞蛛 *Leucauge blanda* (L. Koch, 1878)

L. Koch, 1878: 743 (*Meta b.*); Thorell, 1881: 126 (*Meta japonica*); Bösenberg & Strand, 1906: 182; Bösenberg & Strand, 1906: 184 (*L. b. japonica*); Schenkel, 1936: 93 (*L. szechuensis*); Yaginuma, 1954: 2 (Syn.); Yin, 1976: 120; Song, 1980: 114; Hu, 1984: 136; Song, 1987: 181; Feng, 1990: 104; Chen & Gao, 1990: 77; Chen & Zhang, 1991: 120; Zhao, 1993: 266; Song, Zhu & Chen, 1999: 213 (Syn.); Hu, 2001: 591; Zhu, Song & Zhang, 2003: 220; Namkung, 2003: 225; Tanikawa, 2007: 101; Kim, Kim & Lee, 2008: 35; Tanikawa, 2009: 410; Zhu & Zhang, 2011: 158; Yin et al., 2012: 434.

异名：

Leucauge blanda japonica (Thorell, 1881); Yaginuma, 1954: 4 (Syn.);

L. szechuensis Schenkel, 1936; Song, Zhu & Chen, 1999: 213 (Syn.).

分布：山东（SD）、河南（HEN）、陕西（SN）、安徽（AH）、浙江（ZJ）、湖南（HN）、湖北（HB）、四川（SC）、贵州（GZ）、云南（YN）、台湾（TW）、广东（GD）；韩国、日本、俄罗斯

西里银鳞蛛 *Leucauge celebesiana* (Walckenaer, 1841)

Walckenaer, 1841: 222 (*Tetragnatha c.*); Doleschall, 1859: 39 (*Epeira nigro-trivittata*); Simon, 1885: 38 (*Meta c.*); Simon, 1885: 38 (*M. nigrotrivittata*); Thorell, 1890: 198 (*Argyroepeira nigrotrivittata*); Simon, 1894: 728 (*A. n.*); Simon, 1894: 730 (*A. c.*); Simon, 1905: 61 (*L. n.*); Hogg, 1919: 89 (*L. c.*); Gravely, 1921: 454; Chamberlin, 1924: 13 (*L. retracta*); Chamberlin, 1924: 13 (*L. veterascens*); Sherriffs, 1936: 111; Roewer, 1938: 46; Nakatsudi, 1943: 161; Kayashima, 1943: pl. 3 (illustrated, no Latin name); Yaginuma, 1954: 2 (*L. magnifica*); Yaginuma, 1960: 70 (*L. m.*); Lee, 1966: 55 (*L. m.*); Tikader, 1966: 12; Tikader, 1970: 42; Yaginuma, 1971: 70 (*L. m.*); Chrysanthus, 1975: 23; Yin, 1976: 120 (*L. m.*); Hikichi, 1977: 154 (*L. m.*); Song, 1980: 116 (*L. m.*); Wang, 1981: 85 (*L. m.*); Tikader, 1982: 83; Hu, 1984: 138 (*L. m.*); Yaginuma, 1986: 127 (*L. m.*); Song, 1987: 181 (*L. m.*); Song, 1988: 127 (*L. retracta*, Syn.); Chikuni, 1989: 91 (*L. m.*); Kim, 1990: 149 (*L. m.*); Feng, 1990: 105 (*L. m.*); Chen & Gao, 1990: 78 (*L. m.*); Wang, 1991: 156 (*L. tuberculata*, misidentified); Chen & Zhang, 1991: 120 (*L. m.*); Song & Zhu, 1992: 112 (Syn.); Song, Zhu & Li, 1993: 867 (*L. m.*); Zhao, 1993: 267 (*L. m.*); Song, Chen & Zhu, 1997: 1708; Kim, Kim & Lee, 1999: 47 (*L. m.*); Song, Zhu & Chen, 1999: 213; Song, Zhu & Chen, 1999: 216 (*L. m.*); Song, Zhu & Chen, 1999: 216 (*L. tuberculata*, misidentified); Hu, 2001: 593 (*L. m.*); Zhu, Song & Zhang, 2003: 223; Zhu, Song & Zhang, 2003: 231 (*L. m.*); Namkung, 2003: 226 (*L. m.*); Tanikawa, 2007: 101 (*L. m.*); Yoshida, 2009: 12 (Syn.); Marusik & Kovblyuk, 2011: 235; Zhu & Zhang, 2011: 160; Yin et al., 2012: 436; Yin et al., 2012: 438.

异名：

Leucauge retracta Chamberlin, 1924; Song & Zhu, 1992: 112 (Syn.);

L. veterascens Chamberlin, 1924; Song, 1988: 127, (Syn. as *L. retracta*);

L. magnifica Yaginuma, 1954; Yoshida, 2009: 12 (Syn.).

分布：吉林（JL）、山东（SD）、河南（HEN）、陕西（SN）、安徽（AH）、浙江（ZJ）、江西（JX）、湖南（HN）、湖北（HB）、四川（SC）、贵州（GZ）、云南（YN）、西藏（XZ）、福建（FJ）、台湾（TW）、广西（GX）、海南（HI）；印度、老挝、印度尼西亚（苏拉威西）、巴布亚新几内亚、日本

十字银鳞蛛 *Leucauge crucinota* (Bösenberg & Strand, 1906)

Bösenberg & Strand, 1906: 134 (*Argyrodes crucinotum*); Yaginuma, 1955: 14 (*L. c.*, Trans. from *Argyrodes*); Yaginuma, 1960: 71; Yaginuma, 1971: 71; Yaginuma, 1986: 128; Chikuni, 1989: 92; Zhu, Song & Zhang, 2003: 226; Tanikawa, 2007: 102; Tanikawa, 2009: 412.

分布：贵州（GZ）；日本

尖尾银鳞蛛 *Leucauge decorata* (Blackwall, 1864)

Blackwall, 1864: 44 (*Tetragnatha d.*); Stoliczka, 1869: 241 (*Nephila angustata*); O. P.-Cambridge, 1869: 389 (*T. d.*); L. Koch, 1872: 141 (*Meta d.*); Workman, 1896: 52 (*Argyroepeira celebesiana*, misidentified); Yin, 1976: 121; Song, 1980: 117; Hu, 1984: 138; Guo, 1985: 81; Chen & Gao, 1990: 77; Song, Zhu & Chen, 1999: 216; Hu, 2001: 592; Zhu, Song & Zhang, 2003: 228; Tanikawa, 2009: 412; Yin et al., 2012: 437.

分布：湖南（HN）、台湾（TW）；泛热带地区

刘氏银鳞蛛 *Leucauge liui* Zhu, Song & Zhang, 2003

Zhu, Song & Zhang, 2003: 230; Yoshida, 2009: 14.

分布：台湾（TW）、海南（HI）

乳突银鳞蛛 *Leucauge mammilla* Zhu, Song & Zhang, 2003

Zhu, Song & Zhang, 2003: 234.

分布：云南（YN）

南山银鳞蛛 *Leucauge nanshan* Zhu, Song & Zhang, 2003

Zhu, Song & Zhang, 2003: 235.

分布：海南（HI）

亚肩斑银鳞蛛 *Leucauge subblanda* Bösenberg & Strand, 1906

Bösenberg & Strand, 1906: 184; Yaginuma, 1954: 2; Saitō, 1959: 111; Yaginuma, 1960: 70; Yaginuma, 1971: 70; Yaginuma, 1986: 128; Chikuni, 1989: 91; Kim, Kim & Lee, 1999: 48; Song, Zhu & Chen, 1999: 216 (*L. magnifica*, misidentified); Namkung, 2002: 225 (*L. celebesiana*, misidentified); Zhu, Song & Zhang, 2003: 219 (*L. bimaculata*); Zhu, Song & Zhang, 2003: 231 (*L. magnifica*, misidentified); Tanikawa, 2007: 102; Tanikawa, 2009: 412; Yoshida, 2009: 12 (removed from Syn. of *L. celebesiana*, contra. Song & Zhu, 1992: 112, Syn.).

异名：

Leucauge bimaculata Zhu, Song & Zhang, 2003; Yoshida, 2009: 12 (Syn.).

分布：云南（YN）、台湾（TW）；韩国、日本

亚蕾银鳞蛛 *Leucauge subgemmea* Bösenberg & Strand, 1906

Bösenberg & Strand, 1906: 185; Yaginuma, 1954: 2 (*L. subgemea*); Zhu & Wang, 1993: 92; Chang, Gao & Guan, 1995: 45; Song, Chen & Zhu, 1997: 1709; Song, Zhu & Chen, 1999: 216; Zhu, Song & Zhang, 2003: 239; Namkung, 2003: 228; Tanikawa, 2007: 102; Kim, Kim & Lee, 2008: 36; Tanikawa, 2009: 412; Zhu & Zhang, 2011: 161.

分布：吉林（JL）、陕西（SN）、湖南（HN）、湖北（HB）、贵州（GZ）；韩国、日本、俄罗斯

台湾银鳞蛛 *Leucauge taiwanica* Yoshida, 2009

Yoshida, 2009: 15.

分布：台湾（TW）

异银鳞蛛 *Leucauge talagangiba* Barrion, Barrion-Dupo & Heong, 2012

Barrion et al., 2012: 30.

分布：海南（HI）

谷川银鳞蛛 *Leucauge tanikawai* Zhu, Song & Zhang, 2003

Zhu, Song & Zhang, 2003: 242.

分布：云南（YN）、海南（HI）

腾冲银鳞蛛 *Leucauge tengchongensis* Wan & Peng, 2013

Wan & Peng, 2013: 17.

分布：云南（YN）

方格银鳞蛛 *Leucauge tessellata* (Thorell, 1887)

Thorell, 1887: 135 (*Callinethis t.*); Pocock, 1900: 216 (*Argyroepeira t.*); Gravely, 1921: 455; Tikader, 1966: 12; Tikader, 1970: 43; Tikader, 1982: 80; Wang, 1991: 154 (*L. lygisma = Orsinome vethi*); Song & Zhu, 1992: 113 (*L. termisticta*); Chen, 1997: 113 (*L. termisticta*); Song, Zhu & Chen, 1999: 216 (*L. termisticta*); Song, Zhu & Chen, 1999: 216 (*L. lygisma*); Zhu, Song & Zhang, 2003: 237 (*L. nitella*); Zhu, Song & Zhang, 2003: 241 (*L. subtessellata*); Zhu, Song & Zhang, 2003: 244 (Syn.); *L. t.* Yoshida, 2009: 15 (Syn.).

异名：

Leucauge lygisma Wang, 1991; Zhu, Song & Zhang, 2003: 244 (Syn.);

L. termisticta Song & Zhu, 1992; Zhu, Song & Zhang, 2003: 244 (Syn.);

L. nitella Zhu, Song & Zhang, 2003; Yoshida, 2009: 15 (Syn.);

L. subtessellata Zhu, Song & Zhang, 2003; Yoshida, 2009: 15 (Syn.).

分布：湖北（HB）、贵州（GZ）、云南（YN）、福建（FJ）、台湾（TW）、海南（HI）；印度、老挝、马六甲

瘤银鳞蛛 *Leucauge tuberculata* Wang, 1991

Wang, 1991: 156; Song, Zhu & Chen, 1999: 216; Zhu, Song & Zhang, 2003: 247.

分布：云南（YN）

王氏银鳞蛛 *Leucauge wangi* Zhu, Song & Zhang, 2003

Zhu, Song & Zhang, 2003: 248.

分布：贵州（GZ）、云南（YN）、西藏（XZ）、广西（GX）

武陵银鳞蛛 *Leucauge wulingensis* Song & Zhu, 1992

Song & Zhu, 1992: 114; Song & Li, 1997: 409; Song, Zhu & Chen, 1999: 216; Zhu, Song & Zhang, 2003: 250; Zhu & Zhang, 2011: 163; Yin et al., 2012: 440.

分布：陕西（SN）、湖南（HN）、湖北（HB）、四川（SC）、贵州（GZ）、云南（YN）

孝恩银鳞蛛 *Leucauge xiaoen* Zhu, Song & Zhang, 2003

Zhu, Song & Zhang, 2003: 253.

分布：四川（SC）、云南（YN）

秀英银鳞蛛 *Leucauge xiuying* Zhu, Song & Zhang, 2003

Zhu, Song & Zhang, 2003: 255; Jäger & Praxaysombath, 2011: 21.

分布：云南（YN）；老挝

自忠银鳞蛛 *Leucauge zizhong* Zhu, Song & Zhang, 2003

Zhu, Song & Zhang, 2003: 257.

分布：云南（YN）；老挝

麦蛛属 *Menosira* Chikuni, 1955

Chikuni, 1955: 31. Type species (by monotypy): *Menosia*

ornata Chikuni, 1955

美丽麦蛛 *Menosira ornata* Chikuni, 1955

Chikuni, 1955: 31; Namkung, Paik & Yoon, 1972: 93; Yaginuma, 1986: 129; Chikuni, 1989: 92; Kim, Kim & Lee, 1999: 51; Namkung, 2002: 227; Kim & Cho, 2002: 317; Zhu, Song & Zhang, 2003: 60; Namkung, 2003: 229; Tanikawa, 2007: 96; Kim, Kim & Lee, 2008: 36; Tanikawa, 2009: 406; Marusik & Kovblyuk, 2011: 235.

分布：湖北（HB）、贵州（GZ）；韩国、日本

天星蛛属 *Mesida* Kulczyński, 1911

Kulczyński, 1911: 462. Type species: *Mesida humilis* Kulczyński, 1911

装饰天星蛛 *Mesida gemmea* (Hasselt, 1882)

Hasselt, 1882: 26 (*Meta g.*); Thorell, 1890: 206 (*Argyroepeira g.*); Thorell, 1895: 152 (*A. g.*); Workman, 1896: 56 (*A. g.*); Simon, 1905: 61 (*Leucauge g.*); Chrysanthus, 1975: 27 (*M. g.*, Trans. from *Leucauge*); Tso & Tanikawa, 2000: 129; Zhu, Song & Zhang, 2003: 263.

分布：台湾（TW）；缅甸到印度尼西亚（爪哇）

漾濞天星蛛 *Mesida yangbi* Zhu, Song & Zhang, 2003

Zhu, Song & Zhang, 2003: 262.

分布：云南（YN）

尹氏天星蛛 *Mesida yini* Zhu, Song & Zhang, 2003

Zhu, Song & Zhang, 2003: 264; Jäger & Praxaysombath, 2011: 21.

分布：广西（GX）；老挝

后蛛属 *Meta* C. L. Koch, 1836

C. L. Koch, 1836: 10. Type species: *Aranea menardii* Latreille, 1804

异名：

Auchicybaeus Gertsch, 1933; Lehtinen, 1967: 217 (Syn.).

雾后蛛 *Meta nebulosa* Schenkel, 1936

Schenkel, 1936: 97.

分布：甘肃（GS）

黑背后蛛 *Meta nigridorsalis* Tanikawa, 1994

Tanikawa, 1994: 66; Zhu, Song & Zhang, 2003: 63; Tanikawa, 2007: 97; Tanikawa, 2009: 407.

分布：贵州（GZ）；日本

千山后蛛 *Meta qianshanensis* Zhu & Zhu, 1983

Zhu & Zhu, 1983: 139; Song, Zhu & Chen, 1999: 216; Zhu, Song & Zhang, 2003: 65; Wunderlich, 2008: 98.

分布：辽宁（LN）

沈氏后蛛 *Meta shenae* Zhu, Song & Zhang, 2003

Zhu, Song & Zhang, 2003: 67; Zhao, Yin & Peng, 2009: 19.

分布：云南（YN）、西藏（XZ）

麦林蛛属 *Metellina* Chamberlin & Ivie, 1941

Chamberlin & Ivie, 1941: 14. Type species: *Pachygnatha curtisi* McCook, 1894

吉尔吉斯麦林蛛 *Metellina kirgisica* (Bakhvalov, 1974)

Bakhvalov, 1974: 101 (*Meta kirgisicus*); Bakhvalov, 1982: 136 (*Meta k.*); Bakhvalov, 1983: 86 (*Meta k.*); Marusik, 1989: 44 (*M. k.*, Trans. from *Meta*); Marusik, Fritzén & Song, 2007: 271.

分布：新疆（XJ）；中亚

后鳞蛛属 *Metleucauge* Levi, 1980

Levi, 1980: 44. Type species: *Metleucauge eldorado* Levi, 1980

千国后鳞蛛 *Metleucauge chikunii* Tanikawa, 1992

Chikuni, 1989: 88 (*M. kompirensis*, misidentified); Tanikawa, 1992: 169; Song, Zhu & Chen, 1999: 216 (*M. chikuni*); Namkung, 2002: 230; Kim & Cho, 2002: 317; Zhu, Song & Zhang, 2003: 267; Namkung, 2003: 232; Tanikawa, 2007: 98; Tanikawa, 2009: 408; Yin et al., 2012: 443.

分布：贵州（GZ）、福建（FJ）、台湾（TW）；韩国、日本

大卫后鳞蛛 *Metleucauge davidi* (Schenkel, 1963)

Schenkel, 1963: 130 (*Meta d.*); Tanikawa & Chang, 1997: 121 (*Metleucauge*, Trans. from *Meta*, after Chen & Zhang, 1991: 103); Song, Zhu & Chen, 1999: 217; Zhu, Song & Zhang, 2003: 269.

分布：陕西（SN）、浙江（ZJ）、湖北（HB）、贵州（GZ）、台湾（TW）

佐贺后鳞蛛 *Metleucauge kompirensis* (Bösenberg & Strand, 1906)

Bösenberg & Strand, 1906: 181 (*Meta k.*); Dönitz & Strand, in Bösenberg & Strand, 1906: 382 (*Meta vena*); Yaginuma, 1955: 16 (*Meta k.*, Syn.); Yaginuma, 1958: 25 (*Meta k.*); Yaginuma, 1960: 69 (*Meta k.*); Lee, 1966: 53 (*Meta k.*); Yaginuma, 1971: 69 (*Meta k.*); Levi, 1980: 46, f. 151 (*Metleucauge*, Trans. from *Meta*); Hu, 1984: 118 (*Meta k.*); Yaginuma, 1986: 124; Chen & Gao, 1990: 64 (*Meta k.*); Chen & Zhang, 1991: 103; Song, Zhu & Chen, 1999: 217; Zhu, Song & Zhang, 2003: 272; Marusik & Kovblyuk, 2011: 235; Zhu & Zhang, 2011: 165; Yin et al., 2012: 444.

异名：

Metleucauge vena (Bösenberg & Strand, 1906, Trans. from *Meta*); Yaginuma, 1955: 16 (Syn., sub *Meta*).

分布：河北（HEB）、河南（HEN）、浙江（ZJ）、湖南（HN）、四川（SC）、贵州（GZ）、云南（YN）、台湾（TW）；韩国、日本、俄罗斯

小后鳞蛛 *Metleucauge minuta* Yin, 2012

Yin, in Yin et al., 2012: 446.

分布：湖南（HN）

镜斑后鳞蛛 *Metleucauge yunohamensis* (Bösenberg & Strand, 1906)

Bösenberg & Strand, 1906: 180 (*Meta y.*); Saitō, 1933: 48

(*Meta y.*); Saitō, 1939: 9 (*Meta y.*); Nakatsudi, 1942: 308 (*Meta y.*); Schenkel, 1953: 30 (*Meta sinensis*); Yaginuma, 1958: 28 (*Meta y.*); Saitō, 1959: 100 (*Meta y.*); Yaginuma, 1960: 69 (*Meta y.*); Lee, 1966: 53 (*Meta y.*); Yaginuma, 1971: 69 (*Meta y.*); Hikichi, 1977: 154 (*Meta y.*); Levi, 1980: 46 (*Metleucauge*, Trans. from *Meta*); Hu, 1984: 118 (*Meta y.*); Zhu et al., 1985: 85 (*Meta y.*); Yaginuma, 1986: 125; Chikuni, 1989: 88; Hu & Wu, 1989: 103 (*Meta segmentata*, misidentified); Song, Zhu & Chen, 1999: 217; Song, Zhu & Chen, 2001: 165; Zhu, Song & Zhang, 2003: 274 (Syn.); Namkung, 2003: 233; Tanikawa, 2007: 100; Tanikawa, 2009: 408; Zhu & Zhang, 2011: 167; Yin et al., 2012: 447.

异名：

Metleucauge sinensis (Schenkel, 1953, Trans. from *Meta*); Zhu, Song & Zhang, 2003: 274 (Syn.).

分布：吉林（JL）、河北（HEB）、山西（SX）、河南（HEN）、陕西（SN）、湖南（HN）、贵州（GZ）、台湾（TW）；韩国、日本、俄罗斯

南宁蛛属 *Nanningia* Zhu, Kim & Song, 1997

Zhu, Kim & Song, 1997: 4. Type species: *Nanningia zhangi* Zhu, Kim & Song, 1997

张氏南宁蛛 *Nanningia zhangi* Zhu, Kim & Song, 1997

Zhu, Kim & Song, 1997: 5; Song, Zhu & Chen, 1999: 217; Zhu, Song & Zhang, 2003: 68.

分布：广西（GX）

冲绳蛛属 *Okileucauge* Tanikawa, 2001

Tanikawa, 2001: 17. Type species: *Okileucauge sasakii* Tanikawa, 2001

长冲绳蛛 *Okileucauge elongatus* Zhao, Peng & Huang, 2012

Zhao, Peng & Huang, 2012: 86; Wan & Peng, 2013: 19.

分布：云南（YN）

双窝冲绳蛛 *Okileucauge geminuscavum* Chen & Zhu, 2009

Chen & Zhu, 2009: 23.

分布：贵州（GZ）

贡山冲绳蛛 *Okileucauge gongshan* Zhao, Peng & Huang, 2012

Zhao, Peng & Huang, 2012: 84.

分布：云南（YN）

海南冲绳蛛 *Okileucauge hainan* Zhu, Song & Zhang, 2003

Zhu, Song & Zhang, 2003: 277.

分布：海南（HI）

黑尾冲绳蛛 *Okileucauge nigricauda* Zhu, Song & Zhang, 2003

Zhu, Song & Zhang, 2003: 279.

分布：广西（GX）

谷川冲绳蛛 *Okileucauge tanikawai* Zhu, Song & Zhang, 2003

Zhu, Song & Zhang, 2003: 280.

分布：广西（GX）

西藏冲绳蛛 *Okileucauge tibet* Zhu, Song & Zhang, 2003

Zhu, Song & Zhang, 2003: 282.

分布：西藏（XZ）

尹氏冲绳蛛 *Okileucauge yinae* Zhu, Song & Zhang, 2003

Zhu, Song & Zhang, 2003: 283.

分布：湖北（HB）

随蛛属 *Opadometa* Archer, 1951

Archer, 1951: 8. Type species: *Epeira grata* Guérin-Méneville, 1838

举腹随蛛 *Opadometa fastigata* (Simon, 1877)

Simon, 1877: 79 (*Meta f.*); Thorell, 1877: 413 (*Meta fastuosa*); Thorell, 1877: 416 (*Meta elegans*); Thorell, 1887: 134 (*Callinethis e.*); Thorell, 1890: 193 (*C. fastuosa*); Thorell, 1895: 156 (*C. e.*); Simon, 1894: 732 (*Argyroepeira fastigiata*); Workman & Workman, 1894: 22 (*C. e.*); Pocock, 1900: 216 (*Argyroepeira f.*); Simon, 1905: 61 (*Leucauge fastigiata*); Merian, 1911: 188 (*Argyroepeira fastuosa*); Roewer, 1938: 48 (*Leucauge fastuosa*); Archer, 1951: 9 (*O. fastigiata*, Trans. from *Leucauge*); Tikader, 1982: 76 (*Leucauge f.*); Barrion & Litsinger, 1995: 540 (*L. f.*, Syn.); Zhu, Song & Zhang, 2003: 286 (*O. f.*); Yoshida, 2009: 16 (*Leucauge f.*).

异名：

Opadpmeta fastuosa (Thorell, 1877, Trans. from *Leucauge*); Barrion & Litsinger, 1995: 540, (Syn., sub *Leucauge*).

分布：海南（HI）；印度到菲律宾、印度尼西亚（苏拉威西）

喜随蛛 *Opadometa grata* (Guérin-Méneville, 1838)

Guérin-Méneville, 1838: 51 (*Epeira g.*); Doleschall, 1857: 421 (*E. coccinea*); Doleschall, 1859: 5 (*E. c.*); Thorell, 1878: 89 (*Meta c.*); Keyserling, 1887: 208 (*M. c.*); Kulczyński, 1911: 454 (*Leucauge g.*); Berland, 1938: 168 (*Leucauge g.*); Roewer, 1938: 49 (*Leucauge g.*); Archer, 1951: 8 (*O. g.*, Trans. from *Leucauge*); Chrysanthus, 1963: 729 (*Leucauge g.*); Chrysanthus, 1975: 21 (*L. g.*); Wang, 1991: 153 (*L. trigonosa*); Song, Zhu & Chen, 1999: 216 (*L. t.*); Zhu, Song & Zhang, 2003: 287 (*O. g.*, Syn.); Kuntner, Coddington & Hormiga, 2008: 176; Ono, 2011: 459.

异名：

Opadpmeta trigonosa (Wang, 1991, Trans. from *Leucauge*); Zhu, Song & Zhang, 2003: 287 (Syn.).

分布：云南（YN）；日本、老挝、印度尼西亚、巴布亚新

几内亚、所罗门群岛

波斑蛛属 *Orsinome* Thorell, 1890

Thorell, 1890: 209. Type species: *Pachygnatha vethii* Hasselt, 1882

代芹波斑蛛 *Orsinome daiqin* Zhu, Song & Zhang, 2003

Zhu, Song & Zhang, 2003: 291.

分布：云南（YN）

双孔波斑蛛 *Orsinome diporusa* Zhu, Song & Zhang, 2003

Zhu, Song & Zhang, 2003: 293.

分布：海南（HI）

嘉瑞波斑蛛 *Orsinome jiarui* Zhu, Song & Zhang, 2003

Zhu, Song & Zhang, 2003: 294.

分布：海南（HI）

梯形波斑蛛 *Orsinome trappensis* Schenkel, 1953

Schenkel, 1953: 32.

分布：河北（HEB）

韦氏波斑蛛 *Orsinome vethi* (Hasselt, 1882)

Hasselt, 1882: 32 (*Pachygnatha vethii*); Thorell, 1890: 209; Simon, 1895: 736; Wang, 1991: 154 (*Leucauge lygisma*, misidentified); Song, Zhu & Chen, 1999: 216 (*Leucauge lygisma*, misidentified); Zhu, Song & Zhang, 2003: 295; Jäger & Praxaysombath, 2009: 33; Álvarez-Padilla & Hormiga, 2011: 791.

分布：贵州（GZ）、云南（YN）、海南（HI）；老挝、马来西亚、苏门答腊岛、印度尼西亚（爪哇）、弗洛勒斯岛

壮螯蛛属 *Pachygnatha* Sundevall, 1823

Sundevall, 1823: 16. Type species: *Pachygnatha clerckii* Sundevall, 1823

克氏壮螯蛛 *Pachygnatha clercki* Sundevall, 1823

Sundevall, 1823: 16 (*P. clerckii*); Hahn, 1826: pl. 15 (*Theridion maxillosum*); Blackwall, 1833: 111 (*Manduculus ambiguus*); Hahn, 1834: 37 (*T. m.*); Blackwall, 1834: 359 (*M. a.*); Walckenaer, 1841: 267 (*Linyphia m.*); Walckenaer, 1841: 270 (*L. c.*); Doleschall, 1852: 636 (*P. m.*); C. L. Koch, 1845: 142 (*P. listeri*, misidentified); Blackwall, 1864: 318 (*P. c.*); Menge, 1866: 95; Thorell, 1870: 75; Hansen, 1882: 28; Chyzer & Kulczyński, 1891: 141; Simon, 1894: 716; Becker, 1896: 68; Bösenberg, 1901: 56; Engelhardt, 1910: 53; Simon, 1929: 644, 748; Reimoser, 1932: 62; Drensky, 1943: 248; Chamberlin & Ivie, 1947: 64 (*P. sewardi*); Locket & Millidge, 1953: 106; Chrysanthus, 1955: 56; Wiehle, 1963: 61; Namkung, 1964: 40; Azheganova, 1968: 92; Tyschchenko, 1971: 202; Palmgren, 1974: 52; Punda, 1975: 12; Brignoli, 1978: 288; Paik & Namkung, 1979: 51; Song, 1980: 132; Levi, 1980: 59 (*P. c.*, Syn.); Heimer, 1982: 46; Hu, 1984: 139; Roberts, 1985: 199; Guo, 1985: 82; Hu & Wu, 1989: 111; Hu, 2001: 594; Zhu, Song & Zhang, 2003: 91; Namkung, 2003: 236; Jäger, 2006: 3; Tanikawa, 2009: 419.

异名：

Pachygnatha sewardi Chamberlin & Ivie, 1947; Levi, 1980: 59 (Syn.).

分布：吉林（JL）、河北（HEB）、陕西（SN）、新疆（XJ）；全北界

德氏壮螯蛛 *Pachygnatha degeeri* Sundevall, 1830

Sundevall, 1830: 24 (*P. degeerii*); Hahn, 1834: 38 (*Theridion vernale*); Walckenaer, 1841: 269 (*Linyphia d.*); Blackwall, 1843: 125 (*Manduculus vernalis*); C. L. Koch, 1845: 143 (*P. d.*); C. L. Koch, 1845: 146 (*P. clerckii*, misidentified); Lucas, 1846: 259 (*Theridion rufithorax*); Doleschall, 1852: 636 (*P. vernalis*); Blackwall, 1864: 321 (*P. d.*); Simon, 1864: 168 (*Eucharium rufithorax*); Hu & Wu, 1985: 95 (*Dyschiriognatha yiliensis*); Hu & Wu, 1989: 109 (*D. y.*); Song, Zhu & Chen, 1999: 213 (*D. y.*); Zhu, Song & Zhang, 2003: 94 (*P. d.*, Syn.); Almquist, 2005: 118.

异名：

Pachygnatha yiliensis (Hu & Wu, 1985, Trans. from *Dyschiriognatha*); Zhu, Song & Zhang, 2003: 94 (Syn.).

分布：新疆（XJ）；古北界

凤振壮螯蛛 *Pachygnatha fengzhen* Zhu, Song & Zhang, 2003

Zhu, Song & Zhang, 2003: 96.

分布：湖北（HB）、贵州（GZ）

高氏壮螯蛛 *Pachygnatha gaoi* Zhu, Song & Zhang, 2003

Zhu, Song & Zhang, 2003: 99.

分布：吉林（JL）；俄罗斯

四斑壮螯蛛 *Pachygnatha quadrimaculata* (Bösenberg & Strand, 1906)

Bösenberg & Strand, 1906: 175 (*Dyschiriognatha q.*); Kishida, 1936: 65 (*Glenognatha nipponica*); Yin, 1976: 126 (*D. q.*); Paik & Namkung, 1979: 50 (*D. q.*); Song, 1980: 129 (*D. q.*); Yaginuma, in Brignoli, 1983: 220 (*D. q.*, Syn.); Hu, 1984: 135 (*D. q.*); Guo, 1985: 78 (*D. q.*); Yaginuma, 1986: 136 (*D. q.*); Zhang, 1987: 91 (*D. q.*); Chikuni, 1989: 90 (*D. q.*); Feng, 1990: 103 (*D. q.*); Chen & Gao, 1990: 75 (*D. q.*); Chen & Zhang, 1991: 121 (*D. q.*); Okuma, 1991: 15 (*D. q.*); Barrion & Litsinger, 1994: 322 (*D. q.*); Kim, Kim & Lee, 1999: 43 (*D. q.*); Song, Zhu & Chen, 1999: 213 (*D. q.*); Namkung, 2002: 235 (*D. q.*); Zhu, Song & Zhang, 2003: 101 (*P. q.*, Trans. from *Dyschiriognatha*); Namkung, 2003: 237 (*D. q.*); Tanikawa, 2007: 103 (*P. q.*); Kim, Kim & Lee, 2008: 34 (*D. q.*); Tanikawa, 2009: 412 (*P. q.*); Zhu & Zhang, 2011: 169; Yin et al., 2012: 449.

异名：

Pachygnatha nipponica (Kishida, 1936, Trans. from *Glenognatha*); Yaginuma, in Brignoli, 1983: 220, sub

Dyschiriognatha (Syn.).
分布：吉林（JL）、河北（HEB）、北京（BJ）、河南（HEN）、陕西（SN）、安徽（AH）、江苏（JS）、浙江（ZJ）、江西（JX）、湖南（HN）、湖北（HB）、四川（SC）、福建（FJ）、广东（GD）、广西（GX）；韩国、日本、俄罗斯

柔弱壮螯蛛 *Pachygnatha tenera* Karsch, 1879

Karsch, 1879: 64; Bösenberg & Strand, 1906: 174 (*Dyschiriognatha t.*); Yin, 1976: 126 (*D. t.*); Paik & Namkung, 1979: 50 (*D. t.*); Song, 1980: 130 (*D. t.*); Hu, 1984: 135 (*D. t.*); Guo, 1985: 77 (*D. t.*); Yaginuma, 1986: 136 (*D. t.*); Zhang, 1987: 92 (*D. t.*); Chikuni, 1989: 90 (*D. t.*); Chen & Gao, 1990: 76 (*D. t.*); Okuma, 1991: 15 (*D. t.*); Zhao, 1993: 265 (*D. t.*); Barrion & Litsinger, 1994: 322 (*D. t.*); Kim, Kim & Lee, 1999: 44 (*D. t.*); Song, Zhu & Chen, 1999: 213 (*D. t.*); Namkung, 2002: 236 (*D. t.*); Zhu, Song & Zhang, 2003: 104 (*P. t.*, Trans. from *Dyschiriognatha*); Namkung, 2003: 238 (*D. t.*); Tanikawa, 2007: 104 (*P. t.*); Kim, Kim & Lee, 2008: 34 (*D. t.*); Tanikawa, 2009: 412 (*P. t.*); Zhu & Zhang, 2011: 171; Yin et al., 2012: 450.
分布：黑龙江（HL）、吉林（JL）、辽宁（LN）、内蒙古（NM）、北京（BJ）、山西（SX）、山东（SD）、河南（HEN）、陕西（SN）、安徽（AH）、江苏（JS）、浙江（ZJ）、江西（JX）、湖南（HN）、湖北（HB）、福建（FJ）、广东（GD）；韩国、日本

朱氏壮螯蛛 *Pachygnatha zhui* Zhu, Song & Zhang, 2003

Zhu, Song & Zhang, 2003: 106.
分布：吉林（JL）

肖蛸属 *Tetragnatha* Latreille, 1804

Latreille, 1804: 135. Type species: *Aranea extensa* Linnaeus, 1758
异名：
Eucta Simon, 1881; Levi, 1981: 282 (Syn.);
Prionolaema Simon, 1894; Dimitrov, Álvarez-Padilla & Hormiga, 2008: 51 (Syn.);
Arundognatha Wiehle, 1963; Levi, 1981: 282 (Syn.).

安尼阿肖蛸 *Tetragnatha aenea* Cantor, 1842

Cantor, 1842: 492.
分布：浙江（ZJ）

红带肖蛸 *Tetragnatha bandapula* Barrion, Barrion-Dupo & Heong, 2012

Barrion et al., 2012: 31.
分布：海南（HI）

博氏肖蛸 *Tetragnatha boydi* O. P.-Cambridge, 1898

O. P.-Cambridge, 1898: 389; Lessert, 1915: 14; Gravely, 1921: 442 (*T. mandibulata bidentata*); Lawrence, 1927: 27 (*T. nitens*, misidentified); Benoit, 1978: 667 (*T. infuscata*); Saaristo, 1978: 121 (*T. mandibulata*, misidentified); Okuma, 1983: 70 (*T. b.*, Syn., *T. nitens kullmani*, rejected); Okuma, 1988: 208; Okuma & Dippenaar-Schoeman, 1988: 223; Okuma, 1992: 221; Biswas & Raychaudhuri, 1996: 52; Zhu, Song & Zhang, 2003: 119; Saaristo, 2003: 23 (*T. b.*, Syn.); Saaristo, 2010: 235; Yin et al., 2012: 453.
异名：
Tetragnatha mandibulata bidentata Gravely, 1921; Okuma, 1983: 70 (Syn.);
T. infuscata Benoit, 1978; Saaristo, 2003: 23 (Syn.).
分布：湖南（HN）、贵州（GZ）、云南（YN）；墨西哥到巴西、撒丁岛、非洲、塞舌尔到中国

尖尾肖蛸 *Tetragnatha caudicula* (Karsch, 1879)

Karsch, 1879: 66 (*Eugnatha c.*); Simon, 1881: 7 (*Eucta c.*); Bösenberg & Strand, 1906: 179; Crome, 1954: 427 (*Eucta c.*); Saitō, 1959: 110 (*Eucta c.*); Paik & Namkung, 1979: 52; Hu, 1984: 140; Hu, 1984: 145 (*T. javana*, misidentified); Guo, 1985: 86 (*T. javana*, misidentified); Hu & Wu, 1985: 96; Hu & Wu, 1989: 112; Chen & Gao, 1990: 79; Chen, 1997: 115; Song, Zhu & Chen, 1999: 221; Hu, 2001: 595; Zhu et al., 2002: 80; Zhu, Song & Zhang, 2003: 122; Namkung, 2003: 224; Tanikawa, 2009: 414; Zhu & Zhang, 2011: 174; Yin et al., 2012: 455.
分布：吉林（JL）、内蒙古（NM）、山东（SD）、河南（HEN）、陕西（SN）、新疆（XJ）、安徽（AH）、江苏（JS）、浙江（ZJ）、江西（JX）、湖南（HN）、湖北（HB）、西藏（XZ）、福建（FJ）、台湾（TW）、广东（GD）；韩国、日本、俄罗斯

卡氏肖蛸 *Tetragnatha cavaleriei* Schenkel, 1963

Schenkel, 1963: 121; Brignoli, 1983: 223 (*T. cavalierei*, lapsus); Zhu, Song & Zhang, 2003: 124.
分布：甘肃（GS）

锡兰肖蛸 *Tetragnatha ceylonica* O. P.-Cambridge, 1869

Stoliczka, 1869: 244 (*Meta gracilis*; preoccupied by Lucas 1838 sub *Tetragnatha*); O. P.-Cambridge, 1869: 394; Thorell, 1877: 434 (*T. latifrons*); Thorell, 1890: 214 (*T. fronto*); Thorell, 1898: 328 (*T. tridens*); Pocock, 1900: 214 (*T. gracilis*); Merian, 1911: 181 (*T. gracilis*); Hirst, 1911: 385 (*T. modesta*); Strand, 1913: 115 (*T. eitapensis*); Strand, 1915: 196 (*T. eitapensis*); Gravely, 1921: 427 (*T. gracilis*); Okuma, 1968: 99; Chrysanthus, 1975: 6 (*T. eitapensis*); Okuma, 1976: 45; Okuma, 1977: 32; Benoit, 1978: 666 (*T. modesta*); Yaginuma, 1986: 133; Okuma, 1987: 48 (*T. c.*, Syn.); Song, Zhu & Chen, 1999: 221; Yoo & Kim, 2002: 25; Zhu, Song & Zhang, 2003: 125; Saaristo, 2003: 23 (*T. c.*, Syn.); Tanikawa, 2007: 106; Tanikawa, 2009: 414; Saaristo, 2010: 236.
异名：
Tetragnatha modesta Hirst, 1911; Saaristo, 2003: 23 (Syn.);
T. eitapensis Strand, 1913; Okuma, 1987: 48 (Syn.).
分布：云南（YN）、台湾（TW）、海南（HI）；非洲、塞舌尔到菲律宾、新不列颠岛

突牙肖蛸 *Tetragnatha chauliodus* (Thorell, 1890)

Thorell, 1890: 292 (*Limoxera c.*); Gravely, 1921: 425; Okuma, 1987: 62; Okuma, 1988: 196; Tanikawa, 1990: 9; Okuma et al.,

1993: 44; Song, Zhu & Chen, 1999: 221; Zhu, Song & Zhang, 2003: 128; Tanikawa, 2007: 108; Tanikawa, 2009: 416.

分布：云南（YN）、台湾（TW）、海南（HI）；缅甸到巴布亚新几内亚、日本

陈氏肖蛸 *Tetragnatha cheni* Zhu, Song & Zhang, 2003

Zhu, Song & Zhang, 2003: 131.

分布：贵州（GZ）

中华肖蛸 *Tetragnatha chinensis* (Chamberlin, 1924)

Chamberlin, 1924: 12 (*Eucta c.*).

分布：江苏（JS）

江琦肖蛸 *Tetragnatha esakii* Okuma, 1988

Okuma, 1988: 71; Okuma, 1988: 187; Song, Zhu & Chen, 1999: 221; Zhu, Song & Zhang, 2003: 132.

分布：台湾（TW）、广西（GX）

直伸肖蛸 *Tetragnatha extensa* (Linnaeus, 1758)

Linnaeus, 1758: 621 (*Aranea e.*); Linnaeus, 1761: 489 (*A. e.*); Scopoli, 1763: 397 (*A. solandri*); Scopoli, 1763: 398 (*A. mouffeti*); Fabricius, 1775: 431 (*A. e.*); De Geer, 1783: 236 (*A. e.*); Olivier, 1789: 204 (*A. e.*); Risso, 1826: 168 (*T. rubra*); Sundevall, 1833: 256; Hahn, 1834: 43; C. L. Koch, 1837: 5 (*T. gibba*); Walckenaer, 1841: 208 (*T. chrysochlora*); Bremi-Wolff, 1849: 1-16 (*T. arundinis*); Blackwall, 1864: 367; Keyserling, 1865: 844; Keyserling, 1865: 852 (*T. fluviatilis*); L. Koch, 1870: 13 (*T. nowickii*); Thorell, 1872: 151 (*T. groenlandica*); Hansen, 1882: 25; Emerton, 1884: 333; Chyzer & Kulczyński, 1891: 144; McCook, 1894: 259; Becker, 1896: 62; Bösenberg, 1901: 57, 59; Bösenberg, 1901: 57, 59 (*T. solandri*); Emerton, 1902: 201; Kulczyński, 1903: 647; Lessert, 1910: 288; Engelhardt, 1910: 46 (*T. solandri*); Engelhardt, 1910: 50; Lessert, 1910: 292 (*T. solandri*); Fedotov, 1912: 75; Reimoser, 1928: 105; Seeley, 1928: 113; Simon, 1929: 648, 651, 749; Schenkel, 1938: 28 (*T. extensa maderiana*); Wiehle, 1939: 376; Chamberlin & Ivie, 1942: 61 (*T. manitoba*); Braendegaard, 1946: 54 (*T. e.*, Syn.); Chamberlin & Ivie, 1947: 65 (*T. e.*, Syn.); Tullgren, 1947: 130; Chrysanthus, 1949: 353; Locket & Millidge, 1953: 100; Locket, Millidge & La Touche, 1958: 140; Saitō, 1959: 117; Chickering, 1959: 489 (*T. rusticana*); Schenkel, 1963: 123 (*T. potanini*); Wiehle, 1963: 12; Wiehle, 1967: 186; Azheganova, 1968: 94; Palmgren, 1974: 47; Locket, Millidge & Merrett, 1974: 61; Yin, 1976: 123; Levi, 1981: 298; Hu, 1984: 142; Roberts, 1985: 198; Guo, 1985: 83; Zhu et al., 1985: 89; Zhu et al., 1985: 94 (*T. potanini*); Zhang, 1987: 93; Wunderlich, 1987: 128 (*T. maderiana*, elevated from subspecies of *T. extensa*); Okuma, 1988: 177; Okuma, 1989: 53; Chikuni, 1989: 95; Chen & Gao, 1990: 80; Wunderlich, 1992: 363 (*T. e.*, Syn.); Zhao, 1993: 270; Song, Zhu & Chen, 1999: 221; Zhu et al., 2002: 81; Zhu, Song & Zhang, 2003: 134 (*T. e.*, Syn.); Namkung, 2003: 218; Tanikawa, 2009: 416; Wunderlich, 2011: 214; Russell-Smith, 2011: 23.

异名：

Tetragnatha groenlandica Thorell, 1872; Braendegaard, 1946: 54 (Syn., after Jackson, 1930);

T. maderiana Schenkel, 1938 (described as subspecies of *T. extensa*); Wunderlich, 1992: 363 (Syn.);

T. manitoba Chamberlin & Ivie, 1942; Chamberlin & Ivie, 1947: 65 (Syn.);

T. rusticana Chickering, 1959; Levi, 1981: 298 (Syn.);

T. potanini Schenkel, 1963; Zhu, Song & Zhang, 2003: 135 (Syn.).

分布：吉林（JL）、内蒙古（NM）、河北（HEB）、山西（SX）、陕西（SN）、青海（QH）、新疆（XJ）、云南（YN）、广东（GD）；全北界、马德拉群岛

线性肖蛸 *Tetragnatha filipes* Schenkel, 1936

Schenkel, 1936: 88.

分布：甘肃（GS）

弯曲肖蛸 *Tetragnatha geniculata* Karsch, 1891

Karsch, 1891: 286; Gravely, 1921: 426, 441; Okuma, 1988: 198; Zhu, Song & Zhang, 2003: 138.

分布：云南（YN）、海南（HI）；斯里兰卡

贡山肖蛸 *Tetragnatha gongshan* Zhao & Peng, 2010

Zhao & Peng, 2010: 7.

分布：云南（YN）

顾氏肖蛸 *Tetragnatha gui* Zhu, Song & Zhang, 2003

Zhu, Song & Zhang, 2003: 141.

分布：海南（HI）

哈氏肖蛸 *Tetragnatha hasselti* Thorell, 1890

Thorell, 1890: 217 (*T. hasseltii*); Merian, 1911: 185; Okuma, 1988: 190; Wang, 1991: 159 (*T. aduncata*); Okuma et al., 1993: 42; Song, Zhu & Chen, 1999: 221; Zhu, Song & Zhang, 2003: 142.

异名：

Tetragnatha aduncata Wang, 1991; Song, Zhu & Chen, 1999: 221 (Syn.).

分布：云南（YN）、广西（GX）、海南（HI）；孟加拉、印度尼西亚（苏拉威西）

洪氏肖蛸 *Tetragnatha heongi* Barrion & Barrion-Dupo, 2011

Barrion & Barrion-Dupo, in Barrion et al., 2011: 386.

分布：海南（HI）

牧原肖蛸 *Tetragnatha hiroshii* Okuma, 1988

Okuma, 1988: 72; Okuma, 1988: 183; Song, Zhu & Chen, 1999: 221; Zhu, Song & Zhang, 2003: 145.

分布：台湾（TW）

射肖蛸 *Tetragnatha jaculator* Tullgren, 1910

Tullgren, 1910: 150; Okuma, 1984: 87; Okuma, 1987: 55; Okuma, 1988: 194; Okuma & Dippenaar-Schoeman, 1988: 231; Okuma, 1992: 230 (may be senior Syn. of *T. argyroides* and *T. lewisi*); Okuma et al., 1993: 36; Zhu, Song & Zhang,

2003: 146.

分布：云南（YN）；非洲到中国、巴布亚新几内亚、巴巴多斯、特立尼达岛

爪哇肖蛸 *Tetragnatha javana* (Thorell, 1890)

Thorell, 1890: 236 (*Eucta j.*); Thorell, 1895: 146 (*E. j.*); Gravely, 1922: 1047 (*E. j.*); Saitō, 1933: 47 (*E. j.*); Chrysanthus, 1963: 733 (*E. j.*); Schenkel, 1963: 129 (*T. (Eugnatha) vermiventris*); Okuma, 1968: 100; Yin, 1976: 125; Song, 1980: 128; Brignoli, 1983: 221 (*Arundognatha vermiventris*, Trans. from *Tetragnatha*); Okuma, 1984: 88; Yaginuma, 1986: 133; Okuma, 1988: 169; Chen & Gao, 1990: 80; Chen & Zhang, 1991: 126; Vungsilabutr, 1988: 68; Okuma et al., 1993: 36; Zhao, 1993: 271; Song, Zhu & Chen, 1999: 221; Zhu et al., 2002: 81; Zhu, Song & Zhang, 2003: 149 (*T. j.*, Syn.); Tanikawa, 2007: 105; Kim & Lee, 2008: 77; Dimitrov & Hormiga, 2009: 104; Tanikawa, 2009: 414.

异名：

Tetragnatha vermiventris Schenkel, 1963; Zhu, Song & Zhang, 2003: 150 (Syn.).

分布：浙江（ZJ）、江西（JX）、湖南（HN）、湖北（HB）、四川（SC）、贵州（GZ）、云南（YN）、西藏（XZ）、台湾（TW）、广东（GD）、广西（GX）、海南（HI）、香港（HK）；非洲到印度尼西亚、菲律宾和日本

老城肖蛸 *Tetragnatha laochenga* Barrion, Barrion-Dupo & Heong, 2012

Barrion et al., 2012: 32.

分布：海南（HI）

艳丽肖蛸 *Tetragnatha lauta* Yaginuma, 1959

Yaginuma, 1959: 11; Paik & Namkung, 1979: 53; Yaginuma, 1986: 131; Okuma, 1988: 200; Chikuni, 1989: 93; Kim, Kim & Lee, 1999: 66; Song, Zhu & Chen, 1999: 221; Zhu, Song & Zhang, 2003: 152; Tanikawa, 2007: 108; Tanikawa, 2009: 416.

分布：贵州（GZ）、云南（YN）、台湾（TW）、海南（HI）、香港（HK）；韩国、日本、老挝

长螯肖蛸 *Tetragnatha mandibulata* Walckenaer, 1841

Walckenaer, 1841: 211; Blackwall, 1877: 20 (*T. minax*); Simon, 1877: 83 (*T. minatoria*); Thorell, 1877: 441 (*T. leptognatha*); *T. m.* Pocock, 1900: 215; Simon, 1900: 468; Gravely, 1921: 429; Roewer, 1938: 51; Chrysanthus, 1963: 733; Schenkel, 1963: 125 (*T. graciliventris*); Okuma, 1968: 40; Okuma, 1968: 101; Yin, 1976: 124; Song, 1980: 123; Yin, Wang & Hu, 1983: 34; Hu, 1984: 146; Chen & Gao, 1990: 81; Song, Zhu & Chen, 1999: 221; Zhu et al., 2002: 81; Yoo & Kim, 2002: 25; Zhu, Song & Zhang, 2003: 154 (*T. m.*, Syn.); Tanikawa, 2007: 108; Tanikawa, 2009: 419.

异名：

Tetragnatha graciliventris Schenkel, 1963; Zhu, Song & Zhang, 2003: 154 (Syn.).

分布：江苏（JS）、浙江（ZJ）、四川（SC）、贵州（GZ）、云南（YN）、西藏（XZ）、广东（GD）、广西（GX）、海南（HI）；西非、孟加拉到菲律宾、澳大利亚

锥腹肖蛸 *Tetragnatha maxillosa* Thorell, 1895

Thorell, 1895: 139; Bösenberg & Strand, 1906: 177 (*T. japonica*); Strand, 1911: 138 (*T. m. insignita*); Gravely, 1921: 430; Gravely, 1921: 443 (*T. listeri*); Chamberlin, 1924: 9 (*T. conformans*); Saitō, 1933: 46 (*T. j.*); Schenkel, 1936: 89 (*T. propioides*); Saitō, 1939: 57 (*T. j.*); Saitō, 1959: 118 (*T. j.*); Lee, 1966: 57 (*T. j.*); Okuma, 1968: 100 (*T. j.*); Chrysanthus, 1975: 8 (*T. m.*, Syn.); Yin, 1976: 122 (*T. cliens*); Yin, 1976: 122 (*T. j.*); Song et al., 1976: 38 (*T. j.*); Paik & Namkung, 1979: 52 (*T. j.*); Song, 1980: 118 (*T. j.*); Okuma, 1983: 72 (*T. m.*, Syn.); Zhu, 1983: 39 (*T. j.*, Syn.); Hu, 1984: 141 (*T. cliens*); Hu, 1984: 143 (*T. j.*); Guo, 1985: 83 (*T. cliens*); Guo, 1985: 86 (*T. j.*); Zhu et al., 1985: 90 (*T. j.*); Yaginuma, 1986: 130; Okuma, 1987: 83; Song, 1987: 184; Zhang, 1987: 95; Song, 1988: 124; Chikuni, 1989: 95; Hu & Wu, 1989: 113; Feng, 1990: 106; Chen & Gao, 1990: 81; Chen & Zhang, 1991: 125; Song, Zhu & Li, 1993: 868; Zhao, 1993: 267 (*T. diensens*, lapsus for *T. cliens*); Zhao, 1993: 273; Song, Chen & Zhu, 1997: 1710; Song, Zhu & Chen, 1999: 221; Hu, 2001: 598; Song, Zhu & Chen, 2001: 171; Zhu et al., 2002: 84; Zhu, Song & Zhang, 2003: 153; Namkung, 2003: 217; Zhu & Zhang, 2011: 179; Yin et al., 2012: 459.

异名：

Tetragnatha japonica Bösenberg & Strand, 1906; Okuma, 1983: 72 (Syn.);

T. maxillosa insignita Strand, 1911; Chrysanthus, 1975: 8 (Syn.);

T. listeri Gravely, 1921; Okuma, 1983: 72 (Syn.);

T. conformans Chamberlin, 1924; Zhu, 1983: 39 (Syn., sub *T. japonica*);

T. propioides Schenkel, 1936; Okuma, 1983: 73 (Syn.).

分布：辽宁（LN）、河北（HEB）、山西（SX）、山东（SD）、河南（HEN）、陕西（SN）、新疆（XJ）、安徽（AH）、江苏（JS）、浙江（ZJ）、江西（JX）、湖南（HN）、湖北（HB）、四川（SC）、贵州（GZ）、云南（YN）、西藏（XZ）、福建（FJ）、台湾（TW）、广东（GD）、广西（GX）、海南（HI）；南非、孟加拉到菲律宾、瓦努阿图群岛

勐宋肖蛸 *Tetragnatha mengsongica* Zhu, Song & Zhang, 2003

Zhu, Song & Zhang, 2003: 161.

分布：云南（YN）

南丹肖蛸 *Tetragnatha nandan* Zhu, Song & Zhang, 2003

Zhu, Song & Zhang, 2003: 163.

分布：广西（GX）

黑色肖蛸 *Tetragnatha nigrita* Lendl, 1886

Lendl, 1886: 134; Chyzer & Kulczyński, 1891: 144; Bösenberg, 1901: 60; Kulczyński, 1903: 647; Lessert, 1910: 291; Chamberlin, 1924: 12 (*T. cliens*; not female, =*T. maxillosa*); Simon, 1929: 649, 750; Schenkel, 1936: 92; Wiehle, 1939: 376; Tullgren, 1947: 147; Locket & Millidge, 1953: 104; Wiehle, 1963: 28; Palmgren, 1974: 46; Ono, 1975:

16; Roberts, 1985: 199; Song, 1988: 126 (*T. n.*, Syn.); Chen & Gao, 1990: 82; Chen & Zhang, 1991: 132; Song, Zhu & Li, 1993: 868; Roberts, 1995: 304; Roberts, 1998: 318; Song, Zhu & Chen, 1999: 222; Almquist, 2005: 135; Wunderlich, 2011: 214.

异名：

Tetragnatha cliens Chamberlin, 1924; Song, 1988: 126 (Syn.; Chamberliń's female = *T. maxillosa*, as per Okuma, 1983: 72).

分布：山东（SD）、江苏（JS）、浙江（ZJ）、湖南（HN）、湖北（HB）、四川（SC）、贵州（GZ）、福建（FJ）；古北界

华丽肖蛸 *Tetragnatha nitens* (Audouin, 1826)

Audouin, 1826: 323 (*Eugnatha n.*); Audouin, 1826: 325 (*Eugnatha pelusia*); Lucas, 1838: 43 (*T. gracilis*); Walckenaer, 1841: 209; Walckenaer, 1841: 210 (*T. pelusia*); Walckenaer, 1841: 478 (*T. deinognatha*); White, 1846: 180 (*Deinagnatha dandridgei*); Keyserling, 1865: 845; L. Koch, 1872: 173 (*T. ferox*); L. Koch, 1872: 176 (*T. gulosa*); O. P.-Cambridge, 1872: 295 (*T. molesta*); Simon, 1874: 160 (*T. ejuncida*); Taczanowski, 1878: 144 (*T. andina*); Urquhart, 1890: 251 (*T. typica*); Simon, 1897: 868 (*T. antillana*); Simon, 1897: 869 (*T. vicina*); Banks, 1898: 246 (*T. peninsulana*); Simon, 1929: 646, 748; Banks, 1902: 61 (*T. galapagoensis*); F. O. P.-Cambridge, 1903: 433 (*T. antillana*); *crossae* Hogg, 1911: 300 (*T. ferox*); Chamberlin, 1920: 41 (*T. aptans*); Chamberlin, 1924: 645 (*T. eremita*); Seeley, 1928: 105 (*T. antillana*); Petrunkevitch, 1930: 281 (*T. antillana*); Franganillo, 1930: 17 (*Cyrtognatha producta*; omitted by Roewer, Syn. per Bonnet, 1959: 4318, footnote 43); Gertsch, 1936: 10 (*T. seminola*); Gertsch & Ivie, 1936: 19 (*T. steckleri*); Chamberlin & Ivie, 1942: 62 (*T. elmora*); Bryant, 1945: 407 (*T. festina*; female=*T. tenuissima*); Bryant, 1945: 408 (*T. haitiensis*); Parrott, 1946: 82 (*T. n.*, Syn.); Chickering, 1957: 2 (*T. antillana*, Syn.); Chickering, 1957: 306 (*T. antillana*, Syn.); Bücherl, 1959: 293 (*T. antillana*); Chickering, 1962: 428 (*T. antillana*); Wiehle, 1962: 377; Wiehle, 1962: 379 (*T. nitens kullmanni*); Schenkel, 1963: 127 (*T. hotingchiehi*); Okuma, 1968: 40; Okuma, 1968: 102; Yin, 1976: 123; Song et al., 1976: 39; Song, 1980: 122; Levi, 1981: 291 (*T. n.*, Syn.); Okuma, 1983: 75; Hu, 1984: 146; Guo, 1985: 89; Yaginuma, 1986: 135; Okuma, 1987: 84; Song, 1987: 185 (*T. n.*, Syn.); Zhang, 1987: 96; Okuma, 1988: 207; Davies, 1988: 282; Okuma & Dippenaar-Schoeman, 1988: 231; Feng, 1990: 107; Chen & Gao, 1990: 83; Chen & Zhang, 1991: 127; Vungsilabutr, 1988: 72; Okuma, 1992: 235; Wunderlich, 1992: 365 (*T. n.*, Syn.); Wunderlich, 1992: 363 (*T. fuerteventurensis*); Zhao, 1993: 276; Song, Zhu & Chen, 1999: 222; Song, Zhu & Chen, 2001: 172; Zhu et al., 2002: 84; Zhu, Song & Zhang, 2003: 164; Namkung, 2003: 220; Wunderlich, 2011: 210 (*T. n.*, Syn.); Zhu & Zhang, 2011: 181; Yin et al., 2012: 461.

异名：

Tetragnatha pelusia (Audouin, 1826); Levi, 1981: 291 (Syn.);
T. andina Taczanowski, 1878; Levi, 1981: 291 (Syn.);
T. antillana Simon, 1897; Levi, 1981: 291 (Syn.);
T. vicina Simon, 1897; Levi, 1981: 291 (Syn.);
T. peninsulana Banks, 1898; Levi, 1981: 291 (Syn.);
T. galapagoensis Banks, 1902; Levi, 1981: 291 (Syn.);
T. ferox crossae (Hogg, 1911); Parrott, 1946: 82 (Syn.);
T. aptans Chamberlin, 1920; Levi, 1981: 292 (Syn.);
T. producta (Franganillo, 1930, Trans. from *Cyrtognatha*); Bonnet, 1959: 4318 (Syn., sub *T. antillana*);
T. seminola Gertsch, 1936; Levi, 1981: 292 (Syn.);
T. steckleri Gertsch & Ivie, 1936; Levi, 1981: 292 (Syn.);
T. elmora Chamberlin & Ivie, 1942; Levi, 1981: 292 (Syn.);
T. festina Bryant, 1945; Chickering, 1957: 12-13 (Syn.);
T. haitiensis Bryant, 1945; Chickering, 1957: 2 (Syn., sub *T. antillana*);
T. nitens kullmanni Wiehle, 1962; Wunderlich, 1992: 365 (Syn., contra. Okuma, 1983: 70);
T. hotingchiehi Schenkel, 1963; Song, 1987: 185 (Syn.);
T. fuerteventurensis Wunderlich, 1992; Wunderlich, 2011: 210 (Syn.).

分布：河北（HEB）、河南（HEN）、陕西（SN）、新疆（XJ）、浙江（ZJ）、江西（JX）、湖南（HN）、湖北（HB）、四川（SC）、贵州（GZ）、云南（YN）、台湾（TW）、广东（GD）、广西（GX）；世界性分布

羽斑肖蛸 *Tetragnatha pinicola* L. Koch, 1870

L. Koch, 1870: 11; Lendl, 1886: 129 (*Eugnatha picta*); Chyzer & Kulczyński, 1891: 144; Bösenberg, 1901: 61; Kulczyński, 1903: 647; Lessert, 1910: 291; Wiehle, 1939: 376; Tullgren, 1947: 130; Locket & Millidge, 1953: 102; Saitō, 1959: 118; Wiehle, 1963: 18; Azheganova, 1968: 94; Palmgren, 1974: 48; Punda, 1975: 50; Hu, 1984: 147; Roberts, 1985: 198; Zhu et al., 1985: 92; Yaginuma, 1986: 131; Okuma, 1988: 179; Chikuni, 1989: 93; Heimer & Nentwig, 1991: 60; Kurenshchikov, 1994: 61; Roberts, 1995: 303; Mcheidze, 1997: 289; Roberts, 1998: 317; Kim, Kim & Lee, 1999: 69; Song, Zhu & Chen, 1999: 222; Song, Zhu & Chen, 2001: 173; Zhu et al., 2002: 88; Namkung, 2002: 217; Kim & Cho, 2002: 320; Zhu, Song & Zhang, 2003: 168; Namkung, 2003: 219; Wunderlich, 2011: 214; Russell-Smith, 2011: 23.

分布：吉林（JL）、内蒙古（NM）、河北（HEB）、山西（SX）、陕西（SN）、新疆（XJ）、湖北（HB）、四川（SC）、贵州（GZ）、西藏（XZ）、海南（HI）；古北界

丰肖蛸 *Tetragnatha plena* Chamberlin, 1924

Chamberlin, 1924: 11; Zhu, Song & Zhang, 2003: 171.

分布：山西（SX）、江苏（JS）、湖北（HB）、贵州（GZ）、广西（GX）

前齿肖蛸 *Tetragnatha praedonia* L. Koch, 1878

L. Koch, 1878: 744; Bösenberg & Strand, 1906: 177; Saitō, 1933: 47; Saitō, 1939: 58; Bösenberg & Strand, 1906: 179 (*T. nigrita niccensis*); Yin, 1976: 121; Song, 1980: 120; Ono, 1981: 5 (*T. p.*, Syn.); Hu, 1984: 148; Zhang, 1987: 98; Feng, 1990: 109; Chen & Gao, 1990: 85; Hu, 2001: 599; Song, Zhu & Chen, 2001: 175; Zhu et al., 2002: 88; Zhu, Song & Zhang, 2003: 175; Namkung, 2003: 216; Tanikawa, 2009: 414; Zhu &

Zhang, 2011: 185; Yin et al., 2012: 463.
异名：
Tetragnatha nigrita niccensis Bösenberg & Strand, 1906; Ono, 1981: 5 (Syn., contra. Ono, 1975: 20).
分布：河北（HEB）、山西（SX）、河南（HEN）、安徽（AH）、江苏（JS）、江西（JX）、湖南（HN）、湖北（HB）、四川（SC）、贵州（GZ）、云南（YN）、西藏（XZ）、福建（FJ）、台湾（TW）、广东（GD）、广西（GX）；韩国、日本、老挝、俄罗斯

伪华丽肖蛸 *Tetragnatha pseudonitens* Barrion, Barrion-Dupo & Heong, 2012
Barrion et al., 2012: 33.
分布：海南（HI）

邱氏肖蛸 *Tetragnatha qiuae* Zhu, Song & Zhang, 2003
Zhu, Song & Zhang, 2003: 176.
分布：青海（QH）

任氏肖蛸 *Tetragnatha reni* Zhu, Song & Zhang, 2003
Zhu, Song & Zhang, 2003: 179.
分布：四川（SC）、贵州（GZ）

脂肖蛸 *Tetragnatha retinens* Chamberlin, 1924
Chamberlin, 1924: 11; Song, 1988: 126; Song, Zhu & Chen, 1999: 222.
分布：江苏（JS）

锯齿肖蛸 *Tetragnatha serra* Doleschall, 1857
Doleschall, 1857: 408; Doleschall, 1859: pl. 8; Thorell, 1878: 111; Merian, 1911: 182; Okuma, 1987: 75; Okuma, 1988: 203; Song, Zhu & Chen, 1999: 223; Zhu, Song & Zhang, 2003: 180.
分布：香港（HK）；泰国、巴布亚新几内亚

上海肖蛸 *Tetragnatha shanghaiensis* Strand, 1907
Strand, 1907: 150.
分布：上海（SH）

伴侣肖蛸 *Tetragnatha sociella* Chamberlin, 1924
Chamberlin, 1924: 10; Song, 1988: 123 (*T. praedonia*, Syn., rejected); Zhu, Song & Zhang, 2003: 181 (removed female from Syn.).
分布：江苏（JS）、四川（SC）、贵州（GZ）

鳞纹肖蛸 *Tetragnatha squamata* Karsch, 1879
Karsch, 1879: 65; Strand, 1918: 95; Bösenberg & Strand, 1906: 176; Saitō, 1934: 338; Saitō, 1934: 333; Schenkel, 1936: 85 (*T. recurva*); Yin, 1976: 124; Song, 1980: 126; Hu, 1984: 150; Guo, 1985: 92; Zhang, 1987: 100; Hu & Li, 1987: 269 (*T. recurva*); Feng, 1990: 108 (*T. sguamata*); Chen & Gao, 1990: 85; Chen & Zhang, 1991: 130; Zhao, 1993: 293; Kurenshchikov, 1994: 61 (*T. recurva*); Song, Zhu & Chen, 1999: 223; Hu, 2001: 600 (*T. recurva*); Zhu et al., 2002: 94; Zhu, Song & Zhang, 2003: 183 (*T. s.*, Syn.); Namkung, 2003: 222; Zhu & Zhang, 2011: 187; Yin et al., 2012: 465.
异名：
Tetragnatha recurva Schenkel, 1936; Zhu, Song & Zhang, 2003: 183 (Syn.).
分布：河北（HEB）、河南（HEN）、陕西（SN）、安徽（AH）、江苏（JS）、江西（JX）、湖南（HN）、湖北（HB）、四川（SC）、贵州（GZ）、云南（YN）、福建（FJ）、台湾（TW）、广东（GD）、广西（GX）、海南（HI）；韩国、日本、俄罗斯

斯氏肖蛸 *Tetragnatha streichi* Strand, 1907
Strand, 1907: 152.
分布：上海（SH）

亚江琦肖蛸 *Tetragnatha subesakii* Zhu, Song & Zhang, 2003
Zhu, Song & Zhang, 2003: 187.
分布：贵州（GZ）

所安肖蛸 *Tetragnatha suoan* Zhu, Song & Zhang, 2003
Zhu, Song & Zhang, 2003: 188.
分布：贵州（GZ）

圆尾肖蛸 *Tetragnatha vermiformis* Emerton, 1884
Emerton, 1884: 333; McCook, 1894: 264 (*Eugnatha v.*); Simon, 1894: 725 (*Eucta v.*); Emerton, 1909: 201; Gravely, 1921: 438 (*T. mackenziei*); Seeley, 1928: 138; Kaston, 1948: 272; Chickering, 1957: 349; Chickering, 1959: 495; Yaginuma, 1960: append. 5 (*T. shikokiana*); Okuma, 1968: 101 (*T. m.*); Song et al., 1976: 38 (*T. s.*); Paik & Namkung, 1979: 54 (*T. s.*); Song, 1980: 125 (*T. s.*); Levi, 1981: 316; Seo & Paik, 1981: 88 (*T. coreana*); Okuma, 1983: 77 (*T. v.*, Syn.); Hu, 1984: 149 (*T. shikokiana*); Guo, 1985: 91 (*T. s.*); Zhu et al., 1985: 96 (*T. s.*); Yaginuma, 1986: 131; Song, 1987: 187; Zhang, 1987: 101; Hu & Wu, 1989: 116; Feng, 1990: 110; Chen & Gao, 1990: 86; Chen & Zhang, 1991: 129; Zhao, 1993: 286; Kim, Kim & Lee, 1999: 64 (*T. coreana*); Song, Zhu & Chen, 1999: 223; Hu, 2001: 597 (*T. coreana*); Hu, 2001: 601; Song, Zhu & Chen, 2001: 178; Zhu et al., 2002: 94; Zhu, Song & Zhang, 2003: 189 (*T. v.*, Syn.); Namkung, 2003: 221; Zhu & Zhang, 2011: 189; Yin et al., 2012: 467.
异名：
Tetragnatha mackenziei Gravely, 1921; Okuma, 1983: 77 (Syn.);
T. shikokiana Yaginuma, 1960; Okuma, 1983: 77 (Syn.);
T. coreana Seo & Paik, 1981; Zhu, Song & Zhang, 2003: 190 (Syn.).
分布：吉林（JL）、河北（HEB）、山西（SX）、河南（HEN）、陕西（SN）、安徽（AH）、江苏（JS）、浙江（ZJ）、江西（JX）、湖南（HN）、湖北（HB）、四川（SC）、贵州（GZ）、云南（YN）、福建（FJ）、广东（GD）、广西（GX）；加拿大到巴拿马、南非到日本、菲律宾

绿色肖蛸 *Tetragnatha virescens* Okuma, 1979
Okuma, 1979: 73; Okuma, 1988: 194; Vungsilabutr, 1988: 70; Okuma et al., 1993: 41; Barrion & Litsinger, 1994: 324; Barrion & Litsinger, 1995: 302; Zhu, Song & Zhang, 2003: 193.

分布：云南（YN）、广西（GX）；孟加拉、斯里兰卡到印度尼西亚、菲律宾

都彭肖蛸 *Tetragnatha yesoensis* Saitō, 1934

Saitō, 1934: 334; Saitō, 1959: 119; Yaginuma, 1986: 135; Chang, Gao & Guan, 1995: 45; Namkung, 2003: 223; Tanikawa, 2007: 108; Kim, Kim & Lee, 2008: 41; Tanikawa, 2009: 416.

分布：辽宁（LN）；韩国、日本、俄罗斯

尹氏肖蛸 *Tetragnatha yinae* Zhao & Peng, 2010

Zhao & Peng, 2010: 8.

分布：云南（YN）

永强肖蛸 *Tetragnatha yongquiang* Zhu, Song & Zhang, 2003

Zhu, Song & Zhang, 2003: 196.

分布：广西（GX）

樟福肖蛸 *Tetragnatha zhangfu* Zhu, Song & Zhang, 2003

Zhu, Song & Zhang, 2003: 197.

分布：云南（YN）

赵氏肖蛸 *Tetragnatha zhaoi* Zhu, Song & Zhang, 2003

Zhu, Song & Zhang, 2003: 199.

分布：吉林（JL）、海南（HI）

赵丫肖蛸 *Tetragnatha zhaoya* Zhu, Song & Zhang, 2003

Zhu, Song & Zhang, 2003: 200.

分布：贵州（GZ）

振荣肖蛸 *Tetragnatha zhuzhenrongi* Barrion, Barrion-Dupo & Heong, 2012

Barrion et al., 2012: 33.

分布：海南（HI）

隆背蛛属 *Tylorida* Simon, 1894

Simon, 1894: 737. Type species: *Meta striata* Thorell, 1877

异名：

Anopas Archer, 1951; Chrysanthus, 1975: 31 (Syn.);

Sternospina Schmidt & Krause, 1993; Dimitrov, Álvarez-Padilla & Hormiga, 2008: 50 (Syn.).

筒隆背蛛 *Tylorida cylindrata* (Wang, 1991)

Wang, 1991: 158 (*Leucauge c.*); Song, Zhu & Chen, 1999: 216 (*L. c.*); Zhu, Wu & Song, 2002: 26 (*L. c.*, Trans. from *Leucauge*); Zhu, Song & Zhang, 2003: 300; Yin et al., 2012: 469.

分布：湖南（HN）、贵州（GZ）

勐腊隆背蛛 *Tylorida mengla* Zhu, Song & Zhang, 2003

Zhu, Song & Zhang, 2003: 303.

分布：云南（YN）

条纹隆背蛛 *Tylorida striata* (Thorell, 1877)

Thorell, 1877: 427 (*Meta s.*); Hasselt, 1882: 25 (*Meta s.*); Thorell, 1887: 140 (*Argyroepeira bigibba*); Thorell, 1887: 142 (*Argyroepeira s.*); *T. s.* Simon, 1894: 737; Workman & Workman, 1894: 19 (*Argyroepeira s.*); Bösenberg & Strand, 1906: 187 (*T. magniventer*); Hu, 1984: 153; Yaginuma, 1986: 129; Song, 1987: 188; Feng, 1990: 111; Chen & Gao, 1990: 87; Chen & Zhang, 1991: 124; Schmidt & Krause, 1993: 7 (*Sternospina concretipalpis*); Song, Zhu & Chen, 1999: 223; Hu, 2001: 603; Zhu, Wu & Song, 2002: 27; Zhu, Song & Zhang, 2003: 304; Yin et al., 2012: 470.

异名：

Tylorida magniventer Bösenberg & Strand, 1906; Tanikawa, 2005: 151 (Syn.);

T. concretipalpis (Schmidt & Krause, 1993); Dimitrov, Álvarez-Padilla & Hormiga, 2008: 51 (Syn.).

分布：浙江（ZJ）、湖南（HN）、湖北（HB）、四川（SC）、贵州（GZ）、云南（YN）、西藏（XZ）、台湾（TW）、广西（GX）、海南（HI）；澳大利亚

田林隆背蛛 *Tylorida tianlin* Zhu, Song & Zhang, 2003

Zhu, Song & Zhang, 2003: 307.

分布：广西（GX）；老挝

横纹隆背蛛 *Tylorida ventralis* (Thorell, 1877)

Thorell, 1877: 423 (*Meta v.*); Thorell, 1887: 138 (*Argyroepeira v.*); Workman, 1896: 55 (*Argyroepeira v.*); Pocock, 1904: 800 (*Leucauge v.*); Archer, 1951: 7 (*Anopas v.*, Trans. from *Leucauge*); Chrysanthus, 1975: 31 (*T. v.*, Trans. from *Anopas*); Yoshida, 1978: 8; Tikader, 1982: 85 (*L. v.*); Wang, 1991: 157 (*L. sphenoida*); Song, Zhu & Chen, 1999: 216 (*L. s.*); Song, Zhu & Chen, 1999: 223; Zhu, Wu & Song, 2002: 29 (Syn.); Zhu, Song & Zhang, 2003: 308; Tanikawa, 2009: 410; Jäger & Praxaysombath, 2009: 35.

异名：

Tylorida sphenoida (Wang, 1991, Trans. from *Leucauge*); Zhu, Wu & Song, 2002: 29 (Syn.).

分布：湖南（HN）、贵州（GZ）、云南（YN）、台湾（TW）、香港（HK）；印度、巴布亚新几内亚、日本

卧龙蛛属 *Wolongia* Zhu, Kim & Song, 1997

Zhu, Kim & Song, 1997: 1. Type species: *Wolongia guoi* Zhu, Kim & Song, 1997

双叉卧龙蛛 *Wolongia bicruris* Wan & Peng, 2013

Wan & Peng, 2013: 89.

分布：云南（YN）

双棘卧龙蛛 *Wolongia bimacroseta* Wan & Peng, 2013

Wan & Peng, 2013: 90.

分布：云南（YN）

壮卧龙蛛 *Wolongia erromera* Wan & Peng, 2013

Wan & Peng, 2013: 91.
分布：云南（YN）

叶状卧龙蛛 *Wolongia foliacea* Wan & Peng, 2013

Wan & Peng, 2013: 92.
分布：云南（YN）

郭氏卧龙蛛 *Wolongia guoi* Zhu, Kim & Song, 1997

Zhu, Kim & Song, 1997: 2; Song, Zhu & Chen, 1999: 223; Zhu, Song & Zhang, 2003: 311; Wan & Peng, 2013: 93.
分布：陕西（SN）、湖北（HB）、四川（SC）、云南（YN）

钝卧龙蛛 *Wolongia mutica* Wan & Peng, 2013

Wan & Peng, 2013: 93.
分布：云南（YN）

齿状卧龙蛛 *Wolongia odontodes* Zhao, Yin & Peng, 2009

Zhao, Yin & Peng, 2009: 18; Wan & Peng, 2013: 94.
分布：云南（YN）

肾形卧龙蛛 *Wolongia renaria* Wan & Peng, 2013

Wan & Peng, 2013: 94.
分布：云南（YN）

四棘卧龙蛛 *Wolongia tetramacroseta* Wan & Peng, 2013

Wan & Peng, 2013: 95.
分布：云南（YN）

王氏卧龙蛛 *Wolongia wangi* Zhu, Kim & Song, 1997

Zhu, Kim & Song, 1997: 2; Song, Zhu & Chen, 1999: 223; Zhu, Song & Zhang, 2003: 313; Wan & Peng, 2013: 96.
分布：陕西（SN）

60. 捕鸟蛛科 Theraphosidae Thorell, 1869

世界 126 属 956 种；中国 6 属 12 种。

缨毛蛛属 *Chilobrachys* Karsch, 1891

Karsch, 1891: 271. Type species: *Chilobrachys nitelinus* Karsch, 1891

广西缨毛蛛 *Chilobrachys guangxiensis* (Yin & Tan, 2000)

Yin & Tan, 2000: 152 (*Plesiophrictus g.*); Zhu, Song & Li, 2001: 3 (*C. jingzhao*); Schmidt, 2003: 235 (*C. jingzhao*); Chen et al., 2004: 606 (*Plesiophrictus g.*); Chen, Feng & Qu, 2004: 665 (*Plesiophrictus g.*); Zhu & Zhang, 2008: 432 (*C. g.*, Syn.).
异名：
Chilobrachys jingzhao Zhu, Song & Li, 2001; Zhu & Zhang, 2008: 432 (Syn.).
分布：广西（GX）、海南（HI）

湖北缨毛蛛 *Chilobrachys hubei* Song & Zhao, 1988

Song & Zhao, 1988: 1; Song, Zhu & Chen, 1999: 40; Schmidt, 2003: 235.
分布：湖北（HB）

荔波缨毛蛛 *Chilobrachys liboensis* Zhu & Zhang, 2008

Zhu & Zhang, 2008: 44.
分布：贵州（GZ）

同驰缨毛蛛 *Chilobrachys tschankoensis* Schenkel, 1963

Schenkel, 1963: 16.
分布：中国（具体未详）

琴螯蛛属 *Citharognathus* Pocock, 1895

Pocock, 1895: 183. Type species: *Citharognathus hosei* Pocock, 1895

桐棉琴螯蛛 *Citharognathus tongmianensis* Zhu, Li & Song, 2002

Zhu, Li & Song, 2002: 371; Zhu & Zhang, 2008: 425; Schmidt, 2003: 248.
分布：广西（GX）

单壁蛛属 *Haplocosmia* Schmidt & von Wirth, 1996

Schmidt & von Wirth, 1996: 12. Type species: *Haplocosmia nepalensis* Schmidt & von Wirth, 1996

喜单壁蛛 *Haplocosmia himalayana* (Pocock, 1899)

Pocock, 1899: 746 (*Selenocosmia h.*); Hirst, 1907: 523 (*Selenocosmia h.*); Smith, 1986: 122 (*Selenocosmia h.*); Smith, 1987: 122 (*Selenocosmia h.*); Schmidt, 2003: 238; Schmidt, 2004: 6 (*H. h.*, Trans. from *Selenocosmia*).
分布：西藏（XZ）

单柄蛛属 *Haplopelma* Simon, 1892

Simon, 1892: 151. Type species: *Selenocosmia doriae* Thorell, 1890
异名：
Melopoeus Pocock, 1895; Raven, 1985: 116 (Syn.).

海南单柄蛛 *Haplopelma hainanum* (Liang et al., 1999)

Liang et al., 1999: 300 (*Selenocosmia hainana*); Zhu, Song & Li, 2001: 1 (*Ornithoctonus hainana*, Trans. female from *Selenocosmia*); Chen et al., 2004: 607 (*Selenocosmia hainana*); Schmidt, 2003: 250; von Wirth & Striffler, 2005: 17 (*H. h.*, Trans. from *Ornithoctonus*); Zhu & Zhang, 2008: 427.
分布：海南（HI）

施氏单柄蛛 *Haplopelma schmidti* von Wirth, 1991

von Wirth, 1991: 7; Schmidt, 1993: 122; Wang, Peng & Xie, 1993: 72 (*Selenocosmia huwena*); Yin & Bao, 1995: 131 (*Selenocosmia huwena*); Song, Zhu & Chen, 1999: 40 (*S. h.*); Peters, 1999: 7 (*S. h.*); Peters, 1999: 11; Peters, 2000: 19; Zhang, 2000: 22 (*S. h.*); Zhu & Song, 2000: 54 (*Ornithoctonus h.*, Trans. from *Selenocosmia*); Peters, 2000: 59 (*O. h.*); Chen et al., 2003: 70 (*O. h.*); von Wirth & Striffler, 2005: 17 (*H. huwenum*, Trans. from *Ornithoctonus*); Zhu & Zhang, 2008: 429 (*H. s.*, Syn. of male); Schmidt, 2010: 23.

异名：

Haplopelma huwenum (Wang, Peng & Xie, 1993, Trans. from *Selenocosmia*); Zhu & Zhang, 2008: 420 (Syn.).

分布：广西（GX）；越南

焰美蛛属 *Phlogiellus* Pocock, 1897

Pocock, 1897: 596. Type species: *Phlogiellus atriceps* Pocock, 1897

异名：

Neochilobrachys Hirst, 1909; Raven, 1985: 156 (Syn.);
Yamia Kishida, 1920; West, Nunn & Hogg, 2012: 33 (Syn.);
Baccallbrapo Barrion & Litsinger, 1995; Haupt & Schmidt, 2004: 220 (Syn., contra. Raven, 2000: 570).

渡濑焰美蛛 *Phlogiellus watasei* (Kishida, 1920)

Kishida, 1920: 305 (*Yamia w.*); Haupt & Schmidt, 2004: 200 (*Y. w.*); Zhu & Tso, 2005: 13 (*Y. w.*); Zhu & Zhang, 2008: 444 (*Y. w.*); Schmidt, 2010: 44 (*Y. w.*).

分布：台湾（TW）

新平焰美蛛 *Phlogiellus xinping* Zhu & Zhang, 2008

Zhu & Zhang, 2008: 440 (*Selenocosmia xinping*); West, Nunn & Hogg, 2012: 33 (*Phlogiellus xinping*, Trans. from *Selenocosmia*).

分布：香港（HK）

棒刺蛛属 *Selenocosmia* Ausserer, 1871

Ausserer, 1871: 205. Type species: *Mygale javanensis* Walckenaer, 1837

异名：

Phlogius Simon, 1887; Raven, 2000: 570 (Syn., contra. Schmidt, 1995: 9);
Selenopelma Schmidt & Krause, 1995; Raven, 2000: 570 (Syn.).

家福棒刺蛛 *Selenocosmia jiafu* Zhu & Zhang, 2008

Wang, Peng & Xie, 1993: 72 (*S. huwena*, misidentified); Zhu & Zhang, 2008: 436.

分布：云南（YN）；老挝

新华棒刺蛛 *Selenocosmia xinhuaensis* Zhu & Zhang, 2008

Zhu & Zhang, 2008: 436.

分布：云南（YN）

61. 球蛛科 Theridiidae Sundevall, 1833

世界 121 属 2421 种；中国 54 属 389 种。

希蛛属 *Achaearanea* Strand, 1929

Strand, 1929: 11. Type species: *Argyrodes trapezoidalis* Taczanowski, 1873

带斑希蛛 *Achaearanea baltoformis* Yin & Peng, 2012

Yin & Peng, in Yin et al., 2012: 247.

分布：湖南（HN）

双弧希蛛 *Achaearanea biarclata* Yin & Bao, 2012

Yin & Bao, in Yin et al., 2012: 249.

分布：湖南（HN）

卷管希蛛 *Achaearanea coilioducta* Yin, 2012

Yin, in Yin et al., 2012: 253.

分布：湖南（HN）

隆首希蛛 *Achaearanea extumida* Xing, Gao & Zhu, 1994

Xing, Gao & Zhu, 1994: 166.

分布：安徽（AH）

黄斑希蛛 *Achaearanea flavomaculata* Yin, 2012

Yin, in Yin et al., 2012: 257.

分布：湖南（HN）

林翰希蛛 *Achaearanea linhan* Yin & Bao, 2012

Yin & Bao, in Yin et al., 2012: 264.

分布：湖南（HN）、福建（FJ）

思茅希蛛 *Achaearanea simaoica* Zhu, 1998

Zhu, 1998: 84; Song, Zhu & Chen, 1999: 91.

分布：云南（YN）

异灵蛛属 *Allothymoites* Ono, 2007

Ono, 2007: 161. Type species: *Allothymoites kumadai* Ono, 2007

熊田异灵蛛 *Allothymoites kumadai* Ono, 2007

Ono, 2007: 162; Yoshida, 2009: 380; Gao & Li, 2014: 2.

分布：云南（YN）；日本

波纹异灵蛛 *Allothymoites repandus* Gao & Li, 2014

Gao & Li, 2014: 2.

分布：云南（YN）

刻纹异灵蛛 *Allothymoites sculptilis* Gao & Li, 2014

Gao & Li, 2014: 4.

分布：云南（YN）

粗脚蛛属 *Anelosimus* Simon, 1891

Simon, 1891: 11. Type species: *Theridion eximium* Keyserling, 1884

异名：

Seycellocesa Koçak & Kemal, 2008; Agnarsson et al., 2009: 86 (Syn.).

崇安粗脚蛛 *Anelosimus chonganicus* Zhu, 1998

Zhu, 1998: 291; Song, Zhu & Chen, 1999: 95; Zhang, Liu & Zhang, 2011: 55.

分布：福建（FJ）、海南（HI）

厚粗脚蛛 *Anelosimus crassipes* (Bösenberg & Strand, 1906)

Bösenberg & Strand, 1906: 157 (*Enoplognatha crassipes*); Dönitz & Strand, in Bösenberg & Strand, 1906: 381 (*Enoplognatha foliicola*); Dönitz & Strand, in Bösenberg & Strand, 1906: 379 (*Theridion higense*); Saitō, 1933: 46 (*Enoplognatha crassipes*); Yaginuma, 1955: 15 (*Enoplognatha c.*, Syn.); Yaginuma, 1960: 38 (*A. c.*, Trans. from *Enoplognatha*); Yaginuma, 1961: 22 (*A. c.*, Syn.); Hu, 1984: 157; Chen & Zhang, 1991: 143; Zhu, 1998: 288; Song, Zhu & Chen, 1999: 95; Yoshida, 2003: 64; Namkung, 2003: 106; Yoshida, 2009: 368.

异名：

Anelosimus higensis (Dönitz & Strand, 1906, Trans. from *Theridion*); Yaginuma, 1961: 22 (Syn.);

A. foliicola (Dönitz & Strand, 1906, Trans. from *Enoplognatha*); Yaginuma, 1955: 15, (Syn., sub *Enoplognatha*).

分布：浙江（ZJ）；韩国、日本、琉球群岛

小粗脚蛛 *Anelosimus exiguus* Yoshida, 1986

Yoshida, 1986: 37; Zhu, 1998: 289; Song, Zhu & Chen, 1999: 95; Yoshida, 2003: 66; Yoshida, 2009: 368.

分布：海南（HI）；日本、琉球群岛

膜粗脚蛛 *Anelosimus membranaceus* Zhang, Liu & Zhang, 2011

Zhang, Liu & Zhang, 2011: 50.

分布：海南（HI）

六斑粗脚蛛 *Anelosimus seximaculatus* (Zhu, 1998)

Zhu, 1998: 141 (*Theridion seximaculatum*); Song, Zhu & Chen, 1999: 142 (*Theridion seximaculatum*); Zhang, Liu & Zhang, 2011: 53 (*A. seximaculatum*, Trans. from *Theridion*).

分布：海南（HI）

亚厚粗脚蛛 *Anelosimus subcrassipes* Zhang, Liu & Zhang, 2011

Zhang, Liu & Zhang, 2011: 52.

分布：海南（HI）

台湾粗脚蛛 *Anelosimus taiwanicus* Yoshida, 1986

Yoshida, 1986: 33; Zhu, 1998: 295; Song, Zhu & Chen, 1999: 95.

分布：台湾（TW）；印度尼西亚

银斑蛛属 *Argyrodes* Simon, 1864

Simon, 1864: 254. Type species: *Linyphia argyrodes* Walckenaer, 1841

异名：

Conopistha Karsch, 1881; Levi & Levi, 1962: 18 (Syn.);

Argyrodina Strand, 1926; Levi & Levi, 1962: 16 (Syn.);

Microcephalus Restrepo, 1944; Levi, 1972: 534 (Syn.).

雪银斑蛛 *Argyrodes argentatus* O. P.-Cambridge, 1880

O. P.-Cambridge, 1880: 325 (*A. argentata*); Simon, 1894: 499 (*A. argenteus*); F. O. P.-Cambridge, 1902: 403; Strand, 1907: 573 (*A. argentella*, provisional name only); Song, 1980: 140 (*Conopistha bonadea*, misidentified); Hu, 1984: 160 (*Conopistha bonadea*, misidentified); Zhang, 1987: 106 (*A. bonadea*, misidentified); Zhu & Song, 1991: 131; Zhu, 1998: 210; Song, Zhu & Chen, 1999: 95; Song, Zhu & Chen, 2001: 97; Yin et al., 2012: 276.

分布：湖南（HN）、湖北（HB）、海南（HI）；印度、东印度群岛、夏威夷

白银斑蛛 *Argyrodes bonadea* (Karsch, 1881)

Karsch, 1881: 39 (*Conopistha b.*); Bösenberg & Strand, 1906: 129; Saitō, 1933: 45; Schenkel, 1936: 33 (*A. b. hedini*); Archer, 1950: 28 (*Conopistha b.*, removed from S of *A. argentatus*); Lee, 1966: 25 (*Conopistha b.*); Xu, 1985: 86 (*Walckenaeria anceps*; preoccupied by Millidge, 1983); Yaginuma, 1986: 51; Yoshikura, 1987: 266; Platnick, 1989: 298 (*Walckenaeria xui*, replacement name for *Walckenaeria anceps* Xu); Feng, 1990: 114; Chen & Gao, 1990: 91; Chen & Zhang, 1991: 151; Zhu & Song, 1991: 132; Song, Zhu & Li, 1993: 854; Zhu, 1998: 209 (*A. b.*, Syn.); Song, Zhu & Chen, 1999: 95 (*A. b.*, Syn.); Namkung, 2003: 135; Yoshida, 2009: 386; Ono, 2011: 455; Yin et al., 2012: 277.

异名：

Argyrodes bonadea hedini Schenkel, 1936; Zhu, 1998: 210 (Syn.);

A. anceps (Xu, 1985, Trans. from *Walckenaeria*); Song, Zhu & Chen, 1999: 95 (Syn.).

分布：安徽（AH）、浙江（ZJ）、湖南（HN）、湖北（HB）、四川（SC）、贵州（GZ）、云南（YN）、福建（FJ）、台湾（TW）、广西（GX）；韩国、日本、菲律宾

筒腹银斑蛛 *Argyrodes cylindratus* Thorell, 1898

Thorell, 1898: 286; Bösenberg & Strand, 1906: 135; Yaginuma, 1986: 51; Chikuni, 1989: 35; Yoshida, 2003: 150; Yoshida, 2009: 386; Gao & Li, 2014: 4.

分布：云南（YN）；缅甸到日本

裂额银斑蛛 *Argyrodes fissifrons* O. P.-Cambridge, 1869

O. P.-Cambridge, 1869: 380; Thorell, 1878: 149 (*A. inguinalis*); O. P.-Cambridge, 1880: 329 (*A. inguinalis*); O. P.-Cambridge, 1880: 330 (*A. procastinans*); Chrysanthus, 1975: 43 (*A. scutatus*); Levi, Lubin & Robinson, 1982: 106 (*A. f.*, Syn.); Feng, 1990: 115; Zhu & Song, 1991: 139 (*A.

menlunensis); Song, Zhu & Li, 1993: 854; Zhu, 1998: 220 (*A. menlunensis*); Chida & Tanikawa, 1999: 33 (*A. f.*, Syn.); Song, Zhu & Chen, 1999: 100; Song, Zhu & Chen, 1999: 100 (*A. menlunensis*); Grostal, 1999: 632; Yin et al., 2012: 279.

异名：

Argyrodes scutatus Chrysanthus, 1975; Levi, Lubin & Robinson, 1982: 106 (Syn.);

A. menlunensis Zhu & Song, 1991; Chida & Tanikawa, 1999: 33 (Syn.).

分布：湖南（HN）、贵州（GZ）、云南（YN）、福建（FJ）、台湾（TW）、海南（HI）、香港（HK）；斯里兰卡、澳大利亚

黄银斑蛛 *Argyrodes flavescens* O. P.-Cambridge, 1880

O. P.-Cambridge, 1880: 321; Thorell, 1890: 247 (*A. sumatranus*); Workman & Workman, 1894: 17 (*A. sumatranus*); Bösenberg & Strand, 1906: 132 (*A. miniaceus*, misidentified); Chikuni, 1989: 34 (*A. miniaceus*, misidentified); Zhu & Song, 1991: 135 (*A. flavescens*); Zhu, 1998: 204; Song, Zhu & Chen, 1999: 100; Namkung, 2003: 139; Javed, Srinivasulu & Tampal, 2010: 983 (*A. falvescens*, lapsus); Yin et al., 2012: 280; Gao & Li, 2014: 4.

分布：湖南（HN）、贵州（GZ）、云南（YN）、福建（FJ）、台湾（TW）；印度、斯里兰卡到日本、巴布亚新几内亚

熊田银斑蛛 *Argyrodes kumadai* Chida & Tanikawa, 1999

Bösenberg & Strand, 1906: 130 (*A. fissifrons*, misidentified); Yaginuma, 1986: 51 (*A. f.*, misidentified); Chikuni, 1989: 34 (*A. f.*, misidentified); Zhu & Song, 1991: 134 (*A. f.*, misidentified); Zhu, 1998: 206 (*A. f.*, misidentified); Chida & Tanikawa, 1999: 33; Yoshida, 2003: 147; Yoshida, 2009: 386; Gao & Li, 2014: 5.

分布：湖南（HN）、贵州（GZ）、云南（YN）、福建（FJ）、台湾（TW）、海南（HI）、香港（HK）；日本

兰屿银斑蛛 *Argyrodes lanyuensis* Yoshida, Tso & Severinghaus, 1998

Yoshida, Tso & Severinghaus, 1998: 2.

分布：台湾（TW）

拟红银斑蛛 *Argyrodes miltosus* Zhu & Song, 1991

Zhu & Song, 1991: 139; Zhu & Song, 1991: 141 (*A. miniaceus*, misidentified); Chen & Zhang, 1991: 152 (*A. miniaceus*, misidentified); Zhu, 1998: 205 (*A. miltosus*, corrected male misidentification); Song, Zhu & Chen, 1999: 100 (*A. miltosus*; N.B.: considered a junior synonym of *A. miniaceus* by Yoshida, 2003: 148, and Kim & Kim, 2007: 218, but apparently without examination of types); Zhu & Zhang, 2011: 83; Yin et al., 2012: 282.

分布：浙江（ZJ）、湖南（HN）、湖北（HB）

云南银斑蛛 *Argyrodes yunnanensis* Xu, Yin & Kim, 2000

Xu, Yin & Kim, 2000: 86.

分布：云南（YN）

朱氏银斑蛛 *Argyrodes zhui* Zhu & Song, 1991

Zhu & Song, 1991: 143; Zhu, 1998: 208; Song, Zhu & Chen, 1999: 103.

分布：海南（HI）

蚓腹蛛属 *Ariamnes* Thorell, 1869

Thorell, 1869: 37. Type species: *Ariadne flagellum* Doleschall, 1857

柱蚓腹蛛 *Ariamnes columnaceus* Gao & Li, 2014

Gao & Li, 2014: 11.

分布：云南（YN）

筒蚓腹蛛 *Ariamnes cylindrogaster* Simon, 1889

Simon, 1889: 251; Bösenberg & Strand, 1906: 128; Nakatsudi, 1942: 301; Saitō & Kishida, 1947: 996; Lee, 1966: 26; Hu, 1984: 157; Yaginuma, 1986: 51 (*Argyrodes c.*); Chikuni, 1989: 35 (*Argyrodes c.*); Chen & Zhang, 1991: 153 (*Argyrodes c.*); Hu, Wang & Wang, 1991: 40 (*Argyrodes c.*); Zhu & Song, 1991: 133 (*Argyrodes c.*); Song, Zhu & Li, 1993: 853 (*Argyrodes c.*); Song, Chen & Zhu, 1997: 1707 (*Argyrodes c.*); Zhu, 1998: 198 (*Argyrodes c.*); Song, Zhu & Chen, 1999: 100 (*Argyrodes c.*); Namkung, 2002: 132 (*Argyrodes c.*); Kim & Cho, 2002: 301 (*Argyrodes c.*); Yoshida, 2003: 160 (*A. c.*, Trans. from *Argyrodes* per Levi & Levi, 1962); Namkung, 2003: 134; Kim & Kim, 2007: 218; Yoshida, 2009: 387; Zhu & Zhang, 2011: 80; Yin et al., 2012: 286; Gao & Li, 2014: 13.

分布：河南（HEN）、甘肃（GS）、浙江（ZJ）、湖南（HN）、湖北（HB）、四川（SC）、贵州（GZ）、云南（YN）、福建（FJ）、台湾（TW）、海南（HI）；韩国、日本、老挝

柔蚓腹蛛 *Ariamnes petilus* Gao & Li, 2014

Gao & Li, 2014: 13.

分布：云南（YN）

阿赛蛛属 *Asagena* Sundevall, 1833

Sundevall, 1833: 19. Type species: *Phalangium phaleratum* Panzer, 1801

美新阿赛蛛 *Asagena americana* Emerton, 1882

Emerton, 1882: 23; Keyserling, 1886: 2; Simon, 1894: 574; Emerton, 1902: 122; Bishop, 1925: 66; Kaston, 1948: 73 (*A. a.*, removed from Syn. of *A. dubia*); Levi, 1957: 400 (*Steatoda a.*); Hu & Wu, 1989: 132 (*Steatoda phalerata*, misidentified); Knoflach, 1996: 395 (*Steatoda a.*); Zhu, 1998: 338 (*Steatoda a.*); Song, Zhu & Chen, 1999: 128 (*Steatoda a.*); Paquin & Dupérré, 2003: 220 (*Steatoda a.*); Agnarsson, 2004: 607 (*Steatoda a.*); Agnarsson, Coddington & Knoflach, 2007: 346 (*Steatoda a.*); Agnarsson & Coddington, 2008: 53 (*Steatoda a.*); Wunderlich, 2008: 199 (*A. a.*, Trans. from *Steatoda*); Álvarez-Padilla & Hormiga, 2011: 849.

分布：新疆（XJ）；加拿大、美国

十字阿赛蛛 *Asagena phalerata* (Panzer, 1801)

Panzer, 1801: 78 (*Phalangium phaleratum*); Walckenaer, 1802:

209 (*Aranea signata*); Schrank, 1803: 233 (*Aranea serratipes*); Latreille, 1804: 234 (*Aranea notata*); Walckenaer, 1805: 76 (*Theridion signatum*); Sundevall, 1831: 26; Sundevall, 1832: 133 (*Drassus p.*); Hahn, 1833: 80 (*Theridion 4-signatum*); Sundevall, 1833: 19; Hahn, 1836: 1 (*Theridion quadrisignatum*); C. L. Koch, 1839: 98 (*A. serratipes*); Walckenaer, 1841: 333 (*Theridion signatum*); C. L. Koch, 1845: 98 (*Phrurolithus pallipes*); Lucas, 1846: 235 (*Latrodectus spinipes*); Westring, 1861: 173 (*Theridium serratipes*); Blackwall, 1864: 205 (*Theridion signatum*); Menge, 1869: 256 (*A. serratipes*); Simon, 1873: 78 (*A. corsica*); Simon, 1881a: 173; Simon, 1881a: 174 (*A. p. corsica*); Nosek, 1905: 131 (*A. p. seraiensis*); Palmgren, 1974: 40 (*Steatoda p.*); Prisniy, 1981: 201; Hu, 1984: 158; Roberts, 1985: 178 (*Steatoda p.*); Zhang, 1987: 110 (*S. p.*); Hu & Wu, 1989: 132 (*S. p.*); Heimer & Nentwig, 1991: 296 (*S. p.*); Roberts, 1995: 275 (*S. p.*); Namkung, Im & Kim, 1996: 15 (*S. p.*); Knoflach, 1996: 382 (*S. p.*, Syn.); Zhu, 1998: 337 (*S. p.*); Roberts, 1998: 290 (*S. p.*); Song, Zhu & Chen, 1999: 132 (*S. p.*); Hu, 2001: 575 (*S. p.*); Song, Zhu & Chen, 2001: 107 (*S. p.*); Namkung, 2002: 129 (*S. p.*); Namkung, 2003: 131 (*S. p.*); Almquist, 2005: 94 (*S. p.*); Agnarsson, Coddington & Knoflach, 2007: 350 (*S. p.*); Le Peru, 2011: 467 (*S. p.*); Kaya & Uğurtaş, 2011: 146.

异名：

Asagena phalerata corsica (Simon, 1881, Trans. from *Steatoda*); Knoflach, 1996: 382 (Syn., sub *Steatoda*);

A. phalerata seraiensis (Nosek, 1905, Trans. from *Steatoda*); Knoflach, 1996: 382 (Syn., sub *Steatoda*).

分布：吉林（JL）、内蒙古（NM）、河北（HEB）、青海（QH）、新疆（XJ）；古北界

卡聂蛛属 *Carniella* Thaler & Steinberger, 1988

Thaler & Steinberger, 1988: 998. Type species: *Carniella brignolii* Thaler & Steinberger, 1988

异名：

Marianana Georgescu, 1989; Nae, 2012: 67 (Syn., contra. Wunderlich, 2008: 268).

叶形卡聂蛛 *Carniella foliosa* Gao & Li, 2014

Gao & Li, 2014: 17.

分布：云南（YN）

叉卡聂蛛 *Carniella forticata* Gao & Li, 2014

Gao & Li, 2014: 20.

分布：云南（YN）

瘤突卡聂蛛 *Carniella strumifera* Gao & Li, 2014

Gao & Li, 2014: 20.

分布：云南（YN）

鹤居卡聂蛛 *Carniella tsurui* Ono, 2007

Ono, in Ono, Chang & Tso, 2007: 72.

分布：台湾（TW）

韦氏卡聂蛛 *Carniella weyersi* (Brignoli, 1979)

Simon, 1926: 311 (*Theonoe w.*, nomen nudum); Brignoli, 1979: 1076 (*T. w.*); Song & Kim, 1991: 21 (*T. w.*); Knoflach, 1996: 575 (*C. w.*, Trans. from *Theonoe*); Zhu, 1998: 323 (*T. w.*); Song, Zhu & Chen, 1999: 132 (*T. w.*).

分布：浙江（ZJ）；苏门答腊岛

巨头蛛属 *Cephalobares* O. P.-Cambridge, 1870

O. P.-Cambridge, 1870: 735. Type species: *Cephalobares globiceps* O. P.-Cambridge, 1870

球头巨头蛛 *Cephalobares globiceps* O. P.-Cambridge, 1870

O. P.-Cambridge, 1870: 735; Simon, 1894: 551; Levi & Levi, 1962: 50; Gao & Li, 2014: 28.

分布：云南（YN）；斯里兰卡

杨定巨头蛛 *Cephalobares yangdingi* Gao & Li, 2010

Gao & Li, 2010: 257; Gao & Li, 2014: 28.

分布：云南（YN）

千国蛛属 *Chikunia* Yoshida, 2009

Yoshida, 2009: 72. Type species: *Theridula albipes* Saitō, 1935

易北千国蛛 *Chikunia albipes* (Saitō, 1935)

Saitō, 1935: 59 (*Theridula a.*: considered a nomen dubium by Marusik et al., 1993: 83); Saitō, 1935: 52 (*Theridula a.*); Yaginuma, 1960: append. 2 (*Theridion rapulum*); Akiyama, 1961: 77 (*T. r.*); Yaginuma, 1986: 35 (*T. r.*); Chikuni, 1989: 42 (*T. r.*); Feng, 1990: 122 (*T. r.*); Chen & Zhang, 1991: 154 (*T. r.*); Yoshida, 1993: 32 (*Chrysso rapulum*, Trans. from *Theridion*); Zhu, 1998: 57 (*C. r.*); Song, Zhu & Chen, 1999: 107 (*Chrysso rapula*); Yoshida, 2001: 175 (*Chrysso a.*, Syn. of male); Namkung, 2002: 113 (*Chrysso rapula*); Yoshida, 2003: 131 (*Chrysso a.*); Namkung, 2003: 115 (*Chrysso a.*); Yoshida, 2009: 378; Zhu & Zhang, 2011: 86; Yin et al., 2012: 291.

异名：

Chikunia rapula (Yaginuma, 1960, Trans. from *Theridion*); Yoshida, 2001: 175 (Syn., sub *Chrysso*).

分布：辽宁（LN）、陕西（SN）、安徽（AH）、浙江（ZJ）、湖南（HN）、四川（SC）、福建（FJ）、台湾（TW）；韩国、日本、俄罗斯

克罗蛛属 *Chrosiothes* Simon, 1894

Simon, 1894: 521. Type species: *Chrosiothes silvaticus* Simon, 1894

异名：

Theridiotis Levi, 1954; Levi & Levi, 1962: 30 (Syn.).

金克罗蛛 *Chrosiothes fulvus* Yoshida, Tso & Severinghaus, 2000

Yoshida, Tso & Severinghaus, 2000: 126.

分布：台湾（TW）

四棘克罗蛛 *Chrosiothes sudabides* (Bösenberg & Strand, 1906)

Bösenberg & Strand, 1906: 145 (*Theridion s.*); Yoshida, 1979:

48 (*Phoroncidia s.*, Trans. from *Theridion*); Song, 1980: 137 (*Theridion subabides*); Yoshida, 1982: 21 (*C. s.*, Trans. from *Phoroncidia*); Hu, 1984: 172 (*Theridion s.*); Yaginuma, 1986: 44; Chikuni, 1989: 32; Feng, 1990: 113; Chen & Gao, 1990: 92; Chen & Zhang, 1991: 141; Zhu, 1998: 255; Song, Zhu & Chen, 1999: 103; Namkung, 2003: 121; Zhu & Zhang, 2011: 84; Yin et al., 2012: 288; Gao & Li, 2014: 28.
分布：河南（HEN）、安徽（AH）、浙江（ZJ）、湖南（HN）、四川（SC）、云南（YN）、广东（GD）；韩国、日本

台湾克罗蛛 *Chrosiothes taiwan* Yoshida, Tso & Severinghaus, 2000

Yoshida, Tso & Severinghaus, 2000: 127.
分布：台湾（TW）

丽蛛属 *Chrysso* O. P.-Cambridge, 1882

O. P.-Cambridge, 1882: 429. Type species: *Chrysso albomaculata* O. P.-Cambridge, 1882
异名：
Arctachaea Levi, 1957; Levi & Levi, 1962: 16 (Syn.);
Argyroaster Yaginuma, 1958; Levi & Levi, 1962: 16 (Syn.).

尖腹丽蛛 *Chrysso argyrodiformis* (Yaginuma, 1952)

Yaginuma, 1952: 14 (*Ariamnes a.*); Yaginuma, 1955: 16 (*Topo a.*, Trans. from *Ariamnes=Argyrodes*); Yaginuma, 1965: 35 (*C. a.*, Trans. from *Topo=Thwaitesia*); Yaginuma, 1986: 45; Chikuni, 1989: 32; Chen & Gao, 1990: 93; Barrion & Litsinger, 1995: 419; Yoshida, 2003: 128; Yoshida, 2009: 378 (*Meotipa a.*); Yin et al., 2012: 293.
分布：湖南（HN）、台湾（TW）；日本、菲律宾

双突丽蛛 *Chrysso bicuspidata* Zhang & Zhang, 2012

Zhang & Zhang, 2012: 25.
分布：海南（HI）

双叉丽蛛 *Chrysso bifurca* Zhang & Zhang, 2012

Zhang & Zhang, 2012: 23.
分布：海南（HI）

双斑丽蛛 *Chrysso bimaculata* Yoshida, 1998

Yoshida, 1998: 105; Yoshida, 2003: 125; Yoshida, 2009: 378; Zhang & Zhang, 2012: 28.
分布：海南（HI）；日本

携尾丽蛛 *Chrysso caudigera* Yoshida, 1993

Yoshida, 1993: 29; Zhu, 1998: 52; Song, Zhu & Chen, 1999: 103.
分布：甘肃（GS）、贵州（GZ）、台湾（TW）

圆尾丽蛛 *Chrysso cyclocera* Zhu, 1998

Zhu, 1998: 62; Song, Zhu & Chen, 1999: 103.
分布：海南（HI）

齿丽蛛 *Chrysso dentaria* Gao & Li, 2014

Gao & Li, 2014: 28.
分布：云南（YN）

梵净山丽蛛 *Chrysso fanjingshan* Song, Zhang & Zhu, 2006

Song, Zhang & Zhu, 2006: 659.
分布：贵州（GZ）

斑点丽蛛 *Chrysso foliata* (L. Koch, 1878)

L. Koch, 1878: 748 (*Ero foliata*); Yaginuma, 1960: append. 2 (*Argyroaster punctifera*); Namkung, 1964: 33 (*A. p.*); Yaginuma, 1965: 35 (*C. p.*); Yaginuma, 1986: 45 (*C. p.*); Chikuni, 1989: 32 (*C. p.*); Feng, 1990: 117 (*C. p.*); Chen & Zhang, 1991: 150 (*C. p.*); Yoshida, 2001: 12 (*C. p.*); Ono, 2002: 56 (*C. f.*, Trans. from *Ero*, contra. Brignoli, 1975: 80, Syn.); Namkung, 2002: 115 (*C. p.*); Namkung, 2003: 117; Yoshida, 2009: 376.
异名：
Chrysso punctifera (Yaginuma, 1960, Trans. from *Argyroaster*); Ono, 2002: 56 (Syn.).
分布：浙江（ZJ）、湖南（HN）、台湾（TW）；韩国、日本、俄罗斯

俊华丽蛛 *Chrysso hejunhuai* Barrion, Barrion-Dupo & Heong, 2012

Barrion et al., 2012: 35.
分布：海南（HI）

胡氏丽蛛 *Chrysso huae* Tang, Yin & Peng, 2003

Tang, Yin & Peng, 2003: 54; Yin et al., 2012: 294.
分布：湖南（HN）

吉田丽蛛 *Chrysso hyoshidai* Barrion, Barrion-Dupo & Heong, 2012

Barrion et al., 2012: 34.
分布：海南（HI）

扁腹丽蛛 *Chrysso lativentris* Yoshida, 1993

Yoshida, 1993: 27; Zhu, 1998: 48; Song, Zhu & Chen, 1999: 103; Namkung, 2002: 114; Seo, 2002: 50; Namkung, 2003: 116; Zhu & Zhang, 2011: 87; Yin et al., 2012: 295.
分布：河南（HEN）、甘肃（GS）、湖南（HN）、贵州（GZ）、台湾（TW）；韩国

灵川丽蛛 *Chrysso lingchuanensis* Zhu & Zhang, 1992

Zhu & Zhang, 1992: 22; Zhu, 1998: 55; Song, Zhu & Chen, 1999: 103; Gao & Li, 2014: 29.
分布：云南（YN）、广东（GD）、广西（GX）

龙山丽蛛 *Chrysso longshanensis* Yin, 2012

Yin, in Yin et al., 2012: 297.
分布：湖南（HN）

黑丽蛛 *Chrysso nigra* (O. P.-Cambridge, 1880)

O. P.-Cambridge, 1880: 341 (*Argyrodes n.*); Thorell, 1890: 266 (*Theridion oxyurum*); Simon, 1905: 58 (*T. nigrum*); Saitō, 1933: 44 (*T. caudata*); Levi, 1962: 209 (*C. n.*, Trans. from *Theridion*); Lee, 1966: 30 (*T. caudata*); Yoshida, 1978: 23 (*C. n.*, Syn.); Hu, 1984: 174 (*T. caudata*); Zhu, 1998: 53; Song,

Zhu & Chen, 1999: 103; Yin et al., 2012: 298.

异名：

Chrysso caudata (Saitō, 1933, Trans. from *Theridion*); Yoshida, 1978: 23 (Syn.).

分布：湖南（HN）、台湾（TW）、广西（GX）、海南（HI）；斯里兰卡到印度尼西亚

八斑丽蛛 *Chrysso octomaculata* (Bösenberg & Strand, 1906)

Bösenberg & Strand, 1906: 138 (*Theridion octomaculatum*); Lee, 1966: 29 (*T. octomaculatum*); Paik & Namkung, 1979: 29 (*T. octomaculatum*); Song, 1980: 134 (*T. octomaculatum*); Yoshida, 1982: 38 (*Coleosoma octomaculatum*, Trans. from *Theridion*); Hu, 1984: 170 (*T. octomaculatum*); Guo, 1985: 97 (*T. octomaculatum*); Zhu et al., 1985: 103 (*T. octomaculatum*); Yaginuma, 1986: 48 (*Coleosoma octomaculatum*); Zhang, 1987: 106 (*Coleosoma octomaculatum*); Chikuni, 1989: 33 (*Coleosoma octomaculatum*); Feng, 1990: 120 (*Coleosoma octomaculatum*); Chen & Gao, 1990: 93 (*Coleosoma octomaculatum*); Chen & Zhang, 1991: 137 (*Coleosoma octomaculatum*); Zhao, 1993: 205 (*Coleosoma octomaculatum*); Barrion & Litsinger, 1994: 304 (*T. octomaculatum*); Barrion & Litsinger, 1995: 427 (*Coleosoma octomaculatum*); Zhu, 1998: 72 (*Coleosoma octomaculatum*); Song, Zhu & Chen, 1999: 110 (*Coleosoma octomaculatum*); Hu, 2001: 559 (*Coleosoma octomaculatum*); Song, Zhu & Chen, 2001: 99 (*Coleosoma octomaculatum*); Namkung, 2002: 117 (*Coleosoma octomaculatum*); Yoshida, 2003: 135 (*Coleosoma octomaculatum*); Namkung, 2003: 119 (*Coleosoma octomaculatum*); Yoshida, 2009: 376 (*C. a.*, Trans. from *Coleosoma*); Ono, 2011: 454; Zhu & Zhang, 2011: 89; Yin et al., 2012: 312.

分布：河北（HEB）、山西（SX）、山东（SD）、河南（HEN）、陕西（SN）、安徽（AH）、江苏（JS）、浙江（ZJ）、湖南（HN）、湖北（HB）、四川（SC）、西藏（XZ）、福建（FJ）、台湾（TW）、广东（GD）、广西（GX）；韩国、日本

兰花丽蛛 *Chrysso orchis* Yoshida, Tso & Severinghaus, 2000

Yoshida, Tso & Severinghaus, 2000: 128.

分布：台湾（TW）

尖尾丽蛛 *Chrysso oxycera* Zhu & Song, 1993

Zhu & Song, in Song, Zhu & Li, 1993: 857; Zhu, 1998: 63; Song, Zhu & Chen, 1999: 103.

分布：福建（FJ）

漂亮丽蛛 *Chrysso pulcherrima* (Mello-Leitão, 1917)

Mello-Leitão, 1917: 86 (*Argyrodes pulcherrimus*); Petrunkevitch, 1930: 212 (*Meotipa clementinae*); Schmidt, 1956: 30 (*M. c.*); Schmidt, 1956: 240 (*M. c.*); Exline & Levi, 1962: 135 (*Argyrodes elevatus*, Syn., rejected); Levi, 1962: 231 (*C. clementinae*); Levi, 1967: 26 (*C. p.*, removed female from Syn. of *Argyrodes elevatus*, Syn. male); Chrysanthus, 1975: 48 (*C. mussau*); Zhu & Zhang, 1992: 23; Müller, 1992: 99 (*C. clementinae*); Yoshida, 1993: 30; Zhu, 1998: 54; Song, Zhu & Chen, 1999: 103; Yoshida, 2003: 126 (*C. p.*, Syn.); Seo, 2005: 123; Yoshida, 2009: 378 (*Meotipa p.*).

异名：

Chrysso clementinae (Petrunkevitch, 1930, Trans. from *Meotipa*); Levi, 1967: 26 (Syn.);

C. mussau Chrysanthus, 1975; Yoshida, 2003: 126 (Syn.).

分布：浙江（ZJ）、福建（FJ）、台湾（TW）、广西（GX）、海南（HI）；泛热带地区

星斑丽蛛 *Chrysso scintillans* (Thorell, 1895)

Thorell, 1895: 83 (*Physcoa s.*); Yaginuma, 1957: 11 (*Argyria venusta*); Yaginuma, 1958: 37 (*Argyroaster venusta*); Yaginuma, 1960: 38 (*A. v.*); Levi & Levi, 1962: 47 (*Physcoa s.*: generic name regarded as junior Syn. of *Meotipa* by Simon, 1895: 1068); Levi, 1962: 209 (*C. venusta*); Yaginuma, 1971: 38 (*C. v.*); Hu, 1984: 158 (*C. v.*); Yaginuma, 1986: 46 (*C. v.*); Chikuni, 1989: 32 (*C. v.*); Feng, 1990: 116 (*C. v.*); Amalin & Barrion, 1990: 180 (*C. v.*); Chen & Zhang, 1991: 149 (*C. v.*); Xing, Gao & Zhu, 1994: 164 (*C. bidens*); Kim et al., 1995: 88 (*C. v.*); Zhu, 1998: 59 (*C. venusta*, Syn.); Song, Zhu & Chen, 1999: 107 (*C. v.*); Yoshida, 2001: 174 (*C. s.*, Syn. of male); Namkung, 2002: 116 (*C. v.*); Yoshida, 2003: 120; Namkung, 2003: 118; Yoshida, 2009: 376; Yin et al., 2012: 299.

异名：

Chrysso venusta (Yaginuma, 1957, Trans. from *Argyria*); Yoshida, 2001: 174 (Syn.);

C. bidens Xing, Gao & Zhu, 1994; Zhu, 1998: 59 (Syn., sub. *C. venusta*).

分布：浙江（ZJ）、湖南（HN）、湖北（HB）、四川（SC）、贵州（GZ）、云南（YN）、福建（FJ）、台湾（TW）、海南（HI）；缅甸、菲律宾、韩国、日本

刺腹丽蛛 *Chrysso spiniventris* (O. P.-Cambridge, 1869)

O. P.-Cambridge, 1869: 384 (*Theridion spiniventre*); Strand, 1907: 412 (*T. buitenzorgi*, provisional name only); van der Hammen, 1949: 76 (*T. spiniventre*); Yoshida, 1977: 9 (*T. spiniventre*); Yaginuma, 1986: 46 (*C. spiniventre*, Trans. from *Theridion*); Song, 1987: 128 (*T. spiniventre*); Zhu, 1998: 66; Song, Zhu & Chen, 1999: 107; Yoshida, 2003: 130; Yoshida, 2009: 378 (*Meotipa s.*).

分布：台湾（TW）、广西（GX）；斯里兰卡到日本，引入欧洲

副多色丽蛛 *Chrysso subrapula* Zhu, 1998

Zhu, 1998: 65 (*C. subrapulum*); Song, Zhu & Chen, 1999: 107 (*C. subrapulum*); Zhu & Zhang, 2011: 88.

分布：河南（HEN）、湖北（HB）、贵州（GZ）

三斑丽蛛 *Chrysso trimaculata* Zhu, Zhang & Xu, 1991

Zhu, Zhang & Xu, 1991: 174; Yoshida, 1993: 31; Zhu, 1998: 58; Song, Zhu & Chen, 1999: 107; Yin et al., 2012: 302; Chotwong & Tanikawa, 2013: 1.

分布：湖南（HN）、贵州（GZ）、福建（FJ）、台湾（TW）、

海南（HI）；泰国

三棘丽蛛 *Chrysso trispinula* Zhu, 1998

Zhu, 1998: 50; Song, Zhu & Chen, 1999: 107; Yin et al., 2012: 304.

分布：湖南（HN）、海南（HI）

绿腹丽蛛 *Chrysso viridiventris* Yoshida, 1996

Yoshida, 1996: 139; Yoshida, 2003: 123; Yoshida, 2009: 376.

分布：台湾（TW）；琉球群岛

玻璃丽蛛 *Chrysso vitra* Zhu, 1998

Zhu, 1998: 61; Song, Zhu & Chen, 1999: 107.

分布：贵州（GZ）、福建（FJ）

王氏丽蛛 *Chrysso wangi* Zhu, 1998

Zhu, 1998: 49; Song, Zhu & Chen, 1999: 107.

分布：山西（SX）

文县丽蛛 *Chrysso wenxianensis* Zhu, 1998

Zhu, 1998: 64; Song, Zhu & Chen, 1999: 107.

分布：甘肃（GS）

雨林谷丽蛛 *Chrysso yulingu* Barrion, Barrion-Dupo & Heong, 2012

Barrion et al., 2012: 34.

分布：海南（HI）

鞘腹蛛属 *Coleosoma* O. P.-Cambridge, 1882

O. P.-Cambridge, 1882: 427. Type species: *Coleosoma blandum* O. P.-Cambridge, 1882

滑鞘腹蛛 *Coleosoma blandum* O. P.-Cambridge, 1882

O. P.-Cambridge, 1882: 427 (preoccupied in *Theridion* by Hentz, 1850); Keyserling, 1884: 212; Simon, 1894: 533, 536 (*Theridion b.*); Thorell, 1895: 88 (*T. acrobeles*); Thorell, 1895: 90 (*T. conurum*); Workman, 1896: 60; Petrunkevitch, 1911: 210 (*T. vituperabile*, replacement name); Lessert, 1933: 105 (*Theridion b.*); Levi, 1959: 3 (*C. b.*, Trans. from *Theridion*, where listed by Roewer sub. *T. vituperabile*, Syn.); Levi & Levi, 1962: 46; Ohno & Yaginuma, 1972: 62 (*C. blundum*); Shinkai, 1977: 323; Saaristo, 1978: 117 (*Chrysso acrobeles*, Trans. from *Theridion*, Syn.); Roberts, 1978: 915 (*C. b.*, Syn.); Yaginuma, 1986: 48; Song, 1987: 120; Chikuni, 1989: 33; Amalin & Barrion, 1990: 182; Chen & Zhang, 1991: 136; Okuma et al., 1993: 11; Barrion & Litsinger, 1994: 305; Barrion & Litsinger, 1995: 427; Zhu, 1998: 70; Song, Zhu & Chen, 1999: 107; Hu, 2001: 557; Yoshida, 2003: 133; Saaristo, 2006: 59; Yoshida, 2009: 376; Saaristo, 2010: 251; Yin et al., 2012: 310 (*C. blanda*).

异名：

Coleosoma acrobeles (Thorell, 1895, Trans. from *Theridion*); Roberts, 1978: 915 (Syn.);

C. conurum (Thorell, 1895, Trans. from *Theridion*); Lehtinen, in Saaristo, 1978: 117 (Syn., sub. *Chrysso acrobeles*);

C. vituperabile (Petrunkevitch, 1911, Trans. from *Theridion*); Levi, 1959: 3 (Syn.).

分布：浙江（ZJ）、湖南（HN）、四川（SC）、西藏（XZ）、台湾（TW）、广东（GD）、广西（GX）、海南（HI）；世界性分布

佛罗里达鞘腹蛛 *Coleosoma floridanum* Banks, 1900

Banks, 1900: 98 (*C. floridana*); Banks, 1908: 205 (*Theridion interruptum*); Petrunkevitch, 1911: 195 (*T. f.*); Banks, 1914: 640 (*Bathyphantes semicincta*); Banks, 1930: 275 (*T. interruptum*); Petrunkevitch, 1930: 170 (*Lithyphantes oophorus*); Petrunkevitch, 1930: 206 (*T. delebile*); Bryant, 1940: 303 (*C. floridana*, Trans. from *Theridion*, Syn. of female); Bryant, 1944: 54; Berland, 1942: 15 (*T. rapanae*); Caporiacco, 1955: 334 (*T. albovittatum*); Marples, 1955: 483 (*T. aleipata*); Levi, 1959: 6 (*C. f.*, Syn.); Levi & Levi, 1962: 46; Levi, 1967: 181; Ivie, 1969: 7 (*C. semicincta*, Trans. from *Bathyphantes*); Spoczynska, 1969: 1; Levi, 1972: 534 (*C. f.*, Syn.); Saaristo, 1978: 117 (*C. floridana*); Tanikawa, 1991: 4; Zhu & Zhang, 1992: 23; Schmidt, Geisthardt & Piepho, 1994: 95; Barrion & Litsinger, 1995: 432 (*C. saispotum*); Barrion & Litsinger, 1995: 447 (*Theridion antheae*); Zhu, 1998: 71; Knoflach, 1999: 364 (*C. f.*, Syn.); Song, Zhu & Chen, 1999: 107; Yoshida, 2003: 135; Agnarsson, 2004: 556; Saaristo, 2006: 60; Agnarsson, Coddington & Knoflach, 2007: 368; Emerit & Ledoux, 2008: 53; Paquin, Dupérré & Labelle, 2008: 221; Wunderlich, 2008: 387; Yoshida, 2009: 376; Saaristo, 2010: 254; Šestáková, Christophoryová & Korenko, 2013: 40; Srinivasulu et al., 2013: 4489; Pfliegler, 2014: 146.

异名：

Coleosoma interruptum (Banks, 1908, Trans. from *Theridion*); Bryant, 1940: 303 (Syn.);

C. semicinctum (Banks, 1914, Trans. from *Bathyphantes*); Levi, 1972: 534 (Syn.);

C. delebile (Petrunkevitch, 1930, Trans. from *Theridion*); Levi, 1959: 6 (Syn.);

C. oophorum (Petrunkevitch, 1930, Trans. from *Lithyphantes*=*Steatoda*); Bryant, 1940: 303 (Syn.);

C. rapanae (Berland, 1942, Trans. from *Theridion*); Levi, 1959: 6 (Syn.);

C. albovittatum (Caporiacco, 1955, Trans. from *Theridion*); Levi, 1959: 6 (Syn.);

C. aleipata (Marples, 1955, Trans. from *Theridion*); Levi, 1959: 6 (Syn.);

C. antheae (Barrion & Litsinger, 1995, Trans. from *Theridion*); Knoflach, 1999: 364 (Syn.);

C. saispotum Barrion & Litsinger, 1995; Knoflach, 1999: 364 (Syn.).

分布：四川（SC）；泛热带地区，引入欧洲温室

格蛛属 *Coscinida* Simon, 1895

Simon, 1895: 137. Type species: *Coscinida tibialis* Simon, 1895

异名：

Loxonychia Tullgren, 1910; Levi & Levi, 1962: 23 (Syn.);

Theridiella Tullgren, 1910; Levi & Levi, 1962: 30 (Syn.).

亚洲格蛛 *Coscinida asiatica* Zhu & Zhang, 1992

Zhu & Zhang, 1992: 24; Song, Zhu & Li, 1993: 856; Zhu, 1998: 32; Song, Zhu & Chen, 1999: 110; Yin, Peng & Bao, 2006: 794; Wunderlich, 2008: 281; Yin et al., 2012: 314.

分布：湖南（HN）、福建（FJ）、广西（GX）

湖南格蛛 *Coscinida hunanensis* Yin, Peng & Bao, 2006

Yin, Peng & Bao, 2006: 796; Yin et al., 2012: 316.

分布：湖南（HN）

石门格蛛 *Coscinida shimenensis* Yin, Peng & Bao, 2006

Yin, Peng & Bao, 2006: 797; Yin et al., 2012: 317.

分布：湖南（HN）

叶氏格蛛 *Coscinida yei* Yin & Bao, 2012

Yin & Bao, in Yin et al., 2012: 318.

分布：湖南（HN）

水母蛛属 *Craspedisia* Simon, 1894

Simon, 1894: 580. Type species: *Umfila cornuta* Keyserling, 1891

长栓水母蛛 *Craspedisia longioembolia* Yin et al., 2003

Yin et al., 2003: 383; Wunderlich, 2008: 200.

分布：云南（YN）

距跗蛛属 *Crustulina* Menge, 1868

Menge, 1868: 168. Type species: *Theridion guttatum* Wider, 1834

星斑距跗蛛 *Crustulina guttata* (Wider, 1834)

Wider, 1834: 235 (*Theridion guttatum*); C. L. Koch, 1834: 131 (*T. guttatum*); C. L. Koch, 1841: 81 (*T. guttatum*); Thorell, 1856: 108 (*Steatoda g.*); Blackwall, 1864: 200 (*T. guttatum*); Menge, 1868: 168; Menge, 1868: 174 (*Ceratina globosa*); Emerton, 1882: 20 (*Steatoda g.*); Keyserling, 1886: 37 (*C. sticta*, misidentified); Chyzer & Kulczyński, 1894: 38; Becker, 1896: 113; Bösenberg, 1902: 125; Emerton, 1902: 120 (*Steatoda g.*); Song, Zhu & Chen, 1999: 110; Namkung, 2003: 122; Wunderlich, 2008: 200; Yoshida, 2009: 365; Le Peru, 2011: 438.

分布：新疆（XJ）；古北界

斑点距跗蛛 *Crustulina sticta* (O. P.-Cambridge, 1861)

O. P.-Cambridge, 1861: 432 (*Theridion stictum*); Blackwall, 1864: 196 (*Theridion stictum*); O. P.-Cambridge, 1871: 420 (*Theridion stictum*); Thorell, 1873: 439 (*Steatoda s.*); Thorell, 1875: 93 (*Steatoda rugosa*); Thorell, 1875: 57 (*Steatoda rugosa*); O. P.-Cambridge, 1879: 97 (*Steatoda s.*); Simon, 1881: 159; Simon, 1881: 161 (*C. rugosa*); Chyzer & Kulczyński, 1894: 38 (*C. rugosa*); Banks, 1900: 98 (*C. borealis*); Banks, 1906: 96 (*C. pallipes*); Kaston, 1948: 75 (*C. s.*, Syn.); Locket & Millidge, 1953: 53; Levi, 1957: 370 (*C. s.*, Syn.); Ohno & Yaginuma, 1967: 36 (*Crustlina s.*); Yaginuma, 1971: 125; Palmgren, 1974: 36; Pakhorukov & Utochkin, 1977: 91 (*C. rugosa*); Knoflach, 1994: 334 (*C. s.*, Syn.); Zhu, 1998: 320; Song, Zhu & Chen, 1999: 110; Song, Zhu & Chen, 2001: 101; Yoshida, 2001: 47; Yoshida, 2003: 51; Paquin & Dupérré, 2003: 214; Almquist, 2005: 58; Yoshida, 2009: 365; Le Peru, 2011: 438.

异名：

Crustulina rugosa (Thorell, 1875, Trans. from *Steatoda*); Knoflach, 1994: 334 (Syn.);

C. borealis Banks, 1900; Kaston, 1948: 75 (Syn.);

C. pallipes Banks, 1906; Levi, 1957: 371 (Syn.).

分布：北京（BJ）、新疆（XJ）；全北界

隐希蛛属 *Cryptachaea* Archer, 1946

Archer, 1946: 36. Type species: *Theridion porteri* Banks, 1896

海岸隐希蛛 *Cryptachaea riparia* (Blackwall, 1834)

Blackwall, 1834: 51 (*Theridion riparium*); Blackwall, 1834: 354 (*T. riparium*); C. L. Koch, 1835: 131 (*T. saxatile*); C. L. Koch, 1838: 116 (*T. s.*); C. L. Koch, 1850: 16 (*Ero saxatilis*); Blackwall, 1864: 182 (*T. riparium*); Menge, 1868: 153 (*Steatoda saxatilis*); Thorell, 1870: 82 (*Theridion riparium*); Chyzer & Kulczyński, 1894: 35 (*T. riparium*); Becker, 1896: 93 (*T. riparium*); Bösenberg, 1902: 102 (*T. riparium*); Simon, 1914: 261, 297 (*T. saxatile*); Wiehle, 1937: 160 (*T. saxatile*); Archer, 1950: 15 (*Cryptachaea saxatilis*, Trans. from *Theridion*); Locket & Millidge, 1953: 63 (*T. saxatile*); Tyschchenko, 1971: 150 (*T. riparium*, Syn.); Miller, 1971: 192 (*Achaearanea r.*); Palmgren, 1974: 30 (*A. saxatilis*); Locket, Millidge & Merrett, 1974: 51 (*A. r.*); Roberts, 1985: 182 (*A. r.*); Heimer & Nentwig, 1991: 280 (*A. r.*); Gao, Guan & Zhu, 1993: 75 (*A. r.*); Roberts, 1995: 278 (*A. r.*); Zhu, 1998: 101 (*A. r.*); Roberts, 1998: 292 (*A. r.*); Song, Zhu & Chen, 1999: 91 (*A. r.*); Yoshida, 2000: 139 (*A. r.*); Song, Zhu & Chen, 2001: 93 (*A. r.*); Yoshida, 2003: 101 (*A. r.*); Almquist, 2005: 52 (*A. r.*); Agnarsson, Coddington & Knoflach, 2007: 371 (*A. r.*); Yoshida, 2008: 39 (*C. r.*, Trans. from *Achaearanea*); Le Peru, 2011: 433 (*Achaearanea r.*); Zhu & Zhang, 2011: 74 (*Achaearanea r.*).

异名：

Cryptachaea saxatilis (C. L. Koch, 1835, Trans. from *Theridion*); Tyschchenko, 1971: 150 (Syn., sub. *Theridion*).

分布：辽宁（LN）、北京（BJ）；古北界

喙突隐希蛛 *Cryptachaea rostra* (Zhu & Zhang, 1992)

Zhu & Zhang, 1992: 21 (*Achaearanea r.*); Zhu, 1998: 108 (*A. r.*); Song, Zhu & Chen, 1999: 91 (*A. r.*); Yoshida, 2008: 39 (*C. r.*, Trans. from *Achaearanea*).

分布：广西（GX）；日本

钩隐希蛛 *Cryptachaea uncina* Gao & Li, 2014

Gao & Li, 2014: 33.

分布：云南（YN）

圆腹蛛属 *Dipoena* Thorell, 1869

Thorell, 1869: 91. Type species: *Atea melanogaster* C. L. Koch, 1837

异名：

Stictoxena Simon, 1894; Levi & Levi, 1962: 28 (Syn.);
Umfila Keyserling, 1886; Levi & Levi, 1962: 32 (Syn.);
Paoningia Schenkel, 1936; Levi & Levi, 1962: 25 (Syn.).

钩圆腹蛛 *Dipoena adunca* Tso, Zhu & Zhang, 2005

Tso, Zhu & Zhang, 2005: 21.
分布：台湾（TW）

树斑圆腹蛛 *Dipoena arborea* Zhang & Zhang, 2011

Zhang & Zhang, 2011: 100.
分布：海南（HI）

二叉圆腹蛛 *Dipoena bifida* Zhang & Zhang, 2011

Zhang & Zhang, 2011: 93; Gao & Li, 2014: 33.
分布：云南（YN）、海南（HI）

光滑圆腹蛛 *Dipoena calvata* Gao & Li, 2014

Gao & Li, 2014: 35.
分布：云南（YN）

垂面圆腹蛛 *Dipoena cathedralis* Levi, 1953

Levi, 1953: 15; Gao & Li, 2014: 39.
分布：云南（YN）；美国

繁复圆腹蛛 *Dipoena complexa* Gao & Li, 2014

Gao & Li, 2014: 41.
分布：云南（YN）

顾氏圆腹蛛 *Dipoena gui* Zhu, 1998

Zhu, 1998: 228; Song, Zhu & Chen, 1999: 110; Gao & Li, 2014: 44.
分布：云南（YN）、海南（HI）

胡氏圆腹蛛 *Dipoena hui* Zhu, 1998

Zhu, 1998: 247; Song, Zhu & Chen, 1999: 110; Yin et al., 2012: 321.
分布：湖南（HN）、湖北（HB）

林芝圆腹蛛 *Dipoena linzhiensis* Hu, 2001

Hu, 2001: 560.
分布：西藏（XZ）

长管圆腹蛛 *Dipoena longiducta* Zhang & Zhang, 2011

Zhang & Zhang, 2011: 95; Gao & Li, 2014: 44.
分布：云南（YN）、海南（HI）

膜管圆腹蛛 *Dipoena membranula* Zhang & Zhang, 2011

Zhang & Zhang, 2011: 97.
分布：海南（HI）

日本圆腹蛛 *Dipoena nipponica* Yoshida, 2002

Yoshida, 2002: 9; Yoshida, 2003: 163; Yoshida, 2009: 389; Gao & Li, 2014: 44.
分布：云南（YN）；日本

畸形圆腹蛛 *Dipoena pelorosa* Zhu, 1998

Zhu, 1998: 243; Song, Zhu & Chen, 1999: 112; Yin et al., 2012: 322; Gao & Li, 2014: 44.
分布：陕西（SN）、湖南（HN）、云南（YN）

后弯圆腹蛛 *Dipoena redunca* Zhu, 1998

Zhu, 1998: 232; Song, Zhu & Chen, 1999: 112.
分布：海南（HI）

溪岸圆腹蛛 *Dipoena ripa* Zhu, 1998

Zhu, 1998: 233; Song, Zhu & Chen, 1999: 112.
分布：湖北（HB）

短管圆腹蛛 *Dipoena shortiducta* Zhang & Zhang, 2011

Zhang & Zhang, 2011: 99.
分布：海南（HI）

近黄圆腹蛛 *Dipoena submustelina* Zhu, 1998

Zhu, 1998: 250; Song, Zhu & Chen, 1999: 112.
分布：贵州（GZ）、海南（HI）

塔圆腹蛛 *Dipoena turriceps* (Schenkel, 1936)

Schenkel, 1936: 42 (*Paoningia t.*); Levi & Levi, 1962: 41 (*Paoningia t.*); Zhu, 1998: 244; Song, Zhu & Chen, 1999: 112; Yin et al., 2012: 325; Gao & Li, 2014: 45.
分布：湖南（HN）、四川（SC）、云南（YN）、广西（GX）、海南（HI）；老挝

王氏圆腹蛛 *Dipoena wangi* Zhu, 1998

Zhu, 1998: 245; Song, Zhu & Chen, 1999: 112; Yin et al., 2012: 326.
分布：河南（HEN）、湖南（HN）

于田圆腹蛛 *Dipoena yutian* Hu & Wu, 1989

Hu & Wu, 1989: 120; Zhu, 1998: 249; Song, Zhu & Chen, 1999: 112.
分布：新疆（XJ）

张氏圆腹蛛 *Dipoena zhangi* Yin, 2012

Yin et al., 2012: 327.
分布：湖南（HN）

后丘蛛属 *Dipoenura* Simon, 1909

Simon, 1909: 95. Type species: *Dipoenura fimbriata* Simon, 1909

异名： *Trichursa* Simon, 1908; Levi, 1972: 534 (Syn.).

翘尾后丘蛛 *Dipoenura aplustra* Zhu & Zhang, 1997

Zhu & Zhang, 1997: 23; Zhu, 1998: 42; Song, Zhu & Chen,

1999: 118.
分布：海南（HI）

多隆后丘蛛 *Dipoenura bukolana* Barrion, Barrion-Dupo & Heong, 2012

Barrion et al., 2012: 36.
分布：海南（HI）

旋转后丘蛛 *Dipoenura cyclosoides* (Simon, 1895)

Simon, 1894: 562 (*Dipoena c.*, nomen nudum); Simon, 1895: 145 (*Dipoena c.*); Levi & Levi, 1962: 49; Zhu & Zhang, 1997: 22; Zhu, 1998: 43; Song, Zhu & Chen, 1999: 112; Gao & Li, 2014: 45.
分布：云南（YN）、广西（GX）、海南（HI）；老挝、塞拉利昂

流苏后丘蛛 *Dipoenura fimbriata* Simon, 1909

Simon, 1909: 95 (*D. f.*); Simon, 1909: 119 (*Trichursa quadrilobata*); Levi & Levi, 1962: 49 (*D. f.*); Levi, 1972: 534 (*D. f.*, Syn.); Gupta & Siliwal, 2012: 75.
异名：
Dipoenura quadrilobata (Simon, 1909); Levi, 1972: 534 (Syn.).
分布：云南（YN）；越南、印度尼西亚喀拉喀托火山

埃蛛属 *Emertonella* Bryant, 1945

Bryant, 1945: 182. Type species: *Euryopis emertoni* Bryant, 1933

锚突埃蛛 *Emertonella angkora* Barrion, Barrion-Dupo & Heong, 2012

Barrion et al., 2012: 38.
分布：海南（HI）

海南埃蛛 *Emertonella hainanica* Barrion, Barrion-Dupo & Heong, 2012

Barrion et al., 2012: 37.
分布：海南（HI）

锯膜埃蛛 *Emertonella serrulata* Gao & Li, 2014

Gao & Li, 2014: 45.
分布：云南（YN）

塔赞埃蛛 *Emertonella taczanowskii* (Keyserling, 1886)

Keyserling, 1886: 47 (*Euryopis t.*); Keyserling, 1886: 261 (*E. floricola*); Banks, 1929: 86 (*E. nigripes*); Gertsch & Mulaik, 1936: 6 (*E. dentata*); Mello-Leitão, 1944: 325 (*E. rosascostai*); Levi, 1954: 24 (*E. nigripes*, Syn. of male); Levi, 1963: 132 (*E. t.*, Syn.); Levi, 1967: 178 (*E. t.*); Yoshida, 1992: 139 (*E. t.*); Zhu, 1998: 37 (*E. t.*); Song, Zhu & Chen, 1999: 123 (*E. t.*); Yoshida, 2002: 17 (*E. t.*, Trans. from *Euryopis*); Yoshida, 2009: 393; Yin et al., 2012: 329; Gao & Li, 2014: 50.
异名：
Emertonella floricola (Keyserling, 1886, Trans. from *Euryopis*); Levi, 1963: 132 (Syn., sub. *Euryopis*);
E. nigripes (Banks, 1929, Trans. from *Euryopis*); Levi, 1963: 132 (Syn., sub. *Euryopis*);
E. dentata (Gertsch & Mulaik, 1936, Trans. from *Euryopis*); Levi, 1954: 24 (Syn., sub. *Euryopis nigripes*);
E. rosascostai (Mello-Leitão, 1944, Trans. from *Euryopis*); Levi, 1963: 132 (Syn., sub. *Euryopis*).
分布：云南（YN）；斯里兰卡到琉球群岛、美国到阿根廷

柄埃蛛 *Emertonella trachypa* Gao & Li, 2014

Gao & Li, 2014: 50.
分布：云南（YN）

齿螯蛛属 *Enoplognatha* Pavesi, 1880

Pavesi, 1880: 192. Type species: *Theridion mandibulare* Lucas, 1846
异名：
Phyllonethis Thorell, 1869 (removed from Syn. of *Theridion* Walckenaer, 1805); Levi & Levi, 1962: 27 (Syn., priority by ICZN Opinion 517);
Symopagia Simon, 1894; Levi & Levi, 1962: 29 (Syn.).

陡齿螯蛛 *Enoplognatha abrupta* (Karsch, 1879)

Karsch, 1879: 61 (*Linyphia a.*); Bösenberg & Strand, 1906: 152 (*Stearodea a.*); Bösenberg & Strand, 1906: 153 (*Teutana transversifoveata*); Yaginuma, 1960: 33 (*E. t.*, Trans. from *Teutana=Steatoda*); Namkung, 1964: 34 (*E. t.*); Yaginuma, 1965: 363 (*E. t.*); Yaginuma, 1971: 33 (*E. t.*); Hu, 1984: 163 (*E. t.*); Yaginuma, 1986: 38 (*E. t.*); Song, 1987: 123 (*E. t.*); Chikuni, 1989: 37 (*E. t.*); Feng, 1990: 119 (*E. t.*); Chen & Zhang, 1991: 146 (*E. t.*); Zhu, 1998: 314 (*E. hangzhouensis*); Song, Zhu & Chen, 1999: 118 (*E. h.*); Yoshida, 2001: 38 (*E. a.*, Syn. of male); Namkung, 2002: 106 (*E. t.*); Yoshida, 2003: 35; Namkung, 2003: 108; Yoshida, 2009: 360.
异名：
Enoplognatha transversifoveata (Bösenberg & Strand, 1906, Trans. from *Teutana*); Yoshida, 2001: 39 (Syn.);
E. hangzhouensis Zhu, 1998; Yoshida, 2001: 39 (Syn.).
分布：山西（SX）、浙江（ZJ）；韩国、日本、俄罗斯

锚突齿螯蛛 *Enoplognatha angkora* Barrion, Barrion-Dupo & Heong, 2012

Barrion et al., 2012: 39.
分布：海南（HI）

博白齿螯蛛 *Enoplognatha bobaiensis* Zhu, 1998

Zhu, 1998: 312; Song, Zhu & Chen, 1999: 118.
分布：贵州（GZ）、广西（GX）

苔齿螯蛛 *Enoplognatha caricis* (Fickert, 1876)

Fickert, 1876: 72 (*Steatoda c.*); Simon, 1884: 188; Keyserling, 1884: 138 (*Lithyphantes tectus*); Kulczyński, 1885: 28 (*E. camtschadalica*); Simon, 1894: 578 (*E. tecta*); Bösenberg & Strand, 1906: 156 (*E. dorsinotata*); Bösenberg & Strand, 1906: 156 (*E. japonica*); Simon, 1914: 285, 306; Schenkel, 1930: 6 (*E. camtschadalica*); Saitō, 1934: 302 (*Teutana albimaculosa*);

Wiehle, 1937: 209; Saitō, 1939: 52 (*E. dorsinotata*); Fox, 1940: 40 (*E. marmorata*, Syn., rejected); Chamberlin & Ivie, 1942: 41 (*E. puritana*); Chamberlin & Ivie, 1947: 27 (*E. tecta*, Syn.); Archer, 1950: 24 (*Theridion tectum*); Levi & Field, 1954: 444 (*Theridion puritanum*); Levi, 1957: 13 (*E. tecta*, Syn.); Saitō, 1959: 66 (*E. dorsinotata*); Yaginuma, 1960: 33 (*E. d.*); Yaginuma, 1960: 33 (*E. japonica*); Yaginuma, 1965: 363 (*E. j.*); Yaginuma, 1965: 363 (*E. dorsinotata*); Shear, 1967: 5 (*E. tecta*); Miller, 1971: 190; Yaginuma, 1971: 33 (*E. dorsinotata*); Yaginuma, 1971: 33 (*E. japonica*); Merrett & Snazell, 1975: 108; Wunderlich, 1976: 102 (*E. tecta*: regarded *E. c.* as nomen dubium, subsequently rejected); Paik & Namkung, 1979: 29 (*E. japonica*); Song, 1980: 141 (*E. j.*); Hu, 1984: 161 (*E. j.*); Hu, 1984: 162 (*E. dorsinotata*); Roberts, 1985: 192 (*E. tecta*); Guo, 1985: 94 (*E. japonica*); Zhu et al., 1985: 99 (*E. dorsinotata*); Zhu et al., 1985: 100 (*E. japonica*); Yaginuma, 1986: 38 (*E. j.*); Yaginuma, 1986: 38 (*E. dorsinotata*); Zhang, 1987: 107 (*E. dorsinotata*); Zhang, 1987: 108 (*E. japonica*); Chikuni, 1989: 37 (*E. japonica*); Feng, 1990: 118 (*E. japonica*); Chen & Gao, 1990: 94 (*E. dorsinotata*); Chen & Gao, 1990: 94 (*E. japonica*); Chen & Zhang, 1991: 145 (*E. dorsinotata*); Chen & Zhang, 1991: 145 (*E. japonica*); Heimer & Nentwig, 1991: 286; Zhao, 1993: 213 (*E. japonica*); Zhao, 1993: 219 (*E. dorsinotata*); Barrion & Litsinger, 1994: 304 (*E. japonica*); Roberts, 1995: 291 (*E. tecta*); Kupryjanowicz, 1997: 185 (*E. tecta*); Zhu, 1998: 303; Zhu, 1998: 304 (*E. japonica*); Roberts, 1998: 305 (*E. tecta*); Růžička & Holec, 1998: 2 (*E. c.*, not a nomen dubium, contra. Wunderlich, 1976; Syn.); Bosmans & Van Keer, 1999: 215 (*E. tecta*); Song, Zhu & Chen, 1999: 118 (*E. japonica*); Song, Zhu & Chen, 1999: 119 (*E. tecta*); Hu, 2001: 562 (*E. japonica*); Song, Zhu & Chen, 2001: 102 (*E. j.*); Yoshida, 2001: 37 (*E. tecta*, Syn.); Namkung, 2002: 104 (*E. japonica*); Namkung, 2002: 105 (*E. tecta*); Yoshida, 2003: 34; Paquin & Dupérré, 2003: 215; Namkung, 2003: 107; Yoshida, 2009: 360; Collyer, 2009: 14 (*E. tecta*); Le Peru, 2011: 444; Zhu & Zhang, 2011: 95; Yin et al., 2012: 336.

异名：

Enoplognatha tecta (Keyserling, 1884, Trans. from *Lithyphantes*); Růžička & Holec, 1998: 2 (Syn., after Wunderlich, 1976);

E. camtschadalica Kulczyński, 1885; Levi, 1957: 13 (Syn., sub. *E. tecta*);

E. dorsinotata Bösenberg & Strand, 1906; Yoshida, 2001: 37 (Syn., sub. *E. tecta*);

E. japonica Bösenberg & Strand, 1906; Yoshida, 2001: 37 (Syn., sub. *E. tecta*);

E. albimaculosa (Saitō, 1934, Trans. from *Teutana*); Yoshida, 2001: 37 (Syn., sub. *E. tecta*);

E. puritana Chamberlin & Ivie, 1942; Chamberlin & Ivie, 1947: 27 (Syn., sub. *E. tecta*).

分布：吉林（JL）、辽宁（LN）、内蒙古（NM）、河北（HEB）、山西（SX）、山东（SD）、河南（HEN）、陕西（SN）、甘肃（GS）、青海（QH）、新疆（XJ）、安徽（AH）、江苏（JS）、浙江（ZJ）、湖南（HN）、湖北（HB）、四川（SC）、贵州（GZ）、云南（YN）；全北界

大围齿螯蛛 *Enoplognatha daweiensis* Yin & Yan, 2012

Yin & Yan, in Yin et al., 2012: 332.

分布：湖南（HN）

双尖齿螯蛛 *Enoplognatha diodonta* Zhu & Zhang, 1992

Song, 1980: 142 (*E. mandibularis*, misidentified); Zhu & Zhang, 1992: 26; Zhu, 1998: 318; Song, Zhu & Chen, 1999: 118; Yin et al., 2012: 333.

分布：浙江（ZJ）、湖南（HN）、广西（GX）

岣嵝齿螯蛛 *Enoplognatha goulouensis* Yin & Yan, 2012

Yin & Yan, in Yin et al., 2012: 334.

分布：湖南（HN）

草地齿螯蛛 *Enoplognatha gramineusa* Zhu, 1998

Zhu, 1998: 307; Song, Zhu & Chen, 1999: 118.

分布：内蒙古（NM）

后弯齿螯蛛 *Enoplognatha lordosa* Zhu & Song, 1992

Zhu & Song, 1992: 4; Song & Li, 1997: 401; Zhu, 1998: 313; Song, Zhu & Chen, 1999: 118; Yoshida, 2001: 40; Yoshida, 2003: 37; Yoshida, 2009: 360; Yin et al., 2012: 338.

分布：江西（JX）、湖南（HN）、湖北（HB）、贵州（GZ）；日本

颚齿螯蛛 *Enoplognatha mandibularis* (Lucas, 1846)

Lucas, 1846: 260 (*Theridion mandibulare*); Lucas, 1846: 261 (*Theridion vicinum*); Thorell, 1870: 33 (*Zilla rossii*); O. P.-Cambridge, 1872: 299 (*Pachygnatha mandibulare*); Pavesi, 1880: 192; Pavesi, 1880: 327; Simon, 1880: 113 (*Drepanodus m.*); L. Koch, 1882: 631 (*Theridion mansuetum*); Simon, 1884: 186; Simon, 1884: 193 (*E. nigrocincta*); Simon, 1914: 286, 306; Simon, 1914: 286, 306 (*E. m. nigrocincta*); Wiehle, 1937: 210; Hull, 1948: 60; Tullgren, 1949: 59; Azheganova, 1968: 50; Palmgren, 1974: 33; Wunderlich, 1976: 99 (*E. m.*, Syn.); Levy & Amitai, 1981: 48; Hu, 1984: 162; Wunderlich, 1987: 198; Izmailova, 1989: 88; Chen & Zhang, 1991: 146; Heimer & Nentwig, 1991: 288; Roberts, 1995: 293; Wunderlich, 1995: 706; Wunderlich, 1995: 707 (*E. nigrocincta*, removed from Syn. of *E. mandibularis*, contra. Wunderlich, 1976: 99, after Wunderlich, in Merrett & Snazell, 1975: 108); Levy, 1998: 32; Roberts, 1998: 306; Bosmans & Van Keer, 1999: 231 (*E. m.*, Syn.); Hu, 2001: 565; Le Peru, 2011: 446.

异名：

Enoplognatha mansueta (L. Koch, 1882, Trans. from *Theridion*); Bosmans & Van Keer, 1999: 231 (Syn.);

E. nigrocincta Simon, 1884; Bosmans & Van Keer, 1999: 231 (Syn., after Wunderlich, 1976: 99).

分布：青海（QH）、浙江（ZJ）、湖南（HN）、西藏（XZ）；古北界

莽山齿螯蛛 *Enoplognatha mangshan* Yin, 2012

Yin, in Yin et al., 2012: 339.

分布：湖南（HN）

珍珠齿螯蛛 *Enoplognatha margarita* Yaginuma, 1964

Yaginuma, 1964: 6, 8; Yaginuma, 1971: 128; Namkung & Yoon, 1980: 19; Zhou, Wang & Zhu, 1983: 155 (*E. thoracica*, misidentified); Hippa & Oksala, 1983: 72; Yaginuma, 1986: 39; Chikuni, 1989: 37; Hu & Wu, 1989: 135 (*Theridion ovatum*, misidentified); Yang, Tang & Song, 1992: 95; Yaginuma & Zhu, 1992: 157 (*E. submargarita*: considered a junior synonym of *E. ovata* by Hu, 2001: 382); Yaginuma & Zhu, 1992: 159; Zhu, 1998: 309 (*E. submargarita*); Zhu, 1998: 310; Song, Zhu & Chen, 1999: 118; Song, Zhu & Chen, 1999: 119 (*E. submargarita*); Yoshida, 2001: 36 (*E. m.*, Syn.); Namkung, 2003: 109; Yoshida, 2009: 360; Zhu & Zhang, 2011: 96.

异名：

Enoplognatha submargarita Yaginuma & Zhu, 1992; Yoshida, 2001: 37 (Syn.).

分布：辽宁（LN）、山西（SX）、河南（HEN）、陕西（SN）、甘肃（GS）、新疆（XJ）；韩国、日本、俄罗斯

螯齿螯蛛 *Enoplognatha mordax* (Thorell, 1875)

Thorell, 1875: 82 (*Zilla m.*); Thorell, 1875: 15 (*Zilla m.*); Thorell, 1875: 57 (*Zilla crucifera*); Thorell, 1875: 14 (*Zilla crucifera*); Pavesi, 1880: 192; Pavesi, 1880: 192 (*E. crucifera*); L. Koch, 1882: 628 (*Meta schaufussii*); Simon, 1884: 189 (*E. maritima*); Bösenberg, 1902: 116 (*E. maritima*); Lessert, 1904: 309 (*E. maritima*); Simon, 1914: 284, 306 (*E. maritima*); Wiehle, 1937: 207 (*E. maritima*); Bristowe, 1939: 3, 64 (*E. schaufussi*, Syn.); Locket & Millidge, 1953: 83 (*E. schaufussi*); Tyschchenko, 1971: 145 (*E. maritima*); Miller, 1971: 190 (*E. schaufussi*); Merrett & Snazell, 1975: 107 (*E. crucifera*); Wunderlich, 1976: 106 (*E. crucifera*, rejected Syn. with *E. mordax*); van Helsdingen, 1978: 192 (*E. m.*, Syn.); Müller, 1982: 52 (*E. crucifera*); Roberts, 1985: 192 (*E. crucifera*); Hu & Wu, 1989: 125 (*E. schaufussi*); Heimer & Nentwig, 1991: 777 (*E. schaufussi*); Próchniewicz, 1991: 181; Almquist, 1994: 113; Roberts, 1995: 291; Wunderlich, 1995: 706; Zhu, 1998: 306; Roberts, 1998: 305; Bosmans & Van Keer, 1999: 213; Song, Zhu & Chen, 1999: 118; Hu, 2001: 566; Almquist, 2005: 65; Huseynov & Marusik, 2008: 156; Le Peru, 2011: 447.

异名：

Enoplognatha crucifera (Thorell, 1875, Trans. from *Zilla*); van Helsdingen, 1978: 192 (Syn.);

E. schaufussi (L. Koch, 1882, Trans. from Meta); Wunderlich, in Merrett & Snazell, 1975: 107 (Syn., sub. *E. crucifera*);

E. maritima Simon, 1884; Bristowe, 1939: 3, 64 (Syn., sub. *E. schaufussi*).

分布：青海（QH）、新疆（XJ）、西藏（XZ）；古北界

奥埃齿螯蛛 *Enoplognatha oelandica* (Thorell, 1875)

Thorell, 1875: 92 (*Steatoda o.*); Thorell, 1875: 56 (*S. o.*); Berktau, in Förster & Bertkau, 1883: 246 (*Drepanodus corollatus*); Simon, 1884: 195; Chyzer & Kulczyński, 1894: 43 (*E. corollata*); Bösenberg, 1902: 115 (*E. corollata*); Tullgren, 1949: 57; Locket & Millidge, 1953: 85 (*E. mandibularis*); Wiehle, 1960: 234 (*E. o.*, Syn.); Tyschchenko, 1971: 145 (*E. o.*: may be *E. diversa*); Miller, 1971: 190; Merrett & Snazell, 1975: 108; Wunderlich, 1976: 109; Roberts, 1985: 192; Hu & Wu, 1989: 125 (*E. thoracica*, misidentified); Heimer & Nentwig, 1991: 288; Roberts, 1995: 292; Zhu, 1998: 315; Song, Zhu & Chen, 1999: 118; Almquist, 2005: 66; Huseynov & Marusik, 2008: 157; Le Peru, 2011: 448.

异名：

Enoplognatha corollata (Bertkau, in Förster & Bertkau, 1883, Trans. from *Drepanodus*); Wiehle, 1960: 234 (Syn.).

分布：青海（QH）、新疆（XJ）、浙江（ZJ）、湖南（HN）、贵州（GZ）、西藏（XZ）；古北界

东方齿螯蛛 *Enoplognatha orientalis* Schenkel, 1963

Schenkel, 1963: 107 (*E. mandibularis o.*); Bosmans & Van Keer, 1999: 234 (*E. o.*, elevated from subspecies).

分布：甘肃（GS）

卵形齿螯蛛 *Enoplognatha ovata* (Clerck, 1757)

Clerck, 1757: 58 (*Araneus ovatus*); Clerck, 1757: 59 (*A. redimitus*); Clerck, 1757: 60 (*A. lineatus*); Linnaeus, 1758: 621 (*Aranea redimita*); De Geer, 1778: 242 (*A. coronata*); Fabricius, 1781: 545 (*A. myopa*); Fourcroy, 1785: 534 (*A. vittata*); Walckenaer, 1802: 208 (*A. lepida*); Walckenaer, 1802: 208 (*A. venusta*); Schrank, 1803: 240 (*A. rubricata*); Panzer, 1804: hft 85 (*A. purpurata*); Walckenaer, 1805: 73 (*Theridion lineatum*); Walckenaer, 1805: 73 (*T. ovatum*); Walckenaer, 1805: 75 (*T. venustum*); Hahn, 1826: 2 (*T. redimitum*); Sundevall, 1831: 6 (*T. ovatum*); Hahn, 1833: 86 (*T. redimitum*); C. L. Koch, 1837: 9 (*Steatoda redimita*); Walckenaer, 1841: 316 (*T. venustum*); C. L. Koch, 1845: 133 (*T. redimitum*); Westring, 1861: 153 (*T. lineatum*); Blackwall, 1864: 176 (*T. lineatum*); Menge, 1868: 165 (*T. lineatum*); Thorell, 1870: 78 (*Phyllonethis lineata*); Hansen, 1882: 33 (*P. lineata*); Simon, 1894: 550 (*T. lineatum*); Becker, 1896: 82 (*T. lineatum*); Bösenberg, 1902: 94 (*P. lineata*); Simon, 1914: 251, 293 (*T. ovatum*); Reimoser, 1929: 87 (*T. redimitum*); Wiehle, 1937: 140 (*T. redimitum*); Kaston, 1948: 111 (*T. redimitum*); Archer, 1950: 23 (*T. ovatum*); Locket & Millidge, 1951: 40 (*T. lineatum*); Locket & Millidge, 1953: 76 (*T. ovatum*); Levi, 1957: 7 (*E. o.*, Trans. from *Theridion*); Tyschchenko, 1971: 147 (*Theridium ovatum*); Izmailova, 1989: 93 (*Theridium ovatum lineatum*); Heimer & Nentwig, 1991: 288 (*E. lineata*); Mcheidze, 1997: 191 (*Theridion ovatum*); Hu, 2001: 567; Namkung, 2003: 110; Wunderlich, 2008: 241; Le Peru, 2011: 448; Kaya & Uğurtaş, 2011: 147.

异名：

Enoplognatha redimita (Linnaeus, 1758, Trans. from *Aranea*); Clerckian names validated by ICZN Direction 104 (Syn.).

分布：青海（QH）、新疆（XJ）、西藏（XZ）；全北界

邱氏齿螯蛛 *Enoplognatha qiuae* Zhu, 1998

Zhu, 1998: 317 (*E. qiui*); Song, Zhu & Chen, 1999: 118 (*E. q.*, corrected patronym).

分布：甘肃（GS）、四川（SC）

宜章齿螯蛛 *Enoplognatha yizhangensis* Yin, 2012

Yin, in Yin et al., 2012: 340.

分布：湖南（HN）

丘腹蛛属 *Episinus* Walckenaer, in Latreille, 1809

Walckenaer, in Latreille, 1809: 371. Type species: *Episinus truncatus* Latreille, 1809

异名：

Episinopsis Simon, 1894; Levi & Levi, 1962: 20 (Syn.);
Hyocrea Simon, 1894; Levi & Levi, 1962: 22 (Syn.);
Penictis Simon, 1894; Levi & Levi, 1962: 26 (Syn.);
Plocamis Simon, 1894; Levi & Levi, 1962: 27 (Syn.);
Hyptimorpha Strand, 1906; Levi & Levi, 1962: 22 (Syn.).

近亲丘腹蛛 *Episinus affinis* Bösenberg & Strand, 1906

Bösenberg & Strand, 1906: 136; Yaginuma, 1960: 39; Yaginuma, 1971: 39; Yoshida, 1985: 26; Yaginuma, 1986: 46; Yoshida, 1989: 318; Chikuni, 1989: 38; Okuma, 1994: 7; Zhu, 1998: 265; Song, Zhu & Chen, 1999: 119; Namkung, 2002: 122; Yoshida, 2003: 54; Namkung, 2003: 124; Yoshida, 2009: 367; Quasin, Uniyal & Jose, 2012: 97.

分布：四川（SC）、贵州（GZ）、台湾（TW）；韩国、日本、琉球群岛、俄罗斯

驼背丘腹蛛 *Episinus gibbus* Zhu & Wang, 1995

Zhu & Wang, 1995: 278; Zhu, 1998: 251; Song, Zhu & Chen, 1999: 119; Yin et al., 2012: 342.

分布：湖南（HN）、海南（HI）

长腹丘腹蛛 *Episinus longabdomenus* Zhu, 1998

Zhu, 1998: 270; Song, Zhu & Chen, 1999: 119.

分布：湖北（HB）

牧原丘腹蛛 *Episinus makiharai* Okuma, 1994

Okuma, 1994: 11; Zhu, 1998: 266; Song, Zhu & Chen, 1999: 119.

分布：台湾（TW）

南岳丘腹蛛 *Episinus nanyue* Yin, 2012

Yin, in Yin et al., 2012: 344.

分布：湖南（HN）

云斑丘腹蛛 *Episinus nubilus* Yaginuma, 1960

Yaginuma, 1960: append. 3; Namkung, 1964: 34; Yaginuma, 1971: 39; Nishikawa, 1977: 359; Yoshida, 1983: 76 (*E. bicornutus*); Hu, 1984: 163; Seo, 1985: 97 (*E. bicornutus*); Yoshida, 1985: 27 (*E. n.*, Syn.); Yaginuma, 1986: 46; Song, 1987: 124 (*E. bicornutus*); Kumada, 1989: 39; Chikuni, 1989: 38; Chen & Zhang, 1991: 147 (*E. bicornutus*); Song, Zhu & Li, 1993: 858; Okuma, 1994: 12; Zhu, 1998: 267; Song, Zhu & Chen, 1999: 119; Namkung, 2002: 123; Kim & Cho, 2002: 303; Yoshida, 2003: 56; Namkung, 2003: 125; Yoshida, 2009: 367; Zhu & Zhang, 2011: 98; Yin et al., 2012: 345.

异名：

Episinus bicornutus Yoshida, 1983; Yoshida, 1985: 27 (Syn.).

分布：河南（HEN）、陕西（SN）、浙江（ZJ）、湖南（HN）、湖北（HB）、贵州（GZ）、福建（FJ）、台湾（TW）；韩国、日本、琉球群岛

散斑丘腹蛛 *Episinus punctisparsus* Yoshida, 1983

Yoshida, 1983: 75; Song, 1987: 125; Okuma, 1994: 14; Zhu, 1998: 271; Song, Zhu & Chen, 1999: 119.

分布：台湾（TW）

异角丘腹蛛 *Episinus variacorneus* Chen, Peng & Zhao, 1992

Chen, Peng & Zhao, 1992: 271; Zhu, 1998: 264; Song, Zhu & Chen, 1999: 119.

分布：江西（JX）

秀山丘腹蛛 *Episinus xiushanicus* Zhu, 1998

Zhu, 1998: 263; Song, Zhu & Chen, 1999: 119.

分布：甘肃（GS）、湖北（HB）、贵州（GZ）、福建（FJ）

吉田丘腹蛛 *Episinus yoshidai* Okuma, 1994

Yoshida, 1983: 76 (*E. bicornutus*, misidentified); Okuma, 1994: 15; Zhu, 1998: 269; Song, Zhu & Chen, 1999: 119.

分布：台湾（TW）

宽胸蛛属 *Euryopis* Menge, 1868

Menge, 1868: 175. Type species: *Micryphantes flavomaculatus* C. L. Koch, 1836

异名：

Phylarchus Simon, 1889; Levi & Levi, 1962: 26 (Syn.);
Diaprocorus Simon, 1895; Levi & Levi, 1962: 19 (Syn.);
Dipoenoides Chamberlin, 1925; Levi, 1954: 3 (Syn.);
Atkinia Strand, 1929 (removed from Syn. of *Dipoena* Thorell, 1869); Levi & Levi, 1962: 17 (Syn.);
Acanthomysmena Mello-Leitão, 1944; Levi & Levi, 1962: 15 (Syn.);
Mufila Bryant, 1949; Levi, 1954: 3 (Syn.).

旋转宽胸蛛 *Euryopis cyclosisa* Zhu & Song, 1997

Zhu & Song, 1997: 93; Zhu, 1998: 40; Song, Zhu & Chen, 1999: 123 (*E. cyclosia*).

分布：香港（HK）

平展宽胸蛛 *Euryopis deplanata* Schenkel, 1936

Schenkel, 1936: 45.

分布：四川（SC）

类鳞宽胸蛛 *Euryopis episinoides* (Walckenaer, 1847)

Lucas, 1846: 268 (*Theridion acuminatum*: a primary junior homonym of *T. acuminatum* Wider, 1834 and hence not available); Walckenaer, 1847: 501 (*Argus e.*); O. P.-Cambridge, 1872: 283 (*Theridion scriptum*); Pavesi, 1875: 7 (*E. tarsalis*); Canestrini, 1876: 210 (*Theridium acuminatum*); O. P.-Cambridge, 1876: 569 (*E. quadrimaculata*); Simon, 1881: 127 (*E. acuminata*); Simon, 1881: 130 (*E. scripta*); Chyzer & Kulczyński, 1894: 20 (*E. acuminata*); Simon, 1914: 248, 292 (*E. a. tarsalis*); Miller, 1947: 35 (*E. a. t.*); Miller, 1963: 343 (*E. a. t.*); Brignoli, 1967: 189 (*E. tarsalis*, elevated from subspecies); Brignoli, 1968: 95 (*E. t.*); Miller, 1971: 183 (*E. a. t.*); Levy & Amitai, 1981: 178 (*E. a.*, Syn.); Zhu, 1998: 36 (*E. a.*); Levy, 1998: 144 (*E. a.*); Song, Zhu & Chen, 1999: 119 (*E. a.*); Le Peru, 2011: 452 (*E. a.*).

异名：

Euryopis scripta (O. P.-Cambridge, 1872, Trans. from *Theridion*); Levy & Amitai, 1981: 178 (Syn., sub. *E. acuminata*);

E. tarsalis Pavesi, 1875; Levy & Amitai, 1981: 178 (Syn., sub. *E. acuminata*);

E. quadrimaculata O. P.-Cambridge, 1876; Levy & Amitai, 1981: 178 (Syn., sub *E. acuminata*).

分布：广西（GX）、海南（HI）；地中海

黄斑宽胸蛛 *Euryopis flavomaculata* (C. L. Koch, 1836)

C. L. Koch, 1836: 67 (*Micryphantes flavomaculatus*); Westring, 1851: 40 (*Theridium flavomaculatum*); Grube, 1859: 470 (*T. multimaculatum*); Westring, 1861: 192 (*T. flavomaculatum*); Blackwall, 1864: 201 (*Theridion flavomaculatum*); Menge, 1868: 175; Thorell, 1870: 95 (*E. f.*, Syn.); Wiehle, 1960: 242 (*E. flava*); Levi & Levi, 1962: 39; Miller, 1963: 343; Miller, 1971: 183; Wunderlich, 1974: 166 (*E. f.*, Syn.); Palmgren, 1974: 9; Levi & Randolph, 1975: 38; Wunderlich, 1978: 27; Roth, 1982: 47 (*E. flavomaculatis*); Roth, 1985: B43 (*E. flavomaculatis*); Wunderlich, 1986: 217; Hu & Wu, 1989: 126; Zhu, 1998: 39; Song, Zhu & Chen, 1999: 123; Yoshida, 2009: 391; Le Peru, 2011: 453.

异名：

Euryopis flava Wiehle, 1960; Wunderlich, 1974: 166 (Syn.).

分布：辽宁（LN）；古北界

帽状宽胸蛛 *Euryopis galeiforma* Zhu, 1998

Zhu, 1998: 35; Song, Zhu & Chen, 1999: 123; Yin et al., 2012: 347.

分布：湖南（HN）、海南（HI）

民谣宽胸蛛 *Euryopis mingyaoi* Yin, 2012

Yin, in Yin et al., 2012: 348.

分布：湖南（HN）

箭宽胸蛛 *Euryopis sagittata* (O. P.-Cambridge, 1885)

O. P.-Cambridge, 1885: 38 (*Phycus sagittatus*); Simon, 1894: 527 (*Phylarchus sagittatus*).

分布：新疆（XJ）

六斑宽胸蛛 *Euryopis sexmaculata* Hu, 2001

Hu, 2001: 569.

分布：西藏（XZ）

费蛛属 *Faiditus* Keyserling, 1884

Keyserling, 1884: 160. Type species: *Faiditus ecaudatus* Keyserling, 1884

异名：

Bellinda Keyserling, 1884 (removed from Syn. of *Argyrodes* Simon, 1784); Agnarsson, 2004: 478 (Syn.).

剑费蛛 *Faiditus xiphias* (Thorell, 1887)

Thorell, 1887: 95 (*Argyrodes x.*); Workman, 1896: 62 (*A. x.*); Tikader, 1977: 168 (*A. carnicobarensis*); Zhu & Song, 1991: 138 (*A. levii*); Yoshida, 1993: 83 (*A. x.*, Syn.); Song, Zhu & Li, 1993: 855 (*A. levii*); Zhu, 1998: 218 (*A. x.*); Song, Zhu & Chen, 1999: 103 (*A. x.*); Xu, Yin & Kim, 2000: 87 (*A. x.*); Yoshida, 2003: 144 (*A. x.*); Agnarsson, 2004: 479 (*F. x.*, Trans. from *Argyrodes*); Yoshida, 2009: 386; Yin et al., 2012: 350.

异名：

Faiditus carnicobarensis (Tikader, 1977, Trans. from *Argyrodes*); Yoshida, 1993: 83 (Syn., sub. *Argyrodes*);

F. levii (Zhu & Song, 1991, Trans. from *Argyrodes*); Yoshida, 1993: 83 (Syn., sub *Argyrodes*).

分布：湖南（HN）、福建（FJ）、台湾（TW）、海南（HI）；日本、印度尼西亚喀拉喀托火山、尼科巴群岛、缅甸

哈多蛛属 *Hadrotarsus* Thorell, 1881

Thorell, 1881: 191. Type species: *Hadrotarsus babirussa* Thorell, 1881

亚米哈多蛛 *Hadrotarsus yamius* Wang, 1955

Wang, 1955: 199; Levi, 1968: 141 (*H. y.*, probably misplaced).

分布：台湾（TW）

异球蛛属 *Heterotheridion* Wunderlich, 2008

Wunderlich, 2008: 388. Type species: *Theridion nigrovariegatum* Simon, 1873

杂黑异球蛛 *Heterotheridion nigrovariegatum* (Simon, 1873)

Simon, 1873: 104 (*Theridion nigro-variegatum*); Kroneberg, 1875: 9 (*T. tuberculatum*); Herman, 1879: 89, 347 (*T. frivaldszkyi*); Chyzer & Kulczyński, 1894: 33 (*T. n.*); Bösenberg, 1902: 107 (*T. n.*); Simon, 1914: 255, 294 (*T. n.*); Drensky, 1929: 29, 67 (*T. peristeri*: spelled this way in legend, *peristerensis* in heading, but *peristeri* was subsequently used by Drensky, as first reviser); Wiehle, 1937: 147 (*T. n.*); Buchar & Žďárek, 1960: 100 (*T. n.*); Brignoli, 1968: 98 (*T. n.*); Tyschchenko, 1971: 147 (*T. n.*); Miller, 1971: 194 (*T. n.*); Marusik, 1989: 48 (*T. n.*, Syn.); Hu & Wu, 1989: 119 (*Achaearanea xinjiangensis*); Heimer & Nentwig, 1991: 302 (*T. n.*); Zhu, 1998: 187 (*T. xinjiangensis*, Trans. from

Achaearanea); Song, Zhu & Chen, 1999: 148 (*T. xinjiangense*); Jäger et al., 2000: 34 (*T. n.*); Deltshev, 2003: 137 (*T. n.*, Syn.); Knoflach, Rollard & Thaler, 2009: 238 (*H. n.*, Syn.); Le Peru, 2011: 482 (*T. n.*).

异名：

Heterotheridion tuberculatum (Kroneberg, 1875, Trans. from *Theridion*); Marusik, 1989: 48 (Syn., sub. *Theridion*);

H. peristeri (Drensky, 1929, Trans. from *Theridion*); Deltshev, 2003: 137 (Syn., sub. *Theridion*);

H. xinjiangense (Hu & Wu, 1989, Trans. from *Theridion*); Knoflach, Rollard & Thaler, 2009: 238 (Syn.).

分布：新疆（XJ）；古北界

拉萨蛛属 *Lasaeola* Simon, 1881

Simon, 1881: 145. Type species: *Pachydactylus pronus* Menge, 1868

异名：

Pselothorax Chamberlin, 1949; Yoshida, 2002: 13 (Syn., contra. Ivie, 1967: 126).

高举拉萨蛛 *Lasaeola fastigata* Zhang, Liu & Zhang, 2011

Zhang, Liu & Zhang, 2011: 6.

分布：海南（HI）

月形拉萨蛛 *Lasaeola lunata* Zhang, Liu & Zhang, 2011

Zhang, Liu & Zhang, 2011: 4.

分布：海南（HI）

冲绳拉萨蛛 *Lasaeola okinawana* (Yoshida & Ono, 2000)

Yoshida, 1991: 35 (*Dipoena amamiensis*, misidentified); Zhu, 1998: 242 (*Dipoena amamiensis*, misidentified); Song, Zhu & Chen, 1999: 110 (*Dipoena amaniensis*, misidentified); Yoshida & Ono, 2000: 146 (*Dipoena o.*); Yoshida, 2002: 13 (*L. o.*, Trans. from *Dipoena*); Yoshida, 2003: 172; Yoshida, 2009: 389; Gao & Li, 2014: 55.

分布：湖南（HN）、云南（YN）、福建（FJ）；琉球群岛

吉田拉萨蛛 *Lasaeola yoshidai* (Ono, 1991)

Ono, in Ono et al., 1991: 91 (*Dipoena yoshidai*); Yoshida & Ono, 2000: 152 (*D. y.*); Yoshida, 2002: 13 (*L. y.*, Trans. from *D.*); Yoshida, 2003: 174; Yoshida, 2009: 391; Seo, 2010: 175; Gao & Li, 2014: 55.

分布：云南（YN）；韩国、日本

寇蛛属 *Latrodectus* Walckenaer, 1805

Walckenaer, 1805: 81. Type species: *Aranea tredecimguttatus* Rossi, 1790

异名：

Chacoca Badcock, 1932; Levi, 1959: 18 (Syn.).

美雅寇蛛 *Latrodectus elegans* Thorell, 1898

Thorell, 1898: 293; Simon, 1909: 97 (*L. hasselti e.*); Zhu, 1998: 294 (*L. mactans*, misidentified); Song, Zhu & Chen, 1999: 123 (*L. mactans*, misidentified); Ono, 2002: 3 (*L. e.*, apparently considered distinct from *L. hasselti*); Yoshida, 2003: 47 (*L. e.*, removed from Syn. of *L. hasselti*, contra. Levi, 1959: 27, sub. Pacific populations of *L. mactans*); Yoshida, 2009: 363; Kananbala et al., 2012: 2719.

分布：四川（SC）、台湾（TW）、海南（HI）；印度、缅甸、日本

间斑寇蛛 *Latrodectus tredecimguttatus* (Rossi, 1790)

Martini & Goeze, 1778: 286 (*Aranea brevipes*; suppressed for lack of usage, see Bonnet); Rossi, 1790: 136 (*Aranea 13-guttata*); Walckenaer, 1805: 81 (*L. 13decimguttatus*); Latreille, 1806: 98 (*Theridion tredecim-guttatum*); Dufour, 1820: 355 (*Theridion lugubre*); Audouin, 1826: 353 (*L. argus*); Audouin, 1826: 352 (*L. erebus*); C. L. Koch, 1836: 9 (*Meta hispida*); C. L. Koch, 1837: 7 (*L. hispidus*); Krynicki, 1837: 75 (*L. 5-guttatus*); Walckenaer, 1837: 642 (*L. malmignatus*); Walckenaer, 1837: 644 (*L. martius*); Walckenaer, 1837: 645 (*L. oculatus*); Walckenaer, 1837: 646 (*L. venator*); C. L. Koch, 1837: 39 (*L. 13-guttatus*); C. L. Koch, 1837: 41 (*L. conglobatus*); Lucas, 1838: 35 (*L. argus*); Motschulsky, 1849: 290 (*L. lugubris*); Simon, 1873: 86; Thorell, 1875: 69 (*L. t. lugubris*); Thorell, 1875: 65 (*L. 13-guttatus*); Simon, 1881: 177; Simon, 1894: 568; F. O. P.-Cambridge, 1902: 254; Dahl, 1902: 45; Levi, 1959: 24 (*L. mactans*, Syn., rejected); Levi, 1966: 428 (*L. mactans t.*); Fuhn, 1966: 77 (*L. m. t.*); Tyschchenko & Ergashev, 1974: 934 (*L. m. t.*); Levy & Amitai, 1983: 46 (*L. t.*, elevated from subspecies of *L. mactans*); Brignoli, 1984: 293 (*L. m. t.*); Ergashev, 1990: 66 (*L. m. t.*); Zhu, 1998: 293; Song, Zhu & Chen, 1999: 123; Zamani et al., 2014: 60.

分布：新疆（XJ）；地中海到中国

美蒂蛛属 *Meotipa* Simon, 1894

Simon, 1894: 514. Type species: *Meotipa picturata* Simon, 1895

多泡美蒂蛛 *Meotipa vesiculosa* Simon, 1895

Simon, 1894: 514 (*M. v.*, nomen nudum); Simon, 1895: 134; Levi, 1962: 232 (*Chrysso v.*); Yaginuma, 1986: 45 (*C. v.*); Chikuni, 1989: 32 (*C. v.*); Zhu & Song, in Song, Zhu & Li, 1993: 857 (*C. jianglensis*); Zhu, 1998: 51 (*C. v.*); Zhu, 1998: 68 (*C. jianglensis*); Song, Zhu & Chen, 1999: 103 (*C. jianglensis*); Song, Zhu & Chen, 1999: 107 (*C. v.*); Yoshida, 2003: 125 (*C. v.*); Yoshida, 2006: 23 (*C. v.*, Syn. of male); Deeleman-Reinhold, 2009: 415 (*M. v.*, Trans. from *Chrysso*); Yoshida, 2009: 378; Yin et al., 2012: 305.

异名：

Meotipa jianglensis (Zhu & Song, 1993, Trans. from *Chrysso*); Yoshida, 2006: 23 (Syn., sub. *Chrysso*).

分布：湖南（HN）、台湾（TW）、广西（GX）；越南到印度尼西亚、菲律宾、日本

齿腹蛛属 *Molione* Thorell, 1892

Thorell, 1892: 216. Type species: *Molione triacantha* Thorell, 1892

基纳巴鲁齿腹蛛 *Molione kinabalu* Yoshida, 2003

Yoshida, 2003: 88; Gao & Li, 2014: 55.

分布：云南（YN）；婆罗洲

舟状齿腹蛛 *Molione lemboda* Gao & Li, 2010

Gao & Li, 2010: 27; Gao & Li, 2014: 55.

分布：云南（YN）

三棘齿腹蛛 *Molione triacantha* Thorell, 1892

Thorell, 1892: 216; Simon, 1894: 550; Workman, 1896: 50; Levi & Levi, 1962: 48; Yoshida, 1982: 39; Wunderlich, 1995: 569; Zhu, 1998: 30; Song, Zhu & Chen, 1999: 123; Gao & Li, 2014: 55.

分布：云南（YN）、福建（FJ）、台湾（TW）；老挝、马来西亚、新加坡

短跗蛛属 *Moneta* O. P.-Cambridge, 1870

O. P.-Cambridge, 1870: 736. Type species: *Moneta spinigera* O. P.-Cambridge, 1870

鲍氏短跗蛛 *Moneta baoae* Yin, 2012

Yin, in Yin et al., 2012: 355.

分布：湖南（HN）

尾短跗蛛 *Moneta caudifera* (Dönitz & Strand, 1906)

Dönitz & Strand, in Bösenberg & Strand, 1906: 379 (*Episinus caudifer*); Seo, 1985: 98 (*E. paiki*); Yoshida, 1985: 27 (*E. mirabilis*, Syn., rejected); Yaginuma, 1986: 47 (*E. mirabilis*); Chikuni, 1989: 38 (*E. mirabilis*); Okuma, 1994: 17 (*M. caudifer*, removed from Syn. of *M. mirabilis*, contra. Yoshida, 1985, Syn.); Zhu, 1998: 280 (*M. caudifer*); Song, Zhu & Chen, 1999: 123 (*M. caudifer*); Yoshida, 2001: 160 (*M. caudifer*); Namkung, 2002: 124 (*M. caudifer*); Yoshida, 2003: 70 (*M. caudifer*); Namkung, 2003: 126 (*M. caudifer*); Yoshida, 2009: 367 (*M. caudifer*); Zhu & Zhang, 2011: 100.

异名：

Moneta paiki (Seo, 1985, Trans. from *Episinus*); Okuma, 1994: 17 (Syn., contra. Yoshida, 1985: 27).

分布：山西（SX）、河南（HEN）、江西（JX）、贵州（GZ）；韩国、日本

叉短跗蛛 *Moneta furva* Yin, 2012

Yin, in Yin et al., 2012: 357.

分布：湖南（HN）

湖南短跗蛛 *Moneta hunanica* Zhu, 1998

Zhu, 1998: 277; Song, Zhu & Chen, 1999: 123; Yin et al., 2012: 359.

分布：湖南（HN）

奇异短跗蛛 *Moneta mirabilis* (Bösenberg & Strand, 1906)

Bösenberg & Strand, 1906: 136 (*Hyptimorpha m.*); Levi & Levi, 1962: 55 (*H. m.*); Okuma, 1994: 18 (*M. m.*, Trans. from *Episinus*, previously identified male = *M. caudifera*; not a senior Syn. of *M. caudifera* or *M. paiki*); Zhu, 1998: 281; Song, Zhu & Chen, 1999: 123; Yoshida, 2009: 367; Yin et al., 2012: 360; Gao & Li, 2014: 56.

分布：湖南（HN）、云南（YN）、台湾（TW）；韩国、日本、老挝、马来西亚

刺短跗蛛 *Moneta spinigera* O. P.-Cambridge, 1870

O. P.-Cambridge, 1870: 736; Berland, 1920: 147; Levi & Levi, 1962: 55; Roberts, 1978: 920 (*Episinus spiniger*); Yoshida, 1983: 74 (*E. spiniger*); Song, 1987: 125 (*E. spiniger*); Chen & Zhang, 1991: 148 (*E. spiniger*); Okuma, 1994: 20 (*M. spiniger*, Trans. from *Episinus*); Zhu, 1998: 273 (*M. spiniger*); Song, Zhu & Chen, 1999: 123 (*M. spiniger*).

分布：浙江（ZJ）、云南（YN）、福建（FJ）、台湾（TW）；非洲到中国

类刺短跗蛛 *Moneta spinigeroides* (Zhu & Song, 1992)

Zhu & Song, 1992: 4 (*Episinus s.*); Song & Li, 1997: 402 (*Episinus s.*); Zhu, 1998: 278 (*M. s.*, Trans. from *Episinus*); Song, Zhu & Chen, 1999: 127; Yin et al., 2012.

分布：湖北（HB）

亚刺短跗蛛 *Moneta subspinigera* Zhu, 1998

Zhu, 1998: 274 (*M. subspiniger*); Song, Zhu & Chen, 1999: 127 (*M. subspiniger*).

分布：云南（YN）、海南（HI）

膨胀短跗蛛 *Moneta tumida* Zhu, 1998

Zhu, 1998: 279; Song, Zhu & Chen, 1999: 127.

分布：云南（YN）

山栖短跗蛛 *Moneta tumulicola* Zhu, 1998

Zhu, 1998: 282; Song, Zhu & Chen, 1999: 127.

分布：甘肃（GS）、贵州（GZ）

钩刺短跗蛛 *Moneta uncinata* Zhu, 1998

Zhu, 1998: 275; Song, Zhu & Chen, 1999: 127.

分布：海南（HI）

吉村短跗蛛 *Moneta yoshimurai* (Yoshida, 1983)

Yoshida, 1983: 75 (*Episinus y.*); Yoshida, 1985: 28 (*Episinus y.*); Song, 1987: 127 (*Episinus y.*); Okuma, 1994: 23 (*M. y.*, Trans. from *Episinus*); Zhu, 1998: 283; Song, Zhu & Chen, 1999: 127.

分布：台湾（TW）

新刺胸蛛属 *Neospintharus* Exline, 1950

Exline, 1950: 112. Type species: *Neospintharus parvus* Exline, 1950

叉新刺胸蛛 *Neospintharus fur* (Bösenberg & Strand, 1906)

Bösenberg & Strand, 1906: 133 (*Argyrodes f.*); Namkung, Paik & Yoon, 1972: 92 (*Conopistha f.*); Zhu & Song, 1991: 135 (*A. f.*); Zhu, 1998: 200 (*A. f.*); Zhu, 1998: 202 (*A. gansuensis*); Song, Zhu & Chen, 1999: 100 (*A. f.*); Song, Zhu & Chen, 1999: 100 (*A. gansuensis*); Yoshida, 2001: 184 (*A. f.*, Syn.); Namkung, 2002: 135 (*A. f.*); Kim & Cho, 2002: 301 (*A.*

f.); Yoshida, 2003: 151 (*A. f.*); Namkung, 2003: 137 (*A. f.*); Agnarsson, 2004: 479 (*N. f.*, Trans. from *Argyrodes*); Kim & Kim, 2007: 222; Yoshida, 2009: 386; Zhu & Zhang, 2011: 82.

异名：

Neospintharus gansuensis (Zhu, 1998, Trans. from *Argyrodes*); Yoshida, 2001: 184 (Syn., sub. *Argyrodes*).

分布：河南（HEN）、甘肃（GS）、湖南（HN）、福建（FJ）；韩国、日本

日本新刺胸蛛 *Neospintharus nipponicus* (Kumada, 1990)

Kumada, 1990: 2 (*Argyrodes n.*); Zhu & Song, 1991: 142 (*A. n.*); Zhu, 1998: 201 (*A. n.*); Song, Zhu & Chen, 1999: 100 (*A. n.*); Yoshida, 2001: 184 (*A. n.*); Yoshida, 2003: 151 (*A. n.*); Agnarsson, 2004: 479 (*N. n.*, Trans. from *Argyrodes*); Yoshida, 2009: 386; Yin et al., 2012: 283.

分布：湖南（HN）；日本

新土蛛属 *Neottiura* Menge, 1868

Menge, 1868: 163. Type species: *Aranea bimaculata* Linnaeus, 1767

双斑新土蛛 *Neottiura bimaculata* (Linnaeus, 1767)

Linnaeus, 1767: 1033 (*Aranea b.*); Walckenaer, 1802: 208 (*A. carolina*); Walckenaer, 1805: 75 (*Theridion carolinum*); Hahn, 1831: 1 (*T. dorsiger*); Hahn, 1833: 82 (*T. dorsiger*); C. L. Koch, 1834: 19 (*Linyphia b.*); Walckenaer, 1841: 315 (*T. carolinum*); C. L. Koch, 1845: 136 (*T. reticulatum*); C. L. Koch, 1850: 17 (*Steatoda reticulata*); Siemaschko, 1861: 125 (*L. dorsigera*); Thorell, 1856: 94 (*T. bimaculatum*); Blackwall, 1864: 192 (*T. carolinum*); Thorell, 1871: 145 (*T. brachiatum*); Simon, 1894: 536 (*T. b.*); Chyzer & Kulczyński, 1894: 92 (*T. b.*); Becker, 1896: 80 (*T. b.*); Becker, 1896: 85 (*T. lepidum*); Bösenberg, 1902: 109 (*T. b.*); Simon, 1914: 252, 294 (*T. b.*); Saitō, 1934: 330 (*T. nivalium*); Wiehle, 1937: 149 (*T. b.*); Locket & Millidge, 1953: 80 (*T. bimaculatum*); Levi, 1956: 409 (*N. b.*, Trans. from *Theridion*); Saitō, 1959: 71 (*T. nivarium*, lapsus); Yaginuma, 1967: 94 (*T. bimaculatum*); Azheganova, 1968: 54 (*T. bimaculatum*); Tyschchenko, 1971: 147 (*T. bimaculatum*); Palmgren, 1974: 17 (*T. bimaculatum*); Zhou, Wang & Zhu, 1983: 154 (*T. bimaculatum*); Roberts, 1985: 188 (*T. bimaculatum*); Yaginuma, 1986: 38 (*T. bimaculatum*); Chikuni, 1989: 43 (*T. bimaculatum*); Hu & Wu, 1989: 132 (*T. bimaculatum*); Izmailova, 1989: 91 (*T. bimaculatum*); Roberts, 1995: 289 (*T. bimaculatum*); Zhu, 1998: 130 (*T. bimaculatum*); Roberts, 1998: 203 (*T. bimaculatum*); Song, Zhu & Chen, 1999: 137 (*T. bimaculatum*); Yoshida, 2001: 174; Yoshida, 2003: 88 (*N. b.*, Syn.); Yoshida, 2009: 374; Le Peru, 2011: 457.

异名：

Neottiura nivalia (Saitō, 1934, Trans. from *Theridion*); Yoshida, 2003: 88 (Syn.).

分布：吉林（JL）、新疆（XJ）；全北界

草阶新土蛛 *Neottiura herbigrada* (Simon, 1873)

Simon, 1873: 113 (*Theridium h.*); Kulczyński, 1905: 442 (*T. pusillum*; preoccupied by Wider, 1834); Roewer, 1942: 470 (*T. pusillatum*, replacement name for *T. pusillum*); Denis, 1962: 61 (*Achaearanea h.*, Trans. from *Theridion*); Levy & Amitai, 1982: 119 (*T. pustuliferus*); Vanuytven, Van Keer & Poot, 1994: 2 (*T. h.*); Zhu, 1998: 144 (*T. pustuliferus*); Levy, 1998: 215 (*T. pustuliferum*); Knoflach, 1999: 353 (*N. h.*, Trans. from *Achaearanea*, after suggestion by Vanuytven, Van Keer & Poot, 1994, Syn.); Song, Zhu & Chen, 1999: 142 (*T. pustuliferus*); Le Peru, 2011: 457; Yin et al., 2012: 362.

异名：

Neottiura pusillata (Roewer, 1942, Trans. from *Theridion*); Knoflach, 1999: 353 (Syn.);

N. pustulifera (Levy & Amitai, 1982, Trans. from *Theridion*); Knoflach, 1999: 353 (Syn.).

分布：安徽（AH）、湖北（HB）；韩国、马德拉群岛到以色列、法国

珍珠新土蛛 *Neottiura margarita* (Yoshida, 1985)

Yoshida, 1985: 45 (*Coleosoma margaritum*); Chikuni, 1989: 33 (*C. margaritum*); Gao, Guan & Zhu, 1993: 78 (*Theridion margaritum*); Zhu, 1998: 177 (*T. margaritum*); Knoflach, 1999: 345 (*N. m.*, Trans. from *Coleosoma*); Song, Zhu & Chen, 1999: 138 (*T. margaritum*); Yoshida, 2001: 174; Namkung, 2002: 118 (*C. margaritum*); Yoshida, 2003: 90; Namkung, 2003: 120 (*Neottura m.*, lapsus); Yoshida, 2009: 376.

分布：辽宁（LN）、湖南（HN）；韩国、日本、俄罗斯

岛蛛属 *Nesticodes* Archer, 1950

Archer, 1950: 22. Type species: *Theridion rufipes* Lucas, 1846

红足岛蛛 *Nesticodes rufipes* (Lucas, 1846)

Lucas, 1846: 263 (*Theridion r.*); Blackwall, 1859: 259 (*T. luteolum*); Vinson, 1863: 318 (*T. borbonicum*); O. P.-Cambridge, 1869: 382 (*T. luteipes*); Taczanowski, 1872: 56 (*T. albonotatum*); L. Koch, 1875: 21 (*T. bajulans*); Simon, 1880: 171 (*T. flavo-aurantiacum*); Hasselt, 1882: 33 (*T. longipes*); Keyserling, 1884: 15 (*T. albonotatum*); Simon, 1898: 271 (*T. r.*); Kulczyński, 1899: 374 (*T. r.*); F. O. P.-Cambridge, 1902: 384 (*T. r.*); Bryant, 1945: 200 (*Anelosimus nelsoni*); Archer, 1950: 22 (*N. r.*, Trans. from *Theridion*); Denis, 1956: 203 (*Robertus pilosus*); Levi, 1956: 413 (*T. r.*, Syn.); Levi, 1957: 56 (*T. r.*, Syn.); Levi & Levi, 1962: 45 (*T. r.*); Chrysanthus, 1963: 748 (*T. r.*); Levi, 1967: 179 (*T. r.*); Roberts, 1978: 913 (*T. r.*); Levy & Amitai, 1982: 86 (*T. r.*); Wunderlich, 1987: 215; González & Estévez, 1988: 500 (*T. r.*); Tanikawa, 1991: 2 (*T. r.*); Zhu, 1998: 117; Levy, 1998: 171 (*T. r.*); Song, Zhu & Chen, 1999: 127; Wunderlich, 2008: 391; Yoshida, 2009: 374; Gabriel, 2010: 40; Saaristo, 2010: 259.

异名：

Nesticodes nelsoni (Bryant, 1945, Trans. from *Anelosimus*); Levi, 1956: 413 (Syn., sub. *Theridion*);

N. pilosus (Denis, 1956, Trans. from *Robertus*); Levi, 1957: 56 (Syn., sub *Theridion*).

分布：云南（YN）、台湾（TW）；泛热带区，引入其他地区

野岛蛛属 *Nojimaia* Yoshida, 2009

Yoshida, 2009: 72. Type species: *Nojimaia nipponica* Yoshida, 2009

日本野岛蛛 *Nojimaia nipponica* Yoshida, 2009

Yoshida, 2009: 72; Yoshida, 2009: 374; Gao & Li, 2014: 56.

分布：云南（YN）；日本

白盘蛛属 *Paidiscura* Archer, 1950

Archer, 1950: 26. Type species: *Theridion pallens* Blackwall, 1834

亚苍白盘蛛 *Paidiscura subpallens* (Bösenberg & Strand, 1906)

Bösenberg & Strand, 1906: 139 (*Theridion s.*); Bösenberg & Strand, 1906: 150 (*Dipoena caninotata*); Saitō, 1934: 300 (*T. s.*); Saitō, 1959: 71 (*T. s.*); Shinkai & Hara, 1975: 10 (*T. s.*); Shinkai, 1978: 87 (*T. s.*); Paik & Namkung, 1979: 30 (*T. s.*); Yaginuma, 1986: 42 (*Dipoena caninotata*); Yoshida, 1988: 25 (*T. s.*, Syn.); Chikuni, 1989: 44 (*T. s.*); Zhu, Zhang & Xu, 1991: 176 (*T. mirabilis*); Paik, 1996: 10 (*T. m.*); Zhu, 1998: 189 (*T. mirabile*); Song, Zhu & Chen, 1999: 142 (*T. s.*, Syn.); Yoshida & Ono, 2000: 154 (*T. s.*); Song, Zhu & Chen, 2001: 115 (*T. s.*); Yoshida, 2001: 168 (*P. s.*, Trans. from *Theridion*); Namkung, 2002: 101 (*T. s.*); Kim & Cho, 2002: 314 (*T. s.*); Yoshida, 2003: 82; Namkung, 2003: 102; Yoshida, 2009: 374; Zhu & Zhang, 2011: 108; Yin et al., 2012: 363.

异名：

Paidiscura caninotata (Bösenberg & Strand, 1906, Trans. from *Dipoena*); Yoshida, 1988: 25 (Syn., sub. *Theridion*);

P. mirabilis (Zhu, Zhang & Xu, 1991, Trans. from *Theridion*); Song, Zhu & Chen, 1999: 142 (Syn., sub. *Theridion*).

分布：黑龙江（HL）、吉林（JL）、辽宁（LN）、河北（HEB）、北京（BJ）、山西（SX）、河南（HEN）、湖南（HN）、台湾（TW）、广西（GX）；韩国、日本

拟肥腹蛛属 *Parasteatoda* Archer, 1946

Archer, 1946: 38. Type species: *Theridion tepidariorum* C. L. Koch, 1841

横带拟肥腹蛛 *Parasteatoda angulithorax* (Bösenberg & Strand, 1906)

Bösenberg & Strand, 1906: 144 (*Theridion a.*); Saitō, 1959: 70 (*T. a.*); Yaginuma, 1960: 36(*T. a.*); Yaginuma, 1971: 36(*T. a.*); Saito, Takahashi & Sagara, 1979: 7 (*Achaearanea anglithorax*, Trans. from *Theridion*); Hu, 1984: 167(*T. a.*); Guo, 1985: 95(*T. a.*); Yaginuma, 1986: 33(*Achaearanea a.*); Zhang, 1987: 104 (*A. a.*); Chikuni, 1989: 30 (*A. a.*); Chen & Gao, 1990: 89 (*A. a.*); Zhao, 1993: 201 (*A. a.*); Zhu, 1998: 92 (*A. a.*); Song, Zhu & Chen, 1999: 86 (*A. a.*); Yoshida, 2000: 144 (*A. a.*); Yoo & Kim, 2002: 26 (*A. a.*); Namkung, 2002: 87 (*A. a.*); Yoshida, 2003: 107 (*A. a.*); Namkung, 2003: 89 (*A. a.*); Ono, 2006: 410 (*A. a.*); Yoshida, 2008: 39 (*P. a.*, Trans. from *Achaearanea*); Yoshida, 2009: 382.

分布：吉林（JL）、辽宁（LN）、台湾（TW）；韩国、日本、俄罗斯

亚洲拟肥腹蛛 *Parasteatoda asiatica* (Bösenberg & Strand, 1906)

Bösenberg & Strand, 1906: 148 (*Achaea a.*); Matsumoto, 1973: 9 (*Achaearanea a.*); Yaginuma, 1986: 33 (*A. a.*); Chang, Gao & Guan, 1995: 46 (*A. a.*); Zhu, 1998: 96 (*A. a.*); Song, Zhu & Chen, 1999: 86 (*A. asiaticus*); Yoshida, 2000: 143 (*A. a.*); Namkung, 2002: 90 (*A. a.*); Yoshida, 2003: 105 (*A. a.*); Namkung, 2003: 92 (*A. a.*); Yoshida, 2008: 39 (*P. a.*, Trans. from *Achaearanea*); Yoshida, 2009: 382; Zhu & Zhang, 2011: 70; Yin et al., 2012: 246.

分布：吉林（JL）、辽宁（LN）、河南（HEN）、湖南（HN）、湖北（HB）、贵州（GZ）、海南（HI）；韩国、日本

钟巢拟肥腹蛛 *Parasteatoda campanulata* (Chen, 1993)

Chen & Zhang, 1991: 138 (*Achaearanea c.*; nomen nudum); Chen, 1993: 36 (*A. c.*); Zhu, 1998: 88 (*A. c.*); Song, Zhu & Chen, 1999: 86 (*A. c.*); Yoshida, 2008: 39 (*P. c.*, Trans. from *Achaearanea*); Zhu & Zhang, 2011: 71; Yin et al., 2012: 250.

分布：浙江（ZJ）、湖北（HB）、贵州（GZ）

翘腹拟肥腹蛛 *Parasteatoda celsabdomina* (Zhu, 1998)

Zhu, 1998: 82 (*Achaearanea c.*); Song, Zhu & Chen, 1999: 86 (*A. c.*); Yoshida, 2008: 39 (*P. c.*, Trans. from *Achaearanea*); Jäger & Praxaysombath, 2011: 15.

分布：海南（HI）；泰国、老挝

环绕拟肥腹蛛 *Parasteatoda cingulata* (Zhu, 1998)

Zhu, 1998: 85 (*Achaearanea c.*); Song, Zhu & Chen, 1999: 86 (*A. c.*); Yoshida, 2008: 39 (*P. c.*, Trans. from *Achaearanea*); Yin et al., 2012: 252.

分布：湖南（HN）、广西（GX）、海南（HI）

食蚊拟肥腹蛛 *Parasteatoda culicivora* (Bösenberg & Strand, 1906)

Bösenberg & Strand, 1906: 143 (*Theridion culicivorum*); Yoshida, 1983: 40 (*Achaearanea culicivorum*, Trans. from *Theridion*); Yaginuma, 1986: 33 (*A. c.*); Chikuni, 1989: 30 (*A. c.*); Gao & Guan, 1991: 54 (*A. c.*); Yoshida, 2000: 146 (*A. c.*); Yoo & Kim, 2002: 26 (*A. c.*); Yoshida, 2003: 111 (*A. c.*); Yoshida, 2008: 39 (*P. c.*, Trans. from *Achaearanea*); Yoshida, 2009: 380.

分布：辽宁（LN）；日本

大理拟肥腹蛛 *Parasteatoda daliensis* (Zhu, 1998)

Zhu, 1998: 87 (*Achaearanea d.*); Song, Zhu & Chen, 1999: 86 (*A. d.*); Yoshida, 2008: 39 (*P. d.*, Trans. from *Achaearanea*); Yin et al., 2012: 254.

分布：湖南（HN）、云南（YN）；老挝

管拟肥腹蛛 *Parasteatoda ducta* (Zhu, 1998)

Zhu, 1998: 107 (*Achaearanea d.*); Song, Zhu & Chen, 1999:

90 (*A. d.*); Yoshida, 2008: 39 (*P. d.*, Trans. from *Achaearanea*).
分布：海南（HI）

蹄形拟肥腹蛛 *Parasteatoda ferrumequina* (Bösenberg & Strand, 1906)

Bösenberg & Strand, 1906: 139 (*Theridion ferrum-equinum*); Bösenberg & Strand, 1906: 145 (*T. meum*); Oi, 1957: 45 (*T. ferrum-equinum*); Yaginuma, 1958: 70 (*T. ferrum-equinum*); Saitō, 1959: 70 (*T. ferrumequinum*); Yaginuma, 1960: 36 (*T. ferrumequinum*); Yaginuma, 1971: 36 (*T. ferrumequinum*); Ono, 1981: 2 (*T. ferrumequinum*, Syn.); Yoshida, 1983: 40 (*Achaearanea f.*, Trans. from *Theridion*); Yaginuma, 1986: 34 (*A. ferrumequinum*); Chikuni, 1989: 31 (*A. ferrumequinum*); Zhu, 1998: 99 (*A. f.*); Song, Zhu & Chen, 1999: 90 (*A. f.*); Yoshida, 2000: 140 (*A. f.*); Namkung, 2002: 85 (*A. f.*); Yoshida, 2003: 102 (*A. f.*); Namkung, 2003: 87 (*A. f.*); Yoshida, 2008: 39 (*P. f.*, Trans. from *Achaearanea*); Yoshida, 2009: 382; Yin et al., 2012: 255.
异名：
Paraseatoda mea (Bösenberg & Strand, 1906, Trans. from *Theridion*); Ono, 1981: 2 (Syn., sub. *Theridion*).
分布：湖南（HN）、四川（SC）、台湾（TW）、海南（HI）；韩国、日本

笠腹拟肥腹蛛 *Parasteatoda galeiforma* (Zhu, Zhang & Xu, 1991)

Zhu, Zhang & Xu, 1991: 172 (*Achaearanea g.*); Song, Zhu & Li, 1993: 852 (*A. g.*); Zhu, 1998: 80 (*A. g.*); Song, Zhu & Chen, 1999: 90 (*A. g.*); Yoshida, 2008: 39 (*P. g.*, Trans. from *Achaearanea*); Yin et al., 2012: 259.
分布：湖南（HN）、湖北（HB）、云南（YN）、福建（FJ）

顾氏拟肥腹蛛 *Parasteatoda gui* (Zhu, 1998)

Zhu, 1998: 114 (*Achaearanea g.*); Song, Zhu & Chen, 1999: 90 (*A. g.*); Yoshida, 2008: 39 (*P. g.*, Trans. from *Achaearanea*); Gao & Li, 2014: 56.
分布：云南（YN）、海南（HI）

日本拟肥腹蛛 *Parasteatoda japonica* (Bösenberg & Strand, 1906)

Bösenberg & Strand, 1906: 140 (*Theridion japonicum*); Nakatsudi, 1942: 301 (*T. j.*); Lee, 1966: 28 (*T. j.*); Yoshida, 1983: 41 (*Achaearanea j.*, Trans. from *Theridion*); Hu, 1984: 168 (*T. japonicum*); Yaginuma, 1986: 33 (*A. j.*); Chikuni, 1989: 31 (*A. j.*); Chen & Gao, 1990: 89 (*A. j.*); Chen & Zhang, 1991: 140 (*A. japonicum*); Kim & Kim, 1996: 28 (*A. ungilensis*); Zhu, 1998: 89 (*A. j.*); Song, Zhu & Chen, 1999: 91 (*A. j.*); Yoshida, 2000: 142 (*A. j.*, Syn., but see Namkung, Kim & Lee, 2000: 304, 338 regarding that Syn.); Namkung, 2002: 88 (*A. j.*); Kim & Cho, 2002: 298 (*A. j.*); Yoshida, 2003: 104 (*A. j.*); Namkung, 2003: 90 (*A. j.*); Yoshida, 2008: 39 (*P. j.*, Trans. from *Achaearanea*); Yoshida, 2009: 382; Zhu & Zhang, 2011: 72; Yin et al., 2012: 260; Gao & Li, 2014: 57.
异名：
Parasteatoda ungilensis (Kim & Kim, 1996, Trans. from *Achaearanea*); Yoshida, 2000: 142 (Syn., sub *Achaearanea*).
分布：河南（HEN）、浙江（ZJ）、湖南（HN）、四川（SC）、贵州（GZ）、云南（YN）、台湾（TW）、广西（GX）、海南（HI）；老挝、韩国、日本

景洪拟肥腹蛛 *Parasteatoda jinghongensis* (Zhu, 1998)

Zhu, 1998: 94 (*Achaearanea j.*); Song, Zhu & Chen, 1999: 91 (*A. j.*); Yoshida, 2008: 39 (*P. j.*, Trans. from *Achaearanea*).
分布：云南（YN）

佐贺拟肥腹蛛 *Parasteatoda kompirensis* (Bösenberg & Strand, 1906)

Bösenberg & Strand, 1906: 141 (*Theridion kompirense*); Namkung, 1964: 35 (*T. kompirense*); Shinkai, 1977: 323 (*T. kompirense*); Shinkai, 1978: 86 (*T. kompirense*); Song, 1980: 136 (*T. kompirense*); Yoshida, 1983: 41 (*Achaearanea k.*, Trans. from *Theridion*); Hu, 1984: 169 (*T. kompirense*); Yaginuma, 1986: 33 (*A. k.*); Chikuni, 1989: 31 (*A. k.*); Chen & Gao, 1990: 90 (*A. kompirense*); Chen & Zhang, 1991: 141 (*A. kompirense*); Zhao, 1993: 202 (*A. kompirense*); Song, Chen & Zhu, 1997: 1706 (*A. k.*); Zhu, 1998: 109 (*A. k.*); Song, Zhu & Chen, 1999: 91 (*A. k.*); Yoshida, 2000: 144 (*A. k.*); Namkung, 2002: 89 (*A. k.*); Yoshida, 2003: 106 (*A. k.*); Namkung, 2003: 91 (*A. k.*); Lee et al., 2004: 100 (*A. k.*); Yoshida, 2008: 39 (*P. k.*, Trans. from *Achaearanea*); Yoshida, 2009: 382; Yin et al., 2012: 262; Gao & Li, 2014: 57.
分布：山东（SD）、浙江（ZJ）、湖南（HN）、湖北（HB）、四川（SC）、云南（YN）、台湾（TW）；韩国、日本

兰屿拟肥腹蛛 *Parasteatoda lanyuensis* (Yoshida, Tso & Severinghaus, 2000)

Yoshida, Tso & Severinghaus, 2000: 130 (*Achaearanea l.*); Yoshida, 2008: 39 (*P. l.*, Trans. from *Achaearanea*).
分布：台湾（TW）

长管拟肥腹蛛 *Parasteatoda longiducta* (Zhu, 1998)

Zhu, 1998: 97 (*Achaearanea l.*); Song, Zhu & Chen, 1999: 91 (*Achaearanea l.*); Yoshida, 2008: 39 (*P. l.*, Trans. from *Achaearanea*); Yin et al., 2012: 265.
分布：湖南（HN）

突眼拟肥腹蛛 *Parasteatoda oculiprominens* (Saitō, 1939)

Saitō, 1939: 52 (*Nesticus oculiprominentis*); Saitō, 1959: 68 (*N. oculiprominentis*); Yoshida, 1991: 4 (*Achaearanea oculiprominentis*, Trans. from *Nesticus*); Kim, 1997: 203 (*A. oculiprominentis*); Zhu, 1998: 95 (*A. oculiprominentis*); Song, Zhu & Chen, 1999: 91 (*A. oculiprominentis*); Yoshida, 2000: 140 (*A. oculiprominentis*); Namkung, 2002: 91 (*A. oculiprominentis*); Yoshida, 2003: 103 (*A. oculiprominentis*); Namkung, 2003: 93 (*A. oculiprominentis*); Yoshida, 2008: 39 (*P. o.*, Trans. from *Achaearanea*); Yoshida, 2009: 382; Yin et al., 2012: 266
分布：湖南（HN）、四川（SC）、云南（YN）、广西（GX）、海南（HI）；老挝、韩国、日本

尖斑拟肥腹蛛 *Parasteatoda oxymaculata* (Zhu, 1998)

Zhu, 1998: 83 (*Achaearanea o.*); Song, Zhu & Chen, 1999: 91 (*A. o.*); Yoshida, 2008: 39 (*P. o.*, Trans. from *Achaearanea*); Jäger & Praxaysombath, 2011: 18; Yin et al., 2012: 268.

分布：湖南（HN）、四川（SC）、广西（GX）、海南（HI）；老挝

掌叶拟肥腹蛛 *Parasteatoda palmata* Gao & Li, 2014

Gao & Li, 2014: 57.

分布：云南（YN）

方斑拟肥腹蛛 *Parasteatoda quadrimaculata* (Yoshida, Tso & Severinghaus, 2000)

Yoshida, Tso & Severinghaus, 2000: 130 (*Achaearanea q.*); Yoshida, 2008: 39 (*P. q.*, Trans. from *Achaearanea*).

分布：台湾（TW）

宋氏拟肥腹蛛 *Parasteatoda songi* (Zhu, 1998)

Zhu, 1998: 104 (*Achaearanea s.*); Song, Zhu & Chen, 1999: 91 (*A. s.*); Yoshida, 2008: 39 (*P. s.*, Trans. from *Achaearanea*); Zhu & Zhang, 2011: 75; Yin et al., 2012: 270.

分布：河南（HEN）、湖南（HN）、湖北（HB）

拟板拟肥腹蛛 *Parasteatoda subtabulata* (Zhu, 1998)

Zhu, Zhang & Xu, 1991: 172 (*Achaearanea nipponica*, misidentified); Zhu, 1998: 111 (*A. s.*); Song, Zhu & Chen, 1999: 91 (*A. s.*); Song, Zhu & Chen, 2001: 94 (*A. s.*); Yoshida, 2008: 39 (*P. s.*, Trans. from *Achaearanea*).

分布：河北（HEB）、山西（SX）、山东（SD）、陕西（SN）

锥形拟肥腹蛛 *Parasteatoda subvexa* (Zhu, 1998)

Zhu, 1998: 102 (*Achaearanea s.*); Song, Zhu & Chen, 1999: 91 (*A. s.*); Yoshida, 2008: 39 (*P. s.*, Trans. from *Achaearanea*).

分布：云南（YN）

横板拟肥腹蛛 *Parasteatoda tabulata* (Levi, 1980)

Levi, 1980: 334 (*Achaearanea t.*); Yoshida, 1983: 38 (*A. nipponica*); Yaginuma, 1986: 33 (*A. n.*); Paik, 1986: 4 (*A. n.*); Moritz, Levi & Pfüller, 1988: 361 (*A. t.*, Syn. of male); Yoshida, 1989: 317 (*A. t.*); Chikuni, 1989: 30 (*A. t.*); Knoflach, 1991: 59 (*A. t.*); Dimitrov, 1994: 77 (*A. t.*); Gromov, 1997: 31 (*A. t.*); Zhu, 1998: 112 (*A. t.*); Song, Zhu & Chen, 1999: 91 (*A. t.*); Yoshida, 2000: 145 (*A. t.*); Yoo & Kim, 2002: 26 (*A. nipponica*); Yoo & Kim, 2002: 29 (*A. t.*); Namkung, 2002: 86 (*A. t.*); Kim & Cho, 2002: 299 (*A. t.*); Yoshida, 2003: 107 (*A. t.*); Paquin & Dupérré, 2003: 213 (*A. t.*); Namkung, 2003: 88 (*A. t.*); Agnarsson, Coddington & Knoflach, 2007: 368 (*A. t.*); Yoshida, 2008: 39 (*P. t.*, Trans. from *Achaearanea*); Yoshida, 2009: 382; Le Peru, 2011: 434 (*A. t.*); Zhu & Zhang, 2011: 76; Yin et al., 2012: 270.

异名：

Parasteatoda nipponica (Yoshida, 1983, Trans. from *Achaearanea*); Moritz, Levi & Pfüller, 1988: 361 (Syn., sub. *Achaearanea*).

分布：吉林（JL）、辽宁（LN）、河南（HEN）、湖南（HN）；全北界

温室拟肥腹蛛 *Parasteatoda tepidariorum* (C. L. Koch, 1841)

C. L. Koch, 1841: 75 (*Theridion t.*); Walckenaer, 1841: 321 (*T. pallidum*); Hentz, 1850: 271 (*T. vulgare*); Thorell, 1856: 108 (*Steatoda t.*); Blackwall, 1864: 180 (*T. t.*); Holmberg, 1876: 14 (*T. marmoreum*); Emerton, 1882: 13 (*T. t.*); Keyserling, 1884: 9 (*T. tepidatorium*); Urquhart, 1886: 187 (*T. varium*); Chyzer & Kulczyński, 1894: 35 (*T. t.*); Simon, 1894: 536 (*T. t.*); Becker, 1896: 97 (*T. t.*); Tullgren, 1901: 5 (*T. t.*); Bösenberg, 1902: 96 (*T. t.*); F. O. P.-Cambridge, 1902: 382 (*Steatoda t.*); Emerton, 1902: 111 (*T. t.*); Kulczyński, 1905: 561 (*T. t.*); Engelhardt, 1910: 68 (*T. t.*); Simon, 1914: 260, 296 (*T. t.*); Saitō, 1933: 42 (*T. t.*); Wiehle, 1937: 155 (*T. t.*); Comstock, 1940: 360 (*T. t.*); Nakatsudi, 1942: 301 (*T. t.*); Muma, 1943: 67 (*T. t.*); Chamberlin & Ivie, 1944: 55 (*T. t.*, Syn.); Denis, 1944: 111 (*T. t.*); Archer, 1946: 38 (*P. t.*, Trans. from *Theridion*); Kaston, 1948: 103 (*T. t.*); Locket & Millidge, 1953: 63 (*T. t.*); Levi, 1955: 32 (*Achaearanea t.*); Saitō, 1959: 72 (*Theridion t.*); Abalos & Báez, 1963: 203 (*A. t.*); Lee, 1966: 28 (*Theridion t.*); Abalos, 1967: 273 (*A. t.*); Levi, 1967: 178 (*A. t.*); Azheganova, 1968: 60 (*Theridium t.*); Tyschchenko, 1971: 150 (*T. t.*); Miller, 1971: 192 (*A. t.*); Locket & Luczak, 1974: 267 (*A. t.*); Martin, 1974: 251 (*A. t.*); Palmgren, 1974: 31 (*A. t.*); Locket, Millidge & Merrett, 1974: 52 (*A. t.*); Levi & Randolph, 1975: 36 (*A. t.*); Chrysanthus, 1975: 45 (*A. t.*); Woźny, 1976: 217 (*A. t.*); Song, 1980: 138 (*Theridion t.*); Roth, 1982: 47 (*A. t.*); Heimer, 1982: 41 (*A. t.*); Yin, Wang & Hu, 1983: 34 (*A. t.*); Hu, 1984: 173 (*Theridion t.*); Roth, 1985: B43 (*A. t.*); Roberts, 1985: 182 (*A. t.*); Guo, 1985: 99 (*Theridion t.*); Zhu et al., 1985: 98 (*A. t.*); Yaginuma, 1986: 33 (*A. t.*); Song, 1987: 119 (*A. t.*); Zhang, 1987: 104 (*A. t.*); Chikuni, 1989: 30 (*A. t.*); Hu & Wu, 1989: 118 (*A. t.*); Izmailova, 1989: 96 (*Theridium t.*); Feng, 1990: 112 (*A. t.*); Chen & Gao, 1990: 90 (*A. t.*); Chen & Zhang, 1991: 139 (*A. t.*); Heimer & Nentwig, 1991: 280 (*A. t.*); Knoflach, 1991: 61 (*A. t.*); Song, Zhu & Li, 1993: 853 (*A. t.*); Zhao, 1993: 203 (*A. t.*); Roth, 1994: 183 (*A. t.*); Dimitrov, 1994: 77 (*A. t.*); Roberts, 1995: 279 (*A. t.*); Agnarsson, 1996: 52 (*A. t.*); Mcheidze, 1997: 193 (*Theridium t.*); Song, Chen & Zhu, 1997: 1706 (*A. t.*); Zhu, 1998: 105 (*A. t.*); Roberts, 1998: 293 (*A. t.*); Song, Zhu & Chen, 1999: 95 (*A. t.*); Yoshida, 2000: 146 (*A. t.*); Hu, 2001: 556 (*A. t.*); Song, Zhu & Chen, 2001: 95 (*A. t.*); Yoo & Kim, 2002: 26 (*A. t.*); Namkung, 2002: 82 (*A. t.*); Kim & Cho, 2002: 299 (*A. t.*); Yoshida, 2003: 109 (*A. t.*); Paquin & Dupérré, 2003: 213 (*A. t.*); Namkung, 2003: 84 (*A. t.*); Guryanova, 2003: 5 (*A. t.*); Knoflach, 2004: 218 (*A. t.*); Agnarsson, 2004: 626 (*A. t.*); Almquist, 2005: 54 (*A. t.*); Agnarsson, 2006: 583 (*A. t.*); Saaristo, 2006: 70 (*P. t.*, Trans. from *Achaearanea*); Agnarsson, Coddington & Knoflach, 2007: 366 (*A. t.*); Yoshida, 2009: 380; Paquin, Vink & Dupérré, 2010: 62; Saaristo, 2010: 261; Wunderlich, 2011: 236; Le Peru, 2011: 434 (*A. t.*); Álvarez-Padilla & Hormiga, 2011: 853; Yin et al., 2012: 273.

异名：

Parasteatoda pallida (Walckenaer, 1841, Trans. from *Theridion*); Chamberlin & Ivie, 1944: 55 (Syn., sub. *Theridion*).

分布：吉林（JL）、辽宁（LN）、河北（HEB）、天津（TJ）、北京（BJ）、山西（SX）、山东（SD）、河南（HEN）、陕西（SN）、宁夏（NX）、甘肃（GS）、青海（QH）、新疆（XJ）、安徽（AH）、江苏（JS）、上海（SH）、浙江（ZJ）、江西（JX）、湖南（HN）、湖北（HB）、四川（SC）、贵州（GZ）、云南（YN）、西藏（XZ）、福建（FJ）、台湾（TW）、广东（GD）、广西（GX）；世界性分布

横窝拟肥腹蛛 *Parasteatoda transipora* (Zhu & Zhang, 1992)

Zhu & Zhang, 1992: 27 (*Theridion transiporum*); Zhu, 1998: 91 (*Achaearanea t.*, Trans. from *Theridion*); Song, Zhu & Chen, 1999: 95 (*A. t.*); Yoshida, 2008: 39 (*P. t.*, Trans. from *Achaearanea*); Gao & Li, 2014: 58.

分布：云南（YN）、广西（GX）、海南（HI）

王氏拟肥腹蛛 *Parasteatoda wangi* Jin & Zhang, 2013

Jin & Zhang, 2013: 520.

分布：福建（FJ）

困蛛属 *Pholcomma* Thorell, 1869

Thorell, 1869: 98. Type species: *Erigone gibba* Westring, 1851

异名：

Ancylorrhanis Simon, 1894; Levi & Levi, 1962: 17 (Syn.);

Armigera Marples, 1956; Levi & Levi, 1962: 17 (Syn.).

云南困蛛 *Pholcomma yunnanense* Song & Zhu, 1994

Song & Zhu, 1994: 38; Zhu, 1998: 223 (*P. yunnanensis*); Song, Zhu & Chen, 1999: 127.

分布：云南（YN）

锥蛛属 *Phoroncidia* Westwood, 1835

Westwood, 1835: 453. Type species: *Phoroncidia aculeata* Westwood, 1835

异名：

Trithena Simon, 1867; Levi & Levi, 1962: 31 (Syn.);

Ulesanis L. Koch, 1872; Levi & Levi, 1962: 31 (Syn.);

Sudabe Karsch, 1879 (removed from Syn. of *Theridion* Walckenaer, 1805); Levi & Levi, 1962: 29 (Syn.);

Wibrada Keyserling, 1886; Levi, 1964: 72 (Syn.).

针尾锥蛛 *Phoroncidia aculeata* Westwood, 1835

Westwood, 1835: 453; Levi & Levi, 1962: 57; Gao & Li, 2014: 61.

分布：云南（YN）；印度

阿里山锥蛛 *Phoroncidia alishanensis* Chen, 1990

Chen, 1990: 20 (*P. alishanense*).

分布：台湾（TW）

凹锥蛛 *Phoroncidia concave* Yin & Xu, 2012

Yin & Xu, in Yin et al., 2012: 365.

分布：湖南（HN）

瓢锥蛛 *Phoroncidia crustula* Zhu, 1998

Zhu, 1998: 29; Song, Zhu & Chen, 1999: 127; Gao & Li, 2014: 61.

分布：云南（YN）、海南（HI）

带花锥蛛 *Phoroncidia floripara* Gao & Li, 2014

Gao & Li, 2014: 61.

分布：云南（YN）

民陕锥蛛 *Phoroncidia minschana* (Schenkel, 1936)

Schenkel, 1936: 49 (*Ulesanis m.*); Logunov & Marusik, 1992: 95 (*P. borea*); Logunov, 1992: 66 (*P. minshana*, Syn.).

异名：

Phoroncidia borea Logunov & Marusik, 1992; Logunov, 1992: 66 (Syn.).

分布：甘肃（GS）；俄罗斯

鼻锥蛛 *Phoroncidia nasuta* (O. P.-Cambridge, 1873)

O. P.-Cambridge, 1873: 127 (*Stegosoma n.*); Simon, 1894: 554 (*Ulesanis n.*); Yoshida, 2011: 43 (*U. nasutus*).

分布：台湾（TW）；日本、斯里兰卡

圆锥蛛 *Phoroncidia pilula* (Karsch, 1879)

Karsch, 1879: 63 (*Sudabe p.*); Bösenberg & Strand, 1906: 146 (*Theridion p.*); Bösenberg & Strand, 1906: 239 (*Gasteracantha sagaensis*); Yaginuma, 1956: 26 (*Oronota p.*, Trans. from *Theridion*); Yaginuma, 1960: 35 (*O. p.*, Syn.); Komatsu, 1961: 22 (*Theridion p.*); Yaginuma, 1965: 34; Yoshida, 1979: 46; Yaginuma, 1986: 44; Yoshida, 1989: 318; Chikuni, 1989: 39; Zhu, 1998: 27; Song, Zhu & Chen, 1999: 127; Namkung, 2002: 121; Yoshida, 2003: 52; Namkung, 2003: 123; Yoshida, 2009: 365; Yoshida, 2011: 42 (*Ulesanis p.*); Yin et al., 2012: 367.

异名：

Phoroncidia sagaensis (Bösenberg & Strand, 1906, Trans. from *Gasteracantha*); Yaginuma, 1960: 35 (Syn., sub. *Oronota*).

分布：辽宁（LN）、甘肃（GS）、湖南（HN）；韩国、日本

琉球锥蛛 *Phoroncidia ryukyuensis* Yoshida, 1979

Yoshida, 1979: 49; Yaginuma, 1986: 44; Yoshida, 2003: 53; Yoshida, 2009: 365; Yoshida, 2011: 44 (*Ulesanis r.*).

分布：台湾（TW）；琉球群岛

藻蛛属 *Phycosoma* O. P.-Cambridge, 1879

O. P.-Cambridge, 1879: 692. Type species: *Phycosoma oecobioides* O. P.-Cambridge, 1879

异名：

Trigonobothrys Simon, 1889; Fitzgerald & Sirvid, 2003: 28 (Syn., contra. Levi & Levi, 1962: 26).

奄美藻蛛 *Phycosoma amamiense* (Yoshida, 1985)

Yoshida, 1985: 11 (*Pholcomma amamiensis*); Yoshida, 1991: 35 (*Dipoena amamiensis*, Trans. from *Pholcomma*, now placed in *Lasaeola okinawana*); Yoshida, 1991: 33 (*D. japonica*, misidentified); Zhu, 1992: 108 (*D. amamiensis*); Paik, 1995: 33 (*D. amamiensis*); Zhu, 1998: 242 (*D. amamiensis*); Song, Zhu & Chen, 1999: 110 (*D. amamiensis*); Yoshida & Ono, 2000: 130 (*D. amamiensis*); Yoshida, 2002: 14 (*Trigonobothrys amamiensis*, Trans. from *Dipoena*); Yoshida, 2003: 177(*T. amamiensis*); Yoshida, 2009: 391; Zhu & Zhang, 2011: 91; Yin et al., 2012: 369.

分布：河南（HEN）、湖南（HN）、福建（FJ）；韩国、日本、琉球群岛

褶皱藻蛛 *Phycosoma corrugum* Gao & Li, 2014

Gao & Li, 2014: 63.

分布：云南（YN）

刻痕藻蛛 *Phycosoma crenatum* Gao & Li, 2014

Gao & Li, 2014: 70.

分布：云南（YN）

吊罗藻蛛 *Phycosoma diaoluo* Zhang & Zhang, 2012

Zhang & Zhang, 2012: 33.

分布：海南（HI）

指状藻蛛 *Phycosoma digitula* Zhang & Zhang, 2012

Zhang & Zhang, 2012: 31.

分布：海南（HI）

黄缘藻蛛 *Phycosoma flavomarginatum* (Bösenberg & Strand, 1906)

Bösenberg & Strand, 1906: 151 (*Dipoena flavomarginata*); Ohno & Yaginuma, 1968: 27 (*D. flavomarginata*); Arita, 1970: 26 (*D. flavomarginata*); Yoshida, 1978: 22 (*D. flavomarginata*); Yaginuma, 1986: 42 (*D. flavomarginata*); Chikuni, 1989: 36 (*D. flavomarginata*); Zhu, 1998: 231 (*D. flavomarginata*); Zhu, 1998: 251 (*D. immaculata*); Song, Zhu & Chen, 1999: 110 (*D. flavomarginata*); Song, Zhu & Chen, 1999: 112 (*D. immaculata*); Yoshida & Ono, 2000: 136 (*D. flavomarginata*); Yoshida, 2002: 14 (*Trigonobothrys flavomarginatus*, Trans. from *Dipoena*, Syn.); Namkung, 2002: 110 (*D. flavomarginata*); Yoshida, 2003: 181 (*Trigonobothrys flavomarginatus*); Namkung, 2003: 112 (*T. flavomarginatus*); Lee et al., 2004: 100 (*D. flavomarginata*); Yoshida, 2009: 391; Zhu & Zhang, 2011: 92; Yin et al., 2012: 370.

异名：

Phycosoma immaculatum (Zhu, 1998, Trans. from *Dipoena*); Yoshida, 2002: 14 (Syn., sub. *Trigonobothrys*).

分布：河南（HEN）、湖南（HN）、湖北（HB）；韩国、日本

海南藻蛛 *Phycosoma hainanensis* (Zhu, 1998)

Zhu, 1998: 234 (*Dipoena h.*); Song, Zhu & Chen, 1999: 110 (*D. h.*); Zhang & Zhang, 2012: 41 (*P. h.*, Trans. from *Dipoena*).

分布：海南（HI）；老挝

哈娜藻蛛 *Phycosoma hana* (Zhu, 1998)

Zhu, 1998: 237 (*Dipoena h.*); Song, Zhu & Chen, 1999: 110 (*D. h.*); Zhang & Zhang, 2012: 36 (*P. h.*, Trans. from *Dipoena*).

分布：海南（HI）

唇藻蛛 *Phycosoma labialis* (Zhu, 1998)

Zhu, 1998: 241 (*Dipoena l.*); Song, Zhu & Chen, 1999: 112 (*D. l.*); Zhang & Zhang, 2012: 38 (*P. l.*, Trans. from *Dipoena*).

分布：海南（HI）

舌状藻蛛 *Phycosoma ligulaceum* Gao & Li, 2014

Gao & Li, 2014: 70.

分布：云南（YN）

马丁藻蛛 *Phycosoma martinae* (Roberts, 1983)

Roberts, 1983: 227 (*Dipoena m.*); Yoshida, 1991: 33 (*D. japonica*, misidentified); Chen, Peng & Zhao, 1992: 270 (*D. decamaculata*); Paik, 1995: 32 (*D. coreana*); Barrion & Litsinger, 1995: 454 (*D. ruedai*); Zhu, 1998: 236 (*D. m.*, Syn. of female); Song, Zhu & Chen, 1999: 112 (*D. m.*); Yoshida & Ono, 2000: 132 (*D. m.*, Syn.); Yoshida, 2002: 14 (*Trigonobothrys m.*, Trans. from *Dipoena*); Yoshida, 2003: 178 (*T. m.*); Sudhikumar, Mathew & Sebastian, 2004: 52 (*T. m.*); Saaristo, 2006: 52; Yoshida, 2009: 391; Saaristo, 2010: 240.

异名：

Phycosoma decamaculatum (Chen, Peng & Zhao, 1992, Trans. from *Dipoena*); Zhu, 1998: 236 (Syn., sub. *Dipoena*);

P. coreanum (Paik, 1995, Trans. from *Dipoena*); Yoshida & Ono, 2000: 132 (Syn., sub. *Dipoena*);

P. ruedai (Barrion & Litsinger, 1995, Trans. from *Dipoena*); Yoshida & Ono, 2000: 132 (Syn., sub. *Dipoena*).

分布：江西（JX）、海南（HI）；印度、韩国、琉球群岛、菲律宾、塞舌尔

鼬形藻蛛 *Phycosoma mustelinum* (Simon, 1889)

Simon, 1889: 251 (*Euryopis mustelina*); Bösenberg & Strand, 1906: 137 (*E. mustelina*); Paik, 1962: 74 (*E. mustelina*); Yaginuma, 1967: 88 (*Dipoena mustelina*, Trans. from *Euryopis*); Yaginuma, 1986: 42 (*D. mustelina*); Chikuni, 1989: 36 (*D. mustelina*); Zhu, 1992: 109 (*D. mustelina*); Zhu, 1998: 240 (*D. mustelina*); Song, Zhu & Chen, 1999: 112 (*D. mustelina*); Yoshida & Ono, 2000: 135 (*D. mustelina*); Yoshida, 2002: 14 (*Trigonobothrys mustelinus*, Trans. from *Dipoena*); Yoshida, 2003: 179 (*T. mustelinus*); Namkung, 2003: 113 (*T. mustelinus*); Lee et al., 2004: 100 (*D. mustelina*); Yoshida, 2009: 391; Yin et al., 2012: 372.

分布：吉林（JL）、辽宁（LN）、浙江（ZJ）、湖南（HN）、云南（YN）；韩国、日本、俄罗斯、印度尼西亚喀拉喀托火山

黑斑藻蛛 *Phycosoma nigromaculatum* (Yoshida, 1987)

Yoshida, 1987: 29 (*Pholcomma n.*); Zhu, 1998: 227 (*Dipoena nigromaculata*, Trans. from *Pholcomma*); Song, Zhu & Chen, 1999: 112 (*D. nigromaculata*); Yoshida, 2002: 15 (*Trigonobothrys*

nigromaculatus, Trans. from *Dipoena*); Yoshida, 2003: 152 (*T. nigromaculatus*); Yoshida, 2009: 391.
分布：台湾（TW）；日本、琉球群岛

中华藻蛛 *Phycosoma sinica* (Zhu, 1992)

Zhu, 1992: 109 (*Dipoena s.*); Chen & Zhao, 1996: 35 (*D. hubeiensis*); Zhu, 1998: 238 (*D. s.*, Syn.); Song, Zhu & Chen, 1999: 112 (*D. s.*); Zhu & Zhang, 2011: 93; Yin et al., 2012: 323; Zhang & Zhang, 2012: 41 (*P. s.*, Trans. from *Dipoena*).
异名：
Phycosoma hubeiensis (Chen & Zhao, 1996, Trans. from *Dipoena*); Zhu, 1998: 238 (Syn., sub. *Dipoena*).
分布：河南（HEN）、陕西（SN）、甘肃（GS）、安徽（AH）、湖南（HN）、湖北（HB）、四川（SC）、贵州（GZ）、海南（HI）

星斑藻蛛 *Phycosoma stellaris* (Zhu, 1998)

Zhu, 1998: 230 (*Dipoena s.*); Song, Zhu & Chen, 1999: 112 (*D. s.*); Zhang & Zhang, 2012: 34 (*P. s.*, Trans. from *Dipoena*).
分布：海南（HI）

斑点藻蛛 *Phycosoma stictum* (Zhu, 1992)

Zhu, 1992: 110 (*Dipoena s.*); Zhu, 1998: 252 (*Dipoena s.*); Song, Zhu & Chen, 1999: 112 (*Dipoena s.*); Yin et al., 2012: 373 (*Phycosoma s.*, Trans. from *Dipoena*).
分布：安徽（AH）、福建（FJ）

多斑藻蛛 *Phycosoma stigmosum* Yin, 2012

Yin, in Yin et al., 2012: 374.
分布：湖南（HN）

叶球蛛属 *Phylloneta* Archer, 1950

Archer, 1950: 19. Type species: *Theridion pictipes* Keyserling, 1884

刻纹叶球蛛 *Phylloneta impressa* (L. Koch, 1881)

Menge, 1868: 161 (*Steatoda sisyphia*, misidentified); L. Koch, 1881: 45 (*Theridion impressum*); Simon, 1881: 100 (*T. sisyphum*); Kulczyński, 1885: 27 (*T. i. intermedium*); Chyzer & Kulczyński, 1894: 33 (*T. i.*); Bösenberg, 1902: 99 (*T. i.*); Fedotov, 1912: 61 (*T. i.*); Simon, 1914: 257, 295 (*T. i.*); Yurinich & Drensky, 1917: 116, 136 (*T. cornutum*; preoccupied by Wider, 1834); *Theridion* Rosca, 1935: 243 (*T. botezati*); Rosca, 1936: 198 (*T. botezati*); Wiehle, 1937: 152 (*T. i.*); Drensky, 1939: 85 (*T. cornutum*); Nakatsudi, 1942: 9 (*T. i.*); Chamberlin & Ivie, 1947: 27 (*T. frigicola*); Archer, 1950: 20 (*Allotheridion i.*, Trans. from *Theridion*); Locket & Millidge, 1953: 67 (*T. i.*); Levi, 1957: 89 (*T. i.*, Syn.); Zhu, 1998: 161 (*T. i.*); Song, Zhu & Chen, 1999: 138 (*T. i.*); Hu, 2001: 580 (*T. i.*); Almquist, 2005: 99 (*T. i.*); Paquin & Dupérré, 2006: 27 (*T. i.*); Wunderlich, 2008: 393; Le Peru, 2011: 478 (*T. i.*); Kaya & Uğurtaş, 2011: 148; Quasin & Uniyal, 2012: 59.
异名：
Phylloneta botezati (Rosca, 1935, Trans. from *Theridion*); Deltshev, 1992: 17 (Syn., sub. *Theridion*);
P. frigicola (Chamberlin & Ivie, 1947, Trans. from *Theridion*); Levi, 1957: 89 (Syn., sub. *Theridion*).
分布：西藏（XZ）；全北界

科氏叶球蛛 *Phylloneta sisyphia* (Clerck, 1757)

Clerck, 1757: 54 (*Araneus sisyphius*); Linnaeus, 1758: 621 (*Aranea notata*); Olivier, 1789: 210 (*A. nervosa*); Schrank, 1803: 241 (*A. scopulorum*); Sundevall, 1831: 8 (*Theridion sisyphus*); Hahn, 1834: 47 (*T. sisyphum*); Hahn, 1834: 48 (*T. nervosum*); C. L. Koch, 1841: 73 (*T. sisyphum*); Walckenaer, 1841: 279 (*Linyphia cincta*); C. L. Koch, 1850: 17 (*Steatoda sisyphus*); Blackwall, 1864: 183 (*Theridion nervosum*); Giebel, 1867: 434 (*Zilla alpina*); Thorell, 1870: 86 (*T. sisyphum*); Hansen, 1882: 34 (*T. s.*); Chyzer & Kulczyński, 1894: 33 (*T. s.*); Becker, 1896: 99 (*T. s.*); Bösenberg, 1902: 98 (*T. s.*); Engelhardt, 1910: 74 (*T. s.*); Fedotov, 1912: 62 (*T. nervosum*); Simon, 1914: 257, 295 (*T. s.*); Wiehle, 1937: 151 (*T. notatum*); Levi, 1974: 270 (*T. s.*, Syn.); Hu & Li, 1987: 340 (*T. s.*); Hu & Wu, 1989: 138 (*T. sisyphius*); Heimer & Nentwig, 1991: 302 (*T. sisyphium*); Zhao, 1993: 219 (*T. sisyphius*); Roberts, 1995: 282 (*T. sisyphium*); Zhu, 1998: 168 (*T. s.*); Song, Zhu & Chen, 1999: 142 (*T. s.*); Hu, 2001: 586 (*T. s.*); Wunderlich, 2008: 393; Le Peru, 2011: 485 (*T. s.*).
异名：
Phylloneta notata (Linnaeus, 1758, Trans. from *Theridion*); Clerckian names validated by ICZN Direction 104;
P. alpina (Giebel, 1867, Trans. from *Zygiella* per Bonnet, omitted by Roewer); Levi, 1974: 270 (Syn., sub. *Theridion*).
分布：青海（QH）、新疆（XJ）、西藏（XZ）；古北界

特兰科氏叶球蛛 *Phylloneta sisyphia torandae* (Strand, 1917)

O. P.-Cambridge, 1885: 32 (*Theridion lepidum*; preoccupied); Strand, 1917: 72 (*Theridion torandae*, replacement name); Caporiacco, 1934: 147 (*Theridion sisyphium illepida*, superfluous replacement name, reduced to subspecies).
分布：新疆（XJ）（喀喇昆仑）

普克蛛属 *Platnickina* Koçak & Kemal, 2008

Koçak & Kemal, 2008: 3. Type species: *Keijia maculata* Yoshida, 2001

骰斑普克蛛 *Platnickina fritilla* Gao & Li, 2014

Gao & Li, 2014: 77.
分布：云南（YN）

脉普克蛛 *Platnickina mneon* (Bösenberg & Strand, 1906)

Bösenberg & Strand, 1906: 142 (*Theridion m.*); Berland, 1934: 102 (*T. adamsoni*); Gertsch & Archer, 1942: 5 (*T. hobbsi*); Bryant, 1945: 205 (*T. blatchleyi*); Archer, 1946: 46 (*T. hobbsi*, Syn. of male); Bryant, 1947: 88 (*T. insulicola*); Archer, 1950: 13 (*Chindellum magnificum*); Levi, 1957: 62 (*T. hobbsi*, S); Levi, 1959: 111 (*T. a.*, Syn.); Marples, 1964: 409 (*T. a.*); Levi,

1967: 181 (*T. a.*); Saaristo, 1978: 117 (*Coleosoma a.*, Trans. from *Theridion*); Kamura, 1986: 2 (*T. a.*); Chikuni, 1989: 43 (*T. a.*); Saitō, 1992: 946 (*T. a.*); Zhu, 1998: 162 (*T. a.*); Song, Zhu & Chen, 1999: 137 (*T. a.*); Yoshida, 2001: 172 (*Keijia m.*, Trans. from *Theridion*, Syn. of male); Namkung, 2002: 99 (*T. a.*); Yoshida, 2003: 84 (*Keijia m.*); Namkung, 2003: 101 (*K. m.*); Saaristo, 2006: 62 (*K. m.*); Yoshida, 2009: 374 (*K. m.*); Saaristo, 2010: 257; Ono, 2011: 452 (*P. adamsoni*; may be a separate species from *P. mneon*); Yin et al., 2012: 352; Gao & Li, 2014: 82.

异名：

Platnickina adamsoni (Berland, 1934, Trans. from *Theridion*); Yoshida, 2001: 172 (Syn., sub. *Keijia*);

P. hobbsi (Gertsch & Archer, 1942, Trans. from *Theridion*); Levi, 1959: 112 (Syn., sub. *Theridion adamsoni*);

P. blatchleyi (Bryant, 1945, Trans. from *Theridion*); Archer, 1946: 46 (Syn., sub. *Theridion hobbsi*);

P. insulicola (Bryant, 1947, Trans. from *Theridion*); Levi, 1957: 62 (Syn., sub. *Theridion hobbsi*);

P. magnificum (Archer, 1950, Trans. from *Chindellum*); Levi, 1957: 63 (Syn., sub. *Theridion hobbsi*).

分布：江苏（JS）、湖南（HN）、四川（SC）、云南（YN）；泛热带区

琼海普克蛛 *Platnickina qionghaiensis* (Zhu, 1998)

Zhu, 1998: 164 (*Theridion q.*); Song, Zhu & Chen, 1999: 142 (*T. q.*); Yoshida, 2001: 169 (*Keijia q.*, Trans. from *Theridion*).

分布：海南（HI）

胸斑普克蛛 *Platnickina sterninotata* (Bösenberg & Strand, 1906)

Bösenberg & Strand, 1906: 143 (*Theridion sterninotatum*); Yaginuma, 1960: 37 (*T. s.*); Namkung, 1964: 35 (*T. s.*); Yaginuma, 1971: 37 (*T. s.*); Hu, 1984: 172 (*T. s.*); Kumada, 1986: 1 (*T. s.*); Yaginuma, 1986: 35 (*T. s.*); Chikuni, 1989: 43 (*T. s.*); Chen & Zhang, 1991: 155 (*T. s.*); Logunov, 1992: 59 (*T. s.*); Zhu, 1998: 156 (*T. s.*); Song, Zhu & Chen, 1999: 142 (*T. s.*); Yoshida, 2001: 170 (*Keijia s.*, Trans. from *Theridion*); Yoshida, 2003: 86 (*Keijia s.*); Namkung, 2003: 100 (*K. s.*); Yoshida, 2009: 374 (*K. s.*); Yin et al., 2012: 353; Gao & Li, 2014: 82.

分布：辽宁（LN）、陕西（SN）、浙江（ZJ）、湖南（HN）、湖北（HB）、贵州（GZ）、云南（YN）；韩国、日本、俄罗斯

菱球蛛属 *Rhomphaea* L. Koch, 1872

L. Koch, 1872: 290. Type species: *Rhomphaea cometes* L. Koch, 1872

侧绕菱球蛛 *Rhomphaea ceraosus* (Zhu & Song, 1991)

Zhu & Song, 1991: 133 (*Argyrodes c.*); Zhu, 1998: 215 (*A. c.*); Song, Zhu & Chen, 1999: 100 (*A. c.*); Agnarsson, 2004: 480 (*R. c.*, Trans. from *Argyrodes*).

分布：海南（HI）

许干菱球蛛 *Rhomphaea hyrcana* (Logunov & Marusik, 1990)

Logunov & Marusik, 1990: 133 (*Argyrodes h.*); Zhu & Song, 1991: 136 (*A. h.*); Zhu, 1998: 217 (*A. hyrcanus*); Song, Zhu & Chen, 1999: 100 (*A. hyrcanus*); Yoshida, 2001: 187; Yoshida, 2003: 155; Agnarsson, 2004: 480 (*R. h.*, Trans. from *Argyrodes*, after Yoshida, 2001); Yoshida, 2009: 387; Marusik & Kovblyuk, 2011: 241.

分布：海南（HI）；日本、阿塞拜疆、格鲁吉亚

唇形菱球蛛 *Rhomphaea labiata* (Zhu & Song, 1991)

Zhu & Song, 1991: 137 (*Argyrodes labiatus*); Song, Zhu & Li, 1993: 855 (*A. labiatus*); Zhu, 1998: 213 (*A. labiatus*); Song, Zhu & Chen, 1999: 100 (*A. labiatus*); Yoshida, 2001: 187; Ono & Shinkai, 2001: 195 (*A. labiatus*); Yoshida, 2003: 156; Agnarsson, 2004: 480 (*R. l.*, Trans. from *Argyrodes*, after Yoshida, 2001); Yoshida, 2009: 387; Yin et al., 2012: 376; Gao & Li, 2014: 82.

分布：湖南（HN）、福建（FJ）、贵州（GZ）、云南（YN）、广西（GX）；老挝、日本

青菱球蛛 *Rhomphaea sagana* (Dönitz & Strand, 1906)

Dönitz & Strand, in Bösenberg & Strand, 1906: 378 (*Ariamnes saganus*); Yaginuma, 1986: 51 (*Argyrodes saganus*); Chikuni, 1989: 35 (*A. s.*); Logunov & Marusik, 1990: 135 (*A. s.*); Barrion & Litsinger, 1995: 458 (*A. s.*); Zhu, 1998: 212 (*A. s.*); Song, Zhu & Chen, 1999: 100 (*A. s.*); Namkung, 2003: 140; Agnarsson, 2004: 480 (, Trans. from *Argyrodes*, after Yoshida, 2001); Kim & Kim, 2007: 225 (*R. saganus*); Yoshida, 2009: 387; Gao & Li, 2014: 82.

分布：吉林（JL）、甘肃（GS）、云南（YN）、台湾（TW）；俄罗斯、阿塞拜疆到日本、菲律宾

中华菱球蛛 *Rhomphaea sinica* (Zhu & Song, 1991)

Zhu & Song, 1991: 142 (*Argyrodes sinicus*); Zhu, 1998: 216 (*A. sinicus*); Song, Zhu & Chen, 1999: 103 (*A. sinicus*); Agnarsson, 2004: 480 (*R. s.*, Trans. from *Argyrodes*); Yin et al., 2012: 387; Gao & Li, 2014: 83.

分布：浙江（ZJ）、湖南（HN）、云南（YN）

谷川菱球蛛 *Rhomphaea tanikawai* Yoshida, 2001

Yoshida, 2001: 187; Yoshida, 2003: 159; Yoshida, 2009: 387; Gao & Li, 2014: 83.

分布：云南（YN）；日本

罗伯蛛属 *Robertus* O. P.-Cambridge, 1879

O. P.-Cambridge, 1879: 103. Type species: *Neriene neglecta* O. P.-Cambridge, 1871

异名：

Ctenium Menge, 1871; Levi & Levi, 1962: 19 (Syn.);

Garritus Chamberlin & Ivie, 1933; Kaston, 1946: 1 (Syn., sub *Ctenium*).

芦苇罗伯蛛 *Robertus arundineti* (O. P.-Cambridge, 1871)

O. P.-Cambridge, 1871: 441 (*Neriene a.*); O. P.-Cambridge, 1871: 441 (*N. clarkii*); Thorell, 1871: 131 (*Erigone a.*); L.

Koch, 1872: 262 (*E. clarkii*); Förster & Bertkau, 1883: 250 (*Ctenium clarkii*); Simon, 1884: 196 (*Pedanostethus a.*); Chyzer & Kulczyński, 1894: 47 (*P. clarkii*); Becker, 1896: 4 (*P. a.*); Bösenberg, 1902: 138 (*P. clarkii*); Lessert, 1910: 127 (*R. clarki*); Simon, 1914: 287, 307; Wiehle, 1937: 214; Ovsyannikov, 1937: 90 (*Ctenium a.*); Zhou & Song, 1987: 19; Hu & Wu, 1989: 127; Zhu, 1998: 296; Song, Zhu & Chen, 1999: 127; Almquist, 2005: 80; Le Peru, 2011: 460.

分布：新疆（XJ）；古北界

峨眉罗伯蛛 *Robertus emeishanensis* Zhu, 1998

Zhu, 1998: 298; Song, Zhu & Chen, 1999: 127.

分布：四川（SC）

波氏罗伯蛛 *Robertus potanini* Schenkel, 1963

Schenkel, 1963: 108.

分布：甘肃（GS）

爪罗伯蛛 *Robertus ungulatus* Vogelsanger, 1944

Vogelsanger, 1944: 160; Miller, 1967: 281 (*R. paradoxus*); Miller, 1971: 188 (*R. u.*, Syn.); Palmgren, 1972: 129 (*R. paradoxus*); Palmgren, 1974: 47 (*R. paradoxus*); Wunderlich, 1976: 111; Heimer & Nentwig, 1991: 294; Gao, Guan & Zhu, 1993: 76; Zhu, 1998: 299; Song, Zhu & Chen, 1999: 127; Le Peru, 2011: 463.

异名：

Robertus paradoxus Miller, 1967; Miller, 1971: 188 (Syn.).

分布：辽宁（LN）；古北界

拱背蛛属 *Spheropistha* Yaginuma, 1957

Yaginuma, 1957: 14. Type species: *Spheropistha melanosoma* Yaginuma, 1957

黄桑拱背蛛 *Spheropistha huangsangensis* (Yin, Peng & Bao, 2004)

Yin, Peng & Bao, 2004: 1; Yin et al., 2012: 378.

分布：湖南（HN）

黑拱背蛛 *Spheropistha nigroris* (Yoshida, Tso & Severinghaus, 2000)

Yoshida, Tso & Severinghaus, 2000: 125 (*Argyrodes n.*); Yoshida, 2001: 184; Agnarsson, 2004: 480 (*S. n.*, Trans. from *Argyrodes*, after Yoshida, 2001).

分布：台湾（TW）

圆拱背蛛 *Spheropistha orbita* (Zhu, 1998)

Zhu, 1998: 221 (*Argyrodes orbitus*); Song, Zhu & Chen, 1999: 100 (*A. orbitus*); Yoshida, 2001: 184; Yin, Peng & Bao, 2004: 3 (*A. orbitus*); Agnarsson, 2004: 480 (*S. o.*, Trans. from *Argyrodes*, after Yoshida, 2001); Yin et al., 2012: 379.

分布：甘肃（GS）、湖南（HN）

菱腹拱背蛛 *Spheropistha rhomboides* (Yin, Peng & Bao, 2004)

Yin, Peng & Bao, 2004: 2 (*Argyrodes rhomboides*); Yin et al., 2012: 381.

分布：湖南（HN）

新华拱背蛛 *Spheropistha xinhua* Barrion, Barrion-Dupo & Heong, 2012

Barrion et al., 2012: 39.

分布：海南（HI）

肥腹蛛属 *Steatoda* Sundevall, 1833

Sundevall, 1833: 16. Type species: *Aranea bipunctata* Linnaeus, 1758

异名：

Lithyphantes Thorell, 1869; Levi, 1957: 375 (Syn.);
Teutana Simon, 1881; Levi, 1957: 375 (Syn.);
Stethopoma Thorell, 1890; Levi & Levi, 1962: 28 (Syn.);
Ancocoelus Simon, 1894; Levi & Levi, 1962: 16 (Syn.);
Steassa Simon, 1910; Levi & Levi, 1962: 28 (Syn.);
Argyroelus Hogg, 1922; Levi & Levi, 1962: 16 (Syn.);
Asagenella Schenkel, 1937; Levi & Levi, 1962: 17 (Syn.).

白斑肥腹蛛 *Steatoda albomaculata* (De Geer, 1778)

De Geer, 1778: 257 (*Aranea albo-maculata*); Olivier, 1789: 209 (*Aranea maculata*); Panzer, 1804: 206 (*Aranea albolunulata*); Walckenaer, 1805: 74 (*Theridion maculatum*); Sundevall, 1831: 13, 1832: 120 (*T. dispar*); Hahn, 1833: 79 (*T. albomaculatum*); Hahn, 1836: 1 (*T. anchorum*); C. L. Koch, 1837: 8 (*Eucharia corollata*); C. L. Koch, 1839: 100 (*Phrurolithus corollatus*); C. L. Koch, 1840: 401 (*Asagena corollata*); Walckenaer, 1841: 293 (*Theridion maculatum*); Lucas, 1846: 262 (*T. albocinctum*: considered a separate, valid species by some authors, see Bosmans & Van Keer, 2012: 151); Thorell, 1856: 85 (*S. corollata*); Westring, 1861: 186 (*Theridion albomaculatum*); Menge, 1869: 264 (*Eucharia a.*); Thorell, 1869: 94 (*Lithyphantes corollatus*); Hansen, 1882: 36 (*L. c.*); Keyserling, 1884: 129 (*L. c.*); Chyzer & Kulczyński, 1894: 41 (*L. c.*); Becker, 1896: 117 (*L. c.*); Bösenberg, 1902: 118 (*L. c.*); Emerton, 1902: 121 (*S. corollata*); Fedotov, 1912: 65 (*L. c.*); Wiehle, 1934: 72 (*L. albomaculatus*); Wiehle, 1937: 200 (*L. a.*); Kaston, 1948: 78 (*L. a.*); Locket & Millidge, 1953: 55 (*L. a.*); Levi, 1957: 396; Azheganova, 1968: 51 (*L. a.*); Miller, 1971: 186 (*L. a.*); Hu, 1984: 164; Zhu et al., 1985: 101; Zhang, 1987: 109; Hu & Wu, 1989: 128; Izmailova, 1989: 88 (*L. a.*); Tang & Song, 1990: 48; Mcheidze, 1997: 184 (*L. c.*); Zhu, 1998: 341; Song, Zhu & Chen, 1999: 128; Hu, 2001: 571; Song, Zhu & Chen, 2001: 104; Namkung, 2003: 132; Le Peru, 2011: 463; Kaya & Uğurtaş, 2011: 149.

分布：吉林（JL）、辽宁（LN）、内蒙古（NM）、河北（HEB）、宁夏（NX）、甘肃（GS）、青海（QH）、新疆（XJ）、西藏（XZ）；世界性分布

双斑肥腹蛛 *Steatoda bipunctata* (Linnaeus, 1758)

Linnaeus, 1758: 620 (*Aranea b.*); Fabricius, 1775: 434 (*A. quadripunctata*); De Geer, 1778: 255 (*A. punctata*); Panzer, 1804: 149 (*A. album*); Walckenaer, 1805: 73 (*Theridion 4-punctatum*); Hahn, 1826: 2 (*T. 4-punctatum*); Sundevall,

1831: 11 (*T. quadripunctatum*); Hahn, 1833: 78 (*T. q.*); Sundevall, 1833: 16 (*S. q.*); Krynicki, 1837: 81 (*Epeira ancora*); C. L. Koch, 1839: 114 (*Phrurolithus ornatus*); Walckenaer, 1841: 290 (*T. q.*); C. L. Koch, 1845: 99 (*Eucharia b.*); Menge, 1850: 70 (*E. q.*); Westring, 1861: 184 (*Theridium b.*); Blackwall, 1864: 177 (*T. quadripunctatum*); Giebel, 1869: 303 (*T. cruciatum*); Menge, 1869: 260 (*Eucharia b.*); Thorell, 1870: 91; Hansen, 1882: 35; Keyserling, 1884: 115 (*S. brasiliana*); Keyserling, 1884: 116; Keyserling, 1886: 238 (*S. brasiliana*); Chyzer & Kulczyński, 1894: 37; Becker, 1896: 111; Strand, 1902: 6 (*Stearodea b.*); Levi, 1962: 20 (*S. b.*, Syn.); Zhu, 1998: 328; Song, Zhu & Chen, 1999: 128; Wunderlich, 2008: 205; Le Peru, 2011: 464; Kaya & Uğurtaş, 2011: 149.

异名：

Steatoda brasiliana Keyserling, 1884; Levi, 1962: 20 (Syn.).

分布：内蒙古（NM）；全北界

栗色肥腹蛛 *Steatoda castanea* (Clerck, 1757)

Clerck, 1757: 49 (*Araneus castaneus*); Olivier, 1789: 210 (*Aranea c.*); Sundevall, 1833: 263 (*Theridium castaneum*); C. L. Koch, 1836: 134 (*Eucharia hera*); Walckenaer, 1837: 592 (*Clubiona c.*); Gistel, 1848: 9 (*Acalanthis hera*); C. L. Koch, 1845: 100 (*Eucharia c.*); Thorell, 1856: 87; Menge, 1869: 263 (*Eucharia c.*); Simon, 1881: 162, 166 (*Teutana c.*); Bösenberg, 1902: 113; Kolosváry, 1934: 42 (*Teutana c.*); Wiehle, 1937: 195 (*Teutana c.*); Levi, 1957: 410; Levi & Levi, 1962: 59; Tyschchenko, 1971: 145 (*Teutana c.*); Miller, 1971: 190 (*Teutana c.*); Traciuc, 1973: 367; Palmgren, 1974: 40; Zhu & Li, 1983: 140 (*S. huangyuanensis*); Hu & Wu, 1989: 129; Heimer & Nentwig, 1991: 296; Roberts, 1995: 275; Mcheidze, 1997: 185 (*Teutana c.*); Zhu, 1998: 333 (*S. c.*, Syn.); Roberts, 1998: 289; Song, Zhu & Chen, 1999: 128; Hu, 2001: 573; Song, Zhu & Chen, 2001: 106; Paquin & Dupérré, 2003: 221; Almquist, 2005: 92; Le Peru, 2011: 464.

异名：

Steatoda castanea (Olivier, 1789, Trans. from *Aranea*); Clerckian names validated by ICZN Direction 104;

S. huangyuanensis Zhu & Li, 1983; Zhu, 1998: 333 (Syn.).

分布：北京（BJ）、山东（SD）、青海（QH）、新疆（XJ）、西藏（XZ）；古北界，引入加拿大

腰带肥腹蛛 *Steatoda cingulata* (Thorell, 1890)

Thorell, 1890: 289 (*Stethopoma cingulatum*); Bösenberg & Strand, 1906: 154 (*Lithyphantes cavernicola*); Reimoser, 1925: 92 (*Taphiassa c.*); Saitō, 1939: 51 (*Asagena albilunata*); Saitō, 1959: 66 (*A. albilunata*); Levi & Levi, 1962: 60 (*Stethopoma cingulatum*); Schenkel, 1963: 102 (*Lithyphantes cavaleriei*); Namkung, 1964: 34 (*S. albilunata*); Yaginuma, Yamaguchi & Nishikawa, 1976: 825 (*S. c.*, Syn.); Song, 1980: 143 (*S. c.*); Brignoli, 1983: 411 (*S. cavalierei*); Hu, 1984: 166 (*S. cavernicola*); Yaginuma, 1986: 39 (*S. c.*; legend reads *S. albilunata*); Chikuni, 1989: 40 (*S. cavernicola*); Chen & Gao, 1990: 95 (*S. c.*); Chen & Zhang, 1991: 143 (*S. c.*); Zhu, 1998: 329 (*S. c.*, Syn.); Song, Zhu & Chen, 1999: 128; Yoshida, 2001: 41; Namkung, 2002: 126; Yoshida, 2003: 39; Namkung, 2003: 128; Wunderlich, 2008: 203; Yoshida, 2009: 363; Yin et al., 2012: 384.

异名：

Steatoda cavernicola (Bösenberg & Strand, 1906, Trans. from *Lithyphantes*); Zhu, 1998: 329 (Syn.);

S. cavaleriei (Schenkel, 1963, Trans. from *Lithyphantes*); Zhu, 1998: 329 (Syn.).

分布：甘肃（GS）、安徽（AH）、浙江（ZJ）、湖南（HN）、四川（SC）、贵州（GZ）、台湾（TW）、广东（GD）、广西（GX）；韩国、日本、老挝、苏门答腊岛、印度尼西亚（爪哇）

盔肥腹蛛 *Steatoda craniformis* Zhu & Song, 1992

Zhu & Song, 1992: 5; Song & Li, 1997: 402; Zhu, 1998: 327; Song, Zhu & Chen, 1999: 128.

分布：湖北（HB）

七斑肥腹蛛 *Steatoda erigoniformis* (O. P.-Cambridge, 1872)

O. P.-Cambridge, 1872: 284 (*Theridion erigoniforme*); O. P.-Cambridge, 1876: 568 (*S. signata*); Simon, 1881: 161 (*Crustulina signata*); Keyserling, 1884: 141 (*Lithyphantes septemmaculatus*); Bösenberg & Strand, 1906: 155 (*L. s.*); Petrunkevitch, 1930: 169 (*L. s.*); Schenkel, 1937: 381 (*Asagenella e.*); Bryant, 1945: 204 (*L. s.*); Levi, 1957: 402 (*S. septemmaculata*); Levi, 1962: 25 (*S. e.*, Syn.); Levi & Levi, 1962: 60 (*Asagenella e.*); Lee, 1966: 27 (*L. septemmaculatus*); Levi, 1967: 184; Gruia, 1973: 311 (*S. septemmaculata*); Levy & Amitai, 1982: 26 (*S. e.*, Syn.); Hu, 1984: 165 (*S. septemmaculatus*); Yaginuma, 1986: 39; Chikuni, 1989: 40; Chen & Zhang, 1991: 142 (*S. s.*); Zhu, 1998: 332; Levy, 1998: 81; Song, Zhu & Chen, 1999: 128; Yoshida, 2001: 45; Namkung, 2002: 127; Yoshida, 2003: 43; Namkung, 2003: 129; Yoshida, 2009: 363; Le Peru, 2011: 464; Yin et al., 2012: 385.

异名：

Steatoda signata O. P.-Cambridge, 1876; Levy & Amitai, 1982: 26 (Syn.);

S. septemmaculata (Keyserling, 1884, Trans. from *Lithyphantes*); Levi, 1962: 25 (Syn.).

分布：浙江（ZJ）、湖南（HN）、四川（SC）、福建（FJ）、台湾（TW）；泛热带区

顾氏肥腹蛛 *Steatoda gui* Zhu, 1998

Zhu, 1998: 345; Song, Zhu & Chen, 1999: 128; Yin et al., 2012: 387.

分布：湖南（HN）、海南（HI）

胡氏肥腹蛛 *Steatoda hui* Zhu, 1998

Zhu, 1998: 321; Song, Zhu & Chen, 1999: 132.

分布：西藏（XZ）

奎屯肥腹蛛 *Steatoda kuytunensis* Zhu, 1998

Zhu, 1998: 339; Song, Zhu & Chen, 1999: 132.

分布：新疆（XJ）

林芝肥腹蛛 *Steatoda linzhiensis* Hu, 2001

Hu, 2001: 574.

分布：西藏（XZ）

米林肥腹蛛 *Steatoda mainlingensis* (Hu & Li, 1987)

Hu & Li, 1987: 271 (*Enoplognatha m.*); Hu & Wu, 1989: 123 (*E. m.*); Zhu, 1998: 342 (*S. m.*, Trans. from *Enoplognatha*); Song, Zhu & Chen, 1999: 132; Hu, 2001: 563 (*E. m.*).

分布：新疆（XJ）、西藏（XZ）

类米林肥腹蛛 *Steatoda mainlingoides* Yin et al., 2003

Yin et al., 2003: 133.

分布：云南（YN）

黑斑肥腹蛛 *Steatoda nigrimaculata* Zhang, Chen & Zhu, 2001

Zhang, Chen & Zhu, 2001: 305.

分布：贵州（GZ）

黑环肥腹蛛 *Steatoda nigrocincta* O. P.-Cambridge, 1885

O. P.-Cambridge, 1885: 37.

分布：新疆（XJ）

潘家肥腹蛛 *Steatoda panja* Barrion, Barrion-Dupo & Heong, 2012

Barrion et al., 2012: 39.

分布：海南（HI）

豹斑肥腹蛛 *Steatoda pardalia* Yin et al., 2003

Yin et al., 2003: 134.

分布：云南（YN）

佩氏肥腹蛛 *Steatoda paykulliana* (Walckenaer, 1805)

Walckenaer, 1805: 74 (*Theridion paykullianum*); Dufour, 1824: 210 (*T. dispar*); Audouin, 1826: 354 (*Latrodectus martius*, misidentified); Audouin, 1826: 354 (*L. venator*); C. L. Koch, 1839: 105 (*Phrurolithus hamatus*); C. L. Koch, 1839: 107 (*P. lunatus*); C. L. Koch, 1839: 109 (*P. erythrocephalus*); Walckenaer, 1841: 291 (*Theridion triste*, misidentified); Walckenaer, 1841: 295 (*T. paykullianum*); Lucas, 1846: 233 (*Latrodectus ornatus*); Canestrini & Pavesi, 1868: 781 (*Theridium hamatum*); Thorell, 1870: 94 (*Lithyphantes dispar*); Pavesi, 1873: 86 (*L. hamatus*); Simon, 1873: 81 (*L. martius*); Thorell, 1875: 61 (*L. paykullianus*); Simon, 1881: 171 (*L. venator*); Chyzer & Kulczyński, 1894: 41 (*L. paykullianus*); Wiehle, 1934: 72 (*L. paykullianus*); Levy & Amitai, 1982: 18 (*S. p.*; not a senior synonym of *Latrodectus venator* Audouin, 1826); Zhu, 1998: 344; Song, Zhu & Chen, 1999: 132; Kaya & Uğurtaş, 2011: 150.

分布：新疆（XJ）；欧洲、地中海到中亚

彭阳肥腹蛛 *Steatoda pengyangensis* Hu & Zhang, 2012

Hu & Zhang, 2012: 95.

分布：宁夏（NX）

刺肥腹蛛 *Steatoda spina* Gao & Li, 2014

Gao & Li, 2014: 83.

分布：云南（YN）

污肥腹蛛 *Steatoda sordidata* O. P.-Cambridge, 1885

O. P.-Cambridge, 1885: 38.

分布：新疆（XJ）

怪肥腹蛛 *Steatoda terastiosa* Zhu, 1998

Zhu, 1998: 346; Song, Zhu & Chen, 1999: 132; Yin et al., 2003: 137; Yin et al., 2012: 388.

分布：湖南（HN）、云南（YN）、广西（GX）

螺旋肥腹蛛 *Steatoda terebrui* Gao & Li, 2014

Gao & Li, 2014: 84.

分布：云南（YN）

乌龟肥腹蛛 *Steatoda tortoisea* Yin et al., 2003

Yin et al., 2003: 138.

分布：云南（YN）

三角肥腹蛛 *Steatoda triangulosa* (Walckenaer, 1802)

Walckenaer, 1802: 207 (*Aranea t.*); Walckenaer, 1805: 75 (*Theridion triangulifer*); C. L. Koch, 1838: 114 (*Theridium venustissimum*); Walckenaer, 1841: 324 (*Theridion triangulifer*); Lucas, 1846: 256 (*T. punicum*); Lucas, 1846: 257 (*T. flavomaculatum*); Hentz, 1850: 273 (*T. serpentinum*); C. L. Koch, 1850: 17 (*S. venustissima*); Simon, 1873: 116 (*S. triangulifera*); Simon, 1881: 163 (*Teutana t.*); Keyserling, 1884: 122 (*T. t.*); Becker, 1896: 115 (*T. t.*); Emerton, 1902: 121 (*T. t.*); Lessert, 1910: 121 (*T. t.*); Simon, 1914: 280 (*T. t. punica*); Wiehle, 1937: 198 (*T. t.*); Fox, 1940: 43 (*Theridion saylori*); Muma, 1943: 65 (*Teutana t.*); Kaston, 1948: 86 (*T. t.*); Levi, 1957: 21 (*T. t.*, Syn.); Schenkel, 1963: 104 (*T. lugubris*); Levy & Amitai, 1982: 84 (*S. t.*, Syn.); Levy & Amitai, 1982: 17; Brignoli, 1983: 412 (*S. lugubris*); Zhu et al., 1985: 102; Yaginuma, 1986: 39; Zhang, 1987: 111; Chen & Gao, 1990: 96; Zhu, 1998: 335(*S. t.*, Syn.); Levy, 1998: 59; Roberts, 1998: 290; Song, Zhu & Chen, 1999: 132; Hu, 2001: 576; Song, Zhu & Chen, 2001: 109; Namkung, 2003: 133; Kaya & Uğurtaş, 2011: 151; Wunderlich, 2012: 73.

异名：

Steatoda flavomaculata (Lucas, 1846, Trans. from *Theridion*); Levy & Amitai, 1982: 84 (Syn.);

S. saylori (Fox, 1940, Trans. from *Theridion*); Levi, 1957: 21 (Syn., sub *Teutana*);

S. lugubris (Schenkel, 1963, Trans. from *Teutana*); Zhu, 1998: 335 (Syn.).

分布：河北（HEB）、山西（SX）、甘肃（GS）、四川（SC）、西藏（XZ）；世界性分布

钩肥腹蛛 *Steatoda uncata* Zhang, Chen & Zhu, 2001

Zhang, Chen & Zhu, 2001: 306; Gao & Li, 2014: 87.

分布：贵州（GZ）、云南（YN）

王氏肥腹蛛 *Steatoda wangi* Zhu, 1998

Zhu, 1998: 347; Song, Zhu & Chen, 1999: 132.
分布：陕西（SN）

皖寿肥腹蛛 *Steatoda wanshou* Yin et al., 2012

Yin et al., 2012: 390.
分布：湖南（HN）

习水肥腹蛛 *Steatoda xishuiensis* Zhang, Chen & Zhu, 2001

Zhang, Chen & Zhu, 2001: 307.
分布：贵州（GZ）

斯蛛属 *Stemmops* O. P.-Cambridge, 1894

O. P.-Cambridge, 1894: 125. Type species: *Stemmops bicolor* O. P.-Cambridge, 1894

钳斯蛛 *Stemmops forcipus* Zhu, 1998

Zhu, 1998: 255; Song, Zhu & Chen, 1999: 132; Gao & Li, 2014: 87.
分布：云南（YN）、海南（HI）；老挝

黑腹斯蛛 *Stemmops nigrabdomenus* Zhu, 1998

Zhu, 1998: 257; Song, Zhu & Chen, 1999: 132; Gao & Li, 2014: 88.
分布：云南（YN）、广西（GX）；老挝

日本斯蛛 *Stemmops nipponicus* Yaginuma, 1969

Yaginuma, 1969: 14; Irie, 1985: 4; Yaginuma, 1986: 49; Chikuni, 1989: 41; Chen & Zhang, 1991: 135; Zhu, Zhang & Xu, 1991: 176; Zhu, 1998: 254; Song, Zhu & Chen, 1999: 132; Song, Zhu & Chen, 2001: 111; Namkung, 2003: 127; Lee et al., 2004: 100; Yoshida, 2009: 368; Zhu & Zhang, 2011: 101; Yin et al., 2012: 391; Gao & Li, 2014: 90.
分布：河北（HEB）、河南（HEN）、浙江（ZJ）、湖南（HN）、云南（YN）；韩国、日本

高蛛属 *Takayus* Yoshida, 2001

Yoshida, 2001: 165. Type species: *Theridion takayense* Saitō, 1939

千国高蛛 *Takayus chikunii* (Yaginuma, 1960)

Yaginuma, 1960: append. 1 (*Theridion c.*); Yaginuma, 1971: 36 (*T. c.*); Yaginuma, 1986: 34 (*T. c.*); Chikuni, 1989: 41 (*T. c.*); Zhu, 1998: 185 (*T. c.*); Song, Zhu & Chen, 1999: 137 (*T. c.*); Yoshida, 2001: 166 (*T. c.*, Trans. from *Theridion*); Namkung, 2002: 93 (*Theridion c.*); Kim & Cho, 2002: 304 (*T. c.*); Namkung, 2003: 95; Yoshida, 2009: 372.
分布：甘肃（GS）、湖北（HB）、西藏（XZ）；日本

铃斑高蛛 *Takayus codomaculatus* Yin, 2012

Yin et al., 2012: 393.
分布：湖南（HN）

桓仁高蛛 *Takayus huanrenensis* (Zhu & Gao, 1993)

Zhu & Gao, in Zhu, Gao & Guan, 1993: 90 (*Theridion h.*); Zhu, 1998: 153 (*T. h.*); Song, Zhu & Chen, 1999: 137 (*T. h.*); Yoshida, 2001: 165 (*T. h.*, Trans. from *Theridion*); Zhu & Zhang, 2011: 103.
分布：辽宁（LN）、河南（HEN）

昆明高蛛 *Takayus kunmingicus* (Zhu, 1998)

Zhu, 1998: 136 (*Theridion kunmingicum*); Song, Zhu & Chen, 1999: 138 (*T. kunmingicum*); Yoshida, 2001: 165 (*T. k.*, Trans. from *Theridion*).
分布：云南（YN）

叶高蛛 *Takayus latifolius* (Yaginuma, 1960)

Yaginuma, 1960: append. 1 (*Theridion latifolium*); Yaginuma, 1971: 36 (*T. latifolium*); Hu, 1984: 170 (*T. latifolium*); Yaginuma, 1986: 35 (*T. latifolium*); Chikuni, 1989: 41 (*T. latifolium*); Zhu, 1998: 152 (*T. latifolium*); Song, Zhu & Chen, 1999: 138 (*T. latifolium*); Yoshida, 2001: 167 (*T. l.*, Trans. from *Theridion*); Namkung, 2002: 92 (*Theridion latifolium*); Kim & Cho, 2002: 304 (*T. latifolium*); Yoshida, 2003: 93; Namkung, 2003: 94; Yoshida, 2009: 372.
分布：辽宁（LN）、山东（SD）、湖北（HB）；韩国、日本、俄罗斯

林斑高蛛 *Takayus linimaculatus* (Zhu, 1998)

Zhu, 1998: 182 (*Theridion linimaculatum*); Song, Zhu & Chen, 1999: 138 (*T. linimaculatum*); Yoshida, 2001: 165 (*T. l.*, Trans. from *Theridion*).
分布：湖北（HB）

新月高蛛 *Takayus lunulatus* (Guan & Zhu, 1993)

Guan & Zhu, in Zhu, Gao & Guan, 1993: 91 (*Theridion lunulatum*); Zhu, 1998: 140 (*T. latifolium*); Song, Zhu & Chen, 1999: 138 (*T. latifolium*); Kim & Kim, 2001: 154 (*T. latifolium*); Yoshida, 2001: 165 (*T. l.*, Trans. from *Theridion*).
分布：辽宁（LN）；韩国、俄罗斯

庐山高蛛 *Takayus lushanensis* (Zhu, 1998)

Zhu, 1998: 180 (*Theridion l.*); Song, Zhu & Chen, 1999: 138 (*Theridion l.*); Yoshida, 2001: 165 (*T. l.*, Trans. from *Theridion*).
分布：江西（JX）

痣斑高蛛 *Takayus naevius* (Zhu, 1998)

Zhu, 1998: 171 (*Theridion naevium*); Song, Zhu & Chen, 1999: 138 (*Theridion naevium*); Yoshida, 2001: 165 (*T. n.*, Trans. from *Theridion*); Yin et al., 2012: 395.
分布：湖南（HN）、福建（FJ）

蝶斑高蛛 *Takayus papiliomaculatus* Yin, Peng & Zhang, 2005

Yin, Peng & Zhang, 2005: 60; Yin et al., 2012: 396.
分布：湖南（HN）

四斑高蛛 *Takayus quadrimaculatus* (Song & Kim, 1991)

Song & Kim, 1991: 20 (*Theridion quadrimaculatum*); Zhu,

1998: 178 (*T. quadrimaculatum*); Song, Zhu & Chen, 1999: 142 (*T. quadrimaculatum*); Yoshida, 2001: 165 (*T. q.*, Trans. from *Theridion*); Paik, 1996: 10 (*Theridion wolmerense*); Namkung, 2002: 102 (*T. quadrimaculatum*, Syn.); Namkung, 2003: 104; Yin et al., 2012: 397.
异名：
Takayus wolmerensis (Paik, 1996, Trans. from *Theridion*); Namkung, 2002: 102 (Syn., sub. *Theridion*).
分布：辽宁（LN）、陕西（SN）、浙江（ZJ）、湖南（HN）、湖北（HB）；韩国

简高蛛 *Takayus simplicus* Yin, 2012

Yin et al., 2012: 399.
分布：湖南（HN）

亚叶高蛛 *Takayus sublatifolius* (Zhu, 1998)

Zhu, 1998: 192 (*Theridion sublatifolium*); Song, Zhu & Chen, 1999: 142 (*T. sublatifolium*); Yoshida, 2001: 165 (*T. s.*, Trans. from *Theridion*).
分布：湖北（HB）

高汤高蛛 *Takayus takayensis* (Saitō, 1939)

Saitō, 1939: 47 (*Theridion takayense*); Saitō, 1959: 72 (*T. takayense*); Yaginuma, 1986: 34 (*T. takayense*); Chikuni, 1989: 41 (*T. takayense*); Chen & Zhang, 1991: 156 (*T. takayense*); Zhu, 1998: 186 (*T. takayense*); Song, Zhu & Chen, 1999: 148 (*T. takayense*); Yoshida, 2001: 165 (*T. t.*, Trans. from *Theridion*); Namkung, 2002: 97 (*Theridion takayense*); Yoshida, 2003: 91; Namkung, 2003: 99; Yoshida, 2009: 372; Yin et al., 2012: 400.
分布：陕西（SN）、甘肃（GS）、浙江（ZJ）、贵州（GZ）；韩国、日本

王氏高蛛 *Takayus wangi* (Zhu, 1998)

Zhu, 1998: 183 (*Theridion w.*); Song, Zhu & Chen, 1999: 148 (*Theridion w.*); Yoshida, 2001: 165 (*T. w.*, Trans. from *Theridion*); Zhu & Zhang, 2011: 110.
分布：河南（HEN）、甘肃（GS）、湖北（HB）

徐氏高蛛 *Takayus xui* (Zhu, 1998)

Zhu, 1998: 181 (*Theridion x.*); Song, Zhu & Chen, 1999: 148 (*Theridion x.*); Yoshida, 2001: 165 (*T. x.*, Trans. from *Theridion*).
分布：湖北（HB）

特克蛛属 *Tekellina* Levi, 1957

Levi, 1957: 107. Type species: *Tekellina archboldi* Levi, 1957

螺旋特克蛛 *Tekellina helixicis* Gao & Li, 2014

Gao & Li, 2014: 90.
分布：云南（YN）

球蛛属 *Theridion* Walckenaer, 1805

Walckenaer, 1805: 74. Type species: *Aranea picta* Walckenaer, 1802
异名：
Phaetoticus Simon, 1894; Levi & Levi, 1962: 26 (Syn.);
Liger O. P.-Cambridge, 1896; Miller, 2007: 247 (Syn.);
Billima Simon, 1908; Levi, 1967: 340 (Syn.);
Allotheridion Archer, 1946; Levi, 1957: 19 (Syn.).

棘足球蛛 *Theridion acanthopodum* Gao & Li, 2014

Gao & Li, 2014: 92.
分布：云南（YN）

白眼球蛛 *Theridion albioculum* Zhu, 1998

Zhu, 1998: 128; Song, Zhu & Chen, 1999: 137; Song, Zhu & Chen, 2001: 113; Yin et al., 2012: 403; Gao & Li, 2014: 96.
分布：河北（HEB）、山西（SX）、陕西（SN）、甘肃（GS）、湖南（HN）、贵州（GZ）、云南（YN）

双凹球蛛 *Theridion bidepressum* Yin, Peng & Zhang, 2005

Yin, Peng & Zhang, 2005: 59; Yin et al., 2012: 404.
分布：湖南（HN）

双孔球蛛 *Theridion biforaminum* Gao & Zhu, 1993

Gao & Zhu, in Zhu, Gao & Guan, 1993: 89; Zhu, 1998: 135; Song, Zhu & Chen, 1999: 137.
分布：辽宁（LN）

肋脊球蛛 *Theridion carinatum* Yin, Peng & Zhang, 2005

Yin, Peng & Zhang, 2005: 57; Yin et al., 2012: 406.
分布：湖南（HN）

陈氏球蛛 *Theridion cheni* Zhu, 1998

Zhu, 1998: 151; Song, Zhu & Chen, 1999: 137.
分布：海南（HI）

漏斗球蛛 *Theridion chonetum* Zhu, 1998

Zhu, 1998: 139; Song, Zhu & Chen, 1999: 137; Gao & Li, 2014: 98.
分布：云南（YN）

旋转球蛛 *Theridion circuitum* Gao & Li, 2014

Gao & Li, 2014: 98.
分布：云南（YN）

山坡球蛛 *Theridion clivalum* Zhu, 1998

Zhu, 1998: 134; Song, Zhu & Chen, 1999: 137.
分布：海南（HI）

混球蛛 *Theridion confusum* O. P.-Cambridge, 1885

O. P.-Cambridge, 1885: 34.
分布：新疆（XJ）

天鹅球蛛 *Theridion cygneum* Gao & Li, 2014

Gao & Li, 2014: 98.
分布：云南（YN）

大庸球蛛 *Theridion dayongense* Zhu, 1998

Zhu, 1998: 175 (*T. dayongensis*); Song, Zhu & Chen, 1999: 137 (*T. dayongensis*); Yin et al., 2012: 407.

分布：湖南（HN）

渡口球蛛 *Theridion dukouense* Zhu, 1998

Zhu, 1998: 133 (*T. dukouensis*); Song, Zhu & Chen, 1999: 137 (*T. dukouensis*).
分布：四川（SC）

刺跗球蛛 *Theridion echinatum* Gao & Li, 2014

Gao & Li, 2014: 100.
分布：云南（YN）

粉点球蛛 *Theridion elegantissimum* Roewer, 1942

Saitō, 1933: 43 (*T. elegans*; preoccupied by Blackwall, 1862); Roewer, 1942: 480 (*T. e.*, replacement name); Lee, 1966: 29 (*T. elegans*); Yoshida, 1978: 9; Hu, 1984: 168 (*T. elegans*).
分布：台湾（TW）

白周球蛛 *Theridion expallidatum* O. P.-Cambridge, 1885

O. P.-Cambridge, 1885: 34 (*T. expallidatum*); Bonnet, 1959: 4471 (*T. expallidum*, lapsus).
分布：新疆（XJ）

镰状球蛛 *Theridion falcatum* Gao & Li, 2014

Gao & Li, 2014: 103.
分布：云南（YN）

家球蛛 *Theridion familiare* O. P.-Cambridge, 1871

O. P.-Cambridge, 1871: 418; Simon, 1881: 81; Tyschchenko, 1971: 150; Roberts, 1985: 184; Hu & Li, 1987: 273; Hu, 2001: 579; Wunderlich, 2011: 241; Le Peru, 2011: 476.
分布：西藏（XZ）；古北界

草栖球蛛 *Theridion gramineum* Zhu, 1998

Zhu, 1998: 176 (*T. gramineusum*, lapsus); Song, Zhu & Chen, 1999: 137 (*T. gramineusum*).
分布：云南（YN）

吉隆球蛛 *Theridion gyirongense* Hu & Li, 1987

Hu & Li, 1987: 273 (*T. gyirongensis*); Hu, 2001: 579.
分布：西藏（XZ）

海南球蛛 *Theridion hainenense* Zhu, 1998

Zhu, 1998: 172 (*T. hainanensis*); Song, Zhu & Chen, 1999: 137 (*T. hainanensis*).
分布：海南（HI）

和田球蛛 *Theridion hotanense* Zhu & Zhou, 1993

Hu & Wu, 1989: 136 (*T. petraeum*, misidentified); Hu & Wu, 1989: 137 (*T. pinastri*, misidentified); Zhu & Zhou, 1993: 84 (*T. hotanensis*); Zhu, 1998: 132 (*T. hotaensis*); Song, Zhu & Chen, 1999: 137 (*T. hotanensis*); Gao & Li, 2014: 106.
分布：新疆（XJ）、云南（YN）

壶峰球蛛 *Theridion hufengensis* Tang, Yin & Peng, 2005

Tang, Yin & Peng, 2005: 524; Yin et al., 2012: 408.
分布：湖南（HN）

胡氏球蛛 *Theridion hui* Zhu, 1998

Hu & Wu, 1989: 137 (*T. theridioides*, misidentified); Zhu, 1998: 150; Song, Zhu & Chen, 1999: 137.
分布：新疆（XJ）

哈姆里球蛛 *Theridion hummeli* Schenkel, 1936

Schenkel, 1936: 35.
分布：甘肃（GS）

壶瓶球蛛 *Theridion hupingense* Yin, 2012

Yin, in Yin et al., 2012: 409.
分布：湖南（HN）

大陆污球蛛 *Theridion inquinatum continentale* Strand, 1907

Strand, 1907: 129.
分布：广东（GD）

皱褶球蛛 *Theridion irrugatum* Gao & Li, 2014

Gao & Li, 2014: 106.
分布：云南（YN）

克拉玛依球蛛 *Theridion karamayense* Zhu, 1998

Zhu, 1998: 168 (*T. karamayensis*); Song, Zhu & Chen, 1999: 138 (*T. karamayensis*).
分布：新疆（XJ）

矛球蛛 *Theridion lanceatum* Zhang & Zhu, 2007

Zhang & Zhu, 2007: 73; Zhu & Zhang, 2011: 105.
分布：河南（HEN）

辽源球蛛 *Theridion liaoyuanense* (Zhu & Yu, 1982)

Zhu & Yu, 1982: 60 (*Achaearanea liaoyuanensis*); Hu, 1984: 156 (*Achaearanea liaoyuanensis*); Zhu, 1998: 157 (*T. liaoyuanensis*, Trans. from *Achaearanea*); Song, Zhu & Chen, 1999: 138 (*T. liaoyuanensis*).
分布：吉林（JL）、山西（SX）

林芝球蛛 *Theridion linzhiense* Hu, 2001

Hu, 2001: 581 (*T. linzhiensis*).
分布：西藏（XZ）

长管球蛛 *Theridion longiductum* Liu & Peng, 2012

Liu & Peng, 2012: 86.
分布：云南（YN）

长毛球蛛 *Theridion longihirsutum* Strand, 1907

Strand, 1907: 131.
分布：广东（GD）

长栓球蛛 *Theridion longioembolia* Liu & Peng, 2012

Liu & Peng, 2012: 87.
分布：云南（YN）

长肢球蛛 *Theridion longipalpum* Zhu, 1998

Zhu, 1998: 193; Song, Zhu & Chen, 1999: 138; Seo, 2005: 125.

分布：甘肃（GS）、湖北（HB）、贵州（GZ）；韩国

大孔球蛛 *Theridion macropora* Tang, Yin & Peng, 2006

Tang, Yin & Peng, 2005: 525 (*T. fruticum*, preoccupied by Simon, 1890); Tang, Yin & Peng, 2006: 922 (*T. m.*, replacement name); Zhang & Zhu, 2007: 73 (*T. shimenensis*, superfluous replacement name); Yin et al., 2012: 411.

分布：宁夏（NX）、湖南（HN）

背石球蛛 *Theridion melanostictum* O. P.-Cambridge, 1876

O. P.-Cambridge, 1876: 570; Levi, 1980: 336 (*T. miami*); Levy & Amitai, 1982: 99; Roberts, 1983: 233 (*T. scorinum*); Levy, 1985: 114 (*T. m.*, Syn.); Wunderlich, 1987: 219; Wunderlich, 1992: 419; Yoshida, 1993: 111 (*T. ogasawarense*); Knoflach, 1998: 589; Zhu, 1998: 148; Levy, 1998: 192; Song, Zhu & Chen, 1999: 138; Yoshida, 2003: 75 (*T. m.*, Syn.); Saaristo, 2006: 82; Paquin, Dupérré & Labelle, 2008: 222; Yoshida, 2009: 370; Saaristo, 2010: 271; Le Peru, 2011: 480; Ono, 2011: 452; Yin et al., 2012: 412; Dierkens & Charlat, 2013: 70.

异名：

Theridion miami Levi, 1980; Levy, 1985: 114 (Syn.);

T. scorinum Roberts, 1983; Yoshida, 2003: 75 (Syn.);

T. ogasawarense Yoshida, 1993; Yoshida, 1999: 129 (Syn.).

分布：湖南（HN）、四川（SC）、广西（GX）、海南（HI）；日本、地中海、塞舌尔、波利尼西亚、加拿大、美国、伊斯帕尼奥拉岛

霉斑球蛛 *Theridion mucidum* Gao & Li, 2014

Gao & Li, 2014: 109.

分布：云南（YN）

唇窝球蛛 *Theridion mystaceum* L. Koch, 1870

L. Koch, 1870: 21; Bösenberg, 1902: 110; Wiehle, 1952: 227 (*T. neglectum*); Locket & Millidge, 1957: 481 (*T. n.*); Wiehle, 1960: 248 (*T. n.*); Pichka, 1966: 774 (*T. n.*); Thaler, 1966: 154 (*T. n.*); Wiehle, 1967: 187 (*T. n.*); Wiehle, 1967: 198 (*T. n.*); Miller, 1971: 195 (*T. n.*); Prószyński & Staręga, 1971: 199 (*T. m.*, removed from Syn. of *T. melanurum*, Syn.); Palmgren, 1974: 22 (*T. n.*); Locket, Millidge & Merrett, 1974: 56; Punda, 1975: 64; Ledoux, 1979: 283; Roberts, 1985: 184; Hu & Wu, 1989: 133 (*T. denticulatum*, misidentified); Zhu, 1998: 147; Song, Zhu & Chen, 1999: 138; Le Peru, 2011: 481; Kaya & Uğurtaş, 2011: 151; Vanuytven, 2014: 131.

异名：

Theridion neglectum Wiehle, 1952; Prószyński & Staręga, 1971: 199 (Syn.).

分布：新疆（XJ）；古北界

野岛球蛛 *Theridion nojimai* Yoshida, 1999

Yoshida, 1999: 127; Yoshida, 2003: 75; Yoshida, 2009: 370; Yin et al., 2012: 414.

分布：湖南（HN）；日本

昏暗球蛛 *Theridion obscuratum* Zhu, 1998

Zhu, 1998: 167; Song, Zhu & Chen, 1999: 138.

分布：湖北（HB）

芬芳球蛛 *Theridion odoratum* Zhu, 1998

Zhu, 1998: 144 (*T. odoratusum*, lapsus); Song, Zhu & Chen, 1999: 138 (*T. odoratusum*); Yin et al., 2012: 415.

分布：湖南（HN）、海南（HI）

乳芽球蛛 *Theridion papillatum* Gao & Li, 2014

Gao & Li, 2014: 115.

分布：云南（YN）

丽球蛛 *Theridion pictum* (Walckenaer, 1802)

Walckenaer, 1802: 207 (*Aranea picta*, preoccupied by Razoumowsky, 1789 but validated by ICZN Opinion 517); Walckenaer, 1805: 74; Hahn, 1831: 1 (*T. ornatum*); Hahn, 1833: 90; C. L. Koch, 1837: 9 (*Steatoda picta*); C. L. Koch, 1845: 139; Blackwall, 1864: 184; Menge, 1868: 154 (*Steatoda picta*); Emerton, 1882: 11 (*T. zelotypum*); Keyserling, 1884: 25 (*T. z.*); Chyzer & Kulczyński, 1894: 34; Becker, 1896: 92; Bösenberg, 1902: 99; Emerton, 1909: 180 (*T. zelotypum*); Fedotov, 1912: 63; Wiehle, 1937: 168; Gertsch & Archer, 1942: 7 (*T. zelotypum*); Kaston, 1948: 109 (*T. z.*); Tullgren, 1949: 45 (*T. ornatum*); Archer, 1950: 19 (*Allotheridion ornatum*, Trans. from *Theridion*); Archer, 1950: 19 (*A. zelotypum*, Trans. from *Theridion*); Archer, 1950: 20 (*A. pictum*, Trans. from *Theridion*); Levi, 1951: 4 (*T. zelotypum*); Locket & Millidge, 1953: 68 (*T. p.*; valid name under ICZN Opinion 517); Levi & Field, 1954: 442 (*Allotheridion zelotypum*); Levi, 1957: 50 (*T. ornatum*, Syn.); Kaston, 1977: 15 (*T. ornatum*); Hu, 2001: 583; Agnarsson, Coddington & Knoflach, 2007: 376; Yoshida, 2009: 370; Le Peru, 2011: 483.

异名：

Theridion ornatum Hahn, 1831; preoccupied specific name validated by ICZN Opinion 517;

T. zelotypum Emerton, 1882; Levi, 1957: 50 (Syn., sub. *T. ornatum*).

分布：内蒙古（NM）、青海（QH）；全北界

双钩球蛛 *Theridion pinastri* L. Koch, 1872

L. Koch, 1872: 249; Chyzer & Kulczyński, 1894: 34; Becker, 1896: 91; Bösenberg, 1902: 101; Bösenberg & Strand, 1906: 147; Engelhardt, 1910: 77; Wiehle, 1937: 173; Tullgren, 1949: 46; Archer, 1950: 19 (*Allotheridion p.*, Trans. from *Theridion*); Paik, 1957: 43; Yaginuma, 1960: 37; Arita, 1970: 26; Yaginuma, 1971: 37; Tyschchenko, 1971: 151; Miller, 1971: 197; Palmgren, 1974: 26; Punda, 1975: 68; Murphy & Murphy, 1979: 314; Hu, 1984: 171; Roberts, 1985: 184; Guo, 1985: 98;

Zhu et al., 1985: 104 (*T. pinastraides*: nomen nudum; specific name attributed to Song, 1981, but never published by that author and considered by him to be this species); Song, 1987: 127; Feng, 1990: 121; Chen & Gao, 1990: 97; Chen & Zhang, 1991: 154; Zhu, 1998: 191; Song, Zhu & Chen, 1999: 138; Song, Zhu & Chen, 2001: 114; Namkung, 2003: 103; Le Peru, 2011: 483; Zhu & Zhang, 2011: 106; Gao & Li, 2014: 122.
分布：吉林（JL）、河北（HEB）、山西（SX）、山东（SD）、河南（HEN）、陕西（SN）、浙江（ZJ）、云南（YN）；古北界

杂色球蛛 *Theridion poecilum* Zhu, 1998

Zhu, 1998: 142; Song, Zhu & Chen, 1999: 142.
分布：湖北（HB）、贵州（GZ）

普兰球蛛 *Theridion pulanense* Hu, 2001

Hu, 2001: 584 (*T. pulanensis*).
分布：西藏（XZ）

青藏球蛛 *Theridion qingzangense* Hu, 2001

Hu, 2001: 586 (*T. qingzangensis*).
分布：青海（QH）、西藏（XZ）

桑植球蛛 *Theridion sangzhiense* Zhu, 1998

Zhu, 1998: 127 (*T. sangzhiensis*); Song, Zhu & Chen, 1999: 142 (*T. sangzhiensis*); Yin et al., 2012: 417.
分布：湖南（HN）

蛇突球蛛 *Theridion serpatusum* Guan & Zhu, 1993

Guan & Zhu, in Zhu, Gao & Guan, 1993: 92; Zhu, 1998: 194; Song, Zhu & Chen, 1999: 142.
分布：辽宁（LN）

针毛球蛛 *Theridion setum* Zhu, 1998

Zhu, 1998: 131; Song, Zhu & Chen, 1999: 142.
分布：陕西（SN）

鳞球蛛 *Theridion squamosum* Gao & Li, 2014

Gao & Li, 2014: 122.
分布：云南（YN）

亚奇异球蛛 *Theridion submirabile* Zhu & Song, 1993

Zhu & Song, in Song, Zhu & Li, 1993: 858 (*T. submirabilis*); Zhu, 1998: 138; Song, Zhu & Chen, 1999: 142; Namkung, 2003: 105; Gao & Li, 2014: 122.
分布：云南（YN）、福建（FJ）、海南（HI）；韩国

亚普劳曼球蛛 *Theridion subplaumanni* Liu & Peng, 2012

Liu & Peng, 2012: 90.
分布：云南（YN）

腾冲球蛛 *Theridion tengchongensis* Liu & Peng, 2012

Liu & Peng, 2012: 92.
分布：云南（YN）

类球球蛛 *Theridion theridioides* (Keyserling, 1890)

Keyserling, 1890: 240 (*Tobesoa t.*); Simon, 1894: 538 (*Theridion t.*); Levi & Levi, 1962: 45 (*Tobesoa t.*).
分布：中国（具体未详）；澳大利亚（昆士兰）、新南威尔士

波纹球蛛 *Theridion undatum* Zhu, 1998

Zhu, 1998: 190; Song, Zhu & Chen, 1999: 148; Yin et al., 2012: 418.
分布：湖北（HB）

多色球蛛 *Theridion varians* Hahn, 1833

Hahn, 1831: 1 (*T. leuconotum*; suppressed for lack of usage); Hahn, 1833: 93; Walckenaer, 1841: 304 (*T. abelardi*); Walckenaer, 1841: 317 (*T. heloisii*); C. L. Koch, 1845: 134; C. L. Koch, 1850: 17 (*Steatoda v.*); Blackwall, 1864: 188; Menge, 1868: 157 (*Steatoda v.*); Thorell, 1875: 91 (*T. cuneatum*); Thorell, 1875: 48 (*T. cuneatum*); O. P.-Cambridge, 1893: 151 (*T. honorum*); Chyzer & Kulczyński, 1894: 34; Becker, 1896: 86; Bösenberg, 1902: 104; Kulczyński, 1905: 562; Engelhardt, 1910: 76; Fedotov, 1912: 62; Simon, 1914: 266, 267, 298; Kolosváry, 1934: 14 (*T. kratochvili*); Wiehle, 1937: 166; Archer, 1950: 19 (*Allotheridion v.*, Trans. from *Theridion*); Locket & Millidge, 1953: 70; Levi, 1957: 52; Braendegaard, 1958: 29; Azheganova, 1968: 60; Tyschchenko, 1971: 151; Miller, 1971: 194; Palmgren, 1974: 24; Punda, 1975: 66; Wunderlich, 1977: 289 (*T. v.*, Syn.); Hu & Wu, 1989: 140; Zhu, 1998: 146; Song, Zhu & Chen, 1999: 148; Wunderlich, 2011: 239; Le Peru, 2011: 486; Kaya & Uğurtaş, 2011: 152.
异名：
Theridion kratochvili Kolosváry, 1934; Wunderlich, 1977: 289 (Syn.).
分布：吉林（JL）、新疆（XJ）；全北界

咸丰球蛛 *Theridion xianfengense* Zhu & Song, 1992

Zhu & Song, 1992: 5 (*T. xianfengensis*); Song & Li, 1997: 403 (*T. xianfengensis*); Zhu, 1998: 154 (*T. xianfengensis*); Song, Zhu & Chen, 1999: 148; Yoshida, Tso & Severinghaus, 2000: 127 (*T. xianfengensis*); Yin et al., 2012: 419.
分布：湖北（HB）、四川（SC）、贵州（GZ）、台湾（TW）、海南（HI）

颜氏球蛛 *Theridion yani* Zhu, 1998

Zhu, 1998: 159; Song, Zhu & Chen, 1999: 148; Yin et al., 2012: 421.
分布：湖南（HN）、贵州（GZ）

云南球蛛 *Theridion yunnanense* Schenkel, 1963

Schenkel, 1963: 101 (*T. yunnanensis*); Brignoli, 1983: 416.
分布：云南（YN）

条斑球蛛 *Theridion zebrinum* Zhu, 1998

Zhu, 1998: 165 (*T. zebrinusum*, lapsus); Song, Zhu & Chen, 1999: 148 (*T. zebrinusum*).
分布：云南（YN）

樟木球蛛 *Theridion zhangmuense* Hu, 2001

Hu, 2001: 588 (*T. zhangmuensis*).
分布：西藏（XZ）

赵氏球蛛 *Theridion zhaoi* Zhu, 1998

Zhu, 1998: 173; Song, Zhu & Chen, 1999: 148.

分布：海南（HI）

周氏球蛛 *Theridion zhoui* Zhu, 1998

Zhu, 1998: 160; Song, Zhu & Chen, 1999: 148; Zhu & Zhang, 2011: 111.

分布：河南（HEN）、陕西（SN）

宽腹蛛属 *Theridula* Emerton, 1882

Emerton, 1882: 25. Type species: *Theridion opulenta* Walckenaer, 1841

星斑宽腹蛛 *Theridula gonygaster* (Simon, 1873)

Simon, 1873: 108 (*Theridium gonygaster*); Butler, 1882: 764 (*Chrysso nivipictus*); Keyserling, 1886: 30 (*T. triangularis*); Keyserling, 1886: 31 (*T. quinqueguttata*); O. P.-Cambridge, 1894: 126 (*Mesopneustes nigrovittata*); O. P.-Cambridge, 1896: 208 (*T. tricornis*); F. O. P.-Cambridge, 1902: 392 (*T. nigrovittata*); Petrunkevitch, 1930: 189 (*T. opulenta*, misidentified); Franganillo, 1936: 79 (*T. opulenta albomaculata*); Gertsch & Archer, 1942: 2 (*T. regia*); Levi, 1954: 340 (*T. g.*, removed from Syn. of *T. opulenta*, Syn.); Zhu, 1998: 75; Song, Zhu & Chen, 1999: 148; Saaristo, 2010: 274; Le Peru, 2011: 487; Yin et al., 2012: 423.

异名：

Theridula opulenta albomaculata Franganillo, 1936; Levi, 1954: 340 (Syn.);

T. regia Gertsch & Archer, 1942; Levi, 1954: 340 (Syn.).

分布：湖南（HN）、四川（SC）、广西（GX）；世界性分布

华丽宽腹蛛 *Theridula opulenta* (Walckenaer, 1841)

Walckenaer, 1841: 322 (*Theridion o.*); Hentz, 1850: 279 (*Theridion sphaerula*); Butler, 1882: 763 (*Chrysso cordiformis*); Emerton, 1882: 25 (*T. sphaerula*); Keyserling, 1884: 84 (*Theridium ventillans*); Keyserling, 1886: 32 (*T. quadripunctata*); Keyserling, 1886: 33 (*T. sphaerula*); Simon, 1894: 551; Emerton, 1902: 108 (*T. sphaerula*); Simon, 1907: 260; Comstock, 1940: 370; Archer, 1946: 52 (*T. ventillans*, removed from Syn., rejected); Archer, 1946: 52 (*T. sphaerula*, removed from Syn., rejected); Hu, 1984: 174; Le Peru, 2011: 487.

分布：四川（SC）、广东（GD）；世界性分布

樟木宽腹蛛 *Theridula zhangmuensis* Hu, 2001

Hu, 2001: 589.

分布：西藏（XZ）

银板蛛属 *Thwaitesia* O. P.-Cambridge, 1881

O. P.-Cambridge, 1881: 766. Type species: *Thwaitesia margaritifera* O. P.-Cambridge, 1881

异名：

Topo Exline, 1950; Levi & Levi, 1962: 31 (Syn.).

圆尾银板蛛 *Thwaitesia glabicauda* Zhu, 1998

Zhu, 1998: 284; Song, Zhu & Chen, 1999: 148; Liu & Zhu, 2008: 81; Yin et al., 2012: 301.

分布：湖南（HN）、四川（SC）、贵州（GZ）、海南（HI）

珍珠银板蛛 *Thwaitesia margaritifera* O. P.-Cambridge, 1881

O. P.-Cambridge, 1881: 766; Simon, 1894: 514; Levi & Levi, 1962: 54; Zhu, 1998: 286; Song, Zhu & Chen, 1999: 149; Gupta & Siliwal, 2012: 77; Gao & Li, 2014: 123.

分布：四川（SC）、云南（YN）；越南、斯里兰卡

黑斑银板蛛 *Thwaitesia nigrimaculata* Song, Zhang & Zhu, 2006

Song, Zhang & Zhu, 2006: 662.

分布：贵州（GZ）

灵蛛属 *Thymoites* Keyserling, 1884

Keyserling, 1884: 162. Type species: *Thymoites crassipes* Keyserling, 1884

异名：

Hypobares Simon, 1894; Levi & Levi, 1962: 22 (Syn.);

Philto Simon, 1894; Levi & Levi, 1962: 26 (Syn.);

Sphyrotinus Simon, 1894; Levi & Levi, 1962: 28 (Syn.);

Hubba O. P.-Cambridge, 1897 (removed from Syn. of *Theridion* Walckenaer, 1805); Levi & Levi, 1962: 22 (Syn.);

Thonastica Simon, 1909; Levi & Levi, 1962: 30 (Syn.);

Garricola Chamberlin, 1916; Levi & Levi, 1962: 21 (Syn.);

Paidisca Bishop & Crosby, 1926; Levi & Levi, 1962: 25 (Syn.);

Brontosauriella Bristowe, 1938; Levi & Levi, 1962: 17 (Syn.);

Spelobion Chamberlin & Ivie, 1938; Levi & Levi, 1962: 28 (Syn.);

Tholocco Archer, 1946; Levi & Levi, 1962: 30 (Syn.);

Thymoella Bryant, 1948; Levi & Levi, 1962: 31 (Syn.).

美灵蛛 *Thymoites bellissimus* (L. Koch, 1879)

L. Koch, 1879: 80 (*Theridion bellissimum*); Holm, 1945: 12 (*Theridion bellissimum*); Holm, 1973: 78 (*Theridion bellissimum*); Palmgren, 1974: 21 (*Theridion bellissimum*); Eskov, 1988: 105 (*T. belissimum*, Trans. from *Theridion*); Zhu, 1998: 170 (*Theridion subimpressum*); Song, Zhu & Chen, 1999: 142 (*Theridion subimpressum*); Marusik, Logunov & Koponen, 2000: 111 (*T. belissimum*, Syn.); Wunderlich, 2008: 398; Le Peru, 2011: 487.

异名：

Thymoites subimpressus (Zhu, 1998, Trans. from *Theridion*); Marusik, Logunov & Koponen, 2000: 111 (Syn.).

分布：吉林（JL）；瑞典、芬兰、俄罗斯

伸长灵蛛 *Thymoites elongatus* Peng, Yin & Hu, 2008

Peng, Yin & Hu, in Hu et al., 2008: 453.

分布：云南（YN）

多枝灵蛛 *Thymoites ramosus* Gao & Li, 2014

Gao & Li, 2014: 124.

分布：云南（YN）

三毛灵蛛 *Thymoites trisetaceus* Peng, Yin & Griswold, 2008

Peng, Yin & Griswold, in Hu et al., 2008: 455.
分布：云南（YN）

王氏灵蛛 *Thymoites wangi* Zhu, 1998

Zhu, 1998: 115; Song, Zhu & Chen, 1999: 149.
分布：贵州（GZ）、海南（HI）

八木蛛属 *Yaginumena* Yoshida, 2002

Yoshida, 2002: 11. Type species: *Dipoena castrata* Bösenberg & Strand, 1906

太监八木蛛 *Yaginumena castrata* (Bösenberg & Strand, 1906)

Bösenberg & Strand, 1906: 149 (*Dipoena c.*); Bösenberg & Strand, 1906: 151 (*D. uniforma*); Namkung, 1964: 34 (*D. c.*); Shinkai, 1969: 13 (*D. c.*); Arita, 1970: 26 (*D. c.*, Syn. of male); Gao & Guan, 1991: 54 (*D. c.*); Zhu, 1998: 248 (*D. c.*); Song, Zhu & Chen, 1999: 110 (*D. c.*); Yoshida & Ono, 2000: 143 (*D. c.*); Yoshida, 2002: 12 (*Y. c.*, Trans. from *Dipoena*); Namkung, 2002: 109 (*Dipoena c.*); Namkung, 2003: 111; Lee et al., 2004: 100 (*D. c.*); Yoshida, 2009: 389.
异名：
Yaginumena uniforma (Bösenberg & Strand, 1906, Trans. from *Dipoena*); Arita, 1970: 26, (Syn., sub. *Dipoena*).
分布：吉林（JL）、辽宁（LN）；韩国、日本、俄罗斯

斑点八木蛛 *Yaginumena maculosa* (Yoshida & Ono, 2000)

Yoshida & Ono, 2000: 147 (*Dipoena m.*); Yoshida, 2002: 13 (*Yaginumena m.*, Trans. from *Dipoena*); Gao & Li, 2014: 127.
分布：云南（YN）；日本、阿塞拜疆

汤野蛛属 *Yunohamella* Yoshida, 2007

Yoshida, 2007: 68. Type species: *Theridion yunohamense* Bösenberg & Strand, 1906

偏肿汤野蛛 *Yunohamella gibbosa* Gao & Li, 2014

Gao & Li, 2014: 130.
分布：云南（YN）

琴形汤野蛛 *Yunohamella lyrica* (Walckenaer, 1841)

Walckenaer, 1841: 288 (*Theridion lyricum*); Hentz, 1850: 279 (*T. lyra*); Keyserling, 1884: 50 (*T. lyra*); Keyserling, 1884: 78 (*T. kentuckyense*); Archer, 1946: 43 (*T. lyricum*, Syn. male); Archer, 1950: 20 (*Allotheridion lyricum*, Trans. from *Theridion*); Levi, 1957: 89 (*Theridion lyricum*); Yoshida, 2001: 167 (*Takayus lyricus*, Trans. from *Theridion*); Namkung, 2002: 96 (*Theridion lyricum*); Paquin & Dupérré, 2003: 223 (*Theridion lyricum*); Namkung, 2003: 98 (*Takayus lyricus*); Yoshida, 2007: 69 (*Y. l.*, Trans. from *Takayus*); Yoshida, 2009: 372; Gao & Li, 2014: 132.
异名：
Yunohamella kentuckyensis (Keyserling, 1884, Trans. from *Theridion*); Archer, 1946: 43 (Syn., sub. *Theridion*).
分布：云南（YN）；全北界

62. 球体蛛科 Theridiosomatidae Simon, 1881

世界 18 属 106 种；中国 10 属 26 种。

巴力蛛属 *Baalzebub* Coddington, 1986

Coddington, 1986: 71. Type species: *Baalzebub baubo* Coddington, 1986

涅墨巴力蛛 *Baalzebub nemesis* Miller, Griswold & Yin, 2009

Miller, Griswold & Yin, 2009: 24.
分布：云南（YN）

锄形巴力蛛 *Baalzebub rastrarius* Zhao & Li, 2012

Zhao & Li, 2012: 11.
分布：贵州（GZ）

友谊巴力蛛 *Baalzebub youyiensis* Zhao & Li, 2012

Zhao & Li, 2012: 17.
分布：广西（GX）

科丁蛛属 *Coddingtonia* Miller, Griswold & Yin, 2009

Miller, Griswold & Yin, 2009: 30. Type species: *Coddingtonia euryopoides* Miller, Griswold & Yin, 2009

类宽胸科丁蛛 *Coddingtonia euryopoides* Miller, Griswold & Yin, 2009

Miller, Griswold & Yin, 2009: 30.
分布：云南（YN）

内模蛛属 *Epeirotypus* O. P.-Cambridge, 1894

O. P.-Cambridge, 1894: 134. Type species: *Epeirotypus brevipes* O. P.-Cambridge, 1894

大窿内模蛛 *Epeirotypus dalong* Miller, Griswold & Yin, 2009

Miller, Griswold & Yin, 2009: 22.
分布：云南（YN）

喀蛛属 *Karstia* Chen, 2010

Chen, 2010: 2. Type species: *Karstia upperyangtzica* Chen, 2010

科丁喀蛛 *Karstia coddingtoni* (Zhu, Zhang & Chen, 2001)

Zhu, Zhang & Chen, 2001: 2 (*Wendilgarda c.*); Chen, 2010: 4 (*K. c.*, Trans. from *Wendilgarda*).
分布：贵州（GZ）

心形喀蛛 *Karstia cordata* Dou & Lin, 2012

Dou & Lin, 2012: 734.

分布：四川（SC）、重庆（CQ）

光亮喀蛛 *Karstia nitida* Zhao & Li, 2012

Zhao & Li, 2012: 20.

分布：广西（GX）

伸长喀蛛 *Karstia prolata* Zhao & Li, 2012

Zhao & Li, 2012: 23.

分布：广西（GX）

上扬子喀蛛 *Karstia upperyangtzica* Chen, 2010

Chen, 2010: 3.

分布：贵州（GZ）

勐仑蛛属 *Menglunia* Zhao & Li, 2012

Zhao & Li, 2012: 26. Type species: *Menglunia inaffecta* Zhao & Li, 2012

简朴勐仑蛛 *Menglunia inaffecta* Zhao & Li, 2012

Zhao & Li, 2012: 26.

分布：云南（YN）

奥古蛛属 *Ogulnius* O. P.-Cambridge, 1882

O. P.-Cambridge, 1882: 433. Type species: *Ogulnius obtectus* O. P.-Cambridge, 1882

巴氏奥古蛛 *Ogulnius barbandrewsi* Miller, Griswold & Yin, 2009

Miller, Griswold & Yin, 2009: 23.

分布：云南（YN）

柔弱奥古蛛 *Ogulnius hapalus* Zhao & Li, 2012

Zhao & Li, 2012: 31.

分布：云南（YN）

华翼蛛属 *Sinoalaria* Zhao & Li, 2014

Zhao & Li, 2014: 41. Type species: *Alaria chengguanensis* Zhao & Li, 2012

Note: a replacement name for *Alaria* Zhao & Li, 2012: 7, preoccupied in the Diplostomatidae by Schrank, 1788.

城关华翼蛛 *Sinoalaria chengguanensis* (Zhao & Li, 2012)

Zhao & Li, 2012: 8 (*Alaria c.*); Zhao & Li, 2014: 41 (*S. c.*, Trans. from *Alaria*).

分布：贵州（GZ）

球体蛛属 *Theridiosoma* O. P.-Cambridge, 1879

O. P.-Cambridge, 1879: 194. Type species: *Theridion gemmosum* L. Koch, 1877

异名：

Theridilella Chamberlin & Ivie, 1936; Levi & Levi, 1962: 30 (Syn.).

地网球体蛛 *Theridiosoma diwang* Miller, Griswold & Yin, 2009

Miller, Griswold & Yin, 2009: 25.

分布：云南（YN）

羽球体蛛 *Theridiosoma plumarium* Zhao & Li, 2012

Zhao & Li, 2012: 35 (*T. plumaria*).

分布：海南（HI）

双臂球体蛛 *Theridiosoma shuangbi* Miller, Griswold & Yin, 2009

Miller, Griswold & Yin, 2009: 26.

分布：云南（YN）

台湾球体蛛 *Theridiosoma taiwanica* Zhang, Zhu & Tso, 2006

Zhang, Zhu & Tso, 2006: 265.

分布：台湾（TW）

胜利球体蛛 *Theridiosoma triumphale* Zhao & Li, 2012

Zhao & Li, 2012: 37 (*T. triumphalis*).

分布：海南（HI）

柳条球体蛛 *Theridiosoma vimineum* Zhao & Li, 2012

Zhao & Li, 2012: 40.

分布：云南（YN）

温氏蛛属 *Wendilgarda* Keyserling, 1886

Keyserling, 1886: 130. Type species: *Wendilgarda mexicana* Keyserling, 1886

异名：

Cyathidea Simon, 1907; Coddington, 1986: 82 (Syn.);

Enthorodera Simon, 1907; Coddington, 1986: 82 (Syn.).

阿萨温氏蛛 *Wendilgarda assamensis* Fage, 1924

Fage, 1924: 64 (*Vendilgarda a.*); Brignoli, 1981: 15; Song & Zhu, 1994: 39; Song, Zhu & Chen, 1999: 149; Wunderlich, 2011: 434 (*W. a.*; misplaced in this genus).

分布：云南（YN）；印度

木鸡温氏蛛 *Wendilgarda muji* Miller, Griswold & Yin, 2009

Miller, Griswold & Yin, 2009: 28.

分布：云南（YN）

潘家温氏蛛 *Wendilgarda panjanensis* Barrion, Barrion-Dupo & Heong, 2012

Barrion et al., 2012: 40.

分布：海南（HI）

中华温氏蛛 *Wendilgarda sinensis* Zhu & Wang, 1992

Zhu & Wang, 1992: 14; Song, Zhu & Chen, 1999: 148.

分布：海南（HI）

卓玛蛛属 *Zoma* Saaristo, 1996

Saaristo, 1996: 51. Type species: *Zoma zoma* Saaristo, 1996

地白银卓玛蛛 *Zoma dibaiyin* Miller, Griswold & Yin, 2009

Miller, Griswold & Yin, 2009: 27.
分布：云南（YN）

银带卓玛蛛 *Zoma fascia* Zhao & Li, 2012

Zhao & Li, 2012: 42.
分布：海南（HI）

63. 蟹蛛科 Thomisidae Sundevall, 1833

世界 172 属 2157 种；中国 47 属 288 种。

高峭蛛属 *Acrotmarus* Tang & Li, 2012

Tang & Li, 2012: 726. Type species: *Acrotmarus gummosus* Tang & Li, 2012

胶高峭蛛 *Acrotmarus gummosus* Tang & Li, 2012

Tang & Li, 2012: 727.
分布：云南（YN）

弓蟹蛛属 *Alcimochthes* Simon, 1885

Simon, 1885: 448. Type species: *Alcimochthes limbatus* Simon, 1885

缘弓蟹蛛 *Alcimochthes limbatus* Simon, 1885

Simon, 1885: 448; Simon, 1895: 979; Ono, 1988: 46; Song & Chai, 1990: 366; Song & Li, 1997: 421; Song & Zhu, 1997: 34; Song, Zhu & Chen, 1999: 479; He & Hu, 1999: 8 (*Lysiteles guangxiensis*); Zhang et al., 2000: 36; Ono, 2009: 506; Tang & Li, 2010: 5 (*A. l.*, Syn.); Yin et al., 2012: 1273.
异名：
Alcimochthes guangxiensis (He & Hu, 1999, Trans. from *Lysiteles*); Tang & Li, 2010: 5 (Syn.).
分布：浙江（ZJ）、湖南（HN）、四川（SC）、台湾（TW）、海南（HI）；日本、越南、新加坡

南方弓蟹蛛 *Alcimochthes meridionalis* Tang & Li, 2009

Tang & Li, 2009: 46.
分布：云南（YN）、海南（HI）

蚁蟹蛛属 *Amyciaea* Simon, 1885

Simon, 1885: 447. Type species: *Amycle forticeps* O. P.-Cambridge, 1873

大头蚁蟹蛛 *Amyciaea forticeps* (O. P.-Cambridge, 1873)

O. P.-Cambridge, 1873: 122 (*Amycle f.*); Simon, 1895: 983; Szombathy, 1913: 30; Badcock, 1918: 283 (*Amyclea f.*); Tikader, 1971: 65; Tikader, 1980: 169; Tang & Song, 1988: 13; Song & Zhu, 1997: 35; Song, Zhu & Chen, 1999: 479; Jose et al., 2003: 157.
分布：云南（YN）、海南（HI）；印度到马来西亚

安格蛛属 *Angaeus* Thorell, 1881

Thorell, 1881: 346. Type species: *Angaeus pudicus* Thorell, 1881
异名：
Paraborboropactus Tang & Li, 2009; Benjamin, 2013: 72 (Syn.).

沟槽安格蛛 *Angaeus canalis* (Tang & Li, 2010)

Tang & Li, 2010: 44 (*Paraborboropactus c.*); Benjamin, 2013: 72.
分布：云南（YN）

扁丘安格蛛 *Angaeus lenticulosus* Simon, 1903

Simon, 1903: 729; Tang & Li, 2010: 53 (*Paraborboropactus oblatus*); Benjamin, 2013: 72 (*A. l.*, Syn.).
异名：
Angaeus oblatus (Tang & Li, 2010, Trans. from *Paraborboropatus*); Benjamin, 2013: 72 (Syn.).
分布：海南（HI）；越南

梁伟安格蛛 *Angaeus liangweii* (Tang & Li, 2010)

Tang & Li, 2010: 49 (*Paraborboropactus l.*); Benjamin, 2013: 72.
分布：海南（HI）

菱带安格蛛 *Angaeus rhombifer* Thorell, 1890

Thorell, 1890: 150; Thorell, 1895: 278 (*A. rhombifer leucomenus*); Workman, 1896: 88; Simon, 1899: 98 (*Stephanopis weyersi*); Simon, 1909: 144 (*A. leucomenus*); Tang & Li, 2009: 716 (*Paraborboropactus leguminaceus*); Benjamin, 2013: 73 (*A. r.*, Syn. of male).
异名：
Angaeus rhombifer leucomenus (Thorell, 1895); Benjamin, 2013: 73 (Syn.);
A. weyersi (Simon, 1899, Trans. from *Stephanopis*); Benjamin, 2013: 73 (Syn.);
A. leguminaceus (Tang & Li, 2009, Trans. from *Paraborboropactus*); Benjamin, 2013: 73 (Syn.).
分布：云南（YN）；缅甸、越南、马来西亚、印度尼西亚、新加坡、苏门答腊岛、婆罗洲

菱形安格蛛 *Angaeus rhombus* (Tang & Li, 2009)

Tang & Li, 2009: 720 (*Paraborboropactus r.*); Tang & Li, 2010: 48 (*P. r.*); Benjamin, 2013: 72.
分布：云南（YN）

郑氏安格蛛 *Angaeus zhengi* (Tang & Li, 2009)

Tang & Li, 2009: 713 (*Paraborboropactus z.*); Benjamin, 2013: 72.
分布：云南（YN）

巴蟹蛛属 *Bassaniana* Strand, 1928

Strand, 1928: 42. Type species: *Coriarachne versicolor* Keyserling, 1880

美丽巴蟹蛛 *Bassaniana decorata* (Karsch, 1879)

Karsch, 1879: 76 (*Oxyptila d.*); Simon, 1886: 183 (*Coriarachne japonica*); Bösenberg & Strand, 1906: 258 (*Ozyptila d.*); Schenkel, 1963: 205 (*Xysticus pichoni*); Zhu & Wang, 1963: 474 (*Oxyptila d.*); Paik, 1974: 120 (*Oxyptila d.*); Ono, 1985: 33 (*B. d.*, Trans. from *Ozyptila*, Syn. of male); Yaginuma, 1986: 203; Song, 1987: 257 (*Ozyptila d.*, Syn.); Zhang, 1987: 209; Chikuni, 1989: 139; Feng, 1990: 180; Chen & Zhang, 1991: 276 (*Oxyptila d.*); Song & Zhu, 1997: 63; Song, Zhu & Chen, 1999: 480; Kim & Gwon, 2001: 20; Namkung, 2002: 528; Namkung, 2003: 531; Ono, 2009: 511; Zhu & Zhang, 2011: 436; Marusik & Omelko, 2014: 282.

异名：

Bassaniana japonicus (Simon, 1886, Trans. from *Coriarachne*); Ono, 1985: 33 (Syn.);

B. pichoni (Schenkel, 1963, Trans. from *Xysticus*); Song, 1987: 257 (Syn., as *Ozyptila d.*).

分布：吉林（JL）、辽宁（LN）、河南（HEN）、宁夏（NX）、浙江（ZJ）、海南（HI）；韩国、日本、俄罗斯

疣蟹蛛属 *Boliscus* Thorell, 1891

Thorell, 1891: 98. Type species: *Corynethrix tuberculata* Simon, 1886

瘤疣蟹蛛 *Boliscus tuberculatus* (Simon, 1886)

Simon, 1886: 146 (*Corynethrix tuberculata*); Thorell, 1891: 98 (*B. segnis*); Thorell, 1895: 283 (*B. segnis*); Simon, 1895: 1006; Workman, 1896: 93 (*B. segnis*); Ono, 1984: 66 (*B. t.*, Syn.); Yaginuma, 1986: 210; Chikuni, 1989: 143; Song & Zhu, 1997: 175; Song, Zhu & Chen, 1999: 480; Namkung, 2003: 537; Ono, 2009: 531; Ramírez, 2014: 212.

异名：

Boliscus segnis Thorell, 1891; Ono, 1984: 66 (Syn.).

分布：贵州（GZ）、台湾（TW）、海南（HI）；缅甸到日本

泥蟹蛛属 *Borboropactus* Simon, 1884

Simon, 1884: 301. Type species: *Borboropactus squalidus* Simon, 1884

双突泥蟹蛛 *Borboropactus biprocessus* Tang, Yin & Peng, 2012

Tang, Yin & Peng, in Yin et al., 2012: 1257.

分布：湖南（HN）

双瘤泥蟹蛛 *Borboropactus bituberculatus* Simon, 1884

Simon, 1884: 301; Simon, 1895: 1049 (*Regillus b.*); Hogg, 1914: 57 (*R. divergens*); Hogg, 1915: 461 (*R. d.*); Chrysanthus, 1964: 89 (*B. d.*); Song, 1993: 89 (*B. hainanus*); Song, 1994: 119 (*B. h.*, misidentified per Tang & Li, 2010: 17); Song & Zhu, 1997: 21 (*B. h.*); Song, Zhu & Chen, 1999: 480 (*B. h.*); Wunderlich, 2008: 483 (*B. h.*); Tang & Li, 2010: 16 (*B. h.*); Benjamin, 2011: 11 (*B. b.*, Syn. of male); Ramírez, 2014: 257.

异名：

Borboropactus divergens (Hogg, 1914, Trans. from *Regillus*); Benjamin, 2011: 11 (Syn.);

B. hainanus Song, 1993: 89; Benjamin, 2011: 11 (Syn.).

分布：海南（HI）；摩鹿加群岛、巴布亚新几内亚

短齿泥蟹蛛 *Borboropactus brevidens* Tang & Li, 2010

Tang & Li, 2010: 8.

分布：海南（HI）

无齿泥蟹蛛 *Borboropactus edentatus* Tang & Li, 2010

Tang & Li, 2010: 12.

分布：海南（HI）

江永泥蟹蛛 *Borboropactus jiangyong* Yin et al., 2004

Yin et al., 2004: 27; Yin et al., 2012: 1259.

分布：湖南（HN）

长齿泥蟹蛛 *Borboropactus longidens* Tang & Li, 2010

Tang & Li, 2010: 21.

分布：海南（HI）

顶蟹蛛属 *Camaricus* Thorell, 1887

Thorell, 1887: 262. Type species: *Thomisus maugi* Walckenaer, 1837

美丽顶蟹蛛 *Camaricus formosus* Thorell, 1887

Thorell, 1887: 262; Thorell, 1890: 60 (*C. fornicatus*, lapsus); Workman & Workman, 1892: 4; Tikader, 1977: 192 (*C. f.*, apparently removed from Syn. of *C. maugei*, contra. Simon, 1895: 1012); Tikader, 1980: 175; Tikader & Biswas, 1981: 83; Tang & Song, 1988: 13; Barrion & Litsinger, 1995: 238; Song & Zhu, 1997: 173; Song, Zhu & Chen, 1999: 480.

分布：云南（YN）、海南（HI）；印度到苏门答腊岛、菲律宾

希蟹蛛属 *Cebrenninus* Simon, 1887

Simon, 1887: 468. Type species: *Cebrenninus rugosus* Simon, 1887

皱希蟹蛛 *Cebrenninus rugosus* Simon, 1887

Simon, 1887: 468; Thorell, 1890: 149 (*Libania armillata*); Simon, 1897: 9; Barrion & Litsinger, 1995: 208 (*Cupa kalawitana*); Tang et al., 2009: 40 (*C. r.*, Syn.); Tang & Li, 2010: 23; Benjamin, 2011: 13; Ramírez, 2014: 223.

异名：

Cebrenninus kalawitanus (Barrion & Litsinger, 1995, Trans. from *Cupa=Epidius*); Tang et al., 2009: 40 (Syn.).

分布：云南（YN）、海南（HI）；泰国、马来西亚、印度尼西亚（爪哇）、苏门答腊岛、婆罗洲、菲律宾

革蟹蛛属 *Coriarachne* Thorell, 1870

Thorell, 1870: 186. Type species: *Xysticus depressus* C. L. Koch, 1837

黑革蟹蛛 *Coriarachne melancholica* Simon, 1880

Simon, 1880: 110 (*Coriarachne m.*); Reimoser, 1919: 195 (*Xysticus melancholicus*); Schenkel, 1963: 185 (*C. potanini*);

Song, Feng & Shang, 1982: 258 (*C. m.*, Trans. from *Xysticus*); Hu, 1984: 315; Hu, 1984: 323 (*Ozyptila decorata*, misidentified); Zhu et al., 1985: 169; Song, 1987: 253; Zhang, 1987: 203; Urita & Song, 1989: 29; Feng, 1990: 177; Zhao, 1993: 358 (*C. melanocholica*); Song & Zhu, 1997: 61 (*C. m.*, Syn.); Song, Zhu & Chen, 1999: 480; Hu, 2001: 338; Song, Zhu & Chen, 2001: 389; Zhu & Zhang, 2011: 437; Yin et al., 2012: 1279.

异名：

Coriarachne potanini Schenkel, 1963; Song & Zhu, 1997: 61 (Syn.).

分布：内蒙古（NM）、河北（HEB）、北京（BJ）、山东（SD）、河南（HEN）、陕西（SN）、青海（QH）、湖南（HN）

狩蟹蛛属 *Diaea* Thorell, 1869

Thorell, 1869: 37. Type species: *Aranea dorsata* Fabricius, 1777

米氏狩蟹蛛 *Diaea mikhailovi* Zhang, Song & Zhu, 2004

Zhang, Song & Zhu, 2004: 7; Guo & Zhang, 2014: 447.

分布：河北（HEB）

简狩蟹蛛 *Diaea simplex* Xu, Han & Li, 2008

Xu, Han & Li, 2008: 14.

分布：海南（HI）、香港（HK）

陷狩蟹蛛 *Diaea subdola* O. P.-Cambridge, 1885

O. P.-Cambridge, 1885: 62; Bösenberg & Strand, 1906: 257 (*Misumena yunohamensis*); Bösenberg & Strand, 1906: 256 (*M. japonica*); Hogg, 1912: 207; Saitō, 1933: 37 (*M. japonica*); Yaginuma, 1960: 96 (*M. yunohamensis*); Yaginuma, 1960: 96 (*M. japonica*); Tikader, 1962: 573 (*M. horai*); Yaginuma, 1966: 36 (*Misumenops yunohamensis*, Trans. from *Misumena*); Yaginuma, 1966: 36 (*Misumenops japonicus*, Trans. from *Misumena*); Tikader, 1968: 107 (*Misumena horai*); Arita, 1970: 27 (*Misumenops japonicus*); Yaginuma, 1970: 668 (*Misumenops japonicus*, Syn.); Yaginuma, 1971: 96 (*Misumenops yunohamensis*); Yaginuma, 1971: 96 (*Misumenops japonicus*); Tikader, 1971: 40 (*Misumena horai*); Paik & Namkung, 1979: 71 (*Misumenops japonicus*); Tikader, 1980: 93 (*Misumena horai*); Hu & Guo, 1982: 138 (*Misumenops japonicus*); Hu, 1984: 318 (*M. japonica*); Zhu et al., 1985: 172 (*M. japonicus*); Yaginuma, 1986: 206 (*M. j.*); Ono, 1988: 158 (*M. j.*); Chikuni, 1989: 138 (*M. j.*); Chen & Gao, 1990: 169 (*M. j.*); Chen & Zhang, 1991: 282 (*Diaea japonicus*: no justification of transfer provided); Marusik, 1993: 461 (*D. s.*, Syn.); Song & Zhu, 1997: 151; Song, Chen & Zhu, 1997: 1729; Song, Zhu & Chen, 1999: 480; Namkung, 2003: 524; Ono, 2009: 523; Marusik & Kovblyuk, 2011: 253; Zhu & Zhang, 2011: 439; Yin et al., 2012: 1280.

异名：

Diaea japonica (Bösenberg & Strand, 1906, Trans. from *Misumena*); Marusik, 1993: 461 (Syn.);

D. yunohamensis (Bösenberg & Strand, 1906, Trans. from *Misumena*); Yaginuma, 1970: 668 (Syn., sub. *Misumenops japonicus*);

D. horai (Tikader, 1962, Trans. from *Misumena*); Marusik, 1993: 461 (Syn.).

分布：山西（SX）、山东（SD）、河南（HEN）、陕西（SN）、浙江（ZJ）、湖南（HN）、四川（SC）、贵州（GZ）、台湾（TW）、海南（HI）；印度、巴基斯坦到日本、俄罗斯

疑狩蟹蛛 *Diaea suspiciosa* O. P.-Cambridge, 1885

O. P.-Cambridge, 1885: 64; Tarabaev, 1979: 200 (*D. dorsata*, misidentified); Song & Hu, 1986: 350 (*D. xinjiangensis*); Hu & Wu, 1989: 332 (*D. x.*); Marusik, 1993: 459 (*D. s.*, Syn. of female); Song & Zhu, 1997: 152 (*D. x.*); Song, Zhu & Chen, 1999: 481; Marusik & Logunov, 2006: 55.

异名：

Diaea xinjiangensis Song & Hu, 1986; Marusik, 1993: 459 (Syn.).

分布：新疆（XJ）；蒙古、中亚

埃蟹蛛属 *Ebelingia* Lehtinen, 2005

Lehtinen, 2005: 159. Type species: *Misumenops kumadai* Ono, 1985

湖北埃蟹蛛 *Ebelingia hubeiensis* (Song & Zhao, 1994)

Song & Zhao, 1994: 115 (*Misumenops h.*); Song & Zhu, 1997: 140 (*M. h.*); Song, Chen & Zhu, 1997: 1730 (*M. h.*); Song, Zhu & Chen, 1999: 483 (*M. h.*); Lehtinen, 2005: 161 (*E. h.*, Trans. from *Misumenops*).

分布：湖北（HB）

熊田埃蟹蛛 *Ebelingia kumadai* (Ono, 1985)

Ono, 1985: 15 (*Misumenops k.*); Namkung, Paik & Lee, 1988: 27 (*M. k.*); Chikuni, 1989: 138 (*M. k.*); Logunov, 1992: 64 (*M. k.*); Lehtinen, 1993: 587 (*Mecaphesa k.*, Trans. from *Misumenops*); Kim & Gwon, 2001: 30 (*Misumenops k.*); Namkung, 2002: 519 (*Mecaphesa k.*); Namkung, 2003: 522 (*M. k.*); Lehtinen, 2005: 159 (*E. k.*, Trans. from *Mecaphesa*); Ono, 2009: 527.

分布：吉林（JL）、辽宁（LN）；韩国、日本、冲绳、俄罗斯

伊氏蛛属 *Ebrechtella* Dahl, 1907

Dahl, 1907: 376. Type species: *Diaea concinna* Thorell, 1877

钳形伊氏蛛 *Ebrechtella forcipata* (Song & Zhu, 1993)

Song & Zhu, in Song, Zhu & Li, 1993: 879 (*Misumenops forcipatus*); Song & Zhu, 1997: 139 (*M. forcipatus*); Song, Zhu & Chen, 1999: 482 (*M. forcipatus*); Lehtinen, 2005: 165 (*E. f.*, Trans. from *Misumenops*).

分布：福建（FJ）

香港伊氏蛛 *Ebrechtella hongkong* (Song, Zhu & Wu, 1997)

Song, Zhu & Wu, 1997: 83 (*Misumenops h.*); Song, Zhu & Chen, 1999: 482 (*M. h.*); Lehtinen, 2005: 165 (*E. h.*, Trans.

from *Misumenops*).

分布：香港（HK）

伪瓦提伊氏蛛 *Ebrechtella pseudovatia* (Schenkel, 1936)

Schenkel, 1936: 132 (*Misumena p.*); Zhu et al., 1985: 173 (*Misumenops pseudovatius*, Trans. from *Misumena*); Zhao, 1993: 361 (*M. pseudovatius*); Zhu, Song & Tang, in Tang, Song & Zhu, 1995: 20 (*M. wenensis*); Song & Zhu, 1997: 141 (*M. pseudovatius*, Syn.); Song, Zhu & Chen, 1999: 483 (*M. pseudovatius*); Song, Zhu & Chen, 2001: 393 (*M. pseudovatius*); Lehtinen, 2005: 165 (*E. p.*, Trans. from *Misumenops*); Zhu & Zhang, 2011: 440.

异名：

Ebrechtella wenensis (Zhu, Song & Tang, in Tang, Song & Zhu, 1995, Trans. from *Misumenops*); Song & Zhu, 1997: 141 (Syn., sub. *Misumenops*).

分布：河北（HEB）、山西（SX）、河南（HEN）、甘肃（GS）、台湾（TW）；不丹

三突伊氏蛛 *Ebrechtella tricuspidata* (Fabricius, 1775)

Fabricius, 1775: 433 (*Aranea t.*); Fourcroy, 1785: 531 (*A. viatica*); Olivier, 1789: 225 (*A. inaurata*); Olivier, 1789: 233 (*A. t.*); Walckenaer, 1802: 232 (*A. delicatula*); Walckenaer, 1802: 232 (*A. diana*); Walckenaer, 1805: 30 (*Thomisus diana*); Walckenaer, 1805: 32 (*T. tricuspidatus*); Walckenaer, 1805: 32 (*T. delicatulus*); Hahn, 1832: 31 (*T. diana*); Hahn, 1833: 2 (*T. diana*); Hahn, 1833: 2 (*T. hermanii*); Walckenaer, 1837: 531 (*T. diana*); Grube, 1861: 173 (*T. arcigerus*); Simon, 1864: 433 (*Diana delicata*); O. P.-Cambridge, 1873: 540 (*Xysticus pavesii*); Simon, 1875: 244 (*Misumena t.*); Simon, 1932: 791, 869 (*Misumenops tricuspidatus*); Caporiacco, 1951: 91 (*Xysticus pavesii*); Azheganova, 1968: 117 (*Misumenops t.*); Miller, 1971: 126 (*M. tricuspidatus*); Paik & Namkung, 1979: 72 (*M. tricuspidatus*); Song, 1980: 189 (*Misumenops tricuspidatus*); Wang, 1981: 134 (*Misumena t.*); Qiu, 1983: 94 (*Misumenops tricuspidalus*); Hu, 1984: 319 (*M. tricuspidatus*); Guo, 1985: 159 (*M. tricuspidatus*); Zhu et al., 1985: 174 (*M. tricuspidatus*); Yaginuma, 1986: 205 (*M. tricuspidatus*); Song, 1987: 255 (*M. tricuspidatus*); Zhang, 1987: 205 (*M. tricuspidatus*); Ono, 1988: 162 (*M. tricuspidatus*); Chikuni, 1989: 137 (*M. tricuspidatus*); Hu & Wu, 1989: 337 (*M. tricuspidatus*); Feng, 1990: 179 (*M. tricuspidatus*); Ono, Marusik & Logunov, 1990: 15 (*M. tricuspidatus*); Chen & Gao, 1990: 169 (*M. tricuspidatus*); Chen & Zhang, 1991: 267 (*M. tricuspidatus*); Heimer & Nentwig, 1991: 472 (*M. t.*); Ovtsharenko & Marusik, 1992: 71 (*M. tricuspidatus*, Syn.); Danilov, 1993: 62 (*M. tricuspidatus*); Song, Zhu & Li, 1993: 879 (*M. tricuspidatus*); Zhao, 1993: 362 (*M. tricuspidatus*); Barrion & Litsinger, 1994: 293 (*M. tricuspidatus*); Huber, 1995: 155 (*M. tricuspidatus*); Roberts, 1995: 155 (*M. tricuspidatus*); Wunderlich, 1995: 751 (*M. tricuspidatus*, Syn.); Mcheidze, 1997: 142 (*M. tricuspidatus*); Song & Zhu, 1997: 143 (*M. tricuspidatus*); Roberts, 1998: 164 (*M. tricuspidatus*); Song, Zhu & Chen, 1999: 483 (*M. tricuspidatus*); Hu, 2001: 344 (*M. tricuspidatus*); Kim & Gwon, 2001: 30 (*M. tricuspidatus*); Song, Zhu & Chen, 2001: 395 (*M. tricuspidatus*); Namkung, 2002: 518 (*M. tricuspidatus*); Namkung, 2003: 521 (*M. tricuspidatus*); Lehtinen, 2005: 165 (*E. t.*, Trans. from *Misumenops*); Trotta, 2005: 177 (*M. tricuspidatus*); Kim, Jeong & Lee, 2007: 37 (*M. trcuspidatus*, lapsus); Zhu & Zhang, 2011: 442; Yin et al., 2012: 1282.

异名：

Ebrechtella arciger (Grube, 1861, Trans. from *Thomisus*); Ovtsharenko & Marusik, 1992: 71 (Syn., sub. *Misumenops*);

E. pavesii (O. P.-Cambridge, 1873, Trans. from *Xysticus*); Wunderlich, 1995: 751 (Syn., sub. *Misumenops*).

分布：黑龙江（HL）、吉林（JL）、辽宁（LN）、内蒙古（NM）、河北（HEB）、天津（TJ）、北京（BJ）、山西（SX）、山东（SD）、河南（HEN）、陕西（SN）、宁夏（NX）、甘肃（GS）、青海（QH）、新疆（XJ）、安徽（AH）、江苏（JS）、浙江（ZJ）、江西（JX）、湖南（HN）、四川（SC）、贵州（GZ）、云南（YN）、福建（FJ）、台湾（TW）、海南（HI）；古北界

新疆伊氏蛛 *Ebrechtella xinjiangensis* (Hu & Wu, 1989)

Hu & Wu, 1989: 333 (*Misumena x.*); Song & Zhu, 1997: 147 (*Misumenops x.*, Trans. from *Misumena*); Song, Zhu & Chen, 1999: 483 (*M. x.*); Lehtinen, 2005: 165 (*E. x.*, Trans. from *Misumenops*).

分布：新疆（XJ）

新界伊氏蛛 *Ebrechtella xinjie* (Song, Zhu & Wu, 1997)

Song, Zhu & Wu, 1997: 84 (*Misumenops x.*); Song, Zhu & Chen, 1999: 483 (*M. x.*); Lehtinen, 2005: 164 (*E. x.*, Trans. from *Misumenops*, may be a junior Syn. of *E. concinna*).

分布：香港（HK）

膜蟹蛛属 *Epidius* Thorell, 1877

Thorell, 1877: 492. Type species: *Epidius longipalpis* Thorell, 1877

异名：

Cupa Strand, 1906; Benjamin, 2011: 14 (Syn.).

市集膜蟹蛛 *Epidius bazarus* (Tikader, 1970)

Tikader, 1970: 48 (*Platythomisus b.*); Tikader, 1971: 65 (*P. b.*); Tikader, 1980: 171 (*P. b.*); Tang et al., 2009: 42 (*E. b.*, Trans. from *Platythomisus*); Tang & Li, 2010: 8.

分布：云南（YN）；印度

龚氏膜蟹蛛 *Epidius gongi* (Song & Kim, 1992)

Song & Kim, 1992: 141 (*Cupa g.*); Song & Zhu, 1997: 23 (*C. g.*); Song, Zhu & Chen, 1999: 480 (*C. g.*); Yin, Peng & Kim, 1999: 356 (*Philodromus longitibiacus*); Tang et al., 2009: 44 (*E. g.*, Trans. from *C.*, Syn.); Yin et al., 2012: 1262.

异名：

Epidius longitibiacus (Yin, Peng & Kim, 1999, Trans. from *Philodromus*); Tang et al., 2009: 44 (Syn.).

分布：浙江（ZJ）、福建（FJ）、海南（HI）

红膜蟹蛛 *Epidius rubropictus* Simon, 1909

Simon, 1909: 144; Yin, Peng & Kim, 1999: 356 (*Philodromus ganxiensis*); Tang et al., 2009: 44 (*E. ganxiensis*, Trans. from *Philodromus*); Benjamin, 2011: 15 (*E. r.*, Syn. of female); Yin et al., 2012: 1261.

异名：

Epidius ganxiensis (Yin, Peng & Kim, 1999, Trans. form *Philodromus*); Benjamin, 2011: 15 (Syn.).

分布：湖南（HN）；越南、苏门答腊岛

毛蟹蛛属 *Heriaeus* Simon, 1875

Simon, 1875: 205. Type species: *Thomisus hirtus* Latreille, 1819

凹毛蟹蛛 *Heriaeus concavus* Tang & Li, 2010

Tang & Li, 2010: 12.

分布：云南（YN）

凸毛蟹蛛 *Heriaeus convexus* Tang & Li, 2010

Tang & Li, 2010: 15.

分布：云南（YN）

梅氏毛蟹蛛 *Heriaeus mellotteei* Simon, 1886

Simon, 1886: 177 (*H. mellottei*; patronym for Mellottée, per Ono, 2011: 125); Bösenberg & Strand, 1906: 257 (*H. melloteei*); Saitō, 1939: 84 (*H. melloteei*); Yaginuma, 1971: 99 (*H. melloteei*); Hu & Guo, 1982: 137 (*H. melloteei*); Shi & Zhu, 1982: 64 (*H. oblongus*, misidentified); Loerbroks, 1983: 114 (*H. melloteei*, Syn. of *H. oblongus*, rejected by Ono, 1988: 172); Hu, 1984: 316 (*H. melloteei*); Hu, 1984: 316 (*H. oblongus*, misidentified); Zhu et al., 1985: 170 (*H. oblongus*, misidentified); Yaginuma, 1986: 208 (*H. melloteei*); Song, 1987: 254 (*H. oblongus*, misidentified); Zhang, 1987: 204 (*H. mellottei*); Li, 1987: 223 (*H. oblongus*, misidentified); Hu & Li, 1987: 312 (*H. setiger*, misidentified per Song & Zhu, 1997: 154); Ono, 1988: 172 (*H. mellottei*); Chikuni, 1989: 139 (*H. mellottei*); Chen & Gao, 1990: 168; Zhao, 1993: 359 (*H. mellottei*); Song & Zhu, 1997: 154 (*H. mellottei*); Song, Zhu & Chen, 1999: 481 (*H. mellottei*); Hu, 2001: 339 (*H. mellottei*); Namkung, 2003: 525 (*H. melloteei*); Zhu & Zhang, 2011: 443.

分布：黑龙江（HL）、内蒙古（NM）、河北（HEB）、山西（SX）、山东（SD）、河南（HEN）、陕西（SN）、甘肃（GS）、湖北（HB）、西藏（XZ）；韩国、日本

西蒙毛蟹蛛 *Heriaeus simoni* Kulczyński, 1903

Kulczyński, 1903: 654 (*H. simonii*); Kulczyński, 1903: 657 (*H. propinquus*); Loerbroks, 1983: 107 (*H. simonii*, Syn.); Qiu, 1983: 93 (*H. somonii*); Utochkin, 1985: 112 (*H. simonii*).

异名：

Heriaeus propinquus Kulczyński, 1903; Loerbroks, 1983: 107 (Syn.).

分布：陕西（SN）；古北界

印温蛛属 *Indosmodicinus* Sen, Saha & Raychaudhuri, 2010

Sen, Saha & Raychaudhuri, 2010: 345. Type species: *Indosmodicinus bengalensis* Sen, Saha & Raychaudhuri, 2010

孟加拉印温蛛 *Indosmodicinus bengalensis* Sen, Saha & Raychaudhuri, 2010

Sen, Saha & Raychaudhuri, 2010: 345; Zhang, Hu & Raychaudhuri, 2011: 933.

分布：海南（HI）；印度

印蟹蛛属 *Indoxysticus* Benjamin & Jaleel, 2010

Benjamin & Jaleel, 2010: 161. Type species: *Xysticus minutus* Tikader, 1960

蚯蚓印蟹蛛 *Indoxysticus lumbricus* Tang & Li, 2010

Tang & Li, 2010: 19.

分布：云南（YN）

唐氏印蟹蛛 *Indoxysticus tangi* Jin & Zhang, 2012

Tang, Yin & Peng, 2005: 733 (*Oxytate minuta*); Yin et al., 2012: 1275 (*O. minuta*); Jin & Zhang, 2012: 64 (*Indoxysticus tangi*, replacement name for *O. m.*, Trans. from *O.*).

分布：湖南（HN）、福建（FJ）

斜蟹蛛属 *Loxobates* Thorell, 1877

Thorell, 1877: 495. Type species: *Loxobates ephippiatus* Thorell, 1877

大东斜蟹蛛 *Loxobates daitoensis* Ono, 1988

Ono, 1988: 42; Song, 1994: 120; Song & Zhu, 1997: 40; Song, Zhu & Chen, 1999: 481; Ono, 2009: 506.

分布：海南（HI）；日本

小斜蟹蛛 *Loxobates minor* Ono, 2001

Ono, 2001: 207; Tang et al., 2008: 244.

分布：云南（YN）；不丹

刺斜蟹蛛 *Loxobates spiniformis* Yang, Zhu & Song, 2006

Yang, Zhu & Song, 2006: 67.

分布：云南（YN）

狼蟹蛛属 *Lycopus* Thorell, 1895

Thorell, 1895: 285. Type species: *Lycopus edax* Thorell, 1895

叉狼蟹蛛 *Lycopus cha* Tang & Li, 2010

Tang & Li, 2010: 23.

分布：云南（YN）

极长狼蟹蛛 *Lycopus longissimus* Tang & Li, 2010

Tang & Li, 2010: 27.

分布：海南（HI）

初狼蟹蛛 *Lycopus primus* Tang & Li, 2009

Tang & Li, 2009: 51.

分布：云南（YN）、海南（HI）

平板狼蟹蛛 *Lycopus tabulatus* Tang & Li, 2010

Tang & Li, 2010: 28.

分布：云南（YN）

微蟹蛛属 *Lysiteles* Simon, 1895

Simon, 1895: 434. Type species: *Lysiteles catulus* Simon, 1895

阿氏微蟹蛛 *Lysiteles ambrosii* Ono, 2001

Ono, 2001: 217; Tang et al., 2007: 64.

分布：云南（YN）；不丹

可爱微蟹蛛 *Lysiteles amoenus* Ono, 1980

Ono, 1980: 214; Song & Zhu, 1997: 120; Song, Zhu & Chen, 1999: 481; Ono, 2001: 212.

分布：台湾（TW）；不丹

锚微蟹蛛 *Lysiteles anchorus* Zhu, Lian & Ono, 2004

Zhu, Lian & Ono, 2004: 53.

分布：海南（HI）

弓微蟹蛛 *Lysiteles arcuatus* Tang et al., 2008

Tang et al., 2008: 5.

分布：云南（YN）

耳状微蟹蛛 *Lysiteles auriculatus* Tang et al., 2008

Tang et al., 2008: 6.

分布：云南（YN）

巴东微蟹蛛 *Lysiteles badongensis* Song & Chai, 1990

Song & Chai, 1990: 367; Song & Li, 1997: 422; Song & Zhu, 1997: 122; Song, Chen & Zhu, 1997: 1730; Song, Zhu & Chen, 1999: 481; Zhu & Zhang, 2011: 445.

分布：河南（HEN）、湖北（HB）

不丹微蟹蛛 *Lysiteles bhutanus* Ono, 2001

Ono, 2001: 222; Tang et al., 2007: 66.

分布：云南（YN）；不丹

小棒微蟹蛛 *Lysiteles clavellatus* Tang et al., 2008

Tang et al., 2008: 7.

分布：云南（YN）

膨大微蟹蛛 *Lysiteles conflatus* Tang et al., 2008

Tang et al., 2008: 9.

分布：云南（YN）

圆锥微蟹蛛 *Lysiteles conicus* Tang et al., 2007

Tang et al., 2007: 60.

分布：云南（YN）

王冠微蟹蛛 *Lysiteles coronatus* (Grube, 1861)

Grube, 1861: 173 (*Thomisus c.*); Reimoser, 1919: 195 (*Xysticus c.*); Saitō, 1934: 279 (*Ozyptila nigrifrons*); Saitō, 1934: 280 (*Xysticus sapporensis*); Uyemura, 1937: 153 (*Oxyptila takashimai*); Yaginuma, 1955: 15 (*Diaea t.*, Trans. from *Ozyptila*); Saitō, 1959: 128 (*Oxyptila nigrifrons*); Namkung, 1964: 42 (*Diaea t.*); Yaginuma, 1967: 88 (*Synaema t.*, Trans. from *Diaea*); Arita, 1970: 27 (*S. t.*); Yaginuma, 1971: 98 (*S. t.*); Kobayashi, 1974: 46 (*S. t.*); Ono, 1979: 106 (*L. nigrifrons*, Trans. from *Ozyptila*); Ono, 1979: 106 (*L. sapporensis*, Trans. from *Xysticus*); Ono, 1979: 106 (*L. takashimai*, Trans. from *Synema*); Ono, 1980: 204 (*L. t.*); Ono, 1985: 23 (*L. c.*, Trans. from *Xysticus*, Syn. of male); Zhu et al., 1985: 196 (*Xysticus sapporensis*); Yaginuma, 1986: 212; Ono, 1988: 133 (*L. c.*, Syn.); Namkung, 2003: 528; Ono, 2009: 520.

异名：

Lysiteles nigrifrons (Saitō, 1934, Trans. from *Ozyptila*); Ono, 1988: 133 (Syn.);

L. sapporensis (Saitō, 1934, Trans. from *Xysticus*); Ono, 1988: 133 (Syn.);

L. takashimai (Uyemura, 1937, Trans. from *Oxyptila*); Ono, 1985: 23 (Syn.).

分布：山西（SX）；韩国、日本、俄罗斯

褶皱微蟹蛛 *Lysiteles corrugus* Tang et al., 2008

Tang et al., 2008: 12.

分布：云南（YN）

弯曲微蟹蛛 *Lysiteles curvatus* Tang et al., 2008

Tang et al., 2008: 13.

分布：云南（YN）

大卫微蟹蛛 *Lysiteles davidi* Tang et al., 2007

Tang et al., 2007: 58.

分布：云南（YN）

齿微蟹蛛 *Lysiteles dentatus* Tang et al., 2007

Tang et al., 2007: 62.

分布：云南（YN）

滇微蟹蛛 *Lysiteles dianicus* Song & Zhao, 1994

Song & Zhao, 1994: 114; Song & Zhu, 1997: 121; Song, Zhu & Chen, 1999: 481; Tang et al., 2008: 14.

分布：云南（YN）

指微蟹蛛 *Lysiteles digitatus* Zhang, Zhu & Tso, 2006

Zhang, Zhu & Tso, 2006: 78.

分布：台湾（TW）

扭微蟹蛛 *Lysiteles distortus* Tang et al., 2008

Tang et al., 2008: 17.

分布：云南（YN）

叉微蟹蛛 *Lysiteles furcatus* Tang & Li, 2010

Tang & Li, 2010: 31.

分布：海南（HI）

郭氏微蟹蛛 *Lysiteles guoi* Tang et al., 2008

Tang et al., 2008: 18.

分布：云南（YN）

喜马拉雅微蟹蛛 *Lysiteles himalayensis* Ono, 1979

Ono, 1979: 102; Ono, 2001: 225; Tang et al., 2008: 20.
分布：云南（YN）；不丹、尼泊尔

香港微蟹蛛 *Lysiteles hongkong* Song, Zhu & Wu, 1997

Song, Zhu & Wu, 1997: 82; Song, Zhu & Chen, 1999: 481.
分布：香港（HK）

膨胀微蟹蛛 *Lysiteles inflatus* Song & Chai, 1990

Song & Chai, 1990: 368; Song & Li, 1997: 423; Song & Zhu, 1997: 123; Song, Zhu & Chen, 1999: 481; Yin et al., 2012: 1285.
分布：湖南（HN）、湖北（HB）、贵州（GZ）、海南（HI）

昆明微蟹蛛 *Lysiteles kunmingensis* Song & Zhao, 1994

Song & Zhao, 1994: 114; Song & Zhu, 1997: 124; Song, Zhu & Chen, 1999: 481; Ono, 2001: 214; Tang et al., 2008: 21.
分布：云南（YN）；不丹

细管微蟹蛛 *Lysiteles leptosiphus* Tang & Li, 2010

Tang & Li, 2010: 35.
分布：海南（HI）

林芝微蟹蛛 *Lysiteles linzhiensis* Hu, 2001

Hu, 2001: 343.
分布：西藏（XZ）

梅微蟹蛛 *Lysiteles maior* Ono, 1979

Ono, 1979: 103 (*L. maius*); Ono, 1980: 207 (*L. maius*); Brignoli, 1983: 609; Yaginuma, 1986: 213 (*L. maius*); Chikuni, 1989: 141 (*L. maius*); Feng, 1990: 178 (*L. maius*); Ono, Marusik & Logunov, 1990: 14 (*L. maius*); Danilov, 1993: 61 (*L. maius*); Song & Zhu, 1997: 125 (*L. maius*); Song, Zhu & Chen, 1999: 482 (*L. maius*); Namkung, 2002: 526 (*L. maius*); Namkung, 2003: 529 (*L. maius*); Tang et al., 2008: 23 (*L. maius*); Ono, 2009: 520 (*L. maius*)
分布：吉林（JL）、云南（YN）；尼泊尔到日本、俄罗斯

曼氏微蟹蛛 *Lysiteles mandali* (Tikader, 1966)

Tikader, 1966: 57 (*Xysticus m.*); Tikader, 1968: 110 (*X. m.*); Tikader, 1971: 49 (*X. m.*); Ono, 1979: 106 (*L. m.*, Trans. from *Xysticus*); Tikader, 1980: 118 (*X. m.*).
分布：西藏（XZ）；印度

小微蟹蛛 *Lysiteles minimus* (Schenkel, 1953)

Schenkel, 1953: 55 (*Xysticus m.*); Ono, 1979: 106 (*L. m.*, Trans. from *Xysticus*); Song & Wang, 1991: 2 (*L. xianensis*); Song, 1995: 125 (*L. m.*, Syn.); Song & Zhu, 1997: 126; Song, Zhu & Chen, 1999: 482; Hu & Zhang, 2011: 65.
异名：
Lysiteles xianensis Song & Wang, 1991; Song, 1995: 125 (Syn.).
分布：陕西（SN）、甘肃（GS）

细微蟹蛛 *Lysiteles minusculus* Song & Chai, 1990

Song & Chai, 1990: 369; Song & Li, 1997: 424; Song & Zhu, 1997: 127; Song, Zhu & Chen, 1999: 482; Ono, 2001: 214; Tang & Li, 2010: 37.
分布：湖北（HB）、海南（HI）；不丹

黑微蟹蛛 *Lysiteles niger* Ono, 1979

Ono, 1979: 102; Ono, 2001: 219; Tang et al., 2008: 26.
分布：云南（YN）；不丹、尼泊尔

虎斑微蟹蛛 *Lysiteles punctiger* Ono, 2001

Ono, 2001: 228; Tang et al., 2008: 28.
分布：云南（YN）；不丹

邱氏微蟹蛛 *Lysiteles qiuae* Song & Wang, 1991

Song & Wang, 1991: 1 (*L. qiui*); Song & Zhu, 1997: 128 (*L. qiui*); Song, Zhu & Chen, 1999: 482; Yin et al., 2012: 1286.
分布：陕西（SN）、湖南（HN）、贵州（GZ）

跳微蟹蛛 *Lysiteles saltus* Ono, 1979

Ono, 1979: 99; Hu & Li, 1987: 376 (*Xysticus himalayaensis*, misidentified); Hu & Li, 1987: 324 (*X. mandali*, misidentified); Song & Zhu, 1997: 129; Song, Zhu & Chen, 1999: 482; Hu, 2001: 341; Tang et al., 2008: 31.
分布：云南（YN）、西藏（XZ）；不丹、尼泊尔

森林微蟹蛛 *Lysiteles silvanus* Ono, 1980

Ono, 1980: 212; Song & Chai, 1990: 369; Song & Li, 1997: 425; Song & Zhu, 1997: 130; Song, Zhu & Chen, 1999: 482; Yin et al., 2012: 1287.
分布：湖南（HN）、湖北（HB）、台湾（TW）

小旋微蟹蛛 *Lysiteles spirellus* Tang et al., 2008

Tang et al., 2008: 31.
分布：云南（YN）

亚滇微蟹蛛 *Lysiteles subdianicus* Tang et al., 2008

Tang et al., 2008: 32.
分布：云南（YN）

旋扭微蟹蛛 *Lysiteles torsivus* Zhang, Zhu & Tso, 2006

Zhang, Zhu & Tso, 2006: 79; Tang et al., 2008: 34.
分布：云南（YN）、台湾（TW）

横微蟹蛛 *Lysiteles transversus* Tang et al., 2008

Tang et al., 2008: 35.
分布：云南（YN）

单突微蟹蛛 *Lysiteles uniprocessus* Tang et al., 2008

Tang et al., 2008: 37.
分布：云南（YN）

文县微蟹蛛 *Lysiteles wenensis* Song, 1995

Tang, Song & Zhu, 1995: 19 (*L. minimus*, misidentified); Song, 1995: 125; Song & Zhu, 1997: 130; Song, Zhu & Chen, 1999: 482.

分布：陕西（SN）、甘肃（GS）

块蟹蛛属 *Massuria* Thorell, 1887

Thorell, 1887: 278. Type species: *Massuria angulata* Thorell, 1887

斑点块蟹蛛 *Massuria bandian* Tang & Li, 2010

Tang & Li, 2010: 29.

分布：云南（YN）

美丽块蟹蛛 *Massuria bellula* Xu, Han & Li, 2008

Xu, Han & Li, 2008: 15.

分布：香港（HK）

卵形块蟹蛛 *Massuria ovalis* Tang & Li, 2010

Tang & Li, 2010: 29.

分布：云南（YN）

乳蟹蛛属 *Mastira* Thorell, 1891

Thorell, 1891: 87. Type species: *Mastira bipunctata* Thorell, 1891

双斑乳蟹蛛 *Mastira bipunctata* Thorell, 1891

Thorell, 1891: 87; Simon, 1897: 8 (*Epidius bipunctatus*); Lehtinen, 2005: 169 (*M. b.*, Trans. from *Epidius*).

分布：台湾（TW）；新加坡、苏门答腊岛

淡黄乳蟹蛛 *Mastira flavens* (Thorell, 1877)

Thorell, 1877: 510 (*Misumena f.*); Merian, 1911: 249 (*Misumena f.*); Roewer, 1955: 868 (*Diaea f.*); Lehtinen, 2005: 170 (*M. f.*, Trans. from *Diaea*).

分布：台湾（TW）；菲律宾、印度尼西亚（苏拉威西）

小锯乳蟹蛛 *Mastira serrula* Tang & Li, 2010

Tang & Li, 2010: 33.

分布：云南（YN）

覆瓦乳蟹蛛 *Mastira tegularis* Xu, Han & Li, 2008

Xu, Han & Li, 2008: 16.

分布：香港（HK）

微花蛛属 *Micromisumenops* Tang & Li, 2010

Tang & Li, 2010: 37. Type species: *Misumenops xiushanensis* Song & Chai, 1990

秀山微花蛛 *Micromisumenops xiushanensis* (Song & Chai, 1990)

Song & Chai, 1990: 370 (*Misumenops x.*); Song & Li, 1997: 426 (*Misumenops x.*); Song & Zhu, 1997: 148 (*Misumenops x.*); Song, Zhu & Chen, 1999: 483 (*Misumenops x.*); Tang & Li, 2010: 37 (*M. x.*, Trans. from *Misumenops*).

分布：重庆（CQ）

梢蛛属 *Misumena* Latreille, 1804

Latreille, 1804: 135. Type species: *Araneus vatius* Clerck, 1757

格鲁伯梢蛛 *Misumena grubei* (Simon, 1895)

Simon, 1895: 337 (*Thomisus g.*); Hu & Wu, 1989: 335 (*M. rosea*); Marusik & Logunov, 2002: 318 (*M. g.*, Trans. from *Thomisus*, Syn.).

异名：

Misumena rosea Hu & Wu, 1989; Marusik & Logunov, 2002: 318 (Syn.).

分布：新疆（XJ）；蒙古

弓足梢蛛 *Misumena vatia* (Clerck, 1757)

Clerck, 1757: 128 (*Araneus vatius*); Linnaeus, 1758: 620 (*Aranea calycina*); Linnaeus, 1761: 1032 (*A. 4-lineata*); Scopoli, 1763: 398 (*A. kleinii*); Scopoli, 1763: 399 (*A. osbekii*); Scopoli, 1763: 399 (*A. hasselquistii*); Scopoli, 1763: 400 (*A. uddmanni*); Fabricius, 1775: 436 (*A. scorpiformis*); Müller, 1776: 194 (*A. virginea*); De Geer, 1778: 298 (*A. citrea*); Fourcroy, 1785: 531 (*A. citrina*); Martini & Goeze, in Lister, 1778: 287 (*A. sulphureoglobosa*); Martini & Goeze, in Lister, 1778: 292 (*A. sulphurea*); Martini & Goeze, in Lister, 1778: 297 (*A. quinquepunctata*); Martini & Goeze, in Lister, 1778: 299 (*A. albonigricans*); Olivier, 1789: 225 (*A. calicina*); Preyssler, 1791: 105 (*A. cretata*); Latreille, 1804: 135 (*M. citrea*); Panzer, 1804: 164 (*A. quinquepunctata*); Panzer, 1804: 173 (*A. albonigricans*); Walckenaer, 1805: 31 (*Thomisus citreus*); Walckenaer, 1805: 32 (*T. calycinus*); Walckenaer, 1805: 32 (*T. dauci*); Hahn, 1820: 2 (*T. dauci*); Hahn, 1831: 1 (*T. citreus*); Hahn, 1831: 1 (*T. calycinus*); Hahn, 1832: 42 (*T. citreus*); Hahn, 1832: 43 (*T. pratensis*); Brullé, 1832: 53 (*T. spinipes*); Sundevall, 1833: 219 (*T. citreus*); Hahn, 1833: 1 (*T. scorpiformis*); Hahn, 1833: 1 (*T. quadrilineatus*); Hahn, 1833: 1 (*T. pratensis*); Walckenaer, 1837: 528 (*T. viridis*); Walckenaer, 1837: 528 (*T. citreus georgiensis*); Walckenaer, 1837: 533 (*T. phrygiatus*); C. L. Koch, 1837: 53 (*T. calycinus*); C. L. Koch, 1845: 61 (*T. devius*); Hentz, 1847: 445 (*T. fartus*); Thorell, 1856: 72 (*T. vatius*); Blackwall, 1861: 88 (*T. citreus*); Westring, 1861: 442 (*T. vatius*); Simon, 1864: 433 (*Pachyptile devia*); Prach, 1866: 608 (*T. calycinus*); Sordelli, 1868: 476 (*T. cucurbitinus*); Thorell, 1872: 258; Menge, 1876: 453; Becker, 1882: 208; Hansen, 1882: 66; Emerton, 1892: 368; McCook, 1894: 402; Simon, 1895: 1025; Banks, 1898: 262 (*M. modesta*); F. O. P.-Cambridge, 1900: 141; F. O. P.-Cambridge, 1900: 146 (*Misumenops modestus*); Bösenberg, 1902: 366; Emerton, 1902: 27; Bösenberg & Strand, 1906: 255 (*M. calycina*); Kulczyński, 1911: 63 (*M. v. occidentalis*); Reimoser, 1929: 88 (*M. calycina*); Simon, 1932: 790, 869 (*M. occidentalis*); Denis, 1934: 154 (*M. occidentalis*); Gertsch, 1939: 314 (*M. calycina*); Comstock, 1940: 539; Chickering, 1940: 192; Muma, 1943: 107 (*M. calycina*); Chamberlin &

Ivie, 1944: 157 (*M. calycina*, Syn.); Tullgren, 1944: 68 (*M. calycina*); Kaston, 1948: 411 (*M. calycina*); Locket & Millidge, 1951: 174; Zhu & Wang, 1963: 473; Schick, 1965: 107 (*M. v.*, Syn.); Azheganova, 1968: 117; Vilbaste, 1969: 38; Miller, 1971: 126; Braendegaard, 1972: 51; Dondale & Redner, 1978: 131; Hu & Guo, 1982: 139 (*Misumenops v.*); Hidalgo, 1983: 361; Roberts, 1985: 98; Hu, 1984: 320 (*Misumenops v.*); Loerbroks, 1984: 387; Guo, 1985: 159 (*Misumenops v.*); Zhu et al., 1985: 171; Yaginuma, 1986: 207; Zhang, 1987: 206; Ono, 1988: 176; Chikuni, 1989: 138; Heimer & Nentwig, 1991: 470; Herreros, 1991: 216; Danilov, 1993: 62; Roberts, 1995: 154; Urones, 1996: 33 (*M. v.*, Syn.); Mcheidze, 1997: 142; Song & Zhu, 1997: 156; Roberts, 1998: 163; Song, Zhu & Chen, 1999: 482; Kim & Gwon, 2001: 28; Song, Zhu & Chen, 2001: 392; Marusik & Logunov, 2002: 318; Namkung, 2002: 520; Paquin & Dupérré, 2003: 228; Namkung, 2003: 523; Lehtinen, 2005: 171; Trotta, 2005: 177; Almquist, 2006: 483; Ono, 2009: 527; Zhu & Zhang, 2011: 447.

异名：

Misumena citrea georgiensis (Walckenaer, 1837, Trans. from *Thomisus*); Chamberlin & Ivie, 1944: 157 (Syn., sub. *M. calycina*);

M. phrygiata (Walckenaer, 1837, Trans. from *Thomisus*); Chamberlin & Ivie, 1944: 157 (Syn., sub. *M. calycina*);

M. modesta Banks, 1898; Schick, 1965: 107 (Syn., via lectotype designation);

M. vatia occidentalis Kulczyński, 1911; Urones, 1996: 33 (Syn.).

分布：黑龙江（HL）、吉林（JL）、内蒙古（NM）、河北（HEB）、山西（SX）、河南（HEN）、陕西（SN）、甘肃（GS）；全北界

花蛛属 *Misumenops* F. O. P.-Cambridge, 1900

F. O. P.-Cambridge, 1900: 141. Type species: *Misumena maculis-sparsa* Keyserling, 1891

枝花蛛 *Misumenops forcatus* Song & Chai, 1990

Song & Chai, 1990: 369; Song & Li, 1997: 425; Song & Zhu, 1997: 138; Song, Zhu & Chen, 1999: 482.

分布：湖北（HB）

湖南花蛛 *Misumenops hunanensis* Yin, Peng & Kim, 2000

Yin, Peng & Kim, 2000: 9; Yin et al., 2012: 1288.

分布：湖南（HN）

樟木花蛛 *Misumenops zhangmuensis* (Hu & Li, 1987)

Hu & Li, 1987: 314 (*Pasias z.*); Song & Zhu, 1997: 149 (*M. z.*, Trans. from *Pasias*); Song, Zhu & Chen, 1999: 483; Hu, 2001: 345.

分布：西藏（XZ）

莫蟹蛛属 *Monaeses* Thorell, 1869

Thorell, 1869: 37. Type species: *Monastes paradoxus* Lucas, 1846

异名：

Rhynchognatha Thorell, 1887; Dippenaar-Schoeman, 1984: 101 (Syn.);

Mecostrabus Simon, 1903; Ono, 1985: 92 (Syn.).

尖莫蟹蛛 *Monaeses aciculus* (Simon, 1903)

Simon, 1903: 727 (*Mecostrabus a.*); Ono, 1985: 93; Tang & Song, 1988: 14 (*M. acciculus*); Chikuni, 1989: 143; Song, Zhu & Li, 1993: 880; Barrion & Litsinger, 1995: 220; Song & Zhu, 1997: 59; Song, Zhu & Chen, 1999: 483; Ono, 2009: 510; Yin et al., 2012: 1290.

分布：湖南（HN）、福建（FJ）、台湾（TW）；尼泊尔到菲律宾、日本

尾莫蟹蛛 *Monaeses caudatus* Tang & Song, 1988

Tang & Song, 1988: 245; Chen & Zhang, 1995: 140; Song & Zhu, 1997: 59; Song, Zhu & Chen, 1999: 483.

分布：浙江（ZJ）、江西（JX）

绿蟹蛛属 *Oxytate* L. Koch, 1878

L. Koch, 1878: 764. Type species: *Oxytate striatipes* L. Koch, 1878

异名：

Dieta Simon, 1880; Song, Feng & Shang, 1982: 259 (Syn.);

Rhytidura Thorell, 1895; Ono, 1988: 33 (Syn.).

不丹绿蟹蛛 *Oxytate bhutanica* Ono, 2001

Ono, 2001: 205; Tang et al., 2008: 242.

分布：云南（YN）；不丹

小头绿蟹蛛 *Oxytate capitulata* Tang & Li, 2009

Tang & Li, 2009: 55; Tang & Li, 2010: 41.

分布：云南（YN）

小棒绿蟹蛛 *Oxytate clavulata* Tang, Yin & Peng, 2008

Tang, Yin & Peng, in Tang et al., 2008: 241.

分布：云南（YN）

钳绿蟹蛛 *Oxytate forcipata* Zhang & Yin, 1998

Zhang & Yin, 1998: 6 (*O. forcipatus*); Song, Zhu & Chen, 1999: 484 (*O. forcipatus*).

分布：浙江（ZJ）

广西绿蟹蛛 *Oxytate guangxiensis* He & Hu, 1999

He & Hu, 1999: 30.

分布：广西（GX）

冲绳绿蟹蛛 *Oxytate hoshizuna* Ono, 1978

Ono, 1978: 248; Hu, 1984: 327; Yaginuma, 1986: 209; Song, 1987: 260; Feng, 1990: 181; Chen & Zhang, 1991: 277; Song, Zhu & Li, 1993: 881; Song & Zhu, 1997: 37; Song, Zhu & Chen, 1999: 484; Ono, 2009: 506.

分布：福建（FJ）、广西（GX）；日本

多绿蟹蛛 *Oxytate multa* Tang & Li, 2010

Tang & Li, 2010: 41.

分布：海南（HI）

平行绿蟹蛛 *Oxytate parallela* (Simon, 1880)

Simon, 1880: 108 (*Dieta p.*); Song, Feng & Shang, 1982: 257; Hu, 1984: 325; Paik, 1985: 35; Guo, 1985: 160; Zhu et al., 1985: 176; Song, 1987: 260; Zhang, 1987: 212; Feng, 1990: 182; Song & Zhu, 1997: 38; Song, Zhu & Chen, 1999: 484; Kim & Gwon, 2001: 32 (*Oxyptila p.*, lapsus); Song, Zhu & Chen, 2001: 397; Namkung, 2002: 524; Namkung, 2003: 527; Zhu & Zhang, 2011: 448.

分布：河北（HEB）、河南（HEN）、陕西（SN）；韩国

饼绿蟹蛛 *Oxytate placentiformis* Wang, Chen & Zhang, 2012

Wang, Chen & Zhang, 2012: 68.

分布：广西（GX）

三岗绿蟹蛛 *Oxytate sangangensis* Tang et al., 1999

Tang et al., 1999: 27.

分布：福建（FJ）

条纹绿蟹蛛 *Oxytate striatipes* L. Koch, 1878

L. Koch, 1878: 764; Karsch, 1879: 78 (*O. setosa*); Bösenberg & Strand, 1906: 246 (*Dieta japonica*); Bösenberg & Strand, 1906: 247 (*O. setosa*); Saitō, 1934: 272 (*O. setosa*); Yaginuma, 1962: 43 (*O. s.*, Syn.); Yaginuma, 1970: 669 (*O. s.*, Syn.); Song & Zhu, 1997: 39; Song, Zhu & Chen, 1999: 484; Zhang et al., 2000: 37; Kim & Gwon, 2001: 33 (*Oxyptila s.*, lapsus); Namkung, 2003: 526; Ono, 2009: 506; Zhu & Zhang, 2011: 449; Yin et al., 2012: 1276.

异名：

Oxytate setosa Karsch, 1879; Yaginuma, 1962: 43 (Syn.);

O. japonica (Bösenberg & Strand, 1906, Trans. from *Dieta*); Yaginuma, 1970: 669 (Syn.).

分布：吉林（JL）、辽宁（LN）、山东（SD）、河南（HEN）、陕西（SN）、浙江（ZJ）、江西（JX）、湖南（HN）、台湾（TW）；韩国、日本、俄罗斯

羽蟹蛛属 *Ozyptila* Simon, 1864

Simon, 1864: 439. Type species: *Thomisus claveatus* Walckenaer, 1837

浅带羽蟹蛛 *Ozyptila atomaria* (Panzer, 1801)

Panzer, 1801: 74 (*Aranea a.*); Walckenaer, 1826: 79 (*Thomisus a.*); Wider, 1834: 268 (*T. similis*); C. L. Koch, 1837: 26 (*Xysticus horticola*); C. L. Koch, 1837: 26 (*X. pulverulentus*); Walckenaer, 1837: 524 (*T. a.*); C. L. Koch, 1837: 74 (*X. horticola*); Blackwall, 1846: 299 (*T. pallidus*); Blackwall, 1853: 15 (*T. versutus*); Blackwall, 1861: 82 (*T. pallidus*); Blackwall, 1861: 83 (*T. versutus*); Westring, 1861: 436 (*T. horticola*); O. P.-Cambridge, 1871: 408 (*T. pallidus*); Thorell, 1872: 252 (*Xysticus a.*); Simon, 1875: 215 (*O. horticola*); Simon, 1875: 241 (*O. pallida*); Menge, 1876: 428 (*Coriarachne a.*); Menge, 1876: 431 (*C. horticola*); O. P.-Cambridge, 1878: 121 (*Xysticus versutus*); O. P.-Cambridge, 1881: 32; Becker, 1882: 194 (*O. horticola*); Chyzer & Kulczyński, 1891: 99 (*O. h.*); Bösenberg, 1902: 359 (*O. h.*); Bösenberg, 1902: 361; Fage, 1921: 228 (*O. h.*); Spassky, 1925: 44 (*O. h.*); Simon, 1932: 800, 809, 872; Tullgren, 1944: 73; Locket & Millidge, 1951: 193; Utochkin, 1960: 53; Vilbaste, 1969: 87; Tyschchenko, 1971: 115 (*O. horticola*); Tyschchenko, 1971: 117; Miller, 1971: 115; Braendegaard, 1972: 102; Roberts, 1985: 106; Zhang, 1987: 207; Izmailova, 1989: 124 (*O. horticola*); Ono, Marusik & Logunov, 1990: 12; Heimer & Nentwig, 1991: 472; Roberts, 1995: 168; Bellmann, 1997: 198; Roberts, 1998: 180; Song, Zhu & Chen, 2001: 398; Namkung, 2002: 533; Ono & Matsuda, 2003: 79; Namkung, 2003: 536; Almquist, 2006: 485; Ono, 2009: 519.

分布：河北（HEB）；古北界

双突羽蟹蛛 *Ozyptila biprominula* Tang & Li, 2010

Tang & Li, 2010: 45.

分布：海南（HI）

瓦羽蟹蛛 *Ozyptila imbrex* Tang & Li, 2010

Tang & Li, 2010: 41.

分布：云南（YN）

异羽蟹蛛 *Ozyptila inaequalis* (Kulczyński, 1901)

Kulczyński, 1901: 333 (*Xysticus i.*); Schenkel, 1963: 197 (*O. raniceps*); Schenkel, 1963: 199 (*O. i.*, Trans. from *Xysticus*); Schenkel, 1963: 203 (*O. lutulenta*); Zhang, 1987: 210; Wu & Song, 1989: 30; Marusik & Logunov, 1995: 155 (*Xysticus i.*); Song & Zhu, 1997: 114; Song, Zhu & Chen, 1999: 484; Song, Zhu & Chen, 2001: 399; Marusik & Logunov, 2002: 320 (*O. i.*, Syn.); Zhu & Zhang, 2011: 450.

异名：

Ozyptila lutulenta Schenkel, 1963; Marusik & Logunov, 2002: 320 (Syn.);

O. raniceps Schenkel, 1963; Marusik & Logunov, 2002: 320 (Syn.).

分布：内蒙古（NM）、河北（HEB）、山东（SD）、河南（HEN）、甘肃（GS）；蒙古、哈萨克斯坦、俄罗斯

节和羽蟹蛛 *Ozyptila jeholensis* Saitō, 1936

Saitō, 1936: 13.

分布：河北（HEB）

甘肃羽蟹蛛 *Ozyptila kansuensis* (Tang, Song & Zhu, 1995)

Tang, Song & Zhu, 1995: 19 (*Xysticus k.*); Song & Zhu, 1997: 91 (*X. k.*); Song, Zhu & Chen, 1999: 502 (*X. k.*); Yin et al., 2012: 1318 (*X. k.*); Tang, Luo & Deng, 2013: 97 (*Ozyptila k.*, Trans. from *Xysticus*).

分布：甘肃（GS）、湖南（HN）

喀山羽蟹蛛 *Ozyptila kaszabi* Marusik & Logunov, 2002

Marusik & Logunov, 2002: 320; Zhang, Song & Zhu, 2004: 8.

分布：河北（HEB）；蒙古

日本羽蟹蛛 *Ozyptila nipponica* Ono, 1985

Ono, 1985: 29; Yaginuma, 1986: 204; Tang & Song, 1988: 14; Irie, 1991: 9; Seo, 1992: 81; Song & Zhu, 1997: 115; Song, Zhu & Chen, 1999: 484; Kim & Gwon, 2001: 35; Namkung, 2002: 532; Namkung, 2003: 535; Ono, 2009: 518.

分布：安徽（AH）；韩国、日本

隆革羽蟹蛛 *Ozyptila nongae* Paik, 1974

Paik, 1974: 123; Tang & Song, 1988: 14; Marusik & Logunov, 1996: 132; Ono, 1996: 22; Song & Zhu, 1997: 116; Song, Zhu & Chen, 1999: 484; Kim & Gwon, 2001: 36; Namkung, 2002: 531; Namkung, 2003: 534; Ono, 2009: 519.

分布：辽宁（LN）；韩国、日本、俄罗斯

东方羽蟹蛛 *Ozyptila orientalis* Kulczyński, 1926

Kulczyński, 1926: 64; Hippa, Koponen & Oksala, 1986: 326 (*O. o.*, removed from Syn. of *O. arctica*); Ono, Marusik & Logunov, 1990: 13 (*O. balkarica*, misidentified); Esyunin, 1992: 36 (*O. balkarica*, misidentified); Logunov & Marusik, 1994: 180 (*O. o.*, Syn., rejected); Lie, Song & Zhu, 1999: 68 (*O. balkarica*, misidentified); Song, Zhu & Chen, 2001: 400; Marusik, 2008: 54.

分布：河北（HEB）；蒙古、俄罗斯

糙羽蟹蛛 *Ozyptila scabricula* (Westring, 1851)

Westring, 1851: 50 (*Thomisus scabriculus*); Westring, 1861: 441 (*T. scabriculus*); Thorell, 1872: 257 (*Xysticus scabriculus*); Menge, 1875: 430 (*Coriarachne claveata*, misidentified); Simon, 1875: 229; Becker, 1882: 200; Chyzer & Kulczyński, 1891: 100; Bösenberg, 1902: 362; O. P.-Cambridge, 1907: 133, 145; Ermolajev, 1928: 105; Simon, 1932: 798, 807, 874; Tullgren, 1944: 76; Locket & Millidge, 1951: 188; Utochkin, 1960: 50; Azheganova, 1968: 118; Tyschchenko, 1971: 117; Miller, 1971: 115; Braendegaard, 1972: 116; Roberts, 1985: 104; Tang & Song, 1988: 14; Heimer & Nentwig, 1991: 472 (*O. scabricola*); Roberts, 1995: 165; Song & Zhu, 1997: 117; Bellmann, 1997: 198; Roberts, 1998: 175; Song, Zhu & Chen, 1999: 484; Hu, 2001: 346; Yoo & Kim, 2002: 70; Almquist, 2006: 492.

分布：青海（QH）、四川（SC）；古北界

双桥羽蟹蛛 *Ozyptila shuangqiaoensis* Yin et al., 1999

Yin et al., 1999: 33; Yin et al., 2012: 1292.

分布：湖南（HN）

武昌羽蟹蛛 *Ozyptila wuchangensis* Tang & Song, 1988

Tang & Song, 1988: 246; Song & Zhu, 1997: 117; Song, Chen & Zhu, 1997: 1731; Song, Zhu & Chen, 1999: 484.

分布：湖北（HB）

范蟹蛛属 *Pharta* Thorell, 1891

Thorell, 1891: 85. Type species: *Pharta bimaculata* Thorell, 1891

异名：

Sanmenia Song & Kim, 1992; Benjamin, 2011: 17 (Syn.).

短须范蟹蛛 *Pharta brevipalpus* (Simon, 1903)

Simon, 1903: 730 (*Epidius b.*); Ono & Song, 1986: 26 (*Cupa zhengi*); Chikuni, 1989: 142 (*C. z.*); Chen & Zhang, 1991: 274 (*C. z.*); Song & Kim, 1992: 142 (*Sanmenia z.*, Trans. from *Cupa*); Song & Zhu, 1997: 28 (*S. z.*); Song, Zhu & Chen, 1999: 485 (*S. z.*); Ono, 2009: 504 (*S. z.*); Benjamin, 2011: 18 (*P. b.*, Syn. of female); Yin et al., 2012: 1267.

异名：

Pharta zhengi (Ono & Song, 1986, Trans. from *Cupa*); Benjamin, 2011: 18 (Syn.).

分布：云南（YN）；越南、琉球群岛

贡山范蟹蛛 *Pharta gongshan* (Yang, Zhu & Song, 2006)

Yang, Zhu & Song, 2006: 42 (*Sanmenia g.*); Benjamin, 2011: 18.

分布：云南（YN）

腾冲范蟹蛛 *Pharta tengchong* (Tang, Griswold & Yin, 2009)

Tang, Griswold & Yin, in Tang et al., 2009: 47 (*Sanmenia t.*).

分布：云南（YN）

喜蟹蛛属 *Philodamia* Thorell, 1894

Thorell, 1894: 347. Type species: *Philodamia hilaris* Thorell, 1894

龚氏喜蟹蛛 *Philodamia gongi* (Yin et al., 2004)

Yin et al., 2004: 14 (*Tmarus g.*); Tang & Li, 2010: 54 (*P. g.*, Trans. from *Tmarus*); Yin et al., 2012: 1306.

分布：湖南（HN）、云南（YN）、海南（HI）

凭祥喜蟹蛛 *Philodamia pingxiang* Zhu & Ono, 2007

Zhu & Ono, 2007: 78.

分布：广西（GX）

桐棉喜蟹蛛 *Philodamia tongmian* Zhu & Ono, 2007

Zhu & Ono, 2007: 79.

分布：广西（GX）

瘤蟹蛛属 *Phrynarachne* Thorell, 1869

Thorell, 1869: 37. Type species: *Thomisus rugosus* Latreille, 1804

短瘤蟹蛛 *Phrynarachne brevis* Tang & Li, 2010

Tang & Li, 2010: 49.

分布：云南（YN）

锡兰瘤蟹蛛 *Phrynarachne ceylonica* (O. P.- Cambridge, 1884)

O. P.-Cambridge, 1884: 201 (*Ornithoscatoides c.*); O. P.-Cambridge, 1884: 202 (*O. nigra*); Simon, 1895: 1045 (*P. nigra*); Ono, 1988: 25 (*P. c.*, Syn. of male); Zhu & Song, 2006: 549; Ono, 2009: 504; Tang & Li, 2010: 51.

异名：

Phrynarachne nigra (O. P.-Cambridge, 1884, Trans. from *Ornithoscatoides*); Ono, 1988: 25 (Syn.).

分布：云南（YN）、台湾（TW）、广西（GX）；斯里兰卡到中国、日本

黄山瘤蟹蛛 *Phrynarachne huangshanensis* Li, Chen & Song, 1985

Li, Chen & Song, 1985: 73; Song & Zhu, 1997: 25; Song, Zhu & Chen, 1999: 485.

分布：安徽（AH）、贵州（GZ）

加藤瘤蟹蛛 *Phrynarachne katoi* Chikuni, 1955

Chikuni, 1955: 35; Yaginuma, 1986: 210; Ono, 1988: 28; Chikuni, 1989: 140; Feng, 1990: 183; Zhang et al., 2000: 36; Pan & Zhang, 2001: 16; Kim & Gwon, 2001: 38; Namkung, 2002: 536; Namkung, 2003: 539; Ono, 2009: 504.

分布：浙江（ZJ）、湖南（HN）、福建（FJ）、台湾（TW）；韩国、日本

矛瘤蟹蛛 *Phrynarachne lancea* Tang & Li, 2010

Tang & Li, 2010: 53.

分布：云南（YN）

乳突瘤蟹蛛 *Phrynarachne mammillata* Song, 1990

Song, in Song & Chai, 1990: 364; Song & Li, 1997: 427; Song & Zhu, 1997: 26; Song, Zhu & Chen, 1999: 485.

分布：贵州（GZ）

中华瘤蟹蛛 *Phrynarachne sinensis* Peng, Yin & Kim, 2004

Peng, Yin & Kim, 2004: 21; Yin et al., 2012: 1265.

分布：中国（具体未详）

截腹蛛属 *Pistius* Simon, 1875

Simon, 1875: 258. Type species: *Aranea truncata* Pallas, 1772

绿斑截腹蛛 *Pistius gangulyi* Basu, 1965

Basu, 1965: 73; Tikader, 1971: 29; Tikader, 1980: 68; Yaginuma & Wen, 1983: 193.

分布：中国（具体未详）；印度

环截腹蛛 *Pistius rotundus* Tang & Li, 2010

Tang & Li, 2010: 54.

分布：云南（YN）

截形截腹蛛 *Pistius truncatus* (Pallas, 1772)

Pallas, 1772: 47 (*Aranea truncata*); Fabricius, 1775: 432 (*A. horrida*); Olivier, 1789: 225 (*A. horrida*); Schrank, 1795: 148 (*A. onici*); Walckenaer, 1802: 230 (*A. truncata*); Schrank, 1803: 232 (*A. onici*); Walckenaer, 1805: 31 (*Thomisus t.*); Risso, 1826: 171 (*T. triangularis*); Audouin, 1826: 396 (*T. martyni*); Hahn, 1833: 7 (*T. t.*); Walckenaer, 1837: 515 (*T. t.*); C. L. Koch, 1837: 49 (*T. horridus*); Simon, 1864: 432 (*Phloeoides horrida*); Simon, 1864: 432 (*P. t.*); Prach, 1866: 606 (*Thomisus horridus*); Simon, 1870: 325 (*T. wagae*); Thorell, 1872: 259 (*Misumena t.*); Simon, 1875: 258; Menge, 1876: 452 (*Misumena t.*); L. Koch, 1878: 47 (*P. insignitus*); Qiu, 1983: 95; Zhu et al., 1985: 183; Lehtinen, 2005: 174; Trotta, 2005: 177; Almquist, 2006: 493.

分布：山西（SX）、陕西（SN）；古北界

波状截腹蛛 *Pistius undulatus* Karsch, 1879

Karsch, 1879: 77; Bösenberg & Strand, 1906: 253; Bösenberg & Strand, 1906: 253 (*P. truncatus*, misidentified); Zhu & Wang, 1963: 479 (*P. truncatus*, misidentified); Hu, 1984: 334 (*P. truncatus*, misidentified); Ono, 1985: 20; Yaginuma, 1986: 207; Zhang, 1987: 218 (*P. truncatus*, misidentified); Wu & Song, 1989: 30; Chen & Zhang, 1991: 281 (*P. truncatus*, misidentified); Zhao, 1993: 370 (*P. truncatus*, misidentified); Song & Zhu, 1997: 158; Song, Zhu & Chen, 1999: 485; Kim & Gwon, 2001: 39; Song, Zhu & Chen, 2001: 402; Namkung, 2003: 540; Wunderlich, 2011: 328; Marusik & Kovblyuk, 2011: 253; Zhu & Zhang, 2011: 253.

分布：黑龙江（HL）、吉林（JL）、辽宁（LN）、内蒙古（NM）、河北（HEB）、山西（SX）、山东（SD）、河南（HEN）、陕西（SN）、浙江（ZJ）；韩国、日本、俄罗斯、哈萨克斯坦

锯足蛛属 *Runcinia* Simon, 1875

Simon, 1875: 255. Type species: *Xysticus grammicus* C. L. Koch, 1837

尖腹锯足蛛 *Runcinia acuminata* (Thorell, 1881)

L. Koch, 1874: 529 (*Misumena elongata*, preoccupied in *Runcinia*); Thorell, 1881: 333 (*Pistius acuminatus*: may be a junior Syn. of *Diaea insecta* L. Koch, 1875, Lehtinen, 2005: 175); Simon, 1909: 141 (*R. elongata*); Chrysanthus, 1964: 99; Hu, 1984: 334 (*R. albostriata*, misidentified); Song & Zhu, 1997: 160; Song, Zhu & Chen, 1999: 485; Lehtinen, 2005: 175; Ono, 2009: 528; Zhu & Zhang, 2011: 453.

分布：河南（HEN）、湖北（HB）；孟加拉到日本、巴布亚新几内亚、澳大利亚

近缘锯足蛛 *Runcinia affinis* Simon, 1897

Simon, 1897: 292 (*R. a.*: may be a junior Syn. of *R. spinulosa*, Marusik, 1993: 465 and Lehtinen, 2005: 176); Simon, 1903: 728 (*R. annamita*); Bösenberg & Strand, 1906: 252 (*R. albostriata*); Simon, 1909: 140 (*Plancinus advecticius*); Lawrence, 1927: 36 (*R. cataracta*); Tikader, 1966: 53 (*Thomisus cherapunjeus*); Tikader, 1968: 104 (*T. c.*); Tikader, 1971: 24 (*T. c.*); Sen & Basu, 1972: 103 (*R. chauhani*); Tikader, 1980: 60 (*R. c.*); Tikader, 1980: 54 (*Thomisus cherapunjeus*); Dippenaar-Schoeman, 1980: 317 (*R. a.*, Syn.); Song, 1980: 196 (*R. albostriata*); Wang, 1981: 127 (*R. albostriata*); Tikader & Biswas, 1981: 78 (*Thomisus cherapunjeus*); Dippenaar-Schoeman, 1983: 46; Guo, 1985: 167 (*R. albostriata*); Yaginuma, 1986: 210 (*R. albostriata*); Song, 1987: 267 (*R. albostriata*); Zhang, 1987: 219 (*R. albostriata*); Ono, 1988: 186 (*R. albostriata*); Feng, 1990: 184

(*R. albostriata*); Chen & Gao, 1990: 170 (*R. albostriata*); Chen & Zhang, 1991: 266 (*R. albostriata*); Okuma et al., 1993: 65 (*R. albostriata*); Zhao, 1993: 371 (*R. albostriata*); Barrion & Litsinger, 1994: 291 (*Thomisus cherapunjeus*); Barrion & Litsinger, 1994: 291 (*R. albostriata*); Barrion & Litsinger, 1995: 221 (*R. albostriata*); Barrion & Litsinger, 1995: 224 (*R. albostriata*); Song & Zhu, 1997: 161 (*R. albostriata*); Song, Zhu & Chen, 1999: 485 (*R. albostriata*); Kim & Gwon, 2001: 41 (*R. albostriata*); Jose & Sebastian, 2001: 184 (*Thomisus cherapunjeus*); Namkung, 2002: 540 (*R. albostriata*); Kim & Cho, 2002: 155 (*R. albostriata*); Namkung, 2003: 543 (*R. albostriata*); Lehtinen, 2005: 175 (*R. a.*, Syn.); Gajbe, 2007: 440 (*Thomisus cherapunjeus*); Ono, 2009: 528; Yin et al., 2012: 1293.

异名：

Runcinia annamita Simon, 1903; Lehtinen, 2005: 175 (Syn.);
R. albostriata Bösenberg & Strand, 1906; Lehtinen, 2005: 175 (Syn.);
R. advecticia (Simon, 1909, Trans. from *Plancinus*); Lehtinen, 2005: 175 (Syn.);
R. cataracta Lawrence, 1927; Dippenaar-Schoeman, 1980: 317 (Syn.);
R. cherapunjea (Tikader, 1966, Trans. from *Thomisus*); Lehtinen, 2005: 176 (Syn.);
R. chauhani Sen & Basu, 1972; Lehtinen, 2005: 176 (Syn.);
R. sangasanga Barrion & Litsinger, 1995; Lehtinen, 2005: 176 (Syn.).

分布：山东（SD）、陕西（SN）、安徽（AH）、浙江（ZJ）、江西（JX）、湖南（HN）、湖北（HB）、四川（SC）、贵州（GZ）、福建（FJ）、台湾（TW）、广东（GD）；孟加拉到菲律宾、印度尼西亚（爪哇）、日本、非洲

具尾锯足蛛 *Runcinia caudata* Schenkel, 1963

Schenkel, 1963: 195.

分布：湖北（HB）

线条锯足蛛 *Runcinia grammica* (C. L. Koch, 1837)

C. L. Koch, 1837: 43 (*Thomisus lateralis*; preoccupied by Hahn, 1831); C. L. Koch, 1837: 57 (*Xysticus grammicus*); C. L. Koch, 1837: 26 (*X. grammicus*); C. L. Koch, 1845: 60 (*Thomisus cerinus*); Blackwall, 1870: 8 (*T. amoenus*); O. P.-Cambridge, 1873: 223 (*Xysticus grammicus*); Simon, 1875: 255 (*R. lateralis*); Pavesi, 1878: 383 (*Misumena lateralis*); O. P.-Cambridge, 1876: 580 (*Thomisus lateralis*); Herman, 1879: 247, 373 (*T. cerinus*); Bösenberg, 1902: 369 (*R. lateralis*); Simon, 1932: 789, 869 (*R. lateralis*); Levy, 1973: 132 (*R. lateralis*); Benoit, 1977: 82 (*R. g.*, Syn.); Dippenaar-Schoeman, 1980: 323 (*R. lateralis*); Dippenaar-Schoeman, 1983: 48 (*R. lateralis*); Levy, 1985: 45 (*R. lateralis*); Izmailova, 1989: 133 (*R. lateralis*); Heimer & Nentwig, 1991: 476 (*R. lateralis*); Hansen, 1991: 14 (*R. lateralis*); Baldacchino et al., 1993: 49 (*R. lateralis*); Song & Zhu, 1997: 163 (*R. lateralis*); Song, Zhu & Chen, 1999: 485 (*R. lateralis*); Ono & Martens, 2005: 121 (*R. lateralis*); Calero & Rodríguez-Gironés, 2012: 313; El-Hennawy, 2014: 36.

异名：

Runcinia cerina (C. L. Koch, 1845, Trans. from *Thomisus*); Benoit, 1977: 82 (Syn.).

分布：四川（SC）；古北界、南非、圣海伦娜岛

长瘤蛛属 *Simorcus* Simon, 1895

Simon, 1895: 964. Type species: *Simorcus capensis* Simon, 1895

亚洲长瘤蛛 *Simorcus asiaticus* Ono & Song, 1989

Ono & Song, 1989: 118; Chen & Zhang, 1991: 275; Song & Zhu, 1997: 30; Song, Zhu & Chen, 1999: 486; Yin et al., 2012: 1269.

分布：浙江（ZJ）、湖南（HN）、海南（HI）

华蟹蛛属 *Sinothomisus* Tang et al., 2006

Tang et al., 2006: 62. Type species: *Sinothomisus liae* Tang et al., 2006

海南华蟹蛛 *Sinothomisus hainanus* (Song, 1994)

Song, 1994: 121 (*Xysticus h.*); Song & Zhu, 1997: 85 (*Xysticus h.*); Song, Zhu & Chen, 1999: 502 (*Xysticus h.*); Tang & Li, 2010: 57 (*S. h.*, Trans. from *Xysticus*).

分布：湖南（HN）、贵州（GZ）、云南（YN）、广东（GD）、海南（HI）

李氏华蟹蛛 *Sinothomisus liae* Tang et al., 2006

Tang et al., 2006: 65.

分布：云南（YN）

冕蟹蛛属 *Smodicinodes* Ono, 1993

Ono, 1993: 89. Type species: *Smodicinodes kovaci* Ono, 1993

壶瓶冕蟹蛛 *Smodicinodes hupingensis* Tang, Yin & Peng, 2004

Tang, Yin & Peng, 2004: 260; Yin et al., 2012: 1295.

分布：湖南（HN）

史氏冕蟹蛛 *Smodicinodes schwendingeri* Benjamin, 2002

Benjamin, 2002: 4; Tang & Li, 2010: 58.

分布：云南（YN）；泰国

姚氏冕蟹蛛 *Smodicinodes yaoi* Tang & Li, 2010

Tang & Li, 2010: 63 (*S. y.*: *Smodiscinodes* in species heading is a lapsus).

分布：云南（YN）

花斑蛛属 *Spilosynema* Tang & Li, 2010

Tang & Li, 2010: 66. Type species: *Spilosynema ansatum* Tang & Li, 2010

具柄花斑蛛 *Spilosynema ansatum* Tang & Li, 2010

Tang & Li, 2010: 67.

分布：云南（YN）

牵手花斑蛛 *Spilosynema comminum* Tang & Li, 2010

Tang & Li, 2010: 70.

分布：云南（YN）

缺花斑蛛 *Spilosynema mancum* Tang & Li, 2010

Tang & Li, 2010: 74.

分布：云南（YN）

灰花斑蛛 *Spilosynema ravum* Tang & Li, 2010

Tang & Li, 2010: 78.

分布：云南（YN）

壮蟹蛛属 *Stiphropus* Gerstäcker, 1873

Gerstäcker, 1873: 479. Type species: *Stiphropus lugubris* Gerstäcker, 1873

镰形壮蟹蛛 *Stiphropus falciformus* Yang, Zhu & Song, 2006

Yang, Zhu & Song, 2006: 65; Li, Zhou & Yang, 2010: 65.

分布：云南（YN）

眼斑壮蟹蛛 *Stiphropus ocellatus* Thorell, 1887

Thorell, 1887: 258; Thorell, 1895: 305; Simon, 1909: 121 (*S. cataphractus*); Reimoser, 1925: 91; Ono, 1980: 64 (*S. o.*, Syn.); Zhu & Shan, 2007: 913.

异名：

Stiphropus cataphractus Simon, 1909; Ono, 1980: 64 (Syn.).

分布：广西（GX）、海南（HI）；缅甸、越南

耙蟹蛛属 *Strigoplus* Simon, 1885

Simon, 1885: 446. Type species: *Strigoplus albostriatus* Simon, 1885

贵州耙蟹蛛 *Strigoplus guizhouensis* Song, 1990

Song, in Song & Chai, 1990: 366; Song & Li, 1997: 428; Song & Zhu, 1997: 31; Song, Zhu & Chen, 1999: 486; Zhu & Song, 2006: 550; Yin et al., 2012: 1271; Teixeira, Campos & Lise, 2014: 75.

分布：湖南（HN）、贵州（GZ）、云南（YN）、福建（FJ）、广西（GX）

花叶蛛属 *Synema* Simon, 1864

Simon, 1864: 433. Type species: *Aranea globosa* Fabricius, 1775

鹿花叶蛛 *Synema cervinum* Schenkel, 1936

Schenkel, 1936: 137 (*S. cervina*); Roewer, 1955: 885.

分布：甘肃（GS）

美花叶蛛 *Synema decoratum* Tikader, 1960

Tikader, 1960: 174 (*S. decorata*); Tikader, 1971: 54 (*S. decorata*); Tikader, 1980: 136 (*S. decorata*); Brignoli, 1983: 615; Hu, 2001: 349 (*S. decorata*); Gajbe, 2007: 447 (*S. decorata*).

分布：西藏（XZ）；印度

圆花叶蛛 *Synema globosum* (Fabricius, 1775)

Fabricius, 1775: 432 (*Aranea globosa*); Rossi, 1790: 134 (*A. plantigera*); Panzer, 1801: 74 (*A. irregularis*); Walckenaer, 1802: 231 (*A. rotundata*); Walckenaer, 1805: 30 (*Thomisus rotundatus*); Walckenaer, 1826: 71 (*T. rotundatus*); Audouin, 1826: 400 (*T. rotundatus*); Hahn, 1832: 34 (*T. globosus*); Hahn, 1833: 1 (*T. globosus*); Walckenaer, 1837: 500 (*T. rotundatus*); Simon, 1864: 433 (*S. rotundata*); Pavesi, 1873: 151 (*Diaea globosa*); Thorell, 1873: 542 (*D. globosa*); Simon, 1875: 202; L. Koch, 1878: 769 (*Diaea nitida*; preoccupied by Thorell, 1877 sub. *Misumena*); Karsch, 1879: 75 (*S. japonica*); Thorell, 1881: 340 (*Diaea kochi*, replacement name for *Diaea nitida* L. Koch); Becker, 1882: 188; Bösenberg, 1902: 368; Bösenberg & Strand, 1906: 265 (*S. japonicum*); Dahl, 1907: 378 (*S. g. canariense*); Dahl, 1907: 378 (*S. g. japonicum*); Mello-Leitão, 1929: 294 (*Diaea nitidula*); Saitō, 1934: 277 (*S. g. japonicum*); Saitō, 1936: 4, 74; Saitō, 1959: 129 (*S. japonica*); Utochkin, 1960: 1022 (*S. g. daghestanicum*); Utochkin, 1960: 1019 (*S. japonicum*); Zhu & Wang, 1963: 480 (*S. globosa*); Paik & Namkung, 1979: 74 (*S. g. japonicum*); Song, 1980: 196 (*S. japonicum*); Qiu, 1983: 99 (*S. japonicum*); Hidalgo, 1983: 362; Hu, 1984: 335 (*S. globosa*); Guo, 1985: 164 (*S. g. japonicum*); Zhu et al., 1985: 184 (*S. g. japonicum*); Wunderlich, 1987: 252 (*S. g.*, Syn.); Song, 1987: 268 (*S. japonicum*); Zhang, 1987: 220; Ono, 1988: 146 (*S. g.*, Syn.); Hu & Wu, 1989: 339 (*S. japonicum*); Feng, 1990: 185; Chen & Gao, 1990: 171 (*S. g. japonicum*); Chen & Zhang, 1991: 270; Zhao, 1993: 372 (*S. japonicum*); Mcheidze, 1997: 144 (*S. g. daghestanicum*); Song & Zhu, 1997: 132; Song, Chen & Zhu, 1997: 1732; Song, Zhu & Chen, 1999: 486; Song, Zhu & Chen, 2001: 403; Namkung, 2003: 530; Ono, 2009: 521; Zhu & Zhang, 2011: 454; Yin et al., 2012: 1297.

异名：

Synema japonicum Karsch, 1879; Ono, 1988: 147 (Syn.);

S. kochi (Thorell, 1881, Trans. from *Diaea*); Ono, 1988: 147 (Syn.);

S. globosum canariense Dahl, 1907; Wunderlich, 1987: 252 (Syn.);

S. globosum daghestanicum Utochkin, 1960; Ono, 1988: 147 (Syn.).

分布：黑龙江（HL）、吉林（JL）、辽宁（LN）、内蒙古（NM）、河北（HEB）、山西（SX）、山东（SD）、河南（HEN）、甘肃（GS）、安徽（AH）、江苏（JS）、浙江（ZJ）、江西（JX）、湖南（HN）、湖北（HB）；古北界

南国花叶蛛 *Synema nangoku* Ono, 2002

Ono, 2002: 206; Tang et al., 2008: 244; Ono, 2009: 523.

分布：云南（YN）；日本

皮氏花叶蛛 *Synema pichoni* Schenkel, 1963

Schenkel, 1963: 241.

分布：浙江（ZJ）

卷花叶蛛 *Synema revolutum* Tang & Li, 2010

Tang & Li, 2010: 80.

分布：云南（YN）

带花叶蛛 *Synema zonatum* Tang & Song, 1988

Tang & Song, 1988: 248; Chen & Zhang, 1991: 269; Song & Zhu, 1997: 134; Song, Zhu & Chen, 1999: 486; Zhu & Zhang, 2011: 455; Yin et al., 2012: 1298.

分布：河南（HEN）、湖南（HN）

高蟹蛛属 *Takachihoa* Ono, 1985

Ono, 1985: 28. Type species: *Oxyptila truciformis* Bösenberg & Strand, 1906

薄片高蟹蛛 *Takachihoa lamellaris* Tang & Li, 2010

Tang & Li, 2010: 84.

分布：云南（YN）

小野高蟹蛛 *Takachihoa onoi* Zhang, Zhu & Tso, 2006

Zhang, Zhu & Tso, 2006: 82.

分布：台湾（TW）

树形高蟹蛛 *Takachihoa truciformis* (Bösenberg & Strand, 1906)

Bösenberg & Strand, 1906: 259 (*Oxyptila t.*); Ono, 1978: 3 (*O. t.*); Paik & Namkung, 1979: 72 (*O. t.*); Ono, 1985: 29 (*T. t.*, Trans. from *Oxyptila*); Yaginuma, 1986: 204; Ono, 1988: 153; Chikuni, 1989: 139; Song & Zhu, 1997: 135; Song, Zhu & Chen, 1999: 486; Namkung, 2003: 533; Ono, 2009: 523; Tang & Li, 2010: 91.

分布：云南（YN）、台湾（TW）、海南（HI）；韩国、日本

膨胀高蟹蛛 *Takachihoa tumida* Tang & Li, 2010

Tang & Li, 2010: 91.

分布：云南（YN）

塔拉蛛属 *Talaus* Simon, 1886

Simon, 1886: 172. Type species: *Talaus triangulifer* Simon, 1886

独龙江塔拉蛛 *Talaus dulongjiang* Tang et al., 2008

Tang et al., 2008: 63.

分布：云南（YN）

黑塔拉蛛 *Talaus niger* Tang et al., 2008

Tang et al., 2008: 65.

分布：云南（YN）

沟裂塔拉蛛 *Talaus sulcus* Tang & Li, 2010

Tang & Li, 2010: 93.

分布：云南（YN）

剑状塔拉蛛 *Talaus xiphosus* Zhu & Ono, 2007

Zhu & Ono, 2007: 81; Tang & Li, 2010: 98.

分布：云南（YN）、广西（GX）、海南（HI）

卷蟹蛛属 *Thomisops* Karsch, 1879

Karsch, 1879: 375. Type species: *Thomisops pupa* Karsch, 1879

高卷蟹蛛 *Thomisops altus* Tang & Li, 2010

Tang & Li, 2010: 60.

分布：海南（HI）

三门卷蟹蛛 *Thomisops sanmen* Song, Zhang & Zheng, 1992

Song, Zhang & Zheng, 1992: 88; Song & Zhu, 1997: 177; Song, Zhu & Chen, 1999: 486.

分布：浙江（ZJ）、湖北（HB）

蟹蛛属 *Thomisus* Walckenaer, 1805

Walckenaer, 1805: 32. Type species: *Thomisus onustus* Walckenaer, 1805

白蟹蛛 *Thomisus albens* O. P.-Cambridge, 1885

O. P.-Cambridge, 1885: 57; Dyal, 1935: 202.

分布：新疆（XJ）；巴基斯坦

卡氏蟹蛛 *Thomisus cavaleriei* Schenkel, 1963

Schenkel, 1963: 190; Brignoli, 1983: 616 (*T. cavalierei*).

分布：甘肃（GS）

略突蟹蛛 *Thomisus eminulus* Tang & Li, 2010

Tang & Li, 2010: 62; Tang & Li, 2010: 98.

分布：云南（YN）、海南（HI）

岣嵝蟹蛛 *Thomisus gouluensis* Peng, Yin & Kim, 2000

Peng, Yin & Kim, 2000: 74; Yin et al., 2012: 1300.

分布：湖南（HN）

广西蟹蛛 *Thomisus guangxicus* Song & Zhu, 1995

Song & Zhu, 1995: 120; Song & Zhu, 1997: 165; Song, Zhu & Chen, 1999: 486.

分布：广西（GX）、海南（HI）

胡氏蟹蛛 *Thomisus hui* Song & Zhu, 1995

Song & Zhu, 1995: 122; Song & Zhu, 1997: 166; Song, Zhu & Chen, 1999: 486; Zhu & Zhang, 2011: 457.

分布：山东（SD）、河南（HEN）

湖南蟹蛛 *Thomisus hunanensis* Peng, Yin & Kim, 2000

Peng, Yin & Kim, 2000: 75; Yin et al., 2012: 1301.

分布：湖南（HN）

角红蟹蛛 *Thomisus labefactus* Karsch, 1881

Karsch, 1881: 38; Bösenberg & Strand, 1906: 249; Bösenberg & Strand, 1906: 250 (*T. l. bimaculatus*); Bösenberg & Strand, 1906: 251 (*T. onustoides*); Strand, 1918: 81 (*T. o.*); Saitō, 1959:

130 (*T. o.*); Yaginuma, 1962: 44 (*T. l.*, Syn.); Schenkel, 1963: 187 (*T. serrei*); Schenkel, 1963: 189 (*T. kiangsiensis*); Schenkel, 1963: 192 (*T. unicolor*); Lee, 1966: 67 (*T. onustoides*); Hu, 1984: 338; Hu, 1984: 338 (*T. onustoides*); Guo, 1985: 167; Yaginuma, 1986: 211; Ono, 1988: 196 (*T. l.*, Syn.); Tang & Song, 1988: 137 (*T. l.*, Syn.); Chikuni, 1989: 142; Feng, 1990: 186; Chen & Gao, 1990: 173; Chen & Zhang, 1991: 279; Song, Zhu & Li, 1993: 881; Zhao, 1993: 376; Song & Zhu, 1997: 167; Song, Zhu & Chen, 1999: 487; Song, Zhu & Chen, 2001: 405; Namkung, 2003: 541; Ono, 2009: 531; Tang & Li, 2010: 98; Zhu & Zhang, 2011: 458; Yin et al., 2012: 1302.

异名：

Thomisus labefactus bimaculatus Bösenberg & Strand, 1906; Yaginuma, 1962: 44 (Syn.);

T. onustoides Bösenberg & Strand, 1906; Ono, 1988: 196 (Syn.);

T. kiangsiensis Schenkel, 1963; Tang & Song, 1988: 137 (Syn.);

T. serrei Schenkel, 1963; Tang & Song, 1988: 137 (Syn.);

T. unicolor Schenkel, 1963; Tang & Song, 1988: 137 (Syn.).

分布：河北（HEB）、山西（SX）、山东（SD）、河南（HEN）、甘肃（GS）、新疆（XJ）、安徽（AH）、浙江（ZJ）、湖南（HN）、湖北（HB）、四川（SC）、贵州（GZ）、云南（YN）、福建（FJ）、台湾（TW）、广东（GD）、海南（HI）；韩国、日本

糙胸蟹蛛 *Thomisus magaspangus* Barrion, Barrion-Dupo & Heong, 2012

Barrion et al., 2012: 41.

分布：海南（HI）

缘额蟹蛛 *Thomisus marginifrons* Schenkel, 1963

Schenkel, 1963: 194.

分布：四川（SC）

冲绳蟹蛛 *Thomisus okinawensis* Strand, 1907

Strand, 1907: 202; Strand, 1907: 204 (*T. formosae*); Simon, 1909: 135 (*T. picaceus*); Ono, 1988: 203 (*T. o.*, Syn. of male); Barrion & Litsinger, 1994: 291 (*T. okirawensis*, lapsus); Song & Zhu, 1997: 168; Song, Zhu & Chen, 1999: 487; Ono, 2009: 531.

异名：

Thomisus formosae Strand, 1907; Ono, 1988: 203 (Syn.);

T. picaceus Simon, 1909; Ono, 1988: 203 (Syn.).

分布：台湾（TW）；泰国、印度尼西亚、菲律宾、琉球群岛

满蟹蛛 *Thomisus onustus* Walckenaer, 1805

Martini & Goeze, in Lister, 1778: 264 (*Aranea cancriformis*, preoccupied); Walckenaer, 1805: 32; Walckenaer, 1826: 76 (*T. abbreviatus*); Audouin, 1826: 395 (*T. peronii*); Hahn, 1832: 49 (*T. diadema*); Hahn, 1836: 1 (*T. diadema*); C. L. Koch, 1837: 24 (*T. nobilis*); Walckenaer, 1837: 516 (*T. abbreviatus*); Walckenaer, 1837: 517; C. L. Koch, 1837: 51 (*T. diadema*); Walckenaer, 1841: 469 (*T. sanguinolentus*); Blackwall, 1861: 90 (*T. abbreviatus*); Simon, 1864: 428 (*Xystica onusta*); Simon, 1864: 432 (*Phloeoides abbreviata*); Simon, 1864: 432 (*Phloeoides diadema*); Prach, 1866: 607 (*T. auriculatus*); Simon, 1875: 252 (*T. hilarulus*); Bösenberg, 1902: 339 (*T. albus*, misidentified); Reimoser, 1931: 128 (*T. albus*, misidentified); Simon, 1932: 789, 868 (*T. hilarulus*); Saitō, 1934: 273 (*T. albus*, misidentified); Comellini, 1957: 14 (*T. hilarulus*); Saitō, 1959: 130 (*T. albus*, misidentified); Zhu & Wang, 1963: 483 (*T. albus*, misidentified); Mikulska & Wąsowska, 1963: 225; Azheganova, 1968: 119 (*T. albus*, misidentified); Zhu et al., 1985: 186 (*T. albus*, misidentified); Zhang, 1987: 223 (*T. albus*, misidentified); Hu & Wu, 1989: 340 (*T. albus*, misidentified); Marusik & Logunov, 1990: 35; Chen & Gao, 1990: 172 (*T. albus*, misidentified); Chen & Zhang, 1991: 278 (*T. albus*, misidentified); Zhao, 1993: 374 (*T. albus*, misidentified); Urones, 1996: 32 (*T. o.*, Syn.); Song & Zhu, 1997: 170; Song, Zhu & Chen, 1999: 487; Song, Zhu & Chen, 2001: 406; Namkung, 2003: 542; Ono & Martens, 2005: 123 (*T. hilarulus*); Lehtinen, 2005: 150; Almquist, 2006: 496; Zhu & Zhang, 2011: 459; Ramírez, 2014: 224.

异名：

Thomisus hilarulus Simon, 1875; Urones, 1996: 32 (Syn.).

分布：吉林（JL）、内蒙古（NM）、河北（HEB）、山西（SX）、河南（HEN）、甘肃（GS）、新疆（XJ）、浙江（ZJ）、湖北（HB）、四川（SC）、广东（GD）；古北界

汕头蟹蛛 *Thomisus swatowensis* Strand, 1907

Strand, 1907: 200.

分布：广东（GD）

横纹蟹蛛 *Thomisus transversus* Fox, 1937

Fox, 1937: 22; Song & Zhu, 1997: 171; Song, Zhu & Chen, 1999: 487.

分布：四川（SC）

王氏蟹蛛 *Thomisus wangi* Tang, Yin & Peng, 2012

Tang, Yin & Peng, in Yin et al., 2012: 1304.

分布：湖南（HN）

朱氏蟹蛛 *Thomisus zhui* Tang & Song, 1988

Tang & Song, 1988: 249; Song & Zhu, 1997: 171; Song, Zhu & Chen, 1999: 487.

分布：云南（YN）

峭腹蛛属 *Tmarus* Simon, 1875

Simon, 1875: 262. Type species: *Aranea pigra* Walckenaer, 1802

异名：

Martus Mello-Leitão, 1943; Silva-Moreira et al., 2010: 65 (Syn.).

细丝峭腹蛛 *Tmarus byssinus* Tang & Li, 2009

Tang & Li, 2009: 49; Tang & Li, 2010: 98.

分布：云南（YN）

旋卷峭腹蛛 *Tmarus circinalis* Song & Chai, 1990

Song & Chai, 1990: 371; Song & Li, 1997: 429; Song & Zhu, 1997: 45; Song, Zhu & Chen, 1999: 487.

分布：湖北（HB）、四川（SC）

指形峭腹蛛 *Tmarus digitiformis* Yang, Zhu & Song, 2005

Yang, Zhu & Song, 2005: 95.

分布：云南（YN）

剑状峭腹蛛 *Tmarus gladiatus* Tang & Li, 2010

Tang & Li, 2010: 100.

分布：云南（YN）

戟形峭腹蛛 *Tmarus hastatus* Tang & Li, 2009

Tang & Li, 2009: 54; Tang & Li, 2010: 101.

分布：云南（YN）

荷氏峭腹蛛 *Tmarus horvathi* Kulczyński, 1895

Kulczyński, 1895: 25; Paik, 1973: 82 (*T. hanrasanensis*); Ono, 1986: 169 (*T. hanrasanensis*); Song, 1987: 273 (*T. hanrasanensis*); Ono, 1988: 57 (*T. hanrasanensis*); Logunov & Marusik, 1990: 135 (*T. h.*, Syn.); Song & Zhu, 1997: 46 (*T. hanrasanensis*); Song, Zhu & Chen, 1999: 487 (*T. hanrasanensis*); Kim & Gwon, 2001: 47 (*T. hanrasanensis*); Namkung, 2002: 543 (*T. hanrasanensis*); Namkung, 2003: 546; Emerit & Ledoux, 2004: 22; Ono, 2009: 508.

异名：

Tmarus hanrasanensis Paik, 1973; Logunov & Marusik, 1990: 135 (Syn.).

分布：吉林（JL）；古北界

韩国峭腹蛛 *Tmarus koreanus* Paik, 1973

Paik, 1973: 80; Song & Chai, 1990: 371; Song & Li, 1997: 429; Song & Zhu, 1997: 47; Song, Zhu & Chen, 1999: 500; Kim & Gwon, 2001: 48; Namkung, 2002: 542; Namkung, 2003: 545.

分布：湖北（HB）；韩国

兰屿峭腹蛛 *Tmarus lanyu* Zhang, Zhu & Tso, 2006

Zhang, Zhu & Tso, 2006: 83.

分布：台湾（TW）

龙栖峭腹蛛 *Tmarus longqicus* Song & Zhu, 1993

Song & Zhu, in Song, Zhu & Li, 1993: 881; Song & Zhu, 1997: 48; Song, Zhu & Chen, 1999: 500.

分布：福建（FJ）、海南（HI）

勐腊峭腹蛛 *Tmarus menglae* Song & Zhao, 1994

Song & Zhao, 1994: 113; Song & Zhu, 1997: 49; Song, Zhu & Chen, 1999: 500; Tang & Li, 2009: 59; Tang & Li, 2010: 101.

分布：云南（YN）、海南（HI）

宁陕峭腹蛛 *Tmarus ningshaanensis* Wang & Xi, 1998

Wang & Xi, 1998: 33; Song, Zhu & Chen, 1999: 500.

分布：陕西（SN）

东方峭腹蛛 *Tmarus orientalis* Schenkel, 1963

Schenkel, 1963: 183; Song & Zheng, 1981: 350; Zhu & Wen, 1981: 24; Hu, 1984: 342; Zhu et al., 1985: 189; Song, 1987: 273; Zhang, 1987: 226; Wu & Song, 1989: 31; Feng, 1990: 187; Chen & Zhang, 1991: 280; Song & Zhu, 1997: 50; Song, Zhu & Chen, 1999: 500; Song, Zhu & Chen, 2001: 408; Namkung, 2003: 548; Zhu & Zhang, 2011: 460.

分布：河北（HEB）、山西（SX）、山东（SD）、河南（HEN）、陕西（SN）；韩国

角突峭腹蛛 *Tmarus piger* (Walckenaer, 1802)

Walckenaer, 1802: 229 (*Aranea pigra*); Walckenaer, 1802: 229 (*A. bilineata*); Walckenaer, 1805: 34 (*Thomisus pigrus*); Walckenaer, 1805: 34 (*T. bilineatus*); Latreille, 1806: 112 (*Thomisus lynceus*); C. L. Koch, 1836: 134 (*Xysticus cuneolus*); Walckenaer, 1837: 536 (*Thomisus p.*); Walckenaer, 1837: 537 (*Thomisus bilineatus*); C. L. Koch, 1837: 79 (*Xysticus cuneolus*); Walckenaer, 1841: 470 (*Thomisus cuneatus*, lapsus); Lucas, 1846: 194 (*Monastes lapidarius*); Blackwall, 1861: 74 (*Thomisus atomarius*); Taczanowski, 1867: 21 (*Xysticus polonicus*; omitted by both Roewer and Bonnet); Simon, 1875: 262; Pavesi, 1879: 807 (*Monaeses p.*); Bertkau, 1880: 245 (*M. cuneolus*); Becker, 1882: 219; Chyzer & Kulczyński, 1891: 101; Simon, 1895: 994 (*T. lapidarius*); Kishida, in Yuhara, 1931: 180 (*T. amoenus*); Zhu & Wang, 1963: 484; Prószyński & Staręga, 1971: 248 (*T. p.*, Syn.); Ono, 1977: 68 (*T. p.*, Syn.); Hu, 1984: 342; Zhu et al., 1985: 190; Song, 1987: 275; Zhang, 1987: 227; Urones, 1996: 33 (*T. p.*, Syn.); Song & Zhu, 1997: 51; Song, Zhu & Chen, 1999: 500; Song, Zhu & Chen, 2001: 409; Namkung, 2003: 544; Ono, 2009: 508; Zhu & Zhang, 2011: 461.

异名：

Tmarus lapidarius (Lucas, 1846, Trans. from *Monastes*); Urones, 1996: 33 (Syn.);

T. polonicus (Taczanowski, 1867, Trans. from *Xysticus*); Prószyński & Staręga, 1971: 248 (Syn.);

T. amoenus Kishida, in Yuhara, 1931; Ono, 1977: 69 (Syn.).

分布：吉林（JL）、河北（HEB）、山西（SX）、河南（HEN）、陕西（SN）、甘肃（GS）；古北界

秦岭峭腹蛛 *Tmarus qinlingensis* Song & Wang, 1994

Song & Wang, 1994: 48; Tang, Song & Zhu, 1995: 17; Song & Zhu, 1997: 52; Song, Zhu & Chen, 1999: 500; Zhu & Zhang, 2011: 462.

分布：河南（HEN）、陕西（SN）、甘肃（GS）

裂突峭腹蛛 *Tmarus rimosus* Paik, 1973

Paik, 1973: 83; Ono, 1977: 72; Shinkai, 1977: 332; Zhu et al., 1985: 191; Yaginuma, 1986: 209; Song, 1987: 276; Chen & Zhang, 1991: 279; Song & Zhu, 1997: 53; Song, Zhu & Chen, 1999: 500; Song, Zhu & Chen, 2001: 410; Namkung, 2003: 547; Ono, 2009: 508; Zhu & Zhang, 2011: 463; Yin et al., 2012: 1307.

分布：吉林（JL）、辽宁（LN）、内蒙古（NM）、河北（HEB）、

山西（SX）、河南（HEN）、湖南（HN）；韩国、日本、俄罗斯

锯齿峭腹蛛 *Tmarus serratus* Yang, Zhu & Song, 2005

Yang, Zhu & Song, 2005: 97.

分布：云南（YN）

枢强峭腹蛛 *Tmarus shuqianglii* Barrion, Barrion-Dupo & Heong, 2012

Barrion et al., 2012: 42.

分布：海南（HI）

宋氏峭腹蛛 *Tmarus songi* Han & Zhu, 2009

Han & Zhu, 2009: 460; Tang & Li, 2009: 62; Tang & Li, 2010: 101.

分布：云南（YN）、广西（GX）、海南（HI）

小穗峭腹蛛 *Tmarus spicatus* Tang & Li, 2009

Tang & Li, 2009: 62; Tang & Li, 2010: 101.

分布：云南（YN）

多刺峭腹蛛 *Tmarus spinosus* Zhu et al., 2005

Zhu et al., 2005: 533.

分布：贵州（GZ）

太白峭腹蛛 *Tmarus taibaiensis* Song & Wang, 1994

Song & Wang, 1994: 47; Song & Zhu, 1997: 55; Song, Zhu & Chen, 1999: 500.

分布：陕西（SN）

泰山峭腹蛛 *Tmarus taishanensis* Zhu & Wen, 1981

Zhu & Wen, 1981: 25; Hu, 1984: 344; Song, 1987: 278; Logunov, 1992: 70; Danilov, 1993: 65; Song & Zhu, 1997: 56; Song, Zhu & Chen, 1999: 500.

分布：山东（SD）；俄罗斯

台湾峭腹蛛 *Tmarus taiwanus* Ono, 1977

Ono, 1977: 75; Song, 1987: 279; Song & Zhu, 1997: 56; Song, Zhu & Chen, 1999: 500; Han & Zhu, 2009: 461; Tang & Li, 2009: 66; Tang & Li, 2010: 101.

分布：云南（YN）、台湾（TW）、广西（GX）、海南（HI）

波状峭腹蛛 *Tmarus undatus* Tang & Li, 2009

Tang & Li, 2009: 66; Tang & Li, 2010: 102.

分布：云南（YN）

颜氏峭腹蛛 *Tmarus yani* Yin et al., 2004

Yin et al., 2004: 13; Yin et al., 2012: 1309.

分布：湖南（HN）

伊敏峭腹蛛 *Tmarus yiminhensis* Zhu & Wen, 1981

Zhu & Wen, 1981: 27; Hu, 1984: 344; Song, 1987: 279; Song & Zhu, 1997: 57; Song, Zhu & Chen, 1999: 500.

分布：内蒙古（NM）

花蟹蛛属 *Xysticus* C. L. Koch, 1835

C. L. Koch, 1835: 129. Type species: *Aranea audax* Schrank, 1803

异名：

Psammitis Menge, 1868; Ono, 1988: 78 (Syn.).

白纹花蟹蛛 *Xysticus albolimbatus* Hu, 2001

Hu, 2001: 349 (*X. albolimbata*).

分布：青海（QH）、西藏（XZ）

阿勒泰花蟹蛛 *Xysticus aletaiensis* Hu & Wu, 1989

Hu & Wu, 1989: 342; Song & Zhu, 1997: 70; Song, Zhu & Chen, 1999: 501.

分布：新疆（XJ）

高山花蟹蛛 *Xysticus alpinistus* Ono, 1978

Ono, 1978: 279; Hu & Li, 1987: 320; Song & Zhu, 1997: 71; Song, Zhu & Chen, 1999: 501; Hu, 2001: 351.

分布：西藏（XZ）；尼泊尔

高寒花蟹蛛 *Xysticus alsus* Song & Wang, 1994

Song & Wang, 1994: 46; Song & Zhu, 1997: 72; Song, Zhu & Chen, 1999: 501.

分布：陕西（SN）

斑孔花蟹蛛 *Xysticus atrimaculatus* Bösenberg & Strand, 1906

Bösenberg & Strand, 1906: 264 (*X. lateralis a.*); Roewer, 1955: 896 (*X. audax a.*); Yaginuma, 1960: 97 (*X. lateralis a.*); Namkung, 1964: 44 (*X. lateralis a.*); Yaginuma, 1966: 36 (*X. a.*, elevated from subspecies of *X. audax*); Yaginuma, 1971: 97 (*X. lateralis a.*); Zhu et al., 1985: 192; Ono, 1988: 98 (*X. a.*, includes female of *X. bifurcus*, rejected); Chikuni, 1989: 145; Chen & Gao, 1990: 174; Ono, 2009: 513.

分布：山西（SX）、四川（SC）；韩国、日本

类莽花蟹蛛 *Xysticus audaxoides* Zhang, Zhang & Song, 2004

Zhang, Zhang & Song, 2004: 74.

分布：河北（HEB）

巴尔花蟹蛛 *Xysticus baltistanus* (Caporiacco, 1935)

Caporiacco, 1935: 186 (*Oxyptila baltistana*); Tang & Song, 1988: 250 (*X. albomarginatus*); Marusik, 1988: 1480 (*X. dondalei*); Marusik & Logunov, 1990: 47 (*X. b.*, Trans. from *Ozyptila*, Syn.); Song & Zhu, 1997: 68 (*X. a.*); Song, Zhu & Chen, 1999: 501 (*X. a.*); Hu, 2001: 352 (*X. a.*); Song, Zhu & Chen, 2001: 412 (*X. a.*); Marusik, Fritzén & Song, 2007: 273; Fomichev, Marusik & Koponen, 2014: 132.

异名：

Xysticus albomarginatus Tang & Song, 1988; Marusik & Logunov, 1990: 47 (Syn.);

X. dondalei Marusik, 1988; Marusik & Logunov, 1990: 47 (Syn.).

分布：河北（HEB）、青海（QH）、西藏（XZ）；蒙古、俄罗斯、中亚

布氏花蟹蛛 *Xysticus berlandi* Schenkel, 1963

Schenkel, 1963: 207.

分布：内蒙古（NM）

博氏花蟹蛛 *Xysticus bohdanowiczi* Zhang, Zhu & Song, 2004

Zhang, Zhu & Song, 2004: 637.

分布：河北（HEB）

朱氏花蟹蛛 *Xysticus chui* Ono, 1992

Ono, 1992: 36; Song & Zhu, 1997: 73; Song, Zhu & Chen, 1999: 501.

分布：台湾（TW）

合生花蟹蛛 *Xysticus concretus* Utochkin, 1968

Utochkin, 1968: 30; Paik, 1973: 111 (*X. dichotomus*); Paik, 1973: 105 (*X. bifurcus*, misidentified); Ono, 1981: 70 (*X. d.*); Ono, 1988: 100 (*X. d.*); Tang & Song, 1988: 15 (*X. d.*); Marusik & Logunov, 1996: 133 (*X. c.*, Syn.); Song & Zhu, 1997: 78 (*X. d.*); Tang & Song, 1988: 14 (*X. b.*, misidentified); Song, Zhu & Chen, 1999: 501 (*X. d.*); Kim & Gwon, 2001: 53 (*X. d.*); Namkung, 2003: 554; Namkung, 2003: 559 (*X. atrimaculatus*, misidentified); Marusik & Kovblyuk, 2011: 251.

异名：

Xysticus dichotomus Paik, 1973; Marusik & Logunov, 1996: 133 (Syn.).

分布：吉林（JL）；韩国、日本、俄罗斯

膨花蟹蛛 *Xysticus conflatus* Song, Tang & Zhu, 1995

Song, Tang & Zhu, in Tang, Song & Zhu, 1995: 18; Song & Zhu, 1997: 74; Song, Zhu & Chen, 1999: 501.

分布：甘肃（GS）

合花蟹蛛 *Xysticus connectens* Kulczyński, 1901

Kulczyński, 1901: 335.

分布：北京（BJ）

考特花蟹蛛 *Xysticus courti* Marusik & Omelko, 2014

Schenkel, 1963: 236 (*X. siviricus*); Marusik & Omelko, 2014: 283 (*X. c.*).

分布：甘肃（GS）

筛花蟹蛛 *Xysticus cribratus* Simon, 1885

Walckenaer, 1837: 524 (*Thomisus pilosus*, preoccupied); Kritscher, 1962: 181 (*Ozyptila baudueri*, rejected); Wunderlich, 1987: 255 (*Psammitis c.*, rejected); Hu & Wu, 1989: 343; Wunderlich, 1995: 761 (*Psammitis c.*); Song & Zhu, 1997: 75; Song, Zhu & Chen, 1999: 501; Lehtinen, 2002: 323 (*Bassaniodes c.*).

分布：新疆（XJ）；地中海到中国、苏丹

卷片花蟹蛛 *Xysticus crispabilis* Song & Gao, 1996

Song & Gao, in Song et al., 1996: 107; Song, Zhu & Chen, 1999: 501.

分布：安徽（AH）

冠花蟹蛛 *Xysticus cristatus* (Clerck, 1757)

Clerck, 1757: 136 (*Araneus c.*); Linnaeus, 1758: 623 (*A. viatica*); Martini & Goeze, in Lister, 1778: 298 (*A. nasuta*); Fabricius, 1781: 538 (*A. viatica*); Fourcroy, 1785: 532 (*A. fasciata*); Olivier, 1789: 224 (*A. viatica*); Olivier, 1789: 225 (*A. horticola*); Olivier, 1789: 226 (*A. cristata*); Fabricius, 1793: 416 (*A. liturata*); Strack, 1810: 56 (*A. subreptans*); Hahn, 1832: 35 (*Thomisus viaticus*); Sundevall, 1833: 217 (*T. c.*); Blackwall, 1861: 68 (*T. c.*); Prach, 1866: 613 (*X. viaticus*); Thorell, 1872: 236; Simon, 1873: 328 (*X. jucundus*, misidentified); Lebert, 1877: 259 (*Thomisus c. obscura*); Strand, 1900: 368 (*X. augur*); Strand, 1900: 370 (*X. sexangulatus*); Strand, 1901: 178 (*X. augur*); Strand, 1901: 180 (*X. sexangulatus*); Bösenberg, 1902: 345; Charitonov, 1926: 120; Reimoser, 1929: 88 (*X. viaticus*); Tullgren, 1944: 87 (*X. viaticus*); Tambs-Lyche, 1942: 112-113 (*X. c.*, Syn.); Hu, 1984: 345; Song, 1987: 280; Zhang, 1987: 228; Wu & Song, 1989: 32; Zhao, 1993: 378; Hu, 2001: 352; Namkung, 2003: 558; Almquist, 2006: 503; Ramírez, 2014: 224.

异名：

Xysticus augur Strand, 1900; Tambs-Lyche, 1942: 112 (Syn.);

X. sexangulatus Strand, 1900; Tambs-Lyche, 1942: 113 (Syn.).

分布：青海（QH）、新疆（XJ）、西藏（XZ）；古北界

波纹花蟹蛛 *Xysticus croceus* Fox, 1937

Bösenberg & Strand, 1906: 261 (*X. ephippiatus*, misidentified); Saitō, 1939: 79 (*X. ephippiatus*, misidentified); Yaginuma, 1960: 97; Tikader, 1962: 577 (*X. sujatai*); Tikader, 1968: 111 (*X. sujatai*); Tikader, 1971: 50 (*X. sujatai*); Song et al., 1979: 17; Song, 1980: 192; Tikader, 1980: 121 (*X. sujatai*); Hu, 1984: 345; Zhang, 1987: 229; Ono, 1988: 89 (*X. c.*, Syn.); Feng, 1990: 188; Chen & Gao, 1990: 174; Chen & Zhang, 1991: 272; Song, Zhu & Li, 1993: 882; Zhao, 1993: 379; Song & Zhu, 1997: 77; Song, Chen & Zhu, 1997: 1732; Song, Zhu & Chen, 1999: 501; Song, Zhu & Chen, 2001: 414; Namkung, 2003: 550; Ono, 2009: 513; Zhu & Zhang, 2011: 465; Yin et al., 2012: 1311.

异名：

Xysticus sujatai Tikader, 1962; Ono, 1988: 89 (Syn.).

分布：山西（SX）、山东（SD）、河南（HEN）、陕西（SN）、安徽（AH）、浙江（ZJ）、江西（JX）、湖南（HN）、湖北（HB）、四川（SC）、贵州（GZ）、云南（YN）、福建（FJ）、台湾（TW）、广东（GD）；印度、尼泊尔、不丹、韩国、日本

大理花蟹蛛 *Xysticus dali* Li & Yang, 2008

Li & Yang, 2008: 15.

分布：云南（YN）

大卫花蟹蛛 *Xysticus davidi* Schenkel, 1963

Schenkel, 1963: 213; Schenkel, 1963: 211 (*X. excavatus*); Schenkel, 1963: 215 (*X. hotingchiehi*); Seyfulina & Mikhailov, 2004: 252 (*X. pentagonius*); Marusik & Omelko, 2014: 277 (*X. d.*, Syn.).

异名：

Xysticus excavatus Schenkel, 1963; Marusik & Omelko, 2014: 277 (Syn.);

X. hotingchiehi Schenkel, 1963; Marusik & Omelko, 2014: 277 (Syn.);

X. pentagonius Seyfulina & Mikhailov, 2004; Marusik & Omelko, 2014: 277 (Syn.).

分布：黑龙江（HL）、内蒙古（NM）、甘肃（GS）、江西（JX）、湖北（HB）；俄罗斯

丹氏花蟹蛛 *Xysticus denisi* Schenkel, 1963

Schenkel, 1963: 233.

分布：内蒙古（NM）

多尔波花蟹蛛 *Xysticus dolpoensis* Ono, 1978

Ono, 1978: 281; Tang & Song, 1988: 15; Song & Zhu, 1997: 79; Song, Zhu & Chen, 1999: 501; Hu, 2001: 353.

分布：青海（QH）、四川（SC）、西藏（XZ）；尼泊尔

准葛尔花蟹蛛 *Xysticus dzhungaricus* Tyschchenko, 1965

Tyschchenko, 1965: 700; Utochkin, 1968: 24 (*X. kiritschenkoi*); Hu & Wu, 1989: 351 (*X. piceana*); Marusik & Logunov, 1990: 42 (*X. kiritschenkoi*); Marusik, 1992: 95 (*X. d.*, Syn.); Marusik & Logunov, 1995: 153 (*X. d.*, Syn.); Song & Zhu, 1997: 100 (*X. piceana*); Song, Zhu & Chen, 1999: 503 (*X. piceana*); Marusik & Kovblyuk, 2011: 251.

异名：

Xysticus kiritschenkoi Utochkin, 1968; Marusik & Logunov, 1995: 153 (Syn.);

X. piceanus Hu & Wu, 1989; Marusik, 1992: 95 (Syn.).

分布：新疆（XJ）；俄罗斯、中亚

象形花蟹蛛 *Xysticus elephantus* Ono, 1978

Ono, 1978: 284; Hu & Li, 1987: 322; Hu, 2001: 354.

分布：西藏（XZ）；尼泊尔

埃氏花蟹蛛 *Xysticus emertoni* Keyserling, 1880

Keyserling, 1880: 35 (*X. limbatus*, misidentified); Keyserling, 1880: 39; Kulczyński, 1885: 47 (*X. excellens*); Banks, 1913: 178; Schenkel, 1930: 26 (*X. excellens*); Schenkel, 1931: 972 (*X. excellens*); Gertsch, 1939: 374; Comstock, 1940: 549; Chickering, 1940: 208; Tambs-Lyche, 1942: 113 (*X. obscurus*, Syn. of *X. excellens*, rejected); Kaston, 1948: 426; Zhu & Wang, 1963: 487 (*X. dissimilis*); Utochkin, 1968: 10 (*X. excellens*, removed from Syn. of *X. austerus*); Holm, 1973: 106 (*X. e.*, Syn.); Hu, 1984: 347 (*X. dissimilis*); Tang & Song, 1988: 137 (*X. excellens*, Syn.); Izmailova, 1989: 141 (*X. excellens*); Song & Zhu, 1997: 80; Song, Zhu & Chen, 1999: 502; Zhu & Zhang, 2011: 466.

异名：

Xysticus excellens Kulczyński, 1885; Holm, 1973: 106 (Syn.);

X. dissimilis Zhu & Wang, 1963; Tang & Song, 1988: 137 (Syn., sub. *X. excellens*).

分布：吉林（JL）、内蒙古（NM）、河南（HEN）、新疆（XJ）；斯洛伐克到中国、阿拉斯加、加拿大、美国

鞍形花蟹蛛 *Xysticus ephippiatus* Simon, 1880

Simon, 1880: 107; Bösenberg & Strand, 1906: 263 (*X. tunicatus*); Saitō, 1934: 281 (*X. tunicatus*); Schenkel, 1936: 142 (*X. pseudobifasciatus*); Saitō, 1939: 80 (*X. tunicatus*); Saitō, 1959: 131; Saitō, 1959: 132 (*X. tunicatus*); Yaginuma, 1960: 97 (*X. tunicatus*); Zhu & Wang, 1963: 485 (*X. e.*, removed from Syn. of *X. austerus*); Schenkel, 1963: 208; Schenkel, 1963: 218 (*X. fagei*); Utochkin, 1968: 26 (*X. transsibiricus*); Song et al., 1979: 17; Song, 1980: 191; Ono, 1981: 70 (*X. pseudobifasciatus*); Hu & Guo, 1982: 145 (*X. saganus*, misidentified); Yin, Wang & Hu, 1983: 34; Qiu, 1983: 100; Hu, 1984: 349 (*X. saganus*, misidentified); Hu, 1984: 347; Guo, 1985: 171; Zhu et al., 1985: 194; Song, 1987: 281; Zhang, 1987: 230; Hu & Li, 1987: 326 (*X. sujatai*, misidentified); Ono, 1988: 93 (*X. e.*, Syn.); Marusik, 1989: 50 (*X. e.*, Syn.); Izmailova, 1989: 148 (*X. transsibiricus*); Feng, 1990: 189; Chen & Gao, 1990: 174; Chen & Zhang, 1991: 271; Zhao, 1993: 380; Zhao, 1993: 384 (*X. saganus*, misidentified); Song & Zhu, 1997: 81; Song, Chen & Zhu, 1997: 1732; Song, Zhu & Chen, 1999: 502; Hu, 2001: 355; Song, Zhu & Chen, 2001: 415; Namkung, 2003: 549; Zhu & Zhang, 2011: 467; Yin et al., 2012: 1313; Marusik & Omelko, 2014: 279.

异名：

Xysticus tunicatus Bösenberg & Strand, 1906 (removed from Syn. of *X. saganus*); Ono, 1988: 93 (Syn., contra. Yaginuma, 1966: 36);

X. pseudobifasciatus Schenkel, 1936; Marusik, 1989: 50 (Syn.);

X. fagei Schenkel, 1963; Marusik & Omelko, 2014: 279 (Syn.);

X. transsibiricus Utochkin, 1968; Ono, 1988: 93 (Syn.).

分布：吉林（JL）、辽宁（LN）、内蒙古（NM）、河北（HEB）、天津（TJ）、北京（BJ）、山西（SX）、山东（SD）、河南（HEN）、陕西（SN）、甘肃（GS）、新疆（XJ）、安徽（AH）、江苏（JS）、浙江（ZJ）、江西（JX）、湖南（HN）、湖北（HB）、西藏（XZ）；韩国、日本、蒙古、俄罗斯、中亚

锈色花蟹蛛 *Xysticus ferrugineus* Menge, 1876

Menge, 1876: 444; Chyzer & Kulczyński, 1891: 93; Simon, 1932: 815, 827, 875; Tyschchenko, 1971: 119; Miller, 1971: 120; Hidalgo, 1983: 363; Hu & Li, 1987: 324; Roberts, 1998: 168; Pesarini, 2000: 389; Hu, 2001: 356; Logunov, Marusik & Koponen, 2002: 99.

分布：黑龙江（HL）、内蒙古（NM）、西藏（XZ）；古北界

戈壁花蟹蛛 *Xysticus gobiensis* Marusik & Logunov, 2002

Schenkel, 1963: 238 (*X. laticeps*; preoccupied by Bryant, 1933); Marusik & Logunov, 1996: 135 (*X. sibiricus*, Syn.); Song & Haupt, 1996: 316 (*X. laticeps*); Song & Zhu, 1997: 93 (*X. l.*); Song, Zhu & Chen, 1999: 503 (*X. l.*); Hu, 2001: 361 (*X. l.*); Marusik & Logunov, 2002: 316 (*X. g.*, removed female

from Syn. of *X. sibiricus*, replacement name); Marusik & Kovblyuk, 2011: 253; Marusik & Omelko, 2014: 280.
分布：内蒙古（NM）、青海（QH）；蒙古、俄罗斯

贵州花蟹蛛 *Xysticus guizhou* Song & Zhu, 1997

Song & Zhu, 1997: 84; Song, Zhu & Chen, 1999: 502.
分布：贵州（GZ）

赫氏花蟹蛛 *Xysticus hedini* Schenkel, 1936

Schenkel, 1936: 273; Paik, 1973: 109 (*X. bifidus*); Zhou, Wang & Zhu, 1983: 158 (*X. bifidus*); *atrimaculatus* Hu, 1984: 348 (*X. lateralis*, misidentified); Ono, 1985: 35 (*X. bifidus*); Zhu et al., 1985: 193 (*X. bifidus*); Yaginuma, 1986: 202 (*X. bifidus*); Ono, 1988: 121 (*X. bifidus*); Hu & Wu, 1989: 343 (*X. atrimaculatus*, misidentified); Marusik, 1989: 51 (*X. h.*, Syn. of male); Zhao, 1993: 377 (*X. bifidus*); Song & Zhu, 1997: 86; Song, Chen & Zhu, 1997: 1734; Song, Zhu & Chen, 1999: 502; Kim & Gwon, 2001: 55 (*X. bifidus*); Song, Zhu & Chen, 2001: 417; Yoo & Kim, 2002: 27 (*X. bifidus*); Namkung, 2003: 555; Ono, 2009: 517; Zhu & Zhang, 2011: 468; Yin et al., 2012: 1314.
异名：
Xysticus bifidus Paik, 1973; Marusik, 1989: 51 (Syn. of male).
分布：黑龙江（HL）、吉林（JL）、辽宁（LN）、内蒙古（NM）、河北（HEB）、山西（SX）、山东（SD）、河南（HEN）、新疆（XJ）、浙江（ZJ）、湖南（HN）；蒙古、韩国、日本、俄罗斯

胡氏花蟹蛛 *Xysticus hui* Platnick, 1993

Hu & Wu, 1989: 351 (*X. obscurus*: preoccupied by Collett, 1887); Platnick, 1993: 726 (*X. h.*, replacement name); Song & Zhu, 1997: 88; Song, Zhu & Chen, 1999: 502.
分布：新疆（XJ）

岛民花蟹蛛 *Xysticus insulicola* Bösenberg & Strand, 1906

Bösenberg & Strand, 1906: 260; Paik, 1973: 105 (*X. bifurcus*); Ono, 1981: 70; Ono, 1988: 102 (*X. i.*, Syn.); Tang & Song, 1988: 14 (*X. bifurcus*); Chikuni, 1989: 144; Song & Zhu, 1997: 89; Song, Zhu & Chen, 1999: 502; Kim & Gwon, 2001: 56; Namkung, 2002: 548; Namkung, 2003: 551; Ono, 2009: 515; Yin et al., 2012: 1315.
异名：
Xysticus bifurcus Paik, 1973; Ono, 1988: 102 (Syn. of male; female=*X. concretus*).
分布：黑龙江（HL）、吉林（JL）、辽宁（LN）、内蒙古（NM）、湖南（HN）；韩国、日本

蒋氏花蟹蛛 *Xysticus jiangi* Peng, Yin & Kim, 2000

Peng, Yin & Kim, 2000: 263; Yin et al., 2012: 1317.
分布：湖南（HN）

金林花蟹蛛 *Xysticus jinlin* Song & Zhu, 1995

Hu & Wu, 1989: 348 (*X. laticeps*, misidentified); Song & Zhu, 1995: 116; Song & Zhu, 1997: 90; Song, Zhu & Chen, 1999: 502; Hu, 2001: 357.
分布：青海（QH）、新疆（XJ）

千岛花蟹蛛 *Xysticus kurilensis* Strand, 1907

Strand, 1907: 209; Schenkel, 1963: 219 (*X. lesserti*); Song & Zheng, 1981: 349 (*X. lesserti*); Ono, 1986: 170; Song, 1987: 282 (*X. lesserti*); Chen & Gao, 1990: 175 (*X. lesserti*); Chen & Zhang, 1991: 273 (*X. lesserti*); Song, Zhu & Li, 1993: 883 (*X. lesserti*); Song & Zhu, 1997: 92 (*X. k.*, Syn.); Song, Zhu & Chen, 1999: 503; Namkung, 2003: 553; Yin et al., 2012: 1320; Marusik & Omelko, 2014: 281.
异名：
Xysticus lesserti Schenkel, 1963; Song & Zhu, 1997: 93 (Syn.).
分布：甘肃（GS）、浙江（ZJ）、湖南（HN）、四川（SC）、贵州（GZ）、福建（FJ）；韩国、日本、俄罗斯

莱普花蟹蛛 *Xysticus lepnevae* Utochkin, 1968

Utochkin, 1968: 36; Ono, Marusik & Logunov, 1990: 10; Zhang, Zhu & Song, 2004: 638; Kim & Lee, 2007: 109.
分布：河北（HEB）；日本、韩国、俄罗斯、库页岛

勒塞花蟹蛛 *Xysticus lesserti* Schenkel, 1963

Schenkel, 1963: 219; Marusik & Omelko, 2014: 280 (removed from Syn. of *X. kurilensis*, contra. Song & Zhu, 1997: 93).
分布：贵州（GZ）

细纹花蟹蛛 *Xysticus lineatus* (Westring, 1851)

Westring, 1851: 61 (*Thomisus lineatus*); Westring, 1861: 428 (*T. lineatus*); Thorell, 1872: 248 (*Xysticus lineatus*, Trans. from *Thomosus*); Simon, 1878: 158 (*X. dentiger*); Becker, 1882: 172 (*X. dentiger*); Bösenberg, 1902: 355 (*X. lineatus*); Lessert, 1910: 378; Simon, 1932: 831, 835, 880; Schenkel, 1932: 208; Tullgren, 1944: 98; Utochkin, 1968: 17; Vilbaste, 1969: 56; Miller, 1971: 120; Maurer, 1975: 372; Izmailova, 1989: 145; Heimer & Nentwig, 1991: 480; Mcheidze, 1997: 161; Roberts, 1998: 172; Logunov, Marusik & Trilikauskas, 2001: 36; Zhang, Zhu & Song, 2004: 639; Almquist, 2006: 510.
分布：河北（HEB）；古北界

黑斑花蟹蛛 *Xysticus maculiger* Roewer, 1951

O. P.-Cambridge, 1885: 66 (*X. maculosus*; preoccupied by Walckenaer, 1837, non by Keyserling, 1880 as per Roewer, 1951: 449); Caporiacco, 1935: 184 (*X. maculatus*, lapsus); Roewer, 1951: 449 (*X. maculiger*, replacement name).
分布：新疆（XJ）

玛纳斯花蟹蛛 *Xysticus manas* Song & Zhu, 1995

Hu & Wu, 1989: 353 (*X. sabulosus*, misidentified); Zhao, 1993: 384 (*X. s.*, misidentified); Song & Zhu, 1995: 117; Song & Zhu, 1997: 94; Song, Zhu & Chen, 1999: 503.
分布：新疆（XJ）

蒙古花蟹蛛 *Xysticus mongolicus* Schenkel, 1963

Schenkel, 1963: 226; Song, Yu & Yang, 1982: 210; Hu, 1984:

349; Song, 1987: 284; Hu & Wu, 1989: 348; Marusik & Logunov, 1990: 47; Chen & Gao, 1990: 176; Zhao, 1993: 388; Song & Zhu, 1997: 95; Song, Zhu & Chen, 1999: 503.
分布：内蒙古（NM）、新疆（XJ）；蒙古、哈萨克斯坦

藏西花蟹蛛 *Xysticus nitidus* Hu, 2001

Hu, 2001: 358.
分布：西藏（XZ）

林芝花蟹蛛 *Xysticus nyingchiensis* Song & Zhu, 1995

Song & Zhu, 1995: 118; Song & Zhu, 1997: 97; Song, Zhu & Chen, 1999: 503; Hu, 2001: 360.
分布：西藏（XZ）

拟斑花蟹蛛 *Xysticus parapunctatus* Song & Zhu, 1995

Hu & Wu, 1989: 346 (*X. excavatus*, misidentified); Song & Zhu, 1995: 118; Song & Zhu, 1997: 99; Song, Zhu & Chen, 1999: 503.
分布：新疆（XJ）

盾形花蟹蛛 *Xysticus peltiformus* Zhang, Zhu & Song, 2004

Zhang, Zhu & Song, 2004: 640.
分布：河北（HEB）

平山花蟹蛛 *Xysticus pingshan* Zhang, Zhu & Song, 2004

Zhang, Zhu & Song, 2004: 641.
分布：河北（HEB）

伪丝花蟹蛛 *Xysticus pseudobliteus* (Simon, 1880)

Simon, 1880: 109 (*Oxyptila pseudoblitea*); Schenkel, 1963: 225 (*X. chaffanjoni*); Schenkel, 1963: 229 (*X. acerboides*); Schenkel, 1963: 231 (*X. bonneti*); Tyschchenko, 1965: 699 (*X. crassus*); Paik, 1974: 121 (*Ozyptila coreana*); Song & Hubert, 1983: 10 (*O. pseudoblitea*, Syn.); Hu, 1984: 321 (*O. coreana*); Zhu et al., 1985: 175 (*O. pseudablitea*); Song, 1987: 258 (*O. pseudoblitea*); Zhang, 1987: 208, 211, 228 (*X. pseudoblitea*, Trans. from *Ozyptila*, Syn.); Marusik, 1989: 144 (*X. schenkeli*); Logunov, 1995: 117 (*X. coreanus*); Marusik & Logunov, 1995: 139 (*Ozyptila pseudoblitea*, Syn.); Song & Zhu, 1997: 101 (*X. pseudoblitea*); Song, Zhu & Chen, 1999: 503 (*X. pseudoblitea*); Zhang et al., 2000: 37 (*X. pseudoblitea*); Hu, 2001: 362 (*X. pseudoblitea*); Kim & Gwon, 2001: 57; Song, Zhu & Chen, 2001: 418 (*X. pseudoblitea*); Namkung, 2003: 556; Zhu & Zhang, 2011: 469; Marusik & Omelko, 2014: 282.
异名：
Xysticus acerboides Schenkel, 1963; Song & Hubert, 1983: 10 (Syn., sub. *Ozuptila*);
X. bonneti Schenkel, 1963; Song & Hubert, 1983: 10 (Syn., sub. *Ozyptila*);
X. chaffanjoni Schenkel, 1963; Song & Hubert, 1983: 10 (Syn., sub. *Ozyptila*);
X. crassus Tyschchenko, 1965; Marusik & Logunov, 1995: 139 (Syn., sub. *Ozyptila*);
X. coreanus (Paik, 1974, Trans. from *Ozyptila*); Zhang, 1987: 208 (Syn.);
X. schenkeli Marusik, 1989; Song & Hubert, 1983: 10 (*new synonymy*).
分布：黑龙江（HL）、吉林（JL）、辽宁（LN）、内蒙古（NM）、河北（HEB）、山西（SX）、山东（SD）、河南（HEN）、甘肃（GS）、青海（QH）、浙江（ZJ）、四川（SC）、西藏（XZ）；韩国、蒙古、哈萨克斯坦、俄罗斯

伪冠花蟹蛛 *Xysticus pseudocristatus* Azarkina & Logunov, 2001

Ono, 1978: 273 (*X. cristatus*, misidentified); Hu & Wu, 1989: 345 (*X. cristatus*, misidentified); Song & Zhu, 1997: 76 (*X. c.*, misidentified); Song, Zhu & Chen, 1999: 501 (*X. c.*, misidentified); Azarkina & Logunov, 2001: 134; Song, Zhu & Chen, 2001: 413 (*X. c.*, misidentified); Logunov, Ballarin & Marusik, 2011: 239.
分布：河北（HEB）、青海（QH）、新疆（XJ）、西藏（XZ）；巴基斯坦、中亚到中国

方花蟹蛛 *Xysticus quadratus* Tang & Song, 1988

Tang & Song, 1988: 252 (*X. q.*: possible synonym of *X. baltistanus* per Marusik & Logunov, 1990: 47); Song & Zhu, 1997: 102; Song, Zhu & Chen, 1999: 503; Zhang et al., 2000: 37.
分布：浙江（ZJ）、四川（SC）

嵯峨花蟹蛛 *Xysticus saganus* Bösenberg & Strand, 1906

Bösenberg & Strand, 1906: 261; Yaginuma, 1960: 97; Yaginuma, 1966: 34; Yaginuma, 1966: 36; Yaginuma, 1967: 90; Yaginuma, 1971: 97; Paik, 1975: 181; Paik & Namkung, 1979: 76; Guo, 1985: 173; Zhu et al., 1985: 195; Yaginuma, 1986: 201; Zhang, 1987: 231; Ono, 1988: 107 (*X. s.*; includes female of *X. bifidus*; not a senior synonym of *X. tunicatus*); Wu & Song, 1989: 32; Chikuni, 1989: 144; Chen & Gao, 1990: 176; Marusik & Logunov, 1996: 135; Song & Zhu, 1997: 104; Song, Zhu & Chen, 1999: 503; Namkung, 2003: 552; Ono, 2009: 515; Yin et al., 2012: 1321.
分布：内蒙古（NM）、湖南（HN）、四川（SC）；韩国、日本、俄罗斯

西伯利亚花蟹蛛 *Xysticus sibiricus* Kulczyński, 1908

Kulczyński, 1908: 54; Utochkin, 1968: 20; Izmailova, 1978: 18; Izmailova, 1989: 148; Marusik, 1989: 142; Ono, Marusik & Logunov, 1990: 8; Logunov & Marusik, 1994: 191; Marusik & Logunov, 1996: 135; Marusik & Omelko, 2014: 285.
分布：甘肃（GS）、青海（QH）；俄罗斯

剑花蟹蛛 *Xysticus sicus* Fox, 1937

Fox, 1937: 21; Schenkel, 1963: 216 (*X. szetschuanensis*); Hu, 1984: 351 (*X. szetschuanensis*); Tang & Song, 1988: 139 (*X. s.*, Syn.); Chen & Gao, 1990: 177; Song & Zhu, 1997: 105; Song, Zhu & Chen, 1999: 504; Hu, 2001: 363; Namkung, 2003: 557; Di & Zhu, 2008: 16.
异名：
Xysticus szetschuanensis Schenkel, 1963; Tang & Song, 1988: 139 (Syn.).

分布：陕西（SN）、青海（QH）、四川（SC）、西藏（XZ）；韩国、俄罗斯

锡金花蟹蛛 *Xysticus sikkimus* Tikader, 1970

Tikader, 1970: 50; Tikader, 1971: 47; Ono, 1978: 281; Tikader, 1980: 115; Hu & Li, 1987: 326; Hu & Li, 1987: 324 (*X. simplicipalpatus*, misidentified); Song & Zhu, 1997: 106; Song, Zhu & Chen, 1999: 504; Hu, 2001: 364.
分布：西藏（XZ）；印度

苏氏花蟹蛛 *Xysticus soderbomi* Schenkel, 1936

Schenkel, 1936: 271 (*X. söderbomi*); Marusik & Logunov, 1995: 163.
分布：内蒙古（NM）；蒙古

苏达花蟹蛛 *Xysticus soldatovi* Utochkin, 1968

Utochkin, 1968: 31; Tang & Song, 1988: 251 (*X. obtusfurcus*); Logunov & Marusik, 1994: 194 (*X. s.*, Syn.); Song & Zhu, 1997: 98 (*X. obtusfurcus*); Song, Zhu & Chen, 1999: 503 (*X. obtusfurcus*).
异名：
Xysticus obtusfurcus Tang & Song, 1988; Logunov & Marusik, 1994: 194 (Syn.).
分布：吉林（JL）、内蒙古（NM）；俄罗斯

条纹花蟹蛛 *Xysticus striatipes* L. Koch, 1870

L. Koch, 1870: 31; Thorell, 1872: 249 (*X. perogaster*); Menge, 1876: 447 (*Spiracme striata*); Song, 1980: 193; Hu, 1984: 350; Zhu et al., 1985: 197; Song, 1987: 285; Zhang, 1987: 176; Hu & Wu, 1989: 354; Izmailova, 1989: 149; Chen & Gao, 1990: 177; Zhao, 1993: 386; Song & Zhu, 1997: 197; Roberts, 1998: 174; Song, Zhu & Chen, 1999: 504; Song, Zhu & Chen, 2001: 419; Zhu & Zhang, 2011: 470.
分布：黑龙江（HL）、内蒙古（NM）、河北（HEB）、山西（SX）、河南（HEN）、宁夏（NX）、甘肃（GS）、新疆（XJ）、四川（SC）；古北界

类旋花蟹蛛 *Xysticus torsivoides* Song & Zhu, 1995

Hu & Wu, 1989: 346 (*X. gallicus*, misidentified); Song & Zhu, 1995: 119; Song & Zhu, 1997: 107; Song, Zhu & Chen, 1999: 504.
分布：新疆（XJ）

旋花蟹蛛 *Xysticus torsivus* Tang & Song, 1988

Tang & Song, 1988: 253; Song & Zhu, 1997: 109; Song, Zhu & Chen, 1999: 504; Hu, 2001: 365.
分布：四川（SC）、西藏（XZ）

藏布花蟹蛛 *Xysticus tsanghoensis* Hu, 2001

Hu, 2001: 368.
分布：西藏（XZ）

乌氏花蟹蛛 *Xysticus ulmi* (Hahn, 1831)

Hahn, 1831: 1 (*Thomisus u.*); Hahn, 1832: 38 (*Thomisus u.*); C. L. Koch, 1850: 39; Westring, 1861: 417 (*Thomisus bivittatus*); O. P.-Cambridge, 1871: 403 (*Thomisus westwoodii*); Menge, 1876: 439 (*X. bivittatus*); Zhu & Wang, 1963: 486; Hu, 1984: 351; Roberts, 1985: 102; Heimer & Nentwig, 1991: 480; Roberts, 1995: 161; Mcheidze, 1997: 158; Song & Zhu, 1997: 110; Roberts, 1998: 169; Song, Zhu & Chen, 1999: 504; Marusik, Ovchinnikov & Koponen, 2006: 362; Almquist, 2006: 517.
分布：吉林（JL）；古北界

吴氏花蟹蛛 *Xysticus wuae* Song & Zhu, 1995

Hu & Wu, 1989: 348 (*X. ninnii*, misidentified); Song & Zhu, 1995: 120; Song & Zhu, 1997: 111; Song, Zhu & Chen, 1999: 504.
分布：新疆（XJ）

西宁花蟹蛛 *Xysticus xiningensis* Hu, 2001

Hu, 2001: 366.
分布：青海（QH）

西藏花蟹蛛 *Xysticus xizangensis* Tang & Song, 1988

Tang & Song, 1988: 255; Song & Zhu, 1997: 112; Song, Zhu & Chen, 1999: 504; Hu, 2001: 367.
分布：西藏（XZ）

蟹形花蟹蛛 *Xysticus xysticiformis* (Caporiacco, 1935)

Caporiacco, 1935: 188 (*Oxyptila x.*); Schenkel, 1936: 140 (*X. furcillifer*); Marusik & Logunov, 1990: 50 (*X. x.*, Trans. from *Ozyptila*); Marusik & Logunov, 1995: 161 (*X. x.*, Syn.); Marusik, Fritzén & Song, 2007: 275.
异名：
Xysticus furcillifer Schenkel, 1936; Marusik & Logunov, 1995: 161 (Syn.).
分布：甘肃（GS）、新疆（XJ）；中亚

扎蟹蛛属 *Zametopina* Simon, 1909

Simon, 1909: 123. Type species: *Zametopina calceata* Simon, 1909

蹄形扎蟹蛛 *Zametopina calceata* Simon, 1909

Simon, 1909: 123; Tang, Blick & Ono, 2010: 66.
分布：云南（YN）；越南

64. 隐石蛛科 Titanoecidae Lehtinen, 1967

世界 5 属 53 种；中国 4 属 13 种。

阿隐蛛属 *Anuvinda* Lehtinen, 1967

Lehtinen, 1967: 214. Type species: *Titanoeca escheri* Reimoser, 1934

艾氏阿隐蛛 *Anuvinda escheri* (Reimoser, 1934)

Reimoser, 1934: 436 (*Titanoeca e.*); Lehtinen, 1967: 214 (*A. e.*, Trans. from *Titanoeca*); Almeida-Silva, Brescovit & Griswold, 2009: 65.
分布：云南（YN）；印度、老挝、泰国

隐蛛属 *Nurscia* Simon, 1874

Simon, 1874: 235. Type species: *Nurscia albosignata* Simon,

1874

异名：

Euxinella Drensky, 1938; Lehtinen, 1967: 234 (Syn.).

白斑隐蛛 *Nurscia albofasciata* (Strand, 1907)

Strand, 1907: 107 (*Titanoeca a.*); Yaginuma, 1959: 13 (*T. nipponica*); Namkung, 1964: 32 (*T. nipponica*); Paik, 1966: 55 (*T. nipponica*); Lee, 1966: 16 (*T. nipponica*); Lehtinen, 1967: 253 (*N. a.*, Trans. from *Titanoeca*, Syn. of female); Yaginuma, 1971: 23 (*T. nipponica*); Paik, 1978: 176 (*T. nipponica*); Song, 1980: 86 (*T. nipponica*); Wang, 1981: 114 (*T. nipponica*); Wen, Zhao & Huang, 1981: 27 (*T. nipponica*); Brignoli, 1983: 532 (*T. nipponica*, Lehtineńs synonymy judged "uncertain," but subsequently accepted by other authors); Hu, 1984: 53 (*T. nipponica*); Dunin, 1984: 142; Song & Zhu, 1985: 73; Guo, 1985: 46 (*T. nipponica*); Yaginuma, 1985: 132 (*T. a.*); Yaginuma, 1986: 10 (*T. a.*); Song, 1987: 66; Zhang, 1987: 49; Chikuni, 1989: 21 (*T. a.*); Feng, 1990: 32 (*T. a.*); Chen & Gao, 1990: 24 (*Nursica a.*); Chen & Zhang, 1991: 39; Zhao, 1993: 132; Song, Zhu & Chen, 1999: 395; Song, Zhu & Chen, 2001: 298; Namkung, 2003: 406; Zhu & Zhang, 2011: 332; Yin et al., 2012: 1035.

异名：

Nurscia nipponica (Yaginuma, 1959, Trans. from *Titanoeca*); Lehtinen, 1967: 253 (Syn.).

分布：吉林（JL）、辽宁（LN）、河北（HEB）、北京（BJ）、山东（SD）、河南（HEN）、浙江（ZJ）、湖南（HN）、湖北（HB）、四川（SC）、台湾（TW）、广东（GD）；韩国、日本、俄罗斯

庞蛛属 *Pandava* Lehtinen, 1967

Lehtinen, 1967: 255. Type species: *Amaurobius laminatus* Thorell, 1878

湖南庞蛛 *Pandava hunanensis* Yin & Bao, 2001

Yin & Bao, 2001: 58; Almeida-Silva, Griswold & Brescovit, 2010: 37; Yin et al., 2012: 1037.

分布：湖南（HN）

薄片庞蛛 *Pandava laminata* (Thorell, 1878)

Thorell, 1878: 168 (*Amaurobius laminatus*); Simon, 1893: 69 (*Amaurobius castaneiceps*); Thorell, 1895: 62 (*Titanoeca birmanica*); Thorell, 1897: 261 (*Titanoeca birmanica*); Strand, 1907: 110 (*Amaurobius taprobanicola*); Strand, 1907: 113 (*Amaurobius chinesicus*); Reimoser, 1927: 1 (*Titanoeca fulmeki*); Berland, 1933: 69 (*Syrorisa mumfordi*); Chrysanthus, 1967: 102 (*Titanoeca fulmeki*); Lehtinen, 1967: 255 (*P. l.*, Trans. from *Amaurobius*, Syn. of female); Song, Zhu & Chen, 1999: 396; Jäger, 2008: 4; Pfliegler, Pfeiffer & Grabolle, 2012: 184.

异名：

Pandava castaneiceps (Simon, 1893, Trans. from *Amaurobius*); Lehtinen, 1967: 255 (Syn.);

P. birmanica (Thorell, 1895, Trans. from *Titanoeca*); Lehtinen, 1967: 255 (Syn.);

P. chinesica (Strand, 1907, Trans. from *Amaurobius*); Lehtinen, 1967: 255 (Syn.);

P. taprobanicola (Strand, 1907, Trans. from *Amaurobius*); Lehtinen, 1967: 255 (Syn.);

P. fulmeki (Reimoser, 1927, Trans. from *Titanoeca*); Lehtinen, 1967: 255 (Syn.);

P. mumfordi (Berland, 1933, Trans. from *Syrorisa*); Lehtinen, 1967: 255 (Syn.).

分布：台湾（TW）、广东（GD）；坦桑尼亚、肯尼亚、马达加斯加、斯里兰卡、巴布亚新几内亚、马贵斯群岛，引入德国

隐石蛛属 *Titanoeca* Thorell, 1870

Thorell, 1870: 124. Type species: *Theridion quadriguttata* Hahn, 1833

阿尔泰隐石蛛 *Titanoeca altaica* Song & Zhou, 1994

Song & Zhou, in Zhou, Song & Song, 1994: 23; Song, Zhu & Chen, 1999: 396.

分布：新疆（XJ）

异隐石蛛 *Titanoeca asimilis* Song & Zhu, 1985

Song & Zhu, 1985: 73; Zhu et al., 1985: 53; Song, 1987: 63; Hu & Li, 1987: 320 (*Protadia hingstoni*); Danilov, 1994: 208 (*T. burjatica*); Song, Zhu & Chen, 1999: 396 (*T. a.*, Syn.); Marusik, Logunov & Koponen, 2000: 119 (*T. a.*, Syn.); Hu, 2001: 119.

异名：

Titanoeca hingstoni (Hu & Li, 1987, Trans. from *Protadia*=*Argenna*); Song, Zhu & Chen, 1999: 396 (Syn.);

T. burjatica Danilov, 1994; Marusik, Logunov & Koponen, 2000: 119 (Syn.).

分布：山西（SX）、青海（QH）、西藏（XZ）；蒙古、俄罗斯

黄斑隐石蛛 *Titanoeca flavicoma* L. Koch, 1872

L. Koch, 1872: 163; O. P.-Cambridge, 1872: 262 (*Amaurobius simplex*); O. P.-Cambridge, 1872: 264 (*Amaurobius ruficeps*); L. Koch, 1879: 84 (*T. sibirica*); Caporiacco, 1934: 119 (*T. intermedia*); Lehtinen, 1967: 270 (*T. f.*, Syn.); Holm, 1973: 107 (*T. sibirica*); Gao, Guan & Zhu, 1993: 75; Danilov, 1994: 206 (*T. sibirica*); Esyunin & Efimik, 1995: 81 (*T. sibirica*); Marusik, 1995: 126 (*T. sibirica*); Song, Zhu & Chen, 1999: 396; Marusik & Kovblyuk, 2011: 257 (*T. sibirica*).

异名：

Titanoeca ruficeps (O. P.-Cambridge, 1872, Trans. from *Amaurobius*); Lehtinen, 1967: 270 (Syn.);

T. simplex (O. P.-Cambridge, 1872, Trans. from *Amaurobius*); Lehtinen, 1967: 270 (Syn.);

T. sibirica L. Koch, 1879; Lehtinen, 1967: 270 (Syn.);

T. intermedia Caporiacco, 1934; Lehtinen, 1967: 270 (Syn.).

分布：辽宁（LN）；古北界

吉隆隐石蛛 *Titanoeca gyirongensis* Hu, 2001

Hu, 2001: 120.

分布：西藏（XZ）

涟源隐石蛛 *Titanoeca lianyuanensis* Xu, Yin & Bao, 2002

Xu, Yin & Bao, 2002: 235; Yin et al., 2012: 1041.

分布：湖南（HN）

辽宁隐石蛛 *Titanoeca liaoningensis* Zhu, Gao & Guan, 1993

Zhu, Gao & Guan, in Gao, Guan & Zhu, 1993: 74; Danilov, 1994: 206 (*T. transbaicalica*); Marusik, 1995: 124 (*T. zyuzini*); Song, Zhu & Chen, 1999: 396; Danilov, 2008: 49 (*T. l.*, Syn.).

异名：

Titanoeca transbaicalica Danilov, 1994; Danilov, 2008: 49 (Syn.);

T. zyuzini Marusik, 1995; Danilov, 2008: 49 (Syn.).

分布：辽宁（LN）；蒙古、俄罗斯

马氏隐石蛛 *Titanoeca mae* Song, Zhang & Zhu, 2002

Song, Zhang & Zhu, 2002: 146.

分布：河北（HEB）

触形隐石蛛 *Titanoeca palpator* Hu & Li, 1987

Hu & Li, 1987: 248; Hu, 2001: 123.

分布：西藏（XZ）

方斑隐石蛛 *Titanoeca quadriguttata* (Hahn, 1833)

Walckenaer, 1802: 209 (*Aranea obscura*; preoccupied by Olivier, 1789 and Fabricius, 1793); Walckenaer, 1805: 76 (*Theridion obscurum*); Hahn, 1833: 83 (*T. obscurum*); Hahn, 1833: 89 (*T. 4-guttatum*); Hahn, 1836: 1 (*T. 4-guttatum*); Walckenaer, 1841: 334 (*T. notatum*); C. L. Koch, 1850: 23 (*Latrodectus 4-guttatus*); Dufour, 1855: 10 (*Theridion ardesiacum*); Simon, 1864: 168 (*Eucharium obscurum*); Ausserer, 1867: 162 (*Amaurobius kochi*); L. Koch, 1872: 170 (*T. kochii*); Simon, 1892: 237 (*Amaurobius q.*); Bösenberg, 1902: 249 (*T. tristis*, misidentified); Lessert, 1910: 22 (*Ciniflo IV-guttatus*); Kratochvíl, 1932: 14, 24 (*T. obscura*); Drensky, 1940: 192 (*T. obscura*); Wiehle, 1953: 144 (*T. obscura*); Schenkel, 1963: 24 (*T. obscura*); Hubert, 1966: 241 (*T. obscura*); Loksa, 1969: 31 (*T. obscura*); Miller, 1971: 67 (*T. obscura*); Thaler, 1988: 118 (*T. q.*, Syn.); Hu & Wu, 1989: 60 (*T. obscura*); Hu & Wu, 1989: 62; Heimer & Nentwig, 1991: 386 (*T. obscura*); Millidge, 1993: 154 (*T. obscura*); Roberts, 1998: 84; Hu, 2001: 121.

异名：

Titanoeca kochi (Ausserer, 1867, Trans. from *Amaurobius*); Thaler, 1988: 118 (Syn., after Thorell, 1870).

分布：甘肃（GS）、青海（QH）、新疆（XJ）；古北界

65. 管蛛科 Trachelidae Simon, 1897

说明：Ramírez(2014)重新界定粗皮蛛，并把它提升到科级水平。我国原属圆颚蛛科 Corinnidae 的彩蛛属 *Cetonana*、管蛛属 *Trachelas*、侧管蛛属 *Paratrachelas* 和突头蛛属 *Utivarachna* 均被转至该科。

世界 16 属 202 种；中国 4 属 13 种。

彩蛛属 *Cetonana* Strand, 1929

Strand, 1929: 16. Type species: *Drassus laticeps* Canestrini, 1868

东方彩蛛 *Cetonana orientalis* (Schenkel, 1936)

Schenkel, 1936: 174 (*Ceto o.*); Paik, 1979: 143 (*Ceto o.*); Paik, 1991: 264 (*Ceto o.*); Song, Zhu & Chen, 1999: 429 (*Cetonana o.*).

分布：甘肃（GS）；韩国

拟管蛛属 *Paratrachelas* Kovblyuk & Nadolny, 2009

Kovblyuk & Nadolny, 2009: 37. Type species: *Trachelas maculatus* Thorell, 1875

Note: Transferred here from the Corinnidae by Ramírez, 2014: 342.

尖突拟管蛛 *Paratrachelas acuminus* (Zhu & An, 1988)

Zhu & An, 1988: 72 (*Clubiona acumina*); Paik, 1991: 200 (*Trachelas coreanus*); Mikhailov, 1995: 100 (*T. a.*, Trans. from *Clubiona*); Zhu, Song & Kim, 1998: 425 (*T. a.*); Song, Zhu & Chen, 1999: 429 (*T. acumina*); Song, Zhu & Chen, 2001: 324 (*T. acumina*); Namkung, 2002: 456 (*T. coreanus*); Namkung, 2003: 452 (*T. c.*); Lee et al., 2004: 99 (*T. c.*); Kim & Lee, 2008: 1871 (*Trachelas a.*, Syn.); Zhang, Fu & Zhu, 2009: 43 (*Trachelas a.*); Kovblyuk & Nadolny, 2009: 37 (*P. a.*, Trans. from *Trachelas*); Marusik & Kuzminykh, 2010: 98; Bosselaers & Bosmans, 2010: 49.

异名：

Paratrachelas coreanus (Paik, 1991, Trans. from *Trachelas*); Kim & Lee, 2008: 1871 (Syn., sub. of *Trachelas*).

分布：山西（SX）；韩国、俄罗斯

管蛛属 *Trachelas* L. Koch, 1872

L. Koch, 1872: 147. Type species: *Trachelas minor* O. P.-Cambridge, 1872

高山管蛛 *Trachelas alticolus* Hu, 2001

Hu, 2001: 302; Hu, 2001: 244 (*Geodrassus digitusiformis*; male=*Drassodes* sp.); Zhang, Fu & Zhu, 2009: 45 (*T. a.*, Syn. of female).

异名：

Trachelas digitusiformis (Hu, 2001, Trans. from *Geodrasses*); Zhang, Fu & Zhu, 2009: 45 (Syn.).

分布：西藏（XZ）

梵净山管蛛 *Trachelas fanjingshan* Zhang, Fu & Zhu, 2009

Zhang, Fu & Zhu, 2009: 48.

分布：贵州（GZ）

带状管蛛 *Trachelas fasciae* Zhang, Fu & Zhu, 2009

Zhang, Fu & Zhu, 2009: 49.

分布：海南（HI）

日本管蛛 *Trachelas japonicus* Bösenberg & Strand, 1906

Bösenberg & Strand, 1906: 294; Yaginuma, 1960: 114 (*T. japonica*); Yaginuma, 1971: 114 (*T. japonica*); Namkung & Yoon, 1975: 40; Chen & Zhang, 1982: 36 (*T. japonica*); Hu, 1984: 305 (*T. japonica*); Feng, 1990: 170 (*T. japonius*); Chen & Gao, 1990: 156 (*T. japonica*); Chen & Zhang, 1991: 253; Song, Chen & Zhu, 1997: 1727; Song, Zhu & Chen, 1999: 429; Song, Zhu & Chen, 2001: 324; Namkung, 2003: 451; Zhang, Fu & Zhu, 2009: 51; Marusik & Kovblyuk, 2010: 22; Marusik & Kovblyuk, 2011: 137; Wang, Zhang & Zhang, 2012: 48.
分布：河北（HEB）、山西（SX）、浙江（ZJ）、湖南（HN）、贵州（GZ）；韩国、日本、俄罗斯

南岳管蛛 *Trachelas nanyueensis* Yin, 2012

Yin, in Yin et al., 2012: 1134.
分布：湖南（HN）

中华管蛛 *Trachelas sinensis* Chen, Peng & Zhao, 1995

Chen, Peng & Zhao, 1995: 161; Song, Zhu & Chen, 1999: 429; Zhang, Fu & Zhu, 2009: 53; Wang, Zhang & Zhang, 2012: 50.
分布：江西（JX）、湖北（HB）、贵州（GZ）

突头蛛属 *Utivarachna* Kishida, 1940

Kishida, 1940: 142. Type species: *Utivarachna fukasawana* Kishida, 1940
Note: Omitted in previous catalogs, placed here by Ramírez, 2014: 342.

弓突头蛛 *Utivarachna arcuata* Zhao & Peng, 2014

Zhao & Peng, 2014: 579.
分布：云南（YN）

豆突头蛛 *Utivarachna fabaria* Zhao & Peng, 2014

Zhao & Peng, 2014: 582.
分布：云南（YN）

贡山突头蛛 *Utivarachna gongshanensis* Zhao & Peng, 2014

Zhao & Peng, 2014: 585.
分布：云南（YN）

顾氏突头蛛 *Utivarachna gui* (Zhu, Song & Kim, 1998)

Zhu, Song & Kim, 1998: 426 (*Trachelas g.*); Song, Zhu & Chen, 1999: 429 (*Trachelas g.*); Deeleman-Reinhold, 2001: 370, 397 (*U. g.*, Trans. from *Trachelas*); Zhao & Peng, 2014: 585.
分布：海南（HI）

台湾突头蛛 *Utivarachna taiwanica* (Hayashi & Yoshida, 1993)

Hayashi & Yoshida, 1993: 51 (*Trachelas taiwanicus*); Song, Zhu & Chen, 1999: 429 (*Trachelas taiwanicus*); Deeleman-Reinhold, 2001: 370, 397 (*U. t.*, Trans. from *Trachelas*); Zhao & Peng, 2014: 585.
分布：台湾（TW）

66. 转蛛科 Trochanteriidae Karsch, 1879

世界 19 属 152 种；中国 1 属 7 种。

扁蛛属 *Plator* Simon, 1880

Simon, 1880: 106. Type species: *Plator insolens* Simon, 1880
异名：
Hitoegumoa Kishida, 1914; Platnick, 1976: 3 (Syn.).

波密扁蛛 *Plator bowo* Zhu et al., 2006

Zhu et al., 2006: 40.
分布：西藏（XZ）

珍奇扁蛛 *Plator insolens* Simon, 1880

Simon, 1880: 106; Simon, 1897: 18; Kulczyński, 1901: 340; Saitō, 1936: 72; Saitō & Kishida, 1947: 979; Zhu & Wang, 1963: 468; Platnick, 1976: 3; Zhu et al., 1985: 156; Xu & Wang, 1987: 28; Zhang, 1987: 188; Feng, 1990: 167; Song, Zhu & Chen, 1999: 431; Song, Zhu & Chen, 2001: 330; Zhu et al., 2006: 35; Zhu & Zhang, 2011: 380.
分布：辽宁（LN）、河北（HEB）、北京（BJ）、河南（HEN）、安徽（AH）

日本扁蛛 *Plator nipponicus* (Kishida, 1914)

Kishida, 1914: 44 (*Hitoegumoa nipponica*); Yaginuma, 1958: 12 (*Hitoyegumoa nipponica*); Yaginuma, 1960: 123 (*Hitoyegumoa nipponica*); Yaginuma, 1971: 123 (*Hitoyegumoa nipponica*); Platnick, 1976: 6; Paik, 1978: 409; Zhu, 1983: 88 (*P. n.*, Syn. of *P. sinicus*, rejected); Song, Zhu & Chen, 2001: 331; Namkung, 2003: 461; Kamura, 2009: 482.
分布：辽宁（LN）、河北（HEB）；韩国、日本

舍扁蛛 *Plator pandeae* Tikader, 1969

Tikader, 1969: 253; Hu & Li, 1987: 360; Hu, 2001: 279; Zhu et al., 2006: 42.
分布：西藏（XZ）；印度

羽状扁蛛 *Plator pennatus* Platnick, 1976

Platnick, 1976: 6; Song, Zhu & Chen, 1999: 431; Zhu et al., 2006: 44.
分布：云南（YN）

中华扁蛛 *Plator sinicus* Zhu & Wang, 1963

Zhu & Wang, 1963: 469; Mao & Zhu, 1983: 161 (*P. nipponicus*, misidentified); Hu, 1984: 285 (*P. nipponicus*, misidentified); Zhang, 1987: 189 (*P. nipponicus*, misidentified); Song, Zhu & Chen, 1999: 431 (*P. nipponicus*, misidentified); Zhu et al., 2006: 37 (*P. s.*, removed from Sub. of *P. nipponicus*, contra. Zhu, 1983: 88); Zhu & Zhang, 2011: 380.
分布：辽宁（LN）、河北（HEB）、山东（SD）、河南（HEN）

云龙扁蛛 *Plator yunlong* Zhu et al., 2006

Zhu et al., 2006: 46.

分布：云南（YN）

67. 妩蛛科 Uloboridae Thorell, 1869

世界 18 属 270 种；中国 6 属 48 种。

扇妩蛛属 *Hyptiotes* Walckenaer, 1837

Walckenaer, 1837: 275. Type species: *Mithras paradoxus* C. L. Koch, 1834

近亲扇妩蛛 *Hyptiotes affinis* Bösenberg & Strand, 1906

Bösenberg & Strand, 1906: 108; Strand, 1918: 90; Paik, 1978: 188; Yoshida, 1982: 18; Hu, 1984: 62; Yaginuma, 1986: 14; Song, 1987: 80; Chikuni, 1989: 24; Feng, 1990: 39; Chen & Gao, 1990: 29; Chen & Zhang, 1991: 45; Song, Zhu & Chen, 1999: 81; Kim & Lee, 1999: 6; Song, Zhu & Chen, 2001: 85; Namkung, 2003: 70; Yoshida, 2009: 143.

分布：河北（HEB）、浙江（ZJ）、四川（SC）、台湾（TW）；韩国、日本

豆状扇妩蛛 *Hyptiotes fabaceus* Dong, Zhu & Yoshida, 2005

Dong, Zhu & Yoshida, 2005: 82.

分布：湖南（HN）、贵州（GZ）

松树扇妩蛛 *Hyptiotes paradoxus* (C. L. Koch, 1834)

C. L. Koch, 1834: 123 (*Mithras p.*); Walckenaer, 1837: 275 (*Scytodes mithras*); Walckenaer, 1837: 277 (*Uptiotes anceps*); Walckenaer, 1837: 278 (*Uptiotes anceps schreberi*); C. L. Koch, 1845: 94 (*Mithras p.*); C. L. Koch, 1845: 96 (*Mithras undulatus*); Simon, 1864: 184 (*Uptiota mithras*); Thorell, 1869: 50, 67 (*H. p.*, generic replacement name); C. L. Koch, 1874: 190 (*H. alpinus*); Zhu & Sha, 1983: 163; Hu, 1983: 13; Chen & Zhang, 1991: 46; Song, Zhu & Chen, 1999: 81; Wunderlich, 2004: 857; Almquist, 2005: 43; Wunderlich, 2008: 680; Le Peru, 2011: 334; Yin et al., 2012: 214.

分布：安徽（AH）、浙江（ZJ）、湖南（HN）、四川（SC）；古北界

太阳扇妩蛛 *Hyptiotes solanus* Dong, Zhu & Yoshida, 2005

Dong, Zhu & Yoshida, 2005: 82.

分布：贵州（GZ）

新龙扇妩蛛 *Hyptiotes xinlongensis* Liu, Wang & Peng, 1991

Liu, Wang & Peng, 1991: 262; Song, Zhu & Chen, 1999: 81.

分布：甘肃（GS）

长妩蛛属 *Miagrammopes* O. P.-Cambridge, 1870

O. P.-Cambridge, 1870: 401. Type species: *Miagrammopes thwaitesii* O. P.-Cambridge, 1870

异名：

Huanacauria Lehtinen, 1967; Opell, 1984: 238 (Syn.);
Mumaia Lehtinen, 1967; Opell, 1984: 238 (Syn.);
Ranguma Lehtinen, 1967; Opell, 1984: 238 (Syn.);
Miagrammopsidis Wunderlich, 1976; Opell, 1984: 238 (Syn.).

双叉长妩蛛 *Miagrammopes bifurcatus* Dong et al., 2004

Dong et al., 2004: 66.

分布：海南（HI）

椭圆长妩蛛 *Miagrammopes oblongus* Yoshida, 1982

Yoshida, 1982: 19; Song, 1987: 81; Yoshida, 1987: 13; Song, Zhu & Chen, 1999: 81; Yoshida, 2009: 142.

分布：台湾（TW）；日本

东方长妩蛛 *Miagrammopes orientalis* Bösenberg & Strand, 1906

Bösenberg & Strand, 1906: 109; Yamaguchi, 1953: 7 (*M. coreensis*; specific name attributed to Kishida); Lehtinen, 1967: 262 (*Ranguma o.*, Trans. from *Miagrammopes*); Shi & Zhu, 1982: 64; Hu, 1984: 63; Zhu et al., 1985: 60; Song, 1987: 82; Chen & Zhang, 1991: 47; Song, Chen & Zhu, 1997: 1705; Song, Zhu & Chen, 1999: 81; Kim & Lee, 1999: 8; Song, Zhu & Chen, 2001: 86; Namkung, 2003: 71; Yoshida, 2009: 142 (*M. o.*, Syn., after Yaginuma, 1970: 644); Zhu & Zhang, 2011: 59; Yin et al., 2012: 216.

异名：

Miagrammopes coreensis Yamaguchi, 1953; Yoshida, in Ono, 2009: 655 (Syn.).

分布：山西（SX）、河南（HEN）、浙江（ZJ）、湖南（HN）、台湾（TW）；韩国、日本

副东方长妩蛛 *Miagrammopes paraorientalis* Dong, Zhu & Yoshida, 2005

Dong, Zhu & Yoshida, 2005: 84.

分布：广西（GX）

匙状长妩蛛 *Miagrammopes spatulatus* Dong et al., 2004

Dong et al., 2004: 65.

分布：云南（YN）

蹄形长妩蛛 *Miagrammopes unguliformis* Dong et al., 2004

Dong et al., 2004: 67.

分布：贵州（GZ）

涡蛛属 *Octonoba* Opell, 1979

Opell, 1979: 512. Type species: *Uloborus sinensis* Simon, 1880

白涡蛛 *Octonoba albicola* Yoshida, 2012

Yoshida, 2012: 35.

分布：台湾（TW）

宽涡蛛 *Octonoba ampliata* Dong, Zhu & Yoshida, 2005

Dong, Zhu & Yoshida, 2005: 85.

分布：四川（SC）

耳涡蛛 *Octonoba aurita* Dong, Zhu & Yoshida, 2005

Dong, Zhu & Yoshida, 2005: 86.

分布：云南（YN）

八宿涡蛛 *Octonoba basuensis* Hu, 2001

Hu, 2001: 426.

分布：西藏（XZ）

双孔涡蛛 *Octonoba biforata* Zhu, Sha & Chen, 1989

Zhu, Sha & Chen, 1989: 48; Chen & Gao, 1990: 30; Song, Zhu & Chen, 1999: 81; Yin et al., 2012: 218.

分布：湖南（HN）、四川（SC）、福建（FJ）

齿涡蛛 *Octonoba dentata* Dong, Zhu & Yoshida, 2005

Dong, Zhu & Yoshida, 2005: 86; Zhu & Zhang, 2011: 62.

分布：河南（HEN）

指形涡蛛 *Octonoba digitata* Dong, Zhu & Yoshida, 2005

Dong, Zhu & Yoshida, 2005: 87.

分布：湖北（HB）、福建（FJ）

垦丁涡蛛 *Octonoba kentingensis* Yoshida, 2012

Yoshida, 2012: 33.

分布：台湾（TW）

兰屿涡蛛 *Octonoba lanyuensis* Yoshida, 2012

Yoshida, 2012: 34.

分布：台湾（TW）

龙山涡蛛 *Octonoba longshanensis* Xie et al., 1997

Xie et al., 1997: 33; Song, Zhu & Chen, 1999: 81; Yin et al., 2012: 219.

分布：湖南（HN）

副龙山涡蛛 *Octonoba paralongshanensis* Dong, Zhu & Yoshida, 2005

Dong, Zhu & Yoshida, 2005: 87.

分布：广西（GX）

副异涡蛛 *Octonoba paravarians* Dong, Zhu & Yoshida, 2005

Dong, Zhu & Yoshida, 2005: 88.

分布：贵州（GZ）

三亚涡蛛 *Octonoba sanyanensis* Barrion, Barrion-Dupo & Heong, 2012

Barrion et al., 2012: 43.

分布：海南（HI）

锯齿涡蛛 *Octonoba serratula* Dong, Zhu & Yoshida, 2005

Dong, Zhu & Yoshida, 2005: 89.

分布：福建（FJ）

中华涡蛛 *Octonoba sinensis* (Simon, 1880)

Simon, 1880: 111 (*Uloborus s.*); Kishida, 1927: 960 (*U. tokyoensis*); Muma, 1945: 91 (*U. octonarius*); Yaginuma, 1960: 25 (*U. tokyoensis*); Muma & Gertsch, 1964: 38 (*U. octonarius*); Lehtinen, 1967: 277 (*Zosis s.*, Trans. from *Uloborus*); Yaginuma, 1971: 25 (*U. tokyoensis*); Paik, 1978: 196 (*U. tokyoensis*); Opell, 1979: 512 (*O. octonaria*, Trans. from *Uloborus*); Yoshida, 1980: 58 (*O. s.*, Trans. from *Zosis*, Syn.); Song, 1980: 88 (*U. s.*); Wen, Zhao & Huang, 1981: 27 (*U. s.*); Wang, 1981: 93 (*U. sinemsis*); Roth, 1982: 50 (*O. octonaria*); Hu, 1984: 64 (*U. s.*); Roth, 1985: B46-3 (*O. octonaria*); Guo, 1985: 60 (*U. s.*); Zhu et al., 1985: 61; Song & Li, 1986: 229; Yaginuma, 1986: 13 (*U. s.*); Song, 1987: 82; Zhang, 1987: 54; Chikuni, 1989: 23 (*U. s.*); Hu & Wu, 1989: 72; Feng, 1990: 40; Chen & Gao, 1990: 32; Chen & Zhang, 1991: 48; Yoshida, 1991: 24; Zhao, 1993: 221 (*Uloborus s.*, probably misidentified); Zhao, 1993: 223; Roth, 1994: 192; Song, Zhu & Chen, 1999: 81; Kim & Lee, 1999: 10; Hu, 2001: 427; Song, Zhu & Chen, 2001: 87; Namkung, 2002: 70; Kim & Cho, 2002: 249; Namkung, 2003: 72; Kim, Shin & Park, 2008: 67; Yoshida, 2009: 145; Zhu & Zhang, 2011: 63; Yin et al., 2012: 220.

异名：

Octonoba tokyoensis (Kishida, 1927, Trans. from *Uloborus*); Yoshida, 1980: 58 (Syn.);

O. octonaria (Muma, 1945, Trans. from *Uloborus*); Yoshida, 1980: 58 (Syn., after Lehtinen, 1967: 277, contra. Opell, 1979: 512).

分布：河北（HEB）、北京（BJ）、山西（SX）、山东（SD）、河南（HEN）、甘肃（GS）、青海（QH）、新疆（XJ）、安徽（AH）、浙江（ZJ）、湖南（HN）、湖北（HB）、四川（SC）、贵州（GZ）、广东（GD）；韩国、日本、北美洲

刺涡蛛 *Octonoba spinosa* Yoshida, 1982

Yoshida, 1982: 72; Yoshida, 1983: 43; Song, 1987: 83; Song, Zhu & Chen, 1999: 84.

分布：台湾（TW）

类矛涡蛛 *Octonoba sybotides* (Bösenberg & Strand, 1906)

Bösenberg & Strand, 1906: 104 (*Uloborus s.*); Yaginuma, 1954: 15 (*U. s.*); Yaginuma, 1960: 25 (*U. s.*); Lehtinen, 1967: 277 (*Zosis s.*, Trans. from *Uloborus*); Yaginuma, 1971: 25 (*U. s.*); Paik, 1978: 195 (*U. s.*); Yoshida, 1980: 62 (*O. s.*, Trans. from *Zosis*); Hu, 1983: 12; Yaginuma, 1986: 13 (*U. s.*); Chikuni, 1989: 23 (*U. s.*); Song, Zhu & Chen, 1999: 84; Kim & Lee, 1999: 11; Namkung, 2002: 71; Kim & Cho, 2002: 250; Namkung, 2003: 73; Yoshida, 2009: 145; Zhu & Zhang, 2011: 64; Yin et al., 2012: 222.

分布：河南（HEN）、湖南（HN）、贵州（GZ）；韩国、日本

台湾涡蛛 *Octonoba taiwanica* Yoshida, 1982

Yoshida, 1982: 72; Yoshida, 1983: 43; Song, 1987: 84; Song, Zhu & Chen, 1999: 84.

分布：台湾（TW）

变异涡蛛 *Octonoba varians* (Bösenberg & Strand, 1906)

Bösenberg & Strand, 1906: 102 (*Uloborus v.*); Bösenberg & Strand, 1906: 103 (*U. defectus*); Bösenberg & Strand, 1906: 105 (*U. dubius*); Dönitz & Strand, in Bösenberg & Strand, 1906: 374 (*U. incognitus*); Yaginuma, 1954: 15 (*U. dubius*); Yaginuma, 1954: 15 (*U. defectus*); Yaginuma, 1954: 16 (*U. v.*; *Sybota* in text); Yaginuma, 1960: 25 (*U. v.*); Yaginuma, 1962: 67 (*U. v.*, Syn.); Lehtinen, 1967: 277 (*Zosis v.*, Trans. from *Uloborus*, Syn.); Yaginuma, 1971: 25 (*U. v.*); Paik, 1978: 198 (*U. v.*); Yoshida, 1980: 59 (*O. v.*, Trans. from *Zosis*); Yoshida, 1980: 61 (*O. incognitus*, Trans. from *Uloborus*); Hu, 1983: 12; Yoshida, 1983: 37 (*O. v.*, Syn.); Hu, 1984: 65 (*U. v.*); Zhu et al., 1985: 62; Yaginuma, 1986: 13 (*U. v.*); Chikuni, 1989: 23 (*U. v.*); Chen & Gao, 1990: 32; Chen & Zhang, 1991: 49; Song, Zhu & Chen, 1999: 84; Kim & Lee, 1999: 11; Song, Zhu & Chen, 2001: 88; Namkung, 2003: 74; Yoshida, 2009: 145; Yin et al., 2012: 223.

异名：

Octonoba incognita (Dönitz & Strand, 1906, Trans. from *Uloborus*); Yoshida, 1983: 37 (Syn.);

O. dubia (Bösenberg & Strand, 1906, Trans. from *Uloborus*); Yaginuma, 1962: 67 (Syn., sub *Uloborus*);

O. defecta (Bösenberg & Strand, 1906, Trans. from *Uloborus*); Lehtinen, 1967: 277 (Syn., sub *Zosis*).

分布：山西（SX）、浙江（ZJ）、湖南（HN）、四川（SC）、台湾（TW）；韩国、日本

旺氏涡蛛 *Octonoba wanlessi* Zhang, Zhu & Song, 2004

Zhang, Zhu & Song, 2004: 77.

分布：河北（HEB）

西华涡蛛 *Octonoba xihua* Barrion, Barrion-Dupo & Heong, 2012

Barrion et al., 2012: 44.

分布：海南（HI）

三角涡蛛 *Octonoba yesoensis* (Saitō, 1934)

Saitō, 1934: 303 (*Argyrodes y.*); Saitō, 1959: 69 (*Argyrodes y.*); Lehtinen, 1967: 277 (*Zosis y.*, Trans. from *Argyrodes*); Namkung, Paik & Yoon, 1971: 50 (*Uloborus y.*); Brignoli, 1979: 278 (*Zosis hyrcana*); Yoshida, 1980: 62 (*O. y.*, Trans. from *Zosis*); Wang & Zhu, 1983: 164; Yaginuma, 1986: 13 (*Uloborus y.*); Marusik, 1987: 613 (*O. y.*, Syn.); Chikuni, 1989: 23 (*Uloborus y.*); Song, Zhu & Chen, 1999: 84; Kim & Lee, 1999: 12; Namkung, 2003: 75; Marusik et al., 2014: 264.

异名：

Octonoba hyrcana (Brignoli, 1979, Trans. from *Zosis*); Marusik, 1987: 613 (Syn.).

分布：陕西（SN）；俄罗斯、中亚到日本

喜妩蛛属 *Philoponella* Mello-Leitão, 1917

Mello-Leitão, 1917: 4. Type species: *Uloborus republicanus* Simon, 1891

异名：

Ponella Opell, 1979; Grismado, 2004: 298 (Syn.).

翼喜妩蛛 *Philoponella alata* Lin & Li, 2008

Lin & Li, 2008: 260.

分布：云南（YN）

船喜妩蛛 *Philoponella cymbiformis* Xie et al., 1997

Xie et al., 1997: 34; Song, Zhu & Chen, 1999: 84.

分布：江西（JX）、湖南（HN）

舌喜妩蛛 *Philoponella lingulata* Dong, Zhu & Yoshida, 2005

Dong, Zhu & Yoshida, 2005: 89.

分布：云南（YN）

鼻喜妩蛛 *Philoponella nasuta* (Thorell, 1895)

Thorell, 1895: 136 (*Uloborus nasutus*); Schenkel, 1963: 18 (*Uloborus nasutus*, removed from Sub. of *Uloborus truncatus*); Hu, 1983: 13 (*P. nastus*, lapsus); Feng, 1990: 42 (*P. nasutus*); Chen & Zhang, 1991: 51 (*Uloborus nasutus*); Song, Zhu & Chen, 1999: 84; Yin et al., 2012: 225.

分布：浙江（ZJ）、湖南（HN）、四川（SC）、贵州（GZ）；缅甸

黑斑喜妩蛛 *Philoponella nigromaculata* Yoshida, 1992

Yoshida, 1992: 193; Song, Zhu & Chen, 1999: 84.

分布：台湾（TW）

豆喜妩蛛 *Philoponella pisiformis* Dong, Zhu & Yoshida, 2005

Dong, Zhu & Yoshida, 2005: 90.

分布：四川（SC）、云南（YN）、广西（GX）

隆喜妩蛛 *Philoponella prominens* (Bösenberg & Strand, 1906)

Bösenberg & Strand, 1906: 106 (*Uloborus p.*); Yaginuma, 1954: 15 (*Uloborus p.*); Paik, 1978: 193 (*Uloborus p.*); Yoshida, 1980: 63 (*P. p.*, Trans. from *Uloborus*); Hu, 1983: 12; Feng, 1990: 41; Chen & Gao, 1990: 33; Chen & Zhang, 1991: 50 (*P. prominensis*); Song, Zhu & Chen, 1999: 84; Namkung, 2003: 76; Yoshida, 2009: 144; Yin et al., 2012: 226.

分布：浙江（ZJ）、湖南（HN）、四川（SC）、台湾（TW）；韩国、日本

武夷喜妩蛛 *Philoponella wuyiensis* Xie et al., 1997

Xie et al., 1997: 34; Song, Zhu & Chen, 1999: 84.

分布：福建（FJ）

妩蛛属 *Uloborus* Latreille, 1806

Latreille, 1806: 110. Type species: *Uloborus walckenaerius* Latreille, 1806

异名：
Uloborella Caporiacco, 1940; Lehtinen, 1967: 273 (Syn.).

双锥妩蛛 *Uloborus biconicus* Yin & Hu, 2012

Yin & Hu, in Yin et al., 2012: 228.
分布：湖南（HN）

住室妩蛛 *Uloborus cellarius* Yin & Yan, 2012

Yin & Yan, in Yin et al., 2012: 230.
分布：湖南（HN）

台湾妩蛛 *Uloborus formosanus* Yoshida, 2012

Yoshida, 2012: 30.
分布：台湾（TW）

广西妩蛛 *Uloborus guangxiensis* Zhu, Sha & Chen, 1989

Zhu, Sha & Chen, 1989: 50; Chen & Gao, 1990: 34; Zhao, 1993: 223; Song, Zhu & Chen, 1999: 84.
分布：四川（SC）、云南（YN）、广东（GD）、广西（GX）、海南（HI）

类细毛妩蛛 *Uloborus penicillatoides* Xie et al., 1997

Xie et al., 1997: 35; Song, Zhu & Chen, 1999: 84; Yin et al., 2012: 231.
分布：湖南（HN）

草间妩蛛 *Uloborus walckenaerius* Latreille, 1806

Latreille, 1806: 110; Risso, 1826: 162 (*Dysdera fasciata*); Hahn, 1833: 122; Walckenaer, 1841: 228; C. L. Koch, 1844: 161; Blackwall, 1859: 96 (*Veleda lineata*); Blackwall, 1861: 150 (*Veleda lineata*); Blackwall, 1862: 372 (*Veleda pallens*); Chyzer & Kulczyński, 1891: 147 (*U. walckenaerii*); Hu, 1983: 11; Zhu et al., 1985: 63; Zhang, 1987: 55; Chen & Gao, 1990: 36; Chen & Zhang, 1991: 51; Song, Zhu & Chen, 1999: 84; Hu, 2001: 428; Song, Zhu & Chen, 2001: 89; Namkung, 2003: 77; Marusik & Kovblyuk, 2011: 261; Zhu & Zhang, 2011: 65; Yin et al., 2012: 232.
分布：黑龙江（HL）、吉林（JL）、河北（HEB）、河南（HEN）、甘肃（GS）、青海（QH）、安徽（AH）、浙江（ZJ）、湖南（HN）、四川（SC）；古北界

腰妩蛛属 *Zosis* Walckenaer, 1841

Walckenaer, 1841: 231. Type species: *Aranea geniculata* Olivier, 1789

结突腰妩蛛 *Zosis geniculata* (Olivier, 1789)

Olivier, 1789: 214 (*Aranea g.*); Walckenaer, 1841: 231 (*Uloborus zosis*); Walckenaer, 1841: 231 (*Zosis caraibe*); Blackwall, 1858: 331 (*Orithya williamsii*); Thorell, 1858: 197 (*Uloborus latreilleii*); Doleschall, 1859: 46 (*Uloborus domesticus*); Blackwall, 1861: 443 (*Orithya williamsii*); Vinson, 1863: 316 (*Uloborus borbonicus*); Blackwall, 1865: 89 (*Orithya luteolus*); L. Koch, 1872: 221 (*Uloborus zosis*); Taczanowski, 1872: 110 (*Zosis caraiba*); Keyserling, 1887: 231 (*Uloborus spinitarsis*); Marx, 1889: 99 (*Uloborus zosis*); Simon, 1892: 211 (*Uloborus geniculatus*); McCook, 1894: 273 (*U. g.*); F. O. P.-Cambridge, 1902: 362 (*U. g.*); Berland, 1924: 176 (*U. g.*); Petrunkevitch, 1930: 228 (*U. g.*); Berland & Millot, 1940: 152 (*U. g.*); Muma & Gertsch, 1964: 37 (*U. g.*); Chrysanthus, 1967: 98 (*U. g.*); Yaginuma, 1967: 92 (*U. g.*); Lehtinen, 1967: 277 (*Z. geniculatus*, Trans. from *Uloborus*); Benoit, 1978: 676 (*Z. geniculatus*, Syn.); Saaristo, 1978: 107 (*Z. g.*); Opell, 1979: 510 (*Z. g.*); Opell, 1981: 221 (*Z. g.*); Roth, 1982: 50 (*Z. g.*); Roth, 1985: B46-3 (*Z. g.*); Davies, 1985: 118 (*Z. g.*, Syn.); Wunderlich, 1986: 215 (*Uloborus geniculatus*); Yaginuma, 1986: 14 (*U. g.*); Davies, 1988: 276 (*Z. g.*); Chikuni, 1989: 23 (*U. g.*); Coddington, 1990: 12 (*Z. g.*); Yoshida, 1991: 24 (*Z. g.*); Roth, 1994: 192 (*Z. g.*); Schmidt, Geisthardt & Piepho, 1994: 87 (*U. luteolus*); Song & Zhu, 1994: 38 (*Z. g.*, a misidentified *Philoponella*); Barrion & Litsinger, 1995: 27 (*Z. g.*); Xie et al., 1997: 35 (*Philoponella xiamenensis*); Song, Zhu & Chen, 1999: 85 (*Z. g.*, Syn.); Penney, 2008: 88; Yoshida, 2009: 145 (*Z. g.*); Saaristo, 2010: 288.
异名：
Zosis luteola (Blackwall, 1865, Trans. from *Uloborus*); Benoit, 1978: 676 (Syn.);
Z. spinitarsis (Keyserling, 1887, Trans. from *Uloborus*); Davies, 1985: 118 (Syn.);
Z. xiamenensis (Xie et al., 1997, Trans. from *Philoponella*); Song, Zhu & Chen, 1999: 85 (Syn.).
分布：云南（YN）、福建（FJ）、台湾（TW）；泛热带区

68. 拟平腹蛛科 Zodariidae Thorell, 1881

世界 78 属 1078 种；中国 9 属 44 种。

阿斯蛛属 *Asceua* Thorell, 1887

Thorell, 1887: 76. Type species: *Asceua elegans* Thorell, 1887
异名：
Doosia Kishida, 1940; Jocqué, 1991: 40 (Syn.);
Suffucia Simon, 1893; Jocqué, 1991: 40 (Syn.).

安定阿斯蛛 *Asceua anding* Zhang, Zhang & Jia, 2012

Zhang, Zhang & Jia, 2012: 64.
分布：海南（HI）

道县阿斯蛛 *Asceua daoxian* Yin, 2012

Yin, in Yin et al., 2012: 1137.
分布：湖南（HN）

尖峰阿斯蛛 *Asceua jianfeng* Song & Kim, 1997

Song & Kim, 1997: 7; Song, Zhu & Chen, 1999: 430.
分布：海南（HI）

昆明阿斯蛛 *Asceua kunming* Song & Kim, 1997

Song & Kim, 1997: 8 (*A. k.*; erroneously spelled *kumning* in heading); Song, Zhu & Chen, 1999: 430.
分布：云南（YN）

龙脊阿斯蛛 *Asceua longji* Barrion-Dupo, Barrion & Heong, 2012

Barrion et al., 2012: 44.

分布：海南（HI）

勐仑阿斯蛛 *Asceua menglun* Song & Kim, 1997

Song & Kim, 1997: 9; Song, Zhu & Chen, 1999: 256.

分布：云南（YN）

四斑阿斯蛛 *Asceua quadrimaculata* Zhang, Zhang & Jia, 2012

Zhang, Zhang & Jia, 2012: 62.

分布：海南（HI）

相似阿斯蛛 *Asceua similis* Song & Kim, 1997

Song & Kim, 1997: 9; Song, Zhu & Chen, 1999: 430.

分布：云南（YN）

卷曲阿斯蛛 *Asceua torquata* (Simon, 1909)

Simon, 1909: 79 (*Storena t.*); Ono, 2004: 68 (*A. t.*, Trans. from *Storena*); Zhang, Zhang & Jia, 2012: 66.

分布：湖南（HN）、广西（GX）、海南（HI）；越南

西西蛛属 *Cicynethus* Simon, 1910

Simon, 1910: 181. Type species: *Cicynethus acanthopus* Simon, 1910

弘复西西蛛 *Cicynethus hongfuchui* Barrion, Barrion-Dupo & Heong, 2012

Barrion et al., 2012: 45.

分布：海南（HI）

斯逃蛛属 *Cydrela* Thorell, 1873

Thorell, 1873: 598. Type species: *Cydippe unguiculata* O. P.-Cambridge, 1870

林芝斯逃蛛 *Cydrela linzhiensis* (Hu, 2001)

Hu, 2001: 92 (*Storena l.*); Dankittipakul & Jocqué, 2006: 100 (*C. l.*, Trans. from *Storena*).

分布：西藏（XZ）

螺蛛属 *Heliconilla* Dankittipakul, Jocqué & Singtripop, 2012

Dankittipakul, Jocqué & Singtripop, 2012: 285. Type species: *Mallinella thaleri* Dankittipakul & Schwendinger, 2009

长圆螺蛛 *Heliconilla oblonga* (Zhang & Zhu, 2009)

Zhang & Zhu, 2009: 63 (*Mallinella o.*); Dankittipakul, Jocqué & Singtripop, 2012: 300 (*H. o.*, Trans. from *Mallinella*).

分布：云南（YN）、广西（GX）、海南（HI）；泰国

赫拉蛛属 *Heradion* Dankittipakul & Jocqué, 2004

Dankittipakul & Jocqué, 2004: 767. Type species: *Heradion naiadis* Dankittipakul & Jocqué, 2004

天堂赫拉蛛 *Heradion paradiseum* (Ono, 2004)

Ono, 2004: 2 (*Mallinella paradisea*); Chami-Kranon & Ono, 2007: 66 (*H. p.*, Trans. male from *Mallinella*); Zhang, Chen & Zhang, 2011: 424.

分布：云南（YN）；越南

马利蛛属 *Mallinella* Strand, 1906

Strand, 1906: 670. Type species: *Mallinella maculata* Strand, 1906

异名：

Langbiana Hogg, 1922; Jocqué, 1991: 61 (Syn.);

Suffucioides Jézéquel, 1964; Bosmans & van Hove, 1986: 20 (Syn., sub *Langbiana*).

二叉马利蛛 *Mallinella bifurcata* Wang et al., 2009

Wang et al., 2009: 48.

分布：云南（YN）

双突马利蛛 *Mallinella biumbonalia* Wang et al., 2009

Wang et al., 2009: 53.

分布：云南（YN）

陈家安马利蛛 *Mallinella chengjiaani* Barrion, Barrion-Dupo & Heong, 2012

Barrion et al., 2012: 46.

分布：海南（HI）

船形马利蛛 *Mallinella cymbiforma* Wang, Yin & Peng, 2009

Wang, Yin & Peng, 2009: 14; Dankittipakul, Jocqué & Singtripop, 2012: 277.

分布：湖南（HN）

指形马利蛛 *Mallinella digitata* Zhang, Zhang & Chen, 2011

Zhang, Zhang & Chen, 2011: 56.

分布：海南（HI）

鼎湖马利蛛 *Mallinella dinghu* Song & Kim, 1997

Song & Kim, 1997: 10 (*M. d.*; erroneously spelled *dinguh* in heading); Song, Zhu & Chen, 1999: 430; Yin et al., 2012: 1139.

分布：湖南（HN）、广东（GD）

龚氏马利蛛 *Mallinella gongi* Bao & Yin, 2002

Bao & Yin, 2002: 85.

分布：湖南（HN）

海南马利蛛 *Mallinella hainan* Song & Kim, 1997

Song & Kim, 1997: 11; Song, Zhu & Chen, 1999: 430; Zhang, Zhang & Chen, 2011: 61.

分布：海南（HI）

辛氏马利蛛 *Mallinella hingstoni* (Brignoli, 1982)

Brignoli, 1982: 344 (*Suffucia h.*); Bosmans & van Hove, 1986:

19 (*Langbiana h.*, Trans. from *Suffucia*); Song, 1987: 64 (*Suffucia h.*); Jocqué, 1991: 146; Song, Zhu & Chen, 1999: 430; Hu, 2001: 91.
分布：西藏（XZ）

无斑马利蛛 *Mallinella immaculata* Zhang & Zhu, 2009
Zhang & Zhu, 2009: 65; Dankittipakul, Jocqué & Singtripop, 2012: 77.
分布：广西（GX）；泰国

昆明马利蛛 *Mallinella kunmingensis* Wang et al., 2009
Wang et al., 2009: 51.
分布：云南（YN）

唇形马利蛛 *Mallinella labialis* Song & Kim, 1997
Song & Kim, 1997: 11; Song, Zhu & Chen, 1999: 430; Yin et al., 2012: 1141.
分布：湖南（HN）、云南（YN）

浪平马利蛛 *Mallinella langping* Zhang & Zhu, 2009
Zhang & Zhu, 2009: 10; Dankittipakul, Jocqué & Singtripop, 2012: 281.
分布：广西（GX）

浏阳马利蛛 *Mallinella liuyang* Yin & Yan, 2001
Yin & Yan, 2001: 5; Yin et al., 2012: 1142.
分布：湖南（HN）

茂兰马利蛛 *Mallinella maolanensis* Wang, Ran & Chen, 1999
Wang, Ran & Chen, 1999: 193; Bao & Yin, 2002: 86; Yin et al., 2012: 1144.
分布：湖南（HN）、贵州（GZ）

钝马利蛛 *Mallinella obtusa* Zhang, Zhang & Chen, 2011
Zhang, Zhang & Chen, 2011: 59.
分布：海南（HI）

羽状马利蛛 *Mallinella pluma* Jin & Zhang, 2013
Jin & Zhang, 2013: 85.
分布：广西（GX）

矩形马利蛛 *Mallinella rectangulata* Zhang, Zhang & Chen, 2011
Zhang, Zhang & Chen, 2011: 58 (*M. r.*; misplaced, per Dankittipakul, Jocqué & Singtripop, 2012: 317).
分布：海南（HI）

枢强马利蛛 *Mallinella shuqiangi* Dankittipakul, Jocqué & Singtripop, 2012
Dankittipakul, Jocqué & Singtripop, 2012: 273.
分布：海南（HI）

球形马利蛛 *Mallinella sphaerica* Jin & Zhang, 2013
Jin & Zhang, 2013: 81.
分布：浙江（ZJ）

田林马利蛛 *Mallinella tianlin* Zhang, Zhang & Jia, 2012
Zhang, Zhang & Jia, 2012: 66.
分布：广西（GX）

朱氏马利蛛 *Mallinella zhui* Zhang, Zhang & Jia, 2012
Zhang, Zhang & Jia, 2012: 65.
分布：贵州（GZ）、广西（GX）

斯托蛛属 *Storenomorpha* Simon, 1884

Simon, 1884: 353. Type species: *Storenomorpha comottoi* Simon, 1884

镰状斯托蛛 *Storenomorpha falcata* Zhang & Zhu, 2010
Zhang & Zhu, 2010: 93.
分布：广西（GX）

海南斯托蛛 *Storenomorpha hainanensis* Jin & Chen, 2009
Jin & Chen, in Yu et al., 2009: 14.
分布：海南（HI）

庐山斯托蛛 *Storenomorpha lushanensis* Yu & Chen, 2009
Yu & Chen, in Yu et al., 2009: 11.
分布：江西（JX）

星斑斯托蛛 *Storenomorpha stellmaculata* Zhang & Zhu, 2010
Zhang & Zhu, 2010: 91.
分布：广西（GX）

宜章斯托蛛 *Storenomorpha yizhang* Yin & Bao, 2008
Yin & Bao, 2008: 68.
分布：湖南（HN）

云南斯托蛛 *Storenomorpha yunnan* Yin & Bao, 2008
Yin & Bao, 2008: 65.
分布：云南（YN）

热平蛛属 *Tropizodium* Jocqué & Churchill, 2005

Jocqué & Churchill, 2005: 3. Type species: *Tropizodium peregrinum* Jocqué & Churchill, 2005
异名：
Indozodion Ovtchinnikov, 2006; Dankittipakul, Jocqué & Singtripop, 2012: 63 (Syn.).

锯毛热平蛛 *Tropizodium serraferum* (Lin & Li, 2009)
Lin & Li, 2009: 10 (*Zodariellum s.*); Dankittipakul, Jocqué &

Singtripop, 2012: 64 (*T. s.*, Trans. from *Zodariellum*).
分布：海南（HI）

拟平腹蛛属 *Zodariellum* Andreeva & Tyschchenko, 1968

Andreeva & Tyschchenko, 1968: 688. Type species: *Zodariellum surprisum* Andreeva & Tyschchenko, 1968

异名：

Acanthinozodium Denis, 1952; Marusik & Koponen, 2001: 40 (Syn., regarding earlier name as unavailable, contra. Jocqué, 1991: 128).

朝阳拟平腹蛛 ***Zodariellum chaoyangense* (Zhu & Zhu, 1983)**

Zhu & Zhu, 1983: 137 (*Zodarion chaoyangensis*); Zhang, 1987: 60 (*Zodarion c.*); Zhu, 1988: 353 (*Zodarion c.*); Hu & Wu, 1989: 79 (*Zodarion c.*); Song, Zhu & Chen, 1999: 431 (*Zodarion c.*); Song, Zhu & Chen, 2001: 327 (*Zodarion c.*); Marusik & Koponen, 2001: 41 (*Zodariellum c.*, Trans. from *Zodarion*).
分布：辽宁（LN）、河北（HEB）

叉拟平腹蛛 ***Zodariellum furcum* (Zhu, 1988)**

Zhu, 1988: 354 (*Zodarion f.*); Song, Zhu & Chen, 1999: 431 (*Zodarion f.*); Song, Zhu & Chen, 2001: 328 (*Zodarion f.*); Marusik & Koponen, 2001: 41 (*Zodariellum f.*, Trans. from *Zodarion*).
分布：河北（HEB）

69. 逸蛛科 Zoropsidae Bertkau, 1882

世界 15 属 87 种；中国 2 属 4 种。

塔克蛛属 *Takeoa* Lehtinen, 1967

Lehtinen, 1967: 266. Type species: *Zoropsis nishimurai* Yaginuma, 1963

黄山塔克蛛 ***Takeoa huangshan* Tang, Xu & Zhu, 2004**

Tang, Xu & Zhu, 2004: 706.
分布：安徽（AH）

叉肢塔克蛛 ***Takeoa nishimurai* (Yaginuma, 1963)**

Yaginuma, 1963: 1, 3 (*Zoropsis n.*); Lehtinen, 1967: 266, f. 403, 405 (*T. n.*, Trans. from *Zoropsis*); Yaginuma, 1971: 124 (*Z. (T.) n.*); Chen & Zhang, 1982: 34 (*Z. n.*); Hu, 1984: 66 (*Z. n.*); Yaginuma, 1986: 17 (*Z. n.*); Chen & Zhang, 1991: 53 (*Z. n.*); Song, Zhu & Chen, 1999: 398; Bosselaers, 2002: 142; Namkung, 2002: 406; Namkung, 2003: 408; Ono, 2009: 141; Yin et al., 2012: 932.
分布：浙江（ZJ）、湖南（HN）；韩国、日本

逸蛛属 *Zoropsis* Simon, 1878

Simon, 1878: 327. Type species: *Dolomedes spinimanus* Dufour, 1820

芒康逸蛛 ***Zoropsis markamensis* Hu & Li, 1987**

Hu & Li, 1987: 257b; Song, Zhu & Chen, 1999: 398; Hu, 2001: 125 (*Z. mangkamensis*).
分布：西藏（XZ）

北京逸蛛 ***Zoropsis pekingensis* Schenkel, 1953**

Schenkel, 1953: 11; Tang, Kim & Song, 1999: 38; Song, Zhu & Chen, 1999: 398; Song, Zhu & Chen, 2001: 300.
分布：内蒙古（NM）、北京（BJ）

参考文献

Aakra K. 2000a. New records of spiders (Araneae) from Norway with notes on epigynal characters of *Philodromus fuscomarginatus* (De Geer) (Philodromidae) and *Araneus sturmi* (Hahn) (Araneidae). *Norwegian Journal of Entomology*, 47: 77-88.

Aakra K. 2000b. *Agyneta mossica* (Schikora, 1993) (Araneae, Linyphiidae) in Norway. *Norwegian Journal of Entomology*, 47: 95-99.

Aakra K. 2000c. Noteworthy records of spiders (Araneae) from central regions of Norway. *Norwegian Journal of Entomology*, 47: 153-162.

Aakra K. 2002. Taxonomic notes on some Norwegian linyphiid spiders described by E. Strand (Araneae: Linyphiidae). *Bulletin of the British Arachnological Society*, 12: 267-269.

Abalos J W. 1967. La transferencia espermática en las arácnidos. *Revistas de la Universidad Nacional de Córdoba*, 9(2): 251-278.

Abalos J W, Báez E C. 1963. On spermatic transmission in spiders. *Psyche, Cambridge*, 70: 197-207.

Adam C. 2007. *Pardosa saltans* Töpfer-Hofmann, 2000 (Araneae: Lycosidae), a new report for the Romanian fauna. *Travaux du Muséum National d'Histoire Naturelle "Grigore Antipa"*, 50: 105-110.

Adams A. 1847. Notes on the habits of certain exotic spiders. *Annals and Magazine of Natural History*, 20: 289-297.

Agnarsson I. 1996. Íslenskar köngulaer. *Fjölrit Náttúrufraedistofnunar*, 31: 1-175.

Agnarsson I. 2004. Morphological phylogeny of cobweb spiders and their relatives (Araneae, Araneoidea, Theridiidae). *Zoological Journal of the Linnean Society*, 141: 447-626.

Agnarsson I. 2006. A revision of the New World *eximius* lineage of *Anelosimus* (Araneae, Theridiidae) and a phylogenetic analysis using worldwide exemplars. *Zoological Journal of the Linnean Society*, 146: 453-593.

Agnarsson I, Coddington J A. 2008. Quantitative tests of primary homology. *Cladistics*, 24: 51-61.

Agnarsson I, Coddington J A, Knoflach B. 2007. Morphology and evolution of cobweb spider male genitalia (Araneae, Theridiidae). *Journal of Arachnology*, 35: 334-395.

Agnarsson I, Kuntner M, Coddington J A, Blackledge T A. 2009. Shifting continents, not behaviours: independent colonization of solitary and subsocial *Anelosimus* spider lineages on Madagascar (Araneae, Theridiidae). *Zoologica Scripta*, 39: 75-87.

Ahmed S M, Ahmed S T. 2012. First record of three jumping spiders (Araneae: Salticidae) in Mergasor (Erbil-Iraq). *Trends in Life Sciences*, 1(4): 38-43.

Akiyama T. 1961. On the spiders from Rishiri, Rebun and Todo Island. *Atypus*, 23-24: 77-82.

Alayón G G. 1972. La familia Filistatidae (Arachnida, Araneae) en Cuba. *Ciencias* (Biol.), 4(34): 1-19.

Alderweireldt M. 1989. Determineertabel tot de genera van de Lycosidae (Araneae) van de Benelux en Groot-Brittannie. *Nieuwsbrief van de Belgische Arachnologische Vereniging*, 10: 13-18.

Alderweireldt M. 1991. A revision of the African representatives of the wolf spider genus *Evippa* Simon, 1882 (Araneae, Lycosidae) with notes on allied species and genera. *Journal of Natural History*, 25: 359-381.

Alderweireldt M. 1992. Determinatieproblematiek van de zustersoorten van het genus *Oedothorax* (Araneae, Linyphiidae). *Nieuwsbrief van de Belgische Arachnologische Vereniging*, 7(1): 4-8.

Alderweireldt M, van Harten A. 2004. A preliminary study of the wolf spiders (Araneae: Lycosidae) of the Socotra Archipelago. *Fauna of Arabia*, 20: 349-356.

Alderweireldt M, Jocqué R. 2005. A taxonomic review of the Afrotropical representatives of the genus *Hippasa* (Araneae, Lycosidae). *Journal of Afrotropical Zoology*, 2: 45-68.

Alicata P, Cantarella T. 1994. The Euro-mediterranean species of *Icius* (Araneae, Salticidae): a critical revision and description of two new species. *Animalia*, 20: 111-131.

Allahverdi H, Gündüz G. 2014. A new record for the araneofauna of Turkey. *Serket*, 14(1): 19-21.

Almeida-Silva L M, Brescovit A D, Griswold C E. 2009. On the poorly known genus *Anuvinda* Lehtinen, 1967 (Araneae: Titanoecidae). *Zootaxa*, 2266: 61-68.

Almeida-Silva L M, Griswold C E, Brescovit A D. 2010. Revision of the Asian spider genus *Pandava* Lehtinen (Araneae: Titanoecidae): description of five new species and first record of Titanoecidae from Africa. *Zootaxa*, 2630: 30-56.

Almquist S. 1994. Four species of spiders (Araneae) new to Sweden. *Entomologisk Tidskrift*, 115: 113-117.

Almquist S. 2005. Swedish Araneae, part 1: families Atypidae to Hahniidae (Linyphiidae excluded). *Insect Systematics & Evolution, Supplement*, 62: 1-284.

Almquist S. 2006. Swedish Araneae, part 2: families Dictynidae to Salticidae. *Insect Systematics & Evolution, Supplement*, 63: 285-601.

Álvarez-Padilla F, Dimitrov D, Giribet G, Hormiga G. 2009. Phylogenetic relationships of the spider family Tetragnathidae (Araneae, Araneoidea) based on morphological and DNA sequence data. *Cladistics*, 25: 109-146.

Álvarez-Padilla F, Hormiga G. 2011. Morphological and phylogenetic atlas of the orb-weaving spider family Tetragnathidae (Araneae: Araneoidea). *Zoological Journal of the Linnean Society*, 162: 713-879.

Amalin D M, Barrion A A. 1990. Spiders of white potato (*Solanum tuberosum* L.) in the lowland. *The Philippine Agricultural Scientist*, 73: 179-184.

Amalin D M, Barrion A A, Rueda L M. 1992. Morphology and cytology of *Argiope catenulata* (Doleschall) (Araneae: Araneidae). *Asia Life Sciences*, 1: 35-44.

Andreeva E M. 1969. Materialy po faune paukov Tadzikistana. V. Salticidae. *Izvestiya Otdelenie Biologicheskikh Nauk Akademii Tadzhikskoi SSR*, 4: 89-93.

Andreeva E M. 1975. Distribution and ecology of spiders (Aranei) in Tadjikistan. *Fragmenta Faunistica, Warsaw*, 20: 323-352.

Andreeva E M. 1976. *Payki Tadzhikistana*. Dyushanbe: 1-196.

Andreeva E M, Hęciak S, Prószyński J. 1984. Remarks on *Icius* and *Pseudicius* (Araneae, Salticidae) mainly from central Asia. *Annales Zoologici, Warszawa*, 37: 349-375.

Andreeva E M, Kononenko A P, Prószyński J. 1981. Remarks on genus *Mogrus* Simon, 1882 (Aranei, Salticidae). *Annales Zoologici, Warszawa*, 36: 85-104.

Andreeva E M, Tyschchenko V P. 1968. Materials on the fauna of spiders (Aranei) of Tadjikistan. II. Zodariidae. *Zoologicheskiĭ Zhurnal*, 47: 684-689.

Andreeva E M, Tyschchenko V P. 1969. On the fauna of spiders (Araneae) from Tadjikistan. Haplogynae, Cribellatae, Ecribellatae Trionychae (Pholcidae, Palpimanidae, Hersiliidae, Oxyopidae). *Entomologicheskoe Obozrenie*, 48: 373-384.

Andreeva E M, Tyschchenko V P. 1970. Materials on the fauna of spiders of Tadzhikistan. VI. Micryphantidae. *Zoologicheskiĭ Zhurnal*, 49: 38-44.

Annen Y. 1941. Collecting records of spiders. *Acta Arachnologica, Tokyo*, 6: 108-112.

Archer A F. 1940. The Argiopidae or orb-weaving spiders of Alabama. *Museum Paper, Geological Survey of Alabama*, 14: 1-77.

Archer A F. 1946. The Theridiidae or comb-footed spiders of Alabama. *Museum Paper, Alabama Museum of Natural History*, 22: 1-67.

Archer A F. 1950. A study of theridiid and mimetid spiders with descriptions of new genera and species. *Museum Paper, Alabama Museum of Natural History*, 30: 1-40.

Archer A F. 1951a. Studies in the orbweaving spiders (Argiopidae). 1. *American Museum Novitates*, 1487: 1-52.

Archer A F. 1951b. Studies in the orbweaving spiders (Argiopidae). 2. *American Museum Novitates*, 1502: 1-34.

Archer A F. 1951c. Remarks on certain European genera of argiopid spiders. *Chicago Academy of Sciences, Natural History Miscellanea*, 84: 1-4.

Archer A F. 1958. Studies in the orbweaving spiders (Argiopidae). 4. *American Museum Novitates*, 1922: 1-21.

Archer A F. 1960. A new genus of Argiopidae from Japan. *Acta Arachnologica, Tokyo*, 17: 13-14.

Arita T. 1970. Spiders from Mt. Daisen, Tottori Prefecture. *Kyōdo to Kagaku*, 15: 25-30.

Arita T. 1978. Two species of the family Hahniidae (Arachnida, Araneae) from Japan. *Annotationes Zoologicae Japonenses*, 51: 240-244.

Arita T, Yaginuma T. 1975. Revision of genus *Pisaura* of Japan. *Atypus*, 63: 29-30.

Arnedo M A, Oromí P, Ribera C. 1997. Radiation of the genus *Dysdera* (Araneae, Haplogynae, Dysderidae) in the Canary Islands: The western islands. *Zoologica Scripta*, 25: 241-274.

Arnedo M A, Oromí P, Ribera C. 2000. Systematics of the genus *Dysdera* (Araneae, Dysderidae) in the eastern Canary Islands. *Journal of Arachnology*, 28: 261-292.

Arnedo M A, Ribera C. 1999. Radiation in the genus *Dysdera* (Araneae, Dysderidae) in the Canary Islands: The island of Tenerife. *Journal of Arachnology*, 27: 604-662.

Arnò C. 2001. Ragni dell'area protetta 'Fascia fluviale del Po': nota preliminare su tre specie nuove per l'Italia e una nuova per il Piemonte (Arachnida, Araneae). *Rivista Piemontese di Storia Naturale*, 22: 155-164.

Audouin B J V. 1826. Explication sommaire des planches d'arachnides de l'Egypte et de la Syrie. *Histoire Naturelle*, 1(4): 1-339.

Ausserer A. 1867. Die Arachniden Tirols nach ihrer horizontalen und verticalen Verbreitung; I. *Verhandlungen der Kaiserlich-Königlichen Zoologisch-Botanischen Gesellschaft in Wien*, 17: 137-170.

Ausserer A. 1871a. Beiträge zur Kenntniss der Arachniden-Familie der Territelariae Thorell (Mygalidae Autor). *Verhandlungen der Kaiserlich-Königlichen Zoologisch-Botanischen Gesellschaft in Wien*, 21: 117-224.

Ausserer A. 1871b. Neue Radspinnen. *Verhandlungen der Kaiserlich-Königlichen Zoologisch-Botanischen Gesellschaft in Wien*, 21: 815-832.

Ausserer A. 1875. Zweiter beitrag zur kenntniss der Arachniden-Familie der Territelariae Thorell (Mygalidae Autor). *Verhandlungen der Kaiserlich-Königlichen Zoologisch-Botanischen Gesellschaft in Wien*, 25: 125-206.

Azarkina G. 2004. New and poorly known Palaearctic species of the genus *Phlegra* Simon, 1876 (Araneae, Salticidae). *Revue Arachnologique*, 14: 73-108.

Azarkina G N. 2002. New and poorly known species of the genus *Aelurillus* Simon, 1884 from central Asia, Asia Minor and the eastern Mediterranean (Araneae: Salticidae). *Bulletin of the British Arachnological Society*, 12: 249-263.

Azarkina G N, Logunov D V. 2001. Separation and distribution of *Xysticus cristatus* (Clerck, 1758) and *X. audax* (Schrank, 1803) in eastern Eurasia, with description of a new species from the mountains of central Asia (Aranei: Thomisidae). *Arthropoda Selecta*, 9: 133-150.

Azarkina G N, Trilikauskas L A. 2012. Spider fauna (Aranei) of the Russian Altai, part I: families Agelenidae, Araneidae, Clubionidae, Corinnidae, Dictynidae and Eresidae. *Eurasian Entomological Journal*, 11: 199-208, 212, pl. I.

Azheganova N S. 1968. *Kratkii opredelitel' paukov (Aranei) lesnoi i lesostepnoi zony SSSR*. Moscow: Akademiia Nauk SSSR: 1-149.

Azheganova N S. 1971. *Pauki-volki (Lycosidae): Permskoi oblasti*. Ministerstvo prosveshcheniya RSFSR, Perm: 1-21.

Baba Y G. 2010. A new record of *Siler collingwoodi* (Araneae: Salticidae) from Japan. *Acta Arachnologica*, 59(1): 17-19.

Bacelar A. 1929. Notas aracnológicas. II. Caracteres dos palpos e epiginos de algunas aranhas portuguesas. *Boletim da Sociedade Portuguesa de Ciencias Naturais*, 10: 245-262.

Bacelar A. 1940. Aracnídeos portugueses VI (continuação do inventário dos aracnideos). *Boletim da Sociedade Portuguesa de Ciencias Naturais*, 13: 99-110.

Badcock A D. 1918. Ant-like spiders from Malaya collected by the Annandale-Robinson Expedition 1901-02. *Proceedings of the Zoological Society of London*, 1917: 277-321.

Badcock A D. 1932. Reports of an expedition to Paraguay and Brazil in 1926-1927 supported by the Trustes of the Percy Sladen Memorial Fund and the Executive Committee of the Carnegie Trust for the Universities of Scotland. Arachnida from the Paraguayan Chaco. *Journal of the Linnean Society of London, Zoology*, 38: 1-48.

Baehr B. 1998. The genus *Hersilia*: phylogeny and distribution in Australia and New Guinea (Arachnida, Araneae, Hersiliidae). *In*: Seldon P A. Proceedings of the 17th European Colloquium of Arachnology, Edinburgh 1997. Edinburgh: 61-65.

Baehr B C, Harvey M S, Burger M, Thoma M. 2012. The new Australasian goblin spider genus *Prethopalpus* (Araneae, Oonopidae). *Bulletin of the American Museum of Natural History*, 369: 1-113.

Baehr B C, Harvey M S, Smith H M, Ott R. 2013. The goblin spider genus *Opopaea* in Australia and the Pacific islands (Araneae: Oonopidae). *Mem. Qld Mus.-Nature*, 58: 107-338.

Baehr B C, Ubick D. 2010. A review of the Asian goblin spider genus *Camptoscaphiella* (Araneae: Oonopidae). *American Museum Novitates*, 3697: 1-65.

Baehr M, Baehr B. 1993. The Hersiliidae of the Oriental Region including New Guinea. Taxonomy, phylogeny, zoogeography (Arachnida, Araneae). *Spixiana*, 19(Suppl.): 1-96.

Baert L. 2012. An interesting symmetric palpal teratology in *Trochosa ruricola* (De Geer, 1778). *Bulletin of the British Arachnological Society*, 15: 222-223.

Baert L, Maelfait J P. 1997. Taxonomy, distribution and ecology of the lycosid spiders occurring on the Santa Cruz island, Galápagos Archipelago, Ecuador. Proceedings of the 16th European Colloquium of Arachnology: 1-11.

Bakhvalov V F. 1974. Identification key of the spider family Araneidae from Kirgizia. *Entomologiceskie issledovanija v Kirgizii*, 9: 101-112.

Bakhvalov V F. 1981. New species of orb-weaving spiders (Aranei, Araneidae) from Kirghizia. *Entomologiceskie issledovanija v Kirgizii*, 14: 137-141.

Bakhvalov V F. 1982. New species of spiders (Aranei, Araneidae) from Tyan-Shan. *Entomologiceskie issledovanija v Kirgizii*, 15: 136-140.

Bakhvalov V F. 1983. New species of spiders (Aranei, Araneidae) of USSR fauna. *Entomologiceskie issledovanija v Kirgizii*, 16: 86-94.

Baldacchino A E, Dandria D, Lanfranco E, Schembri P J. 1993. Records of spiders (Arachnida: Araneae) from the Maltese Islands (central Mediterranean).

The Central Mediterranean Naturalist, 2(2): 37-59.

Ballarin F, Marusik Y M, Omelko M M, Koponen S. 2012. On the *Pardosa monticola* species-group (Araneae: Lycosidae) from middle Asia. *Arthropoda Selecta*, 21: 161-182.

Balogh J I, Loksa I. 1947. Faunistische Angaben über die Spinnen des Karpatenbeckens. II. *Fragmenta Faunistica Hungarica*, 10: 61-68.

Banks N. 1892a. The spider fauna of the Upper Cayuga Lake Basin. *Proceedings of the Academy of Natural Sciences of Philadelphia*, 1892: 11-81.

Banks N. 1892b. On *Prodidomus rufus* Hentz. *Proceedings of the Entomological Society of Washington*, 2: 259-261.

Banks N. 1895a. The Arachnida of Colorado. *Annals of the New York Academy of Science*, 8: 415-434.

Banks N. 1895b. Some new Attidae. *The Canadian Entomologist*, 27: 96-102.

Banks N. 1896a. A few new spiders. *The Canadian Entomologist*, 28: 62-65.

Banks N. 1896b. New Californian spiders. *Journal of The New York Entomological Society*, 4: 88-91.

Banks N. 1896c. New North American spiders and mites. *Transactions of the American Entomological Society*, 23: 57-77.

Banks N. 1898. Arachnida from Baja California and other parts of Mexico. *Proceedings of the California Academy of Sciences*, 1(3): 205-308.

Banks N. 1900a. Some new North American spiders. *The Canadian Entomologist*, 32: 96-102.

Banks N. 1900b. Some Arachnida from Alabama. *Proceedings of the Academy of Natural Sciences of Philadelphia*, 52: 529-543.

Banks N. 1901. Some Arachnida from New Mexico. *Proceedings of the Academy of Natural Sciences of Philadelphia*, 53: 568-597.

Banks N. 1902. Papers from the Hopkins Stanford Galapagos Expedition; 1898-1899. VII. Entomological Results (6). Arachnida. With field notes by Robert E. Snodgrass. *Proceedings of the Washington Academy of Sciences*, 4: 49-86.

Banks N. 1904a. New genera and species of Nearctic spiders. *Journal of The New York Entomological Society*, 12: 109-119.

Banks N. 1904b. Some Arachnida from California. *Proceedings of the California Academy of Sciences*, 3(3): 331-376.

Banks N. 1906. Descriptions of new American spiders. *Proceedings of the Entomological Society of Washington*, 7: 94-100.

Banks N. 1908. New species of Theridiidae. *The Canadian Entomologist*, 40: 205-208.

Banks N. 1909. Arachnida of Cuba. *Estación Central Agronómica de Cuba, Second Report.* II: 150-174.

Banks N. 1910. Catalogue of Nearctic spiders. *Bulletin, United States National Museum*, 72: 1-80.

Banks N. 1911. Some Arachnida from North Carolina. *Proceedings of the Academy of Natural Sciences of Philadelphia*, 63: 440-456.

Banks N. 1913. Notes on the types of some American spiders in European collections. *Proceedings of the Academy of Natural Sciences of Philadelphia*, 65: 177-188.

Banks N. 1914. New West Indian spiders. *Bulletin of the American Museum of Natural History*, 33: 639-642.

Banks N. 1916. Revision of Cayuga Lake spiders. *Proceedings of the Academy of Natural Sciences of Philadelphia*, 68: 68-84.

Banks N. 1929. Spiders from Panama. *Bulletin of the Museum of Comparative Zoology at Harvard College*, 69: 53-96.

Banks N. 1930. Arachnida. *In*: Stitiz H. The Norvegian Zoological Expedition to the Galapagos Islands 1925 conducted by Alf Wollebaek. *Nyt Magazin for Naturvidenskaberne*, 68: 271-278.

Bao Y H, Peng X J. 2002. Six new species of jumping spiders (Araneae: Salticidae) from Hui-Sun Experimental Forest Station, Taiwan. *Zoological Studies*, 41: 403-411.

Bao Y H, Yin C M. 2002a. A new species of the genus *Mallinella* and a female supplement of *M. maolanensis* from China (Araneae: Zodariidae). *Acta Zootaxonomica Sinica*, 27: 85-88.

Bao Y H, Yin C M. 2002b. A new species of the genus *Oxyopes* from China (Araneae: Oxyopidae). *Acta Zootaxonomica Sinica*, 27: 720-722.

Bao Y H, Yin C M. 2004. Two new species of the genus *Coelotes* from Hunan Province (Araneae, Amaurobiidae). *Acta Zootaxonomica Sinica*, 29: 455-457.

Bao Y H, Yin C M, Xu X. 2003. A new species of the genus *Heptathela* from China (Araneae, Liphistiidae). *Acta Zootaxonomica Sinica*, 28: 459-460.

Bao Y H, Yin C M, Yan H M. 2000. A new species of the genus *Heteropoda* from south China (Araneae: Heteropodidae). *Life Science Research*, 4: 278-280.

Barnes R D. 1958. North American jumping spiders of the subfamily Marpissinae (Araneae, Salticidae). *American Museum Novitates*, 1867: 1-50.

Barrientos J A. 1978. *Dolomedes* et *Pisaura* dans la région catalane (Araneida, Pisauridae). *Revue Arachnologique*, 2: 17-21.

Barrientos J A. 1981. La colección de araneidos del Departamento de Zoología de la Universidad de Salamanca, II: familias Lycosidae, Oxyopidae y Pisauridae (Araneae). *Boletín de la Asociación Española de Entomología*, 3: 203-212.

Barrientos J A. 1985. Arañas, fenologia reproductora, y trampas de intercepcion. *Actas Congreso Ibérico de Entomología, León*, 2: 317-326.

Barrientos J A, Blasco F A, Ferrández M A, Godall P, Pérez P J, Rambla M, Urones M C. 1985. Artrópodos epigeos del macizo de San Juan de la Peña (Jaca, Prov. de Huesca): XII. Familias de araneidos de escasa representación. *Pirineos*, 126: 211-234.

Barrientos J A, Urones M C. 1985. La colección de araneidos del Departamento de Zoología de la Universidad de Salamanca, V: arañas clubionoideas y tomisoideas. *Boletín de la Asociación Española de Entomología*, 9: 349-366.

Barrion A A, Amalin D M, Casal C V. 1989. Morphology and cytology of the lynx spider *Oxyopes javanus* (Thorell). *The Philippine Journal of Science*, 118: 229-237.

Barrion A A, Barrion A T, Casal C V, Taylo L D, Amalin D M. 1988. The orb-weaving spiders genus *Neoscona* (Araneae: Araneidae) in the Philippines. *The Philippine Agricultural Scientist*, 69: 385-409.

Barrion A A, Casal C V, Taylo L D, Amalin D M. 1988. Two orb-weaving spiders (Araneae: Araneidae) in the Philippines causing araneidism. *The Philippine Journal of Science*, 116: 245-254.

Barrion A T. 1981. A new species of *Hippasa* Simon (Araneae: Lycosidae) from the Philippines. *The Philippine Entomologist*, 5: 1-4.

Barrion A T, Barrion-Dupo A L A, Catindig J L A, Villareal S C, Cai D C, Yuan Q H, Heong K L. 2012. New species of spiders (Araneae) from Hainan Island, China. *UPLB Museum Publications in Natural History (Philippines)* No., 3: 1-103.

Barrion A T, Barrion-Dupo A L A, Villareal S S, Ducheng C. 2011. *Tetragnatha heongi*, a new species of long-jawed orb spider (Araneae: Tetragnathidae: Tetragnathinae) from Hainan Island, China. *Asia Life Sciences*, 20: 385-394.

Barrion A T, Litsinger J A. 1981. *Hippasa holmerae* Thorell (Araneae: Lycosidae): a new predator of rice leafhoppers and planthoppers. *International Rice Research Newsletter*, 6(4): 15.

Barrion A T, Litsinger J A. 1994. Taxonomy of rice insect pests and their arthropod parasites and predators. *In*: Heinrichs E A. Biology and Management of Rice Insects. New Delhi: Wiley Eastern: 363-486.

Barrion A T, Litsinger J A. 1995. *Riceland Spiders of South and Southeast Asia*. Wallingford: CAB International: xix + 700.

Barrion-Dupo A L A. 2008. Taxonomy of Philippine derby spider (Araneae: Araneidae). *Asia Life Sciences*, 17: 231-248.

Bartos M. 1997. Development of male pedipalps prior to the final moulting in *Pholcus phalangioides* (Fuesslin) (Araneae, Pholcidae). *Proceedings of the 16th European Colloquium of Arachnology*: 27-35.

Basu B D. 1965. Four new species of the spider genus *Pistius* Simon (Arachnida: Araneae: Thomisidae) from India. *Proceedings of the Zoological Society, Calcutta*, 18: 71-77.

Bauchhenss E. 1993. *Chalcoscirtus nigritus*-neu für Mitteleuropa (Araneae: Salticidae). *Arachnologische Mitteilungen*, 5: 43-47.

Bauchhenss E, Weiss I, Toth F. 1997. Neufunde von *Zelotes mundus* (Kulczynski, 1897) mit Beschreibung des Weibchens. Arachnologische Mitteilungen, 13: 43-47.

Baum S. 1972. Zum "Cribellaten-Problem": Die Genitalstrukturen der Oecobiinae und Urocteinae (Arach.: Aran: Oecobiidae). *Abhandlungen und Verhandlungen des Naturwissenschaftlichen Vereins in Hamburg* (N. F.), 16: 101-153.

Baum S. 1980. Taxonomie und Genitalstrukturen weiterer Arten der Genera *Oecobius* und *Uroctea* (Arach.: Araneae: Oecobiidae). *Verhandlungen des Naturwissenschaftlichen Vereins in Hamburg*, 23: 339-355.

Bayer S. 2011. Revision of the pseudo-orbweavers of the genus *Fecenia* Simon, 1887 (Araneae, Psechridae), with emphasis on their pre-epigyne. *ZooKeys*, 153: 1-56.

Bayer S. 2012. The lace-sheet-weavers—a long story (Araneae: Psechridae: *Psechrus*). *Zootaxa*, 3379: 1-170.

Bayer S. 2014. Seven new species of *Psechrus* and additional taxonomic contributions to the knowledge of the spider family Psechridae (Araneae). *Zootaxa*, 3826(1): 1-54.

Bayer S, Jäger P. 2010. Expected species richness in the genus *Psechrus* in Laos (Araneae: Psechridae). *Revue Suisse de Zoologie*, 117: 57-75.

Bayram A, Danişman T, Sancak Z, Yiğit N, Çorak I. 2007a. Contributions to the spider fauna of Turkey: *Arctosa lutetiana* (Simon, 1876), *Aulonia albimana* (Walckenaer, 1805), *Lycosa singoriensis* (Laxmann, 1770) and *Pirata latitans* (Blackwall, 1841) (Araneae: Lycosidae). *Serket*, 10: 77-81.

Bayram A, Danişman T, Yiğit N, Çorak I, Sancak Z. 2007b. Three linyphiid species new to the Turkish araneo-fauna: *Cresmatoneta mutinensis* (Canestrini, 1868), *Ostearius melanopygius* (O. P.-Cambridge, 1879) and *Trematocephalus cristatus* (Wider, 1834) (Araneae: Linyphiidae). *Serket*, 10: 82-85.

Bayram A, Kunt K B, Özgen İ, Bolu H, Karol S, Danişman T. 2009. A crab spider *Tmarus piger* (Walckenaer, 1802) (Araneae; Thomisidae) new for Turkish araneofauna. *Turkish Journal of Arachnology*, 1: 141-144.

Bayram A, Özdağ S. 2002. *Micrommata virescens* (Clerck, 1757), a new species for the spider fauna of Turkey (Araneae, Sparassidae). *Turkish Journal of Zoology*, 26: 305-307.

Bayram A, Sancak Z, Karol A, Danişman T, Yiğit N, Kunt K B. 2009. A new spider family record for Turkey (Araneae: Zoridae). *Turkish Journal of Arachnology*, 1: 145-147.

Bayram A, Ünal M. 2002. A new record for the Turkish spider fauna: *Cyclosa conica* Pallas (Araneae, Araneidae). *Turkish Journal of Zoology*, 26: 173-175.

Beatty J. 1970. The spider genus *Ariadna* in the Americas (Araneae, Dysderidae). *Bulletin of the Museum of Comparative Zoology at Harvard College*, 139: 433-518.

Beatty J A, Berry J W, Huber B A. 2008. The pholcid spiders of Micronesia and Polynesia (Araneae, Pholcidae). *Journal of Arachnology*, 36: 1-25.

Beatty J A, Berry J W, Millidge A F. 1991. The linyphiid spiders of Micronesia and Polynesia, with notes on distributions and habitats. *Bulletin of the British Arachnological Society*, 8: 265-274.

Becker L. 1881. Présentation de duex planches d'arachnides. *Annales de la Société Entomologique de Belgique*, 25(C. R.): 44-47.

Becker L. 1882a. Communications arachnologiques: Arachnides recueillis aux environs de Toulon Sospel et Saint-Martin Lantosque. *Annales de la Société Entomologique de Belgique*, 26(C. R.): 34-39.

Becker L. 1882b. Les Arachnides de Belgique. I. *Annales du Musée Royal d'Histoire Naturelle de Belgique*, 10: 1-246.

Becker L. 1896. Les arachnides de Belgique. *Annales du Musée Royal d'Histoire Naturelle de Belgique*, 12: 1-378.

Beer S A. 1964. On the fauna and ecology of spiders in the Murman region. *Zoologicheskiĭ Zhurnal*, 43: 525-533.

Bellmann H. 1997. *Kosmos-Atlas Spinnentiere Europas*. Stuttgart: Frankh-Kosmos Verlag: 304.

Benjamin S P. 2002. *Smodicinodes schwendingeri* sp. n. from Thailand and the first male of *Smodicinodes* Ono, 1993, with notes on the phylogenetic relationships in the tribe Smodicinini (Araneae: Thomisidae). *Revue Suisse de Zoologie*, 109: 3-8.

Benjamin S P. 2010. Revision and cladistic analysis of the jumping spider genus *Onomastus* (Araneae: Salticidae). *Zoological Journal of the Linnean Society*, 159: 711-745.

Benjamin S P. 2011. Phylogenetics and comparative morphology of crab spiders (Araneae: Dionycha, Thomisidae). *Zootaxa*, 3080: 1-108.

Benjamin S P. 2013. On the crab spider genus *Angaeus* Thorell, 1881 and its junior synonym *Paraborboropactus* Tang and Li, 2009 (Araneae: Thomisidae). *Zootaxa*, 3635: 71-80.

Benjamin S P, Jaleel Z. 2010. The genera *Haplotmarus* Simon, 1909 and *Indoxysticus* gen. nov.: two enigmatic genera of crab spiders from the Oriental region (Araneae: Thomisidae). *Revue Suisse de Zoologie*, 117: 159-167.

Bennett R G. 1987. Systematics and natural history of *Wadotes* (Araneae, Agelenidae). *Journal of Arachnology*, 15: 91-128.

Bennett R G. 1992. The spermathecal pores of spiders with special reference to dictynoids and amaurobioids (Araneae, Araneomorphae, Araneoclada). *Proceedings of the Entomological Society of Ontario*, 123: 1-21.

Benoit P L G. 1964. Nouvelle contribution à la connaissance des Araneidae-Gasteracanthinae d'Afrique et de Madagascar (Araneae). *Publicações Culturais da Companhia de Diamantes de Angola*, 69: 41-52.

Benoit P L G. 1967. Révision des espèces africaines du genre *Hersilia* Sav. et Aud. (Aran.-Hersiliidae). *Revue de Zoologie et de Botanique Africaines*, 76: 1-36.

Benoit P L G. 1968. Les Selenopidae africains au Nord du 17e parallèle Sud et reclassement des espèces africaines de la famille (Araneae). *Revue de Zoologie et de Botanique Africaines*, 77: 113-141.

Benoit P L G. 1971. Notules arachnologiques africaines I. *Revue de Zoologie et de Botanique Africaines*, 83: 147-158.

Benoit P L G. 1976. Un *Oecobius* nouveaux des régions montagneuses du centre africain (Araneae Oecobiidae). *Revue Zoologique Africaine*, 90: 669-670.

Benoit P L G. 1977a. Araignées cribellates. In La faune terrestre de l'île de Saite-Hélène IV. *Annales, Musée Royal de l'Afrique Centrale, Sciences zoologiques* (Zool.-Ser. 8), 220: 22-30.

Benoit P L G. 1977b. Fam. Oonopidae et Tetrablemmidae. In La faune terrestre de l'île de Saite-Hélène IV. *Annales, Musée Royal de l'Afrique Centrale, Sciences zoologiques* (Zool.-Ser. 8), 220: 31-44.

Benoit P L G. 1977c. Fam. Thomisidae. In La faune terrestre de l'île de Saite-Hélène IV. *Annales, Musée Royal de l'Afrique Centrale, Sciences zoologiques*

(Zool.-Ser. 8), 220: 82-87.

Benoit P L G. 1978a. Contributions à l'étude de la faune terrestre des îles granitiques de l'archipel des Séchelles (Mission P. L. G. Benoit J. J. Van Mol 1972). Tetragnathidae et Araneidae-Nephilinae (Araneae). *Revue Zoologique Africaine*, 92: 663-674.

Benoit P L G. 1978b. Contributions à l'étude de la faune terrestre des îles granitiques de l'archipel des Séchelles (Mission P. L. G. Benoit J. J. Van Mol 1972). Araneae Cribellatae. *Revue Zoologique Africaine*, 92: 675-679.

Benoit P L G. 1979. Contributions à l'étude de la faune terrestre des îles granitiques de l'archipel des Séchelles (Mission P. L. G. Benoit J. J. Van Mol 1972). Oonopidae (Araneae). *Revue Zoologique Africaine*, 93: 185-222.

Berland J. 1913. Note préliminaire sur le cribellum et le calamistrum des araignées cribellates et sur les moeurs de ces araignées. *Archives de Zoologie Expérimentale et Générale*, 51(Notes & Rev.): 23-41.

Berland J, Berland L. 1914. Description d'un *Psechrus* nouveau de Chine. *Bulletin de la Société Entomologique de France*, 1914: 131-133.

Berland L. 1914. Araneae (1re partie). *In*: de Voyage C H, Alluaud R. Jeannel en Afrique oriental (1911-1912): Résultats scientifiques. Paris 3: 37-94.

Berland L. 1920. Araneae (2e partie). *In*: de Voyage C H, Alluaud R. Jeannel en Afrique Orientale (1911-1912): Résultats scientifiques: Arachnida. Paris 4: 95-180.

Berland L. 1924. Araignées de la Nouvelle Calédonie et des iles Loyalty. *In*: Sarazin F, Roux J. Nova Caledonia. Zoologie, 3: 159-255.

Berland L. 1927. Contributions à l'étude de la biologie des arachnides (2e Mémoire). *Archives de Zoologie Expérimentale et Générale*, 66(N & R): 7-31.

Berland L. 1929. Araignées (Araneida). *In Insects of Samoa and other Samoan terrestrial Arthropoda London*, 8: 35-78.

Berland L. 1932a. Voyage de MM. L. Chopard et A. Méquignon aux Açores (août-septembre 1930). II; Araignées. *Annales de la Société Entomologique de France*, 101: 69-84. (see also *Bull. Soc. ent. Fr.* , 1932: 119).

Berland L. 1932b. Les Arachnides (Scorpions, Araignées, etc.). *Encyclopédie entomologique. Paris*, 16: 1-485.

Berland L. 1933. Araignées des Iles Marquises. Bernice P. *Bishop Museum Bulletin*, 114: 39-70.

Berland L. 1934. Les araignées de Tahiti. *Bernice P. Bishop Museum Bulletin*, 113: 97-107.

Berland L. 1935. Nouvelles araignées marquisiennes. *Bernice P. Bishop Museum Bulletin*, 142: 31-63.

Berland L. 1938. Araignées des Nouvelles Hébrides. *Annales de la Société Entomologique de France*, 107: 121-190.

Berland L. 1942. Polynesian spiders. *Occasional Papers of the Bernice P. Bishop Museum*, 17(1): 1-24.

Berland L. 1945. Remarques sur des araignées capturées par des hyménoptères prédateurs aux îles Marquises. *Bulletin de la Société Entomologique de France*, 50: 23-26.

Berland L, Millot J. 1940. Les araignées de l'Afrique occidental français. II, Cribellata. *Annales de la Société Entomologique de France*, 108: 149-160.

Berland L, Millot J. 1941. Les araignées de l'Afrique Occidentale Française I.-Les salticides. *Mémoires du Muséum National d'Histoire Naturelle de Paris* (N. S.), 12: 297-423.

Berman J D, Levi H W. 1971. The orb weaver genus *Neoscona* in North America (Araneae: Araneidae). *Bulletin of the Museum of Comparative Zoology at Harvard College*, 141: 465-500.

Berry J W, Beatty J A, Prószyński J. 1996. Salticidae of the Pacific Islands. I. Distributions of twelve genera, with descriptions of eighteen new species. *Journal of Arachnology*, 24: 214-253.

Berry J W, Prószyński J. 2001. Description of *Hakka*, a new genus of jumping spider (Araneae, Salticidae) from Hawaii and East Asia. *Journal of Arachnology*, 29: 201-204.

Bertkau P. 1878. Versuch einer natürlichen Anordnung der Spinnen, nebst Bemerkungen zu einzelnen Gattungen. *Archiv für Naturgeschichte*, 44: 351-410.

Bertkau P. 1880. Verzeichniss der bisher bei Bonn beobachteten Spinnen. *Verhandlungen des Naturhistorischen Vereins der Preussischen Rheinlande und Westfalens*, 37: 215-343.

Bertkau P. 1883. Über die Gattung *Argenna* Thor. und einige anderen Dictyniden. *Archiv für Naturgeschichte*, 49: 374-382.

Bertkau P. 1889. Interessante Tiere aus der Umgebung von Bonn. *Verhandlungen des Naturhistorischen Vereins der Preussischen Rheinlande und Westfalens*, 46: 69-82.

Bhattacharya G C. 1937. Notes on the moulting process of the spider (*Myrmarachne plataleoides*, Camb.). *Journal of the Bombay Natural History Society*, 39: 426-430.

Bielak-Bielecki P, Rozwalka R. 2011. *Nesticella mogera* (Yaginuma, 1972) (Araneae: Nesticidae) in Poland. *Zeszyty Naukowe Uniwersytetu Szczecińskiego, Acta Biologica*, 676(18): 137-141.

Birabén M. 1954. Nuevo genero de la rara familia Prodidomidae. *Neotropica*, 1: 13-16.

Bishop S C. 1925. Singing spiders. *New York State Museum Bulletin*, 260: 65-69.

Bishop S C. 1949. Spiders of the Nueltin Lake Expedition, Keewatin, 1947. *The Canadian Entomologist*, 81: 101-104.

Bishop S C, Crosby C R. 1926. Notes on the spiders of the southeastern United States with descriptions of new species. *Journal of the Elisha Mitchell Scientific Society*, 41: 163-212.

Bishop S C, Crosby C R. 1932. A new species of the spider family Liphistiidae from China. *Peking Natural History Bulletin*, 6(3): 5-7.

Bishop S C, Crosby C R. 1935. Studies in American spiders: miscellaneous genera of Erigoneae, part I. *Journal of The New York Entomological Society*, 43: 217-241, 255-280.

Bishop S C, Crosby C R. 1938. Studies in American spiders: Miscellaneous genera of Erigoneae, Part II. *Journal of The New York Entomological Society*, 46: 55-107.

Biswas V, Raychaudhuri D. 1996a. Clubionid spiders of Bangladesh-I: Genus *Clubiona* Latreille. *Proceedings of Recent Advances in Life Sciences, Dibrugarh University*, 1: 191-210.

Biswas V, Raychaudhuri D. 1996b. Tetragnathid spiders of Bangladesh (Araneae: Tetragnathidae). *Annals of Entomology, Dehradun*, 14: 45-59.

Biswas V, Raychaudhuri D. 2003. Wolf spiders of Bangladesh: genus *Pardosa* C. L. Koch (Araneae: Lycosidae). *Records of the Zoological Survey of India*, 101(1-2): 107-125.

Biswas V, Raychaudhuri D. 2004. New orb-weaving spiders of the genus *Cyrtophora* Simon (Araneae: Araneidae) from Bangladesh. *Journal of the Bombay Natural History Society*, 101: 124-129.

Biswas V, Raychaudhuri D. 2005. Huntsman spiders of Bangladesh: genus *Heteropoda* Latreille and *Olios* Walckenaer (Araneae: Sparassidae). *Records of the Zoological Survey of India*, 104(3-4): 103-109.

Biswas V, Raychaudhuri D. 2007. New record of wolf spiders (Araneae: Lycosidae) of the genus *Hippasa* Simon from Bangladesh. *Journal of the Bombay

Natural History Society, 104: 240-246.
Bjørn P P. 1997. A taxonomic revision of the African part of the orb-weaving genus *Argiope* (araneae: Araneidae). *Entomologica Scandinavica*, 28: 199-239.
Blackwall J. 1833. Characters of some undescribed genera and species of Araneidae. *London and Edinburgh Philosophical Magazine and Journal of Science*, 3(3): 104-112, 187-197, 344-352, 436-443.
Blackwall J. 1834a. Characters of some undescribed species of Araneidae. *London and Edinburgh Philosophical Magazine and Journal of Science*, 5(3): 50-53.
Blackwall J. 1834b. *Researches in Zoology*. London: Araneae: 229-433.
Blackwall J. 1836. Characters of some undescribed species of Araneidae. *London and Edinburgh Philosophical Magazine and Journal of Science*, 8(3): 481-491.
Blackwall J. 1841. The difference in the number of eyes with which spiders are provided proposed as the basis of their distribution into tribes; with descriptions of newly discovered species and the characters of a new family and three new genera of spiders. *Transactions of the Linnean Society of London*, 18: 601-670.
Blackwall J. 1843. A catalogue of spiders either not previously recorded or little known as indigenous to Great Britain, with remarks on their habits and economy. *Transactions of the Linnean Society of London*, 19: 113-130.
Blackwall J. 1844. Descriptions of some newly discovered species of Araneida. *Annals and Magazine of Natural History*, 13: 179-188.
Blackwall J. 1846a. Notice of spiders captured by Professor Potter in Canada, with descriptions of such species as appear to be new to science. *Annals and Magazine of Natural History*, 17: 30-44, 76-82.
Blackwall J. 1846b. Descriptions of some newly discovered species of Araneida. *Annals and Magazine of Natural History*, 18: 297-303.
Blackwall J. 1850. Descriptions of some newly discovered species and characters of a new genus of Araneida. *Annals and Magazine of Natural History*, 6(2): 336-344.
Blackwall J. 1851. A catalogue of British spiders. *Annals and Magazine of Natural History*, 7(2): 256-262, 396-402, 446-452; 8: 36-44, 95-102, 332-339, 442-450.
Blackwall J. 1852a. A catalogue of British spiders including remarks on their structure, function, economy and systematic arrangement. *Annals and Magazine of Natural History*, 9(2): 15-22, 268-275, 464-471; 10: 182-189, 248-253.
Blackwall J. 1852b. Descriptions of some newly discovered species of Araneida. *Annals and Magazine of Natural History*, 10(2): 93-100.
Blackwall J. 1853. Descriptions of some newly discovered species of Araneida. *Annals and Magazine of Natural History*, 11(2): 14-25.
Blackwall J. 1854. Descriptions of some newly discovered species of Araneida. *Annals and Magazine of Natural History*, 13(2): 173-180.
Blackwall J. 1855. Descriptions of two newly discovered species of Araneida. *Annals and Magazine of Natural History*, 16(2): 120-122.
Blackwall J. 1857. Description of the male of *Lycosa tarentuloides Maderiana* Walck., and of three newly discovered species of the genus *Lycosa*. *Annals and Magazine of Natural History*, 20(2): 282-287.
Blackwall J. 1858a. Descriptions of six newly discovered species and characters of a new genus of Araneida. *Annals and Magazine of Natural History*, 1(3): 426-434.
Blackwall J. 1858b. Characters of a new genus and description of three recently discovered species of Araneida. *Annals and Magazine of Natural History*, 2(3): 331-335.
Blackwall J. 1859a. Descriptions of six recently discovered species, and characters of a new genus of Araneida. *Annals and Magazine of Natural History*, 3(3): 91-98.
Blackwall J. 1859b. Descriptions of newly discovered spiders captured by James Yate Johnson Esq., in the island of Madeira. *Annals and Magazine of Natural History*, 4(3): 255-267.
Blackwall J. 1861a. *A history of the Spiders of Great Britain and Ireland*. London: General Collection: 1-174.
Blackwall J. 1861b. Descriptions of several recently discovered spiders. *Annals and Magazine of Natural History*, 8(3): 441-446.
Blackwall J. 1862. Descriptions of newly-discovered spiders from the island of Madeira. *Annals and Magazine of Natural History*, 9(3): 370-382.
Blackwall J. 1863. Notice of a *Drassus* and *Linyphia* new to science, and a *Neriene* hitherto unrecorded as British. *Annals and Magazine of Natural History*, 12(3): 264-266.
Blackwall J. 1864a. *A history of the spiders of Great Britain and Ireland*. London: Ray Society 2: 175-384.
Blackwall J. 1864b. Descriptions of seven new species of East Indian spiders received from the Rev. O. P. Cambridge. *Annals and Magazine of Natural History*, 14(3): 36-45.
Blackwall J. 1864c. Notice of spiders, indigenous to the Salvages, received from the Barao do Castello de Paiva. *Annals and Magazine of Natural History*, 14(3): 174-180.
Blackwall J. 1865a. Descriptions of recently discovered spiders collected in the Cape de Verde Islands by John Gray, Esq. *Annals and Magazine of Natural History*, 16(3): 80-101.
Blackwall J. 1865b. Descriptions of recently discovered species and characters of a new genus, of Araneida from the East of Central Africa. *Annals and Magazine of Natural History*, 16(3): 336-352.
Blackwall J. 1866. A list of spiders captured in the southeast region of equatorial Africa, with descriptions of such species as appear to be new to arachnologists. *Annals and Magazine of Natural History*, 18(3): 451-468.
Blackwall J. 1867a. Descriptions of several species of East Indian spiders, apparently to be new or little known to arachnologists. *Annals and Magazine of Natural History*, 19(3): 387-394.
Blackwall J. 1867b. Notes on spiders, with descriptions of several species supposed to be new to arachnologists. *Annals and Magazine of Natural History*, 20(3): 202-213.
Blackwall J. 1868. Notice of several species of spiders supposed to be new or little known to arachnologists. *Annals and Magazine of Natural History*, 2(4): 403-410.
Blackwall J. 1870. A list of spiders captured by Professor E. Perceval Wright M. D., in the Province of Lucca, in Tuscany, in the summer of 1863, with characters of such species as appear to be new or little known to arachnologists. *Journal of the Linnean Society of London, Zoology*, 10: 405-434.
Blackwall J. 1871. Notice of spiders captured by Miss Hunter in Montreal, upper Canada; with descriptions of species supposed to be new to arachnologists. *Annals and Magazine of Natural History*, 8(4): 429-436.
Blackwall J. 1877. A list of spiders captured in the Seychelle Islands by Professor E. Perceval Wright M. D., F. L. S.; with descriptions of species supposed to

be new to arachnologists. Notes and preface by the Rev. O. P.-Cambridge, M. A., C. M. Z. S., etc. *Proceedings of the Royal Irish Academy*, 3(2): 1-22.

Blackwall J A. 1870. Notes on a collection of spiders made in Sicily in the spring of 1868, by E. Perceval Wright, M. D., with a list of the species, and descriptions of some new species and of a new genus. *Annals and Magazine of Natural History*, 5(4): 392-405.

Blandin P. 1976. Etudes sur les Pisauridae africaines VI. Définition des genres *Pisaura* Simon, 1885, *Pisaurellus* Roewer, 1961, *Afropisaura* n. gen. et mise au point sur les espèces des genres *Afropisaura* and *Pisaurellus* (Araneae-Pisauridae-Pisaurinae). *Revue Zoologique Africaine*, 90: 917-939.

Blandin P. 1979. Etudes sur les Pisauridae africaines XI. Genres peu connus ou nouveaux des Iles Canaries, du continent africain et de Madagascar (Araneae, Pisauridae). *Revue Zoologique Africaine*, 93: 347-375.

Blanke R. 1976. Morphologisch-ethologische Divergenzen und Anwendung des Biospecies-Konzepts bei Angehörigen der Kreuzspinnen-Gattung *Araneus* (Arachnida: Araneae: Araneidae). *Entomologica Germanica*, 3: 77-82.

Blanke R. 1980. Die systematische Stellung von *Araneus cucurbitinus maderianus* Kulczynski 1905 (Arachnida: Araneae). *Senckenbergiana Biologica*, 61: 97-102.

Blanke R. 1982. Untersuchungen zur Taxonomie der Gattung *Araniella* (Araneae, Araneidae). *Zoologica Scripta*, 11: 287-305.

Blauvelt H H. 1936. The comparative morphology of the secondary sexual organs of *Linyphia* and some related genera, including a revision of the group. *Festschrift Embrik Strand*, 2: 81-171.

Blauwe R de. 1973. Révision de la famille des Agelenidae (Araneae) de la région méditerranéenne. *Bulletin de l'Institut Royal des Sciences Naturelles de Belgique*, 49(2): 1-111.

Blauwe R de. 1980. Revision de la famille des Agelenidae (Araneae) habitant la region mediterraneene (3e partie). *Bulletin de l'Institut Royal des Sciences Naturelles de Belgique*, 52(11): 1-28.

Blick T. 1988. Die Spei-oder Leimschleuderspinne *Scytodes thoracica* Latrielle, 1804, eine für Mittelfranken neue Spinnenart (Arachnida, Araneae, Scytodidae). *Natur und Mensch*, 1988: 17-19.

Blick T, Nentwig W. 2003. Taxonomische Notiz zu *Aculepeira lapponica* (Arachnida: Araneae: Araneidae). *Arachnologische Mitteilungen*, 25: 38-41.

Blick T, Sammorey T, Martin D. 1993. Spinnenaufsammlungen im NSG "Grosser Schwerin mit Steinhorn" (Mecklenburg-Vorpommern), mit Anmerkungen zu *Tetragnatha reimoseri* (syn. *Eucta kaestneri*), *Theridion hemerobius* und *Philodromus praedatus* (Araneae). *Arachnologische Mitteilungen*, 6: 26-33.

Bohdanowicz A. 1979. Descriptions of spiders of the genus *Synagelides* (Araneae: Salticidae) from Japan and Nepal. *Acta Arachnologica, Tokyo*, 28: 53-62.

Bohdanowicz A. 1987. Salticidae from the Nepal Himalayas: The genus *Synagelides* Bösenberg & Strand 1906. *Courier Forschungsinstitut Senckenberg*, 93: 65-86.

Bohdanowicz A, Hęciak S. 1980. Redescription of two species of Salticidae (Aranei) from China. *Annales Zoologici, Warszawa*, 35: 247-256.

Bohdanowicz A, Prószyński J. 1987. Systematic studies on East Palaearctic Salticidae (Araneae), IV. Salticidae of Japan. *Annales Zoologici, Warszawa*, 41: 43-151.

Bolzern A, Burckhardt D, Hänggi A. 2013. Phylogeny and taxonomy of European funnel-web spiders of the *Tegenaria-Malthonica* complex (Araneae: Agelenidae) based upon morphological and molecular data. *Zoological Journal of the Linnean Society*, 168: 723-848.

Bolzern A, Hänggi A. 2006. *Drassodes lapidosus* und *Drassodes cupreus* (Araneae: Gnaphosidae)—eine unendliche Geschichte. *Arachnologische Mitteilungen*, 31: 16-22.

Bolzern A, Hänggi A, Burckhardt D. 2010. *Aterigena*, a new genus of funnel-web spider, shedding some light on the *Tegenaria-Malthonica* problem (Araneae: Agelenidae). *Journal of Arachnology*, 38: 162-182.

Bonaldo A B, Brescovit A D. 1992. As aranhas do gênero *Cheiracanthium* C. L. Koch, 1839 na região neotropical (Araneae, Clubionidae). *Revista Brasileira de Entomologia*, 36: 731-740.

Bonnet P. 1929. Sur une nouvelle espece de *Dolomedes* (araneide) de la region de l'Amour (Siberie orientale). *Bulletin de la Société Entomologique de France*, 1929: 267-269.

Bonnet P. 1955. *Bibliographia araneorum*. Toulouse, 2(1): 1-918.

Bösenberg W. 1895. Beitrag zur Kenntnis der Arachniden-Fauna von Madeira und den Canarischen Inseln. *Abhandlungen des Naturwissenschaftlichen Vereins in Hamburg*, 13: 1-13.

Bösenberg W. 1899. Die Spinnen der Rheinprovinz. *Verhandlungen des Naturhistorischen Vereins der Preussischen Rheinlande und Westfalens*, 56: 69-131.

Bösenberg W. 1901. Die Spinnen Deutschlands. I. *Zoologica* (Stuttgart), 14(1): 1-96.

Bösenberg W. 1902. Die Spinnen Deutschlands. II-IV. *Zoologica* (Stuttgart), 14: 97-384.

Bösenberg W. 1903. Die Spinnen Deutschlands. V, VI. *Zoologica* (Stuttgart), 14: 385-465.

Bösenberg W, Strand E. 1906. Japanische Spinnen. *Abhandlungen der Senckenbergischen Naturforschenden Gesellschaft*, 30: 93-422.

Bosmans R. 1978. Description of four new *Lepthyphantes* species from Africa, with a redescription of *L. biseriatus* Simon & Fage and *L. tropicalis* Tullgren. *Bulletin of the British Arachnological Society*, 4: 258-274.

Bosmans R. 1980. Studies on African Hahniidae. I. The taxonomic status of *Hahniops* Roewer 1942, with redescription of its type species (Arachnida: Araneae). *Senckenbergiana Biologica*, 61: 93-96.

Bosmans R. 1985. Études sur les Linyphiidae nord-africains II. Le genre *Oedothorax* Bertkau en afrique du nord, avec une révision des caractères diagnostiques des mâles des espècies ouest-paléarctiques. *Biologisch Jaarboek Dodonaea*, 53: 58-75.

Bosmans R. 1992. Spiders of the family Hahniidae from Sulawesi, Indonesia with remarks on synonymy and zoogeography (Arachnida: Araneae: Hahniidae). *Belgian Journal of Zoology*, 122: 83-91.

Bosmans R. 1994. On some species described by O. P.-Cambridge in the genera *Erigone* and *Linyphia* from Egypt, Palestine and Syria (Araneae: Linyphiidae). *Bulletin of the British Arachnological Society*, 9: 233-235.

Bosmans R. 2006. Contribution to the knowledge of the Linyphiidae of the Maghreb. Part XI. Miscellaneous linyphiid genera and additions (Araneae: Linyphiidae: Linyphiinae). *Bulletin & Annales de la Société Entomologique de Belgique*, 141: 125-161.

Bosmans R. 2007. Contribution to the knowledge of the Linyphiidae of the Maghreb. Part XII. Miscellaneous erigonine genera and additional records (Araneae: Linyphiidae: Erigoninae). *Bulletin & Annales de la Société Entomologique de Belgique*, 143: 117-163.

Bosmans R, Baert L, Bosselaers J, De Koninck H, Maelfait J P, van Keer J. 2009. Spiders of Lesbos (Greece). *Nieuwsbrief van de Belgische Arachnologische Vereniging*, 24(Suppl.): 1-70.

Bosmans R, Blick T. 2000. Contribution to the knowledge of the genus Micaria in the West-palearctic region, with description of the new genus Arboricaria and three new species (Araneae Gnaphosidae). *Memorie della Società Entomologica Italiana, Genova*, 78: 443-476.

Bosmans R, Cardoso P, Crespo L C. 2010. A review of the linyphiid spiders of Portugal, with the description of six new species (Araneae: Linyphiidae). *Zootaxa*, 2473: 1-67.

Bosmans R, van Hove M. 1986. A revision of the afrotropical representatives of the genus *Langbiana* Hogg (Araneae: Zodariidae). *Bulletin of the British Arachnological Society*, 7: 17-28.

Bosmans R, Janssen M. 1982. Araignées rares ou nouvelles pour la faune Belge. *Bulletin & Annales de la Société Entomologique de Belgique*, 118: 281-286.

Bosmans R, van Keer J. 1999. The genus *Enoplognatha* Pavesi, 1880 in the Mediterranean region (Araneae: Theridiidae). *Bulletin of the British Arachnological Society*, 11: 209-241.

Bosmans R, van Keer J. 2012. On the spider species described by L. Koch in 1882 from the Balearic Islands (Araneae). *Arachnologische Mitteilungen*, 43: 5-16.

Bosmans R, Vanuytven H, Van Keer J. 1994. On two poorly known *Theridion* species, recently collected in Belgium for the first time (Araneae: Theridiidae). *Bulletin of the British Arachnological Society*, 9: 236-240.

Bosselaers J. 2002. A cladistic analysis of Zoropsidae (Araneae), with the description of a new genus. *Belgian Journal of Zoology*, 132: 141-154.

Bosselaers J, Bosmans R. 2010. Studies in Corinnidae (Araneae): a new *Paratrachelas* Kovblyuk & Nadolny from Algeria, as well as the description of a new genus of Old World Trachelinae. *Zootaxa*, 2612: 41-56.

Bourne J D. 1980. New armored spiders of the family Tetrablemmidae from New Ireland and northern India (Araneae). *Revue Suisse de Zoologie*, 87: 301-317.

Bradley H B. 1876. The araneids of the Chevert Expedition. Part I. *Proceedings of the Linnean Society of New South Wales*, 1: 137-150.

Brady A R. 1980. Nearctic species of the wolf spider genus *Trochosa* (Araneae: Lycosidae). *Psyche, Cambridge*, 86: 167-212.

Braendegaard J. 1928. Araneina. *In*: Zoology of the Faroes. *Copenhagen*, 47: 1-28.

Braendegaard J. 1932. Araneae. In Isländische Spinnentiere. *Göteborgs Kungliga Vetenskaps och Witterhets Samhället Handlingar* (5B), 2(7): 8-36.

Braendegaard J. 1940. I. Spiders (Araneina) from northeast Greenland between lats. 70-25' and 76-50' N. II. On the possibility of a reliable determination of species of the females of the genus *Erigone*. *Meddelelser om Grønland*, 125(8): 1-29. (*Literature*: 30-31)

Braendegaard J. 1946. The spiders (Araneina) of East Greenland: A faunistic and zoogeographical investigation. *Meddr Grønland*, 121(15): 1-128.

Braendegaard J. 1958. Araneida. *The Zoology of Iceland. Ejnar Munksgaard, Copenhagen*, 3(54): 1-113.

Braendegaard J. 1966. Edderkopper: Eller Spindlere I. *Danmarks Fauna*, 72: 1-224.

Braendegaard J. 1972. Edderkopper: Eller Spindlere II. *Danmarks Fauna*, 80: 1-231.

Braun R. 1964. Über einige Spinnen aus Tirol, Österreich (Arach., Araneae). *Senckenbergiana Biologica*, 45: 151-160.

Braun R. 1965. Beitrag zu einer Revision der paläarktischen Arten der *Philodromus aureolus*-Gruppe (Arach., Araneae). I. Morphologisch-systematischer Teil. *Senckenbergiana Biologica*, 46: 369-428.

Breene R G, Dean D A, Nyffeler M, Edwards G B. 1993. *Biology, Predation Ecology, and Significance of Spiders in Texas Cotton Ecosystems with a Key to Species*. College Station: Texas Agriculture Experiment Station: 115.

Bremi-Wolff J J. 1849. *In*: Menzel A. *Kurzer Abriss einer Naturgeschichte der Spinnen*. Ein Festageschenk für die Jugend, Zürich: 1-16.

Brescovit A D, Rheims C A. 2000. On the synanthropic species of the genus *Scytodes* Latreille (Araneae, Scytodidae) of Brazil, with synonymies and records of these species in other Neotropical countries. *Bulletin of the British Arachnological Society*, 11: 320-330.

Brescovit A D, Santos A J. 2013. The spider genus *Kukulcania* in South America (Araneae: Filistatidae): a redescription of *K. brevipes* (Keyserling) and new records of *K. hibernalis* (Hentz). *Zootaxa*, 3734: 301-316.

Brescovit A D, Simó M. 2007. On the Brazilian Atlantic Forest species of the spider genus *Ctenus* Walckenaer, with the description of a neotype for *C. dubius* Walckenaer (Araneae, Ctenidae, Cteninae). *Bulletin of the British Arachnological Society*, 14: 1-17.

Breuss W. 2001. Bemerkenswerte Spinnen aus Vorarlberg (Österreich)-I (Arachnida: Araneae: Lycosidae, Theridiidae, Mysmenidae, Gnaphosidae, Salticidae). *Berichte des Naturwissenschaftlich-Medizinischen Vereins in Innsbruck*, 88: 183-193.

Brignoli P M. 1967. Notizie sui Theridiidae del Lazio (Araneae). *Fragmenta Entomologica*, 4: 177-197.

Brignoli P M. 1968. Su alcuni Araneidae e Theridiidae di Sicilia (Araneae). *Atti dell' Accademia Gioenia di Scienze Naturali in Catania*, 20(6): 85-104.

Brignoli P M. 1969. Note sugli Scytodidae d'Italia e Malta (Araneae). *Fragmenta Entomologica*, 6: 121-166.

Brignoli P M. 1971a. Contributo alla conoscenza degli Agelenidae italiani (Araneae). *Fragmenta Entomologica*, 8: 57-142.

Brignoli P M. 1971b. Un nuovo *Pholcus* europeo (Araneae, Pholcidae). *Memorie del Museo Civico di Storia Naturale di Verona*, 19: 35-38.

Brignoli P M. 1971c. Note su ragni cavernicoli italiani (Araneae). *Fragmenta Entomologica*, 7: 121-229.

Brignoli P M. 1974. On some Oonopidae from Japan and Formosa (Araneae). *Acta Arachnologica, Tokyo*, 25: 73-85.

Brignoli P M. 1975. Ragni d'Italia. XXIII. Nuovi dati su alcune Haplogynae (Araneae). *Bollettino della Società Entomologica Italiana*, 107: 170-178.

Brignoli P M. 1976a. Beiträge zur Kenntnis der Scytodidae (Araneae). *Revue Suisse de Zoologie*, 83: 125-191.

Brignoli P M. 1976b. Ragni di Grecia IX. Specie nuove o interessanti delle famiglie Leptonetidae, Dysderidae, Pholcidae ed Agelenidae (Araneae). *Revue Suisse de Zoologie*, 83: 539-578.

Brignoli P M. 1976c. Ragni d'Italia XXIV. Note sulla morfologia dei genitalia interni dei Segestriidae e cenni sulle specie italiane. *Fragmenta Entomologica*, 12: 19-62.

Brignoli P M. 1977. Ragni d'Italia XXVII. Nuovi dati su Agelenidae, Argyronetidae, Hahniidae, Oxyopidae e Pisauridae cavernicoli ed epigei (Araneae). *Quaderni del Museo di Speleologia "V. Rivera"*, 4: 3-117.

Brignoli P M. 1978a. Spiders from Lebanon, III. Some notes on the Pisauridae, Agelenidae and Oxyopidae of the Near East. *Bulletin of the British Arachnological Society*, 4: 204-209.

Brignoli P M. 1978b. Some remarks on the relationships between the Haplogynae, the Semientelegynae and the Cribellatae. *Symposia of the Zoological Society of London*, 42: 285-292.

Brignoli P M. 1978c. Spinnen aus Brasilien, II. Vier neue Ochyroceratidae aus Amazonas nebst Bemerkungen über andere Amerikanische Arten (Arachnida: Araneae). *Studies on Neotropical Fauna and Environment*, 13: 11-21.

Brignoli P M. 1979a. Contribution à la connaissance des Uloboridae paléarctiques (Araneae). *Revue Arachnologique*, 2: 275-282.

Brignoli P M. 1979b. Ragni d'Italia XXXI. Specie cavernicole nuove o interessanti (Araneae). *Quaderni del Museo di Speleologia "V. Rivera"*, 5(10): 1-48.

Brignoli P M. 1979c. Ragni delle Filippine III. Su alcuni Ochyroceratidae (Araneae). *Revue Suisse de Zoologie*, 86: 595-604.

Brignoli P M. 1979d. Une nouvelle *Theonoe* de Sumatra (Araneae, Theridiidae). *Bulletin du Muséum National d'Histoire Naturelle de Paris*, (4)1(A): 1075-1078.

Brignoli P M. 1980. On few Mysmenidae from the Oriental and Australian regions (Araneae). *Revue Suisse de Zoologie*, 87: 727-738.

Brignoli P M. 1981a. Spiders from the Philippines IV. A new *Ogulnius* and notes on some other Oriental and Japanese Theridiosomatidae (Araneae). *Acta Arachnologica, Tokyo*, 30: 9-19.

Brignoli P M. 1981b. New or interesting Anapidae (Arachnida, Araneae). *Revue Suisse de Zoologie*, 88: 109-134.

Brignoli P M. 1981c. Studies on the Pholcidae, I. Notes on the genera *Artema* and *Physocyclus* (Araneae). *Bulletin of the American Museum of Natural History*, 170: 90-100.

Brignoli P M. 1982a. On a few spiders from China (Araneae). *Bulletin of the British Arachnological Society*, 5: 344-351.

Brignoli P M. 1982b. Si alcuni Stenochilidae orientali (Araneae). *Bollettino del Museo Civico di Storia Naturale di Verona*, 8: 455-457.

Brignoli P M. 1983a. *Ragni d'Italia XXXIV. Le specie descritte da G. canestrini (Araneae)*. Sestriere-Torino: Atti XIII Congresso Nazionale Italiano di Entomologia: 561-567.

Brignoli P M. 1983b. *A catalogue of the Araneae described between 1940 and 1981*. Manchester: Manchester University Press: 755.

Brignoli P M. 1984a. Ragni di Grecia XII. Nuovi dati su varie famiglie (Araneae). *Revue Suisse de Zoologie*, 91: 281-321.

Brignoli P M. 1984b. Zur Problematik der mediterranen *Pisaura*-Arten (Arachnida, Araneae, Pisauridae). *Zoologischer Anzeiger*, 213: 33-43.

Brignoli P M. 1986. Spiders from Melanesia III. A new *Alistra* (Araneae, Hahniidae) from the Solomon Islands. *Bollettino del Museo Civico di Storia Naturale di Verona*, 11: 327-332.

Bristowe W S. 1925. The fauna of the Arctic island of Jan Mayen and its probable origin. *Annals and Magazine of Natural History*, 15(9): 480-485.

Bristowe W S. 1926. The mating habits of British thomisid and sparassid spiders. *Annals and Magazine of Natural History*, 18(9): 114-131.

Bristowe W S. 1931. The mating habits of spiders: a second supplement, with the description of a new thomisid from Krakatau. *Proceedings of the Zoological Society of London*, 1931: 1401-1412.

Bristowe W S. 1933a. The liphistiid spiders. With an appendix on their internal anatomy by J. Millot. *Proceedings of the Zoological Society of London*, 103: 1016-1057.

Bristowe W S. 1933b. The spiders of Bear Island. *Norsk Entomologisk Tidsskrift*, 3: 149-154.

Bristowe W S. 1933c. Notes on the biology of spiders. VIII. Rare spiders and the meaning of the word rare. *Annals and Magazine of Natural History*, 11(10): 279-289.

Bristowe W S. 1935. The spiders of Greece and the adjacent islands. *Proceedings of the Zoological Society of London*, 1934: 733-788.

Bristowe W S. 1938. The classification of spiders. *Proceedings of the Zoological Society of London* (B), 108: 285-322.

Bristowe W S. 1939. *The Comity of Spiders*. London: Ray Society: 1: 228

Bristowe W S. 1941. *The comity of spiders*. London: Ray Society: xiv + 229-560.

Bristowe W S. 1945. A foreign spider, *Argyope bruennichi* Scop., established in England. *Annals and Magazine of Natural History*, 11(11): 829-834.

Bristowe W S. 1948. Notes on the structure and systematic position of oonopid spiders based on an examination of the British species. *Proceedings of the Zoological Society of London*, 118: 878-891.

Bristowe W S. 1958. *The World of Spiders*. London: Collins: xii + 304 pp.

Brullé A. 1832. *Expédition scientifique de Morée*. Paris, tome III, 1re partie: Zoologie, 2me section: Des Animaux articulé (Araneae: 51-57, pl. 28).

Bryant E B. 1908. List of the Araneina. *In*: Fauna of New England, 9. *Occasional Papers of the Boston Society of Natural History*, 7: 1-105.

Bryant E B. 1933a. New and little known spiders from the United States. *Bulletin of the Museum of Comparative Zoology at Harvard College*, 74: 171-193.

Bryant E B. 1933b. Notes on types of Urquhart's spiders. *Records of the Canterbury Museum*, 4: 1-27.

Bryant E B. 1935. A rare spider. *Psyche*, 42: 163-166.

Bryant E B. 1936. New species of southern Spiders. *Psyche*, 43: 87-101.

Bryant E B. 1940. Cuban spiders in the Museum of Comparative Zoology. *Bulletin of the Museum of Comparative Zoology at Harvard College*, 86: 247-532.

Bryant E B. 1942. Notes on the spiders of the Virgin Islands. *Bulletin of the Museum of Comparative Zoology at Harvard College*, 89: 317-366.

Bryant E B. 1944. Three species of *Coleosoma* from Florida (Araneae; Theridiidae). *Psyche, Cambridge*, 51: 51-58.

Bryant E B. 1945a. Some new or little known southern spiders. *Psyche, Cambridge*, 52: 178-192.

Bryant E B. 1945b. The Argiopidae of Hispaniola. *Bulletin of the Museum of Comparative Zoology at Harvard College*, 95: 357-422.

Bryant E B. 1945c. Notes on some Florida spiders. *Transactions of the Connecticut Academy of Arts and Sciences*, 36: 199-213.

Bryant E B. 1947. A list of spiders from Mona Island, with descriptions of new and little known species. *Psyche, Cambridge*, 54: 86-99.

Bryant E B. 1948. The spiders of Hispaniola. *Bulletin of the Museum of Comparative Zoology at Harvard College*, 100: 331-459.

Bryant E B. 1949. The male of *Prodidomus rufus* Hentz (Prodidomidae, Araneae). *Psyche, Cambridge*, 56: 22-25.

Bryja V, Řezáč M, Kubcová L, Kůrka A. 2005. Three interesting species of the genus *Philodromus* Walckenaer, 1825 (Araneae: Philodromidae) in the Czech Republic. *Acta Musei Moraviae, Scientiae Biologicae*, 90: 185-194.

Buchar J. 1959. Beitrag zur Bestimmung der mitteleuropäischen Arten der Gattung *Trochosa* (C. L. Koch) (Araneae: Lycosidae). *Acta Universitatis Carolinae Biologica*, 1959: 159-164.

Buchar J. 1961. Revision des vorkommens von seltenen Spinnenarten auf dem Gebiete von Böhmen. *Acta Universitatis Carolinae Biologica*, 1961: 87-101.

Buchar J. 1962. Beiträge zur Arachnofauna von Böhmen I. *Acta Universitatis Carolinae Biologica*, 1962: 1-7.

Buchar J. 1966. Beitrag zur Kenntnis der paläarktischen *Pirata*-Arten (Araneae, Lycosidae). *Věstník Československé Zoologické Společnosti v Praze*, 30: 210-218.

Buchar J. 1967a. Eine wenig bekannte Baldachinspinne *Stemonyphantes pictus* Schenkel, 1930. *Věstník Československé Zoologické Společnosti v Praze*, 31: 116-120.

Buchar J. 1967b. Die Spinnenfauna der Pančická louka und der nahen Umgebung. *Opera Corcontica*, 4: 79-93.

Buchar J. 1968. Zur Lycosidenfauna Bulgariens (Arachn., Araneae). *Věstník Československé Zoologické Společnosti v Praze*, 32: 116-130.

Buchar J. 1971. Die Verwandtschaftsbeziehungen der Art *Pardosa cincta* (Kulczynski) (Araneae, Lycosidae). *Acta Universitatis Carolinae Biologica*, 1970: 121-129.

Buchar J. 1976. Über einige Lycosiden (Araneae) aus Nepal. *Ergebnisse des Forschungsunternehmens Nepal Himalaya*, 5: 201-227.

Buchar J. 1980. Lycosidae aus dem Nepal-Himalaya. II. Die *Pardosa nebulosa*-und *P. venatrix*-Gruppe (Araneae: Lycosidae: Pardosinae). *Senckenbergiana*

Biologica, 61: 77-91.

Buchar J. 1981. Zur Lycosiden-Fauna von Tirol (Araneae, Lycosidae). *Věstník Československé Zoologické Společnosti v Praze*, 45: 4-13.

Buchar J. 1984. Lycosidae aus dem Nepal-Himalaya. III. Die *Pardosa ricta*-und *P. lapponica*-Gruppe (Araneae: Lycosidae: Pardosinae). *Senckenbergiana Biologica*, 64: 381-391.

Buchar J. 1995. Jak je utvářeno tělo pavouka. *Ziva*, 1995(4): 185-187.

Buchar J. 1997. Lycosidae aus Bhutan 1. Venoniinae und Lycosinae (Arachnida: Araneae). *Entomologica Basiliensis*, 20: 5-32.

Buchar J. 2001. Two new species of the genus *Alopecosa* (Araneae: Lycosidae) from south-eastern Europe. *Acta Universitatis Carolinae Biologica*, 45: 257-266.

Buchar J, Ducháč V, Hurka K, Lallák J. 1995. Pavouci-Araneida. *In*: Klíč K. *Určování Bezobratlých*. Prague: Scientia: 104-128.

Buchar J, Thaler K. 1993. Die Arten der Gattung *Acantholycosa* in Westeuropa (Arachnida, Araneida: Lycosidae). *Revue Suisse de Zoologie*, 100: 327-341.

Buchar J, Thaler K. 1995a. Die Wolfspinnen von Österreich 2: Gattungen *Arctosa*, *Tricca*, *Trochosa* (Arachnida, Araneida: Lycosidae)-Faunistisch-tiergeographische Übersicht. *Carinthia II*, 185: 481-498.

Buchar J, Thaler K. 1995b. Zur Variation der Kopulationsorgane von *Pistius truncatus* (Pallas) (Araneida, Thomisidae) in Mitteleuropa. *Linzer Biologische Beiträge*, 27: 653-663.

Buchar J, Thaler K. 2004. Ein Artproblem bei Wolfspinnen: Zur Differenzierung und vikarianten Verbreitung von *Alopecosa striatipes* (C. L. Koch) und *A. mariae* (Dahl) (Araneae, Lycosidae). *In*: Thaler K. *Diversität und Biologie von Webspinnen, Skorpionen und anderen Spinnentieren*. Denisia, 12: 271-280.

Buchar J, Žďárek J. 1960. Die Arachnofauna der mittelböhmischen Waldsteppe. *Acta Universitatis Carolinae Biologica*, 1960: 87-102.

Bücherl W. 1959. Fauna aracnológica e alguns aspectos ecológicos da ilha de Trindade. *Memórias do Instituto Butantan*, 29: 277-313.

Bücherl W. 1961. Aranhas do gênero *Loxosceles* e loxoscelismo na America. *Ciência e Cultura, Sao Paulo*, 13: 213-224.

Buckle D, Roney K. 1995. *Araniella proxima* (Kulczyński) (Araneae: Araneidae) in North America. *The Canadian Entomologist*, 127: 977-978.

Buckle D J, Carroll D, Crawford R L, Roth V D. 2001. Linyphiidae and Pimoidae of America north of Mexico: checklist, synonymy, and literature. *Fabreries, Supplement*, 10: 89-191.

Burger M. 2005. The spider genus *Indicoblemma* Bourne, with description of a new species (Araneae: Tetrablemmidae). *Bulletin of the British Arachnological Society*, 13: 97-111.

Burger M, Nentwig W, Kropf C. 2003. Complex genital structures indicate cryptic female choice in a haplogyne spider (Arachnida, Araneae, Oonopidae, Gamasomorphinae). *Journal of Morphology*, 255: 80-93.

Bürgis H. 1990. Die Speispinne *Scytodes thoracica* (Araneae: Sicariidae). Ein Beitrag zur Morphologie und Biologie. *Mitteilungen der Pollichia*, 77: 289-313.

Butler A G. 1873. A monographic list of the species of *Gasteracantha* or crab-spiders, with descriptions of new species. *Transactions of the Entomological Society of London*, 1873: 153-180.

Butler A G. 1876. Preliminary notice of new species of Arachnida and Myriopoda from Rodriguez, collected by Mssrs George Gulliver and H. H. Slater. *Annals and Magazine of Natural History*, 17(4): 439-446.

Butler A G. 1878. Myriopoda and Arachnida. *In*: Zoology of Rodriguez. An account of the petrological, botanical and zoological collections made in Kergueleen's Land and Rodriguez during the Transit of Venus expedition. *Philosophical Transactions of the Royal Society of London*, 168: 497-509.

Butler A G. 1879a. On Arachnida from the Mascarene Islands and Madagascar. *Proceedings of the Zoological Society of London*, 1879: 729-734.

Butler A G. 1879b. On a small collection of Arachnida from the island of Johanna, etc. *Annals and Magazine of Natural History*, 4(5): 41-44.

Butler A G. 1882. On some new or little known spiders from Madagascar. *Proceedings of the Zoological Society of London*, 1882: 763-768.

Butler L S G. 1929. Studies in Victorian spiders. No. 1. *Proceedings of the Royal Society of Victoria* (N. S.), 42: 41-52.

Butt A, Siraj A. 2006. Some orb weaver spiders from Punjab, Pakistan. *Pakistan Journal of Zoology*, 38: 215-220.

Cabra-García J, Hormiga G, Brescovit A D. 2014. Female genital morphology in the secondarily haplogyne spider genus *Glenognatha* Simon, 1887 (Araneae, Tetragnathidae), with comments on its phylogenetic significance. *Journal of Morphology*, 275: 1027-1040.

Cai B Q. 1985. A new species of the genus *Pirata* from Province Yunan, China (Araneae, Lycosidae). *Journal of Xinjiang Normal College*, 46: 75-78.

Cai B Q. 1987. Two new species of the genus *Pirata* (Araneae: Lycosidae). *Acta Zootaxonomica Sinica*, 12: 362-366.

Cai B Q. 1993. A new species of the genus *Venonia* from China (Araneae: Lycosidae). *Journal of Henan Normal University* (Nat. Sci.), 21: 60-63.

Cai B Q. 2003. A description of the male of *Smeringopus pullidus* (Araneae: Pholcidae). *Acta Arachnologica Sinica*, 12: 20-21.

Cai B Q, Li W. 2004. The *Argyroneta aquatica* discover in Henan China (Araneae: Argyronetidae). *Acta Arachnologica Sinica*, 13: 93-94.

Calero T M Á, Rodríguez-Gironés A M Á. 2012. First record of *Runcinia flavida* (Simon, 1881) (Araneae: Thomisidae) in Europe. *Bulletin of the British Arachnological Society*, 15: 313-314.

Cambridge O P. 1885. *Araneida*. Calcutta: Scientific results of the second Yarkand mission: 1-115.

Canard A. 1982. Les araignées du Massif Armoricain II. Les Mimetides. *Bulletin de la Société Scientifique de Bretagne*, 54: 77-89.

Canese A. 1972. *Loxosceles rufescens* (Dufour 1820) en Isla Pucú del Departamento de la Cordillera (Paraguay). *Revista Paraguaya de Microbiología*, 7: 83-85.

Canestrini G. 1868. Nuove aracnidi italiani. *Annuario della Società dei Naturalisti in Modena*, 3: 190-206.

Canestrini G. 1876. Osservazione aracnologiche. *Atti della Società Veneto-Trentina di Scienze Naturali, Padova*, 3: 206-232.

Canestrini G, Pavesi P. 1868. Araneidi italiani. *Atti della Società Italiana di Scienze Naturali e del Museo Civico di Storia Naturale di Milano*, 11: 738-872.

Canestrini G, Pavesi P. 1870. Catalogo sistematico degli Araneidi italiano. *Archivi per la Zoologia Anatomia e Fisiologia Bologna*, 2: 60-64 (separate: 1-44).

Cantarella T. 1974. Contributo alla conoscenza degli *Heliophanus* (Arachnida, Araneae, Salticidae) di Sicilia. *Animalia*, 1: 157-173.

Cantarella T, Alicata P. 2002. On the genus *Pellenes* Simon 1876 (Araneae, Salticidae): synonymies and description of a new Italian species. *Bollettino dell'Accademia Gioenia di Scienze Naturali*, 35: 571-581.

Cantor T. 1842. General features of Chusan, with remarks on the flora and fauna of that island. *Annals and Magazine of Natural History*, 9: 481-496.

Caporiacco L di. 1922. Saggio sulla fauna aracnologica della Carnia e regioni limitrofe. *Memorie della Società Entomologica Italiana, Genova*, 1: 60-111.

Caporiacco L di. 1928. Aracnidi di Giarabub e di Porto Bardia (Tripolis). *Annali del Museo Civico di Storia Naturale di Genova*, 53: 77-107.

Caporiacco L di. 1932a. Aracnidi. *In*: Escursione zoologica all'Oasi di Marrakesch nell'aprile 1930. *Bollettino di Zoologia*, 3: 233-238.

Caporiacco L di. 1932b. Aracnidi raccolti in Albania dal dott. Pietro Parenzan. *Atti dell'Accademia Scientifica Veneto-Trentino-Istriana*, 23(3): 93-98.

Caporiacco L di. 1934a. Aracnidi dell'Himalaia e del Karakoram raccolti dalla Missione Italiana al Karakoram (1929-VII). *Memorie della Società Entomologica Italiana, Genova*, 13: 113-160.

Caporiacco L di. 1934b. Aracnidi. *In*: Missione zoologica del Dott. E. Festa in Cirenaica. *Bollettino dei Musei di Zoologia ed Anatomia Comparata della Reale Università di Torino*, 44: 1-28.

Caporiacco L di. 1934c. Aracnidi terrestri della Laguna veneta. *Atti del Museo Civico di Storia Naturale di Trieste*, 12: 107-131.

Caporiacco L di. 1935a. Escursione del Prof. Nello Beccari in Anatolia. Aracnidi. *Monitore Zoologico Italiano*, 46: 283-289.

Caporiacco L di. 1935b. Aracnidi dell'Himalaia e del Karakoram, raccolti dalla Missione italiana al Karakoram (1929-VII). *Memorie della Società Entomologica Italiana, Genova*, 13: 161-263.

Caporiacco L di. 1936. Aracnidi raccolti durante la primavera 1933 nelle oasi del deserto libico. *Memorie della Società Entomologica Italiana, Genova*, 15: 93-122.

Caporiacco L di. 1937. Un manipolo di araneidi della Tripolitania costiera. *Monitore Zoologico Italiano*, 48: 57-60.

Caporiacco L di. 1940. Aracnidi raccolte nella Reg. dei Laghi Etiopici della Fossa Galla. *Atti della Reale Accademia d'Italia*, 11: 767-873.

Caporiacco L di. 1941. Arachnida (esc. Acarina). *Missione Biologica Sagan-Omo, Reale Accademia d'Italia, Roma*, 12(Zool. 6): 1-159.

Caporiacco L di. 1947a. Diagnosi preliminari de specie nuove di aracnidi della Guiana Brittanica raccolte dai professori Beccari e Romiti. *Monitore Zoologico Italiano*, 56: 20-34.

Caporiacco L di. 1947b. Arachnida Africae Orientalis, a dominibus Kittenberger, Kovács et Bornemisza lecta, in Museo Nationali Hungarico servata. *Annales Historico-Naturales Musei Nationalis Hungarici*, 40: 97-257.

Caporiacco L di. 1948a. Arachnida of British Guiana collected in 1931 and 1936 by Professors Beccari and Romiti. *Proceedings of the Zoological Society of London*, 118: 607-747.

Caporiacco L di. 1948b. L'arachnofauna di Rodi. *Redia*, 33: 27-75.

Caporiacco L di. 1949a. Aracnidi della colonia del Kenya raccolti da Toschi e Meneghetti negli anni 1944-1946. *Commentationes Pontificia Academia Scientiarum*, 13: 309-492.

Caporiacco L di. 1949b. Un manipolo di araneidi dalla Cirenaica. *Atti del Museo Civico di Storia Naturale di Trieste*, 17: 113-119.

Caporiacco L di. 1950. Gli aracnidi della laguna di Venezia. II Nota. *Bollettino della Sociétà Veneziana di Storia Naturale e del Museo Civico di Storia Naturale, Venezia*, 5: 114-140.

Caporiacco L di. 1951. Aracnidi pugliesi raccolti dai Signori Conci, Giordani-Soika, Gridelli, Ruffo e dall'autore. *Memorie di Biogeografia Adriatica*, 2: 63-94.

Caporiacco L di. 1955. Estudios sobre los aracnidos de Venezuela. 2a parte: Araneae. *Acta Biologica Venezuelica*, 1: 265-448.

Carico J E. 1973. The Nearctic species of the genus *Dolomedes* (Araneae: Pisauridae). *Bulletin of the Museum of Comparative Zoology at Harvard College*, 144: 435-488.

Carpenter G H. 1898. A list of the spiders of Ireland. *Proceedings of the Royal Irish Academy*, 5: 128-210.

Casemir H. 1960. Beitrag zur Kenntnis der niederrheinischen Spinnenfauna. *Decheniana*, 113: 239-264.

Casemir H. 1962. Spinnen vom Ufer des Altrheins bei Xanten/Niederrhein. *Gewässer Abwässer*, 30-31: 7-35.

Casemir H. 1970. *Silometopus bonessi* n. sp., eine neue Micryphantide, und vergleichende Darstellung der aus Deutschland bekannten Arten der Gattung *Silometopus* E. Simon 1926 (Arachnida: Araneae: Micryphantidae). *Decheniana*, 122: 207-216.

Castelli G. 1893. Appunti per una fauna aracnologica del Polesine. *Atti della Società Veneto-Trentina di Scienze Naturali, Padova*, 1: 199-208.

Chai B Q. 1985. A new species of the genus *Pirata* from Province Yunnan, China (Araneae, Lycosidae). *Journal of Xinjiang Normal College*, 46: 75-78.

Chai B Q. 1987. Two new species of the genus *Pirata* (Araneae: Lycosidae). *Acta Zootaxonomica Sinica*, 12: 362-366.

Chakrabarti S. 2009. *Gea spinipes* C. L. Koch 1843 (Araneae: Araneidae) found in western Himalaya, India. *Turkish Journal of Arachnology*, 1: 128-132.

Chamberlin R V. 1904. Notes on generic characters in the Lycosidae. *The Canadian Entomologist*, 36: 145-148, 173-178.

Chamberlin R V. 1908. Revision of North American spiders of the family Lycosidae. *Proceedings of the Academy of Natural Sciences of Philadelphia*, 60: 158-318.

Chamberlin R V. 1916. Results of the Yale Peruvian Expedition of 1911. The Arachnida. *Bulletin of the Museum of Comparative Zoology at Harvard College*, 60: 177-299.

Chamberlin R V. 1919a. New western spiders. *Annales of the Entomological Society of America*, 12: 239-260.

Chamberlin R V. 1919b. New Californian spiders. Journal of Entomology and Zoology, 12: 1-17.

Chamberlin R V. 1920. South American Arachnida, chiefly from the Guano Islands of Peru. *Bulletin of the Brooklyn Institute of Arts and Sciences*, 3: 35-44.

Chamberlin R V. 1921a. On some arachnids from southern Utah. *The Canadian Entomologist*, 53: 245-247.

Chamberlin R V. 1921b. Linyphiidae of St. Paul Island, Alaska. *Journal of The New York Entomological Society*, 29: 35-43.

Chamberlin R V. 1922. The North American spiders of the family Gnaphosidae. *Proceedings of the Biological Society of Washington*, 35: 145-172.

Chamberlin R V. 1924a. Descriptions of new American and Chinese spiders, with notes on other Chinese species. *Proceedings of the United States National Museum*, 63(13): 1-38.

Chamberlin R V. 1924b. The spider fauna of the shores and islands of the Gulf of California. *Proceedings of the California Academy of Sciences*, 12: 561-694.

Chamberlin R V. 1925. Diagnoses of new American Arachnida. *Bulletin of the Museum of Comparative Zoology at Harvard College*, 67: 209-248.

Chamberlin R V. 1933. Four new spiders of the family Gnaphosidae. *American Museum Novitates*, 631: 1-7.

Chamberlin R V. 1936a. Records of North American Gnaphosidae with descriptions of new species. *American Museum Novitates*, 841: 1-30.

Chamberlin R V. 1936b. Further records and descriptions of North American Gnaphosidae. *American Museum Novitates*, 853: 1-25.

Chamberlin R V. 1948. The genera of North American Dictynidae. *Bulletin of the University of Utah*, 38(15): 1-31.

Chamberlin R V, Gertsch W J. 1928. Notes on spiders from southeastern Utah. *Proceedings of the Biological Society of Washington*, 41: 175-188.

Chamberlin R V, Gertsch W J. 1929. New spiders from Utah and California. *Journal of Entomology and Zoology*, 21: 101-112.

Chamberlin R V, Gertsch W J. 1940. Descriptions of new Gnaphosidae from the United States. *American Museum Novitates*, 1068: 1-19.

Chamberlin R V, Gertsch W J. 1958. The spider family Dictynidae in America north of Mexico. *Bulletin of the American Museum of Natural History*, 116: 1-152.

Chamberlin R V, Ivie W. 1933. Spiders of the Raft River Mountains of Utah. *Bulletin of the University of Utah*, 23(4): 1-79.
Chamberlin R V, Ivie W. 1935a. Miscellaneous new American spiders. *Bulletin of the University of Utah*, 26(4): 1-79.
Chamberlin R V, Ivie W. 1935b. Nearctic spiders of the family Urocteidae. *Annales of the Entomological Society of America*, 28: 265-272.
Chamberlin R V, Ivie W. 1936. New spiders from Mexico and Panama. *Bulletin of the University of Utah*, 27(5): 1-103.
Chamberlin R V, Ivie W. 1941. Spiders collected by L. W. Saylor and others, mostly in California. *Bulletin of the University of Utah*, 31(8): 1-49.
Chamberlin R V, Ivie W. 1942. A hundred new species of American spiders. *Bulletin of the University of Utah*, 32(13): 1-117.
Chamberlin R V, Ivie W. 1943. New genera and species of North American linyphiid spiders. *Bulletin of the University of Utah*, 33(10): 1-39.
Chamberlin R V, Ivie W. 1944. Spiders of the Georgia region of North America. *Bulletin of the University of Utah*, 35(9): 1-267.
Chamberlin R V, Ivie W. 1945. Some erigonid spiders of the genera *Eulaira* and *Diplocentria*. *Bulletin of the University of Utah*, 36(2): 1-19.
Chamberlin R V, Ivie W. 1947. The spiders of Alaska. *Bulletin of the University of Utah*, 37(10): 1-103.
Chami-Kranon T, Ono H. 2007. On Vietnamese representatives of the ant spider genus *Heradion* (Araneae: Zodariidae). *Zootaxa*, 1395: 59-68.
Chang Y H. 1996. A newly recorded spider from Taiwan, *Paraplectana tsushimensis* Yamaguchi, 1960 (Araneae: Araneidae). *Acta Arachnologica, Tokyo*, 45: 13-14.
Chang Y H, Chang H W. 1996. A new record of the spider, *Araniella yaginumai* Tanikawa, 1995 (Araneae: Araneidae) from Taiwan. *Acta Arachnologica, Tokyo*, 45: 143-145.
Chang Y H, Chang H W. 1997. *Gea spinipes* C. L. Koch, 1843 (Araneae: Araneidae), a new addition to Taiwan fauna. *Acta Arachnologica, Tokyo*, 46: 83-85.
Chang Y H, Tso I M. 2004. Six newly recorded spiders of the genera *Araneus*, *Larinia*, *Eriophora*, *Thanatus*, *Portia* and *Dolichognatha* (Araneae: Araneidae, Philodromidae, Salticidae and Tetragnathidae) from Taiwan. *Acta Arachnologica, Tokyo*, 53: 27-33.
Chang Z P, Gao S S, Guan J D. 1995. Description on five species of spiders from Liaoning. *Journal of Liaoning Forestry Science and Technology*, 1995(2): 41, 45-46.
Charitonov D E. 1926a. Materialy k faounié paoukow Tscherdynskogo kraia. *Izwestia Biologitschieskogo naoutschno-Issliedowatielskogo Institouta pri Permskom Ouniwersitete*, 4: 257-272.
Charitonov D E. 1926b. Materialy k faounié paoukow Werchotourskogo Ourala. *Izwestia Biologitschieskogo naoutschno-Issliedowatielskogo Institouta pri Permskom Ouniwersitete*, 5: 49-60.
Charitonov D E. 1926c. Materialy k faounié paoukow Permskoy goubernii. *Lejiegod Zoologicheskii Instituta Muzeya Akademii Nauk SSSR St. Petersburg*, 26: 103-136.
Charitonov D E. 1932. Katalog rousskich paoukow. *Lejiegod Zoologicheskii Instituta Muzeya Akademii Nauk SSSR St. Petersburg*, 32: 1-207.
Charitonov D E. 1937. Contribution to the fauna of Crimean spiders. *Festschrift Embrik Strand*, 3: 127-140.
Charitonov D E. 1946. New forms of spiders of the USSR. *Izvestija Estedvenno-Nauchnogo Instituta pri Molotovskom Gosudarstvennom Universitete imeni M. Gor'kogo*, 12: 19-32.
Charitonov D E. 1951. *Pauki i senokoscy*. Moscow: Uscel'e Kondara: 209-216.
Charitonov D E. 1956. Obzor paukov semeistva Dysderidae faunii SSSR. *Uchenye Zapiski, Molotovskii Gosudarstvennyj Universitet Imeni A. M. Gorkogo*, 10: 17-39.
Charitonov D E. 1969. Material'i k faune paukov SSR. *Uchenye Zapiski, Permskij Ordena Trudovogo Krasnogo Znameni Gosudarstvennyj Universitet Imeni A. M. Gorkogo*, 179: 59-133.
Chatzaki M. 2010a. A revision of the genus *Nomisia* in Greece and neighboring regions with the description of two new species. *Zootaxa*, 2501: 1-22.
Chatzaki M. 2010b. New data on the least known zelotines (Araneae, Gnaphosidae) of Greece and adjacent regions. *Zootaxa*, 2564: 43-61.
Chatzaki M, Thaler K, Mylonas M. 2002a. Ground spiders (Gnaphosidae; Araneae) of Crete (Greece). Taxonomy and distribution. I. *Revue Suisse de Zoologie*, 109: 559-601.
Chatzaki M, Thaler K, Mylonas M. 2002b. Ground spiders (Gnaphosidae, Araneae) of Crete and adjacent areas of Greece. Taxonomy and distribution. II. *Revue Suisse de Zoologie*, 109: 603-633.
Chatzaki M, Thaler K, Mylonas M. 2003. Ground spiders (Gnaphosidae; Araneae) from Crete and adjacent areas of Greece. Taxonomy and distribution. III. Zelotes and allied genera. *Revue Suisse de Zoologie*, 1109: 45-89.
Chen D H, Feng Z, Qu J L. 2004. The scanning electron microscopic observations on body surface structures of *Plesiophrictus guangxiensis*. *Acta Zootaxonomica Sinica*, 29: 658-665.
Chen D H, Liang F M, Chen X Y, Liu Y, Qu J L. 2003. Scanning electron microscopic observations on body surface structures of *Ornithoctonus huwena*. *Chinese Journal of Zoology, Peking*, 38: 70-74.
Chen D H, Yin C M, Xu X, Bao Y H. 2004. Males of two theraphosids from south China (Arachnida, Araneae). *Acta Zootaxonomica Sinica*, 29: 606-608.
Chen H M. 2010a. *Karstia*, a new genus of troglophilous theridiosomatid (Araneae, Theridiosomatidae) from southwestern China. *Guizhou Science*, 28(4): 1-10.
Chen H M, Gao L, Zhu M S. 2000. Two new species of the genus *Leptoneta* (Araneae: Leptonetidae) from China. *Acta Arachnologica Sinica*, 9: 10-13.
Chen H M, Jia Q, Wang S J. 2010. A revision of the genus *Qianleptoneta* (Araneae: Leptonetidae). *Journal of Natural History*, 44: 2873-2915.
Chen H M, Zhang F, Zhu M S. 2009a. Four new troglophilous species of the genus *Belisana* Thorell, 1898 (Araneae, Pholcidae) from Guizhou Province, China. *Zootaxa*, 2092: 58-68.
Chen H M, Zhang F, Zhu M S. 2009b. A new species of the genus *Khorata* (Aranei: Pholcidae) from Guizhou province, China. *Arthropoda Selecta*, 18: 47-49.
Chen H M, Zhang F, Zhu M S. 2011. Four new troglophilous species of the genus *Pholcus* Walckenaer (Araneae, Pholcidae) from Guizhou province, China. *Zootaxa*, 2922: 51-59.
Chen H M, Zhang J X, Song D X. 2003. A newly recorded species of the family Philodromidae from China (Arachnida: Araneae). *Acta Arachnologica Sinica*, 12: 91-93.
Chen H M, Zhang J X, Song D X, Kim J P. 2002. A new species of the genus *Psechrus* from China (Araneae: Psechridae). *Korean Arachnology*, 18: 9-12.
Chen H M, Zhu M S. 2004. A new cave spider of the genus *Nesticella* from China (Araneae, Nesticidae). *Acta Zootaxonomica Sinica*, 29: 87-88.
Chen H M, Zhu M S. 2005. A new species of the spider genus *Nesticus* from the cave of China (Araneae, Nesticidae). *Acta Zootaxonomica Sinica*, 30: 735-736.
Chen H M, Zhu M S. 2008. One new genus and species of troglobite spiders (Araneae, Leptonetidae) from Guizhou, China. *Journal of Dali University*, 7(12):

11-14.
Chen H M, Zhu M S. 2009a. Two new troglobitic species of the genus *Telema* (Araneae, Telemidae) from Guizhou, southwestern China. *Journal of Natural History*, 43: 1705-1713.
Chen H M, Zhu M S. 2009b. One new troglophilous species of the genus *Sinopoda* (Araneae, Sparassidae) from Guizhou, China. *Acta Arachnologica, Tokyo*, 58: 19-21.
Chen H M, Zhu M S. 2009c. One new troglophilous species of the genus *Okileucauge* (Araneae: Tetragnathidae) from Guizhou, China. *Acta Arachnologica, Tokyo*, 58: 23-25.
Chen H M, Zhu M S, Kim J P. 2008. Three new eyeless *Draconarius* spiders (Araneae, Amaurobiidae) from limestone caves in Guizhou, southwestern China. *Korean Arachnology*, 24: 85-95.
Chen J, Li S Q. 1995. A new species of spider of the genus *Neriene* from Fujian, China (Araneae: Linyphiidae). *Journal of Hubei University, Natural Science Edition*, 17: 311-314.
Chen J, Li S Q, Zhao J Z. 1995. A new record of spider of the genus *Neriene* from China (Araneae: Linyphiidae). *Acta Arachnologica Sinica*, 4: 137-139.
Chen J, Li S Q, Wu Y M. 1996. Chineses spider database and its service system. *Acta Arachnologica Sinica*, 5, 127-131.
Chen J, Peng J B, Zhao J Z. 1995. A new species of spider of the genus *Trachelas* from China (Araneae: Corinnidae). *Acta Zootaxonomica Sinica*, 20: 161-164.
Chen J, Peng J P, Zhao J Z. 1992. Two new species of theridiid spider from China (Araneae: Theridiidae). *Journal of Hubei University*, 14: 270-274.
Chen J, Song D X. 1996. On five species of Lycosidae from China. *Acta Arachnologica Sinica*, 5: 120-126.
Chen J, Song D X. 1999. On some species of the genus *Arctosa* from China (Araneae: Lycosidae). *Acta Zootaxonomica Sinica*, 24: 138-143.
Chen J, Song D X. 2002. A new species and a new record of *monticola* group of the genus *Pardosa* from China (Araneae, Lycosidae). *Journal of Shanxi University, Natural Sciences*, 25: 341-344.
Chen J, Song D X. 2003a. Three newly recorded Chinese species of the *xerampelina* group of the genus *Pardosa* C. L. Koch (Araneae, Lycosidae). *Acta Zootaxonomica Sinica*, 28: 455-458.
Chen J, Song D X. 2003b. Four species of the genus *Alopecosa* from China (Araneae: Lycosidae). *Acta Arachnologica Sinica*, 12: 66-71.
Chen J, Song D X. 2004. A taxonomic study on the spiders of *Pardosa multivaga* group (Araneae: Lycosidae). *Oriental Insects*, 38: 405-417.
Chen J, Song D X, Gao J C. 2000. Two new species of the genus *Alopecosa* Simon (Araneae: Lycosidae) from Inner Mongolia, China. *Zoological Studies*, 39: 133-137.
Chen J, Song D X, Kim J P. 1998. Two new species and two new records of Chinese wolf spiders (Araneae: Lycosidae). *Korean Arachnology*, 14(1): 70-76. [also reprinted in *Korean Arachnology*, 14(2): 66-72.].
Chen J, Song D X, Kim J P. 2001. Three new species of the genus *Alopecosa* Simon from China (Araneae: Lycosidae). *Acta Zootaxonomica Sinica*, 26: 18-23.
Chen J, Song D X, Li S Q. 2001. A new species of the genus *Pardosa* from China (Araneae: Lycosidae). *Acta Zootaxonomica Sinica*, 26: 476-478.
Chen J, Zhu C D. 1988. A new species of spider of the genus *Neriene* from China (Araneae: Linyphiidae). *Acta Zootaxonomica Sinica*, 13: 346-349.
Chen J, Zhu C D. 1989. Two new species of spider of the genus *Neriene* from Hubei, China (Araneae: Linyphiidae). *Acta Zootaxonomica Sinica*, 14: 160-165.
Chen J, Zhu C D. 1992. A new species of spider of the genus *Neriene* from China (Araneae: Linyphiidae). *Acta Zootaxonomica Sinica*, 17: 418-423.
Chen J, Zhu C D, Chen X E. 1989. *Neriene birmanica* (Thorell, 1887)—a new record of linyphiid spider from China (Araneae: Linyphiidae). *Journal of Hubei University, Natural Science Edition*, 11(2): 1-5.
Chen J A, Li S Q. 2000. On *Neriene strandia* (Blauvelt, 1936) (Araneae Linyphiidae). *Journal of Hubei University, Natural Science Edition*, 22: 192-194.
Chen J A, Yin C M. 2000. On five species of linyphiid spiders from Hunan, China (Araneae: Linyphiidae). *Acta Arachnologica Sinica*, 9: 86-93.
Chen J A, Yin C M. 2001. A new spider genus and species of the family Linyphiidae from China (Araneae: Linyphiidae). *Acta Zootaxonomica Sinica*, 26: 170-173.
Chen J A, Zhao J Z. 1997. Four new species of the genus *Coelotes* from Hubei, China (Araneae, Amaurobiidae). *Acta Arachnologica Sinica*, 6: 87-92.
Chen J A, Zhao J Z. 1998. A new species of genus *Coelotes* and a species of genus *Agelena* from wouthwest Hubei, China (Araneae: Amaurobiidae, Agelenidae). *Sichuan Journal of Zoology*, 17: 3-4.
Chen J A, Zhao J Z, Wang J F. 1991. Two new species of spider of the genus *Coelotes* from Wudang Mountain, China (Araneae: Agelenidae). *Journal of Hubei University, Natural Science Edition*, 13: 9-12.
Chen J I, Yin C M. 1999. A new species of the genus *Neriene* from Yunnan, China (Araneae: Linyphiidae). *Acta Arachnologica Sinica*, 8: 65-67.
Chen M B, Mei X G, Zhang W S, Zhu C D. 1982. Description of three species of spider from China (Araneae: Gnaphosidae). *Journal of the Bethune Medical University*, 8: 42-43.
Chen M B, Zhu C D. 1982. Description of two species of Salticidae (Araneae) from Beijing, China. *Journal of the Bethune Medical University*, 8: 51-52.
Chen S H. 1990. A new species of *Phoroncidia* (Araneae: Theridiidae) from Taiwan. *Journal of Taiwan Museum*, 43: 19-21.
Chen S H. 1994. A new record of spider, *Hersilia asiatica* Song and Zheng, from Taiwan (Araneae: Hersiliidae). *Biological Bulletin of the National Taiwan Normal University*, 29: 1-3.
Chen S H. 1997. Two newly recorded spiders of the genera *Tetragnatha* and *Leucauge* (Araneae: Tetragnathidae) in Taiwan. *Biological Bulletin of the National Taiwan Normal University*, 31: 113-118.
Chen S H. 2007. Spiders of the genus *Hersilia* from Taiwan (Araneae: Hersiliidae). *Zoological Studies*, 46: 12-25.
Chen S H. 2010. *Anyphaena wuyi* Zhang, Zhu et Song 2005, a newly recorded spider from Taiwan (Araneae, Anyphaenidae). *BioFormosa*, 44: 69-74.
Chen S H. 2012. Anyphaenidae (Arachnida: Araneae). *In*: Chen S H, Huang W J. *The Spider Fauna of Taiwan. Araneae. Miturgidae, Anyphaenidae, Clubionidae*. Taipei: National Taiwan Normal University: 31-38, 103, 114-122, 125, 130.
Chen S H, Chen Y T. 2002. Note on a newly recorded spider, *Perenethis venusta* L. Koch 1878, from Taiwan (Araneae: Pisauridae). *BioFormosa*, 37: 31-35.
Chen S H, Huang W J. 2004. A newly recorded spider of the genus *Cheiracanthium* (Araneae, Clubionidae) from Taiwan. *BioFormosa*, 39: 55-59.
Chen S H, Huang W J. 2006. A new spider of the genus *Matidia* (Araneae, Clubionidae) from Taiwan. *BioFormosa*, 41: 67-70.
Chen S H, Huang W J. 2009. A newly recorded spider *Oedignatha platnicki* Song et Zhu 1998 from Taiwan, with description of the female (Araneae, Corinnidae). *BioFormosa*, 44: 31-36.
Chen S H, Huang W J. 2011. A new species of genus *Anyphaena* from Taiwan (Araneae, Anyphaenidae). *BioFormosa*, 45: 79-84.

Chen S H, Huang W J. 2012. Miturgidae (Arachnida: Araneae). *In*: Chen S H, Huang W J. *The Spider Fauna of Taiwan. Araneae. Miturgidae, Anyphaenidae, Clubionidae*. Taipei: National Taiwan Normal University: 5-30, 101-102, 114-125, 130.

Chen S H, Huang W J, Chen S C, Wang Y. 2006. Two new species and one newly recorded species of the genus *Cheiracanthium* (Araneae: Miturgidae) from Taiwan. *BioFormosa*, 41: 9-18.

Chen S H, Wang Y, Chen S C. 2003. A newly recorded spider of the family Hahniidae (Arachnida, Araneae) from Taiwan. *Journal of Taiwan Normal University, Mathematics, Science, Technology*, 48: 25-30.

Chen W H, Zhao J Z. 1996. A new species of theridiid spider from Hubei, China (Araneae: Theridiidae). *Acta Zootaxonomica Sinica*, 21: 35-38.

Chen X E, Gao J C. 1990. *The Sichuan farmland spiders in China*. Chengdu: Sichuan Science and Technology Publishing House: 226.

Chen X E, Gao J C, Zhu C D, Luo Z M. 1988. A new species of the genus *Heptathela* from China (Araneae: Heptathelidae). *Sichuan Journal of Agricultural Science*, 1988: 78-81.

Chen X, Yan H M, Yin C M. 2009. Two new species of the genus *Hahnia* from China (Araneae: Hahniidae). *Acta Arachnologica Sinica*, 18: 66-70.

Chen Y F. 1991. Two new species and two new records of linyphiid spiders from China (Arneae: Linyphiidae). *Acta Zootaxonomica Sinica*, 16: 163-168.

Chen Z F. 1984a. A new species of spider of the genus *Nesticus* from China (Araneae: Nesticidae). *Acta Zootaxonomica Sinica*, 9: 34-36.

Chen Z F. 1984b. Five new species of the genus *Coelotes* (Agelenidae) from China. *Journal of the Hangzhou Normal College* (Nat. Sci.), 1984(1): 1-7.

Chen Z F. 1986. A new generic record and a new species of Agelenidae from China (Araneae: Agelenidae). *Acta Zootaxonomica Sinica*, 11: 160-162.

Chen Z F. 1993. A new species of the genus *Achaearanea* from Zhejiang Province (Araneae: Theridiidae). *Acta Zootaxonomica Sinica*, 18: 36-38.

Chen Z F, Shen Y C, Gao F. 1984. Description of the new species of the genus *Leptoneta* (Araneae, Leptonetidae) from caves of Zhejiang. *Journal of the Hangzhou Normal College* (Nat. Sci.), 1984(1): 8-13.

Chen Z F, Song D X. 1987. A new species of *Centromerus* from China (Araneae: Linyphiidae). *Acta Zootaxonomica Sinica*, 12: 136-138.

Chen Z F, Song D X. 1988. A new species of the genus *Bathyphantes* from China (Araneae: Linyphiidae). *Acta Zootaxonomica Sinica*, 13: 42-44.

Chen Z F, Zhang Z H. 1982. New records of Chinese spiders, I. *Journal of the Hangzhou Normal College* (Nat. Sci.), 3: 34-37.

Chen Z F, Zhang Z H. 1991. *Fauna of Zhejiang: Araneida*. Changsha: Zhejiang Science and Technology Publishing House: 356.

Chen Z F, Zhang Z H. 1993. Study on the genus *Leptoneta* in karst caves in Zhejiang Province, China (Araneae: Leptonetidae). *In*: Song L H. *Karst Landscape and Cave Tourism*. Beijing: China Environmental Science Press: 216-220.

Chen Z F, Zhang Z H. 1995. A description of the male spider of *Monaeses caudatus* (Araneae: Thomisidae). *Acta Arachnologica Sinica*, 4: 140-141.

Chen Z F, Zhang Z H, Song D X. 1982. A new species of the genus *Leptoneta* (Araneae) from China. *Journal of Hangzhou University, Natural Science Edition*, 9: 204-206.

Chen Z F, Zhang Z H, Song D X. 1986. A new species of the genus *Leptoneta* from Zhejiang Province (Araneae: Leptonetidae). *Acta Zootaxonomica Sinica*, 11: 40-42.

Chen Z F, Zhang Z H, Zhu C D. 1981. A new species of genus *Heptathela*. *Journal of Hangzhou University, Natural Science Edition*, 8: 305-308.

Chickering A M. 1939. Anyphaenidae and Clubionidae of Michigan. *Papers of the Michigan Academy of Science, Arts and Letters*, 24: 49-84.

Chickering A M. 1940. The Thomisidae (crab spiders) of Michigan. *Papers of the Michigan Academy of Science, Arts and Letters*, 25: 189-237.

Chickering A M. 1951. The Oonopidae of Panama. *Bulletin of the Museum of Comparative Zoology at Harvard College*, 106: 207-245.

Chickering A M. 1957a. The genus *Tetragnatha* (Araneae, Argiopidae) in Jamaica, B. W. I, and other neighboring islands. *Breviora*, 68: 1-15.

Chickering A M. 1957b. The genus *Tetragnatha* (Araneae, Argiopidae) in Panama. *Bulletin of the Museum of Comparative Zoology at Harvard College*, 116: 301-354.

Chickering A M. 1959. The genus *Tetragnatha* (Araneae, Argiopidae) in Michigan. *Bulletin of the Museum of Comparative Zoology at Harvard College*, 119: 475-499.

Chickering A M. 1962. The genus *Tetragnatha* (Araneae, Argiopidae) in Jamaica, W. I. *Bulletin of the Museum of Comparative Zoology at Harvard College*, 127: 423-450.

Chickering A M. 1968. The genus *Ischnothyreus* (Araneae, Oonopidae) in Central America and the West Indies. *Psyche, Cambridge*, 75: 77-86.

Chickering A M. 1969. The family Oonopidae (Araneae) in Florida. *Psyche, Cambridge*, 76: 144-162.

Chida T, Tanikawa A. 1999. A new species of the spider genus *Argyrodes* (Araneae: Theridiidae) from Japan previously misidentified with *A. fissifrons*. *Acta Arachnologica, Tokyo*, 48: 31-36.

Chikuni Y. 1955. Five interesting spiders from Japan highlands. *Acta Arachnologica, Tokyo*, 14: 29-40.

Chikuni Y. 1977a. *Coelotes modestus* and its allied species, distributed in a foot of North Alps of Japan. *Atypus*, 70: 56-57.

Chikuni Y. 1977b. *Rhene atrata* and its allied species. *Atypus*, 68: 10-11.

Chikuni Y. 1989a. Some interesting Japanese spiders of the families Amaurobiidae, Araneidae and Salticidae. *In*: Nishikawa Y, Ono H. *Arachnological Papers Presented to Takeo Yaginuma on the Occasion of his Retirement*. Osaka: Osaka Arachnologists' Group: 133-152.

Chikuni Y. 1989b. *Pictorial Encyclopedia of Spiders in Japan*. Tokyo: Kaisei-sha Publishing Co.: 310.

Chikuni Y, Yaginuma T. 1976. Marpissa magister and M. elongata. *Atypus*, 67: 33-34.

Chiu S C, Chu Y I, Lung Y H. 1974. The life history and some bionomic notes on a spider, *Oedothorax insecticeps* Boes. et St. (Micryphantidae: Araneae). *Plant Protection Bulletin*, 16: 153-161.

Cho J H, Kim J P. 2002. A revisional study of family Salticidae Blackwall, 1841 (Arachnida, Araneae) from Korea. *Korean Arachnology*, 18: 85-169.

Cho J H, Kim J P. 2003. A taxonomic study of genus *Plexippoides* (Araneae: Salticidae) from Korea. *Korean Arachnology*, 19: 13-20.

Chotwong W, Tanikawa A. 2013. Four spider species of the families Theridiidae, Araneidae, and Salticidae (Arachnida; Araneae) new to Thailand. *Acta Arachnologica, Tokyo*, 62: 1-5.

Chotwong W, Tanikawa A, Ikeda Y, Miyashita T. 2013. Two spider species of the genus *Anepsion* (Araneae: Araneidae) from Thailand, with a note on the synonymy of *Anepsion japonicum* (Bösenberg & Strand 1906). *Acta Arachnologica, Tokyo*, 62(2): 89-94.

Chrysanthus P. 1949. Paringsbiologie bij spinnen. *In*: In het Voetspoor van Thijsse. H. Wageningen: Veenman: 349-359.

Chrysanthus P. 1950. De sidderspin (*Pholcus phalangioides* Fuessl.). *Levende Natuur*, 53: 81-86.

Chrysanthus P. 1955a. Notes on spiders I. *Entomologische Berichten, Amsterdam*, 15: 301-303.

Chrysanthus P. 1955b. Notes on spiders II. *Entomologische Berichten, Amsterdam*, 15: 518-520.

Chrysanthus P. 1955c. On defectively regenerated palps in male spiders. *Natuurhistorisch Maandblad*, 44: 56-59.

Chrysanthus P. 1958a. Spiders from south New Guinea I. *Nova Guinea* (N. S.), 9: 235-243.

Chrysanthus P. 1958b. Notes on spiders III. The females of some *Clubiona* species. *Entomologische Berichten, Amsterdam*, 18: 111-115.

Chrysanthus P. 1959. Spiders from south New Guinea II. *Nova Guinea* (N. S. Zool.), 10: 197-206.

Chrysanthus P. 1960. Spiders from south New Guinea III. *Nova Guinea* (N. S. Zool.), 10: 23-42.

Chrysanthus P. 1961a. Die Gattung *Anepsion* Strand 1929 (Arach., Araneae: Araneidae-Araneinae). *Senckenbergiana Biologica*, 42: 463-477.

Chrysanthus P. 1961b. Spiders from south New Guinea IV. *Nova Guinea* (N. S., Zool.), 10: 195-214.

Chrysanthus P. 1963. Spiders from south New Guinea V. *Nova Guinea* (N. S., Zool.), 24: 727-750.

Chrysanthus P. 1964. Spiders from south New Guinea VI. *Nova Guinea* (N. S., Zool.), 28: 87-104.

Chrysanthus P. 1965a. Spiders from south New Guinea VII. *Nova Guinea* (N. S., Zool.), 34: 345-369.

Chrysanthus P. 1965b. On the identity of *Coelotes atropos* (Walckenaer), *saxatilis* (Blackwall) and *terrestris* (Wider) (Araneida, Agelenidae). *Tijdschrift voor Entomologie*, 108: 61-71.

Chrysanthus P. 1967. Spiders from south New Guinea IX. *Tijdschrift voor Entomologie*, 110: 89-105.

Chrysanthus P. 1968. Spiders from south New Guinea X. *Tijdschrift voor Entomologie*, 111: 49-74.

Chrysanthus P. 1969. Additional remarks on the genus *Anepsion* Strand, 1929 (Araneae, Argyopidae). *Zoologische Mededelingen*, 44: 31-39.

Chrysanthus P. 1971. Further notes on the spiders of New Guinea I (Argyopidae). *Zoologische Verhandelingen*, 113: 1-52.

Chrysanthus P. 1972. Description of the hitherto unknown males of *Argiope reinwardti* (Doleschall, 1859) and *Cyrtophora monulfi* Chrysanthus, 1960 (Araneae, Argiopidae). *Zoologische Mededelingen*, 47: 156-159.

Chrysanthus P. 1975. Further notes on the spiders of New Guinea II (Araneae, Tetragnathidae, Theridiidae). *Zoologische Verhandelingen*, 140: 1-50.

Chu Y I, Okuma C. 1970. Preliminary survey on the spider-fauna of the paddy fields in Taiwan. *Mushi*, 44: 65-88.

Chyzer C, Kulczyński W. 1891. Araneae Hungariae. *Budapest*, 1: 1-170.

Chyzer C, Kulczyński W. 1894. Araneae Hungariae. *Budapest*, 2: 1-151.

Chyzer C, Kulczyński W. 1897. Araneae hungariae. *Budapest*, 2: 151-366.

Clark D J, Benoit P L G. 1977. Fam. Salticidae. *La faune terrestre de l'île de Saite-Hélène IV. Annales, Musée Royal de l'Afrique Centrale, Sciences zoologiques*, (Zool.-Ser. 8): 220, 87-103.

Clark D J, Jerrard P C. 1972. A note on *Cheiracanthium pennyi* O. P.-Cambridge. *Bulletin of the British Arachnological Society*, 2: 110.

Clark D J, Locket G H. 1964. *Cheiracanthium pennyi* O. P.-Cambridge. *Bulletin of the British Spider Study Group*, 22: 1-2.

Clerck C. 1757. *Svenska spindlar, uti sina hufvud-slågter indelte samt under några och sextio särskildte arter beskrefne och med illuminerade figurer uplyste.* Stockholmiae: 154.

Cloudsley-Thompson J L. 1956. Notes on Arachnida, 26.-*Argiope bruennichi* (Scop.) in Britain. *Entomologist's Monthly Magazine*, 92: 74.

Coddington J A. 1986. The genera of the spider family Theridiosomatidae. *Smithsonian Contributions to Zoology*, 422: 1-96.

Coddington J A. 1990. Ontogeny and homology in the male palpus of orb-weaving spiders and their relatives, with comments on phylogeny (Araneoclada: Araneoidea, Deinopoidea). *Smithsonian Contributions to Zoology*, 496: 1-52.

Collyer P. 2009. *Enoplognatha tecta* in Suffolk. *Newsletter of the British Arachnological Society*, 116: 14-15.

Colmenares-García P A. 2008. Tres nuevos registros para la araneofauna Venezolana (Arachnida, Araneae, Pholcidae). *Boletin del Centro de Investigaciones Biologicas de la Universidad del Zulia*, 42: 85-92.

Comellini A. 1957. Notes sur les Thomisidae d'Afrique 2.-Le genre *Thomisus*. *Revue de Zoologie et de Botanique Africaines*, 55: 1-32.

Comstock J H. 1912. *The spider book; a manual for the study of the spiders and their near relatives, the scorpions, pseudoscorpions, whipscorpions, harvestmen and other members of the class Arachnida, found in America north of Mexico, with analytical keys for their classification and popular accounts of their habits*. New York: Garden City: 1-721.

Comstock J H. 1940. *The spider book, revised and edited by W. J. Gertsch*. Ithaca: Cornell Univ. Press: xi + 727 pp.

Cooke J A L. 1962. The spiders of Colne Point, Essex, with descriptions of two species new to Britain. *Entomologist's Monthly Magazine*, 97: 245-253.

Cooke J A L. 1963. A preliminary account of the spiders of the Flatford Mill region, East Suffolk. *Transactions of the Suffolk Naturalists' Society*, 12: 155-176.

Cooke J A L. 1964. A revisionary study of some spiders of the rare family Prodidomidae. *Proceedings of the Zoological Society of London*, 142: 257-305.

Cooke J A L. 1966a. Synopsis of the structure and function of the genitalia in *Dysdera crocata* (Araneae, Dysderidae). *Senckenbergiana Biologica*, 47: 35-43.

Cooke J A L. 1966b. The identification of females of the British species of *Erigone* (Araneae, Linyphiidae). *Entomologist's Monthly Magazine*, 101: 195-196.

Cooke J A L. 1970. Spider genitalia and phylogeny. *Bulletin du Muséum National d'Histoire Naturelle de Paris*, 41(Suppl. 1): 142-146.

Cooke J A L. 1972. A new genus and species of oonopid spider from Colombia with a curious method of embolus protection. *Bulletin of the British Arachnological Society*, 2: 90-92.

Coquebert de Montbret A I. 1804. *Illustratio iconographica insectorum*. Paris: Decas III.: 142. (Araneae p. 122, pl. 27, f. 12).

Corronca J A. 1996. *Orops* Benoit sinónimo de *Selenops* Latreille y notas sobre *Anyphops* Benoit (Araneae: Selenopidae). *Neotropica*, 42: 60.

Corronca J A. 2002. A taxonomic revision of the afrotropical species of *Selenops* Latreille, 1819 (Araneae, Selenopidae). *Zootaxa*, 107: 1-35.

Costa A. 1882. Notizie ed osservazione sulla geo-fauna sarda. I. *Atti della Reale Accademia delle Scienze Fisiche e Matematiche di Napoli*, 9: 1-41. (Araneae: 28-29).

Crawford R L. 1988. An annotated checklist of the spiders of Washington. *Burke Museum Contributions in Anthropology and Natural History*, 5: 1-48.

Crawford R L, Edwards J S. 1989. Alpine spiders and harvestmen of Mount Rainier, Washington, U. S. A.: Taxonomy and bionomics. *Canadian Journal of Zoology*, 67: 430-446.

Crespo L. 2008. Contribution to the knowledge of the Portuguese spider (Arachnida: Araneae) fauna: seven new additions to the Portuguese checklist. *Boletín de la Sociedad Entomologica Aragonesa*, 43: 403-407.

Crews S C, Harvey M S. 2011. The spider family Selenopidae (Arachnida, Araneae) in Australasia and the Oriental region. *ZooKeys*, 99: 1-103.

Croeser P M C. 1996. A revision of the African huntsman spider genus *Palystes* L. Koch 1875 (Araneae: Heteropodidae). *Annals of the Natal Museum*, 37: 1-122.

Crome W. 1951. *Die Wasserspinne*. Leipzig: Die neue Brehm-Bücherei: 1-47.

Crome W. 1954. Beschreibung, Morphologie und Lebensweise der *Eucta kaestneri* sp. n. (Araneae, Tetragnathidae). *Zoologische Jahrbücher* (Syst.), 82: 425-452.

Crome W, Crome I. 1961a. Wachstum ohne Häutung und Entwicklungsvorgänge bei den Weibchen von *Argyope bruennichi* (Scopoli) (Araneae: Araneidae).

Deutsche Entomologische Zeitschrift (N. F.), 8: 443-464.

Crome W, Crome I. 1961b. Paarung und Eiablage bei *Argyope bruennichi* (Scopoli) auf Grund von Freilandbeobachtungen an Zwei Populationen im Spreewald/Mark Brandenburg (Araneae: Araneidae). *Mitteilungen aus dem Zoologischen Museum in Berlin*, 37: 189-252.

Crosby C R. 1905. A catalogue of the Erigoneae of North America, with notes and descriptions of new species. *Proceedings of the Academy of Natural Sciences of Philadelphia*, 57: 301-343.

Crosby C R, Bishop S C. 1927. New species of Erigoneae and Theridiidae. *Journal of The New York Entomological Society*, 35: 147-154.

Crosby C R, Bishop S C. 1928a. Revision of the spider genera *Erigone*, *Eperigone* and *Catabrithorax* (Erigoneae). *New York State Museum Bulletin*, 278: 1-73.

Crosby C R, Bishop S C. 1928b. Araneae. *In*: A list of the insects of New York. *Memoirs of the Cornell University Agricultural Experiment Station*, 101: 1034-1074.

Crosby C R, Bishop S C. 1931. Studies in American spiders: genera *Cornicularia*, *Paracornicularia*, *Tigellinus*, *Walckenaera*, *Epiceraticelus* and *Pelecopsis* with descriptions of new genera and species. *Journal of The New York Entomological Society*, 39: 359-403.

Cutler B. 1965. The jumping spiders of New York City (Araneae: Salticidae). *Journal of The New York Entomological Society*, 73: 138-143.

Cutler B. 1988. A revision of the American species of the antlike jumping spider genus *Synageles* (Araneae, Salticidae). *Journal of Arachnology*, 15: 321-348.

Cutler B. 2007. The identity of the small, widespread, synanthropic *Pholcus* (Araneae, Pholcidae) species in the northeastern United States. *Transactions of the Kansas Academy of Science*, 110: 129-131.

Cyrillus D. 1787. *Entomologiae Neapolitanae, Specimen Primum*. Naples: Leuven University Press: 1-12.

da Silva E L C. 2012. On the nursery-web spider genus *Hypsithylla* Simon, 1903 (Araneae: Pisauridae) and its synonymy with *Hygropoda* Thorell, 1894. *Zootaxa*, 3523: 59-63.

da Silva-Moreira T, Baptista R L C, Kury A B, Giupponi A P L, Buckup E H, Brescovit A D. 2010. Annotated check list of Arachnida type specimens deposited in the Museu Nacional, Rio de Janeiro. II—Araneae. *Zootaxa*, 2588: 1-91.

Dabelow S. 1958. Zur Biologie der Leimschleuderspinne *Scytodes thoracica* (Latrielle). *Zoologische Jahrbücher, Abteilung für Systematik, Geographie und Biologie der Tiere*, 86: 85-126.

Dahl F. 1883. Analytische Bearbeitung der Spinnen Norddeutschlands mit einer anatomisch-biologischen Einleitung. *Schriften des Naturwissenschaftlichen Vereins für Schleswig-Holstein*, 5: 13-88.

Dahl F. 1886. Monographie der *Erigone*-Arten im Thorell' schen. Sinne, nebst anderen Beiträgen zur Spinnenfauna SchleswigHolsteins. *Schriften des Naturwissenschaftlichen Vereins für Schleswig-Holstein*, 6: 65-102.

Dahl F. 1902. Über algebrochene Copulationsorgane männlicher Spinnen im Körper der Weibchen. *Sitzungsberichte der Gesellschaft Naturforschender Freunde zu Berlin*, 1902: 36-45.

Dahl F. 1907. *Synaema marlothi*, eine neue Laterigraden-Art und ihre Stellung in System. *Mitteilungen aus dem Zoologischen Museum in Berlin*, 3: 369-395.

Dahl F. 1908. Die Lycosiden oder Wolfsspinnen Deutschlands und ihre Stellung im Haushalt der Natur. Nach statistischen Untersuchungen dargestellt. *Nova Acta Academiae Caesareae Leopoldino-Carolinae Germanicae Naturae Curiosorum*, 88: 175-678.

Dahl F. 1912a. Seidenspinne und Spinneseide. *Mitteilungen aus dem Zoologischen Museum in Berlin*, 6: 1-90.

Dahl F. 1912b. Über die Fauna des Plagefenn-Gebietes. *In*: Conwentz H. Das Plagefenn bei Choren. Berlin: 339-638 (Araneae, 575-622).

Dahl F. 1914. Die Gasteracanthen des Berliner Zoologischen Museums und deren geographische Verbreitung. *Mitteilungen aus dem Zoologischen Museum in Berlin*, 7: 235-301.

Dahl F, Dahl M. 1927. Spinnentiere oder Arachnoidea. Lycosidae s. lat. (Wolfspinnen im weiteren Sinne). *Die Tierwelt Deutschlands. Jena*, 5: 1-80.

Dahl M. 1926. Spinnentiere oder Arachnoidea. Springspinnen (Salticidae). *Die Tierwelt Deutschlands. Jena*, 3: 1-55.

Dahl M. 1928. Spinnen (Araneae) von Nowaja-Semlja. *Det Norske Videnskaps-Akademi i Oslo*, 1928: 1-39.

Dahl M. 1931. Spinnentiere oder Arachnoidea. Agelenidae. *Die Tierwelt Deutschlands. Jena*, 24: 1-46.

Dahl M. 1937. Spinnentiere oder Arachnoidea. VIII. Hahniidae. Argyronetidae. *Die Tierwelt Deutschlands. Jena*, 33(19-20): 100-118.

Danilov S N. 1993a. Crab spiders (Aranei Thomisidae, Philodromidae) of Transbaikalia. 1. *Arthropoda Selecta*, 2(1): 61-67.

Danilov S N. 1993b. Spiders of the genus *Micaria* Westring (Araneae, Gnaphosidae) from Siberia. *Annalen des Naturhistorischen Museums in Wien*, 94/95: 427-431.

Danilov S N. 1994. Cribellate spiders (Aranei, Cribellatae) of Transbaicalia. *Entomologicheskoe Obozrenie*, 73: 200-209.

Danilov S N. 1997. New data on the spider genus *Micaria* Westring, 1851 in Asia (Aranei Gnaphosidae). *Arthropoda Selecta*, 5 (3/4): 113-116.

Danilov S N. 1999. The spider family Liocranidae in Siberia and Far East (Aranei). *Arthropoda Selecta*, 7: 313-317.

Danilov S N. 2000. New data on the spiders of the family Dictynidae (Araneae) from Siberia. *Ekológia (Bratislava)* 19(Suppl. 3): 37-44.

Danilov S N. 2008. *Catalogue of the Spiders (Arachnida, Aranei) of Transbaikalia*. Ulan-Ude: Buryatian Scientific Center Siberian Branch Russian Academy of Sciences Press: 108.

Danilov S N, Logunov D V. 1994. Faunistic review of the jumping spiders of Transbaikalia (Aranei Salticidae). *Arthropoda Selecta*, 2(4): 25-39.

Danişman T, Cosar İ. 2013. A contribution to the knowledge of the linyphiid spider fauna of Turkey (Araneae: Linyphiidae). *Acta Zoologica Bulgarica*, 65(4): 567-570.

Dankittipakul P, Beccaloni J. 2012. Validation and new synonymies proposed for *Cheiracanthium* species from south and southeast Asia (Araneae, Clubionidae). *Zootaxa*, 3510: 77-86.

Dankittipakul P, Jocqué R. 2004. Two new genera of Zodariidae (Araneae) from Southeast Asia. *Revue Suisse de Zoologie*, 111: 749-784.

Dankittipakul P, Jocqué R. 2006. Two new species of *Cydrela* Thorell (Araneae: Zodariidae) from Thailand. *The Raffles Bulletin of Zoology*, 54: 93-101.

Dankittipakul P, Jocqué R, Singtripop T. 2012. Systematics and biogeography of the spider genus *Mallinella* Strand, 1906, with descriptions of new species and new genera from southeast Asia (Araneae, Zodariidae). *Zootaxa*, 3369: 1-327, 3395: 46.

Dankittipakul P, Singtripop T. 2008. Five new species of the spider genus *Clubiona* Latreille (Araneae: Clubionidae) from Thailand. *Zootaxa*, 1747: 34-60.

Dankittipakul P, Singtripop T. 2010. The spitting spider family Scytodidae in Thailand, with descriptions of three new *Dictis* species (Araneae). *Revue Suisse de Zoologie*, 117: 121-141.

Dankittipakul P, Singtripop T. 2011. The spider genus *Hersilia* in Thailand, with descriptions of two new species (Araneae, Hersiliidae). *Revue Suisse de Zoologie*, 118: 207-221.

Dankittipakul P, Singtripop T, Zhang Z S. 2008. A review of the spider genus *Hygropoda* in Thailand (Araneae, Pisauridae). *Revue Suisse de Zoologie*, 115: 311-323.

Dankittipakul P, Tavano M, Chotwong W, Singtripop T. 2012. New synonym and descriptions of two new species of the spider genus *Clubiona* Latreille, 1804 from Thailand (Araneae, Clubionidae). *Zootaxa*, 3532: 51-63.

Dankittipakul P, Tavano M, Singtripop T. 2011. Neotype designation for *Sphingius thecatus* Thorell, 1890, synonymies, new records and descriptions of six new species from southeast Asia (Araneae, Liocranidae). *Zootaxa*, 3066: 1-20.

Dankittipakul P, Tavano M, Singtripop T. 2013. Revision of the spider genus *Jacaena* Thorell, 1897, with descriptions of four new species from Thailand (Araneae: Corinnidae). *Journal of Natural History*, 47: 1539-1567.

Davies V T, Żabka M. 1989. Illustrated keys to the genera of jumping spiders (Araneae: Salticidae) in Australia. *Memoirs of the Queensland Museum*, 27: 189-266.

Davies V T. 1985. Araneomorphae (in part). *Zoological Catalogue of Australia*, 3: 49-125.

Davies V T. 1988. An illustrated guide to the genera of orb-weaving spiders in Australia. *Memoirs of the Queensland Museum*, 25: 273-332.

Davies V T. 1994. The huntsman spiders *Heteropoda* Latreille and *Yiinthi* gen. nov. (Araneae: Heteropodidae) in Australia. *Memoirs of the Queensland Museum*, 35: 75-122.

Davies V T, Gallon J A. 1986. Type specimens of spiders (Araneae) in the Queensland Museum. *Memoirs of the Queensland Museum*, 22: 225-236.

Davis S, Sudhikumar A V, Jose K S, Sebastian P A. 2005. New record of the salticid spider *Thiania bhamoensis* Thorell (Araneae: Salticidae) from Kerala, India with its redescription and field notes on behavior. *Journal of the Bombay Natural History Society*, 102: 245-249.

Dawson I K, Merrett P. 2002. *Neriene emphana* (Walckenaer, 1841), a linyphiid spider new to Britain (Araneae: Linyphiidae). *Bulletin of the British Arachnological Society*, 12: 295-296.

de Brito Capello F 1867. Descripçao de algunas especies novas ou pouco conhecidas de Crustaceo e Arachnidios de Portugal e possessoes portuguezas do Ultramar. *Memorias da Academia Real das Sciencias de Lisboa* (N. S.), 4(1): 1-17.

de Dalmas R. 1919. Synopsis des araignées de la famille des Prodidomidae. *Annales de la Société Entomologique de France*, 87: 279-340. (N. B.: pp. 279-289 published in 1918, remainder, including all systematic changes, published in 1919).

de Dalmas R. 1921. Monographie des araignées de la section des Pterotricha (Aran. Gnaphosidae). *Annales de la Société Entomologique de France*, 89: 233-328.

de Dalmas R. 1922. Catalogue des araignées récoltées par le Marquis G. Doria dans l'ile Giglio (Archipel toscan). *Annali del Museo Civico di Storia Naturale di Genova*, 50: 79-96.

de Geer C. 1778. Mémoires pour servir à l'histoire des insectes. *Stockholm*, 7(3-4): 176-324.

de Geer C. 1783. Abhandlungen zur Geschichte der Insekten, aus dem französischen Übersetzt und mit Anmerkungen herausgegeben von J. A. E. Goeze. *Leipzig and Nürnberg*, 7: 72-126.

de Fourcroy A F. 1785. *Entomologia Parisiensis; Sive Catalogus Insectorum Quae in Agro parisiensi Reperiuntur*. Paris: FAO: 544. (Araneae: 531-537).

de Gerschman P B S, Schiapelli R D. 1965. El género *Latrodectus* Walckenaer, 1805 (Araneae: Theridiidae) en la Argentina. *Revista de la Sociedad Entomológica Argentina*, 27: 51-59.

de Jong B. 1947. *Araneae displicata* (Hentz) nieuw voor de Nederlandsche fauna. *Tijdschrift voor Entomologie*, 88: 511-514.

de Jong B. 1950. Bijdrage tot de kennis van de nederlandse spinnenfauna (Araneae). *Bijdragen tot de Dierkunde*, 28: 212-217.

de Lessert R. 1904. Observations sur les araignées du bassin du Leman et de quelques autres localites suisses. *Revue Suisse de Zoologie*, 12: 269-450.

de Lessert R. 1907. Notes arachnologiques. *Revue Suisse de Zoologie*, 15: 93-128.

de Lessert R. 1910a. Arachniden. *In*: Babler E. Die wirbellose terrestrische Fauna der nivalen Region. *Revue Suisse de Zoologie*, 18: 875-877, 906-907.

de Lessert R. 1910b. *Catalogue des invertebres de la Suisse. Fasc. 3, Araignées*. Musée d'histoire naturelle de Genève: 1-635.

de Lessert R. 1915. Arachnides de l'Ouganda et de l'Afrique orientale allemande. (Voyage du Dr J. Carl dans la region des lacs de l'Afrique centrale). *Revue Suisse de Zoologie*, 23: 1-80.

de Lessert R. 1925. Araignées du Kilimandjaro et du Merou (suite). 5. Salticidae. *Revue Suisse de Zoologie*, 31: 429-528.

de Lessert R. 1933. Araignées d'Angola. (Resultats de la Mission scientifique suisse en Angola 1928-1929). *Revue Suisse de Zoologie*, 40(4): 85-159.

de Lessert R. 1936. Araignées de l'Afrique orientale portugaise, recueillies par MM. P. Lesne et B.-B. Cott. *Revue Suisse de Zoologie*, 43: 207-306.

de Lessert R. 1938. Araignées du Congo belge (Premiere partie). *Revue de Zoologie et de Botanique Africaines*, 30: 424-457.

de Lessert R. 1939. Araignées du Congo belge (Deuxieme partie). *Revue de Zoologie et de Botanique Africaines*, 32: 1-13.

de Machado A B. 1941. Araignées nouvelles pour la faune portugaise (II). *Memorias e Estudos do Museu Zoologico da Universidade de Coimbra*, 117: i-xvi, 1-60.

de Machado A B. 1949. Araignées nouvelles pour la faune portugaise (III). *Memorias e Estudos do Museu Zoologico da Universidade de Coimbra*, 191: 1-69.

de Machado A B. 1951. Ochyroceratidae (Araneae) de l'Angola. *Publicações Culturais da Companhia de Diamantes de Angola*, 8: 1-88.

de Machado A B. 1982. Acerca do estado actual do conhecimento das aranhas dos Açores (Araneae). *Boletim da Sociedade Portuguesa de Entomologia*, 7(A): 137-143.

de Mello-Leitão C F. 1915. Algunas generos e especies novas de araneidos do Brasil. *Broteria*, 13: 129-142.

de Mello-Leitão C F. 1917a. Notas arachnologicas. 5, Especies novas ou pouco conhecidas do Brasil. *Broteria*, 15: 74-102.

de Mello-Leitão C F. 1917b. Generos e especies novas de araneidos. *Archivos da Escola Superior de Agricultura e Medicina Veterinaria, Rio de Janeiro*, 1: 3-19.

de Mello-Leitão C F. 1918. Scytodidas e pholcidas do Brasil. *Revista do Museu Paulista*, 10: 83-144.

de Mello-Leitão C F. 1922. Quelques araignées nouvelles ou peu connues du Bresil. *Annales de la Société Entomologique de France*, 91: 209-228.

de Mello-Leitão C F. 1929a. Aranhas do Pernambuco colhidas por D. Bento Pickel. *Anais da Academia Brasileira de Ciências*, 1: 91-112.

de Mello-Leitão C F. 1929b. Aphantochilidas e Thomisidas do Brasil. *Arquivos do Museu Nacional do Rio de Janeiro*, 31: 9-359.

de Mello-Leitão C F. 1935. Three interesting new Brasilian spiders. *Revista Chilena de Historia Natural*, 39: 94-98.

de Mello-Leitão C F. 1938. Algunas arañas nuevas de la Argentina. *Revista del Museo de La Plata* (N. S), 1: 89-118.

de Mello-Leitão C F. 1939. Algumas aranhas de S.-Paulo e Santa Catarina. *Memórias do Instituto Butantan*, 12: 523-531.

de Mello-Leitão C F. 1941a. Notas sobre a sistematica das aranhas com descrição de algumas novas especies Sul Ameicanas. *Anais da Academia Brasileira de Ciências*, 13: 103-127.

de Mello-Leitão C F. 1941b. Aranhas do Paraná. *Arquivos do Instituto Biológico, Sao Paolo*, 11: 235-257.

de Mello-Leitão C F. 1942. Arañas del Chaco y Santiago del Estero. *Revista del Museo de La Plata* (N. S., Zool.), 2: 381-426.

de Mello-Leitão C F. 1943. Catálogo das aranhas do Rio Grande do Sul. *Arquivos do Museu Nacional do Rio de Janeiro*, 37: 147-245.

de Mello-Leitão C F. 1944. Arañas de la provincia de Buenos Aires. *Revista del Museo de La Plata* (N. S., Zool.), 3: 311-393.

de Mello-Leitão C F. 1945. Arañas de Misiones, Corrientes y Entre Ríos. *Revista del Museo de La Plata* (N. S., Zool.), 4: 213-302.

de Mello-Leitão C F. 1946a. Notas sobre os Filistatidae e Pholcidae. *Anais da Academia Brasileira de Ciências*, 18: 39-83.

de Mello-Leitão C F. 1946b. Arañas del Paraguay. *Notas del Museo de la Plata*, 11(Zool. 91): 17-50.

de Mello-Leitão C F. 1951. Arañas de Maullin, colectadas por el ingeniero Rafael Barros V. *Revista Chilena de Historia Natural*, 51-53: 327-338.

de Piza Jr. S T. 1938. Duas novas especes de aranha muito communs em Piracicaba. *Folia Clinica et Biologica, Piracicaba, Sao Paulo*, 10: 21-23.

de Razoumowsky G. 1787. Lettre de M. le Comte de Razoumowsky à M. Reynier, sur une araignée. *Journal de Physique, de Chimie et d'Histoire Naturelle, Paris*, 31: 372-374.

de Razoumowsky G. 1789. Histoire naturelle du Jorat et de ses environs; et celle des trois lacs de Neufchatel, Morat et Bienne, précédées d'un esai sur le climat, les productions. *Lausanne*, 1: 241-247.

de Villers C. 1789. Caroli Linnaei entomologia, faunae Suecicae descriptionibus aucta. *Lugduni*, 4: 86-130.

de Vis C W. 1911. A fisherman's spider. *Annals of the Queensland Museum*, 10: 167-168.

Deeleman-Reinhold C L. 1978. Revision of the cave-dwelling and related spiders of the genus *Troglohyphantes* Joseph (Linyphiidae), with special reference to the Yugoslav species. *Slovenska Akademija Znanosti in Umetnosti, Razred za Prirodoslovne Vede, Classis IV, Historia Naturalis* (Prirod. Vede), 23: 1-220.

Deeleman-Reinhold C L. 1985. Contribution à la connaissance des *Lepthyphantes* du groupe *pallidus* (Araneae, Linyphiidae) de Yougoslavie, Grece et Chypre. *Mémoires de Biospéologie*, 12: 37-50.

Deeleman-Reinhold C L. 1986. Studies on tropical Pholcidae II: Redescription of *Micromerys gracilis* Bradley and *Calapnita vermiformis* Simon (Araneae, Pholcidae) and description of some related new species. *Memoirs of the Queensland Museum*, 22: 205-224.

Deeleman-Reinhold C L. 1989. Spiders from Niah Cave, Sarawak, East Malaysia, collected by P. Strinati. *Revue Suisse de Zoologie*, 96: 619-627.

Deeleman-Reinhold C L. 1993. A new spider genus from Thailand with a unique ant-mimicking device, with description of some other castianeirine spiders (Araneae: Corinnidae: Castianeirinae). *Natural History Bulletin of the Siam Society*, 40: 167-184.

Deeleman-Reinhold C L. 1995a. A new eyeless *Camptoscaphiella* from a Chinese cave (Arachnida: Araneae: Oonopidae). *Beiträge zur Araneologie*, 4: 25-29.

Deeleman-Reinhold C L. 1995b. The Ochyroceratidae of the Indo-Pacific region (Araneae). *The Raffles Bulletin of Zoology, Supplement*, 2: 1-103.

Deeleman-Reinhold C L. 1995c. New or little known non-antmimicking spiders of the subfamily Castianeirinae from southeast Asia (Arachnida: Araneae: Clubionidae). *Beiträge zur Araneologie*, 4: 43-54.

Deeleman-Reinhold C L. 2001. *Forest spiders of South East Asia: with a revision of the sac and ground spiders (Araneae: Clubionidae, Corinnidae, Liocranidae, Gnaphosidae, Prodidomidae and Trochanterriidae)*. Brill: Leiden: 591.

Deeleman-Reinhold C L. 2009a. Description of the lynx spiders of a canopy fogging project in northern Borneo (Araneae: Oxyopidae), with description of a new genus and six new species of *Hamataliwa*. *Zoologische Mededelingen*, 83: 673-700.

Deeleman-Reinhold C L. 2009b. Spiny theridiids in the Asian tropics. Systematics, notes on behaviour and species richness (Araneae: Theridiidae: *Chrysso, Meotipa*). *Contributions to Natural History*, 12: 403-436.

Deeleman-Reinhold C L, Deeleman P R. 1988. Revision des Dysderinae (Araneae, Dysderidae), les especes mediterraneennes occidentales exceptees. *Tijdschrift voor Entomologie*, 131: 141-269.

Deeleman-Reinhold C L, van Harten A. 2001. Description of some interesting, new or little known Pholcidae (Araneae) from Yemen. *In*: Prakash I. *Ecology of Desert Environments*. Jodhpur: Scientific Publishers: 193-207.

Deeleman-Reinhold C L, Prinsen J D. 1987. *Micropholcus fauroti* (Simon) n. comb., a pantropical, synanthropic spider (Araneae: Pholcidae). *Entomologische Berichten, Amsterdam*, 47: 73-77.

Déjean S, Danflous S, Bosmans R. 2014. *Silometopus rosemariae* Wunderlich, 1969 (Araneae, Linyphiidae) enfin ajouté aux faunes de France et d'Espagne et corrections de dates de description de quelques Linyphiidae. *Revue Arachnologique*, 2 1: 5-8.

Deltshev C. 2003. A critical review of the spider species (Araneae) described by P. Drensky in the period 1915-1942 from the Balkans. *Berichte des Naturwissenschaftlich-Medizinischen Vereins in Innsbruck*, 90: 135-150.

Deltshev C D. 1983a. A contribution to the taxonomical study of *sylvaticus* group of genus *Centromerus* F. Dahl (Araneae, Linyphiidae) in Bulgaria. *Acta Zoologica Bulgarica*, 21: 53-58.

Deltshev C D. 1983b. Notes on spiders of the genus *Erigone* Audouin (Araneae, Erigonidae) in Bulgaria. *Acta Zoologica Bulgarica*, 22: 71-75.

Deltshev C D. 1992. A critical review of family Theridiidae (Araneae) in Bulgaria. *Acta Zoologica Bulgarica*, 43: 13-21.

Deltshev C, Blagoev G. 2001. A critical check list of Bulgarian spiders (Araneae). *Bulletin of the British Arachnological Society*, 12: 110-138.

Demir H, Aktaş M, Topçu A, Seyyar O. 2007. A contribution to the crab spider fauna of Turkey (Araneae: Thomisidae). *Serket*, 10: 86-90.

Demircan N, Topçu A. 2011. New records of family Lycosidae (Araneae) in Turkey. *Serket*, 12: 135-140.

den Hollander J, Dijkstra H. 1974. *Pardosa vlijmi* sp. nov., a new ethospecies sibling *Pardosa proxima* (C. L. Koch, 1848), from France, with description of courtship display. *Beaufortia*, 22: 57-65.

den Hollander J, Vlijm L, Dijkstra H, Verhoef S C. 1972. Further notes on the occurrence of the wolfspider genus *Pardosa* C. L. Koch, 1848 (Araneae, Lycosidae) in southern France. *Beaufortia*, 20: 77-84.

Denis J. 1934. Elements d'une faune arachnologique de l'ile de Port-Cros (Var). *Annales de la Société d'Histoire Naturelle de Toulon*, 18: 136-158.

Denis J. 1935. Additions à la faune arachnologique de l'Ile de Port-Cros (Var). *Annales de la Société d'Histoire Naturelle de Toulon*, 19: 114-122.

Denis J. 1937a. On a collection of spiders from Algeria. *Proceedings of the Zoological Society of London*, 1936: 1027-1060.

Denis J. 1937b. Une station nouvelle de *Dolomedes plantarius* et remarques sur *Arctosa stigmosa* (Araneides). *Bulletin de la Société d'Histoire Naturelle de Toulouse*, 71: 451-456.

Denis J. 1943. Notes sur la faune des Hautes-Fagnes en Belgique. IX. Araneidae. *Bulletin du Musée Royal d'Histoire Naturelle de Belgique*, 19: 1-28.

Denis J. 1944a. Sur quelques *Theridion* appartenant à la faune de France. *Bulletin de la Société Entomologique de France*, 49: 111-117.

Denis J. 1944b. Notes sur les érigonides. VI. Sur *Silometopus reussi* (Thorell) E. Simon. *Bulletin de la Société Zoologique de France*, 68: 123-126.

Denis J. 1945. Descriptions d'araignées nord-africaines. *Bulletin de la Société d'Histoire Naturelle de Toulouse*, 79: 41-57.

Denis J. 1947a. Spiders. *In*: Results of the Armstrong College expedition to Siwa Oasis (Libyan desert), 1935. *Bulletin de la Société Fouad 1er d'Entomologie*, 31: 17-103.

Denis J. 1947b. Notes sur les érigonides. XIII. *Diplocentria* Hull et *Mioxena* Simon. *Bulletin de la Société Zoologique de France*, 72: 79-82.

Denis J. 1947c. Notes sur les érigonides. XI. Les espèces françaises du genre *Oedothorax* Bertkau. *Bulletin de la Société d'Histoire Naturelle de Toulouse*, 82: 131-158.

Denis J. 1947d. Araignées de France. I. Araignées de Vendée avec la description d'une espèce nouvelle des Pyrénées-Orientales. *Revue Française d'Entomologie*, 14: 145-155.

Denis J. 1948a. A new fact about *Erigone vagans* Aud. and Sav. *Proceedings of the Zoological Society of London*, 118: 588-590.

Denis J. 1948b. Notes sur les érigonides. VII. Remarques sur le genre *Araeoncus* Simon et quelques genres voisins. *Bulletin de la Société Entomologique de France*, 53: 19-32.

Denis J. 1949. Notes sur les érigonides. XVI. Essai sur la détermination des femelles d'érigonides. *Bulletin de la Société d'Histoire Naturelle de Toulouse*, 83: 129-158.

Denis J. 1950a. Araignées de la région d'Orédon (Hautes-Pyrénées). *Bulletin de la Société d'Histoire Naturelle de Toulouse*, 85: 77-113.

Denis J. 1950b. Notes sur les érigonides. XVII. Additions et rectifications au tableau de détermination des femelles. Descriptions d'espèces nouvelles. *Bulletin de la Société d'Histoire Naturelle de Toulouse*, 84: 245-257.

Denis J. 1951. Sur quelques araignées de la Preste (Pyrénées-Orientales). *Archives de Zoologie Expérimentale et Générale*, 88(Not. Rev. 3): 103-105.

Denis J. 1952. Notes d'aranéologie marocaine. I. Les Zelotes du Maroc. *Revue Française d'Entomologie*, 19: 113-126.

Denis J. 1953. Araignées des environs du Marcadau et du Vignemale (Hautes-Pyrénées). *Bulletin de la Société d'Histoire Naturelle de Toulouse*, 88: 83-112.

Denis J. 1956. Notes d'aranéologie marocaine.-VI. Bibliographie des araignées du Maroc et addition d'espèces nouvelles. *Bulletin de la Société des Sciences Naturelles du Maroc*, 35: 179-207.

Denis J. 1957. Zoologisch-systematische Ergebnisse der Studienreise von H. Janetschek und W. Steiner in die spanische Sierra Nevada 1954. VII. Araneae. *Sitzungsberichte der Österreichischen Akademie der Wissenschaften* (I), 166: 265-302.

Denis J. 1958. Araignées (Araneidea) de l'Afghanistan. I. *Videnskabelige Meddelelser fra Dansk Naturhistorisk Forening i Kjøbenhavn*, 120: 81-120.

Denis J. 1962a. Les araignées de l'archipel de Madère (Mission du Professeur Vandel). *Publicações do Instituto Zoologia Doutor Augusto Nobre*, 79: 1-118.

Denis J. 1962b. Quelques araignées intéressantes de Vendée. *Revue Française d'Entomologie*, 29: 78-85.

Denis J. 1963. Spiders from the Madeira and Salvage Islands. *Boletim do Museu Municipal do Funchal*, 17: 29-48.

Denis J. 1964a. Spiders from the Azores and Madeira. *Boletim do Museu Municipal do Funchal*, 18: 68-102.

Denis J. 1964b. Compléments à la faune arachnologique de Vendée. *Bulletin de la Société Scientifique de Bretagne*, 38: 99-117.

Denis J. 1966a. *Pseudomaro aenigmaticus* n. gen., n. sp., araignée nouvelle pour la faune de Belgiue, et un congénère probable de Sibérie. *Bulletin de l'Institut Royal des Sciences Naturelles de Belgique*, 42(9): 1-7.

Denis J. 1966b. Notes sur les érigonides. XXXIII. A propos du genre *Scotargus* Simon (Araneae, Erigonidae). *Bulletin du Muséum National d'Histoire Naturelle de Paris*, 37: 975-982.

Denis J. 1966c. Second supplément à la faune arachnologique de Vendée. *Bulletin de la Société Scientifique de Bretagne*, 39: 159-176.

Denis J. 1968. An obscure problem of nomenclature: *Hypomma* or *Enidia*? *Bulletin of the British Spider Study Group*, 37: 7-8.

Denis J, Dresco E. 1946. Une araignée nouvelle pour la faune de France. *Bulletin de la Société Entomologique de France*, 51: 103-106.

Denis J, Guibé J. 1942. Sur deux araignées récoltées dans le département du Calvados: *Robertus truncorum* (L. Koch) et *Meioneta (Aprolagus) beata* (O. P. Cambr.). *Bulletin de la Société Entomologique de France*, 47: 94-96.

Dhali D C, Roy T K, Saha S, Raychaudhuri D. 2014. On two *Euophrys* C. L. Koch species new to India (Araneae: Salticidae). *Munis Entomology and Zoology*, 9(1): 143-149.

Di Pompeo P, Kulczycki A, Legittimo C M, Simeon E. 2011. New records for Europe: *Argiope trifasciata* (Forsskål, 1775) from Italy and Malta (Araneae, Araneidae). *Bulletin of the British Arachnological Society*, 15: 205-208.

Di Z Y, Zhu M S. 2008. The new discovery of the male *Xysticus sicus* from China (Araneae: Thomisidae). *Acta Arachnologica Sinica*, 17: 16-18.

Dierkens M, Charlat S. 2013. Contribution à la connaissance des araignées des îles de la Société (Polynésie française). *Revue Arachnologique*, 17: 63-81.

Dimitrov D. 1994. A record of *Achaearancea tabulata* from the Balkan Peninsula (Araneae: Theridiidae). *Arachnologische Mitteilungen*, 8: 77-79.

Dimitrov D. 1999. The spider fauna of the Strandzha Mountain (south-east Bulgaria) I. Faunistic data and taxonomic remarks (Arachnida: Araneae). *Acta Zoologica Bulgarica*, 51(2-3): 15-26.

Dimitrov D, Álvarez-Padilla F, Hormiga G. 2008. Until dirt do us apart: On the unremarkable palp morphology of the spider *Sternospina concretipalpis* Schmidt & Krause, 1993, with comments on the genus *Prionolaema* Simon, 1894 (Araneae, Tetragnathidae). *Zootaxa*, 1698: 49-56.

Dimitrov D, Álvarez-Padilla F, Hormiga G. 2010. On the phylogenetic placement of the spider genus *Atimiosa* Simon, 1895, and the circumscription of *Dolichognatha* O. P.-Cambridge, 1869 (Tetragnathidae, Araneae). *American Museum Novitates*, 3683: 1-19.

Dimitrov D, Hormiga G. 2009. Revision and cladistic analysis of the orbweaving spider genus *Cyrtognatha* Keyserling, 1881 (Araneae, Tetragnathidae). *Bulletin of the American Museum of Natural History*, 317: 1-140.

Dippenaar-Schoeman A S. 1980. The crab-spiders of southern Africa (Araneae: Thomisidae). 1. The genus *Runcinia* Simon, 1875. *Journal of the Entomological Society of South Africa*, 43: 303-326.

Dippenaar-Schoeman A S. 1983. The spider genera *Misumena*, *Misumenops*, *Runcinia* and *Thomisus* (Araneae: Thomisidae) of southern Africa. *Entomology Memoir, Department of Agriculture Republic of South Africa*, 55: 1-66.

Dippenaar-Schoeman A S. 1984. The crab-spiders of southern Africa (Araneae: Thomisidae). 4. The genus *Monaeses* Thorell, 1869. *Phytophylactica*, 16: 101-116.

Dippenaar-Schoeman A S, van Harten A. 2007. Crab spiders (Araneae: Thomisidae) from mainland Yemen and the Socotra Archipelago: Part 1. The genus *Thomisus* Walckenaer, 1805. *Fauna of Arabia*, 23: 169-188.

Doblika K. 1853. Beitrag zur Monographie des Spinnengeschlechtes *Dysdera*. *Verhandlungen der Kaiserlich-Königlichen Zoologisch-Botanischen Gesellschaft in Wien*, 3(Abh.): 115-124.

Dobroruka L J. 2002a. Notes on a collection of jumping spiders from Greece, mainly from Crete (Araneae: Salticidae). *Biologia Gallo-hellenica*, 28: 5-26.

Dobroruka L J. 2002b. Zajímavé a vzácné nálezy skákavek (Araneae: Salticidae) okolí Brna. *Sborník Přírodovědeckého Klubuv Uherském Hradišti*, 7: 89-90.
Dobroruka L J. 2004. One new species and one new record of jumping spiders (Araneae: Salticidae) from India. *Acta Arachnologica Sinica*, 13: 14-17.
Doleschall L. 1852. Systematisches Verzeichniss der im Kaiserthum Österreich vorkommenden Spinnen. *Sitzungsberichte der Kaiserlichen Akademie der Wissenschaften, Mathematisch-naturwissenschaftliche Klasse, Wien*, 9: 622-651.
Doleschall L. 1857. Bijdrage tot de Kenntis der Arachniden van den Indischen Archipel. *Natuurkundig Tijdschrift voor Nederlandsch-Indie*, 13: 339-434.
Doleschall L. 1859. Tweede Bijdrage tot de Kenntis der Arachniden van den Indischen Archipel. *Acta Societatis Scientiarum Indica-Neerlandica*, 5: 1-60.
Dondale C D. 1961. Revision of the *aureolus* group of the genus *Philodromus* (Araneae: Thomisidae) in North America. *The Canadian Entomologist*, 93: 199-222.
Dondale C D. 1964. Sexual behavior and its application to a species problem in the spider genus *Philodromus* (Araneae: Thomisidae). *Canadian Journal of Zoology*, 42: 817-827.
Dondale C D. 1966. The spider fauna (Araneida) of deciduous orchards in the Australian Capital Territory. *Australian Journal of Zoology*, 14: 1157-1192.
Dondale C D. 1972. Laboratory breeding between European and North American populations of the spider *Philodromus rufus* Walckenaer (Araneida: Thomisidae). *Bulletin of the British Arachnological Society*, 2: 49-52.
Dondale C D, Redner J H. 1972. A synonym proposed in *Perimones*, a synonym rejected in *Walckenaera*, and a new species described in *Cochlembolus* (Araneida: Erigonidae). *The Canadian Entomologist*, 104: 1643-1647.
Dondale C D, Redner J H. 1975. The *fuscomarginatus* and *histrio* groups of the spider genus *Philodromus* in North America (Araneida: Thomisidae). *The Canadian Entomologist*, 107: 369-384.
Dondale C D, Redner J H. 1976. A review of the spider genus *Philodromus* in the Americas (Araneida: Philodromidae). *The Canadian Entomologist*, 108: 127-157.
Dondale C D, Redner J H. 1978. The insects and arachnids of Canada, Part 5. The crab spiders of Canada and Alaska, Araneae: Philodromidae and Thomisidae. *Research Branch Agriculture Canada Publication*, 1663: 1-255.
Dondale C D, Redner J H. 1979. Revision of the wolf spider genus *Alopecosa* Simon in North America (Araneae: Lycosidae). *The Canadian Entomologist*, 111: 1033-1055.
Dondale C D, Redner J H. 1981. Classification of two North American species of *Pirata*, with a description of a new genus (Araneae, Lycosidae). *Bulletin of the American Museum of Natural History*, 170: 106-110.
Dondale C D, Redner J H. 1982. The insects and arachnids of Canada, Part 9. The sac spiders of Canada and Alaska, Araneae: Clubionidae and Anyphaenidae. *Research Branch Agriculture Canada Publication*, 1724: 1-194.
Dondale C D, Redner J H. 1983. Revision of the wolf spiders of the genus *Arctosa* C. L. Koch in North and Central America (Araneae: Lycosidae). *Journal of Arachnology*, 11: 1-30.
Dondale C D, Redner J H. 1986. The *coloradensis*, *xerampelina*, *lapponica*, and *tesquorum* groups of the genus *Pardosa* (Araneae: Lycosidae) in North America. *The Canadian Entomologist*, 118: 815-835.
Dondale C D, Redner J H. 1987. The *atrata*, *cubana*, *ferruginea*, *moesta*, *monticola*, *saltuaria*, and *solituda* groups of the spider genus *Pardosa* in North America (Araneae: Lycosidae). *The Canadian Entomologist*, 119: 1-19.
Dondale C D, Redner J H. 1990. The insects and arachnids of Canada, Part 17. The wolf spiders, nurseryweb spiders, and lynx spiders of Canada and Alaska, Araneae: Lycosidae, Pisauridae, and Oxyopidae. *Research Branch Agriculture Canada Publication*, 1856: 1-383.
Dondale C D, Redner J H, Paquin P, Levi H W. 2003. *The insects and arachnids of Canada. Part 23. The orb-weaving spiders of Canada and Alaska (Araneae: Uloboridae, Tetragnathidae, Araneidae, Theridiosomatidae)*. Ottawa: NRC Research Press: 371.
Dondale C D, Turnbull A L, Redner J H. 1964. Revision of the Nearctic species of *Thanatus* C. L. Koch (Araneae: Thomisidae). *The Canadian Entomologist*, 96: 636-656.
Dong C X. 1994. Studies on *Pardosa astrigera*. *Journal of Hebei Normal University* (Nat. Sci. Ed.), 1994(Suppl.): 64-67.
Dong S J, Yan P, Zhu M S, Song D X. 2004. Three new species of the genus *Miagrammopes* from China (Araneae: Uloboridae). *Acta Arachnologica Sinica*, 13: 65-70.
Dong S J, Zhu M S, Yoshida H. 2005. Twelve new species of the family Uloboridae (Arachnida: Araneae) from China. *Acta Arachnologica, Tokyo*, 54: 81-92.
Dönitz F K. W. 1887. Über die Lebensweise zweier Vogelspinnen aus Japan. *Sitzungsberichte der Gesellschaft Naturforschender Freunde zu Berlin*, 1887: 8-10.
Dou L A, Lin Y C. 2012. Description of *Karstia cordata* sp. nov. (Araneae, Theridiosomatidae) from caves in Chongqing, China. *Acta Zootaxonomica Sinica*, 37: 734-739.
Drensky P. 1915. Araneides nouveaux ou peu connus de Bulgarie. *Spisanié na Beulgarskata Akademia na Naoukite*, 12: 141-176.
Drensky P. 1921. Contribution à l'étude des araignées de la Macédoine or et de Pirine Planina. *Spisanié na Beulgarskata Akademia na Naoukite*, 23: 1-80.
Drensky P. 1929. Paiatzi (Aranea) ot tzentralna i iougo-zapadna Makedonia. *Spisanié na Beulgarskata Akademia na Naoukite*, 39: 1-76.
Drensky P. 1935. Paiatzi (Araneae) seubirani ot Dr Stanko Karaman w Jougoslavia i osobeno w Makedonia. *Izvestiya na Tsarskite Prirodonauchni Instituti v Sofia*, 8: 97-110.
Drensky P. 1938. Faounata na paiatzite (Araneae) w Beulgaria. II. Podrazred Arachnomorphae; I klon Tetrastica; semeystwa Filistatidae; Dysderidae i Oonopidae. *Izvestiya na Tsarskite Prirodonauchni Instituti v Sofia*, 11: 81-106.
Drensky P. 1939a. Über die Identifizierung einiger Spinnenarten, die von Dr. Al. Ro□ca (1935-1936) als neu für die Bukowina (Rumänien) beschrieben wurden. *Izwestia na Beulgarskoto Entomologitschesko Droujestwo Sofia*, 10: 85-87.
Drensky P. 1939b. Faounata na Paiatzite (Araneae) w Beulgaria. III. Podrazred Arachnomorphae; II klon Trionychia; semeystwa: Urocteidae; Uloboridae; Sicaridae; Pholcidae; Eresidae. *Izvestiya na Tsarskite Prirodonauchni Instituti v Sofia*, 12: 231-252.
Drensky P. 1940. Die Spinnenfauna Bulgariens IV. *Mitteilungen aus den Königlichen Naturwissenschaftlichen Instituten in Sofia*, 13: 169-194.
Drensky P. 1942. Die Spinnenfauna Bulgariens V. *Mitteilungen aus den Königlichen Naturwissenschaftlichen Instituten in Sofia*, 15: 33-60.
Drensky P. 1943. Die Spinnenfauna Bulgariens. VI. Unterordnung Arachnomorphae, II Gruppe Trionichia, Familie Euetrioidae. *Bulletin des Institutions Royales d'Histoire Naturelle à Sophia*, 16: 219-254.
Dresco E. 1973. Araignées de Bretagne. Le genre *Dysdera* (fam. Dysderidae). *Bulletin de la Société Scientifique de Bretagne*, 47: 245-256.
Dresco E. 1977. Recherches sur les *Amaurobius* (Araneae, Amaurobiidae) et description de *A. tessinensis* sp. nov. du Tessin (Suisse). *Revue Suisse de*

Zoologie, 84: 873-882.

Dresco E, Hubert M. 1969. Araneae speluncarum Italiae I. *Fragmenta Entomologica*, 6: 167-181.

Duffey E, Merrett P. 1963. *Carorita limnaea* (Crosby & Bishop), a linyphiid spider new to Britain, from Wybunbury Moss, Cheshire. *Annals and Magazine of Natural History*, 6(13): 573-576.

Dufour L. 1820a. Descriptions de cinq arachnides nouvelles. *Annales Générales des Sciences Physiques*, 5: 198-209.

Dufour L. 1820b. Description de six arachnides nouvelles. *Annales Générales des Sciences Physiques*, 4: 355-366.

Dufour L. 1824. Descriptions et figures de quelques Arachnides. *Annales des Sciences Naturelles, Zoologie, Paris*, 2: 205-211.

Dufour L. 1831. Descriptions et figures de quelques Arachnides nouvelles ou mal connues et procédé pour conserver à sec ces Invertébrés dans les collections. *Annales des Sciences Naturelles, Zoologie, Paris*, 22: 355-371.

Dufour L. 1855. Description de deux nouvelles espèces d`aranéides. *Annales de la Société Entomologique de France*, 3(3)(Bull.): 5-14.

Dufour L. 1863. Sur une nouvelle espèce d'aranéide du genre *Sparassus* (sp. *ammanita*). *Annales de la Société Entomologique de France*, 3(4): 9-12.

Dugès A. 1836. Observations sur les aranéides. *Annales des Sciences Naturelles, Zoologie, Paris*, 6(2): 159-219.

Dumitrescu M, Georgescu M. 1981. Contribution à la connaissance des espèces cavernicoles du genre *Lepthyphantes* des grottes de Roumania, 1re note. *Travaux de l'Institut de Spéologie "Émile Racovitza"*, 20: 9-28.

Dumitrescu M, Georgescu M. 1983. Sur les Oonopidae (Araneae) de Cuba. *Résultats des Expéditions Biospéologiques Cubano-Roumaines à Cuba*, 4: 65-114.

Dunin P M. 1984a. Material on the spider fauna from the Far East (Arachnida, Aranei). 1. Family Salticidae. *In*: Lev P A. *Fauna and Ecology of Insects in the South of the Far East*. Vladivostok: Akademii Nauk SSSR: 128-140.

Dunin P M. 1984b. Material on the spider fauna from the Far East (Arachnida, Aranei). 2. Section Cribellatae. *In*: Lev P A. *Fauna and Ecology of Insects in the South of the Far East*. Vladivostok: Akademii Nauk SSSR: 141-146.

Dunin P M. 1992a. The spider family Scytodidae of the USSR fauna. *Trudy Zoologieskogo Instituta Akademija Nauk SSSR*, 226: 74-82.

Dunin P M. 1992b. The spider family Dysderidae of the Caucasian fauna (Arachnida Aranei Haplogynae). *Arthropoda Selecta*, 1(3): 35-76.

Dupérré N. 2013. Taxonomic revision of the spider genera *Agyneta* and *Tennesseelum* (Araneae, Linyphiidae) of North America north of Mexico with a study of the embolic division within Micronetinae sensu Saaristo & Tanasevitch 1996. *Zootaxa*, 3674: 1-189.

Dyal S. 1935. Fauna of Lahore. 4. Spiders of Lahore. *Bulletin of the Department of Zoology of the Panjab University*, 1: i-ii, 119-252.

Eberhard W G, Huber B A. 2010. Spider genitalia: precise maneuvers with a numb structure in a complex lock. *In*: Leonard J L, Córdoba-Aguilar A. *The Evolution of Primary Sexual Characters in Animals*. Oxford: Oxford University Press: 249-284.

Edmunds M, Prószyński J. 2003. On a collection of *Myrmarachne* spiders (Araneae: Salticidae) from peninsular Malaya. *Bulletin of the British Arachnological Society*, 12: 297-323.

Edwards G B. 1980. Jumping spiders of the United States and Canada: changes in the key and list (4). *Peckhamia*, 2: 11-14.

Edwards G B, Benjamin S P. 2009. A first look at the phylogeny of the Myrmarachninae, with rediscovery and redescription of the type species of *Myrmarachne* (Araneae: Salticidae). *Zootaxa*, 2309: 1-29.

Edwards R J. 1958. The spider subfamily Clubioninae of the United States, Canada and Alaska (Araneae: Clubionidae). *Bulletin of the Museum of Comparative Zoology at Harvard College*, 118: 365-436.

Efimik V E. 1999. A review of the spider genus *Tibellus* Simon, 1875 of the East Palearctic (Aranei: Philodromidae). *Arthropoda Selecta*, 8: 103-124.

Efimik V E, Esyunin S L. 1996. A new subgenus and a new species of *Walckenaeria* Blackwall, 1833, from the Urals with remarks on the distribution of some *unicornis*-group species in the Palearctic (Aranei Linyphiidae). *Arthropoda Selecta*, 5(1/2): 63-73.

Efimik V E, Esyunin S L, Kuznetsov S F. 1997. Remarks on the Ural spider fauna, 7. New data on the fauna of the Orenburg area (Arachnida Aranei). *Arthropoda Selecta*, 6(1/2): 85-100.

Eichwald E. 1841. Faunae Caspio-Caucasiae, illustrationes universae. *Nouveaux Mémoires de la Société Impériale de Naturalistes de Moscou*, 7: 1-290 (Araneae: 241-242).

Einarsson Á. 1984. *Dictyna arundinacea* (L.) (Araneae, Dictynidae) found in Iceland. *Fauna Norvegica* (B), 31: 66-67.

El-Hennawy H K. 2010. Hersiliidae of Sudan (Araneida: Hersiliidae). *Serket*, 12: 23-31.

El-Hennawy H K. 2011. *Oecobius cellariorum* found squashed inside the Holy Koran in Jordan. *Newsletter of the British Arachnological Society*, 122: 4-5.

El-Hennawy H K. 2014. Preliminary list of spiders and other arachnids of Saudi Arabia (except ticks and mites). *Serket*, 14(1): 22-58.

Emerit M. 1974. Arachnides araignées Araneidae Gasteracanthinae. *Faune Madagascar*, 38: 1-215.

Emerit M. 1982. Mise à jour de nos connaissances sur la systématique des Araneidae d'Afrique et de Madagascar. Nouveaux mâles de Gasteracanthinae et de Cyrtarachninae. *Bulletin du Muséum National d'Histoire Naturelle de Paris*, 4 (4) : 455-470.

Emerit M, Ledoux, J C. 2004. De araneis Galliae. I. 8, *Tmarus horvathi* Kulczynski. *Revue Arachnologique*, 15: 22-23.

Emerit M, Ledoux, J C. 2008. Arrivée en France de *Coleosoma floridanum* Banks. *Revue Arachnologique*, 17: 53-55.

Emerton J H. 1877. Descriptions of two new spiders from Colorado. *Bulletin of the U. S. Geological Survey*, 3: 528-529.

Emerton J H. 1882. New England spiders of the family Theridiidae. *Transactions of the Connecticut Academy of Arts and Sciences*, 6: 1-86.

Emerton J H. 1884. New England spiders of the family Epeiridae. *Transactions of the Connecticut Academy of Arts and Sciences*, 6: 295-342.

Emerton J H. 1885. New England Lycosidae. *Transactions of the Connecticut Academy of Arts and Sciences*, 6: 481-505.

Emerton J H. 1890. New England spiders of the families Drassidae, Agalenidae and Dysderidae. *Transactions of the Connecticut Academy of Arts and Sciences*, 8: 166-206.

Emerton J H. 1892. New England spiders of the family Thomisidae. *Transactions of the Connecticut Academy of Arts and Sciences*, 8: 359-381.

Emerton J H. 1894. Canadian spiders. *Transactions of the Connecticut Academy of Arts and Sciences*, 9: 400-429.

Emerton J H. 1902. *The Common Spiders of the United States*. Boston: 1-225.

Emerton J H. 1909. Supplement to the New England Spiders. *Transactions of the Connecticut Academy of Arts and Sciences*, 14: 171-236.

Emerton J H. 1911. New spiders from New England. *Transactions of the Connecticut Academy of Arts and Sciences*, 16: 383-407.

Emerton J H. 1914. New spiders from the neighborhood of Ithaca. *Journal of The New York Entomological Society*, 22: 262-264.

Emerton J H. 1915. Canadian spiders, II. *Transactions of the Connecticut Academy of Arts and Sciences*, 20: 145-160.

Emerton J H. 1917. New spiders from Canada and the adjoining states. *The Canadian Entomologist*, 49: 261-272.

Emerton J H. 1923. New spiders from canada and the adjoining states, No. 3. *The Canadian Entomologist*, 55: 238-243.

Emerton J H. 1925. New spiders from Canada and the adjoining states, No. 4. *The Canadian Entomologist*, 57: 65-69.

Engelhardt V V. 1910. Beiträge zur Kenntnis der weiblichen Copulationsorgane einiger Spinnen. *Zeitschrift für Wissenschaftliche Zoologie*, 96: 32-117.

Engelhardt W. 1964. Die Mitteleuropäischen Arten der Gattung *Trochosa* C. L. Koch, 1848 (Araneae, Lycosidae). Morphologie, chemotaxonomie, biologie, autökologie. *Zeitschrift für Morphologie und Ökologie der Tiere*, 54: 219-392.

Engelhardt W. 1971. Gestalt und Lebensweise der "Ameisenspinne" *Synageles venator* (Lucas): Zugleich ein Beitrag zur Ameisenmimikryforschung. *Zoologischer Anzeiger*, 185: 317-334.

Enslin E. 1906. Die Höhlenfauna des fränkischen Jura. Ein Beitrag zur Kenntnis derselben. *Abhandlungen der Naturhistorischen Gesellschaft zu Nürnberg*, 16: 295-361. (Araneae: 316-321)

Ergashev N E. 1990. *Ecology of poisonous spiders from Uzbekistan*. Tashkent: Akademia Nauk: 188.

Ermolajev W. 1937. Beitrag zur Kenntnis der altaischen Spinnen. *Festschrift Embrik Strand*, 3: 596-606.

Ermolajev W N. 1927. Nowyï wid roda *Coelotes* Blackwall (Araneae, Agelenidae) iz Zapadnoy Sibiri. *Lejiegod Zoologicheskii Instituta Muzeya Akademii Nauk SSSR St. Petersburg*, 27: 347-355.

Ermolajev W N. 1928. Materialen zur Spinnenfauna Westsibiriens. *Archiv für Naturgeschichte*, 92(A7): 97-111.

Eskov K Y. 1979. Three new species of spiders of the family Linyphiidae from Siberia (Aranei). *Trudy Zoologieskogo Instituta Akademija Nauk SSSR*, 85: 65-72.

Eskov K Y. 1980. Taxonomic notes on spiders of the genus *Hummelia* (Aranei, Linyphiidae) with a description of a new species. *Zoologicheskiĭ Zhurnal*, 59: 1743-1746.

Eskov K Y. 1984. New and little known genera and species of spiders (Aranei, Linyphiidae) from the Far East. *Zoologicheskiĭ Zhurnal*, 63: 1337-1344.

Eskov K Y. 1985. The spiders of tundra-zone in the USSR. *Trudy Zoologieskogo Instituta Akademija Nauk SSSR*, 139: 121-128.

Eskov K Y. 1988a. Seven new monotypic genera of spiders of the family Linyphiidae (Aranei) from Siberia. *Zoologicheskiĭ Zhurnal*, 67: 678-690.

Eskov K Y. 1988b. The spider genera *Savignya* Blackwall, *Diplocephalus* Bertkau and *Archaraeoncus* Tanasevitch (Aranei, Linyphiidae) in the fauna of Siberia and the Soviet Far East. *Folia Entomologica Hungarica*, 49: 13-39.

Eskov K Y. 1988c. Spiders (Aranei) of central Siberia. *In*: Rogacheva E V. *Materialy po faune Srednei Sibiri i prilezhashchikh raionov Mongolii*. Moscow: Akademia Nauk: 101-155.

Eskov K Y. 1988d. Spiders of the genera *Mecynargus*, *Mecynargoides* gen. n. and *Tubercithorax* gen. n. (Aranei, Linyphiidae) in the fauna of the USSR. *Zoologicheskiĭ Zhurnal*, 67: 1822-1832.

Eskov K Y. 1990. The spider genus *Collinsia* O. Pickard-Cambridge 1913 in the fauna of Siberia and the Soviet Far East (Arachnida: Araneae: Linyphiidae). *Senckenbergiana Biologica*, 70: 287-298.

Eskov K Y. 1991. New linyphiid spiders from Siberia and the Far East 1. The genus *Holminaria* gen. nov. (Arachnida, Araneae: Linyphiidae). *Reichenbachia*, 28: 97-102.

Eskov K Y. 1992a. A restudy of the generic composition of the linyphiid spider fauna of the Far East (Araneida: Linyphiidae). *Entomologica Scandinavica*, 23: 153-168.

Eskov K Y. 1992b. New data on fauna of spider family Linyphiidae (Aranei) of the Soviet Far East. *Trudy Zoologieskogo Instituta Akademija Nauk SSSR*, 226: 51-59.

Eskov K Y. 1993. Several new linyphiid spider genera (Araneida Linyphiidae) from the Russian Far East. *Arthropoda Selecta*, 2(3): 43-60.

Eskov K Y, Marusik Y M. 1991. New linyphiid spider (Aranei, Linyphiidae) from east Siberia. *Korean Arachnology*, 6: 237-253.

Eskov K Y, Marusik Y M. 1992a. On the mainly Siberian spider genera *Wubanoides*, *Parawubanoides* gen. n. and *Poeciloneta* (Aranei Linyphiidae). *Arthropoda Selecta*, 1(1): 21-38.

Eskov K Y, Marusik Y M. 1992b. On the Siberio-Nearctic erigonine spider genus *Silometopoides* (Araneida: Linyphiidae). *Reichenbachia*, 29: 97-103.

Eskov K Y, Marusik Y M. 1994. New data on the taxonomy and faunistics of North Asian linyphiid spiders (Aranei Linyphiidae). *Arthropoda Selecta*, 2(4): 41-79.

Eskov K Y, Marusik Y M. 1995. On the spiders from Saur Mt. range, eastern Kazakhstan (Arachnida: Araneae). *Beiträge zur Araneologie*, 4: 55-94.

Esyunin S L. 1992. Remarks on the Ural spider (Arachnida, Aranei) fauna 1. New findings of crab-spiders (Philodromidae, Thomisidae) and taxonomic remarks. *Zoologicheskiĭ Zhurnal*, 71(11): 33-42.

Esyunin S L. 1994. Remarks on the spider fauna of the Urals, 3. *Devade* Simon, 1884, a genus new to the Urals, with notes on *Devade indistincta* (O. P.-Cambridge, 1872) (Arachnida Aranei Dictynidae). *Arthropoda Selecta*, 3(1-2): 39-47.

Esyunin S L, Efimik V E. 1995. Remarks on the Ural spider fauna, 4. New records of spider species (excluding Linyphiidae) from the Urals (Arachnida Aranei). *Arthropoda Selecta*, 4(1): 71-91.

Esyunin S L, Efimik V E. 1997. Remarks on the Ural spider fauna, 6. New data on the taxonomy and faunistics of gnaphosid spiders of the south Urals (Arachnida Aranei Gnaphosidae). *Arthropoda Selecta*, 5(3/4): 105-111.

Esyunin S L, Efimik V E. 1999. Remarks on the Ural spider fauna, 9. New data on the Ural species of the genus *Lepthyphantes* Menge, 1866 (s. l.) (Aranei: Linyphiidae). *Arthropoda Selecta*, 7: 227-232.

Esyunin S L, Efimik V E. 2000. A review of the genus *Devade* (Aranei, Dictynidae) from fauna of central Asia and southern Russia. *Zoologicheskiĭ Zhurnal*, 79: 679-685.

Esyunin S L, Marusik Y M. 2001. A new species of the genus *Devade* Simon, 1884 from Mongolia, with notes on *D. tenella* (Tyshchenko, 1965) (Aranei: Dictynidae). *Arthropoda Selecta*, 9: 129-131.

Esyunin S L, Rad P, Kamoneh M S. 2011. A new species of lynx spider of the *heterophthalmus* group, *Oxyopes iranicus* sp. n. (Aranei: Oxyopidae) from Iran. *Arthropoda Selecta*, 20: 125-127.

Esyunin S L, Tuneva T K. 2002. A review of the family Gnaphosidae in the fauna of the Urals (Aranei), 1. Genera *Drassodes* Westring, 1851 and *Sidydrassus* gen. n. *Arthropoda Selecta*, 10: 169-180.

Esyunin S L, Tuneva T K. 2009. A review of Palaearctic lynx-spiders of the *heterophthalmus* group of the genus *Oxyopes* (Aranei, Oxyopidae). *Zoologicheskiĭ Zhurnal*, 88: 164-175.

Esyunin S L, Tuneva T K, Farzalieva G S. 2007. Remarks on the Ural spider fauna (Arachnida, Aranei), 12. Spiders of the steppe zone of Orenburg Region. *Arthropoda Selecta*, 16: 43-63.

Eusemann P, Jäger P. 2009. *Heteropoda tetrica* Thorell, 1897-variation and biogeography, with emphasis on copulatory organs (Araneae: Sparassidae). *Contributions to Natural History*, 12: 499-516.

Exline H. 1938. The Araneida of Washington: Agelenidae and Hahniidae. *University of Washington Publications in Biology*, 9(1): 1-44.

Exline H. 1950. Conopisthine spiders (Theridiidae) from Peru and Ecuador. *In*: Melville H H, Trevor K. *Studies Honoring Trevor Kincaid*. Washington: University of Washington Press: 108-124.

Exline H, Levi H W. 1962. American spiders of the genus *Argyrodes* (Araneae, Theridiidae). *Bulletin of the Museum of Comparative Zoology at Harvard College*, 127: 75-204.

Fabricius J C. 1775. *Systema entomologiae, sistens insectorum classes, ordines, genera, species, adiectis, synonymis, locis descriptionibus observationibus*. Flensburg and Lipsiae: 832. (Araneae: 431-441).

Fabricius J C. 1781. Species insectorum exhibentes eorum differentias specificas, synonyma auctorum, loca natalia, metamorphos in adiectis observationibus, descriptionibus. *Hamburgi and Kilonii*, 1: 1-552 (Araneae: 536-549).

Fabricius J C. 1793. Entomologiae systematica emendata et aucta, secundum classes, ordines, genera, species adjectis synonimis, locis, observationibus, descriptionibus. *Hafniae*, 2: 407-428.

Fabricius J C. 1798. *Supplementum entomologiae systematicae*. *Hafniae*: 572. (Araneae: 291-294).

Fage L. 1919. Etudes sur les araignées cavernicoles. III. Sur le genre *Troglohyphantes*. *In*: Biospelogica XL. *Archives de Zoologie Expérimentale et Générale*, 58: 55-148.

Fage L. 1921. Travaux scientifiques de l'Armee d'Orient (1916-1918). Arachnides. *Bulletin du Muséum National d'Histoire Naturelle de Paris*, 1921: 96-102, 173-177, 227-232.

Fage L. 1924. Araneids from the Siju Cave, Garo Hills, Assam. *Records of the Indian Museum, Calcutta*, 26: 63-67.

Fage L. 1936. Une araignée termitophile, *Andromma bouvierei*, n. sp. *In*: de Livre Jubilaire M. *Eugène-Louis Bouvier*. Paris: Fermin-Didot et Cie: 83-87.

Fan Y X, Tang G M. 2011. A new record genus of the Gnaphosidae from Inner Mongolia, China (Araneae: Gnaphosidae). *Acta Arachnologica Sinica*, 20: 91-93.

Fedotov D. 1912a. Materialy k faounié paukow Twerskoï gouberny. *Berichte der Biologischen Süßwasserstation der Kaiserlichen Naturforschergesellschaft zu St. Petersburg*, 3: 53-134.

Fedotov D. 1912b. K faounié Paoukow Mourmana i Nowoï Zemli. Contribution à la faune des araignées de la côte Murmane et de Novaja Zemlja. *Lejiegod Zoologicheskii Instituta Muzeya Akademii Nauk SSSR St. Petersburg*, 16: 449-474.

Fei R I, Gao J C. 1996. One new record genus and two new record species of Erigoninae from China (Araneae: Linyphiidae: Erigoninae). *Journal of Norman Bethune University of Medical Sciences*, 22: 247-248.

Fei R I, Gao J C, Chen J A. 1997. A new species of the genus *Halorates* in China (Araneae: Linyphiidae: Erigoninae). *Journal of Northeast Normal University*, 3(3): 54-56.

Fei R I, Gao J C, Zhu C D. 1995. A new species and a new record of the genus *Pelecopsis* from China (Araneae: Linyphiidae: Erigoninae). *Acta Zootaxonomica Sinica*, 20: 168-171.

Fei R I, Gao J C, Zhu C D. 1997. A new species of the genus *Trichoncus* in Changbai Mountain District of Jilin, China (Araneae: Linyphiidae: Erigoninae). *Acta Zootaxonomica Sinica*, 22: 130-133.

Fei R I, Xing S Y, Liang T, Xia Q A. 1999. One new record genus and one new record species of Erigoninae from China. *Journal of Northeast Normal University*, 2(2): 81-83.

Fei R I, Zhu C D. 1992. A new species of spider of the genus *Oedothorax* from China (Araneae: Linyphiidae). *Journal of Norman Bethune University of Medical Sciences*, 18: 536-537.

Fei R I, Zhu C D. 1993. A new species and a new record species of the genus *Hypselistes* in Changbai mountainous district of Jilin, China (Araneae: Linyphiidae: Erigoninae). *Acta Arachnologica Sinica*, 2: 23-26.

Fei R I, Zhu C D. 1994. A new species of spiders of the genus *Nematogmus* from China (Araneae: Linyphiidae). *Acta Zootaxonomica Sinica*, 19: 293-295.

Fei R I, Zhu C D, Gao J C. 1994. Description of four new record genera and four new record species from Changbai Mountains, Jilin. *Territory & Natural Resources Study*, 3: 47-50.

Feng P, Ma Y Y, Yang Z Z. 2012a. *Psechrus kunmingensis*: description of male and supplementary description of female, with discussion on intraspecific variation (Araneae, Psechridae, *Psechrus*). *ZooKeys*, 238: 87-99.

Feng P, Ma Y Y, Yang Z Z. 2012b. A new species of genus *Anyphaena* from China (Araneae: Anyphaenidae). *Acta Arachnologica Sinica*, 21: 72-75.

Feng Z Q. 1990. *Spiders of China in colour*. Changsha: Hunan Science and Technology Publishing House: 256.

Fickert C. 1874. Über die schlesischen Arten des Araneiden genus *Clubiona* Latr. *Berichte und Tätigkeiten der Entomologischen Sektion Breslau*, 1874: 1-3.

Fickert C. 1875. Myriopoden und Araneiden vom Kamme des Riesengenbirges. Ein Beitrag zur Faunistik der Subalpinen Region Schlesiens. *Zeitschrift für Entomologie, Breslau*, 2: 1-48.

Fickert C. 1876. Verzeichniss der schlesisechen Spinnen. *Zeitschrift für Entomologie, Breslau* (N. F.), 5: 46-76.

Fischer-Waldheim G. 1830. *Oryctographie du Gouvernement de Moscou*. Moscou: LXVI pl.

Fitch A. 1855. Second report on the noxious, beneficial and other insects of the state of New York. *Transactions of the New York State Agricultural Society*, 15: 219-220.

Fitzgerald B M, Sirvid P J. 2003. The genus *Trigonobothrys* in New Zealand and a redescription of *Achaearanea blattea* (Theridiidae: Araneae). *Tuhinga*, 14: 25-33.

Flanczewska E. 1981. Remarks on Salticidae (Aranei) of Bulgaria. *Annales Zoologici, Warszawa*, 36: 187-228.

Fomichev A A, Marusik Y M. 2011. New data on spiders (Arachnida: Aranei) of the Altai Republic, Russia. *Arthropoda Selecta*, 20: 117-123.

Fomichev A A, Marusik Y M. 2013. New data on spiders (Arachnida: Aranei) of east Kazakhstan. *Arthropoda Selecta*, 22: 83-92.

Fomichev A A, Marusik Y M, Koponen S. 2014. A new species of *Xysticus* C. L. Koch, 1835 (Aranei: Thomisidae) from South Siberia. *Arthropoda Selecta*, 23(2): 127-134.

Foord S H, Dippenaar-Schoeman A S. 2006. A revision of the Afrotropical species of *Hersilia* Audouin (Araneae: Hersiliidae). *Zootaxa*, 1347: 1-92.

Forsskål P. 1775. *Descriptiones animalium avium, amphibiorum, piscium, insectorum, vermium; quae in itinere orientali observavit Petrus Forskål*[sic]. Hauniae: 85-86.

Forsskål P. 1776. *Icones rerum naturalium, quas in itinere orientali depingi curavit Petrus Forskål*[sic]. Hauniae: 43 pls. (Araneae, pls. 24-25).

Förster A, Bertkau P. 1883. Beiträge zur Kenntniss der Spinnenfauna der Rheinprovinz. *Verhandlungen des Naturhistorischen Vereins der Preussischen Rheinlande und Westfalens*, 40: 205-278.

Forster R R, Gray M R. 1979. *Progradungula*, a new cribellate genus of the spider family Gradungulidae (Araneae). *Australian Journal of Zoology*, 27: 1051-1071.

Forster R R, Platnick N I. 1985. A review of the austral spider family Orsolobidae (Arachnida, Araneae), with notes on the superfamily Dysderoidea. *Bulletin of the American Museum of Natural History*, 181: 1-230.

Forster R R, Platnick N I, Gray M R. 1987. A review of the spider superfamilies Hypochiloidea and Austrochiloidea (Araneae, Araneomorphae). *Bulletin of the American Museum of Natural History*, 185: 1-116.

Forster R R, Wilton C L. 1973. The spiders of New Zealand. Part IV. *Otago Museum Bulletin*, 4: 1-309.

Fox I. 1935. Chinese spiders of the family Lycosidae. *Journal of the Washington Academy of Sciences*, 25: 451-456.

Fox I. 1936. Chinese spiders of the families Agelenidae, Pisauridae and Sparassidae. *Journal of the Washington Academy of Sciences*, 26: 121-128.

Fox I. 1937a. A new gnaphosid spider from Yuennan. *Lingnan Science Journal*, 16: 247-248.

Fox I. 1937b. New species and records of Chinese spiders. *American Museum Novitates*, 907: 1-9.

Fox I. 1937c. Notes on Chinese spiders of the families Salticidae and Thomisidae. *Journal of the Washington Academy of Sciences*, 27: 12-23.

Fox I. 1938. Notes on Chinese spiders chiefly of the family Argiopidae. *Journal of the Washington Academy of Sciences*, 28: 364-371.

Fox I. 1940. Notes on Nearctic spiders chiefly of the family Theridiidae. *Proceedings of the Biological Society of Washington*, 53: 39-46.

Framenau V W. 2002. Review of the wolf spider genus *Artoria* Thorell (Araneae: Lycosidae). *Invertebrate Systematics*, 16: 209-235.

Framenau V W. 2005. The wolf spider genus *Artoria* Thorell in Australia: new synonymies and generic transfers (Araneae, Lycosidae). *Records of the Western Australian Museum*, 22: 265-292.

Framenau V W. 2007. Revision of the new Australian genus *Artoriopsis* in a new subfamily of wolf spiders, Artoriinae (Araneae: Lycosidae). *Zootaxa*, 1391: 1-34.

Framenau V W. 2008. The male of the orb-weaving spider *Cyrtophora unicolor* (Araneae, Araneidae). *Journal of Arachnology*, 36: 131-135.

Framenau V W, Baehr B C. 2007. Revision of the Australian wolf spider genus *Dingosa* Roewer, 1955 (Araneae, Lycosidae). *Journal of Natural History*, 41: 1603-1629.

Framenau V W, Scharff N. 2008. The orb-weaving spider genus *Larinia* in Australia (Araneae: Araneidae). *Arthropod Systematics & Phylogeny*, 66: 227-250.

Franganillo B P. 1910. Arañas de la desembocadura del Miño. *Broteria*, 9: 5-22.

Franganillo B P. 1913. Arácnidos de Asturias y Galicia. *Broteria*, 11: 119-133.

Franganillo B P. 1918a. Arañas nuevas. *Boletín de la Sociedad Entomológica de España*, 1: 58-64.

Franganillo B P. 1918b. Arácnidos nuevos o hallados por primera vez en España. *Boletín de la Sociedad Entomológica de España*, 1: 120-123.

Franganillo B P. 1920. Contribution à l'étude des arachnides du Portugal. *Boletim da Sociedade Portuguesa de Ciencias Naturais*, 8: 138-144.

Franganillo B P. 1925. Contribución al estudio de la geografía aracnológica de la Península Ibérica. *Boletín de la Sociedad Entomológica de España*, 8: 31-40.

Franganillo B P. 1926. Arácnidos nuevos o poco conocidos de la Isla de Cuba. *Boletín de la Sociedad Entomológica de España*, 9: 42-68.

Franganillo B P. 1930. Arácnidos de Cuba: Mas arácnidos nuevos de la Isla de Cuba. *Memorias del Instituto Nacional de Investigaciones Cientificas*, 1: 47-99. [reprinted separately: 1-55; only reprint seen and cited]

Franganillo B P. 1936. Arácnidos recogidos durante el verano de 1934 (Prosigue). *Estudios de "Belen"*, 1936(57-58): 75-82.

Fu F, Jin C, Zhang F. 2014. Three new species of the genus *Otacilia* Thorell (Araneae: Phrurolithidae) from China. *Zootaxa*, 3869(4): 483-492.

Fu J Y, Zhang F, MacDermott J. 2010. A new genus and new species of corinnid spiders (Aranei: Corinnidae) from southeast Asia. *Arthropoda Selecta*, 19: 85-89.

Fu J Y, Zhang F, Zhu M S. 2009. Redescription of a little-known spider species, *Mesiotelus lubricus* (Simon, 1880) (Aranei: Liocranidae) from China. *Arthropoda Selecta*, 17: 169-173.

Fu J Y, Zhang F, Zhu M S. 2010. Three new species of the genus *Otacilia* (Araneae: Corinnidae) from Hainan Island, China. *Journal of Natural History*, 44: 639-650.

Fu Y N, Zhu M S. 2008a. A new species of the genus *Pseudopoda* from China (Araneae, Sparassidae). *Acta Zootaxonomica Sinica*, 33: 657-659.

Fu Y N, Zhu M S. 2008b. A new species of the genus *Sinopoda* from China (Araneae, Sparassidae). *Acta Arachnologica, Tokyo*, 57: 63-64.

Fuesslin J C. 1775. *Verzeichnis der ihm bekannten schweizerischen Insekten, mit einer ausgemahlten Kupfertafel: nebst der Ankündigung eines neuen Inseckten Werkes*. Zurich and Winterthur: 62. (Araneae: 60-61).

Fuhn I E. 1966. Le veuve noire-*Latrodectus mactans tredecimguttatus* (Rossi 1790) sur l'île de Popina (Razelm). *Ocrotirea naturii şi mediului inconjurator, Bucureşti*, 10: 77-81.

Fuhn I E, Gherasim V F. 1995. Familia Salticidae. *Fauna Romaniei, Arachnida*, 5(5): 1-301. (Bucuresti, Ed. Acad. Roman.)

Fuhn I E, Niculescu-Burlacu F. 1969. Aranee colectate din Transilvania, Banatşi Crişana (colectate de Dr. B. Kis, 1962-1965). *Comunicari de zoologie, Societatea de Ştiinţe Biologice din Republica Socialista România,Bucureşti*, 1969: 75-82.

Fuhn I E, Niculescu-Burlacu F. 1970. Aranee din zona viitorului Lac de Baraj de la Porţile de Fier. *Studii şi Cercetăride Biologie (Zool.)*, 22: 413-419.

Fuhn I E, Niculescu-Burlacu F. 1971. Fam. Lycosidae. *Fauna Republicii Socialiste România* (Arachnida), 5(3): 1-253.

Fuhn I E, Oltean C. 1969. Aranee din pădurea Hagieni (Dobrogea). *Ocrotirea naturii şi mediului inconjurator, Bucureşti*, 13: 165-174.

Funke S, Huber B A. 2005. Allometry of genitalia and fighting structures in *Linyphia triangularis* (Araneae, Linyphiidae). *Journal of Arachnology*, 33: 870-872.

Gabriel G. 2010. *Nesticodes rufipes*-Erstnachweis einer pantropischen Kugelspinne in Deutschland (Araneae: Theridiidae). *Arachnologische Mitteilungen*, 39: 39-41.

Gack C, von Helversen O. 1976. Zum Verhalten einer gynandromorphen Wolfspinne (Arachnida: Araneae: Lycosidae). *Entomologica Germanica*, 3: 109-118.

Gajbe U A. 1999. Studies on some spiders of the family Oxyopidae (Araneae: Arachnida) from India. *Records of the Zoological Survey of India*, 97(3): 31-79.

Gajbe U A. 2005. Studies on some spiders of the family Gnaphosidae (Araneae: Arachnida) from Madhya Pradesh, India. *Records of the Zoological Survey of India*, 105(3-4): 111-140.

Gajbe U A. 2007. Araneae: Arachnida. *In*: Fauna of Madhya Pradesh (including Chhattisgarh), State Fauna Series. *Zoological Survey of India, Kolkata*, 15(1): 419-540.

Gajbe U A. 2008. Fauna of India and the adjacent countries: Spider (Arachnida: Araneae: Oxyopidae). *Kolkata: Zoological Survey of India*, 3: 1-117.

Galiano M E. 1963. Las especies americanas de arañas de la familia Salticidae descriptas por Eugène Simon: Redescripciones basadas en los ejemplares típicos. *Physis, Revista de la Sociedad Argentina de Ciencias Naturales* (C), 23: 273-470.
Galiano M E. 1966. Salticidae (Araneae) formiciformes V. Revisión del género *Synemosyna* Hentz, 1846. *Revista del Museo Argentino de Ciencias Naturales Bernardino Rivadavia* (Ent.), 1: 339-380.
Galiano M E. 1979. Nuevos sinonimos en la familia Salticidae (Araneae). *Revista de la Sociedad Entomológica Argentina*, 37: 33-34.
Galiano M E. 1981. Algunos nuevos sinonimos en Salticidae (Araneae). *Revista de la Sociedad Entomológica Argentina*, 39: 283-285.
Galiano M E. 1991. Las especies de *Sitticus* Simon del grupo *palpalis* (Araneae, Salticidae). *Acta Zoologica Lilloana*, 40: 59-68.
Gao C X, Li S Q. 2010a. *Molione lemboda* sp. nov., a new spider (Araneae, Theridiidae) from Xishuangbanna of Yunnan, China. *Acta Zootaxonomica Sinica*, 35: 27-30.
Gao C X, Li S Q. 2010b. *Artema atlanta*, a pantropical species new for China (Araneae, Pholcidae). *Acta Arachnologica Sinica*, 19: 11-13.
Gao C X, Li S Q. 2010c. One new spider species of the genus *Cephalobares* from Yunnan, China (Araneae, Theridiidae). *Acta Zootaxonomica Sinica*, 35: 255-257.
Gao C X, Li S Q. 2014. Comb-footed spiders (Araneae: Theridiidae) in the tropical rainforest of Xishuangbanna, Southwest China. *Zoological Systematics*, 39(1): 1-135.
Gao J C, Fei R I, Zhu C D. 1992. Three species of the genus *Caviphantes* from China (Araneae: Linyphiidae: Erigoninae). *Acta Arachnologica Sinica*, 1(2): 6-9.
Gao J C, Fei R, Xing S Y. 1996. A new species of the genus *Nasoona* from China (Araneae: Linyphiidae: Erigoninae). *Acta Zootaxonomica Sinica*, 21: 29-31.
Gao J C, Gao Y Q, Zhu C D. 1994. A new species of the genus *Ostearius* from China (Araneae: Linyphiidae). *Acta Arachnologica Sinica*, 3: 124-126.
Gao J C, Ren L Y, Zhu M S. 1994. Notes on a genus newly recorded from China (Linyphiidae). *Journal of Hebei Normal University* (Nat. Sci. Ed.), 1994(Suppl.): 52-53.
Gao J C, Sha Y H, Zhu C D. 1989. A new species of spider of the genus *Hypselistes* from China (Araneae: Linyphiidae). *Acta Zootaxonomica Sinica*, 14: 424-426.
Gao J C, Xing S Y, Zhu C D. 1996. Two new species of the genera *Toschia* and *Aprifrontalia* from China (Araneae: Linyphiidae: Erigoninae). *Acta Zootaxonomica Sinica*, 21: 291-295.
Gao J C, Zhu C D. 1988. A new species of spider of the genus *Gnathonarium* from China (Araneae: Linyphiidae). *Acta Zootaxonomica Sinica*, 13: 350-352.
Gao J C, Zhu C D. 1989. A new generic record and a new species of Linyphiidae from China (Araneae: Linyphiidae). *Journal of Norman Bethune University of Medical Sciences*, 15: 246-247.
Gao J C, Zhu C D. 1990. Two new generic records and five new record species of Linyphiidae from China (Araneae: Linyphiidae: Erigoninae). *Journal of Norman Bethune University of Medical Sciences*, 16: 152-155.
Gao J C, Zhu C D. 1993. Two new spiders of genera *Entelecara* and *Gnathonarium* from China (Araneae: Linyphiidae: Erigoninae). *Acta Zootaxonomica Sinica*, 18: 27-32.
Gao J C, Zhu C D, Fei R I. 1993. Two species of the genus *Latithorax* from China (Araneae: Linyphiidae). *Acta Arachnologica Sinica*, 2: 73-75.
Gao J C, Zhu C D, Gao Y Q. 1993. Two new generic records and two new species of Erigoninae from China (Araneae: Linyphiidae: Erigoninae). *Journal of Norman Bethune University of Medical Sciences*, 19: 40-42.
Gao J C, Zhu C D, Sha Y H. 1993. Two new species of the genus *Solenysa* from China (Araneae: Linyphiidae: Erigoninae). *Acta Arachnologica Sinica*, 2: 65-68.
Gao J C, Zhu C D, Sha Y H. 1994. New record of two genera and three species of Erigoninae from China (Araneae: Linyphiiidae: Erigoninae). *Sichuan Journal of Zoology*, 13: 80-82.
Gao S S, Guan J D. 1991. Three new records of spiders from China. *Journal of Liaoning Forestry Science and Technology*, 1991(Suppl.): 54-55.
Gao S S, Guan J D, Zhu M S. 1993. Notes on the five species of spiders from Liaoning, China (Arachnida: Araneida). *Journal of the Liaoning University* (Nat. Sci. Ed.), 20: 74-80.
Gao Y Q, Gao J C, Zhu M S. 2002. Two new species of the genus *Pholcus* from China (Araneae: Pholcidae). *Acta Zootaxonomica Sinica*, 27: 74-77.
Garneri G A. 1902. Contribuzione alla fauna sarda. Aracnidi. *Bollettino della Società Zoologica Italiana*, 3(2): 57-103.
Gavish-Regev E, Hormiga G, Scharff N. 2013. Pedipalp sclerite homologies and phylogenetic placement of the spider genus *Stemonyphantes* (Linyphiidae, Araneae) and its implications for linyphiid phylogeny. *Invertebrate Systematics*, 27: 38-52.
Georgescu M. 1969. Asupra unor specii ale genului *Erigone* (Micriphantidae) din România. *Lucrările Institutului de speologie "Emil Racoviță"*, 8: 91-97.
Georgescu M. 1971. Quelques considérations sur le genre *Micrargus* (Dahl) en Roumanie. *Travaux de l'Institut de Spéologie "Émile Racovitza"*, 10: 235-244.
Gerhardt U. 1928. Biologische Studien an griechischen, corsischen und deutschen Spinnen. *Zeitschrift für Morphologie und Ökologie der Tiere*, 10: 576-675.
Gerstäcker A. 1873. Arachnoidea. *In*: von der Decken C. *Reisen in Ostafrica*. *Leipzig*, 3(2): 461-503 (Araneae: 473-503).
Gertsch W J. 1933a. Notes on American spiders of the family Thomisidae. *American Museum Novitates*, 593: 1-22.
Gertsch W J. 1933b. New genera and species of North American spiders. *American Museum Novitates*, 636: 1-28.
Gertsch W J. 1934a. Notes on American Lycosidae. *American Museum Novitates*, 693: 1-25.
Gertsch W J. 1934b. Notes on American crab spiders (Thomisidae). *American Museum Novitates*, 707: 1-25.
Gertsch W J. 1934c. Some American spiders of the family Hahniidae. *American Museum Novitates*, 712: 1-32.
Gertsch W J. 1934d. Further notes on American spiders. *American Museum Novitates*, 726: 1-26.
Gertsch W J. 1935. Spiders from the southwestern United States. *American Museum Novitates*, 792: 1-31.
Gertsch W J. 1936. Further diagnoses of new American spiders. *American Museum Novitates*, 852: 1-27.
Gertsch W J. 1937. New American spiders. *American Museum Novitates*, 936: 1-7.
Gertsch W J. 1939a. A new genus in the Pholcidae. *American Museum Novitates*, 1033: 1-4.
Gertsch W J. 1939b. A revision of the typical crab spiders (Misumeninae) of America north of Mexico. *Bulletin of the American Museum of Natural History*, 76: 277-442.
Gertsch W J. 1941. Report on some arachnids from Barro Colorado Island, Canal Zone. *American Museum Novitates*, 1146: 1-14.
Gertsch W J. 1946. Notes on American spiders of the family Dictynidae. *American Museum Novitates*, 1319: 1-21.
Gertsch W J. 1951. New American linyphiid spiders. *American Museum Novitates*, 1514: 1-11.
Gertsch W J. 1958a. The spider genus *Loxosceles* in North America, Central America, and the West Indies. *American Museum Novitates*, 1907: 1-46.

Gertsch W J. 1958b. The spider family Hypochilidae. *American Museum Novitates*, 1912: 1-28.

Gertsch W J. 1960. Descriptions of American spiders of the family Symphytognathidae. *American Museum Novitates*, 1981: 1-40.

Gertsch W J. 1964. The spider genus *Zygiella* in North America (Araneae, Argiopidae). *American Museum Novitates*, 2188: 1-21.

Gertsch W J. 1967a. The spider genus *Loxosceles* in South America (Araneae, Scytodidae). *Bulletin of the American Museum of Natural History*, 136: 117-174.

Gertsch W J. 1967b. A new liphistiid spider from China (Araneae: Liphistiidae). *Journal of The New York Entomological Society*, 75: 114-118.

Gertsch W J. 1973. The cavernicolous fauna of Hawaiian lava tubes, 3. Araneae (spiders). *Pacific Insects*, 15: 163-180.

Gertsch W J. 1979. *American Spiders*. 2ed. New York: Van Nostrand Reinhold: 274.

Gertsch W J. 1984. The spider family Nesticidae (Araneae) in North America, Central America, and the West Indies. *Bulletin of the Texas Memorial Museum*, 31: 1-91.

Gertsch W J, Archer A F. 1942. Descriptions of new American Theridiidae. *American Museum Novitates*, 1171: 1-16.

Gertsch W J, Davis L I. 1936. New spiders from Texas. *American Museum Novitates*, 881: 1-21.

Gertsch W J, Ennik F. 1983. The spider genus *Loxosceles* in North America, Central America, and the West Indies (Araneae, Loxoscelidae). *Bulletin of the American Museum of Natural History*, 175: 264-360.

Gertsch W J, Ivie W. 1936. Descriptions of new American spiders. *American Museum Novitates*, 858: 1-25.

Gertsch W J, Ivie W. 1955. The spider genus *Neon* in North America. *American Museum Novitates*, 1743: 1-17.

Gertsch W J, Mulaik S. 1936. New spiders from Texas. *American Museum Novitates*, 863: 1-22.

Gertsch W J, Peck S B. 1992. The pholcid spiders of the Galápagos Islands, Ecuador (Araneae: Pholcidae). *Canadian Journal of Zoology*, 70: 1185-1199.

Gertsch W J, Platnick N I. 1975. A revision of the trapdoor spider genus *Cyclocosmia* (Araneae, Ctenizidae). *American Museum Novitates*, 2580: 1-20.

Gertsch W J, Platnick N I. 1980. A revision of the American spiders of the family Atypidae (Araneae, Mygalomorphae). *American Museum Novitates*, 2704: 1-39.

Gertsch W J, Wallace H K. 1937. New American Lycosidae with notes on other species. *American Museum Novitates*, 919: 1-22.

Giebel C G. 1863. Drei und zwanzig neue und einige bekannte Spinnen der Hallischen Sammlung. *Zeitschrift für die Gesammten Naturwissenschaften*, 21: 306-328.

Giebel C G. 1867. Zur schweizerischen Spinnenfauna. *Zeitschrift für die Gesammten Naturwissenschaften*, 30: 425-443.

Giebel C G. 1869a. Über einige Spinnen aus Illinois. *Zeitschrift für die Gesammten Naturwissenschaften*, 33: 248-253.

Giebel C G. 1869b. Am Vierwaldstädter See. *Zeitschrift für die Gesammten Naturwissenschaften*, 34: 263-311 (Araneae: 298-307).

Giltay L. 1932. Arachnides recueillis par M. d'Orchymont au cours de ses voyages aux Balkans et en Asie Mineure en 1929, 1930 et 1931. *Bulletin du Musée Royal d'Histoire Naturelle de Belgique*, 8(22): 1-40.

Giltay L. 1935a. Notes arachnologiques africaines. V. Quelques araignées de Léopoldville et d'Eala (Congo belge). *Bulletin du Musée Royal d'Histoire Naturelle de Belgique*, 11(6): 1-11.

Giltay L. 1935b. Liste des arachnides d'Extrême-Orient et des Indes orientales recueillis, en 1932, par S. A. R. le Prince Léopold de Belgique. *Bulletin du Musée Royal d'Histoire Naturelle de Belgique*, 11(20): 1-15.

Gistel J. 1848. *Naturgeschichte des Thierreichs für höhere Schulen*. Stuttgart: Araneae: 155-158.

Gmelin J F. 1789. *Caroli A Linné, Systema naturae. Editio decima tertia, aucta, reformata; cura Jo. Frid. Gmelin*. Lipsiae: 2946-2961.

Gnelitsa V. 2007. Spiders of the genus *Centromerus* from Crimea (Aranei: Linyphiidae). *Arthropoda Selecta*, 16: 29-32.

Gnelitsa V A, Koponen S. 2010. A new species of the genus *Macrargus* (Araneae, Linyphiidae, Micronetinae) from the north-east of Ukraine and redescription of two related species. *Vestnik Zoologii*, 44: 291-299.

Gómez-Rodríguez J F, Salazar O C A. 2012. Arañas de la región montañosa de Miquihuana, Tamaulipas: listado faunístico y registros nuevos. *Dugesiana*, 19: 1-7.

Gong J X. 1983. Neue und wenig bekannte Clubionidae aus China (Arachnida: Araneae). *Verhandlungen des Naturwissenschaftlichen Vereins in Hamburg*, 26: 61-68.

Gong J X. 1984. Notes on two spider species of the genus *Clubiona* (family Clubionidae) from Fujian Province, SE-China. *Journal of the Fujian Agricultural College*, 13: 201-211.

Gong J X. 1985. *Clubiona fuzhouensis* n. sp., a new species of the genus *Clubiona* from SE-China (Araneae, Clubionidae). *Journal of the Fujian Agricultural College*, 14: 211-218.

Gong J X. 1989. First record of *Clubiona filicata* Cambridge for China (Araneae: Clubionidae). *Wuyi Science Journal*, 7: 109-113.

Gong M X, Zhu C D. 1982. Description of *Nesticus mogera* Yaginuma (Araneae: Nesticidae) from China. *Journal of the Bethune Medical University*, 8: 62.

González A, Estévez A L. 1988. Estudio del desarrollo postembrionario y estadísticos vitales de *Theridion rufipes* Lucas, 1846 (Araneae, Theridiidae). *Revista Brasileira de Entomologia*, 32: 499-506.

González-Sponga M A. 2004. Arácnidos de Venezuela. Un nuevo género y nuevas especies de la familia Pholcidae (Araneae). *Aula y Ambiente*, 4: 63-76.

González-Sponga M A. 2006. Arácnidos de Venezuela. Un nuevo género y cinco nuevas especies de la familia Pholcidae (Araneae). *Sapiens. Revista Universitaria de Investigación*, 7: 9-27.

González-Sponga M A. 2007. Biodiversidad. Arácnidos de Venezuela. Descripción de cinco nuevas especies del género *Physocyclus* (Araneae, pholcidae). *Sapiens. Revista Universitaria de Investigación*, 8: 53-69.

Grabner R, Thaler K. 1986. Ein weiteres Stridulationsorgan bei manchen Arten der *mughi*-Gruppe der Gattung *Lepthyphantes* (Araneae, Linyphiidae)? *Mitteilungen der Schweizerischen Entomologischen Gesellschaft*, 59: 15-21.

Grasshoff M. 1959. *Dysdera*-Arten von Inseln der Mittelmeergebietes (Arachn., Araneae). *Senckenbergiana Biologica*, 40: 209-220.

Grasshoff M. 1964. Die Kreuzspinne *Araneus pallidus*-ihr Netzbau und ihre Paarungsbiologie. *Natur und Museum*, 94: 305-314.

Grasshoff M. 1968. Morphologische Kriterien als Ausdruck von Artgrenzen bei Radnetzspinnen der Subfamilie Araneinae (Arachnida: Araneae: Araneidae). *Abhandlungen der Senckenbergischen Naturforschenden Gesellschaft*, 516: 1-100.

Grasshoff M. 1970a. Die Tribus Mangorini. I. Die Gattungen *Eustala*, *Larinia* s. str., *Larinopa* n. gen. (Arachnida: Araneae: Araneidae-Araneinae). *Senckenbergiana Biologica*, 51: 209-234.

Grasshoff M. 1970b. Die Tribus Mangorini. II. Die neuen Gattungen *Siwa*, *Paralarinia*, *Faradja*, *Mahembea* und *Lariniaria* (Arachnida: Araneae: Araneidae-Araneinae). *Senckenbergiana Biologica*, 51: 409-423.

Grasshoff M. 1973a. Bau und Mechanik der Kopulationsorgane der Radnetzspinne *Mangora acalypha* (Arachnida, Araneae). *Zeitschrift für Morphologie der Tiere*, 74: 241-251.

Grasshoff M. 1973b. Konstruktions-und Funktionsanalyse an Kopulationsorganen einiger Radnetzspinnen. *Aufsätze und Reden der Senckenbergischen Naturforschenden Gesellschaft*, 24: 129-151.

Grasshoff M. 1976. Zur Taxonomie und Nomenklatur mitteleuropäischer Radnetzspinnen der Familie Araneidae (Arachnida: Araneae). *Senckenbergiana Biologica*, 57: 143-154.

Grasshoff M. 1980. Contributions à l'étude de la faune terrestre des îles granitiques de l'archipel des Séchelles (Mission P L G, Benoit J J. Van Mol, 1972). Araneidae-Argiopinae, Araneidae-Araneinae (Araneae). *Revue Zoologique Africaine*, 94: 387-409.

Grasshoff M. 1983. *Larinioides* Caporiacco 1934, der korrekte Name für die sogenannte *Araneus cornutus*-Gruppe (Arachnida: Araneae). *Senckenbergiana Biologica*, 64: 225-229.

Grasshoff M. 1984. Die Radnetzspinnen-Gattung *Caerostris* (Arachnida: Araneae). *Revue Zoologique Africaine*, 98: 725-765.

Grasshoff M. 1986. Die Radnetzspinnen-Gattung *Neoscona* in Afrika (Arachnida: Araneae). *Annalen Zoologische Wetenschappen*, 250: 1-123.

Gravely F H. 1921a. The spiders and scorpions of Barkuda Island. *Records of the Indian Museum, Calcutta*, 22: 399-421.

Gravely F H. 1921b. Some Indian spiders of the subfamily Tetragnathinae. *Records of the Indian Museum, Calcutta*, 22: 423-459.

Gravely F H. 1922. Common Indian spiders. *Journal of the Bombay Natural History Society*, 28: 1045-1050.

Gravely F H. 1924. Some Indian spiders of the family Lycosidae. *Records of the Indian Museum, Calcutta*, 26: 587-613.

Gravely F H. 1931. Some Indian spiders of the families Ctenidae, Sparassidae, Selenopidae and Clubionidae. *Records of the Indian Museum, Calcutta*, 33: 211-282.

Gray M R. 1983. The taxonomy of the semi-communal spiders commonly referred to the species *Ixeuticus candidus* (L. Koch) with notes on the genera *Phryganoporus*, *Ixeuticus* and *Badumna* (Araneae, Amaurobioidea). *Proceedings of the Linnean Society of New South Wales*, 106: 247-261.

Gray M R. 1995. Morphology and relationships within the spider family Filistatidae (Araneae: Araneomorphae). *Records of the Western Australian Museum, Supplement*, 52: 79-89.

Grese N S. 1909. Die Spinnen der Halbinsel Jamal. *Lejiegod Zoologicheskii Instituta Muzeya Akademii Nauk SSSR St. Petersburg*, 14: 325-331.

Grimm U. 1982. Sibling species in the Zelotes subterraneus-group and description of 3 new species of Zelotes from Europe (Arachnida: Araneae: Gnaphosidae). *Verhandlungen des Naturwissenschaftlichen Vereins in Hamburg*, 25: 169-183.

Grimm U. 1985. Die Gnaphosidae Mitteleuropas (Arachnida, Araneae). *Abhandlungen des Naturwissenschaftlichen Vereins in Hamburg*, 26: 1-318.

Grimm U. 1986. Die Clubionidae Mitteleuropas: Corinninae und Liocraninae (Arachnida, Araneae). *Abhandlungen des Naturwissenschaftlichen Vereins in Hamburg*, 27: 1-91.

Grismado C J. 2004. Two new species of the spider genus *Conifaber* Opell 1982 from Argentina and Paraguay, with notes on their relationships (Araneae, Uloboridae). *Revista Ibérica de Aracnología*, 9: 291-306.

Griswold C E, Coddington J A, Hormiga G, Scharff N. 1998. Phylogeny of the orb-web building spiders (Araneae, Orbiculariae: Deinopoidea, Araneoidea). *Zoological Journal of the Linnean Society*, 123: 1-99.

Griswold C E, Long C L, Hormiga G. 1999. A new spider of the genus *Pimoa* from Gaoligong Mountains, Yunnan, China (Araneae, Araneoidea, Pimoidae). *Acta Botanica Yunnanica, Supplement*, 11: 91-97.

Griswold C E, Ramírez M J, Coddington J A, Platnick N I. 2005. Atlas of phylogenetic data for entelegyne spiders (Araneae: Araneomorphae: Entelegynae) with comments on their phylogeny. *Proceedings of the California Academy of Sciences*, 56(Suppl. II): 1-324.

Gromov A V. 1997. New records of spider *Achaearanea tabulata* Levi (Arachnida: Araneae, Theridiidae) in Palearctics. *Izvestiya Ministerstva Nauki-Akademii Nauk Respubliki Kazakhstan Seriya Biologicheskaya i Meditsinskaya*, 1997(1): 31-35.

Groppali R, Guerci P, Pesarini C. 1998. Appunti sui Ragni (Arachnida, Araneae) della costa orientale di Eivissa (Ibiza), con la descrizione di una nuova specie: *Cyclosa groppalii* Pesarini (Araneidae). *Boletín de la Sociedad de Historia Natural de Baleares*, 41: 65-74.

Grostal P. 1999. Five species of kleptobiotic *Argyrodes* Simon (Theridiidae: Araneae) from eastern Australia: descriptions and ecology with special reference to southeastern Queensland. *Memoirs of the Queensland Museum*, 43: 621-638.

Grothendieck K, Kraus O. 1994. Die Wasserspinne *Argyroneta aquatica*: Verwandtschaft und Spezialisation (Arachnida, Araneae, Agelenidae). *Verhandlungen des Naturwissenschaftlichen Vereins in Hamburg, Neue Folge*, 34: 259-273.

Grube A E. 1859. Verzeichniss der Arachnoiden Liv., Kur und Ehstlands. *Archiv für die Naturkunde Liv-, Ehst-und Kurlands*, 1: 415-486.

Grube A E. 1861. Beschreibung neuer, von den Herren L. v. Schrenck, Maack C. v. Ditmar u. a. im Amurlande und in Ostsibirien gesammelter Araneiden. *Bulletin de l'Académie impériale des sciences de St.-Pétersbourg*, 4: 161-180 [separate: 1-29].

Gruia M. 1973. Sur quelques Theridiidae (Aranea) recueillis par les expéditions biospéologiques à Cuba. *Résultats des Expéditions Biospéologiques Cubano-Roumaines à Cuba*, 1: 305-313.

Guérin-Méneville F E. 1838. Histoire naturelle des Crustacés, Arachnides et Insectes recueillis dans le Voyage autour du Monde de la Corvette de Sa Majesté, La Coquille, exécuté pendant les anées 1822-1825 sous le commandement du Capitaine Duperry. *Paris*, 2(1: Zoologie): 51-56.

Guo C H, Zhang F. 2014. First description of the male of *Diaea mikhailovi* (Araneae: Thomisidae). *Zootaxa*, 3815(3): 447-450.

Guo J F. 1985. *Farm Spiders from Shaanxi Province*. Xi'an: Shaanxi Science and Technology Press.

Guo J Y, Zhang F, Zhu M S. 2011a. One newly recorded genus and one new species of the family Salticidae (Arachnida: Araneae) from China. *Acta Arachnologica Sinica*, 20: 1-3.

Guo J Y, Zhang F, Zhu M S. 2011b. Two new species of the genus *Irura* Peckham & Peckham, 1901 (Araneae: Salticidae) from Hainan Island, China. *Acta Arachnologica, Tokyo*, 60: 89-91.

Guo J Y, Zhu M S. 2010. A newly recorded species and the new discovery of female spider of the genus *Thiania* from China (Arachnida: Salticidae). *Journal of Hebei University, Natural Science Edition*, 30: 93-96.

Guo S T, Zhang F. 2010. A new species of the genus *Aculepeira* from Qinghai-Tibet plateau, China (Aranei: Araneidae). *Arthropoda Selecta*, 19: 261-263.

Guo S T, Zhang F, Wang Y. 2011. New discovery of the male *Araneus miquanensis* Yin et al., 1990 (Araneae: Araneidae) from China. *Journal of Hebei University, Natural Science Edition*, 31: 192-194.

Guo S T, Zhang F, Zhu M S. 2011c. New discovery of the male *Cnodalia ampliabdominis* (Song, Zhang & Zhu, 2006) (Araneae: Araneidae) from China. *Acta Arachnologica, Tokyo*, 60: 5-7.

Guo S T, Zhang F, Zhu M S. 2011d. Two new species of the genera *Araneus* and *Gibbaranea* from Liupan Mountain, China (Araneae, Araneidae). *Acta*

Zootaxonomica Sinica, 36: 213-217.
Gupta N, Siliwal M. 2012. A checklist of spiders (Arachnida: Araneae) of Wildlife Institute of India campus, Dehradun, Uttarakhand, India. *Indian Journal of Arachnology*, 1(2): 73-91.
Guryanova V E. 2003. Materials to the spider fauna of Podolian wood-and-steppe (Ukraine). *Vestnik Zoologii*, 37: 3-11.
Guseinov E F, Marusik Y M, Koponen S. 2005. Spiders (Arachnida: Aranei) of Azerbaijan 5. Faunistic review of the funnel-web spiders (Agelenidae) with the description of a new genus and species. *Arthropoda Selecta*, 14: 153-177.
Guy Y. 1966. Contribution à l'étude des araignées de la famille des Lycosidae et de la sous-famille des Lycosinae avec étude spéciale des espèces du Maroc. *Travaux de l'Institut Scientifique Chérifien et de la Faculté des Sciences, Série Zoologie, Rabat*, 33: 1-174.
Hackman W. 1952. Contributions to the knowledge of Finnish spiders. *Memoranda Societatis pro Fauna et Flora Fennica*, 27: 69-79.
Hackman W. 1954. The spiders of Newfoundland. *Acta Zoologica Fennica*, 79: 1-99.
Haddad C R, Bosmans R. 2013. Synonymy of the North African spider genus *Castanilla* Caporiacco, 1936 with *Micaria* Westring, 1851 (Araneae: Gnaphosidae). *Zootaxa*, 3734: 397-399.
Hadjissarantos H. 1940. *Les araignées de l'Attique*. Athens: 132.
Hahn C W. 1820. *Monographie der Spinnen*. Nürnberg, Heft, 1: 1-16, 4 pls.
Hahn C W. 1821. *Monographie der Spinnen*. Nürnberg, Heft, 2: 1-2, 4 pls.
Hahn C W. 1822. *Monographie der Spinnen*. Nürnberg, Heft, 3: 1-2, 4 pls.
Hahn C W. 1826. *Monographie der Spinnen*. Nürnberg, Heft, 4: 1-2, 4 pls.
Hahn C W. 1829. *Monographie der Spinnen*. Nürnberg, Heft, 5: 1-2, 4 pls.
Hahn C W. 1831a. *Die Arachniden*. Nürnberg, Erster Band: 1-24.
Hahn C W. 1831b. *Monographie der Spinnen*. Nürnberg, 1 p., 4 pls.
Hahn C W. 1832. *Die Arachniden*. Nürnberg, Erster Band: 25-76.
Hahn C W. 1833a. *Die Arachniden*. Nürnberg, Erster Band: 77-129; Zweite Band: 1-16.
Hahn C W. 1833b. *Monographie der Spinnen*. Nürnberg, 1 p., 4 pls.
Hahn C W. 1834. *Die Arachniden*. Nürnberg, Zweite Band: 17-56.
Hahn C W. 1835. *Die Arachniden*. Nürnberg, Zweite Band: 57-75.
Hahn C W. 1836. *Monographie der Spinnen*. Nürnberg, 1 p., 4 pls.
Haku K. 1938. Description of *Calommata pumila* Kishida m. *Acta Arachnologica, Tokyo*, 3: 96-99.
Hamamura T. 1965. Spiders from Tochigi Prefecture (I). *Atypus*, 36: 39-47.
Han G X, Zhang F, Zhang Z S. 2011. First description of the male of *Notiocoelotes pseudolingulatus* (Araneae: Agelenidae) from Hainan Island, China. *Zootaxa*, 2819: 65-67.
Han G X, Zhang F, Zhu M S. 2010a. Three new species of the genus *Poltys* from Hainan Island, China (Araneae: Araneidae). *Acta Arachnologica, Tokyo*, 59: 51-55.
Han G X, Zhang F, Zhu M S. 2010b. A new species of the genus *Cyrtophora* (Araneae: Araneidae) from Hainan Island, China. *Journal of Hebei University, Natural Science Edition*, 30: 692-695.
Han G X, Zhu M S. 2008. One new record species of the genus *Nasoona* from China (Arachnida: Araneae: Erigoninae). *Journal of Hebei University, Natural Science Edition*, 28: 206-208.
Han G X, Zhu M S. 2009. A new species of the genus *Tmarus* and discovery of the male *Tmarus taiwanus* (Araneae: Thomisidae) from China. *Entomological News*, 119: 459-463.
Han G X, Zhu M S. 2010a. A new species of the genus *Araneus* (Araneae: Araneidae) from China. *Acta Arachnologica, Tokyo*, 58: 67-68.
Han G X, Zhu M S. 2010b. Taxonomy and biogeography of the spider genus *Eriovixia* (Araneae: Araneidae) from Hainan Island, China. *Journal of Natural History*, 44: 2609-2635.
Hancock K, Hancock J. 1988. Labidognatha (true spiders) family file. *British Tarantula Society Journal*, 4(1): 18-20.
Hänggi A. 1990. Beiträge zur Kenntnis der Spinnenfauna des Kt. Tessin III-Für die Schweiz neue und bemerkenswerte Spinnen (Arachnida: Araneae). *Mitteilungen der Schweizerischen Entomologischen Gesellschaft*, 63: 153-167.
Hänggi A. 1993. Beiträge zur Kenntnis der Spinnenfauna des Kantons Tessin IV-Weitere faunistisch bemerkenswerte Spinnenfunde der Tessiner Montanstufe (Arachnida: Araneae). *Mitteilungen der Schweizerischen Entomologischen Gesellschaft*, 66: 303-316.
Hansen H. 1982. Beitrag zur Biologie von *Icius hamatus* (C. L. Koch 1846) (Arachnida: Araneae: Salticidae). *Lavori della Società Veneziana di Scienze Naturali*, 7: 55-74.
Hansen H. 1985. *Marpissa canestrinii* Ninni, 1868. Ein Beitrag zur Systematik. *Bollettino del Museo Civico di Storia Naturale di Venezia*, 34: 205-211.
Hansen H. 1986. Die Salticidae der coll. Canestrini (Arachnida: Araneae). *Lavori della Società Veneziana di Scienze Naturali*, 11: 97-120.
Hansen H. 1991. Ricerche faunistiche del Museo Civico di Storia Naturale di Venezia nell'Isola di Pantelleria. XI-Arachnida: Scorpiones, Pseudoscorpiones, Araneae. *Bollettino del Museo Civico di Storia Naturale di Venezia*, 40: 7-19.
Hansen H. 1995. Über die Arachniden-fauna von urbanen Lebensräumen in Venedig-III. Die epigäischen Spinnen eines Stadtparkes (Arachnida: Araneae). *Bollettino del Museo Civico di Storia Naturale di Venezia*, 44: 7-36.
Hansen H J. 1882. Spindeldyr. *In*: Schiödte J C. *Zoologia Danica*. Kjöbenhavn: 3, 1-81, I-V.
Harm M. 1971. Revision der Gattung *Heliophanus* C. L. Koch (Arachnida: Araneae: Salticidae). *Senckenbergiana Biologica*, 52: 53-79.
Harm M. 1973. Zur Spinnenfauna Deutschlands, XIV. Revision der Gattung *Sitticus* Simon (Arachnida: Araneae: Salticidae). *Senckenbergiana Biologica*, 54: 369-403.
Harm M. 1977. Revision der mitteleuropäischen Arten der Gattung *Phlegra* Simon (Arach.: Araneae: Salticidae). *Senckenbergiana Biologica*, 58: 63-77.
Harm M. 1981. Revision der mitteleuropäischen Arten der Gattung *Marpissa* C. L. Koch 1846 (Arachnida: Araneae: Salticidae). *Senckenbergiana Biologica*, 61: 277-291.
Harms D, Dunlop J A. 2009. A revision of the fossil pirate spiders (Arachnida: Araneae: Mimetidae). *Palaeontology*, 52: 779-802.
Harms D, Harvey M S. 2009. Australian pirates: systematics and phylogeny of the Australasian pirate spiders (Araneae: Mimetidae), with a description of the Western Australian fauna. *Invertebrate Systematics*, 23: 231-280.
Harrod J C, Levi H W, Leibensperger L B. 1991. The Neotropical orbweavers of the genus *Larinia* (Araneae: Araneidae). *Psyche, Cambridge*, 97: 241-265.

Harvey M S, Austin A D, Adams M. 2007. The systematics and biology of the spider genus *Nephila* (Araneae: Nephilidae) in the Australasian region. *Invertebrate Systematics*, 21: 407-451.
Harvey P. 1991. Notes on *Philodromus praedatus* O. P.-Cambridge in Essex and its determination. *Newsletter of the British Arachnological Society*, 62: 3-5.
Harvey P. 2004. *Pardosa lugubris* sensu stricto in Britain. *Newsletter of the British Arachnological Society*, 101: 8-9.
Harvey P. 2009. Identification of *Dysdera crocata* and *Dysdera erythrina*. *Newsletter of the British Arachnological Society*, 114: 17.
Harvey P. 2013. Identification of *Philodromus praedatus*. *Newsletter of the British Arachnological Society*, 127: 22-24.
Hassan A I. 1953. The Oecobiidae of Egypt. *Bulletin-Zoological Society of Egypt*, 11: 14-28.
Hauge E. 1969. Six species of spiders (Araneae) new to Norway. *Norsk Entomologisk Tidsskrift*, 16: 1-8.
Hauge E. 1976. Araneae from Finnmark, Norway. *Norwegian Journal of Entomology*, 23: 121-125.
Haupt J. 1983. Vergleichende Morphologie der Genitalorgane und Phylogenie der liphistiomorphen Webspinnen (Araneae: Mesothelae). I. Revision der bisher bekannten Arten. *Zeitschrift für Zoologische Systematik und Evolutionsforschung*, 21: 275-293.
Haupt J. 2003. The Mesothelae a monograph of an exceptional group of spiders (Aaneae: Mesothelae): (Morphology, behaviour, ecology, taxonomy, distribution and phylogeny). *Zoologica*, 154: 1-102.
Haupt J. 2006. On the taxonomic position of the East Asian species of the genus *Ummidia* Thorell, 1875 (Araneae: Ctenizidae). *In*: Deltshev C, Stoev P. European Arachnology 2005. Acta Zoologica Bulgarica Supplement: 1, 77-79.
Haupt J. 2008. An organ of stridulation in East Asian hexathelid spiders (Araneae, Mygalomorphae). *Revista Ibérica de Aracnología*, 15: 19-23.
Haupt J, Schmidt G. 2004. Description of the male and illustration of the female receptacula of *Yamia watasei* Kishida, 1920 (Arachnida, Araneae, Theraphosidae, Selenocosmiinae). *Spixiana*, 27: 199-204.
Haupt J, Schmidt G. 2004. Description of the male and illustration of the female receptacula of *Yamia watasei* Kishida, 1920 (Arachnida, Araneae, Theraphosidae, Selenocosmiinae). *Spixiana*, 27: 199-204.
Haupt J, Shimojana M. 2001. The spider fauna of soil banks: the genus *Latouchia* (Arachnida, Araneae, Ctenizidae) in southern Japan and Taiwan. *Mitteilungen aus dem Museum für Naturkunde in Berlin, Zoologische Reihe*, 77: 95-110.
Hayashi T. 1982. Spiders of Mt. Akagi in Gunma Prefecture (II). *Bulletin of the Gunma Biological Education Society*, 31: 23-26.
Hayashi T. 1983a. Three spiders of genus Zelotes from Gunma Prefecture, Japan. *Atypus*, 82: 9-18.
Hayashi T. 1983b. Spiders from Mt. Akagi, Gunma Prefecture III. Notes on some spiders of the genus *Clubiona*. *Atypus*, 83: 7-14.
Hayashi T. 1984. *Drassodes lapidosus* (Walckenaer, 1802) and *Haplodrassus signifer* (C. L. Koch, 1839). *Atypus*, 85: 9-18.
Hayashi T. 1985. Two new species of the genus *Clubiona* Letrellie, 1804 (Araneae: Clubionidae) from Japan. *Acta Arachnologica, Tokyo*, 33: 35-43.
Hayashi T. 1986. A new Japanese spider of the genus *Agroeca* (Araneae: Clubionidae). *Proceedings of the Japanese Society of Systematic Zoology*, 33: 23-28.
Hayashi T. 1987. Some spiders of the genus *Clubiona* (Araneae: Clubionidae) from Hokkaido. *Bulletin of the Biogeographical Society of Japan*, 42: 33-41.
Hayashi T. 1992. Three species of the genus *Agroeca* (Araneae: Clubionidae) from Japan, including a new species. *Acta Arachnologica, Tokyo*, 41: 133-137.
Hayashi T. 1994. Six clubionid spiders (Araneae: Clubionidae) collected by Dr. M. J. Sharkey in Japan. *Acta Arachnologica, Tokyo*, 43: 57-64.
Hayashi T, Chikuni Y. 1984. Notes on *Clubiona kurilensis* Boesenberg et Strand, 1906. *Atypus*, 84: 1-8.
Hayashi T, Saito H. 1980. Spiders of Mt. Akagi (I), Gumma Prefecture. *Bulletin of the Gunma Biological Education Society*, 29: 5-10.
Hayashi T, Yoshida H. 1991. A new species of the genus *Clubiona* (Araneae, Clubionidae) from Yamagata Prefecture, Japan. *Proceedings of the Japanese Society of Systematic Zoology*, 44: 38-44.
Hayashi T, Yoshida H. 1993. Three new species of the family Clubionidae (Arachnida: Araneae) from Taiwan. *Acta Arachnologica, Tokyo*, 42: 47-53.
He S, Hu J L. 1999a. A new species of the genus *Oxytate* from Guangxi Zhuang Autonomous Region, China (Araneae: Thomisidae). *Acta Arachnologica Sinica*, 8: 30-31.
He S, Hu J L. 1999b. A new species of the genus *Pseudicius* from Yunnan Province, China (Araneae: Salticidae). *Acta Arachnologica Sinica*, 8: 32-33.
He S, Hu J L. 1999c. A new species of the genus *Lysiteles* from Guangxi Zhuang Autonomous Region, China (Araneae: Thomisidae). *Animal Science and Veterinary Medicine*, 16(4): 8-9.
He S, Hu J L. 2000a. A new species of the genus *Micrommata* from China (Araneae: Sparassidae). *Acta Arachnologica Sinica*, 9: 14-16.
He S, Hu J L. 2000b. A new species of the genus *Heteropoda* from Hainan Province, China (Araneae: Sparassidae). *Acta Arachnologica Sinica*, 9: 17-19.
Hęciak S, Prószyński J. 1983. Remarks on *Langona* Simon (Araneae, Salticidae). *Annales Zoologici, Warszawa*, 37: 207-233.
Heer O. 1845. Über die obersten Gränzen des thierischen und pflanzlischen Lebens in unseren Alpen. *Die Zürcherische Jugend, von der Naturforschenden Gesellschaft*, 47: 1-19.
Heimer S. 1978. Zur intragenerischen Isolation der Arten der Gattung *Pocadicnemis* Simon, 1884 (Arachnida, Araneae, Linyphiidae). *Zoologische Abhandlungen, Staatliches Museum für Tierkunde Dresden*, 35: 101-112.
Heimer S. 1981. *Bathyphantes major* Kulczynski, 1885 vom Baikalsee (Arachnida, Araneae, Linyphiidae). *Faunistische Abhandlungen, Staatliches Museum für Tierkunde Dresden*, 9: 204.
Heimer S. 1982. Interne Arretierungsmechanismen an der Kopulationsorganen männlicher Spinnen (Arachnida, Araneae). Ein Beitrag zur Phylogenie der Araneoidea. *Entomologische Abhandlungen, Staatliches Museum für Tierkunde Dresden*, 45: 35-64.
Heimer S. 1984a. A new linyphiid spider from Vietnam (Arachnida, Araneae). *Reichenbachia*, 22: 87-89.
Heimer S. 1984b. A new species of *Zygiella* from Vietnam (Arachnida, Araneae, Araneidae). *Reichenbachia*, 22: 95-97.
Heimer S. 1987. Neue Spinnenarten aus der Mongolei (MVR) (Arachnida, Araneae, Theridiidae et Linyphiidae). *Reichenbachia*, 24: 139-151.
Heimer S. 1990. Untersuchungen zur Evolution der Kopulationsorgane bei Spinnen (Arachnida, Araneae). *Entomologische Abhandlungen, Staatliches Museum für Tierkunde Dresden*, 53: 1-25, 97-123.
Heimer S, Nentwig W. 1991. *Spinnen Mitteleuropas: Ein Bestimmungsbuch*. Berlin: Verlag Paul Parey: 543.
Heiss J S, Allen R T. 1986. The Gnaphosidae of Arkansas. *Bulletin, Agricultural Experiment Station, University of Arkansas*, 885: 1-67.
Hentz N M. 1832. On North American spiders. *Silliman's Journal of Science and Arts*, 21: 99-122.
Hentz N M. 1841. Description of an American spider, constituting a new sub-genus of the tribe Inaequiteloe of Latreille. *Silliman's Journal of Science and Arts*, 41: 115-117.
Hentz N M. 1842. Descriptions and figures of the araneides of the United States. *Boston Journal of Natural History*, 4: 54-57, 223-231.
Hentz N M. 1847. Descriptions and figures of the araneides of the United States. *Boston Journal of Natural History*, 5: 443-478.

Hentz N M. 1850. Descriptions and figures of the araneides of the United States. *Boston Journal of Natural History*, 6: 18-35, 271-295.

Hentz N M. 1867. Supplement to the descriptions and figures of the araneides of the United States by Nicholas Marcellus Hentz (edited by S. H. Scudder, after death of Hentz). *Proceedings of the Boston Society of Natural History*, 11: 103-111.

Hepner M, Milasowszky N. 2006a. Morphological separation of the central European *Trochosa* females (Araneae, Lycosidae). *Arachnologische Mitteilungen*, 31: 1-7.

Hepner M, Milasowszky N. 2006b. A new feature for the separation of *Trochosa spinipalpis* and *T. terricola* males (Araneae, Lycosidae). *Arachnologische Mitteilungen*, 32: 11-12.

Hepner M, Paulus H F. 2009. Contributions on the wolf spider fauna (Araneae, Lycosidae) of Gran Canaria (Spain). *Bulletin of the British Arachnological Society*, 14: 339-346.

Herman O. 1879. *Magyarország pók-faunája*. Budapest: 1-394.

Herreros R J A. 1991. Datos sobre algunos araneidos (O. Araneae) del Valle del Júcar (Albacete). *Jornadas sobre el Medio Natural Albacetense*, (Ser. III), 1: 207-217.

Hervé C, Rollard C. 2009. *Drassodes* species from the Parc national du Mercantour (French Alps), with the description of a new species (Araneae: Gnaphosidae). *Contributions to Natural History*, 12: 627-642.

Hickman V V. 1967. *Some common spiders of Tasmania*. Tasmanian Museum and Art Gallery: 112.

Hidalgo G I L. 1983. Los Thomisidae y Philodromidae (Araneae) de la colección del Departamento de Zoología de la Universidad de León. *Actas Congreso Ibérico de Entomología, León*, 1: 359-368.

Hikichi K. 1977. Comparative anatomy of some internal organs in spiders of Trionycha. *Acta Arachnologica, Tokyo*, 27(Spec. No.): 145-156.

Hippa H, Koponen S, Oksala I. 1986. Revision and classification of the Holarctic species of the *Ozyptila rauda* group (Araneae, Thomisidae). *Annales Zoologici Fennici*, 23: 321-328.

Hippa H, Oksala I. 1982. Definition and revision of the *Enoplognatha ovata* (Clerck) group (Araneae: Theridiidae). *Entomologica Scandinavica*, 13: 213-222.

Hippa H, Oksala I. 1983a. Epigynal variation in *Enoplognatha latimana* Hippa & Oksala (Araneae, Theridiidae) in Europe. *Bulletin of the British Arachnological Society*, 6: 99-102.

Hippa H, Oksala I. 1983b. Cladogenesis of the *Enoplognatha ovata* group (Araneae, Theridiidae), with description of a new Mediterranean species. *Annales Entomologici Fennici*, 49: 71-74.

Hippa H, Oksala I. 1985. A review of some Holarctic *Agyneta* Hull s. str. (Araneae, Linyphiidae). *Bulletin of the British Arachnological Society*, 6: 277-288.

Hirst A S. 1907. On two spiders of the genus *Selenocosmia*. *Annals and Magazine of Natural History*, 19(7): 522-524.

Hirst A S. 1911. No XVIII. The Arancac, Opilioncs and Pseudoscorpiones. *In*: Percy Sladen Trust Expedition to the Indian Ocean in 1905 under the leadership of Mr. J. Stanley Gardiner. *Transactions of the Linnean Society of London, Zoology*, 2(14): 379-395.

Hogg H R. 1911. On some New Zealand spiders. *Proceedings of the Zoological Society of London*, 1911: 297-313.

Hogg H R. 1912. Araneidae of the Clark Expedition to northern China. *In*: Clarck R S, de Sowerby A C. *Through Shên-kan*. London: Allen & Unwin: 204-218.

Hogg H R. 1914. Spiders collected by the Wollaston and British Ornithological Union Expeditions in Dutch New Guinea. *Proceedings of the Zoological Society of London* (Series C Abstracts), 137: 56-58.

Hogg H R. 1915a. Report on the spiders collected by the British Ornithologists' Union Expedition and the Wollaston Expedition in Dutch New Guinea. *Transactions of the Zoological Society of London*, 20: 425-484.

Hogg H R. 1915b. On spiders of the family Salticidae collected by the British Ornitologists' Union Expedition and the Wollaston Expedition in Dutch New Guinea. *Proceedings of the Zoological Society of London*, 1915: 501-528.

Hogg H R. 1919. Spiders collected in Korinchi, West Sumatra by Messrs H. C. Robinson and C. Boden Kloss. *Journal of the Federated Malay States Museums*, 8(3): 81-106.

Hogg H R. 1922. Some spiders from south Annam. *Proceedings of the Zoological Society of London*, 1922: 285-312.

Holm Å. 1937. Zur Kenntnis der Spinnenfauna Spitzbergens und der Bären Insel. *Arkiv för Zoologi*, 29(A18): 1-13.

Holm Å. 1939. Neue Spinnen aus Schweden. Beschreibung neuer Arten der Familien Drassidae, Theridiidae, Linyphiidae und Micryphantidae. *Arkiv för Zoologi*, 31(A8): 1-38.

Holm Å. 1941. Über Gynandromorphismus und Intersexualität bei den Spinnen. *Zoologiska Bidrag från Uppsala*, 20: 397-414.

Holm Å. 1943. Zur Kenntnis der Taxonomie, Ökologie und Verbreitung der schwedischen Arten der Spinnengattungen *Rhaebothorax* Sim., *Typhochraestus* Sim. und *Latithorax* n. gen. *Arkiv för Zoologi*, 34(A 19): 1-32.

Holm Å. 1944. Revision einiger norwegischer Spinnenarten und Bemerkungen über deren Vorkommen in Schweden. *Entomologisk Tidskrift*, 65: 122-134.

Holm Å. 1945a. Ein Beitrag zur Salticiden-Fauna Schwedens. *Arkiv för Zoologi*, 35(B4): 1-4.

Holm Å. 1945b. Zur Kenntnis der Spinnenfauna des Torneträskgebietes. *Arkiv för Zoologi*, 36(A15): 1-80.

Holm Å. 1947. *Svensk Spindelfauna III. Oxyopidae, Lycosidae, Pisauridae*. Stockholm: 1-48.

Holm Å. 1950. Studien über die Spinnenfauna des Torneträskgebietes. *Zoologiska Bidrag från Uppsala*, 29: 103-213.

Holm Å. 1951. The mountain fauna of the Virihaure area in Swedish Lapland. *Lunds Universitets Årsskrift* (N. F.), 46: 138-149.

Holm Å. 1958a. Spiders (Araneae) from Greenland. *Arkiv för Zoologi*, 11: 525-534.

Holm Å. 1958b. The spiders of the Isfjord region of Spitsbergen. *Zoologiska Bidrag från Uppsala*, 33: 29-67.

Holm Å. 1960. On a collection of spiders from Alaska. *Zoologiska Bidrag från Uppsala*, 33: 109-134.

Holm Å. 1962. The spider fauna of the East African mountains. Part I: Fam. Erigonidae. *Zoologiska Bidrag från Uppsala*, 35: 19-204.

Holm Å. 1967. Spiders (Araneae) from west Greenland. *Meddr Grønland*, 184(1): 1-99.

Holm Å. 1968. A contribution to the spider fauna of Sweden. *Zoologiska Bidrag från Uppsala*, 37: 183-209.

Holm Å. 1970. Notes on spiders collected by the "Vega" Expedition 1878-1880. *Entomologica Scandinavica*, 1: 188-208.

Holm Å. 1973. On the spiders collected during the Swedish expeditions to Novaya Zemlya and Yenisey in 1875 and 1876. *Zoologica Scripta*, 2: 71-110.

Holm Å. 1977. Fam. Erigonidae. *La faune terrestre de l'île de Saite-Hélène IV. Annales, Musée Royal de l'Afrique Centrale, Sciences zoologiques*, (Zool.-Ser. 8): 220, 163-168.

Holm Å. 1978. Spiders of the genus Micaria Westr. from the Torneträsk area in northern Swedish Lapland. *Entomologica Scandinavica*, 9: 68-74.

Holm Å. 1987. Några för Sverige nya spindelarter (Araneae). *Entomologisk Tidskrift*, 108: 159-165.
Holmberg E L. 1876. Arácnidos argentinos. *Anales de Agricultura de la República Argentina*, 4: 1-30.
Homann H. 1952. Die Nebenaugen der Araneen. 2. Mitteilung. *Zoologische Jahrbücher* (Anat.), 72: 345-364.
Horak P, Kropf C. 1992. *Larinioides ixobolus* (Thorell) und *L. sclopetarius* (Clerck), zwei nahe verwandte Arten aus der Steiermark und benachbarten Gebieten (Arachnida: Araneae: Araneidae). *Mitteilungen des Naturwissenschaftlichen Vereines für Steiermark*, 122: 167-171.
Hormiga G. 1994a. A revision and cladistic analysis of the spider family Pimoidae (Araneoidea: Araneae). *Smithsonian Contributions to Zoology*, 549: 1-104.
Hormiga G. 1994b. Cladistics and the comparative morphology of linyphiid spiders and their relatives (Araneae, Araneoidea, Linyphiidae). *Zoological Journal of the Linnean Society*, 111: 1-71.
Hormiga G. 2000. Higher level phylogenetics of erigonine spiders (Araneae, Linyphiidae, Erigoninae). *Smithsonian Contributions to Zoology*, 609: 1-160.
Hormiga G. 2003. *Weintrauboa*, a new genus of pimoid spiders from Japan and adjacent islands, with comments on the monophyly and diagnosis of the family Pimoidae and the genus *Pimoa* (Araneoidea, Araneae). *Zoological Journal of the Linnean Society*, 139: 261-281.
Hormiga G. 2008. On the spider genus *Weintrauboa* (Araneae, Pimoidae), with a description of a new species from China and comments on its phylogenetic relationships. *Zootaxa*, 1814: 1-20.
Hormiga G, Eberhard W G, Coddington J A. 1995. Web-construction behaviour in Australian *Phonognatha* and the phylogeny of nephiline and tetragnathid spiders (Araneae: Tetragnathidae). *Australian Journal of Zoology*, 43: 313-364.
Hormiga G, Tu L H. 2008. On *Putaoa*, a new genus of the spider family Pimoidae (Aeaneae) from China, with a cladistic test of its monophyly and phylogenetic placement. *Zootaxa*, 1792: 1-21.
Hosseini M, Mirshamsi O, Kashefi R, Fekrat L. 2014. A contribution to the knowledge of spiders in wheat fields of Khorasan-e-Razavi Province, Iran. *Turkish Journal of Zoology*, 38: 437-443.
Hou X G, Liang J, Zhu M S. 2007. One new record of the genus *Araniella* from south Shanxi (Araneae, Araneidae). *Acta Arachnologica Sinica*, 16: 14-15.
Howes C A. 1969. The occurrence of *Scytodes thoracica*, Latrielle, in Devon. *Journal of the Devon Trust for Nature Conservation*, 12: 916-919.
Hu D S, Zhang F. 2011a. Description of a new *Otacilia* species from China, with transfer of two species from the genus *Phrurolithus* (Araneae: Corinnidae). *Zootaxa*, 2993: 59-68.
Hu D S, Zhang F. 2011b. First description of the female of *Lysiteles minimus* (Araneae: Thomisidae) from Liupan Mountains, Ningxia, China. *Zootaxa*, 3013: 65-68.
Hu D S, Zhang F. 2012. A new species of the genus *Steatoda* (Araneae: Theridiidae) from China. *Sichuan Journal of Zoology*, 31: 95-97.
Hu D S, Zhang F, Li N. 2011. New discovery of the male *Neriene liupanensis* (Araneae: Linyphiidae) from China. *Journal of Hebei University*, *Natural Science Edition*, 31: 528-531.
Hu J L. 1984. *The Chinese spiders collected from the fields and the forests*. Tianjin: Tianjin Press of Science and Techniques: 482.
Hu J L. 1985. A new species of spider of the genus *Spermophora* from Xizang Autonomous Region, China (Araneae: Pholcidae). *Acta Zootaxonomica Sinica*, 10: 148-151.
Hu J L. 1989. On four species of gnaphosid spiders from China (Araneae: Gnaphosidae). *Journal of Shandong University*, 24: 98-105.
Hu J L. 1990. A new record of *Menemerus* from China (Araneae: Salticidae). *Journal of Zaozhuang Normal College*, *Natural Science Edition*, 7: 109-112.
Hu J L. 1992. A revision on four species of the spiders of the genus *Coelotes* from west China (Araneae: Agelenidae). *Journal of Zaozhuang Teachers College*, (2): 39-43.
Hu J L. 1994. A new species of spider of the genus *Atypus* from natural conservation of Baotianman in Henan Province, China (Araneae: Atypidae). *Acta Arachnologica Sinica*, 3: 127-130.
Hu J L. 2001. *Spiders in Qinghai-Tibet Plateau of China*. Changsha: Henan Science and Technology Publishing House: 658.
Hu J L, Fu Y P. 1985. On two species of Heteropodidae (Araneae) from Xinjiang Uygur Autonomous Region, China. *Bulletin*, *Shandong University*, 3: 86-93.
Hu J L, Guo J F. 1982. The list of the family Thomisidae (Arachnida: Araneae) from the Yellow River Basin, with description of 7 species. *Journal of Shandong University*, 3: 132-148.
Hu J L, Hu S C, Li A H. 1987. A new species of spider of the genus *Filistata* from Xizang Autonomous Region, China (Araneae: Filistatidae). *Acta Zootaxonomica Sinica*, 12: 36-39.
Hu J L, Hu S C, Li A H. 1990. A new species of the genus *Filistata* (Araneae: Filistatidae) from Tibet. *In*: Hu S C, Zou Y S. *Papers on Diseases and Pests in Tibetan Agriculture*. Shaanxi: Tian Ze Publishing House: 197-199.
Hu J L, Li A H. 1987a. The spiders collected from the fields and the forests of Xizang Autonomous Region, China. (I). *Agricultural Insects*, *Spiders*, *Plant Diseases and Weeds of Xizang*, 1: 315-392.
Hu J L, Li A H. 1987b. The spiders collected from the fields and the forests of Xizang Autonomous Region, China. (II). *Agricultural Insects*, *Spiders*, *Plant Diseases and Weeds of Xizang*, 2: 247-353.
Hu J L, Li F J. 1986. On two species of *Macrothele* from China (Araneae: Dipluridae). *Acta Zootaxonomica Sinica*, 11: 35-39.
Hu J L, Ru Y C. 1988. On two species of Heteropodidae (Araneae) from Guangxi Zhuang Autonomous Region, China. *Journal of Shandong University*, 23: 92-98.
Hu J L, Wang Z Y, Wang Z G. 1991. Notes on nine species of spiders from natural conservation of Baotianman in Henan Province, China (Arachnoidea: Araneida). *Henan Science*, 9: 37-52.
Hu J L, Wu W G. 1985. Notes on Xinjiang Uygur Autonomous Region, China. Tow species of spiders of the famiy Tetragnathidae (Araneida). *Journal of Shandong University*, *Natural Sciences*, 20: 95-104.
Hu J L, Wu W G. 1989. *Spiders from agricultural regions of Xinjiang Uygur Autonomous Region*, *China*. Jinan: Shandong University Publishing House: 435.
Hu J L, Wu W G. 1990. Two new species of spiders of the genus *Philodromus* from Xinjiang Uygur Autonomous Region, China (Araneae, Philodromidae). *Journal of Shandong University*, 25: 110-115.
Hu J L, Zhang F P. 1990. A new species of the genus *Hahnia* from Xizang Autonomous Region, China (Araneae: Hahniidae). *Acta Zootaxonomica Sinica*, 15: 165-168.
Hu P, Griswold C, Yin C M, Peng X J. 2008. Two new spider species of the genus *Thymoites* from Yunnan Province, China (Araneae, Theridiidae). *Acta Zootaxonomica Sinica*, 33: 453-457.
Hu Y J. 1979. Common clubionids found in paddy fields. *Journal of Hunan Teachers College*, 1979(1): 64-72.

Hu Y J. 1980. On some common species of the genus *Oxyopes* from China. *Journal of Hunan Normal University, Natural Sciences*, 1980(1): 67-75.
Hu Y J. 1983. Descriptions of six species of uloborids from China (Araneae: Uloboridae). *Journal of Hunan Teachers College* (Nat. Sci. Ed.), 1983(Suppl.): 11-16.
Hu Y J, Liu M X, Li F J. 1985. A description of the [male of] *Oxyopes sushilae* Tikader, 1965 (Araneae, Oxyopidae). *Journal of Hunan Normal University* (Nat. Sci.), 1985(1): 28-31.
Hu Y J, Song D X. 1982. Notes on some Chinese species of the family Clubionidae. *Journal of Hunan Teachers College* (Nat. Sci. Ed.), 1982(2): 55-62.
Hu Y J, Song D X, Zheng S X. 1985. A new species of spider of the genus *Castianeira* from China (Araneae: Clubionidae). *Acta Zootaxonomica Sinica*, 10: 259-262.
Hu Y J, Wang H Z. 1982. Description of three species of dwarf spiders from cotton fields in Xinxiang. *Journal of Hunan Teachers College* (Nat. Sci. Ed.), 1982(2): 63-66.
Hu Y J, Wang H Z, Chen X O. 1987. Two new records of spiders of the genus *Peucetia* in China (Araneae, Oxyopidae). *Journal of Natural Science of Hunan Normal University*, 10: 69-72.
Hu Y J, Wang J F. 1981. Notes on the spider family Prodidomidae (Araneae) new to China. *Journal of Hunan Normal University* (Nat. Sci.), 1981(2): 51-52.
Hu Y J, Zhang Y J, Li F J. 1983. New records of two species of lynx-spiders from China (Araneae: Oxyopidae). *Journal of Hunan Teachers College* (Nat. Sci. Ed.), 1983(Suppl.): 9-10.
Hu Z Q, Wang J F. 1990. A new species of spider of the genus *Coelotes* from China (Araneae: Agelenidae). *Sichuan Journal of Zoology*, 9(4): 1-2.
Huang H, Li D H, Peng X J, Li S Q. 2002. Two new troglobitic species of the genus *Coelotes* from China (Araneae: Amaurobiidae). *Acta Zootaxonomica Sinica*, 27: 78-81.
Huang W J, Chen S H. 2012a. First description of the female of *Matidia spatulata* Chen and Huang, 2006 from Taiwan (Araneae, Clubionidae). *BioFormosa*, 46: 1-5.
Huang W J, Chen S H. 2012b. Clubionidae (Arachnida: Araneae). *In*: Chen S H, Huang W J. *The Spider Fauna of Taiwan. Araneae. Miturgidae, Anyphaenidae, Clubionidae*. Taipei: National Taiwan Normal University: 139-100, 104-122, 126-130
Huber B. 1998a. The pholcid spiders of Costa Rica (Araneae: Pholcidae). *Revista de Biología Tropical*, 45: 1583-1634.
Huber B. 1998b. Genital mechanics in some neotropical pholcid spiders (Araneae: Pholcidae), with implications for systematics. *Journal of Zoology, London*, 244: 587-599.
Huber B A. 1995a. The retrolateral tibial apophysis in spiders-shaped by sexual selection? *Zoological Journal of the Linnean Society*, 113: 151-163.
Huber B A. 1995b. Copulatory mechanism in *Holocnemus pluchei* and *Pholcus opilionoides*, with notes on male cheliceral apophyses and stridulatory organs in Pholcidae (Araneae). *Acta Zoologica, Stockholm*, 76: 291-300.
Huber B A. 1997. On the distinction between *Modisimius* and *Hedypsilus* (Araneae, Pholcidae), with notes on behavior and natural history. *Zoologica Scripta*, 25: 233-240.
Huber B A. 2000. New World pholcid spiders (Araneae: Pholcidae): A revision at generic level. *Bulletin of the American Museum of Natural History*, 254: 1-348.
Huber B A. 2001. The pholcids of Australia (Araneae; Pholcidae): taxonomy, biogeography, and relationships. *Bulletin of the American Museum of Natural History*, 260: 1-144.
Huber B A. 2002. Functional morphology of the genitalia in the spider *Spermophora senoculata* (Pholcidae, Araneae). *Zoologischer Anzeiger*, 241: 105-116.
Huber B A. 2005a. High species diversity, male-female coevolution, and metaphyly in southeast Asian pholcid spiders: the case of *Belisana* Thorell 1898 (Araneae, Pholcidae). *Zoologica*, 155: 1-126.
Huber B A. 2005b. Revision of the genus *Spermophora* Hentz in southeast Asia and on the Pacific islands, with descriptions of three new genera (Araneae: Pholcidae). *Zoologische Mededelingen*, 79: 61-114.
Huber B A. 2009. Four new generic and 14 new specific synonymies in Pholcidae, and transfer of *Pholcoides* Roewer to Filistatidae (Araneae). *Zootaxa*, 1970: 64-68. (plus Erratum, 1977: 68)
Huber B A. 2011. Revision and cladistic analysis of *Pholcus* and closely related taxa (Araneae, Pholcidae). *Bonner Zoologische Monographien*, 58: 1-509.
Huber B A. 2012. Revision and cladistic analysis of the Afrotropical endemic genus *Smeringopus* Simon, 1890 (Araneae: Pholcidae). *Zootaxa*, 3461: 1-138.
Huber B A, Colmenares P A, Ramírez M J. 2014. Fourteen new generic and ten new specific synonymies in Pholcidae (Araneae), and transfer of *Mystes* Bristowe to Filistatidae. *Zootaxa*, 3847(3): 413-422.
Huber B A, Deeleman-Reinhold C L, Pérez G A. 1999. The spider genus *Crossopriza* (Araneae, Pholcidae) in the New World. *American Museum Novitates*, 3262: 1-10.
Huber B A, Dimitrov D. 2014. Slow genital and genetic but rapid non-genital and ecological differentiation in a pair of spider species (Araneae, Pholcidae). *Zoologischer Anzeiger*, 253(5): 394-403.
Huber B A, Eberhard W G. 1997. Courtship, copulation, and genital mechanics in *Physocyclus globosus* (Araneae, Pholcidae). *Canadian Journal of Zoology*, 74: 905-918.
Huber B A, Zhu M S. 2001. On Taczanowski's pholcids, with three new synonymies in Pholcidae (Araneae). *Bulletin of the British Arachnological Society*, 12: 151-152.
Hubert M. 1966. Remarques sur quelques espèces d'araignées appartenant au genre *Titanoeca* Thorell, 1870. *Bulletin du Muséum National d'Histoire Naturelle de Paris*, 38: 238-246.
Hull J E. 1909. Notes on spiders. *Transactions of the Natural History Society of Northumberland* (N. S.), 3(2): 446-451.
Hull J E. 1911a. Papers on spiders. *Transactions of the Natural History Society of Northumberland* (N. S.), 3(3): 573-590.
Hull J E. 1911b. New and rare Brit. spiders. *Transactions of the Natural History Society of Northumberland* (N. S.), 4: 42-58.
Hull J E. 1920. The spider family Linyphiidae: an essay in taxonomy. *Vasculum*, 6: 7-11.
Hull J E. 1932. Nomenclature of British linyphiid spiders: A brief examination of Simon's French catalogue. *Transactions of the Northern Naturalists' Union*, 1: 104-110.
Hull J E. 1948. The spiders of Essex: Recent additional records. *Essex Naturalist, London*, 28: 58-64.
Hull J E. 1950. Concerning British spiders: mostly taken in 1949. *Annals and Magazine of Natural History*, 3(12): 420-427.
Hull J E. 1955. British spiders: recent and amended records. *Annals and Magazine of Natural History*, 8(12): 49-56.
Hull J F. 1901. Spiders of Northumberland and Durham: some notes of recent captures. *Naturalist*, 1901(539): 365-368.

Huseynov E F, Marusik Y M. 2008. Spiders (Arachnida, Aranei) of Azerbaijan 3. Survey of the genus *Enoplognatha* Pavesi, 1880 (Theridiidae). *Arthropoda Selecta*, 16: 153-167.

Ihara Y. 2004. Descriptions of large-and medium-sized species of the genus *Cybaeus* (Araneae: Cybaeidae) from the Tohoku district, northern Honshu, Japan. *Acta Arachnologica, Tokyo*, 53: 35-51.

Ihara Y. 2005. *Cybaeus hatsushibai* n. sp. (Araneae: Cybaeidae) from Mt. Odaigahara, Honshu, Japan, with notes on geographical distribution and body size of its closely related species. *Acta Arachnologica, Tokyo*, 54: 103-109.

Ihara Y. 2009. Cybaeidae. *In*: Ono H. *The Spiders of Japan with Keys to the Families and Genera and Illustrations of the Species*. Kanagawa: Tokai University Press: 152-168.

Ihara Y. 2010. Revision of the *Cybaeus hiroshimaensis*-group (Araneae: Cybaeidae) in western Japan. *Acta Arachnologica, Tokyo*, 58: 69-85.

Ikeda H. 1993. Redescriptions of the Japanese salticid spiders, *Harmochirus kochiensis* and *Marpissa ibarakiensis* (Araneae: Salticidae). *Acta Arachnologica, Tokyo*, 42: 135-144.

Ikeda H. 1995a. A revisional study of the Japanese salticid spiders of the genus *Neon* Simon (Araneae: Salticidae). *Acta Arachnologica, Tokyo*, 44: 27-42.

Ikeda H. 1995b. Two poorly known species of salticid spiders from Japan. *Acta Arachnologica, Tokyo*, 44: 159-166.

Ikeda H. 1996. Japanese salticid spiders of the genera *Euophrys* C. L. Koch and *Talavera* Peckham et Peckham (Araneae: Salticidae). *Acta Arachnologica, Tokyo*, 45: 25-41.

Ikeda H. 2013. Three species of the jumping spiders (Araneae: Salticidae: *Nungia*, *Pancorius* and *Thyene*) new to Japan. *Acta Arachnologica, Tokyo*, 62(2): 81-87.

Ikeda H, Saitō S. 1997. New records of a Korean species, *Evarcha fasciata* Seo, 1992 (Araneae: Salticidae) from Japan. *Acta Arachnologica, Tokyo*, 46: 125-131.

Irie T. 1981. Cave spiders of Kyushu (IV). *Heptathela*, 2: 30-37.

Irie T. 1985. The spiders in the Amakusa Islands, Kumamoto Prefecture. *Calanus*, 9: 1-20.

Irie T. 1991. A list of spiders of the families Thomisidae and Philodromidae in Kumamoto Prefecture, Japan. *Heptathela*, 5: 8-14.

Irie T. 1997. Two new species of the genera *Pholcus* and *Spermophora* (Araneae: Pholcidae) from the Kyushu, Japan. *Acta Arachnologica, Tokyo*, 46: 133-138.

Irie T. 2000. A newly recorded spider from Japan, *Micropholcus fauroti* (Simon 1887) (Araneae: Pholcidae). *Acta Arachnologica, Tokyo*, 49: 215-217.

Irie T. 2002. Two new species of the genera *Pholcus* and *Spermophora* (Araneae: Pholcidae) from the Nansei Islands, Japan. *Acta Arachnologica, Tokyo*, 51: 141-144.

Irie T. 2009. Pholcidae. *In*: Ono H. *The Spiders of Japan with Keys to the Families and Genera and Illustrations of the Species*. Kanagawa: Tokai University Press: 106-111.

Irie T, Saito H. 1987. A list of linyphiid spiders in Kumamoto Prefecture. *Heptathela*, 3(2): 14-30.

Isaia M. 2005. Check-list delle specie di ragni (Arachnida, Araneae) della Valle d'Aosta con una nuova segnalazione per la fauna italiana. *Revue Valdôtaine d'Histoire Naturelle*, 59: 25-43.

Isaia M, Paschetta M, Lana E, Pantini P, Schönhofer A L, Christian E, Badino G. 2011. *Subterranean arachnids of the western Italian Alps*. Torino: Museo Regionale Scienze Naturali Monografie 47: xi+325.

Ishinoda T. 1957. On 7 spiders of Japanese *Agelena*. *Atypus*, 13: 12-13.

Ishinoda T. 1975. Spiders from Aoshima Island, Kyushu, Japan. *Atypus*, 63: 4-5.

Ishinoda T. 1989. Studies on the ecology, distribution of the Japanese spider (Zuguro-onigumo): *Yaginumia sia* (Strand, 1906). *Heptathela*, 4: 21-30.

Ishinoda T, Tsukiji M. 1969. Spiders of Mt. Kirishima, Kyushu, Japan. Rep. sci. Res. Mt. Kirishima: 285-298.

Ivie W. 1967. Some synonyms in American spiders. *Journal of The New York Entomological Society*, 75: 126-131.

Ivie W. 1969. North American spiders of the genus *Bathyphantes* (Araneae, Linyphiidae). *American Museum Novitates*, 2364: 1-70.

Ivie W, Barrows W M. 1935. Some new spiders from Florida. *Bulletin of the University of Utah*, 26(6): 1-24.

Izmailova M V. 1972a. Materialy po paukam Pribaikalya (soobshenie pervoe). *In*: *Khozyaistvennoe Ispolzovanie i Vosproizvodstvo Okhotnichei Fauny, Ekologia Zhivotnykh*. Irkutsk: 35-42.

Izmailova M V. 1972b. Materialy po paukam Pribaikalya (soobshenie vtoroe). *In*: *Khozyaistvennoe Ispolzovanie i Vosproizvodstvo Okhotnichei Fauny, Ekologia Zhivotnykh*. Irkutsk: 43-49.

Izmailova M V. 1972c. Materialy po paukam Pribaikalya [soobshenie trete (cem. Argiopidae)]. *In*: *Khozyaistvennoe Ispolzovanie i Vosproizvodstvo Okhotnichei Fauny, Ekologia Zhivotnykh*. Irkutsk: 49-56.

Izmailova M V. 1977. Materialy po paukam semeistva Gnaphosidae Verkhnego Priangarya. *In*: *Organizatsiya i Tekhnologiya Proizvodstva v Okhotnichikh Khozyaistvakh Vostochnoi Sibiri*. Irkutsk: 68-72.

Izmailova M V. 1978. New and little-known species of spiders (Aranei) in the fauna of the USSR. *In*: *Taxonomia i Ekologia Chlenistonogikh Sibiri*. Nauka Publisher, Novosibirsk: 10-12.

Izmailova M V. 1980. Nekotorye dannye o pauke *Evippa sjostedti* Schenkel, 1937 (Araneae, Lycosidae). *In*: *Fauna i Ekologia Nasekomykh Zabaikalya*. Ulan-Ude: 127-128.

Izmailova M V. 1989. *Fauna of Spiders of South Part of Eastern Siberia*. Irkutsk State University Publishing: 184.

Jackson A R. 1911. Notes on arachnids observed during 1910. I. On three additions to the British fauna. *The Lancashire Naturalist*, 4(36): 385-392.

Jackson A R. 1912. On the British spiders of the genus *Microneta*. *Transactions of the Natural History Society of Northumberland* (N. S.), 4: 117-142.

Jackson A R. 1913. On some new and obscure British. spiders. *Transactions and Annual Report of the "Nottingham Naturalists Society"*, 60: 20-49.

Jackson A R. 1914. A contribution to the spider fauna of Scotland. *Proceedings of the Royal Physical Society of Edinburgh*, 19: 107-128.

Jackson A R. 1930. Results of the Oxford University Expedition to Greenland, 1928. Araneae and Opiliones collected by Major R. W. G. Hingston; with some notes on Icelandic spiders. *Annals and Magazine of Natural History*, 6(10): 639-656.

Jackson A R. 1932. Araneae and Opiliones. *In*: Results of the Oxford University Expedition to Lapland in 1930. *Proceedings of the Zoological Society of London*, 1932(1), 97-112.

Jackson A R. 1934. Notes on Arctic spiders obtained in 1933. *Annals and Magazine of Natural History*, 14(10): 611-620.

Jäger P. 1996. Spinnen (Araneae) der Wahner Heide bei Köln. *Decheniana*, 35: 531-572.

Jäger P. 1999a. Sparassidae-the valid scientific name for the huntsman spiders (Arachnida: Araneae). *Arachnologische Mitteilungen*, 17: 1-10.

Jäger P. 1999b. *Sinopoda*, a new genus of Heteropodinae (Araneae, Sparassidae) from Asia. *Journal of Arachnology*, 27: 19-24.

Jäger P. 2000a. Selten nachgewiesene Spinnenarten aus Deutschland (Arachnida: Araneae). *Arachnologische Mitteilungen*, 19: 49-57.

Jäger P. 2000b. Two new heteropodine genera from southern continental Asia (Araneae: Sparassidae). *Acta Arachnologica, Tokyo*, 49: 61-71.

Jäger P. 2000c. On *Adcatomus ciudadus* Karsch 1880, a remarkable spider species from Lima, with comments on South American Sparassidae (Arachnida, Araneae). *Mitteilungen aus dem Museum für Naturkunde in Berlin, Zoologische Reihe*, 76: 237-242.

Jäger P. 2001. Diversität der Riesenkrabbenspinnen im Himalaya die Radiation zweier Gattungen in den Schneetropen (Araneae, Sparassidae, Heteropodinae). *Courier Forschungsinstitut Senckenberg*, 232: 1-136.

Jäger P. 2002a. *Thanatus vulgaris* Simon, 1870-ein Weltenbummler (Araneae: Philodromidae). *Arachnologische Mitteilungen*, 23: 49-57.

Jäger P. 2002b. Heteropodinae: transfers and synonymies (Arachnida: Araneae: Sparassidae). *Acta Arachnologica, Tokyo*, 51: 33-61.

Jäger P. 2003. *Rhitymna* Simon 1897: an Asian, not an African spider genus. Generic limits and descriptions of new species (Arachnida, Araneae, Sparassidae). *Senckenbergiana Biologica*, 82: 99-125.

Jäger P. 2005a. New large-sized cave-dwelling *Heteropoda* species from Asia, with notes on their relationships (Araneae: Sparassidae: Heteropodinae). *Revue Suisse de Zoologie*, 112: 87-114.

Jäger P. 2005b. *Seramba* Thorell 1887 is a synonym of *Thelcticopis* Karsch 1884 (Arachnida, Araneae, Sparassidae, Sparianthinae). *Senckenbergiana Biologica*, 85: 57-59.

Jäger P. 2006a. Lengthening of embolus and copulatory duct: a review of an evolutionary trend in the spider family Sparassidae (Araneae). *In*: Deltshev C, Stoev P. European Arachnology 2005. *Acta Zoologica Bulgarica Supplement*, 1: 49-62.

Jäger P. 2006b. I. Order Araneae. *In*: Gerecke R. *Chelicerata: Araneae, Acari I*. Süswasserfauna von Mitteleuropa: 7/2-1, 1-13.

Jäger P. 2007. Spiders from Laos with descriptions of new species (Arachnida: Araneae). *Acta Arachnologica, Tokyo*, 56: 29-58.

Jäger P. 2008a. Sparassidae from China 5. *Pseudopoda songi* sp. n. from Yunnan Province (Arachnida, Araneae, Sparassidae, Heteropodinae). *Senckenbergiana Biologica*, 88: 45-48.

Jäger P. 2008b. Revision of the huntsman spider genus *Heteropoda* Latreille 1804: species with exceptional male palpal conformations from southeast Asia and Australia (Arachnida, Araneae: Sparassidae: Heteropodinae). *Senckenbergiana Biologica*, 88: 239-310.

Jäger P. 2008c. *Pandava laminata*, eine weitere nach Deutschland importierte Spinnenart (Araneae: Titanoecidae). *Arachnologische Mitteilungen*, 36: 4-8.

Jäger P. 2011. Revision of the spider genera *Nilus* O. Pickard-Cambridge 1876, *Sphedanus* Thorell 1877 and *Dendrolycosa* Doleschall 1859 (Araneae: Pisauridae). *Zootaxa*, 3046: 1-38.

Jäger P. 2012a. A review on the spider genus *Argiope* Audouin 1826 with special emphasis on broken emboli in female epigynes (Araneae: Araneidae: Argiopinae). *Beiträge zur Araneologie*, 7: 272-331.

Jäger P. 2012b. Asian species of the genera *Anahita* Karsch 1879, *Ctenus* Walckenaer 1805 and *Amauropelma* Raven, Stumkat & Gray 2001 (Arachnida: Araneae: Ctenidae). *Zootaxa*, 3429: 1-63.

Jäger P. 2014. *Heteropoda* Latreille, 1804: new species, synonymies, transfers and records (Araneae: Sparassidae: Heteropodinae). *Arthropoda Selecta*, 23(2): 145-188.

Jäger P, Dankittipakul P. 2010. Clubionidae from Laos and Thailand (Arachnida: Araneae). *Zootaxa*, 2730: 23-43.

Jäger P, Gao J C, Fei R I. 2002. Sparassidae in China 2. Species from the collection in Changchun (Arachnida: Araneae). *Acta Arachnologica, Tokyo*, 51: 23-31.

Jäger P, Kunz D. 2005. An illustrated key to genera of African huntsman spiders (Arachnida, Araneae, Sparassidae). *Senckenbergiana Biologica*, 85: 163-213.

Jäger P, Nophaseud L, Praxaysombath B. 2012. Spiders from Laos with description of a new species and new records (Arachnida: Araneae). *Acta Arachnologica, Tokyo*, 61: 77-92.

Jäger P, Ono H. 2000. Sparassidae of Japan. I. New species of *Olios*, *Heteropoda*, and *Sinopoda*, with notes on some known species (Araneae: Sparassidae: Sparassinae and Heteropodinae). *Acta Arachnologica, Tokyo*, 49: 41-60.

Jäger P, Ono H. 2001. First records of the genera *Pseudopoda*, *Sinopoda*, and *Olios* from Taiwan with descriptions of four new species (Araneae: Sparassidae). *Acta Arachnologica, Tokyo*, 50: 21-29.

Jäger P, Ono H. 2002. Sparassidae from Japan. II. First *Pseudopoda* species and new *Sinopoda* species (Araneae: Sparassidae). *Acta Arachnologica, Tokyo*, 51: 109-124.

Jäger P, Pathoumthong B, Vedel V. 2006. First record of the genus *Pseudopoda* Jäger 2000 in Laos with description of new species (Arachnida, Araneae, Sparassidae). *Senckenbergiana Biologica*, 86: 219-228.

Jäger P, Praxaysombath B. 2009. Spiders from Laos: new species and new records (Arachnida: Araneae). *Acta Arachnologica, Tokyo*, 58: 27-51.

Jäger P, Praxaysombath B. 2011. Spiders from Laos with forty-three new records and first results from the provinces Bolikhamsay and Champasak (Arachnida: Araneae). *Acta Arachnologica, Tokyo*, 61: 9-31.

Jäger P, Staudt A, Schwarz B, Busse C. 2000. Spinnen (Arachnida: Araneae) von Weinbergen und Weinbergsbrachen am Mittelrhein (Rheinland-Pfalz: Boppard, Oberwesel). *Arachnologische Mitteilungen*, 19: 28-40.

Jäger P, Vedel V. 2007. Sparassidae of China 4. The genus *Pseudopoda* (Araneae: Sparassidae) in Yunnan Province. *Zootaxa*, 1623: 1-38.

Jäger P, Wunderlich J. 2012. Seven new species of the spider genus *Otacilia* Thorell 1897 (Araneae: Corinnidae) from China, Laos and Thailand. *Beiträge zur Araneologie*, 7: 251-271.

Jäger P, Yin C M. 2001. Sparassidae in China. 1. Revised list of known species with new transfers, new synonymies and type designations (Arachnida: Araneae). *Acta Arachnologica, Tokyo*, 50: 123-134.

Jang S J, Choe J C, Kim J P. 2007. Two newly recorded jumping spiders from Korea. *Korean Arachnology*, 23: 99-105.

Jansen L. 2014. Opmerkelijke veldwaarnemingen. *Nieuwsbrief van de Belgische Arachnologische Vereniging*, 29(1,2): 36-37.

Janssen M. 1986. *Enoplognatha latimana* Hippa et Oksala en Belgique? *Nieuwsbrief van de Belgische Arachnologische Vereniging*, 1: 9-11.

Jantscher E. 2001. Diagnostic characters of *Xysticus cristatus*, *X. audax* and *X. macedonicus* (Araneae: Thomisidae). *Bulletin of the British Arachnological Society*, 12: 17-25.

Jantscher E. 2002. The significancc of male pedipalpal characters for the higher systematics of the crab spider genus *Xysticus* C. L. Koch, 1835 (Araneae: Thomisidae). *In*: Toft S, Scharff N. *European Arachnology 2000: Proceedings of the 19th European Colloquium of Arachnology*. Aarhus: Aarhus University Press: 329-336.

Jarocki F P. 1825. Zoologiia czyli zwiérzetopismo ogólne podlug naynowszego Systematu ulozóne. *Warsaw*, 5: 315-382.

Järvi T H. 1908. Üeber die Vaginalsysteme der Lycosiden Thor. *Zoologischer Anzeiger*, 32: 754-758.

Järvi T H. 1914. Das Vaginalsystem der Sparassiden. II. *Annales Academiæ Scientiarum Fennicae*, 4: 132-248. (see note under 1912)

Jastrzębski P. 1997a. Salticidae from the Himalayas. Genus *Menemerus* Simon, 1868 (Araneae: Salticidae). *Entomologica Basiliensis*, 20: 33-44.

Jastrzębski P. 1997b. Salticidae from the Himalayas. Subfamily Spartaeinae Wanless, 1984 (Araneae: Salticidae). *Genus*, 8: 701-713.

Jastrzębski P. 1999. Salticidae from the Himalaya: The genus *Carrhotus* Thorell 1891 (Araneae, Salticidae). *Senckenbergiana Biologica*, 79: 1-9.

Jastrzębski P. 2010. Salticidae from the Himalayas. The genus *Hasarius* Simon, 1871 (Araneae: Salticidae). *Genus*, 21: 319-323.

Jastrzębski P. 2011. Salticidae from the Himalayas. The genus *Pancorius* Simon, 1892 (Arachnida: Araneae). *Genus*, 22: 181-190.

Javed S M M, Srinivasulu C, Tampal F. 2010. Addition to araneofauna of Andhra Pradesh, India: occurrence of three species of *Argyrodes* Simon, 1864 (Araneae: Theridiidae). *Journal of Threatened Taxa*, 2: 980-985.

Jézéquel J F. 1962a. Contribution à l'étude des Zelotes femelles (Araneida, Labidognatha, Drassodidae "Gnaphosidae") de la fauna française. *Verhandlungen der Deutschen Zoologischen Gesellschaft* (Zool. Anz.), 25(Suppl.): 519-532.

Jézéquel J F. 1962b. Contribution à l'étude des *Zelotes* femelles (Araneidea, Labidognatha, Gnaphosidae) de la fauna française (2e note). *Bulletin du Muséum National d'Histoire Naturelle de Paris*, 33: 594-610.

Jézéquel J F. 1965. Araignées de la savane de Singrobo (Côte d'Ivoire). IV. Drassidae. *Bulletin du Muséum National d'Histoire Naturelle de Paris*, 37: 294-307.

Jia L D, Zhu C D. 1983. New record of spider of the genus *Drassodes* from Hui Autonomous Region of Ningxia, China (Araneae: Gnaphosidae). *Journal of the Bethune Medical University*, 9(Suppl.): 167.

Jiménez M L, Platnick N I, Dupérré N. 2011. The haplogyne spider genus Nopsides (Araneae, Caponiidae), with notes on Amrishoonops. *American Museum Novitates*, 3708: 1-18.

Jin C, Zhang F. 2012. Re-examination of the crab spider species *Oxytate minuta* Tang, Yin et Peng, 2005 (Araneae: Thomisidae). *Zootaxa*, 3588: 64-67.

Jin C, Zhang F. 2013a. Two new *Mallinella* species from southern China (Araneae, Zodariidae). *ZooKeys*, 296: 79-88.

Jin C, Zhang F. 2013b. A new species of the genus *Sinanapis* Wunderlich & Song (Araneae, Anapidae) from China. *Zootaxa*, 3681: 289-292.

Jin C, Zhang F. 2013c. A new spider species of the genus *Parasteatoda* Archer (Araneae, Theridiidae) in Wuyi Mountains, Fujian, China. *Acta Zootaxonomica Sinica*, 38: 520-524.

Jo T H. 1981. On the spiders from Geomun Island, Korea. *Korean Journal of Zoology*, 24: 77-85.

Jo T H, Paik K Y. 1984. Three new species of genus *Pardosa* from Korea (Araneae: Lycosidae). *Korean Journal of Zoology*, 27: 189-197.

Job W. 1968. Zur Spinnenfauna Deutschlands, III. Revision einiger *Phrurolithus*-Arten (Arachnida: Araneae: Clubionidae). *Senckenbergiana Biologica*, 49: 399-401.

Jocqué R. 1977a. Sur une collection estivale d'araignées du Maroc. *Bulletin & Annales de la Société Entomologique de Belgique*, 113: 321-337.

Jocqué R. 1977b. Contribution à la connaissance des araignées de Belgique. IV. *Biologisch Jaarboek Dodonaea*, 45: 141-149.

Jocqué R. 1981. Arachnids of Saudi Arabia: Fam. Linyphiidae. *Fauna Saudi Arabia*, 3: 111-113.

Jocqué R. 1984. Linyphiidae (Araneae) from South Africa. Part I: The collection of the Plant Protection Research Institute, Pretoria. *Journal of the Entomological Society of South Africa*, 47: 121-146.

Jocqué R. 1985. Linyphiidae (Araneae) from the Comoro Islands. *Revue Zoologique Africaine*, 99: 197-230.

Jocqué R. 1991. A generic revision of the spider family Zodariidae (Araneae). *Bulletin of the American Museum of Natural History*, 201: 1-160.

Jocqué R, Churchill T B. 2005. On the new genus *Tropizodium* (Araneae: Zodariidae), representing the femoral organ clade in Australia and the Pacific. *Zootaxa*, 944: 1-10.

Jocqué R, Dippenaar-Schoeman A S. 2006. *Spider Families of the World*. Tervuren: Musée Royal de l'Afrique Central: 336.

Johannessen O H. 1968. Micaria decorata Tullgren 1942 (Clubionidae, Araneae) new to Norway. *Norsk Entomologisk Tidsskrift*, 15: 37-39.

Jones D. 1980. Two British records of the male of *Steatoda paykulliana* (Walckenaer) 1805. *Newsletter of the British Arachnological Society*, 29: 6-7.

Jones D. 1992. *Theridion pinastri* L. Koch, 1872 rediscovered in Surrey. *Newsletter of the British Arachnological Society*, 65: 6-7.

Jonsson L J. 1990. Tre för Sverige nya spindelarter (Araneae). *Entomologisk Tidskrift*, 111: 83-86.

Jose K S, Davis S, Sudhikumar A V, Sebastian P A. 2003. Description of female *Amyciaea forticeps* (Cambridge), Araneae: Thomisidae, with a redescription of its male from Kerala, India. *Journal of the Bombay Natural History Society*, 100: 157-160.

Jose K S, Sebastian P A. 2001. New report on some crab spiders (Araneae: Thomisidae) from Kerala, India. *Entomon*, 26: 183-189.

Jose K S, Sudhikumar A V, Sebastian P A. 2007. First record of *Perenethis unifasciata* (Doleschall) from India (Araneae: Pisauridae). *Journal of the Bombay Natural History Society*, 103: 126-129.

Joseph M M, Framenau V W. 2012. Systematic review of a new orb-weaving spider genus (Araneae: Araneidae), with special reference to the Australasian-Pacific and South-East Asian fauna. *Zoological Journal of the Linnean Society*, 166: 279-341.

Jung B G, Kim J P, Song R J, Jung J W, Park Y C. 2005. A revision of family Gnaphosidae Pocock, 1898 from Korea. *Korean Arachnology*, 21: 163-233.

Kakhki O M. 2005. New records of three *Latrodectus* species found in Khorasan province (Araneae: Theridiidae). *Iranian Journal of Animal Biosystematics*, 1: 52-58.

Kaldari R, Edwards G B, Walton R K. 2011. First records of *Hakka* (Araneae: Salticidae) in North America. *Peckhamia*, 94(1): 1-6.

Kammerer C F. 2006. Notes on some preoccupied names in Arthropoda. *Acta Zootaxonomica Sinica*, 31: 269-271.

Kamura T. 1984. Notes on Japanese gnaphosid spiders (I). *Atypus*, 85: 1-8.

Kamura T. 1986. Notes on Japanese gnaphosid spiders (II). *Atypus*, 87: 9-20.

Kamura T. 1987a. Notes on Japanese gnaphosid spiders (III): *Callilepis nocturna* (Linnaeus) and *Zelotes potanini* Schenkel. *Atypus*, 89: 1-6.

Kamura T. 1987b. Redescription of *Odontodrassus hondoensis* (Araneae: Gnaphosidae). *Proceedings of the Japanese Society of Systematic Zoology*, 36: 29-33.

Kamura T. 1987c. Three species of the genus *Drassyllus* (Araneae: Gnaphosidae) from Japan. *Acta Arachnologica, Tokyo*, 35: 77-88.

Kamura T. 1988. A revision of the genus *Gnaphosa* (Araneae: Gnaphosidae) from Japan. *Akitu*, 97: 1-14.

Kamura T. 1990. Notes on Japanese gnaphosid spiders (IV): One newly recorded species and two little-known species of Japan. *Atypus*, 95: 32-38.

Kamura T. 1991. A revision of the genus *Cladothela* (Araneae: Gnaphosidae) from Japan. *Acta Arachnologica, Tokyo*, 40: 47-60.

Kamura T. 1992a. Notes on Japanese gnaphosid spiders (V). Three rare species in Japan. *Atypus*, 100: 17-22.

Kamura T. 1992b. Two new genera of the family Gnaphosidae (Araneae) from Japan. *Acta Arachnologica, Tokyo*, 41: 119-132.

Kamura T. 1994. Two new species of the genus *Phrurolithus* (Araneae: Clubionidae) from Iriomotejima Island, southwest Japan. *Acta Arachnologica, Tokyo*, 43: 163-168.

Kamura T. 1995. A newly recorded spider from Japan, Phaeocedus braccatus (L. Koch) (Araneae: Gnaphosidae). *Acta Arachnologica, Tokyo*, 44: 43-46.

Kamura T. 1998. Taxonomic notes on Gnaphosidae (Araneae) from Japan. *Acta Arachnologica, Tokyo*, 47: 169-171.

Kamura T. 2000. Three species of the genera *Zelotes* and *Aphantaulax* (Araneae: Gnaphosidae) from Japan. *Acta Arachnologica, Tokyo*, 49: 159-164.

Kamura T. 2001a. Seven species of the families Liocranidae and Corinnidae (Araneae) from Japan and Taiwan. *Acta Arachnologica, Tokyo*, 50: 49-61.

Kamura T. 2001b. A new genus *Sanitubius* and a revived genus *Kishidaia* of the family Gnaphosidae (Araneae). *Acta Arachnologica, Tokyo*, 50: 193-200.

Kamura T. 2004. Some taxonomic notes on Japanese spiders of the families Gnaphosidae and Liocranidae. *Faculty of Humanics Revue, Otemon Gakuin University*, 16: 41-51.

Kamura T. 2005. Spiders of the genus *Otacilia* (Araneae: Corinnidae) from Japan. *Acta Arachnologica, Tokyo*, 53: 87-92.

Kamura T. 2007. Spiders of the genus *Haplodrassus* (Araneae: Gnaphosidae) from Japan. *Acta Arachnologica, Tokyo*, 55: 95-103.

Kamura T. 2009. Trochanteriidae, Gnaphosidae, Prodidomidae, Corinnidae. *In*: Ono H. *The Spiders of Japan with Keys to the Families and Genera and Illustrations of the Species*. Kanagawa: Tokai University Press: 482-500, 551-557.

Kamura T. 2011. Two new species of the genera *Drassyllus* and *Hitobia* (Araneae: Gnaphosidae) from Amami-ôshima Island, southwest Japan. *Acta Arachnologica*, 60(2): 103-106.

Kamura T, Hayashi T. 2009. Liocranidae. *In*: Ono H. *The Spiders of Japan with Keys to the Families and Genera and Illustrations of the Species*. Kanagawa: Tokai University Press: 549-550.

Kamura T, Irie T. 2009. Nesticidae. *In*: Ono H. *The Spiders of Japan with Keys to the Families and Genera and Illustrations of the Species*. Kanagawa: Tokai University Press: 345-355.

Kamura T, Yodoe K I, Saito M. 1999. Spider fauna in the Hiikawa Riversides, Shimane Prefecture: Results of a survey in 1997. *Bulletin of the Hoshizaki Green Foundation*, 3: 39-56.

Kananbala A, Bhubaneshwari M, Manoj K, Siliwal M. 2011. A new record of an ant-like salticid spider, *Myrmarachne kiboschensis* Lassert, 1925 from Manipur, India. *Journal of Experimental Sciences*, 2(12): 4-6.

Kananbala A, Manoj K, Bhubaneshwari M, Binarani A, Siliwal M. 2012. The first report of the widow spider *Latrodectus elegans* (Araneae: Theridiidae) from India. *Journal of Threatened Taxa*, 4: 2718-2722.

Karabulut H, Türkeş T. 2011. New records of Linyphiidae (Araneae) for Turkish araneo-fauna. *Serket*, 12: 117-123.

Karol S. 1987. Female genitalia of a species of spider living in Turkey (Araneae: Drassidae). *Communications de la Faculté des Sciences de l'Université d'Ankara, Serie C*, 5: 27-30.

Karsch F. 1873. Verzeichniss westfälischer Spinnen (Araneiden). *Verhandlungen des Naturhistorischen Vereins der Preussischen Rheinlande und Westfalens*, 10: 113-160.

Karsch F. 1878a. Exotisch-araneologisches. *Zeitschrift für die Gesammten Naturwissenschaften*, 51: 332-333, 771-826.

Karsch F. 1878b. Diagnoses Attoidarum aliquot novarum Novae Hollandiae collectionis Musei Zoologici Berolinensis. *Mittheilungen des Münchener Entomologischen Vereins*, 2: 22-32.

Karsch F. 1879a. Arachnologische Beitrage. *Zeitschrift für die Gesammten Naturwissenschaften*, 52: 534-562.

Karsch F. 1879b. Baustoffe zu einer Spinnenfauna von Japan. *Verhandlungen des Naturhistorischen Vereins der Preussischen Rheinlande und Westfalens*, 36: 57-105.

Karsch F. 1879c. Über ein neues Laterigraden-Geschlecht von Zanzibar. *Zeitschrift für die Gesammten Naturwissenschaften*, 52: 374-376.

Karsch F. 1879d. West-afrikanische Arachniden, gesammelt von Herrn Stabsarzt Dr. Falkenstein. *Zeitschrift für die Gesammten Naturwissenschaften*, 52: 329-373.

Karsch F. 1879e. Sieben neue Spinnen von Sta Martha. *Entomologische Zeitschrift, Stettin*, 40: 106-109.

Karsch F. 1880. Arachnologische Blätter (Decas I). *Zeitschrift für die Gesammten Naturwissenschaften, Dritte Folge*, 5: 373-409.

Karsch F. 1881a. Verzeichniss der während der Rohlfs'schen Afrikanischen Expedition erbeuteten Myriopoden und Arachniden. *Archiv für Naturgeschichte*, 47: 1-14.

Karsch F. 1881b. Arachniden und Myriopoden Mikronesiens. *Berliner Entomologische Zeitschrift*, 25: 15-16.

Karsch F. 1881c. Diagnoses Arachnoidarum Japoniae. *Berliner Entomologische Zeitschrift*, 25: 35-40.

Karsch F. 1881d. Chinesische Myriopoden und Arachnoiden. *Berliner Entomologische Zeitschrift*, 25: 219-220.

Karsch F. 1884. Arachnoidea. *In*: Greeff R. *Die Fauna der Guinea-Inseln S.-Thomé und Rolas*. Sitzungsberichte der Gesellschaft zur Beförderung der Gesamten Naturwissenschaften zu Marburg, 2: 60-68, 79.

Karsch F. 1891. Arachniden von Ceylon und von Minikoy gesammelt von den Herren Doctoren P. und F. Sarasin. *Berliner Entomologische Zeitschrift*, 36: 267-310.

Kasal P. 1982. *Theridion antusi* sp. n. and *Mysmena jobi* from Czechoslovakia (Araneida, Theridiidae and Symphytognathidae). *Acta Entomologica Bohemoslovaca*, 79: 73-76.

Kaston B J. 1938. Notes on little known New England spiders. *The Canadian Entomologist*, 70: 12-17.

Kaston B J. 1945a. New spiders in the group Dionycha with notes on other species. *American Museum Novitates*, 1290: 1-25, f. 1-85.

Kaston B J. 1945b. New Micryphantidae and Dictynidae with notes on other spiders. *American Museum Novitates*, 1292: 1-14.

Kaston B J. 1946. North American spiders of the genus *Ctenium*. *American Museum Novitates*, 1306: 1-19.

Kaston B J. 1948. Spiders of Connecticut. *Bulletin of the Connecticut State Geological and Natural History Survey*, 70: 1-874.

Kaston B J. 1977. Supplement to the spiders of Connecticut. *Journal of Arachnology*, 4: 1-72.

Kastrygina Z A, Kovblyuk M M. 2013. A review of the spider genus *Thanatus* C. L. Koch, 1837 in Crimea (Aranei: Philodromidae). *Arthropoda Selecta*, 22: 239-254.

Kataoka S. 1969. Distribution of *Aelurillus festivus* C. L. Koch in Japan. *Atypus*, 51/52: 4-5.

Kataoka S. 1970. On a spider *Plexippus annulipedis* Saito?dash over?. *Atypus*, 53: 48-49.

Kataoka S. 1977. *Clubiona diversa* O. P. Cambridge and *Euophrys frontalis* (Walckenaer) (Araneae) found in Japan. *Acta Arachnologica, Tokyo*, 27(Spec. No.): 311-313.

Kaur M, Das S K, Anoop K R, Siliwal M. 2014. Preliminary checklist of spiders of Keoladeo National Park, Bharatpur, Rajasthan with first record of *Ptocasius strupifer* Simon, 1901 (Araneae: Salticidae) from India. *Munis Entomology and Zoology*, 9(1): 501-509.

Kauri H. 1947. Beitrag zur Kenntnis der Spinnenfauna (Araneae) von Berggegenden Nord-Jämtlands. *Kungliga Fysiografiska Sällskapets i Lund Förhandlingar (Proceedings of the Royal Physiographic Society at Lund)*, 17: 59-72.

Kawana T, Matsumoto S. 1986. Checklist of spiders from Chiba Prefecture, I. *Chiba-seibutsu-shi*, 35: 70-77.

Kaya R S, Uğurtaş İ H. 2011. The cobweb spiders (Araneae, Theridiidae) of Uludağ Mountain, Bursa. *Serket*, 12: 144-153.

Kayashima I. 1939. On the male of *Peucetia formosensis* Kishida (Oxyopidae). *Transactions of the Natural History Society of Formosa*, 29: 36-38.

Kayashima I. 1943a. *Spiders of Formosa*. Tokyo: 1-70.

Kayashima I. 1943b. Description of a new species of spider from Formosa. *Transactions of the Natural History Society of Formosa*, 33: 65-66.

Kayashima I. 1952. Report on the spiders and harvestmen collected in Yamaguti Prefecture. *Bulletin of the Faculty of Agriculture, Yamaguchi University*, 3: 259-270.

Kayashima I. 1962. On *Psechrus torvus* from Taiwan. *Atypus*, 25: 9-11.

Kekenbosch J. 1955. Notes sur les araignées de la faune de Belgique. I.-Oonopidae, Dysderidae, Scytodidae. *Bulletin de l'Institut Royal des Sciences Naturelles de Belgique*, 31(60): 1-12.

Kekenbosch J. 1956. Notes sur les araignées de la faune de Belgique. II.-Clubionidae. *Bulletin de l'Institut Royal des Sciences Naturelles de Belgique*, 32(46): 1-12.

Kekenbosch J. 1961. Notes sur les araignées de la faune de Belgique. IV. Salticidae. *Bulletin de l'Institut Royal des Sciences Naturelles de Belgique*, 37(43): 1-29.

Keyserling E. 1863. Beschreibungen neuer Spinnen. *Verhandlungen der Kaiserlich-Königlichen Zoologisch-Botanischen Gesellschaft in Wien*, 13: 369-382.

Keyserling E. 1864. Beschreibungen neuer und wenig bekannter Arten aus der Familie Orbitelae Latr. oder Epeiridae Sund. *Sitzungsberichte und Abhandlungen der Naturwissenschaftlichen Gesellschaft Isis in Dresden*, 1863: 63-98, 119-154.

Keyserling E. 1865. Beiträge zur Kenntniss der Orbitelae Latr. *Verhandlungen der Kaiserlich-Königlichen Zoologisch-Botanischen Gesellschaft in Wien*, 15: 799-856.

Keyserling E. 1877a. Ueber amerikanische Spinnenarten der Unterordnung Citigradae. *Verhandlungen der Kaiserlich-Königlichen Zoologisch-Botanischen Gesellschaft in Wien*, 26: 609-708.

Keyserling E. 1877b. Amerikanische Spinnenarten aus den Familien der Pholcoidae, Scytodoidae und Dysderoidae. *Verhandlungen der Kaiserlich-Königlichen Zoologisch-Botanischen Gesellschaft in Wien*, 27: 205-234.

Keyserling E. 1878. Spinnen aus Uruguay und einigen anderen Gegenden Amerikas. *Verhandlungen der Kaiserlich-Königlichen Zoologisch-Botanischen Gesellschaft in Wien*, 27: 571-624.

Keyserling E. 1879. Neue Spinnen aus Amerika. *Verhandlungen der Kaiserlich-Königlichen Zoologisch-Botanischen Gesellschaft in Wien*, 29: 293-349.

Keyserling E. 1880. *Die Spinnen Amerikas, I. Laterigradae*. Nürnberg 1: 1-283.

Keyserling E. 1881a. *Die Arachniden Australiens*. Nürnberg 1: 1272-1324.

Keyserling E. 1881b. Neue Spinnen aus Amerika. III. *Verhandlungen der Kaiserlich-Königlichen Zoologisch-Botanischen Gesellschaft in Wien*, 31: 269-314.

Keyserling E. 1882. *Die Arachniden Australiens*. Nürnberg 1: 1325-1420.

Keyserling E. 1883. *Die Arachniden Australiens*. Nürnberg 1: 1421-1489.

Keyserling E. 1884a. *Die Spinnen Amerikas II. Theridiidae*. Nürnberg 1: 1-222.

Keyserling E. 1884b. Neue Spinnen aus America. V. *Verhandlungen der Kaiserlich-Königlichen Zoologisch-Botanischen Gesellschaft in Wien*, 33: 649-684.

Keyserling E. 1885. Neue Spinnen aus America. VI. *Verhandlungen der Kaiserlich-Königlichen Zoologisch-Botanischen Gesellschaft in Wien*, 34: 489-534.

Keyserling E. 1886a. *Die Arachniden Australiens*. Nürnberg 2: 87-152.

Keyserling E. 1886b. *Die Spinnen Amerikas. Theridiidae*. Nürnberg 2: 1-295.

Keyserling E. 1887a. *Die Arachniden Australiens*. Nürnberg 2: 153-232.

Keyserling E. 1887b. Neue Spinnen aus America. VII. *Verhandlungen der Kaiserlich-Königlichen Zoologisch-Botanischen Gesellschaft in Wien*, 37: 421-490.

Keyserling E. 1890. *Die Arachniden Australiens*. Nürnberg 2: 233-274.

Keyserling E. 1891. *Die Spinnen Amerikas. Brasilianische Spinnen*. Nürnberg 3: 1-278.

Keyserling E. 1892. *Die Spinnen Amerikas. Epeiridae*. Nürnberg 4: 1-208.

Keyserling E. 1893. *Die Spinnen Amerikas. Epeiridae*. Nürnberg 4: 209-377.

Kielhorn K H. 2009. First records of *Spermophora kerinci*, *Nesticella mogera* and *Pseudanapis aloha* on the European mainland (Araneae: Pholcidae, Nesticidae, Anapidae). *Arachnologische Mitteilungen*, 37: 31-34.

Kim B B, Kim J P, Park Y C. 2008. Taxonomy of Korean Liocranidae (Arachnida: Araneae). *Korean Arachnology*, 24: 7-30.

Kim B W, Kim J P. 2000. A revision of the genus *Synagelides* Strand, 1906 (Araneae, Salticidae) in Korea. *Korean Journal of Systematic Zoology*, 16: 183-190.

Kim B W, Kim J P. 2001. Two unrecorded species of the genus *Theridion* (Araneae: Theridiidae) in Korea. *Korean Arachnology*, 17: 153-159.

Kim B W, Kim J P. 2007. Taxonomic study of the spider subfamily Argyrodinae (Arachnida: Araneae: Theridiidae) in Korea. *Korean Journal of Systematic Zoology*, 23: 213-228.

Kim B W, Kim J P, Cho J H. 2003. A revision of the genera *Euophrys*, *Pseudeuophrys*, and *Talavera* (Araneae: Salticiadae) from Korea. *Korean Arachnology*, 19: 89-102.

Kim B W, Kwon J W, Kim J P. 2003. New record of the dictynid spider (Araneae: Dictynidae) from Korea. *Korean Arachnology*, 19: 7-12.

Kim B W, Lee W. 2006a. A review of the spider genus *Asiacoelotes* (Arachnida: Araneae: Amaurobiidae) in Korea. *Integrative Bioscience*, 10: 49-64.

Kim B W, Lee W. 2006b. Two poorly known species of the spider genus Ambanus (Arachnida: Araneae: Amaurobiidae) in Korea. *Journal of Natural History*, 40: 1425-1442.

Kim B W, Lee W. 2007a. A taxonomic study of the miturgid genus *Cheiracanthium* C. L. Koch, 1839 (Arachnida: Araneae: Miturgidae) from Korea. *Korean Journal of Environmental Biology*, 25: 239-248.

Kim B W, Lee W. 2007b. Two poorly known species of the spider genus *Xysticus* (Arachnida: Araneae: Thomisidae) in Korea. *Integrative Bioscience*, 11: 105-115.

Kim B W, Lee W. 2008a. Notes on four corinnid species from Korea, with the description of *Trachelas joopili* new species (Arachnida: Araneae: Corinnidae). *Journal of Natural History*, 42: 1867-1884.

Kim B W, Lee W, Kwon J G. 2008. Note on *Drassyllus shaanxiensis* of ground gnaphosid spiders (Arachnida: Araneae: Gnaphosidae) in Korea. *Korean Journal of Systematic Zoology*, 24: 33-38.

Kim J H, Kim J P. 2003. The comparative study of salticid spiders and ants inferred from morphology. *Korean Arachnology*, 19: 133-154.

Kim J M, Kim J P. 2002. A revisional study of family Araneidae Dahl, 1912 (Arachnida, Araneae) from Korea. *Korean Arachnology*, 18: 171-266.

Kim J P. 1985. Two unrecorded spiders from Korea (Araneae, Metathelae). *Korean Arachnology*, 1(1): 17-22.

Kim J P. 1986. One unrecorded species of salticid spider from Korea. *Korean Arachnology*, 2(2): 7-10.

Kim J P. 1988. One species of genus *Crossopriza* (Araneae: Pholcidae) from southern Asia. *Korean Arachnology*, 4: 35-38.

Kim J P. 1990. A malformation of *Leucauge magnifica* Yaginuma. *Korean Arachnology*, 6: 149-150.

Kim J P. 1997. A new species of the genus *Castianeira* (Araneae: Corinnidae) from Korea. *Korean Arachnology*, 13(1): 1-5.

Kim J P. 1998a. Taxonomic study of *N. adianta* and *N. doenitzi* in the genus *Neoscona* from Korea. *Korean Arachnology*, 14(1): 1-5.

Kim J P. 1998b. Taxonomic revision of the genus *Araniella* (Araneae: Araneidae) from Korea. *Korean Arachnology*, 14(2): 1-7.

Kim J P. 1999a. Taxonomic study of *P. lyrifera* and *P. isago* on the genus *Pardosa* (Araneae: Lycosidae) from Korea. *Korean Arachnology*, 15(1): 1-6.

Kim J P. 1999b. Study of poisonous spiders from China. *Korean Arachnology*, 15(1): 19-26.

Kim J P. 2006. Redescription of *Nephila maculata* (Fabricius), 1793 from Cambodia (Araneae, Nephilidae). *Korean Arachnology*, 22: 203-209.

Kim J P, Cho J H. 2002. *Spider: Natural Enemy & Resources*. Korea Research Institute of Bioscience and Biotechnology (KRIBB): 424.

Kim J P, Cho Y J, Lee Y B. 2003. A list of venomous spiders of the world. *Korean Arachnology*, 19: 75-88.

Kim J P, Choi H J. 2001. A revisional study of the spider family Liocranidae (Simon, 1897) from Korea. *Korean Arachnology*, 17: 79-110.

Kim J P, Gwon S P. 2001. A revisional study of the spider family Thomisidae Sundevall, 1833 (Arachnida: Araneae) from Korea. *Korean Arachnology*, 17: 13-78.

Kim J P, Jeong J C, Lee Y B. 2007. Spider fauna of a Korean island, Dokdo. *Korean Arachnology*, 23: 35-40.

Kim J P, Ji Y H, Lee Y B. 1999. A revisional study of the Korean spiders, family Atypidae (Thorell, 1870) (Arachnida: Araneae). *Korean Arachnology*, 15(2): 115-136.

Kim J P, Jung J Y. 2001. A revisional study of the spider family Philodromidae O. P.-Cambridge, 1871 (Arachnida: Araneae) from Korea. *Korean Arachnology*, 17: 185-222.

Kim J P, Ki L J, Park Y C. 2008. The spider fauna of Cheonggyecheon from Korea. *Korean Arachnology*, 24: 169-187.

Kim J P, Kim B W. 1996a. One unrecorded genus *Hasarius* and species (Araneae: Salticidae) from Korea. *Korean Arachnology*, 12(1): 15-20.

Kim J P, Kim B W. 2000. A revision of the subfamily Linyphiinae Blackwall, 1859 (Araneae, Linyphiidae) in Korea. *Korean Arachnology*, 16(2): 1-40.

Kim J P, Kim S D. 1996b. One unrecorded species (Araneidae, *Cyclosa*) from Korea. *Korean Arachnology*, 12(1): 45-48.

Kim J P, Kim S D, Lee Y B. 1999. A revisional study of the Korean spiders, family Tetragnathidae Menge, 1866 (Arachnida: Araneae). *Korean Arachnology*, 15(2): 41-100.

Kim J P, Lee D J. 1998. Distribution and taxonomic review of Urocteidae (Arachnida: Araneae) from Korea. *Korean Arachnology*, 14(2): 51-65.

Kim J P, Lee M S. 1999. A revisional study of the Korean spiders, family Uloboridae (Thorell, 1869) (Arachnida: Araneae). *Korean Arachnology*, 15(2): 1-30.

Kim J P, Lee Y B. 2008. Redescription of *Tetragnatha javana* (Thorell, 1890) from Philippines (Araneae: Tetragnathidae). *Korean Arachnology*, 24: 77-80.

Kim J P, Namkung J. 1992. On the identity of Korean spider, *Uroctea lesserti* Schenkel 1937, is the species *Uroctea limata* (nec. C. L. Koch). *Korean Arachnology*, 8: 101-107.

Kim J P, Namkung J, Jun J R. 1987. A new record species of the genus *Alopecosa* Simon, 1898 (Araneae: Lycosidae) from Korea. *Korean Arachnology*, 3: 29-33.

Kim J P, Namkung J, Kim O S, Jun J R. 1988. Spiders of Mt. Kyeryongsan, Chungchongnam-do, Korea. *Korean Arachnology*, 4: 137-151.

Kim J P, Namkung J, Lee M C, Yoo J S. 1995. The spider fauna of Kanazawa and Itsukaichi, Japan. *Korean Arachnology*, 11(1): 83-91.

Kim J P, Park Y C. 2007. Redescription of *Gasteracantha kuhlii* (C. L. Koch), 1838 from Vietnam (Araneae, Araneus). *Korean Arachnology*, 23: 119-122.

Kim J P, Park Y C, Lee Y B. 2007. Redescription of *Nephila antipodiana* (Walckenaer), 1841 from Philippines (Araneae, Nephilidae). *Korean Arachnology*, 23: 123-126.

Kim J P, Shin J H, Park Y C. 2008. The spider fauna of Heuksan-do and Hong-do. *Korean Arachnology*, 24: 55-76.

Kim J P, Tak H K. 2001. A revisional study of the spiders family Agelenidae C. L. Koch, 1837 (Arachnida: Araneae) from Korea. *Korean Arachnology*, 17: 111-139.

Kim J P, Yoo J S. 1997a. A new species of the genus *Plexippoides* (Araneae: Salticidae) from Korea. *Korean Journal of Environmental Biology*, 15: 71-74.

Kim J P, Yoo J S. 1997b. Korean spiders of the genus *Pardosa* C. L. Koch, 1848 (Araneae: Lycosidae). *Korean Arachnology*, 13(1): 31-45.

Kim J P, Yoo J S. 2007. One new recorded genus and species from Korea (Araneae: Araneidae). *Korean Arachnology*, 23: 91-97.

Kim J P, Yoo J S. 2008. Redescription of *Pholcus phalangioides* (Fuesslin, 1775) from Vietnam (Araneae: Pholcidae). *Korean Arachnology*, 24: 81-83.

Kim J P, Yoo Y S, Lee Y B. 1999. A newly recorded species of the genus *Nesticella* (Aranea, Nesticidae) in Korea. *Korean Journal of Systematic Zoology*, 15: 183-187.

Kim K M, Kim J P, Lee Y B. 2008. Taxonomy of Korean Tetragnathidae (Arachnida: Araneae). *Korean Arachnology*, 24: 31-53.

Kishida K. 1910. Supplementary notes on Japanese spiders. *Hakubutsu-gaku Zasshi*, 118: 1-9.

Kishida K. 1913a. Japanese spiders (1). *Kagaku-sekai*, 7: 19-22.

Kishida K. 1913b. Japanese spiders (5). *Kagaku-sekai*, 7: 824-827.

Kishida K. 1913c. Japanese spiders (6). *Kagaku-sekai*, 7: 1020-1024.

Kishida K. 1914a. Japanese spiders (9). *Kagaku-sekai*, 8: 44-47.

Kishida K. 1914b. Japanese spiders (10). *Kagaku-sekai*, 8: 123-128.

Kishida K. 1914c. Japanese spiders (11). *Kagaku-sekai*, 8: 223-226.

Kishida K. 1914d. Japanese spiders (12). *Kagaku-sekai*, 8: 320-324.

Kishida K. 1920. Note on *Yamia watasei*, a new spider of the family Aviculariidae. *Zoological Magazine,Tokyo*, 32: 299-307.

Kishida K. 1923. *Heptathela*, a new genus of liphistiid spiders. *Annotationes Zoologicae Japonenses*, 10: 235-242.

Kishida K. 1924. A list of spiders from north Sakhalin and a new species of the genus *Dolomedes* from Okinawa. *Zoological Magazine,Tokyo*, 36: 518-520.

Kishida K. 1927. Araneae. *In*: Figraro de Japonaj Bestoj. Tokyo: Hokuryukan Co.: 958-971.

Kishida K. 1928. On spiders (1). *Rigaku-kai*, 26(10): 28-33.

Kishida K. 1930. A new Formosan oxyopid spider, *Peucetia formosensis* n. sp. *Lansania*, 2: 145-150.

Kishida K. 1932. Synopsis of the spider family Gnaphosidae. *Lansania*, 4: 3-14.

Kishida K. 1936a. A synopsis of the Japanese spiders of the genus *Argiope* in broad sense. *Acta Arachnologica, Tokyo*, 1: 14-27.

Kishida K. 1936b. A synopsis of the Japanese spiders of the genus *Dolomedes*. *Acta Arachnologica, Tokyo*, 1: 114-127.

Kishida K. 1936c. Notes on *Glenognatha nipponica*, a Japanese tetragnathine spider. *Lansania*, 8: 65-67.

Kishida K. 1940. Notes on two species of spiders, *Doosia japonica* and *Utivarachna fukasawana*. *Acta Arachnologica, Tokyo*, 5: 138-145.

Kishida K. 1955. A synopsis of spider family Agelenidae. *Acta Arachnologica, Tokyo*, 14: 1-13.

Kleemola A. 1961. Spiders from the northernmost part of Enontekiö. *Suomalaisen Eläin-ja Kasvitieteellisen Seuran Vanamon Tiedonannot (Archivum Societatis Zoologicae Botanicae Fennicae "Vanamo")*, 16: 128-135.

Kleemola A. 1969. On the spiders of the island group of Krunnit (PP) with some notes on the species *Sitticus tullgreni* Holm. *Aquilo* (Zool.), 8: 44-49.

Klein B M. 1953. Spinnenhochzeit. *Mikrokosmos*, 43: 1-3.

Knoflach B. 1991. *Achaearanea tabulata* Levi, eine für Österreich neue Kugelspinne (Arachnida, Aranei: Theridiidae). *Berichte des Naturwissenschaftlich-Medizinischen Vereins in Innsbruck*, 78: 59-64.

Knoflach B. 1994. Zur Genitalmorphologie und Biologie der *Crustulina*-Arten Europas (Arachnida: Araneae, Theridiidae). *Mitteilungen der Schweizerischen Entomologischen Gesellschaft*, 67: 327-346.

Knoflach B. 1996a. *Steatoda incomposita* (Denis) from southern Europe, a close relative of *Steatoda albomaculata* (Degeer) (Araneae: Theridiidae). *Bulletin of the British Arachnological Society*, 10: 141-145.

Knoflach B. 1996b. Die Arten der *Steatoda phalerata*-Gruppe in Europa (Arachnida: Araneae, Theridiidae). *Mitteilungen der Schweizerischen Entomologischen Gesellschaft*, 69: 377-404.

Knoflach B. 1996c. Three new species of *Carniella* from Thailand (Araneae, Theridiidae). *Revue Suisse de Zoologie*, 103: 567-579.

Knoflach B. 1998. Mating in *Theridion varians* Hahn and related species (Araneae: Theridiidae). *Journal of Natural History*, 32: 545-604.

Knoflach B. 1999. The comb-footed spider genera *Neottiura* and *Coleosoma* in Europe (Araneaem Theridiidae). *Mitteilungen der Schweizerischen Entomologischen Gesellschaft*, 72: 341-371.

Knoflach B. 2004. Diversity in the copulatory behaviour of comb-footed spiders (Araneae, Theridiidae). *In*: Thaler K. Diversität und Biologie von Webspinnen, Skorpionen und anderen Spinnentieren. *Denisia*, 12: 161-256.

Knoflach B, Pfaller K. 2004. Kugelspinnen eine Einführung (Araneae, Theridiidae). *In*: Thaler K. Diversität und Biologie von Webspinnen, Skorpionen und anderen Spinnentieren. *Denisia*, 12: 111-160.

Knoflach B, Rollard C, Thaler K. 2009. Notes on Mediterranean Theridiidae (Araneae)-II. *ZooKeys*, 16: 227-264.

Knülle W. 1954a. *Lycosa purbeckensis* F. O. P. Cambridge (Lycosidae: Araneae), eine deutsche Küstenart: Ein Beitrag zur Taxonomie der *Lycosa-monticola*-Gruppe. *Kieler Meeresforschungen*, 10: 68-76.

Knülle W. 1954b. Gynandromorphie bei *Erigone vagans spinosa* Cambr. (Micryphantidae: Araneae). *Zoologischer Anzeiger*, 152: 219-227.

Knülle W. 1954c. Zur Taxonomie und Ökologie der norddeutschen Arten der Spinnen-Gattung *Erigone* Aud. *Zoologische Jahrbücher, Abteilung für Systematik, Geographie und Biologie der Tiere*, 83: 63-110.

Kobayashi H. 1974. On the spiders of Umegashima-onsen (Shizuoka Prefecture). *Atypus*, 62: 41-49.

Koçak A Ö, Kemal M. 2006. On the nomenclature of some Arachnida. *Miscellaneous Papers, Centre for Entomological Studies Ankara*, 100: 5-6.

Koçak A Ö, Kemal M. 2008. New synonyms and replacement names in the genus group taxa of Araneida. *Centre for Entomological Studies Ankara, Miscellaneous Papers*, 139-140: 1-4.

Koch C L. 1833. Arachniden. *In*: Herrich-Schäffer G A W. Deutschlands Insekten., Heft: 119-121.

Koch C L. 1834. Arachniden. *In*: Herrich-Schäffer G A W. Deutschlands Insekten., Heft: 122-127.

Koch C L. 1835. Arachniden. *In*: Herrich-Schäffer G A W. Deutschlands Insekten., Heft: 128-133.

Koch C L. 1836a. *Die Arachniden*. Nürnberg: Dritter Band: 1-104.

Koch C L. 1836b. Arachniden. *In*: Herrich-Schäffer G A W. Deutschlands Insekten., Heft: 134-141.

Koch C L. 1837a. *Die Arachniden*. Nürnberg, Dritter Band: 105-119, Vierter Band: 1-108.

Koch C L. 1837b. *Übersicht des Arachnidensystems*. Nürnberg, Heft 1: 1-39.

Koch C L. 1838. *Die Arachniden*. Nürnberg, Vierter Band: 109-144, Funfter Band: 1-124.

Koch C L. 1839a. *Die Arachniden*. Nürnberg, Funfter Band: 125-158, Sechster Band: 1-156, Siebenter Band: 1-106.

Koch C L. 1839b. *Übersicht des Arachnidensystems*. Nürnberg, Heft: 2, 1-38.

Koch C L. 1840a. *Die Arachniden*. Nürnberg, Siebenter Band: 107-130, Achter Band: 1-40.

Koch C L. 1840b. Crustacea, Myriapoda et Arachnides. *In*: Fürnrohr A E. Naturhistorische Topographie von Regensburg, Dritter Band.: 387-458.

Koch C L. 1841. *Die Arachniden*. Nürnberg, Achter Band: 41-131; Neunter Band: 1-56.

Koch C L. 1842. *Die Arachniden*. Nürnberg, Neunter Band: 57-108; Zehnter Band: 1-36.

Koch C L. 1843. *Die Arachniden*. Nürnberg, Zehnter Band: 37-142.

Koch C L. 1844. *Die Arachniden*. Nürnberg, Eilfter Band: 1-174.

Koch C L. 1845. *Die Arachniden*. Nürnberg, Zwolfter Band: 1-166.

Koch C L. 1846. *Die Arachniden*. Nürnberg, Dreizehnter Band: 1-234; Vierzehnter Band: 1-88.

Koch C L. 1847. *Die Arachniden*. Nürnberg, Vierzehnter Band: 89-210; Funfzehnter Band: 1-136; Sechszehnter Band: 1-80.

Koch C L. 1850. *Übersicht des Arachnidensystems*. Nürnberg, Heft: 5, 1-77.

Koch C L. 1874. Beitrage zur Kenntniss der nassauischen Arachniden. I. Die Familien der Mithraides, Pholcides, Eresides, Dysderies und Mygalides. *Jahrbücher des Nassauischen Vereins für Naturkunde*, 27-28: 185-210.

Koch L. 1855. Zur Charakteristik des Artenunterschiedes bei den Spinnen im allgemeinen und insbesondere der Gattung *Amaurobius*. *Korrespondenz-Blatt des Zoologisch-Mineralogischen Vereins in Regensburg*, 9: 158-168.

Koch L. 1865. Beschreibungen neuer Arachniden und Myriopoden. *Verhandlungen der Kaiserlich-Königlichen Zoologisch-Botanischen Gesellschaft in Wien*,

15: 857-892.

Koch L. 1866. *Die Arachniden-Familie der Drassiden*. Nürnberg, Hefte 1-6: 1-304.

Koch L. 1867a. *Die Arachniden-Familie der Drassiden*. Nürnberg, Hefte 7: 305-352.

Koch L. 1867b. Beschreibungen neuer Arachniden und Myriapoden. II. Verhandlungen der Kaiserlich-Königlichen Zoologisch-Botanischen Gesellschaft in Wien 17: 173-250.

Koch L. 1867c. Zur Arachniden und Myriapoden-Fauna Süd-Europas. Verhandlungen der Kaiserlich-Königlichen Zoologisch-Botanischen Gesellschaft in Wien 17: 857-900.

Koch L. 1868. Die Arachnidengattungen *Amaurobius*, *Coelotes* and *Cybaeus*. *Abhandlungen der Naturhistorischen Gesellschaft zu Nürnberg*, 4: 1-52.

Koch L. 1869. Beitrag zur Kenntniss der Arachnidenfauna Tirols. *Zeitschrift des Ferdinandeums für Tirol und Vorarlberg*, 14(3): 149-206.

Koch L. 1870. Beiträge zur Kenntniss der Arachnidenfauna Galiziens. *Jahrbuch der Kaiserlich-Königlichen Gelehrten Gesellschaft in Krakau*, 41: 1-56.

Koch L. 1871. *Die Arachniden Australiens, nach der Natur beschrieben und abgebildet*. Nürnberg 1: 1-104.

Koch L. 1872a. *Die Arachniden Australiens*. Nürnberg 1: 105-368.

Koch L. 1872b. Beitrag zur Kenntniss der Arachnidenfauna Tirols. Zweite Abhandlung. *Zeitschrift des Ferdinandeums für Tirol und Vorarlberg*, 17(3): 239-328.

Koch L. 1872c. Apterologisches aus dem fränkischen Jura. *Abhandlungen der Naturhistorischen Gesellschaft zu Nürnberg*, 6: 127-152.

Koch L. 1872d. Über die Spinningattung *Titanoeca* Thor. *Abhandlungen der Naturhistorischen Gesellschaft zu Nürnberg*, 6: 153-170.

Koch L. 1873. *Die Arachniden Australiens*. Nürnberg 1: 369-472.

Koch L. 1874. *Die Arachniden Australiens*. Nürnberg 1: 473-576.

Koch L. 1875a. *Die Arachniden Australiens*. Nürnberg 1: 577-740.

Koch L. 1875b. *Aegyptische und abyssinische Arachniden gesammelt von Herrn C. Jickeli*. Nürnberg: 1-96.

Koch L. 1875c. Beschreibungen einiger von Herrn Dr Zimmermann bei Niesky in der oberlausitz und im Riesengebirge entdeckter neuer Spinnenarten. *Abhandlungen der Naturforschenden Gesellschaft Görlitz*, 15: 1-21.

Koch L. 1876a. *Die Arachniden Australiens*. Nürnberg 1: 741-888.

Koch L. 1876b. Verzeichniss der in Tirol bis jetzt beobachteten Arachniden nebst Beschreibungen einiger neuen oder weniger bekannten Arten. *Zeitschrift des Ferdinandeums für Tirol und Vorarlberg*, 3(20): 221-354.

Koch L. 1877. Verzeichniss der bei Nürnberg bis jetzt beobachteten Arachniden (mit Ausschluss der Ixodiden und Acariden) und Beschreibungen von neuen, hier vorkommenden Arten. *Abhandlungen der Naturhistorischen Gesellschaft zu Nürnberg*, 6: 113-198.

Koch L. 1878a. *Die Arachniden Australiens*. Nürnberg 1: 969-1044.

Koch L. 1878b. Kaukasische Arachnoiden. *In*: Schneider O. *Naturwissenschaftliche Beiträge zur Kenntniss der Kaukasusländer*. Dresden 3: 36-71.

Koch L. 1878c. Japanesische Arachniden und Myriapoden. *Verhandlungen der Kaiserlich-Königlichen Zoologisch-Botanischen Gesellschaft in Wien*, 27: 735-798.

Koch L. 1879a. *Die Arachniden Australiens*. Nürnberg 1: 1045-1156.

Koch L. 1879b. Arachniden aus Sibirien und Novaja Semlja, eingesammelt von der schwedischen Expedition im Jahre 1875. *Bihang till Kongliga Svenska Vetenskaps-Akademiens Handlingar*, 16(5): 1-136.

Koch L. 1880. *Die Arachniden Australiens*. Nürnberg 1: 1157-1212.

Koch L. 1881. Beschreibungen neuer von Herrn Dr Zimmermann bei Niesky in der oberlausitz endeckter Arachniden. *Abhandlungen der Naturforschenden Gesellschaft Görlitz*, 17: 41-71.

Koch L. 1882. Zoologische Ergebnisse von excursionen auf den Balearen. II: Arachniden und Myriapoden. Verhandlungen der Kaiserlich-Königlichen Zoologisch-Botanischen Gesellschaft in Wien, 31: 625-678.

Koh J K H. 1991. Spiders of the family Araneidae in Singapore mangroves. *The Raffles Bulletin of Zoology*, 39: 169-182.

Kolosváry G. 1931. Variations-Studien über "*Gasteracantha*" und "*Argyope*" Arten. *Archivio Zoologico Italiano*, 16: 1055-1085.

Kolosváry G. 1933. Beiträge zur Faunistik und Ökologie der Tierwelt der ungarländischen Junipereten. *Zeitschrift für Morphologie und Ökologie der Tiere*, 28: 52-63.

Kolosváry G. 1934a. 21 neue Spinnenarten aus Slovensko, Ungarn und aus der Banat. *Folia Zoologica et Hydrobiologica, Rigā*, 6: 12-17.

Kolosváry G. 1934b. Beiträge zur Spinnenfauna Siebenbürgens. *Folia Zoologica et Hydrobiologica, Rigā*, 7: 38-43.

Kolosváry G. 1937. Neue Daten zur Spinnenfauna der Siebenbürgens. *Festschrift Embrik Strand*, 3: 402-406.

Kolosváry G. 1938a. Über die Epigyne-Varietäten der Spinnenart: *Argyope lobata* Pall. *Zoologischer Anzeiger*, 123: 22-25.

Kolosváry G. 1938b. Über calabrische Spinnen. *Festschrift Embrik Strand*, 4: 582-585.

Kolosváry G. 1938c. Sulla fauna aracnologica della Jugoslavia. *Rassegna Faunistica*, 5: 61-81.

Kolosváry G. 1940. Eine neue Form von *Lycosa entzi* Chyzer. *Zoologischer Anzeiger*, 132: 146-148.

Kolosváry G. 1942. Verzeichnis der Auf der III. Ungarischen wissenschaftlichen Adria-Excursion gesammelten Landtiere in Istrien 1939, Rovigno. Teil IV. *Rivista di Biologia*, 33: 174-179.

Kolosváry G. 1943. VII. Beitrag zur Spinnenfauna Siebenbürgens. *Fragmenta Faunistica Hungarica*, 6: 133-137.

Komatsu T. 1936. *Iconographia colorata Aranearum Japonicarum*. Tokyo: 192.

Komatsu T. 1940. On five species of spiders found in the Ryûgadô Cave, Tosa province. *Acta Arachnologica, Tokyo*, 5: 186-195.

Komatsu T. 1942. Habit of *Coras corasides* (Bösenberg et Strand). *Acta Arachnologica, Tokyo*, 7: 1-6.

Komatsu T. 1957. Some new cave spiders in Japan. *Acta Arachnologica, Tokyo*, 14: 67-73.

Komatsu T. 1961a. *Cave spiders of Japan, their taxonomy, chorology and ecology*. Osaka: Arachnological Society of East Asia: 91.

Komatsu T. 1961b. Notes on spiders and ants. *Acta Arachnologica, Tokyo*, 17: 25-27.

Kononenko A P. 1978. Sur une nouvelle espèce d'araignées: *Pardosa muzkolica* du Pamyre Oriental. *Doklady Akademii Nauk Tadzhikistan SSR*, 21: 65-66.

Kovács G, Szinetár C, Eichardt J. 2008. Data on the biology of pale cellar spider (*Spermophora senoculata* Dugés, 1836) (Araneae: Pholcidae). *A Nyme Savaria Egyetemi Központ Tudományos Közleményei XVI. Természettudományok*, 11(Biológia): 125-135.

Kovács G, Szinetár C, Török T. 2010. Data on the biology of *Eresus* species found in Hungary (*Eresus kollari* Rossi, 1846, *Eresus marovicua* Rezác, 2008, Araneae: Eresidae). *A NYME Savaria Egyetemi Központ Tudományos Közleményei, Szombathely XVII. Természettudományok*, 12: 139-156.

Kovblyuk M M. 2003. The spider genus *Drassyllus* Chamberlin, 1922 in the Crimean fauna, with description of a new species (Aranei: Gnaphosidae).

Arthropoda Selecta, 12: 23-28.

Kovblyuk M M. 2005. The spider genus *Gnaphosa* Latreille, 1804 in the Crimea (Aranei: Gnaphosidae). *Arthropoda Selecta*, 14: 133-152.

Kovblyuk M M. 2006. Zelotes kukushkini sp. n. (Aranei, Gnaphosidae) and close related species from Palaearctic. *Vestnik Zoologii*, 40: 205-217.

Kovblyuk M M. 2008. Spiders of genus *Drassodes* (Aranei, Gnaphosidae) of the Crimean fauna. *Vestnik Zoologii*, 42: 11-24.

Kovblyuk M M, Kastrygina Z A. 2011. On two closely related funnel-web spider species, *Agelena orientalis* C. L. Koch, 1837, and *A. labyrinthica* (Clerck, 1757) (Aranei: Agelenidae). *Arthropoda Selecta*, 20: 273-282.

Kovblyuk M M, Kastrygina Z A, Omelko M M. 2012. A review of the spider genus *Haplodrassus* Chamberlin, 1922 in Crimea (Ukraine) and adjacent areas (Araneae, Gnaphosidae). *ZooKeys*, 205: 59-89.

Kovblyuk M M, Marusik Y M, Omelko M M. 2013. On four poorly known species of spiders (Araneae: Gnaphosidae and Lycosidae) described by T. Thorell from Crimea. *Acta Zoologica Bulgarica*, 65(4): 423-427.

Kovblyuk M M, Marusik Y M, Ponomarev A V, Gnelitsa V A, Nadolny A A. 2011. Spiders (Arachnida: Aranei) of Abkhazia. *Arthropoda Selecta*, 20: 21-56.

Kovblyuk M M, Nadolny A A. 2008. The spider genus Micaria Westring, 1851 in the Crimea (Aranei: Gnaphosidae). *Arthropoda Selecta*, 16: 215-236.

Kovblyuk M M, Nadolny A A. 2009. The spider genus *Trachelas* L. Koch, 1872 in Crimea and Caucasus with the description of *Paratrachelas* gen. n. (Aranei: Corinnidae). *Arthropoda Selecta*, 18: 35-46.

Kovblyuk M M, Prokopenko E V, Nadolny A A. 2008. Spider family Dysderidae of the Ukraine (Arachnida, Aranei). *Eurasian Entomological Journal*, 7: 287-306.

Kranz-Baltensperger Y. 2014. The goblin spider genus *Xyphinus* (Araneae; Oonopidae). *Zootaxa*, 3870(1): 1-79.

Kratochvíl J. 1931. Beiträge zur Kenntnis der westmährischen Salticiden und Lycosiden. *Sborník Klubu Přírodovědeckého v Brně*, 13: 1-5.

Kratochvíl J. 1932. Rod pavouku *Titanoeca* Thor. v Ceskoslovenské republice. *Sborník Přírodovědecké Společnosti v Moravské Ostravě*, 7: 11-23.

Kratochvíl J. 1933. Studie o západomoravskych Lycosidách. *Časopis Moravského Zemského Musea, Brno*, 28-29: 533-545.

Kratochvíl J. 1935. Araignées nouvelles ou non encore signalées en Yougoslavie. Première partie. *Folia Zoologica et Hydrobiologica, Rigā*, 8: 10-25.

Kratochvíl J. 1978. Araignées cavernicoles des îles Dalmates. *Přírodovědné práce ústavů Československé Akademie Věd v Brně* (N. S.), 12(4): 1-59.

Kraus O. 1955a. Spinnen von Korsika, Sardinien und Elba (Arach., Araneae). *Senckenbergiana Biologica*, 36: 371-394.

Kraus O. 1955b. Spinnen aus El Salvador (Arachnoidea, Araneae). *Abhandlungen der Senckenbergischen Naturforschenden Gesellschaft*, 493: 1-112.

Kraus O. 1957. Araneenstudien 1. Pholcidae (Smeringopodinae, Ninetinae). *Senckenbergiana Biologica*, 38: 217-243.

Kraus O. 1967. Zur Spinnenfauna Deutschlands, II. *Mysmena jobi* n. sp, eine Symphytognathide in Mitteleuropa (Arachnida: Araneae: Symphytognathidae). *Senckenbergiana Biologica*, 48: 387-399.

Kraus O. 1984. Male spider genitalia: Evolutionary changes in structure and function. *Verhandlungen des Naturwissenschaftlichen Vereins in Hamburg*, 27: 373-382.

Kraus O, Baum S. 1972. *Zum "Cribellaten-Problem": Neue Befunde an Genitalstrukturen*. Brno: Arachnologorum Congressus Internationalis V, Proceedings of the Fifth International Congress on Arachnology, Brno, Folk C: 165-173.

Kraus O, Baur H. 1974. Die Atypidae der West-Paläarktis: Systematik, Verbreitung und Biologie (Arach.: Araneae). *Abhandlungen und Verhandlungen des Naturwissenschaftlichen Vereins in Hamburg (N. F.)*, 17: 85-116.

Kraus O, Kraus M. 1989. The genus *Stegodyphus* (Arachnida, Araneae). Sibling species, species groups, and parallel origin of social living. *Verhandlungen des Naturwissenschaftlichen Vereins in Hamburg*, 30: 151-254.

Kritscher E. 1957. Bisher unbekannt gebliebene Araneen-Männchen und-Weibchen des Wiener Naturhistorischen Museums (1. Teil). *Annalen des Naturhistorischen Museums in Wien*, 61: 254-272.

Kritscher E. 1962. *Ozyptila baudueri* Simon ssp. *cribratus* (Simon 1885) (=*Xysticus cribratus* Simon 1885) (Aran., Thomisidae). *Annalen des Naturhistorischen Museums in Wien*, 65: 177-182.

Kritscher E. 1966. Die paläarktischen Arten der Gattung *Oecobius* (Aran., Oecobiidae). *Annalen des Naturhistorischen Museums in Wien*, 69: 285-295.

Kroneberg A. 1875. Araneae. *In*: Fedtschenko A P. *Puteshestvie v Tourkestan. Reisen in Turkestan*. Zoologischer Theil. Nachrichten der Gesellschaft der Freunde der Naturwissenschaften zu Moskau, 19: 1-58.

Kronestedt T. 1980a. Notes on *Walckenaeria alticeps* (Denis), new to Sweden, and *W. antica* (Wider) (Araneae, Linyphiidae). *Bulletin of the British Arachnological Society*, 5: 139-144.

Kronestedt T. 1980b. Comparison between *Pirata tenuitarsis* Simon, new to Sweden and England, and *P. piraticus* (Clerck), with notes on taxonomic characters in male *Pirata* (Araneae: Lycosidae). *Entomologica Scandinavica*, 11: 65-77.

Kronestedt T. 1984. Ljudalstring hos vargspindeln *Hygrolycosa rubrofasciata*. *Fauna och Flora, Uppsala*, 79: 97-107.

Kronestedt T. 1986. A presumptive pheromone-emitting structure in wolf spiders (Araneae, Lycosidae). *Psyche, Cambridge*, 93: 127-131.

Kronestedt T. 1990. Separation of two species standing as *Alopecosa aculeata* (Clerck) by morphological, behavioural and ecological characters, with remarks on related species in the *pulverulenta* group (Araneae, Lycosidae). *Zoologica Scripta*, 19: 203-225.

Kronestedt T. 1996. Svartrumpspindeln-en nykomling i Sverige. *Fauna och Flora*, 91(5/6): 11-14.

Kronestedt T. 1999. A new species in the *Pardosa lugubris* group from central Europe (Arachnida, Araneae, Lycosidae). *Spixiana*, 22: 1-11.

Kronestedt T. 2005. *Pardosa schenkeli* en för Sverige ny vargspindelart. *Fauna & Flora*, 100: 36-41.

Kronestedt T. 2006. On *Pardosa schenkeli* (Araneae, Lycosidae) and its presence in Germany and Poland. *Arachnologische Mitteilungen*, 32: 31-37.

Kronestedt T. 2010. *Draposa*, a new wolf spider genus from south and southeast Asia (Araneae: Lycosidae). *Zootaxa*, 2637: 31-54.

Kronestedt T. 2013. On the identity of *Pardosa taczanowskii* (Thorell) (Araneae: Lycosidae). *Arthropoda Selecta*, 22: 55-57.

Kronestedt T, Logunov D V. 2003. Separation of two species standing as *Sitticus zimmermanni* (Simon, 1877) (Araneae, Salticidae), a pair of altitudinally segregated species. *Revue Suisse de Zoologie*, 110: 855-873.

Kronestedt T, Marusik Y M. 2011. Studies on species of Holarctic *Pardosa* groups (Araneae, Lycosidae). VII. The *Pardosa tesquorum* group. *Zootaxa*, 3131: 1-34.

Kronestedt T, Zyuzin A A. 2009. Fixation of *Lycosa fidelis* O. Pickard-Cambridge, 1872 as the type species for the genus *Wadicosa* Zyuzin, 1985 (Araneae: Lycosidae), with a redescripton of the species. *Contributions to Natural History*, 12: 813-828.

Krumpalova Z. 1999. A case of gynandromorph spider (Araneae, Liocranidae) in Slovakia. *Revue Arachnologique*, 13: 61-67.

Krynicki J. 1837. Arachnographiae Rossicae. Decas prima. *Bulletin de la Société Imperiale des Naturalists de Moscou*, 10: 73-88.

Kubcová L. 2004a. A new spider species from the group *Philodromus aureolus* (Araneae, Philodromidae) in central Europe. *In*: Thaler K. Diversität und

Biologie von Webspinnen, Skorpionen und anderen Spinnentieren. *Denisia*, 12: 291-304.

Kubcová L. 2004b. Separation of the females of *Philodromus praedatus* O. P.-Cambridge and *Philodromus aureolus* (Clerck) (Philodromidae, Araneae). *In*: Samu F, Szinetár C. *European Arachnology 2002*. Budapest: Plant Protection Institute & Berzsenyi College: 57-62.

Kulczyński W. 1882. *Spinnen aus der Tatra und den westlichen Beskiden*. Krakau: 1-34.

Kulczyński W. 1884. Conspectus Attoidarum Galiciae. Przeglad Krytyczny Pająkow z Rodziny Attoidae zyjacych w Galicyi. *Rozprawy i Sprawozdania z Posiedzen Wydzialu Matematyczno Przyrodniczego Akademji Umiejetnosci, Krakow*, 12: 135-232.

Kulczyński W. 1885. Araneae in Camtschadalia a Dre B. Dybowski collectae. *Pamietnik Akademji umiejetnosci w Krakow wydzial matematyczno-przyrodniczy*, 11: 1-60.

Kulczyński W. 1887. Przyczynek do tyrolskiej fauny pajeczakow. *Rozprawy i Sprawozdania z Posiedzen Wydzialu Matematyczno Przyrodniczego Akademji Umiejetnosci, Krakow*, 16: 245-356 (+ Anhang: 1-12).

Kulczyński W. 1895a. Araneae a Dre G. Horvath in Bessarabia, Chersoneso Taurico, Transcaucasia et Armenia Russica collectae. *Természtrajzi Füzetek*, 18: 3-38.

Kulczyński W. 1895b. Attidae musei zoologic Varsoviensis in Siberia orientali collecti. *Rozprawy i Sprawozdania z Posiedzen Wydzialu Matematyczno Przyrodniczego Akademji Umiejetnosci, Krakow*, 32: 45-98.

Kulczyński W. 1898. Symbola ad faunam aranearum Austriae inferioris cognoscendam. *Rozprawy i Sprawozdania z Posiedzen Wydzialu Matematyczno Przyrodniczego Akademji Umiejetnosci, Krakow*, 36: 1-114.

Kulczyński W. 1899. Arachnoidea opera Rev. E. Schmitz collecta in insulis Maderianis et in insulis Selvages dictis. *Rozprawy i Sprawozdania z Posiedzen Wydzialu Matematyczno Przyrodniczego Akademji Umiejetnosci, Krakow*, 36: 319-461.

Kulczyński W. 1901a. Arachnoidea in Colonia Erythraea a Dre K. M. Levander collecta. *Rozprawy i Sprawozdania z Posiedzen Wydzialu Matematyczno Przyrodniczego Akademji Umiejetnosci, Krakow*, 41: 1-64.

Kulczyński W. 1901b. Arachnoidea. *In*: Horvath G. Zoologische Ergebnisse der dritten asiatischen Forschungsreise des Grafen Eugen Zichy. *Budapest*, 2: 311-369.

Kulczyński W. 1902. Erigonae Europaeae. Addenda ad descriptions. *Bulletin International de l'Academie des Sciences de Cracovie*, 8: 539-560.

Kulczyński W. 1903a. Aranearum et Opilionum species in insula Creta a comite Dre Carolo Attems collectae. *Bulletin International de l'Academie des Sciences de Cracovie*, 1903: 32-58.

Kulczyński W. 1903b. Arachnoidea in Asia Minore et ad Constantinopolim a Dre F. Werner collecta. *Sitzungsberichte der Kaiserlichen Akademie der Wissenschaften, Mathematisch-naturwissenschaftliche Klasse, Wien*, 112: 627-680.

Kulczyński W. 1905a. Fragmenta arachnologica. I-IV. *Bulletin International de l'Academie des Sciences de Cracovie*, 1904: 533-568.

Kulczyński W. 1905b. Fragmenta arachnologica. V. *Bulletin International de l'Academie des Sciences de Cracovie*, 1905: 231-250.

Kulczyński W. 1905c. Araneae nonnullae in insulus Maderianis collectae a Rev. E. Schmitz. *Bulletin International de l'Academie des Sciences de Cracovie*, 1905: 440-460.

Kulczyński W. 1906. Fragmenta arachnologica. VII. *Bulletin International de l'Academie des Sciences de Cracovie*, 1906: 417-476.

Kulczyński W. 1907. Fragmenta arachnologica. VIII, IX. *Bulletin International de l'Academie des Sciences de Cracovie*, 1907: 570-596.

Kulczyński W. 1908. Araneae et Oribatidae. Expeditionum rossicarum in insulas Novo-Sibiricas annis 1885-1886 et 1900-1903 susceptarum. *Zapiski Imperatorskoi Akademy Naouk St. Petersburg*, 18(7): 1-97.

Kulczyński W. 1909a. Fragmenta Arachnologica. XI-XIII. *Bulletin International de l'Academie des Sciences de Cracovie*, 1909: 427-472.

Kulczyński W. 1909b. Fragmenta Arachnologica. XIV, XV. *Bulletin International de l'Academie des Sciences de Cracovie*, 1909: 667-687.

Kulczyński W. 1910. Araneae et Arachnoidea Arthrogastra. *In*: Botanische und zoologische Ergebnisse einer wissenschaftlichen Forschungreise nach den Samoainsiln, dem Neuguinea-Archipel und den Solomon inseln von Marz bis Dezember 1905 von Dr Karl Rechinger. III Teil. *Denkschrift der Akademie der Wissenschaften in Wien*, 85: 389-411.

Kulczyński W. 1911a. Fragmenta Arachnologica. XVI, XVII. *Bulletin International de l'Academie des Sciences de Cracovie*, 1911: 12-75.

Kulczyński W. 1911b. Spinnen aus Nord-Neu-Guinea. *In*: Nova Guinea. Resultats de l'expedition Scientifiqe neerlandaise a la Nouvelle Guinee en 1903 sous les auspices d'Arthur Wichmann. *Leiden Zool*, 3(4), 423-518.

Kulczyński W. 1913. Arachnoidea. *In*: Velitchkovsky V. Faune du district de Walouyki du gouvernement de Woronège (Russie). *Cracovie*, 10: 1-30.

Kulczyński W. 1915. Fragmenta arachnologica, XVIII. *Bulletin International de l'Academie des Sciences de Cracovie*, 1915: 897-942.

Kulczyński W. 1916. Araneae Sibiriae occidentalis arcticae. *Mémoires de l'Académie Impériale des Sciences de Petrograd*, 28(11): 1-44.

Kulczyński W. 1926. Arachnoidea Camtschadalica. *Lejiegod Zoologicheskii Instituta Muzeya Akademii Nauk SSSR St. Petersburg*, 27: 29-72.

Kullmann E, Zimmermann W. 1976. Beschreibung der neuen Spinnenart *Oecobius afghanicus* mit ergänzenden Angaben zu *Oecobius putus* und *Oecobius annulipes* (Arachnida: Araneae: Oecobiidae). *Entomologica Germanica*, 3: 41-50.

Kumada K. 1986. *Theridion adamsoni* Berland, 1934, a newly recorded species from Japan, with a note on its biology. *Atypus*, 88: 1-6.

Kumada K. 1988. *Oecobius cellariorum* found in Japan. *Atypus*, 91: 1-4.

Kumada K. 1989. A gynandromorph of the theridiid spider, *Episinus nubilus* Yaginuma, from Japan. *In*: Nishikawa Y, Ono H. *Arachnological Papers Presented to Takeo Yaginuma on the Occasion of his Retirement*. Osaka: Osaka Arachnologists' Group: 39-41.

Kumada K. 1990. A new species of the genus *Argyrodes* from Japan (Araneae, Theridiidae). *Acta Arachnologica, Tokyo*, 39: 1-5.

Kunt K B, Kaya R S, Özkütük R S, Danişman T, Yağmur E A, Elverici M. 2012. Additional notes on the spider fauna of Turkey (Araneae). *Turkish Journal of Zoology*, 36: 637-651.

Kunt K B, Tezcan S, Yağmur E A. 2011. The first record of family Selenopidae (Arachnida: Araneae) from Turkey. *Turkish Journal of Zoology*, 35: 607-610.

Kunt K B, Yağmur E A, Tezcan E. 2008. Three new records for the spider fauna of Turkey (Araneae: Araneidae, Palpimanidae, Theridiidae). *Serket*, 11: 55-61.

Kuntner M. 2005. A revision of *Herennia* (Araneae: Nephilidae: Nephilinae), the Australasian 'coin spiders'. *Invertebrate Systematics*, 19: 391-436.

Kuntner M. 2007. A monograph of *Nephilengys*, the pantropical 'hermit spiders' (Araneae, Nephilidae, Nephilinae). *Systematic Entomology*, 32: 95-135.

Kuntner M, Coddington J A, Hormiga G. 2008. Phylogeny of extant nephilid orb-weaving spiders (Araneae, Nephilidae): testing morphological and ethological homologies. *Cladistics*, 24: 147-217.

Kuntner M, Coddington J A, Schneider J M. 2009. Intersexual arms race? Genital coevolution in nephilid spiders (Araneae, Nephilidae). *Evolution*, 63:

1451-1463.
Kuntner M, Kralj-Fišer S, Schneider J M, Li D. 2009. Mate plugging via genital mutilation in nephilid spiders: an evolutionary hypothesis. *Journal of Zoology, London*, 277: 257-266.
Kupryjanowicz J. 1997. *Spiders of the Biebrza National Park-species new and rare to Poland.* Proceedings of the 16th European Colloquium of Arachnology: 183-194.
Kupryjanowicz J, Stankiewicz A, Hajdamowicz I. 1997. *Meioneta mossica* Schikor 1993 in Poland (Araneae: Linyphiidae). *Bulletin of the Polish Academy of Science, Biological Sciences*, 45: 41-43.
Kurenshchikov D K. 1994. The spider genus *Tetragnatha* Latreille, 1804, from the southern Far East of Russia (Aranei Tetragnathidae). *Arthropoda Selecta*, 3(1-2): 57-64.
Kuzmin E A. 2010. New records of Pholcidae species in Ulyanovsk region (Aranei). *Proceedings of the Russian Entomological Society in St. Petersburg*, 80: 11-15.
Kwiecień-Wrotniewska J, Woźny M, Zbytek F T. 1993. Pająk *Enoplognatha latimana* Hippa & Oksala (Aranei, Theridiidae) w Polsce i Republice Czeskiej. *Przegląd Zoologiczny*, 37: 73-75.
Labarque F M, Grismado C J, Ramírez M J, Yan H M, Griswold C E. 2009. The southeast Asian genus *Stedocys* Ono, 1995 (Araneae: Scytodidae): first descriptions of female genitalia and a new species from China. *Zootaxa*, 2297: 1-14.
Labarque F M, Ramírez M J. 2012. The placement of the spider genus *Periegops* and the phylogeny of Scytodoidea (Araneae: Araneomorphae). *Zootaxa*, 3312: 1-44.
Lasut L, Marusik Y M, Frick H. 2009. First description of the female of the spider *Savignia zero* Eskov, 1988 (Araneae: Linyphiidae). *Zootaxa*, 2267: 65-68.
Latreille P A. 1802. *Histoire naturelle, générale et particulière des Crustacés et des Insectes*. Paris 7: 48-59.
Latreille P A. 1804a. *Histoire naturelle générale et particulière des Crustacés et des Insectes*. Paris 7: 144-305.
Latreille P A. 1804b. Tableau methodique des Insectes. *Nouveau Dictionnaire d'Histoire Naturelle, Paris* 24: 129-295.
Latreille P A. 1806. *Genera crustaceorum et insectorum*. Paris, tome 1: 302. (Araneae, pp 82-127).
Latreille P A. 1809. *Genera crustaceorum et insectorum*. Paris 4: 370-371.
Latreille P A. 1810. *Considérations générales sur l'ordre naturel des Animaux composant la classe des Crustaces, des Arachnides et des Insectes*. Paris: 444. (Araneae: 119-129).
Latreille P A. 1817. *Articles sur les araignées*. Nouveau Dictionnaire d'Histoire Naturelle, Paris N. Ed., art.: 7-11, 13, 17-18.
Latreille P A. 1819. *Articles sur les araignées*. Nouveau Dictionnaire d'Histoire Naturelle, Paris Ed. II: 22.
Laurent J P. 1963. Guide aranéologique des araignées de la région d'Olloy-Couvin. *Bulletin de Association Nationale des Professeurs de Biologie de Belgique*, 9: 278-309.
Lawrence R F. 1927. Contributions to a knowledge of the fauna of South-West Africa V. Arachnida. *Annals of the South African Museum*, 25(1): 1-75.
Lawrence R F. 1936. Scientific results of the Vernay-Lang Kalahari Expedition, March to September 1930. Spiders (Ctenizidae excepted). *Annals of the Transvaal Museum*, 17: 145-158.
Lawrence R F. 1940. The genus *Selenops* (Araneae) in South Africa. *Annals of the South African Museum*, 32: 555-608.
Lawrence R F. 1952. New spiders from the eastern half of South Africa. *Annals of the Natal Museum*, 12: 183-226.
Lawrence R F. 1971. Araneida. *In*: van Zinderen Bakker E M, Winterbottom J M, Dyer R A. *Marion and Prince Edward Islands*. Cape Town: 301-313.
Laxmann E. 1770. Novae insectorum species. *Novi Commentarii Academiae Scientiarum Imperialis Petropolitanae*, 14: 593-604 (Araneae, p. 602).
Le Peru B. 2011. The spiders of Europe, a synthesis of data: Volume 1 Atypidae to Theridiidae. *Mémoires de la Société Linnéenne de Lyon*, 2: 1-522.
Leach W E. 1815. *Zoological Miscellany; being Descriptions of New and Interesting Animals*. London 2: 1-154 (Araneae: 131-134).
Lebert H. 1877. Die Spinnen der Schweiz, ihr Bau, ihr Leben, ihre systematische Übersicht. *Neue Denkschriften der Schweizerischen Naturforschenden Gesellschaft*, 27: 1-321.
Lecigne S. 2013. Contribution à l'inventaire aranéologique de Corfou (Grèce) (Arachnida, Araneae). *Nieuwsbrief van de Belgische Arachnologische Vereniging*, 28: 177-191.
Ledoux J C. 1963. Sur quelques araignées récoltées près d'Avignon et de Montpellier. *Entomologiste*, 19: 100-101.
Ledoux J C. 1972. Notes d'aranéologie: 2. Quelques captures intéressantes dans le sud-est de la France. *Bulletin de la Société d'Études des Sciences Naturelles du Vaucluse*, 40-42: 93-95.
Ledoux J C. 1979. *Theridion mystaceum* et *T. betteni*, nouveaux pour la faune française (Araneae, Theridiidae). *Revue Arachnologique*, 2: 283-289.
Ledoux J C. 2007. Araignées de l'île de La Réunion: II. Salticidae. *Revue Arachnologique*, 17: 9-34.
Ledoux J C. 2008. Réhabilitation de *Neoscona byzanthina* (Pavesi, 1876) espèce voisine de *Neoscona adianta* (Araneae, Araneidae). *Revue Arachnologique*, 17: 49-53.
Ledoux J C, Canard A. 1981. *Initiation à l'etude systematique des araignees*. Domazan: Ledoux.
Ledoux J C, Emerit M. 2004. De araneis Galliae. I. 11, *Evarcha michailovi* Logunov, 1992. *Revue Arachnologique*, 15: 25-26.
Ledoux J C, Hallé N. 1995. Araignées de l'île Rapa (îles Australes, Polynésie). *Revue Arachnologique*, 11: 1-15.
Lee C L. 1966. *Spiders of Formosa (Taiwan)*. Taichung: Taichung Junior Teachers College Publisher: 84.
Lee J D. 1998. Agelena tungchis (Araneae, Agelenidae), a new funnel-weaver from Taiwan. *Bulletin of the British Arachnological Society*, 11: 67-68.
Lee J Y, Kim J P. 2003. A taxonomic study of family Pholcidae C. L. Koch, 1851 (Arachnida: Araneae) from Korea. *Korean Arachnology*, 19: 103-132.
Lee P. 2005. An imported pholcid in Felixstowe. *Newsletter of the British Arachnological Society*, 102: 7.
Lee Y B, Yoo J S, Lee D J, Kim J P. 2004. Ground dwelling spiders. *Korean Arachnology*, 20: 97-115.
Lee Y K, Kang S M, Kim J P. 2009. A revision of the subfamily Linyphiinae Blackwall, 1859 in Korea. *Korean Arachnology*, 25: 113-175.
Leech R E. 1966. The spiders (Araneida) of Hazen Camp 81°49'N, 71°18'W. *Quaestiones entomologicae*, 2: 153-212.
Legotai M V, Sekerskaya N P. 1982. Pauki v sadakh. *Zashita Rastenii*, 1982(7): 48-51.
Legotai M V, Sekerskaya N P. 1989. Pauki. *In*: Ostrovskaya T V. *Poleznaya Fauna Plodovogo Sada*. Moscow: Agropromizat: 218-227.
Lehtinen P T. 1967. Classification of the cribellate spiders and some allied families, with notes on the evolution of the suborder Araneomorpha. *Annales Zoologici Fennici*, 4: 199-468.
Lehtinen P T. 1986. Evolution of the Scytodoidea. *Proceedings of the Ninth International Congress of Arachnology, Panama*, 1983: 149-157.
Lehtinen P T. 1993. Polynesian Thomisidae-a meeting of Old and New World groups. *Memoirs of the Queensland Museum*, 33: 585-591.

Lehtinen P T. 2002. Generic revision of some thomisids related to *Xysticus* C. L. Koch, 1835 and *Ozyptila* Simon, 1864. *In*: Toft S, Scharff N. *European Arachnology 2000: Proceedings of the 19th European Colloquium of Arachnology*. Aarhus: Aarhus University Press: 315-327.

Lehtinen P T. 2005. Taxonomic notes on the Misumenini (Araneae: Thomisidae: Thomisinae), primarily from the Palaearctic and Oriental regions. *In*: Logunov D V, Penney D. European Arachnology 2003 (Proceedings of the 21st European Colloquium of Arachnology, St.-Petersburg, 4-9 August 2003). *Arthropoda Selecta, Special Issue*, 1: 147-184.

Lehtinen P T, Hippa H. 1979. Spiders of the Oriental-Australian region I. Lycosidae: Venoniinae and Zoicinae. *Annales Zoologici Fennici* 16: 1-22.

Lehtinen P T, Kleemola A. 1962. Studies on the spider fauna of the southwestern archipelago of Finland. I. *Suomalaisen Eläin-ja Kasvitieteellisen Seuran Vanamon Tiedonannot (Archivum Societatis Zoologicae Botanicae Fennicae "Vanamo")*, 16: 97-114.

Lehtinen P T, Marusik Y M. 2008. A redefinition of *Misumenops* F. O. Pickard-Cambridge, 1900 (Araneae, Thomisidae) and review of the New World species. *Bulletin of the British Arachnological Society*, 14: 173-198.

Lehtinen P T, Saaristo M I. 1972. *Tallusia* gen. n. (Araneae, Linyphiidae). *Annales Zoologici Fennici*, 9: 265-268.

Lehtinen P T, Saaristo M I. 1980. Spiders of the Oriental-Australian region. II. Nesticidae. *Annales Zoologici Fennici*, 17: 47-66.

Lei H, Peng X J. 2010. Two new jumping spiders of the genus *Chalcoscirtus* from China (Araneae: Salticidae). *Acta Arachnologica Sinica*, 19: 66-69.

Lei H, Peng X J. 2011. A new species of the genus *Bavia* (Araneae, Salticidae) from Yunnan Province, China. *Acta Zootaxonomica Sinica*, 36: 218-220.

Lei H, Peng X J. 2012. Four new species of Salticidae (Arachnida: Araneae) from China. *Oriental Insects*, 46: 1-11.

Lei H, Peng X J. 2013. Five new species of the genus *Phintella* (Araneae: Salticidae) from China. *Oriental Insects*, 47: 99-110.

Lendl A. 1886. A magyarországi Tetragnatha-félékröl. Species subfamiliae Tetragnathinarum faunae Hungaricae. *Mathematikai és Természettudományi Közlemények*, 22: 119-156.

Lendl A. 1897. Myriopodák és Arachnoideák. *In*: Széchenyi B. *Keletázsiai Utazásának Tudományos Eredménye (1877-1880)*. Budapest 2: 701-706.

Lendl A. 1898. Myriapoden und Arachnoiden. *In*: Széchenyi B. *Wissenschaftliche Ergebnisse des Grafen Béla Széchenyi in Ostasien (1877-1880)*. Wien 2: 559-563.

Lenz H. 1897. Grönländische spinnen. *Bibliotheca Zoologica*, 20(3): 73-76.

Lepechin I. 1774. *Tagebuch der Reise der verschiedene Provinzen des russichen Reiches*. Altenburg: 245, 257, 316.

Levi H W. 1951. New and rare spiders from Wisconsin and adjacent states. *American Museum Novitates*, 1501: 1-41.

Levi H W. 1953. Spiders of the genus *Dipoena* from America north of Mexico (Araneae, Theridiidae). *American Museum Novitates*, 1647: 1-39.

Levi H W. 1954a. Spiders of the genus *Euryopis* from North and Central America (Araneae, Theridiidae). *American Museum Novitates*, 1666: 1-48.

Levi H W. 1954b. The spider genus *Theridula* in North and Central America and the West Indies (Araneae: Theridiidae). *Transactions of the American Microscopical Society*, 73: 331-343.

Levi H W. 1955. The spider genera *Coressa* and *Achaearanea* in America north of Mexico (Araneae, Theridiidae). *American Museum Novitates*, 1718: 1-33.

Levi H W. 1956. The spider genera *Neottiura* and *Anelosimus* in America (Araneae: Theridiidae). *Transactions of the American Microscopical Society*, 75: 407-422.

Levi H W. 1957a. The spider genera *Enoplognatha*, *Theridion*, and *Paidisca* in America north of Mexico (Araneae, Theridiidae). *Bulletin of the American Museum of Natural History*, 112: 1-124.

Levi H W. 1957b. The spider genera *Crustulina* and *Steatoda* in North America, Central America, and the West Indies (Araneae, Theridiidae). *Bulletin of the Museum of Comparative Zoology at Harvard College*, 117: 367-424.

Levi H W. 1957c. The North American spider genera *Paratheridula*, *Tekellina*, *Pholcomma* and *Archerius* (Araneae: Theridiidae). *Transactions of the American Microscopical Society*, 76: 105-115.

Levi H W. 1959a. The spider genus *Coleosoma* (Araneae, Theridiidae). *Breviora*, 110: 1-8.

Levi H W. 1959b. The spider genera *Achaearanea*, *Theridion* and *Sphyrotinus* from Mexico, Central America and the West Indies (Araneae, Theridiidae). *Bulletin of the Museum of Comparative Zoology at Harvard College*, 121: 57-163.

Levi H W. 1959c. The spider genus *Latrodectus* (Araneae, Theridiidae). *Transactions of the American Microscopical Society*, 78: 7-43.

Levi H W. 1961. Evolutionary trends in the development of palpal sclerites in the spider family Theridiidae. *Journal of Morphology*, 108: 1-10.

Levi H W. 1962a. The spider genera *Steatoda* and *Enoplognatha* in America (Araneae, Theridiidae). *Psyche, Cambridge*, 69: 11-36.

Levi H W. 1962b. More American spiders of the genus *Chrysso* (Araneae, Theridiidae). *Psyche, Cambridge*, 69: 209-237.

Levi H W. 1963. American spiders of the genera *Audifia*, *Euryopis* and *Dipoena* (Araneae: Theridiidae). *Bulletin of the Museum of Comparative Zoology at Harvard College*, 129: 121-185.

Levi H W. 1964. American spiders of the genus *Phoroncidia* (Araneae: Theridiidae). *Bulletin of the Museum of Comparative Zoology at Harvard College*, 131: 65-86.

Levi H W. 1966. The three species of *Latrodectus* (Araneae), found in Israel. *Journal of Zoology, London*, 150: 427-432.

Levi H W. 1967a. Habitat observations, records, and new South American theridiid spiders (Araneae, Theridiidae). *Bulletin of the Museum of Comparative Zoology at Harvard College*, 136: 21-38.

Levi H W. 1967b. Cosmopolitan and pantropical species of theridiid spiders (Araneae: Theridiidae). *Pacific Insects*, 9: 175-186.

Levi H W. 1967c. The spider genus *Billima* Simon. *Psyche, Cambridge*, 74: 340-341.

Levi H W. 1968. The spider genera *Gea* and *Argiope* in America (Araneae: Araneidae). *Bulletin of the Museum of Comparative Zoology at Harvard College*, 136: 319-352.

Levi H W. 1970. Problems in the reproductive physiology of the spider palpus. *Bulletin du Muséum National d'Histoire Naturelle de Paris*, 41(Suppl. 1): 108-111.

Levi H W. 1971. The *diadematus* group of the orb-weaver genus *Araneus* north of Mexico (Araneae: Araneidae). *Bulletin of the Museum of Comparative Zoology at Harvard College*, 141: 131-179.

Levi H W. 1972a. The orb-weaver genera *Singa* and *Hypsosinga* in America (Araneae: Araneidae). *Psyche, Cambridge*, 78: 229-256.

Levi H W. 1972b. Taxonomic-nomenclatural notes on misplaced theridiid spiders (Araneae: Theridiidae), with observations on *Anelosimus*. *Transactions of the American Microscopical Society*, 91: 533-538.

Levi H W. 1973. Small orb-weavers of the genus *Araneus* north of Mexico (Araneae: Araneidae). *Bulletin of the Museum of Comparative Zoology at Harvard College*, 145: 473-552.

Levi H W. 1974a. The orb-weaver genus *Zygiella* (Araneae: Araneidae). *Bulletin of the Museum of Comparative Zoology at Harvard College*, 146: 267-290.

Levi H W. 1974b. The orb-weaver genera *Araniella* and *Nuctenea* (Araneae: Araneidae). *Bulletin of the Museum of Comparative Zoology at Harvard College*, 146: 291-316.

Levi H W. 1975a. The American orb-weaver genera *Larinia*, *Cercidia* and *Mangora* north of Mexico (Araneae, Araneidae). *Bulletin of the Museum of Comparative Zoology at Harvard College*, 147: 101-135.

Levi H W. 1975b. Additional notes on the orb-weaver genera *Araneus*, *Hypsosinga* and *Singa* north of Mexico (Araneae, Araneidae). *Psyche*, *Cambridge*, 82: 265-274.

Levi H W. 1977a. The American orb-weaver genera *Cyclosa*, *Metazygia* and *Eustala* north of Mexico (Araneae, Araneidae). *Bulletin of the Museum of Comparative Zoology at Harvard College*, 148: 61-127.

Levi H W. 1977b. The orb-weaver genera *Metepeira*, *Kaira* and *Aculepeira* in America north of Mexico (Araneae, Araneidae). *Bulletin of the Museum of Comparative Zoology at Harvard College*, 148: 185-238.

Levi H W. 1980a. The orb-weaver genus *Mecynogea*, the subfamily Metinae and the genera *Pachygnatha*, *Glenognatha* and *Azilia* of the subfamily Tetragnathinae north of Mexico (Araneae: Araneidae). *Bulletin of the Museum of Comparative Zoology at Harvard College*, 149: 1-74.

Levi H W. 1980b. Two new spiders of the genera *Theridion* and *Achaearanea* from North America. *Transactions of the American Microscopical Society*, 99: 334-337.

Levi H W. 1981. The American orb-weaver genera *Dolichognatha* and *Tetragnatha* north of Mexico (Araneae: Araneidae, Tetragnathinae). *Bulletin of the Museum of Comparative Zoology at Harvard College*, 149: 271-318.

Levi H W. 1982. The spider genera *Psechrus* and *Fecenia* (Araneae: Psechridae). *Pacific Insects*, 24: 114-138.

Levi H W. 1983. The orb-weaver genera *Argiope*, *Gea*, and *Neogea* from the western Pacific region (Araneae: Araneidae, Argiopinae). *Bulletin of the Museum of Comparative Zoology at Harvard College*, 150: 247-338.

Levi H W. 1993. American *Neoscona* and corrections to previous revisions of Neotropical orb-weavers (Araneae: Araneidae). *Psyche*, *Cambridge*, 99: 221-239.

Levi H W. 1995. Orb-weaving spiders *Actinosoma*, *Spilasma*, *Micrepeira*, *Pronous*, and four new genera (Araneae: Araneidae). *Bulletin of the Museum of Comparative Zoology at Harvard College*, 154: 153-213.

Levi H W. 1996. The American orb weavers *Hypognatha*, *Encyosaccus*, *Xylethrus*, *Gasteracantha*, and *Enacrosoma* (Araneae, Araneidae). *Bulletin of the Museum of Comparative Zoology at Harvard College*, 155: 89-157.

Levi H W. 1997. The American orb weavers of the genera *Mecynogea*, *Manogea*, *Kapogea* and *Cyrtophora* (Araneae: Araneidae). *Bulletin of the Museum of Comparative Zoology at Harvard College*, 155: 215-255.

Levi H W. 1999. The Neotropical and Mexican Orb Weavers of the genera *Cyclosa* and *Allocyclosa* (Araneae: Araneidae). *Bulletin of the Museum of Comparative Zoology at Harvard College*, 155: 299-379.

Levi H W. 2001. The orbweavers of the genera *Molinaranea* and *Nicolepeira*, a new species of *Parawixia*, and comments on orb weavers of temperate South America (Araneae: Araneidae). *Bulletin of the Museum of Comparative Zoology at Harvard College*, 155: 445-475.

Levi H W. 2002. Keys to the genera of araneid orbweavers (Araneae, Araneidae) of the Americas. *Journal of Arachnology*, 30: 527-562.

Levi H W. 2003. The bolas spiders of the genus *Mastophora* (Araneae: Araneidae). *Bulletin of the Museum of Comparative Zoology at Harvard College*, 157: 309-382.

Levi H W. 2004. Comments and new records for the American genera *Gea* and *Argiope* with the description of new species (Araneae: Araneidae). *Bulletin of the Museum of Comparative Zoology at Harvard College*, 158: 47-65.

Levi H W. 2005. The orb-weaver genus *Mangora* of Mexico, Central America, and the West Indies (Araneae: Araneidae). *Bulletin of the Museum of Comparative Zoology at Harvard College*, 158: 139-182.

Levi H W, Field H M. 1954. The spiders of Wisconsin. *American Midland Naturalist*, 51: 440-467.

Levi H W, Levi L R. 1951. Report on a collection of spiders and harvestmen from Wyoming and neighboring states. *Zoologica*, *Scientific Contributions of the New York Zoological Society*, 36: 219-237.

Levi H W, Levi L R. 1962. The genera of the spider family Theridiidae. *Bulletin of the Museum of Comparative Zoology at Harvard College*, 127: 1-71.

Levi H W, Lubin Y D, Robinson M H. 1982. Two new *Achaearanea* species from Papua New Guinea with notes on other theridiid spiders (Araneae: Theridiidae). *Pacific Insects*, 24: 105-113.

Levi H W, Randolph D E. 1975. A key and checklist of American spiders of the family Theridiidae north of Mexico (Araneae). *Journal of Arachnology*, 3: 31-51.

Levy G. 1973. Crab-spiders of six genera from Israel (Araneae: Thomisidae). *Israel Journal of Zoology*, 22: 107-141.

Levy G. 1975. The spider genera *Synaema* and *Oxyptila* in Israel (Araneae: Thomisidae). *Israel Journal of Zoology*, 24: 155-175.

Levy G. 1977. The philodromid spiders of Israel (Araneae: Philodromidae). *Israel Journal of Zoology*, 26: 193-229.

Levy G. 1984. The spider genera *Singa* and *Hypsosinga* (Araneae, Araneidae) in Israel. *Zoologica Scripta*, 13: 121-133.

Levy G. 1985a. Spiders of the genera *Episinus*, *Argyrodes* and *Coscinida* from Israel, with additional notes on *Theridion* (Araneae: Theridiidae). *Journal of Zoology*, *London* (A), 207: 87-123.

Levy G. 1985b. Araneae: Thomisidae. *In*: *Fauna Palaestina, Arachnida II*. Jerusalem: Israel Academy of Sciences and Humanities: 115.

Levy G. 1986. Spiders of the genera *Siwa*, *Larinia*, *Lipocrea* and *Drexelia* (Araneae: Araneidae) from Israel. *Bulletin of the British Arachnological Society*, 7: 1-10.

Levy G. 1987. Spiders of the genera *Araniella*, *Zygiella*, *Zilla* and *Mangora* (Araneae, Araneidae) from Israel, with notes on *Metellina* species from Lebanon. *Zoologica Scripta*, 16: 243-257.

Levy G. 1989. The family of huntsman spiders in Israel with annotations on species of the Middle East (Araneae: Sparassidae). *Journal of Zoology*, *London*, 217: 127-176.

Levy G. 1995. Revision of the spider subfamily Gnaphosinae in Israel (Araneae: Gnaphosidae). *Journal of Natural History*, 29: 919-981.

Levy G. 1996. The agelenid funnel-weaver family and the spider genus *Cedicus* in Israel (Araneae, Agelenidae and Cybaeidae). *Zoologica Scripta*, 25: 85-122.

Levy G. 1998a. Twelve genera of orb-weaver spiders (Araneae, Araneidae) from Israel. *Israel Journal of Zoology*, 43: 311-365.

Levy G. 1998b. Araneae: Theridiidae. *In*: *Fauna Palaestina, Arachnida III*. Jerusalem: Israel Academy of Sciences and Humanities: 228.

Levy G. 1998c. The ground-spider genera Setaphis, Trachyzelotes, Zelotes, and Drassyllus (Araneae: Gnaphosidae) in Israel. *Israel Journal of Zoology*, 44:

93-158.
Levy G. 1999a. The lynx and nursery-web spider families in Israel (Araneae, Oxyopidae and Pisauridae). *Zoosystema*, 21: 29-64.
Levy G. 1999b. New thomisid and philodromid spiders (Araneae) from southern Israel. *Bulletin of the British Arachnological Society*, 11: 185-190.
Levy G. 1999c. Spiders of six uncommon drassodine genera (Araneae: Gnaphosidae) from Israel. *Israel Journal of Zoology*, 45: 427-452.
Levy G. 2002. Spiders of the genera *Micaria* and *Aphantaulax* (Araneae, Gnaphosidae) from Israel. *Israel Journal of Zoology*, 48: 111-134.
Levy G. 2003. Spiders of the families Anyphaenidae, Hahniidae, Ctenidae, Zoridae, and Hersiliidae (Araneae) from Israel. *Israel Journal of Zoology*, 49: 1-31.
Levy G. 2004. Spiders of the genera *Drassodes* and *Haplodrassus* (Araneae, Gnaphosidae) from Israel. *Israel Journal of Zoology*, 50: 1-37.
Levy G, Amitai P. 1979. The spider genus *Crustulina* (Araneae: Theridiidae) in Israel. *Israel Journal of Zoology*, 28: 114-130.
Levy G, Amitai P. 1981a. Spiders of the genera *Euryopis* and *Dipoena* (Araneae: Theridiidae) from Israel. *Bulletin of the British Arachnological Society*, 5: 177-188.
Levy G, Amitai P. 1981b. The spider genus *Enoplognatha* (Araneae: Theridiidae) in Israel. *Zoological Journal of the Linnean Society*, 72: 43-67.
Levy G, Amitai P. 1982a. The comb-footed spider genera *Theridion*, *Achaearanea* and *Anelosimus* of Israel (Araneae: Theridiidae). *Journal of Zoology, London*, 196: 81-131.
Levy G, Amitai P. 1982b. The cobweb spider genus *Steatoda* (Araneae, Theridiidae) of Israel and Sinai. *Zoologica Scripta*, 11: 13-30.
Levy G, Amitai P. 1983. Revision of the widow-spider genus *Latrodectus* (Araneae: Theridiidae) in Israel. *Zoological Journal of the Linnean Society*, 77: 39-63.
Li A H. 1991. Two new species of spiders of the genus *Heteropoda* from China (Araneae: Heteropodidae). *Acta Agriculturae Universitatis Jiangxiensis*, 13: 366-369.
Li A H. 1994. On a new species of the genus *Tricalamus* from Jiangxi, China (Araneae: Filistatidae). *Acta Zootaxonomica Sinica*, 19: 422-425.
Li C. 1987. New record of spider *Heriaeus oblongus* Simon in China. *Natural Enemies of Insects*, 9: 223.
Li C L. 1966. Web making lycosid spider *Hippasa agelenoides* Simon from Taiwan (Formosa). *Atypus*, 41-42: 36-37.
Li F Y, Li S Q, Jäger P. 2014. Six new species of the spider family Ochyroceratidae Fage 1912 (Arachnida: Araneae) from Southeast Asia. *Zootaxa*, 3768(2): 119-138.
Li H M, Feng P, Yang Z Z. 2012. Two new species of genus *Thanatus* from Mt. Cangshan of Yunnan, China (Araneae: Philodromidae). *Journal of Yunan Agricultural University*, 27: 770-773.
Li J L, Jäger P, Liu J. 2013. The female of *Heteropoda schwalbachorum* Jäger, 2008 (Araneae: Sparassidae). *Zootaxa*, 3750: 185-188.
Li S. Q. 2004. Professor Fengzhen Wang. *Bulletin of Biology*, 39(7): 58.
Li S Q, Wang X P. 2014. Endemic spiders in China. http: //www. amaurobiidae. com/araneae/. (accessed on December 31, 2014).
Li S Q, et al. 1997. A newly recorded species of the genus *Lophomma* from Hebei province China (Linyphiidae: Erigoninae). *Journal of Hebei University*, 17(2): 67-68.
Li S Q, Sha Y H, Zhu C D. 1987. Notes on spiders of genera *Floronia* and *Arcuphantes* from China (Araneae, Linyphiidae). *Journal of Hebei University*, 7: 42-48.
Li S Q, Song D X. 1992. On two new species of soil linyphiid spiders from China (Araneae: Linyphiidae: Erigoninae). *Acta Arachnologica Sinica*, 1(1): 6-9.
Li S Q, Song D X. 1993. On the diagnostic characters of linyphiid spiders, with descriptions of some species (Araneae: Linyphiidae). *Scientific Treatise on Systematic and Evolutionary Zoology*, 2: 247-256.
Li S Q, Song D X, Zhu C D. 1994. On the classification of spiders of subfamily Linyphiinae, Linyphiidae. *Sinozoology*, 11: 77-82.
Li S Q, Tao Y. 1995. A checklist of Chinese linyphiid spiders (Araneae: Linyphiidae). *Beiträge zur Araneologie*, 4: 219-240.
Li S Q, Tao Y, Zhang W S, Yang Y J. 1996. On three species of linyphiid spiders from China (Araneae: Linyphiidae). *Acta Arachnologica Sinica*, 5: 10-12.
Li S Q, Wunderlich J. 2008. Sinopimoidae, a new spider family from China (Arachnida, Araneae). *Acta Zootaxonomica Sinica*, 33: 1-6.
Li S Q, Zha Z W. 2013. *Macrothele* spiders from Xishuangbanna rainforest of Yunnan, China (Araneae, Hexathelidae). *Acta Zootaxonomica Sinica*, 38: 776-783.
Li S Q, Zhang B B. 2002. A new species of the genus *Coelotes* from Tenglongdong Cave, Hubei, China (Araneae: Amaurobiidae). *Acta Zootaxonomica Sinica*, 27: 466-468.
Li S Q, Zhu C D. 1989. A new species of the spider genus *Lepthyphantes* from Shennongjia forest region, China. *Journal of Norman Bethune University of Medical Sciences*, 15: 38-39.
Li S Q, Zhu C D. 1995. Five new species of linyphiid spiders from China (Araneae: Linyphiidae). *Acta Zootaxonomica Sinica*, 20: 39-48.
Li Y C, Chen F Y. 1982. Discovery of the wolf spider *Alopecosa cinnameopilosa* in Anhui Province. *Journal of Anhui Normal University* (Nat. Sci.), 1982(1): 66-70.
Li Y C, Chen F Y, Song D X. 1984. A new record of jumping spider from China. *Journal of Anhui Teachers University*, 1984(1): 28-29.
Li Y C, Chen F Y, Song D X. 1985. A new species of the genus *Phrynarachne* (Araneae: Thomisidae). *Journal of Anhui Normal University* (Nat. Sci.), 1985(1): 72-74.
Li Z S, Zhu C D. 1984. *Ectatosticta davidi* (Simon, 1888) of China (Araneae: Hypochilidae). *Journal of the Bethune Medical University*, 10: 510.
Li Z X, Framenau V W, Zhang Z S. 2012. First record of the wolf spider subfamily Artoriinae and the genus *Artoria* from China (Araneae: Lycosidae). *Zootaxa*, 3235: 35-44.
Li Z X, Wang L Y, Zhang Z S. 2013. The first record of the wolf spider subfamily Zoicinae from China (Araneae: Lycosidae), with the description of two new species. *Zootaxa*, 3701: 24-34.
Li Z X, Yang Z Z. 2008. A new species of the genus *Xysticus* (Araneae: Thomisidae) from China. *Journal of Dali University*, 7: 15-17.
Li Z X, Zhou Y F, Yang Z Z. 2010. First description of the female of *Stiphropus falciformus* (Araneae: Thomisidae). *Acta Arachnologica, Tokyo*, 58: 65-66.
Li Z Y, Jin C, Zhang F. 2014. The genus *Anahita* from Wuyi Mountains, Fujian, China, with description of one new species (Araneae: Ctenidae). *Zootaxa*, 3847(1): 145-150.
Lian Y. 2009. Description of a large armored spider newly recorded genus: *Perania* Thorell, 1890 (Araneae: Tetrablemmidae) from Yunnan, China. *Life Science Research*, 13: 30-33.
Liang S P, Peng X J, Huang R H, Chen P. 1999. Biochemical identification of *Selenocosmia hainana* sp. nov. from south China (Araneae, Theraphosidae). *Life Science Research*, 3: 299-303.

Liang T E, Wang J F. 1989. A new species of spiders of the genus *Hersilia* in Xinjiang. *Journal of the August 1st Agricultural College*, 12: 56-58.

Liang T E, Wang J F. 1991. A new species of spiders of the genus *Mimetus* in Xinjiang (Araneae: Mimetidae). *Journal of the August 1st Agricultural College*, 14: 61-62.

Liao C H, Chen M G, Song D X. 1984. On morphological characteristics and biology of the silk spider *Nephila imperialis* (Araneae: Araneidae). *Acta Zoologica Sinica*, 30: 67-71.

Lie W L, Song D X, Zhu M S. 1999. A new record of spider of the genus *Ozyptila* from China (Araneae: Thomisidae). *Acta Arachnologica Sinica*, 8: 68-69.

Lin Y C. 2012. Note of Anapidae (Araneae) spiders and *Conculus*, a new record genus from China. *Sichuan Journal of Zoology*, 31: 817-820.

Lin Y C, Li S Q. 2008a. Description of a new *Philoponella* species (Araneae, Uloboridae), the first record of social spiders from China. *Acta Zootaxonomica Sinica*, 33: 260-263.

Lin Y C, Li S Q. 2008b. Mysmenid spiders of China (Araneae: Mysmenidae). *Annales Zoologici, Warszawa*, 58: 487-520.

Lin Y C, Li S Q. 2008c. A new species of the family Telemidae (Arachnida, Araneae) from Xishuangbanna rainforest, China. *Acta Zootaxonomica Sinica*, 33: 650-653.

Lin Y C, Li S Q. 2009a. *Zodariellum serraferum* sp. nov., a new spider species (Araneae, Zodariidae) from Hainan Island, China. *Acta Zootaxonomica Sinica*, 34: 10-13.

Lin Y C, Li S Q. 2009b. First described *Patu* spiders (Araneae, Symphytognathidae) from Asia. *Zootaxa*, 2154: 47-68.

Lin Y C, Li S Q. 2010a. New armored spiders of the family Tetrablemmidae from China. *Zootaxa*, 2440: 18-32.

Lin Y C, Li S Q. 2010b. Long-legged cave spiders (Araneae, Telemidae) from Yunnan-Guizhou plateau, southwestern China. *Zootaxa*, 2445: 1-34.

Lin Y C, Li S Q. 2010c. Leptonetid spiders from caves of the Yunnan-Guizhou plateau, China (Araneae: Leptonetidae). *Zootaxa*, 2587: 1-93.

Lin Y C, Li S Q. 2012. Three new spider species of Anapidae (Araneae) from China. *Journal of Arachnology*, 40: 159-166.

Lin Y C, Li S Q. 2013a. Two new species of the genera *Mysmena* and *Trogloneta* (Mysmenidae, Araneae) from southwestern China. *ZooKeys*, 303: 33-51.

Lin Y C, Li S Q. 2013b. Five new minute orb-weaving spiders of the family Mysmenidae from China (Araneae). *Zootaxa*, 3670: 449-481.

Lin Y C, Li S Q. 2014. New cave-dwelling armored spiders (Araneae, Tetrablemmidae) from Southwest China. *ZooKeys*, 388: 35-67.

Lin Y C, Li S Q, Jäger P. 2013. Anapidae (Arachnida: Araneae), a spider family newly recorded from Laos. *Zootaxa*, 3608: 511-520.

Lin Y C, Tao Y, Li S Q. 2013. Two new species of the genus *Anapistula* (Araneae, Symphytognathidae) from southern China. *Acta Zootaxonomica Sinica*, 38: 53-58.

Linnaeus C. 1758. *Systema naturae per regna tria naturae, secundum classes, ordines, genera, species cum characteribus differentiis, synonymis, locis. Editio decima, reformata*. Holmiae: 821. (Araneae: 619-624).

Linnaeus C. 1761. *Fauna svecica, sistens animalia sveciae regni. Editio altera*. Stockholmiae: 578. (Araneae: 485-492).

Linnaeus C. 1767. *Systema naturae per regna tria naturae, secundum classes, ordines, genera, species, cum characteribus differentiis, synonymis, locis. Editio duodecima, reformata*. Holmiae: 533-1327 (Araneae: 1030-1037).

Liu F, Peng X J. 2012. Four new species of spiders of the genus *Theridion* (Araneae: Theridiidae) from China. *Oriental Insects*, 46: 85-95.

Liu J, Chen J. 2014. The first description of the female of *Rhitymna macilenta* Quan & Liu 2012 from Hainan Island (Araneae: Sparassidae). *Acta Arachnologica Sinica*, 23(1): 37-40.

Liu J, Chen J A. 2010. A new species of the spider genus *Neriene* from southwestern China (Araneae: Linyphiidae). *Zootaxa*, 2483: 65-68.

Liu J, Li S Q. 2008a. Four new cave-dwelling *Platocoelotes* species (Araneae: Amaurobiidae) from Guangxi and Guizhou, China. *Zootaxa*, 1778: 48-58.

Liu J, Li S Q. 2008b. *Iwogumoa xieae* sp. nov., one new cave-dwelling species (Araneae, Amaurobiidae) from Hunan Province, China. *Acta Zootaxonomica Sinica*, 33: 458-461.

Liu J, Li S Q. 2009a. One new *Draconarius* species (Araneae, Amaurobiidae) from Hainan Island, China. *Acta Zootaxonomica Sinica*, 34: 730-732.

Liu J, Li S Q. 2009b. New cave-dwelling coelotine spiders from the Yunnan-Guizhou Plateau, China (Araneae: Amaurobiidae). *Zoological Studies*, 48: 665-681.

Liu J, Li S Q. 2010a. New coelotine spiders from Xishuangbanna rainforest, southwestern China (Araneae: Amaurobiidae). *Zootaxa*, 2442: 1-24.

Liu J, Li S Q. 2010b. The *Notiocoelotes* spiders (Araneae: Agelenidae) from Hainan Island, China. *Zootaxa*, 2561: 30-48.

Liu J, Li S Q. 2012. One new cave-dwelling *Platocoelotes* spider (Araneae, Agelenidae) from Chongqing, China. *Acta Zootaxonomica Sinica*, 37: 88-92.

Liu J, Li S Q. 2013a. New cave-dwelling spiders of the family Nesticidae (Arachnida, Araneae) from China. *Zootaxa*, 3613: 501-547.

Liu J, Li S Q. 2013b. A new genus and species of the family Nesticidae from Yunnan, China (Arachnida, Araneae). *Acta Zootaxonomica Sinica*, 38: 790-794.

Liu J, Li S Q, Jäger P. 2008a. New cave-dwelling huntsman spider species of the genus *Sinopoda* (Araneae: Sparassidae) from southern China. *Zootaxa*, 1857: 1-20.

Liu J, Li S Q, Jäger P. 2008b. The true female of *Heteropoda squamacea* Wang, 1990 (Araneae: Sparassidae). *Zootaxa*, 1909: 65-68.

Liu J, Li S Q, Jäger P. 2009. Erratum to New cave-dwelling huntsman spider species of the genus *Sinopoda* (Araneae: Sparassidae) from southern China. *Zootaxa*, 2116: 68.

Liu J, Li S Q, Jäger P. 2010. Huntsman spiders (Araneae: Sparassidae) from Xishuangbanna rainforest, China. *Zootaxa*, 2508: 56-64.

Liu L, Zhu M S. 2008. The new discovery of the male spider *Thwaitesia glabicauda* Zhu, 1998 from China (Araneae, Theridiidae). *Acta Arachnologica Sinica*, 17: 81-82.

Liu M Y. 1987a. Scanning electron-microscopic investigation on the terminal parts of the male bulbs in *Pirata* spp. *Acta Zoologica Sinica*, 33: 44-50.

Liu M Y. 1987b. A revision of some spiders of genus *Pirata* (Araneae: Lycosidae). *Journal of Natural Science of Hunan Normal University*, 10: 82-90.

Liu M Y. 1987c. Two new species and a newly recorded species of the genus *Pirata* from China (Araneae: Lycosidae). *Acta Zootaxonomica Sinica*, 12: 367-374.

Liu P, Yan H M, Griswold C, Ubick D. 2007. Three new species of the genus *Clubiona* from China (Araneae: Clubionidae). *Zootaxa*, 1456: 63-68.

Liu S C, Wang J F, Peng X J. 1991. Two new species of the spiders from China (Arachnida: Araneae). *Acta Scientiarum Naturalium Universitatis Normalis Hunanensis*, 14: 362-364.

Locket G H. 1962. Miscellaneous notes on linyphiid spiders. *Annals and Magazine of Natural History*, 5(13): 7-15.

Locket G H. 1964. Type material of British spiders in the O. Pickard-Cambridge collection at Oxford. *Annals and Magazine of Natural History*, 7(13): 257-278.

Locket G H. 1967. A species of *Meioneta* new to Britain. *Bulletin of the British Spider Study Group*, 33: 1-2.

Locket G H. 1973. Two spiders of the genus *Erigone* Audouin from New Zealand. *Bulletin of the British Arachnological Society*, 2: 158-165.

Locket G H. 1976. A note on the structure of the male palp of *Callilepis nocturna* (Linnaeus) (Araneae, Gnaphosidae). *Bulletin of the British Arachnological Society*, 3: 159.

Locket G H. 1982. Some linyphiid spiders from western Malaysia. *Bulletin of the British Arachnological Society*, 5: 361-384.

Locket G H, Luczak J. 1974. *Achaearanea simulans* (Thorell) and its relationship to *Achaearanea tepidariorum* (C. L. Koch) (Araneae, Theridiidae). *Polskie Pismo Entomologiczne*, 44: 267-285.

Locket G H, Millidge A F. 1951. *British spiders*. London: Ray Society: 1-310.

Locket G H, Millidge A F. 1953. *British spiders*. London: Ray Society: 1-449.

Locket G H, Millidge A F. 1957. On new and rare British spiders. *Annals and Magazine of Natural History*, 10(12): 481-492.

Locket G H, Millidge A F. 1967. New and rare British spiders. *Journal of Natural History*, 1: 177-184.

Locket G H, Millidge A F, La Touche A A D. 1958. On new and rare British spiders. *Annals and Magazine of Natural History*, 1(13): 137-146.

Locket G H, Millidge A F, Merrett P. 1974. *British Spiders, Volume III*. London: Ray Society: 315.

Loerbroks A. 1983. Revision der Krabbenspinnen-Gattung *Heriaeus* Simon (Arachnida: Araneae: Thomisidae). *Verhandlungen des Naturwissenschaftlichen Vereins in Hamburg*, 26: 85-139.

Loerbroks A. 1984. Mechanik der Kopulationsorgane von *Misumena vatia* (Clerck, 1757) (Arachida: Araneae: Thomisidae). *Verhandlungen des Naturwissenschaftlichen Vereins in Hamburg*, 27: 383-403.

Logunov D V. 1990. New data of the spider families Atypidae, Araneidae, Pisauridae and Thomisidae in the USSR fauna. *In*: Zolotarenko G S. *Chlenistonogie i Gelminty, Fauna Sibiri*. Novosibirsk: 33-43.

Logunov D V. 1991. The spider family Salticidae (Aranei) from Touva I. Six new species of the genera *Sitticus*, *Bianor*, and *Dendryphantes*. *Zoologicheskiĭ Zhurnal*, 70(6): 50-60.

Logunov D V. 1992a. Salticidae of the Middle Asia (Aranei). I. New species from the genera *Heliophanus*, *Salticus* and *Sitticus*, with notes on new faunistic records of the family. *Arthropoda Selecta*, 1(1): 51-67.

Logunov D V. 1992b. A review of the spider genus *Tmarus* Simon, 1875 (Araneae, Thomisidae) in the USSR fauna, with a description of new species. *Sibirskij Biologichesky Zhurnal*, 1992(1): 61-73.

Logunov D V. 1992c. The spider family Salticidae (Araneae) from Tuva. II. An annotated check list of species. *Arthropoda Selecta*, 1(2): 47-71.

Logunov D V. 1992d. Definition of the spider genus *Talavera* (Araneae, Salticidae), with a description of a new species. *Bulletin de l'Institut Royal des Sciences Naturelles de Belgique* (Ent.), 62: 75-82.

Logunov D V. 1992e. On the spider fauna of the Bolshekhekhtsyrski State Reserva (Khabarovsk Province). I. Families Araneidae, Lycosidae, Philodromidae, Tetragnathidae and Thomisidae. *Sibirskij Biologichesky Zhurnal*, 1992(4): 56-68.

Logunov D V. 1993a. Notes on two salticid collections from China (Araneae Salticidae). *Arthropoda Selecta*, 2(1): 49-59.

Logunov D V. 1993b. New data on the jumping spiders (Aranei Salticidae) of Mongolia and Tuva. *Arthropoda Selecta*, 2(2): 47-53.

Logunov D V. 1993c. Notes on the *penicillatus* species group of the genus *Sitticus* Simon, 1901 with a description of a new species (Araneae, Salticidae). *Genus*, 4: 1-15.

Logunov D V. 1995a. Contribution to the northern Asian fauna of the crab spider genus *Xysticus* C. L. Koch, 1835 (Aranei Thomisidae). *Arthropoda Selecta*, 3(3-4): 111-118.

Logunov D V. 1995b. The genus *Mogrus* (Araneae: Salticidae) of central Asia. *European Journal of Entomology*, 92: 589-604.

Logunov D V. 1995c. New and little known species of the jumping spiders from central Asia (Araneae: Salticidae). *Zoosystematica Rossica*, 3: 237-246.

Logunov D V. 1996a. Salticidae of Middle Asia. 3. A new genus, *Proszynskiana* gen. n., in the subfamily Aelurillinae (Araneae, Salticidae). *Bulletin of the British Arachnological Society*, 10: 171-177.

Logunov D V. 1996b. A critical review of the spider genera *Apollophanes* O. P.-Cambridge, 1898 and *Thanatus* C. L. Koch, 1837 in North Asia (Araneae, Philodromidae). *Revue Arachnologique*, 11: 133-202.

Logunov D V. 1996c. A review of the genus *Phlegra* Simon, 1876 in the fauna of Russia and adjacent countries (Araneae: Salticidae: Aelurillinae). *Genus*, 7: 533-567.

Logunov D V. 1997a. Salticidae of Middle Asia. 4. A review of the genus *Euophrys* (*s. str.)* C. L. Koch (Araneae, Salticidae). *Bulletin of the British Arachnological Society*, 10: 344-352.

Logunov D V. 1997b. Taxonomic notes on some Central Asian philodromid spiders (Aranei Philodromidae). *Arthropoda Selecta*, 6(1/2): 99-104.

Logunov D V. 1998a. The spider genus *Neon* Simon, 1876 (Araneae, Salticidae) in SE Asia, with notes on the genitalia and skin pore structures. *Bulletin of the British Arachnological Society*, 11: 15-22.

Logunov D V. 1998b. *Pseudeuophrys* is a valid genus of the jumping spiders (Araneae, Salticidae). *Revue Arachnologique*, 12: 109-128.

Logunov D V. 1999a. Redefinition of the genus *Habrocestoides* Prószyński, 1992, with establishment of a new genus, *Chinattus* gen n. (Araneae: Salticidae). *Bulletin of the British Arachnological Society*, 11: 139-149.

Logunov D V. 1999b. Redefinition of the genera *Marpissa* C. L. Koch, 1846 and *Mendoza* Peckham & Peckham, 1894 in the scope of the Holarctic fauna (Araneae, Salticidae). *Revue Arachnologique*, 13: 25-60.

Logunov D V. 2001. A redefinition of the genera *Bianor* Peckham & Peckham, 1885 and *Harmochirus* Simon, 1885, with the establishment of a new genus *Sibianor* gen. n. (Aranei: Salticidae). *Arthropoda Selecta*, 9: 221-286.

Logunov D V. 2009. On *Roeweriella balcanica*, a mysterious species of *Marpissa* from the Balkan Peninsula (Araneae, Salticidae). *Arachnologische Mitteilungen*, 37: 9-11.

Logunov D V. 2010. On new central Asian genus and species of wolf spiders (Araneae: Lycosidae) exhibiting a pronounced sexual size dimorphism. *Proceedings of the Zoological Institute of the Russian Academy of Sciences*, 314: 233-263.

Logunov D V. 2011. Notes on the Philodromidae (Araneae) of the United Arab Emirates. *Proceedings of the Zoological Institute of the Russian Academy of Sciences*, 315: 441-451.

Logunov D V, Azarkina G N. 2008. New species of and records for jumping spiders of the subfamily Spartaeinae (Aranei: Salticidae). *Arthropoda Selecta*, 16: 97-114.

Logunov D V, Ballarin F, Marusik Y M. 2011. New faunistic records of the jumping and crab spiders of Karakoram, Pakistan (Aranei: Philodromidae, Salticidae and Thomisidae). *Arthropoda Selecta*, 20: 233-240.

Logunov D V, Cutler B, Marusik Y M. 1993. A review of the genus *Euophrys* C. L. Koch in Siberia and the Russian Far East (Araneae: Salticidae). *Annales*

Zoologici Fennici, 30: 101-124.

Logunov D V, Hęciak S. 1996. *Asianellus*, a new genus of the subfamily Aelurillinae (Araneae: Salticidae). *Entomologica Scandinavica*, 26: 103-117.

Logunov D V, Hereward J. 2006. New species and synonymies in the genus *Synagelides* Strand in Bösenberg & Strand, 1906 (Araneae: Salticidae). *Bulletin of the British Arachnological Society*, 13: 281-292.

Logunov D V, Huseynov E F. 2008. A faunistic review of the spider family Philodromidae (Aranei) of Azerbaijan. *Arthropoda Selecta*, 17: 117-131.

Logunov D V, Ikeda H, Ono H. 1997. Jumping spiders of the genera *Harmochirus*, *Bianor* and *Stertinius* (Araneae, Salticidae) from Japan. *Bulletin of the National Museum of Nature and Science Tokyo (A)*, 23: 1-16.

Logunov D V, Koponen S. 2002. Redescription and distribution of *Phlegra hentzi* (Marx, 1890) comb. n. (Araneae, Salticidae). *Bulletin of the British Arachnological Society*, 12: 264-267.

Logunov D V, Kronestedt T. 2003. A review of the genus *Talavera* Peckham and Peckham, 1909 (Arareae, Salticidae). *Journal of Natural History*, 37: 1091-1154.

Logunov D V, Marusik Y M. 1990. The spider genus *Argyrodes* (Aranei, Theridiidae) in the USSR. *Zoologicheskiĭ Zhurnal*, 69(2): 133-136.

Logunov D V, Marusik Y M. 1992. The spider genus *Phoroncidia* (Aranei, Theridiidae) in the USSR. *Trudy Zoologieskogo Instituta Akademija Nauk SSSR*, 226: 91-97.

Logunov D V, Marusik Y M. 1994a. New data on the jumping spiders of the Palearctic fauna (Aranei Salticidae). *Arthropoda Selecta*, 3(1-2): 101-115.

Logunov D V, Marusik Y M. 1994b. A faunistic review of the crab spiders (Araneae, Thomisidae) from the mountains of south Siberia. *Bulletin de l'Institut Royal des Sciences Naturelles de Belgique* (Ent.), 64: 177-197.

Logunov D V, Marusik Y M. 1995. Spiders of the family Lycosidae (Aranei) from the Sokhondo Reserve (Chita area, east Siberia). *Beiträge zur Araneologie*, 4: 109-122.

Logunov D V, Marusik Y M. 1999a. A brief review of the genus *Chalcoscirtus* Bertkau, 1880 in the faunas of Central Asia and the Caucasus (Aranei: Salticidae). *Arthropoda Selecta*, 7: 205-226.

Logunov D V, Marusik Y M. 1999b. New species and new records of the jumping spiders from the Russian Far East (Araneae, Salticidae). *Acta Arachnologica, Tokyo*, 48: 23-29.

Logunov D V, Marusik Y M. 2000. Miscellaneous notes on Palaearctic Salticidae (Arachnida: Aranei). *Arthropoda Selecta*, 8: 263-292.

Logunov D V, Marusik Y M. 2001. *Catalogue of the jumping spiders of northern Asia (Arachnida, Araneae, Salticidae)*. Moscow: KMK Scientific Press: 300.

Logunov D V, Marusik Y M. 2003. *A revision of the genus Yllenus Simon, 1868 (Arachnida, Araneae, Salticidae)*. Moscow: KMK Scientific Press: 168.

Logunov D V, Marusik Y M, Koponen S. 2002. Redescription of a poorly known spider species, *Xysticus kulczynskii* Wierzbicki 1902 (Araneae: Thomisidae). *Acta Arachnologica, Tokyo*, 51: 99-104.

Logunov D V, Marusik Y M, Rakov S Y. 1999. A review of the genus *Pellenes* in the fauna of Central Asia and the Caucasus (Araneae, Salticidae). *Journal of Natural History*, 33: 89-148.

Logunov D V, Marusik Y M, Trilikauskas L A. 2001. A new species of the genus *Xysticus* C. L. Koch from south Siberia (Arachnida: Araneae: Thomisidae). *Reichenbachia*, 34: 33-38.

Logunov D V, Rakov S Y. 1996. A review of the spider genus *Synageles* Simon, 1876 (Araneae, Salticidae) in the fauna of Central Asia. *Bulletin de l'Institut Royal des Sciences Naturelles de Belgique, Entomologie*, 66: 65-74.

Logunov D V, Rakov S Y. 1998. Miscellaneous notes on Middle Asian jumping spiders (Aranei: Salticidae). *Arthropoda Selecta*, 7: 117-144.

Logunov D V, Wesolowska W. 1992. The jumping spiders (Araneae, Salticidae) of Khabarovsk Province (Russian Far East). *Annales Zoologici Fennici*, 29: 113-146.

Logunov D V, Zamanpoore M. 2005. Salticidae (Araneae) of Afghanistan: an annotated check-list, with descriptions of four new species and three new synonymies. *Bulletin of the British Arachnological Society*, 13: 217-232.

Lohmander H. 1942. Südschwedische Spinnen. I. Gnaphosidae. *Göteborgs Kungliga Vetenskaps och Witterhets Samhället Handlingar*, 2B4(6): 1-164.

Lohmander H. 1944. Vorläufige Spinnennotizen. *Arkiv för Zoologi*, 35(A, 16): 1-21.

Lohmander H. 1945. Arachnologische Fragmente 3. Die Salticiden-Gattung *Neon* Simon in Südschweden. *Göteborgs Kungliga Vetenskaps och Witterhets Samhället Handlingar*, 3B(9): 31-75.

Loksa I. 1965. Araneae. *In*: Ergebnisse der zoologischen Forschungen von Dr. Z. Kaszab in der Mongolei. Reichenbachia: 7, 1-32.

Loksa I. 1969. Araneae I. *Fauna Hungariae*, 97: 1-133.

Loksa I. 1970. Die Spinnen der "Kölyuk"-Höhlen im Bükkgebirge (Biospeologica Hungarica XXXIII). *Annales Universitatis Scientiarum Budapestinensis* (Sect. Biol.), 12: 269-276.

Loksa I. 1972. Araneae II. *Fauna Hungariae*, 109: 1-112.

Lotz L N. 1994. Revision of the genus *Latrodectus* (Araneae: Theridiidae) in Africa. *Navorsinge van die Nasionale Museum Bloemfontein*, 10: 1-60.

Lotz L N. 2007. The genus *Cheiracanthium* (Araneae: Miturgidae) in the Afrotropical region. 1. Revision of known species. *Navorsinge van die Nasionale Museum Bloemfontein*, 23: 1-76.

Lotz L N. 2012. Present status of Sicariidae (Arachnida: Araneae) in the Afrotropical region. *Zootaxa*, 3522: 1-41.

Lowe R T. 1832. Descriptions of two species of Araneidae, natives of Madeira. *The Zoological Journal*, 5: 320-323.

Lucas H. 1835. Article: "Epeira. " *Dict. pittor. d'hist. nat. Guérin*. Paris 3: 69-70.

Lucas H. 1836. Quelques observations sur la manière de pondre chez les Insectes et addition a un travail ayant pour titre: Mémoire sur plusieurs Arachnides nouvelles appartenant au genre Atte de M. Walckenaer. *Annales de la Société Entomologique de France*, 5: 629-633.

Lucas H. 1837. Observations sur les araneides du genre *Pachyloscelis*, et synonymie de ce genre. *Annales de la Société Entomologique de France*, 6: 369-392.

Lucas H. 1838. Arachnides, Myriapodes et Thysanoures. *In*: Barker-Webb P, Berthelot S. *Histoire naturelle des îles Canaries*. Paris 2(2): 19-52, pls. 6-7.

Lucas H. 1846. Histoire naturelle des animaux articules. *In*: Exploration scientifique de l'Algerie pendant les annees 1840, 1841, 1842 publiee par ordre du Gouvernement et avec le concours d'une commission academique. *Paris, Sciences physiques, Zoologie*, 1: 89-271.

Lucas H. 1852. Description de l'*Olios albifrons*. *Annales de la Société Entomologique de France*, 10(Bull.)(2): 76-78.

Lucas H. 1853. Essai sur les animaux articules qui habitent l'ile de Crete. *Revue et Magasin de Zoologie Pure et Appliquée*, 5(2): 418-424, 461-468, 514-531, 565-576.

Lucas H. 1857. Arachnides. *In*: de la Sagra R. Historia física, política y natural de la Isla de Cuba. Paris, Secunda parte, tomo VII: 69-84.

Lucas H. 1858. Aptères. *In*: Thomson J. Voyage au Gabon. Archives Entomologiques de M. J. *Thomson*, 2: 373-445.

Lugetti G, Tongiorgi P. 1965. Revisione delle specie italiane dei generi *Arctosa* C. L. Koch e *Tricca* Simon con note su una *Acantholycosa* delle Alpi Giulie (Araneae-Lycosidae). *Redia*, 49: 165-229.

Lugetti G, Tongiorgi P. 1966. Su alcune specie dei generi *Arctosa* C. L. Koch e *Tricca* Simon (Araneae-Lycosidae). *Redia*, 50: 133-150.

Lugetti G, Tongiorgi P. 1969. Ricerche sul genere *Alopecosa* Simon (Araneae-Lycosidae). *Atti della Società Toscana di Scienze Naturali*, 76(B): 1-100.

Lyakhov O V. 2000. Contribution to the Middle Asian fauna of the spider genus *Thanatus* C. L. Koch, 1837 (Aranei: Philodromidae). *Arthropoda Selecta*, 8: 221-230.

Ma C H, Tu H S. 1987. Notes on two araneid spiders of the genus *Neoscona* from China. *Journal of Hebei Normal University*, 1987(2): 51-53.

Ma X L, Zhu C D. 1990. Two new species of spiders of the genus *Oedothorax* from China (Araneae: Linyphiidae: Erigoninae). *Acta Zootaxonomica Sinica*, 15: 431-435.

Ma X L, Zhu C D. 1991a. One new species of the spider genus *Oedothorax* from China (Araneae: Linyphiidae: Erigoninae). *Acta Zootaxonomica Sinica*, 16: 27-29.

Ma X L, Zhu C D. 1991b. A new species of spider of the genus *Aprifrontalia* from China (Araneae: Linyphiidae: Erigoninae). *Acta Zootaxonomica Sinica*, 16: 169-171.

Mackie D W. 1967. How to begin the study of spiders. *Countryside* (n. s.), 20: 438-443.

MacLeay W S. 1839. On some new forms of Arachnida. *Annals of Natural History*, 2: 1-14.

Maddison W. 1987. *Marchena* and other jumping spiders with an apparent leg-carapace stridulatory mechanism (Araneae: Salticidae: Heliophaninae and Thiodinae). *Bulletin of the British Arachnological Society*, 7: 101-106.

Maddison W P. 1996. *Pelegrina* Franganillo and other jumping spiders formerly placed in the genus *Metaphidippus* (Araneae: Salticidae). *Bulletin of the Museum of Comparative Zoology at Harvard College*, 154: 215-368.

Maddison W P, Zhang J X, Bodner M R. 2007. A basal phylogenetic placement for the salticid spider *Eupoa*, with descriptions of two new species (Araneae: Salticidae). *Zootaxa*, 1432: 23-33.

Maekawa T, Ikeda H. 1992. Sexual behavior of a gynandromorphic spider of *Carrhotus xanthogramma* (Araneae: Salticidae). *Acta Arachnologica, Tokyo*, 41: 103-108.

Main B Y. 1964. *Spiders of Australia: A Guide to their Identification with Brief Notes on the Natural History of Common Forms*. Brisbane: Jacaranda Press: 124.

Majumder S C, Tikader B K. 1991. Studies on some spiders of the family Clubionidae from India. *Records of the Zoological Survey of India, Occasional Paper*, 102: 1-174.

Makhan D. 2006. *Rishaschia* gen. nov. and new species of Salticidae from Suriname (Araneae). *Calodema*, 5: 9-18.

Mao J Y, Song D X. 1985. Two new species of wolf spiders from China (Araneae: Lycosidae). *Acta Zootaxonomica Sinica*, 10: 263-267.

Mao J Y, Zhu C D. 1983. Two new records of spider and descriptions of the female of *Gnaphosa acuaria* Schenkel (Gnaphosidae) and the male of *Heteropoda stellata* Schenkel (Heteropodidae). *Journal of the Bethune Medical University*, 9(Suppl.): 161-163.

Marapao B P. 1965. Three species of spiders of the subfamily Argiopidae from Cebu. *Junior Philippine Scientist*, 2: 43-55.

Maretić Z, Levi H W, Levi L. 1964. The theridiid spider *Steatoda paykulliana*, poisonous to mammals. *Toxicon*, 2: 149-154.

Marikovskii P I. 1956. *Tarantula and karakurt: morphology, biology, toxicity*. Frunze: Akad. Nauk Kirghiz. SSR: 282.

Marikovskii P I, Marusik Y M. 1985. *Araneus pallasi* (Aranei: Araneidae)-social spider of the USSR fauna. *Vestnik Leningradskogo Universiteta* (Biol.), 17: 3-8.

Marples B J. 1951. Pacific symphytognathid spiders. *Pacific Science*, 5: 47-51.

Marples B J. 1955. Spiders from western Samoa. *Journal of the Linnean Society of London, Zoology* (Zool.), 42: 453-504.

Marples B J. 1957. Spiders from some Pacific islands, II. *Pacific Science*, 11: 386-395.

Marples B J. 1959a. Spiders from some Pacific islands, III. The Kingdom of Tonga. *Pacific Science*, 13: 362-367.

Marples B J. 1960. Spiders from some Pacific islands, part IV. The Cook Islands and Niue. *Pacific Science*, 14: 382-388.

Marples B J. 1964. Spiders from some Pacific islands, part V. *Pacific Science*, 18: 399-410.

Marples R R. 1959b. The dictynid spiders of New Zealand. *Transactions and Proceedings of the Royal Society of New Zealand*, 87: 333-361.

Martin D. 1974. Morphologie und Biologie der Kugelspinne *Achaearanea simulans* (Thorell, 1875) (Araneae: Theridiidae). *Mitteilungen aus dem Zoologischen Museum in Berlin*, 50: 251-262.

Martin D. 2013. Aberrante Epigynenbildungen bei der Wolfspinne *Pardosa palustris* (Araneae, Lycosidae). *Arachnologische Mitteilungen*, 46: 1-5.

Martini F H W, Goeze J A E. 1778. D. Martin Listers Naturgeschichte der Spinnen überhaupt und der Engelländischen Spinnen insbesonderheit, aus dem Lateinischen übersetzt, und mit Anmerkungen vermehrt. Mit 5. Kupfertafeln.: I-XXVIII [= 1-28], 1-302, [1-13], Tab. I-V [= 1-5]. Quedlinburg, Blankenburg. (Reußner).

Marusik Y M. 1985. A systematic list of the orb-weaving spiders (Aranei: Araneidae, Tetragnathidae, Theridiosomatidae, Uloboridae) of the European part of the USSR and the Caucasus. *Trudy Zoologieskogo Instituta Akademija Nauk SSSR*, 139: 135-140.

Marusik Y M. 1986. A redescription of types of certain orb-weaving spiders (Araneidae, Tetragnathidae) from S. A. Spassky collection. *Vestnik Zoologii*, 6: 19-22.

Marusik Y M. 1987a. Systematics and biology of the orb-weaving spider, *Octonoba yesoensis* (Aranei, Uloboridae). *Zoologicheskiĭ Zhurnal*, 66: 613-616.

Marusik Y M. 1987b. The orb-weaver genus *Larinia* Simon in the USSR (Aranei, Araneidae). *Spixiana*, 9: 245-254.

Marusik Y M. 1988a. New species of spiders (Aranei) from the Upper Kolyma. *Zoologicheskiĭ Zhurnal*, 67: 1469-1482.

Marusik Y M. 1988b. Three new spider species of the family Linyphiidae (Aranei) from the north-east of the USSR. *Zoologicheskiĭ Zhurnal*, 67: 1914-1918.

Marusik Y M. 1989a. Two new species of the spider genus *Xysticus* and synonymy of crab spiders (Aranei, Thomisidae, Philodromidae) from Siberia. *Zoologicheskiĭ Zhurnal*, 68(4): 140-145.

Marusik Y M. 1989b. New data on the fauna and synonymy of the USSR spiders (Arachnida, Aranei). *In*: Lange A B. Fauna i Ekologiy Paukov i Skorpionov: Arakhnologicheskii Sbornik. Moscow: Akademiia Nauk SSSR: 39-52.

Marusik Y M. 1991. Crab spiders of the family Philodromidae (Aranei) from east Siberia. *Zoologicheskiĭ Zhurnal*, 70(10): 48-58.

Marusik Y M. 1992. Spiders from agricultural regions of Xinjiang Uygur Autonomous region, China. *Arthropoda Selecta*, 1(2): 94-95.

Marusik Y M. 1993. Re-description of spiders of the families Heteropodidae and Thomisidae (Aranei), described by O. P.-Cambridge from the material of the second Yarkand mission. *Entomologicheskoe Obozrenie*, 72: 456-468.

Marusik Y M. 1995. A review of the spider genus *Titanoeca* from Siberia (Aranei: Titanoecidae). *Beiträge zur Araneologie*, 4: 123-132.

Marusik Y M. 2008. Synopsis of the *Ozyptila rauda*-group (Araneae, Thomisidae), with revalidation of *Ozyptila balkarica* Ovtsharenko, 1979. *Zootaxa*, 1909: 52-64.

Marusik Y M. 2009a. *Araneus pallasi* (Thorell, 1875) (Araneae: Araneidae): A new species for Turkey. *Turkish Journal of Arachnology*, 2: 1-3.

Marusik Y M. 2009b. A check-list of spiders (Aranei) from the Lazo Reserve, Maritime Province, Russia. *Arthropoda Selecta*, 18: 95-109.

Marusik Y M. 2009c. Spiders (Araneae) new to the fauna of Turkey. 6. New species and genera records of Araneidae. *Turkish Journal of Arachnology*, 2(4): 16.

Marusik Y M. 2009c. On the northernmost species of Hersiliidae (Aranei), *Hersiliola xinjiangensis* (Liang & Wang, 1989), comb. n. *Arthropoda Selecta*, 17: 153-156.

Marusik Y M. 2010. A new species of *Tetragnatha* Latreille, 1904 (Aranei: Tetragnathidae) from western Kazakhstan. *Arthropoda Selecta*, 19: 199-202.

Marusik Y M. 2011. A new genus of hahniid spiders from Far East Asia (Araneae: Hahniidae). *Zootaxa*, 2788: 57-68.

Marusik Y M, Azarkina G N, Koponen S. 2004. A survey of east Palearctic Lycosidae (Aranei). II. Genus *Acantholycosa* F. Dahl, 1908 and related new genera. *Arthropoda Selecta*, 12: 101-148.

Marusik Y M, Ballarin F, Omelko M M. 2012. On the spider genus *Amaurobius* (Araneae, Amaurobiidae) in India and Nepal. *ZooKeys*, 168: 55-64.

Marusik Y M, Böcher J, Koponen S. 2006. The collection of Greenland spiders (Aranei) kept in the Zoological Museum, University of Copenhagen. *Arthropoda Selecta*, 15: 59-80.

Marusik Y M, Buchar J. 2004. A survey of the east Palearctic Lycosidae (Aranei). 3. On the wolf spiders collected in Mongolia by Z. Kaszab in 1966-1968. *Arthropoda Selecta*, 12: 149-158.

Marusik Y M, Crawford R L. 2006. Spiders (Aranei) of Moneron Island. *In*: Flora and Fauna of Moneron Island. Dalnauka: Vladivostok: 171-195.

Marusik Y M, Cutler B. 1989. Descriptions of the males of *Dendryphantes czekanowskii* Prószyński and *Heliophanus baicalensis* Kulczyński (Araneae, Salticidae) from Siberia. *Acta Arachnologica, Tokyo*, 37: 51-55.

Marusik Y M, Eskov K Y, Koponen S, Vinokurov N N. 1993a. A check-list of the spiders (Aranei) of Yakutia, Siberia. *Arthropoda Selecta*, 2(2): 63-79.

Marusik Y M, Eskov K Y, Logunov D V, Basarukin A M. 1993b. A check-list of spiders (Arachnida Aranei) from Sakhalin and Kurile Islands. *Arthropoda Selecta*, 1(4): 73-85.

Marusik Y M, Esyunin S L. 2010. On the northernmost *Ajmonia* Caporiacco, 1934 (Aranei: Dictynidae: Dictyninae). *Journal of Natural History*, 44: 361-367.

Marusik Y M, Fet V. 2009. A survey of east Palearctic *Hersiliola* Thorell, 1870 (Araneae, Hersiliidae), with a description of three new genera. *ZooKeys*, 16: 75-114.

Marusik Y M, Fomichev A A, Omelko M M. 2014. A survey of East Palaearctic Gnaphosidae (Araneae). 1. On the *Berlandina* Dalmas, 1922 (Gnaphosinae) from Mongolia and adjacent regions. *Zootaxa*, 3827(2): 187-213.

Marusik Y M, Fritzén N R. 2009a. A new species of *Parasyrisca* (Araneae: Gnaphosidae) from Xinxiang, China. *Zootaxa*, 1982: 63-65.

Marusik Y M, Fritzén N R. 2009b. A new wolf spider species in the *Pardosa monticola*-group (Araneae: Lycosidae) from Xinjiang, China. *Journal of Natural History*, 43: 411-422.

Marusik Y M, Fritzén N R. 2011. On a new *Dictyna* species (Araneae, Dictynidae) from the northern Palaearctic confused with the east Siberian *D. schmidti* Kulczyński, 1926. *ZooKeys*, 138: 93-108.

Marusik Y M, Fritzén N R, Song D X. 2007. On spiders (Aranei) collected in central Xinjiang, China. *Arthropoda Selecta*, 15: 259-276.

Marusik Y M, Gnelitsa V A, Koponen S. 2006. A survey of Holarctic Linyphiidae (Araneae). 1. A review of the Palaearctic genus *Notioscopus* Simon, 1884. *Bulletin of the British Arachnological Society*, 13: 321-328.

Marusik Y M, Gnelitsa V A, Koponen S. 2007. A survey of Holarctic Linyphiidae (Araneae). 4. A review of the erigonine genus *Lophomma* Menge, 1868. *Arthropoda Selecta*, 15: 153-171.

Marusik Y M, Guseinov E F. 2003. Spiders (Arachnida: Aranei) of Azerbaijan. 1. New family and genus records. *Arthropoda Selecta*, 12: 29-46.

Marusik Y M, Guseinov E F, Aliev H A. 2005. Spiders (Arachnida: Aranei) of Azerbaijan 4. Fauna of Naxçivan. *Arthropoda Selecta*, 13: 135-149.

Marusik Y M, Guseinov E F, Koponen S. 2003. Spiders (Arachnida: Aranei) of Azerbaijan. 2. Critical survey of wolf spiders (Lycosidae) found in the country with description of three new species and brief review of Palaearctoc *Evippa* Simon, 1885. *Arthropoda Selecta*, 12: 47-65.

Marusik Y M, Hippa H, Koponen S. 1996. Spiders (Araneae) from the Altai area, southern Siberia. *Acta Zoologica Fennica*, 201: 11-45.

Marusik Y M, Koponen S. 1998. New and little known spiders of the subfamily Dictyninae (Araneae: Dictynidae) from south Siberia. *Entomological Problems*, 29: 79-86.

Marusik Y M, Koponen S. 2000. New data on spiders (Aranei) from the Maritime Province, Russian Far East. *Arthropoda Selecta*, 9: 55-68.

Marusik Y M, Koponen S. 2001a. Spiders of the family Zodariidae from Mongolia (Arachnida: Araneae). *Reichenbachia*, 34: 39-48.

Marusik Y M, Koponen S. 2001b. Description of a new species and new records of some species of the genus *Gnaphosa* (Araneae: Ganphosidae) from east Palearctic. *Acta Arachnologica, Tokyo*, 50: 135-144.

Marusik Y M, Koponen S. 2008. Obituary. Michael Ilmari Saaristo (1938-2008). *Arthropoda Selecta*, 17: 4-16.

Marusik Y M, Koponen S, Danilov S N. 2001. Taxonomic and faunistic notes on linyphiids of Transbaikalia and south Siberia (Araneae, Linyphiidae). *Bulletin of the British Arachnological Society*, 12: 83-92.

Marusik Y M, Koponen S, Fritzén N R. 2009. On two sibling *Lathys* species (Araneae, Dictynidae) from northern Europe. *ZooKeys*, 16: 181-195.

Marusik Y M, Koponen S, Vinokurov N N, Nogovitsyna S N. 2002. Spiders (Aranei) from northernmost forest-tundra of northeastern Yakutia (70°35'N, 134°34'E) with description of three new species. *Arthropoda Selecta*, 10: 351-370.

Marusik Y M, Kovblyuk M M. 2004. New and interesting cribellate spiders from Abkhazia (Aranei: Amaurobiidae, Zoropsidae). *Arthropoda Selecta*, 13: 55-61.

Marusik Y M, Kovblyuk M M. 2010. The spider genus *Trachelas* L. Koch, 1872 (Aranei: Corinnidae) in Russia. *Arthropoda Selecta*, 19: 21-27.

Marusik Y M, Kovblyuk M M. 2011. *Spiders (Arachnida, Aranei) of Siberia and Russian Far East*. Moscow: KMK Scientific Press: 344.

Marusik Y M, Kovblyuk M M, Koponen S. 2011. A survey of the east Palaearctic Lycosidae (Araneae). 9. Genus *Xerolycosa* Dahl, 1908 (Evippinae). *ZooKeys*, 119: 11-27.

Marusik Y M, Kovblyuk M M, Nadolny A A. 2009. A survey of *Lathys* Simon, 1884, from Crimea with resurrection of *Scotolathys* Simon, 1884 (Aranei:

Dictynidae). *Arthropoda Selecta*, 18: 21-33.

Marusik Y M, Kunt K B. 2009. Spiders (Araneae) new to the fauna of Turkey. 7. New species and genera records of Linyphiidae. *Serket*, 11: 82-86.

Marusik Y M, Kunt K B, Danişman T. 2009. Spiders (Aranei) new to the fauna of Turkey. 2. New species records of Theridiidae. *Arthropoda Selecta*, 18: 69-75.

Marusik Y M, Kuzminykh G V. 2010. On two spider genera new to Russia (Aranei: Corinnidae, Sparassidae). *Arthropoda Selecta*, 19: 97-100.

Marusik Y M, Leech R. 1993. The spider genus *Hypselistes*, including two new species, from Siberia and the Russian Far East (Araneida: Erigonidae). *The Canadian Entomologist*, 125: 1115-1126.

Marusik Y M, Logunov D V. 1990. The crab spiders of middle Asia, USSR (Aranei, Thomisidae). 1. Descriptions and notes on distribution of some species. *Korean Arachnology*, 6: 31-62.

Marusik Y M, Logunov D V. 1991. Spiders of the superfamily Amaurobioidea (Aranei) from Sakhalin and Kurily Islands. *Zoologicheskiĭ Zhurnal*, 70(9): 87-94.

Marusik Y M, Logunov D V. 1995a. The crab spiders of Middle Asia (Aranei, Thomisidae), 2. *Beiträge zur Araneologie*, 4: 133-175.

Marusik Y M, Logunov D V. 1995b. Gnaphosid spiders from Tuva and adjacent territories, Russia. *Beiträge zur Araneologie*, 4: 177-210.

Marusik Y M, Logunov D V. 1996. Poorly known spider species of the families Salticidae and Thomisidae (Aranei) of the Soviet Far East. *In*: *Entomological Studies in the North-East of the USSR*. Vladivostok: USSR Academy of Sciences, Institute of Biological Problems of the North: 131-140. (dated "1991," first distributed March, 1996)

Marusik Y M, Logunov D V. 1998. Taxonomic notes on the *Evarcha falcata* species complex (Aranei Salticidae). *Arthropoda Selecta*, 6(3/4): 95-104.

Marusik Y M, Logunov D V. 2002a. New faunistic records for the spiders of Buryatia (Aranei), with a description of a new species from the genus *Enoplognatha* (Theridiidae). *Arthropoda Selecta*, 10: 265-272.

Marusik Y M, Logunov D V. 2002b. New and poorly known species of crab spiders (Aranei: Thomisidae) from south Siberia and Mongolia. *Arthropoda Selecta*, 10: 315-322.

Marusik Y M, Logunov D V. 2006. On the spiders collected in Mongolia by Dr. Z. Kaszab during expeditions in 1966-1968 [Arachnida, Aranei (excluding Lycosidae)]. *Arthropoda Selecta*, 15: 39-57.

Marusik Y M, Logunov D V, Koponen S. 2000. *Spiders of Tuva, south Siberia*. Magadan: Institute for Biological Problems of the North: 253.

Marusik Y M, Nadimi A, Omelko M M, Koponen S. 2014. First data about cave spiders (Arachnida: Araneae) from Iran. *Zoology in the Middle East*, 60(3): 255-266.

Marusik Y M, Nadolny A A, Omelko M M. 2013. A survey of east Palearctic Lycosidae (Araneae). 10. Three new *Pardosa* species from the mountains of central Asia. *Zootaxa*, 3722: 204-218.

Marusik Y M, Omelko M M. 2011. A survey of East Palaearctic Lycosidae (Araneae). 7. A new species of *Acantholycosa* Dahl, 1908 from the Russian Far East. *ZooKeys*, 79: 1-10.

Marusik Y M, Omelko M M. 2014. Reconsideration of *Xysticus* species described by Ehrenfried Schenkel from Mongolia and China in 1963 (Araneae: Thomisidae). *Zootaxa*, 3861(3): 275-289.

Marusik Y M, Omelko M M, Koponen S. 2010. A survey of the east Palearctic Lycosidae (Aranei). 5. Taxonomic notes on the easternmost Palearctic *Pirata* species and on the genus *Piratosa* Roewer, 1960. *Arthropoda Selecta*, 19: 29-36.

Marusik Y M, Omelko M M, Ryabukhin A S. 2013. New data on spiders (Aranei) from eastern Koryakia, Kamchatka Peninsula. *Arthropoda Selecta*, 22: 363-377.

Marusik Y M, Ovchinnikov S V, Koponen S. 2006. Uncommon conformation of the male palp in common Holarctic spiders belonging to the *Lathys stigmatisata* group (Araneae, Dictynidae). *Bulletin of the British Arachnological Society*, 13: 353-360.

Marusik Y M, Šestáková A, Omelko M M. 2012. First description of the male with redescription of the female of *Araneus strandiellus* Charitonov, 1951 (Araneae, Araneidae). *ZooKeys*, 205: 91-98.

Marusik Y M, Tanasevitch A V. 1998. Notes on the spider genus *Styloctetor* Simon, 1884 and some related genera, with description of two new species from Siberia (Aranei: Linyphiidae). *Arthropoda Selecta*, 7: 153-159.

Marusik Y M, Tanasevitch A V, Kurenshchikov D K, Logunov D V. 2007. A check-list of the spiders (Araneae) of the Bolshekhekhtsyrski Nature Reserve, Khabarovsk Province, the Russian Far East. *Acta Arachnologica Sinica*, 16: 37-64.

Marusik Y M, Zhang F, Omelko M M. 2012. A new genus and species of ctenid spiders (Aranei: Ctenidae) from south China. *Arthropoda Selecta*, 21: 61-66.

Marusik Y M, Zheng G, Li S Q. 2008. A review of the genus *Paratus* Simon (Araneae, Dionycha). *Zootaxa*, 1965: 50-60.

Marusik Y M, Zheng G, Li S Q. 2009. First description of the female of *Echinax panache* Deeleman-Reinhold, 2001 (Aranei: Corinnidae: Castianeirinae). *Arthropoda Selecta*, 17: 165-168.

Marx G. 1889. A contribution to the knowledge of the spider fauna of the Bermuda Islands. *Proceedings of the Academy of Natural Sciences of Philadelphia*, 1889: 98-101.

Marx G. 1890. Catalogue of the described Araneae of temperate North America. *Proceedings of the United States National Museum*, 12: 497-594.

Marx G. 1893. On a new genus and some new species of Araneae from the west coast of Africa collected by the U. S. Steamer Enterprise. *In*: Riley C V. *Scientific results of the U. S. Eclipse expedition to West Africa 1889-90*. Report on the Insecta, Arachnida and Myriapoda. Proceedings of the United States National Museum, 16: 587-590.

Matsuda M. 1986. Supplementary note to "A list of spiders of the central mountain district (Taisetsuzan National Park), Hokkaido. ". *Bulletin of the Higashi Taisetsu Museum of Natural History*, 8: 83-92.

Matsuda M. 1990. A newly recorded species of the genus *Clubiona* (Araneae: Clubionidae) from Japan. *Atypus*, 96: 16-18.

Matsuda M. 1993. *Evarcha arcuata* (Clerck, 1757), a newly recorded spider from Japan (Araneida: Salticidae). *Bulletin of the Higashi Taisetsu Museum of Natural History*, 15: 69-71.

Matsumoto S. 1973. The spiders from the island of Kozu-jima. *Collecting & Breeding, Tokyo*, 35: 41-47.

Matsumoto S. 1973a. On a Japanese theridiid spider *Achaearanea asiatica*. *Atypus*, 61: 9-14.

Matsumoto S. 1977. Notes on salticid spiders from Yunoharu and Kompira, Kyushu, Japan. *Atypus*, 69: 3-15.

Matsumoto S. 1981. *Phlegra fasciata* (Hahn, 1826), a newly recorded species in the Japanese salticid fauna (Araneida). *Bulletin of the Biogeographical Society of Japan*, 36: 34-38.

Matsumoto S. 1989. Colour variation in the prolateral side of the carapace and appendages of the jumping spider of the genus *Phintella* (Araneida: Salticidae).

In: Nishikawa Y, Ono H. *Arachnological Papers Presented to Takeo Yaginuma on the Occasion of his Retirement*. Osaka: Osaka Arachnologists' Group: 123-131.

Matsumoto S, Chikuni Y. 1980. An unfamiliar jumping spider, *Sitticus fasciger* (Simon, 1880), in Japan, and its new collecting localities. *Atypus*, 77: 15-21.

Matsumura S. 1911. Beschreibungen von am Zuuckerrohr Formosas Schädlichen order nützlichen Insecten. *Mémoires de la Société Entomologique de Belgique*, 18: 129-150.

Matsuyama K. 1957. Ecology of *Cyclosa atrata*. *Atypus*, 14: 9-13.

Maughan O E, Fitch H S. 1976. A new pholcid spider from northeastern Kansas (Arachnida: Araneida). *Journal of the Kansas Entomological Society*, 49: 304-312.

Maurer R. 1975. Epigäische Spinnen der Nordschweiz I. *Mitteilungen der Schweizerischen Entomologischen Gesellschaft*, 48: 357-376.

Maurer R, Walter J E. 1984. Für die Schweiz neue und bemerkenswerte Spinnen (Araneae) II. *Mitteilungen der Schweizerischen Entomologischen Gesellschaft*, 57: 65-73.

McCook H C. 1878. Note on the probable geographical distribution of a spider by the trade winds. *Proceedings of the Academy of Natural Sciences of Philadelphia*, 1878: 136-147.

McCook H C. 1882. Snares of orb weaving spiders. *Proceedings of the Academy of Natural Sciences of Philadelphia*, 1882: 254-257.

McCook H C. 1894. American spiders and their spinningwork. *Philadelphia*, 3: 1-285.

Mcheidze T S. 1967. A case of gynandromorphism of *Agelena labyrinthica* (Cl.) (Agelenidae). *Zoologicheskiĭ Zhurnal*, 46: 294-296.

Mcheidze T S. 1997. *Spiders of Georgia: Systematics, Ecology, Zoogeographic Review*. Tbilisi University: 390. (in Georgian). [English version published by Otto (2014)].

McKay R J. 1979. The wolf spiders of Australia (Araneae: Lycosidae): 13. The genus *Trochosa*. *Memoirs of the Queensland Museum*, 19: 277-298.

Melero V X, Anadón A. 2002. Segunda cita para la Península Ibérica de *Araniella opistographa* (Kulczynski, 1905) (Araneae, Araneidae). *Revista Ibérica de Aracnología*, 6: 169-172.

Melic A. 1994. Arañas de Galicia. *Boletín de la Sociedad Entomologica Aragonesa*, 8: 11-14.

Melic A. 1995. La familia Eresidae (Arachnida; Araneae) en Aragon. Notes arachnológicas aragonesas, 4. *Boletín de la Sociedad Entomologica Aragonesa*, 11: 7-12.

Melic A. 2000. El género *Latrodectus* Walckenaer, 1805 en la península Ibérica (Araneae, Theridiidae). *Revista Ibérica de Aracnología*, 1: 13-30.

Méndez M. 1998. Sobre algunos Araneidae y Tetragnathidae (Araneae) del Parque Nacional de la Montaña de Covadonga (NO España). *Boletín de la Asociación Española de Entomología*, 22: 139-148.

Meng K, Li S Q, Murphy R W. 2008. Biogeographical patterns of Chinese spiders (Arachnida: Araneae) based on a parsimony analysis of endemicity. Journal of Biogeography, 35, 1241-1249.

Menge A. 1850. Verzeichniss [der] danziger Spinnen. *Neueste Schriften der Naturforschenden Gesellschaft in Danzig*, 4: 57-71.

Menge A. 1866. Preussische Spinnen. Erste Abtheilung. *Schriften der Naturforschenden Gesellschaft in Danzig* (N. F.), 1: 1-152.

Menge A. 1868. Preussische spinnen. II. Abtheilung. *Schriften der Naturforschenden Gesellschaft in Danzig* (N. F.), 2: 153-218.

Menge A. 1869. Preussische Spinnen. III. Abtheilung. *Schriften der Naturforschenden Gesellschaft in Danzig* (N. F.), 2: 219-264.

Menge A. 1871. Preussische Spinnen. IV. Abtheilung. *Schriften der Naturforschenden Gesellschaft in Danzig* (N. F.), 2: 265-296.

Menge A. 1872. Preussische spinnen. V. Abtheilung. *Schriften der Naturforschenden Gesellschaft in Danzig* (N. F.), 2: 297-326.

Menge A. 1873. Preussische Spinnen. VI. Abtheilung. *Schriften der Naturforschenden Gesellschaft in Danzig* (N. F.), 3: 327-374.

Menge A. 1875. Preussische Spinnen. VII. Abtheilung. *Schriften der Naturforschenden Gesellschaft in Danzig* (N. F.), 3: 375-422.

Menge A. 1876. Preussische Spinnen. VIII. Fortsetzung. *Schriften der Naturforschenden Gesellschaft in Danzig* (N. F.), 3: 423-454.

Menge A. 1877. Preussische spinnen. IX. Fortsetzung. *Schriften der Naturforschenden Gesellschaft in Danzig* (N. F.), 3: 455-494.

Menge A. 1879. Preussische Spinnen. X. Fortsetzung; XI. Fortsetzung und Schluss. *Schriften der Naturforschenden Gesellschaft in Danzig* (N. F.), 4: 495-542; 543-560.

Merian P. 1911. Die Spinenfauna von Celebes. Beiträge zur Tiergeographie im Indo-australischen Archipel. *Zoologische Jahrbücher, Abteilung für Systematik, Geographie und Biologie der Tiere*, 31: 165-354.

Merrett P. 1960. A spider, *Trematocephalus cristatus* (Wider), new to Britain, and notes on four other species. *Annals and Magazine of Natural History*, 3(13): 145-148.

Merrett P. 1963. The palpus of male spiders of the family Linyphiidae. *Proceedings of the Zoological Society of London*, 140: 347-467.

Merrett P. 1965. The palpal organs of *Acartauchenius scurrilis* and *Syedra gracilis* (Araneae: Linyphiidae). *Journal of Zoology, London*, 146: 467-469.

Merrett P. 1972. *Haplodrassus umbratilis*, a gnaphosid spider new to Britain, from the New Forest. *Journal of Zoology, London*, 166: 179-183.

Merrett P. 1998. *Lathys puta* (O. P.-Cambridge, 1863) is a junior synonym of *Argenna subnigra* (O. P.-Cambridge, 1861), not a senior synonym of *Lathys stigmatisata* (Menge, 1869) (Araneae: Dictynidae). *Bulletin of the British Arachnological Society*, 11: 120.

Merrett P. 2001. *Clubiona pseudoneglecta* Wunderlich, 1994, a clubionid spider new to Britain (Araneae: Clubionidae). *Bulletin of the British Arachnological Society*, 12: 32-34.

Merrett P. 2004. Notes on the revision of British *Lepthyphantes* species. *Newsletter of the British Arachnological Society*, 100: 20-21.

Merrett P, Dawson I K. 2005. Revalidation of *Wabasso replicatus* (Holm, 1950), and description from Britain (Araneae: Linyphiidae). *Bulletin of the British Arachnological Society*, 13: 117-121.

Merrett P, Locket G H, Millidge A F. 2014. A check list of British spiders. *British Arachnological Society*, 16(16): 134-144.

Merrett P, Snazell R G. 1975. New and rare British spiders. *Bulletin of the British Arachnological Society*, 3: 106-112.

Metzner H. 1999. Die Springspinnen (Araneae, Salticidae) Griechenlands. *Andrias*, 14: 1-279.

Mi X Q, Peng X J. 2011. Description of *Porcataraneus* gen. nov., with three species from China (Araneae: Araneidae). *Oriental Insects*, 45: 7-19.

Mi X Q, Peng X J. 2013a. Spiders of the genus *Pronoides* (Araneae: Araneidae) from southwest China. *Oriental Insects*, 47: 41-54.

Mi X Q, Peng X J. 2013b. One new species and one new record species of the genus *Gasteracantha* (Araneae, Araneidae) from China. *Acta Zootaxonomica Sinica*, 38: 795-800.

Mi X Q, Peng X J, Yin C M. 2010a. The spider genus *Cnodalia* (Araneae: Araneidae) in China. *Zootaxa*, 2452: 59-66.

Mi X Q, Peng X J, Yin C M. 2010b. The orb-weaving spider genus *Eriovixia* (Araneae: Araneidae) in the Gaoligong mountains, China. *Zootaxa*, 2488: 39-51.

Mi X Q, Peng X J, Yin C M. 2010c. Two new species of the rare orbweaving spider genus *Deione* (Araneae: Araneidae) from China. *Zootaxa*, 2491: 34-40.

Michelucci R, Tongiorgi P. 1976. *Pirata tenuitarsus* Simon (Araneae, Lycosidae): a widespread but long-ignored species. *Bulletin of the British Arachnological Society*, 3: 155-158.

Mikhailov K G. 1988. Contribution to the spider fauna of the genus *Micaria* Westring, 1851 of the USSR. I (Aranei, Gnaphosidae). *Spixiana*, 10: 319-334.

Mikhailov K G. 1990. The spider genus *Clubiona* Latreille 1804 in the Soviet Far East, 1 (Arachnida, Aranei, Clubionidae). *Korean Arachnology*, 5: 139-175.

Mikhailov K G. 1991a. The spider genus *Clubiona* Latreille 1804 in the Soviet Far East, 2 (Arachnida, Aranei, Clubionidae). *Korean Arachnology*, 6: 207-235.

Mikhailov K G. 1991b. On the identity and distribution of Micaria romana (Aranei, Gnaphosidae). *Vestnik Zoologii*, 1991(3): 77-79.

Mikhailov K G. 1994. *Bicluona* Mikhailov, subgen. n., a new subgenus of spiders of the genus *Clubiona* (Aranei, Clubionidae) from eastern Asia. *Zoologicheskiĭ Zhurnal*, 73(11): 52-57.

Mikhailov K G. 1995a. New or rare Oriental sac spiders of the genus *Clubiona* Latreille 1804 (Aranei Clubionidae). *Arthropoda Selecta*, 3(3-4): 99-110.

Mikhailov K G. 1995b. On the definition of intrageneric groups within the genus *Clubiona* (Aranei, Clubionidae): the typological approach. *Zoologicheskiĭ Zhurnal*, 74(4): 70-81.

Mikhailov K G. 1995c. Erection of infrageneric groupings within the spider genus *Clubiona* Latreille, 1804 (Aranei Clubionidae): a typological approach. *Arthropoda Selecta*, 4(2): 33-48.

Mikhailov K G. 1995d. Micaria rossica Thorels, 1875 = M. zhadini Charitonov, 1951 = M. hissarica Charitonov, 1951, syn. n. (Aranei, Gnaphosidae). *Vestnik Zoologii*, 1995(1): 54.

Mikhailov K G. 1996. A checklist of the spiders of Russia and other territories of the former USSR. *Arthropoda Selecta*, 5(1/2): 75-137.

Mikhailov K G. 1997a. Spiders of the genus *Clubiona* Latreille, 1804 (Aranei, Clubionidae) of North Korea. *Annales Historico-Naturales Musei Nationalis Hungarici*, 89: 187-195.

Mikhailov K G. 1997b. *Catalogue of the spiders of the territories of the former Soviet Union (Arachnida, Aranei)*. Moscow: Zoological Museum, Moscow State University: 416.

Mikhailov K G. 1998. A revision of the Chinese sac spiders of the genus *Clubiona* described by E. Schenkel in 1936 (Aranei Clubionidae). *Arthropoda Selecta*, 6(3/4): 87-93.

Mikhailov K G. 2003. The spider genus *Clubiona* Latreille, 1804 (Aranei: Clubionidae) in the fauna of the former USSR: 2003 update. *Arthropoda Selecta*, 11: 283-317.

Mikhailov K G. 2011. Remarks on the spider genus *Clubiona* Latreille, 1804 (Aranei: Clubionidae) of Mongolia. *Proceedings of the Zoological Institute of the Russian Academy of Sciences*, 315: 311-316.

Mikhailov K G. 2012. Reassesment of the spider genus *Clubiona* (Aranei, Clubionidae). *Vestnik Zoologii*, 46: 177-180.

Mikhailov K G, Fet V Y. 1986. Contribution to the spider fauna (Aranei) of Turkmenia. I. Families Anyphaenidae, Sparassidae, Zoridae, Clubionidae, Micariidae, Oxyopidae. *Sborník Trudov Zoologicheskogo Muzeya MGU, Moscow State University*, 24: 168-186.

Mikhailov K G, Marusik Y M. 1996. Spiders of the north-east of the USSR. Families Clubionidae, Zoridae, Liocranidae and Gnaphosidae (genus *Micaria*) (Arachnida, Aranei). *In*: Entomological Studies in the North-East of the USSR. Vladivostok: USSR Academy of Sciences, Institute of Biological Problems of the North: 90-113. (dated "1991" first distributed March, 1996) .

Mikulska I. 1953. *Pająk*. Warsaw: Panstowe Wydawnictwo Naukowe: 70.

Mikulska I. 1964. Some remarks upon the spider *Pholcus phalangioides* (Fuess.). *Przegląd Zoologiczny*, 8: 44-46.

Mikulska I. 1967. Some observations on the biology of the spider *Tibellus oblongus* (Walck.). *Przegląd Zoologiczny*, 11: 388-391.

Mikulska I, Wąsowska S. 1963. A pink colored form of *Thomisus onustus* Walckenaer (1805) in Poland. *Polskie Pismo Entomologiczne*, 33: 225-227.

Milasowszky N, Hepner M, Szucsich N U, Zulka K P. 2007. Urozelotes yutian (Platnick & Song, 1986), a junior synonym of Zelotes mundus (Kulczyński, 1897) (Araneae: Gnaphosidae). *Bulletin of the British Arachnological Society*, 14: 22-26.

Milasowszky N, Herberstein M E, Zulka K P. 1998. Morphological separation of *Trochosa robusta* (Simon, 1876) and *Trochosa ruricola* (De Geer, 1778) females (Araneae: Lycosidae). *In*: Seldon P A. Proceedings of the 17th European Colloquium of Arachnology, Edinburgh 1997. Edinburgh: 91-96.

Miller F, Žitňanská O. 1976. Einige bemerkenswerte Spinnen aus der Slowakei. *Biologia Bratislawa*, 31: 81-88.

Miller F. 1943. Neue Spinnen aus der Serpentinsteppe bei Mohelno in Mähren. *Entomologické Listy, Brno*, 6: 11-29.

Miller F. 1947. Pavoučí zvířena hadcových stepí u Mohelna. *Archiv Svazu na Výzkum a Ochranu Přírody i Krajiny v Zemi Moravskoslezské*, 7: 1-107.

Miller F. 1949. The new spiders from the serpentine rocky heath mear Mohelno (Moravia occ.). *Entomologické Listy, Brno*, 12: 88-98.

Miller F. 1951. Pavouci zvírena vrchovist' u Rejvízu v Jesenicích. *Přírodovědecký Sborník Ostravského Kraje*, 12: 202-247.

Miller F. 1958a. Beitrag zur Kenntnis der tschechoslovakischen Spinnenarten aus der Gattung *Centromerus* Dahl. *Časopis Československé Společnosti Entomologické*, 55: 71-91.

Miller F. 1958b. Drei neue Spinnenarten aus den mährischen Steppengebieten. *Věstník Československé Zoologické Společnosti v Praze*, 22: 148-155.

Miller F. 1963. Tschechoslowakische Spinnenarten aus der Gattung *Euryopis* Menge (Aranea, Theridiidae). *Časopis Československé Společnosti Entomologické*, 60: 341-348.

Miller F. 1967. Studien über die Kopulationsorgane der Spinnengattung *Zelotes*, *Micaria*, *Robertus* und *Dipoena* nebst Beschreibung einiger neuen oder unvollkommen bekannten Spinnenarten. *Přírodovědné práce ústavů Československé Akademie Věd v Brně* (N. S.), 1: 251-298.

Miller F. 1970. Spinnenarten der Unterfamilie Micryphantinae und der Familie Theridiidae aus Angola. *Publicações Culturais da Companhia de Diamantes de Angola*, 82: 75-166.

Miller F. 1971. Pavouci-Araneida. *Klíč zvířeny ČSSR*, 4: 51-306.

Miller F, Buchar J. 1977. Neue Spinnenarten aus der Gattung *Zelotes* Distel und *Haplodrassus* Chamberlin (Araneae, Gnaphosidae). *Acta Universitatis Carolinae Biologica* (Biol.), 1974: 157-171.

Miller F, Kratochvíl J. 1939. Einige neue Spinnen aus Mitteleuropa. *Sborník Entomologického Oddělení Národního Musea v Praze*, 17(164): 32-38.

Miller F, Obrtel R. 1975. Soil surface spiders in a lowland forest. *Přírodovědné práce ústavů Československé Akademie Věd v Brně* (N. S.), 9(4): 1-40.

Miller F, Svatoň J. 1978. Einige seltene und bisher unbekannte Spinnenarten aus der Slowakei. *Annotationes Zoologicae et Botanicae Bratislava*, 126: 1-19.

Miller F, Valešová E. 1964. Zur Spinnenfauna der Kalksteinsteppen des Radotíner Tales in Mittelböhmen. *Časopis Československé Společnosti Entomologické*, 61: 180-188.

Miller J A. 2007. Review of erigonine spider genera in the Neotropics (Araneae: Linyphiidae, Erigoninae). *Zoological Journal of the Linnean Society*, 149(Suppl. 1): 1-263.

Miller J A, Carmichael A, Ramírez M J, Spagna J C, Haddad C R, Řezáč M, Johannesen J, Král J, Wang X P, Griswold C E. 2010. Phylogeny of entelegyne spiders: affinities of the family Penestomidae (NEW RANK), generic phylogeny of Eresidae, and asymmetric rates of change in spinning organ evolution (Araneae, Araneoidea, Entelegynae). *Molecular Phylogenetics and Evolution*, 55: 786-804.
Miller J A, Griswold C E, Scharff N, Řezáč M, Szüts T, Marhabaie M. 2012. The velvet spiders: an atlas of the Eresidae (Arachnida, Araneae). *ZooKeys*, 195: 1-144.
Miller J A, Griswold C E, Yin C M. 2009. The symphytognathoid spiders of the Gaoligongshan, Yunnan, China (Araneae, Araneoidea): Systematics and diversity of micro-orbweavers. *ZooKeys*, 11: 9-195.
Millidge A F. 1951. Key to the British genera of subfamily Erigoninae (Family Linyphiidae: Araneae): including the description of a new genus (*Jacksonella*). *Annals and Magazine of Natural History*, 4(12): 545-562.
Millidge A F. 1976. Re-examination of the erigonine spiders "*Micrargus herbigradus*" and "*Pocadicnemis pumila*" (Araneae: Linyphiidae). *Bulletin of the British Arachnological Society*, 3: 145-155.
Millidge A F. 1977. The conformation of the male palpal organs of linyphiid spiders, and its application to the taxonomic and phylogenetic analysis of the family (Araneae: Linyphiidae). *Bulletin of the British Arachnological Society*, 4: 1-60.
Millidge A F. 1980. The erigonine spiders of North America. Part 1. Introduction and taxonomic background (Araneae: Linyphiidae). *Journal of Arachnology*, 8: 97-107.
Millidge A F. 1981. A revision of the genus *Gonatium* (Araneae: Linyphiidae). *Bulletin of the British Arachnological Society*, 5: 253-277.
Millidge A F. 1983. The erigonine spiders of North America. Part 6. The genus *Walckenaeria* Blackwall (Araneae, Linyphiidae). *Journal of Arachnology*, 11: 105-200.
Millidge A F. 1984a. The erigonine spiders of North America. Part 7. Miscellaneous genera. *Journal of Arachnology*, 12: 121-169.
Millidge A F. 1984b. The taxonomy of the Linyphiidae, based chiefly on the epigynal and tracheal characters (Araneae: Linyphiidae). *Bulletin of the British Arachnological Society*, 6: 229-267.
Millidge A F. 1985. Some linyphiid spiders from South America (Araneae, Linyphiidae). *American Museum Novitates*, 2836: 1-78.
Millidge A F. 1986. A revision of the tracheal structures of the Linyphiidae. *Bulletin of the British Arachnological Society*, 7: 57-61.
Millidge A F. 1987. The erigonine spiders of North America. Part 8. The genus *Eperigone* Crosby and Bishop (Araneae, Linyphiidae). *American Museum Novitates*, 2885: 1-75.
Millidge A F. 1988a. The spiders of New Zealand: Part VI. Family Linyphiidae. *Otago Museum Bulletin*, 6: 35-67.
Millidge A F. 1988b. Genus *Prinerigone*, gen. nov. (Araneae: Linyphiidae). *Bulletin of the British Arachnological Society*, 7: 216.
Millidge A F. 1988c. The relatives of the Linyphiidae: phylogenetic problems at the family level (Araneae). *Bulletin of the British Arachnological Society*, 7: 253-268.
Millidge A F. 1991. Further linyphiid spiders (Araneae) from South America. *Bulletin of the American Museum of Natural History*, 205: 1-199.
Millidge A F. 1993. Further remarks on the taxonomy and relationships of the Linyphiidae, based on the epigynal duct confirmations and other characters (Araneae). *Bulletin of the British Arachnological Society*, 9: 145-156.
Millidge A F. 1995. Some linyphiid spiders from south-east Asia. *Bulletin of the British Arachnological Society*, 10: 41-56.
Millidge A F, Locket G H. 1952. New and rare British spiders. *Proceedings of the Linnean Society of London*, 163: 59-78.
Millidge A F, Locket G H. 1955. New and rare British spiders. *Annals and Magazine of Natural History*, 8(12): 161-173.
Millidge A F, Russell-Smith A. 1992. Linyphiidae from rain forests of Southeast Asia. *Journal of Natural History*, 26: 1367-1404.
Millot J. 1941. Les araignées de l'Afrique Occidentale Française-sicariides et pholcides. *Mémoires de l'Académie des Sciences de l'Institut de France*, 64: 1-53.
Millot J. 1946a. Les pholcides de Madagascar (Aranéides). *Mémoires du Muséum National d'Histoire Naturelle de Paris* (N. S.), 22: 127-158.
Millot J. 1946b. Les *Scytodes* d'Afrique Noire française (Araneae). *Revue Française d'Entomologie*, 13: 156-168.
Minoranskii V A, Ponomarev A V, Gramotenko V P. 1980. Maloizvestnie i novye dlya yugo-vostoka evropeiskoi chasti usse pauki (Aranei). *Vestnik Zoologii*, 1980(1): 31-37.
Mirshamsi O, Hatami M, Zamani A. 2013. New record of the Mediterranean recluse spider *Loxosceles rufescens* (Dufour, 1820) and its bite from Khorasan Province, northeast of Iran (Aranei: Sicariidae). *Iranian Journal of Animal Biosystematics*, 9(1): 83-86.
Mirshamsi O, Shayestehfar A, Musavi S, Hamta A. 2013. New data on the jumping spiders from northeast of Iran (Aranei: Salticidae). *Iranian Journal of Animal Biosystematics*, 9(2): 117-123.
Moenkhaus W J. 1898. Contribuiçao para o conhecimento das aranhas de S.-Paulo. *Revista do Museu Paulista*, 3: 77-112.
Montgomery T H. 1903. Supplementary notes on spiders of the genera *Lycosa*, *Pardosa*, *Pirata*, and *Dolomedes* from the northeastern United States. *Proceedings of the Academy of Natural Sciences of Philadelphia*, 55: 645-655.
Montgomery T H. 1904. Descriptions of North American Araneae of the families Lycosidae and Pisauridae. *Proceedings of the Academy of Natural Sciences of Philadelphia*, 56: 261-325.
Moore S J. 1977. Some notes on freeze drying spiders. *Bulletin of the British Arachnological Society*, 4: 83-88.
Moradmand M. 2013. The stone huntsman spider genus *Eusparassus* (Araneae: Sparassidae): systematics and zoogeography with revision of the African and Arabian species. *Zootaxa*, 3675: 1-108.
Moradmand M, Jäger P. 2012a. Taxonomic revision of the huntsman spider genus *Eusparassus* Simon, 1903 (Araneae: Sparassidae) in Eurasia. *Journal of Natural History*, 46: 2439-2496.
Moradmand M, Jäger P. 2012b. *Eusparassus* Simon, 1903 (Arachnida Araneae, Sparassidae): proposed conservation of the generic name. *Bulletin of Zoological Nomenclature*, 69: 249-253.
Morano H E. 2002. Les especies de *Larinioides* Caporiacco, 1934 (Araneae, Araneidae) de la Península Ibérica. *Revista Ibérica de Aracnología*, 5: 67-74.
Moritz M. 1973. Neue und seltene Spinnen (Araneae) und Weberknechte (Opiliones) aus der DDR. *Deutsche Entomologische Zeitschrift* (N. F.), 20: 173-220.
Moritz M, Levi H W, Pfüller R. 1988. *Achaearanea tabulata*, eine für Europa neue Kugelspinne (Araneae, Theridiidae). *Deutsche Entomologische Zeitschrift, Neue Folge*, 35: 361-367.
Motschulsky V. 1849. Note sur deux araignées vénimoux de la Russie méridionale. *Bulletin de la Société Imperiale des Naturalists de Moscou*, 1: 289-290.
Müller F, Schenkel E. 1895. Verzeichnis der Spinnen von Basel und Umgebegend. Verhandlungen der Naturforschenden Gesellschaft in Basel, 10: 691-824.
Müller H. G. 1982a. Der Kopulationsapparat der Spinnen. *Mikrokosmos*, 71: 247-249.

Müller H. G. 1982b. Die Haubennetzspinne *Enoplognatha crucifera* Thorell (Araneida: Theridiidae)-ein Neunachweis in Hessen. *Hessische Faunistische Briefe*, 2: 52-54.

Müller H. G. 1992. Spiders from Colombia XVI. Miscellaneous genera of Theridiidae (Arachnida: Araneae). *Faunistische Abhandlungen, Staatliches Museum für Tierkunde Dresden*, 18: 97-102.

Muller L. 1955. Les lycosides et les familles apparentées dans le Grand-Duché de Luxembourg. *Archives de l'Institut Grand-Ducal de Luxembourg*, 22: 153-173.

Muller L. 1956. Les cribellates dans le Grand-Duché de Luxembourg. *Archives de l'Institut Grand-Ducal de Luxembourg*, 23: 195-207.

Muller L. 1958. Note complémentaire sur les lycosides et les familles apparentées dans le Grand-Duché de Luxembourg. *Archives de l'Institut Grand-Ducal de Luxembourg*, 25: 227-234.

Muller L. 1967a. Les haplogynes dans le Grand-Duché de Luxembourg. *Archives de l'Institut Grand-Ducal de Luxembourg*, 32: 117-127.

Muller L. 1967b. Les pholcides dans le Grand-Duché de Luxembourg. *Archives de l'Institut Grand-Ducal de Luxembourg*, 32: 129-133.

Müller O F. 1764. *Fauna insectorum fridrichsdalina, sive methodica descriptio insectorum agri fridrichsdalensis cum characteribus genericis et specificus nominibus trivialibus, locis natalibus, iconibus allegatis, novisque pluribus speciebus additis*. Hafniae: 24 + 96 pp. (Araneae: 92-94).

Müller O F. 1776. *Zoologicae danicae prodromus, seu animalium daniae et norvegiae indigenarum, characteres, nomina et synonyma imprimis popularium*. Hafniae: 282. (Araneae: 192-194).

Muma M H. 1943. *Common spiders of Maryland*. Baltimore: Natural History Society of Maryland: 179.

Muma M H. 1944. A report on Maryland spiders. *American Museum Novitates*, 1257: 1-14.

Muma M H. 1945. New and interesting spiders from Maryland. *Proceedings of the Biological Society of Washington*, 58: 91-104.

Muma M H, Gertsch W J. 1964. The spider family Uloboridae in North America north of Mexico. *American Museum Novitates*, 2196: 1-43.

Murphy F. 1971. *Callilepis nocturna* (Linnaeus) (Araneae, Gnaphosidae) newly found in Britain. *Entomologist's Gazette*, 22: 269-271.

Murphy J. 2007. *Gnaphosid genera of the world*. Cambs: British Arachnological Society, St Neots: 1, i-xii, 1-92; 2: i-11, 93-605.

Murphy J A, Platnick N I. 1986. On Zelotes subterraneus (C. L. Koch) in Britain (Araneae, Gnaphosidae). *Bulletin of the British Arachnological Society*, 7: 97-100.

Murphy J, Merrett P. 2000. On Trichopus libratus C. M., 1834. *Newsletter of the British Arachnological Society*, 89: 7.

Murphy J, Murphy F. 1979. *Theridion pinastri* L. Koch, newly found in Britain. *Bulletin of the British Arachnological Society*, 4: 314-315.

Murphy J, Murphy F. 1983a. More about *Portia* (Araneae: Salticidae). *Bulletin of the British Arachnological Society*, 6: 37-45.

Murphy J, Murphy F. 1983b. The orb weaver genus *Acusilas* (Araneae, Araneidae). *Bulletin of the British Arachnological Society*, 6: 115-123.

Muster C. 1999. Fünf für Deutschland neue Spinnentiere aus dem bayerischen Alpenraum (Arachnida: Araneae, Opiliones). *Berichte des Naturwissenschaftlich-Medizinischen Vereins in Innsbruck*, 86: 149-158.

Muster C, Thaler K. 2004. New species and records of Mediterranean Philodromidae (Arachnida, Araneae): I. *Philodromus aureolus* group. *In*: Thaler K. Diversität und Biologie von Webspinnen, Skorpionen und anderen Spinnentieren. Denisia, 12: 305-326.

Nadolny A A, Kovblyuk M M. 2010. On two closely related wolf spider species *Alopecosa beckeri* (Thorell, 1875) and *A. taeniopus* (Kulczyński, 1895) (Aranei: Lycosidae). *Arthropoda Selecta*, 19: 237-247.

Nadolny A A, Kovblyuk M M. 2011. The spider genus *Pirata* Sundevall, 1833 (Aranei: Lycosidae) in Crimea and Abkhazia. *Arthropoda Selecta*, 20: 175-194.

Nadolny A A, Kovblyuk M M. 2012. Members of *Pardosa amentata* and *P. lugubris* species groups in Crimea and Caucasus with notes on *P. abagensis* (Aranei: Lycosidae). *Arthropoda Selecta*, 21: 67-80.

Nadolny A A, Ponomarev A V, Dvadnenko K V. 2012. A new wolf spider species in the genus *Alopecosa* Simon, 1885 (Araneae: Lycosidae) from eastern Europe. *Zootaxa*, 3484: 83-88.

Nadolny A A, Ponomarev A V, Kovblyuk M M, Dvadnenko K V. 2012. New data on *Pisaura novicia* (Aranei: Pisauridae) from eastern Europe. *Arthropoda Selecta*, 21: 255-267.

Nae A. 2012. *Carniella mihaili* (Georgescu, 1994)—new combination of genus and description of the male (Araneae, Theridiidae). *Trav. Inst. Spéol.* "*Émile Racovitza*", 51: 67-72.

Nakahira K. 1958. A color-changing spider. *Atypus*, 18: 7-9.

Nakahira K. 1977. Genetic polymorphism found in the species *Dolomedes sulfureus* L. Koch (Araneae: Pisauridae). *Acta Arachnologica*, *Tokyo*, 27(Spec. No.): 45-49.

Nakahira K. 1980. Subadults of spiders (*Dolomedes* and *Xysticus*). *Atypus*, 77: 26-29.

Nakatsudi K. 1942a. Arachnida from Izu-Sitito. *Journal of Agricultural Science Tokyo Nogyo Daigaku* (Nogyo Daigaku), 1: 287-332.

Nakatsudi K. 1942b. Spiders from Heiho Prefecture, North Manchuria, China. *Acta Arachnologica*, *Tokyo*, 7: 7-18.

Nakatsudi K. 1943a. Some Arachnida from Micronesia. *Journal of Agricultural Science Tokyo Nogyo Daigaku* (Nogyo Daigaku), 2: 147-180.

Nakatsudi K. 1943b. Some Arachnida from Is. Okinawa and Is. Amami-Ōsime. *Journal of Agricultural Science Tokyo Nogyo Daigaku* (Nogyo Daigaku), 2: 181-194.

Namkung J. 1964. Spiders from Chungjoo, Korea. *Atypus*, 33-34: 31-50.

Namkung J. 1985. Addition to spider fauna of Isl. Ulreng-do (Dagelet), Korea. *Korean Arachnology*, 1(2): 57-62.

Namkung J. 1992. A unrecorded spider of the genus *Agroeca* (Araneae: Liocranidae) from Korea. *Korean Arachnology*, 8: 95-100.

Namkung J. 2002. *The spiders of Korea*. Seoul: Kyo-Hak Publishing Co.: 648.

Namkung J. 2003. *The Spiders of Korea*. 2nd ed. Seoul: Kyo-Hak Publishing Co.: 648.

Namkung J, Im M S, Kim S T. 1994. Two newly recorded spiders of the genera *Araneus* Clerck and *Argiope* Audouin (Araneae: Araneidae) from Korea. *Korean Arachnology*, 10: 67-73.

Namkung J, Im M S, Kim S T. 1996. A rare species of the spider, *Steatoda phalerata* (Panzer, 1801) from Korea (Araneae: Theridiidae). *Acta Arachnologica*, *Tokyo*, 45: 15-18.

Namkung J, Kim J P. 1985. On the unreported species of *Cyrtarachne bufo* (Boes. et Str., 1906) (Arachnida, Araneae) from Korea. *Korean Arachnology*, 1(1): 23-25.

Namkung J, Kim J P. 1987. A new species of genus *Clubiona* (Araneae: Clubionidae) from Korea. *Korean Arachnology*, 3: 23-28.

Namkung J, Kim S T. 1999. Two orb weavers of the genus *Neoscona* (Araneae: Araneidae) from Korea. *Korean Journal of Applied Entomology*, 38:

213-216.

Namkung J, Kim S T, Lee J H. 2000. Revision of the fauna of Korean spiders (Arachnida: Araneae). *Insecta Koreana*, 17: 303-343.

Namkung J, Kim S T, Lim H Y. 1996. On a water spider, *Argyroneta aquatica* (Clerck, 1758) from Korea (Araneae: Argyronetidae). *Korean Arachnology*, 12(1): 111-117.

Namkung J, Lee K S. 1987. A new record spider of the genus *Mysmenella* Brignoli, 1980 (Araneae: Mysmenidae) from Korea. *Korean Arachnology*, 3: 45-49.

Namkung J, Paik N K, Lee M C. 1988. Spiders from the southern region of DMZ in Kangwon-do, Korea. *Korean Arachnology*, 4: 15-34.

Namkung J, Paik N K, Yoon K I. 1981. The spider fauna of Isl. Ulreng-do (Dagelet), Korea. *Korean Journal of Plant Protection*, 20: 51-58.

Namkung J, Paik W H, Yoon J K. 1971. Spiders from Kwangju, Cholla Namdo. *Korean Journal of Plant Protection*, 10: 49-53.

Namkung J, Paik W H, Yoon K I. 1972. The spider fauna of Mt. Jiri, Cholla-namdo, Korea. *Korean Journal of Plant Protection*, 11: 91-99.

Namkung J, Yoon K I. 1975. The spider fauna of Mt. Gamak, Paju-gun, Kyeonggi-do. *Korean Journal of Plant Protection*, 14: 37-42.

Namkung J, Yoon K I. 1980. The spider fauna of Mt. Seol-ak, Kangweon-do, Korea. *Korean Journal of Entomology*, 10: 19-28.

Nekhaeva A A. 2012. The first record of *Perregrinus deformis* (Tanasevitch, 1982) from Fennoscandia (Aranei, Linyphiidae). *Arthropoda Selecta*, 21: 81-83.

Nellist D R. 1980. Observations on the male palps of *Micrargus herbigradus* (Bl.) and *M. apertus* (O. P.-C.) (Araneae, Linyphiidae). *Bulletin of the British Arachnological Society*, 5: 39-42.

Nemenz H. 1956. Über der Artengruppen *Singa* und *Hyposinga* nebst Beschreibung einer neuen Art, *Singa phragmiteti* nov. spec. *Anzeiger der Österreichische Akademie der Wissenschaften, Mathematisch-Naturwissenschatliche Klasse*, 1956: 60-66.

Nemenz H. 1967. Einige interessante Spinnenfunde aus dem Neusiedlerseegebiet. *Anzeiger der Österreichische Akademie der Wissenschaften, Mathematisch-Naturwissenschatliche Klasse*, 104: 132-139.

Nemenz H, Pühringer G. 1973. Zur Taxonomie und Ökologie von *Singa phragmiteti* Nemenz 1956. *Sitzungsberichte der Österreichischen Akademie der Wissenschaften* (I), 181: 101-109.

Nenilin A B. 1984a. Materials on the fauna of the spider family Salticidae of the USSR. I. Catalog of the Salticidae of central Asia. *In*: *Fauna and Ecology of Arachnids*. University of Perm: 6-37.

Nenilin A B. 1984b. On the taxonomy of spiders of the family Salticidae of the fauna of the USSR and adjacent countries. *Zoologicheskiĭ Zhurnal*, 43: 1175-1180.

Nenilin A B. 1984c. Contribution to the knowledge of the spider family Salticidae from USSR. III. Salticidae of Kirghizia. *Entomologiceskie issledovanija v Kirgizii*, 17: 132-143.

Nenilin A B, Pestova M V. 1986. Spiders of the family Eresidae in the fauna of the USSR. *Zoologicheskiĭ Zhurnal*, 65: 1734-1736.

Nessler S H, Uhl G, Schneider J M. 2007. A non-sperm transferring genital trait under sexual selection: an experimental approach. *Proceedings of the Royal Society B, Biological Sciences*, 274: 2337-2341.

Nicolet A C. 1849. Aracnidos. *In*: Gay C. *Historia fisica y política de Chile*. Zoología, 3: 319-543.

Niculescu-Burlacu F. 1968. Contribuţii la studiul faunei de aranee din Pădurea Brăneşti. *Studii şi Cercetăride Biologie* (Zool.), 20: 89-94.

Nishikawa Y. 1974. Japanese spiders of the genus *Coelotes* (Araneae: Agelenidae). *Faculty of Letters Revue, Otemon Gakuin University*, 8: 173-182.

Nishikawa Y. 1977a. Spiders from Mino-o city, Osaka Prefecture. Studies for Nature Conservation and Restoration in Mino-o Dam Area, Osaka Prefecture: 350-391.

Nishikawa Y. 1977b. *Spider's thread. Comm. Book 61th Birthd*. Osaka: Dr. T. Yaginuma: 4-34.

Nishikawa Y. 1983. Spiders of the genus *Coelotes* (Araneae, Agelenidae) from the mountains of the Tôhoku District, northeast Japan. *Memoirs of the National Science Museum Tokyo*, 16: 123-136.

Nishikawa Y. 1995. A new ground-living spider of the genus *Coelotes* (Araneae, Agelenidae) from northern Vietnam. *Special Bulletin of the Japanese Society of Coleopterology*, 4: 139-142.

Nishikawa Y. 1999. A new eyeless agelenid spider from a limestone cave in Guangxi, south China. *Journal of the Speleological Society of Japan*, 24: 23-26.

Nishikawa Y, Ono H. 2004. On generic ramification in the spiders of Coelotinae. *Orthobula's Box*, 18: 4-5.

Noflatscher M T. 1991. Beiträge zur Spinnenfauna Südtirols-III: Epigäische Spinnen an Xerotherm-Standorten am Mitterberg, bei Neustift und Sterzing (Arachnida: Aranei). *Berichte des Naturwissenschaftlich-Medizinischen Vereins in Innsbruck*, 78: 79-92.

Noflatscher M T. 1993. Beiträge zur Spinnenfauna Südtirols-IV: Epigäische Spinnen am Vinschgauer Sonnenberg (Arachnida: Aranei). *Berichte des Naturwissenschaftlich-Medizinischen Vereins in Innsbruck*, 80: 273-294.

Noordam A P. 1992. Gnaphosidae (Araneae) of the Netherlands, drawings, some notes, and some thoughts about ant-mimicry. Published by the author, Groenesteeg 104, 2312 SR Leiden, Netherlands.

Nørgaard E. 1991. Edderkopper i hus og have. *Natur og Museum*, 30(3): 1-32.

Nosek A. 1904. Pavoukoviti clenovci Cerné Hory. (Arachnoidea montenigrina). *Sitzungsberichte der Königlichen Böhmischen Gesellschaft der Wissenschaften, Mathematisch-naturwissenschaftliche Klasse*, 1903(46): 1-4.

Nosek A. 1905. Araneiden, Opilionen und Chernetiden. *In*: Penther A, Zederbauer E. Ergebnisse einer naturwissenschaftlichen Reise zum Erdschias-Dagh (Kleinasien). *Annalen des Kaiserlich-Königlichen Naturhistorischen Hofmuseums in Wien*, 20: 114-154.

Odenwall E. 1901. Araneae nonnullae Sibiriae transbaicalensis. *Öfversigt af Finska Vetenskaps Societetens Förhandlingar*, 43: 255-273.

Ohlert E. 1865. Arachnologische Studien. *Programm zur öffentlichen Prüfung der Schüler der höheren Burgschule Königsberg*, 1865: 1-12.

Ohlert E. 1867. *Die Araneiden oder echten Spinnen der Provinz Preussen*. Leipzig: 1-172.

Ohno M, Yaginuma T. 1967. The spiders from the island Awashima, Niigata, Japan. *Journal of Tokyo University for General Education, Natural Sciences*, 8: 31-38.

Ohno M, Yaginuma T. 1968. The spiders from the islands of Niijima, Shikinejima, and Kôzushima, belonging to the Izu islands, Japan. *Journal of Tokyo University for General Education*, 10: 17-29.

Ohno M, Yaginuma T. 1969. The spider fauna of the Goto islands belonging to Kyushu, Japan. *Journal of Tokyo University for General Education (Nat. Sci.)*, 12: 7-24.

Ohno M, Yaginuma T. 1972. Materials for the distribution of Araneae in Japan (II). *Journal of Tokyo University for General Education, Natural Sciences*, 14: 51-64.

Oi R. 1957. On some spiders (including a new species) from Buttuji. *Acta Arachnologica, Tokyo*, 14: 45-50.

Oi R. 1958. Three new species of the six eyed spider. *Acta Arachnologica, Tokyo*, 15: 31-36.

Oi R. 1960a. Linyphiid spiders of Japan. *Journal of the Institute of Polytechnics Osaka City University*, 11(D): 137-244.

Oi R. 1960b. Seaside spiders from the environs of Seto Marine Biological Laboratory of Kyoto University. *Acta Arachnologica, Tokyo*, 17: 3-8.

Oi R. 1961. A supplementary note on *Lathys* (*Scotolathys*) *punctosparsa* Oi. *Acta Arachnologica, Tokyo*, 17: 33.

Oi R. 1964. A supplementary note on linyphiid spiders of Japan. *Journal of Biology, Osaka City University*, 15(D): 23-30.

Oi R. 1977. A new erigonid spider from Formosa. *Acta Arachnologica, Tokyo*, 27(Spec. No.): 23-26.

Oi R. 1979. New linyphiid spiders of Japan I (Linyphiidae). *Baika Literary Bulletin*, 16: 325-341.

Okuma C. 1968a. Two spiders new to fauna of Japan. *Acta Arachnologica, Tokyo*, 21: 40-42.

Okuma C. 1968b. Preliminary survey on the spider-fauna of the paddy fields in Thailand. *Mushi*, 42: 89-117.

Okuma C. 1976. A new record of a Japanese spider-*Tetragnatha ceylonica* Cambridge. *Atypus*, 67: 45-47.

Okuma C. 1977. A new species of the genus *Tetragnatha* (Araneae: Tetragnathidae) from the Ryukyus, Japan. *Acta Arachnologica, Tokyo*, 27(Spec. No.): 27-32.

Okuma C. 1979. A new species of the genus *Tetragnatha* (Araneae: tetragnathidae) from tropical Asia. *Esakia*, 14: 73-77.

Okuma C. 1983. New synonymies and new records of some cosmopolitan species of the genus *Tetragnatha* (Araneae: Tetragnathidae). *Esakia*, 20: 69-80.

Okuma C. 1984. Notes on the African species of *Tetragnatha* (Araneae: Tetragnathidae). *Esakia*, 22: 87-93.

Okuma C. 1987. A revision of the Australasian species of the genus *Tetragnatha* (Araneae, Tetragnathidae). *Esakia*, 25: 37-96.

Okuma C. 1988. A revision of the genus *Tetragnatha* Latreille (Araneae, Tetragnathidae) of Asia, Part I. *Journal of the Faculty of Agriculture Kyushu University*, 32: 165-181.

Okuma C. 1988a. Five new species of *Tetragnatha* from Asia (Araneae: Tetragnathidae). *Esakia*, 26: 71-77.

Okuma C. 1988b. A revision of the genus *Tetragnatha* Latreille (Araneae, Tetragnathidae) of Asia, Part II. *Journal of the Faculty of Agriculture Kyushu University*, 32: 183-213.

Okuma C. 1989. Distribution and subdivisional classification of the spider genus *Tetragnatha*. *In*: Nishikawa Y, Ono H. *Arachnological Papers Presented to Takeo Yaginuma on the Occasion of his Retirement*. Osaka: Osaka Arachnologists' Group: 53-62.

Okuma C. 1991. A new record of Japanese spider-*Dyschiriognatha dentata* Chu et Wen. *Heptathela*, 5(1): 15-18.

Okuma C. 1992. Notes on the Neotropical and Mexican species of *Tetragnatha* (Araneae: Tetragnathidae) with descriptions of three new species. *Journal of the Faculty of Agriculture Kyushu University*, 36: 219-243.

Okuma C. 1994. Spiders of the genera *Episinus* and *Moneta* from Japan and Taiwan, with descriptions of two new species of *Episinus* (Araneae: Theridiidae). *Acta Arachnologica, Tokyo*, 43: 5-25.

Okuma C, Dippenaar-Schoeman A S. 1988. *Tetragnatha* (Araneae: Tetragnathidae) in the collection of the Plant Protection Research Institute, Pretoria with a description of a new species. *Phytophylactica*, 20: 219-232.

Okuma C, Kamal N Q, Hirashima Y, Alam M Z, Ogata K. 1993. *Illustrated Monograph of the Rice Field Spiders of Bangladesh*. Institute of Postgraduate Studies in Agriculture (Salna, Gazipur, Bangladesh). Japan International Cooperation Agency Project Publication: 1, 93.

Okumura K I. 2008. The first record of *Spiricoelotes zonatus* (Peng & Wang 1997) (Araneae: Amaurobiidae) from Japan. *Acta Arachnologica, Tokyo*, 57: 1-3.

Okumura K, Shimojana M, Nishikawa Y, Ono H. 2009. Coelotidae. *In*: Ono H. *The Spiders of Japan with Keys to the Families and Genera and Illustrations of the Species*. Kanagawa: Tokai University Press: 174-205.

Oliger T I. 1981. On the spider fauna of the Laso State Reservation. *In*: Spiders and insects of the USSR Far East. Vladivostok: 3-10.

Oliger T I. 1983a. New species of spiders of the families Lycosidae and Araneidae from the Lazovsky State Reserve. *Zoologicheskiĭ Zhurnal*, 62: 303-305.

Oliger T I. 1983b. New species of spider families (Pholcidae, Clubionidae, Agelenidae) from the Lazovsky State Reserve. *Zoologicheskiĭ Zhurnal*, 62: 627-629.

Oliger T I. 1984. Materials for the spiders of the Lazo National Forest. *In*: Fauna and Ecology of Arachnids. University of Perm: 120-127.

Oliger T I. 1993. A new *Hypsosinga* Ausserer, 1871 (Aranei Araneidae) from the Maritime Province, Russia. *Arthropoda Selecta*, 2(3): 65-66.

Oliger T I. 1998. The spider genus *Pholcus* Walckenaer, 1805, in the Maritime Province, Russian Far East (Aranei: Pholcidae). *Arthropoda Selecta*, 7: 111-115.

Olivier G A. 1789. Araignée, Aranea. *Encyclopédie Méthodique, Histoire Naturelle, Insectes, Paris*, 4: 173-240.

Oltean C. 1962. Contribution à la connaissance de la répartition des aranéides dans les régions de Bucarest et de Dobrogea. Studii şi Cercetăride Biologie, Seria Biologie Animală, 4: 575-584.

Oltean C. 1968. Contributions à la connaissance des clubionides de Roumanie. *Analele Universitatii Bucuresti Seria Stiintele naturii, Biologie*, 17: 59-65.

Omelko M M, Marusik Y M. 2012. A review of the *Haplodrassus montanus*-group (Aranei: Gnaphosidae) in the east Paleartic and preliminary grouping of the genus. *Arthropoda Selecta*, 21: 339-348.

Omelko M M, Marusik Y M, Koponen S. 2011. A survey of the east Palearctic Lycosidae (Aranei). 8. The genera *Pirata* Sundevall, 1833 and *Piratula* Roewer, 1960 in the Russian Far East. *Arthropoda Selecta*, 20: 195-232.

Ono H. 1975. Spiders from Nikko region, Tochigi Prefecture. *Atypus*, 64: 7-26.

Ono H. 1977. Thomisidae aus Japan I. Das Genus *Tmarus* Simon (Arachnida: Araneae). *Acta Arachnologica, Tokyo*, 27(Spec. No.): 61-84.

Ono H. 1978. Thomisidae aus Japan II. Das Genus *Oxytate* L. Koch 1878 (Arachnida: Araneae). *Senckenbergiana Biologica*, 58: 245-251.

Ono H. 1979. Thomisidae aus dem Nepal-Himalaya. II. Das Genus *Lysiteles* Simon 1895 (Arachnida: Araneae). *Senckenbergiana Biologica*, 60: 91-108.

Ono H. 1980a. Thomisidae aus Japan III. Das Genus *Lysiteles* Simon 1895 (Arachnida: Araneae). *Senckenbergiana Biologica*, 60: 203-217.

Ono H. 1980b. Thomisidae aus dem Nepal-Himalaya. III. Das Genus *Stiphropus* Gerstaecker 1873, mit Revision der asiatischen Arten (Arachnida: Araneae). *Senckenbergiana Biologica*, 61: 57-76.

Ono H. 1981a. The distribution and phylogeny of the Japanese crab-spider *Xysticus ephippiatus* Simon, 1880 (Araneae: Thomisidae). *Kishidaia*, 47: 69-75.

Ono H. 1981b. Revision Japanischer Spinnen I. Synonymie einiger Arten der Familien Theridiidae, Araneidae, Tetragnathidae und Agelenidae (Arachnida: Araneae). *Acta Arachnologica, Tokyo*, 30: 1-7.

Ono H. 1984. The Thomisidae of Japan IV. *Boliscus* Thorell, 1891 (Arachnida, Araneae), a genus new to the Japanese fauna. *Bulletin of the National Museum of Nature and Science Tokyo* (A), 10: 63-71.

Ono H. 1985a. Revision einiger Arten der Familie Thomisidae (Arachnida, Araneae) aus Japan. *Bulletin of the National Museum of Nature and Science Tokyo*

(A), 11: 19-39.

Ono H. 1985b. The Thomisidae of Japan V. *Monaeses* Thorell, 1869, and its new junior synonym, *Mecostrabus* Simon, 1903 (Arachnida, Araneae). *Bulletin of the National Museum of Nature and Science Tokyo* (A), 11: 91-97.

Ono H. 1985c. Eine Neue Art der Gattung *Misumenops* F. O. Pickard-Cambridge, 1900, aus Japan (Araneae: Thomisidae). *Proceedings of the Japanese Society of Systematic Zoology*, 31: 14-19.

Ono H. 1986a. Spiders of the families Clubionidae, Gnaphosidae and Thomisidae from the Noto Peninsula and the southern part of Ishikawa Prefecture, Japan. *Memoirs of the National Science Museum Tokyo*, 19: 167-174.

Ono H. 1986b. A new spider of the group of *Clubiona corticalis* (Araneae, Clubionidae) found in Japan. *In*: *Entomological Papers Presented to Yoshihiko Kurosawa on the Occasion of his Retirement*. Tokyo: 19-25.

Ono H. 1988. *A revisional study of the spider family Thomisidae (Arachnida, Araneae) of Japan*. Tokyo: National Science Museum: ii + 252 pp.

Ono H. 1989. New species of the genus *Clubiona* (Araneae, Clubionidae) from Iriomotejima Island, the Ryukyus. *Bulletin of the National Museum of Nature and Science Tokyo*, 15(A): 155-166.

Ono H. 1992a. Occurrence of the genus *Xysticus* (Araneae, Thomisidae) in Taiwan. *Bulletin of the National Museum of Nature and Science Tokyo*, 18(A): 35-40.

Ono H. 1992b. Two new species of the families Araneidae and Clubionidae (Arachnida, Araneae) from Taiwan. *Bulletin of the National Museum of Nature and Science Tokyo*, 18(A): 121-126.

Ono H. 1993a. An interesting new crab spider (Araneae, Thomisidae) from Malaysia. *Bulletin of the National Museum of Nature and Science Tokyo*, 19(A): 87-92.

Ono H. 1993b. Spiders of the genus *Clubiona* (Araneae, Clubionidae) from eastern Hokkaido, Japan. *Memoirs of the National Science Museum Tokyo*, 26: 89-94.

Ono H. 1994a. Two species of the spider genus *Clubiona* (Araneae: Clubionidae) new to the Japanese fauna. *Acta Arachnologica*, *Tokyo*, 43: 37-41.

Ono H. 1994b. Spiders of the genus *Clubiona* from Taiwan (Araneae: Clubionidae). *Acta Arachnologica*, *Tokyo*, 43: 71-85.

Ono H. 1994c. Gnaphosid spiders mainly from the Daisetsuzan Mountains, Hokkaido, Japan. *Acta Arachnologica*, *Tokyo*, 43: 183-191.

Ono H. 1995a. A new spitting spider (Arachnida, Araneae, Scytodidae) from a cave in central Thailand. *Special Bulletin of the Japanese Society of Coleopterology*, 4: 131-138.

Ono H. 1995b. Four East Asian spiders of the families Eresidae, Araneidae, Thomisidae and Salticidae (Arachnida, Araneae). *Bulletin of the National Museum of Nature and Science Tokyo*, 21(A): 157-169.

Ono H. 1996. New records of two Korean species of the spider families Mimetidae and Thomisidae (Araneae) from Japan. *Acta Arachnologica*, *Tokyo*, 45: 19-24.

Ono H. 2000. Zoogeographic and taxonomic notes on spiders of the subfamily Heptathelinae (Araneae, Mesothelae, Liphistiidae). *Memoirs of the National Science Museum Tokyo*, *Series A*, *Zoology*, 33: 145-151.

Ono H. 2001a. Notes on three species of trapdoor spiders (Araneae, Liphistiidae and Ctenizidae) from Japan. *Bulletin of the National Museum of Nature and Science Tokyo (A)*, 27: 151-157.

Ono H. 2001b. Crab spiders of the family Thomisidae from the Kingdom of Bhutan (Arachnida, Araneae). *Entomologica Basiliensis*, 23: 203-236.

Ono H. 2002a. New and remarkable spiders of the families Liphistiidae, Argyronetidae, Pisauridae, Theridiidae and Araneidae (Arachnida) from Japan. *Bulletin of the National Museum of Nature and Science Tokyo (A)*, 28: 51-60.

Ono H. 2002b. Notes on the Japanese red back spider and American black widows. *Orthobula's Box*, 11: 3-6.

Ono H. 2002c. New species of crab spiders (Araneae, Thomisidae) from Japan. *Bulletin of the National Museum of Nature and Science Tokyo (A)*, 28: 201-210.

Ono H. 2004. Spiders of the family Zodariidae (Araneae) from Dambri, Lam Dong Province, southern Vietnam. *Bulletin of the National Museum of Nature and Science Tokyo (A)*, 30: 67-75.

Ono H. 2006a. Spiders from the coastal areas of the Sagami Sea, Japan (Arachnida, Araneae). *Memoirs of the National Science Museum Tokyo*, 42: 255-274.

Ono H. 2006b. Spiders (Arachnida, Araneae) from gardens and moats of the Imperial Palace, Tokyo, Japan. Results of the faunistic investigation carried out between 2001 and 2005. *Memoirs of the National Science Museum Tokyo*, 43: 407-418.

Ono H. 2007. Eight new species of the families Hahniidae, Theridiidae, Linyphiidae and Anapidae (Arachida, Araneae) from Japan. *Bulletin of the National Museum of Nature and Science Tokyo (A)*, 33: 153-173.

Ono H. 2009a. *The Spiders of Japan with Keys to the Families and Genera and Illustrations of the Species*. Kanagawa: Tokai University Press: xvi+739 pp.

Ono H. 2009b. A new species of the genus *Sinanapis* (Araneae: Anapidae) from Lam Dong province, southern Vietnam. *Contributions to Natural History*, 12: 1021-1028.

Ono H. 2011. Spiders (Arachnida, Araneae) of the Ogasawara Islands, Japan. *Memoirs of the National Museum of Nature and Science Tokyo*, 47: 435-470.

Ono H, Ban M. 2009. Oxyopidae, Philodromidae. *In*: Ono H. *The Spiders of Japan with Keys to the Families and Genera and Illustrations of the Species*. Kanagawa: Tokai University Press: 249-250, 476-481.

Ono H, Chang Y H, Tso I M. 2007. Three new spiders of the families Theridiidae and Anapidae (Araneae) from southern Taiwan. *Memoirs of the National Science Museum Tokyo*, 44: 71-82.

Ono H, Hayashi T. 2009. Clubionidae. *In*: Ono H. *The Spiders of Japan with Keys to the Families and Genera and Illustrations of the Species*. Kanagawa: Tokai University Press: 532-546.

Ono H, Ikeda H, Kono R. 2009. Salticidae. *In*: Ono H. *The Spiders of Japan with Keys to the Families and Genera and Illustrations of the Species*. Kanagawa: Tokai University Press: 558-588.

Ono H, Kumada K, Sadamoto M, Shinkai E. 1991. Spiders from the northernmost areas of Hokkaido, Japan. *Memoirs of the National Science Museum Tokyo*, 24: 81-103.

Ono H, Martens J. 2005. Crab spiders of the families Thomisidae and Philodromidae (Arachnida: Araneae) from Iran. *Acta Arachnologica*, *Tokyo*, 53: 109-124.

Ono H, Marusik Y M, Logunov D V. 1990. Spiders of the family Thomisidae from Sakhalin and the Kurile Islands. *Acta Arachnologica*, *Tokyo*, 39: 7-19.

Ono H, Matsuda M. 2003. Discovery of *Oxyptila atomaria* (Araneae: Thomisidae) from Japan. *Acta Arachnologica*, *Tokyo*, 52: 79-81.

Ono H, Matsuda M, Saito H. 2009. Linyphiidae, Pimoidae. *In*: Ono H. *The Spiders of Japan with Keys to the Families and Genera and Illustrations of the*

Species. Kanagawa: Tokai University Press: 253-344.

Ono H, Mizuyama E. 2001. Spiders from Uéno-kôen, Taitô-ku, Tokyo, Japan, first report (Arachnida, Araneae). *Kishidaia*, 81: 43-52.

Ono H, Ogata K. 2009. Titanoecidae, Dictynidae. *In*: Ono H. *The Spiders of Japan with Keys to the Families and Genera and Illustrations of the Species*. Kanagawa: Tokai University Press: 132-139.

Ono H, Shinkai E. 1988. Notes on the Japanese sandy-beach spider, *Lycosa ishikariana* (Araneae, Lycosidae), based upon fresh topotypical specimens. *Memoirs of the National Science Museum Tokyo*, 21: 131-135.

Ono H, Song D. 1986. A new Sino-Japanese species of the genus *Cupa* (Araneae, Thomisidae) from the coastal areas of the East China Sea. *Bulletin of the National Museum of Nature and Science Tokyo*, 12(A): 25-29.

Ono H, Song D X. 1989. Discovery of the strophiine genus *Simorcus* (Araneae: Thomisidae) in Asia. *In*: Nishikawa Y, Ono H. Arachnological Papers Presented to Takeo Yaginuma on the Occasion of his Retirement. Osaka: Osaka Arachnologists' Group: 117-122.

Ono J, Shinkai E. 2001. Spiders from the garden of the Institute for Nature Study, Shirogane, Tokyo, Japan (Arachnida, Araneae). *Reports of the Institute for Nature Study, Tokyo (Miscellaneous reports of the National Park for Nature Study)*, 33: 173-200.

Opell B D. 1979. Revision of the genera and tropical American species of the spider family Uloboridae. *Bulletin of the Museum of Comparative Zoology at Harvard College*, 148: 443-549.

Opell B D. 1981. New Central and South American Uloboridae (Arachnida, Araneae). *Bulletin of the American Museum of Natural History*, 170: 219-228.

Opell B D. 1984. Phylogenetic review of the genus *Miagrammopes* (sensu lato) (Araneae, Uloboridae). *Journal of Arachnology*, 12: 229-240.

Opell B D, Beatty J A. 1976. The Nearctic Hahniidae (Arachnida: Araneae). *Bulletin of the Museum of Comparative Zoology at Harvard College*, 147: 393-433.

Osterloh A. 1922. Beiträge zur Kenntnis des Kopulationsapparates einiger Spinnen. *Zeitschrift für Wissenschaftliche Zoologie*, 119: 326-421.

Otto J C, Hill D E. 2012. Notes on *Maratus* Karsch 1878 and related jumping spiders from Australia, with five new species (Araneae: Salticidae: Euophryinae). *Peckhamia*, 103. 1: 1-81.

Ovsyannikov A G. 1937. Contribution to the fauna of spiders of the Kursk province. *Uchenye Zapiski, Permskii Gosudarstvennyi Universitet M. Gorkogo*, 3: 89-93.

Ovtchinnikov S V. 1988. Materials on spider fauna of the superfamily Amaurobioidea of Kirghizia. *Entomologiceskie issledovanija v Kirgizii*, 19: 139-152.

Ovtchinnikov S V. 1999. On the supraspecific systematics of the subfamily Coelotinae (Araneae, Amaurobiidae) in the former USSR fauna. *Tethys Entomological Research*, 1: 63-80.

Ovtsharenko V I. 1979. Spiders of the families Gnaphosidae, Thomisidae, Lycosidae (Aranei) in the Great Caucasus. *Trudy Zoologieskogo Instituta Akademija Nauk SSSR*, 85: 39-53.

Ovtsharenko V I, Fet V Y. 1980. Fauna and ecology of spiders (Aranei) of Badhyz (Turkmenian SSR). *Entomologicheskoe Obozrenie*, 59: 442-447.

Ovtsharenko V I, Marusik Y M. 1988. Spiders of the family Gnaphosidae (Aranei) of the north-east of the USSR (the Magadan Province). *Entomologicheskoe Obozrenie*, 67: 204-217.

Ovtsharenko V I, Marusik Y M. 1992. Taxonomical notes on spiders (Araneae), described by A. Grube. *Trudy Zoologieskogo Instituta Akademija Nauk SSSR*, 226: 70-73.

Ovtsharenko V I, Marusik Y M. 1996. Additional data on the spiders of the family Gnaphosidae (Aranei) of the north-east of Asia. *In*: *Entomological Studies in the North-East of the USSR*. Vladivostok: USSR Academy of Sciences, Institute of Biological Problems of the North: 114-130. (dated "1991," first distributed March, 1996).

Ovtsharenko V I, Platnick N I, Marusik Y M. 1995. A review of the Holarctic ground spider genus *Parasyrisca* (Araneae, Gnaphosidae). *American Museum Novitates*, 3147: 1-55.

Ovtsharenko V I, Platnick N I, Song D X. 1992. A review of the North Asian ground spiders of the genus *Gnaphosa* (Araneae, Gnaphosidae). *Bulletin of the American Museum of Natural History*, 212: 1-88.

Özdikmen H. 2007. Nomenclatural changes for seven preoccupied spider genera (Arachnida: Araneae). *Munis Entomology and Zoology*, 2: 137-142.

Özkütük R S, Elverici M, Kunt K B, Yağmur E A. 2013a. Faunistic notes on the cybaeid spiders of Turkey (Araneae: Cybaeidae). *Journal of Applied Biological Sciences*, 7: 71-77.

Özkütük R S, Kunt K B, Elverici M. 2012. *Dictyna uncinata* Thorell 1856, a new record for spider fauna of Turkey (Araneae: Dictynidae). *Biological Diversity & Conservation*, 5(3): 24-27.

Özkütük R S, Kunt K B, Elverici M. 2013. First record of *Centromerus albidus* Simon, 1929 from Turkey (Araneae: Linyphiidae). *Munis Entomology and Zoology*, 8(1): 502-504.

Özkütük R S, Marusik Y M, Danişman T, Kunt K B, Yağmur E A, Elverici M. 2013b. Genus *Scytodes* Latreille, 1804 in Turkey (Araneae, Scytodidae). *Hacettepe Journal of Biology and Chemistry*, 41: 9-20.

Paik K Y. 1942. A list of spiders from Miyazaki Prefecture. *Acta Arachnologica, Tokyo*, 7: 99-109.

Paik K Y. 1957. On fifteen unrecorded spiders from Korea. *Korean Journal of Biology*, 2: 43-47.

Paik K Y. 1958. A new spider of the genus *Neoantistea*. *Theses collection of Kyungpook University*, 3: 283-292.

Paik K Y. 1962. Spiders of Mt. So-Paik, Korea. *Atypus*, 26-27: 74-78.

Paik K Y. 1965a. Taxonomical studies of linyphiid spiders from Korea. *Educational Journal of the Teacher's College Kyungpook National University*, 3: 58-76.

Paik K Y. 1965b. Korean Agelenidae of the genus *Agelena*. *Korean Journal of Zoology*, 8: 55-66.

Paik K Y. 1965c. Five new species of linyphiid spiders from Korea. *Theses collection of Kyungpook University*, 9: 23-32.

Paik K Y. 1966. Korean Amaurobiidae of genera *Amaurobius* and *Titanoeca*. *Theses collection of Kyungpook University*, 10: 53-61.

Paik K Y. 1967. The Mimetidae (Araneae) of Korea. *Theses collection of Kyungpook University*, 11: 185-196.

Paik K Y. 1968. The Heteropodidae (Araneae) of Korea. *Theses collection of Kyungpook University*, 12: 167-185.

Paik K Y. 1969a. The Pisauridae of Korea. *Educational Journal of the Teacher's College Kyungpook National University*, 10: 28-66.

Paik K Y. 1969b. The Oxyopidae (Araneae) of Korea. *Theses collection commemorating the 60th Birthday of Dr. In Sock Yang*: 105-127.

Paik K Y. 1970. Spiders from Geojae-do Isl., Kyungnam, Korea. *Theses Collection of the Graduate School of Education of Kyungpook National University*, 1: 83-93.

Paik K Y. 1971a. Korean spiders of genus *Coras* (Araneae, Agelenidae). *Korean Journal of Zoology*, 14: 7-18.
Paik K Y. 1971b. Korean spiders of genus *Tegenaria* (Araneae, Agelenidae). *Korean Journal of Zoology*, 14: 19-26.
Paik K Y. 1971c. Supplemental description of *Coelotes songminjae*. *Educational Journal of the Teacher's College Kyungpook National University*, 13: 171-175.
Paik K Y. 1973a. Three new species of genus *Xysticus* (Araneae, Thomisidae). *Research Review of Kyungpook National University*, 17: 105-116.
Paik K Y. 1973b. Korean spiders of genus *Tmarus* (Araneae, Thomisidae). *Theses Collection of the Graduate School of Education of Kyungpook National University*, 4: 79-89.
Paik K Y. 1974. Korean spiders of genus *Oxyptila* (Araneae, Thomisidae). *Educational Journal of the Teacher's College Kyungpook National University*, 16: 119-131.
Paik K Y. 1975. Korean spiders of genus *Xysticus* (Araneae: Thomisidae). *Educational Journal Kyungpook University Korea*, 17: 173-186.
Paik K Y. 1976a. Five new spiders of genus *Coelotes* (Araneae: Agelenidae). *Educational Journal of the Teacher's College Kyungpook National University*, 18: 77-88.
Paik K Y. 1976b. Report on the scientific survey of Bulyeonga Valley, 4. *Reports of the Korean Association for Conservation of Nature*, 10: 82-90.
Paik K Y. 1978a. On the two spiders of Oonopidae and Loxoscelidae. *Research Review of Kyungpook National University*, 25/26: 571-576.
Paik K Y. 1978b. Araneae. *Illustrated Fauna and Flora of Korea*, 21: 1-548.
Paik K Y. 1979a. Four species of the genus *Thanatus* (Araneae: Thomisidae) from Korea. *Journal of the Graduate School of Education, Kyungpook National University*, 11: 117-131.
Paik K Y. 1979b. Korean spiders of family Dictynidae. *Research Review of Kyungpook National University*, 27: 419-431.
Paik K Y. 1979c. Korean spiders of the genus *Philodromus* (Araneae: Thomisidae). *Research Review of Kyungpook National University*, 28: 421-452.
Paik K Y. 1984. A new genus and species of gnaphosid spider from Korea. *Acta Arachnologica, Tokyo*, 32: 49-53.
Paik K Y. 1985a. Three new species of clubionid spiders from Korea. *Korean Arachnology*, 1(1): 1-11.
Paik K Y. 1985b. Korean spiders of the genus *Oxytate* L. Koch, 1878 (Thomisidae: Araneae). *Korean Arachnology*, 1(2): 29-42.
Paik K Y. 1985c. Studies on the Korean salticid (Araneae) I. A number of new record species from Korea and South Korea. *Korean Arachnology*, 1(2): 43-56.
Paik K Y. 1985d. One new and two unrecorded species of linyphiid (s. l.) spiders from Korea. *Journal of the Institute of Natural Sciences, Keimyung University*, 4: 57-66.
Paik K Y. 1986a. Korean spiders of the genus *Drassyllus* (Araneae; Gnaphosidae). *Korean Arachnology*, 2(1): 3-13.
Paik K Y. 1986b. Korean spiders of the genera Zelotes, Trachyzelotes and Urozelotes (Araneae: Gnaphosidae). *Korean Arachnology*, 2(2): 23-46.
Paik K Y. 1987. Studies on the Korean salticid (Araneae) III. Some new record species from Korea or South Korea and supplementary describe for two species. *Korean Arachnology*, 3: 3-21.
Paik K Y. 1988a. Korean spiders of the genus *Alopecosa* (Araneae: Lycosidae). *Korean Arachnology*, 4: 85-111.
Paik K Y. 1988b. Korean spiders of the genus *Lycosa* (Araneae: Lycosidae). *Korean Arachnology*, 4: 113-126.
Paik K Y. 1989. Korean spiders of the genus *Gnaphosa* (Araneae: Gnaphosidae). *Korean Arachnology*, 5: 1-22.
Paik K Y. 1990a. Korean spiders of the genus *Clubiona* (Araneae: Clubionidae) I. Description of eight new species and five unrecorded species from Korea. *Korean Arachnology*, 5: 85-129.
Paik K Y. 1990b. Korean spiders of the genus *Cheiracanthium* (Araneae: Clubionidae). *Korean Arachnology*, 6: 1-30.
Paik K Y. 1990c. Korean spiders of the genus *Clubiona* (Araneae: Clubionidae) II. On the clubionid spiders reported from Korea before the report I. *Korean Arachnology*, 6: 63-89.
Paik K Y. 1990d. Korean spider of the genus *Itatsina* (Araneae: Clubionidae) from Korea. *Korean Arachnology*, 6: 107-114.
Paik K Y. 1991a. Korean spiders of the genus *Phrurolithus* (Araneae: Clubionidae). *Korean Arachnology*, 6: 171-196.
Paik K Y. 1991b. Korean spiders of the genus *Trachelas* (Araneae: Clubionidae). *Korean Arachnology*, 6: 197-206.
Paik K Y. 1991c. Korean spiders of the genus *Castianeira* (Araneae: Clubionidae). *Korean Arachnology*, 6: 255-261.
Paik K Y. 1991d. Korean spiders of the genus *Drassodes* (Araneae: Gnaphosidae). *Korean Arachnology*, 7: 43-59.
Paik K Y. 1991e. Korean spiders of the genus *Ceto* (Araneae: Clubionidae). *Korean Arachnology*, 6: 263-267.
Paik K Y. 1991f. Four new species of the linyphiid spiders from Korea (Araneae: Linyphiidae). *Korean Arachnology*, 7: 1-17.
Paik K Y. 1991g. Korean spider of the genus *Poecilochroa* (Araneae: Gnaphosidae). *Korean Arachnology*, 7: 67-72.
Paik K Y. 1992a. A new genus of the family Clubionidae (Arachnida, Araneae) from Korea. *Korean Arachnology*, 8: 7-12.
Paik K Y. 1992b. The second reports of the genus *Zelotes* (Araneae: Gnaphosidae) from Korea. *Korean Arachnology*, 7: 145-158.
Paik K Y. 1992c. Korean spider of the genus *Odontodrassus* (Araneae: Gnaphosidae). *Korean Arachnology*, 7: 163-167.
Paik K Y. 1992d. A new record spider of the genus *Micaria* (Araneae: Gnaphosidae) from Korea. *Korean Arachnology*, 7: 169-177.
Paik K Y. 1992e. Korean spiders of the genus *Cladothela* Kishida, 1928 (Araneae; Gnaphosidae). *Korean Arachnology*, 8: 33-45.
Paik K Y. 1992f. Korean spiders of the genus *Drassyllus* (Araneae: Gnaphosidae) II. *Korean Arachnology*, 8: 67-78.
Paik K Y. 1992g. Korean spiders of the genus *Haplodrassus* (Araneae: Gnaphosidae) II. *Korean Arachnology*, 8: 85-93.
Paik K Y. 1992h. Three new species of the genus *Poecilochroa* (Araneae: Gnaphosidae) from Korea. *Korean Arachnology*, 7: 117-130.
Paik K Y. 1994a. Korean spiders of the genus *Trochosa* C. L. Koch, 1848 (Araneae: Lycosidae). *Korean Arachnology*, 10: 7-22.
Paik K Y. 1994b. Korean spiders of the genus *Arctosa* C. L. Koch, 1848 (Araneae: Lycosidae). *Korean Arachnology*, 10: 36-65.
Paik K Y. 1994c. Korean spider of the genus *Xerolycosa* Dahl, 1908 (Araneae: Lycosidae). *Korean Arachnology*, 10: 75-81.
Paik K Y. 1995a. Korean spiders of the genus *Steatoda* (Araneae: Theridiidae). I. *Korean Arachnology*, 11(1): 1-14.
Paik K Y. 1995b. Spiders from the island Ulleung-do, Korea II.-with description of one new species and one unrecorded species from Korea. *Korean Arachnology*, 11(1): 43-54.
Paik K Y. 1995c. Korean spiders of the genus *Dipoena* (Araneae: Theridiidae). I. *Korean Arachnology*, 11(1): 29-37.
Paik K Y. 1996a. Korean spiders of the genus *Spermophora* Hentz, 1841 (Araneae: Pholcidae). *Korean Arachnology*, 12(1): 21-27.
Paik K Y. 1996b. Korean spider of the genus *Anelosimus* Simon, 1891 (Araneae: Theridiidae). *Korean Arachnology*, 12(1): 33-44.
Paik K Y. 1996c. Two new species and a new record spider of the genus *Theridion* (Araneae: Theridiidae) from Korea. *Korean Arachnology*, 12(2): 7-15.
Paik K Y. 1996d. A newly record species of the genus *Nesticus* Thorell, 1869 (Araneae: Nesticidae) from Korea. *Korean Arachnology*, 12(2): 71-75.

Paik K Y, Kang J M. 1988. Spiders from the island Ullungdo, Korea. *Korean Arachnology*, 4: 47-70.

Paik K Y, Kim J P. 1989. A redescription of *Gnaphosa koreae* Strand, 1907 (Araneae: Gnaphosidae) based on the holotype. *Korean Arachnology*, 5: 39-42.

Paik K Y, Sohn S R. 1984. The Korean spiders of the genus *Haplodrassus* Chamberlin, 1922 (Araneae: Gnaphosidae). *Journal of the Institute of Natural Sciences, Keimyung University*, 3: 105-112.

Paik K Y, Yaginuma T, Namkung J. 1969. Results of the speleological survey in South Korea 1966 XIX. Cave-dwelling spiders from the southern part of Korea. *Bulletin of the National Museum of Nature and Science Tokyo*, 12: 795-844.

Paik W H, Namkung J. 1979. *Studies on the rice paddy spiders from Korea*. Seoul National Univ.: 101.

Pajunen T. 2009. *Thanatus arcticus* Thorell, 1872 (Araneae, Philodromidae), an addition to Finnish spider fauna. *Memoranda Societatis pro Fauna et Flora Fennica*, 85: 86-87.

Pajunen T, Terhivuo J, Koponen S. 2008. Contributions to anthropochorous spiders (Araneae) in Finland. *Memoranda Societatis pro Fauna et Flora Fennica*, 84: 110-116.

Pakhorukov N M. 1981. Spiders of the fam. Linyphiidae of the USSR forest fauna. *In*: *Fauna and ecology of insects*. University of Perm: 71-85.

Pakhorukov N M, Utochkin A S. 1977a. Four new for the USSR spider (Aranei) species from the northern Urals. *Vestnik Zoologii*, 1977(4): 91-92.

Pakhorukov N M, Utochkin A S. 1977b. Little known and new for the fauna of the USSR species of spiders of the family Linyphiidae (Aranei) from the northern Ural. *Entomologicheskoe Obozrenie*, 56: 907-911.

Pallas P S. 1771. *Reise durch verschiedene Provinzen des russischen Reiches*. St. Petersburg, vol. 1: 384, Anhang: 32. (Araneae, p. 24).

Pallas P S. 1772. Spicilegia zoologica Tomus 1. Continens quadrupedium, avium, amphibiorum, piscium, insectorum, molluscorum aliorumque marinorum fasciculos decem. *Berolini*, 1(9), 44-50.

Pallas P S. 1773. *Reise durch verschiedene Provinzen des russischen Reiches*. St. Petersburg, vol. 2: 464, Anhang: 51. (Araneae, p. 36).

Palmgren P. 1939. Die Spinnenfauna Finnlands. I. Lycosidae. *Acta Zoologica Fennica*, 25: 1-86.

Palmgren P. 1943. Die Spinnenfauna Finnlands II. *Acta Zoologica Fennica*, 36: 1-115.

Palmgren P. 1972. Studies on the spider populations of the surroundings of the Tvärminne Zoological Station, Finland. *Commentationes Biologicae*, 52: 1-133.

Palmgren P. 1974a. Die Spinnenfauna Finnlands und Ostfennoskandiens. IV. Argiopidae, Tetragnathidae und Mimetidae. *Fauna Fennica*, 24: 1-70.

Palmgren P. 1974b. Die Spinnenfauna Finnlands und Ostfennoskandiens. V. Theridiinae und Nesticidae. *Fauna Fennica*, 26: 1-54.

Palmgren P. 1975. Die Spinnenfauna Finnlands und Ostfennoskandiens VI: Linyphiidae 1. *Fauna Fennica*, 28: 1-102.

Palmgren P. 1976. Die Spinnenfauna Finnlands und Ostfennoskandiens. VII. Linyphiidae 2. *Fauna Fennica*, 29: 1-126.

Palmgren P. 1977. Die Spinnenfauna Finnlands und Ostfennoskandiens. VIII. Argyronetidae, Agelenidae, Hahniidae, Dictynidae, Amaurobiidae, Titanoecidae, Segestriidae, Pholcidae und Sicariidae. *Fauna Fennica*, 30: 1-50.

Palmgren P. 1982. Ecology of the spiders *Walckenaeria (Wideria) alticeps* (Denis), new to Finland, and *W.* (*W.*) *antica* (Wider) (Araneae, Linyphiidae). *Annales Zoologici Fennici*, 19: 199-200.

Palmgren P. 1983. Die *Philodromus aureolus*-Gruppe und die *Xysticus cristatus*-Gruppe (Araneae) in Finnland. *Annales Zoologici Fennici*, 20: 203-206.

Pan J. 1995. Study on the biology of *Pardosa venatrix* (Lucas) (Araneida: Lycosidae). *Acta Arachnologica Sinica*, 4: 144-145.

Pan J A. 2003. An elementary probe into the biological habit of Atypus heterothecua [sic] Zhang. *Journal of the Southeast Guizhou National Teacher's College*, 21: 35.

Pan Z C, Zhang Y J. 2001. *Phrynarachne katoi* Tikuni, 1995 a new recorded species from China (Araneae: Thomisidae). *Acta Arachnologica Sinica*, 10(1): 16-17.

Panzer G E W. 1793. *Fauna insectorum germaniae initia. Deutschlands Insekten*. Regensburg, hft. 4 (Araneae, fol. 23, 24).

Panzer G E W. 1797. *Fauna insectorum germaniae initia. Deutschlands Insekten*. Regensburg, hft. 40 (Araneae, fol. 21, 22).

Panzer G E W. 1801. *Fauna insectorum germaniae initia. Deutschlands Insekten*. Regensburg, hft. 74 (fol. 19, 20), 78 (fol. 21), 83 (fol. 21).

Panzer G W F. 1804a. *Faunae insectorum germanicae initia. Deutschlands Insekten*. Regensburg, hft. 85 (fol. 22), 86 (fol. 21-22).

Panzer G W F. 1804b. Systematische Nomenklatur über weiland Herrn Dr. Jacob Christian Schäffers natürlich ausgemahlte Abbildungen regensburgischer Insekten. *In*: Herrich-Schäffer J C. *Icones insectorum circa ratisbonensium, Editio nova*. Erlangen 4: 1-260.

Paquin P, Dupérré N. 2003. Guide d'identification des araignées de Québec. *Fabreries, Supplement*, 11: 1-251.

Paquin P, Dupérré N. 2006. The spiders of Quebec: update, additions and corrections. *Zootaxa*, 1133: 1-37.

Paquin P, Dupérré N, Labelle S. 2008. Introduced spiders (Arachnida: Araneae) in an artificial ecosystem in eastern Canada. *Entomological News*, 119: 217-226.

Paquin P, Vink C J, Dupérré N. 2010. *Spiders of New Zealand: Annotated Family Key & Species List*. New Zealand: Manaaki Whenua Press: vii+ 118.

Parker J R. 1969. On the establishment of *Cornicularia clavicornis* Emerton (Araneae) as a British species. *Bulletin of the British Arachnological Society*, 1: 49-54.

Parrott A W. 1946. A systematic catalogue of New Zealand spiders. *Records of the Canterbury Museum*, 5: 51-93.

Patel B H. 1975a. Two new spiders of the genus *Larinia* (Araneae: Argiopidae) from India. *Oriental Insects*, 9: 111-116.

Patel B H. 1975b. Studies on some spiders of the family Argiopidae (Arachnida: Araneae) from Gujarat, India. *Vidya*, 18: 153-167.

Patel B H. 1978. A new species of spider of the family Oxyopidae from Gujarat, India, with notes on other species of the family. *Journal of the Bombay Natural History Society*, 74: 327-330.

Patel B H, Patel H K. 1973. On some new species of spiders of family Clubionidae (Araneae: Arachnida) with a record of genus *Castianeira* Keyserling from Gujarat, India. *Proceedings of the Indian Academy Of Science*, 78(B): 1-9.

Patel B H, Patel H K. 1975. On some new species of spiders of family Gnaphosidae (Araneae: Arachnida) from Gujarat, India. *Records of the Zoological Survey of India*, 68: 33-39.

Pavesi P. 1873. Catalogo sistematico dei ragni del cantone ticino con la loro distribuzione orizontale e verticale e cenni sulla araneologica elvetica. *Annali del Museo Civico di Storia Naturale di Genova*, 4: 5-215.

Pavesi P. 1875. Note araneologiche. *Atti della Società Italiana di Scienze Naturali e del Museo Civico di Storia Naturale di Milano*, 18: 113-132, 254-304.

Pavesi P. 1876a. Le prime crociere del Violante, comandato dal Capitano-Armatore Enrico d'Albertis. Risultati aracnologici. *Annali del Museo Civico di Storia Naturale di Genova*, 8: 407-451.

Pavesi P. 1876b. Gli aracnidi Turchi. *Atti della Società Italiana di Scienze Naturali e del Museo Civico di Storia Naturale di Milano*, 19: 1-27.

Pavesi P. 1878. Nuovi risultati aracnologici delle Crociere del "Violante". Aggiunto un catalogo sistematico degli Aracnidi di Grecia. *Annali del Museo Civico di Storia Naturale di Genova*, 11: 337-396.

Pavesi P. 1879. Saggio di una fauna aracnologica del Varesotto. *Atti della Società Italiana di Scienze Naturali e del Museo Civico di Storia Naturale di Milano*, 21: 789-817.

Pavesi P. 1880a. Sulla istituzione di due nuovi generi di Aracnidi. *Rendiconti, Istituto Lombardo di Scienze e Lettere*, 13(2): 191-193.

Pavesi P. 1880b. Studi sugli Aracnidi africani. I. Aracnidi di Tunisia. *Annali del Museo Civico di Storia Naturale di Genova*, 15: 283-388.

Pavesi P. 1883. Studi sugli aracnidi africani. III. Aracnidi del regno di Scioa e considerazioni sull'aracnofauna d'Abissinia. *Annali del Museo Civico di Storia Naturale di Genova*, 20: 1-105.

Pavesi P. 1897. Studi sugli aracnidi africani IX. Aracnidi Somali e Galla raccolti da Don Eugenio dei Principi Rispoli. *Annali del Museo Civico di Storia Naturale di Genova*, 38: 151-188.

Peckham G W, Peckham E G. 1883. *Descriptions of new or little known spiders of the family Attidae from various parts of the United States of North America*. Milwaukee: 1-35.

Peckham G W, Peckham E G. 1886. Genera of the family Attidae: with a partial synonymy. *Transactions of the Wisconsin Academy of Sciences, Arts and Letters*, 6: 255-342.

Peckham G W, Peckham E G. 1888. Attidae of North America. *Transactions of the Wisconsin Academy of Sciences, Arts and Letters*, 7: 1-104.

Peckham G W, Peckham E G. 1892. Ant-like spiders of the family Attidae. *Occasional Papers of the Natural History Society of Wisconsin*, 2(1): 1-84.

Peckham G W, Peckham E G. 1894. Spiders of the *Marptusa* group. *Occasional Papers of the Natural History Society of Wisconsin*, 2: 85-156.

Peckham G W, Peckham E G. 1896. Spiders of the family Attidae from Central America and Mexico. *Occasional Papers of the Natural History Society of Wisconsin*, 3: 1-101.

Peckham G W, Peckham E G. 1901a. *Pellenes* and some other genera of the family Attidae. *Bulletin of the Wisconsin Natural History Society* (N. S.), 1: 195-233.

Peckham G W, Peckham E G. 1901b. Spiders of the *Phidippus* group of the family Attidae. *Transactions of the Wisconsin Academy of Sciences, Arts and Letters*, 13: 282-358.

Peckham G W, Peckham E G. 1901c. *Pellenes* and some other genera of the family Attidae. *Bulletin of the Wisconsin Natural History Society* (N. S.), 1: 195-233.

Peckham G W, Peckham E G. 1909. Revision of the Attidae of North America. *Transactions of the Wisconsin Academy of Sciences, Arts and Letters*, 16(1): 355-655.

Peckham G, Peckham E G. 1907. The Attidae of Borneo. *Transactions of the Wisconsin Academy of Sciences, Arts and Letters*, 15: 603-653.

Peelle M L, Saitō S. 1932. Spiders from the southern Kurile Islands. I. Araneida from Iturup. *Journal of the Faculty of Science, Hokkaido University, Series 6, Zoology*, 2(6): 83-96.

Peelle M L, Saitō S. 1933. Spiders from the southern Kurile Islands. II. Araneida from Shikotan. *Journal of the Faculty of Science, Hokkaido University, Series 6, Zoology*, 2(6): 109-123.

Pekár S. 1994. The first record of *Zodarion rubidum* and *Ostearius melanopygius* for Slovakia (Arachnida: Araneae: Zodariidae, Linyphiidae). *Entomological Problems*, 25: 97-100.

Pelzers E, Vossen M. 1984. Over enkele vondsten van *Segestria bavarica* C. L. Koch in Nederland (Araneida, spinnen). *Natura, Amsterdam*, 81: 248-250.

Peng X J. 1989. New records of Salticidae from China (Arachnida, Araneae). *Journal of Natural Science of Hunan Normal University*, 12: 158-165.

Peng X J. 1992a. Reports on the two newly recorded species genus *Dendryphantes*. *Laser Biology*, 1(2): 83-85.

Peng X J. 1992b. Reports on two newly recorded species of Salticidae from China (Arachnida: Araneae). *Acta Arachnologica Sinica*, 1(2): 10-12.

Peng X J. 1995. Two new species of jumping spiders from China (Araneae: Salticidae). *Acta Zootaxonomica Sinica*, 20: 35-38.

Peng X J. 1999. A new name of *Coelotes ovatus* Peng et Wang, 1997 (Araneae: Agelenidae). *Life Science Research*, 3: 285.

Peng X J. 2011. A new name of *Pardoa bidentata* Qu, Peng & Yin, 2010 (Araneae: Lycosidae). *Acta Arachnologica Sinica*, 20: 9.

Peng X J, Chen J, Zhao J Z. 2004. Description on the female spider of *Plexippoides digitatus* Peng & Li 2002 (Araneae: Salticidae). *Acta Arachnologica Sinica*, 13: 80-82.

Peng X J, Gong L S, Kim J P. 1996. Five new species of the family Agelenidae (Arachnida, Araneae) from China. *Korean Arachnology*, 12(2): 17-26.

Peng X J, Gong L S, Kim J P. 2000. Two new species and two unrecorded species of the family Salticidae (Arachnida: Araneae) from China. *Korean Journal of Soil Zoology*, 5: 13-19.

Peng X J, Kim J P. 1997. Three new species of the genus *Eupoa* from China (Araneae: Salticidae). *Korean Journal of Systematic Zoology*, 13: 193-198.

Peng X J, Kim J P. 1998. Four species of jumping spiders (Araneae: Salticidae) from China. *Korean Journal of Biological Sciences*, 2: 411-414.

Peng X J, Li S Q. 2002a. A review of the genus *Epeus* Peckham & Peckham (Araneae: Salticidae) from China. *Oriental Insects*, 36: 385-392.

Peng X J, Li S Q. 2002b. A review of the genus *Spartaeus* Thorell (Araneae: Salticidae) from China. *Oriental Insects*, 36: 393-404.

Peng X J, Li S Q. 2002c. One new species of the genus *Yaginumanis* from Mt. Shiwandashan, Guangxi, China (Araneae: Salticidae). *Acta Zootaxonomica Sinica*, 27: 238-240.

Peng X J, Li S Q. 2002d. Two jumping spiders from Guangxi, China (Araneae: Salticidae). *Acta Zootaxonomica Sinica*, 27: 469-473.

Peng X J, Li S Q. 2002e. One new species of the genus *Plexippoides* from Gansu, China (Araneae: Salticidae). *Acta Zootaxonomica Sinica*, 27: 717-719.

Peng X J, Li S Q. 2002f. Chinese species of the jumping spider genus *Portia* Karsch (Araneae: Salticidae). *The Pan-Pacific Entomologist*, 78: 255-264.

Peng X J, Li S Q. 2002g. *Myrmarachne schenkeli* Peng & Li: A new name for *Myrmarachne lesserti* Schenkel (Araneae: Salticidae). *Chinese Journal of Zoology, Peking*, 37: 26.

Peng X J, Li S Q. 2002h. Four new and two newly recorded species of Taiwanese jumping spiders (Araneae: Salticidae) deposited in the United States. *Zoological Studies*, 41: 337-345.

Peng X J, Li S Q. 2003. Spiders of the genus *Plexippus* from China (Araneae: Salticidae). *Revue Suisse de Zoologie*, 110: 749-759.

Peng X J, Li S Q. 2006a. A review of the genus *Neon* Simon, 1876 (Araneae, Salticidae) from China. *Acta Zootaxonomica Sinica*, 31: 125-129.

Peng X J, Li S Q. 2006b. Description of *Eupoa liaoi* sp. nov. from China (Araneae: Salticidae). *Zootaxa*, 1285: 65-68.

Peng X J, Li S Q, Chen J. 2003a. Description of *Portia zhaoi* sp. nov. from Guangxi, China (Araneae, Salticidae). *Acta Zootaxonomica Sinica*, 28: 50-52.

Peng X J, Li S Q, Chen J. 2003b. Description of *Synagelides zhaoi* sp. nov. from Hubei, China (Araneae, Salticidae). *Acta Zootaxonomica Sinica*, 28: 249-251.

Peng X J, Li S Q, Rollard C. 2003. A review of the Chinese jumping spiders studied by Dr E. Schenkel (Araneae: Salticidae). *Revue Suisse de Zoologie*, 110: 91-109.

Peng X J, Li S Q, Yang Z Z. 2004. The jumping spiders from Dali, Yunnan, China (Araneae: Salticidae). *The Raffles Bulletin of Zoology*, 52: 413-417.

Peng X J, Liu M X, Kim J P. 1999. A new species of the genus *Ocrisiona* (Araneae: Salticidae) from China. *Korean Journal of Soil Zoology*, 4: 19-21.

Peng X J, Tang G, Li S Q. 2008. Eight new species of salticids from China (Araneae, Salticidae). *Acta Zootaxonomica Sinica*, 33: 248-259.

Peng X J, Tso I M, Li S Q. 2002. Five new and four newly recorded species of jumping spiders from Taiwan (Araneae: Salticidae). *Zoological Studies*, 41: 1-12.

Peng X J, Wang J F. 1997. Seven new species of the genus *Coelotes* (Araneae: Agelenidae) from China. *Bulletin of the British Arachnological Society*, 10: 327-333.

Peng X J, Xie L P. 1992. *Descriptions of one newly recorded genus and three newly recorded species of the family Salticidae from China. In: Hunan Association for Science and Technology First Academic Annual Meeting of Youths Proceedings*. Changsha: Hunan Science and Techology Press: 472.

Peng X J, Xie L P. 1993. A new species of the genus *Pellenese* and a description of the female spider of *Cheliceroides longipalpis* Żabka, 1985 from China (Araneae: Salticidae). *Acta Arachnologica Sinica*, 2: 80-83.

Peng X J, Xie L P. 1994a. A revision of the genera *Iura* and *Kinhia* (Araneae: Salticidae). *Acta Arachnologica Sinica*, 3: 27-29.

Peng X J, Xie L P. 1994b. One new species of the genus *Evarcha* from China (Araneae: Salticidae). *Acta Scientiarum Naturalium Universitatis Normalis Hunanensis*, 17(Suppl.): 61-64.

Peng X J, Xie L P. 1995a. Spiders of the genus *Habrocestoides* from China (Araneae: Salticidae). *Bulletin of the British Arachnological Society*, 10: 57-64.

Peng X J, Xie L P. 1995b. One new species of the genus *Zeuxippus* from China (Araneae: Salticidae). *Acta Arachnologica Sinica*, 4: 134-136.

Peng X J, Xie L P. 1996. A new species of the genus *Heliophanus* from China (Araneae: Salticidae). *Acta Zootaxonomica Sinica*, 21: 32-34.

Peng X J, Xie L P, Kim J P. 1993. Study on the spiders of the genus *Evarcha* (Araneae: Salticidae) from China. *Korean Arachnology*, 9: 7-18.

Peng X J, Xie L P, Kim J P. 1994. Descriptions of three species of genera *Dendryphantes* and *Rhene* from China (Araneae: Salticidae). *Korean Arachnology*, 10: 31-36.

Peng X J, Xie L P, Xiao X Q, Yin C M. 1993. *Salticids in China (Arachniuda: Araneae)*. Changsha: Hunan Normal University Press: 270.

Peng X J, Yan H M, Liu M X, Kim J P. 1998a. Two new species of the genus *Coelotes* (Araneae, Agelenidae) from China. *Korean Arachnology*, 14(1): 77-80.

Peng X J, Yin C M. 1991. Five new species of the genus *Kinhia* from China (Araneae: Salticidae). *Acta Zootaxonomica Sinica*, 16: 35-47.

Peng X J, Yin C M. 1998. Four new species of the genus *Coelotes* (Araneae, Agelenidae) from China. *Bulletin of the British Arachnological Society*, 11: 26-28.

Peng X J, Yin C M. 2001. Two new species of the family Heteropodidae from China (Arachnida: Araneae). *Acta Zootaxonomica Sinica*, 26: 483-486.

Peng X J, Yin C M, Kim J P. 1996a. One species of the genus *Heteropoda* and a description of the female *Heteropoda minshana* Schenkel, 1936 (Araneae: Heteropodidae). *Korean Arachnology*, 12(1): 57-61.

Peng X J, Yin C M, Kim J P. 1996b. Two new species of the genus *Evippa* (Araneae: Lycosidae) from China. *Korean Arachnology*, 12(1): 71-76.

Peng X J, Yin C M, Kim J P. 2000a. A new species of the genus *Xysticus* (Araneae: Thomisidae) from China. *Korean Journal of Biological Sciences*, 4: 263-265.

Peng X J, Yin C M, Kim J P. 2000b. Two new species of the genus *Thomisus* (Araneae: Thomisidae) from China. *Korean Arachnology*, 16(2): 73-78.

Peng X J, Yin C M, Kim J P. 2004. One new species of the genus *Phrynarachne* (Araneae, Thomisidae) from China. *Korean Arachnology*, 20: 21-25.

Peng X J, Yin C M, Xie L P, Kim J P. 1994. A new genus and two new species of the family Salticidae (Arachnida; Araneae) from China. *Korean Arachnology*, 10: 1-5.

Peng X J, Yin C M, Yan H M, Kim J P. 1998b. Five jumping spiders of the family Salticidae (Arachnida: Araneae) from China. *Korean Arachnology*, 14(2): 36-43.

Peng X J, Yin C M, Zhang Y J, Kim J P. 1997. Five new species of the family Lycosidae from China (Arachnida: Araneae). *Korean Arachnology*, 13(2): 41-49.

Peng Y Q, Zhang F. 2011a. Two new species of the genus *Pholcus* (Araneae: Pholcidae) from Taihang Mountains, China, with first report of the female of *Pholcus oculosus*. *Entomologica Fennica*, 22: 78-84.

Peng Y Q, Zhang F. 2011b. A new species of the genus *Pholcus* Walckenaer, 1805 (Araneae, Pholcidae) from Hainan Island, China. *International Scholarly Research Network Zoology*, 2011(345606): 1-3.

Peng Y Q, Zhang F. 2013. Two new *Pholcus* species from northern China (Araneae: Pholcidae). *Acta Arachnologica, Tokyo*, 62(2): 75-80.

Penney D. 2008. *Dominican amber spiders: A comparative palaeontological-neontological approach to identification, faunistics, ecology and biogeography*. Siri Scientific Press: 176.

Pereleschina V I. 1928. Faouna paoukow okriestnostieї Boltchewdkoї biologhitscheskoї stantzii. *Zapiski Biologhitscheskoi Stantzii Obtchiestwa Lioubitelei Iestiestwoznania, Antropologhii i Etnografii w Boltchewie Moskowskoi Goubernii*, 2: 1-74.

Pérez de S R F, de Zárate R. 1947. Catálogo de las especies del orden Araneae citadas de España después de 1910. Boletin de la Real Sociedad Espanola de Historia Natural, 45: 417-491.

Pérez G A. 1996. Sobre la ausencia del género *Crossopriza* (Araneae: Pholcidae) en Cuba, con una nueva sinonimia para *Artema atlanta* Walckenaer, 1837. *Caribbean Journal of Science*, 32: 431-432.

Pérez P J. 1985. Artrópodos epigeos del macizo de San Juan de la Peña (Jaca, Prov. de Huesca): VIII. Arañas gnafósidas. *Pirineos*, 126: 61-80.

Perty M. 1833. Arachnides Brasilienses. *In*: de Spix J B, Martius F P. *Delectus animalium articulatorum quae in itinere per Braziliam ann. 1817 et 1820 colligerunt*. Monachii: 191-209, pls. 38-39.

Pesarini C. 1991. The Amaurobiidae of northern Italy. *Atti della Società Italiana di Scienze Naturali e del Museo Civico di Storia Naturale di Milano*, 131: 261-276.

Pesarini C. 1996. Note su alcuni Erigonidae italiani, con descrizione di una nuova specie (Araneae). *Atti della Società Italiana di Scienze Naturali e del Museo Civico di Storia Naturale di Milano*, 135: 413-429.

Pesarini C. 1997. I ragni (Arachnida Araneae) del Monte Barro (Italia, Lombardia, Lecco). *Memorie della Societa Italiana di Scienze Naturali e del Museo Civico di Storia Naturale di Milano*, 27: 251-263.

Pesarini C. 2000. Contributo alla conoscenza della fauna araneologica italiana (Araneae). *Memorie della Società Entomologica Italiana, Genova*, 78:

379-393.
Petagna V. 1792. *Institutiones entomologicae*. Naples: 718. (Araneae: 432-437).
Peters H J. 1999. Handelt es sich bei *Selenocosmia huwena* Wang, Peng & Xie, 1993, die in der chinesischen Spinnengift-Forschung Verwendung findet, wirklich um eine *Selenocosmia* oder um *Haplopelma schmidti* von Wirth, 1991? *Arachnologisches Magazin*, 7(7/8): 7-13.
Peters H J. 2000. *Tarantulas of the world: Kleiner Atlas der Vogelspinnen-Band 2*. Published by the author: 162.
Petrunkevitch A. 1910. Some new or little known American Spiders. *Annals of the New York Academy of Science*, 19: 205-224.
Petrunkevitch A. 1911. A synonymic index-catalogue of spiders of North, Central and South America with all adjacent islands, Greenland, Bermuda, West Indies, Terra del Fuego, Galapagos, etc. *Bulletin of the American Museum of Natural History*, 29: 1-791.
Petrunkevitch A. 1925. Arachnida from Panama. *Transactions of the Connecticut Academy of Arts and Sciences*, 27: 51-248.
Petrunkevitch A. 1926. Spiders from the Virgin Islands. *Transactions of the Connecticut Academy of Arts and Sciences*, 28: 21-78.
Petrunkevitch A. 1929a. Descriptions of new or inadequately known American spiders (Second paper). *Annales of the Entomological Society of America*, 22: 511-524.
Petrunkevitch A. 1929b. The spiders of Porto Rico. Part one. *Transactions of the Connecticut Academy of Arts and Sciences*, 30: 1-158.
Petrunkevitch A. 1930a. The spiders of Porto Rico. Part two. *Transactions of the Connecticut Academy of Arts and Sciences*, 30: 159-356.
Petrunkevitch A. 1930b. The spiders of Porto Rico. Part three. *Transactions of the Connecticut Academy of Arts and Sciences*, 31: 1-191.
Pfliegler W P. 2014. Records of some rare and interesting spider (Araneae) species from anthropogenic habitats in Debrecen, Hungary. *e-Acta Naturalia Pannonica*, 7: 143-156.
Pfliegler W P, Pfeiffer K M, Grabolle A. 2012. Some spiders (Araneae) new to the Hungarian fauna, including three genera and one family. *Opuscula Zoologica Instituti Zoosystematici et Oecologici Universitatis Budapestinensis*, 43: 179-186.
Pichka V E. 1966. Spider species new for the USSR fauna. *Zoologicheskiĭ Zhurnal*, 45: 773-774.
Pichka V E. 1975. On endegine structure in *Dictyna arundinacea* L. and *Dictyna uncinata* Thor. (Family Dictynidae). *Vestnik Zoologii*, 1975(1): 84-86.
Pichka V E. 1983. New spider species of the USSR fauna. *Vestnik Zoologii*, 1983(3): 3-7.
Pickard-Cambridge F O. 1891. Descriptive notes on some obscure British spiders. *Annals and Magazine of Natural History*, 7(6): 69-88.
Pickard-Cambridge F O. 1892. New and obscure British spiders. *Annals and Magazine of Natural History*, 10(6): 384-397.
Pickard-Cambridge F O. 1894. New genera and species of British spiders. *Annals and Magazine of Natural History*, 13(6): 87-111.
Pickard-Cambridge F O. 1895a. List of the Araneidea of Cumberland and Lake District. *Naturalist*, 1895: 29-48.
Pickard-Cambridge F O. 1895b. Notes on British spiders, with descriptions of new species. *Annals and Magazine of Natural History*, 15(6): 25-41.
Pickard-Cambridge F O. 1898. On the cteniform spiders of Africa, Arabia and Syria. *Proceedings of the Zoological Society of London*, 1898: 13-32.
Pickard-Cambridge F O. 1899. Arachnida-Araneida and Opiliones. *In*: *Biologia Centrali-Americana, Zoology*. London 2: 41-88.
Pickard-Cambridge F O. 1900. Arachnida-Araneida and Opiliones. *In*: *Biologia Centrali-Americana, Zoology*. London 2: 89-192.
Pickard-Cambridge F O. 1901. Arachnida-Araneida and Opiliones. *In*: *Biologia Centrali-Americana, Zoology*. London 2: 193-312.
Pickard-Cambridge F O. 1902a. Arachnida-Araneida and Opiliones. *In*: *Biologia Centrali-Americana, Zoology*. London 2: 313-424.
Pickard-Cambridge F O. 1902b. A revision of the genera of Araneae or spiders with reference to their type species. *Annals and Magazine of Natural History*, 9(7): 5-20.
Pickard-Cambridge F O. 1902c. On the spiders of the genus *Latrodectus*, Walckenaer. *Proceedings of the Zoological Society of London*, 1902(1): 247-261.
Pickard-Cambridge F O. 1903. Arachnida-Araneida and Opiliones. *In*: *Biologia Centrali-Americana, Zoology*. London 2: 425-464.
Pickard-Cambridge F O. 1904. Arachnida-Araneida and Opiliones. *In*: *Biologia Centrali-Americana, Zoology*. London 2: 465-560.
Pickard-Cambridge O. 1860. Descriptions of two British spiders new to science. *Annals and Magazine of Natural History*, 5(3): 171-174.
Pickard-Cambridge O. 1861a. Descriptions of ten new species of spiders lately discovered in England. *Annals and Magazine of Natural History*, 7(3): 428-441.
Pickard-Cambridge O. 1861b. Notes on spiders captured in 1860. *Zoologist*, 19: 7553-7563.
Pickard-Cambridge O. 1862. Description of ten new species of British spiders. *Zoologist*, 20: 7951-7968.
Pickard-Cambridge O. 1863. Description of twenty-four new species of spiders lately discoverd in Dorsetshire and Hampshire; together with a list of rare and some other hitherto unrecorded British spiders. *Zoologist*, 21: 8561-8599.
Pickard-Cambridge O. 1869a. Catalogue of a collection of Ceylon Araneida lately received from Mr J. Nietner, with descriptions of new species and characters of a new genus. I. *Journal of the Linnean Society of London, Zoology*, 10: 373-397.
Pickard-Cambridge O. 1869b. Descriptions and sketches of some new species of Araneida, with characters of a new genus. *Annals and Magazine of Natural History*, 3(4): 52-74.
Pickard-Cambridge O. 1869c. Notes on some spiders and scorpions from St Helena, with descriptions of new species. *Proceedings of the Zoological Society of London*, 1869: 531-544.
Pickard-Cambridge O. 1870a. Descriptions and sketches of two new species of Araneida, with characters of a new genus. *Journal of the Linnean Society of London, Zoology*, 10: 398-405.
Pickard-Cambridge O. 1870b. On some new genera and species of Araneida. *Proceedings of the Zoological Society of London*, 1870: 728-747.
Pickard-Cambridge O. 1871a. Descriptions of some British spiders new to science, with a notice of others, of which some are now for the first time recorded as British species. *Transactions of the Linnean Society of London*, 27: 393-464.
Pickard-Cambridge O. 1871b. Notes on some Arachnida collected by Cuthbert Collingwood, Esq. M. D., during rambles in the China Sea, etc. *Proceedings of the Zoological Society of London*, 1871: 617-622.
Pickard-Cambridge O. 1872a. General list of the spiders of Palestine and Syria, with descriptions of numerous new species, and characters of two new genera. *Proceedings of the Zoological Society of London*, 1871: 212-354.
Pickard-Cambridge O. 1872b. Descriptions of twenty-four new species of *Erigone*. *Proceedings of the Zoological Society of London*, 1872: 747-769.
Pickard-Cambridge O. 1873a. On British spiders. A supplement to a communication (On British spiders new to acience), etc. read before the Linnean Society, January 20th, 1870. *Transactions of the Linnean Society of London*, 28: 433-458.
Pickard-Cambridge O. 1873b. On new and rare British spiders (being a second supplement to "British spiders new to science", Linn. Trans. XXVII, p. 393). *Transactions of the Linnean Society of London*, 28: 523-555.
Pickard-Cambridge O. 1873c. On some new genera and species of Araneida. *Proceedings of the Zoological Society of London*, 1873: 112-129.

Pickard-Cambridge O. 1873d. On the spiders of St Helena. *Proceedings of the Zoological Society of London*, 1873: 210-227.

Pickard-Cambridge O. 1873e. On some new species of Araneida, chiefly from Oriental Siberia. *Proceedings of the Zoological Society of London*, 1873: 435-452.

Pickard-Cambridge O. 1873f. On some new species of European spiders. *Journal of the Linnean Society of London, Zoology*, 11: 530-547.

Pickard-Cambridge O. 1874a. On some new species of Drassides. *Proceedings of the Zoological Society of London*, 1874: 370-419.

Pickard-Cambridge O. 1874b. Systematic list of the spiders at present known to inhabit Great Britain and Ireland. *Transactions of the Linnean Society of London*, 30: 319-334.

Pickard-Cambridge O. 1875a. List of Araneidea and Phalangidea collected from October 1871 to October 1874 in Berwickshire and Northumberland by Mr James Hardy. *Proceedings of the Berwickshire Naturalists' Club*, 7: 307-323.

Pickard-Cambridge O. 1875b. On some new species of *Erigone* from North America. *Proceedings of the Zoological Society of London*, 1875: 393-405.

Pickard-Cambridge O. 1875c. Notes and descriptions of some new and rare British spiders. *Annals and Magazine of Natural History*, 16(4): 237-260.

Pickard-Cambridge O. 1876. Catalogue of a collection of spiders made in Egypt, with descriptions of new species and characters of a new genus. *Proceedings of the Zoological Society of London*, 1876: 541-630.

Pickard-Cambridge O. 1877a. On some spiders collected by the Rev. George Brown in Duke-of-York Island, New Britain and New Ireland. *Proceedings of the Zoological Society of London*, 1877: 283-287.

Pickard-Cambridge O. 1877b. On some new species of Araneidea, with characters of two new genera and some remarks on the families Podophthalmides and Dinopides. *Proceedings of the Zoological Society of London*, 1877: 557-578.

Pickard-Cambridge O. 1877c. On some new genera and species of Araneidea. *Annals and Magazine of Natural History*, 19(4): 26-39.

Pickard-Cambridge O. 1877d. On some new and little known spiders from the Arctic regions. *Annals and Magazine of Natural History*, 20(4): 273-285.

Pickard-Cambridge O. 1878. Notes on British spiders with descriptions of new species. *Annals and Magazine of Natural History*, 1(5): 105-128.

Pickard-Cambridge O. 1879a. On some new and rare spiders from New Zealand, with characters of four new genera. *Proceedings of the Zoological Society of London*, 1879: 681-703.

Pickard-Cambridge O. 1879b. On some new and rare British spiders, with characters of a new genus. *Annals and Magazine of Natural History*, 4(5): 190-215.

Pickard-Cambridge O. 1879c. On some new and little known species of Araneidea, with remarks on the genus *Gasteracantha*. *Proceedings of the Zoological Society of London*, 1879: 279-293.

Pickard-Cambridge O. 1879d. The spiders of Dorset. Araneidea. *Proceedings of the Dorset Natural History and Antiquarian Field Club*, 1: 1-235.

Pickard-Cambridge O. 1879e. On some new species of Araneidea. *Annals and Magazine of Natural History*, 4(5): 343-349.

Pickard-Cambridge O. 1880. On some new and little known spiders of the genus *Argyrodes*. *Proceedings of the Zoological Society of London*, 1880: 320-344.

Pickard-Cambridge O. 1881a. The spiders of Dorset, with an appendix containing short descriptions of those British species not yet found in Dorsetshire. *Proceedings of the Dorset Natural History and Antiquarian Field Club*, 2: 237-625.

Pickard-Cambridge O. 1881b. On some spiders from Newfoundland. *Proceedings of the Royal Physical Society of Edinburgh*, 6: 112-115.

Pickard-Cambridge O. 1881c. On some new genera and species of Araneidea. *Proceedings of the Zoological Society of London*, 1881: 765-775.

Pickard-Cambridge O. 1882. On new genera and species of Araneidea. *Proceedings of the Zoological Society of London*, 1882: 423-442.

Pickard-Cambridge O. 1884a. Descriptions of two new species of *Walckenaera* Blackw. *Annals and Magazine of Natural History* (5) 14: 89-92.

Pickard-Cambridge O. 1884b. On two new genera of spiders. *Proceedings of the Zoological Society of London*, 1884: 196-205.

Pickard-Cambridge O. 1885a. Description of two new species of Araneida. *Annals and Magazine of Natural History*, 16(5): 237-238.

Pickard-Cambridge O. 1885b. Araneida. *In*: *Scientific Results of the Second Yarkand Mission*. Calcutta: 1-115.

Pickard-Cambridge O. 1885c. On new and rare British spiders, with some remarks on the formation of new species. *Proceedings of the Dorset Natural History and Antiquarian Field Club*, 6: 1-17.

Pickard-Cambridge O. 1888. On *Walckeraera interjecta*, a new spider from Hoddesdon. *Transactions of the Hertfordshire Natural History Society and Field Club*, 5: 18-19.

Pickard-Cambridge O. 1889a. Arachnida. Araneida. *In*: *Biologia Centrali-Americana, Zoology*. London 1: 1-56.

Pickard-Cambridge O. 1889b. On new and rare British spiders. *Proceedings of the Dorset Natural History and Antiquarian Field Club*, 10: 107-138.

Pickard-Cambridge O. 1893. On new and rare British spiders. *Proceedings of the Dorset Natural History and Antiquarian Field Club*, 14: 142-164.

Pickard-Cambridge O. 1894a. Arachnida. Araneida. *In*: *Biologia Centrali-Americana, Zoology*. London 1: 121-144.

Pickard-Cambridge O. 1894b. On new and rare British spiders found in 1893; with rectifications of synonyms. *Proceedings of the Dorset Natural History and Antiquarian Field Club*, 15: 103-116.

Pickard-Cambridge O. 1894c. Description of a new spider from East Lothian. *Proceedings of the Royal Physical Society of Edinburgh*, 12: 589-590.

Pickard-Cambridge O. 1895. On new and rare British spiders. *Proceedings of the Dorset Natural History and Antiquarian Field Club*, 16: 92-128.

Pickard-Cambridge O. 1898a. Arachnida. Araneida. *In*: *Biologia Centrali-Americana, Zoology*. London 1: 233-288.

Pickard-Cambridge O. 1898b. Arachnida. *In*: Dixey F, Mal Burr, Pickard-Cambridge O. *On a collection of insects and arachnids made by Mr E. N. Bennett in Socotra, with descriptions of new species*. Proceedings of the Zoological Society of London: 387-391.

Pickard-Cambridge O. 1899a. Arachnida. Araneida. *In*: *Biologia Centrali-Americana, Zoology*. London 1: 289-304.

Pickard-Cambridge O. 1899b. Notes on British spiders observed in 1898. *Proceedings of the Dorset Natural History and Antiquarian Field Club*, 20: 1-22.

Pickard-Cambridge O. 1900a. Some notes on British spiders observed in 1899. *Proceedings of the Dorset Natural History and Antiquarian Field Club*, 21: 18-39.

Pickard-Cambridge O. 1900b. *List of British and Irish spiders*. Dorchester: 86.

Pickard-Cambridge O. 1902. On new and rare British Arachnida. *Proceedings of the Dorset Natural History and Antiquarian Field Club*, 23: 16-40.

Pickard-Cambridge O. 1903. On new and rare British spiders. *Proceedings of the Dorset Natural History and Antiquarian Field Club*, 24: 149-171.

Pickard-Cambridge O. 1904. Descriptions of some new species and characters of three new genera, of Araneidea from South Africa. *Annals of the South African Museum*, 3: 143-165.

Pickard-Cambridge O. 1905. On new and rare British Arachnida. *Proceedings of the Dorset Natural History and Antiquarian Field Club*, 26: 40-74.

Pickard-Cambridge O. 1906a. On some new and rare British Arachnida. *Proceedings of the Dorset Natural History and Antiquarian Field Club*, 27: 72-92.

Pickard-Cambridge O. 1906b. Arachnida. *In*: *The wild fauna and flora of the Royal Botanic Gardens, Kew*. Bulletin of miscellaneous information, Royal Botanic Gardens, Kew (Add. Ser), 5: 53-65.

Pickard-Cambridge O. 1907. On new and rare British Arachnida. *Proceedings of the Dorset Natural History and Antiquarian Field Club*, 28: 121-148.

Pickard-Cambridge O. 1908. On new and rare British Arachnida, noted and observed in 1907. *Proceedings of the Dorset Natural History and Antiquarian Field Club*, 29: 161-194.

Pickard-Cambridge O. 1909. On British Arachnida noted and observed in 1908. *Proceedings of the Dorset Natural History and Antiquarian Field Club*, 30: 97-115.

Pickard-Cambridge O. 1910. On British Arachnida noted and observed in 1909. *Proceedings of the Dorset Natural History and Antiquarian Field Club*, 31: 47-70.

Pickard-Cambridge O. 1911. Arachnida. *In*: *Additions to Wild Fauna of the Royal Botanic Gardens, XII*. Bulletin of miscellaneous information, Royal Botanic Gardens, Kew, 1911: 370-373.

Pickard-Cambridge O. 1912. A contribution towards the knowledge of the spiders and other arachnids of Switzerland. *Proceedings of the Zoological Society of London*, 1912: 393-405.

Pickard-Cambridge O. 1913. On new and rare British arachnids noted and observed in 1912. *Proceedings of the Dorset Natural History and Antiquarian Field Club*, 34: 107-136.

Pirchegger H, Thaler K. 1999. Zur Unterscheidung der Männchen von *Pardosa blanda* (C. L. Koch) und *P. torrentum* Simon (Araneae, Lycosidae). *Mitteilungen der Schweizerischen Entomologischen Gesellschaft*, 72: 47-53.

Platnick N I. 1975. A revision of the Holarctic spider genus *Callilepis* (Araneae, Gnaphosidae). *American Museum Novitates*, 2573: 1-32.

Platnick N I. 1976a. Notes on East Asian *Plator* (Araneae, Gnaphosoidea). *Acta Arachnologica, Tokyo*, 27: 1-7.

Platnick N I. 1976b. On Asian *Prodidomus* (Araneae, Gnaphosidae). *Acta Arachnologica, Tokyo*, 27: 37-42.

Platnick N I. 1977. On East Asian *Orthobula* (Araneae, Clubionidae). *Acta Arachnologica, Tokyo*, 27: 43-47.

Platnick N I. 1989. *Advances in Spider Taxonomy 1981-1987: A Supplement to Brignoli's A Catalogue of the Araneae described between 1940 and 1981.* Manchester: Manchester University Press: 673.

Platnick N I. 1992. On the spider subfamily Zavattaricinae (Araneae, Gnaphosidae). *Journal of The New York Entomological Society*, 100: 178-179.

Platnick N I. 1993. *Advances in spider taxonomy 1988-1991, with synonymies and transfers 1940-1980*. New York: The New York Entomological Society: 846.

Platnick N I. 1997. On some Camillina from southern Africa (Araneae, Gnaphosidae). *Journal of Arachnology*, 25: 97-98.

Platnick N I. 2014. The World Spider Catalog, version 15. American Museum of Natural History. http: //research. amnh. org/entomology/spiders/catalog/ index. html. (accessed on December 31, 2014).

Platnick N I, Baehr B. 2006. A revision of the Australasian ground spiders of the family Prodidomidae (Araneae, Gnaphosoidea). *Bulletin of the American Museum of Natural History*, 298: 1-287.

Platnick N I, Berniker L, Kranz-Baltensperger Y. 2012. The goblin spider genus *Ischnothyreus* (Araneae, Oonopidae) in the New World. *American Museum Novitates*, 3759: 1-32.

Platnick N I, Dondale C D. 1992. The insects and arachnids of Canada, Part 19. The ground spiders of Canada and Alaska (Araneae: Gnaphosidae). *Research Branch Agriculture Canada Publication*, 1875: 1-297.

Platnick N I, Dupérré N. 2009. The goblin spider genera *Opopaea* and *Epectris* (Araneae, Oonopidae) in the New World. *American Museum Novitates*, 3649: 1-43.

Platnick N I, Dupérré N, Ott R, Kranz-Baltensperger Y. 2011. The goblin spider genus *Brignolia* (Araneae, Oonopidae). *Bulletin of the American Museum of Natural History*, 349: 1-131.

Platnick N I, Forster R R. 1989. A revision of the temperate South American and Australasian spiders of the family Anapidae (Araneae, Araneoidea). *Bulletin of the American Museum of Natural History*, 190: 1-139.

Platnick N I, Jäger P. 2009. A new species of the basal araneomorph spider genus *Ectatosticta* (Araneae, Hypochilidae) from China. *ZooKeys*, 16: 209-215.

Platnick N I, Murphy J A. 1984. A revision of the spider genera Trachyzelotes and Urozelotes (Araneae, Gnaphosidae). *American Museum Novitates*, 2792: 1-30.

Platnick N I, Sedgwick W C. 1984. A revision of the spider genus *Liphistius* (Araneae, Mesothelae). *American Museum Novitates*, 2781: 1-31.

Platnick N I, Shadab M U. 1975a. A revision of the spider genus *Gnaphosa* (Araneae, Gnaphosidae) in America. *Bulletin of the American Museum of Natural History*, 155: 1-66.

Platnick N I, Shadab M U. 1975b. A revision of the spider genera *Haplodrassus* and *Orodrassus* (Araneae, Gnaphosidae) in North America. *American Museum Novitates*, 2583: 1-40.

Platnick N I, Shadab M U. 1976a. A revision of the spider genera *Drassodes* and *Tivodrassus* (Araneae, Gnaphosidae) in North America. *American Museum Novitates*, 2593: 1-29.

Platnick N I, Shadab M U. 1976b. A revision of the spider genera *Rachodrassus*, *Sosticus*, and *Scopodes* (Araneae, Gnaphosidae) in North America. *American Museum Novitates*, 2594: 1-33.

Platnick N I, Shadab M U. 1977. A revision of the spider genera *Herpyllus* and *Scotophaeus* (Araneae, Gnaphosidae) in North America. *Bulletin of the American Museum of Natural History*, 159: 1-44.

Platnick N I, Shadab M U. 1980. A revision of the North American spider genera *Nodocion*, *Litopyllus*, and *Synaphosus* (Araneae, Gnaphosidae). *American Museum Novitates*, 2691: 1-26.

Platnick N I, Shadab M U. 1983. A revision of the American spiders of the genus *Zelotes* (Araneae, Gnaphosidae). *Bulletin of the American Museum of Natural History*, 174: 97-192.

Platnick N I, Shadab M U. 1988. A revision of the American spiders of the genus *Micaria* (Araneae, Gnaphosidae). *American Museum Novitates*, 2916: 1-64.

Platnick N I, Song D X. 1986. A review of the zelotine spiders (Araneae, Gnaphosidae) of China. *American Museum Novitates*, 2848: 1-22.

Pocock R I. 1897. Spinnen (Araneae). *In*: Kükenthal W. Ergebnisse einer zoologische Forschungsreise in dem Molukken und Borneo. *Abhandlungen der Senckenbergischen Naturforschenden Gesellschaft*, 23: 591-629.

Pocock R I. 1898a. Scorpions, Pedipalpi and spiders from the Solomon Islands. *Annals and Magazine of Natural History*, 1(7): 457-475.

Pocock R I. 1898b. The Arachnida from the province of Natal, South Africa, contained in the collection of the British Museum. *Annals and Magazine of Natural History*, 2(7): 197-226.

Pocock R I. 1898c. List of the Arachnida and "Myriopoda" obtained in Funafuti by Prof W. J. Sollas and Mr. Stanley Gardiner, and in Rotuma by Mr. Stanley

Gardiner. *Annals and Magazine of Natural History*, 1(7): 321-329.
Pocock R I. 1899a. Diagnoses of some new Indian Arachnida. *Journal of the Bombay Natural History Society*, 12: 744-753.
Pocock R I. 1899b. Scorpions, Pedipalpi and spiders collected by Dr Willey in New Britain, the Solomon Islands, Loyalty Islands, etc. *In*: Willey A. *Zoological results based on material from New Britain, New Guinea, Loyalty Islands and elsewhere*. London 1: 95-120.
Pocock R I. 1900a. *The fauna of British India, including Ceylon and Burma. Arachnida*. London: 1-279.
Pocock R I. 1900b. Chilopoda, Diplopoda and Arachnida. *In*: Andrews C W. *A monograph of Christmas Island (Indian Ocean)*. London: 153-162.
Pocock R I. 1901a. On some new trap-door spiders from China. *Proceedings of the Zoological Society of London*, 1901(1): 207-215.
Pocock R I. 1901b. Some new and old genera of South American Avicularidae. *Annals and Magazine of Natural History*, 8(7): 540-555.
Pocock R I. 1903a. On some genera and species of South American Aviculariidae. *Annals and Magazine of Natural History*, 11(7): 81-115.
Pocock R I. 1903b. Arachnida. *In*: Forbes H O. *The Natural History of Sokotra and Abd-el-Kuri*. Special Bulletin of the Liverpool Museum: 175-208.
Pocock R I. 1904. Arachnida. *In*: *Fauna and geography of the Maldive and Laccadive Archipelagoes*. London 2: 797-805.
Poda N. 1761. *Insecta Musei Graecensis, quae in ordines, genera et species juxta systema naturae Caroli Linnaei*. Graecii: 127. (Araneae: 122-123).
Polenec A. 1971. Arachnidan fauna from the slopes of Javorniki and Slivnica. *Mladinski Raziskovalni Tabori*, 1970: 119-125.
Polenec A. 1983. Pajki s kriznogorskega Hribovja. *Loški Razgledi*, 30: 76-85.
Polenec A. 1987. Pajki iz dolnjega dela Selske Doline. *Loški Razgledi*, 34: 79-86.
Ponomarev A V. 1978. Materials for the USSR spider fauna (*Yllenus* Simon, Salticidae, Aranei) with a description of a new species. *Izvestija Severo-Kavkazskogo Naucnogo Centra Vyssej Skoly* (Estestv. Nauki), 3: 96-98.
Ponomarev A V. 1979. New species of spiders of the family Gnaphosidae from the North Caspian territory. *Zoologicheskiĭ Zhurnal*, 58: 921-923.
Ponomarev A V. 1981. On the fauna and ecology of spiders of the family Gnaphosidae (Aranei) of semiarid zone of the European part of USSR. *In*: *Fauna and Ecology of Insects*. University of Perm: 54-68.
Ponomarev A V. 2005. New and interesting finds of spiders (Aranei) in the southeast of Europe. *Vestnik Yuzhnogo Nauchnogo Tsentra RAN, Rostov*, 1(4): 43-50.
Ponomarev A V, Abdurakhmanov G M, Alieva S V, Dvadnenko K V. 2011. Spiders (Arachnida: Aranei) of coastal and island territories of northern Daghestan. *South of Russia: Ecology, Development*, 2011(4): 126-143.
Ponomarev A V, Kovblyuk M M. 2009. *Trochosa hirtipes* sp. n. and *Gnaphosa jucunda* Thorell, 1875 (Arachnida: Aranei) from the West Caucasus. *Caucasian Entomological Bulletin*, 5: 7-12.
Ponomarev A V, Tsvetkov A S. 2004. The generalized data on spiders (Aranei) of the Nature Research "Rostovski". *Trudy Gosudarstvennogo Zapovednika "Rostovskii"*, 3: 84-104.
Ponomarev A V, Tsvetkov A S. 2006. New and rare spiders of family Gnaphosidae (Aranei) from a southeast of Europe. *Caucasian Entomological Bulletin*, 2: 5-13.
Prach H. 1866. Monographie der Thomisiden (Krabben-spinnen) der Gegend von Prag, mit einem Anhange, das Verzeichniss der Umgebung unserer Haupstadt aufgefunden Araneen enthaltend. *Verhandlungen der Kaiserlich-Königlichen Zoologisch-Botanischen Gesellschaft in Wien*, 16: 597-638.
Prentice T R. 2001. Distinguishing the females of *Trochosa terricola* and *Trochosa ruricola* (Araneae, Lycosidae) from populations in Illinois, USA. *Journal of Arachnology*, 29: 427-430.
Preyssler J D. 1791. Beschreibung und Abbildungen derjenigen Insekton. Erste, zweyte und dritte Sammlung. *In*: Mayer J. *Sammlung physikalischer Aufsätze, besonders die Böhmische Naturgeschichte betreffend*. Dresden, 1: 105-124.
Prinsen J D. 1996. *Eperigone eschatologica* (Crosby, 1924) (Araneae: Linyphiidae), een nieuwe spin in Nederlandse kassen. *Nieuwsbrief Spined*, 11: 1-3.
Prisniy A V. 1981. *Asagena meridionalis* (Kulcz., 1894) (Aranei, Theridiidae)-A new for the USSR species of spiders. *Entomologicheskoe Obozrenie*, 60: 201-204.
Próchniewicz M. 1989. Über die Typen von Arten der Salticidae (Araneae) aus der äthiopischen Region im Zoologischen Museum Berlin. *Mitteilungen aus dem Zoologischen Museum in Berlin*, 65: 207-228.
Próchniewicz M. 1991a. *Cheiracanthium campestre* Lohmander (1944) eine Seltene Clubionidae (Araneae). *Bulletin of the Polish Academy of Science, Biological Sciences*, 39: 175-179.
Próchniewicz M. 1991b. Zur Verbreitung von fünf Spinnerarten (Arachnida: (Araneae). *Bulletin of the Polish Academy of Science, Biological Sciences*, 39: 181-183.
Prószyński J, Żochowska K. 1981. Redescriptions of the O. P.-Cambridge Salticidae (Araneae) types from Yarkand, China. *Polskie Pismo Entomologiczne*, 51: 13-35.
Prószyński J. 1961a. Redescription of *Tarentula edax* Thorell, 1875 (Araneida, Lycosidae). *Bulletin de l'Académie Polonaise des Sciences*, 9: 125-127.
Prószyński J. 1961b. Some new observations concerning the pairing of the spider *Linyphia marginata* C. L. Koch (Araneida, Linyphiidae). *Bulletin de l'Académie Polonaise des Sciences*, 9: 129-131.
Prószyński J. 1962. Redescription of *Sitticus godlweskii* (Kulczyński, 1895) (Araneida, Salticidae) and remarks on its systematic position. *Bulletin de l'Académie Polonaise des Sciences*, 10: 65-68.
Prószyński J. 1966. Remarks on the systematic position of *Hemsenattus iranus* Roewer (Arach., Araneae). *Senckenbergiana Biologica*, 47: 463-467.
Prószyński J. 1967. Redescription of the type specimen of *Telamonia festiva* Thorell, 1887, type species of the genus *Telamonia* Thorell, 1877, (Araneida, Salticidae). *Doriana*, 4(175): 1-5.
Prószyński J. 1968a. Systematic revision of the genus *Yllenus* Simon, 1868 (Araneida, Salticidae). *Annales Zoologici, Warszawa*, 26: 409-494.
Prószyński J. 1968b. Revision of the spider genus *Sitticus* Simon, 1901 (Araneida, Salticidae), I. The *terebratus* group. *Annales Zoologici, Warszawa*, 26: 391-407.
Prószyński J. 1969. Redescriptions of type-species of genera of Salticidae (Araneida). III-Remarks on the genera *Gelotia* Thorell, 1890 and *Policha* Thorell, 1892. *Annali del Museo Civico di Storia Naturale Giacomo Doria*, 77: 12-20.
Prószyński J. 1971a. Redescriptions of the A. E. Grube's East Siberian species of Salticidae (Aranei) in the collection of the Wroclaw Zoological Museum. *Annales Zoologici, Warszawa*, 28: 205-226.
Prószyński J. 1971b. Notes on systematics of Salticidae (Arachnida, Aranei). I-VI. *Annales Zoologici, Warszawa*, 28: 227-255.
Prószyński J. 1971c. Catalogue of Salticidae (Aranei) specimens kept in major collections of the world. *Annales Zoologici, Warszawa*, 28: 367-519.
Prószyński J. 1973a. Revision of the spider genus *Sitticus* Simon, 1901 (Aranei, Salticidae), III. *Sitticus penicillatus* (Simon, 1875) and related forms. *Annales*

Zoologici, Warszawa, 30: 71-95.

Prószyński J. 1973b. Systematic studies on east Palearctic Salticidae, II. Redescriptions of Japanese Salticidae of the Zoological Museum in Berlin. *Annales Zoologici, Warszawa*, 30: 97-128.

Prószyński J. 1975. *Remarks on the Origin and Composition of the Salticidae fauna of the Nearctic Region*. Proceedings of the 6th International Arachnological Congress: 216-221.

Prószyński J. 1976. Studium systematyczno-zoogeograflczne nad rodziną Salticidae (Aranei) Regionów Palearktycznego i Nearktycznego. *Wyższa Szkola Pedagogiczna Siedlcach*, 6: 1-260.

Prószyński J. 1978a. Ergebnisse der Bhutan-Expedition 1972 des Naturhistorischen Museums in Basel. Araneae: Fam. Salticidae, Genera *Aelurillus*, *Langona*, *Phlegra* and *Cyrba*. *Entomologica Basiliensis*, 3: 7-21.

Prószyński J. 1978b. Distributional patterns of the Palaearctic Salticidae (Araneae). *Symposia of the Zoological Society of London*, 42: 335-343.

Prószyński J. 1979. Systematic studies on East Palearctic Salticidae III. Remarks on Salticidae of the USSR. *Annales Zoologici, Warszawa*, 34: 299-369.

Prószyński J. 1980. Revision of the spider genus *Sitticus* Simon, 1901 (Aranei, Salticidae), IV. *Sitticus floricola* (C. L. Koch) group. *Annales Zoologici, Warszawa*, 36: 1-35.

Prószyński J. 1982. Salticidae (Araneae) from Mongolia. *Annales Historico-Naturales Musei Nationalis Hungarici*, 74: 273-294.

Prószyński J. 1983a. Position of genus *Phintella* (Araneae: Salticidae). *Acta Arachnologica, Tokyo*, 31: 43-48.

Prószyński J. 1983b. Redescriptions of types of Oriental and Australian Salticidae (Aranea) in the Hungarian Natural History Museum, Budapest. *Folia Entomologica Hungarica*, 44: 283-297.

Prószyński J. 1983c. Redescriptions of *Phintella typica* and *Telamonia bifurcilinea* (Araneae: Salticidae). *Acta Arachnologica, Tokyo*, 32: 5-14.

Prószyński J. 1983d. Tracing the history of a genus from its geographical range by the example of *Sitticus* (Arachnida: Araneae: Salticidae). *Verhandlungen des Naturwissenschaftlichen Vereins in Hamburg*, 26: 161-179.

Prószyński J. 1984a. Atlas rysunków diagnostycznych mniej znanych Salticidae (Araneae). *Wyższa Szkola Rolniczo-Pedagogiczna, Siedlcach*, 2: 1-177.

Prószyński J. 1984b. Remarks on *Anarrhotus*, *Epeus* and *Plexippoides* (Araneae, Salticidae). *Annales Zoologici, Warszawa*, 37: 399-410.

Prószyński J. 1984c. Remarks on *Viciria* and *Telamonia* (Araneae, Salticidae). *Annales Zoologici, Warszawa*, 37: 417-436.

Prószyński J. 1985. On *Siler*, *Silerella*, *Cyllobelus* and *Natta* (Araneae, Salticidae). *Annales Zoologici, Warszawa*, 39: 69-85.

Prószyński J. 1987. *Atlas rysunków diagnostycznych mniej znanych Salticidae 2*. Siedlcach: Zeszyty Naukowe Wyższej Szkoly Rolniczo-Pedagogicznej: 172.

Prószyński J. 1989. Salticidae (Araneae) of Saudi Arabia. *Fauna Saudi Arabia*, 10: 31-64.

Prószyński J. 1990. *Catalogue of Salticidae (Araneae): Synthesis of Quotations in the World Literature since 1940, with Basic Taxonomic Data since 1758*. Wyższa Szkola Rolniczo-Pedagogiczna W Siedlcach: 366.

Prószyński J. 1992a. Salticidae (Araneae) of the Old World and Pacific Islands in several US collections. *Annales Zoologici, Warszawa*, 44: 87-163.

Prószyński J. 1992b. Salticidae (Araneae) of India in the collection of the Hungarian National Natural History Museum in Budapest. *Annales Zoologici, Warszawa*, 44: 165-277.

Prószyński J. 2002. Remarks on Salticidae (Aranei) from Hawaii, with description of *Havaika* gen. n. *Arthropoda Selecta*, 10: 225-241.

Prószyński J. 2003. Salticidae (Araneae) of the Levant. *Annales Zoologici, Warszawa*, 53: 1-180.

Prószyński J. 2009a. Comments on the Oriental genera *Agorius* and *Synagelides* (Araneae: Salticidae). *In*: Makarov S E, Dimitrijević R N. Advances in Arachnology and Developmental Biology. *Institute of Zoology, Bulgarian Academy of Sciences Monographs*, 12: 311-325.

Prószyński J. 2009b. Redescriptions of 16 species of Oriental Salticidae (Araneae) described by F. Karsch, Keyserling E. and Koch C. L., with remarks on some related species. *Arthropoda Selecta*, 18: 153-168.

Prószyński J, Deeleman-Reinhold C L. 2010. Description of some Salticidae (Araneae) from the Malay Archipelago. I. Salticidae of the Lesser Sunda Islands, with comments on related species. *Arthropoda Selecta*, 19: 153-188.

Prószyński J, Deeleman-Reinhold C L. 2012. Description of some Salticidae (Aranei) from the Malay archipelago. II. Salticidae of Java and Sumatra, with comments on related species. *Arthropoda Selecta*, 21: 29-60.

Prószyński J, Deeleman-Reinhold C L. 2013. Description of some Salticidae (Araneae) from the Malay Archipelago. III. Salticidae of Borneo, with comments on adjacent territories. *Arthropoda Selecta*, 22: 113-144.

Prószyński J, Staręga W. 1971. Pająki-Aranei. *Katalog Fauny Polski*, 33: 1-382.

Punda H. 1972. *Agyneta ramosa* Jackson, 1914 (Aranei, Linyphiidae)-a new species for Poland. *Bulletin de l'Académie Polonaise des Sciences* (Ser. Sci. biol.), 20: 127-132.

Punda H. 1975. *Pająki Borów Sosnowych*. Nauk: Polska Akad: 91.

Purcell W F. 1907. New South African spiders of the family Drassidae in the collection of the South African Museum. *Annals and Magazine of Natural History*, 20(7): 297-336.

Qiu Q H. 1981. The studies of Shaanxi spiders. *Select. Sci. Treat. Lit. (Biol. Monogr.), Shaanxi Teachers Univ.* , 1980: 8-20.

Qiu Q H. 1983. The studies of Shaanxi spiders (III). *Shaanxi Prov. zool. Assoc. Dissert. Anthol.* , 1980-1982: 89-102.

Qiu Q H, Wang X P. 1990. Study of Qinling Mount wolf spiders (Araneae: Lycosidae). *Journal of Yun'an University*, 14: 1-6.

Qiu Q H, Wang X P. 1992. The lycosid species in the Yellow River valley of Shanxi, Henan and Shaanxi (Araneae: Lycosidae). *Acta Zootaxonomica Sinica*, 17: 26-28.

Qiu Q H, Zheng Z M. 1981. A new species of spider of the genus *Oecobius*. *Acta Zootaxonomica Sinica*, 6: 141-142.

Qu L L, Peng X J, Yin C M. 2009. Description of *Hygrolycosa ligulacea* sp. nov. (Lycosidae: *Hygrolycosa*) from Yunnan Province, China. *Acta Arachnologica Sinica*, 18: 71-74.

Qu L L, Peng X J, Yin C M. 2010a. One new wolf spiders of the genus *Trochosa* (Araneae, Lcosidae) from Yunnan province, China. *Acta Zootaxonomica Sinica*, 35: 258-261.

Qu L L, Peng X J, Yin C M. 2010b. Six new species of the spider genus *Pardosa* (Araneae: Lycosidae) from Yunnan, China. *Oriental Insects*, 44: 387-404.

Quan D, Chen J. 2012. A new species of the genus *Bifurcia* (Araneae: Linyphiidae) from China. *Acta Arachnologica Sinica*, 21: 65-67.

Quan D, Chen J, Liu J. 2013. First description of the female of *Sinopoda serrata* (Wang, 1990) (Araneae, Sparassidae). *ZooKeys*, 321: 89-96.

Quan D, Liu J. 2012. Two new *Rhitymna* species (Araneae: Sparassidae) from Hainan Island, China. *Zootaxa*, 3200: 61-68.

Quan D, Zhong Y, Liu J. 2014. Four *Pseudopoda* species (Araneae: Sparassidae) from southern China. *Zootaxa*, 3754(5): 555-571.

Quasin S, Uniyal V P. 2012. First record of the genus *Phylloneta* from India with description of *P. impressa* L. Koch, 1881 (Araneae: Theridiidae).

Biosystematica, 5: 59-61.

Quasin S, Uniyal V P, Jose K S. 2012. First report of *Episinus affinis* (Araneae: Theridiidae) from India. *Records of the Zoological Survey of India*, 111(4): 97-98.

Rainbow W J. 1897. The arachnidan fauna of Funafuti. *Australian Museum Memoirs*, 3: 105-124.

Rainbow W J. 1898. Contribution to a knowledge of the arachnidan fauna of British New Guinea. *Proceedings of the Linnean Society of New South Wales*, 23: 328-356.

Rainbow W J. 1899. Contribution to a knowledge of the araneidan fauna of Santa Cruz. *Proceedings of the Linnean Society of New South Wales*, 24: 304-321.

Rainbow W J. 1900. Descriptions of some new Araneidae of New South Wales. No. 9. *Proceedings of the Linnean Society of New South Wales*, 25: 483-494.

Rakov S Y. 1997. A review of the spider genus *Evarcha* Simon, 1902 in Middle Asia (Aranei Salticidae). *Arthropoda Selecta*, 6(1/2): 105-112.

Rakov S Y, Logunov D V. 1997. A critical review of the genus *Heliophanus* C. L. Koch, 1833, of Middle Asia and the *Caucasus* (Aranei Salticidae). *Arthropoda Selecta*, 5(3/4): 67-104.

Ramírez M J. 2014. The morphology and phylogeny of dionychan spiders (Araneae: Araneomorphae). *Bulletin of the American Museum of Natural History*, 390: 1-374.

Ramírez M J, Grismado C J. 1997. A review of the spider family Filistatidae in Argentina (Arachnida, Araneae), with a cladistic reanalysis of filistatid genera. *Entomologica Scandinavica*, 28: 319-349.

Ramírez M J, Grismado C J. 2008. Filistatidae. *In*: Claps L E, Debandi G, Roig S. Biodiversidad de Artrópodos Argentinos. *Sociedad Entomológica Argentina*, 2: 79-83.

Ramírez M J, Grismado C, Blick T. 2004. Notes on the spider family Agelenidae in southern South America (Arachnida: Araneae). *Revista Ibérica de Aracnología*, 9: 179-182.

Ransy M. 1987. Les problemes d'identification du genre *Araniella* (Araneidae). *Nieuwsbrief van de Belgische Arachnologische Vereniging*, 4: 25-28.

Rao K T, Bastawade D B, Javed S M M, Krishna I S R. 2006. Description of *Argiope lobata* Pallas (Araneae: Araneidae) from Nallamalai region, eastern Ghats, Andhra Pradesh, India. *Records of the Zoological Survey of India*, 106(2): 51-54.

Ratschker U M. 1995. Bemerkenswerte Spinnenfunde in den St. Pauler Bergen in Kärnten (Araneae, Atypidae-Eresidae-Theridiidae). *Carinthia II*, 185: 723-728.

Ratschker U M, Bellmann H. 1995. Zur Bestimmung der mitteleuropäischen Arten der Gattung *Eresus* Walckenaer, 1805 (Arachnida: Araneae: Eresidae). *Beiträge zur Araneologie*, 4: 217-218.

Raven R J. 1985. The spider infraorder Mygalomorphae (Araneae): Cladistics and systematics. *Bulletin of the American Museum of Natural History*, 182: 1-180.

Raven R J. 2000. Taxonomica Araneae I: Barychelidae, Theraphosidae, Nemesiidae and Dipluridae (Araneae). *Memoirs of the Queensland Museum*, 45: 569-575.

Raven R J, Schwendinger P J. 1995. Three new mygalomorph spider genera from Thailand and China (Araneae). *Memoirs of the Queensland Museum*, 38: 623-641.

Reimoser E. 1919. Katalog der echten Spinnen (Araneae) des Paläarktischen Gebietes. *Abhandlungen der Zoologisch-Botanischen Gesellschaft in Wien*, 10(2): 1-280.

Reimoser E. 1925. Fauna sumatrensis (Beitrag Nr. 7). Araneina. *Supplementa Entomologica*, 10: 89-94.

Reimoser E. 1927. Spinnen von Sumatras Ostküste. *Miscellanea Zoologica Sumatrana*, 13: 1-6.

Reimoser E. 1928. Einheimische Spinnen 1 & 2. *Die Natur (Wien)*, 4(5): 103-108.

Reimoser E. 1929. Einheimische Spinnen 3-4. *Die Natur (Wien)*, 5: 36-39, 62-65, 81-89.

Reimoser E. 1930. Einheimische Spinnen 5. *Die Natur (Wien)*, 6: 9-15, 53-58.

Reimoser E. 1931. Einheimische Spinnen 6-9. *Die Natur (Wien)*, 7: 37-41, 57-61, 83-87, 127-130.

Reimoser E. 1932. Einheimische Spinnen 10. *Die Natur (Vienna)*, 8: 7-12, 60-64.

Reimoser E. 1934a. The spiders of Krakatau. *Proceedings of the Zoological Society of London*, 1934(1): 13-18.

Reimoser E. 1934b. Araneae aus Süd-Indien. *Revue Suisse de Zoologie*, 41: 465-511.

Reimoser E. 1935. Araneida. *In*: Wissenschaftliche Ergebnisse der niederländischen Expeditionen in den Karakorum. *Zoologie (Leipzig)*, 1935: 169-176.

Reimoser E. 1937a. Spinnentiere oder Arachnoidea. VII. Gnaphosidae oder Plattbauchspinnen. *In*: Die Tierwelt Deutschlands. *Jena*, 33(16): 1-41.

Reimoser E. 1937b. Spinnentiere oder Arachnoidea. VIII. Gnaphosidae oder Plattbauchspinnen. Anyphaenidae oder Zartspinnen. Clubionidae oder Röhrenspinnen. *In*: Die Tierwelt Deutschlands. *Jena*, 33(16): 1-99.

Reinhard W. 1874. Materialy dlia faouny paoukoobraznych poriadka Araneae wodiatchichsia w Charkowskoi gouberny i prilejatchich miestach. *Troudy Obtchiestwa Ispytatelei Prirody pri Imperatorskom Charkowskom Ouniwersitete*, 8: 149-254.

Relys V, Weiss I. 1997. *Micrargus alpinus* sp. n., eine weitere Art der *M. herbigradus*-Gruppe aus Österreich (Arachnida: Araneae: Linyphiidae). *Revue Suisse de Zoologie*, 104: 491-501.

Renner F. 1988. Wiederbeschreibung von *Dolomedes strandi* Bonnet und Anmerkungen zur Taxonomie sibirischer *Dolomedes*-Arten (Araneae: Pisauridae). *Stuttgarter Beiträge zur Naturkunde* (A), 427: 1-6.

Reuss A. 1834. Zoologische miscellen. *Museum Senckenbergianum, Abhandlungen aus dem Gebiete der beschreibenden Naturgeschichte*, 1: 195-276.

Řezáč M, Král J, Pekár S. 2008. The spider genus *Dysdera* (Araneae, Dysderidae) in central Europe: Revision and natural history. *Journal of Arachnology*, 35: 432-462.

Řezáč M, Pekár S, Johannesen J. 2008. Taxonomic review and phylogenetic analysis of central European *Eresus* species (Araneae: Eresidae). *Zoologica Scripta*, 37: 263-287.

Rheims C A, Brescovit A D. 2004. Revision and cladistic analysis of the spider family Hersiliidae (Arachnida, Araneae) with emphasis on Neotropical and Nearctic species. *Insect Systematics & Evolution*, 35: 189-239.

Rheims C A, Brescovit A D, van Harten A. 2004. Hersiliidae (Araneae) from Yemen, with description of a new species of *Hersilia* Audouin, 1826 from Socotra Island. *Fauna of Arabia*, 20: 335-347.

Richman D B. 1979. Jumping spiders of the United States and Canada: Changes in the key and list (1). *Peckhamia*, 1: 125.

Risso A. 1826. *Histoire naturelle des principales productions de l'Europe méridionale, et principalement de celles des environs de Nice et des Alpes maritimes*. Paris 5: 159-176.

Ritchie J M. 1978. The discovery of *Oecobius annulipes* Lucas in Britain. *Bulletin of the British Arachnological Society*, 4: 210-212.

Roberts M. 1978. Contributions à l'étude de la faune terrestre des îles granitiques de l'archipel des Séchelles (Mission P. L. G. Benoit J. J. Van Mol 1972). Theridiidae, Mysmenidae and gen. *Theridiosoma* (Araneidae) (Araneae). *Revue Zoologique Africaine*, 92: 902-939.

Roberts M J. 1974. Notes on the identification of the British species of *Bolyphantes* (Linyphiidae). *Bulletin of the British Arachnological Society*, 3: 29-33.

Roberts M J. 1983. Spiders of the families Theridiidae, Tetragnathidae and Araneidae (Arachnida: Araneae) from Aldabra atoll. *Zoological Journal of the Linnean Society*, 77: 217-291.

Roberts M J. 1985. *The spiders of Great Britain and Ireland*, Volume 1: Atypidae to Theridiosomatidae. Harley Books, Colchester, England.

Roberts M J. 1987. *The spiders of Great Britain and Ireland*, Volume 2: Linyphiidae and check list. Colchester, England: Harley Books: 204.

Roberts M J. 1992. The illustration of spiders. *In*: Cooper J E, Pearce-Kelly P, Williams D L. *Arachnida: Proceedings of a One-Day Symposium on Spiders and their Allies held at the Zoological Society of London 21st November 1987*. Chiron Publications: 190-195.

Roberts M J. 1993. Appendix to *The spiders of Great Britain and Ireland*. Colchester: Harley Books: 16.

Roberts M J. 1995. *Collins Field Guide: Spiders of Britain & Northern Europe*. London: HarperCollins: 383.

Roberts M J. 1998. *Spinnengids*. Netherlands: Tirion, Baarn: 397.

Roemer J J. 1789. *Genera insectorum Linnaei et Fabricii iconibus illustrata*. Vitoduri Helvet: 86. (Araneae: 33, 65-66).

Roewer C F. 1928. Araneae. *In*: Zoologische Streifzüge in Attika, Morea, und besonders auf der Insel Kreta, II. *Abhandlungen des Naturwissenschaftlichen Vereins zu Bremen*, 27: 92-123.

Roewer C F. 1931. Arachnoideen aus südostalpinen Höhlen gesammelt von Herrn Karl Strasser in den Jahren 1929 und 1930. *Mitteilungen über Höhlen-und Karstforschung*, 1931: 1-17.

Roewer C F. 1938. Araneae. *In*: Résultats scientifiques du Voyage aux indes orientales néerlandaises de la SS. AA. RR. le Prince et la Princesse Leopold de Belgique. *Mémoires du Musée Royal d'Histoire Naturelle de Belgique*, 3(19): 1-94.

Roewer C F. 1942. *Katalog der Araneae von 1758 bis 1940*. Bremen 1: 1-1040.

Roewer C F. 1944. Einige Araneen von Prof. S. Bocks Pacific Exp. 1917-1918. *Meddelanden från Göteborgs Musei Zoologiska Avdelning*, 104: 1-10.

Roewer C F. 1951. Neue Namen einiger Araneen-Arten. *Abhandlungen des Naturwissenschaftlichen Vereins zu Bremen*, 32: 437-456.

Roewer C F. 1955a. Die Araneen der Österreichischen Iran-Expedition 1949/50. *Sitzungsberichte der Österreichischen Akademie der Wissenschaften* (I), 164: 751-782.

Roewer C F. 1955b. *Katalog der Araneae von 1758 bis 1940, bzw. 1954*. Bruxelles 2: 1-1751.

Roewer C F. 1959. Araneae Lycosaeformia II (Lycosidae). *Exploration du Parc National de l'Upemba, Mission G. F. de Witte*, 55: 1-518.

Roewer C F. 1960a. Araneae Lycosaeformia II (Lycosidae) (Fortsetzung und Schluss). *Exploration du Parc National de l'Upemba, Mission G. F. de Witte*, 55: 519-1040.

Roewer C F. 1960b. Solifugen und Opilioniden-Araneae Orthognathae, Haplogynae und Entelegynae (Contribution à l'étude de la faune d'Afghanistan 23). *Göteborgs Kungliga Vetenskaps och Witterhets Samhället Handlingar*, 8(7): 1-53.

Roewer C F. 1962. Araneae Dionycha aus Afghanistan II. *Acta Universitatis Lundensis* (N. F.), 58(4): 1-34.

Roewer C F. 1963a. Araneina: Orthognatha, Labidognatha. *Insects Micronesia*, 3: 104-132.

Roewer C F. 1963b. Über einige neue Arachniden (Opiliones und Araneae) der orientalischen und australischen Region. *Senckenbergiana Biologica*, 44: 223-230.

Roewer C F. 1965. Die Lyssomanidae und Salticidae-Pluridentati der Äethiopischen Region (Araneae). *Annales, Musée Royal de l'Afrique Centrale, Sciences zoologiques* (Sci. Zool.), 139: 1-86.

Roşca A. 1935. Neue Spinnenarten aus der Bukovina (Rumänien). *Zoologischer Anzeiger*, 111: 241-254.

Roşca A. 1936. Fauna araneelor din Bucovina (sistematica, ecologia si raspândirea geografica). *Buletinul Facultatii de Stiinte din Cernauti*, 10: 123-216.

Roşca A. 1939. Neue Spinnenarten aus der Dobrogea (Rumänien). *Zoologischer Anzeiger*, 125: 91-96.

Roşca A. 1968. Cercetări asupra faunei de aranee din împrejurimile Iaşilor. *Studii şi Cercetăride Biologie* (Zool.), 20: 79-87.

Rossi F W. 1846. Neue Arten von Arachniden des k. k. Museums, beschrieben und mit Bemerkungen über verwandte Formen begleitet. *Naturwissenschaftliche Abhandlungen, Wien*, 1: 11-19.

Rossi G, Bosio F. 2012. Elenco delle specie di ragni (Arachnida, Araneae) note per la Valle d'Aosta. *Revue Valdôtaine d'Histoire Naturelle*, 66: 45-88.

Rossi P. 1790. *Fauna etrusca: sistens insecta quae in Provinciis Florentina et Pisana praesertim collegit*. Liburni 2: 126-140.

Rossi P. 1794. *Mantissa Insectorum, exhibens species nuper in Etruria collectas a Petro Rossio, adiectis faunae etruscae illustrationibus ac emendationibus*. Pisis 2: 5-6.

Roth V D. 1967. A review of the South American spiders of the family Agelenidae (Arachnida, Araneae). *Bulletin of the American Museum of Natural History*, 134: 297-346.

Roth V D. 1968. The spider genus *Tegenaria* in the Western Hemisphere (Agelenidae). *American Museum Novitates*, 2323: 1-33.

Roth V D. 1982. *Handbook for spider identification*. Arizona: Published by the author, Portal.

Roth V D. 1985. *Spider genera of North America*. Gainesville: American Arachnological Society.

Roth V D. 1994. *Spider Genera of North America, with Keys to Families and Genera, and a Guide to Literature*, third edition. Gainesville: American Arachnological Society: 203.

Roth V D, Brame P L. 1972. Nearctic genera of the spider family Agelenidae (Arachnida, Araneida). *American Museum Novitates*, 2505: 1-52.

Roy T K, Dhali D C, Saha S, Raychaudhuri D. 2014. A newly recorded genus *Evarcha* Simon, 1902 (Araneae: Salticidae) from India. *Munis Entomology and Zoology*, 9(1): 379-383.

Rozwalka R. 2011a. *Micaria dives* (Araneae: Gnaphosidae)-nowy gatunek pajaka dla araneofauny Polski. *Chrońmy Przyrodę Ojczystą*, 67: 575-579.

Rozwalka R. 2011b. *Steatoda triangulosa* (Walckenaer, 1802) (Araneae: Theridiidae) in Poland. *Zeszyty Naukowe Uniwersytetu Szczecińskiego, Acta Biologica*, 676(18): 143-147.

Russell-Smith A. 2008. Identification of Zelotes apricorum and Zelotes subterraneus. *Newsletter of the British Arachnological Society*, 113: 23-24.

Russell-Smith A. 2009a. Identification of *Clubiona neglecta* and *Clubiona pseudoneglecta*. *Newsletter of the British Arachnological Society*, 116: 20-22.

Russell-Smith A. 2009b. Identification of *Neon robustus* and *Neon reticulatus*. *Newsletter of the British Arachnological Society*, 116: 22-23.

Russell-Smith A. 2011a. Identification of *Bathyphantes gracilis* and *Bathyphantes parvulus*. *Newsletter of the British Arachnological Society*, 121: 21-23.

Russell-Smith A. 2011b. Identification of *Tetragnatha extensa* and *Tetragnatha pinicola*. *Newsletter of the British Arachnological Society*, 121: 23-24.

Russell-Smith A. 2013. Identification of *Pocadicnemis pumila* and *Pocadicnemis juncea*. *Newsletter of the British Arachnological Society*, 126: 23-24.

Růžička V. 1978. Revision der diagnostischen Merkmale der Weibchen der tschechoslovakischen Arten der Gattung *Oedothorax* (Araneae: Micryphantidae). *Věstník Československé Zoologické Společnosti v Praze*, 42: 195-208.

Růžička V. 1988. Problems of *Bathyphantes eumenis* and its occurrence in Czechoslovakia (Araneae, Linyphiidae). *Věstník Československé Zoologické Společnosti v Praze*, 52: 149-155.

Růžička V. 2000. Spiders (Araneae) of two valleys in the Krkonose Mts. (Czech Republic). *Ekológia (Bratislava)*, 19(Suppl. 3): 235-244.

Růžička V, Bryja V. 2000. Females of *Walckenaeria*-species (Araneae, Linyphiidae) in the Czech Republic. *Acta Universitatis Purkynianae Studia Biologica*, 4: 135-147.

Růžička V, Holec M. 1998. New records of spiders from pond littorals in the Czech Republic. *Arachnologische Mitteilungen*, 16: 1-7.

Saaristo M I. 1971. Revision of the genus *Maro* O. P.-Cambridge (Araneae, Linyphiidae). *Annales Zoologici Fennici*, 8: 463-482.

Saaristo M I. 1973. Taxonomical analysis of the type-species of *Agyneta*, *Anomalaria*, *Meioneta*, *Aprolagus*, and *Syedrula* (Araneae, Linyphiidae). *Annales Zoologici Fennici*, 10: 451-466.

Saaristo M I. 1974. Taxonomical analysis of *Microneta viaria* (Blackwall, 1841), the type-species of the genus *Microneta* Menge, 1869 (Araneae, Linyphiidae). *Annales Zoologici Fennici*, 11: 166-169.

Saaristo M I. 1975. *On the evolution of the secondary genital organs of Lepthyphantinae (Araneae, Linyphidae)*. Proceedings of the 6th International Arachnological Congress: 21-25.

Saaristo M I. 1977. Secondary genital organs in the taxonomy of Lepthyphantinae (Araneae, Linyphiidae). *Reports from the Department of Zoology, University of Turku*, 5: 1-16.

Saaristo M I. 1978. Spiders (Arachnida, Araneae) from the Seychelle islands, with notes on taxonomy. *Annales Zoologici Fennici*, 15: 99-126.

Saaristo M I. 1995. Linyphiid spiders of the granitic islands of Seychelles (Araneae, Linyphiidae). *Phelsuma*, 3: 41-52.

Saaristo M I. 1996a. Notes on the Japanese species of the genera *Tapinopa* and *Floronia* (Arachnida: Araneae: Linyphiidae: Micronetinae). *Acta Arachnologica, Tokyo*, 45: 1-6.

Saaristo M I. 1996b. Theridiosomatid spiders of the granitic islands of Seychelles (Araneae, Theridiosomatidae). *Phelsuma*, 4: 48-52.

Saaristo M I. 1997a. A new species of *Tapinopa* Westring from Turkey (Arachnida: Araneae: Linyphiidae: Micronetinae). *Reichenbachia*, 32: 5-7.

Saaristo M I. 1997b. Scytotids (Arachnida, Araneae, Scytodidae) of the granitic islands of Seychelles. *Phelsuma*, 5: 49-57.

Saaristo M I. 1997c. Oecobiids of the granitic islands of Seychelles (Araneae, Oecobiidae). *Phelsuma*, 5: 69-71.

Saaristo M I. 1998. Ochyroceratid spiders of the granitic islands of Seychelles (Araneae, Ochyroceratidae). *Phelsuma*, 6: 20-26.

Saaristo M I. 1999. An arachnological excursion to the granitic Seychelles, 1-26th January 1999. Arachnid species lists for Silhouette, Cousine & Mahé. *Phelsuma*, 7(Suppl. A): 1-12.

Saaristo M I. 2001a. Dwarf hunting spiders or Oonopidae (Arachnida, Araneae) of the Seychelles. *Insect Systematics & Evolution*, 32: 307-358.

Saaristo M I. 2001b. Pholcid spiders of the granitic Seychelles (Araneae, Pholcidae). *Phelsuma*, 9: 9-28.

Saaristo M I. 2002. New species and interesting new records of spiders from Seychelles (Arachnida, Araneaea). *Phelsuma*, 10(Suppl. A): 1-31.

Saaristo M I. 2003. Tetragnathid spiders of Seychelles (Araneae, Tetragnathidae). *Phelsuma*, 11: 13-28.

Saaristo M I. 2006. Theridiid or cobweb spiders of the granitic Seychelles islands (Araneae, Theridiidae). *Phelsuma*, 14: 49-89.

Saaristo M I. 2010. Araneae. *In*: Gerlach J, Marusik Y. *Arachnida and Myriapoda of the Seychelles islands*. Manchester UK: Siri Scientific Press: 8-306.

Saaristo M I, Eskov K Y. 1996. Taxonomy and zoogeography of the hypoarctic erigonine spider genus *Semljicola* (Araneida, Linyphiidae). *Acta Zoologica Fennica*, 201: 47-69.

Saaristo M I, van Harten A. 2006. The oonopid spiders (Araneae: Oonopidae) of mainland Yemen. *Fauna of Arabia*, 21: 127-157.

Saaristo M I, Koponen S. 1998. A review of northern Canadian spiders of the genus *Agyneta* (Araneae, Linyphiidae), with descriptions of two new species. *Canadian Journal of Zoology*, 76: 566-583.

Saaristo M I, Marusik Y M. 2004a. Two new petrophilous micronetine genera, *Agyphantes* gen. n. and *Lidia* gen. n. (Araneae, Linyphiidae, Micronetinae), from the eastern Palearctic with descriptions of two new species. *Bulletin of the British Arachnological Society*, 13: 76-82.

Saaristo M I, Marusik Y M. 2004b. Revision of the Holarctic spider genus *Oreoneta* Kulczyński, 1894 (Arachnida: Aranei: Linyphiidae). *Arthropoda Selecta*, 12: 207-249.

Saaristo M I, Tanasevitch A V. 1996. Redelimitation of the subfamily Micronetinae Hull, 1920 and the genus *Lepthyphantes* Menge, 1866 with descriptions of some new genera (Aranei, Linyphiidae). *Berichte des Naturwissenschaftlich-Medizinischen Vereins in Innsbruck*, 83: 163-186.

Saaristo M I, Tanasevitch A V. 1999. Reclassification of the *mughi*-group of the genus *Lepthyphantes* Menge, 1866 (sensu lato) (Araneae: Linyphiidae: Micronetinae). *Berichte des Naturwissenschaftlich-Medizinischen Vereins in Innsbruck*, 86: 139-147.

Saaristo M I, Tanasevitch A V. 2000. Systematics of the *Bolyphantes-Poeciloneta* genus-group of the subfamily Micronetinae Hull, 1920 (Arachnida: Araneae: Linyphiidae). *Reichenbachia*, 33: 255-265.

Saaristo M I, Tanasevitch A V. 2001. Reclassification of the *pallidus*-, *insignis*-and *spelaeorum*-groups of *Lephthyphantes* Menge, 1866 (sensu lato) (Arachnida: Araneae: Linyphiidae: Micronetinae). *Reichenbachia*, 34: 5-17.

Saaristo M I, Tanasevitch A V. 2003. A new micronetid spider genus from the Oriental Region (Aranei: Linyphiidae: Micronetinae). *Arthropoda Selecta*, 11: 319-330.

Saaristo M I, Tanasevitch A V. 2004. New taxa for some species of the genus *Lepthyphantes* Menge sensu lato (Araneae, Linyphiidae, Micronetinae). *Revue Arachnologique*, 14: 109-128.

Saaristo M I, Tu L H, Li S Q. 2006. A review of Chinese micronetine species (Araneae: Linyphiidae). Part I: species of ex-*Arcuphantes* and ex-*Centromerus*. *Animal Biology*, 56: 383-401.

Saaristo M I, Wunderlich J. 1995. *Cornicephalus jilinensis* n. sp.-a new spider genus and species from China (Araneae: Linyphiidae: Micronetinae). *Beiträge zur Araneologie*, 4: 307-310.

Sacher P, Metzner H. 1999. *Heliophanus lineiventris* Simon, 1868, neu für Deutschland (Araneae, Salticidae). *Arachnologische Mitteilungen*, 18: 38-44.

Sadana G L. 1971. Description of a new species of *Pardosa* Koch (Lycosidae: Araneida) from India. *Entomologist's Monthly Magazine*, 107: 226-227.

Saito H. 1977. Cave spiders of Tochigi Prefecture, Japan. *Atypus*, 68: 9-10, 69: 21-32.

Saito H. 1979. Notes on linyphiine and erigonine spiders from Tochigi Prefecture, Japan (2). *Insektuto, Konchūaikōkai*, 30: 79-83.

Saito H. 1982a. Notes on linyhiine and erigonine spiders from Hokkaido, Japan. *Kishidaia*, 49: 8-21.

Saito H. 1982b. Soil dwelling linyphiine and erigonine spiders from Ogasawara Islands, Japan. *Edaphologia*, 25-26: 33-39.

Saito H. 1983c. On Japanese species of *Gnathonarium* (Araneae: Linyphiidae). *Atypus*, 83: 3-6.

Saito H. 1983b. Description of a new soil dwelling linyphiine spider of the genus *Syedra* (Araneae: Linyphiidae) from Japan. *Edaphologia*, 29: 13-16.

Saito H. 1983b. Notes on linyphiine and erigonine spiders from Hokkaido, Japan II. *Insect*, *Utsunomiya*, 34: 50-60.

Saito H. 1986. New erigonine spiders found in Hokkaido, Japan. *Bulletin of the National Museum of Nature and Science Tokyo* (A), 12: 9-24.

Saito H. 1987. On some linyphiid spiders added to the spider fauna of Japan. *Heptathela*, 3(2): 1-13.

Saito H. 1992. A list of spiders collected from Yamanashi Prefecture. II. *Yamanashi No Konchu*, 36: 944-953.

Saito H. 1993. Two erigonine spiders of the genus *Ummeliata* (Araneae: Linyphiidae). *Acta Arachnologica*, *Tokyo*, 42: 103-107.

Saito H, Ono H. 2001. New genera and species of the spider family Linyphiidae (Arachnida, Araneae) from Japan. *Bulletin of the National Museum of Nature and Science Tokyo (A)*, 27: 1-59.

Saito H, Takahashi Y, Sagara J. 1979. Notes on some spiders from Aomori Prefecture, Japan. *Atypus*, 75: 7-15.

Saitō S. 1933. Notes on the spiders from Formosa. *Transactions of the Sapporo Natural History Society*, 13: 32-61.

Saitō S. 1934a. A supplementary note on spiders from southern Saghalin, with descriptions of three new species. *Transactions of the Sapporo Natural History Society*, 13: 326-340.

Saitō S. 1934b. Spiders from Hokkaido. *Journal of the Faculty of Agriculture*, *Hokkaido Imperial University*, *Sapporo*, *Japan*, 33: 267-362.

Saitō S. 1935a. Further notes on spiders from southern Saghalin, with descriptions of three new species. *Annotationes Zoologicae Japonenses*, 15: 58-61.

Saitō S. 1935b. Further notes on spiders from southern Saghalin. (The third supplement). *Transactions of the Sapporo Natural History Society*, 14: 51-54.

Saitō S. 1936a. The spiders collected by the late Mr Sadae Takahashi, with descriptions of two new species. *Transactions of the Sapporo Natural History Society*, 14: 249-259.

Saitō S. 1936b. Arachnida of Jehol. Araneida. *Report of the First Scientific Expedition to Manchoukuo* (Sect. 5; Div. 1), 3: 1-88.

Saitō S. 1939. On the spiders from Tohoku (northernmost part of the main island), Japan. *Saito Ho-On Kai Museum Research Bulletin*, 18(Zool. 6): 1-91.

Saitō S. 1959. *The Spider Book Illustrated in Colours*. Tokyo: Hokuryukan: 194.

Saitō S, Kishida K. 1947. Araneae. *In*: Illustrated Encyclopedia of the Fauna of Japan (Exclusive of Insects). Tokyo: Hokuryukan Co.: 978-1001.

Sallam G M E. 2012. Redescription of two tailed spider, *Hersilia caudata* Savigny, 1825 (Araneae, Hersiliidae) from Egypt. *Indian Journal of Arachnology*, 1(1): 175-181.

Salz R. 1992. Untersuchungen zur Spinnenfauna von Köln (Arachnida: Araneae). *Decheniana*, 31: 57-105.

Samm R. 1994. Das Paarungsritual von *Pisaura mirabilis* Clerck, 1757 (Araneida: Pisauridae). *Arachnologisches Magazin*, 2(9): 1-6.

Santos A J, Gonzaga M O. 2003. On the spider genus *Oecobius* Lucas, 1846 in South America (Araneae, Oecobiidae). *Journal of Natural History*, 37: 239-252.

Sato M. 2012. New records of spiders from Akita Prefecture, Japan. *Kishidaia*, 101: 66-68.

Savelyeva L G. 1972a. New species of Gnaphosidae (Aranei) from the East-Kazakhstan district. *Zoologicheskiĭ Zhurnal*, 51: 1238-1241.

Savelyeva L G. 1972b. New and little-known species of spiders of the fam. Lycosidae (Aranei) from the East Kazakhstan region. *Entomologicheskoe Obozrenie*, 51: 454-462.

Schäfer M, Deepen-Wieczorek A. 2014. Erstnachweis der Springspinne *Icius hamatus* (Salticidae, Araneae) für Deutschland. *Arachnologische Mitteilungen*, 47: 49-50.

Scharff N, Coddington J A. 1997. A phylogenetic analysis of the orb-weaving spider family Araneidae (Arachnida, Araneae). *Zoological Journal of the Linnean Society*, 120: 355-434.

Schenkel E. 1918. Neue Fundorte einheimischer Spinnen. *Verhandlungen der Naturforschenden Gesellschaft in Basel*, 29: 69-104.

Schenkel E. 1923. Beitrage zur Spinnenkunde. Beiträge zur Kenntnis der Wirbellosen terrestrischen Nivalfauna der schweizerischen Hochgebirge. Liestal, 1919. *Verhandlungen der Naturforschenden Gesellschaft in Basel*, 34: 78-127.

Schenkel E. 1925. Beitrag zur Kenntnis der schweizerschen Spinnenfauna. *Revue Suisse de Zoologie*, 32: 253-318.

Schenkel E. 1927. Beitrag zur Kenntnis der schweizerischen Spinnenfauna. III. Teil. Spinnen von Saas-Fee. *Revue Suisse de Zoologie*, 34: 221-267.

Schenkel E. 1928. Über einige Spinnen aus Lappland. Spinnen von Saas-Fee. *Revue Suisse de Zoologie*, 35: 17-25.

Schenkel E. 1929a. Beitrag zur Kenntnis der schweizerischen Spinnenfauna. IV. Teil. Spinnen von Bedretto. *Revue Suisse de Zoologie*, 36: 1-24.

Schenkel E. 1929b. Beitrag zur Spinnenkunde. *Zoologischer Anzeiger*, 83: 137-143.

Schenkel E. 1930. Die Araneiden der schwedischen Kamtchatka-Expedition 1920-1922. *Arkiv för Zoologi*, 21(A15): 1-33.

Schenkel E. 1931. Arachniden aus dem Sarekgebirge. *In*: *Naturwissenschafliche Untersuchungen des Sarekgebirges in Schwedisch-Lappland IV, Zoologie.* Stockholm 4: 949-980.

Schenkel E. 1932. Verzeichnis der von E. Neilsen auf Öland und Smaalandgesammelten Spinnen. *Entomologisk Tidskrift*, 53: 202-209.

Schenkel E. 1936. Schwedisch-chinesische wissenschaftliche Expedition nach den nordwestlichen Provinzen Chinas, unter Leitung von Dr Sven Hedin und Prof. Sü Ping-chang. Araneae gesammelt vom schwedischen Artz der Exped. *Arkiv för Zoologi*, 29(A1): 1-314.

Schenkel E. 1937. Beschreibungen einiger afrikanischer Spinnen und Fundortsangaben. *Festschrift Embrik Strand*, 3: 373-398.

Schenkel E. 1938a. Die Arthropodenfauna von Madeira nach den Ergebnissen der Reise von Prof. Dr O. Lundblad, Juli-August 1935. *Arkiv för Zoologi*, 30(A7): 1-42.

Schenkel E. 1938b. Spinnentiere von der Iberischen Halbinsel, gesammelt von Prof. Dr O. Lundblad, 1935. *Arkiv för Zoologi*, 30(A24): 1-29.

Schenkel E. 1944. Arachnoidea aus Timor und China aus den Sammlungen des Basler Museums. *Revue Suisse de Zoologie*, 51: 173-206.

Schenkel E. 1950a. Neue Arachnoidea aus Nordtirol. *Revue Suisse de Zoologie*, 57: 757-767.

Schenkel E. 1950b. Spinnentiere aus dem westlichen Nordamerika, gesammelt von Dr. Hans Schenkel-Rudin. Erster Teil. *Verhandlungen der Naturforschenden Gesellschaft in Basel*, 61: 28-92.

Schenkel E. 1951. Spinnentiere aus dem westlichen Nordamerika, gesammelt von Dr. Hans Schenkel-Rudin. Zweiter Teil. *Verhandlungen der Naturforschenden Gesellschaft in Basel*, 62: 24-62.

Schenkel E. 1953. Chinesische Arachnoidea aus dem Museum Hoangho-Peiho in Tientsin. *Boletim do Museu Nacional do Rio de Janeiro* (N. S., Zool.), 119: 1-108.

Schenkel E. 1963. Ostasiatische Spinnen aus dem Muséum d'Histoire naturelle de Paris. *Mémoires du Muséum National d'Histoire Naturelle de Paris* (A, Zool.), 25: 1-481.

Schick R X. 1965. The crab spiders of California (Araneae, Thomisidae). *Bulletin of the American Museum of Natural History*, 129: 1-180.

Schikora H B. 1993. *Meioneta mossica* sp. n., a new spider close to *M. saxatilis* (Blackwall) from northern and central Europe. *Bulletin of the British Arachnological Society*, 9: 157-163.

Schikora H B. 1995. Intraspecific variation in taxonomic characters, and notes on distribution and habitats of *Meioneta mossica* Schikora and *M. saxatilis* (Blackwall), two closely related spiders from northern and central Europe (Araneae, Linyphiidae). *Bulletin of the British Arachnological Society*, 10: 65-74.

Schikora H B. 2009. Postembryonic development, life cycle, and diagnostic characters of the linyphiid spider *Meioneta mossica* Schikora, 1993 (Arachnida: Araneae). *Contributions to Natural History*, 12: 1179-1206.

Schmidt G. 1956a. Genus-und Speziesdiagnosen neuer, mit Bananen eingeschleppter Spinnen nebst Mitteilung über das Auffinden der Männchen zweier Spinnenarten. *Zoologischer Anzeiger*, 157: 24-31.

Schmidt G. 1956b. Zur Fauna der durch canarische Bananen eingeschleppten Spinnen mit Beschreibungen neuer Arten. *Zoologischer Anzeiger*, 157: 140-153.

Schmidt G. 1956c. Liste der in den Jahren 1953 and 1954 mit Bananen nach Hamburg eingeschleppten Spinnen aus Franz.-Guinea. *Zoologischer Anzeiger*, 157: 239-241.

Schmidt G. 1973. Zur Spinnenfauna von Gran Canaria. *Zoologische Beiträge* (N. F.), 19: 347-391.

Schmidt G. 1975. Spinnen von Teneriffa. *Zoologische Beiträge* (N. F.), 21: 501-515.

Schmidt G. 1977. Zur Spinnenfauna von Hierro. *Zoologische Beiträge* (N. F.), 23: 51-71.

Schmidt G. 1982. Zur Spinnenfauna von La Palma. *Zoologische Beiträge* (N. F.), 27: 393-414.

Schmidt G. 1993. *Vogelspinnen: Vorkommen, Lebensweise, Haltung und Zucht, mit Bestimmungsschlüsseln für alle Gattungen*, Vierte Auflage. Hannover: Landbuch Verlag: 151.

Schmidt G. 2003. *Die Vogelspinnen: Eine weltweite Übersicht*. Hohenwarsleben: Neue Brehm-Bücherei: 383.

Schmidt G. 2004. Eine zweite Art der Gattung *Haplocosmia* Schmidt & von Wirth, 1996 (Araneae: Theraphosidae: Selenocosmiinae). *Tarantulas of the World*, 99: 5-7.

Schmidt G. 2010a. Wie lautet der korrekte Name von *Selenocosmia huwena* Wang, Peng & Xie, 1993? *Tarantulas of the World*, 142: 23-27.

Schmidt G. 2010b. Bestimmungsschlüssel für die Weibchen der südostasiatischen Zwergvogelspinnengattung *Yamia* (Araneae: Theraphosidae: Selenocosmiinae). *Tarantulas of the World*, 142: 42-47.

Schmidt G, Barensteiner R. 2000. Vier Spinnen-Arten aus der Inneren Mongolei (Araneae: Lycosidae, Clubionidae, Gnaphosidae, Salticidae). *Entomologische Zeitschrift, Stuttgart*, 110: 43-48.

Schmidt G, Geisthardt M, Piepho F. 1994. Zur Kenntnis der Spinnenfauna der Kapverdischen Inseln (Arachnida: Araneida). *Mitteilungen des Internationalen Entomologischen Vereins*, 19: 81-126.

Schmidt G, Klaas P. 1991. Eine neue *Latrodectus*-Spezies aus Sri Lanka (Araneida: Theridiidae). *Arachnologischer Anzeiger*, 14: 6-9.

Schmidt G, Krause R H. 1993. Spinnen von den Komoren III: Tetragnathinae und Metinae (Araneida: Araneidae). Teil I. *Arachnologisches Magazin*, 1(10): 4-9.

Schmidt G, Krause R H. 1994a. Spinnen von den Komoren III: Tetragnathinae und Metinae (Araneida: Araneidae). *Arachnologisches Magazin*, 2(Sonderausgabe 1): 3-25. (reprint of Schmidt & Krause, 1993a-c)

Schmidt G, Krause R H. 1994b. Spinnen von den Comoren II: Oecobiidae, Ctenidae, Pisauridae, Selenopidae, Heteropodidae, Oxyopidae und Mimetidae (Araneida). *Zoologische Jahrbücher, Abteilung für Systematik, Geographie und Biologie der Tiere*, 121: 233-247.

Schmidt G, von Wirth V. 1996. *Haplocosmia nepalensis* gen. et sp. n., die erste Vogelspinne aus Nepal (Araneida: Theraphosidae: Selenocosmiinae). *Arthropoda*, 4: 12-15.

Schmidt J B, Scharff N. 2008. A taxonomic revision of the orb-weaving spider genus *Acusilas* Simon, 1895 (Araneae, Araneidae). *Insect Systematics & Evolution*, 39: 1-38.

Schmidt M H, Hänggi A. 2007. Zelotes mundus (Araneae: Gnaphosidae) in the Camargue: a continental species reaches the western Mediterranean coast. *Bulletin of the British Arachnological Society*, 14: 27-29.

Schmidt P. 1895. Beitrag zur Kenntnis der Laufspinnen (Araneae Citigradae Thor.) Russlands. *Zoologische Jahrbücher, Abteilung für Systematik, Geographie und Biologie der Tiere*, 8: 439-484.

Schult J. 1986. Zeichenvermitteltes Verhalten bein Spinnen. *Zeitschrift für Semiotik*, 8: 253-276.

Schult J, Sellenschlo U. 1983. Morphologie und Funktion der Genitalstrukturen bei *Nephila* (Arach., Aran., Araneidae). *Mitteilungen aus dem Hamburgischen Zoologischen Museum und Institut*, 80: 221-230.

Schwendinger P J. 1989. On three new armoured spiders (Araneae: Tetrablemmidae, Pacullinae) from Indonesia and Thailand. *Revue Suisse de Zoologie*, 96: 571-582.

Schwendinger P J. 1990. A synopsis of the genus *Atypus* (Araneae, Atypidae). *Zoologica Scripta*, 19: 353-366.

Schwendinger P J. 2005. Two new *Cyclocosmia* (Araneae: Ctenizidae) from Thailand. *Revue Suisse de Zoologie*, 112: 225-252.

Schwendinger P J. 2013. A taxonomic revision of the spider genus *Perania* Thorell, 1890 (Araneae: Tetrablemmidae: Pacullinae) with the descriptions of eight new species. *Revue Suisse de Zoologie*, 120(4): 585-663.

Schwendinger P J, Ono H. 2011. On two *Heptathela* species from southern Vietnam, with a discussion of copulatory organs and systematics of the Liphistiidae (Araneae: Mesothelae). *Revue Suisse de Zoologie*, 118: 599-637.

Sciberras A, Sciberras J, Freudenschuss M, Pfliegler W P. 2014. *Araneus angulatus* Clerck,1757 (Araneae: Araneidae), new for the fauna of the Sicilian and Maltese archipelagos. *Revista Ibérica de Aracnología*, 24: 109-110.

Scopoli J A. 1763. *Entomologia carniolica, exhibens insecta carniolae indigena et distributa in ordines, genera, species, varietates. Methodo Linnaeana*. Vindobonae: 420. (Araneae: 392-404).

Scopoli J A. 1772. Observationes zoologicae. *In*: Annus V. *Historico-naturalis*. Lipsiae: 70-128 (Araneae: 125-126).

Seeley R M. 1928. Revision of the spider genus *Tetragnatha*. *New York State Museum Bulletin*, 278: 99-150.

Segers H. 1987. Determinatieproblemen in de *Philodromus-aureolus* groep (Araneae: Philodromidae). *Nieuwsbrief van de Belgische Arachnologische Vereniging*, 6: 9-15.

Segers H. 1989. A redescription of *Philodromus albidus* Kulczyński, 1911 (Araneae, Philodromidae). *Bulletin of the British Arachnological Society*, 8: 38-40.

Segers H. 1990. The identification and taxonomic status of *Philodromus praedatus* O. P.-Cambridge (Araneae, Thomisidae). *Revue Arachnologique*, 9: 11-14.

Segers H. 1992. Nomenclatural notes on, and redescriptions of some little-known species of the *Philodromus aureolus* group (Araneae: Philodromidae). *Bulletin of the British Arachnological Society*, 9: 19-25.

Seidel H. 1849. Über die schlesischen Arten aus den Familien der Epeïrides und Therides. *In*: Gravenhorst I L C. Bericht über die Arbeiten der entomologischen Sektion in Jahre 1848. *Übersicht der Arbeiten und Veränderungen der Schlesischen Gesellschaft für Vaterländische Kultur im Jahre*, 1848: 109-111.

Sekiguchi K. 1943. Life history of *Heteropoda venatoria* Linnaeus. *Acta Arachnologica, Tokyo*, 8: 66-73.

Sen J K, Basu K C. 1972. A new spider of the genus *Runcinia* Simon, 1875 (Thomisidae: Archanida), from India. *Journal of the Zoological Society of India*, 24: 103-104.

Sen S, Saha S, Raychaudhuri D. 2010a. A new spider genus of the tribe Smodicinini (Araneae: Thomisidae) from India. *Munis Entomology and Zoology*, 5: 344-349.

Sen S, Saha S, Raychaudhuri D. 2010b. New and hitherto unknown nursery web spider species (Araneae: Pisauridae) from the reserve forests of Dooars, West Bengal, India. *Munis Entomology and Zoology*, 5: 225-231.

Sen S, Saha S, Raychaudhuri D. 2010c. Two tailed spiders (Araneae: Hersiliidae) from the reserve forests of north Bengal, India. *Munis Entomology and Zoology*, 5(Suppl.): 1168-1175.

Senglet A. 2001. Copulatory mechanisms in *Hoplopholcus*, *Stygopholcus* (revalidated), *Pholcus*, *Spermophora* and *Spermophorides* (Araneae, Pholcidae), with additional faunistic and taxonomic data. *Mitteilungen der Schweizerischen Entomologischen Gesellschaft*, 74: 43-67.

Senglet A. 2008. New species of *Pholcus* and *Spermophora* (Pholcidae, Araneae) from Iran and Afghanistan, with notes on mating mechanisms. *Revue Suisse de Zoologie*, 115: 355-376.

Senglet A. 2011. New species in the Zelotes tenuis-group and new or little known species in other Zelotes groups (Gnaphosidae, Araneae). *Revue Suisse de Zoologie*, 118: 513-559.

Seo B K. 1985a. Three unrecorded species of salticid spider from Korea. *Korean Arachnology*, 1(2): 13-21.

Seo B K. 1985b. Descriptions of two species of the genus *Episinus* (Araneae: Theridiidae) from Korea. *Journal of the Institute of Natural Sciences, Keimyung University*, 4: 97-101.

Seo B K. 1986. One unrecorded species of salticid spider from Korea (II). *Korean Arachnology*, 2(1): 23-26.

Seo B K. 1988. Classification of genus *Phrurolithus* (Araneae: Clubionidae) from Korea. *Journal of the Institute of Natural Sciences, Keimyung University*, 7: 79-90.

Seo B K. 1990. Description of a newly recorded species in the Korean linyphiid fauna. *Korean Arachnology*, 6: 101-106.

Seo B K. 1991. Description of two new species of family Linyphiidae (Araneae) from Korea. *Korean Arachnology*, 7: 35-41.

Seo B K. 1992a. A new species of genus *Evarcha* (Araneae: Salticidae) from Korea (II). *Korean Arachnology*, 7: 159-162.

Seo B K. 1992b. Descriptions of two species of the family Thomisidae from Korea. *Korean Arachnology*, 8: 79-84.

Seo B K. 1992c. Four newly record species in the Korean salticid fauna (III). *Korean Arachnology*, 7: 179-186.

Seo B K. 1993. Description of two newly recorded species in the Korean linyphiid fauna (II). *Journal of the Institute of Natural Sciences, Keimyung University*, 11: 173-176.

Seo B K. 1995a. Redescription and multivariate analysis of genus *Phintella* (Araneae, Salticidae) from Korea. *Korean Journal of Systematic Zoology*, 11: 183-197.

Seo B K. 1995b. A new species of genus *Neon* (Araneae, Salticidae) from Korea. *Korean Journal of Systematic Zoology*, 11: 323-327.

Seo B K. 2002. Description of the male of *Chrysso lativentris* (Araneae, Theridiidae). *Korean Journal of Systematic Zoology*, 18: 49-52.

Seo B K. 2005. Four species of theridiid spider (Araneae) from Korea with a description of new species, *Robertus naejangensis*. *Entomological Research*, 35: 121-126.

Seo B K. 2010. New species and two new records of the spider family Theridiidae (Araneae) from Korea. *Entomological Research*, 40: 171-176.

Seo B K. 2011a. Description of three liocranid spider species from Korea (Araneae: Liocranidae). *Entomological Research*, 41: 98-102.

Seo B K. 2011b. Description of a new species and four new records of the spider subfamily Erigoninae (Araneae: Linyphiidae) from Korea. *Korean Journal of Applied Entomology*, 50: 141-149.

Seo B K, Paik K Y. 1981. A new species of the genus *Tetragnatha* (Araneae: Tetragnathidae) from Korea. *Korean Journal of Zoology*, 24: 87-90.

Seo B K, Sohn S R. 1984. The spider fauna and three valuable species of Namhae-gun, Gyeongsangnam-do, Korea. *Journal of the Institute of Natural Sciences, Keimyung University*, 3: 113-120.

Šestáková A, Černecká L, Neumann J, Reiser N. 2014. First record of the exotic spitting spider *Scytodes fusca* (Araneae, Scytodidae) in Central Europe from Germany and Slovakia. *Arachnologische Mitteilungen*, 47: 1-6.

Šestáková A, Christophoryová J, Korenko S. 2013. A tropical invader, *Coleosoma floridanum*, spotted for the first time in Slovakia and the Czech Republic (Araneae, Theridiidae). *Arachnologische Mitteilungen*, 45: 40-44.

Šestáková A, Krumpál M, Krumpálová Z. 2009. *Araneidae (Araneae) Strednej Európy: I. Rod Araneus*. Bratislava: Prírodovedecká Fakulta Univerzity Komenskéhó: 151.

Sethi V D, Tikader B K. 1988. Studies on some giant crab spiders of the family Heteropodidae from India. *Records of the Zoological Survey of India, Miscellaneous Publications, Occasional Paper*, 93: 1-94.

Seyfulina R R, Mikhailov K G. 2004. Three new species of genus *Xysticus* C. L. Koch, 1835 (Aranei: Thomisidae) from the Amur area. *Arthropoda Selecta*, 12: 251-254.

Seyyar O, Demir H, Topçu A. 2006. A contribution to the spider fauna of Turkey (Araneae: Gnaphosidae). *Serket*, 10: 49-52.

Seyyar O, Demir H, Topçu A. 2008. The first record of family Corinnidae (Arachnida: Araneae) in Turkey. *North-Western Journal of Zoology*, 4: 320-323.

Seyyar O, Demir H, Topçu A, Taşdemir A. 2006. Phaeocedus is a new genus of ground spider (Araneae, Gnaphosidae) in Turkey. *Scientific Research and Essay*, 1: 26-27.

Sha Y H, Gao J C, Zhu C D. 1994. Three new generic records and five new record species of Erigoninae from China (Araneae: Linyphiidae). *Acta Arachnologica Sinica*, 3: 14-20.

Sha Y H, Zhu C D. 1992. Three new record species of the genus *Walckenaeria* Blackwall from Changbai Mountain region (Araneae: Linyphiidae: Erigoninae). *Acta Arachnologica Sinica*, 1(2): 1-5.

Sha Y H, Zhu C D. 1994. A new species of the genus *Caracladus* from China (Araneae: Linyphiidae: Erigoninae). *Acta Zootaxonomica Sinica*, 19: 172-174.
Sha Y H, Zhu C D. 1995. Notes of three new species and one new record of Erigoninae from China (Araneae: Linyphiidae). *Acta Zootaxonomica Sinica*, 20: 281-288.
Shear W A. 1967. Expanding the palpi of male spiders. *Breviora*, 259: 1-27.
Shear W A. 1970. The spider family Oecobiidae in North America, Mexico, and the West Indies. *Bulletin of the Museum of Comparative Zoology at Harvard College*, 140: 129-164.
Shear W A. 1978. Taxonomic notes on the armored spiders of the families Tetrablemmidae and Pacullidae. *American Museum Novitates*, 2650: 1-46.
Shear W A, Benoit P L G. 1974. New species and new records in the genus *Oecobius* Lucas from Africa and nearby islands (Araneae: Oecobiidae: Oecobiinae). *Revue Zoologique Africaine*, 88: 706-720.
Sherriffs W R. 1934. Hong-kong spiders. I. *Hong-kong Naturalist*, 5: 85-90.
Sherriffs W R. 1935. Hong Kong spiders II. *The Hong Kong Naturalist*, 6: 97-101.
Sherriffs W R. 1936. Hong-Kong Spiders. III. *Hong-kong Naturalist*, 7: 110-114.
Sherriffs W R. 1939a. Hong-Kong spiders. Part V. *Hong-kong Naturalist*, 9: 133-140.
Sherriffs W R. 1939b. Hong-Kong spiders. Part VI. *Hong-kong Naturalist*, 9: 193-198.
Sherriffs W R. 1951. Some oriental spiders of the genus *Oxyopes*. *Proceedings of the Zoological Society of London*, 120: 651-677.
Sherriffs W R. 1955. More Oriental spiders of the genus *Oxyopes*. *Proceedings of the Zoological Society of London*, 125: 297-308.
Shi J G, Zhu C D. 1982. Description of two species of spider from Shanxi Province, China. *Journal of the Bethune Medical University*, 8: 64-65.
Shimojana M. 1967. Spider fauna of the Ryukyu Islands. *Biological Magazine Okinawa*, 4: 16-24.
Shimojana M. 1977a. Preliminary report on the cave spider fauna of the Ryukyu Archipelago. *Acta Arachnologica, Tokyo*, 27(Spec. No.): 337-365.
Shimojana M. 1977b. The spider fauna of the Tokara Islands. *Ecological Studies of Nature Conservation of the Ryukyu Islands*, 3: 103-126.
Shimojana M. 2009. Hexathelidae. *In*: Ono H. *The Spiders of Japan with Keys to the Families and Genera and Illustrations of the Species*. Kanagawa: Tokai University Press: 92-95.
Shimojana M, Haupt J. 1998. Taxonomy and natural history of the funnel-web spider genus *Macrothele* (Araneae: Hexathelidae: Macrothelinae) in the Ryukyu Islands (Japan) and Taiwan. *Species Diversity*, 3: 1-15.
Shin H K. 2007. A systematic study of the araneid spiders (Arachnida: Araneae) in Korea (1). *Korean Arachnology*, 23: 127-171.
Shinkai A, Yoshida T, Ito H. 1991. Function of the paracymbium in the male *Chiracanthium japonicum*. *Atypus*, 98/99: 40-42.
Shinkai E. 1969. *Spiders of Tokyo*. Osaka: Arachnological Society of East Asia: 65.
Shinkai E. 1977. Spiders of Tokyo III. *Acta Arachnologica, Tokyo*, 27(Spec. No.): 321-336.
Shinkai E. 1978. Spiders of Hachioji City, Tokyo 1. List and distribution. *Memoirs of the Education Institute for Private Schools in Japan, Hachioji-shi, Tokyo*, 56: 79-109.
Shinkai E, Hara K. 1975. Spiders from the Chichibu district, Saitama Prefecture, Japan. *Atypus*, 65: 7-18.
Siemaschko J M. 1861. Verzeichnis der in der Umgegend von St. Petersburg vorkommenden Arachniden. *Horae Societatis Entomologicae Rossicae*, 1: 117-137.
Sierwald P. 1987. Revision der Gattung *Thalassius* (Arachnida, Araneae, Pisauridae). *Verhandlungen des Naturwissenschaftlichen Vereins in Hamburg*, 29: 51-142.
Sierwald P. 1988. Spiders of Bermuda. *Nemouria, Occasional Papers of the Delaware Museum of Natural History*, 31: 1-24.
Sierwald P. 1990. Morphology and homologous features in the male palpal organ in Pisauridae and other spider families, with notes on the taxonomy of Pisauridae (Arachnida: Araneae). *Nemouria, Occasional Papers of the Delaware Museum of Natural History*, 35: 1-59.
Sierwald P. 1997. Phylogenetic analysis of pisaurine nursery web spiders, with revisions of *Tetragonophthalma* and *Perenethis* (Araneae, Lycosoidea, Pisauridae). *Journal of Arachnology*, 25: 361-407.
Silva D D. 2003. Higher-level relationships of the spider family Ctenidae (Araneae: Ctenoidea). *Bulletin of the American Museum of Natural History*, 274: 1-86.
Simon E. 1864. *Histoire naturelle des araignées (aranéides)*. Paris: 1-540.
Simon E. 1866. Monographie des espèces européennes du genre *Pholcus*. *Annales de la Société Entomologique de France*, 6: 117-124.
Simon E. 1867. Sur trois araignées nouvelles. *Revue et Magasin de Zoologie Pure et Appliquée*, 19(2): 15-24.
Simon E. 1868a. Sur quelques aranéides di midi de la France. *Revue et Magasin de Zoologie Pure et Appliquée*, 20(2): 449-456.
Simon E. 1868b. Monographie des espèces européennes de la famille des attides (Attidae Sundewall.-Saltigradae Latreille). *Annales de la Société Entomologique de France*, 8(4): 11-72, 529-726.
Simon E. 1870. Aranéides noveaux ou peu connus du midi de l'Europe. *Mémoires de la Société Royale des Sciences de Liège*, 3(2): 271-358.
Simon E. 1871. Révision des Attidae européens. Supplément à la monographie des Attides (Attidae Sund.). *Annales de la Société Entomologique de France*, 1(5): 125-230, 330-360.
Simon E. 1872. Notice complémentaire sur les arachnides cavernicoles et hypogés. *Annales de la Société Entomologique de France*, 2(5): 473-488.
Simon E. 1873a. Aranéides nouveaux ou peu connus du midi de l'Europe. (2e mémoire). *Mémoires de la Société Royale des Sciences de Liège*, 5(2): 187-351. [separately paginated version is 1-174, only that version seen and cited here]
Simon E. 1873b. Aranéides nouveaux ou peu connus du midi de l'Europe. (2e mémoire). *Mémoires de la Société Royale des Sciences de Liège*, 5(2): 1-174.
Simon E. 1873c. Etudes arachnologiques. 2e Mémoire. III. Note sur les espèces européennes de la famille des Eresidae. *Annales de la Société Entomologique de France*, 3(5): 335-358.
Simon E. 1873d. Etudes arachnologiques. 2e Mémoire. II. Description de quelques espèces nouvelles pour la faun européenne. *Annales de la Société Entomologique de France*, 3(5): 327-334.
Simon E. 1874a. *Les arachnides de France*. Paris 1: 1-272.
Simon E. 1874b. Listes d'arachnides d'Algérie. *Annales de la Société Entomologique de France*, 4(5)(Bull.): 66, 106-107, 155.
Simon E. 1875a. *Les arachnides de France*. Paris 2: 1-350.
Simon E. 1875b. Description de *Tetrix Leprieuri* et note sur *T. variegata* d'Algérie. *Annales de la Société Entomologique de France*, 5(5)(Bull.): 62-63.
Simon E. 1875c. Description des plusieurs Salticides d'Europe. *Annales de la Société Entomologique de France*, 5(5)(Bull.): 92-95.
Simon E. 1875d. Description de *Phildromus albopictus* et de *Dictyna Sedilloti*. *Annales de la Société Entomologique de France*, 5(5)(Bull.): 149-151.

Simon E. 1876. *Les arachnides de France*. Paris 3: 1-364.

Simon E. 1877a. Etude sur les Arachnides du Congo (suite). *Bulletin de la Société Zoologique de France*, 2: 482-485.

Simon E. 1877b. Etudes arachnologiques. 5e Mémoire. IX. Arachnides recueillis aux îles Phillipines par MM. G. A. Baer et Laglaise. *Annales de la Société Entomologique de France*, 7(5): 53-96.

Simon E. 1877c. Description de deux Salticides d'Europe. *Annales de la Société Entomologique de France*, 7(5)(Bull.): 74-76.

Simon E. 1878a. *Les arachnides de France*. Paris 4: 1-334.

Simon E. 1878b. Etudes arachnologiques. 8e Mémoire. XIV. Liste des espèces européennes et algériennes de la famille des Attidae, composant le collection de Mr le comte Keyserling. *Annales de la Société Entomologique de France*, 8(5): 201-212.

Simon E. 1878c. Description de Xysticus dentiger et de Drassus navaricus. *Annales de la Société Entomologique de France*, 8(5)(Bull.): 158-160.

Simon E. 1880a. Révision de la famille des Sparassidae (Arachnides). *Actes de la Société Linnéenne de Bordeaux*, 34: 223-351.

Simon E. 1880b. Etudes arachnologiques. 11e Mémoire. XVII. Arachnides recueilles aux environs de Pékin par M. V. Collin de Plancy. *Annales de la Société Entomologique de France*, 10(5): 97-128.

Simon E. 1880c. Matériaux pour servir à une faun arachnologique de la Nouvelle Calédonie. *Annales de la Société Entomologique de Belgique*, 23(C. R.): 164-175.

Simon E. 1881a. *Les arachnides de France*. Paris 5: 1-180.

Simon E. 1881b. Descriptions d'arachnides nouveaux d'Afrique. *Bulletin de la Société Zoologique de France*, 6: 1-15.

Simon E. 1881c. Description d'espèces nouvelles du genre *Erigone*. *Bulletin de la Société Zoologique de France*, 6: 233-257.

Simon E. 1882a. II. Étude sur les arachnides de l'Yemen méridional. *In*: Viaggio ad Assab nel Mar Rosso, dei signori G. Doria ed O. Beccari con il R. *Aviso "Esploratore" dal 16 Novembre 1879 al 26 Febbraio 1880*. Annali del Museo Civico di Storia Naturale di Genova, 18: 207-260.

Simon E. 1882b. Etudes Arachnologiques. 13e Mémoire. XX. Descriptions d'espèces et de genres nouveaux de la famille des Dysderidae. *Annales de la Société Entomologique de France*, 2(6): 201-240.

Simon E. 1883. Études arachnologiques. 14e Mémoire. XXI. Matériaux pour servir à la faune arachnologique des îles de l'Océan Atlantique (Açores, Madère, Salvages, Canaries, Cap Vert, Sainte-Hélène et Bermudes). *Annales de la Société Entomologique de France*, 3(6): 259-314.

Simon E. 1884a. Arachnides nouveaux d'Algérie. *Bulletin de la Société Zoologique de France*, 9: 321-327.

Simon E. 1884b. Arachnides recueillis en Birmanie par M. le chevalier J. B. Comotto et appartenant au Musée civique d'histoire naturelle de Gènes. *Annali del Museo Civico di Storia Naturale di Genova*, 20: 325-372.

Simon E. 1884c. Description d'une nouvelle famille de l'ordre des Araneae (Bradystichidae). *Annales de la Société Entomologique de Belgique*, 28(C. R.): 297-301.

Simon E. 1884d. Descriptions de quelques arachnides des genres *Miltia* E. S. et *Zimiris* E. S. *Annales de la Société Entomologique de Belgique*, 28: 139-142.

Simon E. 1884e. Etudes arachnologiques. 16e Mémoire. XXIII. Matériaux pour servir à la faune des arachnides de la Grèce. *Annales de la Société Entomologique de France*, 4(6): 305-356.

Simon E. 1884f. *Les arachnides de France*. Paris 5: 180-885.

Simon E. 1885a. Matériaux pour servir à la faune arachnologiques de l'Asie méridionale. I. Arachnides recueillis à Wagra-Karoor près Gundacul, district de Bellary par M. M. Chaper. II. Arachnides recueillis à Ramnad, district de Madura par M. l'abbé Fabre. *Bulletin de la Société Zoologique de France*, 10: 1-39.

Simon E. 1885b. Arachnides recueillis par M. Weyers à Sumatra. Premier envoi. *Annales de la Société Entomologique de Belgique*, 29(C. R.): 30-39.

Simon E. 1885c. Matériaux pour servir à la faune arachnologiques de l'Asie méridionale. III. Arachnides recueillis en 1884 dans la presqu'île de Malacca, par M. J. Morgan. IV. Arachnides recueillis à Collegal, district de Coimbatoore, par M. A. Theobald G. R. *Bulletin de la Société Zoologique de France*, 10: 436-462.

Simon E. 1885d. Etudes sur les Arachnides recueillis en Tunisie en 1883 et 1884 par MM. A. Letourneux, M. Sédillot et Valéry Mayet, membres de la mission de l'Exploration scientifique de la Tunisie. *In*: Exploration scientifique de la Tunisie. Paris: 1-55.

Simon E. 1886a. Arachnides recueillis par M. A. Pavie (sous chef du service des postes au Cambodge) dans le royaume de Siam, au Cambodge et en Cochinchine. *Actes de la Société Linnéenne de Bordeaux*, 40: 137-166.

Simon E. 1886b. Espèces et genres nouveaux de la famille des Thomisisdae. *Actes de la Société Linnéenne de Bordeaux*, 40: 167-187.

Simon E. 1886c. Etudes arachnologiques. 18e Mémoire. XXVI. Matériaux pour servir à la faune des Arachnides du Sénégal. (Suivi d'une appendice intitulé: Descriptions de plusieurs espèces africaines nouvelles). *Annales de la Société Entomologique de France*, 5(6): 345-396.

Simon E. 1887a. Arachnides recueillis à Obock en 1886, par M. le Dr L. Faurot. *Bulletin de la Société Zoologique de France*, 12: 452-455.

Simon E. 1887b. Espèces et genres nouveaux de la famille des Sparassidae. *Bulletin de la Société Zoologique de France*, 12: 466-474.

Simon E. 1887c. Etude sur les arachnides de l'Asie méridionale faisant partie des collections de l'Indian Museum (Calcutta). I. Arachnides recueillis à Tavoy (Tenasserim) par Moti Ram. *Journal of the Asiatic Society of Bengal*, 56: 101-117.

Simon E. 1887d. Etudes arachnologiques. 19e Mémoire. XXVII. Arachnides recueillis à Assinie (Afrique occidentale) par MM. Chaper et Alluaud. *Annales de la Société Entomologique de France*, 7(6): 261-276.

Simon E. 1887e. Liste des arachnides recueillis en 1881, 1884 et 1885 par MM. J. de Guerne et C. Rabot, en Laponie (Norvège, Finlande et Russie). *Bulletin de la Société Zoologique de France*, 12: 456-465.

Simon E. 1887e. Observation sur divers arachnides: synonymies et descriptions. *Annales de la Société Entomologique de France*, 7(6) (Bull.): 158-159, 167, 175-176, 186-187, 193-195.

Simon E. 1889a. Arachnidae transcaspicae ab ill. Dr. G. Radde, Dr. A. Walter et A. Conchin inventae (annis 1886-1887). *Verhandlungen der Kaiserlich-Königlichen Zoologisch-Botanischen Gesellschaft in Wien*, 39: 373-386.

Simon E. 1889b. Arachnides de l'Himalaya, recueillis par MM. Oldham et Wood-Mason, et faisant partie des collections de l'Indian Museum. Première partie. *Journal of the Asiatic Society of Bengal*, 58: 334-344.

Simon E. 1889c. Description de *Hypochilus Davidi* sp. nov. *Annales de la Société Entomologique de France*, 8(6)(Bull.): 208-209.

Simon E. 1889d. Etudes arachnologiques. 21e Mémoire. XXXIII. Descriptions de quelques espèces receillies au Japon, par A. Mellotée. *Annales de la Société Entomologique de France*, 8(6): 248-252.

Simon E. 1890a. Etudes arachnologiques. 22e Mémoire. XXXIV. Etude sur les arachnides de l'Yemen. *Annales de la Société Entomologique de France*, 10(6): 77-124.

Simon E. 1890b. Etudes arachnologiques. 22e Mémoire. XXXVI. Arachnides recueillis aux îles Mariannes par M. A. Marche. *Annales de la Société Entomologique de France*, 10(6): 131-136.

Simon E. 1891a. On the spiders of the island of St. Vincent. Part 1. *Proceedings of the Zoological Society of London*, 1891: 549-575.

Simon E. 1891b. Observations biologiques sur les arachnides. I. Araignées sociables. *In*: de Voyage M E. Simon au Venezuela (Décembre 1887-avril 1888). 11e Mémoire. *Annales de la Société Entomologique de France*, 60: 5-14.

Simon E. 1891c. On the spiders of the island of St. Vincent. Part 1. *Proceedings of the Zoological Society of London*, 1891: 549-575.

Simon E. 1892a. *Histoire naturelle des araignées*. Paris 1: 1-256.

Simon E. 1892b. Arachnides. *In*: Raffrey A, Bolivar I, Simon E. Etudes cavernicoles de l'île Luzon. Voyage de M. E. Simon aux l'îles Phillipines (mars et avril 1890). 4e Mémoire. *Annales de la Société Entomologique de France*, 61: 35-52.

Simon E. 1893a. *Histoire naturelle das araignées*. Paris 1: 257-488.

Simon E. 1893b. Arachnides. *In*: de Voyage M E. Simon au Venezuela (décembre 1887-avril 1888). 21e Mémoire. *Annales de la Société Entomologique de France*, 61: 423-462.

Simon E. 1893c. Arachnides. *In*: de Voyage M E. Simon aux îles Philipines (mars et avril 1890). 6e Mémoire. *Annales de la Société Entomologique de France*, 62: 65-80.

Simon E. 1893d. Études arachnologiques. 25e Mémoire. XL. Descriptions d'espèces et de genres nouveaux de l'ordre des Araneae. *Annales de la Société Entomologique de France*, 62: 299-330.

Simon E. 1893e. Arachnides de l'archipel Malais. *Revue Suisse de Zoologie*, 1: 319-328.

Simon E. 1893f. Études arachnologiques. 25e Mémoire. XL. Descriptions d'espèces et de genres nouveaux de l'ordre des Araneae. *Annales de la Société Entomologique de France*, 62: 299-330.

Simon E. 1894. *Histoire naturelle des araignées*. Paris 1: 489-760.

Simon E. 1895a. *Histoire naturelle des araignées*. Paris 1: 761-1084.

Simon E. 1895b. Descriptions d'arachnides nouveaux de la famille des Thomisidae. *Annales de la Société Entomologique de Belgique*, 39: 432-443.

Simon E. 1895c. Arachnides recueillis par M. G. Potanine en Chinie et en Mongolie (1876-1879). *Bulletin de l'Académie impériale des sciences de St.-Pétersbourg*, 2(5): 331-345.

Simon E. 1895d. Etudes arachnologiques. 26e. XLI. Descriptions d'espèces et de genres nouveaux de l'ordre des Araneae. *Annales de la Société Entomologique de France*, 64: 131-160.

Simon E. 1897a. *Histoire naturelle des araignées*. Paris 2: 1-192.

Simon E. 1897b. Etudes arachnologiques. 27e Mémoire. XLII. Descriptions d'espèces nouvelles de l'ordre des Araneae. *Annales de la Société Entomologique de France*, 65: 465-510.

Simon E. 1897c. Description d'arachnides nouveaux. *Annales de la Société Entomologique de Belgique*, 41: 8-17.

Simon E. 1897d. On the spiders of the island of St Vincent. III. *Proceedings of the Zoological Society of London*, 1897: 860-890.

Simon E. 1897e. Arachnides recueillis par M. M. Maindron à Mascate, en octobre 1896. *Bulletin du Muséum National d'Histoire Naturelle de Paris*, 1897: 95-98.

Simon E. 1897f. Arachides recueillis par M. M. Maindron à Kurrachee et à Matheran (près Bombay) en 1896. *Bulletin du Muséum National d'Histoire Naturelle de Paris*, 1897: 289-297.

Simon E. 1898a. *Histoire naturelle des araignées*. Paris 2: 193-380.

Simon E. 1898b. Etudes arachnologiques. 28e Mémoire. XLIII. Arachnides recueillis par M. le Dr Ph. François en Nouvelle Calédonie, aux Nouvelles-Hebrides (Mallicolo) et à l'île de Vanikoro. *Annales de la Société Entomologique de France*, 66: 271-276.

Simon E. 1898c. Descriptions d'arachnides nouveaux des familles des Agelenidae, Pisauridae, Lycosidae et Oxyopidae. *Annales de la Société Entomologique de Belgique*, 42: 1-34.

Simon E. 1899a. Contribution à la faune de Sumatra. Arachnides recueillis par M. J. L. Weyers, à Sumatra. (Deuxiéme mémoire). *Annales de la Société Entomologique de Belgique*, 43: 78-125.

Simon E. 1899b. Ergebnisse einer Reine nach dem Pacific (Schauinsland 1896-1897). *Arachnoideen. Zoologische Jahrbücher, Abteilung für Systematik, Geographie und Biologie der Tiere*, 12: 411-437.

Simon E. 1900a. Arachnida. *In*: Fauna Hawaiiensis, or the zoology of the Sandwich Isles: being results of the explorations instituted by the Royal Society of London promoting natural knowledge and the British Association for the Advancement of Science. London 2: 443-519.

Simon E. 1900b. Etudes arachnologiques. 30e Mémoire. XLVII. Descriptions d'espèces nouvelles de la famille des Attidae. *Annales de la Société Entomologique de France*, 69: 27-61.

Simon E. 1901a. *Histoire naturelle des araignées*. Paris 2: 381-668.

Simon E. 1901b. Etudes arachnologiques. 31e Mémoire. XLIX. Descriptions de quelques salticides de Hong Kong, faisant partie de la collection du Rév. O.-P. Cambridge. *Annales de la Société Entomologique de France*, 70: 61-66.

Simon E. 1901c. Descriptions d'arachnides nouveaux de la famille des Attidae (suite). *Annales de la Société Entomologique de Belgique*, 45: 141-161.

Simon E. 1901d. On the Arachnida collected during the Skeat expedition to the Malay Peninsula. *Proceedings of the Zoological Society of London*, 1901(2): 45-84.

Simon E. 1902a. Etudes arachnologiques. 31e Mémoire. LI. Descriptions d'espèces nouvelles de la famille des Salticidae (suite). *Annales de la Société Entomologique de France*, 71: 389-421.

Simon E. 1902b. Description d'arachnides nouveaux de la famille des Salticidae (Attidae) (suite). *Annales de la Société Entomologique de Belgique*, 46: 24-56, 363-406.

Simon E. 1903a. *Histoire naturelle des araignées*. Paris 2: 669-1080.

Simon E. 1903b. Etudes arachnologiques. 33e Mémoire. LIII. Arachnides recueillis à Phuc-Son (Annam) par M. H. Fruhstorfer (nov-dec. 1899). *Annales de la Société Entomologique de France*, 71: 725-736.

Simon E. 1903c. Etudes arachnologiques. 34e Mémoire. LIV. Arachnides recueillis à Sumatra par M. J. Bouchard. *Annales de la Société Entomologique de France*, 72: 301-310.

Simon E. 1904a. Arachnides recueillis par M. A. Pavie en Indochine. *In*: *Mission Pavie en Indochine 1879-1895. III*. Paris: Recherches sur l'histoire naturells de l'Indochine Orientale: 270-295.

Simon E. 1904b. Etude sur les arachnides du Chili recueillis en 1900, 1901 et 1902, par MM. C. Porter, Dr Delfin, Barcey Wilson et Edwards. *Annales de la Société Entomologique de Belgique*, 48: 83-114.
Simon E. 1905. Arachnides de Java, recueillis par le Prof. K. Kraepelin en 1904. *Mitteilungen aus dem Naturhistorischen Museum in Hamburg*, 22: 49-73.
Simon E. 1906a. Etude sur les araignées de la section des cribellates. *Annales de la Société Entomologique de Belgique*, 50: 284-308.
Simon E. 1906b. Arachnides (2e partie). *In*: de Voyage M. *Maurice Maindron dans l'Inde méridionale. 8e Mémoire*. Annales de la Société Entomologique de France, 75: 279-314.
Simon E. 1907. Arachnides recueillis par L. Fea sur la côte occidentale d'Afrique. 1re partie. *Annali del Museo Civico di Storia Naturale di Genova*, 3(3): 218-323.
Simon E. 1908a. Etude sur les arachnides recueillis par M. le Dr Klaptocz en Tripolitaine. *Zoologische Jahrbücher, Abteilung für Systematik, Geographie und Biologie der Tiere*, 26: 419-438.
Simon E. 1908b. Araneae. 1re partie. *In*: Michaelsen E, Hartmeyer R. *Die Fauna Südwest-Australiens*. Jena, Verlag von Gustav Fischer: 359-446.
Simon E. 1909. Etude sur les arachnides du Tonkin (1re partie). *Bulletin Scientifique de la France et de la Belgique*, 42: 69-147.
Simon E. 1910. Arachnoidea. Araneae (ii). *In*: Schultze L. *Zoologische und anthropologische Ergebnisse einer Forschungsreise im Westlichen und zentralen Südafrika*. Denkschriften der Medizinisch-Naturwissenschaftlichen Gesellschaft zu Jena, 16: 175-218.
Simon E. 1911. Catalogue raisonné des arachnides du nord de l'Afrique (1re partie). *Annales de la Société Entomologique de France*, 79: 265-332.
Simon E. 1912. Arachnides recueillis par M. L. Garreta à l'île Grande-Salvage. *Bulletin de la Société Entomologique de France*, 1912(2): 59-61.
Simon E. 1914. *Les arachnides de France. Synopsis générale et catalogue des espèces françaises de l'ordre des Araneae; 1re partie*. Paris 6: 1-308.
Simon E. 1918. Note sur la synonymie de plusiers araignées de la famille des Clubionidae. *Bulletin de la Société Entomologique de France*, 1918: 201-202.
Simon E. 1922. Description de deux arachnides cavernicoles du midi de la France. *Bulletin de la Société Entomologique de France*, 1922: 199-200.
Simon E. 1926. *Les arachnides de France. Synopsis générale et catalogue des espèces françaises de l'ordre des Araneae; 2e partie*. Paris 6: 309-532.
Simon E. 1929. *Les arachnides de France. Synopsis générale et catalogue des espèces françaises de l'ordre des Araneae; 3e partie*. Paris 6: 533-772.
Simon E. 1932. *Les arachnides de France. Tome VI. Synopsis générale et catalogue des espèces françaises de l'ordre des Araneae; 4e partie*. Paris 6: 773-978.
Simon E. 1937. *Les arachnides de France. Tome VI. Synopsis générale et catalogue des espèces françaises de l'ordre des Araneae; 5e et derniére partie*. Paris 6: 979-1298.
Simon E, Fage L. 1922. Araneae des grottes de l'Afrique orientale. *In*: Biospeologica, XLIV. *Archives de Zoologie Expérimentale et Générale*, 60: 523-555.
Singh G. 1970. Description of a new species of the genus *Clubiona* Laterille (Clubionidae: Aranea) from India. *Science and Culture*, 36: 410-412.
Sinha T B. 1951. On the collection of lycosid spiders in the Zoological Survey of India. *Records of the Indian Museum, Calcutta*, 48: 9-52.
Sinha T B. 1952. Some Indian spiders of the family Argiopidae. *Records of the Indian Museum, Calcutta*, 49: 67-88.
Smith A M. 1986. *The tarantula: Classification and identification guide*. London: Fitzgerald Publishing.
Smith A M. 1987. *The tarantula: Classification and identification guide*. 2nd ed. London: Fitzgerald Publishing: 178.
Smith F P. 1904. The spiders of the *Erigone* group. *Journal of the Quekett Microscopical Club*, 9(2): 9, 109-116.
Smith F P. 1905. The spiders of the *Walckenaera*-Group. *Journal of the Quekett Microscopical Club*, 9(2): 239-246.
Smith F P. 1906. The spiders of the *Diplocephalus*-Group. *Journal of the Quekett Microscopical Club*, 9(2): 295-320.
Smith F P. 1907a. The British spiders of the genus *Lycosa*. *Journal of the Quekett Microscopical Club*, 10(2): 9-30.
Smith F P. 1907b. Some British spiders taken in 1907. *Journal of the Quekett Microscopical Club*, 10(2): 177-190.
Smith F P. 1908. Some British spiders taken in 1908. *Journal of the Quekett Microscopical Club*, 10(2): 311-334.
Smith H M. 2008. Synonymy of *Homalopoltys* (Araneae: Araneidae) with the genus *Dolichognatha* (Araneae: Tetragnathidae) and descriptions of two new species. *Zootaxa*, 1775: 1-24.
Snazell R. 1978. *Pseudomaro aenigmaticus* Denis, a spider new to Britain (Araneae: Linyphiidae). *Bulletin of the British Arachnological Society*, 4: 251-253.
Snazell R. 1983. On two spiders recently recorded from Britain. *Bulletin of the British Arachnological Society*, 6: 93-98.
Snazell R, Jonsson L J, Stewart J A. 1999. *Neon robustus* Lohmander (Araneae: Salticidae), a fennoscandian spider found in Scotland and Ireland. *Bulletin of the British Arachnological Society*, 11: 251-254.
Soares B A M. 1944. Notas sôbre aranhas. I. *Papéis Avulsos do Departamento de Zoologia, Secretaria de Agricultura, Sao Paolo*, 4: 319-320.
Sohn S R, Paik K Y. 1981. On the unreported species of *Pirata meridionalis* and genus *Pirata* (Lycosidae, Araneae) from Korea. *Korean Journal of Zoology*, 24: 19-25.
Song D X. 1980. *Farm Spiders*. Beijing: Science Press: 247.
Song D X. 1981. On three linyphiid spiders of the genus *Neriene* from China. *Zoological Research*, 2: 55-60.
Song D X. 1982a. Some new records and synonyms of Chinese spiders. *Zoological Research*, 3: 101-102.
Song D X. 1982b. Studies on some wolf spiders from China. *Sinozoology*, 2: 75-80.
Song D X. 1986a. On a new species of the family Filistatidae from China (Araneae). *Acta Zootaxonomica Sinica*, 11: 43-45.
Song D X. 1986b. A revision of the Chinese wolf spiders of the genus *Alopecosa* described by Schenkel (Araneae: Lycosidae). *Sinozoology*, 4: 73-82.
Song D X. 1987. *Spiders from agricultural regions of China (Arachnida: Araneae)*. Beijing: Agriculture Publishing House: 376.
Song D X. 1988. A revision of the Chinese spiders described by Chamberlin. *Sinozoology*, 6: 123-136.
Song D X. 1990. On four new species of soil spiders (Arachnida: Araneae) from China. *Journal of Hubei University, Natural Science Edition*, 12: 340-345.
Song D X. 1991a. Three new species of the genus *Ptocasius* from China (Araneae: Salticidae). *Sinozoology*, 8: 163-168.
Song D X. 1991b. On lynx spiders of the genus *Oxyopes* (Araneae: Oxyopidae) from China. *Sinozoology*, 8: 169-181.
Song D X. 1993. A new species of Thomisidae from China (Araneae). *Sinozoology*, 10: 89-91.
Song D X. 1994a. New discovery of the male spider of *Drassyllus excavatus* (Araneae: Gnaphosidae). *Acta Arachnologica Sinica*, 3: 25-26.
Song D X. 1994b. On three species of crab spiders from Hainan, China. *Acta Arachnologica Sinica*, 3: 119-123.
Song D X. 1995. Notes on two species of the genus *Lysiteles* (Araneae: Thomisidae) from China. *Acta Arachnologica Sinica*, 4: 125-126.
Song D X, et al. 1977a. Two species of *Clubiona* from the farm field of Chekiang province. *Dongwuxue zazhi (Chinese Journal of Zoology)*, 1977(1): 32-33.
Song D X, et al. 1977b. Identification of the common species of Micryphantidae from the farm field. *Dongwuxue zazhi (Chinese Journal of Zoology)*, 1977(2): 36-37 and inside back cover.
Song D X, Chai J Y. 1990. Notes of some species of the family Thomisidae (Arachnida: Araneae) from Wuling Shan area. *In*: Zhao E M. From Water onto

Land. Beijing: C. S. S. A. R.: 364-374.

Song D X, Chai J Y. 1991. New species and new records of the family Salticidae from Hainan, China (Arachnida: Araneae). *In*: Qian Y W, et al. Animal Science Research. Beijing: Forestry Publishing House: 13-30.

Song D X, Chai J Y. 1992. On new species of jumping spiders (Araneae: Salticidae) from Wuling Mountains area, southwestern China. *Journal of Xinjiang University*, 9(3): 76-86.

Song D X, Chen J, Zhu M S. 1997. Arachnida: Araneae. *In*: Yang X K. Insects of the Three Gorge Reservoir area of Yangtze River. Chongqing Publishing House, 2: 1704-1743.

Song D X, Chen X E. 1992. Descriptions of two heteropodid spiders from Sichuan, China (Araneae: Heteropodidae). *Acta Zootaxonomica Sinica*, 17: 119-121.

Song D X, Chen X E, Hou J W. 1990. A new species of the genus *Chiracanthium* from China (Araneae: Clubionidae). *Acta Zootaxonomica Sinica*, 15: 427-430.

Song D X, Chen Z F. 1979. A new species of spiders of the genus *Clubiona* (family Clubionidae) from China. *Acta Zootaxonomica Sinica*, 4: 23-25.

Song D X, Chen Z F. 1985. A description of the male of *Hersilia albomaculata* Wang and Yin (Araneae: Hersiliidae). *Acta Zootaxonomica Sinica*, 10: 445-446.

Song D X, Chen Z F. 1987. Discovery of the anyphaenid spider in China, with description of a new species. *Journal of the Hangzhou Normal College* (Nat. Sci.), (1): 13-16.

Song D X, Chen Z F. 1991. A new species of the genus *Dolomedes* from Zhejiang, China (Araneae: Dolomedidae). *Acta Zootaxonomica Sinica*, 16: 15-17.

Song D X, Chen Z Q, Gong L S. 1990. Description of the female spider of the species *Portia quei* Żabka (Salticidae). *Sichuan Journal of Zoology*, 9(1): 15-16.

Song D X, Chen Z Q, Gong L S. 1991. A new species of the genus *Spartaeus* from China (Araneae: Salticidae). *Acta Zootaxonomica Sinica*, 16: 424-427.

Song D X, et al. 1976. The common species of *Tetragnatha* from the paddy fields of Zhejiang province. *Dongwuxue zazhi (Chinese Journal of Zoology)*, 1976(4): 38-39.

Song D X, et al. 1979. The common species of Thomisidae in China. *Dongwuxue zazhi (Chinese Journal of Zoology)*, 1979(1): 16-19.

Song D X, Feng Z Q. 1982. A description of the male of *Pardosa hedini* Schenkel, 1936 (Araneida: Lycosidae). *Acta Zootaxonomica Sinica*, 7: 450.

Song D X, Feng Z Q, Shang J W. 1982a. On the males of two species of crab spiders (Araneida: Thomisidae). *Acta Zootaxonomica Sinica*, 7: 257-259.

Song D X, Feng Z Q, Shang J W. 1982b. A new species of the genus *Chiracanthium* from China (Araneae: Clubionidae). *Zoological Research*, 3(Suppl.): 73-75.

Song D X, Gong L S. 1992. A new species of the genus *Gedea* from China (Araneae: Salticidae). *Acta Zootaxonomica Sinica*, 17: 291-293.

Song D X, Gu M B, Chen Z F. 1988. Three new species of the family Salticidae from Hainan, China. *Bulletin of Hangzhou Normal College* (Nat. Sci.), 1988(6): 70-74.

Song D X, Haupt J. 1984. Comparative morphology and phylogeny of liphistiomorph spiders (Araneae: Mesothelae). 2. Revision of new Chinese heptathelid species. *Verhandlungen des Naturwissenschaftlichen Vereins in Hamburg*, 27: 443-451.

Song D X, Haupt J. 1995. Wolf spiders of the genus *Pardosa* (Araneae: Lycosidae) from Karakorum and Hoh Xil, China. *Acta Arachnologica Sinica*, 4: 1-10.

Song D X, Haupt J. 1996. Arachnida Araneae. *In*: Insects of the Karakorum-Kunlun Mountains.: 311-318.

Song D X, Hu J L. 1982. A description of the female of *Latouchia pavlovi* Schenkel 1953 (Araneida: Ctenizidae). *Journal of Shandong University*, 2: 178-181.

Song D X, Hu J L. 1986. A new species of *Diaea* from China (Araneae: Thomisidae). *Acta Zoologica Sinica*, 32: 350-352.

Song D X, Hu J L, Liu Z B. 1984. On two species of spider of the genus *Oecobius* from China. *Sichuan Journal of Zoology*, 3: 1-3.

Song D X, Hubert M. 1983. A redescription of the spiders of Beijing described by E. Simon in 1880. *Journal of the Huizhou Teachers College*, 1983(2): 1-23.

Song D X, Kim J P. 1991. On some species of spiders from Mount West Tianmu, Zhejiang, China (Araneae). *Korean Arachnology*, 7: 19-27.

Song D X, Kim J P. 1992. A new species of crab spider from China, with description of a new genus (Araneae: Thomisidae). *Korean Arachnology*, 7: 141-144.

Song D X, Kim J P. 1997. On seven new species of the family Zodariidae (Araneae) from China. *Korean Arachnology*, 13(1): 7-17.

Song D X, Kim J P, Zhu M S. 1993. On a new species of the genus *Cybaeus* (Araneae: Agelenidae) from China. *Korean Arachnology*, 9: 19-21.

Song D X, Li G C, Wang Q Y. 1983. A new record of *Plexippoides* from China (Araneae: Salticidae). *Transactions of the Liaoning Zoological Society*, 4: 23-24.

Song D X, Li M M. 1986. Scanning electron microscopic observation on the spider *Octonoba sinensis* (Simon) (Araneae: Uloboridae). *Sinozoology*, 4: 229-238.

Song D X, Li S Q. 1997. Spiders of Wuling Mountains area. *In*: Song D X. *Invertebrates of Wuling Mountains Area, Southwestern China*. Beijing: Science Press: 400-448.

Song D X, Li Z S. 1990. A new genus and a new species of the family Agelenidae (Araneae) from China. *Sinozoology*, 7: 83-86.

Song D X, Lu L. 1985. On some dictynids from China (Araneae: Dictynidae). *Sinozoology*, 3: 77-83.

Song D X, Qian Y M, Gao Z L, Liu F. 1996. Four species of spiders from tobacco plantation in Anhui, China. *Acta Arachnologica Sinica*, 5: 105-110.

Song D X, Qiu Q H, Zheng Z M. 1983. A new species of spider of the genus *Latouchia* (Araneae: Ctenizidae) from China. *Zoological Research*, 4: 373-376.

Song D X, Ren L Y. 1994. Two new species of the genus *Pholcus* from China (Araneae: Pholcidae). *Journal of Hebei Normal University* (Nat. Sci. Ed.), 1994(Suppl.): 19-23.

Song D X, Shang D W, Wang R M, Cheng C F, Cheng S X. 1978. On the wolf spiders from farm fields in Chekiang province. *Dongwuxue zazhi (Chinese Journal of Zoology)*, 1978(2): 1-5.

Song D X, Wang H. 1984. A new species of the genus *Pirata* (Araneae: Lycosidae). *Acta Zootaxonomica Sinica*, 9: 149-150.

Song D X, Wang H Z, Yang H F. 1985. On two dictynids from China (Araneae: Dictynidae). *La Animala Mondo*, 2: 23-25.

Song D X, Wang X P. 1991. On two new species of the genus *Lysiteles* (Araneae: Thomisidae) from Shaanxi, China. *Tangdu Journal*, 1991(1): 1-4.

Song D X, Wang X P. 1994. Three new species of the family Thomisidae from Shaanxi, China (Araneae). *Acta Zootaxonomica Sinica*, 19: 46-50.

Song D X, Wu K Y. 1997. On a new species of the genus *Heptathela* (Araneae: Liphistiidae) from Hong Kong, China. *Chinese Journal of Zoology, Peking*, 32(3): 1-3.

Song D X, Xie L P, Zhu M S, Wu K Y. 1997. Notes on some jumping spiders (Araneae: Salticidae) of Hong Kong. *Sichuan Journal of Zoology*, 16: 149-152.

Song D X, Xu Y J. 1984. Two new species of oonopid spiders from China. *Acta Zootaxonomica Sinica*, 9: 361-363.

Song D X, Xu Y J. 1986. Some species of oonopids and leptonetids from Anhui Province, China (Arachnida: Araneae). *Sinozoology*, 4: 83-88.

Song D X, Xu Y J. 1989. A new genus and new species of the family Dictynidae from China (Arachnida: Araneae). *Acta Zootaxonomica Sinica*, 14: 288-292.

Song D X, Yu L M. 1990. On three species of wolf spiders from China (Araneae: Lycosidae). *Sinozoology*, 7: 77-81.

Song D X, Yu S Y, Shang J W. 1981. A preliminary note on spiders from Inner Mongolia. *Acta Scientiarum Naturalium Universitatis Intramongolicae*, 12: 81-92.

Song D X, Yu S Y, Yang H F. 1982. A supplement note on some species of spiders from China. *Acta Scientiarum Naturalium Universitatis Intramongolicae*, 13: 209-213.

Song D X, Zhang F, Zhu M S. 2002. On two new species of spiders (Arachnida: Araneae) from China. *Journal of Shanxi University, Natural Sciences*, 25: 145-148.

Song D X, Zhang J X, Li D. 2002. A checklist of spiders from Singapore (Arachnida: Araneae). *The Raffles Bulletin of Zoology*, 50: 359-388.

Song D X, Zhang J X, Zhu M S. 2006. Araneae. *In*: Li Z Z, Jin D C. *Insects from Fanjingshan Landscape*. Guiyang: Guizhou Science and Technology Publishing House: 656-690.

Song D X, Zhang W S. 1985. On two species of wolf spiders from China (Araneae: Lycosidae). *Journal of Hebei Agricultural Sciences*, 10: 60-63.

Song D X, Zhang Y J, Zheng S X. 1992. A new species of the genus *Thomisops* (Araneae: Thomisidae) from China. *Journal of Hebei Normal University* (Nat. Sci. Ed.), 17(3): 88-89.

Song D X, Zhao J Z. 1988. On a new species of the family Theraphosidae from China. *Journal of Hubei University*, 1988(1): 1-4.

Song D X, Zhao J Z. 1994. Four new species of crab spiders from China. *Acta Arachnologica Sinica*, 3: 113-118.

Song D X, Zheng S X. 1981. A supplement note on three species of spiders from China. *Zoological Research*, 2: 349-352.

Song D X, Zheng S X. 1982a. A new spider of the genus *Hersilia* from China (Araneae: Hersiliidae). *Acta Zootaxonomica Sinica*, 7: 40-42.

Song D X, Zheng S X. 1982b. Two new species of *Hahnia* (Araneae: Hahniidae) from Zhejiang Province, China. *Sinozoology*, 2: 81-84.

Song D X, Zheng S X. 1982c. Notes on Chinese spiders of the family Pisauridae (Araneida). *Acta Zootaxonomica Sinica*, 7: 155-159.

Song D X, Zheng S X. 1992a. On a new species of the family Oxyopidae from Zhejiang, China (Araneae). *Acta Zootaxonomica Sinica*, 17: 29-31.

Song D X, Zheng S X. 1992b. A new species of the family Liocranidae (Araneae) of China. *Sinozoology*, 9: 103-105.

Song D X, Zhou N L. 1986. A new species of the genus *Dictyna* (Araneae: Dictynidae). *Acta Zootaxonomica Sinica*, 11: 261-263.

Song D X, Zhou N L, Chen Y G. 1992. On two species of the genus *Larinia* (Araneae: Araneidae) from Xinjiang, China. *Sichuan Journal of Zoology*, 11(3): 9-10.

Song D X, Zhou N L, Wang H Z. 1990. A new species of the family Linyphiidae from Xinjiang, China (Arachnida: Araneae). *Acta Zootaxonomica Sinica*, 15: 48-50.

Song D X, Zhou N L, Wang Y L. 1991. Description of the female of *Icius courtauldi* (Araneae: Salticidae). *Acta Zootaxonomica Sinica*, 16: 248-249.

Song D X, Zhu M S. 1985. On two species of titanoecids from China (Araneae: Titanoecidae). *Sinozoology*, 3: 73-76.

Song D X, Zhu M S. 1991. A new species of the genus *Anyphaena* from China (Araneae: Anyphaenidae). *Sichuan Journal of Zoology*, 10(1): 1-2.

Song D X, Zhu M S. 1992a. A new species of the genus *Castianeira* (Araneae: Corinnidae) from Hubei, China. *Sinozoology*, 9: 107-109.

Song D X, Zhu M S. 1992b. Notes on six species of the genus *Leucauge* (Araneae: Tetragnathidae) of China. *Sinozoology*, 9: 111-117.

Song D X, Zhu M S. 1992c. On new species of the family Araneidae (Araneae) from Wuling Mountains area, southwestern China. *Journal of Hubei University, Natural Science Edition*, 14: 167-173.

Song D X, Zhu M S. 1993. A new species of the genus *Mimetus* from China (Araneae: Mimetidae). *Acta Zootaxonomica Sinica*, 18: 421-423.

Song D X, Zhu M S. 1994. On some species of cave arachnids of China. *In*: Chen Y Y. *Sixtieth Anniversary of the Founding of China Zoological Society: Memorial Volume Dedicated to the Hundredth Anniversary of the Birthday of the Late Prof. Sisan Chen (Z. Chen)*. Beijing: China Science and Technology Press: 35-46.

Song D X, Zhu M S. 1995. On new species of the family Thomisidae (Araneae) from China. *Acta Arachnologica Sinica*, 4: 116-124.

Song D X, Zhu M S. 1997. *Fauna Sinica: Arachnida: Araneae: Thomisidae, Philodromidae*. Beijing: Science Press: viii + 259.

Song D X, Zhu M S. 1998a. A new genus and two new species of Hong Kong spiders (Gnaphosidae, Corinnidae). *Journal of Hebei Normal University, Natural Sciences*, 22: 104-108.

Song D X, Zhu M S. 1998b. Two new species of the family Salticidae (Araneae) from China. *Acta Arachnologica Sinica*, 7: 26-29.

Song D X, Zhu M S, Chen J. 1999. *The Spiders of China*. Shijiazhuang: Hebei Science and Techology Publishing House: 640.

Song D X, Zhu M S, Chen J. 2001. *The Fauna of Hebei, China: Araneae*. Shijiazhuang: Hebei Science and Techology Publishing House: 510.

Song D X, Zhu M S, Gao S S. 1993. Three species of the genus *Zora* from China (Araneae: Zoridae). *Acta Arachnologica Sinica*, 2: 87-91.

Song D X, Zhu M S, Gao S S, Guan J D. 1991a. Six species of clubionid spiders (Araneae: Clubionidae) from China. *Journal of Xinjiang University*, 8: 66-72.

Song D X, Zhu M S, Gao S S, Guan J D. 1991b. On two species of the genus *Agroeca* (Araneae: Liocranidae). *Sichuan Journal of Zoology*, 10(3): 7-8.

Song D X, Zhu M S, Gao S S, Guan J D. 1993. On new species of the genera *Coelotes* and *Tegenaria* from Liaoning, China (Araneae: Agelenidae). *Sinozoology*, 10: 93-98.

Song D X, Zhu M S, Gao S S, Guan J D. 1994. Notes on some species of spiders from Liaoning Province, China (Araneae: Liocranidae; Hahniidae). *Acta Zootaxonomica Sinica*, 19: 168-171.

Song D X, Zhu M S, Li S Q. 1993. Arachnida: Araneae. *In*: Huang C M. *Animals of Longqi Mountai*. Beijing: China Forestry Publishing House: 852-890.

Song D X, Zhu M S, Wu K Y. 1997. Some new species of the spiders from Hong Kong. *Acta Arachnologica Sinica*, 6: 81-86.

Song D X, Zhu M S, Zhang F. 2004. *Fauna Sinica: Invertebrata Vol. 39: Arachnida: Araneae: Gnaphosidae*. Beijing: Science Press: ix + 362.

Song Y J, Li S Q. 2007. A new *Moebelia* species from China and comparison with European *M. penicillata* (Westring, 1851) (Araneae, Linyphiidae). *Acta Zootaxonomica Sinica*, 32: 268-274.

Song Y J, Li S Q. 2008a. Four *Erigone* species (Araneae: Linyphiidae) from China. *Revue Suisse de Zoologie*, 115: 451-469.

Song Y J, Li S Q. 2008b. A taxonomic study of Chinese *Nematogmus* species (Araneae, Linyphiidae). *Organisms Diversity & Evolution*, 8(4): 277e1-277e15.

Song Y J, Li S Q. 2008c. A taxonomic study of five erigonine spiders (Araneae: Linyphiidae) from China. *Arthropoda Selecta*, 17: 87-100.

Song Y J, Li S Q. 2009. Two new erigonine species (Araneae: Linyphiidae) from caves in China. *The Pan-Pacific Entomologist*, 85: 58-69.

Song Y J, Li S Q. 2010a. The spider genera *Araeoncus* Simon, 1884 and *Diplocephalus* Bertkau, 1883 (Arachnida, Araneae, Linyphiidae) of China.

Zoosystema, 32: 117-137.

Song Y J, Li S Q. 2010b. Three new record genera and three new species of Erigoninae from China (Araneae, Linyphiidae). *Acta Zootaxonomica Sinica*, 35: 703-715.

Song Y J, Li S Q. 2011. Notes on *Walckenaeria* species (Araneae: Linyphiidae) from China. *Revue Suisse de Zoologie*, 118: 175-196.

Song Y J, Li S Q, Marusik Y M. 2006. Redescription on *Dicymbium facetum* (L. Koch) (Araneae, Linyphiidae) with first report on its male. *Acta Zootaxonomica Sinica*, 31: 330-334.

Sordelli F. 1868. Sui ragni Lombardi. *Atti della Società Italiana di Scienze Naturali e del Museo Civico di Storia Naturale di Milano*, 11: 459-476.

Sørensen W. 1898. Arachnida Groenlandica (Acaris exceptis). *Videnskabelige Meddelelser fra den Naturhistoriske Forening i Kjøbenhavn*, 1898: 176-235.

Sørensen W. 1904. Danmarks Faeröernes og Islands Edderkopper med Undtagelse af Theridierne. Araneae Danicae, Faroicae et Islandicae, Theridioidis exceptis. *Entomologiske Meddelelser*, 1(2): 240-426.

Spassky S. 1940. Araneae palaearcticae novae. V. *Folia Zoologica et Hydrobiologica, Rigā*, 10: 353-364.

Spassky S. 1952. Pauki Turanskoi zoogeograficheskoi provincii. *Entomologicheskoe Obozrenie*, 32: 192-205.

Spassky S A. 1925. *An identification book of spiders of Don area*. Novocherkassk: Znanie Press: 62.

Spassky S A. 1935. *Pisaura listeri* Scop. (Biologische Skizze). *Entomologicheskoe Obozrenie*, 25: 193-205.

Spassky S A. 1936. Araneae palaearcticae novae. *Festschrift Embrik Strand*, 1: 37-46.

Spassky S A. 1939. Araneae palaearcticae novae. IV. *Folia Zoologica et Hydrobiologica, Rigā*, 9: 299-308.

Spassky S A. 1958. *Dictyna uncinata* Thor. (Aranei, Dictynidae). Biological Essay. *Zoologicheskiĭ Zhurnal*, 37: 1006-1011.

Spassky S A, Shnitnikov V N. 1937. Materialy a faune paukov Kazakhstana. *Akademii Naouk Soiouza Trudy Kazachstanskogo Filiala*, 2: 265-300.

Spoczynska J O I. 1969. A theridiid spider new to Britain established at Kew. *Proceedings and Transactions of the British Entomological and Natural History Society*, 1969: 1-4.

Srinivasulu C, Srinivasulu B, Javed S M M, Seetharamaraju M, Jyothi S A, Srinivasulu C A, Tampal F. 2013. Additions to the araneofauna of Andhra Pradesh, India-Part II. Records of interesting species of the comb-footed genera *Latrodectus*, *Rhomphaea* and *Coleosoma* (Araneae: Theridiidae). *Journal of Threatened Taxa*, 5: 4483-4491.

Staręga W. 1972. Nowe dla fauny Polski i rzadsze gatunki pajaków (Aranei), z opisem *Lepthyphantes milleri* sp. n. *Fragmenta Faunistica, Warsaw*, 18: 55-98.

Staręga W. 1974. Baldachinspinnen (Aranei: Linyphiidae) aus der Mongolei. *Annales Zoologici, Warszawa*, 32: 19-27.

Sterghiu C. 1985. Fam. Clubionidae. *In*: *Fauna Republicii Socialiste România: Arachnida, Volumul V, Fascicula 4*. Bucharest: Academia Republicii Socialiste România.

Šternbergs M. 1979. New and little known spider species of genera [*sic*] *Evippa* (Aranei, Lycosidae) in Turkmenistan. *Izvestiya Akademii Nauk Turkmenskoi SSR Seriya Biologicheskikh Nauk* (Biol. Nauk), 1979(5): 65-67.

Šternbergs M. 1981. *Pardosa lusisi*-A new spider species of the family Lycosidae found in Tuva. *Latvijas Entomologs*, 24: 60-62.

Stoliczka F. 1869. Contribution towards the knowledge of Indian Arachnoidea. *Journal of the Asiatic Society of Bengal*, 38: 201-251.

Storm V. 1898. Jagttagelser over Arachnider i Throndhjem's Omegn. *Det Kongelige Norske Videnskabers Selskabs Skrifter*, 1898(7): 1-10.

Strack C F L. 1810. Einige selbstgemachte Beobachtungen über den Sommerflug und die Spinne, die ihm hervorbringt. *Neue Schriften der Naturforschenden Gesellschaft zu Halle Heft 5 Drei Abhandl*, 2: 39-56.

Strand E. 1899. Araneae Hallingdalliae. Beretning om Araneologiske Undersögelser i Hallingdal Sommeren 1898. *Archiv for Mathematik og Naturvidenskab Christiania*, 21(6): 1-68.

Strand E. 1900a. Arachnologisches. *Nyt Magazin for Naturvidenskaberne*, 38: 95-102.

Strand E. 1900b. Drei neue *Xysticus*-Arten. *Zoologischer Anzeiger*, 23: 366-372.

Strand E. 1900c. Zur Kenntnis der Arachniden Norwegens. *Det Kongelige Norske Videnskabers Selskabs Skrifter*, 1900(2): 1-46. [N. B.: due to an error in printing, the plate with five figures that was supposed to accompany this paper was apparently never published]

Strand E. 1901a. Bemerkungen über nowegische Laterigraden, nebst Beschreibungen drei neuer oder wenig bekannter Arter. *Abhandlungen der Naturforschenden Gesellschaft Görlitz*, 23: 170-182.

Strand E. 1901b. Theridiiden aus dem nördlichen Norwegen. *Archiv for Mathematik og Naturvidenskab Christiania*, 24(2): 1-66.

Strand E. 1902. Theridiiden aus dem westlichen Norwegen. *Bergens Museums Aarbok*, 1902(6): 1-23.

Strand E. 1903. Theridiiden und Argiopiden, gesammelt von Mr H. Seebohm in Krasnoiarsk (Sibirien), 1878. *Bergens Museums Aarbok*, 1903(10): 1-8.

Strand E. 1906a. Die arktischen Araneae, Opiliones und Chernetes. *In*: *Römer-Schaudinn*. Fauna Arctica. Jena, 4: 431-478.

Strand E. 1906b. Diagnosen nordafrikanischer, hauptsächlich von Carlo Freiherr von Erlanger gesammelter Spinnen. *Zoologischer Anzeiger*, 30: 604-637, 655-690.

Strand E. 1906c. Über einege Vogelspinnen und afrikanische Spinnen des naturhistorischen Museums zu Wiesbaden. *Jahrbücher des Nassauischen Vereins für Naturkunde*, 59: 1-45.

Strand E. 1906d. Sumatra und Neu-Guinea Spinnen des naturhistorischen Museums zu Wiesbaden. *Jahrbücher des Nassauischen Vereins für Naturkunde*, 59: 257-278.

Strand E. 1906e. Tropischafrikanische Spinnen des Kgl. Naturalien-kabinetts in Stuttgart. *Jahreshefte des Vereins für vaterländische Naturkunde in Württemberg*, 62: 13-103.

Strand E. 1907a. Vorläufige Diagnosen afrikanischer und südamerikanischer Spinnen. *Zoologischer Anzeiger*, 31: 525-558.

Strand E. 1907b. Vorläufige Diagnosen süd-und ostasiatischer Clubioniden, Ageleniden, Pisauriden, Lycosiden, Oxyopiden und Salticiden. *Zoologischer Anzeiger*, 31: 558-570.

Strand E. 1907c. Diagnosen neuer Spinnen aus Madagaskar und Sansibar. *Zoologischer Anzeiger*, 31: 725-748.

Strand E. 1907d. Süd-und ostasiatische Spinnen. *Abhandlungen der Naturforschenden Gesellschaft Görlitz*, 25: 107-215.

Strand E. 1907e. Aviculariidae und Atypidae des Kgl. Naturalienkabinetts in Stuttgart. *Jahreshefte des Vereins für vaterländische Naturkunde in Württemberg*, 63: 1-100.

Strand E. 1907f. Spinnen des zoologischen Instituts in Tübingen. *Zoologische Jahrbücher, Abteilung für Systematik, Geographie und Biologie der Tiere*, 24: 391-468.

Strand E. 1907g. Afrikanische Spinnen (exkl. Aviculariiden) hauptsächlich aus dem Kapland. *Zoologische Jahrbücher, Abteilung für Systematik, Geographie und Biologie der Tiere*, 25: 557-731.

Strand E. 1909a. Süd-und ostasiatische Spinnen. II. Fam. Clubionidae. Fam. Salticidae. *Abhandlungen der Naturforschenden Gesellschaft Görlitz*, 26: 1-128.

Strand E. 1909b. Spinnentiere von Südafrika und einigen Inseln gesammelt bei der deutschen Südpolar-Expedition. *Deutsche Südpolar-Expedition 1901-1905, Berlin*, 10(5): 541-596.

Strand E. 1910. Zwei neue exotische *Myrmarachne*-Arten. *Internationale Entomologische Zeitschrift, Guben*, 4: 13-15.

Strand E. 1911a. Vorläufige Diagnosen neuer Spinnen, insbesondere aus der Südsee, des Senckenbergischen Museums. *Archiv für Naturgeschichte*, 77(I,2): 202-207.

Strand E. 1911b. Araneae. *In*: König A. *Avifauna Spitzbergensis. Forschungsreisen nach der Bären-Insel und dem Spitzbergen-Archipel mit ihren faunistischen und floristischen Ergebnissen*. Bonn: 280-283.

Strand E. 1911c. Araneae von den Aru-und Kei-Inseln. *Abhandlungen der Senckenbergischen Naturforschenden Gesellschaft*, 34: 127-199.

Strand E. 1912. Drei neue Gattungsnamen in Arachnida. *Internationale Entomologische Zeitschrift, Guben*, 5: 346.

Strand E. 1913a. Arachnida. I. *In*: Wissenschaftliche Ergebnisse der Deutschen Zentral Afrika Expedition 1907-1908, unter Führung Adolf Friedrichs, Herzogs zu Mecklenberg. Leipzig, 4(Zool. 2): 325-474.

Strand E. 1913b. Neue indoaustralische und polynesische Spinnen des Senckenbergischen Museums. *Archiv für Naturgeschichte*, 79(A6): 113-123.

Strand E. 1913c. Erste Mitteilung über Spinnen aus Palästina, gesammelt von Herrn Dr J. Aharoni. *Archiv für Naturgeschichte*, 79(A10): 147-162.

Strand E. 1913d. Eine neue ostasaitische Ameisenspinne. *Archiv für Naturgeschichte*, 79(A7): 168-170.

Strand E. 1915a. Neue oder wenig bekannte äthiopische Spinnen aus dem naturhistorischen Museum in Wiesbaden. *Jahrbücher des Nassauischen Vereins für Naturkunde*, 68: 87-100.

Strand E. 1915b. Dritte Miteilung über Spinnen aus Palästina, gesammelt von Herrn Dr J. Aharoni. *Archiv für Naturgeschichte*, 81(A2): 134-171.

Strand E. 1915c. Indoaustralische, papuanische und polynesische Spinnen des Senckenbergischen Museums, gesammelt von Dr E. Wolf, Dr J. Elbert u. a. *In*: *Wissenschaftliche Ergebnisse der Hanseatischen Südsee-Expedition 1909*. Abhandlungen der Senckenbergischen Naturforschenden Gesellschaft, 36(2): 179-274.

Strand E. 1916. Systematische-faunistiche Studien über paläarktische, afrikanische und amerikanische Spinnen des Senckenbergischen Museums. *Archiv für Naturgeschichte*, 81(A9): 1-153.

Strand E. 1917. Arachnologica varia XIV-XVIII. *Archiv für Naturgeschichte*, 82(A2): 70-76.

Strand E. 1918. Zur Kenntnis japanischer Spinnen, I und II. *Archiv für Naturgeschichte*, 82(A11): 73-113.

Strand E. 1928. Miscellanea nomenclatorica zoologica et palaeontologica, I-II. *Archiv für Naturgeschichte*, 92(A8): 30-75.

Strand E. 1929. Zoological and palaeontological nomenclatorical notes. *Acta Universitatis Latviensis*, 20: 1-29.

Strand E. 1942. Miscellanea nomenclatorica zoologica et palaeontologica. X. *Folia Zoologica et Hydrobiologica, Rigā*, 11: 386-402.

Ström H. 1768. Beskrivelse over norske insekter, andet stekke. *Det Trondheimske Selskabs Skrifter*, 4: 313-371 (Araneae: 362-363).

Su Y, Tang G M. 2005. Four new records of Salticidae from China (Araneae: Salticidae). *Acta Arachnologica Sinica*, 14: 83-88.

Sudhikumar A V, Mathew M J, Sebastian P A. 2004. Hitherto unknown genus *Trigonobothrys* Simon (Theridiidae: Araneae) from India with description of the female of *Trigonobothrys martinae*. *Entomon*, 29: 51-55.

Suganami Y. 1971. Spiders of Ibaraki Prefecture, Japan, 1. Spiders of the northern part of Ibaraki Prefecture. *Atypus*, 56: 14-37.

Suguro T. 2013a. About *Bianor incitatus*, occurring on Ryukyu Is. *Kishidaia*, 102: 5-8.

Suguro T. 2013b. The first collecting data of male of *Pisaura bicornis* from Japan. *Kishidaia*, 102: 14-15.

Suhm M, Alberti G. 1994. The fine structure of the spermatheca of *Amaurobius fenestralis* (Stroem, 1768) (Amaourobiidae, Araneae). *Bollettino dell'Accademia Gioenia di Scienze Naturali*, 26(345): 343-353.

Suhm M, Alberti G. 1996. The fine structure of the spermatheca of *Pardosa lugubris* (Walckenaer, 1802). *Revue Suisse de Zoologie, Volume Hors Série*, 2: 635-642.

Suhm M, Thaler K, Alberti G. 1996. Glands in the male palpal organ and the origin of the mating plug in *Amaurobius* species (Araneae: Amaurobiidae). *Zoologischer Anzeiger*, 234: 191-199.

Sulzer J H. 1776. *Abgekürzte Geschichte der Insekten, nach dem Linnaeischen System*. Winterthur, 2 vols. (Araneae, 1: 248-254).

Suman T W. 1965. Spiders of the family Oonopidae in Hawaii. *Pacific Insects*, 7: 225-242.

Sun C K, Li X H, Zhang F. 2011. A new species of the genus *Olios* (Araneae: Sparassidae) from Hainan Island, China. *Acta Arachnologica Sinica*, 20: 88-90.

Sun C K, Zhang F. 2012. A new species of the genus *Pseudopoda* (Aranei: Sparassidae) from Yunnan province, China. *Arthropoda Selecta*, 21: 25-27.

Sun N, Li B, Tu L H. 2012. *Ternatus*, a new spider genus from China with a cladistic analysis and comments on its phylogenetic placement (Araneae: Linyphiidae). *Zootaxa*, 3358: 28-54.

Sun N, Marusik Y M, Tu L. 2014. *Acanoides* gen. n., a new spider genus from China with a note on the taxonomic status of *Acanthoneta* Eskov & Marusik, 1992 (Araneae, Linyphiidae, Micronetinae). *ZooKeys*, 375: 75-99.

Sundevall C J. 1823. *Specimen academicum genera araneidum Sueciae exhibens*. Lundae: 1-22.

Sundevall C J. 1830. Svenska spindlarnes beskrifning. *Bihang till Kongliga Svenska Vetenskaps-Akademiens Handlingar*, 1829: 188-219. (also as separate: 1-32)

Sundevall C J. 1831. Svenska Spindlarnes Beskrifning. Fortsättning. Separate, published by P. A. Norstedt & Söner, Stockholm. (journal version appeared in 1832, see below)

Sundevall C J. 1833a. Svenska spindlarnes beskrifning. Fortsättning och slut. *Bihang till Kongliga Svenska Vetenskaps-Akademiens Handlingar*, 1832: 172-272.

Sundevall C J. 1833b. *Conspectus Arachnidum*. Londini Gothorum: 1-39.

Sytshevskaja V J. 1935. Étude sur les araignées de la Kamtchatka. *Folia Zoologica et Hydrobiologica, Rigā*, 8: 80-103.

Szinetár C, Eichardt J. 2004. *Larinia* species (Araneidae, Araneae) in Hungary. Morphology, phenology and habitats of *Larinia jeskovi* Marusik, 1986, *Larinia elegans* Spassky, 1939, and *Larinia bonneti* Spassky, 1939. *In*: Samu F, Szinetár C. European Arachnology 2002. Budapest: Plant Protection Institute & Berzsenyi College: 179-186.

Szinetár C, Kenyeres Z, Kovács H. 1999. Adatok a Balaton-felvidék néhány településének épületlakó pókfaunájához. *Folia Musei Historico-Naturalis Bakonyiensis*, 14: 159-170.

Szita É, Samu F, Szinetár C, Dudás G, Botos E, Horváth R, Szalkovski O. 2006. New data on the occurrence of *Gnaphosa rufula* (L. Koch, 1866) and *Gnaphosa mongolica* Simon, 1895 in Hungary. *In*: Deltshev C, Stoev P. *European Arachnology 2005*. Acta Zoologica Bulgarica Supplement 1: 329-334.
Szita É, Logunov D. 2008. A review of the *histrio* group of the spider genus *Philodromus* Walckenaer, 1826 (Araneae, Philodromidae) of the eastern Palaearctic region. *Acta Zoologica Academiae Scientiarum Hungaricae*, 54: 23-73.
Szita É, Samu F. 2000. Taxonomical review of *Thanatus* species (Philodromidae, Araneae) of Hungary. *Acta Zoologica Academiae Scientiarum Hungaricae*, 46: 155-179.
Szombathy C. 1913. Adatok a hangyantánzó ugrópókok pontosabb ismeretéhez. *Állatani Közlemények*, 12: 22-40, 55-57.
Szombathy C. 1915. Attides nouveaux appartenant aux collections du Musée national hongrois. *Annales Historico-Naturales Musei Nationalis Hungarici*, 13: 468-490.
Szüts T. 2004. A revision of the genus *Bristowia* (Araneae: Salticidae). *Folia Entomologica Hungarica*, 65: 25-31.
Szüts T, Szinetár C, Samu F, Szita É 2003. Check list of the Hungarian Salticidae with biogeographical notes. *Arachnologische Mitteilungen*, 25: 45-61.
Taczanowski L. 1867. Dodatek do spisu pająków zebranych w okolicach Warszawy. *Wykaz Szkoly Glownej Warszawskiego*, 6: 18-21.
Taczanowski L. 1871. Les aranéides de la Guyane française. *Horae Societatis Entomologicae Rossicae*, 8: 32-132.
Taczanowski L. 1872. Les aranéides de la Guyane française. *Horae Societatis Entomologicae Rossicae*, 9: 64-112.
Taczanowski L. 1873. Les aranéides de la Guyane française. *Horae Societatis Entomologicae Rossicae*, 9: 113-150, 261-286.
Taczanowski L. 1874. Les aranéides de la Guyane française. *Horae Societatis Entomologicae Rossicae*, 10: 56-115.
Taczanowski L. 1878a. Les Aranéides du Pérou. Famille des Attides. *Bulletin de la Société Imperiale des Naturalists de Moscou*, 53: 278-374.
Taczanowski L. 1878b. Les Aranéides du Pérou central. *Horae Societatis Entomologicae Rossicae*, 14: 140-175.
Tambs-Lyche H. 1940. Die Norwegischen Spinnen der Gattung *Pardosa* Koch. *Avhandlinger utgitt av det Norske Videnskaps-Akademi i Oslo*, 6: 1-59.
Tambs-Lyche H. 1942. Notes on Norwegian spiders. *Norsk Entomologisk Tidsskrift*, 6: 107-114.
Tanaka H. 1974a. Japanese wolf spiders of the genus *Pirata*, with descriptions of five new species (Araneae: Lycosidae). *Acta Arachnologica, Tokyo*, 26: 22-45.
Tanaka H. 1974b. *Pardosa laura* and its allied species. *Atypus*, 62: 2-4.
Tanaka H. 1975. A new species of the genus *Pardosa* from Japan (Araneae: Lycosidae). *Bulletin of the Biogeographical Society of Japan*, 31: 21-24.
Tanaka H. 1978. On distinction between *Pardosa astrigera* and *P. t-insignita*. *Atypus*, 71: 12-14.
Tanaka H. 1980. Notes on four type-specimens of Japanese wolf spiders of the Museum für Naturkunde, Humboldt Universität, Berlin. *Acta Arachnologica, Tokyo*, 29: 47-55.
Tanaka H. 1985. Descriptions of new species of the Lycosidae (Araneae) from Japan. *Acta Arachnologica, Tokyo*, 33: 51-87.
Tanaka H. 1986. On thirteen species of Japanese lycosid spiders. *Atypus*, 88: 15-23.
Tanaka H. 1987. A newly recorded species of the genus *Alopecosa* Simon, 1885, (Araneae: Lycosidae) from Japan. *Atypus*, 89: 17-19.
Tanaka H. 1988a. Lycosid spiders of Japan I. The genus *Pirata* Sundevall. *Acta Arachnologica, Tokyo*, 36: 33-77.
Tanaka H. 1988b. Lycosid spiders of Japan II. The genus *Trochosa* C. L. Koch. *Acta Arachnologica, Tokyo*, 36: 93-113.
Tanaka H. 1989a. Two new records and a new synonymy in the genus *Pardosa* C. L. Koch, 1848, (Araneae, Lycosidae) of Japan. *Atypus*, 93: 10-15.
Tanaka H. 1989b. A new spider, *Lycosa boninensis* (Araneae: Lycosidae) from Japan. *In*: Nishikawa Y, Ono H. *Arachnological Papers Presented to Takeo Yaginuma on the Occasion of his Retirement*. Osaka: Osaka Arachnologists' Group: 89-91.
Tanaka H. 1990a. Lycosid spiders of Japan III. The genus *Lycosa* Latreille. *Sonoda Women's College Studies*, 24: 193-213.
Tanaka H. 1990b. Lycosid spiders of Japan VI. The genus *Xerolycosa* Dahl. *Acta Arachnologica, Tokyo*, 39: 45-50.
Tanaka H. 1991. Lycosid spiders of Japan VII. The genus *Arctosa* C. L. Koch. *Sonoda Women's College Studies*, 25: 289-316.
Tanaka H. 1992. Lycosid spiders of Japan VIII. The genus *Alopecosa* Simon. *Sonoda Women's College Studies*, 26: 315-340.
Tanaka H. 1993a. Lycosid spiders of Japan IX. The genus *Pardosa* C. L. Koch-*amentata*-group. *Sonoda Women's College Studies*, 27: 261-318.
Tanaka H. 1993b. Lycosid spiders of Japan X. The genus *Pardosa* C. L. Koch-*monticola*-group. *Bulletin of the Biogeographical Society of Japan*, 48: 9-16.
Tanaka H. 1993c. Lycosid spiders of Japan XI. The genus *Pardosa* C. L. Koch-*paludicola*-group. *Acta Arachnologica, Tokyo*, 42: 159-171.
Tanaka H. 2000. The spider, *W. okinawensis* (Tanaka), of the genus *Wadicosa* Zyuzin (Araneae: Lycosidae) in Japan. *Acta Arachnologica, Tokyo*, 49: 95-97.
Tanaka H. 2009. Lycosidae. *In*: Ono H. *The Spiders of Japan with Keys to the Families and Genera and Illustrations of the Species*. Kanagawa: Tokai University Press: 222-248.
Tanasevitch A V. 1983. New species of spiders of the family Linyphiidae (Aranei) from Uzbekistan. *Zoologicheskiĭ Zhurnal*, 62: 1786-1795.
Tanasevitch A V. 1984. New species of spiders of the genus *Agyneta* Hull, 1911 (Aranei, Linyphiidae) from Siberia and central Asia. *Nauchnye Doklady Vyssheĭ Shkoly, Biologicheskie Nauki*, 1984(5): 47-53.
Tanasevitch A V. 1985a. A study of spiders (Aranei) of the polar Urals. *Trudy Zoologieskogo Instituta Akademija Nauk SSSR*, 139: 52-62.
Tanasevitch A V. 1985b. New species of spiders of the family Linyphiidae (Aranei) from Kirghizia. *Entomologicheskoe Obozrenie*, 64: 845-854.
Tanasevitch A V. 1986. New and little-known species of *Lepthyphantes* Menge 1866 from the Soviet Union (Arachnida: Araneae: Linyphiidae). *Senckenbergiana Biologica*, 67: 137-172.
Tanasevitch A V. 1987a. The linyphiid spiders of the Caucasus, USSR (Arachnida: Araneae: Linyphiidae). *Senckenbergiana Biologica*, 67: 297-383.
Tanasevitch A V. 1987b. A new genus of the subfamily Erigoninae (Aranei, Linyphiidae) from West Kazakhstan. *Nauchnye Doklady Vyssheĭ Shkoly, Biologicheskie Nauki*, 1987(11): 72-75.
Tanasevitch A V. 1988. Some new *Lepthyphantes* Menge (Aranei, Linyphiidae) from Mongolia and the Soviet Far East. *Folia Entomologica Hungarica*, 49: 185-196.
Tanasevitch A V. 1989a. The linyphiid spiders of Middle Asia (Arachnida: Araneae: Linyphiidae). *Senckenbergiana Biologica*, 69: 83-176.
Tanasevitch A V. 1989b. A review of the Palaearctic *Poeciloneta* Kulczyński (Aranei, Linyphiidae). *Spixiana*, 11: 127-131.
Tanasevitch A V. 1990. The spider family Linyphiidae in the fauna of the Caucasus (Arachnida, Aranei). *In*: Striganova B R. *Fauna nazemnykh bespozvonochnykh Kavkaza*. Moscow: Akaedemia Nauk: 5-114.
Tanasevitch A V. 1992. New genera and species of the tribe Lepthyphantini (Aranei Linyphiidae Micronetinae) from Asia (with some nomenclatorial notes on linyphiids). *Arthropoda Selecta*, 1(1): 39-50.
Tanasevitch A V. 1993. Another new species of *Lepthyphantes* Menge from the Russian Far East (Arachnida: Araneae: Linyphiidae: Micronetinae). *Reichenbachia*, 30: 1-3.

Tanasevitch A V. 1996. New species of genus *Incestophantes* Tanasevitch, 1992 from southern Siberia and the Far East, with notes on systematics of this genus (Arachnida: Araneae: Linyphiidae: Micronetinae). *Reichenbachia*, 31: 113-122.

Tanasevitch A V. 2001. A new micronetine genus proposed for the *tchatkalensis* species-group of *Lepthyphantes* Menge (sensu lato) (Arachnida: Araneae: Linyphiidae: Micronetinae). *Reichenbachia*, 34: 19-327.

Tanasevitch A V. 2005. New or little-known species of *Agyneta* and *Nipponeta* from Asia (Aranei: Linyphiidae). *Arthropoda Selecta*, 13: 165-170.

Tanasevitch A V. 2006. On some Linyphiidae of China, mainly from Taibai Shan, Qinling Mountains, Shaanxi Province (Arachnida: Araneae). *Zootaxa*, 1325: 277-311.

Tanasevitch A V. 2007a. New linyphiid taxa from Siberia and the Russian Far East, with notes on the genera *Notioscopus* Simon and *Carorita* Duffey et Merrett (Aranei: Linyphiidae). *Arthropoda Selecta*, 15: 141-152.

Tanasevitch A V. 2007b. On a small linyphiid spider collection from Simushir Island, Kurile Islands, Russia, with notes on *Stemonyphantes sibiricus* Grube (Aranei: Linyphiidae). *Arthropoda Selecta*, 15: 255-258.

Tanasevitch A V. 2008a. New records of linyphiid spiders from Russia, with taxonomic and nomenclatural notes (Aranei: Linyphiidae). *Arthropoda Selecta*, 16: 115-135.

Tanasevitch A V. 2008b. On linyphiid spiders (Araneae) collected by A. Senglet in Iran in 1973-1975. *Revue Suisse de Zoologie*, 115: 471-490.

Tanasevitch A V. 2008c. A new genus of the subfamily Ipainae from China (Arachnida: Aranei: Linyphiidae). *Arthropoda Selecta*, 17: 101-103.

Tanasevitch A V. 2009. The linyphiid spiders of Iran (Arachnida, Araneae, Linyphiidae). *Revue Suisse de Zoologie*, 116: 379-420.

Tanasevitch A V. 2010a. Order Araneae, family Linyphiidae. *In*: van Harten A. *Arthropod Fauna of the UAE*. Dar Al Ummah, Abu Dhabi 3: 15-26.

Tanasevitch A V. 2010b. A revision of the *Erigone* species described by T. Thorell from Burma (Aranei: Linyphiidae). *Arthropoda Selecta*, 19: 103-107.

Tanasevitch A V. 2010c. On synonymy of linyphiid spiders of the Russian fauna (Arachnida: Aranei: Linyphiidae). I. *Arthropoda Selecta*, 19: 273-282.

Tanasevitch A V. 2010d. A new species of *Arcuphantes* from the Russian Far East, with notes on the genera *Fusciphantes* and *Bifurcia* (Arachnida: Aranei: Linyphiidae). *Arthropoda Selecta*, 19: 269-272.

Tanasevitch A V. 2011a. On synonymy of linyphiid spiders of the Russian fauna (Arachnida: Aranei: Linyphiidae). 2. *Arthropoda Selecta*, 20: 129-143.

Tanasevitch A V. 2011b. On some linyphiid spiders from Taiwan (Araneae: Linyphiidae). *Zootaxa*, 3114: 31-39.

Tanasevitch A V. 2011c. Linyphiid spiders (Araneae, Linyphiidae) from Pakistan and India. *Revue Suisse de Zoologie*, 118: 561-598.

Tanasevitch A V. 2012. A new species of *Porrhomma* Simon, 1884 from the mountains of southern Siberia, Russia (Aranei: Linyphiidae: Linyphiinae). *Arthropoda Selecta*, 21: 369-374.

Tanasevitch A V. 2013a. On synonymy of linyphiid spiders of the Russian fauna. 3 (Arachnida: Aranei: Linyphiidae). *Arthropoda Selecta*, 22: 171-187.

Tanasevitch A V. 2013b. The linyphiid spiders of the Altais, southern Siberia (Aranei: Linyphiidae). *Arthropoda Selecta*, 22: 267-306.

Tanasevitch A V. 2014. New species and records of linyphiid spiders from Laos (Araneae, Linyphiidae). *Zootaxa*, 3841(1): 67-89.

Tanasevitch A V, Eskov K Y. 1987. Spiders of the genus *Lepthyphantes* (Aranei, Linyphiidae) in the Siberian and Far-Eastern fauna. *Zoologicheskiĭ Zhurnal*, 66: 185-197.

Tanasevitch A V, Saaristo M I. 2006. Reassessment of the Nepalese species of the genus *Lepthyphantes* Menge s. l. with descriptions of new Micronetinae genera and species (Araneae, Linyphiidae, Micronetinae). *Senckenbergiana Biologica*, 86: 11-38.

Tang G M. 2011. On the spider fauna and a new species of the family Dictynidae from Inner Mongolia (Arachnida: Araneae). *Acta Arachnologica Sinica*, 20: 94-98.

Tang G M, Bao Y H, Yin C M, Kim J P. 1999a. One new species of the genus *Oxytate* and the male supplement of *Tibellus zhui* from China (Arachnida: Araneae). *Korean Arachnology*, 15(1): 27-31.

Tang G M, Kim J P, Song D X. 1999. Discovery of the male spider of *Zoropsis pekingensis* (Araneae: Zoropsidae). *Korean Arachnology*, 15(1): 37-40.

Tang G M, Oldemtu, Zhao Y W, Song D X. 1999b. A new species of the genus *Drassodes* from Helanshan, Inner Mongolia, China (Araneae: Gnaphosidae). *Acta Zootaxonomica Sinica*, 24: 27-29.

Tang G M, Song D X, Zhang F. 2001a. On one new species and one new record of the genus *Gnaphosa* from China (Araneae: Gnaphosidae). *Acta Arachnologica Sinica*, 10(2): 15-17.

Tang G M, Song D X, Zhang F. 2001b. On one new species of the genus *Drassodes* (Araneae: Gnaphosidae) from China. *Acta Zoologica Sinica*, 47(Suppl.): 59-61.

Tang G M, Song D X, Zhang F. 2002. A redescription of two species of family Gnaphosidae from China (Arachnida: Araneae). *Acta Arachnologica Sinica*, 11: 33-36.

Tang G M, Song D X, Zhang F. 2003. On one newly recorded species of the genus *Zelotes* from China (Araneae: Gnaphosidae). *Acta Arachnologica Sinica*, 12: 18-21.

Tang G M, Song D X, Zhu M S. 2004. Two new record species and a new discovery of the male genus of *Philodromus* from China (Araneae: Philodromidae). *Journal of Hebei University, Natural Science Edition*, 24(4): 394-398.

Tang G M, Song D X, Zhu M S. 2005. A review of the spiders of the genus *Clubiona* Latreille, 1804 (Araneae: Clubionidae) from Inner Mongolia, China. *The Pan-Pacific Entomologist*, 81: 76-93.

Tang G M, Urita & Song D X. 1993. Two new species of the genus *Alopecosa* from China (Araneae: Lycosidae). *Acta Arachnologica Sinica*, 2: 69-72.

Tang G M, Urita & Song D X. 1994. A new species of the wolf spiders of *Pardosa* from Mt. Daqingshan, Inner Mongolia, China (Araneae: Lycosidae). *Acta Arachnologica Sinica*, 3: 11-13.

Tang G M, Urita & Song D X. 1995. Two new species of the wolf spiders of *Pardosa* from Inner Mongolia (Araneae: Lycosidae). *Acta Zootaxonomica Sinica*, 20: 295-298.

Tang G M, Urita, Song D X, Zhao Y W. 1997a. Three species of the *Zelotes* from Helan Mountain, Inner Mongolia (Araneae: Gnaphosidae). *Acta Arachnologica Sinica*, 6: 9-12.

Tang G M, Urita, Song D X, Zhao Y W. 1997b. A new species and a new record of the genus *Micaria* (Araneae: Gnaphosidae) from China. *Acta Arachnologica Sinica*, 6: 13-16.

Tang G M, Wang J J. 2008. One new species and two records of the genus *Thanatus* from Inner Mongolia, China (Araneae: Philodromidae). *Acta Arachnologica Sinica*, 17: 76-80.

Tang G M, Zhang F. 2004. One new species and two new discoveries on the male or female spiders (Arachnida: Araneae) from Inner Mongolia of China. *Journal of Inner Mongolia Normal University, Natural Science Edition*, 33(4): 432-436.

Tang G M, Zhao Y W. 1998. A new species of the genus *Parasyrisca* from China (Araneae: Gnaphosidae). *Acta Arachnologica Sinica*, 7: 110-112.
Tang G M, Zhao Y W, Song D X, Hao J. 1997c. On the gnaphosids from Mt. Helanshan, Inner Mongolia (Araneae). *Journal of Inner Mongolia Normal University, Natural Science Edition*, 4: 58-61.
Tang G, Blick T, Ono H. 2010. Rediscovery of an obscure spider genus *Zametopina* Simon, 1909 (Araneae, Thomisidae) from Yunnan, China. *Bulletin of the National Museum of Nature and Science Tokyo* (A), 36: 65-70.
Tang G, Li S Q. 2009a. Three new crab spiders from Xishuangbanna rainforest, southwestern China (Araneae: Thomisidae). *Zootaxa*, 2109: 45-58.
Tang G, Li S Q. 2009b. The crab spiders of the genus *Tmarus* from Xishuangbanna, Yunnan, China (Araneae: Thomisidae). *Zootaxa*, 2223: 48-68.
Tang G, Li S Q. 2009c. *Paraborboropactus* gen. nov., with description of three new species of crab spiders from Xishuangbanna, Yunnan, China (Araneae, Thomisidae). *Acta Zootaxonomica Sinica*, 34: 712-721.
Tang G, Li S Q. 2010a. Crab spiders from Hainan Island, China (Araneae, Thomisidae). *Zootaxa*, 2369: 1-68.
Tang G, Li S Q. 2010b. Crab spiders from Xishuangbanna, Yunnan Province, China (Araneae, Thomisidae). *Zootaxa*, 2703: 1-105.
Tang G, Li S Q. 2012a. Lynx spiders from Xishuangbanna, Yunnan, China (Araneae: Oxyopidae). *Zootaxa*, 3362: 1-42.
Tang G, Li S Q. 2012b. Description of *Acrotmarus gummosus* gen. nov. and sp. nov. (Araneae, Thomisidae) from Xishuangbanna, China. *Acta Zootaxonomica Sinica*, 37: 726-733.
Tang G, Luo W F, Deng S Y. 2013. First description of the female *Ozyptila kansuensis* (Tang, Song & Zhu, 1995), comb. nov. (Araneae: Thomisidae). *Zootaxa*, 3737: 97-100.
Tang G, Peng X J, Griswold C, Ubick D, Yin C M. 2008a. Four crab spiders of the family Thomisidae (Araneae, Thomisidae) from Yunnan, China. *Acta Zootaxonomica Sinica*, 33: 241-247.
Tang G, Wang Q B, Peng X J. 2012. Two new species of the genus *Hamataliwa* Keyserling, 1887 (Araneae: Oxyopidae) from Gaoligong Mountains, Yunnan, China. *Zootaxa*, 3544: 63-70.
Tang G, Yin C M. 2000. One new species of the genus *Pseudopoda* from south China (Araneae: Sparassidae). *Acta Laser Biology Sinica*, 9: 274-275.
Tang G, Yin C M. 2002. Two new species of the family Amaurobiidae from China (Arachnida: Araneae). *Acta Arachnologica Sinica*, 11: 14-17.
Tang G, Yin C M. 2003. A new name of *Coelotes nanyuensis* Tang et Yin, 2002 (Araneae: Amaurobiidae). *Acta Arachnologica Sinica*, 12: 94.
Tang G, Yin C M, Griswold C, Peng X J. 2006. Description of *Sinothomisus* gen. nov. with a new species from Yunnan Province, China (Araneae, Thomisidae). *Zootaxa*, 1366: 61-68.
Tang G, Yin C M, Peng X J. 2003. Two new species of the genus *Chrysso* from Hunan Province, China (Araneae, Theridiidae). *Acta Zootaxonomica Sinica*, 28: 53-55.
Tang G, Yin C M, Peng X J. 2004. Description of the genus *Smodicinodes* from China (Araneae, Thomisidae). *Acta Zootaxonomica Sinica*, 29: 260-262.
Tang G, Yin C M, Peng X J. 2005a. Two new species of the genus *Theridion* from Hunan province, China (Araneae, Theridiidae). *Acta Zootaxonomica Sinica*, 30: 524-526.
Tang G, Yin C M, Peng X J. 2005b. A new species of the genus *Oxytate* from China (Araneae, Thomisidae). *Acta Zootaxonomica Sinica*, 30: 733-734.
Tang G, Yin C M, Peng X J. 2006a. A new species of the genus *Asemonea* from China (Araneae, Salticidae). *Acta Zootaxonomica Sinica*, 31: 547-548.
Tang G, Yin C M, Peng X J. 2006b. A new name of *Theridion fruticum* Tang, Yin et Peng, 2005 (Araneae, Theridiidae). *Acta Zootaxonomica Sinica*, 31: 922.
Tang G, Yin C M, Peng X J, Griswold C. 2009. Six crab spiders of the family Stephanopinae from southeast Asia (Araneae: Thomisidae). *The Raffles Bulletin of Zoology*, 57: 39-50.
Tang G, Yin C M, Peng X J, Ubick D, Griswold C. 2007. Five crab spiders of the genus *Lysiteles* from Yunnan Province, China (Araneae: Thomisidae). *Zootaxa*, 1480: 57-68.
Tang G, Yin C M, Peng X J, Ubick D, Griswold C. 2008b. The crab spiders of the genus *Lysiteles* from Yunnan Province, China (Araneae: Thomisidae). *Zootaxa*, 1742: 1-41.
Tang G, Yin C M, Ubick D, Peng X J. 2008c. Two new species of the crab spider genus *Talaus* (Araneae: Thomisidae) from Yunnan province, China. *Zootaxa*, 1815: 62-68.
Tang G, Yin C M, Zhang Y J. 2002. Two new species of the genus *Coelotes* Blackwell (Araneae: Amaurobiidae) from China. *Journal of Natural Science of Hunan Normal University*, 25(1): 78-81.
Tang L R, Song D X. 1988a. On new species of the family Thomisidae from China (Arachnida: Araneae). *Acta Zootaxonomica Sinica*, 13: 245-260.
Tang L R, Song D X. 1988b. New records of spiders of the family Thomisidae from China (Araneae). *Sichuan Journal of Zoology*, 7: 13-15.
Tang L R, Song D X. 1988c. A revision of some thomisid spiders (Araneae: Thomisidae). *Sinozoology*, 6: 137-140.
Tang L R, Song D X. 1989. Two new species of the family Philodromidae from China (Arachnida: Araneae). *Acta Zootaxonomica Sinica*, 14: 420-423.
Tang X S, Xu Y J, Zhu M S. 2004. A new species of the genus *Takeoa* from China (Araneae: Zoropsidae). *Acta Zootaxonomica Sinica*, 29: 706-707.
Tang Y Q, Song D X. 1990. Notes on some species of the spider found in Ninxia Hui Autonomous Region of China. *Journal of Lanzhou University Natural Sciences*, 26: 48-54.
Tang Y Q, Song D X. 1992a. Description of the male of *Gnaphosa kansuensis* (Araneae: Gnaphosidae). *Acta Zootaxonomica Sinica*, 17: 248-249.
Tang Y Q, Song D X. 1992b. A new species of the genus *Neriene* from Ningxia, China (Araneae: Linyphiidae). *Acta Zootaxonomica Sinica*, 17: 415-417.
Tang Y Q, Song D X, Zhu M S. 1995. On some species of crab spiders (Araneae: Thomisidae) from Kansu, China. *Acta Arachnologica Sinica*, 4: 17-22.
Tang Y Q, Yang Y T. 1995a. A new species of the genus *Evarcha* from China (Araneae: Salticidae). *Journal of Lanzhou University Natural Sciences*, 31: 110-112.
Tang Y Q, Yang Y T. 1995b. New records of Salticidae in Gansu Province, China (Araneae). *Journal of Gansu Sciences*, 7(3): 61-63.
Tang Y Q, Yang Y T. 1997. A new species of the genus *Portia* from China (Araneae: Salticidae). *Acta Zootaxonomica Sinica*, 22: 353-355.
Tang Y Q, Yang Y T, Kim J P. 1996. A new species of genus *Hahnia* (Araneae: Hahniidae) from China. *Korean Arachnology*, 12(2): 67-69.
Tang Y Q, Yin C M, Yang J T. 1998. Three new species of family Lycosidae from Gansu, China (Araneae). *Journal of Lanzhou University Natural Sciences*, 34: 90-93.
Tanikawa A. 1989. Japanese spiders of the genus *Larinia* Simon (Araneae: Araneidae). *Acta Arachnologica, Tokyo*, 38: 31-47.
Tanikawa A. 1990a. Two newly recorded spiders, *Tetragnatha chauliodus* (Thorell, 1890) and *Leucauge decorata* (Blackwall, 1864) (Araneae: Tetragnathidae), from Japan. *Atypus*, 95: 8-13.
Tanikawa A. 1990b. Notes on *Cyclosa vallata* (Keyserling, 1886) and *C. mulmeinensis* (Thorell, 1887) (Araneae: Araneidae). *Atypus*, 96: 1-9.
Tanikawa A. 1991a. New record of *Arachnura melanura* Simon, 1867 (Araneae: Araneidae), from Japan, with the first description of the male. *Acta*

Arachnologica, Tokyo, 40: 11-15.

Tanikawa A. 1991b. Two newly recorded spiders, *Theridion rufipes* Lucas, 1846, and *Coleosoma floridanum* Banks, 1900 (Araneae: Theridiidae) from Japan. *Atypus*, 98/99: 1-7.

Tanikawa A. 1991c. A new species of the genus *Dolichognatha* (Araneae: Tetragnathidae) from Iriomotejima Island, southwest Japan. *Acta Arachnologica, Tokyo*, 40: 37-41.

Tanikawa A. 1992a. A newly recorded spider, *Plexippus pococki* Thorell, 1895 (Araneae: Salticidae), from Japan. *Atypus*, 100: 13-16.

Tanikawa A. 1992b. A revisional study of the Japanese spiders of the genus *Cyclosa* (Araneae: Araneidae). *Acta Arachnologica, Tokyo*, 41: 11-85.

Tanikawa A. 1992c. A revision of the Japanese spiders of the genus *Metleucauge* Levi, 1980 (Araneae: Tetragnathidae). *Acta Arachnologica, Tokyo*, 41: 161-175.

Tanikawa A. 1992d. A description of the male of *Cyclosa onoi* Tanikawa, 1992 (Araneae: Araneidae). *Acta Arachnologica, Tokyo*, 41: 199-202.

Tanikawa A. 1993. Two newly recorded spiders from Japan, *Bavia sexpunctata* (Doleschall, 1859) and *Rhene setipes* Żabka, 1985 (Araneae: Salticidae). *Acta Arachnologica, Tokyo*, 42: 13-19.

Tanikawa A. 1994. A taxonomical study of the Japanese spider hitherto misidentified with *Argiope keyserlingi* (Karsch, 1878) or *A. aetherea* (Walckenaer, 1841). *Acta Arachnologica, Tokyo*, 43: 33-36.

Tanikawa A. 1995a. A revision of the Japanese spiders of the genus *Araniella* (Araneae: Araneidae). *Acta Arachnologica, Tokyo*, 44: 51-60.

Tanikawa A. 1995b. Two new species of the spider genus *Diphya* (Araneae: Tetragnathidae) from Japan and Taiwan, with notes on the known species. *Acta Arachnologica, Tokyo*, 44: 101-111.

Tanikawa A. 1997. Japanese spiders of the genus *Ordgarius* (Araneae: Araneidae). *Acta Arachnologica, Tokyo*, 46: 101-110.

Tanikawa A. 1998. A revision of the Japanese spiders of the genus *Neoscona* (Araneae: Araneidae). *Acta Arachnologica, Tokyo*, 47: 133-168.

Tanikawa A. 1999. Japanese spiders of the genus *Eriovixia* (Araneae: Araneidae). *Acta Arachnologica, Tokyo*, 48: 41-48.

Tanikawa A. 2000. Japanese spiders of the genus *Eriophora* (Araneae: Araneidae). *Acta Arachnologica, Tokyo*, 49: 17-28.

Tanikawa A. 2001a. *Okileucauge sasakii*, a new genus and species of spider from Okinawajima Island, southwest Japan (Araneae, Tetragnathidae). *Journal of Arachnology*, 29: 16-20.

Tanikawa A. 2001b. Twelve new species and one newly recorded species of the spider genus *Araneus* (Araneae: Araneidae) from Japan. *Acta Arachnologica, Tokyo*, 50: 63-86.

Tanikawa A. 2001c. Two new synonymies of the spider genus *Cyrtarachne* (Araneae: Araneidae). *Acta Arachnologica, Tokyo*, 50: 87-89.

Tanikawa A. 2003. Two new species and two newly recorded species of the spider family Pisauridae (Arachnida: Araneae) from Japan. *Acta Arachnologica, Tokyo*, 52: 35-42.

Tanikawa A. 2004. The first record of *Xygiella x-notata* (Araneae: Araneidae) from Japan. *Acta Arachnologica, Tokyo*, 53: 61-62.

Tanikawa A. 2005a. Japanese spiders of the genus *Tylorida* (Araneae: Tetragnathidae). *Acta Arachnologica, Tokyo*, 53: 151-154.

Tanikawa A. 2005b. Japanese spiders of the genus *Agelena* (Araneae: Agelenidae). *Acta Arachnologica, Tokyo*, 54: 23-30.

Tanikawa A. 2007. *An identification guide to the Japanese spiders of the families Araneidae, Nephilidae and Tetragnathidae*. Tokyo: Arachnological Society of Japan: 121.

Tanikawa A. 2009. Hersiliidae. Nephilidae, Tetragnathidae, Araneidae. *In*: Ono H. *The Spiders of Japan with Keys to the Families and Genera and Illustrations of the Species*. Kanagawa: Tokai University Press: 149: 403-463.

Tanikawa A. 2011. The first description of a male of *Paraplectana tsushimensis* (Araneae: Araneidae). *Acta Arachnologica, Tokyo*, 60: 71-73.

Tanikawa A. 2012. Further notes on the spiders of the genus *Dolomedes* (Araneae: Pisauridae) from Japan. *Acta Arachnologica, Tokyo*, 61: 11-17.

Tanikawa A. 2013. Two new species of the genus *Cyrtarachne* (Araneae: Araneidae) from Japan hitherto identified as *C. inaequalis*. *Acta Arachnologica, Tokyo*, 62(2): 95-101.

Tanikawa A, Chang Y H. 1997. New records of *Metleucauge davidi* (Araneae: Tetragnathidae) from Taiwan with the first desription of the male. *Acta Arachnologica, Tokyo*, 46: 121-123.

Tanikawa A, Chang Y H, Tso I M. 2006. Identity of a Japanese spider species recorded as "*Pasilobus bufoninus*" (Araneae: Araneidae), with a description of the male considering the sequence of mtDNA. *Acta Arachnologica, Tokyo*, 55: 45-49.

Tanikawa A, Chang Y H, Tso I M. 2010. Taxonomic revision of Taiwanese and Japanese *Cyrtophora* spiders hitherto identified with *C. moluccensis* (Arachnida, Araneae), using molecular and morphological data. *Acta Arachnologica, Tokyo*, 59: 31-38.

Tanikawa A, Harigae T. 2010. The first description of a male of *Paraplectana sakaguchii* (Araneae: Araneidae). *Acta Arachnologica, Tokyo*, 59: 39-41.

Tanikawa A, Miyashita T. 2008. A revision of Japanese spiders of the genus *Dolomedes* (Araneae: Pisauridae) with its phylogeny based on mt-DNA. *Acta Arachnologica, Tokyo*, 57: 19-35.

Tanikawa A, Ono H. 1993. Spiders of the genus *Cyclosa* (Araneae, Araneidae) from Taiwan. *Bulletin of the National Museum of Nature and Science Tokyo* (A), 19: 51-64.

Tanikawa A, Ono H. 2009. Pisauridae. *In*: Ono H. *The Spiders of Japan with Keys to the Families and Genera and Illustrations of the Species*. Kanagawa: Tokai University Press: 216-220.

Tao Y, Li S Q, Zhu C D. 1995. Linyphiid spiders of Changbai Mountains, China (Araneae: Linyphiidae: Linyphiinae). *Beiträge zur Araneologie*, 4: 241-288.

Tarabaev C K. 1979. Peculiarities of morphology and biology of *Diaea dorsata* Fabr. (Aranei, Thomisidae) in south-eastern Kazakhstan. *Entomologicheskoe Obozrenie*, 58: 200-210.

Taucare-Ríos A O. 2012. Primer registro de *Smeringopus pallidus* en Chile (Araneae: Pholcidae). *Revista Chilena de Entomología*, 37: 81-85.

Taucare-Ríos A O, Brescovit A D. 2011. La araña cangrejo gigante *Heteropoda venatoria* (Linnaeus, 1767) (Araneae: Sparassidae: Heteropodinae) en Chile. *Boletín de Biodiversidad de Chile*, 5: 39-44.

Tazoe S. 1992. A newly recorded spider from Japan, *Atypena formosana* (Oi, 1977), comb. nov. (Linyphiidae). *Acta Arachnologica, Tokyo*, 41: 211-214.

Tazoe S. 1994. A new species of the genus *Gongylidioides* (Araneae: Linyphiidae) from Iriomotejima Island, southwest Japan. *Acta Arachnologica, Tokyo*, 43: 131-133.

Teixeira R A, Campos L A, Lise A A. 2014. Phylogeny of Aphantochilinae and Strophiinae *sensu* Simon (Araneae; Thomisidae). *Zoologica Scripta*, 43(1): 65-78.

Thaler K. 1966. Fragmenta faunistica tirolensia (Diplopoda, Arachnida). *Berichte des Naturwissenschaftlich-Medizinischen Vereins in Innsbruck*, 54: 151-157.

Thaler K. 1972. Über einige wenig bekannte Zwergspinnen aus den Alpen, II (Arachnida: Aranei, Erigonidae). *Berichte des Naturwissenschaftlich-Medizinischen Vereins in Innsbruck*, 59: 29-50.

Thaler K. 1974. Eine verkannte Kreuzspinne in Mitteleuropa: *Araneus folium* Schrank (Kulczynski 1901) und *Araneus cornutus* Clerck (Arachnida: Aranei, Araneidae). *Zoologischer Anzeiger*, 193: 256-261.

Thaler K. 1975. The genus *Opistoxys* Simon-a new synonym in linyphiid spiders. *Bulletin of the British Arachnological Society*, 3: 142-144.

Thaler K. 1977. Einige Linyphiidae (sensu lato) aus Tunisien (Arachnida, Aranei). *Revue Suisse de Zoologie*, 84: 557-564.

Thaler K. 1978. Über wenig bekannte Zwergspinnen aus den Alpen-V (Arachnida: Aranei, Erigonidae). *Beiträge zur Entomologie*, 28: 183-200.

Thaler K. 1980. Über wenig bekannte Zwergspinnen aus den Alpen-VI (Arachnida: Aranei, Erigonidae). *Revue Suisse de Zoologie*, 87: 579-603.

Thaler K. 1981. Bemerkenswerte Spinnenfunde in Nordtirol (Österreich). *Veröffentlichungen des Museum Ferdinandeum in Innsbruck*, 61: 105-150.

Thaler K. 1982. Webespinnen (Aranei), Weberknechte (Opiliones). *In* Löser S, Meyer E, Thaler K. *Laufkäfer, Kurzflügelkäfer, Asseln, Webespinnen, Weberknechte und Tausendfüsser des Naturschutzgebietes "Murnauer Moos" und der angrenzenden westlichen Talhänge (Coleoptera: Carabidae, Staphylinidae; Crustacea: Isopoda; Aranei; Opiliones; Diplopoda). Entomofauna*, 1(Suppl.): 392-419.

Thaler K. 1983a. Bemerkenswerte Spinnenfunde in Nordtirol (Österreich) und Nachbarländern: Deckennetzspinnen, Linyphiidae (Arachnida: Aranei). *Veröffentlichungen des Museum Ferdinandeum in Innsbruck*, 63: 135-167.

Thaler K. 1983b. *Salticus unciger* (Simon) und *Synageles lepidus* Kulczynski, zwei für die Schweiz neue Springspinnen (Arachnida: Araneae, Salticidae). *Mitteilungen der Schweizerischen Entomologischen Gesellschaft*, 56: 295-301.

Thaler K. 1984. *Haplodrassus aenus* n. sp. aus Österreich und der Schweiz (Arachnida: Araneae, Gnaphosidae). *Mitteilungen der Schweizerischen Entomologischen Gesellschaft*, 57: 189-193.

Thaler K. 1986. Über wenig bekannte Zwergspinnen aus den Alpen-VII (Arachnida: Aranei, Linyphiidae: Erigoninae). *Mitteilungen der Schweizerischen Entomologischen Gesellschaft*, 59: 487-498.

Thaler K. 1987a. Über einige Linyphiidae aus Kashmir (Arachnida: Araneae). *Courier Forschungsinstitut Senckenberg*, 93: 33-42.

Thaler K. 1987b. Drei bemerkenswerte Grossspinnen der Ostalpen (Arachnida, Aranei: Agelenidae, Thomisidae, Salticidae). *Mitteilungen der Schweizerischen Entomologischen Gesellschaft*, 60: 391-401.

Thaler K. 1988. Fragmenta faunistica Tirolensia-VIII (Arachnida: Aranei, Opiliones; Myriapoda: Diplopoda; Insecta: Coleoptera). *Berichte des Naturwissenschaftlich-Medizinischen Vereins in Innsbruck*, 75: 115-124.

Thaler K. 1991a. *Pachygnatha terilis* n. sp. aus den Südalpen, mit Bemerkungen zu einigen Araneidae der Alpenländer (Arachnida: Aranei, Tetragnathidae, Araneidae). *Berichte des Naturwissenschaftlich-Medizinischen Vereins in Innsbruck*, 78: 47-57.

Thaler K. 1991b. Über wenig bekannte Zwergspinnen aus den Alpen-VIII (Arachnida: Aranei, Linyphiidae: Erigoninae). *Revue Suisse de Zoologie*, 98: 165-184.

Thaler K. 1993. Über wenig bekannte Zwergspinnen aus den Alpen-IX (Arachnida: Aranei, Linyphiidae: Erigoninae). *Revue Suisse de Zoologie*, 100: 641-654.

Thaler K, Buchar J, Kůrka A. 1997. A new species of Linyphiidae (Araneae) from the sudeto-carpathian range (Czech Republic and Slovakia). *Acta Societatis Zoologicae Bohemicae*, 61: 389-394.

Thaler K, van Harten A, Knoflach B. 2004. Pirate spiders of the genus *Ero* C. L. Koch from southern Europe, Yemen, and Ivory Coast, with two new species (Arachnida, Araneae, Mimetidae). *Denisia*, 13: 359-368.

Thaler K, van Helsdingen P, Deltshev C. 1994. Vikariante Verbreitung im Artenkomplex von *Lepthyphantes annulatus* in Europa und ihre Deutung (Araneae, Linyphiidae). *Zoologischer Anzeiger*, 232: 111-127.

Thaler K, Knoflach B. 1998. Two new species and new records of the genus *Amaurobius* (Araneae, Amaurobiidae) from Greece. *In*: Seldon P A. *Proceedings of the 17th European Colloquium of Arachnology, Edinburgh 1997*. Edinburgh: 107-114.

Thaler K, Knoflach B. 2003. Zur Faunistik der Spinnen (Araneae) von Österreich: Orbiculariae p. p. (Araneidae, Tetragnathidae, Theridiosomatidae, Uloboridae). *Linzer Biologische Beiträge*, 35: 613-655.

Thaler K, Noflatscher M T. 1990. Neue und bemerkenswerte Spinnenfunde in Südtirol (Arachnida: Aranei). *Veröffentlichungen des Museum Ferdinandeum in Innsbruck*, 69: 169-190.

Thaler K, Plachter H. 1983. Spinnen aus Höhlen der Fränkischen Alb, Deutschland (Arachnida: Araneae: Erigonidae, Linyphiidae). *Senckenbergiana Biologica*, 63: 249-263.

Thaler K, Steinberger K H. 1988. Zwei neue Zwerg-Kugelspinnen aus Österreich (Arachnida: Aranei, Theridiidae). *Revue Suisse de Zoologie*, 95: 997-1004.

Thorell T. 1856. Recensio critica aranearum suecicarum quas descripserunt Clerckius, Linnaeus, de Geerus. *Nova Acta Regiae Societatis Scientiarum Upsaliensis*, 2(1): 61-176.

Thorell T. 1858. Till kännedomen om slägten a *Mithras* och *Uloborus*. *Öfversigt af Kongliga Vetenskaps-Akademiens Förhandlingar*, 15: 191-205.

Thorell T. 1859. Nya exotiska Epeirider. *Öfversigt af Kongliga Vetenskaps-Akademiens Förhandlingar*, 16: 299-304.

Thorell T. 1868a. Arachnida. *In*: Eisen G, Stuxberg A. Bidrag till kännedomen om Gotska-Sandön. *Öfversigt af Kongliga Vetenskaps-Akademiens Förhandlingar*, 25: 379.

Thorell T. 1868b. Araneae. Species novae minusve cognitae. *In*: Virgin C A. *Kongliga Svenska Fregatten Eugenies Resa omkring Jorden*. Uppsala, Zoologi, Arachnida: 1-34.

Thorell T. 1869. On European spiders. Part I. Review of the European genera of spiders, preceded by some observations on zoological nomenclature. *Nova Acta Regiae Societatis Scientiarum Upsaliensis*, 7(3): 1-108.

Thorell T. 1870a. Araneae nonnullae Novae Hollandie, descriptae. *Öfversigt af Kongliga Vetenskaps-Akademiens Förhandlingar*, 27: 367-389.

Thorell T. 1870b. On European spiders. *Nova Acta Regiae Societatis Scientiarum Upsaliensis*, 7(3): 109-242.

Thorell T. 1870c. *Remarks on synonyms of European spiders. Part I*. Uppsala: 1-96.

Thorell T. 1871a. *Remarks on synonyms of European spiders. Part II*. Uppsala: 97-228.

Thorell T. 1871b. Om Arachnider fran Spitsbergin och Beeren-Eiland. *Öfversigt af Kongliga Vetenskaps-Akademiens Förhandlingar*, 28: 683-702.

Thorell T. 1872a. *Remarks on synonyms of European spiders. Part III*. Uppsala: 229-374.

Thorell T. 1872b. Om några Arachnider från Grönland. *Öfversigt af Kongliga Vetenskaps-Akademiens Förhandlingar*, 29: 147-166.

Thorell T. 1873. *Remarks on synonyms of European spiders. Part IV*. Uppsala: 375-645.

Thorell T. 1875a. Diagnoses Aranearum Europaearum aliquot novarum. *Tijdschrift voor Entomologie*, 18: 81-108.

Thorell T. 1875b. Verzeichniss südrussischer Spinnen. *Horae Societatis Entomologicae Rossicae*, 11: 39-122.
Thorell T. 1875c. Descriptions of several European and North African spiders. *Bihang till Kongliga Svenska Vetenskaps-Akademiens Handlingar*, 13(5): 1-203.
Thorell T. 1875d. Notice of some spiders from Labrador. *Proceedings of the Boston Society of Natural History*, 17: 490-504.
Thorell T. 1877a. Due ragni esotici descritti. *Annali del Museo Civico di Storia Naturale di Genova*, 9: 301-310.
Thorell T. 1877b. Studi sui Ragni Malesi e Papuani. I. Ragni di Selebes raccolti nel 1874 dal Dott. O. Beccari. *Annali del Museo Civico di Storia Naturale di Genova*, 10: 341-637.
Thorell T. 1877c. Descriptions of the Araneae collected in Colorado in 1875, by A. S. Packard jun., M. D. *Bulletin of the U. S. Geological Survey*, 3: 477-529.
Thorell T. 1878a. Notice of the spiders of the 'Polaris' expedition. *American Naturalist*, 12: 393-396.
Thorell T. 1878b. Studi sui ragni Malesi e Papuani. II. Ragni di Amboina raccolti Prof. O. Beccari. *Annali del Museo Civico di Storia Naturale di Genova*, 13: 1-317.
Thorell T. 1881. Studi sui Ragni Malesi e Papuani. III. Ragni dell'Austro Malesia e del Capo York, conservati nel Museo civico di storia naturale di Genova. *Annali del Museo Civico di Storia Naturale di Genova*, 17: 1-727.
Thorell T. 1887. Viaggio di L. Fea in Birmania e regioni vicine. II. Primo saggio sui ragni birmani. *Annali del Museo Civico di Storia Naturale di Genova*, 25: 5-417.
Thorell T. 1890a. Arachnidi di Pinang raccolti nel 1889 dai Signori L. Loria e L. Fea. *Annali del Museo Civico di Storia Naturale di Genova*, 30: 269-383.
Thorell T. 1890b. Aracnidi di Nias e di Sumatra raccolti nel 1886 dal Sig. E. Modigliani. *Annali del Museo Civico di Storia Naturale di Genova*, 30: 5-106.
Thorell T. 1890c. Diagnoses aranearum aliquot novarum in Indo-Malesia inventarum. *Annali del Museo Civico di Storia Naturale di Genova*, 30: 132-172.
Thorell T. 1890d. Studi sui ragni Malesi e Papuani. IV, 1. *Annali del Museo Civico di Storia Naturale di Genova*, 28: 1-419.
Thorell T. 1891. Spindlar från Nikobarerna och andra delar af södra Asien. *Bihang till Kongliga Svenska Vetenskaps-Akademiens Handlingar*, 24(2): 1-149.
Thorell T. 1892a. Novae species aranearum a Cel. Th. Workman in ins. Singapore collectae. *Bollettino della Società Entomologica Italiana*, 24: 209-252.
Thorell T. 1892b. Studi sui ragni Malesi e Papuani. IV, 2. *Annali del Museo Civico di Storia Naturale di Genova*, 31: 1-490.
Thorell T. 1894a. Decas aranearum in ins. Singapore a Cel. Th. Workman inventarum. *Bollettino della Società Entomologica Italiana*, 26: 321-355.
Thorell T. 1894b. Förteckning öfver arachnider från Java och närgrändsande öar, insamlade af Carl Aurivillius; jemte beskrifningar å några sydasiatiska och sydamerikanska spindlar. *Bihang till Kungliga Svenska Vetenskaps-Akademiens Handlingar*, 20(4): 1-63.
Thorell T. 1895. *Descriptive catalogue of the spiders of Burma*. London: 1-406.
Thorell T. 1897a. Araneae paucae Asiae australis. *Bihang till Kungliga Svenska Vetenskaps-Akademiens Handlingar*, 22(6): 1-36.
Thorell T. 1897b. Viaggio di Leonardo Fea in Birmania e regioni vicine. LXXIII. Secondo saggio sui Ragni birmani. I. Parallelodontes. Tubitelariae. *Annali del Museo Civico di Storia Naturale di Genova*, 17(2): 161-267.
Thorell T. 1898. Viaggio di Leonardo Fea in Birmania e regioni vicine. LXXX. Secondo saggio sui Ragni birmani. II. Retitelariae et Orbitelariae. *Annali del Museo Civico di Storia Naturale di Genova*, 19(2): 271-378.
Tikader B K. 1960. On some new species of spiders (Arachnida) of the family Thomisidae from India. *Journal of the Bombay Natural History Society*, 57: 173-183.
Tikader B K. 1961. Revision of Indian spiders of the genus *Cyrtarachne* (Argiopidae: Arachnida). *Journal of the Bombay Natural History Society*, 57: 547-556.
Tikader B K. 1962a. Studies on some spiders of the genus *Oecobius* (family Oecobiidae) from India. *Journal of the Bombay Natural History Society*, 59: 682-685.
Tikader B K. 1962b. Studies on some Indian spiders (Araneae: Arachnida). *Journal of the Linnean Society of London, Zoology* (Zool.), 44: 561-584.
Tikader B K. 1962c. On two new species of spiders of the genera *Scotophaeus* and *Drassodes* (family Gnaphosidae) from West Bengal. *Proceedings of the First All-India Congress of Zoology*, 1959(1): 570-573.
Tikader B K. 1963a. Studies on some spider fauna of Maharashtra and Mysore states-Part I. *Journal of the University of Poona* (Sci. Tech.) 24: 29-54.
Tikader B K. 1963b. On two new species of spiders of the genera *Pasilobus* Simon and *Cladomelea* Simon of the family Argiopidae from India. *Proceedings of the Indian Academy Of Science*, 57(B): 96-98.
Tikader B K. 1963c. On a new species of spider of the genus *Loxosceles* (Family Scytodidae) from India. *Proceedings of the Zoological Society, Calcutta*, 16: 23-25.
Tikader B K. 1965a. Studies on some little-known spiders of the family Argiopidae from India. *Proceedings of the Indian Academy Of Science*, 62(B): 92-96.
Tikader B K. 1965b. On some new species of spiders of the family Oxyopidae from India. *Proceedings of the Indian Academy Of Science*, 62(B): 140-144.
Tikader B K. 1966a. Studies on spider fauna of Khasi and Jaintia hills, Assam, India. *Journal of the Assam Science Society*, 9: 1-16.
Tikader B K. 1966b. Studies on some crab-spider (family: Thomisidae) from Khasi and Jaintia hills, Assam, India. *Proceedings of the Indian Academy Of Science*, 64(B): 53-61.
Tikader B K. 1967. Studies on some Salticidae spider from Sikkim, Himalaya, India. *Proceedings of the Indian Academy Of Science*, 66(B): 117-122.
Tikader B K. 1968. Studies on spider fauna of Khasi and Jaintia hills, Assam, India. Part-II. *Journal of the Assam Science Society*, 10: 102-122.
Tikader B K. 1969. Studies of some rare spiders of the families Selenopidae and Platoridae from India. *Proceedings of the Indian Academy Of Science*, 69(B): 252-255.
Tikader B K. 1970. Spider fauna of Sikkim. *Records of the Zoological Survey of India*, 64: 1-83.
Tikader B K. 1971. Revision of Indian crab spiders (Araneae: Thomisidae). *Memoirs of the Zoological Survey of India*, 15(8): 1-90.
Tikader B K. 1974. Studies on some jumping spiders of the genus *Marpissa* from India (family-Salticidae). *Proceedings of the Indian Academy Of Science*, 79(B): 204-215.
Tikader B K. 1975. Some new species of spiders of the family Argiopidae from India. *Proceedings of the Indian Academy Of Science*, 81(B): 145-149.
Tikader B K. 1977a. Studies on spider fauna of Andaman and Nicobar islands, Indian Ocean. *Records of the Zoological Survey of India*, 72: 153-212.
Tikader B K. 1977b. Description of two new species of wolf-spider (family: Lycosidae) from Ladakh, India. *Journal of the Bombay Natural History Society*, 74: 144-146.
Tikader B K. 1980. Thomisidae (Crab-spiders). *Fauna India* (Araneae), 1: 1-247.
Tikader B K. 1981. Studies on spiders of the genus *Castianeira* Keyserling (Family: Clubionidae) from India. *Bulletin of the Zoological Survey of India*, 4: 257-265.

Tikader B K. 1982a. Family Araneidae (=Argiopidae), typical orbweavers. *Fauna India* (Araneae), 2: 1-293.

Tikader B K. 1982b. Family Gnaphosidae. *Fauna India* (Araneae), 3: 295-536.

Tikader B K, Bal A. 1980. Studies on spiders of the genus *Zygiella* Cambridge from India (Araneae: Araneidae). *Proceedings of the Indian Academy Of Science* (Anim. Sci.), 89: 243-246.

Tikader B K, Bal A. 1981. Studies on some orb-weaving spiders of the genera *Neoscona* Simon and *Araneus* Clerck of the family Araneidae (=Argiopidae) from India. *Records of the Zoological Survey of India*, *Occasional Paper*, 24: 1-60.

Tikader B K, Biswas B. 1981. Spider fauna of Calcutta and vicinity: Part-I. *Records of the Zoological Survey of India*, *Occasional Paper*, 30: 1-149.

Tikader B K, Gajbe U A. 1975. New species of *Drassodes* spiders (Araneae: Gnaphosidae) from India. *Oriental Insects*, 9: 273-281.

Tikader B K, Gajbe U A. 1977a. Studies on some spiders of the genera *Gnaphosa* Latreille and *Callilepis* Westring (family: Gnaphosidae) from India. *Records of the Zoological Survey of India*, 73: 43-52.

Tikader B K, Gajbe U A. 1977b. Taxonomic studies on some spiders of the genera *Drassodes* Westring, *Haplodrassus* Chamberlin, *Geodrassus* Chamberlin and *Nodocion* Chamberlin (family: Gnaphosidae) from India. *Records of the Zoological Survey of India*, 73: 63-76.

Tikader B K, Malhotra M S. 1980. Lycosidae (Wolf-spiders). *Fauna India* (Araneae), 1: 248-447.

Timm H. 1976. Die Bedeutung von Genitalstrukturen für die Klärung systematischer Fragen bei Zitterspinnen (Arachnida: Araneae: Pholcidae). *Entomologica Germanica*, 3: 69-76.

Tomasiewicz B, Wesolowska W. 2006. *Icius hamatus* (Salticidae, Araneae) in Poland? *Polskie Pismo Entomologiczne*, 75: 339-342.

Tong Y F. 2013. *Haplogynae Spiders from Hainan, China*. Beijing: Science Press: vi+96 pp., 81 pl.

Tong Y F, Ji L Z. 2010. Three new species of the spider genus *Pholcus* (Araneae: Pholcidae) from Liaodong Mountain, China. *Entomologica Fennica*, 21: 97-103.

Tong Y F, Li S Q. 2006. Symphytognathidae (Araneae), a spider family newly recorded from China. *Zootaxa*, 1259: 33-38.

Tong Y F, Li S Q. 2007a. First records of the family Ochyroceratidae (Arachnida: Araneae) from China, with descriptions of a new genus and eight new species. *The Raffles Bulletin of Zoology*, 55: 63-76.

Tong Y F, Li S Q. 2007b. Description of *Rhyssoleptoneta latitarsa* gen. nov. et sp. nov. (Araneae, Leptonetidae) from Hebei Province, China. *Acta Zootaxonomica Sinica*, 32: 35-37.

Tong Y F, Li S Q. 2007c. One new genus and four new species of oonopid spiders from southwest China (Araneae: Oonopidae). *Annales Zoologici, Warszawa*, 57: 331-340.

Tong Y F, Li S Q. 2007d. A new six-eyed pholcid spider (Araneae, Pholcidae) from Karst Tiankeng of Leye County, Guangxi, China. *Acta Zootaxonomica Sinica*, 32: 505-507.

Tong Y F, Li S Q. 2008a. Four new species of six-eyed pholcid spiders (Araneae: Pholcidae) from Hainan Island, China. *The Raffles Bulletin of Zoology*, 56: 45-53.

Tong Y F, Li S Q. 2008b. The oonopid spiders (Araneae: Oonopidae) from Hainan Island, China. *The Raffles Bulletin of Zoology*, 56: 55-66.

Tong Y F, Li S Q. 2008c. The spiders of the genus *Telema* (Araneae: Telemidae) from Hainan Island, China. *The Raffles Bulletin of Zoology*, 56: 67-74.

Tong Y F, Li S Q. 2008d. Tetrablemmidae (Arachnida, Araneae), a spider family newly recorded from China. *Organisms Diversity & Evolution*, 8: 84-98.

Tong Y F, Li S Q. 2008e. Four new cave-dwelling species of *Telema* (Arachnida, Araneae, Telemidae) from Guizhou province, China. *Zoosystema*, 30: 361-370.

Tong Y F, Li S Q. 2008f. Six new cave-dwelling species of *Leptoneta* (Arachnida, Araneae, Leptonetidae) from Beijing and adjacent regions, China. *Zoosystema*, 30: 371-386.

Tong Y F, Li S Q. 2009a. Six new cave-dwelling pholcid spiders (Araneae: Pholcidae) from Hainan Island, with two newly recorded genera from China. *Zootaxa*, 1988: 17-32.

Tong Y F, Li S Q. 2009b. Three new species and one newly recorded species of oonopid spiders (Araneae: Oonopidae) from Hainan, China. *Zootaxa*, 2060: 22-32.

Tong Y F, Li S Q. 2010a. The goblin spiders of the genus *Opopaea* (Araneae, Oonopidae) in Hainan Island, China. *Zootaxa*, 2327: 23-43.

Tong Y F, Li S Q. 2010b. Eight new spider species of the genus *Pholcus* (Araneae, Pholcidae) from China. *Zootaxa*, 2355: 35-55.

Tong Y F, Li S Q. 2011. Six new *Orchestina* species from Hainan Island, China (Araneae, Oonopidae). *Zootaxa*, 3061: 36-52.

Tong Y F, Li S Q. 2012. Four new species of the genus *Ischnothyreus* from Hainan Island, China (Araneae, Oonopidae). *Zootaxa*, 3352: 25-39.

Tong Y F, Li S Q. 2013. A new species of the genus *Prethopalpus* from Hainan Island, China (Araneae: Oonopidae). *Zootaxa*, 3620: 596-600.

Tong Y F, Li S Q. 2014. A survey of oonopid spiders in Taiwan with descriptions of three new species. *ZooKeys*, 396: 67-86.

Tongiorgi P. 1964. Un ragno caratteristico dei terreni salmastri: *Pardosa luctinosa* Simon [=*Pardosa entzi* (Chyzer)] (Araneae-Lycosidae). *Monitore Zoologico Italiano*, 72: 243-253.

Tongiorgi P. 1966a. Italian wolf spiders of the genus *Pardosa* (Araneae: Lycosidae). *Bulletin of the Museum of Comparative Zoology at Harvard College*, 134: 275-334.

Tongiorgi P. 1966b. Wolf spiders of the *Pardosa monticola* group (Araneae: Lycosidae). *Bulletin of the Museum of Comparative Zoology at Harvard College*, 134: 335-359.

Topçu A, Demir H, Seyyar O. 2005. A Checklist of the spiders of Turkey. *Serket*, 9(4): 109-140.

Topçu A, Seyyar O, Demir H, Türkeş T. 2006. A contribution to the knowledge of the Turkish spider fauna (Araneae). *In*: Deltshev C, Stoev P. *European Arachnology 2005*. Acta Zoologica Bulgarica Supplement 1: 335-338.

Töpfer-Hofmann G, Cordes D, von Helversen O. 2000. Cryptic species and behavioural isolation in the *Pardosa lugubris* group (Araneae, Lycosidae), with description of two new species. *Bulletin of the British Arachnological Society*, 11: 257-274.

Töpfer-Hofmann G, von Helversen O. 1990. Four species of the *Pardosa lugubris*-group in central Europe (Araneae, Lycosidae)-A preliminary report. *Bulletin de la Société Européenne d'Arachnologie*, 1: 349-352.

Townley M A, Harms D, Benjamin S P. 2013. Phylogenetic affinities of *Phobetinus* to other pirate spider genera (Araneae: Mimetidae) as indicated by spinning field morphology. *Arthropod Structure & Development*, 42: 407-423.

Townsend Jr. V R, Felgenhauer B E, Grimshaw J F. 2001. Comparative morphology of the Australian lynx spiders of the genus *Oxyopes* (Araneae: Oxyopidae). *Australian Journal of Zoology*, 49: 561-576.

Traciuc E. 1973. Développement post-embryonnaire du système génital des espèces *Xysticus cambridgei*, *Pardosa lugubris* et *Steatoda castanea* (Arachnida,

Araneae). *Zoologische Jahrbücher, Abteilung für Anatomie und Ontogenie der Tiere*, 90: 360-370.
Treviranus G R. 1812. *Ueber den innern Bau der Arachniden*. Nürnberg: vi+48 pp., 5 pl.
Trilikauskas L A, Azarkina G N. 2014. A new species of wolf-spider (*Alopecosa ogorodica* sp. n.) from the Russian Mountain Altai with remarks on *Arctosa meitanensis* Yin *et al.* , 1993 (Aranea: Lycosidae). *Zootaxa*, 3856(3): 443-450.
Trotta A. 2005. Introduzione al ragni italiani (Arachnida Araneae). *Memorie della Società Entomologica Italiana, Genova*, 83: 3-178.
Tso I M, Chen J. 2004. Descriptions of three new and six new record wolf spider species from Taiwan (Arachnida: Araneae: Lycosidae). *The Raffles Bulletin of Zoology*, 52: 399-411.
Tso I M, Haupt J, Zhu M S. 2003. The trapdoor spider family Ctenizidae (Arachnida: Araneae) from Taiwan. *The Raffles Bulletin of Zoology*, 51: 25-33.
Tso I M, Tanikawa A. 2000. New records of five orb-web spiders of the genera *Leucauge*, *Mesida*, and *Eriovixia* (Araneae: Tetragnathidae and Araneidae) from Taiwan. *Acta Arachnologica, Tokyo*, 49: 125-131.
Tso I M, Yoshida H. 2000. A new species of the genus *Nesticella* (Araneae: Nesticidae) from Taiwan. *Acta Arachnologica, Tokyo*, 49: 13-16.
Tso I M, Zhu M S, Zhang J X. 2005. A new species of the genus *Dipoena* from Taiwan (Araneae: Theridiidae). *Acta Arachnologica, Tokyo*, 54: 21-22.
Tso I M, Zhu M S, Zhang J X, Zhang F. 2005. Two new and one newly recorded species of Corinnidae and Liocranidae from Taiwan (Arachnida: Araneae). *Acta Arachnologica, Tokyo*, 54: 45-49.
Tu H S. 1994. A new species of the genus *Spermophora* from China (Araneae: Pholcidae). *Acta Zootaxonomica Sinica*, 19: 419-421.
Tu H S, Zhu M S. 1986. New records and one new species of spiders from China. *Journal of Hebei Normal University* (Nat. Sci. Ed.), 1986(2): 88-97.
Tu L H, Hormiga G. 2010. The female genitalic morphology of "micronetine" spiders (Araneae, Linyphiidae). *Genetica*, 138: 59-73.
Tu L H, Hormiga G. 2011. Phylogenetic analysis and revision of the linyphiid spider genus *Solenysa* (Araneae: Linyphiidae: Erigoninae). *Zoological Journal of the Linnean Society*, 161: 484-530.
Tu L H, Li S Q. 2003. A review of the spider genus *Hylyphantes* (Araneae: Linyphiidae) from China. *The Raffles Bulletin of Zoology*, 51: 209-214.
Tu L H, Li S Q. 2004a. A review of the *Gnathonarium* species (Araneae: Linyphiidae) of China. *Revue Suisse de Zoologie*, 111: 851-864.
Tu L H, Li S Q. 2004b. A preliminary study of erigonine spiders (Linyphiidae: Erigoninae) from Vietnam. *The Raffles Bulletin of Zoology*, 52: 419-433.
Tu L H, Li S Q. 2005a. A new species of the genus *Hylyphantes* (Araneae: Linyphiidae) from Sichuan Province, China. *Acta Zootaxonomica Sinica*, 30: 62-64.
Tu L H, Li S Q. 2005b. Chinese linyphiid spiders housed at Dr Schenkel's collection in Basel (Araneae, Linyphiidae). *Acta Zootaxonomica Sinica*, 30: 861-862.
Tu L H, Li S Q. 2006a. A review of *Gongylidioides* spiders (Araneae: Linyphiidae: Erigoninae) from China. *Revue Suisse de Zoologie*, 113: 51-65.
Tu L H, Li S Q. 2006b. Three new and four newly recorded species of Linyphiinae and Micronetinae spiders (Araneae: Linyphiidae) from northern Vietnam. *The Raffles Bulletin of Zoology*, 54: 103-117.
Tu L H, Li S Q. 2006c. The first report on female *Solenysa wulingensis* (Araneae, Linyphiidae) and comparion with its sister species *Solenysa geumoensis*. *Acta Zootaxonomica Sinica*, 31: 324-329.
Tu L H, Li S Q. 2006d. A review of the linyphiid spider genus *Solenysa* (Araneae, Linyphiidae). *Journal of Arachnology*, 34: 87-97.
Tu L H, Li S Q. 2006e. A new *Drapetisca* species from China and comparison with European *D. socialis* (Sundevall, 1829) (Araneae: Linyphiidae). *Revue Suisse de Zoologie*, 113: 769-776.
Tu L H, Li S Q, Rollard C. 2005. A review of six linyphiid spiders described from China by Dr E. Schenkel (Araneae: Linyphiidae). *Revue Suisse de Zoologie*, 112: 647-660.
Tu L H, Saaristo M I, Li S Q. 2006. A review of Chinese micronetine species (Araneae: Linyphiidae). Part II: seven species of ex-*Lepthyphantes*. *Animal Biology*, 56: 403-421.
Tucker R W E. 1923. The Drassidae of South Africa. *Annals of the South African Museum*, 19: 251-437.
Tullgren A. 1901a. On the spiders collected in Florida by Dr Einer Lönnberg 1892-93. *Bihang till Kungliga Svenska Vetenskaps-Akademiens Handlingar*, 27(4; 1): 1-29.
Tullgren A. 1901b. Contribution to the knowledge of the spider fauna of the Magellan Territories. *Svenska Expeditionen till Magellansländerna*, 2(10): 181-263.
Tullgren A. 1910. Araneae. *In*: Wissenschaftliche Ergebnisse der Schwedischen Zoologischen Expedition nach dem Kilimandjaro, dem Meru und dem Umbegenden Massaisteppen Deutsch-Ostafrikas 1905-1906 unter Leitung von Prof. *Dr Yngve Sjöstedt. Stockholm*, 20(6): 85-172.
Tullgren A. 1942. Bidrag till kännedomen om den svenska spindelfaunan. I. *Entomologisk Tidskrift*, 63: 217-234.
Tullgren A. 1944. *Svensk Spindelfauna. 3. Araneae (Salticidae, Thomisidae, Philodromidae och Eusparassidae)*. London: Stockholm: 1-108.
Tullgren A. 1946. *Svenska spindelfauna: 3. Egentliga spindlar. Araneae. Fam. 5-7. Clubionidae, Zoridae och Gnaphosidae*. Stockholm: Entomologiska Föreningen: 141.
Tullgren A. 1947. Bidrag till kännedomen om den svenska spindelfaunan. II. *Entomologisk Tidskrift*, 68: 129-154.
Tullgren A. 1948. Zwei bemerkenswerte Vertreter der Familie Dictynidae (Araneae). *Entomologisk Tidskrift*, 69: 155-160.
Tullgren A. 1949. Bidrag till kännedomen om den svenska spindelfaunan. III. Svenska representanter för familjen Theridiidae. *Entomologisk Tidskrift*, 70: 33-64.
Tullgren A. 1952. Zur Kenntnis schwedischer Spinnen. I. *Entomologisk Tidskrift*, 73: 151-177.
Tullgren A. 1955. Zur Kenntnis schwedischer Erigoniden. *Arkiv för Zoologi* (N. S.), 7: 295-389.
Tuneva T K. 2003. Nomisia is a new genus of gnaphosids (Aranei, Gnaphosidae) in the Urals. *Zoologicheskiĭ Zhurnal*, 82: 1022-1024.
Tuneva T K. 2005. A contribution on the gnaphosid spider fauna (Araneae: Gnaphosidae) of east Kazakhstan. *In*: Logunov D V, Penney D. *European Arachnology 2003 (Proceedings of the 21st European Colloquium of Arachnology, St.-Petersburg, 4-9 August 2003)*. Arthropoda Selecta, Special Issue 1: 319-332.
Tuneva T K. 2007. Review of the family Gnaphosidae in the Ural fauna (Aranei). 5. Genera *Micaria* Westring, 1851 and *Arboricaria* Bosmans, 2000. *Arthropoda Selecta*, 15: 229-250.
Tuneva T K, Esyunin S L. 2002. A review of the family Gnaphosidae in the fauna of the Urals (Aranei), 2. New and rare genera. *Arthropoda Selecta*, 10: 217-224.
Türkeş T, Mergen O. 2007. The comb-footed spider fauna of the central Anatolia region and new records for the Turkish fauna (Araneae: Theridiidae). *Serket*, 10: 112-119.

Türkeş T, Mergen O. 2008. The orb-web weavers spiders fauna of the central Anatolian region in Turkey with three new records for Turkey (Araneae, Araneidae). *Munis Entomology and Zoology*, 3: 295-302.

Turnbull A L, Dondale C D, Redner J H. 1965. The spider genus *Xysticus* C. L. Koch (Araneae: Thomisidae) in Canada. *The Canadian Entomologist*, 97: 1233-1280.

Tyschchenko V P. 1965. A new genus and new species of spiders (Aranei) from Kazakhstan. *Entomologicheskoe Obozrenie*, 44: 696-704.

Tyschchenko V P. 1971. *Opredelitel' paukov evropejskoj casti SSSR*. Leningrad: 1-281.

Tyschchenko V P, Ergashev N. 1974. *Latrodectus dahli* Levi (Aranei, Theridiidae), a species of venomous spiders new in the fauna of the USSR. *Entomologicheskoe Obozrenie*, 53: 933-937.

Ubick D. 2005. New genera and species of cribellate coelotine spiders from California (Araneae: Amaurobiidae). *Proceedings of the California Academy of Sciences*, 56: 305-336.

Ubick D, Griswold C E. 2011. The Malagasy goblin spiders of the new genus *Malagiella* (Araneae, Oonopidae). *Bulletin of the American Museum of Natural History*, 356: 1-86.

Ubick D, Roth V D. 1973. Nearctic Gnaphosidae including species from adjacent Mexican states. *American Arachnology*, 9(Suppl. 2): 1-12.

Uhl G. 1994. Genital morphology and sperm storage in *Pholcus phalangioides* (Fuesslin, 1775) (Pholcidae; Araneae). *Acta Zoologica, Stockholm*, 75: 1-12.

Uhl G, Huber B A, Rose W. 1995. Male pedipalp morphology and copulatory mechanism in *Pholcus phalangioides* (Fuesslin, 1775) (Araneae, Pholcidae). *Bulletin of the British Arachnological Society*, 10: 1-9.

Uhl G, Nessler S H, Schneider J. 2007. Copulatory mechanism in a sexually cannibalistic spider with genital mutilation (Araneae: Araneidae: *Argiope bruennichi*). *Zoology*, 110: 398-408.

Uhl G, Nessler S H, Schneider J M. 2010. Securing paternity in spiders? A review on occurrence and effects of mating plugs and male genital mutilation. *Genetica*, 138: 75-104.

Urita, Song D X. 1987. Notes on Inner Mongolian spiders of the family Philodromidae. *Journal of Inner Mongolia Teacher's University*, 1987(1): 28-37. [first author erroneously listed as Wu, L. T.]

Urita, Song D X. 1989. Notes on some crab spiders from Inner Mongolia, China. *Journal of Inner Mongolia Teacher's University, Natural Science Edition*, 1989(4): 29-34. [first author erroneously listed as Wu, L. T.].

Urita, Tang G M, Song D X. 1993. Two new species of the genus *Pardosa* from Inner Mongolia, China (Araneae, Lycosidae). *Journal of Inner Mongolia Normal University* (Nat. Sci. Ed.), 3: 46-49.

Urones C. 1986. La familia Philodromidae (Araneae) en el centro-oeste de la Península Ibérica. *Boletín de la Asociación Española de Entomología*, 10: 231-244.

Urones C. 1988. Las especies de *Chiracanthium* C. L. Koch, 1939 (Araneae: Clubionidae) en la Península Ibérica. *Graellsia*, 43: 139-152.

Urones C. 1996. Precisiones taxonómicas sobre algunas especies de Thomisidae y Philodromidae (Araneae). *Boletín de la Asociación Española de Entomología*, 20: 31-39.

Urones C. 2004. El género *Micrommata* (Araneae, Sparassidae) en la Península Ibérica, con la descripción do dos nuevas especies. *Revista Ibérica de Aracnología*, 10: 41-52.

Urones C. 2005. El género *Zora* C. L. Koch, 1847 (Arachnida, Araneae, Zoridae) en la Península Ibérica. *Revista Ibérica de Aracnología*, 11: 7-22.

Urquhart A T. 1886. On the spiders of New Zealand. *Transactions of the New Zealand Institute*, 18: 184-205.

Urquhart A T. 1887. On new species of Araneida. *Transactions of the New Zealand Institute*, 19: 72-118.

Urquhart A T. 1890. Descriptions of new species of Araneidae. *Transactions of the New Zealand Institute*, 22: 239-266.

Utochkin A S. 1960a. Spiders of the genus *Synaema*, the group *globosum* (F.) in the USSR. *Zoologicheskiĭ Zhurnal*, 39: 1018-1024.

Utochkin A S. 1960b. Materialy k faune paukov roda *Oxyptila* Sim. v SSSR. *Uchenye Zapiski, Permskij Gosudarstvennyj Universitet Imeni A. M. Gorkogo*, 13: 47-61.

Utochkin A S. 1968. *Pauki roda* Xysticus *faunii SSSR (Opredelitel')*. Ed. Univ. Perm: 1-73.

Utochkin A S. 1981. Contribution to the systematics of the spider genus *Tibellus* in the fauna of the USSR. *In*: *Fauna and Ecology of Insects*. University of Perm: 8-20.

Utochkin A S. 1984. Supplement to the description of the spider *Tibellus lineatus* Utochkin (Aranei, Thomisidae). *In*: *Fauna and Ecology of Arachnids*. University of Perm: 4-6.

Utochkin A S. 1985. Materials of the spider genus *Heriaeus* (Aranei, Thomisidae) of the USSR. *Trudy Zoologieskogo Instituta Akademija Nauk SSSR*, 139: 105-113.

Utochkin A S, Pakhorukov N M. 1976. Materialy k faune paukov zapovednika. *Trudy Pechoro-Ilycheskogo Gosudarstvennogo Zapovednika*, 13: 78-88.

Uyar Z, Kaya R S, Uğurtaş İ H. 2010. Systematics of the philodromid spider fauna of Uludağ Mountain region (Araneae: Philodromidae) with a review of the Philodromidae in Turkey. *Serket*, 12: 47-60.

Uyemura T. 1937a. How to discriminate between two related species. *Acta Arachnologica, Tokyo*, 2: 55-64.

Uyemura T. 1937b. Two new spiders from Mt. Amagi, Izu Province. *Acta Arachnologica, Tokyo*, 2: 150-156.

Uyemura T. 1938a. Reports on some Japanese spiders (2). *Acta Arachnologica, Tokyo*, 3: 19-30.

Uyemura T. 1938b. Two new spiders from Wakayama Prefecture, Japan. *Acta Arachnologica, Tokyo*, 3: 90-95.

Uyemura T. 1939. Habit and description of *Acusilas coccineus*. *Acta Arachnologica, Tokyo*, 4: 139-145.

Uyemura T. 1941. A new species of linyphiid spider from Tokyo. *Zoological Magazine,Tokyo*, 53: 212-214.

Uyemura T. 1952. An ant-like spider, *Myrmarachne japonica*. *Atypus*, 1: 5-7.

Uyemura T. 1961. *Studies on the variation, lineage and distribution of the Japanese spider, Araneus ventricosus (L. Koch) (s. lat.)*. Osaka: Arachnological Society of East Asia: 116.

Valdez-Mondragón A. 2010. Revisión taxonómica de *Physocyclus* Simon, 1893 (Araneae: Pholcidae), con la descripción de especies nuevas de México. *Revista Ibérica de Aracnología*, 18: 3-80.

Valdez-Mondragón A. 2013. Morphological phylogenetic analysis of the spider genus *Physocyclus* (Araneae: Pholcidae). *Journal of Arachnology*, 41: 184-196.

Valerio C E. 1981. Spitting spiders (Araneae, Scytodidae, *Scytodes*) from Central America. *Bulletin of the American Museum of Natural History*, 170: 80-89.

van den Berg A, Dippenaar-Schoeman A S. 1994. A revision of the Afrotropical species of the genus *Tibellus* Simon (Araneae: Philodromidae). *Koedoe*, 37:

67-114.
van der Hammen L. 1949. On Arachnida collected in Dutch greenhouses. *Tijdschrift voor Entomologie*, 91: 72-82.
van Hasselt A W M. 1877. Araneae exoticae, quas quondam in India Orientali (praesertim Insula Amboina) collegit Cel. Dr. C. L. Doleschall, ac, pro Museo Lugdunensi. *Tijdschrift voor Entomologie*, 20: 51-56.
van Hasselt A W M. 1882. Araneae. *In*: Weth P J. *Midden Sumatra IV*. 3de Aflev. Leiden: Naturlijke Historie: 11A, 1-56.
van Helsdingen P J, Thaler K, Deltshev C. 1977. The *tenuis* group of *Lepthyphantes* Menge (Araneae, Linyphiidae). *Tijdschrift voor Entomologie*, 120: 1-54.
van Helsdingen P J, Thaler K, Deltshev C. 2001. The European species of *Bolyphantes* with an attempt of a phylogenetic analysis (Araneae Linyphiidae). *Memorie della Società Entomologica Italiana, Genova*, 80: 3-35.
van Helsdingen P J. 1963. *Linyphia hammeni*, a new species, and its relation to *Linyphia albolimbata* Karsch (Araneida, Linyphiidae). *Proceedings of the Koninklijke Nederlandse Akademie van Wetenschappen* (2, Zool.), 66(C): 153-156.
van Helsdingen P J. 1968. Comparative notes on the species of the Holarctic genus *Stemonyphantes* Menge (Araneida, Linyphiidae). *Zoologische Mededelingen*, 43: 117-139.
van Helsdingen P J. 1969. A reclassification of the species of *Linyphia* Latreille based on the functioning of the genitalia (Araneida, Linyphiidae), I. *Zoologische Verhandelingen*, 105: 1-303.
van Helsdingen P J. 1970. A reclassification of the species of *Linyphia* based on the functioning of the genitalia (Araneida, Linyphiidae), II. *Zoologische Verhandelingen*, 111: 1-86.
van Helsdingen P J. 1973. A recapitulation of the Nearctic species of *Centromerus* Dahl (Araneida, Linyphiidae) with remarks on *Tunagyna debilis* (Banks). *Zoologische Verhandelingen*, 124: 1-45.
van Helsdingen P J. 1974. The affinities of *Wubana* and *Allomengea* with some notes on the latter genus (Araneae, Linyphiidae). *Zoologische Mededelingen*, 46: 295-321.
van Helsdingen P J. 1977. Fam. Linyphiidae. *In*: La faune terrestre de l'île de Saite-Hélène IV. Annales, Musée Royal de l'Afrique Centrale, Sciences zoologiques (Zool.-Ser. 8), 220: 168-183.
van Helsdingen P J. 1978. Some synonymies in Old World spiders. *Zoologische Mededelingen*, 53: 185-197.
van Helsdingen P J. 1979. Remarks concerning Clubionidae. *Bulletin of the British Arachnological Society*, 4: 298-302.
van Helsdingen P J. 1981. The Nearctic species of *Oreonetides* (Araneae, Linyphiidae). *Bulletin of the American Museum of Natural History*, 170: 229-241.
van Helsdingen P J. 1982. Quelques remarques sur les Linyphiidae mentionnés par Di Caporiacco. *Revue Arachnologique*, 3: 155-180.
van Helsdingen P J. 1985. Araneae: Linyphiidae of Sri Lanka, with a note on Erigonidae. *Entomologica Scandinavica* (Suppl.), 30: 13-30.
van Helsdingen P J. 2010. *Thanatus vulgaris* Simon, 1870 in Nederland (Araneae, Philodromidae). *Spined, Nieuwsbrief Spinnenwerkgroep Nederland*, 29: 10-12.
van Keer K, Van Keer J. 2003. In België aangetroffen exoten (Araneae) uit de collectie J. Van Keer. *Nieuwsbrief van de Belgische Arachnologische Vereniging*, 18: 78-83.
Vanuytven H. 2014. *Theridion asopi* n. sp., a new member of the *Theridion melanurum* group (Araneae: Theridiidae) in Europe. *Arachnology*, 16(4): 127-134.
Vanuytven H, Van Keer J, Poot P. 1994. Kogelspinnen verzameld in Zuid-Europa door P. Poot (Araneae, Theridiidae). *Nieuwsbrief van de Belgische Arachnologische Vereniging*, 9(1): 1-19.
Vauthier C. 1824. Description d'une nouvelle espèce d'Arachnide du genre *Epeira* de M. Walckenaer. *Annales des Sciences Naturelles, Zoologie, Paris*, 1: 261-264.
Vedel V, Jäger P. 2005. Sparassidae of China 3. First record of the genus *Bhutaniella* in China (Araneae: Sparassidae) with descriptions of two new species. *Acta Arachnologica, Tokyo*, 54: 41-43.
Vilbaste A. 1969. *Eesti Ämblikud I. Krabiämbliklased (Xysticidae), Jooksikämbliklased (Philodromidae) ja Hüpikämbliklased (Salticidae)*. Tallinn: Zooloogia ja Botaanika Instituut: 1-224.
Vinson A. 1863. *Aranéides des îles de la Réunion, Maurice et Madagascar*. Paris: i-cxx, 1-337.
Vintilă I, Fuhn I E, Vintilă P, Popescu V. 1963. Poisonous spiders in the fauna of our country: *Latrodectus tredecimguttatus*. *Microbiologia, Parazitologia, Epidemiologia*, 8: 231-236.
Víquez C. 2007. First record of *Cyrtophora citricola* (Forskål) from Costa Rica, with notes on some related species (Araneae: Araneidae). *Boletín de la Sociedad Entomologica Aragonesa*, 40: 385-388.
Vlijm L. 1971. Some notes on the occurrence of the genus *Pardosa* (Lycosidae, Araneae) in southern France, Spain, and Corsica. *Zoologische Mededelingen*, 45: 281-287.
Vöcking O, Uhl G, Michalik P. 2013. Sperm dynamics in spiders (Araneae): ultrastructural analysis of the sperm activation process in the garden spider *Argiope bruennichi* (Scopoli, 1772). *PLoS One*, 8(9): 1-7.
Vogel B R. 2004. A review of the spider genera *Pardosa* and *Acantholycosa* (Araneae, Lycosidae) of the 48 contiguous United States. *Journal of Arachnology*, 32: 55-108.
Vogels J. 2012. First record of the salticid spider *Sibianor larae* (Araneae: Salticidae) in the Netherlands. *Entomologische Berichten, Amsterdam*, 72: 254-258.
Vogelsanger T. 1944. Beitrag zur Kenntnis der schweizerischen Spinnenfauna. *Mitteilungen der Naturforschenden Gesellschaft Schaffhausen*, 19: 158-190.
Vogelsanger T. 1948. Beitrag zur Kenntnis der Spinnenfauna des Kantons Graubünden. *Mitteilungen der Naturforschenden Gesellschaft Schaffhausen*, 22: 33-72.
von Helversen O, Harms K H. 1969. Zur Spinnenfauna Deutschlands, VII. Für Deutschland neue Wolfspinnen der Gattungen *Pirata* und *Pardosa* (Arachnida: Araneae: Lycosidae). *Senckenbergiana Biologica*, 50: 367-373.
von Kempelen L. 1867. *Thysa pythonissaeformis*. Eine neue Gattung und Art. *Verhandlungen der Kaiserlich-Königlichen Zoologisch-Botanischen Gesellschaft in Wien*, 17: 607-610.
von Schrank F P. 1781. *Enumeratio insectorum austriae indigenorum*. Augustae Vindelicorum: 552. (Araneae: 526-534).
von Schrank F P. 1795. *Naturhistorische und ökonomische Briefe über das Donaumoor*. Mannheim: 133-148.
von Schrank F P. 1803. *Fauna Boica. Durch dachte Geschichte der in Baiern einheimischen und Zahmen Tiere. Landshut*, 3(1), 229-244.
von Wirth V, Striffler B F. 2005. Neue Erkenntnisse zur Vogelspinnen Unterfamilie Ornithoctoninae, mit Beschreibung von *Ornithoctonus aureotibialis* sp. n. und *Haplopelma longipes* sp. n. (Araneae, Theraphosidae). *Arthropoda*, 13(2): 2-27.
von Wirth V. 1991. Eine neue Vogelspinnenart aus Vietnam *Haplopelma schmidti* sp. n. (Araneae: Theraphosidae: Ornithoctoninae). *Arachnologischer*

Anzeiger, 18: 6-11.

Vungsilabutr W. 1988. The spider genus *Tetragnatha* in the paddy fields of Thailand (Araneae: Tetragnathidae). *Thai Journal of Agricultural Science*, 21: 63-74.

Waaler P F. 1970a. Spiders (Aranea) from Syd-Varanger, north Norway, with a note on a gynandromorph *Cornicularia*. *Rhizocrinus*, 1(5): 1-9.

Waaler P F. 1970b. *Hyptiotes paradoxus* (C. L. Koch) (Araneae) in Norway. *Norsk Entomologisk Tidsskrift*, 17: 103-104.

Waaler P F. 1971a. Spiders new to Norway. *Norsk Entomologisk Tidsskrift*, 18: 17-24.

Waaler P F. 1971b. Spiders (Araneae) in mosses from Son, Norway. *Norsk Entomologisk Tidsskrift*, 18: 95-98.

Wagner W A. 1894. L'industrie des Araneina. *Mémoires de l'Académie Impériale des Sciences de St.-Pétersbourg*, 42(11): 1-270.

Walckenaer C A. 1802. *Faune parisienne. Insectes. ou Histoire abrégée des insectes de environs de Paris*. Paris 2: 187-250.

Walckenaer C A. 1805. *Tableau des aranéides ou caractères essentiels des tribus, genres, familles et races que renferme le genre Aranea de Linné, avec la désignation des espèces comprises dans chacune de ces divisions*. Paris: 88.

Walckenaer C A. 1826. Aranéides. *In*: *Faune française ou histoire naturelle générale et particulière des animaux qui se trouvent en France, constamment ou passagèrement, à la surface du sol, dans les eaux qui le baignent et dans le littoral des mers qui le bornent par Viellot, Desmarrey, Ducrotoy, Audinet, Lepelletier et Walckenaer*. Paris: livr. 11-12: 1-96.

Walckenaer C A. 1830. Aranéides. *In*: *Faune française ou histoire naturelle générale et particulière des animaux qui se trouvent en France, constamment ou passagèrement, à la surface du sol, dans les eaux qui le baignent et dans le littoral des mers qui le bornent par Viellot, Desmarrey, Ducrotoy, Audinet, Lepelletier et Walckenaer*. Paris: livr. 26: 97-175, livr. 29: 177-240.

Walckenaer C A. 1837. *Histoire naturelle des insectes. Aptères*. Paris 1: 1-682.

Walckenaer C A. 1841. *Histoire naturelle des Insects. Aptères*. Paris 2: 1-549.

Walckenaer C A. 1847. Dernier Supplément. *In*: Walckenaer C A, Gervais P. *Histoire Naturelles des Insects*. Aptères. Paris 4: 365-564.

Wallace H K, Exline H. 1978. Spiders of the genus *Pirata* in North America, Central America and the West Indies (Araneae: Lycosidae). *Journal of Arachnology*, 5: 1-112.

Wan J L, Peng X J. 2013a. The spiders of the genus *Wolongia* Zhu, Kim & Song, 1997 from China (Araneae: Tetragnathidae). *Zootaxa*, 3691: 87-134.

Wan J L, Peng X J. 2013b. Description of *Leucauge tengchongensis* sp. nov. and the female of *Okileucauge elongatus* from Yunnan, China (Araneae: Tetragnathidae). *Acta Arachnologica Sinica*, 22: 16-23.

Wang C X, Li S Q. 2010a. New species of the spider genus *Telema* (Araneae, Telemidae) from caves in Guangxi, China. *Zootaxa*, 2632: 1-45.

Wang C X, Li S Q. 2010b. Four new species of the spider genus *Telema* (Araneae, Telemidae) from southeast Asia. *Zootaxa*, 2719: 1-20.

Wang C X, Li S Q. 2011. A further study on the species of the spider genus *Leptonetela* (Araneae: Leptonetidae). *Zootaxa*, 2841: 1-90.

Wang C X, Li S Q. 2012. Description of *Pinelema bailongensis* gen. nov. et sp. nov. (Araneae, Telemidae) from Guangxi, China. *Acta Zootaxonomica Sinica*, 37: 76-83.

Wang C X, Li S Q. 2013. Four new species of the subfamily Psilodercinae (Araneae: Ochyroceratidae) from southwest China. *Zootaxa*, 3718: 39-57.

Wang C X, Ribera C, Li S Q. 2012. On the identity of the type species of the genus *Telema* (Araneae, Telemidae). *ZooKeys*, 251: 11-19.

Wang C X, Tao Y, Li S Q. 2012. Notes on the genus *Rhyssoleptoneta*, with first report on the female of the type species (Araneae, Leptonetidae). *Acta Zootaxonomica Sinica*, 37: 870-874.

Wang C, Peng X J. 2014. Three species of *Hitobia* Kamura, 1992 (Araneae, Gnaphosidae) from south-west China. *ZooKeys*, 464: 25-34.

Wang D, Zhang Z S. 2014. Two new species and a new synonym in the *Pardosa nebulosa*-group (Lycosidae: *Pardosa*) from China. *Zootaxa*, 3856(2): 227-240.

Wang F Z, Zhu C D. 1963. A list of Chinese spiders. *Journal of Jilin Medical University*, 5: 381-459.

Wang H H, Chen H M, Zhu M S. 2002. A new species of the genus *Heterpoda* from China (Araneae: Sparassidae). *Journal of the Baoding Teachers College*, 15: 18-19.

Wang H Q. 1981. *Protection and utilization of spiders in paddy fields*. Changsha: Hunan Press of Science and Technology: 188. (reprinted, 1985).

Wang H Z, Jiao Y C. 1995. A new species of the family *Heptathela* in China. *Journal of Yunan Normal University*, 15(1): 80-81.

Wang J F. 1983. One new species of spider of the genus *Spermophora* (Araneae: Pholcidae) from China. *Journal of Hunan Teachers College* (Nat. Sci. Ed.), 1983(Suppl.): 6-8.

Wang J F. 1987a. Study on the spiders of Filistatidae in south China I. *Tricalamus* gen. nov. (Arachnid: Araneae). *Acta Zootaxonomica Sinica*, 12: 142-159.

Wang J F. 1987b. Study on the spiders of Filistatidae in south China II. Gen. *Pritha* (Arachnid: Araneae). *Acta Zootaxonomica Sinica*, 12: 251-255.

Wang J F. 1989a. A new species of spider of the genus *Liphistius* from south China (Araneae: Liphistiidae). *Acta Zootaxonomica Sinica*, 14: 30-32.

Wang J F. 1989b. A new species of the genus *Hahnia* from south China (Araneae: Hahniidae). *Acta Zootaxonomica Sinica*, 14: 285-287.

Wang J F. 1990a. Study on the spiders of family Mimetidae from south China (Arachnida: Araneae). *Acta Zootaxonomica Sinica*, 15: 36-47.

Wang J F. 1990b. A new species of psechrid spider from China (Araneae: Psechridae). *Acta Scientiarum Naturalium Universitatis Normalis Hunanensis*, 13: 257-258.

Wang J F. 1990c. Six new species of the spiders of the genus *Heteropoda* from China (Araneae: Heteropodidae). *Sichuan Journal of Zoology*, 9(3): 7-11.

Wang J F. 1991a. On the spiders of the family Tetragnathidae in south China (Arachnida: Araneae). *Acta Zootaxonomica Sinica*, 16: 153-162.

Wang J F. 1991b. Six new species of the genus *Agelena* from China (Araneae: Agelenidae). *Acta Zootaxonomica Sinica*, 16: 407-416.

Wang J F. 1991c. Two new species and three supplemental descriptions of family Heteropodidae from China (Arachnida: Araneae). *Sichuan Journal of Zoology*, 10(1): 3-6.

Wang J F. 1992. Description of new species of the genera *Tegenaria* and *Agelena* from south China (Araneae: Agelenidae). *Acta Zootaxonomica Sinica*, 17: 286-290.

Wang J F. 1993a. Four new species of the spiders of Pisauridae from China (Arachnida: Araneae). *Acta Zootaxonomica Sinica*, 18: 156-161.

Wang J F. 1993b. Two new species of segestriid spiders from China (Araneae: Segestriidae). *Acta Zootaxonomica Sinica*, 18: 417-420.

Wang J F. 1994a. Descriptions of a new genus and two new species of Amaurobiidae from China (Araneae). *Acta Zootaxonomica Sinica*, 19: 281-285.

Wang J F. 1994b. Three new species of agelenid spiders from south China (Araneae: Agelenidae). *Acta Zootaxonomica Sinica*, 19: 286-292.

Wang J F. 1994c. On five Scytodidae of the genus *Scytodes* from China. *Journal of Hebei Normal University* (Nat. Sci. Ed.), 1994(Suppl.): 6-11.

Wang J F. 1994d. Two species of spiders of the genus *Eresus* from China (Araneae: Eresidae). *Journal of Hebei Normal University* (Nat. Sci. Ed.), 1994(Suppl.): 11-13.

Wang J F. 1994e. Two new species of spiders of the genus *Loxosceles* from China. *Journal of Hebei Normal University* (Nat. Sci. Ed.), 1994(Suppl.): 13-15.

Wang J F, Liang T E. 1989. A new species of genus *Hahnia* in Xinjiang (Araneae: Hahniidae). *Journal of the August 1st Agricultural College*, 39: 52-54.

Wang J F, Peng X J, Kim J P. 1996. Two new species of the genus *Coras* (Araneae, Agelenidae) from China. *Korean Arachnology*, 12(2): 77-81.

Wang J F, Peng X J, Xie L P. 1993. One new species of the genus *Selenocosmia* from south China (Araneae, Theraphosidae). *Acta Scientiarum Naturalium Universitatis Normalis Hunanensis*, 16: 72-74.

Wang J F, Wang X P. 1991. Two new species of the agelenid spiders in China (Araneae: Agelenidae). *Tangdu Journal*, 1990(1): 40-43.

Wang J F, Xu Y J. 1989. A new species of spider of the genus *Cicurina* from China (Araneae: Agelenidae). *Sichuan Journal of Zoology*, 8: 4-5.

Wang J F, Ye H Q. 1983. A new species of the spider family Heptathelidae from China. *Acta Zootaxonomica Sinica*, 8: 146-148.

Wang J F, Yin C M. 1985. Two new species of spiders of the genus *Hersilia* from China (Araneae: Hersiliidae). *Acta Zootaxonomica Sinica*, 10: 45-49.

Wang J F, Yin C M. 1992. A new genus and three new species of funnel-web spiders from south China (Araneae: Agelenidae). *Journal of Natural Science of Hunan Normal University*, 15: 263-272.

Wang J F, Yin C M, Peng X J, Xie L P. 1990. New species of the spiders of the genus *Coelotes* from China (Araneae: Agelenidae). *In*: *Spiders in China: One Hundred New and Newly Recorded Species of the Families Araneidae and Agelenidae*. Changsha: Hunan Normal University Press: 172-253.

Wang J F, Zhang Y J. 1986. A new species of the spiders of genus *Hahnia* from south China (Araneae: Hahniidae). *Journal of Natural Science of Hunan Normal University*, 9: 51-52.

Wang J F, Zhang Y J, Li F J. 1985. New report of some spiders from southern China. *Journal of Hunan Normal University*, 1985(2): 66-69.

Wang J F, Zhang Z K. 1990. A new species of the genus *Heteropoda* from Yunnan Province, China. *Journal of Yunan Normal University*, 10: 91-92.

Wang J F, Zhu C D. 1991. Four new species and a new record of the genus *Coelotes* from China (Araneae: Agelenidae). *Sichuan Journal of Zoology*, 10(4): 3-6.

Wang L. 1986. One new record of spider of Mimetidae from China (Araneae). *Bulletin of the Huizhou Normal College*, 1986(1): 41-42.

Wang L. 1988. Description of the male of *Argiope perforata* (Araneae: Araneidae). *Acta Zootaxonomica Sinica*, 13: 101-102.

Wang L Y, Marusik Y M, Zhang Z S. 2012. Notes on three poorly known *Arctosa* species from China (Araneae: Lycosidae). *Zootaxa*, 3404: 53-68.

Wang L Y, Zhang F, Zhang Z S. 2012. Ant-like sac spiders from Jinyun Mountain Natural Reserve of Chongqing, China (Araneae: Corinnidae). *Zootaxa*, 3431: 37-53.

Wang L Y, Zhang Z S. 2012. A new species of *Chrysilla* Thorell, 1887 from China (Araneae: Salticidae). *Zootaxa*, 3243: 65-68.

Wang L, Xu Y J. 1987. A supplement note on *Lathys puta* from Anhui. *Journal of the Huizhou Teachers College*, 1987(1): 7-9.

Wang L, Xu Y J. 1988. A new species of *Coelotes* from China (Araneae, Agelenidae). *Journal of the Huizhou Teachers College*, 10: 4-7.

Wang Q B, Yin C M, Griswold C, Peng X J. 2009. Three new species of the genus *Mallinela* (Zodariidae: Araneae) from Yunnan Province, China. *Zootaxa*, 2005: 47-56.

Wang Q B, Yin C M, Peng X J. 2009. Description of *Mallinella cymbiforma* sp. nov. from Hunan Province, China (Zodariidae, Araneae). *Acta Zootaxonomica Sinica*, 34: 14-17.

Wang X G, Xi G S. 1998. A new species of the genus *Tmarus* from Shaanxi Province, China (Araneae: Thomisidae). *Acta Arachnologica Sinica*, 7: 33-35.

Wang X P. 1997. On three *Agelena* species from China (Araneae, Agelenidae). *Bulletin of the British Arachnological Society*, 10: 253-256.

Wang X P. 2000. A revision of the genus *Tamgrinia* (Araneae: Amaurobiidae), with notes on amaurobiid spinnerets, tracheae and trichobothria. *Invertebrate Taxonomy*, 14: 449-464.

Wang X P. 2002. A generic-level revision of the spider subfamily Coelotinae (Araneae, Amaurobiidae). *Bulletin of the American Museum of Natural History*, 269: 1-150.

Wang X P. 2003. Species revision of the coelotine spider genera *Bifidocoelotes*, *Coronilla*, *Draconarius*, *Femoracoelotes*, *Leptocoelotes*, *Longicoelotes*, *Platocoelotes*, *Spiricoelotes*, *Tegecoelotes*, and *Tonsilla* (Araneae: Amaurobiidae). *Proceedings of the California Academy of Sciences*, 54: 499-662.

Wang X P, Griswold C E, Miller J A. 2010. Revision of the genus *Draconarius* Ovtchinnikov 1999 (Agelenidae: Coelotinae) in Yunnan, China, with an analysis of the Coelotinae diversity in the Gaoligongshan Mountains. *Zootaxa*, 2593: 1-127.

Wang X P, Griswold C E, Ubick D. 2009. On the *pseudoterrestris* species group of the spider genus *Coelotes* (Araneae, Amaurobiidae). *Zootaxa*, 2313: 1-34.

Wang X P, Jäger P. 2007. A revision of some spiders of the subfamily Coelotinae F. O. Pickard-Cambridge 1898 from China: transfers, synonymies, and new species (Arachnida, Araneae, Amaurobiidae). *Senckenbergiana Biologica*, 87: 23-49.

Wang X P, Jäger P. 2008. First record of the subfamily Coelotinae in Laos, with review of Coelotinae embolus morphology and description of seven new species from Laos and Vietnam (Araneae, Amaurobiidae). *Journal of Natural History*, 42: 2277-2304.

Wang X P, Jäger P. 2010. A review of Coelotinae epigynal teeth morphology, with descriptions of two species from China (Araneae: Amaurobiidae). *Journal of Natural History*, 44: 1165-1187.

Wang X P, Jäger P, Zhang Z S. 2010. The genus *Taira*, with notes on tibial apophyses and descriptions of three new species. *Journal of Arachnology*, 38: 57-72.

Wang X P, Martens J. 2009. Revision of coelotine spiders from Nepal (Araneae: Amaurobiidae). *Invertebrate Systematics*, 23: 452-505.

Wang X P, Ono H. 1998. The coelotine spiders (Araneae, Amaurobiidae) of Taiwan. *Bulletin of the National Museum of Nature and Science Tokyo (A)*, 24: 141-159.

Wang X P, Qiu Q H. 1991. Spiders collected from Yunnan Province (Araneae, Lycosidae). *Journal of Shaanxi Normal University Natural Science Edition*, 19: 93-94.

Wang X P, Qiu Q H. 1992. A new species of the genus *Arctosa* from China (Araneae: Lycosidae). *Acta Zootaxonomica Sinica*, 17: 424-427.

Wang X P, Ran J C. 1998. A new cave spider of the genus *Telema* (Araneae: Telemidae) from China. *Acta Zoologica Taiwanica*, 9: 93-96.

Wang X P, Ran J C. 2004. On the spider genus *Taira* (Araneae, Amaurobiidae). *Bulletin of the British Arachnological Society*, 13: 31-32.

Wang X P, Ran J C, Chen H M. 1999. A new species of *Mallinella* from China (Araneae, Zodariidae). *Bulletin of the British Arachnological Society*, 11: 193-194.

Wang X P, Song D X. 1993. Two new species of the genus *Pardosa* from Qinling, China (Araneae: Lycosidae). *Acta Zootaxonomica Sinica*, 18: 152-155.

Wang X P, Song D X, Qiu Q H. 1993. A new species of the family Hersiliidae from Yunnan (Araneae). *Acta Zootaxonomica Sinica*, 18: 33-35.

Wang X P, Tso I M, Wu H Y. 2001. Three new *Coelotes* species (Araneae: Amaurobiidae) from Taiwan. *Zoological Studies*, 40: 127-133.

Wang X P, Wang J F. 1992. On two new species of the family Filistatidae (Araneae) in China. *Tangdu Journal*, 1992(1): 42-45.

Wang X P, Xu X, Li S Q. 2008. *Notiocoelotes*, a new genus of the spider subfamily Coelotinae from southeast Asia (Araneae, Amaurobiidae). *Zootaxa*, 1853:

1-17.

Wang X P, Yin C M. 2001. A review of the Chinese Psechridae (Araneae). *Journal of Arachnology*, 29: 330-344.

Wang X P, Zhu M S. 1992. One new species of the genus *Pholcus* from China (Araneae: Pholcidae). *Acta Arachnologica Sinica*, 1(1): 20-22.

Wang X P, Zhu M S. 2009. On the *charitonovi* species group of the spider genus *Coelotes* (Araneae: Amaurobiidae). *Journal of Arachnology*, 37: 272-281.

Wang X P, Zhu M S, Li S Q. 2010. A review of the coelotine genus *Eurocoelotes* (Araneae: Amaurobiidae). *Journal of Arachnology*, 38: 79-98.

Wang X X, Wu A A, Li S Q. 2012. Notes on two *Draconarius* species (Araneae, Agelenidae) from Guizhou, China. *Zootaxa*, 3302: 61-65.

Wang Y M. 1955. A preliminary report on Myriapoda and Arachnida of Lan Yu Islets (Botel Tobago), China. *Quarterly Journal of the Taiwan Museum*, 8: 195-201.

Wang Y N, Chen G P, Zhang F. 2012. A new species of the genus *Oxytate* (Araneae: Thomisidae) from Guangxi, China. *Acta Arachnologica Sinica*, 21: 68-71.

Wang Y N, Zhang F. 2013. A new spider species of the genus *Cheiracanthium* (Araneae, Miturgidae) from Guangxi, China. *Acta Zootaxonomica Sinica*, 38: 59-63.

Wang Y N, Zhang F, Xing S W. 2012a. A new species of the genus *Thanatus* (Araneae: Philodromidae) from Guangxi, China. *Acta Arachnologica*, *Tokyo*, 61: 55-58.

Wang Y N, Zhang F, Xing S W. 2012b. A new species of the genus *Thanatus* (Araneae: Philodromidae) from Guangxi, China. *Acta Arachnologica*, *Tokyo*, 61: 55-58.

Wang Y W, Zhu C D. 1982. Description of three species of spider from Shaanxi Province, China. *Journal of the Bethune Medical University*, 8: 44-45.

Wang Y W, Zhu C D. 1983. New record of spider of the genus *Octonoba* from China (Araneae: Uloboridae) from China. *Journal of the Bethune Medical University*, 9 (Suppl.): 164-165.

Wang Y W, Zhu C D. 1984. Notes of female spiders of *Heptathela xianensis* (Araneae: Heptathelidae). *Journal of the Bethune Medical University*, 10: 403-404.

Wanless F R. 1971. The female genitalia of the spider genus *Lepthyphantes* (Linyphiidae). *Bulletin of the British Arachnological Society*, 2: 20-28.

Wanless F R. 1973. The female genitalia of British spiders of the genus *Lepthyphantes* (Linyphiidae) II. *Bulletin of the British Arachnological Society*, 2: 127-142.

Wanless F R. 1975. Spiders of the family Salticidae from the upper slopes of Everest and Makalu. *Bulletin of the British Arachnological Society*, 3: 132-136.

Wanless F R. 1978a. A revision of the spider genera *Belippo* and *Myrmarachne* (Araneae: Salticidae) in the Ethiopian region. *Bulletin of the British Museum of Natural History* (Zool.), 33: 1-139.

Wanless F R. 1978b. On the identity of the spider *Emertonius exasperans* Peckham & Peckham (Araneae: Salticidae). *Bulletin of the British Museum of Natural History* (Zool.), 33: 235-238.

Wanless F R. 1979. A revision of the spider genus *Brettus* (Araneae: Salticidae). *Bulletin of the British Museum of Natural History* (Zool.), 35: 183-190.

Wanless F R. 1981. A revision of the spider genus *Phaecius* (Araneae: Salticidae). *Bulletin of the British Museum of Natural History* (Zool.), 41: 199-212.

Wanless F R. 1984a. A review of the spider subfamily Spartaeinae nom. n. (Araneae: Salticidae) with descriptions of six new genera. *Bulletin of the British Museum of Natural History* (Zool.), 46: 135-205.

Wanless F R. 1984b. A revision of the spider genus *Cyrba* (Araneae: Salticidae) with the description of a new presumptive pheromone dispersing organ. *Bulletin of the British Museum of Natural History* (Zool.), 47: 445-481.

Wanless F R. 1984c. Araneae-Salticidae. Contributions à l'étude de la faune terrestre des îles granitiques de l'archipel des Séchelles (Mission P. L. G. Benoit-J. J. Van Mol). *Annales*, *Musée Royal de l'Afrique Centrale*, *Sciences zoologiques*, 241: 1-84.

Wanless F R. 1987. Notes on spiders of the family Salticidae. 1. The genera *Spartaeus*, *Mintonia* and *Taraxella*. *Bulletin of the British Museum of Natural History* (Zool.), 52: 107-137.

Wanless F R. 1988. A revision of the spider group Astieae (Araneae: Salticidae) in the Australian region. *New Zealand Journal of Zoology*, 15: 81-172.

Ware A D, Opell B D. 1989. A test of the mechanical isolation hypothesis in two similar spider species. *Journal of Arachnology*, 17: 149-162.

Wei H Z, Chen S H. 2003. Two newly recorded spiders of the genus *Pardosa* (Araneae: Lycosidae) from Taiwan. *BioFormosa*, 38: 89-96.

Wei X, Xu X. 2014. Two new species of the genus *Khorata* (Araneae: Pholcidae) from China. *Zootaxa*, 3774(2): 183-192.

Weiss I. 1979. Das Männchen von *Phlegra m-nigra* (Kulczynski, 1891), nebst Betrachtungen über Bau und Funktion der Kopulationsorgane mitteleuropäischer Arten der Gattung *Phlegra* s. l. (Arachnida: Araneae: Salticidae). *Studii şi Comunicări Muzeul Brukenthal*, *Ştiin ţe Naturale*, 23: 239-250.

Weiss I, Marcu A. 1988. *Gnaphosa spinosa* Kulczyński, eine unvollständig beschriebene Spinne Südosteuropas (Arachnida, Araneae, Gnaphosidae). *Reichenbachia*, 25: 113-115.

Wen Z G, Zhao J Z, Huang Q L. 1981. Identification of common cribellate spiders from farmland. *Chinese Journal of Zoology*, *Peking*, 1981(1): 26-27.

Wen Z G, Zhu C D. 1980. Four species of male spiders (Araneae) from China. *Journal of the Bethune Medical University*, 6: 39-43.

Wesolowska W. 1981a. Salticidae (Aranei) from North Korea, China and Mongolia. *Annales Zoologici*, *Warszawa*, 36: 45-83.

Wesolowska W. 1981b. Redescriptions of the E. Schenkel's East Asiatic Salticidae (Aranei). *Annales Zoologici*, *Warszawa*, 36: 127-160.

Wesolowska W. 1986. A revision of the genus *Heliophanus* C. L. Koch, 1833 (Aranei: Salticidae). *Annales Zoologici*, *Warszawa*, 40: 1-254.

Wesolowska W. 1988. Redescriptions of the A. Grube's East Siberian species of spiders (Aranei) in the collection of the Natural History Museum at Wroclaw. *Annales Zoologici*, *Warszawa*, 41: 403-413.

Wesolowska W. 1989. Notes on the Salticidae (Aranei) of the Cape Verde Islands. *Annali del Museo Civico di Storia Naturale di Genova*, 87: 263-273.

Wesolowska W. 1991. Notes on the Salticidae (Araneae) from northern Mongolia with description of a new species. *Stuttgarter Beiträge zur Naturkunde* (A), 465: 1-6.

Wesolowska W. 1994. Notes on the African species of the genus *Harmochirus* Simon, 1885 (Aranei: Salticidae). *Genus*, 5: 197-207.

Wesolowska W. 1996. New data on the jumping spiders of Turkmenistan (Aranei Salticidae). *Arthropoda Selecta*, 5(1/2): 17-53.

Wesolowska W. 1999. A revision of the spider genus *Menemerus* in Africa (Araneae: Salticidae). *Genus*, 10: 251-353.

Wesolowska W. 2006. Jumping spiders from the Brandberg massif in Namibia (Araneae: Salticidae). *African Entomology*, 14: 225-256.

Wesolowska W, Czajka M. 1994. Pierwsze stwierdzenie *Marpissa pomatia* (Walckenaer, 1802) (Aranei: Salticidae) w Polsce. *Przegląd Zoologiczny*, 38: 271-272.

Wesolowska W, Haddad C R. 2009. Jumping spiders (Araneae: Salticidae) of the Ndumo Game Reserve, Maputaland, South Africa. *African Invertebrates*, 50:

13-103.

Wesolowska W, van Harten A 2010. Order Araneae, family Salticidae. *In*: van Harten A. *Arthropod Fauna of the UAE*. Abu Dhabi 3: Dar Al Ummah: 27-69.

Wesolowska W, van Harten A. 1994. *The jumping spiders (Salticidae, Araneae) of Yemen*. Sana'a: Yemeni-German Plant Protection Project: 86.

Wesolowska W, van Harten A. 2007. Additions to the knowledge of jumping spiders (Araneae: Salticidae) of Yemen. *Fauna of Arabia* 23: 189-269.

Wesolowska W, Marusik Y M. 1990. Notes on *Heliophanus camtschadalicus* Kulczyński, 1885 (Aranei, Salticidae) and the related species. *Korean Arachnology*, 6: 91-100.

Wesolowska W, Russell-Smith A. 2011. Jumping spiders (Araneae: Salticidae) from southern Nigeria. *Annales Zoologici, Warszawa*, 61: 553-619.

Wesolowska W, Tomasiewicz B. 2008. New species and records of Ethiopian jumping spiders (Araneae, Salticidae). *Journal of Afrotropical Zoology*, 4: 3-59.

West R C, Nunn S C, Hogg S. 2012. A new tarantula genus, *Psednocnemis*, from west Malaysia (Araneae: Theraphosidae), with cladistic analysis and biogeography of Selenocosmiinae Simon 1889. *Zootaxa*, 3299: 1-43.

Westring N. 1851. Förteckning öfver de till närvarande tid Kände, i Sverige förekommande Spindlarter, utgörande ett antal af 253, deraf 132 äro nya för svenska Faunan. *Göteborgs Kungliga Vetenskaps och Witterhets Samhället Handlingar*, 2: 25-62.

Westring N. 1861. Araneae svecieae. *Göteborgs Kungliga Vetenskaps och Witterhets Samhället Handlingar*, 7: 1-615.

Westring N. 1874. Bemerkungen über die Arachnologischen Abhandlungen von Dr T. Thorell unter dem Titel: 1, On European Spiders, pts 1 et 2, Upsala, 1869-70. 2, Remarks on Synonyms of European Spiders, Upsala, 1872-73. *Göteborgs Kungliga Vetenskaps och Witterhets Samhället Handlingar*, 14: 1-68.

Westwood J O. 1835. Insectorum arachnoidumque novorum dacades duo. *The Zoological Journal*, 5: 440-453.

White A. 1841. Description of new or little known Arachnida. *Annals and Magazine of Natural History*, 7: 471-477.

White A. 1846. Description of a New genus of Arachnida, with notes on two other species of spiders. *Annals and Magazine of Natural History*, 18: 179-180.

Wider F. 1834. Arachniden. *In*: Reuss A. *Zoologische Miscellen*. Museum Senckenbergianum, Abhandlungen aus dem Gebiete der beschreibenden Naturgeschichte 1: 195-276.

Wiebes J T. 1959a. A gynandromorphous specimen of *Trochosa terricola* Thorell (Araneae, Lycosidae). *Proceedings of the Koninklijke Nederlandse Akademie van Wetenschappen*, 62(C): 84-89.

Wiebes J T. 1959b. The Lycosidae and Pisauridae (Araneae) of the Netherlands. *Zoologische Verhandelingen*, 42: 1-78.

Wiehle H. 1929. Weitere Beiträge zur Biologie der Araneen insbesondere zur Kenntnis der Radnetzbaues. *Zeitschrift für Morphologie und Ökologie der Tiere*, 15: 262-308.

Wiehle H. 1931. Spinnentiere oder Arachnoidea. Araneidae. *In*: *Die Tierwelt Deutschlands*. Jena 27: 1-136.

Wiehle H. 1934. Zur Morphologie und Biologie einer paläarktischen *Lithyphantes*-Art (*L. gerhardti* sp. nov.). *Zoologischer Anzeiger*, 106: 71-84.

Wiehle H. 1937. Spinnentier oder Arachnoidea. VIII. Theridiidae oder Haubennetzspinnen (Kugelspinnen). *In*: Die Tierwelt Deutschlands. Jena, 33(26): 119-222.

Wiehle H. 1939. Die einheimischen *Tetragnatha* Arten. *Nova Acta Leopoldina, Abhandlungen der Kaiserlich Leopoldinisch-Carolinisch Deutschen Akademie der Naturforscher* (N. F.), 6: 363-386.

Wiehle H. 1952. Eine übersehene deutsche *Theridion*-Art. *Zoologischer Anzeiger*, 149: 226-235.

Wiehle H. 1953. Spinnentiere oder Arachnoidea (Araneae) IX: Orthognatha-Cribellatae-Haplogynae-Entelegynae (Pholcidae, Zodariidae, Oxyopidae, Mimetidae, Nesticidae). *Tierwelt Deutschlands*, 42: i-viii, 1-150.

Wiehle H. 1956. Spinnentiere oder Arachnoidea (Araneae). 28. Familie Linyphiidae-Baldachinspinnen. *Tierwelt Deutschlands*, 44: i-viii, 1-337.

Wiehle H. 1960a. Spinnentiere oder Arachnoidea (Araneae). XI. Micryphantidae-Zwergspinnen. *Tierwelt Deutschlands*, 47: i-xi, 1-620.

Wiehle H. 1960b. Beiträge zur Kenntnis der deutschen Spinnenfauna. *Zoologische Jahrbücher* (Syst.), 88: 195-254.

Wiehle H. 1960c. Der Embolus des männlichen Spinnentasters. *Verhandlungen der Deutschen Zoologischen Gesellschaft*, 1960: 457-480.

Wiehle H. 1962. Eine Unterart von *Tetragnatha nitens* (Savigny & Audouin) aus Sardinien (Arach., Araneae). *Senckenbergiana Biologica*, 43: 377-383.

Wiehle H. 1963a. Spinnentiere oder Arachnoidea (Araneae). XII. Tetragnathidae-Streckspinnen und Dickkiefer. *Tierwelt Deutschlands*, 49: i-viii, 1-76.

Wiehle H. 1963b. Beiträge zur Kenntnis der deutschen Spinnenfauna III. *Zoologische Jahrbücher* (Syst.), 90: 227-298.

Wiehle H. 1965a. Beiträge zur Kenntnis der deutschen Spinnenfauna IV. *Mitteilungen aus dem Zoologischen Museum in Berlin*, 41: 11-57.

Wiehle H. 1965b. Die *Clubiona*-Arten Deutschlands, ihre natürliche Gruppierung und die Einheitlichkeit im Bau ihrer Vulva (Arach., Araneae). *Senckenbergiana Biologica*, 46: 471-505.

Wiehle H. 1967a. Beiträge zur Kenntnis der deutschen Spinnenfauna, V. (Arach., Araneae). *Senckenbergiana Biologica*, 48: 1-36.

Wiehle H. 1967b. *Meta*,-eine semientelegyne Gattung der Araneae (Arach.). *Senckenbergiana Biologica*, 48: 183-196.

Wiehle H. 1967c. Steckengebliebene Emboli in den Vulven von Spinnen (Arach., Araneae). *Senckenbergiana Biologica*, 48: 197-202.

Wijesinghe D P. 1990. Spartaeine salticids: A summary and request for specimens. *Peckhamia*, 2: 101-103.

Wijesinghe D P. 1992. A new genus of jumping spider from Borneo with notes on the spartaeine palp (Araneae: Salticidae). *The Raffles Bulletin of Zoology*, 40: 9-19.

Wild A M. 1955. Observations on rare British spiders and some new county records. *Annals and Magazine of Natural History*, 8(12): 393-397.

Wolf A. 1991. Taxonomical studies on *Cheiracanthium erraticum* (Walckenaer, 1802) and *Cheiracanthium pennyi* O. P.-Cambridge, 1873 (Araneae, Clubionidae). *Zoologische Beiträge*, 33: 233-245.

Workman T. 1878. Description of two new species of spiders. *Annals and Magazine of Natural History*, 2(5): 451-453.

Workman T. 1896. *Malaysian spiders*. Belfast: 25-104.

Workman T, Workman M E. 1892. *Malaysian spiders*. Belfast: 1-8.

Workman T, Workman M E. 1894. *Malaysian spiders*. Belfast: 9-24.

World Spider Catalog. 2014. World Spider Catalog. Natural History Museum Bern. http: //wsc. nmbe. ch, version 16. (accessed on December 31, 2014).

Woźny M. 1973. New data on the female of the spider Micaria nivosa L. Koch (Gnaphosidae). *Przegląd Zoologiczny*, 17: 53-54.

Woźny M. 1976. On some anomalies in spiders. *Przegląd Zoologiczny*, 20: 214-218.

Woźny M, Baldy K. 1996. Pająk *Collinsia inerrans* (O. P. Cambridge) (Aranei: Linyphiidae) w Polsce. *Przegląd Zoologiczny*, 40: 205-206.

Woźny M, Czajka M. 1985. *Bathyphantes eumenis* (L. Koch, 1879) (Aranei, Linyphiidae) in Poland, and its synonyms. *Polskie Pismo Entomologiczne*, 55: 575-582.

Wu A G, Yang Z Z. 2008. One new species of the genus *Laufeia* from Yunnan, China (Araneae: Salticidae). *Acta Arachnologica Sinica*, 17: 19-20.

Wu A G, Yang Z Z. 2010. Description of a new species of the genus *Diphya* from Cangshan National Nature Reserve of Yunnan province, China (Araneae, Tetragnathidae). *Acta Zootaxonomica Sinica*, 35: 594-596.

Wu P L, Zhang F. 2014. One new species of the *Clubiona obesa*-group from China, with the first description of *Clubiona kropfi* male (Araneae, Clubionidae). *ZooKeys*, 420: 1-9.

Wunderlich J. 1969. Zur Spinnenfauna Deutschlands, IX. Beschreibung seltener oder bisher unbekannter Arten (Arachnida: Araneae). *Senckenbergiana Biologica*, 50: 381-393.

Wunderlich J. 1970. Zur Synonymie einiger Spinnen-Gattungen und-Arten aus Europa und Nordamerika (Arachnida: Araneae). *Senckenbergiana Biologica*, 51: 403-408.

Wunderlich J. 1972a. Zur Kenntnis der Gattung *Walckenaeria* Blackwall 1833 unter besonderer Berücksichtigung der europäischen Subgenera und Arten (Arachnida: Araneae: Linyphiiidae). *Zoologische Beiträge* (N. F.), 18: 371-427.

Wunderlich J. 1972b. Einige weitere bemerkenswerte Spinnenarten (Araneae) aus Berlin. *Sitzungsberichte der Gesellschaft Naturforschender Freunde zu Berlin* (N. F.), 12: 146-149.

Wunderlich J. 1973a. Linyphiidae aus Nepal. Die neuen Gattungen *Heterolinyphia*, *Martensinus*, *Oia* und *Paragongylidiellum* (Arachnida: Araneae). *Senckenbergiana Biologica*, 54: 429-443.

Wunderlich J. 1973b. Zur Spinnenfauna Deutschlands, XV. Weitere seltene und bisher unbekannte Arten sowie Anmerkungen zur Taxonomie und Synonymie (Arachnida: Araneae). *Senckenbergiana Biologica*, 54: 405-428.

Wunderlich J. 1974. Ein Beitrag zur Synonymie einheimischer Spinnen (Arachnida: Araneae). *Zoologische Beiträge* (N. F.), 20: 159-176.

Wunderlich J. 1975. Dritter Beitrag zur Spinnenfauna Berlins (Arachnida: Araneae). *Sitzungsberichte der Gesellschaft Naturforschender Freunde zu Berlin* (N. F.), 15: 39-57.

Wunderlich J. 1976a. Zur Spinnenfauna Deutschlands, XVI. Zur Kenntnis der mitteleuropäischen Arten der Gattungen *Enoplognatha* Pavesi und *Robertus* O. Pick.-Cambridge. *Senckenbergiana Biologica*, 57: 97-112.

Wunderlich J. 1976b. Spinnen aus Australien. 2. Linyphiidae (Arachnida: Araneida). *Senckenbergiana Biologica*, 57: 125-142.

Wunderlich J. 1977a. Zur Synonymie südeuropäischer Spinnen (Arachnida: Araneida: Theridiidae, Linyphiidae, Gnaphosidae). *Senckenbergiana Biologica*, 57: 289-293.

Wunderlich J. 1977b. Zur Kenntnis der *Lepthyphantes nebulosus*-Gruppe (Arachnida: Araneida: Linyphiidae). *Senckenbergiana Biologica*, 58: 57-61.

Wunderlich J. 1978a. Die Gattungen *Stemonyphantes* Menge 1866 und *Narcissius* Jermolajew 1930, mit zwei Neubeschreibungen (Arachnida: Araneae: Linyphiidae). *Senckenbergiana Biologica*, 59: 125-132.

Wunderlich J. 1978b. Zu Taxonomic und Synonymie der Taxa Hadrotarsidae, *Lucarachne* Bryant 1940 und *Flegia* C. L. Koch & Berendt 1854 (Arachnida: Araneida: Theridiidae). *Zoologische Beiträge* (N. F.), 24: 25-31.

Wunderlich J. 1979a. Revision der europäischen Arten der Gattung *Micaria* Westring 1851, mit Anmerkungen zu den übrigen paläarktischen Arten (Arachnida: Araneida: Gnaphosidae). *Zoologische Beiträge* (N. F.), 25: 233-341.

Wunderlich J. 1979b. Linyphiidae aus Nepal, III. Die Gattungen *Caviphantes* Oi 1960 und *Lessertiella* Dumitrescu & Miller 1962 (Arachnida: Araneae). *Senckenbergiana Biologica*, 60: 85-89.

Wunderlich J. 1980a. Zur Kenntnis der Gattung *Pholcus* Walckenaer, 1805 (Arachnida: Araneae: Pholcidae). *Senckenbergiana Biologica*, 60: 219-227.

Wunderlich J. 1980b. Über europäische Symphytognathidae (Arach.: Araneae). *Verhandlungen des Naturwissenschaftlichen Vereins in Hamburg* (N. F.), 23: 259-273.

Wunderlich J. 1980c. Linyphiidae aus Süd-Europa und Nord-Afrika (Arachn.: Araneae). *Verhandlungen des Naturwissenschaftlichen Vereins in Hamburg* (N. F.), 23: 319-337.

Wunderlich J. 1983. Linyphiidae aus Nepal, IV. Bisher unbekannte und für Nepal neue Arten (Arachnida: Araneae). *Senckenbergiana Biologica*, 63: 219-248.

Wunderlich J. 1984a. Zu Taxonomie und Determination europäischer Spinnen-Gattungen. 1. Wolfspinnen (Lycosidae) (Arachnida: Araneae). *Neue Entomologische Nachrichten*, 7: 21-29.

Wunderlich J. 1984b. Beschreibung der Wolfsspinne *Pardosa pseudolugubris* n. sp. und Revision der *Pardosa amentata*-Gruppe, zugleich ein Beitrag zur Kenntnis der innerartlichen Variabilität bei Spinnen (Arachnida: Araneae: Lycosidae). *Neue Entomologische Nachrichten*, 10: 1-15.

Wunderlich J. 1985. *Pachygnatha clerckoides* n. sp. aus Jugoslawien (Arachnida: Araneae: Tetragnathidae). *Senckenbergiana Biologica*, 65: 325-328.

Wunderlich J. 1986. *Spinnenfauna gestern und heute: Fossile Spinnen in Bernstein und ihre heute lebenden Verwandten*. Wiesbaden: Quelle & Meyer.

Wunderlich J. 1987. *Die Spinnen der Kanarischen Inseln und Madeiras: Adaptive Radiation, Biogeographie, Revisionen und Neubeschreibungen*. West Germany: Triops Verlag, Langen: 435.

Wunderlich J. 1992a. Die Spinnen-Fauna der Makaronesischen Inseln: Taxonomie, Ökologie, Biogeographie und Evolution. *Beiträge zur Araneologie*, 1: 1-619.

Wunderlich J. 1992b. Eine bisher unbekannte Spinnen-Art der Gattung *Syedra* Simon aus Europa (Arachnida: Araneae: Linyphiidae). *Entomologische Zeitschrift, Frankfurt a. M.* , 102: 280-285.

Wunderlich J. 1993. Beschreibung einer bisher unbekannten Spinnenart der Gattung *Titanoeca* Thorell aus Deutschland (Arachnida: Araneae: Titanoecidae). *Entomologische Zeitschrift, Frankfurt a. M.* , 103: 347-351.

Wunderlich J. 1994a. Beschreibung der bisher unbekannten Spinnen-Art *Clubiona pseudoneglecta* der Familie der Sackspinnen aus Deutschland (Arachnida: Araneae: Clubionidae). *Entomologische Zeitschrift, Frankfurt a. M.* , 104: 157-160.

Wunderlich J. 1994b. Beschreibung der neuen Spinnen-Gattung *Megalepthyphantes* aus der Familie der Baldachinspinnen und einer bisher unbekannten Art aus Griechenland (Arachnida: Araneae: Linyphiidae). *Entomologische Zeitschrift, Frankfurt a. M.* , 104: 168-171.

Wunderlich J. 1995a. Beschreibung bisher unbekannter Arten der Baldachinspinnen aus der Östlichen Mediterraneis (Arachnida: Araneae: Linyphiidae). *Beiträge zur Araneologie*, 4: 655-686.

Wunderlich J. 1995b. Beschreibung einer bisher unbekannten Kugelspinnen-Art der *Enoplognatha ovata*-Gruppe aus Deutschland (Arachnida: Araneae: Theridiidae). *Beiträge zur Araneologie*, 4: 697-702.

Wunderlich J. 1995c. Drei bisher unbekannte Arten und Gattungen der Familie Anapidae (s. l.) aus Süd-Afrika, Brasilien und Malaysia (Arachnida: Araneae). *Beiträge zur Araneologie*, 4: 543-551.

Wunderlich J. 1995d. First endemic Australian Oecobiidae and Nesticidae (Arachnida: Araneae). *Memoirs of the Queensland Museum*, 38: 691-692.

Wunderlich J. 1995e. Fünf gynandromorphe Baldach-Spinnen aus Europa (Arachnida: Araneae: Linyphiidae). *Beiträge zur Araneologie*, 4: 471-477.

Wunderlich J. 1995f. Linyphiidae aus der Mongolei (Arachnida: Araneae). *Beiträge zur Araneologie*, 4: 479-529.

Wunderlich J. 1995g. Zu Ökologie, Biogeographie, Evolution und Taxonomie einiger Spinnen der Makaronesischen Inseln (Arachnida: Araneae). *Beiträge zur Araneologie*, 4: 385-439.

Wunderlich J. 1995h. Zu Taxonomie und Biogeographie der Arten der Gattung *Oecobius* Lucas 1846, mit Neubeschreibungen aus der Mediterraneis und von der Arabischen Halbinsel (Arachnida: Araneae: Oecobiidae). *Beiträge zur Araneologie*, 4: 585-608.

Wunderlich J. 1995i. Zur Kenntnis mediterraner Arten der Gattung *Enoplognatha* Pavesi 1880, mit einer Neubeschreibung (Arachnida: Araneae: Theridiidae). *Beiträge zur Araneologie*, 4: 703-713.

Wunderlich J. 1995j. Zur Kenntnis west-paläarktischer Arten der Gattungen *Psammitis* Menge 1875, *Xysticus* C. L. Koch 1835 und *Ozyptila* Simon 1864 (Arachnida: Araneae: Thomisidae). *Beiträge zur Araneologie*, 4: 749-774.

Wunderlich J. 1995k. Zur Taxonomie europäischer Gattungen der Zwergspinnen (Arachnida: Araneae: Linyphiidae: Erigoninae). *Beiträge zur Araneologie*, 4: 643-654.

Wunderlich J. 1995l. Zwei bisher unbekannte Spinnen-Arten der Gattung *Micrargus* Dahl 1886 aus Japan (Arachnida: Araneae: Linyphiidae). *Beiträge zur Araneologie*, 4: 531-534.

Wunderlich J. 2004a. Fossil spiders of the family Uloboridae (Araneae) in Baltic and Dominican amber. *Beiträge zur Araneologie*, 3: 851-886.

Wunderlich J. 2004b. The fossil spiders of the family Anapidae s. l. (Aeaneae) in Baltic, Dominican and Mexican amber and their extant relatives, with the description of the new subfamily Comarominae. *Beiträge zur Araneologie*, 3: 1020-1111.

Wunderlich J. 2008a. Differing views of the taxonomy of spiders (Araneae), and on spiders' intraspecific variability. *Beiträge zur Araneologie*, 5: 756-781.

Wunderlich J. 2008b. Identification key to the European genera of the jumping spiders (Araneae: Salticidae). *Beiträge zur Araneologie*, 5: 698-719.

Wunderlich J. 2008c. On extant and fossil (Eocene) European comb-footed spiders (Araneae: Theridiidae), with notes on their subfamilies, and with descriptions of new taxa. *Beiträge zur Araneologie*, 5: 140-469.

Wunderlich J. 2008d. On the identification and taxonomy of the central European jumping spiders (Araneae: Salticidae) of the tribus Euophrydini, with special reference to *Talavera*. *Beiträge zur Araneologie*, 5: 720-735.

Wunderlich J. 2008e. Revision of the European species of the spider genus *Hyptiotes* Walckenaer 1837 (Araneae: Uloboridae). *Beiträge zur Araneologie*, 5: 676-684.

Wunderlich J. 2008f. Descriptions of fossil spider (Araneae) taxa mainly in Baltic amber, as well as on certain related extant taxa. *Beiträge zur Araneologie*, 5: 44-139.

Wunderlich J. 2011. Extant and fossil spiders (Araneae). *Beiträge zur Araneologie*, 6: 1-640.

Wunderlich J. 2012a. Few rare and a new species of spiders (Araneae) from Portugal, with resurrection of the genus *Chiracanthops* Mello-Leitao 1942 (Clubionidae: Eutichurinae). *Beiträge zur Araneologie*, 8: 183-191.

Wunderlich J. 2012b. Fifteen papers on extant and fossil spiders (Araneae). *Beiträge zur Araneologie*, 7: 1-246.

Wunderlich J, Blick T. 2006. *Moebelia berolinensis* comb. nov., eine in Mitteleuropa selten gesammelte Zwergspinne der Baumrinde (Araneae: Linyphiidae; Erigoninae). *Arachnologische Mitteilungen*, 32: 13-18.

Wunderlich J, Li S. Q. 1995. Three new spider species and one new genus (family Linyphiidae) from China (Arachnida: Araneae). *Beiträge zur Araneologie*, 4: 335-342.

Wunderlich J, Schütt K. 1995. Beschreibung der bisher verkannten Sackspinnen-Art *Clubiona frisia* n. sp. aus Europa (Arachnida: Araneae: Clubionidae). *Entomologische Zeitschrift, Frankfurt a. M.*, 105: 10-17. [second author's name spelled as Schuett]

Wunderlich J, Song D X. 1995. Four new spider species of the families Anapidae, Linyphiidae and Nesticidae from a tropical rain forest area of SW-China. *Beiträge zur Araneologie*, 4: 343-351.

Würmli M. 1972. Ueber *Alopecosa fabrilis trinacriae* Lugetti & Tongiorgi, 1969 (Lycosidae, Araneae). *Bollettino delle sedute della Accademia Gioenia di Scienze Naturali in Catania*, 11(4): 73-76.

Xia Q, Gao J C, Gu D X, Fei R. 2002. One newly recorded genus of Erigoninae (Araneae: Linyphiidae) from China. *Acta Arachnologica Sinica*, 11: 80-82.

Xia Q, Zhang G R, Gao J C, Fei R, Kim J P. 2001. Three new species of spiders of Erigoninae (Araneae: Lihyphiidae) from China. *Korean Arachnology*, 17: 161-168.

Xiao X Q. 1991. Description of the female spider of *Hasarina contortospinosa* (Araneae: Salticidae). *Acta Zootaxonomica Sinica*, 16: 383-384.

Xiao X Q. 1993. Description of the male spider of *Icius koreanus* (Araneae: Salticidae). *Acta Zootaxonomica Sinica*, 18: 123-124.

Xiao X Q. 2000. A new species of the genus *Heliophanus* from China (Araneae: Salticidae). *Acta Zootaxonomica Sinica*, 25: 282-284.

Xiao X Q. 2002. A new species of the genus *Myrmarachne* from China (Araneae: Salticidae). *Acta Zootaxonomica Sinica*, 27: 477-478.

Xiao X Q, Wang S P. 2004. Description of the genus *Myrmarachne* from Yunnan, China (Araneae, Salticidae). *Acta Zootaxonomica Sinica*, 29: 263-265.

Xiao X Q, Wang S P. 2005. Description of the genus *Harmochirus* from China (Araneae, Salticidae). *Acta Zootaxonomica Sinica*, 30: 527-528.

Xiao X Q, Wang S P. 2007. Description of the female spider of *Myrmarachne hanoii* Żabka (Araneae, Salticidae). *Acta Zootaxonomica Sinica*, 32: 1004-1005.

Xiao X Q, Yin C M. 1991a. Two new species of the family Salticidae from China (Arachnida: Araneae). *Acta Zootaxonomica Sinica*, 16: 48-53.

Xiao X Q, Yin C M. 1991b. A new species of the genus *Meata* from China (Araneae: Salticidae). *Acta Zootaxonomica Sinica*, 16: 150-152.

Xie H J, Chen J. 2011. Two new *Draconarius* species and the first description of the male *Draconarius molluscus* from Tiantangzhai National Forest Park, China (Araneae: Agelenidae: Coelotinae). *Journal of Arachnology*, 39: 30-40.

Xie L P. 1993. New records of Salticidae from China (Arachnida: Araneae). *Acta Scientiarum Naturalium Universitatis Normalis Hunanensis*, 16: 358-361.

Xie L P, Kim J P. 1996. Three new species of the genus *Oxyopes* from China (Araneae: Oxyopidae). *Korean Arachnology*, 12(2): 33-40.

Xie L P, Peng X J. 1993. One new species and two newly recorded species of the family Salticidae from China (Arachnida: Araneae). *Acta Arachnologica Sinica*, 2: 19-22.

Xie L P, Peng X J. 1995a. Four species of Salticidae from the southern China (Arachnida: Araneae). *Acta Zootaxonomica Sinica*, 20: 289-294.

Xie L P, Peng X J. 1995b. Spiders of the genus *Thyene* Simon (Araneae: Salticidae) from China. *Bulletin of the British Arachnological Society*, 10: 104-108.

Xie L P, Peng X J, Kim J P. 1993. Three new species of the genus *Habrocestoides* from China (Araneae: Salticidae). *Korean Arachnology*, 9: 23-29.

Xie L P, Peng X J, Zhang Y J, Gong L S, Kim J P. 1997. Five new species of the family Uloboridae (Arachnida: Araneae) from China. *Korean Arachnology*, 13(2): 33-39.

Xie L P, Yin C M. 1990. Two new species and three newly recorded species of the genus *Synagelides* from China (Araneae: Salticidae). *Acta Zootaxonomica Sinica*, 15: 298-304.

Xie L P, Yin C M. 1991. Two new species of Salticidae from China (Arachnida: Araneae). *Acta Zootaxonomica Sinica*, 16: 30-34.

Xie L P, Yin C M, Kim J P. 1995. The new species of the genus *Cyclosa* from China (Araneae: Araneidae). *Korean Arachnology*, 11(1): 23-28.

Xie L P, Yin C M, Yan H M, Kim J P. 1996. Two new species of the family Clubionidae from China (Arachnida: Araneae). *Korean Arachnology*, 12(1): 97-101.

Xing S Y, Gao J C, Zhu C D. 1994. Two new species of the family Theridiidae from China (Araneae: Theridiidae). *Acta Zootaxonomica Sinica*, 19: 164-167.

Xu C H, Zhu M S, Kim J P. 2010. A new species of genus *Pardosa* from China (Araneae: Lycosidae). *Korean Arachnology*, 26: 1-6.

Xu G Y, Zhang Y J. 1993. A new report of the spider genus *Cheiracanthium* from China (Araneae: Clubionidae). *Acta Arachnologica Sinica*, 2: 94-96.

Xu X, Han X, Li S Q. 2008. Three new spider species of the family Thomisidae from Hong Kong (Arachnida: Araneae). *Entomologica Fennica*, 19: 13-17.

Xu X, Li S Q. 2006a. Redescription on five coelotine spider species from China (Araneae, Amaurobiidae). *Acta Zootaxonomica Sinica*, 31: 335-345.

Xu X, Li S Q. 2006b. Two new species of the genus *Tamgrinia* Lehtinen, 1967 from China (Araneae: Amaurobiidae). *The Pan-Pacific Entomologist*, 82: 61-67.

Xu X, Li S Q. 2006c. A new species of the genus *Tonsilla* (Araneae: Amaurobiidae) from mountains of Sichuan, China. *Zootaxa*, 1307: 63-68.

Xu X, Li S Q. 2006d. Four new species of the genus *Coelotes* (Araneae: Amaurobiidae) from China. *Zootaxa*, 1365: 49-59.

Xu X, Li S Q. 2006e. Coelotine spiders of the *Draconarius incertus* group (Araneae: Amaurobiidae) from southwestern China. *Revue Suisse de Zoologie*, 113: 777-787.

Xu X, Li S Q. 2007a. *Platocoelotes polyptychus*, a new species of hackled mesh spider from a cave in China (Araneae, Amaurobiidae). *Journal of Arachnology*, 34: 489-491.

Xu X, Li S Q. 2007b. Four new species of coelotine spiders from southern China (Araneae, Amaurobiidae). *Acta Zootaxonomica Sinica*, 32: 41-46.

Xu X, Li S Q. 2007c. A new genus and species of the spider family Agelenidae from western Sichuan Province, China (Arachnida: Araneae). *Revue Suisse de Zoologie*, 114: 59-64.

Xu X, Li S Q. 2007d. *Draconarius* spiders in China, with description of seven new species collected from caves (Araneae: Amaurobiidae). *Annales Zoologici, Warszawa*, 57: 341-350.

Xu X, Li S Q. 2007e. *Coelotes vestigialis* sp. nov., a new species of coelotine spiders from China (Araneae, Amaurobiidae). *Acta Zootaxonomica Sinica*, 32: 756-757.

Xu X, Li S Q. 2007f. Taxonomic study of the spider family Pimoidae (Arachnida: Araneae) from China. *Zoological Studies*, 46: 483-502.

Xu X, Li S Q. 2008a. New species of the spider genus *Platocoelotes* Wang, 2002 (Araneae: Amaurobiidae). *Revue Suisse de Zoologie*, 115: 85-94.

Xu X, Li S Q. 2008b. Ten new species of the genus *Draconarius* (Araneae: Amaurobiidae) from China. *Zootaxa*, 1786: 19-34.

Xu X, Li S Q. 2009. Three new pimoid spiders from Sichuan Province, China (Araneae: Pimoidae). *Zootaxa*, 2298: 55-63.

Xu X, Li S Q, Wang X P. 2005. Study on the spider genus *Robusticoelotes* (Araneae, Amaurobiidae). *Acta Zootaxonomica Sinica*, 30: 728-732.

Xu X, Li S Q, Wang X P. 2006. Notes on *Coelotes icohamatus* Zhu and Wang, 1991 (Araneae: Amaurobiidae). *Acta Zootaxonomica Sinica*, 31: 799-802.

Xu X, Li S Q, Wang X P. 2008. *Lineacoelotes*, a new genus of Coelotinae from China (Araneae: Amaurobiidae). *Zootaxa*, 1700: 1-20.

Xu X, Liu J, Chen J. 2010. *Ambengana* Millidge & Russell-Smith, 1992, a synonym of *Nerience* Blackwall, 1833 (Araneae, Linyphiidae). *ZooKeys*, 52: 1-8.

Xu X, Yin C M. 2000a. One new species of the genus *Heteropoda* from China (Araneae: Heteropodidae). *Acta Laser Biology Sinica*, 9: 37-39.

Xu X, Yin C M. 2000b. A new species of genus *Macrothele* (Araneae: Hexathelidae) from China. *Acta Laser Biology Sinica*, 9: 200-202.

Xu X, Yin C M. 2001a. A new species of the genus *Heptathela* from China (Araneae: Liphistiidae). *Acta Arachnologica Sinica*, 10(1): 8-10.

Xu X, Yin C M. 2001b. A new species of the genus *Macrothele* from China (Araneae: Hexathelidae). *Journal of Natural Science of Hunan Normal University*, 24: 65-66, 72.

Xu X, Yin C M. 2002. A new species of the genus *Raveniola* from Baiyundong Cave, Hunan Province (Araneae: Nemesiidae). *Acta Zootaxonomica Sinica*, 27: 474-476.

Xu X, Yin C M, Bao Y H. 2002a. A new species of the genus *Titanoeca* from China (Araneae: Titanoecidae). *Acta Zootaxonomica Sinica*, 27: 235-237.

Xu X, Yin C M, Bao Y H. 2002b. A new species of the genus *Latouchia* from China (Araneae: Ctenizidae). *Acta Zootaxonomica Sinica*, 27: 723-725.

Xu X, Yin C M, Griswold C E. 2002. A new species of the spider genus *Macrothele* from the Gaoligong Mountains, Yunnan, China (Araneae: Hexathelidae). *The Pan-Pacific Entomologist*, 78: 116-119.

Xu X, Yin C M, Kim J P. 2000. One new species of the genus *Argyrodes* Simon, 1864 (Araneae: Theridiidae) from China. *Korean Arachnology*, 16(2): 85-89.

Xu X, Yin C M, Peng X J. 2000. A new species of the genus *Sinopoda* from China (Araneae: Sparassidae). *Life Science Research*, 4: 374-376.

Xu X, Yin C M, Yan H M. 2002. A new species of family Anyphaenidae from China (Arachnoidea: Araneae). *Journal of Natural Science of Hunan Normal University*, 25(2): 76-77.

Xu Y J. 1984. On the males of two species of spiders from China. *Journal of the Huizhou Teachers College*, 1984(1): 25-28.

Xu Y J. 1985. A new species of the genus *Walckenaeria* (Araneae: Linyphiidae) from China. *Journal of Shaanxi Teacher's University Natural Science Edition*, 1985(2): 86-89.

Xu Y J. 1986. Two new species of oonopid spiders from China (Araneae: Oonopidae). *Acta Zootaxonomica Sinica*, 11: 270-273.

Xu Y J. 1987a. Preliminary studies on some spiders of the families Scytodidae and Loxoscelidae from Anhui. *Journal of the Huizhou Teachers College*, 1987(1): 1-6.

Xu Y J. 1987b. One new record of spider of genus *Segestria* (Araneae: Segestriidae) from China. *Journal of the Huizhou Teachers College*, 1987(2): 26-27.

Xu Y J. 1987c. Two new species of the genus *Orchestina* from Anhui Province, China (Araneae: Oonopidae). *Acta Zootaxonomica Sinica*, 12: 256-259.

Xu Y J. 1989. Key to Chinese Oonopidae and a new species of the genus *Ischnothyreus* from China. *Journal of the Huizhou Teachers College*, 1989(1): 17-21.

Xu Y J. 1991a. A new species of the genus *Sergiolus* (Araneae: Gnaphosidae) from China. *Sichuan Journal of Zoology*, 10(2): 1-3.

Xu Y J. 1991b. Studies on the spiders of the family Gnaphosidae from Anhui (Part II). *Journal of the Huizhou Teachers School*, 1: 37-41.

Xu Y J. 1993. A new species of spider of the genus *Chiracanthium* from China (Araneae: Clubionidae). *Acta Arachnologica Sinica*, 2: 27-28.

Xu Y J. 1994. A new species of the genus *Walckenaeria* (Araneae: Linyphiidae: Erigoninae). *Acta Arachnologica Sinica*, 3: 131-132.

Xu Y J. 1997. Discovery of the female of *Gamasomorpha anhuiensis* (Araneae: Oonopidae). *Acta Arachnologica Sinica*, 6: 17-18.

Xu Y J, Song D X. 1983. A new species of the genus *Leptoneta* from China (Araneae: Leptonetidae). *Journal of the Huizhou Teachers College*, 1983(2): 24-27.

Xu Y J, Song D X. 1986. Notes on *Bromella punctosparsa* Oi (Araneae: Dictynidae). *Journal of the Huizhou Teachers College*, 1986(1): 39-40.

Xu Y J, Song D X. 1987. A new species of the genus *Haplodrassus* (Araneae, Gnaphosidae) from China. *Journal of Anhui Normal University*, 1987(4): 83-85.

Xu Y J, Wang J F. 1983b. Two new records of *Mangora* and *Araneus* (Argiopidae) from China. *Journal of the Huizhou Teachers College*, 1983(2): 32-34.

Xu Y J, Wang J F. 1984. One new species of spider of the genus *Spermophora* (Araneae: Pholcidae) from China. *Journal of Natural Science of Hunan Normal University*, 1984(4): 51-53.

Xu Y J, Wang L. 1983a. A record of *Psechrus mimus* Chamberlin. *Journal of the Huizhou Teachers College*, 1983(2): 35-36.

Xu Y J, Wang L. 1987. *Plator insolens*, a new record of spiders in Anhui. *Journal of the Huizhou Teachers College*, 1987(2): 28-29, 49.

Xu Y J, Wang L, Wang J F. 1987. A new species of the genus *Ero* from China (Araneae: Mimetidae). *Journal of the Hangzhou Teachers College*, 1987(2): 65-67.

Xu Y J, Yang J Y, Song D X. 2003. Two new species of the genus *Clubiona* from Anhui, China (Araneae: Clubionidae). *Journal of Hebei University, Natural Science Edition*, 23: 411-413.

Yaginuma T. 1939. A description of the male of *Itatsina dorsilineata*. *Acta Arachnologica, Tokyo*, 4: 106-109.

Yaginuma T. 1940. Some notes on Japanese spiders, I. *Acta Arachnologica, Tokyo*, 5: 123-132.

Yaginuma T. 1941. Some notes on Japanese spiders, 3. *Acta Arachnologica, Tokyo*, 6: 120-130.

Yaginuma T. 1952. Two new species (*Phrurolithus* and *Ariamnes*) found in Japan. *Arachnological News*, 21: 13-16.

Yaginuma T. 1953. On two spiders of Japanese *Leucauge*. *Atypus*, 4: 28-29.

Yaginuma T. 1954a. Note on the Japanese spiders *Leucauge* (included a new species). *Arachnological News*, 2: 1-4.

Yaginuma T. 1954b. Synopsis of Japanese spiders (1). *Atypus*, 5: 13-24.

Yaginuma T. 1954c. Synopsis of Japanese spiders (2). *Atypus*, 6: 9-17.

Yaginuma T. 1954d. Synopsis of Japanese spiders (3). *Atypus*, 7: 13-19.

Yaginuma T. 1954e. On the scientific name of nusa-gumo (Argiopidae). *Atypus*, 7: 25-27.

Yaginuma T. 1955a. On the Japanese spiders: genera *Mangora*, *Neoscona*, and *Zilla*. *Acta Arachnologica, Tokyo*, 14: 15-24.

Yaginuma T. 1955b. Revision of scientific names of Japanese spiders. *Atypus*, 8: 13-16.

Yaginuma T. 1956a. A new species of *Arachnura* (Araneae: Argiopidae) with an observation on its egg cocoons. *Arachnological News*, 3: 1-4.

Yaginuma T. 1956b. *Linyphia marginata* C. L. Koch and *L. longipedella* Bös. & Str. *Atypus*, 10: 19-23.

Yaginuma T. 1956c. Revision of scientific names of Japanese spiders (2). *Atypus*, 11: 26-27.

Yaginuma T. 1957a. Spiders from Hokkaido and Rishiri Island. *Acta Arachnologica, Tokyo*, 14: 51-61.

Yaginuma T. 1957b. Two new conopisthine spiders from Japan. *Acta Arachnologica, Tokyo*, 15: 11-16.

Yaginuma T. 1957c. *Coras luctuosus* & *Tegenaria corasides*. *Atypus*, 13: 17-19.

Yaginuma T. 1958a. Revision of Japanese spiders of family Argiopidae. I. Genus *Meta* and a new species. *Acta Arachnologica, Tokyo*, 15: 24-30.

Yaginuma T. 1958b. Revision of Japanese spiders of family Argiopidae. II. Genus *Cyrtophora*. *Acta Arachnologica, Tokyo*, 16: 10-17.

Yaginuma T. 1958c. On some Japanese spiders of *Cyrtarachne* and *Ordgarius*. *Hyogo Biology*, 3: 265-267.

Yaginuma T. 1958d. Spiders from Shimokita Peninsula, Aomori Prefecture, Japan. *Miscellaneous Reports of the Research Institute for Natural Resources Tokyo*, 46-47: 69-77.

Yaginuma T. 1958e. Synopsis of Japanese spiders (7). *Atypus*, 17: 9-17.

Yaginuma T. 1958f. Substitution of the generic name *Argyroaster* for *Argyria* (Theridiidae: Araneae). *Acta Arachnologica, Tokyo*, 15: 37-38.

Yaginuma T. 1959a. Synopsis of Japanese spiders (9). *Atypus*, 19: 17-29.

Yaginuma T. 1959b. Three new spiders collected by the scientific expeditions of the Osaka Museum of Natural History (*Tetragnatha*, *Cyclosa* & *Titanoeca*). *Bulletin of the Osaka Museum of Natural History*, 11: 11-14.

Yaginuma T. 1960. *Spiders of Japan in colour*. Osaka: Hoikusha: 186.

Yaginuma T. 1961a. Spiders from the Tokara islands. *Bulletin of the Osaka Museum of Natural History*, 13: 82-86.

Yaginuma T. 1961b. Synopsis of Japanese spiders (10). *Atypus*, 21: 15-28.

Yaginuma T. 1962a. Cave spiders in Japan. *Bulletin of the Osaka Museum of Natural History*, 15: 65-77.

Yaginuma T. 1962b. Spiders from Osumi Peninsula, Mt. Takakuma and Mt. Kirishima, Kyushu, Japan. *Miscellaneous Reports of the Research Institute for Natural Resources Tokyo*, 56-57: 129-136.

Yaginuma T. 1962c. *The spider fauna of Japan*. Osaka: Arachnological Society of East Asia: 74.

Yaginuma T. 1963a. A new zoropsid spider from Japan. *Acta Arachnologica, Tokyo*, 18: 1-6.

Yaginuma T. 1963b. Spiders from limestone caves of Akiyoshi Plateau. *Bulletin of the Akiyoshi-dai Museum of Natural History*, 2: 49-62.

Yaginuma T. 1963c. A new species of genus *Chorizopes* (Araneae: Argiopidae) and its taxonomic position. *Bulletin of the Osaka Museum of Natural History*, 16: 9-14.

Yaginuma T. 1963d. Spiders from Okinawa Island. *Atypus*, 29: 18-21.

Yaginuma T. 1965a. Revision of families, genera and species of Japanese spiders (2). *Acta Arachnologica, Tokyo*, 19: 28-36.

Yaginuma T. 1965b. Spiders of paddy fields. *Shokubutsu Boeki*, 19: 361-368.

Yaginuma T. 1966a. Discriminative aspects of *Chiracanthium* spp. *Atypus*, 39: 38.

Yaginuma T. 1966b. *Philodromus subaureolus* and *Philodromus aureolus*. *Atypus*, 40: 29-31.

Yaginuma T. 1966c. How to distinguish allied species of spiders. *Atypus*, 40: 32-34.

Yaginuma T. 1966d. A revision of species in "Spiders of Japan in colour". *Atypus*, 40: 35-36.

Yaginuma T. 1966e. Three anomalous spiders from Japan. *Acta Arachnologica, Tokyo*, 20: 21-23.

Yaginuma T. 1967a. Three new spiders (*Argiope*, *Boethus* and *Cispius*) from Japan. *Acta Arachnologica, Tokyo*, 20: 50-64.

Yaginuma T. 1967b. Revision and new addition to fauna of Japanese spiders, with descriptions of seven new species. *Literary Department Review, Otemon Gakuin University, Osaka*, 1: 87-107.

Yaginuma T. 1967c. Noteworthy spiders collected recently. *Atypus*, 44: 21-23.

Yaginuma T. 1968. The spider genus *Cyrtophora* of Japan. *Kansaishizenkagaku*, 20: 34-38.

Yaginuma T. 1969a. A new Japanese spider of the genus *Stemmops* (Araneae: Theridiidae). *Acta Arachnologica, Tokyo*, 22: 14-16.

Yaginuma T. 1969b. On a Japanese spider identified with *Araneus quadratus* of Europe. *Acta Arachnologica, Tokyo*, 22: 17-23.

Yaginuma T. 1969c. Spiders from the islands of Tsushima. *Memoirs of the National Science Museum Tokyo*, 2: 79-92.

Yaginuma T. 1970a. Two new species of small nesticid spiders of Japan. *Bulletin of the National Museum of Nature and Science Tokyo*, 13: 385-394.

Yaginuma T. 1970b. The spider fauna of Japan (revised in 1970). *Bulletin of the National Museum of Nature and Science Tokyo*, 13: 639-701.

Yaginuma T. 1971. *Spiders of Japan in colour* (enlarged and revised edition). Osaka: Hoikusha: 197.

Yaginuma T. 1972a. Revision of some Japanese araneid spiders. *Acta Arachnologica, Tokyo*, 24: 51-59.

Yaginuma T. 1972b. Spiders of the Hidaka Mountain range, Hokkaido, Japan. *Memoirs of the National Science Museum Tokyo*, 5: 17-32.

Yaginuma T. 1972c. Revision of the short-legged nesticid spiders of Japan. *Bulletin of the National Museum of Nature and Science Tokyo*, 15: 619-622.

Yaginuma T. 1972d. The fauna of the lava caves around Mt. Fuji-san IX. Araneae (Arachnida). *Bulletin of the National Museum of Nature and Science Tokyo*, 15: 267-334.

Yaginuma T. 1973a. A new wolf spider from Japan. *Acta Arachnologica, Tokyo*, 25: 16-22.

Yaginuma T. 1973b. Some important spiders from Mt. Hiruzen. *Otemon Gakuin Univ. biol. Club*: 245-250.

Yaginuma T. 1974. The spider fauna of Japan (IV). *Faculty of Letters Revue, Otemon Gakuin University*, 8: 169-173.

Yaginuma T. 1975a. The spider fauna of Japan (V). *Faculty of Letters Revue, Otemon Gakuin University*, 9: 187-195.

Yaginuma T. 1975b. A note on a pholcid spider, *Spermophora senoculata*, from Japan. *Atypus*, 63: 20-25.

Yaginuma T. 1976. *Clubiona vigil* Karsch and *C. japonica* Koch. *Atypus*, 67: 35-37.

Yaginuma T. 1977a. Some problems in cave spiders of Japan (including a description of a new species). *Faculty of Letters Revue, Otemon Gakuin University*, 11: 305-316.

Yaginuma T. 1977b. A list of Japanese spiders (revised in 1977). *Acta Arachnologica, Tokyo*, 27(Spec. No.): 367-406.

Yaginuma T. 1978. Supplementary notes to "A list of Japanese spiders (revised in 1977)". *Atypus*, 71: 15-19.

Yaginuma T. 1979. A study of the Japanese species of nesticid spiders. *Faculty of Letters Revue, Otemon Gakuin University*, 13: 255-287.

Yaginuma T. 1983. On availability of the name of a Japanese gnaphosid spider "*Scotophaeus striatus* Kishida 1912. ". *Atypus*, 82: 1-8.

Yaginuma T. 1985. Taxonomic notes on some Japanese spiders (*Agelena*, *Dolomedes*, *Araniella*, *Araneus*, *Clubiona*, *Titanoeca*). *Faculty of Letters Revue, Otemon Gakuin University*, 19: 121-134.

Yaginuma T. 1986a. *Spiders of Japan in color* (new ed.). Osaka: Hoikusha Publishing Co.

Yaginuma T. 1986b. Taxonomic notes on Japanesee spiders (II): *Araneus*, *Neoscona*, *Metellina*, *Cispius*, *Heptathela*. *Faculty of Letters Revue, Otemon Gakuin University*, 20: 187-200.

Yaginuma T, Archer A F. 1959. Genera of the araneine Argiopidae found in the Oriental region, and generally placed under the comprehensive genus, *Araneus*. 1. *Acta Arachnologica, Tokyo*, 16: 34-41.

Yaginuma T, Nishikawa Y. 1971. Faunal survey of the Mt. Daisetsu area, JIBP main area-VI. Spiders of Mt. Daisetsu, Hokkaido. Ann. Rep. JIBP/CT-S 1970: 71-96.

Yaginuma T, Nishikawa Y. 1980. Another species of the genus *Atypus* occurs in Japan. *Atypus*, 76: 49-51.

Yaginuma T, Wen Z G. 1983. Chinese and Japanese spiders (II). *Faculty of Letters Revue, Otemon Gakuin University*, 17: 187-205.

Yaginuma T, Yamaguchi T, Nishikawa Y. 1976. Spiders of the Tsushima islands, Kyushu, Japan. *In*: *Tsushima-no-seibutsu (Fauna and Flora of the Tsushima islands)*. Nagasaki Biological Society: 823-837.

Yaginuma T, Zhu M S. 1992. A new species and a newly recorded species of the genus *Enoplognatha* from China (Araneae: Theridiidae). *Acta Arachnologica, Tokyo*, 41: 157-160.

Yağmur E A, Kunt K B, Ulupinar E. 2009. A new species for the araneofauna of Turkey, *Evarcha michailovi* Logunov, 1992 (Araneae: Salticidae). *Munis Entomology and Zoology*, 4: 230-232.

Yamaguchi T. 1953. Spiders of Kyushu (2). *Science Bulletin of the Faculty of Liberal Arts and Education, Nagasaki University*, 1: 1-11.

Yamaguchi T. 1960. A new species of genus *Paraplectana* from Tsushima, Japan. *Science Bulletin of the Faculty of Liberal Arts and Education, Nagasaki University*, 11: 5-7.

Yamaguchi T, Yaginuma T. 1971. The fauna of the insular lava caves in West Japan VIII. Araneae (Part 2). *Bulletin of the National Museum of Nature and Science Tokyo*, 14: 171-180.

Yamakawa M, Kumada K. 1979. Spiders of Tanzawa mountain area. *Atypus*, 74: 1-14.

Yamasaki T. 2012. Taxonomy of the genus *Myrmarachne* of Sulawesi, based on the Thorell's types and additional specimens (Araneae, Salticidae). *Annali del Museo Civico di Storia Naturale Giacomo Doria*, 104: 153-180.

Yamasaki T, Ahmad A H. 2013. Taxonomic study of the genus *Myrmarachne* of Borneo (Araneae: Salticidae). *Zootaxa*, 3710: 501-556.

Yan H M, Yin C M, Peng X J, Bao Y H, Kim J P. 1997. One new species of the genus *Pirata* from China (Araneae: Lycosidae). *Korean Arachnology*, 13(2): 17-18.

Yang J Y, Song D X, Zhu M S. 2003. Three new species and a new discovery of male spider of the genus *Clubiona* from China (Araneae: Clubionidae). *Acta Arachnologica Sinica*, 12: 6-13.

Yang J Y, Song D X, Zhu M S. 2004. On the newly recorded genus *Echinax* from China (Araneae: Corinnidae), with description of a new species. *Journal of the Agricultural University Hebei*, 27: 66-70.

Yang T B, Wang X Y, Yang Z Z. 2013. Two new species of genus *Otacilia* from China (Araneae: Corinnidae). *Acta Arachnologica Sinica*, 22: 9-15.

Yang X F, Chai B Q. 1998. A study on five wolf spiders of the group *Pardosa nebulosa* from China including a new species redescribetion. *Journal of Hunan Normal University, Natural Sciences*, 26: 60-64.

Yang Y T, Tang Y Q. 1995. New discovery of the female of *Pharacocerus orientalis* (Araneae: Salticidae). *Acta Arachnologica Sinica*, 4: 142-143.

Yang Y T, Tang Y Q. 1996. Three new species of family Salticidae from Gansu, China (Araneae). *Journal of Lanzhou University Natural Sciences*, 32: 104-106.

Yang Y T, Tang Y Q. 1997. Two new species of the family Salticidae from China (Araneae). *Journal of Lanzhou University Natural Sciences*, 33: 93-96.

Yang Y T, Tang Y Q, Kim J P. 1997. A new species of genus *Yaginumaella* (Aranneae: Salticidae) from China. *Korean Arachnology*, 13(1): 47-49.

Yang Y T, Tang Y Q, Song D X. 1992. On the spiders from Liupanshan Natural Reserve, Ningxia. *Journal of Lanzhou University Natural Sciences*, 28:

94-101.
Yang Z L, Wang X Z. 1993. A newly recorded of the spider genus *Fecenia* (Araneae: Psechridae) from China. *Acta Arachnologica Sinica*, 2: 29-30.
Yang Z Z, Chen H M. 2009. A cave species of the spider genus *Weintrauboa* from Guizhou, China (Araneae: Pimoidae). *Proceedings of Leye-Fengshan Geopark Development Symposium, in The 15th National Speleology Academic Conference*: 451-454.
Yang Z Z, Chen L. 2008. The first description of the female *Pseudopoda yunnanensis* (Araneae, Sparassidae). *Acta Zootaxonomica Sinica*, 33: 810-812.
Yang Z Z, Chen Y Q, Chen Y L, Zhang Y G. 2009. Two new species of the genus *Pseudopoda* from Yunnan, China (Araneae: Sparassidae). *Acta Arachnologica Sinica*, 18: 18-22.
Yang Z Z, Fu J Y, Zhang F, Zhang Y G. 2010. A new species of the genus *Phrurolithus* (Araneae: Corinnidae) from Mt. Cangshan of Yunnan province, China. *Acta Arachnologica, Tokyo*, 58: 87-89.
Yang Z Z, Hu J L. 2001. A new species of the genus *Sinopoda* from China (Araneae: Heteropodidae). *Acta Arachnologica Sinica*, 10(2): 18-20.
Yang Z Z, Hu J L. 2002. A new species of the genus *Eresus* from China (Araneae: Eresidae). *Acta Zootaxonomica Sinica*, 27: 726-728.
Yang Z Z, Ma Y Y, Zhang Y G. 2011. Description of a new species of the genus *Clubiona* from Cangshan Mountain of Yunnan Province (Araneae: Clubionidae). *Journal of Dali University*, 10(4): 48-50.
Yang Z Z, Mao B Y. 2002. A new species of the genus *Philodromus* from China (Araneae: Philodromidae). *Acta Arachnologica Sinica*, 11: 77-79.
Yang Z Z, Tang G M, Song D X. 2003. Two new species of the family Gnaphosidae from China (Arachnida, Araneae). *Acta Zootaxonomica Sinica*, 28: 641-644.
Yang Z Z, Yang Z, Zhang F. 2013. Description of a new *Synaphosus* (Araneae: Gnaphosidae) species from Mt. Cangshan, Yunnan, China. *Acta Arachnologica, Tokyo*, 62: 7-11.
Yang Z Z, Zhang J X, Zhu M S, Song D X. 2003. A new species in the genus *Psechrus* from China (Araneae: Psechridae). *Journal of the Agricultural University Hebei*, 26(2): 43-45.
Yang Z Z, Zhang Z S, Zhang Y G, Kim J P. 2009. Two new species of the genus *Allozelotes* Yin & Peng, 1998 (Araneae, Gnaphosidae) from China. *Korean Arachnology*, 25: 105-111.
Yang Z Z, Zhu M S, Song D X. 2005a. Two new species of the family Philodromidae from China (Arachnida, Araneae). *Acta Zootaxonomica Sinica*, 30: 344-346.
Yang Z Z, Zhu M S, Song D X. 2005b. Two new species of the spider genus *Tmarus* Simon 1875 (Araneae: Thomisidae) from China. *Acta Arachnologica, Tokyo*, 54: 95-98.
Yang Z Z, Zhu M S, Song D X. 2006a. A new species of the genus *Sanmenia* Song & Kim, 1992 (Araneae, Thomisidae) from Yunnan Province, China. *Zootaxa*, 1151: 41-46.
Yang Z Z, Zhu M S, Song D X. 2006b. A newly recorded genus and a new species of the spider family Pimoidae from Yunnan, China (Arachnida: Araneae). *The Raffles Bulletin of Zoology*, 54: 235-239.
Yang Z Z, Zhu M S, Song D X. 2006c. A newly recorded genus from China and two new species of the family Thomisidae. *Acta Arachnologica Sinica*, 15: 65-69.
Yang Z Z, Zhu M S, Song D X. 2006d. Two new species of genus *Plexippoides* from China. *Journal of Dali University*, 5(8): 13-15.
Yang Z Z, Zhu M S, Song D X. 2007. Report of two new species of the genus *Synagelides* Strand, 1906 from China (Araneae: Salticidae). *Journal of Dali University*, 6(2): 1-4.
Yang Z Z, Zhu M S, Zhang Y G. 2008. A newly recorded genus of Eresidae from China and the revision of *Eresus daliensis*. *Acta Arachnologica Sinica*, 17: 72-75.
Yao Z Y, Li S Q. 2010. Pholcid spiders of the genus *Khorata* Huber, 2005 (Araneae: Pholcidae) from Guangxi, China. *Zootaxa*, 2594: 1-79.
Yao Z Y, Li S Q. 2012. New species of the spider genus *Pholcus* (Araneae: Pholcidae) from China. *Zootaxa*, 3289: 1-271.
Yao Z Y, Li S Q, Jäger P. 2014. Four new species of pholcine spiders (Araneae: Pholcidae) from Southeast Asia. *Zootaxa*, 3793(3): 331-349.
Yao Z Y, Pham D S, Li S Q. 2012. A new species of the genus *Pholcus* (Araneae, Pholcidae) from Vietnam. *Acta Zootaxonomica Sinica*, 37: 313-318.
Yao Z Y, Tavano M, Li S Q. 2013. Notes on four pholcid spiders (Araneae: Pholcidae) described by T. Thorell from southeast Asia. *Zootaxa*, 3609: 302-310.
Yin C M. 1976. A study on tetragnathids (Araneae: Tetragnathidae) from rice fields. *Journal of Hunan Teachers College* (Nat. Sci. Ed.), 1976(5): 119-141.
Yin C M. 1978. A study on the general orb-weaver spiders and wolf-spiders (Araneae: Araneidae, Lycosidae) from rice fields. *Journal of Hunan Teachers College* (Nat. Sci. Ed.), 1978(10): 1-21.
Yin C M. 1994. A revision of some species of Chinese spiders of the genus *Larinia* Simon (Araneae: Araneidae). *Acta Arachnologica Sinica*, 3: 135-136.
Yin C M. 2001a. A new species of the genus *Heptathela* and its variant type from China (Araneae: Liphistiidae). *Acta Zootaxonomica Sinica*, 26: 297-300.
Yin C M. 2001b. Preliminary study on the different types of the intraspecific variants of order Araneae. *Acta Arachnologica Sinica*, 10(2): 1-7.
Yin C M. 2002. A new species of genus *Zygiella* from China (Araneae: Tetragnathidae). *Life Science Research*, 6: 281-282.
Yin C M, Bao Y H. 1995a. A supplimental description to two male spiders of the family Araneidae from China (Arachnida: Araneae). *Acta Arachnologica Sinica*, 4: 127-130.
Yin C M, Bao Y H. 1995b. A revision of male spider of *Selenocosmia huwena* Wang et al., 1993 (Araneae: Theraphosidae). *Acta Arachnologica Sinica*, 4: 131-133.
Yin C M, Bao Y H. 2001. Two new species of the family Titanoecidae from Hunan Province (Arachnida: Araneae). *Journal of Changde Teachers University, Natural Science Edition*, 13(3): 58-61.
Yin C M, Bao Y H. 2008. Two new species of the spider genus *Storenomorpha* from China (Araneae: Zodariidae). *Acta Arachnologica Sinica*, 17: 65-71.
Yin C M, Bao Y H, Kim J P. 2001a. A new species of the genus *Dictyna* from China (Araneae: Dictynidae). *Korean Arachnology*, 17: 169-172.
Yin C M, Bao Y H, Kim J P. 2001b. A new species of genus *Pasilobus* from China (Araneae: Araneidae). *Korean Arachnology*, 17: 173-176.
Yin C M, Bao Y H, Peng X J. 2002. One new species of the genus *Synaphosus* from China (Araneae: Gnaphosidae). *Acta Arachnologica Sinica*, 11: 74-76.
Yin C M, Bao Y H, Wang J F. 1995. An advanced study on the genus *Trochosa* from China (Araneae: Lycosidae). *Acta Arachnologica Sinica*, 4: 23-36.
Yin C M, Bao Y H, Zhang Y J. 1996. On two new species of wolf spiders from Zhejiang Province (Araneae: Lycosidae). *Acta Arachnologica Sinica*, 5: 5-9.
Yin C M, Bao Y H, Zhang Y J. 1999. Four species of the genus *Zelotes* (Araneae, Gnaphosidae) from southern China. *Acta Arachnologica Sinica*, 8: 24-28.
Yin C M, Bao Y H, Zhang Y Q. 1995. On two new species of the spiders of genus *Lycosa* (Araneae: Lycosidae). *Journal of Guangxi Agricultural and Biological Science*, 14: 31-34.
Yin C M, Gong L S. 1996. Four orb-weaver spiders of the family Araneidae from Hunan Province of China (Arachnida: Araneae). *Acta Scientiarum*

Naturalium Universitatis Normalis Hunanensis, 19: 72-76.

Yin C M, Griswold C E, Bao Y H, Xu X. 2003a. Four species of the spider genus *Steatoda* (Araneae: Theridiidae) from the Gaoligong Mountains, Yunnan, China. *Proceedings of the California Academy of Sciences*, 54: 133-140.

Yin C M, Griswold C E, Bao Y H, Xu X. 2003b. A new species of the spider genus *Craspedisia* from the Gaoligong Mountains, Yunnan, China. *Bulletin of the British Arachnological Society*, 12: 383-384.

Yin C M, Griswold C E, Xu X. 2007. One new species and two new males of the family Araneidae from China (Arachnida: Araneae). *Acta Arachnologica Sinica*, 16: 1-6.

Yin C M, Griswold C E, Yan H M. 2002. A new ogre-faced spider (*Deinopis*) from the Gaoligong Mountains, Yunnan, China (Araneae, Deinopidae). *Journal of Arachnology*, 30: 610-612.

Yin C M, Griswold C, Yan H M, Liu P. 2009. Four new species of the spider genus *Araneus* from Gaoligong Mountains, Yunnan Province, China (Araneae, Araneidae). *Acta Arachnologica Sinica*, 18: 1-10.

Yin C M, Hu Y J, Wang J F. 1983. A new species of genus *Arachnura* (Araneae, Araneidae) from China. *Journal of Hunan Teachers College* (Nat. Sci. Ed.), (Suppl.): 1-5.

Yin C M, Kim J P. 1997. The current status and trends in the research of Chinese arachnology. *Korean Arachnology*, 13(2): 51-80.

Yin C M, Peng X J. 1997. A new species of the *Ocyale* (Araneae, Lycosidae) from China. *Acta Arachnologica Sinica*, 6: 6-8.

Yin C M, Peng X J. 1998. Two new genera of the family Gnaphosidae (Arachnida: Araneae) from China. *Life Science Research*, 2: 258-267.

Yin C M, Peng X J, Bao Y H. 1997. Two new species of the genus *Arctosa* (Araneae, Lycosidae) from China. *Acta Arachnologica Sinica*, 6: 1-5.

Yin C M, Peng X J, Bao Y H. 2004a. A new species of the genus *Mysmenella* from China (Araneae, Mysmenidae). *Acta Zootaxonomica Sinica*, 29: 80-82.

Yin C M, Peng X J, Bao Y H. 2004b. Two new species of the genus *Argyrodes* from China (Araneae: Theridiidae). *Acta Arachnologica Sinica*, 13: 1-6.

Yin C M, Peng X J, Bao Y H. 2006. Three species of the genus *Coscinida* from China (Araneae, Theridiidae). *Acta Zootaxonomica Sinica*, 31: 794-798.

Yin C M, Peng X J, Bao Y H, Kim J P. 2000a. Two new species of the genus *Philodromus* (Araneae: Philodromidae) from China. *Korean Arachnology*, 16(2): 67-72.

Yin C M, Peng X J, Gong L S, Chen Y F, Kim J P. 1997b. Six new species of the genus *Pardosa* from China (Araneae: Lycosidae). *Korean Arachnology*, 13(2): 19-31.

Yin C M, Peng X J, Gong L S, Kim J P. 1996. Description of three new species of the genus *Hitobia* (Araneae: Gnaphosidae) from China. *Korean Arachnology*, 12(2): 47-54.

Yin C M, Peng X J, Gong L S, Kim J P. 1997a. Three new species of the genus *Phrurolithus* (Araneae: Liocranidae) from China. *Korean Arachnology*, 13(1): 25-30.

Yin C M, Peng X J, Gong L S, Kim J P. 1999. One new species of the genus *Ozyptila* from China (Araneae: Thomisidae). *Korean Arachnology*, 15(1): 33-36.

Yin C M, Peng X J, Gong L S, Kim J P. 2004a. Two new species of the genus *Tmarus* (Araneae, Thomisidae) from China. *Korean Arachnology*, 20: 13-19.

Yin C M, Peng X J, Kim J P. 1997. One new species of the genus *Pardosa* (Araneae, Lycosidae) from China. *Korean Arachnology*, 13(1): 51-53.

Yin C M, Peng X J, Kim J P. 1999. Three new species of the genus *Philodromus* from China (Araneae: Philodromidae). *Korean Journal of Biological Sciences*, 3: 355-358.

Yin C M, Peng X J, Kim J P. 2000. One new species of the genus *Misumenops* from China (Araneae, Thomisidae). *Korean Journal of Soil Zoology*, 5: 9-11.

Yin C M, Peng X J, Kim J P, Wang J F. 1995a. Six new species of the genus *Pardosa* from China (Araneae: Lycosidae). *Korean Arachnology*, 11(2): 7-20.

Yin C M, Peng X J, Wang J F. 1994. Seven new species of Araneidae from China (Arachnida: Araneae). *Acta Arachnologica Sinica*, 3: 104-112.

Yin C M, Peng X J, Wang J F. 1996. Three new species of the genus *Lycosa* from China (Araneae: Lycosidae). *Acta Arachnologica Sinica*, 5: 111-116.

Yin C M, Peng X J, Xie L P, Bao Y H, Wang J F. 1997c. *Lycosids in China (Arachnida: Araneae)*. Changsha: Hunan Normal University Press: 317.

Yin C M, Peng X J, Yan H M, Bao Y H. 2000b. Two new species of the family Heteropodidae from China (Arachnoidea: Araneae). *Acta Arachnologica Sinica*, 9: 98-100.

Yin C M, Peng X J, Yan H M, Bao Y H, Xu X, Tang G, Zhou Q S, Liu P. 2012. *Fauna Hunan: Araneae in Hunan, China*. Changsha: Hunan Science and Technology Press: 1590.

Yin C M, Peng X J, Yan H M, Kim J P. 2004b. One new species of the genus *Borboropactus* (Araneae, Thomisidae) from China. *Korean Arachnology*, 20: 27-31.

Yin C M, Peng X J, Zhang Y J. 1997. One new species of the genus *Wadicosa* (Araneae, Lycosidae) from China. *Acta Arachnologica Sinica*, 6: 99-101.

Yin C M, Peng X J, Zhang Y J. 2005. Three new species of the spider family Theridiidae (Arachnida, Araneae) from China. *Acta Zootaxonomica Sinica*, 30: 57-61.

Yin C M, Tan Y. 2000. One new species of the genus *Plesiophrictus* from south China (Araneae: Theraphosidae). *Life Science Research*, 4: 151-154.

Yin C M, Tang G, Gong L S. 2000. Two new species of the family Ctenidae from China (Arachnida: Araneae). *Acta Arachnologica Sinica*, 9: 94-97.

Yin C M, Tang G, Xu X. 2003. Two new species of the genus *Heptathela* from China (Araneae: Liphistiidae). *Acta Arachnologica Sinica*, 12: 1-5.

Yin C M, Tang G, Zhao J Z, Chen J. 2002. Two new species of the genus *Heptathela* from China (Araneae: Liphistiidae). *Acta Arachnologica Sinica*, 11: 18-21.

Yin C M, Ubick D, Bao Y H, Xu X A. 2004c. Three new species of the spider genus *Phrurolithus* from China (Araneae, Corinnidae). *Journal of Arachnology*, 32: 270-275.

Yin C M, Wang J F. 1979. A classification of the jumping spiders (Araneae, Salticidae) collected from the agricultural fields and other habitats. *Journal of Hunan Teachers College* (Nat. Sci. Ed.), 1979(1): 27-63.

Yin C M, Wang J F. 1980. Descriptions of three new species of *Hippasa* (Araneae, Lycosidae) from China. *Journal of Hunan Teachers College* (Nat. Sci. Ed.), 1980(2): 55-60.

Yin C M, Wang J F. 1981a. On a new species of spider of the genus *Oecobius* from China. *Acta Zootaxonomica Sinica*, 6: 143-144.

Yin C M, Wang J F. 1981b. On the female of three jumping spiders from China. *Acta Zootaxonomica Sinica*, 6: 268-272.

Yin C M, Wang J F. 1981c. Two new species of spiders of the genus *Spermophora* from China. *Acta Zootaxonomica Sinica*, 6: 378-382.

Yin C M, Wang J F. 1982. A new species of spider of genus *Neoscona* from China (Araneae, Araneidae). *Acta Zootaxonomica Sinica*, 7: 260-262.

Yin C M, Wang J F. 1983. A preliminary study on the Chinese spiders of the family Hahniidae (Arachnida: Araneida). *Acta Zootaxonomica Sinica*, 8: 141-145.

Yin C M, Wang J F. 1984a. On some Oonopidae from southern China (Araneae). *Journal of Hunan Teachers College* (Nat. Sci. Ed.), 1984(3): 51-59.

Yin C M, Wang J F. 1984b. A new species of spider of the genus *Pirata* (Araneae: Lycosidae) from Hunan Province, China. *Acta Zootaxonomica Sinica*, 9: 146-148.

Yin C M, Wang J F. 1984c. A new species of genus *Hahnia* from Hunan Province, China. *Acta Zootaxonomica Sinica*, 9: 269-271.

Yin C M, Wang J F, Hu Y J. 1983. Essential types and the evolution of palpal organ of spiders. *Journal of Hunan Teachers College* (Nat. Sci. Ed.), 1983: 31-46.

Yin C M, Wang J F, Li F J. 1983. On a new species of spider of the genus *Singa* from China (Araneae: Araneidae). *Acta Zootaxonomica Sinica*, 8: 374-377.

Yin C M, Wang J F, Peng X J, Xie L P. 1995b. Four new species of the genus *Pardosa* (Araneae: Lycosidae) from China. *Acta Scientiarum Naturalium Universitatis Normalis Hunanensis*, 18: 72-78.

Yin C M, Wang J F, Wang Z T. 1984. Three new species of the genus *Leptoneta* from China (Araneae: Leptonetidae). *Acta Zootaxonomica Sinica*, 9: 364-370.

Yin C M, Wang J F, Xie L P. 1989. Two new species of genus *Araneus* in China (Araneae, Araneidae). *Journal of Natural Science of Hunan Normal University*, 12: 330-332.

Yin C M, Wang J F, Xie L P. 1994. Two species of the gen. *Chorizopes* from China (Araneae: Araneidae). *Acta Scientiarum Naturalium Universitatis Normalis Hunanensis*, 17(Suppl.): 5-8.

Yin C M, Wang J F, Xie L P, Peng X J. 1990. New and newly recorded species of the spiders of family Araneidae from China (Arachnida, Araneae). *In*: Spiders in China: One Hundred New and Newly Recorded Species of the Families Araneidae and Agelenidae. Changsha: Hunan Normal University Press: 1-171.

Yin C M, Wang J F, Xie L P, Peng X J. 1993. Some species of the genus *Arctosa* from the southern China (Araneae: Lycosidae). *Acta Arachnologica Sinica*, 2: 9-18.

Yin C M, Wang J F, Yang D B, Yang Z X. 1988. Studies on vulva and palpal organ of spider *Heptathela yuelushanensis* Wang et Ye, 1983. *Journal of Natural Science of Hunan Normal University*, 11: 53-59.

Yin C M, Wang J F, Zhang Y J. 1985. Study on the spider genera *Psechrus* from China. *Journal of Hunan Teachers College* (Nat. Sci. Ed.), 1985(1): 19-27.

Yin C M, Wang J F, Zhang Y J. 1987. On the Chinese spiders of genus *Zilla* (Araneae, Araneidae). *Journal of Natural Science of Hunan Normal University*, 10: 62-68.

Yin C M, Wang J F, Zhang Y J, Peng X J, Chen X O. 1989. The study of the subfamily *Argiope* from China (Araneae, Araneidae). *Acta Scientiarum Naturalium Universitatis Normalis Hunanensis*, 12: 60-69.

Yin C M, Wang J F, Zhu M S, Xie L P, Peng X J, Bao Y H. 1997d. *Fauna Sinica: Arachnida: Araneae: Araneidae*. Beijing: Science Press: xiii + 460 pp.

Yin C M, Xie L P, Bao Y H. 1996. Two new species of family Araneidae from China (Arachnida: Araneae). *Acta Arachnologica Sinica*, 5: 1-4.

Yin C M, Xie L P, Gong L S, Kim J P. 1996b. Four new species of the genus *Castianeira* from China (Araneae: Corinnidae). *Korean Arachnology*, 12(1): 87-95.

Yin C M, Xu X, Bao Y H. 2002. A new species of family Segestriidae from China (Arachnoidea: Araneae). *Life Science Research*, 6: 186-188.

Yin C M, Yan H M. 2001. A new species of the genus *Mallinella* from Hunan, China (Araneae: Zodariidae). *Acta Arachnologica Sinica*, 10: 5-7.

Yin C M, Yan H M, Gong L S, Kim J P. 1996c. Three new species of the spiders of genus *Clubiona* (Araneae: Clubionidae) from China. *Korean Arachnology*, 12(1): 63-70.

Yin C M, Yan H M, Kim J P. 2000. One new species of genus *Heteropoda* from China (Araneae, Heteropodidae). *Korean Journal of Soil Zoology*, 5: 5-7.

Yin C M, Zhang Y J, Bao Y H. 2003. Three new species of the genus *Oxyopes* from China (Araneae, Oxyopidae). *Acta Zootaxonomica Sinica*, 28: 629-633.

Yin C M, Zhao J Z. 1994. Some new species of fam. Araneidae from China (Arachnida: Araneae). *Acta Arachnologica Sinica*, 3: 1-7.

Yin C M, Zhao J Z. 1996. One new species of the genus *Lycosa* from China (Araneae: Lycosidae). *Acta Arachnologica Sinica*, 5: 117-119.

Yin C M, Zhao J Z, Bao Y H. 1997. One new species of the genus *Lycosa* from China (Araneae: Lycosidae). *Acta Arachnologica Sinica*, 6: 96-98.

Yin C M, Zhu C D. 1994. A new species of Gen. *Araniella* in China (Araneae: Araneidae). *Acta Scientiarum Naturalium Universitatis Normalis Hunanensis*, 17(Suppl.): 1-3.

Yin C M, Zhu M S, Wang J F. 1995. Four new species of the genus *Cyclosa* from China (Araneae: Araneidae). *Acta Arachnologica Sinica*, 4: 11-16.

Yin H Q, Xu X, Yan H M. 2010. A new *Platocoelotes* species and first description of the male of *Platocoelotes icohamatoides* from Hunan, China (Araneae: Amaurobiidae: Coelotinae). *Zootaxa*, 2399: 42-50.

Yoo J C, Kim J P. 2002a. Studies on basic pattern and evolution of male palpal organ (Arachnida: Araneae). *Korean Arachnology*, 18: 13-31.

Yoo J S, Framenau V W, Kim J P. 2007. *Arctosa stigmosa* and *A. subamylacea* are two different species (Araneae, Lycosidae). *Journal of Arachnology*, 35: 171-180.

Yoo J S, Kim J P. 2002b. One new record of thomisid spider in Korea (Araneae, Thomisidae). *Korean Arachnology*, 18: 69-72.

Yoo J S, Kim J P, Tanaka H. 2004. A new species in the genus *Alopecosa* Simon, 1885 from Korea (Araneae: Lycosidae). *Zootaxa*, 397: 1-7.

Yoo J S, Lee Y B, Kim K Y, Kim J P. 2003. One newly recorded species and genus from Korea (Araneae, Linyphiidae). *Korean Arachnology*, 19: 1-6.

Yoo J S, Park Y C, Kim J P. 2007. Phylogenetic relationships of Korean wolf spider genera (Araneae: Lycosidae) inferred from morpho-anatomical data. *Korean Arachnology*, 23: 1-34.

Yoo J.-S, Framenau V W. 2006. Systematics and biogeography of the sheet-web building wolf spider genus *Venonia* (Araneae: Lycosidae). *Invertebrate Systematics*, 20: 675-712.

Yoshida H. 1977. The occurrence of *Theridion spiniventre* O. P. Cambridge in Japan and Formosa. *Atypus*, 70: 9-11.

Yoshida H. 1978a. On some Formosan spiders (2). *Atypus*, 72: 8-13.

Yoshida H. 1978b. On some Formosan spiders (1). *Atypus*, 71: 21-28.

Yoshida H. 1979. Notes on the Japanese species of the genus *Phoroncidia* (Araneae: Theridiidae). *Acta Arachnologica*, *Tokyo*, 28: 45-51.

Yoshida H. 1980. Six Japanese species of the genera *Octonoba* and *Philoponella* (Araneae: Uloboridae). *Acta Arachnologica*, *Tokyo*, 29: 57-64.

Yoshida H. 1982a. Spiders from Taiwan I. Two new species of the genus *Octonoba* (Araneae: Uloboridae). *Acta Arachnologica*, *Tokyo*, 30: 71-74.

Yoshida H. 1982b. On the position of a Japanese species "*Theridion subabides*" (Araneae, Theridiidae). *Atypus*, 81: 21-22.

Yoshida H. 1982c. Spiders from Taiwan II. Three species of the genera *Hyptiotes* and *Miagrammopes* (Araneae: Uloboridae). *Proceedings of the Japanese Society of Systematic Zoology*, 22: 18-20.

Yoshida H. 1982d. Spiders from Taiwan III. Three species of the genera *Coleosome* and *Molione* (Araneae: Theridiidae). *Proceedings of the Japanese Society of Systematic Zoology*, 24: 37-40.

Yoshida H. 1983a. Spiders from Taiwan IV. The genus *Episinus* (Araneae: Theridiidae). *Acta Arachnologica, Tokyo*, 31: 73-77.

Yoshida H. 1983b. A new species of the genus *Achaearanea* (Araneae: Theridiidae) from Japan. *Acta Arachnologica, Tokyo*, 32: 37-42.

Yoshida H. 1983c. A new spider of the genus *Octonoba* (Araneae, Uloboridae) from Uotsuri-jima of the Senkaku Islands, Japan. *Bulletin of the Biogeographical Society of Japan*, 38: 35-38.

Yoshida H. 1983d. A new species of the genus *Octonoba* (Araneae, Uloboridae) from the Iheya Islands, Okinawa Prefecture, Japan. *Annotationes Zoologicae Japonenses*, 56: 42-45.

Yoshida H. 1985a. A new species of the genus *Coleosoma* (Araneae: Theridiidae) from Japan. *Acta Arachnologica, Tokyo*, 33: 45-50.

Yoshida H. 1985b. A new spider of the genus *Episinus* (Araneae, Theridiidae) from Nagano Prefecture, central Japan. *Bulletin of the Biogeographical Society of Japan*, 40: 25-30.

Yoshida H. 1985c. Three new species of the spider genera *Phoroncidia* and *Pholcomma* (Araneae, Theridiidae) from Japan. *Proceedings of the Japanese Society of Systematic Zoology*, 31: 7-13.

Yoshida H. 1986. The spider genus *Anelosimus* (Araneae: Theridiidae) in Japan and Taiwan. *Acta Arachnologica, Tokyo*, 34: 31-39.

Yoshida H. 1987a. The occurrence of *Theridion lyricum* Walckenaer, 1841, in Japan. *Atypus*, 89: 13-16.

Yoshida H. 1987b. A new spider of the genus *Pholcomma* (Araneae, Theridiidae) from Taiwan and Japan. *Bulletin of the Biogeographical Society of Japan*, 42: 29-32.

Yoshida H. 1988. Two new species of the genus *Dipoena* (Araneae: Theridiidae) from Japan. *Acta Arachnologica, Tokyo*, 36: 25-31.

Yoshida H. 1989. *Spiders from Mt. Gosho-zan. Gosho-zan*. Tokoy: Scientific Research Association of Yamagata Prefecture: 314-323.

Yoshida H. 1991a. A note on the Taiwanese spider of the genus *Anepsion* (Araneae: Araneidae). *Atypus*, 97: 1-3.

Yoshida H. 1991b. A note on the Japanese genera *Uloborus*, *Zosis*, *Octonoba* and *Philoponella* (Araneae: Uloboridae). *Atypus*, 98/99: 21-26.

Yoshida H. 1991c. A note on the Japanese spider "*Nesticus oculiprominentis* S. Saito??dash over??, 1939". *Atypus*, 97: 4-6.

Yoshida H. 1991d. Two species of the genus *Dipoena* (Araneae: Theridiidae) from Japan. *Acta Arachnologica, Tokyo*, 40: 33-35.

Yoshida H. 1992a. Two species of the genus *Euryopis* (Araneae: Theridiidae) from Japan. *Acta Arachnologica, Tokyo*, 41: 139-142.

Yoshida H. 1992b. Two new species of the genus *Philoponella* (Araneae: Uloboridae) from Taiwan and Borneo. *Acta Arachnologica, Tokyo*, 41: 193-198.

Yoshida H. 1993a. A new species of the genus *Mimetus* (Araneae: Mimetidae) from the Ryukyus and Taiwan. *Proceedings of the Japanese Society of Systematic Zoology*, 49: 30-32.

Yoshida H. 1993b. East Asian species of the genus *Chrysso* (Araneae: Theridiidae). *Acta Arachnologica, Tokyo*, 42: 27-34.

Yoshida H. 1993c. Notes on *Argyrodes xiphias* Thorell, 1887 (Araneae: Theridiidae) from South East Asia. *Acta Arachnologica, Tokyo*, 42: 83-85.

Yoshida H. 1993d. Two new species of the genus *Theridion* (Araneae: Theridiidae) from the Yaeyama Islands and Haha-jima Island of the Bonin Islands, Japan. *Acta Arachnologica, Tokyo*, 42: 109-113.

Yoshida H. 1996. A new species of the genus *Chrysso* (Araneae: Theridiidae) from the Ryukyus, Japan and Taiwan. *Acta Arachnologica, Tokyo*, 45: 139-141.

Yoshida H. 1998a. A new species of the genus *Ctenus* (Araneae: Ctenidae) from the Yaeyama Islands, Japan and Taiwan. *Acta Arachnologica, Tokyo*, 47: 117-120.

Yoshida H. 1998b. A new species of the genus *Chrysso* (Araneae: Theridiidae) from Japan. *Acta Arachnologica, Tokyo*, 47: 105-107.

Yoshida H. 2000. The spider genus *Achaearanea* (Araneae: Theridiidae) from Japan. *Acta Arachnologica, Tokyo*, 49: 137-153.

Yoshida H. 2001a. A revision of the Japanese genera and species of the subfamily Theridiinae (Araneae: Theridiidae). *Acta Arachnologica, Tokyo*, 50: 157-181.

Yoshida H. 2001b. Two new species of the genera *Chrysso* and *Achaearanea* (Araneae: Theridiidae) from the Nansei Islands, Japan. *Acta Arachnologica, Tokyo*, 50: 11-14.

Yoshida H. 2001c. The spider genera *Robertus*, *Enoplognatha*, *Steatoda* and *Crustulina* (Araneae: Theridiidae) from Japan. *Acta Arachnologica, Tokyo*, 50: 31-48.

Yoshida H. 2001d. The genus *Rhomphaea* (Araneae: Theridiidae) from Japan, with notes on the subfamily Argyrodinae. *Acta Arachnologica, Tokyo*, 50: 183-192.

Yoshida H. 2002. A revision of the Japanese genera and species of the subfamily Hadrotarsinae (Araneae: Theridiidae). *Acta Arachnologica, Tokyo*, 51: 7-18.

Yoshida H. 2003. *The spider family Theridiidae (Arachnida: Araneae) from Japan*. Tokoy: Arachnological Society of Japan: 224.

Yoshida H. 2006. A note on *Chrysso vesiculosa* (Simon 1895) (Araneae: Theridiidae). *Acta Arachnologica, Tokyo*, 55: 23-24.

Yoshida H. 2007. A new genus of the family Theridiidae (Arachnida: Araneae). *Acta Arachnologica, Tokyo*, 56: 67-69.

Yoshida H. 2008. A revision of the genus *Achaearanea* (Araneae: Theridiidae). *Acta Arachnologica, Tokyo*, 57: 37-40.

Yoshida H. 2009a. Three new genera and three new species of the family Theridiidae. *In*: Ono H. *The Spiders of Japan with Keys to the Families and Genera and Illustrations of the Species*. Kanagawa: Tokai University Press: 71-74.

Yoshida H. 2009b. Uloboridae, Theridiidae, Ctenidae. *In*: Ono H. *The Spiders of Japan with Keys to the Families and Genera and Illustrations of the Species*. Kanagawa: Tokai University Press: 142-147, 356-393, 467-468.

Yoshida H. 2009c. Notes on the genus *Psechrus* (Araneae: Psechridae) from Taiwan. *Acta Arachnologica, Tokyo*, 58: 7-10.

Yoshida H. 2009d. The spider genus *Leucauge* (Araneae: Tetragnathidae) from Taiwan. *Acta Arachnologica, Tokyo*, 58: 11-18.

Yoshida H. 2011. The genus *Ulesanis* (Araneae: Theridiidae) from Japan and Taiwan. *Acta Arachnologica, Tokyo*, 60: 41-45.

Yoshida H. 2012. The spider family Uloboridae (Arachnida: Araneae) from Taiwan. *Bulletin of the Yamagata Prefectural Museum*, 30: 29-36.

Yoshida H, Ono H. 2000. Spiders of the genus *Dipoena* (Araneae, Theridiidae) from Japan. *Bulletin of the National Museum of Nature and Science Tokyo (A)*, 26: 125-158.

Yoshida H, Tanikawa A. 2009. Mimetidae. *In*: Ono H. *The Spiders of Japan with Keys to the Families and Genera and Illustrations of the Species*. Kanagawa: Tokai University Press: 251-252.

Yoshida H, Tso I M, Severinghaus L L. 1998. Description of a new species of the genus *Argyrodes* (Araneae: Theridiidae) from Orchid Island, Taiwan, with notes on its ecology and behavior. *Acta Arachnologica, Tokyo*, 47: 1-5.

Yoshida H, Tso I M, Severinghaus L L. 2000. The spider family Theridiidae (Arachnida: Araneae) from Orchid Island, Taiwan: Descriptions of six new and one newly recorded species. *Zoological Studies*, 39: 123-132.

Yoshikura M. 1982. Notes on the mating plugs found in the female epigynum of a lynx spider, *Oxyopes sertatus* (Araneae, Oxyopidae). *Heptathela*, 2: 43-46.

Yoshikura M. 1984a. Epigynal dimorphism of a lynx spider, *Oxyopes sertatus* (Araneae, Oxyopidae). *Heptathela*, 3(1): 1-5.

Yoshikura M. 1984b. The lynx spiders of Kumamoto, Kyushu (Araneae, Oxyopidae). *Heptathela*, 3(1): 6-12.

Yoshikura M. 1987. *The Biology of Spiders*. Tokyo: Japan Scientific Societies Press: 148.

Yu H, Jin Z Y, Liu F X, Chen J. 2009. Tow new species of the genus *Storenomorpha* from China (Araneae, Zodariidae). *Acta Arachnologica Sinica*, 18: 11-17.

Yu H, Sun Z X, Zhang G R. 2012. New taxonomic data on the sac spiders (Arachnida: Araneae: Clubionidae) from China, with description of a new species. *Zootaxa*, 3299: 44-60.

Yu L M, Song D X. 1988a. On new species of the genus *Pardosa* from China (Araneae: Lycosidae). *Acta Zootaxonomica Sinica*, 13: 27-41.

Yu L M, Song D X. 1988b. On new species of wolf spiders from China (Araneae: Lycosidae). *Acta Zootaxonomica Sinica*, 13: 234-244.

Yu L M, Song D X. 1988c. A revision of the Chinese spiders of the family Lycosidae (Araneae). *Sinozoology*, 6: 113-121.

Yu L M, Song D X. 1991. A new name for *Pardosa dondalei* Yu et Song 1988. *Acta Zootaxonomica Sinica*, 16: 416.

Yu L M, Song D X, Ma C H. 1987. Description of the female wolf spider *Pardosa paratesquorum* Schenkel, 1963. *Sichuan Journal of Zoology*, 6: 12.

Yu S Y, Shen Q Z, Song D X. 1982. A description of the male of *Drassodes auritus* Schenkel, 1963 (Araneida: Gnaphosidae). *Acta Zootaxonomica Sinica*, 7: 263-264.

Yuan X L, Yang X, Zhang F. 2013. A new record species of the genus *Pellenes* (Araneae: Salticidae) from Xiaowutai Mountain, China. *Acta Arachnologica Sinica*, 22: 24-27.

Yuhara S. 1931. *Study of spiders*. Tokyo: Japan Scientific Societies Press: 305.

Yurinich S, Drensky P. 1917. Contribution à l'étude des araignées de Bulgarie. *Revue de l'Académie Bulgare des Sciences*, 15: 109-136.

Żabka M. 1980. Salticidae from the Nepal Himalayas. *Chalcoscirtus* Bertkau 1880 and *Euophrys* C. L. Koch 1834 (Arachnida: Araneae). *Senckenbergiana Biologica*, 60: 359-369.

Żabka M. 1985. Systematic and zoogeographic study on the family Salticidae (Araneae) from Viet-Nam. *Annales Zoologici*, *Warszawa*, 39: 197-485.

Żabka M. 1988. Salticidae (Araneae) of Oriental, Australian and Pacific regions, III. *Annales Zoologici*, *Warszawa*, 41: 421-479.

Żabka M. 1990. Salticidae from the Nepal and Bhutan Himalayas. Genera *Pancorius* Simon 1902, *Plexippus* C. L. Koch 1846, and *Pseudamycus* Simon 1885 (Arachnida: Araneae). *Senckenbergiana Biologica*, 70: 161-178.

Żabka M. 1991. Studium taksonomiczno-zoogeograficzne nad Salticidae (Arachnida: Araneae) Australii. *Wyższa Szkola Rolniczo-Pedagogiczna W Siedlcach Rozprawa Naukowa*, 32: 1-110.

Żabka M. 1992. Salticidae (Arachnida: Araneae) of Oriental, Australian and Pacific regions, VIII. A new genus from Australia. *Records of the Western Australian Museum*, 15: 673-684.

Żabka M. 1997. Salticidae: Pająki skaczące (Arachnida: Araneae). *Fauna Polski*, 19: 1-188.

Żabka M, Prószyński J. 1998. Middle European *Euophrys* C. L. Koch, 1834 (Araneae: Salticidae)-one, two or three genera? *In*: Seldon P A. *Proceedings of the 17th European Colloquium of Arachnology, Edinburgh 1997*. Edinburgh: 115-120.

Zakharov B P, Ovtcharenko V I. 2011. Morphological organization of the male palpal organ in Australian ground spiders of the genera *Anzacia*, *Intruda*, *Zelanda*, and *Encoptarthria* (Araneae: Gnaphosidae). *Journal of Arachnology*, 39: 327-336.

Zamani A, Mirshamsi O, Savoji A, Shahi M. 2014. Contribution to the distribution of spiders with significant medical importance (Araneae: *Loxosceles* and *Latrodectus*) in Iran, with a new record for the country. *Iranian Journal of Animal Biosystematics*, 10(1): 57-66.

Zamani A, Rafinejad J. 2014. First Record of the Mediterranean Recluse Spider *Loxosceles rufescens* (Araneae: Sicariidae) from Iran. *Journal of Arthropod-Borne Diseases*, 8(2): 228-231.

Zamaraev V N. 1964. Opredelitel vidov paukov semeistva Araneidae. *Uchenye Zapiski Kalininskogo Gosudarstvennogo Pedagogicheskogo Instituta*, 31: 350-368.

Zha S, Jin C, Zhang F. 2014. The first description of the male *Euophrys atrata* and *E. bulbus* from southern China (Araneae: Salticidae). *Zootaxa*, 3779(3): 368-374.

Zhai H, Zhu M S. 2007. Two new species of the genus *Bifurcia* (Araneae: Linyphiidae) from China. *Acta Arachnologica*, *Tokyo*, 56: 73-76.

Zhai H, Zhu M S. 2008a. A newly recorded species of the genus *Lepthyphantes* (Araneae: Linyphiidae) from China. *Journal of Hebei University*, *Natural Science Edition*, 28: 85-87.

Zhai H, Zhu M S. 2008b. Two new species of the spider genus *Poeciloneta* Kulczyński, 1894 (Araneae: Linyphiidae) from China. *Zootaxa*, 1850: 61-64.

Zhang B S, Chen P, Zhang F. 2011. A newly recorded genus *Heradion* (Araneae: Zodariidae) from China. *Journal of Hebei University*, *Natural Science Edition*, 31: 424-426.

Zhang B S, Liu L, Zhang F. 2011a. The cobweb spiders of the genus *Anelosimus* Simon, 1891 (Araneae: Theridiidae) in Hainan Island, China. *Zootaxa*, 2833: 49-59.

Zhang B S, Liu L, Zhang F. 2011b. Two new species of the genus *Lasaeola* Simon (Araneae: Theridiidae) from Hainan Island, China. *Acta Arachnologica Sinica*, 20: 4-8.

Zhang B S, Zhang F. 2012a. Two new spider species of the genus *Chrysso* O. P.-Cambridge, 1882 (Araneae, Theridiidae) in Hainan Island, China. *ZooKeys*, 190: 21-31.

Zhang B S, Zhang F, Chen P. 2011. Species of the genus *Mallinella* Strand, 1906 (Araneae: Zodariidae) from Hainan Island, China. *Zootaxa*, 2986: 55-62.

Zhang B S, Zhang F, Jia X M. 2012b. Two new species of the ant spider genus *Asceua* Thorell, 1887 (Araneae: Zodariidae) from China. *Zootaxa*, 3307: 62-68.

Zhang B S, Zhang F, Zhang Z S. 2013a. Four new species of the genus *Pseudopoda* Jäger, 2000 (Araneae, Sparassidae) from Yunnan province, China. *Zootaxa*, 3702: 273-287.

Zhang B S, Zhang Y, Song D X. 2004. A new species of the genus *Xysticus* (Araneae: Thomisidae) from China. *Journal of Hebei University*, *Natural Science Edition*, 24: 74-75.

Zhang B S, Zhu M S. 2007a. A new species of the genus *Theridion* from China (Araneae: Theridiidae). *Journal of the Agricultural University Hebei*, 30: 73-74.

Zhang B S, Zhu M S. 2007b. A new species of the genus *Yaginumaella* from China (Araneae: Salticidae). *Journal of Dali University*, 6: 1-2.

Zhang B S, Zhu M S. 2009. Three new species of the ant genus *Mallinella* Strand, 1906 (Araneae: Zodariidae) from China. *Zootaxa*, 2212: 62-68.

Zhang B S, Zhu M S. 2010a. Two new species of the genus *Storenomorpha* Simon from China (Araneae: Zodariidae). *Acta Arachnologica*, *Tokyo*, 58: 91-95.

Zhang B S, Zhu M S, Jäger P, Song D X. 2007. A new species of the genus *Sinopoda* from China (Aranei: Sparassidae: Heteropodinae). *Arthropoda Selecta*,

15: 251-253.

Zhang C, Song D X. 2004. A new species of the genus *Anyphaena* from China (Araneae: Anyphaenidae). *Acta Arachnologica Sinica*, 13: 11-13.

Zhang C, Song D X, Kim J P. 2006. A new species of the spider genus *Araneus* from Tibet, China (Araneae: Araneidae). *Korean Arachnology*, 22: 1-5.

Zhang C, Zhu M S, Song D X. 2006a. A review of the Chinese species of the genus *Eriophora* (Araneae: Araneidae). *Acta Arachnologica Sinica*, 15: 1-13.

Zhang F, Fu J Y. 2010. A new species of the genus *Sphingius* (Araneae, Liocranidae) from China, and first description of the female: *Sphingius hainan* Zhang, Fu & Zhu, 2009. *ZooKeys*, 49: 23-31.

Zhang F, Fu J Y. 2011. First report of the genus *Sesieutes* Simon (Araneae: Liocranidae) from China, with description of one new species. *Entomological News*, 121: 69-74.

Zhang F, Fu J Y, Zhu M S. 2009a. A review of the genus *Trachelas* (Araneae: Corinnidae) from China. *Zootaxa*, 2235: 40-58.

Zhang F, Fu J Y, Zhu M S. 2009b. Spiders of the genus *Sphingius* (Araneae: Liocranidae) from China, with descriptions of two new species. *Zootaxa*, 2298: 31-44.

Zhang F, Fu J Y, Zhu M S. 2009c. First report of the sac spider genus *Systaria* Simon (Araneae: Clubionidae) from China: *Systaria hainanensis* sp. nov. and *Systaria mengla* (Song & Zhu, 1994) comb. nov. *Zootaxa*, 2305: 51-60.

Zhang F, Fu J Y, Zhu M S. 2009d. A new species of the genus *Otacilia* (Araneae: Corinnidae) from Yunnan Province, China. *Acta Arachnologica, Tokyo*, 58: 1-3.

Zhang F, Hu D S, Han G X. 2011. A new species of the genus *Anahita* Karsch, 1879 (Araneae: Ctenidae) from Hainan Island, China. *Zootaxa*, 2839: 85-88.

Zhang F, Hu D S, Raychaudhuri D. 2011. First record of the spider genus *Indosmodicinus* from China, with description of the hitherto unknown male of *Indosmodicus bengalensis* (Araneae: Thomisidae). *Munis Entomology and Zoology*, 6: 932-936.

Zhang F, Peng Y Q. 2011. Eleven new species of the genus *Belisana* Thorell (Araneae: Pholcidae) from south China. *Zootaxa*, 2989: 51-68.

Zhang F, Peng Y Q. 2012. A new recorded species of the genus *Leptopholcus* in China (Araneae: Pholcidae). *Journal of Hebei University, Natural Science Edition*, 32: 635-638.

Zhang F, Song D X. 2001a. Three new species of the genus *Zelotes* (Araneae: Gnaphosidae) from Taihang Mountains, China. *Journal of Hebei University, Natural Science Edition*, 21: 158-162.

Zhang F, Song D X, Zhu M S. 2001. On five new species of the family Gnaphosidae (Arachnida: Araneae) from China. *Acta Zoologica Sinica*, 47(Suppl.): 52-58.

Zhang F, Song D X, Zhu M S. 2002a. Two species of the genus *Cladothela* from China (Araneae: Gnaphosidae). *Acta Zootaxonomica Sinica*, 27: 241-245.

Zhang F, Song D X, Zhu M S. 2002b. A new record of the spider of the genus *Cladothela* from China (Araneae: Gnaphosidae). *Journal of the Baoding Teachers College*, 15: 16-17.

Zhang F, Song D X, Zhu M S. 2003. Two new species of the genus *Scotophaeus* from China (Araneae: Gnaphosidae). *Journal of the Liaoning Normal University, Natural Science Edition*, 26: 70-72.

Zhang F, Song D X, Zhu M S. 2004. One new species and one newly recorded species of the family Thomisidae from Taihang Mountains, China (Arachnida: Araneae). *Acta Arachnologica Sinica*, 13: 7-10.

Zhang F, Zhang B S. 2011a. Five new species of the spider genus *Dipoena* Thorell, 1869 from Hainan Island, China (Araneae: Theridiidae). *Acta Arachnologica, Tokyo*, 60: 93-101.

Zhang F, Zhang B S. 2012b. Spiders of the genus *Phycosoma* O. P.-Cambridge, 1879 (Araneae: Theridiidae) from Hainan Island, China. *Zootaxa*, 3339: 30-43.

Zhang F, Zhang B S, Jia X M. 2012a. Two new species of the genus *Mallinella* Strand, 1906 (Araneae: Zodariidae) from China. *Zootaxa*, 3241: 64-68.

Zhang F, Zhang B S, Zhang Z S. 2013b. New species of *Pseudopoda* Jäger, 2000 from southern China (Araneae, Sparassidae). *ZooKeys*, 361: 37-60.

Zhang F, Zhang C. 2002. Notes on one new species and one newly recorded species of the family Araneidae (Arachnida: Araneae) from Taihang Mountains, China. *Acta Arachnologica Sinica*, 11: 22-24.

Zhang F, Zhang C. 2003a. On two newly recorded species of the spider from China (Araneae: Salticidae, Hahniidae). *Journal of Hebei University, Natural Science Edition*, 23: 51-54.

Zhang F, Zhang C. 2008. A new species of the genus *Khorata* (Araneae: Pholcidae) from Fujian Province, China. *Acta Arachnologica, Tokyo*, 57: 65-66.

Zhang F, Zhang C, Fu J Y. 2010. A new species of the genus *Xantharia* from China (Araneae: Clubionidae). *Zootaxa*, 2617: 66-68.

Zhang F, Zhang J X. 2000. Three new species and a new discovery of female of genus *Pholcus* from Taihang Mts., China. *Journal of Hubei University*, 20: 151-156.

Zhang F, Zhang Y X, Yu H D. 2003. One new record genus and two new species of the family Linyphiidae (Arachnida: Araneae) from China. *Journal of Hebei University, Natural Science Edition*, 23: 407-410.

Zhang F, Zhu M S. 2008. Review of the genus *Coreodrassus* (Araneae: Gnaphosidae) from China. *Zootaxa*, 1761: 30-36.

Zhang F, Zhu M S. 2009a. A review of the genus *Pholcus* (Araneae: Pholcidae) from China. *Zootaxa*, 2037: 1-114.

Zhang F, Zhu M S. 2009b. A new species of *Pholcus* (Aranei, Pholcidae) spider from a cave in Hebei province, China. *Arthropoda Selecta*, 18: 81-85.

Zhang F, Zhu M S. 2009c. Three new species of the genus *Clubiona* from Xizang and Sichuan, China (Araneae, Clubionidae). *Acta Zootaxonomica Sinica*, 34: 725-729.

Zhang F, Zhu M S. 2009d. Two new species of the genus *Khorata* Huber, 2005 (Araneae: Pholcidae) from Guangxi Province, China. *Entomological News*, 120: 233-239.

Zhang F, Zhu M S, Song D X. 2003. Two new species of the genus *Clubiona* from China (Araneae, Clubionidae). *Acta Zootaxonomica Sinica*, 28: 634-636.

Zhang F, Zhu M S, Song D X. 2004a. One new species of the genus *Octonoba* from China (Araneae: Uloboridae). *Acta Arachnologica Sinica*, 13: 77-79.

Zhang F, Zhu M S, Song D X. 2004b. On some species of the genus *Xysticus* (Araneae: Thomisidae) from Taihang Mountains, China. *Journal of Hebei University, Natural Science Edition*, 24(6): 637-643.

Zhang F, Zhu M S, Song D X. 2005a. A new species of the genus *Pholcus* (Araneae, Pholcidae) from Taihang Mountains area, China. *Acta Zootaxonomica Sinica*, 30: 65-66.

Zhang F, Zhu M S, Song D X. 2005b. A new *Anyphaena* species from China (Araneae: Anyphaenidae). *Zootaxa*, 842: 1-7.

Zhang F, Zhu M S, Song D X. 2006b. A review of pholcid spiders from Tibet, China (Araneae, Pholcidae). *Journal of Arachnology*, 34: 194-205.

Zhang F, Zhu M S, Song D X. 2007a. New discoveries of the male spiders of *Clubiona taiwanica* and *Clubiona zhangmuensis* from China (Araneae, Clubionidae). *Acta Zootaxonomica Sinica*, 32: 38-40.

Zhang F, Zhu M S, Song D X. 2007b. Two new species of the genus *Clubiona* from Xizang autonomous region, China (Araneae, Clubionidae). *Journal of the Liaoning Normal University, Natural Science Edition*, 30: 90-92.

Zhang F, Zhu M S, Song D X. 2007c. Three new species of the genus *Clubiona* from Yunnan Province, China (Araneae, Clubionidae). *Journal of Hebei University, Natural Science Edition*, 27: 407-411.

Zhang F, Zhu M S, Tso I M. 2009a. Review of the genus *Hongkongia* (Araneae: Gnaphosidae) from China. *Zootaxa*, 2164: 61-68.

Zhang F, Zhu M S, Tso I M. 2009b. Three new species and two new records of Gnaphosidae (Arachnida: Araneae) from Taiwan. *Journal of Hebei University, Natural Science Edition*, 29: 528-532, 542.

Zhang G R. 1991a. A revision of two species of the genus *Clubiona* (Araneae: Clubionidae) from China. *Sichuan Journal of Zoology*, 10(4): 9-11.

Zhang G R. 1991b. Eight species of the genus *Clubiona* (Araneae: Clubionidae) from China. *Journal of Xiangtan Teachers College*, 12: 29-36.

Zhang G R. 1992. Six new species of spiders of the genus *Clubiona* (Araneae: Clubionidae) from China. *Korean Arachnology*, 8: 47-65.

Zhang G R. 1993. Three new species of spiders of the genus *Clubiona* from China (Araneae: Clubionidae). *Acta Zootaxonomica Sinica*, 18: 162-168.

Zhang G R. 1994. Two newly recorded species of genus *Chiracanthium* from China (Araneae: Clubionidae). *Acta Arachnologica Sinica*, 3: 133-134.

Zhang G R, Chen J A. 1993. A new species of the genus *Clubiona* from China (Araneae: Clubionidae). *Acta Zootaxonomica Sinica*, 18: 306-308.

Zhang G R, Hu Y J. 1991. Three new species of the spiders of the genus *Clubiona* from China (Araneae: Clubionidae). *Acta Zootaxonomica Sinica*, 16: 417-423.

Zhang G R, Hu Y J, Zhu C D. 1994. A new species and a newly recorded species of the genus *Chiracanthium* (Araneae: Clubionidae) from China. *Acta Arachnologica Sinica*, 3: 8-10.

Zhang G R, Zhu C D. 1993a. A new species and a newly recorded species of the genus *Chiracanthium* (Araneae: Clubionidae) from Zhangjiajie, China. *Acta Arachnologica Sinica*, 2: 76-79.

Zhang G R, Zhu C D. 1993b. Two new species of the genus *Chiracanthium* from China (Araneae: Clubionidae). *Sichuan Journal of Zoology*, 12(4): 5-6.

Zhang G R, Zhu C D, Hu Y J. 1993. Three new species of spiders (Arachnida: Araneae) from China. *Natural Enemies of Insects*, 15: 106-111.

Zhang J X. 2000a. Taxonomy studies on Chinese spiders of the genus *Pisaura* (Araneae: Pisauridae) I. *Acta Arachnologica Sinica*, 9: 1-9.

Zhang J X, Chen H M, Kim J P. 2004. New discovery of the female *Asemonea sichanensis* (Araneae, Salticidae) from China. *Korean Arachnology*, 20: 7-11.

Zhang J X, Chen H M, Zhu M S. 2001. Three new species of the genus *Steatoda* from Guizhou (Araneae: Theridiidae). *Journal of Hebei University, Natural Sciences*, 21: 305-309.

Zhang J X, Li D Q. 2005. Four new and one newly recorded species of the jumping spiders (Araneae: Salticidae: Lyssomaninae & Spartaeinae) from (sub) tropical China. *The Raffles Bulletin of Zoology*, 53: 221-229.

Zhang J X, Maddison W P. 2012. New euophryine jumping spiders from Southeast Asia and Africa (Araneae: Salticidae: Euophryinae). *Zootaxa*, 3581: 53-80.

Zhang J X, Song D X. 2001b. One new spider species of the genus *Gnaphosa* (Araneae: Gnaphosidae) from China. *Journal of Hebei University, Natural Sciences*, 21: 78-79.

Zhang J X, Yang Z Z, Zhu M S. 2005. Two new species of the genus *Oxyopes* from China (Araneae: Oxyopidae). *Journal of Hebei University, Natural Science Edition*, 25: 75-78.

Zhang J X, Zhang C. 2003b. Taxonomic studies on two pisaurid species from China (Araneae: Pisauridae). *Acta Arachnologica Sinica*, 12: 14-17.

Zhang J X, Zhang Y Q, Kim J P. 2005. A new species of the spider genus *Oxyopes* from Guangxi, China (Araneae: Oxyopidae). *Korean Arachnology*, 21: 1-5.

Zhang J X, Zhu M S. 2005a. Two new species of the spider genus *Oxyopes* (Araneae: Oxyopidae) from China. *Acta Arachnologica, Tokyo*, 53: 105-108.

Zhang J X, Zhu M S, Song D X. 2004. A review of the Chinese nursery-web spiders (Araneae, Pisauridae). *Journal of Arachnology*, 32: 353-417.

Zhang J X, Zhu M S, Song D X. 2004. A review of the Chinese nursery-web spiders (Araneae, Pisauridae). *Journal of Arachnology*, 32: 353-417.

Zhang J X, Zhu M S, Song D X. 2005c. A new species of the genus *Dolomedes* from China (Araneae: Pisauridae). *Acta Arachnologica Sinica*, 14: 7-9.

Zhang J X, Zhu M S, Song D X. 2005d. Revision of the spider genus *Hamataliwa* Keyserling from China (Araneae: Oxyopidae). *Zootaxa*, 1017: 1-17.

Zhang J X, Zhu M S, Tso I M. 2006a. First record of the family Theridiosomatidae from Taiwan, with description of a new species (Arachnida: Araneae). *Bulletin of the British Arachnological Society*, 13: 265-266.

Zhang J X, Zhu M S, Tso I M. 2006b. Four new crab spiders from Taiwan (Araneae, Thomisidae). *Journal of Arachnology*, 34: 77-86.

Zhang W S. 1987. *Farm Spiders from Hebei Province*. Baoding: Hebei University of Science and Techology Press: 299.

Zhang W S, Zhu C D. 1982. Description of four species of spiders from Hebei Province, China. *Journal of the Bethune Medical University*, 8: 66-68.

Zhang W S, Zhu C D. 1983. Description of the male spiders of two species of Gnaphosidae from China (Araneae). *Journal of the Bethune Medical University*, 9(Suppl.): 165-166.

Zhang W S, Zhu C D. 1987. Notes of spiders from Hebei Province, China. *Journal of Norman Bethune University of Medical Sciences*, 13: 33-35.

Zhang X F, Gao J C, Li S Q. 2007. Morphological variation in female *Cyclocosmia latusicosta* (Araneae, Ctenizidae). *Acta Zootaxonomica Sinica*, 32: 385-390.

Zhang X F, Li S Q, Gao J C. 2007. Restudy on the type specimens of *Agelena scopulata* Wang, 1991 (Araneae: Agelenidae). *Acta Arachnologica Sinica*, 16: 12-13.

Zhang X F, Li S Q, Xu X. 2008. A further study on the species of the spider family Agelenidae from China (Arachnida: Araneae). *Revue Suisse de Zoologie*, 115: 95-106.

Zhang X X, Zhang F. 2011b. Three new species of the orb weaving spider genus *Neoscona* Simon from China (Araneae, Araneidae). *Acta Zootaxonomica Sinica*, 36: 518-523.

Zhang X X, Zhang F, Zhu M S. 2010a. A review of the Asian orb weaving spider genus *Pronoides* (Araneae: Araneidae). *Zootaxa*, 2642: 59-67.

Zhang X X, Zhang F, Zhu M S. 2010b. Two new species of the genus *Cyclosa* (Araneae: Araneidae) from China. *Journal of Hebei University, Natural Science Edition*, 30: 696-700.

Zhang Y J. 1985. Two new species of spiders of the genus *Atypus* from China (Araneae: Atypidae). *Acta Zootaxonomica Sinica*, 10: 140-147.

Zhang Y J. 1986. New report of two spiders from China (Araneae: Araneidae). *Journal of Natural Science of Hunan Normal University*, 9: 49-50.

Zhang Y J. 1998. Supplemental descriptions of two spiders (Arachnida: Araneae). *Acta Arachnologica Sinica*, 7: 113-116.

Zhang Y J, Kim J P. 1996. Three new species of the family Heteropodidae from China (Arachnida: Araneae). *Korean Arachnology*, 12(1): 77-85.

Zhang Y J, Pan Z C, Tong L J, Zhu S H. 2000. The spiders of family Thomisidae in Ningbo Tiantong Forest Park. *Journal of Ningbo University, Natural*

Science Edition, 13(4): 35-38.

Zhang Y J, Peng X J, Kim J P. 1997. Five new species of the genus *Coelotes* (Araneae: Agelenidae) from China. *Korean Journal of Systematic Zoology*, 13: 291-296.

Zhang Y J, Song D X. 1992. A new species of the genus *Pisaura* (Araneae, Pisauridae). *Acta Arachnologica Sinica*, 1(1): 17-19.

Zhang Y J, Wang J F. 1988. Description of the male spider of *Hahnia ovata* Song et Zheng. *Acta Zootaxonomica Sinica*, 13: 205-207.

Zhang Y J, Yin C M. 1998a. A new species of the genus *Oxytate* from China (Araneae: Thomisidae). *Acta Zootaxonomica Sinica*, 23: 6-8.

Zhang Y J, Yin C M. 1998b. Six new species of the spiders of genus *Clubiona* from China (Araneae: Clubionidae). *Acta Zootaxonomica Sinica*, 23: 9-17.

Zhang Y J, Yin C M. 1999. Two new species of the genus *Cheiracanthium* from China with notes on male spiders of two species (Araneae: Clubionidae). *Acta Zootaxonomica Sinica*, 24: 285-290.

Zhang Y J, Yin C M. 2001a. A new species of the genus *Coelotes* from China (Araneae: Amaurobiidae). *Acta Arachnologica Sinica*, 10: 11-12.

Zhang Y J, Yin C M. 2001b. Two new species of the genus *Gnaphosa* from China (Araneae: Gnaphosidae). *Acta Zootaxonomica Sinica*, 26: 479-482.

Zhang Y J, Yin C M. 2001c. Two new species of the genus *Coronilla* from China (Araneae: Amaurobiidae). *Acta Zootaxonomica Sinica*, 26: 487-490.

Zhang Y J, Yin C M, Bao Y H. 2003. Two new species of the genus *Scotophaeus* from China (Araneae, Gnaphosidae). *Acta Zootaxonomica Sinica*, 28: 637-640.

Zhang Y J, Yin C M, Bao Y H. 2004. One new and one newly recorded species of the genus *Cladothela* from China (Araneae, Gnaphosidae). *Acta Zootaxonomica Sinica*, 29: 83-86.

Zhang Y J, Yin C M, Bao Y H, Kim J P. 1997. Four new species of the genus *Clubiona* (Arenea: Clubionidae) from China. *Korean Journal of Systematic Zoology*, 13: 297-302.

Zhang Y J, Yin C M, Kim J P. 1996. The new species of the genus *Clubiona* from China (Araneae: Clubionidae). *Korean Arachnology*, 12(1): 49-55.

Zhang Y J, Yin C M, Kim J P. 2000. Two new species of the genus *Coelotes* (Araneae: Amaurobiidae) from China. *Korean Arachnology*, 16(2): 79-84.

Zhang Y Q. 2000b. Introduction of poisonous spiders-Theraphosidae. *Guangxi Plant Protection*, 13(1): 22-24.

Zhang Y Q, Chen H M, Zhu M S. 2008. A new troglophilous *Belisana* spider from Guangxi, China (Araneae, Pholcidae). *Acta Zootaxonomica Sinica*, 33: 654-656.

Zhang Y Q, Chen H M, Zhu M S. 2009. A new cave-dwelling *Tricalamus* spider from Guizhou, China (Araneae, Filistatidae). *Acta Zootaxonomica Sinica*, 34: 22-24.

Zhang Y Q, Song D X, Zhu M S. 1992. Notes on a new and eight newly recorded species of jumping spiders in Guangxi, China (Araneae: Salticidae). *Journal of the Guangxi Agricultural College*, 11(4): 1-6.

Zhang Z H, Chen Z F. 1994. A new species of the genus *Comaroma* in China (Araneae: Anapidae). *Journal of Hangzhou University, Natural Science*, 21(Suppl.): 118-121.

Zhang Z S, Hu D S, Zhang Y G. 2012. Notes on the spider genus *Lathys* Simon, 1884 (Araneae: Dictynidae), with description of four new species from China. *Zootaxa*, 3359: 1-16.

Zhang Z S, Li S Q. 2011. On four new canopy spiders of Dictynidae (Araneae) from Xishuangbanna rainforest, China. *Zootaxa*, 3066: 21-36.

Zhang Z S, Li S Q, Pham D S. 2013. First description of comb-tailed spiders (Araneae: Hahniidae) from Vietnam. *Zootaxa*, 3613: 343-356.

Zhang Z S, Li S Q, Zheng G. 2011. Comb-tailed spiders from Xishuangbanna, Yunnan Province, China (Araneae, Hahniidae). *Zootaxa*, 2912: 1-27.

Zhang Z S, Yang Z Z, Zhang Y G. 2009. A new species of the genus *Lathys* (Araneae, Dictynidae) from China. *Acta Zootaxonomica Sinica*, 34: 199-202.

Zhang Z S, Yang Z Z, Zhu M S, Song D X. 2003. A new species of the genus *Coelotes* from China, with a redescription of *Coelotes modestus* Simon, 1880 (Araneae: Amaurobiidae). *Acta Arachnologica Sinica*, 12: 79-84.

Zhang Z S, Zhang Y G. 2013. Synonymy and misidentification of three *Hahnia* species (Araneae: Hahniidae) from China. *Zootaxa*, 3682: 521-533.

Zhang Z S, Zhu M S. 2005b. A new species of the genus *Tegecoelotes* from China (Araneae: Amaurobiidae: Coelotinae). *Acta Arachnologica Sinica*, 14: 10-12.

Zhang Z S, Zhu M S. 2007c. First description on the male of *Ambanus nariceus*. *Journal of the Baoding Teachers College*, 20: 23-24.

Zhang Z S, Zhu M S. 2010b. Revision of the coelotine spider genus *Himalcoelotes* Wang, 2002 (Araneae: Amaurobiidae) from Tibet, China. *Zoological Science*, 27: 56-60.

Zhang Z S, Zhu M S, Song D X. 2002. Three new species of the subfamily Coelotinae from Mt. Shennongjia of Hubei province, China (Araneae: Amaurobiidae). *Journal of the Baoding Teachers College*, 15: 52-55.

Zhang Z S, Zhu M S, Song D X. 2005e. On *Agelena labyrinthica* (Clerck, 1757) and some allied species, with descriptions of two new species of the genus *Agelena* from China (Araneae: Agelenidae). *Zootaxa*, 1021: 45-63.

Zhang Z S, Zhu M S, Song D X. 2006c. A new genus of funnel-web spiders, with notes on relationships of the five genera from China (Araneae: Agelenidae). *Oriental Insects*, 40: 77-89.

Zhang Z S, Zhu M S, Song D X. 2007d. Three new species of the genus *Ambanus* Ovtchinnikov, 1999 from China (Araneae: Amaurobiidae: Coelotinae). *Zootaxa*, 1425: 21-28.

Zhang Z S, Zhu M S, Song D X. 2008. Revision of the spider genus *Taira* (Araneae, Amaurobiidae, Amaurobiinae). *Journal of Arachnology*, 36: 502-512. [N. B.: reprinted in *Korean Arachnol.* 24: 127-148].

Zhang Z S, Zhu M S, Sun L N, Song D X. 2006. Two new species of the genus *Coelotes* (Araneae: Amaurobiidae: Coelotinae) from Mt. Shennongjia, China. *Journal of Dali University*, 5(12): 1-4.

Zhang Z S, Zhu M S, Wang X P. 2005. *Draconarius exilis*, a new species of coelotine spider from China (Araneae, Amaurobiidae). *Zootaxa*, 1057: 45-50.

Zhao J Z. 1993. *Spiders in the Cotton Fields in China*. Wuhan: Wuhan Publishing House: 552.

Zhao L P, Peng X J. 2010. Two new spider species of the genus *Tetragnatha* from Yunnan province, China (Araneae, Tetragnathidae). *Acta Arachnologica Sinica*, 19: 7-10.

Zhao L P, Peng X J, Huang H Y. 2012. Two new spider species of the genus *Okileucauge* from Yunnan province, China (Araneae, Tetragnathidae). *Acta Zootaxonomica Sinica*, 37: 84-87.

Zhao L P, Yin C M, Peng X J. 2009. A new species of the genus *Wolongia* and the female of *Meta shenae* (Araneae, Tetragnathidae) from Yunnan Province, China. *Acta Zootaxonomica Sinica*, 34: 18-21.

Zhao L, Tong Y F. 2013. A newly recorded species and genus of the goblin spiders from Hainan Island, China (Araneae: Oonopidae). *Acta Arachnologica Sinica*, 22: 65-69.

Zhao Q Y, Li S Q. 2012. Eleven new species of theridiosomatid spiders from southern China (Araneae, Theridiosomatidae). *ZooKeys*, 255: 1-48.

Zhao Q Y, Li S Q. 2014a. *Sinoalaria*, a name to replace *Alaria* (Araneae, Theridiosomatidae). *Acta Arachnologica Sinica*, 23(1): 41.

Zhao Q Y, Li S Q. 2014b. A survey of linyphiid spiders from Xishuangbanna, Yunnan Province, China (Araneae, Linyphiidae). *ZooKeys*, 460: 1-181.

Zhao Y, Peng X J. 2013. Three new species of spiders of the family Liocranidae (Arachnida: Araneae) from China. *Oriental Insects*, 47: 176-183.

Zhao Y, Peng X J. 2014. Spiders of the genus *Utivarachna* from China (Araneae: Corinnidae). *Zootaxa*, 3774(6): 578-588.

Zheng G, Marusik Y M, Li S Q. 2009. Discovery of Stenochilidae Thorell, 1873 (Araneae) in China, with description of a new species from Yunnan. *Revue Suisse de Zoologie*, 116: 303-311.

Zheng Z M, Qiu Q H. 1980. A preliminary study of *Trochosa* Koch and *Pirata* Sundevall of Shaanxi (Arachnida: Araneida: Lycosidae). *Acta Zootaxonomica Sinica*, 5: 377-381.

Zhou G C, Wang L Y, Zhang Z S. 2013. Two new corinnid spiders from Simian Mountain of Chongqing, China (Araneae: Corinnidae). *Acta Arachnologica Sinica*, 22: 1-8.

Zhou N L, Luo Z X. 1992. A new generic record of Linyphiidae from China and the redescription of *Archaraeoncus tianshanicus* (Hu et Wu, 1989) n. comb. (Araneae: Linyphiidae). *Acta Arachnologica Sinica*, 1(1): 10-13.

Zhou N L, Song D X. 1985a. A new record of the genus *Philodromus* (Araneae: Philodromidae) from China. *Journal of the Xinjiang August 1st Agricultural College*, 3: 1-2.

Zhou N L, Song D X. 1985b. Six new records of spiders from China. *La Animala Mondo*, 2: 271-276.

Zhou N L, Song D X. 1987. Notes on some species of spiders from Xinjiang, China. *Journal of the Xinjiang August 1st Agricultural College*, 32: 17-24.

Zhou N L, Song D X. 1988. Notes on some jumping spiders from Xinjiang, China. *Journal of the August 1st Agricultural College*, 37: 1-14.

Zhou N L, Song M J, Song D X. 1994. A new species of the family Titanoecidae from Xinjiang, China (Araneae). *Journal of Hebei Normal University* (Nat. Sci. Ed.), 1994(Suppl.): 23-25.

Zhou N L, Wang H, Zhu C D. 1983. New records of spiders from Uygur Autonomous Region and Heilongjiang Province, China. *Journal of the Bethune Medical University*, 9(Suppl.): 153-160.

Zhou N L, Zai Y D, Luo Z X, Zhu C D. 1994. New records of linyphiid spider from China (Araneae: Linyphiidae: Erigoninae). *Acta Arachnologica Sinica*, 3: 21-24.

Zhou Y Y, Li S Q. 2013a. Two new genera of jumping spiders from Hainan Island, China (Araneae, Salticidae). *Zootaxa*, 3712: 1-84.

Zhou Y Y, Li S Q. 2013b. *Sinoinsula*, a name to replace *Insula* (Araneae, Salticidae). *Acta Arachnologica Sinica*, 21: 95.

Zhu B R, Ren H Q, Chen J. 2012. A new species of the genus *Clubiona* Latreille (Araneae, Clubionidae) from Hainan Island, China. *Zootaxa*, 3167: 53-56.

Zhu C D. 1982. Water spider of China (Araneae: Argyronetidae). *Journal of the Bethune Medical University*, 8: 29-30.

Zhu C D. 1983. A list of Chinese spiders (revised in 1983). *Journal of the Bethune Medical University*, 9(Suppl.): 1-130.

Zhu C D, Chen X E, Sha Y H. 1989. A new species of genus *Hahnia* from Sichuan Province, China (Araneae: Hahniidae). *Journal of Norman Bethune University of Medical Sciences*, 15: 148-150.

Zhu C D, Chen Y F, Sha Y H. 1987. A new species of spider of the genus *Floronia* from China (Araneae: Linyphiidae). *Acta Zootaxonomica Sinica*, 12: 139-141.

Zhu C D, Li Z S. 1983a. A new species of spider of the genus *Steatoda* (Araneae: Theridiidae). *Journal of the Bethune Medical University*, 9(Suppl.): 140-142.

Zhu C D, Li Z S. 1983b. Three new species of spiders of the genus *Lepthyphantes* and description of the male spider of *L. denisi* Schenkel (Araneae: Linyphiidae). *Journal of the Bethune Medical University*, 9(Suppl.): 144-147.

Zhu C D, Li Z S, Sha Y H. 1986. Three new species of spiders of Linyphiidae from Qinghai Province, China (Araneae). *Acta Zootaxonomica Sinica*, 11: 264-269.

Zhu C D, Mao J Y. 1983a. A new species of spider of the genus *Macrothele* from China (Araneae: Dipluridae). *Journal of the Bethune Medical University*, 9(Suppl.): 133-134.

Zhu C D, Mao J Y. 1983b. A new species of spider of the genus *Selenops* from China (Araneae: Selenopidae). *Journal of the Bethune Medical University*, 9(Suppl.): 151-152.

Zhu C D, Mao J Y, Yu Z X. 1983. Two new species of spiders of the genus *Pholcus* from China (Araneae: Pholcidae). *Journal of the Bethune Medical University*, 9(Suppl.): 135-137.

Zhu C D, Mei X G. 1982. A new species of spider of the genus *Phrurolithus* (Araneae: Clubionidae) from China. *Journal of the Bethune Medical University*, 8: 49-50.

Zhu C D, Sha Y H. 1983. New record of spider of the genus *Hyptiotes* from China (Araneae: Uloboridae). *Journal of the Bethune Medical University*, 9(Suppl.): 163-164.

Zhu C D, Sha Y H. 1986. A new species of spider of the genus *Neriene* from China (Araneae: Linyphiidae). *Acta Zootaxonomica Sinica*, 11: 163-165.

Zhu C D, Sha Y H. 1992. Two species of linyphiid spiders from south China (Arachnida: Araneae). *Journal of Norman Bethune University of Medical Sciences*, 18: 42-44.

Zhu C D, Sha Y H, Chen X E. 1989. Two new species of the genera *Octonoba* and *Uloborus* from south China (Araneae: Uloboridae). *Journal of Hubei University, Natural Science Edition*, 11: 48-54.

Zhu C D, Sha Y H, Chen X E. 1990. Description of the genus *Selenops* from Sichuan Province, China (Araneae, Selenopidae). *Journal of Norman Bethune University of Medical Sciences*, 16: 30-33.

Zhu C D, Wang F Z. 1963a. hinese Pholcidae and a new species. *Journal of Jilin Medical University*, 5: 461-466.

Zhu C D, Wang F Z. 1963b. Chinese Platoridae and a new species. *Journal of Jilin Medical University*, 5: 467-470.

Zhu C D, Wang F Z. 1963c. Thomisidae of China, I. *Journal of Jilin Medical University*, 5: 471-488.

Zhu C D, Wang H. 1983a. A new species of spider of the genus *Porrhomma* (Araneae: Linyphiidae). *Journal of the Bethune Medical University*, 9(Suppl.): 148-149.

Zhu C D, Wang J F. 1991. Six new species of the genus *Coelotes* from China (Araneae: Agelenidae). *Journal of Norman Bethune University of Medical Sciences*, 17(5): 1-4.

Zhu C D, Wang J F. 1992. Four new species of the genus *Cybaeus* from China (Araneae: Agelenidae). *Journal of Norman Bethune University of Medical Sciences*, 18: 342-345.

Zhu C D, Wang J F. 1994. Seven new species of the genus *Coelotes* from China (Araneae: Agelenidae). *Acta Zootaxonomica Sinica*, 19: 37-45.

Zhu C D, Wang Y W. 1983b. A new species of spider of the genus *Heptathela* from China (Araneae: Heptathelidae). *Journal of the Bethune Medical University*, 9(Suppl.): 131-132.

Zhu C D, Wang Y W. 1984. A new species of genus *Liphistius* (Araneae: Liphistiidae). *Journal of the Bethune Medical University*, 10: 251-253.

Zhu C D, Wen Z G. 1978. A new species of spider of the genus *Dyschiriognatha* (Araneae: Tetragnathidae) from China. *Journal of Jilin Medical University*, 3: 16-18.

Zhu C D, Wen Z G. 1980. A preliminary report of Micryphantidae (Arachnida: Araneae) from China. *Journal of the Bethune Medical University*, 6: 17-24.

Zhu C D, Wen Z G. 1981. Chinese spiders of genus *Tmarus* (Araneae: Thomisidae). *Journal of the Bethune Medical University*, 7: 24-27.

Zhu C D, Wen Z G. 1983. Two new species of spiders of Linyphiidae (Araneae) from China. *Acta Zootaxonomica Sinica*, 8: 149-152.

Zhu C D, Wen Z G, Sun X J. 1986. Description of two new species and the male spider of one species of Linyphiidae (Arachnida: Araneae). *Journal of Norman Bethune University of Medical Sciences*, 12: 205-208.

Zhu C D, Yu F L. 1982. A new species of Theridiidae and description of the female spider of *Clubiona mandschurica* Schenkel (Araneae: Clubionidae). *Journal of the Bethune Medical University*, 8: 60-61.

Zhu C D, Zhou N L. 1983. A new species of spider of the genus *Bathyphantes* from Uygur Autonomous Region of Xinjiang (Araneae: Linyphiidae). *Journal of the Bethune Medical University*, 9(Suppl.): 142-143.

Zhu C D, Zhou N L. 1988. A new species of spider of Linyphiidae from Xinjiang Uygur Autonomous Region (Araneae: Linyphiidae: Erigoninae). *Acta Zootaxonomica Sinica*, 13: 343-345.

Zhu C D, Zhou N L. 1992. A new genus and a new species of erigonine spiders from China (Araneae, Linyphiidae). *Acta Arachnologica Sinica*, 1(1): 2-5.

Zhu C D, Zhu S F. 1983a. A new species of spider of the genus *Zodarium* (Araneae: Zodariidae). *Journal of the Bethune Medical University*, 9(Suppl.): 137-138.

Zhu C D, Zhu S F. 1983b. A new species of spider of the genus *Meta* (Araneae: Araneidae). *Journal of the Bethune Medical University*, 9(Suppl.): 139-140.

Zhu C D, Zhu S F. 1983c. A new species of spider of the genus *Hahnia* (Araneae: Hahniidae) from Liaoning Province, China. *Journal of the Bethune Medical University*, 9(Suppl.): 149-150.

Zhu M S. 1984. Notes on two Chinese species of family Urocteidae (Araneae, Urocteidae). *Journal of the Shanxi Agricultural University*, 4: 169-172.

Zhu M S. 1988. A new spider of the genus *Zodarium* from China (Araneae: Zodariidae). *Acta Zootaxonomica Sinica*, 13: 353-355.

Zhu M S. 1992. Four species of spider of the genus *Dipoena* from China (Araneae: Theridiidae). *Journal of Hebei Normal University* (Nat. Sci. Ed.), 17(3): 108-113.

Zhu M S. 1998. *Fauna Sinica: Arachnida: Araneae: Theridiidae*. Beijing: Science Press: xi + 436.

Zhu M S, An R Y. 1988. Two new species of the genus *Clubiona* from China (Araneae: Clubionidae). *Journal of Hebei Normal University* (Nat. Sci. Ed.), 1988: 72-75.

Zhu M S, An R Y. 1999. One new species of the spider genus *Clubiona* (Clubionidae: Araneae) from China. *Journal of Hebei Normal University, Natural Sciences*, 23: 541-545.

Zhu M S, Chen H M. 2002. A new cave spider of the genus *Telema* from China (Araneae: Telemidae). *Acta Zootaxonomica Sinica*, 27: 82-84.

Zhu M S, Chen H M. 2009. Two new troglobitic spider of the genus *Draconarius* (Araneae, Amaurobiidae, Coelotinae) from Guizhou, China. *Journal of Hebei University, Natural Science Edition*, 29: 184-187.

Zhu M S, Chen H M, Song D X. 1999. A new species of the genus *Anahita* (Araneae: Ctenidae) from China. *In*: The China Zoological Society: Zoological Studies in China. Beijing: Chinese Forestry Publishing House: 210-212.

Zhu M S, Chen H M, Zhang Z S. 2004. A new species of the genus *Taira* from China (Araneae: Amaurobiidae: Amaurobiinae). *Journal of Hebei University, Natural Science Edition*, 24: 61-64.

Zhu M S, et al. 1985. *Crop field spiders of Shanxi Province*. Taiyuan: Agriculture Planning Committee of Shanxi Province.

Zhu M S, Gao S S, Guan J D. 1993. Notes on the four new species of comb-footed spiders of the forest regions Liaoning, China (Araneae: Theridiidae). *Journal of the Liaoning University* (Nat. Sci. Ed.), 20: 89-94.

Zhu M S, Gong L S. 1991. Four new species of the genus *Pholcus* from China (Araneae: Pholcidae). *Acta Zootaxonomica Sinica*, 16: 18-26.

Zhu M S, Kim J P, Song D X. 1997. On three new genera and four new species of the family Tetragnathidae (Araneae) from China. *Korean Arachnology*, 13(2): 1-10.

Zhu M S, Li T H, Song D X. 2000. A new species of the genus *Macrothele* (Araneae: Hexathelidae) from China. *Journal of Hubei University*, 20: 358-361.

Zhu M S, Li T H, Song D X. 2002. A new species of the genus *Citharognathus* from China (Araneae: Mygalomorphae: Theraphosidae). *Journal of Hebei University, Natural Sciences*, 22: 370-373.

Zhu M S, Lian W G, Chen H M. 2006. Two new species of the genera *Larinia* and *Cyclosa* from China (Araneae: Cybaeidae). *Acta Arachnologica, Tokyo*, 55: 15-18.

Zhu M S, Lian W G, Ono H. 2004. A new species of the genus *Lysiteles* (Araneae: Thomisidae) from Hainan Island, China. *Acta Arachnologica, Tokyo*, 53: 53-55.

Zhu M S, Ono H. 2007a. New record of the genus *Philodamia* Thorell, 1894 from China, with descriptions of two new species (Araneae: Thomisidae). *Acta Arachnologica, Tokyo*, 56: 77-80.

Zhu M S, Ono H. 2007b. New record of the spider genus *Talaus* from south China, with description of a new species (Araneae: Thomisidae). *Acta Arachnologica, Tokyo*, 56: 81-83.

Zhu M S, Shan Y J. 2007. The new discovery of the female spider *Stiphropus ocellatus* Thorell, 1887 from China (Araneae, Thomisidae). *Acta Zootaxonomica Sinica*, 32: 913-914.

Zhu M S, Song D X. 1991. Notes on the genus *Argyrodes* from China (Araneae: Theridiidae). *Journal of Hebei Pedagogic College* (Nat. Sci.) 1991(4): 130-146.

Zhu M S, Song D X. 1992. On four new species of comb-footed spiders (Araneae: Theridiidae) from China. *Sichuan Journal of Zoology*, 11(1): 4-7.

Zhu M S, Song D X. 1997. A new species of the genus *Euryopis* from China (Araneae: Theridiidae). *Acta Arachnologica Sinica*, 6: 93-95.

Zhu M S, Song D X. 2000a. Taxonomic study on *Selenocosmia huwena* Wang et al., 1993 (Araneae: Theraphosidae: Ornithoctoninae). *Journal of Hubei University*, 20: 53-56.

Zhu M S, Song D X. 2000b. Review of the Chinese funnel-web spiders of the genus *Macrothele*, with descriptions of two new species (Araneae:

Hexathelidae). *The Raffles Bulletin of Zoology*, 48: 59-64.

Zhu M S, Song D X. 2006. A new discovery of the male spider and a new record from China (Araneae, Thomisidae). *Acta Zootaxonomica Sinica*, 31: 549-552.

Zhu M S, Song D X, Kim J P. 1998. Two species of spiders of the genus *Trachelas* (Araneae: Corinnidae) from China. *Korean Journal of Systematic Zoology*, 14: 425-428.

Zhu M S, Song D X, Li T H. 2001. A new species of the family Theraphosidae, with taxonomic study on the species *Selenocosmia hainana* (Arachnida: Araneae). *Journal of the Baoding Teachers College*, 14(2): 1-6.

Zhu M S, Song D X, Zhang J X. 2003. *Fauna Sinica: Invertebrata Vol. 35: Arachnida: Araneae: Tetragnathidae*. Beijing: Science Press: vii + 418.

Zhu M S, Song D X, Zhang J X, Gu D X. 2002. The *Tetragnatha* spiders familiar to paddy field from China. *Natural Enemies of Insects*, 24: 77-95.

Zhu M S, Song D X, Zhang Y Q, Wang X P. 1994. On some new species and new records of spiders of the family Araneidae from China. *Journal of Hebei Normal University* (Nat. Sci. Ed.), 1994(Suppl.): 25-52.

Zhu M S, Tang G M, Zhang F, Song D X. 2006a. Revision of the spider family Trochanteriidae from China (Araneae: Gnaphosoidea). *Zootaxa*, 1140: 31-51.

Zhu M S, Tso I M. 2002. Four new species of the genus *Leptoneta* (Araneae, Leptonetidae) from Taiwan. *Journal of Arachnology*, 30: 563-570.

Zhu M S, Tso I M. 2005. The redescription of *Yamia watasei* Kishida, with taxonomic study (Araneae: Theraphosidae). *Acta Arachnologica Sinica*, 14: 13-16.

Zhu M S, Tso I M. 2006. Two new species of the family Sparassidae from Taiwan, with description of the female of *Olios scalptor* (Arachnida: Araneae). *Bulletin of the British Arachnological Society*, 13: 267-270.

Zhu M S, Tu H S. 1986. A study of linyphiid spiders from Shanxi and Hebei provinces, China. *Journal of Hebei Normal University* (Nat. Sci. Ed.), 1986(2): 98-108.

Zhu M S, Tu H S, Hu J L. 1988. The primary study of China round arachnids. *Journal of Hebei Normal University* (Nat. Sci. Ed.), 1988: 53-60.

Zhu M S, Tu H S, Shi J G. 1986. Spiders of the genus *Pholcus* (Araneae, Pholcidae) from Shanxi and Shaanxi provinces, China, with description of a new species. *Journal of Hebei Normal University* (Nat. Sci. Ed.), 1986(2): 118-124.

Zhu M S, Wang X P. 1993. One new record species of the genus *Leucauge* from China (Araneae: Tetragnathidae). *Acta Arachnologica Sinica*, 2: 92-93.

Zhu M S, Wang X P. 1995a. A new species of the genus *Aculeperia* from China (Araneae: Araneidae). *Acta Zootaxonomica Sinica*, 20: 165-167.

Zhu M S, Wang X Z. 1992b. The spider family Theridiosomatidae first found in China, and with discription of a new species (Araneae). *Acta Arachnologica Sinica*, 1(1): 14-16.

Zhu M S, Wang X Z. 1995b. A new species of the genus *Episinus* from China (Araneae: Theridiidae). *Acta Zootaxonomica Sinica*, 20: 278-280.

Zhu M S, Wu C, Song D X. 2002. A revision of the Chinese species of the genus *Tylorida* (Araneae: Tetragnathidae). *Acta Arachnologica Sinica*, 11: 25-32.

Zhu M S, Xu C H, Zhang F. 2010. Three newly recorded species of the genus *Pardosa* from China (Araneae: Lycosidae). *Acta Arachnologica, Tokyo*, 59: 57-61.

Zhu M S, Yang Z Z, Zhang Z S. 2007. Description of a new species and a newly recorded species of the family Salticidae from China (Araneae: Salticidae). *Journal of Hebei University, Natural Science Edition*, 27: 511-517.

Zhu M S, Zhang B S. 2006. A new species of the genus *Zora* from China (Araneae: Zoridae). *Zootaxa*, 1349: 47-51.

Zhu M S, Zhang B S. 2011. *Spider Fauna of Henan: Arachnida: Araneae*. Beijing: Science Press: xxii+558.

Zhu M S, Zhang F, Song D X, Qu P. 2006b. A revision of the genus *Atypus* in China (Araneae: Atypidae). *Zootaxa*, 1118: 1-42.

Zhu M S, Zhang F, Zhang J X. 1999. A new mygalomorph spider (Nemesiidae: *Raveniola*) from China. *Journal of Hubei University*, 19: 366-368.

Zhu M S, Zhang H L. 1997. A new species and a newly recorded species of the genus *Dipoenura* from China (Araneae: Theridiidae). *Acta Zoologica Sinica*, 43(Suppl.): 22-25.

Zhu M S, Zhang J X, Chen H M. 2001. A new species of the genus *Wendilgarda* from China (Araneae: Theridiosomatidae). *Acta Zoologica Taiwanica*, 12: 1-7.

Zhu M S, Zhang J X, Zhang F. 2006. Rare spiders of the genus *Cyclocosmia* (Arachnida: Araneae: Ctenizidae) from tropical and subtropical China. *The Raffles Bulletin of Zoology*, 54: 119-124.

Zhu M S, Zhang J X, Zhang Z S, Chen H M. 2005. Arachnida: Araneae. *In*: Yang M F, Jin D C. *Insects from Dashahe Nature Reserve of Guizhou*. Guiyang: Guizhou People's Publishing House: 490-555.

Zhu M S, Zhang R. 2008. Revision of the theraphosid spiders from China (Araneae: Mygalomorphae). *Journal of Arachnology*, 36: 425-447.

Zhu M S, Zhang W S, Gao L. 1998. A new species of *Araneus* (Araneae: Araneidae) from China. *Acta Arachnologica Sinica*, 7: 30-32.

Zhu M S, Zhang W S, Xu Y J. 1991. Notes on three new species and two new records of Theridiidae from China (Araneae: Theridiidae). *Acta Zootaxonomica Sinica*, 16: 172-180.

Zhu M S, Zhang Y Q. 1992. Notes of some species of Theridiidae in Guangxi (Arachnida: Araneae). *Journal of the Guangxi Agricultural College*, 11(1): 20-29.

Zhu M S, Zhang Y Q. 1993. Records of some spiders of the family Araneidae from Guangxi (Arachnida: Araneae). *Journal of the Guangxi Agricultural College*, 12: 36-43.

Zhu M S, Zhang Z S, Yang Z Z. 2006. Discovery of the spider family Desidae (Araneae) in south China, with description of a new species of the genus *Badumna* Thorell, 1890. *Zootaxa*, 1172: 43-48.

Zhu M S, Zhou N L. 1993. A new species of the spider genus *Theridion* from Xinjiang, China (Araneae: Theridiidae). *Acta Arachnologica Sinica*, 2: 84-86.

Zimmermann H. 1871. Die Spinnen der Umgegend von Niesky. Verzechniss I : Ein Beitrag zur Kentnis der Arachniden fauna der Oberlausitz. *Abhandlungen der Naturforschenden Gesellschaft Görlitz*, 14: 69-137.

Zonstein S L. 1987. A new genus of mygalomorph spiders of the subfamily Nemesiinae (Aranei, Nemesiidae) in the Palearctic fauna. *Zoologicheskiĭ Zhurnal*, 66: 1013-1019.

Zonstein S L. 2000. Two new species of the mygalomorph spider genus *Raveniola* Zonstein, 1987 (Araneae, Nemesiidae) from southwestern Asia. *Tethys Entomological Research*, 2: 49-52.

Zonstein S, Marusik Y M. 2012. A review of the genus *Raveniola* (Araneae, Nemesiidae) in China, with notes on allied genera and description of four new species from Yunnan. *ZooKeys*, 211: 71-99.

Zonstein S, Marusik Y M. 2013. On *Levymanus*, a remarkable new spider genus from Israel, with notes on the Chediminae (Araneae, Palpimanidae). *ZooKeys*, 326: 27-45.

Zorsch H M. 1937. The spider genus *Lepthyphantes* in the United States. *American Midland Naturalist*, 18: 856-898.

Zschokke S, Bolzern A. 2007. Erste Nachweise sowie Kenntnisse zur Biologie von *Cyclosa oculata* (Araneae: Araneidae) in der Schweiz. *Arachnologische Mitteilungen*, 33: 11-17.

Zujko-Miller J. 1999. On the phylogenetic relationships of *Sisicottus hibernus* (Araneae, Linyphiidae, Erigoninae). *Journal of Arachnology*, 27: 44-52.

Zyuzin A A. 1979. A taxonomic study of Palearctic spiders of the genus *Pardosa* (Aranei, Lycosidae). Part 1. The taxonomic structure of the genus. *Entomologicheskoe Obozrenie*, 58: 431-447.

Zyuzin A A. 1985a. Generic and subfamilial criteria in the systematics of the spider family Lycosidae (Aranei), with the description of a new genus and two new subfamilies. *Trudy Zoologieskogo Instituta Akademija Nauk SSSR*, 139: 40-51.

Zyuzin A A. 1985b. Stational distribution of wolf-spiders of the genus *Pardosa* C. L. Koch (Aranei, Lycosidae) in Dnepropetrovsk area. *In*: *Voprosy Stepnogo Lesovedeniya i Nauchnye Osnovy Lesnoy Rekultivatsii Zemel*. Dnepropetrovsk: 155-161.

Zyuzin A A. 1993. Studies on the wolf spiders (Araneae: Lycosidae). I. A new genus and species from Kazakhstan, with comments on the Lycosinae. *Memoirs of the Queensland Museum*, 33: 693-700.

Zyuzin A A, Logunov D V. 2000. New and little-known species of the Lycosidae from Azerbaihan, the Caucasus (Araneae, Lycosidae). *Bulletin of the British Arachnological Society*, 11: 305-319.

Zyuzin A A, Marusik Y M. 1988. A new species of spiders of the genus *Acantholycosa* (Aranei, Lycosidae) from the east Siberia. *Zoologicheskiĭ Zhurnal*, 67: 1083-1085.

Zyuzin A A, Ovtsharenko V I. 1979. Taxonomic notes about the *Pardosa incerta* Nosek (Aranei, Lycosidae), a new species of spider of the USSR fauna. *Trudy Zoologieskogo Instituta Akademija Nauk SSSR*, 85: 60-64.

中文名索引

A

B

C

D

E

F

G

H

J

K

L

M

N

O

P

Q

R

S

T

W

X

Y

Z

学名索引

A

B

C

F

G

I

M

N

O

P

Q

R

S

T

U

V

W

X

Y

Z